（第三版）

建设行业试验员岗位考核培训教材

（上册）

马洪晔　马　克 ◎ 主编

中国建筑工业出版社

图书在版编目（CIP）数据

建设行业试验员岗位考核培训教材 / 马洪晔, 马克主编. -- 3 版. -- 北京：中国建筑工业出版社, 2024. 9. -- ISBN 978-7-112-30403-5

Ⅰ.TU502

中国国家版本馆 CIP 数据核字第 2024729GT7 号

　　本书作为建设行业试验员岗位考核培训教材，简明扼要地阐述了与之相关的法律法规条文和工程技术标准。对试验员岗位基础知识、施工现场试验工作、建筑材料及构配件、配合比设计、主体结构及装饰装修、钢结构、地基基础、建筑节能、建筑幕墙、市政工程材料、道路工程和桥梁与地下工程等从相关标准、试验项目、组批原则、取样方法、试验方法和试验结果计算评定，依据现行技术标准进行了全面系统性的、深入浅出的论述，旨在提高建设行业试验人员的技术素质，确保检测试验工作质量。内容共计 13 章，涵盖了《建设工程质量检测机构资质标准》中所要求的全部检测专项、检测项目和检测机构检测能力中所要求的绝大部分试验参数（包括必备检测参数、可选检测参数）。

　　本书内容丰富，兼有学习价值和工具书的特点，不仅能作为建设行业试验员岗位考核培训教材，同时也是一部建设工程检测机构、监理人员和施工技术人员的参考书。

责任编辑：朱晓瑜　李闻智
责任校对：赵　力

建设行业试验员岗位考核培训教材（第三版）
马洪晔　马　克◎主编

*

中国建筑工业出版社出版、发行（北京海淀三里河路 9 号）
各地新华书店、建筑书店经销
国排高科（北京）人工智能科技有限公司制版
北京中科印刷有限公司印刷

*

开本：787 毫米×1092 毫米　1/16　印张：85¾　字数：1856 千字
2025 年 4 月第三版　　2025 年 4 月第一次印刷
定价：**235.00** 元　（上、中、下册）
__ISBN 978-7-112-30403-5__
（43754）

版权所有　翻印必究
如有内容及印装质量问题，请与本社读者服务中心联系
电话：（010）58337283　　QQ：2885381756
（地址：北京海淀三里河路 9 号中国建筑工业出版社 604 室　邮政编码：100037）

本书编委会

主　　编：马洪晔　马　克

编写人员：杨秀云　陈家珑　岳爱敏　张俊生　刘继伟
　　　　　王华萍　吴双九　刘惠心　段　凯　曾　涛
　　　　　李瑞峰　刘长春　周向阳　任　静　张金花
　　　　　凡　俊　田春艳　柳　菲　白朝旭　郑红斌
　　　　　张　新　宋晓峰　刘祖军　崔　宁　黄晓涛
　　　　　张　辉　赵　翔　征　亮　王海云

编写人员及编写内容

序号	内容	章节	编写人
1	前言	—	杨秀云 马洪晔
2	法律法规和检测技术管理规范、规程	第一章	白建红 杨秀云
3	基础知识	第二章	王华萍 陈家珑
4	施工现场试验工作	第三章	马洪晔 王海云
5	建筑材料及构配件 水泥	第四章 第四章的第一节	王华萍 陈家珑
6	钢筋（含焊接与机械连接）	第四章的第二节	张俊生 征亮
7	骨料：第一部分 细骨料 第二部分 粗骨料	第四章的第三节	王华萍 陈家珑
8	骨料：第三部分 集料	第四章的第三节	马洪晔 郑红斌
9	砖、砌块、瓦和墙板	第四章的第四节	刘继伟
10	混凝土及拌合用水	第四章的第五节	马洪晔 郑红斌
11	混凝土外加剂	第四章的第六节	刘继伟
12	混凝土掺合料	第四章的第七节	王华萍 陈家珑
13	砂浆、土	第四章的第八节、第九节	马洪晔 郑红斌
14	防水材料及防水密封材料	第四章的第十节	张俊生
15	瓷砖与石材	第四章的第十一节	黄晓涛
16	塑料及金属管材管件	第四章的第十二节	杨秀云 刘长春
17	预制混凝土构件	第四章的第十三节	曾涛
18	预应力钢绞线、 预应力混凝土用锚具夹具及连接器 预应力混凝土用波纹管	第四章的第十四节、 第十五节、第十六节	黄晓涛
19	建筑材料中有害物质	第四章的第十七节	杨秀云 柳菲
20	建筑消能减震装置、 建筑隔震装置	第四章的第十八节、 第十九节	张新
21	铝塑复合板、 木材料及构配件	第四章的第二十节、 第二十一节	杨秀云 柳菲
22	加固材料	第四章的第二十二节	曾涛 马克
23	配合比设计（混凝土、砂浆）	第五章	马洪晔 郑红斌

续表

序号	内容	章节	编写人
24	主体结构及装饰装修 混凝土结构构件强度、砌体结构构件强度 钢筋及保护层厚度 植筋锚固力 构件位置和尺寸（砌体、混凝土和木结构） 外观质量及内部缺陷 结构构件性能（砌体、混凝土和木结构） 装饰装修工程	第六章 第六章的第一节 第六章的第二节 第六章的第三节 第六章的第四节 第六章的第五节 第六章的第六节 第六章的第七节	李瑞峰
25	室内环境污染物	第六章的第八节	周向阳
26	钢结构	第七章	吴双九　宋晓峰
27	地基基础	第八章	张　辉　赵　翔
28	建筑节能	第九章	任　静　张金花
29	建筑幕墙	第十章	凡　俊
30	市政工程材料	第十一章	崔　宁
31	道路工程	第十二章	刘惠心　刘祖军
32	桥梁与地下工程	第十三章	田春艳　刘祖军

前 言
FOREWORD

建设工程质量检测试验工作是一个由施工现场取样、监理单位见证、建设单位委托、检测单位验收试样并对试样进行试验，或直接对现场实体进行检测并最终出具检测（试验）报告的系统工程。检测试验工作的参与各方同时肩负着真实客观评价建设工程质量的责任。

检测试验工作是建设工程质量管理工作中的重要组成部分，是确保真实客观地评价工程质量的科学手段和依据之一。为了保证检测试验工作的科学性、公正性、准确性，应加强对建设工程质量检测机构的检测人员和施工企业试验人员的培训，提高检测试验人员的业务素质。为此，北京市建设工程质量检测方面的有关专家和人员于2017年编写了《建设行业试验员岗位考核培训教材》（第一版），将其作为建设行业试验员岗位考核培训教材。

2020年，根据当时主管部门对检测机构的管理要求和建设工程技术标准的变化，对第一版内容进行增删形成了第二版，一直沿用至今，对检测人员学习培训起到了很好的参考作用。

2024年，为了贯彻《建设工程质量检测管理办法》（住房和城乡建设部令第57号）和《建设工程质量检测机构资质标准》（建质规〔2023〕1号）的管理要求，在原有基础上，我们对《建设行业试验员岗位考核培训教材》进行了重大修改，涵盖了《建设工程质量检测机构资质标准》中所要求的全部检测专项和检测项目。同时对检测机构检测能力中所要求的绝大部分试验参数（包括必备检测参数、可选检测参数），从相关标准、基本概念、组批原则、取样方法、试验方法和试验结果评定进行了系统性的编纂整理。

本书共分为13章：法律法规和检测技术管理规范、规程，基础知识，施工现场试验工作，建筑材料及构配件，配合比设计，主体结构及装饰装修，钢结构，地基基础，建筑节能，建筑幕墙，市政工程材料，道路工程，桥梁与地下工程。

  本书内容丰富、深入浅出，具有较强的可操作性，除可作为建设行业试验员岗位考核培训教材外，还兼有学习价值和工具书特点，也是一部建设工程检测机构、工程监理和施工技术人员的参考书。

  由于参编人员时间紧迫和水平有限，加之建设工程技术标准变化很快，书中难免有不妥、遗漏及错误之处，恳请专家和读者予以批评指正。

马洪晔

2024 年 6 月

目 录
CONTENTS

— 上 册 —

第一章	法律法规和检测技术管理规范、规程 …… 1
	第一节 《中华人民共和国建筑法》及其他相关条例 …… 1
	第二节 《建设工程质量检测管理办法》 …… 3
	第三节 见证取样和送检的规定 …… 6
	第四节 检测技术管理规范、规程 …… 8
第二章	基础知识 …… 15
	第一节 法定计量单位 …… 15
	第二节 有效数字和数值修约 …… 20
	第三节 建筑材料常用物理量 …… 21
	第四节 取样方法 …… 25
第三章	施工现场试验工作 …… 29
	第一节 施工现场试验工作的目的和意义 …… 29
	第二节 现场试验工作管理 …… 31
	第三节 现场试验工作程序 …… 33
	第四节 现场试验 …… 37
第四章	建筑材料及构配件 …… 49
	第一节 水泥 …… 49
	第二节 钢筋 …… 92
	第一部分 建筑用钢材 …… 92
	第二部分 焊接与机械连接 …… 119
	第三节 骨料、集料 …… 142
	第一部分 细骨料 …… 142

　　　　　　第二部分　粗骨料 …………………………………………… 166
　　　　　　第三部分　集料 …………………………………………… 184
　　第四节　砖、砌块、瓦、墙板 …………………………………… 194
　　　　　　第一部分　砖和砌块 ……………………………………… 194
　　　　　　第二部分　屋面瓦 ………………………………………… 218
　　　　　　第三部分　建筑墙板 ……………………………………… 233
　　第五节　混凝土及拌合用水 ……………………………………… 239
　　第六节　混凝土外加剂 …………………………………………… 300
　　第七节　混凝土掺合料 …………………………………………… 330
　　第八节　砂浆 ……………………………………………………… 338
　　第九节　土 ………………………………………………………… 354
　　第十节　防水材料及防水密封材料 ……………………………… 362
　　第十一节　瓷砖及石材 …………………………………………… 403
　　第十二节　塑料及金属管材管件 ………………………………… 412
　　第十三节　预制混凝土构件 ……………………………………… 445
　　第十四节　预应力钢绞线 ………………………………………… 453
　　第十五节　预应力混凝土用锚具夹具及连接器 ………………… 456
　　第十六节　预应力混凝土用波纹管 ……………………………… 460
　　第十七节　建筑材料中有害物质 ………………………………… 469
　　第十八节　建筑消能减震装置 …………………………………… 482
　　第十九节　建筑隔震装置 ………………………………………… 491
　　第二十节　铝塑复合板 …………………………………………… 506
　　第二十一节　木材料及构配件 …………………………………… 508
　　第二十二节　加固材 ……………………………………………… 518

― 中　册 ―

第五章　配合比设计 …………………………………………………… 533
　　第一节　混凝土配合比设计 ……………………………………… 533
　　第二节　砂浆配合比设计 ………………………………………… 547

第六章　主体结构及装饰装修 ………………………………………… 555
　　第一节　混凝土结构构件强度、砌体结构构件强度 …………… 555
　　第二节　钢筋及保护层厚度 ……………………………………… 634
　　第三节　植筋锚固力 ……………………………………………… 648
　　第四节　构件位置和尺寸 ………………………………………… 654
　　第五节　外观质量及内部缺陷 …………………………………… 664
　　第六节　结构构件性能 …………………………………………… 670

　　　　第七节　装饰装修工程 ··· 680
　　　　第八节　室内环境污染物 ··· 688

第七章　钢结构 ··· 705
　　　　第一节　钢材及焊接材料 ··· 705
　　　　第二节　焊缝 ··· 726
　　　　第三节　钢结构防腐及防火涂装 ··· 730
　　　　第四节　高强度螺栓及普通紧固件 ··· 733
　　　　第五节　构件位置与尺寸 ··· 741
　　　　第六节　结构构件性能 ··· 751
　　　　第七节　金属屋面 ··· 756

第八章　地基基础 ··· 761
　　　　第一节　地基及复合地基 ··· 761
　　　　第二节　桩的承载力 ··· 792
　　　　第三节　桩身完整性 ··· 799
　　　　第四节　锚杆抗拔承载力 ··· 813
　　　　第五节　地下连续墙 ··· 825

第九章　建筑节能 ··· 827
　　　　第一节　保温、绝热材料 ··· 827
　　　　第二节　粘结材料 ··· 878
　　　　第三节　增强加固材料 ··· 885
　　　　第四节　保温砂浆 ··· 904
　　　　第五节　抹面材料 ··· 913
　　　　第六节　隔热型材 ··· 921
　　　　第七节　建筑外窗 ··· 927
　　　　第八节　节能工程 ··· 947
　　　　第九节　电线电缆 ··· 993
　　　　第十节　反射隔热材料 ·· 1006
　　　　第十一节　供暖通风空调节能工程用材料、构件和设备 ······················· 1020
　　　　第十二节　配电与照明节能工程用材料、构件和设备 ························· 1026
　　　　第十三节　可再生能源应用系统 ·· 1047

— 下　册 —

第十章　建筑幕墙 ·· 1075
　　　　第一节　密封胶 ·· 1075

第二节　幕墙玻璃 …………………………………………… 1078
第三节　幕墙 ………………………………………………… 1081

第十一章　市政工程材料 …………………………………… 1093

第一节　土、无机结合稳定材料 …………………………… 1093
第二节　土工合成材料 ……………………………………… 1118
第三节　掺合料 ……………………………………………… 1131
第四节　沥青及乳化沥青 …………………………………… 1138
第五节　沥青混合料用粗集料、细集料、矿粉和木质素纤维 … 1166
第六节　沥青混合料 ………………………………………… 1187
第七节　路面砖及路缘石 …………………………………… 1203
第八节　检查井盖、水箅、混凝土模块、防撞墩和隔离墩 …… 1212
第九节　骨料、集料 ………………………………………… 1216
第十节　石灰 ………………………………………………… 1217
第十一节　石材 ……………………………………………… 1224

第十二章　道路工程 ………………………………………… 1235

第一节　沥青混合料路面 …………………………………… 1235
第二节　基础层及底基层 …………………………………… 1238
第三节　土路基 ……………………………………………… 1240
第四节　排水管道工程 ……………………………………… 1242
第五节　水泥混凝土路面 …………………………………… 1250

第十三章　桥梁与地下工程 ………………………………… 1253

第一节　桥梁结构与构件 …………………………………… 1253
第二节　隧道主体结构 ……………………………………… 1302
第三节　桥梁及附属物 ……………………………………… 1320
第四节　桥梁支座 …………………………………………… 1323
第五节　桥梁伸缩装置 ……………………………………… 1328
第六节　隧道环境 …………………………………………… 1329
第七节　人行天桥及地下通道 ……………………………… 1337
第八节　综合管廊主体结构 ………………………………… 1341
第九节　涵洞主体结构 ……………………………………… 1342

第一章

法律法规和检测技术管理规范、规程

建设工程质量检测试验从业人员应严格执行建设工程质量法律法规和工程建设技术标准，遵守国家和本市有关质量检测管理规定，保证检测试验工作质量。

建设工程检测试验工作涉及的法律法规主要有《中华人民共和国建筑法》《建设工程质量管理条例》《北京市建设工程质量条例》；部门规章有《建设工程质量检测管理办法》；规范性文件有《房屋建筑工程和市政基础设施工程实行见证取样和送检的规定》（建建〔2000〕211号），以及《北京市建设工程见证取样和送检管理规定（试行）》（京建质〔2009〕289号）等。

建设工程检测试验工作涉及的工程技术标准主要有《房屋建筑和市政基础设施工程质量检测技术管理规范》GB 50618—2011、《建筑工程检测试验技术管理规范》JGJ 190—2010、《建设工程检测试验管理规程》DB11/T 386—2017 和各专业验收规范。

第一节 《中华人民共和国建筑法》及其他相关条例

一、《中华人民共和国建筑法》

《中华人民共和国建筑法》经 1997 年 11 月 1 日第八届全国人大常委会第二十八次会议通过；根据 2011 年 4 月 22 日第十一届全国人大常委会第二十次会议《关于修改〈中华人民共和国建筑法〉的决定》修正。《中华人民共和国建筑法》分总则、建筑许可、建筑工程发包与承包、建筑工程监理、建筑安全生产管理、建筑工程质量管理、法律责任、附则共八章八十五条，自 1998 年 3 月 1 日起施行。

其中第五十九条规定："建筑施工企业必须按照工程设计要求、施工技术标准和合同的约定，对建筑材料、建筑构配件和设备进行检验，不合格的不得使用。"

二、《建设工程质量管理条例》

《建设工程质量管理条例》经 2000 年 1 月 10 日国务院第二十五次常务会议通过，2000

年 1 月 30 日发布起施行。为了加强对建设工程质量的管理，保证建设工程质量，保护人民生命和财产安全，根据《中华人民共和国建筑法》，制定本条例。凡在中华人民共和国境内从事建设工程的新建、扩建、改建等有关活动及实施对建设工程质量监督管理的，必须遵守本条例。全文共九章八十二条。

其中涉及检测试验工作的有第二十九条、第三十一条、第六十四条和六十五条。

第二十九条　施工单位必须按照工程设计要求、施工技术标准和合同约定，对建筑材料、建筑构配件、设备和商品混凝土进行检验，检验应当有书面记录和专人签字；未经检验或者检验不合格的，不得使用。

第三十一条　施工人员对涉及结构安全的试块、试件以及有关材料，应当在建设单位或者工程监理单位监督下现场取样，并送具有相应资质等级的质量检测单位进行检测。

第六十四条　违反本条例规定，施工单位在施工中偷工减料的，使用不合格的建筑材料、建筑构配件和设备的，或者有不按照工程设计图纸或者施工技术标准施工的其他行为的，责令改正，处工程合同价款百分之二以上百分之四以下的罚款；造成建设工程质量不符合规定的质量标准的，负责返工、修理，并赔偿因此造成的损失；情节严重的，责令停业整顿，降低资质等级或者吊销资质证书。

第六十五条　违反本条例规定，施工单位未对建筑材料、建筑构配件、设备和商品混凝土进行检验，或者未对涉及结构安全的试块、试件以及有关材料取样检测的，责令改正，处 10 万元以上 20 万元以下的罚款；情节严重的，责令停业整顿，降低资质等级或者吊销资质证书；造成损失的，依法承担赔偿责任。

三、《北京市建设工程质量条例》

《北京市建设工程质量条例》经 2015 年 9 月 25 日北京市十四届人大常委会第二十一次会议通过。该《条例》分总则、建设工程有关单位的质量责任、建设工程有关人员的质量责任、工程建设各阶段的质量责任、建设工程质量保障、法律责任、附则共七章一百零六条，自 2016 年 1 月 1 日起施行。

建设工程质量检测试验从业人员要重点掌握《北京市建设工程质量条例》其中的第三条、第十一条、第十四条、第十七条、第四十一条、第四十二条、第七十六条和第七十九条的规定。

第三条　建设、勘察、设计、施工、监理、检测、监测、施工图审查、预拌混凝土生产等建设工程有关单位和人员应当依照法律、法规、工程建设标准和合同约定从事工程建设活动，承担质量责任。

第十一条　施工单位对建设工程施工质量负责。施工单位应当按照工程建设标准、施工图设计文件施工，使用合格的建筑材料、建筑构配件和设备，不得偷工减料，加强施工安全管理，实行绿色施工。

第十四条 工程质量检测单位、房屋安全鉴定单位应当按照法律法规、工程建设标准，在规定范围内开展检测、鉴定活动，并对检测、鉴定数据和检测、鉴定报告的真实性、准确性负责。

第十七条 预拌混凝土生产单位应当具备相应资质，对预拌混凝土的生产质量负责。

预拌混凝土生产单位应当对原材料质量进行检验，对配合比进行设计，按照配合比通知单生产，并按照法律法规和标准对生产质量进行验收。

第四十一条 建设单位应当委托具有相应资质的检测单位，按照规定对见证取样的建筑材料、建筑构配件和设备、预拌混凝土、混凝土预制构件和工程实体质量、使用功能进行检测。施工单位进行取样、封样、送样，监理单位进行见证。

第四十二条 发现检测结果不合格且涉及结构安全的，工程质量检测单位应当自出具报告之日起2个工作日内，报告住房城乡建设或者其他专业工程行政主管部门。行政主管部门应当及时进行处理。任何单位不得篡改或者伪造检测报告。

第七十六条 违反本条例第十四条规定，工程质量检测单位、房屋安全鉴定单位未按照有关法律法规、工程建设标准开展检测、鉴定活动的，由住房城乡建设行政主管部门责令改正，处1万元以上3万元以下的罚款，暂停承接相关业务3个月至9个月。

工程质量检测单位、房屋安全鉴定单位出具虚假、错误检测、鉴定报告的，由住房城乡建设行政主管部门责令改正，处5万元以上10万元以下的罚款，一年内暂停承接工程质量检测、房屋安全鉴定业务；情节严重的，依法吊销资质证书。

第七十九条 违反本条例第十七条第二款规定，预拌混凝土生产单位未进行配合比设计或者未按照配合比通知单生产、使用未经检验或者检验不合格的原材料、供应未经验收或者验收不合格的预拌混凝土的，由住房城乡建设或者其他行政主管部门责令改正，处10万元以上20万元以下的罚款；情节严重的，责令停业整顿或者吊销资质证书。

第二节 《建设工程质量检测管理办法》

《建设工程质量检测管理办法》于2022年12月29日公布，自2023年3月1日起施行。该文件分为总则、检测机构资质管理、检测活动管理、监督管理、法律责任、附则，共六章五十条，检测试验人员要重点掌握以下条款：

第十四条 从事建设工程质量检测活动，应当遵守相关法律、法规和标准，相关人员应当具备相应的建设工程质量检测知识和专业能力。

第十五条 检测机构与所检测建设工程相关的建设、施工、监理单位，以及建筑材料、建筑构配件和设备供应单位不得有隶属关系或者其他利害关系。

检测机构及其工作人员不得推荐或者监制建筑材料、建筑构配件和设备。

第十六条 委托方应当委托具有相应资质的检测机构开展建设工程质量检测业务。检测机构应当按照法律、法规和标准进行建设工程质量检测，并出具检测报告。

第十八条 建设单位委托检测机构开展建设工程质量检测活动的，建设单位或者监理单位应当对建设工程质量检测活动实施见证。见证人员应当制作见证记录，记录取样、制样、标识、封志、送检以及现场检测等情况，并签字确认。

第十九条 提供检测试样的单位和个人，应当对检测试样的符合性、真实性及代表性负责。检测试样应当具有清晰的、不易脱落的唯一性标识、封志。

建设单位委托检测机构开展建设工程质量检测活动的，施工人员应当在建设单位或者监理单位的见证人员监督下现场取样。

第二十条 现场检测或者检测试样送检时，应当由检测内容提供单位、送检单位等填写委托单。委托单应当由送检人员、见证人员等签字确认。

检测机构接收检测试样时，应当对试样状况、标识、封志等符合性进行检查，确认无误后方可进行检测。

第二十一条 检测报告经检测人员、审核人员、检测机构法定代表人或者其授权的签字人等签署，并加盖检测专用章后方可生效。

检测报告中应当包括检测项目代表数量（批次）、检测依据、检测场所地址、检测数据、检测结果、见证人员单位及姓名等相关信息。

非建设单位委托的检测机构出具的检测报告不得作为工程质量验收资料。

第二十二条 检测机构应当建立建设工程过程数据和结果数据、检测影像资料及检测报告记录与留存制度，对检测数据和检测报告的真实性、准确性负责。

第二十三条 任何单位和个人不得明示或者暗示检测机构出具虚假检测报告，不得篡改或者伪造检测报告。

第二十四条 检测机构在检测过程中发现建设、施工、监理单位存在违反有关法律法规规定和工程建设强制性标准等行为，以及检测项目涉及结构安全、主要使用功能检测结果不合格的，应当及时报告建设工程所在地县级以上地方人民政府住房和城乡建设主管部门。

第二十六条 检测机构应当建立档案管理制度。检测合同、委托单、检测数据原始记录、检测报告按照年度统一编号，编号应当连续，不得随意抽撤、涂改。

检测机构应当单独建立检测结果不合格项目台账。

第二十七条 检测机构应当建立信息化管理系统，对检测业务受理、检测数据采集、检测信息上传、检测报告出具、检测档案管理等活动进行信息化管理，保证建设工程质量检测活动全过程可追溯。

第二十八条 检测机构应当保持人员、仪器设备、检测场所、质量保证体系等方面符合建设工程质量检测资质标准，加强检测人员培训，按照有关规定对仪器设备进行定期检定或者校准，确保检测技术能力持续满足所开展建设工程质量检测活动的要求。

第三十条　检测机构不得有下列行为：

（一）超出资质许可范围从事建设工程质量检测活动；

（二）转包或者违法分包建设工程质量检测业务；

（三）涂改、倒卖、出租、出借或者以其他形式非法转让资质证书；

（四）违反工程建设强制性标准进行检测；

（五）使用不能满足所开展建设工程质量检测活动要求的检测人员或者仪器设备；

（六）出具虚假的检测数据或者检测报告。

第三十一条　检测人员不得有下列行为：

（一）同时受聘于两家或者两家以上检测机构；

（二）违反工程建设强制性标准进行检测；

（三）出具虚假的检测数据；

（四）违反工程建设强制性标准进行结论判定或者出具虚假判定结论。

第四十四条　检测机构违反本办法规定，有第三十条第二项至第五项行为之一的，由县级以上地方人民政府住房和城乡建设主管部门责令改正，处 5 万元以上 10 万元以下罚款；造成危害后果的，处 10 万元以上 20 万元以下罚款；构成犯罪的，依法追究刑事责任。

检测人员违反本办法规定，有第三十一条行为之一的，由县级以上地方人民政府住房和城乡建设主管部门责令改正，处 3 万元以下罚款。

第四十五条　检测机构违反本办法规定，有下列行为之一的，由县级以上地方人民政府住房和城乡建设主管部门责令改正，处 1 万元以上 5 万元以下罚款：

（一）与所检测建设工程相关的建设、施工、监理单位，以及建筑材料、建筑构配件和设备供应单位有隶属关系或者其他利害关系的；

（二）推荐或者监制建筑材料、建筑构配件和设备的；

（三）未按照规定在检测报告上签字盖章的；

（四）未及时报告发现的违反有关法律法规规定和工程建设强制性标准等行为的；

（五）未及时报告涉及结构安全、主要使用功能的不合格检测结果的；

（六）未按照规定进行档案和台账管理的；

（七）未建立并使用信息化管理系统对检测活动进行管理的；

（八）不满足跨省、自治区、直辖市承担检测业务的要求开展相应建设工程质量检测活动的；

（九）接受监督检查时不如实提供有关资料、不按照要求参加能力验证和比对试验，或者拒绝、阻碍监督检查的。

第四十七条　违反本办法规定，建设、施工、监理等单位有下列行为之一的，由县级以上地方人民政府住房和城乡建设主管部门责令改正，处 3 万元以上 10 万元以下罚款；造成危害后果的，处 10 万元以上 20 万元以下罚款；构成犯罪的，依法追究刑事责任：

（一）委托未取得相应资质的检测机构进行检测的；

（二）未将建设工程质量检测费用列入工程概预算并单独列支的；

（三）未按照规定实施见证的；

（四）提供的检测试样不满足符合性、真实性、代表性要求的；

（五）明示或者暗示检测机构出具虚假检测报告的；

（六）篡改或者伪造检测报告的；

（七）取样、制样和送检试样不符合规定和工程建设强制性标准的。

第三节　见证取样和送检的规定

一、住房和城乡建设部[①]的规定

2000 年 9 月 26 日，建设部为了贯彻《建设工程质量管理条例》，规范房屋建筑工程和市政基础设施工程中涉及结构安全的试块、试件和材料的见证取样和送检工作，保证工程质量，特印发《房屋建筑工程和市政基础设施工程实行见证取样和送检的规定》（建建〔2000〕211 号）。

《房屋建筑工程和市政基础设施工程实行见证取样和送检的规定》中，要重点掌握有关见证取样和送检的定义、范围、取样要求的规定。

第三条　本规定所称见证取样和送检是指在建设单位或工程监理单位人员的见证下，由施工单位的现场试验人员对工程中涉及结构安全的试块、试件和材料在现场取样，并送至经过省级以上建设行政主管部门对其资质认可和质量技术监督部门对其计量认证的质量检测单位（以下简称"检测单位"）进行检测。

第六条　下列试块、试件和材料必须实施见证取样和送检。

（一）用于承重结构的混凝土试块；

（二）用于承重墙体的砌筑砂浆试块；

（三）用于承重结构的钢筋及连接接头试件；

（四）用于承重墙的砖和混凝土小型砌块；

（五）用于拌制混凝土和砌筑砂浆的水泥；

---

① 2008 年之前，称建设部。

（六）用于承重结构的混凝土中使用的掺加剂；

（七）地下、屋面、厕浴间使用的防水材料；

（八）国家规定必须实行见证取样和送检的其他试块、试件和材料。

第八条 在施工过程中，见证人员应按照见证取样和送检计划，对施工现场的取样和送检进行见证，取样人员应在试样或其包装上作出标识、封志。标识和封志应标明工程名称、取样部位、取样日期、样品名称和样品数量，并由见证人员和取样人员签字。见证人员应制作见证记录，并将见证记录归入施工技术档案。见证人员和取样人员应对试样的代表性和真实性负责。

二、北京市的规定

为了加强建设工程质量管理，确保工程结构质量安全，根据建设部《房屋建筑工程和市政基础设施工程实行见证取样和送检的规定》，结合北京市实际情况，分别于1997年印发了《北京市建设工程施工试验实行有见证取样和送检的制度的暂行规定》，2009年印发了《北京市建设工程见证取样和送检管理规定（试行）》。对有关见证取样和送检的比例和范围进行了规定。

2009年印发的《北京市建设工程见证取样和送检管理规定（试行）》条文中的第四条对见证取样和送检的比例和范围进行了明确规定：

下列涉及结构安全的试块、试件和材料应100%实行见证取样和送检：

（一）用于承重结构的混凝土试块；

（二）用于承重墙体的砌筑砂浆试块；

（三）用于承重结构的钢筋及连接接头试件；

（四）用于承重墙的砖和混凝土小型砌块；

（五）用于拌制混凝土和砌筑砂浆的水泥；

（六）用于承重结构的混凝土中使用的掺合料和外加剂；

（七）防水材料；

（八）预应力钢绞线、锚夹具；

（九）沥青、沥青混合料；

（十）道路工程用无机结合料稳定材料；

（十一）建筑外窗；

（十二）建筑节能工程用保温材料、绝热材料、粘结材料、增强网、幕墙玻璃、隔热型材、散热器、风机盘管机组、低压配电系统选择的电缆、电线等；

（十三）钢结构工程用钢材及焊接材料、高强度螺栓预拉力、扭矩系数、摩擦面抗滑移系数和网架节点承载力试验；

（十四）国家及地方标准、规范规定的其他见证检验项目。

第四节 检测技术管理规范、规程

一、《房屋建筑和市政基础设施工程质量检测技术管理规范》GB 50618—2011

于 2012 年 10 月 1 日起实施的《房屋建筑和市政基础设施工程质量检测技术管理规范》GB 50618—2011，对检测机构、检测工作、检测报告、检测机构管理体系和技术能力及施工单位的试验工作作出了明确规定。

《房屋建筑和市政基础设施工程质量检测技术管理规范》GB 50618—2011 中的第三章是这样规定的：

3.0.1 建设工程质量检测应执行国家现行有关技术标准。

3.0.2 建设工程质量检测机构（以下简称检测机构）应取得建设主管部门颁发的相应资质证书。

3.0.3 检测机构必须在技术能力和资质规定范围内开展检测工作。

3.0.4 检测机构应对出具的检测报告的真实性、准确性负责。

3.0.5 对实行见证取样和见证检测的项目，不符合见证要求的，检测机构不得进行检测。

3.0.6 检测机构应建立完善的管理体系，并增强纠错能力和持续改进能力。

3.0.7 检测机构的技术能力（检测设备和技术人员配备）应符合本规范附录 A 中各相应专业检测项目的配备要求。

3.0.8 检测机构应采用工程检测管理信息系统，提高检测管理效果和检测工作水平。

3.0.9 检测机构应建立检测档案及日常检测资料管理制度。

3.0.10 检测应按有关标准的规定留置已检试件。有关标准留置时间无明确要求的，留置时间不应少于 72h。

3.0.11 建设工程质量检测应委托具有相应资质的检测机构进行检测。

3.0.12 施工单位应根据工程施工质量验收规范和检查标准的要求编制检测计划，并应做好检测取样、试件制作、养护和送检等工作。

3.0.13 检测试件的提供方应对试件取样的规范性、真实性负责。

二、《建筑工程检测试验技术管理规范》JGJ 190—2010

于 2010 年 7 月 1 日起实施的《建筑工程检测试验技术管理规范》JGJ 190—2010，对建筑工程施工现场试验管理、检测试验计划、检测试样作出了严格规定。其中：

3.0.1 建筑工程施工现场检测试验技术管理应按以下程序进行：

1. 制订检测试验计划；

2. 制取试样；

3. 登记台账；

4. 送检；

5. 检测试验；

6. 检测试验报告管理。

3.0.3 建筑工程施工现场检测试验的组织管理和实施应由施工单位负责。当建筑工程实行施工总承包时，可由总承包单位负责整体组织管理和实施，分包单位按合同确定的施工范围各负其责。

3.0.4 施工单位及其取样、送检人员必须确保提供的检测试样具有真实性和代表性。

3.0.6 见证人员必须对见证取样和送检的过程进行见证，且必须确保见证取样的送检过程的真实性。

3.0.8 检测机构应确保检测数据和检测报告的真实性和准确性。

5.1.1 施工现场应建立健全检测试验管理制度，施工项目技术负责人应组织检查检测试验管理制度的执行情况。

5.1.2 检测试验管理制度应包括以下内容：

1. 岗位职责；

2. 现场试样制取及养护管理制度；

3. 仪器设备管理制度；

4. 现场检测试验安全管理制度；

5. 检测试验报告管理制度。

5.3.1 施工检测试验计划应在工程施工前由施工项目技术负责人组织有关人员编制，并应报送监理单位进行审查和监督实施。

5.3.2 根据施工检测试验计划，应制订相应的见证取样和送检计划。

5.3.3 施工检测试验计划应按检测试验项目分别编制，并应包括以下内容：

1. 检测试验项目名称；

2. 检测试验参数；

3. 试样规格；

4. 代表批量；

5. 施工部位；

6. 计划检测试验时间。

5.3.4 施工检测试验计划编制应依据国家有关标准的规定和施工质量控制的需要，并应符合以下规定：

1. 材料和设备的检测试验应依据预算量、进场计划及相关标准规定的抽检率确定抽检频次；

2. 施工过程质量检测试验应依据施工流水段划分、工程量、施工环境及质量控制的需要确定抽检频次；

3. 工程实体质量与使用功能检测应按照相关标准的要求确定检测频次；

4. 计划检测试验时间应根据工程施工进度计划确定。

5.4.1 进场材料的检测试样，必须从施工现场随机抽取，严禁在现场外制取。

5.4.2 施工过程质量检测试样，除确定工艺参数可制作模拟试样外，必须从现场相应的施工部位制取。

5.4.4 试样应有唯一性标识，并应符合下列规定：

1. 试样应按照取样时间顺序连续编号，不得空号、重号；

2. 试样标识的内容应根据试样的特性确定，宜包括：名称、规格（或强度等级）、制取日期等信息；

3. 试样标识应字迹清晰、附着牢固。

5.5.1 施工现场应按照单位工程分别建立下列试样台账：

1. 钢筋试样台账；

2. 钢筋连接接头试样台账；

3. 混凝土试件台账；

4. 砂浆试件台账；

5. 需要建立的其他试样台账。

5.5.2 现场试验人员制取试样并做出标识后，应按试样编号顺序登记试样台账。

5.7.1 现场试验人员应及时获取检测试验报告，核查报告内容。当检测试验结果为不合格或不符合要求时，应及时报告施工项目技术负责人、监理单位及有关单位的相关人员。

三、《建设工程检测试验管理规程》DB11/T 386—2017

为了保证建设工程质量，加强对北京市区域内检测试验工作管理，规范检测试验从业人员的行为，北京市建设工程安全质量监督总站主编了《建设工程检测试验管理规程》DB11/T 386—2017，实施日期为 2017 年 10 月 01 日。

在《建设工程检测试验管理规程》DB11/T 386—2017 中对检测机构的设备、环境、检测试验工作和技术资料管理作出了明确规定。其中：

1. 第 4.2 条，关于检测试验机构的"仪器设备"管理的规定

（1）检测试验机构应正确配备满足检测试验工作要求的仪器设备。

（2）仪器设备出现下列情况之一时，应进行校准或检定：

①首次使用前。

②维修、改造或移动后可能对检测试验结果有影响的。

③超过校准或检定有效期时。

④停用超过校准或检定有效期后再次投入使用前。

⑤出现其他可能对检测试验结果有影响的情况时。

(3) 仪器设备出现下列情况之一时,应停止使用:

①当仪器设备在量程刻度范围内出现裂痕、磨损、破坏、刻度不清或其他影响测量精度时。

②当仪器设备出现显示缺损、不清或按键不灵敏等故障时。

③当仪器设备出现其他可能影响检测结果的情况时。

(4) 检测试验工作所使用仪器设备的校准或检定周期应根据相关技术标准和检测机构实际情况确定,参见本规程附录A。

(5) 对于使用频次高或易产生漂移的仪器设备,在校准或检定周期内,宜对其进行期间核查,并做好记录。

(6) 仪器设备应有唯一性标识,标识的内容应包括仪器设备编号、校准或检定日期、确认方式及有效期。

(7) 检测试验机构应建立完整的仪器设备台账和档案。

(8) 仪器设备应建立维护、保养和维修记录。

(9) 用于现场检测的仪器设备,应建立领用和归还台账,记录仪器设备完好情况及其他相关信息。

2. 第4.3条,关于检测试验机构的"设施环境"管理的规定

(1) 检测试验机构应具备与所开展的检测试验项目相适应的工作场所及环境;各种仪器设备应布局合理,满足检测试验工作的需要。

(2) 检测试验工作区应与办公区分开,工作区应有明显标识;与检测试验工作无关的人员和物品不得进入工作区。

(3) 检测试验工作场所的温度、湿度等环境条件应满足所开展检测试验工作的需要,并有相应的记录。

(4) 检测试验工作过程中产生的废弃物、废水、废气、噪声、震动和有毒有害物质等的处置,应符合环境保护和人身健康安全方面的有关规定。

(5) 从事可能对人身健康安全造成危害的检测试验活动时,检测试验人员应配备有效的安全防护装备;当检测活动可能对周围人员、环境造成危害时,应设立明显的警示标识,并采取有效的防护措施。

(6) 检测试验机构的工作区域,应合理、足量配备消防设施。

3. 第4.6条,关于检测试验机构"检测试验"管理的规定

(1) 检测试验人员在检测前应对检测设备进行检查,确认仪器设备正常后方可开展检测试验工作,并做好仪器设备使用记录。

(2) 检测项目对温度、湿度等环境条件有要求时,检测试验过程应保持环境条件符合

规范要求。

（3）检测试验工作应由两名或两名以上检测试验人员共同完成。实施数据自动采集且具有视频监控的检测项目可由一名检测人员完成。

（4）检测试验人员应按照相应的检测标准和方法开展检测试验工作，及时、真实记录检测试验数据，并有专人进行校核。

（5）检测机构应按规定对检测数据进行自动采集，并实时上传至工程质量检测监管信息系统。当自动采集数据出现异常时，应立即停止检测工作，及时记录异常情况信息，必要时可留存影像资料，并对已采集的检测数据进行追溯。

（6）检测试验机构应按标准和规定留置检测后的样品，并加以标识。有关标准对留置时间无明确要求的，留置时间不应少于72h。对实行数据自动采集且具有视频监控的混凝土抗压强度检测后的样品，留置时间不应少于24h。

（7）检测机构应按相关规定要求完整留存检测过程的视频监控资料。保存期限不少于6个月。

4. 第4.7条，关于"原始记录"的规定

（1）原始记录应有固定格式。原始记录宜包括以下内容：

①原始记录名称。

②原始记录编号及页码。

③样品名称、规格型号及编号。

④检测试验依据。

⑤仪器设备编号。

⑥检测试验环境条件。

⑦现场检测位置示意图，必要时可附影像资料。

⑧检测试验数据。

⑨检测试验中异常情况的描述和记录。

⑩委托日期。

⑪检测试验日期。

⑫检测试验及校核人员的签名。

⑬其他必要的信息。

（2）原始记录应做到及时、准确、字迹清晰、信息完整，不得追记、涂改。

（3）原始记录笔误需要更正时，应由原始记录人进行划改，划改后原数据应清晰可辨，并在划改处加盖印章或签名。

（4）自动采集的原始数据应及时备份保存。如发现检测试验数据采集异常时，应记录异常原因，并按相关规定进行更改。

（5）原始记录应具有可追溯性。

（6）对自动记录的仪器设备，应将仪器设备自动记录的数据转换成专用记录格式打印输出并经检测人员校对确认，图像信息应标明获取的位置和时间。

（7）原始记录应按年度分类顺序编号，其编号应连续。

5. 第4.8条，关于"检测试验报告"的规定

（1）检测试验报告宜采用统一的格式。材料试验报告的格式参见本规程附录C。

（2）检测试验报告应结论准确、用词规范。检测试验报告宜包括以下内容：

①检测试验报告名称。

②检测试验报告编号。

③委托单位、工程名称及部位。

④工程概况，包括工程名称、基础/结构类型、建筑面积、设计楼层、施工日期、结构/构件的设计参数等。

⑤建设单位、设计单位、施工单位、监理单位名称。

⑥样品名称、样品编号、生产单位、代表批量、规格型号、等级、生产或进场日期、设计要求等。

⑦抽样方案、检测数量。

⑧检测原因、检测目的。

⑨见证检测应注明见证单位和见证人。

⑩委托日期、检测试验日期及报告日期。

⑪主要检测试验设备及编号。

⑫检测试验依据、检测试验内容、标准/设计值、检测试验数据、检测试验结论，必要时应有主要原始数据、计算参数、计算过程、检测数据（曲线）、表格和汇总结果。

⑬检测位置示意图。

⑭检测试验、审核、批准人员的签名。

⑮检测机构的名称和地址及联系方式。

⑯其他必要的信息。

（3）检测试验报告需修改时，应以检测试验报告修改单或重新发放检测试验报告的方式进行。检测试验机构应留存修改申请单、修改前检测试验报告、检测试验报告修改单或重新发放的检测试验报告。当检测试验报告中涉及委托内容更改时，委托方应提出书面申请，经项目负责人和监理人员（见证检测）签字，加盖项目专用章，由检测试验机构批准进行。

（4）检测试验报告应按年度分类顺序编号，其编号应连续。

（5）检测试验报告应为原件，不得使用复印件。存档的检测试验报告应与发出的检测试验报告一致。

第二章

基 础 知 识

第一节　法定计量单位

法定计量单位，指由国家法律承认、具有法定地位的计量单位。法定计量单位是政府以法令的形式，明确规定在全国范围内采用的计量单位。

《中华人民共和国计量法》规定："国家采用国际单位制。国际单位制计量单位和国家选定的其他计量单位，为国家法定计量单位。"国际单位制是我国法定计量单位的主体，国际单位制如有变化，我国法定计量单位也将随之变化。

国际单位制，源自公制或米制，是目前世界上最普遍采用的标准度量衡单位系统，采用十进制进位系统。

一、国际单位制的来历和特点

在人类历史上，计量单位是伴随着生产交换的发生、发展而产生的。随着社会和科学技术的进步，要求计量单位稳定和统一，以维护正常的社会、经济和生产活动的秩序，于是逐渐形成了各个国家的古代计量制度。这些制度是根据各自的经验和习惯确定的，自然是千差万别、各行其是。有时在一个国家内，还有多种计量制度并存，这种状况阻碍着生产和贸易的发展及社会进步。

法国在 1790 年建议创立一种新的、建立在科学基础上的计量单位，随后制定了"米制法"，通过对地球子午线长度的精密测量来确定最初的米原器。这一制度逐渐得到其他国家的认同。1875 年，17 个国家在巴黎签署了"米制公约"，成立国际计量委员会（CIPM），并设立国际计量局（BIPM）。

随着科学技术的发展，在米制的基础上先后形成了多种单位制，又出现了混乱局面。1960 年，第 11 届国际计量大会（CGPM）总结了米制经验，将一种科学实用的单位制命名为"国际单位制"，并用符号 SI 表示。后经多次修订，现已形成了完整的体系。

二、法定计量单位的构成

我国法定计量单位由国际单位制计量单位和国家选定的其他非国际单位制计量单位构成。

1. 国际单位制计量单位

国际单位制的构成如图2-1所示。

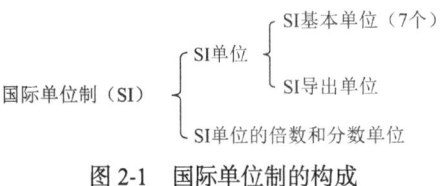

图2-1 国际单位制的构成

1) 国际单位制（SI）基本单位

要建立一种计量单位制，首先要确定基本量。SI 选择了长度、质量、时间、电流、热力学温度、物质的量和发光强度七个基本量，并给基本单位规定了严格的定义。这些定义体现了现代科技发展的水平，其量值能以高准确度复现出来。SI 基本单位是 SI 的基础，SI 基本单位的名称、符号和定义如表2-1所示。

SI 基本单位　　　　　　　　　　　表2-1

量的名称	单位名称	单位符号	定义
长度	米	m	光在真空中于1/299792458s的时间间隔内所经过的距离
质量	千克（公斤）	kg	当普朗克常数h以单位 J·s，即 $kg·m^2·s^{-1}$ 表示时，将其固定数值取为 $6.62607015×10^{-34}$ 来定义千克
时间	秒	s	铯—133 原子基态的两个超精细能级之间跃迁所对应的辐射的 9192631770 个周期的持续时间
电流	安[培]	A	当基本电荷e以单位 C，即 A·s 表示时，将其固定数值取为 $1.602176634\text{10}^{-19}$ 来定义安培
热力学温度	开[尔文]	K	当玻尔兹曼常数k以单位 $J·K^{-1}$，即 $kg·m^2·s^{-2}·K^{-1}$ 表示时，将其固定数值取为 $1.380649×10^{-23}$ 来定义开尔文
物质的量	摩[尔]	mol	1mol 精确包含 $6.02214076×10^{23}$ 个基本粒子。该数即为以单位 mol^{-1} 表示的阿伏伽德罗常数N_A的固定数值，称为阿伏伽德罗数
发光强度	坎[德拉]	cd	发射出频率为 $540×10^{12}$Hz 单色辐射的光源在给定方向的发光强度，而且在此方向上的辐射强度为 1/683 W/sr

注：[ ]内的字是在不致混淆的情况下，可以省略的字；( )内的字为前者的同义语。（下同）

2) SI 导出单位

SI 导出单位是按一贯性原则，通过比例因数为 1 的量的定义方程式由 SI 基本单位导出的单位。导出单位是组合形式的单位，它们是由两个以上基本单位幂的乘积来表示，这种单位符号中的乘和除采用数学符号。例如速度的 SI 单位为米每秒（m/s）。属于这种形式的单位称为组合单位。

为了读写和实际应用的方便，以及便于区分某些具有相同量纲和表达式的单位，导出单位中有 21 个具有专门名称，如表 2-2 所示。其中有些是以杰出科学家的名字命名的，如牛顿、帕斯卡、焦耳等，以纪念他们在本学科领域里作出的贡献。它们本身已有专门名称和特有符号，这些专门名称和符号又可以用来组成其他导出单位，从而比用基本单位来表示要更简单一些。同时，为了表示方便，这些导出单位还可以与其他单位组合表示另一些更为复杂的导出单位。

具有专门名称的 SI 导出单位 表 2-2

量的名称	单位名称	单位符号	换算关系
[平面]角	弧度	rad	$1rad = 1m/m = 1$
立体角	球面度	sr	$1sr = 1m^2/m^2 = 1$
频率	赫[兹]	Hz	$1Hz = 1s^{-1}$
力	牛[顿]	N	$1N = 1kg \cdot m/s^2$
压力、压强、应力	帕[斯卡]	Pa	$1Pa = 1N/m^2$
能[量]，功，热量	焦[耳]	J	$1J = 1N \cdot m$
功率，辐[射能]通量	瓦[特]	W	$1W = 1J/s$
电荷[量]	库[仑]	C	$1C = 1A \cdot s$
电压，电动势，电位，（电势）	伏[特]	V	$1V = 1W/A$
电容	法[拉]	F	$1F = 1C/V$
电阻	欧[姆]	Ω	$1\Omega = 1V/A$
电导	西[门子]	S	$1S = 1\Omega^{-1}$
磁通[量]	韦[伯]	Wb	$1Wb = 1V \cdot s$
磁通[量]密度，磁感应强度	特[斯拉]	T	$1T = 1Wb/m^2$
电感	亨[利]	H	$1H = 1Wb/A$
摄氏温度	摄氏度	°C	$1°C = 1K$
光通量	流[明]	lm	$1lm = 1cd \cdot sr$
[光]照度	勒[克斯]	lx	$1lx = 1lm/m^2$
[放射性]活度	贝可[勒尔]	Bq	$1Bq = 1s^{-1}$
吸收剂量 比授[予]能 比释动能	戈[瑞]	Gy	$1Gy = 1J/kg$
剂量当量	希[沃特]	Sv	$1Sv = 1J/kg$

3）SI 单位的倍数单位和分数单位

基本单位、具有专门名称的导出单位，以及直接由它们构成的组合形式的导出单位都称之为 SI 单位，它们有主单位的含义。在实际使用时，量值的变化范围很宽，仅用 SI 单位来表示量值很不方便。为此，SI 中规定了 20 个构成十进倍数和分数单位的词头。这些词头不能单独使用,也不能重叠使用,它们仅用于与 SI 单位(kg 除外)构成 SI 单位的十进倍数单位和十进分数单位。表 2-3 给出了 SI 词头的名称、简称及符号。

SI 单位加上 SI 词头后两者结合为一整体,称为 SI 单位的倍数或分数单位,或者叫 SI 单位的十进倍数或分数单位。

SI 词头　　　　　　表 2-3

所表示的因数	词头名称	词头符号	所表示的因数	词头名称	词头符号
10^{24}	尧[它]	Y	10^{-1}	分	d
10^{21}	泽[它]	Z	10^{-2}	厘	c
10^{18}	艾[可萨]	E	10^{-3}	毫	m
10^{15}	拍[它]	P	10^{-6}	微	μ
10^{12}	太[拉]	T	10^{-9}	纳[诺]	n
10^{9}	吉[咖]	G	10^{-12}	皮[可]	p
10^{6}	兆	M	10^{-15}	飞[母拖]	f
10^{3}	千	k	10^{-18}	阿[托]	a
10^{2}	百	h	10^{-21}	仄[普托]	z
10^{1}	十	da	10^{-24}	幺[科托]	y

注:相应于因数 10^3(含 10^3)以下的词头符号必须用小写正体,等于或大于因数 10^6 的词头符号必须用大写正体,从 10^3 到 10^{-3} 是十进位,其余是千进位。

2. 国家选定的其他非国际单位制计量单位

尽管 SI 有很大的优越性,但并非十全十美。在日常生活和一些特殊领域,还有一些广泛使用的、重要的非 SI 单位,尚需继续使用。我国选定 16 个非 SI 单位,作为国家法定计量单位的组成部分(表 2-4)。

国家选定的非国际单位制单位　　　　　　表 2-4

量的名称	单位名称	单位符号
时间	分	min
	[小]时	h
	天(日)	d
[平面]角	度	°
	[角]分	′
	[角]秒	″
旋转速度	转每分	r/min
长度	海里	n mile
速度	节	kn
质量	吨	t
	原子质量单位	u

续表

量的名称	单位名称	单位符号
体积	升	L,（l）
能	电子伏	eV
级差	分贝	dB
线密度	特[克斯]	tex
面积	公顷	hm²

注：角度单位度、分、秒的符号不处于数字后时，应加括弧；升的符号中，小写字母l为备用符号。

三、计量单位的使用规则

（1）单位和词头的符号用于公式、数据表、曲线图、刻度盘和产品铭牌等需要明了的地方，也用于叙述性文字中。

（2）单位符号一律用正体小写字母书写，但是以人名命名的单位符号，第一个字母须正体大写，其余字母均为小写（升的符号L例外）。

例：米（m）；秒（s）；帕[斯卡]（Pa）等。

（3）当组合单位是由两个或两个以上的单位相乘而构成时，其组合单位的写法可采用下列形式之一：

第一种形式：N·m；N m。

第二种形式：也可以在单位符号之间不留空隙，但应注意，当单位符号同时又是词头符号时，应尽量将它置于右侧，以免引起混淆。如mN表示毫牛顿而非指米牛顿。

当用单位相除的方法构成组合单位时，其符号可采用下列形式之一：

第一种形式：m/s；m·s^{-1}；$\frac{m}{s}$。

第二种形式：除加括号避免混淆外，单位符号中的斜线（/）不得超过一条。

（4）单位名称和单位符号都必须作为一个整体使用，不得拆开。如摄氏度的单位符号为℃，20℃不得写成或读成摄氏20度或20度。

四、建设工程检测常用计量单位换算

建设工程检测常用国家法定计量单位符号及换算如表2-5所示。

建设工程检测常用计量单位换算　　　　表2-5

量的名称	单位名称	单位符号	换算关系
时间	分	min	1min＝60s
	[小]时	h	1h＝60min＝3600s
	天（日）	d	1d＝24h＝86400s
长度	厘米	cm	1cm＝10^{-2}m
	毫米	mm	1mm＝10^{-3}m

续表

量的名称	单位名称	单位符号	换算关系
体积	升	L（l）	$1L = 10^{-3}m^3$
密度	千克每立方米	kg/m³	$1kg/m^3 = 10^{-3}g/cm^3$
	克每立方厘米	g/cm³	
质量	吨	t	$1t = 10^3kg$
	克	g	$1g = 10^{-3}kg$
力	牛[顿]	N	$1N = 1kg \cdot m/s^2$
强度	帕[斯卡]	Pa	$1Pa = 1N/m^2$
	千帕	kPa	$1MPa = 10^3kPa = 10^6Pa$
	兆帕	MPa	
频率	赫[兹]	Hz	$1Hz = 1s^{-1}$

第二节　有效数字和数值修约

一、有效数字

1. 有效数字的概念

人们在日常生活中接触到的数，有准确数和近似数。对于任何数，包括无限不循环小数和循环小数，截取一定位数后所得的即近似数。同样，根据误差公理，测量总是存在误差，测量结果只能是一个接近于真值的估计值，其数字也是近似数。

例如：将无限不循环小数$\pi = 3.14159\cdots$截取到百分位，可得到近似数3.14。

对于近似数，有效数字的概念：从左边的第一个非零数字算起，直到最末一位数字为止，所有的数字都叫做这个数的有效数字。

2. 有效数字的位数

对于近似数，从左边的第一个非零数字向右数而得到的位数，就是有效位数。

例：6.2，0.62，0.062，均为二位有效位数；

0.0620 为三位有效位数；

10.00 为四位有效位数。

二、数值修约

1. 基本概念

（1）数值修约：通过省略原数值的最后若干位数字，调整所保留的末位数字，使最后所得到的值最接近原数值的过程。经数值修约后的数值称为原数值的修约值。

（2）修约间隔：修约值的最小数值单位。修约间隔的数值一经确定，修约值即为该数值的整数倍。

例：如指定修约间隔为 0.1，修约值应在 0.1 的整数倍中选取，相当于将数值修约到一位小数；如指定修约间隔为 100，修约值应在 100 的整数倍中选取，相当于将数值修约到"百"数位。

2. 修约规则

数值修约的进舍规则："四舍六入五单双"。

（1）拟舍弃数字的最左一位数字小于 5 时，则舍去，保留其余各位数字不变。

例：将 13.145 修约到一位小数，得 13.1。

（2）拟舍弃数字的最左一位数字大于 5，则进一，即保留数字的末位数字加 1。

例：将 12.68 修约到个位数，得 13。

（3）拟舍弃数字的最左一位数字是 5，且其后有非 0 数字时进一，即保留数字的末位数字加 1。

例：将 10.5002 修约到个数位，得 11。

（4）拟舍弃的最左一位数字为 5，且后无数字或皆为 0 时，若保留的末位数字为奇数（1，3，5，7，9），则进一，即保留数字的末位数字加 1；若所保留的末位数字为偶数（0，2，4，6，8），则舍去。

例：将 0.350 修约到一位小数，得 0.4；将 0.0325 修约成两位有效数字，得 0.032。

（5）负数修约时，先将它的绝对值按前四条规定进行修约，然后在修约值前面加上负号。

例：将 –36.5 修约成两位有效数字，得 –36。

第三节　建筑材料常用物理量

一、材料的密度、表观密度和堆积密度

1. 密度（又称实际密度）

材料的密度是指材料在绝对密实状态下单位体积内所具有的质量，计算公式如下：

$$\rho = \frac{m}{V} \tag{2-1}$$

式中：ρ——材料的密度（g/cm^3 或 kg/m^3）；

m——材料干燥状态下的质量（g 或 kg）；

V——材料在绝对密实状态下的体积（cm^3 或 m^3）。

材料的密度只与构成材料的组成和结构有关，是材料的特征指标。

2. 表观密度

材料的表观密度是指材料在自然状态下单位体积内（包括封闭孔隙）所具有的质量，计算公式如下：

$$\rho_0 = \frac{m}{V_0} \tag{2-2}$$

式中：ρ_0——材料的表观密度（g/cm³ 或 kg/m³）；

　　　m——材料自然状态下（一般以干燥状态为准）的质量（g 或 kg）；

　　　V_0——材料在密实状态下（包含内封闭孔隙）的体积（cm³ 或 m³）。

材料处在不同的含水状态或环境，表观密度大小也不同，有干表观密度和湿表观密度之分，故表观密度须注明含水情况，未注明者常指气干状态，绝干状态下的表观密度称为干表观密度。

3. 堆积密度

材料的堆积密度是指粉状或粒状材料在自然堆积状态下单位体积的质量，计算公式如下：

$$\rho_0' = \frac{m}{V_0'} \tag{2-3}$$

式中：ρ_0'——材料的堆积密度（g/cm³ 或 kg/m³）；

　　　m——材料自然状态下（一般以干燥状态为准）的质量（g 或 kg）；

　　　V_0'——粉状或粒状材料在自然堆积状态下的体积，包含颗粒内部孔隙及颗粒之间的空隙（cm³ 或 m³）。

按自然堆积体积计算的密度为松散堆积密度，按规定方法颠实后体积计算的则为紧密堆积密度。

对于大部分材料，由于存在颗粒内部孔隙和颗粒之间空隙，故一般密度大于表观密度，表观密度大于堆积密度。

二、材料的孔隙率和空隙率

1. 孔隙率

材料的孔隙率是指材料内部孔隙体积占其总体积的百分率，计算公式如下：

$$P = (1 - \frac{\rho_0}{\rho}) \times 100 \tag{2-4}$$

式中：P——材料的孔隙率（%）；

　　　ρ_0——材料的表观密度；

　　　ρ——材料的密度。

2. 空隙率

材料的空隙率指散粒状材料在自然堆积状态下，颗粒之间空隙体积占总体积的百分率。

$$P' = (1 - \frac{\rho_0'}{\rho_0}) \times 100 \tag{2-5}$$

式中：P'——材料的空隙率（%）；

ρ_0'——材料的堆积密度；

ρ_0——材料的表观密度。

三、材料的强度、弹性与塑性

1. 强度

强度是指材料在外力作用下抵抗破坏的能力。根据外力作用方式不同，强度可分为抗压强度、抗拉强度、抗弯强度（抗折强度）、抗剪强度等，如图2-2所示。

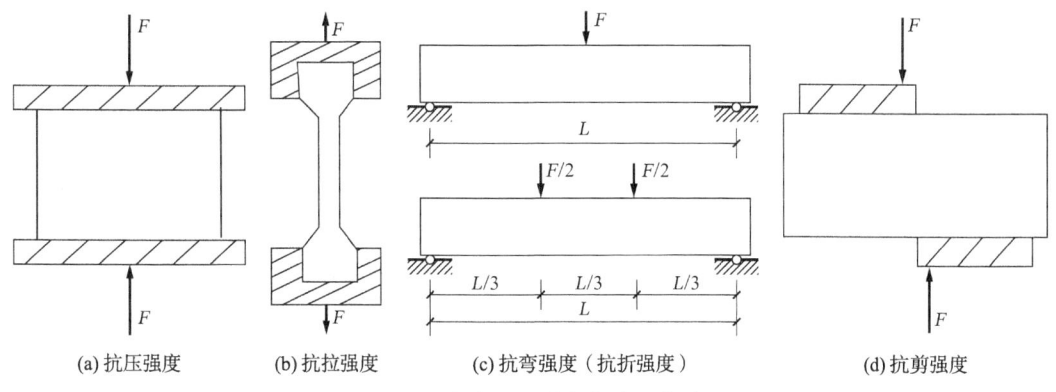

图2-2 各类强度受力方式示意图

（1）材料的抗压强度、抗拉强度、抗剪强度可直接由下式计算：

$$f = \frac{F}{A} \tag{2-6}$$

式中：f——材料强度（MPa）；

F——材料破坏荷载（N）；

A——试件受力面积（mm²）。

（2）材料的抗弯强度（抗折强度）可由下式计算：

单点加荷： $$f = \frac{3FL}{2bh^2} \tag{2-7}$$

三分点加荷： $$f = \frac{FL}{bh^2} \tag{2-8}$$

式中：F——材料破坏荷载（N）；

L——跨距（mm）；

b——试件宽度（mm）；

h——试件高度（mm）。

针对不同种类的材料具有抵抗不同形式力的作用特点,将材料按其相应极限强度的大小,划分为若干不同的强度等级。建筑物中主要用于承压部位的材料,如混凝土、砂浆、砖、砌块等,一般以抗压强度来划分强度等级;而建筑钢材在建筑物中主要承受拉力荷载,一般以屈服强度作为强度等级的划分依据。

2. 弹性和塑性

材料的弹性指材料在外力作用下产生变形,当外力解除后,能够完全恢复原来形状的性质。材料的这种可恢复的变形称为弹性变形,弹性变形属可逆变形,其大小与外力成正比,此时应力与应变的比值称为材料的弹性模量。

材料的塑性指材料在外力作用下产生变形,当外力解除后,有一部分变形不能恢复,这种性质称为材料的塑性。塑性变形为不可逆变形。

明显具有弹性变形特征的材料称为弹性材料;明显具有塑性变形特征的材料称为塑性材料。实际上,纯弹性与纯塑性材料都是不存在的。不同的材料在力的作用下,表现出不同的变形特征,图 2-3 为钢材受力变形示意图。从图中可看出,钢材在达到屈服强度前,仅产生弹性变形,此时,应力与应变的比值为一常数。随着外力增大,超出屈服点后,钢材产生塑性变形。

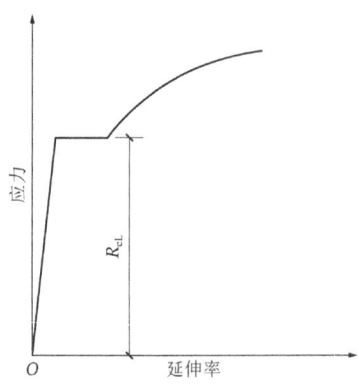

图 2-3　钢材受力变形示意图

四、材料的耐久性

材料的耐久性是指材料在使用中,抵抗自身和环境的长期破坏作用,保持其原有性能而不破坏、变质的能力。

材料在建筑物之中,除要受到各种外力的作用外,还经常受到许多自然因素的破坏作用。这些破坏作用包括物理、化学、机械及生物的作用。

物理作用包括干湿变化、温度变化及冻融变化等。这些作用将使材料发生体积的胀缩,或导致内部裂缝的扩展。时间长久之后即会使材料逐渐破坏。在寒冷冰冻地区,冻融变化对材料会起着显著的破坏作用。在高温环境下,经常处于高温状态的建筑物或构筑物,选用建筑材料要具有耐热性能。

化学作用包括酸、碱、盐等物质的水溶液以及有害气体的侵蚀作用。这些侵蚀作用会使材料逐渐变质而破坏。

机械作用包括荷载的持续作用，交变荷载对材料引起的疲劳、冲击、磨损、磨耗等。

生物作用包括菌类、昆虫等的侵害作用，导致材料发生腐朽、虫蛀等而破坏。

各种作用对于材料性能的影响，视材料本身的组分、结构而不同。在建筑材料中，金属材料主要易被电化学腐蚀；水泥砂浆、混凝土、砖瓦等无机非金属材料，主要是通过干湿循环、冻融循环、温度变化等物理作用，以及溶解、溶出、氧化等化学作用；高分子材料主要由于紫外线、臭氧等所起的化学作用，使材料变质失效；木材虽主要是由于腐烂菌引起腐朽和昆虫引起蛀蚀而使其失去使用性能，但环境的温度、湿度和空气又为菌类、虫类提供生存与繁殖的条件。

耐久性是材料的一种综合性质，建筑工程材料主要耐久性与破坏因素的关系如表 2-6 所示。

建筑工程材料主要耐久性与破坏因素的关系 表 2-6

名称	破坏因素分类	破坏因素	评定指标
抗渗性	物理	压力水、静水	渗透系数、抗渗等级
抗冻性	物理、化学	水、冻融作用	抗冻等级
钢筋锈蚀	物理、化学	H_2O、O_2、氯离子、电流	电位锈蚀率
碱集料反应	物理、化学	R_2O、O_2、活性集料	膨胀率

第四节 取样方法

检查批量生产的产品一般有两种方法，即全数检查和抽样检查。全数检查是对全部产品逐个进行检查，区分合格品和不合格品，检查对象是单个产品。全数检查也称为100%检查，目的是剔除不合格品，进行返修或报废。多数情况下，对批的检查采用抽样检查，即从检查批中抽取规定数量的产品作为样本进行检查，再根据所得到的质量数据和预先规定的判定规则来判定该批是否合格。

从检查批中抽取样本的方法称为抽样方法。鉴于批内产品质量的波动性和样本抽取的偶然性，抽样检查存在一定的错判风险。为降低抽样检查的错判风险，应确保抽样方法的正确性。抽样方案的设计以简单随机抽样为前提，为适应不同的使用目的，抽样方案的类型可以是多种多样的。

一、随机抽样方法

为提高样本的代表性，抽样应当是随机的，随机原则就是指试验对象的任何一点被抽取的概率是相等的，由随机因素所决定，排除人的主观性。常用的随机抽样方法有以下几种：

1. 简单随机抽样

简单随机抽样又称为纯随机抽样,是事前对总体数量不做任何分组排列,完全凭偶然的机遇从中抽取样本的方法。简单随机抽样一般可采用抽签法、摇码或查随机数表等方法抽取样本。

2. 分层随机抽样

如果一个批是由质量明显差异的几个部分所组成,则可将其分为若干层,使层内的质量较为均匀,而层间的差异较为明显。从各层中按一定的比例随机抽样,即称为分层随机抽样。在正确分层的前提下,分层抽样的代表性比较好;如果对批质量的分布不了解或者分层不正确,则分层抽样的效果可能会适得其反。

3. 系统随机抽样

如果一个批的产品可按一定的顺序排列,并可将其分为数量相当的几个部分,此时,从每个部分按简单随机抽样方法确定的相同位置,按事先确定的规则在各部分抽取样本,这种抽样方法称为系统随机抽样。

二、样品缩分方法

缩分是制样的关键程序,目的在于减少试样量。缩分方法可分为机械方法和人工缩分方法。建筑材料试验中,对于粉状或粒状材料,如砂、石,样品缩分方法通常可选用采用分料器缩分法或人工四分法缩分。

1. 分料器缩分法

将样品拌和均匀,然后将其通过分料器(图 2-4),留下两个接料斗中的一份,并将另一份再次通过分料器。重复上述过程,直至把样品缩分到试验所需量为止。

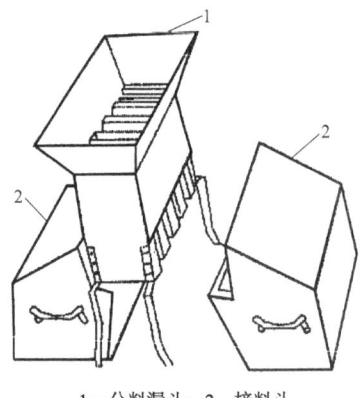

1—分料漏斗;2—接料斗

图 2-4 分料器

2. 人工四分法

将混合试样拌和均匀后在平板上摊平成"圆饼"形,然后沿互相垂直的两条直径,把"圆饼"分成大致相等的四份,取其对角的两份重新拌匀,再摊成"圆饼"形。重复上述过程，直至把样品缩分到试验所需数量为止（图2-5）。

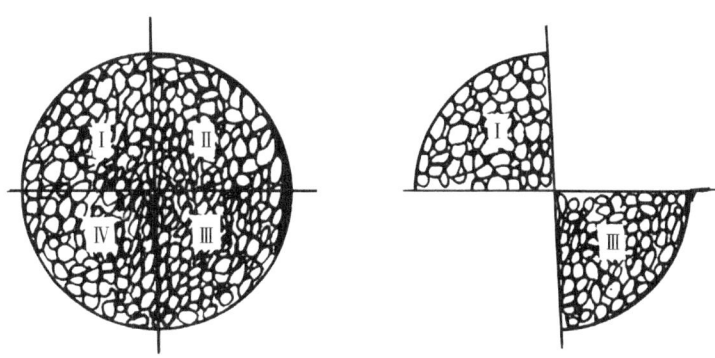

图 2-5　人工四分法示意图

第三章

施工现场试验工作

第一节 施工现场试验工作的目的和意义

施工现场试验工作是指依据国家、行业、地方等相关标准，对建设工程施工所使用的材料或施工过程中为控制质量而进行的试样（件）抽取，委托检测单位进行质量评价的活动；也包括现场试验人员直接进行的半成品性能、工序质量等检测试验活动。

多年来，行业主管部门在广泛调查研究、总结建筑工程施工现场的检测试验技术管理的实践经验的基础上，逐步把管理的重点指向了建筑工程施工现场的检测试验技术工作。住房和城乡建设部于2010年7月1日颁布实施的国家行业标准《建筑工程检测试验技术管理规范》JGJ 190—2010，是新中国成立以来，首次以"规范"的形式，对建筑工程施工现场的检测试验技术工作加以规范。从一个侧面反映出施工现场试验工作的重要性。

一、现场试验工作的重要性

建设工程质量的评价是通过检测来完成的。

建设工程质量检测是一个由施工现场抽取试样、建设单位委托送检、监理单位见证、检测单位验收试样并对试样进行试验或直接对现场实体进行检测、最终出具试验报告的系统工程。系统中的参与各方同时肩负着真实客观评价建设工程质量的重大责任。所以，《建筑工程检测试验技术管理规范》JGJ 190—2010 中以强制性条文，对建设工程质量检测参与各方作出了严格规定：

（1）施工单位及其取样、送检人员必须确保提供的检测试样具有真实性和代表性。

（2）进场材料的检测试样，必须从施工现场随机抽取，严禁在现场外制取。

（3）施工过程质量检测试样，除确定工艺参数可制作模拟试样外，必须从现场相应的施工部位制取。

（4）对检测试验结果不合格的报告严禁抽撤、替换或修改。

（5）见证人员必须对见证取样和送检的过程进行见证，且必须确保见证取样和送检过程的真实性。

（6）检测机构应确保检测数据和检测报告的真实性和准确性。

以上 6 条强制性条文中，有 4 条都是针对建设工程施工的现场试验工作，其中 3 条直指试样抽取。

之所以如此重视现场试验管理工作，是因为如果用于建设施工的材料和施工过程中所抽取的试样不真实、不具有代表性，那么后面的一切检测工作都变成了无的之矢，毫无意义。

二、现场材料抽取试样复试的目的和意义

任何建筑物都不是凭空而来的，是由各种建筑材料搭建而成，建筑材料质量的优劣直接关系到建筑物的质量。

建筑材料运抵现场，在应用该种材料进行施工前，施工现场试验人员按标准规定从现场抽取材料试样委托检测机构进行检测，得到材料质量合格的试验报告后，再应用该种材料进行施工；反之，材料质量不合格，按照规定进行处置。从而杜绝了不合格材料进入施工过程。即是现场材料抽取试样复试的根本目的和意义。

材料进入施工现场一般都附有厂家的产品质量合格证，但为了防止下列情况发生：

（1）在包装、搬运、运输过程或其他情况下，材料质量发生变化。

（2）产品质量合格证与材料实际质量不符等。

所以材料进入施工现场后要按标准规定在现场取得试样，到检测机构进行质量性能、质量合格与否的复试。

三、施工过程质量试件抽取检测的目的和意义

一个简单的道理是，我们不可能每建起一座建筑物后，为了检验最终质量而对它进行整体的破坏性荷载试验。那么，建筑物的实体质量如何体现呢？它是利用施工过程中或每道工序进行当中按照相关标准规定随机抽取试样（件），在标准规定时间委托检测单位对试样（件）进行检测，以试样（件）的质量检测结果来评价建筑物的实体质量。

如混凝土结构施工，在浇筑过程当中，按照相关规范要求的取样频率抽取试样，按标准要求制作成试件、养护至规定龄期，委托检测单位进行抗压强度试验，所得到的混凝土试件的抗压强度结果，以此反映抽取试样时所浇筑混凝土结构的强度质量。

反之，施工过程中没有按相关标准规定抽取试样，或抽取试样时掺杂进其他虚假因素，就无法获得检测结果或是虚假的检测结果；那么，就不能对建筑物的实体质量进行客观的评价。在这种情况下，要么是建筑物可能存在着质量隐患，要么就要动用更多的人力、物力对建筑物进行实体检测。

建设工程作为一种特殊的产品，除具有一般工业产品具有的质量特性外，还具有其特定的内涵。综上所述，现场试验工作是保证建设工程质量的第一道关卡，其重要性显而易见。

第二节 现场试验工作管理

一、现场试验工作的组织与实施

《建筑工程检测试验技术管理规范》JGJ 190—2010 中第 3.0.3 条明确规定:"建筑(设)工程施工现场检测试验的组织管理和实施应由施工单位负责。当建筑(设)工程实行施工总承包时,可由总承包单位负责整体组织管理和实施,分包单位按合同确定的施工范围各负其责。"

(1)该条款明确规定了施工现场检测试验组织管理的责任者是施工单位,这与哪方(建设单位或施工单位)与检测机构签订检测试验合同无关。

(2)该条款确定了总承包单位的整体组织管理和实施的责任;分包单位可按施工范围各负其责,但应服从总包方的整体组织管理。

二、现场试验人员、仪器设备、设施

建筑(设)工程施工现场应配备满足检测试验需要的试验人员、仪器设备、设施及相关标准。

这是根据多年来的实践经验,依据科学的管理方法总结出来的施工现场开展检测试验工作应具备的基本条件,是保证建设工程施工质量的重要前提之一。

(1)施工现场试验所配备的现场试验人员应掌握相关标准,并应经过技术培训、考核。

(2)为了保证现场试验工作的顺利进行,施工现场应配置必要的仪器、设备;并应建立仪器、设备管理台账,按有关规定对应进行检定(校准)的仪器、设备进行计量检定(校准)。并应做好日常维护保养,保持状态完好。

(3)施工现场的试验环境与设施,如工作间、标准养护室及温、湿度控制等设施应能满足试验工作的要求。

(4)施工现场试验工作的基本条件可参照表 3-1 进行配置。

施工现场试验工作基本条件　　　　表 3-1

项目	基本条件
试验人员	根据工程规模和试验工作的需要配备,宜为(1~3)人
仪器设备	根据试验项目确定。一般应配备:天平、台秤、案秤、温度计、湿度计、混凝土振动台、混凝土试模、砂浆试模、坍落度筒、砂浆稠度仪、钢直(卷)尺、环刀、烘(烤)箱等
设施	工作间(操作间)面积不宜小于 15m²,温、湿度应满足有关规定
	对混凝土结构工程,宜设标准养护室,不具备条件时可采用养护箱或养护池,温、湿度应符合标准规定

（5）为了使现场试验人员能够按照标准方法抽取、制作试样（件），施工现场应为现场试验人员配备相关的技术标准。

三、现场试验管理制度

各种科学的管理制度都是人类实践经验的总结，是为了达到某种目的而对制度执行人的行为进行规范和约束。

《建筑工程检测试验技术管理规范》JGJ 190—2010 中第 5.1.1 条规定："施工现场应建立健全检测试验管理制度，施工项目技术负责人应组织检查检测试验管理制度的执行情况。"该条款就是为了达到规范施工现场的试验行为的目的，提出的建立健全检测试验管理制度的具体要求；同时规定了施工项目技术负责人是管理制度执行情况的第一责任人。

施工现场检测至少应涵盖以下几项试验管理制度：

（1）岗位职责。
（2）现场试样制取及养护管理制度。
（3）仪器设备管理制度。
（4）现场检测试验安全管理制度。
（5）检测试验报告管理制度。

四、建立试验台账

试验台账是记录检测试验综合信息的文档工具。建筑工程的施工周期一般较长，为确保检测试验工作按照检测试验计划和施工进度顺利实施，做到不漏检、不错检，并保证检测试验工作的可追溯性，对检测频次较高的检测试验项目应建立试样台账，以便管理。

检测试验结果是施工质量控制情况的真实反映。将不合格或不符合要求的检测试验结果及处置情况在台账中注明，并将台账作为资料保存，不仅能真实反映施工质量的控制过程，还能为检测试验工作的追溯提供依据。

施工现场一般应按单位工程分别建立下列试样台账：

（1）钢筋试样台账。
（2）钢筋连接接头试样台账。
（3）混凝土试件台账。
（4）砂浆试件台账。
（5）需要建立的其他试件台账。

《建筑工程检测试验技术管理规范》JGJ 190—2010 中，对试样台账的保存作出了规定，即试样台账应作为施工资料保存。

五、确保取样的真实性和代表性

施工现场试验管理工作的根本，就是为了达到一个目的：确保试验取样具有真实性和代表性。

《建筑工程检测试验技术管理规范》JGJ 190—2010 中第 3.0.4 条，以强制性条文作出明确规定："施工单位及其取样、送检人员必须确保提供的试样具有真实性和代表性。"

如前文所述，检测试样如果是虚假的或不具有代表性，那后面的一道道工作都失去了意义，所以检测试样的真实性和代表性对工程质量的判定至关重要，必须明确施工单位及其取样、送检人员所承担的法律责任。

（1）检测试样的"真实性"，即该试样是按照有关规定真实制取，而非造假、替换或采用其他方式形成的假试样；而"代表性"是指该试样的取样方法、取样数量（抽样率）、制取部位等应符合有关标准的规定或符合科学的取样原则，能代表受检对象的实际质量状况。

（2）由于取样和送检人员均隶属于施工单位，故规定施工单位应对所提供的检测试样的真实性和代表性承担法律责任；而具体实施取样、送样的相应人员也应对所提供试样的真实性和代表性承担相应的法律责任。

第三节　现场试验工作程序

建设工程施工现场检测试验工作一般按以下程序进行：
（1）制定检测试验计划。
（2）制取（养护）试样。
（3）试样标识。
（4）登记台账。
（5）委托送检。
（6）试验报告管理。

所谓工作程序，并不是一定要顺序照搬，有可能是穿插进行的，但以上 6 项工作，是不可或缺的；本节对施工现场检测试验技术管理的工作程序作出了一般规定，也可以说是主要步骤。

一、制定检测试验计划

建设工程施工是一项庞杂的系统工程，条块分割，纵横交叉；但检测试验却是贯穿几乎整个施工过程。所以制定检测试验计划是施工质量控制的重要环节，是预防措施。有了计划，才能合理配置、利用检测试验资源，规范有序，避免漏检错检。

本节将回答以下三个问题，即计划由谁负责制定、怎样制定（编制要求及计划调整）、依据是什么，方便施工现场有关人员具体实施。

（1）施工检测试验计划应在工程施工前，由施工项目技术负责人组织有关人员编制，且现场试验人员应参与其中；并应报送监理单位进行审查和共同实施。

（2）根据施工检测试验计划应制定相应的见证取样和送检计划。

（3）施工检测试验计划应按检测试验项目分别编制，且应包括以下内容：

①检测试验项目名称；

②检测试验参数；

③试样规格；

④代表批量；

⑤施工部位；

⑥计划检测试验时间。

（4）施工检测试验计划编制应依据国家有关标准的规定和施工质量控制的需要，并应符合以下规定：

①材料的检测试验应依据预算量、进场计划及相关标准规定的抽检率确定抽检频次；

②施工过程质量检测试验应依据施工流水段划分、工程量、施工环境及质量控制的需要确定抽检频次；

③工程实体质量与使用功能检测应按照相关标准的要求确定检测频次；

④计划检测试验时间应根据工程施工进度计划确定。

（5）发生下列情况之一并影响施工检测试验计划实施时，应及时调整施工检测试验计划：

①设计变更；

②施工工艺改变；

③施工进度调整；

④材料和设备的规格、型号或数量变化。

（6）调整后的检测试验计划应重新报送监理单位进行审查。

目前，我国各省、市对见证取样项目及比例规定有所不同，近年新编或新修订的标准对某些检测项目也作出了见证试验的要求，为保证见证检测项目及抽检比例符合规定，监理单位应根据施工检测试验计划和施工单位共同制定相应的见证取样和送检计划。

监理单位对检测试验计划的实施进行监督是保证施工单位检测试验活动按计划进行的必要手段。

二、制取试样（件）

制取试样（件）是现场试验人员的主要工作，应尽职尽责，确保提供的试样具有真实性和代表性。

试样（件）制取一般包括两部分内容：

（1）材料进场检测，如水泥、钢材、防水材料、保温材料等。

（2）施工过程质量检测试验，如混凝土、砂浆试件，钢筋连接试件等。

《建筑工程检测试验技术管理规范》JGJ 190—2010 中第 5.4.1 条以强制性条文规定："进场材料的检测试样，必须从施工现场随机抽取，严禁在现场外制取。"

《建筑工程检测试验技术管理规范》JGJ 190—2010 中第 5.4.2 条以强制性条文规定："施工过程质量检测试样，除确定工艺参数可制作模拟试样外，必须从现场相应的施工部位制取。"

上述两条作为强制性条文，是针对进场材料和施工过程质量检测试验试样制取作出的严格规定。同时也是对《建筑工程检测试验技术管理规范》JGJ 190—2010 第 3.0.4 条"施工单位及其取样、送检人员必须确保提供的检测试样具有真实性和代表性"要求的具体体现。

只有在施工现场按照相关标准随机抽取的材料试样或在相应施工部位制取的施工过程质量检验试件，才是对应用于工程施工的材料和工程实体质量的真实反映，所以强调除确定工艺参数可制作模拟试件外，其他试样均应在现场内制取。

此规定可以进一步理解为：检测试验试样既不得在现场以外的任何其他地点制作，也不得由生产厂家或供应商直接向检测单位提供。

施工现场常见各类试样（件）制取的方法，依据标准、组批原则、取样数量等规定及取样注意事项参照本书的第二、第三章各节内容。

工程实体质量与使用功能的检测，除"混凝土结构实体检测用同条件养护试件"外，一般是委托检测机构到现场抽取试样或实地进行现场检测；施工现场试验人员应做好配合工作。

三、试样标识

试样标识是检测管理工作中的重要环节，也是试样身份的证明。施工现场对委托检测的材料试样或施工过程质量检验试件，应根据试样（件）的形状、包装和特性作出必要的唯一性标识。

试样（件）应有唯一性标识，并应符合下列规定：

（1）试样应按照取样时间顺序连续编号（试件编号），不得空号、重号。

（2）试样标识的内容应根据试样的特性确定，应包括名称、规格（或强度等级）、制取日期等信息。

（3）试样标识应字迹清晰、附着牢固。

试样标识具有唯一性且应连续编号，是为了保证检测试验工作有序进行，也在一定程度上防止出现虚假试样或"备用"试样，避免出现补做或替换试样等违规现象。

各类试样（件）的标识参考本书的第二、第三章各节中的"试件标识"。

四、登记台账

施工现场应建立试验台账，并应及时、实事求是地登记台账。登记台账的一般程序为：

（1）现场试验人员制取试样并做出标识后，应按试样编号顺序登记试样台账。

（2）到检测机构委托试验后，应在试样台账上登记该项试验的委托编号。

（3）从检测机构领取检测试验报告后，应在试样台账上登记该试验的报告编号。

（4）检测试验结果为不合格或不符合要求时，应在试样台账中注明处置情况。

《建筑工程检测试验技术管理规范》JGJ 190—2010 附录中列举了"通用试样台账""钢筋试样台账""钢筋连接接头试样台账""混凝土试件台账"和"砂浆试件台账"等施工现场常用的试验台账样式供参考。

五、委托送检

委托送检的一般程序为：

（1）现场试验人员应根据施工需要及有关标准的规定，将标识后的试样及时送至检测单位委托检测试验。

（2）在委托检测试验时，应按检测单位委托单填写的要求，字迹清晰地正确填写试验委托单，并注明所检验试样所要求的标准依据。

（3）委托检验时，应和检测单位的相关人员一起，共同核对、确认所委托试样的数量、规格和外观。

（4）如有特殊要求，应向检测单位的相关人员声明，并在试验委托单中注明。

六、试验报告管理

检测试验报告管理，即报告的出具、领取交接、备查及存档全过程的管理。检测试验报告应真实反映工程质量，当出现检测试验结果不合格时，其意义更为重要，它不仅可以让我们及时了解材料的缺陷或实体结构存在的质量隐患，也是处置方案的依据，所以应对试验报告管理给予充分的认识。

（1）检测试验报告的数据或结论由检测单位给出，检测单位对其真实性和准确性承担法律责任。

（2）现场试验人员应及时获取检测试验报告，并在检测机构的试验报告领取簿上签字确认，详细核查报告内容。当检测试验结果为不合格、不符合要求或无明确结论时，应及时报告施工项目技术负责人、监理单位及相关资料管理人员。

（3）检测试验报告的编号和检测试验结果应在试样台账上登记。

（4）现场试验人员应将登记后的检测试验报告移交给相关技术人员。

（5）《建筑工程检测试验技术管理规范》JGJ 190—2010 中第 5.7.4 条以强制性条文规定："对检测试验结果不合格的报告严禁抽撤、替换或修改。"

但部分施工人员出于种种原因，特别担心工程质量不合格会受到处罚或影响工程验收等，采取了抽撤、替换或修改不合格检测试验报告的违规做法，掩盖了工程质量的真实情况，后果极其严重，应坚决制止。

（6）检测试验报告中的送检信息需要修改时，应由现场试验人员提出申请，写明原因，并经施工项目技术负责人批准。涉及见证检测报告送检信息修改时，尚应经见证人员同意并签字。

检测试验报告中的"送检信息"由现场试验人员提供。当检测试验报告中的送检信息填写不全或出现错误时，允许对其进行修改，但应按照规定的程序经过审批后实施。

第四节 现场试验

现场试验，是指现场试验人员在施工现场为控制施工质量，依据相关标准，进行的试验。根据有关规定现场试验人员在施工现场可进行的试验项目有：混凝土稠度试验、回填土干密度（含水率）试验、混凝土冬期施工（大体积混凝土）测温等。

一、混凝土稠度（坍落度、扩展度、维勃稠度）试验

混凝土的稠度试验，是利用测定混凝土拌合物坍落度（维勃稠度）的方法评价混凝土拌合物的和易性，而和易性是影响混凝土施工的重要因素之一。

当骨料最大粒径不大于 40mm、坍落度不小于 10mm 时，混凝土的稠度试验采用测定混凝土拌合物坍落度和坍落扩展度的方法。

1. 相关标准

《普通混凝土拌合物性能试验方法标准》GB/T 50080—2016。

2. 坍落度测定仪

坍落度测定仪由坍落筒、测量标尺、平尺、捣棒和底板等组成。坍落筒，是由铸铁或钢板制成的圆台筒，其内壁应光滑、无凹凸。底面和顶面应互相平行并与锥体轴线同轴，在其高度 2/3 处设两个把手，下端有脚踏板。坍落筒的尺寸为：顶部内径，(100 ± 1)mm；底部内径，(200 ± 1)mm；高度，(300 ± 1)mm；筒壁厚度不应小于 3mm。

底板采用铸铁或钢板制成。宽度不应小于 500mm，其表面应光滑、平整，并具有足够的刚度。

捣棒用圆钢制成，表面应光滑，其直径为(16 ± 0.1)mm、长度为(600 ± 5)mm，且端部呈半球形。

3. 混凝土坍落度试验方法

混凝土坍落度试验依据《普通混凝土拌合物性能试验方法标准》GB/T 50080—2016 按下列步骤进行：

（1）湿润坍落度筒及底板，在坍落度筒内壁和底板上应无明水。底板应放置在坚实水平面上，并把筒放在底板中心，然后用脚踩住两边的脚踏板，坍落度筒在装料时应保持固

定的位置。

（2）把按要求取得的混凝土试样用小铲分三层均匀地装入筒内，使捣实后每层高度为筒高的1/3左右，每层用捣棒插捣25次。插捣应沿螺旋方向由外向中心进行，各次插捣应在截面上均匀分布。插捣筒边混凝土时，捣棒可以稍稍倾斜。插捣底层时，捣棒应贯穿整个深度，插捣第二层和顶层时，捣棒应插透本层至下一层的表面；浇灌顶层时，混凝土应灌到高出筒口。插捣过程中，如混凝土沉落到低于筒口，则应随时添加。顶层插捣完后，刮去多余的混凝土，并用抹刀抹平。

（3）清除筒边底板上的混凝土后，垂直平稳地提起坍落度筒，坍落度筒的提离过程应在(5～10)s内完成，从开始装料到提起坍落度筒的整个过程应不间断地进行，并应在150s内完成。

（4）提起坍落度筒后，测量筒高与坍落后混凝土试体最高点之间的高度差，即为该混凝土拌合物的坍落度值；坍落度筒提离后，如混凝土发生崩坍或一边剪坏现象，则应重新取样另行测定；如第二次试验仍出现上述现象，则表示该混凝土和易性（混凝土的和易性包括流动性、黏聚性和保水性）不好，应予记录备查。

（5）观察坍落后的混凝土试体的黏聚性及保水性。黏聚性的检查方法是用捣棒在已坍落的混凝土锥体侧面轻轻敲打，此时如果锥体逐渐下沉，则表示黏聚性良好，如果锥体倒塌、部分崩裂或出现离析现象，则表示黏聚性不好。保水性以混凝土拌合物稀浆析出的程度来评定，坍落度筒提起后如有较多的稀浆从底部析出，锥体部分的混凝土也因失浆而骨料外露，则表明此混凝土拌合物的保水性能不好，如坍落度筒提起后无稀浆或仅有少量稀浆自底部析出，即表示此混凝土拌合物保水性良好。

4. 混凝土坍落扩展度试验方法

当混凝土拌合物的坍落度大于220mm时，用钢尺测量混凝土扩展后最终的最大直径和最小直径，在这两个直径之差小于50mm的条件下，用其算术平均值作为坍落扩展度值；否则，此次试验无效。

如果发现粗骨料在中央集堆或边缘有水泥浆析出，表示此混凝土拌合物抗离析性不好，应予记录。

5. 混凝土坍落度或扩展度测试结果

混凝土拌合物坍落度和扩展度值以mm为单位，测量精确至1mm，结果表达修约至5mm。

6. 维勃稠度试验

本方法适用于骨料最大粒径不大于40mm，维勃稠度在(5～30)s之间的混凝土拌合物稠度测定。

（1）维勃稠度试验所用维勃稠度仪应符合《维勃稠度仪》JG/T 250—2009中技术要求的规定。

（2）维勃稠度试验应按下列步骤进行：

①维勃稠度仪应放置在坚实水平面上，用湿布把容器、坍落度筒、喂料斗内壁及其他

用具润湿；

②将喂料斗提到坍落度筒上方扣紧，校正容器位置，使其中心与喂料中心重合，然后拧紧固定螺栓；

③把按要求取样或制作的混凝土拌合物试样用小铲分三层经喂料斗均匀地装入筒内，装料及插捣的方法和混凝土坍落度方法相同；

④把喂料斗转离，垂直地提起坍落度筒，此时应注意不使混凝土试体产生横向的摆动；

⑤把透明圆盘转到混凝土圆台体顶面，放松测杆螺栓，降下圆盘，使其轻轻接触到混凝土顶面；

⑥拧紧定位螺钉，并检查测杆螺钉是否已经完全放松；

⑦在开启振动台的同时用秒表计时，当振动到透明圆盘的底面被水泥浆布满的瞬间停止计时，并关闭振动台。

（3）由秒表读出时间即为混凝土拌合物的维勃稠度值，精确至1s。

7.混凝土稠度测试要求

（1）对现场自拌混凝土，其拌合物的稠度应在搅拌地点和浇筑地点分别取样进行检测，每一工作班不应少于一次，以浇筑地点的测值为评定值。在预制混凝土构件厂（场），如混凝土拌合物从搅拌机出料起至浇筑入模的时间不超过15min时，其稠度可仅在搅拌地点取样测试。

（2）对于预拌混凝土，在卸料地点，应检测其稠度。

（3）在检测混凝土稠度（坍落度）的同时，应按本节的有关要求观察混凝土拌合物的黏聚性和保水性。

（4）混凝土稠度测试后，应按本节要求记录混凝土拌合物稠度值。

（5）混凝土拌合物稠度允许偏差值如表3-2所示。

混凝土拌合物稠度允许偏差 表3-2

拌合物性能		允许偏差		
坍落度（mm）	设计值	≤40	50～90	≥100
	允许偏差	±10	±20	±30
维勃稠度（s）	设计值	≥11	10～6	≤5
	允许偏差	±3	±2	±1
扩展度（mm）	设计值	≥350		
	允许偏差	±30		

8.混凝土稠度的施工技术要求

（1）混凝土拌合物应在满足施工要求的前提下，尽可能采用较小的坍落度；泵送混凝土拌合物坍落度设计值不宜大于180mm。

（2）泵送高强混凝土的扩展度不宜小于 500mm，自密实混凝土的扩展度不宜小于 600mm。

（3）混凝土拌合物的坍落度的经时损失不应影响混凝土的正常施工。泵送混凝土拌合物的坍落度经时损失不宜大于 30mm/h。

（4）混凝土拌合物应具有良好的和易性，并不得离析或泌水。

二、回（压实）填土试验

施工现场土的回填是为了提高回填土的密实度，改善其变形性质或渗透性质而采取的人工处理方法。

现场压实填土包括分层压实和分层夯实的填土。当利用压实填土作为建筑工程的地基持力层时，在平整场地前，应根据结构类型、填料性能和现场条件等，对拟压实的填土提出质量要求。

施工现场回填土的试验程序一般为：

（1）委托检测单位对回填用土进行击实试验。

（2）检测单位通过击实试验，给出施工单位所委托试验土样的最大干密度与最优含水率数值。

（3）施工单位依据最优含水率值控制现场回填土中的水分，力争达到最优含水率。

（4）施工单位依据最大干密度值乘以标准或设计给定的压实系数值，得到现场回填土干密度的最低控制值。

（5）现场试验人员实测已施工（经过碾压、夯实）填土的干密度，经计算如大于或等于最低控制值，压（夯）实填土施工合格；反之为不合格。

1. 相关标准

（1）《建筑地基基础工程施工质量验收标准》GB 50202—2018。

（2）《土工试验方法标准》GB/T 50123—2019。

2. 基本概念

（1）地基：为支撑基础的土体或岩体。

（2）基础：将结构所承受的各种作用传递到地基上的结构组成部分。

（3）复合地基：部分土体被增强或被置换，而形成的由地基土和增强体共同承担荷载的人工地基。

（4）碎石土：为粒径大于 2mm 的颗粒含量不超过全重 50%的土，可分为漂石、块石、卵石、碎石、圆砾和角砾。

（5）砂土：为粒径大于 2mm 的颗粒含量超过全重 50%、粒径大于 0.075mm 的颗粒超过全重 50%的土，砂土分为砾砂、粗砂、中砂、细砂和粉砂。

（6）黏性土：为塑性指数大于 10 的土，可分为黏土、粉质黏土。

(7)粉土：介于砂土和黏性土之间，塑性指数小于等于 10 且粒径大于 0.075mm 的颗粒不超过全重 50%的土。

(8)素填土：由碎石土、砂土、粉土、黏性土等组成的填土。

(9)灰土：将细粒土和石灰按一定体积比混合成的土。通常有 3∶7 和 2∶8 两个比例，前者为石灰体积数，后者为土的体积数；与素土相比，灰土有较好的防潮、防水效果。

(10)土的塑限：黏性土由固态或半固态状态过渡到可塑状态的界限含水量称为土的塑限。

(11)土的液限：黏性土由可塑状态过渡到流动状态的界限含水量称为土的液限。

(12)塑性指数：塑性指数是液限与塑限的差值，即土处在可塑状态的含水量变化范围，反映土的可塑性的大小。

(13)夯填度：褥垫层夯实后的厚度与虚铺厚度的比值。

(14)巨粒土、粗粒土和细粒土，土的粒组划分如图3-1所示。

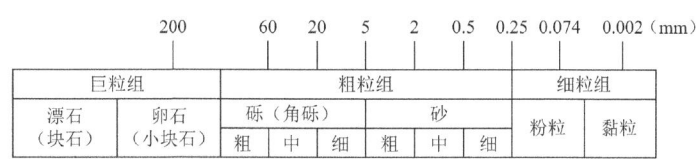

图 3-1　土的粒组划分

3. 土的含水率试验

本试验方法适用于粗粒土、细粒土、有机质土和冻土。

(1)本试验所用的主要仪器设备，应符合下列规定：

电热烘箱：应能控制温度为(105～110)℃。

天平：称量 200g，最小分度值 0.01g；称量 1000g，最小分度值 0.1g。

(2)含水率试验，应按下列步骤进行：

①取具有代表性试样(15～30)g 或用环刀中的试样，有机质土、砂类土和整体状构造土为 50g，放入称量盒内，盖上盒盖，称盒加湿土质量，准确至 0.01g。

②打开盒盖，将盒置于烘箱内，在(105～110)℃的恒温下烘至恒量。烘干时间对黏土、粉土不得少于 8h，对砂土不得少于 6h，对含有有机质超过土质量 5%的土，应将温度控制在(65～70)℃的恒温下烘至恒量。

③将称量盒从烘箱中取出，盖上盒盖，放入干燥容器内冷却至室温，称盒加干土质量，准确至 0.01g。

(3)试样含水率，应按下列公式计算，准确至 0.1%。

$$w_0 = (m_0/m_d - 1) \times 100 \tag{3-1}$$

式中：w_0——含水率（%）；

m_d——干土质量（g）；

m_0——湿土质量（g）。

（4）本试验必须对两个试样进行平行测定，测定的差值：当含水率小于40%时为1%；当含水率等于大于40%时为2%，对层状和网状构造的冻土不大于3%。取两个测值的平均值，以百分数表示。

4. 压（夯）实土的取样

在压实填土的过程中，垫层的施工质量检验必须分层进行。应在每层的压实系数符合设计要求后铺填上层土。

（1）对大基坑每(50～100)m² 不应少于 1 个检验点。

（2）对基槽每(10～20)m² 不应少于 1 个点。

（3）每个独立柱基础不应少于 1 个点。采用贯入仪或动力触探检验垫层的施工质量时，每分层检验点的间距应小于 4m。

（4）竣工验收采用载荷试验检验垫层承载力时，每个单体工程不宜少于 3 点；对于大型工程则应按单体工程的数量或工程的面积确定检验点数。

（5）对灰土地基、砂和砂石地基、土工合成材料地基、粉煤灰地基、强夯地基、注浆地基、预压地基，其竣工后的结果（地基强度或承载力）必须达到设计的标准。检验数量，每单位工程不应少于 3 点，1000m² 以上的工程，每 100m² 至少应有 1 点；3000m² 以上的工程，每 300m² 至少应有 1 点。每一独立基础下至少应有 1 点，基槽每 20 延米应有 1 点。（注：当用环刀取样时，取样点应位于每层厚度的 2/3 的深度处）

5. 压（夯）实土的干密度试验

试验方法有三种：环刀法、灌水法、灌砂法。

1）环刀法

本试验方法适用于细粒土。

（1）本试验所用的主要仪器设备，应符合下列规定：

环刀：内径 61.8mm 和 79.8mm，高度 20mm。

天平：称量 500g，最小分度值 0.1g；称量 200g，最小分度值 0.01g。

（2）根据试验要求用环刀切取试样时，应在环刀内壁涂一薄层凡士林，刃口向下放在土样上，将环刀垂直下压，并用切土刀沿环刀外侧切削土样，边压边削至土样高出环刀，根据试样的软硬采用钢丝锯或切土刀整平环刀两端土样，擦净环刀外壁，称环刀和土的总质量。

（3）试样的湿密度，应按下式计算：

$$\rho_0 = m_0/V \tag{3-2}$$

式中：ρ_0——试样的湿密度（g/cm³），准确至 0.01g/cm³；

m_0——湿土试样的质量（g）。

（4）试样的干密度（ρ_d），应按下式计算：

$$\rho_d = \rho_0/(1 + 0.01w_0) \tag{3-3}$$

本试验应进行两次平行测定，两次测定的差值不得大于 0.03g/cm³，取两次测值的平均值。

2）灌水法

本试验方法适用于现场测定粗粒土的密度。

（1）本试验所用的主要仪器设备，应符合下列规定：

储水筒：直径应均匀，并附有刻度及出水管。

台秤：称量50kg，最小分度值10g。

（2）灌水法试验，应按下列步骤进行：

①根据试样最大粒径，确定试坑尺寸如表3-3所示。

试坑尺寸（mm）　　　　表3-3

试样最大粒径	试坑尺寸	
	直径	深度
5（20）	150	200
40	200	250
60	250	300

②将选定试验处的试坑地面整平，除去表面松散的土层。

③按确定的试坑直径划出坑口轮廓线，在轮廓线内下挖至要求深度，边挖边将坑内的试样装入盛土容器内，称试样质量，准确至10g，并应测定试样的含水率。

④试坑挖好后，放上相应尺寸的套环，用水准尺找平，将大于试坑容积的塑料薄膜袋平铺于坑内，翻过套环压住薄膜四周。

⑤记录储水筒内初始水位高度，拧开储水筒出水管开关，将水缓慢注入塑料薄膜袋中。当袋内水面接近套环边缘时，将水流调小，直至袋内水面与套环边缘齐平时关闭出水管，持续(3～5)min，记录储水筒内水位高度。当袋内出现水面下降时，应另取塑料薄膜袋重做试验。

（3）试坑的体积，应按下式计算：

$$V_p = (H_1 - H_2) \times A_w - V_0 \tag{3-4}$$

式中：V_p——试坑体积（cm³）；

H_1——储水筒内初始水位高度（cm）；

H_2——储水筒内注水终了时水位高度（cm）；

A_w——储水筒断面面积（cm²）；

V_0——套环体积（cm³）。

（4）试样的密度计算应按下式计算：

$$\rho_0 = m_p/V_p \tag{3-5}$$

式中：m_p——取自试坑内的试样质量（g）。

3）灌砂法

本试验方法适用于现场测定粗粒土的密度。

（1）本试验所用的主要仪器设备，应符合下列规定：

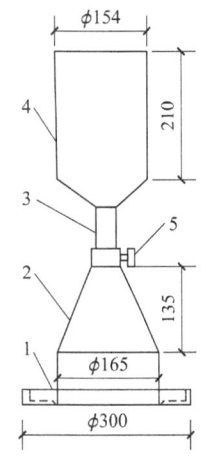

1—底盘；2—灌砂漏斗；
3—螺纹接头；4—容砂瓶；5—阀门

图 3-2　密度测定器

①密度测定器：由容砂瓶、灌砂漏斗和底盘组成（图 3-2）。灌砂漏斗高 135mm、直径 165mm，尾部有孔径为 13mm 的圆柱形阀门；容砂瓶容积为 4L，容砂瓶和灌砂漏斗之间用螺纹接头连接。底盘承托灌砂漏斗和容砂瓶。

②天平：称量 10kg，最小分度值 5g；称量 500g，最小分度值 0.1g。

（2）标准砂密度的测定，应按下列步骤进行：

①标准砂应清洗洁净，粒径宜选用(0.25～0.50)mm，密度宜(1.47～1.61)g/cm³。

②组装容砂瓶与灌砂漏斗，螺纹连接处应旋紧，称其质量。

③将密度测定器竖立，灌砂漏斗口向上，关阀门，向灌砂漏斗中注满标准砂，打开阀门使灌砂漏斗内的标准砂漏入容砂瓶内，继续向漏斗内注砂漏入瓶内，当砂停止流动时迅速关闭阀门，倒掉漏斗内多余的砂，称容砂瓶、灌砂漏斗和标准砂的总质量，准确至 5g。试验中应避免振动。

④倒出容砂瓶内的标准砂，通过漏斗向容砂瓶内注水至水面高出阀门，关阀门，倒掉漏斗中多余的水，称容砂瓶、漏斗和水的总质量，准确至 5g，并测定水温，准确至 0.5℃，重复测定 3 次，3 次测值之间的差值不得大于 3mL，取 3 次测值的平均值。

⑤容砂瓶的容积，应按下式计算：

$$V_r = (m_{r2} - m_{r1})/\rho_{wr} \tag{3-6}$$

式中：V_r——容砂瓶容积（mL）；

m_{r2}——容砂瓶、漏斗和水的总质量（g）；

m_{r1}——容砂瓶和漏斗的质量（g）；

ρ_{wr}——不同水温时水的密度（g/cm³），查表 3-4。

水的密度　　表 3-4

温度（℃）	水的密度（g/cm³）	温度（℃）	水的密度（g/cm³）	温度（℃）	水的密度（g/cm³）
4.0	1.0000	15.0	0.9991	26.0	0.9968
5.0	1.0000	16.0	0.9989	27.0	0.9965
6.0	0.9999	17.0	0.9988	28.0	0.9962
7.0	0.9999	18.0	0.9986	29.0	0.9959
8.0	0.9999	19.0	0.9984	30.0	0.9957
9.0	0.9998	20.0	0.9982	31.0	0.9953
10.0	0.9997	21.0	0.9980	32.0	0.9950
11.0	0.9996	22.0	0.9978	33.0	0.9947

续表

温度（℃）	水的密度（g/cm³）	温度（℃）	水的密度（g/cm³）	温度（℃）	水的密度（g/cm³）
12.0	0.9995	23.0	0.9975	34.0	0.9944
13.0	0.9994	24.0	0.9973	35.0	0.9940
14.0	0.9992	25.0	0.9970	36.0	0.9937

⑥标准砂的密度应按下式计算：

$$\rho_s = (m_{rs} - m_{r1})/V_r \tag{3-7}$$

式中：ρ_s——标准砂的密度（g/cm³）；

m_{rs}——容砂瓶、漏斗和标准砂的总质量（g）。

（3）灌砂法试验，应按下列步骤进行：

①按灌水法试验中挖坑的步骤依据规定尺寸挖好试坑，称试样质量。

②向容砂瓶内注满砂，关阀门，称容砂瓶、漏斗和砂的总质量，准确至 10g。

③密度测定器倒置（容砂瓶向上）于挖好的坑口上，打开阀门，使砂注入试坑。在注砂过程中不应振动。当砂注满试坑时关闭阀门，称容砂瓶、漏斗和余砂的总质量，准确至 10g，并计算注满试坑所用的标准砂质量。

（4）试样的密度，应按下式计算：

$$\rho_0 = m_p/(m_s/\rho_s) \tag{3-8}$$

式中：m_s——注满试坑所用标准砂的质量（g）。

（5）试样的干密度（ρ_d），应按下式计算，准确至 0.01g/cm³：

$$\rho_d = [m_p/(1 + 0.01w_0)]/(m_s/\rho_s) \tag{3-9}$$

三、回弹法检验混凝土强度

施工现场如果配备了回弹仪，可以用回弹法对混凝土结构（构件）进行检验，推定混凝土结构（构件）的强度，供施工单位、监理单位实施质量控制。现场试验人员可依据相关标准进行。

四、施工现场测温

1. 大气温度测试

（1）目的：适用于混凝土结构实体检验用同条件养护试件的环境温度的记录和等效养护龄期的计算。

（2）设施：规格不小于 300mm×300mm×400mm 的百叶箱，内设温度计。放置位置要避免树荫和建筑物的影响，一般放置在离建筑物（大树）10m 以外，门的开口应向着北方以防太阳直射在温度计上。距地面高度 1.5m，通风条件较好的地方。

（3）测温：一般情况下记录每天 2:00、8:00、14:00 和 20:00 的大气温度，这四个时刻的算术平均值即为当天的日平均温度。

2. 混凝土冬期施工测温

1）概念

"冬期施工"期限的划分原则是：根据当地多年气象资料统计，当室外日平均气温连续 5d 稳定低于 5°C 时，该地区即进入冬期施工，当室外日平均气温连续 5d 高于 5°C 时，可解除冬期施工管理。

2）混凝土出机、入模温度测温

某地区进入冬期施工后，应控制混凝土的出机温度和入模温度，以保证新浇筑混凝土免遭冻害。混凝土的出机温度主要取决于水泥、砂、石和水等原材料温度；入模温度除取决于混凝土的出机温度外，还受大气条件（气温、风力）的影响；因此应对混凝土的出机温度和入模温度进行测试。

混凝土出机温度不低于 10°C，入模温度不低于 5°C。

同一配合比编号的混凝土，每一工作班至少对出机、入模温度测温 4 次。

3）混凝土养护温度测温

（1）目的：冬期施工时对混凝土养护温度进行测试，一般有两方面的原因：

①在施工以前对混凝土的内部最高温度、表面温度、温度收缩应力等进行必要的混凝土热工计算；实际情况是否与其符合，且混凝土实际温度变化情况究竟如何、养护的效果如何等，只有经过现场测温，才能掌握。通过测温，将混凝土深度方向的温度梯度控制在规范允许范围以内；同时通过测温，由于对混凝土内部温度，各关键部位温差等情况的精确掌握，还可以根据实际情况，尽可能地缩短养护周期，使后续工序尽早开始，加快施工进度，并节约成本。

②通过测温，计算出某一段时间内的混凝土内部平均温度，根据"温度、龄期对混凝土强度影响曲线"查得混凝土的即时参考强度，决定混凝土各类规定强度用的同条件养护试件的委托检验时间。

（2）测温孔位置设置原则：

测温孔位置应选择在温度变化大、容易散失热量、易于遭受冻结的部位，西北部或前阴的地方应多设置，测温孔不宜迎风设置，且应临时用纸团或线团封闭。

（3）混凝土结构测孔的设置：

①梁（包括简支撑与连接梁）：梁上测温孔应垂直于梁的轴线，孔深为梁高的 1/3～1/2。

②现浇钢筋混凝土构造柱：每根构造柱下端设一个测温孔。

③底板：底板测温孔布置按纵横方向不大于 5m 间距布置，每间房间面积不大于 20m² 时可设一个测温孔，测温孔垂直于板面，孔深为板厚的 1/3～1/2。

④现浇混凝土墙板：墙厚为 20cm 及 20cm 以内时，单面设置测温孔，孔深为墙厚的

1/2；当墙厚大于20cm时，双面设置测温孔，孔深为墙厚的1/3，并不小于10cm，测温孔与板面成30°倾斜角。大面积墙面测温孔按纵横方向均不大于5m的间距布置；每块墙面的面积小于20m²时，每面可设一个测温孔。

（4）混凝土养护期间的温度测量应符合下列规定：

①采用蓄热法或综合蓄热法时，在达到受冻临界强度之前，应每隔(4～6)h测量一次；

②采用负温养护法时，在达到受冻临界强度之前，应每隔2h测量一次；

③采用加热法时，升温和降温阶段每隔1h测量一次，恒温阶段每隔2h测量一次；

④混凝土在达到受冻临界强度后，可停止测温。

3.大体积混凝土养护测温

（1）概念：大体积混凝土，顾名思义就是混凝土结构体积庞大，一般为一次浇筑量大于1000m³或混凝土结构实体最小尺寸等于或大于1m，且混凝土浇筑需有温度控制措施的混凝土。

现代建筑中时常涉及大体积混凝土施工，如高层楼房基础、大型设备基础、水利工程的大坝等。它主要的特点就是体积大，表面系数比较小，水泥水化热释放比较集中，内部温升比较快，混凝土内部的最高温度一般可达(60～65)℃。混凝土内外温差较大时，会使混凝土产生温度裂缝，影响结构安全和正常使用。

一般来说，当其差值小于25℃时，其所产生的温度应力将会小于混凝土本身的抗拉强度，不会造成混凝土的开裂，当温度差值大于25℃时，其所产生的温度应力有可能大于混凝土本身的抗拉强度，造成混凝土的开裂。

（2）目的：为避免大体积混凝土因水泥水化热引起的混凝土内外温差过大而导致混凝土出现裂缝；以便一旦出现内外温差超过规定值，可迅速采取解决措施。

（3）测温点的布置：垂直方向，一般应沿浇筑的高度，布置在底部、中部和表面，垂直测点间距一般为(500～800)mm；平面则应布置在边缘与中间，测点间距一般为(2.5～5.0)m。测温点的布置，距边角和表面应大于50mm。

（4）测温时间：在混凝土温度上升阶段每(2～4)h测一次，温度下降阶段每8h测一次，同时应测大气温度。

也可以这样掌握测温时间，即在混凝土浇筑后(1～3)d内每隔2h测温一次，(4～7)d每隔4h测温一次，其后每隔8h测温一次；测温时间自混凝土浇筑开始，延续至撤除保温（降温）后为止，同时不应少于20d。

4.施工现场测温应做好记录；混凝土养护温度测温（包括冬期施工、大体积混凝土施工）应附测温孔布置图

第四章

建筑材料及构配件

第一节 水泥

一、相关标准

（1）《砌体结构工程施工质量验收规范》GB 50203—2011。

（2）《混凝土结构工程施工质量验收规范》GB 50204—2015。

（3）《建筑结构加固工程施工质量验收规范》GB 50550—2010。

（4）《混凝土结构通用规范》GB 55008—2021。

（5）《通用硅酸盐水泥》GB 175—2023。

（6）《砌筑水泥》GB/T 3183—2017。

（7）《水泥取样方法》GB/T 12573—2008。

（8）《水泥标准稠度用水量、凝结时间、安定性检验方法》GB/T 1346—2011。

（9）《水泥化学分析方法》GB/T 176—2017。

（10）《水泥胶砂强度检验方法（ISO法）》GB/T 17671—2021。

（11）《水泥压蒸安定性试验方法》GB/T 750—1992。

二、基本概念

1. 胶凝材料

在建筑材料中，经过一系列物理作用、化学作用，能从浆体变成坚固的石状体，并能将其他固体物料胶结成整体而具有一定机械强度的物质，统称为胶凝材料。

根据化学组成的不同，胶凝材料可分为无机与有机两大类。石灰、石膏、水泥等工地上俗称为"灰"的建筑材料属于无机胶凝材料；而沥青、天然或合成树脂等属于有机胶凝材料。

无机胶凝材料按其硬化条件的不同又可分为水硬性和气硬性两类。

（1）水硬性胶凝材料：和水成浆后，既能在空气中硬化，又能在水中硬化、保持和继续发展其强度的胶凝材料称水硬性胶凝材料，这类材料主要为水泥。

（2）气硬性胶凝材料：只能在空气中硬化并保持和发展其强度的胶凝材料称气硬性胶凝材料，如石灰、石膏和水玻璃等。

2. 通用硅酸盐水泥

1）定义

通用硅酸盐水泥是以硅酸盐水泥熟料和适量的石膏，以及规定的混合材料制成的水硬性胶凝材料。

2）分类

通用硅酸盐水泥按混合材料的品种和掺量分为硅酸盐水泥、普通硅酸盐水泥、矿渣硅酸盐水泥、粉煤灰硅酸盐水泥、火山灰质硅酸盐水泥和复合硅酸盐水泥六个品种。

3）水泥品种的组分和代号

通用硅酸盐水泥的组分应分别符合表 4-1~表 4-3 的规定。

硅酸盐水泥的组分要求 表 4-1

品种	代号	组分（质量分数）（%）		
		混合材料		
		熟料+石膏	粒化高炉矿渣/矿渣粉	石灰石
硅酸盐水泥	P·Ⅰ	100	—	—
	P·Ⅱ	95~100	0~5	—
			—	0~5

普通硅酸盐水泥、矿渣硅酸盐水泥、粉煤灰硅酸盐水泥和火山灰质硅酸盐水泥的组分要求 表 4-2

品种	代号	组分（质量分数）（%）				替代混合材料
		混合材料				
		熟料+石膏	粒化高炉矿渣/矿渣粉	粉煤灰	火山灰质混合材料	
普通硅酸盐水泥	P·O	80~94	6~20[a]			0~5[b]
矿渣硅酸盐水泥	P·S·A	50~79	21~50	—	—	0~8[c]
	P·S·B	30~49	51~70	—	—	
粉煤灰硅酸盐水泥	P·F	60~79	—	21~40	—	0~5[d]
火山灰质硅酸盐水泥	P·P	60~79	—	—	21~40	

注：[a] 主要混合材料由符合标准规定的粒化高炉矿渣/矿渣粉、粉煤灰、火山灰质混合材料组成。

[b] 替代混合材料为符合标准规定的石灰石。

[c] 替代混合材料为符合标准规定的粉煤灰或火山灰质混合材料、石灰石中的一种。替代后 P·S·A 矿渣硅酸盐水泥中粒化高炉矿渣/矿渣粉含量（质量分数）不小于水泥质量的 21%，P·S·B 矿渣硅酸盐水泥中粒化高炉矿渣/矿渣粉含量（质量分数）不小于水泥质量的 51%。

[d] 替代混合材料为符合标准规定的石灰石。替代后粉煤灰硅酸盐水泥中粉煤灰含量（质量分数）不小于水泥质量的 21%，火山灰质硅酸盐水泥混合材料含量（质量分数）不小于水泥质量的 21%。

复合硅酸盐水泥的组分要求　　　　表 4-3

品种	代号	组分（质量分数）(%)					
		熟料+石膏	混合材料				
			粒化高炉矿渣/矿渣粉	粉煤灰	火山灰质混合材料	石灰石	砂岩
复合硅酸盐水泥	P·C	50～79	21～50[a]				

注：[a] 混合材料由符合标准规定的粒化高炉矿渣/矿渣粉、粉煤灰、火山灰质混合材料、石灰石和砂岩中的三种（含）以上材料组成。其中，石灰石含量（质量分数）不大于水泥质量的15%。

4）强度等级

硅酸盐水泥、普通硅酸盐水泥的强度等级分为42.5、42.5R、52.5、52.5R、62.5、62.5R六个等级。

矿渣硅酸盐水泥、粉煤灰硅酸盐水泥、火山灰质硅酸盐水泥的强度等级分为32.5、32.5R、42.5、42.5R、52.5、52.5R六个等级。

复合硅酸盐水泥的强度等级分为42.5、42.5R、52.5、52.5R四个等级。

通用硅酸盐水泥不同龄期强度应符合表4-4的规定。

通用硅酸盐水泥不同龄期强度要求　　　　表 4-4

强度等级	抗压强度（MPa）		抗折强度（MPa）	
	3d	28d	3d	28d
32.5	≥12.0	≥32.5	≥3.0	≥5.5
32.5R	≥17.0		≥4.0	
42.5	≥17.0	≥42.5	≥4.0	≥6.5
42.5R	≥22.0		≥4.5	
52.5	≥22.0	≥52.5	≥4.5	≥7.0
52.5R	≥27.0		≥5.0	
62.5	≥27.0	≥62.5	≥5.0	≥8.0
62.5R	≥32.0		≥5.5	

注：等级后面带"R"的为早强型水泥。

3.砌筑水泥

（1）定义：由硅酸盐水泥熟料加入规定的混合材料和适量石膏，磨细制成的保水性较好的水硬性胶凝材料。

（2）代号及强度等级：

砌筑水泥，代号M，强度等级分为12.5、22.5和32.5三个等级。

砌筑水泥不同龄期的强度应符合表 4-5 的要求。

砌筑水泥不同龄期强度要求 表 4-5

强度等级	抗压强度（MPa）			抗折强度（MPa）		
	3d	7d	28d	3d	7d	28d
12.5	—	≥7.0	≥12.5	—	≥1.5	≥3.0
22.5	—	≥10.0	≥22.5	—	≥2.0	≥4.0
32.5	≥10.0	—	≥32.5	≥2.5	—	≥5.5

三、试验项目及组批原则

胶砂强度、安定性和凝结时间是水泥的重要技术指标。

胶砂强度是评价水泥质量的重要指标，是划分水泥强度等级的依据。水泥的强度取决于水泥熟料的矿物成分、混合材的种类及掺量、水泥细度等，作为胶凝材料，它的强度将直接影响混凝土或砂浆的最终强度。

水泥安定性又称体积安定性，是水泥硬化后体积变化的均匀性。如果水泥硬化后产生不均匀的体积变化，即为体积安定性不良，安定性不良会使建筑构件产生膨胀性裂缝，降低建筑物质量，甚至引起严重事故。

水泥的凝结时间分为初凝时间和终凝时间。初凝时间为自加水起至水泥浆开始失去塑性的时间；终凝时间为自加水时起至水泥浆完全失去塑性的时间。

由于水泥是混凝土、砂浆中使用的主要原材料，因此，混凝土结构工程、砌体结构工程、结构加固工程等对水泥的进场复验项目和组批原则都分别作出了相应规定，如表 4-6 所示。

水泥进场复验项目及组批原则 表 4-6

序号	水泥用途	复验要求依据标准	进场复验项目	组批原则
1	混凝土结构	《混凝土结构工程施工质量验收规范》GB 50204—2015 《混凝土结构通用规范》GB 55008—2021	凝结时间、安定性、胶砂强度、氯离子含量	按同一厂家、同一品种、同一代号、同一强度等级、同一批号且连续进场的水泥，袋装不超过200t为一批，散装不超过500t为一批。注：当满足下列条件之一时，其检验批容量可扩大一倍：1.获得认证的产品；2.同一厂家、同一品种、同一规格的产品，连续三次进场检验均一次检验合格
2	砌体结构	《砌体结构工程施工质量验收规范》GB 50203—2011	胶砂强度、安定性	按同一厂家、同一品种、同一代号、同一强度等级、同一批号且连续进场的水泥，袋装不超过200t为一批，散装不超过500t为一批
3	结构加固	《建筑结构加固工程施工质量验收规范》GB 50550—2010	胶砂强度、安定性、其他必要的性能指标	按同一生产厂家、同一等级、同一品种、同一批号且同一次进场的水泥，以30t为一批（不足30t，按30t计）

四、取样方法

对于进入现场的每批水泥,应尽快安排抽取试样送检。水泥的取样应按下述规定进行:

(1)散装水泥:取样应有代表性,可连续取,亦可从20个以上不同部位取等量样品,总量至少12kg。取样采用散装水泥取样器[图4-1(a)],通过转动取样器内管控制开关,在适当位置插入水泥一定深度,关闭后小心抽出,将所取样品放入容器中,容器应洁净、干燥、防潮、密闭、不易破损并且不影响水泥性能。

(2)袋装水泥:取样应有代表性,可连续取,亦可随机抽取不少于20袋水泥,每袋抽取等量样品,总量至少12kg。将袋装水泥取样器[图4-1(b)]沿对角线方向插入水泥包装袋中,用大拇指按住气孔,小心抽出取样管,将所取样品放入容器中,容器应洁净、干燥、防潮、密闭、不易破损并且不影响水泥性能。

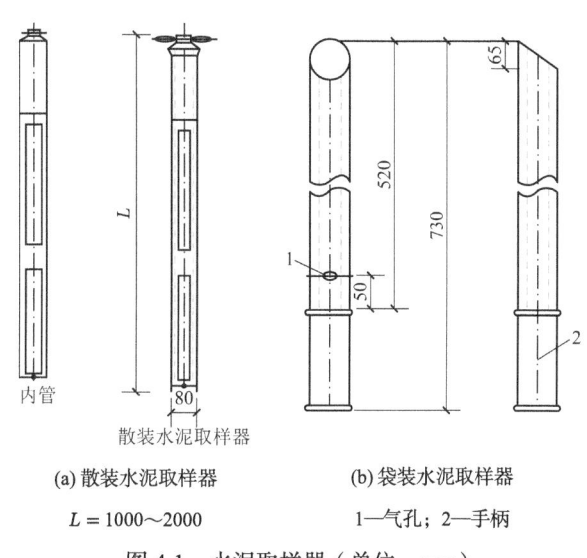

(a)散装水泥取样器　　　　(b)袋装水泥取样器
$L=1000\sim2000$　　　　　1—气孔;2—手柄

图4-1　水泥取样器(单位:mm)

五、试验方法

(一)物理性能试验方法

1. 水泥胶砂强度

1)主要仪器设备

(1)行星式搅拌机:应符合《行星式水泥胶砂搅拌机》JC/T 681—2022的要求。

(2)试模:应符合《水泥胶砂试模》JC/T 726—2005的要求。成型操作时,应在试模上面加有一个壁高20mm的金属模套,当从上往下看时,模套壁与试模内壁应该重叠,超出内壁不应大于1mm。为了控制料层厚度和刮平,应备有两个播料器和刮平金属边尺。

(3)振实台:应符合《水泥胶砂试体成型振实台》JC/T 682—2022的要求。振实台应安装在高度约为400mm的混凝土基座上。混凝土体积应大于0.25m³,质量应大于600kg。

将振实台用地脚螺栓固定在基座上，安装后台盘呈水平状态，振实台底座与基座之间要铺一层胶砂以保证它们的完全接触。

（4）抗折强度试验机：应符合《水泥胶砂电动抗折试验机》JC/T 724—2005 的要求。抗折强度也可用液压式试验机来测定。此时，示值精度、加荷速度和抗折夹具应符合《水泥胶砂电动抗折试验机》JC/T 724—2005 的规定。

（5）抗压强度试验机：应符合《水泥胶砂强度自动压力试验机》JC/T 960—2022 的要求。

（6）抗压夹具：当需要使用抗压夹具时，应把它放在压力机的上下压板之间并与压力机处于同一轴线，以便将压力机的荷载传递至胶砂试件表面。抗压夹具应符合《40mm×40mm水泥抗压夹具》JC/T 683—2005 的要求。

（7）天平：分度值不大于 ±1g。

（8）加水器：分度值不大于 ±1mL。

2）材料

（1）水泥：水泥样品应贮存在气密的容器里，这个容器应不与水泥起反应。试验前应混合均匀。

（2）中国 ISO 标准砂：标准砂应符合《水泥胶砂强度检验方法（ISO 法）》GB/T 17671—2021 的质量要求。

（3）水：验收试验或有争议时应使用符合《分析实验室用水规格和试验方法》GB/T 6682—2008 规定的三级水，其他试验可用饮用水。

3）温、湿度

（1）实验室温度应保持在(20±2)℃，相对湿度应不低于50%。水泥试样、标准砂、拌合水及试模的温度与室温相同。实验室温度和相对湿度在工作期间每天至少记录1次。

（2）带模养护试体养护箱的温度应保持在(20±1)℃，相对湿度不低于90%。养护箱的温度和湿度在工作期间至少每4h记录1次。在自动控制的情况下记录次数可以酌减至每天2次。

（3）试体养护池水温度应保持在(20±1)℃。试体养护池的水温度在工作期间每天至少记录1次。

4）胶砂的制备

（1）配合比：水泥与标准砂的质量比为 1∶3；水灰比为 0.5。一锅胶砂可制成三条试体，每锅材料需要量如表4-7所示。

每锅胶砂的材料数量　　　　表 4-7

材料	用量
水泥（g）	450±2
标准砂（g）	1350±5
拌合水（g 或 mL）	225±1

火山灰质硅酸盐水泥、粉煤灰硅酸盐水泥、复合硅酸盐水泥和掺火山灰质混合材料的普通硅酸盐水泥，其用水量在 0.50 水灰比的基础上以胶砂流动度不小于 180mm 来确定。当水灰比为 0.50 且胶砂流动度小于 180mm 时，应以 0.01 的整倍数递增的方法将水灰比调整至胶砂流动度不小于 180mm。

（2）搅拌：胶砂用搅拌机按以下程序进行搅拌，可以采用自动控制，也可以采用手动控制：

①把水加入锅里，再加入水泥，把锅固定在固定架上，上升至工作位置；

②立即开动机器，先低速搅拌(30±1)s 后，在第二个(30±1)s 开始的同时均匀地将砂子加入。把搅拌机调至高速再搅拌(30±1)s；

③停拌 90s，在停拌开始的(15±1)s 内，将搅拌锅放下，用刮刀将叶片、锅壁和锅底上的胶砂刮入锅中；

④再在高速下继续搅拌(60±1)s。

5）试件的制备

（1）试体为 40mm×40mm×160mm 的棱柱体。

（2）成型前将试模擦净，应用黄油等密封材料涂覆试模的外接缝。试模的内表面应涂上一薄层模型油或机油。

（3）胶砂制备后立即进行成型。将空试模和模套固定在振实台上，用料勺将锅壁上的胶砂清理到锅内并翻转搅拌胶砂使其更加均匀，成型时将胶砂分为两层装入试模。装第一层时，每个槽里约放 300g 胶砂，先用料勺沿试模长度方向划动胶砂以布满模槽，再用大布料器垂直架在模套顶部沿每个模槽来回一次将料层布平，接着振实 60 次。再装入第二层胶砂，用料勺沿试模长度方向划动胶砂以布满模槽，但不能接触已振实胶砂，再用小布料器布平，振实 60 次。每次振实时可将一块用水湿过拧干、比模套尺寸稍大的棉纱布盖在模套上以防止振实时胶砂飞溅。

移走模套，从振实台上取下试模，用一金属直边尺以近似 90°的角度（但向刮平方向稍斜）架在试模模顶的一端，然后沿试模长度方向以横向锯割动作慢慢向另一端移动，将超过试模部分的胶砂刮去。锯割动作的多少和直尺角度的大小取决于胶砂的稀稠程度，较稠的胶砂需要多次锯割，锯割动作要慢以防止拉动已振实的胶砂。用拧干的湿毛巾将试模端板顶部的胶砂擦拭干净，再用同一直边尺以近乎水平的角度将试体表面抹平。抹平的次数要尽量少，总次数不应超过 3 次。最后将试模周边的胶砂擦除干净。

用毛笔或其他方法对试体进行编号。两上龄期以上的试体，在编号时应将同一试模中的 3 条试件分在两个以上龄期内。

6）试件的养护

（1）脱模前的处理和养护：

在试模上盖一块玻璃板，也可用相似尺寸的钢板或不渗水的、和水泥没有反应的材料制成的板。盖板不应与水泥胶砂接触，盖板与试模之间距离应控制在(2～3)mm。为了安全，玻璃板应有磨边。

立即将做好标记的试模放入养护室或湿箱的水平架子上养护，湿空气应能与试模各边接触。养护时不应将试模放在其他试模上。一直养护到规定的脱模时间时取出脱模。

（2）脱模：

脱模应非常小心。脱模时可用橡皮锤或专门的脱模器。对于24h龄期的，应在破型试验前20min内脱模。对于24h以上的龄期的，应在成型后(20～24)h脱模。

如经24h养护，会因脱模对强度造成损害时，可以延迟至24h以后脱模，但在试验报告中应予说明。

已确定作为24h龄期试验（或其他不下水直接做试验）的已脱模试体，应用湿布覆盖至做试验时为止。

对于胶砂搅拌或振实台的对比，建议称量每个模型中试体的总量。

（3）水中养护：

将做好标记的试体立即水平或竖立放在(20±1)℃水中养护，水平放置时刮平面应朝上。

试体放在不易腐烂的篦子上，并彼此间保持一定的间距，以让水与试体的六个面接触。养护期间试体之间间隔或试体上表面的水深不应小于5mm。（注：不宜用未经防腐处理的木篦子）

每个养护池只养护同类型的水泥试体。

最初用自来水装满养护池（或容器），随后随时加水保持适当的恒定水位。在养护期间，可以更换不超过50%的水。

7）强度试验

（1）龄期：除24h期龄或延迟至48h脱模的试体外，任何到龄期的试体应在试验（破型）前从水中取出。揩去试体表面沉积物，并用湿布覆盖至试验为止。试体龄期是从水泥加水搅拌开始试验时算起。不同龄期强度试验在表4-8给出的时间里进行。

不同龄期强度试验　　　　　　　　　　表4-8

龄期	时间	龄期	时间
24h	24h±15min	7d	7d±2h
48h	48h±30min	28d	28d±8h
72h	72h±45min		

（2）抗折强度的测定：用抗折强度试验机测定抗折强度。将试体一个侧面放在试验机支撑圆柱上，试体长轴垂直于支撑圆柱，通过加荷圆柱以(50±10)N/s的速率均匀地将荷载垂直地加在棱柱体相对侧面上，直至折断。保持两个半截棱柱体处于潮湿状态直至抗压试验。

抗折强度按下式进行计算：

$$R_\mathrm{f} = \frac{1.5 F_\mathrm{f} L}{b^3} \tag{4-1}$$

式中：R_f——抗折强度（MPa）；

F_f——折断时施加于棱柱体中部的荷载（N）；

b——棱柱体正方形截面的边长（mm）；

L——支撑圆柱之间的距离（mm）。

（3）抗压强度测定：抗折强度试验完成后，取出两个半截试体，进行抗压强度试验。抗压强度试验使用抗压强度试验机和抗压夹具，在半截棱柱体的侧面上进行。半截棱柱体中心与压力机压板受压中心差在±0.5mm以内，棱柱体露在压板外的部分约有10mm。在整个加荷过程中以(2400±200)N/s的速率均匀地加荷直至破坏。

抗压强度按下式进行计算：

$$R_\mathrm{c} = \frac{F_\mathrm{c}}{A} \tag{4-2}$$

式中：R_c——抗压强度（MPa）；

F_c——破坏时的最大荷载（N）；

A——受压面积（mm²）（40mm×40mm=1600mm²）。

（4）结果的计算和表示：

①抗折强度：以一组三个棱柱体抗折结果的平均值作为试验结果。当三个强度值中有一个超出平均值±10%时，应剔除后再取平均值作为抗折强度试验结果；当三个强度值中有两个超出平均值±10%时，则以剩余一个作为抗折强度结果。

单个抗折强度结果计算精确至 0.1MPa，算术平均值精确至 0.1MPa。

报告所有单个抗折强度结果以及按规定剔除的抗折强度结果、计算的平均值。

②抗压强度：以一组三个棱柱体上得到的六个抗压强度测定值的平均值为试验结果。当六个测定值中有一个超出六个平均值的±10%，剔除这个结果，再以剩下五个的平均值为结果。当五个测定值中再有超过它们平均值±10%的，则此组结果作废。当六个测定值中同时有两个或两个以上超出平均值的±10%时，则此组结果作废。

单个抗折强度结果计算精确至 0.1MPa，算术平均值精确至 0.1MPa。

报告所有单个抗压强度结果以及按规定剔除的抗压强度结果、计算的平均值。

2. 水泥安定性（沸煮法）和凝结时间

1）主要仪器设备

（1）水泥净浆搅拌机。

（2）维卡仪。

（3）雷氏夹：由铜质材料制成，并配有雷氏夹膨胀测定仪、300g 质量的砝码。

（4）沸煮箱。

（5）天平：最大称量不小于1000g，分度值不大于1g。

（6）量筒或滴定管：精度±0.5mL。

2）材料

试验用水应是洁净的饮用水，如有争议时应以蒸馏水为准。

3）试验条件

（1）试验室温度为(20±2)℃，相对湿度应不低于50%；水泥试样、拌合水、仪器和用具的温度应在试验室中一致。

（2）湿气养护箱的温度为(20±1)℃，相对湿度应不低于90%。

4）标准稠度用水量测定方法

（1）试验方法：标准稠度用水量测定分为标准法和代用法，标准法采用标准试杆法，代用法采用试锥法。

采用代用法测定水泥标准稠度用水量可用调整水量和不变水量两种方法中的任一种测定。采用调整用水量方法时拌合水量按经验找水，采用不变水量方法时拌合水量为142.5mL。

（2）试验前准备工作：

①调维卡仪的滑动杆能自由滑动。试模和玻璃底板用湿布擦拭，将试模放在底板上。

②调整至试杆接触玻璃板时指针对准零点；采用代用法时，调整至试锥接触锥模顶面时指针对准零点。

③搅拌机运行正常。

（3）水泥净浆的拌制：

用水泥净浆搅拌机搅拌，搅拌锅和搅拌叶先用湿布擦过，将拌合水倒入搅拌锅内，然后在(5～10)s内小心将称好的500g水泥加入水中，防止水和水泥溅出；拌合时，先将锅放在搅拌机的锅座上，升至搅拌位置，启动搅拌机，低速搅拌120s，停15s，同时将叶片和锅壁上的水泥浆刮入锅中间，接着高速搅拌120s停机。

（4）标准稠度用水量的测定步骤：

①标准法：拌合结束后，立即取适量的水泥净浆一次性装入已置于玻璃板上的试模中，浆体超过试模上端，用宽约25mm的直边刀轻轻拍打超出试模部分的浆体5次以排除浆体中的孔隙，然后在试模上表面约1/3处，略倾斜于试模分别向外轻轻锯掉多余净浆，再从试模边沿轻抹顶部一次，使净浆表面光滑。在锯掉多余净浆和抹平的操作过程中，注意不要压实净浆；抹平后迅速将试模和底板移到维卡仪上，并将其中心定在试杆下，降低试杆直至与水泥净浆表面接触，拧紧螺栓(1～2)s后，突然放松，使试杆垂直自由地沉入水泥净浆中。在试杆停止沉入或释放试杆30s时记录试杆距底板之间的距离，升起试杆后，立即擦净；整个操作应在搅拌后1.5min内完成。以试杆沉入净浆并距底板(6±1)mm的水泥净浆为标准稠度净浆。其拌合水量为该水泥的标准稠度用水量（P），按

水泥质量的百分比计。

②代用法：拌合结束后，立即将拌制好的水泥净浆装入锥模中，用宽约25mm的直边刀轻轻插捣5次，再轻振5次，刮去多余的净浆；抹平后迅速放到试锥下面固定的位置上，将试锥降至净浆表面，拧紧螺栓(1～2)s后，突然放松，让试锥垂直自由地沉入水泥净浆中。到试锥停止沉入或释放试杆30s时记录试锥下沉深度。整个操作应在搅拌后1.5min内完成。

用调整用水量方法测定时，以试锥下沉深度$(30±1)$mm时的净浆为标准稠度净浆。其拌合水量为该水泥的标准稠度用水量（P），按水泥质量的百分比计。如下沉深度超出范围需另称试样，调整水量，重新试验，直至达到$(30±1)$mm。

用不变水量方法测定时，根据测得的试锥下沉深度（S）按下式（或仪器上对应标尺）计算得到标准稠度用水量（P）。当试锥下沉深度小于13mm时，应改用调整水量测定。

$$P = 33.4 - 0.185S \tag{4-3}$$

式中：P——标准稠度用水量（%）；

S——试锥下沉深度（mm）。

5）安定性测定

（1）安定性的测定方法：分为标准法（雷氏法）和代用法（试饼法）。雷氏法是通过测定水泥标准稠度净浆在雷氏夹中沸煮后试针的相对位移表征其体积膨胀的程度。试饼法是通过观测水泥标准稠度净浆试饼沸煮后的外形变化情况来表征其体积安定性。

（2）测定前的准备工作，若采用雷氏法时，每个试样需成型两个试件，每个雷氏夹需配备两个边长或直径约80mm、厚度(4～5)mm的玻璃板。若采用试饼法时，每个样品需准备两块边长约100mm的玻璃板。凡与水泥净浆接触的玻璃板和雷氏夹内表面都要稍稍涂上一层油。（注：有些油会影响凝结时间，矿物油比较合适）

（3）雷氏夹试件的成型：将预先准备好的雷氏夹放在已稍擦油的玻璃板上，并立即将已制好的标准稠度净浆一次装满雷氏夹，装浆时一只手轻轻扶持雷氏夹，另一只手用宽约25mm的直边刀在浆体表面轻轻插捣3次，然后抹平，盖上稍涂油的玻璃板，接着立即将试件移至湿气养护箱内养护$(24±2)$h。

（4）试饼的成型方法：将制好的净浆取出一部分分成两等份，使之成球形，放在预先准备好的玻璃板上，轻轻振动玻璃板，并用湿布擦过的小刀由边缘向中央抹，做成直径(70～80)mm、中心厚约10mm、边缘渐薄、表面光滑的试饼，接着将试饼放入湿气养护箱内养护$(24±2)$h。

（5）沸煮：调整好沸煮箱内的水位，使能保证在整个沸煮过程中都超过试件，不需中途添补试验用水，同时又能保证在$(30±5)$min内升至沸腾。

当用雷氏法时，脱去玻璃板取下试件，先测量雷氏夹指针尖端间的距离（A），精确到0.5mm，接着将试件放入沸煮箱水中的试件架上，指针朝上，然后在$(30±5)$min内加热至沸腾，并恒沸$(180±5)$min。

当用饼法时，脱去玻璃板取下试件，在试饼无缺陷的情况下将试饼放在沸煮箱水中的试件架上，在(30±5)min 内加热至沸，并恒沸(180±5)min。

（6）结果判别：

沸煮结束后，立即放掉沸煮箱中的热水，打开箱盖，待箱体冷却至室温，取出试件进行判别。

若用雷氏夹，测量雷氏夹指针尖端的距离（C），准确至 0.5mm，当两个试件煮后增加距离（$C-A$）的平均值不大于 5.0mm 时，即认为该水泥安定性合格，当两个试件煮后增加距离（$C-A$）的平均值大于 5.0mm 时，应用同一样品立即重做一次试验。以复检结果为准。

若用试饼法，目测试饼未发现裂缝，用直尺检查也没有弯曲（使钢直尺和试饼底部紧靠，以两者间不透光为不弯曲）的试饼为安定性合格，反之为不合格。当两个试饼判别结果有矛盾时，该水泥的安定性为不合格。

6）凝结时间的测定

（1）测定前准备工作：调整凝结时间测定仪的试针接触玻璃板时指针对准零点。

（2）试件的制备：以标准稠度用水量制成标准稠度净浆，按测定标准稠度用水量的方法装模和刮平后，立即放入湿气养护箱中。记录水泥全部加入水中的时间作为凝结时间的起始时间。

（3）初凝时间的测定：试件在湿气养护箱中养护至加水后 30min 时进行第一次测定。测定时，从湿气养护箱中取出试模放到试针下，降低试针与水泥净浆表面接触。拧紧螺栓(1~2)s 后，突然放松，试针垂直自由地沉入水泥净浆中。观察试针停止沉入或释放试针 30s 时指针的读数。临近初凝时间时每隔 5min（或更短时间）测定一次，当试针沉至距底板(4±1)mm 时，为水泥达到初凝状态；由水泥全部加入水中至初凝状态的时间为水泥的初凝时间，用 min 表示。

（4）终凝时间的测定：为了准确观察试针沉入的状况，在终凝针上安装了一个环形附件。在完成初凝时间测定后，立即将试模连同浆体以平移的方式从玻璃板上取下，翻转 180°，直径大端向上，小端向下放在玻璃板上，再放入湿气养护箱中继续养护。临近终凝时间每隔 15min（或更短时间）测定一次，当试针沉入试体 0.5mm 时，即环形附件开始不能在试体上留下痕迹时，为水泥达到终凝状态。由水泥全部加入水中至终凝状态的时间为水泥的终凝时间，用 min 表示。

（5）测定时应注意：在最初测定的操作时应轻轻扶持金属柱，使其徐徐下降，以防试针撞弯，但结果以自由下落为准；在整个测试过程中试针沉入的位置至少要距试模内壁 10mm。临近初凝时，每隔 5min（或更短时间）测定一次，临近终凝时每隔 15min（或更短时间）测定一次，到达初凝时应立即重复测试一次，当两次结论相同时才能定为初凝状态。到达终凝时，需要在试体另外两个不同点测试，确认结论相同才能确定到达终凝状态。每次测定不能让试针落入原针孔，每次测试完毕须将试针擦干净并将试模放回湿气养护箱内，整个测试过程要防止试模受振。（注：可以使用能得出与标准中规定方法相同结果的凝结时间自动测定仪，有矛盾时以标准规定方法为准）

3. 安定性（压蒸法）

1）主要仪器设备

（1）水泥净浆搅拌机。

（2）沸煮箱。

（3）压蒸釜：

为高压水蒸气容器，装有压力自动控制装置、压力表、安全阀、放汽阀和电热器。电热器应能在最大试验荷载条件下，(45～75)min 内使锅内蒸汽压升至 2.0MPa，恒压时要尽量不使蒸汽排出。压力自动控制器应能使锅内压力控制在(2.0±0.05)MPa［相当于(215.7±1.3)℃］范围内，并保持 3h 以上。压蒸釜在停止加热后 90min 内能使压力从 2.0MPa 降至 0.1MPa 以下。放汽阀用于加热初期排除锅内空气和在冷却期终放出剩余水汽。压力表的最大量程为 4.0MPa，最小分度值不得大于 0.05MPa。压蒸釜盖上还应备有温度测量孔，插入温度计后能测出釜内的温度。

（4）25mm×25mm×280mm 试模、钉头、捣棒和比长仪。

2）试样

（1）试样应通过 0.9mm 方孔筛。

（2）试样的沸煮安定性必须合格。为减少 f-CaO 对压蒸结果的影响，允许试样摊开在空气中存放不超过一周再进行压蒸试件的成型。

3）试验条件

（1）成型试验室、拌合水、湿气养护箱应符合《水泥胶砂强度检验方法（ISO 法）》GB/T 17671—2021 的规定。成型试件前试样的温度应在(17～25)℃范围内。压蒸试验室应不与其他试验共用，并备有通风设备和自来水源。

（2）试件长度测量应在成型试验室或温度恒定的试验室里进行，比长仪和校正杆都应与试验室的温度一致。

4）试件的成型

（1）试模的准备：试验前在试模内涂上一薄层机油，并将钉头装入槽两端的圆孔内，注意钉头外露部分不要沾染机油。

（2）水泥标准稠度净浆的制备：每个水泥样应成型两条试件，需称取水泥 800g，用标准稠度用水量拌制，其操作步骤按《水泥标准稠度用水量、凝结时间、安定性检验方法》GB/T 1346—2011 进行。

（3）试体的成型：将已拌合均匀的水泥浆体，分两层装入已准备好的试模内。第一层浆体装入高度约为试模高度的 3/5，先以小刀划实，尤其钉头两侧应多插几次，然后用 23mm×23mm 捣棒由钉头内侧开始，即在两钉头尾部之间，从一端向另一端顺序地捣压 10 次，往返共捣压

20次，再用缺口捣棒在钉头两侧各捣压两次，然后再装入第二层浆体，浆体装满试模后，用刀划匀，刀划之深度应透过第一层浆体表面，再用捣棒在浆体上顺序地捣压12次，往返共捣压24次。每次捣压时，应先将捣棒接触浆体表面，再用力捣压。捣压必须均匀，不得打击。捣压完毕将剩余浆体装到模上，用刀抹平，放入湿气养护箱中养护(3～5)h后，将模上多余浆体刮去，使浆体面与模型边平齐。然后记上编号，放入湿气养护箱中养护至成型后24h脱模。

5）试件的沸煮

（1）初长的测量：试件脱模后即测量其初长。测量前要用校正杆校正比长仪百分表零读数，测量完毕也要核对零读数，如有变动，试件应重新测量。

试件在测长前应将钉头擦干净，为减少误差，试件在比长仪中的上下位置在每次测量时应保持一致，读数前应左右旋转，待百分表指针稳定时读数（L_0），结果记录到0.001mm。

（2）沸煮试验：测完初长的试件平放在沸煮箱的试架上，按《水泥标准稠度用水量、凝结时间、安定性检验方法》GB/T 1346—2011沸煮安定性试验的制度进行沸煮。如果需要，沸煮后的试件也可进行测长。

6）试件的压蒸

（1）沸煮后的试件应在四天内完成压蒸。试件在沸煮后压蒸前这段时间里应放在(20 ± 2)℃的水中养护。

压蒸前将试件在室温下放在试件支架上。试件间应留有间隙。为了保证压蒸釜内始终保持饱和水蒸气压，必须加入足量的蒸馏水，加入量一般为锅容积的7%～10%，但试件应不接触水面。

（2）在加热初期应打开放汽阀，让釜内空气排出直至看见有蒸汽放出后关闭，接着提高釜内温度，使其从加热开始经(45～75)min达到表压(2.0 ± 0.05)MPa，在该压力下保持3h后切断电源，让压蒸釜在90min内冷却至釜内压力低于0.1MPa。然后微开放汽阀排出釜内剩余蒸汽。

压蒸釜的操作应严格按有关规程和标准《水泥压蒸安定性试验方法》GB/T 750—1992附录B（补充件）进行。

（3）打开压蒸釜，取出试件立即置于90℃以上的热水中，然后在热水中均匀地注入冷水，在15min内使水温降至室温，注入水时不要直接冲向试件表面。再经15min取出试件擦净，按标准方法测长（L_1）。如发现试件弯曲、过长、龟裂等应做好记录。

7）结果计算与表示

水泥净浆试件的膨胀率以百分数表示，取两条试件的平均值，当试件的膨胀率与平均值相差超过±10%时应重做。

试件压蒸膨胀率按下式计算（结果计算至0.01%）：

$$L_A = \frac{L_1 - L_0}{L} \times 100 \tag{4-4}$$

式中：L_A——试件压蒸膨胀率（%）；

L——试件有效长度（250mm）；

L_0——试件脱模后初长读数（mm）；

L_1——试件压蒸后长度读数（mm）。

4.砌筑水泥的保水率

1）主要仪器及器材

（1）刚性试模：圆形，内径(100 ± 1)mm，内部有效深度(25 ± 1)mm。

（2）刚性底板：圆形，无孔，直径(110 ± 5)mm，厚度(5 ± 1)mm。

（3）干燥滤纸：慢速定量滤纸，直径(110 ± 1)mm。

（4）金属滤网：网格尺寸45μm，圆形，直径(110 ± 1)mm。

（5）金属刮刀。

（6）电子天平：量程不小于2kg，分度值不大于0.1g。

（7）铁砣：质量为2kg。

2）操作步骤

（1）称量空的干燥试模质量，精确到0.1g；称量8张未使用的滤纸质量，精确到0.1g。

（2）砂浆按《水泥胶砂强度检验方法（ISO法）》GB/T 17671—2021的规定进行搅拌，搅拌后的砂浆按《水泥胶砂流动度测定方法》GB/T 2419—2005测定流动度。当砂浆的流动度在$(180\sim190)$mm范围内，记录此时的加水量；当砂浆的流动度小于180mm或大于190mm时，重新调整加水量，直至流动度达到$(180\sim190)$mm为止。

（3）当砂浆的流动度在规定范围内时，将搅拌锅中剩余的砂浆在低速下重新搅拌15s，然后用金属刮刀将砂浆装满试模并抹平表面。

（4）称量装满砂浆的试模质量，精确到0.1g。用金属滤网盖住砂浆表面，并在金属滤网顶部放上8张已称量的滤纸，滤纸上放刚性底板。将试模翻转180°，置于一水平面上，在试模上放置2kg的铁砣。(300 ± 5)s后移去铁砣，将试模再翻转180°，移去刚性底板、滤纸和金属滤网。称量吸水后的滤纸质量，精确到0.1g。

（5）重复试验一次。

3）保水率的计算

按下式计算吸水前砂浆中初始水的质量：

$$m_Z = \frac{m_y \times (m_w - m_u)}{1350 + 450 + m_y} \tag{4-5}$$

式中：m_Z——吸水前砂浆中初始水的质量（g）；

m_y——砂浆的用水量（g）；

m_w——装满砂浆的试模质量（g）；

m_u——空的干燥试模质量（g）。

按下式计算砂浆的保水率。计算两次试验结果的平均值，精确到1%。如果两次试验值与平均值的偏差大于2%，需重新试验：

$$R = \frac{m_Z - (m_X - m_V)}{m_Z} \tag{4-6}$$

式中：R——砂浆的保水率（%）；

m_X——吸水后 8 张滤纸的质量（g）；

m_V——吸水前 8 张滤纸的质量（g）。

（二）化学要求和碱含量试验方法

1. 试验的基本要求

1）试验次数与要求

试验次数规定为两次，两次结果的绝对值在重复性限内，用两次试验结果的平均值表示测定结果。

在进行化学分析时，建议同时进行烧失量的测定，除烧失量外，其他各项测定应同时进行空白试验，并对测定结果加以校正。

2）重复性限和再现性限

在重复性条件下，两次分析结果之差应在所列的重复性限内（表 4-9~表 4-11）。如超出重复性限，应在短时间内进行第三次测定，测定结果与前两次或任一次分析结果之差符合重复性限的规定时，则取其平均值，否则，应查找原因，重新按规定进行测定。

在再现性条件下，对同一试样各自进行分析时，所得结果的平均值之差应在所列的再限性限内（表 4-9~表 4-11）。

化学分析方法测定结果的重复性限和再现性限　　表 4-9

成分	测定方法	含量范围（%）	重复性限（%）	再现性限（%）
Cl⁻（氯离子，基准法）	硫氰酸铵容量法	≤0.10 >0.10	0.005 0.010	0.010 0.015
Cl⁻（氯离子，代用法）	自动电位滴定法 离子色谱法	≤0.10 >0.10	0.005 0.010	0.010 0.015
MgO（氧化镁，基准法）	原子吸引分光光度法		0.15	0.25
MgO（氧化镁，代用法）	EDTA 滴定差减法	≤2 >2	0.15 0.20	0.25 0.30
SO₃（硫酸盐三氧化硫，基准法）	硫酸钡重量法	≤1 >1	0.10 0.15	0.15 0.20
SO₃（硫酸盐三氧化硫，代用法）	离子交换法 碘量法 库仑滴定法		0.15	0.20

X 射线荧光分析方法测定结果的重复性限和再现性限　　表 4-10

成分	含量范围（%）	重复性限（%）	再现性限（%）
Cl⁻（氯离子）	≤0.10 >0.10	0.005 0.010	0.010 0.015
MgO（氧化镁）	≤2 >2	0.15 0.20	0.25 0.30
SO₃（硫酸盐三氧化硫）		0.15	0.20

电感耦合等离子体发射光谱法测定结果的重复性限和再现性限　　　表 4-11

成分	含量范围（%）	重复性限（%）	再现性限（%）
MgO（氧化镁）	≤2 ＞2	0.15 0.20	0.25 0.30
SO_3（硫酸盐三氧化硫）		0.15	0.20

3）空白试验

不加入试样，按照相同的测定步骤进行试验并使用相同量的试剂，对得到的测定结果进行校正。

4）恒量

经第一次灼烧、冷却，称重后，通过连续对每次 15min 的灼烧，然后冷却、称量的方法来检查恒定质量，当连续两次称量之差不小于 0.0005g 时，即达到恒量。

5）检查氯离子（硝酸银检验）

按规定洗涤沉淀数次后，用水冲洗一下漏斗的下端，继续用水洗涤滤纸和沉淀，将滤液收集于试管中，加几滴硝酸银溶液（浓度 50g/L），观察试管中的溶液是否浑浊。如果浑浊，继续洗涤并检验，直至用硝酸银检验不再浑浊为止。

6）试剂总则

除另有说明外，所用试剂应不低于分析纯，用于标定的试剂应为基准试剂。所用水应不低于《分析实验室用水规格和试验方法》GB/T 6682—2008 中规定的三级水的要求。

所列市售浓液体试剂的密度指 20℃的密度，单位为 g/cm^3。

在化学分析中，所用酸或氨水，凡未注浓度者均指市售的浓酸或浓氨水。

用体积比表示试剂稀释程度，例如：盐酸（1+2）表示 1 份体积的浓盐酸与 2 份体积的水相混合。

除另有说明外，标准滴定溶液的有效期为 3 个月，如果超过 3 个月，重新进行标定。

7）试样的制备

按《水泥取样方法》GB/T 12573—2008 方法取样，送往实验室的样品应是具有代表性的均匀样品。采用四分法或缩分器将试样缩分至约 100g，经 150μm 方孔筛筛析后，除去杂物，将筛余物经过研磨后使其全部通过孔径为 150μm 方孔筛，充分混匀，装入干净、干燥的试样瓶中，密封，进一步混匀供测定用。（提示：尽可能快速地进行试样的制备，以防止吸潮。分析水泥和水泥熟料试样前，不需要烘干试样）

2. 化学分析方法

1）氯离子的测定—硫氰酸铵容量法（基准法）

（1）方法提要：

本方法给出总氯加溴的含量，以氯离子（Cl^-）表示结果。试样用硝酸进行分解，同时消除硫化物的干扰。加入已知量的硝酸银标准溶液使氯离子以氯化银的形式沉淀。煮沸、过滤后，将滤液和洗液冷却至25℃以下，以铁（Ⅲ）盐为指示剂，用硫氰酸铵标准滴定溶液滴定过量的硝酸银。

（2）试剂和材料：

①硝酸银标准溶液[$c(AgNO_3) = 0.05mol/L$]：

称取2.1235g已于(150±5)℃烘过2h的硝酸银（$AgNO_3$），精确至0.0001g，置于烧杯中，加水溶解后，移入250mL容量瓶中，加水稀释至刻度，摇匀。贮存于棕色瓶中，避光保存。

②硫氰酸铵标准滴定溶液[$c(NH_4SCN) = 0.05mol/L$]：

称取(3.8±0.1)g硫氰酸铵（NH_4SCN）溶于水，稀释至1L。

③硫酸铁铵指示剂溶液：

将10mL硝酸（1+2）加入到100mL冷的硫酸铁（Ⅲ）铵[$NH_4Fe(SO_4)_2 \cdot 12H_2O$]饱和水溶液中。

④滤纸浆：

将定量滤纸撕成小块，放入烧杯中，加水浸没，在搅拌下加热煮沸10min以上，冷却后放入广口瓶中备用。

（3）分析步骤：

称取约5g试样，精确至0.0001g，置于400mL烧杯中，加入50mL水，搅拌使试样完全分散，在搅拌下加入50mL硝酸（1+2），加热煮沸，微沸(1～2)min。取下，加入5.00mL硝酸银标准溶液，搅匀，煮沸(1～2)min，加入少许滤纸浆，用预先用硝酸（1+100）洗涤过的快速滤纸过滤或玻璃砂芯漏斗抽气过滤，滤液收集于250mL锥形瓶中，用硝酸（1+100）洗涤烧杯、玻璃棒和滤纸，直至滤液和洗液总体积达到约200mL，溶液在弱光线或暗处冷却至25℃以下。

加入5mL硫酸铁铵指示剂溶液，用硫氰酸铵标准滴定溶液滴定至产生的红棕色在摇动下不消失为止（V_1）。如果V_1小于0.5mL，用减少一半的试样质量重新试验。

不加入试样按上述步骤进行空白试验，记录空白滴定所用硫氰酸铵标准滴定溶液的体积（V_0）。

（4）结果的计算与表示：

氯离子的质量分数按下式计算：

$$\omega_{Cl^-} = \frac{1.773 \times 5.00 \times (V_0 - V_1)}{V_0 \times m \times 1000} \times 100 = 0.8865 \times \frac{V_0 - V_1}{V_0 \times m} \tag{4-7}$$

式中：ω_{Cl^-}——氯离子的质量分数（%）；

V_0——空白试验消耗的硫氰酸铵标准滴定溶液的体积（mL）；

V_1——滴定时消耗硫氰酸铵标准滴定溶液的体积（mL）；

m——试样的质量（g）；

1.773——硝酸银标准溶液对氯离子的滴定度（mg/mL）。

2）氯离子的测定—（自动）电位滴定法（代用法）

（1）方法提要：

用硝酸分解试样。加入氯离子标准溶液，提高检测灵敏度。然后加入过氧化氢以氧化共存的干扰组分，并加热溶液。冷却到室温，用氯离子电位滴定装置测量溶液的电位，用硝酸银标准滴定溶液滴定。

（2）试剂和材料：

①过氧化氢（H_2O_2）：$1.11g/cm^3$，质量分数30%。

②氯离子标准溶液 $[c(NaCl) = 0.02mol/L]$：称取0.5844g已于(105～110)℃烘过2h的氯化钠（NaCl，基准试剂或光谱纯），精确至0.0001g，置于烧杯中，加水溶解后，移入500mL容量瓶中，用水稀释至刻度，摇匀。

③硝酸银标准滴定溶液 $[c(AgNO_3) = 0.02mol/L]$：

a. 硝酸银标准滴定溶液的配制

称取1.70g硝酸银（$AgNO_3$），精确至0.0001g，置于烧杯中，加水溶解后，移入500mL容量瓶中，用水稀释至刻度，摇匀，贮存于棕色瓶中，避光保存。

b. 硝酸银标准滴定溶液浓度的标定

吸取10.00mL氯离子标准溶液放入250mL烧杯中，加入2mL硝酸（1+1），用水稀释至约150mL，放入一根磁力搅拌棒。把烧杯放在磁力搅拌器上，用氯离子电位滴定装置测量溶液的电位，在溶液中插入氯离子电极和甘汞电极，开始搅拌。用硝酸银标准滴定溶液逐渐滴定，化学计量点前后，每次滴加0.10mL硝酸银标准滴定溶液，记录滴定管读数和对应原毫伏计读数。计量点前，毫伏计读数变化越来越大；过计量点后，每滴加一次溶液，变化又将减小。继续滴定至毫伏计读数变化不大时为止。用二次微商法计算或氯离子电位滴定装置计算出消耗的硝酸银标准滴定溶液的体积（V）。二次微商法的计算如表4-12所示。

硝酸银标准滴定溶液的浓度按下式计算：

$$c(AgNO_3) = \frac{0.02 \times 10.00}{V} = \frac{0.2}{V} \tag{4-8}$$

式中：$c(AgNO_3)$——硝酸银标准滴定溶液的浓度（mol/L）；

V——滴定时消耗硝酸银标准滴定溶液的体积（mL）；

0.02——氯离子标准溶液的浓度（mol/L）；

10.00——加入氯离子标准溶液的体积（mL）。

电位滴定法测定氯离子时计量点的计算实例　　表4-12

第一列 $AgNO_3$（mL）	第二列 电位（mV）	第三列 [a] Δ（mV）	第四列 [b] Δ^2（mV）
4.20	243.8		
		4.7	
4.30	248.5		1.6

续表

第一列 AgNO₃（mL）	第二列 电位（mV）	第三列 ª Δ（mV）	第四列 ᵇ Δ^2（mV）
		6.3	
4.40	254.8		1.1
		7.4	
4.50	262.2		0.3
		7.7	
4.60	269.9		0.8
		8.5	
4.70	278.4		−0.6
		7.9	
4.80	286.3		−0.7
		7.2	
4.90	293.5		−0.8
		6.4	
5.00	299.9		

计量点是在最大的Δ之间（第三列），即在4.60mL和4.70mL之间。由Δ^2数值（第四列）按下式计算在0.10间隔内的准确计量点：

$$V = 4.60 + \frac{0.8}{0.8 - (-0.6)} \times 0.10 = 4.66 \text{mL}$$

注：ª 是第二列读数之差。

ᵇ 是第三列数据之差"二次微分"。

c. 硝酸银标准滴定溶液对氯离子的滴定度的计算

硝酸银标准滴定溶液对氯离子的滴定度按下式计算：

$$T_{Cl^-} = c(AgNO_3) \times 35.45 \tag{4-9}$$

式中：T_{Cl^-}——硝酸银标准滴定溶液对氯离子的滴定度（mg/mL）；

$c(AgNO_3)$——硝酸银标准滴定溶液的浓度（mol/L）；

35.45——Cl的摩尔质量（g/mol）。

④磁力搅拌器：

具有调速和加热功能，带有包着惰性材料的搅拌棒，例如聚四氟乙烯材料。

⑤氯离子电位滴定装置：

精度≤2mV，可连接氯离子电极和双盐桥甘汞电极或甘汞电极。

⑥氯离子电极：

使用前应将氯离子电极在低浓度氯离子的溶液中浸泡1h以上，这样可以对氯离子电极进行活化，然后用水清洗，再用滤纸吸干电极表面的水分。使用完毕后用水清洗到电极的空白电位值(如260mV左右),用滤纸吸干电极表面的水分后放回包装盒干燥保存。

⑦双盐桥饱和甘汞电极或饱和氯化钾甘汞电极:

双盐桥饱和甘汞电极内筒液体使用氯化钾饱和溶液,外筒液体使用硝酸钾饱和溶液。

(3)分析步骤:

称取约5g试样,精确至0.0001g,置于250mL干烧杯中,加入20mL水,搅拌使试样完全分散,然后在搅拌下加入25mL硝酸(1+1),加水稀释至100mL。加入2.00mL氯离子标准溶液和2mL过氧化氢,盖上表面皿,加热煮沸,微沸(1~2)min。冷却至室温,用水冲洗表面皿和玻璃棒,并从烧杯中取出玻璃棒,放入一根磁力搅拌棒。把烧杯放在磁力搅拌器上,用氯离子电位滴定装置测量溶液的电位,在溶液中插入氯离子电极和甘汞电极,开始搅拌。用硝酸银标准滴定溶液逐渐滴定,化学计量点前后,每次滴加0.10mL硝酸银标准滴定溶液,记录滴定管读数和对应的毫伏计读数。计量点前,毫伏计读数变化越来越大;过计量点后,每滴加一次溶液,变化又将减小。继续滴定至毫伏计读数变化不大时为止。用二次微商法计算或氯离子电位滴定装置计算出消耗的硝酸银标准滴定溶液的体积(V_1)。

(4)空白试验:

吸取2.00mL氯离子标准溶液放入250mL烧杯中,加水稀释到100mL。加入2mL硝酸(1+1)和2mL过氧化氢。盖上表面皿,加热煮沸,微沸(1~2)min。冷却至室温。然后按(3)中方法用硝酸银标准溶液滴定(V_0)。

(5)结果的计算与表示:

氯离子的质量分数按下式计算:

$$\omega_{Cl^-} = \frac{T_{Cl^-} \times (V_1 - V_0)}{m \times 1000} \times 100 = \frac{T_{Cl^-} \times (V_1 - V_0) \times 0.1}{m} \quad (4\text{-}10)$$

式中:ω_{Cl^-}——氯离子的质量分数(%);

T_{Cl^-}——硝酸银标准滴定溶液对氯离子的滴定度(mg/mL);

V_0——滴定空白时消耗硝酸银标准滴定溶液的体积(mL);

V_1——滴定时消耗硝酸银标准滴定溶液的体积(mL);

m——试样的质量(g)。

3)氯离子的测定——离子色谱法(代用法)

(1)方法提要:

用硝酸分解试样。试样溶液进入离子交换树脂为固定相的离子色谱柱,经适当的淋洗液洗脱,被测阴离子由于其在色谱柱上的保留特性不同而分离,再流经自再生电解抑制器时,由抑制器扣除淋洗液背景电导,增加被测离子的电导响应值,最后通过电导检测器检测,检测氯离子色谱峰的峰面积或峰高。

（2）仪器和材料：

离子色谱仪。离子色谱仪主要包括：

①电导检测器。

②离子色谱柱。

阴离子分离柱（聚合物基质，具有烷基季铵或者烷醇季铵功能团、高容量色谱柱）。

③淋洗液。

碳酸盐淋洗液体系或氢氧化钾体系，淋洗液浓度和流速根据仪器性能可自行设定。

④抑制器。

连接在分离柱和检测器之间，目的降低淋洗液的背景电导，增加被测离子电导值，改善信噪比。

⑤一次性注射器：容量1.0mL、2.5mL。

⑥溶剂过滤器：0.45μm水性滤膜。

⑦针头过滤器：0.22μm水性滤膜。

（3）工作曲线的绘制：

①氯离子标准溶液的配制（1mg/mL）：

称取1.6485g已于(105～110)℃烘过2h的氯化钠（NaCl，基准试剂或光谱纯），精确至0.0001g，置于200mL烧杯中，加水溶解后，移入1000mL容量瓶中，用水稀释至刻度，摇匀。

②氯离子标准溶液的配制（0.1mg/mL）：

吸取100.00mL氯离子标准溶液（1mg/mL）放入1000mL容量瓶中，用水稀释至刻度，摇匀。

③工作曲线的绘制：

吸取每毫升含0.1mg氯离子的标准溶液0mL、0.50mL、1.00mL、5.00mL、10.00mL、25.00mL分别放入100mL容量瓶中，用水稀释至刻度，摇匀。此系列标准溶液分别每毫升含0mg、0.0005mg、0.001mg、0.005mg、0.010mg、0.025mg氯离子。将系列标准溶液注入离子色谱中分离，得到色谱图，测定所得色谱峰的峰面积或峰高。用测得的峰面积或峰高作为相对应的氯离子浓度的函数，绘制工作曲线。

（4）分析步骤：

称取约1g试样，精确至0.0001g，置于100mL干烧杯中，加入30mL水，搅拌使试样完全分散，然后在搅拌下加入0.5mL硝酸，加入30mL水，加热煮沸，微沸(1～2)min。用快速滤纸过滤，滤液收集于100mL容量瓶中，用水稀释至刻度，摇匀。

将空白溶液和试样溶液注入离子色谱中分离，得到色谱图，测定所得色谱峰面积或峰高。在工作曲线上求出氯离子的浓度。

（5）结果的计算与表示：

氯离子的质量分数按下式计算：

$$\omega_{Cl^-} = \frac{c \times 100}{m \times 1000} \times 100 = \frac{c \times 10}{m} \tag{4-11}$$

式中：ω_{Cl^-}——氯离子的质量分数（%）；

c——扣除空白试验值后测定溶液中氯离子的浓度（mg/mL）；

m——试样的质量（g）；

100——试样溶液的体积（mL）。

4）氧化镁的测定——原子吸收分光光度法（基准法）

（1）方法提要：

以氢氟酸—高氯酸分解、或氢氧化钠熔融、或碳酸钠熔融试样的方法制备溶液，分取一定量的溶液，用锶盐消除硅、铝、钛等的干扰，在空气—乙炔火焰中，于波长 285.2nm 处测定溶液的吸光度。

（2）试剂和仪器：

①氯化锶溶液（锶 50g/L）：

将 152g 氯化锶（$SrCl_2 \cdot 6H_2O$）溶解于水中，加水稀释至 1L，必要时过滤后使用。

②无水碳酸钠（Na_2CO_3）：

将无水碳酸钠用玛瑙研钵研细至粉末状，贮存于密封瓶中。

③高温炉：

可控制温度$(700 \pm 25)℃$、$(800 \pm 25)℃$、$(950 \pm 25)℃$或$(1175 \pm 25)℃$。

④原子吸收分光光度计：

带有镁等元素空心阴极灯。

（3）工作曲线的绘制：

①氧化镁标准溶液的配制：

称取 1.0000g 已于$(950 \pm 25)℃$灼烧过 1h 的氧化镁（MgO，基准试剂或光谱纯），精确至 0.0001g，置于 300mL 烧杯中，加入 50mL 水，再缓缓加入 20mL 盐酸（1＋1），低温加热至全部溶解，冷却至室温后，移入 1000mL 容量瓶中，用水稀释至刻度，摇匀。此标准溶液每毫升含 1mg 氧化镁。

吸取 25.00mL 上述标准溶液放入 500mL 容量瓶中，用水稀释至刻度，摇匀。此标准溶液每毫升含 0.05mg 氧化镁。

②工作曲线的绘制：

吸取每毫升含 0.05mg 氧化镁的标准溶液 0mL、2.00mL、4.00mL、6.00mL、8.00mL、10.00mL、12.00mL 分别放入 500mL 容量瓶中，加入 30mL 盐酸及 10mL 氯化锶溶液，用水稀释至刻度，摇匀。将原子吸收分光光度计调节至最佳工作状态，在空气—乙炔火焰中，用镁元素空心阴极灯，于波长 285.2nm 处，以水校零测定溶液的吸光度。用测得的吸光度作为相对应氧化镁含量的函数，绘制工作曲线。

（4）分析步骤：

①氢氟酸—高氯酸分解试样：

称取约0.1g试样，精确至0.0001g，置于铂坩埚（或铂皿、聚四氟乙烯器皿）中，加入(0.5～1)mL水湿润，加入(5～7)mL氢氟酸和0.5mL高氯酸，放入通风橱内低温电热板上加热，近干时摇动铂坩埚以防溅失，待白色浓烟完全驱尽后，取下冷却。加入20mL盐酸(1+1)，加热至溶液澄清，冷却后，放入250mL容量瓶中，加入5mL氯化锶溶液，用水稀释至刻度，摇匀。此为溶液A，供原子吸收分光光度法测定氧化镁、氧化钾和氧化钠、一氧化锰用。

②氢氧化钠熔融试样：

称取约0.1g试样，精确至0.0001g，置于银坩埚中，加入(3～4)g氢氧化钠，盖上坩埚盖，并留有缝隙，放入高温炉中，在750℃下熔融10min，取出冷却。将坩埚放入已盛有约100mL沸水的300mL烧杯中，盖上表面皿，待熔块完全浸出后（必要时适当加热），取出坩埚，用水冲洗坩埚和盖。在搅拌下一次加入35mL盐酸（1+1），用热盐酸（1+9）洗净坩埚和盖。将溶液加热煮沸，冷却后，放入250mL容量瓶中，用水稀释至刻度，摇匀。此为溶液B，供原子吸收分光光度法测定氧化镁用。

③碳酸钠熔融试样：

称取约0.1g试样，精确至0.0001g，置于铂坩埚中，加入0.4g无水碳酸钠，搅拌均匀，放入高温炉中，在950℃下熔融10min，取出冷却。将坩埚放入已盛有50mL盐酸（1+1）的250mL烧杯中，盖上表面皿，加热至熔块完全浸出后，取出坩埚，用水洗净坩埚和盖。将溶液加热煮沸，冷却后，放入250mL容量瓶中，用水稀释至刻度，摇匀。此为溶液C，供原子吸收分光光度法测定氧化镁用。

④氧化镁的测定：

从溶液A或溶液B、溶液C中吸取5.00mL溶液放入100mL容量瓶中（试样溶液的分取量及容量瓶的容积视氧化镁的含量而定），加入12mL盐酸（1+1）及2mL氯化锶溶液（测定溶液中盐酸的体积分数为6%，锶的浓度为1mg/mL）。用水稀释至刻度，摇匀。用原子吸收分光光度计，在空气—乙炔火焰中，用镁元素空心阴极灯，于波长285.2nm处，在与工作曲线相同的仪器条件下测定溶液的吸光度，在工作曲线上求出氧化镁的浓度。

（5）结果的计算与表示：

氧化镁的质量分数按下式计算：

$$\omega_{MgO} = \frac{c \times 100 \times 50}{m \times 10^6} \times 100 = \frac{c \times 0.5}{m} \tag{4-12}$$

式中：ω_{MgO}——氧化镁的质量分数（%）；

c——扣除空白试验值后测定溶液中氧化镁的浓度（μg/mL）；

m——配制溶液A或溶液B、溶液C中试料的质量（g）；

100——测定溶液的体积（mL）；

50——全部试样溶液与所分取溶液的体积比。

5) 氧化镁的测定——EDTA滴定差减法（代用法）

（1）方法提要：

在 pH = 10 的溶液中，以酒石酸钾钠、三乙醇胺为掩蔽剂，用酸性铬蓝 K—萘酚绿 B 混合指示剂，用 EDTA 标准溶液滴定。

当试样中一氧化锰含量＞0.5%时，在盐酸羟胺存在下，测定钙、镁、锰总量，差减法测得氧化镁的含量。

（2）试剂和材料：

①氢氧化钾溶液（200g/L）：

将 200g 氢氧化钾（KOH）溶于水中，加水稀释至 1L，贮存于塑料瓶中。

②氟化钾溶液（20g/L）：

将 20g 氟化钾（$KF \cdot 2H_2O$）置于塑料杯中，加水溶解后，加水稀释至 1L，贮存于塑料瓶中。

③酒石酸钾钠溶液（100g/L）：

将 10g 酒石酸钾钠（$C_4H_4KNaO_6 \cdot 4H_2O$）溶于水中，加水稀释至 100mL。

④pH10 的缓冲溶液：

将 67.5g 氯化铵（NH_4Cl）溶于水中，加入 570mL 氨水，加水稀释至 1L。配制后用精密 pH 试纸检验。

⑤碳酸钙标准溶液 [$c(CaCO_3) = 0.024$mol/L]：

称取 0.6g 已于(105～110)℃烘过 2h 的碳酸钙（$CaCO_3$，基准试剂），精确至 0.0001g，置于 300mL 烧杯中，加入约 100mL 水，盖上表面皿。沿杯口慢慢加入 6mL 盐酸（1+1），搅拌至碳酸钙全部溶解，加热煮沸并微沸(1～2)min。冷却至室温后，移入 250mL 容量瓶中，用水稀释到刻度，摇匀。

⑥EDTA 标准滴定溶液 [$c(EDTA) = 0.015$mol/L]：

a. EDTA 标准滴定溶液的配制

称取 5.6gEDTA（乙二胺四乙酸二钠，$C_{10}H_{14}N_2O_8Na_2 \cdot 2H_2O$），置于烧杯中，加入约 200mL 水，加热溶解，加水稀释至 1L，摇匀，必要时过滤后使用。

b. EDTA 标准滴定溶液浓度的标定

吸取 25.00mL 碳酸钙标准溶液放入 300mL 烧杯中，加水稀释至约 200mL 水，加入适量的 CMP 混合指示剂，在搅拌下加入氢氧化钾溶液至出现绿色萤火光后再过量(2～3)mL，用 EDTA 标准滴定溶液滴定至绿色荧光消失并呈红色，记录消耗 EDTA 标准滴定溶液的体积。

EDTA 标准滴定溶液的浓度按下式计算：

$$c(EDTA) = \frac{m \times 1000}{100.09 \times 10 \times (V_1 - V_0)} = \frac{m}{1.0009 \times (V_1 - V_0)} \tag{4-13}$$

式中：c(EDTA)——EDTA 标准滴定溶液的浓度（mol/L）；

m——配制碳酸钙标准溶液的碳酸钙的质量（g）；

V_1——滴定时消耗 EDTA 标准滴定溶液的体积（mL）；

V_0——空白试验滴定时消耗 EDTA 标准滴定溶液的体积（mL）；

100.09——$CaCO_3$ 的摩尔质量（g/mol）；

10——全部碳酸钙标准溶液与所分取溶液的体积比。

c. EDTA 标准滴定溶液对各氧化物的滴定度的计算

EDTA 标准滴定溶液对氧化钙、氧化镁的滴定度分别按下式计算：

$$T_{CaO} = c(EDTA) \times 56.08 \tag{4-14}$$

$$T_{MgO} = c(EDTA) \times 40.31 \tag{4-15}$$

式中：c(EDTA)——EDTA 标准滴定溶液的浓度（mol/L）；

T_{CaO}——EDTA 标准滴定溶液对氧化钙的滴定度（mg/mL）；

T_{MgO}——EDTA 标准滴定溶液对氧化镁的滴定度（mg/mL）；

56.08——CaO 的摩尔质量（g/mol）；

40.31——MgO 的摩尔质量（g/mol）。

⑦钙黄绿素—甲基百里香酚蓝—酚酞混合指示剂（简称 CMP 混合指示剂）：

称取 1.00g 钙黄绿素、1.00g 甲基百里香酚蓝、0.20g 酚酞与 50g 已在(105～110)℃烘干过的硝酸钾（KNO_3），混合研细，保存在磨口瓶中。

⑧酸性铬蓝 K—萘酚绿 B 混合指示剂（简称 KB 混合指示剂）：

称取 1.00g 酸性铬蓝 K、2.50g 萘酚绿 B 与 50g 已在(105～110)℃烘干过的硝酸钾（KNO_3），混合研细，保存在磨口瓶中。

滴定终点颜色不正确时，可调节酸性铬蓝 K 与萘酚绿 B 的配制比例，并通过有证标准样品/标准物质进行对比确认。

⑨盐酸羟胺（$NH_2OH \cdot HCl$）。

⑩碳酸钠—硼砂混合熔剂（2+1）：

将 2 份质量的无水碳酸钠（Na_2CO_3）与 1 份质量的无水硼砂（$Na_2B_4O_7$）混匀研细，贮存于密封瓶中。

⑪焦硫酸钾（$K_2S_2O_7$）：

将市售的焦硫酸钾在蒸发皿中加热熔化，加热至无气泡产生，冷却并压碎熔融物，贮存于密封瓶中。

（3）分析步骤：

①溶液 D 的制备：

称取约 0.5g 试样，精确至 0.0001g，置于铂坩埚中，盖上坩埚盖，并留有缝隙，放入高温炉中，在(950～1000)℃下灼烧 5min，取出坩埚冷却。加入(0.30～0.32)g 已磨细的无水碳酸钠，用细玻璃棒仔细压碎块状物并搅拌均匀，把黏附在玻璃棒上的试料全部刷回坩埚内，再将坩埚置于(950～1000)℃下灼烧10min，取出坩埚冷却。

将烧结块移入(150～200)mL瓷蒸发皿中，加入少量水润湿，盖上表面皿，从皿口慢慢加入5mL盐酸及(2～3)滴硝酸，待反应停止后取下表面皿，用平头玻璃棒压碎块状物使其充分分解，用热盐酸（1+1）清洗坩埚数次，洗液合并于蒸发皿中。将蒸发皿置于蒸汽水浴上，皿上放一玻璃三脚架，再盖上表面皿。蒸发至糊状后，加入1g氯化铵，搅匀，在蒸汽水浴上蒸发至干后继续蒸发(10～15)min，期间仔细搅拌并压碎大颗粒。

取下蒸发皿，加入(10～20)mL热盐酸（3+97），搅拌使可溶性盐类溶解。立即用中速定量滤纸过滤，用胶头擦棒和滤纸片擦洗玻璃棒及蒸发皿，用热的盐酸（3+97）洗涤沉淀3次，然后用热水洗涤沉淀(10～12)次，滤液及洗液收集于250mL容量瓶中。

在沉淀上加入3滴硫酸（1+4），然后将沉淀连同滤纸一并移入铂坩埚中，盖上坩埚盖，并留有缝隙，在电炉上灰化完全后，放入(1175±25)℃或(950～1000)℃的高温炉内灼烧1h[有争议时，以(1175±25)℃灼烧的结果为准]，取出坩埚，置于干燥器中冷却至室温，称量，反复灼烧直至恒量。

向坩埚中慢慢加入数滴水润湿沉淀，加入3滴硫酸（1+4）和10mL氢氟酸，放入通风橱内的电炉上低温加热，蒸发至干，升高温度继续加热至三氧化硫白烟冒尽。将坩埚放入(950～1000)℃的高温炉内灼烧30min以上，取出坩埚，置于干燥器中冷却至室温，称量，反复灼烧直至恒量。

向经过氢氟酸处理后得到的残渣中加入(0.5～1)g焦硫酸钾，加热至暗红，熔融至杂质被分解。熔块用热水和(3～5)mL盐酸（1+1）转移到150mL烧杯中，加热微沸使熔块全部溶解，冷却后，将溶液合并入之前得到的滤液和洗液中，用水稀释到刻度，摇匀。此溶液为溶液D，供测定滤液中残留的氧化钙（EDTA滴定法）、氧化镁（EDTA滴定差减法）用。

②溶液E的制备：

称取约0.5g试样，精确至0.0001g，置于银坩埚中，加入(6～7)g氢氧化钠，盖上坩埚盖，并留有缝隙，放入高温炉中，从低温升起，在(650～700)℃下熔融20min，其间取出充分摇动1次。取出冷却，将坩埚放入盛有约100mL沸水的300mL烧杯中，盖上表面皿，在电炉上适当加热，待熔块完全浸出后，取出坩埚，用水冲洗坩埚和盖。在搅拌下一次加入(25～30)mL盐酸，再加入1mL硝酸，用热盐酸（1+5）洗净坩埚和盖。将溶液加热微沸约1min，冷却至室温后，移入250mL容量瓶中，用水稀释至刻度，摇匀。此溶液为溶液E，供测定氧化钙（氢氧化钠熔样——EDTA滴定法）、氧化镁（EDTA滴定差减法）用。

③氧化钙的测定——EDTA滴定法：

从溶液D中吸取25.00mL溶液加入300mL烧杯中，加水稀释至约200mL。加入5mL三乙醇胺溶液（1+2）及适量的CMP混合指示剂，在搅拌下加入氢氧化钾溶液至出现绿色荧光后再过量(5～8)mL，用EDTA标准滴定溶液滴定至绿色荧光完全消失并呈现红色，记录消耗 EDTA 标准滴定溶液的体积。

④氧化钙的测定——氢氧化钠熔样—EDTA 滴定法：

从溶液 E 中吸取 25.00mL 溶液放入 300mL 烧杯中，加入 7mL 氟化钾溶液，搅匀并放置 2min 以上。然后加水稀释至约 200mL。加入 5mL 三乙醇胺溶液（1＋2）及适量的 CMP 混合指示剂，在搅拌下加入氢氧化钾溶液至出现绿色荧光后再过量(5～8)mL，用 EDTA 标准滴定溶液滴定至绿色荧光完全消失并呈现红色，记录消耗 EDTA 标准滴定溶液的体积。

⑤一氧化锰含量≤0.5%时，氧化镁的测定：

从溶液 D 或溶液 E 中吸取 25.00mL 溶液放入 300mL 烧杯中，加水稀释至约 200mL，加入 1mL 酒石酸钾钠溶液，搅拌，然后加入 5mL 三乙醇胺（1＋2），搅拌。加入 25mL（pH＝10）缓冲溶液及适量的酸性铬蓝 K—萘酚绿 B 混合指示剂，用 EDTA 标准滴定溶液滴定，近终点时应缓慢滴定至纯蓝色，记录消耗 EDTA 标准滴定溶液的体积。

氧化镁的质量分数按下式计算：

$$\omega_{MgO} = \frac{T_{MgO} \times [(V_1 - V_{01}) - (V_2 - V_{02})] \times 10}{m \times 1000} \times 100$$
$$= \frac{T_{MgO} \times [(V_1 - V_{01}) - (V_2 - V_{02})]}{m} \quad (4\text{-}16)$$

式中：ω_{MgO}——氧化镁的质量分数（%）；

T_{MgO}——EDTA 标准滴定溶液对氧化镁的滴定度（mg/mL）；

V_1——滴定钙、镁总量时消耗 EDTA 标准滴定溶液的体积（mL）；

V_{01}——滴定钙、镁总量时空白试验消耗 EDTA 标准滴定溶液的体积（mL）；

V_2——按 EDTA 滴定法或氢氧化钠熔样—EDTA 滴定法测定氧化钙时消耗 EDTA 标准滴定溶液的体积（mL）；

V_{02}——按 EDTA 滴定法或氢氧化钠熔样—EDTA 滴定法测定氧化钙时空白试验消耗 EDTA 标准滴定溶液的体积（mL）；

m——制备溶液 D 或溶液 E 中试料的质量（g）；

10——全部试样溶液与所分取试样溶液的体积比。

⑥一氧化锰含量＞0.5%时，氧化镁的测定：

a. 一氧化锰（MnO）标准溶液配制：取一定量硫酸锰（$MnSO_4$，基准试剂或光谱纯）或含水硫酸锰（$MnSO_4 \cdot xH_2O$，基准试剂或光谱纯）置于称量瓶中，在(250±10)℃温度下烘干至恒量，所获得的产物为无水硫酸锰（$MnSO_4$）。称取 0.1064g 无水硫酸锰，精确至 0.0001g，置于烧杯中，加水溶解后，加入约 1mL 硫酸（1＋1），移入 1000mL 容量瓶中，用水稀释至刻度，摇匀。（此溶液每毫升含 0.05mg 一氧化锰）

b. 用于分光光度法测定一氧化锰含量的工作曲线的绘制：

吸取每毫升含 0.05mg 一氧化锰的标准溶液 0mL、2.00mL、6.00mL、10.00mL、14.00mL、

20.00mL 分别放入 200mL 烧杯中，加入 5mL 磷酸（1+1）、10mL 硫酸（1+1），加水稀释至约 50mL，加入 1g 高碘酸钾，加热微沸 30min 左右至溶液达到最大颜色深度，冷却至室温后，移入 100mL 容量瓶中，用水稀释至刻度，摇匀。使用分光光度计，10mm 比色皿，以水作参比，于波长 530nm 处测定溶液的吸光度。用测的吸光度作为相对应的一氧化锰含量的函数，绘制工作曲线。

c. 用于原子吸收分光光度法测定一氧化锰含量的工作曲线的绘制：

吸取每毫升含 0.05mg 一氧化锰的标准溶液 0mL、5.00mL、10.00mL、15.00mL、20.00mL、25.00mL、30.00mL 分别放入 500mL 容量瓶中，加入 30mL 盐酸及 10mL 氯化锶溶液，用水稀释至刻度，摇匀。将原子吸收分光光度计调节至最佳工作状态，在空气—乙炔火焰中，用锰元素空心阴极灯，于波长 279.5nm 处，以水校零测定溶液的吸光度。用测得的吸光度作为相对应的一氧化锰含量的函数，绘制工作曲线。

d. 一氧化锰的测定—高碘酸钾氧化分光光度法（基准法）：

称取约 0.5g 试样，精确至 0.0001g，置于铂坩埚中，加入 3g 碳酸钠—硼砂混合熔剂，搅拌均匀，在(950～1000)℃下熔融 10min，用坩埚钳夹持坩埚旋转，使熔融物均匀地附于坩埚内壁，冷却后，将坩埚放入已盛有 50mL 硝酸（1+9）及 100mL 硫酸（5+95）并加热至微沸的 300mL 烧杯中，继续保持微沸状态，直至熔融物全部溶解，用水洗净坩埚及盖，用快速滤纸将溶液过滤至 250mL 容量瓶中，并用热水洗涤数次。将溶液冷却至室温后，用水稀释至刻度，摇匀。

吸取 50.00mL 上述溶液放入 150mL 烧杯中，依次加入 5mL 磷酸（1+1）、10mL 硫酸（1+1）和 1g 高碘酸钾，加热微沸 30min 左右至溶液达到最大颜色深度，冷却至室温后，移入 100mL 容量瓶中，用水稀释到刻度，摇匀。用分光光度计，10mm 比色皿，以水作参比，于波长 530nm 处测定溶液的吸光度。在"b. 用于分光光度法测定一氧化锰含量的工作曲线的绘制"中得到的工作曲线上求出一氧化锰的含量。

一氧化锰的质量分数按下式计算：

$$\omega_{MnO} = \frac{m_2 \times 5}{m_1 \times 1000} \times 100 = \frac{m_2 \times 0.5}{m_1} \tag{4-17}$$

式中：ω_{MnO}——一氧化锰的质量分数（%）；

m_2——扣除空白试验值后 100mL 测定溶液中一氧化锰的含量（mg）；

m_1——试料的质量（g）；

5——全部试样溶液与所分取试样溶液的体积比。

e. 一氧化锰的测定—原子吸收分光光度法（代用法）：

直接取用溶液 A，用原子吸收分光光度计，在空气—乙炔火焰中，用锰元素空心阴极灯，于波长 279.5nm 处，在与"c. 用于原子吸收分光光度法测定一氧化锰含量的工作曲线的绘制"中相同的仪器条件下测定溶液的吸光度，在工作曲线上求出一氧化锰的浓度。

f. 氧化镁的测定：

除将三乙醇胺（1+2）的加入量改为 10mL，并在滴定前加入(0.5～1)g 盐酸羟胺外，其余分析步骤按"⑤一氧化锰含量≤0.5%时，氧化镁的测定"进行。

氧化镁的质量分数按下式计算：

$$\omega_{MgO} = \frac{T_{MgO} \times [(V_1 - V_{01}) - (V_2 - V_{02})] \times 10}{m \times 1000} \times 100 - 0.57 \times \omega_{MnO}$$
$$= \frac{T_{MgO} \times [(V_1 - V_{01}) - (V_2 - V_{02})]}{m} - 0.57 \times \omega_{MnO} \tag{4-18}$$

式中：ω_{MgO}——氧化镁的质量分数（%）；

T_{MgO}——EDTA 标准滴定溶液对氧化镁的滴定度（mg/mL）；

V_1——滴定钙、镁、锰总量时消耗 EDTA 标准滴定溶液的体积（mL）；

V_{01}——滴定钙、镁、锰总量时空白试验消耗 EDTA 标准滴定溶液的体积（mL）；

V_2——测定氧化钙时消耗 EDTA 标准滴定溶液的体积（mL）；

V_{02}——测定氧化钙时空白试验消耗 EDTA 标准滴定溶液的体积（mL）；

m——制备溶液 D 或溶液 E 中试料的质量（g）；

ω_{MnO}——测得的一氧化锰的质量分数（%）；

10——全部试样溶液与所分取试样溶液的体积比；

0.57——一氧化锰对氧化镁的换算系数。

6）硫酸盐三氧化硫的测定—硫酸钡重量法（基准法）

（1）方法提要：

用盐酸分解试样生成硫酸根离子，在煮沸下用氯化钡溶液沉淀，生成硫酸钡沉淀，经过滤灼烧后称量。测定结果以三氧化硫计。

（2）试剂和仪器：

①氯化钡溶液（100g/L）：

将 100g 氯化钡（$BaCl_2 \cdot 2H_2O$）溶于水中，加水稀释至 1L，必要时过滤后使用。

②干燥器：内装变色硅胶。

③高温炉。

（3）分析步骤：

称取约 0.5g 试样，精确至 0.0001g，置于 200mL 烧杯中，加入 40mL 水，搅拌使试样完全分散，在搅拌下加入 10mL 盐酸（1+1），用平头玻璃棒压碎块状物，加热煮沸并保持微沸(5～10)min。用中速滤纸过滤，用热水洗涤(10～12)次，滤液及洗液收集于 400mL 烧杯中。加水稀释至约 250mL，玻璃棒底部压一小片定量滤纸，盖上表面皿，加热煮沸，在微沸下从杯口缓慢逐滴加入 10mL 热的氯化钡溶液，继续微沸数分钟使沉淀良好地形成，然后在常温下静置(12～24)h 或温热处静置至少 4h [有争议时，以常温下静置(12~24)h 的结果为准]，溶液的体积应保持在约 200mL。用慢速定量滤纸过滤，用热水洗涤，用胶头擦棒和定量滤纸片擦洗烧杯及玻璃棒，洗涤至检验无氯离子为止。

将沉淀及滤纸一并移入已灼烧恒量的瓷坩埚中，灰化完全后，放入(800~950)℃的高温炉内灼烧 30min 以上，取出坩埚，置于干燥器中冷却至室温，称量，反复灼烧直至恒量或者在(800~950)℃灼烧约 30min（有争议时，以反复灼烧直至恒量的结果为准），置于干燥器中冷却至室温后称量。

（4）结果的计算与表示：

试样中硫酸盐三氧化硫的质量分数按下式计算：

$$\omega_{SO_3} = \frac{(m_2 - m_0) \times 0.343}{m_1} \times 100 \tag{4-19}$$

式中：ω_{SO_3}——硫酸盐三氧化硫的质量分数（%）；

m_1——试样的质量（g）；

m_2——灼烧后沉淀的质量（g）；

m_0——空白试验灼烧后沉淀的质量（g）；

0.343——硫酸钡对三氧化硫的换算系数。

7）硫酸盐三氧化硫的测定——碘量法（代用法）

（1）方法提要：

试样先经磷酸处理，将硫化物分解除去。再加入氯化亚锡—磷酸溶液并加热，将硫酸盐的硫还原成等物质的量的硫化氢，收集于氨性硫酸锌溶液中，然后用碘量法进行测定。

试样中除硫化物（S^{2-}）和硫酸盐外，还有其他状态的硫存在时，可能对测定造成误差。

（2）试剂和材料：

①氨性硫酸锌溶液（100g/L）：

将 50g 硫酸锌（$ZnSO_4 \cdot 7H_2O$）溶于 150mL 水和 350mL 氨水中。静置至少 24h 后使用，必要时过滤后使用。

②明胶溶液（5g/L）：

将 0.5g 明胶（动物胶）溶于 100mL 的(70~80)℃的水中，用时现配。

③氯化亚锡—磷酸溶液：

将 1000mL 磷酸放在烧杯中，在通风橱中于电炉上加热脱水，至溶液体积缩减至(850~950)mL 时，停止加热。待溶液温度降至100℃以下时，加入 100g 氯化亚锡（$SnCl_2 \cdot 2H_2O$），继续加热至溶液透明，且无大气泡冒出时为止（此溶液的使用期一般不超过两周）。

④碘酸钾标准滴定溶液［$c(1/6KIO_3) = 0.03mol/L$］：

称取 1.0701g 已于 180℃烘过 2h 的碘酸钾（KIO_3，基准试剂），精确至 0.0001g，溶于约 200mL 新沸煮过的冷水中，加入(0.2~0.5)g 氢氧化钠及 25g 碘化钾，溶解后移入 1000mL

容量瓶中，再用新煮沸过的冷水稀释至刻度，摇匀。

⑤硫代硫酸钠标准滴定溶液［$c(Na_2S_2O_3) = 0.03mol/L$］：

a. 硫代硫酸钠标准滴定溶液的配制

将 7.5g 硫代硫酸钠（$Na_2S_2O_3 \cdot 5H_2O$）溶于 200mL 新煮沸过的冷水中，加入 0.05g 无水碳酸钠，溶解后再用新煮沸过的冷水稀释至 1L，摇匀，贮存于棕色瓶中。（提示：由于硫代硫酸钠标准溶液不稳定，建议在每批试验之前，要重新标定碘酸钾标准滴定溶液与硫代硫酸钠标准滴定溶液的体积比）

b. 碘酸钾标准滴定溶液与硫代硫酸钠标准滴定溶液体积比的标定

从滴定管中缓慢放出 15.00mL 碘酸钾标准滴定溶液于 250mL 锥形瓶中，加入 50mL 水及 20mL 盐酸（1+1），在摇动下用硫代硫酸钠标准滴定溶液滴定至淡黄色后，加入约 2mL 淀粉溶液，再继续滴定至蓝色消失。

碘酸钾标准滴定溶液与硫代硫酸钠标准滴定溶液的体积比按下式计算：

$$K_2 = \frac{15.00}{V} \tag{4-20}$$

式中：K_2——碘酸钾标准滴定溶液与硫代硫酸钠标准滴定溶液的体积比；

V——滴定时消耗硫代硫酸钠标准滴定溶液的体积（mL）；

15.00——加入碘酸钾标准滴定溶液的体积（mg/mL）。

⑥淀粉溶液（10g/L）：

将 1g 淀粉（水溶性）置于烧杯中，加水调成糊状后，加入 100mL 沸水，煮沸约 1min，冷却后使用。

（3）分析步骤：

测定硫化物及硫酸盐的仪器装置示意图如图 4-2 所示。

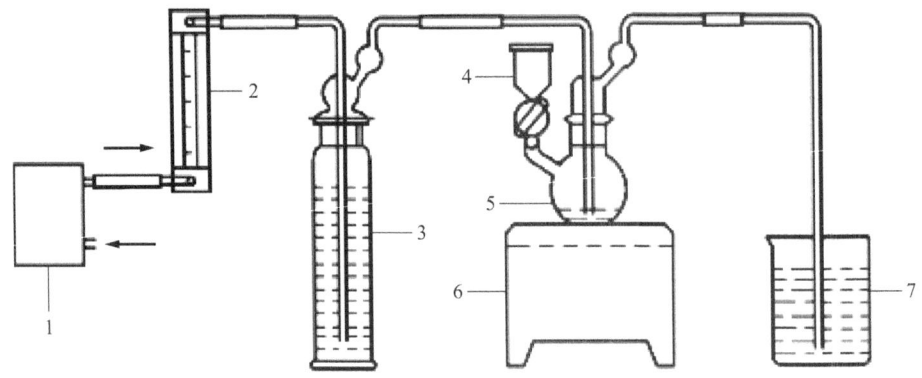

1—吹气泵；2—转子流量计；3—洗气瓶，250mL，内盛 100mL 硫酸铜溶液（50g/L）；

4—分液漏斗，20mL；5—反应瓶，100mL；6—电炉，600W，与(1～2)kVA 调压变压器相连接；

7—烧杯，400mL，内盛 20mL 氨性硫酸锌溶液和 300mL 水

图 4-2　测定硫化物及硫酸盐的仪器装置示意图

向400mL烧杯中加入20mL氨性硫酸锌溶液和300mL水,按图4-2中仪器装置将玻璃导气管插入烧杯中。

称取约0.5g试样,精确至0.0001g,置于100mL的干燥反应瓶中,加入10mL磷酸,置于小电炉上加热至沸,并继续在微沸下加热至无大气泡、液面平静、无白烟出现为止。取下放冷,向反应瓶中加入10mL氯化亚锡—磷酸溶液,按图4-2仪器装置连接各部件。

开动空气泵,控制气体流量为(100~150)mL/min[每秒(4~5)个气泡],加热煮沸并微沸15min,停止加热。(提示:试验结束时反应瓶中的溶液温度较高,注意冷却后再洗涤反应瓶)

关闭空气泵,把插入吸收液内的玻璃导气管作为搅棒,将溶液冷却至室温,加入10mL明胶溶液,加入15.00mL碘酸钾标准滴定溶液,在充分搅拌下加入40mL盐酸(1+1),用硫代硫酸钠标准滴定溶液滴定至淡黄色,加入2mL淀粉溶液,继续滴定至蓝色消失,记录消耗硫代硫酸钠标准滴定溶液的体积(V_1)。如果V_1小于1.5mL,用减少一半的试样质量重新试验。建议碘酸钾标准滴定溶液的加入量如表4-13所示。

建议碘酸钾标准滴定溶液的加入量　　　　表4-13

三氧化硫含量(%)	称样量(g)	碘酸钾标准滴定溶液加入量(mL)
1.5~2.0	0.5	9~12
2.0~2.5	0.5	11~14
2.5~3.0	0.5	13~16
3.0~3.5	0.5	15~18
3.5~4.0	0.5	17~20

(4)结果的计算与表示:

硫酸盐三氧化硫的质量分数按下式计算:

$$\omega_{SO_3} = \frac{1.201 \times [(V_2 - K_2 \times V_1) - (V_{02} - K_2 \times V_{01})]}{m \times 1000} \times 100$$
$$= 0.1201 \times \frac{[(V_2 - K_2 \times V_1) - (V_{02} - K_2 \times V_{01})]}{m} \tag{4-21}$$

式中:ω_{SO_3}——硫酸盐三氧化硫的质量分数(%);

V_1——滴定时消耗硫代硫酸钠标准滴定溶液的体积(mL);

V_2——加入碘酸钾标准滴定溶液的体积(mL);

V_{01}——空白试验消耗硫代硫酸钠标准滴定溶液的体积(mL);

V_{02}——空白试验加入碘酸钾标准滴定溶液的体积(mL);

K_2——碘酸钾标准滴定溶液与硫代硫酸钠标准滴定溶液的体积比;

m——试样的质量(g);

1.201——碘酸钾标准滴定溶液对三氧化硫的滴定度(mg/mL)。

8）硫酸盐三氧化硫的测定——库仑滴定法（代用法）

（1）方法提要：

试样经甲酸处理，将硫化物分解除去。在催化剂的作用下，于空气流中燃烧分解，试样中硫生成三氧化硫并被碘化钾溶液吸收，以电解碘化钾溶液所产生的碘进行滴定。

试样中含有大量的硫化物（S^{2-}）或其他状态的硫时，硫化物或其他状态的硫可能未完全被甲酸所分解，将给测定结果造成正误差，如掺入大量矿渣的水泥。

（2）试剂和仪器：

①电解液：

将 6g 碘化钾（KI）和 6g 溴化钾（KBr）溶于 300mL 水中，加入 10mL 冰乙酸。

②库仑积分测硫仪：

由管式高温炉、电解池和库仑积分器组成。

（3）分析步骤：

使用库仑积分测定硫仪进行测定，将管式高温炉升温并控制在(1150～1200)℃。

开动供气泵和抽气泵并将抽气流量调节到约 1000mL/min。在抽气下，将(200～300)mL 电解液加入电解池内（电解液的加入量按仪器说明书要求加入），开动磁力搅拌器。

调节电位平衡：在瓷舟中放入少量含一定硫的试样，并盖一薄层五氧化二钒，将瓷舟置于一稍大的石英舟上，送进炉内，库仑滴定随即开始。如果试验结束后库仑积分器的显示值为零，应再次调节直至显示值不为零为止。

称取(0.05 ± 0.01)g 试样，精确至 0.0001g，将试样均匀地平铺于瓷舟中，慢慢滴加(4～5)滴甲酸（1＋1），用拉细的玻璃棒沿舟方向搅拌几次，使试样完全被甲酸润湿，再用(2～3)滴甲酸（1＋1）将玻璃棒上沾有的少量试样冲洗于瓷舟中，将瓷舟放在电炉上，控制电炉丝呈暗红色，低温加热并烤干，防止溅失，再升高温度加热(3～5)min。取下冷却后在试料上覆盖一薄层五氧化二钒，将瓷舟置于石英舟上，送进炉内，库仑滴定随即开始，试验结束后，库仑积分器显示出硫的毫克数。并用有证标准样品/标准物质进行校正。

（4）结果的计算与表示：

硫酸盐三氧化硫的质量分数按下式计算：

$$\omega_{SO_3} = \frac{[(m_2 - m_{02}) \times 2.50]}{m_1 \times 1000} \times 100 = \frac{[(m_2 - m_{02}) \times 0.25]}{m_1 \times 1000} \tag{4-22}$$

式中：ω_{SO_3}——硫酸盐三氧化硫的质量分数（%）；

m_2——库仑积分器上显示的硫的质量（mg）；

m_{02}——空白试验库仑积分器上显示的硫的质量（mg）；

m_1——试样的质量（g）；

2.50——硫对三氧化硫的换算系数。

9）氧化钾和氧化钠的测定——火焰光度法（基准法）

（1）方法提要：

试样经氢氟酸—硫酸蒸发处理除去硅，用热水浸取残渣，以氨水和碳酸铵分离铁、铝、钙、镁。滤液中的钾、钠使用火焰光度计进行测定。

（2）试剂和仪器：

①碳酸铵溶液（100g/L）：

将10g碳酸铵[$(NH_4)_2CO_3$]溶解于100mL水中。用时现配。

②氯化锶溶液（锶50g/L）：

将152g氯化锶（$SrCl_2 \cdot 6H_2O$）溶于水中，加水稀释至1L，必要时过滤后使用。

③甲基红指示剂溶液（2g/L）：

将0.2g甲基红溶于100mL乙醇中。

④火焰光度计：

可稳定地测定钾在波长768nm处和钠在波长589nm处的谱线强度。

⑤氧化钾（K_2O）、氧化钠（Na_2O）标准溶液：

a. 氧化钾、氧化钠标准溶液的配制

称取1.5829g已于(105～110)℃烘过2h的氯化钾（KCl，基准试剂或光谱纯）及1.8859g已于(105～110)℃烘过2h的氯化钠（NaCl，基准试剂或光谱纯），精确至0.0001g，置于烧杯中，加水溶解后，移入1000mL容量瓶中，用水稀释至刻度，摇匀。贮存于塑料瓶中。此标准溶液每毫升含1mg氧化钾及1mg氧化钠。

吸取50.00mL上述标准溶液放入1000mL容量瓶，用水稀释至刻度，摇匀。贮存于塑料瓶中，此标准溶液每毫升含0.05mg氧化钾和0.05mg氧化钠。

b. 用于火焰光度法的工作曲线的绘制

吸取每毫升含0.05mg氧化钾和0.05mg氧化钠的标准溶液0mL、2.50mL、5.00mL、10.00mL、15.00mL、20.00mL分别放入500mL容量瓶中，用水稀释至刻度，摇匀。贮存于塑料瓶中。将火焰光度计调节至最佳工作状态，按仪器使用规程进行测定。用测得的检流计读数作为相对应的氧化钾和氧化钠含量的函数，绘制工作曲线。

（3）分析步骤：

称取约0.2g试样，精确至0.0001g，置于铂皿（或聚四氟乙烯器皿）中，加入少量水润湿，加入(5～7)mL氢氟酸和(15～20)滴硫酸（1+1），放入通风橱内的电热板上低温加热，近干时摇动铂皿，以防溅失，待氢氟酸驱尽后逐渐升高温度，继续加热至三氧化硫白烟冒尽，取下冷却。加入(40～50)mL热水，用胶头擦棒压碎残渣使其分散，加入1滴甲基红指示剂溶液，用氨水（1+1）中和至黄色，再加入10mL碳酸铵溶液，搅拌，然后放入通风橱内电热板上加热至沸并继续微沸(20～30)min。用快速滤纸过滤，以热水充分洗涤，用胶头擦棒擦洗铂皿，滤液及洗液收集于100mL容量瓶中，冷却至室温。用盐酸（1+1）中和至溶液呈微红色，用水稀释至刻度，摇匀。在火焰光度计，按仪器使用规程，在与工作曲线相同的仪器条件下进行测定。在工作曲线上分别求出氧化钾和氧化钠的含量。

（4）结果的计算与表示：

氧化钾和氧化钠的质量分数分别按下式计算：

$$\omega_{K_2O} = \frac{m_2}{m_1 \times 1000} \times 100 = \frac{m_2 \times 0.1}{m_1} \tag{4-23}$$

$$\omega_{Na_2O} = \frac{m_3}{m_1 \times 1000} \times 100 = \frac{m_3 \times 0.1}{m_1} \tag{4-24}$$

式中：ω_{K_2O}——氧化钾的质量分数（%）；

ω_{Na_2O}——氧化钠的质量分数（%）；

m_1——试料的质量（g）；

m_2——扣除空白试验后 100mL 溶液中氧化钾的含量（mg）；

m_3——扣除空白试验后 100mL 溶液中氧化钠的含量（mg）。

10）氧化钾和氧化钠的测定—原子吸收分光光度法（代用法）

（1）方法提要：

用氢氟酸—高氯酸分解试样，以锶盐消除硅、铝、钛等的干扰，在空气—乙炔火焰中，分别于波长 766.5nm 处和波长 589.0nm 处测定氧化钾和氧化钠的吸光度。

（2）试剂和仪器：

①溶液 A：

用氢氟酸—高氯酸分解试样的方法制备溶液，见"4）氧化镁的测定—原子吸收分光光度法（基准法）"中溶液 A 的制备方法。

②氯化锶溶液（锶 50g/L）：

将 152g 氯化锶（$SrCl_2 \cdot 6H_2O$）溶于水中，加水稀释至 1L，必要时过滤后使用。

③原子吸收分光光度计：

带有钾、钠等元素空心阴极灯。

④氧化钾（K_2O）、氧化钠（Na_2O）标准溶液：

a. 氧化钾、氧化钠标准溶液的配制

配制方法同"9）氧化钾和氧化钠的测定——火焰光度法（基准法）"中氧化钾、氧化钠标准溶液的配制。

b. 用于原子吸收分光光度法的工作曲线的绘制

吸取每毫升含 0.05mg 氧化钾和 0.05mg 氧化钠的标准溶液 0mL、2.50mL、5.00mL、10.00mL、15.00mL、20.00mL、25.00mL 分别放入 500mL 容量瓶中，加入 30mL 盐酸及 10mL 氯化锶溶液，用水稀释至刻度，摇匀，贮存于塑料瓶中。将原子吸收分光光计调节至最佳工作状态,在空气—乙炔火焰中,分别用钾元素空心阴极灯于波长 766.5nm 处和钠元素空心阴极灯于波长 589.0nm 处,以水校零测定溶液的吸光度。用测得的吸光度作为相对应的氧化钾和氧化钠含量的函数,绘制工作曲线。

(3)分析步骤:

直接取用溶液 A,用原子吸收分光光度计,在空气—乙炔火焰中,分别用钾元素空心阴极灯于波长 766.5nm 处和钠元素空心阴极灯于波长 589.0mm 处,在与工作曲线相同的仪器条件下测定溶液的吸光度,在工作曲线上分别求出氧化钾和氧化钠的浓度。

(4)结果的计算与表示:

氧化钾和氧化钠的质量分数分别按下式计算:

$$\omega_{K_2O} = \frac{c_1 \times 250}{m \times 10^6} \times 100 = \frac{c_1 \times 0.025}{m} \tag{4-25}$$

$$\omega_{Na_2O} = \frac{c_2 \times 250}{m \times 10^6} \times 100 = \frac{c_2 \times 0.025}{m} \tag{4-26}$$

式中:ω_{K_2O}——氧化钾的质量分数(%);

ω_{Na_2O}——氧化钠的质量分数(%);

m——溶液 A 中试料的质量(g);

c_1——扣除空白试验后测定溶液中氧化钾的浓度(μg/mL);

c_2——扣除空白试验后测定溶液中氧化钠的浓度(μg/mL);

250——测定溶液的体积(mL)。

3. X 射线荧光分析方法

1)方法提要

X 射线荧光分析方法(XRF)测定 Cl^-、K_2O、Na_2O、MgO、SO_3 等成分。在玻璃熔片或压片上测量待测元素特征 X 射线的强度,根据校准曲线或校正方程来分析,计算出待测成分的含量。如果元素间的效应显著影响校准精度,需进行元素间干扰效应校正。该方法是基于熔融样片或压片,使用标准样品/标准物质进行分析确认其技术指标,则分析结果认为同等有效。

2)试剂

(1)纯试剂:

所用试剂应不低于分析纯,尽可能使用纯的氧化物或碳酸盐,除了不能形成稳定的氧化物或碳酸盐的元素,如硫、氯等,但需要保证准确的化学计量。

制备熔片时称量的试剂应无水(或对水分进行校正),氧化物应不含二氧化碳,应知道试剂的氧化态。用规定的程序来保证正确的氧化态。

用于制备校准标准熔片的试剂应该是纯的氧化物或碳酸盐,其纯度应不低于 99.95%(不含水分和二氧化碳)。

（2）熔剂：

XRF 熔样制片法的优点之一是有多种熔剂可供选择。对于一个给定的校准程序，应始终使用相同的熔剂。通常用于水泥分析的熔剂：质量分数 67%四硼酸锂（$Li_2B_4O_7$）＋ 33%偏硼酸锂（$LiBO_2$）、100%四硼酸锂（$Li_2B_4O_7$）或它们的其他比例的混合物。

（3）黏合剂：

使样品易于高压成型，在研磨样品制备压片时使用。当更换黏合剂时，应进行制片的验证检查。常用的黏合剂有硼酸、纤维素、淀粉、石蜡、硬脂酸等。

（4）助磨剂：

提高研磨效率的添加剂，如三乙醇胺、乙醇、异丙醇等。

3）仪器设备

（1）X 射线荧光分析仪。

（2）精密天平。

（3）自动熔样设备。

（4）压片机等。

4）试样片的制备

（1）玻璃熔片的制备：

试样称量：按选择的稀释比分别称量试样、熔剂和脱模剂。脱模剂如为液态，应通过微量吸管加入。

熔样：熔样前，需把试样、熔剂和脱模剂充分混合。如果使用液体脱模剂，熔样前应先将试样和熔剂进行混合，在低温下加热除去水分，然后再加入液体脱模剂。在选定的控制温度的电炉内，在规定的时间里熔融该混合物，期间不时地摇动，直至试样熔解，且熔融物均匀。

玻璃熔片的铸造和冷却：熔片的测量表面应平整光滑，无气泡，无污点。也可用自动熔样设备制备熔片。

玻璃熔片的贮存：要防止由于温度和湿度条件不适宜而导致熔片损坏，例如可以将熔片贮存于聚乙烯自封袋中。如果实验室条件可以适当控制（如有空调），应将袋子放在干燥器中。若环境条件不能控制，应将其贮存于(25～30)°C的温控箱中。如果压片贮存的时间较短，可以不包装而直接放入干燥器中。长期贮存后，用前应用乙醇或丙酮彻底清洗玻璃熔片表面。

（2）直接压片：

采用粉末压片时，样品应首先进行粉磨，为防止样品黏磨和改善粉末压片质量，可使用不超过 3%的黏合剂。

操作步骤：称取试验样，精确至 0.1g。试样的量应能够填满模具，并适当过量。研磨至合适的细度，必要时可添加黏合剂。将磨细试样置于压片模具中，铺平。以一定的速率和时间压片，确保压片表面光洁、无杂物、不开裂。

压片的贮存要求同玻璃熔片。

（3）校准和验证：

①校准和验证样品：

系列校准标准样品的配制：使用与待测试样相同的物料、纯试剂、标准样品/标准物质，制备一系列熔片或压片作为校准标准样品。该系列校准样品应覆盖每种被测元素的浓度范围，且应有较均等的含量梯度，校准样品中每种元素变化应相互独立。每一系列至少7个样品，通常制备的系列校准样品10个以上。系列校准样品的制备应按照《标准样品工作导则》GB/T 15000系列标准进行。用化学分析方法确定校准样品中各成分的质量分数。建议采用不同原理的测定方法，且多家实验室定值。

验证校准曲线用有证标准样品/标准物质或质控标准样品：不使用制备的校准标准样品，可以选择一个或多个质控标准样品，其成分在每种被测元素的校准范围内，与系列校准标准样品同源，制备方法亦同；也可以准备能满足上述要求的有证标准样品/标准物质，需采用熔片法，直接压片可能不适宜。

强度校正样品/监控样品：使用一个或多个样品（玻璃熔片或其他稳定材质），每一个成分给出的强度数值类似于每个被分析元素的校准范围。如果使用多个样品，对每个元素选择高含量和低含量的样品。这些样品应不同于校准样品。这些样品应足够稳定，避免被X射线照射，以防老化。

重校准标准样品：选择两个校准样品，比如工作曲线的高样和低样（最好每种被测元素都具有相关的高含量和低含量值），对工作曲线进行校准，贮存，以供将来参考。如果通过强度校正步骤不能充分地校正仪器的漂移，则应对校准曲线方程进行调整。

光谱仪控制样品（用熔片分析时的控制）：在校准范围内或接近校准范围准备并贮存一个或多个熔片，可以使用验证校准曲线用标准样品。如果熔片与初始测定结果的偏差超出表4-10中所列的重复性限，则怀疑熔片老化，应准备一个替代的熔片。

用光谱仪控制样品（用压片分析时的控制）：压片与初始测定结果的偏差应不大于表4-10中所列的重复限。由于压片易于老化，不可能用压片准确控制光谱仪。因此，采用压片进行分析时，应采用熔片对光谱仪进行控制。

制样过程控制样品：制备一个验证校准曲线用标准样品的熔片或压片，用作制样过程控制样品。

②校准的建立和验证：

校准样品灼烧基测定结果：采用玻璃熔片制作校准曲线时，测定结果的坐标采用校准样品的灼烧基测定结果。校准样品的灼烧基测定结果按下式计算：

$$\omega_{\text{Ign}} = \omega_{\text{Rec}} \times \frac{100}{100 - \omega_{\text{LOI}}} \tag{4-27}$$

式中：ω_{Ign}——校准样品的灼烧基中某成分的测定结果（%）；

ω_{Rec}——校准样品的收到基中某成分的测定结果（%）；

ω_{LOI}——校准样品中烧失量的质量分数（%）。

校准曲线的建立：在选定的工作条件下，用 X 射线荧光光谱仪测量一系列的校准标准样品或试样成分相近的有证标准样品/标准物质或压片中的每种被测元素的谱线强度。在测量得到的 X 射线强度与元素浓度之间建立校准关系，包括对质量吸收的校正和谱线叠加的校正。在一个合理的计数时间内（例如 200s），测量并记录所有校准熔片或压片中每种被测元素的谱线强度。利用回归分析，例如用最小二乘法，按下式建立每种被测元素的校准曲线：

$$\omega_i = aI_i^2 + bI_i + c \tag{4-28}$$

式中：ω_i——校准样品中成分 i 的含量；

I_i——成分 i 的 X 射线强度；

a、b、c——系数（一次方程时，$a = 0$）。

校准方程的建立：如果元素间的效应显著影响校准精度，例如钾对钙的影响，有必要进行校正。综合校准、基体效应校正和谱线重叠干扰校正，用下式进行回归计算：

$$\omega_i = (aI_i^2 + bI_i + c)(1 + \sum \alpha_{ij}\omega_j) + \sum \beta_{ij}\omega_j \tag{4-29}$$

式中：ω_i——标准样品中成分 i 的含量；

I_i——成分 i 的 X 射线强度；

a、b、c——系数（一次方程时，$a = 0$）；

α_{ij}——共存成分 j 对成分 i 的理论 α 系数；

ω_j——共存成分 j 的含量；

β_{ij}——共存成分 j 重叠校正系数。

校准的验证：通过对至少一个"验证校准曲线用标准样品"的重复测定，对被测元素的准确度进行验证。被测成分的允许差应在表 4-10 中所列的重复性限内。如果被测成分的允许差超出表 4-10 中所列的重复性限，则该校准是无效的，应考虑：

a. 调整对元素间干扰的校正；

b. 所使用的一套标准样品是否适宜；

c. 确定其他因素，并采取适当的校正措施；

d. 重新建立校准曲线或校准方程。

（4）结果的计算与表示：

通过校正过的校准曲线计算熔融基中各种元素的浓度，必要时考虑元素间的干扰。

直接粉末压片法的测定结果，通过校准曲线和方程，计算被测元素的浓度，结果以质量分数表示。

熔融法的测定结果，根据未灼烧试样（收到基）中烧失量的结果，按下式将灼烧基结果换算成收到基结果：

$$\omega_{Rec} = \omega_{Ign} \times \frac{100 - \omega_{LOI}}{100} \tag{4-30}$$

式中：ω_{Rec}——试样的收到基中某成分的测定结果（%）；

ω_{Ign}——试样的灼烧基中某成分的测定结果（%）；

ω_{LOI}——未灼烧试样中烧失量的质量分数（%）。

4. 电感耦合等离子体发射光谱法

1）方法提要

试料经氢氟酸—高氯酸分解，盐酸浸取，溶液经 ICP-OES 检测，不同元素的原子在激发或电离时可发射出特征光谱，分别测定待测元素的发射光谱强度。特征光谱的强度与试样中原子浓度有关，通过与标准溶液相对应的元素光谱强度进行比较，定量测定试样中 MgO、K_2O、Na_2O、SO_3 等含量。

2）试剂

（1）氧化镁标准溶液（含 MgO 1mg/mL）：

称取 1.0000g 已于(950±25)°C灼烧过 1h 的氧化镁（MgO，基准试剂或光谱纯），精确至 0.0001g，置于 300mL 烧杯中，加入 50mL 水，再缓缓加入 20mL 盐酸（1+1），盖上表面皿，低温加热至全部溶解，冷却至室温后，移入 1000mL 容量瓶中，用水稀释至刻度，摇匀。

（2）氧化钾标准溶液（含 K_2O 1mg/mL）：

称取 1.5829g 已于(105～110)°C烘干过 2h 的氯化钾（KCl，基准试剂或光谱纯），精确至 0.0001g，置于烧杯中，加水溶解后，移入 1000mL 容量瓶中，用水稀释至刻度，摇匀。

（3）氧化钠标准溶液（含 Na_2O 1mg/mL）：

称取 1.8859g 已于(105～110)°C烘干过 2h 的氯化钠（NaCl，基准试剂或光谱纯），精确至 0.0001g，置于烧杯中，加水溶解后，移入 1000mL 容量瓶中，用水稀释至刻度，摇匀。

（4）三氧化硫标准溶液（含 SO_3 1mg/mL）：

称取 1.7742g 已于(105～110)°C烘干过 2h 的硫酸钠（Na_2SO_4，基准试剂），精确至 0.0001g，置于 300mL 烧杯中，加入 100mL 水，加热溶解，冷却后移入 1000mL 容量瓶中，用水稀释至刻度，摇匀。

（5）三氧化硫标准溶液系列：

移取 10mL、25mL、50mL、100mL 三氧化硫标准溶液（含 1mg/mL SO_3）分别放入 1000mL 容量瓶中，用水稀释至刻度，摇匀。此系列标准溶液含三氧化硫的浓度为 10μg/mL、

25μg/mL、50μg/mL、100μg/mL。

（6）三氧化硫标准溶液（含 SO_3 1μg/mL）：

移取 100mL 含三氧化硫为 10μg/mL 的标准溶液置于 1000mL 容量瓶中，用水稀释至刻度，摇匀。

3）仪器设备

等离子发射光谱仪。

4）氧化镁、氧化钾、氧化钠等的测定

（1）分析步骤：

称取约 0.1g 试样，精确至 0.0001g，置于铂皿（或聚四氟乙烯器皿）中，加入少量水润湿，加入 0.5mL 高氯酸，摇动使试料分散。加(10～15)mL 氢氟酸，放入通风橱内的电炉上低温加热，以防溅失，蒸发至冒高氯酸白烟，冷却。加入 5mL 氢氟酸，继续加热蒸发至白烟冒尽，冷却。加入 4mL 盐酸，温热(3～4)min，加入 20mL 水，继续加热浸取(15～20)min，冷却，用快速滤纸过滤，用热水洗涤，滤液及洗液收集于 100mL 容量瓶中，用水稀释至刻度，摇匀。

根据使用的仪器型号，选择适当的工作参数（如功率、观察高度、清洗时间等），分别测定空白溶液、标准溶液（合适的浓度）、上述待测液中各待测元素的发射光谱强度。测定波长参考厂家推荐值。电感耦合等离子体发射光谱法推荐使用波长参见《水泥化学分析方法》GB/T 176—2017 附录 C。

（2）分析结果的计算：

①工作曲线的绘制：

分别以各氧化物标准溶液浓度为横坐标，强度为纵坐标，绘制工作曲线。

②结果的计算：

各氧化物的质量分数按下式计算：

$$\omega_i = \frac{c_i \times V}{m \times 10^6} \times 100 \tag{4-31}$$

式中：ω_i——各氧化物质量分数（%）；

c_i——在工作曲线上查得的各氧化物量的浓度（μg/mL）；

V——试样溶液的体积（mL）；

m——试料的质量（g）。

5）硫酸盐三氧化硫的测定

（1）分析步骤：

称取约 0.5g 试样，精确至 0.0001g，置于 200mL 烧杯中，加入 40mL 水，搅拌使试样完全分散，在搅拌下加入 10mL 盐酸（1+1），用平头玻璃棒压碎块状物，加热煮沸并保持微沸(10～15)min。用快速滤纸过滤，用热水洗涤(10～12)次，滤液及洗液收集到 250mL 容量瓶中,用水稀释至刻度,摇匀,待测。

根据使用的仪器型号,选择适当的工作参数,分别测定空白溶液、三氧化硫标准溶液(合适的浓度)、上述待测液中硫元素的发射光谱强度。测定波长参考厂家推荐值。

(2)分析结果的计算:

①工作曲线的绘制:

以三氧化硫标准溶液浓度为横坐标,强度为纵坐标,绘制工作曲线。

②结果的计算:

硫酸盐三氧化硫的质量分数按下式计算:

$$\omega_{SO_3} = \frac{c \times V}{m \times 10^6} \times 100 \tag{4-32}$$

式中:ω_{SO_3}——硫酸盐三氧化硫的质量分数(%);

c——在工作曲线上查得的三氧化硫的浓度(μg/mL);

V——试样溶液的体积(mL);

m——试料的质量(g)。

六、试验结果评定

1. 水泥胶砂强度

以抗折、抗压强度均满足该组强度等级的强度要求方可评为符合该强度等级的要求,并应按委托强度等级评定。

不同品种不同强度等级的通用硅酸盐水泥,其不同龄期的强度应符合表4-4的规定。

不同强度等级的砌筑水泥,其不同龄期的强度应符合表4-5的规定。

2. 水泥安定性

沸煮法合格。

压蒸法:普通硅酸盐水泥、矿渣硅酸盐水泥、火山灰质硅酸盐水泥、粉煤灰硅酸盐水泥的压蒸膨胀率不大于0.50%,硅酸盐水泥压蒸膨胀率不大于0.80%时,为体积安定性合格,反之为不合格。

3. 水泥凝结时间试验评定

通用硅酸盐水泥:硅酸盐水泥初凝不小于45min,终凝不大于390min;普通硅酸盐水泥、矿渣硅酸盐水泥、火山灰质硅酸盐水泥、粉煤灰硅酸盐水泥和复合硅酸盐水泥初凝不小于45min,终凝不大于600min。

砌筑水泥:初凝不小于60min,终凝不大于720min。

4. 氯离子、三氧化硫、氧化镁含量

水泥的化学成分要求见表4-14。

水泥的化学成分要求　　　　　　　　　　　　表 4-14

品种		代号	三氧化硫（质量分数）（%）	氧化镁（质量分数）（%）	氯离子（质量分数）（%）
通用硅酸盐水泥	硅酸盐水泥	P·I	≤3.5	≤5.0[a]	≤0.06[c]
		P·II			
	普通硅酸盐水泥	P·O			
	矿渣硅酸盐水泥	P·S·A	≤4.0	≤6.0[b]	
		P·S·B		—	
	火山灰质硅酸盐水泥	P·P	≤3.5	≤6.0	
	粉煤灰硅酸盐水泥	P·F			
	复合硅酸盐水泥	P·C			
砌筑水泥			≤3.5	—	≤0.06

注：[a] 如果水泥压蒸安定性合格，则水泥中氧化镁含量（质量分数）允许放宽至 6.0%。
　　[b] 如果水泥中氧化镁含量（质量分数）大于 6.0%，需进行水泥压蒸安定性试验并合格。
　　[c] 当买方有更低要求时，买卖双方协商确定。

5. 碱含量

水泥中碱含量按 $\omega(Na_2O) + 0.658\omega(K_2O)$ 计算值表示。当买方要求提供低碱水泥时，由买卖双方协商确定。

6. 保水率

砌筑水泥的保水率不小于 80%。

7. 水泥试验结果的判定规则

合格品：各项检验结果均符合标准的规定为合格品。

不合格品：检验结果不符合标准中的任何一项技术要求为不合格品。

对于被判定为不合格品的水泥，应及时办理退货。

第二节　钢筋

第一部分　建筑用钢材

一、相关标准

（1）《混凝土结构设计标准》（2024 年版）GB/T 50010—2010。

（2）《混凝土结构工程施工质量验收规范》GB 50204—2015。

（3）《钢筋混凝土用钢 第 1 部分：热轧光圆钢筋》GB 1499.1—2024。

（4）《钢筋混凝土用钢 第2部分：热轧带肋钢筋》GB 1499.2—2024。

（5）《钢筋混凝土用钢 第3部分：钢筋焊接网》GB/T 1499.3—2022。

（6）《钢筋混凝土用余热处理钢筋》GB/T 13014—2013。

（7）《碳素结构钢》GB/T 700—2006。

（8）《低合金高强度结构钢》GB/T 1591—2018。

（9）《冷轧带肋钢筋》GB 13788—2024。

（10）《一般用途低碳钢丝》YB/T 5294—2009。

（11）《预应力混凝土用钢绞线》GB/T 5224—2023。

（12）《预应力混凝土用钢丝》GB/T 5223—2014。

（13）《混凝土结构用成型钢筋制品》GB/T 29733—2013。

（14）《钢及钢产品 交货一般技术要求》GB/T 17505—2016。

（15）《钢及钢产品 力学性能试验取样位置及试样制备》GB/T 2975—2018。

（16）《金属材料 拉伸试验 第1部分：室温试验方法》GB/T 228.1—2021。

（17）《钢筋混凝土用钢筋焊接网 试验方法》GB/T 33365—2016。

（18）《预应力混凝土用钢材试验方法》GB/T 21839—2019。

（19）《金属材料 弯曲试验方法》GB/T 232—2024。

（20）《金属材料 线材 反复弯曲试验方法》GB/T 238—2013。

（21）《钢筋混凝土用钢材试验方法》GB/T 28900—2022。

二、基本概念

1. 热轧带肋钢筋

1）定义和分类

按热轧状态交货，横截面通常为圆形且表面带肋的钢筋混凝土结构用钢材。其抗拉强度较高，塑性和可焊性较好，表面的肋使钢筋和混凝土之间有较大的握裹力，广泛用于房屋、桥梁、道路等工程建设。

热轧带肋钢筋按其内部晶粒结构分为普通热轧带肋钢筋和细晶粒热轧带肋钢筋；按屈服强度特征值分为400、500、600级。

钢筋牌号的构成及其含义如表4-15所示。

热轧带肋钢筋牌号的构成及其含义　　　　表4-15

类别	牌号	牌号构成	英文字母含义
普通热轧带肋钢筋	HRB400	由HRB+屈服强度特征值构成	HRB——热轧带肋钢筋的英文（Hot-rolled Ribbed Bars）缩写 E——"地震"的英文（Earthquake）首位字母
	HRB500		
	HRB600		

续表

类别	牌号	牌号构成	英文字母含义
普通热轧带肋钢筋	HRB400E	由 HRB + 屈服强度特征值 + E 构成	HRB——热轧带肋钢筋的英文（Hot-rolled Ribbed Bars）缩写 E——"地震"的英文（Earthquake）首位字母
	HRB500E		
细晶粒热轧带肋钢筋	HRBF400	由 HRBF + 屈服强度特征值构成	HRBF——热轧带肋钢筋的英文缩写后加"细"的英文（Fine）首位字母 E——"地震"的英文（Earthquake）首位字母
	HRBF500		
	HRBF400E	由 HRBF + 屈服强度特征值 + E 构成	
	HRBF500E		

2）技术指标

（1）热轧带肋钢筋力学性能指标和工艺性能指标如表 4-16 所示。

对于牌号带"E"的钢筋应进行反向弯曲试验。经反向弯曲试验后，钢筋受弯部位表面不得产生裂纹。反向弯曲试验的弯曲压头直径比弯曲试验相应增加一个钢筋公称直径。可以用反向弯曲试验代替弯曲试验。

热轧带肋钢筋力学性能指标和工艺性能指标　　表 4-16

牌号	公称直径 d（mm）	力学性能						工艺性能	
		下屈服强度 R_{eL}（MPa）	抗拉强度（MPa）	断后伸长率 A（％）	最大力总延伸率 A_{gt}（％）	R_m^0/R_{eL}^0	R_{eL}^0/R_{eL}	弯心直径	弯曲角度 α（°）
		不小于				不大于		受弯部位表面不得产生裂纹	
HRB400 HRBF400	6～25 28～40 ＞40～50	400	540	16	7.5	—	—	4d 5d 6d	180
HRB400E HRBF400E				—	9	1.25	1.3		
HRB500 HRBF500	6～25 28～40 ＞40～50	500	630	15	7.5	—	—	6d 7d 8d	180
HRB500E HRBF500E				—	9	1.25	1.3		
HRB600	6～25 28～40 ＞40～50	600	730	14	7.5	—	—	6d 7d 8d	180

注：1. R_m^0 为钢筋实测抗拉强度；R_{eL}^0 为钢筋实测下屈服强度。

2. 直径(28～40)mm 各牌号钢筋的断后伸长率 A 可降低 1％；直径大于 40mm 各牌号钢筋的断后伸长率 A 可降低 2％。

3. 对于没有明显屈服强度的钢筋，下屈服强度特征值 R_{eL} 应采用规定塑性延伸强度 $R_{p0.2}$。

4. 伸长率类型可从 A 或 A_{gt} 中选定，但仲裁检验时应采用 A_{gt}。

（2）热轧带肋钢筋实际重量与理论重量的偏差应符合表4-17的规定。

热轧带肋钢筋实际重量与理论重量的偏差要求　　　　表4-17

公称直径（mm）	实际重量与理论重量的偏差（%）
6～12	±5.5
14～20	±4.5
22～50	±3.5

3）其他要求

对按一、二、三级抗震等级设计的框架和斜撑构件（含梯段）中的纵向受力普通钢筋应采用牌号带"E"的钢筋，其强度和最大力下总伸长率的实测值应符合下列规定：

（1）钢筋的抗拉强度实测值与屈服强度实测值的比值（强屈比）不应小于1.25。

（2）钢筋的屈服强度实测值与屈服强度标准值的比值（超屈比）不应大于1.30。

（3）钢筋的最大力下总伸长率不应小于9%。

2. 热轧光圆钢筋

1）定义和分类

经热轧成型，横截面通常为圆形，表面光滑的钢筋。其强度较低但塑性好，伸长率高，具有便于弯折成型，容易焊接的特点，可用作小型钢筋混凝土结构的主要受力筋，构件的箍筋，钢、木结构的拉杆等。

热轧光圆钢筋按屈服强度特征值为300级。

钢筋牌号的构成及其含义如表4-18所示。

热轧光圆钢筋牌号的构成及其含义　　　　表4-18

类别	牌号	牌号构成	英文字母含义
热轧光圆钢筋	HPB300	由HPB＋屈服强度特征值构成	HPB——热轧光圆钢筋的英文（Hot-rolled Plain Bars）缩写

2）技术指标

（1）热轧光圆钢筋力学性能指标和工艺性能指标如表4-19所示。

热轧光圆钢筋技术条件　　　　表4-19

牌号	公称直径 d（mm）	力学性能				工艺性能	
		下屈服强度 R_{eL}（MPa）	抗拉强度 R_m（MPa）	断后伸长率 A（%）	最大力总延伸率 A_{gt}（%）	弯心直径	弯曲角度 α（°）
		不小于				受弯部位表面不得产生裂纹	
HPB300	6～25	300	420	25	10.0	d	180°

注：1. 对于没有明显屈服强度的钢筋，下屈服强度特征值 R_{eL} 应采用规定塑性延伸强度 $R_{p0.2}$。
2. 伸长率类型可从 A 或 A_{gt} 中选定，但仲裁检验时应采用 A_{gt}。

（2）热轧光圆直条钢筋实际重量与理论重量的偏差应符合表 4-20 的规定。

热轧光圆直条钢筋实际重量与理论重量的偏差要求　　表 4-20

公称直径（mm）	实际重量与理论重量的偏差（%）
6～12	±5.5
14～20	±4.5
22～25	±3.5

（3）按盘卷交货的钢筋，每根盘条重量应不小于 500kg，每盘重量应不小于 1000kg。

3. 冷轧带肋钢筋

1）定义和分类

热轧圆盘条经冷轧后，在其表面带有沿长度方向均匀分布的三面或二面横肋的钢筋。冷轧带肋钢筋在预应力混凝土构件中，是冷拔低碳钢丝的更新换代产品，在现浇混凝土结构中，则可代换其他钢筋，以节约钢材，是冷加工钢材中较好的一种。

冷轧带肋钢筋按延性高低分为两类：冷轧带肋钢筋（CRB + 抗拉强度特征值）和高延性冷轧带肋钢筋（CRB + 抗拉强度特征值 + H），C、R、B、H 分别为冷轧（Cold-rolled）、带肋（Ribbed）、钢筋（Bar）、高延性（High-elongation）四个词的英文首位字母。

冷轧带肋钢筋分为 CRB550、CRB600H、CRB650、CRB800、CRB800H 五个强度等级。CRB550、CRB600H 为普通钢筋混凝土用钢筋；CRB650、CRB800、CRB800H 为预应力混凝土用钢筋；CRB680H 既可作为普通混凝土用钢筋，也可作为预应力混凝土用钢筋。

CRB550 钢筋的公称直径范围为(4～12)mm，CRB600H 钢筋的公称直径范围为(4～16)mm，CRB650 及以上钢筋的公称直径范围为 4mm、5mm、6mm。

2）技术指标

（1）冷轧带肋钢筋力学性能指标和工艺性能指标如表 4-21 所示。

冷轧带肋钢筋力学性能指标和工艺性能指标　　表 4-21

牌号	力学性能						工艺性能		
	规定塑性延伸强度$R_{p0.2}$（MPa）（不小于）	抗拉强度R_m（MPa）（不小于）	$R_m^0/R_{p0.2}$（不小于）	A（%）	A_{100}（%）	最大力总延伸率（%）（不小于）	反复弯曲次数	弯心直径	弯曲角度α（°）
				断后伸长率（不小于）			受弯部位表面不得产生裂纹		
CRB550	500	550	1.05	12.0	—	2.5	—	3d	180
CRB600H	540	600		14.0	—	5.0	—	3d	180
CRB650	585	650		—	4.0	4.0	3		
CRB800	720	800		—	4.0	4.0	3		
CRB800H	720	800		—	7.0	4.0	4		

注：表中 d 为钢筋公称直径；钢筋公称直径为 4mm、5mm、6mm 时，反复弯曲试验的弯曲半径分别为 10mm、15mm 和 15mm。

（2）冷轧带肋钢筋实际重量与理论重量的偏差要求为不超过±4%。

4. 碳素结构钢

1）定义和分类

用以焊接、铆接、栓接工程结构的热轧钢板、钢带、型钢和钢棒，属于碳素钢的一种。碳素结构钢塑性较好，适宜于各种加工工艺，在焊接、冲击及适当超载的情况下不会突然破坏，对轧制、加热及骤冷的敏感性较小，因此用途很多，用量很大，主要用于铁道、桥梁、各类建筑工程。

碳素结构钢的牌号由代表屈服强度的字母、屈服强度数值、质量等级符号、脱氧方法符号四个部分按顺序组成，其牌号的构成及其含义如表4-22所示。

碳素结构钢的牌号构成及含义 表4-22

牌号	等级	脱氧方法
Q195	—	F、Z
Q215	A、B	F、Z
Q235	A、B	F、Z
	C	Z
	D	T、Z
Q275	A	F、Z
	B、C	Z
	D	T、Z

注：1. Q——钢材屈服强度"屈"字汉语拼音首位字母；
2. A、B、C、D——分别为质量等级；
3. F——沸腾钢"沸"字汉语拼音首位字母；
4. Z——镇静钢"镇"字汉语拼音首位字母；
5. TZ——特殊镇静钢"特镇"两字汉语拼音首位字母。
6. 在牌号组成表示方法中，"Z"与"TZ"符号可以省略。

2）技术指标

碳素结构钢力学性能指标和工艺性能指标如表4-23所示。

碳素结构钢技术条件 表4-23

牌号	等级	拉伸试验												冷弯试验
		上屈服强度R_{eH}（MPa）						抗拉强度 R_m/MPa	伸长率A（%）					$B = 2a$
		钢材厚度（直径）(mm)							钢材厚度（直径）(mm)					
		≤16	>16~40	>40~60	>60~100	>100~150	>150~200		≤40	>40~60	>60~100	>100~150	>150~200	
		不小于							不小于					
Q195	—	195	185	—	—	—	—	315~430	33	—	—	—	—	180°受弯部位表面不得产生裂纹
Q215	A	215	205	195	185	175	165	335~450	31	30	29	27	26	
	B													

续表

牌号	等级	拉伸试验												冷弯试验
		上屈服强度R_{eH}（MPa）						抗拉强度 R_m/MPa	伸长率A（%）					$B=2a$
		钢材厚度（直径）(mm)							钢材厚度（直径）(mm)					
		≤16	>16~40	>40~60	>60~100	>100~150	>150~200		≤40	>40~60	>60~100	>100~150	>150~200	
		不小于							不小于					
Q235	A B C D	235	225	215	215	195	185	375~500	26	25	24	22	21	180°受弯部位表面不得产生裂纹
Q275	A B C D	275	265	255	245	225	215	410~541	22	21	20	18	17	

注：1. 厚度大于100mm的钢材，抗拉强度下限允许降低20MPa，宽带钢（包括剪切钢板）抗拉强度上限不作为交货条件。

2. B为试样宽度，a为试样厚度（或直径）。

3. 钢材厚度（或直径）大于100mm时，弯曲试验由双方协商确定。

4. 做拉伸和冷弯试验时，型钢和钢棒取纵向取样；钢板、钢带取横向试样，断后伸长率允许比表内规定值降低2%。窄钢带取横向试样受宽度限制时，可以取纵向试样。

5. 低合金高强度结构钢

1）定义和分类

低合金高强度结构钢是在含碳量W_c≤0.20%的碳素结构钢基础上，加入少量的合金元素发展起来的，强度高于碳素结构钢。此类钢中除含有一定量硅或锰基本元素外，还含有其他如钒（V）、铌（Nb）、钛（Ti）、铝（Al）、钼（Mo）、氮（N）、和稀土（RE）等微量元素。此类钢同碳素结构钢比，具有强度高、综合性能好、使用寿命长、应用范围广、比较经济等优点。该钢多轧制成板材、型材、无缝钢管等，被广泛用于桥梁及重要建筑结构中。

低合金高强度结构钢的牌号由代表屈服强度"屈"字的汉语拼音首字母Q、规定的最小上屈服强度数值、交货状态代号、质量等级符号四个部分组成，例如：Q355ND。其中：

Q——钢材屈服强度"屈"字汉语拼音首位字母；

355——屈服强度数值（MPa）；

N——交货状态为正火或正火轧制；

D——质量等级为D级。

当需方要求钢板具有厚度方向性能时，则在上述规定的牌号后加上代表厚度方向（Z向）性能级别的符号，例如：Q355NDZ15。

2）技术指标

低合金高强度结构钢（热轧钢材和正火、正火轧制钢材）力学性能指标和工艺性能指标如表4-24所示。

低合金高强度结构钢力学性能指标和工艺性能指标

表 4-24

牌号	质量等级	上屈服强度 R_{eH} (MPa) 不小于								抗拉强度 R_m (MPa) 钢材厚度(直径)(mm)				试样方向	伸长率 A (%) 不小于					冷弯试验 180°弯曲部位表面不得产生裂纹	
		≤16	>16~40	>40~63	>63~80	>80~100	>100~150	>150~200	>200~250	>250~400	≤100	>100~150	>150~250	>250~400		≤40	>40~63	>63~100	>100~150	>150~250	>250~400	≤16 $d=2a$	>16~100 $d=3a$
Q355	B、C、D	355	345	335	325	315	295	285	275	265[a]	470~630	450~600	450~600	450~630[a]	纵向	22	21	20	18	17	17[a]	\	\
															横向	20	19	18	18	17	17[a]		
Q390	B、C、D	390	380	360	340	340	320	285	275	—	490~650	470~620	—	—	纵向	21	20	20	19	—	—		
															横向	20	19	19	18	—	—		
Q420[b]	B、C	420	410	390	370	370	350	—	—	—	520~680	500~650	—	—	纵向	20	19	19	19	—	—		
Q460[b]	C	460	450	430	410	410	390	—	—	—	550~720	530~700	—	—	纵向	18	17	17	17	—	—		
Q355N	B、C、D、E、F	355	345	335	325	315	295	285	275	—	470~630	450~600	450~600	—	纵向	22	22	21	21	21	—		
Q390N	B、C、D、E	390	380	360	340	340	320	310	300	—	490~650	470~620	470~620	—	—	20	20	19	19	19	—		
Q420N	B、C、D、E	420	400	390	370	360	340	330	320	—	520~680	500~650	500~650	—	—	19	19	18	18	18	—		
Q460N	C、D、E	460	440	430	410	400	380	370	370	—	540~720	530~710	510~690	—	—	17	17	17	17	16	—		

注：1. [a] 只适用于质量等级为D的钢板。
2. 当屈服强度不明显时，可测量$R_{p0.2}$代替上屈服强度。
3. 对于公称宽度不小于600mm的钢板和钢带，拉伸、弯曲试验取横向试样，其他钢材的拉伸、弯曲试验取纵向试样。
4. [b] 只适用于型钢和棒材。
5. B、C、D、E、F——分别为质量等级；d为弯心直径；a为试样厚度（直径）。

6. 预应力混凝土用钢绞线

1）定义和分类

常用的预应力混凝土用钢绞线是采用 2、3、7 或 19 根由高碳钢盘条经过表面处理后冷拔成的高强度钢丝，以一定的捻距捻制而成，并经消除应力处理（稳定化处理）的绞合钢缆，适合预应力混凝土或类似的用途。按照钢丝表面形态可以分为冷拉光圆钢丝钢绞线（标准型钢绞线）、刻痕钢丝钢绞线、模拔型钢绞线；按照结构分为八类，其名称和代号分别为：

用 2 根钢丝捻制的钢绞线　　1×2

用 3 根钢丝捻制的钢绞线　　1×3

用 3 根刻痕钢丝捻制的钢绞线　　$1 \times 3I$

用 7 根钢丝捻制的标准型钢绞线　　1×7

用 6 根刻痕钢丝和一根光圆中心钢丝捻制的钢绞线　　$1 \times 7I$

用 7 根钢丝捻制又经模拔的钢绞线　　$(1 \times 7)C$

用 19 根钢丝捻制的 $1+9+9$ 西鲁式钢绞线　　$1 \times 19S$

用 19 根钢丝捻制的 $1+6+6/6$ 瓦林吞式钢绞线　　$1 \times 19W$

钢绞线的标记包含：预应力钢绞线、结构代号、公称直径、强度级别、标准号，例如：预应力钢绞线 1×7-15.20-1860-GB/T 5224—2023。

2）技术指标

建筑工程中最常用的是 1×7 预应力混凝土用钢绞线，其力学性能指标如表 4-25 所示。

1×7 预应力混凝土用钢绞线力学性能指标　　表 4-25

钢绞线代号	钢绞线公称直径D_n（mm）	公称抗拉强度R_m（MPa）	整根钢绞线最大力F_m（kN）（不小于）	整根钢绞线最大力的最大值$F_{m,max}$（kN）（不大于）	0.2%屈服力$F_{p0.2}$（kN）（不小于）	最大力总伸长率（$L_0 \geqslant 500mm$）A_{gt}（%）（不小于）
1×7	9.50（9.53）	1720	94.3	105	83.0	3.5
		1860	102	113	89.8	
		1960	107	118	94.2	
	11.10（11.11）	1720	128	142	113	
		1860	138	153	121	
		1960	145	160	128	
	12.70	1720	170	190	150	
		1860	184	203	162	
		1960	193	213	170	
	15.20（15.24）	1470	206	234	181	
		1570	220	248	194	
		1670	234	262	206	
		1720	241	269	212	
		1860	260	288	229	
		1960	274	302	241	

续表

钢绞线代号	钢绞线公称直径D_n（mm）	公称抗拉强度R_m（MPa）	整根钢绞线最大力F_m（kN）（不小于）	整根钢绞线最大力的最大值$F_{m,max}$（kN）（不大于）	0.2%屈服力$F_{p0.2}$（kN）（不小于）	最大力总伸长率（$L_0 \geq 500mm$）A_{gt}（%）（不小于）
1×7	15.70	1770	266	296	234	3.5
		1860	279	309	246	
	17.80（17.78）	1720	327	365	288	
		1860	355	391	311	
	18.90	1820	400	444	352	
		1860	409	453	360	
	21.60	1770	530	587	444	
1×7I	12.70	1860	184	203	162	
	15.20（15.24）		260	288	229	
(1×7)C	12.70	1860	208	231	183	
	15.20（15.24）	1820	300	333	264	
	18.00	1720	384	428	338	

注：规定非比例延伸力$F_{p0.2}$值不应为整根钢绞线实际最大力$F_{m,max}$的80%～95%。

7. 调直后的钢筋

盘卷钢筋调直后应进行力学性能和重量偏差的检验，其强度应符合相关产品标准的规定。盘卷钢筋调直后的断后伸长率、重量偏差应符合表4-26的规定。

盘卷钢筋调直后的技术指标　　　　　　表4-26

钢筋牌号	断后伸长率A（%）	重量偏差（%）	
		直径(6～12)mm	直径(14～16)mm
HPB300	≥21	≥-10	—
HRB335、HRBF335	≥16	≥-8	≥-6
HRB400、HRBF400	≥15		
RRB400	≥13		
HRB500、HRBF500	≥14		

注：断后伸长率的量测标距为5倍钢筋直径。

钢筋宜采用无延伸功能的机械设备调直。采用无延伸功能的机械设备调直的钢筋，可不进行力学性能和重量负偏差的检验。

对钢筋调直机械设备是否有延伸功能的判定，可由施工单位检查并经监理（建设）单位确认，当不能判定或对判定结果有争议时，应按本条要求进行检验。

8. 成型钢筋

1）定义和分类

成型钢筋是指按规定形状、尺寸通过机械加工成型的普通钢筋制品，分为单件成型钢筋制品和组合成型钢筋制品。单件成型钢筋制品是指单个或单支成型将钢筋制品；组合成型钢筋制品是指由多个单件成型钢筋制品组合成二维或三维的成型钢筋制品。成型钢筋种类包括箍筋、纵筋、焊接网、钢筋笼等。

成型钢筋的标记由形状代码、端头特性、钢筋牌号、公称直径、钢筋下料长度组成，例如：成型钢筋 2010 T2 HRB400/22 2000；钢筋焊接网的标记由焊接网型号、长度方向钢筋牌号×宽度方向钢筋牌号、网片长度（mm）×网片宽度（mm），例如：钢筋焊接网 A10 CRB550×CRB550 4800mm×2400mm。

2）其他要求

(1) 对由热轧钢筋组成的成型钢筋，当有施工单位或监理单位的代表驻厂监督加工过程，并能提交该批成型钢筋原材钢筋第三方检验报告时，可只进行重量偏差检验。对由热轧钢筋组成的成型钢筋不满足上述条件时，及由冷加工钢筋组成的成型钢筋，进场时应作屈服强度、抗拉强度、伸长率和重量偏差检验，检验结果应符合国家现行有关标准的规定。

(2) 对于钢筋焊接网，材料进场还需按现行行业标准《钢筋焊接网混凝土结构技术规程》JGJ 114—2014 的有关规定检验弯曲、抗剪等项目。

(3) 同一厂家、同一类型、同一钢筋来源的成型钢筋，其检验批量不应大于30t。同一钢筋来源指成型钢筋加工所用钢筋为同一企业生产。经产品认证符合要求的成型钢筋及连续三批均一次检验合格的同一厂家、同一类型、同一钢筋来源的成型钢筋，检验批量可扩大到不大于60t。

(4) 当每车进场的成型钢筋包括不同类型时，可将多车的同类型成型钢筋合并为一个检验批进行验收。对不同时间进场的同批成型钢筋，当有可靠依据时，可按一次进场的成型钢筋处理。

(5) 每批不同牌号、规格均应抽取 1 个钢筋试件进行检验，试件总数不应少于 3 个。当同批的成型钢筋为相同牌号、规格时，应抽取 3 个试件，检验结果可按 3 个试件的平均值判断；当同批的成型钢筋存在不同钢筋牌号、规格时，每种钢筋牌号、规格均应抽取 1 个钢筋试件，且总数量不应少于 3 个，此时所有抽取试件的检验结果均应合格；当仅存在 2 种钢筋牌号、规格时，3 个试件中的 2 个为相同牌号、规格，但下一批取样相同的牌号、规格应改变，此时相同牌号、规格的 2 个试件可按平均值判断检验结果。

(6) 每批抽取的试件应在不同成型钢筋上抽取，成型钢筋截取钢筋试件后可采用搭接或焊接的方式进行修补。当进行屈服强度、抗拉强度、伸长率和重量偏差检验时，每批中抽取的试件应先进行重量偏差检验，再进行力学性能检验，试件截取长度应满足两种试验要求。

三、进场复验项目、组批原则及取样数量

常用钢材的进场复验项目、组批原则及取样数量要求如表 4-27 所示。

第四章 建筑材料及构配件

常用钢材的进场复验项目、组批原则及取样数量

表 4-27

材料名称	验收标准名称	进场复验项目	组批原则	取样规定（数量）	备注
热轧带肋钢筋《钢筋混凝土用钢 第 2 部分：热轧带肋钢筋》GB 1499.2—2024		屈服强度、抗拉强度 伸长率（牌号带方下总伸长率）检验最大力下总伸长率、反向弯曲性能、重量偏差弯曲（牌号带"E"）	每批由同一牌号、同一炉号、同一规格的钢筋组成。每批重量不大于60t。超过60t的部分，每增加40t（或不足40t的余数），增加一个拉伸试件和一个弯曲试件，对牌号带"E"的钢筋还应增加一个反向弯曲试验试样	1. 每一验收批取一组试件，不少于5个，从同一根钢筋切取。 2. 超过60t的部分，每增加40t（或不足40t的余数），增加一个拉伸试件和一个弯曲试件，对牌号带"E"的钢筋还应增加一个反向弯曲试验试样	当满足下条件之一时，其检验批容量可扩大一倍：1.获得认证的钢筋；2.同一厂家、同一类型、同一钢筋来源的成型钢筋，连续三批均一次检验合格
热轧光圆钢筋《钢筋混凝土用钢 第 1 部分：热轧光圆钢筋》GB 1499.1—2024		屈服强度、抗拉强度 伸长率、弯曲性能、重量偏差	每批由同一牌号、同一冶炼方法、同一浇注方法的不同炉号组成混合批，但各炉号含碳量之差应不大于0.02%，锰含量之差应不大于0.15%。混合批的重量不大于60t。不应将轧制成品组成混合批		
余热处理钢筋《钢筋混凝土用余热处理钢筋》GB 13014—2013					
成型钢筋《混凝土结构工程施工质量验收规范》GB 50204—2015		屈服强度、抗拉强度、伸长率、重量偏差	同一厂家、同一类型、同一钢筋来源的成型钢筋制作的成型钢筋，同一生产设备并在同一连续时间内生产的、同一原材料、同一牌号、同一规格、同一组批，不超过30t为一批。对于热轧带肋钢筋制成的成型钢筋，当有施工单位或监理单位代表驻厂监督生产过程时，并提供原材钢筋力学性能第三方检验报告时，可仅进行重量偏差检验	每批中每种钢筋牌号、规格均应抽取1个钢筋试件，试件总数不应少于3个	
钢筋焊接网《钢筋焊接网混凝土结构技术规程》JGJ 114—2014《钢筋焊接网》GB/T 1499.3—2022		屈服强度、抗拉强度 伸长率、弯曲性能、抗剪力、重量偏差	每批由同一厂家、同一牌号、同一原材料生产的、同一生产设备、受力主筋为同一直径的焊接网组成，重量不大于30t	每一验收批取一组试件（重量偏差取5个；拉伸2个，两个方向各截取拉伸1个，弯曲2个，两个方向各截取1个；抗剪3个，在同一根非受拉钢筋上截取）	
调直后钢筋《混凝土结构工程施工质量验收规范》GB 50204—2015		力学性能（屈服强度、抗拉强度、断后伸长率）、重量偏差	同一设备加工的同一牌号、同一规格的调直钢筋，重量不大于30t为一批	每批见证抽取3个试件进行重量偏差的检验抽取，其中两个偏差进行力学性能的检验	采用无延伸功能的机械设备调直的钢筋，可不进行本条规定的检验

103

续表

材料名称	验收标准名称	进场复验项目	组批原则	取样规定（数量）	备注
冷轧带肋钢筋	《冷轧带肋钢筋》GB 13788—2024《冷轧带肋钢筋混凝土结构技术规程》JGJ 95—2011	重量偏差拉伸试验（抗拉强度、伸长率）弯曲或反复弯曲试验	按同一牌号、同一外形、同一规格、同一生产工艺、同一交货状态组成检验批，每批重量不大于60t	拉伸和弯曲试验（或反复弯曲试验）每一检验批取3个试件，任不同卷（根）中随机切取，重量偏差每盘取样一根	当满足下条件之一时，其检验批容量可扩大一倍：1. 获得认证的钢筋；2. 同一厂家、同一牌号、同一规格的钢筋，连续三批均一次检验合格
预应力混凝土用钢丝《预应力混凝土用钢丝》GB/T 5223—2014	《混凝土结构工程施工质量验收规范》GB 50204—2015	拉伸试验（0.2%屈服力，最大力）最大力总伸长率	同一牌号、同一规格、同一加工状态的钢丝为一验收批，每批质量不大于60t	每一检验批取一组3个试件	
预应力混凝土用钢绞线《预应力混凝土用钢绞线》GB/T 5224—2023	《混凝土结构工程施工质量验收规范》GB 50204—2015	拉伸试验（0.2%屈服力，最大力）最大力总伸长率	同一牌号、同一规格、同一生产工艺捻制的钢绞线为一验收批，每批重量不大于60t	每一检验批取一组3个试件	
碳素结构钢《碳素结构钢》GB/T 700—2006	《钢结构工程施工质量验收标准》GB 50205—2020	拉伸试验（上屈服强度，抗拉强度，伸长率）弯曲试验	同一厂别、同一牌号、同一规格、同一炉罐号、同一交货状态每60t为一批，不足60t也按一批计	每一验收批取一组试件（拉伸、弯曲各一个）	
低合金高强度结构钢《低合金高强度结构钢》GB/T 1591—2018	《钢结构工程施工质量验收标准》GB 50205—2020	拉伸试验（上屈服强度，抗拉强度，伸长率）弯曲试验	每批由同一牌号、同一交货状态、同一炉号、同一规格的钢材组成，每批重量不大于30t的钢带和连轧钢板可按两个轧制卷组成一批，但卷重大于60t	每一验收批取一组试件（拉伸、弯曲各一个）	

四、取样方法及取样注意事项

1. 钢筋及钢绞线的取样

直条钢筋取样部位应平直；盘卷钢筋取样部位应圆滑，对于从盘卷上制取的试样，在任何试验前应进行简单的弯曲矫直，并确保最小的塑性变形。拉伸试样长度宜为(550～800)mm，试样的平行长度应足够长，以满足伸长率的测定要求。弯曲试样长度宜为(300～500)mm。重量偏差试样长度不应小于500mm，试样两端应平滑且与长度方向垂直。

注：钢筋直径越大，试样应越长。

钢绞线拉伸试样不得有松散现象，试样长度宜为(1000～1200)mm。

2. 型钢、条钢、钢板及钢管的取样

1）一般要求

（1）拉伸试样：

试样的形状与尺寸取决于要被试验的金属产品的形状与尺寸。

通常从产品、压制坯或铸件切取样坯经机加工制成试样。但具有恒定横截面的产品（型材、棒材、线材）和铸造试样可以不经机加工而进行试验。试样横截面可以为圆形、矩形、多边形、环形等。

钢产品拉伸试样长度宜为(500～700)mm。对于厚度为(0.1～3)mm 的薄板和薄带，宜采用20mm 宽的拉伸试样，对于宽度小于20mm 的产品，试样宽度可以相同于产品宽度；对于厚度大于或等于3mm 的板材，矩形截面试样宽厚比不宜超过8∶1。

（2）弯曲试样：

应在钢产品表面切取弯曲样坯，对于板材、带材和型材，试样厚度应为原产品厚度；如果产品厚度大于 25mm，试样厚度可以机加工减薄至不小于 25mm，并保留一侧原表面。弯曲试样长度宜为(200～400)mm；对于碳素结构钢，宽度为 2 倍的试样厚度。对于低合金高强度结构钢，当产品宽度大于 20mm，厚度小于 3mm 时试样宽度为(20±5)mm，厚度不小于 3mm 时试样宽度为(20～50)mm；当产品宽度不大于 20mm，试样宽度为产品宽度。

（3）碳素结构钢钢板和钢带拉伸和弯曲试样的纵向轴线应垂直于轧制方向；型钢、钢棒和受宽度限制的窄钢带拉伸和弯曲试样的纵向轴线应平行于轧制方向。

（4）试样表面不得有划伤和损伤，边缘应进行机加工，确保平直、光滑，不得有影响结果的横向毛刺、伤痕或刻痕。

（5）当要求取一个以上试样时，可在规定位置相邻处取样。

2）型钢的取样

（1）按图 4-3 在型钢翼缘切取拉伸和弯曲样坯。如型钢尺寸不能满足要求，可将取样位置向中部移位。

对于翼缘有斜度的型钢，可在腹板 1/4 处取样［图 4-3（b）、图 4-3（c）］，经协商也可以从翼缘取样进行机加工。对于翼缘长度不相等的角钢，可从任一翼缘取样。

（2）对于翼缘厚度不大于 50mm 的型钢，当机加工和试验机能力允许时，应按图 4-4（a）切取拉伸样坯；当切取圆形横截面拉伸样坯时，按图 4-4（b）规定。对于翼缘厚度大于 50mm 的型钢，当切取圆形横截面样坯时，按图 4-4（c）规定。

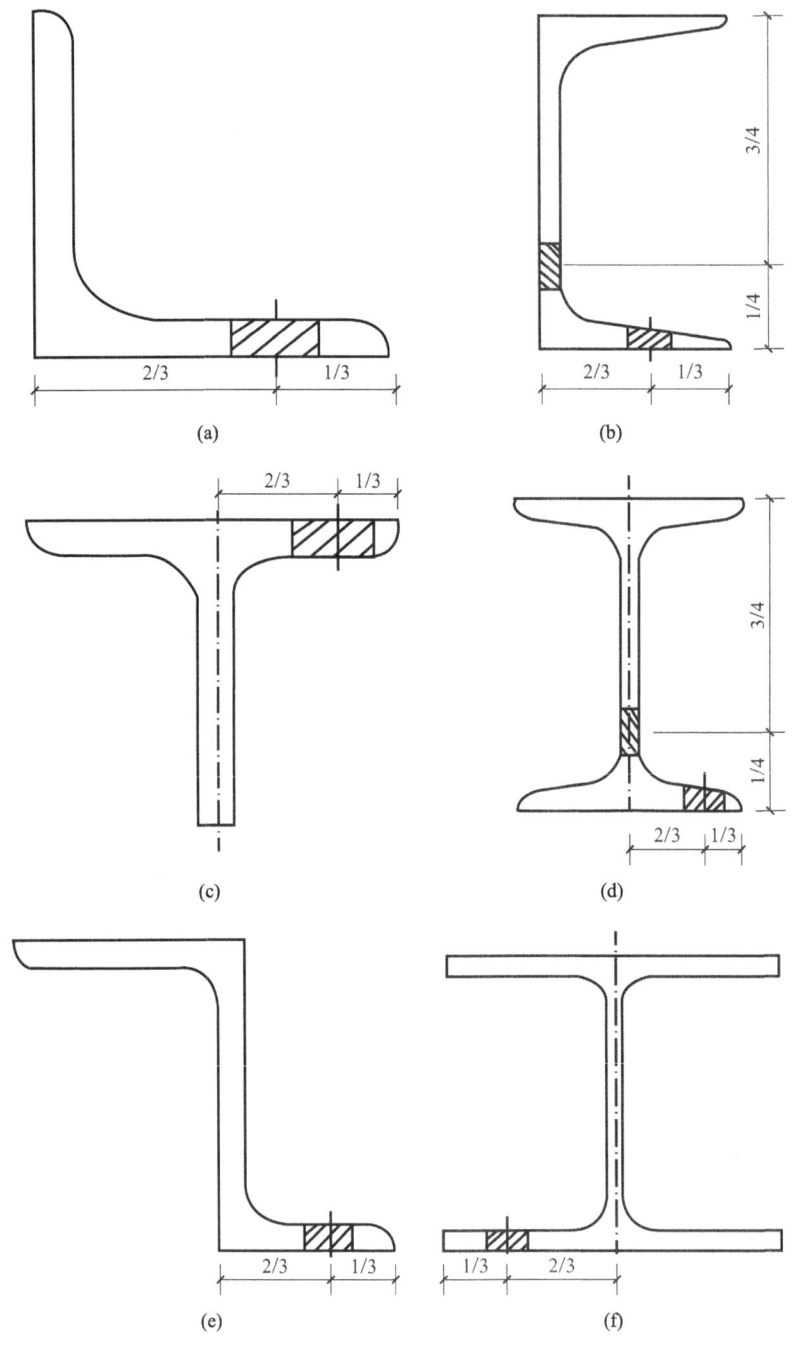

图 4-3 型钢翼缘和腹板宽度方向切取样坯的位置

第四章 建筑材料及构配件

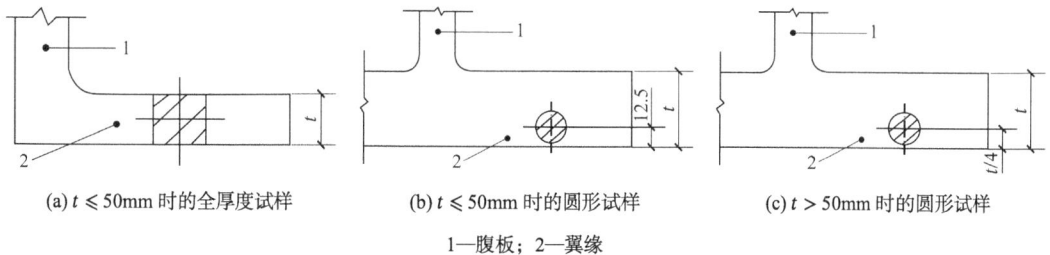

(a) t≤50mm 时的全厚度试样　　(b) t≤50mm 时的圆形试样　　(c) t>50mm 时的圆形试样

1—腹板；2—翼缘

图 4-4　型钢翼缘厚度方向切取样坯的位置

3）条钢的取样

（1）按图 4-5 在圆钢上选取拉伸样坯位置，当机加工和试验机能力允许时，按图 4-5（a）取样。

（2）按图 4-6 在六角钢上选取拉伸样坯位置，当机加工和试验机能力允许时，按图 4-6（a）取样。

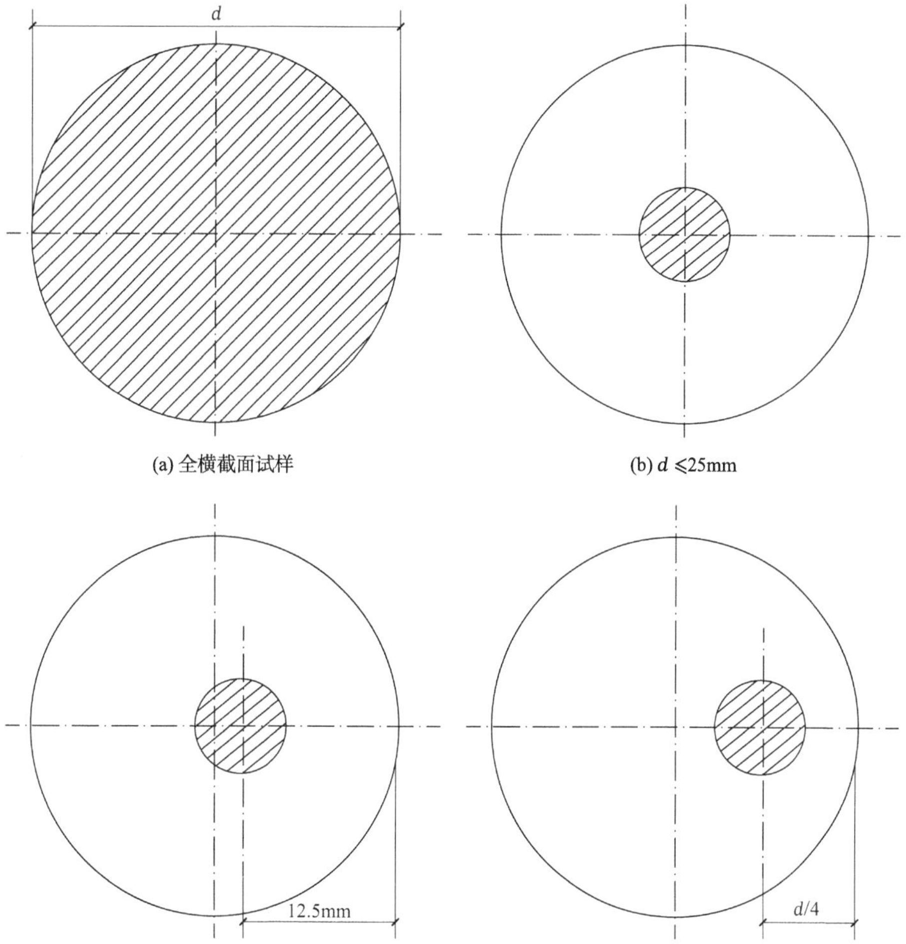

(a) 全横截面试样　　(b) d≤25mm

(c) d>25mm　　(d) d>50mm

图 4-5　圆钢上切取拉伸样坯的位置

107

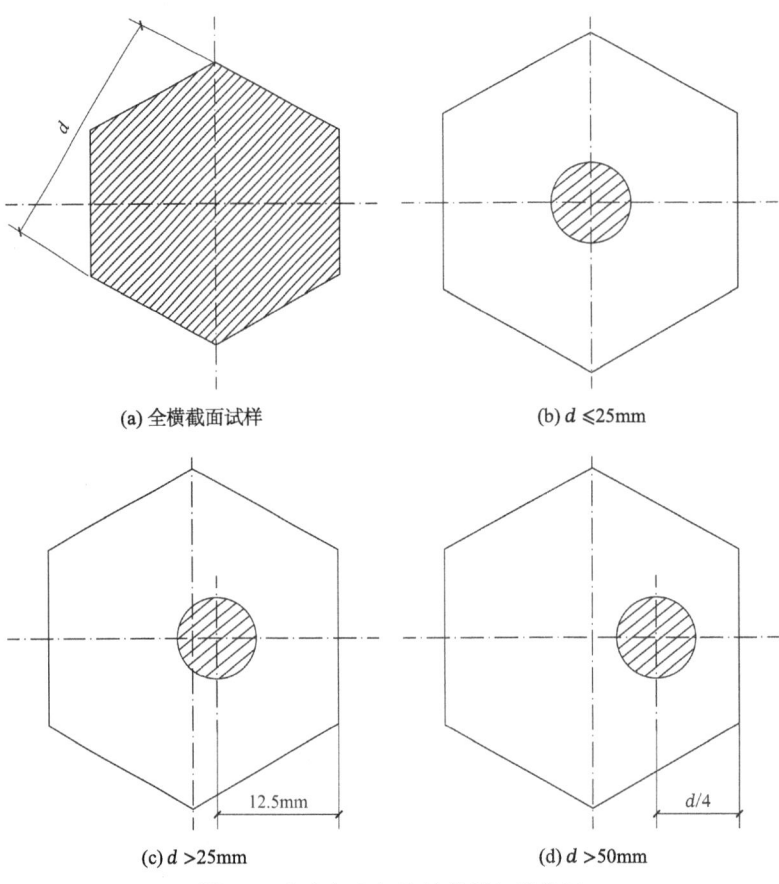

图 4-6 六角钢上切取拉伸样坯的位置

（3）按图 4-7 在矩形截面条钢上切取拉伸样坯，当机加工和试验机能力允许时，按图 4-7（a）取样。

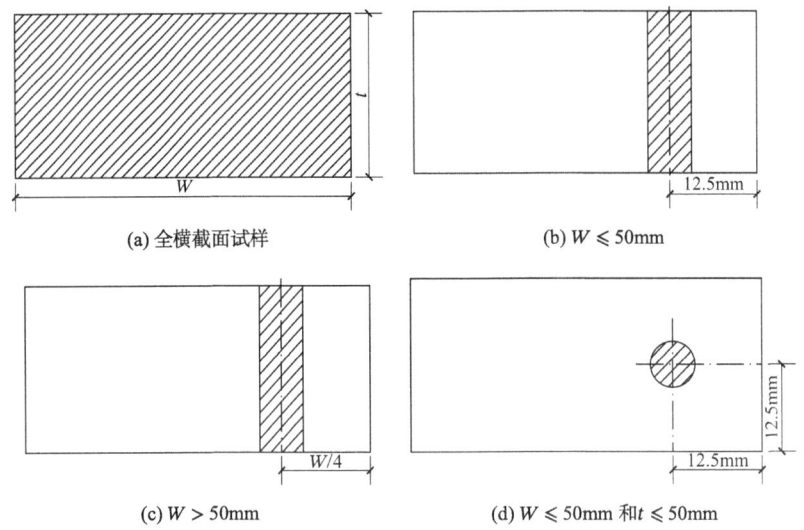

图 4-7 矩形截面条钢上切取拉伸样坯的位置

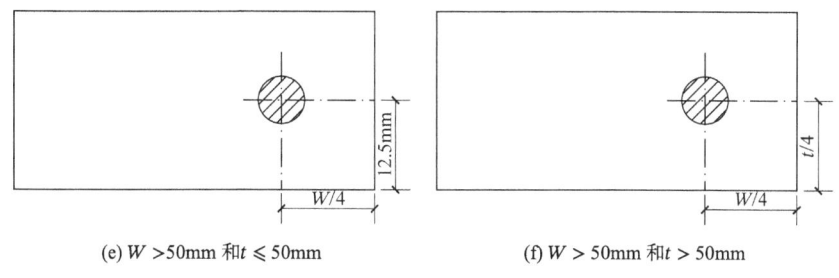

(e) $W > 50\text{mm}$ 和 $t \leqslant 50\text{mm}$　　　　(f) $W > 50\text{mm}$ 和 $t > 50\text{mm}$

图 4-7　矩形截面条钢上切取拉伸样坯的位置（续）

4）钢板的取样

（1）应在钢板宽度 1/4 处切取拉伸和弯曲样坯如图 4-8 所示。

（2）对于纵轧钢板，当产品标准没有规定取样方向时，应在钢板宽度 1/4 处切取横向样坯，如钢板宽度不足，样坯中心可以内移。

（3）应按图 4-8 在钢板厚度方向切取拉伸样坯。当机加工和试验机能力允许时，应按图 4-8（a）取样。

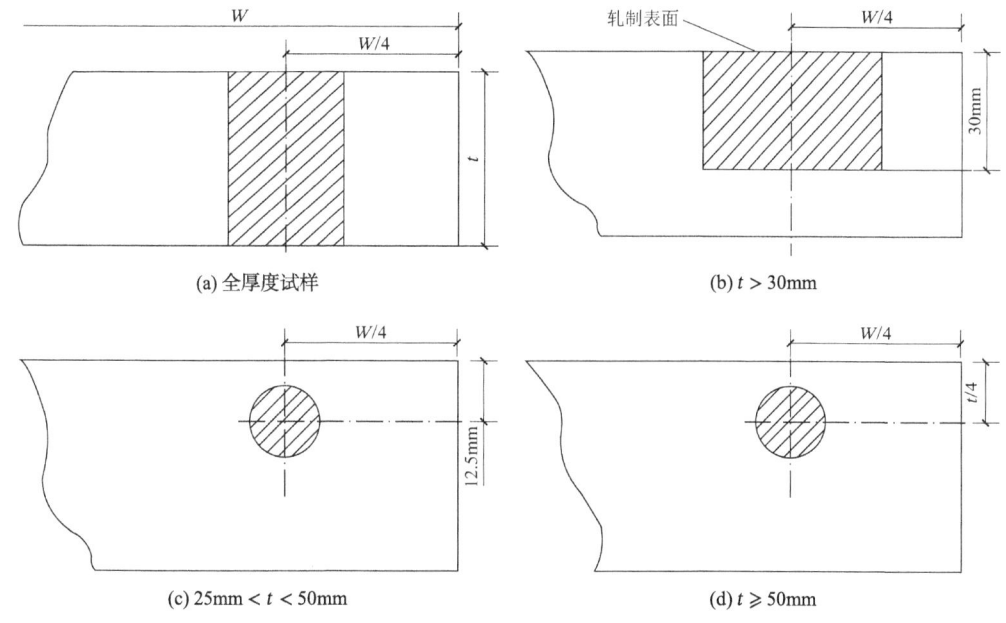

图 4-8　钢板上切取拉伸样坯的位置

5）钢管

（1）应按图 4-9 切取拉伸样坯，当机加工和试验机能力允许时，应按图 4-9（a）取样。对于图 4-9（c），如钢管尺寸不能满足要求，可将取样位置向中部位移。

（2）对于焊管，当取横向试样检验焊接性能时，焊缝应在试样中部。

（3）应按图 4-10 在方形钢管上切取拉伸或弯曲样坯。当机加工和试验机能力允许时，按图 4-10（a）取样。

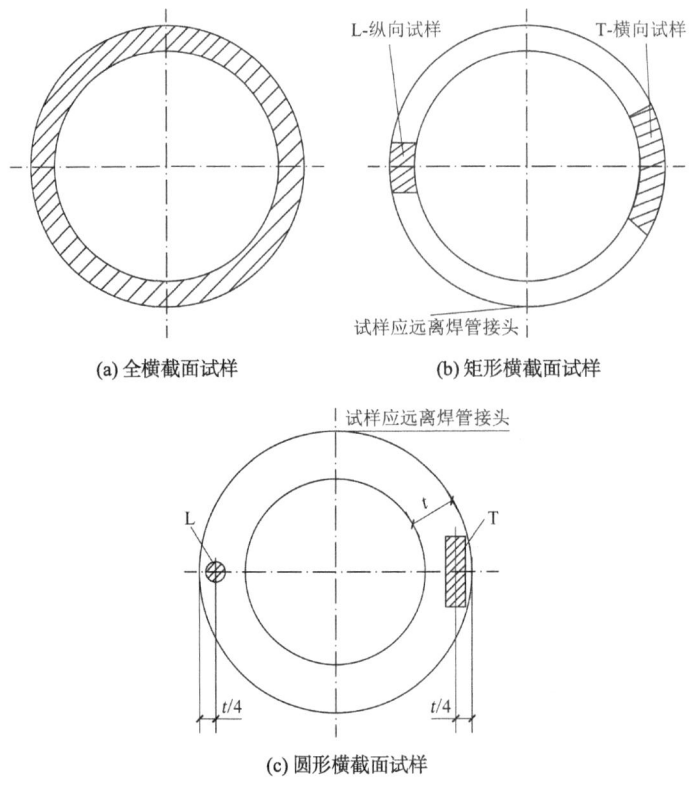

(a) 全横截面试样　　(b) 矩形横截面试样

(c) 圆形横截面试样

图 4-9　钢管上切取拉伸及弯曲样坯的位置

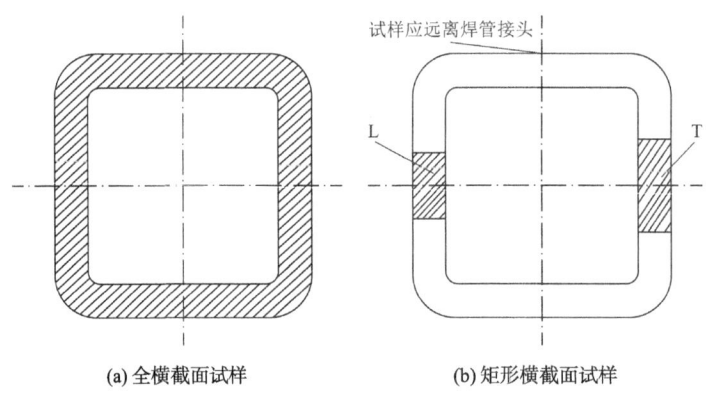

(a) 全横截面试样　　(b) 矩形横截面试样

图 4-10　方形钢管上切取拉伸及弯曲样坯的位置

五、试验方法

1. 术语和符号

（1）标距：测量伸长用的试样圆柱或棱柱部分的长度。

（2）原始标距（L_0）：室温下施力前的试样标距。

（3）断后标距（L_u）：在室温下将断后的两部分试样紧密地对接在一起，保证两部分的轴线位于同一条直线上，测量试样断裂后的标距。

（4）平行长度（L_c）：试样平行缩减部分的长度或两夹头之间的试样长度（未经加工试样）。

（5）伸长：试验期间任一时刻原始标距（L_0）的增量。

（6）伸长率：原始标距的伸长与原始标距（L_0）之比的百分率。

（7）断后伸长率（A）：断后标距的残余伸长（$L_u - L_0$）与原始标距（L_0）之比的百分率。

（8）抗拉强度（R_m）：相应最大力（F_m）对应的应力。

（9）屈服强度：当金属材料呈现屈服现象时，在试验期间达到塑性变形发生而力不增加的应力点，应区分上屈服和下屈服强度。

（10）上屈服强度（R_{eH}）：试样发生屈服而力首次下降前的最大应力。

（11）下屈服强度（R_{eL}）：在屈服期间，不计初始瞬时效应时的最小应力。

（12）规定塑性延伸强度（R_p）：非比例延伸率等于规定的引伸计标距百分率时的应力。使用的符号应附以下脚注说明所规定的百分率，例如$R_{p0.2}$表示规定非比例延伸率为0.2%时的应力。

（13）应力：受力物体截面上内力的集度，即单位面积上的内力称为应力。

（14）应力速率：单位时间应力的增加量。

（15）应变：物体内任一点因各种作用引起的相对变形，常以百分数（%）表示。

（16）应变速率：单位时间应变的增加量。

（17）最大力总伸长率：最大力时原始标距的总伸长量与原始标距之比的百分率。

2. 试验环境

1）试验环境要求

试验一般在(10～35)℃的室温范围内进行，对温度要求严格的试验，试验温度应为(23±5)℃。

2）拉伸试验

（1）试验设备：

试验机的测力系统应满足《金属材料 静力单轴试验机的检验与校准 第1部分：拉力和（或）压力试验机 测力系统的检验与校准》GB/T 16825.1—2022要求，并按照《拉力、压力和万能试验机检定规程》JJG 139—2014、《电子式万能试验机检定规程》JJG 475—2008或《电液伺服万能试验机》JJG 1063—2010进行校准，并且其准确度应为1级或优于1级。

引伸计的准确度级别应符合《金属材料 单轴试验用引伸计系统的标定》GB/T 12160—2019的要求并按照《引伸计检定规程》JJG 762—2007进行校准。测定上屈服强度、下屈服强度、屈服点延伸率、规定塑性延伸强度、规定总延伸强度、规定残余延伸强度，以及规定残余延伸强度的验证试验，应使用1级或优于1级准确度的引伸计；测定其他具有较大延伸率（延伸大于5%）的性能，例如抗拉强度、最大力总延伸率、最大力塑性延伸率、断裂总延伸率，以及断后伸长率，可使用2级或优于2级准确度的引伸计。

（2）试验步骤：

①拉伸试验

A. 原始标距（L_0）的标记

原始标距与试样原始横截面积有$L_0 = k\sqrt{s_0}$关系者称为比例试样。国际上用的比例系数k的值为5.65。原始标距应不小于15mm。当试样横截面积太小，以致采用比例系数k为5.65的值不能符合这一最小标距要求时，可以较高的值（优先采用11.3的值）或采用非比例试样。非比例试样其原始标距（L_0）与其原始横截面积（S_0）无关。对于比例试样，如果原始标距的计算值与其标记值之差小于10%L_0，可将原始标距的计算值修约至最接近5mm的倍数。原始标距的标记应准确到±1%。

应用小标记、细划线或细墨线标记原始标距，但不得用引起过早断裂的缺口做标记。

如平行长度（L_c）比原始标距长许多，例如不经机加工的试样，可以标记一系列套叠的原始标距。常用钢材的标距长度如表4-28所示（a为公称直径）。

原始标距长度（L_0） 表4-28

序号	材料名称		L_0
1	钢筋混凝土用热轧光圆、热轧带肋、余热处理钢筋		$5.65\sqrt{s_0} \approx 5a$
2	低碳钢热圆盘条		$11.3\sqrt{s_0} \approx 10a$
3	冷轧带肋钢筋		$5.65\sqrt{s_0} \approx 5a$或$11.3\sqrt{s_0} \approx 10a$或100mm
4	预应力混凝土用热处理钢筋		$11.3\sqrt{s_0} \approx 10a$
5	预应力混凝土用钢丝		200mm
6	预应力混凝土用钢绞线	1×7	不小于500mm
		1×2、1×3	不小于400mm
7	中强度预应力混凝土用钢丝		100mm（断裂伸长率）
8	一般用途低碳钢丝		100mm
9	预应力混凝土用低合金钢丝		不小于$60a$

B. 上屈服强度（R_{eH}）和下屈服强度（R_{eL}）的测定

a. 图解方法：试验时记录力—延伸曲线或力—位移曲线。从曲线图读取力首次下降前的最大力和不计初始瞬时效应时屈服阶段中的最小力或屈服平台的恒定力。将其分别除以试样原始横截面积（S_0）得到上屈服强度和下屈服强度。仲裁试验采用图解方法。

b. 指针方法：试验时，读取测力度盘指针首次回转前指示的最大力和不计初始瞬时效应时屈服阶段中指示的最小力或首次停止转动指示的恒定力。将其分别除以试样原始横截面积（S_0）得到上屈服强度和下屈服强度。

c. 可以使用自动装置（例如微处理机等）或自动测试系统测定上屈服强度和下屈服强度，可以不绘制拉伸曲线图。

d. 测定屈服强度和规定强度的试验速率。

a）上屈服强度（R_{eH}）

在弹性范围和直至上屈服强度，试验机夹头的分离速率应尽可能保持恒定并在表 4-29 规定的应力速率的范围内。

应力速率　　　　　　　　　　　表 4-29

材料弹性模量 E（MPa）	应力速率 R（MPa·S^{-1}）	
	最小	最大
≤150000	2	20
≥150000	6	60

b）下屈服强度（R_{eL}）

若仅测定下屈服强度，在试样平行长度的屈服期间应变速率应在 0.00025/s～0.0025/s 之间。平行长度内的应变速率应尽可能保持恒定。如不能直接调节这一应变速率，应通过调节屈服即将开始前的应力速率来调整，在屈服完成之前不再调节试验机的控制。

任何情况下，弹性范围内的应力速率不得超过表 4-29 规定的最大速率。

屈服强度按下式计算：

$$R_e = \frac{F_e}{S_0} \tag{4-33}$$

式中：R_e——屈服强度（N/mm^2）；

F_e——屈服力（N）；

S_0——原始横截面积（mm^2）。

c）规定塑性延伸强度（R_p）

在弹性范围应力速率应在表 4-29 规定的范围内。

在塑性范围和直至规定强度，应变速率不应超过 0.0025/s。对于钢筋混凝土用钢材，如果力—延伸曲线的弹性直线段较短或不明显，可采用连接 $0.2F_m$ 和 $0.5F_m$ 两点之间的线段。

C. 抗拉强度（R_m）的测定

a. 采用图解方法、指针方法或自动装置测定抗拉强度。

读取试验过程中的最大力。最大力除以试样原始横截面积（S_0）得到抗拉强度。

b. 测定抗拉强度（R_m）的试验速率。

测定屈服强度或规定塑性延伸强度后，试验速率可以增加为不应超过 0.008/s 的应变速率。

如果仅需要测定材料的抗拉强度，在整个试验过程中可以选取不超过 0.008/s 的单一应变速率。

抗拉强度按下式计算：

$$R_m = \frac{F_m}{S_0} \tag{4-34}$$

式中：R_m——抗拉强度（N/mm^2）；

F_m——最大力（N）；

S_0——原始横截面积（mm^2）。

D. 断后伸长率（A）的测定

为了测定断后伸长率，应将试样断裂的部分仔细地配接在一起使其轴线处于同一直线上，并采取特别措施确保试样断裂部分适当接触后测量试样断后标距。这对小横截面试样和低伸长率试样尤为重要。

应使用分辨力足够的量具或测量装置测定断后标距（L_u），准确到 ±0.25mm。

原则上只有断裂处与最接近的标距标记的距离不小于原始标距的 1/3 情况方为有效。但断后伸长率大于或等于规定值，不管断裂位置处于何处测量均为有效。

断后伸长率按下式计算：

$$A = \frac{L_u - L_0}{L_0} \times 100 \tag{4-35}$$

式中：A——断后伸长率（%）；

L_0——原始标距长度（mm）；

L_u——断后的标距长度（mm）。

E. 最大力总伸长率（A_{gt}）的测定

a. 试件应有足够的平行长度。

b. 在试样自由长度内，均匀划分为 10mm（根据钢筋直径的需要也可采用 5mm 或 20mm）的等间距标记。

c. 按《金属材料 拉伸试验》GB/T 228 规定进行拉伸试验，直至试样断裂。在试样拉伸断裂后，选择 Y 和 V 两个标记，这两个标记之间的距离在拉伸试验之前应为 100mm，两个标记都应当位于夹具离断裂点最远的一侧。两个标记离开夹具的距离都应不小于 20mm 或钢筋公称直径d（取二者之较大者）；两个标记与断裂点之间的距离都应不小于 50mm 或 $2d$（取二者之较大者）。断裂后试件的测量如图 4-11 所示。

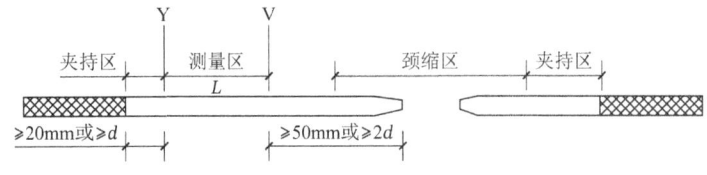

图 4-11　断裂后试件的测量

在最大力作用下，试样总伸长率A_{gt}（%）可按下式计算：

$$A_{gt} = \left(\frac{L - L_0}{L_0} + \frac{R_m^0}{E} \right) \times 100 \tag{4-36}$$

式中：L——所选两个标记断裂后的距离（mm）；

L_0——试验前同样标记间的距离（100mm）；

R_m^0——抗拉强度实测值（MPa）；

第四章 建筑材料及构配件

E——弹性模量（MPa），其值可取为 2×10^5，由此上式变为：$A_{gt} = A_g + R_m/2000$，A_g 是试件断裂后测量区的伸长率。

最大力总延伸率的也可在用引伸计得到的力—延伸曲线图上测定，计算公式为：

$$A_{gt} = \frac{\Delta L_m}{L_e} \times 100 \tag{4-37}$$

式中：L_e——引伸计的标距（mm）；

ΔL_m——最大力下的延伸（mm）。（若最大力时曲线呈一平台，取平台中点对应的延伸）

F. 拉伸试验性能测定结果数值的修约

试验测定的性能结果数值应按照相关产品标准的要求进行修约，常用钢材的修约执行标准如表4-30所示，修约要求如表4-31所示。

常用钢材试验结果修约执行标准　　　表4-30

材料名称	修约执行标准
碳素结构钢	《金属材料 拉伸试验 第1部分：室温试验方法》GB/T 228.1—2021
不锈钢冷轧钢板和钢带	
优质碳素结构钢	
低压流体输送用焊接钢管	
一般用途低碳钢丝	
热轧带肋钢筋	《冶金技术标准的数值修约与检测数值的判定》YB/T 081—2013
热轧光圆钢筋	
钢筋焊接网	
冷轧带肋钢筋	
钢筋混凝土用余热处理钢筋	
预应力混凝土用钢绞线	
低合金高强度结构钢	《数值修约规则与极限数值的表示和判定》GB/T 8170—2008（修约值比较法）

金属材料试验结果修约要求　　　表4-31

《金属材料 拉伸试验 第1部分：室温试验方法》GB/T 228.1—2021 修约要求	《数值修约规则与极限数值的表示和判定》GB/T 8170—2008 修约要求	《冶金技术标准的数值修约与检测数值的判定》YB/T 081—2013 修约要求		
		性能	范围	修约间隔
强度性能修约至1MPa 其他延伸率和断后伸长率 修约至0.5%	包括全数值比较法和修约值比较法	R_e、R_m、R_p	≤200MPa	1MPa
			>200~1000MPa	5MPa
			>1000MPa	10MPa
		A、A_{Xmm}	≤10%	0.5%
			>10%	1%
		A_{gt}	—	0.1%

注：1. R_e屈服强度、R_m抗拉强度、R_p规定塑性延伸强度、A（A_{Xmm}）断后伸长率。

2. A_{gt}最大力总伸长率。

3. 全数值比较法：将测试所得的测定值或计算值不经修约（或虽经修约处理，但应标明它是经舍、进或未进未舍而得），直接与规定的极限值作比较，只要超出极限值规定的范围（不论超出程度大小），都判定为不符合要求。

4. 修约值比较法：将测定值或计算值进行修约，修约位数应与规定的极限数值数位一致；将修约后的数值与规定的极限值进行比较。只要超出极限值规定的范围（不论超出程度大小），都判定为不符合要求。

G. 试验结果处理

试验出现下列情况之一其试验结果无效，应重做同样数量试样的试验：

a. 试样断在标距外或断在机械刻划的标距标记上，而且断后伸长率小于规定最小值；

b. 试验期间设备发生故障，影响了试验结果。[注：对于钢筋混凝土用钢材，当断裂发生在夹持部位上或距夹持部位的距离小于20mm或直径d（选取较大值）时，这次试验可视作无效]

试验后试样出现两个或两个以上的缩颈以及显示出肉眼可见的冶金缺陷（例如分层、气泡、夹渣、缩孔等）应在试验记录和报告中注明。

3）弯曲试验

详细内容见《金属材料 弯曲试验方法》GB/T 232—2024。

（1）试验设备：

①支辊式弯曲装置

支辊长度和弯曲压头的宽度应大于试样宽度或直径，弯曲压头直径D应在相关产品标准中规定。支辊和弯曲压头应具有足够的硬度。

除非另有规定，支辊间距离应按照下式确定：

$$L = (D + 3a) \pm 0.5a \tag{4-38}$$

式中：D——弯曲压头直径（mm）；

a——钢材厚度或直径（mm）。

此距离在试验期间应保持不变。

②V形模具式弯曲装置

模具的V形槽其角度为$180° - \alpha$。弯曲角度α应在相关产品标准中规定。弯曲压头的圆角半径为$D/2$。

模具的支承棱边应倒圆，倒圆半径应为(1～10)倍试样厚度。模具和弯曲压头宽度应大于试样宽度或直径并应具有足够的硬度。

③虎钳式弯曲装置

装置由虎钳配备足够硬度的弯曲压头组成。可以配置加力杠杆。弯心直径应按照相关产品标准要求，弯曲压头宽度应大于试样宽度或直径。

（2）试验过程：

按照相关产品标准规定，采用下列方法之一完成试验：

①试样在给定的条件和力作用下弯曲至规定的弯曲角度。

试样弯曲至规定弯曲角度的试验，应将试样放于两支辊或V形模具上，试样轴线应与弯曲压头轴线垂直，弯曲压头在两支座之间的中点处对试样连续施加力使其弯曲，直至达到规定的弯曲角度。也可采用试样一端规定，绕弯曲压头进行弯曲，直至达到规定的弯曲角度。

弯曲试验时,应当缓慢地施加弯曲力,以使材料能够自由地进行塑性变形。当出现争议时,试验速率应为(1 ± 0.2)mm/s。

如不能直接达到规定的弯曲角度,应将试样置于两平行压板之间,连续施加力压其两端使进一步弯曲,直至达到规定的弯曲角度。

②试样在力作用下弯曲至两臂相距规定距离且相互平行。

试样弯曲至两臂相互平行的试验,首先对试样进行初步弯曲,然后将试样置于两平行压板之间连续施加力压其两端使进一步弯曲,直至两臂平行。试验时可以加或不加垫块。除非产品标准中另有规定,垫块厚度等于规定的弯曲压头直径;采用翻板式弯曲装置的方法时,在力作用下不改变力的方向,弯曲直至达到180°。

③试样在力作用下弯曲至两臂直接接触。

试样弯曲至两臂直接接触的试验,应首先将试样进行初步弯曲,然后将其置于两平行压板之间,连续施加力压其两端使进一步弯曲,直至两臂直接接触。

(3)常用钢材弯曲压头(弯心)直径(D)、弯曲角度(α):

常用钢材弯曲压头(弯心)直径(D)、弯曲角度(α)均应符合相应产品标准中的规定(表4-32、表4-33)。

常用钢筋弯曲压头直径、弯曲角度 表4-32

钢筋种类	牌号	公称直径a(mm)	弯心直径D(mm)	弯曲角度α(°)
钢筋混凝土用热轧带肋钢筋	HRB400 HRBF400 HRB400E HRBF400E	6~25	$4a$	180
		28~40	$5a$	
		>40~50	$6a$	
	HRB500 HRBF500 HRB500E HRBF500E	6~25	$6a$	
		28~40	$7a$	
		>40~50	$8a$	
	HRB600	6~25	$6a$	
		28~40	$7a$	
		>40~50	$8a$	
余热处理钢筋	RRB400 RRB400W	8~25	$4a$	180
		28~40	$5a$	
	RRB500	8~25	$6a$	
热轧光圆钢筋	HPB235、HPB300	6~22	a	180
冷轧带肋钢筋	CRB550、CRB600H、CRB680H	4~12	$3a$	180

钢材弯曲压头直径、弯曲角度 表4-33

钢材种类	牌号	试样方向	冷弯试验B=2a 180°	
			钢筋厚度（直径）(mm)	
			≤60	>60~100
			弯心直径（mm）	
碳素结构钢	Q195	纵	0	—
		横	0.5a	
	Q215	纵	0.5a	1.5a
		横	a	2a
	Q235	纵	a	2a
		横	1.5a	2.5a
	Q275	纵	1.5a	2.5a
		横	2a	3a
低合金高强度结构钢	Q355~Q690	纵、横	2a (a≤16)	3a (a>16~100)

注：1. B为试样宽度，a为钢材厚度（直径）。
2. 钢材厚度（或直径）大于100mm时，弯曲试验由双方协商确定。

4) 钢筋重量偏差试验

（1）钢筋实际重量与理论重量的偏差（%）按下式计算：

$$重量偏差 = \frac{试样实际总重量-(试样总长度×理论重量)}{试样总长度×理论重量} \times 100 \qquad (4-39)$$

（2）热轧带肋和热轧光圆钢筋的重量偏差试验：

测量钢筋重量偏差时，试样应从不同根钢筋上截取，两端面应与钢筋轴向垂直，数量为5支，每支试样长度不小于500mm。长度应逐支测量，应精确到1mm。测量试样总重量时，应精确到1g。

（3）调直后钢筋的重量偏差试验：

检验调直后钢筋的重量偏差时，每批取3个试件，试件切口应平滑且与长度方向垂直，且长度不应小于500mm；长度和重量的测量精度分别不应低于1mm和1g。

（4）冷轧带肋钢筋的重量偏差试验：

测量钢筋重量偏差时，应每盘（按原料盘）取样1个，试样长度应不小于500mm。长度测量精确到1mm，重量测定应精确到1g。钢筋实测重量与理论重量的偏差不得超过±4%。

六、不符合技术指标情况的处理

常用钢材试验结果不符合技术指标情况的处理如表4-34所示。

常用钢材试验结果不符合技术指标情况处理　　表 4-34

序号	材料名称	试验结果不符合技术要求情况处理
1	钢筋混凝土用热轧带肋钢筋	1. 第一次检验某一项不符合相应技术要求时，需取双倍试样进行该项目的复验，复验不符合相应技术要求则该批产品判定为不合格。钢筋的重量偏差项目不应重新取样进行复验。 2. 不合格的材料不得用于工程施工；对于不合格材料，应及时做好标识，办理退场手续
2	钢筋混凝土用热轧光圆钢筋	
3	冷轧带肋钢筋	1. 试验项目中如有某一项试验结果不符合标准要求，则从同一批中再任取双倍数量的试样进行不合格项目的复验。复验结果（包括该项试验所要求的任一指标），即使有一个指标不合格，则该批视为不合格。 2. 不合格的材料不得用于工程施工；对于不合格材料，应及时做好标识，办理退场手续
4	低合金高强度结构钢	
5	钢筋碳素结构钢	
6	预应力混凝土用钢绞线	1. 试验项目中如有某一项试验结果不符合标准要求，则该盘卷不得交货。在同一批未经试验的钢绞线盘卷中取双倍数量的试样进行该不合格项目的复验，复验结果即使有一试样不合格，则整批钢绞线不得交货，或进行逐盘检验合格后交货。 2. 不合格的材料不得用于工程施工；对于不合格材料，应及时做好标识，办理退场手续
7	调直后的钢筋	试验项目中任一项试验结果不符合相关标准要求，该批钢筋不得用于工程施工

第二部分　焊接与机械连接

一、相关标准

（1）《混凝土结构工程施工质量验收规范》GB 50204—2015。

（2）《钢筋机械连接技术规程》JGJ 107—2016。

（3）《钢筋套筒灌浆连接应用技术规程》（2023 年版）JGJ 355—2015。

（4）《钢筋焊接及验收规程》JGJ 18—2012。

（5）《钢筋焊接网混凝土结构技术规程》JGJ 114—2014。

（6）《混凝土结构用成型钢筋制品》GB/T 29733—2013。

（7）《钢筋机械连接用套筒》JG/T 163—2013。

（8）《钢筋焊接接头试验方法标准》JGJ/T 27—2014。

（9）《金属材料 拉伸试验 第 1 部分：室温试验方法》GB/T 228.1—2021。

二、基本概念

1. 钢筋焊接

焊接也称作熔接或镕接，是一种不可拆卸的连接方法，通常借助于加热、高温或者高压的方式，使两种或两种以上同种或异种材料通过原子或分子之间的接合和扩散连结成一体的工艺过程。焊接可以用填充材料也可以不用填充材料，可以适用于金属和非金属的连接。

焊接通过下列三种途径达成结合和扩散:

熔焊——加热欲接合之工件使之局部熔化形成熔池,熔池冷却凝固后便接合,必要时可加入熔填物辅助,它是适合各种金属和合金的焊接加工,无需压力。

压焊——焊接过程必须对焊件施加压力,属于各种金属材料和部分金属材料的加工。

钎焊——采用比母材熔点低的金属材料做钎料,利用液态钎料润湿母材,填充接头间隙,并与母材互相扩散实现链接焊件。适合于各种材料的焊接加工,也适合于不同金属或异类材料的焊接加工。

现代焊接的能量来源有很多种,包括电、电弧、气体焰、激光、电子束、摩擦和超声波等。

1)术语

(1)压入深度:在焊接骨架或焊接网的电阻点焊中,两钢筋(丝)相互压入的深度。

(2)熔合区:焊接接头中,焊缝与热影响区相互过渡的区域。

(3)热影响区:焊接或热切割过程中,钢筋母材因受热的影响(但未熔化),使金属组织和力学性能发生变化的区域。

热影响区宽度主要取决于焊接方法。钢筋电阻点焊焊点:$0.5d$;钢筋闪光对焊:$0.7d$;钢筋电弧焊接头:$(6\sim10)$mm;钢筋电渣压力焊接头:$0.8d$;钢筋气压焊接头:$1.0d$;预埋件钢筋埋弧压力焊接头:$0.8d$。

(4)延性断裂:形成暗淡且无光泽的纤维状剪切断口的断裂。

(5)脆性断裂:由解理断裂或许多晶粒沿晶界断裂而产生有光泽断口的断裂。

2)接头形式

常见钢筋焊接接头的接头形式有:钢筋电阻点焊接头、钢筋闪光对焊接头、钢筋电弧焊接头、钢筋电渣压力焊接头、钢筋气压焊接头和预埋件钢筋T形接头。

钢筋焊接接头的接头形式和对应的焊接方式如表4-35所示。

焊接接头的接头形式和对应的焊接方式 表4-35

焊接形式	接头形式	焊接方式
电阻点焊		将两钢筋(丝)安放成交叉叠接形式,压紧于两电极之间,利用电阻热熔化母材金属,加压形成焊点的一种压焊方法
闪光对焊		将两钢筋以对接形式水平安放在对焊机上,利用电阻热使触点金属熔化,产生强烈闪光和飞溅,迅速施加顶锻力完成的一种压焊方法
箍筋闪光对焊		将待焊箍筋两端以对接形式安放在对焊机上,利用电阻热使触点金属熔化,产生强烈闪光和飞溅,迅速施加顶锻力,焊接形成封闭环式箍筋的一种压焊方法

续表

焊接形式			接头形式	焊接方式
电弧焊	帮条焊	双面焊		1. 钢筋焊条电弧焊是以焊条作为一极，钢筋为另一极，利用焊接电流通过产生的电弧热进行焊接的一种熔焊方法。 2. 钢筋二氧化碳气体保护电弧焊是以焊丝作为一极，钢筋为另一极，并以二氧化碳气体作为电弧介质，保护金属熔滴、焊接熔池和焊接区高温金属的一种熔焊方法。二氧化碳气体保护电弧焊简称 CO_2 焊。 3. 预埋件钢筋埋弧压力焊是将钢筋与钢板安放成 T 形接头形式，利用焊接电流通过，在焊剂层下产生电弧，形成熔池，加压完成的一种压焊方法。 4. 预埋件钢筋埋弧螺柱焊是用电弧螺柱焊焊枪夹持钢筋，使钢筋垂直对准钢板，采用螺柱焊电源设备产生强电流、短时间的焊接电弧，在熔剂层保护下使钢筋焊接端面与钢板间产生熔池后，适时将钢筋插入熔池，形成 T 形接头的焊接方法
		单面焊		
	搭接焊	双面焊		
		单面焊		
	预埋件钢筋	角焊		
		穿孔塞焊		
		埋弧压力焊		
		埋弧螺柱焊		
钢筋电渣压力焊				将两钢筋安放成竖向对接形式，通过直接引弧法或间接引弧法，利用焊接电流通过两钢筋端面间隙，在焊剂层下形成电弧过程和电渣过程，产生电弧热和电阻热，熔化钢筋，加压完成的一种压焊方法
气压焊	固态			采用氧乙炔火焰或氧液化石油气火焰（或其他火焰），对两钢筋对接处加热，使其达到热塑性状态（固态）或熔化状态（熔态）后，加压完成的一种压焊方法
	熔态			

3）焊接工艺试验

在钢筋工程焊接开工之前，参与该项工程施焊的焊工必须进行现场条件下的焊接工艺试验，应经试验合格后，方准于焊接生产。

在工程开工或者每批钢筋正式焊接之前，无论采用何种焊接工艺方法，均须采用与生产相同条件进行焊接工艺试验，以便了解钢筋焊接性能，选择最佳焊接参数，以及掌握担负生产的焊工的技术水平。[注：焊接工艺参数是指焊接时，为保证焊接质量而选定的诸物理量（例如焊接电流、电弧电压、焊接速度、热输入等）的总称]

4）焊条电弧焊的焊接工艺参数

焊条电弧焊的焊接工艺参数主要有焊条直径、焊接电流、电弧电压、焊接速度、预热温度、焊接层数、电源种类及极性等。

2. 钢筋机械连接

钢筋机械连接是通过钢筋与连接件或其他介入材料的机械咬合作用或钢筋端面的承压作用，将一根钢筋中的力传递至另一根钢筋的连接方法。

钢筋机械连接接头按接头的组成可分为两种，一种是钢筋与连接件组成的接头，另一类是钢筋、连接件和其他介入材料组成的接头。

常见的钢筋与连接件组成的接头类型有：套筒挤压接头、锥螺纹接头、镦粗直螺纹接头、滚轧直螺纹接头、套筒灌浆接头和熔融金属充填接头等。其中，滚轧直螺纹连接接头常见的型式有直接滚轧螺纹、挤（碾）压肋滚轧螺纹和剥肋滚轧螺纹三种，而新出现的双螺套钢筋连接接头也属于滚轧直螺纹连接接头；另一种新型接头为锥套锁紧接头，它是通过连接件螺纹咬合形成的接头。

钢筋、连接件和其他介入材料组成的接头主要指钢筋套筒灌浆连接，它包括全灌浆连接接头和半灌浆连接接头两种类型。

钢筋机械连接是一项新型钢筋连接工艺，被称为继绑扎、电焊之后的"第三代钢筋接头"，具有接头强度高于钢筋母材、速度比电焊快约 5 倍、无污染、节省钢材约 20%等优点。

1）钢筋与连接件组成的接头

（1）术语：

①接头：钢筋机械连接全套装置，钢筋机械连接接头的简称。

②连接件：连接钢筋用的各部件，包括套筒和其他组件。

③套筒：用于传递钢筋轴向拉力或压力的钢套管。

④钢筋丝头：接头中钢筋端部的螺纹区段。

⑤机械连接接头长度：接头连接件长度加连接件两端钢筋横截面变化区段的长度。螺纹接头的外露丝头和镦粗过渡段属截面变化区段。

⑥接头残余变形：接头试件按规定的加载制度加载并卸载后，在规定标距内所测得的变形。

⑦接头面积百分率：同一连接区段内纵向受力钢筋机械连接接头面积百分率为该区段内有机械接头的纵向受力钢筋与全部纵向钢筋截面面积的比值。钢筋机械连接的连接区段长度应按 35d 计算，当直径不同的钢筋连接时，d 按直径较小的钢筋直径取值。

（2）不同类型接头形式的特点：

①套筒挤压连接接头：

通过挤压力使连接件钢套筒产生塑性变形，依靠变形后的钢套筒与被连接钢筋纵、横肋产生的机械咬合成为整体的钢筋连接接头。它有径向挤压连接和轴向挤压连接两种形式。由于轴向挤压连接具有现场施工不方便及接头质量不够稳定的特点，没有得到推广，工程中使用的套筒挤压连接接头都是径向挤压连接。由于其优良的质量，套筒挤压连接接头在我国从 20 世纪 90 年代初至今被广泛应用于建筑工程中。套筒挤压连接接头形式钢筋与套筒的连接如图 4-12 所示。

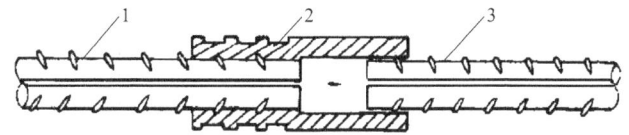

1—已挤压的钢筋；2—钢套筒；3—未挤压的钢筋

图 4-12 钢筋套筒挤压连接示意图

②锥螺纹连接接头：

通过钢筋端头特制的锥形螺纹和连接件锥形螺纹咬合形成的接头。锥螺纹连接技术的诞生克服了套筒挤压连接技术存在的不足。锥螺纹丝头完全是提前预制，现场连接占用工期短，现场只需用力矩扳手操作，不需要搬动设备和拉扯电线，深受各施工单位的好评。但是锥螺纹连接接头质量不够稳定。由于加工螺纹的小径削弱了母材的横截面积，从而降低了接头强度，一般只能达到母材实际抗拉强度的 85%～95%。我国的锥螺纹连接技术和国外相比还存在一定差距，最突出的一个问题就是螺距单一，从直径(16～40)mm 钢筋采用螺距都为 2.5mm，而 2.5mm 螺距最适合于直径 22mm 钢筋的连接，太粗或太细钢筋连接的强度都不理想，尤其是直径为 36mm、40mm 钢筋的锥螺纹连接，很难达到母材实际抗拉强度的 0.9 倍。许多生产单位自称达到钢筋母材标准强度，是利用了钢筋母材超强的性能，即钢筋实际抗拉强度大于钢筋抗拉强度的标准值。由于锥螺纹连接技术具有施工速度快、接头成本低的特点，自 20 世纪 90 年代初推广以来也得到了较大范围的推广使用，但由于存在的缺陷较大，逐渐被直螺纹连接接头所代替。锥螺纹连接接头形式钢筋与套筒的连接如图 4-13 所示。

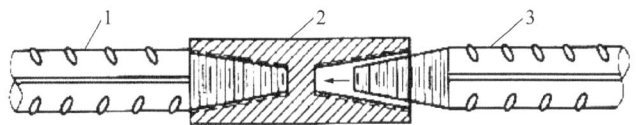

1—已连接的钢筋；2—锥螺纹套筒；3—未连接的钢筋

图 4-13 钢筋锥螺纹连接示意图

③直螺纹连接接头：

等强度直螺纹连接接头是 20 世纪 90 年代钢筋连接的国际最新潮流，接头质量稳定可靠，连接强度高，可与套筒挤压连接接头相媲美，而且又具有锥螺纹接头施工方便、速度快的特点,因此直螺纹连接技术的出现给钢筋连接技术带来了质的飞跃。目前我国直螺纹连接技术呈现出百花齐放的景象,出现了多种直螺纹连接形式。直螺纹连接接头主要有镦粗直螺纹连接接头和滚轧直螺纹连接接头。这两种工艺采用不同的加工方式,增强钢筋端头螺纹的承载能力,达到接头与钢筋母材等强的目的。

④镦粗直螺纹连接接头:

通过钢筋端头镦粗后制作的直螺纹和连接件螺纹咬合形成的接头。

其工艺是:先将钢筋端头通过镦粗设备镦粗,再加工出螺纹,其螺纹小径不小于钢筋母材直径,使接头与母材达到等强。国外镦粗直螺纹连接接头,其钢筋端头有热镦粗又有冷镦粗。热镦粗主要是消除镦粗过程中产生的内应力,但加热设备投入费用高。我国的镦粗直螺纹连接接头,其钢筋端头主要是冷镦粗,对钢筋的延性要求高,对延性较低的钢筋,镦粗质量较难控制,易产生脆断现象。

镦粗直螺纹连接接头其优点是强度高,现场施工速度快,工人劳动强度低,钢筋直螺纹丝头全部提前预制,现场连接为装配作业。其不足之处在于镦粗过程中易出现镦偏现象,一旦镦偏必须切掉重镦;镦粗过程中产生内应力,钢筋镦粗部分延性降低,易产生脆断现象,螺纹加工需要两道工序两套设备完成。套筒挤压连接接头形式钢筋与套筒的连接如图4-14所示。

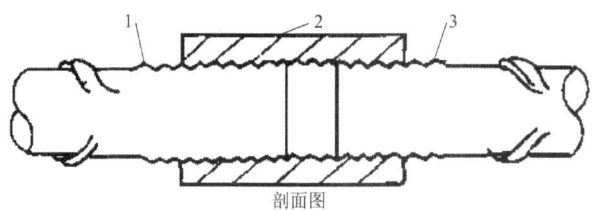

1—已连接的钢筋;2—直螺纹套筒;3—正在拧入的钢筋

图4-14 钢筋镦粗直螺纹连接示意图

⑤滚轧直螺纹连接接头:

通过钢筋端头直接滚轧、挤(碾)压肋滚轧或剥肋后滚轧制作的直螺纹和连接件螺纹咬合形成的接头。

其基本原理是利用了金属材料塑性变形后冷作硬化增强金属材料强度的特性,而仅在金属表层发生塑变、冷作硬化,金属内部仍保持原金属的性能,因而使钢筋接头与母材达到等强。滚轧直螺纹连接接头形式钢筋与套筒的连接如图4-15所示。

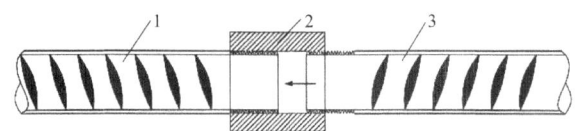

1—已连接的钢筋;2—直螺纹套筒;3—正在拧入的钢筋

图4-15 滚轧直螺纹连接示意图

直接滚轧螺纹、挤（碾）压肋滚轧螺纹和剥肋滚轧螺纹三种型式连接接头获得的螺纹精度及尺寸不同，接头质量也存在一定差异。

⑥直接滚轧直螺纹连接接头：

直接滚轧直螺纹连接接头是将钢筋连接端头采用专用滚轧设备和工艺，通过滚丝轮直接将端头滚轧成直螺纹，并用相应的连接套筒将两根待接钢筋连接成一体的钢筋接头。

其优点是：螺纹加工简单，设备投入少，不足之处在于螺纹精度差，存在虚假螺纹现象。由于钢筋粗细不均，公差大，加工的螺纹直径大小不一致，给现场施工造成困难，使套筒与丝头配合松紧不一致，有个别接头出现拉脱现象。由于钢筋直径变化及横纵肋的影响，使滚丝轮寿命降低，增加接头的附加成本，现场施工易损件更换频繁。

⑦挤（碾）压肋滚轧直螺纹连接接头：

这种连接接头是用专用挤压设备先将钢筋的横肋和纵肋进行预压平处理，然后再滚轧螺纹，目的是减轻钢筋肋对成型螺纹精度的影响。

其特点是：成型螺纹精度相对直接滚轧有一定提高，但仍不能从根本上解决钢筋直径大小不一致对成型螺纹精度的影响，而且螺纹加工需要两道工序，两套设备完成。

⑧剥肋滚轧直螺纹连接接头：

其工艺是先将钢筋端部的横肋和纵肋进行剥切处理后，使同规格钢筋滚丝前的柱体直径达到同一尺寸，然后再进行螺纹滚轧成型。

剥肋滚轧直螺纹连接技术是钢筋等强度直螺纹连接接头的一种新型式。通过对现有HRB335、HRB400钢筋进行的型式试验、疲劳试验、耐低温试验以及大量的工程应用，证明接头性能不仅达到了《钢筋机械连接技术规程》JGJ 107—2016中Ⅰ级接头性能要求，实现了等强度连接，而且接头还具有优良的抗疲劳性能和抗低温性能。接头通过200万次疲劳强度试验，接头处无破坏，在-40℃低温下试验，接头仍能达到与母材等强连接。剥肋滚轧直螺纹连接技术不仅适用于直径为(16～40)mm［近期又扩展到直径(12～50)mm］HRB335、HRB400级钢筋在任意方向和位置的同径、异径连接，而且还可应用于要求充分发挥钢筋强度和对接头延性要求高的混凝土结构以及对疲劳性能要求高的混凝土结构中。

剥肋滚轧直螺纹连接接头与其他滚轧直螺纹连接接头相比具有如下特点：

a. 螺纹牙型好，精度高，牙齿表面光滑；

b. 螺纹直径大小一致性好，容易装配，连接质量稳定可靠；

c. 滚丝轮寿命长，接头附加成本低。滚丝轮可加工(5000～8000)个丝头，比直接滚轧寿命提高了(3～5)倍；

d. 接头通过200万次疲劳强度试验，接头处无破坏；

e. 在-40℃低温下试验，其接头仍能达到与母材等强，抗低温性能好。

（3）工艺检验：

在钢筋工程连接开工之前，应对不同钢厂的进场钢筋进行接头工艺检验，经试验合格后，方准于连接生产。

这主要检验接头技术提供单位采用的接头类型（如剥肋滚轧直螺纹接头、镦粗直螺纹接头）、接头型式（如标准型、异径型等）和加工工艺参数是否与本工程中进场钢筋相适应，以提高实际工程中抽样试件的合格率，减少在工程应用后出现问题而造成的经济损失。（注：连接工艺参数与接头套丝设备类型以及其机械原理相关。具体参数咨询接头套丝设备厂家）

这里以应用最为广泛的剥肋滚轧直螺纹连接接头为例，介绍其工艺参数：

①滚丝轮的规格和外观；

②垫圈规格；

③对刀棒的规格及与滚丝轮的间隙；

④定位盘的规格；

⑤剥肋行程挡块的位置；

⑥行程开关压块的位置。

2）钢筋、连接件和其他介入材料组成的接头

（1）术语：

①钢筋套筒灌浆连接：在金属套筒中插入单根带肋钢筋并注入灌浆料拌合物，通过拌合物硬化形成整体并实现传力的钢筋对接连接，简称套筒灌浆连接。

②钢筋连接用灌浆套筒：采用铸造工艺或机械加工工艺制造，用于钢筋套筒灌浆连接的金属套筒，简称灌浆套筒。灌浆套筒可分为全灌浆套筒和半灌浆套筒。

③全灌浆套筒：两端均采用套筒灌浆连接的灌浆套筒。

④半灌浆套筒：一端采用套筒灌浆连接，另一端采用机械连接方式连接钢筋的灌浆套筒。

⑤钢筋连接用套筒灌浆料：以水泥为基本材料，并配以细骨料、外加剂及其他材料混合而成的用于钢筋套筒灌浆连接的干混料，简称灌浆料。该材料加水搅拌后具有良好的流动性、早强、高强、微膨胀等性能，填充于套筒和带肋钢筋间隙内，形成钢筋套筒灌浆连接接头。灌浆料分为常温型套筒灌浆料和低温型套筒灌浆料。

⑥常温型灌浆料：适用于灌浆施工及养护过程中24h内温度不低于5℃的灌浆料。

⑦低温型灌浆料：适用于灌浆施工及养护过程中24h内温度不低于−5℃，且灌浆施工过程中温度不高于10℃的灌浆料。

⑧封浆料：以水泥为基本材料，并配以细骨料、外加剂及其他材料混合而成的用于竖向预制构件连接的连通腔灌浆施工接缝封堵的干混料。该材料加水搅拌后具有良好的可塑性，且硬化后具有规定性能，填充于套筒灌浆连接的竖向预制构件接缝内边缘，以形成连通腔的灌浆封闭区域。封浆料分为常温型封浆料和低温型封浆料。

⑨座浆料：以水泥为基本材料，并配以细骨料、外加剂及其他材料混合而成的用于竖

向预制构件连接的座浆法施工接缝填充的干混料。该材料加水搅拌后具有良好的可塑性，且硬化后具有规定性能，填满于套筒灌浆连接的竖向预制构件接缝内，并以不侵入套筒灌浆腔为前提将灌浆套筒封闭，以便于每个套筒独立灌浆。

⑩套筒设计锚固长度：灌浆套筒内，产品设计要求的用于钢筋锚固的深度。

（2）不同类型接头形式的特点：

钢筋套筒灌浆连接是在金属套筒中插入单根带肋钢筋并注入灌浆料拌合物，通过拌合物硬化形成整体并实现传力的钢筋对接连接，简称套筒灌浆连接。依据灌浆端部的数量，钢筋套筒灌浆连接又分为全灌浆连接接头和半灌浆连接接头，其钢筋与套筒的连接如图4-16所示。

其原理是透过铸造的中空型套筒，钢筋从两端开口穿入套筒内部，不需要搭接或融接，钢筋与套筒间填充高强度微膨胀结构性砂浆，即完成钢筋续接动作。其连接的机理主要是借助砂浆受到套筒的围束作用，加上本身具有微膨胀特性，借此增强与钢筋、套筒内侧间的正向作用力，钢筋即由该正向力与粗糙表面产生之摩擦力，来传递钢筋应力。

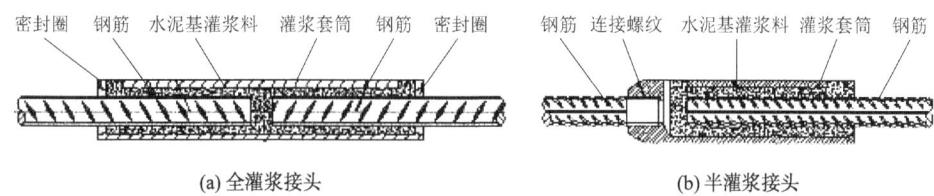

图4-16 灌浆接头结构示意图

注：钢筋套筒灌浆连接应符合现行行业标准《钢筋套筒灌浆连接应用技术规程》JGJ 355—2015的有关规定。

（3）工艺检验：

在钢筋工程连接开工之前，对不同钢筋生产单位的进厂（场）钢筋应进行接头工艺检验，检验合格后方可进行构件生产、灌浆施工。

三、试验项目

1. 钢筋焊接

钢筋焊接接头工艺试验项目和现场抽检接头的试验项目相同（表4-36）。

钢筋焊接接头的试验项目汇总表　　表4-36

序号	焊接接头种类	试验项目
1	钢筋电阻点焊	拉伸试验（抗拉强度）、剪切试验（抗剪力）
2	钢筋闪光对焊接头	抗拉强度、弯曲试验
3	钢筋电弧焊接头	拉伸试验（抗拉强度）
4	钢筋电渣压力焊接头	拉伸试验（抗拉强度）
5	钢筋气压焊接头	拉伸试验（抗拉强度）、弯曲试验（仅适用于梁、板的水平筋连接）
6	预埋件钢筋T形接头	拉伸试验（抗拉强度）

2. 钢筋机械连接

1）钢筋与连接件组成的接头

（1）工艺检验接头：

工艺检验接头的试验项目为残余变形和抗拉强度试验。

（2）现场抽检接头：

现场抽检接头的试验项目为抗拉强度试验。

2）钢筋、连接件和其他介入材料组成的接头

（1）工艺检验接头：

①灌浆料。

灌浆料试件28d抗压强度。

②灌浆料接头。

接头的工艺检验试验项目为接头试件的强度试验（抗拉强度、屈服强度）和残余变形。

（2）现场抽检接头：

现场抽检接头的试验项目为抗拉强度。

四、组批原则

1. 焊接接头

1）工艺检验接头

（1）在钢筋工程焊接开工之前，参与该项工程施焊的焊工必须进行现场条件下的焊接工艺试验。

同一施焊环境条件下，钢筋工程焊接开工之前，针对下列五种因素可能出现的任一组合方式，逐一制作试件，进行焊接工艺试验：

①焊接人员；

②焊接形式；

③钢筋厂家；

④钢筋牌号；

⑤钢筋规格。

（2）在焊接过程中，如果钢筋牌号、直径发生变更，应同样进行焊接工艺试验。

下列因素之一发生变化时，均应补充进行焊接工艺试验：

①焊接人员；

②焊接形式；

③钢筋厂家；

④钢筋牌号；

⑤钢筋规格；

⑥施焊环境条件有较大变化时。

2）现场抽检接头

现场抽检接头试验的组批原则如表 4-37 所示。

钢筋焊接接头试验的组批原则汇总表　　　　表 4-37

序号	焊接接头种类	组批原则
1	钢筋电阻点焊	钢筋焊接网按批进行检查验收，每批应由同一型号、同一原材料来源、同一生产设备并在同一连续时段内制造的钢筋焊接网组成，重量不大于 60t
2	钢筋闪光对焊接头	同一台班内由同一焊工完成的 300 个同牌号、同直径钢筋焊接接头应作为一批。当同一台班内焊接的接头数量较少，可在一周内累计计算；累计仍不足 300 个接头时，应按一批计算
3	钢筋电弧焊接头	在现浇混凝土结构中，应以 300 个同牌号钢筋、同型式接头作为一批；在房屋结构中，应在不超过二楼层中 300 个同牌号钢筋、同型式接头作为一批
4	钢筋电渣压力焊接头	在现浇钢筋混凝土结构中，应以 300 个同牌号钢筋接头作为一批；在房屋结构中，应在不超过二楼层中 300 个同牌号钢筋接头作为一批；当不足 300 个接头时，仍应作为一批
5	钢筋气压焊接头	在现浇钢筋混凝土结构中，应以 300 个同牌号钢筋接头作为一批；在房屋结构中，应在不超过二楼层中 300 个同牌号钢筋接头作为一批；当不足 300 个接头时，仍应作为一批
6	预埋件钢筋 T 形接头	当进行力学性能检验时应以 300 件同类型预埋件作为一批。一周内连续焊接时，可累计计算。当不足 300 件时，亦应按一批计算

2. 机械连接接头

1）钢筋与连接件组成的接头

（1）工艺检验：

①钢筋连接工程开始前，应对不同钢厂的进场钢筋进行接头工艺检验；

钢筋连接工程开始前，针对下列五种因素可能出现的任一组合方式，逐一制作试件，进行机械连接工艺试验：

a. 接头加工单位；

b. 接头加工工艺或接头技术提供单位；

c. 钢筋厂家；

d. 钢筋牌号；

e. 钢筋规格。

②施工过程中如更换钢筋生产厂、改变接头加工工艺或接头技术提供单位，应补充进行工艺检验。

下列因素之一发生变化时，均应补充进行机械连接焊接工艺试验：

a. 接头加工单位；

b. 接头加工工艺或接头技术提供单位；

c. 钢筋厂家；

d. 钢筋牌号；

e. 钢筋规格。

（2）现场抽检接头：

①同钢筋生产厂、同强度等级、同规格、同类型和同型式接头应以 500 个为一个验收批进行检验与验收，不足 500 个也应作为一个验收批。

②同一接头类型、同型式、同等级、同规格的现场检验连续 10 个验收批抽样试件抗拉强度试验一次合格率为 100%时，验收批接头数量可扩大为 1000 个。

③对有效认证的接头产品，验收批数量可扩大至 1000 个；当出现连续 10 个验收批抽样试件抗拉强度均为初试合格时，验收批接头数量可扩大为 1500 个。

④只要扩大后的验收批中出现抽样试件极限抗拉强度检验不合格的评定结果，应将随后的各验收批容量恢复为 500 个，且不得再次扩大验收批容量。

2）钢筋、连接件和其他介入材料组成的接头

（1）套筒灌浆连接施工的工艺检验：

①灌浆料进场检验。

同一成分、同一批号的灌浆料，不超过 50t 为一批。

②接头工艺检验。

对不同钢筋生产单位的进厂（场）钢筋应进行接头工艺检验，并应符合如下规定：

A. 工艺检验应在预制构件生产前及灌浆施工前分别进行。

B. 对已完成匹配检验的工程，当现场灌浆施工与匹配检验时的灌浆单位相同，且采用的钢筋相同时，可由匹配检验代替工艺检验。

C. 工艺检验应模拟施工条件、操作工艺，采用进厂（场）验收合格的灌浆料制作接头试件，并应按接头提供单位提供的作业指导书进行。

D. 施工过程中当发生下列情况之一时，应再次进行工艺检验：

a. 更换钢筋生产单位（包括牌号、规格的变化），或同一生产单位生产的钢筋外形尺寸与已完成工艺检验的钢筋有较大差异；

b. 更换灌浆施工工艺；

c. 更换灌浆单位。

（2）现场灌浆施工连接接头试件的现场检验：

灌浆施工中，应采用实际应用的灌浆套筒、灌浆料制作平行加工对中连接接头试件。不超过四个楼层的同一批号、同一类型、同一强度等级、同一规格的接头试件，不超过 1000 个为一批。

五、现场抽检接头的取样方法和数量

工艺检验接头在接头加工场所制取。一般情况下，现场抽检接头应从工程实体中截取。应该注意的是：工艺检验不合格时，应进行工艺参数调整，合格后方可按最终确认的工艺

参数进行现场接头的批量焊接或连接。

1. 焊接接头

工艺检验接头在接头加工场所制取。一般情况下，现场抽检接头应从工程实体中截取。应该注意的是：工艺检验不合格时，应进行工艺参数调整，合格后方可按最终确认的工艺参数进行现场接头的批量焊接或连接。

1）工艺检验接头

每种牌号、每种规格钢筋试件数量和要求与现场抽检接头相同，如表4-38所示。若第1次未通过，应改进工艺，调整参数，直至合格为止。

2）现场抽检接头

现场抽检接头的取样方法如表4-38所示。

钢筋焊接接头试件取样方法汇总表 表4-38

序号	焊接接头种类	取样方法
1	钢筋电阻点焊	1. 力学性能检验的试件应从成品网片中切取，但试样所包含的交叉点不应开焊，除去掉多余的部分以外，试件不得进行其他加工。 2. 拉伸试样应沿钢筋焊接网两个方向各截取一个试件，每个试件至少有一个交叉点。试样长度应足够，以保证夹具之间的距离不小于20倍试样直径或180mm（取二者之较大者）。对于并筋，非受拉钢筋应在离交叉点约20mm处切断。拉伸试样上的横向钢筋宜距交叉点约25mm处切断，如图（a）所示。 （a）钢筋焊点拉伸试件　（b）钢筋焊点剪切试件 3. 抗剪试样应沿同一横向钢筋随机截取3个试样。钢筋网两个方向均为单根钢筋时，较粗钢筋为受拉钢筋；对于并筋，其中之一为受拉钢筋，另一只非受拉钢筋应在交叉点处切断，但不应损伤受拉钢筋焊点。抗剪试样上的横向钢筋应距交叉点不小于25mm处切断，如图（a）所示。
2	钢筋闪光对焊接头	1. 力学性能检验时，应从每批接头中随机切取6个接头，其中3个做拉伸试验，3个做弯曲试验。 2. 异径钢筋接头可只做拉伸试验
3	箍筋闪光对焊接头	以600个同牌号、同规格的接头作为一批，每批接头中随机切取3个接头做拉伸试验
4	钢筋电弧焊接头	1. 每批随机切取3个接头，做拉伸试验。 2. 在装配式结构中，可按生产条件制作模拟试件，每批3个试件，做拉伸试验。 3. 钢筋与钢板电弧搭接头可只进行外观检查。 4. 在同一批中若有3种不同直径的钢筋焊接头，应在最大直径钢筋接头和最小直径钢筋接头中分别切取3个试件进行拉伸试验
5	钢筋电渣压力焊接头	1. 每批随机切取3个接头做拉伸试验。 2. 在同一批中若有3种不同直径的钢筋焊接头，应在最大直径钢筋接头和最小直径钢筋接头中分别切取3个试件进行拉伸试验

续表

序号	焊接接头种类	取样方法
6	钢筋气压焊接头	1. 在柱、墙的竖向钢筋连接中,应从每批接头中随机切取3个接头做拉伸试验;在梁、板的水平钢筋连接中,应另取3个接头做弯曲试验。 2. 异径气压焊钢筋接头可只做拉伸试验。 3. 在同一批中若有3种不同直径的钢筋焊接接头,应在最大直径钢筋接头和最小直径钢筋接头中分别切取3个试件进行拉伸试验
7	预埋件钢筋T形接头	应从每批预埋件中随机切取3个接头做拉伸试验,试件的钢筋长度应大于或等于200mm,钢板的长度和宽度均应大于或等于60mm

注:1. 接头弯曲试件试验前,宜将焊缝处的金属毛刺或镦粗变形部分去除至与母材外表面平齐。
2. 搭接焊拉伸试件试验前应对其两端进行弯折处理,使其处于同一轴线上。

2. 机械连接接头

1) 钢筋与连接件组成的接头

工艺检验接头在接头加工场所制取。一般情况下,现场抽检接头应从工程实体中截取。应该注意的是:工艺检验不合格时,应进行工艺参数调整,合格后方可按最终确认的工艺参数进行现场接头的批量焊接或连接。

(1) 工艺检验接头:

每组接头第一次制作试件的数量与重新制作试件的数量相同,均为3根。

(2) 现场抽检接头:

①对接头的每一验收批,应在工程结构中随机截取3个接头试件做极限抗拉强度试验。

②对封闭环形钢筋接头、钢筋笼接头、地下连续墙预埋套筒接头、不锈钢钢筋接头、装配式结构构件间的钢筋接头和有疲劳性能要求的接头,可见证取样,在已加工并检验合格的钢筋丝头成品中随机割取钢筋试件,按《钢筋机械连接技术规程》JGJ 107—2016 第6.3节要求与随机抽取的进场套筒组装成3个接头试件做极限抗拉强度试验。

③当验收批接头数量少于200个时,可按《钢筋机械连接技术规程》JGJ 107—2016 第7.0.7条或第7.0.8条相同的抽样要求随机抽取2个试件做极限抗拉强度试验。

2) 钢筋、连接件和其他介入材料组成的接头

(1) 套筒灌浆连接施工的工艺检验:

①接头工艺检验。

接头试件应模拟施工条件并按专项施工方案制作,每种规格钢筋应制作3个对中套筒灌浆连接接头,变径接头应单独制作。

②灌浆料进场检验。

每批随机抽取不少于30kg,采用灌浆料拌合物制作的 40mm×40mm×160mm 试件不应少于1组。

(2) 现场灌浆施工连接接头试件的现场检验:

灌浆施工中,应采用实际应用的灌浆套筒、灌浆料制作平行加工对中连接接头试件,进行抗拉强度检验。每批制作3个对中连接接头试件。

六、试验方法

1. 焊接接头

焊接接头工艺检验的试验方法与现场抽检接头相同。

1）焊接接头的拉伸试验

搭接焊试件在试验前,应对焊缝根部的钢筋进行弯折处理,如图 4-17 所示,使焊缝两端的钢筋在同一轴线上,以保证试件受拉时所受力为正拉力。

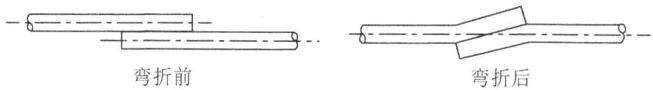

弯折前　　　　　弯折后

图 4-17 搭接焊接头试件的处理

（1）根据钢筋的级别和直径,应选用适配的拉力试验机或万能试验机。试验机应符合现行国家标准《金属材料 拉伸试验 第 1 部分:室温试验方法》GB/T 228.1—2021 中的有关规定。

（2）夹紧装置应根据试样规格选用,在拉伸过程中不得与钢筋产生相对滑移。夹持长度可按试样直径确定。钢筋直径不大于 20mm 时,夹持长度宜为(70～90)mm;钢筋直径大于 20mm 时,夹持长度宜为(90～120)mm。

（3）在使用预埋件 T 形接头拉伸试验吊架时,夹具拉杆（板）应夹紧于试验机的上钳口,试样的钢筋应穿过垫块（板）中心孔夹紧于试验机的下钳口内。预埋件钢筋 T 形接头拉伸试验夹具有二种,可采用《钢筋焊接接头试验方法标准》JGJ/T 27—2014 附录 A 的式样。

（4）钢筋电阻点焊接头剪切试验夹具有 3 种,可采用《钢筋焊接接头试验方法标准》JGJ/T 27—2014 附录 B 的式样。

（5）钢筋焊接接头的母材应符合相应国家现行标准要求,并应采用钢筋公称横截面积进行计算。试验前可采用游标卡尺复核试样的钢筋直径和钢板厚度。

（6）对试样进行轴向拉伸试验时,加载应连续平稳,试验速率应符合现行国家标准《金属材料 拉伸试验 第 1 部分:室温试验方法》GB/T 228.1—2021 中的有关规定,将试样拉至断裂（或出现颈缩）,自动采集最大力或从测力盘上读取最大力,也可从拉伸曲线图上确定试验过程中的最大力。

（7）当在试样断口上发现气孔、夹渣、未焊透、烧伤等焊接缺陷时,应在试验记录中注明。

（8）抗拉强度应按下式计算:

$$R_m = \frac{F_m}{S_0} \tag{4-40}$$

式中：R_m——抗拉强度（MPa），试验结果数值应修约到 5MPa，修约的方法应按现行国家标准《数值修约规则与极限值的表示和判定》GB/T 8170—2008 执行；

F_m——最大力（N）；

S_0——试样公称截面面积（mm²）。

2）钢筋接头的抗剪试验

（1）剪切试验时，应估算接头剪切力的大小，选择合适量程的试验机。

（2）应根据试样尺寸和设备条件选用不同形式的剪切试验夹具，且能满足下列要求：

①沿受拉钢筋轴线施加荷载；

②使受拉钢筋自由端能沿轴线方向滑动；

③对试样横向钢筋适当固定，横向钢筋支点间距应小，以防止产生过大的弯曲变形和转动。

（3）夹具应安装于万能试验机的上钳口内，并应夹紧。试样横筋应夹紧于夹具的横槽内，不得转动。纵筋应通过纵槽夹紧于万能试验机的下钳口内，纵筋受拉的力应与试验机的加载轴线相重合。

（4）加载应连续而平稳，直至试件破坏。从测力度盘上读取最大力，即为该试样的抗剪载荷。

（5）试验中，当试验设备发生故障或操作不当而影响试验数据时，试验结果应视为无效。

3）钢筋焊接接头的弯曲试验

试验前应将试样焊缝一侧的金属毛刺和镦粗变形部分去除至与母材外表齐平，试验时该部位为受压面，如图 4-18 所示。

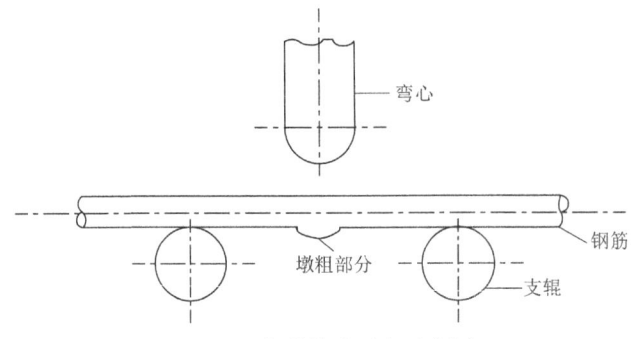

图 4-18 焊接接头受弯示意图

（1）钢筋焊接接头弯曲试件的长度宜为两支辊内侧距离 $[(D + 3d) \pm 0.5d]$ 另加 150mm，D 为弯曲压头直径，d 为钢筋公称直径。

（2）弯曲试验可在压力机或万能试验机上进行，不得在钢筋弯曲机上进行。

（3）弯曲压头直径和弯曲角度应按表 4-39 的规定确定。

第四章　建筑材料及构配件

弯曲压头直径和弯曲角度　　表 4-39

序号	钢筋牌号	弯曲压头直径 D（mm）		弯曲角度（°）
		$d \leqslant 25$	$d > 25$	
1	HPB300	2d	3d	90
2	HRB335、HRBF335	4d	5d	90
3	HRB400、HRBF400	5d	6d	90
4	HRB500、HRBF500	7d	8d	90

注：d 为钢筋直径。

（4）进行弯曲试验时，试样应放在两支点上，并应使焊缝中心与弯曲压头中心线一致，并保证弯芯与试样受压面接触。

（5）应缓慢地对试样施加荷载，以使材料能够自由地进行塑性变形，当出现争议时，试验速率应为 (1 ± 0.2) mm/s，直至达到规定的弯曲角度或出现裂纹、破断为止。

2. 机械连接接头

1）钢筋与连接件组成的接头

（1）工艺检验接头：

工艺检验接头的接头试件测量残余变形后可继续进行极限抗拉强度试验。

①残余变形试验。

a. 变形测量仪表应在钢筋两侧对称布置（图 4-19），两侧测点的相对偏差不宜大于 5mm，且两侧仪表应能独立读取各自变形值。应取钢筋两侧仪表读数的平均值计算残余变形值。

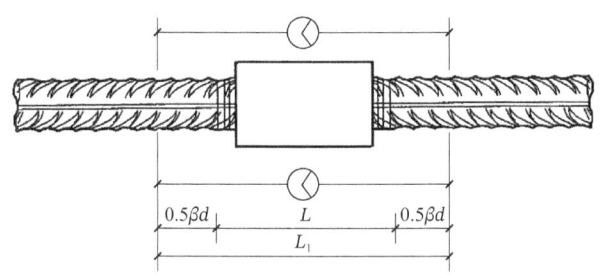

图 4-19　接头试件变形测量标距和仪表布置

b. 变形测量标距：

$$L_1 = L + \beta d \tag{4-41}$$

式中：L_1——变形测量标距（mm）；

L——机械连接接头长度（mm）；

β——系数，取 1~6；

d——钢筋公称直径（mm）。

c. 加载制度：

残余变形试验宜按表4-40中规定的单向拉伸加载制度进行试验。

机械连接接头工艺检验的加载制度 表4-40

试验项目	加载制度
单向拉伸	0→0.6f_{yk}→0（测量残余变形）→最大拉力（记录极限抗拉强度）→破坏

注：f_{yk}——钢筋屈服强度标准值。

当夹持钢筋接头试件采用手动楔形夹具时，无法准确在零荷载时设置变形测量仪表的初始值，这时允许施加不超过2%的测量残余变形拉力即$0.02×0.6A_s f_{yk}$作为名义上的零荷载，并在此荷载下记录试件接头两侧变形测量仪表的初始值，加载至预定拉力$0.6A_s f_{yk}$并卸载至该名义零荷载时再次记录两侧变形测量仪表读数，两侧仪表各自差值的平均值即为接头试件单向拉伸残余变形值。

测量接头试件的残余变形时加载时的应力速率宜采用 2N/mm²·s⁻¹，不应超过10N/mm²·s⁻¹；残余变形试验结果应修约到0.01mm；

②抗拉强度试验。

a. 根据钢筋的级别和直径，应选用适配的拉力试验机或万能试验机。试验机应符合现行国家标准《金属材料 拉伸试验 第1部分：室温试验方法》GB/T 228.1—2021中的有关规定。

b. 夹紧装置应根据试样规格选用，在拉伸过程中不得与钢筋产生相对滑移。夹持长度可按试样直径确定。钢筋直径不大于20mm时，夹持长度宜为(70～90)mm；钢筋直径大于20mm时，夹持长度宜为(90～120)mm。

c. 接头用母材应符合相应国家现行标准要求，并应采用钢筋公称横截面积进行计算。变径接头采用较小面积。试验前可采用游标卡尺复核试样的钢筋直径和钢板厚度。

d. 接头的拉伸试验测量接头试件的抗拉强度时，试验机夹头的分离速率宜采用$0.05L_c$/min。L_c为试验机夹头间的距离。速率的相对误差不宜大于±20%。

e. 抗拉强度应按下式计算：

$$R_m = \frac{F_m}{S_0} \tag{4-42}$$

式中：R_m——抗拉强度（MPa），试验结果数值应修约到5MPa，修约的方法应按现行国家标准《数值修约规则与极限值的表示和判定》GB/T 8170—2008执行；

F_m——最大力（N）；

S_0——试样公称截面面积（mm²）。

结果应修约到5MPa。

（2）现场抽检接头：

与工艺检验接头的抗拉强度试验相同。

2）钢筋、连接件和其他介入材料组成的接头

（1）工艺检验：

①灌浆料试件。

a. 试件制作及养护：

常温型灌浆料试件宜在室内制作，拌合按照《钢筋连接用套筒灌浆料》JG/T 408—2019附录A的有关规定执行，环境温度不应低于10℃、不应高于25℃；灌浆料试件标准养护室温度应为(20±2)℃，试件尺寸应按 40mm×40mm×160mm 尺寸制作，其加水量应按常温型灌浆料产品说明书确定。灌浆料试件标准养护室相对湿度尚不应低于90%，养护水的温度应为(20±1)℃，养护28d。

低温型灌浆料试件制作，试模材质应为钢制。试件制作环境温度应为(5±2)℃，拌合用水的温度不应高于10℃。在(−5±1)℃环境条件下养护 7d 后转标准养护条件再养护 21d。试件由(−5±1)℃环境或同条件环境转入标准养护条件时，温升速率不宜超过 5℃/h。

b. 试验：

灌浆料试件试验项目为 28d 抗压强度，抗压强度的测定执按《水泥胶砂强度检验方法（ISO法）》GB/T 17671—2021 中 10.2 执行。

②灌浆料试件接头。

a. 试件制作及养护：

常温型灌浆料接头试件抗拉强度检验接头试件应模拟施工条件并按专项施工方案制作。标准养护室温度应为(20±2)℃，养护28d。

低温型灌浆料接头试件抗拉强度检验接头试件应模拟施工条件并按专项施工方案制作。在(−5±1)℃环境条件下养护 7d 后转标准养护条件再养护 21d。试件由(−5±1)℃环境或同条件环境转入标准养护条件时，温升速率不宜超过 5℃/h。

b. 试验：

试验项目为接头残余变形试验和抗拉强度试验。接头试件应在量测残余变形后再进行抗拉强度试验，并应按现行行业标准《钢筋机械连接技术规程》JGJ 107—2016 规定的钢筋机械连接型式检验单向拉伸加载制度进行试验；

（2）现场抽检接头：

①灌浆料接头试件制作及养护，同工艺检验。

②试验：

用低温型制作的低温型套筒灌浆连接接头试件，在同条件养护 7d 并转标准养护 21d 后进行抗拉强度试验。

接头试件的抗拉强度试验应采用零到破坏或零到连接钢筋抗拉强度标准值 1.15 倍的一次加载制度，并应符合现行行业标准《钢筋机械连接技术规程》JGJ 107—2016 的有关规定。

七、试验结果评定

1. 焊接接头

1）工艺检验

试验结果按《钢筋焊接及验收规程》JGJ 18—2012 第 5 章"质量检验与验收"中的规定判定。

2）现场抽检接头

（1）钢筋焊接网：

①钢筋焊接网钢筋的抗拉强度应分别符合相应标准中相应牌号钢筋的规定。

②钢筋焊接网焊点的抗剪力为 3 个试件抗剪力的平均值（精确至 0.1kN），应不小于试样受拉钢筋规定屈服力的 0.3 倍。

③当拉伸、剪切试验结果不合格时，应从该批钢筋焊接网中再切取双倍数量试件进行不合格项目的复验。复验结果均合格时，应评定该批焊接网为合格。

（2）钢筋闪光对焊接头、电弧焊接头、电渣压力焊接头、气压焊接头、预埋件钢筋 T 形接头的拉伸试验，应从每一检验批接头中随机切取三个接头进行试验并应按下列规定对试验结果进行评定：

①符合下列条件之一，应评定该检验批接头拉伸试验合格：

a. 3 个试件均断于钢筋母材，呈延性断裂，其抗拉强度大于或等于钢筋母材抗拉强度标准值。

b. 2 个试件断于钢筋母材，呈延性断裂，其抗拉强度大于或等于钢筋母材抗拉强度标准值；另一试件断于焊缝，呈脆性断裂，其抗拉强度大于或等于钢筋母材抗拉强度标准值的 1.0 倍。

注：试件断于热影响区，呈延性断裂，应视作与断于钢筋母材等同；试件断于热影响区，呈脆性断裂，应视作与断于焊缝等同。

②符合下列条件之一，应进行复验：

a. 2 个试件断于钢筋母材，呈延性断裂，其抗拉强度大于或等于钢筋母材抗拉强度标准值；另一试件断于焊缝，或热影响区，呈脆性断裂，其抗拉强度小于钢筋母材抗拉强度标准值的 1.0 倍。

b. 1 个试件断于钢筋母材，呈延性断裂，其抗拉强度大于或等于钢筋母材抗拉强度标准值；另 2 个试件断于焊缝或热影响区，呈脆性断裂。

c. 3 个试件均断于焊缝，呈脆性断裂，其抗拉强度均大于或等于钢筋母材抗拉强度标准值的 1.0 倍，应进行复验。

③3 个试件均断于焊缝，呈脆性断裂，其中有 1 个试件抗拉强度小于钢筋母材抗拉强度标准值的 1.0 倍，应评定该检验批接头拉伸试验不合格。

④复验时，应切取 6 个试件进行试验。试验结果，若有 4 个或 4 个以上试件断于钢筋

母材，呈延性断裂，其抗拉强度大于或等于钢筋母材抗拉强度标准值，另 2 个或 2 个以下试件断于焊缝，呈脆性断裂，其抗拉强度大于或等于钢筋母材抗拉强度标准值的 1.0 倍，应评定该检验批接头拉伸试验复验合格。

⑤可焊接余热处理钢筋 RRB400W 焊接接头拉伸试验结果，其抗拉强度应符合同级别热轧带肋钢筋抗拉强度标准值 540MPa 的规定。

⑥预埋件钢筋 T 形接头拉伸试验结果，3 个试件的抗拉强度均大于或等于表 4-41 的规定值时，应评定该检验批接头拉伸试验合格。若有一个接头试件抗拉强度小于表 4-41 的规定值时，应进行复验。复验时，应切取 6 个试件进行试验。复验结果，其抗拉强度均大于或等于表 4-41 的规定值时，应评定该检验批接头拉伸试验复验合格。

预埋件钢筋 T 形接头抗拉强度规定值 表 4-41

钢筋牌号	抗拉强度规定值（MPa）	钢筋牌号	抗拉强度规定值（MPa）
HPB300	400	HRB500、HRBF500	610
HRB335、HRBF335	435	RRB400W	520
HRB400、HRBF400	520		

（3）钢筋闪光对焊接头、气压焊接头进行弯曲试验时，应从每一个检验批接头中随机切取 3 个接头，焊缝应处于弯曲中心点。弯心直径弯曲角度应符合表 4-42 的规定。

接头弯曲试验弯心直径和弯曲角度对照表 表 4-42

钢筋牌号	弯心直径	弯曲角度（°）
HPB300	2d	90
HRB335、HRBF335	4d	90
HRB400、HRBF400、RRB400W	5d	90
HRB500、HRBF500	7d	90

注：1. d 为钢筋直径（mm）；
2. 直径大于 25mm 的钢筋焊接接头，弯心直径应增加 1 倍钢筋直径。

弯曲试验结果应按下列规定进行评定：

①当试验结果，弯曲至 90°，有 2 个或 3 个试件外侧（含焊缝和热影响区）未发生宽度达到 0.5mm 的裂纹，应评定该检验批接头弯曲试验合格。

②当有 2 个试件发生宽度达到 0.5mm 的裂纹，应进行复验。

③当有 3 个试件发生宽度达到 0.5mm 的裂纹，应评定该检验批接头弯曲试验不合格。

④复验时，应切取 6 个试件进行试验。复验结果，当不超过 2 个试件发生宽度达到 0.5mm 的裂纹时，应评定该检验批接头弯曲试验复验合格。

2. 钢筋机械连接

试验结果按设计要求的接头等级进行评定。

1）钢筋与连接件组成的接头

（1）工艺检验接头：

①每根试件极限抗拉强度应符合表 4-43 的规定。

接头的极限抗拉强度　　　　表 4-43

接头等级	Ⅰ级	Ⅱ级	Ⅲ级
极限抗拉强度	$f_{mst}^0 \geqslant f_{stk}$ 钢筋拉断 或 $f_{mst}^0 \geqslant 1.10 f_{tk}$ 连接件破坏	$f_{mst}^0 \geqslant f_{stk}$	$f_{mst}^0 \geqslant 1.25 f_{yk}$

注：1. 钢筋拉断指断于钢筋母材、套筒外钢筋丝头和钢筋镦粗过渡段；
2. 连接件破坏指断于套筒、套筒纵向开裂或钢筋从套筒中拔出以及其他连接组件破坏；
3. 钢筋断于套筒内钢筋丝头处视同连接件破坏，旨在加强检验要求。

②3 根接头试件残余变形的平均值均应符合表 4-44 的规定。

接头变形性能　　　　表 4-44

接头等级	Ⅰ级	Ⅱ级	Ⅲ级
残余变形/mm	$u_0 \leqslant 0.10$ ($d \leqslant 32$) $u_0 \leqslant 0.14$ ($d > 32$)	$u_0 \leqslant 0.14$ ($d \leqslant 32$) $u_0 \leqslant 0.16$ ($d > 32$)	$u_0 \leqslant 0.14$ ($d \leqslant 32$) $u_0 \leqslant 0.16$ ($d > 32$)

③工艺检验不合格时（第一次取样试验结果达不到上述①及②要求），允许调整工艺后重新检验而不必按复检。重新检验的试件数量仍为 3 根，合格后方可按最终确认的工艺参数进行接头批量加工。工艺检验不必复检，主要考虑工艺检验与验收批检验的性质差异。

（2）现场抽检接头：

①对接头的每一验收批，当第一次所取的 3 个接头试件的极限抗拉强度均符合《钢筋机械连接技术规程》JGJ 107—2016 第 3.0.5 条规定相应等级的强度要求时，该验收批应评为合格。当仅有 1 个试件的极限抗拉强度不符合要求，应再取 6 个试件进行复检。复检中仍有 1 个试件的极限抗拉强度不符合要求，该验收批应评为不合格。

②对接头的每一验收批，当第一次所取的 2 个试件的极限抗拉强度均满足《钢筋机械连接技术规程》JGJ 107—2016 第 3.0.5 条规定相应等级的强度要求时，该验收批应评为合格。当有 1 个试件的极限抗拉强度不满足要求，应再取 4 个试件进行复检，复检中仍有 1 个试件极限抗拉强度不满足要求，该验收批应评为不合格。

2）钢筋与连接件组成的接头

（1）工艺检验：

①灌浆料试件。

a. 常温型灌浆料抗压强度应符合表 4-45 的要求，且不应低于接头设计要求的灌浆料抗压强度。

b. 低温型灌浆料抗压强度应符合表 4-46 的要求，且不应低于接头设计要求的灌浆料抗压强度。

常温型灌浆料抗压强度要求　　　　　　　　　　表 4-45

时间（龄期）	抗压强度（N/mm²）	时间（龄期）	抗压强度（N/mm²）
1d	≥35	28d	≥85
3d	≥60		

低温型灌浆料抗压强度要求　　　　　　　　　　表 4-46

时间（龄期）	抗压强度（N/mm²）	时间（龄期）	抗压强度（N/mm²）
−1d	≥35	−7d+21d	≥85
−3d	≥60		

注：−1d、−3d 表示在$(-5\pm1)℃$条件下养护 1d、3d，−7d+21d 表示在$(-5\pm1)℃$环境条件下养护 7d 后转标准养护条件再养护 21d。

②灌浆料接头试件。

每个接头试件的屈服强度、抗拉强度应符合如下要求：

a. 3 个接头试件残余变形的平均值应符合表 4-47 的规定。

套筒灌浆连接接头的变形性能　　　　　　　　　　表 4-47

项目		变形性能要求
对中单项拉伸	残余变形（mm）	$u_0 \leqslant 0.10 \ (d \leqslant 32)$ $u_0 \leqslant 0.14 \ (d > 32)$
	最大力下的总伸长率（%）	$A_{sgt} \geqslant 6.0$

b. 钢筋套筒灌浆连接接头的屈服强度不应小于连接钢筋屈服强度标准值。

c. 钢筋套筒灌浆连接接头的实测极限抗拉强度不应小于连接钢筋的抗拉强度标准值，且接头破坏应位于套筒外的连接钢筋。当接头拉力达到或大于连接钢筋抗拉荷载标准值的 1.1 倍而未发生破坏时，应判为抗拉强度合格，可停止试验。

d. 第一次工艺检验中 1 个试件抗拉强度或 3 个试件的残余变形平均值不合格时，可再抽 3 个试件进行复检，复检仍不合格应判为工艺检验不合格。

（2）现场抽检接头：

①灌浆料接头试件。

钢筋套筒灌浆连接接头的实测极限抗拉强度不应小于连接钢筋的抗拉强度标准值，且接头破坏应位于套筒外的连接钢筋。当接头拉力达到或大于连接钢筋抗拉荷载标准值的 1.1 倍而未发生破坏时，应判为抗拉强度合格，可停止试验。

②现场试验灌浆接头性能不合格处理规定。

对于灌浆接头性能不合格的情况，可根据实际抗拉强度和变形性能，由设计单位进行核算。当经核算并确认仍可满足结构安全和使用功能时，可予以验收；当核算不合格，经返修或加固处理能够满足结构可靠性要求时，应按国家现行工程建设标准的规定进行检测，根据处理文件和协商文件进行验收。

当无法进行处理时，应切除或拆除构件，重新安装构件并灌浆施工，也可采用现浇的方式重新完成构件施工。

第三节　骨料、集料

第一部分　细骨料

一、相关标准

（1）《混凝土结构工程施工质量验收规范》GB 50204—2015。

（2）《建设用砂》GB/T 14684—2022。

（3）《混凝土结构通用规范》GB 55008—2021。

（4）《普通混凝土用砂、石质量及检验方法标准》JGJ 52—2006。

（5）《人工砂应用技术规程》DB11/T 1133—2014。

二、基本概念

本节采用标准以《普通混凝土用砂、石质量及检验方法标准》JGJ 52—2006 为主。

（1）天然砂：由自然条件作用而形成的公称粒径小于 5.00mm 的岩石颗粒。按其产源不同，可分为河砂、海砂、山砂。

（2）机制砂（人工砂）：岩石经除土开采、机械破碎、筛分而成的公称粒径小于 5.00mm 的岩石颗粒。

（3）混合砂：由天然砂和机制砂（人工砂）按一定比例组合而成的砂。

（4）含泥量：天然砂中公称粒径小于 80μm 颗粒的含量。

（5）石粉含量：机制砂（人工砂）中公称粒径小于 80μm，且其矿物组成和化学成分与被加工母岩相同的颗粒含量。

（6）泥块含量：公称粒径大于 1.25mm，经水洗、手捏后变成小于 630μm 的颗粒的含量。

（7）压碎值指标：人工砂抵抗压碎的能力。

（8）砂筛：采用方孔筛。砂的公称粒径、砂筛筛孔的公称直径和方孔筛筛孔边长应符合表 4-48 的规定。

砂的公称粒径与筛孔尺寸　　　　　　　　　表 4-48

砂的公称粒径	砂筛筛孔的公称直径	方孔筛筛孔边长
5.00mm	5.00mm	4.75mm
2.50mm	2.50mm	2.36mm
1.25mm	1.25mm	1.18mm

续表

砂的公称粒径	砂筛筛孔的公称直径	方孔筛筛孔边长
630μm	630μm	600μm
315μm	315μm	300μm
160μm	160μm	150μm
80μm	80μm	75μm

三、试验项目及组批原则

砂的细度模数、颗粒级配、含泥量（人工砂为石粉含量）、泥块含量等是混凝土用砂的重要技术指标，直接影响混凝土的基本性能，因此，相关标准规范对混凝土用砂的进场复验项目及组批原则作了明确规定（表4-49）。

砂的进场复验项目及组批原则　　表4-49

序号	复验要求依据标准	进场复验项目	组批原则
1	《普通混凝土用砂、石质量及检验方法标准》JGJ 52—2006	颗粒级配、含泥量[人工砂或混合砂为石粉含量（含亚甲蓝试验）]、泥块含量；氯离子含量（海砂或有氯离子污染的砂）；贝壳含量（海砂）。注：对于重要工程或特殊工程，应根据工程要求增加检测项目	1. 按同产地同规格分批验收，采用大型工具（如火车、货船或汽车）运输的，应以400m³或600t为一验收批；采用小型工具（如拖拉机等）运输的，应以200m³或300t为一验收批。不足上述量者，应按一验收批计。 2. 当质量比较稳定、进料量又较大时，可以1000t为一验收批
2	《人工砂应用技术规程》DB11/T 1133—2014	颗粒级配、石粉含量（含亚甲蓝试验）、泥块含量	

四、取样方法

（1）从料堆上取样时，取样部位应均匀分布。取样前应先将取样部位表层铲除，然后由各部位抽取大致相等的砂8份，组成一组样品。

（2）从皮带输送机上取样时，应在皮带运输机机尾的出料处用接料器定时抽取砂4份，组成一组样品。

（3）从火车、汽车、货船上取样时，应从不同部位和深度抽取大致相等的砂8份，组成一组样品。

（4）如经观察，认为各节车皮间（汽车、货船间）所载的砂质量相差甚为悬殊时，应对质量有怀疑的每节列车（汽车、货船）分别取样和验收。

（5）对于每一单项检验项目，每组样品取样数量应满足表4-50的规定。当需要做多项检验时，可在确保样品经一项试验后不致影响其他试验结果的前提下，用同组样品进行多项不同的试验。

每一单项检验项目所需砂的最少取样数量　　　　表 4-50

检验项目	最少取样数量（g）	检验项目	最少取样数量（g）
筛分析	4400	石粉含量	1600
表观密度	2600	有机物含量	2000
吸水率	4000	云母含量	600
紧密密度和堆积密度	5000	轻物质含量	3200
含水率	1000	硫化物及硫酸盐含量	50
含泥量	4400	氯离子含量	2000
泥块含量	20000	碱活性	20000
人工砂压碎值指标	分成公称粒级(2.50～5.00)mm、(1.25～2.50)mm、1.25mm～630μm 和(315～630)μm 四个等级，每级各需 100g		
坚固性			

五、试验方法

本节采用标准以《普通混凝土用砂、石质量及检验方法标准》JGJ 52—2006 为主。

1. 砂的筛分析试验

1）主要仪器设备：

（1）试验筛：筛孔公称直径分别为 10.0mm、5.00mm、2.50mm、1.25mm、630μm、315μm、160μm 的方孔筛各一只，筛的底盘和盖各一只。

（2）天平：称量 1000g，感量 1g。

（3）摇筛机。

（4）烘箱：温度控制范围为(105 ± 5)℃。

2）样品缩分：砂的样品缩分方法可选择"用分料器缩分"或"人工四分法缩分"，两种缩分方法见本书第二章第四节中的"二、样品缩分方法"。

3）用于筛分析的试样，颗粒的公称粒径不应大于 10.0mm。试验前应先将来样通过公称直径 10.0mm 的方孔筛，并算出筛余。称取经缩分后样品不少于 550g 两份，分别装入两个浅盘中，在(105 ± 5)℃的温度下烘干至恒重，冷却至室温备用。[注：所谓恒重是指相邻两次称量间隔不小于 3h 的情况下，前后两次称量之差小于该项试验所要求的称量精度（下同）]

4）准确称取烘干试样 500g（特细砂可称取 250g），置于按筛孔大小顺序排列（大孔在上、小孔在下）的套筛的最上一只筛上（公称直径为 5.00mm 的方孔筛）；将套筛装入摇筛机内固紧，筛分 10min；然后取出套筛，再按筛孔由大到小的顺序，在清洁的浅盘上逐一进行手筛，直至每分钟的筛出量不超过试样总量的 0.1%时为止；通过的颗粒并入下一只筛子，并和下一只筛子中的试样一起进行手筛。按这样的顺序依次进行，直至所有的筛子全部筛完为止。（注：①当试样含泥量超过 5%时，应先将试样水洗，然后烘干至恒重，再进

行筛分。②无摇筛机时，可改用手筛）

5）试样在各只筛子上的筛余量均不得超过下式计算得出的剩留量，否则应将该筛的筛余试样分成两份或数份，再次进行筛分，并以其筛余量之和作为该筛的筛余量。

$$m_r = \frac{A\sqrt{d}}{300} \tag{4-43}$$

式中：m_r——某一个筛上的剩留量（g）；
　　　　d——筛孔边长（mm）；
　　　　A——筛的面积（mm²）。

6）称取各筛筛余试样质量（精确至1g），所有各筛的分计筛余量和底盘中剩余量的总和与筛分前的试样总量相比，其差不得超过1%。

7）筛分析试验结果计算与表示：

（1）计算分计筛余（各筛上的筛余量除以试样总量的百分率），精确至0.1%。

（2）计算累计筛余（该筛的分计筛余与筛孔大于该筛的各筛的分计筛余之和），精确至0.1%。

（3）根据各筛两次试验累计筛余的平均值，评定该试样的颗粒级配分布情况，精确至1%。

（4）砂的细度模数应按下式计算，精确至0.01：

$$\mu_f = \frac{(\beta_2 + \beta_3 + \beta_4 + \beta_5 + \beta_6) - 5\beta_1}{100 - \beta_1} \tag{4-44}$$

式中：β_1、β_2、β_3、β_4、β_5、β_6——分别为公称直径 5.0mm、2.50mm、1.25mm、630μm、315μm、160μm 方孔筛上的累计筛余。

（5）细度模数以两次试验结果的算术平均值为测定值，精确至0.1。当两次试验所得的细度模数之差大于0.20时，应重新取样进行试验。

2. 砂中含泥量（石粉含量）试验（标准法：淘洗法）

1）本方法适用于测定粗砂、中砂和细砂的含泥量，特细砂中含泥量测定方法见本节"3. 砂中含泥量试验（虹吸管法）"。

2）主要仪器设备：

（1）天平：称量1000g，感量1g。

（2）烘箱：温度控制范围为(105±5)℃。

（3）试验筛：筛孔公称直径分别为80μm及1.25mm的方孔筛各一只。

3）试样制备应符合下列规定：样品缩分至约1100g，置于温度为(105±5)℃的烘箱中烘干至恒重，冷却至室温后，称取各为400g（m_0）的试样两份备用。

4）取烘干的试样一份置于容器中，并注入饮用水，使水面高出砂面约150mm，充分拌匀后，浸泡2h，然后用手在水中淘洗试样，使尘屑、淤泥和黏土与砂粒分离，并使之悬浮或溶于水中。缓缓地将浑浊液倒入公称直径为 1.25mm、80μm 的方孔套筛（1.25mm 筛放置上面）上，滤去小于 80μm 的颗粒。试验前筛子的两面应先用水润湿，在整个试验过程中应注意避免砂粒丢失。

5）再次加水于容器中，重复上述过程，直至筒内的水清澈为止。

6）用水淋洗剩留在筛上的细粒，并将 80μm 筛放在水中（使水面略高出筛中砂粒的上表面）来回摇动，以充分洗除小于 80μm 的颗粒。然后将两只筛上剩留的颗粒和容器中已经洗净的试样一并装入浅盘，置于温度为(105 ± 5)℃的烘箱中烘干至恒重。取出来冷却至室温后，称试样的质量（m_1）。

7）砂中含泥量应按下式计算，精确至 0.1%：

$$w_c = \frac{m_0 - m_1}{m_0} \times 100\% \tag{4-45}$$

式中：w_c——砂中含泥量（%）；

m_0——试验前的烘干试样质量（g）；

m_1——试验后的烘干试样质量（g）。

以两个试样试验结果的算术平均值作为测定值。两次结果之差大于 0.5%时，应重新取样进行试验。

3. 砂中含泥量试验（虹吸管法）

1）主要仪器设备：

（1）虹吸管：玻璃管的直径不大于 5mm，后接胶皮弯管。

（2）玻璃容器或其他容器：高度不小于 300mm，直径不小于 200mm。

（3）其他仪器设备按本节"2. 砂中含泥量（石粉含量）试验（标准法：淘洗法）"中的要求。

2）试验应按下列步骤进行：

（1）称取烘干的试样 500g（m_0），置于容器中，并注入饮用水，使水面高出砂面约 150mm，浸泡 2h，浸泡过程中每隔一段时间搅拌一次，确保尘屑、淤泥和黏土与砂分离。

（2）用搅拌棒均匀搅拌 1min（单方向旋转），以适当宽度和高度的闸板闸水，使水停止旋转。经(20～25)s 后取出闸板，然后，从上到下用虹吸管细心地将浑浊液吸出，虹吸管吸口的最低位置应距离砂面不小于 30mm。

（3）再放入清水，重复上述过程，直到吸出的水与清水的颜色基本一致为止。

（4）最后将容器中的清水吸出，把洗净的试样倒入浅盘并在 105 ± 5℃的烘箱中烘干至恒重，取出，冷却至室温后称砂质量（m_1）。

3）砂中含泥量应按下式计算，精确至 0.1%：

$$w_c = \frac{m_0 - m_1}{m_0} \times 100\% \tag{4-46}$$

式中：w_c——砂中含泥量（%）；

　　　m_0——试验前的烘干试样质量（g）；

　　　m_1——试验后的烘干试样质量（g）。

以两个试样试验结果的算术平均值作为测定值。两次结果之差大于0.5%时，应重新取样进行试验。

4. 砂中泥块含量试验

1）主要仪器设备：

（1）天平：称量1000g，感量1g；称量5000g，感量5g。

（2）烘箱：温度控制范围为(105±5)℃。

（3）试验筛：筛孔公称直径分别为630μm及1.25mm的方孔筛各一只。

2）试样制备应符合下列规定：

将样品缩分至5000g，置于温度为(105±5)℃的烘箱中烘干至恒重，冷却到室温后，用公称直径1.25mm的方孔筛筛分，取筛上的砂400g分为两份备用。特细砂按实际筛分量。

3）称取试样约200g（m_1），置于容器中，并注入饮用水，使水面高出砂面约150mm。充分拌匀后，浸泡24h，然后用手在水中碾碎泥块，再把试样放在公称直径630μm的方孔筛上，用水淘洗，直至水清澈为止。

4）保留下来的试样应小心地从筛里取出，装入水平浅盘后，置于温度为(105±5)℃的烘箱中烘干至恒重，冷却后称重（m_2）。

5）砂中泥块含量应按下式计算，精确至0.1%：

$$w_{c,L} = \frac{m_1 - m_2}{m_1} \times 100\% \qquad (4\text{-}47)$$

式中：$w_{c,L}$——泥块含量（%）；

　　　m_1——试验前的干燥试样质量（g）；

　　　m_2——试验后的干燥试样质量（g）。

以两个试样试验结果的算术平均值作为测定值。

5. 人工砂或混合砂中石粉含量试验（亚甲蓝法）

1）主要仪器设备及材料：

（1）天平：称量1000g，感量1g；称量100g，感量0.01g。

（2）烘箱：温度控制范围为(105±5)℃。

（3）试验筛：筛孔公称直径2.50mm的方孔筛一只。

（4）三片或四片式叶轮搅拌器：转速可调，最高可达(600±60)r/min，直径(75±10)mm。

（5）移液管：5mL、2mL各一支。

（6）玻璃容量瓶：容量1L。

（7）玻璃棒：2支，直径8mm，长300mm。

（8）滤纸：快速。

（9）容量为1000mL的烧杯等。

（10）亚甲蓝（$C_{16}H_{18}ClN_3S \cdot 3H_2O$）：又称亚甲基蓝，纯度不小于98.5%。

2）亚甲蓝溶液的配制及试样制备：

（1）亚甲蓝溶液的配制：将亚甲蓝（$C_{16}H_{18}ClN_3S \cdot 3H_2O$）粉末在(105±5)℃下烘干至恒重，称取烘干亚甲蓝粉末10g，精确至0.01g，倒入盛有约600mL蒸馏水[水温加热至(35～40)℃]的烧杯中，用玻璃棒持续搅拌40min，直至亚甲蓝粉末完全溶解，冷却至20℃。将溶液倒入1L容量瓶中，用蒸馏水淋洗烧杯等，使所有亚甲蓝溶液全部移入容量瓶，容量瓶和溶液的温度应保持在(20±1)℃，加蒸馏水至容量瓶1L刻度。振荡容量瓶以保证亚甲蓝粉末完全溶解。将容量瓶溶液移入深色储藏瓶中，标明制备日期、失效日期（亚甲蓝溶液保质期应不超过28d），并置于阴暗处保存。

（2）将样品缩分至400g，放在烘箱中于(105±5)℃的烘箱中烘干至恒量，待冷却至室温后，筛除公称粒径大于2.50mm的颗粒备用。

3）亚甲蓝试验应按下述方法进行：

（1）称取试样200g，精确至1g。将试样倒入盛有(500±5)mL蒸馏水的烧杯中，用叶轮搅拌机以(600±60)r/min转速搅拌5min，形成悬浮液，然后以(400±40)r/min转速持续搅拌，直至试验结束。

（2）悬浮液中加入5ml亚甲蓝溶液，以(400±40)r/min转速搅拌至少1min后，用玻璃棒蘸取一滴悬浮液[所取悬浮液滴应使沉淀物直径在(8～12)mm内]，滴于滤纸（置于空烧杯或其他合适的支撑物上，以使滤纸表面不与任何固体或液体接触）上。若沉淀物周围未出现色晕，再加入5mL亚甲蓝溶液，继续搅拌1min，再用玻璃棒蘸取一滴悬浮液，滴于滤纸上，若沉淀物周围仍未出现色晕，重复上述步骤，直至沉淀物周围出现约1mm宽的稳定浅蓝色色晕。此时，应继续搅拌，不加亚甲蓝溶液，每1min进行一次蘸染试验。若色晕在4min内消失，再加入5mL亚甲蓝溶液；若色晕在第5min消失，再加入2mL亚甲蓝溶液。两种情况下，均应继续进行搅拌和蘸染试验，直至色晕可持续5min。

（3）记录色晕持续5min时所加入的亚甲蓝溶液总体积，精确至1mL。

（4）亚甲蓝MB值按下式计算：

$$MB 值 = \frac{V}{G} \times 10 \tag{4-48}$$

式中：MB值——亚甲蓝值（g/kg），表示每千克(0～2.36)mm粒级试样所消耗的亚甲蓝克数，精确至0.01；

G——试样质量（g）；

V——所加入的亚甲蓝溶液的总量（mL）。

公式中的系数10用于将每千克试样消耗的亚甲蓝溶液体积换算成亚甲蓝质量。

（5）亚甲蓝试验结果的评定应符合下列规定：

当MB值＜1.4时，则判定是以石粉为主；当MB值≥1.4时，则判定为以泥粉为主的石粉。

4）亚甲蓝的快速试验：

（1）制样方法同上。

（2）一次性向烧杯中加入30mL亚甲蓝溶液，以(400±40)r/min转速搅拌8min，然后用玻璃棒蘸取一滴悬浮液，滴于滤纸上，观察沉淀物周围是否出现明显色晕。出现色晕的为合格，否则为不合格。

6. 人工砂压碎值指标试验

1）本方法适用于测定粒级为315μm～5.00mm的人工砂的压碎指标。

2）主要仪器设备：

（1）压力试验机，荷载300kN。

（2）受压钢模（图4-20）。

（3）天平：称量1000g，感量1g。

（4）烘箱：温度控制范围为(105±5)℃。

（5）试验筛：筛孔公称直径分别为5.00mm、2.50mm、1.25mm、630μm、315μm的方孔筛各一只。

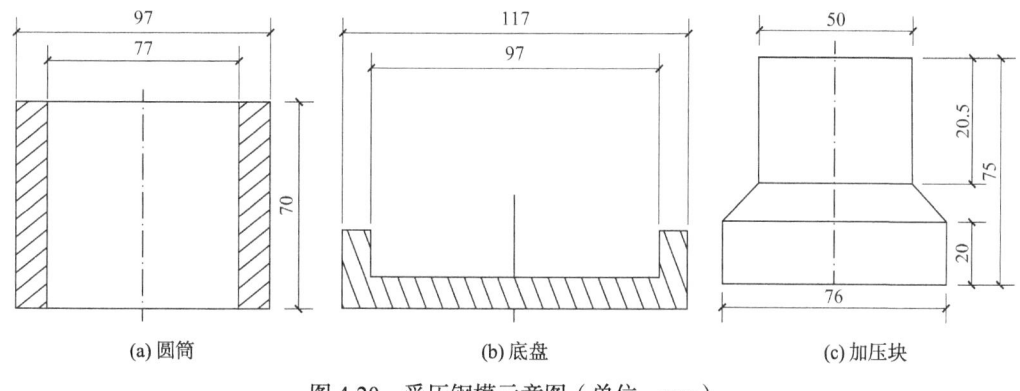

图4-20 受压钢模示意图（单位：mm）

3）试样制备应符合下列规定：

将缩分后的样品置于温度为(105±5)℃的烘箱中烘干至恒重，冷却至室温后，筛分成(2.50～5.00)mm、(1.25～2.50)mm、1.25mm～630μm、(315～630)μm四个粒级，每级试样质量不得少于1000g。

4）试验步骤应符合下列规定：

（1）置圆筒于底盘上，组成受压模，将一单粒级砂样约300g装入模内，使试样距底盘约为50mm。

（2）平整试模内试样的表面，将加压块放入圆筒内，并转动一周使之与试样均匀接触。

（3）将装好砂样的受压钢模置于压力机的支承板上，对准压板中心后，开动机器，以500N/s的速度加荷，加荷至25kN时持荷5s，而后以同样速度卸荷。

（4）取下受压模，移去加压块，倒出压过的试样并称其质量（m_0），然后用该粒级的下限筛（如砂样为公称粒级(2.50～5.00)mm时，其下限筛为筛孔直径2.50mm的方孔筛）进行筛分，称出该粒级试样的筛余量（m_1）。

5）人工砂的压碎指标按下述方法计算：

（1）第i单粒级砂样的压碎指标按下式计算，精确至0.1%：

$$\delta_i = \frac{m_0 - m_1}{m_0} \times 100\% \tag{4-49}$$

式中：δ_i——第i级砂样压碎指标（%）；

m_0——第i级试样的质量（g）；

m_1——第i级试样的压碎试验后筛余的试样质量（g）。

以三份试样试验结果的算术平均值作为各单粒级试样的测定值。

（2）四级砂样总的压碎指标按下式计算：

$$\delta_{sa} = \frac{\alpha_1\delta_1 + \alpha_2\delta_2 + \alpha_3\delta_3 + \alpha_4\delta_4}{\alpha_1 + \alpha_2 + \alpha_3 + \alpha_4} \times 100\% \tag{4-50}$$

式中：δ_{sa}——总的压碎指标（%）；

α_1、α_2、α_3、α_4——公称直径分别为2.50mm、1.25mm、630μm、315μm各方孔筛的分计筛余（%）；

δ_1、δ_2、δ_3、δ_4——公称粒级分别为(2.50～5.00)mm、(1.25～2.50)mm、630μm～1.25mm、(315～630)μm单粒级试样压碎指标（%）。

7.砂中氯离子含量试验

1）主要仪器设备和试剂：

（1）天平：称量1000g，感量1g。

（2）带塞磨口瓶：容量1L。

（3）三角瓶：容量300mL。

（4）滴定管：容量10mL或25mL。

（5）容量瓶：容量500mL。

（6）移液管：容量50mL，2mL。

（7）5%（W/V）铬酸钾指标剂溶液。

（8）0.01mol/L的硝酸银标准溶液。

2）试样制备应符合下列规定：

取经缩分后样品2kg，在温度(105±5)°C的烘箱中烘干至恒重，经冷却至室温备用。

3）氯离子含量试验应按下列步骤进行：

（1）称取试样 500g（m_0），装入带塞磨口瓶中，用容量瓶取 500mL 蒸馏水，注入磨口瓶内，加上塞子，摇动一次，放置 2h，然后每隔 5min 摇动一次，共摇动 3 次，使氯盐充分溶解。将磨口瓶上部已澄清的溶液过滤，然后用移液管吸取 50mL 滤液，注入三角瓶中，再加入浓度为 5%的（W/V）铬酸钾指示剂 1mL，用 0.01mol/L 硝酸银标准溶液滴定至呈现砖红色为终点，记录消耗的硝酸银标准溶液的毫升数（V_1）。

（2）空白试验：用移液管准确吸取 50mL 蒸馏水到三角瓶内，加入 5%铬酸钾指示剂 1mL，并用 0.01mol/L 的硝酸银标准溶液滴定至溶液呈砖红色为止，记录消耗的硝酸银标准溶液的毫升数（V_2）。

4）砂中氯离子含量按下式计算，精确至 0.001%：

$$\omega_{\mathrm{Cl}} = \frac{C_{\mathrm{AgNO_3}}(V_1 - V_2) \times 0.0355 \times 10}{m} \times 100\% \tag{4-51}$$

式中：ω_{Cl}——砂中氯离子含量（%）；

$C_{\mathrm{AgNO_3}}$——硝酸银标准溶液的浓度（mol/L）；

V_1——样品滴定时消耗的硝酸银标准溶液的体积（mL）；

V_2——空白试验时消耗的硝酸银标准溶液的体积（mL）；

m——试样质量（g）。

8.砂的表观密度试验（标准法）

1）主要仪器设备：

（1）天平：称量 1000g，感量 1g。

（2）烘箱：温度控制范围为(105 ± 5)℃。

（3）容量瓶：容量 500mL。

（4）温度计等。

2）试样制备应符合下列规定：

将经缩分后不少于 650g 的样品装入浅盘，在温度(105 ± 5)℃的烘箱中烘干至恒重，并在干燥器内冷却至室温。

3）标准法表观密度试验应按下列步骤进行：

（1）称取烘干的试样 300g（m_0），装入盛有半瓶冷开水的容量瓶中。

（2）摇动容量瓶，使试样在水中充分搅动以排除气泡，塞紧瓶塞，静置 24h，然后用滴管加水至瓶颈刻度线平齐，再塞紧瓶塞，擦干容量瓶外壁的水分，称其质量（m_1）。

（3）倒出容量瓶中的水和试样，将瓶的内外壁洗净，再向瓶内加入与（2）中水温不超过 2℃的冷开水至瓶颈刻度线。塞紧瓶塞，擦干容量瓶外壁水分，称其质量（m_2）。

[注：在砂的表观密度试验过程中应测量并控制水的温度，试验的各项称量可在(15～25)℃的温度范围内进行。从试样加水静置的最后 2h 起直至试验结束，其温度相差不应超过2℃]

4）砂的表观密度（标准法）应按下式计算，精确至 $10kg/m^3$：

$$\rho = \left(\frac{m_0}{m_0 + m_2 - m_1} - \alpha_t\right) \times 1000 \tag{4-52}$$

式中：ρ——表观密度（kg/m^3）；

m_0——试样的烘干质量（g）；

m_1——试样、水及容量瓶总质量（g）；

m_2——水及容量瓶总质量（g）；

α_t——水温对砂的表观密度影响的修正系数，见表 4-51。

不同水温对砂的表观密度影响的修正系数　　　表 4-51

水温（℃）	15	16	17	18	19	20	21	22	23	24	25
α_t	0.002	0.003	0.003	0.004	0.004	0.005	0.005	0.006	0.006	0.007	0.008

以两次试验结果的算术平均值作为测定值。当两次结果之差大于 $20kg/m^3$ 时，应重新取样进行试验。

9. 砂的表观密度试验（简易法）

1）主要仪器设备：

（1）天平：称量 1000g，感量 1g。

（2）烘箱：温度控制范围为(105±5)℃。

（3）李氏瓶：容量 250mL。

（4）温度计等。

2）试样制备应符合下列规定：

将试样缩分至不少于 120g，在温度(105±5)℃的烘箱中烘干至恒重，并在干燥器内冷却至室温，分成大致相等的两份备用。

3）简易法表观密度试验应按下列步骤进行：

（1）向李氏瓶中注入冷开水至一定刻度处，擦干瓶颈内部附着水，记录水的体积（V_1）。

（2）称取烘干试样 50g（m_0），徐徐加入盛水的李氏瓶中。

（3）试样全部倒入瓶中后，用瓶内的水将黏附在瓶颈和瓶壁的试样洗入水中，摇转李氏瓶以排除气泡，静置 24h 后，记录瓶中水面升高后的体积（V_2）。

注：在砂的表观密度试验过程中应测量并控制水的温度，允许在(15～25)℃的温度范围内进行体积测定，但两次体积测定（指 V_1 和 V_2）的温差不得大于 2℃。从试样加水静置的最后 2h 起，直至记录完瓶中水面高度时止，其温度相差不应超过 2℃。

4）砂的表观密度（简易法）应按下式计算，精确至 $10kg/m^3$：

$$\rho = \left(\frac{m_0}{V_2 - V_1} - \alpha_t\right) \times 1000 \tag{4-53}$$

式中：ρ——表观密度（kg/m^3）；

m_0——试样的烘干质量（g）；

V_1——水的原有体积（mL）；

V_2——倒入试样后的水和试样的体积（mL）；

α_t——水温对砂的表观密度影响的修正系数（表4-51）。

以两次试验结果的算术平均值作为测定值，当两次结果之差大于20kg/m³时，应重新取样进行试验。

10.砂的吸水率试验

1）本方法适用于测定砂的吸水率，即测定以烘干质量为基准的饱和面干吸水率。

2）主要仪器设备：

（1）天平：称量1000g，感量1g。

（2）烘箱：温度控制范围为(105±5)℃。

（3）烧杯：容量500mL。

（4）饱和面干试模及质量为(340±15)g的钢制捣棒（图4-21）。

（5）吹风机、温度计等。

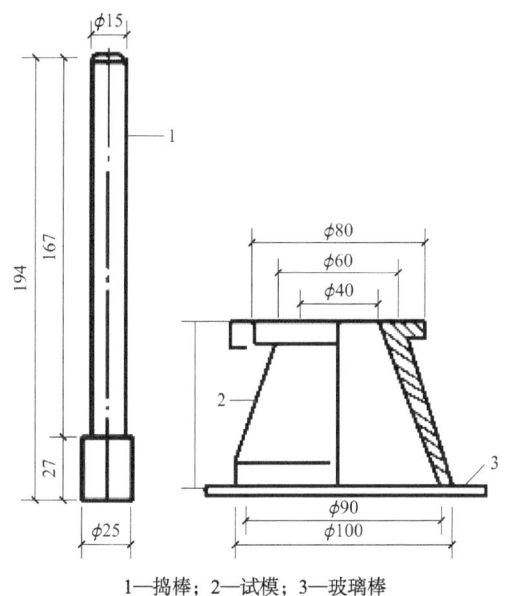

1—捣棒；2—试模；3—玻璃棒

图4-21 饱和面干试模及其捣棒（单位：mm）

3）试样制备应符合下列规定：

饱和面干试样的制备，是将样品在潮湿状态下用四分法缩分至1000g，拌匀后分成两份，分别装入浅盘或其他合适的容器中，注入清水，使水面高出试样表面20mm左右［水温控制在(20±5)℃］。用玻璃棒连续搅拌5min，以排除气泡。静置24h后，细心地倒去试样上的水，并用吸管吸去余水。再将试样在盘中摊开，用手提吹风机缓缓吹入暖风，并不断翻拌试样，使砂表面的水分在各部位均匀蒸发。然后将试样松散地一次装满饱和面干试模中，捣 25 次（捣棒端面距试样表面不超过 10mm，任其自由落下），捣完后，留下的空隙不用再装满，从垂直方向徐徐提起试模。试样呈图 4-22（a）形状时，则说明砂中尚含有表面水，应继续按上述方法用暖风干燥，并按上述方法进行试验，直至试模提起后试样呈图 4-22（b）的形状为止。试模提起后，试样呈图 4-22（c）的形状时，则说明试样已干燥过分，此时应将试样洒水 5mL，充分拌匀，并静置于加盖容器中 30min 后，再按上述方法进行试验，直至试样达到图 4-22（b）的形状为止。

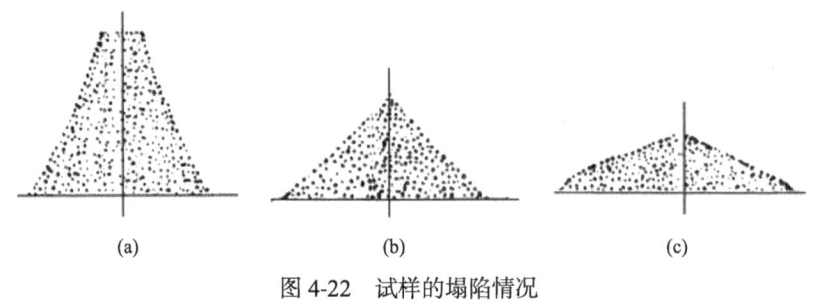

图 4-22　试样的塌陷情况

4）吸水率试验应按下列步骤进行：

立即称取饱和面干试样 500g，放入已知质量（m_1）烧杯中，于温度为 (105 ± 5)℃的烘箱中烘干至恒重，并在干燥器内冷却至室温后，称取干样与烧杯的总质量（m_2）。

5）砂的吸水率应按下式计算，精确至 0.1%：

$$\omega_{\mathrm{wa}} = \frac{500 - (m_2 - m_1)}{m_2 - m_1} \times 100\% \tag{4-54}$$

式中：ω_{wa}——吸水率（%）；

m_1——烧杯质量（g）；

m_2——烘干的试样与烧杯的总质量（g）。

以两次试验结果的算术平均值作为测定值，当两次结果之差大于 0.2%时，应重新取样进行试验。

11. 砂的坚固性试验

1）本方法适用于通过测定硫酸钠饱和溶液渗入砂中形成结晶时的裂胀力对砂的破坏程度，来间接地判断其坚固性。

2）主要仪器设备和试剂：

（1）天平：称量 1000g，感量 1g。

（2）烘箱：温度控制范围为 (105 ± 5)℃。

（3）试验筛：筛孔公称直径分别为 5.00mm、2.50mm、1.25mm、630μm、315μm、160μm 的方孔筛各一只。

（4）容器：搪瓷盆或瓷缸，容量不小于 10L。

（5）三脚网篮：内径及高均为 70mm，由铜丝或镀锌铁丝制成，网孔的孔径不应大于所盛试样粒级下限尺寸的一半。

（6）试剂：无水硫酸钠。

（7）比重计。

（8）10%（W/V）氯化钡溶液：10g 氯化钡溶于 100mL 蒸馏水中。

3）溶液的配制及试样制备应符合下列规定：

（1）硫酸钠溶液的配制应按下述方法进行：

取一定数量的蒸馏水（取决于试样及容器大小），加温至(30～50)℃，每 1000mL 蒸馏水加入无水硫酸钠（Na_2SO_4）(300～350)g，用玻璃棒搅拌，使其溶解并饱和，然后冷却至(20～25)℃，在此温度下静置两昼夜，其密度应为(1151～1174)kg/m³；

（2）将缩分后的样品用水冲洗干净，在(105±5)℃的温度下烘干冷却至室温备用。

4）坚固性试验应按下列步骤进行：

（1）称取公称粒级分别为(315～630)μm、(1.25～630)mm、(1.25～2.50)mm 和(2.50～5.00)mm 的试样各 100g。若是特细砂，应筛去公称粒径 160μm 以下和 2.50mm 以上的颗粒，称取公称粒级分别为(160～315)μm、(315～630)μm、630μm～1.25mm、(1.25～2.50)mm 的试样各 100g。分别装入网篮并浸入盛有硫酸钠溶液的容器中，溶液体积应不小于试样总体积的 5 倍，其温度应保持在(20～25)℃。三脚网篮浸入溶液时，应先上下升降 25 次以排除试样中的气泡，然后静置于该容器中。此时，网篮底面应距容器底面约 30mm（由网篮脚高控制），网篮之间的间距应不小于 30mm，试样表面至少应在液面以下 30mm。

（2）浸泡 20h 后，从溶液中提出网篮，放在温度为(105±5)℃的烘箱中烘 4h，至此，完成了第一次循环。待试样冷却至(20～25)℃后，即开始第二次循环，从第二次循环开始，浸泡及烘烤时间均为 4h。

（3）第五次循环完成后，将试样置于(20～25)℃的清水中洗净硫酸钠，再在(105±5)℃的烘箱中烘干至恒重，取出并冷却至室温后，用孔径为试样粒级下限的筛，过筛并称量各粒级试样试验后的筛余量。（注：试样中硫酸钠是否洗净，可按下法检验：取冲洗过试样的水若干毫升，滴入少量 10%的氯化钡（$BaCl_2$）溶液，如无白色沉淀，则说明硫酸钠已被洗净）

5）试验结果计算应符合下列规定：

（1）试样中各粒级颗粒的分计质量损失百分率δ_{ji}应按下式计算：

$$\delta_{ji} = \frac{m_i - m_i'}{m_i} \times 100\% \tag{4-55}$$

式中：δ_{ji}——各粒级颗粒的分计质量损失百分率（%）；

m_i——每一粒级试样试验前的质量（g）；

m_i'——经硫酸钠溶液试验后，每一粒级筛余颗粒的烘干质量（g）。

（2）300μm～4.75mm 粒级试样的总质量损失百分率δ_j应按下式计算，精确至1%：

$$\delta_j = \frac{\alpha_1\delta_{j1} + \alpha_2\delta_{j2} + \alpha_3\delta_{j3} + \alpha_4\delta_{j4}}{\alpha_1 + \alpha_2 + \alpha_3 + \alpha_4} \times 100\% \quad (4\text{-}56)$$

式中： δ_j——试样的总质量损失百分率（%）；

α_1、α_2、α_3、α_4——公称粒级分别为(315～630)μm、630μm～1.25mm、(1.25～2.50)mm 和(2.50～5.00)mm 粒级在筛除小于公称粒径 315μm 及大于公称粒径 5.00mm 颗粒后的原试样中所占的百分率（%）；

δ_{j1}、δ_{j2}、δ_{j3}、δ_{j4}——公称粒级分别为量(315～630)μm、630μm～1.25mm、(1.25～2.50)mm 和(2.50～5.00)mm 各粒级的分计质量损失百分率（%）。

（3）特细砂按下式计算，精确至1%：

$$\delta_j = \frac{\alpha_0\delta_{j0} + \alpha_1\delta_{j1} + \alpha_2\delta_{j2} + \alpha_3\delta_{j3}}{\alpha_1 + \alpha_1 + \alpha_2 + \alpha_3} \times 100\% \quad (4\text{-}57)$$

式中： δ_j——试样的总质量损失百分率（%）；

α_0、α_1、α_2、α_3——公称粒级分别为(160～315)μm、(315～630)μm、630μm～1.25mm、(1.25～2.50)mm 粒级在筛除小于公称粒径 160μm 及大于公称粒径 2.50mm 颗粒后的原试样中所占的百分率（%）；

δ_{j0}、δ_{j1}、δ_{j2}、δ_{j3}——公称粒级分别为量(160～315)μm、(315～630)μm、630μm～1.25mm、(1.25～2.50)mm 各粒级的分计质量损失百分率（%）。

12. 砂的碱活性试验（快速法）

1）本方法适用于在 1mol/L 氢氧化钠溶液中浸泡试样 14d 以检验硅质骨料与混凝土中的碱产生潜在反应的危害性，不适用于碱碳酸盐反应活性骨料检验。

2）主要仪器设备：

（1）天平：称量 1000g，感量 1g。

（2）烘箱：温度控制范围为(105±5)℃。

（3）试验筛：筛孔公称直径分别为 5.00mm、2.50mm、1.25mm、630μm、315μm、160μm 的方孔筛各一只。

（4）测长仪：测量范围(280～300)mm，精度 0.01mm。

（5）水泥胶砂搅拌机：符合现行标准《行星式水泥胶砂搅拌机》JC/T 681—2022 的规定。

（6）恒温养护箱或水浴：温度控制范围为(80±2)℃。

（7）养护筒：由耐碱耐高温的材料制成，不漏水，密封，防止容器内湿度下降，筒的容积可以保证试件全部浸没在水中。筒内设有试件架，试件垂直于试件架放置。

（8）试模：金属试模，尺寸为 25mm×25mm×280mm，试模两端正中有小孔，装有不锈钢测头。

（9）干燥器等。

3）试件的制作应符合下列规定：

（1）将砂样缩分成约 5kg，按表 4-52 中所示级配及比例组合成试验原料，并将试样洗净烘干或晾干备用。

砂级配表　　　　　表 4-52

公称粒级	(2.50～5.00)mm	(1.25～2.50)mm	1.25mm～630μm	(315～630)μm	(160～315)μm
分级质量（%）	10	25	25	25	15

注：对特细砂分级质量不作规定。

（2）水泥应采用符合《通用硅酸盐水泥》GB 175—2023 要求的普通硅酸盐水泥。水泥与砂的质量比为 1:2.25，水灰比为 0.47。试件规格 25mm×25mm×280mm，每组三条，称取水泥 440g，砂 990g。

（3）成型前 24h，将试验所用材料（水泥、砂、拌合用水等）放入(20±2)℃的恒温室中。

（4）将称好的水泥与砂倒入搅拌锅，应按现行国家材料《水泥胶砂强度检验方法（ISO 法）》GB/T 17671—2021 的规定进行搅拌。

（5）搅拌完成后，将砂浆分两层装入试模内，每层捣 40 次，测头周围应填实，浇捣完毕后用镘刀刮除多余砂浆，抹平表面，并标明测定方向及编号。

4）快速法试验应按下列步骤进行：

（1）将试件成型完毕后，带模放入标准养护室，养护(24±4)h 后脱模。

（2）脱模后，将试件浸泡在装有自来水的养护筒中，并将养护筒放入温度(80±2)℃的烘箱或水浴箱中养护 24h。同种骨料制成的试件放在同一个养护筒中。

（3）然后将养护筒逐个取出。每次从养护筒中取出一个试件，用抹布擦干表面，立即用测长仪测试件的基长（L_0）。每个试件至少重复测试两次，取差值在仪器精度范围内的两个读数的平均值作为长度测量值（精确至 0.02mm），每次每个试件的测量方向应一致，待测的试件须用湿布覆盖，防止水分蒸发；从取出试件擦干到读数完成应在(15±5)s 内结束，读完数后的试件的测量应用湿布覆盖。全部试件测完基准长度后，把试件放入装有浓度为 1mol/L 氢氧化钠溶液的养护筒中，并确保试件被完全浸泡。溶液温度应保持在(80±2)℃，将养护筒放回烘箱或水浴箱中。（注：用测长仪测定任一组试件的长度时，均应先调整测长仪的零点）

（4）自测定基准长度之日起，第 3d、7d、10d、14d 再分别测其长度（L_t）。测长方法与测基长方法相同。每次测量完毕后，应将试件调头放入原养护筒，盖好筒盖，放回(80±2)℃的烘箱或水浴箱中，继续养护到下一个测试龄期。操作时防止氢氧化钠溶液溢溅，避免烧伤皮肤。

（5）在测量时应观察试件的变形、裂缝、渗出物等，特别应观察有无胶体物质，并作详细记录。

5）试件中的膨胀率应按下式计算，精确至0.01%：

$$\varepsilon_t = \frac{L_t - L_0}{L_0 - 2\Delta} \times 100\% \tag{4-58}$$

式中：ε_t——试件在t天龄期的膨胀率（%）；

L_t——试件在t天龄期的长度（mm）；

L_0——试件的基长（mm）；

Δ——测头长度（mm）。

以三个试件膨胀率的平均值作为某一龄期膨胀率的测定值。任一试件膨胀率与平均值均应符合下列规定：

（1）当平均值小于或等于0.05%时，其差值均应小于0.01%。

（2）当平均值大于0.05%时，单个测值与平均值的差值均应小于平均值的20%。

（3）当三个试件的膨胀率均大于0.10%时，无精度要求。

（4）当不符合上述要求时，去掉膨胀率最小的，用其余两个试件的平均值作为该龄期的膨胀率。

6）结果评定应符合下列规定：

（1）当14d膨胀率小于0.10%时，可判定为无潜在危害。

（2）当14d膨胀率大于0.20%时，可判定为有潜在危害。

（3）当14d膨胀率在0.10%~0.20%之间时，应按本节"13. 砂的碱活性试验（砂浆长度法）"的方法再进行试验判定。

13. 砂的碱活性试验（砂浆长度法）

1）本方法适用于鉴定硅质骨料与水泥（混凝土）中的碱产生潜在反应的危害性，不适用于碱碳酸盐反应活性骨料检验。

2）主要仪器设备：

（1）天平：称量2000g，感量2g。

（2）烘箱：温度控制范围为(105 ± 5)℃。

（3）试验筛：筛孔公称直径分别为5.00mm、2.50mm、1.25mm、630μm、315μm、160μm的方孔筛各一只。

（4）测长仪：测量范围$(280\sim300)$mm，精度0.01mm。

（5）水泥胶砂搅拌机：符合现行标准《行星式水泥胶砂搅拌机》JC/T 681—2022的规定。

（6）室温为(40 ± 2)℃的养护室。

（7）养护筒：由耐碱耐高温的材料制成，不漏水，不透气，加盖后放在养护室中能确保筒内空气相对湿度为95%以上，筒内设有试件架，架下盛有水，试件垂直立于架上并不与水接触。

（8）试模和测头：金属试模，尺寸为25mm×25mm×280mm，试模两端正中有小孔，测头在此固定埋入砂浆，测头用不锈钢金属制成。

（9）跳桌：符合现行行业标准《水泥胶砂流动度测定仪》JC/T 958—2005 要求。

（10）量筒、秒表等。

3）试件的制作应符合下列规定：

（1）制作试件的材料应符合下列规定：

①水泥：在做一般骨料活性鉴定时，应使用高碱水泥，含碱量为 1.2%；低于此值时，掺浓度为 10%的氢氧化钠溶液，将碱含量调至水泥量的 1.2%；对于具体工程，当该工程拟用水泥的含碱量高于此值，则应采用工程所使用的水泥。

注：水泥含碱量以氧化钠（Na_2O）计，氧化钾（K_2O）换算为氧化钠时乘以换算系数 0.658。

②砂：将样品缩分成约 5kg，按表 4-52 中所示级配及比例组合成试验用料，并将试样洗净晾干。

（2）制作试件用的砂浆配合比应符合下列规定：

水泥与砂的质量比为 1：2.25。每组 3 个试件，共需水泥 440g，砂料 990g，砂浆用水量应按现行国家标准《水泥胶砂流动度测定方法》GB/T 2419—2005 确定，以流动度在 (105～120)mm 为准。

（3）砂浆长度法试验所用试件应按下列方法制作：

①成型前 24h，将试验所用材料（水泥、砂、拌合用水等）放入(20±2)℃的恒温室中；

②先将称好的水泥与砂倒入搅拌锅内，开动搅拌机，拌合 5s 后徐徐加水，(20～30)s 加完，自开动机器起搅拌(180±5)s 停机，将粘在叶片上的砂浆刮下，取下搅拌锅；

③砂浆分两层装入试模内，每层捣 40 次；测头周围应填实，浇捣完毕后用镘刀刮除多余砂浆，抹平表面并标明测定方向和编号。

4）砂浆长度法试验应按下列步骤进行：

（1）将试件成型完毕后，带模放入标准养护室，养护(24±4)h 后脱模（当试件强度较低时，可延至 48h 脱模），脱模后立即测量试件的基长（L_0）。测长应在(20±2)℃的恒温室中进行，每个试件至少重复测试两次，取差值在仪器精度范围内的两个读数的平均值作为长度测定值（精确至 0.02mm）。待测的试件须用湿布覆盖，以防止水分蒸发。

（2）测量后将试件放入养护筒中，盖严后放入(40±2)℃养护室里养护（一个筒内的品种应相同）。

（3）自测基长之日起，14d、1 个月、2 个月、3 个月、6 个月再分别测其长度（L_t），如有必要还可适当延长。在测长前一天，应把养护筒从(40±2)℃养护室中取出，放入(20±2)℃的恒温室。试件的测长方法与测基长方法相同，每次测量完毕后，应将试件调头放入原养护筒，盖好筒盖，放回(40±2)℃的养护室继续养护到下一个测试龄期。

（4）在测量时应观察试件的变形、裂缝、渗出物等，特别应观察有无胶体物质，并作详细记录。

5）试件中的膨胀率应按下式计算，精确至 0.001%：

$$\varepsilon_t = \frac{L_t - L_0}{L_0 - 2\Delta} \times 100\% \tag{4-59}$$

式中：ε_t——试件在 t 天龄期的膨胀率（%）；

L_t——试件在 t 天龄期的长度（mm）；

L_0——试件的基长（mm）；

Δ——测头长度（mm）。

以三个试件膨胀率的平均值作为某一龄期膨胀率的测定值。任一试件膨胀率与平均值均应符合下列规定：

（1）当平均值小于或等于 0.05% 时，其差值均应小于 0.01%。

（2）当平均值大于 0.05% 时，其差值均应小于平均值的 20%。

（3）当三个试件的膨胀率均大于 0.10% 时，无精度要求。

（4）当不符合上述要求时，去掉膨胀率最小的，用其余两个试件的平均值作为该龄期的膨胀率。

6）结果评定应符合下列规定：

当砂浆 6 个月膨胀率小于 0.10% 或 3 个月的膨胀率小于 0.05%（只有在缺少 6 个月膨胀率时才有效）时，则判为无潜在危害。否则，应判为有潜在危害。

14. 砂中硫酸盐及硫化物含量试验

1）本方法适用于测定砂中的硫酸盐及硫化物含量（按 SO_3 百分含量计算）。

2）主要仪器设备和试剂：

（1）天平：称量 1000g，感量 1g；分析天平，称量 100g，感量 0.0001g。

（2）烘箱：温度控制范围为 (105 ± 5)℃。

（3）高温炉：最高温度 1000℃。

（4）试验筛：筛孔公称直径为 80μm 的方孔筛一只。

（5）10%（W/V）氯化钡溶液：10g 氯化钡溶于 100mL 蒸馏水中。

（6）盐酸（1 + 1）：浓盐酸溶于同体积的蒸馏水中。

（7）1%（W/V）硝酸银溶液：1g 硝酸银溶于 100mL 蒸馏水中，并加入 (5~10)mL 硝酸，存于棕色瓶中。

3）试样制备应符合下列规定：

样品经缩分至不少于 10g，置于温度为 (105 ± 5)℃ 的烘箱中烘干至恒重，冷却至室温后，研磨至全部通过筛孔公称直径为 80μm 的方孔筛，备用。

4）硫酸盐及硫化物含量试验应按下列步骤进行：

（1）用分析天平精确称取砂粉试样 1g（m），放入 300mL 的烧杯中，加入 (30~40)mL 蒸馏水及 10mL 的盐酸（1 + 1），加热至微沸，并保持微沸 5min，试样充分分解后取下，以中速滤纸过滤，用温水洗涤(10～12)次。

（2）调整滤液体积至200mL，煮沸，搅拌同时滴加10mL的10%氯化钡溶液，并将溶液煮沸数分钟，然后移至温热处静置至少4h（此时溶液体积应保持在200mL），用慢速滤纸过滤，用温水洗到无氯根反应（用硝酸银溶液检验）。

（3）将沉淀及滤纸一并移入已烧烧至恒重的瓷坩埚（m_1）中，灰化后在800℃的高温炉内燃烧30min，取出坩埚，置于干燥器中冷却至室温，称量，如此反复灼烧，直至恒重(m_2)。

5）硫化物及硫酸盐含量（以SO_3计）应按下式计算，精确至0.01%：

$$\omega_{SO_3} = \frac{(m_2 - m_1) \times 0.343}{m} \times 100\% \tag{4-60}$$

式中：ω_{SO_3}——硫酸盐含量（%）；

　　　m——试样质量（g）；

　　　m_1——瓷坩埚的质量（g）；

　　　m_2——瓷坩埚的质量和试样总质量（g）；

　　　0.343——$BaSO_4$换算成SO_3的系数。

以两次试验的算术平均值作为测定值，当两次试验结果之差大于0.15%时，须重做试验。

15. 砂中轻物质含量试验

1）本方法适用于测定砂中轻物质的近似含量。

2）主要仪器设备和试剂：

（1）天平：称量1000g，感量1g。

（2）烘箱：温度控制范围为(105±5)℃。

（3）比重计：测定范围为1.0～2.0。

（4）试验筛：筛孔公称直径为5.00mm和315μm的方孔筛各一只。

（5）网篮：内径和高度均为70mm，网孔孔径不大于150μm（可用坚固性检验用的网篮，也可用孔径150μm的筛）。

（6）氯化锌：化学纯。

3）试样制备及重液配制应符合下列规定：

（1）称取经缩分的试样约800g，在温度为(105±5)℃的烘箱中烘干至恒重，冷却后将粒径大于公称粒径5.00mm和小于公称粒径315μm的颗粒筛去，然后称取每份为200g的试样两份备用。

（2）配制密度为(1950～2000)kg/m³的重液：向1000mL的量杯中加水至600mL刻度处，再加入1500g氯化锌，用玻璃棒搅拌使氯化锌全部溶解，待冷却至室温后，将部分溶液倒入250mL量筒中测其密度。

（3）如溶液密度小于要求值，则将它倒回量杯，再加入氯化锌，溶解并冷却后测其密度，直至溶液密度满足要求为止。

4）轻物质含量试验应按下列步骤进行：

（1）将上述试样一份（m_0）倒入盛有重液（约 500mL）的量杯中，用玻璃棒充分搅拌，使试样中轻物质与砂分离，静置 5min 后，将浮起的轻物质连同部分重液倒入网篮中，轻物质留在网篮中，而重液通过网篮流入另一容器，倾倒重液时应避免带出砂粒，一般当重液表面与砂表面相距(20～30)mm 时即停止倾倒，流出的重液倒回盛试样的量杯，重复上述过程，直至无轻物质浮起为止。

（2）用清水洗净留存于网篮中的物质，然后将它倒入烧杯，在(105±5)℃的烘箱中烘干至恒重，称取轻物质与烧杯的总质量（m_1）。

5）轻物质含量应按下式计算，精确至 0.1%：

$$\omega_1 = \frac{m_1 - m_2}{m_0} \times 100\% \tag{4-61}$$

式中：ω_1——轻物质含量（%）；

m_1——烘干的轻物质与烧杯的总质量（g）；

m_2——烧杯的质量（g）；

m_0——试验前烘干的试样质量（g）。

以两次试验结果的算术平均值作为测定值。

16. 砂中有机物含量试验

1）本方法适用于近似地判断天然砂有机物含量是否会影响混凝土质量。

2）主要仪器设备和试剂：

（1）天平：称量 1000g，感量 1g；称量 100g，感量 0.1g。

（2）量筒：容量为 250mL、100mL、10mL。

（3）烧杯、玻璃棒和筛孔公称直径为 5.00mm 的方孔筛。

（4）氢氧化钠溶液：氢氧化钠与蒸馏水之质量比为 3∶97。

（5）鞣酸、酒精等。

3）试样制备及标准溶液的配制应符合下列规定：

（1）筛除样品中的公称粒径 5.00mm 以上颗粒，用四分法缩分至 500g，风干备用。

（2）称取鞣酸粉 2g，溶解于 98mL 的 10%酒精溶液中，即配得所需的鞣酸溶液；然后取该溶液 2.5mL，注入 97.5mL 浓度为 3%的氢氧化钠溶液中，加塞后剧烈摇动，静置 24h，即配得标准溶液。

4）有机物含量试验应按下列步骤进行：

（1）向 250mL 量筒中倒入试样至 130mL 刻度处，再注入浓度为 3%氢氧化钠溶液至 200mL 刻度处，剧烈摇动后静置 24h。

（2）比较试样上部溶液和新配制标准溶液的颜色，盛装标准溶液与盛装试样的量筒容积应一致。

5）结果评定应按下列方法进行：

（1）当试样上部的溶液颜色浅于标准溶液的颜色时，则试样的有机物含量判定合格。

（2）当两种溶液的颜色接近时，则应将该试样（包括上部溶液）倒入烧杯中放在温度为(60~70)℃的水浴锅中加热(2~3)h，然后再与标准溶液比色。

（3）当溶液颜色深于标准色时，则应按下法进一步试验：

取试样一份，用3%的氢氧化钠溶液洗除有机杂质，再用清水淘洗干净，直至试样上部溶液颜色浅于标准溶液的颜色，然后用洗除有机质和未洗除的试样分别按现行的国家标准《水泥胶砂强度检验方法（ISO法）》GB/T 17671—2021配制两种水泥砂浆，测定28d的抗压强度，当未经洗除有机杂质的砂的砂浆强度与经洗除有机物后的砂的砂浆强度比不低于0.95时，则此砂可以采用，否则不可采用。

17. 海砂中贝壳含量试验（盐酸清洗法）

1）本方法适用于检验海砂中的贝壳含量。

2）主要仪器设备和试剂：

（1）天平：称量1000g，感量1g；称量5000g，感量5g。

（2）烘箱：温度控制范围为(105±5)℃。

（3）量筒：1000mL；烧杯：2000mL。

（4）试验筛：筛孔公称直径为5.00mm的方孔筛一只。

（5）(1+5)盐酸溶液：由浓盐酸和蒸馏水按1∶5的体积比配制而成。

3）试样制备应符合下列规定：

将样品缩分至不少于2400g，置于温度为(105±5)℃的烘箱中烘干至恒重，冷却至室温后，过筛孔公称直径为5.00mm的方孔筛后，称取500g（m_1）试样两份，先按本节含泥量试验方法测出砂的含泥量（ω_c），再将试样放入烧杯中备用。

4）海砂中贝壳含量试验应按下列步骤进行：

在盛有试样的烧杯中加入(1+5)盐酸溶液900mL，不断用玻璃棒搅拌，使反应完全。待溶液中不再有气体产生后，再加少量上述盐酸溶液，若再无气体生成则表明反应已完全。否则，应重复上一步骤，直至无气体产生为止。然后进行五次清洗，清洗过程中要避免砂粒丢失。洗净后，置于温度(105±5)℃的烘箱中，取出冷却至室温，称重（m_2）。

5）砂中贝壳含量应按下式计算，精确至0.1%：

$$\omega_b = \frac{m_1 - m_2}{m_1} \times 100\% - \omega_c \tag{4-62}$$

式中：ω_b——砂中贝壳含量（%）；

m_1——试样总量（g）；

m_2——试样除去贝壳后的质量（g）；

ω_c——含泥量（%）。

以两次试验结果的算术平均值作为测定值,当两次结果之差超过 0.5%时,应重新取样进行试验。

六、试验结果评定

1. 筛分析试验结果与评定

1)细度模数:砂的粗细程度按细度模数分为粗、中、细、特细四级,其范围应符合下列规定:

粗砂:3.7~3.1;

中砂:3.0~2.3;

细砂:2.2~1.6;

特细砂:1.5~0.7。

2)颗粒级配:除特细砂外,砂的颗粒级配可按公称直径 630μm 筛孔的累计筛余量(以质量百分率计),分成三个级配区,如表 4-53 所示,且砂的颗粒级配应处于表 4-53 中的某一区内。

砂颗粒级配区(《普通混凝土用砂、石质量及检验方法标准》JGJ 52—2006) 表 4-53

公称粒径	累计筛余(%)		
	级配区		
	Ⅰ区	Ⅱ区	Ⅲ区
5.00mm	10~0	10~0	10~0
2.50mm	35~5	25~0	15~0
1.25mm	65~35	50~10	25~0
630μm	85~71	70~41	40~16
315μm	95~80	92~70	85~55
160μm	100~90	100~90	100~90

砂的实际颗粒级配与表 4-53 中的累计筛余相比,除公称粒径为 5.00mm 和 630μm 的累计筛余外,其余公称粒径的累计筛余可稍有超出分界线,但总超出量不应大于 5%。

当天然砂的实际颗粒级配不符合要求时,宜采取相应技术措施,并经试验证明能确保混凝土质量后,方允许使用。

配制混凝土时宜优先选用Ⅱ区砂。当采用Ⅰ区砂时,应提高砂率,并保持足够的用水量,满足混凝土的和易性;当采用Ⅲ区砂时,宜适当降低砂率;当采用特细砂时,应符合相应的规定。

配制泵送混凝土,宜选用中砂。

2.含泥量、石粉含量与亚甲蓝值试验结果评定

1）含泥量：天然砂中含泥量应符合表4-54的规定。

天然砂中含泥量（《普通混凝土用砂、石质量及检验方法标准》JGJ 52—2006） 表4-54

混凝土强度等级	≥C60	C55～C30	≤C25
含泥量（按质量计）（%）	≤2.0	≤3.0	≤5.0

对于有抗冻、抗渗或其他特殊要求的小于或等于C25混凝土用砂，其含泥量不应大于3.0%。

2）石粉含量：机制砂（人工砂）或混合砂中石粉含量应符合表4-55的规定。

人工砂或混合砂中石粉含量
（《普通混凝土用砂、石质量及检验方法标准》JGJ 52—2006） 表4-55

混凝土强度等级		≥C60	C55～C30	≤C25
石粉含量（%）	MB值＜1.40（合格）	≤5.0	≤7.0	≤10.0
	MB值≥1.40（不合格）	≤2.0	≤3.0	≤5.0

3.泥块含量试验结果评定

砂中泥块含量应符合表4-56的规定。

砂中泥块含量（《普通混凝土用砂、石质量及检验方法标准》JGJ 52—2006） 表4-56

混凝土强度等级	≥C60	C55～C30	≤C25
泥块含量（按质量计）（%）	≤0.5	≤1.0	≤2.0

对于有抗冻、抗渗或其他特殊要求的小于或等于C25混凝土用砂，其泥块含量不应大于1.0%。

4.压碎值指标试验结果评定

人工砂的总压碎值指标应小于30%。

5.氯离子试验结果评定

砂中氯离子含量应符合表4-57的规定。

砂中氯离子含量（以干砂的质量百分率计） 表4-57

依据标准	混凝土种类	
	钢筋混凝土	预应力混凝土
《普通混凝土用砂、石质量及检验方法标准》JGJ 52—2006	≤0.06%	≤0.02%
《混凝土结构通用规范》GB 55008—2021	≤0.03%	≤0.01%

6.坚固性试验结果评定

砂的坚固性指标应符合表4-58的规定。

砂的坚固性指标（《普通混凝土用砂、石质量及检验方法标准》JGJ 52—2006） 表4-58

混凝土所处的环境条件及其性能要求	5次循环后的质量损失（%）
在严寒及寒冷地区室外使用并经常处于潮湿或干湿交替状态下的混凝土 对于有抗疲劳、耐磨、抗冲击要求的混凝土 有腐蚀介质作用或经常处于水位变化的地下结构混凝土	≤8
其他条件下使用的混凝土	≤10

7. 碱活性性试验结果评定

对于长期处于潮湿环境的重要混凝土结构用砂，应采用砂浆棒（快速法）或砂浆长度法进行骨料的碱活性检验。经上述检验判断为潜在危害时，应控制混凝土中的碱含量不超过 $3kg/m^3$，或采用能抑制碱-骨料反应的有效措施。

8. 硫化物及硫酸盐含量、轻物质含量、有机物含量试验结果评定

当砂中含有轻物质、有机物、硫化物及硫酸盐等有害物质时，其含量应符合表4-59的规定。

砂中的有害物质含量（《普通混凝土用砂、石质量及检验方法标准》JGJ 52—2006） 表4-59

项目	质量指标
轻物质含量（按质量计）（%）	≤1.0
硫化物及硫酸盐含量（折算成 SO_3 按质量计）（%）	≤1.0
有机物含量（用比色法试验）	颜色不应深于标准色。当颜色深于标准色时，应按水泥胶砂强度试验方法进行强度对比试验，抗压强度比不应低于0.95

9. 贝壳含量试验结果评定

海砂中贝壳含量应符合表4-60的规定。

海砂中贝壳含量（《普通混凝土用砂、石质量及检验方法标准》JGJ 52—2006） 表4-60

混凝土强度等级	≥C40	C35～C30	C25～C15
贝壳含量（按质量计）（%）	≤3	≤5	≤8

对于有抗冻、抗渗或其他特殊要求的小于或等于C25混凝土用砂，其贝壳含量不应大于5%。

10. 砂试验结果的判定规则

除筛分析外，当其余检验项目存在不合格项时，应加倍取样进行复验。当复验仍有一项不满足标准要求时，应按不合格品处理。

第二部分 粗骨料

一、相关标准

（1）《混凝土结构工程施工质量验收规范》GB 50204—2015。

（2）《混凝土结构通用规范》GB 55008—2021。

（3）《建设用卵石、碎石》GB/T 14685—2022。

（4）《普通混凝土用砂、石质量及检验方法标准》JGJ 52—2006。

二、基本概念

本节采用标准以《普通混凝土用砂、石质量及检验方法标准》JGJ 52—2006 为主。

（1）碎石：由天然岩石或卵石经破碎、筛分而得的公称粒径大于 5.00mm 的岩石颗粒。

（2）卵石：由自然条件作用形成的公称粒径大于 5.00mm 的岩石颗粒。

（3）泥块含量：石中公称粒径大于 5.00mm，经水洗、手捏后变成小于 2.50mm 的颗粒的含量。

（4）针、片状颗粒：凡岩石颗粒的长度大于该颗粒所属粒级的平均粒径 2.4 倍者为针状颗粒；厚度小于平均粒径 0.4 倍者为片状颗粒。平均粒径指该粒级上、下限粒径的平均值。

（5）压碎值指标：碎石或卵石抵抗压碎的能力。

（6）石筛：采用方孔筛。石的公称粒径、石筛筛孔的公称直径和方孔筛筛孔边长应符合表 4-61 的规定。

石筛筛孔的公称粒径与筛孔尺寸（mm） 表 4-61

石的公称粒径	石筛筛孔的公称直径	方孔筛筛孔边长
2.50	2.50	2.36
5.00	5.00	4.75
10.0	10.0	9.5
16.0	16.0	16.0
20.0	20.0	19.0
25.0	25.0	26.5
31.5	31.5	31.5
40.0	40.0	37.5
50.0	50.0	53.0
63.0	63.0	63.0
80.0	80.0	75.0
100.0	100.0	90.0

三、试验项目

天然石子有较高的强度，对于普通混凝土来说，应重点关注的是粒径、粒形、级配、含泥量、泥块含量等因素，这些因素既影响混凝土的强度，又影响混凝土拌合物的工作性。因此，《普通混凝土用砂、石质量及检验方法标准》JGJ 52—2006 对以下项目要求进场复验：

（1）颗粒级配。

（2）含泥量。

（3）泥块含量。

（4）针片状颗粒含量。

（5）对于重要工程或特殊工程，应根据工程要求增加检测项目。

四、组批原则

（1）按同产地同规格分批验收，采用大型工具（如火车、货船或汽车）运输的，应以 400m³ 或 600t 为一验收批；采用小型工具（如拖拉机等）运输的，应以 200m³ 或 300t 为一验收批。不足上述量者，应按一验收批计。

（2）当质量比较稳定、进料量又较大时，可以 1000t 为一验收批。

五、取样方法

（1）从料堆上取样时，取样部位应均匀分布，取样前应先将取样部位表层铲除，然后由各部位抽取大致相等的石子 16 份，组成一组样品。

（2）从皮带输送机上取样时，应在皮带运输机机尾的出料处用接料器定时抽取石 8 份，组成一组样品。

（3）从火车、汽车、货船上取样时，应从不同部位和深度抽取大致相等的石 16 份，组成一组样品。

（4）如经观察，认为各节车皮间（汽车、货船间）所载的石质量相差甚为悬殊时，应对质量有怀疑的每节列车（汽车、货船）分别取样和验收。

（5）对于每一单项检验项目，每组样品取样数量应满足表 4-62 的规定。当需要做多项检验时，可在确保样品经一项试验后不致影响其他试验结果的前提下，用同组样品进行多项不同的试验。

每一单项检验项目所需碎石或卵石的最小取样质量（kg）　　表 4-62

试验项目	最大公称粒径（mm）							
	10.0	16.0	20.0	25.0	31.5	40.0	63.0	80.0
筛分析	8	15	16	20	25	32	50	64
表观密度	8	8	8	8	12	16	24	24
含水率	2	2	2	2	3	3	4	6
吸水率	8	8	16	16	16	24	24	32
堆积密度、紧密密度	40	40	40	40	80	80	120	120
含泥量	8	8	24	24	40	40	80	80

续表

试验项目	最大公称粒径（mm）							
	10.0	16.0	20.0	25.0	31.5	40.0	63.0	80.0
泥块含量	8	8	24	24	40	40	80	80
针、片状含量	1.2	4	8	12	20	40	—	—
硫化物、硫酸盐	1.0							

注：有机物含量、坚固性、压碎值指标及碱—骨料反应检验，应按试验要求的粒级及质量取样。

六、试验方法

本节采用标准以《普通混凝土用砂、石质量及检验方法标准》JGJ 52—2006 为主。

1. 碎石或卵石的筛分析试验

1）主要仪器设备：

（1）天平和秤：天平的称量 5kg，感量 5g；秤的称量 20kg，感量 20g。

（2）烘箱：温度控制范围为(105 ± 5)℃。

（3）试验筛：筛孔公称直径分别为 100.0mm、80.0mm、63.0mm、50.0mm、40.0mm、31.5mm、25.0mm、20.0mm、16.0mm、10.0mm、5.00mm 和 2.50mm 的方孔筛以及筛的底盘和盖各一只，筛框直径为 300mm。

2）试样制备应符合下列规定：

试验前，用四分法将样品缩分至表 4-63 所规定的试样最少质量，烘干或风干后备用。

筛分析所需试样的最少质量　　表 4-63

最大公称粒径（mm）	10.0	16.0	20.0	25.0	31.5	40.0	63.0	80.0
试样质量不少于（kg）	2.0	3.2	4.0	5.0	6.3	8.0	12.6	16.0

3）筛分析试验应按下列步骤进行：

（1）按表 4-63 的规定称取试样。

（2）将试样按孔大小顺序过筛，当每号筛上筛余层的厚度大于试样的最大公称粒径时，应将该号筛上的筛余试样分成两份，再次进行筛分，直至各筛每分钟的通过量不超过试样总量的 0.1%。（注：当筛余颗粒的公称粒径大于 20.0mm 时，在筛分过程中允许用手拨动颗粒）

（3）称取各筛筛余试样质量，精确至试样总质量的 0.1%。各筛上的所有分计筛余量和筛底剩余量的总和与筛分前的试样总量相比，其差值不得超过 1%。

4）筛分析试验结果应按下列步骤计算：

（1）计算分计筛余（各筛上的筛余量除以试样总量的百分率），精确至 0.1%。

（2）计算累计筛余(该筛的分计筛余与筛孔大于该筛的各筛的分计筛余之和)，精确至 1%。

(3)根据各筛的累计筛余,评定该试样的颗粒级配。

2. 碎石或卵石中含泥量试验

1)主要仪器设备:

(1)秤和天平。

(2)烘箱:温度控制范围为(105±5)℃。

(3)试验筛:筛孔公称直径分别为 80μm 及 1.25mm 的方孔筛各一只。

2)试样制备应符合下列规定:

试验前,将样品用四分法缩分至表 4-64 所规定的量(注意防止细粉丢失),并置于温度为(105±5)℃的烘箱中烘干至恒重,冷却至室温后分成两份备用。

含泥量、泥块含量试验所需试样的最少质量　　　　表 4-64

最大公称粒径(mm)	10.0	16.0	20.0	25.0	31.5	40.0	63.0	80.0
试样质量不少于(kg)	2.0	2.0	6.0	6.0	10.0	10.0	20.0	20.0

3)含泥量试验应按下列步骤进行:

(1)称取烘干的试样一份(m_0)装入容器中摊平,并注入饮用水,使水面高出石子表面约 150mm;浸泡 2h 后,用手在水中淘洗颗粒,使尘屑、淤泥和黏土与较粗颗粒分离,并使之悬浮或溶解于水。缓缓地将浑浊液倒入公称直径为 1.25mm 及 80μm 的套筛上(1.25mm 的筛放置上面),滤去小于 80μm 的颗粒。试验前筛子的两面应先用水润湿,在整个试验过程中应注意避免大于 80μm 的颗粒丢失。

(2)再次加水于容器中,重复上述过程,直至筒内的水清澈为止。

(3)用水冲洗剩留的筛上的细粒,并将 80μm 的方孔筛放在水中(使水面略高出筛内颗粒)来回摇动,以充分洗除小于公称粒径 80μm 的颗粒。然后将两只筛上剩留的颗粒和筒中已经洗净的试样一并装入浅盘,置于温度为(105±5)℃的烘箱中烘干至恒重,取出冷却至室温后称取试样的质量(m_1)。

4)碎石或卵石中含泥量应按下式计算,精确至 0.1%:

$$w_c = \frac{m_0 - m_1}{m_0} \times 100\% \tag{4-63}$$

式中:w_c——含泥量(%);

m_0——试验前的烘干试样质量(g);

m_1——试验后的烘干试样质量(g)。

以两个试样试验结果的算术平均值作为测定值。两次结果之差大于 0.2%时,应重新取样进行试验。

3. 碎石或卵石中泥块含量试验

1)主要仪器设备:

(1)秤和天平。

(2)烘箱:温度控制范围为$(105±5)℃$。

(3)试验筛:筛孔公称直径分别为2.50mm及5.00mm的方孔筛各一只。

2)试样制备应符合的规定:

试验前,将样品用四分法缩分至略大于表4-64所示的量,缩分时应注意防止所含黏土块被压碎。缩分后的试样在$(105±5)℃$的烘箱中烘干至恒重,冷却至室温后分成两份备用。

3)泥块含量试验步骤:

(1)筛去公称粒径为5.00mm以下颗粒,称其质量(m_1)。

(2)将试样置于容器中摊平,加入饮用水使水面高出试样表面,24h后把水放出,用手碾碎泥块,然后把试样放在公称直径为2.50mm的方孔筛上摇动淘洗,直至洗出的水清澈为止。

(3)将筛上的试样小心地从筛里取出,置于温度为$(105±5)℃$的烘箱中烘干至恒重。取出冷却至室温后称其质量(m_2)。

4)泥块含量应按下式计算,精确至0.1%:

$$w_{c,L} = \frac{m_1 - m_2}{m_1} \times 100\% \tag{4-64}$$

式中:$w_{c,L}$——泥块含量(%);

m_1——公称直径5.00mm筛上筛余量(g);

m_2——试验后烘干试样的质量(g)。

以两个试样试验结果的算术平均值作为测定值。

4. 碎石或卵石中针状和片状颗粒的总含量试验

1)主要仪器设备:

(1)天平和秤:天平的称量2kg,感量2g;秤的称量20kg,感量20g。

(2)试验筛:筛孔公称直径分别为 5.00mm、10.0mm、20.0mm、25.0mm、31.5mm、40.0mm、63.0mm和80.0mm的方孔筛各一只,根据需要选用。

(3)针状规准仪和片状规准仪。

2)试样制备应符合下列规定试验:

试验前,将样品在室内风干至表面干燥,并用四分法缩分至表4-65规定的量,称量(m_0),然后筛分成表4-66所规定的粒级备用。

针、片状试验所需试样的最少质量 表4-65

最大公称粒径(mm)	10.0	16.0	20.0	25.0	31.5	≥40.0
试样质量不少于(kg)	0.3	1	2	3	5	10

针、片状试验的粒级划分及其相应的规准仪孔宽或间距　　　表 4-66

公称粒径（mm）	5.00～10.0	10.0～16.0	16.0～20.0	20.0～25.0	25.0～31.5	31.5～40.0
片状规准仪上对应的孔宽（mm）	2.8	5.1	7.0	9.1	11.6	13.8
针状规准仪上对应的间距（mm）	17.1	30.6	42.0	54.6	69.6	82.8

3）针、片状含量试验步骤：

（1）按表 4-66 所规定的粒级用规准仪逐粒对试样进行鉴定，凡颗粒长度大于针状规准仪上相应间距者，为针状颗粒。厚度小于片状规准仪上相应孔宽度，为片状颗粒。

（2）公称粒径大于 40mm 的可用卡尺鉴定其针片状颗粒，卡尺卡口的设定宽度应符合表 4-67 的规定。

公称粒径大于 40mm 粒级颗粒卡尺卡口的设定宽度　　　表 4-67

公称粒级（mm）	40.0～63.0	63.0～80.0
片状颗粒的卡口宽度（mm）	18.1	27.6
针状颗粒的卡口宽度（mm）	108.6	165.6

（3）称量由各粒级挑出的针状和片状颗粒的总质量（m_1）。

4）针状和片状颗粒的总含量应按下式计算，精确至 1%：

$$w_p = \frac{m_1}{m_0} \times 100\% \tag{4-65}$$

式中：w_p——针状和片状颗粒的总含量（%）；

m_1——试样中所含针状和片状颗粒的总质量（g）；

m_0——试样总质量（g）。

5. 碎石或卵石的压碎值指标试验

1）主要仪器设备：

（1）压力试验机：荷载 300kN。

（2）秤：称量 5kg，感量 5g。

（3）试验筛：筛孔公称直径分别为 10.0mm 及 20.0mm 的方孔筛各一只。

2）试样制备应符合下列规定：

（1）标准试样一律应采用公称粒径为(10.0～20.0)mm 的颗粒，并在风干状态下进行试验。

（2）对多种岩石组成的卵石，如其公称粒径大于 20.0mm 颗粒的岩石矿物成分与(10.0～20.0)mm 粒级有显著差异时，对大于 20.0mm 的颗粒经人工破碎后，筛取(10.0～20.0)mm 标准粒级另外进行压碎值指标试验。

（3）将缩分后的样品先筛除试样中公称粒径 10.0mm 以下及 20.0mm 以上的颗粒，再用针状和片状规准仪剔除其针状和片状颗粒，然后称取每份 3kg 的试样 3 份备用。

3）压碎值指标试验应按下列步骤进行：

（1）置圆筒于底盘上，取试样一份，分两层装入圆筒。每装完一层试样后，在底盘下面垫放一直径为 10mm 的圆钢筋，将筒按住，左右交替颠击地面 25 下。第二层颠实后，试样表面距盘底的高度应控制在 100mm 左右。

（2）整平筒内试样表面，把加压头装好（注意应使加压头保持平正），放到试验机上在 (160～300)s 内均匀地加荷到 200kN，稳定 5s，然后卸荷，取出测定筒。倒出筒中的试样并称其质量（m_0），用公称直径为 2.50mm 的方孔筛筛除被压碎的细粒，称量剩留在筛上的试样质量（m_1）。

4）碎石和卵石的压碎值指标应按下式计算，精确至 0.1%：

$$\delta_\alpha = \frac{m_0 - m_1}{m_0} \times 100\% \tag{4-66}$$

式中：δ_α——压碎值指标（%）；

m_0——试样的质量（g）；

m_1——压碎试验后筛余的试样质量（g）。

多种岩石组成的卵石，应对公称粒径 20.0mm 以下和 20.0mm 以上的标准料级 [(10.0～20.0)mm] 分别进行检验，则其总的压碎指标应按下式计算：

$$\delta_a = \frac{\alpha_1 \delta_{\alpha 1} + \alpha_2 \delta_{\alpha 2}}{\alpha_1 + \alpha_2} \times 100\% \tag{4-67}$$

式中：δ_a——总的压碎值指标（%）；

α_1、α_2——公称直径 20.0mm 以下和 20.0mm 以上两粒级的颗粒含量百分率（%）；

δ_1、δ_2——两粒级以标准料级试验的分计压碎值指标（%）。

以三次试验结果的算术平均值作为压碎指标测定值。

6. 碎石或卵石的坚固性试验

1）本方法适用以硫酸钠饱和溶液法间接地判断碎石或卵石的坚固性。

2）主要仪器设备和试剂：

（1）天平和台秤。

（2）烘箱：温度控制范围为 (105 ± 5)℃。

（3）试验筛：根据试样粒级，按表 4-68 选用。

（4）容器：搪瓷盆或瓷盆，容量不小于 50L。

（5）三脚网篮：外径为 100mm，高为 150mm，采用网孔公称直径不大于 2.50mm 的网，由铜丝制成；检验公称粒径为 (40.0～80.0)mm 的颗粒时，应采用外径和高度均为 150mm 的网篮。

（6）试剂：无水硫酸钠。

（7）比重计。

（8）10%（W/V）氯化钡溶液：10g 氯化钡溶于 100mL 蒸馏水中。

坚固性试验所需的各粒级试样量   表 4-68

公称粒径（mm）	5.00~10.0	10.0~20.0	20.0~40.0	40.0~63.0	63.0~80.0
试样量（g）	500	1000	1500	3000	3000

注：1. 公称粒级为(10.0~20.0)mm 试样中，应含有 40%的(10.0~16.0)mm 粒级颗粒、60%的(16.0~20.0)mm 粒级颗粒；

2. 公称粒级(20.0~40.00)mm 的试样中，应含有 40%的(20.0~31.5)mm 粒级颗粒、60%的(31.5~40.0)mm 粒级颗粒。

3）溶液的配制及试样制备应符合下列规定：

（1）硫酸钠溶液的配制：取一定数量的蒸馏水（取决于试样及容器大小），加温至(30~50)℃，每 1000mL 蒸馏水加入无水硫酸钠（Na_2SO_4）(300~350)g，用玻璃棒搅拌，使其溶解并饱和，然后冷却至(20~25)℃，在此温度下静置两昼夜，其密度应为(1151~1174)kg/m³。

（2）试样的制备：将样品按表 4-68 的规定分级，并分别擦洗干净，放入(105~110)℃的烘箱内烘 24h，取出并冷却至室温，然后按表 4-68 对各粒级规定的量称取试样（m_1）。

4）坚固性试验应按下列步骤进行：

（1）将所称取的不同粒级的试样分别装入三脚网篮并浸入盛有硫酸钠溶液的容器中。溶液体积应不小于试样总体积的 5 倍，其温度应保持(20~25)℃。三脚网篮浸入溶液时，应先上下升降 25 次以排除试样中的气泡，然后静置于该容器中。此时，网篮底面应距容器底面约 30mm（由网篮脚高控制），网篮之间的间距应不小于 30mm，试样表面至少应在液面以下 30mm。

（2）浸泡 20h 后，从溶液中提出网篮，放在温度为(105±5)℃的烘箱中烘 4h，至此，完成了第一次循环。待试样冷却至(20~25)℃后，即开始第二次循环，从第二次循环开始，浸泡及烘烤时间均为 4h。

（3）第五次循环完成后，将试样置于(20~25)℃的清水中洗净硫酸钠，再在(105±5)℃的烘箱中烘干至恒重，取出并冷却至室温后，用孔径为试样粒级下限的筛过筛，并称取各粒级试样试验后的筛余量。（注：试样中硫酸钠是否洗净，可按下法检验：取冲洗过试样的水若干毫升，滴入少量氯化钡（$BaCl_2$）溶液，如无白色沉淀，由说明硫酸钠已被洗净）

（4）对公称粒径大于 20.0mm 的试样部分，应在试验前后记录其颗粒数量，并作外观检查，描述颗粒的裂缝、开裂、剥落、掉边和掉角等情况所占颗粒数量，以作为分析其坚固性的补充依据。

5）试样中各粒级颗粒的分计质量损失百分率 δ_{ji} 应按下式计算：

$$\delta_{ji} = \frac{m_i - m_i'}{m_i} \times 100\% \tag{4-68}$$

式中：δ_{ji}——各粒级颗粒的分计质量损失百分率（%）；

m_i——每一粒级试样试验前的质量（g）；

m_i'——经硫酸钠溶液试验后，各粒级筛余颗粒的烘干质量（g）。

试样的总质量损失百分率 δ_j 应按下式计算，精确至1%：

$$\delta_j = \frac{\alpha_1\delta_{j1} + \alpha_2\delta_{j2} + \alpha_3\delta_{j3} + \alpha_4\delta_{j4} + \alpha_5\delta_{j5}}{\alpha_1 + \alpha_2 + \alpha_3 + \alpha_4 + \alpha_5} \times 100\% \tag{4-69}$$

式中： δ_j ——试样的总质量损失百分率（%）；

α_1、α_2、α_3、α_4、α_5——试样中分别为(5.00～10.0)mm、(10.0～20.0)mm、(20.0～40.00)mm、(40.00～63.00)mm、(63.0～80.0)mm 各公称粒级的分计百分含量（%）；

δ_{j1}、δ_{j2}、δ_{j3}、δ_{j4}——各粒级的分计质量损失百分率（%）。

7. 碎石或卵石的碱活性试验（岩相法）

1）本方法适用于鉴定碎石、卵石的岩石种类、成分，检验骨料中活性成分的品种和含量。

2）主要仪器设备：

（1）天平和秤。

（2）试验筛：筛孔公称直径分别为 80.0mm、40.0mm、20.0mm、5.00mm 方孔筛以及筛的底盘和盖各一只。

（3）切片机、磨片机。

（4）实体显微镜、偏光显微镜。

3）试件的制作应符合下列规定：

经缩分后将样品风干，并按表 4-69 的规定筛分、称取试样。

岩相试验最少质量 表 4-69

公称粒级（mm）	40.0～80.0	20.0～40.0	5.00～20.0
试验最少质量（kg）	150	50	10

注：1. 大于 80.0mm 的颗粒，按照(40.0～80.0)mm 一级进行试验；
2. 试样最少数量也可以以颗粒计，每级至少 300 颗。

4）岩相法试验应按下列步骤进行：

（1）用肉眼逐粒观察试样，必要时将试样放在砧板上用地质锤击碎（应使岩石碎片损失最小），观察颗粒新鲜断面。将试样按岩石品种分类。

（2）每类岩石先确定其品种及外观品质，包括矿物成分、风化程度、有无裂缝、坚硬性、有无包裹体及断口形状等。

（3）每类岩石均应制成若干薄片，在显微镜下鉴定矿物质组成、结构等，特别应测定其隐晶质、玻璃质成分的含量。测定结果内容填写可参考表 4-70 样式。

骨料活性成分含量测定表　　　　表 4-70

	委托单位		样品编号	
	样品产地、名称		检测条件	
	公称粒级（mm）	40.0～80.0	20.0～40.0	5.00～20.0
	质量百分数（%）			
	岩石名称及外观品质			
碱活性矿物	品种及占本级配试样的质量百分含量（%）			
	占试样总量的百分含量（%）			
	合计			
	结论		备注	

注：1. 硅酸类活性硬物质包括蛋白石、火山灰玻璃体、玉髓、玛瑙、鳞石英、磷石英、方石英、微晶石英、燧石、具有严重波状消光的石英；

2. 碳酸盐类活性矿物为具有细小菱形的白云石晶体。

5）结果处理应符合下列规定：

根据岩相鉴定结果，对于不含活性矿物的岩石，可评定为非碱活性骨料。

评定为碱活性骨料或可疑时，应按《普通混凝土用砂、石质量及检验方法标准》JGJ 52—2006 标准规定进行进一步的鉴定。

8. 碎石或卵石的碱活性试验（快速法）

将试样缩分成约 5kg，把试样破碎后筛分成按表 4-52 中所示级配及比例组合成试验原料，并将试样洗净烘干或晾干备用。

砂浆试件的制备及膨胀率的测定方法同本节第一部分"五、试验方法"中的"12. 砂的碱活性试验（快速法）"。

9. 碱活性试验（砂浆长度法）

将试样缩分成约 5kg，破碎筛分后，各粒级都应在筛上用水冲洗净粘在骨料上的淤泥和细粉，然后烘干备用。石料按表 4-52 中的级配配成试验用料。

砂浆试件的制备及膨胀率的测定方法同本节第一部分"五、试验方法"中的"13. 砂的碱活性试验（砂浆长度法）"。

10. 碳酸盐骨料的碱活性试验（岩石柱法）

1）本方法适用于检验碳酸盐岩石是否具有碱活性。

2）主要仪器设备和试剂：

（1）钻机：配有小圆筒钻头。

（2）锯石机、磨片机。

（3）试件养护瓶：耐碱材料制成，能盖严以避免溶液变质和改变浓度。

（4）测长仪：量程(25～500)mm，精度 0.01mm。

（5）1mol/L 氢氧化钠溶液：(40±1)g 氢氧化钠（化学纯）溶于 1L 蒸馏水中。

3）试样制备应符合下列规定：

（1）应在同块岩石的不同岩性方向取样；岩石层理不清时，应在三个相互垂直的方向上各取一个试件。

（2）钻取的圆柱体试件直径为(9±1)mm，长度为(35±5)mm，试件两端面应磨光、互相平行且与试件的主轴线垂直，试件加工时应避免表面变质而影响碱溶液渗入岩样的速度。

4）岩石柱法试验应按下列步骤进行：

（1）将试件编号后，放入盛有蒸馏水的瓶中，置于(20±2)℃的恒温室内，每隔24h取出擦干表面水分，进行测长，直至试件前后两次测得的长度变化不超过 0.02%为止，以最后一次测得的试件长度为基长（L_0）。

（2）将测完基长的试件浸入盛有浓度为 1mol/L 氢氧化钠溶液的瓶中，液面应超过试件顶面至少 10mm，每个试件的平均液量至少应为 50mL。同一瓶中不得浸泡不同品种的试件，盖严瓶盖，置于(20±2)℃的恒温室中。溶液每六个月更换一次。

（3）在(20±2)℃的恒温室中进行测长（L_t）。每个试件测长方向应始终保持一致。测量时，试件从瓶中取出，先用蒸馏水洗涤，将表面水擦干后再测量。测长龄期从试件泡入碱液时算起，在 7d、14d、21d、28d、56d、84d 进行测量，如有需要，以后每 1 个月一次，一年后每 3 个月一次。

（4）试件在浸泡期间，应观测其形态的变化，如开裂、弯曲、断裂等，并做记录。

5）试件长度变化应按下式计算，精确至 0.001%：

$$\varepsilon_{st} = \frac{L_t - L_0}{L_0} \times 100\% \tag{4-70}$$

式中：ε_{st}——试件在浸泡t后的长度变化率（%）；

L_t——试件浸泡t天后的长度（mm）；

L_0——试件的基长（mm）。

测量精度要求为同一试验人员、同一仪器测量同一试件，其误差不应超过±0.02%；不同试验人员，同一仪器测量同一试件，其误差不应超过±0.03%。

6）结果评定应符合下列规定：

（1）同块岩石所取的试样中以其膨胀率最大的一个测值作为分析该岩石碱活性的依据。

（2）试件浸泡 84d 的膨胀率超过 0.10%时，应判定为具有潜在碱活性危害。

11.碎石或卵石的表观密度试验（标准法）

1）主要仪器设备：

（1）液体天平：称量 1000g，感量 5g，其型号及尺寸应能允许在臂上悬挂盛试样的吊篮，并在水中称重（图 4-23）。

（2）烘箱：温度控制范围为(105±5)℃。

（3）吊篮：直径和高度均为150mm，由孔径为(1～2)mm的筛网或钻有孔径为(2～3)mm孔洞的耐锈蚀金属板制成。

（4）盛水容器：有溢流孔。

（5）试验筛：筛孔公称直径为5.00mm的方孔筛一只。

（6）温度计等。

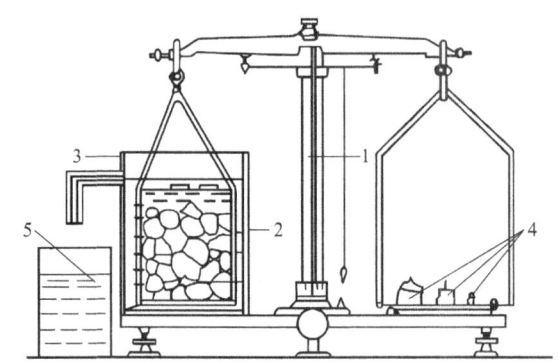

1—5kg天平；2—吊篮；3—带有溢流孔的金属容器；4—砝码；5—容器

图4-23 液体天平

2）试样制备应符合的规定：

试验前，将样品筛除公称粒径5.00mm以下的颗粒，并缩分至略大于两倍于表4-71所规定的最少质量，冲洗干净后分成两份备用。

表观密度试验所需的试样最少质量　　　　表4-71

最大公称粒径（mm）	10.0	16.0	20.0	25.0	31.5	40.0	63.0	80.0
试样质量不少于（kg）	2.0	2.0	2.0	2.0	3.0	4.0	6.0	6.0

3）标准法表观密度试验步骤：

（1）按表4-71的规定称取试样。

（2）取试样一份装入吊篮，并浸入盛水的容器中，水面至少高出试样50mm。

（3）浸水24h后，移放到称量用的盛水容器中，并用上下升降吊篮的方法排除气泡（试样不得露出水面）。吊篮每升降一次约为1s，升降高度为(30～50)mm。

（4）测定水温（此时吊篮应全浸在水中），用天平称取吊篮及试样在水中的质量（m_2）。称量时盛水容器中水面的高度由容器的溢流孔控制。

（5）提起吊篮，将试样置于浅盘中，放入(105±5)℃的烘箱中烘干至恒重；取出来放在带盖的容器中冷却至室温后，称重（m_0）。

（6）称取吊篮在同样温度的水中质量（m_1），称量时盛水容器的水面高度仍应由溢流口控制。[注：试验的各项称量可在(15～25)℃的温度范围内进行。从试样加水静置的最后

2h 起直至试验结束,其温度相差不应超过 2°C]

4)表观密度(标准法)应按下式计算,精确至 10kg/m^3:

$$\rho = \left(\frac{m_0}{m_0 + m_2 - m_1} - \alpha_t\right) \times 1000 \tag{4-71}$$

式中:ρ——表观密度(kg/m^3);

m_0——试样的烘干质量(g);

m_1——吊篮在水中的质量(g);

m_2——吊篮及试样在水中的质量(g);

α_t——水温对表观密度影响的修正系数,见表 4-72。

不同水温对碎石或卵石的表观密度影响的修正系数 表 4-72

水温(°C)	15	16	17	18	19	20	21	22	23	24	25
α_t	0.002	0.003	0.003	0.004	0.004	0.005	0.005	0.006	0.006	0.007	0.008

以两次试验结果的算术平均值作为测定值。当两次结果之差大于 20kg/m^3 时,应重新取样进行试验。对颗粒材质不均匀的试样,两次试验结果之差大于 20kg/m^3 时,可取四次测定结果的算术平均值作为测定值。

12. 碎石或卵石的表观密度试验(简易法)

1)本方法适用于测定碎石或卵石的表观密度,不宜用于测定最大公称粒径超过 40mm 碎石或卵石的表观密度。

2)主要仪器设备:

(1)天平或秤。

(2)烘箱:温度控制范围为 $(105 \pm 5)°C$。

(3)广口瓶:容量 1000mL,磨口,并带玻璃片。

(4)试验筛:筛孔公称直径为 5.00mm 的方孔筛。

3)试样制备应符合的规定:

试验前,筛除样品中公称粒径为 5.00mm 以下的颗粒,缩分至略大于表 4-71 所规定的量的两倍。洗刷干净后,分成两份备用。

4)简易法表观密度试验步骤:

(1)按表 4-71 规定的数量称取试样。

(2)将试样浸水饱和,然后装入广口瓶中。装试样时,广口瓶应倾斜放置,注入饮用水,用玻璃片覆盖瓶口,以上下左右摇晃的方法排除气泡。

(3)气泡排尽后,向瓶中添加饮用水直至水面凸出瓶口边缘。然后用玻璃片沿瓶口迅速滑行,使其紧贴瓶口水面。擦干瓶外水分后,称取试样、水、瓶和玻璃片总质量(m_1)。

(4)将瓶中的试样倒入浅盘中,放在 $(105 \pm 5)°C$ 的烘箱中烘干至恒重;取出,放在带盖的容器中冷却至室温后称取质量（m_0）。

（5）将瓶洗净，重新注入饮用水，用玻璃片紧贴瓶口水面，擦干瓶外水分后称取质量（m_2）。[注：试验时各项称重可以在(15～25)℃的温度范围内进行，但试样加水静置的最后 2h 起直至试验结束，其温度相差不应超过 2℃]

5）表观密度（简易法）应按下式计算，精确至 $10kg/m^3$：

$$\rho = \left(\frac{m_0}{m_0 + m_2 - m_1} - \alpha_t\right) \times 1000 \quad (4\text{-}72)$$

式中：ρ——表观密度（kg/m^3）；

m_0——烘干后试样质量（g）；

m_1——试样、水、瓶和玻璃片的总质量（g）；

m_2——水、瓶和玻璃片的总质量（g）；

α_t——水温对表观密度影响的修正系数（表 4-72）。

以两次试验结果的算术平均值作为测定值。当两次结果之差大于 $20kg/m^3$ 时，应重新取样进行试验。对颗粒材质不均匀的试样，两次试验结果之差大于 $20kg/m^3$ 时，可取四次测定结果的算术平均值作为测定值。

13. 碎石或卵石的堆积密度和空隙率试验

1）主要仪器设备：

（1）天平或秤。

（2）烘箱：温度控制范围为(105 ± 5)℃。

（3）容量筒—金属制，其规格见表 4-73。

（4）平头铁锹等。

容量筒的规格要求　　　　　　表 4-73

碎石或卵石的最大公称粒径（mm）	容量筒容积（L）	容量筒规格（mm）		筒壁厚度（mm）
		内径	净高	
10.0、16.0、20.0、25.0	10	208	294	2
31.5、40.0	20	294	294	3
63.0、80.0	30	360	294	4

2）试样制备应符合的规定：

按表 4-62 的规定称取试样，放入浅盘，在(105 ± 5)℃的烘箱中烘干，也可摊在清洁的地面上风干，拌匀后分成两份备用。

3）堆积密度试验步骤：

取试样一份，置于平整干净的地板（或铁板）上，用平头铁锹铲起试样，使石子自由落入容量筒内。此时，从铁锹的齐口至容量筒上口的距离应保持为 50mm 左右。装满容量筒除去凸出筒口表面的颗粒，并以合适的颗粒填入凹陷部分，使表面稍凸起部分和凹陷部分的体积大致相等，称取试样和容量筒总质量（m_2）。

4）试验结果计算应符合的规定：

（1）堆积密度应按下式计算，精确至10kg/m³：

$$\rho_L = \frac{m_2 - m_1}{V} \times 1000 \tag{4-73}$$

式中：ρ_L——堆积密度（kg/m³）；

m_1——容量筒的质量（g）；

m_2——容量筒和试样总质量（g）；

V——容量筒的体积（L）。

以两次试验结果的算术平均值作为测定值。

（2）空隙率按下式计算，精确至1%：

$$\upsilon_L = \left(1 - \frac{\rho_L}{\rho}\right) \times 100\% \tag{4-74}$$

式中：υ_L——空隙率（%）；

ρ_L——碎石或卵石的堆积密度（kg/m³）；

ρ——碎石或卵石的表观密度（kg/m³）。

5）容量筒容积的校正方法：

以温度(20±5)℃的饮用水装满容量筒，用玻璃板沿筒口滑移，使其紧贴水面，擦干筒外壁水分后称取质量。用下式计算筒的容积：

$$V = m'_2 - m'_1 \tag{4-75}$$

式中：V——容量筒的体积（L）；

m'_1——容量筒和玻璃板质量（kg）；

m'_2——容量筒、玻璃板和水总质量（kg）。

七、试验结果评定

1. 筛分析试验结果评定

碎石或卵石的颗粒级配，应符合表4-74的要求。

碎石或卵石的颗粒级配范围
(《普通混凝土用砂、石质量及检验方法标准》JGJ 52—2006) 表4-74

级配情况	公称粒径（mm）	累计筛余，按质量（%）									
		方孔筛筛孔边长尺寸（mm）									
		2.36	4.75	9.5	16.0	19.0	26.5	31.5	37.5	53	63	75	90
连续粒级	5~10	95~100	80~100	0~15	0	—	—	—	—	—	—	—
	5~16	95~100	85~100	30~60	0~10	0	—	—	—	—	—	—

续表

级配情况	公称粒径（mm）	累计筛余，按质量（%）									
		方孔筛筛孔边长尺寸（mm）									
		2.36	4.75	9.5	16.0	19.0	26.5	31.5	37.5	53	63	75	90
连续粒级	5～20	95～100	90～100	40～80	—	0～10	0	—	—	—	—	—	—
	5～25	95～100	90～100	—	30～70	—	0～5	0	—	—	—	—	—
	5～31.5	95～100	90～100	70～90	—	15～45	—	0～5	0	—	—	—	—
	5～40	—	95～100	70～90	—	30～65	—	—	0～5	0	—	—	—
单粒级	10～20	—	95～100	85～100	—	0～15	0	—	—	—	—	—	—
	16～31.5	—	95～100	—	85～100	—	—	0～10	0	—	—	—	—
	20～40	—	—	95～100	—	80～100	—	—	0～10	0	—	—	—
	31.5～63	—	—	—	95～100	—	—	75～100	45～75	—	0～10	0	—
	40～80	—	—	—	—	95～100	—	—	70～100	—	30～60	0～10	0

混凝土用石应采用连续粒级。

单粒级宜用于组合成满足要求的连续粒级；也可与连续粒级混合使用，以改善其级配或配成较大粒度的连续粒级。

当卵石的颗粒级配不符合表4-74要求时，应采取措施并经试验证实能确保工程质量后，方允许使用。

2. 含泥量试验结果评定

碎石或卵石中含泥量应符合表4-75的规定。

碎石或卵石中的含泥量
（《普通混凝土用砂、石质量及检验方法标准》JGJ 52—2006） 表4-75

混凝土强度等级	≥C60	C55～C30	≤C25
含泥量（按质量计）（%）	≤0.5	≤1.0	≤2.0

对于有抗冻、抗渗或其他特殊要求的混凝土，其所用碎石或卵石中含泥量不应大于1.0%。当碎石或卵石的含泥是非黏土质的石粉时，其含泥量可由表4-75的0.5%、1.0%、2.0%，分别提高到1.0%、1.5%、3.0%。

3. 泥块含量试验结果评定

碎石或卵石中泥块含量应符合表4-76的规定：

碎石或卵石中的泥块含量
（《普通混凝土用砂、石质量及检验方法标准》JGJ 52—2006） 表4-76

混凝土强度等级	≥C60	C55～C30	≤C25
泥块含量（按质量计）（%）	≤0.2	≤0.5	≤0.7

对于有抗冻、抗渗或其他特殊要求的强度等级小于 C30 的混凝土，其所用碎石或卵石中泥块含量不应大于 0.5%。

4. 针状和片状颗粒的总含量试验结果评定

碎石或卵石中针、片状颗粒含量应符合表 4-77 的规定。

碎石或卵石中针、片状颗粒含量
（《普通混凝土用砂、石质量及检验方法标准》JGJ 52—2006） 表 4-77

混凝土强度等级	≥C60	C55～C30	≤C25
针、片状颗粒含量（按质量计）（%）	≤8	≤15	≤25

5. 压碎值指标试验结果评定

碎石的强度可用岩石的抗压强度和压碎值指标表示。岩石的抗压强度应比所配制的混凝土强度至少高 20%。当混凝土强度等级大于或等于 C60 时，应进行岩石抗压强度检验。岩石强度首先应由生产单位提供，工程中可采用压碎值指标进行质量控制。碎石的压碎值指标宜符合表 4-78 的规定。

碎石的压碎值指标
（《普通混凝土用砂、石质量及检验方法标准》JGJ 52—2006） 表 4-78

岩石品种	混凝土强度等级	碎石压碎值指标（%）
沉积岩	C60～C40	≤10
	≤C35	≤16
变质岩或深成的火成岩	C60～C40	≤12
	≤C35	≤20
喷出的火成岩	C60～C40	≤13
	≤C35	≤30

注：沉积岩包括石灰岩、砂岩等；变质岩包括片麻岩、石英岩等；深成的火成岩包括花岗岩、正长岩、闪长岩和橄榄岩等；喷出的火成岩包括玄武岩和辉绿岩等。

卵石的强度可用压碎值指标表示。其压碎值指标宜符合表 4-79 的规定。

卵石的压碎值指标
（《普通混凝土用砂、石质量及检验方法标准》JGJ 52—2006） 表 4-79

混凝土强度等级	C60～C40	≤C35
压碎值指标（%）	≤12	≤16

6. 坚固性试验结果评定

碎石或卵石的坚固性应用硫酸钠溶液法检验，试样经 5 次循环后，其质量损失应符合表 4-80 的规定。

碎石或卵石的坚固性指标
(《普通混凝土用砂、石质量及检验方法标准》JGJ 52—2006) 表 4-80

混凝土所处的环境条件及其性能要求	5次循环后的质量损失（%）
在严寒及寒冷地区室外使用，并经常处于潮湿或干湿交替状态下的混凝土。有腐蚀介质作用或经常处于水位变化的地下结构或有抗疲劳、耐磨、抗冲击要求的混凝土	≤8
其他条件下使用的混凝土	≤12

7. 碱活性试验结果评定

对于长期处于潮湿环境的重要混凝土结构，其所使用的碎石或卵石应进行碱活性检验。

进行碱活性检验时，首先应采用岩相法检验碱活性骨料的品种、类型和数量。当检验出骨料中含有活性二氧化硅时，应采用快速砂浆棒法和砂浆长度法进行碱活性检验；当检验出骨料中含有活性碳酸盐时，应采用岩石柱法进行碱活性检验。

经上述检验，当判定骨料存在潜在碱—碳酸盐反应危害时，不宜用作混凝土骨料；否则，应通过专门的混凝土试验，做最后评定。

当判定骨料存在潜在碱—硅反应危害时，应控制混凝土中的碱含量不超过 $3kg/m^3$，或采用能抑制碱—骨料反应的有效措施。

8. 石子试验结果的判定规则

除筛分析外，当其余检验项目存在不合格项时，应加倍取样进行复验。当复验仍有一项不满足标准要求时，应按不合格品处理。

第三部分 集料

一、相关标准

（1）《轻集料及其试验方法 第1部分：轻集料》GB/T 17431.1—2010。

（2）《轻集料及其试验方法 第1部分：轻集料试验方法》GB/T 17431.2—2010。

二、基本概念

1. 定义

堆积密度不大于 $1200kg/m^3$ 的粗细集料（过去习惯称为轻骨料）的总称。

2. 分类

按形成方式分为：

（1）人造轻集料：轻粗集料（陶粒等）和轻细集料（陶砂等）。

（2）天然轻集料：浮石、火山渣等。

（3）工业废渣轻集料：自燃煤矸石、煤渣等。

3. 作用

建筑工程中，利用轻集料主要是配制轻集料混凝土。

用轻粗集料、轻砂（或普通砂）、水泥和水配制而成的干表观密度（干容重）不大于1950kg/m³的混凝土称为轻骨料混凝土。

用轻砂做细集料配制而成的混凝土称为全轻混凝土。

轻混凝土与普通混凝土相比，其最大特点是容重轻、具有良好的保温性能。混凝土的容重越小，热导率越低，保温性能越好。由于自重轻、弹性模量低、抗震性能好、耐火性能也较好等特点，主要用作工业与民用建筑，特别是高层建筑的承重结构。

4. 技术指标

1）轻粗集料颗粒级配：

各种轻粗集料的颗粒级配应符合表4-81的要求，但人造轻粗集料的最大粒径不宜大于19.0mm。

轻粗集料颗粒级配　　　　表4-81

轻集料	级配类别	公称粒径（mm）	各号筛的累计筛余（按质量计）(%)							
			方孔筛孔径（mm）							
			37.5	31.5	26.5	19.0	16.0	9.50	4.75	2.36
粗集料	连续粒级	5~40	0~10	—	—	40~60	—	50~85	90~100	95~100
		5~31.5	0~5	0~10	—	—	40~75	—	90~100	95~100
		5~25	0	0~5	0~10	—	30~70	—	90~100	95~100
		5~20	0	0~5	—	0~10	—	40~80	90~100	95~100
		5~16	—	—	0	0~5	0~10	20~60	85~100	95~100
		5~10	—	—	—	—	0	0~15	80~100	95~100
	单粒级	10~16	—	—	—	0	0~15	85~100	90~100	—

2）轻细集料颗粒级配：

各种轻细集料的颗粒级配应符合表4-82的要求。

轻细集料颗粒级配　　　　表4-82

轻集料	公称粒径（mm）	各号筛的累计筛余（按质量计）(%)						
		方孔筛孔径						
		9.50mm	4.75mm	2.36mm	1.18mm	600μm	300μm	150μm
细集料	0~5	0	0~10	0~35	20~60	30~80	65~90	75~100

3）轻细集料的细度模数宜在2.3~4.0范围内。

4）各种粗细混合轻集料宜满足下列要求：

（1）2.36mm筛上累计筛余为(60±2)%。

（2）筛除2.36mm以下颗粒后，2.36mm筛上的颗粒级配满足表4-81和表4-82中公称粒径(5～10)mm 的颗粒级配要求。

5）密度等级：

轻集料密度等级按堆积密度划分，并应符合表 4-83 的要求。

密度等级　　　　　　　　　　　　　　　表 4-83

轻集料种类	密度等级		堆积密度范围（kg/m³）
	轻粗集料	轻细集料	
人造轻集料 天然轻集料 工业废渣轻集料	200	—	>100, ≤200
	300	—	>200, ≤300
	400	—	>300, ≤400
	500	500	>400, ≤500
	600	600	>500, ≤600
	700	700	>600, ≤700
	800	800	>700, ≤800
	900	900	>800, ≤900
	1000	1000	>900, ≤1000
	1100	1100	>1000, ≤1100
	1200	1200	>1100, ≤1200

6）轻粗集料的筒压强度与强度标号：

（1）不同密度等级的轻粗集料的筒压强度应不低于表 4-84 的规定。

轻粗集料筒压强度　　　　　　　　　　　表 4-84

轻粗集料种类	密度等级	筒压强度（MPa）
人造轻集料	200	0.2
	300	0.5
	400	1.0
	500	1.5
	600	2.0
	700	3.0
	800	4.0
	900	5.0
天然轻集料	600	0.8
	700	1.0
	800	1.2
	900	1.5
	1000	1.5
工业废渣轻集料中 的自燃煤矸石	900	3.0
	1000	3.5
	1100～1200	4.0

（2）不同密度等级高强轻粗集料的筒压强度和强度标号应不低于表 4-85 的规定。

高强轻粗集料的筒压强度与强度标号　　　　表 4-85

轻粗集料种类	密度等级	筒压强度（MPa）	强度等级
人造轻集料	600	4.0	25
	700	5.0	30
	800	6.0	35
	900	6.5	40

7）吸水率：

不同密度等级粗集料的吸水率应不大于表 4-86 的规定。

轻粗集料的吸水率　　　　表 4-86

轻粗集料种类	密度等级	1h 吸水率（%）
人造轻集料 工业废渣轻集料	200	30
	300	25
	400	20
	500	15
	600～1200	10
人造轻集料中的粉煤灰陶粒	600～900	20
天然轻集料	600～1200	—

注：人造轻集料中的粉煤灰陶粒：系指采用烧结工艺生产的粉煤灰陶粒。

8）软化系数：

（1）人造轻粗集料和工业废料轻粗集料的软化系数应不小于 0.8；天然轻粗集料的软化系数应不小于 0.7。

（2）轻细集料的吸水率和软化系数不作规定。

9）粒型系数：

不同粒型轻粗集料的粒型系数应符合表 4-87 的规定。

轻粗集料的粒型系数　　　　表 4-87

轻粗集料种类	平均粒型系数
人造轻集料	≤2.0
天然轻集料 工业废渣轻集料	不作规定

轻集料的粒型系数：颗粒的长向最大值与中间截面处的最小尺寸之比。如果粒型系数值过大，则显示颗粒状为针形颗粒。

10）有害物质：

轻集料中有害物质应符合表 4-88 的规定。

有害物质规定　　　　　　　　表 4-88

项目名称	技术指标
含泥量（%）	≤3.0
	结构混凝土用轻集料≤2.0
泥块含量（%）	≤1.0
	结构混凝土用轻集料≤0.5
煮沸质量损失（%）	≤5.0
烧失量（%）	≤5.0
	天然轻集料不作规定，用于无筋混凝土的煤渣允许≤18
硫化物和硫酸盐含量（按 SO_3 计）（%）	≤1.0
	用于无筋混凝土的自燃煤矸石允许含量≤1.5
有机物含量	不深于标准色；如深于标准色，按《轻集料及其试验方法 第 2 部分：轻集料试验方法》GB/T 17431.2—2010 中第 18.6.3 条的规定操作，且试验结果不低于 95%
氯化物（以氯离子含量计）含量（%）	≤0.02
放射性	符合《建筑材料放射性核素限量》GB 6566—2010 的规定

三、进厂检验与材质证明文件核验

1. 材料进场检验

轻集料进场后，应检验以下内容：

（1）进场批量。

（2）包装。

（3）品种、规格。

2. 材质证明文件核验

核验供料单位提供的产品合格证或质量检验报告，内容应包括：产地、名称、规格、检测依据、检测项目、检测结果、结论、检测日期等内容。

四、取样方法

（1）应从每批产品中随机抽取有代表性的试样。

（2）初次抽取的试样应不少于 10 份，其总料量应多于试验用料量（表 4-89）的一倍。

（3）初次抽取试样应符合下列要求：

①生产企业中进行常规检验时，应在通往料仓或料堆的运输机的整个宽度上，在一定的时间间隔内抽取。

②对均匀料堆进行取样时，以 400m³ 为一批，不足一批者亦以一批论。试样可从料堆锥体从上到下的不同部位、不同方向任选 10 个点抽取。但要注意避免抽取离析的及面层的材料。

③从袋装料和散装料（车、船）抽取试样时，应从 10 个不同位置和高度（或料袋）中抽取。

④抽取的试样拌合均匀后，按四分法缩减到试验所需的用料量，见表 4-89。

轻集料取样数量 表 4-89

试验项目	用料量（L）		
	细集料	粗集料	
		$D_{max} \leqslant 19.0mm$	$D_{max} > 19.0mm$
颗粒级配（筛分析）	2	10	20
堆积密度	15	30	40
筒压强度	—	5	5
吸水率	—	4	4
粒型系数	—	2	2

五、试样标识

按标准取得试样后，应及时对试样做出唯一性标识，标识应包括以下内容：工程编号、试样编号、轻集料品种、密度等级和取样日期。参考样式如图 4-24 所示。

工程编号	××××××	试样编号	
轻集料品种	页岩陶粒		
密度等级	400 级		
取样日期	年　月　日		

图 4-24　参考样式

六、检测参数

轻集料的检测参数有：筛分析、堆积密度、筒压强度、吸水率、粒型系数。

试验用的轻集料试样，均应在恒温温度为(105～110)℃的条件下干燥至恒量，当试样干燥至恒量时，相邻离次称量的时间间隔不得小于 2h。当相邻两次称量值之差不大于该项试验要求的精度时，则称为恒量值。

1. 颗粒级配（筛分析）

本试验适用于测定轻集料的颗粒级配及细度模数。

1）仪器设备：

筛分析试验应采用下列仪器设备：

（1）干燥箱。

（2）台秤，称量粗集料用10kg台秤（感量为5g）；称量细集料用5kg的托盘天平（感量为5g）。

（3）套筛：应符合系列标准《试验筛 技术要求和检验》GB/T 6003的方孔筛，孔径为37.5mm、31.5mm、26.5mm、19.0mm、16.0mm、9.50mm和4.75mm共计7种，并附有筛底和筛盖；筛分细集料的方孔筛孔径为9.50mm、4.75mm、2.36mm、1.18mm、600μm、300μm和150μm共计7种，并附有筛底和筛盖。套筛直径应为300mm。

（4）振筛机：电动振动筛，振幅为(5±0.1)mm频率为(5±3)Hz。

（5）搪瓷盘、毛刷和量筒。

2）试验步骤：

（1）取粗集料10L（集料最大粒径小于或等于19.0mm时）或20L（集料最大粒径大于19.0mm时），细集料2L，置于干燥箱中干燥至恒量。然后分成二等份，分别称取试样质量。

（2）筛子按孔径从小到大顺序叠置，孔径最小者置于最下层，附上筛底，将一份试样倒入最上层筛里，上加筛盖，顺序过筛。

（3）筛分粗集料，当每号筛上筛余层的厚度大于该试样的最大粒径时，应分两次筛，直至各筛每分钟通过量不超过试样总量的0.1%；超过试样总量的0.1时，应重新试验。

（4）细集料的筛分可先将套筛用振动摇筛机过筛10min后，取下，再逐个用手筛，也可直接用手筛，直至每分钟通过量不超过试样总量的0.1%时即可。试样在各号筛上的筛余量均不得超过0.4L；否则，应将该筛余试样分成两份，再次进行筛分，并以其筛余量之和作为该号筛的筛余量。

（5）称取每号筛的筛余量。所有各筛的分计筛余量和筛底中剩余量的总和，与筛分前的试样总量相比，相差不得超过1%；超过1%时，应重新试验。

3）结果计算与评定：

（1）计算分计筛余百分率——每号筛上筛余量除以试样总量的质量百分率，计算精确至0.1%。

（2）计算累计筛余百分率——每号筛上的分计筛余百分率与大于该号筛的各号筛上的分计筛余百分率之和，计算精确至1%。

（3）根据各筛的累计筛余百分率，按表4-81和表4-82评定轻集料的颗粒级配。

（4）轻细集料的细度模数按下式计算，计算精确至0.1%：

$$M_x = \frac{(A_2 + A_3 + A_4 + A_5 + A_6) - 5A_1}{100 - A_1} \tag{4-76}$$

式中： M_x——细度模数，计算精确至0.1；

A_1、A_2、A_3、A_4、A_5、A_6——分别为9.50mm、4.75mm、2.36mm、1.18mm、600μm、300μm和150μm孔径筛上的累计筛余百分率。

（5）以两次测定值的算术平均值作为试验结果。两次测定值所得的细度模数之差大于

0.20时应重新取样进行试验。

2.堆积密度

1）范围：

本方法适用于测定轻集料在自然堆积状态下单位体积的质量。

2）仪器设备：

堆积密度试验应采用下列仪器设备：

（1）电子秤：最大称量30g（感量为1g），也可最大称量60kkg（感量2g）。

（2）容量筒：金属制，容积为10L、5L，内部尺寸可根据容积大小取直径与高度相等。粗集料用10L的容积筒；细集料用5L的容积筒。

（3）干燥箱。

（4）直尺、取样勺或料铲等。

3）试验步骤：

取粗集料(30~40)L或细集料(15~20)L，放入干燥箱内干燥至恒量。分成两份，备用。

用取样勺或料铲将试样从离容器口上方50mm处（或采用标准漏斗）均匀倒入，让试样自然落下，不得碰撞容器筒。装满后使容器筒口上部试样成锥体，然后用直尺沿容量筒边缘从中心向两边刮平，表面凹陷处用粒径较小的集料填平后，称量。

4）结果计算与评定：

堆积密度按下式计算，计算精度至$1g/m^3$：

$$\rho_{bu} = \frac{(m_t - m_V) \times 1000}{V} \tag{4-77}$$

式中：ρ_{bu}——堆积密度（kg/m^3），计算精确至$1kg/m^3$；

m_t——试样和容积筒的总质量（kg）；

m_V——容量筒的质量（kg）；

V——容量筒的容积（L）。

以两次测定值的算术平均值作为试验结果。

3.筒压强度

1）范围：

本方法适用于用承压筒法测定轻粗集料颗粒的平均相对强度指标。

2）仪器设备：

筒压强度试验应采用下列仪器设备：

（1）承压筒：由圆柱形筒体［另带筒底，如图4-25（a）所示］、导向筒［图4-25（b）］和冲压模［图4-25（b）］三部分组成；筒体可用无缝钢管制作，有足够刚度，筒体内表面和冲压模底面须经渗碳处理。筒体可拆，并装有把手。冲压模外表面有刻度线，以控制装料高度和压入深度。导向筒用以导向和防止偏心。

（2）压力机：根据筒压强度的大小选择合适吨位的压力机，测定值的大小宜在所选压力机表盘最大读数的 20%～80%范围内。

（3）托盘天平：最大称量 5kg（感量 5g）。

（4）干燥箱。

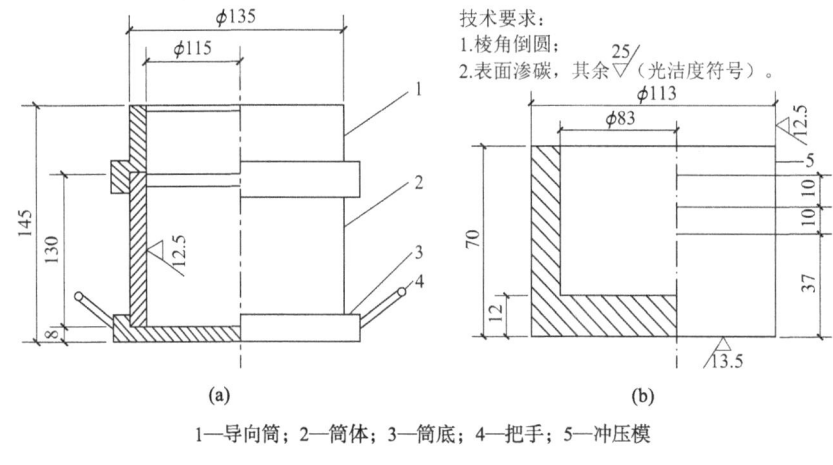

1—导向筒；2—筒体；3—筒底；4—把手；5—冲压模

图 4-25 承压筒的组成

3）试验步骤：

（1）筛取(10～20)mm 公称粒级［粉煤灰陶粒允许按(10～15)mm 公称粒级；超轻陶粒按(5～10)mm 或(5～20)mm 公称粒级］的试样 5L，其中(10～15)mm 公称粒级的试样的体积含量应占 50%～70%。

（2）按堆积密度试验的要求用带筒底的承压筒装试样至高出筒口，放在混凝土试验振动台上振动 3s，再装试样至高出筒口，放在振动台上振动 5s，齐筒口刮（或补）平试样。

（3）装上导向筒和冲压模。使冲压模的下刻度线与导向筒的上缘对齐。

把承压筒放在压力机的下压板上，对准压板中心，以每秒(300～500)N 的速度匀速加荷。当冲压模压入深度为 20mm 时，记下压力值。

4）结果计算与评定：

粗集料的筒压强度按下式计算，计算精确至 0.1MPa：

$$f_a = \frac{P_1 + P_2}{F} \tag{4-78}$$

式中：f_a——粗集料的筒压强度（MPa）；

P_1——压入深度为 20mm 时的压力值（N）；

P_2——冲压模质量（N）；

F——承压面积（即冲压模面积 $F = 10000\text{mm}^2$）。

粗集料的筒压强度以三次测定值的算术平均值作为试验结果。若三次测定值中最大值和最小值之差大于平均值的 15%时，应重新取样进行试验。

4. 吸水率

1）范围：

本方法适用于测定干燥状态轻粗集料 1h 或 24h 的吸水率。

2）仪器设备：

吸水率试验应采用下列仪器设备：

（1）托盘天平：最大称量 1kg（感量 1g）。

（2）干燥箱。

（3）筛子：筛孔为 2.36mm。

（4）容器、搪瓷盘及毛巾等。

3）试验步骤：

（1）取试样 4L，用筛孔为 2.36mm 的筛子过筛。取筛余物干燥至恒量，备用。

（2）把试样拌合均匀，分成三等份，分别称重，然后放入盛水的容器中。如有颗粒漂浮于水上，应将其压入水中。

试样浸水 1h 或 24h 后取出，倒入 2.36mm 的筛子上，滤水(1～2)min。然后倒在拧干的湿毛巾上用手握住毛巾两端，使其成为槽型，让集料在毛巾上来回滚动(8～10)次后，将试样制成饱和面干，倒入搪瓷盘里，然后称重。

4）结果计算与评定：

粗集料吸水率按下式计算，计算精确至 0.1%：

$$W_a = \frac{m_0 - m_1}{m_1} \times 100 \tag{4-79}$$

式中：W_a——粗集料 1h 或 24h 吸水率（%）；

m_0——浸水试样质量（g）；

m_1——烘干试样质量（g）。

以三次测定值的算术平均值作为试验结果。

5. 粒型系数

1）范围：

本方法适用于测定轻粗集料颗粒的长向最大尺寸与中间截面最小尺寸，以计算其粒型系数。

2）仪器设备：

粒型系数试验应采用下列仪器设备：

（1）游标卡尺。

（2）容器：容积为 1L。

3）试样制备：

取试样(1～2)L，用四分法缩分，随机拣出 50 粒。

4）试验步骤：

用游标卡尺量取每个颗粒的长向最大值和中间截面处的最小尺寸，精确至1mm。

5）结果计算与评定：

（1）每颗的粒型系数按下式计算，计算精确至0.1：

$$K'_e = \frac{D_{max}}{D_{min}} \tag{4-80}$$

式中：K'_e——每颗集料的粒型系数；

D_{max}——粗集料颗粒长向最大尺寸（mm）；

D_{min}——粗集料颗粒中间截面的最小尺寸（mm）。

（2）粗集料的平均粒型系数按下式计算：

$$K_e = \frac{\sum_{i=1}^{n} K'_{e,i}}{n} \tag{4-81}$$

式中：K_e——粗集料的平均粒型系数；

$K'_{e,i}$——某一颗粒的粒型系数；

n——被测试样的颗粒数，$n=50$。

以两次测定值的算术平均值作为试验结果。

七、轻集料试验结果判定

（1）各项试验结果均符合技术指标要求，则判定该批轻集料合格。

（2）若试验结果中有一项性能不符合规定的技术指标，允许从同一批轻集料中加倍取样，对不符合项进行复验。

（3）复验后，若该项试验结果符合标准的规定，则判定该批轻集料合格；否则，判该批轻集料不合格。

第四节 砖、砌块、瓦、墙板

第一部分 砖和砌块

一、相关标准

（1）《砌体结构工程施工质量验收规范》GB 50203—2011。

（2）《砌墙砖检验规则》JC 466—1992（1996）。

（3）《烧结普通砖》GB/T 5101—2017。

（4）《烧结多孔砖和多孔砌块》GB 13544—2011。

（5）《烧结空心砖和空心砌块》GB/T 13545—2014。

（6）《蒸压粉煤灰砖》JC/T 239—2014。

（7）《蒸压加气混凝土砌块》GB/T 11968—2020。

（8）《蒸压灰砂实心砖和实心砌块》GB/T 11945—2019。

（9）《蒸压灰砂多孔砖》JC/T 637—2009。

（10）《普通混凝土小型砌块》GB/T 8239—2014。

（11）《轻集料混凝土小型空心砌块》GB/T 15229—2011。

（12）《砖和砌块名词术语》JC/T 790—1985（1996）。

（13）《蒸压加气混凝土性能试验方法》GB/T 11969—2020。

（14）《砌墙砖试验方法》GB/T 2542—2012。

（15）《混凝土砌块和砖试验方法》GB/T 4111—2013。

（16）《砌墙砖抗压强度试验用净浆材料》GB/T 25183—2010。

（17）《砌墙砖抗压强度试样制备设备通用要求》GB/T 25044—2010。

二、基本概念

砖和砌块常用于砖或框架等结构中，供承重墙或非承重墙砌筑用。承重墙指支撑上部楼层重量的墙体；非承重墙是指不支撑上部楼层重量的墙体，只起到把一个房间和另一个房间隔开的作用。

1. 名词

1）砖

砖是指砌筑用的人造小型块材。外形多为直角六面体，其长度不超过 365mm，宽度不超过 240mm，高度不超过 115mm，也有各种异形的。

砌墙砖系指以黏土、工业废料或其他地方资源为主要原料，以不同工艺制造的、用于砌筑承重和非承重墙体的墙砖。砌墙砖可以分为普通砖和空心砖两种，而根据生产工艺的不同，又把它们分为烧结砖和非烧结砖。普通砖是指主规格尺寸为 240mm×115mm×53mm 的实心砖。

砖的大面是指砖的长和宽所形成的面；条面是指垂直于砖大面的较长的面；顶面是指砖的宽和高所形成的面。

（1）烧结砖：

烧结砖是以黏土、页岩、煤矸石或粉煤灰为原料，经成型和高温焙烧而制得的用于砌筑承重和非承重墙体砖的统称，如黏土砖，页岩砖，煤矸石砖。

根据烧结砖的颜色，又分为红砖和青砖。当砖窑中焙烧时为氧化气氛，则制得红砖。若砖坯在氧化气氛中烧成后再在还原气氛中闷窑，促使砖内的红色高价氧化铁还原成青灰色的低价氧化铁，即得青砖。青砖一般比红砖强度高，耐碱性能好、耐久性强，但价格贵。

按焙烧方法不同，烧结黏土砖又可分为内燃砖和外燃砖。内燃砖是将煤渣、粉煤灰等可燃性工业废料掺入制坯黏土原料中，当砖坯在窑内被烧制到一定温度后，坯体内的燃料燃烧而瓷结成砖。内燃砖比外燃砖节省了大量外投煤，节约黏土原料5%～10%，强度提高20%左右，砖的表观密度减小，隔声保温性能增强。但砖坯焙烧温度若控制不当，会出现欠火砖和过火砖。欠火砖色浅、敲击声喑哑、强度低、吸水率大、耐久性差。过火砖颜色深、敲击时声音清脆、强度较高、吸水率低，但多弯曲变形。欠火砖和过火砖均为不合格产品。

（2）非烧结砖：

以粉煤灰、煤渣、煤矸石、尾矿渣、化工渣或者天然砂、海涂泥等原料中的一种或数种作为主要原料，不经高温煅烧而制造的墙体材料称之为免烧砖。由于该种材料强度高、耐久性好、尺寸标准、外形完整、色泽均一，具有古朴自然的外观，可做清水墙也可以做外装饰。非烧结砖无须烧结，自然养护、蒸养均可。粉煤灰砖，炉渣砖，灰砂砖等非烧结砖是经常压蒸汽养护或者高压蒸汽养护硬化而成的蒸养砖。

（3）蒸养砖：

经常压蒸汽养护硬化而成的砖。常结合主要原料命名，如蒸养粉煤灰砖、蒸养矿渣砖、蒸养煤渣砖等。在不致混淆的情况下，可省略"蒸养"二字。

（4）蒸压砖：

经高压蒸汽养护硬化而成的砖。常结合主要原料命名，如蒸压粉煤灰砖、蒸压矿渣砖、蒸压灰砂砖等。在不致混淆的情况下，可省略"蒸压"二字。

（5）实心砖：

无孔洞或孔洞率小于15%的砖。

（6）微孔砖：

通过掺入成孔材料（如聚苯乙烯微珠、锯木等）经焙烧在砖内造成微孔的砖。

（7）多孔砖：

孔洞率等于或大于15%，孔的尺寸小而数量多的砖。常用于承重部位。

（8）空心砖：

孔洞率等于或大于15%，孔的尺寸大而数量少的砖。常用于非承重部位。

2）砌块

砌块是利用混凝土、工业废料（炉渣、粉煤灰等）或地方材料制成的人造块材，外形尺寸比砖大，具有设备简单，砌筑速度快的优点，符合建筑工业化发展中墙体改革的要求。

砌块外形多为直角六面体，也有各种异形的。砌块系列中主规格的长度、宽度或厚度有一项或一项以上分别大于365mm、240mm或115mm，但高度不大于长度或宽度的6倍，长度不超过高度的 3 倍。

砌块按尺寸和质量的大小不同分为小型砌块、中型砌块和大型砌块。砌块系列中主规格的高度大于 115mm 而小于 380mm 的称作小型砌块；高度为 380~980mm 称为中型砌块；高度大于 980mm 的称为大型砌块。使用中以中、小型砌块居多。

砌块按外观形状可以分为实心砌块和空心砌块。空心砌块有单排方孔、单排圆孔和多排扁孔三种形式，其中多排扁孔对保温较有利。按砌块在组砌中的位置与作用可以分为主砌块和各种辅助砌块。

根据材料不同，常用的砌块有普通混凝土与装饰混凝土小型空心砌块、轻集料混凝土小型空心砌块、粉煤灰小型空心砌块、蒸汽加气混凝土砌块、免蒸加气混凝土砌块（又称环保轻质混凝土砌块）和石膏砌块。吸水率较大的砌块不能用于长期浸水、经常受干湿交替或冻融循环的建筑部位。

砌块的侧面是指砌块的长和高所形成的面；端面是指砌块的宽和高所形成的面；铺浆面是指砌块砌筑时铺设砌筑砂浆的面；座浆面是指平行于铺浆面的另一个面。

（1）普通混凝土砌块：

用水泥混凝土制成的砌块，可简称"混凝土砌块"。

（2）轻骨料混凝土砌块：

用轻骨料混凝土制成的砌块。常结合骨料名称命名，如陶粒混凝土砌块、浮石混凝土砌块等，简称可省略"混凝土"三字。

（3）多孔混凝土砌块：

用多孔混凝土或多孔硅酸盐混凝土制成的砌块。

（4）实心砌块：

无孔洞或空心率小于 25% 的砌块（曾用名：密实砌块）。

（5）空心砌块：

空心率等于或大于 25% 的砌块。

（6）烧结多孔砌块：

经焙烧而成，孔洞率大于或等于 33%，孔的尺寸小而数量多的砌块。主要用于承重部位。

2. 常用砖和砌块的规格、等级划分、产品标志

1）烧结普通砖

以黏土、页岩、煤矸石、粉煤灰、建筑渣土、淤泥（江河湖淤泥）、污泥等为主要原材料经焙烧而成主要用于建筑物承重部位的普通砖。

（1）规格：公称尺寸为 240mm×115mm×53mm。

（2）等级划分：

烧结普通砖根据抗压强度分为 MU30、MU25、MU20、MU15 和 MU10 五个强度等级。

（3）产品分类：

按主要原料分为黏土砖（N），页岩砖（Y）、煤矸石砖（M）、粉煤灰砖（F）、建筑渣土砖（Z）、淤泥砖（U）、污泥砖（W）、固体废弃物砖（G）。

（4）产品标记：

砖的产品标记按产品名称的英文缩写、类别、强度等级和标准编号顺序编写。

示例：

烧结普通砖，强度等级 MU15 的黏土砖，其标记为：FCBN MU15 GB 5101。

2）烧结多孔砖和多孔砌块

以黏土、页岩、煤矸石、粉煤灰、淤泥和其他固体废弃物等为主要原材料、经焙烧制成主要用于建筑物承重部位的多孔砖和多孔砌块。

（1）规格：

砖规格尺寸（mm）：290、240、190、180、140、115、90。

砌块规格尺寸（mm）：490、440、390、340、290、240、190、180、140、115、90。

其他规格尺寸由供需双方协商确定。

（2）等级划分：

①强度等级 MU30、MU25、MU20、MU15、MU10 五个强度等级。

②密度等级：

a. 砖的密度等级分为 1000、1100、1200、1300 四个等级。

b. 按砌块密度等级分为 900、1000、1100、1200 四个等级。

（3）产品标志：

砖和砌块的产品标记按产品名称、品种、规格、强度等级和标准编号顺序编写。

示例：

规格尺寸 290mm×140mm×90mm、强度等级 MU25、密度 1200 级的黏土烧结多孔砖，其标记为：烧结多孔砖 N290×140×90 MU25 1200 GB 13544—2011。

3）烧结空心砖和空心砌块

以黏土、页岩、煤矸石、粉煤灰、淤泥、建筑渣土以及其他固体废弃物等为主要原材料、经焙烧制成主要用于建筑物非承重部位的空心砖和空心砌块（以下简称砖和砌块）。按主要原料分为黏土砖和砌块（N）、页岩砖和砌块（Y）煤矸石砖和砌块（M）、粉煤灰砖和砌块（F）、淤泥砖和砌块（U）、建筑渣土砖和砌块（Z）、其他固体废弃物砖和砌块（G）。

（1）规格：

砖和砌块的外型为直角六面体，其长度、宽度、高度尺寸应符合下列要求：

长度（mm）：390、290、240、190、180（175）、140；

宽度（mm）：190、180（175）、140、115；

高度（mm）：180（175）、140、115、90。

其他规格尺寸由供需双方协商确定。

（2）等级划分：

抗压强度分为 MU10.0、MU7.5、MU5.0、MU3.5；体积密度分为 800 级、900 级、1000级、1100 级。

（3）产品标志：

砖和砌块的产品标记按产品名称、类别、规格、密度等级、强度等级和标准编号顺序编写。

示例：

规格尺寸 290mm×190mm×90mm、密度等级 800、强度等级 MU7.5 的页岩空心砖，其标记为：烧结空心砖 Y（290×190×90）800 MU7.5 GB 13545—2014。

4）蒸压粉煤灰砖

蒸压粉煤灰砖（以下简称粉煤灰砖）是以粉煤灰和生石灰为主要原材料，可适当掺加石膏等外加剂和其他集料，经坯料制备、压制成型、高压蒸汽养护而制成的砖，产品代号为 AFB。粉煤灰砖可用于工业与民用建筑的墙体和基础，但用于基础或用于易受冻融和干湿交替作用的建筑部位必须使用 MU15 及以上强度等级的砖。

粉煤灰砖不得用于长期受热（200℃以上）、受急冷急热和有酸性介质侵蚀的建筑部位。

（1）规格：

砖的外形为直角六面体；砖的公称尺寸为：长 240mm、宽 115mm、高 53mm。

（2）等级划分：

强度等级分为 MU30、MU25、MU20、MU15、MU10。

（3）产品标志：

粉煤灰砖产品标记按产品名称（AFB）、规格等级、强度等级、标准编号顺序编写。

示例：

强度等级为 MU20，规格尺寸为 240mm×115mm×53mm 的粉煤灰砖标记为：AFB 240mm×115mm×53mm MU20 JC/T 239—2014。

5）蒸压灰砂实心砖和实心砌块

蒸压灰砂实心砖是以石灰和砂为主要原料，允许掺入颜料和外加剂，经坯料制备、压制成型、蒸压养护而成的实心灰砂砖。

蒸压灰砂实心砌块是以磨细砂、石灰、和石膏为胶结料，以砂为集料，经震动成型、高压蒸汽养护等工艺过程制成的密实硅酸盐砌块。

大型蒸压灰砂实心砌块是指空心率小于15%,长度不小于500mm或高度不小于300mm的蒸压灰砂砌块。

当产品开孔方向与使用承载方向一致时，其孔洞率不宜超过 10%。

（1）规格：

蒸压灰砂砖标准砖尺寸为 240mm×115mm×53mm，其他规格尺寸可由供需双方协商。

（2）等级划分：

根据灰砂砖的颜色分为：彩色的（C）、本色的（N）。规格分为：蒸压灰砂实心砖（LSSB）、蒸压灰砂实心砌块（LSSU）和大型蒸压灰砂实心砌块（LLSS）。根据抗压强度分为：MU10、MU15、MU20、MU25和MU30五级。

（3）产品标志：

蒸压灰砂砖产品标记按代号、颜色、等级、规格尺寸标准编号的顺序进行。

示例：

强度等级为 MU20 的彩色实心砖（标准砖）：LSSB-C MU20 240×115×53 GB/T 11945—2019。

6）蒸压灰砂多孔砖

蒸压灰砂多孔砖可用于防潮层以上的建筑承重部位。不得用于受热200℃以上、受急冷急热和有酸性介质侵蚀的建筑部位。

（1）规格：

共有 240mm×115mm×90mm 和 240mm×115mm×115mm 两种规格。

（2）等级划分：

按抗压强度分为 MU30、MU25、MU20、MU15 四个等级；按尺寸允许偏差和外观质量将产品分为优等品（A）和合格品（C）。

（3）产品标志：

按产品名称、规格、强度等级、产品等级、标准编号的顺序标记。

示例：

强度等级为MU15，优等品，规格尺寸为240mm×115mm×90mm 的蒸压灰砂多孔砖标记为：蒸压灰砂多孔砖 240×115×9015 AJC/T 637—2009。

7）普通混凝土小型砌块

以水泥、矿物掺合料、砂、石、水等为原材料，经搅拌、振动成型、养护等工艺制成的小型砌块，包括空心砌块和实心砌块。

（1）规格：

普通混凝土小型砌块主块型砌块长度尺寸为 400mm 减砌筑时竖灰缝厚度，高度为 200mm 减砌筑时水平灰缝厚度，条面封闭完好。

（2）等级划分：

普通混凝土小型砌块的抗压强度分级见表4-90。

砌块的强度等级（MPa）　　表4-90

砌块种类	承重砌块（L）	非承重砌块（N）
空心砌块（H）	7.5、10.0、15.0、20.0、25.0	5.0、7.5、10.0
实心砌块（S）	15.0、20.0、25.0、30.0、35.0、40.0	10.0、15.0、20.0

(3）产品标志：

按砌块种类、规格尺寸、强度等级（MU）和标准编号的顺序进行。

示例：

强度等级为MU15.0、规格尺寸390mm×190mm×190mm，承重机构用实心砌块标记为：LS 390×190×190 MU15.0 GB/T 8239—2014。

8）轻集料混凝土小型空心砌块

轻集料混凝土小型空心砌块是用轻粗集料、轻砂（或普通砂）、水泥和水等原材料配制而成的干表观密度不大于1950kg/m³的混凝土制成的小型空心砌块。

（1）规格：

主规格尺寸为390mm×190mm×190mm。其他规格尺寸可由供需双方商定。

（2）类别：

按砌块孔的排数分为：单排孔、双排孔、三排孔和四排孔等。

（3）等级划分：

按砌块密度等级分为八级：700、800、900、1000、1100、1200、1300、1400。

按砌块强度等级分为五级：MU2.5、MU3.5、MU5.0、MU7.5、MU10.0。

（4）产品标志：

轻集料混凝土小型空心砌块（LB），按代号、类别、密度等级、强度等级和标准编号的顺序进行标记。

示例：

密度等级为800级、强度等级为2.5级的轻集料混凝土三排孔小砌块。其标记为：LB 3 800 MU2.5 GB/T 15229—2011。

9）蒸压加气混凝土砌块

蒸压加气混凝土砌块是以粉煤灰，石灰，水泥，石膏，矿渣等为主要原料，加入适量发气剂，调节剂，气泡稳定剂，经配料搅拌，浇注，静停，切割和高压蒸养等工艺过程而制成的一种多孔混凝土制品。

蒸压加气混凝土砌块发气剂又称加气剂，是制造加气混凝土的关键材料。发气剂大多选用脱脂铝粉。掺入浆料中的铝粉，在碱性条件下产生化学反应：铝粉极细，产生的氢气形成许多小气泡，保留在很快凝固的混凝土中。这些大量的均匀分布的小气泡，使加气混凝土砌块具有轻质、节能、保温、耐火、抗压、吸声、耐久、隔热、抗渗水、易加工等许多优良特性。

蒸压加气混凝土砌块目前被广泛应用于框架结构，外墙填充，内墙隔断，建筑屋面的保温和隔热，抗震圈梁构造多层建筑的外墙或保温隔热复合墙体，墙体、楼板和屋面板等承重材料及非承重材料或维护填充材料等工业和建筑行业的各个方面。

（1）规格：

蒸压加气混凝土砌块的规格尺寸如表 4-91 所示。

砌块的规格尺寸   表 4-91

长度 L	宽度 B	高度 H
600	100、120、125、150、180、200、240、250、300	200、240、250、300

注：如需要其他规格，可由供需双方协商解决。

（2）等级划分：

强度级别有：A1.0、A2.0、A2.5、A3.5、A5.0、A7.5 和 A10 七个级别。

砌块干密度级别有：B03、B04、B05、B06、B07 和 B08 六个级别。

按干密度、抗压强度又分为：优等品（A）、合格品（B）二个等级。

（3）产品标志：

示例：

强度级别为 A3.5、干密度级别为 B05、优等品、规格尺寸为 600mm×200mm×250mm 的蒸压加气混凝土砌块，其标记为：ACB A3.5 B05 600×200×250A GB/T 11968—2020。

三、进场复验项目、组批原则及取样数量

常用砖和砌块的进场复验项目、组批原则及取样数量如表 4-92 所示。

常用砖和砌块的进场复验项目、组批原则及取样数量   表 4-92

材料名称	验收标准名称	进场复验项目	组批原则	取样规定（数量）	备注
烧结普通砖《烧结普通砖》GB/T 5101—2017	《砌体结构工程施工质量验收规范》GB 50203—2011	强度等级	同厂家，同品种，同规格，同等级，15 万块为一验收批，不足 15 万块按一批计	用随机抽样法，从外观质量检验合格后的样品中抽取试样 1 组（10 块）	H/B（高宽比）是指试样在实际使用状态下的承压高度（H）与最小水平尺寸（B）之比
烧结多孔砖《烧结多孔砖和多孔砌块》GB 13544—2011		强度等级	同厂家，同品种，同规格，同等级，10 万块为一验收批，不足 10 万块按一批计		
烧结空心砖《烧结空心砖和空心砌块》GB/T 13545—2014		强度等级	同厂家，同品种，同规格，同等级，10 万块为一验收批，不足 10 万块按一批计		
蒸压粉煤灰砖《蒸压粉煤灰砖》JC/T 239—2014		强度等级（抗压强度、抗折强度）	同厂家，同品种，同规格，同等级，10 万块为一验收批，不足 10 万块按一批计	用随机抽样法，从外观质量检验合格后的样品中抽取试样 1 组（20 块）	
蒸压灰砂实心砖《蒸压灰砂实心砖和实心砌块》GB/T 11945—2019		强度等级	同厂家，同品种，同规格，同等级，10 万块为一验收批，不足 10 万块按一批计	用随机抽样法，从外观质量检验合格后的样品中抽取试样 1 组（标准砖 5 块，其他实心砖 H/B≥0.6，5 块；H/B<0.6，10 块）	

续表

材料名称	验收标准名称	进场复验项目	组批原则	取样规定（数量）	备注
蒸压灰砂实心砌块《蒸压灰砂实心砖和实心砌块》GB/T 11945—2019	《砌体结构工程施工质量验收规范》GB 50203—2011	强度等级	同厂家，同品种，同规格，同等级，1万块为一验收批，不足1万块按一批计	用随机抽样法，从外观质量检验合格后的样品中抽取试样1组；用于多层以上建筑的基础和底层的小砌块抽检数量不应少于2组。抗压强度：$H/B \geq 0.6$，5块；$H/B < 0.6$，10块；密度等级：3块	H/B（高宽比）是指试样在实际使用状态下的承压高度（H）与最小水平尺寸（B）之比
普通混凝土小型砌块《普通混凝土小型砌块》GB/T 8239—2014		强度等级	同厂家，同品种，同规格，同等级，1万块为一验收批，不足1万块按一批计		
轻集料混凝土小型空心砌块《轻集料混凝土小型空心砌块》GB/T 15229—2011		强度等级（抗压强度、密度等级）	同厂家，同品种，同规格，同等级，1万块为一验收批，不足1万块按一批计		
蒸压加气混凝土砌块《蒸压加气混凝土砌块》GB/T 11968—2020		抗压强度、干密度	同厂家，同品种，同规格，同等级，1万块为一验收批，不足1万块按一批计	用随机抽样法，从外观质量检验合格后的样品中抽取砌块制作试件，抗压强度3组9块，干密度3组9块	
烧结多孔砌块《烧结多孔砖和多孔砌块》GB 13544—2011		强度等级	同厂家，同品种，同规格，同等级，1万块为一验收批，不足1万块按一批计	用随机抽样法，从外观质量检验合格后的样品中抽取试样1组（10块）	
烧结空心砌块《烧结空心砖和空心砌块》GB/T 13545—2014		强度等级	同厂家，同品种，同规格，同等级，1万块为一验收批，不足1万块按一批计		

四、取样方法及取样注意事项

1. 取样方法

取样时，按事先定好的抽样方案，在拟定位置取样，如该位置落空或材料外观有缺陷，就近补取，直至达到规定数量。实施就近补取，是因为在施工过程中，对外观有缺陷的块状材料能实行物尽其能的使用办法，而它的存在不会影响检验批的材料质量。

2. 取样注意事项和要求

（1）取样注意事项：

取样位置尽可能在料垛上均匀分布，保证所取试件能够代表进场墙体材料的质量。不得在检验批中选取试样，更不得使用厂家提供的小样，因为这样的样品不能代表进场墙体材料的质量。蒸压加气混凝土砌块试样应注明发气方向。

（2）蒸压加气混凝土砌块立方体抗压强度和干体积密度试件制备：

委托单位加工立方体抗压强度试件，应按《蒸压加气混凝土性能试验方法》GB/T 11969—2020有关规定进行。采用机锯或刀锯锯切时，不得将试件弄湿。试件表面必须平整，不得有裂缝或明显缺陷，尺寸允许偏差为±2mm。试件应逐块编号，标明锯取部位和发气方向。试件为100mm×100mm×100mm立方体试件，一组3块，共制作3组试件供立方体抗压强度试验用。

委托单位加工干体积密度试件，应按《蒸压加气混凝土性能试验方法》GB/T 11969—

2020 有关规定进行。立方体试件尺寸最终达到 100mm×100mm×100mm。共制作 3 组供干体积密度试验用试件,试件每组 3 块。

五、试验方法及评定

1. 常用砌墙砖试验方法

1)烧结普通砖抗压强度试验

抗压强度试验按《砌墙砖试验方法》GB/T 2542—2012 进行。其中砖样数量为 10 块。试验机的示值相对误差不超过±1%,其上、下加压板至少应有一个球绞支座,预期最大破坏荷载应在量程的 20%～80%。

抗压强度试验用净浆材料:应符合《砌墙砖抗压强度试验用净浆材料》GB/T 25183—2010 的要求。

(1)试件制备:

采用一次成型制样(一次成型制样适用于采用样品中间部位切割,交错叠加制成强度试验试样的方式),将试样锯成两个半截砖,两个半截砖用于叠合部分长度不得小于 100mm(图 4-26),如果不足 100mm,应另取备用试样补足。

将已切割开的半截砖放入室温的净水中浸(20～30)min 后取出,在铁丝网上滴水(20～30)min,以断口相反方向装入钢制制样模具中(图 4-27)。用插板控制两个半砖间距不应大于 5mm,砖大面与模具间距不应大于 3mm,砖断面、顶面与模具间垫以橡胶垫或其他密封材料,模具内表面涂油或脱模剂。

将符合要求的净浆材料按照配制要求,置于搅拌机中搅拌,净浆材料的各项指标应符合表 4-93 的要求。

将装好试样的模具置于表面有磁力的振动台上,加入适量搅拌均匀的净浆材料,振动时间为(0.5～1)min,停止振动,静置至净浆材料达到初凝时间[(15～19)min]后拆模。

制成的试件,应置于不低于 10℃的不通风室内养护 4h,再进行试验。

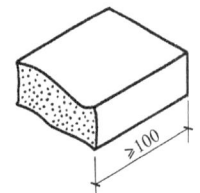
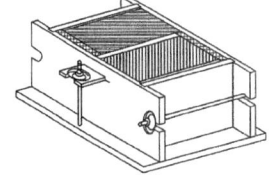
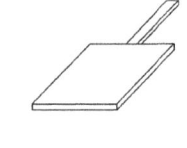

图 4-26 半截砖长度示意图　　图 4-27 一次成型制样模具及插板

砌墙砖抗压强度试验用净浆材料物理指标　　表 4-93

项目	指标
抗压强度(4h)(MPa)	19.0～21.0
流动度(提桶法)(mm)	饼径 160～164
初凝时间(min)	15～19
终凝时间(min)	<30

（2）试验步骤：

①测量每个试件连接面的长、宽尺寸各两个，分别取其平均值，精确至1mm。

②将试件平放在加压板的中央，垂直于受压面加荷，应均匀平稳，不得发生冲击或振动。加荷速度为(5±0.5)kN/s，直至试件破坏为止，记录最大破坏荷载P。

（3）结果计算与评定：

①计算

每块试样的抗压强度f_i，按下式计算精确至0.01MPa：

$$f_i = \frac{P}{LB} \tag{4-82}$$

式中：f_i——抗压强度，MPa；

P——最大破坏荷载（N）；

L——连接面的长度（mm）；

B——连接面的宽度（mm）。

试验后按下式计算标准差S：

$$S = \sqrt{\frac{1}{9}\sum_{i=1}^{10}\left(f_i - \overline{f}\right)^2} \tag{4-83}$$

式中：S——10块试样的抗压强度标准差，精确至0.01MPa；

$\overline{f}$——10块试样的抗压强度平均值，精确0.1MPa；

f_i——单块式样抗压强度测定值，精确0.01MPa。

②结果计算与评定

按表4-94中抗压强度平均值（$\overline{f}$）、强度标准值（f_k）指标评定砖的强度等级。

样本量$n=10$时的强度标准值按下式计算：

$$f_k = \overline{f} - 1.83S \tag{4-84}$$

式中：f_k——强度标准值，精确至0.1MPa。

强度等级的试验结果应符合表4-94的规定。

烧结普通砖强度等级　　　　　　　　　　表4-94

强度等级	抗压强度平均值$\overline{f}$≥（MPa）	强度标准值f_k≥（MPa）
MU30	30.0	22.0
MU25	25.0	18.0
MU20	20.0	14.0
MU15	15.0	10.0
MU10	10.0	6.5

2）烧结多孔砖和多孔砌块抗压强度试验

（1）强度以大面（有孔面）抗压强度结果表示。

（2）采用二次成型制样（二次成型制样适用于采用整块样品上下表面灌浆制成强度试验试样的方式），将整块试样放入室温的净水中浸(20～30)min 后取出，在铁丝网架上滴水(20～30)min。

将符合要求的净浆材料按照配制要求，置于搅拌机中搅拌，净浆材料的各项指标应符合表4-93 的要求。

钢制模具（图4-28）内表面涂油或脱模剂，加入适量搅拌均匀的净浆材料，将整块试样一个承压面与净浆接触，装入制样模具中，承压面找平层厚度不应大于 3mm。将装好试样的模具置于表面有磁力的振动台上，振动时间为(0.5～1)min，停止振动，静置至净浆材料达到初凝时间［(15～19)min］后拆模。按同样方法完成整块试样另一承压面的找平。

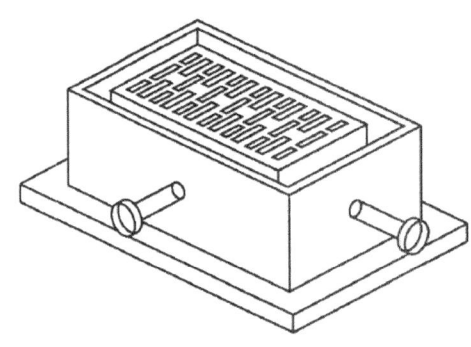

图 4-28　二次成型制样模具

（3）试验步骤：

①测量每个试件受压面的长、宽尺寸各两个，分别取其平均值，精确至 1mm。

②将试件平放在加压板的中央，垂直于受压面加荷，应均匀平稳，不得发生冲击或振动。加荷速度以(2～6)kN/s 为宜，直至试件破坏为止，记录最大破坏荷载P。

（4）结果计算每块试样的抗压强度f_i按下式计算，精确至 0.01MPa：

$$f_i = \frac{P}{LB} \tag{4-85}$$

式中：f_i——抗压强度（MPa）；

　　　P——最大破坏荷载（N）；

　　　L——受压面的长度（mm）；

　　　B——受压面的宽度（mm）。

试验后计算出强度标准差S：

$$S = \sqrt{\frac{1}{9}\sum_{i=1}^{10}\left(f_i - \overline{f}\right)^2} \tag{4-86}$$

式中：S——10 块试样的抗压强度标准差，精确至 0.01MPa；

　　　$\overline{f}$——10 块试样的抗压强度平均值，精确至 0.1MPa；

f_i——单块试样抗压强度测定值,精确 0.01MPa。

(5)结果评定:

平均值—标准值方法评定:

按表 4-95 中抗压强度平均值($\bar{f}$)、强度标准值(f_k)指标评定砖和砌块的强度等级。

样本量 $n = 10$ 时的强度标准按下式计算:

$$f_k = \bar{f} - 1.83S \tag{4-87}$$

式中:f_k——强度标准值,精确至 0.1MPa。

强度等级的试验结果应符合表 4-95 的规定。

烧结多孔砖和多孔砌块强度等级 表 4-95

强度等级	抗压强度平均值$\bar{f}$≥ (MPa)	强度标准值f_k≥ (MPa)
MU30	30.0	22.0
MU25	25.0	18.0
MU20	20.0	14.0
MU15	15.0	10.0
MU10	10.0	6.5

3)粉煤灰砖的强度试验

(1)粉煤灰砖强度等级试验两个强度指标:抗压强度和抗折强度。

试验机的示值相对误差不大于±1%,其下加压板应为球绞支座,预期最大破坏荷载应在量程的 20%~80%之间。

抗折试验的加荷形式为三点加荷,其上压辊和下支辊的曲率半径 15mm,下支辊应有一个铰接固定。

(2)抗折强度试验步骤:

试样放在温度为(20 ± 5)°C的水中浸泡 24h 后取出,用湿布拭去其表面水分。

按规定测量试样的宽度和高度尺寸各 2 个,分别取其算术平均值,精确至 1mm。宽度应在砖的两个大面的中间处分别测量两个尺寸,高度应在两个条面的中间处分别测量两个尺寸。当被测处有缺损或凸出时,可在其旁边测量,但应选择不利的一侧。

调整抗折夹具下支辊的跨距为砖规格长度减去 40mm,但规格长度为 190mm 的砖,其跨距为 160mm。

将试样大面平放在支辊上,试样两端面与下支辊的距离应相同,当试样有裂缝时或凹陷时,应使有裂缝或凹陷的大面朝下,以(50~150)N/s 的速度均匀加荷,直至试样断裂,记录最大破坏荷载 P。

(3)结果计算:

每块试样的抗折强度 R_C 按下式计算,精确至 0.01MPa。

$$R_C = \frac{3PL}{2BH^2} \tag{4-88}$$

式中：R_C——抗折强度（MPa）；

P——最大破坏荷载（N）；

L——跨距（mm）；

B——试样宽度（mm）；

H——试样高度（mm）。

试验结果以 10 块试样抗折强度的算术平均值和单块最小值表示，精确至 0.1MPa。

（4）抗压强度试验步骤：

材料试验机示值相对误差不大于±1%，量程的选择应使试样的最大破坏荷载落在满载的 20%～80%之间。

另取一组试样，放在温度为(20±5)℃的水中浸泡 24h 后取出，用湿布拭去其表面水分，切断或锯成两个半截砖，将两块半截砖断口相反叠放，叠合部分以 100mm 为宜，但不应小于 90mm 如果不足 90mm 时，应另取备用砖样补足。

测量叠加部位的宽度和长度尺寸各 2 个，分别取其算术平均值，精确至 1mm；将砖样平放在材料试验机加压板的中央，垂直于受压面加荷，应均匀平稳，不得发生冲击或振动。加荷速度以(4～6)kN/s 为宜，直至试件破坏为止，记录最大破坏荷载 P。

结果计算：

抗压强度 R 按下式计算并精确至 0.01MPa；

$$R = \frac{P}{LB} \tag{4-89}$$

式中：P——破坏荷载（N）；

L——砖样叠合部分长度（mm）；

B——砖样宽度（mm）。

试验结果以 10 块试样抗压强度的算术平均值和单块最小值表示，精确至 0.1MPa。

（5）评定：

强度等级应符合表 4-96 的规定。

粉煤灰砖强度指标　　　　表 4-96

强度等级	抗压强度（MPa）		抗折强度（MPa）	
	10 块平均值≥	单块值	10 块平均值≥	单块值≥
MU30	30.0	24.0	4.8	3.8
MU25	25.0	20.0	4.5	3.6
MU20	20.0	16.0	4.0	3.2

续表

强度等级	抗压强度（MPa）		抗折强度（MPa）	
	10块平均值≥	单块值	10块平均值≥	单块值≥
MU15	15.0	12.0	3.7	3.0
MU10	10.0	8.0	2.5	2.0

4）粉煤灰砌块的抗压强度试验

（1）试验机的精度（示值的相对误差）应小于2%，其量程应能使试件的预期破坏荷载值不小于全量程的20%，也不在于全量程的80%。

（2）试验步骤：

抗压试验时，将试件置于压力机加压板的中央，承压面应与成型时的顶面垂直，以(0.2～0.3)MPa/s的加荷速度加荷至试件破坏。

（3）结果计算：

每块试件的抗压强度（R）按下式计算，并精确至0.1MPa：

$$R = \frac{P}{F} \tag{4-90}$$

式中：P——破坏荷载（N）；

F——承压面积（mm^2）。

抗压强度取3个试件的算术平均值。以边长为200mm的立方体试件为标准试件，当采用边长为150mm立方体试件时，结果须乘以0.95折算系数；采用边长为100mm时立方体试件时，结果须乘以0.90折算系数。

（4）评定：

试验结果所得3块试件的立方体抗压强度符合表4-97中13级规定的要求时，判该批砌块的强度等级为13级；如果符合10级规定的要求，判该批砌块的强度等级为10级；如果不符合10级规定的要求，则判该砌块不合格。

粉煤灰砌块强度等级　　　　表4-97

项目	指标	
	10级	13级
抗压强度（MPa）	3块试件平均值不小于10.0 单块最小值8.0	3块试件平均值不小于13.0 单块最小值10.5

5）蒸压灰砂实心砖和实心砌块砖

（1）标准砖抗压强度试验：

材料试验机示值相对误差不大于±1%，量程的选择应使试样的最大破坏荷载落在满载的20%～80%之间。

取一组试样,分别锯成两个半截砖,将两块半截砖断口相反叠放,叠合部分不得小于100mm,如果不足100mm时,应另取备用砖样补足(图4-29)。

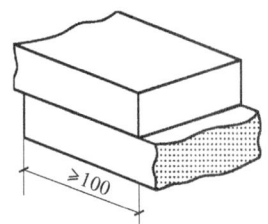

图4-29 两半砖相叠示意图

(注:非成型制样不需养护,试样在气干状态直接进行试验)

将砖样平放在材料试验机加压板的中央,垂直于受压面加荷,应均匀平稳,不得发生冲击或振动。加荷速度以(2~6)kN/s为宜,直至试件破坏为止,记录最大破坏荷载P。

结果计算

抗压强度R_P按下式计算并精确至0.01MPa。

$$R_P = \frac{P}{LB} \tag{4-91}$$

式中:P——破坏荷载(N);

L——砖样叠合部分长度(mm);

B——砖样宽度(mm)。

试验结果以5个试件抗压强度的算术平均值和单块最小值表示,精确至0.1MPa。

(2)实心砖和实心砌块的抗压强度按《混凝土砌块和砖试验方法》GB/T 4111—2013有关规定进行(同普通混凝土小型砌块),试验结果以5个试件抗压强度的算术平均值和单块最小值表示,精确至0.1MPa。

(3)结果评定:

强度等级由试验结果按表4-98判定。

蒸压灰砂砖力学性能　　　　　　表4-98

强度级别	抗压强度(MPa)	
	平均值(不小于)	单块值(不小于)
MU30	30.0	25.5
MU25	25.0	21.2
MU20	20.0	17.0
MU15	15.0	12.8
MU10	10.0	8.5

6)蒸压灰砂多孔砖

(1)抗压强度试验,按《砌墙砖试验方法》GB/T 2542—2012有关规定进行(同烧结多孔砖)。

(2)结果评定:按 10 个试件抗压强度的算术平均值和单块最小值表示,精确至 0.1MPa。抗压强度应符合表 4-99 的规定。

蒸压灰砂多孔砖强度等级　　　　表 4-99

强度级别	抗压强度(MPa)	
	平均值(不小于)	单块最小值(不小于)
MU30	30.0	24.0
MU25	25.0	20.0
MU20	20.0	16.0
MU15	15.0	12.0

2.常用砌块试验方法

1)普通混凝土小型砌块

砌块按空心率分为空心砌块(空心率不小于 25%)和实心砌块(空心率小于 25%)。按使用时砌筑墙体的结构和受力情况,分为承重结构用砌块和非承重结构用砌块。

(1)抗压强度试验:

①设备:

材料试验机:示值误差不应超过±1%,其量程选择应能使试件的预期破坏荷载落在满量程的 20%~80%。

辅助压板:钢板厚度应不小于 20mm,其长度、宽度分别应至少比试件的长度、宽度大 6mm,辅助压板经热处理后的表面硬度应不小于 60HRC,平面度公差应小于 0.12mm。

玻璃平板:厚度不小于 6mm,平面尺寸应比试件承压面大。

水平仪:规格为(250~500)mm。

直角靠尺:应有一端长度不小于 120mm,分度值为 1mm。

钢直尺:分度值为 1mm。

②材料:

如需提前进行抗压强度试验,宜采用高强石膏粉或快硬水泥,有争议时应采用 42.5 普通硅酸盐水泥砂浆。

水泥砂浆:采用强度等级不低于 42.5 的普通硅酸盐水泥和细砂制备的砂浆,用水量以砂浆稠度控制在(65~75)mm 为宜,3d 抗压强度不低于 24MPa。细砂应采用天然河砂,最大粒径不大于 0.6mm,含泥量小于 1.0%,泥块含量为 0。

高强石膏:按《建筑石膏 力学性能的测定》GB/T 17669.3—1999 的规定进行高强石膏抗压强度检验,2h 龄期的湿强度不应低于 24.0MPa。试验室购入的高强石膏,应在 3 个月内使用,若超出 3 个月贮存期,应重新进行抗压强度检验,合格后方可继续使用。除缓凝剂外，高强石膏中不应掺加其他任何填料和外加剂。

快硬水泥：应符合《硫铝酸盐水泥》GB/T 20472—2006 规定的技术要求。

③试件：

A. 试件数量：5 个。

B. 试样的处理：

用于制作试件的试样应尺寸完整。若侧面有突出或不规则的肋，需先做切除处理，以保证制作的抗压强度试件四周侧面平整。块体孔洞四周应被混凝土壁或肋完全封闭。制作出来的抗压强度试件应是由一个或多个孔洞组成的直角六面体，并保证承压面100%完整。当混凝土小型空心砌块端面带有深度不大于 8mm 的肋或槽时，可不做切除或磨平处理，试件的长度尺寸仍取砌块的实际长度尺寸。

试样应在温度(20 ± 5)℃、相对湿度(50 ± 15)%的环境下调至恒重后，方可进行抗压强度试件制作。试件散放在实验室时，可叠层码放，孔应平行于地面，试样之间的间隔应不小于 15mm。如需提前进行抗压强度试验，可使用电风扇以加快试验室内空气流动速度。当试样 2h 后的质量损失不超过前次质量的 0.2%，且在试样表面用肉眼观察见不到有水分或潮湿现象时，可认为试样已恒重。不允许用干燥箱来干燥试样。

C. 试件制备：

计算试样在实际使用状态下的承压高度（H）与最小水平尺寸（B）之比，即试样的高宽比（H/B）。若$H/B \geqslant 0.6$ 时可直接进行试件制备；若$H/B < 0.6$ 时，则需采取叠块方法来进行试件制备。

对于$H/B \geqslant 0.6$的试样，在试件制备平台上先薄薄地涂一层机油或铺一层湿纸，将搅拌好的找平材料均匀摊铺在试件制备平台上，找平材料的长度和宽度应略大于试样的长度和宽度。选定试样的铺浆面作为承压面，把试样的承压面压入找平材料层，用直角靠尺来调控试样的垂直度。座浆后的承压面至少与 2 个相邻侧面成 90°垂直关系。找平材料层厚度不应大于 3mm。当承压面的水泥砂浆终凝后 2h 或石膏找平材料终凝后 20min，将试样翻身，按上述方法进行另一面的座浆。试样压入找平材料层后，除座浆后的承压面至少与两个相邻侧面成 90°垂直关系外，需同时用水平仪调控上表面至水平。为节省试件制作时间，可在试样承压面处理后立即在向上的一面铺设找平材料，压上事先涂油的玻璃平板，边压边观察试样的上承压面的找平材料，将气泡全部排除，并用直角靠尺使座浆后的承压面至少与 2 个相邻侧面成 90°垂直关系，用水平尺将上承压面调至水平，上、下两层找平材料层厚度均应不大于 3mm。

对于$H/B < 0.6$的试样，将同批次、同规格尺寸、开孔结构相同的两块试样，先用找平材料将它们重叠粘结在一起。粘结时，需用水平仪和直角靠尺进行调控，以保持试件的四个侧面中至少有两个相邻侧面是平整的。粘结后的试件应满足：

a. 粘结层厚度不大于 3mm；

b.两块试样的开孔基本对齐;

c.当试样的壁和肋厚度上下不一致时,重叠粘结时应是壁和肋厚度薄的一端,与另一块壁和肋厚度厚的一端相对接。

当粘结两块试样的找平材料终凝2h后,再按与$H/B \geqslant 0.6$试样相同的方法进行两个承压面的找平。

D.试件高度的测量:

制作完成的试件,在对应两个条面和顶面的中间分别测量试件的高度,精确至1mm,若4个读数的极差大于3mm,试件需重新制备。

E.试件养护:

将制备好的试件放置在(20±5)℃、相对湿度(50±15)%的试验室内进行养护。找平和粘结材料采用快硬硫铝酸盐水泥砂浆制备的试件,1d后方可进行抗压强度试验;找平和粘结材料采用高强石膏粉制备的试件,2h后可进行抗压强度试验;找平和粘结材料采用普通水泥砂浆制备的试件,3d后可进行抗压强度试验。

④试验步骤:

按标准方法测量每个试件承压面的长度和宽度(长度在条面的中间,高度在顶面的中间测量。每项在对应两面各测一次,精确至1mm),分别求出各个方向的平均值,精确至1mm。

将试件放在试验机下压板上,要尽量保证试件的重心与试验机压板的中心重合。除需特意将试件的开孔方向置于水平外,试验时块材的开孔方向应与试验机加压方向一致,实心块材测试时,摆放的方向需与实际使用时一致。试验机加荷应均匀平稳,不应发生冲击或振动,加荷速度以(4~6k)N/s为宜,均匀加荷至试件破坏,记录最大破坏荷载P。(注:对于孔型分别对称于长和宽的中心线的试件,其重心和形心重合;对于不对称孔型的试件,可在试件承压面下垫一根直径10mm的圆钢,分别找出长和宽的平衡轴,两轴交点即为重心所在承压面的投影)

⑤结果计算与评定:

每个试件的抗压强度按下式计算,精确至0.01MPa:

$$R = \frac{P}{LB} \tag{4-92}$$

式中:R——试件的抗压强度(MPa);

P——破坏荷载(N);

L——受压面的长度(mm);

B——受压面的宽度(mm)。

试验结果以五个试件抗压强度的算术平均值和单块最小值表示,精确至0.1MPa。

强度等级应符合表4-100规定。

普通混凝土小型砌块   表 4-100

强度等级	砌块抗压强度（MPa）	
	平均值（不小于）	单块最小值（不小于）
MU5.0	5.0	4.0
MU7.5	7.5	6.0
MU10.0	10.0	8.0
MU15.0	15.0	12.0
MU20.0	20.0	16.0
MU25.0	25.0	20.0
MU30.0	30.0	24.0
MU35.0	35.0	28.0
MU40.0	40.0	32.0

（2）含水率和吸水率：

①设备：

电热鼓风干燥箱，温控精度±2℃。

电子称，感量精度 0.005kg。

水池或水箱，最小容积应能放置一组试件。

②试件数量：

试件数量为三个。取样后应立即用塑料袋包装密封。

③试验步骤：

试件取样后立即用毛刷清理试件表面及孔洞内粉尘，称取其质量m_0。如试件用塑料袋密封运输，则在拆袋前先将试件连同包装袋一起称量，然后减去包装袋的质量（袋内如有试件中析出的水珠，应将水珠擦拭干或用暖风吹干后再称量包装袋的重量），即得试件在取样时的质量m。

将试件浸入(15～25)℃的水中，水面应高出试件 20mm 以上。24h 后取出，放在铁丝网架上滴水 1min，再用拧干的湿布拭去内、外表面的水，立即称其饱和面干状态的质量m_2，精确至 0.005kg。

将试件放入电热鼓风干燥箱内，在(105±5)℃温度下至少干燥 24h，然后每间隔 2h 称量一次，直至两次称量之差不超过后一次称量的 0.2%为止。待试件在电热鼓风干燥箱内冷却至与室温之差不超过 20℃后取出，立即称其绝干质量m，精确至 0.005kg。

④结果计算：

每个试件的含水率按下式计算，精确至 0.1%：

$$W_1 = \frac{m_0 - m}{m} \times 100 \tag{4-93}$$

式中：W_1——试件的含水率（%）；

m_0——试件在取样时的质量（kg）；

m——试件的绝干质量（kg）。

块材的含水率以三个试件含水率的算术平均值表示，精确至1%。

每个试件的吸水率按下式计算，精确至0.1%：

$$W_2 = \frac{m_2 - m}{m} \times 100 \qquad (4\text{-}94)$$

式中：W_2——试件的吸水率（%）；

m_2——试件饱和面干状态的质量（kg）；

m——试件的绝干质量（kg）。

块材的吸水率以三个试件吸水率的算术平均值表示，精确至1%。

2）轻集料混凝土小型空心砌块

（1）抗压强度和吸水率试验，按《混凝土砌块和砖试验方法》GB/T 4111—2013有关规定进行（同普通混凝土小型砌块）。

（2）密度等级试验：

①设备：

磅秤：最大称量50kg，感量0.05kg。

电热鼓风干燥箱。

②试件数量：3个砌块。

③试验步骤：

按标准方法测量（同抗压强度的测量方法）试件的长度、宽度、高度、分别求出各个方向的平均值，计算每个试件的体积V，精确至0.001m³。

将试件放入电热鼓风干燥箱内，在(105±5)°C温度下至少干燥24h，然后每间隔2h称量一次，直至两次称量之差不超过后一次称量的0.2%为止。

待试件在电热鼓风干燥箱内冷却至与室温之差不超过20°C后取出，立即称其绝干质量m，精确至0.05kg。

④结果计算与评定：

每个试件的密度按下式计算，精确至10kg/m³：

$$\gamma = \frac{m}{v} \qquad (4\text{-}95)$$

式中：γ——试件的块体密度（kg/m³）；

m——试件的绝干质量（kg）；

v——试件的体积（m³）。

密度以3个试件密度的算术平均值表示，精确至10kg/m³。

密度等级应符合表4-101的规定。

轻集料混凝土小型空心砌块密度等级   表 4-101

密度等级（kg/m³）	干表观密度范围（kg/m³）	密度等级（kg/m³）	干表观密度范围（kg/m³）
700	≥610，≤700	1100	≥1010，≤1100
800	≥710，≤800	1200	≥1110，≤1200
900	≥810，≤900	1300	≥1210，≤1300
1000	≥910，≤1000	1400	≥1310，≤1400

强度等级应符合表 4-102 的规定；同一强度等级砌块的抗压强度和密度等级范围应同时满足表 4-102 的要求。

轻集料混凝土小型空心砌块强度等级   表 4-102

强度等级	抗压强度（MPa）		密度等级范围（kg/m³）
	平均值	最小值	
MU2.5	≥2.5	2.0	≤800
MU3.5	≥3.5	2.8	≤1000
MU5.0	≥5.0	4.0	≤1200
MU7.5	≥7.5	6.0	≤1200[a] ≤1300[b]
MU10.0	≥10.0	8.0	≤1200[a] ≤1400[b]

注：1. 当砌块的抗压强度同时满足 2 个强度等级或 2 个以上强度等级要求时，应以满足要求的最高强度等级为准。
2. [a] 除自燃煤矸石掺量不小于砌块质量 35%以外的其他砌块。
3. [b] 自燃煤矸石掺量不小于砌块质量 35%的砌块。

3）加气混凝土抗压强度试验

（1）抗压强度试验：

①仪器设备：

材料试验机：精度（示值的相对误差）不应低于±2%，其量程的选择应能使试件的预期最大破坏荷载处在量程的 20%～80%范围内。

托盘天平或磅秤：称量 2000g，感量 1g。

电热鼓风干燥箱：最高温度 200℃。

钢板直尺：规格为 300mm，分度值为 0.5mm。

②试件：

试件制备

按《蒸压加气混凝土性能试验方法》GB/T 11969—2020 有关规定进行，受力面必须锉平或磨平，最终达到 100mm×100mm×100mm 立方体试件一组 3 块，进行抗压强度试验。

③试件含水状态：

试件在质量含水率为 25%～45%下进行试验。可将试件浸水 6h，从水中取出，用干布抹去表面水分，在(60±5)℃下烘至所要求的含水率。

④试验步骤：

检查试件外观。

测量试件的尺寸，精确至1mm，并计算出试件的受压面积（A_1）。

将试件放在材料试验机的下压板的中心位置，试件的受压方向应垂直于制品的膨胀方向。

开动试验机，当上压板与试件接近时，调整球座，使接触均衡。

以(2.0±0.5)kN/s的速度连续而均匀地加荷，直至试件破坏，记录破坏荷载（p_1）。

⑤计算结果与评定：

$$f_{cc} = \frac{p_1}{A_1} \tag{4-96}$$

式中：f_{cc}——试件的抗压强度（MPa）；

p_1——破坏荷载（N）；

A_1——试件受压面积（mm²）。

抗压强度的计算精确至0.1MPa。

（2）干体积密度：

①仪器设备：

托盘天平或磅秤：称量2000g，感量1g。

电热鼓风干燥箱：最高温度200℃。

钢板直尺：规格为300mm，分度值为0.5mm。

②试件：

试件制备：

按《蒸压加气混凝土性能试验方法》GB/T 11969—2020 有关规定进行，最终达到100mm×100mm×100mm立方体试件一组3块，逐块量取长、宽、高三个方向的轴线尺寸，精确至1mm，计算试件的体积；并称取试件质量M，精确至1g。

将试件放入电热鼓风干燥箱内，在(60±5)℃下保温24h，然后在(80±5)℃下保温24h，再在(80±5)℃下烘至恒质（M_0）。

③计算结果与评定：

$$r_0 = \frac{M_0}{V} \times 10^6 \tag{4-97}$$

式中：r_0——干体积密度（kg/m³）；

M_0——试件烘干后质量（g）；

V——试件体积（mm³）。

体积密度的计算精确至1kg/m³。

(3)结果评定:

以3组干密度试件的测定结果平均值判定砌块的干密度级别,符合表4-104规定时则判定该批砌块合格。

以3组抗压强度试件测定结果按表4-103判定其强度级别。当强度和干密度级别关系符合表4-105规定,同时,3组试件中各个单组抗压强度平均值全部大于表4-105规定的此强度级别的最小值时,判定该批砌块符合相应等级;若有1组以上此强度级别的最小值时,判定该批砌块不符合相应等级。

砌块的立方体抗压强度　　　　表4-103

强度级别	立方体抗压强度(MPa)	
	平均值(不小于)	单组最小值(不小于)
A1.0	1.0	0.8
A2.0	2.0	1.6
A2.5	2.5	2.0
A3.5	3.5	2.8
A5.0	5.0	4.0
A7.5	7.5	6.0
A10.0	10.0	8.0

砌块的干密度　　　　表4-104

干密度级别		B03	B04	B05	B06	B07	B08
干密度 (kg/mm³)	优等品(A)(不大于)	300	400	500	600	700	800
	合格品(B)(不大于)	325	425	525	625	725	825

砌块的强度级别　　　　表4-105

干密度级别		B03	B04	B05	B06	B07	B08
强度级别	优等品(A)(不大于)	A1.0	A2.0	A3.5	A5.0	A7.5	A10.0
	合格品(B)(不大于)			A2.5	A3.5	A5.0	A7.5

第二部分　屋面瓦

一、相关标准

(1)《烧结瓦》GB/T 21149—2019。

(2)《混凝土瓦》JC/T 746—2023。

(3)《建筑琉璃制品》JC/T 765—2015。

(4)《屋面瓦试验方法》GB/T 36584—2018。

二、基本概念

1. 烧结瓦

1）定义与分类

（1）烧结瓦是由黏土或其他无机非金属原料，经成型、烧结等工艺处理，用于建筑物屋面覆盖及装饰用的板状或块状烧结制品。通常根据形状、表面状态及吸水率不同来进行分类和具体产品命名。

（2）烧结瓦根据形状分为平瓦、脊瓦、三曲瓦、双筒瓦、鱼鳞瓦、牛舌瓦、板瓦、筒瓦、滴水瓦、沟头瓦、J形瓦、S形瓦、波形瓦、平板瓦和其他异形瓦及其配件、饰件；根据表面状态可分为釉瓦（含表面经加工处理形成装饰薄膜层的瓦）和无釉瓦（含青瓦）；根据吸水率不同分为Ⅰ类瓦（≤6.0%）、Ⅱ类瓦（6.0%～10.0%）、Ⅲ类瓦（10.0%～18.0%）。

2）规格

产品规格及结构尺寸由供需双方协商确定，规格以长和宽的外形尺寸表示。

3）标记

瓦的标记按品种、等级、规格和标准编号顺序编写。

示例：

外形尺寸180mm×180mm、优等品、Ⅰ类无釉青板瓦的标记为：青板瓦 IA180×180 GB/T 21149—2019。

2. 混凝土瓦

1）定义与分类

（1）混凝土瓦是由水泥、细集料、掺合料和水等为主要原材料经拌合、挤压、静压或其他成型方法制成的，屋面具备防水、装饰作用的屋面瓦和配件瓦的统称。

（2）混凝土瓦按照用途分为：混凝土屋面瓦（CT）及混凝土配件瓦（CFT）。混凝土屋面瓦按照瓦形分为：波形屋面瓦（CRWT）和平板屋面瓦（CRFT）。

2）规格

混凝土瓦的规格以长×宽的尺寸（mm）表示。混凝土瓦外形正面投影非矩形者，规格应选择两条边乘积能代表其面积者来表示。如正面投影为直角梯形者，以直角边长×腰中心线长表示。

3）标记

混凝土屋面瓦按分类、规格及本文件编号进行标记。

示例：

规格为430mm×320mm的混凝土波形屋面瓦标记为：CRWT 430×320 JC/T 746—2023。

3. 琉璃瓦

1）定义与分类

（1）琉璃瓦是以黏土为主要原料，经成型、施釉、烧成而制得的用于建筑物的瓦类陶瓷制品。

（2）琉璃瓦根据形状可分为板瓦、筒瓦、滴水瓦、沟头瓦、J形瓦、S形瓦、连锁瓦和其他形状的瓦。按成型方法分为挤压成型建筑琉璃瓦、干压成型建筑琉璃瓦两类。

2）规格

产品的规格及尺寸由供需双方商定，规格以长度和宽度的外形尺寸表示。

3）标记

产品按产品品种、规格和标准号的顺序标记。

示例：

外形尺寸 305mm×205mm 的板瓦标记为：板瓦 305×205 JC/T 765。

三、试验项目、组批原则及取样数量

屋面瓦应按批进行复验，复验项目及组批原则应满足表 4-106 要求。

屋面瓦试验项目、组批原则　　　　表 4-106

材料名称	试验项目	组批原则	产品标准
烧结瓦	抗弯曲性能、抗冻性能、耐急冷急热性试验、吸水率、抗渗性能	同品种、同等级、同规格的瓦，每 10000～35000 件为一检验批。不足该数量时，也按一批计	《烧结瓦》GB/T 21149—2019
混凝土瓦	承载力、抗冻性能、吸水率、抗渗性能、耐热性能	同种原材料、同种生产工艺、同一规格型号的产品 35000 片为一批，不足 35000 片亦以一批计	《混凝土瓦》JC/T 746—2023
琉璃瓦	破坏荷重、抗冻性能、耐急冷急热性试验、吸水率	同类别、同规格、同色号的产品，每 10000～35000 件为一个检验批。不足该数量，也按一批计	《建筑琉璃制品》JC/T 765—2015

四、屋面瓦试验方法

1. 烧结瓦试验方法及评定

1）抗弯曲性能

（1）仪器设备：

弯曲强度试验机：试验机能够均匀加荷，其相对误差不大于±1%。支座由直径为 25mm 互相平行的金属棒及下面的支承架构成，其中一根可以绕中心轻微上下摆动，另一根可以绕它的轴心稍作旋转。支承架高度约为 50mm，保证金属棒间距可调。压头是直径为 25mm 的金属棒，也可以绕中心上下轻微摆动。支座金属棒和压头与试样接触部分均垫上厚度为 5mm、硬度为 HA(45～60)度的普通橡胶板。

钢直尺：精度为 1mm。

秒表：精度为 0.1s。

（2）试样准备：以自然干燥状态下的整件瓦作为试样，试件数量为 5 件。

（3）操作步骤：

①将试件放在支座上，调整支座金属棒间距，并使用压头位于支座金属棒的正中，对于跨距要求搭接不足的瓦（J形瓦、S形瓦先保证一个支座金属棒位于瓦峰宽的中央），调整间距使支座金属棒中心以外瓦的长度(15±2)mm。其中对于波形瓦类，要在压头和瓦之间放置与瓦上表面波浪形状相吻合的平衡物，平衡物由硬质木块或金属制成，宽度约20mm。试验前先校正试验机零点，启动试验机，压头接触试样时不应冲击，以(50～100)N/s的速度均匀加荷，直至断裂，记录断裂时的最大荷载P。

②结果计算与评定：

平瓦、板瓦、脊瓦、滴水瓦、沟头瓦、S形瓦、J形瓦、波形瓦的试验结果以每件试样断裂时的最大荷载表示，精确至10N。

三曲瓦、双筒瓦、鱼鳞瓦、牛舌瓦的弯曲强度按下式计算：

$$R = \frac{3PL}{2bh^2} \tag{4-98}$$

式中：R——试样的弯曲强度（MPa）；

P——试样断裂时的最大荷载（N）；

L——跨距（mm）；

b——试样的宽度（mm）；

h——试样断裂面上的最小厚度（mm）。

三曲瓦、双筒瓦、鱼鳞瓦、牛舌瓦的试验结果以每件试样的弯曲强度表示，精确至0.1MPa。

2）抗冻性能

（1）方法一：

①仪器设备：

低温箱或冷冻室：放入试样后箱（室）内温度可调至-20℃或-20℃以下。

水槽（水）：温度保持在(20±5)℃。

试样架。

②试样准备：以自然干燥状态下的整件瓦作为试样，试件数量为5件。

③试验步骤：

检查外观，将磕碰、釉粘、缺釉和裂纹（含釉裂）处做标记，并记录其情况。

将试样浸入(15～25)℃的水中，24h后取出，放入预先降温至(-20±3)℃的冷冻箱中的试样架上。试样之间、试样与箱壁之间应有不小于20mm的间距。关上冷冻箱门。

当箱内温度再次降至(-20±3)℃时，开始计时，在此温度下保持3h，打开冷冻箱门，取出试样放入(15～25)℃的水中融化3h。如此为一次冻融循环。

④试验结果：以每件试样的外观破坏程度表示。

（2）方法二：

①仪器设备：

干燥箱：工作温度为(110±5)℃；也可使用能获得相同检测结果的其他干燥系统。

水槽（水）：温度保持在(20±5)℃。

冷冻机：能冷冻至少5个试样，并使试样互相不接触。

②试样准备：以自然干燥状态下的整件瓦作为试样，试件数量为5件。

③试验步骤：

检查外观，将磕碰、釉粘、缺釉和裂纹（含釉裂）处做标记，并记录其情况。

以不超过20℃/h的速率使试验降温到−5℃，试样在此温度下保持15min。然后将试样浸没于水中或喷水直到温度达到5℃，试样在此温度下保持15min。如此为一次冻融循环。如果要中断循环试验，试样应浸没在5℃以上的水中。

④试验结果：以每件试样的外观破坏程度表示。如果发现试样在试验过程中间已经损坏，应及时检查并做记录。

3）耐急冷急热性试验（此项试验建议适用于有釉类瓦）

（1）仪器设备：

烘箱：能升温至200℃。

试样架。

能通过流动冷水的水槽。

温度计。

（2）试样准备：以自然干燥状态下的整件瓦作为试样，试件数量为5件。

（3）试验步骤：

测量冷水温度，保持(15±5)℃为宜。

检查外观，将裂纹（含釉裂）、磕碰、釉粘和缺釉处做标记，并记录其缺陷情况。将试样放入预先加热到温度比冷水高(150±2)℃的烘箱中的试样架上。试样之间、试样与箱壁之间应有不小于20mm的间距。关上烘箱门。在5min内使烘箱重新达到预先加热的温度，开始计时。在此温度下保持45min。打开烘箱门，取出试样立即浸没于装有流动冷水的水槽中，急冷5min。如此为一次急冷急循环。

（4）试验结果：试验结果以每件试样的外观破坏程度表示。

4）吸水率试验

（1）仪器设备：

干燥箱：工作温度为(110±5)℃；也可使用能获得相同检测结果的其他干燥系统。

干燥器。

真空容器和真空系统：能容纳所要求数量试件的足够大容积的真空容器和抽真空能达到(10±1)kPa并保持30min的真空系统。

麂皮或其他合适材料。

天平：称量精度为所测试样质量0.01%。

去离子水或蒸馏水。

（2）试样准备：以自然干燥状态下的整件瓦或抗弯曲性能试验后的瓦的一半作为制样样品，在中间部位分别切取最小边长为100mm乘以瓦厚度作为试样，试样数量为5块。

（3）试验步骤：

将试样擦拭干净后放入干燥箱中干燥至恒重（即每隔24h的两次连续质量之差小于0.1%），作为干燥时质量m_0。试验过程中试样放在有硅胶或其他干燥剂的干燥器内冷却至室温，不应使用酸性干燥剂，每块试样按表4-107的测量精度称量和记录。

试样的质量和测量精度（g） 表4-107

试样的质量	测量精度	试样的质量	测量精度
50 ≤ m ≤ 100	0.02	1000 < m ≤ 3000	0.50
100 < m ≤ 500	0.05	m > 3000	1.00
500 < m ≤ 1000	0.25		

将试样竖直放入真空容器中，使试样互不接触，抽真空至(10±1)kPa，并保持30min后停止抽真空，加入足够的水将试样覆盖并高出50mm，将试样浸泡15min后取出。将一块浸湿过的麂皮用手拧干，将麂皮放在平台上依次轻轻擦干试样表面，然后称重并记录，作为吸水饱和的质量m_1，试样的测量精度同表4-107。

（4）结果计算与评定：

吸水率按下式计算：

$$E = \frac{m_1 - m_0}{m_0} \times 100 \tag{4-99}$$

式中：E——吸水率（%）；

m_0——干燥时质量（g）；

m_1——真空下吸水饱和的质量（g）。

试验结果以每块试样的吸水率表示，精确至0.1%。

5）抗渗性能（此项试验适用于无釉类瓦）

（1）仪器设备：

试样架。

水泥砂浆或沥青与砂子的混合料。

70%石蜡与30%松香的熔化剂。

油灰刀。

（2）试样准备：

以自然干燥状态下的整件瓦作为试样，试件数量为3件。

（3）试验步骤：

将试件擦拭干净，用水泥砂浆或沥青与砂子的混合料在瓦的正面四周筑起一圈高度为25mm的密封挡，作为围水框；或在瓦头、瓦尾处筑密封挡，与两瓦边形成围水槽。再用70%石蜡和30%松香的熔化剂密封接缝处，应保证密封挡不漏水。形成的围水面积应接近于瓦的实用面积。

将制作好的试样放置在便于观察的试样架上，并使其保持水平。待平稳后，缓慢地向围水框注入清洁的水，水位高度距瓦面最浅处不小于15mm，试验过程中一直保持这一高度，将此试验装置在温度为(15～30)℃，空气相对湿度不小于40%的条件下，存放3h。

（4）试验结果：以每件试样的渗水程度表示。

6）烧结瓦的物理性能应符合表4-108的要求。

烧结瓦物理性能　　　　　　　　表4-108

序号	项目		指标
1	吸水率（%）	Ⅰ类瓦	≤6.0
		Ⅱ类瓦	>6.0, ≤10.0
		Ⅲ类瓦	>10.0, ≤18.0
2	抗弯曲性能	平瓦、脊瓦、板瓦、筒瓦、滴水瓦、沟头瓦、平板瓦	>1200N
		J形瓦、S形瓦、波形瓦	≥1600N
		三曲瓦、双筒瓦、鱼鳞瓦、牛舌瓦	>10.0MPa
3	抗冻性能	慢冻法（15次冻融循环）	规定次数冻融循环后不出现剥落、掉角、掉棱及裂纹增加现象
		快冻法（100次冻融循环）	
4	耐急冷急热性	有釉瓦（10次急冷急热循环）	规定次数急冷急热循环后不出现炸裂、剥落及裂纹延长现象
5	抗渗性能	无釉瓦（3h渗水试验）	瓦背面无水滴

注：抗冻性能试验慢冻法和快冻法由供方任选其一。

2．混凝土瓦试验方法及评定

1）承载力

（1）仪器设备：

抗折试验机量程为(0～10)kN，加荷压头行程大于500mm，可以无级调速，其精度为1%。

钢直尺：量程(0～500)mm，分度值1mm。

能浸试样的、深度约为500mm的水槽。

（2）试样调湿：

将试样浸没在温度为(10～30)℃的清水中不少于24h，水面应高出试样20mm，于试验前拭干表面水分备用。

（3）试验步骤：

①瓦脊高度的测量：

在试样的两端测量瓦脊的高度，如图4-30（a）所示。取二者的算术平均值作为测量结果，修约至1mm。

②遮盖宽度的测量：

将两片试样按设计功能搭接，摆放水平，如图4-30（b）所示。在试样的两端测其遮盖宽度，取二者算术平均值为测量结果，修约至1mm。

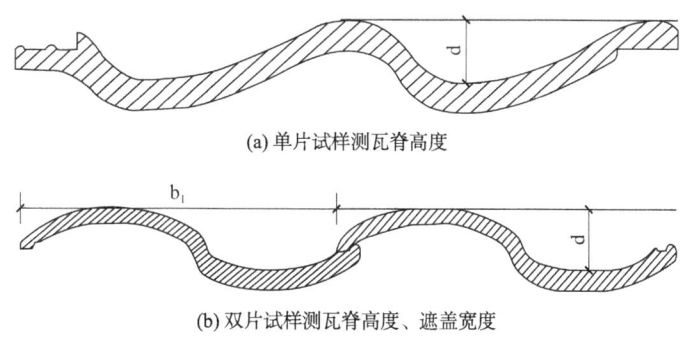

(a) 单片试样测瓦脊高度

(b) 双片试样测瓦脊高度、遮盖宽度

图4-30 瓦脊高度及遮盖宽度的测量示意图

③支承方式：

采用三点弯曲方式。采用金属制成的两个相同高度的支座，上表面呈圆弧形，半径为10mm；其上可垫一个宽度为20mm，厚度为(20～30)mm，长度大于试样宽度的硬质木条，木条的下表面应与支座的上表面相配合。在试样底面与木条之间应有弹性垫层，弹性垫层长度要大于试样的宽度。

两支座应相互平行，且相对试样纵向轴的垂直面必须是可自由调节平衡的。支座中心距为2/3L，修约至1mm，如图4-31所示。

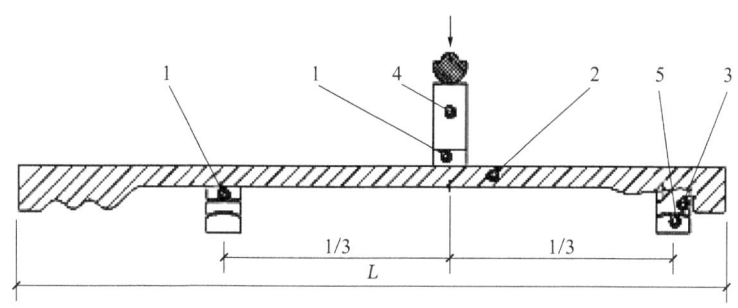

1—弹性垫层；2—试样；3—硬质木条；4—平衡物；5—支座

图4-31 加荷支撑方式示意图

④试样放置：

试样正面朝上置于支座上（图4-32），确保试样平稳，且保证试样端面与支座平行。

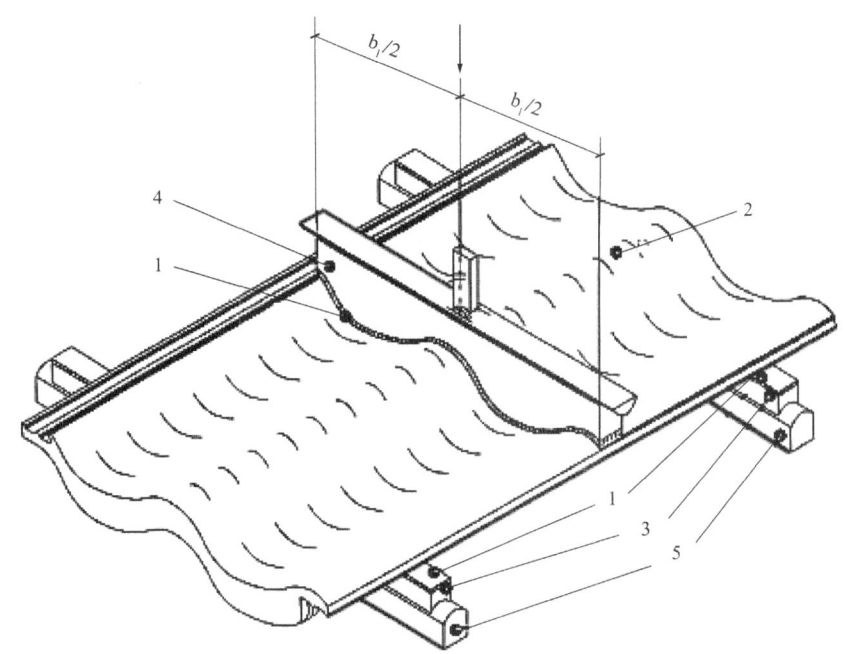

1—弹性垫层；2—试样；3—硬质木条；4—平衡物；5—支座

图 4-32　加荷装置示意图

⑤加荷方式：

试样的加荷方式应按下列要求进行：

加荷杆与支座材质及尺寸相同，下表面呈圆弧形，其半径为 10mm。加荷杆应平行于支座，且相对试样纵向轴的垂直面可自由调节平衡。

加荷杆位于跨距中央，且应使加荷杆与支座保持平行。

在加荷杆和试样之间填垫一块与试样上表面遮盖宽度范围内形状相吻合的硬木平衡物，试样表面与平衡物之间应放一片弹性垫层，弹性垫层长度要与试样的遮盖宽度一致，其宽度为(20～30)mm，厚度(5±1)mm，肖氏硬度 50±10。

通过加荷杆加荷，其作用力应垂直于试样平面，并通过钢辊均匀施加在图 4-32 平衡物的全部长度方向上，加荷速度为(3～5)kN/min，直至试样断裂破坏。

记录最大荷载为试样承载力，其结果修约至 10N。

（4）计算：

承载力实测平均值按下式计算，单位为牛顿（N），修约至 10N：

$$F_{\text{av}} = \frac{F_1 + F_2 + \cdots + F_n}{n} \tag{4-100}$$

承载力标准差按下式计算，单位为牛顿（N），修约至 10N：

$$\sigma = \sqrt{\frac{\sum (F_i - F_{\text{av}})^2}{n-1}} \tag{4-101}$$

承载力按下式计算，单位为牛顿（N），修约至 10N：

$$F = F_{av} - 1.64\sigma \tag{4-102}$$

式中：F_{av}——承载力实测平均值（N）；

F_1、F_2、$\cdots F_n$——单片试样承载力实测值（N）；

σ——承载力标准差（N）；

F_i——第 i 片试样承载力实测值（N）；

n——试样数量（片）；

F——承载力（N）。

（5）混凝土屋面瓦的承载力应符合表 4-109 的要求。

混凝土屋面瓦承载力标准值　　表 4-109

项目	波形屋面瓦						平板屋面瓦		
瓦脊高度 d（mm）	$d > 20$			$d \leq 20$			—		
遮盖宽度 b_1（mm）	$b_1 \geq 300$	$b_1 \leq 200$	$200 < b_1 < 300$	$b_1 \geq 300$	$b_1 \leq 200$	$200 < b_1 < 300$	$b_1 \geq 300$	$b_1 \leq 200$	$200 < b_1 < 300$
承载力标准值（F_c）(N)	2000	1400	$6b_1 + 200$	1400	1000	$4b_1 + 200$	1200	800	$4b_1$

注：混凝土配件瓦的承载力不作具体要求。

2）耐热性能和吸水率

（1）仪器设备：

具有鼓风排湿功能的干燥箱，控温范围(0~200)℃，温度波动范围 ±2℃。

电子台秤或天平：最大称量 10kg，分度值不大于 1g。

能浸试样的、深度约为 500mm 的水槽。

（2）试验步骤：

①试样：

选取做完承载力试验的 5 片试样中各大半片瓦作为耐热性能及吸水率试样。

②浸水：

将试样表面清除灰尘及断面松动颗粒后，把试样浸没于(10~25)℃的清水中 24h。试验过程中应保持水面高出试样 20mm，并保证试样的每个面都与水充分接触。

③饱水质量：

取出试样，用拧干的湿毛巾拭去表面附着水，立即称量每个试样的饱水质量（m_b），修约至 1g。

④干燥质量：

将试样放入干燥中，箱内温度保持(105 ± 5)℃，干燥 24h。试样取出后观察表面涂层是否完好，若试样表面涂层完好，冷却后，称量试样质量。将试样重新放回干燥箱中，再每隔 2h 测量一次试样的干燥质量，至前后两次质量差不超过 0.2%时，其结果为该试样的干燥质量（m_0），修约至 1g。

如果试样表面出现涂层脱落、鼓包、起泡、花斑等现象，则终止试验。重新选取试样，适当降低干燥箱内温度，保证试样表面涂层完好，再进行吸水率试验。

（3）计算：

①耐热性能：

试样经浸没于(10～25)℃的清水中 24h 后，将试样放入干燥箱中，箱内温度保持(105±5)℃，干燥 24h 后，其表面涂层完好者，为耐热性能合格。反之，为不合格。

②吸水率：

每个试样的吸水率按下式计算：

$$W = \frac{m_b - m_0}{m_0} \times 100\% \tag{4-103}$$

式中：W——吸水率（%）；

　　　m_b——试样饱水质量（g）；

　　　m_0——试样干燥质量（g）。

取 5 个试样吸水率的算术平均值作为试验结果，修约至 0.1%。

（4）结果评定：

①耐热性能：

喷涂着色处理的混凝土彩色瓦经耐热性能检验后，其表面涂层应无脱落、鼓包、起泡、花斑等现象。

②吸水率：

混凝土瓦的吸水率不应大于 8.0%。

3）抗渗性能

（1）设备：

与受检试样规格相适应的不透水的围框。

（2）试样的调节：

将试样在温度为(15～30)℃，存放不应少于 24h。

（3）试验步骤：

将试样正面向上放置于相适应的不透水围框内，试样平面与水平面的偏差角不应大于 10°。围框边缘与试样周边的间隙不应大于 3mm，选用不渗水的材料将试样与围框的间隙及屋面瓦的固定孔密封好（图 4-33）。

将水注入以试样为底并用围框密封的试验容器中，水面要高出瓦脊 15mm，试验过程一直保持这一高度。将此试验装置在温度为(15～30)℃，存放 24h。

第四章　建筑材料及构配件

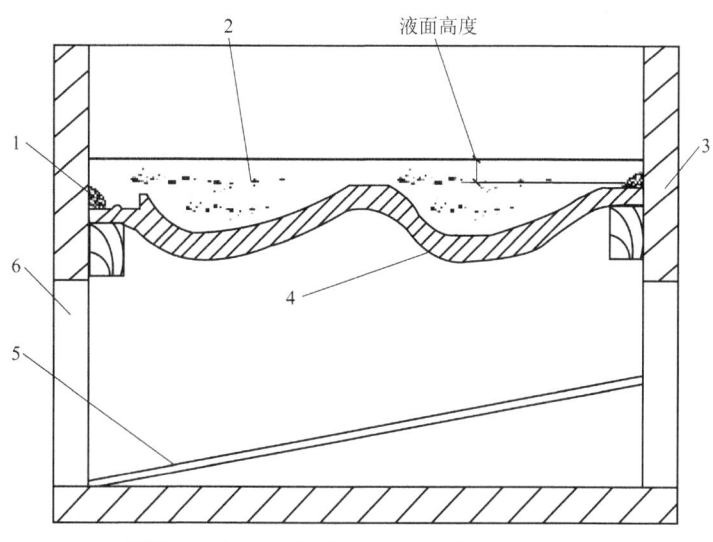

1—密封材料；2—水；3—不透水围框；4—试样；5—镜片；6—观察孔
图 4-33　抗渗试验示意图

（4）结果与评定：

观察被检验试样的背面均未有水滴出现，即为抗渗性能合格。如该组有一个或一个以上试样背面出现水滴，即为抗渗性能不合格。

4）抗冻性能

（1）仪器设备：

低温箱或冷冻室放入试样后，箱（室）内的温度可降至并保持在(-20～-15)℃范围内。箱（室）内的空气温度宜在 90min 内降至-15℃以下。

能浸试样的、深度约为 500mm 的水槽。

试样架应使试样之间的间隔不应小于 10mm。试样与低温箱或冷冻室内壁之间距离不应小于 20mm。

弯曲强度试验机：试验机能够均匀加荷，其相对误差不大于±1%。支座由直径为 25mm 互相平行的金属棒及下面的支承架构成，其中一根可以绕中心轻微上下摆动，另一根可以绕它的轴心稍作旋转。支承架高度约为 50mm，保证金属棒间距可调。压头是直径为 25mm 的金属棒，也可以绕中心上下轻微摆动。支座金属棒和压头与试样接触部分均垫上厚度为 5mm、硬度为 HA(45～60)度的普通橡胶板。

（2）试样：

将 3 片试样在温度为(15～30)℃的清水中浸泡 24h，试验前取出，并然滴落试样表面上的附着水。

（3）试验步骤：

将经过浸水饱和的试样摆放在试样架上，自然滴落试样表面上的附着水后，随即放入预先降温至(-20～-15)℃的低温箱或冷冻室内。待箱（室）内温度再次降至-15℃以下时，开始计时。在此温度下保持 2h。然后，取出试样立即放入(15～30)℃的水中融化 1h。如此为一个冻融循环。

冻融循环的间断时只能在融化阶段，直到试验继续时试样要浸泡在水中，中断时间不应大于 96h，中断 24h 以上时要给予说明。

在达到表 4-110 规规定的冻融循环次数后，要将试样在空气温度(15～30)℃，空气相对湿度不小于 40%的条件下放置 24h，将冻后的试样进行外观质量检验合格后，再进行承载力试验。

（4）计算与评定：

①计算：

按下式计算冻融循环后试样的承载力实测平均值。

$$F_{\text{avf}} = \frac{F_{1f} + F_{2f} + F_{3f}}{3} \tag{4-104}$$

按下式计算冻融循环后试样的承载力。

$$F_f = F_{\text{avf}} - 1.64\sigma \tag{4-105}$$

式中：F_{avf}——冻后承载力实测平均值（N）；

F_{1f}、F_{2f}、F_{3f}——冻后每片试样承载力实测值（N）；

σ——承载力标准差（N）；

F——冻后承载力（N）。

②评定：

经冻融试验后，所检试样的承载力不应小于承载力标准值，即 $F_f \geq F_c$，且外观质量仍然符合《混凝土瓦》JC/T 746—2023 中第 7.1 条要求者，为抗冻性能合格。其中有一项不合格，则为抗冻性能不合格。

抗冻性能循环次数应符合表 4-110 规定，环境条件应符合《民用建筑热工设计规范》GB 50176—2016 的规定。

混凝土屋面瓦抗冻性能循环次数　　　　表 4-110

环境条件	抗冻性能循环次数
温和与夏热冬暖地区及夏热冬冷地区	25
寒冷地区	35
严寒地区	50

3. 琉璃瓦试验方法及评定

1）吸水率

（1）仪器设备：

电子秤：精度 0.1g。

干燥箱：工作温度为(110 ± 5)℃；也可使用能获得相同检测结果的微波、红外或其他干燥系统。

（2）试验步骤：

将试样擦拭干净后，放置在温度(110 ± 5)℃的烘箱中，24h后取出，冷却至室温，称量其干燥质量m_0。将干燥后的试样垂直浸没在$(15\sim25)$℃清水中，使水面高出试样约50mm，24h后取出试样，迅速用湿布擦干试样，称吸水后的质量m_1。

（3）结果计算：

按下式计算吸水率：

$$E = \frac{m_1 - m_0}{m_0} \times 100 \tag{4-106}$$

式中：E——吸水率（%）；

m_0——干燥质量（g）；

m_1——吸水后的质量（g）。

（4）评定：

琉璃瓦的吸水率应符合表4-111的规定。

琉璃瓦的吸水率　　　　　表4-111

分类	吸水率
干压成型的建筑琉璃制品	≤5.0%
挤压成型的建筑琉璃制品	≤8.0%

2）破坏荷重

（1）仪器设备：

弯曲强度试验机：其中金属制的两根圆柱形支撑棒用于支撑试样，直径为20mm，一根与支撑棒直径相同的金属加压棒，用来传递载荷。为了使支撑棒、加压棒与试样紧密接触，支撑棒、加压棒可用橡胶包裹。精度1N。

（2）试验步骤：

将试样擦拭干净后，放置在温度(110 ± 5)℃的烘箱中，24h后取出，冷却至室温。

将干燥后的试样放置在支撑棒上，调整支撑棒的间距，并使加压棒位于两根支撑棒的正中，如图4-34～图4-37所示。对于按图示跨距要求搭接不足的瓦，调整间距使支撑棒中心以外瓦的长度为(15 ± 2)mm。以(50 ± 10)N/s的速度均匀加载，直至样品断裂，记录断裂时的载荷。

（3）评定：

琉璃瓦的破坏荷重应符合表4-112的规定。

琉璃瓦的破坏荷重　　　　　　　表 4-112

分类	数值
干压成型的建筑琉璃制品	≥1600N
挤压成型的建筑琉璃制品	≥1300N

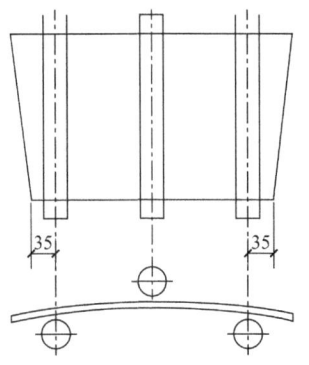

图 4-34　板瓦弯曲强度试验（单位：mm）　　图 4-35　滴水瓦、筒瓦、沟头瓦弯曲强度试验（单位：mm）

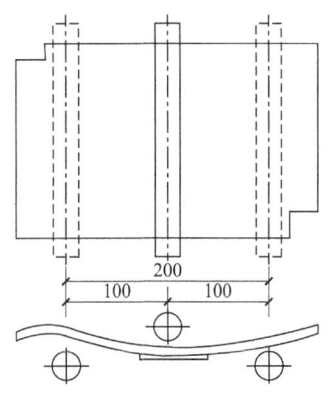 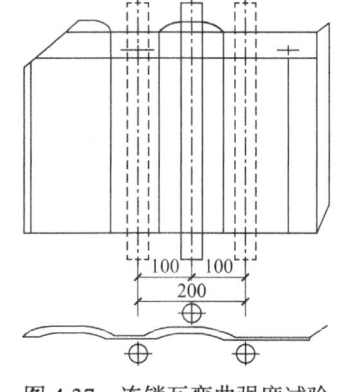

图 4-36　J 形瓦、S 形瓦弯曲强度试验（单位：mm）　　图 4-37　连锁瓦弯曲强度试验（单位：mm）

3）抗冻性能

（1）仪器设备：

冷冻机：工作温度低于 −20℃。

（2）试验步骤：

将试样浸入(15～25)℃的水中，24h 后取出，用湿布快速擦干试样，竖直放置于(−20±3)℃的冷冻箱中，使试样之间互不接触。8h 后取出试样。

将试样立即放入(15～25)℃的水中，融化 6h 后取出用湿布擦干，观察试样有无裂纹和剥落。以上冻融操作及观察检查为一个循环，重复上述循环，检查并记录样品在冻融循环过程中有无出现裂纹和剥落。

（3）评定：

经 10 次冻融循环不出现裂纹或剥落。

4）耐急冷急热性

（1）仪器设备：

干燥箱：最高温度 300℃。

水槽。

（2）试验步骤：

以自然干燥状态下的整件样品作为试样，检查外观，将裂纹、磕碰、釉粘和缺釉等缺陷做标记，并记录缺陷情况。

将试样放入预先加热到比冷水温度高(150 ± 2)℃的烘箱中，试样之间、试样与烘箱壁之间的间距应不小于 20mm，迅速关上烘箱门。

在 5min 内使烘箱内温度重新达到预先设定的温度，在此温度下保持 45min。打开烘箱门，取出试样立即浸没于装有流动冷水的水槽中，急冷 5min。这个过程为一个耐急冷急热性循环。

检查并记录每件试样耐急冷急热性循环过程中出现的破坏情况，如炸裂、剥落及裂纹延长现象。

（3）评定：

经 10 次耐急冷急热性循环不出现炸裂、剥落及裂纹扩展现象。

第三部分　建筑墙板

一、相关标准

（1）《建筑用轻质隔墙条板》GB/T 23451—2023。
（2）《建筑隔墙用轻质条板通用技术要求》JG/T 169—2016。
（3）《建筑墙板试验方法》GB/T 30100—2013。

二、基本概念

1. 建筑用轻质条板定义

建筑用轻质隔墙条板是指采用轻质材料或轻型构造制作，两侧面设有榫头榫槽及接缝槽，面密度不大于标准规定值（90kg/m²：90 板；110kg/m²：120 板）用于工业与民用建筑的非承重内隔墙的预制条板。

2. 建筑用轻质条板分类

轻质条板按材料类型分为混凝土轻质条板（以下简称"混凝土条板"）、水泥轻质条板（以下简称"水泥条板"）、石膏空心条板（以下简称"石膏条板"）、烧结空心条板（以下简称"烧结条板")、发泡陶瓷轻质条板(以下简称"发泡陶瓷条板")、发泡陶瓷复合条板、聚苯颗粒水泥条板、聚苯颗粒水泥复合条板、铝蜂窝复合条板(以下简称"铝蜂窝条板")、纸蜂窝复合条板(以下简称"纸蜂窝条板")、密肋玻纤水泥保温复合条板(以下简称"密肋玻纤水泥复合条板"),按断面构造分为空心条板、实心条板和复合条板,按板的构件类型分为普通板、门窗框板、异型板。轻质条板产品分类和代号如表4-113所示。

建筑轻质隔墙条板产品分类及代号 表4-113

分类方法	名称	代号
按材料类型分类	混凝土条板	HNT
	水泥条板	SN
	石膏条板	SG
	烧结条板	SJ
	发泡陶瓷条板和发泡陶瓷复合条板	TC
	聚苯颗粒水泥条板和聚苯颗粒水泥复合条板	JS
	铝蜂窝条板	LW
	纸蜂窝条板	ZW
	密肋玻纤水泥保温复合条板	XS
按断面构造分类	空心条板	K
	实心条板	S
	复合条板	F
按构件类型分类	普通板	P
	门窗框板	M
	异型板	Y

三、试验项目、组批原则

建筑用轻质隔墙条板试验项目及组批原则应满足表4-114要求。

建筑轻质隔墙条板试验项目、组批原则 表4-114

材料名称	试验项目	组批原则	执行标准
建筑轻质条板	抗压强度 抗弯破坏荷载 抗冲击性能 吊挂力	同一品种的轻质隔墙工程每50间(大面积房间和走廊按轻质隔墙的墙面30m²为1间)划分为一个检验批,不足50间亦为一批计	《建筑轻质条板隔墙技术规程》JGJ/T 157—2014

四、建筑用轻质隔墙条板试验方法及评定

1. 抗弯荷载

（1）试样要求：

试验条板的长度尺寸不应小于 2.2m。

（2）操作步骤：

将完成面密度测定的条板简支在支座长度大于板宽尺寸的两个平行支座上，其一为固定铰支座，另一为滚动铰支座，支座中间间距调至$(L-100)$mm，两端伸出长度相等。

空载静置 2min，按照不少于五级均匀施加荷载，每级荷载不大于标准规定值的抗弯荷载指标的 20%。用堆荷方式从两端向中间均匀加荷，堆长相等，间隙均匀，堆宽与板宽相同。前四级每级加荷后静置 2min，加荷至条板抗弯荷载指标后，静置 5min。此后，如继续施加荷载，按此分级加荷方式循环直至条板出现裂缝。记取第一级荷载至第五级荷载或裂缝出现前一级荷载的荷载总和作为试验结果。

试验结果仅适用于所测条板长度尺寸以内的条板。

2. 吊挂力

（1）试样安装：

取试验条板一块，在板中高 2000mm 处，切尺寸为 50mm×40mm×9mm（深×高×宽）的孔洞，清残灰后，用水泥水玻璃浆（或其他黏结剂）黏结，吊挂件孔与板面间距为 100mm。24h 后，检查吊挂件安装是否牢固，若不牢固应重新安装。

（2）操作步骤：

将试验条板固定，上下管间距$(L-100)$mm。通过钢板吊挂件的圆孔，分二级施加荷载，第一级加荷 500N，静置 2min；第二级再加荷 500N，静置 24h，观察吊挂区周围板面有无宽度超过 0.5mm 的裂缝，记录试验结果。

3. 抗压强度

（1）仪器设备：

万能试验机：精度Ⅰ级。

钢直尺：精度 0.5mm。

（2）样品要求：

取 3 块墙板，在距墙板板端不小于 25mm 的中间位置，分别沿墙板宽方向依次截取厚度为试件厚度尺寸、长度为 100mm、宽度为 100mm 的单元试件各 6 块（对于空心墙板，长度包括一个完整孔及两条完整孔间肋的单元体试件），分别任取其中 3 块试件进行抗压强度试验。

采用规定的净浆材料处理试件的上表面和下表面，使之成为相互平行且与试件孔洞圆柱轴线垂直的平面，并用水平尺调至水平。

制成的抹面试样应置于不低于10℃的不通风室内养护不少于4h再进行试验。

（3）操作步骤：

用钢直尺分别测量每个试件受压面的长、宽方向中间位置尺寸各两个，分别取其平均值，修约至1mm。将试件置于试验机承压板上，使试件的轴线与试验机压板的压力中心重合，以(0.05～0.10)MPa/s的速度加荷，直至试件破坏。记录最大破坏荷载P。

（4）结果计算：

每个试件的抗压强度按下式计算，修约至0.1MPa：

$$R = \frac{P}{L \times B} \tag{4-107}$$

式中：R——试件的抗压强度（MPa）；

P——破坏荷载（N）；

L——试件受压面的长度（mm）；

B——试件受压面的宽度（mm）。

（5）结果计算：

墙板抗压强度的试验结果为其自然状态下的抗压强度，以3块试件抗压强度的算术平均值计算和评定，结果修约至0.1MPa。如果其中一个试件的抗压强度与3个试件抗压强度平均值之差超过平均值的20%，则抗压强度值按另两个试件的抗压强度的算术平均值计算；如果有两个试件与抗压强度平均值之差超过规定，则实验结果无效，应重新取样进行试验。

4. 抗冲击性

1）落球法抗冲击试验

（1）仪器设备：

冲击球：钢球质量(500 ± 5)g。

试验用砂：符合《水泥胶砂强度检验方法（ISO法）》GB/T 17671—2021中规定的中国ISO标准砂。

钢直尺：精度1mm。

落球法抗冲击试验架。

（2）样品要求：

厚度小于或等于25mm的薄板进行此项试验。取两块整板，在每块板距板边不小于25mm的中间部分对称位置截取两块500mm×400mm×板厚的试件，共4个试件。

（3）试验步骤：

在抗冲击性试验仪的底盘内均匀铺满砂，用刮尺刮平，抗冲击试验仪底盘的长宽尺寸大于试件尺寸100mm以上，砂层高度为100mm，如图4-38所示。

第四章 建筑材料及构配件

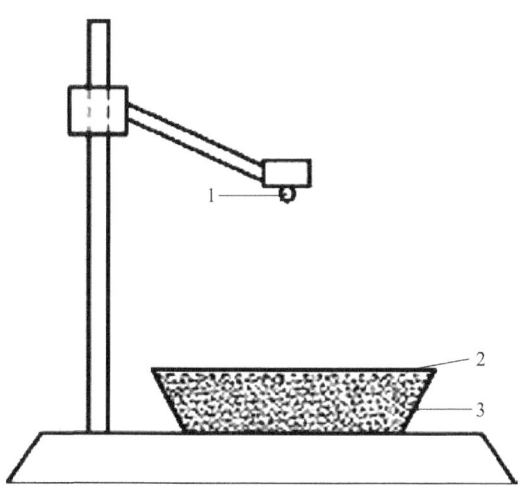

1—钢球；2—试件；3—砂

图 4-38 落球法冲击试验图

将试件正面朝上放置在砂表面，轻轻按压试样，确保试样背面与砂紧密接触。

（4）试验结果：

使钢球从指定高度自由落在试件的中心点上，不同厚度试件的落球冲击高度见表 4-115。记录试件背面裂纹情况，以 4 个试件最严重情况作为试验结果。

落球冲击高度　　　　　　　　表 4-115

试样厚度（mm）	5	6	8	9	10	12	14	>14
落球高度 h（mm）	250	300	450	650	800	100	1200	1400

2）沙袋法抗冲击试验

（1）仪器设备：

钢直尺：精度 1mm。

砂袋法抗冲击试验架。

标准砂袋：重 30kg。

吊绳：直径 10mm 左右。

（2）样品要求：

厚度大于 25mm 的墙板进行此项试验，试验墙板的长度尺寸不应小于 2m。

（3）试验步骤：

取 3 块墙板为一组样板，按图 4-39 所示组装并固定，上下钢管中心间距为板长减去 100mm，即 $(L-100)$mm。板缝用与板材材质相符的专用砂浆粘结，板与板之间挤紧，接缝处用玻璃纤维布搭接，并用砂浆压实、刮平。24h 后将装有 30kg 重、粒径 2mm 以下细砂的标准砂袋（图 4-40）用直径 10mm 左右的绳子固定在其中心距板面 100mm 的钢环

237

上，使砂袋垂悬状态时的重心位于$L/2$高度处。以绳长为半径沿圆弧将砂袋在与板面垂直的平面内拉开，使重心提高500mm（标尺测量），然后自由摆动下落，冲击设定位置，反复5次。

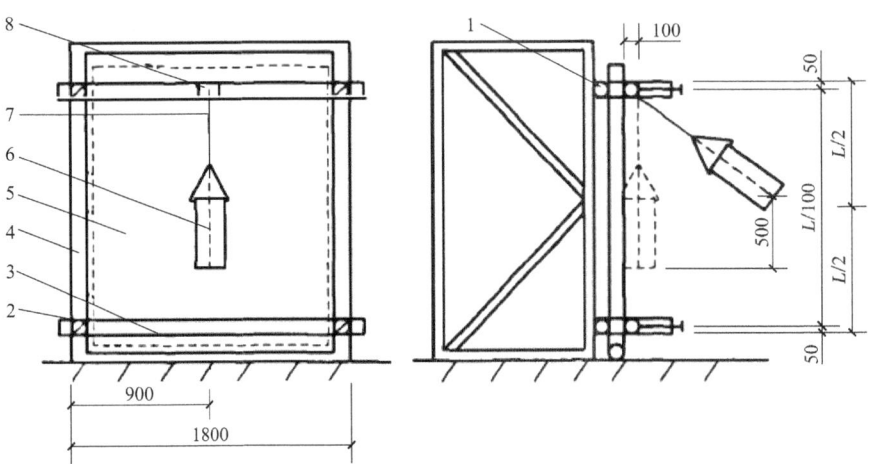

1—钢管（ϕ50mm）；2—横梁紧固装置；3—固定横梁（10#热轧等边角钢）；4—固定架；
5—墙板拼装的隔墙试件；6—标准砂袋；7—吊绳（直径10mm左右）；8—吊环

图4-39 沙袋法法抗冲击试验图（单位：mm）

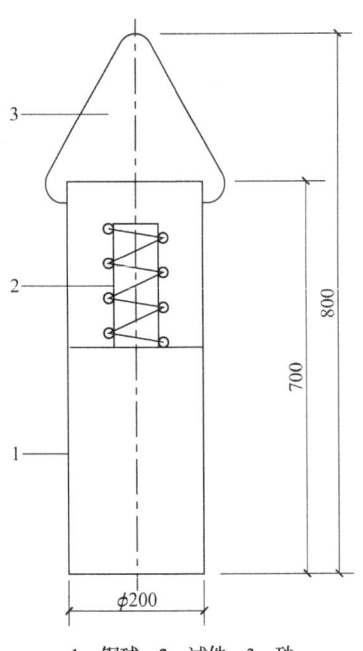

1—钢球；2—试件；3—砂

图4-40 标准沙袋（单位：mm）

（4）试验结果：

目测板面有无贯通裂缝，记录试验结果。

试验结果仅适用于所测试件长度尺寸以内的墙板。

5.建筑用轻质隔墙条板物理性能应符合表4-116的要求。

建筑用轻质隔墙条板物理性能　　　　表4-116

序号	项目		不同板厚性能要求				
			90（100）mm	120mm	150（160）mm	180mm	200mm
1	抗压强度（MPa）	混凝土条板、发泡陶瓷条板、烧结条板	≥5.0				
		水泥条板、石膏条板、复合条板	≥3.5				
2	抗弯荷载/板自重倍数		≥1.5			≥2.0	
3	抗冲击性能（次）		经5次抗冲击试验后，板面无裂纹				
4	吊挂力（N）		≥1000				

第五节　混凝土及拌合用水

一、相关标准

（1）《混凝土结构工程施工质量验收规范》GB 50204—2015。

（2）《混凝土外加剂应用技术规范》GB 50119—2013。

（3）《预拌混凝土》GB/T 14902—2012。

（4）《混凝土质量控制标准》GB 50164—2011。

（5）《混凝土强度检验评定标准》GB/T 50107—2010。

（6）《建筑工程冬期施工规程》JGJ/T 104—2011。

（7）《混凝土用水标准》JGJ 63—2006。

（8）《普通混凝土拌合物性能试验方法标准》GB/T 50080—2016。

（9）《混凝土物理力学性能试验方法标准》GB/T 50081—2019。

（10）《混凝土长期性能和耐久性能试验方法标准》GB/T 50082—2024。

（11）《混凝土试模》JG/T 237—2008。

（12）《混凝土试验用振动台》JG/T 245—2009。

二、基本概念

1.定义

（1）混凝土：一般指水泥混凝土，是由水泥、水、粗集料（粗骨料或石子）、细集料（细骨料或砂子）、掺合料和外加剂按适当比例配合、拌制均匀、浇筑成型经硬化后形成的人造石材。

（2）预拌混凝土：在搅拌站经计量、拌制后并采用运输车，在规定的时间运至使用地点进行浇筑的混凝土。

（3）强度等级：普通混凝土按立方体抗压强度标准值划分为 C10、C15、C20、C25、C30、C35、C40、C45、C50、C55、C60、C65、C70、C75、C80、C85、C90、C95、C100；其中，大于等于 C60 级的混凝土，称为高强混凝土。

（4）立方体抗压强度标准值划分：是指按标准方法制作和养护的边长为 150mm 的立方体试件，在 28d 龄期，用标准方法测得的抗压强度总体分布的一个值，强度低于该值的百分率不超过 5%。

2. 分类

1）按密度划分

（1）普通混凝土：干表观密度为(2000～2800)kg/m³ 的水泥混凝土。

（2）轻混凝土：干表观密度小于 2000kg/m³ 的水泥混凝土。

（3）重混凝土：干表观密度大于 2800kg/m³ 的水泥混凝土。

2）按拌合物稠度划分

（1）干硬性混凝土：坍落度小于 10mm 且须用维勃稠度表示其稠度的混凝土。

（2）塑性混凝土：坍落度为(10～90)mm 的混凝土。

（3）流动性混凝土：坍落度为(100～150)mm 的混凝土。

（4）大流动性混凝土：坍落度不低于 160mm 的混凝土。

3）按特定功能划分

（1）抗渗混凝土：具有一定的抗水压力渗透能力，抗渗等级不低于 P6 的混凝土。

（2）抗冻混凝土：具有能经受一定冻融循环次数能力，抗冻等级不低于 F50 的混凝土。

（3）抗硫酸盐等其他有特定功能的混凝土。

三、混凝土拌合用水

（1）混凝土拌合用水包括：饮用水、地表水、地下水、再生水、混凝土企业设备洗刷水和海水等。

（2）混凝土拌合用水水质要求应符合表 4-117 的规定。对于设计使用年限为 100 年的结构混凝土，氯离子含量不得超过 500mg/L；对使用钢丝或经热处理钢筋的预应力混凝土，氯离子含量不得超过 350mg/L。

混凝土拌合用水水质要求　　　　　　　　表 4-117

项目	预应力混凝土	钢筋混凝土	素混凝土
pH 值	≥5.0	≥4.5	≥4.5
不溶物（mg/L）	≤2000	≤2000	≤5000
可溶物（mg/L）	≤2000	≤5000	≤10000

续表

项目	预应力混凝土	钢筋混凝土	素混凝土
Cl^-（mg/L）	≤500	≤1000	≤3500
SO_4^{2-}（mg/L）	≤600	≤2000	≤2700
碱含量（mg/L）	≤1500	≤1500	≤1500

注：碱含量按 $Na_2O+0.658K_2O$ 计算值来表示。采用非碱活性骨料时，可不检验碱含量。

（3）地表水、地下水、再生水的放射性应符合现行国家标准《生活饮用水卫生标准》GB 5749—2022 的规定。

（4）被检验水样应与饮用水样进行水泥凝结时间对比试验。对比试验的水泥初凝时间差及终凝时间差均不应大于 30min；同时，初凝和终凝时间应符合现行国家标准《通用硅酸盐水泥》GB 175—2023 的规定。

（5）被检验水样应与饮用水样进行水泥胶砂强度对比试验，被检验水样配制的水泥胶砂 3d 和 28d 强度不应低于饮用水配制的水泥胶砂 3d 和 28d 强度的 90%。

（6）混凝土拌合用水不应有漂浮明显的油脂和泡沫，不应有明显的颜色和异味。

（7）混凝土企业设备洗刷水不宜用于预应力混凝土、装饰混凝土、加气混凝土和暴露于腐蚀环境的混凝土；不得用于使用碱活性或潜在碱活性骨料的混凝土。

（8）未经处理的海水严禁用于钢筋混凝土和预应力混凝土。

（9）在无法获得水源的情况下，海水可用于素混凝土，但不宜用于装饰混凝土。

四、检测参数

1. 稠度试验

内容见第三章第四节。

2. 抗压强度

在浇筑混凝土结构的同时，在浇筑地点按标准随机抽取混凝土拌合物制作成混凝土立方体试件，在规定或特定的龄期委托到检测单位进行抗压强度试验，得到混凝土试件抗压强度报告。这时，混凝土试件的强度，实际上代表的是混凝土结构的强度。

1）混凝土抗压强度试件分类

施工现场混凝土抗压强度试件一般可分为四类（为了本节后面标识方便，用汉语拼音字母代表），其中有：

（1）标准养护试件（B）。

（2）同条件（自然条件）养护试件（T）。

（3）结构实体检验用同条件养护试件（ST）。

（4）检验抗冻临界强度试件四类（DT）。

2）抗压强度试件留置、养护条件及养护龄期的规定

（1）标准养护试件（B）：

①留置规定：

a. 每拌制 100 盘且不超过 100m³ 的同配合比的混凝土，取样不得少于一次；

b. 每工作班拌制的同一配合比的混凝土不足 100 盘时，取样不得少于一次；

c. 当一次连续浇筑超过 1000m³ 时，同一配合比的混凝土每 200m³ 取样不得少于一次；

d. 每一楼层、同一配合比的混凝土，取样不得少于一次；

e. 每次取样应至少留置一组标准养护试件。

拌制 100 盘（盘：搅拌机一次搅拌的混凝土量）和 100m³ 的关系：是现场自拌混凝土时，根据每盘的混凝土量而定；如果每盘拌制的混凝土量小于 1m³ 时，就按每拌制 100 盘取样一次；如果每盘拌制的混凝土量大于 1m³ 时，就按拌制混凝土不超过 100m³ 取样一次。

每拌制 200m³ 取样一次，不能随便运用；必须同时满足两个条件：一是现场连续浇筑，二是连续浇筑的混凝土量必须大于等于 1000m³，而且要有现场的施工日志及其他资料证据。

②养护条件：

混凝土试件拆模后应立即放入温度为 (20 ± 2)℃、相对湿度为 95% 以上的标准养护室中养护；或在温度为 (20 ± 2)℃ 的不流动的 $Ca(OH)_2$ 饱和溶液中养护。标准养护室内的试件应放在支架上，彼此间隔为 $(10\sim20)$mm，试件表面应保持潮湿，但不得用水直接冲淋试件。

施工现场的混凝土标准养护条件，依据工程规模不同可以选择不同的形式，可以是搭建标准养护室；也可购买标准养护箱或者自砌标准养护池；养护池内放入水和足量的生石灰，即为 $Ca(OH)_2$ 饱和溶液。设施可以不同，但都要有温度控制装置，以保证温度为 20 ± 2℃、湿度为 95% 以上的标准养护条件。

③养护龄期：28d。

（2）同条件养护试件（T）：

①留置规定：

施工现场同条件养护试件的留置，一般是为拆模、拆除支撑、吊装、结构临时负荷或观察混凝土早期强度提供强度依据，强度试验报告并不归入交（竣）工资料存档；所以留置组数应根据实际需要确定。

②养护条件：

同条件养护试件的养护条件顾名思义是在工程的相同条件下养护。

③养护龄期：

同条件养护试件的养护龄期也是根据所留试件的实际需要和大气温度条件确定，没有固定的龄期。

(3)结构实体检验用同条件养护试件(ST):

①留置规定:

用于结构实体检验用的同条件养护试件留置应符合下列规定:

a. 同条件养护试件所对应的结构构件或结构部位,应由施工、监理等各方共同选定,且同条件养护试件的取样宜均匀分布于工程施工周期内;

b. 同条件养护试件应在混凝土浇筑入模处见证取样;

c. 同一强度等级的同条件养护试件不宜少于10组,且不应少于3组。每连续两层楼取样不应少于1组;每2000m³取样不得少于1组。

②养护条件:

结构实体混凝土同条件养护试件的拆模时间可与实际构件的拆模时间相同;同条件养护试件应留置在靠近相应结构构件的适当位置,并应采取相同的养护方法。

③养护龄期:

混凝土强度检验时的等效养护龄期可取日平均温度逐日累计达到600℃·d时所对应的龄期,且不应小于14d,日平均温度为0℃及以下的龄期不计入。

冬期施工时,等效养护龄期计算时温度可取结构构件实际养护温度,也可根据结构构件的实际养护条件,按照同条件养护试件强度与在标准养护条件下28d龄期试件强度相等的原则由监理、施工等各方共同确定。

用于结构实体检验用的同条件养护试件的养护龄期也非固定不变的,根据地域大气温度的不同,达到等效养护龄期的时间也是不同的;特别是我国的寒冷地区(西北、东北和华北地区),冬季的日平均气温往往在0℃以下,养护龄期有可能长达四、五个月。

现场为准确地计算等效养护龄期,应有每日的大气温度记录。日平均温度测定一般有两种方法:

a. 人工测温一般采用测定每日2:00、8:00、14:00和20:00的气温,计算这四个时刻的平均温度值,作为日平均气温;

b. 安装自动测温记录仪时,一般测定每日24个整点时刻的温度,取其平均值作为日平均气温。

(4)检验抗冻临界强度的试件:

我国行业标准《建筑工程冬期施工规程》JGJ/T 104—2011第6.9.7条规定:混凝土抗压强度试件的留置除应按现行国家标准《混凝土结构工程施工质量验收规范》GB 50204—2015规定进行外,尚应增设不少于2组同条件养护试件。

该规程"条文说明"中,第6.9.7条解释为:"冬期施工中,为了施工单位更加有效地控制负温混凝土施工质量,特提出在现行国家标准《混凝土结构工程施工质量验收规范》GB 50204—2015规定的同条件养护试件数量基础上,增设不少于两组同条件养护试件,一组用于检查混凝土受冻临界强度,而另外一组或一组以上试件用于检查混凝土拆模强度或拆除支撑强度或负温转常温后强度检查等。"

①留置规定：

留置组数即取样频率（或称取样批次），与标准养护混凝土试件留置的规定相同。

这类试件的留置，其目的是检验混凝土是否具备了一定的强度，能够抵抗因受冻给本身带来的损害。

混凝土在拌制初期没有强度，开始硬化早期强度也很低，在 0℃及以下温度进行混凝土施工，拌合水会因受冻而结冰；水在混凝土内部孔隙结冰后体积增大产生冻胀力，会对强度还很低的混凝土内部结构造成无法弥补的损害，使之强度大幅度降低。

所以，低温条件下拌制混凝土要采取一定的技术措施，常用的技术手段是综合蓄热法，即拌制前对混凝土的原材料进行加热；拌制过程中在原材料中掺入防冻剂（目的是降低结冰温度）；对已浇筑完成的混凝土覆盖保温；达到尽快使混凝土具有一定强度，能够抵抗因水结冰体积增大所带来的冻胀力的目的。

②抗冻临界强度（DT）：

所谓混凝土的抗冻临界强度，就是混凝土在受冻以前必须达到能够抵抗冻胀力的最低强度。这组试件的作用是，经试压检验得知混凝土达到抗冻临界强度后，现场即可撤除覆盖保温，继续下道工序施工。

《建筑工程冬期施工规程》JGJ/T 104—2011 第 6.1.1 条规定，冬期浇筑的混凝土，其受冻临界强度应符合下列规定：

a. 采用蓄热法、暖棚法、加热法等施工的普通混凝土，采用硅酸盐水泥、普通硅酸盐水泥配制时，受冻临界强度不应小于设计混凝土强度等级值的 30%；采用矿渣硅酸盐水泥、粉煤灰硅酸盐水泥、火山灰质硅酸盐水泥、复合硅酸盐水泥时，不应小于设计混凝土强度等级值的 40%；

b. 当室外最低气温不低于−15℃时，采用综合蓄热法、负温养护法施工的混凝土受冻临界强度不应小于 4.0MPa；当室外最低气温不低于−30℃时，采用负温养护法施工的混凝土受冻临界强度不应小于 5.0MPa；

c. 对强度等级等于或高于 C50 的混凝土，不宜小于设计混凝土强度等级值的 30%；

d. 对有抗渗要求的混凝土，不宜小于设计混凝土强度等级值的 50%；

e. 对有抗冻耐久性要求的混凝土，不宜小于设计混凝土强度等级值的 70%；

f. 当采用暖棚法施工的混凝土中掺入早强剂时，可按综合蓄热法受冻临界强度取值；

g. 当施工需要提高混凝土强度等级时，应按提高后的强度等级确定受冻临界强度；

③养护条件：

与工程相同的条件下养护。

④养护龄期：

没有具体龄期。

这是因为混凝土强度的设计等级、浇筑时的气温条件及原材料（水泥、掺合料、外加剂的种类）品质不同等原因造成了混凝土的早期强度的增长速度不尽相同，所以混凝土达到抗冻临界强度的时间没有具体的龄期。

混凝土强度等级高、混凝土浇筑时的大气温度相对较高，达到抗冻临界强度的时间就快，反之则慢；一般情况下需(2~7)d。

对于没有经验的现场试验人员来说，最好多留置(1~2)组检验抗冻临界强度的试件备用。

⑤对掺矿物掺合料（如粉煤灰）的混凝土所留置的试件，可根据设计规定，养护龄期可以大于28d。

a. 对掺粉煤灰的混凝土地上工程，养护龄期宜为28d；

b. 对掺粉煤灰的混凝土地面工程，养护龄期宜为28d或60d；

c. 对掺粉煤灰的混凝土地下工程，养护龄期宜为60d或90d；

d. 对掺粉煤灰的大体积混凝土工程，养护龄期宜为90d或180d。

3）取样

取样或试验室拌制的混凝土应尽快成型。

制备混凝土试样时，应采取劳动保护措施。

（1）施工现场拌制混凝土：

现场拌制混凝土：用于检查结构构件混凝土强度的试件，应在混凝土的浇筑地点随机抽取；每组试件应从同一盘拌合物或同一车运送的混凝土中取出；混凝土拌合物的取样应具有代表性，宜采用多次采样的方法。一般在同一盘混凝土或同一车混凝土中的约1/4处、1/2处和3/4处之间分别取样。从第一次取样到最后一次取样不宜超过15min，然后人工搅拌均匀。取样量应多于混凝土强度检验项目所需量的1.5倍，且宜不少于20L。

（2）预拌混凝土：

用于出厂检验（为用户提供质量合格证）的混凝土试样应在搅拌地点采取，用于交货检验（用户验收）的混凝土试样应在交货地点采取。交货检验的混凝土试件的制作应在混凝土的浇筑地点随机抽取并在40min内完成。混凝土试样应在卸料过程中卸料量的1/4~3/4之间采取，取样量应满足混凝土强度检验项目所需用量的1.5倍，且宜不少于20L。

4）抗压强度试件制作

（1）混凝土试件尺寸确定：

混凝土抗压强度试验以3个试件为一组。标准尺寸的试件为边长150mm的立方体试件。当采用非标准尺寸试件时，应将其抗压强度折算为标准试件抗压强度。混凝土试件的最小横截面尺寸应根据混凝土骨料的最大粒径选定；强度的尺寸换算系数应按表4-118取用。

试件的最小横截面尺寸及强度的尺寸换算系数　　　　表4-118

骨料最大粒径（mm）	试件最小横截面尺寸（mm×mm）	强度的尺寸换算系数
31.5	100×100×100	0.95
40	150×150×150	1.00
63	200×200×200	1.05

试件成型，选择试模边长尺寸应大于骨料最大粒径的3倍；反之，骨料最大粒径应小于试模边长尺寸的1/3。

由于立方体试件尺寸不同，会影响试件的抗压强度值；试件尺寸愈小，测得的抗压强度值愈大。所以才出现标准尺寸试件与非标准尺寸试件的区分，我国标准人为的定义：标准尺寸试件为边长150mm的立方体试件。

（2）试件的尺寸测量与公差：

①试件尺寸测量应符合下列规定：

a. 试件的边长和高度宜采用游标卡尺进行测量，应精确至0.1mm；

b. 试件承压面的平面度可采用钢板尺和塞尺进行测量。测量时，应将钢板尺立起横放在试件承压面上，慢慢旋转360°，用塞尺测量其最大间隙作为平面度值，也可采用其他专业设备测量，结果应精确至0.01mm；

c. 试件相邻面间的夹角应采用游标量角器进行测量，应精确至0.1°。

②试件各边长、直径和高的尺寸公差不得超过1mm。

③试件承压面的平面度公差不得超过0.0005d，d为试件边长。

④试件相邻面间的夹角应为90°，其公差不得超过0.5°。

⑤试件制作时应采用符合标准要求的试模并精确安装，应保证试件的尺寸公差满足要求。

（3）混凝土试件制作：

（4）仪器设备：

①试模应符合下列规定：

a. 试模应符合现行行业标准《混凝土试模》JG/T 237—2008的有关规定，当混凝土强度等级不低于C60时，宜采用铸铁或铸钢试模成型；

b. 应定期对试模进行核查，核查周期不宜超过3个月。

②振动台应符合现行行业标准《混凝土试验用振动台》JG/T 245—2009的有关规定，振动频率应为(50±2)Hz，空载时振动台面中心点的垂直振幅应为(0.5±0.02)mm。

③捣棒应符合现行行业标准《混凝土坍落度仪》JG/T 248—2009的有关规定，直径应为(16±0.2)mm，长度应为(600±5)mm，端部应呈半球形。

④橡皮锤或木槌的锤头质量宜为(0.25~0.50)kg。

⑤对于干硬性混凝土应备置成型套膜、压重钢板、压重块或其他加压装置。套膜的内

轮廓尺寸应与试模内轮廓尺寸相同，高度宜为 50mm，不易变形并可固定于试模上；压重钢板边长尺寸或直径应小于试模内轮廓尺寸，两者尺寸之差宜为 5mm。

（5）试件的制作：

①应将试模擦拭干净，在其内壁上均匀地涂刷一薄层矿物油或其他不与混凝土发生反应的隔离剂，试模内壁隔离剂应均匀分布，不应有明显沉积。

②混凝土拌合物在入模前应保证其匀质性。

③宜根据混凝土拌合物的稠度或试验目的确定适宜的成型方法，混凝土应充分密实，避免分层离析；

④根据混凝土拌合物的稠度确定成型方法，坍落度不大于 70mm 的混凝土宜用振动振实；大于 70mm 的宜用捣棒人工捣实；检验现浇混凝土或预制构件的混凝土，试件成型方法宜与实际采用的方法相同。

A. 用振动台振实制作试件应按下述方法进行：

a. 将混凝土拌合物一次性装入试模，装料时应用抹刀沿试模内壁插捣，并使混凝土拌合物高出试模上口；

b. 试模应附着或固定在振动台上，振动时应防止试模在振动台上自由跳动，振动应持续到混凝土表面出浆且无明显大气泡溢出为止，不得过振。

B. 用人工插捣制作试件应按下述方法进行：

a. 混凝土拌合物应分两层装入试模内，每层的装料厚度应大致相等；

b. 插捣应按螺旋方向从边缘向中心均匀进行。在插捣底层混凝土时，捣棒应达到试模底部；插捣上层时，捣棒应贯穿上层后插入下层(20～30)mm；插捣时捣棒应保持垂直，不得倾斜，插捣后应用抹刀沿试模内壁插拔数次；

c. 每层插捣次数按每 10000mm² 截面积内不得少于 12 次；

d. 不同尺寸的混凝土试件，在进行人工插捣时，每一层的插捣次数应符合表 4-119 的要求。

混凝土试件人工插捣次数　　　　表 4-119

试件尺寸（mm）	每层插捣次数
100×100×100	≥12
150×150×150	≥27
200×20×200	≥48

e. 插捣后应用橡皮锤或木槌轻轻敲击试模四周，直至插捣棒留下的空洞消失为止。

C. 用插入式振捣棒振实制作试件应按下述方法进行：

a. 将混凝土拌合物一次装入试模，装料时应用抹刀沿试模壁插捣，并使混凝土拌合物高出试模上口；

b. 宜用直径为25mm的插入式振捣棒,插入试模振捣时,振捣棒距试模底板(10~20)mm且不得触及试模底板,振动应持续到表面出浆且无明显大气泡溢出为止,不得过振;振捣时间宜为20s;振捣棒拔出时应缓慢,拔出后不得留有孔洞。

D. 自密实混凝土应分两次将混凝土拌合物装入试模,每层的装料厚度应大致相等,中间间隔10s,混凝土应高出试模口,不应使用振动台、人工插捣或振捣棒方法成型。

E. 对于干硬性混凝土可按下述方法成型试件:

a. 混凝土拌合完成后,应倒在不吸水的底板上,采用四分法取样装入铸铁或铸钢的试模;

b. 通过四分法将混合均匀的干硬性混凝土料装入试模约1/2高度,用捣棒进行均匀插捣;插捣密实后,继续装料之前,试模上方应加上套模,第二次装料应略高于试模顶面,然后进行均匀插捣,混凝土顶面应略高出于试模顶面;

c. 插捣应按螺旋方向从边缘向中心均匀进行。在插捣底层混凝土时,捣棒应达到试模底部;插捣上层时,捣棒应贯穿上层后插入下层(10~20)mm;插捣时捣棒应保持垂直,不得倾斜。每层插捣完毕后,用平刀沿试模内壁插一遍;

d. 每层插捣次数按在10000mm^2截面积内不得少于12次;

e. 装料插捣完毕后,将试模附着或固定在振动台上,并放置压重钢板和压重块或其他加压装置,应根据混凝土拌合物的稠度调整压重块的质量或加压装置的施加压力;开始振动,振动时间不宜少于混凝土的维勃稠度,且应表面泛浆为止。

刮除试模上口多余的混凝土,待混凝土临近初凝时,用抹刀抹平。

试件成型后刮除试模上口多余的混凝土,待混凝土临近初凝时(用力按混凝土表面留有手指印),用抹刀沿试模口抹平。试件表面与试模边缘的高度差不得超过0.5mm。

f. 制作的试件应有明显和持久的标记,且不破坏试件。

5)试件拆模前的养护方法及标识

如前文所述,根据留置试件检验目的不同,混凝土试件应采用标准养护或与构件同条件养护两种方式。

(1)标准养护试件:试件成型后应立即用塑料薄膜覆盖表面,或采取其他保持试件表面湿度的方法;并应在温度为(20±5)℃、相对湿度大于50%的室内静置(1~2)d,试件静置期间应避免受到振动和冲击,静置后编号标记、拆模。当试件有严重缺陷时,应按废弃处理。

(2)同条件养护试件:成型后覆盖状态应完全与结构构件相同;拆模时间也与实际构件的拆模时间相同;拆模后,试件仍需保持同条件养护至要求龄期。

施工现场制作的标准养护或同条件养护试件,与实际构件相比体积较小,所以在常温季节不宜置于阳光下暴晒,以防混凝土试件早期脱水,影响后期强度;冬季即使是同条件养护试件,成型初期(没有达到抗冻临界强度时)也不宜暴露受冻,否则会严重影响试件强度。

（3）按标准取得混凝土试样并制成试件后，在拆模前应及时在试件上作出唯一性标识，标识应包括工程编号、试件编号、混凝土强度等级、养护条件、龄期和取样日期，参考样式如图4-41所示。

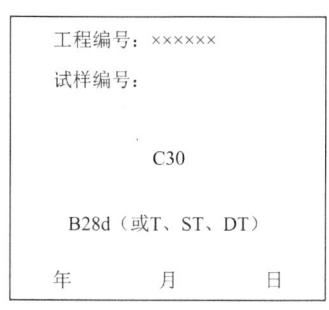

图4-41　参考样式

6）抗压强度试验

本方法适用于测定混凝土立方体试件的抗压强度。

（1）测定混凝土立方体抗压强度试验的试件尺寸和数量应符合下列规定：

①标准试件是边长150mm的立方体试件；

②边长为100mm和200mm的立方体试件是非标准试件；

③每组试件应为3块。

（2）试验仪器设备应符合下列规定。

①压力试验机应符合下列规定：

a.试件破坏荷载宜大于压力机全量程的20%且宜小于压力机全量程的80%；

b.示值相对误差应为±1%；

c.应具有加荷速度指示装置或加荷速度控制装置，并应能均匀、连续地加荷；

d.试验机上、下承压板的平面度公差不应大于0.04mm；平行度公差不应大于0.05mm；表面硬度不应小于55HRC；板面应光滑、平整，表面粗糙度R_a不应大于0.80μm；

e.球座应转动灵活；球座宜置于试件顶面，并凸面朝下；

f.其他要求应符合现行国家标准《液压式万能试验机》GB/T 3159—2008和《试验机通用技术要求》GB/T 2611—2022的有关规定。

②当压力试验机的上、下承压板的平面度、表面硬度和粗糙度不符合要求时，上、下承压板与试件之间应各垫以钢垫板。钢垫板应符合下列规定：

a.钢垫板的平面尺寸不应小于试件的承压面积，厚度不应小于25mm；

b.钢垫板应机械加工，承压面的平面度、平行度、表面硬度和粗糙度应符合要求。

③混凝土强度不小于60MPa时，试件周围应设防护网罩。

④游标卡尺的量程不应小于200mm，分度值宜为0.02mm。

⑤塞尺最小叶片厚度不应大于0.02mm，同时应配置直板尺。

⑥游标量角器的分度值应为0.1°。

（3）立方体抗压强度试验应按下列步骤进行：

①试件到达试验龄期时，从养护地点取出后，应检查其尺寸及形状，尺寸公差应满足规定，试件取出后应尽快进行试验。

②试件放置试验机前，应将试件表面与压力机上、下承压板面擦拭干净。

将试件表面与压力机上下承压板面擦干净是为了防止坚硬的石粒附着在表面，使试件表面与压力机上下承压板面接触并受力时，坚硬的石粒作为一个点首先受力，给试件造成不规则的破坏。

③以试件成型时的侧面为承压面（试件的承压面应与成型时的顶面垂直），应将试件安放在试验机的下压板或垫板上，试件的中心应与试验机下压板中心对准。

成型时的顶面即人工抹平的面，表面不平整。如果作为承压面，会受力不均衡，使试件强度受到影响。

如何使试件中心与试验机下压板中心对准？其实很简单。试验机的下压板或垫板上刻画着三个直径不同的同心圆，分别是三种不同尺寸立方体试件的外接圆，即直径分别等于三种不同尺寸立方体试件的对角线长度，放置试件时使立方体的四个顶点与外接圆相切，此时试件的中心就与试验机下压板中心对准了。

④启动试验机，试件表面与上、下承压板或钢垫板应均衡接触。

⑤试验过程中应连续均匀加荷，加荷速度应取(0.3～1.0)MPa/s。当立方体抗压强度小于30MPa时，加荷速度宜取(0.3～0.5)MPa/s［试件尺寸为100mm时，取(3～5)kN/s；试件尺寸为150mm时，取(6.75～11.25)kN/s］；立方体抗压强度为(30～60)MPa时，加荷速度宜取(0.5～0.8)MPa/s［试件尺寸为100mm时，取(5～8)kN/s；试件尺寸为150mm时，取(11.25～18)kN/s］；立方体抗压强度不小于60MPa时，加荷速度宜取(0.8～1.0)MPa/s。

⑥手动控制压力机加荷速度时，当试件接近破坏开始急剧变形时，应停止调整试验机油门，直至破坏，并记录破坏荷载。

（4）在试验过程中应连续均匀地加荷，混凝土强度等级＜C30时，加荷速度取每秒钟(0.3～0.5)MPa［试件尺寸为100mm时，取(3～5)kN/s；试件尺寸为150mm时，取(6.75～11.25)kN/s］；混凝土强度等级≥C30且＜C60时，取(0.5～0.8)MPa/s［试件尺寸为100mm时，取(5～8)kN/s；试件尺寸为150mm时，取(11.25～18)kN/s］；混凝土强度等级≥C60，取(0.8～1.0)MPa/s。

（5）当试件接近破坏而开始急剧变形时，应停止调整试验机油门，直至破坏。然后记录破坏荷载。

7）抗压强度结果的计算、确定

混凝土立方体试件抗压强度试验结果计算及确定应按下列方法进行：

(1）混凝土立方体试件抗压强度应按下式计算：

$$f_{cc} = F/A \tag{4-108}$$

式中：f_{cc}——混凝土立方体试件抗压强度（MPa），计算结果应精确至0.1MPa；

　　　F——试件破坏荷载（N）；

　　　A——试件承压面积（mm²）。

（2）立方体试件抗压强度值的确定应符合下列规定：

①取3个试件测值的算术平均值作为该组试件的强度值，应精确至0.1MPa；

②当3个测值中的最大值或最小值中有一个与中间值的差值超过中间值的15%时，则应把最大及最小值一并剔除，取中间值作为该组试件的抗压强度值；

③当最大值和最小值与中间值的差值均超过中间值的15%时，该组试件的试验结果无效。

（3）混凝土强度等级小于C60时，用非标准试件测得的强度值均应乘以尺寸换算系数，对200mm×200mm×200mm试件可取为1.05；对100mm×100mm×100mm试件可取为0.95。

（4）当混凝土强度等级不小于C60时，宜采用标准试件；当使用非标准试件时，混凝土强度等级不大于C100时，尺寸换算系数宜由试验确定，在未进行试验确定的情况下，对100mm×100mm×100mm试件可取为0.95；混凝土强度等级大于C100时，尺寸换算系数应经试验确定。

8）强度评定

（1）混凝土强度检验评定具体分为两种统计方法和非统计方法三种形式，见表4-120。

（2）混凝土强度应分批进行检验评定。一个检验批的混凝土应由强度等级相同、试验龄期相同、生产工艺条件好配合比基本相同的混凝土组成。划入同一检验批的混凝土，其施工持续时间不宜超过3个月。

分批进行检验评定，即不具体对某一组混凝土试件强度进行合格与否的评价。即使施工现场浇筑的某强度等级的混凝土只留置了一组试件，也要把它当做一个检验批，按表4-120的要求进行评定。

（3）表中，统计方法（一）适用于：当连续生产的混凝土生产条件在较长时间内保持一致，且同一品种、同一强度等级混凝土的强度变异性保持稳定的生产企业的混凝土强度检验评定。如预拌混凝土搅拌站和混凝土预制构件生产厂。

（4）表中，统计方法（二）适用于：施工现场浇筑混凝土且样本容量（一个检验批所包含的组数）不少于10组时的混凝土强度检验评定。

（5）非统计方法适用于：施工现场浇筑混凝土且样本容量小于10组时的混凝土强度检验评定。

（6）当检验结果满足表 4-120 中任一种评定方法的要求时，则该批混凝土判为合格，当不满足上述要求时，该批混凝土判为不合格。

混凝土强度合格评定方法 表 4-120

合格评定方法	合格评定条件	备注
统计方法（一）	1. $m_{f_{cu}} \geq f_{cu,k} + 0.7\sigma_0$ 2. $f_{cu,min} \geq f_{cu,k} - 0.7\sigma_0$ 当强度等级不高于 C20 时： $\quad f_{cu,min} \geq 0.85 f_{cu,k}$ 当强度等级高于 C20 时： $\quad f_{cu,min} \geq 0.90 f_{cu,k}$ 式中：$m_{f_{cu}}$——同一检验批混凝土立方体抗压强度平均值（N/mm²），精确到 0.1（N/mm²）； $f_{cu,k}$——混凝土立方体抗压强度标准值（N/mm²），精确到 0.1（N/mm²）； σ_0——检验批混凝土立方体抗压强度的标准差（N/mm²），精确到 0.1（N/mm²）；当检验批混凝土强度标准差 σ_0 计算值小于 2.5N/mm² 时，应取 2.5N/mm²； $f_{cu,min}$——同一检验批混凝土立方体抗压强度的最小值（N/mm²），精确到 0.1（N/mm²）。	1. 应用条件：当连续生产的混凝土，生产条件在较长时间内保持一致，且同一品种、同一强度等级混凝土的强度变异性保持稳定时。 2. 检验批混凝土立方体抗压强度的标准差应按下式计算： $$\sigma_0 = \sqrt{\frac{\sum_{i=1}^{n} f_{cu,i}^2 - n m_{f_{cu}}^2}{n-1}}$$ 式中：$f_{cu,i}$——前一检验期内同一品种、同一强度等级的第 i 组混凝土试件的立方体抗压强度代表值（N/mm²），精确到 0.1（N/mm²）；该检验期不应少于 60d，也不得大于 90d； n——前一检验期内的样本容量，在该期间内样本容量不应少于 45。
统计方法（二）	1. $m_{f_{cu}} \geq f_{cu,k} + \lambda_1 \cdot S_{f_{cu}}$ 2. $f_{cu,min} \geq \lambda_2 \cdot f_{cu,k}$ 式中：$m_{f_{cu}}$——同一检验批混凝土立方体抗压强度的平均值（N/mm²），精确到 0.1（N/mm²）； $f_{cu,min}$——同一检验批混凝土立方体抗压强度的最小值（N/mm²），精确到 0.1（N/mm²）； $S_{f_{cu}}$——同一检验批混凝土立方体抗压强度的标准差（N/mm²），精确到 0.1（N/mm²）；当检验批混凝土强度标准差 $S_{f_{cu}}$ 计算值小于 2.5N/mm² 时，应取 2.5N/mm²； λ_1, λ_2——合格评定系数，按右表取用。	1. 应用条件：样本容量不少于 10 组。 2. 同一检验批混凝土立方体抗压强度的标准差应按下式计算： $$S_{f_{cu}} = \sqrt{\frac{\sum_{i=1}^{n} f_{cu,i}^2 - n m_{f_{cu}}^2}{n-1}}$$ 式中：$f_{cu,i}$——同一检验批第 i 组混凝土试件强度； n——本检验期内的样本容量。 3. 混凝土强度的合格评定系数按下表取用： | 试件组数	10～14	15～19	≥20
---	---	---	---
λ_1	1.15	1.05	0.95
λ_2	0.90		0.85	
非统计方法	1. $m_{f_{cu}} \geq \lambda_3 \cdot f_{cu,k}$ 2. $f_{cu,min} \geq \lambda_4 \cdot f_{cu,k}$ 式中：λ_3, λ_4——非统计法合格评定系数，按右表取用。	1. 当用于评定的样本容量小于 10 组时，应采用非统计方法评定混凝土强度。 2. 混凝土强度的非统计法合格评定系数： 	混凝土强度等级	<C60	≥C60
λ_3	1.15	1.10
λ_4	0.95		

（7）每组结构实体混凝土同条件养护试件的强度值应根据试验结果按现行国家标准《混凝土物理力学性能试验方法标准》GB/T 50081—2019 的规定确定。

（8）对同一强度等级的结构实体混凝土同条件养护试件，其强度值应除以 0.88 后按现行国家标准《混凝土强度检验评定标准》GB/T 50107—2010 的有关规定进行评定，评定结果符合要求时可判结构实体混凝土强度合格。

3. 抗水渗透试验

1）等级划分

抗渗混凝土是通过各种技术手段提高混凝土的抗渗性能，以达到防止压力水渗透要求的混凝土。抗渗混凝土等级由大写英文字母"P"和混凝土本身所能承受的最小水压力数值（阿拉伯数字）表示。由于P6级以下的抗渗要求对普通混凝土来说比较容易满足，所以《普通混凝土配合比设计规程》JGJ 55—2011把抗渗等级等于或大于P6级的混凝土定义为抗渗混凝土。

常见抗渗混凝土的抗渗等级有：P6、P8、P10、P12、P14和P16六个等级。

2）提高抗渗性能的方法

（1）较低等级的抗渗混凝土，一般采取调整水泥和细集料的用量提高混凝土的密实性，就能达到抗渗要求；

（2）高等级的抗渗混凝土，一般会采取在混凝土中加入外加剂（如防水剂、引气剂等）和掺合料（如粉煤灰、磨细矿渣粉、沸石粉等），以提高混凝土的密实性，达到抗渗要求。

（3）利用膨胀水泥或普通水泥添加膨胀剂的技术手段，也可达到提高混凝土的抗渗、抗裂性能。

3）现场取样

对有抗渗要求的混凝土结构，其混凝土试件应在浇筑地点随机取样。连续浇筑抗渗混凝土每500m³应留置一组抗渗试件，且每项工程不得少于两组。采用预拌混凝土的抗渗试件，留置组数应视结构的规模和要求而定。混凝土的抗渗性能，应采用标准条件下养护混凝土抗渗试件的试验结果评定。

冬期施工检验掺用防冻剂的混凝土抗渗性能，应增加留置与工程同条件养护28d，再标准养护28d后进行抗渗试验的试件。

4）抗水渗透试验

（1）渗水高度法

①渗水高度法适用于以测定硬化混凝土在恒定水压力下的平均渗水高度来表示的混凝土抗水渗透性能。

渗水高度法可以通过渗水高度直接计算出相对渗透系数，故有些标准称为相对渗透系数法，二者在本质上是一致的。国外比较倾向于用渗水高度及相对渗透系数来评价混凝土抗渗性，我国也已经逐渐积累了这方面的经验，并且设备质量和水平有了较大提高。《水工混凝土试验规程》DL/T 5150—2017和《水工混凝土试验规程》SL/T 352—2020、《公路工程水泥及水泥混凝土试验规程》JTG 3420—2020、《水运工程混凝土试验检测技术规范》JTS/T 236—2019等行业标准均列入或保留了渗水高度法或相对渗透系数法，一般用于抗渗等级较高的混凝土。

②试验设备应符合下列规定：

a. 混凝土抗渗仪应符合现行行业标准《混凝土抗渗仪》JG/T 249—2009的规定。抗渗仪施加的最大水压力不应低于 2.0MPa。

b. 试模应采用上口内部直径为 175mm、下口内部直径为 185mm、高度为 150mm 的圆台体。

c. 密封材料宜采用石蜡加松香或水泥加黄油等材料，也可采用橡胶套等其他有效密封材料。

d. 梯形板（图 4-42）应采用透明材料制成，并应画有十条等间距、垂直于梯形底线的直线。

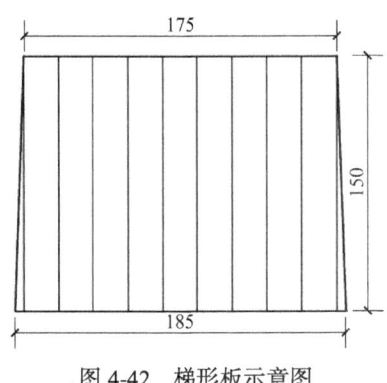

图 4-42　梯形板示意图

e. 钢尺的分度值应为 1mm。

f. 钟表的分度值应为 1min。

g. 辅助设备应包括螺旋加压器、烘箱、电炉、浅盘、铁锅和钢丝刷等。

h. 安装试件的加压设备可为螺旋加压或其他加压形式，其压力应能保证将试件压入试件套内。

③抗水渗透试验应按下列步骤进行：

A. 应先按《混凝土物理力学性能试验方法标准》GB/T 50081—2019 的规定的方法进行试件的制作和养护。抗水渗透试验应以 6 个试件为一组。

B. 试件拆模后，应用钢丝刷刷去两端面的水泥浆膜，并应立即将试件送入标准养护室进行养护。

C. 抗水渗透试验的龄期宜为 28d。应在到达试验龄期的前一天，从养护室取出试件，并擦拭干净。待试件表面晾干后，试件应按下列方法进行密封：

a. 采用石蜡密封时，应在试件侧面裹涂一层熔化的内加少量松香的石蜡，然后用螺旋加压器将试件压入经烘箱或电炉预热过的试模中，使试件与试模底齐平，并应在试模变冷后解除压力。试模的预热温度，应以石蜡接触试模既缓慢熔化但不流淌为准。

b. 采用水泥加黄油密封时，其质量比应为(2.5~3):1。应用三角刀将密封材料均匀地刮涂在试件侧面上，厚度应为(1~2)mm。应套上试模并将试件压入，并使试件与试模底齐平。

c. 试件密封也可采用侧面具有气压或水压的密封套等其他更可靠密封方式。

D. 试件准备好后应启动抗渗仪，并开通 6 个试位下的阀门，使水从 6 个孔中渗出，水应充满试位坑，在关闭 6 个试位下的阀门后应将密封好的试件安装在抗渗仪上。

E. 试件安装好后,应立即开通 6 个试位下的阀门,并使水压在 24h 内恒定控制在(1.2 ± 0.05)MPa,且加压过程不应大于 5min,应以达到稳定压力的时间作为试验记录起始时间,时间应精确至 1min。在稳压过程中随时观察试件端面的渗水情况,当有某一个试件端面出现渗水时,应停止该试件的试验并记录时间,并以试件的高度作为该试件的渗水高度。对于试件端面未出现渗水的情况,应在 24h 后停止试验,并及时取出试件。在试验过程中,当发现水从试件周边渗出时,应重新按规定进行密封。

F. 抗渗仪上取出来的试件应放在压力机上,并在试件上下两端面中心处沿直径方向各放一根直径为 6mm 的钢垫条,应确保它们在同一竖直平面内,然后开动压力机,将试件沿纵断面劈裂为两半。试件劈开后,应用防水笔描出水痕。

G. 应将梯形板放在试件劈裂面上,用钢尺沿水痕等间距量测 10 个测点的渗水高度值,读数应精确至 1mm。当读数遇到某测点被骨料阻挡时,可将靠近骨料两端的渗水高度算术平均值作为该测点的渗水高度。

④试验结果计算及处理应符合下列规定:

a. 试件渗水高度应按下式计算:

$$\overline{h_i} = \frac{1}{10}\sum_{j=1}^{10} h_j \tag{4-109}$$

式中:h_j——第 i 个试件第 j 个测点处的渗水高度(mm);

$\overline{h_i}$——第 i 个试件的平均渗水高度(mm),以 10 个测点渗水高度的平均值作为该试件渗水高度的测定值。

b. 一组试件的平均渗水高度应按下式计算:

$$\overline{h} = \frac{1}{6}\sum_{i=1}^{6} \overline{h_i} \tag{4-110}$$

式中:$\overline{h_i}$——一组 6 个试件的平均渗水高度(mm),应以一组 6 个试件渗水高度的算术平均值作为该组试件渗水高度的测定值。

(2)逐级加压法

①本方法适用于通过逐级施加水压力来测定以抗渗等级来表示的混凝土抗水渗透性能。

②试件制作:抗渗性能试验应采用顶面直径为 175mm、底面直径为 185mm、高度为 150mm 的圆台或直径高度均为 150mm 的圆柱体试件。抗渗试件以 6 个为一组。

a. 采用人工插捣方式成型:混凝土拌合物应分二层装入试模内,每层的装料厚度大致相等[捣棒用圆钢制成,表面应光滑,其直径为(16 ± 0.1)mm、长度为(600 ± 5)mm,且端部呈半球形]。插捣应按螺旋方向从边缘向中心均匀进行,在插捣底层混凝土时,捣棒应达到试模底部;插捣上层时,捣棒应贯穿上层后插入下层深度$(20\sim30)$mm,插捣时捣棒应保持垂直,不得倾斜;每层插捣 25 次,插捣后应用橡皮锤轻轻敲击试模四周,直至插捣棒留下的空洞消失为止。刮除试模上口多余的混凝土，待混凝土临近初凝时，用抹刀抹平。

b.采用振动台振实制作试件时，应将混凝土拌合物一次装入试模，装料时使混凝土拌合物高出试模口。试模应附着或固定在振动台上，振动时试模不得有任何跳动，振动应持续到混凝土表面出浆为止；不得过振；刮除试模上口多余的混凝土，待混凝土临近初凝时，用抹刀抹平。

③试验设备应符合现行行业标准《混凝土抗渗仪》JG/T 249—2009 的规定，并宜采用全自动控制抗渗仪。

④试验应按下列步骤进行：

A.首先应按《混凝土长期性能和耐久性能试验方法标准》GB/T 50082—2024 中第 6.1.3 条（同"渗水高度法"）的规定进行试件的密封和安装。

B.试验时，水压应从 0.1MPa 开始，其后每隔 8h 增加 0.1MPa 水压，并应随时观察试件端面渗水情况。当 6 个试件中有 3 个试件表面出现渗水，或加至规定压力在 8h 内 6 个试件中表面渗水试件少于 3 个时，可停止试验，并记下此时的水压力。试验过程中发现水从试件周边渗出时，应按规定重新进行密封。

C.混凝土的抗渗等级应按下式计算：

$$P = 10H - 1 \tag{4-111}$$

式中：P——混凝土的抗渗等级；

H——6 个试件中 3 个试件渗水时的水压力（MPa）。

《混凝土长期性能和耐久性能试验方法标准》GB/T 50082—2024 中第 6.2.4 条，有关抗渗等级的确定可能会有以下三种情况：

a.当一次加压后，在 8h 内 6 个试件中有 2 个试件出现渗水时（此时的水压力为 H），则此组混凝土抗渗等级为：

$$P = 10H \tag{4-112}$$

b.当一次加压后，在 8h 内 6 个试件中有 3 个试件出现渗水时（此时的水压力为 H），则此组混凝土抗渗等级为：

$$P = 10H - 1 \tag{4-113}$$

c.当加压至规定压力或设计指标后，在 8h 内 6 个试件中表面渗水的试件少于 2 个（此时的水压力为 H），则此组混凝土抗渗等级为：

$$P > 10H \tag{4-114}$$

5）标识

按标准取得混凝土试样并制成抗渗试件后，在拆除试模并用钢丝刷刷去上下两端面水泥浆膜后应及时在试件上作出唯一性标识，标识应包括以下内容：工程编号、试件编号、抗渗等级、养护条件、龄期和取样日期；参考样式见图 4-43。

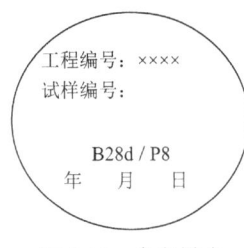

图 4-43 参考样式

4.氯离子含量

1)相关标准

《混凝土中氯离子含量检测技术规程》JGJ/T 322—2013。

2)基本规定

(1)预拌混凝土应对其拌合物进行氯离子含量检测。

(2)硬化混凝土可采用混凝土标准养护试件或结构混凝土同条件养护试件进行氯离子含量检测,也可钻取混凝土芯样进行氯离子含量检测。存在争议时,应以结构实体钻取混凝土芯样的氯离子含量的检测结果为准。

(3)受检方应提供实际采用的混凝土配合比。

(4)在氯离子含量检测和评定时,不得采用将混凝土中各原材料的氯离子含量求和的方法进行替代。

(5)检测应采用筛孔公称直径为 5.00mm 的筛子对混凝土拌合物进行筛分,获得不少于 1000g 的砂浆,称取 500g 砂浆试样两份,并向每份砂浆试样加入 500g 蒸馏水,充分摇匀后获得两份悬浊液密封备用。

(6)滤液的获取应自混凝土加水搅拌 3h 内完成。

3)混凝土拌合物中氯离子含量检测

(1)一般规定:

①混凝土施工过程中,应进行混凝土拌合物中水溶性氯离子含量检测。

②同一工程、同一配合比的混凝土拌合物中水溶性氯离子含量的检测不应少于 1 次;当混凝土原材料发生变化时,应重新对混凝土拌合物中水溶性氯离子含量进行检测。

(2)取样:

①拌合物应随机从同一搅拌车中取样,但不宜在首车混凝土中取样。从搅拌车中取样时应使混凝土充分搅拌均匀,并在卸料量为 1/4~3/4 之间取样。取样应自加水搅拌 2h 内完成。

②取样方法应符合现行国家标准《普通混凝土拌合物性能试验方法标准》GB/T 50080—2016 的有关规定。

③取样数量应至少为检测试验实际用量的 2 倍,且不应少于 3L。

④雨天取样应有防雨措施。

⑤取样时应进行编号、记录下列内容并写入检测报告:

a.取样时间、取样地点和取样人;

b.混凝土的加水搅拌时间;

c.采用海砂的情况;

d.混凝土标记;

e.混凝土配合比;

f. 环境温度、混凝土温度，现场取样时的天气状况。

⑥检测应采用筛孔公称直径为 5.00mm 的筛子对混凝土拌合物进行筛分，获得不少于 1000g 的砂浆，称取 500g 砂浆试样两份，并向每份砂浆试样加入 500g 蒸馏水，充分摇匀后获得两份悬浊液密封备用。

⑦滤液的获取应自混凝土加水搅拌 3h 内完成。

（3）检测方法：

混凝土拌合物中水溶性氯离子含量可采用《混凝土中氯离子含量检测技术规程》JGJ/T 322—2013 "附录 A" 或 "附录 B" 的方法进行检测，也可采用精度更高的测试方法进行检测；当作为验收依据或存在争议时，应采用本规程附录 B 的方法进行检测。

本教材只收录了《混凝土中氯离子含量检测技术规程》JGJ/T 322—2013 "附录 A" 的检测方法。

混凝土拌合物中水溶性氯离子含量，可表示为水泥质量的百分比，也可表示为单方混凝土中水溶性氯离子的质量。

混凝土拌合物中水溶性氯离子含量快速测试方法：

①试验用仪器设备应符合下列规定：

a. 氯离子选择电极：测量范围宜为 $(5 \times 10^{-5} \sim 1 \times 10^{-2})$mol/L；响应时间不得大于 2min；温度宜为 (5～45)℃；

b. 参比电极：应为双盐桥饱和甘汞电极；

c. 电位测量仪器：分辨值应为 1mV 的酸度计、恒电位仪、伏特计或电位差计，输入阻抗不得小于 7MΩ；

d. 系统测试的最大允许误差应为±10%。

②试验用试剂应符合下列规定：

a. 活化液：应使用浓度为 0.001mol/L 的 NaCl 溶液；

b. 标准液：应使用浓度分别为 5.5×10^{-4}mol/L 和 5.5×10^{-3}mol/L 的 NaCl 标准溶液。

③试验前应按下列步骤建立电位—氯离子浓度关系曲线：

a. 氯离子选择电极应放入活化液中活化 2h；

b. 应将氯离子选择电极和参比电极插入温度为 (20±2)℃、浓度为 5.5×10^{-4}mol/L 的 NaCl 标准液中，经 2min 后，应采用电位测量仪测得两电极之间的电位值（图 4-44）；然后应按相同操作步骤测得温度为 (20±2)℃、浓度为 5.5×10^{-3}mol/L 的 NaCl 标准液的电位值。应将分别测得的两种浓度 NaCl 标准液的电位值标在 E-lgC 坐标上，其连线即为电位—氯离子浓度关系曲线；

c. 在测试每个 NaCl 标准液电位值前，均应采用蒸馏水对氯离子选择电极和参比电极进行充分清洗，并用滤纸擦干；

d. 当标准液温度超出 (20±2)℃时，应对电位—氯离子浓度关系曲线进行温度校正。

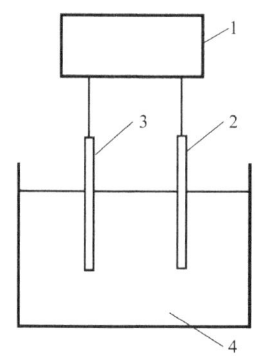

1—电位测量仪；2—氯离子选择电极；3—参比电极；4—标准液或滤液

图 4-44 电位值测量示意图

④试验应按下列步骤进行：

a. 试验前应先将氯离子选择电极浸入活化液中活化 1h；

b. 应将按《混凝土中氯离子含量检测技术规程》JGJ/T 322—2013 第 4.2.6 条的规定获得的两份悬浊液分别摇匀后，以快速定量滤纸过滤，获取两份滤液，每份滤液均不少于 100mL；

c. 应分别测量两份滤液的电位值：将氯离子选择电极和参比电极插入滤液中，经 2min 后测定滤液的电位值；测量每份滤液前应采用蒸馏水对氯离子选择电极和参比电极进行充分清洗，并用滤纸擦干；应分别测量两份滤液的温度，并对建立的电位—氯离子浓度关系曲线进行温度校正；

d. 应根据测定的电位值，分别从 E-lgC 关系曲线上推算两份滤液的氯离子浓度，并应将两份滤液的氯离子浓度的平均值作为滤液的氯离子浓度的测定结果。

⑤每立方米混凝土拌合物中水溶性氯离子的质量应按下式计算：

$$m_{Cl^-} = C_{Cl^-} \times 0.03545 \times (m_B + m_S + 2m_W) \tag{4-115}$$

式中：m_{Cl^-}——每立方米混凝土拌合物中水溶性氯离子质量（kg），精确至 0.01kg；

C_{Cl^-}——滤液的氯离子浓度（mol/L）；

m_B——混凝土配合比中每立方米混凝土的胶凝材料用量（kg）

m_S——混凝土配合比中每立方米混凝土的砂用量（kg）；

m_W——混凝土配合比中每立方米混凝土的用水量（kg）。

⑥混凝土拌合物中水溶性氯离子含量占水泥质量的百分比应按下式计算：

$$\omega_{Cl^-} = m_{Cl^-}/m_C \times 100 \tag{4-116}$$

式中：ω_{Cl^-}——混凝土拌合物中水溶性氯离子占水泥质量的百分比（%），精确至 0.001%；

m_C——混凝土配合比中每立方米混凝土的水泥用量（kg）。

4）硬化混凝土中氯离子含量检测

（1）一般规定：

①当检测硬化混凝土中氯离子含量时，可采用标准养护试件、同条件养护试件；存在

争议时，应采用标准养护试件。

②当检测硬化混凝土中氯离子含量时，标准养护试件测试龄期宜为 28d，同条件养护试件的等效养护龄期宜为 600℃·d。

（2）试件的制作和养护：

①用于检测氯离子含量的硬化混凝土试件的制作应符合现行国家标准《混凝土物理力学性能试验方法标准》GB/T 50081—2019 的有关规定；也可采用抗压强度测试后的混凝土试件进行检测。

②用于检测氯离子含量的硬化混凝土试件应以 3 个为一组。

③试件养护过程中，不应接触外界氯离子源。

④试件制作时应进行编号、记录下列内容并写入检测报告：

a. 试件制作时间、制作人；

b. 养护条件；

c. 采用海砂的情况；

d. 混凝土标记；

e. 混凝土配合比；

f. 试件对应的工程及其结构部位。

（3）取样：

①检测硬化混凝土中氯离子含量时，应从同一组混凝土试件中取样。

②应从每个试件内部各取不少于 200g、等质量的混凝土试样，去除混凝土试样中的石子后，应将 3 个试样的砂浆砸碎后混合均匀，并应研磨至全部通过筛孔公称直径为 0.16mm 的筛；研磨后的砂浆粉末应置于(105 ± 5)℃烘箱中烘 2h，取出后应放入干燥器冷却至室温备用。

（4）检测方法：

①试验用仪器设备应符合下列规定：

a. 天平：配备天平两台，其中一台称量宜为 2000g、感量应为 0.01g；另一台称量宜为 200g、感量应为 0.0001g；

b. 滴定管：应为 50mL 棕色滴定管；

c. 容量瓶：100mL、1000mL 容量瓶应各一个；

d. 移液管：应为 20mL 移液管；

e. 三角烧瓶：应为 250mL 三角烧瓶；

f. 带石棉网的试验电炉、快速定量滤纸、量筒、小锤等。

②试验用试剂应符合下列内容：

a. 分析纯—硝酸；

b. 乙醇：体积分数为 95%的乙醇；

c. 化学纯—硝酸银；

d. 化学纯—铬酸钾；

e. 酚酞；

f. 分析纯—氯化钠。

③铬酸钾指示剂溶液的配制步骤应为：称取 5.00g 化学纯铬酸钾溶于少量蒸馏水中，加入硝酸银溶液直至出现红色沉淀，静置 12h，过滤并移入 100mL 容量瓶中，稀释至刻度。

④物质的量浓度为 0.0141mol/L 的硝酸银标准溶液的配制步骤应为：称取 2.40g 化学纯硝酸银，精确至 0.01g，用蒸馏水溶解后移入 1000mL 容量瓶中，稀释至刻度，混合均匀后，储存于棕色玻璃瓶中。

⑤物质的量浓度为 0.0141mol/L 的氯化钠标准溶液的配制步骤应为：称取在 550±50℃灼烧至恒重的分析纯氯化钠 0.8240g，精确至 0.0001g，用蒸馏水溶解后移入 1000mL 容量瓶中，并稀释至刻度。

⑥酚酞指示剂的配制步骤应为：先称取 0.50g 酚酞，溶于 50mL 乙醇，再加入 50mL 蒸馏水。

⑦硝酸溶液的配制步骤应为：量取 63mL 分析纯硝酸缓慢加入约 800mL 蒸馏水中，移入 1000mL 容量瓶中，稀释至刻度。

⑧试验应按下列步骤进行：

a. 应称取 20.00g 磨细的砂浆粉末，精确至 0.01g，置于三角烧瓶中，并加入 100mL（V_1）蒸馏水，摇匀后，盖好表面皿后放到带石棉网的试验电炉或其他加热装置上煮沸 5min，停止加热，盖好瓶塞，静置 24h 后，以快速定量滤纸过滤，获取滤液；

b. 应分别移取两份滤液 20mL（V_2），置于两个三角烧瓶中，各加两滴酚酞指示剂，再用硝酸溶液中和至刚好无色；

c. 滴定前应分别向两份滤液中加入 10 滴铬酸钾指示剂，然后用硝酸银标准溶液滴至略带桃红色的黄色不消失，终点的颜色判定必须保持一致。应分别记录各自消耗的硝酸银标准溶液体积V_{31}和V_{32}，取两者的平均值V_3作为测定结果。

⑨硝酸银标准溶液浓度的标定步骤应为：用移液管移取氯化钠标准溶液 20mL（V_3）于三角瓶中，加入 10 滴铬酸钾指示剂，立即用硝酸银标准溶液滴至略带桃红色的黄色不消失，记录所消耗的硝酸银体积（V_1）。硝酸银标准溶液的浓度应按下式计算：

$$C_{AgNO_3} = C_{NaCl} \times \frac{V_3}{V_1} \tag{4-117}$$

式中：C_{AgNO_3}——硝酸银标准溶液的浓度（mol/L），精确至 0.0001mol/L；

C_{NaCl}——氯化钠标准溶液的浓度（mol/L）；

V_3——氯而钠标准溶液的用量（mL）；

V_1——硝酸银标准溶液的用量（mL）。

⑩ 每立方米混凝土拌合物中水溶性氯离子的质量应按下式计算：

$$m_{Cl^-} = \frac{C_{AgNO_3} \times V_2 \times 0.03545}{V_1} \times (m_B + m_S + 2m_W) \quad (4\text{-}118)$$

式中：m_{Cl^-}——每立方米混凝土拌合物中水溶性氯离子质量（kg），精确至 0.01kg；

　　　V_2——硝酸银标准溶液的用量的平均值（mL）；

　　　V_1——滴定时量取的滤液量（mL）；

　　　m_B——混凝土配合比中每立方米混凝土的胶凝材料用量（kg）；

　　　m_S——混凝土配合比中每立方米混凝土的砂用量（kg）；

　　　m_W——混凝土配合比中每立方米混凝土的用水量（kg）。

⑪ 混凝土拌合物中水溶性氯离子含量占水泥质量的百分比应按下式计算：

$$\omega_{Cl^-} = \frac{m_{Cl^-}}{m_C} \times 100 \quad (4\text{-}119)$$

式中：ω_{Cl^-}——混凝土拌合物中水溶性氯离子占水泥质量的百分比（%），精确至 0.001%；

　　　m_C——混凝土配合比中每立方米混凝土的水泥用量（kg）。

（5）结果评定：

混凝土拌合物中水溶性氯离子含量还应符合国家现行标准《混凝土质量控制标准》GB 50164—2011、《预拌混凝土》GB/T 14902—2012 和《海砂混凝土应用技术规范》JGJ 206—2010 的有关规定。

混凝土拌合物中水溶性氯离子最大含量应符合表 4-121 的要求。

混凝土拌合物中水溶性氯离子最大含量
（水泥用量的质量百分比，%）　　　　　　表 4-121

环境条件	水溶性氯离子最大含量		
	钢筋混凝土	预应力混凝土	素混凝土
干燥环境	0.30	0.06	1.00
潮湿但不含氯离子的环境	0.20		
潮湿且含有氯离子的环境、盐渍土环境	0.10		
除冰盐等侵蚀性物质的腐蚀环境	0.06		

5. 抗冻试验

1）等级划分

抗冻混凝土标号（等级）由大写英文字母"D"和混凝土本身所能承受的最大冻融循环

次数（阿拉伯数字）表示。如 D100，即为能承受 ≥100 次冻融循环的抗冻混凝土。由于 D50 级以下的抗冻要求对普通混凝土来说很容易满足，所以《普通混凝土配合比设计规程》JGJ 55—2011 把抗冻标号（等级）等于或大于 D50 级的混凝土定义为抗冻混凝土。

常见的抗冻混凝土的抗冻标号（等级）有：D25、D50、D100、D150、D200、D250、D300 和 D300 以上。

2）检验混凝土抗冻性能的试验方法

（1）慢冻法

慢冻法适用于测定混凝土试件在气冻水融条件下，以经受的冻融循环次数来表示的混凝土抗冻性能。

混凝土抗冻标号：用慢冻法测得的最大冻融循环次数来划分的混凝土的抗冻性能等级。

① 慢冻法抗冻试验所采用的试件应符合下列规定：

a. 试验应采用尺寸为 100mm×100mm×100mm 的立方体试件；试件的制作和养护应符合现行国家标准《混凝土物理力学性能试验方法标准》GB/T 50081—2019 的规定。

b. 慢冻法试验所需的试件组数应符合表 4-122 的规定，且每组试件应为 3 块。

慢冻法试验所需要的试件组数 表 4-122

设计抗冻标号	D25	D50	D100	D150	D200	D250	D300	D300 以上
检查强度所需冻融循环次数	25	50	50 及 100	100 及 150	150 及 200	200 及 250	250 及 300	300 及设计次数
鉴定 28d 强度所需试件组数	1	1	1	1	1	1	1	1
冻融试件组数	1	1	2	2	2	2	2	2
对比试件组数	1	1	2	2	2	2	2	2
总计试件组数	3	3	5	5	5	5	5	5

慢冻法试验对于设计抗冻标号在 D50 以上的，通常只需要两组冻融试件，一组在达到规定的抗冻标号时测试，一组在与规定的抗冻标号少 50 次时进行测试。抗冻标号在 D300 以上的，按 300 次或设计规定的次数进行测试。更高的等级可按照 50 次递增，并增加相应试件数量。

c. 成型试件时，不应采用憎水性脱模剂。

d. 检验混凝土抗冻性能的试件的成型、养护方法及养护龄期，和标准养护抗压强度试件相同。

② 试验设备应符合下列规定：

a. 冻融试验箱应能使试件静止不动，并应通过气冻水融进行冻融循环。在满载运转的条件下，冷冻期间冻融试验箱内空气的温度应能保持在(-20～-18)℃；融化期间冻融试验箱内浸泡混凝土试件的水温应能保持在(18～20)℃；满载时冻融试验箱内各点温度极差不应超过 2℃。

b. 采用自动冻融设备时，控制系统应具有自动控制、数据曲线实时动态显示、断电记忆和试验数据自动存储等功能。

c. 试件架应采用不锈钢或者其他耐腐蚀的材料制作，其尺寸应与冻融试验箱和所装的试件相适应。

d. 称量设备的最大量程应为 20kg，感量不应超过 5g。

e. 压力试验机应符合现行国家标准《混凝土物理力学性能试验方法标准》GB/T 50081—2019 的相关规定。

f. 温度传感器的测量范围应为(−20～20)℃，测量精度应为 0.1℃。

③慢冻试验应按照下列步骤进行：

a. 在标准养护室内或同条件养护的冻融试验的试件，应在养护龄期为 24d 时从养护地点取出，随后应将试件放在(20±2)℃水中浸泡，浸泡时水面应高出试件顶面(20～30)mm，在水中浸泡的时间应为 4d，试件应在 28d 龄期时开始进行冻融试验。对于始终在水中养护的试件，当试件养护龄期达到 28d 时，可直接开始进行冻融试验，并应在试验报告中予以说明。

b. 当试件养护龄期达到 28d 时应及时取出冻融试验的试件，用湿布擦除表面水分后应对外观尺寸进行测量，试件的外观尺寸应满足现行国家标准《混凝土物理力学性能试验方法标准》GB/T 50081—2019 第 3.3 节的要求，并应分别编号、称重，然后按编号置入试件架内，试件架与试件的接触面积不宜超过试件底面的 1/5。试件与箱壁之间应至少留有 20mm 的空隙。试件架中各试件之间应至少保持 30mm 的空隙。

c. 冷冻时间应在冻融箱内温度降至−18℃时开始计算。每次从装完试件到温度降至−18℃所需的时间应为(1.5～2.0)h；冷冻时冻融箱内温度应保持在(−20～−18)℃。

d. 每次冻融循环中试件的冷冻时间不应小于 4h。

e. 冷冻结束后，应立即加入温度为(18～20)℃的水，使试件转入融化状态，加水时间不应超过 10min。控制系统应确保在 30min 内水温不低于 10℃，且在 30min 后水温能保持在(18～20)℃。冻融箱内的水面应至少高出试件顶面 20mm。融化时间不应小于 4h。融化完毕视为该次冻融循环结束，可进入下一次冻融循环。

f. 每 25 次循环宜对冻融试件进行一次外观检查。当出现严重破坏时，应立即进行称量。

g. 试件在达到表 4-122 规定的冻融循环次数后，应称量试件并进行外观检查，详细记录试件表面破损、裂缝及边角缺损情况。当试件表面破损或者边角缺损时，应先用高强石膏找平，再进行抗压强度试验。抗压强度试验应符合现行国家标准《混凝土物理力学性能试验方法标准》GB/T 50081—2019 的相关规定。

h. 当冻融循环因故中断且试件处于冷冻状态时，试件应保持在冷冻状态，直至恢复冻融试验为止，并应在试验结果中注明故障原因及暂停时间。当试件处在融化状态下因故中断时，中断时间不应超过两个冻融循环的时间。在整个试验过程中，超过两个冻融循环时间的中断故障次数不应超过 2 次。

i. 当部分试件由于失效破坏或者停止试验被取出时,应用空白试件填充空位。

j. 对比试件应继续保持原有的养护条件,直到完成冻融循环后,与冻融试验的试件同时进行抗压强度试验。

④ 当冻融循环出现下列情况之一时,可停止试验:

a. 达到规定的冻融循环次数;

b. 抗压强度损失率达到 25%;

c. 质量损失率达到 5%。

⑤ 试验结果计算及处理应符合下列规定:

a. 强度损失率应按下式进行计算:

$$\Delta f_c = \frac{f_{c0} - f_{cn}}{f_{c0}} \times 100\% \tag{4-120}$$

式中:Δf_c——n 次冻融循环后的混凝土抗压强度损失率,精确至 0.1%;

f_{c0}——对比用的一组标准养护混凝土试件的抗压强度测定值(MPa),精确至 0.1MPa;

f_{cn}——经 n 次冻融循环后的一组混凝土试件抗压强度测定值(MPa),精确至 0.1MPa。

b. f_{c0} 和 f_{cn} 应以三个试件抗压强度试验结果的算术平均值作为测定值。当三个试件抗压强度最大值或最小值与中间值之差超过中间值的 15%时,应剔除此值,再取其余两值的算术平均值作为测定值;当最大值和最小值均超过中间值的 15%时,应取中间值作为测定值。

c. 单个试件的质量损失率应按下式计算:

$$\Delta W_{ni} = \frac{W_{0i} - W_{ni}}{W_{0i}} \times 100\% \tag{4-121}$$

式中:ΔW_{ni}——n 次冻融循环后第 i 个混凝土试件的质量损失率(%),精确至 0.01%;

W_{0i}——冻融循环试验前第 i 个混凝土试件的质量(g);

W_{ni}——n 次冻融循环后第 i 个混凝土试件的质量(g)。

d. 一组试件的平均质量损失率应按下式计算:

$$\Delta W_n = \frac{\sum_{i=1}^{3} \Delta W_{ni}}{3} \tag{4-122}$$

式中:ΔW_n——n 次冻融循环后一组混凝土试件的平均质量损失率(%),精确至 0.1%。

e. 每组试件的平均质量损失率应以三个试件的质量损失率试验结果的算术平均值作为测定值。当某个试验结果出现负值,应取 0 值,再取三个试件的算术平均值。当三个值中的最大值或最小值与中间值之差超过 1%时,应剔除此值,再取其余两值的算术平均值作为测定值;当最大值和最小值与中间值之差均超过 1%时,应取中间值作为测定值。

f.抗冻标号应根据抗压强度损失率不超过 25%或质量损失率不超过 5%时的最大冻融循环次数按表 4-122 确定。

（2）快冻法

快冻法适用于测定混凝土试件在水冻水融条件下，以经受的快速冻融循环次数来表示的混凝土的抗冻性能。

快冻法采用"水冻水融"的试验方法，这与慢冻法的"气冻水融"方法有显著区别。

混凝土抗冻等级：用快冻法测得的最大冻融循环次数来划分的混凝土的抗冻性能等级。

① 快冻法试验设备应符合下列规定：

a.试件盒（图 4-45）宜采用具有弹性的橡胶材料制作，其内表面底部和侧面宜有半径为 3mm 橡胶突起部分。盒内加水后水面应至少高出试件顶面 5mm。试件盒横截面尺寸宜为 115mm×115mm，试件盒长度宜为 500mm。

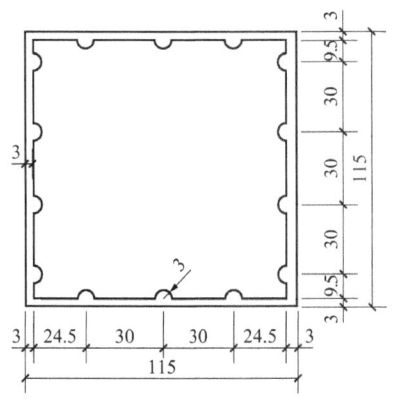

图 4-45　橡胶试件盒横截面示意图（mm）

b.快速冻融设备应符合现行行业标准《混凝土抗冻试验设备》JG/T 243—2009 的规定，应在冻融箱中心、中心平面任何一个对角线的两端分别设置温度传感器。运转时冻融箱内各点温度的极差不得超过 2℃。快速冻融设备应预留与快冻试验标准测温试件中温度传感器相连接的接口。

c.称量设备的最大量程应为 20kg，感量不应超过 5g。

d.混凝土动弹性模量测定仪应符合《混凝土长期性能和耐久性能试验方法标准》GB/T 50082—2024 第 5 章的规定。

e.温度传感器应在(−20～20)℃范围内测定温度，且测量精度应为 0.1℃。

f.测温试件应采用混凝土快冻法试验测温试件标准样品，测温试件的冻融介质应与试验试件的冻融介质一致。

② 快冻试验所采用的试件应符合如下规定：

a.快冻法抗冻试验应采用尺寸为 100mm×100mm×400mm 的棱柱体试件，每组试件应为 3 块。

b. 制作成型试件时，不应采用憎水性脱模剂。

③快冻试验应按照下列步骤进行：

A. 试件的标准养护龄期应为28d，非标养护龄期可根据设计要求选用56d或84d。在标准养护室内或同条件养护的试件，应在冻融试验前4d时从养护地点取出，随后应将试件放在(20±2)℃水中浸泡，浸泡时水面应高出试件顶面(20～30)mm，在水中浸泡时间应为4d。对于始终在水中养护的试件，当试件养护至试验龄期时，可直接开始进行冻融试验，并应在试验报告中予以说明。

B. 试件养护至试验龄期时应及时取出试件，用湿布擦除表面水分后对外观尺寸进行测量，试件的外观尺寸应满足现行国家标准《混凝土物理力学性能试验方法标准》GB/T 50081—2019 第3.3节的要求，并应编号、称量试件初始质量W_{0i}，然后按《混凝土长期性能和耐久性能试验方法标准》GB/T 50082—2024 第5章的规定测定其横向基频的初始值f_{0i}。

C. 将试件放入试件盒内，试件应位于试件盒中心，然后将试件盒放入冻融箱内的试件架中，并向试件盒中注入清水。在整个试验过程中，盒内水位高度应始终保持至少高出试件顶面5mm。

D. 测温试件盒应放在冻融箱的中心位置。

E. 冻融循环过程应符合下列规定：

a. 每次冻融循环应在(2～4)h内完成，且用于融化的时间不得少于整个冻融循环时间的1/4；

b. 在冷冻和融化过程中，试件中心最低和最高温度应分别控制在(−18±2)℃和(5±2)℃内。在任意时刻，试件中心温度不得高于7℃，且不得低于−20℃；

c. 每块试件从3℃降至−16℃所用的时间不得少于冷冻时间的1/2；每块试件从−16℃升至3℃所用时间不得少于整个融化时间的1/2，试件内外的温差不宜超过28℃；

d. 冷冻和融化之间的转换时间不宜超过10min。

F. 每隔25次冻融循环宜测量试件的横向基频f_{ni}。测量前应先将试件表面浮渣清洗干净并擦干表面水分，然后应检查其外部损伤并称量试件的质量W_{ni}。随后应按《混凝土长期性能和耐久性能试验方法标准》GB/T 50082—2024 第5章规定的方法测量横向基频。测完后，应迅速将试件调头重新装入试件盒内并加入清水，继续试验。试件的测量、称量及外观检查应迅速，待测试件应用湿布覆盖。

G. 当有试件停止试验被取出时，应另用其他试件填充空位。当试件在冷冻状态下因故中断时，试件应保持在冷冻状态，直至恢复冻融试验为止，并应在试验结果中注明故障原因及暂停时间。试件在非冷冻状态下发生故障的时间不宜超过两个冻融循环的时间。在整个试验过程中，超过两个冻融循环时间的故障中断次数不应超过2次。

H. 冻融循环出现下列情况之一时，可停止试验：

a. 达到规定的冻融循环次数；

b. 试件的相对动弹性模量下降到60%以下；

c. 试件的质量损失率达 5%。

④试验结果计算及处理应符合下列规定：

a. 相对动弹性模量应按下列公式计算：

$$P_i = \frac{f_{ni}^2}{f_{0i}^2} \times 100\% \tag{4-123}$$

$$P = \frac{1}{3}\sum_{i=1}^{3} P_i \tag{4-124}$$

式中：P_i——经 n 次冻融循环后第 i 个混凝土试件的相对动弹性模量，精确至 0.1%；

f_{ni}^2——经 n 次冻融循环后第 i 个混凝土试件的横向基频（Hz）；

f_{0i}^2——冻融循环试验前第 i 个混凝土试件横向基频初始值（Hz）；

P——经 n 次冻融循环后一组混凝土试件的相对动弹性模量，精确至 0.1%。相对动弹性模量应以三个试件试验结果的算术平均值作为测定值。当最大值或最小值与中间值之差超过中间值的 15% 时，应剔除此值，再取其余两值的算术平均值作为测定值；当最大值和最小值均超过中间值的 15% 时，应取中间值作为测定值。

b. 单个试件的质量损失率应按下式计算：

$$\Delta W_{ni} = \frac{W_{0i} - W_{ni}}{W_{0i}} \times 100\% \tag{4-125}$$

式中：ΔW_{ni}——n 次冻融循环后第 i 个混凝土试件的质量损失率（%），精确至 0.01；

W_{0i}——冻融循环试验前第 i 个混凝土试件的质量（g）；

W_{ni}——n 次冻融循环后第 i 个混凝土试件的质量（g）。

c. 一组试件的平均质量损失率应按下式计算：

$$\Delta W_n = \frac{\sum_{i=1}^{3} \Delta W_{ni}}{3} \tag{4-126}$$

式中：ΔW_n——n 次冻融循环后一组混凝土试件的平均质量损失率（%），精确至 0.1%。

d. 每组试件的平均质量损失率应以三个试件的质量损失率试验结果的算术平均值作为测定值。当某个试验结果出现负值，应取 0 值，再取三个试件的平均值。当三个值中的最大值或最小值与中间值之差超过 1% 时，应剔除此值，再取其余两值的算术平均值作为测定值；当最大值和最小值与中间值之差均超过 1% 时，应取中间值作为测定值。

e. 混凝土抗冻等级应以相对动弹性模量下降至不低于 60% 或者质量损失率不超过 5% 时的最大冻融循环次数来确定，并用符号 F 表示。

3）标识

按标准取得混凝土试样并制成抗冻试件后，在拆除试模后应及时在试件上作出唯一性标识，标识应包括以下内容：工程编号、试件编号、抗冻标号（等级）、养护条件、龄期和取样日期；参考样式见图 4-46 和图 4-47。

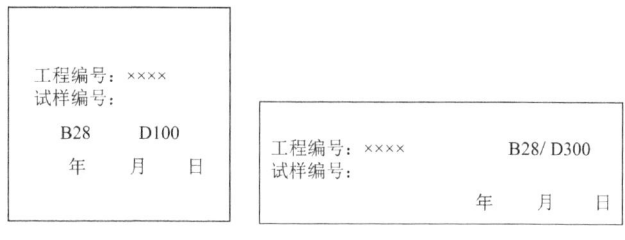

图 4-46　慢冻法试件　　　　图 4-47　快冻法试件

6. 氯离子含量（混凝土拌和用水）

《混凝土用水标准》JGJ 63—2006 中规定，混凝土拌合用水的氯离子含量应符合表 4-123 的要求。

混凝土拌合用水水质要求　　　　表 4-123

项目	预应力混凝土	钢筋混凝土	素混凝土
Cl^-（mg/L）	≤500	≤1000	≤3500

《混凝土用水标准》JGJ 63—2006 中规定，氯化物的检验应符合现行国家标准《水质 氯化物的测定 硝酸银滴定法》GB/T 11896—1989 的要求。

《水质 氯化物的测定 硝酸银滴定法》GB/T 11896—1989 中规定了水中氯化物浓度的硝酸银滴定法。

《水质 氯化物的测定 硝酸银滴定法》GB/T 11896—1989 适用于天然水中氯化物的测定，也适用于经过适当稀释的高矿化度水，如咸水、海水等，以及经过预处理除去干扰物的生活污水或工业废水。

《水质 氯化物的测定 硝酸银滴定法》GB/T 11896—1989 适用的浓度范围为(10～500)mg/L 的氯化物。高于此范围的水样经稀释后可以扩大其测定范围。

1）原理

在中性至弱碱性范围内（pH = 6.5～10.5），以铬酸钾为指示剂，用硝酸银滴定氯化物时，由于氯化银的溶解度小于铬酸银的溶解度，氯离子首先被完全沉淀出来后，然后铬酸盐以铬酸银的形式被沉淀，产生砖红色，指示滴定终点达到。该沉淀滴定的反应如下：

$$Ag^+ + Cl^- \longrightarrow AgCl\downarrow$$

$$2Ag^+ + CrO_4 \longrightarrow Ag_2CrO_4\downarrow(砖红色)$$

2）试剂

分析中只使用分析纯试剂及蒸馏水或去离子水。

（1）高锰酸钾，c（1/5 $KMnO_4$）= 0.01mol/L。

（2）过氧化氢（H_2O_2），30%。

（3）乙醇（C_6H_5OH），95%。

（4）硫酸溶液，$c(1/2\,H_2SO_4) = 0.05$ mol/L。

（5）氢氧化钠溶液，$c(NaOH) = 0.05$ mol/L。

（6）氢氧化铝悬浮液：溶解 125g 硫酸铝钾 [$KAl(SO_4)\cdot 12H_2O$] 于 1L 蒸馏水中，加热至 60℃，然后边搅拌边缓缓加入 55mL 浓氨水放置约 1h 后，移至大瓶中，用倾泻法反复洗涤沉淀物，直到洗出液不含氯离子为止。用水稀至约为 300mL。

（7）氯化钠标准溶液，$c(NaCl) = 0.0141$ mol/L，相当于 500mL 氯化物含量：将氯化钠（NaCl）置于瓷坩埚内，在(500～600)℃下灼烧(40～50)min。在干燥器中冷却后称取 8.2400g，溶于蒸馏水中，在容量瓶中稀释至 1000mL。用吸管吸取 10.0mL，在容量瓶中准确稀释至 100mL。

1.00mL 此标准溶液含 0.50mg 氯化物（Cl^-）。

（8）硝酸银标准溶液，$c(AgNO_3) = 0.0141$ mol/L：称取 2.3950g 于 105℃烘半小时的硝酸银（$AgNO_3$），溶于蒸馏水中，在容量瓶中稀释至 1000mL，贮于棕色瓶中。

用氯化钠标准溶液标定其浓度：

用吸管准确吸取 25.00mL 氯化钠标准溶液于 250mL 锥形瓶中，加蒸馏水 25mL。另取一锥形瓶，量取蒸馏水 50mL 作空白。各加入 1mL 铬酸钾溶液，在不断的摇动下用硝酸银标准溶液滴定至砖红色沉淀刚刚出现为终点。计算每毫升硝酸银溶液所相当的氯化物量，然后校正其浓度，再作最后标定。

1.00mL 此标准溶液含 0.50mg 氯化物（Cl^-）。

（9）铬酸钾溶液（50g/L）：称取 5g 铬酸钾（K_2CrO_4）溶于少量蒸馏水中，滴加硝酸银溶液至有红色沉淀生成。摇匀，静置 12h，然后过滤并用蒸馏水将滤液稀释至 100mL。

（10）酚酞指示剂溶液：称取 0.5g 酚酞溶于 50mL 95%乙醇中。加入 50mL 蒸馏水，再滴加 0.05mol/L 氢氧化钠溶液使呈微红色。

3）仪器

（1）锥形瓶，250mL。

（2）滴定管，25mL，棕色。

（3）吸管，50mL，25mL。

4）样品

采集代表性水样，放在干净且化学性质稳定的玻璃瓶或聚乙烯瓶内。保存时不必加入特别的防腐剂。

5）分析步骤

（1）干扰的排除：

若无以下各种干扰，此节可省去。

① 如水样浑浊及带有颜色，则取 150mL 或取适量水样稀释至 150mL，置于 250mL 锥形瓶中，加入 2mL 氢氧化铝悬浮液，振荡过滤，弃去最初滤下的 20mL，用干的清洁锥形瓶接取滤液备用。

② 如果有机物含量高或色度高，可用茂福炉灰化法预先处理水样。取适量废水样于瓷蒸发皿中，调节 pH 值至 8～9，置水浴上蒸干，然后放入茂福炉中在 600℃下灼烧 1h，取出冷却后，加 10mL 蒸馏水，移入 250mL 锥形瓶中，并用蒸馏水清洗三次，一并转入锥形瓶中，调节 pH 值到 7 左右，稀释至 50mL。

③ 由有机质而产生的较轻色度，可以加入 0.01mol/L 高锰酸钾 2mL，煮沸。再滴加乙醇以除去多余的高锰酸钾至水样褪色，过滤，滤液贮于锥形瓶中备用。

④ 如果水样中含有硫化物、亚硫酸盐或硫代硫酸银，则加氢氧化钠溶液将水样调至中性或弱碱性，加入 1mL30%过氧化氢，摇匀。1min 后加热至(70～80)℃，以除去过量的过氧化氢。

（2）测定：

① 用吸管吸取 50mL 水样或经过预处理的水样（若氯化物含量高，可取适量水样用蒸馏水稀释至 50mL），置于锥形瓶中。另取一锥形瓶加入 50mL 蒸馏水作空白试验。

② 加水样 pH 值在(6.5～10.5)范围时，可直接滴定，超出此范围的水样应以酚酞作指示剂，用稀硫酸或氢氧化钠的溶液调节至红色刚刚退去。

③ 加入 1mL 铬酸钾溶液，用硝酸银标准溶液滴定至砖红色沉淀刚刚出现即为滴定终点。
［注：铬酸钾在水样中的浓度影响终点到达的迟早，在(50～100)mL 滴定液中加入 1mL 的 5%铬酸钾溶液，使 CrO_4 浓度为$(2.6 \times 10^{-3}～5.2 \times 10^{-3})$mol/L。在滴定终点时，硝酸银加入量略过终点，可用空白测定值消除］

同法作空白滴定。

6）结果的表示

氯化物含量 c（mg/L）按下式计算：

$$c = \frac{(V_2 - V_1) \times M \times 35.45 \times 1000}{V} \tag{4-127}$$

式中：V_1——蒸馏水消耗硝酸银标准溶液量（mL）；

V_2——试样消耗硝酸银标准溶液量（mL）；

M——硝酸银标准溶液浓度（mol/L）；

V——试样体积（mL）。

7. 限制膨胀率

1）补偿收缩混凝土的限制膨胀率测定方法适用于测定掺膨胀剂混凝土的限制膨胀率及限制干缩率。

2）试验用仪器应符合下列规定：

（1）测量仪可由千分表、支架和标准杆组成（图 4-48），千分表分辨率应为 0.001mm。

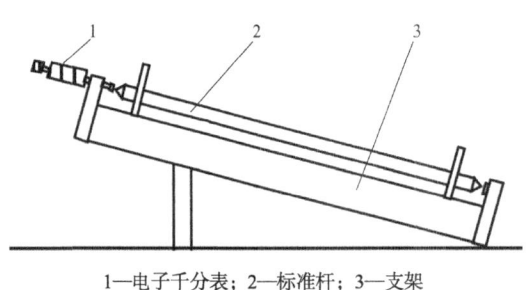

1—电子千分表；2—标准杆；3—支架

图 4-48 测量仪

（2）纵向限制器应符合下列规定：

①纵向限制器应由纵向限制钢筋与钢板焊接制成（图 4-49）。

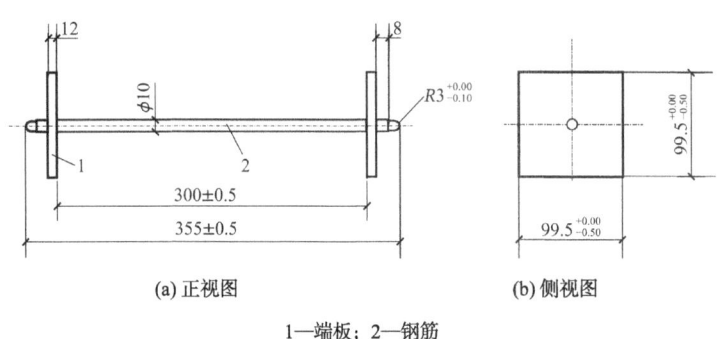

(a) 正视图　　　　　　　　　(b) 侧视图

1—端板；2—钢筋

图 4-49 纵向限制器

②纵向限制钢筋应采用直径为 10mm、横截面面积为 78.54mm²，且符合现行国家标准《钢筋混凝土用钢 第 2 部分：热轧带肋钢筋》GB 1499.2—2024 规定的钢筋。钢筋两侧应焊接 12mm 厚的钢板，材质应符合现行国家标准《碳素结构钢》GB/T 700—2006 的有关规定，钢筋两端点各 7.5mm 范围内为黄铜或不锈钢，测头呈球面状，半径为 3mm。钢板与钢筋焊接处的焊接强度不应低于 260MPa。

③纵向限制器不应变形，一般检验可重复使用 3 次，仲裁检验只允许使用 1 次。

④该纵向限制器的配筋率为 0.79%。

（3）试验室温度应符合下列规定：

①用于混凝土试件成型和测量的试验室的温度应为(20 ± 2)℃。

②用于养护混凝土试件的恒温水槽的温度应为(20 ± 2)℃。恒温恒湿室温度应为(20 ± 2)℃，湿度应为 55%～65%。

③每日应检查、记录温度变化情况。

（4）试件制作应符合下列规定：

①用于成型试件的模型宽度和高度均应为 100mm，长度应大于 360mm。

②同一条件应有 3 条试件供测长用，试件全长应为 355mm，其中混凝土部分尺寸应为 100mm × 100mm × 300mm。

③首先应把纵向限制器具放入试模中,然后将混凝土一次装入试模,把试模放在振动台上振动至表面呈现水泥浆,不泛气泡为止,刮去多余的混凝土并抹平;然后把试件置于温度为(20±2)℃的标准养护室内养护,试件表面用塑料布或湿布覆盖。

④应在成型(12~16)h且抗压强度达到(3~5)MPa后再拆模。

(5)试件测长和养护应符合下列规定:

①测长前3h,应将测量仪、标准杆放在标准试验室内,用标准杆校正测量仪并调整千分表零点。测量前,应将试件及测量仪测头擦净。每次测量时,试件记有标志的一面与测量仪的相对位置应一致,纵向限制器的测头与测量仪的测头应正确接触,读数应精确至0.001mm。不同龄期的试件应在规定时间±1h内测量。试件脱模后应在1h内测量试件的初始长度。测量完初始长度的试件应立即放入恒温水槽中养护,应在规定龄期时进行测长。测长的龄期应从成型日算起,宜测量3d、7d和14d的长度变化。14d后,应将试件移入恒温恒湿室中养护,应分别测量空气中28d、42d的长度变化。也可根据需要安排测量龄期。

②养护时,应注意不损伤试件测头。试件之间应保持25mm以上间隔,试件支点距限制钢板两端宜为70mm。

(6)各龄期的限制膨胀率和导入混凝土中的膨胀或收缩应力,应按下列方法计算:

①各龄期的限制膨胀率应按下式计算,应取相近的2个试件测定值的平均值作为限制膨胀率的测量结果,计算值应精确至0.001%:

$$\varepsilon = \frac{L_t - L}{L_0} \times 100 \tag{4-128}$$

式中:ε——所测龄期的限制膨胀率(%);

L_t——所测龄期的试件长度测量值(mm);

L——初始长度测量值(mm);

L_0——试件的基准长度(300mm)。

②导入混凝土中的膨胀或收缩应力应按下式计算,计算值应精确至0.01MPa:

$$\sigma = \mu \cdot E \cdot \varepsilon \tag{4-129}$$

式中:σ——膨胀或收缩应力(MPa);

μ——配筋率(%);

E——限制钢筋的弹性模量(MPa),取2.0×10^5MPa;

ε——所测龄期的限制膨胀率(%)。

8. 表观密度

1)本试验方法可用于混凝土拌合物捣实后的单位体积质量的测定。

(1)表观密度试验的试验设备应符合下列规定:

①容量筒应为金属制成的圆筒,筒外壁应有提手。骨料最大公称粒径不大于40mm的混凝土拌合物宜采用容积不小于5L的容量筒,筒壁厚不应小于3mm;骨料最大公称粒径

大于 40mm 的混凝土拌合物应采用内径与内高均大于骨料最大公称粒径 4 倍的容量筒。容量筒上沿及内壁应光滑平整，顶面与底面应平行并应与圆柱体的轴垂直。

②电子天平的最大量程应为 50kg，感量不应大于 10g。

③振动台应符合现行行业标准《混凝土试验用振动台》JG/T 245—2009 的规定。

④捣棒应符合现行行业标准《混凝土坍落度仪》JG/T 248—2009 的规定。

（2）混凝土拌合物表观密度试验应按下列步骤进行：

①应按下列步骤测定容量筒的容积：

a. 应将干净容量筒与玻璃板一起称重；

b. 将容量筒装满水，缓慢将玻璃板从筒口一侧推到另一侧，容量筒内应满水并且不应存在气泡，擦干容量筒外壁，再次称重；

c. 两次称重结果之差除以该温度下水的密度应为容量筒容积 V；常温下水的密度可取 1kg/L。

②容量筒内外壁应擦干净，称出容量筒质量 m_1，精确至 10g。

③混凝土拌合物试样应按下列要求进行装料，并插捣密实：

a. 坍落度不大于 90mm 时，混凝土拌合物宜用振动台振实；振动台振实时，应一次性将混凝土拌合物装填至高出容量筒筒口；装料时可用捣棒稍加插捣，振动过程中混凝土低于筒口，应随时添加混凝土，振动直至表面出浆为止。

b. 坍落度大于 90mm 时，混凝土拌合物宜用捣棒插捣密实。插捣时，应根据容量筒的大小决定分层与插捣次数：用 5L 容量筒时，混凝土拌合物应分两层装入，每层的插捣次数应为 25 次；用大于 5L 的容量筒时，每层混凝土的高度不应大于 100mm，每层插捣次数应按每 10000mm² 截面不小于 12 次计算。各次插捣应由边缘向中心均匀地插捣，插捣底层时捣棒应贯穿整个深度，插捣第二层时，捣棒应插透本层至下一层的表面；每一层捣完后用橡皮锤沿容量筒外壁敲击 5～10 次，进行振实，直至混凝土拌合物表面插捣孔消失并不见大气泡为止。

c. 自密实混凝土应一次性填满，且不应进行振动和插捣。

d. 将筒口多余的混凝土拌合物刮去，表面有凹陷应填平；应将容量筒外壁擦净，称出混凝土拌合物试样与容量筒总质量 m_2，精确至 10g。

（3）混凝土拌合物的表观密度应按下式计算：

$$\rho = \frac{m_2 - m_1}{V} \times 1000 \tag{4-130}$$

式中：ρ——混凝土拌合物表观密度（kg/m³），精确至 10kg/m³；

m_1——容量筒质量（kg）；

m_2——容量筒和试样总质量（kg）；

V——容量筒容积（L）。

2）硬化混凝土密度试验：

本方法适用于测定硬化混凝土的表观密度。

（1）测定硬化混凝土表观密度试验的试件应符合下列规定：

①当试件采用试模成型或切割制作时，试件应采用边长不小于 100mm 的立方体试件或棱柱体试件；

②当采用钻芯试件时，试件直径不应小于 100mm，高不应小于 100mm；

③试件最小体积应不小于 $50D^3$，D 为粗骨料的最大粒径；

④每组试件应为 3 块。

（2）试验仪器设备应符合下列规定：

①游标卡尺或直尺的精度应为 0.5mm；

②电子天平的最大量程不应小于 5kg，感量不应大于 0.1g；

③水槽尺寸应能满足浸没试件及水中称重的要求，水温应保持在 (20 ± 2)℃；

④鼓风干燥箱应能控制温度不低于 110℃，最小分度值不应大于 2℃；

⑤干燥器的尺寸应为 $\phi 300 \sim 500$。

（3）硬化混凝土表观密度试验应按下列步骤进行：

①应称量原样试件质量。直接称量试件在原样状态下的质量，应精确至 0.1g，用 m_r 表示。

②应称量饱水试件的表干质量。将试件浸没在 (20 ± 2)℃的水中，水面应至少高于试件顶面 25mm，浸泡 24h，将试件取出，用拧干的湿毛巾擦去表面水分，称量并记录试件质量；继续浸泡 24h，将试件取出，用拧干的湿毛巾擦去表面水分，称量并记录试件质量；试件浸泡时间不应小于 48h，直至两个连续的 24h 间隔的质量变化小于较大值的 0.2%时，停止浸泡，记录最后一次试件质量，应精确至 0.1g，用 m_s 表示。

③应称量烘干试件质量。将试件置于温度控制在 (105 ± 5)℃的鼓风干燥箱中，烘干 24h，将试件取出，置于干燥器中冷却至室温，当试件表面有油污时，可采用丙酮擦拭试件表面，除去油污，称量并记录试件质量；继续烘干 24h，将试件取出，置于干燥器中冷却至室温，称量并记录试件质量；试件烘干时间不应小于 48h，直至两个连续的 24h 间隔的质量变化小于较小值的 0.2%，停止烘干，记录最后一次试件质量，应精确至 0.1g，用 m_d 表示。

④不同规格尺寸的试件均可通过水中称重法测定试件体积，具体应按下列方法进行：

a. 应将试件完全浸泡在 (20 ± 2)℃的水中充分饱水，待无气泡出现时，测定试件在水中的质量 m_w（图 4-49），并应按相关规定测定烘干试件质量 m_d。

b. 试件的表观体积应按下式计算：

$$V_a = \frac{m_d - m_w}{\rho_w} \quad (4\text{-}131)$$

式中：V_a——试件的表观体积（m³），包括试件固体体积和试件内部闭口孔隙体积；

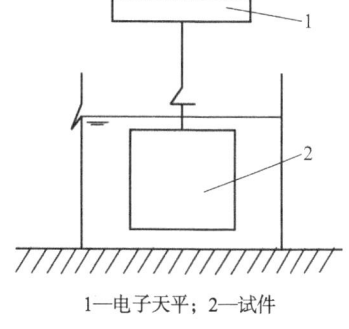

1—电子天平；2—试件

图 4-50

m_d——烘干试件质量（kg）；

m_w——试件在水中的质量（kg）；

ρ_w——水的密度，当水温为20℃时，取值为998kg/m³。

c. 试件的总体积应按下式计算：

$$V_t = \frac{m_s - m_w}{\rho_w} \quad (4-132)$$

式中：V_t——试件的总体积（m³），包括试件固体体积、试件内部闭口孔隙体积与试件开口孔隙体积三者之和；

m_s——保水试件的表干质量（kg）；

m_w——试件在水中的质量（kg）；

ρ_w——水的密度，当水温为20℃时，取值为998kg/m³。

⑤对于形状规则的试件，可以按下列方法直接量取试件尺寸进行试件总体积计算：

a. 对于立方体或棱柱体试件，逐一量取试件长、宽、高三个方向的长度值，每一方向的长度值应在其两端和中间各测量1次，再在其相对的面上再各测量1次，共测6次，并应精确至0.5mm，6次测量的平均值作为该方向的长度值。计算试件的体积，单位为m³，应保留4位有效数字；

b. 对于钻芯试件，圆柱体上下两个底面的直径，应各量取相互垂直方向长度2次，共4次，轴向方向高度在相互垂直的方向上分别量取4次，应将4次测量结果取平均值作为直径和高度值。计算试件的体积，单位为m³，应保留4位有效数字。

（4）试验结果计算及确定应按下列方法进行：

$$\rho_a = \frac{m_d}{V_a} \quad (4-133)$$

式中：ρ_a——硬化混凝土的表观密度（kg/m³），计算结果应精确至10kg/m³；

m_d——烘干试件质量（kg）；

V_a——试件的表观体积（m³）。

9. 含气量试验

本试验方法宜用于骨料最大公称粒径不大于40mm的混凝土拌合物含气量的测定。

1）含气量试验的试验设备应符合下列规定：

（1）含气量测定仪应符合现行行业标准《混凝土含气量测定仪》JG/T 246—2009的规定。

（2）捣棒应符合现行行业标准《混凝土坍落度仪》JG/T 248—2009的规定。

（3）振动台应符合现行行业标准《混凝土试验用振动台》JG/T 245—2009的规定。

（4）电子天平的最大量程应为50kg，感量不应大于10g。

2）在进行混凝土拌合物含气量测定之前，应先按下列步骤测定所用骨料的含气量：

（1）应按下列公式计算试样中粗、细骨料的质量：

$$m_{\mathrm{g}} = \frac{V}{1000} \times m'_{\mathrm{g}} \tag{4-134}$$

$$m_{\mathrm{s}} = \frac{V}{1000} \times m'_{\mathrm{s}} \tag{4-135}$$

式中：m_{g}——拌合物试样中粗骨料质量（kg）；

m_{s}——拌合物试样中细骨料质量（kg）；

m'_{g}——混凝土配合比中每立方米混凝土的粗骨料质量（kg）；

m'_{s}——混凝土配合比中每立方米混凝土的细骨料质量（kg）；

V——含气量测定仪容器容积（L）。

（2）先向含气量测定仪的容器中注入1/3高度的水，然后把质量为m_{g}、m_{s}的粗、细骨料称好，搅拌均匀，倒入容器，加料同时应进行搅拌；水面每升高25mm左右，应轻捣10次，加料过程中应始终保持水面高出骨料的顶面；骨料全部加入后，应浸泡约5min，再用橡皮锤轻敲容器外壁，排净气泡，除去水面泡沫，加水至满，擦净容器口及边缘，加盖拧紧螺栓，保持密封不透气。

（3）关闭操作阀和排气阀，打开排水阀和加水阀，应通过加水阀向容器内注入水；当排水阀流出的水流中不出现气泡时，应在注水的状态下，关闭加水阀和排水阀。

（4）关闭排气阀，向气室内打气，应加压至大于0.1MPa，且压力表显示值稳定；应打开排气阀调压至0.1MPa，同时关闭排气阀。

（5）开启操作阀，使气室里的压缩空气进入容器，待压力表显示值稳定后记录压力值，然后开启排气阀，压力表显示值应回零；应根据含气量与压力值之间的关系曲线确定压力值对应的骨料的含气量，精确至0.1%。

（6）混凝土所用骨料的含气量A_{g}应以两次测量结果的平均值作为试验结果；两次测量结果的含气量相差大于0.5%时，应重新试验。

3）混凝土拌合物含气量试验应按下列步骤进行：

（1）应用湿布擦净混凝土含气量测定仪容器内壁和盖的内表面，装入混凝土拌合物试样。

（2）混凝土拌合物的装料及密实方法根据拌合物的坍落度而定，并应符合下列规定：

①坍落度不大于90mm时，混凝土拌合物宜用振动台振实；振动台振实时，应一次性将混凝土拌合物装填至高出含气量测定仪容器口；振实过程中混凝土拌合物低于容器口时，应随时添加；振动直至表面出浆为止，并应避免过振。

②坍落度大于90mm时，混凝土拌合物宜用捣棒插捣密实。插捣时，混凝土拌合物应分3层装入，每层捣实后高度约为1/3容器高度；每层装料后由边缘向中心均匀地插捣25次，捣棒应插透本层至下一层的表面；每一层捣完后用橡皮锤沿容器外壁敲击(5～10)次，

进行振实，直至拌合物表面插捣孔消失。

③自密实混凝土应一次性填满，且不应进行振动和插捣。

（3）刮去表面多余的混凝土拌合物，用抹刀刮平，表面有凹陷应填平抹光。

（4）擦净容器口及边缘，加盖并拧紧螺栓，应保持密封不透气。

（5）应按《普通混凝土拌合物性能试验方法标准》GB/T 50080—2016 第 15.0.3 条中第(3～5)款的操作步骤测得混凝土拌合物的未校正含气量 A_0，精确至 0.1%。

（6）混凝土拌合物未校正的含气量 A_0 应以两次测量结果的平均值作为试验结果；两次测量结果的含气量相差大于 0.5%时，应重新试验。

4）混凝土拌合物含气量应按下式计算：

$$A = A_0 - A_g \tag{4-136}$$

式中：A——混凝土拌合物含气量（%），精确至 0.1%；

A_0——混凝土拌合物的未校正含气量（%）；

A_g——骨料的含气量（%）。

5）应按《普通混凝土拌合物性能试验方法标准》GB/T 50080—2016 对混凝土含气量测定仪进行标定和率定以保证测试结果准确。

10. 凝结时间试验

本试验方法宜用于从混凝土拌合物中筛出砂浆用贯入阻力法测定坍落度值不为零的混凝土拌合物的初凝时间与终凝时间。

1）凝结时间试验的试验设备应符合下列规定：

（1）贯入阻力仪的最大测量值不应小于 1000N，精度应为±10N；测针长 100mm，在距贯入端 25mm 处应有明显标记；测针的承压面积应为 100mm²、50mm² 和 20mm² 三种。

（2）砂浆试样筒应为上口内径 160mm，下口内径 150mm，净高 150mm 刚性不透水的金属圆筒，并配有盖子。

（3）试验筛应为筛孔公称直径为 5.00mm 的方孔筛，并应符合现行国家标准《试验筛 技术要求和检验 第 2 部分：金属穿孔板试验筛》GB/T 6003.2—2024 的规定。

（4）振动台应符合现行行业标准《混凝土试验用振动台》JG/T 245—2009 的规定。

（5）捣棒应符合现行行业标准《混凝土坍落度仪》JG/T 248—2009 的规定。

2）混凝土拌合物的凝结时间试验应按下列步骤进行：

（1）应用试验筛从混凝土拌合物中筛出砂浆，然后将筛出的砂浆搅拌均匀；将砂浆一次分别装入三个试样筒中。取样混凝土坍落度不大于 90mm 时，宜用振动台振实砂浆；取样混凝土坍落度大于 90mm 时，宜用捣棒人工捣实。用振动台振实砂浆时，振动应持续到表面出浆为止，不得过振；用捣棒人工捣实时，应沿螺旋方向由外向中心均匀插捣 25 次，然后用橡皮锤敲击筒壁，直至表面插捣孔消失为止。振实或插捣后，砂浆表面宜低于砂浆试样筒口 10mm,并应立即加盖。

（2）砂浆试样制备完毕,应置于温度为(20±2)°C的环境中待测,并在整个测试过程中,环境温度应始终保持(20±2)°C。在整个测试过程中,除在吸取泌水或进行贯入试验外,试样筒应始终加盖。现场同条件测试时,试验环境应与现场一致。

（3）凝结时间测定从混凝土搅拌加水开始计时。根据混凝土拌合物的性能,确定测针试验时间,以后每隔 0.5h 测试一次,在临近初凝和终凝时,应缩短测试间隔时间。

（4）在每次测试前 2min,将一片(20±5)mm 厚的垫块垫入筒底一侧使其倾斜,用吸液管吸去表面的泌水,吸水后应复原。

（5）测试时,将砂浆试样筒置于贯入阻力仪上,测针端部与砂浆表面接触,应在(10±2)s 内均匀地使测针贯入砂浆(25±2)mm 深度,记录最大贯入阻力值,精确至 10N;记录测试时间,精确至 1min。

（6）每个砂浆筒每次测(1~2)个点,各测点的间距不应小于 15mm,测点与试样筒壁的距离不应小于 25mm。

（7）每个试样的贯入阻力测试不应少于6次,直至单位面积贯入阻力大于28MPa为止。

（8）根据砂浆凝结状况,在测试过程中应以测针承压面积从大到小顺序更换测针,更换测针应按表 4-124 的规定选用。

测针选用规定表　　　　　表 4-124

单位面积贯入阻力（MPa）	0.2~3.5	3.5~20	20~28
测针面积（mm²）	100	50	20

3）单位面积贯入阻力的结果计算以及初凝时间和终凝时间的确定应按下列方法进行：

（1）单位面积贯入阻力应按下式计算：

$$f_{PR} = \frac{P}{A} \tag{4-137}$$

式中：f_{PR}——单位面积贯入阻力（MPa）,精确至 0.1MPa;

P——贯入阻力（N）;

A——测针面积（mm²）。

（2）凝结时间宜按下式通过线性回归方法确定；根据下式可求得当单位面积贯入阻力为 3.5MPa 时对应的时间应为初凝时间,单位面积贯入阻力为 28MPa 时对应的时间应为终凝时间。

$$\ln t = a + b \ln f_{PR} \tag{4-138}$$

式中：t——单位面积贯入阻力对应的测试时间（min）;

a、b——线性回归系数。

（3）凝结时间也可用绘图拟合方法确定，应以单位面积贯入阻力为纵坐标，测试时间为横坐标，绘制出单位面积贯入阻力与测试时间之间的关系曲线；分别以 3.5MPa 和 28MPa 绘制两条平行于横坐标的直线，与曲线交点的横坐标应分别为初凝时间和终凝时间；凝结时间结果应用 h：min 表示，精确至 5min。

4）应以三个试样的初凝时间和终凝时间的算术平均值作为此次试验初凝时间和终凝时间的试验结果。三个测值的最大值或最小值中有一个与中间值之差超过中间值的 10% 时，应以中间值作为试验结果；最大值和最小值与中间值之差均超过中间值的 10% 时，应重新试验。

11. 抗折强度试验

本方法适用于测定混凝土的抗折强度，也称抗弯拉强度。

1）测定混凝土抗折强度试验的试件尺寸、数量及表面质量应符合下列规定：

（1）标准试件应是边长为 150mm × 150mm × 600mm 或 150mm × 150mm × 550mm 的棱柱体试件。

（2）边长为 100mm × 100mm × 400mm 的棱柱体试件是非标准试件。

（3）在试件长向中部 1/3 区段内表面不得有直径超过 5mm、深度超过 2mm 的孔洞。

（4）每组试件应为 3 块。

2）试验采用的试验设备应符合下列规定：

（1）压力试验机应符合《混凝土物理力学性能试验方法标准》GB/T 50081—2019 第 5.0.3 条中第 1 款的规定，试验机应能施加均匀、连续、速度可控的荷载。

（2）抗折试验装置（图 4-51）应符合下列规定：

①双点加荷的钢制加荷头应使两个相等的荷载同时垂直作用在试件跨度的两个三分点处；

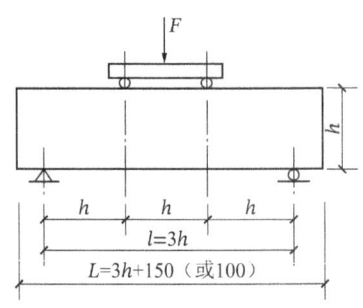

图 4-51 抗折试验装置

②与试件接触的两个支座头和两个加荷头应采用直径为 (20～40)mm、长度不小于 (b + 10)mm 的硬钢圆柱，支座立脚点应为固定铰支，其他 3 个应为滚动支点。

3）抗折强度试验应按下列步骤进行：

（1）试件到达试验龄期时，从养护地点取出后，应检查其尺寸及形状，尺寸公差应满足本标准第 3.3 节的规定,试件取出后应尽快进行试验。

(2)试件放置在试验装置前,应将试件表面擦拭干净,并在试件侧面画出加荷线位置。

(3)试件安装时,可调整支座和加荷头位置,安装尺寸偏差不得大于 1mm(图 4-51)。试件的承压面应为试件成型时的侧面。支座及承压面与圆柱的接触面应平稳、均匀,否则应垫平。

(4)在试验过程中应连续均匀地加荷,当对应的立方体抗压强度小于 30MPa 时,加载速度宜取(0.02~0.05)MPa/s;对应的立方体抗压强度为(30~60)MPa 时,加载速度宜取(0.05~0.08)MPa/s;对应的立方体抗压强度不小于 60MPa 时,加载速度宜取(0.08~0.10)MPa/s。

(5)手动控制压力机加荷速度时,当试件接近破坏时,应停止调整试验机油门,直至破坏,并应记录破坏荷载及试件下边缘断裂位置。

4)抗折强度试验结果计算及确定应按下列方法进行:

(1)若试件下边缘断裂位置处于两个集中荷载作用线之间,则试件的抗折强度f_f应按下式计算:

$$f_\mathrm{f} = \frac{Fl}{bh^2} \tag{4-139}$$

式中:f_f——混凝土抗折强度(MPa),计算结果应精确至 0.1MPa;

F——试件破坏荷载(N);

l——支座间跨度(mm);

b——试件截面宽度(mm);

h——试件截面高度(mm)。

(2)抗折强度值的确定应符合下列规定:

①应以 3 个试件测值的算术平均值作为该组试件的抗折强度值,应精确至 0.1MPa;

②3 个测值中的最大值或最小值中当有一个与中间值的差值超过中间值的 15%时,应把最大值和最小值一并舍除,取中间值作为该组试件的抗折强度值;

③当最大值和最小值与中间值的差值均超过中间值的 15%时,该组试件的试验结果无效。

(3)3 个试件中当有一个折断面位于两个集中荷载之外时,混凝土抗折强度值应按另两个试件的试验结果计算。当这两个测值的差值不大于这两个测值的较小值的 15%时,该组试件的抗折强度值应按这两个测值的平均值计算,否则该组试件的试验结果无效。当有两个试件的下边缘断裂位置位于两个集中荷载作用线之外时,该组试件试验无效。

(4)当试件尺寸为 100mm × 100mm × 400mm 非标准试件时,应乘以尺寸换算系数 0.85;当混凝土强度等级不小于 C60 时,宜采用标准试件;当使用非标准试件时,尺寸换算系数应由试验确定。

12. 劈裂抗压强度试验

1）立方体试件的劈裂抗拉强度试验：

（1）测定混凝土劈裂抗拉强度试验的试件尺寸和数量应符合下列规定：

①标准试件应是边长为 150mm 的立方体试件；

②边长为 100mm 和 200mm 的立方体试件是非标准试件；

③每组试件应为 3 块。

（2）试验仪器设备应符合下列规定：

①压力试验机应符合《混凝土物理力学性能试验方法标准》GB/T 50081—2019 第 5.0.3 条中第 1 款的规定。

②垫块应采用横截面为半径 75mm 的钢制弧形垫块（图 4-52），垫块的长度应与试件相同。

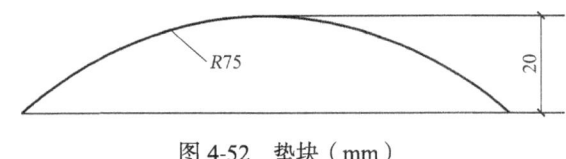

图 4-52　垫块（mm）

③垫条应由普通胶合板或硬质纤维板制成，宽度应为 20mm，厚度应为(3～4)mm，长度不应小于试件长度，垫条不得重复使用。普通胶合板应满足现行国家标准《普通胶合板》GB/T 9846—2015 中一等品及以上有关要求，硬质纤维板密度不应小于 900kg/m³，表面应砂光，其他性能应满足系列标准《湿法硬质纤维板》GB/T 12626 的有关要求。

④定位支架应为钢支架（图 4-53）。

（3）劈裂抗拉强度试验应按下列步骤进行：

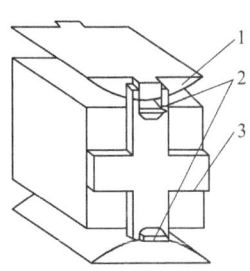

1—垫块；2—垫条；3—支架

图 4-53　定位支架示意图

①试件到达试验龄期时，从养护地点取出后，应检查其尺寸及形状，尺寸公差应满足《混凝土物理力学性能试验方法标准》GB/T 50081—2019 第 3.3 节的规定，试件取出后应尽快进行试验。

②试件放置试验机前,应将试件表面与上、下承压板面擦拭干净。在试件成型时的顶面和底面中部画出相互平行的直线,确定出劈裂面的位置。

③将试件放在试验机下承压板的中心位置,劈裂承压面和劈裂面应与试件成型时的顶面垂直;在上、下压板与试件之间垫以圆弧形垫块及垫条各一条,垫块与垫条应与试件上、下面的中心线对准并与成型时的顶面垂直。宜把垫条及试件安装在定位架上使用(图4-53)。

④开启试验机,试件表面与上、下承压板或钢垫板应均匀接触。

⑤在试验过程中应连续均匀地加荷,当对应的立方体抗压强度小于30MPa时,加载速度宜取(0.02~0.05)MPa/s;对应的立方体抗压强度为(30~60)MPa时,加载速度宜取(0.05~0.08)MPa/s;对应的立方体抗压强度不小于60MPa时,加载速度宜取(0.08~0.10)MPa/s。

⑥采用手动控制压力机加荷速度时,当试件接近破坏时,应停止调整试验机油门,直至破坏,然后记录破坏荷载。

⑦试件断裂面应垂直于承压面,当断裂面不垂直于承压面时,应做好记录。

(4)混凝土劈裂抗拉强度试验结果计算及确定应按下列方法进行。

①混凝土劈裂抗拉强度应按下式计算:

$$f_{ts} = \frac{2F}{\pi A} = 0.637 \frac{F}{A} \tag{4-140}$$

式中:f_{ts}——混凝土劈裂抗拉强度(MPa),计算结果应精确至0.01MPa;

F——试件破坏荷载(N);

A——试件劈裂面面积(mm^2)。

②混凝土劈裂抗拉强度值的确定应符合下列规定:

a.应以3个试件测值的算术平均值作为该组试件的劈裂抗拉强度值,应精确至0.01MPa;

b.个测值中的最大值或最小值中当有一个与中间值的差值超过中间值的15%时,则应把最大及最小值一并舍除,取中间值作为该组试件的劈裂抗拉强度值;

c.当最大值和最小值与中间值的差值均超过中间值的15%时,该组试件的试验结果无效。

③采用100mm×100mm×100mm非标准试件测得的劈裂抗拉强度值,应乘以尺寸换算系数0.85;当混凝土强度等级不小于C60时,应采用标准试件。

2)圆柱体试件劈裂抗拉强度试验:

(1)测定圆柱体劈裂抗拉强度的试件应采用按《混凝土物理力学性能试验方法标准》GB/T 50081附录B要求制作的圆柱体试件,试件的尺寸和数量应符合下列规定:

①标准试件是ϕ150mm×300mm的圆柱体试件;

②ϕ100mm×200mm和ϕ200mm×400mm的圆柱体试件是非标准试件;

③每组试件应为3块。

(2) 试验仪器设备应符合下列规定：

①压力试验机应符合《混凝土物理力学性能试验方法标准》GB/T 50081—2019 第 5.0.3 条中第 1 款的规定。

②垫条应同"立方体试件的劈裂抗拉强度试验"的规定。

(3) 圆柱体劈裂抗拉强度试验应按下列步骤进行：

①试件到达试验龄期时，从养护地点取出后，应检查其尺寸及形状，尺寸公差应满足《混凝土物理力学性能试验方法标准》GB/T 50081—2019 第 3.3 节的规定，试件取出后应尽快进行试验。

②试件放置在试验机前，应将试件表面与上、下承压板面擦拭干净。试件公差应符合《混凝土物理力学性能试验方法标准》GB/T 50081—2019 第 3.3 节中的有关规定，圆柱体的母线公差应为 0.15mm。

③标出两条承压线。这两条线应位于同一轴向平面，并彼此相对，两线的末端在试件的端面上相连，以便能明确地表示出承压面。

④将圆柱体试件置于试验机中心，在上、下压板与试件承压线之间各垫一条垫条，圆柱体轴线应在上、下垫条之间保持水平，垫条的位置应上下对准（图 4-54）。宜把垫层安放在定位架上使用（图 4-55）。

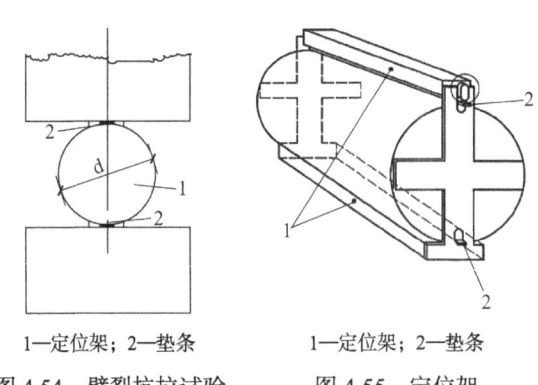

1—定位架；2—垫条　　1—定位架；2—垫条
图 4-54　劈裂抗拉试验　　图 4-55　定位架

⑤连续均匀地加荷，加荷速度按"立方体试件的劈裂抗拉强度试验"的规定进行。

⑥手动控制压力机加荷速度时，当试件接近破坏时，应停止调整试验机油门，直至破坏。然后记录破坏荷载。

(4) 圆柱体劈裂抗拉强度试验结果计算及确定应按下列方法进行。

①圆柱体劈裂抗拉强度应按下式计算：

$$f_{ct} = \frac{2F}{\pi \times d \times l} = 0.637 \frac{F}{A} \tag{4-141}$$

式中：f_{ct}——圆柱体劈裂抗拉强度（MPa）；

F——试件破坏荷载（N）；

d——劈裂面的试件直径（mm）；

l——试件的高度（mm）；

A——试件劈裂面面积（mm²）。

圆柱体劈裂抗拉强度应精确至 0.01MPa。

②圆柱体劈裂抗拉强度值的确定同"立方体试件的劈裂抗拉强度试验"的规定。

③当采用非标准试件时，应在报告中注明。

13. 静力受压弹性模量试验

1）棱柱体试件的混凝土静力受压弹性模量测定：

（1）测定混凝土弹性模量试验的试件尺寸和数量应符合下列规定：

①标准试件应是边长为 150mm×150mm×300mm 的棱柱体试件；

②边长为 100mm×100mm×300mm 和 200mm×200mm×400mm 的棱柱体试件是非标准试件；

③每次试验应制备 6 个试件，其中 3 个用于测定轴心抗压强度，另外 3 个用于测定静力受压弹性模量。

（2）试验仪器设备应符合下列规定：

①压力试验机应符合《混凝土物理力学性能试验方法标准》GB/T 50081—2019 第 5.0.3 条第 1 款的规定。

②用于微变形测量的仪器应符合下列规定：

a. 微变形测量仪器可采用千分表、电阻应变片、激光测长仪、引伸仪或位移传感器等。采用千分表或位移传感器时应备有微变形测量固定架，试件的变形通过微变形测量固定架传递到千分表或位移传感器。采用电阻应变片或位移传感器测量试件变形时，应备有数据自动采集系统，条件许可时，可采用荷载和位移数据同步采集系统。

b. 当采用千分表和位移传感器时，其测量精度应为 ±0.001mm；当采用电阻应变片、激光测长仪或引伸仪时，其测量精度应为 ±0.001%。

c. 标距应为 150mm。

（3）弹性模量试验应按下列步骤进行：

①试件到达试验龄期时，从养护地点取出后，应检查其尺寸及形状，尺寸公差应满足《混凝土物理力学性能试验方法标准》GB/T 50081—2019 第 3.3 节的规定，试件取出后应尽快进行试验。

②取一组试件按照《混凝土物理力学性能试验方法标准》GB/T 50081—2019 第 6 章的规定测定混凝土的轴心抗压强度（f_{cp}），另一组用于测定混凝土的弹性模量。

③在测定混凝土弹性模量时，微变形测量仪应安装在试件两侧的中线上并对称于试件的两端。

当采用千分表或位移传感器时，应将千分表或位移传感器固定在变形测量架上，试件的测量标距应为 150mm，由标距定位杆定位，将变形测量架通过紧固螺钉固定。

当采用电阻应变仪测量变形时，应变片的标距应为 150mm，试件从养护室取出后，应对贴应变片区域的试件表面缺陷进行处理，可采用电吹风吹干试件表面后，并在试件的两侧中部用 502 胶水粘贴应变片。

④试件放置试验机前，应将试件表面与上、下承压板面擦拭干净。

⑤将试件直立放置在试验机的下压板或钢垫板上，并应使试件轴心与下压板中心对准。

⑥开启试验机，试件表面与上下承压板或钢垫板应均匀接触。

⑦应加荷至基准应力为 0.5MPa 的初始荷载值 F_0，保持恒载 60s 并在以后的 30s 内记录每测点的变形读数 ε_0。应立即连续均匀地加荷至应力为轴心抗压强度 f_{cp} 的 1/3 时的荷载值 F_a，保持恒载 60s 并在以后的 30s 内记录每一测点的变形读数 ε_a。所用的加荷速度应符合《混凝土物理力学性能试验方法标准》GB/T 50081—2019 第 6.0.4 条中第 5 款的规定。

⑧左右两侧的变形值之差与它们平均值之比大于 20% 时，应重新对中试件后重复本条第 7 款的规定。当无法使其减少到小于 20% 时，此次试验无效。

⑨在确认试件对中符合本条第 8 款规定后，以与加荷速度相同的速度卸荷至基准应力 0.5MPa（F_0），恒载 60s；应用同样的加荷和卸荷速度以及 60s 的保持恒载（F_0 及 F_a）至少进行两次反复预压。在最后一次预压完成后，应在基准应力 0.5MPa（F_0）持荷 60s 并在以后的 30s 内记录每一测点的变形读数 ε_0；再用同样的加荷速度加荷至 F_a，持荷 60s 并在以后的 30s 内记录每一测点的变形读数 ε_a（图 4-56）。

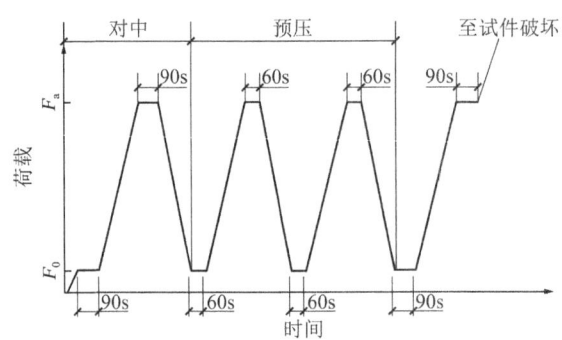

图 4-56 弹性模量试验加荷方法示意

注：1. 90s 包括 60s 持荷时间和 30s 读数时间；2. 60s 为持荷时间。

⑩卸除变形测量仪，应以同样的速度加荷至破坏，记录破坏荷载；当测定弹性模量之后的试件抗压强度与 f_{cp} 之差超过 f_{cp} 的 20% 时，应在报告中注明。

（4）混凝土静压受力弹性模量试验结果计算及确定应按下列方法进行。

①混凝土静压受力弹性模量值应按下列公式计算：

$$E_c = \frac{F_a - F_0}{A} \times \frac{L}{\Delta n} \tag{4-142}$$

$$\Delta n = \varepsilon_a - \varepsilon_0 \tag{4-143}$$

式中：E_c——混凝土静压受力弹性模量（MPa），计算结果应精确至100MPa；

$\quad F_a$——应力为1/3轴心抗压强度时的荷载（N）；

$\quad F_0$——应力为0.5MPa时的初始荷载（N）；

$\quad A$——试件承压面积（mm^2）；

$\quad L$——测量标距（mm）；

$\quad \Delta n$——最后一次从F_0加荷至F_a时试件两侧变形的平均值（mm）；

$\quad \varepsilon_a$——F_a时试件两侧变形的平均值（mm）；

$\quad \varepsilon_0$——F_0时试件两侧变形的平均值（mm）。

②应按3个试件测值的算术平均值作为该组试件的弹性模量值，应精确至100MPa。当其中有一个试件在测定弹性模量后的轴心抗压强度值与用以确定检验控制荷载的轴心抗压强度值相差超过后者的20%时，弹性模量值应按另两个试件测值的算术平均值计算；当有两个试件在测定弹性模量后的轴心抗压强度值与用以确定检验控制荷载的轴心抗压强度值相差超过后者的20%时，此次试验无效。

2）圆柱体试件的静力受压弹性模量试验：

（1）测定圆柱体试件的静力受压弹性模量的试件应采用按《混凝土物理力学性能试验方法标准》GB/T 50081—2019附录B要求制作的圆柱体试件，试件的尺寸和数量应符合下列规定：

①标准试件是ϕ150mm×300mm的圆柱体试件；

②ϕ100mm×200mm和ϕ200mm×400mm的圆柱体试件是非标准试件；

③每次试验应制备6个试件，其中3个用于测定轴心抗压强度，另外3个用于测定静力受压弹性模量。

（2）试验仪器设备应符合《混凝土物理力学性能试验方法标准》GB/T 50081—2019第7.0.3条的规定。

（3）圆柱体试件静力受压弹性模量试验应按下列步骤进行：

①试件到达试验龄期时，从养护地点取出后，应检查其尺寸及形状，尺寸公差应满足《混凝土物理力学性能试验方法标准》GB/T 50081—2019第3.3节的规定，试件取出后应尽快进行试验。

②取一组试件按照《混凝土物理力学性能试验方法标准》GB/T 50081—2019附录C的规定测定圆柱体试件的抗压强度（f_{cc}），另一组用于测定混凝土的静力受压弹性模量。

③测定混凝土静力受压弹性模量时，微变形测量仪应安装在圆柱体试件直径的延长线上并对称于试件的两端。

当采用千分表或位移传感器时，应将千分表或位移传感器固定在变形测量架上，试件的测量标距应为150mm，由标距定位杆定位，然后将变形测量架通过紧固螺钉固定。

当采用电阻应变仪测量变形时，应变片的标距应为150mm，试件从养护室取出后，可待试件表面自然干燥后，尽快在试件的两侧中部贴应变片。

④试件放置在试验机前，应将试件表面与上、下承压板面擦拭干净。

⑤将试件直立放置在试验机的下压板或钢垫板上，并使试件轴心与下压板中心对准。

⑥开启试验机，试件表面与上、下承压板或钢垫板应均匀接触。

⑦加荷至基准应力为0.5MPa的初始荷载值F_0，保持恒载60s并在以后的30s内记录每测点的变形读数ε_0。应立即连续均匀地加荷至应力为轴心抗压强度f_{cp}的1/3的荷载值F_a，保持恒载60s并在以后的30s内记录每一测点的变形读数ε_a。所用的加荷速度应符合《混凝土物理力学性能试验方法标准》GB/T 50081—2019第6.0.3条中第5款的规定。

⑧左右两侧的变形值之差与它们平均值之比大于20%时，应重新对中试件后重复本条第7款的规定。当无法使其减少到小于20%时，则此次试验无效。

⑨在确认试件对中符合本条第8款规定后，以与加荷速度相同的速度卸荷至基准应力0.5MPa（F_0），恒载60s；然后用同样的加荷和卸荷速度以及60s的保持恒载（F_0及F_a）至少进行两次反复预压。在最后一次预压完成后，在基准应力0.5MPa（F_0）持荷60s并在以后的30s内记录每一测点的变形读数ε_0；再用同样的加荷速度加荷至F_a，持荷60s并在以后的30s内记录每一测点的变形读数ε_a，如图4-56所示。

⑩卸除变形测量仪，以同样的速度加荷至破坏，记录破坏荷载；试件的抗压强度与f_{cp}之差超过f_{cp}的20%时，则应在报告中注明。

（4）圆柱体试件静力受压弹性模量试验结果计算及确定应按下列方法进行：

①试件计算直径d应按《混凝土物理力学性能试验方法标准》GB/T 50081—2019附录C第C.0.4条的有关规定计算。

②圆柱体试件混凝土静力受压弹性模量值应按下式计算，计算结果应精确至100MPa。

$$E_c = \frac{4(F_a - F_0)}{\pi d^2} \times \frac{L}{\Delta n} = 1.273 \times \frac{(F_a - F_0)L}{d^2 \Delta n} \tag{4-144}$$

式中：E_c——圆柱体试件混凝土静力受压弹性模量（MPa）；

　　　F_a——应力为1/3轴心抗压强度时的荷载（N）；

　　　F_0——应力为0.5MPa时的初始荷载（N）；

　　　d——圆柱体试件的计算直径（mm）；

　　　L——测量标距（mm）。

$$\Delta n = \varepsilon_a - \varepsilon_0 \tag{4-145}$$

式中：Δn——最后一次从F_0加荷至F_a时试件两侧变形的平均值（mm）；

　　　ε_a——F_a时试件两侧变形的平均值（mm）；

　　　ε_0——F_0时试件两侧变形的平均值（mm）。

③静力受压弹性模量应按3个试件测值的算术平均值计算。如果其中有一个试件在测

定静力受压弹性模量后的轴心抗压强度值与用以确定检验控制荷载的轴心抗压强度值相差超过后者的20%时，则静力受压弹性模量值应按另两个试件测值的算术平均值计算；当有两个试件超过上述规定时，则此次试验无效。

14. 抑制骨料碱活性有效性检验

抑制骨料碱活性有效性检验应符合《预防混凝土碱骨料反应技术规范》GB/T 50733—2011 的规定。

1）快速砂浆棒法检验结果不小于 0.10%膨胀率的骨料应进行抑制骨料碱活性有效性检验。

用于检验骨料碱—硅酸反应活性的快速砂浆棒法，应符合现行国家标准《建筑用卵石、碎石》GB/T 14685—2022 中快速碱—硅酸反应试验方法的规定。

2）抑制骨料碱—硅酸反应活性有效性试验方法

（1）本试验方法适用于评估采用粉煤灰、粒化高炉矿渣粉和硅灰等矿物掺合料抑制骨料碱-硅酸反应活性的有效性。

（2）试验应采用下列仪器设备：

①烘箱——温度控制范围为(105 ± 5)℃；

②天平——称量1000g，感量1g；

③试验筛——筛孔公称直径为 5.00mm、2.50mm、1.25mm、630μm、315μm、160μm 的方孔筛各一只；

④测长仪——测量范围(280~300)mm，精度 0.01mm；

⑤水泥胶砂搅拌机——应符合现行行业标准《行星式水泥胶砂搅拌机》JC/T 681—2022 的规定；

⑥恒温养护箱或水浴——温度控制范围为(80 ± 2)℃；

⑦养护筒——由耐酸耐高温的材料制成，不漏水，密封，防止容器内湿度下降，筒的容积可以保证试件全部浸没在水中；筒内设有试件架，试件垂直于试件架放置；

⑧试模——金属试模，尺寸为 25mm × 25mm × 280mm，试模两端正中有小孔，装有不锈钢测头；

⑨镘刀、捣棒、量筒、干燥器等。

（3）试验用胶凝材料应符合下列规定：

①水泥应采用硅酸盐水泥，并应符合现行国家标准《通用硅酸盐水泥》GB 175—2023 的规定；

②矿物掺合料应为工程实际采用的矿物掺合料；粉煤灰应采用符合现行国家标准《用于水泥和混凝土中的粉煤灰》GB/T 1596—2017 要求的Ⅰ级或Ⅱ级的 F 类粉煤灰；粒化高炉矿渣粉应符合现行国家标准《用于水泥、砂浆和混凝土中的粒化高炉矿渣粉》GB/T 18046—2017 的规定；硅灰的二氧化硅含量不宜小于 90%。

（4）胶凝材料中矿物掺合料掺量应符合下列规定：

①单独掺用粉煤灰时，粉煤灰掺量应为30%；

②当复合掺用粉煤灰和粒化高炉矿渣粉时，粉煤灰掺量应为25%，粒化高炉矿渣粉掺量应为10%；

③可掺用硅灰取代相应掺量的粉煤灰或粒化高炉矿渣粉，硅灰掺量不得小于5%。

（5）试验用骨料应符合下列规定：

①骨料应与混凝土工程实际采用的骨料相同；

②骨料14d膨胀率不应小于0.10%，试验方法应为快速砂浆棒法，并应符合现行国家标准《建筑用卵石、碎石》GB/T 14685—2022中快速碱-硅酸反应试验方法的规定；

③应将骨料制成砂样并缩分成约5kg，按表4-125中所示级配及比例组合成试验用料，并将试样洗净烘干或晾干备用。

砂级配表 表4-125

公称粒级	(2.50～5.00)mm	(1.25～2.50)mm	630μm～1.25mm	(315～630)μm	(160～315)μm
分级质量（%）	10	25	25	25	15

（6）试件制作应符合下列规定：

①成型前24h，应将试验所用材料放入(20±2)℃的试验室中；

②胶凝材料与砂的质量比应为1:2.25，水灰比应为0.47；称取一组试件所需胶凝材料440g和砂990g；

③当胶砂变稠难以成型时，可维持用水量不变而掺加适量非引气型的减水剂，调整胶砂稠度利于成型；

④将称好的水泥与砂倒入搅拌锅，应按现行国家标准《水泥胶砂强度检验方法（ISO法）》GB/T 17671—2021的规定进行搅拌；

⑤搅拌完成后，应将砂浆分两层装入试模内，每层捣20次；测头周围应填实，浇捣完毕后用镘刀刮除多余砂浆，抹平表面，并标明测定方向及编号；

⑥每组应制作三条试件。

（7）试验应按下列步骤进行：

①将试件成型完毕后，应带模放入标准养护室，养护(24±4)h后脱模。

②脱模后，应将试件浸泡在装有自来水的养护筒中，同种骨料制成的试件放在同一个养护筒中，然后将养护筒放入温度(80±2)℃的烘箱或水浴箱中养护24h。

③然后应将养护筒逐个取出，每次从养护筒中取出一个试件，用抹布擦干表面，立即用测长仪测试件的基长（L_0），测试时环境温度应为(20±2)℃，每个试件至少重复测试两次，取差值在仪器精度范围内的两个读数的平均值作为长度测定值（精确至0.02mm），每次每个试件的测量方向应一致；从取出试件擦干到读数完成应在(15±5)s内结束，读

完数后的试件应用湿毛巾覆盖。全部试件测完基准长度后,把试件放入装有浓度为1mol/L氢氧化钠溶液的养护筒中,并确保试件被完全浸泡。溶液温度应保持在(80±2)℃,将养护筒放回烘箱或水浴箱中。(注:用测长仪测定任一组试件的长度时,均应先调整测长仪的零点)

④ 自测定基准长度之日起,第 3d、7d、10d、14d 应再分别测其长度(L_t)。测长方法与测基长方法相同。每次测量完毕后,应将试件调头放入原有氢氧化钠溶液养护筒,盖好筒盖,放回(80±2)℃的烘箱或水浴箱中,继续养护到下一个测试龄期。操作时防止氢氧化钠溶液溢溅,避免烧伤皮肤。

⑤ 在测量时应观察试件的变形、裂缝、渗出物等,特别应观察有无胶体物质,并作详细记录。

(8)每个试件的膨胀率应按下式计算,并应精确至0.01%:

$$\varepsilon_t = \frac{L_t - L_0}{L_0 - 2\Delta} \times 100 \tag{4-146}$$

式中:ε_t——试件在t天龄期的膨胀率(%);

L_t——试件在t天龄期的长度(mm);

L_0——试件的基长(mm);

Δ——测头长度(mm)。

(9)某一龄期膨胀率的测定值应为三个试件膨胀率的平均值;任一试件膨胀率与平均值均应符合下列规定:

① 当平均值小于或等于 0.05%时,其差值均应小于 0.01%;

② 当平均值大于 0.05%时,单个测值与平均值的差值均应小于平均值的 20%;

③ 当三个试件的膨胀率均大于 0.10%时,可无精度要求;

④ 当不符合上述要求时,应去掉膨胀率最小的,用其余两个试件的平均值作为该龄期的膨胀率。

(10)试验结果应为三个试件 14d 膨胀率的平均值;当试验结果——14d 膨胀率小于 0.03%时,可判定抑制骨料碱—硅酸反应活性有效。

3)当有效性检验进行一组以上试验时,应取所有试验结果中膨胀率最大者作为检验结果。

15. 碱含量

碱含量计算应符合《预防混凝土碱骨料反应技术规范》GB/T 50733—2011 的规定。

混凝土碱含量不应大于 3.0kg/m³。混凝土碱含量计算应符合以下规定:

(1)混凝土碱含量应为配合比中各原材料的碱含量之和。

(2)水泥、外加剂和水的碱含量可用实测值计算;粉煤灰碱含量可用 1/6 实测值计算,硅灰和粒化高炉矿渣粉碱含量可用 1/2 实测值计算。

(3) 骨料碱含量可不计入混凝土碱含量。

控制混凝土碱含量是预防混凝土碱骨料反应的关键环节之一，混凝土碱含量不大于 3.0kg/m³ 的控制指标已经被普遍接受。研究表明：矿物掺合料碱含量实测值并不代表实际参与碱骨料反应的有效碱含量，参与碱骨料反应的粉煤灰、硅灰和粒化高炉矿渣粉的有效碱含量分别约为实测值 1/6、1/2 和 1/2，这也已经被普遍接受，并已经用于工程实际。

混凝土碱含量表达为每立方米混凝土中碱的质量（kg/m³），而除水以外的原材料碱含量表达为原材料中当量 Na_2O 含量相对原材料质量的百分比（%），因此，在计算混凝土碱含量时，应先将原材料有效碱含量百分比计算为每立方米混凝土配合比中各种原材料中碱的质量（kg/m³），然后再求和计算；水的计算过程类似。

16. 混凝土拌合用水

(1) 混凝土拌合用水水质要求应符合表 4-126 的规定。对于设计使用年限为 100 年的结构混凝土，氯离子含量不得超过 500mg/L；对使用钢丝或经热处理钢筋的预应力混凝土，氯离子含量不得超过 350mg/L。

混凝土拌合用水水质要求 表 4-126

项目	预应力混凝土	钢筋混凝土	素混凝土
pH 值	≥5.0	≥4.5	≥4.5
不溶物（mg/L）	≤2000	≤2000	≤5000
可溶物（mg/L）	≤2000	≤5000	≤10000
Cl^-（mg/L）	≤500	≤1000	≤3500
SO_4^{2-}（mg/L）	≤600	≤2000	≤2700
碱含量（mg/L）	≤1500	≤1500	≤1500

(2) 被检验水样应与饮用水样进行水泥凝结时间对比试验。对比试验的水泥初凝时间差及终凝时间差均不应大于 30min；同时，初凝和终凝时间应符合现行国家标准《通用硅酸盐水泥》GB 175—2023 的规定。

(3) 被检验水样应与饮用水样进行水泥胶砂强度对比试验，被检验水样配制的水泥胶砂 3d 和 28d 强度不应低于饮用水配制的水泥胶砂 3d 和 28d 强度的 90%。

(4) 混凝土拌合用水不应有漂浮明显的油脂和泡沫，不应有明显的颜色和异味。

(5) 混凝土企业设备洗刷水不宜用于预应力混凝土、装饰混凝土、加气混凝土和暴露于腐蚀环境的混凝土；不得用于使用碱活性或潜在碱活性骨料的混凝土。

(6) 未经处理的海水严禁用于钢筋混凝土和预应力混凝土。

(7) 在无法获得水源的情况下，海水可用于素混凝土，但不宜用于装饰混凝土。

17. pH 值的测定

（1）测定标准《水质 pH 值的测定 玻璃电极法》GB 6920—1986。

（2）适用范围：本方法适用于饮用水、地面水及工业废水 pH 值的测定。

（3）原理：pH 值由测量电池的电动势而得。该电池通常由饱和甘汞电池为参比电极，玻璃电极为指示电极所组成。在 25℃溶液中每变化 1 个 pH 单位，电位差改变为 59.16mV，据此在仪器上直接以 pH 的读数表示。温度差异在仪器上有补偿装置。

（4）试剂：

① 标准缓冲溶液（简称标准溶液）的配制方法：

A. 试剂和蒸馏水的质量：

a. 在分析中，除非另作说明，均要求使用分析纯或优级纯试剂。

b. 配制标准溶液所用的蒸馏水应符合以下要求：煮沸并冷却、电导率小于 2×10^6 Scm 的蒸馏水，其 pH 值以 6.7～7.3 为宜。电导的单位是：西（门子）（Siemens），用符号"S"表示，$1S = 1\Omega$。

B. 测量 pH 时，按水样呈酸性、中性和碱性三种可能，常配制以下三种标准溶液：

a. pH 标准溶液甲（pH = 4.008，25℃）

称取先在(110～130)℃干燥(2～3)h 的邻苯二甲酸氢钠（$KHC_8H_4O_4$）10.12g，溶于水并在容量瓶中稀释至 1L。

b. pH 标准溶液乙（pH = 6.865，25℃）

分别称取先在(110～130)℃干燥(2～3)h 的磷酸二氢钾（KH_2PO_4）3.388g 和磷酸氢二钠（Na_2HPO_4）3.533g，溶于水并在容量瓶中稀释至 1L。

c. pH 标准溶液丙（pH = 9.180，25℃）

为了使晶体具有一定的组成，应称取与饱和溴化钠（或氯化钠加蔗糖）溶液（室温）共同放置在干燥器中平衡两昼夜的硼砂（$Na_2B_4O_7 \cdot 10H_2O$）3.80g，溶于水并在容量瓶中稀释至 1L。

② 当被测样品 pH 值过高或过低时，应参考表 4-127 配制与其 pH 值相近似的标准溶液校正仪器。

pH 值标准溶液的制备表　　　表 4-127

标准溶液中溶质的质量摩尔浓度（mol/kg）	25℃的 pH 值	每 1000mL25℃水溶液所需药品重量
基本标准酒石酸氢钾（25℃饱和）	3.557	6.4g$KHC_4H_4O_6$
0.05mL 柠檬酸二氢钾	3.776	11.4g$KH_2C_6H_5O_7$
0.05mL 邻苯二甲酸氢钾	4.008	10.12g$KHC_8H_4O_4$
0.025mL 磷酸二氢钾 0.025mL 磷酸氢二钠	6.865	3.388gKH_2PO_4 3.533gNa_2HPO_4
0.008695mL 磷酸二氢钾 0.03043mL 磷酸氢二钠	7.413	1.179gKH_2PO_4 4.302gNa_2HPO_4

续表

标准溶液中溶质的质量摩尔浓度（mol/kg）	25℃的pH值	每1000mL 25℃水溶液所需药品重量
0.01m 硼砂	9.180	3.80g $Na_2B_4O_7 \cdot 10H_2O$
0.025m 碳酸氢钠+ 0.025m 碳酸钠	10.012	2.092g $NaHCO_3$ 2.640g Na_2CO_3
辅助标准 0.005m 四草酸钾	1.679	12.61g $KH_3C_4O_8 \cdot 2H_2O$
氢氧化钙（25℃饱和）	12.454	1.5g $Ca(OH)_2$

③标准溶液的保存应符合《水质 pH 值的测定 玻璃电极法》GB 6920—1986 的要求。

a. 标准溶液要在聚乙烯瓶或硬质玻璃瓶中密封保存。

b. 在室温条件下标准溶液一般以保存(1~2)个月为宜，当发现有浑浊、发霉或沉淀现象时，不能继续使用。

c. 在 4℃冰箱内存放，且用过的标准溶液不允许再倒回去，怎样可延长使用期限。

（5）仪器：

①酸度计或离子浓度计。常规检验使用的仪器，至少应当精确到 0.1pH 单位，pH 范围为 0~14。如有特殊需要，应使用精度更贵的仪器。

②玻璃电极与甘汞电极。

（6）样品保存：

最好现场测定，否则，应在采样后把样品保持在(0~4)℃，并在采样后 6h 之内进行测定。

（7）测定步骤：

①仪器校准：操作程序按仪器使用说明书进行。先将水样与标准溶液调到同一温度，记录测定温度，并将仪器温度补偿旋钮调至该温度上。

用标准溶液校正仪器，该标准溶液与水样 pH 相差不超过 2 个 pH 单位。从标准溶液中取出电极彻底冲洗并用滤纸吸干。再将电极浸入第二个标准溶液中，其 pH 大约与第一个标准溶液相差 3 个 pH 单位，如果仪器响应的示值与第二个标准溶液的 pH 值之差大于 0.1pH 单位，就要检查仪器、电极或标准溶液是否存在问题。当三者均正常时，方可用于测定样品。

②样品测定：

测定样品时，先用蒸馏水认真冲洗电极，再用水样冲洗，然后将电极浸入样品中，小心摇动或进行搅拌使其均匀，静置，待读数稳定时记下 pH 值。

（8）精密度（表4-128）：

表4-128

pH 范围	允许差，pH 单位	
	重复性	再现性
6	±0.1	±0.3

续表

pH 范围	允许差，pH 单位	
	重复性	再现性
6~9	±0.1	±0.2
9	±0.2	±0.5

（9）注释：

①玻璃电极在使用前先放入蒸馏水中浸泡 24h 以上。

②测定 pH 时，玻璃电极的球泡应全部浸入溶液中，并使其稍高于甘汞电极的陶瓷芯端，以免搅拌时碰坏。

③必须注意玻璃电极的内电极与球泡之间、甘汞电极的内电极和陶瓷芯之间不得有气泡，以防短路。

④甘汞电极中的饱和氯化钾溶液的液面必须高出汞体，在室温下应有少许氯化钾晶体存在，以保证氯化钾溶液的饱和，但须注意氯化钾晶体不可过多，以防止堵塞与被测溶液的通路。

⑤测定 pH 时，为减少空气和水样中二氧化碳的溶入或挥发，在测水样之前，不应提前打开水样瓶。

⑥玻璃电极表面受到污染时，需进行处理。如果系附着无机盐结垢，可用温稀盐酸溶解；对钙镁等难溶性结垢，可用 EDTA 二钠溶液溶解；沾有油污时，可用丙酮清洗。电极按上述方法处理后，应在蒸馏水中浸泡一昼夜再使用。注意忌用无水乙醇、脱水性洗涤剂处理电极。

（10）试验报告：

试验报告应包括下列内容：

①取样日期、时间和地点；

②样品的保存方法；

③测定样品的日期和时间；

④测定时样品的温度；

⑤测定的结果（pH 值应取最接近于 0.1pH 单位，如有特殊要求时，可根据需要及仪器的精确度确定结果的有效数字位数）；

⑥其他需说明的情况。

18. 不溶物含量测定

不溶物的检验应符合现行国家标准《水质 悬浮物的测定 重量法》GB/T 11901—1989 的要求。

1）适用范围

本标准规定了水中悬浮物的测定。

本标准适用于地面水、地下水，也适用于生活污水和工业废水中悬浮物测定。

2）定义

水质中的悬浮物是指水样通过孔径为 0.45μm 的滤膜，截留在滤膜上并于(103～105)℃烘干至恒重的固体物质。

3）试剂

蒸馏水或同等纯度的水。

4）仪器

（1）常用实验室仪器和以下仪器。

（2）全玻璃微孔滤膜过滤器。

（3）CN-CA 滤膜、孔径 0 嘈 45μm、直径 60mm。

（4）吸滤瓶、真空泵。

（5）无齿扁咀镊子。

5）采样及样品贮存

（1）采样：

所用聚乙烯瓶或硬质玻璃瓶要用洗涤剂洗净。再依次用自来水和蒸熘水冲洗干净。在采样之前，再用即将采集的水样清洗三次。然后，采集具有代表性的水样(500～1000)mL，盖严瓶塞。(注：漂浮或浸没的不均匀固体物质不属于悬浮物质，应从水样中除去)

（2）样品贮存：

采集的水样应尽快分析测定。如需放置，应贮存在 4℃冷藏箱中，但最长不得超过 7d。(注：不能加入任何保护剂，以防破坏物质在固、液间的分配平衡)

6）步骤

（1）滤膜准备：

用扁咀无齿镊子夹取微孔滤膜放于事先恒重的称量瓶里，移入烘箱中于(103～105)℃烘干半小时后取出置干燥器内冷却至室温，称其重量。反复烘干、冷却、称量，直至两次称量的重量差≤0.2mg。将恒重的微孔滤膜正确地放在滤膜过滤器的滤膜托盘上，加盖配套的漏斗，并用夹子固定好。以蒸熘水湿润

湿润滤膜，并不断吸滤。

（2）测定：

量取充分混合均匀的试样 100mL 抽吸过滤。使水分全部通过滤膜。再以每次 10mL 蒸馏水连续洗涤三次，继续吸滤以除去痕量水分。停止吸滤后，仔细取出载有悬浮物的滤膜放在原恒重的称量瓶里，移入烘箱中于(103～105)℃下烘干 1h 后移入干燥器中，使冷却到室温，称其重量。反复烘干、冷却、称量，直至两次称量的重量差≤0.4mg 为止。〔注：滤膜上截留过多的悬浮物可能夹带过多的水分，除延长干燥时间外，还可能造成过滤困难，

遇此情况，可酌情少取试样。滤膜上悬浮物过少，则会增大称量误差，影响测定精度，必要时，可增大试样体积。一般以(5～10)mg悬浮物作为量取试样体积的适用范围］

7）结果的表示

水中悬浮物浓度按下式计算：

$$C = \frac{(A - B) \times 10^6}{V} \tag{4-147}$$

式中：C——水中悬浮物浓度（mg/L）；

A——悬浮物＋滤膜＋称量瓶重量（g）；

B——滤膜＋称量瓶重量（g）；

V——试样体积（mL）。

19. 硫酸根离子含量测定

测定标准《水质 硫酸盐的测定 重量法》GB 11899—1989。

1）内容与适用范围

（1）本标准规定了测定水中硫酸盐的重量法。

本标准适用于地面水、地下水、含盐水、生活污水及工业废水。

本标准可以准确地测定硫酸盐含量 10mg/L（以 SO_4^{2-} 计）以上的水样，测定上限为 5000mg/L（以 SO_4^{2-} 计）。

（2）干扰：

样品中若有悬浮物、二氧化硅、硝酸盐和亚硝酸盐可使结果偏高。碱金属硫酸盐，特别是碱金属硫酸氢盐常使结果偏低。铁和铬等影响硫酸钡的完全沉淀，形成铁和铬的硫酸氢盐也使结果偏低。

在酸性介质中进行沉淀可以防止碳酸钡和磷酸钡沉淀，但是酸度高会使硫酸钡沉淀的溶解度增大。

当试样中含 CrO_4^{2-}、PO_4^{3-} 大于 10mg，NO_3^- 1000mg，SiO_2 2.5mg，Ca^{2+} 2000mg，Fe^{3+} 5.0mg 以下不干扰测定。

在分析开始的预处理阶段，在酸性条件下煮沸；可以将亚硫酸盐和硫化物分别以二氧化硫和硫化氢的形式赶出。在废水中他们的浓度很高，发生 $2H_2S + SO_4^{2-} + 2H^+ \longrightarrow 3S\downarrow + 3H_2O$ 反应时，生成的单体硫应该过滤掉，以免影响测定结果。

2）原理

在盐酸溶液中，硫酸盐与加入的氯化钡反应形成硫酸钡沉淀。沉淀反应在接近沸腾的温度下进行，并在陈化一段时间之后过滤，用水洗到无氯离子，烘干或灼烧沉淀，称硫酸钡的重量。

3）试剂

本标准所用试剂除另有说明外，均为认可的分析纯试剂，所用水为去离子水或相当纯度的水。

（1）盐酸(1+1)。

（2）二水合氯化钡溶液(100g/L)：将100g二水合氯化钡（$BaCl_2 \cdot 2H_2O$）溶于约800mL水中，加热有助于溶解，冷却溶液并稀释至1L。贮存在玻璃或聚乙烯瓶中。此溶液能长期保持稳定。此溶液1mL可沉淀约40mg SO_4^{2-}。

注意：氯化钡有毒，谨防入口。

（3）氨水(1+1)。

注意：氨水能导致烧伤、刺激眼睛、呼吸系统和皮肤。

（4）甲基红指示剂溶液(1g/L)：将0.1g甲基红钠盐溶解在水中，并稀释到100mL。

（5）硝酸银溶液(约0.1mol/L)：将1.7g硝酸银溶解于80mL水中，加0.1mL浓硝酸，稀释至100mL，贮存于棕色玻璃瓶中，避光保存长期稳定。

（6）碳酸钠，无水。

4）仪器

（1）蒸汽浴。

（2）烘箱，带有恒温控制器。

（3）马弗炉，带有加热指示器。

（4）干燥器。

（5）分析天平，可称准至0.1mg。

（6）滤纸，酸洗过，无灰分，经硬化处理过能阻留微细沉淀的致密滤纸，即慢速定量滤纸及中速定量滤纸。

（7）滤膜，孔径为0.45μm。

（8）熔结玻璃坩埚，约30mL。

（9）瓷坩埚，约30mL。

（10）铂蒸发皿，250mL。[可用(30～50)mL代替250mL铂蒸发皿，水样体积大时，可分次加入]

5）采样和样品

（1）样品可以采集在硬质玻璃或聚乙烯瓶中。为了不使水样中可能存在的硫化物或亚硫酸盐被空气氧化，容器必须用水样完全充满。不必加保护剂，可以冷藏较长时间。

（2）试样的制备取决于样品的性质和分析的目的。为了分析可过滤态的硫酸盐，水样应在采样后立即在现场（或尽可能快地）用0.45μm的微孔滤膜过滤，滤液留待分析。需要测定硫酸盐的总量时，应将水样摇匀后取试样，适当处理后进行分析。

6）步骤

（1）预处理：

①将量取的适量可滤态试样（例如含50mg SO_4^{2-}）置于500mL烧杯中，加两滴甲基红

指示剂，用适量的盐酸或者氨水调至显橙黄色，再加入 2mL 盐酸，加水使烧杯中溶液的总体积至 200mL，加热煮沸至少 5min。

②如果试样中二氧化硅的浓度超过 25mg/L，则应将所取试样置于铂蒸发皿中，在蒸汽浴上蒸发到近干，加 1mL 盐酸，将皿倾斜并转动使酸和残渣完全接触，继续蒸发到干，放在 180℃的烘箱内完全烘干。如果试样中含有机物质，就在燃烧器的火焰上炭化，然后用 2mL 水和 1mL 盐酸把残渣浸湿，再在蒸汽浴上蒸干。加入 2mL 盐酸，用热水溶解可溶性残渣后过滤。用少量热水多次反复洗涤不溶解的二氧化硅，将滤液和洗液合并，按上述"①"调节酸度。

③如果需要测总量而试样中又含有不溶解的硫酸盐，则将试样用中速定量滤纸过滤，并用少量热水洗涤滤纸，将洗涤液和滤液合并，将滤纸转移到铂蒸发皿中，在低温燃烧器上加热灰化滤纸，将 4g 无水碳酸钠同皿中残渣混合，并在 900℃加热使混合物熔融，放冷，用 50mL 水将熔融混合物转移到 500mL 烧杯中，使其溶解，并与滤液和洗液合并，按上述"①"调节酸度。

（2）沉淀：

将预处理所得的溶液加热至沸，在不断搅拌下缓慢加入(10 ± 5)mL 热氯化钡溶液，直到不再出现沉淀，然后多加 2mL，在(80～90)℃下保持不少于 2h，或在室温至少放置 6h，最好过夜以陈化沉淀。（注：缓慢加入氯化钡溶液、煮沸均为促使沉淀凝聚减少其沉淀的可能性）

（3）过滤、沉淀灼烧或烘干：

①灼烧沉淀法。

用少量无灰过滤纸纸浆与硫酸钡沉淀混合，用定量致密滤纸过滤，用热水转移并洗涤沉淀，用几份少量温水反复洗涤沉淀物，直至洗涤液不含氯化物为止。滤纸和沉淀一起，置于事先在 800℃灼烧恒重后的瓷坩埚里烘干，小心灰化滤纸后（不要让滤纸烧出火焰），将坩埚移入高温炉里，在 800℃灼烧 1h，放在干燥器内冷却，称重，直至灼烧至恒重。

②烘干沉淀法。

用在 105℃干燥并已恒重后的熔结玻璃坩埚过滤沉淀，用带橡皮头的玻璃棒及温水将沉淀定量转移到坩埚中去，用几份少量的温水反复洗涤沉淀，直至洗涤液不含氯化物。取下坩埚，并在烘箱内于(105 ± 2)℃干燥(1～2)h，放在干燥器内冷却，称重，直至干燥至恒重。

洗涤过程中氯化物的检验：

在含约 5mL 硝酸银溶液的小烧杯中收集约 5mL 的洗涤水，如果没有沉淀生成或者不显浑浊，即表明沉淀中已不含氯离子。

7）结果的表示

硫酸根（SO_4^{2-}）的含量 m（mg/L）按下式计算：

$$m = \frac{m_1 \times 411.6 \times 1000}{V} \tag{4-148}$$

式中：m_1——从试样中沉淀出来的硫酸钡重量（g）；

V——试样的体积（mL）；

411.6——$BaSO_4$质量换算为SO_4^{2-}的因数。

第六节　混凝土外加剂

一、相关标准

（1）《混凝土外加剂术语》GB/T 8075—2017。

（2）《混凝土外加剂》GB 8076—2008。

（3）《混凝土防冻泵送剂》JG/T 377—2012。

（4）《砂浆、混凝土防水剂》JC/T 474—2008。

（5）《混凝土防冻剂》JC 475—2004。

（6）《混凝土膨胀剂》GB/T 23439—2017。

（7）《喷射混凝土用速凝剂》GB/T 35159—2017。

（8）《聚羧酸系高性能减水剂》JG/T 223—2017。

（9）《砌筑砂浆增塑剂》JG/T 164—2004。

（10）《水泥砂浆防冻剂》JC/T 2031—2010。

（11）《混凝土外加剂匀质性试验方法》GB/T 8077—2023。

（12）《混凝土外加剂应用技术规范》GB 50119—2013。

（13）《混凝土结构工程施工质量验收规范》GB 50204—2015。

（14）《砌体结构工程施工质量验收规范》GB 50203—2011。

二、基本概念

混凝土外加剂是混凝土中除胶凝材料、骨料、水和纤维组分以外，在混凝土拌制之前或拌制过程中加入的，用以改善新拌混凝土和（或）硬化混凝土性能，对人、生物及环境安全无有害影响的材料。

1. 名词

（1）普通减水剂：在混凝土坍落度基本相同的条件下，减水率不小于8%的外加剂。

（2）早强剂：加速混凝土早期强度发展的外加剂。

（3）缓凝剂：延长混凝土凝结时间的外加剂。

（4）引气剂：能通过物理作用引入均匀分布、稳定而封闭的微小气泡，且能将气泡保留在硬化混凝土中的外加剂。

（5）高效减水剂：在混凝土坍落度基本相同的条件下，减水率不小于14%的外加剂。

（6）早强减水剂：具有早强功能的减水剂。

（7）缓凝减水剂：具有缓凝功能的减水剂。

（8）引气减水剂：具有引气功能的减水剂。

（9）防水剂：能降低砂浆、混凝土在静水压力下透水性的外加剂。

（10）泵送剂：能改善混凝土拌合物泵送性能的外加剂。

（11）阻锈剂：能抑制或减轻混凝土或砂浆中钢筋或其他金属预埋件锈蚀的外加剂。

（12）加气剂：也称发泡剂，是在混凝土制备过程中因发生化学反应生成气体，使硬化混凝土中有大量均匀分布气孔的外加剂。

（13）膨胀剂：在混凝土硬化过程中因化学作用能使混凝土产生一定体积膨胀的外加剂。

（14）防冻剂：能使混凝土在负温下硬化，并在规定养护条件下达到预期性能的外加剂。

（15）速凝剂：能使混凝土迅速凝结硬化的外加剂。

（16）缓凝高性能减水剂：具有缓凝功能的高性能减水剂。

（17）防冻泵送剂：既能使混凝土在负温下硬化，并在规定养护条件下达到预期性能，又能改善混凝土拌合物泵送性能的外加剂。

（18）泵送型防水剂：既能降低砂浆、混凝土在静水压力下透水性，又能改善混凝土拌合物泵送性能的外加剂。

（19）促凝剂：能缩短混凝土凝结时间的外加剂。

（20）着色剂：能稳定改变混凝土颜色的外加剂。

2. 分类（表4-129）

外加剂的类型与代号　　　　　　　表4-129

外加剂类型	代号	外加剂类型	代号
早强型高性能减水剂	HPWR-A	速凝剂	FSA
标准型高性能减水剂	HPWR-S	引气减水剂	AEWR
缓凝型高性能减水剂	HPWR-R	泵送剂	PA
标准型高效减水剂	HWR-S	早强剂	Ac
缓凝型高效减水剂	HWR-R	缓凝剂	Re
早强型普通减水剂	WR-A	引气剂	AE
标准型普通减水剂	WR-S	膨胀剂	EA

常用外加剂作用原理：

（1）减水剂：

减水剂是一种在维持混凝土坍落度不变的条件下，能减少拌合用水量的混凝土外加剂。大多属于阴离子表面活性剂，有木质素磺酸盐、萘磺酸盐甲醛聚合物等。加入混凝土拌合物后对水泥颗粒有分散作用，能改善其工作性，减少单位用水量，改善混凝土拌合物的流动性；或减少单位水泥用量，节约水泥。

（2）泵送剂：

能改善混凝土拌合物泵送性能的外加剂称为泵送剂。所谓泵送性能，就是混凝土拌合物具有能顺利通过输送管道、不阻塞、不离析、黏塑性良好的性能。泵送剂通常由减水剂、缓凝剂、引气剂、减阻剂等复合而成。

泵送剂具有高流化、黏聚、润滑、缓凝的性能，适合制作高强或流态型的混凝土。

泵送剂分为液体泵送剂和固体泵送剂两种。

（3）防冻剂：

掺防冻剂混凝土的防冻机理：混凝土拌合物浇灌后之所以能逐渐凝结硬化，直至获得最终强度，是由于水泥水化作用的结果。而水泥水化作用的速度除与混凝土本身组成材料和配合比有关外，还与外界温度密切相关。当温度升高时水化作用加快，强度增长加快，而当温度降低到0℃度时，存在于混凝土中的水有一部分开始结冰，逐渐由液相（水）变为固相（冰），这时参与水泥水化作用的水减少了，水化作用减慢，强度增长相应变慢。温度继续降低，当存在于混凝土中的水完全变成冰，也就是完全由液相变成固相时，水泥水化作用基本停止，此时混凝土的强度不会再增长；由于水变成冰后体积约增大9%，同时产生2.5MPa左右的膨胀应力，这个应力往往大于混凝土硬化后产生的初始强度值，使混凝土结构受到不同程度的破坏（即早期受冻破坏）；此外，当水变成冰后，还会在骨料和钢筋表面上产生颗粒较大的冰凌，减弱水泥浆与骨料和钢筋的粘结力。当冰凌融化后，还会在混凝土内部形成各种空隙，而降低混凝土的耐久性。

对冬期施工的混凝土进行了大量的试验结果表明：在受冻混凝土中水泥水化作用停止之前，使混凝土达到一个较小强度值（抗冻临界强度），可以使混凝土早期不遭受冻害，后期强度不受到损失。所以延长混凝土中水的液体形态，使之有充裕的时间与水泥发生水化反应，达到混凝土的最小临界强度及减少混凝土中自由水的含量是防止混凝土冻害的关键。在实际的工程中，针对具体情况，通常采用蓄热法和掺加防冻剂两种方法来保证水的液态。防冻剂的作用在于降低拌合物冰点，细化冰晶，使混凝土在负温下保持一定数量的液相水，使水泥缓慢水化，改善了混凝土的微观结构，从而使混凝土在较短的时间内达到抗冻临界强度，待来年温度升高时强度持续增长并达到设计强度。

防冻剂按其成分可分为强电解质无机盐类（氯盐类、氯盐阻锈类、无氯盐类）、水溶性有机化合物类、有机化合物与无机盐复合类、复合型防冻剂。

①氯盐类：以氯盐（如氯化钠、氯化钙等）为防冻组分的外加剂；

②氯盐阻锈类：含有阻锈组分，并以氯盐为防冻组分的外加剂；

③无氯盐类：以亚硝酸盐、硝酸盐等无机盐为防冻组分的外加剂；

④有机化合物类：以某些醇类、尿素等有机化合物为防冻组分的外加剂；

⑤复合型防冻剂：以防冻组分复合早强、引气、减水等组分的外加剂。

（4）速凝剂：

这里主要讨论用于水泥混凝土采用喷射法施工，能使混凝土迅速凝结硬化的速凝剂。

混凝土速凝剂是由铝氧熟料、纯碱、增稠剂等多种组份经改性配制而成的一种灰色粉状产品。对水泥具有速凝快硬和早强减水作用，掺入适量该产品的水泥净浆能迅速凝结硬化，具有较高的早期强度，并能保持水泥的其他性能。

混凝土速凝剂按照产品形态分为粉状速凝剂和液体速凝剂。

（5）膨胀剂：

混凝土膨胀剂是与水泥、水拌合后经水化反应生成钙矾石、氢氧化钙或钙矾石和氢氧化钙，使混凝土产生体积膨胀的一种外加剂。

混凝土膨胀剂按水化产物分为：硫铝酸钙类混凝土膨胀剂（代号 A）、氧化钙类混凝土膨胀剂（代号 C）和硫铝酸钙—氧化钙类混凝土膨胀剂（代号 AC）三类。

混凝土膨胀剂按限制膨胀率分为Ⅰ型和Ⅱ型。

硫铝酸钙类混凝土膨胀剂与水泥、水拌合后，经水化反应生成钙矾石的混凝土膨胀剂。氧化钙类混凝土膨胀剂是与水泥、水拌合后经水化反应生成氢氧化钙的混凝土膨胀剂。硫铝酸钙—氧化钙类混凝土膨胀剂是与水泥、水拌合后经水化反应生成钙矾石和氢氧化钙的混凝土膨胀剂。

3. 限制性使用要求

（1）含有六价铬盐、亚硝酸盐和硫氰酸盐成分的混凝土外加剂，严禁用于饮水工程中建成后与饮用水直接接触的混凝土。

（2）含有强电解质无机盐的早强型普通减水剂、早强剂、防冻剂和防水剂，严禁用于下列混凝土结构：

①与镀锌钢材或铝铁相接触部位的混凝土结构；

②有外露钢筋预埋铁件而无防护措施的混凝土结构；

③使用直流电源的混凝土结构；

④距高压直流电源 100m 以内的混凝土结构。

（3）含有氯盐的早强型普通减水剂、早强剂、防水剂和氯盐类防冻剂，严禁用于预应力混凝土、钢筋混凝土和钢纤维混凝土结构。

（4）含有硝酸铵、碳酸铵的早强型普通减水剂、早强剂和含有硝酸铵、碳酸铵、尿素的防冻剂，严禁用于办公、居住等有人员活动的建筑工程。

（5）含有亚硝酸盐、碳酸盐的早强型普通减水剂、早强剂、防冻剂和含亚硝酸盐的阻锈剂，严禁用于预应力混凝土结构。

4. 技术指标

混凝土外加剂的性能应符合表 4-130～表 4-132 的要求。

外加剂性能指标（1）

表 4-130

项目		高性能减水剂 HPWR			高效减水剂 HWR		普通减水剂 WR			引水减水剂 AEWR	泵送剂 PA	早强剂 Ae	缓凝剂 Re	引气剂 AE
		早强型 HPWR-A	标准型 HPWR-S	缓凝型 HPWR-R	标准型 HWR-S	缓凝型 HWR-R	早强型 WR-A	标准型 WR-S	缓凝型 WR-R					
减水率（%），（不小于）		25	25	25	14	14	8	8	8	10	12	—	—	6
沁水率比（%），（不大于）		50	60	70	90	100	95	100	100	70	70	100	100	70
含气量（%）		≤6.0	≤6.0	≤6.0	≤3.0	≤4.5	≤4.0	≤4.0	≤5.5	≥3.0	≤5.5	—	—	≥3.0
凝结时间之差（min）	初凝	−90～+90	−90～+120	>+90	−90～+120	>+90	−90～+90	−90～+120	>+90	−90～+120	—	−90～+90	>+90	−90～+120
	终凝	—	—	—	—	—	—	—	—	—	—	—	—	—
1h经时变化量	坍落度（mm）	—	≤80	≤60	—	—	—	—	—	—	≤80	—	—	—
	含气量（%）	—	—	—	—	—	—	—	—	−1.5～+1.5	—	—	—	−1.5～+1.5
抗压强度比（%），（不小于）	1d	180	170	—	140	—	135	—	—	—	—	135	—	—
	2d	170	160	—	130	—	130	115	—	115	—	130	—	95
	7d	145	150	140	125	125	110	115	110	110	115	110	100	95
	28d	130	140	130	120	120	100	110	110	100	110	100	100	90
收缩率比（%）（不大于）	28d	110	110	110	135	135	135	135	135	135	135	135	135	135
相对耐久性（200次）（%）（不小于）		—	—	—	—	—	—	—	—	80	—	—	—	80

注：1. 表中抗压强度比、收缩率比、相对耐久性为强制性指标，其余为推荐性指标。
2. 除含气量和相对耐久性外，表中所列性能指标均为掺外加剂混凝土与基准混凝土的差值或比值。
3. 凝结时间之差性能指标中的"−"号表示提前，"+"号表示延缓。
4. 相对耐久性（200次）性能指标中的"≥80"表示将28d龄期的受检混凝土试件快速冻融循环200次后，动弹性模量保留值≥80%。
5. 1h含气量经时变化量指标中的"−"号表示含气量增加，"+"号表示含气量减少。
6. 其他品种的外加剂是否需要测定相对耐久性指标，由供需双方协商确定。
7. 当用户对泵送剂等产品有特殊要求时，需要进行补充实验项目，试验方法及指标，由供需双方协商决定。

外加剂性能指标（2） 表 4-131

项目			防水剂（《砂浆、混凝土防水剂》JC/T 474—2008）		防冻剂（《混凝土防冻剂》JC/T 475—2004）		膨胀剂（《混凝土膨胀剂》GB/T 23439—2017）		速凝剂（《喷射混凝土用速凝剂》GB/T35159—2017）	
			一等品	合格品	一等品	合格品	Ⅰ型	Ⅱ型	无碱速凝剂	有碱速凝剂
抗压强度（MPa）（不小于）		1d	—	—	—	—	—	—	7.0	
		7d	—	—	—	—	22.5		—	—
		28d	—	—	—	—	42.5			
净浆凝结时间（min）		初凝	—	—	—	—	≥45		≤5	
		终凝	—	—	—	—	≤600		≤12	
限制膨胀率（%）（不小于）		水中 7d	—	—	—	—	0.035	0.050	—	—
		空气中 21d	—	—	—	—	−0.015	−0.010		
密度			对液体速凝剂、液体防水剂、防冻剂，当$D>1.1$g/cm³时，要求为$D±0.03$g/cm³，当$D≤1.1$g/cm³时，要求为$D±0.02$g/cm³，D为生产厂提供的密度值							
细度			0.315mm 筛筛余小于 15%		粉状防冻剂不应超过生产厂提供的最大值		比表面积≥200m²/kg 1.18mm 筛筛余≤0.5%		0.08mm 筛筛余≤15%（固体速凝剂）	
含固量（%）			$S≥20\%$时，$0.95S≤X<1.05S$ $S<20\%$时，$0.90S≤X<1.10S$ S是生产厂提供的固体含量，X是测试的固体含量				—		$S≥25\%$，$0.95S\sim1.05S$ $S<25\%$，$0.90S\sim1.10S$ S是生产厂提供的液体速凝剂固体含量	
含水率（%）			$W≥5\%$时，$0.90W≤X<1.10W$ $W<5\%$时，$0.80W≤X<1.20W$ W是生产厂提供的含水率，X是测试的含水率				—		对固体速凝剂，≤2.0	
含气量（%）（不小于）			—	—	—	2.0	—		—	—
氯离子含量（%）			对无氯盐防冻剂，≤0.1；其他防冻剂和防水剂，应小于生产厂的最大控制值				—		≤0.1	
碱含量（%）			应小于生产厂的最大控制值				—		应小于生产厂控制值；其中无碱速凝剂≤1.0	
pH 值			液体速凝剂应在生产厂控制值±1之内，其他无规定						≥2.0 且在生产厂控制值±1 之内	
抗压强度比（%）（不小于）	规定温度（℃）	−5 −7d	—	—	20	20	—	—	—	—
		−5 28d	—	—	95	90				
		−10 −7d	—	—	12	12				
		−10 28d	—	—	95	90				
		−15 −7d	—	—	10	10				
		−15 28d	—	—	90	85				
		20±2 28d	—	—	—	—	—	—	90	70

外加剂匀质性指标（《混凝土外加剂》GB 8076—2008） 表 4-132

项目	指标
氯离子含量（%）	不超过生产厂控制值
总碱量（%）	不超过生产厂控制值
含固量（%）	$S \geqslant 25\%$ 时，应控制在 $0.95S \sim 1.05S$；$S \leqslant 25\%$ 时，应控制在 $0.90S \sim 1.10S$
含水量（%）	$W > 5\%$ 时，应控制在 $0.95W \sim 1.05W$；$W \leqslant 5\%$ 时，应控制在 $0.80W \sim 1.20W$
密度（g/cm³）	$D > 1.1$ 时，应控制在 $D \pm 0.03$；$D \leqslant 1.1$ 时，应控制在 $D \pm 0.02$
细度	应在生产厂控制范围内
pH 值	应在生产厂控制范围内
硫酸钠含量（%）	不超过生产厂控制值

注：1. 生产厂应在相关技术资料中明示产品匀质性指标的控制值；
2. 对相同和不同批次之间的匀质性和等效性的其他要求，可由供需双方商定；
3. 表中的 S、W 和 D 分别为含固量、含水量和密度的生产厂控制值。

三、进场复验项目、组批原则及取样数量

常用外加剂的进场复验项目、组批原则及取样数量见表 4-133。

常用外加剂的进场复验项目、组批原则及取样数量 表 4-133

材料名称	进场复验项目（《混凝土外加剂应用技术规范》GB 50119—2013）	组批原则		取样规定（数量）
		《混凝土结构工程施工质量验收规范》GB 50204—2015	《混凝土外加剂应用技术规范》GB 50119—2013	
减水剂《混凝土外加剂》GB 8076—2008	pH 值、密度（或细度）、含固量（或含水率）减水率、1d 抗压强度比（早强型）凝结时间差（缓凝型）	每 50t 为一检验批，不足 50t 时也应按一个检验批计		每一检验批取样量不应少于 0.2t 胶凝材料所需用的外加剂量
引气剂、引气减水剂《混凝土外加剂》GB 8076—2008	pH 值、密度（或细度）、含固量（或含水率）含气量、含气量经时损失减水率（引气减水剂）	每 50t 为一检验批，不足 50t 时也应按一个检验批计	引气减水剂每 50t 为一检验批，不足 50t 时也应按一个检验批计 引气剂每 10t 为一检验批，不足 10t 时也应按一个检验批计	
早强剂《混凝土外加剂》GB 8076—2008	密度（或细度）、含固量（或含水率）碱含量、氯离子含量、1d 抗压强度比	每 50t 为一检验批，不足 50t 时也应按一个检验批计		
缓凝剂《混凝土外加剂》GB 8076—2008	密度（或细度）、含固量（或含水率）混凝土凝结时间差	每 50t 为一检验批，不足 50t 时也应按一个检验批计	每 20t 为一检验批，不足 20t 时也应按一个检验批计	
泵送剂《混凝土外加剂》GB 8076—2008	pH 值、密度（或细度）、含固量（或含水率）减水率、坍落度 1h 经时变化值	每 50t 为一检验批，不足 50t 时也应按一个检验批计		

续表

材料名称	进场复验项目 (《混凝土外加剂应用技术规范》GB 50119—2013)	组批原则		取样规定(数量)
		《混凝土结构工程施工质量验收规范》GB 50204—2015	《混凝土外加剂应用技术规范》GB 50119—2013	
防冻剂 《混凝土防冻剂》JC/T 475—2004	氯离子含量、密度(或细度)、含固量(或含水率)、碱含量、含气量	每50t为一检验批,不足50t时也应按一个检验批计	每100t为一检验批,不足100t时也应按一个检验批计	每一检验批取样量不应少于0.2t胶凝材料所需用的外加剂量
速凝剂 《喷射混凝土用速凝剂》JC/T 477—2005	密度(或细度)、水泥净浆初凝和终凝时间	每50t为一检验批,不足50t时也应按一个检验批计		
膨胀剂 《混凝土膨胀剂》GB/T 23439—2017	水中7d限制膨胀率、细度	每50t为一检验批,不足50t时也应按一个检验批计	每200t为一检验批,不足200t时也应按一个检验批计	每一检验批取样量不应少于10kg
防水剂 《砂浆、混凝土防水剂》JC/T 474—2008	密度(或细度)、含固量(或含水率)	每50t为一检验批,不足50t时也应按一个检验批计		每一检验批取样量不应少于0.2t胶凝材料所需用的外加剂量
阻锈剂 《混凝土防腐阻锈剂》GB/T 31296—2014	pH值、密度(或细度)、含固量(或含水率)	每50t为一检验批,不足50t时也应按一个检验批计		
砂浆防冻剂 《水泥砂浆防冻剂》JC/T 2031—2010	液体产品:固体含量、密度 粉状产品:含水率、细度、泌水率比 分层度、凝结时间差、含气量(《砌体结构工程施工质量验收规范》GB 50203—2011)	每50t为一检验批,不足50t时也应按一个检验批计(《砌体结构工程施工质量验收规范》GB 50203—2011)		不少于5kg(《砌体结构工程施工质量验收规范》GB 50203—2011)

四、取样方法及取样注意事项

1.取样方法

取样应具有代表性,固体外加剂可连续取,也可以从20个以上不同部位取等量样品;液体外加剂取样时应注意从容器的上、中、下三层分别取样。

每一批号取得的试样应充分混合均匀,分为两等份,一份按规定项目进行试验,另一份要密封保存半年,以备有疑问时提交国家指定的检验机关进行复验或仲裁。

2.取样注意事项

取样应具有代表性。粉状外加剂不得取自数袋甚至一袋;液体外加剂不得取自数桶甚至一桶,杜绝这种以点带面的取样方法,防止所取试样的质量不能代表该批外加剂的质量。

当同一品种外加剂的供方、批次、产地和等级等发生变化时,需方应对外加剂进行复检,结果合格并满足施工要求方可使用。

五、试验方法

1.概念及术语

(1)基准混凝土:

符合相关标准试验条件规定的、未掺有外加剂的混凝土。

（2）受检混凝土：

符合相关标准试验条件规定的、掺有外加剂的混凝土。

（3）减水率：

在混凝土坍落度基本相同时，基准混凝土和受检混凝土单位用水量之差与基准混凝土单位用水量之比，以百分数表示。

（4）泌水率：

单位质量新拌混凝土泌出水量与其用水量之比，以百分数表示。

（5）泌水率比：

受检混凝土和基准混凝土的泌水率之比，以百分数表示。

（6）凝结时间：

混凝土从加水拌合开始，至失去塑性或达到硬化状态所需时间。

（7）混凝土初凝时间：

混凝土从加水开始到贯入阻力达到 3.5MPa 所需要的时间。

（8）混凝土终凝时间：

混凝土从加水开始到贯入阻力达到 28MPa 所需要的时间。

（9）凝结时间差：

受检混凝土与基准混凝土凝结时间的差值。

（10）抗压强度比：

受检混凝土与基准混凝土同龄期抗压强度之比，以百分数表示。

（11）坍落度增加值：

水灰比相同时，受检混凝土和基准混凝土坍落度之差。

（12）常压泌水率比：

受检混凝土与基准混凝土在常压条件下的泌水率之比，以百分数表示。

（13）压力泌水率比：

受检泵送混凝土与基准混凝土在压力条件下的泌水率之比，以百分数表示。

（14）坍落度保留值：

混凝土拌合物按规定条件存放一定时间后的坍落度值。

（15）坍落度损失：

混凝土初始坍落度与某一规定时间的坍落度保留值的差值。

（16）限制膨胀率：

掺有膨胀剂的试件在规定的纵向限制器具限制下的膨胀率。

（17）含固量：

液体外加剂中除水以外其他有效物质的质量百分数。

(18) 含水率：

固体外加剂在规定温度下烘干失去水的质量占其质量的百分比。

2. 外加剂常用性能试验

1) 试验用原材料

(1) 基准水泥：

基准水泥是检验混凝土外加剂性能的专业水泥，是由符合下列品质指标的硅酸盐水泥熟料与二水石膏共同粉磨而成的 42.5 强度等级的 P·I 型硅酸盐水泥。基准水泥必须由经中国建材联合会混凝土外加剂分会与有关单位共同确认具备生产条件的工厂供给。

品质指标（除满足 42.5 强度等级硅酸盐水泥技术要求外）：

①铝酸三钙（C_3A）含量 6%～8%；

②硅酸三钙（C_3S）含量 55%～60%；

③游离氧化钙（f-CaO）含量不得超过 1.2%；

④碱（$Na_2O+0.658K_2O$）含量不得超过 1.0%；

⑤水泥比表面积 $(350\pm10)m^2/kg$。

(2) 砂：

检验泵送剂用的砂为二区中砂，应符合《建设用砂》GB/T 14684—2022 要求的细度模数为 2.4～2.8，含水率小于 2%。

①检验膨胀剂、速凝剂用的砂应符合《水泥胶砂强度检验方法（ISO 法）》GB/T 17671—2021 要求的标准砂。

②按照《混凝土外加剂》GB 8076—2008 检验外加剂、防水剂、防冻剂用的砂应符合《建设用砂》GB/T 14684—2022 要求的细度模数 2.6～2.9 的 Ⅱ 区中砂，含泥量小于 1%。

(3) 石：

符合《建设用卵石、碎石》GB/T 14685—2022 标准，公称粒径为 (5～20)mm 的碎石或卵石，采用二级配，其中 (5～10)mm 占 40%，(10～20)mm 占 60%，满足连续级配要求，针片状物质含量小于 10%，空隙率小于 47%，含泥量小于 0.5%。如有争议，以碎石试验结果为准。

(4) 拌合用水：

拌合用水应符合《混凝土用水标准》JGJ 63—2006 要求。

2) 环境条件

做膨胀剂试验用的环境温度为 $(20\pm2)℃$，相对湿度不低于 50%。

做速凝剂试验时的环境和材料温度为 $(20\pm2)℃$。

混凝土其他外加剂用的各种材料及试验环境温度均应保持 $(20\pm3)℃$。

3) 混凝土（砂浆）配合比要求

基准混凝土的配合比按《普通混凝土配合比设计规程》JGJ 55—2011 的规定进行设计。

掺非引气型外加剂混凝土（受检混凝土）和基准混凝土的水泥、砂、石的比例不变。配合比设计应符合表 4-134 的要求。

检验外加剂时采用的配合比　　　　　表 4-134

品种	依据标准号	用水量（按坍落度控制加水量）		水泥用量		砂率	
防冻剂	JC/T 475—2004	坍落度(80±10)mm 地标为(210±10)mm		采用卵石(310±5)kg/m³ 采用碎石(330±5)kg/m³		36%～40%	
泵送剂	JC/T 473—2001	受检混凝土坍落度(210±10)mm 基准混凝土坍落度(100±10)mm		采用卵石(380±5)kg/m³ 采用碎石(390±5)kg/m³		44%	
速凝剂	GB/T 35159—2017	水		基准水泥		标准砂	
		(450±2)g		(900±2)g		(1350±5)g	
膨胀剂	GB/T 23439—2017	用水量		基准水泥与膨胀剂		标准砂	
		强度试件（三条）	限制膨胀率试件（三条）	强度试件（三条）	限制膨胀率试件（三条）	强度试件（三条）	限制膨胀率试件（三条）
		(225.0±1.0)g	(270.0±1.0)g	(427.5±2.0)g (22.5±0.1)g	(607.5±2.0)g (67.5±0.2)g	(1350.0±5.0)g	(1350.0±5.0)g
防水剂	JC/T 474—2008	掺高性能减水剂的基准混凝土和受检混凝土的坍落度控制在(210±10)mm，掺其他外加剂的基准混凝土和受检混凝土的坍落度控制在(80±10)mm 掺防水剂的混凝土的坍落度也可以选择(180±10)mm，但砂率宜为38%～42%		掺高性能减水剂的基准混凝土和受检混凝土的水泥用量为360kg/m³，掺其他外加剂的基准混凝土和受检混凝土的水泥用量为360kg/m³		掺高性能减水剂的基准混凝土和受检混凝土的砂率为43%～47%，掺其他外加剂的基准混凝土和受检混凝土的砂率为36%～40%，但掺引气减水剂或引气剂的受检混凝土的砂率比基准混凝土的砂率低1%～3%	
其他外加剂	GB 8076—2008						

4）混凝土搅拌

采用符合《混凝土试验用搅拌机》JG/T 244—2009 要求的公称容量为 60L 的单卧轴式强制搅拌机。搅拌机的拌合量应不少于 20L，不宜大于 45L。

外加剂为粉状时，将水泥、砂、石、外加剂一次投入搅拌机，干拌均匀，再加入拌合水，一起搅拌 2min。外加剂为液体时，将水泥、砂、石一次投入搅拌机，干拌均匀，再加入掺有外加剂的拌合水一起搅 2min。

出料后，在铁板上用人工翻拌至均匀，再行试验。各种混凝土试验材料及环境温度均应保持在(20±3)℃。

5）试件制作及试验所需试件数量

（1）试件制作：

混凝土试件制作及养护按《普通混凝土拌合物性能试验方法标准》GB/T 50080—2016

进行，但混凝土预养温度为(20±3)℃。

（2）试验项目及数量见表4-135。

外加剂试验项目及数量（《混凝土外加剂》GB 8076—2008） 表4-135

试验项目		外加剂类别	试验类别	试验所需数量			
				混凝土拌合批数	每批取样数目	基准混凝土总取样数目	受检混凝土总取样数目
减水率		除早强剂、缓凝剂外的各种外加剂	混凝土拌合物	3	1次	3次	3次
泌水率比		各种外加剂		3	1个	3个	3个
含气量				3	1个	3个	3个
凝结时间差				3	1个	3个	3个
1h经时变化量	坍落度	高性能减水剂、泵送剂		3	1个	3个	3个
	含气量	引气剂、引气减水剂		3	1个	3个	3个
抗压强度比		各种外加剂	硬化混凝土	3	6、9或12块	18、27或36块	18、27或36块
收缩率比				3	1条	3条	3条
相对耐久性		引气剂、引气减水剂		3	1条	3条	3条

注：1. 试验时，检验同一种外加剂的三批混凝土的制作宜在开始试验一周内的不同日期完成，对比的基准混凝土和受检混凝土应同时成型。

2. 试验前后应仔细观察试样，对有明显缺陷的试样和试验结果都应舍除。

6）试验项目及步骤

（1）减水率：

外加剂的减水率为坍落度基本相同时，基准混凝土和掺外加剂混凝土单位用水量之差与基准混凝土单位用水量之比。

减水率按下式计算：

$$W_R = \frac{W_0 - W_1}{W_0} \times 100 \tag{4-149}$$

式中：W_R——减水率（%），单批试验结果精确到0.1%；

W_0——基准混凝土单位用水量（kg/m³）；

W_1——受检混凝土单位用水量（kg/m³）。

W_R以三批试验的算术平均值计，精确到1%。若三批试验的最大值或最小值中有一个与中间值之差超过中间值的15%时，则把最大值与最小值一并舍去，取中间值作为该组试验的减水率。若有两个测值与中间值之差均超过15%，则该批试验结果无效，应该重做。

（2）含气量及含气量1h经时变化量：

①含气量的测定：

按《普通混凝土拌合物性能试验方法标准》GB/T 50080—2016，用气水混合式含气量测定仪，并按该仪器说明进行操作，但混凝土拌合物一次装满并稍高于容器，用振动台振实(15～20)s。

试验时，从每批混凝土拌合物取一个试样，含气量以三个试样测值的算术平均值来表示。若三个试样中的最大值或最小值中有一个与中间值之差超过 0.5%时，将最大值与最小值一并舍去，取中间值作为该批的试验结果；如果最大值与最小值与中间值之差均超过 0.5%，则应重做。含气量和 1h 经时变化量测定值精确到 0.1%。

②含气量 1h 经时变化量测定：

当要求测定此项时，将搅拌的混凝土留下足够一次含气量试验的数量，并装入用湿布擦过的试样筒内，容器加盖，静置至 1h（从加水搅拌时开始计算），然后倒出，在铁板上用铁锹翻拌均匀后，再按照含气量测定方法测定含气量。计算出机时和 1h 之后的含气量之差值，即得到含气量的经时变化量。

含气量 1h 经时变化量按下式计算：

$$\Delta A = A_0 - A_{1h} \tag{4-150}$$

式中：ΔA——含气量经时变化量（%）；

　　　A_0——出机后测得的含气量（%）；

　　　A_{1h}——1h 后测得的含气量（%）。

（3）凝结时间差：

凝结时间差就是受检混凝土的凝结时间与基准混凝土的凝结时间的差值。

凝结时间差按下式计算：

$$\Delta T = T_t - T_c \tag{4-151}$$

式中：ΔT——凝结时间之差（min）；

　　　T_t——掺外加剂混凝土的初凝或终凝时间（min）；

　　　T_c——基准混凝土的初凝或终凝时间（min）。

凝结时间采用贯入阻力仪测定，仪器精度为 10N，凝结时间测定方法如下：

将混凝土拌合物用 5mm（圆孔筛）振动筛筛出砂浆，拌匀后装入上口径为 160mm、下口径为 150mm、净高为 150mm 的刚性不渗水的金属圆筒，试样表面应低于筒口约 10mm，用振动台振实(3～5)s，置于(20±2)℃的环境中，容器加盖。一般基准混凝土在成型(3～4)h、掺早强剂的在成型(1～2)h、掺缓凝剂的在成型(4～6)h 开始测定，以后每 0.5h 或 1h 测定一次，但临近初、终凝时，可以缩短测定间隔时间。每次测点应避开前一次测孔，其净距为针直径的 2 倍，但至少不小于 15mm，试针与容器边缘之距离不小于 25mm。测定初凝时间用截面积为 100mm² 的试针，测定终凝时间用 20mm² 的试针。

测试时，将砂浆试样筒置于贯入阻力仪上，测针端部与砂浆表面接触，然后在(10±2)s 内均匀地使测针贯入砂浆(25±2)mm 深度。记录贯入阻力，精确至 10N，记录测量时间，精确至 1min。

贯入阻力按下式计算，精确至 0.1MPa：

$$R = P/A \tag{4-152}$$

式中：R——贯入阻力值（MPa）；

P——贯入深度达 25mm 时所需的净压力（N）；

A——贯入阻力仪试针的截面积（mm²）。

根据计算结果，以贯入阻力值为纵坐标，测试时间为横坐标，绘制贯入阻力值与时间关系曲线，求出贯入阻力值达到 3.5MPa 时对应的时间作为初凝时间及贯入阻力值达到 28MPa 时对应的时间为终凝时间。凝结时间从水泥与水接触时开始计算。

试验时，每批混凝土拌合物取一试样，凝结时间取三个试样的平均值。若三批试验的最大值或最小值中有一个与中间值之差超过 30min 时，则把最大值与最小值一并舍去，取中间值作为该组试验的凝结时间。如果两测值与中间值之差均超过 30min 时，该组试验结果无效，应该重做。凝结时间以 min 表示，并修约到 5min。

（4）水泥净浆的凝结时间（速凝剂）：

在室温和材料温度(20±2)℃，相对湿度不低于 50%的条件下：

粉状速凝剂：按推荐掺量将速凝剂（应在 4%～6%范围内）加入 400g 水泥中，放入拌合锅内。启动搅拌机低速搅拌 10s 后停止。一次加入 140g 水，低速搅拌 5s，再高速搅拌 15s，搅拌结束，立即装入圆模中，用小刀插捣，轻轻振动数次，刮去多余的净浆，抹平表面。自加水时算起，全部操作时间不应超过 50s。

液体速凝剂：先将称量好的水（140g 水减去速凝剂中的水量）与 400g 水泥放入拌合锅内，启动搅拌机低速搅拌 30s 后停止。用 50mL 注射器一次加入称量好的液体速凝剂，低速搅拌 5s，再高速搅拌 15s，搅拌结束，立即装入圆模中，用小刀插捣，轻轻振动数次，刮去多余的净浆，抹平表面。自加入液体速凝剂时算起，全部操作时间不应超过 50s。

将装满净浆的试模放在水泥净浆标准稠度与凝结时间测定仪下，使针尖与水泥浆表面接触。迅速放松测定仪杆上的固定螺栓，试针即自由插入水泥浆中，观察指针读数，每隔 10s 测定一次，直至初凝和终凝为止。

粉状速凝剂由加水时起，液体速凝剂由加入速凝剂起至试针沉入净浆中距底板(4±1)mm 时所需的时间为初凝时间，至沉入净浆中小于 0.5mm 时所需时间为终凝时间。

每一试样，应进行两次试验。

试验结果以两次试验结果的算术平均值表示，如两次试验结果的差值大于 30s 时，本次试验无效，应重新进行试验。

（5）受检混凝土坍落度和坍落度 1h 经时变化量：

每批混凝土取一个试样。坍落度和坍落度 1h 经时变化量均以三次试验结果的平均值表示。三次试验的最大值和最小值与中间值之差有一个超过 10mm 时，将最大值和最小值一并舍去，取中间值作为该批的试验结果；最大值和最小值与中间值之差均超过 10mm 时，则应重做。坍落度及坍落度 1h 经时变化量测定值以 mm 表示，结果表达修约到 5mm。

混凝土坍落度按照《普通混凝土拌合物性能试验方法标准》GB/T 50080—2016 测定；但坍落度为(210±10)mm 的混凝土，分两层装料，每层装入高度为筒高的一半，每层用插捣棒插捣 15 次。

测定坍落度 1h 经时变化量时，应将按照要求搅拌的混凝土留下足够一次混凝土坍落度的试验数量，并装入用湿布擦过的试样筒内，容器加盖，静置至 1h（从加水搅拌时开始计算），然后倒出，在铁板上用铁锹翻拌至均匀后，再按照坍落度测定方法测定坍落度。计算出机时和 1h 之后的坍落度之差值，即得到坍落度的经时变化量。

坍落度 1h 经时变化量按下式计算：

$$\Delta Sl = Sl_0 - Sl_{1h} \tag{4-153}$$

式中：ΔSl——坍落度经时变化量（mm）；

Sl_0——出机时测得的坍落度（mm）；

Sl_{1h}——1h 后测得的坍落度（mm）。

（6）水泥砂浆防冻剂的抗压强度比：

基准水泥砂浆试件与受检水泥砂浆试件应同时成型，成型按《建筑砂浆基本性能试验方法标准》JGJ/T 70—2009 规定的方法，但试模改用带底钢模。受检水泥砂浆试件在 (20±3)℃环境温度下预养 2h 后移入冷冻箱，并用塑料布覆盖试件，其环境温度应于(3～4)h 内均匀地降至规定温度，养护 7d 后（从成型加水时间算起）脱模，放置在(20±3)℃环境温度下解冻 5h。解冻后分别进行抗压强度试验和转标准养护。

抗压强度比分别按下列各式计算：

$$R_{28} = \frac{f_{SA}}{f_S} \times 100 \tag{4-154}$$

$$R_{-7} = \frac{f_{AT}}{f_S} \times 100 \tag{4-155}$$

$$R_{-7+28} = \frac{f_{AT}}{f_S} \times 100 \tag{4-156}$$

式中：R_{28}——受检标养 28d 水泥砂浆与基准水泥砂浆标养 28d 的抗压强度之比（%）；

R_{-7}——受检负温水泥砂浆负温养护 7d 的抗压强度与基准水泥砂浆标养 28d 的抗压强度之比（%）；

R_{-7+28}——受检负温水泥砂浆负温养护 7d 再转标养 28d 的抗压强度与基准水泥砂浆标养 28d 的抗压强度之比（%）；

f_{SA}——受检水泥砂浆标养 28d 的抗压强度（MPa）；

f_S——基准水泥砂浆标养 28d 的抗压强度（MPa）；

f_{AT}——不同龄期（R_{-7},R_{-7+28}）的受检水泥砂浆的抗压强度（MPa）。

每组取三个试件试验结果的平均值作为该组砂浆的抗压强度值。三个测值中的最大值或最小值中如有一个与中间值的差值超过中间值的 15%，则把最大值与最小值一并舍去，取中间值作为该组试件的抗压强度值；如果两个测值与中间值相差均超过 15%，则此组试验结果无效。每龄期取三组试件试验结果的平均值作为该龄期砂浆抗压强度值。三个测值中的最大值或最小值中若有一个与中间值的差值超过中间值的15%，则把最大值与最小值一并舍去，取中间值作为该龄期试件的抗压强度值；如果最大值和最小值与中间值的差值均超过中间值的15%，则该龄期试验结果无效，重新试验。

（7）含固量（干燥法）：

干燥法是采用将已恒量的称量瓶内放入被测液体试样于(100～105)℃的温度下，使水气化，从而达到烘干的目的。

①仪器要求。

天平：分度值0.0001g。

鼓风电热恒温干燥箱：温度范围(0～200)℃。

带盖称量瓶。

干燥器：内盛变色硅胶。

②试验步骤：

将洁净带盖称量瓶放入烘箱内，于(100～105)℃烘30min，取出置于干燥器内，冷却至少30min后称量，重复上述步骤直至恒量，其质量为m_0。

将被测液体试样装入已经恒量的称量瓶内，盖上盖称出液体试样及称量瓶的总质量为m_1。液体试样称量：约5g，精确到0.0001g。

将盛有液体试样的称量瓶放入烘箱内，开启瓶盖，升温至(100～105)℃（特殊品种除外）烘干至少2h，盖上盖置于干燥器内冷却至少30min后称量，放入烘箱内烘30min，盖上盖置于干燥器内冷却至少30min后称量，重复上述步骤直至恒量，其质量为m_2。

③结果表示：

含固量按下式计算：

$$\omega_s = \frac{m_2 - m_0}{m_1 - m_0} \times 100 \tag{4-157}$$

式中：ω_s——含固量（%）；

m_0——称量瓶的质量（g）；

m_1——称量瓶加液体试样的质量（g）；

m_2——称量瓶加液体试样烘干后的质量（g）。

检测结果的重复性限为0.30%，再现性限为0.50%。

（8）含水率（干燥法）：

干燥法是采用将已恒量的称量瓶内放入被测粉状试样于(100～105)℃的温度下，使水气化，从而达到烘干的目的。

①仪器要求：

天平：分度值0.0001g。

鼓风电热恒温干燥箱：温度范围(0～200)℃。

带盖称量瓶。

干燥器：内盛变色硅胶。

②试验步骤：

将洁净带盖称量瓶放入烘箱内，于(100~105)℃烘30min，取出置于干燥器内，冷却至少30min后称量，重复上述步骤直至恒量，其质量为m_3。

将被测粉状试样装入已经恒量的称量瓶内，盖上盖称出粉状试样及称量瓶的总质量为m_4。粉状试样称量：约10g，精确到0.0001g。

将盛有粉状试样的称量瓶放入烘箱内，开启瓶盖，升温至(100~105)℃（特殊品种除外）烘干至少2h，盖上盖置于干燥器内冷却至少30min后称量，放入烘箱内烘30min，盖上盖置于干燥器内冷却至少30min后称量，重复上述步骤直至恒量，其质量为m_5。

③结果表示：

含水率按下式计算：

$$\omega_w = \frac{m_4 - m_5}{m_4 - m_3} \times 100 \tag{4-158}$$

式中：ω_w——含水率（%）；

m_3——称量瓶的质量（g）；

m_4——称量瓶加粉状试样的质量（g）；

m_5——称量瓶加粉状试样烘干后的质量（g）。

检测结果的重复性限为0.30%，再现性限为0.50%。

（9）限制膨胀率：

环境要求：试验室、养护箱、养护水的温度、湿度应符合《水泥胶砂强度检验方法（ISO法）》GB/T 17671—2021的规定；恒温恒湿（箱）室温度为(20±2)℃，湿度为55%~65%。

将试模擦净，模型侧板与底板的接触面应涂黄干油，紧密装配，防止漏浆。模内壁均匀刷一薄层机油，但纵向限制器具钢板内侧和钢丝上的油要用有机溶剂去掉。

每组成型三条试件，全长158mm，其中胶砂部分尺寸为40mm、40mm、140mm。每组成型三条试件所需的材料及用量见表4-134。

水泥胶砂搅拌、试体成型按照《水泥胶砂强度检验方法（ISO法）》GB/T 17671—2021的规定进行。

试体在养护箱内养护，脱模时间以抗压强度(10±2)MPa确定。

试体脱模后1h内测量初始长度，测量完初始长度的试体立即放入水中养护，测量水中第7d的长度（L_1）变化，即水中7d的限制膨胀率。

测量完水中7d试体长度后，放入恒温恒湿（箱）室内养护21d，即为空气中21d的限制膨胀率。

测量前3h，将比长仪、标准杆放在标准试验室内，用标准杆校正测量仪并调整千分表零点。测量前,将试体及测量仪测头擦净。每次测量时,试体记有标志的一面与测量仪的相对位置必须一致,纵向限制器测头与测量仪测头应正面接触,读数应精确至0.001mm。不同龄期的试体应在规定时间±1h内测量。

养护时,应注意不损坏试体测头。试体与试体之间距离为15mm以上,试体支点距限制钢板两端约30mm。

限制膨胀率按下式计算:

$$\varepsilon = \frac{L_1 - L}{L_0} \times 100 \tag{4-159}$$

式中:ε——限制膨胀率(%);

L_1——所测龄期的限制试体长度(mm);

L——限制试体的初始长度(mm);

L_0——限制试体的基长(1400mm)。

取相近的两条试体测量值的平均值作为限制膨胀率测量结果,计算应精确至小数点后第三位。

(10)抗压强度比:

以掺外加剂(除防冻剂外)混凝土与基准混凝土同龄期抗压强度之比表示,按下式计算:

$$R_f = \frac{f_t}{f_c} \times 100 \tag{4-160}$$

式中:R_f——抗压强度比(%),精确至1%;

f_t——受检混凝土的抗压强度(MPa);

f_c——基准混凝土的抗压强度(MPa)。

受检混凝土与基准混凝土的抗压强度按《混凝土物理力学性能试验方法标准》GB/T 50081—2019进行试验和计算。试件用振动台振动(15~20)s。试件预养温度为(20±3)℃。试验结果以三批试验测值的平均值表示,若三批试验中有一批的最大值或最小值中有一个与中间值之差超过中间值的15%时,则把最大值与最小值一并舍去,取中间值作为该批的试验结果。若有两批测值与中间值之差均超过中间值的15%,则试验结果无效,应该重做。

(11)碱含量(火焰光度法):

采用火焰光度法测定外加剂的碱含量时,对于易溶于水的试样用约80℃的热水溶解,对于不溶于水的样品使用氢氟酸溶样,用以氨水分离铁、铝;以碳酸钙分离钙、镁;滤液中的碱(钾和钠),采用相应的滤光片,用火焰光度计进行测定。

①试剂与仪器要求:

盐酸(1+1);

氨水(1+1);

碳酸铵溶液(100g/L):在烧杯中称取10g碳酸铵,加水溶解,转移至100mL容量瓶,定容,摇匀;

氧化钾、氧化钠标准溶液：精确称取已在(130～150)℃烘过 2h 的氯化钾（KCl 光谱纯）0.7920g 及氯化钠（NaCl 光谱纯）0.9430g，置于烧杯中，加水溶解后，移入 1000mL 容量瓶中，用水稀释至标线，摇匀，转移至干燥的带盖的塑料瓶中；此标准溶液每毫升相当于氧化钾及氧化钠 0.5mg；

甲基红指示剂（2g/L 乙醇溶液）；

氢氟酸；

火焰光度计；

天平：分度值 0.0001g。

②试验步骤：

分别向 100mL 容量瓶中注入 0.00mL、1.00mL、2.00mL、4.00mL、8.00mL、12.00mL 的氧化钾、氧化钠标准溶液（分别相当于氧化钾、氧化钠各 0.00mg、0.50mg、1.00mg、2.00mg、4.00mg、6.00mg），用水稀释至标线，摇匀，然后分别于火焰光度计上按仪器使用规程进行测定，根据测得的检流计读数与溶液的浓度关系，分别绘制氧化钾及氧化钠的工作曲线。

对于溶于水的试样，准确称取一定量的试样置于 150mL 的瓷蒸发皿中，用 80℃左右的热水润湿并稀释至 30mL，置于电热板上加热蒸发，保持微沸 5min 后取下，冷却；对于不溶于水的试样，于铂金皿（或聚四氟乙烯器皿）中准确称取一定量的试样，精确至 0.0001g，加少量水润湿。加入 10mL 氢氟酸和(15～20)滴硫酸（1＋1），放入通风处内的电热板上低温加热，近干时摇动铂皿，以防溅失，待氢氟酸驱尽后升高温度，继续加热至三氧化硫白烟冒尽，取下冷却。加入 50mL 热水，用胶头扫棒压碎残渣使其分散。

加 1 滴甲基红指示剂，滴加氨水（1＋1），使溶液呈黄色；加入 10mL 碳酸铵溶液，搅拌，置于电热板上加热并保持微沸 10min，用中速滤纸过滤，以热水洗涤，滤液及洗液盛于容量瓶中，冷却至室温，以盐酸（1＋1）中和至溶液呈红色，然后用水稀释至标线，摇匀，以火焰光度计按仪器使用规程进行测定。称样量及稀释倍数见表 4-136。同时进行空白试验。

碱含量试验称样量及稀释倍数 表 4-136

碱含量（%）	称样量（g）	稀释体积（mL）	稀释倍数 n
≤1.00	0.20	100	1
>1.00～5.00	0.10	250	2.5
>5.00～10.00	0.05	250 或 500	2.5 或 5
>10.00	0.05	500 或 1000	5 或 10

③结果表示：

氧化钾含量百分含量按下式计算：

$$\omega_{K_2O} = \frac{c_1 \times n}{m \times 1000} \times 100 \tag{4-161}$$

式中：ω_{K_2O}——外加剂中氧化钾含量（%）；

　　　c_1——在工作曲线上查得每 100mL 被测定液中氧化钾的含量（mg）；

　　　n——被测溶液的稀释倍数；

　　　m——试样质量（g）。

氧化钠百分含量按下式计算：

$$\omega_{Na_2O} = \frac{c_2 \times n}{m \times 1000} \times 100 \tag{4-162}$$

式中：ω_{Na_2O}——外加剂中氧化钠含量（%）；

　　　c_2——在工作曲线上查得每 100mL 被测定液中氧化钠的含量（mg）。

碱含量按下式计算：

$$\omega_a = 0.658 \times \omega_{K_2O} + \omega_{Na_2O} \tag{4-163}$$

式中：ω_a——外加剂中的碱含量（%）。

检测结果的重复性限和再现性限如表 4-137 所示。

碱含量试验重复性限和再现性限 表 4-137

碱含量（%）	重复性限（%）	再现性限（%）
≤1.00	0.10	0.15
>1.00～5.00	0.20	0.30
>5.00～10.00	0.30	0.50
>10.00	0.50	0.80

（12）pH 值：

原理：根据奈斯特（Nernst）方程 $E = E_0 + 0.05915\lg[H^+]$，$E = E_0 - 0.05915\text{pH}$，利用一对电极在不同 pH 溶液中能产生不同电位差，这一对电极由测试电极（玻璃电极）和参比电极（饱和甘汞电极）组成，在 25℃时每相差一个单位 pH 时产生 59.15mV 的电位差，pH 可在仪器的刻度表上直接读出。

所需仪器及要求如下：

①酸度计：pH 测量范围为 0～14.00，精度为±0.01；

②甘汞电极；

③玻璃电极；

④复合电极；

⑤天平：分度值为 0.0001g；

⑥超级恒温器或同等条件的恒温设备：分度值为±0.1℃。

测试条件如下：

①液体样品直接测试；

②固体样品溶液的浓度为 10g/L；

③被测溶液的温度为(20±3)℃。

试验步骤：

按仪器的出厂说明书校正仪器。当仪器校正好后，先用水，再用测试溶液冲洗电极，然后再将电极浸入被测溶液中轻轻摇动试杯，使溶液均匀。待到酸度计的读数稳定1min，记录读数。测量结束后，用水冲洗电极，以待下次测量。酸度计测出的结果即为溶液的pH。

重复性限和再现性限：

重复性限为0.2，再现性限为0.5。

（13）细度：

手工筛析法：

原理：采用孔径为0.315mm或者1.180mm的试验筛，称取烘干试样倒入筛内，用人工筛样或负压筛，计算筛余占称样量的比值即为细度，其中1.180mm的试验筛适用于膨胀剂。

所需仪器及要求如下：

①天平：分度值为0.001g；

②试验筛：孔径为0.315mm、1.180mm的试验筛，筛网符合《试验筛 金属丝编织网、穿孔板和电成型薄板 筛孔的基本尺寸》GB/T 6005—2008要求。筛框有效直径150mm、高50mm。筛布应紧绷在筛框上，接缝应严密，并附有筛盖。

试验步骤：

称取已于(100～105)℃烘干的试样约10g（m_9），精确至0.001g，倒入相应孔径的筛内，用人工筛样，将近筛完时，应一手执筛往复摇动，一手拍打，摇动速度每分钟约120次。其间，筛子应向一定方向旋转数次，使试样分散在筛布上，直至每分钟通过质量不超过0.005g时为止。称量筛余物m_{10}，称准至0.001g。

细度用ω_f表示，按下式计算：

$$\omega_f = \frac{m_{10}}{m_9} \times 100 \qquad (4\text{-}164)$$

式中：ω_f——细度（%）；

m_{10}——筛余物质量（g）；

m_9——试样质量（g）。

重复性限和再现性限：

重复性限为0.40%，再现性限为0.60%。

负压筛析法：

原理：采用孔径为0.080mm的试验筛，称取烘干试样倒入筛内，用负压筛，计算筛余占称样量的比值即为细度，0.080mm的试验筛用于速凝剂。

所需仪器及要求如下：

①天平：分度值为0.001g；

②试验筛：孔径为0.080mm的试验筛，筛网符合《试验筛 金属丝编织网、穿孔板和

电成型薄板 筛孔的基本尺寸》GB/T 6005—2008要求。筛框有效直径150mm、高50mm。筛布应紧绷在筛框上，接缝应严密，并附有筛盖。

试验步骤：

筛析试验前应把负压筛放在筛座上，盖上筛盖，接通电源，检查控制系统，调节负压至(4000~6000)Pa范围内。称取试样约10g（m_9），精确至0.001g，置于洁净的负压筛中，放在筛座上，盖上筛盖，接通电源，开动筛析仪连续筛析2min，在此期间如有试样附着在筛盖上，可轻轻地敲击筛盖使试样落下。筛毕，用天平称量全部筛余物m_{10}。

结果与计算同手工筛析法。

重复性限和再现性限：

重复性限为0.40%，再现性限为0.60%。

（14）密度：

测定外加剂密度共有两种测试方法，分别是比重瓶法和精密密度计法。

比重瓶法：

原理：将已校正容积（V）的比重瓶，灌满被测溶液，根据密度公式，用样品的质量除以体积从而得出密度。

测试条件：

①被测溶液的温度为(20±1)℃；

②被测溶液如有沉淀应滤去。

仪器：

比重瓶：容积为25mL或50mL；

天平：分度值为0.0001g；

干燥器：内盛变色硅胶；

超级恒温器或同条件的恒温设备：控温精度为±1℃。

试验步骤：

首先进行比重瓶的校正。比重瓶依次用水、乙醇、丙酮和乙醚洗涤并吹干，塞子连瓶一起放入干燥器内，取出，称量比重瓶的质量为m_0，直至恒量。然后将预先煮沸并经冷却的水装入瓶内，塞上塞子，使多余的水分从塞子毛细管流出，用吸水纸吸干瓶外的水。注意不能让吸水纸吸出塞子毛细管里的水，水要保持与毛细管上口相平，立即在天平称出比重瓶装满水后的质量m_1。

比重瓶在(20±1)℃时容积V按下式计算：

$$V = (m_1 - m_0)/\rho_\text{水} \tag{4-165}$$

式中：V——比重瓶在(20±1)℃时的容积（mL）；

m_1——比重瓶盛满(20±1)℃水的质量（g）；

m_0——干燥的比重瓶质量（g）；

$\rho_\text{水}$——$(20\pm1)℃$时纯水的密度（g/mL）。

19℃、19.5℃、20.0℃、20.5℃、21.0℃的纯水密度（g/mL）分别为 0.9984、0.9983、0.9982、0.9981、0.9980。

然后测量外加剂溶液的密度ρ。将已校正V的比重瓶洗净、干燥、灌满被测溶液，塞上塞子后浸入$(20\pm1)℃$超级恒温器内，恒温 20min 后取出，用吸水纸吸干瓶外的水及毛细管溢出的溶液后，在天平上称量出比重瓶装满外加剂溶液后的质量m_2。

结果表示：

外加剂溶液的密度ρ按下式计算：

$$\rho = (m_2 - m_0)/V = (m_2 - m_0)/(m_1 - m_0) \times \rho_\text{水} \tag{4-166}$$

式中：ρ——$(20\pm1)℃$时外加剂溶液的密度（g/mL）；

　　　m_2——比重瓶盛满$(20\pm1)℃$外加剂溶液的质量（g）。

重复性限和再现性限：

重复性限为 0.001g/mL，再现性限为 0.002g/mL。

精密密度计法：

测试条件：同比重瓶法。

仪器：

波美比重计：分度值为 0.001g/mL；

精密密度计：分度值为 0.001g/mL；

超级恒温器或同条件的恒温设备：控温精度为±1℃。

试验步骤：

将已恒温的外加剂倒入 250mL 玻璃量筒内，以波美比重计插入溶液中测出该溶液的密度。

参考波美比重计所测溶液的数据，选择这一刻度范围的精密密度计插入溶液中，精确读出溶液凹液面与精密密度计相齐的刻度即为该溶液的密度ρ。

结果表示：

测得的数据即为$(20\pm1)℃$时外加剂溶液的密度。

重复性限和再现性限：

重复性限为 0.001g/mL，再现性限为 0.002g/mL。

（15）氯离子含量：

测定外加剂的氯离子含量的方法有电位滴定法和离子色谱法。当外加剂含有硫氰酸盐、甲酸盐时，其氯离子含量的测定应采用离子色谱法。

①电位滴定法：

电位滴定法是以银电极或氯电极为指示电极，其电势随 Ag^+ 浓度而变化。以甘汞电极为参比电极，用电位计或酸度计测定两电极在溶液中组成原电池的电势，银离子与氯离子反应生成溶解度很小的氯化银白色沉淀。在等当点前滴入硝酸银生成氯化银沉淀，两电极间电势变化缓慢，等当点时氯离子全部生成氯化银沉淀，这时滴入少量硝酸银即引起电势急剧变化，指示出滴定终点。

试剂要求：

硝酸（1+1）；

硝酸银溶液（1.7g/L）：准确称取约 1.7g 硝酸银（$AgNO_3$），用水溶解，放入 1L 棕色容量瓶中稀释至刻度，摇匀，用 0.0100mol/L 氯化钠标准溶液对硝酸银溶液进行标定。

硝酸银溶液（17g/L）：准确称取约 17g 硝酸银（$AgNO_3$），用水溶解，放入 1L 棕色容量瓶中稀释至刻度，摇匀，用 0.1000mol/L 氯化钠标准溶液对硝酸银溶液进行标定。

氯化钠标准溶液（0.0100mol/L）：称取约 5g 氯化钠（基准试剂），盛在称量瓶中，于 (130～150)℃烘干 2h，在干燥器内冷却后精确称取 0.58443g，用水溶解并稀释至 1L，摇匀。

氯化钠标准溶液（0.1000mol/L）：称取约 10g 氯化钠（基准试剂），盛在称量瓶中，于 (130～150)℃烘干 2h，在干燥器内冷却后精确称取 5.8443g，用水溶解并稀释至 1L，摇匀。

标定硝酸银溶液(1.7g/L 或 17g/L)：用移液管吸取 10mL 的 0.0100mol/L 或 0.1000mol/L 的氯化钠标准溶液于烧杯中，加水稀释至 200mL，加 4mL 硝酸（1+1），在电磁搅拌下，用硝酸银溶液以电位滴定法测定终点，过等当点后，在同一溶液中再加入 0.0100mol/L 或 0.1000mol/L 氯化钠标准溶液 10mL，继续用硝酸银溶液滴定至第二个终点，用二次微商法计算出硝酸银溶液消耗的体积V_{01}、V_{02}。

体积V_0按下式计算：

$$V_0 = V_{01} - V_{02} \tag{4-167}$$

式中：V_0——10mL 的 0.0100mol/L 或 0.1000mol/L 氯化钠标准溶液消耗硝酸银溶液的体积（mL）；

V_{01}——空白试验中 200mL 水，加 4mL 硝酸（1+1），加 10mL 的 0.0100mol/L 或 0.1000mol/L 氯化钠标准溶液所消耗硝酸银溶液的体积（mL）；

V_{02}——空白试验中 200mL 水，加 4mL 硝酸（1+1），加 20mL 0.0100mol/L 或 0.1000mol/L 氯化钠标准溶液所消耗硝酸银溶液的体积（mL）。

硝酸银溶液的浓度c按下式计算：

$$c = \frac{c'V'}{V_0} \times 100 \tag{4-168}$$

式中：c——硝酸银溶液的浓度（mol/L）；

c'——氯化钠标准溶液的浓度（mol/L）；

V'——氯化钠标准溶液的体积（mL）。

仪器要求如下：

电位测定仪、酸度仪或者全自动氯离子测定仪；

银电极或氯电极；

甘汞电极；

电磁搅拌器；

滴定管（25mL）:

移液管（10mL）;

天平：分度值 0.0001g。

试验步骤：

对于可溶性试样，准确称取外加剂试样(0.5000～5.0000)g，放入烧杯中，加 200mL 水和 4mL 硝酸（1+1），使溶液呈酸性，搅拌至完全溶解。

对于不溶性试样，准确称取试样(0.5000～5.0000)g，放入烧杯，加入 20mL 水，搅拌使试样分散然后在搅拌下加入 20mL 硝酸（1+1），加水稀释至 200mL，加入 2mL 过氧化氢，盖上表面皿，加热煮沸(1～2)min，冷却至室温。

用移液管加入 10mL 的 0.0100mol/L 或 0.1000mol/L 的氯化钠标准溶液，烧杯内加入电磁搅拌子，将烧杯放在电磁搅拌器上，开动搅拌器并插入银电极（或氯电极）及甘汞电极，两电极与电位计或酸度计相连接，用硝酸银溶液缓慢滴定，记录电势和对应的滴定管读数。

由于接近等当点时，电势增加很快，此时要缓慢滴加硝酸银溶液，每次定量加入 0.1mL，当电势发生突变时，表示等当点已过，此时继续滴入硝酸银溶液，直至电势趋向变化平缓。得到第一个终点时硝酸银溶液消耗的体积V_1。

在同一溶液中，用移液管再加入 10mL 的 0.0100mol/L 或 0.1000mol/L 氯化钠标准溶液（此时溶液电势降低），继续用硝酸银溶液滴定，直至第二个等当点出现，记录电势和对应的 0.1mol/L 硝酸银溶液消耗的体积V_2。

空白试验：在干净的烧杯中加入 200mL 水和 4mL 硝酸（1+1）。用移液管加入 10mL 的 0.0100mol/L 或 0.1000mol/L 氯化钠标准溶液，在不加入试样的情况下，在电磁搅拌下，缓慢滴加硝酸银溶液，记录电势和对应的滴定管读数，直至第一个终点出现。过等当点后，在同一溶液中，再用移液管加入 0.0100mol/L 或 0.1000mol/L 氯化钠标准溶液 10mL，继续用硝酸银溶液滴定至第二个终点，用二次微商法计算出硝酸银溶液消耗的体积V_{01}及V_{02}。

结果表示：

用二次微商法计算结果。通过电压对体积二次导数（即$\Delta^2 E/\Delta V^2$）变成零的办法来求出滴定终点。假如在邻近等当点时，每次加入的硝酸银溶液是相等的，此函数（$\Delta^2 E/\Delta V^2$）必定会在正负两个符号发生变化的体积之间的某一点变成零，对应这一点的体积即为终点体积，可用内插法求得。

外加剂中氯离子所消耗的硝酸银体积V按下式计算：

$$V = \frac{(V_1 - V_{01}) + (V_2 - V_{02})}{2} \tag{4-169}$$

式中：V_1——试样溶液加 10mL 0.0100mol/L 或 0.1000mol/L 氯化钠标准溶液所消耗的硝酸银溶液体积（mL）;

V_2——试样溶液加 20mL0.0100mol/L 或 0.1000mol/L 氯化钠标准溶液所消耗的硝酸银溶液体积（mL）。

外加剂中氯离子含量ω_{Cl^-}按下式计算：

$$\omega_{Cl^-} = \frac{c \times V \times 35.45}{m \times 1000} \times 100 \tag{4-170}$$

式中：ω_{Cl^-}——外加剂中氯离子含量（%）；

V——外加剂中氯离子所消耗硝酸银溶液体积（mL）；

m——外加剂样品质量（g）。

当氯离子含量不大于0.500%时，使用浓度为0.0100mol/L的氯化钠标准溶液和1.7g/L的硝酸银溶液检测。当氯离子含量大于0.500%时，使用浓度为0.1000mol/L的氧化钠标准溶液和17g/L的硝酸银溶液检测。

氯离子重复性限和再现性限：

Cl^-含量范围≤0.500%时，重复性限0.010%，再现性限0.025%；Cl^-含量范围>0.500%时，重复性限0.020%，再现性限0.030%；

②离子色谱法：

离子色谱法是液相色谱分析方法的一种，样品溶液经阴离子色谱柱分离，溶液中的阴离子F^-、Cl^-、SO_4^{2-}、NO_3^-被分离，同时被电导池检测。测定溶液中氯离子峰面积或峰高。

试剂和材料要求：

氮气：纯度不小于99.8%。

硝酸：优级纯。

实验室用水：一级水（电导率小于18MΩ·cm，0.2μm超滤膜过滤）。

氯离子标准溶液（1mg/mL）：准确称取预先在(550～600)℃加热(40～50)min后，并在干燥器中冷却至室温的氯化钠（标准试剂）1.648g，用水溶解，移入1000mL容量瓶中，用水稀释至刻度。

氯离子标准溶液（100μg/mL）：准确移取上述标准溶液(100～1000)mL容量瓶中，用水稀释至刻度。

氯离子标准溶液系列：准确移取1mL、5mL、10mL、15mL、20mL、25mL（100μg/mL的氯离子的标准溶液）至100mL容量瓶中，稀释至刻度。此标准溶液系列浓度分别为：1μg/mL、5μg/mL、10μg/mL、15μg/mL、20μg/mL、25μg/mL。

仪器要求：

离子色谱仪：包括电导检测器，抑制器，阴离子分离柱，进样定量环（25μL，50μL，100μL）。

0.22μm水性针头微孔滤器。

On Guard Rp 柱：功能基为聚二乙烯基苯。

注射器：1.0mL、2.5mL。

淋洗液体系选择：

碳酸盐淋洗液体系：阴离子柱填料为聚苯乙烯、有机硅、聚乙烯醇或聚丙烯酸酯阴离子交换树脂。

氢氧化钾淋洗液体系：阴离子色谱柱 IonPacAs18 型分离柱（250mm×4mm）和 IonPacAG18 型保护柱（50mm×4mm）；或性能相当的离子色谱柱。

抑制器：连续自动再生膜阴离子抑制器或微填充床抑制器。

离子色谱仪检出限：0.01μg/mL。

试验步骤：

称量和溶解。准确称取1g外加剂试样，精确至0.1mg。放入100mL烧杯中，加50mL水和5滴硝酸溶解试样。试样能被水溶解时，直接移入100mL容量瓶，稀释至刻度；当试样不能被水溶解时，加入5滴硝酸，加热煮沸，微沸(1~2)min，再用快速滤纸过滤，滤液用100mL容量瓶承接，用水稀释至刻度。

去除样品中的有机物。混凝土外加剂中的可溶性有机物可以用 On Guard Rp 柱去除。

测定色谱图。将上述处理好的溶液注入离子色谱中分离，得到色谱图，测定所得色谱峰的峰面积或峰高。

氯离子含量标准曲线的绘制。在重复性条件下进行空白试验，将氯离子标准溶液系列分别在离子色谱中分离，得到色谱图，测定所得色谱峰的峰面积或峰高。以氯离子浓度为横坐标，峰面积或峰高为纵坐标绘制标准曲线。

结果表示：

将样品的氯离子峰面积或峰高对照标准曲线，求出样品溶液的氯离子浓度c_1，并按照下式计算出试样中氯离子含量：

$$\omega_{Cl^-} = \frac{c_1 \times V_1 \times 10^{-6}}{m} \times 100 \qquad (4\text{-}171)$$

式中：ω_{Cl^-}——样品中氯离子含量（%）；

c_1——由标准曲线求得的试样溶液中氯离子的浓度（μg/mL）；

V_1——样品溶液的体积（100mL）；

m——外加剂样品质量（g）。

检测结果的重复性限和再现性限见表4-138。

氯离子含量试验重复性限和再现性限　　　　表 4-138

Cl⁻含量范围（%）	≤0.01	>0.01~0.1	>0.1~1	>1~10	>10
重复性限（%）	0.001	0.02	0.1	0.2	0.25
再现性限（%）	0.002	0.03	0.15	0.25	0.30

（16）泌水率和泌水率比：

泌水率的测定和计算方法如下：

先用湿布润湿容积为 5L 的带盖筒（内径为 185mm，高 200mm），将混凝土拌合物一次装入，在振动台上振动 20s，然后用抹刀轻轻抹平，加盖以防水分蒸发。试样表面应比筒口边低约 20mm。自抹面开始计算时间，在前 60min，每隔 10min 用吸液管吸出泌水一次，以后每隔 20min 吸水一次，直至连续三次无泌水为止。每次吸水前 5min，应将筒底一侧垫高约 20mm，使筒倾斜，以便吸水。吸水后，将筒轻轻放平盖好。将每次吸出的水都注入带塞量筒，最后计算出总的泌水量，精确至 1g，并按下式计算泌水率：

$$B = \frac{V_W}{(W/G)G_W} \times 100 \tag{4-172}$$

$$G_W = G_1 - G_0 \tag{4-173}$$

式中：B——泌水率（%）；

V_W——泌水总质量（g）；

W——混凝土拌合物的用水量（g）；

G——混凝土拌合物的总质量（g）；

G_W——试样质量（g）；

G_1——筒及试样质量（g）；

G_0——筒质量（g）。

试验时，从每批混凝土拌合物中取一个试样，泌水率取三个试样的算术平均值，精确到 0.1%。若三个试样的最大值或最小值中有一个与中间值之差大于中间值的 15%，则把最大值与最小值一并舍去，取中间值作为该组试验的泌水率，如果最大值和最小值与中间值之差均大于中间值的 15% 时，则应重做。

泌水率比按下式计算，应精确到 1%：

$$R_B = \frac{B_t}{B_c} \times 100 \tag{4-174}$$

式中：R_B——泌水率比（%）；

B_t——受检混凝土泌水率（%）；

B_c——基准混凝土泌水率（%）。

（17）收缩率比：

收缩率比以 28d 龄期时受检混凝土与基准混凝土的收缩率的比值表示，按下式计算：

$$R_\varepsilon = \frac{\varepsilon_t}{\varepsilon_c} \times 100 \tag{4-175}$$

式中：R_ε——收缩率比（%）；

ε_t——受检混凝土的收缩率（%）；

ε_c——基准混凝土的收缩率（%）。

受检混凝土及基准混凝土的收缩率按《普通混凝土长期性能和耐久性能试验方法标准》GB/T 50082—2024 测定和计算。试件用振动台成型，振动(15～20)s。每批混凝土拌合物取一个试样,以三个试样收缩率比的算术平均值表示,计算精确1%。

(18) 相对耐久性试验:

试件采用振动台成型,振动(15~20)s,标准养护28d后按《普通混凝土长期性能和耐久性能试验方法标准》GB/T 50082—2024进行冻融循环试验(快冻法)。

相对耐久性指标是以掺外加剂混凝土冻融200次后的动弹性模量是否不小于80%来评定外加剂的质量。每批混凝土拌合物取一个试样,相对动弹性模量以三个试件测值的算术平均值表示。

(19) 硫酸钠含量:

①重量法:

原理:氯化钡溶液与外加剂试样中的硫酸盐生成溶解度极小的硫酸钡沉淀,称量经高温灼烧后的沉淀来计算硫酸钠的含量。

试剂与仪器:

试剂要求如下:

盐酸(1+1);

氯化铵溶液(50g/L);

氯化钡溶液(100g/L);

硝酸银溶液(5g/L)。

所需仪器及要求如下:

高温炉:最高使用温度不低于950℃;

天平:分度值为0.0001g;

电磁电热式搅拌器;

瓷坩埚:(18~30)mL;

慢速定量滤纸,快速定性滤纸。

试验步骤:

准确称取试样约0.5g(m_{13})于400mL烧杯中,加入200mL水搅拌溶解,再加入氯化铵溶液50mL,加热煮沸后,用快速定性滤纸过滤,用水洗涤数次后,将滤液浓缩至200mL左右,滴加盐酸(1+1)至浓缩滤液显示酸性,再多加(5~10)滴盐酸(1+1),煮沸后在不断搅拌下趁热滴加氯化钡溶液10mL,继续煮沸15min,取下烧杯,置于加热板上,保持(50~60)℃静置(2~4)h或常温静置8h。用两张慢速定量滤纸过滤,烧杯中的沉淀用70℃水洗净,使沉淀全部转移到滤纸上,用温热水洗涤沉淀至无氯根为止(用硝酸银溶液检验)。将沉淀与滤纸移入预先灼烧恒重的坩埚(质量m_{14})中,小火烘干,灰化。在(800~950)℃电阻高温炉中灼烧30min,然后在干燥器里冷却至室温,取出称量,再将坩埚放回高温炉中,灼烧30min,取出冷却至室温称量,如此反复直至恒量(质量m_{15})。

外加剂中硫酸钠含量$\omega_{Na_2SO_4}$，按下式计算：

$$\omega_{Na_2SO_4} = \frac{(m_{15} - m_{14}) \times 0.6086}{m_{13}} \times 100 \tag{4-176}$$

式中：$\omega_{Na_2SO_4}$——硫酸钠含量（%）；

　　　m_{15}——灼烧后滤渣加坩埚质量（g）；

　　　m_{14}——空坩埚质量（g）；

　　　m_{13}——试样质量（g）；

　　　0.6086——硫酸钡换算成硫酸钠的系数。

重复性限和再现性限：

重复性限为0.50%，再现性限为0.80%。

②离子交换重量法：

原理：采用重量法测定，试样加入氯化铵溶液沉淀处理过程中，发现絮凝物而不易过滤时改用离子交换重量法。经过前处理后，氯化钡溶液与外加剂试样中的硫酸盐生成溶解度极小的硫酸钡沉淀，称量经高温灼烧后的沉淀来计算硫酸钠的含量。

试剂要求如下：

盐酸（1+1）；

氯化铵溶液（50g/L）；

氯化钡溶液（100g/L）；

硝酸银溶液（1g/L）；

预先经活化处理过的717-OH型阴离子交换树脂。

仪器及要求如下：

高温炉：最高使用温度不低于950℃；

天平：分度值为0.0001g；

电磁电热式搅拌器；

瓷坩埚：(18~30)mL；

慢速定量滤纸，快速定性滤纸。

试验步骤：

准确称取外加剂样品(0.2000~0.5000)g，置于盛有6g 717-OH型阴离子交换树脂的100mL烧杯中，加入60mL水和电磁搅拌棒，在电磁电热式搅拌器上加热至(60~65)℃，搅拌10min，进行离子交换。

将烧杯取下，用快速定性滤纸于三角漏斗上过滤，弃去滤液。

然后用(50~60)℃氯化铵溶液洗涤树脂5次，再用温水洗涤5次，将洗液收集于另一干净的300mL烧杯中，滴加盐酸（1+1）至溶液显示酸性，再多加(5~10)滴盐酸（1+1），煮沸后在不断搅拌下趁热滴加氯化钡溶液10mL，继续煮沸15min，取下烧杯，置于加热板上保持(50~60)℃，静置(2~4)h或常温静置8h后，按照重量法的试验步骤进行。

结果与计算同重量法。

重复性限和再现性限同重量法。

第七节　混凝土掺合料

一、相关标准

（1）《混凝土结构工程施工质量验收规范》GB 50204—2015。
（2）《矿物掺合料应用技术规范》GB/T 51003—2014。
（3）《粉煤灰混凝土应用技术规范》GB/T 50146—2014。
（4）《钢铁渣粉混凝土应用技术规范》GB/T 50912—2013。
（5）《用于水泥和混凝土中的粉煤灰》GB/T 1596—2017。
（6）《用于水泥、砂浆和混凝土中的粒化高炉矿渣粉》GB/T 18046—2017。
（7）《建筑材料放射性核素限量》GB 6566—2010。
（8）《水泥细度检验方法筛析法》GB/T 1345—2005。
（9）《水泥化学分析方法》GB/T 176—2017。
（10）《水泥比表面积测定方法勃氏法》GB/T 8074—2008。
（11）《混凝土矿物掺合料应用技术规程》DB11/T 1029—2021。

二、基本概念

矿物掺合料是以硅、铝、钙等一种或多种氧化物为主要成分，具有规定细度，掺入混凝土中能改善混凝土性能的粉状材料。

在配制混凝土时加入一定量的矿物掺合料，可降低成本，又可改善混凝土性能。尤其是矿物掺合料对碱-集料反应的抑制作用已得到大家的认可。因此，矿物掺合料是预拌混凝土中不可缺少的组分。

矿物细掺料也可作为混合材料，在水泥生产中加入，作为水泥的组分材料（参见本章第一节表4-1～表4-3）。但本节只涉及在配制混凝土时加入的矿物掺合料。

1. 矿物掺合料的分类

（1）粉煤灰：煤粉炉烟道气体中收集的粉末。粉煤灰按煤种和氧化钙含量分为F类和C类。
F类粉煤灰——由无烟煤或烟煤燃烧收集的粉煤灰。
C类粉煤灰——由褐煤或次烟煤燃烧收集的粉煤灰，其氧化钙含量一般大于10%。

（2）粒化高炉矿渣粉：从炼铁高炉中排出的，以硅酸盐和铝酸盐为主要成分的熔融物，经淬冷成粒后粉磨所得的粉体材料。

(3）硅灰：从冶炼铁合金或工业硅时通过烟道排出的粉尘，经收集得到以无定形二氧化硅为主要成分的粉体材料。

(4）石灰石粉：以一定纯度的石灰石为原料，经粉磨至规定细度的粉状材料。

(5）钢渣粉：从炼钢炉中排出的，以硅酸盐为主要成分的熔融物，经消解稳定化处理后粉磨所得的粉体材料。

(6）磷渣粉：用电炉法制黄磷时，所得到的以硅酸钙为主要成分的熔融物，经淬冷成粒后粉磨所得的粉体材料。

(7）沸石粉：将天然斜发沸石岩或丝光沸石岩磨细制成的粉体材料。

(8）复合矿物掺合料：将两种或两种以上矿物掺合料按一定比例复合后的粉体材料。

2. 技术指标

（1）粉煤灰技术指标：

拌制混凝土和砂浆用粉煤灰分为三个等级：Ⅰ级、Ⅱ级、Ⅲ级，主要技术要求如表4-139所示。

拌制砂浆和混凝土用粉煤灰主要性能要求　　　　表4-139

指标		粉煤灰级别		
		Ⅰ	Ⅱ	Ⅲ
细度（45μm方孔筛筛余）（%）	F类粉煤灰	≤12.0	≤30.0	≤45.0
	C类粉煤灰			
烧失量（%）	F类粉煤灰	≤5.0	≤8.0	≤10.0
	C类粉煤灰			
需水量比（%）	F类粉煤灰	≤95	≤105	≤115
	C类粉煤灰			
三氧化硫（SO_3）质量分数（%）	F类粉煤灰	≤3.0		
	C类粉煤灰			
含水量（%）	F类粉煤灰	≤1.0		
	C类粉煤灰			
游离氧化钙（%）	F类粉煤灰	≤1.0		
	C类粉煤灰	≤4.0		
安定性（雷氏法）（mm）	C类粉煤灰	≤5.0		
强度活性指数（%）	F类粉煤灰	≥70.0		
	C类粉煤灰			
放射性	F类粉煤灰	I_{Ra}≤1.0且I_r≤1.0		
	C类粉煤灰			

（2）粒化高炉矿渣粉技术指标：

粒化高炉矿渣粉技术要求如表4-140所示。

矿渣粉技术要求　　　　　　　　　　　　　　　　表4-140

项目		级别		
		S105	S95	S75
密度（g/cm³）		≥2.8		
比表面积（m²/kg）		≥500	≥400	≥300
活性指数（%）	7d	≥95	≥70	≥55
	28d	≥105	≥95	≥75
流动度比（%）		≥95		
含水量（质量分数）（%）		≤1.0		
三氧化硫（质量分数）（%）		≤4.0		
氯离子（质量分数）（%）		≤0.06		
烧失量（质量分数）（%）		≤1.0		
放射性		$I_{Ra} \leq 1.0$ 且 $I_r \leq 1.0$		

三、试验项目及组批原则

矿物掺合料应按批进行复验，复验项目及组批原则应满足表4-141要求。

矿物掺合料进场复验项目、组批原则　　　　　　　表4-141

序号	矿物掺合料名称	复验要求依据标准号	检验项目	组批原则
1	粉煤灰	GB/T 51003—2014	细度、需水量比、烧失量、安定性（C类粉煤灰）	同一厂家、相同级别、连续供应200t/批（不足200t，按一批计）
		GB/T 50146—2014	细度、含水量、烧失量、需要水量比、安定性 注：需要时应检验三氧化硫、游离氧化钙、碱含量、放射性	
		DB11/T 1029—2021	细度、需水量比、烧失量、安定性（C类粉煤灰）	同一厂家、相同级别、连续供应500t/批（不足500t，按一批计）
2	粒化高炉矿渣粉	GB/T 51003—2014	比表面积、流动度比、活性指数	同一厂家、相同级别、连续供应500t/批（不足500t，按一批计）
		DB11/T 1029—2021		
3	硅灰	GB/T 51003—2014	需水量比、烧失量	同一厂家连续供应30t/批（不足30t，按一批计）
		DB11/T 1029—2021		同一厂家 散装运输、连续供应100t/批（不足100t，按一批计） 袋装运输、连续供应30t/批（不足30t，按一批计）

续表

序号	矿物掺合料名称	复验要求依据标准号	检验项目	组批原则
4	钢铁渣粉	GB/T 51003—2014	比表面积、流动度比、安定性、活性指数	同一厂家、相同级别、连续供应200t/批（不足200t，按一批计）
		GB/T 50912—2013	比表面积、活性指数、沸煮安定性	由同一厂家、同一等级、同一出厂编号组成，散装不宜超过500t为一批，袋装不宜超过200t为一批
5	石灰石粉	GB/T 51003—2014	细度、流动度比、安定性、活性指数	同一厂家、相同级别、连续供应200t/批（不足200t，按一批计）
		DB11/T 1029—2021	细度、抗压强度比、流动度比、MB值	
6	白云石粉	DB11/T 1029—2021	细度、抗压强度比、需水量比、MB值	同一厂家，连续供应200t/批（不足200t，按一批计）
7	沸石粉	GB/T 51003—2014	吸铵值、细度、需水量比、活性指数	按同一厂家、相同级别、连续供应120t/批（不足120t，按一批计）
8	复合矿物掺合料	GB/T 51003—2014	细度（比表面积或筛余量）、流动度比、活性指数	同一厂家、相同级别、连续供应500t/批（不足500t，按一批计）

四、取样方法

（1）散装：应从同一批次任一罐体的三个不同部位各取等量试样一份，每份不少于5.0kg，混合搅拌均匀，用四分法缩取出比试验需要量约大一倍的试样量。

（2）袋装：应从每批中任抽10袋，从每袋中各取等量试样一份，每份不少于1.0kg，混合搅拌均匀，用四分法缩取出比试验量约大一倍的试验量。

五、粉煤灰试验方法与结果评定

1. 粉煤灰细度试验

1）主要仪器设备

（1）负压筛析仪：配45μm方孔筛。

（2）天平：最小分度值不大于0.01g。

2）细度试验步骤

（1）将测试用粉煤灰样品置于温度为(105～110)℃烘干箱内烘至恒重，取出放在干燥器中冷却至室温。

（2）称取试样约10g，准确至0.01g，倒入45μm方孔筛网上，将筛子置于筛座上，盖上筛盖。

（3）接通电源，将定时开关开到3min，开始筛分析。

（4）开始工作后，观察负压表，使负压稳定在(4000～6000)Pa。若负压小于4000Pa时，则应停机，清理吸尘器中的积灰后再进行筛析。

（5）在筛析过程中，可用轻质木棒或橡胶棒轻轻敲打筛盖，以防吸附。

（6）3min后筛析自动停止，停机后观察筛余物，如出现颗粒成球、粘筛或有细颗粒沉积在筛框边缘，用毛刷将细颗粒轻轻刷开，再筛析(1～3)min直至筛分彻底为止。将筛网内的筛余物收集并称量，准确至0.01g。

3）筛网的校正

筛网的校正采用粉煤灰细度标准样品或其他同等级标准样品，按上述 2）中试验步骤测定标准样品的细度。

4）试验结果计算

（1）45μm方孔筛筛余按下式计算，计算至0.1%：

$$F = (R_1/W) \times 100 \tag{4-177}$$

式中：F——45μm方孔筛筛余（%）；

R_1——筛余物的质量（g）；

W——称取试样的质量（g）。

（2）筛余结果的校正：

试验筛的筛网会在试验中磨损，因此筛析结果应进行校正。校正的方法是将（1）中的结果乘以该试验筛的校正系数，即为最终结果。

筛网的校正系数按下式计算，计算至0.01：

$$C = F_s/F_t \tag{4-178}$$

式中：C——筛网校正系数；

F_s——标准样品筛余标准值（%）；

F_t——标准样品筛余实测值（%）。

应注意：

①试验筛的标定结果以两个样品结果的算术平均值为最终值，但当两个样品筛余结果相差大于0.3%时应称第三个样品进行试验，将接近的两个结果进行平均作为最终结果。

②筛网的校正系数在0.80～1.20范围内时，试验筛可继续使用。当校正系统超出0.80～1.20范围时，试验筛应予淘汰。

③筛析100个样品后应进行筛网的校正。

（3）合格评定时，每个样品应称取两个试样分别筛析，取两个结果的平均值为筛析结果。若两次筛余结果绝对值大于0.5%时（筛余值大于5.0%时可放至1.0%）应再做一次试验，取两次相近结果的算术平均值，作为最终结果。

2. 粉煤灰烧失量试验

1）主要仪器设备

（1）高温炉：温度控制范围为(950±25)℃。

（2）精密天平。

2）试验步骤

称取约 1g 试样，精确至 0.0001g，放入已灼烧恒量的瓷坩埚中，将盖斜置于坩埚上，放在高温炉内从低温开始逐渐升高温度，在(950±25)℃下灼烧(15～20)min，取出坩埚，置于干燥器中冷却至室温，称量。反复灼烧，直至恒量。或者在(950±25)℃下灼烧 1h（有争议时，以反复灼烧直到恒量的结果为准）。

3）试验结果计算

烧失量试验结果按下式计算：

$$w_{\mathrm{LOI}} = \frac{m_0 - m_1}{m_0} \times 100 \tag{4-179}$$

式中：w_{LOI}——烧失量（%）；

m_0——试样的质量（g）；

m_1——灼烧后试样的质量（g）。

烧失量以两次试验结果的平均值表示。若两次结果的绝对差值大于 0.15%，应在短时间内进行第三次测定，测定结果与前两次或任一次分析结果之差值不超过 0.15%时，则取其平均值，否则，应查找原因，重新按上述规定进行分析。

3. 粉煤灰需水量比试验

1）主要仪器设备

（1）天平：量程不小于 1000g，最小分度值不大于 1g。

（2）水泥胶砂搅拌机：符合《水泥胶砂强度检验方法（ISO 法）》GB/T 17671—2021 规定的行星式水泥胶砂搅拌机。

（3）流动度：符合《水泥胶砂流动度测定方法》GB/T 2419—2005 规定。

2）试验步骤

（1）胶砂配比按表 4-142 确定。

胶砂配比　　　　　表 4-142

胶砂种类	对比水泥（g）	试验样品		标准砂（g）
		对比水泥（g）	粉煤灰（g）	
对比胶砂	250	—	—	750
试验胶砂	—	175	75	750

注：1. 水泥为符合《通用硅酸盐水泥》GB 175—2023 规定的强度等级 42.5 的硅酸盐水泥或普通硅酸盐水泥且按表 4-142 配制的对比胶砂流动度（L_0）在(145～155)mm 内；

2. 标准砂为符合《水泥胶砂强度检验方法（ISO 法）》GB/T 17671—2021 规定的(0.5～1.0)mm 的中级砂。

（2）试验步骤：

试验胶砂按《水泥胶砂强度检验方法（ISO 法）》GB/T 17671—2021 规定进行搅拌。搅拌后的对比胶砂和试验胶砂按《水泥胶砂流动度测定方法》GB/T 2419—2005 测定流动度。当试验胶砂流动度达到对比胶砂流动度（L_0）的±2mm时，记录此时的加水量（m）；当试验胶砂流动度超出对比胶砂流动度（L_0）的±2mm时，重新调整加水量，直至试验胶砂流动度达到对比胶砂流动度（L_0）的±2mm为止。

3) 试验结果计算

需水量比按下式计算，结果保留至1%：

$$X = (m/125) \times 100 \tag{4-180}$$

式中：X——需水量比（%）；

m——试验胶砂流动度达到对比胶砂流动度（L_0）的±2mm时的加水量（g）；

125——对比胶砂的加水量（g）。

4. 粉煤灰试验结果评定

拌制混凝土和砂浆用粉煤灰，试验结果符合表4-139性能要求时为相应等级合格品。若其中任何一项不符合要求，允许在同一编号中重新加倍取样进行全部项目的复检，以复检结果判定。

六、粒化高炉矿渣粉试验方法与结果评定

1. 矿渣粉比表面积试验

1) 主要仪器设备

（1）勃氏比表面积透气仪。

（2）天平：密度试验时为量程不小于100g、分度值不大于0.01g；比表面积试验时分度值为0.001g。

（3）李氏瓶：瓶颈刻度由(0～1)mL和(18～24)mL两段刻度组成，且(0～1)mL和(18～24)mL以0.1mL为分度值。

（4）烘箱：控制温度灵敏度±1℃。

（5）恒温水槽：水温可以稳定控制在(20±1)℃。

2) 试验步骤

（1）测定密度：按《水泥密度测定方法》GB/T 208—2014测定密度。

（2）漏气检查：将透气圆筒上口用橡皮塞塞紧，接到压力计上。用抽气装置从压力计一臂中抽出部分气体，然后关闭阀门，观察是否漏气。如发现漏气，可用活塞油脂加以密封。

（3）空隙率（ε）的确定：空隙率选用0.530±0.005。当按上述空隙率不能将试样压至标准规定的位置时，则允许改变空隙率。

空隙率的调整以2000g（5等砝码）将试样压实至标准规定的位置为准。

（4）确定试样量：试样量按下式计算：

$$m = \rho V (1 - \varepsilon) \tag{4-181}$$

式中：m——需要的试样量（g）；

ρ——试样密度（g/cm³）；

V——试料层体积（cm³）；

ε——试料层空隙率。

（5）试料层制备：将穿孔板放入透气圆筒的突缘上，用捣棒把一片滤纸放到穿孔板上，边缘放平并压紧。称取按（4）确定的试样量，精确到 0.001g，倒入圆筒。轻敲圆筒的边，使水泥层表面平坦。再放入一片滤纸，用捣器均匀捣实试料直至捣器的支持环与圆筒顶边接触，并旋转(1～2)圈，慢慢取出捣器。

穿孔板上的滤纸为ϕ12.7mm 边缘光滑的圆形滤纸片。每次测定需用新的滤纸片。

（6）透气试验：把装有试料层的透气圆筒下锥面涂一薄层活塞油脂，然后把它插入压力计顶端锥型磨口处，旋转(1～2)圈。要保证紧密连接不致漏气，并不振动所制备的试料层。

打开微型电磁泵慢慢从压力计一臂中抽出空气，直到压力计内液面上升到扩大部下端时关闭阀门。当压力计内液体的凹月面下降到第一条刻度线时开始计时。当液体的凹月面下降到第二条刻线时停止计时，记录液面从第一条刻度线到第二条刻度线所需的时间。以秒记录，并记录下试验时的温度（℃）。每次透气试验，应重新制备试料层。

3）试验结果处理

比表面积应由两次透气试验结果的平均值确定。如两次试验结果相差 2%以上时，应重新试验。计算结果保留至 10cm²/g。

当同一粉料用手动勃氏透气仪测定的结果与自动勃氏透气仪测定的结果有争议时，以手动勃氏透气仪测定结果为准。

2. 矿渣粉流动度比试验

1）试验步骤

（1）水泥胶砂配比：对比胶砂和试验胶砂配比见表4-143。

胶砂配比 表 4-143

水泥胶砂种类	水泥（g）	矿渣粉（g）	中国 ISO 标准砂（g）	水（mL）
对比胶砂	450	—	1350	225
试验胶砂	225	225	1350	225

注：水泥应采用符合《通用硅酸盐水泥》GB 175—2023 规定的强度等级为 42.5 的硅酸盐水泥或普通硅酸盐水泥，且 3d 抗压强度(25～35)MPa，7d 抗压强度(35～45)MPa，28d 抗压强度(50～60)MPa，比表面积(350～400)m²/kg，SO_3 含量（质量分数）2.3%～2.8%，碱含量（$Na_2O + 0.658K_2O$）（质量分数）0.5%～0.9%。

（2）胶砂搅拌和流动度测定：按《水泥胶砂流动度测定方法》GB/T 2419—2005 进行试验，分别测定对比胶砂和试验胶砂的流动度。

2）结果计算

矿渣粉的流动度比按下式计算，计算结果保留至整数：

$$F = \frac{L \times 100}{L_m} \tag{4-182}$$

式中：F——矿渣粉流动度比（%）；

L_m——对比样品胶砂流动度（mm）；

L——试验样品胶砂流动度（mm）。

3. 矿渣粉活性指数试验

1）试验步骤

（1）砂浆配比：对比胶砂和试验胶砂配比如表4-143所示。

（2）砂浆搅拌：按《水泥胶砂强度检验方法（ISO法）》GB/T 17671—2021进行。

（3）强度测定：分别测定对比胶砂和试验胶砂的7d、28d抗压强度。

2）结果计算

矿渣粉7d活性指数按下式计算，计算结果保留至整数：

$$A_7 = \frac{R_7 \times 100}{R_{07}} \tag{4-183}$$

式中：A_7——矿渣粉7d活性指数（%）；

R_{07}——对比胶砂7d抗压强度（MPa）；

R_7——试验胶砂7d抗压强度（MPa）。

矿渣粉28d活性指数按下式计算，计算结果保留至整数：

$$A_{28} = \frac{R_{28} \times 100}{R_{028}} \tag{4-184}$$

式中：A_{28}——矿渣粉28d活性指数（%）；

R_{028}——对比胶砂28d抗压强度（MPa）；

R_{28}——试验胶砂28d抗压强度（MPa）。

4. 矿渣粉氯离子含量试验

矿渣粉氯离子含量试验方法同水泥氯离子含量试验方法，见本章第一节中相关内容。

5. 矿渣粉试验结果评定

矿渣粉检验结果符合表4-140技术要求的为合格品。检验结果不符合表4-140技术要求的为不合格品。

第八节　砂浆

一、相关标准

（1）《砌体结构工程施工质量验收规范》GB 50203—2011。

（2）《建筑砂浆基本性能试验方法标准》JGJ/T 70—2009。

（3）《砌筑砂浆配合比设计规程》JGJ/T 98—2010。

(4)《抹灰砂浆技术规程》JGJ/T 220—2010。
(5)《预拌砂浆》GB/T 25181—2019。
(6)《预拌砂浆应用技术规程》DB11/T 696—2023。

二、定义

1. 砌筑砂浆

将砖、石、砌块等块材经砌筑成为砌体，起粘结、衬垫和传力作用的砂浆。

2. 抹灰砂浆

涂抹于建筑物（墙、柱、顶棚）表面的砂浆。

3. 地面砂浆

用于建筑地面及屋面找平层的砂浆。

4. 防水砂浆

用于有抗渗要求部位的砂浆。

三、分类

1. 按配置地点分

（1）现场配制砂浆：

由水泥、细骨料和水，以及根据需要加入的石灰、活性掺合料或外加剂在现场配制成的砂浆，分为水泥砂浆和水泥混合砂浆。

（2）预拌砂浆：

专业生产厂生产的砂浆。

2. 按配制方式分

（1）湿拌砂浆：

由专业工厂生产，采用经分级处理的细集料、胶凝材料、填料、外加剂和水，按照预先确定的比例和加工工艺经计量、拌制后，用搅拌运输车送至使用地点，并在规定时间内直接使用的拌合物。

（2）干混砂浆：

由专业工厂生产，采用经分级处理的细集料、胶凝材料、填料、外加剂等，按照规定配比加工制成的一种干态混合物，在使用地点按规定比例加水或配套组分拌合使用。

四、现场配制砂浆的技术要求

1. 砌筑砂浆

（1）配制砌筑砂浆，水泥宜采用通用硅酸盐水泥或砌筑水泥，《通用硅酸盐水泥》GB 175—2023 和《砌筑水泥》GB/T 3183—2017 的规定。水泥强度等级应根据砂浆品种及强度等级的要求进行选择。M15 及以下强度等级的砌筑砂浆宜选用 32.5 级的通用硅酸盐水泥或砌筑水泥；M15 以上强度等级的砌筑砂浆宜选用 42.5 级的通用硅酸盐水泥。

（2）砂宜选用中砂，并应符合现行行业标准《普通混凝土用砂、石质量及检验方法标准》JGJ 52—2006 的规定，且应全部通过 4.75mm 的筛孔。

（3）砂浆用砂不得含有有害物质。砂浆用砂的含泥量应满足下列要求：

①对水泥砂浆和强度等级不小于 M5 的水泥混合砂浆，不应超过 5%；

②对强度等级小于 M5 的水泥混合砂浆，不应超过 10%；

③人工砂、山砂及特细砂应经试配能满足砌筑砂浆技术条件要求。

（4）砌筑砂浆用石灰膏、电石膏应符合下列规定：

①生石灰熟化成石灰膏时，应用孔径不大于 3mm×3mm 的网过筛，熟化时间不得少于 7d，磨细生石灰粉的熟化时间不得少于 2d；严禁使用脱水硬化的石灰膏。

②制作电石膏的电石渣应用孔径不大于 3mm×3mm 的网过筛。

③消石灰粉不得直接用于砌筑砂浆中。

消石灰粉本身，只是在生石灰磨细过程中浇淋了一定量的水，不足以使生石灰完全熟化，所以不能直接使用。

生石灰中常含有欠火石灰和过火石灰。欠火石灰降低石灰的利用率；过火石灰颜色较深，密度较大，表面常被黏土杂质融化形成的玻璃釉状物包覆，熟化很慢。当石灰已经硬化后，其中过火颗粒才开始熟化，体积膨胀，引起隆起和开裂。为了消除过火石灰的危害，所以石灰浆应在储灰池（或其他容器）中熟化 7d 以上时间。

2. 抹灰砂浆

（1）配制强度等级不大于 M20 的抹灰砂浆，宜用 32.5 级的通用硅酸盐水泥或砌筑水泥；配制强度等级大于 M20 的抹灰砂浆，宜用强度等级不低于 42.5 级的通用硅酸盐水泥。通用硅酸盐水泥宜采用散装的。

（2）不同品种、不同等级、不同厂家的水泥，不得混合使用。

（3）用通用硅酸盐水泥拌制抹灰砂浆时，可掺入适量的石灰膏、粉煤灰、粒化高炉矿渣粉、沸石粉等，不应掺入消石灰粉。用砌筑水泥拌制抹灰砂浆时，不得再掺加粉煤灰等矿物掺合料。

（4）抹灰砂浆宜用中砂，不得含有有害杂质，砂的含泥量不应超过 5%，且不应用 4.75mm 以上粒径的颗粒。

（5）石灰膏应在储灰池中熟化，熟化时间不应少于 15d；磨细生石灰粉熟化时间不应少于 3d。

五、预拌砂浆的技术要求

1. 湿拌砂浆

（1）湿拌砂浆按强度等级、抗渗等级、稠度和凝结时间的分类与代号如表 4-144 所示。

湿拌砂浆分类与代号 表4-144

项目	湿拌砌筑砂浆 WM	湿拌抹灰砂浆 WP	湿拌地面砂浆 WS	湿拌防水砂浆 WW
强度等级	M5、M7.5、M10、M15、M20、M25、M30	M5、M10、M15、M20	M15、M20、M25	M10、M15、M20
抗渗等级	—	—	—	P6、P8、P10
稠度（mm）	50、70、90	70、90、110	50	50、70、90
凝结时间（h）	≥8、≥12、≥24	≥8、≥12、≥24	≥4、≥8	≥8、≥12、≥24

（2）湿拌砌筑砂浆的表观密度不应小于1800kg/m³。

（3）湿拌砂浆性能应符合表4-145的规定。

湿拌砂浆性能指标表 表4-145

项目		砌筑砂浆	抹灰砂浆	地面砂浆	防水砂浆
保水率（%）		≥88	≥88	≥88	≥88
14d拉伸粘结强度（MPa）		—	M5：≥0.15 ＞M5：≥0.20	—	≥0.20
28d收缩率（%）		—	≤0.20	—	≤0.15
抗冻性	强度损失率（%）	≤25			
	质量损失率（%）	≤5			

注：有抗冻性要求时，应进行抗冻性试验。

砂浆的保水率指标，是测试砂浆的保水性能。砂浆的保水性是指砂浆保全水分的能力，即保持水分不易析出的能力。保水性不好的砂浆，在运输和存放过程中容易泌水离析，即水分浮在上面，砂和水泥沉在下面，使用前必须重新搅拌。

（4）湿拌砂浆的标记：

示例：WM M10-70-12-GB/T 25181—2019。

此标记，即表示湿拌砌筑砂浆，强度等级为M10，稠度为70mm，凝结时间为12h，执行标准为《预拌砂浆》GB/T 25181—2019。

2. 干混砂浆

（1）干混砂浆按强度等级、抗渗等级的分类与代号如表4-146所示。

干混砂浆分类与代号 表4-146

项目	干混砌筑砂浆 DM		干混抹灰砂浆 DP		干混地面砂浆 DS	干混普通防水砂浆 DW
	普通砌筑砂浆	薄层砌筑砂浆	普通抹灰砂浆	薄层抹灰砂浆		
强度等级	M5、M7.5、M10、M15、M20、M25、M30	M5、M7.5、M10	M5、M10、M15、M20	M5、M7.5、M10	M15、M20、M25	M10、M15、M20
抗渗等级	—		—		—	P6、P8、P10

（2）干混普通砌筑砂浆拌合物的表观密度不应小于1800kg/m³。

（3）干混砌筑砂浆、干混抹灰砂浆、干混地面砂浆、干混普通防水砂浆的性能应符合表4-147的规定。

干混砂浆性能指标表　　　　表 4-147

项目		砌筑砂浆 DM		抹灰砂浆 DP		地面砂浆 DS	普通防水砂浆 DW
		普通砌筑	薄层砌筑	普通抹灰	薄层抹灰		
保水率（%）		≥88	≥99	≥88	≥99	≥88	≥88
凝结时间（h）		3~9	—	3~9	—	3~9	3~9
2h 稠度损失率（%）		≤30	—	≤30	—	≤30	≤30
14d 拉伸粘结强度（MPa）		—	—	M5：≥0.15 ＞M5：≥0.20	≥0.30	—	≥0.20
28d 收缩率（%）		—	—	≤0.20	≤0.20	—	≤0.15
抗冻性	强度损失率（%）	≤25					
	质量损失率（%）	≤5					

注：1. 干混薄层砌筑砂浆宜用于灰缝厚度不大于5mm的砌筑；干混薄层抹灰砂浆宜用于砂浆层厚度不大于5mm的抹灰。
　　2. 有抗冻性要求时，应进行抗冻性试验。

（4）干混砂浆的标记：

示例：DM M10-GB/T 25181—2019。

此标记，即表示干混砌筑砂浆，强度等级为 M10，执行标准为《预拌砂浆》GB/T 25181—2019。

六、预拌（干混）砂浆进场材料复验项目

委托检测单位进行的试验项目有：

（1）普通砌筑砂浆：抗压强度、保水率。
（2）普通抹灰砂浆：抗压强度、保水率、拉伸粘结强度。
（3）普通地面砂浆：抗压强度。
（4）聚合物防水砂浆：凝结时间、7d 抗渗压力、7d 粘结强度。

七、预拌（干混）砂浆材料组批原则、取样方法和数量

（1）普通砌筑砂浆、普通抹灰砂浆、普通地面砂浆和普通地面砂浆按每 100t 为一批，不足 100t 亦为一批。

（2）聚合物防水砂浆每 10t 为一批，不足 10t 亦为一批。

（3）取样方法和数量：从 20 袋（散装时，从 20 个以上不同部位）中匀量取出，拌合均匀后总量为(20~25)kg。

八、预拌（干混）砂浆材料取样标识

按标准取得试样后，应及时对试样做出唯一性标识，标识应包括：工程编号、试样编号、品种、代号、强度等级和取样日期，参考样式如图 4-57 所示。

工程编号	××××××	试样编号	
品种、代号	普通砌筑砂浆（DM）		
强度等级	M10		
取样日期	年　月　日		

图 4-57　参考样式

九、施工过程中砂浆试验项目取样规定及方法

（1）每一检验批且不超过 250m³ 砌体的各种类型及强度等级的砌筑砂浆，每台搅拌机应至少抽检一次。每次至少应制作一组试块。如砂浆等级或配合比变更时，还应制作试块。

（2）冬期施工砂浆试块的留置，除应按常温规定要求外，尚应增留不少于 1 组与砌体同条件养护的试块，测试检验 28d 强度。

（3）建筑砂浆试验用料应从同一盘砂浆或同一车砂浆中取出。试样量不应少于试验所需用量的 4 倍。

（4）当施工过程中进行砂浆试验时，其取样方法应按相应的施工验收规范执行；并宜在现场搅拌点或预拌砂浆卸料点的至少 3 个不同部位及时取样；对于现场取得的试样，试验前应人工搅拌均匀。

从取样完毕到开始进行各项性能试验，不宜超过 15min。

十、砂浆检测参数

砂浆检测参数有：抗压强度、稠度、保水率、拉伸粘结强度、分层度、凝结时间和抗渗性能。

1. 抗压强度

1）砂浆试模、捣棒和振动台

（1）试模应为 70.7mm×70.7mm×70.7mm 的带底试模，应符合现行行业标准《混凝土试模》JG/T 237—2008 的规定选择，应具有足够的刚度并拆装方便。试模内表面应机械加工，其不平度应为每 100mm 不超过 0.05mm，组装后各相邻面的不垂直度不应超过±0.5°。

（2）钢制捣棒：直径为 10mm，长度为 350mm 的钢棒，端部应磨圆。

（3）振动台：空载中台面的垂直振幅应为(0.5±0.05)mm，空载频率应为(50±3)Hz，空载台面振幅均匀度不应大于 10%，一次试验应至少能固定 3 个试模。

2）试件的制作

（1）应采用立方体试件，每组试件应为 3 个。

（2）应采用黄油等密封材料涂抹试模的外接缝，试模内应涂刷薄层机油或隔离剂。应将拌制好的砂浆一次性装满砂浆试模，成型方法应根据稠度而确定。当稠度大于50mm时，宜采用人工插捣成型，当稠度不大于50mm时，宜采用振动台振实成型。

①人工插捣：应采用捣棒均匀地由边缘向中心按螺旋方向插捣25次，插捣过程中当砂浆沉落低于试模口时，应随时添加砂浆，可用油灰刀插捣数次，并用手将试模一边抬高(5~10)mm各振动5次，砂浆应高出试模顶面(6~8)mm；

②机械振动：将砂浆一次装满试模，放置到振动台上，振动时试模不得跳动，振动(5~10)s或持续到表面泛浆为止，不得过振；

（3）应待表面水分稍干后，再将高出试模部分的砂浆沿试模顶面刮去并抹平。

（4）试件制作后应在温度为(20±5)℃的环境下静置(24±2)h，当气温较低时，或者凝结时间大于24h的砂浆，可适当延长时间，但不应超过2d。对试件进行编号并拆模。

3）试件的养护

（1）试件拆模后应立即放入温度为(20±2)℃，相对湿度为90%以上的标准养护室中养护。养护期间，试件彼此间隔不得小于10mm。

（2）混合砂浆、湿拌砂浆试件上面应覆盖，防止有水滴在试件上。

（3）从搅拌加水开始计时，标准养护龄期应为28d，也可根据相关标准要求增加7d或14d。

4）试件的标识

按标准取得试样并制作试件后，应及时对试件作出唯一性标识，标识应包括工程编号、试样编号、强度等级、养护条件和取样日期，参考样式如图4-58所示。

图4-58 参考样式

5）立方体试件抗压强度试验步骤

（1）试件从养护地点取出后应及时进行试验。试验前应将试件表面擦拭干净，测量尺寸，并检查其外观，并应计算试件的承压面积。当实测尺寸与公称尺寸之差不超过1mm时，可按照公称尺寸进行计算。

（2）将试件安放在试验机的下压板或下垫板上，试件的承压面应与成型时的顶面垂直，试件中心应与试验机下压板或下垫板中心对准。开动试验机，当上压板与试件或上垫板接近时，调整球座，使接触面均衡受压。承压试验应连续而均匀地加荷，加荷速度应为(0.25~1.5)kN/s；砂浆强度不大于2.5MPa时，宜取下限。当试件接近破坏而开始迅速变形时，停止调整试验机油门，直至试件破坏，然后记录破坏荷载。

6）抗压强度计算

砂浆立方体试件抗压强度应按下式计算：

$$f_{m,cu} = K \cdot N_u/A \tag{4-185}$$

式中：$f_{m,cu}$——砂浆立方体试件抗压强度（MPa），应精确至0.1MPa；

N_u——试件破坏荷载（N）；

A——试件承压面积（mm^2）；

K——换算系数，取1.35。

7）砂浆立方体抗压强度试验的结果应按下列要求确定

（1）应以3个试件测值的算术平均值作为该组试件的砂浆立方体抗压强度平均值（f_2），精确至0.1MPa。

（2）当3个测值的最大值或最小值中有一个与中间值的差值超过中间值的15%时，应把最大值及最小值一并舍去，取中间值作为该组试件的抗压强度值。

（3）当两个测值与中间值的差值均超过中间值的15%时，该组试验结果无效。

8）砂浆试件抗压强度试验结果判定

建筑砂浆试件抗压强度验收时其强度合格标准必须符合以下规定：

同一验收批砂浆试块抗压强度平均值必须大于或等于设计强度等级所对应的立方体抗压强度；同一验收批砂浆试块抗压强度的最小一组平均值必须大于或等于设计强度等级所对应的立方体抗压强度的0.75倍。

注：①砌筑砂浆的验收批，同一类型、强度等级的砂浆试块应不少于3组。当同一验收批只有1组（含两组）试块时，该组试块抗压强度的平均值必须大于或等于设计强度等级所对应的立方体抗压强度。

②砂浆强度应以标准养护，龄期为28d的试块抗压试验结果为准。

9）取样注意事项

（1）现场配制建筑砂浆（包括砌筑、抹灰和地面砂浆）时，水泥、砂、掺合料等材料的取样一定要按照标准取样方法，具有代表性；否则检测单位出具的建筑砂浆配合比就不能正确地应用于施工。

（2）现场配制建筑砂浆抗压强度试件的取样应真实，具有代表性，应在使用地点的砂浆槽、砂浆运送车或搅拌机出料口抽取，具体操作时至少从三个不同部位集取。

（3）由于砂浆的收缩量较大，建筑砂浆抗压强度试件成型时，插捣或振实完成后，不要立即抹平，砂浆应高出试模(6~8)mm，等待砂浆表面出现麻斑状态［一般在(20~30)min内］时，再抹平；否则试件表面有可能形成凹形，使试件形状不规则，影响强度。

（4）水泥砂浆抗压强度试件的养护，同混凝土。水泥混合砂浆试件在标准养护室养护时，一定注意不要在试件上淋水；否则未熟化的石灰颗粒遇水发生膨胀反应，破坏试件的内部结构，严重影响试件强度。

（5）在预拌（干混）砂浆材料取样前，应首先核验生产厂家出具的出场检验报告及生产日期证明材料。由于干混砂浆种类很多，所以首先要确认标记，是否为要选用的砂浆种类；其次仔细阅读使用说明书，明确砂浆特点、性能指标、适用范围、加水量及使用方法；取样时要按照标准方法，试样应具有代表性。

2. 稠度

本方法适用于确定砂浆的配合比或施工过程中控制砂浆的稠度。

1）稠度试验应使用下列仪器

（1）浆稠度仪：应由试锥、容器和支座三部分组成。试锥应由钢材或铜材制成，试锥高度应为145mm，锥底直径应为75mm，试锥连同滑杆的质量应为(300±2)g；盛浆容器应由钢板制成，筒高应为180mm，锥底内径应为150mm；支座应包括底座、支架及刻度显示三个部分，应由铸铁、钢或其他金属制成（图4-59）。

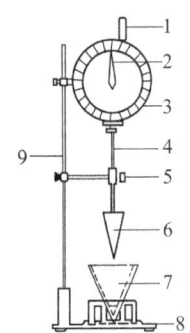

1—齿条测杆；2—指针；3—刻度盘；4—滑杆；5—制动螺栓；
6—试锥；7—盛浆容器；8—底座；9—支架

图4-59 砂浆稠度测定仪

（2）钢制捣棒：直径为10mm，长度为350mm，端部磨圆。

（3）秒表。

2）稠度试验步骤

（1）应先采用少量润滑油轻擦滑杆，再将滑杆上多余的油用吸油纸擦净，使滑杆能自由滑动。

（2）应先采用湿布擦净盛浆容器和试锥表面，再将砂浆拌合物一次装入容器；砂浆表面宜低于容器口10mm，用捣棒自容器中心向边缘均匀地插捣25次，然后轻轻地将容器摇动或敲击(5~6)下，使砂浆表面平整，随后将容器置于稠度测定仪的底座上。

（3）拧开制动螺栓，向下移动滑杆，当试锥尖端与砂浆表面刚接触时，应拧紧制动螺栓，使齿条测杆下端刚接触滑杆上端，并将指针对准零点上。

（4）拧开制动螺栓，同时计时间，10s时立即拧紧螺栓，将齿条测杆下端接触滑杆上端，从刻度盘上读出下沉深度（精确至1mm），即为砂浆的稠度值。

（5）盛浆容器内的砂浆，只允许测定一次稠度，重复测定时，应重新取样测定。

3）稠度试验结果应按下列要求确定

（1）同盘砂浆应取两次试验结果的算术平均值作为测定值，并应精确至1mm。

（2）当两次试验值之差大于10mm时，应重新取样测定。

3. 保水率

1）保水性试验应使用下列仪器和材料

（1）金属或硬塑料圆环试模：内径应为100mm，内部高度应为25mm。

（2）可密封的取样容器：应清洁、干燥。

（3）2kg的重物。

（4）金属滤网：网格尺寸45μm，圆形，直径为(110±1)mm。

（5）超白滤纸：应采用现行国家标准《化学分析滤纸》GB/T 1914—2017规定的中速定性滤纸，直径应为110mm，单位面积质量应为200g/m²。

（6）两片金属或玻璃的方形或圆形不透水片，边长或直径应大于110mm。

（7）天平：量程为200g，感量应为0.1g；量程为2000g，感量应为1g。

（8）烘箱。

2）保水性试验步骤

（1）称量底部不透水片与干燥试模质量m_1和15片中速定性滤纸质量m_2。

（2）将砂浆拌合物一次性装入试模，并用抹刀插捣数次，当装入的砂浆略高于试模边缘时，用抹刀以45°角一次性将试模表面多余的砂浆刮去，然后再用抹刀以较平的角度在试模表面反方向将砂浆刮平。

（3）抹掉试模边的砂浆，称量试模、底部不透水片与砂浆总质量m_3。

（4）用金属滤网覆盖在砂浆表面，再在滤网表面放上15片滤纸，用上部不透水片盖在滤纸表面，以2kg的重物把上部不透水片压住。

（5）静置2min后移走重物及上部不透水片，取出滤纸（不包括滤网），迅速称量滤纸质量m_4。

（6）按照砂浆的配比及加水量计算砂浆的含水率。当无法计算时，可按照《建筑砂浆基本性能试验方法标准》JGJ/T 70—2009第7.0.4条的规定测定砂浆含水率。

3）砂浆保水率应按下式计算

$$W = \left[1 - \frac{m_4 - m_2}{\alpha \times (m_3 - m_1)}\right] \times 100 \tag{4-186}$$

式中：W——砂浆保水率（%）；

m_1——底部不透水片与干燥试模质量（g），精确至1g；

m_2——15片滤纸吸水前的质量（g），精确至0.1g；

m_3——试模、底部不透水片与砂浆总质量（g），精确至1g；

m_4——15片滤纸吸水后的质量（g），精确至0.1g；

α——砂浆含水率（%）。

取两次试验结果的算术平均值作为砂浆的保水率，精确至0.1%，且第二次试验应重新取样测定。当两个测定值之差超过2%时，此组试验结果应为无效。

4) 测定砂浆含水率时，应称取$(100±10)$g砂浆拌合物试样，置于一干燥并已称重的盘中，在$(105±5)$℃的烘箱中烘干至恒重。砂浆含水率应按下式计算

$$\alpha = \frac{m_6 - m_5}{m_6} \times 100 \tag{4-187}$$

式中：α——砂浆含水率（%）；

m_5——烘干后砂浆样本的质量（g），精确至1g；

m_6——砂浆样本的总质量（g），精确至1g。

取两次试验结果的算术平均值作为砂浆的含水率，精确至0.1%。当两个测定值之差超过2%时，此组试验结果应为无效。

4. 拉伸粘结强度

1) 砂浆拉伸粘结强度试验条件应符合下列规定

（1）温度应为$(20±5)$℃。

（2）相对湿度应为45%～75%。

2) 拉伸粘结强度试验应使用下列仪器设备

（1）拉力试验机：破坏荷载应在其量程的20%～80%范围内，精度应为1%，最小示值应为1N。

（2）拉伸专用夹具（图4-60、图4-61）：应符合现行行业标准《建筑室内用腻子》JG/T 298—2010的规定。

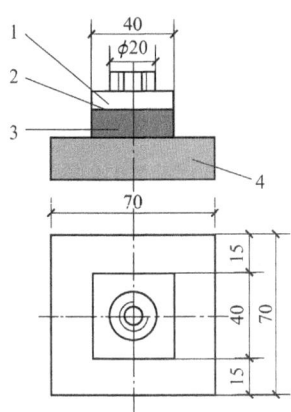

1—拉伸用钢制上夹具；2—胶粘剂；3—检验砂浆；4—水泥砂浆块

图4-60 拉伸粘结强度用钢制上夹具

第四章 建筑材料及构配件

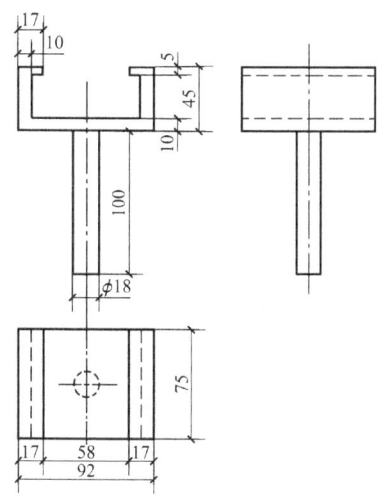

图 4-61 拉伸粘结强度用钢制下夹具（单位：mm）

（3）成型框：外框尺寸应为 70mm×70mm，内框尺寸应为 40mm×40mm，厚度应为 6mm，材料应为硬聚氯乙烯或金属。

（4）钢制垫板：外框尺寸应为 70mm×70mm，内框尺寸应为 43mm×43mm，厚度应为 3mm。

3）基底水泥砂浆块的制备应符合下列规定

（1）原材料：水泥应采用符合现行国家标准《通用硅酸盐水泥》GB 175—2023 规定的 42.5 级水泥；砂应采用符合现行行业标准《普通混凝土用砂、石质量及检验方法标准》JGJ 52—2006 规定的中砂；水应采用符合现行行业标准《混凝土用水标准》JGJ 63—2006 规定的用水。

（2）配合比：水泥：砂：水＝1:3:0.5（质量比）。

（3）成型：将制成的水泥砂浆倒入 70mm×70mm×20mm 的硬聚氯乙烯或金属模具中，振动成型或用抹灰刀均匀插捣 15 次，人工颠实 5 次，转 90°，再颠实 5 次，然后用刮刀以 45°方向抹平砂浆表面；试模内壁事先宜涂刷水性隔离剂，待干、备用。

（4）应在成型 24h 后脱模，并放入(20±2)℃水中养护 6d，再在试验条件下放置 21d 以上。试验前，应用 200 号砂纸或磨石将水泥砂浆试件的成型面磨平，备用。

4）砂浆料浆的制备应符合下列规定

（1）干混砂浆料浆的制备：

①待检样品应在试验条件下放置 24h 以上；

②应称取不少于 10kg 的待检样品，并按产品制造商提供比例进行水的称量；当产品制造商提供比例是一个值域范围时，应采用平均值；

③应先将待检样品放入砂浆搅拌机中，再启动机器，然后徐徐加入规定量的水，搅拌(3～5)min。搅拌好的料应在 2h 内用完。

（2）现拌砂浆料浆的制备：

①待检样品应在试验条件下放置 24h 以上；

②应按设计要求的配合比进行物料的称量,且干物料总量不得少于 10kg;

③应先将称好的物料放入砂浆搅拌机中,再启动机器,然后徐徐加入规定量的水,搅拌(3~5)min。搅拌好的料应在 2h 内用完。

5)拉伸粘结强度试件的制备应符合下列规定

(1)将制备好的基底水泥砂浆块在水中浸泡 24h,并提前(5~10)min 取出,用湿布擦拭其表面。

(2)将成型框放在基底水泥砂浆块的成型面上,再将按照相关规定制备好的砂浆料浆或直接从现场取来的砂浆试样倒入成型框中,用抹灰刀均匀插捣 15 次,人工颠实 5 次,转 90°,再颠实 5 次,然后用刮刀以 45°方向抹平砂浆表面,24h 内脱模,在温度(20±2)℃、相对湿度 60%~80%的环境中养护至规定龄期。

(3)每组砂浆试样应制备 10 个试件。

6)拉伸粘结强度试验应符合下列规定

(1)应先将试件在标准试验条件下养护 13d,再在试件表面以及上夹具表面涂上环氧树脂等高强度胶粘剂,然后将上夹具对正位置放在胶粘剂上,并确保上夹具不歪斜,除去周围溢出的胶粘剂,继续养护 24h。

(2)测定拉伸粘结强度时,应先将钢制垫板套入基底砂浆块上,再将拉伸粘结强度夹具安装到试验机上,然后将试件置于拉伸夹具中,夹具与试验机的连接宜采用球铰活动连接,以(5±1)mm/min 速度加荷至试件破坏。

(3)当破坏形式为拉伸夹具与胶粘剂破坏时,试验结果应无效。

7)拉伸粘结强度应按下式计算

$$f_{at} = \frac{F}{A_z} \tag{4-188}$$

式中:f_{at}——砂浆拉伸粘结强度(MPa);

F——试件破坏时的荷载(N);

A_z——粘结面积(mm²)。

8)拉伸粘结强度试验结果应按下列要求确定

(1)应以 10 个试件测值的算术平均值作为拉伸粘结强度的试验结果。

(2)当单个试件的强度值与平均值之差大于 20%时,应逐次舍弃偏差最大的试验值,直至各试验值与平均值之差不超过 20%,当 10 个试件中有效数据不少于 6 个时,取有效数据的平均值为试验结果,结果精确至 0.01MPa。

(3)当 10 个试件中有效数据不足 6 个时,此组试验结果应为无效,并应重新制备试件进行试验。

9)对于有特殊条件要求的拉伸粘结强度,应先按照特殊要求条件处理后,再进行试验

5. 分层度

(1)本方法适用于测定砂浆拌合物的分层度,以确定在运输及停放时砂浆拌合物的稳定性。

（2）分层度试验应使用下列仪器：

①砂浆分层度筒（图4-62）：应由钢板制成，内径应为150mm，上节高度应为200mm，下节带底净高应为100mm，两节的连接处应加宽(3～5)mm，并应设有橡胶垫圈；

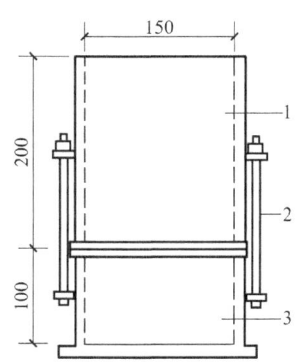

1—无底圆筒；2—连接螺栓；3—有底圆筒

图4-62 砂浆分层度测定仪

②振动台：振幅应为(0.5±0.05)mm，频率应为(50±3)Hz；

③砂浆稠度仪、木棰等。

（3）分层度的测定可采用标准法和快速法。当发生争议时，应以标准法的测定结果为准。

（4）标准法测定分层度应按下列步骤进行：

①应按规定测定砂浆拌合物的稠度；

②应将砂浆拌合物一次装入分层度筒内，待装满后，用木棰在分层度筒周围距离大致相等的四个不同部位轻轻敲击(1～2)下；当砂浆沉落到低于筒口时，应随时添加，然后刮去多余的砂浆并用抹刀抹平；

③静置30min后，去掉上节200mm砂浆，然后将剩余的100mm砂浆倒在拌合锅内拌2min，再按照规定测其稠度。前后测得的稠度之差即为该砂浆的分层度值。

（5）快速法测定分层度应按下列步骤进行：

①应按规定测定砂浆拌合物的稠度；

②应将分层度筒预先固定在振动台上，砂浆一次装入分层度筒内，振动20s；

③去掉上节200mm砂浆，剩余100mm砂浆倒出放在拌合锅内拌2min，再按稠度试验方法测其稠度，前后测得的稠度之差即为该砂浆的分层度值。

（6）分层度试验结果应按下列要求确定：

①应取两次试验结果的算术平均值作为该砂浆的分层度值，精确至1mm；

②当两次分层度试验值之差大于10mm时，应重新取样测定。

6. 凝结时间

本方法适用于采用贯入阻力法确定砂浆拌合物的凝结时间。

1）凝结时间试验应使用下列仪器

（1）砂浆凝结时间测定仪：应由试针、容器、压力表和支座四部分组成，并应符合下列规定（图4-63）：

①试针：应由不锈钢制成，截面积应为30mm^2；

②盛浆容器：应由钢制成，内径应为140mm，高度应为75mm；

③压力表：测量精度应为0.5N；

④支座：应分底座、支架及操作杆三部分，应由铸铁或钢制成。

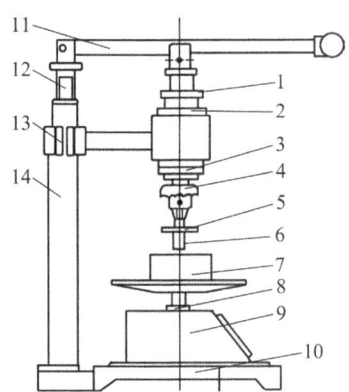

1—调节螺母；2—调节螺母；3—调节螺母；4—夹头；5—垫片；6—试针；7—盛浆容器；8—调节螺母；9—压力表座；10—底座；11—操作杆；12—调节杆；13—立架；14—立柱

图4-63 砂浆凝结时间测定仪

（2）定时钟。

2）凝结时间试验应按下列步骤进行

（1）将制备好的砂浆拌合物装入盛浆容器内，砂浆应低于容器上口10mm，轻轻敲击容器，并予以抹平，盖上盖子，放在(20±2)℃的试验条件下保存。

（2）砂浆表面的泌水不得清除，将容器放到压力表座上，然后通过下列步骤来调节测定仪：

①调节螺母3，使贯入试针与砂浆表面接触；

②拧开调节螺母2，再调节螺母1，以确定压入砂浆内部的深度为25mm后再拧紧螺母2；

③旋动调节螺母8，使压力表指针调到零位。

（3）测定贯入阻力值，用截面为30mm^{2}的贯入试针与砂浆表面接触，在10s内缓慢而均匀地垂直压入砂浆内部25mm深，每次贯入时记录仪表读数N_p，贯入杆离开容器边缘或已贯入部位应至少12mm。

（4）在(20±2)℃的试验条件下，实际贯入阻力值应在成型后2h开始测定，并应每隔30min测定一次，当贯入阻力值达到0.3MPa时，应改为每15min测定一次，直至贯入阻力值达到0.7MPa为止。

3）在施工现场测定凝结时间应符合下列规定

（1）当在施工现场测定砂浆的凝结时间时，砂浆的稠度、养护和测定的温度应与现场相同。

（2）在测定湿拌砂浆的凝结时间时，时间间隔可根据实际情况定为受检砂浆预测凝结时间的 1/4、1/2、3/4 等来测定，当接近凝结时间时可每 15min 测定一次。

4）砂浆贯入阻力值应按下式计算

$$f_p = \frac{N_p}{A_p} \tag{4-189}$$

式中：f_p——贯入阻力值（MPa），精确至 0.01MPa；

N_p——贯入深度至 25mm 时的静压力（N）；

A_p——贯入试针的截面积，即 30mm²。

5）砂浆的凝结时间可按下列方法确定

（1）凝结时间的确定可采用图示法或内插法，有争议时应以图示法为准。

从加水搅拌开始计时，分别记录时间和相应的贯入阻力值，根据试验所得各阶段的贯入阻力与时间的关系绘图，由图求出贯入阻力值达到 0.5MPa 的所需时间 t_s（min），此时的 t_s 值即为砂浆的凝结时间测定值。

（2）测定砂浆凝结时间时，应在同盘内取两个试样，以两个试验结果的算术平均值作为该砂浆的凝结时间值，两次试验结果的误差不应大于 30min，否则应重新测定。

7. 抗渗性能

1）抗渗性能试验应使用下列仪器

（1）金属试模：应采用截头圆锥形带底金属试模，上口直径应为 70mm，下口直径应为 80mm，高度应为 30mm。

（2）砂浆渗透仪：

2）抗渗试验应按下列步骤进行

（1）应将拌合好的砂浆一次装入试模中，并用抹灰刀均匀插捣 15 次，再颠实 5 次，当填充砂浆略高于试模边缘时，应用抹刀以 45°角一次性将试模表面多余的砂浆刮去，然后再用抹刀以较平的角度在试模表面反方向将砂浆刮平。应成型 6 个试件。

（2）试件成型后，应在室温(20±5)℃的环境下，静置(24±2)h 后再脱模。试件脱模后，应放入温度(20±2)℃、湿度 90%以上的养护室养护至规定龄期。试件取出待表面干燥后，应采用密封材料密封装入砂浆渗透仪中进行抗渗试验。

（3）抗渗试验时，应从 0.2MPa 开始加压，恒压 2h 后增至 0.3MPa，以后每隔 1h 增加 0.1MPa。当 6 个试件中有 3 个试件表面出现渗水现象时，应停止试验，记下当时水压。在试验过程中，当发现水从试件周边渗出时，应停止试验，重新密封后再继续试验。

3）砂浆抗渗压力值应以每组 6 个试件中 4 个试件未出现渗水时的最大压力计，并应按下式计算

$$P = H - 0.1 \tag{4-190}$$

式中：P——砂浆抗渗压力值（MPa），精确至 0.1MPa；

H——6 个试件中 3 个试件出现渗水时的水压力（MPa）。

第九节　土

一、相关标准

（1）《建筑地基基础设计规范》GB 50007—2011。

（2）《建筑地基基础工程施工质量验收标准》GB 50202—2018。

（3）《土工试验方法标准》GB/T 50123—2019。

二、检测参数：击实试验（最大干密度、最优含水率、压实系数）

三、试验目的

通过击实试验，测定土在一定功能作用下密度和含水率的关系，以确定土样的最大干密度和相应的最优含水率，是控制回填土的重要指标之一。

通过试验绘制出干密度与含水率的关系曲线（图 4-64）。取曲线峰值点相应的纵坐标为击实试样的最大干密度，相应的横坐标为击实试样的最优含水率。

压实系数：现场实测土样干密度与最大干密度的比值（压实系数＜1），具体数值一般由相应标准或设计单位给出。

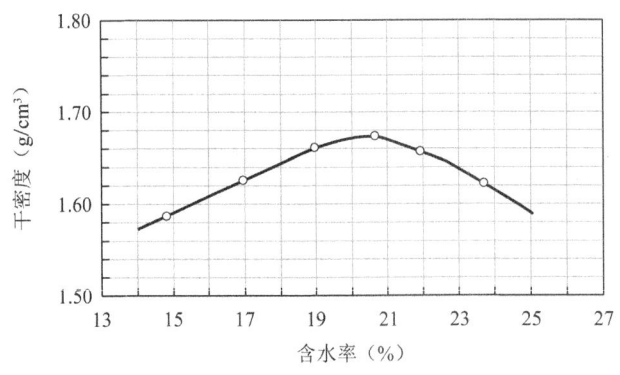

图 4-64　干密度与含水率关系曲线

四、试验意义

通过击实试验，试验报告中注明施工单位所委托试验土样的最大干密度与最优含水率数值。

（1）施工单位依据最优含水率值控制现场回填土中的水分，力争达到最优含水率。

（2）施工单位依据最大干密度值乘以设计单位给定的压实系数值，得到现场回填土干密度的最低控制值。

（3）现场试验人员实测已施工（经过碾压、夯实）填土的干密度，经计算如大于或等于最低控制值，压（夯）实填土施工合格；反之为不合格。

五、取样

从现场取天然含水率的具有代表性的土样（粒径小于5mm的黏性土）20kg或50kg（土样粒径不大于20mm）。

六、试样标识

按标准取得土试样后，应及时对试样做出唯一性标识，标识应包括：工程编号、试样编号、试样名称、粒径和取样日期，参考样式如图4-65所示。

工程编号	××××××	试样编号	
名称	回填土		
粒径	小于5mm		
取样日期	年　月　日		

图4-65　参考样式

七、取样注意事项

检测单位针对土样的不同粒径，会采取不同的试验方法。施工现场的回填土，由于回填部位不同，土质和的颗粒形状、大小不一，所以取样时，一定要有针对性和代表性。

八、含水率试验

1.一般规定

（1）本试验以烘干法为室内试验的标准方法。在野外当无烘箱设备或要求快速测定含水率时，可用酒精燃烧法测定细粒土含水率。

（2）土的有机质含量不宜大于干土质量的5%，当土中有机质含量为5%～10%时，仍允许采用本标准进行试验，但应注明有机质含量。

2.烘干法

1）本试验所用的仪器设备应符合下列规定

（1）烘箱：可采用电热烘箱或温度能保持(105～110)℃的其他能源烘箱。

（2）电子天平：称量200g，分度值0.01g。

（3）电子台秤：称量5000g，分度值1g。

（4）其他：干燥器、称量盒。

2）烘干法试验应按下列步骤进行

（1）取有代表性试样：细粒土(15～30)g，砂类土(50～100)g，砂砾石(2～5)kg。将试样放入称量盒内，立即盖好盒盖，称量，细粒土、砂类土称量应准确至 0.01g，砂砾石称量应准确至 1g。当使用恒质量盒时，可先将其放置在电子天平或电子台秤上清零，再称量装有试样的恒质量盒，称量结果即为湿土质量。

（2）揭开盒盖，将试样和盒放入烘箱，在(105～110)℃下烘到恒量。烘干时间，对黏质土，不得少于 8h；对砂类土，不得少于 6h；对有机质含量为 5%～10%的土，应将烘干温度控制在(65～70)℃的恒温下烘至恒量。

（3）将烘干后的试样和盒取出，盖好盒盖放入干燥器内冷却至室温，称干土质量。

3）含水率应按下式计算，计算至 0.1%

$$w = \left(\frac{m_0}{m_d} - 1\right) \times 100 \tag{4-191}$$

式中：w——含水率（%）；

m_0——湿土质量（g）；

m_d——干土质量（g）。

4）本试验应进行两次平行测定，取其算术平均值，最大允许平行差值应符合表 4-148 的规定

含水率测定的最大允许平行差值（%） 表 4-148

含水率 w	最大允许平均差值
<10	±0.5
10～40	±1.0
>40	±2.0

5）本试验的记录格式应符合《土工试验方法标准》GB/T 50123—2019 附录 D 表 D.3 的规定

3. 酒精燃烧法

1）本试验所用的仪器设备应符合下列规定

（1）电子天平：称量 200g，分度值 0.01g。

（2）酒精：纯度不得小于 95%。

（3）其他：称量盒、滴管、火柴、调土刀。

2）酒精燃烧法应按下列步骤进行

（1）取有代表性试样：黏土(5～10)g，砂土(20～30)g。放入称量盒内，应按《土工试验方法标准》GB/T 50123—2019 第 5.2.2 条第 1 款（同烘干法）的规定称取湿土。

（2）用滴管将酒精注入放有试样的称量盒中，直至盒中出现自由液面为止。为使酒精

在试样中充分混合均匀，可将盒底在桌面上轻轻敲击。

（3）点燃盒中酒精，烧至火焰熄灭。

（4）将试样冷却数分钟，应按《土工试验方法标准》GB/T 50123—2019 第 5.3.2 条第 2 款、第 3 款的规定再重复燃烧两次。当第 3 次火焰熄灭后，立即盖好盒盖，称干土质量。

（5）本试验称量应准确至 0.01g。

3）本试验应进行两次平行测定，计算方法及最大允许平行差值应符合《土工试验方法标准》GB/T 50123—2019（同烘干法的计算公式）和表 4-148 的规定

4）本试验的记录格式应符合《土工试验方法标准》GB/T 50123—2019 附录 D 表 D.3 的规定

九、密度试验

1. 一般规定

（1）细粒土宜采用环刀法。

（2）试样易碎裂、难以切削时，可用蜡封法。

2. 环刀法

1）本试验所用的主要仪器设备应符合下列规定

（1）环刀：尺寸参数应符合国家现行标准《岩土工程仪器基本参数及通用技术条件》GB/T 15406—2007 的规定。

（2）天平：称量 500g，分度值 0.1g；称量 200g，分度值 0.01g。

2）环刀法试验应按下列步骤进行

（1）按工程需要取原状土试样或制备所需状态的扰动土试样，整平其两端，将环刀内壁涂一薄层凡士林，刃口向下放在试样上。

（2）用切土刀（或钢丝锯）将土样削成略大于环刀直径的土柱。然后将环刀垂直下压，边压边削，至土样伸出环刀为止。将两端余土削去修平，取剩余的代表性土样测定含水率。

（3）擦净环刀外壁称量，准确至 0.1g。

3）密度及干密度应按下列公式计算，计算至 0.01g/cm³

$$\rho = \frac{m_0}{V} \tag{4-192}$$

$$\rho_d = \frac{\rho}{1 + 0.01w} \tag{4-193}$$

式中：ρ——试样的湿密度（g/cm³）；

ρ_d——试样的干密度（g/cm³）；

V——环刀容积（cm³）。

4）本试验应进行两次平行测定，其最大允许平行差值应为 ±0.03g/cm³。取其算术平均值

5）本试验记录格式应符合《土工试验方法标准》GB/T 50123—2019 附录 D 表 D.4 的规定

3.蜡封法

1）本试验所用的主要仪器设备应符合下列规定

（1）蜡封设备：应附熔蜡加热器。

（2）天平：称量500g，分度值0.1g；称量200g，分度值0.01g。

2）蜡封法试验应按下列步骤进行

（1）切取约 30cm³ 的试样。削去松浮表土及尖锐棱角后，系于细线上称量，准确至 0.01g，取代表性试样测定含水率

（2）持线将试样徐徐浸入刚过熔点的蜡中，待全部沉浸后，立即将试样提出。检查涂在试样四周的蜡中有无气泡存在。当有气泡时，应用热针刺破，并涂平孔口。冷却后称蜡封试样质量，准确至 0.1g。

（3）用线将试样吊在天平（图 4-66）一端，并使试样浸没于纯水中称量，准确至 0.1g。测记纯水的温度。

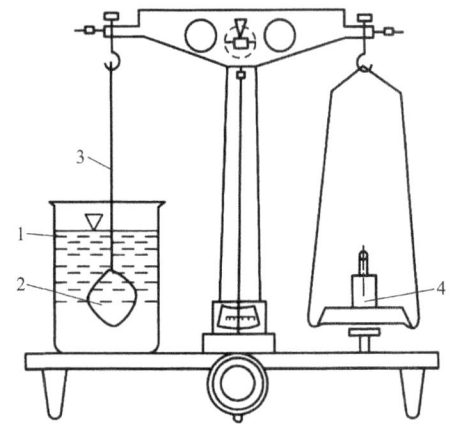

1—盛水杯；2—蜡封试样；3—细线；4—砝码

图 4-66 天平

（4）取出试样，擦干蜡表面的水分，用天平称量蜡封试样，准确至 0.1g。当试样质量增加时，应另取试样重做试验。

3）湿密度及干密度应按下列公式计算

$$\rho = \frac{m_0}{\frac{m_n - m_{nw}}{\rho_{wT}} - \frac{m_n - m_0}{\rho_n}} \quad (4\text{-}194)$$

$$\rho_d = \frac{\rho}{1 + 0.01w} \quad (4\text{-}195)$$

式中：m_n——试样加蜡质量（g）；

m_{nw}——试样加蜡在水中质量（g）；

ρ_{wT}——纯水在 T℃时的密度（g/cm³），准确至 0.01g/cm³；

ρ_n——蜡的密度（g/cm³），准确至 0.01g/cm³。

4）本试验应进行两次平行测定，其最大允许平行差值应为±0.03g/cm³。试验结果取其算术平均值

5）本试验记录格式应符合《土工试验方法标准》GB/T 50123—2019 附录 D 表 D.5 的规定

十、击实试验

本试验分轻型击实和重型击实。轻型击实试验的单位体积击实功约为 592.2kJ/m³，重型击实试验的单位体积功约为 2684.9kJ/m³。

1. 仪器设备

1）本试验所用的主要仪器设备应符合下列规定

（1）击实仪：应符合现行国家标准《土工试验仪器 击实仪》GB/T 22541—2008 的规定。由击实筒（图 4-67）、击锤（图 4-68）和护筒组成，其尺寸应符合表 4-149 的规定。

击实仪主要技术指标　　表 4-149

试验方法	锤底直径（mm）	锤质量（kg）	落高（mm）	层数	每层击数	击实筒 内径（mm）	击实筒 筒高（mm）	击实筒 容积（cm³）	护筒高度（mm）	备注
轻型	51	2.5	305	3	25	102	116	947.4	≥50	—
				3	56	152	116	2103.9	≥50	—
重型		4.5	457	3	42	102	116	947.4	≥50	
				3	94	152	116	2103.9	≥50	
				5	56					

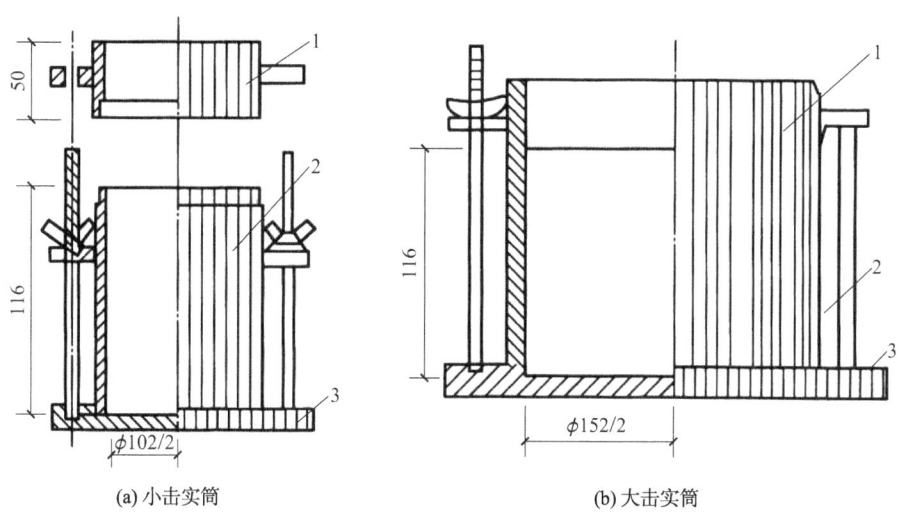

(a) 小击实筒　　　　(b) 大击实筒

1—护筒；2—击实筒；3—底板

图 4-67　击实筒（单位：mm）

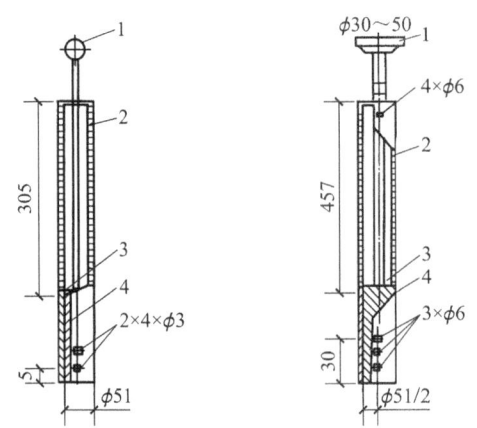

(a) 2.5kg 击锤（落高 305mm）　　(b) 4.5kg 击锤（落高 457mm）

1—提手；2—导筒；3—硬橡皮垫；4—击锤

图 4-68　击锤与导筒（单位：mm）

（2）击实仪的击锤应配导筒，击锤与导筒间应有足够的间隙使锤能自由下落。电动操作的击锤必须有控制落距的跟踪装置和锤击点按一定角度均匀分布的装置。

（3）天平：称量 200g，分度值 0.01g。

（4）台秤：称量 10kg，分度值 1g。

（5）标准筛：孔径为 20mm、5mm。

2）本试验所用的其他仪器设备应符合下列规定

（1）试样推出器：宜用螺旋式千斤顶或液压式千斤顶，如无此类装置，也可用刮刀和修土刀从击实筒中取出试样。

（2）其他：烘箱、喷水设备、碾土设备、盛土器、修土刀和保湿设备。

2. 操作步骤

1）试样制备可分为干法制备和湿法制备两种方法

（1）干法制备应按下列步骤进行：

①用四点分法取一定量的代表性风干试样，其中小筒所需土样约为 20kg，大筒所需土样约为 50kg，放在橡皮板上用木碾碾散，也可用碾土器碾散；

②轻型按要求过 5mm 或 20mm 筛，重型过 20mm 筛，将筛下土样拌匀，并测定土样的风干含水率；根据土的塑限预估最优含水率，并按《土工试验方法标准》GB/T 50123—2019 第 4.3 节规定的步骤制备不少于 5 个不同含水率的一组试样，相邻 2 个试样含水率的差值宜为 2%；

③将一定量土样平铺于不吸水的盛土盘内，其中小型击实筒所需击实土样约为 2.5kg，大型击实筒所取土样约为 5.0kg，按预定含水率用喷水设备往土样上均匀喷洒所需加水量，拌匀并装入塑料袋内或密封于盛土器内静置备用。静置时间分别为：高液限黏土不得少于 24h，低液限黏土可酌情缩短，但不应少于 12h。

（2）湿法制备应取天然含水率的代表性土样，其中小型击实筒所需土样约为20kg，大型击实筒所需土样约为50kg。碾散，按要求过筛，将筛下土样拌匀，并测定试样的含水率。分别风干或加水到所要求的含水率，应使制备好的试样水分均匀分布。

2）试样击实应按下列步骤进行

（1）将击实仪平稳置于刚性基础上，击实筒内壁和底板涂一薄层润滑油，连接好击实筒与底板，安装好护筒。检查仪器各部件及配套设备的性能是否正常，并做好记录。

（2）从制备好的一份试样中称取一定量土料，分3层或5层倒入击实筒内并将土面整平，分层击实。手工击实时，应保证使击锤自由铅直下落，锤击点必须均匀分布于土面上；机械击实时，可将定数器拨到所需的击数处，击数可按表4-149确定，按动电钮进行击实。击实后的每层试样高度应大致相等，两层交接面的土面应刨毛。击实完成后，超出击实筒顶的试样高度应小于6mm。

（3）用修土刀沿护筒内壁削挖后，扭动并取下护筒，测出超高，应取多个测值平均，准确至0.1mm。沿击实筒顶细心修平试样，拆除底板。试样底面超出筒外时，应修平。擦净筒外壁，称量，准确至1g。

（4）用推土器从击实筒内推出试样，从试样中心处取 2 个一定量的土料，细粒土为(15～30)g，含粗粒土为(50～100)g。平行测定土的含水率，称量准确至0.01g，两个含水率的最大允许差值应为±1%。

（5）应按上述第（1）～（4）的规定对其他含水率的试样进行击实。一般不重复使用土样。

3. 计算、制图和记录

（1）击实后各试样的含水率应按下式计算：

$$w = \left(\frac{m_0}{m_d} - 1\right) \times 100 \tag{4-196}$$

（2）击实后各试样的干密度应按下式计算，计算至 0.01g/cm³：

$$\rho_d = \frac{\rho}{1 + 0.01w} \tag{4-197}$$

（3）以干密度为纵坐标，含水率为横坐标，绘制干密度与含水率的关系曲线。曲线上峰值点的纵、横坐标分别代表土的最大干密度和最优含水率。曲线不能给出峰值点时，应进行补点试验。

（4）土的饱和含水率应按下式计算：

$$w_{sat} = \left(\frac{\rho_w}{\rho_d} - \frac{1}{G_s}\right) \times 100 \tag{4-198}$$

式中：w_{sat}——饱和含水率（%）；

ρ_w——水的密度（g/cm³）。

以干密度为纵坐标，含水率为横坐标，在图上绘制饱和曲线。

第十节　防水材料及防水密封材料

一、相关标准

（1）《屋面工程质量验收规范》GB 50207—2012。

（2）《地下防水工程质量验收规范》GB 50208—2011。

（3）《住宅室内防水工程技术规范》JGJ 298—2013。

（4）《建筑与市政工程防水通用规范》GB 55030—2022。

（5）《建筑防水涂料中有害物质限量》JC 1066—2008。

（6）《弹性体改性沥青防水卷材》GB 18242—2008。

（7）《塑性体改性沥青防水卷材》GB 18243—2008。

（8）《聚氯乙烯（PVC）防水卷材》GB 12952—2011。

（9）《聚氨酯防水涂料》GB/T 19250—2013。

（10）《聚合物水泥防水涂料》GB/T 23445—2009。

（11）《混凝土接缝用建筑密封胶》JC/T 881—2017。

（12）《建筑防水卷材试验方法 第8部分：沥青防水卷材 拉伸性能》GB/T 328.8—2007。

（13）《建筑防水卷材试验方法 第10部分：沥青和高分子防水卷材 不透水性》GB/T 328.10—2007。

（14）《建筑防水卷材试验方法 第11部分：沥青防水卷材 耐热性》GB/T 328.11—2007。

（15）《建筑防水卷材试验方法 第14部分：沥青防水卷材 低温柔性》GB/T 328.14—2007。

（16）《建筑防水卷材试验方法 第18部分：沥青防水卷材撕裂性能（钉杆法）》GB/T 328.18—2007。

（17）《建筑防水卷材试验方法 第26部分：沥青防水卷材可溶物含量（浸涂材料含量）》GB/T 328.26—2007。

（18）《建筑防水材料老化试验方法》GB/T 18244—2022。

（19）《建筑防水涂料试验方法》GB/T 16777—2008。

（20）《建筑防水卷材试验方法 第9部分：高分子防水卷材 拉伸性能》GB/T 328.9—2007。

（21）《建筑防水卷材试验方法 第15部分：高分子防水卷材 低温弯折性》GB/T 328.15—2007。

（22）《建筑防水卷材试验方法 第19部分：高分子防水卷材 撕裂性能》GB/T 328.19—2007。

（23）《建筑密封材料试验方法 第3部分：使用标准器具测定密封材料挤出性的方法》

GB/T 13477.3—2017。

（24）《建筑密封材料试验方法 第6部分：流动性的测定》GB/T 13477.6—2002。

（25）《建筑密封材料试验方法 第8部分：拉伸粘结性的测定》GB/T 13477.8—2017。

（26）《硫化橡胶或热塑性橡胶 拉伸应力应变性能的测定》GB/T 528—2009。

（27）《硫化橡胶或热塑性橡胶 压入硬度试验方法 第1部分：邵氏硬度计法（邵尔硬度）》GB/T 531.1—2008。

（28）《橡胶物理试验方法试样制备和调节通用程序》GB/T 2941—2006。

二、基本概念

1. 弹性体改性沥青防水卷材

1）术语

（1）沥青：由高分子碳氢化合物及其衍生物组成的、黑色或深褐色、不溶于水而几乎全溶于二硫化碳的一种非晶态有机材料。分地沥青和焦油沥青两大类。

（2）建筑石油沥青，简称为"建筑沥青"：主要用于建筑防水工程的沥青。

（3）改性沥青：在沥青中均匀混入橡胶、合成树脂等分子量大于沥青本身分子量的有机高分子聚合物而制得的混合物。

（4）SBS改性沥青：以热塑性苯乙烯—丁二烯—苯乙烯嵌段聚合物为改性剂制得的一种弹性体改性沥青。

（5）防水卷材：可卷曲成卷状的柔性防水材料。

（6）胎基材料，也称之为增强材料：用于防水卷材中，作为增强层的材料。

（7）玻璃纤维薄毡，简称"玻纤毡"：将玻璃纤维铺压、并用胶粘剂粘结而制成的、做卷材胎基用的一种无纺织物。

（8）合成纤维胎基：以合成纤维为原材料制成的作油毡胎基用的布或毡。

（9）无机纤维胎基：以无机纤维为原材料制成的作油毡胎基的布或毡。

（10）可溶物含量：单位面积防水卷材中可被选定溶剂溶出的材料的质量。

（11）拉力：在一定温度下，规定尺寸的防水卷材试件被拉断所需的力。

（12）断裂延伸率：防水材料受拉伸至断裂时伸长增量与原长之比的百分数。

（13）低温柔性：防水卷材或片状沥青试样在指定低温条件下经受弯曲时的柔韧性能，以℃表示。

（14）耐热性：沥青卷材试件垂直悬挂在规定温度条件下，涂盖层与胎体相比滑动不超过2mm的能力。

（15）热老化试验：在规定条件下比较加热前和加热后沥青主要性能指标变化的老化试验法。

（16）不透水性：防水材料在一定动水压下抵抗水渗透的能力，以试验时的水压和持续时间表示。（注：动水压下产生的压应力为动水压强，动水压强是在流动状态下发生的，产

生压力的常见装置为水泵；静水压下产生的压应力为静水压强。静水压强是在静止状态下发生的，产生压力的常见装置为水柱）

（17）上表面：在使用现场，卷材朝上的面，通常是成卷卷材的里面。

2）分类及标记

（1）类型：

①按胎基分为聚酯毡（PY）、玻纤毡（G）、玻纤增强聚酯毡（PYG）。

②按上表面隔离材料分为聚乙烯膜（PE）、细砂（S），矿物粒料（M）。下表面隔离材料为细砂（S），聚乙烯膜（PE）。（注：细砂为粒径不超过0.60mm的矿物颗粒）

③按材料性能分为Ⅰ型和Ⅱ型。

（2）规格：

卷材公称宽度为1000mm。

聚酯毡卷材公称厚度为3mm、4mm、5mm。

玻纤毡卷材公称厚度为3mm、4mm。

玻纤增强聚酯毡卷材公称厚度为5mm。

每卷卷材公称面积为7.5m²、10m²、15m²。

（3）标记：

产品按名称、型号、胎基、上表面材料、下表面材料、厚度、面积和本标准编号顺序标记。

示例：

10m²面积、3mm厚上表面为矿物粒料、下表面为聚乙烯膜聚酯毡Ⅰ型弹性体改性沥青防水卷材标记为：SBS Ⅰ PY M PE 3 10 GB 18242—2008

（4）用途：

①弹性体改性沥青防水卷材主要适用于工业与民用建筑的屋面和地下防水工程。

②玻纤增强聚酯毡卷材可用于机械固定单层防水，但需通过抗风荷载试验。

③玻纤毡卷材适用于多层防水中的底层防水。

④外露使用采用上表面隔离材料为不透明的矿物粒料的防水卷材。

⑤地下工程防水采用表面隔离材料为细砂的防水卷材。

3）单位面积质量、面积、厚度及外观的技术要求

（1）单位面积质量、面积及厚度应符合表4-150的规定。

弹性体改性沥青卷材单位面积质量、面积及厚度　　　表4-150

规格（公称厚度）(mm)		3			4			5		
上表面材料		PE	S	M	PE	S	M	PE	S	M
下表面材料		PE		PE、S	PE		PE、S	PE		PE、S
面积 （m²/卷）	公称面积	10、15			10、7.5			7.5		
	偏差	±0.10			±0.10			±0.10		
单位面积质量（kg/m²）（不小于）		3.3	3.5	4.0	4.3	4.5	5.0	5.3	5.5	6.0

续表

规格（公称厚度）(mm)		3	4	5
厚度 (mm)	平均值（不小于）	3.0	4.0	5.0
	最小单值	2.7	3.7	4.7

（2）外观：

①成卷卷材应卷紧卷齐，端面里进外出不得超过10mm。

②成卷卷材在(4～50)℃任一产品温度下展开，在距卷芯1000mm长度外不应有10mm以上的裂纹或粘结。

③胎基应浸透，不应有未被浸渍处。

④卷材表面应平整，不允许有孔洞、缺边和裂口、疙瘩，矿物粒料粒度应均匀一致并紧密地黏附于卷材表面。

⑤每卷卷材接头不应超过1个，较短的一段不应小于1000mm，接头应剪切整齐，并加长150mm。

（3）材料性能（表4-151）：

弹性体改性沥青防水卷材材料性能　　表4-151

序号	项目		指标				
			I		II		
			PY	G	PY	G	PYG
1	可溶物含量（g/m²）（不小于）	3mm	2100				—
		4mm	2900				—
		5mm	3500				
		试验现象	—	胎基不燃	—	胎基不燃	
2	耐热性	℃	90		105		
		≤mm	2				
		试验现象	无流淌、滴落				
3	低温柔性（℃）		−20		−25		
			无裂缝				
4	不透水性 30min		0.3MPa	0.2MPa	0.3MPa		
5	拉力	最大峰拉力（N/50mm）（不小于）	500	350	800	500	900
		次高峰拉力（N/50mm）（不小于）	—	—	—	—	800
		试验现象	拉伸过程中，试件中部无沥青涂盖层开裂或与胎基分离现象				
6	延伸率	最大峰时延伸率（%）（不小于）	30	—	40	—	—
		第二峰延伸率（%）（不小于）	—	—	—	—	15
7	热老化后低温柔性	低温柔性（℃）	−15		−20		
			无裂缝				

2. 聚氯乙烯（PVC）防水卷材

1）术语和定义

（1）均质的聚氯乙烯防水卷材：不采用内增强材料或背衬材料的聚氯乙烯防水卷材。

（2）带纤维背衬的聚氯乙烯防水卷材：用织物如聚酯无纺布等复合在卷材下表面的聚氯乙烯防水卷材。

（3）织物内增强的聚氯乙烯防水卷材：用聚酯或玻纤网格布在卷材中间增强的聚氯乙烯防水卷材。

（4）玻璃纤维内增强的聚氯乙烯防水卷材：在卷材中加入短切玻璃纤维或玻璃纤维无纺布，对拉伸性能等力学性能无明显影响，仅提高产品尺寸稳定性的聚氯乙烯防水卷材。

（5）玻璃纤维内增强带纤维背衬的聚氯乙烯防水卷材：在卷材中加入短切玻璃纤维或玻璃纤维无纺布，并用织物如聚酯无纺布等复合在卷材下表面的聚氯乙烯防水卷材。

2）分类及标记

（1）分类：

按产品的组成分为均质卷材（代号 H）、带纤维背衬卷材（代号 L）、织物内增强卷材（代号 P）、玻璃纤维内增强卷材（代号 G）、玻璃纤维内增强带纤维背衬卷材（代号 GL）。

（2）规格：

公称长度规格为 15m、20m、25m。

公称宽度规格为 1.00m、2.00m。

厚度规格为 1.20mm、1.50mm、1.80mm、2.00mm。

其他规格可由供需双方商定。

（3）标记：

按产品名称（代号 PVC 卷材）、是否外露使用、类型、厚度、长度、宽度和本标准号顺序标记。

示例：

长度 20m，宽度 2.00m，厚度 1.50mm、L 类外露使用聚氯乙烯防水卷材标记为：PVC 卷材外露 L 1.50mm/20m×2.00m GB 12952—2011。

3）材料性能指标

材料性能指标应符合表 4-152 的规定。

材料性能指标　　　　表 4-152

序号	项目		指标				
			H	L	P	G	GL
1	拉伸性能	最大拉力（N/cm）（不小于）	—			0.40	
		拉伸强度（MPa）（不小于）	10.0	—		10.0	

续表

序号	项目		指标				
			H	L	P	G	GL
1	拉伸性能	最大拉力时伸长率（%）（不小于）	—	—	15	—	—
		断裂伸长率（%）（不小于）	200	150	—	200	100
2	低温弯折性		−25℃无裂纹				
3	不透水性		0.3MPa，2h 不透水				
4	直角撕裂强度（N/mm）（不小于）		50	—	—	50	—

3. 聚氨酯防水涂料

1）分类及标记

（1）分类：

产品按组分分为单组分（S）和多组分（M）两种。

产品按基本性能分为Ⅰ型、Ⅱ型和Ⅲ型。

产品按是否暴露使用分为外露（E）和非外露（N）。

产品按有害物质限量分为 A 类和 B 类。

（2）标记：

按产品名称、组分、基本性能、是否暴露、有害物质限量和标准号的顺序标记。

示例：

A 类Ⅲ型外露单组分聚氨酯防水涂料标记为：PU 防水涂料 SⅢEAGB/T 19250—2013。

2）技术要求

（1）外观：

产品为均匀黏稠体，无凝胶、结块。

（2）产品性能：

产品物理力学性能指标如表 4-153 所示。

基本性能 表 4-153

序号	项目		技术指标		
			Ⅰ	Ⅱ	Ⅲ
1	固体含量（%）（不小于）	单组分	85.0		
		多组分	92.0		
2	拉伸强度（MPa）（不小于）		2.00	6.00	12.0
3	断裂伸长率（%）（不小于）		500	450	250
4	低温弯折性		−35℃，无裂纹		
5	不透水性		0.3MPa，120min，不透水		

产品的有害物质含量如表 4-154 所示。

有害物质含量 表 4-154

序号	项目	含量	
		A	B
1	挥发性有机化合物（VOC）（g/L）（不大于）	50	200
2	苯（mg/kg）（不大于）	200	
3	甲苯+乙苯+二甲苯（mg/kg）（不大于）	1.0	5.0

4. 聚合物水泥防水涂料

聚合物水泥防水涂料简称 JS 防水涂料，是以丙烯酸酯、乙烯—乙酸乙烯酯等聚合物乳液和水泥为主要原料，加入填料及其他助剂配制而成，经水分挥发和水泥水化反应固化成膜的双组分水性防水涂料。

1）分类和标记

（1）类型：

产品按物理力学性能分为Ⅰ型、Ⅱ型和Ⅲ型。Ⅰ型适用于活动量较大的基层，Ⅱ型和Ⅲ型适用于活动量较小基层。

（2）标记：

产品按下列顺序标记：产品名称、类型、标准号。

示例：

Ⅰ型聚合物水泥防水涂料标记为：JS 防水涂料Ⅰ GB/T 23445—2009。

2）技术要求

（1）外观：

产品的两组分经分别搅拌后，其液体组分应为无杂质、无胶凝的均匀乳液；固体组分应为无杂质、无结块的粉末。

（2）产品性能：

产品物理力学性能指标应符合表 4-155 的有关规定。

聚合物水泥防水涂料物理力学性能 表 4-155

试验项目		性能指标		
		Ⅰ型	Ⅱ型	Ⅲ型
固体含量（%）		≥70	≥70	≥70
拉伸强度	无处理（MPa）	≥1.2	≥1.8	≥1.8
	加热处理后保持率（%）	≥80	≥80	≥80
	碱处理后保持率（%）	≥60	≥70	≥70
断裂伸长率	无处理（%）	≥200	≥80	≥30

续表

试验项目		性能指标		
		Ⅰ型	Ⅱ型	Ⅲ型
断裂伸长率	加热处理（%）	≥150	≥65	≥20
	碱处理（%）	≥150	≥65	≥20
粘结强度	无处理（MPa）	≥0.5	≥0.7	≥1.0
	潮湿基层（MPa）	≥0.5	≥0.7	≥1.0
	碱处理（MPa）	≥0.5	≥0.7	≥1.0
	浸水处理（MPa）	≥0.5	≥0.7	≥1.0
不透水性（0.3MPa，30min）		不透水	不透水	不透水
抗渗性（砂浆背水面）（MPa）		—	≥0.6	≥0.8

产品不应对人体与环境造成有害的影响，所涉及与使用有关的安全和环保要求应符合相关国家标准和规范的规定。产品中有害物质含量应符合 JC 1066—2008 第 4.1 节中 A 级的要求，如表 4-156 所示。

水性建筑防水涂料中有害物质含量　　　　表 4-156

序号	项目		含量	
			A	B
1	挥发性有机化合物（VOC）（g/L）（不大于）		80	120
2	游离甲醛（mg/kg）（不大于）		100	200
3	苯、甲苯、乙苯和二甲苯总和（mg/kg）（不大于）		300	
4	氨（mg/kg）（不大于）		500	1000
5	可溶性重金属[1]（mg/kg）（不大于）（无色、白色黑色防水涂料不需测定可溶性重金属）	铅 Pb	90	
		镉 Cd	75	
		铬 Cr	60	
		汞 Hg	60	

5. 混凝土接缝用建筑密封胶

1）分类和标记

（1）品种：

产品按组分分为单组分（Ⅰ）和多组分（Ⅱ）两个品种。

（2）类型：

产品按流动性分为非下垂型（N）和自流平型（L）两个类型。

（3）级别：

产品按照满足接缝密封功能的位移能力进行分级，见表 4-157。

密封胶级别 表 4-157

级别	试验拉压幅度（%）	位移能力（%）
50	±50	50.0
35	±35	35.0
25	±25	25.0
20	±20	20.0
12.5	±12.5	12.5

（4）次级别：

50、35、25、20 级别按《建筑密封胶分级和要求》GB/T 22083—2008 中第 4.3.1 条划分，产品按拉伸模量分为高模量（HM）和低模量（LM）两个次级别。

12.5 级别按《建筑密封胶分级和要求》GB/T 22083—2008 中第 4.3.2 条划分的次级别为 12.5E，即弹性恢复率等于或大于 40% 的弹性密封胶。

（5）标记：

产品按名称、标准编号、品种、类型、级别、次级别顺序标记。

示例：

符合 JC/T 881，多组分，自流平型，50 级，低模量的混凝土接缝用建筑密封胶，其标记为：混凝土接缝用建筑密封胶 JC/T 881—2017 Ⅱ L 50LM。

2）技术要求

（1）外观：

产品应为细腻、均匀膏状物或黏稠液体，不应有气泡、结皮或凝胶。

产品的颜色与供需双方商定的样品相比，不得有明显差异。

（2）理化性能：

混凝土接缝用建筑密封胶的理化性能应符合表 4-158 的规定。

理化性能 表 4-158

序号	项目		技术指标						
			50LM	35LM	25LM	25HM	20LM	20HM	12.5E
1	流动性	下垂度[1]（mm）	≤3						
		流平性[2]	光滑平整						
2	挤出性[3]（mL/min）		≥150						
3	定伸粘结性		无破坏						

注：1. 仅适用于非下垂型产品；允许采用供需双方商定的其他指标值。
    2. 仅适用于有流平型产品；允许采用供需双方商定的其他指标值。
    3. 仅适用于单组分产品。

6.遇水膨胀橡胶

1）术语和定义

体积膨胀倍率：是浸泡后的试样体积与浸泡前的试样体积的比率。

2）分类与产品标记

（1）分类：

①产品按工艺可分为两种类型：

——制品型，用 PZ 表示；

——腻子型，用 PN 表示。

②产品按其在静态蒸馏水中的体积膨胀倍率（%）可分别分为：

——制品型有 ≥150%、≥250%、≥400%、≥600%等；

——腻子型有 ≥150%、≥220%、≥300%等。

③产品按截面形状分为四类：

——圆形，用 Y 表示；

——矩形，用 J 表示；

——椭圆形，用 T 表示；

——其他形状，用 Q 表示。

（2）产品标记：

①标记方法

产品应按下列顺序标记：类型—体积膨胀倍率、截面形状—规格、标准号。

②标记示例

示例：

a. 宽度为 30mm、厚度为 20mm 的矩形制品型遇水膨胀橡胶，体积膨胀倍率≥400%，标记为：PZ 400J 30mm×20mm GB/T 18173.3—2014。

b. 直径为 30mm 的圆形制品型遇水膨胀橡胶，体积膨胀倍率 ≥250%，标记为：PZ 250Y 30mm GB/T 18173.3—2014。

c. 长轴为 30mm、短轴为 20mm 的椭圆形制品型遇水膨胀橡胶，体积膨胀倍率≥250%，标记为：PZ 250T 30mm×20mm GB/T 18173.3—2014。

3）物理性能

（1）制品型遇水膨胀橡胶胶料物理性能应符合表 4-159 中的相关要求。

制品型遇水膨胀橡胶胶粒物理性能　　　　表 4-159

项目	指标			
	PZ-150	PZ-250	PZ-400	PZ-600
硬度（邵尔 A）（度）	42±10	45±10	48±10	

续表

项目		指标			
		PZ-150	PZ-250	PZ-400	PZ-600
拉伸强度（MPa）（不小于）		3.5		3	
拉断伸长率（%）（不小于）		450		350	
体积膨胀倍率（%）（不小于）		150	250	400	600
反复浸水试验	拉伸强度（MPa）（不小于）	3		2	
	拉断伸长率（%）（不小于）	350		250	
	体积膨胀倍率（%）（不小于）	150	250	300	500
低温弯折（-20℃×2h）		无裂纹			

注：成品切片测试拉伸强度、拉断伸长率应达到本标准的80%；接头部位的拉伸强度、拉断伸长率应达到本标准的50%。

（2）腻子型遇水膨胀橡胶物理性能应符合表4-160中的相关要求。

腻子型遇水膨胀橡胶物理性能　　　　　表4-160

项目	指标		
	PN-150	PN-220	PN-300
体积膨胀倍率[1]（%）（不小于）	150	220	300
高温流淌性（80℃×5h）	无流淌	无流淌	无流淌
低温试验（-20℃×2h）	无脆裂	无脆裂	无脆裂

注：1.检验结果应注明试验方法。

三、试验项目

常用防水材料的进场复验项目与其使用的结构部位有关，即与相关的验收规范有关。用于地下工程、屋面工程和住宅室内工程的防水材料，工程验收时分别执行《地下防水工程质量验收规范》GB 50208—2011、《屋面工程质量验收规范》GB 50207—2012和《住宅室内防水工程技术规范》JGJ 298—2013，进场复验项目如表4-161所示。

常用防水材料的进场复验项目　　　　　表4-161

序号	材料名称及标准代号	进场复验项目		
		用于地下	用于屋面	用于住宅室内
1	弹性体改性沥青防水卷材（SBS）（GB 18242—2008）	可溶物含量；拉力；延伸率；低温柔度；热老化后低温柔度；不透水性	可溶物含量；拉力；最大拉力时延伸率；耐热度；低温柔度；不透水性	—
2	塑性体改性沥青防水卷材（APP）（GB 18243—2008）			—
3	自粘聚合物改性沥青防水卷材（GB 23441—2009）			拉力；最大拉力时延伸率；不透水性；卷材与铝板剥离强度

续表

序号	材料名称及标准代号	进场复验项目		
		用于地下	用于屋面	用于住宅室内
4	三元乙丙防水卷材 （GB 18173.1—2012）	断裂拉伸强度； 断裂伸长率； 低温弯折性； 不透水性； 撕裂强度	断裂拉伸强度； 扯断伸长率； 低温弯折性； 不透水性	—
5	聚氯乙烯防水卷材 （PVC 卷材） （GB 12952—2011）	断裂拉伸强度； 断裂伸长率； 低温弯折性； 不透水性； 撕裂强度	断裂拉伸强度； 扯断伸长率； 低温弯折性； 不透水性	—
6	聚乙烯丙纶复合防水卷材 （GB 18173.1—2012）	断裂拉伸强度； 断裂伸长率； 低温弯折性； 不透水性； 撕裂强度	断裂拉伸强度； 扯断伸长率； 低温弯折性； 不透水性	断裂拉伸强度； 扯断伸长率； 撕裂强度； 不透水性； 剪切状态下的粘合性 （卷材—卷材、卷材—水泥基面）
7	高分子自粘胶膜防水卷材 （GB 18173.1—2012）	断裂拉伸强度； 断裂伸长率； 低温弯折性； 不透水性； 撕裂强度	断裂拉伸强度； 扯断伸长率； 低温弯折性； 不透水性	—
8	聚氨酯防水涂料 （GB/T 19250—2013）	潮湿基面粘结强度； 涂膜抗渗性； 浸水 168h 后拉伸强度； 浸水 168h 后断裂伸长率； 耐水性	固体含量； 拉伸强度； 断裂伸长率； 低温柔性； 不透水性	固体含量； 拉伸强度； 断裂伸长率； 不透水性； 挥发性有机化合物； 苯； 甲苯+乙苯+二甲苯； 游离甲醛
9	聚合物水泥防水涂料 （GB/T 23445—2009）	潮湿基面粘结强度； 涂膜抗渗性； 浸水 168h 后拉伸强度； 浸水 168h 后断裂伸长率； 耐水性	Ⅰ型：固体含量、拉伸强度、断裂伸长率、低温柔性和不透水性 Ⅱ型和Ⅲ型：固体含量、拉伸强度、断裂伸长率、不透水性和抗渗性	固体含量； 拉伸强度； 断裂延伸率； 粘结强度； 不透水性； 挥发性有机化合物； 苯； 甲苯+乙苯+二甲苯； 游离甲醛
10	水泥基渗透结晶型防水涂料 （GB 18445—2012）	抗折强度； 粘结强度； 抗渗性	—	—
11	混凝土建筑接缝用密封胶 （JC/T 881—2017）	流动性； 挤出性； 定伸粘结性	—	—
12	橡胶止水带 （GB 18173.2—2014）	拉伸强度； 扯断伸长率； 撕裂强度	—	—

续表

序号	材料名称及标准代号	进场复验项目		
		用于地下	用于屋面	用于住宅室内
13	遇水膨胀橡胶 a（GB/T 18173.3—2014）	腻子型：硬度、7d膨胀倍率、最终膨胀率、耐水性	—	—
14	聚合物水泥防水砂浆（JC/T 984—2011）	7d粘结强度；7d抗渗性；耐水性	—	凝结时间；7d抗渗压力；7d粘结强度；压折比
15	玻纤胎沥青瓦（GB/T 20474—2015）	—	可溶物含量；拉力；耐热度；柔度；不透水性；叠层剥离强度	—

注：a 《高分子防水材料 第3部分：遇水膨胀橡胶》GB/T 18173.3—2014产品标准中规定，制品型（PZ）产品试验项目：邵尔硬度、拉伸长度、拉断伸长率、体积膨胀倍率、反复浸水试验、低温弯折；腻子型（PN）产品试验项目：体积膨胀倍率、高温流性、低温试验。

四、组批原则

进场防水材料取样复试的组批原则与其使用的结构部位有关，即与相关的验收规范有关。用于地下工程、屋面工程和住宅室内工程的防水材料，工程验收时分别执行《地下防水工程质量验收规范》GB 50208—2011、《屋面工程质量验收规范》GB 50207—2012和《住宅室内防水工程技术规范》JGJ 298—2013；验收规范没有规定的，按产品标准中出厂检验的组批规定执行，组批原则如表4-162所示。

常用防水材料的组批原则　　　　表4-162

序号	材料名称及标准代号	组批原则		
		GB 50208—2011	GB 50207—2012	JGJ 298—2013
1	弹性体改性沥青防水卷材（SBS）（GB 18242—2008）	大于1000卷抽5卷，每500～1000卷抽4卷，100～499卷抽3卷，100卷以下抽2卷，进行规格尺寸和外观质量检验。在外观质量检验合格的卷材中，任取一卷进行物理性能检验		—
2	塑性体改性沥青防水卷材（GB 18243—2008）			—
3	自粘聚合物改性沥青防水卷材（GB 23441—2009）			同一生产厂家、同一品种、同一等级的产品，大于1000卷抽5卷，每500～1000卷抽4卷，100～499卷抽3卷，100卷以下抽2卷，进行规格尺寸和外观质量检验。在外观质量检验合格的卷材中，任取一卷进行物理性能检验
4	三元乙丙防水卷材（GB 18173.1—2012）	大于1000卷抽5卷，每500～1000卷抽4卷，100～499卷抽3卷，100卷以下抽2卷，进行规格尺寸和外观质量检验。在外观质量检验合格的卷材中，任取一卷进行物理性能检验		—
5	聚氯乙烯防水卷材（PVC卷材）（GB 12952—2011）			—

续表

序号	材料名称及标准代号	组批原则		
		GB 50208—2011	GB 50207—2012	JGJ 298—2013
6	聚乙烯丙纶复合防水卷材（GB 18173.1—2012）	大于1000卷抽5卷，每500~1000卷抽4卷，100~499卷抽3卷，100卷以下抽2卷，进行规格尺寸和外观质量检验。在外观质量检验合格的卷材中，任取一卷进行物理性能检验		同一生产厂家、同一品种、同一等级的产品，大于1000卷抽5卷，每500~1000卷抽4卷，100~499卷抽3卷，100卷以下抽2卷，进行规格尺寸和外观质量检验。在外观质量检验合格的卷材中，任取一卷进行物理性能检验
7	高分子自粘胶膜防水卷材（GB 18173.1—2012）			—
8	聚氨酯防水涂料（GB/T 19250—2013）	每5t为一批，不足5t按一批抽样	每10t为一批，不足10t按一批抽样	1. 同一生产厂，以甲组分每5t为一验收批，不足5t按一批计算。乙组分按产品重量配比相应增加。 2. 每一验收批按产品的配比分别取样，甲、乙组分样品总重为2kg。 3. 单组产品随机抽取，抽样数应不低于$\sqrt{\frac{n}{2}}$（n是产品的桶数）
9	水乳型氯丁胶改性沥青涂料（JC/T 864—2008）			—
10	聚合物水泥防水涂料（GB/T 23445—2009）	每5t为一批，不足5t按一批抽样	每10t为一批，不足10t按一批抽样	1. 同一生产厂每10t产品为一验收批，不足10t也按一批计。 2. 产品的液体组分抽样数应不低于$\sqrt{\frac{n}{2}}$（n是产品的桶数）。 3. 配套固体组分的抽样按《水泥取样方法》GB/T 12573中的袋装水泥的规定进行，两组分共取5kg样品
11	水泥基渗透结晶型防水涂料（GB 18445—2012）	每10t为一批，不足10t按一批抽样	—	—
12	聚氨酯密封胶（JC/T 482—2003）	—	—	1. 同一生产厂、同等级、同类型产品每2t为一验收批，不足2t也按一批计。每批随机抽取试样1组，试样量不少于1kg。 2. 随机抽取试样，抽样数应不低于$\sqrt{\frac{n}{2}}$（n是产品的桶数或支数）
13	橡胶止水带（GB 18173.2—2019）	每月同标记的止水带产量为一批抽样	—	—
14	聚合物水泥防水砂浆（JC/T 984—2011）	每10t为一批，不足10t按一批抽样	—	1. 同一生产厂的同一品种、同一等级的产品，每400t为一验收批，不足400t也按一批计。 2. 每批从20个以上的不同部位取等量样品，总质量不少于15kg。 3. 乳液类产品的抽检抽样数量同聚合物水泥防水涂料
15	玻纤胎沥青瓦（GB/T 20474—2015）	—	同一批至少抽一次	—

五、试验方法

1. 弹性体改性沥青防水卷材

1）标准试验条件

标准试验条件(23±2)℃。

2）试件制备

将取样卷材切除距外层卷头 2500mm 后，取 1m 长的卷材按《建筑防水卷材试验方法 第 4 部分：沥青防水卷材 厚度、单位面积质量》GB/T 328.4—2007 取样方法均匀分布裁取试件，卷材性能试验试件的形状和数量按表 4-163 裁取。

试件形状和数量　　　　　　　表 4-163

试验项目	试件尺寸（纵向×横向）(mm)	数量（个）
可溶物含量	100×100	3
耐热性	125×100	纵向 3
低温柔性	150×25	纵向 10
不透水性	150×150	3
拉力及延伸率	(250～320)×50	纵、横向各 5
热老化后低温柔性	150×25	纵向 10

3）耐热性

（1）仪器设备：

鼓风烘箱（不提供新鲜空气）：在试验范围内最大温度波动±2℃。当门打开 30s 后，恢复温度到工作温度的时间不超过 5min。

热电偶：连接到外面的电子温度计，在规定的范围内能测量到±1℃。

（2）试件制备：

沿试样宽度方向均匀裁取(125±1)mm×(100±1)mm 的矩形试件 3 个，长边是卷材的纵向。试件应距卷材边缘 150mm 以上，试件从卷材的一边开始连续编号，卷材上表面和下表面应标记。

去除任何非持久保护层。在试件纵向的横断面一边，上表面和下表面的大约 15mm 一条的涂盖层去除直至胎体。在试件的中间区域的涂盖层也从上表面和下表面的两个接近处去除，直至胎体。标记装置放在试件两边，插入插销定位于中心位置，在试件表面整个宽度方向沿着直边用记号笔垂直画一条线（宽度约 0.5mm），操作时试件平放。

试件试验前至少放置在(23±2)℃的平面上 2h，相互之间不要接触或粘住。

（3）试验步骤：

烘箱预热到规定试验温度，温度通过与试件中心同一位置的热电偶控制。用悬挂装置夹住试件露出的胎体处，不要夹到涂盖层。将夹好的三个试件垂直悬挂在烘箱的相同高度，间隔至少 30mm，开关烘箱门放入试件的时间不超过 30s，放入试件后加热试件为 (120±2)min。取出试件和悬挂装置后，在(23±2)℃自由悬挂冷却至少 2h。然后除去悬挂装置，在试件两面画第二个标记，用光学测量装置在每个试件的两面测量两个标记底部间最大距离 ΔL，精确到 0.1mm。

（4）结果计算：

计算三个试件上、下表面滑动值的平均值，精确到 0.1mm。

（5）单项结果评定：

三个试件滑动平均值不超过 2.0mm 为合格。

4）低温柔性

（1）仪器设备：

试验装置应符合《建筑防水卷材试验方法 第 14 部分：沥青防水卷材 低温柔性》GB/T 328.14—2007 的规定。试验装置的操作的示意和方法如图 4-69 所示。

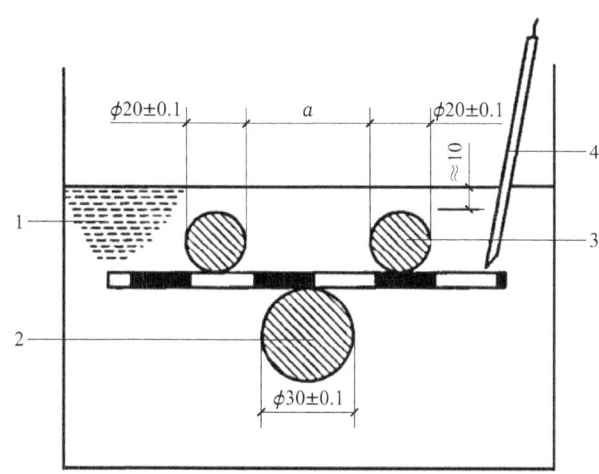

(a) 开始弯曲

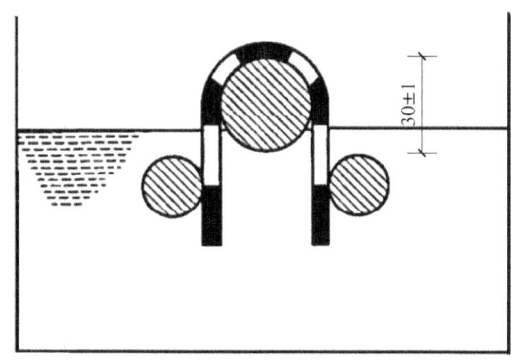

(b) 弯曲结束

1—冷冻液；2—弯曲轴；3—固定圆筒；4—半导体温度计（热敏探头）

图 4-69 试验装置原理和弯曲过程

（2）试件制备：

沿试样宽度方向均匀裁取(150±1)mm×(25±1)mm 的矩形试件 10 个，长边是卷材的纵向。试件应距卷材边缘 150mm 以上，试件应从卷材的一边开始做连续的记号，同时标记卷材的上表面和下表面。

试件试验前应在(23±2)℃的平板上放置至少 4h，并且相互之间不能接触，也不能粘在板上。

（3）试验步骤：

开始试验前，根据卷材厚度选择弯曲轴的直径。3mm 厚度卷材弯曲直径 30mm；4mm、5mm 厚度卷材弯曲直径 50mm。两个圆筒间的距离应按试件厚度调节，即弯曲直径+2mm+两倍试件厚度。然后装置放入已冷却的液体中，并且圆筒上端在冷冻液面下约 10mm，弯曲轴在下面的位置。

两组各 5 个试件，一组是上表面试验，一组是下表面试验。试件试验面朝上，放于支撑装置上，且在圆筒的上端，保证冷冻液完全浸没试件。试件放入冷冻液达到规定温度后，保持在该温度 1h±5min。然后设置弯曲轴以(360±40)mm/min 速度顶着试件向上移动，试件同时绕轴弯曲。轴移动的终点在圆筒上面(30±1)mm 处。

在完成弯曲过程 10s 内，在适宜的光源下用肉眼检查试件有无裂纹，必要时，借助于辅助光学装置帮助。假若有一条或更多的裂纹从涂盖层深入到胎体层，或完全贯穿无增强卷材，即存在裂缝。

（4）单项结果评定：

同一试验面的 5 个试件在规定温度至少 4 个无裂纹为通过，上表面和下表面的试验结果要分别记录。

低温柔性同一试验面的 5 个试件在规定温度至少 4 个无裂纹为通过，两面分别通过时则判该项合格。

5）不透水性

（1）仪器设备：

试验装置应符合《建筑防水卷材试验方法 第 10 部分：沥青和高分子防水卷材 不透水性》GB/T 328.10—2007 方法 B 的规定。

（2）试件制备：

在卷材宽度方向均匀裁取 150mm×150mm 的正方形试件 3 个，最外一个距卷材边缘 100mm。试件的纵向与产品的纵向平行并标记。去除表面的任何保护膜。

试验前试件在(23±5)℃放置至少 6h。

（3）试验步骤：

试验在(23±5)℃进行，产生争议时，在(23±2)℃、相对湿度 45%～55%进行。

将不透水性试验装置充水直到溢出，彻底排除水管中空气。试件的上表面朝下放置在透水盘上，盖上 7 孔圆盘，放上封盖，慢慢夹紧直到试件夹紧在盘上，用布或压缩空气干燥试件的非迎水面，慢慢加压到规定的压力。保持(30±2)min。试验时观察试件的不透水性（水压突然下降或试件的非迎水面有水）。

试件上表面为细砂、矿物粒料时，下表面迎水，下表面也为细砂时，试验前，将下表面的细砂沿密封圈一圈除去，然后涂一圈(60~100)号热沥青，涂平待冷却1h后检测不透水性。

（4）单项结果评定：

三个试件在规定的时间不透水认为不透水性试验合格。

6）拉力及延伸率

（1）仪器设备：

拉伸试验机：有连续记录力和对应距离的装置，能够按(100±10)mm/min的速度均匀地移动夹具。

（2）试件制备：

拉伸试验应制作两组试件，一组纵向5个试件，另一组横向5个试件。试件在试样上距边缘100mm以上任意裁取，用模板或裁刀，矩形试件宽为(50±0.5)mm，长为(200mm+2×夹持长度)，长度方向为试验方向。表面的非持久层应去除。

试件在试验前(23±2)°C和相对湿度30%~70%的条件下至少放置20h。

（3）试验步骤：

将试件紧紧地夹在拉伸试验机的夹具中，注意试件长度方向的中线与试验机夹具中心在一条线上。夹具间距离为(200±2)mm，为防止试件从夹具中滑移应作标记。当用引伸计时，试验前应设置标距间距离为(180±2)mm。

试验在(23±2)°C进行，夹具移动的恒定速度为(100±10)mm/min。连续记录拉力和对应的夹具（引伸计）间距离。对于PYG胎基的卷材需要记录两个峰值的拉力和对应的延伸率。

试验过程观察在试件中部是否出现沥青涂盖层与胎基分离或沥青涂盖层开裂现象。

（4）结果计算及单项结果评定：

①拉力。

分别计算纵向或横向5个试件拉力的算术平均值作为卷材纵向或横向拉力，修约至5N/50mm。

5个试件拉力的算术平均值符合表4-151中的相关规定时，则判该项合格。

②延伸率。

延伸率按下式计算：

$$E = 100(L_1 - L)/L \tag{4-199}$$

式中：E——最大峰（第二峰）延伸率（%）；

L_1——试件最大峰（第二峰）时夹具（或引伸计）之间的距离（mm）；

L——夹具（或引伸计）间起始距离。

分别计算纵向或横向5个试件延伸率的算术平均值作为卷材纵向或横向延伸率,修约到1%。

试验说明：表4-164是不同温度下,拉力和伸长率的试验比对结果。通过对比分析,可得出这样的结论,温度升高拉力数值测得结果数值减小,温度降低拉力数值测得结果增大;温度升高伸长数值测得结果增大,温度降低伸长数值测得结果减小。所以,标准将该项试验的试验温度严格规定为(23 ± 2)℃。

试验温度对拉力和伸长率的影响　　　　　表4-164

试验温度（℃）	拉力平均值（N）		伸长率平均值（%）	
	纵向	横向	纵向	横向
13±2	1200	1025	50	57
23±2	1145	995	52	61
33±2	1080	995	55	63

7）可溶物含量

（1）仪器设备：

试验装置应符合《建筑防水卷材试验方法 第26部分：沥青防水卷材 可溶物含量（浸涂材料含量）》GB/T 328.26—2007中仪器设备的规定。

（2）试件制备：

试件在试样上距边缘100mm以上任意裁取,借助于模板或用裁刀,正方形试件尺寸为$(100\pm1)\text{mm}\times(100\pm1)\text{mm}$。

试件在试验前至少在(23 ± 2)℃和相对湿度30%～70%的条件下放置20h。

（3）试验步骤：

每个试件先进行称量（M_0）,对于表面隔离材料为粉状的沥青防水卷材,试件先用软毛刷刷除表面的隔离材料,然后称量试件（M_1）。将试件用干燥好的滤纸包好,用线扎好,称量其质量（M_2）。将包扎好的试件放入萃取器中,溶剂量为烧瓶容量的1/2～2/3,进行加热萃取,萃取至回流的溶剂第一次变成浅色为止,小心取出滤纸包,不要破裂,在空气中放置30min以上使溶剂挥发。再放入(105 ± 2)℃的鼓风烘箱中干燥2h,然后取出放入干燥器中冷却至室温。将滤纸包从干燥器中取出称量（M_3）。

（4）结果计算：

记录得到的每个试件的称量结果,然后按下式计算每个试件的结果,最终结果取三个试件的平均值。

$$A = (M_2 - M_3) \times 100 \tag{4-200}$$

式中：A——可溶物含量（g/m^2）。

（5）单项结果评定：

三个试件的算术平均值符合表4-151中的相关规定时,则判该项合格。

8）热老化后低温柔性

（1）仪器设备：

试验装置应符合《弹性体改性沥青防水卷材》GB 18242—2008 中仪器设备的规定。

（2）试件制备：

参考弹性体改性沥青防水卷材的低温柔性试验，裁取 150mm×25mm 的纵向试件 10 个。

（3）试验步骤：

①热老化。

将裁取的试件平放在撒有滑石粉的玻璃板上，然后将试件水平放入已调节到规定温度（≥70℃）的烘箱中，按不低于 70℃×14d 的条件进行处理。

②热老化后低温柔性。

取出热老化后的试件，在标准试验条件下放置 2h±5min。按弹性体改性沥青防水卷材的低温柔性进行试验。但冷却液温度依据 GB 55030—2022 第 3.3.2 条规定，Ⅰ型度不得高于−18℃，Ⅱ型不得高于−23℃。

（4）单项结果评定：

与弹性体改性沥青防水卷材的低温柔性试验相同。

2. 聚氯乙烯（PVC）防水卷材

1）标准试验条件

试验室标准试验条件为温度(23±2)℃，相对湿度 45%～75%。

2）试件制备

将试样在标准条件下放置 24h，按《建筑防水卷材试验方法 第 5 部分：高分子防水卷材 厚度、单位面积质量》GB/T 328.5—2007 方法裁样和表 4-165 数量裁取所需试件，试件距卷材边缘应不小于 100mm。裁切织物增强卷材时应顺着织物的走向，使工作部位有最多的纤维根数。

试件尺寸与数量　　　　　　　　　　　　　表 4-165

序号	项目	尺寸（纵向×横向）(mm)	数量（个）
1	拉伸性能	150×50（或符合《硫化橡胶或热塑性橡胶 拉伸应力应变性能的测定》GB/T 528 的哑铃Ⅰ型）	各 6
2	低温弯折性	100×25	各 2
3	不透水性	150×150	3
4	直角撕裂强度	符合《硫化橡胶或热塑性橡胶撕裂强度的测定（裤形、直角形和新月形试样）》GB/T 529—2008 的直角形	各 6

3）长度、宽度

按《建筑防水卷材试验方法 第 7 部分：高分子防水卷材 长度、宽度、平直度和平整度》GB/T 328.7—2007 进行试验，以平均值作为试验结果。若有接头，长度以量出的两段长度之和减去 150mm 计算。

4）厚度

H 类、P 类、G 类卷材厚度按《建筑防水卷材试验方法 第 5 部分：高分子防水卷材 厚度、单位面积质量》GB/T 328.5—2007 中机械测量法进行，测量五点，以五点的平均值作为卷材的厚度，并报告最小单值。

5）拉伸性能

（1）试验：

L 类、P 类、GL 类产品试件尺寸为 150mm×50mm，按《建筑防水卷材试验方法 第 9 部分：高分子防水卷材 拉伸性能》GB/T 328.9—2007 中的方法 A 进行试验，夹具间距 90mm，伸长率用 70mm 的标线间距离计算，P 类伸长率取最大拉力时伸长率，L 类、GL 类伸长率取断裂伸长率。

H 类、G 类按《建筑防水卷材试验方法 第 9 部分：高分子防水卷材 拉伸性能》GB/T 328.9—2007 中方法 B 进行试验，采用符合《硫化橡胶或热塑性橡胶 拉伸应力应变性能的测定》GB/T 528—2009 的哑铃 I 型试件，拉伸速度(250±50)mm/min。

分别计算纵向或横向 5 个试件的算术平均值作为试验结果。

（2）单项结果评定：

拉伸性能 5 个试件算术平均值符合表 4-152 中的规定时，则判该项合格。

6）低温弯折性

（1）试验：

按《建筑防水卷材试验方法 第 15 部分：高分子防水卷材 低温弯折性》GB/T 328.15—2007 进行试验。

（2）单项结果评定：

低温弯折性所有试件均符合表 4-152 中的规定时，则判该项合格，若有一个试件不符合标准规定，则判该项不合格。

7）不透水性

（1）试验：

按《建筑防水卷材试验方法 第 10 部分：沥青和高分子防水卷材 不透水性》GB/T 328.10—2007 的方法 B 进行试验，采用十字金属开缝槽盘，压力为 0.3MPa，保持 2h。

（2）单项结果评定：

不透水性所有试件均符合表 4-152 中的规定时，则判该项合格，若有一个试件不符合标准规定，则判该项不合格。

8）直角撕裂强度

（1）试验：

按《硫化橡胶或热塑性橡胶撕裂强度的测定（裤形、直角形和新月形试样）》GB/T 529—

2008 进行试验，采用无割口直角撕裂的方法，拉伸速度(250±50)mm/min。分别计算纵向或横向 5 个试件的算术平均值作为试验结果。

（2）单项结果评定：

直角撕裂强度五个试件算术平均值符合表 4-152 中的规定时，则判该项合格。

3. 聚氨酯防水涂料

1）标准试验条件

温度(23±2)℃、相对湿度 40%～60%。

2）标准试验条件

试验设备应符合《聚氨酯防水涂料》GB/T 19250—2013 中第 6.2 条的规定。

3）样品制备

在试件制备前，试样及所用试验器具应在标准试验条件下放置至少 24h。

在标准试验条件下称取所需的试样量，保证最终涂膜厚度(1.5±0.2)mm。

将放置后的试样混合均匀，不得加入稀释剂。若试样为多组分涂料，则按产品生产企业要求的配合比混合后在不混入气泡的情况下充分搅拌 5min，静置 2min，倒入模框中；也可按生产企业要求使用喷涂设备制备涂膜。模框不得翘曲且表面平滑，为便于脱模，涂覆前可用脱模剂。多组分试样一次涂覆到规定厚度，单组分试样分三次涂覆到规定厚度，试样也可按生产企业的要求次数涂覆（最多三次，每次间隔不超过 24h），涂覆后间隔 5min，轻轻刮去表面的气泡，最后一次将表面刮平。制备的涂膜在标准试验条件下养护 96h，然后脱膜，涂膜翻面后继续在标准试验条件下养护 72h。

试件形状及数量如表 4-166 所示。

试件形状及数量 表 4-166

序号	项目	试件形状	数量（个）
1	拉伸性能	符合《硫化橡胶或热塑性橡胶 拉伸应力应变性能的测定》GB/T 528 规定的哑铃 I 型	5
2	低温弯折性	100mm×25mm	3
3	不透水性	150mm×150mm	3

4）固体含量

（1）试验：

将试样充分拌匀后，取(10±1)g 的试样倒入已干燥称量的直径(65±5)mm 的培养皿（m_0）中刮平，立即称量（m_1），然后在标准试验条件下放置24h。再放入到(120±2)℃烘箱中，恒温 3h，取出放入干燥器中冷却 2h，然后称重（m_2）。

（2）结果计算：

固体含量按下式计算：

$$X = [(m_2 - m_0)/(m_1 - m_0)] \times 100 \tag{4-201}$$

式中：X——固体含量（%）；

m_0——培养皿质量（g）；

m_1——干燥前试样和培养皿质量（g）；

m_2——干燥后试样和培养皿质量（g）。

试验结果取两次平行试验的平均值，计算结果精确到 0.1%。

对于单组分水固化聚氨酯防水涂料，不加水直接试验，试验结果按单组分聚氨酯防水涂料固体含量规则判定。

对于多组分水固化聚氨酯防水涂料，按上述方法得到的 m_1 应减去采用《建筑用墙面涂料中有害物质限量》GB 18582—2020 卡尔费休法或气相色谱法得到的水分计算试验结果。

（3）单项结果评定：

固体含量试验结果的平均值符合表 4-153 中规定的指标，则判该项合格。

5）拉伸性能

（1）试验：

将涂膜按表 4-166 要求裁取 5 个试件，用直尺在试件上划好间距 25mm 的平行标线，用厚度计测出试件标线中间和两端三点的厚度，取其算术平均值作为试件厚度。调整拉伸试验机夹具间距约 70mm，将试件夹在试验机上，保持试件长度方向的中线与试验机夹具中心在一条线上，按 (500 ± 50) mm/min 的拉伸速度进行拉伸至断裂，记录试件断裂时的最大荷载（P）、断裂时标线间距离（L_1），精确到 0.1mm，测试五个试件，若有试件断裂在标线外，应舍弃，用备用件补测。

（2）结果计算及单项结果评定：

①试件的拉伸强度按下式计算：

$$T_L = P/(B \times D) \tag{4-202}$$

式中：T_L——拉伸强度（MPa）；

P——最大拉力（N）；

B——试件中间部位宽度（mm）；

D——试件厚度（mm）。

试验结果取 5 个试件的算术平均值，精确至 0.1MPa。

拉伸强度的平均值符合表 4-153 规定指标时，则判该项目合格。

②试件的断裂伸长率按下式计算：

$$E = 100(L_1 - 25)/25 \tag{4-203}$$

式中：E——断裂伸长率（%）；

L_1——试件断裂时标线间的距离（mm）；

25——试件起始标线间距离（mm）。

试验结果取 5 个试件的算术平均值，精确至 1%。

断裂伸长率的平均值符合表 4-153 规定的指标时，则判该项目合格。

注：拉伸性能（拉伸强度、断裂伸长率）试验，如果试件在狭窄部分以外断裂则舍弃该试验数据。若试验数据与平均值的偏差超过 15%，则剔除该数据，以剩下的至少 3 个试件的平均值作为试验结果。若有效试验数据少于 3 个，则需重新试验。

6）低温弯折性

（1）试验：

按表 4-166 裁取三个 100mm×25mm 试件，沿长度方向弯曲试件，将端部固定在一起，例如用胶粘带，见《建筑防水涂料试验方法》GB/T 16777—2008 中图 9，如此弯曲三个试件，调节弯折仪的两个平板间的距离为试件厚度的 3 倍。检测平板间 4 点的距离如《建筑防水涂料试验方法》GB/T 16777—2008 中图 9 所示。

放置弯曲试件在试验机上，胶带端对着平行于弯板的转轴如《建筑防水涂料试验方法》GB/T 16777—2008 中图 9 所示。放置翻开的弯折试验机和试件于调好规定温度的低温箱中，在规定温度放置 1h 后，在规定温度弯折试验机从超过 90°的垂直位置到水平位置，1s 内合上，保持该位置 1s，整个操作过程在低温箱中进行。从试验机中取出试件，恢复到 (23±5)℃，用 6 倍放大镜检查试件弯折区域的裂纹或断裂。

（2）单项结果评定：

所有试件无裂纹，则判该项目合格。

7）不透水性

（1）试验：

按表 4-166 裁取三个约 150mm×150mm 试件，在标准试验条件下放置 2h，试验在 (23±5)℃进行，将装置中充水直到满出，彻底排出装置中空气。

将试件放置在透水盘上，再在试件上加一相同尺寸的金属网，孔径为 (0.5±0.1)mm，盖上 7 孔圆盘，慢慢夹紧直到试件夹紧在盘上，用布或压缩空气干燥试件的非迎水面，慢慢加压到规定的压力（0.3MPa）。

达到规定压力后，保持压力 120min。试验时观察试件的透水情况（水压突然下降或试件的非迎水面有水）。

（2）单项结果评定：

所有试件在规定时间应无透水现象，则判该项目合格。

4. 聚合物水泥防水涂料

《地下防水工程质量验收规范》GB 50208—2011 与《屋面工程质量验收规范》GB 50207—2012 两本验收规范，对聚合物水泥防水涂料进场复验项目的规定不同，且与产品标准不完全统一。《屋面工程质量验收规范》GB 50207—2012 规定了固体含量、拉伸强度、断裂伸长率、低温柔性和不透水性共五项进场复验参数。《地下防水工程质量验收规范》GB

50208—2011 规定了潮湿基面粘结强度、涂膜抗渗性、浸水 168h 后拉伸强度、浸水 168h 后断裂伸长率及耐水性共五项进场复验参数。

注：①由于《屋面工程质量验收规范》GB 50207—2012 第 3.0.6 条规定，屋面工程所用的防水材料性能必须符合国家现行产品标准的要求，故建议结合《聚合物水泥防水涂料》GB/T 23445—2009，对不同类型的产品分别规定进场复验参数：

  a. Ⅰ型聚合物水泥防水涂料进场复验项目有：固体含量、拉伸强度、断裂伸长率、低温柔性和不透水性。

  b. Ⅱ型和Ⅲ型聚合物水泥防水涂料进场复验项目有：固体含量、拉伸强度、断裂伸长率、不透水性和抗渗性。

②除非有特殊要求，否则，拉伸强度和断裂伸长率试验时，试件均系无处理状态。

1）标准试验条件

温度(23±2)℃、相对湿度 40%～60%。

2）拉伸性能

（1）试样和试件制备：

试验前样品及所用器具应在标准试验条件下至少放置 24h。将在标准试验条件下放置后的样品按生产厂指定的比例分别称取适量液体和固体组分，混合后机械搅拌 5min，静置(1～3)min，以减少气泡，然后倒入《建筑防水涂料试验方法》GB/T 16777—2008 的第 4.1 节和第 9.1 节规定的模具中涂覆。为方便脱模，模具表面可用脱模剂进行处理。试样制备时分二次或三次涂覆，后道涂覆应在前道涂层实干后进行，两道涂覆间隔时间为(12～24)h，使试样厚度达到(1.5±0.2)mm。将最后一道涂覆试样的表面刮平后，于标准条件下静置 96h，然后脱模。将脱模后的试样反面向上在(40±2)℃干燥箱中处理 48h，取出后置于干燥器中冷却至室温。用切片机将试样冲切成试件，拉伸试验所需试件数量和形状如表 4-167 所示。

拉伸试验试件形状及数量　　　　表 4-167

试验项目		试件形状	试件数量（个）
拉伸强度和断裂伸长率	无处理	《硫化橡胶或热塑性橡胶 拉伸应力应变性能的测定》GB/T 528—2009 中规定的Ⅰ型哑铃形试件	6*
	加热处理		6
	紫外线处理		6
	碱处理	(120×25)mm	6
	浸水处理		6

注：*拉伸试验通常需要 5 个试件，另 1 个试件为备用试件。

（2）试验：

①无处理拉伸性能

用直尺在哑铃Ⅰ型试件上划好间距 25mm 的平行标线，用厚度计测出试件标线中间和两端三点的厚度，取其算术平均值作为试件厚度。调整拉伸试验机夹具间距约70mm，将试件夹在试验机上，保持试件长度方向的中线与试验机夹具中心在一条线上，按 200mm/min 的拉伸速度进行拉伸至断裂，记录试件断裂时的最大荷载（P）、断裂时标线间距离（L_1），精确到 0.1mm，测试五个试件，若有试件断裂在标线外，应舍弃，用备用件补测。

试件的拉伸强度按下式计算：

$$T_L = P/(B \times D) \tag{4-204}$$

式中：T_L——拉伸强度（MPa）；

　　　P——最大拉力（N）；

　　　B——试件中间部位宽度（mm）；

　　　D——试件厚度（mm）。

试验结果取 5 个试件的算术平均值，精确至 0.1MPa。

试件的断裂伸长率按下式计算：

$$E = 100(L_1 - 25)/25 \tag{4-205}$$

式中：E——断裂伸长率（%）；

　　　L_1——试件断裂时标线间的距离（mm）；

　　　25——试件起始标线间距离（mm）。

试验结果取 5 个试件的算术平均值，精确至 1%。

② 热处理后拉伸性能

将裁取好的 6 个 I 型哑铃型试件平放在隔离材料上，水平放入已达到(80 ± 2)℃的电热鼓风烘箱中。试件与箱壁间距不得少于 50mm，试件宜与温度计的探头在同一水平位置，在(80 ± 2)℃的电热鼓风烘箱中恒温(168 ± 1)h。取出后置于干燥器中冷却至室温，按无处理拉伸性能试验的规定测定拉伸性能。

③ 碱处理后拉伸性能

在(23 ± 2)℃时，在 0.1%化学纯氢氧化钠（NaOH）溶液中，加入 $Ca(OH)_2$ 试剂，并达到过饱和状态。

在 600mL 该溶液中放入 6 个裁取好的 120mm×25mm 试件，液面应高出试件表面 10mm 以上，连续浸泡(168 ± 1)h。取出后用水充分冲洗，擦干后放入(60 ± 2)℃的干燥箱中烘 18h，取出后置于干燥器中冷却至室温，用切片机冲压切成 I 型哑铃形试件，按无处理拉伸性能试验的规定测定拉伸性能。

④ 浸水处理后拉伸性能

将裁取好的 6 个 120mm×25mm 试件浸入(23 ± 2)℃的水中，浸水时间(168 ± 1)h。然后放入(60 ± 2)℃的干燥箱中 18h，取出后置于干燥器中冷却至室温，用切片机冲压切成 I 型哑铃形试件，按无处理拉伸性能试验的规定测定拉伸性能。

⑤ 紫外线处理后拉伸性能

将裁取好的 6 个 I 型哑铃型试件平放在釉面砖上，为了防粘，可在釉面砖表面撒滑石粉。将试件放入紫外线箱中，灯管与试件的距离为(470～500)mm，距试件表面 50mm 左右的空间温度为$(45±2)℃$，照射时间 240h。取出后置于干燥器中冷却至室温，按无处理拉伸性能试验的规定测定拉伸性能。

（3）单项结果评定：

拉伸强度的平均值符合表 4-155 中规定的指标时，则判该项目合格。

断裂伸长率的平均值符合表 4-155 中规定的指标时，则判该项目合格。

3）不透水性

（1）试验：

涂膜试样的制备和养护与拉伸性能试验的规定相同。将做好的涂膜裁取成三个 150mm×150mm 试件，在标准试验条件下放置 2h。

试验在$(23±5)℃$进行，将装置中充水直到满出，彻底排出装置中空气。

将试件放置在透水盘上，再在试件上加一相同尺寸的金属网（孔径为 0.2mm），盖上 7 孔圆盘，慢慢夹紧直到试件夹紧在盘上，用布或压缩空气干燥试件的非迎水面，慢慢加压到规定的压力。

达到规定 0.3MPa 压力后，保持压力 30min。试验时观察试件的透水情况（水压突然下降或试件的非迎水面有水）。

（2）单项结果评定：

不透水性试验每个试件在规定时间均无透水现象时，则判该项目合格。

4）低温柔性

（1）试验：

涂膜试样的制备和养护与拉伸性能试验的规定相同。将做好的涂膜裁取 100mm×25mm 试件三块。将试件和圆棒（直径 10mm）放入已调节到规定温度（-10℃）的低温冰柜的冷冻液中，温度计探头应与试件在同一水平位置，在规定温度下保持 1h，然后在冷冻液中将试件绕圆棒在 3s 内弯曲 180°，弯曲三个试件（无上、下表面区分），立即取出试件用肉眼观察试件表面有无裂纹、断裂。

（2）单项结果评定：

低温柔性试验每个试件均无裂纹时，则判该项目合格。

5）固体含量

（1）试验：

将样品按生产厂指定的比例（不包括稀释剂）混合均匀后，取$(6±1)g$的样品倒入已干燥称量的培养皿（m_0）中并铺平底部，立即称量（m_1），在标准试验条件下放置 24h 后再放入加热到$(105±2)℃$的烘箱中，恒温 3h，取出放入干燥器中，在标准试验条件下冷却 2h，然后称量（m_2）。

固体含量按下式计算：

$$X = [(m_2 - m_0)/(m_1 - m_0)] \times 100 \tag{4-206}$$

式中：X——固体含量（质量分数）（%）；

m_0——培养皿质量（g）；

m_1——干燥前试样和培养皿质量（g）；

m_2——干燥后试样和培养皿质量（g）。

试验结果取两次平行试验的平均值，结果计算精确到1%。

（2）单项结果评定：

固体含量的平均值达到表4-155规定指标时，则判该项目合格。

6）抗渗性

（1）试验器具：

试验器具应符合《聚合物水泥防水涂料》GB/T 23445—2009中第A.1节的规定。

（2）试件制备：

①砂浆试件的制备

按照《水泥胶砂流动度测定方法》GB/T 2419—2005第4章的规定确定砂浆的配比和用量，并以砂浆试件在(0.3～0.4)MPa压力下透水为准，确定水灰比。制备的砂浆试件，脱模后放入(20±2)℃的水中养护7d取出。待表面干燥后，用密封材料密封装入渗透仪中进行砂浆试件的抗渗试验。水压从0.2MPa开始，恒压2h后增至0.3MPa，以后每隔1h增加0.1MPa，直至试件透水。每组选取三个在(0.3～0.4)MPa压力下透水的试件。

②涂膜抗渗试件的制备

从渗透仪上取下已透水的砂浆试件，擦干试件上口表面水渍，并清除试件上口和下口表面密封材料的污染。将待测涂料样品按生产厂指定的比例分别称取适量液体和固体组分，混合后机械搅拌5min。在三个试件的上口表面（背水面）均匀涂抹混合好的试样，第一道(0.5～0.6)mm厚。待涂膜表面干燥后再涂第二道，使涂膜总厚度为(1.0～1.2)mm。待第二道涂膜表干后，将制备好的抗渗试件放入水泥标准养护箱（室）中放置168h，养护条件为：温度(20±1)℃，相对湿度不小于90%。

（3）试验步骤：

将抗渗试件从养护箱中取出，在标准条件下放置2h，待表面干燥后装入渗透仪，按砂浆试件制备的加压程序进行涂膜抗渗试件的抗渗试验。当三个抗渗试件中有两个试件上表面出现透水现象时，即可停止该组试验，记录当时水压（MPa）。当抗渗试件加压至1.5MPa、恒压1h还未透水，应停止试验。

涂膜抗渗性试验结果应报告三个试件中两个未出现透水时的最大水压力（MPa）。

（4）单项结果评定：

最大水压力符合表4-155规定时，则判该项目合格。

7)粘结强度

(1)试验器具:

试验器具应符合《聚合物水泥防水涂料》GB/T 23445—2009 中第 7.6.1 条的规定。

(2)试件制备:

①水泥砂浆基板的制备

按《水泥胶砂强度检验方法(ISO 法)》GB/T 17671—2021 的规定配制水泥砂浆,用内部尺寸 70mm×70mm×20mm 的金属模具成型基板,在水泥标准养护箱(室)中静置 24h 后脱模,然后将基板在(20±2)℃的水中养护 6d,再用 60 号碳化硅砂轮或类似的磨具湿磨基板成型时的下表面,除去浮浆。然后在标准状态下静置 7d 备用。

②无处理、碱处理和浸水处理试件的制备

试验前,样品及所用器具应在标准试验条件下至少放置 24h。放置后的样品按生产厂指定的比例分别称取适量液体和固体组分,混合后机械搅拌 5min,静置(1~3)min,以减少气泡。将配制好的试料分次涂覆在水泥砂浆基板的研磨面上,使涂层厚度为 1.5mm,然后用刮刀修平表面。于标准试验条件下养护 96h,然后在(40±2)℃干燥箱中放置 48h,取出后,在标准试验条件下至少放置 4h。每种试验条件分别制备五个试件。

③潮湿基层试件制备

将基板在(23±2)℃的清水中浸泡 24h,立即用清洁干布拭去基板粘结面的附着水,按前述方法直接在粘结面上涂覆试料和养护。

④碱处理和浸水处理试件的封边

碱处理和浸水处理的试件按"②无处理、碱处理和浸水处理试件的制备"中的规定养护完成后,在试件的四个侧面以及涂布面的边缘约 5mm 部分涂覆环氧树脂,见图 4-70。

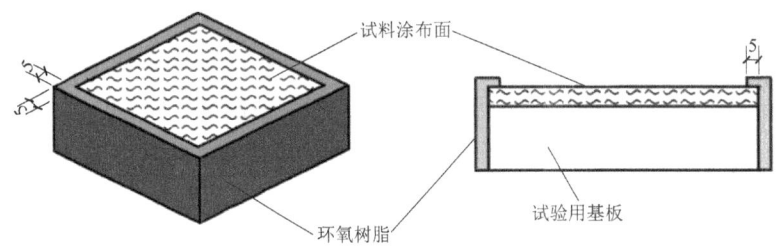

图 4-70　试件涂覆示意图(单位:mm)

(3)试验:

①无处理粘结强度

将制备的无处理试件水平放置,在涂膜面上均匀涂覆高强度胶粘剂,按《建筑防水涂料试验方法》GB/T 16777—2008 图 5 所示,将拉伸用上夹具小心放置其上,轻轻滑动,使粘结密实,在上面放置质量为 1kg 的重物,除去周边溢出的胶粘剂。在标准试验条件下放置 24h。

沿试件上粘结的上夹具周边用刀切割涂膜至基板,然后按《建筑防水涂料试验方法》

GB/T 16777—2008 图 6 所示,用下夹具和垫板将试件安装在拉伸试验机上,进行拉伸试验,拉伸速度为(5±1)mm/min,测定最大拉伸荷载F。

粘结强度按下式计算:

$$\sigma = F/1600 \tag{4-207}$$

式中:σ——粘结强度(MPa);

F——最大拉伸荷载(N)。

试验结果取 5 个试件的平均值,精确至 0.1MPa。

② 潮湿基层粘结强度

将制备的潮湿基层试件按无处理粘结强度测定的规定来测定粘结强度。

③ 碱处理粘结强度

将按规定养护完成后封边的碱处理试件按《建筑防水涂料试验方法》GB/T 16777—2008 中第 9.2.3 条规定的碱溶液中浸泡 7d。取出后用水充分冲洗,擦干后放入(60±2)℃的干燥箱中烘 18h,取出后在标准试验条件下至少放置 2h。然后按无处理粘结强度测定的规定来测定粘结强度。

④ 浸水处理粘结强度

将按规定养护完成后封边的浸水处理试件水平放置在图 4-71 所示水槽的砂(标准砂或石英砂)上,加入(23±2)℃的水,至水面距试件基板上表面约 5mm,静置 7d 后取出试件,以试件的侧面朝下,在(60±2)℃的恒温箱中干燥 18h,取出后在标准试验条件下至少放置 2h。按无处理粘结强度测定的规定来测定粘结强度。

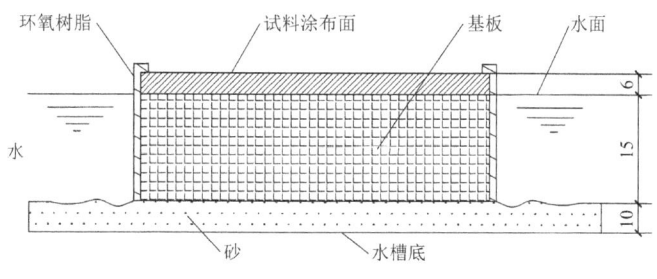

图 4-71 试件浸水示意图

(4)单项结果评定:

试验结果的算术平均值符合表 4-155 中的规定时,则判该项目合格。

8)耐水性(粘结强度保持率及抗渗性保持率)

《地下防水工程质量验收规范》GB 50208—2011 表 A.2.1 规定:耐水性是指材料浸水 168h 后取出擦干即进行试验,其粘结强度及抗渗性的保持率。

(1)试验:

① 粘结强度保持率

粘结强度的保持率是浸水 168h 后粘结强度与无处理粘结强度的比值。

浸水168h后粘结强度试验的比对试件数量及试件浸水168h前的制作及养护与无处理粘结强度试件相同。比对试件浸水168h后取出擦干后，按无处理粘结强度测定的规定来测定浸水168h后的粘结强度。

②抗渗性保持率

抗渗性的保持率是浸水168h后抗渗性试验结果与无处理状态抗渗性试验结果的比值。

浸水168h后抗渗性试验的比对试件数量及试件浸水168h前的制作及养护与无处理状态抗渗性试验试件相同。比对试件浸水168h后取出擦干后，按无处理抗渗性测定的规定来测定浸水168h后的抗渗性。

（2）结果评定：

粘结强度保持率和抗渗性保持率均不低于80%，则判该项合格。

5. 混凝土建筑接缝用密封胶

1）标准试验条件

试验室标准试验条件为：温度(23±2)℃，相对湿度(50±5)%。

2）试验基材

试验基材的材质和尺寸应符合《建筑密封材料试验方法 第1部分：试验基材的规定》GB/T 13477.1—2002的规定，选用水泥砂浆基材，基材的粘结表面不应有气孔。

当基材需要涂敷底涂料时，应按生产商要求进行。

3）试件制备

制备前，样品应在标准试验条件下放置24h以上。

制备时，单组分试样应用挤枪从包装筒（膜）中直接挤出注模，使试样充满模具内腔，不得带入气泡。挤注后应及时修整，防止试样在成型完毕前结膜。

多组分试样应按生产商标明的比例混合均匀，避免混入气泡。若事先无特殊要求，混合后应在30min内完成注模和修整。

粘结试件的数量如表4-168所示。

粘结试件数量和处理条件　　　　　　　　表4-168

项目	试件数量（个）		处理条件
	试验组	备用组	
定伸粘结性	3	3	《建筑密封材料试验方法 第10部分：定伸粘结性的测定》GB/T 13477.10—2017中第8.2节中的"A法"

注：多组分试件可在标准试验条件下放置14d。

4）定伸粘结性

（1）试验：

按《建筑密封材料试验方法 第10部分：定伸粘结性的测定》GB/T 13477.10—2017的规定进行试验，样品试验温度为(23±2)℃。试验伸长率如表4-169所示。

试验伸长率表　　　　　　　　　表4-169

项目		技术指标						
		50LM	35LM	25LM	25HM	20LM	20HM	12.5E
伸长率（%）	定伸粘结性	100				60		

（2）试验后检查：

密封胶试件制备后，应检查其是否有缺陷，舍弃不适用的试件。试验之后检查试件有无粘结损坏或内聚破坏情况，采用可读至 0.5mm 的合适量具测量在任一部位观察到的粘结损坏和/或内聚损坏的深度，报告两者中的最大观测值，并以此作为合格或破坏的判据。

由于试件靠近端部存在较大应力，在试件制备和试验期间，在试件一端或两端 2mm×12mm×12mm 体积内观察到的粘结或内聚损坏都不应作为破坏报告。

每项试验应测试 3 块试件。在任意测试方法中，如果有两块或更多试件破坏，则报告密封胶该项试验破坏。如仅有一块试件破坏，则重复进行整个试验。如三个重复试验的试件中仍有一块破坏，则密封胶该项试验报告为破坏。

（3）破坏确定：

在密封胶表面任何位置，如果粘结或内聚损坏深度超过 2mm，则密封胶试件为破坏。

（4）单项结果评定：

定伸粘结性的每个试件均符合表 4-158 中的规定时，则判该项合格。

5）流动性

（1）下垂度测定：

①试验器具

试验器具应符合《建筑密封材料试验方法　第 6 部分：流动性的测定》GB/T 13477.6—2002 中的规定。

②试件制备

将下垂度模具用丙酮等溶剂清洗干净并干燥之，把聚乙烯条衬在模具底部，使其盖住模具上部边缘，并固定在外侧，然后把已在(23±2)℃下放置 24h 的密封材料用刮刀填入模具内，制备试件时应注意：

a. 避免形成气泡；

b. 在模具内表面上将密封材料压实；

c. 修整密封材料的表面，使其与模具的表面和末端齐平；

d. 放松具背面的聚乙烯条；

③试验步骤

对每一试验温度 70℃和/或 50℃和/或 5℃，以及试验步骤 A 或试验步骤 B，各测试一个试件。根据各方协商，试件可按试验步骤 A 或试验步骤 B 测试。

a. 试验步骤 A

将制备好的试件立即垂直放置在已调节至(70±2)℃和/或(50±2)℃的干燥箱和/或(5±2)℃的低温箱内,模具的延伸端向下[图4-72(a)],放置24h。然后从干燥箱或低温箱中取出试件。用钢板尺在垂直方向上测量每一试件中试样从底面往延伸端向下移动的距离(mm)。下垂度试验每一试件的下垂值,精确至1mm。

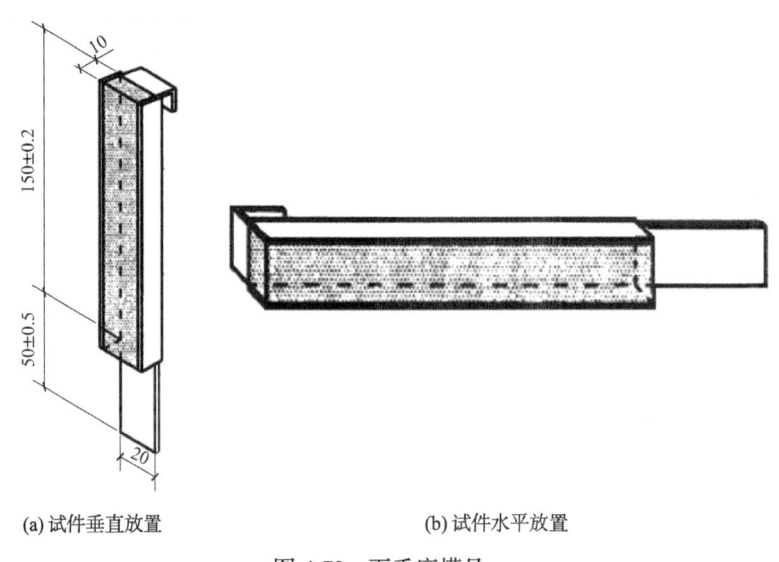

(a) 试件垂直放置　　　　　　　　(b) 试件水平放置

图 4-72　下垂度模具

b. 试验步骤 B

将制备好的试件立即水平放置在已调节至(70±2)℃和/或(50±2)℃的干燥箱和/或(5±2)℃的低温箱内,使试样的外露面与水平面垂直[图4-72(b)],放置24h。然后从干燥箱或低温箱中取出试件。用钢板尺在水平方向上测量每一试件中试样超出槽形模具前端的最大距离(mm)。下垂度试验每一试件的下垂值,精确至1mm。

c. 如果试验失败,允许重复一次试验,但只能重复一次,当试样从槽形模具中滑脱时,模具内表面可按生产方的建议进行处理,然后重复进行试验。

(2) 流平性的测定:

① 将流平性模具用丙酮溶剂清洗干净并干燥之,然后将试样和模具在(23±2)℃下放置至少24h。每组制备一个试件。

② 将试样和模具在(5±2)℃的低温箱中处理(16~24)h,然后沿水平放置的模具的一端到另一端注入约100g试样,在此温度下放置4h。观察试样表面是否光滑平整。

多组分试样在低温处理后取出,按规定配比将各组分混合5min,然后放入低温箱内静置30min再按上述方法试验。

(3) 单项结果评定:

流动性的每个试件均符合表4-158中的规定时,则判该项合格。

6）挤出性

（1）原理：

将待测密封材料填满标准器具，利用压缩空气在规定条件下挤出密封材料，称量挤出密封材料的质量。

对单组分密封材料，在单位时间内密封材料的挤出质量为质量挤出率，挤出体积为体积挤出率。

对多组分密封材料，绘制质量挤出率E_m的算术平均值与混合后经历时间f的曲线图，读取相应产品标准规定或各方商定的挤出率所对应的时间，即为适用期（h 或 min）。

（2）试验器具：

恒温箱：温度可调至$(5 \pm 2)℃$、$(23 \pm 2)℃$、$(35 \pm 2)℃$或各方商定的温度。

气动标准器具：标准器具的试验体积为 250mL 或 400mL，挤出孔直径为 2mm、4mm、6mm 或 10mm，可按各方商定选用。

稳压气源：气压可达 700kPa。

秒表：分度值 0.1s。

天平：分度值 0.1g。

（3）通则：

下列所有测试应在相同试验条件（相同的批号、温度、挤出筒体积、挤出孔直径、挤出压力等）下进行。

①单组分密封材料

每个单组分密封材料样品进行 3 次挤出试验；

每次挤出试验使用 1 个标准器具。

②多组分密封材料

每个多组分密封材料样品，混合后在 3 个不同时间间隔进行挤出试验；

每个时间间隔分别用 3 个标准器具进行挤出试验；

共进行 9 次挤出试验（3 个不同时间间隔中，每个时间间隔用 3 个标准器具）。

（4）试验准备：

①标准器具的准备

根据待测密封材料的黏度或按各方商定，选择挤出筒的体积和挤出孔的直径，将标准器具的活塞和活塞环装在一起，放入挤出筒中，活塞环的一侧朝向挤出孔。

②样品处理

a. 一般规定

试验温度可以是$(5 \pm 2)℃$、$(23 \pm 2)℃$、$(35 \pm 2)℃$或各方商定的温度。

试验前，将单组分或多组分密封材料样品和挤出筒置于恒温箱中，按试验温度处理至少 12h。

若未事先说明，按试验温度(23±2)℃进行处理。

b. 单组分密封材料

将待测密封材料从恒温箱中取出，填满标准器具的挤出筒，避免形成气泡。

由于密封材料的流变性，必要时可按照各方商定，在试样经过适当的恢复时间后再进行挤出试验。恢复期间挤出筒应在恒温箱内进行状态处理。

c. 多组分密封材料

按照生产厂的使用说明混合密封材料。

按照生产厂关于适用期的说明，计算挤出试验的3个不同时间间隔，相当于：

——同一试验温度下适用期的1/4；

——同一试验温度下适用期的1/2；

——同一试验温度下适用期的3/4。

将混合后的待测密封材料填满标准器具的挤出筒，避免形成气泡。

（5）试验步骤：

①一般规定

挤出试验在室温下进行。以下所有操作应在5min内完成：

a. 将挤出筒装入标准器具；

b. 将稳压气源的气压调至(300±10)kPa，或各方商定的任一压力；

c. 从挤出孔挤出适量试样，以便排出空气。

②单组分密封材料

立即从挤出筒中挤出试样，挤出时间为30s，用秒表测量该时间。气动挤出后，用天平称量挤出试样的质量，计时结束后从挤出孔内出来的试样数量不计。

试验后挤出筒不应是空的。

注：对于低黏度密封材料，挤出时间可以短些。对于高黏度密封材料，挤出时间可以长些。

③多组分密封材料

从挤出筒中挤出试样，共做3组平行试验，自混合结束至各组试验的时间 f 分别对应于适用期内3个时间间隔之一，每次气动挤出后，用天平称量挤出试样的质量，计时结束后从挤出孔内出来的试样数量不计。3组挤出试验后，每个挤出筒不应是空的。

3组测试的挤出试验之间，挤出筒应放回恒温箱内。

（6）结果计算：

①质量挤出率

质量挤出率的每次测试结果按下式计算，以每分钟挤出的密封材料质量（克）表示，质量修约至整数：

$$E_m = (m \times 60)/t \tag{4-208}$$

式中：E_m——密封材料的质量挤出率（g/min）；

m——挤出的试样质量（g）；

t——挤出时间（s）。

计算 3 次测试结果的算术平均值，修约至整数。

②体积挤出率

若需要，体积挤出率的每次测试结果可按下式计算，以每分钟挤出的密封材料体积（毫升）表示试验结果，体积修约至整数：

$$E_V = E_m/D \qquad (4-209)$$

式中：E_V——密封材料的体积挤出率（mL/min）；

E_m——密封材料的质量挤出率（g/min）；

D——密封材料在试验温度下的密度（g/cm³）。

计算 3 个 E_V 数值的算术平均值，修约至整数。

（7）单项结果评定：

《混凝土接缝用建筑密封胶》JC/T 881—2017 中无单项结果评定标准。

6. 遇水膨胀橡胶

1）试样制备

制品型试样应采用与制品相当的硫化条件，沿压延方向制取标准试样，成品测试从经规格尺寸和外观质量检验合格的制品上裁取试验所需的足够长度，按《橡胶物理试验方法试样制备和调节通用程序》GB/T 2941—2006 的规定制备试样，经(70±2)℃恒温 8h 后，在标准状态下停放 4h。腻子型试样直接取自产品，按试验方法规定尺寸制备。

2）硬度

硬度的测定按《硫化橡胶或热塑性橡胶 压入硬度试验方法 第 1 部分：邵氏硬度计法（邵尔硬度）》GB/T 531.1—2008 的规定进行。

硬度的试验结果取五次测量结果的中值。

3）拉伸强度、拉断伸长率

拉伸强度、拉断伸长率的测定按《硫化橡胶或热塑性橡胶 拉伸应力应变性能的测定》GB/T 528—2009 的规定进行，采用 2 型试样。

拉伸强度的试验结果用中位数表示。

拉断伸长率的试验结果用中位数表示。

4）体积膨胀倍率

（1）浸泡后能用称量法检测的试样：

①试样制备

标准实验室温度应为(23±2)℃或(27±2)℃。如果更严格要求，温度公差应为±1℃。（注：23℃通常是适用于温带地区的标准实验室温度，27℃通常是适用于热带和亚热带地区的标准实验室温度）

试验仪器为精度不低于 0.001g 的天平。

试样尺寸：长、宽各为(20.0±0.2)mm，厚度为(2.0±0.2)mm，试样数量为 3 个。用成品制作试样时，应去掉表层。

②试验步骤

将制作好的试样先用天平称出在空气中的质量，然后再称出试样悬挂在蒸馏水中的质量。

将试样浸泡在(23±5)℃的 300mL 蒸馏水中，试验过程中，应避免试样重叠及水分的挥发。

试样浸泡 72h 后，先用天平称出其在蒸馏水中的质量，然后用滤纸轻轻吸干试样表面的水分，称出试样在空气中的质量。

如试样密度小于蒸馏水密度，试样应悬挂坠子使试样完全浸没于蒸馏水中。

③计算公式

体积膨胀倍率按下式计算：

$$\Delta V = [(m_3 - m_4 + m_5)/(m_1 - m_2 + m_5)] \times 100\% \tag{4-210}$$

式中：ΔV——体积膨胀倍率（%）；

m_1——浸泡前试样在空气中的质量（g）；

m_2——浸泡前试样在蒸馏水中的质量（g）；

m_3——浸泡后试样在空气中的质量（g）；

m_4——浸泡后试样在蒸馏水中的质量（g）；

m_5——坠子在蒸馏水中的质量（g）（如无坠子用发丝等特轻细丝悬挂可忽略不计）。

④试验结果

试验结果取 3 个试样的算术平均值。

（2）浸泡后不能用称量法检测的试样：

①试样制备

标准实验室温度应为(23±2)℃或(27±2)℃。如果更严格要求，温度公差应为±1℃。（注：23℃通常是适用于温带地区的标准实验室温度，27℃通常是适用于热带和亚热带地区的标准实验室温度）

试验仪器为精度不低于 0.001g 的天平和 50mL 的量筒。

取试样质量为 2.5g，制成直径约为 12mm，高度约为 12mm 的圆柱体，数量为 3 个。用成品制作试样时，应去掉表层。

②试验步骤

将制作好的试样先用 0.001g 精度的天平称出其在空气中的质量，然后再称出试样悬挂在蒸馏水中的质量（必须用发丝等特轻细丝悬挂试样）。

先在量筒中注入 20mL 左右的(23±5)℃的蒸馏水，放入试样后，加蒸馏水至 50mL。

然后在标准实验室温度的条件下放置120h（试样表面和蒸馏水必须充分接触）。

读出量筒中试样占水的体积数V（即试样的高度）。

③计算公式

体积膨胀倍率按照下式计算：

$$\Delta V = [(V \cdot \rho)/(m_1 - m_2)] \times 100\% \tag{4-211}$$

式中：ΔV——体积膨胀倍率（%）；

m_1——浸泡前试样在空气中的质量（g）；

m_2——浸泡前试样在蒸馏水中的质量（g）；

V——浸泡后试样占水的体积（mL）；

ρ——水的密度，取1g/mL。

④试验结果

试验结果取3个试样的算术平均值。

说明：

A. 最终膨胀率

按照《地下防水工程质量验收规范》GB 50208—2011附录A.3.3的要求，腻子型遇水膨胀止水条应做最终膨胀率（21d，%），试验方案按上述方法测试21d体积膨胀倍率。

B. 7d膨胀率

按照《地下防水工程质量验收规范》GB 50208—2011附录A.3.3的要求，腻子型遇水膨胀止水条应做最终膨胀率（7d，%），试验方案按上述方法测试7d体积膨胀倍率。

7d膨胀率（7d，%）应不大于最终膨胀率（21d，%）的60%。

5）反复浸水试验（耐水性）（参考《地下防水工程质量验收规范》GB 50208—2011）

将试样在常温(23±5)℃蒸馏水中浸泡16h，取出后在(70±2)℃下烘干8h，再放到水中浸泡16h，再烘干8h……如此反复浸水、烘干4个循环周期之后，测其拉伸强度和拉断伸长率，并按体积膨胀倍率试验的规定测试体积膨胀倍率。

6）低温试验

将3个50mm×100mm×2mm的试件放在(-20±2)℃低温箱中停放2h，取出后立即在ϕ10mm的棒上缠绕一圈，观察其是否脆裂。

7）高温流淌性

将3个20mm×20mm×4mm的试件分别置于水平夹角15°的带凹槽木架上，使试件厚度的2mm在槽内，2mm在槽外；一并放入(80±2)℃的干燥箱内，5h后取出，观察试样有无明显流淌，以不超过凹槽边线1mm为无流淌。

8）低温弯折

①试样制备

将试样裁成20mm×100mm×2mm的长方体。

②试验仪器

低温弯折仪应由低温箱和弯折板两部分组成（图4-73）。低温箱应能在(-40～0)℃之间自动调节，误差为±2℃。弯折板由金属平板、转轴和调距螺栓组成，平板间距可任意调节。

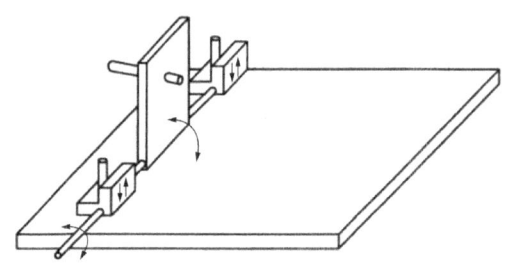

图4-73　弯折板示意图

③试验条件

从试样制备到试验，试样的停放时间为24h；

试验温度为(23±2)℃。

④试验步骤

将制备的试样弯曲180°，使试样边缘重合、齐平，并用定位夹或10mm宽的胶布将边缘固定以保证其在试验中不发生错位；并将弯折板的两平板间距调到试样厚度的3倍。

将弯折板上平板打开，把厚度相同的两块试样平放在底板上，重合的一边朝向转轴，且距转轴20mm；在规定温度下保持2h，之后迅速压下上平板，达到所调间距位置，保持1s后将试样取出。待恢复到室温后观察试样弯折处是否断裂，或用放大镜观察试样弯折处受拉面有无裂纹。

⑤判定

用8倍放大镜观察试样表面，以两个试样均无裂纹为合格。

六、最终结果评定

1. 弹性体改性沥青防水卷材

进场复验项目的复验结果均符合表4-151规定的，则判为该批产品复验项目合格。若有一项指标不符合标准规定，允许在该批产品中再随机抽取5卷，从中任取1卷对不合格参数进行单项复验。达到标准要求时，则判该批产品复验项目合格。

2. 聚氯乙烯（PVC）防水卷材

试验结果均符合表4-152中的规定，判该批产品材料性能合格。若仅有一项不符合标准规定，允许在该批产品中随机抽取一卷进行单项复验，符合标准规定则判该批产品材料性能合格，否则判该批产品材料性能不合格。

3. 聚氨酯防水涂料

（1）当聚氨酯防水涂料用于地下防水工程时，因《地下防水工程质量验收规范》GB 50208—2011规定的物理性能检验参数不在《聚氨酯防水涂料》GB/T 19250—2013规定的检测项目中，材料进场时的复验参数按当地行政主管部门的规定执行。

（2）当聚氨酯防水涂料用于屋面防水工程时，进场复试项目为固体含量、拉伸强度、断裂伸长率、低温弯折性和不透水性。复试项目的试验结果均符合表 4-153 中规定的要求时，则判该批产品合格。

（3）当聚氨酯防水涂料用于住宅室内防水工程时，进场复试项目为固体含量、拉伸强度、断裂伸长率、不透水性、挥发性有机化合物、苯、甲苯＋乙苯＋二甲苯和游离 TDI。复试项目的试验结果均符合表 4-153 及表 4-154 中规定的要求时，则判该批产品合格。

4. 聚合物水泥防水涂料

1）用于地下防水工程的聚合物水泥防水涂料，其结果依据表 4-170 进行判定

聚合物水泥防水涂料物理力学性能 表 4-170

序号	试验项目	技术指标
1	潮湿基面粘结强度（MPa）	≥1.0
2	涂膜（120min）抗渗性（MPa）	≥0.3
3	浸水 168h 后拉伸强度（MPa）	≥1.5
4	浸水 168h 后断裂伸长率（%）	≥80
5	耐水性（%）	≥80

2）用于屋面防水工程的聚合物水泥防水涂料，其结果依据表 4-171 进行判定

聚合物水泥防水涂料物理力学性能 表 4-171

序号	试验项目	技术指标		
		Ⅰ型	Ⅱ型	Ⅲ型
1	固体含量（%）	70	70	70
2	拉伸强度（无处理）（MPa）（不小于）	1.2	1.8	1.8
3	断裂伸长率（无处理）（%）（不小于）	200	80	30
4	低温柔性（ϕ10mm 棒）	−10℃无裂纹	—	—
5	不透水性（0.3MPa，30min）	不透水	不透水	不透水
6	抗渗性（砂浆背水面）（MPa）（不小于）	—	0.6	0.8

3）用于住宅室内防水工程的聚合物水泥防水涂料

（1）物理力学性能结果，依据表 4-172 进行判定。

聚合物水泥防水涂料物理力学性能 表 4-172

试验项目	性能指标		
	Ⅰ型	Ⅱ型	Ⅲ型
固体含量（%）	≥70	≥70	≥70

续表

试验项目		性能指标		
		Ⅰ型	Ⅱ型	Ⅲ型
拉伸强度	无处理（MPa）	≥1.2	≥1.8	≥1.8
	加热处理后保持率（%）	≥80	≥80	≥80
	碱处理后保持率（%）	≥60	≥70	≥70
断裂伸长率	无处理（%）	≥200	≥80	≥30
	加热处理（%）	≥150	≥65	≥20
	碱处理（%）	≥150	≥65	≥20
粘结强度	无处理（MPa）	≥0.5	≥0.7	≥1.0
	潮湿基层（MPa）	≥0.5	≥0.7	≥1.0
	碱处理（MPa）	≥0.5	≥0.7	≥1.0
	浸水处理（MPa）	≥0.5	≥0.7	≥1.0
不透水性（0.3MPa，30min）		不透水	不透水	不透水
抗渗性（MPa）		—	≥0.6	≥0.8

注：1. 加热处理后保持率为试件经加热处理后的拉伸强度达到试件无处理拉伸强度的百分率；

2. 碱处理后保持率为试件经碱处理后的拉伸强度达到试件无处理拉伸强度的百分率；

3. 对于加热处理后的拉伸强度和断裂伸长率仅当聚合物水泥防水涂料用于地面辐射采暖工程时才作要求。

（2）有害物质含量结果，依据表 4-173 进行判定。

聚合物水泥防水涂料中有害物质含量　　　　表 4-173

试验项目	含量
挥发性有机化合物（VOC）（g/L）（不大于）	120
游离甲醛（mg/kg）（不大于）	200
苯、甲苯、乙苯和二甲苯总和（mg/kg）（不大于）	300

5. 混凝土建筑接缝用密封胶

检验结果符合表 4-158 中的全部要求时，则判该批产品合格。

有两项或两项以上指标不符合规定时，则判该批产品为不合格；若有一项指标不符合规定时，用备用样品进行单项复验，如该项仍不合格，则判该批产品为不合格。

6. 遇水膨胀橡胶

物理性能各项指标全部符合表 4-159 和表 4-160 中规定的技术要求时，则为合格品。

若有一项指标不符合技术要求，应另取双倍试样进行该项复试，复试结果如仍不合格，则该批产品为不合格品。

第十一节　瓷砖及石材

一、相关标准

（1）《天然花岗石建筑板材》GB/T 18601—2009。

（2）《天然大理石建筑板材》GB/T 19766—2016。

（3）《陶瓷砖》GB/T 4100—2015。

（4）《陶瓷砖试验方法　第3部分：吸水率、显气孔率、表观相对密度和容重的测定》GB/T 3810.3—2016。

（5）《陶瓷砖试验方法　第12部分：抗冻性的测定》GB/T 3810.12—2016。

（6）《天然石材试验方法　第2部分：干燥、水饱和、冻融循环后弯曲强度试验》GB/T 9966.2—2020。

（7）《干挂饰面石材》GB/T 32834—2016。

（8）《建筑材料放射性核素限量》GB 6566—2010。

（9）《陶瓷马赛克》JC/T 456—2015。

二、基本概念

1. 陶瓷砖

定义与分类：

（1）陶瓷砖是由黏土、长石和石英为主要原料制造的用于覆盖墙面和地面的板状或块状建筑陶瓷制品。在室温下通过挤压或干压或其他方法成型，干燥后，在满足性能要求的温度下烧制而成，可以有釉（GL）或无釉（UGL）。按成型工艺分为挤压砖、干压砖和抛光砖。挤压砖是将可塑性坯料以挤压方式成型生产的陶瓷砖；干压砖是将混合好的粉料经压制成型的陶瓷砖；抛光砖是经过机械研磨、抛光，表面呈镜面光泽的陶瓷砖。

陶瓷砖按吸水率范围分为瓷质砖、炻瓷砖、细炻砖、炻质砖和陶质砖。瓷质砖是指吸水率不超过 0.5% 的陶瓷砖；炻瓷砖是指吸水率大于 0.5% 且不超过 3% 的陶瓷砖；细炻砖是指吸水率大于 3% 且不超过 6% 的陶瓷砖；炻质砖是指吸水率大于 6% 且不超过 10% 的陶瓷砖；陶质砖是指吸水率大于 10% 的陶瓷砖。用于寒冷地区的陶瓷砖使用前应进行抗冻性试验，经试验应无裂纹和剥落现象发生。陶瓷砖分类及代号见表 4-174。

陶瓷砖分类及代号 表4-174

按吸水率（E）分类	低吸水率（Ⅰ类）		中吸水率（Ⅱ类）		高吸水率（Ⅲ类）
	$E \leqslant 0.5\%$（瓷质砖）	$0.5\% < E \leqslant 3\%$（炻瓷砖）	$3\% < E \leqslant 6\%$（细炻砖）	$6\% < E \leqslant 10\%$（炻质砖）	$E > 10\%$（陶质砖）

按成型方法分类		低吸水率（Ⅰ类）		中吸水率（Ⅱ类）		高吸水率（Ⅲ类）				
挤压砖（A）		AⅠa类		AⅠb类		AⅡa类		AⅡb类		AⅢ类
		精细	普通	精细	普通	精细	普通	精细	普通	精细	普通
干压砖（B）		BⅠa类		BⅠb类		BⅡa类		BⅡb类		BⅢ类[1]	

注：1. BⅢ类仅包括有釉砖。

（2）陶瓷马赛克是可拼成联的或单独铺贴的小规格陶瓷砖。按表面性质分为有釉、无釉两种；按颜色分为单色、混色和拼花三种；按外观质量分为优等品和合格品两个等级。陶瓷马赛克的吸水率应不大于1.0%。陶瓷马赛克的抗冻性试验后，应无裂纹、无剥落、无破损。

2. 石材

定义与分类：

（1）天然大理石原指产于云南大理的白色带有黑色花纹的石灰岩，后来大理石这个名称逐渐发展成称呼一切有各种颜色花纹的、用来做建筑装饰材料的石灰岩。大理石是地壳中原有的岩石经过地壳内高温高压作用形成的变质岩，主要由方解石、石灰石、蛇纹石和白云石组成。其主要成分以碳酸钙为主，约占50%以上，其他还有碳酸镁、氧化钙、氧化锰及二氧化硅等。大理石一般性质比较软（与花岗岩相比），主要用于加工成各种形材、板材，用作建筑物的墙面、地面、台、柱，还常用于纪念性建筑物如碑、塔、雕像等的材料。在室内装修中，电视机台面、窗台、室内地面等适合使用大理石。

天然大理石建筑板材按矿物组成成分分为方解石大理石（FL）、白云石大理石（BL）和蛇纹石大理石（SL）三类；按形状分为毛光板（MG）、普型板（PX）、圆弧板（HM）和异型板（YX）四类；按表面加工分为镜面板（JM）和粗面板（CM）两类；按加工质量和外观质量分为A、B、C三个等级。

（2）天然花岗石是一种岩浆在地表以下凝却形成的火成岩，主要成分是长石和石英，花岗岩不易风化，颜色美观，外观色泽可保持百年以上，由于花岗岩质地坚硬致密、强度高抗风化、耐腐蚀、耐磨损、吸水性低，除了用作建筑装饰工程、广场地面外，还是露天雕刻的首选之材，也通称花岗石。

天然花岗石建筑板材形状分为毛光板（MG）、普型板（PX）、圆弧板（HM）和异形板（YX）四类；按表面加工程度分为镜面板（JM）、细面板（YG）和粗面板（CM）三类；按外观质量分为优等品（A）、一等品（B）、合格品（C）三个等级。按用途分为一般用途和功能用途，一般用途是指用于一般性装饰工程；功能用途是指用于结构性承载用途或特殊功能要求。

三、试验项目、组批原则及取样数量

陶瓷砖、石材应按批进行复验，试验项目及组批原则应满足表4-175、表4-176要求。

饰面砖试验项目、组批原则及取样数量　　　　　表4-175

材料名称		试验项目	组批原则及取样数量	执行标准
饰面砖	陶瓷砖	吸水率（用于外墙）、抗冻性（外墙用且严寒和寒冷地区）、放射性（室内用）	1. 相同材料、工艺和施工条件的室内饰面砖工程每50间应划分为一个检验批，不足50间也应划分为一个检验批，大面积房间和走廊可按饰面砖面积每30m²计为1间。 2. 相同材料、工艺和施工条件的室外饰面砖工程每1000m²应划分为一个检验批，不足1000m²也应划分为一个检验批。 3. 吸水率试验试样：每块砖的表面积不大于0.04m²时需取10块整砖；如每块砖的表面积大于0.04m²时，需取5块整砖；每块砖的质量小于50g，则需足够数量的砖使每种样品达到50～100g。 4. 抗冻性试验试样需10块整砖。 5. 民用建筑工程室内饰面采用的瓷质砖使用面积大于200m²时，应对不同产品、不同批次材料分别进行放射性指标的抽样复验，组批按同一产品、同一品种每5000m²为一批，不足5000m²为一批	《建筑装饰装修工程质量验收标准》GB 50210—2018 《民用建筑工程室内环境污染控制规范》GB 50325—2020
	陶瓷马赛克	吸水率（用于外墙）、抗冻性（外墙用且严寒和寒冷地区）、放射性（室内用）		

石材试验项目、组批原则及取样数量　　　　　表4-176

材料名称		试验项目	组批原则及取样数量	执行标准
天然饰面石材	天然大理石	弯曲强度、抗冻性、放射性（室内用）	1. 同一品种、类别、等级、同一供货批的板材为一批，或按连续安装部位的板材为一批。 2. 民用建筑工程室内饰面采用的使用面积大于200m²时，应对不同产品、不同批次材料分别进行放射性指标的抽样复验，组批按同一产品、同一品种每5000m²为一批，不足5000m²为一批。 3. 抗弯强度试样每种条件下每个层理方向的试样应为一组，每组试样数量5块。通常试样的受力方向应与实际应用一致，若石材应用方向未知，则应同时进行三个方向的试验，每种试验条件下试样应制备15块，每个方向5块。抗冻系数试样尺寸与弯曲强度一致，无层理石材需试块10块	《天然大理石建筑板材》GB/T 19766—2016 《民用建筑工程室内环境污染控制规范》GB 50325—2020
	天然花岗岩	弯曲强度、抗冻性、放射性（室内用）		

四、取样注意事项

1. 天然饰面石材的取样

抗弯强度试样：

（1）方法A：350mm×100mm×30mm，也可采用实际厚度（H）的样品，试样长度为$10H+50$mm，宽度为100mm。

（2）方法B：250mm×50mm×50mm。

（3）试样长度尺寸偏差为±1mm，宽度、厚度尺寸偏差为±0.3mm。

（4）试样上下受力应经锯切、研磨或抛光，达到平整且平行。侧面可采用锯切面，正面与侧面夹角应为 90°±0.5°。

（5）具有层理的试样应采用两条平行线在试样上标明层理方向。

（6）试样不应有裂纹、缺棱和缺角等影响试验的缺陷。

2.放射性检验的取样

随机抽取两份样品，每份不少于 2kg，一份封存，另一份作为检验样品。

五、试验方法

1.陶瓷砖吸水率试验方法

1）仪器设备

干燥箱：工作温度为(110±5)℃，也可使用能获得相同检测结果的微波、红外或其他干燥系统。

天平：天平称量精度为所测试样质量 0.01%。

吊环、绳索或篮子：能将试样放入水中悬吊称其质量。

真空容器和真空系统：能容纳所要求数量试样的足够大容积的真空容器和抽真空能达到(10±1)kPa 并保持 30min 的真空系统。

2）试样要求

（1）每种类型取 10 块整砖进行测试。

（2）如每块砖的表面积不小于 $0.04m^2$ 时，只需用 5 块整砖进行测试。

（3）如每块砖的质量小于 50g，则需足够数量的砖使每个试样质量达到(50～100)g。

（4）砖的边长大于 200mm 且小于 400mm 时，可切割成小块，但切割下的每一块应计入测量值内，多边形和其他非矩形砖，其长和宽均按外接矩形计算。若砖的边长不小于 400mm 时，至少在 3 块整砖的中间部位切取最小边长为 100mm 的 5 块试样。

3）操作步骤

（1）试样干燥与称量：

将砖放在(110±5)℃的干燥箱中干燥至恒重，即每隔 24h 的两次连续质量之差小于 0.1%，砖放在有硅胶或其他干燥器剂的干燥器内冷却至室温，不能使用酸性干燥剂，每块砖按表 4-177 的测量精度称量和记录。

砖的质量和测量精度　　　　表 4-177

砖的质量（g）	测量精度（g）
$50 \leqslant m \leqslant 100$	0.02
$100 < m \leqslant 500$	0.05
$500 < m \leqslant 1000$	0.25
$1000 < m \leqslant 3000$	0.50
$m > 3000$	1.00

（2）煮沸法：

将砖竖直地放在盛有去离子水的加热装置中，使砖互不接触，砖的上部和下部应保持有5cm深度的水，在整个试验中都应保持高于砖5cm的水面。将水加热至沸腾并保持煮沸2h，然后切断热源，使砖完全浸泡在水中冷却至室温，并保持(4±0.25)h。也可用常温下的水或制冷器将试样冷却至室温。将一块浸湿过的麂皮用手拧干，并将麂皮放在平台上轻轻地依次擦干每块的表面，对于凸凹或有浮雕的表面应用麂皮轻快地擦去表面水分，然后称重，记录每块试样的称量结果。保持与干燥状态下的相同精度（表4-177）。

（3）真空法：

将砖竖直放入真空容器中，使砖互不接触，抽真空至(10±1)kPa，并保持30min后停止抽真空，加入足够的水将砖覆盖并高出5cm，让砖浸泡15min后取出。将一块浸湿过的麂皮用手拧干。将麂皮放在平台上依次轻轻擦干每块砖的表面，对于凹凸或有浮雕的表面应用麂皮轻快地擦去表面水分，然后立即称重并记录，与干砖的称量精度相同（表4-177）。

（4）悬挂称量：

试样在真空下吸水后，称量试样悬挂在水中的质量，精确至0.01g。称量时，将样品挂在天平一臂的吊环、绳索或篮子上。实际称量前，将安装好并浸入水中的吊环，绳索或篮子放在天平上，使天平处于平衡位置。吊环、绳索或篮子在水中的深度与放试样称量时相同。

（5）结果计算：

计算每一块砖的吸水率$E_{(b,v)}$，用干砖的质量分数表示，按下式计算：

$$E_{(b,v)} = \frac{m_{2(b,v)} - m_1}{m_1} \times 100 \tag{4-212}$$

式中：E_b——用m_{2b}测定的吸水率（%），E_b代表水仅注入容易浸入的气孔；

E_v——用m_{2v}测定的吸水率（%），E_v代表水最大可能地注入所有气孔；

m_1——干砖的质量（g）；

m_2——湿砖的质量（g）；

m_{2b}——砖在沸水中吸水饱和的质量（g）；

m_{2v}——砖在真空下吸水饱和的质量（g）。

2. 陶瓷砖抗冻性试验方法

1）设备和材料

干燥箱：工作温度为(110±5)℃，也可使用能获得相同检测结果的微波、红外或其他干燥系统。

天平：天平称量精度为所测试样质量0.01%。

冷冻机：能冷冻至少10块砖，其最小面积0.25m²，并使砖互相不接触。

水：温度保持在(20±5)℃。

热电偶或其他合适的测温装置。

2）样品要求

（1）使用不少于 10 块整砖，并且其最小面积为 0.25m²，对于大规格的砖，为能装入冷冻机，可进行切割，切割试样应尽可能的大。砖应没有裂纹、釉裂、针孔、磕碰等缺陷。如果必须用有缺陷的砖进行检验，在试验前应用永久性的染色剂对缺陷做记号，试验后检查这些缺陷。

（2）试样制备砖在(110±5)℃的干燥箱内烘干至恒重，即每隔 24h 的两次连续称量之差小于 0.1%，记录每块干砖的质量。

3）试验步骤

砖冷却至环境温度后，将砖垂直地放在抽真空装置，使砖与砖、砖与装置内壁互不接触。

抽真空装置接通真空泵，抽真空至(40±2.6)kPa。在该压力下将水引入装有砖的抽真空装置中浸没，并至少高出 50mm。在相同压力下至少保持 15min，然后恢复到大气压力用手把浸湿过的麂皮拧干，然后将麂皮放在一个平面上。依次将每块砖的各个面轻轻擦干，称量并记录每块湿砖的质量。

初始吸水率E_1用质量分数表示，按下式计算：

$$E_1 = \frac{m_2 - m_1}{m_1} \times 100 \tag{4-213}$$

式中：m_2——每块湿砖的质量（g）；

m_1——每块干砖的质量（g）。

在试验时选择一块最厚的砖，该砖应视为对试样具有代表性。在砖一边的中心钻一个直径为 3mm 的孔，该孔距边最大距离为 40mm，在孔中插一支热电偶，并用一小片隔热材料（例如多孔聚苯乙烯）将该孔密封。如果用这种方法不能钻孔，可把一支热电偶放在一块砖的一个面的中心，用另一块砖附在这个面上。将冷冻机内欲测的砖垂直地放在支撑架上，用这一方法使得空气通过每块砖之间的空隙流过所有表面。把装有热电偶的砖放在试样中间，热电偶的温度定为试验时所有砖的温度，只有在用相同试样重复试验的情况下这点可省略。此外，应偶尔用砖中的热电偶作核对。每次测量温度应精确到±0.5℃。

以不超过 20℃/h 的速率使砖降温到-5℃。砖在该温度下保持 15min。砖浸没于水中或喷水直到温度达到 5℃。砖在该温度下保持 15min。重复上述循环至少 100 次。如果将砖保持浸没在 5℃以上的水中，则此循环可中断。称量试验后的砖质量，再将其烘干至恒重，称量试验后砖的干质量。

最终吸水率E_2用质量分数表示，按下式计算：

$$E_2 = \frac{m_3 - m_4}{m_4} \times 100 \tag{4-214}$$

式中：m_3——试验后每块湿砖的质量（g）；

m_4——试验后每块干砖的质量（g）。

100 次循环后，在距离(25～30)cm 处、大约 300lx 的光照条件下，用肉眼检查砖的釉面、正面和边缘。对道常戴眼镜者，可以酸眼镜检查。在试验早期，如果有理由确信砖已遭到损坏，可在试验中间阶段检查并及时作记录。记录所有观察到砖的釉面、正面和边缘损坏的情况。

3. 石材干燥、水饱和、冻融循环后弯曲试验

1）仪器设备

试验机：配有相应的试验支架，示值相对误差不超过±1%，试样破坏的荷载在设备示值的 20%～90%范围。

游标卡尺：读数值可精确到 0.1mm。

万能角度尺：精度为 2′。

鼓风干燥箱：温度可控制在(65 ± 5)°C范围内。

冷冻箱：温度可控制在$(-22～-18)$°C范围内。

恒温水箱：可保持水温在(20 ± 2)°C，最大水深不低于 130mm 且至少容纳 2 组最大试验样品，底部不污染石材的圆柱状支撑物。

2）样品要求

（1）方法 A：350mm × 100mm × 30mm，也可采用实际厚度（H）的样品，试样长度为 $10H + 50$mm，宽度为 100mm。

（2）方法 B：250mm × 50mm × 50mm。

（3）试样长度尺寸偏差为±1mm，宽度、厚度尺寸偏差为±0.3mm。

3）试验步骤

（1）干燥弯曲强度：

①将试样在(65 ± 5)°C的鼓风干燥箱内干燥 48h，然后放入干燥器中冷却至室温。

②按试验类型选择相应的试样支架，调节支座之间的距离到规定的跨距要求。按照试样上标记的支点位置将其放在上下支座之间，试样和支座受力表而应保持清洁。装饰面应朝下放在支架下座上，使加载过程中试样装饰面处于弯曲拉伸状态；

③以(0.25 ± 0.05)MPa/s 的速率对试样施加载荷至试样破坏，记录试样破坏位置和形式及最大载荷值（F），读数精度不低于 10N。

④用游标卡尺测量试样断裂而的宽度（K）和厚度（H），精确至 0.1mm。

（2）水饱和弯曲强度：

①将试样侧立置于恒温水箱中，试样间隔不小于 15mm，试样底部垫圆柱状支撑，加入自来水(20 ± 10)°C到试样高度的一半，静置 1h；然后继续加水到试样高度的 3/4，静置 1h；继续加满水，水面应超过试样高度(25 ± 5)mm。

②试样在清水中浸泡(48 ± 2)h 后取出，用拧干的湿毛巾擦去试样表面水分，立即按照干燥弯曲强度的③和④进行弯曲强度试验。

(3)冻融循环后弯曲强度：

①将试样侧立置于恒温水箱中，试样间隔不小于 15mm，试样底部垫圆柱状支撑，加入自来水(20±10)℃到试样高度的一半，静置 1h；然后继续加水到试样高度的 3/4，静置 1h；继续加满水，水面应超过试样高度(25±5)mm。试样在清水中浸泡(48±2)h 后取出。

②将试样立即放入(-22～-18)℃的冷冻箱内冷冻 6h，试样间距离不小于 10mm，试样与箱壁距离不小于 20mm。取出后再将其放入恒温水箱中融化 6h，恒温水箱温度应保持在(20±2)℃。反复融 50 次后，用拧干的湿毛巾将试样表面水分擦去，观察并记录表面出现的外观变化，然后立即按照干燥弯曲强度的③条款和④条款进行弯曲强度试验。

③试验如采用自动化控制冻融试验机时，应每隔 14 个循环后将试样上下翻转一次，冻融试验过程中如遇到非正常中断时，试样应浸泡在(20±5)℃清水中。

4）结果计算

（1）方法 A：

弯曲强度按下式计算：

$$P_A = \frac{3FL}{4KH^2} \tag{4-215}$$

式中：P_A——弯曲强度（MPa）；

F——试样破坏荷载（N）；

L——下支座间距离（mm）；

K——试样宽度（mm）；

H——试样厚度（mm）。

以一组弯曲强度的算术平均值作为试验结果，数值修约到 0.1MPa。

（2）方法 B：

弯曲强度按下式计算：

$$P_B = \frac{3FL}{2KH^2} \tag{4-216}$$

式中：P_B——弯曲强度（MPa）；

F——试样破坏荷载（N）；

L——下支座间距离（mm）；

K——试样宽度（mm）；

H——试样厚度（mm）。

以一组弯曲强度的算术平均值作为试验结果，数值修约到 0.1MPa。

（3）抗冻性（抗冻系数）：

按照方法 A 的步骤测试水饱和弯曲强度和冻融循环后弯曲强度值，用冻融循环后弯曲强度平均值除以水饱和弯曲强度平均值作为抗冻系数，用百分比表示，结果保留两位有效数字。

4.放射性试验方法

1)仪器

低本底多道 γ 能谱仪。

天平(感量 0.1g)。

2)制样

随机抽取样品两份,每份不少于 2kg。一份封存,另一份作为检验样品。将检验样品破碎,磨细至粒径不大于 0.16mm。将其放入与标准样品几何形态一致的样品盒中,称重(精确至 0.1g)、密封、待测。

3)测量

当检验样品中天然放射性衰变链基本达到平衡后,在与标准样品测量条件相同情况下,采用低本底多道 γ 能谱仪对其进行镭-226、钍-232、钾-40 比活度测量。

4)计算

(1)内照射指数:

内照射指数,按照下式进行计算:

$$I_{Ra} = \frac{C_{Ra}}{200} \tag{4-217}$$

式中:I_{Ra}——内照射指数;

C_{Ra}——建筑材料中天然放射性核素镭-226 的放射性比活度($Bq \cdot kg^{-1}$);

200——仅考虑内照射情况下,本标准规定的建筑材料中放射性核素镭-226 的放射性比活度限量($Bq \cdot kg^{-1}$)。

(2)外照射指数:

内照射指数,按照下式进行计算:

$$I_r = \frac{C_{Ra}}{370} + \frac{C_{Th}}{260} + \frac{C_k}{4200} \tag{4-218}$$

式中:I_r——外照射指数;

C_{Ra}、C_{Th}、C_k、——分别为建筑材料中天然放射性核素镭-226、钍-232、钾-40 的射性比活度($Bq \cdot kg^{-1}$);

370、260、4200——分别仅考虑外照射情况下,本标准规定的建筑材料中放射性核素镭-226、钍-232、钾-40 在其各自单独存放在时本标准规定的限量($Bq \cdot kg^{-1}$)。

5)建筑材料放射性限量技术要求

(1)建筑主体材料:

①建筑主体材料中天然放射性核素镭-226、钍-232、钾-40 的放射性比活度应同时满足 $I_{Ra} \leqslant 1.0$ 和 $I_r \leqslant 1.0$。

② 对空心率大于25%的建筑主体材料,其天然放射性核素镭-226,钍-232、钾-40 的放射性比活度应同时满足 $I_{Ra} \leqslant 1.0$ 和 $I_r \leqslant 1.3$。

(2) 装饰装修材料:

A 类装饰装修材料:装饰装修材料中天然放射性核素镭 226、钍-232、钾-40 的放射性比活度同时满足 $I_{Ra} \leqslant 1.0$ 和 $I_r \leqslant 1.3$ 要求的为 A 类装饰装修材料。A 类装饰装修材料产销与使用范围不受限制。

B 类装饰装修材料:不满足 A 类装饰装修材料要求但同时满足 $I_{Ra} \leqslant 1.3$ 和 $I_r \leqslant 1.9$ 要求的为 B 类装饰装修材料。B 类装饰装修材料不可用于 Ⅰ 类民用建筑的内饰面,但可用于 Ⅱ 类民用建筑物、工业建筑内饰面及其他一切建筑的外饰面。

C 类装饰装修材料:不满足 A、B 类装修材料要求但满足 $I_r \leqslant 2.8$ 要求的为 C 类装饰装修材料。C 类装饰装修材料只可用于建筑物的外饰面及室外其他用途。

第十二节　塑料及金属管材管件

一、相关标准

(1)《冷热水用交联聚乙烯(PE-X)管道系统 第 1 部分:总则》GB/T 18992.1—2003。

(2)《冷热水用交联聚乙烯(PE-X)管道系统 第 2 部分:管材》GB/T 18992.2—2003。

(3)《冷热水用耐热聚乙烯(PE-RT)管道系统》CJ/T 175—2002。

(4)《冷热水用聚丁烯(PB)管道系统 第 1 部分:总则》GB/T 19473.1—2020。

(5)《冷热水用聚丁烯(PB)管道系统 第 2 部分:管材》GB/T 19473.2—2020。

(6)《冷热水用聚丁烯(PB)管道系统 第 3 部分:管件》GB/T 19473.3—2020。

(7)《冷热水用聚丙烯管道系统 第 1 部分:总则》GB/T 18742.1—2017。

(8)《冷热水用聚丙烯管道系统 第 2 部分:管材》GB/T 18742.2—2017。

(9)《冷热水用聚丙烯管道系统 第 3 部分:管件》GB/T 18742.3—2017。

(10)《给水用聚乙烯(PE)管道系统 第 1 部分:总则》GB/T 13663.1—2017。

(11)《给水用聚乙烯(PE)管道系统 第 2 部分:管材》GB/T 13663.2—2018。

(12)《给水用聚乙烯(PE)管道系统 第 3 部分:管件》GB/T 13663.3—2018。

(13)《给水用硬聚氯乙烯(PVC-U)管材》GB/T 10002.1—2023。

(14)《给水用硬聚氯乙烯(PVC-U)管件》GB/T 10002.2—2023。

(15)《建筑排水用硬聚氯乙烯(PVC-U)管材》GB/T 5836.1—2018。

(16)《建筑排水用硬聚氯乙烯(PVC-U)管件》GB/T 5836.2—2018。

(17)《流体输送用热塑性塑料管道系统 耐内压性能的测定》GB/T 6111—2018。

(18)《交联聚乙烯(PE-X)管材与管件 交联度的试验方法》GB/T 18474—2001。

（19）《塑料 差示扫描量热法（DSC）第 1 部分：通则》GB/T 19466.1—2004。

（20）《塑料 差示扫描量热法（DSC）第 3 部分：熔融和结晶温度及热焓的测定》GB/T 19466.3—2004。

（21）《热塑性塑料管材 简支梁冲击强度的测定 第 1 部分：通用试验方法》GB/T 18743.1—2022。

（22）《热塑性塑料管材耐外冲击性能试验方法 时针旋转法》GB/T 14152—2001。

（23）《塑料 非泡沫塑料密度的测定 第 1 部分：浸渍法、液体比重瓶法和滴定法》GB/T 1033.1—2008。

（24）《热塑性塑料管材 拉伸性能测定 第 1 部分：试验方法总则》GB/T 8804.1—2003。

（25）《热塑性塑料管材 拉伸性能测定 第 2 部分：硬聚氯乙烯（PVC-U）、氯化聚氯乙烯（PVC-C）和高抗冲聚氯乙烯（PVC-HI）管材》GB/T 8804.2—2003。

（26）《塑料管道系统 塑料部件尺寸的测定》GB/T 8806—2008。

（27）《流体输送用塑料管材液压瞬时爆破和耐压试验方法》GB/T 15560—1995。

（28）《铝塑复合压力管 第 1 部分：铝管搭接焊式铝塑管》GB/T 18997.1—2020。

（29）《铝塑复合压力管 第 2 部分：铝管对接焊式铝塑管》GB/T 18997.2—2020。

（30）《聚烯烃管材、管件和混配料中颜料或炭黑分散度的测定》GB/T 18251—2019。

（31）《塑料 非泡沫塑料密度的测定 第 2 部分：密度梯度柱法》GB/T 1033.2—2010。

（32）《塑料 非泡沫塑料密度的测定 第 3 部分：气体比重瓶法》GB/T 1033.3—2010。

（33）《热塑性塑料管材 纵向回缩率的测定》GB/T 6671—2001。

（34）《热塑性塑料管材、管件 维卡软化温度的测定》GB/T 8802—2001。

（35）《硬聚氯乙烯（PVC-U）管件 坠落试验方法》GB/T 8801—2007。

（36）《注射成型硬质聚氯乙烯（PVC-U）、氯化聚氯乙烯（PVC-C）、丙烯腈—丁二烯—苯乙烯三元共聚物（ABS）和丙烯腈—苯乙烯—丙烯酸盐三元共聚物（ASA）管件 热烘箱试验方法》GB/T 8803—2001。

（37）《塑料 差示扫描量热法（DSC）第 6 部分：氧化诱导时间（等温 OIT）和氧化诱导温度（动态 OIT）的测定》GB/T 19466.6—2009。

（38）《塑料 热塑性塑料熔体质量流动速率（MFR）和熔体体积流动速率（MVR）的测定 第 1 部分：标准方法》GB/T 3682.1—2018。

（39）《聚烯烃管材和管件 炭黑含量的测定 煅烧和热解法》GB/T 13021。

（40）《低压流体输送用焊接钢管》GB/T 3091—2015。

（41）《结构用无缝钢管》GB/T 8162—2018。

（42）《输送流体用无缝钢管》GB/T 8163—2018。

（43）《直缝电焊钢管》GB/T 13793—2016。

（44）《混凝土灌注桩用钢薄壁声测管》GB/T 31438—2015。

（45）《金属材料 拉伸试验 第 1 部分：室温试验方法》GB/T 228.1—2021。

（46）《冷热水用耐热聚乙烯（PE-RT）管道系统》CJ/T 175—2002。

二、基本概念

1. 交联聚乙烯管（PE-X）

聚乙烯是最大宗的塑料树脂之一，由于其结构上的特征，聚乙烯往往不能承受较高的温度，机械强度不足，限制了其在许多领域的应用。为提高聚乙烯的性能，研究了许多改性方法，对聚乙烯进行交联，通过聚乙烯分子间的共价键形成一个网状的三维结构，迅速改善了聚乙烯树脂的性能，如：热形变性、耐磨性、耐化学药品性、耐应力开裂等一系列物理、化学性能。

1）交联聚乙烯管的主要特点

（1）无毒性、不锈蚀、不结垢、不霉变、不滋生细菌、不污染水质，不堵塞管道。

（2）适用温度范围宽，可以在(-70～95)℃下长期使用。

（3）质地坚实而有韧性，抗内压强度高，20℃时的爆破压力大于 5MPa，95℃时爆破压力大于2MPa，95℃下使用寿命长达 50 年，与建筑物同步，免除堵、冒、滴、漏及拆墙、换管。

（4）耐化学药品腐蚀性很好，耐环境应力开裂性优良，即使在较高温度下也能用于输送多种化学品和具有加速管材应力开裂的多种流体。

（5）管材内壁的表面张力低，使较高表面张力的水难以浸润内壁，可以有效地防止水垢的形成。

（6）管材内壁光滑，流体流动阻力小，水力学特性优良，相同管径下比镀锌钢管出水量大，噪声也较低。

（7）安装简易、快捷，剪切方便，弯曲随意，不会破裂，免除攻丝，用管件少，经济实用，具有经济性，用途广泛。

2）PE-X 管的主要应用领域

（1）建筑用冷热水供应系统。适用于民用住宅及公寓、商业办公楼、医院等公用建筑物内的冷热水管系统，是代替传统镀锌钢管的最佳管材。

（2）建筑用空调冷热水系统。适用于各类公用建筑内的集中空调用冷热水管。

（3）民用住宅集中供暖系统。适用于北方地区集中供暖系统中各类建筑物内供热用热水管道以及新型的家用独立供暖系统用热水管道。

（4）地面采暖系统。PE-X 管材在国内普通应用于地面采暖系统，它适用于家庭起居室、卧室以及公用浴室、游泳池、幼儿园、托儿所、养老院等采暖。它适用于其他特殊需要用地面采暖管道，如机场跑道和城市干道融雪管道等。

（5）管道饮用水系统。PE-X 管材无毒性、无有害物质、不滋生细菌的特性，为管道饮用水系统的最理想的管材。

2. 聚丁烯管（PB）

聚丁烯是一种高分子惰性聚合物，诞生于 70 年代。PB 树脂是由丁烯-1 合成的高分子综合体，它具有很高的耐温性，持久性、化学稳定性和可塑性，无味、无毒、无臭，温度适用范围是(−30～100)℃，具有耐寒、耐热、耐压、不生锈、不腐蚀、不结垢、寿命长可达(50～100)年，且有能长期耐老化特点，是目前世界上最尖端的化学材料之一，在世界上许多国家已经普遍使用。

聚丁烯管具有卫生性能好，管材无毒无害，不发生化学反应，微生物不能渗透，在较长时间内储存其中的水不变质，并具有独特的耐热蠕变性和抗应力破坏的综合性能；在−20℃以内结冰时不会冻裂，95℃下可长期使用，最高使用温度可达 110℃ 并有良好的耐环境应力开裂性；管材质轻，密度仅为 0.92g/cm³，相当于镀锌管材的 1/20，易于搬运；柔韧、抗冲击性好，拉伸强度在 27MPa 以上；连接方式灵活可靠，耐腐蚀，不结垢，施工安装简单，省时省工，使用寿命长，可达(50～100)年；与其他塑料管比较具有管壁薄、通径大等优点，其性能在诸多方面超越了其他塑料管道。

PB 管材可用于建筑用各种热水管（如住宅热水管、太阳能热水管、温泉引水管、温室热水管、道路和机场融雪用热水管），消防用水龙头，以及供水管、工业用管、输气管和大型管道等。其大口径管道还可用于采矿、化工和发电等工业部门输送有腐蚀性的热物料。

3. 聚乙烯管（PE）

聚乙烯是乙烯烃聚合制得的一种热塑性树脂。在工业上，也包括乙烯与少量α-烯烃的共聚物。聚乙烯无臭，无毒，手感似蜡，具有优良的耐低温性能，化学稳定性好，能耐大多数酸碱的侵蚀（不耐具有氧化性质的酸）。常温下不溶于一般溶剂，吸水性小，电绝缘性优良。

聚乙烯管重量轻、柔韧性好、无毒、耐腐蚀、可盘绕；它的低温性能好，还具有抗机械振动、冰冻环境及操作压力的突然变化的性能。聚乙烯管的装卸、安装和连接方法简便，被广泛用作饮水管、雨水管、气体管道及工业耐腐蚀管道等。

聚乙烯管按其密度不同分为低密度聚乙烯（LDPE）管、中密度聚乙烯（MDPE）管和高密度聚乙烯（HDPE）管，它们各自生产的管材制品性能也各有差异，用途也不相同。高密度聚乙烯管是耐渗性、耐透气最好的管材之一，它的力学性能和耐热性能均高于 MDPE 管与 LDPE 管，管材的允许应用应力达到 5MPa，特别适宜作城市燃气及天然气输运管道。中密度聚乙烯管的综合性能比 HDPE 管好，它的断裂伸长率可达500%～650%，它既有 HDPE 管的刚性和强度，又有 LDPE 管良好的柔性和耐蠕变性，而且还具有比 HDPE 更高的热熔连接性能，此性能对管道的热熔连接安装十分有利。因此，在欧美各国认为 MDPE 管比 HDPE 管更符合建筑使用要求，被广泛应用于水管、农业灌溉及天然气管道。低密度聚乙烯管的化学稳定性和高绝缘性能优良，柔软性、延伸率、耐冲击和透明性均比 HDPE 管和 MDPE 管好，但是管材的许用应力仅为 HDPE 管的 1/2，因此为了达到较高的许用应力，管壁就要加厚，市场销售就会受到影响。它适合制作饮用水管、电线套管、农业喷洒管道及泵站管道等，特别适用于需要经常移动的管道。

4. 无规共聚聚丙烯管（PP-R）

无规共聚聚丙烯管是以无规共聚聚丙烯材料为原料，经挤出成型的圆形横断面的管材。无规共聚聚丙烯又称三型聚丙烯，是主链上无规则地分布着丙烯及其他共聚单体链段的共聚物。

1）无规共聚聚丙烯管的主要特点

无规共聚聚丙烯管除具有一般塑料管材质轻、强度好、耐腐蚀、使用寿命长的特点外，还有以下主要特点：

（1）无毒卫生。PP-R 原料属聚烯烃，其分子中仅有碳、氢元素，无毒，不会造成对人体的任何毒副作用，卫生性能可靠。PP-R 在原料生产、制品加工、使用及废弃过程均不会对人体及环境造成不利影响。

（2）耐热保温。PP-R 管维卡软化点为 131.3℃，最高使用温度为 95℃，长期使用温度为 70℃，可满足建筑给水排水设计规范中规定的热水系统的使用。由于该产品的导热系数为 0.21W/(m·℃)，仅为钢管导热系数的 1/200，故有较好的保温性能，用于热水及采暖系统可节约大量的能源。

（3）不生锈、不结垢、耐磨损。PP-R 管材和管件不被大多数化学物质腐蚀，可以在很大的温度范围内承受 pH 值在 1~14 的高浓度的酸和碱的腐蚀。PP-R 管材及管件内壁均匀光滑，流动阻力小并且不结垢，这一特性可在很大程度上减少流程损失，增加流体输送量。

（4）PP-R 管材系统的连接安装方式简单可靠。由于 PP-R 管材与管件可采用同一牌号的原料加工而成，具有良好的热熔焊接性能，可采用热熔连接。PP-R 管材、管件的热熔连接通过一专用工具在数秒或数十秒内即可完成。经热熔连接的管材、管件其连接部位的强度大于管材本身。PP-R 管道这种独特的热熔连接方式较溶剂粘接、弹性密封承插及其他机械连接方式成本低，速度快，操作简单，安全可靠，特别适用于直埋暗敷的安装场合，无须考虑在长期使用过程中连接处是否会发生渗漏。

（5）防冻裂。PP-R 材料优良的弹性使管材和管件截面可随冻胀的液体一起膨胀，从而吸收冻胀液体的体积而不会胀裂。

（6）PP-R 管材的缺点。低温脆性、线性膨胀系数大、易变形，不适合于建筑物明装管道工程。

2）无规共聚聚丙烯管的主要应用领域：

（1）建筑物的冷热水系统，包括集中供热系统。

（2）建筑物内的采暖系统，包括地板、壁板及辐射采暖系统。

(3)可直接饮用的纯净水供水系统。

(4)中央(集中)空调系统。

(5)输送或排放化学介质等工业用管道系统。

(6)用于气缸传送的气路等管道系统。

5. 硬质聚氯乙烯管(PVC-U)

硬质聚氯乙烯管是一种以聚氯乙烯(PVC)树脂为原料,不含增塑剂的塑料管材,是给排水管道中使用最为广泛的一种塑料管道。主要用于城市供水、城市排水、建筑给水、建筑排水管道。

硬质聚氯乙烯管的主要特点:

(1)韧性低,线膨胀系数较大,约为 $5.9\times10^{-5}/℃$,比钢材大(5~7)倍,在安装过程中必须考虑温度补偿装置。强度随着温度的升高呈直线下降,冲击强度随着温度降低而降低。因此,使用温度一般在(-15~65)℃。

(2)具有良好的耐化学腐蚀性能,耐酸、碱、盐雾等,在耐油性能方面超过碳素钢,耐低浓度酸的能力超过不锈钢和青铜,且不受土壤和水质的影响,但不耐酯、酮类及含氯芳香族液体的腐蚀。

(3)具有较好的抗拉、抗压强度,但其柔韧性不如其他塑料管。因此,在要求耐冲击的环境中,一般采用改性耐冲击的硬质聚氯乙烯管。

(4)具有毒性,毒性是指其树脂中的残留单体氯乙烯和助剂中的铅、镉含量超过规定限量。这些有毒有害物质从管道中析出,从而危害环境和人类的健康、并有致癌的可能性。解决的方法首先是从树脂中排除氯乙烯残留单体,其次是采用双螺杆挤出机生产 PVC-U 料,使含铅、镉稳定剂的使用量达到国家规定的指标以下。

6. 耐热聚乙烯管(PE-RT)

耐热聚乙烯是一种可以用于热水管的非交联聚乙烯,是一种采用特殊的分子设计和合成工艺生产的一种中密度聚乙烯。它采用乙烯和辛烯共聚的方法,通过控制侧链的数量和分布得到独特的分子结构,来提高 PE 的耐热性。耐热聚乙烯管既具有交联聚乙烯管材耐高温、不结垢的优点,又弥补了交联后的管材不能热熔连接、废品、次品不能再生利用的缺点。与普通 PE 管相比,PE-RT 管材保留了热熔连接、卫生、无毒、耐低温、柔性好、易施工的优点,又弥补了 PE 管材高温性能方面的不足、寿命短的缺点,是当前地板采暖用管材中经济适用的新型环保管材。

1)耐热聚乙烯管的主要特点

(1)良好的稳定性和长期的耐压性能:管材匀质性好,性能稳定,具有良好的抗热蠕变性能,优良的长期耐静液压能力。

(2)管道易于弯曲,方便施工:弯曲半径小,弯曲部分的应力可以很快得到松弛,可避免在使用过程中由于应力集中而引起管道在弯曲处出现破坏。PE-RT管可热熔连接，因而管道在应用过程中如果损坏维修起来方便。

（3）抗冲击性能好，安全性高，低温脆裂温度可达–70℃，可在低温环境下运输、施工。

（4）耐老化、寿命长：由于PE-RT材料的优良特性，可在(–70～90)℃使用。在工作温度为70℃，压力为0.8MPa条件下，PE-RT管可安全使用50年以上。

（5）加工工艺方便，质量易于控制；废管可熔化，可回收。

（6）具有优良的隔热性能，导热系数低。

2）耐热聚乙烯管的主要应用领域

（1）地板采暖系统。

（2）建筑物内冷热水管道系统。

（3）工业厂房给水管系统。

（4）热回收系统。

（5）中央空调系统用管材。

7. 铝塑复合管（XPAP）

铝塑复合管是一种集金属与塑料优点为一体的新型管材，是用搭接焊铝管或对接焊铝管作为嵌入金属层增强，通过共挤热熔黏合剂与内外层聚乙烯（或交联聚乙烯）塑料复合而成的复合管道。这铝塑复合管根据中间铝层成型方式的不同，可分为搭接式和对接式两种。

铝塑复合管主要有如下特点：

（1）耐腐蚀。内外壁为化学稳定性非常高的聚乙烯或交联聚乙烯，不仅在水中不会被腐蚀，而且可抵御强酸强碱等大多强腐蚀性化学液体。

（2）不回弹。由于有塑性良好的铝管存在，可任意由弯变直或由直变弯并保持变化后的形状，这一特点对于成盘收卷的铝塑管用于室内明管施工尤其重要。

（3）抗氧渗透密封性。由于中间夹了一层铝质层，所以可百分之百保证氧密性。

（4）耐高温。非交联聚乙烯铝塑管可在60℃以下（承压＜1.0MPa）长期使用，交联聚乙烯铝塑管可在70℃以下（承压＜1.0MPa）正常使用。

（5）密度小。同样管径及长度的管材，铝塑管约为钢管质量的1/7。

（6）出色的耐久性。使用寿命可达50年。

（7）流阻小。内壁光滑，不结垢，比内径相同的金属管的流量大25%～30%。

三、进场复验项目、组批原则及取样数量

常用塑料管材的进场复验项目、组批原则及取样数量如表4-178所示。

常用塑料管材的进场复验项目、组批原则及取样数量　　　　表 4-178

材料名称	标准名称	进场复验项目	组批原则	取样规定（数量）
交联聚乙烯管（PE-X）《冷热水用交联聚乙烯（PE-X）管道系统 第2部分：管材》GB/T 18992.2—2003	《关于加强民用建筑地板采暖工程塑料管材管件质量管理的通知》《关于加强新建民用建筑采暖埋地塑料管道及热熔接头质量管理的通知》	静液压试验 交联度	同一厂家、同一品牌、同材质、同规格的管材，抽检一次	不少于 4m
聚丁烯管（PB）《冷热水用聚丁烯（PB）管道系统 第2部分：管材》GB/T 19473.2—2020		静液压试验		不少于 4m
聚乙烯（PE）《给水用聚乙烯（PE）管道系统 第2部分：管材》GB/T 13663.2—2017		静液压强度 炭黑分散性		不少于 5m
耐热聚乙烯管（PE-RT）《冷热水用耐热聚乙烯（PE-RT）管道系统》CJ/T 175—2002		静液压试验		不少于 4m
无规共聚聚丙烯管（PP-R）《冷热水用聚丙烯管道系统 第2部分：管材》GB/T 18742.2—2017		静液压试验 熔点 简支梁冲击		不少于 5m
硬聚氯乙烯建筑给水管（PVC-U）《给水用硬聚氯乙烯（PVC-U）管材》GB/T 10002.1—2023		液压试验密度 落锤冲击试验		外径≤40mm 共取 15m 外径＞40mm 共取 8m
硬聚氯乙烯建筑排水管（PVC-U）《建筑排水用硬聚氯乙烯（PVC-U）管材》GB/T 5836.1—2018		拉伸屈服强度 密度 落锤冲击试验		不少于 6m
铝塑复合管（XPAP）《铝塑复合压力管 铝管搭接焊式铝塑管》GB/T 18997.1—2020《铝塑复合压力管 铝管对接焊式铝塑管》GB/T 18997.2—2020		静液压试验 爆破压力 管环剥离力 交联度		不少于 8m

四、检测方法

除非另有规定，所有管材均应在温度(23 ± 2)℃的环境下调节至少 24h，对于 PP-R、PE-RT 管还应控制相对湿度在 40%～60% 范围内，并在该环境下试验。

1. 外观

目测管材色泽应基本一致，内外表面应光滑、平整、清洁，不允许有明显的划痕、凹陷、气泡、杂质和其他影响性能的表面缺陷，管材不应有分解变色线。

2. 尺寸（壁厚、平均外径、不圆度）

测量前样品、量具温度和环境温度均在(23 ± 2)℃，检查样品表面是否有影响尺寸测量的现象，无法避开时需记录这些现象。

选择测量截面时，应按相关标准的要求、距样品的边缘不小于 25mm 或按照制造商的规定。当某一尺寸的测量与另外的尺寸有关，如通过计算而得到下一步的尺寸，其截面的选取应适合于进行计算。

（1）最大和最小壁厚：

在选定的被测截面上移动测量量具直至找出最大和最小壁厚，并记录测量值。

（2）平均壁厚：

在每个选定的被测截面上，沿环向均匀间隔至少6点进行壁厚测量。计算测量值算术平均值作为平均壁厚。

（3）平均外径：

可以用π尺直接测量或者按公称尺寸对选定截面上沿环向均匀间隔测量的一系列单个值计算算术平均值，测量数量要求如表4-179所示。

给定公称尺寸的单个直径测量的数量　　　　表4-179

管材的公称尺寸（mm）	给定截面要求单个直径测量的数量（个）
≤40	4
>40～≤600	6
>600～≤1600	8
>1600	12

（4）不圆度：

测定选定截面中直径的极值，按相关产品标准的规定计算不圆度。

3.静液压试验

依据《流体输送用热塑性塑料管道系统 耐内压性能的测定》GB/T 6111—2018。

试样经状态调节后，在规定的恒定静液压下保持一个规定时间或直到试样破坏。在整个试验过程中，试样应保持在规定的恒温环境中，这个恒温环境可以是水（水—水试验），其他液体（水—液体试验）或者是空气（水—空气试验）。

1）样品制备

样品制备时，当管材公称外径d_n≤315mm时，每个试样在两个密封接头之间的自由长度应不小于其公称外径的3倍，且不应小于250mm；当管材公称d_n>315mm时，其自由长度应不小于其公称外径的2倍。对于B型密封接头，试样总长度应为密封接头间可以自由移动的长度，并允许热膨胀。试验至少应准备3个试样。

按《塑料管道系统 塑料部件尺寸的测定》GB/T 8806—2008的规定测定试样自由长度部分的平均外径和最小壁厚。按下式计算试验压力：

$$P = \frac{2\sigma e_{\min}}{d_{em} - e_{\min}} \tag{4-219}$$

式中：σ——由试验压力引起的环应力（MPa）；

d_{em}——测量得到的试样平均外径（mm）；

e_{min}——测量得到的试样自由长度部分壁厚的最小值（mm）。

2）状态调节

擦净试样表面使其清洁干燥，选择密封接头与其连接起来。向试样中注水，可以将水预热但不超过试验温度。

把注满水的试样放入水箱或烘箱中，在试验温度条件下放置所规定的时间，按照表 4-180 规定的时间进行状态调解。如果状态调节温度超过沸点，应施加一定压力防止沸腾。

试样状态调节时间　　　　　　　表 4-180

壁厚 e_{min}（mm）	状态调节时间
$e_{min} < 3$	1h ± 5min
$3 \leqslant e_{min} < 8$	3h ± 15min
$8 \leqslant e_{min} < 16$	6h ± 30min
$16 \leqslant e_{min} < 32$	10h ± 1h
$e_{min} \geqslant 32$	16h ± 1h

3）恒温加压

（1）按相关标准要求，选择试验类型，如"水—水试验""水—空气试验"或者"水—其他液体试验"。

（2）将经过状态调节后的试样与加压设备连接起来，排净试样内的空气。根据试样的材料、规定尺寸和加压设备的性能情况，在 30s～1h 之间用尽可能短的时间，均匀平稳地施加试验压力至试验压力 P，压力偏差为 $-1 \sim +29$，当达到试验压力时开始计时。

（3）恒温箱内充满水或其他液体时，保持恒定的温度，其平均温差为 ±1℃；如果恒温箱为烘箱，保持恒定的温度，其平均温差为 $^{+2}_{-1}$℃，最大偏差为 $^{+4}_{-2}$℃。

（4）当达到规定时间或试样发生破坏、渗漏时，停止试验，记录时间。如果试样发生破坏，记录其破坏类型，如脆性破坏、韧性破坏或者其他。（在破坏区域内，不出现可见屈服变形破坏的为"脆性破坏"。在破坏区域内，出现目测可见的屈服变形破坏的为"韧性破坏"。对于某些材料，"脆性破坏"表现为管材表面渗出液体）

如果试样在距离密封接头小于 $0.1l_0$ 处出现破坏，则试验结果无效，应另取试样重新试验（l_0 为试样的自由长度）。

4. 熔融温度

（1）样品制备：

从样品上剪取试样，以使试样有代表性。试样质量为 (5～6)mg，精确到 0.1mg。测定前需用标准样品铟校正仪器的温度和热焓（各种设备不相同，方法也不同）。

（2）状态调节：

试样需要在温度为(23±2)℃，湿度为40%～60%条件下进行状态调节，时间不少于24h。

（3）操作步骤：

试验条件：氮气流量50mL/min，仪器加热和冷却的速率为10℃/min。试验需要消除试样的热历史，取第2次加热扫描DSC曲线上的峰值温度为熔融温度。取两次平行测定的算术平均值作为试验结果。

试验前，仪器设备接通电源至少1h，以便电器元件温度平衡。将具有相同质量的两个空样品皿放置在样品支持器上，调节到实际测量的条件。在要求温度范围内，DSC曲线应是一条直线。当得不到一条直线时，在确认重复性后记录DSC曲线。

使用与校准仪器相同的清洁气体及流速。气体和流速有任何变化，都需要重新校准。一般采用：氮气（分析纯），流速50mL/min［(1±10)%］。

选择容积适当的样品皿，并保证其清洁；用两个相同的样品皿，一个作试样皿，另一个作参比皿；称量样品皿及盖，精确到0.01mg；将试样放在样品皿内；如果需要，用盖将样品皿密封；再次称量试样皿确保试样在(5～6)mg之间。

在开始升温操作之前，用氮气预先清洁5min。以10℃/min的速率开始升温并记录。将试样皿加热到足够高的温度，以消除试验材料以前的热历史。通常高于熔融外推终止温度约30℃。保持温度5min。以10℃/min的速率进行降温并记录，直至比预期的结晶温度低约50℃。保持温度5min。以10℃/min的速率进行第二次升温并记录，加热到比外推终止温度高约30℃。

将仪器冷却到室温，取出试样皿，观察试样皿是否变形或试样是否溢出。重新称量皿和试样，精确至±0.1mg。如有任何质量损失，应怀疑发生了化学变化，打开皿并检查试样。如果试样已降解，舍弃此试验结果，选择较低的上限温度重新试验。

如果在测试过程中有试样溢出，应清理样品支持器组件。清理按照仪器制造商的说明进行，并用标准样品进行温度和能量的校准，确认仪器有效。

5. 简支梁冲击试验

1）样品制备

应按《塑料 试样的机加工制备》GB/T 39812—2021的规定，采用机械加工的方法在管材上切割并加工试样。

在试样切割和加工过程中，尽量避免试样发热，试样表面不应出现裂痕、划伤等缺陷。试样表面应光滑、平整、无毛刺，否则可采用粒径≤68μm（≥220目）的细砂纸沿长度方向打磨。

（1）方法A——无缺口试样

公称外径小于或等于25mm的管材，试样尺寸应符合表4-181中的试样类型1的规定。

方法A试样类型、尺寸和跨距　　　　表 4-181

试样类型	取样方向	试样尺寸（mm）			跨距L（mm）
		长度l	宽度b	厚度h	
1	轴向	100.0±2.0	整个管段		70.0±0.5
2	轴向	50.0±1.0	6.0±0.2	管材壁厚	40.0±0.5
3	轴向	120.0±2.0	15.0±0.5	管材壁厚	70.0±0.5
4	环向	50.0±1.0¹	6.0±0.2	管材壁厚	40.0±0.5
5	环向	120.0±2.0¹	15.0±0.5	管材壁厚	70.0±0.5

注：1.环向取样时，试样长度为弧形试样的弦长。

（2）方法B——单缺口试样

①方法B.1 在管材内表面加工缺口的试样

a. 公称壁厚小于或等于6mm的管材，在管材上切割样条，样条长度方向与管材轴向一致，然后在样条上管材内表面加工缺口，缺口应符合《塑料 简支梁冲击性能的测定 第1部分：非仪器化冲击试验》GB/T 1043.1—2008中A型缺口的规定，加工后的试样尺寸应符合表4-182中试样类型6的规定。

b. 公称壁厚大于6mm的管材，在管材上切割样条，样条长度方向与管材轴向一致，沿样条内外表面起加工至薄片状，然后在样条上管材内表面加工缺口，缺口应符合《塑料 简支梁冲击性能的测定 第1部分：非仪器化冲击试验》GB/T 1043.1—2008中A型缺口的规定，加工后的试样尺寸应符合表4-182中试样类型7的规定。

②方法B.2 在管材纵切面加工缺口的试样

a. 公称壁厚小于或等于6mm的管材，在管材上切割样条，样条长度方向与管材轴向一致，然后在样条上平行于管材轴线的切割面上加工缺口，缺口应符合《塑料 简支梁冲击性能的测定 第1部分：非仪器化冲击试验》GB/T 1043.1—2008中A型缺口的规定，加工后的试样尺寸应符合表4-182中试样类型8的规定。

b. 公称壁厚大于6mm的管材，在管材上切割样条，样条长度方向与管材轴向一致，沿样条内外表面起加工至薄片状，然后在样条上平行于管材轴线的切割面上加工缺口，缺口应符合《塑料 简支梁冲击性能的测定 第1部分：非仪器化冲击试验》GB/T 1043.1—2008中A型缺口的规定，加工后的试样尺寸应符合表4-182中试样类型9的规定。

方法B试样类型、尺寸和跨距　　　　表 4-182

试样类型	试样尺寸（mm）			剩余厚度h_N（mm）	跨距L（mm）
	长度l	宽度b	厚度h		
6	50.0±1.0	6.0±0.2	e	(80%×e)±0.2	40.0±0.5
7	80.0±2.0	10.0±0.5	4.0±0.5	3.2±0.2	62.0±0.5
8	50.0±1.0	e	6.0±0.2	4.8±0.2	40.0±0.5
9	80.0±2.0	4.0±0.5	10.0±0.5	8.0±0.2	62.0±0.5

注：1.对于试样类型8，冲击时应使试样弧面向上。

2. e为管材壁厚。

（3）方法 C——双缺口试样

①方法 C.1 在管材表面加工缺口的试样

a. 公称壁厚小于或等于 12mm 的管材，在管材上切割样条，样条长度方向与管材轴向一致，沿样条内外表面起加工至薄片状，然后用双缺口制样机在样条上管材内外表面加工缺口，加工后的试样尺寸应符合表 4-183 中试样类型 10 的规定。

方法 C 试样类型、尺寸和跨距　　　　表 4-183

试样类型	试样尺寸（mm）			剩余厚度 h_N（mm）	跨距 L（mm）
	长度 l	宽度 b	厚度 h		
10	80.0 ± 2.0	10.0 ± 0.5	4.0 ± 0.5	1.4 ± 0.1	62.0 ± 0.5
11	120.0 ± 2.0	15.0 ± 0.5	10.0 ± 0.5	4.0 ± 0.1	70.0 ± 0.5
12	80.0 ± 2.0	4.0 ± 0.5	10.0 ± 0.5	1.4 ± 0.1	62.0 ± 0.5
13	120.0 ± 2.0	10.0 ± 0.5	15.0 ± 0.5	4.0 ± 0.1	70.0 ± 0.5

b. 公称壁厚大于 12mm 的管材，在管材上切割样条，样条长度方向与管材轴向一致，沿样条内外表面起加工至薄片状，然后用双缺口制样机在样条上管材内外表面加工缺口，加工后的试样尺寸应符合表 4-183 中试样类型 11 的规定。

②方法 C.2 在管材纵切面加工缺口的试样

a. 公称壁厚小于或等于 12mm 的管材，在管材上切割样条，样条长度方向与管材轴向一致，沿样条内外表面起加工至薄片状，然后用双缺口制样机在样条上平行于管材轴线的切割面上加工缺口，加工后的试样尺寸应符合表 4-183 中试样类型 12 的规定。

b. 公称壁厚大于 12mm 的管材，在管材上切割样条，样条长度方向与管材轴向一致，沿样条内外表面起加工至薄片状，然后用双缺口制样机在样条上平行于管材轴线的切割面上加工缺口，加工后的试样尺寸应符合表 4-183 中试样类型 13 的规定。

2）试样数量

试样数量为 10 根。

3）状态调节和预处理

（1）试样应在管材生产 24h 后制备。除非相关标准另有规定，试样应按《塑料 试样状态调节和试验的标准环境》GB/T 2918—2018 的规定，在温度为(23 ± 2)℃，相对湿度为 40%～60%条件下状态调节至少 24h，缺口试样的状态调节时间在缺口制备完成后开始计算。

（2）将状态调节后的试样放置在符合规定预处理温度 T_c 的预处理设备中进行预处理，预处理时间应符合表 4-184 的规定。

预处理时间 表 4-184

试样类型	试样厚度h（mm）	试样宽度b（mm）	预处理时间 液浴	预处理时间 空气浴
1、2、3、4、5、6 和 7	$h < 8.6$	—	1.5h ± 5min	6.0h ± 30min
	$8.6 \leqslant h < 14.1$	—	3.0h ± 15min	12.0h ± 60min
	$h \geqslant 14.1$	—	5.0h ± 30min	20.0h ± 60min
8、9、10、11、12 和 13	—	$b < 8.6$	1.5h ± 5min	6.0h ± 30min
	—	$8.6 \leqslant b < 14.1$	3.0h ± 15min	12.0h ± 60min
	—	—	5.0h ± 30min	20.0h ± 60min

（3）试样应完全浸没在液浴或空气浴环境中，不应与其他试样或容器壁接触，若液浴采用冰水混合物对试样进行预处理时，应避免试样与冰接触。

4）试验步骤

（1）总体要求：

①测量并记录试样尺寸；对于单缺口试样，测量并记录每个试样缺口处剩余厚度和试样宽度；对于双缺口试样，测量并记录每个试样宽度。

②对试样进行状态调节和预处理。

③除非相关标准另有规定，应在环境温度为(23 ± 2)℃或与预处理相同温度下进行试验。

④若试验温度与预处理温度不同，将试样从预处理环境中取出，置于相应的支座上，按规定的方式支撑，在规定时间内（时间取决于T_c和环境温度T之间的温差），用规定能量对试样进行冲击。T_c和环境温度T之间的温差与规定的冲击时间应符合下列要求：

a. 若温差小于或等于5℃，试样从预处理环境中取出后，应在60s内完成冲击；

b. 若温差大于5℃，试样从预处理环境取出后应在10s内完成冲击。

若超过上述规定时间，但超过的时间不大于 60s，则可立即在预处理温度下对试样进行再处理至少 5min，并重新测试。否则应放弃该试样或对试样重新进行预处理。

⑤若试验温度与调节温度相同，则从预处理环境中取出试样，置于冲击试验机支座上，按规定的方式支撑，用规定能量对试样进行冲击。

⑥冲击完成后记录试样的破坏情况。

⑦重复试验步骤①～⑥，直至完成规定数目的试样。

（2）方法 A：

①按（1）的规定进行试验。

②冲击后检查并记录试样破坏情况，包括断裂或龟裂。

（3）方法 B 和方法 C：

①按（1）的规定进行试验。

② 冲击后检查并记录试样破坏情况并计算试样的冲击强度。

（4）试样的破坏类型：

冲击完成后，用以下代号字母命名四种形式的破坏：

——C 完全破坏：试样断裂成两片或多片。

——H 铰链破坏：试样未完全断裂成两部分，外部仅靠一薄层以铰链的形式连在一起。

——P 部分破坏：不符合铰链断裂定义的不完全断裂。

——N 不破坏：试样未断裂，仅弯曲并穿过支座，可能兼有应力发白。

5）结果的计算和表示

（1）方法 A：

以试样破坏数对被测样品总数的百分比表示试验结果，保留到个位。

（2）方法 B 和方法 C：

缺口试样简支梁冲击强度（kJ/m²）按下式计算，保留 3 位有效数字：

$$\alpha_{cN} = \frac{W}{b \times h_N} \times 10^3 \tag{4-220}$$

式中：W——试样破坏时吸收的能量（J）；

b——试样宽度（mm）；

h_N——剩余厚度（mm）。

6. 拉伸屈服强度

（1）试样制备：

从管材上切取样条时不应加热或压平，样条的纵向平行于管材的轴线，取长度 150mm 的管段，按图 4-74 裁切样条，在样条的中部裁切试样。

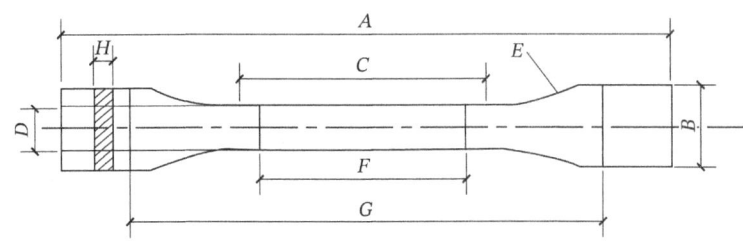

符号	说明	尺寸
A	最小总长度	115
B	端部宽度	≥15
C	平行部分长度	33±2
D	平行部分宽度	$6^{+0.4}_{0}$
E	半径	14±1
F	标线间长度	25±1
G	夹具间距离	80±5
H	厚度	管材实际厚度

图 4-74 拉伸屈服强度试样制备

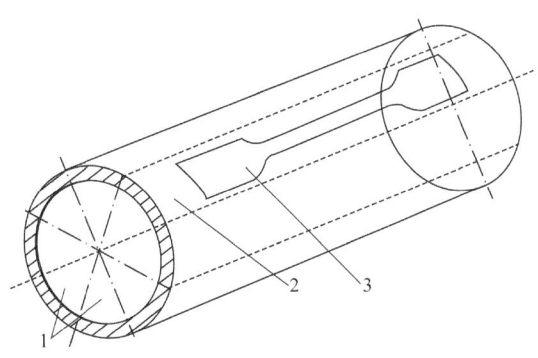

1—扇形块；2—样条；3—试样

图 4-74 拉伸屈服强度试样制备（续）

（2）取样数量如表 4-185 所示。

拉伸屈服强度取样数量 表 4-185

公称外径d（mm）	$15 \leqslant d < 75$	$75 \leqslant d < 280$	$280 \leqslant d < 450$	$d \geqslant 450$
样条数	3	5	5	8

根据不同材料制品标准的要求，选择采用冲裁或机械加工方法从样条中间部位制取试样。

冲裁方法：将样条放置于(125～130)℃的烘箱中加热，加热时间按每毫米壁厚加热 1min 计算。加热结束取出样条，快速地将裁刀置于样条内表面，均匀地一次施压裁切得试样。然后将试样放置于空气中冷却至常温（必要时可加热裁刀）。

机械加工方法：采用铣削，铣削时应尽量避免使试样发热，避免出现如裂痕、刮伤及其他使试样表面品质降低的可见缺陷。对于公称外径大于 110mm 规格的管材，直接采用机械加工方法制样。对于公称外径小于或等于 110mm 规格的管材，应将截取的样条放入(125～130)℃，加热时间按 1min/mm 计算。对样条施加的压力不应使样条的壁厚发生减小。压平后在空气中冷却至室温，然后机械加工方法制样。

（3）状态调节：

除生产检验或相关标准另有规定外，试样应在管材生产 15h 之后测试。试验前根据试样厚度，应将试样置于(23±2)℃的环境中进行状态调节，时间不少于表 4-186 的规定。

状态调节时间 表 4-186

管材壁厚e_{min}（mm）	状态调节时间
$e_{min} < 3$	1h±5min
$3 \leqslant e_{min} < 8$	3h±15min
$8 \leqslant e_{min} < 16$	6h±30min
$16 \leqslant e_{min} < 32$	10h±1h
$32 \leqslant e_{min}$	16h±1h

（4）操作步骤及计算：

调节后的试样在(23±2)℃的环境下进行试验，测量试样标距间中部的宽度和最小厚度，精确到 0.01mm，计算最小截面积。将试样安装在拉力机上并使其轴线与拉伸应力的方向一致，使夹具松紧适宜以防止试样滑脱。对所有试样不论壁厚大小，试验速度均取 (5±0.5)mm/min。记录试样的应力/应变曲线直至拉断试样，并在此曲线上标出试样达到屈服点时的应力和断裂时标距间的长度；或直接记录屈服点处的应力值及断裂时标线间的长度。如试样从夹具处滑脱或在平行部位之外渐宽处发生拉伸变形并断裂，应重新取相同数量的试样进行试验。

如果所测的一个或多个试样的试验结果异常应取双倍试样重做试验。例如五个试样中的两个试样结果异常，则应再取四个试样补做试验。

结果计算：拉伸屈服强度 = 屈服点拉力/试样最小截面积；所得结果保留三位有效数字，小数点后第一位有效数字按四舍五入处理。每组试样的平均值为该组样品的结果值。

7. 落锤冲击试验

（1）样品制备：

试样应从一批或连续生产的管材中随机抽取切割而成，其切割端面应与管材的轴线垂直，切割端应清洁、无损伤。试样长度为(200±10)mm。外径大于 40mm 的试样沿其长度方向画出等距离标线，并顺序编号。不同外径的管材试样画线的数量如表 4-187 所示，对于外径小于等于 40mm 的管材，每个试样只进行一次冲击。

不同外径的管材应画线数　　　　　　　　　　　表 4-187

公称外径（mm）	应画线数	公称外径（mm）	应画线数
50	3	160	8
63	3	180	8
75	4	200	12
90	4	225	12
110	6	250	12
125	6	280	16
140	8	≥315	16

（2）状态调节：

试样应在(0±1)℃或(20±2)℃的水浴或空气浴中进行状态调节，仲裁检验时应使用水浴，最短调节时间见表 4-188。

试样状态调节时间　　　　　　　　　　　表 4-188

壁厚 e（mm）	调节时间（min）	
	水浴	空气浴
$e \leqslant 8.6$	15	60
$8.6 < e \leqslant 14.1$	30	120
$e > 14.1$	60	240

（3）操作步骤：

状态调节后，壁厚小于或等于 8.6mm 的试样，应从空气浴中取出 10s 内或从水浴中取出 20s 内完成试验。壁厚大于 8.6mm 的试样，应从空气浴中取出 20s 内或从水浴中取出 30s 内完成试验。如果超过此时间间隔，应将试样立即放回预处理装置，最少进行 5min 的再处理。若试样状态调节温度为 $(20±2)°C$，试验环境温度为 $(20±5)°C$，则试样从取出至试验完毕的时间可放宽至 60s。

对于内外壁光滑的管材，应测量管材各部分壁厚，根据平均壁厚进行状态调节。对于波纹管或有加强筋的管材，根据管材截面最厚处壁厚进行状态调节。

排水管的试验温度为 $(0±1)°C$，外径小于 110mm 的管材选用 $d25$ 型锤头，外径大于等于 110mm 管材选用 $d90$ 型锤头，并按照管材外径选取落锤质量和落锤下落高度，如表 4-189 所示。

落锤质量和下落高度　　表 4-189

公称外径（mm）	落锤质量（kg）	下落高度（m）
32	0.25 ± 0.005	1.0 ± 0.01
40	0.25 ± 0.005	1.0 ± 0.01
50	0.25 ± 0.005	1.0 ± 0.01
75	0.25 ± 0.005	2.0 ± 0.01
90	0.5 ± 0.005	2.0 ± 0.01
110	0.5 ± 0.005	2.0 ± 0.01
125	1.0 ± 0.005	2.0 ± 0.01
160	1.0 ± 0.005	2.0 ± 0.01
200	1.5 ± 0.005	2.0 ± 0.01
250	2.0 ± 0.005	2.0 ± 0.01
315	3.2 ± 0.005	2.0 ± 0.01

给水用硬聚氯乙烯管落锤冲击试验的锤头半径为 12.5mm（$d25$ 型），S4～S10 的管材应按 M 级试验，S12.5～S20 的管材应按 H 级试验，锤头质量和冲击高度如表 4-190 所示。

锤头质量和冲击高度　　表 4-190

公称外径（mm）	M 级		H 级	
	质量（kg）	高度（m）	质量（kg）	高度（m）
20	0.5	0.4	0.5	0.4
25	0.5	0.5	0.5	0.5
32	0.5	0.6	0.5	0.6

续表

公称外径（mm）	M级		H级	
	质量（kg）	高度（m）	质量（kg）	高度（m）
40	0.5	0.8	0.5	0.8
50	0.5	1.0	0.5	1.0
63	0.8	1.0	0.8	1.0
75	0.8	1.0	0.8	1.2
90	0.8	1.2	1.0	2.0
110	1.0	1.6	1.6	2.0
125	1.25	2.0	2.5	2.0
140	1.6	1.8	3.2	1.8
160	1.6	2.0	3.2	2.0
180	2.0	1.8	4.0	2.0
200	2.0	2.0	4.0	2.0
225	2.5	1.8	5.0	1.8
250	2.5	2.0	5.0	2.0
280	3.2	1.8	6.3	1.8
≥315	3.2	2.0	6.3	2.0

选定好锤头类型、落锤质量和冲击高度后，对试样进行冲击试验。外径小于或等于40mm的试样，每个试样只承受一次冲击。外径大于40mm的试样，在进行冲击试验时，首先使落锤冲击在1号标线上，若试样未破坏，则将试样再进行状态调节后对2号线进行冲击，直至试样破坏或全部标线都冲击一次。逐个对试样进行冲击，直至取得判定结果。

8. 密度

密度采用浸渍法进行测定，选用的浸渍液对试样应无影响，来源可靠且附有检验证书。

试样制备时应保证材料性能不发生变化，试样表面应光滑、无凹陷，以减少浸渍液中试样表面凹陷处可能存留的气泡，否则就会引入误差。

试样质量至少为1g，在空气中称量由一直径不大于0.5mm的金属丝悬挂的试样质量。试样质量不大于10g，精确到0.1mg；试样质量大于10g，精确到1mg，并记录试样的质量m_1。将用细金属丝悬挂的试样浸入放在固定支架上装满浸渍液的烧杯里，浸渍液的温度为$(23±2)$℃。用细金属丝除去黏附在试样上的气泡，称量试样在浸渍液中的质量m_2，精确到

0.1mg。

如果浸渍液不是水,且无检验证书,浸渍液的密度需要按照下列方法进行测定:称量空比重瓶质量,在温度(23 ± 0.5)℃下,充满新鲜蒸馏水或去离子水后再称量其质量m_3。将比重瓶倒空并清洗干燥后,同样在(23 ± 0.5)℃下充满浸渍液并称重m_4。用液浴来调节水或浸渍液以达到合适的温度。

计算23℃时浸渍液的密度:
$$\rho_i = \frac{m_4}{m_3} \times \rho_w \tag{4-221}$$

式中:ρ_i——23℃时浸渍液的密度(g/cm³);

ρ_w——23℃时水的密度(g/cm³)。

计算23℃时试样的密度:
$$\rho_s = \rho_i \times \frac{m_1}{m_1 - m_2} \tag{4-222}$$

式中:ρ_s——23℃时试样的密度(g/cm³)。

对于密度小于浸渍液密度的试样,在浸渍期间,用重锤挂在细金属丝上,随试样一起沉在液面下。在浸渍时,重锤可以看作是悬挂金属丝的一部分。

此种试样密度按下式计算:
$$\rho_s = \rho_i \times \frac{m_1}{m_1 + m_k - m_{2+k}} \tag{4-223}$$

式中:m_k——重锤在浸渍液中的表观质量(g);

m_{2+k}——试样加重锤在浸渍液中的表观质量(g)。

对于每个试样的密度,至少进行三次测定,取平均值作为试验结果,结果保留到小数点后第三位。

9. 交联度试验

试样应从管材在距端面10mm处的横截面上切取至少一圈,包括整个管壁的厚度为$(0.1 \sim 0.2)$mm的薄片,试样质量在$(0.5 \sim 1.0)$g之间,连续切取不少于2个。

剪取一块面积大小可以包裹试样的清洁、干燥的筛网并称重m_1,精确至1mg。将试样放入筛网中包裹成袋形并称重m_2,精确至1mg。把二甲苯溶剂倒入圆底烧瓶内,加入量为溶剂与试样的质量比不小于500:1,然后向溶剂中加入溶剂质量1%的抗氧剂。用金属丝将包好的试样悬吊于烧瓶内,应使试样整个浸没于二甲苯溶剂中,安装冷凝回流器,开启加热装置加热溶剂至沸点,控制冷凝回流速度在$(20 \sim 40)$滴/min,萃取时间8h ± 5min。小心取出金属丝与筛网袋,放入真空干燥箱(真空度至少85kPa)或鼓风干燥箱(开启鼓风)内干燥,温度(140 ± 2)℃,时间3h。取出筛网袋与金属丝冷却至环境温度后,解下金属丝称量筛网袋,精确至1mg,作为m_3。

结果计算按下式:
$$G_i = \frac{m_3 - m_1}{m_2 - m_1} \times 100 \tag{4-224}$$

式中:G_i——交联度(%);

m_1——筛网的质量(mg);

m_2——萃取前试样与筛网的质量（mg）；

m_3——萃取后剩余试样与筛网的质量（mg）。

计算每个试样的交联度，以两个试样的算术平均值为结果，结果保留三位有效数字。如果两个试样的结果相差超过3%，则需另取两个试样重新试验。

10. 炭黑分散度

1）试样制备

采用压片法制样，制备好的试样应厚度均匀，试样厚度为$(20±10)\mu m$。

（1）用小刀沿产品的不同轴线在不同部位切取6个试样。每个试样质量为$(0.2±0.10)mg$。把六个试样放在一个或几个干净的载玻片上，使每一个试样与相邻试样或载玻片边缘近似等距排放，用另一干净的载玻片盖住。由于试样的质量和厚度已给定，因此每个试样的幅宽至少4mm。

（2）用弹簧夹夹住两个载玻片，把夹好的载玻片放在$(150\sim210)℃$的烘箱中至少10min，直到每个试样的厚度达到规定的要求。

将载玻片从烘箱里取出，冷却后移走弹簧夹。

（3）显微镜观察前载玻片要进行冷却。

2）显微镜观测

（1）分散尺寸等级评定：

利用透射光，在放大倍率为100倍的显微镜下逐个观察六个试样中的粒子和粒团。测量并记录每个粒子和粒团的最大尺寸，小于$5\mu m$的忽略不计。按照表4-191确定等级。

基于粒子和粒团最大尺寸的等级　　　　表4-191

等级	尺寸（μm）														
	5~10	11~20	21~30	31~40	41~50	51~60	61~70	71~80	81~90	91~100	101~110	111~120	121~130	131~140	>140
	粒子和粒团最大数目														
0	×	×	×	×	×	×	×	×	×	×	×	×	×	×	×
0.5	1	×	×	×	×	×	×	×	×	×	×	×	×	×	×
1	3	1	×	×	×	×	×	×	×	×	×	×	×	×	×
1.5	6	3	1	×	×	×	×	×	×	×	×	×	×	×	×
2	12	6	3	1	×	×	×	×	×	×	×	×	×	×	×
2.5	—	12	6	3	1	×	×	×	×	×	×	×	×	×	×
3	—	—	12	6	3	1	×	×	×	×	×	×	×	×	×
3.5	—	—	—	12	6	3	1	×	×	×	×	×	×	×	×
4	—	—	—	—	12	6	3	1	×	×	×	×	×	×	×
4.5	—	—	—	—	—	12	6	3	1	×	×	×	×	×	×
5	—	—	—	—	—	—	12	6	3	1	×	×	×	×	×

续表

等级	尺寸（μm）												
	5~10	11~20	21~30	31~40	41~50	51~60	61~70	71~80	81~90	91~100	101~110	111~120	121~130	131~140	>140
	粒子和粒团最大数目												
5.5	—	—	—	—	—	—	12	6	3	1	×	×	×	×
6	—	—	—	—	—	—	—	12	6	3	1	×	×	×
6.5	—	—	—	—	—	—	—	—	12	6	3	1	×	×
7	—	—	—	—	—	—	—	—	—	12	6	3	1	×

注：1. 放大倍率为 100 情况下，7μm 相当于 0.7mm，在放大倍率为 70 的情况下，7μm 相当于 0.49mm。类似地，放大倍率为 100 的情况下，60μm 相当于 6mm。

2. 表中右上方的所有填"×"的单元格表示该粒径范围内粒子不存在。

3. 表中左下方的所有填"—"的单元格表示该粒径范围内粒子数目不限定。

4. 粒径大小取整数，小数点后第一位非零数字进位。

（2）分散表观等级评定：

若需确定表观等级，则在放大倍率为 70× 的显微镜的透射光下观测每个试样。与《聚烯烃管材、管件和混配料中颜料或炭黑分散度的测定》GB/T 18251—2019 附录 B 的显微照片进行比较，记录每个试样的表观等级。

3）试验结果

炭黑分散的测定结果可以有两种表示方法：

（1）分散的尺寸等级：

按表 4-191，确定每个试样的粒子/粒团最大尺寸的等级。计算所获得六个等级的算术平均值，小数点后保留一位，小数点后第二位非零数字进位，并以该值表示分散的尺寸等级。

（2）分散的表观等级：

观察每个试样的显微外观，对比显微外观图片（见《聚烯烃管材、管件和混配料中颜料或炭黑分散度的测定》GB/T 18251—2019 附录 B），以全部试样中占多数的表观等级表示结果。

11. 纵向回缩率

依据《热塑性塑料管材 纵向回缩率的测定》GB/T 6671—2001 关于管材的纵向回缩率有两种检测方法：液浴试验和烘箱试验。以下介绍最常用检测方法为烘箱试验。

1）试样制备

（1）取 (200 ± 20)mm 长的管段为试样。

（2）使用划线器，在试样上划两条相距 100mm 的圆周标线，并使其一标线距任一端至少 10mm。

（3）从一根管材上截取三个试样。对于公称直径大于或等于 400mm 的管材，可沿轴向均匀切成 4 片进行试验。

2）预处理

按照 GB/T 2918 规定，试样在(23±2)℃下至少放置 2h。

3）试验步骤

（1）在(23±2)℃下，测量标线间距L_o，精确到 0.25mm。

（2）将烘箱温度调节至产品标准的规定值。

（3）把试样放入烘箱，使样品不触及烘箱底和壁。若悬挂试样，则悬挂点应在距标线最远的一端。若把试样平放，则应放于垫有一层滑石粉的平板上，切片试样，应使凸面朝下放置。

（4）把试样放入烘箱内保持产品标准规定的时间，这个时间应从烘箱温度回升到规定温度时算起。

（5）从烘箱中取出试样，平放于一光滑平面上，待完全冷却至(23±2)℃时，在试样表面沿母线测量标线间最大或最小距离L_i，精确至 0.25mm。（注：切片试样，每一管段所切的四片应作为一个试样，测得L_i，且切片在测量时，应避开切口边缘的影响）

4）结果表示

（1）按下式计算每一试样的纵向回缩率R_{L_i}，以百分率表示：

$$R_{L_i} = \frac{\Delta L}{L_o} \times 100 \tag{4-225}$$

式中：$\Delta L = |L_o - L_i|$；

L_o——放入烘箱前试样两标线间距离（mm）；

L_i——试验后沿母线测量的两标线间距离（mm）。

选择L_i使ΔL的值最大。

（2）计算三个试样R_{L_i}的算术平均值，其结果作为管材的纵向回缩率R_L。

12. 维卡软化温度

维卡软化温度的检测方法为《热塑性塑料管材、管件 维卡软化温度的测定》GB/T 8802—2001。

1）试样

（1）取样：

①管材

试样应是从管材上沿轴向就下的弧形管段，长度约 50mm，宽度(10～20)mm。

②管件

试样应是从管件的承口、插口或柱面上裁下的弧形片段，应从没有合模线或注射点的部位切取。其长度为：直径小于或等于 90mm 的管件，试样长度和承口长度相等；直径大于 90mm 的管件，试样长度为 50mm，宽度为(10～20)mm。

（2）试样制备：

①如果管材或管件壁厚大于 6mm，则采用适宜的方法加工管材或管件外表面，使壁厚

减至 4mm。如果管件承口带有螺纹，则应车掉螺纹部分，使其表面光滑。

②壁厚在(2.4～6)mm（包括 6mm）范围内的试样，可直接进行测试。

③如果管材或管件壁厚小于 2.4mm，则可将两个弧形管段叠加在一起，使其总厚度不小 2.4mm。作为垫层的下层管段试样应首先压平，为此可将该试样加热到 140℃并保持 15min，再置于两块光滑平板之间压平。上层弧段应保持其原样不变。

（3）试样数量：

每次试验用两个试样，但在裁制试样时，应多提供几个试样，以备试验结果相差太大时作补充试验用。

2）预处理

（1）将试样在低于预期维卡软化温度（VST）50℃的温度下预处理至少 5min。

（2）对于丙烯腈—丁二烯—苯乙烯（ABS）和丙烯腈—苯乙烯—丙烯酸（ASA）试样，应在烘箱中(90 ± 2)℃的温度下干燥 2h，取出后在(23 ± 2)℃的温度和(50 ± 5)%的相对湿度下，冷却(15 ± 1)min。然后再按（1）进行处理。

3）试验步骤

（1）将加热浴槽温度调至约低于试样软化温度 50℃并保持恒温。

（2）将试样凹面向上，水平放置在无负载金属杆的压针下面，试样和仪器底座的接触面应是平的。对于壁厚小于 2.4mm 的试样，压针端部应置于未压平试样的凹面上，下面放置压平的试样。压针端部距试样边缘不小于 3mm。

（3）将试验装置放在加热浴槽中。温度计的水银球或测温装置的传感器与试样在同一水平面，并尽可能靠近试样。

（4）压针定位 5min 后，在载荷盘上加所要求的质量，以使试样所承受的总轴向压力为(50 ± 1)N，记录下千分表（或其他测量仪器）的读数或将其调至零点。

（5）以每小时(50 ± 5)℃的速度等速升温，提高浴槽温度。在整个试验过程中应开动搅拌器。

（6）当压针压入试样内(1 ± 0.01)mm 时，迅速记录下此时的温度，此温度即为该试样的维卡软化温度。

4）结果表示

两个试样的维卡软化温度的算术平均值，即为所测试管材或管件的维卡软化温度，单位以℃表示。若两个试样结果相差大于 2℃时，应重新取不少于两个的试样进行试验。

13. 熔体质量流动速率

依据《塑料 热塑性塑料熔体质量流动速率（MFR）和熔体体积流动速率（MVR）的测定 第 1 部分：标准方法》GB/T 3682.1—2018。

熔体质量流动速率（MFR）有质量测量法（方法 A）和位移测量法（方法 B）两种检测方法。对于 MFR 较小和（或）出口膨胀较大的材料，在最大切断时间间隔 240s 时，也可能无法获得 10mm 或更长的料条。在这种情况下，仅在 240s 切断时间间隔获得的各切段质量超过 0.04g 时，才可使用方法 A，否则应使用方法 B。

1）质量测量法（方法 A）

（1）试样质量的选择和装料：

根据预先估计的流动速率，将(3～8)g 试样装入料筒。装料压实完成后，立即开始预热 5min 计时。预热时，确认温度恢复到所选定的温度，并在规定的允差范围内。

（2）测量：

在预热后，即装料完成 5min 后，如果在预热时没有加负荷或负荷不足，此时应把选定的负荷加到活塞上。如果预热时，用到口模塞，并且未加负荷或加荷不足，应把选定的负荷加到活塞上，待试样稳定数秒，移走口模塞。如果同时使用负荷支架和口模塞，则先移除负荷支架。

让活塞在重力的作用下下降，直到挤出没有气泡的料条，根据试样的实际黏度，这一过程可能在加负荷前或加负荷后完成。

当活塞杆下参照标线到达料筒顶面时，用计时器计时，同时用切断工具切断挤出料条并丢弃。

逐一收集按一定时间间隔切断的料条，以测定挤出速率，切断时间间隔取决于试样熔体流动速率的大小，料条的长度不应短于 10mm，最好为(10～20)mm。

当活塞杆的上标线达到料筒顶面时停止切断。丢弃所有可见气泡的料条。冷却后，将保留下来的料条（最好是 3 个或以上）逐一称量，精确到 1mg，计算它们的平均质量。如果单个称量值中的最大值和最小值之差超过平均值的 15%，则舍弃该组数据，并用新样品重新试验。

从装料结束到切断最后一个料条的时间不应超过 25min。为防止测试过程中材料降解或交联，有些材料可能需要减少试验时间。在这种情况下，建议采用《塑料 热塑性塑料熔体质量流动速率（MFR）和熔体体积流动速率（MVR）的测定 第 2 部分：对时间—温度历史和（或）湿度敏感的材料的试验方法》GB/T 3682.2—2018 进行测试。

（3）结果表示：

按下式计算熔体质量流动速率（MFR）的值（g/10min）：

$$MFR(T, m_{\text{nom}}) = \frac{600 \times m}{t} \tag{4-226}$$

式中：T——试验温度（℃）；

m_{nom}——标称负荷（kg）；

600——g/s 转换为 g/10min 的系数（10min = 600s）；

m——切断平均质量（g）；

t——切断时间间隔（s）。

结果用三位有效数字表示，小数点后最多保留两位小数，并记录试验温度和使用的负荷。

当使用半口模报告试验结果时，应加下标"h"。

2）位移测量法（方法B）

（1）试样质量的选择和装料：

根据预先估计的流动速率，将(3～8)g试样装入料筒。装料压实完成后，立即开始预热5min计时。预热时，确认温度恢复到所选定的温度，并在规定的允差范围内。

（2）测量：

在预热后，即装料完成5min后，如果在预热时没有加负荷或负荷不足，此时应把选定的负荷加到活塞上。如果预热时，用到口模塞，并且未加负荷或加荷不足，应把选定的负荷加到活塞上，待试样稳定数秒，移走口模塞。如果同时使用负荷支架和口模塞，则先移除负荷支架。

让活塞在重力的作用下下降，直到挤出没有气泡的料条，根据试样的实际黏度，这一过程可能在加负荷前或加负荷后完成。

当活塞杆下标线到达料筒顶面时，用计时器计时，同时用切断工具切断挤出料条并丢弃。

测量采用如下两条原则之一：

① 测量在规定时间内活塞移动的距离；
② 测量活塞移动规定距离所用的时间。

当活塞杆的上标线达到料筒顶面时停止测量。

从装料到最后一次测量不应超过25min。为防止测试过程中材料降解或交联，有些材料可能需要减少试验时间。在这种情况下，应考虑采用《塑料 热塑性塑料熔体质量流动速率（MFR）和熔体体积流动速率（MVR）的测定 第2部分：对时间—温度历史和（或）湿度敏感的材料的试验方法》GB/T 3682.2—2018进行测试。

（3）结果表示：

按下式计算熔体质量流动速率（MFR）的值（g/10min）：

$$MFR(T, m_{\text{nom}}) = \frac{A \times 600 \times l \times \rho}{t} \tag{4-227}$$

式中：A——料筒标准横截面积和活塞头的平均值（等于0.711cm²）（cm²）；

600——g/s转换为g/10min的系数（10min = 600s）；

l——活塞移动预定测量距离或各个测量距离的平均值（cm）；

t——预定测量时间或各个测量时间的平均值（s）；

ρ——熔体在试验温度下当密度（g/m³）。

$$\rho = \frac{m}{A \times l} \tag{4-228}$$

式中：m——活塞移动1cm时挤出的试样质量（g）。

结果用三位有效数字表示，小数点后最多保留两位小数，并记录试验温度和使用的负荷。

当使用半口模报告试验结果时，应加下标"h"。

14. 氧化诱导时间

依据《塑料 差示扫描量热法（DSC）第6部分：氧化诱导时间（等温OIT）和氧化诱导温度（动态OIT）的测定》GB/T 19466.6—2009。

（1）试样放置：

见《塑料 差示扫描量热法（DSC）第1部分：通则》GB/T 19466.1—2004中第9.2节。

若试样是切自管材或管件内、外表面，应将其关注的表面朝上放入坩埚内，由于此时不测定热流，称量试样时可精确至±0.5mg。将试样放到适当类型的坩埚内。必须加盖时，应将其刺破以使氧气或空气流至试样。除非坩埚是通气的，否则不能密封坩埚。

（2）坩埚放置：

见《塑料 差示扫描量热法（DSC）第1部分：通则》GB/T 19466.1—2004中第9.3节。

（3）氮气、空气和氧气流速设定：

采用与校准仪器时相同的吹扫气流速。气体流速发生变化时需重新校准仪器。吹扫气流速通常是(50 ± 5)mL/min。

（4）灵敏度调整：

调整仪器的灵敏度以使DSC曲线突变的纵坐标高度差至少是记录仪满量程的50%以上。计算机控制的仪器无需此调整。

（5）测量：

在室温下放置试样及参比样柑，开始升温之前，通氮气5min。

在氮气气氛中以20℃/min的速率从室温开始程序升温试样至试验温度。恒温试验温度的选取尽量是10℃的倍数，而且每变化一次只改变10℃。可按照参考标准的规定或有关方面商定采用其他的试验温度。当试样的OIT小于10min时，应在较低温度下重新测试；当试样的OIT大于60min时，也应在较高温度下重新测试。

达到设定温度后，停止程序升温并使试样在该温度下恒定3min。

打开记录仪。

恒定时间结束后，立即将气体切换为同氮气流速相同的氧气或空气。该氧气或空气切换点记为试验的零点。

继续恒温，直到放热显著变化点出现之后至少2min（图4-75）。也可按照产品技术指标要求或经有关方面商定的时间终止试验。

试验完毕，将气体转换器切回至氮气并将仪器冷却至室温。如需继续进行下一试验，应将仪器样品室冷却至60℃以下。

每个样品的试验次数可由有关方面商定，建议重复测试两次，报告其算术平均值、低值和高值。

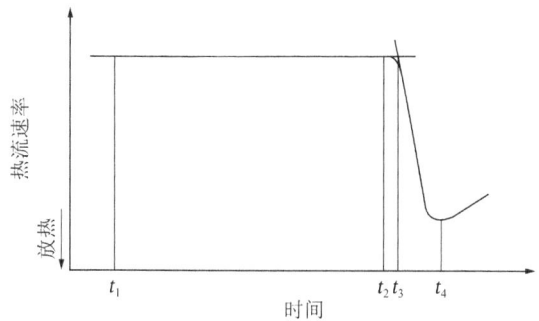

t_1—氧气或空气切换点（时间零点）；t_2—氧化起始点；
t_3—切线法测的交点（氧化诱导时间）；t_4—氧化出峰时间

图 4-75　氧化诱导时间曲线示意图——切线分析法

注：由于氧化诱导时间与温度和聚合物中的添加剂有复杂的关系。因此外推或比较不同温度下得到的数据是无效的，除非有试验结果能证实。

15. 炭黑含量

依据《聚烯烃管材和管件 炭黑含量的测定 煅烧和热解法》GB/T 13021—2023。

1）方法 A：管式电炉法

（1）试验步骤：

①称量条件

应在标准温度(23 ± 2)℃下称量。

②试样

应切成小碎块。

③状态调节

测试前，试样应在(23 ± 2)℃下调节不少于 24h。

④测试前石英样品舟的准备

试验前，石英样品舟应按如下步骤准备并称量：

a. 将样品舟放入管式电炉中，在(900 ± 25)℃下煅烧约 1h；

b. 将样品舟在干燥器中冷却至(23 ± 2)℃并称量；

c. 称量后放回干燥器中干燥 30min 并再次称量；

d. 若两次称量的质量差超过 0.5mg，则重复步骤 c，直到恒重，即两次连续称量的质量差不超过 0.5mg，最后 1 次样品舟的称量结果记为 m。

⑤试样称量

将样品舟置于天平中称量后去皮。从制备好的试样中称取约 1g，记为 m_1，精确至 0.1mg。试样数量为 3 份。

⑥煅烧和热解

a. 将管式电炉预热至(550 ± 50)℃，将管式电炉的入口通入氮气约 5min，氮气流速为(200 ± 20)mL/min。必要时，可将氮气经过净化系统后通入。将装有试样的样品舟放入管式电炉的进口。

b. 将样品舟移至管式电炉的中心，调节氮气流速为(100±10)mL/min，热解约45min。

c. 将样品舟移至管式电炉的非加热段放置10min并保持氮气流速为(100±10)mL/min。

d. 从管式电炉取出样品舟，置于干燥器中冷却，并在(23±2)℃下称量。该质量记为m_2，精确至0.1mg。

e. 将样品舟在(900±25)℃下煅烧，直到炭黑全部消失。将样品舟置于干燥器中冷却，并在(23±2)℃下称量。该质量记为m_3，精确至0.1mg。

（2）结果计算与表示：

根据下式计算炭黑含量ω：

$$\omega = \frac{m_2 - m_3}{m_1} \times 100 \tag{4-229}$$

式中：ω——炭黑含量（%）；

m_2——石英样品舟与试样在550℃下热解后的质量之和（g）；

m_3——石英样品舟与试样在900℃下煅烧后（在适当的情况下包含灰分）的质量之和（g）；

m_1——试样的质量（g）。

计算3个试样炭黑含量的算术平均值，结果修约至保留2位有效数字。

2）方法B：箱式电阻炉法（方法B1）或微波马弗炉法（方法B2）

（1）试验步骤：

①称量条件

应在标准温度(23±2)℃下称量。

②试样

应切成小碎块。

③状态调节

测试前，试样应在(23±2)℃下调节不少于24h。

④测试前坩埚的准备

试验前，坩埚应按如下步骤准备并称量：

对于箱式电阻炉法（方法B1）：

a. 坩埚置于箱式电阻炉内，打开坩埚盖，将温度设置为(900±25)℃；

b. 当温度达到(900±25)℃后，煅烧坩埚和坩埚盖约1h；

c. 将坩埚和坩埚盖取出，置于干燥器中冷却至(23±2)℃并称量；

d. 将坩埚和坩埚盖再次置于干燥器中，30min后再次称量；

e. 若两次称量的质量差超过0.5mg，则重复步骤d，直到恒重，即两次连续称量的质量差不超过0.5mg，最后1次的称量结果记为m。

对于微波马弗炉法（方法B2）：

a. 坩埚置于微波马弗炉内,打开坩埚盖,将温度设置为(900±25)℃;

b. 当温度达到(900±25)℃后,煅烧坩埚和坩埚盖约 15min;

c. 将坩埚和坩埚盖取出,置于干燥器中冷却至(23±2)℃并称量;

d. 将坩埚和坩埚盖再次置于干燥器中,30min 后再次称量;

e. 若两次称量的质量差超过 0.5mg,则重复步骤 d,直到恒重,即两次连续称量的质量差不超过 0.5mg,最后 1 次的称量结果记为m。

⑤试样称量

将坩埚置于天平中称量后去皮。将试样置于坩埚中,根据坩埚的尺寸,从制备好的试样中称量(1~10)g,精确至 0.1mg。该质量记为m_1。试样数量为 3 份。

⑥煅烧和热解

A. 箱式电阻炉法(方法 B1)

试验按如下步骤进行:

a. 箱式电阻炉预热至(320±25)℃,合上坩埚盖,将坩埚置于箱式电阻炉中。以(10±1~15±1)℃/min 的速率升温至(550±25)℃。试样在(550±25)℃热解(10±0.5)min。热解结束后,箱式电阻炉以(15±1)℃/min 的速率降温至(320±25)℃。

b. 从箱式电阻炉中取出坩埚,置于干燥器中冷却至(23±2)℃,并称量。

c. 将带盖坩埚再次置于干燥器中,30min 后再次称量。

d. 若两次称量的质量差超过 0.5mg,则重复步骤 c,直到恒重,即两次连续称量的质量差不超过 0.5mg。最后 1 次的称量结果记为m_2。

e. 打开坩埚盖,将坩埚盖和坩埚一同置于箱式电阻炉中,升温至(900±25)℃,煅烧(30±5)min。

f. 如观察到坩埚中仍有炭黑,则再次置于箱式电阻炉中,在(900±25)℃煅烧至炭黑完全消失。

g. 箱式电阻炉停止加热,等待温度降至 500℃以下,从箱式电阻炉中取出坩埚和坩埚盖,一同置于干燥器中冷却至(23±2)℃,并称量。

h. 将坩埚和坩埚盖再次置于干燥器中,30min 后再次称量。

i. 若两次称量的质量差超过 0.5mg,则重复步骤 h,直到恒重,即两次连续称量的质量差不超过 0.5mg。最后一次的称量结果记为m_3。

B. 微波马弗炉法(方法 B2)

试验按如下步骤进行:

a. 微波马弗炉预热至(520±25)℃,合上坩埚盖,将坩埚置于微波马弗炉内,热解(10±0.5)min。

b. 将坩埚从微波马弗炉中取出,置于干燥器中冷却至(23±2)℃,并称量。

c. 将带盖坩埚再次置于干燥器中,30min 后再次称量。

d. 若两次称量的质量差超过 0.5mg，则重复步骤 c，直到恒重，即两次连续称量的质量差不超过 0.5mg。最后 1 次的称量结果记为 m_2。

e. 打开坩埚盖，将坩埚盖和坩埚一同置于微波马弗炉内，升温至(900±25)℃，煅烧(10±1)min。

f. 如观察到坩埚中仍有炭黑，则再次置于微波马弗炉中，在(900±25)℃煅烧至炭黑完全消失。

g. 微波马弗炉停止加热，等待温度降至 500℃以下，从微波马弗炉中取出坩埚和坩埚盖，一同置于干燥器中冷却至(23±2)℃，并称量。

h. 将坩埚和坩埚盖再次置于干燥器中，30min 后再次称量。

i. 若两次称量的质量差超过 0.5mg，则重复步骤 h，直到恒重，即两次连续称量的质量差不超过 0.5mg。最后一次的称量结果记为 m_3。

（2）结果计算与表示（方法 B1 和方法 B2）：

根据下式计算炭黑含量ω：

$$\omega = \frac{m_2 - m_3}{m_1} \times 100 \tag{4-230}$$

式中：ω——炭黑含量（%）；

m_2——坩埚与试样在 550℃下热解后的质量之和（g）；

m_3——坩埚与试样在 900℃下煅烧后（在适当的情况下包含灰分）的质量之和（g）；

m_1——试样的质量（g）。

计算 3 个试样炭黑含量的算术平均值，结果修约至保留 2 位有效数字。

3）方法 C：热重分析仪法（TGA）

本方法适用于炭黑含量大于 2%的颗粒料和制品。

（1）试验步骤：

①状态调节

测试前，试样应在(23±2)℃下调节不少于 24h。

②使用切片机或刀片从管材、管件切取 3 份试样。试样应制成小块，且尺寸适合坩埚。将坩埚置于天平中，称量后去皮，将试样放入坩埚，每份试样质量为(15～40)mg。如有争议，试样质量应为(20～30)mg。

③升温程序

a. 通入氮气，以(10～20)℃/min 的升温速率由室温升温至 800℃；

b. 保持通入氮气，在 800℃下恒温 15min；

c. 在不冷却的情况下，切换为通入空气或氧气，以 10℃/min 或 20℃/min 的升温速率由 800℃升温至 900℃。

④煅烧和热解

将装有试样的坩埚放入热重分析仪，按③规定的升温程序进行测试。根据炭黑质量损失测定炭黑含量。

本方法仅适用于测定炭黑含量,因此无需获取曲线中的所有数据(图 4-76)。从曲线上获得开始测试前试样的质量(m_s)、升温至 900℃炭黑损失后的质量(m_f),以及 800℃炭黑损失前的质量(m_i)。

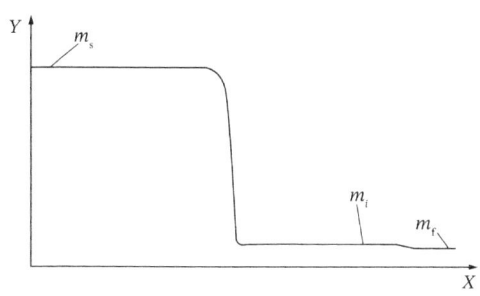

X—温度(℃)或时间(min);Y—质量(mg);m_s—开始测试前试样的质量(mg);
m_i—炭黑损失前的质量(mg);m_f—炭黑损失后的质量(mg)

图 4-76 热重曲线示意图

(2)结果计算与表示:

根据下式计算炭黑含量ω:

$$\omega = \frac{m_i - m_f}{m_s} \times 100 \tag{4-231}$$

式中:ω——炭黑含量(%);

m_i——炭黑损失前的质量(mg);

m_f——炭黑损失后的质量(mg);

m_s——开始测试前试样的质量(mg)。

计算 3 个试样炭黑含量的算术平均值,结果修约至保留 2 位有效数字。

16. 烘箱试验

依据《注射成型硬质聚氯乙烯(PVC-U)、氯化聚氯乙烯(PVC-C)、丙烯腈—丁二烯—苯乙烯三元共聚物(ABS)和丙烯腈—苯乙烯—丙烯酸盐三元共聚物(ASA)管件 热烘箱试验方法》GB/T 8803—2001。

1)试样及其制备

(1)试样为注射成型的完整管件。如管件带有弹性密封圈,试验前应去掉;如管件由一种以上注射成型部件组合而成的,这些部件应彼此分开进行试验。

(2)试样数量应按产品标准的规定,同批同类产品至少取三个试样。

2)试验步骤

(1)将烘箱升温,使其达到(150 ± 2)℃。

(2)试验前,应先测量试样壁厚,在管件主体上选取横切面,在圆周面上测量间隔均匀的至少六点的壁厚,计算算术平均值作为平均壁厚e,精确到 0.1mm。

（3）将试样放入烘箱内，使其中一承口向下直立，试样不得与其他试样和烘箱壁接触，不易放置平稳或受热软压后易倾倒的试样可用支架支撑。

（4）待烘箱温度回升至设定温度时开始计时，根据试样的平均壁厚确定试样在烘箱内恒温时间（表4-192）。

试样在烘箱内恒温时间　　　　　表4-192

平均壁厚e（mm）	恒温时间t（min）
$e \leqslant 3.0$	15
$3.0 < e \leqslant 10.0$	30
$10.0 < e \leqslant 20.0$	60
$20.0 < e \leqslant 30.0$	140
$30.0 < e \leqslant 40.0$	220
$e > 40.0$	240

（5）恒温时间达到后，从烘箱中取出试样，小心不要损伤试样或使其变形。

（6）待试样在空气中冷却至室温，检查试样出现的缺陷，例如：试样的开裂、脱层、壁内变化（如气泡等）和熔接缝开裂，并确定这些缺陷的尺寸是否在3）规定的最小范围内。

3）结果判定

试样的开裂、脱层、气泡和熔接缝开裂等缺陷，应满足下面要求：

（1）在注射点周围：在以15倍壁厚为半径的范围内，开裂、脱层或气泡的深度应不大于该处壁厚的50%。

（2）对于隔膜式浇口注射试样：任一开裂、脱层或气泡应在距隔膜区域10倍壁厚的范围内，且深度应不大于该处壁的50%。

（3）对于环形浇口注射试样：试样壁内任一开裂应在距离浇口10倍壁厚的范围内，如果开裂深入环形浇口的整个壁厚，其长度应不大于壁厚的50%。

（4）对于有熔接缝的试样：任一熔接处部分开裂深度应不大于壁厚的50%。

（5）对于注射试样的所有其他外表面，开裂与脱层深度应不大于壁厚的30%，试样壁内气泡长度应不大于壁厚的10倍。

判定时，需将试样缺陷处剖开进行测量，三个试样均通过判定为合格。

17. 坠落试验

依据《硬聚氯乙烯（PVC-U）管件坠落试验方法》GB/T 8801—2007。

1）坠落高度

（1）公称直径小于75mm的管件，从距地面(2.00±0.05)m处坠落；

（2）公称直径大于75mm小于200mm的管件，从距地面(1.00±0.05)m处坠落；

（3）公称直径等于200mm或大于200mm的管件，从距地面(0.50±0.05)m处坠落。

(注：异径管件以最大口径为准）

2）试验场地

平坦混凝土地面。

3）试验步骤

(1)将试样放入$(0±1)$°C的恒温水浴或低温箱中进行预处理，最短时间如表4-193所示。异径管件按最大壁厚确定预处理时间。

试样最短预处理时间　　　　表4-193

壁厚δ（mm）	最短预处理时间（min）	
	恒温水浴	低温箱
$\delta \leqslant 8.6$	15	60
$8.6 < \delta \leqslant 14.1$	30	120
$\delta > 14.1$	60	240

(2)恒温时间达到后，从恒温水浴或低温箱中取出试样，迅速从规定高度自由坠落于混凝土地面，坠落时应使5个试样在5个不同位置接触地面。

(3)试样从离开恒温状态到完成坠落，应在10s之内进行完毕，检查试验后试样表面状况。

4）结果判定

检查试样破损情况，如其中一个或多个试样在任何部位产生裂纹或破裂，则该组试样为不合格。

第十三节　预制混凝土构件

一、相关标准

（1）《混凝土结构工程施工质量验收规范》GB 50204—2015。

（2）《混凝土结构试验方法标准》GB/T 50152—2012。

（3）《装配式混凝土建筑技术标准》GB/T 51231—2016。

（4）《混凝土结构设计规范》（2015年版）GB 50010—2010。

（5）《装配式混凝土结构技术规程》JGJ 1—2014。

（6）《装配式混凝土结构工程施工与质量验收规程》DB11/T 1030—2021。

（7）《预制混凝土构件质量检验标准》DB11/T 968—2021。

二、基本概念

（1）预制混凝土构件：在工厂或现场预先生产制作的混凝土构件，简称预制构件。

（2）装配式混凝土结构：由预制混凝土构件通过可靠的连接方式装配而成的混凝土结构。

（3）装配整体式混凝土结构：由预制混凝土构件通过可靠的连接方式进行连接并与现场后浇混凝土、水泥基灌浆料形成整体的装配式混凝土结构，简称装配整体式结构。

（4）多层装配式墙板结构：全部或部分墙体采用预制墙板构建成的多层装配式混凝土结构。

（5）混凝土叠合受弯构件：预制混凝土梁、板顶部在现场后浇混凝土而形成的整体受弯构件，简称叠合梁、叠合板。

（6）混凝土叠合受弯构件：预制混凝土梁、板顶部在现场后浇混凝土而形成的整体受弯构件，简称叠合梁、叠合板。

（7）结构性能检验：针对结构构件的承载力、挠度、裂缝控制性能等各项指标所进行的检验。

（8）结构实体检验：在结构实体上抽取试样，在现场进行检验或送至有相应检测资质的检测机构进行的检验。

（9）预制混凝土构件的生产和质量要求分为两种：①对专业企业生产的预制构件，进场时应检查质量证明文件。质量证明文件包括产品合格证明书、混凝土强度检验报告及其他重要检验报告等；预制构件的钢筋、混凝土原材料、预应力材料、预埋件等均应参照《混凝土结构工程施工质量验收规范》GB 50204—2015及国家现行有关标准的规定进行检验，其检验报告在预制构件进场时可不提供，但应在构件生产企业存档保留，以便需要时查阅。按下文规定，对于进场时不做结构性能检验的预制构件，质量证明文件尚应包括预制构件生产过程的关键验收记录。②对总承包单位制作的预制构件，没有"进场"的验收环节，其材料和制作质量应按《混凝土结构工程施工质量验收规范》GB 50204—2015各章的规定进行验收。对构件的验收方式为检查构件制作中的质量验收记录。

三、试验项目、组批原则及取样规定

1. 预制混凝土构件的常规试验项目和检验要求

（1）预制混凝土构件的常规试验项目：承载力、挠度、裂缝宽度、抗裂检验、外观质量、构件尺寸、保护层厚度。

（2）预制混凝土构件的检验要求：

专业企业生产的预制构件进场时，预制构件结构性能检验应符合下列规定：

①梁板类简支受弯预制构件进场时应进行结构性能检验，并应符合下列规定：

a. 结构性能检验应符合国家现行有关标准的有关规定及设计的要求。

b. 钢筋混凝土构件和允许出现裂缝的预应力混凝土构件应进行承载力、挠度和裂缝宽

度检验；不允许出现裂缝的预应力混凝土构件应进行承载力、挠度和抗裂检验。

c. 对大型构件及有可靠应用经验的构件，可只进行裂缝宽度、抗裂和挠度检验。

d. 对使用数量较少的构件，当能提供可靠依据时，可不进行结构性能检验。

② 对其他预制构件，除设计有专门要求外，进场时可不做结构性能检验。

③ 对进场时不做结构性能检验的预制构件，应采取下列措施：

a. 施工单位或监理单位代表应驻厂监督生产过程。

b. 当无驻厂监督时，预制构件进场时应对其主要受力钢筋数量、规格、间距、保护层厚度及混凝土强度等进行实体检验。

2. 预制混凝土构件的组批原则及取样规定

预制混凝土构件的组批原则及取样方法和数量要求如表4-194所示。

组批原则及取样方法和数量 表4-194

检验项目	组批原则	取样数量
结构性能检验（承载力、挠度、裂缝宽度、抗裂检验）	同一类型（同一钢种、同一混凝土强度等级、同一生产工艺和同一结构形式）预制构件不超过1000个为一批	抽取一个构件
外观质量	如有需要，建设各方商议执行	各方商议确定的检测数量
构件尺寸	如有需要，建设各方商议执行	各方商议确定的检测数量
保护层厚度	如有需要，按《混凝土结构工程施工质量验收规范》GB 50204—2015执行	非悬挑梁为2%且不少于5个；悬挑梁为5%且不少于10个；非悬挑板为2%且不少于5个；悬挑板为10%且不少于20个

四、试验方法

1. 结构性能检验

1）进行结构性能检验时的试验条件应符合下列规定

（1）试验场地的温度应在0℃以上。

（2）蒸汽养护后的构件应在冷却至常温后进行试验。

（3）预制构件的混凝土强度应达到设计强度的100%以上。

（4）构件在试验前应量测其实际尺寸，并检查构件表面，所有的缺陷和裂缝应在构件上标出。

（5）试验用的加荷设备及量测仪表应预先进行标定或校准。

2）试验预制构件的支承方式应符合下列规定

（1）对板、梁和桁架等简支构件，试验时应一端采用铰支承，另一端采用滚动支承。铰支承可采用角钢、半圆型钢或焊于钢板上的圆钢，滚动支承可采用圆钢。

（2）对四边简支或四角简支的双向板，其支承方式应保证支承处构件能自由转动，支承面可相对水平移动。

（3）当试验的构件承受较大集中力或支座反力时，应对支承部分进行局部受压承载力验算。

（4）构件与支承面应紧密接；钢垫板与构件、钢垫板与支墩间，宜铺砂浆垫平。

（5）构件支承的中心线位置应符合设计的要求。

3）试验荷载布置应符合设计的要求。当荷载布置不能完全与设计的要求相符时，应按荷载效应等效的原则换算，并应计入荷载布置改变后对构件其他部位的不利影响

4）加载方式应根据设计加载要求、构件类型及设备等条件选择。当按不同形式荷载组合进行加载试验时，各种荷载应按比例增加，并应符合下列规定

（1）荷重块加载可用于均布加载试验。荷重块应按区格成垛堆放，垛与垛之间的间隙不宜小于100mm，荷重块的最大边长不宜大于500mm。

（2）千斤顶加载可用于集中加载试验。集中加载可采用分配梁系统实现多点加载。千斤顶的加载值宜采用荷载传感器量测，也可采用油压表量测。

（3）梁或桁架可采用水平对顶加荷方法，此时构件应垫平且不应妨碍构件在水平方向的位移。梁也可采用竖直对顶的加荷方法。

（4）当屋架仅作挠度、抗裂或裂缝宽度检验时，可将两榀屋架并列，安放屋面板后进行加载试验。

5）加载过程应符合下列规定

（1）预制构件应分级加载。当荷载小于标准荷载时，每级荷载不应大于标准荷载值的20%；当荷载大于标准荷载时，每级荷载不应大于标准荷载值的10%；当荷载接近抗裂检验荷载值时，每级荷载不应大于标准荷载值的5%；当荷载接近承载力检验荷载值时，每级荷载不应大于荷载设计值的5%。

（2）试验设备重量及预制构件自重应作为第一次加载的一部分。

（3）试验前宜对预制构件进行预压，以检查试验装置的工作是否正常，但应防止构件因预压而开裂。

（4）对仅作挠度、抗裂或裂缝宽度检验的构件应分级卸载。

6）每级加载完成后，应持续(10~15)min；在标准荷载作用下，应持续30min。在持续时间内，应观察裂缝的出现和开展，以及钢筋有无滑移等；在持续时间结束时，应观察并记录各项读数

7）进行承载力检验时，应加载至预制构件出现表4-195所列承载能力极限状态的检验标志之一后结束试验。当在规定的荷载持续时间内出现上述检验标志之一时，应取本级荷载值与前一级荷载值的平均值作为其承载力检验荷载实测值；当在规定的荷载持续时间结束后出现上述检验标志之一时，应取本级荷载值作为其承载力检验荷载实测值

构件的承载力检验系数允许值 表 4-195

受力情况	达到承载能力极限状态的检验标志		[γ_u]
受弯	受拉主筋处的最大裂缝宽度达到 1.5mm；或挠度达到跨度的 1/50	有屈服点热轧钢筋	1.20
		无屈服点钢筋（钢丝、钢绞线、冷加工钢筋、无屈服点热轧钢筋）	1.35
	受压区混凝土破坏	有屈服点热轧钢筋	1.30
		无屈服点钢筋（钢丝、钢绞线、冷加工钢筋、无屈服点热轧钢筋）	1.50
	受拉主筋拉断		1.50
受弯构件的受剪	腹部斜裂缝达到 1.5mm，或斜裂缝末端受压混凝土剪压破坏		1.40
	沿斜截面混凝土斜压、斜拉破坏；受拉主筋在端部滑脱或其他锚固破坏		1.55
	叠合构件叠合面、接槎处		1.45

8）挠度量测应符合下列规定

（1）挠度可采用百分表、位移传感器、水平仪等进行观测。接近破坏阶段的挠度，可采用水平仪或拉线、直尺等测量。

（2）试验时，应量测构件跨中位移和支座沉陷。对宽度较大的构件，应在每一量测截面的两边或两肋布置测点，并取其量测结果的平均值作为该处的位移。

（3）当试验荷载竖直向下作用时，对水平放置的试件，在各级荷载下的跨中挠度实测值应按下列公式计算：

$$a_t^0 = a_q^0 + a_g^0 \tag{4-232}$$

$$a_q^0 = v_m^0 - \frac{1}{2}(v_l^0 + v_r^0) \tag{4-233}$$

$$a_g^0 = (M_g/M_b)a_b^0 \tag{4-234}$$

式中：a_t^0——全部荷载作用下构件跨中的挠度实测值（mm）；

a_q^0——外加试验荷载作用下构件跨中的挠度实测值（mm）；

a_g^0——构件自重及加荷设备重产生的跨中挠度值（mm）；

v_m^0——外加试验荷载作用下构件跨中的位移实测值（mm）；

v_l^0，v_r^0——外加试验荷载作用下构件左、右端支座沉陷的实测值（mm）；

M_g——构件自重和加荷设备重产生的跨中弯矩值（kN·m）；

M_b——从外加试验荷载开始至构件出现裂缝的前一级荷载为止的外加荷载产生的跨中弯矩值（kN·m）；

a_b^0——从外加试验荷载开始至构件出现裂缝的前一级荷载为止的外加荷载产生的跨中挠度实测值（mm）。

（4）当采用等效集中力加载模拟均布荷载进行试验时，挠度实测值应乘以修正系数 ψ。当采用三分点加载时 ψ 可取 0.98；当采用其他形式集中力加载时，ψ 应经计算确定。

9）裂缝观测应符合下列规定

（1）观察裂缝出现可采用放大镜。试验中未能及时观察到正截面裂缝的出现时，可取荷载-挠度曲线上第一弯转段两端点切线的交点的荷载值作为构件的开裂荷载实测值。

（2）在对构件进行抗裂检验时，当在规定的荷载持续时间内出现裂缝时，应取本级荷载值与前一级荷载值的平均值作为其开裂荷载实测值；当在规定的荷载持续时间结束后出现裂缝时，应取本级荷载值作为其开裂荷载实测值。

（3）裂缝宽度宜采用精度为 0.05mm 的刻度放大镜等仪器进行观测，也可采用满足精度要求的裂缝检验卡进行观测。

（4）对正截面裂缝，应量测受拉主筋处的最大裂缝宽度；对斜截面裂缝，应量测腹部斜裂缝的最大裂缝宽度。当确定受弯构件受拉主筋处的裂缝宽度时，应在构件侧面量测。

10）试验时应采用安全防护措施，并应符合下列规定

（1）试验的加荷设备、支架、支墩等，应有足够的承载力安全储备。

（2）试验屋架等大型构件时，应根据设计要求设置侧向支承；侧向支承应不妨碍构件在其平面内的位移。

（3）试验过程中应采取安全措施保护试验人员和试验设备安全。

2. 预制构件的外观质量和尺寸偏差采用观察和尺量的方法进行检验

3. 钢筋保护层厚度的检验

可采用非破损或局部破损的方法，也可采用非破损方法并用局部破损方法进行校准。当采用非破损方法检验时，所使用的检测仪器应经过计量检验，检测操作应符合相应规程的规定。钢筋保护层厚度检验的检测误差不应大于 1mm。

五、试验要求及结果评定

1. 检验要求

1）预制构件的承载力检验应符合下列规定

（1）当按现行国家标准《混凝土结构设计规范》GB 50010—2010 的规定进行检验时，应满足下式的要求：

$$\gamma_u^0 \geqslant \gamma_0[\gamma_u] \qquad (4\text{-}235)$$

式中：γ_u^0——构件的承载力检验系数实测值，即试件的荷载实测值与荷载设计值（均包括自重）的比值；

γ_0——结构重要性系数，按设计要求的结构等级确定，当无专门要求时取 1.0；

$[\gamma_u]$——构件的承载力检验系数允许值，按表 4-195 取用。

（2）当按构件实配钢筋进行承载力检验时，应满足下式的要求：

$$\gamma_u^0 \geqslant \gamma_0 \eta [\gamma_u] \qquad (4\text{-}236)$$

式中：η——构件承载力检验修正系数，根据现行国家标准《混凝土结构设计规范》GB 50010—2010按实配钢筋的承载力计算确定。

2）预制构件的挠度检验应符合下列规定

（1）当按现行国家标准《混凝土结构设计规范》GB 50010—2010规定的挠度允许值进行检验时，应满足下式的要求：

$$a_s^0 \leqslant [a_s] \tag{4-237}$$

式中：a_s^0——在检验用荷载标准组合值或荷载准永久组合值作用下的构件挠度实测值；

$[a_s]$——挠度检验允许值，按第5.1.3条的有关规定计算。

（2）当按构件实配钢筋进行挠度检验或仅检验构件的挠度、抗裂或裂缝宽度时，应满足下式的要求：

$$a_s^0 \leqslant 1.2 a_s^c \tag{4-238}$$

a_s^0应同时满足公式(4-237)的要求。

式中：a_s^c——在检验用荷载标准组合值或荷载准永久组合值作用下，按实配钢筋确定的构件短期挠度计算值，按现行国家标准《混凝土结构设计规范》GB 50010—2010确定。

3）挠度检验允许值$[a_s]$应按下列公式进行计算

按荷载准永久组合值计算钢筋混凝土受弯构件

$$[a_s] = [a_f]/\theta \tag{4-239}$$

按荷载标准组合值计算预应力混凝土受弯构件

$$[a_s] = M_k \times [a_f]/M_q(\theta - 1) + M_k \tag{4-240}$$

式中：M_k——按荷载标准组合值计算的弯矩值；

M_q——按荷载准永久组合值计算的弯矩值；

θ——考虑荷载长期效应组合对挠度增大的影响系数，按现行国家标准《混凝土结构设计规范》GB 50010—2010确定；

$[a_f]$——受弯构件的挠度限值，按现行国家标准《混凝土结构设计规范》GB 50010—2010确定。

4）预制构件的抗裂检验应满足下式的要求

$$\gamma_{cr}^0 \geqslant [\gamma_{cr}] \tag{4-241}$$

$$[\gamma_{cr}] = 0.95(\sigma_{pc} + \gamma f_{tk})/\sigma_{ck} \tag{4-242}$$

式中：γ_{cr}^0——构件的抗裂检验系数实测值，即试件的开裂荷载实测值与检验用荷载标准组合值（均包括自重）的比值；

$[\gamma_{cr}]$——构件的抗裂检验系数允许值；

σ_{pc}——由预加力产生的构件抗拉边缘混凝土法向应力值，按现行国家标准《混凝土结构设计规范》GB 50010—2010确定；

γ——混凝土构件截面抵抗矩塑性影响系数,按现行国家标准《混凝土结构设计规范》GB 50010—2010 确定;

f_{tk}——混凝土抗拉强度标准值;

σ_{ck}——按荷载标准组合值计算的构件抗拉边缘混凝土法向应力值,按现行国家标准《混凝土结构设计规范》GB 50010—2010 确定。

5)预制构件的裂缝宽度检验应满足下式的要求

$$w_{s,max}^0 \leqslant [w_{max}] \tag{4-243}$$

式中:$w_{s,max}^0$——在检验用荷载标准组合值或荷载准永久组合值作用下,受拉主筋处的最大裂缝宽度实测值;

$[w_{max}]$——构件检验的最大裂缝宽度允许值,按表 4-196 取用。

构件的最大裂缝宽度允许值(mm) 表 4-196

设计要求的最大裂缝宽度限值	0.1	0.2	0.3	0.4
$[w_{max}]$	0.07	0.15	0.20	0.25

2. 结果评定

1)预制构件结构性能检验的合格判定应符合下列规定

(1)当预制构件结构性能的全部检验结果均满足上述检验要求时,该批构件可判为合格。

(2)当预制构件的检验结果不满足第①款的要求,但又能满足第二次检验指标要求时,可再抽两个预制构件进行二次检验。第二次检验指标,对承载力及抗裂检验系数的允许值应取第五.1.(1)条和第五.1.(4)条规定的允许值减 0.05;对挠度的允许值应取第五.1.(3)条规定允许值的 1.10 倍。

(3)当进行二次检验时,如第一个检验的预制构件的全部检验结果均满足第五.1.(1)条~第五.1.(5)条的要求,该批构件可判为合格;如两个预制构件的全部检验结果均满足第二次检验指标的要求,该批构件也可判为合格。

2)外观质量评定

(1)外观质量不应有严重缺陷。对已经出现的严重缺陷,应由施工单位提出技术处理方案,并经监理单位认可后进行处理;对裂缝或连接部位的严重缺陷及其他影响结构安全的严重缺陷,技术处理方案尚应经设计单位认可。对经处理的部位应重新验收。

(2)外观质量不应有一般缺陷。对已经出现的一般缺陷,应由施工单位按技术处理方案进行处理。对经处理的部位应重新验收。

3)构件尺寸评价

不应有影响结构性能或使用功能的尺寸偏差;混凝土设备基础不应有影响结构性能或

设备安装的尺寸偏差。对超过尺寸允许偏差且影响结构性能或安装、使用功能的部位，应由施工单位提出技术处理方案，并经监理、设计单位认可后进行处理。对经处理的部位应重新验收。

4）梁类、板类构件纵向受力钢筋的保护层厚度应分别进行验收，并应符合下列规定

（1）当全部钢筋保护层厚度检验的合格率为90%及以上时，可判为合格。

（2）当全部钢筋保护层厚度检验的合格率小于90%但不小于80%时，可再抽取相同数量的构件进行检验；当按两次抽样总和计算的合格率为90%及以上时，仍可判为合格。

（3）每次抽样检验结果中不合格点的最大偏差均不应大于表 4-197 规定允许偏差的 1.5 倍。

结构实体纵向受力钢筋保护层厚度的允许偏差（mm）　　表 4-197

构件类型	允许偏差
梁	+10，-7
板	+8，-5

第十四节　预应力钢绞线

一、相关标准

（1）《预应力混凝土用钢绞线》GB/T 5224—2023。
（2）《预应力混凝土用钢材试验方法》GB/T 21839—2019。

二、基本概念

预应力钢绞线是由 2、3、7 或 19 根高强度钢丝构成的绞合钢缆，并经消除应力处理（稳定化处理），适合预应力混凝土及类似用途。

预应力钢绞线的主要特点是强度高和松弛性能好，另外展开时较挺直。常见抗拉强度等级为1860MPa，还有 1720MPa、1770MPa、1960MPa、2000MPa、2160MPa、2230MPa、2360MPa 等。

钢绞线通用结构分为以下 9 类，结构代号为：
用 2 根冷拉光圆钢丝捻制成的标准型钢绞线　　1×2
用 3 根冷拉光圆钢丝捻制成的标准型钢绞线　　1×3
用 3 根含有刻痕钢丝捻制成的刻痕钢绞线　　1×3I
用 7 根冷拉光圆钢丝捻制成的标准型钢绞线　　1×7
用 6 根含有刻痕钢丝和一根冷拉光圆中心钢丝捻制成的刻痕钢绞线　　1×7I

用6根含有螺旋肋钢丝和一根冷拉光圆中心钢丝捻制成的螺旋肋钢绞线　1×7H

用7根冷拉光圆钢丝捻制后再经冷拔成的模拔型钢绞线　1×7C

用19根冷拉光圆钢丝捻制成的1+9+9西鲁式钢绞线　1×19S

用19根冷光圆钢丝捻制成的1+6+6/6瓦林吞式钢绞线　1×19W

三、试验项目、组批原则

预应力钢绞线试验项目及组批原则应满足表4-198要求。

预应力钢绞线试验项目、组批原则　　　　表4-198

材料名称	试验项目	组批原则	执行标准
预应力混凝土用钢绞线	整根钢绞线最大力、最大力总伸长率、0.2%屈服力、抗拉强度、弹性模量、松弛率	钢绞线应成批检查和验收，每批钢绞线由同一牌号、同一规格、同一生产工艺捻制的钢绞线组成，每批重量不大于100t	《预应力混凝土用钢绞线》GB/T 5224—2023

四、取样注意事项

从盘卷中的钢绞线任意一端正常部位截取一根进行力学性能试验，（整根钢绞线最大力、最大力总伸长率、0.2%屈服力、抗拉强度、弹性模量）每批取3个，长度为(1100～1300)mm；应力松弛性能试验每合同批不小于1根，长度为(1300～1500)mm。

五、试验方法

1.拉伸试验（最大力、最大力总伸长率、抗拉强度、弹性模量、0.2%屈服力）

1）设备要求

拉力试验机：试样破坏的荷载在设备示值的20%～80%范围，且至少为Ⅰ级精度；

夹具：避免试样在夹具或在夹具附近断裂；

2）试验程序

（1）0.2%屈服力——为确定屈服力，使用至少达到Ⅰ级的引伸计，在试样上加预期最小破断负荷10%的初始负荷，然后挂上引伸计，调整引伸计读数1‰标距，然后加载直到引伸计达到1%，记录这时的伸长负荷为屈服力。当屈服强度确定后，引伸计可以从试样上摘下。

（2）最大力总伸长率——为确定伸长率，使用至少达到Ⅱ级的引伸计，标距至少500mm，在试样上施加规定最小破断力10%的初始负荷，测定延伸率时，预加负荷对试样所产生的延伸率应加在总延伸内。然后挂上引伸计，调整引伸计读数到0点，当超过最小伸长率，在试样断裂之前可以摘下引伸计。如果试样上的引伸计不能保持到试样断裂时，可按下列方法测定最大力总伸长率：①继续加载直至引伸计记录的伸长率稍大于$F_{P0.2}$时的伸长率，此时取下引伸计，记录试验机上下工作台的距离。继续加载至试样断裂，记录此时试验机上下工作台的最终距离。②计算出两次试验机上下工作台的距离之差，将此差值与试验机上下工作台的初始距离之比和用引伸计测得的百分数相加即为断裂总延伸率。

（3）屈服力引伸计和伸长率引伸计可能是同样的仪器或两个分开的仪器。两个分开的引伸计是可行的，由于屈服力引伸计更灵敏，当钢绞线断裂时可能会损坏，因此当确定了屈服力后，引伸计可以摘下。伸长率引伸计可以使用稍低灵敏度或者试样断裂时不易损坏的引伸计。

（4）最大力——绞线中一根或多根钢丝断裂时的最大力为破断力。计算抗拉强度时取钢绞线的公称横面积值。

（5）弹性模量的测定：

在力—伸长率曲线中，用（0.2～0.7）F_m范围内的直线段的斜率除以试样的公称截面积（S_n）测量弹性模量（E）。

弹性模量按下式计算：

$$E = [(0.7F_m - 0.2F_m)/(\varepsilon 0.7F_m - \varepsilon 0.2F_m)]/S_n \tag{4-244}$$

式中：E——弹性模量（GPa）；

F_m——最大力（N）；

S_n——试样公称横截面积（mm²）。

3）通用要求

不应使用预制场张拉钢绞线的锚夹具进行钢绞线拉伸试验。夹持装置的设计应确保在试验过程中，载荷沿着整个夹持长度分布，最小有效夹持长度应不小于钢绞线的一个捻距。如试样在夹头内或距钳口2倍钢绞线公称直径内断裂，达不到标准要求时，试验无效，应补充样品进行试验，直至获取有效的试验数据。

2. 应力松弛试验

1）设备要求

（1）机架：机架的任何变形都应处于不影响试验结果的极限之内。

（2）测力装置：精度在不大于1000kN时为±1%，在大于1000kN时为±2%。任何其他合适的装置应具有与上述测力传感器规定相同的精度。

（3）夹持装置：夹持装置应保证试样在试验期间不产生滑动和转动。

（4）加载装置：加载装置应对试样平稳加载而不能有震荡，在试验过程中，随着试样上力的减少，加载装置应保证试样的长度保持在规定范围内。

2）试样要求

（1）在试验前，试样应至少在松弛试验室内放置24h。

（2）试样应用夹具加紧，以保证试样在加载和试验期间不产生任何滑动。

（3）试样制备后不应进行任何热处理和冷加工。

（4）允许用至少120h的测试数据推算1000h的松弛率。推算松弛率的相关系数应不小于0.98，如相关系数小于0.98时，允许用240h的测试数据推算，如相关系数仍小于0.98时，应将试验持续到1000h。

3）加载

（1）在整个试验过程中，力的施加应平稳，无振荡。

（2）前20%F_0可按需要加载。从（20~80%）F_0应连续加载或者分为3个或多个均匀阶段，或以均匀的速度加载，并在6min内完成。当达到80%F_0后，应连续加载，并在2min内完成。

注：F_0为应力松弛试验的初始力（N），F_0加载速率为$(200 \pm 50)\text{MPa} \cdot \text{min}^{-1}$。

（3）当达到初始荷载F_0时，F值应在2min内保持恒定，2min后，应立即建立并记录时间，其后对力的任何调整只能用于保证原始标距和伸长保持恒定。

3. 复验与判定规则

当检验结果出现不符合产品标准规定时，应从同一批未经检验的钢绞线卷中取双倍数量的试样进行该不合格项目的复验，复验结果均合格，则整批钢绞线予以交货；即使有一个试样不合格，则整批钢绞线不应交货，允许进行逐卷检验合格者交货。

对于复验结果均合格的整批次钢绞线，可以允许对首次检验出现的不合格卷，取双倍试样进行该不合格项的复验，如果复验结果均合格，则可随该批次钢绞线交货；如果有一个试样不合格，则该卷钢绞线不应交货。

第十五节　预应力混凝土用锚具夹具及连接器

一、相关标准

（1）《预应力筋用锚具、夹具和连接器》GB/T 14370—2015。

（2）《金属材料 洛氏硬度试验 第1部分：试验方法》GB/T 230.1—2018。

（3）《预应力筋用锚具、夹具和连接器应用技术规程》JGJ 85—2010。

二、基本概念

预应力筋用锚具、夹具和连接器是预应力混凝土结构中的重要组成部分，它们承担着固定和连接预应力筋的功能，保证了预应力混凝土结构的安全性和稳定性。

锚具是一种用于固定预应力筋的装置，通常由锚板、锚固头、锚杆、锚具套管等部件组成。它们可以将预应力筋固定在混凝土中，使其受到拉力。

夹具是一种用于连接、固定预应力筋的装置，通常由夹头、夹杆、压紧板等部分组成。它们可以将预应力筋连接在一起，形成预应力孔道或张拉板。

连接器是一种用于连接不同结构元素的装置，如连接钢筋、钢板、梁、柱等。连接器通常由钢板、螺栓等部件组成，其作用是使结构元素受到拉力或压力时能够互相连接，达到整体承载的目的。

三、试验项目、组批原则及取样数量

预应力筋用锚具、夹具和连接器试验项目及组批原则应满足表 4-199 要求。

预应力筋用锚具、夹具和连接器试验项目、组批原则　　表 4-199

材料名称	试验项目	组批原则	执行标准
预应力筋用锚具、夹具和连接器	外观质量、尺寸、静载锚固性能、疲劳荷载性能、硬度	每个检验批的锚具不宜超过 2000 套，连接器和夹具不宜超过 500 套。 外观质量、尺寸检查应从每批产品抽取 2%且不应小于 10 套样品。 硬度检查应从每批产品中抽取 3%且不应小于 5 套样品（多孔夹片式锚具的夹片，每套应抽取 6 片）进行检验	《预应力筋用锚具、夹具和连接器应用技术规程》JGJ 85—2010

四、取样注意事项

（1）单孔锚具：挤压锚由 6 套样品与试验合格的 3 根预应力筋组装成 3 套预应力筋锚具组装件、锚具间预应力筋长度在(800～850)mm；夹片锚具需钢绞线 3 根，长度(1～1.2)m，锚具 6 个（含夹片）。另在代表性部位取 6 根长度(1～1.2)m 钢绞线原材。

（2）多孔锚具：钢绞线的根数为锚具孔数乘以 3，长度为(4～4.2)m，锚具 6 个（含夹片）。另在代表性部位取 6 根长度(1～1.2)m 钢绞线原材。

（3）锚环硬度及夹片硬度：锚具每批抽取 3%且不少于 5 套，夹片式锚具的夹片硬度试验每套应抽取 6 片夹片（夹片少于 6 片应全数检验）。

（4）外观检查：外形尺寸应符合产品质量保证书所示的尺寸范围，且表面不得有裂纹及锈蚀；当有下列情况之一时，应对本批产品的外观逐套检查，合格者方可进入后续检验：当有 1 个零件不符合产品质量保证书所示的外形尺寸，应另取双倍数量的零件重做检查，仍有 1 件不合格；当有 1 个零件表面有裂纹或夹片、锚孔锥面有锈蚀。对配套使用的锚垫板和螺旋筋可按上述方法进行外观检查，但允许表面有轻度锈蚀。

五、试验方法

1. 外观质量

产品的外观应符合技术文件的规定，并应符合下列规定：

（1）全部产品不应出现裂纹。

（2）锚板和连接器体应进行表面磁粉探伤，并符合相关标准的规定。

（3）产品外观应用目测检验；锚板和连接器应按《无损检测 磁粉检测 第 1 部分：总则》GB/T 15822.1—2024 的规定进行表面磁粉探伤；其他零件表面可用放大镜检验。

2. 尺寸

（1）产品的尺寸及偏差应符合技术文件的规定。

（2）产品尺寸应用直尺、游标卡尺、螺旋千分尺和塞环规等量具检验。

3. 硬度

（1）产品的硬度应符合技术文件的规定。

（2）硬度检查应从每批产品中抽取 3%且不应小于 5 套样品（多孔夹片式锚具的夹片，每套应抽取 6 片）进行检验。

（3）硬度检验应根据产品技术文件的表面位置、硬度范围，选用相应的硬度测量仪器，按《金属材料 洛氏硬度试验 第 1 部分：试验方法》GB/T 230.1—2018 或《金属材料 布氏硬度试验 第 1 部分：试验方法》GB/T 231.1—2018 的规定执行。

4. 静载锚固性能

1）仪器设备

静载锚固试验机（多孔）、微机控制电液伺服万能试验机（单孔）：试验机测力系统准确度不应低于 I 级；预应力筋总伸长率测量装置在测量范围内，示值相对误差不应超过±1%。

钢卷尺：(0～5000)mm、钢板尺(0～300)mm、游标卡尺(0～150)mm、前卡式千斤顶。

2）试样要求

（1）一组预应力筋—锚具样品由三套完整的预应力筋—锚具组装件和 6 根预应力钢绞线原材组成，组装件中预应力钢绞线根数根据锚具孔数确定。

（2）预应力钢绞线及锚具均不得有裂纹出现，并用游标卡尺在预应力钢绞线同一截面不同方向复测其直接，其直径尺寸应与锚具夹片上的标记匹配。

（3）单孔锚具组装件中的预应力钢绞线的总长不宜大于 1.1m，但受力部分不应小于0.8m。

（4）多孔锚具组装件中的预应力筋钢绞线各根长度宜为(4.1～4.2)m，其受力长度不应小于 3m。

3）操作步骤

（1）将预应力筋—锚具或夹具组装好，用千斤顶将各根预应力筋的初应力调试均匀，初应力可取预应力筋公称抗拉强度的 5%～10%，调试一致后，用钢板尺或卷尺分别量取锚环两端外至有代表性的 3 根钢绞线顶端长度，将位移装置连接并清零，对预应力筋逐级加载（$0.20F_{ptk} \rightarrow 0.40F_{ptk} \rightarrow 0.60F_{ptk} \rightarrow 0.80F_{ptk}$），加载速度不宜超过 100MPa/min，加载至最高一级荷载后，持荷 1h，然后缓慢加载至破坏。记录位移值，并量取两锚环外至钢绞线顶端长度并记录。

$$\text{锚具效率系数} \qquad n_a = \frac{F_{TU}}{n \times F_{pm}} \tag{4-245}$$

式中：F_{TU}——预应力筋—锚具组装件的实测极限抗拉力（保留整数）；

F_{pm}——预应力筋单根试件的实测平均极限拉力（为 6 根预应力钢绞线原材实测破断荷载的平均值，保留整数）；

n——毛孔数量。

总伸长率
$$\epsilon_{tu} = \frac{\Delta L_1 + \Delta L_2 - \sum \Delta a}{L_2 - \Delta L_2} \tag{4-246}$$

式中：ΔL_1——试验荷载从 $0.1F_{ptk}$ 增长到 F_{tu} 时，加载用千斤顶活塞位移量（mm）；

ΔL_2——试验荷载从 0 增长到 $0.1F_{ptk}$ 时，加载用千斤顶活塞位移量的理论计算值（mm）；

$\sum \Delta a$——试验荷载从 $0.1F_{ptk}$ 增长到 F_{tu} 时，预应力筋两端部与锚具之间的相对位移之和（mm）；

L_2——试验荷载为 $0.1F_{ptk}$ 时，预应力筋的受力长度。

（2）组装件的破坏部位与形式应符合下列规定：夹片式锚具、夹具或连接器的夹片在加载至最高一级荷载时不允许处理裂纹或断裂；当试验合格后允许出现微裂和纵向断裂，不应出现横向、斜向断裂及破断；预应力筋激烈破断冲击引起夹片破坏或断裂属正常情况；握裹式锚具的静载锚固性能试验，当结果合格后失去握裹力时，属于正常情况。

（3）应进行 3 个组装件的静载锚固性能试验，全部试验结果均应作出记录。3 个组装件的试验结果应符合表 4-200 的规定，不应以平均值作为试验结果。

静载锚固性能要求　　　　　　　　　　表 4-200

锚具类型	锚具效率系数	总伸长率
体内、体外束中预应力钢材用锚具	$n_a = \frac{FT}{n \times F_{pm}} \geq 0.95$	$\epsilon_{tu} \geq 2.0\%$
拉索中预应力钢材用锚具	$n_a = \frac{FT}{n \times F_{pm}} \geq 0.95$	$\epsilon_{tu} \geq 2.0\%$
纤维增强复合材料筋用锚具	$n_a = \frac{FT}{n \times F_{pm}} \geq 0.95$	—

5．疲劳荷载性能

1）仪器设备

疲劳试验机。

2）操作步骤

（1）预应力筋—锚具或连接器组装件的疲劳荷载性能试验应在疲劳试验机上进行，受检组装安装全部预应力筋，当疲劳试验机能力不够时，预应力筋根数可减少，但不应少于实际根数的 1/2，且与预应力筋中心线偏角最大的预应力筋应包括在试验范围内。

（2）以约 100MPa/min 的速度加载至试验应力上限值，在调节应力幅度达到规定值后，开始记录循环次数。加载频率不应超过 500 次/min。

（3）预应力筋—锚具组装件应通过 200 万次疲劳荷载性能试验，并应符合下列规定：

①当锚固的预应力筋未预应力钢材时，试验应力上限应为预应力筋公称抗拉强度的 65%，疲劳应力幅度不应小于 80MPa。

②拉索疲劳荷载性能的试验应力上限和疲劳应力幅度应根据拉索的类型符合国家现行相关标准的规定，或按设计要求确定。

③当锚固的预应力筋为纤维增强复合材料筋时，试验应力上限为预应力筋抗拉强度的 50%，疲劳应力幅度不应小于 80MPa。

（4）预应力筋—锚具组装件经受 200 万次循环荷载后，锚具不应发生疲劳破坏。预应力筋因锚具夹持作用发生疲劳破坏的截面积不应大于组装件中预应力筋总截面积的 5%。

六、结果判定

1. 外观质量

所有受检样品均应符合要求，如有 1 个零件不符合要求，则应对本批全部产品进行逐件检验，符合要求者判定该零件外观合格。

2. 尺寸、硬度

所有受检样品均应符合规定，如有 1 个零件不符合规定，应另取双倍效量的零件重新检验；如仍有 1 个零件不符合要求，则应对本批产品进行逐件检验，符合要求者判定该零件该性能合格。

3. 静载锚固性能

3 个组装件中如有 2 个组装件不符合要求，应判定该批产品不合格；3 个组装件中如有 1 个组装件不符合要求，应另取双倍数量的样品重做试验，如仍有不符合要求者，应判定该批产品出厂检验不合格。

第十六节　预应力混凝土用波纹管

一、相关标准

（1）《预应力混凝土用金属波纹管》JG/T 225—2020。

（2）《预应力混凝土桥梁用塑料波纹管》JT/T 529—2016。

（3）《热塑性塑料管材　环刚度的测定》GB/T 9647—2015。

（4）《热塑性塑料管材耐外冲击性能试验方法　时针旋转法》GB/T 14152—2001。

（5）《热塑性塑料管材　拉伸性能测定　第 1 部分：试验方法总则》GB/T 8804.1—2003。

（6）《热塑性塑料管材 拉伸性能测定 第2部分：硬聚氯乙烯（PVD-U）、氯化聚氯乙烯烃（PVC-C）和高抗冲聚氯乙烯（PVC-HI）管材》GB/T 8804.2—2003。

（7）《热塑性塑料管材 拉伸性能测定 第3部分：聚烯烃管材》GB/T 8804.3—2003。

（8）《聚乙烯压力管材与管件连接的耐拉拔试验》GB/T 15820—1995。

二、基本概念

预应力混凝土用金属波纹管是一种重要的建筑材料，主要用于预应力混凝土结构的施工。该管材具有良好的柔韧性、耐久性和密封性，能够适应复杂的施工环境和条件。金属波纹管由波纹管和网套组成，其中波纹管是管材的核心部分，由薄钢板或钢带经过连续弯曲成型而成。网套则是用来保护波纹管免受外部损坏的加强结构。金属波纹管在预应力混凝土结构中主要起到传递预应力的作用，能够有效地将预应力筋的拉力传递到混凝土结构中，从而改善结构的受力性能和耐久性。

预应力塑料波纹管是以HDPE为生产原材料，主要应用于后张预应力水泥结构，拉杆的成孔，拥有密封性好、无渗水漏浆、环刚度高、摩擦参数小、耐老化、抗电侵蚀、柔弹力好、不易被捣棒凿破和新式的连接方式使施工连接更方便的长处，主要应用于公路，铁路，桥梁，斜坡，高层建筑等大跨度张拉工程建设中。

三、试验项目、组批原则及取样数量

预应力混凝土用波纹管试验项目及组批原则应满足表4-201要求。

预应力混凝土用波纹管试验项目、组批原则　　　　　表4-201

材料名称		试验项目	组批原则	执行标准
预应力混凝土用波纹管	金属波纹管	外观质量、尺寸、局部横向荷载、弯曲后抗渗漏性能	每批应由同一钢带生产厂生产的同一批钢带制造的产品组成。每半年或累计50000m生产量为一批	《预应力混凝土用金属波纹管》JG/T 225—2020
	塑料波纹管	环刚度、局部横向载荷、纵向载荷、柔韧性、抗冲击性能、拉伸性能、拉拔力、密封性	产品以批为单位进行验收，同一配方、同一生产工艺、同设备稳定连续生产的一定数量的产品为一批，每批数量不超过10000m	《预应力混凝土桥梁用塑料波纹管》JT/T 529—2016

四、取样注意事项

（1）波纹管的表面不应有明显污染和腐蚀，应当清洁干净。

（2）样品应当标明生产厂家、型号、规格等信息，并与实际使用的波纹管一致。

（3）在取样前应当对波纹管进行目测检查，确保波纹管外观没有明显缺陷和损伤。

（4）采用专用取样器进行取样，取样时应当选取波纹管的中心部位，在管道两端各留出20～30mm的距离，避免取样点出现缺陷。

五、试验方法

1. 金属波纹管

1）外观质量检查

金属波纹管外观应清洁、内外表面应无锈蚀、油污、附着物、孔洞和不规则的褶皱，咬口无开裂和脱扣，钢管焊缝应连续。

2）尺寸

不同规格金属波管尺寸允许偏差应符合表 4-202～表 4-204 的要求。

金属波纹圆管尺寸允许偏差（mm） 表 4-202

公称内径	40	45	50	55	60	65	70	75	80	85	90	95	96	102	108	114	120	126	132
允许偏差	±0.5												±1.0						

注：表中未列到尺寸的规格由供需双方协议确定。

金属波纹扁管尺寸允许偏差（mm） 表 4-203

适用预应力钢绞线的规格	ϕ12.7		ϕ15.2、ϕ15.7			ϕ17.8			ϕ21.6、ϕ21.8			ϕ28.6		
公称内短轴	20		22			25			30			37		
允许偏差	+1.0		+1.5			+1.7			+2.0			+2.5		
公称内长轴	52	67	75	58	74	90	56	80	104	69	93	116	89	130	167
允许偏差	±1.0		±1.5			±1.7			±2.0			±2.5		

注：表中未列到尺寸的规格由供需双方协议确定。

圆管波纹高度（mm） 表 4-204

公称内径	40	45	50	55	60	65	70	75	80	85	90	95	96～132
最小波纹高度	2.5												3.0

注：公称内径大于 132mm 的圆管波纹高度应根据性能要求进行调整。

3）局部横向荷载试验

（1）在试件中部位置波谷处取一点，用端部 ϕ10mm，横向长度 150mm 的圆柱顶压头对试件施加局部横向荷载至规定值并持荷。

（2）采用万能试验机加载时，加载速度不应超过 20N/s；采用砝码及辅助装置加载时，每次增加砝码不宜超过 10kg。

（3）在持荷状态下按要求测量试件的变形量，并计算变形比，观察试件是否出现咬口开裂、脱扣或其他破坏现象。测量变形量时持荷时间不应短于 1min。

（4）每根试件测试 1 次。

4）弯曲后抗渗漏性能试验

（1）试件制作：

试件长度取 1500mm。将试件弯成圆弧形，圆管的曲率半径R应为圆管公称内径的 30 倍，扁管短轴方向的曲率半径R应为 4000mm。

（2）操作步骤：

将试件竖向放置，下端封严，用水灰比为 0.50 的普通硅酸盐水泥浆灌满试件，观察表面渗漏情况 30min；也可用清水灌满试件，如果试件不渗水，可不再用水泥浆试验。

5）检验结果判定

当全部出厂检验项目均符合要求时，应判定该批产品合格；当检验结果有不合格项目时，应从同一批产品中未经抽样的产品中重新加倍取样对不合格项目复检，复检结果全部合格。应判定该批产品合格，否则应判定该批产品不合格。

2. 塑料波纹管

1）环刚度

（1）试件制作：

从 5 根管节上各取长(300 ± 10)mm 试样一段，两端应与管节轴线垂直切平。

（2）操作步骤：

除非在其他标准中有特殊规定，试验应在(23 ± 2)℃下进行。

如果能确定试样在某个位置的环刚度最小，将第一个试样a的该位置与试验机的上平板相接触。否则放置第一个试样a时，将其标线与上平板相接触。在负荷装置中对另二个试样b，c的放置位置应相对于第一个试样沿圆周方向以此旋转 120°和 240°放置。

对于每一个试样，放置好变形测量仪并检查试样与上平板的角度位置。放置试样时，应使试样的轴线平行于平板，其中点垂直于负荷传感器的轴线。

下降平板直至接触到试样的上部。施加一个包括平板质量的预负荷F_0，F_0用下列方法确定：

① $d_i \leqslant 100$mm 的管材，F_0为 7.5N。

② $d_i > 100$mm 的管材，用下式计算F_0，结果圆整至 1N。

$$F_0 = 250 \times 10^{-6} \times DN \times L \tag{4-247}$$

式中：DN——管材的公称直径（mm）；

L——试样的实际长度（mm）。

试验中负荷传感器所显示的实际预负荷的准确度应在设定预负荷的 95%～105%之间。将变形测量仪和负荷传感器调节至零。

用恒定的速率压缩试样，连续记录负荷和变形值，直至达到至少 $0.03d_i$ 的变形量。负荷和变形量的测量时通过一个平板的位移得到，如果在试验过程中，管材的结构壁厚度的变化超过 5%，则应通过测量试样的内径变化得到。在有争议的情况下，应测量试样的内径变化。

典型的负荷/变形量曲线是一条光滑的曲线，否则表明零点可能不准确，可用曲线初始的直线部分倒推至和水平轴相交于零点。

上压板下降速度为$(5±1)$mm/min，当试样垂直方向内径变化量为原内径（或扁形管节短轴）的3%时，记录此时试样所受荷载。试验结果为5个试样算术平均值。

（3）试验结果计算：

$$S = \left(0.0186 + 0.025 \times \frac{\Delta Y}{d_i}\right) \times \frac{F_1}{\Delta Y \cdot L} \tag{4-248}$$

式中：S——试样环刚度（kN/m²）；

ΔY——试样内径（或扁形管节短轴）垂直方向3%的变化量（m）；

F_1——试样内径（或扁形管节短轴）垂直方向3%的变化时荷载（kN）；

d_i——试样内径（或扁形管节长轴与短轴的算术平均值）（m）；

L——试样长度（m）。

（4）技术要求：圆形塑料波纹管环刚度不应小于6kN/m²，扁形塑料波纹管环刚度不应小于4kN/m²。

2）局部横向荷载

（1）试样长1100mm，在试样中部位置波谷处取1点，用端部ϕ12mm，横向长度150mm圆柱顶压头施加横向荷载F_2，在30s内达到规定荷载值800N，持荷2min后，观察试件表面是否破裂；卸载5min后，在加载处测量塑料波纹管管节外径（或扁形管节短轴）变形量。

（2）每根试样测试一次，记录数据，取五根试样平均值作为最终结果。

（3）技术要求：塑料波纹管承受局部横向荷载，持荷2min，管节表面不应出现破裂；卸荷5min后，管节变形量不应超过管节外径（或扁形管节短轴）的10%。

3）纵向荷载

截取长1100mm的塑料波纹管管节试样，不用内衬，施加纵向荷载（N），持荷10min，记录前后所施加荷载及其管节压缩量ΔL。塑料波纹管管节内径与施加纵向荷载关系见表4-205。

$$K = \frac{\Delta L}{L''} \tag{4-249}$$

式中：K——管节纵向压缩量与管节长度之比；

ΔL——管节纵向压缩量（mm）；

L''——试样管节长度（mm）。

塑料波纹管管节内径与施加纵向荷载　　　　表4-205

波纹管管节内径d（mm）	≤60	60<d≤80	80<d≤100	100<d≤130
施加纵向荷载N（MPa）	900	1400	1900	2200

技术要求：塑料波纹管承受纵向荷载时，管节纵向压缩量与管节长度之比不大于0.8%。

4）柔韧性

（1）将一根长1100mm试样，垂直地固定在测试台上，按要求安装两块弧形模板，其曲率半径（ρ）应符合表4-206的要求。

塑料波纹管柔韧性试验要求（mm）　　　　表4-206

塑料波纹管管节内径d	试样长度L''	曲率半径ρ
≤90	1100	1500
>90	1100	1800

（2）在试样上段900mm范围内，向两侧缓慢弯曲试样至弧形模板位置，左右往复弯曲5次。

（3）当试样弯曲至最终位置，保持弯曲状态2min后，将球形塞规放入塑料波纹管管节内，观察球形塞规能否顺利通过。

（4）技术要求：塑料波纹管反复弯曲5次后，采用专用球形塞规，应能顺利地从塑料波纹管管节中通过。

5）抗冲击性

（1）落锤质量和冲击高度如表4-207所示。

落锤质量和冲击高度　　　　表4-207

内径d（mm）	落锤质量（kg）	冲击高度（mm）
≤90	0.5	2000
90<d≤130	1.0	2000

（2）试样制备：

试样应从一批或连续生产的管材中随机抽取切而成，其切割端面应与管材的轴线垂直，切割端应清洁、无损伤。试样长度为(200±10)mm。外径大于40mm的试样应沿其长度方向画出对应数量的等距离标线，并顺序编号。

（3）状态调节：

试样应在(0±1)℃的水浴或空气浴中进行状态调节，最短调节时间如表4-208所示。仲裁检验时应使用水浴。

不同壁厚管材状态调节时间表　　　　表4-208

壁厚δ（mm）	调节时间（min）	
	水浴	空气浴
δ≤8.6	15	60

续表

壁厚δ（mm）	调节时间（min）	
	水浴	空气浴
$8.6 < \delta \leqslant 14.1$	30	120
$\delta > 14.1$	60	240

状态调节后，壁厚小于或等于 8.6mm 的试样，应从空气浴中取出 10s 内或从水浴中取出 20s 内完成试验。壁厚大于 8.6mm 的试样，应从空气浴中取出 20s 内或从水浴中取出 30s 内完成试验。如果超过此时间间隔，应将试样立即放回预处理装置，最少进行 5min 的再处理。

（4）试验步骤：

按照表 4-207 确定落锤质量和冲击高度，外径小于或等于 40mm 的试样，每个试样只承受一次冲击。外径大于 40mm 的试样在进行冲击试验时，首先使落锤冲击在 1 号标线上，若试样未破坏，则按状态调节后的规定，再对 2 号标线进行冲击，直至试样破坏或全部标线都冲击一次。逐个对试样进行冲击，直至取得判定结果。

（5）技术要求：塑料波纹管低温落锤冲击试验的真实冲击率（TIR）最大允许值为 10%。

6）拉伸性能

（1）试样：

试样要求：

管材壁厚小于或等于 12mm 规格的管材，可采用哑铃形裁刀冲裁或机械加工的方法制样。管材壁厚大于 12mm 的管材应采用机械加工的方法制样。

试样制备：

从管材上取样条时不应加热或压平，样条的纵向平行于管材的轴线，取样位置应符合下列要求：

①公称外径小于或等于 63mm 的管材：取长度约为 150mm 的管段，以一条任意直线为参考线，沿圆周方向取样，除特殊情况外，每个样品应取三个样条，以便获得三个试样（表 4-209）。

取样数量　　　　　　　　　　　　　　表 4-209

公称外径d_n（mm）	$15 \leqslant d_n < 75$	$75 \leqslant d_n < 280$	$280 \leqslant d_n < 450$	$d_n \geqslant 450$
样条数	3	5	5	8

②公称外径大于 63mm 的管材：取长度约 150mm 的管段，沿管段周边均匀取样条。除另有规定外，应按表 4-209 中的要求根据管材的公称外径把管段沿圆周边分成一系列样条，每块样条制取试样 1 片。

(2）状态调节：

除生产检验或相关标准另有规定外，试样应在管材生产 15h 之后测试。试验前根据试样厚度，应将试样置于(23 ± 2)℃的环境中进行状态调节，时间不少于表 4-210 规定。

状态调节时间　　　　　　　　　　　　　　　　表 4-210

管材壁厚e_{min}	$e_{min} < 3$	$3 \leqslant e_{min} < 8$	$8 \leqslant e_{min} < 16$	$16 \leqslant e_{min} < 32$	$32 \leqslant e_{min}$
状态调节时间	1h ± 5min	3h ± 15min	6h ± 30min	10h ± 1h	16h ± 1h

（3）试验速度：

试验速度与管材的厚度有关，如表 4-211 所示，如使用其他速度，则须说明此速度与规定速度的关系。在存有异议的情况下使用规定速度。

试验速度　　　　　　　　　　　　　　　　表 4-211

管材的公称壁厚e_n（mm）	试样制备方法	试样类型	试验速度（mm/min）
$e_n \leqslant 5$	裁刀裁切或机械加工	类型 2	100
$5 < e_n \leqslant 12$	裁刀裁切或机械加工	类型 1	50
$e_n > 12$	机械加工	类型 1	25
		类型 3	10

（4）试验步骤：

试验应在温度(23 ± 2)℃环境下进行，测量试样标距间中部的宽度和最小厚度，精到 0.01mm，计算最小截面积。将试样安装在拉力试验机上并使其轴线与拉伸应力的方向一致，使夹具松紧适宜以防止试样滑脱。使用引伸计，将其放置或调整在试样的标线上。选定试验速度进行试验。记录试样的应力/应变曲线直至试样断裂，并在此曲线上标出试样达到屈服点时的应力和断裂时标距间长度；或直接记录屈服点处的应力值及断裂时标线间的长度。如试样从夹具处滑脱或在平行部位之外渐宽处发生拉伸变形并断裂，应重新取相同数量的试样进行试验。

（5）试验结果：

拉伸屈服应力：对于每个试样，拉伸屈服应力以试样的初始截面积为基础按下式计算，所得结果保留三位有效数字。

$$\sigma = \frac{F}{A} \tag{4-250}$$

式中：σ——拉伸屈服应力（MPa）；

F——屈服点的拉力（N）；

A——试样的原始截面积（mm^2）。

断裂伸长率：对于每个试样，断裂伸长率按下式计算，所得结果保留三位有效数字。

$$\varepsilon = (L - L_0)/L_0 \times 100 \tag{4-251}$$

式中：ε——断裂伸长率（%）；
　　L——断裂时标线间的长度（mm）；
　　L_0——标线间的原始长度（mm）。

（6）补做试验：

如果所测的一个或多个试样的试验结果异常应取双倍试样重做试验，例如五个试样中的两个试样结果异常，则应再取四个试样补做试验。

（7）技术要求：

塑料波纹管拉伸屈服应力不小于 20MPa。

高密度聚乙烯塑料波纹管的断裂伸长率不小于 500%，聚丙烯塑料波纹管的断裂伸长率不小于 400%。

7）拉拔力

（1）试样：

试样由管件与一或二段聚乙烯管材组装而成，每段管材长度至少为 300mm。管材尺寸应与管件相配，并按要求进行组装。试样数量为三件。

（2）试验步骤：

试验温度为 (23 ± 2)℃。测量管材内径的最大值、最小值，取算术平均值；测量管材外径的最大值、最小值，取算术平均值。用下列公式计算试验所需要的力 K，K 值取小数点后一位有效数字。将试样固定在拉力计上（或悬挂于框架上），在 30s 内逐渐施加到计算的力 K，保持试样在恒定的纵向拉力下 1h，检查试样连接处是否松脱。

$$K = 1.5 \times \sigma_t \times \frac{\pi}{4} \times (d_e^2 - d^2) \tag{4-252}$$

式中：σ_t——聚乙烯管材的允许设计应力；
　　d_e——管材平均外径（mm）；
　　d——管材平均内径（mm）。

（3）技术要求：

将塑料波纹管管节与管节接头、连接接头安装好的试样，固定在拉力计上，保持恒定拉力，持续 1h，连接处不松脱。

8）密封性

将两根波纹管管节、管节接头和连接接头安装好，两端密封，管节接头排气孔连接真空泵（功率不小于 2.2kW），测定真空度。

技术要求：将两根波纹管管节、管节接头和连接接头安装好，测定真空度，真空度不大于 −0.07MPa。

9）复验判定

在外观检验后，检验其他指标均合格时则判该批产品为合格批。若其他指标中有一项不合格，则应在该产品中重新抽取双倍样品制作试样，对指标中不合格项目进行复验，复验全部合格，判定该批为合格批；检测结果若仍有一项不合格，则判定该批产品为不合格。复验结果作为最终判定依据。

第十七节　建筑材料中有害物质

一、相关标准

（1）《建筑材料放射性核素限量》GB 6566—2010。

（2）《空气质量　甲醛的测定　乙酰丙酮分光光度法》GB/T 15516—1995。

（3）《公共场所卫生检验方法　第2部分：化学污染物》GB/T 18204.2—2014。

（4）《室内装饰装修材料　人造板及其制品中甲醛释放限量》GB 18580—2017。

（5）《木器涂料中有害物质限量》GB 18581—2020。

（6）《建筑用墙面涂料中有害物质限量》GB 18582—2020。

（7）《室内装饰装修材料　胶粘剂中有害物质限量》GB 18583—2008。

（8）《室内装饰装修材料　木家具中有害物质限量》GB 18584—2001。

（9）《室内装饰装修材料　壁纸中有害物质限量》GB 18585—2023。

（10）《室内装饰装修材料　聚氯乙烯卷材地板中有害物质限量》GB 18586—2001。

（11）《室内装饰装修材料　地毯、地毯衬垫及地毯胶粘剂有害物质限量》GB 18587—2001。

（12）《混凝土外加剂中释放氨的限量》GB 18588—2001。

（13）《色漆和清漆　挥发性有机化合物（VOC）含量的测定　差值法》GB/T 23985—2009。

（14）《色漆和清漆　挥发性有机化合物（VOC）和/或半挥发性有机化合物（SVOC）含量的测定　第2部分：气相色谱法》GB/T 23986.2—2023。

（15）《涂料中苯、甲苯、乙苯和二甲苯含量的测定　气相色谱法》GB/T 23990—2009。

（16）《水性涂料中甲醛含量的测定　乙酰丙酮分光光度法》GB/T 23993—2009。

（17）《混凝土外加剂中残留甲醛的限量》GB 31040—2014。

（18）《建筑胶粘剂有害物质限量》GB 30982—2014。

（19）《胶粘剂挥发性有机化合物限量》GB/T 33372—2020。

（20）《辐射固化涂料中挥发性有机化合物（VOC）含量的测定》GB/T 34675—2017。

（21）《含有活性稀释剂的涂料中挥发性有机化合物（VOC）含量的测定》GB/T 34682—2017。

（22）《建筑装饰装修工程质量验收标准》GB 50210—2018。

（23）《民用建筑工程室内环境污染控制标准》GB 50325—2020。

（24）《住宅室内防水工程技术规范》JGJ 298—2013。

（25）《建筑防火涂料有害物质限量及检测方法》JG/T 415—2013。

（26）《建筑墙体用腻子应用技术规程》DB11/T 850—2011。

（27）《室内空气 第6部分 室内易挥发性有机化合物的测定》ISO/DIS 16000-6：1999。

（28）《用吸附管/热解吸/毛细管气相色谱法对室内空气、环境空气和工作地点空气挥发性有机物进行分析和取样》ISO 16017-1：2000。

二、基本概念

（1）木器涂料分为聚氨酯类涂料、硝基类涂料、醇酸类涂料和不饱和聚酯类涂料。木器涂料中有害物质包括：VOC、甲醛、总铅、可溶性重金属、乙二醇醚及醚酯总和、苯、甲苯和二甲苯、苯系物、多环芳烃、游离二异氰酸酯、甲醇、卤代烃、邻苯二甲酸酯、烷基酚聚氧乙烯醚等。

（2）建筑用墙面涂料包括内墙涂料、外墙涂料和腻子。建筑用墙面涂料中有害物质包括：VOC、甲醛、苯系物、总铅、可溶性重金属、卤代烃、苯、甲苯和二甲苯（含乙苯）、烷基酚聚氧乙烯醚等。

（3）室内装修用胶粘剂分为溶剂型、水基型两类。室内装修用胶粘剂中有害物质包括：游离甲醛、苯、甲苯和二甲苯、甲苯二异氰酸酯、总挥发性有机物等。

（4）室内装饰装修用木家具中有害物质包括：释放量甲醛、可溶性重金属等。

（5）室内装饰装修用聚氯乙烯卷材地板中有害物质包括：氯乙烯单体、可溶性重金属、挥发物等。

（6）室内装饰装修用地毯中有害物质包括：总挥发性有机化合物、甲醛、苯乙烯、4-苯基环己烯等。

（7）室内装饰装修用壁纸中有害物质包括：重金属元素、氯乙烯单体、邻苯二甲酸酯、甲醛释放量、总挥发性有机化合物释放量、短链氯化石蜡等。

（8）建筑防火涂料分为膨胀型和非膨胀型两类。建筑防火涂料中有害物质包括：游离甲醛、可释放氨、挥发性有机化合物、苯、甲苯＋乙苯＋二甲苯、卤代烃、可溶性重金属、放射性等。

（9）住宅室内防水工程用防水涂料分为水性防水涂料和反应型防水涂料。住宅室内防水工程用防水涂料中有害物质包括：游离甲醛、氨、挥发性有机化合物、苯＋甲苯＋乙苯＋二甲苯、可溶性重金属、甲苯＋乙苯＋二甲苯、苯、苯酚、蒽、萘、游离TDI等。

三、复验项目和组批原则

常用材料中有害物质限量的复验项目和组批原则如表4-212所示。

《建筑装饰装修工程质量验收标准》GB 50210—2018第3.2.5条规定，材料进场后需要进行复验的材料种类及项目应符合本标准各章的规定，同一厂家生产的同一品种、同一类型的进场材料应至少抽取一组样品进行复验,当合同另有更高要求时应按合同执行。抽样样本应随机抽取,满足分布均匀、具有代表性的要求,获得认证的产品或来源稳定且连续三批均一次检验合格的产品,进场验收时检验批的容量可扩大一倍,且仅可扩大一次。扩大检验批后的检验中,出现不合格情况时,应按扩大前的检验批容量重新验收,且该产品不得再次扩大检验批容量。

《民用建筑工程室内环境污染控制标准》GB 50325—2020 第 5.2.2 条规定:民用建筑室内装饰装修中采用的天然花岗石石材或瓷质砖使用面积大于 200m² 时,应对不同产品、不同批次材料分别进行放射性指标的抽查复验。第 5.2.4 条规定:民用建筑室内装饰装修中采用的人造木板面积大于 500m² 时,应对不同产品、不同批次材料的游离甲醛释放量分别进行抽查复验。

常用材料中有害物质限量的复验项目和组批原则 表 4-212

序号	材料名称		进场复验依据	进场复验项目	组批原则
1	人造木板门		《建筑装饰装修工程质量验收标准》GB 50210—2018	甲醛释放量	同一品种、类型和规格的人造木板门每 100 樘应划分为一个检验批,不足 100 樘也应划分为一个检验批
2	人造木板	吊顶工程用	《建筑装饰装修工程质量验收标准》GB 50210—2018	甲醛释放量	同一品种的吊顶工程每 50 间应划分为一个检验批,不足 50 间也应划分为一个检验批,大面积房间和走廊可按吊顶面积每 30m² 计为 1 间
		轻质隔墙工程用			同一品种的轻质隔墙工程每 50 间应划分为一个检验批,不足 50 间也应划分为一个检验批,大面积房间和走廊可按轻质隔墙面积每 30m² 计为 1 间
		室内饰面板工程用			相同材料、工艺和施工条件的室内饰面板工程每 50 间应划分为一个检验批,不足 50 间也应划分为一个检验批,大面积房间和走廊可按饰面板面积每 30m² 计为 1 间
		软包工程用			同一品种的裱糊或软包工程每 50 间应划分为一个检验批,不足 50 间也应划分为一个检验批,大面积房间和走廊可按裱糊或软包面积 30m² 计为 1 间
		细部工程用			同类制品每 50 间(处)应划分为一个检验批,不足 50 间(处)也应划分为一个检验批
3	人造木板		《民用建筑工程室内环境污染控制标准》GB 50325—2020	甲醛释放量	民用建筑室内装饰装修中采用的人造木板面积大于 500m² 时,应对不同产品、不同批次材料的游离甲醛释放量分别进行抽查复验
4	人造木板及其制品		《民用建筑工程室内环境污染控制标准》GB 50325—2020	甲醛释放量	幼儿园、学校教室、学生宿舍等民用建筑室内装饰装修,应对不同产品、不同批次的人造木板及其制品的甲醛释放量进行抽查复验

续表

序号	材料名称		进场复验依据	进场复验项目	组批原则
5	花岗石（板）	室内装饰用	《建筑装饰装修工程质量验收标准》GB 50210—2018	放射性	相同材料、工艺和施工条件的室内装饰工程每50间应划分为一个检验批，不足50间也应划分为一个检验批，大面积房间和走廊可按饰面板面积每30m²计为1间
			《民用建筑工程室内环境污染控制标准》GB 50325—2020		民用建筑室内装饰装修中采用的花岗石石材使用面积大于200m²时，应对不同产品、不同批次材料分别进行放射性指标的抽查复验
		细部工程用	《建筑装饰装修工程质量验收标准》GB 50210—2018		同类制品每50间（处）应划分为一个检验批，不足50间（处）也应划分为一个检验批
6	室内装饰用瓷质饰面砖		《建筑装饰装修工程质量验收标准》GB 50210—2018	放射性	相同材料、工艺和施工条件的室内饰面砖工程每50间应划分为一个检验批，不足50间也应划分为一个检验批，大面积房间和走廊可按饰面砖面积每30m²计为1间
			《民用建筑工程室内环境污染控制标准》GB 50325—2020		民用建筑室内装饰装修中采用的瓷质砖使用面积大于200m²时，应对不同产品、不同批次材料分别进行放射性指标的抽查复验
7	涂料		《民用建筑工程室内环境污染控制标准》GB 50325—2020	挥发性有机化合物释放量	幼儿园、学校教室、学生宿舍等民用建筑室内装饰装修，应对不同产品、不同批次的涂料的进行抽查复验
8	橡塑类合成材料		《民用建筑工程室内环境污染控制标准》GB 50325—2020	挥发性有机化合物释放量	幼儿园、学校教室、学生宿舍等民用建筑室内装饰装修，应对不同产品、不同批次的橡塑类合成材料的进行抽查复验
9	聚氨酯防水涂料		《住宅室内防水工程技术规范》JGJ 298—2013	挥发性有机化合物苯+甲苯+乙苯+二甲苯游离TDI	1. 同一生产厂，以甲组分每5t为一验收批，不足5t也按一批计。乙组分按产品重量配比相应增加。 2. 每一验收批按产品的配比分别取样，甲乙组分样品总重为2kg。 3. 单组分产品随机抽取，抽样数应不低于$\sqrt{\frac{n}{2}}$（n是产品的桶数）
10	聚合物乳液防水涂料		《住宅室内防水工程技术规范》JGJ 298—2013	挥发性有机化合物苯+甲苯+乙苯+二甲苯游离甲醛	1. 同一生产厂、同一品种、同一规格每5t为一验收批，不足5t也按一批计。 2. 随机抽取，抽样数应不低于$\sqrt{\frac{n}{2}}$（n是产品的桶数）
11	聚合物水泥防水涂料		《住宅室内防水工程技术规范》JGJ 298—2013	挥发性有机化合物苯+甲苯+乙苯+二甲苯游离甲醛	1. 同一生产厂每10t产品为一验收批，不足10t也按一批计。 2. 产品液体组分抽样数量应不低于$\sqrt{\frac{n}{2}}$（n是产品的桶数）。 3. 配套固体组分的抽样按《换向器与集电环尺寸》GB 12973—2013中的袋装水泥的规定进行

续表

序号	材料名称	进场复验依据	进场复验项目	组批原则
12	水乳型沥青防水涂料	《住宅室内防水工程技术规范》JGJ 298—2013	挥发性有机化合物 苯＋甲苯＋乙苯＋二甲苯游离甲醛	1. 同一生产厂每5t产品为一验收批，不足5t也按一批计。 2. 随机抽取，抽样数应不低于$\sqrt{\frac{n}{2}}$（n是产品的桶数）
13	室内腻子	《建筑墙体用腻子应用技术规程》DB11/T 850—2011	挥发性有机化合物含量（VOC）	同一厂家生产的同一品种、同一类型的腻子10t为一检验批，不足10t也视为一批。同一批产品应至少抽取一组样品进行复验

四、检测方法

1. 放射性

1）样品制备

将检验样品破碎，磨细至粒径不大于0.16mm。将其放入与标准样品几何形态一致的样品盒中，称重（精确至0.1g）、密封、待测。

2）测量

当检验样品中天然放射性衰变链基本达到平衡后，在与标准样品测量条件相同情况下，采用低本底多道γ能谱仪对其进行镭-226、钍-232、钾-40比活度测量。

3）计算

（1）内照射指数：

内照射指数，按下式进行计算：

$$I_{Ra} = \frac{C_{Ra}}{200} \tag{4-253}$$

式中：I_{Ra}——内照射指数；

C_{Ra}——建筑材料中天然放射性核素镭-226的放射性比活度（$Bq \cdot kg^{-1}$）；

200——仅考虑内照射情况下，《建筑材料放射性核素限量》GB 6566—2010 规定的建筑材料中放射性核素镭-226的放射性比活度限量（$Bq \cdot kg^{-1}$）。

（2）外照射指数：

外照射指数按照下式计算：

$$I_r = \frac{C_{Ra}}{370} + \frac{C_{Th}}{260} + \frac{C_K}{4200} \tag{4-254}$$

式中：I_r——外照射指数；

C_{Ra}、C_{Th}、C_K——分别为建筑材料中天然放射性核素镭-226、钍-232、钾-40的放射性比活度（$Bq \cdot kg^{-1}$）；

370、260、4200——分别为仅考虑外照射情况下,《建筑材料放射性核素限量》GB 6566—2010 规定的建筑材料中天然放射性核素镭-226、钍-232、钾-40 在其各自单独存在时本标准规定的限量（$Bq \cdot kg^{-1}$）。

4）测量不确定度

当样品中镭-226、钍-232、钾-40 放射性比活度之和大于 $37Bq \cdot kg$ 时,《建筑材料放射性核素限量》GB 6566—2010 规定的试验方法要求测量不确定度（扩展因子 $k=1$）不大于 20%。

5）计算结果数字修约后保留一位小数

2. 游离甲醛

1）材料中游离甲醛的检测方法如表 4-213 所示。

材料中游离甲醛的检测方法 表 4-213

建筑材料	产品标准	检测方法
木器涂料	《木器涂料中有害物质限量》GB 18581—2020	《水性涂料中甲醛含量的测定 乙酰丙酮分光光度法》GB/T 23993—2009
建筑用墙面涂料	《建筑用墙面涂料中有害物质限量》GB 18582—2020	《水性涂料中甲醛含量的测定 乙酰丙酮分光光度法》GB/T 23993—2009
建筑胶粘剂	《建筑胶粘剂有害物质限量》GB 30982—2014	《室内装饰装修材料 胶粘剂中有害物质限量》GB 18583—2008 附录 A
		《建筑胶粘剂有害物质限量》GB 30982—2014 附录 A
室内装饰装修用胶粘剂	《室内装饰装修材料 胶粘剂中有害物质限量》GB 18583—2008	《室内装饰装修材料 胶粘剂中有害物质限量》GB 18583—2008 附录 A
室内装饰装修用木家具	《室内装饰装修材料 木家具中有害物质限量》GB 18584—2001	《室内装饰装修材料 木家具中有害物质限量》GB 18584—2001
室内装饰装修用壁纸	《室内装饰装修材料 壁纸中有害物质限量》GB 18585—2023	《室内装饰装修材料 壁纸中有害物质限量》GB 18585—2023 附录 B
室内装饰装修材料用地毯	《室内装饰装修材料 地毯、地毯衬垫及地毯胶粘剂有害物质限量》GB 18587—2001	《空气质量 甲醛的测定 乙酰丙酮分光光度法》GB/T 15516—1995；《公共场所卫生检验方法 第 2 部分：化学污染物》GB/T 18204.2—2014
混凝土外加剂	—	《混凝土外加剂中残留甲醛的限量》GB 31040—2014
建筑防火涂料	《建筑防火涂料有害物质限量及检测方法》JG/T 415—2013	《水性涂料中甲醛含量的测定 乙酰丙酮分光光度法》GB/T 23993—2009

2）材料中的游离甲醛多采用乙酰丙酮分光光度法：

（1）试验步骤：

①绘制标准工作曲线。

取数支具塞刻度管,分别移入 0.00mL、0.20mL、0.50mL、1.00mL、3.00mL、5.00mL、8.00mL 甲醛标准稀释液,加水稀释至刻度,加入 2.5mL 乙酰丙酮溶液,摇匀。在 60℃ 恒温水浴中加热 30min，取出后冷却至室温，用 10mm 比色皿在紫外可见分光光度计上于 412nm 波长处测试吸光度。

以具塞刻度管中的甲醛质量（μg）为横坐标，相应的吸光度（A）为纵坐标，绘制标准工作曲线。标准工作曲线校正系数应≥0.995，否则应重新制作新的标准工作曲线。

②甲醛含量的测试。

称取搅拌均匀后的试样约 2g（精确至 1mg），置于 50mL 的容量瓶中，加水摇匀，稀释至刻度。再用移液管移取 10mL 容量瓶中的试样水溶液，置于已预先加入 10mL 水的蒸馏瓶中，并在蒸馏瓶中加入少量的沸石，在馏分接受器中预先加入适量的水，浸没馏分出口，缩分接收器的外部用冰水浴冷却。加热蒸馏，使试样蒸至近干，取下馏分接收器，用水稀释至刻度，待测。

若待测试样在水中不易分散，则直接称取搅拌均匀后的试样约 0.4g（精确至 1mg），置于已预先加入 20mL 水的蒸馏瓶中，轻轻摇匀，再进行蒸馏过程操作。

在已定容的馏分接受器中加入 2.5mL 乙酰丙酮溶液，摇匀。在 60℃恒温水浴中加热 30min，取出后冷却至室温，用 10mm 比色皿（以水为参比）在紫外可见分光光度计上于 412nm 波长处测试吸光度，同时在相同条件下做空白样（水），测得空白样的吸光度。

将试样的吸光度减去空白样的吸光度，在标准工作曲线上查得相应的甲醛质量。

如果试验溶液中甲醛含量超过标准曲线最高点，需重新蒸馏试样，并适当稀释后再进行测试。

进行一式两份试样的平行测定。

（2）结果表示：

用下式计算甲醛含量：

$$C = \frac{m}{W} \times f \tag{4-255}$$

式中：C——甲醛含量（mg/kg）；

m——从标准工作曲线上查得的甲醛质量（μg）；

W——样品质量（g）；

f——稀释因子。

计算两次测试结果的平均值，以平均值报出结果。当测定值小于 1000mg/kg 时，以整数值报出结果；当测定值大于或等于 1000mg/kg 时，以三位有效数字乘以幂次方报出结果。

3. 挥发性有机化合物（VOC）

材料中挥发性有机化合物（VOC）的检测方法如表 4-214 所示。

4. 苯、甲苯、二甲苯、乙苯、游离甲苯

1）材料中苯、甲苯、二甲苯、乙苯、游离甲苯的检测方法如表 4-215 所示。

材料中挥发性有机化合物（VOC）的检测方法　　　　表 4-214

建筑材料		产品标准	检测方法
木器涂料	溶剂型 聚氨酯类、硝基类、醇酸类及各自对应腻子	《木器涂料中有害物质限量》GB 18581—2020	《色漆和清漆 挥发性有机化合物（VOC）含量的测定 差值法》GB/T 23985—2009
	溶剂型 不饱和聚酯类及其腻子		《含有活性稀释剂的涂料中挥发性有机化合物（VOC）含量的测定》GB/T 34682—2017
	水性及其腻子		《色漆和清漆 挥发性有机化合物（VOC）和/或半挥发性有机化合物（SVOC）含量的测定 气相色谱法》GB/T 23986.2—2023
	辐射固化涂料及其腻子		《辐射固化涂料中挥发性有机化合物（VOC）含量的测定》GB/T 34675—2017
建筑用墙面涂料	水性墙面涂料和水性装饰板涂料	《建筑用墙面涂料中有害物质限量》GB 18582—2020	《色漆和清漆 挥发性有机化合物（VOC）和/或半挥发性有机化合物（SVOC）含量的测定 气相色谱法》GB/T 23986.2—2023
	溶剂型装饰板涂料		《色漆和清漆 挥发性有机化合物（VOC）含量的测定 差值法》GB/T 23985—2009
室内装饰装修用胶粘剂		《室内装饰装修材料 胶粘剂中有害物质限量》GB 18583—2008	《室内装饰装修材料 胶粘剂中有害物质限量》GB 18583—2008 附录F
建筑胶粘剂		《建筑胶粘剂有害物质限量》GB 30982—2024	《室内装饰装修材料 胶粘剂中有害物质限量》GB 18583—2008 附录F
室内装饰装修用壁纸		《室内装饰装修材料 壁纸中有害物质限量》GB 18585—2023	《室内装饰装修材料 壁纸中有害物质限量》GB 18585—2023 附录B
室内装饰装修用聚氯乙烯卷材地板		《室内装饰装修材料 聚氯乙烯卷材地板中有害物质限量》GB 18586—2001	《室内装饰装修材料 聚氯乙烯卷材地板中有害物质限量》GB 18586—2001
室内装饰装修用地毯		《室内装饰装修材料 地毯、地毯衬垫及地毯胶粘剂有害物质限量》GB 18587—2001	《室内空气 第6部分—室内易挥发性有机化合物的测定》ISO/DIS 16000-6：1999 《用吸附管/热解吸/毛细管气相色谱法对室内空气、环境空气和工作地点空气挥发性有机物进行分析和取样》ISO/DIS 16017-1：2000
建筑防火涂料		《建筑防火涂料有害物质限量及检测方法》JG/T 415—2013	《室内装饰装修材料 内墙涂料中有害物质限量》GB 18582—2008 附录A和附录B

材料中苯、甲苯、二甲苯、乙苯、游离甲苯的检测方法　　　　表 4-215

建筑材料	产品标准	检测方法
木器涂料	《木器涂料中有害物质限量》GB 18581—2020	《涂料中苯、甲苯、乙苯和二甲苯含量的测定 气相色谱法》GB/T 23990—2009
建筑用墙面涂料	《建筑用墙面涂料中有害物质限量》GB 18582—2020	《涂料中苯、甲苯、乙苯和二甲苯含量的测定 气相色谱法》GB/T 23990—2009
建筑胶粘剂	《建筑胶粘剂有害物质限量》GB 30982—2014	《建筑胶粘剂有害物质限量》GB 30982—2014 附录B
室内装饰装修用胶粘剂	《室内装饰装修材料 胶粘剂中有害物质限量》GB 18583—2008	《室内装饰装修材料 胶粘剂中有害物质限量》GB 18583—2008 附录B、附录C
建筑防火涂料	《建筑防火涂料有害物质限量及检测方法》JG/T 415—2013	《室内装饰装修材料 内墙涂料中有害物质限量》GB 18582—2008 附录A

2）涂料中的苯、甲苯、乙苯和二甲苯按照《涂料中苯、甲苯、乙苯和二甲苯含量的测定 气相色谱法》GB/T 23990—2009 进行测定。该标准中 A 法适用于溶剂型涂料中苯、甲苯、乙苯和二甲苯含量的测定；B 法适用于水性涂料中苯、甲苯、乙苯和二甲苯含量的测定。

3）溶剂型涂料中苯、甲苯、乙苯和二甲苯含量的测定（A 法）：

所有试验进行二次平行测定。

（1）色谱仪参数优化：

按《涂料中苯、甲苯、乙苯和二甲苯含量的测定 气相色谱法》GB/T 23990—2009 第 7 章中的色谱条件，每次都应使用已知的标准化合物对其进行最优化处理，使仪器的灵敏度、稳定性和分离效果处于最佳状态。

（2）定性分析：

①按（1）所示使仪器参数最优化。

②被测化合物保留时间的测定：注入 0.2μL 含苯、甲苯、乙苯和二甲苯的标准溶液，记录各被测化合物的保留时间。

③定性检验样品中的被测化合物：取约 2g 的样品用乙酸乙酯稀释，取 0.2μL 注入色谱仪中，确定是否存在被测化合物。

（3）校准：

①称取一定量（精确至 0.1mg）各种校准化合物于样品瓶中，称取的量与待测产品中各自的含量应相当。

称取与待测化合物相近数量的内标物于同一样品瓶中，使用乙酸乙酯稀释混合，密封样品瓶并摇匀，然后在与测试试样的相同条件下进行分离和测定。

②相对校正因子的测试：在与测试试样相同的色谱条件下按①的规定优化仪器参数。将适当数量的校准化合物注入气相色谱仪中，记录色谱图。

按下式分别计算相对校正因子，结果保留三位有效数字：

$$R_i = \frac{m_{ci} \times A_{is}}{m_{is} \times A_{ci}} \tag{4-256}$$

式中：R_i——被测化合物 i 的相对校正因子；

m_{ci}——校准混合物中被测化合物 i 的质量；

m_{is}——校准混合物中内标物的质量；

A_{is}——内标物的峰面积；

A_{ci}——被测化合物 i 的峰面积。

（4）试样的测试：

①试样配制：称取约 2g 的试样（准确至 0.1mg）以及与被测物质量近似相同的内标物于样品瓶中，用适量乙酸乙酯稀释试样，密封试样瓶并混匀。

②按校准时的最优化条件设定仪器参数。

③化合物含量测定：将 0.2μL 的试样注入气相色谱仪中，记录被测物的峰面积，然后

用下式计算涂料中被测物的质量分数。

$$\omega_i = \frac{m_{is} \times A_i \times R_i}{m_s \times A_{is}} \times 100 \tag{4-257}$$

式中：ω_i——试样中苯、甲苯、乙苯和二甲苯的质量分数；

R_i——被测化合物i的相对校正因子；

m_{is}——校准混合物中内标物的质量；

m_s——测试试样的质量；

A_{is}——内标物的峰面积；

A_i——被测化合物i的峰面积。

4）水性涂料中苯、甲苯、乙苯和二甲苯含量的测定（B法）：

所有试验进行二次平行测定。

（1）色谱仪参数优化：

按GB/T 23990—2009第7章中的色谱条件，每次都应使用已知的校准化合物对其进行最优化处理，使仪器的灵敏度、稳定性和分离效果处于最佳状态。

（2）产品的定性分析：

①按（1）所示使仪器参数最优化。

②被测化合物保留时间的测定：注入1.0μL含苯、甲苯、乙苯和二甲苯的标准溶液，记录各被测化合物的保留时间。

③定性检验样品中的被测化合物：取约1g的样品用稀释溶剂乙腈稀释，取1.0μL注入色谱仪中，确定是否存在被测物。

（3）校准：

①称取一定量（精确至0.1mg）各种校准化合物于样品瓶中，称取的量与待测产品中各自的含量应相当。

称取与待测化合物相近数量的内标物于同一样品瓶中，使用稀释溶剂乙腈稀释混合，密封样品瓶并摇匀，然后在与测试试样的相同条件下进行分离和测定。

②相对校正因子的测试：在与测试试样相同的色谱条件下按（1）的规定优化仪器参数。将适当数量的校准化合物注入气相色谱仪中，记录色谱图。

按下式分别计算相对校正因子：

$$R_i = \frac{m_{ci} \times A_{is}}{m_{is} \times A_{ci}} \tag{4-258}$$

式中：R_i——被测化合物i的相对校正因子；

m_{ci}——校准混合物中被测化合物i的质量；

m_{is}——校准混合物中内标物的质量；

A_{is}——内标物的峰面积；

A_{ci}——被测化合物i的峰面积。

相对偏差小于5%，结果保留三位有效数字。

（4）试样的测试：

①试样配制：称取约1g的试样（称准至0.1mg）以及与被测物质量近似相同的内标物于样品瓶中，用适量稀释溶剂乙腈稀释试样，密封试样瓶并混匀。

②按校准时的最优化条件设定仪器参数。

③化合物含量测定：将1.0μL的水性涂料试样注入气相色谱仪中，记录被测物的峰面积，然后用下式计算涂料中被测物的质量分数。

$$\omega_i = \frac{m_{is} \times A_i \times R_i}{m_s \times A_{is}} \times 10^6 \tag{4-259}$$

式中：ω_i——试样中苯、甲苯、乙苯和二甲苯的质量分数；

R_i——被测化合物i的相对校正因子；

m_{is}——校准混合物中内标物的质量；

m_s——测试试样的质量；

A_{is}——内标物的峰面积；

A_i——被测化合物i的峰面积。

5. 二异氰酸酯（TDI）

1）材料中二异氰酸酯（TDI）检测方法如表4-216所示。

材料中二异氰酸酯（TDI）的检测方法　　　　表4-216

建筑材料	产品标准	检测方法
木器涂料	《木器涂料中有害物质限量》GB 18581—2020	《色漆和清漆用漆基 异氰酸酯树脂中二异氰酸酯单体的测定》GB/T 18446—2009
室内装饰装修用胶粘剂	《室内装饰装修材料 胶粘剂中有害物质限量》GB 18583—2008	《室内装饰装修材料 胶粘剂中有害物质限量》GB 18583—2008 附录D
建筑胶粘剂	《建筑胶粘剂有害物质限量》GB 30982—2014	《建筑胶粘剂有害物质限量》GB 30982—2013 附录D

2）《色漆和清漆用漆基 异氰酸酯树脂中二异氰酸酯单体的测定》GB/T 18446—2009，检测步骤如下：

（1）操作条件：

在各示例中所列的试验条件是推荐的合适条件。也可采用相当或优于所列条件的色谱柱和试验条件。

对于进样口和色谱柱规定的温度取决于受试的多异氰酸酯树脂的热稳定性。许多多异氰酸酯树脂中的二异氰酸酯单体含量，例如带有缩二脲结构的那些树脂，在高温时会发生变化。在这种情况下，应采用示例中规定的温度。玻璃材质的衬管应根据需要进行清洗和更换，至少每天工作开始时应这样做。

（2）色谱柱条件：

每次分析之前，重复注入校准溶液，直至测定的二异氰酸酯单体的峰面积与内标物的峰面积的比值恒定，使色谱柱处于最佳状态。

在调节分离柱时应经常注入校准溶液，直至峰面积比值恒定。然而，循环式试验已表明在注入五次校准溶液后即可得到一个近似的恒定值。

选择合适的载气流速、柱填料和柱长，以使运行时间不超过10min。

（3）气相色谱测定：

相对校正因子的测定，按照（1）中规定的色谱条件，注入1μL校准溶液，至少注入二次。

试样的称样量取决于预计的二异氰酸酯含量，如表4-217所示。

试样的称样量　　　　　　　　　　　　　表4-217

预计的二异氰酸酯含量（%）（质量分数）	≤0.5	>0.5但≤1	>1但≤2	>2但≤4	>4
试样的称样量（g）	2	1	0.5	0.2	0.1

称取试样，准确至0.1mg（质量m_0），置于锥形瓶中，用移液管移取10mL内标溶液。加入约25mL的乙酸乙酯，密封锥形瓶并充分摇晃使样品溶解。取1μL这种溶液（试验溶液）进行气相色谱分析。

每次测定应遵循下列顺序：

——注入校准溶液至少二次；

——注入试验溶液二次。

（4）结果表示：

①相对校正因子的测定

对每一次的校正色谱图，用下式计算相对校正因子f：

$$f = \frac{m_{DI} \times A_{St}}{m_{St} \times A_{DI}} \tag{4-260}$$

式中：m_{St}——内标溶液中内标物（十四烷或蒽）的质量（g）；

m_{DI}——标准溶液中二异氰酸酯单体的质量（g）；

A_{DI}——标准溶液中二异氰酸酯单体的峰面积；

A_{St}——内标物的峰面积。

②二异氰酸酯单体含量的计算

用下式按峰面积计算二异氰酸酯单体的含量W_{DI}：

$$W_{DI} = \frac{m_1 \times A_2 \times f}{m_2 \times A_1} \tag{4-261}$$

式中：m_1——试验溶液中内标物的质量（g）；

m_2——试样的质量（g）；

A_2——试验溶液中二异氰酸酯单体的峰面积；

A_1——试验溶液中内标物的峰面积。

计算两次测定结果的平均值,该平均值是每次测定值通过相对校正因子平均值校正后计算所得。

6.氨

1)材料中可释放氨的量的检测方法如表 4-218 所示。

材料中可释放氨的量的检测方法　　　　　　　　　　　表 4-218

建筑材料	产品标准	检测方法
混凝土外加剂	—	《混凝土外加剂中释放氨的限量》GB 18588—2001
建筑防火涂料	《建筑防火涂料有害物质限量及检测方法》JG/T 415—2013	《建筑防火涂料有害物质限量及检测方法》JG/T 415—2013 附录 A

2)《混凝土外加剂中释放氨的限量》GB 18588—2001 附录 A,蒸馏后滴定法。

(1)分析步骤:

①试样的处理

固体试样需在干燥器中放置 24h 后测定,液体试样可直接称量。

将试样搅拌均匀,分别称取两份各约 5g 的试料,精确至 0.001g,放入两个 300mL 烧杯中,加水溶解,如试料中有不溶物,采用Ⅱ步骤。

Ⅰ.可水溶的试料

在盛有试料的 300mL 烧杯中加入水,移入 500mL 玻璃蒸馏器中,控制总体积 200mL,备蒸馏。

Ⅱ.含有可能保留有氨的水不溶物的试料

在盛有试料的 300mL 烧杯中加入 20mL 水和 10mL 盐酸溶液,搅拌均匀,放置 20min 后过滤,收集滤液至 500mL 玻璃蒸馏器中,控制总体积 200mL,备蒸馏。

②蒸馏

在备蒸馏的溶液中加入数粒氢氧化钠,以广泛试纸试验,调整溶液 pH＞12,加入几粒防爆玻璃珠。

准确移取 20mL 硫酸标准溶液于 250mL 量筒中,加入(3~4)滴混合指示剂,将蒸馏器馏出液出口玻璃管插入量筒底部硫酸溶液中。

检查蒸馏器连接无误并确保密封后,加热蒸馏。收集蒸馏液达 180mL 后停止加热,卸下蒸馏瓶,用水冲洗冷凝管,并将洗涤液收集在量筒中。

③滴定

将量管中溶液移入 300mL 烧杯中,洗涤量管,将洗涤液并入烧杯。用氢氧化钠标准滴定溶液回滴过量的硫酸标准溶液,直至指示剂由亮紫色变为灰绿色,消耗氢氧化钠标准滴定溶液的体积为 V_1。

④空白试验

在测定的同时,按同样的分析步骤、试剂和用量,不加试料进行平行操作,测定空白试验氢氧化钠标准滴定溶液消耗体积（V_2）。

（2）计算：

混凝土外加剂样品中释放氨的量，以氨（NH_3）质量分数表示，按下式计算：

$$X_{氨} = \frac{(V_2 - V_1)c \times 0.01703}{m} \times 100 \tag{4-262}$$

式中：$X_{氨}$——混凝土外加剂中释放氨的量（%）；

c——氢氧化钠标准溶液浓度的准确数值（mol/L）；

V_1——滴定试料溶液消耗氢氧化钠标准溶液体积的数值（mL）；

V_2——空白试验消耗氢氧化钠标准溶液体积的数值（mL）；

0.01703——与 1.00mL 氢氧化钠标准溶液[c（NaOH）=1.000mol/L]相当的以克表示的氨的质量；

m——试料质量的数值（g）。

取两次平行测定结果的算术平均值为测定结果。两次平行测定结果的绝对差值大于 0.01%时，需重新测定。

第十八节　建筑消能减震装置

一、相关标准

（1）《建筑消能阻尼器》JG/T 209—2012。

（2）《建筑工程减隔震技术规程》DB11/ 2075—2022。

（3）《建筑消能减震技术规程》JGJ 297—2013。

二、基本概念

建筑消能减震装置（以下简称"阻尼器"）是指安装在建筑物中，用于吸收与耗散由风、地震、移动荷载和动力设备等引起的结构振动能量的装置。根据装置在发生作用时相关因素的不同，阻尼器可以分为位移相关型阻尼器和速度相关型阻尼器。

阻尼器宜根据需要沿结构主轴方向设置，形成均匀合理的结构体系，且应设置在相对变形或相对速度较大的位置。其与主体结构的连接一般分为支撑型、墙型、柱型、门架式或腋撑型等，当采用支撑型连接时，可采用单斜支撑布置、V字形和人字形等布置，不宜采用K字形布置。

1. 金属屈服型阻尼器与主体结构的连接

金属屈服型阻尼器与主体结构的连接方式宜结合建筑隔墙位置布置，通常采用支撑式和墙式连接。支撑式可根据需要采用 V 字形或人字形布置，墙式可根据需要设置混凝土墙式和钢桁架墙式连接，墙式连接可根据建筑平面的特点调整位置，如图 4-77 所示。

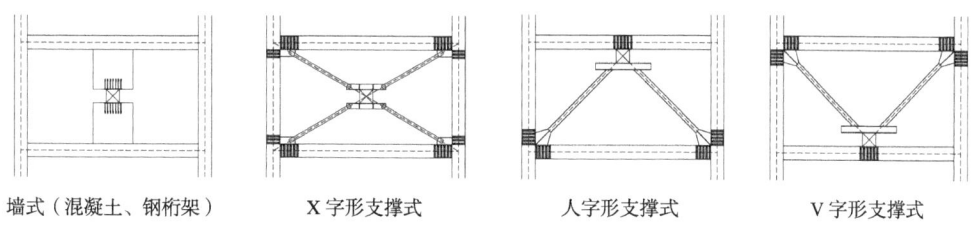

图 4-77 金属屈服型阻尼器与主体结构连接

2. 屈曲约束支撑与主体结构的连接

屈曲约束支撑采用人字形或 V 字形的布置形式时，应加强支撑节点设计，连接示意图如图 4-78 所示。

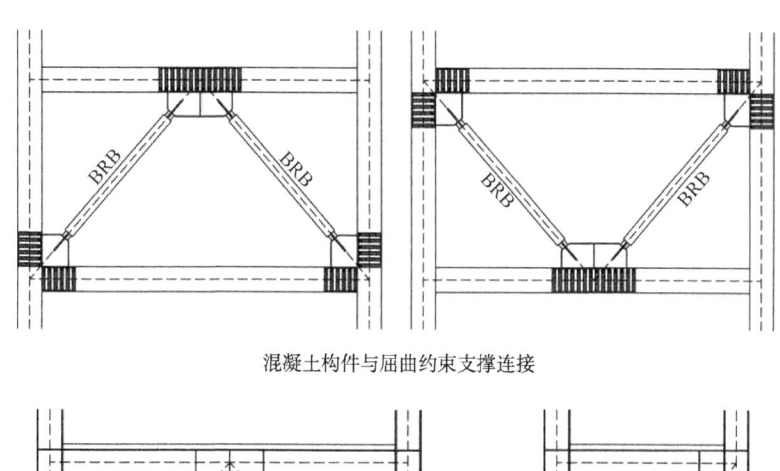

混凝土构件与屈曲约束支撑连接

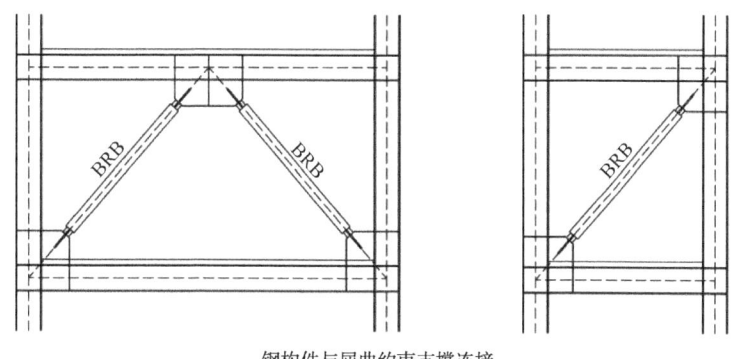

钢构件与屈曲约束支撑连接

图 4-78 屈曲约束支撑与主体结构连接

3. 黏滞阻尼器与主体结构的连接

黏滞阻尼器与主体结构的连接方式有支撑型、支墩型、剪切连接型等多种方式。可结合建筑隔墙位置放置，宜布置在层间相对速度、位移较大的楼层。采用中间柱型连接时，应设置暗梁暗柱，且锚筋应在暗柱的内侧，如图 4-79 所示。

（黏滞阻尼器与主体结构的连接可按金属屈服型阻尼器的墙式连接构造要求执行）

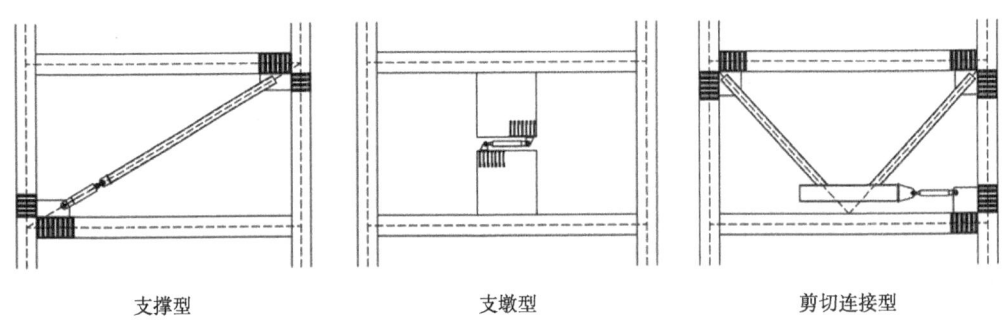

图 4-79 黏滞阻尼器与主体结构的连接

三、位移相关型阻尼器

1. 基本概念

根据制作材料的不同该类阻尼器主要分为金属屈服型阻尼器、屈曲约束耗能支撑及摩擦型阻尼器。

（1）金属屈服型阻尼器（代号为 MYD）：

金属屈服型阻尼器是利用金属的塑性变形来耗能的阻尼器，其制作材料主要为钢材、铅或者合金，根据核心部件采用的材料分为钢屈服阻尼器（代号为 S）、铅屈服阻尼器（代号为 L）、合金屈服阻尼器（代号为 A）。

（2）屈曲约束耗能支撑（代号为 BRB）：

屈曲约束耗能支撑一般由核心单元、约束单元和位于二者间的无粘结材料及填充材料组成的具有设定初始刚度的阻尼器，其通过核心单元屈曲塑性变形消能结构的振动能量。常用的屈曲约束耗能支撑根据约束方式分为钢套筒与砂浆（或混凝土）组合提供约束型（代号为 C）和全钢结构约束型（代号为 S）。

采用位移相关型阻尼器时，各楼层的消能部件有效刚度与主体结构层间刚度比宜接近，各楼层的消能部件水平剪力与主体结构的弹性层间剪力和层间位移的乘积之比的比值宜接近。

（3）摩擦型阻尼器（代号为 FD）：

摩擦型阻尼器是一种利用摩擦力将振动能量转化为热能的减震装置，广泛应用于建筑工程中以减轻结构振动响应。主要构造包括由上下压板、高分子复合型摩擦材料、摩擦钢板以及紧固螺栓构成。

2. 性能要求

位移型阻尼器性能主要包括力学性能、耐久性、耐火性。

（1）力学性能：

位移型阻尼器的力学性能主要包括屈服承载力、最大承载力、屈服位移、极限位移、弹性刚度、第 2 刚度及滞回曲线等，其力学能应符合表 4-219 规定。

位移型阻尼器力学性能要求 表 4-219

项目	性能指标
屈服承载力	实测值偏差应在产品设计值的±15%以内；实测值偏差的平均值应在产品设计值的±10%以内
最大承载力	实测值偏差应在产品设计值的±15%以内；实测值偏差的平均值应在产品设计值的±10%以内
屈服位移	实测值偏差应在产品设计值的±15%以内；实测值偏差的平均值应在产品设计值的±10%以内
极限位移	实测值不应小于产品设计值的120%
弹性刚度	实测值偏差应在产品设计值的±15%以内；实测值偏差的平均值应在产品设计值的±10%以内
第二刚度	实测值偏差应在产品设计值的±15%以内；实测值偏差的平均值应在产品设计值的±10%以内
滞回曲线	实测滞回曲线应光滑，无异常，在同一测试条件下，任一循环中滞回曲线包络面积实测值偏差应在产品设计值的±15%以内，实测值偏差的平均值应在产品设计值的±10%以内

（2）耐久性：

位移型阻尼器的耐久性包括疲劳性能和耐腐蚀性能，其耐久性能应符合表4-220的规定。

位移型阻尼器耐久性能要求 表 4-220

项目	疲劳循环次数N	耐腐蚀性能
性能指标	≥30次	目测无锈蚀

（3）耐火性：

火灾时阻尼器应具有阻燃性。火灾后应对阻尼器进行力学性能检测，其指标下降超过15%时应进行更换。消能器经过火灾高温环境后，应对消能器进行检查和试验，以判定继续使用或更换，检查数量不应低于过火范围内阻尼器总数的10%。

3. 试验方法

（1）力学性能：

力学性能试验在伺服加载试验机上进行，试验应模拟使用环境，应按表4-221的规定进行。

位移型阻尼器力学性能试验方法 表 4-221

项目	试验方法
屈服承载力	试验采用力—位移混合控制加载制度。试件屈服前，采用力控制并分级加载，接近屈服荷载前宜减小级差加载，每级荷载反复一次；试件屈服后采用位移控制，每级位移加载幅值取屈服位移的倍数为级差进行，每级加载可反复三次。位移型阻尼器的基本特性应通过滞回曲线的试验结果确定
最大承载力	
屈服位移	
极限位移	
弹性刚度	
第2刚度	
滞回曲线	

（2）耐久性：

耐久性能应按表 4-222 的规定进行。

位移型阻尼器耐久性能试验方法 表 4-222

项目	试验方法
疲劳循环次数	采用固定位移循环荷载试验，位移采用对应结构抗震或抗风状态下，位移型阻尼器所在位置相应的设计位移。试验中所采用的极限状态包括： 1. 发生断裂破坏。 2. 最大承载力下降。 3. 能量吸收量减少。 4. 丧失稳定的滞回曲线形状。将最大承载力下降了15%的次数确定为疲劳循环次数N_f
耐腐蚀性能	实施常规防锈处理

（3）耐火性：

阻尼器遭受火灾后应按要求进行检测（消能器经过火灾高温环境后，应对消能器进行检查和试验，以判定继续使用或更换，检查数量不应低于过火范围内阻尼器总数的10%）。

四、速度相关型阻尼器

1. 基本概念

根据制作材料的不同该类阻尼器主要分为黏弹性阻尼器和黏滞阻尼器。

黏弹性阻尼器（代号 VED）由黏弹性材料和约束层组成，其根据约束层形状的不同分为板式黏弹性阻尼器（代号 P）和筒式黏弹性阻尼器（代号 T）。根据《建筑工程减隔震技术规程》DB11/ 2075 黏弹性阻尼器不得用于低于 0℃或高于 40℃温度的工作环境。

采用黏弹性阻尼器时，各楼层的消能部件刚度与结构间刚度的比值宜接近，各楼层的消能部件零位移时的阻尼力与主体结构的层间剪力与层间位移的乘积之比的比值宜接近。

黏滞阻尼器（代号 VFD）以黏滞材料为阻尼介质，一般由缸体、活塞、阻尼通道、阻尼材料、导杆和密封材料等部分组成。根据阻尼系数不同该阻尼器分为线性黏滞阻尼器（代号 L）和非线性黏滞阻尼器（代号 NL），线性黏滞阻尼器阻尼系数等于 1，非线性黏滞阻尼器阻尼系数小于 1。

采用黏滞阻尼器时，各楼层的消能部件的最大水平阻尼力与主体结构的弹性层间剪力与层间位移乘积之比的比值宜接近。

2. 性能要求

速度型阻尼器性能主要包括力学性能、耐久性、耐火性及其他相关性能。

1）黏弹性阻尼器

（1）力学性能：

黏弹性阻尼器的力学性能主要包括表观剪应变极限值、最大阻尼力、表观剪切模量、损耗因子及滞回曲线，各项目应符合表 4-223 的规定。

黏弹性阻尼器力学性能要求 表 4-223

项目	性能指标
表观剪应变极限值	实测值偏差应在产品设计值的±15%以内；实测值偏差的平均值应在产品设计值的±10%以内
最大阻尼力	实测值偏差应在产品设计值的±15%以内；实测值偏差的平均值应在产品设计值的±10%以内
表观剪切模量	实测值偏差应在产品设计值的±15%以内；实测值偏差的平均值应在产品设计值的±10%以内
损耗因子	实测值偏差应在产品设计值的±15%以内；实测值偏差的平均值应在产品设计值的±10%以内
滞回曲线	实测滞回曲线应光滑，无异常，在同一测试条件下，任一循环中滞回曲线包络面积实测值偏差在产品设计值的±15%以内；实测值偏差的平均值应在产品设计值的±10%以内

（2）耐久性：

黏弹性阻尼器的耐久性包括老化性能、疲劳性能、耐腐蚀性能，各项目应符合表 4-224 的规定。

黏弹性阻尼器耐久性能要求 表 4-224

项目		性能指标
老化性能	变形	变化率不应大于±15%
	最大阻尼力、表观剪切模量、损耗因子	变化率不应大于±15%
	外观	目测无变化
疲劳性能	变形	变化率不应大于±15%
	最大阻尼力、表观剪切模量、损耗因子	变化率不应大于±15%
	外观	目测无变化
耐腐蚀性能	外观	目测无变化

（3）其他相关性能：

最大阻尼力的变形相关性能、加载频率相关性能和温度相关性能的变化曲线具有规律性。

（4）耐火性：

火灾时阻尼器应具有阻燃性。火灾后应对阻尼器进行力学性能检测，其指标下降超过15%时应进行更换。检查数量不应低于过火范围内阻尼器总数的10%。

2）黏滞阻尼器

（1）力学性能：

黏滞阻尼器的力学性能主要包括极限位移、最大阻尼力、阻尼系数、阻尼指数、滞回曲线，各项目应符合表 4-225 的规定。

黏滞阻尼器力学性能要求　　　　　　　　　　　　　　表 4-225

项目	性能指标
极限位移	实测值不应小于阻尼器设计容许位移的 150%，当最大位移大于或等于 100mm 时实测值不应小于阻尼器设计容许位移的 120%
最大阻尼力	实测值偏差应在产品设计值的±15%以内；实测值偏差的平均值在产品设计值的±10%以内
阻尼系数	实测值偏差应在产品设计值的±15%以内；实测值偏差的平均值在产品设计值的±10%以内
阻尼指数	实测值偏差应在产品设计值的±15%以内；实测值偏差的平均值在产品设计值的±10%以内
滞回曲线	实测滞回曲线应光滑，无异常，在同一测试条件下，任一循环中滞回曲线包络面积实测值偏差在产品设计值的±15%以内；实测值偏差的平均值应在产品设计值的±10%以内

（2）耐久性：

黏滞阻尼器的耐久性应符合表 4-226 的规定，且要求阻尼器在试验后无渗漏、无裂纹。

黏滞阻尼器耐久性能要求　　　　　　　　　　　　　　表 4-226

项目		性能指标
疲劳性能	最大阻尼力	变化率不大于±15%
	阻尼系数	变化率不大于±15%
	阻尼指数	变化率不大于±15%
	滞回曲线	光滑、无异常，包络面积变化率不大于±15%
密封性能		无渗漏，且阻尼力的衰减值不大于±5%

（3）其他相关性能：

最大阻尼力的加载频率相关性能和温度相关性能的变化曲线应有规律性。

（4）耐火性：

火灾时阻尼器应具有阻燃性。火灾后应对阻尼器进行力学性能检测，其指标下降超过 15%时应进行更换。检查数量不应低于过火范围内阻尼器总数的 10%。

3. 试验方法

1）黏弹性阻尼器

（1）力学性能：

黏弹性阻尼器在标准环境温度 23℃±2℃条件下，力学性能试验方法应按表 4-227 的规定进行。

黏弹性阻尼器力学性能试验方法 表 4-227

项目	试验方法
最大阻尼力 表观剪切模量 损耗因子	（1）控制位移$\mu = \mu_0 \sin(\omega t)$；工作频率$f_1$。在同一加载条件下，做 5 次具有稳定滞回曲线的循环，每次均绘制阻尼力—位移滞回曲线。 （2）取第 3 次循环时滞回曲线的最大阻尼力值作为最大阻尼力的实测值。 （3）取第 3 次循环时滞回曲线长轴的斜率作为表观剪切模量值的实测值。 （4）取第 3 次循环时滞回曲线的最大位移对应的恢复力与零位移对应的恢复力的比值，作为损耗因子的实测值
表观剪应变极限值	（1）控制位移$\mu = \mu_1 \sin(\omega t)$；工作频率$f_1$。 （2）$\mu_1$依次按 $1.1\mu_0$、$1.2\mu_0$、$1.3\mu_0$、$1.4\mu_0$、$1.5\mu_0$。 做试验的前提条件是黏弹性材料与约束钢板或约束钢管间不出现剥离现象，如有剥离现象，则认为阻尼器已破坏，试验停止，并取此时的μ_1值作为确定表观剪应变极限值的依据

注：$\omega = 2\pi f_1$，ω为圆频率，f_1为结构基频，μ_0为阻尼器设计位移。

（2）耐久性：

黏弹性阻尼器的耐久性能试验方法应按表 4-228 的规定进行。

黏弹性阻尼器耐久性能试验方法 表 4-228

项目	试验方法
老化性能	把试件放入鼓风电热恒温干燥箱中，保持温度 80℃，经过 192h 后取出，按表 4-227 做力学性能试验
疲劳性能	采用正弦激励法，对阻尼器施加频率为f_1的正弦力，当主要用于地震时，输入位移$\mu = \mu_0 \sin(\omega t)$，连续加载 30 个循环；当主要用于风振时，输入位移$\mu = 0.1\mu_0 \sin(\omega t)$，每次连续加载不应少于 2000 次，累计加载 10000 个循环

注：$\omega = 2\pi f_1$，ω为圆频率，f_1为结构基频，μ_0为阻尼器设计位移。

（3）其他相关性能：

黏弹性阻尼器的其他相关性能试验方法应按表 4-229 的规定进行。

黏弹性阻尼器其他相关性能试验方法 表 4-229

项目		试验方法
变形相关性能	最大阻尼力	在加载频率f_1下，测定输入位移$\mu = \mu_1 \sin(\omega t)$（$\mu_1 = 1.0\mu_0$、$1.2\mu_0$和$1.5\mu_0$且在极限位移内）时的最大阻尼力，并计算与$1.0\mu_0$下的相应值的比值
加载频率相关性能		测定产品在输入位移$\mu = \mu_0 \sin(\omega t)$，基频$f$为 0.5Hz、1.0Hz、1.5Hz、2.0Hz 时（且在极限速度内）的最大阻尼力，并计算与 1.0Hz 下的相应值的比值
温度相关性能		测定产品在输入位移$\mu = \mu_0 \sin(\omega t)$，基频$f_1$，试验温度为$-20 \sim 40$℃，每隔 10℃记录其最大阻尼力的实测值

注：$\omega = 2\pi f_1$，ω为圆频率，f_1为结构基频，μ_0为阻尼器设计位移。

（4）耐火性：

阻尼器遭受火灾后应按要求进行检测。火灾后应对阻尼器进行力学性能检测，其指标下降超过 15%时应进行更换。检查数量不应低于过火范围内阻尼器总数的 10%。

2）黏滞阻尼器

（1）力学性能：

黏滞阻尼器的力学性能应按表 4-230 的规定进行。

黏滞阻尼器力学性能试验方法 表 4-230

项目	试验方法
极限位移	采用静力加载试验，控制试验机的加载系统使阻尼器匀速缓慢运动，记录其伸缩运动的极限位移值
最大阻尼力	采用正弦激励法，按照正弦波规律变化的输入位移 $\mu = \mu_0 \sin(\omega t)$，对阻尼器施加频率为 f_1、位移幅值为 μ_0 的正弦力，连续进行 5 个循环，记录第 3 个循环所对应的最大阻尼力作为实测值
阻尼系数 阻尼指数 滞回曲线	1. 采用正弦激励法，按照正弦波规律变化输入位移 $\mu = \mu_0 \sin(\omega t)$ 来控制试验机的加载系统。 2. 对阻尼器分别施加频率为 f_1，输入位移幅值为 $0.1\mu_0$、$0.2\mu_0$、$0.5\mu_0$、$0.7\mu_0$、$1.0\mu_0$、$1.2\mu_0$，连续进行 5 个循环，每次绘制阻尼力-位移滞回曲线，并计算各个工况下第 3 个循环所对应的阻尼系数、阻尼指数作为实测值

注：$\omega = 2\pi f_1$，ω 为圆频率，f_1 为结构基频，μ_0 为阻尼器设计位移。

（2）耐久性：

黏滞阻尼器的耐久性应按表 4-231 的规定进行。

黏滞阻尼器耐久性能试验方法 表 4-231

项目	试验方法
疲劳性能	先测定产品的设计容许位移 μ_0 和最大阻尼力，然后在同样环境下采用正弦激励法，对阻尼器施加频率 f_1 的正弦力，当以地震控制为主时，输入位移 $\mu = \mu_0 \sin(\omega t)$，连续加载 30 个循环，位移大于 100mm 时加载 5 个循环；当以风振控制为主时，输入位移 $\mu = 0.1\mu_0 \sin(\omega t)$，连续加载 6000 个循环，每 20000 次可暂停修正
密封性能	以 1.5 倍的最大阻尼力作为控制持续加载 3min，记录结果

注：$\omega = 2\pi f_1$，ω 为圆频率，f_1 为结构基频，μ_0 为阻尼器设计位移。

（3）其他相关性能：

黏滞阻尼器的其他相关性能应按表 4-232 的规定进行。

黏滞阻尼器其他相关性能试验方法 表 4-232

项目	试验方法
最大阻尼力加载频率相关性能	采用正弦激励法，测定产品在常温，加载频率 f 分别为 $0.4f_1$、$0.7f_1$、$1.0f_1$、$1.3f_1$、$1.6f_1$，对应输入位移 $\mu = f_1\mu_0/f$ 下的最大阻尼力，并与 f_1 下相应值的比值
最大阻尼力温度相关性能	测定产品在输入位移 $\mu = \mu_0 \sin(\omega t)$，频率为 f_1，试验温度为 −20～40℃，每隔 10℃记录其最大阻尼力的实测值

注：$\omega = 2\pi f_1$，ω 为圆频率，f_1 为结构基频，μ_0 为阻尼器设计位移。

（4）耐火性：

阻尼器遭受火灾后应按要求进行检测。火灾后应对阻尼器进行力学性能检测，其指标下降超过15%时应进行更换。检查数量不应低于过火范围内阻尼器总数的10%。

五、组批原则

阻尼器产品检验分为型式检验、出厂检验和见证检验。

1. 型式检验

型式检验应由具有检测资质的第三方进行，型式检验抽样试件数目不得少于3件，型式检验项目应为本章节要求的所有项目，各项指标应全部符合本章节和国家现行标准的相关规定，否则为不合格。

2. 出厂检验

出厂检验由产品供应商自行完成。出厂检验内容对位移相关型阻尼器为外观检验；对速度相关型阻尼器除外观检验外尚应包括常规力学性能检验，产品出厂受检率为100%。

3. 见证检验

见证检验的样品应当在监理单位见证下从项目的产品中随机抽取，并做永久性标识，并应由具有检测资质的第三方进行检验，尚应符合下列规定：

（1）对于屈曲约束支撑、金属屈服型阻尼器、黏弹性阻尼器，抽检数量不少于同一工程同一类型同一规格数量的3%，当同一类型同一规格的阻尼器数量较少时，可在同一类型阻尼器中抽检总数量的3%，但不应少于2件，检测合格率为100%，该批次产品可用于主体结构。检测后的阻尼器不应用于主体结构。

（2）对黏滞阻尼器，抽检数量不少于同一工程同一类型同一规格数量的20%，且不应少于2个。检测合格率为100%，该批次产品可用于主体结构。检测合格后，阻尼器若无任何损伤、基本力学性能仍满足正常使用要求时，可用于主体结构，否则不得用于主体结构。

（3）若产品检测合格率未达到100%，应对同批产品按原抽样数量加倍抽检，并重新进行所有项目的检测；如加倍抽检的检测合格率仍未达到100%，则该批次阻尼器不得在主体结构中使用。

第十九节　建筑隔震装置

一、建筑隔震橡胶支座

1. 相关标准

（1）《建筑隔震橡胶支座》JG/T 118—2018。

（2）《橡胶支座　第1部分：隔震橡胶支座试验方法》GB/T 20688.1—2007。

(3)《橡胶支座 第 3 部分：建筑隔震橡胶支座》GB/T 20688.3—2006。

(4)《建筑工程减隔震技术规程》DB11/ 2075—2022。

2. 基本概念

建筑隔震橡胶支座是由多层橡胶和多层钢板或者其他材料交替叠置结合而成的隔震装置，包括天然橡胶支座（LNR）、铅芯橡胶支座（LRB）和高阻尼橡胶支座（HDR）。

天然橡胶支座是指内部无竖向铅芯，由多层天然橡胶和多层钢板或其他材料交替叠置结合而成的支座。

铅芯橡胶支座是指内部含有竖向铅芯，由多层天然橡胶和多层钢板或其他材料交替叠置结合而成的支座。

高阻尼橡胶支座是指用复合橡胶制成具有高阻尼性能的隔震橡胶支座，通过高阻尼橡胶支座在水平方向大位移剪切变形及滞回耗能实现减隔震功能。

3. 性能要求

1）力学性能

建筑隔震支座力学性能应符合表 4-233（竖向性能）和表 4-234（水平性能）的规定。

建筑隔震支座竖向力学性能　　　　表 4-233

项目		性能要求
竖向性能（天然橡胶支座、铅芯橡胶支座、高阻尼橡胶支座）	竖向压缩刚度	实测值允许偏差为±30%；平均值允许偏差为±20%
	压缩变形性能	荷载—位移曲线应无异常
	竖向极限压应力	当 $3 \leqslant S_2 \leqslant 4$ 时，应不小于 60MPa 当 $4 < S_2 \leqslant 5$ 时，应不小于 75MPa 当 $S_2 > 5$ 时，应不小于 90MPa
	当水平位移为支座内部橡胶直径 0.55 倍状态时的极限压应力	当 $3 \leqslant S_2 \leqslant 4$ 时，应不小于 20MPa 当 $4 < S_2 \leqslant 5$ 时，应不小于 25MPa 当 $S_2 > 5$ 时，应不小于 30MPa
	竖向极限拉应力	应不小于 1.5MPa
	竖向拉伸刚度	实测值：允许偏差为±30%；平均值：允许偏差为±20%
	侧向不均匀变形	直径或边长不大于 600mm 支座，侧向不均匀变形不大于 3mm；直径或边长不大于 1000mm 支座，侧向不均匀变形不大于 5mm；直径或边长不大于 1500mm 支座，侧向不均匀变形不大于 7mm

建筑隔震支座水平力学性能　　　　表 4-234

项目		性能要求
天然橡胶支座水平性能	水平等效刚度	水平滞回曲线在正、负向应具有对称性，正、负向最大变形和剪力的差异应不大于 15%；实测值允许偏差为±15%；平均值允许偏差为±10%

续表

项目		性能要求
铅芯橡胶支座水平性能	水平等效刚度	水平滞回曲线在正、负向应具有对称性，正、负向最大变形和剪力的差异应不大于15%；实测值允许偏差为±15%；平均值允许偏差为±10%
	屈服后水平刚度	
	等效阻尼比	实测值允许偏差为±15%；平均值允许偏差为±10%
	屈服力	实测值允许偏差为±15%；平均值允许偏差为±10%
高阻尼橡胶支座水平性能	水平等效刚度	水平滞回曲线在正、负向应具有对称性，正、负向最大变形和剪力的差异应不大于15%；实测值允许偏差为±15%；平均值允许偏差为±10%
	屈服后水平刚度	
	等效阻尼比	实测值允许偏差为±20%；平均值允许偏差为±15%
	屈服力	实测值允许偏差为±15%；平均值允许偏差为±10%
水平极限性能（天然橡胶支座、铅芯橡胶支座、高阻尼橡胶支座）	水平极限变形能力	极限剪切变形不应小于橡胶总厚度的400%与0.55D的较大值

2）耐久性能

建筑隔震支座的耐久性包括老化性能、徐变性能、疲劳性能，应符合表4-235的规定。

建筑隔震支座的耐久性能要求 表4-235

项目		性能要求
老化性能	竖向刚度变化率	±20%
	水平等效刚度变化率	
	等效阻尼比变化率（LRB HDR）	
	水平极限变形能力	≥320%剪应变
	支座外观	目视无龟裂
徐变性能	徐变量	天然橡胶支座和铅芯橡胶支座不应大于橡胶胶层总厚度的5%；高阻尼橡胶支座不应大于橡胶胶层总厚度的7%
疲劳性能	竖向刚度变化率	±15%
	水平等效刚度变化率	
	等效阻尼比变化率（LRB HDR）	
	支座外观	目视无龟裂

注：表中未特别注明的性能要求适用于天然橡胶支座、铅芯橡胶支座和高阻尼橡胶支座。

3）相关性能

（1）天然橡胶支座和铅芯橡胶支座相关性能要求应符合表 4-236 的规定。

天然橡胶支座和铅芯橡胶支座相关性能要求　　　　表 4-236

项目		性能要求
竖向应力相关性能	水平等效刚度，屈服力变化率（LRB）	±15%
	等效阻尼比变化率（LRB）	
大变形相关性能	水平等效刚度，屈服力变化率（LRB）	±20%
	等效阻尼比变化率（LRB）	
加载频率相关性能	水平等效刚度，屈服力变化率（LRB）	±10%
	等效阻尼比变化率（LRB）	
温度相关性能	水平等效刚度，屈服力变化率（LRB）	±25%
	等效阻尼比变化率（LRB）	

（2）高阻尼橡胶支座相关性能要求应符合表 4-237 的规定。

天然橡胶支座和铅芯橡胶支座相关性能要求　　　　表 4-237

项目	性能要求	
竖向应力相关性能	水平等效刚度变化率 等效阻尼比变化率	±25%
大变形相关性能		
加载频率相关性能		
温度相关性能		0～40℃：±25% −10～0℃：±40%

4. 试验方法

1）竖向性能

（1）竖向压缩刚度：

取与轴向压应力 $[(1±30)\%]\sigma_0$ 相应的竖向荷载（σ_0 为产品的设计轴压应力，MPa），3 次往复加载，绘出竖向荷载与竖向位移关系曲线。取第 3 次往复加载结果，按下式计算竖向刚度：

$$K_V = (P_1 - P_2)/(\delta_1 - \delta_2) \tag{4-263}$$

式中：K_V——建筑隔震橡胶支座竖向刚度（kN/m）；

P_1——平均压应力为 $1.3\sigma_0$ 时的竖向荷载（kN）；

P_2——平均压应力为 $0.7\sigma_0$ 时的竖向荷载（kN）；

δ_1——竖向荷载为 P_1 时的竖向位移（m）；

σ_2——竖向荷载为 P_2 时的竖向位移（m）。

竖向刚度试验装置如图 4-80 所示，应以支座为中心对称布置 4 个位移传感器（图 4-81），竖向压缩位移量为 4 个传感器测量值的平均值。

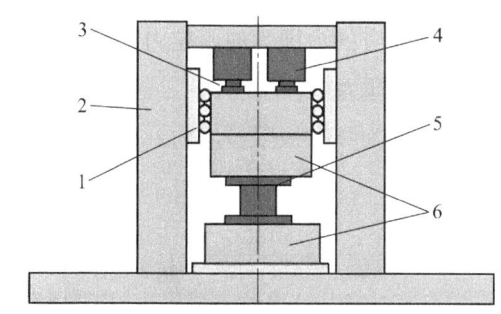

1—导轨；2—框架；3—力传感器；4—作动器；5—试件；6—上下加载版

图 4-80 压缩试验装置示意图

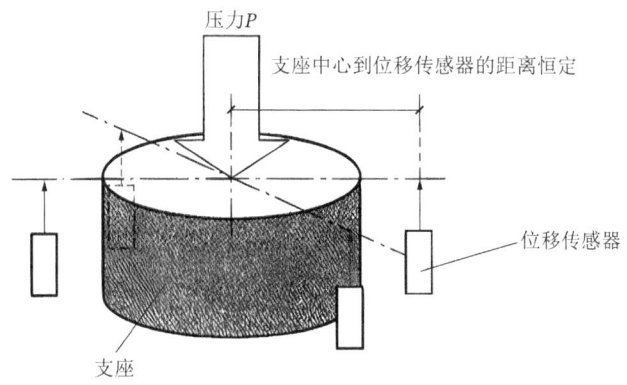

图 4-81 位移传感器布置示意图

（2）压缩变形性能：

取与轴压应力 $[(1\pm30)\%]\sigma_0$ 相应的竖向荷载，3 次往复加载，绘出竖向荷载与竖向位移关系曲线，荷载位移曲线应无异常。试验装置及传感器布置同竖向压缩刚度。

（3）竖向极限压应力：

向支座施加轴向压力，缓慢或分级加载，直至破坏。同时绘出竖向荷载和竖向位移曲线，根据曲线的变形趋势确定破坏时的荷载和压应力。试验装置及传感器布置同竖向压缩刚度。

（4）当水平位移为支座内部橡胶直径 0.55 倍状态时的极限压应力：

向支座施加设计轴压应力，然后施加水平荷载，使支座处于水平位移为支座内部橡胶直径 55% 的剪切变形状态，再继续缓慢或分级竖向加载，记录竖向荷载和水平刚度，往复循环加载各一次。当支座外观发生明显异常或水平刚度趋于 0 时，视为破坏。

（5）竖向拉伸刚度、竖向极限拉应力

对支座在剪应变为零的条件下，低速施加拉力直到试件发生破坏，绘出拉力和拉伸位移关系曲线（图 4-82）。按下列方法求出屈服拉力和拉伸刚度：

a. 通过原点和曲线上与剪切模量 G 对应的拉力绘出一条直线（G 为设计压应力、设计剪应变作用下的剪切模量）；

b. 将上述直线水平偏移 1% 的内部橡胶厚度；

c. 偏移线和试验曲线相交点对应的力即为屈服拉力；

d. 10%拉应变对应的割线刚度即为拉伸刚度；

e. 破坏点对应的试件拉应力即为竖向极限拉应力。

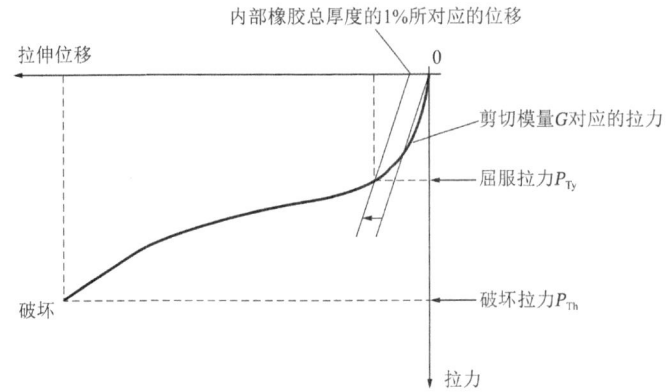

图 4-82　拉力和拉伸位移关系曲线

（6）侧向不均匀变形：

在设计竖向压应力下，采用直角尺和塞尺测量支座侧表面鼓出位置的鼓出量。

测量侧向不均匀变形时的竖向压应力，当 S_2 不小于 5 时，型式检验取 15MPa，出厂检验取设计压应力；当 S_2 不小于 4 且小于 5 时，竖向压应力降低 20%；当 S_2 不小于 3 且小于 4 时，竖向压应力降低 40%。

2）水平性能

应在恒定压力下施加剪切位移测定支座的水平性能。在试验过程中，恒定压力允许偏差为±10%，剪切位移允许偏差为±5%。水平性能试验装置如图 4-83 所示。

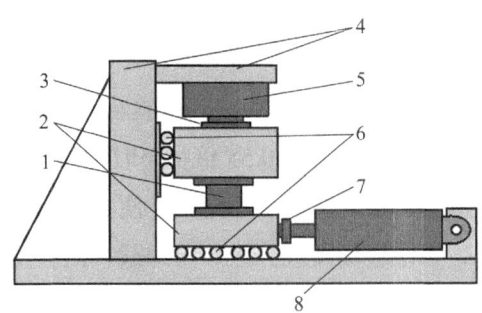

1—试件；2—上下加载板；3—压力传感器；4—框架；5—作动器；6—轴承；7—剪力传感器；8—水平向作动器

图 4-83　水平性能试验装置

（1）水平刚度：

对被试支座在产品的设计压应力作用下，进行剪应变为 100%和 250%，加载频率不低于 0.02Hz，水平加载波形为正弦波的动力加载试验。以对应于正剪应变和负剪应变的水平位移作为最大水平正位移和负位移，连续做出 3 条滞回曲线。用第 3 条滞回曲线，按下式计算支座的水平等效刚度：

$$K_h = (Q^+ - Q^-)/(U^+ - U^-) \tag{4-264}$$

式中：K_h——水平等效刚度（kN/m）；

U^+——最大水平正位移（mm）；

U^-——最大水平负位移（mm）；

Q^+——与U^+相应的水平剪力（kN）；

Q^-——与U^-相应的水平剪力（kN）。

（2）屈服后水平刚度：

当试验滞回曲线比较理想，具有明显的最大位移和最大剪力特征点以及与剪力轴的交点，铅芯橡胶支座和高阻尼支座的屈服后水平刚度K_d可以按下列方法一确定，否则按方法二确定：

方法一：

对于铅芯橡胶支座和高阻尼橡胶支座，屈服后水平刚度应根据$\gamma = 100\%$，加载频率f不低于0.02Hz试验的第3条滞回曲线按下式确定：

$$K_d = \{(Q^+ - Q_y^+)/(U^+ - U_y^+) + |(Q^- - Q_y^-)/(U^- - U_y^-)|\}/2 \tag{4-265}$$

式中：K_d——屈服后水平刚度（kN/m）；

U_y^+——正方向屈服位移（mm）；

U_y^-——负方向屈服位移（mm）；

Q_y^+——与U_y^+相应的水平剪力（kN）；

Q_y^-——与U_y^-相应的水平剪力（kN）；

U^+——最大水平正位移（mm）；

U^-——最大水平负位移（mm）；

Q^+——与U^+相应的水平剪力（kN）；

Q^-——与U^-相应的水平剪力（kN）。

方法二：

铅芯橡胶支座和高阻尼橡胶支座屈服后水平刚度可按《橡胶支座 第1部分：隔震橡胶支座试验方法》GB/T 20688.1—2007附录G的方法计算。

（3）屈服力：

当试验滞回曲线比较理想，具有明显的最大位移和最大剪力特征点以及与剪力轴的交点，铅芯橡胶支座和高阻尼支座的屈服力Q_d可以按下列方法一确定，否则按方法二确定：

方法一：

对于铅芯橡胶支座和高阻尼橡胶支座，屈服力应根据$\gamma = 100\%$，加载频率f不低于0.02Hz试验的第3条滞回曲线按下式确定：

$$Q_d = (Q_y^+ - Q_y^-)/2 \tag{4-266}$$

式中：Q_d——屈服力（kN）；

Q_y^+——与U_y^+相应的水平剪力（kN）；

Q_y^-——与U_y^-相应的水平剪力（kN）。

方法二：

铅芯橡胶支座和高阻尼橡胶支座屈服后水平刚度可按《橡胶支座 第1部分：隔震橡胶支座试验方法》GB/T 20688.1—2007 附录G的方法计算。

（4）等效阻尼比：

被试支座的等效阻尼比按下式计算：

$$h_{eq} = W/(2\pi Q^+ U^+) \tag{4-267}$$

$$h_{eq} = W/[2\pi K_h (U^+)^2] \tag{4-268}$$

式中：h_{eq}——建筑隔震橡胶支座等效阻尼比；

W——滞回曲线所围面积（kN·m）。

（5）水平极限变形能力：

被试支座在一定的竖向压力作用下，水平向缓慢或分级加载，往复一次，绘出水平荷载和水平位移曲线，同时观察支座四周表现，当支座外观出现明显异常或试验曲线异常时（如内层橡胶与内层钢板明显撕开，并且试验曲线上力和位移没有同时上升），视为破坏。

连接板与封板用螺栓连接或连接板与内部橡胶直接黏结的支座，其水平极限性能曲线如图4-84所示。

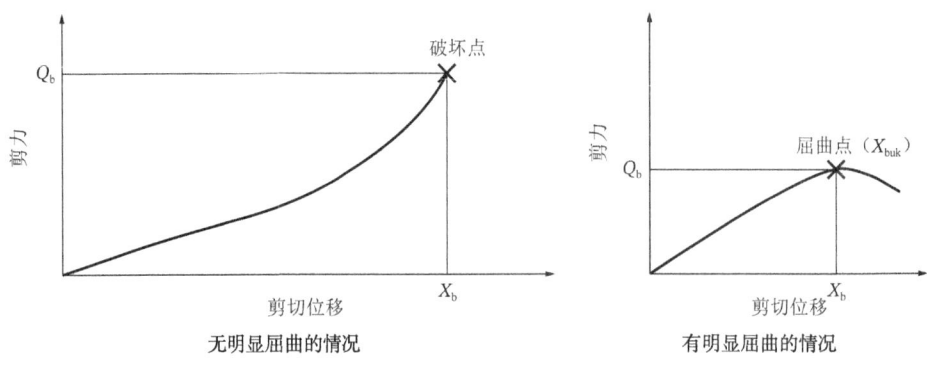

图4-84 水平极限变形曲线

测量水平极限变形能力的竖向压应力，当S_2不小于5时，型式检验取15MPa，出厂检验取设计压应力；当S_2不小于4且小于5时，竖向压应力降低20%；当S_2不小于3且小于4时，竖向压应力降低40%。

3）耐久性

建筑隔震支座的耐久性能试验方法应按表4-238的规定进行。

建筑隔震支座耐久性能试验方法 表4-238

项目		试验方法
老化性能	竖向刚度	先测定被试支座的竖向刚度、水平等效刚度、等效阻尼比；再将支座置于80℃恒温箱内962h或100℃的恒温箱内185h（或相当于20℃×60年的等效温度和等效时间）后取出，冷却至自然室温，再重新测定支座的竖向刚度、水平等效刚度、等效阻尼比及水平极限变形能力。比较该支座老化前后的刚度和阻尼性能，并与老化同型（批）的支座进行水平极限变形能力的比较
	水平等效刚度	
	等效阻尼比（LRB HDR）	
	水平极限变形能力	
	外观	
徐变性能	徐变量	徐变性能试验可采用下列方法： （1）使被试支座在产品的设计压应力作用下，置于80℃恒温箱内962h或100℃的恒温箱内185h（或相当于20℃×60年的等效温度和等效时间）后，取出测量其徐变。 （2）按《橡胶支座 第1部分：隔震橡胶支座试验方法》GB/T 20688.1—2007中第6.7.2条规定的试验方法
疲劳性能	竖向刚度	先测定被试支座的竖向刚度、水平等效刚度、等效阻尼比；在设计压应力状态下，按剪应变等于100%，加载频率不低于0.02Hz连续施加水平荷载50次，同时记录每次水平加载力与水平位移的滞回曲线，并仔细观察试验过程中试件有无龟裂、钢板与橡胶是否撕裂或出现其他异常现象。再测试支座的竖向刚度、水平等效刚度、等效阻尼比，其值满足性能要求且20组滞回曲线与其平均曲线偏差在±15%内时，再按剪应变等于250%，加载频率0.15Hz施加水平荷载3次，若滞回曲线无明显异常，则判定疲劳试验合格
	水平等效刚度	
	等效阻尼比（LRB HDR）	
	外观	

4）相关性能

建筑隔震橡胶支座的相关性能试验应符合表4-239的规定。

建筑隔震橡胶支座的相关性能试验方法 表4-239

项目		试验方法
竖向应力相关性能	水平等效刚度变化率 等效阻尼比变化率（LRB HDR）	测定被试支座分别在轴向压应力5MPa、10MPa、15MPa作用下，剪切变形等于100%时的水平刚度、等效阻尼比，并计算与轴向压应力10MPa时的相应比值
大变形相关性能		测定被试支座在设计压应力作用下，剪切变形等于100%时的水平刚度、等效阻尼比，在做剪切变形等于250%试验8次后，重新测定被试支座在设计压应力作用下，剪切变形等于100%时的水平刚度、等效阻尼比，并计算相应的比值
加载频率相关性能		测定被试支座在设计压应力作用下，剪切变形等于100%时，加载频率分别为0.02Hz、0.05Hz、0.1Hz、0.2Hz时的水平刚度、等效阻尼比，并计算$f=0.02$Hz相应的比值
温度相关性能		测定被试支座在设计压应力作用下，剪切变形等于100%，温度分别为−20℃、−10℃、0℃、20℃、40℃时的水平刚度、等效阻尼比，并计算23℃时的相应的比值
对于高寒地区的建筑隔震橡胶支座，可根据需要补充进行低温试验		

二、弹性滑板支座

1. 相关标准

（1）《橡胶支座 第1部分：隔震橡胶支座试验方法》GB/T 20688.1—2007。

（2）《橡胶支座 第5部分：建筑隔震弹性滑板支座》GB/T 20688.5—2014。

（3）《建筑工程减隔震技术规程》DB11/2075—2022。

2. 基本概念

弹性滑板支座（ESB）是由支座部、滑移材料、滑移面板及上下连接板组成的隔震支座。按照橡胶支座部的形状，可将滑板支座分为圆形和方形。

3. 性能要求

（1）力学性能：

弹性滑板支座的力学性能包括压缩性能和剪切性能、极限性能，见表4-240。

弹性滑板支座力学性能　　　　　　　　　　表4-240

序号	性能	试验项目	要求
1	压缩性能	竖向压缩刚度K_V	允许偏差为±30%
2	剪切性能	初始刚度K_1	允许偏差为±15%
3		动摩擦系数	低摩擦滑板支座：允许偏差为±50% 中高摩擦滑板支座：允许偏差为±30%
4	极限性能	水平极限性能	（1）滑板支座橡胶支座部在设计面压下，水平位移达到设计最大位移之前，不应出现破坏、屈曲和滚翻；滑板支座其他组成部分不应出现破坏情况。
5		竖向极限抗压性能	（2）滑板支座的极限抗压能力不应小于60MPa

（2）相关性能：

弹性滑板支座的相关性能包括剪切性能相关性和压缩性能相关性（表4-241）。

弹性滑板支座相关性能　　　　　　　　　　表4-241

序号	性能	试验项目	要求
1	剪切性能相关性	压应力相关性	按基准压应力σ_0设计压应力
2		加载速度相关性	基准加载速度宜取0.4m/s
3		反复加载次数相关性	基准反复加载次数取第3次，50次摩擦系数变化率不应大于30%
4		温度相关性	基准温度为23℃
5	压缩性能相关性	压应力相关性	竖向压缩刚度具有规律性，滑板支座竖向保持稳定性

（3）耐久性能：

弹性滑板支座的耐久性能包括老化性能和徐变性能相关性（表4-242）。

弹性滑板支座耐久性能　　　　　　　　　　表4-242

序号	性能	试验项目	要求
1	耐久性能	老化性能	初始刚度K_1不应超过30%
2		徐变性能	60年徐变量不应超过10%

4.试验方法

1）力学性能

竖向压缩刚度：

竖向压缩刚度的测定按《橡胶支座 第1部分：隔震橡胶支座试验方法》GB/T 20688.1—2007中第6.3.1条规定的方法进行，加载方法采用该标准中的方法2加载3次，竖向压缩刚度K_V应按第3次加载循环测试值计算。

按0-P_0-P_2-P_0-P_1（第一次加载），P_1-P_0-P_2-P_0-P_1（第二次加载），P_1-P_0-P_2-P_0-P_1（第三次加载）；P_2为1.3P_0，P_1为0.7P_0，P_0为设计压力，如图4-85所示。

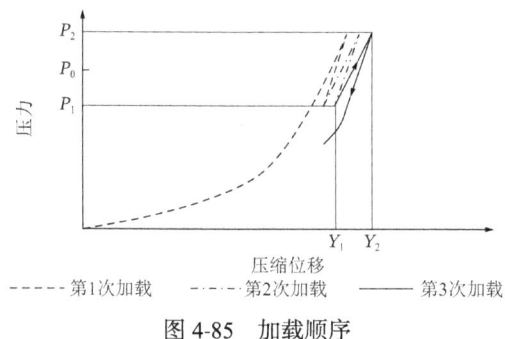

图4-85 加载顺序

竖向压缩刚度K_V计算方法：

$$K_V = (P_2 - P_1)/(Y_2 - Y_1) \tag{4-269}$$

式中：P_1——第3次循环时的较小压力；

P_2——第3次循环时的较大压力；

Y_1——第3次循环时的较小位移；

Y_2——第3次循环时的较大位移。

2）剪切性能

剪切性能试验基准频率为设计频率或0.3Hz，若加载频率和设计频率不相同宜对试验结果进行修正。

滑板支座的剪切性能试验应在单剪试验装置上进行。试验时先对支座施加垂直设计荷载，然后用水平作动器施加水平力，由专用的力值传感器记录水平力和位移大小，水平加载采用正弦往复加载的方式加载，试验加载圈数采用4圈或12圈。初始刚度K_1采用第1圈支座发生滑动前的水平刚度，动摩擦系数采用4圈加载的第3圈值或12圈加载的第(2~11)圈的平均值。

3）极限性能

（1）竖向极限抗压：

试验过程中应连续均匀地加荷，加载速率为(0.5~0.8)MPa/s；当支座力-位移关系曲线发生突变时，应停止加载，记录此时的破坏荷载。破坏荷载与试件承压面积的比值即为竖向极限抗压强度。

(2)水平极限性能:

应当在恒定压力下施加水平位移测定支座的水平极限性能。试验可采用单边1次加载。极限水平位移状态指滑板支座出现破坏、屈曲或滚翻。当单边水平位移达到指定极限水平位移(大于500mm)时,若没有明显的破坏迹象,则可停止试验,并根据最大剪力和水平位移确定支座的极限水平性能。

4)相关性能

(1)压应力相关性:

压应力相关性的测定按《橡胶支座 第1部分:隔震橡胶支座试验方法》GB/T 20688.1—2007中第6.4.2条的规定进行,压应力建议取值为$0.5\sigma_0$、$1.0\sigma_0$、$1.5\sigma_0$、$2.0\sigma_0$,必要时可增加压应力取值。

(2)加载速度相关性:

加载速度相关性的测定按《橡胶支座 第1部分:隔震橡胶支座试验方法》GB/T 20688.1—2007中第6.4.3条的规定进行,可用单剪试验装置,基准加载速度取值为0.4m/s。

(3)反复加载次数相关性:

反复加载次数相关性的测定按《橡胶支座 第1部分:隔震橡胶支座试验方法》GB/T 20688.1—2007中第16.4.4条的规定进行,可用单剪试验装置,反复加载次数为50次。

(4)温度相关性:

温度相关性的测定按《橡胶支座 第1部分:隔震橡胶支座试验方法》GB/T 20688.1—2007中第6.4.5条的规定进行,可用单剪试验装置,温度取值范围为(−20~40)℃,必要时可增加温度取值。

(5)压缩性能相关性:

压缩性能相关性的测定按《橡胶支座 第1部分:隔震橡胶支座试验方法》GB/T 20688.1—2007中第6.4.7条的规定进行。

5)耐久性能

耐久性能的测定GB/T 20688.1—2007中6.7.1和6.7.2的规定进行。

三、建筑摩擦摆隔震支座

1. 相关标准

(1)《建筑摩擦摆隔震支座》GB/T 37358—2019。

(2)《建筑工程减隔震技术规程》DB11/ 2075—2022。

2. 基本概念

建筑摩擦摆隔震支座是利用钟摆原理,通过球面摆动延长结构振动周期和滑动界面摩擦消耗地震能量实现隔震功能的支座,代号为FPS。

按照滑动摩擦面结构形式,可将建筑摩擦摆隔震支座分为两类,Ⅰ型为单主滑动摩擦面型、Ⅱ型为双主滑动摩擦面型,如图4-86所示。

第四章 建筑材料及构配件

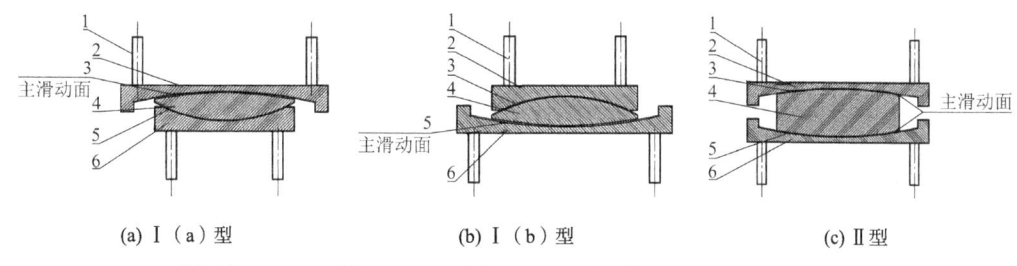

(a) Ⅰ(a)型　　　　　　(b) Ⅰ(b)型　　　　　　(c) Ⅱ型

1—上下锚固装置；2—上座板；3—上滑动摩擦面；4—球冠体；5—下滑动摩擦面；6—下座板

图 4-86　建筑摩擦摆隔震支座类型

3. 性能要求

建筑摩擦摆隔震支座力学性能主要包括压缩性能、剪切性能、剪切性能相关性及水平极限变形能力，各项目性能要求应符合表 4-243 的规定。

建筑摩擦摆隔震支座力学性能　　　　表 4-243

性能	试验项目	要求
压缩性能	竖向压缩变形	在基准竖向承载力作用下，竖向压缩变形不大于支座总高度的 1% 或 2mm 两者中较大者
	竖向承载力	在竖向压力为 2 倍基准竖向承载力时支座不应出现破坏，无脱落、破裂、断裂等
剪切性能	静摩擦系数	静摩擦系数不应大于动摩擦系数的上限的 1.5 倍
	动摩擦系数	试验位移取极限位移的 1/3；当设计摩擦系数大于 0.03 时，检测值与设计值的偏差单个试件应在 ±25% 以内，一批试件的平均偏差应在 ±20% 以内；当设计摩擦系数不大于 0.03 时，检测值与设计值的偏差单个试件应在 ±0.0075 以内，一批试件的平均偏差应在 ±0.006 以内
	屈服后刚度	
剪切性能相关性	反复加载次数相关性	取第 3 次，第 20 次摩擦系数进行对比，变化率不应大于 20%
	温度相关性	基准温度为 23℃，在 (-40~-25)℃ 范围内摩擦系数变化率不大于 45%
水平极限变形能力	极限剪切变形	在基准竖向承载力作用下，反复加载一圈至极限位移的 0.85 倍时，支座不应出现破坏

注：屈服后刚度 $K_V = P/R$ [P 为支座所受竖向荷载（kN），R 为等效曲率半径（mm）]。

4. 试验方法

1）压缩性能

试验室的标准温度为 (23 ± 5)℃；实验前将试样直接暴露在标准温度下，停放 24h。

按图 4-87 放置试样后，按下列步骤进行支座压缩性能试验：

（1）将试样置于试验机的承载板上，试样中心与承载板中心位置对准，偏差小于 1% 支座直径。检验荷载为支座基准竖向承载力的 2.0 倍。加载至基准竖向承载力的 5% 后，核对承载板四边的位移传感器，确认无误后进行预压。

（2）预压。将支座基准竖向承载力以连续均匀的速度加满，反复 3 次。

（3）正式加载。将检验荷载由零至试验最大荷载均匀分为 10 级。试验时以基准承载力的 5% 作为初始荷载，然后逐级加载。每级荷载稳压 2min 后记录位移传感器数据，直至检验荷载，稳压 3min 后卸载。加载过程连续进行 3 次。

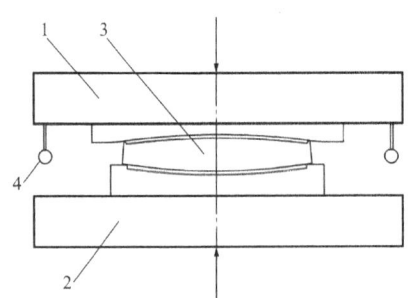

1—上承载板；2—下承载板；3—试样；4—位移传感器

图 4-87 压缩性能试验样品放置示意图

（4）竖向压缩变形分别取 4 个位移传感器读数的算术平均值，绘制荷载—竖向压缩变形曲线。变形曲线应呈线性关系。

（5）试验竖向压缩变形应满足表 4-243 的要求。

2）剪切性能

成品支座的剪切性能试验应在单剪试验机上进行（图 4-88），试验装置如图 4-89 所示，试验方法应当符合下列要求：

（1）试验时将支座置于试验机的下承载板上，支座中心与承载板中心位置对准，精度小于 1% 支座底板长。

（2）竖向连续均匀加载至试验荷载，在整个试验过程中保持不变。

（3）水平位移按下列公式的正弦波进行加载：

$$d(t) = d_x \sin(2\pi f_0 t) \tag{4-270}$$

$$f_0 = v_0/2\pi d_x \tag{4-271}$$

式中：f_0——加载频率；

v_0——加载峰值速度；

d_x——加载幅值；

t——时间。

（4）测定水平力的大小，记录荷载位移曲线。

（5）按照加载幅值确定试验工况，除特殊说明外，每个工况做四个周期循环试验，取第三圈试验结果。

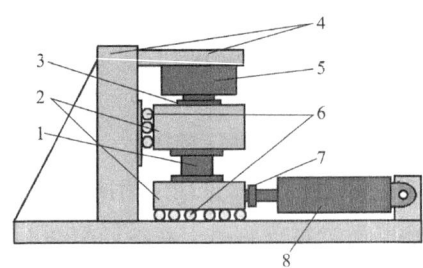

1—试件；2—上下加载板；3—压力传感器；4—框架；5—作动器；6—轴承；7—剪力传感器；8—水平向作动器

图 4-88 单剪试验机

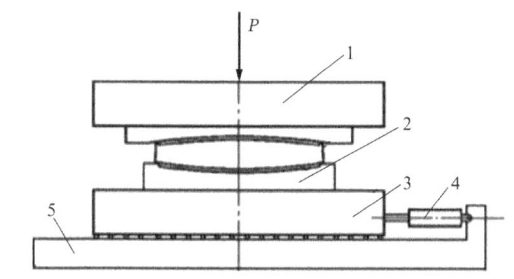

1—上承载板；2—试样；3—下承载板；4—水平力加载装置；5—框架

图 4-89　剪切性能试验样品布置图

静摩擦系数的测定：试验竖向荷载加载至基准竖向承载力后，预压 30min，然后以 $v \leqslant 0.1$mm/s 的速度施加 1min 的水平位移，然后反向加载，取两个方向峰值的绝对值平均作为静摩擦力。

动摩擦系数的测定：试验荷载取基准竖向承载力，加载幅值 d_x 取极限位移的 1/3；测定动摩擦系数下限值时，加载峰值速度取 4mm/s；测定动摩擦系数上限值时，加载峰值速度取 150mm/s。

3）剪切性能相关性

（1）反复加载次数相关性：

试验方法同剪切性能方法，试验荷载取基准竖向承载力，加载幅值 d_x 取极限位移的 1/3，加载速度取 150mm/s，做 20 个周期循环试验，取第 3 次和第 20 次摩擦系数进行对比。

（2）温度相关性：

试验方法同剪切性能方法，试验荷载取基准竖向承载力，加载幅值 d_x 取极限位移的 1/3，加载速度取 150mm/s。环境温度变化范围为(−20～40)℃，10℃为一档，根据需要可增加试验温度工况。

4）水平极限变形能力

试验方法同剪切性能方法，试验荷载取基准竖向承载力，加载幅值 d_x 取极限位移的 0.85 倍。反复加载一圈至极限位移的 0.85 倍，观察支座情况。

四、隔震支座性能检验确定

隔震支座检验分为型式检验、出厂检验和见证检验。

隔震支座应按照国家现行标准《建筑隔震橡胶支座》JG/T 118—2018、《橡胶支座 第 5 部分：建筑隔震弹性滑板支座》GB 20688.5—2014 及《建筑摩擦摆减隔震支座》GB/T 37358—2019 的要求进行出厂检验和型式检验。

见证检验的样品应当在监理单位见证下从项目的产品中随机抽取，并做永久性标识，并应由具有检测资质的第三方进行检验，尚应符合下列规定：

（1）同一产品供应商、同一类型、同一规格的产品，取总数量的 2%且不少于 3 个进行隔震支座压缩性能和剪切性能检验，其中检查总数量的每 3 个支座中，取 1 个进行水平极限剪切性能检验；当该类型规格支座数量少于 3 个时，应全部进行隔震支座压缩性能和剪切性能检验，并取 1 个进行水平极限剪切性能检验。

（2）对于特殊设防类和重点设防类，不同型号的橡胶隔震支座水平极限剪应变不应小于 450%。对于标准设防类建筑，不同型号的橡胶隔震支座水平极限剪应变不应小于 400%。

第二十节　铝塑复合板

一、相关标准

（1）《建筑装饰装修工程质量验收标准》GB 50210—2018。
（2）《建筑幕墙用铝塑复合板》GB/T 17748—2016。
（3）《纤维增强塑料性能试验方法总则》GB/T 1446—2005。
（4）《夹层结构滚筒剥离强度试验方法》GB/T 1457—2022。

二、基本概念

1. 铝塑复合板

以普通塑料或经阻燃处理的塑料为芯材、两面为铝材的三层复合板材，并在产品表面覆以装饰性和保护性的涂层或薄膜（若无特别注明通称为涂层）作为产品的装饰面，简称铝塑板。

2. 建筑幕墙用铝塑复合板

采用经阻燃处理的塑料为芯材，并用作建筑幕墙材料的铝塑复合板。

3. 铝塑复合板分类

按燃烧性能分为阻燃型和高阻燃型两类。

4. 滚筒剥离强度

面板与芯子分离时单位宽度上的抗剥离力矩。

三、进场复验项目、组批原则

《建筑装饰装修工程质量验收标准》GB 50210—2018 第 11.1.3 条规定：幕墙工程用铝塑复合板的剥离强度应进行复验。

《建筑装饰装修工程质量验收标准》GB 50210—2018 第 11.1.5 条规定：相同设计、材料、工艺和施工条件第幕墙工程 1000m² 应划分为一个检验批，不足 1000m² 也应划分为一个检验批。

四、检测方法

滚筒剥离强度的检测方法为《夹层结构滚筒剥离强度试验方法》GB/T 1457—2022。

1. 试件数量

正面纵向、正面横向、背面纵向、背面横向各取 3 个试件。

2. 试验步骤

1）将试样编号，测量试件任意 3 处的宽度，取算术平均值；被剥离面板厚度取面板名义厚度，或测量同批试件被剥离面板 10 处的厚度，取算术平均值。

2）将试件被剥离面板两端分别与上夹具和滚筒连接，使试样轴线与滚筒轴线垂直，然后将上夹具与试验机相连接，调整试验机载荷零点，再将下夹具与试验机连接。

3）按规定的加载速度进行试验，加载速度一般为(20～30)mm/min，仲裁试验时，加载速度为 25mm/min。选用下列任一方法记录剥离载荷：

（1）使用自动记录装置记录载荷—剥离距离曲线。

（2）无自动记录装置时，应在开始施加载荷约 5s 后，按一定时间间隔读取并记录载荷，不应少于 10 个读数。

4）试样被剥离到(150～180)mm 时，可卸载。

5）根据下列情况确定是否进行抗力试验：

（1）若剥离后面板未出现分层、断裂等损伤，则选用空白面板（或带有附着层的面板），按步骤 2）～4）进行抗力试验。

（2）若剥离后面板出现分层、断裂等损伤，或不考虑面板补偿，无须进行抗力试验，结束试验。

6）记录破坏类型。

3. 试验结果及处理

1）按照下列任意一种方法求得平均剥离载荷和最小剥离载荷：

（1）从载荷—剥离距离曲线上，找出最小剥离载荷，并用求积仪或作图法求得平均剥离载荷。

（2）从所记录的载荷读数中，找出最小剥离载荷，并取载荷读数的算术平均值为平均剥离载荷。

2）如有抗力试验，按照 1）中平均剥离载荷的取值方法求得平均抗力载荷。

3）平均滚筒剥离强度按下式计算：

$$M = \frac{(P_b - P_0)(D + t_b - d - t_f)}{2b} \tag{4-272}$$

式中：M——平均滚筒剥离强度 $[(N \cdot mm)/mm]$；

P_b——平均剥离载荷（N）；

P_0——抗力载荷（N）；

D——滚筒凸缘直径（mm）；

d——滚筒直径（mm）；

t_f——被剥离面板厚度（mm）；

t_b——加载带厚度（mm）；

b——试样宽度（mm）。

4）最小滚筒剥离强度按下式计算：

$$M_m = \frac{(P_m - P_0)(D + t_b - d - t_f)}{2b} \qquad (4\text{-}273)$$

式中：M_m——最小滚筒剥离强度[(N·mm)/mm]；

P_m——最小剥离载荷（N）。

5）分别测量正面纵向、正面横向、背面纵向、背面横向各组试件中每个试件的平均剥离强度和最小剥离强度。分别以各组 3 个试件的平均剥离强度的算术平均值和最小剥离强度中的最小值作为该组的检验结果。

第二十一节　木材料及构配件

一、相关标准

（1）《木结构工程施工质量验收规范》GB 50206—2012。

（2）《人造板及饰面人造板理化性能试验方法》GB/T 17657—2022。

（3）《人造板及其表面装饰术语》GB/T 18259—2018。

（4）《无疵小试样木材物理力学性质试验方法 第 4 部分：含水率测定》GB/T 1927.4—2021。

（5）《木材性质术语》LY/T 1788—2008。

二、基本概念

（1）木材：来源于树木的次生木质部，主要由纤维素、半纤维素和木质素等成分组成。

（2）原木：伐倒并除去树皮、树枝和树梢的树干。

（3）方木：直角锯切、截面为矩形或方形的木材。

（4）人造板：以木材或木材植物纤维材料为主要原料，加工成各种材料单元，施加（或不施加）胶粘剂和其他添加剂，制成的板材或成型制品。

（5）胶合板：由单板构成的多层材料，通常按相邻层单板的纹理方向垂直组坯胶合而成的板材。

（6）层板胶合木：以木板层叠胶合而成的木材产品，简称胶合木，也称结构用集成材。按层板种类，分为普通层板胶合木、目测分等和机械分等层板胶合木。

（7）方木、原木结构：承重构件由方木（含板材）或原木制作的结构。

（8）胶合木结构：承重构件由层板胶合木制作的结构。

（9）轻型木结构：主要由规格材和木基结构板，通过钉连接制作的剪力墙与横隔（楼盖、屋盖）所构成的木结构，多用于(1~3)层房屋。

（10）纤维饱和点：木材细胞腔中自由水蒸发完毕而细胞壁中吸着水达到最大状态时的含水率，一般是各种木材物理力学性质的转折点。

三、木结构分类及工程验收

1. 木材料分类及检验批主控项目、一般项目如表4-244所示。

木材料分类及检验批主控项目、一般项目　　　　表4-244

序号	材料名称	检验批划分	主控项目	一般项目
1	方木与原木结构	材料、构配件的质量控制应以一幢方木、原木结构房屋为一个检验批；构件制作安装质量控制应以整幢房屋的一楼层或变形缝间的一楼层为一个检验批	方木、原木结构的形式、结构布置和构件尺寸，应符合设计文件的规定	允许偏差；齿连接；螺栓连接；钉连接；木构件受压接头的位置；木桁架、梁及柱的安装允许偏差；屋面木构架的安装允许偏差；屋盖结构支撑系统的完整性
2	胶合木结构	材料、构配件的质量控制应以一幢胶合木结构房屋为一个检验批；构件制作安装质量控制应以整幢房屋的一楼层或变形缝间的一楼层为一个检验批	胶合木结构的结构形式、结构布置和构件截面尺寸，应符合设计文件的规定	层板胶合木构造及外观；胶合木构件的制作偏差；齿连接、螺栓连接、圆钢拉杆及焊缝质量；金属节点构造、用料规格及焊缝质量；胶合木结构安装偏差
3	轻型木结构	轻型木结构材料、构配件的质量控制应以同一建设项目同期施工的每幢建筑面积不超过300m²、总建筑面积不超过3000m²的轻型木结构建筑为一检验批，不足3000m²者应视为一检验批，单体建筑面积超过300m²时，应单独视为一检验批；轻型木结构制作安装质量控制应以一幢房屋的一层为一检验批	轻型木结构的承重墙（包括剪力墙）、柱、楼盖、屋盖布置、抗倾覆措施及屋盖抗掀起措施等，应符合设计文件的规定	承重墙；楼盖；齿板桁架；屋盖；轻型木结构各种构件的制作与安装偏差；轻型木结构的保温措施和隔气层的设置
4	木结构的防护	木结构防护工程的检验批可分别按对应的方木与原木结构、胶合木结构或轻型木结构的检验批划分	所使用的防腐、防虫及防火和阻燃药剂应符合设计文件表明的木构件（包括胶合木构件等）使用环境类别和耐火等级，且应有质量合格证书的证明文件。经化学药剂防腐处理后的每批次木构件（包括成品防腐木材），应有药物有效成分的载药量和透入度检验合格报告	防护层；紧固件（钉子或木螺钉）贯入构件的深度；木结构外墙的防护构造措施；防火隔断

2. 木结构子分部工程验收

木结构子分部工程质量验收的程序和组合，应符合现行国家标准《建筑工程施工质量验收统一标准》GB 50300—2013的有关规定。

1）检验批及木结构分项工程质量合格，应符合下列规定：

（1）检验批主控项目检验结果应全部合格。

（2）检验批一般项目检验结果应有80%以上的检查点合格，且最大偏差不应超过允许偏差的 1.2 倍。

（3）木结构分项工程所含检验批检验结果均应合格,且应有各检验批质量验收的完整记录。

2）木结构子分部工程质量验收应符合下列规定：

（1）子分部工程所含分项工程的质量验收均应合格。

（2）子分部工程所含分项工程的质量资料和验收记录应完整。

（3）安全功能检测项目的资料应完整,抽检的项目均应合格。

（4）外观质量验收应符合规定。

四、试验方法

1. 含水率

1）含水率：确定试件在干燥前后质量之差与干燥后质量之比

平均含水率：各类构件制作时及构件进场时木材的平均含水率。

全干材含水率：木材在(103±2)°C的温度下干燥至全干,排出的木材中的全部水分质量与全干木材质量的比率。

各类材料平均含水率规定如表 4-245 所示。

各类材料平均含水率规定　　　　　　　　　表 4-245

序号	材料名称	平均含水率规定	检查数量	检验方法
1	方木与原木结构	1. 原木或方木不应大于 25%。 2. 板材及规格材不应大于 20%。 3. 受拉构件的连接板不应大于 18%。 4. 处于通风条件不畅环境下的木构件的木材,不应大于 20%	每一检验批每一树种每一规格木材随机抽取 5 根	宜采用烘干法（重量法）测定
2	层板胶合木构件	平均含水率不应大于 15%,同一构件各层板间含水率差别不应大于 5%	每一检验批每一规格胶合木构件随机抽取 5 根	亦可采用电测法测定
3	轻型木结构	规格材的平均含水率不应大于 20%	每一检验批每一树种每一规格等级规格材随机抽取 5 根	亦可采用电测法测定

2）检验方法

（1）烘干法：

①仪器设备

a. 天平,天平精度（最小读数）应根据含水率精度的要求而确定。绝干质量为 10g 试样的含水率水平与天平精度如表 4-246 所示,对于其他绝干质量的试样,天平的精度（最小读数）应按比例适当调整。

绝干质量为 10g 试样的含水率水平与天平精度　　　　表 4-246

报告含水率精度水平 W（%）	天平的精度（最小读数）（mg）
1.0	100
0.5	50

续表

报告含水率精度水平W（%）	天平的精度（最小读数）(mg)
0.1	10
0.05	5
0.01	1

b. 烘箱，宜有空气循环功能，温度应能保持在(103±2)℃。

c. 玻璃干燥器和称量瓶。

②试样要求

烘干法测定含水率时，应从每检验批同一树种同一规格材的树种中随机抽取5根木料作试材，每根试材应在距端头200mm处沿截面均匀地截取5个尺寸为20mm×20mm×20mm的试样，应按现行国家标准《无疵小试样木材物理力学性质试验方法 第4部分：含水率测定》GB/T 1927.4—2021的有关规定测定每个试件中的含水率。

③试验步骤

a. 将取得的试样编号后尽快称量，准确至含水率精度要求的水平。

b. 将同批试验取得的含水率试样，一并放入烘箱内，在(103±2)℃的温度下烘8h后，从中选定(2~3)个试样进行一次试称，以后每隔8h称量所选试样一次，至最后两次称量之差不超过0.2%时，即认为试样达到全干。

c. 将试件从烘箱中取出，立即放入装有干燥剂的玻璃干燥器中，盖好干燥器盖。

d. 试样冷却至室温后，尽快称量。

e. 如试样为含有较多挥发物质（树脂、树胶等）的木材，为避免用烘干法测定的含水率产生过大误差，宜改用真空干燥法测定。

f. 如报告含水率精度水平在0.1%及以上，应将试样放入称量瓶中称重。

g. 结果计算

木材含水率按下式计算，准确至含水率精度要求的水平。

$$W = \frac{m_1 - m_0}{m_0} \times 100 \tag{4-274}$$

式中：W——木材含水率（%）；

m_1——试样试验时的质量（g）；

m_0——试样全干时的质量（g）。

（2）真空干燥法：

①仪器设备

a. 天平精度（最小读数）应根据含水率精度的要求而确定。

b. 真空干燥箱，真空度范围(0~101.325)kPa，漏气量小于或等于1.333kPa，升温范围室温(0~120)℃，恒温误差小于或等于2℃。

②试样要求

取自试材、试条或物理力学试验后试样上最小尺寸为 20mm×20mm×20mm 的含水率木块,应沿纹理方向全部制备成约 2mm 厚的薄片。

③试验步骤

a. 将取自同一个试样的薄片,全部放入同一个称量瓶中称量,准确至含水率精度要求的水平。

b. 称量后,将放试样的称量瓶置于真空干燥箱内,在温度低于50℃和抽真空的条件下,使试样达全干后称量,准确至含水率精度要求的水平。从中选定(2~3)个试样进行一次试称,以后每隔 8h 称量所选试样一次,至最后两次称量之差不超过 0.2%时,即认为试样达到全干。真空干燥箱温度低于 50℃如试样未达到全干时,应及时调整真空干燥箱的真空度,以保证试样达到全干状态。

c. 结果计算

木材含水率按下式计算,准确至含水率精度要求的水平。

$$W = \frac{m_2 - m_3}{m_3 - m} \times 100 \tag{4-275}$$

式中：W——木材含水率（%）；

m_2——试样和称量瓶试验时的质量（g）；

m_3——试样全干时和称量瓶的质量（g）；

m——称量瓶的质量（g）。

（3）电测法：

①仪器设备

电测仪器应由当地计量行政部门标定认证。测定时应严格按仪表使用要求操作,并应正确选择木材的密度和温度等参数,测定深度不应小于 20mm,且应有将其测量值调整至截面平均含水率的可靠方法。

②试样要求

测定含水率时,应从检验批的同一树种,同一规格的规格材,层板胶合木构件或其他木构件随机抽取 5 根为试材,应从每根试材距两端 200mm 起,沿长度均匀分布地取三个截面,对于规格材或其他木构件,每一个截面的四面中部应各测定含水率,对于层板胶合木构件,则应在两侧测定每层层板的含水率。

2. 静曲强度

1）静曲强度：静曲强度是确定试件在最大载荷作用时的弯矩和抗弯截面模量之比,三点弯曲的静曲强度,是在两点支撑的试件中部施加载荷进行测定

弦向静曲强度：进场木材均应作弦向静曲强度见证检验,其强度最低值应符合表 4-247 的要求。

木材静曲强度检验标准　　　　表 4-247

项目	针叶材				阔叶材				
强度等级	TC11	TC13	TC15	TC17	TB11	TB13	TB15	TB17	TB20
最低强度（N/mm²）	44	51	58	72	58	68	78	88	98

2）试样要求

试材应在每检验批每一树种木材中随机抽取 3 株（根）木料，应在每株（根）试材的髓心外切取 3 个无疵弦向静曲强度试件为一组，试件尺寸和含水率应符合现行国家标准《无疵小试样木材物理力学性质试验方法 第 4 部分：含水率测定》GB/T 1927.4—2021 有关规定。试件尺寸为 300mm（L）×20mm（R）×20mm（T），L、R、T 分别为试样的纵向、径向和弦向，如与抗弯弹性模量的测定使用同一试样，应先测定抗弯弹性模量，后进行抗弯强度试验。

3）试验步骤

（1）抗弯强度采用弦向加荷试验，在试样长度中央测量径向（R）尺寸作为宽度 b，弦向（T）尺寸作为高度 h，精确至 0.1mm。

（2）采用三点弯曲中央加荷（图 4-90），将试样放在试验装置的两支座上，试验装置的压头垂直于试样的径面以均匀速度加荷，在(1~2)min 内［或将加荷速度设定为(5~10)mm/min］使试样破坏。将试样破坏时的荷载作为最大荷载进行记录，精确至 10N。

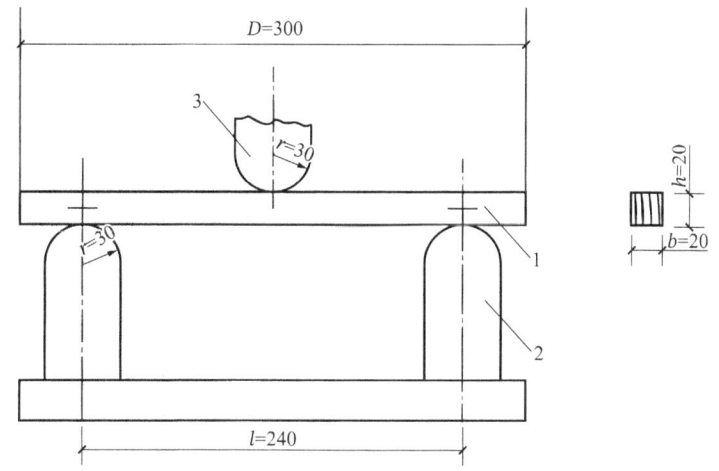

1—试样；2—支座；3—压头；D—试样纵向尺寸；b—试样径向尺寸；h—试样弦向尺寸；
l—测试跨距；r—支座、压头的端部曲率半径

图 4-90 抗弯强度测试示意图（单位：mm）

（3）试验后，立即在试样靠近破坏处，截取约 20mm 长的木块一个，按《无疵小试样木材物理力学性质试验方法 第 4 部分：含水率测定》GB/T 1927.4—2021 测定试样含水率。

（4）结果计算：

①试样含水率为 W 时的抗弯强度，应按下式计算，精确至 0.1MPa。

$$\sigma_{b,w} = \frac{3P_{max}l}{2bh^2} \tag{4-276}$$

式中：$\sigma_{b,w}$——试样含水率为W时的抗弯强度（MPa）；

P_{max}——最大荷载（N）；

l——两支座间测试跨距（mm）；

b——试样宽度（mm）；

h——试样高度（mm）。

②对于气干材试样，应按下式换算成含水率为12%时的抗弯强度，精确至0.1MPa。

$$\sigma_{b,12} = \sigma_{b,w}[1 + 0.04(W - 12)] \tag{4-277}$$

式中：$\sigma_{b,12}$——试样含水率为12%时的抗弯强度（MPa）；

W——试样含水率（%）。

试样含水率在7%～17%范围内，按含水率为12%时的公式计算有效。

③抗弯强度平均值和标准差的计算应精确至0.1MPa。

3. 弹性模量

1）弹性模量：确定试件在材料的弹性极限范围内，载荷产生的应力与应变之比

2）检验方法

（1）试验设备：

①试验机，测定荷载应精确至1%。

②试验装置，支座、压头的端部曲率半径应为30mm，测试跨距应为240mm，如图4-91所示。

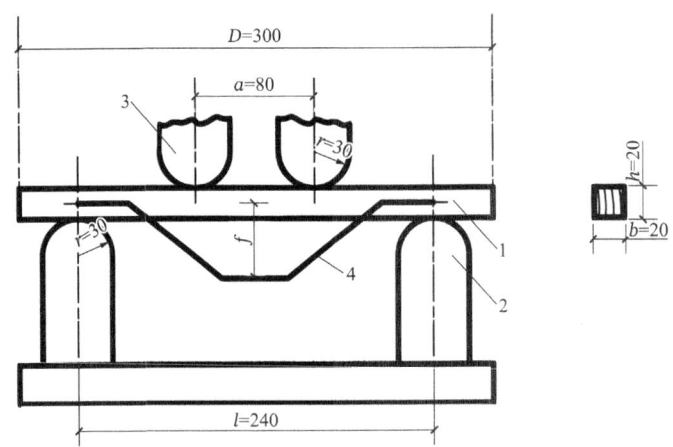

1—试样；2—支座；3—压头；4—U型位移测量装置；D—试样纵向尺寸；
b—试样宽度，为试样径向尺寸；h—试样高度，为试样弦向尺寸；a—加载点距离；
l—测试跨距；r—支座、压头的端部曲率半径；f—上限荷载、下限荷载对应的试样变形值

图4-91 抗弯弹性模量测试示意图（单位：mm）

③游标卡尺或其他测量工具，应精确至0.1mm。

④形位移测量装置，量程应不小于 10mm，应精确至 0.01mm。

⑤木材含水率测定设备，应符合《无疵小试样木材物理力学性质试验方法 第 4 部分：含水率测定》GB/T 1927.4—2021 的规定。

（2）试样要求：

试样尺寸为 300mm（L）× 20mm（R）× 20mm（T），L、R、T 分别为试样的纵向、径向和弦向，如图 4-91 所示。如与抗弯强度的测定使用同一试样，应先测定抗弯弹性模量，后进行抗弯强度试验。

（3）试验步骤：

①抗弯弹性模量采用弦向加荷试验，在试样长度中央测量径向（R）尺寸作为宽度 b，弦向（T）尺寸作为高度 h，精确至 0.1mm。

②采用四点弯曲加荷（图 4-91），将试样放在试验装置的两支座上，试验装置的压头垂直于试样的径面，以均匀速度加荷，加荷速度设定为(1～3)mm/min。

③采用 U 形位移测量装置测试跨中处试样中性平面相对于两支座处试样中性平面的竖向变形，试验机以均匀速度先加荷至下限荷载，然后加荷至上限荷载，随即卸荷。如此反复 3 次，每次卸荷应稍低于下限，然后再加荷至上限荷载。将每次下限荷载和上限荷载对应的竖向变形值进行记录，精确至 0.01mm。竖向变形的下限荷载、上限荷载一般分别取 300N、700N；对于低密度木材，下限荷载、上限荷载可分别取 200N、400N。为保证加荷范围不超过试样的比例极限应力，试验前，可在每批试样中，选(2～3)个试样进行观察试验，绘制荷载-变形图，在其直线范围内确定下限荷载、上限荷载。

④根据后两次测得的试样竖向变形值，分别计算出上限荷载、下限荷载的变形平均值之差，即为上限荷载和下限荷载间的变形值。

⑤抗弯弹性模量测定后，应立即于试样中央截取约 20mm 长的木块一个，按照《无疵小试样木材物理力学性质试验方法 第 4 部分：含水率测定》GB/T 1927.4—2021 测定试样含水率；如抗弯弹性模量测定后还进行抗弯强度试验，则应在抗弯强度试验后，立即在试样靠近破坏处，截取约 20mm 长的木块一个，按《无疵小试样木材物理力学性质试验方法 第 4 部分：含水率测定》GB/T 1927.4—2021 测定试样含水率。

⑥结果和计算

a. 试样含水率为 W 时的抗弯弹性模量，应按下式计算，精确至 10MPa。

$$E_W = \frac{23Pl^3}{108bh^3 f} \tag{4-278}$$

式中：E_W——试样含水率为 W 时的抗弯弹性模量（MPa）；

P——上限荷载与下限荷载之差（N）；

l——测试跨距（mm）；

b——试样宽度（mm）；

h——试样高度（mm）；

f——上限荷载、下限荷载对应的试样变形值（mm）。

b. 对于气干材试样，可按下式换算成含水率为12%时的抗弯弹性模量，精确至10MPa。

$$E_{12} = E_W[1 + 0.015(W - 12)] \qquad (4\text{-}279)$$

式中：E_{12}——试样含水率为12%时的抗弯弹性模量（MPa）；

W——试样含水率（%）。

试样含水率在7%～17%范围内，按含水率为12%时公式计算有效。

⑦抗弯弹性模量平均值和标准差的计算应精确至10MPa。

4. 钉抗弯强度：

1）圆钉应有产品质量合格证书，其性能应符合现行行业标准《一般用途圆钢钉》YB/T 5002—2017 的有关规定。设计文件规定钉子的抗弯屈服强度时，应作钉子抗弯强度见证检验。钉在跨度中央受集中荷载弯曲（图4-92），根据荷载—挠度曲线确定其弯曲屈服强度。

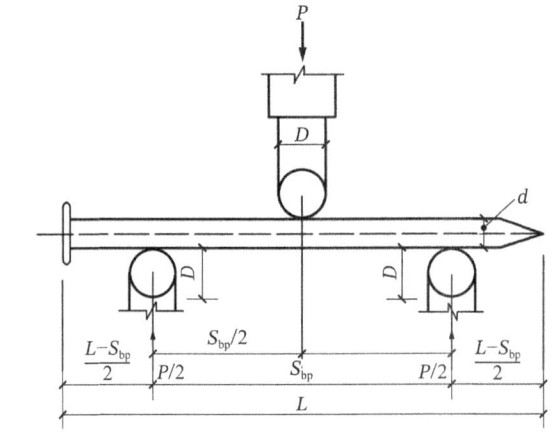

D—滚轴直径；d—钉杆直径；L—钉子长度；S_{bp}—跨度；P—施加的荷载

图4-92 跨度中点加载的钉弯曲试验

2）检验方法

（1）仪器设备：

①一台压头按等速运行经过标定的试验机，准确度应达到±1%。

②钢制的圆柱形滚轴支座，直径应为9.5mm（图4-92），当试件变形时滚轴应能转动。钢制的圆柱面压头，直径应为9.5mm（图4-92）。

③挠度测量仪表的最小分度值应不大于0.025mm。

（2）试样要求：

①每检验批每一规格圆钉随机抽取10枚。对于杆身光滑的钉除采用成品钉外，也可采用已经冷拔用以制钉的钢丝作试件；木螺钉、麻花钉等杆身变截面的钉应采用成品钉作试件。

②钉的直径应在每个钉的长度中点测量。准确度应达到0.025mm。对于钉杆部分变截

面的钉，应以无螺纹部分的钉杆直径为准。试件长度不应小于 40mm。钉的试验跨度应符合钉的试验跨度表 4-248 的规定。

钉的试验跨度　　　　　　　　　　　　　　　　表 4-248

钉的直径（mm）	$d \leqslant 4.0$	$4.0 < d \leqslant 6.5$	$d > 6.5$
试验跨度（mm）	40	65	95

（3）试验步骤：

①试件应放置在支座上，试件两端应与支座等距（图 4-92）。

②施加荷载时应使圆柱面压头的中心点与每个圆柱形支座的中心点等距（图 4-92）。

③杆身变截面的钉试验时，应将钉杆光滑部分与变截面部分之间的过渡区段靠近两个支座间的中心点。

④加荷速度应不大于 6.5mm/min。

⑤挠度应从开始加荷逐级记录，直至达到最大荷载，并应绘制荷载—挠度曲线。

⑥试验结果

对照荷载—挠度曲线的直线段，沿横坐标向右平移 5%钉的直径，绘制与其平行的直线（图 4-93），应取该直线与荷载—挠度曲线交点的荷载值作为钉的屈服荷载。如果该直线未与荷载挠度曲线相交，则应取最大荷载作为钉的屈服荷载。

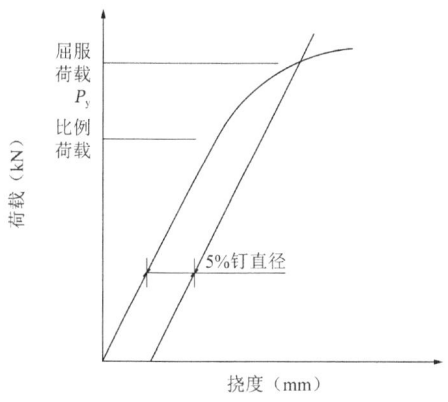

图 4-93　钉弯曲试验的荷载—挠度典型曲线

⑦钉的抗弯屈服强度应按下式计算：

$$f_y = \frac{3P_y S_{bp}}{2d^3} \tag{4-280}$$

式中：f_y——钉的抗弯屈服强度；

d——钉的直径；

P_y——屈服荷载；

S_{bp}——钉的试验跨度。

五、判定原则

1. 含水率

（1）烘干法应以每根试材的5个试样平均值为该试材含水率，应以5根试材中的含水率最大值为该批木料的含水率，并不应大于表4-245木材含水率的规定。

（2）规格材应以每根试材的12个测点的平均值为每根试材的含水率，5根试材的最大值应为检验批该树种该规格的含水率代表值。

（3）层板胶合木构件的三个截面上各层层板含水率的平均值应为该构件含水率，同一层板的6个含水率平均值应作为该层层板的含水率代表值。

2. 静曲强度

各组试件静曲强度试验结果的平均值中的最低值不低于表4-247的规定值时，应为合格。

3. 钉的抗弯屈服强度

钉的抗弯屈服强度应取全部试件屈服强度的平均值，并不应低于设计文件的规定。

第二十二节　加固材

一、相关标准

（1）《建筑结构加固工程施工质量验收规范》GB 50550—2010。

（2）《混凝土结构加固设计规范》GB 50367—2013。

（3）《工程结构加固材料安全性鉴定技术规范》GB 50728—2011。

（4）《树脂浇铸体性能试验方法》GB/T 2567—2021。

（5）《结构加固修复用碳纤维片材》GB/T 21490—2008。

（6）《碳纤维增强塑料孔隙含量和纤维体积含量试验方法》GB/T 3365—2008。

（7）《胶粘剂　拉伸剪切强度的测定（刚性材料对刚性材料）》GB/T 7124—2008。

（8）《胶粘剂不挥发物含量的测定》GB/T 2793—1995。

（9）《增强制品试验方法　第3部分：单位面积质量的测定》GB/T 9914.3—2013。

（10）《结构加固修复用碳纤维片材》JG/T 167—2016。

（11）《纤维片材加固修复结构用粘接树脂》JG/T 166—2016。

二、基本概念

1. 纤维增强复合材

1）定义与分类

以具有所要求特性的连续纤维或其制品为增强材料，与基体—结构胶粘剂粘结而成的高分子复合材料，简称纤维复合材。

在工程结构中常用的有玻璃纤维复合材、碳纤维复合材和芳纶纤维复合材。其中碳纤维复合材分为碳纤维布和碳纤维板。

（1）碳纤维布：由单向连续碳纤维组成，未经树脂浸渍固化的布状碳纤维制品。

（2）碳纤维板：由单向连续碳纤维组成并经树脂浸渍固化的板状碳纤维制品。

2）技术指标

（1）玻璃纤维复合材各性能指标应符合表4-249的规定。

玻璃纤维复合材性能指标标准 表4-249

检验项目		合格指标	
		高强玻璃纤维	E玻璃纤维
抗拉强度标准值（MPa）		$\geqslant 2200$	$\geqslant 1500$
受拉弹性模量（MPa）		$\geqslant 1.0 \times 10^5$	$\geqslant 7.2 \times 10^4$
伸长率（%）		$\geqslant 2.5$	$\geqslant 1.8$
弯曲强度（MPa）		$\geqslant 600$	$\geqslant 500$
层间剪切强度（MPa）		$\geqslant 40$	$\geqslant 35$
纤维复合材与混凝土正拉粘结强度（MPa）		$\geqslant 2.5$，且为混凝土内聚破坏	
单位面积质量（g/m²）	人工粘贴	$\leqslant 450$	$\leqslant 600$
	真空灌注	$\leqslant 550$	$\leqslant 750$

注：表中指标，除注明标准值外，均为平均值。

（2）碳纤维复合材各性能指标应符合表4-250的规定。

碳纤维复合材性能指标标准 表4-250

检验项目		合格指标				
		单向织物			条形板	
		高强Ⅰ级	高强Ⅱ级	高强Ⅲ级	高强Ⅰ级	高强Ⅱ级
抗拉强度（MPa）	标准值	$\geqslant 3400$	$\geqslant 3000$	—	$\geqslant 2400$	$\geqslant 2000$
	平均值	—	—	$\geqslant 3000$	—	—
受拉弹性模量（MPa）		$\geqslant 2.3 \times 10^5$	$\geqslant 2.0 \times 10^5$	$\geqslant 2.0 \times 10^5$	$\geqslant 1.6 \times 10^5$	$\geqslant 1.4 \times 10^5$
伸长率（%）		$\geqslant 1.6$	$\geqslant 1.5$	$\geqslant 1.3$	$\geqslant 1.6$	$\geqslant 1.4$
弯曲强度（MPa）		$\geqslant 700$	$\geqslant 600$	$\geqslant 500$	—	—
层间剪切强度（MPa）		$\geqslant 45$	$\geqslant 35$	$\geqslant 30$	$\geqslant 50$	$\geqslant 40$
纤维复合材与基材正拉粘结强度（MPa）		对混凝土和砌体基材：$\geqslant 2.5$，且为基材内聚破坏 对钢基材：$\geqslant 3.5$，且不得为黏附破坏				
单位面积质量（g/m²）	人工粘贴	$\leqslant 300$			—	—
	真空灌注	$\leqslant 450$			—	—
纤维体积含量（%）		—			$\geqslant 65$	$\geqslant 55$

注：表中指标，除注明标准值外，均为平均值。

(3)芳纶纤维复合材各性能指标应符合表 4-251 的规定。

芳纶纤维复合材性能指标标准 表 4-251

检验项目		合格指标			
		单向织物		条形板	
		高强Ⅰ级	高强Ⅱ级	高强Ⅰ级	高强Ⅱ级
抗拉强度（MPa）	标准值	≥2100	≥1800	≥1200	≥800
	平均值	≥2300	≥2000	≥1700	≥1200
受拉弹性模量（MPa）		$\geq 1.1 \times 10^5$	$\geq 8.0 \times 10^4$	$\geq 7.0 \times 10^4$	$\geq 6.0 \times 10^4$
伸长率（%）		≥2.2	≥2.6	≥2.5	≥3.0
弯曲强度（MPa）		≥400	≥300	—	—
层间剪切强度（MPa）		≥40	≥30	≥45	≥35
与混凝土基材正拉粘结强度（MPa）		≥2.5，且为混凝土内聚破坏			
单位面积质量（g/m²）	人工粘贴	≤450		—	
	真空灌注	≤650		—	
纤维体积含量（%）		—		≥60	≥50

注：表中指标，除注明标准值外，均为平均值。

3）其他要求

承重结构的现场粘贴加固，必须选用聚丙烯腈基 12K 或 12K 以下的小丝束纤维，严禁使用大丝束纤维；严禁采用预浸法生产的纤维织物；结构加固使用的碳纤维，严禁用玄武岩纤维、大丝束碳纤维等替代；结构加固使用的 S 玻璃纤维（高强玻璃纤维）、E 玻璃纤维（无碱玻璃纤维），严禁用 A 玻璃纤维（高碱玻璃纤维）或 C 玻璃纤维（中碱玻璃纤维）替代。

2. 结构加固用胶粘剂

1）定义与分类

用于承重结构构件胶接的，能长期承受设计应力和环境作用的胶粘剂。在土木工程中，基于现场条件的限制，其所使用的结构胶粘剂，主要指室温固化的结构胶粘剂。结构胶粘剂应用广泛，主要用于构件的加固、锚固、粘接、修补等，如粘钢、粘碳纤维、植筋、裂缝修补、孔洞修补、表面防护、混凝土粘接等。

目前建筑结构胶粘剂的主要种类有：

（1）粘钢加固用建筑结构胶粘剂，化学成分以改性环氧树脂和胺类固化剂为主。

（2）锚固用建筑结构胶粘剂，化学组成可分为环氧树脂、不饱和聚酯树脂、改性丙烯酸酯等三类。

（3）碳纤维片材加固用建筑结构胶粘剂，包括底层树脂，整平材料和浸渍树脂。

（4）混凝土裂缝压注加固用建筑结构胶粘剂，一般为环氧树脂和丙烯酸酯。

结构胶粘剂用于建筑结构构件的主要类型有混凝土和砌体结构构件、钢结构构件、木结构构件。

2）技术指标

（1）以混凝土和砌体为基材，室温固化型的结构胶，各性能应符合下列规定：

①粘贴钢材用结构胶各项性能指标应符合表4-252的规定。

粘贴钢材用结构胶性能指标标准　　　　表4-252

检验项目		检验条件	合格指标			
			Ⅰ类胶		Ⅱ类胶	Ⅲ类胶
			A级	B级		
胶体性能	抗拉强度（MPa）	在(23±2)℃、(45%～55%)RH条件下，以 2mm/min 加荷速度进行测试	≥30	≥25	≥30	≥35
	受拉弹性模量（MPa） 涂布胶		≥3.2×10^3		≥3.5×10^3	
	受拉弹性模量（MPa） 压注胶		≥2.5×10^3	≥2.0×10^3	≥3.0×10^3	
	伸长率（%）		≥1.2	≥1.0	≥1.5	
	抗弯强度（MPa）		≥45	≥35	≥45	≥50
			且不得呈碎裂状破坏			
	抗压强度（MPa）		≥65			
粘结能力	钢对钢拉伸抗剪强度（MPa） 标准值	(23±2)℃、(45%～55%)RH	≥15	≥12	≥18	
	钢对钢拉伸抗剪强度（MPa） 平均值	(60±2)℃、10min	≥17	≥14	—	—
		(95±2)℃、10min	—	—	≥17	—
		(125±3)℃、10min	—	—	—	≥14
		(−45±2)℃、30min	≥17	≥14	≥20	
	钢对钢对接粘结抗拉强度（MPa）		≥33	≥27	≥33	≥38
	钢对钢 T 冲击剥离长度（mm）	在(23±2)℃、(45%～55%)RH条件下，按所执行试验方法标准规定的加荷速度测试	≤25	≤40	≤15	
	钢对C45混凝土正拉粘结强度（MPa）		≥2.5，且为混凝土内聚破坏			
热变形温度（℃）		固化、养护 21d，到期使用 0.45MPa 弯曲应力的 B 法测定	≥65	≥60	≥100	≥130
不挥发物含量（%）		(105±2)℃、(180±5)min	≥99			

注：表中各项性能指标，除标有标准值外，均为平均值。

②粘贴纤维复合材用结构胶各项性能指标应符合表4-253的规定。

粘贴纤维复合材用结构胶性能指标标准　　　　表 4-253

检验项目		检验条件	合格指标			
			Ⅰ类胶		Ⅱ类胶	Ⅲ类胶
			A级	B级		
胶体性能	抗拉强度（MPa）	在(23±2)℃、(45%～55%)RH 条件下，以 2mm/min 加荷速度进行测试	≥38	≥30	≥38	≥40
	受拉弹性模量（MPa）		≥2.4×10³	≥1.5×10³	≥2.0×10³	
	伸长率（%）		≥1.5			
	抗弯强度（MPa）		≥50	≥40	≥45	≥50
			且不得呈碎裂状破坏			
	抗压强度（MPa）		≥70			
粘结能力	钢对钢拉伸抗剪强度（MPa） 标准值	(23±2)℃、(45%～55%)RH	≥14	≥10	≥16	
	平均值	(60±2)℃、10min	≥16	≥12	—	—
		(95±2)℃、10min	—	—	≥15	—
		(125±3)℃、10min	—	—	—	≥13
		(−45±2)℃、30min	≥16	≥12	≥18	
	钢对钢粘结抗拉强度（MPa）	在(23±2)℃、(45%～55%)RH 条件下，按所执行试验方法标准规定的加荷速度测试	≥40	≥32	≥40	≥43
	钢对钢T冲击剥离长度（mm）		≤20	≤35	≤20	
	钢对C45混凝土正拉粘结强度（MPa）		≥2.5，且为混凝土内聚破坏			
热变形温度（℃）		使用 0.45MPa 弯曲应力的B法	≥65	≥60	≥100	≥130
不挥发物含量（%）		(105±2)℃、(180±5)min	≥99			

注：表中各项性能指标，除标有标准值外，均为平均值。

③锚固用结构胶各项性能指标应符合表 4-254 的规定。

锚固用结构胶性能指标标准 表 4-254

检验项目			检验条件	合格指标			
				Ⅰ类胶		Ⅱ类胶	Ⅲ类胶
				A 级	B 级		
胶体性能	劈裂抗拉强度（MPa）		在 (23±2)℃、(45%～55%)RH 条件下，以 2mm/min 加荷速度进行测试	≥8.5	≥7.0	≥10	≥12
	抗弯强度（MPa）			≥50	≥40	≥50	≥55
				且不得呈碎裂状破坏			
	抗压强度（MPa）			≥60			
粘结能力	钢对钢拉伸抗剪强度（MPa）	标准值	(23±2)℃、(45%～55%)RH	≥10	≥8	≥12	
		平均值	(60±2)℃、10min	≥11	≥9	—	—
			(95±2)℃、10min	—	—	≥11	
			(125±3)℃、10min	—	—	—	≥10
			(-45±2)℃、30min	≥12	≥10	≥13	
	约束拉拔条件下带肋钢筋（或全螺杆）与混凝土粘结强度（MPa）	C30 ϕ25 $l=150$	(23±2)℃ (45%～55%)RH	≥11	≥8.5	≥11	≥12
		C60 ϕ25 $l=125$		≥17	≥14	≥17	≥18
	钢对钢 T 冲击剥离长度（mm）		(23±2)℃ (45%～55%)RH	≤25	≤40	≤20	
热变形温度（℃）			使用 0.45MPa 弯曲应力的 B 法	≥65	≥60	≥100	≥130
不挥发物含量（%）			(105±2)℃、(180±5)min	≥99			

注：表中各项性能指标，除标有标准值外，均为平均值。

④结构胶长期耐久性能指标应符合表 4-255 的规定。

结构胶长期耐久性能指标 表 4-255

检验项目		检验条件	合格指标			
			Ⅰ类胶		Ⅱ类胶	Ⅲ类胶
			A 级	B 级		
耐环境作用	耐湿热老化能力	在 50℃、95%RH 环境中老化 90d（B 级胶为 60d）后，冷却至室温进行钢对钢拉伸抗剪试验	与室温下短期试验结果相比，其抗剪强度降低率（%）			
			≤12	≤18	≤10	≤12

⑤混凝土裂缝修复胶各项性能指标应符合表4-256的规定。

混凝土裂缝修复胶性能指标标准　　　　表4-256

检验项目		检验条件	合格指标
胶体性能	抗拉强度（MPa）	浇注毕养护7d，到期在(23 ± 2)℃、$(45\%\sim55\%)RH$条件下测试	≥25
	受拉弹性模量（MPa）		$\geq 1.5\times10^3$
	伸长率（%）		≥1.7
	抗弯强度（MPa）		≥30，且不得呈碎裂状破坏
	抗压强度（MPa）		≥50
	无约束线性收缩率（%）	浇注毕养护7d，到期在(23 ± 2)℃条件下测试	≤0.3
粘结能力	钢对钢拉伸抗剪强度（MPa）	粘合毕养护7d，到期在(23 ± 2)℃、$(45\%\sim55\%)RH$条件下测试	≥15
	钢对钢对接抗拉强（MPa）		≥20
	钢对干态混凝土正拉粘结强度（MPa）		≥2.5，且为混凝土内聚破坏
	钢对湿态混凝土正拉粘结强度（MPa）		≥1.8，且为混凝土内聚破坏
	耐湿热老化性能	在50℃、$(92\%\sim98\%)RH$环境中老化90d，冷却至室温进行钢对钢拉伸抗剪试验	与室温下，短期试验结果相比，其抗剪强度降低率不大于18%

注：表中各项性能指标均为平均值；干态混凝土指含水率不大于6%的硬化混凝土；湿态混凝土指饱和含水率状态下的硬化混凝土。

⑥底胶各项性能指标应符合表4-257的规定。

底胶性能指标标准　　　　表4-257

检验项目	检验要求	合格指标
钢对钢拉伸抗剪强度（MPa）	（1）试件的粘合面应喷砂处理。 （2）试件应先涂刷底胶，待指干时再涂刷结构胶，粘合后固化养护7d，到期立即测试。 （3）测试条件：(23 ± 2)℃、$(45\%\sim55\%)RH$	≥20，且为结构胶的胶层内聚破坏
钢对混凝土正拉粘结强度（MPa）		≥2.5，且为混凝土内聚破坏
钢对钢T冲击剥离长度（mm）		≤25
耐湿热老化能力	（1）采用钢对钢拉伸抗剪试件，涂胶要求同本表上栏。 （2）试件固化后，置于(50 ± 2)℃、$(95\%\sim98\%)RH$环境中老化90d，到期在室温下测试其抗剪强度	与对照组相比，强度降低率不大于12%

注：表中各项性能指标均为平均值。

（2）以钢结构构件为基材粘合碳纤维复合材或钢加固件的室温固化型结构胶，其各性能指标应符合下列规定：

①粘贴钢加固件用结构胶各项性能指标应符合表4-258的规定。

②粘贴碳纤维复合材用结构胶各项性能指标应符合表4-259的规定。

③结构胶耐久性能指标应符合表4-260的规定。

粘贴钢加固件的结构胶性能指标标准 表4-258

检验项目		检验条件	合格指标			
			Ⅰ类胶		Ⅱ类胶	Ⅲ类胶
			AAA级	AA级		
胶体性能	抗拉强度（MPa）	试件浇注毕养护7d，到期立即在(23±2)℃、(45%~55%)RH条件下测试	≥45	≥35	≥45	≥50
	受拉弹性模量（MPa） 涂布胶		≥4.0×10³		≥3.5×10³	
	受拉弹性模量（MPa） 压注胶		≥3.0×10³		≥2.7×10³	
	伸长率（%） 涂布胶		≥1.5		≥1.7	
	伸长率（%） 压注胶		≥1.8		≥2.0	
	抗弯强度（MPa）		≥50		≥60	
			且不得呈碎裂状破坏			
	抗压强度（MPa）		≥65		≥70	
粘结能力	钢对钢拉伸抗剪强度（MPa） 标准值	试件粘合后养护7d，到期立即在(23±2)℃、(45%~55%)RH条件下测试	≥18	≥15	≥18	
	钢对钢拉伸抗剪强度（MPa） 平均值 (95±2)℃、10min		—		≥16	—
	钢对钢拉伸抗剪强度（MPa） 平均值 (125±3)℃、10min		—		—	≥14
	钢对钢拉伸抗剪强度（MPa） 平均值 (−45±2)℃、30min		≥20	≥17	≥20	
	钢对钢对接接头抗拉强度（MPa）		≥40	≥33	≥35	≥38
	钢对钢T冲击剥离长度（mm）	试件粘合后养护7d，到期立即在(23±2)℃、(45%~55%)RH条件下测试	≤10	≤20	≤6	
	钢对钢不均匀扯离强度（kN/m）		≥30	≥25	≥35	
热变形温度（℃）		使用0.45MPa弯曲应力的B法	≥65		≥100	≥130

注：表中各项性能指标，除标有标准值外，均为平均值。

粘贴碳纤维复合材的结构胶性能指标标准 表 4-259

检验项目			检验条件	合格指标			
				Ⅰ类胶		Ⅱ类胶	Ⅲ类胶
				AAA 级	AA 级		
胶体性能	抗拉强度（MPa）		试件浇注毕养护7d，到期立即在(23±2)℃、(45%～55%)RH条件下测试	≥50	≥40	≥50	≥45
	受拉弹性模量（MPa）	涂布胶		≥3.3×10³	≥2.8×10³	≥3.0×10³	
		压注胶		≥2.5×10³		≥2.5×10³	
	伸长率（%）	涂布胶		≥1.7		≥2.0	
		压注胶		≥2.0		≥2.3	
	抗弯强度（MPa）			≥50		≥60	
				且不得呈碎裂状破坏			
	抗压强度（MPa）			≥65		≥70	
粘结能力	钢对钢拉伸抗剪强度（MPa）	标准值	试件粘合后养护7d，到期立即在(23±2)℃、(45%～55%)RH条件下测试	≥17	≥14	≥17	
		平均值	(95±2)℃、10min	—		≥15	—
			(125±3)℃、10min	—		—	≥12
			(−45±2)℃、30min	≥19	≥16	≥19	
	钢对钢对接接头抗拉强度（MPa）		试件粘合后养护7d，到期立即在(23±2)℃、(45%～55%)RH条件下测试	≥45	≥40	≥45	≥38
	钢对钢T冲击剥离长度（mm）			≤10	≤20	≤6	
	钢对钢不均匀扯离强度（kN/m）			≥30	≥25	≥35	
热变形温度（℃）			使用 0.45MPa 弯曲应力的 B 法	≥65		≥100	≥130

注：表中各项性能指标，除标有标准值外，均为平均值。

结构胶耐久性能标准要求 表 4-260

检验项目		检验条件	合格指标			
			Ⅰ类胶		Ⅱ类胶	Ⅲ类胶
			A 级	B 级		
耐环境作用	耐湿热老化能力	在 50℃、95%RH环境中老化 90d 后，冷却至室温进行钢对钢拉伸抗剪试验	与室温下短期试验结果相比，其抗剪强度降低率（%）			
			≤12	≤18	≤10	≤15

（3）以木材为基材粘结木材的室温固化型结构胶，其各项性能指标应符合表4-261的规定。

木材与木材粘结室温固化型结构胶性能指标标准 表4-261

检验的性能			合格指标	
			红松等软木松	栎木或水曲柳
粘结性能	胶缝顺木纹方向抗剪强度（MPa）	干试件	≥6.0	≥8.0
		湿试件	≥4.0	≥5.5
	木材对木材横纹正拉粘结强度f_t^b/MPa		$f_t^b \geq f_{t,90}$，且为木材横纹撕拉破坏	
耐环境作用性能	以20℃水浸泡48h→−20℃冷冻9h→室温置放15h→70℃热烘10h为一循环，经8个循环后，测定胶缝顺纹抗剪破坏形式		沿木材剪坏的面积不得少于剪面积的75%	

3）其他要求

（1）结构胶粘剂在进入加固市场前未做过该性能验证性试验的产品，应将见证抽取的样品送独立检测机构补做验证性试验。

（2）对于已通过湿热老化验证的结构胶粘剂，其进场复验应进行快速法检验。不得使用仅具有湿热老化性能快速复验报告的胶粘剂。

（3）加固工程中，严禁使用下列结构胶粘剂产品：

①过期或出厂日期不明；

②包装破损、批号涂毁或中文标志、产品使用说明书为复印件；

③掺有挥发性溶剂或非反应性稀释剂；

④固化剂主成分不明或固化剂主成分为乙二胺（毒性大）；

⑤游离甲醛含量超标；

⑥以"植筋—粘钢两用胶"命名。

（4）经安全性鉴定合格的结构胶，凡被发现有改变粘料、固化剂、改性剂、添加剂、颜料、填料、载体、配合比、制造工艺、固化条件等情况时，均应将该胶粘剂视为未经鉴定的胶粘剂。

（5）承重结构加固工程中严禁使用不饱和聚酯树脂和醇酸树脂作为胶粘剂。（注：过期胶粘剂不得以厂家出具的"质量保证书"为依据而擅自延长其使用期限）

3.结构加固用聚合物改性水泥砂浆

1）定义与分类

聚合物改性水泥砂浆是在水泥砂浆生产过程中掺有改性环氧乳液（或水性环氧）或其他改性共聚物乳液的高强度水泥砂浆，从而有效改善水泥砂浆性能，大幅提高水泥砂浆技术指标的特种水泥砂浆，是一种能够满足工程特殊要求的新型复合材料。

承重结构使用的聚合物改性水泥砂浆分为Ⅰ级和Ⅱ级。对混凝土结构，当原构件混凝土强度等级不低于C30时，应采用Ⅰ级聚合物改性水泥砂浆；当原构件混凝土强度等级低于C30时，应采用Ⅰ级或Ⅱ级聚合物改性水泥砂浆；对砌体结构，若无特殊要求，可采用Ⅱ级聚合物改性水泥砂浆。

2）技术指标

以混凝土或砖砌体为基材的结构用聚合物改性水泥砂浆，其性能应符合表4-262的规定。

聚合物改性水泥砂浆各性能指标标准 表4-262

检验项目			检验条件	合格指标	
				Ⅰ级	Ⅱ级
浆体性能	劈裂抗拉强度（MPa）		浆体成型后，不拆模，湿养护3d；然后拆侧模，仅留底模再湿养护25d（个别为4d），到期立即在(23 ± 2)℃、$(45\%\sim55\%)RH$条件下测试	≥7	≥5.5
	抗折强度（MPa）			≥12	≥10
	抗压强度（MPa）	7d		≥40	≥30
		28d		≥55	≥45
粘结能力	与钢丝绳粘结抗剪强度（MPa）	标准值	粘结工序完成后，静置湿养护28d，到期立即在(23 ± 2)℃、$(45\%\sim55\%)RH$条件下测试	≥9	≥5
	与混凝土正拉粘结强度（MPa）			≥2.5，且为混凝土内聚破坏	

注：表中指标，除注明为标准值外，均为平均值。

3）其他要求

（1）采用钢丝绳网片—聚合物改性水泥砂浆面层加固钢筋混凝土结构时，其聚合物品种的选用应符合下列规定：

①对重要结构的加固，应选用改性环氧类聚合物砂浆；

②对一般结构的加固，可选用改性环氧类、改性丙烯酸酯、改性丁苯类或改性氯丁类聚合物乳液配制的聚合物砂浆；

③乙烯—醋酸乙烯共聚物配制的聚合物砂浆，仅允许用于非承重结构构件；

④苯丙乳液配制的聚合物砂浆不得用于结构加固；

⑤在结构加固工程中不得使用主成分及主要添加剂成分不明的任何型号聚合物砂浆；不得使用未提供安全数据清单的任何品种聚合物；也不得使用在产品说明书规定的贮存期内已发生分相现象的乳液。

（2）经安全性鉴定合格的聚合物改性水泥砂浆，凡被发现有改变用料成分配合比或工艺的情况时，均应视为未经鉴定的聚合物改性水泥砂浆。

三、试验项目、组批原则及取样方法

1. 加固材料的进场复验项目、组批原则及取样方法和数量要求如表 4-263 所示

进场复验项目、组批原则及取样方法和数量　　　　表 4-263

序号	材料名称	进场复验项目	组批原则	取样规定
1	纤维增强复合材料	抗拉强度标准值 弹性模量 伸长率 单位面积质量或纤维体积含量 碳纤维织物（布）的K数 与配套胶粘剂适配性试验（使用前未进行过该项试验需补验，包括纤维复合材层间剪切强度、粘结材料粘合加固材与基材的正拉粘结强度）	碳纤维布以 3000m² 为一批，不足此数量时，按一批计；碳纤维板以 5000m 为一批，不足此数量时，按一批计	按进场批号，每批见证取样 3 件，从每件中，按每一检验项目各裁取一组试样的用料，碳纤维布长度大于 5m 且面积不小于 1.5m²（配套浸渍或粘结胶粘剂每组不少于 1kg）。碳纤维板长度大于 5m
2	结构胶粘剂	钢-钢拉伸抗剪强度 钢-混凝土正拉粘结强度 耐湿热老化性能 不挥发物含量 抗冲击剥离能力（对抗震设防烈度为 7 度及 7 度以上加固用的粘钢和粘贴纤维复合材的结构胶粘剂，应进行该项复验）	一次进场的同种材料为一批。粘贴纤维复合材胶粘剂为 2000kg 为一批，不足 2000kg 时，仍按一批计	按进场批次，每批号见证取样 3 件，每件每组分称取 500g，并按相同组分予以混匀后送检。检验时，每一项目每批次的样品制作一组试件。粘贴纤维复合材胶粘剂应取配套碳纤维布 0.2m²。粘钢胶粘剂应取配套（加工尺寸 40mm×40mm）钢板 5 块
3	聚合物砂浆	劈裂抗拉强度 抗折强度 与钢粘结的拉伸抗剪强度	一次进场的同种材料为一批	按进场批号，每批号抽样 3 件，每件每组分称取 500g，并按同组分予以混合后送检。检验时，每一项目每批号的样品制作一组试件。总取样数量不少于 25kg

2. 取样注意事项

结构加固工程用的材料或产品，应按其工程用量一次进场到位。若加固用材料或产品的量很大，确需分次进场时，必须经设计和监理单位特许，且必须逐次进行抽样复验。

对一次进场到位的材料或产品，应按下列规定进行见证抽样：

（1）当《建筑结构加固工程施工质量验收规范》GB 50550—2010 条文中对抽样数量有具体规定时，应按该规定执行，不得以任何产品标准的规定替代。

（2）当该规范条文中未对抽样数量作出规定，而国家现行有关标准已有具体规定时，可按相关标准执行。

（3）若所引用的标准仅对材料或产品出厂的检验数量作出规定，而未对进场复验的抽样数量作出规定时，应按下列情况确定复验抽样方案：

① 当一次进场到位的材料或产品数量大于该材料或产品出厂检验划分的批量时，应将进场的材料或产品数量按出厂检验批量划分为若干检验批，然后按出厂检验抽样方案执行。

②当一次进场到位的材料或产品数量不大于该材料或产品出厂检验划分的批量时,应将进场的材料或产品视为一个检验批量,然后按出厂检验抽样方案执行。

③对分次进场的材料或产品,除应逐次按上述规定进行抽样复验外,尚应由监理单位以事前不告知的方式进行复查或复验,且至少应进行一次;其抽样部位及数量应由监理总工程师决定。

④对于《建筑结构加固工程施工质量验收规范》GB 50550—2010 中强制性条文要求复验的项目,其每一检验批取得的试样,应分成两等份。其中一份供进场复验使用;另一份应封存保管至工程验收通过后(或保管至该产品失效期),以备有关各方对工程质量有异议时供仲裁检验使用。

(4)在施工过程中,若发现某种材料或产品性能异常,或有被调包的迹象,监理单位应立即下通知停止使用,并及时进行见证抽样专项检验。专项检验每一项目的试件数量不应少于 15 个。

四、试验方法

加固材料进场复验项目试验方法引用的标准如表 4-264 所示。

加固材料试验方法一览表　　　　表 4-264

序号	材料名称	进场复验项目	引用标准
1	纤维增强复合材料	抗拉强度标准值	《定向纤维增强聚合物基复合材料拉伸性能试验方法》GB/T 3354—2014
		弹性模量	
		伸长率	
		单位面积质量	《增强制品试验方法 第3部分:单位面积质量的测定》GB/T 9914.3—2013
		纤维体积含量	《碳纤维增强塑料空隙含量和纤维体积含量试验方法》GB/T 3365—2008
		碳纤维织物(布)的K数	《建筑结构加固工程施工质量验收规范》GB 50550—2010 附录M
		与配套胶粘剂适配性试验	《建筑结构加固工程施工质量验收规范》GB 50550—2010 附录E及附录N
2	结构胶粘剂	钢-钢拉伸抗剪强度	《胶粘剂 拉伸剪切强度的测定(刚性材料对刚性材料)》GB/T 7124—2008
		钢-混凝土正拉粘结强度	《建筑结构加固工程施工质量验收规范》GB 50550—2010 附录E、附录F和附录G
		抗冲击剥离能力	
		不挥发物含量	
		耐湿热老化性能	《建筑结构加固工程施工质量验收规范》GB 50550—2010 附录H、附录J
3	聚合物砂浆	劈裂抗拉强度	《建筑结构加固工程施工质量验收规范》GB 50550—2010 附录P、附录Q和附录R
		抗折强度	
		与钢粘结的拉伸抗剪强度	

五、试验结果判定

加固材料试验结果不符合技术指标时应按下列规定执行：

（1）纤维增强复合材料进场复验项目中，碳纤维织物的K数检验时，经纱密度未在可选范围内，无法确定K数，应加倍抽样复验该碳纤维织物的经纱密度，复试合格可判定K数符合要求；其余项目检验结果不合格的产品，不得用于现场施工；对于不合格材料，应及时做好标识，办理退场手续。

（2）结构胶粘剂进场复验项目中，胶粘剂湿热老化性能快速法复验不合格时，允许采用"结构胶粘剂湿热老化性能测定方法"以加倍数量进行复试，合格后可以使用；其余项目检验结果不合格的产品不得用于现场施工；对于不合格材料，应及时做好标识，办理退场手续。

（3）聚合物砂浆进场复验项目中，任一项检验结果不合格的产品不得用于现场施工；对于不合格材料，应及时做好标识，办理退场手续。

(第三版)

建设行业试验员岗位考核培训教材

(中册)

马洪晔 马克 ◎ 主编

中国建筑工业出版社

目 录
CONTENTS

— 上 册 —

第一章 法律法规和检测技术管理规范、规程 ··············· 1
 第一节 《中华人民共和国建筑法》及其他相关条例 ········· 1
 第二节 《建设工程质量检测管理办法》 ··············· 3
 第三节 见证取样和送检的规定 ··················· 6
 第四节 检测技术管理规范、规程 ·················· 8

第二章 基础知识 ·························· 15
 第一节 法定计量单位 ······················ 15
 第二节 有效数字和数值修约 ··················· 20
 第三节 建筑材料常用物理量 ··················· 21
 第四节 取样方法 ························ 25

第三章 施工现场试验工作 ····················· 29
 第一节 施工现场试验工作的目的和意义 ·············· 29
 第二节 现场试验工作管理 ···················· 31
 第三节 现场试验工作程序 ···················· 33
 第四节 现场试验 ························ 37

第四章 建筑材料及构配件 ····················· 49
 第一节 水泥 ·························· 49
 第二节 钢筋 ·························· 92
  第一部分 建筑用钢材 ···················· 92
  第二部分 焊接与机械连接 ·················· 119
 第三节 骨料、集料 ······················ 142
  第一部分 细骨料 ······················ 142

　　　　　　　第二部分　粗骨料 …………………………………… 166
　　　　　　　第三部分　集料 …………………………………… 184
　　第四节　砖、砌块、瓦、墙板 …………………………………… 194
　　　　　　　第一部分　砖和砌块 ………………………………… 194
　　　　　　　第二部分　屋面瓦 …………………………………… 218
　　　　　　　第三部分　建筑墙板 ………………………………… 233
　　第五节　混凝土及拌合用水 ……………………………………… 239
　　第六节　混凝土外加剂 …………………………………………… 300
　　第七节　混凝土掺合料 …………………………………………… 330
　　第八节　砂浆 ……………………………………………………… 338
　　第九节　土 ………………………………………………………… 354
　　第十节　防水材料及防水密封材料 ……………………………… 362
　　第十一节　瓷砖及石材 …………………………………………… 403
　　第十二节　塑料及金属管材管件 ………………………………… 412
　　第十三节　预制混凝土构件 ……………………………………… 445
　　第十四节　预应力钢绞线 ………………………………………… 453
　　第十五节　预应力混凝土用锚具夹具及连接器 ………………… 456
　　第十六节　预应力混凝土用波纹管 ……………………………… 460
　　第十七节　建筑材料中有害物质 ………………………………… 469
　　第十八节　建筑消能减震装置 …………………………………… 482
　　第十九节　建筑隔震装置 ………………………………………… 491
　　第二十节　铝塑复合板 …………………………………………… 506
　　第二十一节　木材料及构配件 …………………………………… 508
　　第二十二节　加固材 ……………………………………………… 518

—— 中　　册 ——

第五章　配合比设计 …………………………………………………… 533
　　第一节　混凝土配合比设计 ……………………………………… 533
　　第二节　砂浆配合比设计 ………………………………………… 547

第六章　主体结构及装饰装修 ………………………………………… 555
　　第一节　混凝土结构构件强度、砌体结构构件强度 …………… 555
　　第二节　钢筋及保护层厚度 ……………………………………… 634
　　第三节　植筋锚固力 ……………………………………………… 648
　　第四节　构件位置和尺寸 ………………………………………… 654
　　第五节　外观质量及内部缺陷 …………………………………… 664
　　第六节　结构构件性能 …………………………………………… 670

	第七节	装饰装修工程	680
	第八节	室内环境污染物	688

第七章 钢结构 705

	第一节	钢材及焊接材料	705
	第二节	焊缝	726
	第三节	钢结构防腐及防火涂装	730
	第四节	高强度螺栓及普通紧固件	733
	第五节	构件位置与尺寸	741
	第六节	结构构件性能	751
	第七节	金属屋面	756

第八章 地基基础 761

	第一节	地基及复合地基	761
	第二节	桩的承载力	792
	第三节	桩身完整性	799
	第四节	锚杆抗拔承载力	813
	第五节	地下连续墙	825

第九章 建筑节能 827

	第一节	保温、绝热材料	827
	第二节	粘结材料	878
	第三节	增强加固材料	885
	第四节	保温砂浆	904
	第五节	抹面材料	913
	第六节	隔热型材	921
	第七节	建筑外窗	927
	第八节	节能工程	947
	第九节	电线电缆	993
	第十节	反射隔热材料	1006
	第十一节	供暖通风空调节能工程用材料、构件和设备	1020
	第十二节	配电与照明节能工程用材料、构件和设备	1026
	第十三节	可再生能源应用系统	1047

— 下 册 —

第十章 建筑幕墙 1075

	第一节	密封胶	1075

第二节　幕墙玻璃……1078
第三节　幕墙……1081

第十一章　市政工程材料……1093

第一节　土、无机结合稳定材料……1093
第二节　土工合成材料……1118
第三节　掺合料……1131
第四节　沥青及乳化沥青……1138
第五节　沥青混合料用粗集料、细集料、矿粉和木质素纤维……1166
第六节　沥青混合料……1187
第七节　路面砖及路缘石……1203
第八节　检查井盖、水篦、混凝土模块、防撞墩和隔离墩……1212
第九节　骨料、集料……1216
第十节　石灰……1217
第十一节　石材……1224

第十二章　道路工程……1235

第一节　沥青混合料路面……1235
第二节　基础层及底基层……1238
第三节　土路基……1240
第四节　排水管道工程……1242
第五节　水泥混凝土路面……1250

第十三章　桥梁与地下工程……1253

第一节　桥梁结构与构件……1253
第二节　隧道主体结构……1302
第三节　桥梁及附属物……1320
第四节　桥梁支座……1323
第五节　桥梁伸缩装置……1328
第六节　隧道环境……1329
第七节　人行天桥及地下通道……1337
第八节　综合管廊主体结构……1341
第九节　涵洞主体结构……1342

第五章

配合比设计

第一节 混凝土配合比设计

一、相关标准

《普通混凝土配合比设计规程》JGJ 55—2011。

二、定义

混凝土配合比是根据原材料的性能和混凝土技术要求进行计算，经试配调整后确定的各组分之间的比例（一般为质量比）关系。

三、配合比设计的基本要求

混凝土配合比设计的基本要求是：
（1）满足混凝土工程结构设计或工程进度的强度要求。
（2）满足混凝土工程施工的和易性要求。
（3）保证混凝土在自然环境及使用条件下的耐久性要求。
（4）在保证混凝土工程质量的前提下，合理地使用材料，降低成本。

四、基本概念

1. 混凝土配合比设计中的三个重要参数
1) 水灰比

即单位体积混凝土中水与水泥用量之比；在混凝土配合比设计中，当所用水泥强度等级确定后，水灰比是决定混凝土强度的主要因素。

2) 用水量

即单位体积混凝土中水的用量；在混凝土配合比设计中，用水量不仅决定了混凝土拌合物的流动性和密实性等，而且当水灰比确定后，用水量一经确定，水泥用量也随之确定。

3）砂率

即单位体积混凝土中砂与砂、石总量的重量比；在混凝土配合比设计中，砂率的选定不仅决定了砂、石各自的用量，而且和混凝土的和易性有很大关系。

2. 水胶比

水胶比是单位体积混凝土中水与全部胶凝材料（包括水泥、活性掺合料）质量之比。

3. "双掺"技术

在配制混凝土时，同时掺用外加剂和掺合料的做法称之为"双掺"，该技术的主要作用是：

（1）改善混凝土的工作性能，如使其具有良好的和易性（流动性、黏聚性、保水性）、调节混凝土的凝结时间。

（2）在不增加水泥用量的前提下提高混凝土的强度。

（3）利用该技术配制高强度混凝土。

（4）改善混凝土的耐久性能，如抗冻、抗渗、抗裂和抗腐蚀等性能。

（5）降低混凝土的成本。

五、混凝土配合比设计的技术要求

1. 混凝土的最大水胶比和最小水泥用量

根据混凝土结构所处的环境条件，综合考虑其耐久性要求，混凝土的最大水胶比应符合现行国家标准《混凝土结构设计标准》GB/T 50010—2010 的规定；除配制 C15 及其以下强度等级的混凝土外，混凝土的最小胶凝材料用量应符合表 5-1 的规定。

混凝土的最小胶凝材料用量表　　表 5-1

最大水胶比	最小胶凝材料用量（kg/m³）		
	素混凝土	钢筋混凝土	预应力混凝土
0.60	250	280	300
0.55	280	300	300
0.50	320		
≤0.45	330		

2. 混凝土中矿物掺合料最大掺量

矿物掺合料在混凝土中的掺量应通过试验确定,采用硅酸盐水泥或普通硅酸盐水泥时，钢筋混凝土中矿物掺合料最大掺量宜符合表 5-2 的规定，预应力混凝土中矿物掺合料最大掺量宜符合表 5-3 的规定。对基础大体积混凝土，粉煤灰、粒化高炉矿渣粉和复合掺合料的最大掺量可增加 5%。采用掺量大于 30%的 C 类粉煤灰的混凝土应以实际使用的水泥和粉煤灰掺量进行安定性检验。

钢筋混凝土中矿物掺合料最大掺量   表 5-2

矿物掺合料种类	水胶比	最大掺量（%）	
		采用硅酸盐水泥时	采用普通硅酸盐水泥时
粉煤灰	≤0.4	45	35
	>0.4	40	30
粒化高炉矿渣粉	≤0.4	65	55
	>0.4	55	45
钢渣粉	—	30	20
磷渣粉	—	30	20
硅灰	—	10	10
复合掺合料	≤0.4	65	55
	>0.4	55	45

注：1. 采用其他通用硅酸盐水泥时，宜将水泥混合材掺量20%以上的混合材料计入矿物掺合料；

2. 复合掺合料各组分的掺量不宜超过单掺时的最大掺量；

3. 在混合使用两种或两种以上矿物掺合料时，矿物掺合料总掺量应符合表中复合掺合料的规定。

预应力混凝土中矿物掺合料最大掺量   表 5-3

矿物掺合料种类	水胶比	最大掺量（%）	
		采用硅酸盐水泥时	采用普通硅酸盐水泥时
粉煤灰	≤0.4	35	30
	>0.4	25	20
粒化高炉矿渣粉	≤0.4	55	45
	>0.4	45	35
钢渣粉	—	20	10
磷渣粉	—	20	10
硅灰	—	10	10
复合掺合料	≤0.4	55	45
	>0.4	45	35

注：1. 采用其他通用硅酸盐水泥时，宜将水泥混合材掺量20%以上的混合材料计入矿物掺合料；

2. 复合掺合料各组分的掺量不宜超过单掺时的最大掺量；

3. 在混合使用两种或两种以上矿物掺合料时，矿物掺合料总掺量应符合表中复合掺合料的规定。

3. 混凝土拌合物中对氯离子、含气量的要求

（1）混凝土拌合物中水溶物氯离子最大含量应符合表 5-4 的规定。

混凝土拌合物中水溶物氯离子最大含量   表 5-4

环境条件	水溶性氯离子最大含量（%，水泥用量的质量百分比）		
	钢筋混凝土	预应力混凝土	素混凝土
干燥环境	0.30	0.06	1.00
潮湿但不含氯离子的环境	0.20		

续表

环境条件	水溶性氯离子最大含量（%，水泥用量的质量百分比）		
	钢筋混凝土	预应力混凝土	素混凝土
潮湿且含氯离子的环境，盐渍土	0.10	0.06	1.00
除冰盐等侵蚀性物质的腐蚀环境	0.06		

（2）长期处于潮湿或水位变动的寒冷和严寒环境以及盐冻环境的混凝土应掺用引气剂。引气剂掺量应根据混凝土含气量要求经试验确定，混凝土最小含气量应符合表 5-5 的规定，最大不宜超过 7.0%。

混凝土最小含气量　　　　　表 5-5

粗骨料最大粒径（mm）	混凝土最小含气量（%）	
	潮湿或水位变动的寒冷和严寒环境	盐冻环境
40.0	4.5	5.0
25.0	5.0	5.5
20.0	5.5	6.0

六、普通混凝土配合比设计

混凝土配合比设计应包括配合比计算、试配、调整和确定等步骤。配合比计算公式和有关参数表格中的数值均系以干燥状态骨料（系指含水率小于 0.5% 的细骨料或含水率小于 0.2% 的粗骨料）为基准。当以饱和面干（骨料内部孔隙含水达到饱和，而表面干燥的状态）骨料为基准进行计算时，则应做相应的修正。

1. 普通混凝土配合比计算

1）计算混凝土配制强度（$f_{cu,0}$）

$$f_{cu,0} \geqslant f_{cu,k} + 1.645\sigma \tag{5-1}$$

式中：$f_{cu,0}$——混凝土配制强度（MPa）；

$f_{cu,k}$——混凝土立方体抗压强度标准值（MPa）；

σ——混凝土强度标准差（MPa）。

遇有下列情况时应提高混凝土配制强度：

（1）现场条件与试验室条件有显著差异时。

（2）C30 级及其以上强度等级的混凝土，采用非统计方法评定时。

混凝土强度标准差宜根据同类混凝土统计资料计算确定，并应符合下列规定：

（1）计算时，强度试件组数不应少于 25 组。

（2）当混凝土强度等级为 C20 和 C25 级，其强度标准差计算值小于 2.5MPa 时，计算配制强度用的标准差应取不小于 2.5MPa；当混凝土强度等级等于 C30 或大于 C30 级，其强度标准差计算值小于 3.0MPa 时，计算配制强度用的标准差应取不小于 3.0MPa。

（3）当无统计资料计算混凝土强度标准差时，其混凝土强度标准差σ可按表 5-6 取用。

σ值（N/mm²）　　　　　　　　　　　　　表 5-6

混凝土强度等级	低于 C20	C20~C35	高于 C35
σ	4.0	5.0	6.0

2）计算水灰比

混凝土强度等级小于 C60 级时，混凝土水灰比（W/C）宜按下式计算：

$$W/C = \alpha_a \cdot f_{ce}/(f_{cu,0} + \alpha_a \cdot \alpha_b \cdot f_{ce}) \tag{5-2}$$

式中：α_a、α_b——回归系数；

f_{ce}——水泥 28d 抗压强度实测值（MPa）。

（1）当无水泥 28d 抗压强度实测值时，公式中的 f_{ce} 值可按下式确定：

$$f_{ce} = \gamma_c \cdot f_{ce,g} \tag{5-3}$$

式中：γ_c——水泥强度等级值的富余系数，可按实际统计资料确定；

$f_{ce,g}$——水泥强度等级值（MPa）。

（2）f_{ce} 值也可根据 3d 强度或快测强度推定 28d 强度关系式推定得出。

（3）回归系数 α_a 和 α_b 宜按下列规定确定：

①回归系数 α_a 和 α_b 应根据工程所使用的水泥、骨料，通过试验由建立的水灰比与混凝土强度关系式确定；

②当不具备上述试验统计资料时，其回归系数可按表 5-7 采用。

回归系数 α_a、α_b 选用表　　　　　　表 5-7

石子品种系数	碎石	卵石
α_a	0.46	0.48
α_b	0.07	0.33

（4）计算出水灰比后应按表 5-8 核对是否符合最大水灰比的规定。

混凝土的最大水灰比和最小水泥用量　　　　表 5-8

环境条件		结构物类别	最大水灰比			最小水泥用量		
			素混凝土	钢筋混凝土	预应力混凝土	素混凝土	钢筋混凝土	预应力混凝土
干燥环境		正常的居住或办公用房屋内部件	不作规定	0.65	0.60	200	260	300
潮湿环境	无冻害	1. 高湿度的室内部件 2. 室外部件 3. 在非侵蚀性土和（或）水中的部件	0.70	0.60	0.60	225	280	300

续表

环境条件		结构物类别	最大水灰比			最小水泥用量		
			素混凝土	钢筋混凝土	预应力混凝土	素混凝土	钢筋混凝土	预应力混凝土
潮湿环境	有冻害	1. 经受冻害的室外部件 2. 在非侵蚀性土和（或）水中且经受冻害的部件 3. 高湿度且经受冻害的室内部件	0.55	0.55	0.55	250	280	300
有冻害和除冰剂的潮湿环境		经受冻害和除冰剂作用的室内和室外部件	0.50	0.50	0.50	300	300	300

注：1. 当用活性掺合料取代部分水泥时，表中的最大水灰比及最小水泥用量即为替代前的水灰比和水泥用量；
　　2. 配制C15级及其以下等级的混凝土，可不受本表限制。

3）确定每立方米混凝土用水量

每立方米混凝土用水量（m_{W_0}）的确定，应符合下列规定：

（1）干硬性和塑性混凝土用水量的确定：

①水灰比在0.40～0.80范围时，根据粗骨料的品种、粒径及施工要求的混凝土拌合物稠度，其用水量可按表5-9、表5-10选取。

干硬性混凝土的用水量（kg/m³）　　表5-9

拌合物稠度		卵石最大粒径（mm）			碎石最大粒径（mm）		
项目	指标	10	20	40	16	20	40
维勃稠度（s）	16～20	175	160	145	180	170	155
	11～15	180	165	150	185	175	160
	5～10	185	170	155	190	180	165

塑性混凝土的用水量（kg/m³）　　表5-10

拌合物稠度		卵石最大粒径（mm）				碎石最大粒径（mm）			
项目	指标	10	20	31.5	40	16	20	31.5	40
坍落度（mm）	10～30	190	170	160	150	200	185	175	165
	35～50	200	180	170	160	210	195	185	175
	55～70	210	190	180	170	220	205	195	185
	75～90	215	195	185	175	230	215	205	195

注：1. 本表用水量系采用中砂时的平均取值。采用细砂时，每立方米混凝土用水量可增加(5～10)kg；采用粗砂时，则可减少(5～10)kg；
　　2. 掺用各种外加剂或掺合料时，用水量应相应调整。

②水灰比小于0.40的混凝土以及采用特殊成型工艺的混凝土用水量应通过试验确定。

（2）流动性和大流动性混凝土的用水量宜按下列步骤计算：

①以表5-10中坍落度90mm的用水量为基础，按坍落度每增大20mm用水量增加5kg，计算出未掺外加剂时的混凝土用水量；

②掺外加剂时的混凝土用水量可按下式计算：

$$m_{W_a} = m_{W_0}(1-\beta) \tag{5-4}$$

式中：m_{W_a}——掺外加剂混凝土每立方米混凝土的用水量（kg）；

m_{W_0}——未掺外加剂混凝土每立方米混凝土的用水量（kg）；

β——外加剂的减水率（%）。

③外加剂的减水率应经试验确定。

4）计算每立方米混凝土的水泥用量

每立方米混凝土的水泥用量（m_{c_0}）可按下式计算：

$$m_{c_0} = m_{W_0}/(W/C) \quad (W/C\text{为水灰比}) \tag{5-5}$$

计算出每立方米混凝土的水泥用量后，应查对表5-8，是否符合最小水泥用量的要求。

5）确定混凝土砂率

当无历史资料可参考时，混凝土砂率的确定应符合下列规定：

（1）坍落度为(10～60)mm的混凝土砂率，可根据粗骨料品种、粒径及水灰比按表5-11选取。

混凝土的砂率表　　　　　表5-11

水灰比 (W/C)	卵石最大粒径（mm）			碎石最大粒径（mm）		
	10	20	40	16	20	40
0.40	26～32	25～31	24～30	30～35	29～34	27～32
0.50	30～35	29～34	28～33	33～38	32～37	30～35
0.60	33～38	32～37	31～36	36～41	35～40	33～38
0.70	36～41	35～40	34～39	39～44	38～43	36～41

注：1. 本表数值系中砂的选用砂率，对细砂或粗砂，可相应地减少或增大砂率；

2. 只用一个单粒级粗骨料配制混凝土时，砂率应适当增大；

3. 对薄壁构件，砂率取偏大值；

4. 本表中的砂率系指砂与骨料总量的重量比。

（2）坍落度大于60mm的混凝土砂率，可经试验确定，也可在表5-11的基础上，按坍落度每增大20mm，砂率增大1%的幅度予以调整。

（3）坍落度小于10mm的混凝土，其砂率应经试验确定。

6）计算粗骨料和细骨料用量

粗骨料和细骨料用量的确定，应符合下列规定：

(1) 当采用重量法时,应按下列公式计算:

$$m_{c_0} + m_{g_0} + m_{s_0} + m_{W_0} = m_{cp} \quad (5\text{-}6)$$

$$\beta_s = m_{s_0}/(m_{g_0} + m_{s_0}) \times 100 \quad (5\text{-}7)$$

式中：m_{c_0}——每立方米混凝土的水泥用量（kg）；

m_{g_0}——每立方米混凝土的粗骨料用量（kg）；

m_{s_0}——每立方米混凝土的细骨料用量（kg）；

m_{W_0}——每立方米混凝土的用水量（kg）；

β_s——砂率（%）；

m_{cp}——每立方米混凝土拌合物的假定重量（kg），其值可取 2350～2450kg。

(2) 当采用体积法时,应按下列公式计算:

$$m_{c_0}/\rho_c + m_{g_0}/\rho_g + m_{s_0}/\rho_s + m_{w_0}/\rho_w + 0.01\alpha = 1 \quad (5\text{-}8)$$

$$\beta_s = m_{s_0}/(m_{g_0} + m_{s_0}) \times 100 \quad (5\text{-}9)$$

式中：ρ_c——水泥密度（kg/m³），可取 2900～3100kg/m³；

ρ_g——粗骨料的表观密度（kg/m³）；

ρ_s——细骨料的表观密度（kg/m³）；

ρ_w——水的密度（kg/m³），可取 1000kg/m³；

α——混凝土的含气量百分数，在不使用引气型外加剂时，α 可取为 1。

(3) 粗骨料和细骨料的表观密度（ρ_g、ρ_s）应按现行行业标准《普通混凝土用砂、石质量及检验方法标准》JGJ 52—2006 规定的方法测定。

2. 试配

进行混凝土配合比试配时应采用工程中实际使用的原材料。混凝土的搅拌方法，宜与生产时使用的方法相同。

混凝土配合比试配时，每盘混凝土的最小搅拌量应符合表 5-12 的规定；当采用机械搅拌时，其搅拌量不应小于搅拌机额定搅拌量的 1/4。

混凝土试配的最小搅拌量　　　　表 5-12

骨料最大粒径（mm）	拌合物数量（L）
31.5 及以下	15
40	25

按计算的配合比进行试配时，首先应进行试拌，以检查拌合物的性能。当试拌得出的拌合物坍落度或维勃稠度不能满足要求，或黏聚性和保水性不好时，应在保证水灰比不变的条件下相应调整用水量或砂率，直到符合要求为止。然后提出供混凝土强度试验用的基准配合比。

混凝土强度试验时至少应采用三个不同的配合比。当采用三个不同的配合比时其中一个应为上述所确定的基准配合比，另外两个配合比的水灰比，宜较基准配合比分别增加和减少 0.05；用水量应与基准配合比相同，砂率可分别增加和减少 1%。

当不同水灰比的混凝土拌合物坍落度与要求值的差超过允许偏差《混凝土质量控制标准》GB 50164—2011 时，可通过增、减用水量进行调整。

制作混凝土强度试验试件时，应检验混凝土拌合物的坍落度或维勃稠度、黏聚性、保水性及拌合物的表观密度，并以此结果作为代表相应配合比的混凝土拌合物的性能。

进行混凝土强度试验时，每种配合比至少应制作一组（三块）试件，标准养护到 28d 时试压。

需要时可同时制作几组试件，供快速检验或较早龄期试压，以便提前定出混凝土配合比供施工使用。但应以标准养护 28d 强度或按现行国家标准《粉煤灰混凝土应用技术规程》DG/TJ 08—230—2006 等规定的龄期强度的检验结果为依据调整配合比。

3. 配合比的调整与确定

根据试验得出的混凝土强度与其相对应的灰水比（C/W）关系，用作图法或计算法求出与混凝土配制强度（$f_{cu,0}$）相对应的灰水比，并应按下列原则确定每立方米混凝土的材料用量：

1）用水量（m_w）应在基准配合比用水量的基础上，根据制作强度试件时测得的坍落度或维勃稠度进行调整确定；

2）水泥用量（m_c）应以用水量乘以选定出来的灰水比计算确定；

3）粗骨料和细骨料用量（m_g 和 m_s）应在基准配合比的粗骨料和细骨料用量的基础上，按选定的灰水比进行调整后确定。

经试验确定配合比后，尚应按下列步骤进行校正：

（1）应根据上述确定的材料用量按下式计算混凝土的表观密度计算值 $\rho_{c,c}$：

$$\rho_{c,c} = m_c + m_g + m_s + m_w \tag{5-10}$$

（2）应按下式计算混凝土校正系数 δ：

$$\delta = \rho_{c,t}/\rho_{c,c} \tag{5-11}$$

式中：$\rho_{c,t}$——混凝土表观密度实测值（kg/m^3）；

$\rho_{c,c}$——混凝土表观密度计算值（kg/m^3）。

（3）当混凝土表观密度实测值与计算值之差的绝对值不超过计算值的 2%时，按上述确定的配合比即为确定的设计配合比；当二者之差超过 2%时，应将配合比中每项材料用量均乘以校正系数 δ，即为确定的设计配合比。

根据本单位常用的材料，可设计出常用的混凝土配合比备用；在使用过程中，应根据原材料情况及混凝土质量检验的结果予以调整。但遇有下列情况之一时，应重新进行配合比设计：

（1）对混凝土性能指标有特殊要求时。

（2）水泥、外加剂或矿物掺合料品种、质量有显著变化时。

（3）该配合比的混凝土生产间断半年以上时。

4. 有特殊要求的混凝土配合比设计

有特殊要求的混凝土有抗渗混凝土、抗冻混凝土、高强混凝土、泵送混凝土和大体积混凝土等。这些混凝土配合比计算、试配的步骤和方法，除应遵守上述规定外，对于所用原材料和一些参数的选择，均有特殊的要求。

1）抗渗混凝土

抗渗等级等于或大于P6级的混凝土，简称抗渗混凝土。所用原材料应符合下列规定：

（1）粗骨料宜采用连续级配，其最大粒径不宜大于40mm，含泥量不得大于1.0%，泥块含量不得大于0.5%。

（2）细骨料的含泥量不得大于3.0%，泥块含量不得大于1.0%。

（3）外加剂宜采用防水剂、膨胀剂、引气剂、减水剂或引气减水剂。

（4）抗渗混凝土宜掺用矿物掺合料。

抗渗混凝土配合比的计算方法和试配步骤除应遵守普通混凝土的规定外，尚应符合下列规定：

（1）每立方米混凝土中的水泥和矿物掺合料总量不宜小于320kg。

（2）砂率宜为35%~45%。

（3）供试配用的最大水灰比应符合表5-13的规定。

抗渗混凝土最大水灰比　　　　表5-13

抗渗等级	最大水灰比	
	C20~C30混凝土	C30以上混凝土
P6	0.60	0.55
P8~P12	0.55	0.50
P12以上	0.50	0.45

掺用引气剂的抗渗混凝土，其含气量宜控制在3%~5%。

进行抗渗混凝土配合比设计时，尚应增加抗渗性能试验；并应符合下列规定：

（1）试配要求的抗渗水压值应比设计值提高0.2MPa。

（2）试配时，宜采用水灰比最大的配合比作抗渗试验，其试验结果应符合下式要求：

$$P_t \geqslant P/10 + 0.2 \tag{5-12}$$

式中：P_t——6个试件中4个未出现渗水时的最大水压值（MPa）；

P——设计要求的抗渗等级值。

（3）掺引气剂的混凝土还应进行含气量试验，试验结果应符合含气量为 3%～5%的要求。

2）抗冻混凝土

抗冻等级等于或大于 F50 级的混凝土，称为抗冻混凝土。

抗冻混凝土所用原材料应符合下列规定：

（1）应选用硅酸盐水泥或普通硅酸盐水泥，不宜使用火山灰质硅酸盐水泥。

（2）宜选用连续级配的粗骨料，其含泥量不得大于 1.0%，泥块含量不得大于 0.5%。

（3）细骨料含泥量不得大于 3.0%，泥块含量不得大于 1.0%。

（4）抗冻等级 F100 及以上的混凝土所用的粗骨料和细骨料均应进行坚固性试验，并应符合《普通混凝土用砂、石质量及检验方法标准》JGJ 52—2006 的规定。

（5）抗冻混凝土宜采用减水剂，对抗冻等级 F100 及以上的混凝土应掺引气剂，掺用后混凝土的含气量应符合表 15-7 的规定，混凝土的含气量亦不宜超过 7%。

进行抗冻混凝土配合比设计时，尚应增加抗冻融性能试验。

抗冻混凝土的最大水灰比 表 5-14

抗冻等级	无引气剂时	掺引气剂时
F50	0.55	0.60
F100	—	0.55
F150 及以上	—	0.50

3）高强混凝土

强度等级为 C60 及其以上的混凝土，称为高强混凝土。

配制高强混凝土所用原材料应符合下列规定：

（1）应选用质量稳定、强度等级不低于 42.5 级的硅酸盐水泥或普通硅酸盐水泥。

（2）对强度等级为 C60 级的混凝土，其粗骨料的最大粒径不应大于 31.5mm，对强度等级高于 C60 级的混凝土，其粗骨料的最大粒径不应大于 25mm；针片状颗粒含量不宜大于 5.0%，含泥量不应大于 0.5%，泥块含量不宜大于 0.2%；其他质量指标应符合现行行业标准《普通混凝土用砂、石质量及检验方法标准》JGJ 52—2006 的规定。

（3）细骨料的细度模数宜大于 2.6，含泥量不应大于 2.0%，泥块含量不应大于 0.5%。其他质量指标应符合现行行业标准《普通混凝土用砂、石质量及检验方法标准》JGJ 52—2006 的规定。

（4）配制高强混凝土时应掺用高效减水剂或缓凝高效减水剂。

（5）配制高强混凝土时应掺用活性较好的矿物掺合料，且宜复合使用矿物掺合料。

高强混凝土配合比的计算方法和步骤除应遵守普通混凝土的规定外，尚应符合下列规定：

（1）基准配合比中的水灰比，可根据现有试验资料选取。

（2）配制高强混凝土所用砂率及所采用的外加剂和矿物掺合料的品种、掺量，应通过试验确定。

（3）计算高强混凝土配合比时，其用水量同普通混凝土。

（4）高强混凝土的水泥用量不应大于 550kg/m³；水泥和矿物掺合料的总量不应大于 600kg/m³。

高强混凝土配合比的试配与确定的步骤除应符合普通混凝土的规定外。当采用三个不同的配合比进行混凝土强度试验时，其中一个应为基准配合比，另外两个配合比的水灰比，宜较基准配合比分别增加和减少 0.02～0.03；

高强混凝土设计配合比确定后，尚应用该配合比进行不少于 6 次的重复试验进行验证，其平均值不应低于配制强度。

4）泵送混凝土

混凝土拌合物的坍落度不低于 100mm 并用泵送施工的混凝土，称为泵送混凝土。

泵送混凝土所采用的原材料应符合下列规定：

（1）泵送混凝土应选用硅酸盐水泥、普通硅酸盐水泥、矿渣硅酸盐水泥和粉煤灰硅酸盐水泥，不宜采用火山灰质硅酸盐水泥。

（2）粗骨料宜采用连续级配，其针片状颗粒含量不宜大于 10%；粗骨料的最大粒径与输送管径之比宜符合表 5-15 的规定。

粗骨料的最大粒径与输送管径之比　　　　表 5-15

石子品种	泵送高度（m）	粗骨料的最大粒径与输送管径之比
碎石	<50	≤1:3.0
	50～100	≤1:4.0
卵石	<50	≤1:2.5
	50～100	≤1:3.0
	>100	≤1:5.0

（3）泵送混凝土宜采用中砂，其通过 0.315mm 筛孔的颗粒含量不应少于 15%。

（4）泵送混凝土应掺用泵送剂或减水剂，并宜掺用粉煤灰或其他活性矿物掺合料，其质量应符合国家现行有关标准的规定。

泵送混凝土试配时要求的坍落度值应按下式计算：

$$T_t = T_p + \Delta T \tag{5-13}$$

式中：T_t——试配时要求的坍落度值；

T_p——入泵时要求的坍落度值；

ΔT——试验测得在预计时间内的坍落度经时损失值。

泵送混凝土配合比的计算和试配步骤除应符合普通混凝土的规定外尚应符合下列规定：

（1）泵送混凝土的用水量与水泥和矿物掺合料的总量之比不宜大于0.60。

（2）泵送混凝土的水泥和矿物掺合料的总量不宜小于300kg/m³。

（3）泵送混凝土的砂率宜为35%～40%。

（4）掺用引气型外加剂时，其混凝土含气量不宜大于4%。

5）大体积混凝土

混凝土结构实体最小尺寸等于或大于 1m，或预计会因水泥水化热引起混凝土内外温差过大而导致裂缝的混凝土。

大体积混凝土所用的原材料应符合下列规定：

（1）水泥应选用水化热低和凝结时间长的水泥，如低热矿渣硅酸盐水泥、中热硅酸盐水泥、矿渣硅酸盐水泥、粉煤灰硅酸盐水泥、火山灰质硅酸盐水泥等；当采用硅酸盐水泥或普通硅酸盐水泥时，应采取相应措施延缓水化热的释放。

（2）粗骨料宜采用连续级配，细骨料宜采用中砂。

（3）大体积混凝土应掺用缓凝剂、减水剂和减少水泥水化热的掺合料。

大体积混凝土在保证混凝土强度及坍落度要求的前提下，应提高掺合料及骨料的含量，以降低每立方米混凝土的水泥用量。

大体积混凝土配合比的计算和试配步骤应符合普通混凝土的规定，并宜在配合比确定后进行水化热的验算或测定

七、混凝土配合比通知单解读

（1）每立方米混凝土用量（kg）：每立方米混凝土中各种材料的用量，其相加重量总和即为混凝土单位体积的质量（混凝土密度）。示例见表5-16。

表 5-16

示例	水泥	水	砂	石	外加剂	掺和料
每立方米用量（kg）	390	195	736	1059	15.60	60

（2）重量比：混凝土中各种材料质量与水泥质量的比值（即以水泥质量作为单位质量1），也就是各种材料质量除以水泥质量得到的比值。

如上例质量比为：

水泥∶水∶砂∶石∶外加剂∶掺和料 = 1∶0.5∶1.89∶2.72∶0.04∶0.15

八、施工现场（预拌混凝土搅拌站）混凝土配合比应用

1. 拌制混凝土前的准备工作

（1）查验现场各种原材料（包括水泥、砂、石、外加剂和掺和料）是否已经过试验；对照混凝土配合比申请单中各种材料的试验编号查验原材料是否与抽样批量相符。

（2）如现场库存两种以上的同类材料，应与拌制混凝土操作人员一起，对照混凝土配合比申请单确认应选用的材料品种。

（3）通过试验计算砂、石两种材料的含水率。

含水率计算公式为：

$$含水率（\%）= (湿料 - 干料)/干料 \times 100\% \tag{5-14}$$

（4）计算拌制混凝土时各种材料的每盘用量。

首先确定每盘的水泥用量，然后按照混凝土配合比通知单中质量比的比值，各种材料分别乘以每盘的水泥用量，得到各种材料的每盘用量；

（5）用计算所得到的砂、石含水率数值，乘以砂、石每盘的干料用量，得到砂、石中所含的水分质量值，再把该值与砂、石的每盘干料用量值相加，最终得出拌制混凝土时每盘的砂、石用量。

（6）在每盘的水用量中减去砂、石中所含的水分质量值，得出拌制混凝土时每盘实际的水用量。

2. 配合比应用举例

混凝土配合比通知单的质量比为：

水泥：水：砂：石：外加剂：掺和料 = 1：0.5：1.89：2.72：0.04：0.15

（1）计算砂、石的含水率：

砂含水率（%）=(500 − 485)/485 × 100% = 3.1%

石含水率（%）=(1000 − 990)/990 × 100% = 1.0%

（2）如果确定每盘水泥用量为100kg，计算其他材料的每盘用量：

水用量 = 100 × 0.5 = 50kg

砂用量（干料）= 100 × 1.89 = 189kg

石用量（干料）= 100 × 2.72 = 272kg

外加剂用量 = 100 × 0.04 = 4kg

掺和料用量 = 100 × 0.15 = 15kg

（3）计算砂、石中所含的水分质量值：

砂含水率为3.1%，所以 189 × 0.031 = 5.86kg

石含水率为1.0%，所以 272 × 0.010 = 2.72kg

（4）计算每盘的实际砂、石用量：

实际砂用量 = 189 + 5.86 = 194.86 ≈ 195kg

实际石用量 = 272 + 2.72 = 274.72 ≈ 275kg

（5）计算每盘的实际水用量：

实际水用量 = 50 − 5.86（砂含水率）− 2.72（石含水量）

= 41.42 ≈ 41kg

拌制混凝土时每盘各种材料的每盘实际用量如表 5-17 所示。

拌制混凝土计算用量和实际用量对照表 表 5-17

材料名称	水泥	砂	石	水	外加剂	掺合料
计算用量（kg）	100	189	272	50	4	15
实际用量（kg）	100	195	275	41	4	15

九、砂、石含水率测试方法

砂、石含水率测试方法基本相同，只是取样数量不同。石子最大粒径小于等于 25mm 时，试样质量取 1500g，石子最大粒径大于等于 31.5 而小于等于 40 时，试样质量取 2000g。

以砂子为例：取 1000g 湿砂，置入炒盘中，称取砂样与炒盘的总质量（m_2），把炒盘连同砂样一起加热（电炉、电磁炉等），用小铲不断地翻拌，直到砂样表面全部干燥后；取消加热再继续翻拌，稍予冷却后，称取干砂与炒盘的总质量（m_3）。按下式计算砂子的含水率：

$$砂含水率 = (m_2 - m_3/m_3 - m_1) \times 100 \quad (5-15)$$

式中：m_1——炒盘质量；

m_2——湿砂与炒盘的总质量；

m_3——烘干后砂样与炒盘的总质量。

以两次试验结果的算术平均值作为砂含水率的测定值。

注意湿砂取回后应及时进行含水率试验，以防砂中水分蒸发，影响测试精度。

第二节 砂浆配合比设计

一、相关标准

《砌筑砂浆配合比设计规程》JGJ/T 98—2010。

二、定义

1. 砌筑砂浆

将砖、石、砌块等块材经砌筑成为砌体，起粘结、衬垫和传力作用的砂浆。

2. 现场配制砂浆

由水泥、细骨料和水，以及根据需要加入的石灰、活性掺合料或外加剂在现场配制成的砂浆，分为水泥砂浆和水泥混合砂浆。

3. 预拌砂浆

专业生产厂生产的湿拌砂浆或干混砂浆。

4. 保水增稠材料

改善砂浆可操作性及保水性能的非石灰类材料。

三、材料要求

（1）砌筑砂浆所采用原材料不应对人体、生物与环境造成有害的影响，并应符合现行国家标准《建筑材料放射性核素限量》GB 6566—2010 的规定。

（2）配制砌筑砂浆，水泥宜采用通用硅酸盐水泥或砌筑水泥，且应符合《通用硅酸盐水泥》GB 175—2023 和《砌筑水泥》GB/T 3183—2017 的规定。水泥强度等级应根据砂浆品种及强度等级的要求进行选择。M15 及以下强度等级的砌筑砂浆宜选用 32.5 级的通用硅酸盐水泥或砌筑水泥；M15 以上强度等级的砌筑砂浆宜选用 42.5 级的通用硅酸盐水泥。

（3）砂宜选用中砂，并应符合现行行业标准《普通混凝土用砂、石质量及检验方法标准》JGJ 52—2006 的规定，且应全部通过 4.75mm 的筛孔。

（4）砌筑砂浆用石灰膏、电石膏应符合下列规定：

①生石灰熟化成石灰膏时，应用孔径不大于 3mm×3mm 的网过筛，熟化时间不得少于 7d，磨细生石灰粉的熟化时间不得少于 2d；沉淀池中储存的石灰膏，应采取防止干燥、冻结和污染的措施。严禁使用脱水硬化的石灰膏。

②制作电石膏的电石渣应用孔径不大于 3mm×3mm 的网过滤，检验时应加热至 70℃后至少保持 20min，并应待乙炔挥发完后再使用。

③消石灰粉不得直接用于砌筑砂浆中。

（5）石灰膏、电石膏试配时的稠度，应为(120±5)mm。

（6）粉煤灰、粒化高炉矿渣粉、硅灰、天然沸石粉应分别符合国家现行标准《用于水泥和混凝土中的粉煤灰》GB/T 1596—2017、《用于水泥、砂浆和混凝土中的粒化高炉矿渣粉》GB/T 18046—2017、《高强高性能混凝土用矿物外加剂》GB/T 18736—2017 和《民用建筑修缮工程施工标准》JGJ/T 112—2019 的规定。当采用其他品种矿物掺合料时，应有可靠的技术依据，并应在使用前进行试验验证。

（7）采用保水增稠材料时，应在使用前进行试验验证，并应有完整的型式检验报告。

（8）外加剂应符合国家现行有关标准的规定，引气型外加剂还应有完整的型式检验报告。

（9）拌制砂浆用水应符合现行行业标准《混凝土用水标准》JGJ 63—2006 的规定。

四、技术条件

（1）水泥砂浆及预拌砌筑砂浆的强度等级可分为 M5、M7.5、M10、M15、M20、M25、M30；水泥混合砂浆的强度等级可分为 M5、M7.5、M10、M15。

（2）砌筑砂浆拌合物的表观密度宜符合表 5-18 的规定。

砌筑砂浆拌合物的表观密度（kg/m³）　　　　表5-18

砂浆种类	表观密度
水泥砂浆	≥1900
水泥混合砂浆	≥1800
预拌砌筑砂浆	≥1800

（3）砌筑砂浆的稠度、保水率、试配抗压强度应同时满足要求。

（4）砌筑砂浆施工时的稠度宜按表5-19选用。

砌筑砂浆的施工稠度（mm）　　　　表5-19

砌体种类	施工稠度
烧结普通砖砌体、粉煤灰砖砌体	70～90
混凝土砖砌体、普通混凝土小型空心砌块砌体、灰砂砖砌体	50～70
烧结多孔砖砌体、烧结空心砖砌体、轻集料混凝土小型空心砌块砌体、蒸压加气混凝土砌块砌体	60～80
石砌体	30～50

（5）砌筑砂浆的保水率应符合表5-20的规定。

砌筑砂浆的保水率（%）　　　　表5-20

砂浆种类	保水率
水泥砂浆	≥80
水泥混合砂浆	≥84
预拌砌筑砂浆	≥88

（6）有抗冻性要求的砌体工程，砌筑砂浆应进行冻融试验。砌筑砂浆的抗冻性应符合表5-21的规定，且当设计对抗冻性有明确要求时，尚应符合设计规定。

砌筑砂浆的抗冻性　　　　表5-21

使用条件	抗冻指标	质量损失率（%）	强度损失率（%）
夏热冬暖地区	F15	≤5	≤25
夏热冬冷地区	F25		
寒冷地区	F35		
严寒地区	F50		

（7）砌筑砂浆中的水泥和石灰膏、电石膏等材料的用量可按表5-22选用。

砌筑砂浆的材料用量（kg/m³）　　　　表5-22

砂浆种类	保水率
水泥砂浆	≥200

续表

砂浆种类	保水率
水泥混合砂浆	≥350
预拌砌筑砂浆	≥200

注：1. 水泥砂浆中的材料用量是指水泥用量；
2. 水泥混合砂浆中的材料用量是指水泥和石灰膏、电石膏的材料总量；
3. 预拌砌筑砂浆中的材料用量是指胶凝材料用量，包括水泥和替代水泥的粉煤灰等活性矿物掺合料。

（8）砌筑砂浆中可掺入保水增稠材料、外加剂等，掺量应经试配后确定。

（9）砌筑砂浆试配时应采用机械搅拌。搅拌时间应自开始加水算起，并应符合下列规定：

①对水泥砂浆和水泥混合砂浆，搅拌时间不得少于120s。

②对预拌砌筑砂浆和掺有粉煤灰、外加剂、保水增稠材料等的砂浆，搅拌时间不得少于180s。

五、砌筑砂浆配合比的确定与要求

1. 现场配制水泥混合砂浆的试配应符合下列规定

1）配合比应按下列步骤进行计算

（1）计算砂浆试配强度（$f_{m,0}$）。

（2）计算每立方米砂浆中的水泥用量（Q_c）。

（3）计算每立方米砂浆中的石灰膏用量（Q_D）。

（4）确定每立方米砂浆中的砂用量（Q_s）。

（5）按砂浆稠度选每立方米砂浆中用水量（Q_W）。

2）砂浆的试配强度应按下式计算

$$f_{m,0} = kf_2 \tag{5-16}$$

式中：$f_{m,0}$——砂浆的试配强度（MPa），应精确至0.1MPa；

f_2——砂浆强度等级值（MPa），应精确至0.1MPa；

k——系数，按表5-23取值。

砂浆强度标准差 σ 及 k 值　　　　　　表5-23

强度等级 施工水平	强度标准差σ（MPa）							k
	M5	M7.5	M10	M15	M20	M25	M30	
优良	1.00	1.50	2.00	3.00	4.00	5.00	6.00	1.15
一般	1.25	1.88	2.50	3.75	5.00	6.25	7.50	1.20
较差	1.50	2.25	3.00	4.50	6.00	7.50	9.00	1.25

3）砂浆强度标准差的确定应符合下列规定

（1）当有统计资料时，砂浆强度标准差应按下式计算：

$$\sigma = \sqrt{\frac{\sum_{i=1}^{n}(f_{\mathrm{m},i}^2 - n\mu_{f_\mathrm{m}}^2)}{n-1}} \tag{5-17}$$

式中：$f_{\mathrm{m},i}$——统计周期内同一品种砂浆第i组试件的强度（MPa）；

μ_{f_m}——统计周期内同一品种砂浆n组试件强度的平均值（MPa）；

n——统计周期内同一品种砂浆试件的总组数，$n \geqslant 25$。

（2）当无统计资料时，砂浆强度标准差σ可按表5-23取用。

4）水泥用量的计算应符合下列规定

（1）每立方米砂浆中的水泥用量，应按下式计算：

$$Q_\mathrm{c} = 1000(f_{\mathrm{m},0} - \beta)/(\alpha \cdot f_{\mathrm{ce}}) \tag{5-18}$$

式中：Q_c——每立方米砂浆的水泥用量（kg），应精确至1kg；

f_{ce}——水泥的实测强度（MPa），应精确至0.1MPa；

α、β——砂浆的特征系数，其中$\alpha = 3.03$，$\beta = -15.09$。

注：各地区也可用本地区试验资料确定α、β值，统计用的试验组数不得少于30组。

（2）在无法取得水泥的实测强度值时，可按下式计算f_{ce}：

$$f_{\mathrm{ce}} = \gamma_\mathrm{c} \cdot f_{\mathrm{ce,k}} \tag{5-19}$$

式中：$f_{\mathrm{ce,k}}$——水泥强度等级值（MPa）；

γ_c——水泥强度等级值的富余系数，宜按实际统计资料确定；无统计资料时，γ_c可取1.0。

5）石灰膏用量应按下式计算

$$Q_\mathrm{D} = Q_\mathrm{A} - Q_\mathrm{c} \tag{5-20}$$

式中：Q_D——每立方米砂浆的石灰膏用量（kg），精确至1kg；石灰膏使用时的稠度为120 ± 5mm；

Q_c——每立方米砂浆的水泥用量（kg），应精确至1kg；

Q_A——每立方米砂浆中水泥和石灰膏总量，应精确至1kg，可为350kg。

6）每立方米砂浆中的砂用量，应按干燥状态（含水率小于0.5%）的堆积密度值作为计算值（kg）

7）每立方米砂浆中的用水量，可根据砂浆稠度等要求可选用210～310kg

注：（1）混合砂浆中的用水量，不包括石灰膏中的水。

（2）当采用细砂或粗砂时，用水量分别取上限或下限。

（3）稠度小于70mm时，用水量可小于下限。

（4）施工现场气候炎热或干燥季节，可酌量增加用水量。

2. 现场配制水泥砂浆的试配应符合下列规定

（1）水泥砂浆的材料用量可按表 5-24 选用。

每立方米水泥砂浆材料用量（kg/m³） 表 5-24

强度等级	水泥	砂	用水量
M5	200~230	1m³ 砂子的堆积密度值	270~330
M7.5	230~260		
M10	260~290		
M15	290~330		
M20	340~400		
M25	360~410		
M30	430~480		

注：1. M15 及 M15 以下强度等级水泥砂浆，水泥强度等级为 32.5 级；M15 以上强度等级水泥砂浆，水泥强度等级为 42.5 级；
2. 当采用细砂或粗砂时，用水量分别取上限或下限；
3. 稠度小于 70mm 时，用水量可小于下限；
4. 施工现场气候炎热或干燥季节，可酌量增加用水量；
5. 试配强度计算同水泥混合砂浆。

（2）水泥粉煤灰砂浆材料用量可按表 5-25 选用。

每立方米水泥粉煤灰砂浆材料用量（kg/m³） 表 5-25

强度等级	水泥和粉煤灰总量	粉煤灰	砂	用水量
M5	210~240	粉煤灰掺量可占胶凝材料总量的 15%~25%	砂的堆积密度值	270~330
M7.5	240~270			
M10	270~300			
M15	300~330			

注：1. 表中水泥强度等级为 32.5 级；
2. 当采用细砂或粗砂时，用水量分别取上限或下限；
3. 稠度小于 70mm 时，用水量可小于下限；
4. 施工现场气候炎热或干燥季节，可酌量增加用水量；
5. 试配强度计算同水泥混合砂浆。

3. 预拌砌筑砂浆的试配要求

1）预拌砌筑砂浆应符合下列规定

（1）在确定湿拌砌筑砂浆稠度时应考虑砂浆在运输和储存过程中的稠度损失。

（2）湿拌砌筑砂浆应根据凝结时间要求确定外加剂掺量。

（3）干混砌筑砂浆应明确拌制时的加水量范围。

（4）预拌砌筑砂浆的搅拌、运输、储存等符合现行行业标准《预拌砂浆》GB/T 25181—

2019 的规定。

（5）预拌砌筑砂浆性能应符合现行行业标准《预拌砂浆》GB/T 25181—2019 的规定。

2）预拌砌筑砂浆的试配应符合下列规定

（1）预拌砌筑砂浆生产前应进行试配，试配强度按水泥混合砂浆试配强度计算公式确定，试配时稠度取(70～80)mm。

（2）预拌砌筑砂浆中可掺入保水增稠材料、外加剂等，掺量应经试配后确定。

4.砌筑砂浆配合比试配、调整与确定

（1）砌筑砂浆试配时应考虑工程实际要求。搅拌应采用机械搅拌，搅拌时间应自开始加水算起，并应符合下列规定：

①对水泥砂浆和水泥混合砂浆，搅拌时间不得少于 120s。

②对预拌砌筑砂浆和掺有粉煤灰、外加剂、保水增稠材料等的砂浆，搅拌时间不得少于 180s。

（2）按计算或查表所得配合比进行试拌时，应按现行行业标准《建筑砂浆基本性能试验方法标准》JGJ/T 70—2009 测定砌筑砂浆拌合物的稠度和保水率。当稠度和保水率不能满足要求时，应调整材料用量，直到符合要求为止。然后确定为试配时的砂浆基准配合比。

（3）试配时至少应采用三个不同的配合比，其中一个配合比应为按本规程得出的基准配合比，其余两个配合比的水泥用量应按基准配合比分别增加及减少 10%。在保证稠度、保水率合格的条件下，可将用水量、石灰膏、保水增稠材料或粉煤灰等活性掺加料用量作相应调整。

（4）砌筑砂浆试配时稠度应满足施工要求，并应按现行行业标准《建筑砂浆基本性能试验方法标准》JGJ/T 70—2009 分别测定不同配合比砂浆的表观密度及强度；并应选定符合试配强度及和易性要求、水泥用量最低的配合比作为砂浆的试配配合比。

（5）预拌砌筑砂浆生产前应进行试配、调整与确定，并应符合现行行业标准《预拌砂浆》GB/T 25181—2019 的规定。

第六章

主体结构及装饰装修

第一节 混凝土结构构件强度、砌体结构构件强度

一、混凝土强度（回弹法）

1. 相关标准

（1）《混凝土结构现场检测技术标准》GB/T 50784—2013。

（2）《回弹法检测混凝土抗压强度技术规程》JGJ/T 23—2011。

（3）《回弹法、超声回弹综合法检测泵送混凝土抗压强度技术规程》DB11/T 1446—2017。

（4）《高强混凝土强度检测技术规程》JGJ/T 294—2013。

2. 混凝土回弹法

1）常用回弹法行业标准与地方标准的主要区别（表6-1）

行业标准与地方标准的主要区别　　　　　表6-1

标准号	JGJ/T 23—2011	DB11/T 1446—2017
检测对象	普通混凝土、泵送混凝土抗压强度	泵送混凝土抗压强度
组批原则	①单个构件检测：符合要求的构件。 ②按批进行检测的构件，抽检数量不少于同批构件总数的30%且不宜少于10件。当检测批构件数量大于30个时，抽样构件数量可适当调整，并不得少于国家现行有关标准规定的最少抽样数量	①符合要求的构件，或当被检构件数量少于10个时，按单个构件检测。 ②按批进行检测的构件，抽检数量不少于同批构件总数的30%且不应少于10件
曲线适用范围	①普通混凝土采用的材料、拌和用水符合现行国家标准。 ②采用普通成型工艺或泵送的混凝土（按不同的曲线方程）。 ③采用符合国家标准规定的模板。 ④蒸汽养护出池经自然养护7d以上，且混凝土表层为干燥状态。 ⑤龄期为(14～1000)d。 ⑥抗压强度为(10.0～60.0)MPa	①北京地区泵送混凝土。 ②采用普通成型工艺。 ③采用符合国家标准规定的模板。 ④自然养护，且混凝土表层为干燥状态。 ⑤龄期(14～365)d。 ⑥抗压强度为(15.0～60.0)MPa

续表

标准号	JGJ/T 23—2011	DB11/T 1446—2017
不适用的情况	①非泵送混凝土粗骨料最大公称粒径大于60mm，泵送混凝土粗骨料最大公称粒径大于31.5mm。 ②特种成型工艺制作的混凝土。 ③检测部位曲率半径小于250mm。 ④潮湿或浸水混凝土。 ⑤测区不为混凝土浇筑侧面的泵送混凝土	①检测部位曲率半径小于250mm。 ②潮湿或浸水混凝土。 ③特种成型工艺制作的混凝土
评定要求	①批混凝土强度平均值小于25MPa，标准差>4.50MPa时。 ②批混凝土强度平均值不小于25MPa且不大于60MPa，标准差>5.50MPa时。 则该批构件全部按单个构件检测	①批混凝土强度平均值小于25MPa，标准差>4.50MPa时。 ②批混凝土强度平均值(25～60)MPa，标准差>5.50MPa时。 则该批构件全部按单个构件检测

2）基本概念

（1）测区：检测构件混凝土强度时的一个检测单元。

（2）测点：测区内的一个回弹检测点。

（3）测区混凝土强度换算值：由测区的平均回弹值和碳化深度值通过测强曲线或测区强度换算表得到的测区现龄期混凝土强度值。

（4）混凝土强度推定值：相应于强度值总体分布中保证率不低于95%的构件中的混凝土强度值。

3）仪器设备及检测环境的要求

（1）水平弹击时，弹击锤脱钩的瞬间，回弹仪的标准能量应为2.207J。

（2）在弹击锤与弹击杆碰撞的瞬间，弹击拉簧应处于自由状态，且弹击锤起跳点应位于指针指示刻度尺上的"0"处。

（3）在洛氏硬度HRC为60±2的钢砧上，回弹仪的率定值应为80±2。

（4）数字式回弹仪应带有指针直值系统；数字显示的回弹值与指针直读示值相差不应超过1。

（5）回弹仪使用时的环境温度应为(-4～40)℃。

4）组批规定及抽样数量

不同标准组批及抽样数量规定如表6-2所示。

不同标准组批及抽样数量规定　　　　表6-2

标准号	分类	组批及抽样数量
JGJ/T 23—2011	按单个构件	符合要求的构件
	按批量	①按批检测时，对于混凝土生产工艺、强度等级相同、原材料、配合比、养护条件基本一致且龄期相近的一批同类构件的检测应采用批量检测。 ②按批量进行检测时，应随机抽取构件，抽检数量不宜少于同批构件总数的30%且不宜少于10件。当检测批构件数量大于30个时，抽样构件数量可适当调整，并不得少于国家现行有关标准规定的最少抽样数量

续表

标准号	分类	组批及抽样数量
DB11/T 1446—2017	按单个构件	符合要求的构件或当被检构件数量少于10个时
	按批量	①在相同的生产工艺条件下,混凝土强度等级相同、原材料、配合比、成型工艺、养护条件基本一致且龄期相近的同类结构或构件。 ②按批进行检测的构件,抽检数量不少于同批构件总数的30%且不应少于10件

5）对检测构件及测区的规定

（1）对于一般构件,测区数不宜少于10个。当受检构件数量大于30个时且不需提供单个构件推定强度或受检构件某一方向尺寸不大于4.5m且另一方向尺寸不大于0.3m时,每个构件的测区数量可适当减少,但不应少于5个。

（2）相邻两测区的间距不应大于2m,测区离构件端部或施工缝边缘的距离不宜大于0.5m,且不宜小于0.2m。

（3）测区宜选在能使回弹仪处于水平方向的混凝土浇筑侧面。当不能满足这一要求时,也可选在回弹仪处于非水平方向的混凝土浇筑表面或底面。

（4）测区宜布置在构件的两个对称的可测面上,当不能布置在对称的可测面上时,也可布置在同一可测面上且应均匀分布。在构件的重要部位及薄弱部位应布置测区,并应避开预埋件。

（5）测区的面积不宜大于$0.04m^2$。

（6）测区表面应为混凝土原浆面,并应清洁、平整,不应有疏松层、浮浆、油垢、涂层以及蜂窝、麻面。

（7）对于弹击时产生颤动的薄壁、小型构件,应进行固定。

6）检测步骤

（1）回弹值测量：

①检测时,回弹仪的轴线应始终垂直于结构或构件的混凝土检测面,缓慢施压,准确读数,快速复位。

②测点宜在测区范围内均匀分布,相邻两测点的净距不宜小于20mm;测点距外露钢筋、预埋件的距离不宜小于30mm。测点不应在气孔或外露石子上,同一测点只应弹击一次。每一测区应记取16个回弹值,每一测点的回弹值读数精确至1。

（2）碳化深度值测量：

①碳化深度值测量,可采用适当的工具如铁锤和尖头铁凿在测区表面形成直径约15mm的孔洞,其深度应大于混凝土的碳化深度。应除净孔洞中的粉末和碎屑,并不得用水擦洗,再采用浓度为1%~2%的酚酞酒精溶液滴在孔洞内壁的边缘处,当已碳化与未碳化界线清楚时,应采用碳化深度测量仪测量已碳化与未碳化混凝土交界面到混凝土表面的垂直距离,并应测量3次,每次读数精确至0.25mm。取其平均值作为该构件的碳化深度值,精确至0.5mm。

②碳化深度值测量应在有代表性的位置上测量,测点数不应少于构件测区的30%,取

其平均值为该构件每测区的碳化深度值。当各测点间的碳化深度值相差大于 2.0mm 时，应在每一回弹测区测量碳化深度值。

7）数据处理

（1）《回弹法检测混凝土抗压强度技术规程》JGJ/T 23—2011 数据处理：

① 符合下列条件的混凝土应采用《回弹法检测混凝土抗压强度技术规程》JGJ/T 23—2011 附录 A、附录 B 进行测区混凝土强度换算：

a. 普通混凝土采用的材料、拌和用水符合现行国家标准；

b. 采用普通成型工艺或泵送的混凝土（按不同的曲线方程）；

c. 采用符合国家标准规定的模板；

d. 蒸汽养护出池经自然养护 7d 以上，且混凝土表层为干燥状态；

e. 龄期为 $(14\sim1000)$d；

f. 抗压强度为 $(10.0\sim60.0)$MPa。

② 符合上条要求的非泵送、泵送混凝土，且测区为混凝土浇筑侧面时，测区强度换算值，可按《回弹法检测混凝土抗压强度技术规程》JGJ/T 23—2011，根据平均回弹值（R_m）及平均碳化深度值，分别用附录 A、附录 B 进行强度换算。

③ 当有下列情况之一时，测区混凝土强度值不得按《回弹法检测混凝土抗压强度技术规程》JGJ/T 23—2011 附录 A 及附录 B 换算：

a. 非泵送混凝土粗骨料最大公称粒径大于 60mm，泵送混凝土粗骨料最大公称粒径大于 31.5mm；

b. 特种成型工艺制作的混凝土；

c. 检测部位曲率半径小于 250mm；

d. 潮湿或浸水混凝土。

④ 混凝土强度的计算：

a. 结构或构件第 i 个测区混凝土强度换算值，可将所求得的平均回弹值（R_m）及平均碳化浓度值（d_m）代入《回弹法检测混凝土抗压强度技术规程》JGJ/T 23—2011 附录 A 表得出。

b. 泵送混凝土制作的结构或构件的混凝土强度换算值，可将所求得的平均回弹值（R_m）及平均碳化浓度值（d_m）代入《回弹法检测混凝土抗压强度技术规程》JGJ/T 23—2011 附录 B 得出。

c. 测区混凝土强度计算：

结构或构件的测区混凝土强度平均值可根据各测区的混凝土强度换算计算。当测区数为 10 个及以上时，应计算强度标准差。平均值及标准差应按下列公式计算：

$$m_{f_{cu}^c} = \frac{\sum\limits_{i=1}^{n} f_{cu,i}^c}{n} \tag{6-1}$$

$$s_{f_{cu}^c} = \sqrt{\frac{\sum_{i=1}^{n}(f_{cu,i}^c)^2 - n(m_{f_{cu}^c})^2}{n-1}} \tag{6-2}$$

式中：$m_{f_{cu}^c}$——结构或构件测区混凝土强度换算值的平均值（MPa），精确至 0.1MPa；

n——对于单个检测的构件，取一个构件的测区数；对批量检测的构件，取被抽检构件测区数之和；

$s_{f_{cu}^c}$——结构或构件测区混凝土强度换算值的标准差（MPa），精确至 0.01MPa。

⑤回弹数据的修正：

如构件采用同条件试件或钻取混凝土芯样进行修正，同条件试件或钻取芯样数量不应少于 6 个。芯样应在测区内钻取，公称直径宜为 100mm，高径比应为 1，每个芯样只能加工 1 个试件；同条件试件边长应为 150mm。

⑥结构或构件的混凝土强度推定值（$f_{cu,e}$）应按下列公式确定：

a. 当该结构或构件测区数少于 10 个时：

$$f_{cu,e} = f_{cu,min}^c \tag{6-3}$$

式中：$f_{cu,min}^c$——构件中最小的测区混凝土强度换算值。

b. 当该结构或构件的测区强度值中出现小于 10.0MPa 时：

$$f_{cu,e} < 10.0\text{MPa} \tag{6-4}$$

c. 当该结构或构件测区数不少于 10 个时，应按下列公式计算：

$$f_{cu,e} = m_{f_{cu}^c} - 1.645 s_{f_{cu}^c} \tag{6-5}$$

d. 当批量检测时，应按下列公式计算：

$$f_{cu,e} = m_{f_{cu}^c} - k s_{f_{cu}^c} \tag{6-6}$$

式中：k——推定系数，宜取 1.645。当需要进行推定区间时，可按国家现行有关标准的规定取值。

⑦对按批量检测的构件，当该批构件混凝土强度标准差出现下列情况之一时，则该批构件应全部按单个构件检测：

a. 批混凝土强度平均值小于 25MPa，标准差 > 4.50MPa 时；

b. 批混凝土强度平均值不小于 25MPa 且不大于 60MPa，标准差 > 5.50MPa 时。

（2）《回弹法、超声回弹综合法检测泵送混凝土抗压强度技术规程》DB11/T 1446—2017 数据处理：

①计算测区平均回弹值，应从该测区的 16 个回弹值中剔除 3 个最大值和 3 个最小值，余下的 10 个回弹值应按下式计算：

$$R_m = \frac{\sum_{i=1}^{10} R_i}{10} \tag{6-7}$$

式中：R_m——测区平均回弹值，精确至0.1；

R_i——第i个测点的回弹值。

②回弹数据的修正：

当检测条件与规程测强曲线的适用条件有较大差异时，可采用在构件上钻取的混凝土芯样对测区混凝土强度换算值进行修正。对同一强度等级混凝土修正时，宜使用直径为100mm的芯样，数量不应少于6个；也可采用小直径芯样，其直径不应小于70mm，数量不应少于9个。芯样应在回弹或超声回弹检测的测区内钻取，并应符合《钻芯法检测混凝土强度技术规程》JGJ/T 384—2016的规定。

③符合下列条件的泵送混凝土，测区强度应按规程附录进行测区混凝土强度换算：

a. 地区泵送混凝土；

b. 采用普通成型工艺；

c. 采用符合国家有关标准规定的模板；

d. 自然养护，且混凝土表层为干燥状态；

e. 龄期为(14～365)d；

f. 抗压强度为(15～60)MPa。

④当有下列情况之一时，测区强度不得按规程附录进行测区混凝土强度换算：

a. 检测部位曲率半径小于250mm；

b. 潮湿或浸水混凝土；

c. 特种成型工艺制作的混凝土。

⑤混凝土强度的推定：

构件第i个测区混凝土强度换算值$f_{cu,i}^c$，可由求得的平均回弹值和平均碳化深度值查表或计算得出；

构件的测区混凝土换算强度平均值可根据各测区的混凝土强度换算值计算。当测区数为10个及以上时，应计算强度标准差。换算强度的平均值及标准差应按下列公式计算：

$$m_{f_{cu}^c} = \frac{\sum_{i=1}^{n} f_{cu,i}^c}{n} \tag{6-8}$$

$$s_{f_{cu}^c} = \sqrt{\frac{\sum_{i=1}^{n}(f_{cu,i}^c)^2 - n(m_{f_{cu}^c})^2}{n-1}} \tag{6-9}$$

式中：$m_{f_{cu}^c}$——结构或构件测区混凝土强度换算值的平均值（MPa），精确至0.1MPa；

n——对于单个检测的构件，取一个构件的测区数；对批量检测的构件，取被抽检构件测区数之和；

$s_{f_{cu}^c}$——结构或构件测区混凝土强度换算值的标准差（MPa），精确至0.01MPa。

⑥构件的现龄期混凝土强度推定值（$f_{cu,e}$）应符合下列规定：

a. 当构件测区数少于 10 个时：

$$f_{cu,e} = f_{cu,min}^{c} \tag{6-10}$$

式中：$f_{cu,min}^{c}$——构件中最小的测区混凝土强度换算值。

b. 当构件的测区强度值中出现小于 15.0MPa 时：

$$f_{cu,e} < 15MPa \tag{6-11}$$

c. 当构件测区数不少于 10 个，应按下列公式计算：

$$f_{cu,e} = m_{f_{cu}^c} - 1.645 s_{f_{cu}^c} \tag{6-12}$$

d. 当按批量检测时，应按下列公式计算：

$$f_{cu,e} = m_{f_{cu}^c} - k s_{f_{cu}^c} \tag{6-13}$$

式中：k——为推定系数，宜取 1.645。当需要进行推定强度区间时，可按《建筑结构检测技术标准》GB/T 50344—2019 和《混凝土结构现场检测技术标准》GB/T 50784—2013 的规定取值。

⑦对按批量检测的构件，当该批构件混凝土强度标准差出现下列情况之一时，则该批构件应全部按单个构件检测：

a. 当该批构件混凝土强度平均值小于 25MPa，$s_{f_{cu}^c}$ 大于 4.50MPa 时；

b. 当该批构件混凝土强度平均值不小于 25MPa 且不大于 60MPa，$s_{f_{cu}^c}$ 大于 5.50MPa 时。

3.《高强混凝土强度检测技术规程》JGJ/T 294—2013

1）适用范围

（1）本规程适用于工程结构中强度等级为 C50~C100 的混凝土抗压强度检测。不适用于下列情况的混凝土抗压强度检测：

①遭受严重冻伤、化学侵蚀、火灾而导致表里质量不一致的混凝土和表面不平整的混凝土；

②潮湿的和特种工艺成型的混凝土；

③厚度小于 150mm 的混凝土构件；

④所处环境温度低于 0℃或高于 40℃的混凝土。

（2）当对结构中的混凝土有强度检测要求时，可按本规程进行检测，其强度推定结果可作为混凝土结构处理的依据。

（3）当具有钻芯试件或同条件的标准试件作校核时，可按本规程对 900d 以上龄期混凝土抗压强度进行检测和推定。

（4）当采用回弹法检测高强混凝土强度时，可采用标称动能为 4.5J 或 5.5J 的回弹仪。采用标称动能为 4.5J 的回弹仪时，应按本规程附录 A 执行，采用标称动能为 5.5J 的回弹仪时，应按本规程附录 B 执行。

（5）采用本规程的方法检测及推定混凝土强度时，除应符合本规程外，尚应符合国家现行有关标准的规定。

2）检测仪器

（1）回弹仪应具有产品合格证和检定合格证。

（2）回弹仪的弹击锤脱钩时，指针滑块示值刻线应对应于仪壳的上刻线处，且示值误差不应超过±0.4mm。

（3）回弹仪率定应符合下列规定：

①钢砧应稳固地平放在坚实的地坪上；

②回弹仪应向下弹击；

③弹击杆应旋转3次，每次应旋转90°，且每旋转1次弹击杆，应弹击3次；

④应取连续3次稳定回弹值的平均值作为率定值。

（4）当遇有下列情况之一时，回弹仪应送法定计量检定机构进行检定：

①新回弹仪启用之前；

②超过检定有效期；

③更换零件和检修后；

④尾盖螺钉松动或调整后；

⑤遭受严重撞击或其他损害。

（5）当遇有下列情况之一时，应在钢砧上进行率定，且率定值不合格时不得使用：

①每个检测项目执行之前和之后；

②测试过程中回弹值异常时。

（6）回弹仪每次使用完毕后，应进行维护。

（7）回弹仪有下列情况之一时，应将回弹仪拆开维护：

①弹击超过2000次；

②率定值不合格。

3）一般规定

（1）使用回弹仪、混凝土超声波检测仪进行工程检测的人员，应通过专业培训，并持证上岗。

（2）检测前宜收集下列有关资料：

①工程名称及建设、设计、施工、监理单位名称；

②结构或构件的部位、名称及混凝土设计强度等级；

③泥品种、强度等级、砂石品种、粒径、外加剂品种、掺合料类别及等级、混凝土配合比等；

④混凝土浇筑日期、施工工艺、养护情况及施工记录；

⑤结构及现状；

⑥检测原因。

（3）当按批抽样检测时，同时符合下列条件的构件可作为同批构件：

①混凝土设计强度等级、配合比和成型工艺相同；

②混凝土原材料、养护条件及龄期基本相同；

③构件种类相同；

④在施工阶段所处状态相同。

（4）对同批构件按批抽样检测时，构件应随机抽样，抽样数量不宜少于同批构件的30%，且不宜少于10件。当检验批中构件数量大于50时，构件抽样数量可按现行国家标准《建筑结构检测技术标准》GB/T 50344—2019进行调整，但抽取的构件总数不宜少于10件，并应按现行国家标准《建筑结构检测技术标准》GB/T 50344—2019进行检测批混凝土的强度推定。

（5）测区布置应符合下列规定：

①检测时应在构件上均匀布置测区，每个构件上的测区数不应少于10个；

②对某一方向尺寸不大于4.5m且另一方向尺寸不大于0.3m的构件，其测区数量可减少，但不应少于5个。

（6）构件的测区应符合下列规定：

①测区应布置在构件混凝土浇筑方向的侧面，并宜布置在构件的两个对称的可测面上，当不能布置在对称的可测面上时，也可布置在同一可测面上；在构件的重要部位及薄弱部位应布置测区，并应避开预埋件；

②相邻两测区的间距不宜大于2m；测区离构件边缘的距离不宜小于100mm；

③测区尺寸宜为200mm×200mm；

④测试面应清洁、平整、干燥，不应有接缝、饰面层、浮浆和油垢；表面不平处可用砂轮适度打磨，并擦净残留粉尘。

（7）结构或构件上的测区应注明编号，并应在检测时记录测区位置和外观质量情况。

4）回弹测试及回弹值计算

（1）在构件上回弹测试时，回弹仪的纵轴线应始终与混凝土成型侧面保持垂直，并应缓慢施压、准确读数、快速复位。

（2）结构或构件上的每一测区应回弹16个测点，或在待测超声波测区的两个相对测试面各回弹8个测点，每一测点的回弹值应精确至1。

（3）测点在测区范围内宜均匀分布，不得分布在气孔或外露石子上。同一测点应只弹击一次，相邻两测点的间距不宜小于30mm；测点距外露钢筋、铁件的距离不宜小于100mm。

（4）计算测区回弹值时，在每一测区内的16个回弹值中，应先剔除3个最大值和3个最小值，然后将余下的10个回弹值按下式计算，其结果作为该测区回弹值的代表值：

$$R = \frac{1}{10}\sum_{i=1}^{10} R_i \tag{6-14}$$

式中：R——测区回弹代表值，精确至0.1；

R_i——第i个测点的有效回弹值。

5）混凝土强度的推定

（1）本规程给出的强度换算公式适用于配制强度等级为C50～C100的混凝土，且混凝土应符合下列规定：

①水泥应符合现行国家标准《通用硅酸盐水泥》GB 175—2023的规定；

②砂、石应符合现行行业标准《普通混凝土用砂、石质量及检验方法标准》JGJ 52—2006的规定；

③应自然养护；

④龄期不宜超过900d。

（2）结构或构件中第i个测区的混凝土抗压强度换算值应按本规程的规定，计算出所用检测方法对应的测区测试参数代表值，并应优先采用专用测强曲线或地区测强曲线换算取得。专用测强曲线和地区测强曲线应按本规程附录C的规定制定。

（3）当无专用测强曲线和地区测强曲线时，可按《高强混凝土强度检测技术规程》JGJ/T 294—2013附录D的规定，通过验证后，采用本规程给出的全国高强混凝土测强曲线公式，计算结构或构件中第i个测区混凝土抗压强度换算值。

（4）当采用回弹法检测时，结构或构件第i个测区混凝土强度换算值，可按《高强混凝土强度检测技术规程》JGJ/T 294—2013附录A或附录B查表得出。

（5）结构或构件的测区混凝土换算强度平均值可根据各测区的混凝土强度换算值计算。当测区数为10个及以上时，应计算强度标准差。平均值和标准差应按下列公式计算：

$$m_{f_{cu}^c} = \frac{1}{n}\sum_{i=1}^{n} f_{cu,i}^c \tag{6-15}$$

$$s_{f_{cu}^c} = \sqrt{\frac{\sum_{i=1}^{n}\left(f_{cu,i}^c\right)^2 - n\left(m_{f_{cu}^c}\right)^2}{n-1}} \tag{6-16}$$

式中：$m_{f_{cu}^c}$——结构或构件测区混凝土抗压强度换算值的平均值（MPa），精确至0.1MPa；

$s_{f_{cu}^c}$——结构或构件测区混凝土抗压强度换算值的标准差（MPa），精确至0.01MPa；

n——测区数。对单个检测的构件，取一个构件的测区数；对批量检测的构件，取被抽检构件测区数之总和。

（6）当检测条件与测强曲线的适用条件有较大差异或曲线没有经过验证时，应采用同条件标准试件或直接从结构构件测区内钻取混凝土芯样进行推定强度修正，且试件数量或混凝土芯样不应少于6个。计算时，测区混凝土强度修正量及测区混凝土强度换算值的修正应符合下列规定：

①修正量应按下列公式计算：

$$\Delta_{tot} = \frac{1}{n}\sum_{i=1}^{n} f_{cor,i} - \frac{1}{n}\sum_{i=1}^{n} f_{cu,i}^c \tag{6-17}$$

$$\Delta_{\text{tot}} = \frac{1}{n}\sum_{i=1}^{n} f_{\text{cu},i} - \frac{1}{n}\sum_{i=1}^{n} f_{\text{cu},i}^{c} \tag{6-18}$$

式中：Δ_{tot}——测区混凝土强度修正量（MPa），精确到 0.1MPa；

$f_{\text{cor},i}$——第 i 个混凝土芯样试件的抗压强度；

$f_{\text{cu},i}$——第 i 个同条件混凝土标准试件的抗压强度；

$f_{\text{cu},i}^{c}$——对应于第 i 个芯样部位或同条件混凝土标准试件的混凝土强度换算值；

n——混凝土芯样或标准试件数量。

②测区混凝土强度换算值的修正应按下式计算：

$$f_{\text{cu},i1}^{c} = f_{\text{cu},i0}^{c} + \Delta_{\text{tot}} \tag{6-19}$$

式中：$f_{\text{cu},i0}^{c}$——第 i 个测区修正前的混凝土强度换算值（MPa），精确到 0.1MPa；

$f_{\text{cu},i1}^{c}$——第 i 个测区修正后的混凝土强度换算值（MPa），精确到 0.1MPa。

（7）结构或构件的混凝土强度推定值 $f_{\text{cu},e}$ 应按下列公式确定：

①当该结构或构件测区数少于 10 个时，应按下式计算：

$$f_{\text{cu},e} = f_{\text{cu,min}}^{c} \tag{6-20}$$

式中：$f_{\text{cu,min}}^{c}$——结构或构件最小的测区混凝土抗压强度换算值（MPa），精确至 0.1MPa。

②当该结构或构件测区数不少于 10 个或按批量检测时，应按下式计算：

$$f_{\text{cu},e} = m_{f_{\text{cu}}^{c}} - 1.645 s_{f_{\text{cu}}^{c}} \tag{6-21}$$

（8）对按批量检测的结构或构件，当该批构件混凝土强度标准差出现下列情况之一时，该批构件应全部按单个构件检测：

①该批构件的混凝土抗压强度换算值的平均值 $m_{f_{\text{cu}}^{c}}$ 不大于 50.0MPa，且标准差 $s_{f_{\text{cu}}^{c}}$ 大于 5.50MPa；

②该批构件的混凝土抗压强度换算值的平均值 $m_{f_{\text{cu}}^{c}}$ 大于 50.0MPa，且标准差 $s_{f_{\text{cu}}^{c}}$ 大于 6.50MPa。

二、混凝土强度（钻芯法）

1. 相关标准

（1）《钻芯法检测混凝土强度技术规程》JGJ/T 384—2016。

（2）《钻芯检测离心高强混凝土抗压强度试验方法》GB/T 19496—2004。

（3）《钻芯法检测混凝土强度技术规程》CECS 03—2007。

2.《钻芯法检测混凝土强度技术规程》JGJ/T 384—2016

基本概念如下：

（1）钻芯法：从结构或构件中钻取圆柱状试件得到在检测龄期混凝土强度的方法。

（2）芯样试件抗压强度值：由芯样试件得到相当于边长为 150mm 立方体试件的混凝土抗压强度。

(3)混凝土强度推定值:混凝土强度分布中的 0.05 分位值的估计值。

(4)构件混凝土强度代表值:单个构件混凝土强度实测值的均值。

(5)置信度:被测试量的真值落在某一区间的概率。

(6)推定区间:被测试量的真值落在指定置信度的范围,该范围由用于强度推定的上限值和下限值界定。

(7)芯样试件:从结构或构件中钻取并加工制作为符合一定要求的混凝土圆柱体试件。

(8)检测批:混凝土强度等级、生产工艺、原材料、配合比、成型工艺、养护条件基本相同,由一定数量构件构成的检测对象。

3. 仪器设备

(1)用于钻取芯样、芯样加工和测量的检测设备和仪器均应有产品合格证,计量器具经检定或校准,并应在有效期内使用。

(2)钻芯机应具有足够的刚度,操作灵活,固定和移动方便,并应有水冷却系统。

(3)钻取芯样时宜采用人造金刚石薄壁钻头。钻头胎体不得有裂缝、缺边、少角、倾斜及喇叭口变形。

(4)锯切芯样时使用的锯切机和磨平芯样的磨平机,应具有冷却系统和牢固夹紧芯样的装置;配套使用的人造金刚石圆锯片应有足够的刚度;锯切芯样宜使用双刀锯切机。

(5)用于芯样端面加工的补平装置,应保证芯样的端面平整,并应保证芯样端面与芯样轴线垂直。

(6)探测钢筋位置的钢筋探测仪,应适用于现场操作,最大探测深度不应小于 60mm,探测位置偏差不宜大于 3mm。

(7)在钻芯工作完成后,应对钻芯机和芯样加工设备进行维护保养。

4. 芯样钻取

(1)采用钻芯法检测结构或构件混凝土强度前,宜具备下列资料信息:

①工程名称及设计、施工、监理和建设单位名称;

②结构或构件种类、外形尺寸及数量;

③设计混凝土强度等级;

④浇筑日期、配合比通知单和强度试验报告;

⑤结构或构件质量状况和施工记录;

⑥有关的结构设计施工图等。

(2)芯样宜在结构或构件的下列部位钻取:

①结构或构件受力较小的部位;

②混凝土强度具有代表性的部位;

③便于钻芯机安放与操作的部位;

④宜采用钢筋探测仪测试或局部剔凿的方法避开主筋、预埋件和管线。

(3)在构件上钻取多个芯样时,芯样宜取自不同部位。

(4)钻芯机就位并安放平稳后,应将钻芯机固定。固定的方法应根据钻芯机的构造和施工现场的具体情况确定。

(5)钻芯机在未安装钻头之前,应先通电确认主轴的旋转方向为顺时针方向。

(6)钻芯时用于冷却钻头和排除混凝土碎屑的冷却水的流量宜为(3~5)L/min。

(7)钻取芯样时宜保持匀速钻进。

(8)芯样应进行标记,钻取部位应予以记录。芯样高度及质量不能满足要求时,则应重新钻取芯样。

(9)芯样应采取保护措施,避免在运输和贮存中损坏。

(10)钻芯后留下的孔洞应及时进行修补。

(11)钻芯操作应遵守国家有关安全生产和劳动保护的规定,并应遵守钻芯现场安全生产的有关规定。

5.芯样加工和试件

(1)从结构或构件中钻取的混凝土芯样应加工成符合本节规定的芯样试件。

(2)抗压芯样试件的高径比(H/d)宜为1。

(3)抗压芯样试件内不宜含有钢筋,也可有一根直径不大于10mm的钢筋,且钢筋应与芯样试件的轴线垂直并离载端面10mm以上。

(4)锯切后的芯样应按下列规定进行端面处理:

抗压芯样试件的端面处理,可采取在磨平机上磨平端面的处理方法,也可采用硫黄胶泥或环氧胶泥补平,补平层厚度不宜大于2mm。抗压强度低于30MPa的芯样试件,不宜采用磨平端面的处理方法;抗压强度高于60MPa的芯样试件,不宜采用硫黄胶泥或环氧胶泥补平的处理方法。

(5)在试验前应按下列规定测量芯样试件的尺寸:

①平均直径应用游标卡尺在芯样试件上部、中部和下部相互垂直的两个位置共测量六次,取测量的算术平均值作为芯样试件的直径,精确至0.5mm;

②芯样试件高度可用钢卷尺或钢板尺进行测量,精确至1.0mm;

③垂直度应用游标量角器测量芯样试件两个端面与母线的夹角,取最大值作为芯样试件的垂直试验,精确至0.1°;

④平整试验可用钢板尺靠在芯样试件承压面(线)上,一面转动钢板尺,一面用塞尺测量钢板尺与芯样试件承压面(线)之间的缝隙,取最大缝隙为芯样试件的平整度;也可用其他专用设备测量。

(6)芯样试件尺寸偏差及外观质量出现下列情况时,相应的芯样试件不宜进行试验:

①抗压芯样的实际高径比(H/d)小于要求高径比的0.95或大于1.05;

②抗压芯样试件端面与轴线的不垂直度超过1°;

③抗压芯样试件端面的不平整度在每 100mm 长度内超过 0.1mm；

④沿芯样试件高度的任一直径与平均直径相差超过 1.5mm；

⑤芯样试件有较大缺陷。

6. 抗压强度检测

1）一般规定

（1）钻芯法可用于确定检测批或单个构件的混凝土抗压强度推定值，也可用于钻芯修正方法修正间接强度检测方法得到的混凝土抗压强度换算值。

（2）抗压芯样试件宜使用直径为 100mm 的芯样，且其直径不宜小于骨料最大粒径的 3 倍；也可采用小直径芯样，但其直径不应小于 70mm 且不得小于骨料最大粒径的 2 倍。

2）芯样试件试验和抗压强度值计算

（1）芯样试件应在自然干燥状态下进行抗压强度。当结构工作条件比较潮湿，需要确定潮湿状态下混凝土的抗压强度时，芯样试件宜在(20±5)℃的清水中浸泡(40～48)h，从水中取出后应去除表面水渍，并立即进行试验。

（2）芯样试件抗压试验的操作应符合现行国家标准《混凝土物理力学性能试验方法标准》GB/T 50081—2019 中对立方体试件抗压试验的规定。

（3）芯样试件抗压强度值可按下式计算：

$$f_{cu,cor} = \beta_c F_c / A_c \tag{6-22}$$

式中：$f_{cu,cor}$——芯样试件抗压强度值（MPa），精确至 0.1MPa；

F_c——芯样试件抗压试验的破坏荷载（N）；

A_c——芯样试件抗压截面面积（mm²）；

β_c——芯样试件强度换算系数，取 1.0。

（4）当有可靠试验依据时，芯样试件强度换算系数 β_c 也可根据混凝土原材料和施工工艺情况通过试验确定。

3）混凝土抗压强度推定值

（1）钻芯法确定检测批的混凝土抗压强度推定值时，取样应遵守下列规定：

①芯样试件的数量应根据检测批的容量规定。直径 100mm 的芯样试件的最小样本量不宜小于 15 个，小直径芯样试件的最小样本量不宜小于 20 个。

②芯样应从检测批的结构构件中随机抽取，每个芯样宜取自一个构件或结构的局部部位，取芯位置尚应符合本节"4. 芯样钻取"的规定。

（2）检测批混凝土抗压强度的推定值应按下列方法确定：

①检测批混凝土抗压强度推定值应计算推定区间，推定区间的上限值和下限值应按下列公式计算：

$$f_{cu,e1} = f_{cu,cor,m} - k_1 s_{cu} \tag{6-23}$$

$$f_{cu,e2} = f_{cu,cor,m} - k_2 s_{cu} \tag{6-24}$$

$$f_{\mathrm{cu,cor,m}} = \frac{\sum_{i=1}^{n} f_{\mathrm{cu,cor},i}}{n} \tag{6-25}$$

$$s_{\mathrm{cu}} = \sqrt{\frac{\sum_{i=1}^{n}(f_{\mathrm{cu,cor},i} - f_{\mathrm{cu,cor,m}})^2}{n-1}} \tag{6-26}$$

式中：$f_{\mathrm{cu,cor,m}}$——芯样试件抗压强度平均值（MPa），精确至 0.1MPa；

$f_{\mathrm{cu,cor},i}$——单个芯样试件抗压强度平均值（MPa），精确至 0.1MPa；

$f_{\mathrm{cu,e1}}$——混凝土抗压强度推定上限值（MPa），精确至 0.1MPa；

$f_{\mathrm{cu,e2}}$——混凝土抗压强度推定下限值（MPa），精确至 0.1MPa；

k_1，k_2——推定区间上限值系数和下限值系数，按《钻芯法检测混凝土强度技术规程》JGJ/T 384—2016 附录 A 查得（表 6-3）；

s_{cu}——芯样试件抗压强度样本的标准差（MPa），精确至 0.01MPa。

推定区间系数表　　　　　　　　表 6-3

试件数 n	k_1 (0.10)	k_2 (0.05)	试件数 n	k_1 (0.10)	k_2 (0.05)
15	1.222	2.566	37	1.360	2.149
16	1.234	2.524	38	1.363	2.141
17	1.244	2.486	39	1.366	2.133
18	1.254	2.453	40	1.369	2.125
19	1.263	2.423	41	1.372	2.118
20	1.271	2.396	42	1.375	2.111
21	1.279	2.371	43	1.378	2.105
22	1.286	2.349	44	1.381	2.098
23	1.293	2.328	45	1.383	2.092
24	1.300	2.309	46	1.386	2.086
25	1.306	2.292	47	1.389	2.081
26	1.311	2.275	48	1.391	2.075
27	1.317	2.260	49	1.393	2.070
28	1.322	2.246	50	1.396	2.065
29	1.327	2.232	60	1.415	2.022
30	1.332	2.220	70	1.431	1.990
31	1.336	2.208	80	1.444	1.964
32	1.341	2.197	90	1.454	1.944
33	1.345	2.186	100	1.463	1.927
34	1.349	2.176	110	1.471	1.912
35	1.352	2.167	120	1.478	1.899
36	1.356	2.158	—	—	—

注：在置信度 0.85 条件下，试件数与上限值系数、下限值系数的关系。

② $f_{\mathrm{cu,e1}}$ 与 $f_{\mathrm{cu,e2}}$ 所构成推定区间的置信宜为 0.90；当采用小直径芯样试件时，推定区

间的置信度可为 0.85。$f_{cu,e1}$ 与 $f_{cu,e2}$ 之间的差值不宜大于 5.0MPa 和 $0.10f_{cu,cor,m}$ 两者的较大值。

③ $f_{cu,e1}$ 与 $f_{cu,e2}$ 之间的差值大于 5.0MPa 和 $0.10f_{cu,cor,m}$ 两者的较大值时，可适当增加样本容量，或重新划分检测批，直至满足上款的规定。

④当不具备上款条件时，不宜进行批量推定。

⑤宜以 $f_{cu,e1}$ 作为检测批混凝土强度的推定值。

（3）钻芯法确定检测批混凝土抗压强度推定值，可剔除芯样试件抗压强度样本中的异常值。剔除规则应按现行国家标准《数据的统计处理和解释 正态样本离群值的判断和处理》GB/T 4883—2008 规定执行。当确有试验依据时，可对芯样试件抗压强度样本的标准差 s_{cu} 进行符合实际情况的修正或调整。

（4）钻芯法确定单个构件混凝土抗压强度推定值时，芯样试件的数量不应小于 3 个；钻芯对构件工作性能影响较大的小尺寸构件，芯样试件的数量不得少于 2 个。单个构件的混凝土抗压强度推定值不再进行数据的舍弃，而应按芯样试件混凝土抗压强度值中的最小值确定。

（5）钻芯法确定构件混凝土抗压强度代表值时，芯样试件的数量宜为 3 个，应取芯样试件抗压强度的算术平均值作为构件混凝土抗压强度代表值。

4）钻芯修正法

（1）对间接测强方法进行钻芯修正时，宜采用修正量的方法，也可采用其他形式的修正方法。

（2）当采用修正量的方法时，芯样试件的数量和取芯位置应符合下列规定：

①直径 100mm 芯样试件的数量不应少于 6 个，小直径芯样试件的数量不应少于 9 个；

②当采用的间接检测方法为无损检测方法时，钻芯位置应与间接检测方法相应的测区重合；

③当采用的间接检测方法对结构构件有损伤时，钻芯位置应布置在相应测区的附近。

钻芯修正可按下式计算。

$$f_{cu,i0}^c = f_{cu,i}^c + \Delta f \tag{6-27}$$

$$\Delta f = f_{cu,cor,m} - f_{cu,mj}^c \tag{6-28}$$

式中：Δf——修正量（MPa），精确至 0.1MPa；

$f_{cu,i0}^c$——修正后的换算强度（MPa），精确至 0.1MPa；

$f_{cu,i}^c$——修正前的换算强度（MPa），精确至 0.1MPa；

$f_{cu,cor,m}$——芯样试件抗压强度平均值（MPa），精确至 0.1MPa；

$f_{cu,mj}^c$——所用间接检测方法对应芯样测区的换算强度的算术平均值（MPa），精确至 0.1MPa。

7.《钻芯检测离心高强混凝土抗压强度试验方法》GB/T 19496—2004

1）适用范围

适用于对离心高强混凝土制品的混凝土立方试件强度的代表值有异议时的试验。

2）仪器设备

（1）钻取芯样及芯样加工的主要设备均应具有产品合格证。

（2）钻芯机应具有足够的动力、刚度，且操作灵活、固定和移动方便，并应有冰冷却系统。钻芯机主轴的径向跳动应小于0.05mm，轴向窜动应小于0.1mm。

（3）钻取芯样时宜采用内径(70～100)mm的筒型钻头，筒型钻头不得有肉眼可见的裂缝、缺边、少角、倾斜及变形等缺陷。

钻头与钻机钻轴的同轴度偏差不得大于0.3mm，钻头的径向跳动不得大于1.5mm。

（4）锯切芯样的锯切机应有水冷系统和牢固夹紧芯样的装置，配套使用的圆锯片应具有足够的刚度。

（5）研磨机的加工性能应达到规定的技术要求。

（6）压力试验机的技术要求应符合《液压式万能试验机》GB/T 3159—2008、《试验机通用技术要求》GB/T 2611—2022的规定，其测量精度为±1%。试件破坏荷载应大于压力机全量程的20%且不小于压力机全量程的80%。

3）芯样钻取

（1）钻芯机具的操作应由熟练的试验人员完成。

（2）采用钻芯检测离心高强混凝土抗压强度前，应具备下列资料：

①制品生产单位、工程名称（或代号）及其设计、施工、监理、建设单位名称；

②制品品种、型号、规格；

③设计采用的混凝土强度等级；

④制品成型日期、原材料（水泥品种、掺合料、粗细骨料粒径等）和混凝土立方体试件抗压强度报告；

⑤制品的质量状况及施工质量状况的记录；

⑥制品的结构设计图。

（3）芯样应在制品的下列部位钻取：

①混凝土质量应具有代表性，不得在已破损的制品上钻取。对先张法预应力混凝土管桩产品，不得在沉桩或沉桩后的沉桩身上钻取；

②应在制品中部且便于钻芯机安装与操作的部位，同时离制品两端1.5m以外，且芯样的取样间距不宜小于1m，应尽量避开预应力钢筋、螺旋筋密绕的部位及桩身钢模合缝处。

（4）钻取的芯样直径为(70～100)mm，一般不宜小于骨料最大粒径的3倍，在任何情况下不得小于骨料最大粒径的2倍。

（5）钻芯机就位并安装平稳后，应将钻芯机固定，以便工作时不致产生位置偏移、跳动，钻芯机主轴应与被钻取芯样的制品的外表面切线相垂直。

（6）钻芯时用于冷却钻头和排除混凝土料屑的冷却水的压力不宜小于0.1MPa，流量不宜小于3L/min。

（7）钻取芯样时，钻取速度应均匀，推进行程的速度不宜大于5mm/min。

（8）从钻孔中取出的芯样晾干后应及时标上清晰牢固的标记，并记录制品的编号、钻取位置和方向、取样日期等。若钻取的芯样经锯切、磨平或补平加工后的高度的质量不能符合第6.2节、第6.8节的规定，则应重新钻取芯样。

（9）芯样在运送前应仔细包装，搬运时应轻取轻放，不得挤压或碰撞。

4）芯样加工

（1）芯样加工应由熟练的试验人员完成。

（2）芯样抗压强度试件的高度和直径的比值为1.0～1.2。

（3）芯样试件内不宜含有钢筋。若不能满足此项要求，则1个试件内最多只允许含有2根钢筋，且钢筋应与芯样轴线垂直。

（4）采用锯切机加工芯样时，应将芯样固定，并使锯切平面垂直芯样轴线。锯切时必须将芯样内侧的浮浆、水泥净浆及砂浆层锯切掉。锯切过程中应采用水冷却圆锯片和芯样。

（5）芯样锯切后，应采用磨平机对芯样两端面进行磨平处理。磨平处理过程中应保证芯样端面平整及芯样端面与轴线相垂直。

（6）如经磨平加工的芯样试件不能符合第6.8节的规定，宜用环氧胶泥或硫磺胶泥等材料在专用补平装置上补平。

用环氧胶泥或硫磺胶泥作补平材料的厚度不宜大于2mm，补平时宜采用厚度不小于6mm、直径比芯样的直径大25mm以上的平板玻璃作基准平板，待补平材料达到设计强度后，再将芯样的补平面与平板玻璃脱离。经端面补平后的芯样高度和直径的比值应为1.0～1.2。

（7）芯样在进行抗压强度试验前应对其几何尺寸、形位公差作下列项目测量：

①平均直径：用游标卡尺测量芯样上、中、下3个部位相互垂直的6处，取其算术平均值，精确至0.1mm；

②芯样高度：用游标卡尺测量芯样端面0°、90°、180°、270°四处的高度，取其算术平均值，精确至0.1mm；

③芯样平面度：将钢板尺立起横放在芯样端面上，然后慢慢旋转360°，用塞尺测量其最大间隙，精确至0.01mm；

④芯样平行度：用游标卡尺测量芯样高度的最大值、最小值，求其差值，精确至0.1mm；

⑤芯样垂直度：将游标量角器的两只脚分别紧贴于芯样侧面和端面，测出其最大偏差，一个端面测完后再测另一个端面，精确至0.1°；

⑥芯样圆柱度：将钢板尺靠在芯样的母线上，并沿圆周方向转动，用塞尺测量其与芯样表面之间的最大间隙，精确至0.1mm；

⑦芯样端面与钢筋轴心的距离：若芯样内含有钢筋，则应测量钢筋轴心与芯样端面较近一端的距离，精确至 0.1mm。

（8）芯样的外观质量及形位公差应符合下列规定：

①芯样不得有可见裂缝、掉角、孔洞；

②芯样圆柱度不得大于 1.5mm；

③芯样平面度不得大于 0.06mm；

④芯样平行度不得大于 1.0mm；

⑤芯样垂直度不得大于 2.0°。

5）抗压强度试验

（1）芯样的抗压强度试验按《混凝土物理力学性能试验方法标准》GB/T 50081—2019 中立方体试件抗压强度试验的规定进行。加荷时，应控制加荷速度，使之保持在(0.2～0.4)MPa/s 的范围内，直至最大荷载。

（2）试验时，芯样应处于室温自然风干状态。

6）抗压强度推算值的计算

芯样试件混凝土抗压强度推算值的计算：

$$R = [4F/(\pi d^2)] \cdot f_1 \cdot f_2 \tag{6-29}$$

$$f_1 = 2.5/(1.5 + 1/\alpha) \tag{6-30}$$

$$f_2 = 1.0 + 1.5\{[\sum(d_s \cdot h_s)]/(d \cdot H)\} \tag{6-31}$$

$$\alpha = H/d \tag{6-32}$$

式中：R——芯样试件混凝土抗压强度推算值（MPa）；

F——芯样抗压强度试验时测得的最大压力（N）；

d——芯样的平均直径（mm）；

f_1——芯样高径比修正系数；

f_2——芯样内含钢筋修正系数，当芯样内不含钢筋时，取值为 1；

α——芯样的高径比；

H——芯样的高度（mm）；

d_s——芯样内含有钢筋的直径（mm）；

h_s——芯样内含钢筋轴心与芯样端面较近一端的距离（mm）。

7）试验结果评定

（1）同一制品中钻取并加成符合本标准要求的芯样数量为 3 个。

（2）若 3 个芯样所测得的芯样试件混凝土抗压强度推算值同时符合下式规定，则判定该制品的混凝土强度合格。

$$\overline{R} \geq f_{cu,k} \tag{6-33}$$

$$R_{\min} \geq 0.85 f_{cu,k} \tag{6-34}$$

式中：$\overline{R}$——3 个芯样的芯样试件混凝土抗压强度推算值的平均值（MPa）；

$R_{\min}$——3 个芯样的芯样试件混凝土抗压强度推算值的最小值（MPa）；

$f_{cu,k}$——混凝土立方体抗压强度的标准值（MPa），如 C80 混凝土，$f_{cu,k} = 80$MPa。

（3）若钻取的 3 个芯样所测得的芯样试件混凝土抗压强度推算值不符合 $R_{\min} \geqslant 0.85 f_{cu,k}$ 的判定，则该制品的混凝土强度不合格。

（4）若钻取的 3 个芯样所测得的芯样试件混凝土抗压强度推算值只符合 $R_{\min} \geqslant 0.85 f_{cu,k}$ 的判定，则应在该制品上再钻取 9 个芯样进行试验。

①若测得的芯样混凝土抗压强度推算值能同时满足下式条件，则判定该制品的混凝土强度合格。

$$\overline{R}' \geqslant 0.85 f_{cu,k} \tag{6-35}$$

$$R'_{\min} \geqslant 0.75 f_{cu,k} \tag{6-36}$$

式中：$\overline{R}'$——钻取的 12 个芯样的芯样试件混凝土抗压强度推算值的平均值（MPa）；

$R'_{\min}$——钻取的 12 个芯样的芯样试件混凝土抗压强度推算值的最小值（MPa）。

②若测得的芯样试件混凝土抗压强度推算值不能同时满足上式条件，则判定该制品的混凝土强度不合格。

8.《钻芯法检测混凝土强度技术规程》CECS 03—2007

1）适用范围

本规程适用于钻芯法检测结构中强度不大于 80MPa 的普通混凝土强度。

2）一般规定

（1）从结构中钻取的混凝土芯样应加工成符合规定的芯样试件。

（2）芯样试件混凝土的强度应通过对芯样试件施加作用力的试验方法确定。

（3）抗压试验的芯样试验宜使用标准芯样试件，其公称直径不宜小于骨料最大粒径的 3 倍；也可采用小直径芯样试件，但其公称直径不应小于 70mm 且不得小于骨料最大粒径的 2 倍。

（4）钻芯法可用于确定检测批或单个构件的混凝土强度推定值；也可用于钻芯修正间接强度检测方法得到的混凝土强度换算值。

3）钻芯确定混凝土强度推定值

（1）钻芯法确定检验批的混凝土强度推定值时，取样应遵守下列规定：

①芯样试件的数量应根据检验批的容量确定。标准芯样试件的最小样本量不宜少于 15 个，小直径芯样试件的最小样本量应适当增加。

②芯样应从检验批的结构构件中随机抽取，每个芯样应取自一个构件或结构的局部部位，且取芯位置应符合本规程的要求。

（2）检验批混凝土强度的推定值应按下列方法确定：

①检验批的混凝土强度推定值应计算推定区间，推定区间的上限值和下限值按下列公

式计算：

$$上限值：f_{cu,e1} = f_{cu,cor,m} - k_1 s_{cor} \tag{6-37}$$

$$下限值：f_{cu,e2} = f_{cu,cor,m} - k_2 s_{cor} \tag{6-38}$$

$$平均值：f_{cu,cor,m} = \frac{\sum_{i=1}^{n} f_{cu,cor,i}}{n} \tag{6-39}$$

$$标准差：s_{cor} = \sqrt{\frac{\sum_{i=1}^{n}(f_{cu,cor,i} - f_{cu,cor,m})^2}{n-1}} \tag{6-40}$$

式中：$f_{cu,cor,m}$——芯样试件的混凝土抗压强度平均值（MPa），精确 0.1MPa；

$f_{cu,cor,i}$——单个芯样试件的混凝土抗压强度值（MPa），精确 0.1MPa；

$f_{cu,e1}$——混凝土抗压强度上限值（MPa），精确 0.1MPa；

$f_{cu,e2}$——混凝土抗压强度下限值（MPa），精确 0.1MPa；

k_1、k_2——推定区间上限值系数和下限值系数，按附录 B 查得；

s_{cor}——芯样试件强度样本的标准差（MPa），精确 0.1MPa。

② $f_{cu,e1}$ 和 $f_{cu,e2}$ 所构成推定区间的置信度宜为 0.85，$f_{cu,e1}$ 与 $f_{cu,e2}$ 之间的差值不宜大于 5.0MPa 和 $0.10 f_{cu,cor,m}$ 两者的较大值。

③ 宜以 $f_{cu,e1}$ 作为检验批混凝土强度的推定值。

（3）钻芯确定检测批混凝土强度推定值时，可剔除芯样试件抗压强度样本中的异常值。剔除规则应按现行国家标准《数据的统计处理和解释 正态样本离群值的判断和处理》GB/T 4883—2008 的规定执行。当确有试验依据时，可对芯样试件抗压强度样本的标准差 s_{cor} 进行符合实际情况的修正或调整。

（4）钻芯确定单个构件的混凝土强度推定值时，有效芯样试件的数量不应少于 3 个；对于较小构件，有效芯样试件的数量不得少于 2 个。

（5）单个构件的混凝土强度推定值不再进行数据的舍弃，而应按有效芯样试件混凝土抗压强度值中的最小值确定。

4）钻芯修正方法

（1）对间接测强方法进行钻芯修正时，宜采用修正量的方法，也可采用其他形式的修正方法。

（2）当采用修正量的方法时，芯样试件的数量和取芯位置应符合下列要求：

① 标准芯样的数量不应少于 6 个，小直径芯样的试件数量宜适当增加；

② 芯样应从采用间接方法的结构构件中随机抽取，取芯位置应符合本规程的规定；

③ 当采用的间接检测方法为无损检测方法时，钻芯位置应与检测方法相应的测区

重合；

④当采用的间接检测方法对结构构件有损伤时，钻芯位置应布置在相应的测区附近。

（3）钻芯修正后的换算强度可按下列公式计算：

$$f_{cu,i0}^c = f_{cu,i}^c + \Delta f \tag{6-41}$$

$$\Delta f = f_{cu,cor,m} - f_{cu,mj}^c \tag{6-42}$$

式中：$f_{cu,i0}^c$——修正后得换算强度；

$f_{cu,i}^c$——修正前得换算强度；

Δf——修正量；

$f_{cu,mj}^c$——所用间接检测方法对应芯样测区得换算强度的算术平均值。

（4）由钻芯修正方法确定检验批的混凝土强度推定值时，应采用修正后的样本算术平均值和标准差，并按本规程规定的方法确定。

5）仪器设备

（1）钻取芯样及芯样加工、测量的主要设备与仪器均应有产品合格证，计量器具应有检定证书并在有效使用期内。

（2）钻芯机应具有足够的刚度、操作灵活、固定和移动方便，并应有水冷却系统。

（3）钻取芯样时宜采用金刚石或人造金刚石薄壁钻头。钻头胎体不得有肉眼可见的裂缝、缺边、少角、倾斜及喇叭口变形。钻头胎体对钢体的同心偏差不得大于0.3mm，钻头的径向跳动不大于1.5mm。

（4）锯切芯样时使用的锯切机和磨芯样，应具有冷却系统和牢固夹紧芯样的装置；配套使用的人造金刚石圆锯片应有足够的刚度。

（5）芯样宜采用补平装置（或研磨机）进行芯样端面加工。补平装置除应保证芯样的端面平整外，尚应保证芯样端面与芯样轴线垂直。

（6）探测钢筋位置的磁感仪，应适用于现场操作，最大探测深度不应小于60mm，探测位置偏差不宜大于±5mm。

6）芯样的钻取

（1）采用钻芯法检测结构混凝土强度前，宜具备下列资料：

①工程名称（或代号）及设计、施工、监理、建设单位名称；

②结构或构件种类、外形尺寸及数量；

③设计采用的混凝土强度等级；

④检测龄期，原材料（水泥品种、粗骨料粒径等）和抗压强度试验报告；

⑤结构或构件质量状况和施工中存在问题的记录；

⑥有关的结构设计图和施工图等。

（2）芯样应有结构或构件的下列部位钻取：

①结构或构件受力较小的部位；

②混凝土强度质量具有代表性的部位；

③便于钻芯机安放与操作的部位；

④避开主筋、预埋件和管线的位置。

（3）钻芯机就位并安放平稳后，应将钻芯机固定，固定的方法应根据钻芯机构造和施工现场的具体情况确定。

（4）钻芯机在未安装钻头之前，应先通电检查主轴旋转方向（三相电动机）。

（5）钻芯时用于冷却钻头和排除混凝土碎屑的冷却水的流量，宜为(3~5)L/min。

（6）钻取芯样时应控制进钻的速度。

（7）芯样应进行标记。当所取芯样高度和质量不能满足要求时，则应重新钻取芯样。

（8）芯样应采取保护措施，避免在运输和贮存中损坏。

（9）钻芯后留下的孔洞应及时进行修补。

（10）在钻芯工作完毕后，应对钻芯机和芯样加工设备进行维修保养。

（11）钻芯操作应遵守国家有关安全生产和劳动保护的规定，并应遵守钻芯现场安全生产的有关规定。

7）芯样的加工及技术要求

（1）抗压芯样试件的高度与直径之比（H/d）宜为 1.00。

（2）芯样试件内不宜含有钢筋。如不能满足此项要求时，抗压试件应符合下列要求：

①标准芯样试件，每个试件内最多只允许有二根直径小于 10mm 的钢筋；

②公称直径小于 100mm 的芯样试件，每个试件内最多只允许有一根直径小于 10mm 的钢筋；

③芯样内的钢筋应与芯样试件的轴线基本垂直并离开端面 10mm 以上。

（3）锯切后的芯样应进行端面处理，宜采取在磨平机上磨平端面的处理方法。承受轴向压力芯样试件端面，也可采取下列处理方法：

①用环氧胶泥或聚合物水泥砂浆补平；

②抗压强度低于 40MPa 的芯样试件，可采用水泥砂浆、水泥净浆或聚合物水泥砂浆补平，补平层厚度不宜大于 5mm；也可采用硫磺胶泥补平，补平层厚度不宜大于 1.5mm。

（4）在试验前应按下列规定测量芯样试件尺寸：

①平均直径用游标卡尺在芯样试件中部相互垂直的两个位置上测量，取测量的算术平均值作为芯样试件的直径，精确至 0.5mm；

②芯样试件高度用钢卷尺或钢板尺进行测量，精确至 1mm；

③垂直度用游标量角器测量芯样试件两个端面与母线的夹角，精确至 0.1°；

④平整度用钢板尺或角尺紧靠在芯样试件端面上，一面转动钢板尺，一面用塞尺测量钢板尺与芯样试件端面之间的缝隙；也可采用其他专用设备量测。

（5）芯样试件尺寸偏差及外观质量超过下列数值时，相应的测试数据无效：

①芯样试件的实际高径比高径比（H/d）小于要求高径比的 0.95 或大于 1.05 时；

②沿芯样试件高度的任一直径与平均直径相差大于 2mm；

③抗压芯样试件端面的不平整度在 100mm 长度内大于 0.1mm；

④芯样试件端面与轴线的不垂直度大于 1°；

⑤芯样有裂缝或有其他较大缺陷。

8）芯样试件的试验和抗压强度值的计算

（1）芯样试件应在自然干燥状态下进行抗压试验。

（2）当结构工作条件比较潮湿，需要确定潮湿状态下混凝土的强度时，芯样试件宜在 $(20±5)$℃的清水中浸泡$(40～48)$h，从水中取出后立即进行试验。

（3）芯样试件的抗压试验的操作应符合现行国家标准《混凝土物理力学性能试验方法》GB/T 50081—2019 中对立方体试块抗压试验的规定。

（4）混凝土的抗压强度值，应根据混凝土原材料和施工工艺通过试验确定，也可按本规程第下条的规定确定。

（5）芯样试件的混凝土抗压强度可按下式计算：

$$f_{cu,cor} = F_c/A$$

式中：$f_{cu,cor}$——芯样试件的混凝土抗压强度值（MPa）；

F_c——芯样试件的抗压试验测得的最大压力（N）；

A——芯样试件抗压截面面积（mm^2）。

三、混凝土强度（回弹—钻芯综合法）

1. 相关标准

（1）《混凝土结构工程施工质量验收规范》GB 50204—2015。

（2）《回弹法检测混凝土抗压强度技术规程》JGJ/T 23—2011。

（3）《混凝土物理力学性能试验方法标准》GB/T 50081—2019。

2. 适用范围

（1）当未取得同条件养护试件强度或同条件养护试件强度不符合要求时，可采用回弹—取芯法进行检验。

（2）回弹法中回弹数据的修正。

3. 抽样规定

回弹构件的抽取应符合下列规定：

（1）同一混凝土强度等级的柱、梁、墙、板，抽取构件最小数量应符合表 6-4 的规定，并应均匀分布。

（2）不宜抽取截面高度小于 300mm 的梁和边长小于 300mm 的柱。

回弹构件抽取最小数量规定　　　　表 6-4

构件总数量	最小抽样数量	构件总数量	最小抽样数量
20 以下	全数	281～500	40
20～150	20	501～1200	64
151～280	26	1201～3200	100

4. 检测方法

（1）每个构件应按现行行业标准《回弹法检测混凝土抗压强度技术规程》JGJ/T 23—2011 对单个构件检测的有关规定选取不少于 5 个测区进行回弹，楼板构件的回弹应在板底进行。

（2）对同一强度等级的构件，应按每个构件的最小测区平均回弹值进行排序，并选取最低的 3 个测区对应的部位各钻取 1 个芯样试件。芯样应采用带水冷却装置的薄壁空心钻钻取，其直径宜为 100mm，且不宜小于混凝土骨料最大粒径的 3 倍。

（3）芯样试件的端部宜采用环氧胶泥或聚合物水泥砂浆补平，也可采用硫黄胶泥修补。加工后芯样试件的尺寸偏差与外观质量应符合下列规定：

①芯样试件的高度与直径之比实测值不应小于 0.98，也不应大于 1.02；

②沿芯样高度的任一直径与其平均值之差不应大于 2mm；

③芯样试件端面的不平整度在 100mm 长度内不应大于 0.1mm；

④芯样试件端面与轴线的不垂直度不应大于 1°；

⑤芯样不应有裂缝、缺陷及钢筋等其他杂物。

（4）芯样试件尺寸的量测应符合下列规定：

①应采用游标卡尺在芯样试件中部互相垂直的两个位置测量直径，取其算术平均值作为芯样试件的直径，精确至 0.5mm；

②应采用钢板尺测量芯样试件的高度，精确至 1mm；

③垂直度应采用游标量角器测量芯样试件两个端线与轴线的夹角，精确至 0.1°；

④平整度应采用钢板尺或角尺紧靠在芯样试件端面上，一面转动钢板尺-面用塞尺测量钢板尺与芯样试件端面之间的缝隙；也可采用其他专用设备测量。

5. 检测结果计算与评定

（1）芯样试件应按现行国家标准《混凝土物理力学性能试验方法标准》GB/T 50081—2019 中圆柱体试件的规定进行抗压强度试验。

（2）对同一强度等级的构件，当符合下列规定时，结构实体混凝土强度可判为合格：

①三个芯样的抗压强度算术平均值不小于设计要求的混凝土强度等级值的 88%；

②三个芯样抗压强度的最小值不小于设计要求的混凝土强度等级值的 80%。

四、混凝土强度（超声回弹综合法）

1. 相关标准

（1）《回弹法、超声回弹综合法检测泵送混凝土抗压强度技术规程》DB11/T 1446—2017。

（2）《高强混凝土强度检测技术规程》JGJ/T 294—2013。

2. 基本概念

（1）测区：检测构件混凝土强度时的一个检测单元。

（2）测点：测区内的一个回弹检测点。

（3）测区混凝土强度换算值：由测区的平均回弹值和碳化深度值通过测强曲线或测区强度换算表得到的测区现龄期混凝土强度值。

（4）混凝土强度推定值：相应于强度值总体分布中保证率不低于95%的构件中的混凝土强度值。

（5）超声回弹综合法：依据测量得到的混凝土超声波声速值和回弹值作为与强度相关的指标，来推定混凝土强度的方法。

3.《回弹法、超声回弹综合法检测泵送混凝土抗压强度技术规程》DB11/T 1446—2017

1）组批原则

（1）批量检测适用于在相同的生产工艺条件下，混凝土强度等级相同，原材料、配合比、成型工艺、养护条件基本一致且龄期相近的一批同类构件的检测。

按批量检测时，应随机抽取构件并使所抽构件具有代表性，抽检数量不宜少于同批构件总数的30%且不宜少于10件。当检验批构件数量大于30个时，抽检的构件数量可按《建筑结构检测技术标准》GB/T 50344—2019 和《混凝土结构现场检测技术标准》GB/T 50784—2013 的规定执行。

（2）单个构件的检测，其测区数不宜少于10个。当出现下列情况之一时，每个构件的测区数可适当减少，但不应少于5个：

①受检构件数量大于30个且不需要提供单个构件推定强度。

②受检构件某一方向尺寸不大于4.5m且另一方向尺寸不大于0.3m。

2）仪器设备（回弹仪）

（1）水平弹击时，弹击锤脱钩的瞬间，回弹仪的标准能量应为2.207J。

（2）在弹击锤与弹击杆碰撞的瞬间，弹击拉簧应处于自由状态，且弹击锤起跳点应位于指针指示刻度尺上的"0"处。

（3）在洛氏硬度HRC为60±2的钢砧上，回弹仪的率定值应为80±2。

（4）数字式回弹仪应带有指针直值系统；数字显示的回弹值与指针直读示值相差不应超过1。

（5）回弹仪使用时的环境温度应为(−4～40)℃。

3）超声波检测仪技术要求

（1）超声波检测仪可为模拟式，也可为数字式。

（2）超声波检测仪除应符合《混凝土超声波检测仪》JG/T 5004—1992 的规定外，尚应符合下列规定：

①具有波形清晰、显示稳定的示波装置；

②声时最小分度为 0.1μs；

③具有最小分度为 1dB 的衰减系统；

④接收放大器频响范围(10～500)kHz，总增益不小于 80dB，接收灵敏度（在信噪比为 3∶1 时）不大于 50μV。

（3）模拟式超声波检测仪还应满足下列要求：

①具有手动游标和自动整形两种声时测读功能；

②数字显示稳定。声时调节在(20～30)μs 范围，连续 1h 数字变化不大于±0.2μs。

（4）数字式超声波检测仪还应满足下列要求：

①具有采集、储存数字信号并进行数据处理的功能；

②具有手动游标测读和自动测读的方式。当自动测读时，在同一测试条件下，1h 内每 5min 测读一次时，值的差异应不大于±0.2μs；

③自动测读方式下，在显示器的接收波形上应有光标指示声时的测读位置。

（5）换能器的频率宜在(50～100)kHz 以内，实测主频与标称频率相差应不大于±10%。

（6）超声波检测仪的使用环境温度应为(0～40)℃。

（7）超声波检测仪检定（校准）周期为 1 年。

（8）超声波检测仪保养应符合下列规定：

①应存放在阴凉、干燥的环境中；

②较长时间不用时，应定期通电排除潮气；

③工作时应采取防尘、防震措施。

4.试验检测

1）回弹值测量

（1）检测时，回弹仪的轴线应始终垂直于结构或构件的混凝土检测面，缓慢施压，准确读数，快速复位。

（2）测点宜在测区范围内均匀分布，相邻两测点的净距不宜小于 20mm；测点距外露钢筋、预埋件的距离不宜小于 30mm。测点不应在气孔或外露石子上，同一测点只应弹击一次。每一测区应记取 16 个回弹值，每一测点的回弹值读数精确至 1。

2）声速测量

（1）超声测试宜采用对测。超声测点应布置在回弹测试的同一测区内，每一测区应布置 3 个测点。

（2）超声测量应符合下列规定：

①检测时，先在超声波检测仪上配置合适的换能器和高频电缆，并对声时值进行置零；

②超声测试时，换能器辐射面应通过耦合剂与混凝土测试面良好耦合；

③声时测量应精确到 0.1μs，超声测距测量应精确至 1.0mm，且测量误差应不大于±1%。

5. 结果计算

（1）回弹值应从该测区的 16 个回弹值中剔除 3 个最大值和 3 个最小值，余下的 10 个回弹值应按下式计算：

$$R_\mathrm{m} = \frac{\sum_{i=1}^{10} R_i}{10} \tag{6-43}$$

式中：R_m——测区平均回弹值，精确至 0.1；
　　　R_i——第 i 个测点的回弹值。

（2）测区的声速代表值：

$$v = \frac{1}{3} \sum_{i=1}^{3} \frac{l_i}{t_i} \tag{6-44}$$

式中：v——测区的声速代表值，精确至 0.01km/s；
　　　l_i——第 i 个测点的超声测距（mm），精确至 1.0mm；
　　　t_i——第 i 个测点的声时读数（μs），精确至 0.1μs。

（3）测区混凝土强度计算：

采用超声回弹综合法检测时，构件第 i 个测区混凝土强度换算值，可由《回弹法、超声回弹综合法检测泵送混凝土抗压强度技术规程》DB11/T 1446—2017 声速代表值（v）和平均回弹值（R_m）查表或计算得出。

（4）结构或构件的测区混凝土强度平均值：

结构或构件的测区混凝土强度平均值可根据各测区的混凝土强度换算计算。

① 当测区数为 10 个及以上时，应计算强度标准差。平均值及标准差应按下列公式计算：

$$m_{f_\mathrm{cu}^\mathrm{c}} = \frac{\sum_{i=1}^{n} f_{\mathrm{cu},i}^\mathrm{c}}{n} \tag{6-45}$$

$$s_{f_\mathrm{cu}^\mathrm{c}} = \sqrt{\frac{\sum_{i=1}^{n} (f_{\mathrm{cu},i}^\mathrm{c})^2 - n(m_{f_\mathrm{cu}^\mathrm{c}})^2}{n-1}} \tag{6-46}$$

式中：$m_{f_\mathrm{cu}^\mathrm{c}}$——结构或构件测区混凝土强度换算值的平均值（MPa），精确至 0.1MPa；
　　　n——对于单个检测的构件，取一个构件的测区数；对批量检测的构件，取被抽检构件测区数之和；
　　　$s_{f_\mathrm{cu}^\mathrm{c}}$——结构或构件测区混凝土强度换算值的标准差（MPa），精确至 0.01MPa。

② 当该结构或构件测区数少于 10 个时：

$$f_\mathrm{cu,e} = f_\mathrm{cu,min}^\mathrm{c} \tag{6-47}$$

式中：$f_\mathrm{cu,min}^\mathrm{c}$——构件中最小的测区混凝土强度换算值。

③ 当该结构或构件的测区强度值中出现小于 15.0MPa 时：

$$f_\mathrm{cu,e} < 15.0\mathrm{MPa} \tag{6-48}$$

④当该结构或构件测区数不少于10个时,应按下列公式计算:

$$f_{cu,e} = m_{f_{cu}^c} - 1.645 s_{f_{cu}^c} \tag{6-49}$$

⑤当批量检测时,应按下列公式计算:

$$f_{cu,e} = m_{f_{cu}^c} - k s_{f_{cu}^c} \tag{6-50}$$

式中:k——推定系数,宜取 1.645。当需要进行推定区间时,可按国家现行有关标准的规定取值。

⑥对按批量检测的构件,当该批构件混凝土强度标准差出现下列情况之一时,则该批构件应全部按单个构件检测:

a. 批混凝土强度平均值小于25MPa,标准差>4.50MPa 时;

b. 批混凝土强度平均值不小于25MPa 且不大于60MPa,标准差>5.50MPa 时。

6.《高强混凝土强度检测技术规程》JGJ/T 294—2013

1)适用范围

(1)本规程适用于工程结构中强度等级为 C50~C100 的混凝土抗压强度检测。本规程不适用于下列情况的混凝土抗压强度检测:

①遭受严重冻伤、化学侵蚀、火灾而导致表里质量不一致的混凝土和表面不平整的混凝土;

②潮湿的和特种工艺成型的混凝土;

③厚度小于 150mm 的混凝土构件;

④所处环境温度低于 0℃或高于 40℃的混凝土。

(2)当对结构中的混凝土有强度检测要求时,可按本规程进行检测,其强度推定结果可作为混凝土结构处理的依据。

(3)当具有钻芯试件或同条件的标准试件作校核时,可按本规程对 900d 以上龄期混凝土抗压强度进行检测和推定。

(4)当采用回弹法检测高强混凝土强度时,可采用标称动能为 4.5J 或 5.5J 的回弹仪。采用标称动能为 4.5J 的回弹仪时,应按本规程附录 A 执行,采用标称动能为 5.5J 的回弹仪时,应按本规程附录 B 执行。

(5)采用本规程的方法检测及推定混凝土强度时,除应符合本规程外,尚应符合国家现行有关标准的规定。

2)检测仪器

(1)回弹仪应具有产品合格证和检定合格证。

(2)回弹仪的弹击锤脱钩时,指针滑块示值刻线应对应于仪壳的上刻线处,且示值误差不应超过±0.4mm。

(3)回弹仪率定应符合下列规定:

①钢砧应稳固地平放在坚实的地坪上;

②回弹仪应向下弹击;

③弹击杆应旋转3次,每次应旋转90°,且每旋转1次弹击杆,应弹击3次;

④应取连续3次稳定回弹值的平均值作为率定值。

(4)当遇有下列情况之一时,回弹仪应送法定计量检定机构进行检定:

①新回弹仪启用之前;

②超过检定有效期;

③更换零件和检修后;

④尾盖螺钉松动或调整后;

⑤遭受严重撞击或其他损害。

(5)当遇有下列情况之一时,应在钢砧上进行率定,且率定值不合格时不得使用:

①每个检测项目执行之前和之后;

②测试过程中回弹值异常时。

(6)回弹仪每次使用完毕后,应进行维护。

(7)回弹仪有下列情况之一时,应将回弹仪拆开维护:

①弹击超过2000次;

②率定值不合格。

(8)混凝土超声波检测仪应具有产品合格证和校准证书。

(9)混凝土超声波检测仪可采用模拟式和数字式。

(10)超声波检测仪应符合现行行业标准《混凝土超声波检测仪》JG/T 5004—1992的规定,且计量检定结果应在有效期内。

(11)应符合下列规定:

①应具有波形清晰、显示稳定的示波装置;

②声时最小分度值应为0.1μs;

③应具有最小分度值为1dB的信号幅度调整系统;

④接收放大器频响范围应为(10~500)kHz,总增益不应小于80dB,信噪比为3∶1时的接收灵敏度不应大于50μV;

⑤超声波检测仪的电源电压偏差在额定电压的±10%的范围内时,应能正常工作;

⑥连续正常工作时间不应少于4h。

(12)模拟式超声波检测仪除应符合(11)条的规定外,尚应符合下列规定:

①应具有手动游标和自动整形两种声时测读功能;

②数字显示应稳定,声时调节应在(20~30)μs范围内,连续静置1h数字变化不应超过±0.2μs。

(13)数字式超声波检测仪除应符合(11)条的规定外,尚应符合下列规定:

①应具有采集、储存数字信号并进行数据处理的功能;

②应具有手动游标测读和自动测读两种方式,当自动测读时,在同一测试条件下,在1h 内每 5min 测读一次声时值的差异不应超过±0.2μs;

③自动测读时,在显示器的接收波形上,应有光标指示声时的测读位置。

(14)超声波检测仪器使用时的环境温度应为(0~40)℃。

(15)换能器应符合下列规定:

①换能器的工作频率应在(50~100)kHz 范围内;

②换能器的实测主频与标称频率相差不应超过±10%。

(16)超声波检测仪在工作前,应进行校准,并应符合下列规定:

①应按下式计算空气中声速计算值(v_k):

$$v_k = 331.4\sqrt{1 + 0.00367 T_k} \tag{6-51}$$

式中:v_k——温度为T_k时空气中的声速计算值(m/s);

T_k——测试时空气的温度(℃)。

②超声波检测仪的声时计量检验,应按"时—距"法测量空气中声速实测值(v_0),且v_0相对v_k误差不应超过±0.5%。

③应根据测试需要配置合适的换能器和高频电缆线,并应测定声时初读数(t_0),检测过程中更换换能器或高频电缆线时,应重新测定t_0。

(17)超声波检测仪应至少每年保养一次。

3)一般规定

(1)使用回弹仪、混凝土超声波检测仪进行工程检测的人员,应通过专业培训,并持证上岗。

(2)检测前宜收集下列有关资料:

①工程名称及建设、设计、施工、监理单位名称;

②结构或构件的部位、名称及混凝土设计强度等级;

③泥品种、强度等级、砂石品种、粒径、外加剂品种、掺合料类别及等级、混凝土配合比等;

④混凝土浇筑日期、施工工艺、养护情况及施工记录;

⑤结构及现状;

⑥检测原因。

(3)当按批抽样检测时,同时符合下列条件的构件可作为同批构件:

①混凝土设计强度等级、配合比和成型工艺相同;

②混凝土原材料、养护条件及龄期基本相同;

③构件种类相同;

④在施工阶段所处状态相同。

(4)对同批构件按批抽样检测时,构件应随机抽样,抽样数量不宜少于同批构件的

30%，且不宜少于 10 件。当检验批中构件数量大于 50 时，构件抽样数量可按现行国家标准《建筑结构检测技术标准》GB/T 50344—2019 进行调整，但抽取的构件总数不宜少于 10 件，并应按现行国家标准《建筑结构检测技术标准》GB/T 50344—2019 进行检测批混凝土的强度推定。

（5）测区布置应符合下列规定：

①检测时应在构件上均匀布置测区，每个构件上的测区数不应少于 10 个；

②对某一方向尺寸不大于 4.5m 且另一方向尺寸不大于 0.3m 的构件，其测区数量可减少，但不应少于 5 个。

（6）构件的测区应符合下列规定：

①测区应布置在构件混凝土浇筑方向的侧面，并宜布置在构件的两个对称的可测面上，当不能布置在对称的可测面上时，也可布置在同一可测面上；在构件的重要部位及薄弱部位应布置测区，并应避开预埋件；

②相邻两测区的间距不宜大于 2m；测区离构件边缘的距离不宜小于 100mm；

③测区尺寸宜为 200mm×200mm；

④测试面应清洁、平整、干燥，不应有接缝、饰面层、浮浆和油垢；表面不平处可用砂轮适度打磨，并擦净残留粉尘。

（7）结构或构件上的测区应注明编号，并应在检测时记录测区位置和外观质量情况。

4）回弹测试及回弹值计算

（1）在构件上回弹测试时，回弹仪的纵轴线应始终与混凝土成型侧面保持垂直，并应缓慢施压、准确读数、快速复位。

（2）结构或构件上的每一测区应回弹 16 个测点，或在待测超声波测区的两个相对测试面各回弹 8 个测点，每一测点的回弹值应精确至 1。

（3）测点在测区范围内宜均匀分布，不得分布在气孔或外露石子上。同一测点应只弹击一次，相邻两测点的间距不宜小于 30mm；测点距外露钢筋、铁件的距离不宜小于 100mm。

（4）计算测区回弹值时，在每一测区内的 16 个回弹值中，应先剔除 3 个最大值和 3 个最小值，然后将余下的 10 个回弹值按下式计算，其结果作为该测区回弹值的代表值：

$$R = \frac{1}{10}\sum_{i=1}^{10} R_i \qquad (6\text{-}52)$$

式中：R——测区回弹代表值，精确至 0.1；

R_i——第 i 个测点的有效回弹值。

5）超声测试及声速值计算

（1）采用超声回弹综合法检测时，应在回弹测试完毕的测区内进行超声测试。每一测区应布置 3 个测点。超声测试宜优先采用对测，当被测构件不具备对测条件时，可采用角测和单面平测。

（2）超声测试时，换能器辐射面应采用耦合剂使其与混凝土测试面良好耦合。

（3）声时测量应精确至 0.1μs，超声测距测量应精确至 1mm，且测量误差应在超声测距的±1%之内。声速计算应精确至 0.01km/s。

（4）当在混凝土浇筑方向的两个侧面进行对测时，测区混凝土中声速代表值应为该测区中 3 个测点的平均声速值，并应按下式计算：

$$v = \frac{1}{3}\sum_{i=1}^{3}\frac{l_i}{t_i - t_0} \tag{6-53}$$

式中：v——测区混凝土中声速代表值（km/s）；

l_i——第 i 个测点的超声测距（mm）；

t_i——第 i 个测点的声时读数（μs）；

t_0——声时初读数（μs）。

6）混凝土强度的推定

（1）本规程给出的强度换算公式适用于配制强度等级为 C50～C100 的混凝土，且混凝土应符合下列规定：

①水泥应符合现行国家标准《通用硅酸盐水泥》GB 175—2023 的规定；

②砂、石应符合现行行业标准《普通混凝土用砂、石质量及检验方法标准》JGJ 52—2006 的规定；

③应自然养护；

④龄期不宜超过 900d。

（2）结构或构件中第 i 个测区的混凝土抗压强度换算值应按本规程的规定，计算出所用检测方法对应的测区测试参数代表值，并应优先采用专用测强曲线或地区测强曲线换算取得。专用测强曲线和地区测强曲线应按本规程附录 C 的规定制定。

（3）当无专用测强曲线和地区测强曲线时，可按《高强混凝土强度检测技术规程》JGJ/T 294—2013 附录 D 的规定，通过验证后，采用本规程给出的全国高强混凝土测强曲线公式，计算结构或构件中第 i 个测区混凝土抗压强度换算值。

（4）当采用回弹法检测时，结构或构件第 i 个测区混凝土强度换算值，可按《高强混凝土强度检测技术规程》JGJ/T 294 附录 A 或附录 B 查表得出。

（5）当采用超声回弹综合法检测时，结构或构件第 i 个测区混凝土强度换算值，可按下式计算，也可按《高强混凝土强度检测技术规程》JGJ/T 294 附录 E 查表得出：

$$f_{cu,i}^c = 0.117081 v^{0.539038} \cdot R^{1.33947} \tag{6-54}$$

式中：$f_{cu,i}^c$——结构或构件第 i 个测区的混凝土抗压强度换算值（MPa）；

R——4.5J 回弹仪测区回弹代表值，精确至 0.1。

（6）结构或构件的测区混凝土换算强度平均值可根据各测区的混凝土强度换算值

计算。当测区数为 10 个及以上时，应计算强度标准差。平均值和标准差应按下列公式计算：

$$m_{f_{\text{cu}}^c} = \frac{1}{n}\sum_{i=1}^{n} f_{\text{cu},i}^c \tag{6-55}$$

$$s_{f_{\text{cu}}^c} = \sqrt{\frac{\sum_{i=1}^{n}(f_{\text{cu},i}^c)^2 - n(m_{f_{\text{cu}}^c})^2}{n-1}} \tag{6-56}$$

式中：$m_{f_{\text{cu}}^c}$——结构或构件测区混凝土抗压强度换算值的平均值（MPa），精确至 0.1MPa；

$s_{f_{\text{cu}}^c}$——结构或构件测区混凝土抗压强度换算值的标准差（MPa），精确至 0.01MPa；

n——测区数。对单个检测的构件，取一个构件的测区数；对批量检测的构件，取被抽检构件测区数之总和。

（7）当检测条件与测强曲线的适用条件有较大差异或曲线没有经过验证时，应采用同条件标准试件或直接从结构构件测区内钻取混凝土芯样进行推定强度修正，且试件数量或混凝土芯样不应少于 6 个。计算时，测区混凝土强度修正量及测区混凝土强度换算值的修正应符合下列规定：

① 修正量应按下列公式计算：

$$\Delta_{\text{tot}} = \frac{1}{n}\sum_{i=1}^{n} f_{\text{cor},i} - \frac{1}{n}\sum_{i=1}^{n} f_{\text{cu},i}^c \tag{6-57}$$

$$\Delta_{\text{tot}} = \frac{1}{n}\sum_{i=1}^{n} f_{\text{cu},i} - \frac{1}{n}\sum_{i=1}^{n} f_{\text{cu},i}^c \tag{6-58}$$

式中：Δ_{tot}——测区混凝土强度修正量（MPa），精确到 0.1MPa；

$f_{\text{cor},i}$——第 i 个混凝土芯样试件的抗压强度；

$f_{\text{cu},i}$——第 i 个同条件混凝土标准试件的抗压强度；

$f_{\text{cu},i}^c$——对应于第 i 个芯样部位或同条件混凝土标准试件的混凝土强度换算值；

n——混凝土芯样或标准试件数量。

② 测区混凝土强度换算值的修正应按下式计算：

$$f_{\text{cu},i1}^c = f_{\text{cu},i0}^c + \Delta_{\text{tot}} \tag{6-59}$$

式中：$f_{\text{cu},i0}^c$——第 i 个测区修正前的混凝土强度换算值（MPa），精确到 0.1MPa；

$f_{\text{cu},i1}^c$——第 i 个测区修正后的混凝土强度换算值（MPa），精确到 0.1MPa。

（8）结构或构件的混凝土强度推定值 $f_{\text{cu,e}}$ 应按下列公式确定：

① 当该结构或构件测区数少于 10 个时，应按下式计算：

$$f_{\text{cu,e}} = f_{\text{cu,min}}^c \tag{6-60}$$

式中：$f_{\text{cu,min}}^c$——结构或构件最小的测区混凝土抗压强度换算值（MPa），精确至 0.1MPa。

② 当该结构或构件测区数不少于 10 个或按批量检测时，应按下式计算：

$$f_{\text{cu,e}} = m_{f_{\text{cu}}^c} - 1.645 s_{f_{\text{cu}}^c} \tag{6-61}$$

（9）对按批量检测的结构或构件，当该批构件混凝土强度标准差出现下列情况之一时，该批构件应全部按单个构件检测：

①该批构件的混凝土抗压强度换算值的平均值$m_{f_{cu}^c}$不大于 50.0MPa，且标准差$s_{f_{cu}^c}$大于 5.50MPa；

②该批构件的混凝土抗压强度换算值的平均值$m_{f_{cu}^c}$大于 50.0MPa，且标准差$s_{f_{cu}^c}$大于 6.50MPa。

五、砂浆强度（推出法）

1. 相关标准

（1）《非烧结砖砌体现场检测技术规程》JGJ/T 371—2016。

（2）《砌体工程现场检测技术标准》GB/T 50315—2011。

2.《非烧结砖砌体现场检测技术规程》JGJ/T 371—2016

1）基本概念

推出法：采用推出仪或拉拔仪从墙体上水平推出单块丁砖，测得水平推力及推出砖下的砂浆饱满度，以此推定砌筑砂浆抗压强度的方法。

2）一般规定及组批原则

检测对象为整栋建筑物或建筑物的一部分时，应按变形缝将其划分为一个或若干个可独立分析的结构单元，每一结构单元应划分为若干个检测单元。

每一检测单元内，不宜少于 6 个测区，应将单片墙体或单根柱作为一个测区。并一个检测单元不足 6 个构件时，应将每个构件作为一个测区。

采用原位轴压法、扁顶法、切制抗压试件法检测，当选择 6 个测区确有困难时，可选取不少于 3 个测区测试，但宜结合其他非破损检测方法综合进行强度推定。每一测区应在有代表性的部位布置若干测点或测位。各种检测方法的测点数或测位数，应符合下列规定：

（1）原位轴压法、扁顶法、切制抗压试件法、简压法，测点数不应少于 1 个；

（2）原位双剪法、推出法，测点数不应少于 3 个；

（3）点荷法、砂浆片局压法，测点数不应少于 5 个；

（4）砂浆回弹法、普通小砌块回弹法的测位数不应少于 5 个；

（5）委托方仅要求对建筑物的部分或个别部位检测时，可按工程实际情况确定测区数，每一测区的测点数或测位数应符合规定，检测结果宜只给出各测区的强度值；

（6）当水平灰缝的砂浆饱满度低 65%时，不宜选用推出法。

3. 取样方法

选用检测方法和在墙体上选定测点或测位时尚应符合下列规定：

（1）测点或测位不应位于门窗洞口处。

（2）测点或测位不应位于补砌的临时施工洞口附近。

（3）应力集中部位的墙体以及墙梁的墙体计算高度范围内，不应选用原位轴压法、切制抗压试件法、原位双剪法、筒压法。

（4）长度小于3.6m的承重墙，不应选用原位轴压法、扁顶法、切制抗压试件法。

（5）独立砖柱或普通小砌块柱、长度小于1m的墙段上不应选用有局部破损的检测方法。

（6）对墙体有明显质量缺陷的部位，宜布置测点或测位，单独推定该部位的强度指标。

（7）现场检测或取样检测时，砌筑砂浆的龄期不应低于28d。

（8）检测砌筑砂浆强度时，取样砂浆试件或原位检测的水平灰缝应处于自然干燥状态。

4. 仪器设备

（1）推出法可采用推出仪（图6-1）或拉拔仪（图6-2）对砌筑砂浆强度进行检测，设备应由反力架、传感器和带有峰值保持功能的力值显示仪等组成。推出法可用于推定240mm厚混凝土普通砖、混凝土多孔砖、蒸压灰砂砖和蒸压粉煤灰普通砖砌体中的砌筑砂浆强度，所测砂浆的强度宜为(1～15)MPa，且块材强度不宜低于MU10。

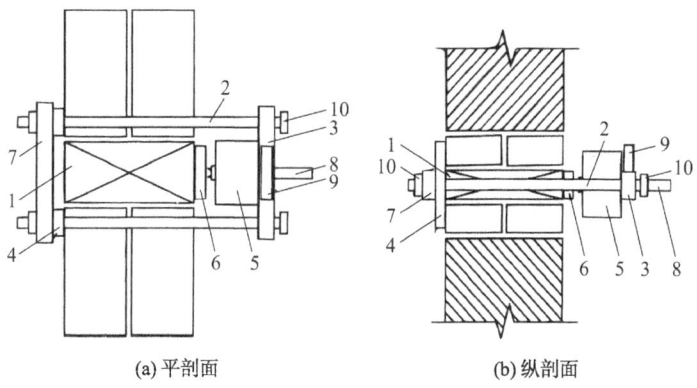

(a) 平剖面　　　　(b) 纵剖面

1—测试砖；2—反力杆；3—前梁；4—后垫块；5—传感器；6—垫片；
7—后梁；8—加荷螺杆；9—力值显示仪；10—调平螺丝

图6-1　推出仪及测试安装示意图

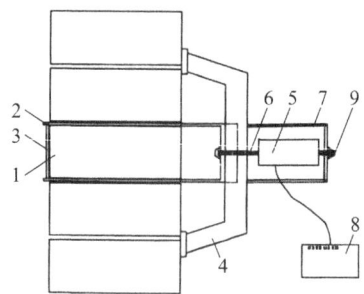

1—被拉丁砖；2—拉板；3—拉板架；4—反力支承架；5—传感器；6—拉杆；
7—支架板；8—峰值测定仪；9—加荷螺杆

图6-2　拉拔仪测试安装平面示意图

(2)测试设备的技术指标：

推出仪的主要技术指标应符合表 6-5 的规定。

推出仪的主要技术指标　　　　表 6-5

项目	指标	项目	指标
额定推力（kN）	30	额定行程（mm）	80
相对测量范围（%）	20-80	示值相对误差（%）	±3

(3)拉拔仪的主要技术指标应符合表 6-6 的规定。

拉拔仪的主要技术指标　　　　表 6-6

项目	指标	项目	指标
额定推力（kN）	30	额定行程（mm）	10
相对测量范围（%）	20-80	示值相对误差（%）	±2

(4)力值显示仪器或仪表应符合下列规定：

①最小分辨值应为 0.05kN，力值范围应为(0～30)kN；

②应具有测力峰值保持功能；

③仪器读数显不稳定，在 4h 内的读数漂移不得大于 0.05kN。

5. 测试步骤

(1)选择测点应符合下列规定：

①测点宜均匀布置在墙上，并应避开施工中的预留洞口；

②被测试丁砖的承压面可采用砂轮磨平，并应清理干净；

③被测试丁砖下的水平灰缝厚度应为(8～12)mm；

④测试前，被测试丁砖应编号，并应详细记录墙体的外观情况。

(2)测试前应钻取安装孔、清除测试丁砖上部的水平灰缝及两侧的竖向灰缝，可按下列步骤进行：

①使用冲击钻在被测试丁砖两侧的砖块上（图 6-3）打出直径约 20mm 的孔洞，孔洞中心距(190～230)mm；

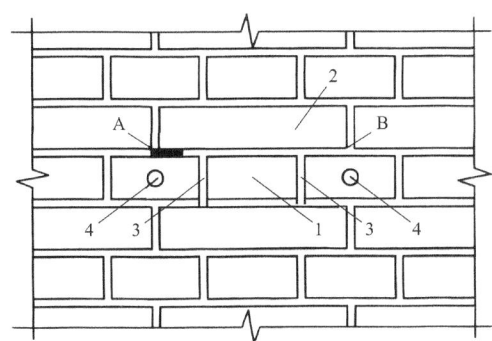

1—被测试丁砖；2—被取出的两块顺砖；3—掏空的竖缝；4—直径约 20mm 的孔洞

图 6-3　试件加工步骤示意图

②冲击钻在 A 点打出约 40mm 的孔洞,并应沿墙厚打穿;

③用锯条自 A 至 B 点锯开灰缝;

④取出丁砖上部的两块顺砖;

⑤用锯条锯切被测试丁砖两侧的竖向灰缝,直至下皮砖顶面;

⑥开洞及清缝时。不得扰动被测试丁砖。

(3)采用推出仪现场检测砌筑砂浆强度时,应符合下列规定:

①安装推出仪(图 6-1),测量前梁两端与墙面距离,误差不得大于 3mm;

②传感器的作用点。在水平方向应位于被推丁砖中间;垂直方向距被推丁砖下表面的距离:对普通砖应为 15mm,对多孔砖应为 40mm;

③旋转加荷螺杆对试件施加荷载,加荷速度宜控制为 5kN/min。当被推丁砖和砌体之间发生相对位移时,应认定试件达到破坏状态,并记录推出力 N_{ij}。

(4)采用拉拔仪现场检测砌筑砂浆强度时,除应符合上条规定外,尚应符合下列规定:

①安装拉拔仪(图 6-2)反力支架和夹具,应固定牢靠,传感器的压头与被拔砖端面的中心应重合并相接触;

②旋转加荷螺杆,应缓慢均匀加荷,当砖被拔出时,应观察峰值显示的读数,并应记录拔出的最大力值 N_{ij}。

(5)荷载施加完成后,应测试被测试丁砖的砂浆饱满度 B_{ij}。

6. 数据分析

(1)单个测区的力值平均值应按下式计算:

$$N_i = \xi_{2i} \frac{1}{n_1} \sum_{j=1}^{n_1} N_{ij} \tag{6-62}$$

式中:N_i——第 i 个测区的力值平均值(kN),精确至 0.01kN;

N_{ij}——第 i 个测区第 j 块测试砖的力值峰值(kN);

ξ_{2i}——砖品种的修正系数,对混凝土普通砖、混凝土多孔砖、蒸压灰砂砖和蒸压粉煤灰普通砖,均取 1.14。

(2)测区的砂浆饱满度平均值应按下式计算:

$$B_i = \frac{1}{n_1} \sum_{j=1}^{n_1} B_{ij} \tag{6-63}$$

式中:B_i——第 i 个测区的砂浆饱满度平均值,以小数计;

B_{ij}——第 i 个测区第 j 块测试砖下的砂浆饱满度实测值,以小数计。

(3)测区的砂浆强度平均值应按下列公式计算:

$$f_{2i} = 0.30 \left(\frac{N_i}{\xi_{3i}}\right)^{1.19} \tag{6-64}$$

$$\xi_{3i} = 0.45 B_i^2 + 0.90 B_i \tag{6-65}$$

式中：f_{2i}——第i个测区的砂浆强度平均值（MPa）；

ξ_{3i}——砂浆饱满度修正系数，以小数计。

（4）当测区的砂浆饱满度平均值小于0.65时，不宜采用推出法推定砂浆强度。

7.《砌体工程现场检测技术标准》GB/T 50315—2011

1）适用条件

（1）对新建砌体工程，检验和评定砌筑砂浆或砖、砖砌体的强度，应按现行国家标准《砌体结构设计规范》GB 50003—2011、《砌体结构工程施工质量验收规范》GB 50203—2011、《建筑工程施工质量验收统一标准》GB 50300—2013、《砌体基本力学性能试验方法标准》GB/T 50129—2011等的有关规定执行；当遇到下列情况之一时，应按本标准检测和推定砌筑砂浆或砖、砖砌体的强度：

①砂浆试块缺乏代表性或试块数量不足。

②对砖强度或砂浆试块的检验结果有怀疑或争议，需要确定实际的砌体抗压、抗剪强度。

③发生工程事故或对施工质量有怀疑和争议，需要进一步分析砖、砂浆和砌体的强度。

（2）选用检测方法和在墙体上选定测点，尚应符合下列要求：

①除原位单剪法外，测点不应位于门窗洞口处。

②所有方法的测点不应位于补砌的临时施工洞口附近。

③应力集中部位的墙体以及墙梁的墙体计算高度范围内，不应选用有较大局部破损的检测方法。

④砖柱和宽度小于3.6m的承重墙，不应选用有较大局部破损的检测方法。

（3）现场检测或取样检测时，砌筑砂浆的龄期不应低于28d。

（4）检测砌筑砂浆强度时，取样砂浆试件或原位检测的水平灰缝应处于干燥状态。

（5）各类砖的取样检测，每一检测单元不应少于一组；应按相应的产品标准，进行砖的抗压强度试验和强度等级评定。

（6）采用砂浆片局压法取样检测砌筑砂浆强度时，检测单元、测区的确定，以及强度推定，应按本标准的有关规定执行；测试设备、测试步骤、数据分析应按现行行业标准《择压法检测砌筑砂浆抗压强度技术规程》JGJ/T 234—2011的有关规定执行。

2）检测单元、测区和测点规定

（1）当检测对象为整栋建筑物或建筑物的一部分时，应将其划分为一个或若干个可以独立进行分析的结构单元，每一结构单元应划分为若干个检测单元。

（2）每一检测单元内，不宜少于6个测区，应将单个构件（单片墙体、柱）作为一个测区。当一个检测单元不足6个构件时，应将每个构件作为一个测区。

（3）采用原位轴压法、扁顶法、切制抗压试件法检测，当选择6个测区确有困难时，可选取不少于 3 个测区测试，但宜结合其他非破损检测方法综合进行强度推定。

（4）每一测区应随机布置若干测点。各种检测方法的测点数，应符合下列要求：

①原位轴压法、扁顶法、切制抗压试件法、原位单剪法、筒压法，测点数不应少于 1 个。

②原位双剪法、推出法，测点数不应少于 3 个。

③砂浆片剪切法、砂浆回弹法、点荷法、砂浆片局压法、烧结砖回弹法，测点数不应少于 5 个。

注：回弹法的测位，相当于其他检测方法的测点。

④对既有建筑物或应委托方要求仅对建筑物的部分或个别部位检测时，测区和测点数可减少，但一个检测单元的测区数不宜少于 3 个。

⑤测点布置应能使测试结果全面、合理反映检测单元的施工质量或其受力性能。

3）一般规定

（1）推出法（图 6-4）适用于推定 240mm 厚烧结普通砖、烧结多孔砖、蒸压灰砂砖或蒸压粉煤灰砖墙体中的砌筑砂浆强度，所测砂浆的强度宜为(1～15)MPa。检测时，应将推出仪安放在墙体的孔洞内。推出仪应由钢制部件、传感器、推出力峰值测定仪等组成。

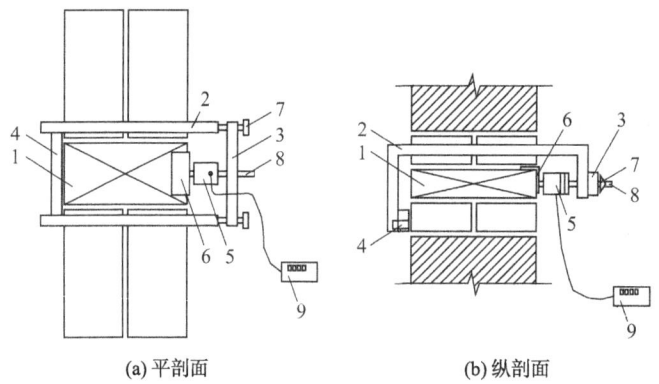

(a) 平剖面　　　　　　　　　(b) 纵剖面

1—被推出丁砖；2—支架；3—前梁；4—后梁；5—传感器；6—垫片；
7—调平螺钉；8—加荷螺杆；9—推出力峰值测定仪

图 6-4　推出仪及测试安装示意图

（2）选择测点应符合下列要求：

①测点宜均匀布置在墙上，并应避开施工中的预留洞口。

②被推丁砖的承压面可采用砂轮磨平，并应清理干净。

③被推丁砖下的水平灰缝厚度应为(8～12)mm。

④测试前，被推丁砖应编号，并应详细记录墙体的外观情况。

4）测试设备的技术指标

（1）推出仪的主要技术指标应符合表 6-7 的要求。

推出仪的主要技术指标 表 6-7

项目	指标	项目	指标
额定推力（kN）	30	额定行程（mm）	80
相对测量范围（%）	20～80	示值相对误差（%）	±3

（2）力值显示仪器或仪表应符合下列要求：

①最小分辨值应为 0.05kN，力值范围应为(0～30)kN。

②应具有测力峰值保持功能。

③仪器读数显示应稳定，在 4h 内的读数漂移应小于 0.05kN。

5）测试步骤

（1）取出被推丁砖上部的两块顺砖（图 6-5），应符合下列要求：

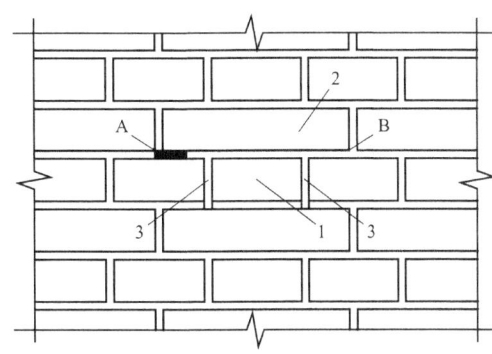

1—被推丁砖；2—被取出的两块顺砖；3—掏空的竖缝

图 6-5 试件加工步骤示意图

①应使用冲击钻在图 6-5 所示 A 点打出约 40mm 的孔洞。

②应使用锯条自 A 至 B 点锯开灰缝。

③应将扁铲打入上一层灰缝，并应取出两块顺砖。

④应使用锯条锯切被推丁砖两侧的竖向灰缝，并应直至下皮砖顶面。

⑤开洞及清缝时，不得扰动被推丁砖。

（2）安装推出仪（图 9-1），应使用钢尺测量前梁两端与墙面距离，误差应小于 3mm。传感器的作用点，在水平方向应位于被推丁砖中间；铅垂方向距被推丁砖下表面之上的距离，普通砖应为 15mm，多孔砖应为 40mm。

（3）旋转加荷螺杆对试件施加荷载时，加荷速度宜控制在 5kN/min。当被推丁砖和砌体之间发生相对位移时，应认定试件达到破坏状态，并应记录推出力 N_{ij}。

（4）取下被推丁砖时，应使用百格网测试砂浆饱满度 B_{ij}。

6）数据分析

（1）单个测区的推出力平均值，应按下式计算：

$$N_i = \xi_{2i} \frac{1}{n_1} \sum_{j=1}^{n_1} N_{ij} \tag{6-66}$$

式中：N_i——第i个测区的推出力平均值（kN），精确至 0.01kN；

N_{ij}——第i个测区第j块测试砖的推出力峰值（kN）；

ξ_{2i}——砖品种的修正系数，对烧结普通砖和烧结多孔砖，取 1.00，对蒸压灰砂砖或蒸压粉煤灰砖，取 1.14。

（2）测区的砂浆饱满度平均值，应按下式计算：

$$B_i = \frac{1}{n_1}\sum_{j=1}^{n_1} B_{ij} \qquad (6\text{-}67)$$

式中：B_i——第i个测区的砂浆饱满度平均值，以小数计；

B_{ij}——第i个测区第j块测试砖下的砂浆饱满度实测值，以小数计。

（3）当测区的砂浆饱满度平均值不小于 0.65 时，测区的砂浆强度平均值，应按下列公式计算：

$$f_{2i} = 0.30\left(\frac{N_i}{\xi_{3i}}\right)^{1.19} \qquad (6\text{-}68)$$

$$\xi_{3i} = 0.45 B_i^2 + 0.90 B_i \qquad (6\text{-}69)$$

式中：f_{2i}——第i个测区的砂浆强度平均值（MPa）；$f_{cu,cor} = F_c/A$

ξ_{3i}——推出法的砂浆强度饱满度修正系数，以小数计。

（4）当测区的砂浆饱满度平均值小于 0.65 时，宜选用其他方法推定砂浆强度。

六、砂浆强度（筒压法）

1. 相关标准

（1）《砌体工程现场检测技术标准》GB/T 50315—2011；

（2）《非烧结砖砌体现场检测技术规程》JGJ/T 371—2016。

2.《非烧结砖砌体现场检测技术规程》JGJ/T 371—2016

1）一般规定

（1）筒压法可用于推定混凝土普通砖、混凝土多孔砖、普通小砌块、蒸压粉煤灰普通砖、蒸压粉煤灰多孔砖、蒸压灰砂砖砌体中的砌筑砂浆的抗压强度。

（2）组批原则：

检测对象为整栋建筑物或建筑物的一部分时，应按变形缝将其划分为一个或若干个可独立分析的结构单元，每一结构单元应划分为若干个检测单元。

每一检测单元内，不宜少于 6 个测区，应将单片墙体或单根柱作为一个测区。并一个检测单元不足 6 个构件时，应将每个构件作为一个测区。

采用原位轴压法、扁顶法、切制抗压试件法检测，当选择 6 个测区确有困难时，可选取不少于 3 个测区测试，但宜结合其他非破损检测方法综合进行强度推定。每一测区应在有代表性的部位布置若干测点或测位。各种检测方法的测点数或测位数，应符合下列规定：

筒压法，测点数不应少于1个；

委托方仅要求对建筑物的部分或个别部位检测时，可按工程实际情况确定测区数，每一测区的测点数或测位数应符合规定，检测结果宜只给出各测区的强度值。

（3）检测工作应按下列步骤进行：

①从砌体水平灰缝中抽样取出砂浆试样，在试验室内进行筒压荷载测试；

②测试筒压比，然后换算为砂浆抗压强度；

③筒压法所测试的砂浆种类及其强度范围，应符合表6-8的规定。

砂浆种类及强度范围　　　　表6-8

砂浆种类	砌体块材种类	砂浆强度检测适用范围（MPa）
水泥砂浆	混凝土普通砖、混凝土多孔砖	2.0~15.0
水泥砂浆	普通小砌块	2.0~10.0
水泥砂浆	蒸压粉煤灰普通砖、蒸压粉煤灰多孔砖	5.0~15.0
水泥石灰混合砂浆	蒸压粉煤灰普通砖、蒸压灰砂砖	2.0~10.0
特细砂水泥砂浆	混凝土普通砖	2.0~15.0

2）仪器设备

筒压法检测设备的技术指标应符合现行国家标准《砌体工程现场检测技术标准》GB/T 50315—2011的规定。

3）检测步骤

筒压法的检测步骤应按现行国家标准《砌体工程现场检测技术标准》GB/T 50315—2011的规定执行。

4）计算

（1）筒压法检测砂浆强度时，标准试样的筒压比应按下式计算：

$$\eta_{ij} = \frac{m_{r1} + m_{r2}}{m_{r1} + m_{r2} + m_{r3}} \tag{6-70}$$

式中：η_{ij}——第i个测区中第j个试样的筒压比，以小数计，精确至0.01；

m_{r1}——孔径10mm或边长9.5mm筛的分计筛余量（g）；

m_{r2}——孔径5mm或边长4.75mm筛的分计筛余量（g）；

m_{r3}——筛底剩余量（g）。

（2）测区的砂浆筒压比应按下式计算：

$$\eta_i = \frac{1}{3}(\eta_{i1} + \eta_{i2} + \eta_{i3}) \tag{6-71}$$

式中：η_i——第i个测区的砂浆筒压比平均值，以小数计，精确至0.01；

η_{i1}、η_{i2}、η_{i3}——分别为第i个测区三个标准砂浆试样的筒压比。

（3）按砌体材料分类，测区的水泥砂浆强度平均值应按下列公式计算：

①混凝土普通砖和混凝土多孔砖：

$$f_{2i} = 22.15(\eta_i)^{1.22} + 0.94 \tag{6-72}$$

②普通小砌块：

$$f_{2i} = 18.96\eta_i + 1.57 \tag{6-73}$$

③蒸压粉煤灰普通砖和蒸压粉煤灰多孔砖：

$$f_{2i} = 68.80(\eta_i)^{2.92} \tag{6-74}$$

式中：f_{2i}——第 i 个测区的砂浆强度平均值（MPa）。

④混凝土普通砖砌体中，测区的特细砂水泥砂浆强度平均值应按下式计算：

$$f_{2i} = 1.01 - 5.74\eta_i + 24.77\eta_i^2 \tag{6-75}$$

⑤蒸压粉煤灰普通砖、蒸压灰砂砖砌体中，测区的水泥石灰混合砂浆强度平均值应按下式计算：

$$f_{2i} = 36.39(\eta_i)^{2.42} \tag{6-76}$$

3.《砌体工程现场检测技术标准》GB/T 50315—2011

1）适用条件

（1）对新建砌体工程，检验和评定砌筑砂浆或砖、砖砌体的强度，应按现行国家标准《砌体结构设计规范》GB 50003—2011、《砌体结构工程施工质量验收规范》GB 50203—2011、《建筑工程施工质量验收统一标准》GB 50300—2013、《砌体基本力学性能试验方法标准》GB/T 50129—2011 等的有关规定执行；当遇到下列情况之一时，应按本标准检测和推定砌筑砂浆或砖、砖砌体的强度：

①砂浆试块缺乏代表性或试块数量不足。

②对砖强度或砂浆试块的检验结果有怀疑或争议，需要确定实际的砌体抗压、抗剪强度。

③发生工程事故或对施工质量有怀疑和争议，需要进一步分析砖、砂浆和砌体的强度。

（2）选用检测方法和在墙体上选定测点，尚应符合下列要求：

①除原位单剪法外，测点不应位于门窗洞口处。

②所有方法的测点不应位于补砌的临时施工洞口附近。

③应力集中部位的墙体以及墙梁的墙体计算高度范围内，不应选用有较大局部破损的检测方法。

④砖柱和宽度小于 3.6m 的承重墙，不应选用有较大局部破损的检测方法。

（3）现场检测或取样检测时，砌筑砂浆的龄期不应低于 28d。

（4）检测砌筑砂浆强度时，取样砂浆试件或原位检测的水平灰缝应处于干燥状态。

（5）各类砖的取样检测，每一检测单元不应少于一组；应按相应的产品标准，进行砖的抗压强度试验和强度等级评定。

（6）采用砂浆片局压法取样检测砌筑砂浆强度时，检测单元、测区的确定，以及强度推定，应按本标准的有关规定执行；测试设备、测试步骤、数据分析应按现行行业标准《择压法检测砌筑砂浆抗压强度技术规程》JGJ/T 234—2011 的有关规定执行。

2）检测单元、测区和测点规定

（1）当检测对象为整栋建筑物或建筑物的一部分时，应将其划分为一个或若干个可以独立进行分析的结构单元，每一结构单元应划分为若干个检测单元。

（2）每一检测单元内，不宜少于 6 个测区，应将单个构件（单片墙体、柱）作为一个测区。当一个检测单元不足 6 个构件时，应将每个构件作为一个测区。

（3）采用原位轴压法、扁顶法、切制抗压试件法检测，当选择 6 个测区确有困难时，可选取不少于 3 个测区测试，但宜结合其他非破损检测方法综合进行强度推定。

（4）每一测区应随机布置若干测点。各种检测方法的测点数，应符合下列要求：

①原位轴压法、扁顶法、切制抗压试件法、原位单剪法、筒压法，测点数不应少于 1 个。

②原位双剪法、推出法，测点数不应少于 3 个。

③砂浆片剪切法、砂浆回弹法、点荷法、砂浆片局压法、烧结砖回弹法，测点数不应少于 5 个。

注：回弹法的测位，相当于其他检测方法的测点。

④对既有建筑物或应委托方要求仅对建筑物的部分或个别部位检测时，测区和测点数可减少，但一个检测单元的测区数不宜少于 3 个。

⑤测点布置应能使测试结果全面、合理反映检测单元的施工质量或其受力性能。

3）一般规定

（1）筒压法适用于推定烧结普通砖或烧结多孔砖砌体中砌筑砂浆的强度，不适用于推定高温、长期浸水、遭受火灾、环境侵蚀等砌筑砂浆的强度。检测时，应从砖墙中抽取砂浆试样，并应在试验室内进行筒压荷载测试，应测试筒压比，然后换算为砂浆强度。

（2）筒压法所测试的砂浆品种及其强度范围，应符合下列要求：

①砂浆品种应包括中砂、细砂配制的水泥砂浆，特细砂配制的水泥砂浆，中砂、细砂配制的水泥石灰混合砂浆，中砂、细砂配制的水泥粉煤灰砂浆，石灰石质石粉砂与中砂、细砂混合配制的水泥石灰混合砂浆和水泥砂浆。

②砂浆强度范围应为(2.5～20)MPa。

4）仪器设备

（1）承压筒（图 6-6）可用普通碳素钢或合金钢制作，也可用测定轻骨料筒压强度的承压筒代替。

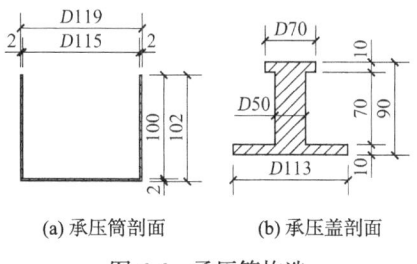

(a) 承压筒剖面　(b) 承压盖剖面

图 6-6　承压筒构造

（2）水泥跳桌技术指标，应符合现行国家标准《水泥胶砂流动度测定方法》GB/T 2419—2005 的有关规定。

（3）其他设备和仪器应包括(50～100)kN 压力试验机或万能试验机；砂摇筛机；干燥箱；孔径为 5mm、10mm、15mm（或边长为 4.75mm、9.5mm、16mm）的标准砂石筛（包括筛盖和底盘）；称量为 1000g、感量为 0.1g 的托盘天平。

5）测试步骤

（1）在每一测区，应从距墙表面 20mm 以里的水平灰缝中凿取砂浆约 4000g，砂浆片（块）的最小厚度不得小于 5mm。各个测区的砂浆样品应分别放置并编号，不得混淆。

（2）使用手锤击碎样品时，应筛取(5～15)mm 的砂浆颗粒约 3000g，应在(105±5)℃的温度下烘干至恒重，并应待冷却至室温后备用。

（3）每次应取烘干样品约 1000g，应置于孔径 5mm、10mm、15mm（或边长 4.75mm、9.5mm、16mm）标准筛所组成的套筛中，应机械摇筛 2min 或手工摇筛 1.5min；应称取粒级(5～10)mm［(4.75～9.5)mm］和(10～15)mm［(9.5～16)mm］的砂浆颗粒各 250g，混合均匀后作为一个试样；应制备三个试样。

（4）每个试样应分两次装入承压筒。每次宜装 1/2，应在水泥跳桌上跳振 5 次。第二次装料并跳振后，应整平表面。

无水泥跳桌时，可按砂、石紧密体积密度的测试方法颠击密实。

（5）将装试样的承压筒置于试验机上时，应再次检查承压筒内的砂浆试样表面是否平整，稍有不平时，应整平；应盖上承压盖，并应按(0.5～1.0)kN/s 加荷速度或(20～40)s 内均匀加荷至规定的筒压荷载值后，立即卸荷。不同品种砂浆的筒压荷载值，应符合下列要求：

①水泥砂浆、石粉砂浆应为 20kN。
②特细砂水泥砂浆应为 10kN。
③水泥石灰混合砂浆、粉煤灰砂浆应为 10kN。

（6）施加荷载过程中，出现承压盖倾斜状况时，应立即停止测试，并应检查承压盖是否受损（变形），以及承压筒内砂浆试样表面是否平整。出现承压盖受损（变形）情况时，应更换承压盖，并应重新制备试样。

（7）将施压后的试样倒入由孔径 5（4.75）mm 和 10（9.5）mm 标准筛组成的套筛中时，应装入摇筛机摇筛 2min 或人工摇筛 1.5min，并应筛至每隔 5s 的筛出量基本相符。

（8）应称量各筛筛余试样的重量，并应精确至 0.1g，各筛的分计筛余量和底盘剩余量的总和，与筛分前的试样重量相比，相对差值不得超过试样重量的 0.5%；当超过时，应重新进行测试。

6）数据分析

（1）标准试样的筒压比，应按下式计算：

$$\eta_{ij} = \frac{t_1 + t_2}{t_1 + t_2 + t_3} \tag{6-77}$$

式中：η_{ij}——第 i 个测区中第 j 个试样的筒压比，以小数计；

t_1、t_2、t_3——分别为孔径5（4.75）mm、10（9.5）mm筛的分计筛余量和底盘中剩余量（g）。

（2）测区的砂浆筒压比，应按下式计算：

$$\eta_i = \frac{1}{3}(\eta_{i1} + \eta_{i2} + \eta_{i3}) \tag{6-78}$$

式中：η_i——第i个测区的砂浆筒压比平均值，以小数计，精确至0.01；

η_{i1}、η_{i2}、η_{i3}——分别为第i个测区三个标准砂浆试样的筒压比。

（3）测区的砂浆强度平均值应按下列公式计算：

① 水泥砂浆：

$$f_{2i} = 34.58(\eta_i)^{2.06} \tag{6-79}$$

② 特细砂水泥砂浆：

$$f_{2i} = 21.36(\eta_i)^{3.07} \tag{6-80}$$

③ 水泥石灰混合砂浆：

$$f_{2i} = 6.10(\eta_i) + 11.0(\eta_i)^{2.0} \tag{6-81}$$

④ 粉煤灰砂浆：

$$f_{2i} = 2.52 - 9.40(\eta_i) + 32.80(\eta_i)^{2.0} \tag{6-82}$$

⑤ 石粉砂浆：

$$f_{2i} = 2.70 - 13.90(\eta_i) + 44.90(\eta_i)^{2.0} \tag{6-83}$$

七、砂浆强度（砂浆片剪切法）

1. 相关标准

《砌体工程现场检测技术标准》GB/T 50315—2011。

2. 适用条件

（1）对新建砌体工程，检验和评定砌筑砂浆或砖、砖砌体的强度，应按现行国家标准《砌体结构设计规范》GB 50003—2011、《砌体结构工程施工质量验收规范》GB 50203—2011、《建筑工程施工质量验收统一标准》GB 50300—2013、《砌体基本力学性能试验方法标准》GB/T 50129—2011等的有关规定执行；当遇到下列情况之一时，应按本标准检测和推定砌筑砂浆或砖、砖砌体的强度：

① 砂浆试块缺乏代表性或试块数量不足。

② 对砖强度或砂浆试块的检验结果有怀疑或争议，需要确定实际的砌体抗压、抗剪强度。

③ 发生工程事故或对施工质量有怀疑和争议，需要进一步分析砖、砂浆和砌体的强度。

（2）选用检测方法和在墙体上选定测点，尚应符合下列要求：

① 除原位单剪法外，测点不应位于门窗洞口处。

② 所有方法的测点不应位于补砌的临时施工洞口附近。

③ 应力集中部位的墙体以及墙梁的墙体计算高度范围内，不应选用有较大局部破损的

检测方法。

④砖柱和宽度小于3.6m的承重墙，不应选用有较大局部破损的检测方法。

（3）现场检测或取样检测时，砌筑砂浆的龄期不应低于28d。

（4）检测砌筑砂浆强度时，取样砂浆试件或原位检测的水平灰缝应处于干燥状态。

（5）各类砖的取样检测，每一检测单元不应少于一组；应按相应的产品标准，进行砖的抗压强度试验和强度等级评定。

（6）采用砂浆片局压法取样检测砌筑砂浆强度时，检测单元、测区的确定，以及强度推定，应按本标准的有关规定执行；测试设备、测试步骤、数据分析应按现行行业标准《择压法检测砌筑砂浆抗压强度技术规程》JGJ/T 234—2011的有关规定执行。

检测单元、测区和测点规定：

①当检测对象为整栋建筑物或建筑物的一部分时，应将其划分为一个或若干个可以独立进行分析的结构单元，每一结构单元应划分为若干个检测单元。

②每一检测单元内，不宜少于6个测区，应将单个构件（单片墙体、柱）作为一个测区。当一个检测单元不足6个构件时，应将每个构件作为一个测区。

③采用原位轴压法、扁顶法、切制抗压试件法检测，当选择6个测区确有困难时，可选取不少于3个测区测试，但宜结合其他非破损检测方法综合进行强度推定。

④每一测区应随机布置若干测点。各种检测方法的测点数，应符合下列要求：

a.原位轴压法、扁顶法、切制抗压试件法、原位单剪法、筒压法，测点数不应少于1个。

b.原位双剪法、推出法，测点数不应少于3个。

c.砂浆片剪切法、砂浆回弹法、点荷法、砂浆片局压法、烧结砖回弹法，测点数不应少于5个。（注：回弹法的测位，相当于其他检测方法的测点）

d.对既有建筑物或应委托方要求仅对建筑物的部分或个别部位检测时，测区和测点数可减少，但一个检测单元的测区数不宜少于3个。

e.测点布置应能使测试结果全面、合理反映检测单元的施工质量或其受力性能。

3. 一般规定

采用砂浆测强仪（图6-7）检测砂浆片的抗剪强度，以此推定砌筑砂浆抗压强度的方法。

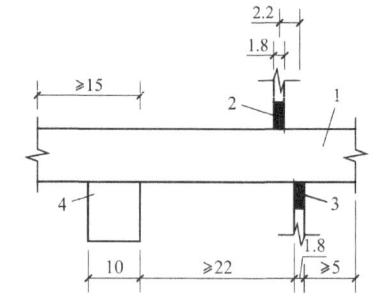

1—砂浆片；2—上刀片；3—下刀片；4—条钢块

图6-7 砂浆测强仪工作原理

砂浆片剪切法适用于推定烧结普通砖或烧结多孔砖砌体中的砌筑砂浆强度。检测时，应从砖墙中抽取砂浆片试样，并应采用砂浆测强仪测试其抗剪强度，然后换算为砂浆强度。

从每个测点处，宜取出两个砂浆片，应一片用于检测、一片备用。

4. 仪器设备

（1）砂浆测强仪的主要技术指标应符合表6-9的要求。

砂浆测强仪主要技术指标　　　　表6-9

项目		指标
上下刀片刃口厚度（mm）		1.8±0.02
上下刀片中心间距（mm）		2.2±0.05
测试荷载N范围（N）		40~1400
示值相对误差（%）		±3
刀片行程	上刀片（mm）	>30
	下刀片（mm）	>3
刀片刃口面平面度（mm）		0.02
刀片刃口棱角线直线度（mm）		0.02
刀片刃口棱角垂直度（mm）		0.02
刀片刃口硬度（HRC）		55~58

（2）砂浆测强标定仪的主要技术指标应符合表6-10的要求。

砂浆测强标定仪主要技术指标　　　　表6-10

项目	指标
标定荷载N_b范围（N）	40~1400
示值相对误差（%）	±1
N_b作用点偏离下刀片中心线距离（mm）	±0.2

5. 测试步骤

1）制备砂浆片试件，应符合下列要求：

（1）从测点处的单块砖大面上取下的原状砂浆大片，应编号，并应分别放入密封袋内。

（2）一个测区的墙面尺寸宜为0.5m×0.5m。同一个测区的砂浆片，应加工成尺寸接近的片状体，大面、条面应均匀平整，单个试件的各向尺寸，厚度应为(7~15)mm，宽度应为(15~50)mm，长度应按净跨度不小于22mm确定（图6-7）。

（3）试件加工完毕，应放入密封袋内。

2）砂浆试件含水率，应与砌体正常工作时的含水率基本一致。试件呈冻结状态时，应缓慢升温解冻。

3）砂浆片试件的剪切测试，应符合下列程序：

（1）应调平砂浆测强仪，并应使水准泡居中。

（2）应将砂浆片试件置于砂浆测强仪内（图6-7），并应用上刀片压紧。

（3）应开动砂浆测强仪，并应对试件匀速连续施加荷载，加荷速度不宜大于10N/s，直至试件破坏。

4）试件未沿刀片刃口破坏时，此次测试应作废，应取备用试件补测。

5）试件破坏后，应记读压力表指针读数，并应换算成剪切荷载值。

6）用游标卡尺或最小刻度为0.5mm的钢板尺量测试件破坏截面尺寸时，应每个方向量测两次，并应分别取平均值。

6.数据分析

（1）砂浆片试件的抗剪强度，应按下式计算：

$$\tau_{ij} = 0.95 \frac{V_{ij}}{A_{ij}} \tag{6-84}$$

式中：τ_{ij}——第i个测区第j个砂浆片试件的抗剪强度（MPa）；

V_{ij}——试件的抗剪荷载值（N）；

A_{ij}——试件破坏截面面积（mm²）。

（2）测区的砂浆片抗剪强度平均值，应按下式计算：

$$\tau_i = \frac{1}{n_1} \sum_{j=1}^{n_1} \tau_{ij} \tag{6-85}$$

式中：τ_i——第i个测区的砂浆片抗剪强度平均值（MPa）。

（3）测区的砂浆抗压强度平均值，应按下式计算：

$$f_{2i} = 7.17\tau_i \tag{6-86}$$

（4）当测区的砂浆抗剪强度低于0.3MPa时，应对上式的计算结果乘以表6-11的修正系数。

低强砂浆的修正系数　　　　　表6-11

τ_i（MPa）	>0.30	0.25	0.20	<0.15
修正系数	1.00	0.86	0.75	0.35

八、砂浆强度（回弹法）

1.相关标准

（1）《砌体工程现场检测技术标准》GB/T 50315—2011。

（2）《非烧结砖砌体现场检测技术规程》JGJ/T 371—2016。

2.《砌体工程现场检测技术标准》GB/T 50315—2011

1）适用条件

（1）对新建砌体工程，检验和评定砌筑砂浆或砖、砖砌体的强度，应按现行国家标准

《砌体结构设计规范》GB 50003—2011、《砌体结构工程施工质量验收规范》GB 50203—2011、《建筑工程施工质量验收统一标准》GB 50300—2013、《砌体基本力学性能试验方法标准》GB/T 50129—2011 等的有关规定执行；当遇到下列情况之一时，应按本标准检测和推定砌筑砂浆或砖、砖砌体的强度：

①砂浆试块缺乏代表性或试块数量不足。

②对砖强度或砂浆试块的检验结果有怀疑或争议，需要确定实际的砌体抗压、抗剪强度。

③发生工程事故或对施工质量有怀疑和争议，需要进一步分析砖、砂浆和砌体的强度。

（2）选用检测方法和在墙体上选定测点，尚应符合下列要求：

①除原位单剪法外，测点不应位于门窗洞口处。

②所有方法的测点不应位于补砌的临时施工洞口附近。

③应力集中部位的墙体以及墙梁的墙体计算高度范围内，不应选用有较大局部破损的检测方法。

④砖柱和宽度小于 3.6m 的承重墙，不应选用有较大局部破损的检测方法。

（3）现场检测或取样检测时，砌筑砂浆的龄期不应低于 28d。

（4）检测砌筑砂浆强度时，取样砂浆试件或原位检测的水平灰缝应处于干燥状态。

（5）各类砖的取样检测，每一检测单元不应少于一组；应按相应的产品标准，进行砖的抗压强度试验和强度等级评定。

（6）采用砂浆片局压法取样检测砌筑砂浆强度时，检测单元、测区的确定，以及强度推定，应按本标准的有关规定执行；测试设备、测试步骤、数据分析应按现行行业标准《择压法检测砌筑砂浆抗压强度技术规程》JGJ/T 234—2011 的有关规定执行。

2）检测单元、测区和测点规定

（1）当检测对象为整栋建筑物或建筑物的一部分时，应将其划分为一个或若干个可以独立进行分析的结构单元，每一结构单元应划分为若干个检测单元。

（2）每一检测单元内，不宜少于 6 个测区，应将单个构件（单片墙体、柱）作为一个测区。当一个检测单元不足 6 个构件时，应将每个构件作为一个测区。

（3）采用原位轴压法、扁顶法、切制抗压试件法检测，当选择 6 个测区确有困难时，可选取不少于 3 个测区测试，但宜结合其他非破损检测方法综合进行强度推定。

（4）每一测区应随机布置若干测点。各种检测方法的测点数，应符合下列要求：

①原位轴压法、扁顶法、切制抗压试件法、原位单剪法、筒压法，测点数不应少于 1 个。

②原位双剪法、推出法，测点数不应少于 3 个。

③砂浆片剪切法、砂浆回弹法、点荷法、砂浆片局压法、烧结砖回弹法，测点数不应少于 5 个。

注：回弹法的测位，相当于其他检测方法的测点。

④对既有建筑物或应委托方要求仅对建筑物的部分或个别部位检测时，测区和测点数可减少，但一个检测单元的测区数不宜少于3个。

⑤测点布置应能使测试结果全面、合理反映检测单元的施工质量或其受力性能。

3）一般规定

（1）砂浆回弹法适用于推定烧结普通砖或烧结多孔砖砌体中砌筑砂浆的强度，不适用于推定高温、长期浸水、遭受火灾、环境侵蚀等砌筑砂浆的强度。检测时，应用回弹仪测试砂浆表面硬度，并应用浓度为1%～2%的酚酞酒精溶液测试砂浆碳化深度，应以回弹值和碳化深度两项指标换算为砂浆强度。

（2）检测前，应宏观检查砌筑砂浆质量，水平灰缝内部的砂浆与其表面的砂浆质量应基本一致。

（3）测位宜选在承重墙的可测面上，并应避开门窗洞口及预埋件等附近的墙体。墙面上每个测位的面积宜大于0.3m^2。

（4）墙体水平灰缝砌筑不饱满或表面粗糙且无法磨平时，不得采用砂浆回弹法检测砂浆强度。

4）仪器设备

（1）砂浆回弹仪的主要技术性能指标应符合表6-12的要求，其示值系统宜为指针直读式。

砂浆回弹仪主要技术性能指标　　　　表6-12

项目	指标	项目	指标
标称动能（J）	0.196	弹击杆端部球面半径（mm）	25±1.0
指针摩擦力（N）	0.5±0.1	钢砧率定值R	74±2

（2）砂浆回弹仪的检定和保养，应按国家现行有关回弹仪的检定标准执行。

（3）砂浆回弹仪在工程检测前后，均应在钢砧上进行率定测试。

5）测试步骤

（1）测位处应按下列要求进行处理：

①粉刷层、勾缝砂浆、污物等应清除干净。

②弹击点处的砂浆表面，应仔细打磨平整，并应除去浮灰。

③磨掉表面砂浆的深度应为(5～10)mm，且不应小于5mm。

（2）每个测位内应均匀布置12个弹击点。选定弹击点应避开砖的边缘、灰缝中的气孔或松动的砂浆。相邻两弹击点的间距不应小于20mm。

（3）在每个弹击点上，应使用回弹仪连续弹击3次，第1、2次不应读数，应仅记读第3次回弹值，回弹值读数应估读至1。测试过程中，回弹仪应始终处于水平状态，其轴线应垂直于砂浆表面，且不得移位。

（4）在每一测位内，应选择3处灰缝，并应采用工具在测区表面打凿出直径约10mm

的孔洞，其深度应大于砌筑砂浆的碳化深度，应清除孔洞中的粉末和碎屑，且不得用水擦洗，然后采用浓度为 1%～2% 的酚酞酒精溶液滴在孔洞内壁边缘处，当已碳化与未碳化界限清晰时，应采用碳化深度测定仪或游标卡尺测量已碳化与未碳化砂浆交界面到灰缝表面的垂直距离。

6）数据分析

（1）从每个测位的 12 个回弹值中，应分别剔除最大值、最小值，将余下的 10 个回弹值计算算术平均值，应以 R 表示，并应精确至 0.1。

（2）每个测位的平均碳化深度，应取该测位各次测量值的算术平均值，应以 d 表示，并应精确至 0.5mm。

（3）第 i 个测区第 j 个测位的砂浆强度换算值，应根据该测位的平均回弹值和平均碳化深度值，分别按下列公式计算：

$d \leqslant 1.0$mm 时：

$$f_{2ij} = 13.97 \times 10^{-5} R^{3.57} \tag{6-87}$$

1.0mm $< d < 3.0$mm 时：

$$f_{2ij} = 4.85 \times 10^{-4} R^{3.04} \tag{6-88}$$

$d \geqslant 3.0$mm 时：

$$f_{2ij} = 6.34 \times 10^{-5} R^{3.60} \tag{6-89}$$

式中：f_{2ij}——第 i 个测区第 j 个测位的砂浆强度值（MPa）；

d——第 i 个测区第 j 个测位的平均碳化深度（mm）；

R——第 i 个测区第 j 个测位的平均回弹值。

（4）测区的砂浆抗压强度平均值，应按下式计算：

$$f_{2i} = \frac{1}{n} \sum_{j=1}^{n_1} f_{2ij} \tag{6-90}$$

3.《非烧结砖砌体现场检测技术规程》JGJ/T 371—2016

1）一般规定

非烧结砖砌体：采用混凝土普通砖、混凝土多孔砖、普通混凝土小型空心砌块（简称普通小砌块）、蒸压灰砂砖、蒸压粉煤灰普通砖、蒸压粉煤灰多孔砖砌筑的砌体。

检测混凝土普通砖、混凝土多孔砖、蒸压粉煤灰普通砖砌体中砌筑砂浆的强度时，应采用砂浆回弹仪测试砂浆表面硬度，以回弹值换算为砂浆强度。

水平灰缝的内部砂浆与其表面砂浆质量相差较大时，不应采用砂浆回弹法。

测位宜选在承重墙的可测面水平灰缝中，并应避开门窗洞口及预埋件等附近的墙体。墙面上每个测位的面积宜大于 0.3m²。

墙体水平灰缝缺损或表面粗糙且无法磨平时，不得采用砂浆回弹法检测砂浆强度。水平灰缝厚度不应小于 10mm。

2）组批原则

检测对象为整栋建筑物或建筑物的一部分时，应按变形缝将其划分为一个或若干个可独立分析的结构单元，每一结构单元应划分为若干个检测单元。

每一检测单元内，不宜少于6个测区，应将单片墙体或单根柱作为一个测区。并一个检测单元不足6个构件时，应将每个构件作为一个测区。

采用原位轴压法、扁顶法、切制抗压试件法检测，当选择6个测区确有困难时，可选取不少于3个测区测试，但宜结合其他非破损检测方法综合进行强度推定。每一测区应在有代表性的部位布置若干测点或测位。各种检测方法的测点数或测位数，应符合下列规定：

砂浆回弹法的测位数不应少于5个。

委托方仅要求对建筑物的部分或个别部位检测时，可按工程实际情况确定测区数，每一测区的测点数或测位数应符合规定，检测结果宜只给出各测区的强度值。

3）仪器设备

（1）砂浆回弹仪的主要技术性能指标应符合表6-13的规定，其示值系统宜为指针直读式。

砂浆回弹仪主要技术性能指标 表6-13

项目	技术指标
回弹仪水平弹击时的标准能量（J）	0.196±0.010
刻度尺上"100"刻线	与机壳刻度槽"100"刻线重合
指针长度（mm）	20.0±0.2
指针摩擦力（N）	0.5±0.1
弹击杆端部球面半径（mm）	25.0±1.0
弹击拉簧刚度（N/m）	69.0±4.0
弹击拉簧工作长度（mm）	61.5±0.3
弹击锤冲击长度（mm）	75.0±0.3
弹击锤起跳位置	在刻度尺"0"处
在洛氏硬度为HRC60±2的钢砧上，回弹仪的率定值	74±2
示值一致性	指针滑块刻线对应的标尺数值与数字式回弹仪的显示值之差不大于1，且两者在钢砧率定值均满足要求

（2）回弹仪应具有产品合格证，并应进行校准和保养。

（3）回弹仪使用时的环境温度宜为(0～40)℃；在工程检测前后，均应在钢砧上率定测试。

4）测试步骤

（1）检测前测位处的处理应符合下列规定：

①粉刷层、勾缝砂浆、污物等应清除干净；

②弹击点处的砂浆表面,应仔细打磨平整,并应除去浮灰;
③磨掉表面砂浆的深度应为(5~10)mm,且不应小于5mm。

(2)每个测位内应均匀布置12个弹击点。选定弹击点应避开砖的边缘、灰缝中的气孔或松动的砂浆。相邻两弹击点的间距不应小于20mm。

(3)在得个弹击点上,应使用回弹仪连续弹击3次。第1、2次不应读数,第3次弹击后,使回弹仪继续顶住砂浆检测面,进行读数并记录回弹值;条件不利于读数时,可按下锁定按钮,锁住机芯,将回弹仪移至他处读数。回弹值读数应估读至1。测试过程中,回弹仪应始终处于水平状态,其轴线应垂直于砂浆表面,且不得移位。

5)数据分析

(1)从每个测位的12个回弹值中,应分别剔除最大值、最小值,将余下的10个回弹值计算算术平均值,应以R表示,并应精确至0.1。

(2)第i个测区第j个测位的砂浆强度换算值,应根据该测位的平均回弹值按下列公式计算:

混凝土普通砖、混凝土多孔砖:

$$f_{2ij} = 0.69R - 3.43 \tag{6-91}$$

蒸压粉煤灰普通砖:

$$f_{2ij} = 0.69 \times 10^{-3} R^{2.22} \tag{6-92}$$

式中:f_{2ij}——第i个测区第j个测位的砂浆强度值(MPa);
R——第i个测区第j个测位的平均回弹值。

(3)测区的砂浆抗压强度平均值应按下式计算:

$$f_{2i} = \frac{1}{n_1} \sum_{j=1}^{n_1} f_{2ij} \tag{6-93}$$

式中:n_1——第i个测区的测位数。

九、砂浆强度(点荷法)

1. 相关标准

(1)《非烧结砖砌体现场检测技术规程》JGJ/T 371—2016;
(2)《砌体工程现场检测技术标准》GB/T 50315—2011。

2.《砌体工程现场检测技术标准》GB/T 50315—2011

1)适用条件

(1)对新建砌体工程,检验和评定砌筑砂浆或砖、砖砌体的强度,应按现行国家标准《砌体结构设计规范》GB 50003—2011、《砌体结构工程施工质量验收规范》GB 50203—2011、《建筑工程施工质量验收统一标准》GB 50300—2013、《砌体基本力学性能试验方法标准》GB/T 50129—2011等的有关规定执行;当遇到下列情况之一时,应按本标准检测和推定砌筑砂浆或砖、砖砌体的强度：

①砂浆试块缺乏代表性或试块数量不足。

②对砖强度或砂浆试块的检验结果有怀疑或争议，需要确定实际的砌体抗压、抗剪强度。

③发生工程事故或对施工质量有怀疑和争议，需要进一步分析砖、砂浆和砌体的强度。

（2）选用检测方法和在墙体上选定测点，尚应符合下列要求：

①除原位单剪法外，测点不应位于门窗洞口处。

②所有方法的测点不应位于补砌的临时施工洞口附近。

③应力集中部位的墙体以及墙梁的墙体计算高度范围内，不应选用有较大局部破损的检测方法。

④砖柱和宽度小于3.6m的承重墙，不应选用有较大局部破损的检测方法。

（3）现场检测或取样检测时，砌筑砂浆的龄期不应低于28d。

（4）检测砌筑砂浆强度时，取样砂浆试件或原位检测的水平灰缝应处于干燥状态。

（5）各类砖的取样检测，每一检测单元不应少于一组；应按相应的产品标准，进行砖的抗压强度试验和强度等级评定。

（6）采用砂浆片局压法取样检测砌筑砂浆强度时，检测单元、测区的确定，以及强度推定，应按本标准的有关规定执行；测试设备、测试步骤、数据分析应按现行行业标准《择压法检测砌筑砂浆抗压强度技术规程》JGJ/T 234—2011的有关规定执行。

检测单元、测区和测点规定：

①当检测对象为整栋建筑物或建筑物的一部分时，应将其划分为一个或若干个可以独立进行分析的结构单元，每一结构单元应划分为若干个检测单元。

②每一检测单元内，不宜少于6个测区，应将单个构件（单片墙体、柱）作为一个测区。当一个检测单元不足6个构件时，应将每个构件作为一个测区。

③采用原位轴压法、扁顶法、切制抗压试件法检测，当选择6个测区确有困难时，可选取不少于3个测区测试，但宜结合其他非破损检测方法综合进行强度推定。

④每一测区应随机布置若干测点。各种检测方法的测点数，应符合下列要求：

a.原位轴压法、扁顶法、切制抗压试件法、原位单剪法、筒压法，测点数不应少于1个。

b.原位双剪法、推出法，测点数不应少于3个。

c.砂浆片剪切法、砂浆回弹法、点荷法、砂浆片局压法、烧结砖回弹法，测点数不应少于5个。（注：回弹法的测位，相当于其他检测方法的测点）

d.对既有建筑物或应委托方要求仅对建筑物的部分或个别部位检测时，测区和测点数可减少，但一个检测单元的测区数不宜少于3个。

e. 测点布置应能使测试结果全面、合理反映检测单元的施工质量或其受力性能。

2）一般规定

（1）点荷法适用于推定烧结普通砖或烧结多孔砖砌体中的砌筑砂浆强度。检测时，应从砖墙中抽取砂浆片试样，并应采用试验机或专用仪器测试其点荷载值，然后换算为砂浆强度。

（2）从每个测点处，宜取出两个砂浆大片，应一片用于检测、一片备用。

3）仪器设备

（1）测试设备应采用额定压力较小的压力试验机，最小读数盘宜为 50kN 以内。

（2）压力试验机的加荷附件，应符合下列要求：

钢质加荷头应为内角为 60 的圆锥体，锥底直径就为 40mm，锥体高度应为 30mm；锥体的头部应为半径为 5mm 的截球体，锥球高度应为 3mm（图 6-8）；其他尺寸可自定。加荷头应为 2 个。

加荷头与试验机的连接方法，可根据试验机的具体情况确定，宜将连接件与加荷头设计为一个整体附件。

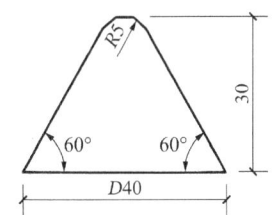

图 6-8 加荷头端部尺寸示意图

（3）在符合前款要求的前提下，也可采用其他专用加荷附件或专用仪器。

4）测试步骤

（1）制备试件，应符合下列要求：

①从每个测点处剥离出砂浆大片。

②加工或选取的砂浆试件应符合下列要求：

a. 厚度为(5～12)mm；

b. 预估荷载作用半径为(15～25)mm；

c. 大面应平整，但其边缘可不要求非常规则。

③在砂浆试件上应画出作用点，并应量测其厚度，应精确到 0.1mm。

（2）在小吨位压力试验机上、下压板上应分别安装上、下加荷头，两个加荷头应对齐。

（3）将砂浆试件水平放置在下加荷头上时，上、下加荷头应对准预先画好的作用点，并应使上加荷头轻轻压紧试件，然后应缓慢匀速施加荷载至试件破坏。加荷速度宜控制试件在 1min 左右破坏，应记录荷载值，并应精确至 0.1kN。

5）数据处理

点荷法检测非烧结砖砌体砂浆抗压强度时，砂浆试件的抗压强度换算值应按下列公式计算：

$$f_{2i} = \frac{1}{n_1} \sum_{j=1}^{n_1} f_{2ij} \qquad (6\text{-}94)$$

蒸压粉煤灰普通砖砌体水泥石灰混合砂浆：

$$f_{2ij} = 29.36(\xi_{4ij}\xi_{5ij}N_{ij} - 0.06)^{0.88} \tag{6-95}$$

混凝土普通砖和混凝土多孔砖砌体水泥砂浆：

$$f_{2ij} = 32.22(\xi_{4ij}\xi_{5ij}N_{ij} - 0.023)^{0.67} \tag{6-96}$$

$$\xi_{4ij} = \frac{1}{0.05r_{ij} + 1} \tag{6-97}$$

$$\xi_{5ij} = \frac{1}{0.05t_{ij}(0.10t_{ij} + 1) + 0.40} \tag{6-98}$$

式中：N_{ij}——第i测区第j个试件的点荷载值（kN）；

ξ_{4ij}——第i测区第j个试件的荷载作用半径修正系数；

ξ_{5ij}——第i测区第j个试件的试件厚度修正系数；

r_{ij}——第i测区第j个试件的荷载作用半径（mm）；

t_{ij}——第i测区第j个试件的试件厚度（mm）。

测区的砂浆抗压强度平均值应按下式计算：

$$f_{2i} = \frac{1}{n_1}\sum_{j=1}^{n_1} f_{2ij} \tag{6-99}$$

3.《非烧结砖砌体现场检测技术规程》JGJ/T 371—2016

1）一般规定

（1）点荷法可用于推定混凝土普通砖、混凝土多孔砖水泥砂浆砌体和蒸压粉煤灰普通砖水泥石灰混合砂浆砌体中的砌筑砂浆抗压强度。

（2）检测时，应从砖墙中抽取砂浆片试样，并应采用试验机或专用仪器测试点荷载值，然后换算为砂浆抗压强度。

（3）每个测点处宜取出两个砂浆大片，一片用于检测，一片备用；砂浆大片应从墙体表面20mm以里的水平灰缝内抽取。

（4）用于点荷法试验的砂浆片应符合下列规定：

①砂浆片最小中心线长度不应小于30mm；

②砂浆片受压面应无缺陷；

③砂浆片宜在自然干燥的状态下进行检测。

2）仪器设备

点荷法测试设备的技术指标应符合现行国家标准《砌体工程现场检测技术标准》GB/T 50315—2011的规定。

3）测试步骤

点荷法的测试步骤应按现行国家标准《砌体工程现场检测技术标准》GB/T 50315—2011的规定执行。

4）计算

点荷法检测非烧结砖砌体砂浆抗压强度时，砂浆试件的抗压强度换算值应按下列公式计算：

（1）蒸压粉煤灰普通砖砌体水泥石灰混合砂浆：

$$f_{2ij} = 29.36(\xi_{4ij}\xi_{5ij}N_{ij} - 0.06)^{0.88} \tag{6-100}$$

（2）混凝土普通砖和混凝土多孔砖砌体水泥砂浆：

$$f_{2ij} = 32.22(\xi_{4ij}\xi_{5ij}N_{ij} - 0.023)^{0.67} \tag{6-101}$$

$$\xi_{4ij} = \frac{1}{0.05r_{ij} + 1} \tag{6-102}$$

$$\xi_{5ij} = \frac{1}{0.05t_{ij}(0.10t_{ij} + 1) + 0.40} \tag{6-103}$$

式中：N_{ij}——第i测区第j个试件的点荷载值（kN）；

ξ_{4ij}——第i测区第j个试件的荷载作用半径修正系数；

ξ_{5ij}——第i测区第j个试件的试件厚度修正系数；

r_{ij}——第i测区第j个试件的荷载作用半径（mm）；

t_{ij}——第i测区第j个试件的试件厚度（mm）。

（3）测区的砂浆抗压强度平均值应按下式计算：

$$f_{2i} = \frac{1}{n_1}\sum_{j=1}^{n_1} f_{2ij} \tag{6-104}$$

十、砂浆强度（贯入法）

1. 相关标准

《贯入法检测砌筑砂浆抗压强度技术规程》JGJ/T 136—2017。

2. 一般规定

适用于砌体结构中砌筑砂浆抗压强度的现场检测。本规程不适用于遭受高温、冻害、化学侵蚀、火灾等表面损伤砂浆的检测，以及冻结法施工砂浆在强度回升期的检测。

贯入法检测：采用贯入仪压缩工作弹簧加荷，把一测钉贯入砂浆中，根据测钉贯入砂浆的深度和砂浆抗压强度间的相关关系，由测钉的贯入深度通过测强曲线来换算砂浆抗压强度的检测方法。

3. 仪器设备

1）贯入法检测砌筑砂浆抗压强度使用的仪器应包括贯入式砂浆强度检测仪（以下简称"贯入仪"）和数字式贯入深度测量表（以下简称"贯入深度测量表"），如图6-9所示。

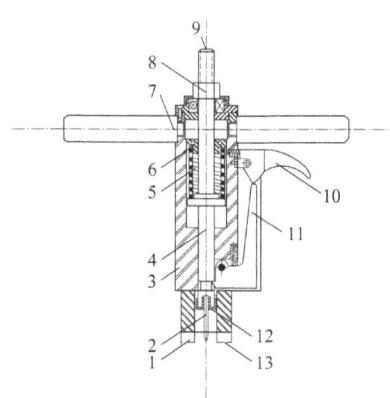

1—扁头；2—测钉；3—主体；4—贯入杆；5—工作弹簧；6—调整螺母；7—把手；8—螺母；
9—贯入杆外端；10—扳机；11—挂钩；12—贯入杆端面；13—扁头端面

图 6-9　贯入仪构造示意图

2）贯入仪、贯入深度测量表及测钉必须具有产品合格证，并应在贯入仪的明显位置具有下列标志：名称、型号、制造厂名、商标、出厂日期等。在使用时，贯入仪应进行校准。

（1）贯入仪应符合下列规定：

①贯入力应为(800±8)N；

②工作行程应为(20±0.10)mm。

（2）贯入深度测量表应符合下列规定：

①最大量程不应小于 20.00mm；

②分度值应为 0.01mm。

3）测钉宜采用高速工具钢制成，长度应为(40.00～40.10)mm，直径应为(3.50±0.05)mm，尖端锥度应为 45°±0.5°测钉量规的量规槽长度应为(39.50～39.60)mm。

测钉和测钉量规的几何尺寸可由检测单位自行测量核查。以 100 根测钉为一批次，随机抽取 3 根进行测量，不足 100 根按一个批次计。抽取的测钉都合格时，则该批测钉合格；否则应逐根核查测钉的几何尺寸，选取合格的测钉使用。数字式贯入深度测量表示意图如图 6-10 所示。

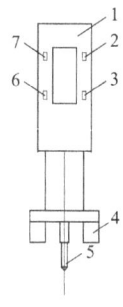

1—数字式百分表；2—清零键；3—开关；4—扁头；5—测头；
6—测量单位选择键；7—保持键

图 6-10　数字式贯入深度测量表示意图

4）贯入仪和贯入深度测量表使用时的境温度应为(-4～40)℃。

5）贯入仪在闲置和保存时，工作弹簧应处于自由状态。

6）校准基本要求：

(1) 正常使用过程中，贯入仪应由校准机构进行校准，校准周期不宜超过一年。

(2) 当遇到下列情况之一时，仪器应进行校准：

① 新仪器启用前；

② 达到校准周期；

③ 更换主要零件或对仪器进行过调整；

④ 检测数据异常；

⑤ 可能对检测数据产生影响时；

⑥ 累计贯入次数达到 10000 次。

注：开展现场检测工作时，应遵守国家有关安全、劳动保护和环境保护的规定，应做到正确和安全操作。

4. 测点布置

（1）检测砌筑砂浆抗压强度时，应以面积不大于 25m² 的砌体构件或构筑物为一个构件。

（2）按批抽样检测时，应取龄期相近的同楼层、同来源、同种类、同品种和同强度等级的砌筑砂浆且不大于 250m³ 砌体为一批，抽检数量不应少于砌体总构件数的 30%，且不应少于 6 个构件。基础砌体可按一个楼层计。

（3）被检测灰缝应饱满，其厚度不应小于 7mm，并应避开竖缝位置、门窗洞口、后砌洞口和预埋件的边缘。检测加气混凝土砌块砌体时，其灰缝厚度应大于测针直径。

（4）多孔砖砌体和空斗墙砌体的水平灰缝深度不应小于 30mm。

（5）检测范围内的饰面层、粉刷层、勾缝砂浆、浮浆以及表面损伤层等，应清除干净；应使待测灰缝砂浆暴露并经打磨平整后再进行检测。

（6）每一构件应测试 16 点。测点应均匀分布在构件的水平灰缝上，相邻测点水平间距不宜小于 240mm，每条灰缝测点不宜多于 2 点。

（7）采用贯入法检测的砌筑砂浆应符合下列规定：

① 自然养护；龄期为 28d 或 28d 以上。

② 风干状态。

③ 抗压强度为(0.4～16.0)MPa。

5. 贯入检测

（1）贯入检测应按下列程序操作：

① 将测钉插入贯入杆的测钉座中，测钉尖端朝外，固定好测钉。

② 当用加力杠杆时，将加力杠杆插入贯入杆外端，施加外力使挂钩挂上。

③当用旋紧螺母加力时，用摇柄旋紧螺母，直至挂钩挂上为止，然后将螺母退至贯入杆顶端。

④将贯入仪扁头对准灰缝中间，并垂直贴在被测砌体灰缝砂浆的表面，握住贯入仪把手，扳动扳机，将测钉贯入被测砂浆中。

（2）每次贯入检测前，应清除测钉上附着的水泥灰渣等杂物，同时用测钉量规核查测钉的长度，当测钉长度小于测钉量规槽时，应重新选用新的测钉。

（3）操作过程中，当测点处的灰缝砂浆存在空洞或测孔周围砂浆有缺损时，该测点应作废，另选测点补测。

（4）贯入深度的测量应按下列程序操作：

①开启贯入深度测量表，将其置于钢制平整量块上，直至扁头端面和量块表面重合，使贯入深度测量表的读数为零（图6-11）。

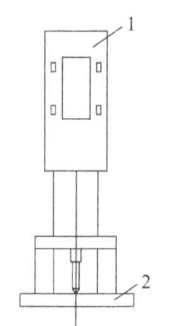

1—数字式百分表；2—钢制平整量块

图6-11 贯入深度测量表清零示意图

②将测钉从灰缝中拔出，用橡皮吹风器将测孔中的粉尘吹干净。

③将贯入深度测量表的测头插入测孔中，扁头紧贴灰缝砂浆，并垂直于被测砌体灰缝砂浆的表面，从测量表中直接读取显示值d_i，并记录。

④直接读数不方便时，可按一下贯入深度测量表中的"保持"键，显示屏会记录当时的示值，然后取下贯入深度测量表读数。

（5）当砌体的灰缝经打磨仍难以达到平整时，可在测点处标记，贯入检测前用贯入深度测量表测读测点处的砂浆表面不平整度读数d_i^0，然后再在测点处进行贯入检测，读取d_i'，贯入深度应按下式计算：

$$d_i = d_i' - d_i^0 \tag{6-105}$$

式中：d_i——第i个测点贯入深度值（mm），精确至0.01mm；

d_i^0——第i个测点贯入深度测量表的不平整度读数（mm），精确至0.01mm；

d_i'——第i个测点贯入深度测量表读数（mm），精确至0.01mm。

6. 砂浆抗压强度计算

（1）检测数值中，应将16个贯入深度值中的3个较大值和3个较小值剔除，余下的10个贯入深度值应按下式取平均值：

$$m_{dj} = \frac{1}{10}\sum_{i=1}^{10} d_i \tag{6-106}$$

式中：m_{dj}——第j个构件的砂浆贯入深度代表值（mm），精确至0.01mm；

d_i——第i个测点的砂浆贯入深度代表值（mm），精确至0.01mm。

（2）将构件的贯入深度代表值m_{dj}按不同的测强曲线计算其砂浆抗压强度换算值$f_{2,j}^c$。有专用测强曲线或地区曲线时，应按专用测强曲线、地区测强曲线、规程测强曲线顺序使用。

（3）当所检测砂浆与本规程建立测强曲线所用砂浆有较大差异时，在使用规程测强曲线前，宜进行检测误差验证试验，试验方法可按规程附录E的要求进行，试验机械和范围应按检测的对象确定，其检测误差应满足本规程第E.0.10条的规定，否则应按规程附录E的要求建立专用测强曲线。

（4）按批抽检时，同批构件砂浆应按下列公式计算其平均值、标准差和变异系数：

$$m\xi_2 = \frac{1}{n}\sum_{j=1}^{n} f_{2,j}^c \tag{6-107}$$

$$s\xi_2 = \sqrt{\frac{\sum_{j=1}^{n}(m\xi_2 - f_{2,j}^c)^2}{n-1}} \tag{6-108}$$

$$\eta\xi_2 = s\xi_2/m\xi_2 \tag{6-109}$$

式中：$m\xi_2$——同批构件砂浆抗压强度换算值的平均值（MPa），精确至0.1MPa；

$f_{2,j}^c$——第j个构件的砂浆抗压强度换算值（MPa），精确至0.1MPa；

$s\xi_2$——同批构件砂浆抗压强度换算值的标准差（MPa），精确至0.1MPa；

$\eta\xi_2$——同批构件砂浆抗压强度换算值的变异系数，精确至0.01。

（5）砌筑砂浆抗压强度推定值$f_{2,e}^c$，应按下列规定确定：

①当按单个构件检测时、该构件的砌筑砂浆抗压强度推定值应按下式计算：

$$f_{2,e}^c = 0.91 f_{2,j}^c \tag{6-110}$$

式中：$f_{2,e}^c$——砂浆抗压强度推定值（MPa），精确至0.1MPa；

$f_{2,j}^c$——第j个构件的砂浆抗压强度换算值（MPa），精确至0.1MPa。

②批构件的砌筑砂浆抗压强度推定$f_{2,e}^c$：

$$f_{2,e1}^c = 0.91 m\xi_2 \tag{6-111}$$

$$f_{2,e2}^c = 1.18 f_{2,min}^c \tag{6-112}$$

式中：$f_{2,e1}^c$——砂浆抗压强度推定值之一（MPa），精确至0.1MPa；

$f_{2,e2}^c$——砂浆抗压强度推定值之二（MPa），精确至0.1MPa；

$m\xi_2$——同批构件砂浆抗压强度换算值的平均值（MPa），精确至0.1MPa；

$f_{2,min}^c$——同批构件中砂浆抗压强度换算值的最小值（MPa），至0.1MPa。

③对于按批抽检的砌体，当该批构件砌筑砂浆抗压强度换算值变异系数不小于0.30时，则该批构件应全部按单个构件检测。

十一、砖强度（普通小砌块回弹法）

1. 相关标准

（1）《砌体工程现场检测技术标准》GB/T 50315—2011。

(2)《非烧结砖砌体现场检测技术规程》JGJ/T 371—2016。

2.《砌体工程现场检测技术标准》GB/T 50315—2011

1)一般规定

(1)烧结砖回弹法适用于推定烧结普通砖砌体或烧结多孔砖砌体中砖的抗压强度,不适用于推定表面已风化或遭受冻害、环境侵蚀的烧结普通砖砌体或烧结多孔砖砌体中砖的抗压强度。检测时,应用回弹仪测试砖表面硬度,并应将砖回弹值换算成砖抗压强度。

(2)每个检测单元中应随机选择 10 个测区。每个测区的面积不宜小于 1.0m²,应在其中随机选择 10 块条面向外的砖作为 10 个测位供回弹测试。选择的砖与砖墙边缘的距离应大于 250mm。

2)仪器设备

(1)烧结砖回弹法的测试设备,宜采用示值系统为指针直读式的砖回弹仪。

(2)砖回弹仪的主要技术性能指标,应符合表 6-14 的要求。

砖回弹仪主要技术性能指标　　　表 6-14

项目	指标	项目	指标
标称动能(J)	0.735	弹击杆端部球面半径(mm)	25±1.0
指针摩擦力(N)	0.5±0.1	钢砧率定值R	74±2

(3)砖回弹仪的检定和保养,应按国家现行有关回弹仪的检定标准执行。

(4)砖回弹仪在工程检测前后,均应在钢砧上进行率定测试。

3)测试步骤

(1)被检测砖应为外观质量合格的完整砖。砖的条面应干燥、清洁、平整,不应有饰面层、粉刷层,必要时可用砂轮清除表面的杂物,并应磨平测面,同时应用毛刷刷去粉尘。

(2)在每块砖的测面上应均匀布置 5 个弹击点。选定弹击点时应避开砖表面的缺陷。相邻两弹击点的间距不应小于 20mm,弹击点离砖边缘不应小于 20mm,每一弹击点应只能弹击一次,回弹值读数应估读至 1。测试时,回弹仪应处于水平状态,其轴线应垂直于砖的测面。

4)数据分析

(1)单个测位的回弹值,应取 5 个弹击点回弹值的平均值。

(2)第 i 测区第 j 个测位的抗压强度换算值,应按下列公式计算:

①烧结普通砖:

$$f_{1ij} = 2 \times 10^{-2}R^2 - 0.45R + 1.25 \qquad (6\text{-}113)$$

②烧结多孔砖:

$$f_{1ij} = 1.70 \times 10^{-3}R^{2.48} \qquad (6\text{-}114)$$

式中：f_{1ij}——第i测区第j个测位的抗压强度换算值（MPa）；

R——第i测区第j个测位的平均回弹值。

（3）测区的砖抗压强度平均值，应按下式计算：

$$f_{1i} = \frac{1}{10}\sum_{j=1}^{n_1} f_{1ij} \tag{6-115}$$

（4）本标准所给出的全国统一测强曲线可用于强度为(6～30)MPa的烧结普通砖和烧结多孔砖的检测。当超出本标准全国统一测强曲线的测强范围时，应进行验证后使用，或制定专用曲线。

3.《非烧结砖砌体现场检测技术规程》JGJ/T 371—2016

1）一般规定

（1）本方法可用于推定普通小砌块砌体中主规格单排孔砌块的抗压强度。

（2）每个测区应随机选择5个测位，测位宜选择在承重墙的可测面上，在每个测位中随机选择1块条面向外的砌块供回弹测试。测试的砌块与墙体边缘的距离宜大于400mm。

2）仪器设备

（1）普通小砌块回弹法的测试设备，宜采用示值系统为指针直读式或数显式的混凝土回弹仪。

（2）混凝土回弹仪除应符合现行国家标准《回弹仪》GB/T 9138—2015的规定外，尚应符合下列规定：

①水平弹击时，在弹击锤脱钩瞬间，回弹仪的标称能量应为2.207J；

②在弹击锤与弹击杆碰撞的瞬间，弹击拉簧应处于自由状态，且弹击锤起跳点应位于指针指示刻度尺上的"0"处；

③在洛氏硬度HRC为60±2的钢砧上，回弹仪的率定值应为80±2；

④数字式回弹仪应带有指针直读示值系统；数字显示的回弹仪与指针直读示值相差不应超过1。

（3）混凝土回弹仪的检定和保养，应按现行行业标准《回弹仪检定规程》JJG 817—2011执行。

（4）混凝土回弹仪在工程检测前后，均应在钢砧上率定测试。

3）组批原则

检测对象为整栋建筑物或建筑物的一部分时，应按变形缝将其划分为一个或若干个可独立分析的结构单元，每一结构单元应划分为若干个检测单元。

每一检测单元内，不宜少于6个测区，应将单片墙体或单根柱作为一个测区。并一个检测单元不足6个构件时，应将每个构件作为一个测区。

采用原位轴压法、扁顶法、切制抗压试件法检测，当选择6个测区确有困难时，可选取不少于3个测区测试，但宜结合其他非破损检测方法综合进行强度推定。每一测区应在有代表性的部位布置若干测点或测位。各种检测方法的测点数或测位数，应符合下列规定：

普通小砌块回弹法的测位数不应少于 5 个。

委托方仅要求对建筑物的部分或个别部位检测时，可按工程实际情况确定测区数，每一测区的测点数或测位数应符合规定，检测结果宜只给出各测区的强度值。

4）测试步骤

（1）被检测普通小砌块的外观质量应符合现行国家标准《普通混凝土小型砌块》GB/T 8239—2014 的规定。小砌块的待测面应干燥、清洁、平整，没有裂纹；不应有饰面层、粉刷层；可用砂轮清除表面的杂物，并应磨平，同时应用毛刷刷去粉尘。

（2）在被测小砌块的条面上均匀布置 16 个弹击点。选定弹击点时应避开小砌块表面的缺陷。相邻两弹击点的间距不应小于 20mm，弹击点离小砌块边缘亦不应小于 20mm，每一弹击点只应弹击一次，回弹值读数应估读至 1。测试时，回弹仪应处于水平状态，其轴线应垂直于小砌块的条面。

5）数据分析

（1）单个小砌块的回弹值，应为该块体 16 个回弹值中剔除 3 个最大值和 3 个最小值后的平均值。

（2）第 i 测区第 j 个测位的抗压强度换算值应按下式计算：

$$f_{1ij} = 5 \times 10^{-3} R^{2.1} - 0.9 \tag{6-116}$$

式中：f_{1ij}——第 i 测区第 j 个测位的抗压强度换算值（MPa）；

R——第 i 测区第 j 个测位的平均回弹值。

（3）每一测区的小砌块抗压强度平均值应按下式计算：

$$f_{1i} = \frac{1}{5} \sum_{j=1}^{5} f_{1ij} \tag{6-117}$$

式中：f_{1i}——同一测区的小砌块抗压强度平均值（MPa）。

（4）每一检测单元的小砌块抗压强度平均值应按下式计算：

$$f_{1m} = \frac{1}{n_2} \sum_{n_2=1}^{n_2} f_{1i} \tag{6-118}$$

式中：f_{1m}——同一检测单元的小砌块抗压强度平均值（MPa）。

（5）《非烧结砖砌体现场检测技术规程》JGJ/T 371—2016 所给出的全国统一测强曲线，可用于强度为 (4.0～15.0)MPa 的普通小砌块的检测。当超出本规程全国统一测强曲线的测强范围时，应进行验证后使用，或制定专用测强曲线。

十二、砌体抗压强度（原位轴压法）

1. 相关标准

（1）《砌体工程现场检测技术标准》GBT 50315—2011。

（2）《非烧结砖砌体现场检测技术规程》JGJ/T 371—2016。

2.《砌体工程现场检测技术标准》GBT 50315—2011

1）一般规定

（1）原位轴压法（图 6-12）适用于推定 240mm 厚普通砖砌体或多孔砖砌体的抗压强度。

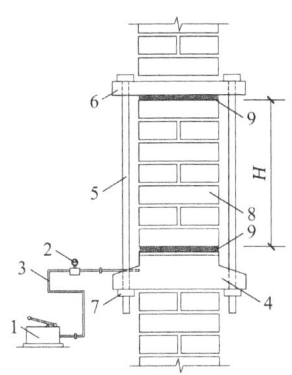

1—手动油泵；2—压力表；3—高压油管；4—扁式千斤顶；5—钢拉杆（共 4 根）；
6—反力板；7—螺母；8—槽间砌体；9—砂垫层；H—槽间砌体高度

图 6-12 原位轴压法测试装置

（2）测试部位应具有代表性，并应符合下列要求：

①测试部位宜选在墙体中部距楼、地面 1m 左右的高度处；槽间砌体每侧的墙体宽度不应小于 1.5m。

②同一墙体上，测点不宜多于 1 个，且宜选在沿墙体长度的中间部位；多于 1 个时，其水平净距不得小于 2.0m。

③测试部位不得选在挑梁下、应力集中部位以及墙梁的墙体计算高度范围内。

2）仪器设备

（1）原位压力机主要技术指标，应符合表 6-15 的要求。

原位压力机主要技术指标　　　　　表 6-15

项目	指标		
	450 型	600 型	800 型
额定压力（kN）	400	550	750
极限压力（kN）	450	600	800
额定行程（mm）	15	15	15
极限行程（mm）	20	20	20
示值相对误差（%）	±3	±3	±3

（2）原位压力机的力值，应每半年校验一次。

3）测试步骤

（1）在测点上开凿水平槽孔时，应符合下列要求：

①上、下水平槽的尺寸应符合表 6-16 的要求。

水平槽尺寸　　　　　　　表 6-16

名称	长度（mm）	厚度（mm）	高度（mm）
上水平槽	250	240	70
下水平槽	250	240	≥110

②上、下水平槽孔应对齐。普通砖砌体，槽间砌体高度应为 7 皮砖；多孔砖砌体，槽间砌体高度应为 5 皮砖。

③开槽时，应避免扰动四周的砌体；槽间砌体的承压面应修平整。

（2）在槽孔间安放原位压力机（图 6-12）时，应符合下列要求：

①在上槽内的下表面和扁式千斤顶的顶面，应分别均匀铺设湿细砂或石膏等材料的垫层，垫层厚度可取 10mm。

②应将反力板置于上槽孔，扁式千斤顶置于下槽孔，应安放四根钢拉杆，并应使两个承压板上下对齐后，应沿对角两两均匀拧紧螺母并调整其平行度；四根钢拉杆的上下螺母间的净距误差不应大于 2mm。

③正式测试前，应进行试加荷载测试，试加荷载值可取预估破坏荷载的 10%。应检查测试系统的灵活性和可靠性，以及上下压板和砌体受压面接触是否均匀密实。经试加荷载，测试系统正常后应卸荷，并应开始正式测试。

（3）正式测试时，应分级加荷。每级荷载可取预估破坏荷载的 10%，并应在(1～1.5)min 内均匀加完，然后恒载 2min。加荷至预估破坏荷载的 80% 后，应按原定加荷速度连续加荷，直至槽间砌体破坏。当槽间砌体裂缝急剧扩展和增多，油压表的指针明显回退时，槽间砌体达到极限状态。

（4）测试过程中，发现上下压板与砌体承压面因接触不良，致使槽间砌体呈局部受压或偏心受压状态时，应停止测试，并应调整测试装置，重新测试，无法调整时应更换测点。

（5）测试过程中，应仔细观察槽间砌体初裂裂缝与裂缝开展情况，并应记录逐级荷载下的油压表读数、测点位置、裂缝随荷载变化情况简图等。

4）数据分析

（1）根据槽间砌体初裂和破坏时的油压表读数，应分别减去油压表的初始读数，并应按原位压力机的校验结果，计算槽间砌体的初裂荷载值和破坏荷载值。

（2）槽间砌体的抗压强度，应按下式计算：

$$f_{uij} = \frac{N_{uij}}{A_{ij}} \tag{6-119}$$

式中：f_{uij}——第i个测区第j个测点槽间砌体的抗压强度（MPa）；

N_{uij}——第i个测区第j个测点槽间砌体的受压破坏荷载值（N）；

A_{ij}——第i个测区第j个测点槽间砌体的受压面积（mm²）。

（3）槽间砌体抗压强度换算为标准砌体的抗压强度，应按下列公式计算：

$$f_{mij} = \frac{f_{uij}}{\xi_{1ij}} \tag{6-120}$$

$$\xi_{1ij} = 1.25 + 0.60\sigma_{0ij} \tag{6-121}$$

式中：f_{mij}——第i个测区第j个测点的标准砌体抗压强度换算值（MPa）；

ξ_{1ij}——原位轴压法的无量纲的强度换算系数；

σ_{0ij}——该测点上部墙体的压应力（MPa），其值可按墙体实际所承受的荷载标准值计算。

（4）测区的砌体抗压强度平均值，应按下式计算：

$$f_{mi} = \frac{1}{n} \sum_{j=1}^{n_1} f_{mij} \tag{6-122}$$

式中：f_{mi}——第i个测区的砌体抗压强度平均值（MPa）；

n_1——第i个测区的测点数。

3.《非烧结砖砌体现场检测技术规程》JGJ/T 371—2016

1）一般规定

（1）原位轴压法可用于推定240mm厚非烧结普通砖和非烧结多孔砖砌体的抗压强度。

（2）在检测单元内应随机布置测点，布点应符合：

①测点或测位不应位于门窗洞口处；

②测点或测位不应位于补砌的临时施工洞口附近；

③应力集中部位的墙体以及墙梁的墙体计算高度范围内，不应选用原位轴压法、切制抗压试件法、原位双剪法、筒压法；

④长度小于3.6m的承重墙，不应选用原位轴压法、扁顶法、切制抗压试件法；

⑤独立砖柱或普通小砌块柱、长度小于1m的墙段上不应选用有局部破损的检测方法；

⑥对墙体有明显质量缺陷的部位，宜布置测点或测位，单独推定该部位的强度指标。

（3）尚应符合下列规定：

①测试部位宜选在墙体中部距楼、地面1.0m高度处；槽间砌体每侧的墙体宽度不应小于1.5m；

②同一墙体上，测点不宜多于1个，且宜选在沿墙体长度的中间部位；多于1个时，

其水平净距不得小于 2.0m;

③被检测的承重墙体宜仅承受均布荷载。

2) 仪器设备

原位轴压法检测设备的技术指标应符合现行国家标准《砌体工程现场检测技术标准》GB/T 50315—2011 的规定。

3) 组批原则

检测对象为整栋建筑物或建筑物的一部分时,应按变形缝将其划分为一个或若干个可独立分析的结构单元,每一结构单元应划分为若干个检测单元。

每一检测单元内,不宜少于 6 个测区,应将单片墙体或单根柱作为一个测区。并一个检测单元不足 6 个构件时,应将每个构件作为一个测区。

采用原位轴压法、扁顶法、切制抗压试件法检测,当选择 6 个测区确有困难时,可选取不少于 3 个测区测试,但宜结合其他非破损检测方法综合进行强度推定。每一测区应在有代表性的部位布置若干测点或测位。各种检测方法的测点数或测位数,应符合下列规定:

原位轴压法,测点数不应少于 1 个;

委托方仅要求对建筑物的部分或个别部位检测时,可按工程实际情况确定测区数,每一测区的测点数或测位数应符合规定,检测结果宜只给出各测区的强度值。

4) 测试步骤

原位轴压法的检测步骤应按现行国家标准《砌体工程现场检测技术标准》GB/T 50315—2011 的规定执行。

5) 数据分析

(1) 根据槽间砌体初裂和破坏时的油压表读数,应分别减去油压表的初始读数,并应按原位压力机的校验结果,计算槽间砌体的初裂荷载值和破坏荷载值。

(2) 槽间砌体的抗压强度,应按下式计算:

$$f_{uij} = \frac{N_{uij}}{A_{ij}} \quad (6\text{-}123)$$

式中:f_{uij}——第 i 个测区第 j 个测点槽间砌体的抗压强度;

N_{uij}——第 i 个测区第 j 个测点槽间砌体的受压破坏荷载值(N);

A_{ij}——第 i 个测区第 j 个测点槽间砌体的受压面积。

(3) 槽间砌体抗压强度换算为标准砌体的抗压强度,应按下列公式计算:

$$f_{mij} = \frac{f_{uij}}{\xi_{1ij}} \quad (6\text{-}124)$$

$$\xi_{1ij} = 1.25 + 0.60\sigma_{0ij} \quad (6\text{-}125)$$

式中:f_{mij}——第 i 个测区第 j 个测点的标准砌体抗压强度换算值(MPa);

ξ_{1ij}——原位轴压法的无量纲的强度换算系数;

σ_{0ij}——该测点上部墙体的压应力(MPa),其值可按墙体实际所承受的荷载标准值计算。

(4)测区的砌体抗压强度平均值,应按下式计算:

$$f_{mi} = \frac{1}{n_1}\sum_{j=1}^{n_1} f_{mij} \qquad (6\text{-}126)$$

式中:f_{mi}——第i个测区的砌体抗压强度平均值(MPa);

n_1——第1个测区的测点数。

十三、砌体抗压强度(扁顶法)

1. 相关标准

《砌体工程现场检测技术标准》GB/T 50315—2011。

2. 一般规定

扁顶法(图6-13)适用于推定普通砖砌体或多孔砖砌体的受压弹性模量、抗压强度或墙体的受压工作应力。

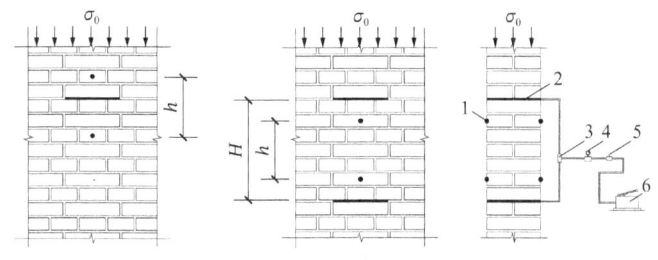

(a)测试受压工作应力　(b)测试受压弹性模量、抗压强度

1—变形测量脚标(两对);2—扁式液压千斤顶;3—三通接头;4—压力表;5—溢流阀;
6—手动油泵;H—槽间砌体高度;h—脚标之间的距离

图6-13 扁顶法测试装置与变形测点布置

3. 一般规定

测试部位应具有代表性,并应符合下列要求:

(1)测试部位宜选在墙体中部距楼、地面1m左右的高度处;槽间砌体每侧的墙体宽度不应小于1.5m。

(2)同一墙体上,测点不宜多于1个,且宜选在沿墙体长度的中间部位;多于1个时,其水平净距不得小于2.0m。

(3)测试部位不得选在挑梁下、应力媒中部位以及墙梁的墙体计算高度范围内。

4. 仪器设备

(1)扁顶应由1mm厚合金钢板焊接而成。总厚度宜为(5~7)mm。大面尺寸分别宜为250mm×250mm、250mm×380mm、380mm×380mm 和 380mm×500mm。250mm×

250mm 和 250mm×380mm 的扁顶可用于 240mm 厚墙体。380mm×380mm 和 380mm×500mm 扁顶可用于 370mm 厚墙体。

（2）扁顶的主要技术指标，应符合表 6-17 的要求。

扁顶主要技术指标 表 6-17

项目	指标
额定压力（kN）	400
极限压力（kN）	480
额定行程（mm）	10
极限行程（mm）	15
示值相对误差（%）	±3

（3）每次使用前，应校验扁顶的力值。

（4）手持式应变仪和千分表的主要技术指标，应符合表 6-18 的要求。

手持式应变仪和千分表的主要技术指标 表 6-18

项目	指标
行程（mm）	1～3
分辨率（mm）	0.001

5. 测试步骤

1）测试墙体的受压工作应力时，应符合下列要求：

（1）在选定的墙体上，应标出水平槽的位置，并应牢固粘贴两对变形测量的脚标[图 6-13（a）]。脚标应位于水平槽正中并跨越该槽；普通砖砌体脚标之间的距离应相隔 4 条水平灰缝，宜取 250mm；多孔砖砌体脚标之间的距离应相隔 3 条水平灰缝，宜取 (270～300)mm。

（2）使用手持应变仪或千分表在脚标上测量砌体变形的初读数时，应测量 3 次，并应取其平均值。

（3）在标出水平槽位置处，应剔除水平灰缝内的砂浆。水平槽的尺寸应略大于扁顶尺寸。开凿时不应损伤测点部位的墙体及变形测量脚标。槽的四周应清理平整，并应除去灰渣。

（4）使用手持式应变仪或千分表在脚标上测量开槽后的砌体变形值时，应待读数稳定后再进行下一步测试工作。

（5）在槽内安装扁顶，扁顶上下两面宜垫尺寸相同的钢垫板，并应连接测试设备的油路（图 6-13）。

（6）正式测试前，应进行试加荷载测试，试加荷载值可取预估破坏荷载的 10%。应检查测试系统的灵活性和可靠性,以及上下压板和砌体受压面接触是否均匀密实。经试加荷载,测试系统正常后应卸荷,并应开始正式测试。

(7)正式测试时,应分级加荷。每级荷载应为预估破坏荷载值的5%,并应在(1.5~2)min内均匀加完,恒载2min后应测读变形值。当变形值接近开槽前的读数时,应适当减小加荷级差,并应直至实测变形值达到开槽前的读数,然后卸荷。

2)实测墙体的砌体抗压强度或受压弹性模量时,应符合下列要求:

(1)在完成墙体的受压工作应力测试后,应开凿第二条水平槽,上下槽应互相平行、对齐。当选用250mm×250mm扁顶时,普通砖砌体两槽之间的距离应相隔7皮砖;多孔砖砌体两槽之间的距离应相隔5皮砖。当选用250mm×380mm扁顶时,普通砖砌体两槽之间的距离应相隔8皮砖;多孔砖砌体两槽之间的距离应相隔6皮砖。遇有灰缝不规则或砂浆强度较高而难以凿槽时,可在槽孔处取出1皮砖,安装扁顶时应采用钢制楔形垫块调整其间隙。

(2)在上下槽内安装扁顶,扁顶上下两面宜垫尺寸相同的钢垫板,并应连接测试设备的油路(图6-13)。

(3)试加荷载。试加荷载值可取预估破坏荷载的10%。应检查测试系统的灵活性和可靠性,以及上下压板和砌体受压面接触是否均匀密实。经试加荷载,测试系统正常后应卸荷,并应开始正式测试。

(4)正式测试时,应分级加荷,每级荷载应为预估破坏荷载优的5%,并应在(1.5~2)min内均匀加完,恒载2min后应测读变形值。当变形值接近开槽前的读数时,应适当减小加荷级差,并应直至实测变形值达到开槽前的读数,然后卸荷。

(5)当槽间砌体上部压应力小于0.2MPa时,应加设反力平衡架后再进行测试。当槽间砌体上部压应力不小于0.2MPa时,也宜加设反力平衡架后再进行测试。反力平衡架可由两块反力板和四根钢拉杆组成。

3)当仅测定砌体抗压强度时,应同时开凿两条水平槽,使用手持应变仪或千分表在脚标上测量砌体变形的初读数时,应测量3次,并应取其平均值。

4)测试记录内容应包括描绘测点布置图、墙体砌筑方式、扁顶位置、脚标位置、轴向变形值、逐级荷载下的油压表读数、裂缝随荷载变化情况简图等。

6. 数据分析

(1)数据分析时,应根据扁顶力值的校验结果,将油压表读数换算为测试荷载值。

(2)墙体的受压工作应力,应等于实测变形值达到开凿前的读数时所对应的应力值。

(3)槽间砌体的抗压强度,应按下式计算:

$$f_{uij} = \frac{N_{uij}}{A_{ij}} \tag{6-127}$$

式中:f_{uij}——第i个测区第j个测点槽间砌体的抗压强度;

N_{uij}——第 i 个测区第 j 个测点槽间砌体的受压破坏荷载值（N）；

A_{ij}——第 i 个测区第 j 个测点槽间砌体的受压面积。

（4）槽间砌体抗压强度换算为标准砌体的抗压强度，应按下列公式计算：

$$f_{mij} = \frac{f_{uij}}{\xi_{1ij}} \qquad (6\text{-}128)$$

$$\xi_{1ij} = 1.25 + 0.60\sigma_{0ij} \qquad (6\text{-}129)$$

式中：f_{mij}——第 i 个测区第 j 个测点的标准砌体抗压强度换算值（MPa）；

ξ_{1ij}——原位轴压法的无量纲的强度换算系数；

σ_{0ij}——该测点上部墙体的压应力（MPa），其值可按墙体实际所承受的荷载标准值计算。

（5）测区的砌体抗压强度平均值，应按下式计算：

$$f_{mi} = \frac{1}{n_1} \sum_{j=1}^{n_1} f_{mij} \qquad (6\text{-}130)$$

式中：f_{mi}——第 i 个测区的砌体抗压强度平均值（MPa）；

n_1——第 1 个测区的测点数。

十四、砌体抗剪强度（原位单剪法）

1. 相关标准

《砌体工程现场检测技术标准》GB/T 50315—2011。

2. 一般规定

（1）原位单剪法适用于推定砖砌体沿通缝截面的抗剪强度。检测时，测试部位宜选在窗洞口或其他洞口下三皮砖范围内，试件具体尺寸应符合图 6-14 的规定。

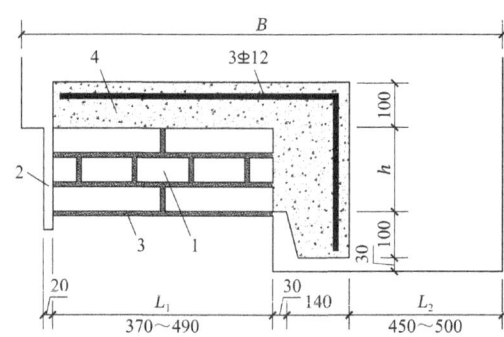

1—被测砌体；2—切口；3—受剪灰缝；4—现浇混凝土传力件；h—三皮砖的高度；
B—洞口宽度；L_1—剪切面长度；L_2—设备长度预留空间

图 6-14 原位单剪试件大样

（2）试件的加工过程中，应避免扰动被测灰缝。

（3）测试部位不应选在后砌窗下墙处，且其施工质量应具有代表性。

3.仪器设备

(1)测试设备应包括螺旋千斤顶或卧式液压千斤顶、荷载传感器及数字荷载表等。试件的预估破坏荷载值应为千斤顶、传感器最大测量值的20%～80%。

(2)检测前,应标定荷载传感器及数字荷载表,其示值相对误差不应大于2%。

4.测试步骤

(1)在选定的墙体上,应采用振动较小的工具加工切口,现浇钢筋混凝土传力件(图6-15)的混凝土强度等级不应低于C15。

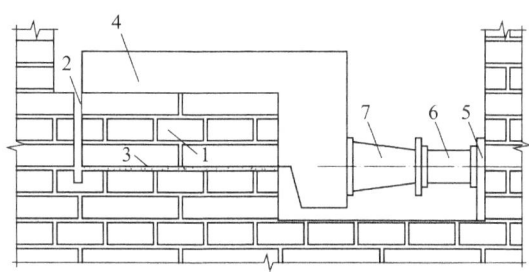

1—被测砌体;2—切口;3—受剪灰缝;4—现浇混凝土传力件;5—垫板;6—传感器;7—千斤顶

图6-15 原位单剪法测试装置

(2)测量被测灰缝的受剪面尺寸,应精确至1mm。

(3)安装千斤顶及测试仪表,千斤顶的加力轴线与被测灰缝顶面应对齐(图6-15)。

(4)加荷时应匀速施加水平荷载,并应控制试件在(2～5)min内破坏。当试件沿受剪面滑动、千斤顶开始卸荷时,应判定试件达到破坏状态;应记录破坏荷载值,并应结束测试;应在预定剪切面(灰缝)破坏,测试有效。

(5)加荷测试结束后,应翻转已破坏的试件,检查剪切面破坏特征及砌体砌筑质量,并应详细记录。

5.数据分析

(1)数据分析时,应根据测试仪表的校验结果,进行荷载换算,并应精确至10N。

(2)砌体的沿通缝截面抗剪强度应按下式计算:

$$f_{vij} = \frac{N_{vij}}{A_{vij}} \tag{6-131}$$

式中:f_{vij}——第i个测区第j个测点的砌体沿通缝截面抗剪强度(MPa);

N_{vij}——第i个测区第j个测点的抗剪破坏荷载(N);

A_{vij}——第i个测区第j个测点的受剪面积(mm²)。

(3)测区的砌体沿通缝截面抗剪强度平均值,应按下式计算:

$$f_{vi} = \frac{1}{n_1} \sum_{j=1}^{n_1} f_{vij} \tag{6-132}$$

式中:f_{vi}——第i个测区的砌体沿通缝截面抗剪强度平均值(MPa)。

十五、砌体抗剪强度（原位单砖双剪法）

1. 相关标准

（1）《非烧结砖砌体现场检测技术规程》JGJ/T 371—2016。

（2）《砌体工程现场检测技术标准》GB/T 50315—2011。

2.《砌体工程现场检测技术标准》GB/T 50315—2011

1）一般规定

（1）原位双剪法（图6-16）应包括原位单砖双剪法和原位双砖双剪法。原位单砖双剪法适用于推定各类墙厚的烧结普通砖或烧结多孔砖砌体的抗剪强度，原位双砖双剪法仅适用于推定240mm厚墙的烧结普通砖或烧结多孔砖砌体的抗剪强度。检测时，应将原位剪切仪的主机安放在墙体的槽孔内，并应以一块或两块并列完整的顺砖及其上下两条水平灰缝作为一个测点（试件）。

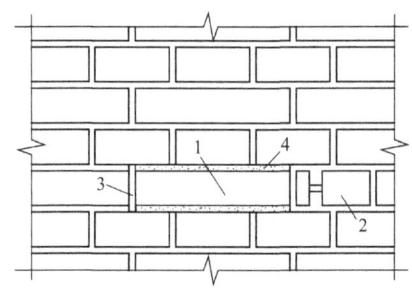

1—剪切试件；2—剪切仪主机；3—掏空的竖缝；4—受剪灰缝

图 6-16　原位双剪法检测示意图

（2）原位双剪法宜选用释放或可忽略受剪面上部压应力σ_0作用的测试方案；当上部压应力σ_0较大且可较准确计算时，也可选用在上部压应力σ_0作用下的测试方案。

（3）在测区内选择测点，应符合下列要求：

①测区应随机布置n_1个测点，对原位单砖双剪法，在墙体两面的测点数量宜接近或相等。

②试件两个受剪面的水平灰缝厚度应为(8～12)mm。

③下列部位不应布设测点：

a. 门、窗洞口侧边 120mm 范围内；

b. 后补的施工洞口和经修补的砌体；

c. 独立砖柱。

（4）同一墙体的各测点之间，水平方向净距不应小于 1.5m，垂直方向净距不应小于 0.5m，且不应在同一水平位置或纵向位置。

2）仪器设备

（1）测试设备的技术指标：

原位剪切仪的主机应为一个附有活动承压钢板的小型千斤顶。其成套设备如图6-17所示。

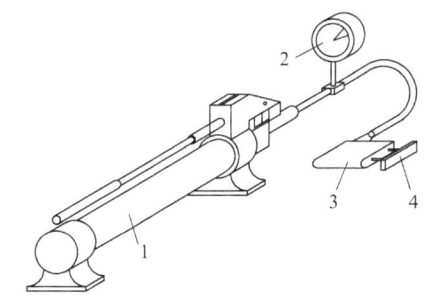

1—油泵；2—压力表；3—剪切仪主机；4—承压钢板

图6-17 成套原位剪切仪示意图

（2）原位剪切仪的主要技术指标应符合表6-19的规定。

原位剪切仪主要技术指标 表6-19

项目	指标	
	75型	150型
额定推力（kN）	75	150
相对测量范围（%）	20~80	
额定行程（mm）	>20	
示值相对误差（%）	±3	

3）测试步骤

（1）安放原位剪切仪主机的孔洞，应开在墙体边缘的远端或中部。当采用带有上部压应力σ_0作用的测试方案时，应按图6-16所示制备出安放主机的孔洞，并应清除四周的灰缝。原位单砖双剪试件的孔洞截面尺寸，普通砖砌体不得小于115mm×65mm；多孔砖砌体不得小于115mm×110mm。原位双砖双剪试件的孔洞截面尺寸，普通砖砌体不得小于240mm×65mm；多孔砖砌体不得小于240mm×110mm；应掏空、清除剪切试件另一端的竖缝。

（2）当采用释放试件上部压应力σ_0的测试方案时，尚应按图6-16所示，掏空试件顶部两皮砖之上的一条水平灰缝，掏空范围，应由剪切试件的两端向上按45°角扩散至灰缝4，掏空长度应大于620mm，深度应大于240mm。

（3）试件两端的灰缝应清理干净，开凿清理过程中，严禁扰动试件；发现被推砖块有明显缺棱掉角或上、下灰缝有松动现象时，应舍去该试件。被推砖的承压面应平整，不平时应用扁砂轮等工具磨平。

（4）测试时，应将剪切仪主机放入开凿好的孔洞中（图6-18），并应使仪器的承压板与试件的砖块顶面重合,仪器轴线与砖块轴线应吻合。开凿孔洞过长时,在仪器尾部应另加垫块。

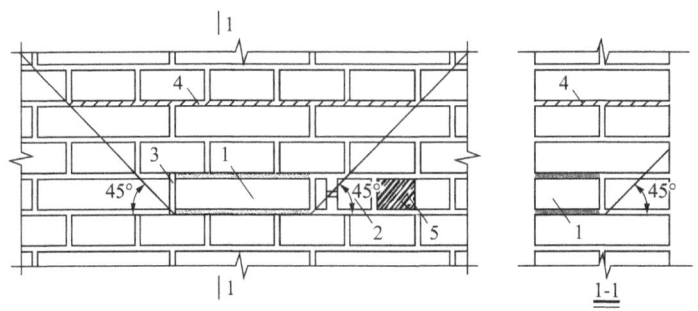

1—试样；2—剪切仪主机；3—掏空竖缝；4—掏空水平缝Ⅰ；5—垫块

图 6-18　释放 σ_0 方案示意图

（5）操作剪切仪,应匀速施加水平荷载,并应直至试件和砌体之间产生相对位移,试件达到破坏状态。加荷的全过程宜为(1～3)min。

（6）记录试件破坏时剪切仪测力计的最大读数,应精确至 0.1 个分度值。

采用无量纲指示仪表的剪切仪时,尚应按剪切仪的校验结果换算成以 N 为单位的破坏荷载。

4）数据分析

（1）烧结普通砖砌体单砖双剪法和双砖双剪法试件沿通缝截面的抗剪强度,应按下式计算：

$$f_{vij} = \frac{0.32 N_{vij}}{A_{vij}} - 0.70 \sigma_{0ij} \tag{6-133}$$

式中：A_{vij}——第 i 个测区第 j 个测点单个灰缝受剪截面的面积（mm²）；

　　　σ_{0ij}——该测点上部墙体的压应力（MPa）,当忽略上部压应力作用或释放上部压应力时,取为 0。

（2）烧结多孔砖砌体单砖双剪法和双砖双剪法试件沿通缝截面的抗剪强度,应按下式计算：

$$f_{vij} = \frac{0.29 N_{vij}}{A_{vij}} - 0.70 \sigma_{0ij} \tag{6-134}$$

式中：A_{vij}——第 i 个测区第 j 个测点单个灰缝受剪截面的面积（mm²）；

　　　σ_{0ij}——该测点上部墙体的压应力（MPa）,当忽略上部压应力作用或释放上部压应力时,取为 0。

（3）测区的砌体沿通缝截面抗剪强度平均值,应按下式计算：

$$f_{vi} = \frac{1}{n_1} \sum_{j=1}^{n_1} f_{vij} \tag{6-135}$$

式中：f_{vi}——第 i 个测区的砌体沿通缝截面抗剪强度平均值（MPa）。

3.《非烧结砖砌体现场检测技术规程》JGJ/T 371—2016

1）一般规定

（1）原位单砖双剪法可用于推定各类墙厚的非烧结普通砖和非烧结多孔砖砌体的抗剪强度，原位双砖双剪法仅可用于推定 240mm 墙厚的非烧结普通砖和非烧结多孔砖砌体的抗剪强度。检测时，应将原位剪切仪的主机安放在墙体的槽孔内，并应以一块或两块并列完整的顺砖及其上下两条水平灰缝作为一个测点（图6-19）。

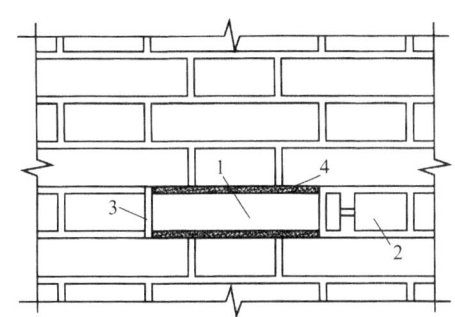

1—剪切试件；2—剪切仪主机；3—掏空的竖缝；4—受剪灰缝

图6-19 原位双剪法检测示意图

（2）原位双剪法宜优先选用释放或可忽略受剪面上部压应力σ_0作用的测试方案；当上部压应力σ_0较大且能准确计算时，也可选用在上部压应力σ_0作用下的试验方案。

（3）测区内的测点选择应符合下列规定：

①每个测区随机布置的n_1个测点，采用原位单砖双剪法时，在墙体两面的数量宜接近或相等；

②试件两个受剪面的水平灰缝厚度应为(8～12)mm；

③下列部位不应布设测点：门、窗洞口侧边 120mm 范围内；后补的施工洞口和经修补的砌体；独立砖柱；

④同一墙体的各测点之间，水平方向净距不应小于1.5m，垂直方向净距不应小于0.5m，且不应在同一水平位置或竖向位置。

2）仪器设备

原位双剪法检测设备的技术指标应符合现行国家标准《砌体工程现场检测技术标准》GB/T 50315—2011 的规定。

3）原位双剪法的检测步骤应按现行国家标准《砌体工程现场检测技术标准》GB/T 50315—2011 的规定执行。

4）计算

非烧结砖砌体单砖双剪法和双砖双剪法试件沿通缝截面的抗剪强度，应按下列公式计算：

(1)非烧结普通砖砌体的通缝抗剪强度：

$$f_{vij} = \frac{0.32 N_{vij}}{A_{vij}} - 0.7\sigma_{0ij} \tag{6-136}$$

(2)非烧结多孔砖砌体的通缝抗剪强度：

$$f_{vij} = \frac{0.29 N_{vij}}{A_{vij}} - 0.7\sigma_{0ij} \tag{6-137}$$

式中：f_{vij}——第i个测区第j个测点的砌体沿通缝截面抗剪强度（MPa）；

N_{vij}——第i个测区第j个测点的抗剪破坏荷载（N）；

A_{vij}——第i个测区第j个测点单条灰缝受剪截面的毛面积（mm²）；

σ_{0ij}——该测点上部墙体的压应力（MPa），当忽略上部压应力作用或释放上部压应力时，取为0。

(3)测区的砌体沿通缝截面抗剪强度平均值应按下式计算：

$$f_{vmj} = \frac{1}{n_1} \sum_{j=1}^{n_1} f_{vij} \tag{6-138}$$

式中：f_{vmj}——第i个测区的砌体沿通缝截面抗剪强度平均值（MPa）。

第二节　钢筋及保护层厚度

一、钢筋保护层厚度

1. 相关标准

(1)《混凝土结构工程施工质量验收规范》GB 50204—2015。

(2)《钢筋保护层厚度和钢筋直径检测技术规程》DB11/T 365—2016。

(3)《混凝土中钢筋检测技术标准》JGJ/T 152—2019。

2. 基本概念

钢筋保护层厚度：被测钢筋外边缘至混凝土表面的最短距离。

3. 组批原则

钢筋保护层厚度检测抽样按构件类型分别抽取检测数量，具体规定如表6-20所示。

钢筋保护层厚度检测抽样规定　　表6-20

构件类型	验收标准号
	GB 50204—2015 和 DB11/T 365—2016
非悬挑构件	对悬挑构件之外的梁板类构件，应各抽取构件数量的2%且不少于5个构件进行检验

续表

构件类型	验收标准号
	GB 50204—2015 和 DB11/T 365—2016
悬挑构件	对悬挑梁，应抽取构件数量的 5%且不少于 10 个构件进行检验；当悬挑梁数量少于 10 个时，应全数检验
	对悬挑板，应抽取构件数量的 10%且不少于 20 个构件进行检验；当悬挑板数量少于 20 个时，应全数检验

对混凝土结构进行结构性能检测时，混凝土保护层厚度及钢筋间距的抽样可按现行国家标准《建筑结构检测技术标准》GB/T 50344—2019 或《混凝土结构现场检测技术标准》GB/T 50784—2013 的有关规定进行。当委托方有明确要求时，应按相关要求确定。

4. 检测方法

（1）根据工程梁、板总数量和表 6-20 的规定确定检测数量，由监理单位组织施工单位实施，并见证实施过程。

（2）进行混凝土保护层厚度检测时，检测部位应无饰面层，有饰面层时应清除；对选定的梁类构件，应对全部纵向受力钢筋的保护层厚度进行检验；对选定的板类构件，应抽取不少于 6 根纵向受力钢筋的保护层厚度进行检验。

（3）初步确定钢筋位置：

将钢筋位置检测仪（探头）放置在被检测部位表面，沿被检测钢筋走向的垂直方向匀速缓慢移动（探头），根据信号提示判定钢筋位置，在对应钢筋位置的混凝土表面处作出标记，每根钢筋应至少用 3 个标记初步确定其位置。

（4）确定箍筋或横向钢筋位置：

避开被测钢筋，在中间部位沿与被测钢筋垂直方向用上步骤的方法检测与被测钢筋垂直的箍筋或横向钢筋，并标记出其位置。

（5）确定被测钢筋的钢筋保护层厚度：

不同标准检测部位及检测数据的区别如表 6-21 所示。

不同标准检测部位及检测数据的区别 表 6-21

标准号	检测部位及检测数据的区别
GB 50204—2015	每根钢筋，应选择有代表性的不同部位量测 3 点取平均值
DB11/T 365—2016	（1）对每根钢筋，选择有代表性的不同部位检测 3 点。 （2）每一测点应重复测试 2 次，取最小值为该测点的钢筋保护层厚度。 （3）检测多根钢筋的保护层厚度时，应在被测构件的相同断面上进行。 （4）当同一点读取的两次钢筋保护层厚度检测值相差大于 1mm 时，该组检测数据无效

5. 注意事项

（1）电磁感应法不适用于含有铁磁性物质或内部钢筋严重锈蚀的混凝土结构中钢筋

保护层厚度的检测。

（2）钢筋探测仪宜定期进行核查。

（3）检测前，应了解钢筋配置情况，选择满足检测要求的钢筋探测仪。当钢筋保护层厚度小于钢筋间最小净距离时，钢筋探测仪应能够分辨出相邻的钢筋。

（4）检测前，应根据设计资料及检测区域内钢筋分布的状况，选择适当的检测面，在检测面上选择有代表性的部位，检测部位表面应清洁、平整，并避开钢筋接头、网格状钢筋交叉点及绑丝、金属预埋件。

（5）检测时，应避开强电磁场（如电机、电焊机等）和较强的铁磁性材料。

（6）钢筋保护层厚度小于钢筋探测仪最小量程时，应在探头和检测面之间附加垫块。垫块对仪器的检测结果不应产生干扰，表面应光滑平整并具有一定的硬度和刚度，厚度应在(10～15)mm之间，且各方向厚度偏差不应大于0.1mm。

（7）检测过程中，当钢筋探测仪出现性能不稳定、装置损坏等影响检测结果的情况时，不得继续使用。

（8）遇到下列情况之一时，应采用钻孔、剔凿等方法，在已测定钢筋保护层厚度的钢筋上进行验证，验证点数不应少于《钢筋保护层厚度和钢筋直径检测技术规程》DB11/T 365—2016中规定的样本最小容量：

①认为相邻钢筋对检测结果有影响；

②钢筋公称直径未知或有异议；

③钢筋实际根数、位置与设计有较大偏差。

6.试验结果评定

（1）对纵向受力钢筋保护层厚度的允许偏差的规定如表6-22所示。

纵向受力钢筋保护层厚度的允许偏差　　　　表6-22

构件类型	验收标准号
	GB 50204—2015
梁类	+10mm，−7mm
板类	+8mm，−5mm

（2）对梁类、板类构件纵向受力钢筋的保护层厚度应分别进行验收。

（3）结构实体钢筋保护层厚度验收合格应符合下列规定：

①当全部钢筋保护层厚度检验的合格点率为90%及以上时，钢筋保护层厚度的检验结果应判为合格。

②当全部钢筋保护层厚度检验的合格点率小于90%但不小于80%，可再抽取相同数量的构件进行检验；当按两次抽样总和计算的合格点率为90%及以上时，钢筋保护层厚度的检验结果仍应判为合格。

③每次抽样检验结果中不合格点的最大偏差均不应大于本节表 6-22 规定允许偏差的 1.5 倍。

二、钢筋数量

1. 相关标准

(1)《混凝土结构现场检测技术标准》GB/T 50784—2013。

(2)《混凝土中钢筋检测技术标准》JGJ/T 152—2019。

2. 一般规定

(1) 混凝土中钢筋的数量可采用基于电磁感应法或电磁波反射法测定。

(2) 用电磁感应法或电磁波反射法可测定梁类和柱类构件可测定面钢筋的数量。

(3) 混凝土中的钢筋宜采用原位实测法检测；采用间接法检测时，宜通过原位实测法或取样实测法进行验证并可根据验证结果进行适当的修正。

(4) 当遇到下列情况之一时，应采取剔凿验证的措施：

①相邻钢筋过密，钢筋间最小净距小于钢筋保护层厚度；

②混凝土（包括饰面层）含有或存在可能造成误判的金属组分或金属件；

③钢筋数量或间距的测试结果与设计要求有较大偏差；

④缺少相关验收资料。

(5) 检测梁、柱类构件主筋数量和间距时应符合下列规定：

①测试部位应避开其他金属材料和较强的铁磁性材料，表面应清洁、平整；

②应将构件测试面一侧所有主筋逐一检出，并在构件表面标注出每个检出钢筋的相应位置；

③应测量和记录每个检出钢筋的相对位置。

3. 仪器设备

混凝土中钢筋数量和间距可采用钢筋探测仪或雷达仪进行检测，仪器性能和操作要求应符合现行行业标准《混凝土中钢筋检测技术标准》JGJ/T 152—2019 的有关规定。

4. 检测

1) 检测墙、板类构件钢筋数量和间距时应符合下列规定：

(1) 在构件上随机选择测试部位，测试部位应避开其他金属材料和较强的铁磁性材料，表面应清洁、平整。

(2) 在每个测试部位连续检出 7 根钢筋，少于 7 根钢筋时应全部检出，并宜在构件表面标注出每个检出钢筋的相应位置。

(3) 应测量和记录每个检出钢筋的相对位置。

(4) 可根据第一根钢筋和最后一根钢筋的位置，确定这两个钢筋的距离，计算出钢筋的平均间距。

(5)必要时应计算钢筋的数量。

2)梁、柱类构件的箍筋可按上款检测,当存在箍筋加密区时,宜将加密区内箍筋全部测出。

5. 结果判定

1)单个构件的符合性判定应符合下列规定:

(1)梁、柱类构件主筋实测根数少于设计根数时,该构件配筋应判定为不符合设计要求。

(2)梁、柱类构件主筋的平均间距与设计要求的偏差大于相关标准规定的允许偏差时,该构件配筋应判定为不符合设计要求。

(3)墙、板类构件钢筋的平均间距与设计要求的偏差大于相关标准规定的允许偏差时,该构件配筋应判定为不符合设计要求。

(4)梁、柱类构件的箍筋可按墙、板类构件钢筋进行判定。

2)批量检测钢筋数量和间距时应符合下列规定:

(1)将设计文件中钢筋配置要求相同的构件作为一个检验批。

(2)按本标准表6-23的规定确定抽检构件的数量。

检验批最小样本容量　　　　表6-23

检验批的容量	检测类别和样本最小容量			检验批的容量	检测类别和样本最小容量		
	A	B	C		A	B	C
2~8	2	2	3	91~150	8	20	32
9~15	2	3	5	151~280	13	32	50
16~25	3	5	8	281~500	20	50	80
26~50	5	8	13	501~1200	32	80	125
51~90	5	13	20	—	—	—	—

(3)随机选取受检构件。

(4)按 GB/T 50784—2013 第9.2.3条或第9.2.4条的方法对单个构件进行检测。

(5)按 GB/T 50784—2013 第9.2.6条对受检构件逐一进行符合性判定。

3)对检验批符合性判定应符合下列规定:

(1)根据检验批中受检构件的数量和其中不符合构件的数量应按本标准表6-24进行检验批符合性判定。

主控项目的判定　　　　表6-24

样本容量	合格判定数	不合格判定数	样本容量	合格判定数	不合格判定数
2~5	0	1	50	5	6
8~13	1	2	80	7	8
20	2	3	125	10	11
32	3	4	—	—	—

（2）对于梁、柱类构件，检验批中一个构件的主筋实测根数少于设计根数，该批应直接判为不符合设计要求。

（3）对于墙、板类构件，当出现受检构件的钢筋间距偏差大于偏差允许值1.5倍时，该批应直接判为不符合设计要求。

（4）对于判定为符合设计要求的检验批，可建议采用设计的钢筋数量和间距进行结构性能评定；对于判定为不符合设计要求的检验批，宜细分检验批后重新检测或进行全数检测。当不能进行重新检测或全数检测时，可建议采用最不利检测值进行结构性能评定。

三、间距

见上节钢筋数量。

四、直径

1. 相关标准

（1）《混凝土中钢筋检测技术标准》JGJ/T 152—2019。

（2）《混凝土结构现场检测技术标准》GB/T 50784—2013。

2.《混凝土中钢筋检测技术标准》JGJ/T 152—2019

1）一般规定

（1）钢筋公称直径的检测可采用直接法或取样称量法。

（2）当出现下列情况之一时，应采用取样称量法进行检测：

①仲裁性检测；

②对钢筋直径有争议；

③缺失钢筋资料；

④委托方有要求。

2）抽样规定

（1）当采用直接法检测钢筋公称直径时，钢筋抽样可按下列规定进行：

①单位工程建筑面积不大于2000m²同牌号同规格的钢筋应作为一个检测批；

②工程质量检测时，每个检测批同牌号同规格的钢筋各抽检不应少于1根；

③结构性能检测时，每个检测批同牌号同规格的钢筋各抽检不应少于2根；当图纸缺失时，选取钢筋应具有代表性。

（2）当采用取样称量法检测钢筋直径时，抽样应符合以下的规定：

对构件内钢筋进行截取时，应符合下列规定：

①应选择受力较小的构件进行随机抽样，并应在抽样构件中受力较小的部位截取钢筋；

②每个梁、柱构件上截取1根钢筋，墙、板构件每个受力方向截取1根钢筋；

③所选择的钢筋应表面完好，无明显锈蚀现象；

④钢筋的截断宜采用机械切割方式；

⑤截取的钢筋试件长度应符合钢筋力学性能试验的规定。

（3）工程质量检测时，钢筋的抽样数量应符合下列规定：

①当有钢筋材料进场记录时，根据钢筋材料进场记录确定检测批；当钢筋材料进场记录缺失时，应符合本标准第 6.2.3 条第 1 款的规定。

②在一个检测批内，仅对有疑问的钢筋进行取样，相同牌号和规格的钢筋截取钢筋试件不应少于 2 根。

（4）结构性能评价时，钢筋的抽样数量应符合下列规定：

①单位工程建筑面积不大于 3000m² 的钢筋应作为一个检测批；

②在一个检测批中，随机抽取同一种牌号和规格的钢筋，截取钢筋试件数量不应少于 2 根。

3）取样称量法

（1）采用取样称量法检测钢筋公称直径时，应符合下列规定：

①应沿钢筋走向凿开混凝土保护层；

②截取长度不宜小于 500mm；

③应清除钢筋表面的混凝土，用 12%盐酸溶液进行酸洗，经清水漂净后，用石灰水中和，再以清水冲洗干净；

④应调直钢筋，并对端部进行打磨平整，测量钢筋长度，精确至 1mm；

⑤钢筋表面晾干后，应采用天平称重，精确至 1g。

（2）钢筋直径应按下式进行计算：

$$d = 12.74\sqrt{\frac{w}{l}} \tag{6-139}$$

式中：d——钢筋实际直径（mm），精确至 0.1mm；

w——钢筋试件重量（g），精确至 0.1g；

l——钢筋试件长度（mm），精确至 1mm。

（3）钢筋实际重量与理论重量的偏差应按下式计算：

$$p = \frac{\frac{G_1}{l} - g_0}{g_0} \tag{6-140}$$

式中：p——钢筋实际重量与理论重量偏差（%）；

G_1——钢筋试件实际重量（g），精确至 0.1g；

g_0——钢筋单位长度理论重量（g/mm）；

l——钢筋试件长度（mm），精确至 1mm。

（4）钢筋实际重量与理论重量的允许偏差应符合表 6-25 的规定。

钢筋实际重量与理论重量的允许偏差　　　　　表 6-25

公称直径（mm）	单位长度理论重量（g/mm）	带肋钢筋实际重量与理论重量的偏差（%）	光圆钢筋实际重量与理论重量的偏差（%）
6	0.222	+6，-8	+6，-8
8	0.395		
10	0.617		
12	0.888		
14	1.21	+4，-6	+4，-6
16	1.58		
18	2.00		
20	2.47		
22	2.98	+3，-5	
25	3.85		
28	4.83		
32	6.31		
36	7.99		
40	9.87		

4）直接法

（1）本方法宜用于光圆钢筋和带肋钢筋。对于环氧涂层钢筋应清除环氧涂层。

（2）直接法检测混凝土中钢筋直径应符合下列规定：

①应剔除混凝土保护层，露出钢筋，并将钢筋表面的残留混凝土清除干净；

②应用游标卡尺测量钢筋直径，测量精确到 0.1mm；

③同一部位应重复测量 3 次，将 3 次测量结果的算术平均值作为该测点钢筋直径检测值。

（3）钢筋直径的测量应符合下列规定：

①对光圆钢筋，应测量不同方向的直径；

②对带肋钢筋，宜测量钢筋内径。

（4）检测结果评定：

①采用直接法检测时，光圆钢筋直径应符合现行国家标准《钢筋混凝土用钢 第 1 部分：热轧光圆钢筋》GB 1499.1—2024 的规定；带肋钢筋内径允许偏差应符合现行国家标准《钢筋混凝土用钢 第 2 部分：热轧带肋钢筋》GB 1499.2—2024 的规定，并应根据内径推定带肋钢筋的公称直径。

②钢筋直径检测结果评定宜符合现行国家标准《建筑结构检测技术标准》GB/T 50344—2019 和《混凝土结构现场检测技术标准》GB/T 50784—2013 的规定。

3.《混凝土结构现场检测技术标准》GB/T 50784—2013

1）一般规定

混凝土中钢筋直径宜采用原位实测法检测；当需要取得钢筋截面积精确值时，应采取取样称量法进行检测或采取取样称量法对原位实测法进行验证。当验证表明检测精度满足要求时，可采用钢筋探测仪检测钢筋公称直径。

2）抽样原则

检验批钢筋直径检测应符合下列规定：

（1）检验批应按钢筋进场批次划分；当不能确定钢筋进场批次时，宜将同一楼层或同一施工段中相同规格的钢筋作为一个检验批。

（2）应随机抽取 5 个构件，每个构件抽检 1 根。

（3）应采用原位实测法进行检测。

（4）应将各受检钢筋直径检测值与相应钢筋产品标准进行比较，确定该受检钢筋直径是否符合要求。

（5）当检验批受检钢筋直径均符合要求时，应判定该检验批钢筋直径符合要求；当检验批存在 1 根或 1 根以上受检钢筋直径不符合要求时，应判定该检验批钢筋直径不符合要求。

（6）对于判定为符合要求的检验批，可建议采用设计的钢筋直径参数进行结构性能评定；对于判定为不符合要求的检验批，宜补充检测或重新划分检验批进行检测。当不具备补充检测或重新检测条件时，应以最小检测值作为该批钢筋直径检测值。

3）检测

（1）原位实测法检测混凝土中钢筋直径应符合下列规定：

①采用钢筋探测仪确定待检钢筋位置，剔除混凝土保护层，露出钢筋；

②用游标卡尺测量钢筋直径，测量精确到 0.1mm；

③同一部位应重复测量 3 次，将 3 次测量结果的平均值作为该测点钢筋直径检测值。

（2）取样称量法检测钢筋直径应符合下列规定：

①确定待检测的钢筋位置，沿钢筋走向凿开混凝土保护层，截除长度不小于 300mm 的钢筋试件；

②清理钢筋表面的混凝土，用 12%盐酸溶液进行酸洗，经清水漂净后，用石灰水中和，再以清水冲洗干净；擦干后在干燥器中至少存放 4h，用天平称重；

（3）钢筋实际直径按下式计算：

$$d = 12.74\sqrt{w/l} \tag{6-141}$$

式中：d——钢筋实际直径，精确至 0.01mm；

w——钢筋试件重量，精确至 0.01g；

l——钢筋试件长度，精确至 0.1mm。

（4）采用钢筋探测仪检测钢筋公称直径应符合现行行业标准《混凝土中钢筋检测技术

标准》JGJ/T 152—2019 的有关规定。

五、锈蚀状况

1. 相关标准

（1）《混凝土中钢筋检测技术标准》JGJ/T 152—2019。

（2）《混凝土结构现场检测技术标准》GB/T 50784—2013。

（3）《建筑结构检测技术标准》GB/T 50344—2019。

2.《混凝土中钢筋检测技术标准》JGJ/T 152—2019

1）一般规定

（1）本章规定的半电池电位法用于评估混凝土结构及构件中钢筋的锈蚀性状，不适用于带涂层的钢筋以及混凝土已饱水和接近饱水的构件中钢筋检测。

（2）钢筋的实际锈蚀状况宜采用直接法进行验证。

（3）当需要对混凝土中钢筋进行耐久性评估时，可检测混凝土的电阻率，并应结合半电池电位法检测结果进行综合评估。

2）仪器设备

（1）钢筋锈蚀性状检测应采用半电池电位法钢筋锈蚀检测仪和电磁感应法钢筋探测仪等设备。电磁感应法钢筋探测仪的技术要求应符合《混凝土中钢筋检测技术标准》JGJ/T 152—2019 第 4.3 节的规定。

半电池电位法钢筋锈蚀检测仪应由铜硫酸铜半电池（图 6-20）电压计和导线构成。

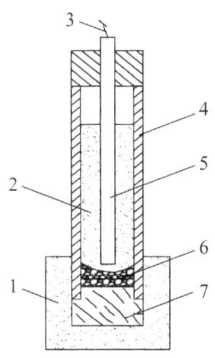

1—电连接垫；2—饱和硫酸铜溶液；3—与电压表衬线连接的插头；4—刚性管；
5—铜棒；6—少许硫酸铜结晶；7—多孔塞或软木塞

图 6-20 铜硫酸铜半电池剖面图

（2）饱和硫酸铜溶液应采用分析纯硫酸铜试剂晶体溶解于蒸馏水中制备。应使透明刚性管的底部积有少数未溶解的硫酸铜结晶体，溶液应清澈且饱和。

（3）半电池的电连接垫应预先浸湿，多孔塞和混凝土构件表面应形成电通路。

（4）电压计应具有采集、显示和存储数据的功能，满量程不宜小于 1000mV。在满量程范围内的测试允许误差应为 ±3%。

（5）用于连接电压计与混凝土中钢筋的导线宜为铜导线，其总长度不宜超过150m、截面面积宜大于0.75mm²，在使用长度内因电阻干扰所产生的测试回路电压降不应大于0.1mV。

（6）硫酸铜溶液配置达到6个月时宜给予更换，更换后宜采用甘汞电极进行校准。在室温(22 ± 1)℃时，铜—硫酸铜电极与甘汞电极之间的电位差应为68 ± 10mV。

（7）半电池电位法钢筋锈蚀检测仪使用后，应及时清洗刚性管、铜棒和多孔塞，并应密闭盖好多孔塞；铜棒可采用稀释的盐酸溶液轻轻擦洗，并用蒸馏水清洗干净。不得用钢毛刷擦洗铜棒及刚性管。

3）试验方法（半电池电位法）

（1）在混凝土结构及构件上可布置若干测区，测区面积不宜大于5m×5m，并按确定的位置进行编号。每个测区应采用行、列布置测点，依据被测结构及构件的尺寸，宜用(100mm×100mm)～(500mm×500mm)划分网格，网格的节点应为电位测点。每个结构或构件的半电池电位法测点数不应少于30个。

（2）当测区混凝土有绝缘涂层介质隔离时，应清除绝缘涂层介质。测点处混凝土表面应平整、清洁。不平整、清洁的应采用砂轮或钢丝刷打磨，并应将粉尘等杂物清除。

（3）导线与钢筋的连接应按下列步骤进行：

①采用电磁感应法钢筋探测仪检测钢筋的分布情况，并应在适当位置剔凿出钢筋；

②导线一端应接于电压仪的负输入端，另一端应接于混凝土中钢筋上；

③连接处的钢筋表面应除锈或清除污物，以保证导线与钢筋有效连接；

④测区内的钢筋必须与连接点的钢筋形成电通路。

（4）导线与铜硫酸铜半电池的连接应按下列步骤进行：

①连接前应检查各种接口，接口接触应良好；

②导线一端应连接到铜—硫酸铜半电池接线插座上，另一端应连接到电压仪的正输入端。

（5）测区混凝土应预先充分浸湿。可在饮用水中加入2%液态洗涤剂配置成导电溶液，在测区混凝土表面喷洒，半电池的电连接垫与混凝土表面测点应有良好的耦合。

（6）铜—硫酸铜半电池检测系统稳定性应符合下列规定：

①在同一测点，用同一只铜—硫酸铜半电池重复2次测得该点的电位差值，其值应小于10mV；

②在同一测点，用两只不同的铜—硫酸铜半电池重复2次测得该点的电位差值，其值应小于20mV。

（7）铜—硫酸铜半电池电位的检测应按下列步骤进行：

①测量并记录环境温度；

②应按测区编号，将铜—硫酸铜半电池依次放在各电位测点上，检测并记录各测点的电位值；

③检测时，应及时清除电连接垫表面的吸附物，铜—硫酸铜半电池多孔塞与混凝土表

面应形成电通路；

④在水平方向和垂直方向上检测时，应保证铜—硫酸铜半电池刚性管中的饱和硫酸铜溶液同时与多孔塞和铜棒保持完全接触；

⑤检测时应避免外界各种因素产生的电流影响。

（8）当检测环境温度在(22 ± 5)℃之外时，应按下列公式对测点的电位值进行温度修正：

当$T \geqslant 27℃$：

$$V = k \times (T - 27.0) + V_R \qquad (6-142)$$

当$T \leqslant 17℃$：

$$V = k \times (T - 17.0) + V_R \qquad (6-143)$$

式中：V——温度修正后电位值（mV），精确至1mV；

V_R——温度修正前电位值（mV），精确至1mV；

T——检测环境温度（℃），精确至1℃；

k——系数（mV/℃）。

（9）结果评判：

①半电池电位检测结果可采用电位等值线图（图6-21）表示被测结构及构件中钢筋的锈蚀性状。宜按合适比例在结构及构件图上标出各测点的半电池电位值，可通过数值相等的各点或内插等值的各点绘出电位等值线。电位等值线的最大间隔宜为100mV。

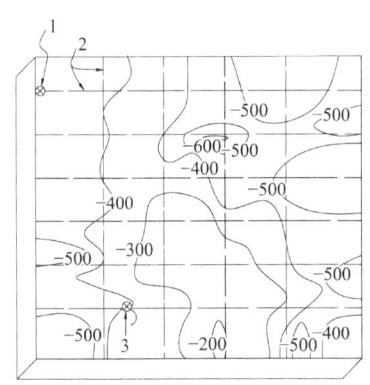

1—半电池电位法钢筋锈蚀检测仪与钢筋连接点；2—钢筋；3—铜硫酸铜半电池

图6-21 电位等值线图

②当采用半电池电位值评估钢筋锈蚀状态时，应根据表6-26进行钢筋锈蚀性状判断。

半电池电位值评价钢筋锈蚀性状的判据　　表6-26

电位水平（mV）	钢筋锈蚀性状
>-200	不发生锈蚀的概率$>90\%$
$-200 \sim -350$	锈蚀性状不确定
<-350	发生锈蚀的概率$>90\%$

3.《混凝土结构现场检测技术标准》GB/T 50784—2013

1）一般规定

（1）混凝土中钢筋锈蚀状况应在对使用环境和结构现状进行调查并分类的基础上，按约定抽样原则进行检测。

（2）混凝土中钢筋锈蚀状况宜采用原位检测、取样检测等直接法进行检测，当采用混凝土电阻率、混凝土中钢筋电位、锈蚀电流、裂缝宽度等参数间接推定混凝土中钢筋锈蚀状况时，应采用直接检测法进行验证。

2）检测

（1）原位检测可采用游标卡尺直接量测钢筋的剩余直径、蚀坑深度、长度及锈蚀物的厚度，推算钢筋的截面损失率。取样检测可通过截取钢筋，按《混凝土结构现场检测技术标准》GB/T 50784—2013 第 9.4.3 条检测剩余直径并计算钢筋的截面损失率。

钢筋的截面损失率应按下式进行计算，当钢筋的截面损失率大于 5%，应按《混凝土结构现场检测技术标准》GB/T 50784—2013 第 9.6 节进行锈蚀钢筋的力学性能检测。

$$l_{s,a} = (d/d_s)^2 \times 100\% \quad (6\text{-}144)$$

式中：d——钢筋直径实测值，精确至 0.1mm；

d_s——钢筋公称直径；

$l_{s,a}$——钢筋的截面损失率，精确至 0.1%。

（2）混凝土中钢筋电位的检测应符合现行行业标准《混凝土中钢筋检测技术标准》JGJ/T 152—2019 的有关规定。

①混凝土的电阻率宜采用四电极混凝土电阻率检测仪进行检测；混凝土中钢筋锈蚀电流宜采用基于线性极化原理的检测仪器进行检测。检测时，应按相关仪器说明进行操作。

②测试结果的判定可参考下列建议：

a.钢筋锈蚀电流与钢筋锈蚀速率及构件损伤年限判别如表 6-27 所示。

钢筋锈蚀电流与钢筋锈蚀速率及构件损伤年限判别　　表 6-27

序号	锈蚀电流I_{corr}（μA/cm²）	锈蚀速率	保护层出现损伤年限
1	<0.2	钝化状态	—
2	0.2~0.5	低锈蚀速率	>15 年
3	0.5~1.0	中等锈蚀速率	10~15 年
4	1.0~10	高锈蚀速率	2~10 年
5	>10	极高锈蚀速率	不足 2 年

b.混凝土电阻率与钢筋锈蚀状况判别如表 6-28 所示。

混凝土电阻率与钢筋锈蚀状态判别　　　　表 6-28

序号	混凝土电阻率（kΩ·cm）	钢筋锈蚀状态判别
1	>100	钢筋不会锈蚀
2	50~100	低锈蚀速率
3	10~50	钢筋活化时，可出现中高锈蚀速率
4	<10	电阻率不是锈蚀的控制因素

4.《建筑结构检测技术标准》GB/T 50344—2019

1）一般规定

（1）钢筋锈蚀的检测可采用剔凿检测方法、电化学测试方法或综合分析判断方法。

（2）钢筋锈蚀程度的剔凿检测，应符合下列规定：

①对于锈蚀严重钢筋，宜直接量测钢筋的剩余直径；

②存在锈蚀坑的钢筋应量测锈蚀的深度；

③轻微锈蚀处可量测除锈前后直径等的差异。

（3）钢筋锈蚀的电化学测试方法和综合分析判断方法宜配合剔凿检测方法的验证。

（4）钢筋锈蚀的电化学测试可采用极化电极原理的方法和半电池原理的方法。

（5）电化学测试方法的测区及测点布置应符合下列规定：

①测区应能代表不同环境条件，每种条件的测区数量不宜少于 3 个；

②应在测区上布置测试网格；

③网格节点宜为测点，网格间距可根据构件的尺寸和仪器的功能确定，测区中的测点数不宜少于 20 个；

④测区和测点应编号，并应注明位置。

（6）电化学检测操作应遵守所使用检测仪器的操作要求，并应符合下列规定：

①电极铜棒应清洁，不应有可见缺陷；

②混凝土表面应清洁，测点处不应有涂料、浮浆、污物或尘土等；

③仪器连接点应与被测钢筋连通；

④测点处混凝土应湿润；

⑤测试时应避免各种电磁场的干扰；

（7）测点读数应符合下列规定：

①电位读数变动不应超过 2mV；

②同一测点同一支参考电极重复读数差异不应超过 10mV，同一测点不同参考电极重复读数差异不应超过 20mV。

（8）电化学测试结果的表达应符合下列规定：

①各测点的测试数据应标注在测区平面图上；

②具备条件时宜绘出测试数据的等值线图。

（9）电化学测试结果的判定应符合下列规定：

①钢筋电位与钢筋锈蚀状况可按表6-29的规定进行判别。

钢筋锈蚀状况判别　　　　　　　　　　　　　表6-29

序号	钢筋电位（mV）	钢筋锈蚀状况判别
1	−500~−350	钢筋发生锈蚀的概率为95%
2	−350~−200	钢筋发生锈蚀的概率为50%，可能存在坑蚀现象
3	−200以上	无锈蚀活动性或锈蚀活动性不确定，锈蚀概率5%

②钢筋锈蚀速率及构件保护层出现损伤年数可按表6-30的规定进行判别。

钢筋锈蚀速率和构件保护层出现损伤年数判别　　　　　表6-30

序号	锈蚀电流（$\mu A/cm^2$）	锈蚀速率	构件保护层出现损伤年数
1	<0.2	钝化状态	—
2	0.2~0.5	低锈蚀速率	>15年
3	0.5~1.0	中等锈蚀速率	10年~15年
4	1.0~10	高锈蚀速率	2年~10年
5	>10	极高锈蚀速率	不足2年

③混凝土电阻率与钢筋锈蚀状态可按表6-31的规定进行判别。

钢筋锈蚀状态判别　　　　　　　　　　　　　表6-31

序号	混凝土电阻率（$k\Omega \cdot cm$）	钢筋锈蚀状态
1	>100	钢筋不会锈蚀
2	50~100	低锈蚀速率
3	10~50	钢筋活化时，可出现中高锈蚀速率
4	<10	电阻率不是锈蚀的控制因素

（10）综合分析判定方法可根据裂缝形态、混凝土保护层厚度、混凝土强度、混凝土碳化深度、混凝土中有害物质含量以及混凝土含水率等检测数据判定钢筋的锈蚀状况。

第三节　植筋锚固力

1.相关标准

（1）《砌体结构工程施工质量验收规范》GB 50203—2011。

（2）《建筑结构加固工程施工质量验收规范》GB 50550—2010。

（3）《混凝土结构后锚固技术规程》JGJ 145—2013。

(4)《木结构现场检测技术标准》JGJ/T 488—2020。

2.《混凝土结构后锚固技术规程》JGJ 145—2013

1)术语及一般规定

(1)一般结构构件:其自身失效为孤立事件不影响承重结构体系整体工作的承重构件。

(2)重要结构构件:其自身失效将影响或危及承重结构体系整体工作的承重构件(安全等级为一级的建筑物中的承重结构)。

(3)生命线工程:是指维持城市生存功能系统和对国计民生有重大影响的工程主要包括供水排水系统的工程;电力燃气及石油管线等能源供给系统的工程;电话和广播电视等情报通信系统的工程;大型医疗系统的工程以及公路铁路等交通系统的工程等。

(4)适用于以钢筋混凝土、预应力混凝土以及素混凝土为基材的后锚固连接的设计、施工及验收;不适用于以砌体、轻骨料混凝土及特种混凝土为基材的后锚固连接。

(5)后锚固工程质量应按锚固件抗拔承载力的现场抽样检结果进行评定。

(6)后锚固件应进行抗拔承载力现场非破损检验,满足下列条件之一时,还应进行破坏性检验:

①安全等级为一级的后锚固构件;

②悬挑结构和构件;

③对后锚固设计参数有疑问;

④对该工程锚固质量有怀疑。

(7)受现场条件限制无法进行原位破坏性检验时,可在工程施工的同时,现场浇筑同条件的混凝土块体作为基材安装锚固件,并应按规定的时间进行破坏性检验,且应事先征得设计和监理单位的书面同意,并在现场见证试验。

2)抽样规则

(1)锚固质量现场检验抽样时,应以同品种、同规格、同强度等级的锚固件安装于铺固部位基本相同的同类构件为一检验批,并应从每一检验批所含的锚固件中进行抽样。

(2)现场破坏性检验宜选择锚固区以外的同条件位置,应取每一检验批锚固件总数的0.1%且不少于5件进行检验。锚固件为植筋且数量不超过100件时,可取3件进行检验。

(3)现场非破损检验的抽样数量应符合下列规定:

①锚栓锚固质量的非破损检验。

a.对重要结构构件及生命线工程的非结构构件,应按表6-32规定的抽样数值对该检验批的锚栓进行检验;

b.对一般结构构件,应取重要结构构件抽样量的50%且不少于5件进行检验;

c.对非生命线工程的非结构构件,应取每一检验批锚固件总数的0.1%且不少于5件进行检验。

重要结构构件及生命线工程的非结构构件锚栓锚固质量非破损检验抽样表 表 6-32

检验批的锚栓总数	≤100	500	1000	2500	≥5000
按检验批锚栓总数计算的最小抽样量	20%且不少于5件	10%	7%	4%	3%

注：当锚栓总数介于两栏数量之间时，可按线性内插法确定抽样数量。

②植筋锚固质量的非破损检验。

a. 对重要结构构件及生命线工程的非结构构件，应取每一检验批植筋总数的 3%且不少于5件进行检验；

b. 对一般结构构件，应取每一检验批植筋总数的1%且不少于3件进行检验。

③对非生命线工程的非结构构件，应取每一检验批锚固件总数的 0.1%且不少于 3 件进行检验。

（4）胶粘的锚固件，其检验宜在锚固胶达到其产品说明书标示的固化时间的当天进行。若因故需推迟抽样与检验日期，除应征得监理单位同意外，推迟不应超过 3d。

3）仪器设备

（1）现场检测用的加荷设备，可采用专门的拉拔仪，应符合下列规定：

①设备的加荷能力应比预计的检验荷载值至少大 20%，且不大于检验荷载的 2.5 倍，应能连续、平稳、速度可控地运行；

②加载设备应能够按照规定的速度加载，测力系统整机允许偏差为全量程的±2%；

③设备的液压加荷系统持荷时间不超过 5min 时，其降荷值不应大于 5%；

④加载设备应能够保证所施加的拉伸荷载始终与后锚固构件的轴线一致；

⑤加载设备支撑环内径D_0应符合下列规定：

a. 植筋：且不应小于 12d 和 250mm 的较大值；

b. 膨胀型锚栓和扩底型锚栓：D_0不应小于 4h_{ef}；

c. 化学锚栓发生混合破坏及钢材破坏时：且不应小于 12d 和 250mm 的较大值；

d. 化学锚栓发生混凝土锥体破坏时：D_0不应小于 4h_{ef}。

（2）当委托方要求检测重要结构锚固件连接的荷载位移曲线时，现场测量位移的装置应符合下列规定：

①仪表的量程不应小于 50mm；其测量的允许偏差应为±0.02mm；

②测量位移装置应能与测力系统同步工作，连续记录，测出锚固件相对于混凝土表面的垂直位移，并绘制荷载—位移的全程曲线。

（3）现场检验用的仪器设备应定期由法定计量检定机构进行检定。遇到下列情况之一时，还应重新检定：

①读数出现异常；

②拆卸检查或更换零部件后。

4)加载方式

(1)检验锚固拉拔承载力的加载方式可为连续加载或分级加载,可根据实际条件选用。

(2)进行非破损检验时,施加荷载应符合下列规定:

①连续加载时,应以均匀速率在(2~3)min 时间内加载至设定的检验荷载,并持荷 2min;

②分级加载时,应将设定的检验荷载均分为 10 级,每级持荷 1min,直至设定的检验荷载,并持荷 2min;

③荷载检验值应取 $0.9f_yA_s$ 和 $0.8N_{Rk,*}$ 的较小值。$N_{Rk,*}$ 为非钢材破坏承载力标准值。

(3)进行破坏性检验时,施加荷载应符合下列规定:

①连续加载时,对锚栓应以均匀速率在(2~3)min 时间内加荷至锚固破坏,对植筋应以均匀速率在(2~7)min 时间内加荷至锚固破坏;

②分级加载时,前 8 级,每级荷载增量应取为 $0.1N_u$,且每级持荷(1~1.5)min;自第 9 级起,每级荷载增量应取为 $0.05N_u$,且每级持荷 30s,直至锚固破坏。N_u 为计算的破坏荷载值。

5)检验结果评定

(1)非破损检验的评定,应按下列规定进行:

①试样在持荷期间,锚固件无滑移、基材混凝土无裂纹或其他局部损坏迹象出现,且加载装置的荷载示值在 2min 内无下降或下降幅度不超过 5%的检验荷载时,应评定为合格;

②一个检验批所抽取的试样全部合格时,该检验批应评定为合格检验批;

③一个检验批中不合格的试样不超过 5%时,应另抽 3 根试样进行破坏性检验,若检验结果全部合格,该检验批仍可评定为合格检验批;

④一个检验批中不合格的试样超过 5%时,该检验批应评定为不合格,且不应重做检验。

(2)锚栓破坏性检验发生混凝土破坏,检验结果满足下列要求时,其锚固质量应评定为合格:

$$N_{Rm}^c \geqslant \gamma_{u,lim} N_{Rk,*} \tag{6-145}$$

$$N_{Rmin}^c \geqslant N_{Rk,*} \tag{6-146}$$

式中:N_{Rm}^c——受检验锚固件极限抗拔力实测平均值(N);

N_{Rmin}^c——受检验锚固件极限抗拔力实测最小值(N);

$N_{Rk,*}$——混凝土破坏受检验锚固件极限抗拔力标准值(N);

$\gamma_{u,lim}$——锚固承载力检验系数允许值,$\gamma_{u,lim}$ 取为 1.1。

(3)锚栓破坏性检验发生钢材破坏,检验结果满足下列要求时,其锚固质量应评定为合格:

$$N_{Rmin}^c \geqslant \frac{f_{stk}}{f_{yk}} N_{Rk,s} \tag{6-147}$$

式中：$N_{\text{Rmin}}^{\text{c}}$——受检验锚固件极限抗拔力实测最小值（N）；

$N_{\text{Rk,s}}$——锚栓钢材破坏受拉承载力标准值（N）；

f_{stk}——锚栓极限抗拉强度标准值；

f_{yk}——锚栓屈服强度标准值。

（4）植筋破坏性检验结果满足下列要求时，其锚固质量应评定为合格：

$$N_{\text{Rm}}^{\text{c}} \geqslant 1.45 f_y A_s \tag{6-148}$$

$$N_{\text{Rmin}}^{\text{c}} \geqslant 1.25 f_y A_s \tag{6-149}$$

式中：N_{Rm}^{c}——植筋用钢筋的抗拉强度设计值（N/mm²）；

$N_{\text{Rmin}}^{\text{c}}$——受检验锚固件极限抗拔力实测最小值（N）；

f_y——植筋用钢筋的抗拉强度设计值（N/mm²）；

A_s——钢筋截面面积（mm²）。

（5）当检验结果不满足规定时，应判定该检验批后锚固连接不合格并应会同有关部门根据检验结果，研究采取专门措施处理。

3.《砌体结构工程施工质量验收规范》GB 50203—2013

（1）一般规定：

填充墙与承重墙、柱、梁的连接钢筋，当采用化学植筋的连接方式时，应进行实体检测。

（2）抽检数量：按表 6-33 确定。

（3）检测方法：《混凝土结构后锚固技术规程》JGJ 145—2013。

（4）锚固钢筋拉拔试验的轴向受拉非破坏承载力检验值应为 6.0kN。抽检钢筋在检验值作用下应基材无裂缝、钢筋无滑移宏观裂损现象；持荷 2min 期间荷载值降低不大于 5%。检验批验收可按表 6-34、表 6-35 通过正常检验一次、二次抽样判定。

检验批抽检锚固钢筋样本最小容量 表 6-33

检验批的容量	样本最小容量	检验批的容量	样本最小容量
≤90	5	281～500	20
91～150	8	501～1200	32
151～280	13	1201～3200	50

正常一次性抽样的判定 表 6-34

样本容量	合格判定数	不合格判定数	样本容量	合格判定数	不合格判定数
5	0	1	20	2	3
8	1	2	32	3	4
13	1	2	50	5	6

正常二次性抽样的判定   表 6-35

抽样次数与样本容量	合格判定数	不合格判定数	抽样次数与样本容量	合格判定数	不合格判定数
（1）—5	0	2	（1）—20	1	3
（2）—10	1	2	（2）—40	3	4
（1）—8	0	2	（1）—32	2	5
（2）—16	1	2	（2）—64	6	7
（1）—13	0	3	（1）—50	3	6
（2）—26	3	4	（2）—100	9	10

4.《木结构现场检测技术标准》JGJ/T 488—2020（植筋连接检测）

1）一般规定：

（1）对于新建木结构工程，木结构植筋连接施工质量宜进行抗拔承载力的现场检验。

（2）木结构植筋抗拔承载力现场检验可分为非破坏性检验和破坏性检验。对于一般结构及非结构构件，宜采用非破坏性检验；对于重要结构构件及生命线工程非结构构件，宜在受力较小的次要连接部位，采用破坏性检验。

（3）现场检测试样应符合下列规定：

①植筋抗拔承载力现场非破坏性检验可采用随机抽样方法取样；

②同规格、同型号、基本相同部位的锚栓可组成一个检验批。抽取数量应按每批植筋总数的1‰计算，且不应少于3根。

2）现场检测仪器设备应符合下列规定：

（1）现场检测用的仪器、设备，如拉拔仪、荷载传感器、位移计等，应定期检定。

（2）加荷设备应按规定的速度加荷，测力系统整机误差应为全量程的±2%。

（3）加荷设备应保证所施加的拉伸荷载始终与植筋的轴线一致。

（4）位移计宜连续记录。当不能连续记录荷载位移曲线时，可分阶段记录，在到达荷载峰值前，记录点应在10点以上。位移测量误差不应大于0.02mm。

（5）位移计应保证测量出植筋相对于基材表面的垂直位移，直至锚固破坏。

3）现场检测方法应符合下列规定：

（1）加荷设备支撑环内径D_0应满足下式要求：

$$D_0 \geqslant \max(12d, 250\text{mm}) \tag{6-150}$$

（2）植筋拉拔检验可选用下列两种加荷制度：

①连续加载，以匀速加载至设定荷载或锚固破坏，加载速度为(2.5 ± 0.5)mm/min。

②分级加载，以预计极限荷载的10%为一级，逐级加荷，每级荷载保持(1～2)min，至设定荷载或锚固破坏。

③非破坏性检验，荷载检验值应取 $0.9A_s f_{yk}$。

4）现场检测结果评定：

（1）非破坏性检验荷载下，以木材基材无裂缝、植筋无滑移等宏观损伤现象，且持荷期间荷载降低小于或等于 5%时为合格。当非破坏性检验为不合格时，应另抽不少于 3 个植筋做破坏性检验判断。

（2）对于破坏性检验，植筋的极限抗拔力应满足下列公式要求：

$$N_{Rm}^c \geqslant \gamma_u N_{sd} \tag{6-151}$$

$$N_{Rmin}^c \geqslant N_{Rk} \tag{6-152}$$

式中：N_{Rm}^c——植筋极限抗拔力实测平均值（N）；

N_{sd}——植筋拉力设计值（N）；

γ_u——植筋承载力检验系数允许值，对于植筋破坏：结构件取 1.80，非结构件取 1.65；对于木材劈裂破坏或植筋拔出破坏（包括沿胶筋界面破坏和胶木界面破坏）：结构构件取 3.3，非结构构件取 2.4；

N_{Rmin}^c——植筋极限抗拔力实测最小值（N）；

N_{Rk}——植筋极限抗拔力标准值（N）。

（3）当试验结果不满足上述两款的规定时，应依据试验结果，研究采取专门处理措施。

第四节　构件位置和尺寸

一、轴线位置

1. 相关标准

（1）《混凝土结构工程施工质量验收规范》GB 50204—2015。

（2）《砌体结构工程施工质量验收规范》GB 50203—2011。

2.《混凝土结构工程施工质量验收规范》GB 50204—2015

（1）现浇结构的位置和尺寸偏差及检验方法：

检查数量：按楼层、结构缝或施工段划分检验批。在同一检验批内，对梁、柱和独立基础，应抽查构件数量的 10%，且不应少于 3 件；对墙和板，应按有代表性的自然间抽查 10%，且不应少于 3 间；对大空间结构，墙可按相邻轴线间高度 5m 左右划分检查面，板可按纵、横轴线划分检查面，抽查 10%，且均不应少于 3 面；对电梯井，应全数检查。

（2）现浇设备基础的位置和尺寸应符合设计和设备安装的要求。其位置和尺寸偏差及检验方法应符合表 6-36 的规定。

检查数量：全数检查。

现浇设备基础位置和尺寸允许偏差及检验方法　　　　　表 6-36

项目		允许偏差（mm）	检验方法
坐标位置		20	经纬仪及尺量
预埋地脚螺栓	中心位置	2	尺量
预埋地脚螺栓孔	中心线位置	10	尺量
预埋活动地脚螺栓锚板	中心线位置	5	尺量

注：1. 检查坐标、中心线位置时，应沿纵、横两个方向测量，并取其中偏差的较大值；
　　2. h 为预埋地脚螺栓孔孔深，单位为 mm。

（3）预制构件尺寸偏差及检验方法：

预制构件尺寸偏差及检验方法应符合表 6-37 的规定；设计有专门规定时，尚应符合设计要求。施工过程中临时使用的预埋件，其中心线位置允许偏差可取表 6-37 中规定数值的 2 倍。

检查数量：同一类型的构件，不超过 100 个为一批，每批应抽查构件数量的 5%，且不应少于 3 个。

预制构件尺寸允许偏差及检验方法　　　　　表 6-37

项目			允许偏差（mm）	检验方法
长度	楼板、梁、柱、桁架	<12m	±5	尺量
		≥12m 且 <18m	±10	尺量
		≥18m	±20	尺量
	墙板		±4	尺量
宽度、高（厚）度	楼板、梁、柱、桁架		±5	尺量一端及中部，取其中偏差绝对值较大处
	墙板		±4	

注：检查中心线、螺栓和孔道位置偏差时，沿纵、横两个方向量测，并取其中偏差较大值。

（4）结构实体位置与尺寸偏差检验构件的选取应均匀分布，并应符合下列规定：
①梁、柱应抽取构件数量的 1%，且不应少于 3 个构件；
②墙、板应按有代表性的自然间抽取 1%，且不应少于 3 间；
③层高应按有代表性的自然间抽查 1%，且不应少于 3 间。

检查数量：同一类型的构件，不超过 100 个为一批，每批应抽查构件数量的 5%，且不应少于 3 个。

对选定的构件，检验项目及检验方法应符合表 6-38 的规定，允许偏差及检验方法应符合本规范表 6-37 和表 6-39 的规定，精确至 1mm。

结构实体位置与尺寸偏差检验项目及检验方法   表 6-38

项目	检验方法
柱截面尺寸	选取柱的一边量测柱中部、下部及其他部位,取3点平均值
柱垂直度	沿两个方向分别量测,取较大值
墙厚	墙身中部量测3点,取平均值;测点间距不应小于1m
梁高	量测一侧边跨中及两个距离支座0.1m处,取3点平均值;量测值可取腹板高度加上此处楼板的实测厚度
板厚	悬挑板取距离支座0.1m处,沿宽度方向取包括中心位置在内的随机3点取平均值;其他楼板,在同一对角线上量测中间及距离两端各0.1m处,取3点平均值
层高	与板厚测点相同,量测板顶至上层楼板板底净高,层高量测值为净高与板厚之和,取3点平均值

现浇结构位置和尺寸允许偏差及检验方法   表 6-39

项目		允许偏差（mm）	检验方法
轴线位置	整体基础	15	经纬仪及尺量
	独立基础	10	经纬仪及尺量
	柱、墙、梁	8	尺量

注：检查柱轴线、中心线位置时，沿纵、横两个方向测量，并取其中偏差的较大值。

墙厚、板厚、层高的检验可采用非破损或局部破损的方法，也可采用非破损方法并用局部破损方法进行校准。当采用非破损方法检验时，所使用的检测仪器应经过计量检验，检测操作应符合国家现行有关标准的规定。

结构实体位置与尺寸偏差项目应分别进行验收，并应符合下列规定：

①当检验项目的合格率为80%及以上时，可判为合格；

②当检验项目的合格率小于80%但不小于70%时，可再抽取相同数量的构件进行检验；当按两次抽样总和计算的合格率为80%及以上时，仍可判为合格。

3.《砌体结构工程施工质量验收规范》GB 50203—2011

砖砌体尺寸、位置的允许偏差及检验应符合表6-40的规定。

砖砌体尺寸、位置的允许偏差及检验   表 6-40

项次	项目	允许偏差（mm）	检验方法	抽检数量
1	轴线位移	10	用经纬仪和尺或用其他测量仪器检查	承重墙、柱全数检查
2	基础、墙、柱顶面标高	±15	用水准仪和尺检查	不应少于5处
3	门窗洞口高宽（后塞口）	±10	用尺检查	不应少于5处
4	外墙上下窗口偏移	20	以底层窗口为准，用经纬仪或吊线检查	不应少于5处

二、标高

1. 相关标准

(1)《混凝土结构工程施工质量验收规范》GB 50204—2015。

(2)《装配式混凝土结构技术规程》JGJ 1—2014。

2. 现浇结构一般规定

检查数量：按楼层、结构缝或施工段划分检验批。在同一检验批内，对梁、柱和独立基础，应抽查构件数量的 10%，且不应少于 3 件；对墙和板，应按有代表性的自然间抽查 10%，且不应少于 3 间；对大空间结构，墙可按相邻轴线间高度 5m 左右划分检查面，板可按纵、横轴线划分检查面，抽查 10%，且均不应少于 3 面；对电梯井，应全数检查。

3. 现浇结构的位置和尺寸偏差及检验方法应符合表 6-41 的规定

现浇结构标高允许偏差及检验方法　　　　表 6-41

项目		允许偏差（mm）	检验方法
标高	层高	±10	水准仪或拉线、尺量
	全高	±30	水准仪或拉线、尺量

4. 装配式结构一般规定

检查数量：按楼层、结构缝或施工段划分检验批。在同一检验批内，对梁、柱，应抽查构件数量的 10%，且不少于 3 件；对墙和板，应按有代表性的自然间抽查 10%，且不少于 3 间；对大空间结构，墙可按相邻轴线间高度 5m 左右划分检查面，板可按纵、横轴线划分检查面，抽查 10%，且均不少于 3 面。

5. 装配式结构尺寸允许偏差应符合设计要求，并应符合表 6-42 中的规定

装配式结构尺寸允许偏差及检验方法　　　　表 6-42

项目		允许偏差（mm）	检验方法
构件标高	梁、柱、墙、板底面或顶面	±5	水准仪或尺量检查

三、截面尺寸

1. 相关标准

《混凝土结构工程施工质量验收规范》GB 50204—2015。

2. 其他规定

见本节"一、轴线位置"。

四、预埋件位置

1. 相关标准

(1)《混凝土结构工程施工质量验收规范》GB 50204—2015。

(2)《装配式混凝土结构技术规程》JGJ 1—2014。

(3)《混凝土结构现场检测技术标准》GB/T 50784—2013。

2. 一般规定

(1)预制构件上的预埋件的规格和数量应符合设计要求。

(2)混凝土构件中预埋件位置的检测,可使用钢尺测量。

(3)预埋件位置的测量精度应不大于 2mm(表 6-43)。当检测多个预埋件位置时,可用简图或列表描述。

预埋件中心位置和尺寸允许偏差及检验方法　　　　表 6-43

项目		允许偏差(mm)	检验方法
预埋件中心位置	预埋板	10	尺量
	预埋螺栓	5	尺量
	预埋管	5	尺量
	其他	10	尺量

五、预留插筋位置及外露长度

1. 相关标准

《装配式混凝土结构技术规程》JGJ 1—2014。

2. 预制构件的允许尺寸偏差及检验方法应符合表 6-44 的规定。预制构件有粗糙面时,与粗糙面相关的尺寸允许偏差可适当放松

预制构件尺寸允许偏差及检验方法　　　　表 6-44

项目		允许偏差(mm)	检验方法
预留插筋	中心线位置	3	尺量检查
	外露长度	+5,-5	

注:检查中心线时,应沿纵横两个方向量测,并取其中偏差较大值。

六、垂直度

1. 相关标准

(1)《混凝土结构工程施工质量验收规范》GB 50204—2015。

(2)《砌体结构工程施工质量验收规范》GB 50203—2011。

(3)《木结构现场检测技术标准》JGJ/T 488—2020。

2.《混凝土结构工程施工质量验收规范》GB 50204—2015

1)一般规定

检查数量:按楼层、结构缝或施工段划分检验批。在同一检验批内,对梁、柱和独立基础,应抽查构件数量的 10%,且不应少于 3 件;对墙和板,应按有代表性的自然间

抽查 10%，且不应少于 3 间；对大空间结构，墙可按相邻轴线间高度 5m 左右划分检查面，板可按纵、横轴线划分检查面，抽查 10%，且均不应少于 3 面；对电梯井，应全数检查。

现浇结构的位置和尺寸偏差及检验方法应符合表 6-45 的规定。

现浇结构的位置和尺寸偏差及检验 　　　　表 6-45

项目		允许偏差（mm）	检验方法
垂直度	层高 ≤6m	10	经纬仪或吊线、尺量
	层高 >6m	12	经纬仪或吊线、尺量
	全高（H）≤300m	$H/30000+20$	经纬仪、尺量
	全高（H）>300m	$H/10000$ 且 ≤80	经纬仪、尺量

2）试验方法

（1）混凝土构件垂直度的检测，当构件高度小于 10m 时，可使用经纬仪或线坠测量。当构件高度大于或等于 10m 时，应使用经纬仪测量。测量前应在构件侧面上画出竖向轴线或中线。

（2）构件垂直度偏差应以其上端对于下端的偏离尺寸表示，并同时给出相对于该偏差的高度值及垂直度偏差的倾斜方向。垂直度的测量精度应不大于 2mm。当竖向构件贯穿多个楼层时，应对每层构件的垂直度偏差进行检测时，在检测结果中应注明该竖向构件每层垂直度的偏差及其变化情况，必要时应给出贯穿多个楼层的竖向构件的直线度，并可用简图描述。

3.《砌体结构工程施工质量验收规范》GB 50203—2011

砖砌体尺寸和位置的允许偏差及检验应符合表 6-46 的规定。

砖砌体尺寸和位置的允许偏差及检验 　　　　表 6-46

项目		允许偏差（mm）	检验方法	抽检数量
墙面垂直度	每层	5	用 2m 托线板检查	不应少于 5 处
	全高 ≤10m	10	用经纬仪或吊线和尺或用其他测量仪器检查	外墙全部阳角
	全高 >10m	20		

七、平整度

1. 相关标准

（1）《混凝土结构工程施工质量验收规范》GB 50204—2015。

（2）《砌体结构工程施工质量验收规范》GB 50203—2011。

2.《混凝土结构工程施工质量验收规范》GB 50204—2015

1）检查数量

按楼层、结构缝或施工段划分检验批。在同一检验批内，对梁、柱和独立基础，应抽查构件数量的10%，且不应少于3件；对墙和板，应按有代表性的自然间抽查10%，且不应少于3间；对大空间结构，墙可按相邻轴线间高度5m左右划分检查面，板可按纵、横轴线划分检查面，抽查10%，且均不应少于3面；对电梯井，应全数检查。

2）试验方法

混凝土构件表面平整度的检测，可使用2m长度的靠尺或水平尺与塞尺测量表6-47。在需要检测表面平整度的构件表面上移动并适当旋转靠尺或水平尺，配合塞尺得出不平整度的最大值。构件表面平整度应以注明靠尺或水平尺长度的不平整度的最大值表示。

不平整度测量精度应不大于1mm。在检测结果中应注明构件不平整度的侧面和位置，必要时可用简图描述。

表面平整度允许偏差及检验方法　　　　　　　　　　　　　　　　表6-47

项目	允许偏差（mm）	检验方法
表面平整度	8	用2m靠尺和塞尺量测

3.《砌体结构工程施工质量验收规范》GB 50203—2011

（1）砖砌体表面平整度的允许偏差及检验应符合表6-48的规定。

砖砌体表面平整度的允许偏差及检验　　　　　　　　　　　　　　表6-48

项目		允许偏差（mm）	检验方法	抽检数量
表面平整度	清水墙、柱	5	用2m靠尺和楔形塞尺检查	不应少于5处
	混水墙、柱	8		

（2）试验方法：

混凝土构件表面平整度的检测，可使用2m长度的靠尺或水平尺与塞尺测量。在需要检测表面平整度的构件表面上移动并适当旋转靠尺或水平尺，配合塞尺得出不平整度的最大值。构件表面平整度应以注明靠尺或水平尺长度的不平整度的最大值表示。

不平整度测量精度应不大于1mm。在检测结果中应注明构件不平整度的侧面和位置，必要时可用简图描述。

4.《木结构现场检测技术标准》JGJ/T 488—2020

测量木结构整体或构件倾斜宜采用全站仪，检测应符合下列规定：

（1）仪器应架设在倾斜方向线上距照准目标(1.5～2.0)倍目标高度的固定位置。

（2）木结构整体倾斜观测点及底部固定点应沿着对应测站点的建筑主体竖直线，在顶部和底部上下对应布置；对于分层倾斜，应按分层部位上下对应布置。

（3）木结构整体或构件倾斜，应测量顶部相对底部的水平位移分量与高差，并计算垂直度及倾斜方向。

（4）对于上下两端直径不同的木构件，考虑其直径大小头的特殊性，可分别选取顶部中心相对于底部中心的水平位移分量,通过实测水平距离计算构件倾斜量。

八、构件挠度

1.相关标准

(1)《混凝土结构工程施工质量验收规范》GB 50204—2015。

(2)《木结构现场检测技术标准》JGJ/T 488—2020。

2.《混凝土结构工程施工质量验收规范》GB 50204—2015

1)预制构件的挠度检验应符合下列规定

(1)当按现行国家标准《混凝土结构设计标准》GB/T 50010—2010 规定的挠度允许值进行检验时,应满足下式的要求:

$$a_s^0 \leqslant [a_s] \tag{6-153}$$

式中:a_s^0——在检验用荷载标准组合值或荷载准永久组合值作用下的构件挠度实测值;

$[a_s]$——挠度检验允许值,按本规范第 B.1.3 条的有关规定计算。

(2)当按构件实配钢筋进行挠度检验或仅检验构件的挠度、抗裂或裂缝宽度时,应满足上式和下式的要求:

$$a_s^0 \leqslant 1.2 a_s^c \tag{6-154}$$

式中:a_s^c——在检验用荷载标准组合值或荷载准永久组合值作用下按实配钢筋确定的构件短期挠度计算值,按现行国家标准《混凝土结构设计标准》GB/T 50010—2010 确定。

(3)挠度检验允许值$[a_s]$应按下列公式进行计算:

按荷载准永久组合值计算钢筋混凝土受弯构件:

$$[a_s] = [a_f]/\theta \tag{6-155}$$

按荷载标准组合值计算预应力混凝土受弯构件:

$$[a_s] = \frac{M_k}{M_q(\theta-1)+M_k}[a_f] \tag{6-156}$$

式中:M_k——按荷载标准组合值计算的弯矩值;

M_q——按荷载准永久组合值计算的弯矩值;

θ——考虑荷载长期效应组合对挠度增大的影响系数,按现行国家标准《混凝土结构设计标准》GB/T 50010—2010 确定;

$[a_f]$——受弯构件的挠度限值,按现行国家标准《混凝土结构设计标准》GB/T 50010—2010 确定。

2)检验方法

(1)进行结构性能检验时的试验条件应符合下列规定:

①试验场地的温度应在 0℃以上;

②蒸汽养护后的构件应在冷却至常温后进行试验；
③预制构件的混凝土强度应达到设计强度的100%以上；
④构件在试验前应量测其实际尺寸，并检查构件表面，所有的缺陷和裂缝应在构件上标出；
⑤试验用的加荷设备及量测仪表应预先进行标定或校准。

（2）试验预制构件的支承方式应符合下列规定：

①对板、梁和桁架等简支构件，试验时应一端采用铰支承，另一端采用滚动支承。铰支承可采用角钢、半圆型钢或焊于钢板上的圆钢，滚动支承可采用圆钢；

②对四边简支或四角简支的双向板，其支承方式应保证支承处构件能自由转动，支承面可相对水平移动；

③当试验的构件承受较大集中力或支座反力时，应对支承部分进行局部受压承载力验算；

④构件与支承面应紧密接触；钢垫板与构件、钢垫板与支墩间，宜铺砂浆垫平；

⑤构件支承的中心线位置应符合设计的要求。

（3）试验荷载布置应符合设计的要求。当荷载布置不能完全与设计的要求相符时，应按荷载效应等效的原则换算，并应计入荷载布置改变后对构件其他部位的不利影响。

（4）加载方式应根据设计加载要求、构件类型及设备等条件选择。当按不同形式荷载组合进行加载试验时，各种荷载应按比例增加，并应符合下列规定：

①荷重块加载可用于均布加载试验。荷重块应按区格成垛堆放，垛与垛之间的间隙不宜小于100mm，荷重块的最大边长不宜大于500mm。

②千斤顶加载可用于集中加载试验。集中加载可采用分配梁系统实现多点加载。千斤顶的加载值宜采用荷载传感器量测，也可采用油压表量测。

③梁或桁架可采用水平对顶加荷方法，此时构件应垫平且不应妨碍构件在水平方向的位移。梁也可采用竖直对顶的加荷方法。

④当屋架仅作挠度、抗裂或裂缝宽度检验时，可将两榀屋架并列，安放屋面板后进行加载试验。

（5）加载过程应符合下列规定：

①预制构件应分级加载。当荷载小于标准荷载时，每级荷载不应大于标准荷载值的20%；当荷载大于标准荷载时，每级荷载不应大于标准荷载值的10%；当荷载接近抗裂检验荷载值时，每级荷载不应大于标准荷载值的5%；当荷载接近承载力检验荷载值时，每级荷载不应大于荷载设计值的5%；

②试验设备重量及预制构件自重应作为第一次加载的一部分；

③试验前宜对预制构件进行预压，以检查试验装置的工作是否正常，但应防止构件因预压而开裂；

④对仅作挠度、抗裂或裂缝宽度检验的构件应分级卸载。

(6)每级加载完成后,应持续(10~15)min;在标准荷载作用下,应持续 30min。在持续时间内,应观察裂缝的出现和开展,以及钢筋有无滑移等;在持续时间结束时,应观察并记录各项读数。

(7)进行承载力检验时,应加载至预制构件出现本规范表 B.1.1 所列承载能力极限状态的检验标志之一后结束试验。当在规定的荷载持续时间内出现上述检验标志之一时,应取本级荷载值与前一级荷载值的平均值作为其承载力检验荷载实测值;当在规定的荷载持续时间结束后出现上述检验标志之一时,应取本级荷载值作为其承载力检验荷载实测值。

(8)挠度量测应符合下列规定:

①挠度可采用百分表、位移传感器、水平仪等进行观测。接近破坏阶段的挠度,可采用水平仪或拉线、直尺等测量。

②试验时,应量测构件跨中位移和支座沉陷。对宽度较大的构件,应在每一量测截面的两边或两肋布置测点,并取其量测结果的平均值作为该处的位移。

③当试验荷载竖直向下作用时,对水平放置的试件,在各级荷载下的跨中挠度实测值应按下列公式计算:

$$a_t^0 = a_q^0 + a_g^0 \tag{6-157}$$

$$a_q^0 = v_m^0 - \frac{1}{2}(v_t^0 + v_r^0) \tag{6-158}$$

$$a_g^0 = \frac{M_g}{M_b} a_b^0 \tag{6-159}$$

式中:a_t^0——全部荷载作用下构件跨中的挠度实测值(mm);

a_q^0——外加试验荷载作用下构件跨中的挠度实测值(mm);

a_g^0——构件自重及加荷设备重产生的跨中挠度值(mm);

v_m^0——外加试验荷载作用下构件跨中的位移实测值(mm);

v_t^0,v_r^0——外加试验荷载作用下构件左、右端支座沉陷的实测值(mm);

M_g——构件自重和加荷设备重产生的跨中弯矩值(kN·m);

M_b——从外加试验荷载开始至构件出现裂缝的前一级荷载为止的外加荷载产生的跨中弯矩值(kN·m);

a_b^0——从外加试验荷载开始至构件出现裂缝的前一级荷载为止的外加荷载产生的跨中挠度实测值(mm)。

④当采用等效集中力加载模拟均布荷载进行试验时,挠度实测值应乘以修正系数ψ。当采用三分点加载时ψ可取 0.98;当采用其他形式集中力加载时,ψ应经计算确定。

(9)试验时应采用安全防护措施,并应符合下列规定:

①试验的加荷设备、支架、支墩等,应有足够的承载力安全储备;

②试验屋架等大型构件时,应根据设计要求设置侧向支承;侧向支承应不妨碍构件在

其平面内的位移；

③试验过程中应采取安全措施保护试验人员和试验设备安全。

3）预制构件结构性能检验的合格判定应符合下列规定

（1）当预制构件结构性能的全部检验结果均满足本规范的检验要求时，该批构件可判为合格。

（2）当预制构件的检验结果不满足第1款的要求，但又能满足第二次检验指标要求时，可再抽两个预制构件进行二次检验。第二次检验指标，对承载力及抗裂检验系数的允许值应取本规范第 B.1.1 条和第 B.1.4 条规定的允许值减 0.05；对挠度的允许值应取本规范第 B.1.3 条规定允许值的 1.10 倍。

（3）当进行二次检验时，如第一个检验的预制构件的全部检验结果均满足本规范的要求，该批构件可判为合格；如两个预制构件的全部检验结果均满足第二次检验指标的要求，该批构件也可判为合格。

3.《木结构现场检测技术标准》JGJ/T 488—2020

测量木构件的挠度，宜采用全站仪或拉线法，检测应符合下列规定：

（1）木构件挠度观测点应沿构件的轴线或边线布设，分别在支座及跨中位置布置测点，每一构件不得少于 3 点。

（2）当使用全站仪检测时，应在现场光线具备观测条件下进行。

（3）应避免在测试结构或测试场地存在振动时进行全站仪检测。

第五节　外观质量及内部缺陷

一、外观质量

1. 相关标准

（1）《混凝土结构工程施工质量验收规范》GB 50204—2015。

（2）《混凝土结构现场检测技术标准》GB/T 50784—2013。

2. 一般规定

1）《混凝土结构工程施工质量验收规范》GB 50204—2015 现浇结构质量验收应符合下列规定：

（1）现浇结构质量验收应在拆模后、混凝土表面未作修整和装饰前进行，并应作出记录。

（2）已经隐蔽的不可直接观察和量测的内容，可检查隐蔽工程验收记录。

（3）修整或返工的结构构件或部位应有实施前后的文字及图像记录。

2）现浇结构的外观质量缺陷应由监理单位、施工单位等各方根据其对结构性能和使用功能影响的严重程度按表6-49确定。

现浇结构外观质量缺陷　　　　　　　　　　　表6-49

名称	现象	严重缺陷	一般缺陷
露筋	构件内钢筋未被混凝土包裹而外露	纵向受力钢筋有露筋	其他钢筋有少量露筋
蜂窝	混凝土表面缺少水泥砂浆而形成石子外露	其他部位有少量蜂窝	其他部位有少量蜂窝
孔洞	混凝土中孔穴深度和长度均超过保护层厚度	构件主要受力部位有孔洞	其他部位有少量孔洞
夹渣	混凝土中夹有杂物且深度超过保护层厚度	构件主要受力部位有夹渣	其他部位有少量夹渣
疏松	混凝土中局部不密实	构件主要受力部位有疏松	其他部位有少量疏松
裂缝	裂缝从混凝土表面延伸至混凝土内部	构件主要受力部位有影响结构性能或使用功能的裂缝	其他部位有少量不影响结构性能或使用功能的裂缝
连接部位缺陷	构件连接处混凝土有缺陷及连接钢筋、连接件松动	连接部位有影响结构传力性能的缺陷	连接部位有基本不影响结构传力性能的缺陷
外形缺陷	缺棱掉角、棱角不直、翘曲不平、飞边凸肋等	清水混凝土构件有影响使用功能或装饰效果的外形缺陷	其他混凝土构件有不影响使用功能的外形缺陷
外表缺陷	构件表面麻面、掉皮、起砂、沾污等	具有重要装饰效果的清水混凝土构件有外表缺陷	其他混凝土构件有不影响使用功能的外表缺陷

3. 检测数量

依据《混凝土结构工程施工质量验收规范》GB 50204—2015规定：

（1）现浇结构的外观质量不应有严重缺陷。

对已经出现的严重缺陷，应由施工单位提出技术处理方案，并经监理单位认可后进行处理；对裂缝、连接部位出现的严重缺陷及其他影响结构安全的严重缺陷，技术处理方案尚应经设计单位认可。对经处理的部位应重新验收。

检查数量：全数检查。

（2）现浇结构的外观质量不应有一般缺陷。

对已经出现的一般缺陷，应由施工单位按技术处理方案进行处理。对经处理的部位应重新验收。

检查数量：全数检查。

4. 检测

（1）混凝土分项工程完工后，施工企业应对全数构件进行外观检查。对检查发现的露筋、蜂窝、孔洞、夹渣、疏松和裂缝质量缺陷以及麻面、掉皮、起砂等外表缺陷应进行测定和记录，对于缺棱掉角、棱角不直、翘曲不平、飞边凸肋等外形缺陷要记录其位置。

（2）外观质量缺陷应定量测定缺陷的相关参数，并记录缺陷的位置。

（3）工程质量检测时，当具备条件时，应对全数构件进行检查，当不具备条件时，可采取随机抽查的方法。

(4)混凝土构件外观质量缺陷的相关参数可按缺陷的情况按下列方法测定:

①用钢尺量测每个露筋的长度;

②用钢尺量测每个孔洞的最大直径,用游标卡量测深度;

③用钢尺或相应工具确定蜂窝和疏松的面积,必要时成孔,量测深度;

④用钢尺或相应工具确定麻面、掉皮、起砂等面积;

⑤用刻度放大镜测试裂缝的最大宽度,用钢尺量测裂缝的长度。

(5)混凝土构件外观质量缺陷的检测,应按缺陷类别进行分类汇总,汇总结果可用列表或图示的方式表述。

二、内部缺陷

1. 相关标准

(1)《混凝土结构工程施工质量验收规范》GB 50204—2015。

(2)《混凝土结构现场检测技术标准》GB/T 50784—2013。

2. 一般规定

混凝土构件内部缺陷检测包括孔洞、疏松、不良结合面等内部不密实区的检测和裂缝深度检测。

(1)混凝土构件内部缺陷内部可采用超声法、冲击回波法和电磁波等非破损检测方法进行检测,必要时宜通过钻取混凝土芯样或剔凿进行验证。

(2)混凝土构件内部缺陷检测宜对怀疑存在缺陷的构件或局部区域进行全数检测。

(3)构件内部缺陷可采用上述方法综合测试,对于判别困难的区域可采取成孔或钻芯核实。

(4)混凝土构件的裂缝的可采用超声法检测,检测操作可按《超声回弹综合法检测混凝土抗压强度技术规程》T/CECS 02—2020 的规定执行。

(5)对于判别较困难的裂缝,可采用钻芯验证深度。

3. 试验方法

1)超声法检测混凝土内部密实性时被测部位应满足下列要求:

(1)被测部位应具有可进行检测的测试面,并保证测线能穿过被检测区域。

(2)测试范围应大于有怀疑的区域,使测试范围内具有同条件的正常混凝土以便进行对比。

(3)总测点数不应少于 30 个,且其中同条件的正常混凝土的对比用测点数不应少于总测点数的 60%,且不少于 20 个。

2)检测结合面质量时应根据结合面位置确定测试部位,被测部位应具有使声波垂直或斜穿过结合面的测试条件。

3)超声法检测混凝土内部缺陷时测点布置应符合下列规定:

(1)当构件具有两对相互平行的测试面时,宜采用对测法,应在测试部位两对相互平行的测试面上分别画出等间距的网格,网格间距可为(100~300)mm,大型构件可适当放宽,编号确定对应的测点位置（图 6-22）。

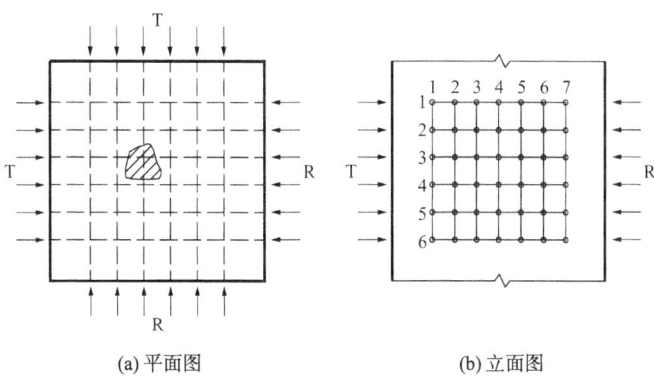

(a) 平面图　　　　　　　　(b) 立面图

图 6-22　两对平行测试面对测法示意图

（2）当构件具有一对相互平行的测试面时，宜采用对测和斜测相结合的方法，应在测试部位相互平行的测试面上分别画出等间距的网格，网格间距可为(100～300)mm，大型构件可适当放宽，在对测的基础上进行交叉斜测（图 6-23）。

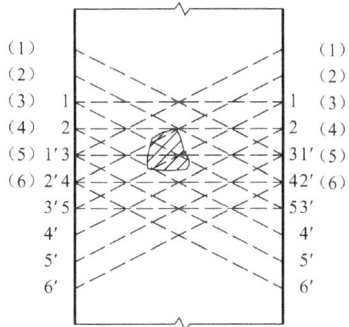

图 6-23　一对平行测试面斜测法示意图

（3）当构件只具有一个测试面时，宜采用钻孔和表面测试相结合的方法，应在测试面中心钻孔，孔中放置径向振动式换能器作为发射点，以钻孔为中心不同半径的圆周上布置平面换能器的接收测点，同一圆周上测点间距一般为(100～300)mm，不同圆周的半径相差(100～300)mm，大型构件可适当放宽，同一圆周上的测点作为同一个构件数据进行分析（图 6-24）。

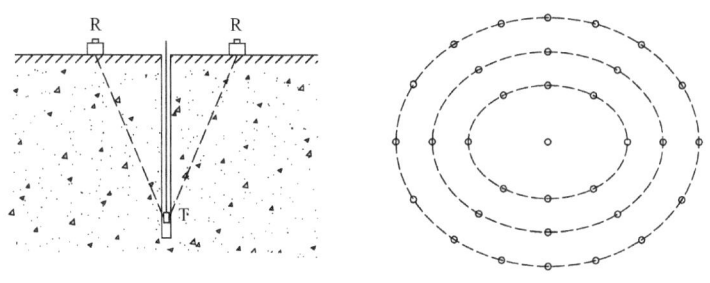

图 6-24　钻孔法与表面测试相结合示意图

4）当测距较大时，可采用钻孔或预埋声测管法，应用两个径向振动式换能器分别置于平行的测孔或声测管中进行测试，可采用双孔平测、双孔斜测、扇形扫测的检测方式（图 6-25）。

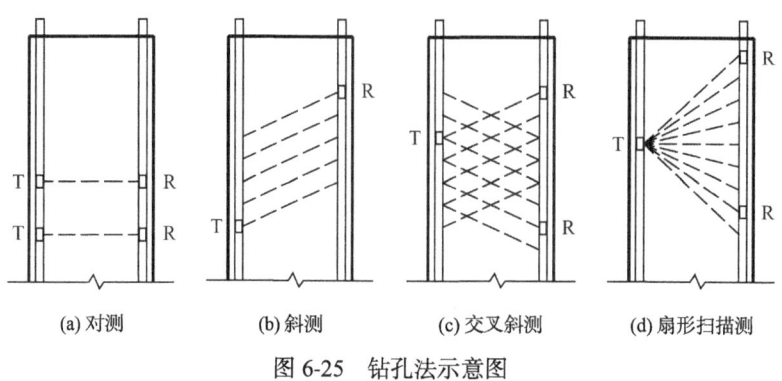

(a) 对测　　(b) 斜测　　(c) 交叉斜测　　(d) 扇形扫描测

图 6-25　钻孔法示意图

5）当测距较大时，也可采用钻孔与构件表面对测相结合的方法，钻孔中径向振动式换能器发射，构件表面的平面换能器接收。可采用对测、斜测、扇形扫描的检测方式（图 6-26）。

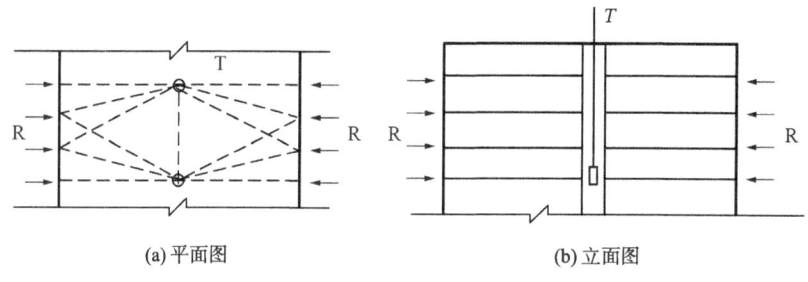

(a) 平面图　　(b) 立面图

图 6-26　钻孔法与表面对测结合法示意图

6）当构件测试面不平行而是具有一对相互垂直或有一定夹角的测试面时，应在一对测试面上分别画上等间距的网格，网格间距一般为(100～300)mm，测线应尽可能与测试面垂直且尽可能均匀分布地穿过被测部位（图 6-27）。

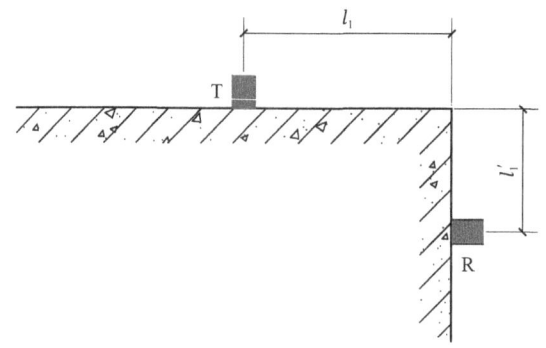

图 6-27　一对不平行测试面斜测法示意图

7）混凝土结合面质量检测时换能器连线应垂直或斜穿过结合面测量每个测点的声时、波幅、主频和测距,对发生畸变的波形应存储或记录（图6-28）。

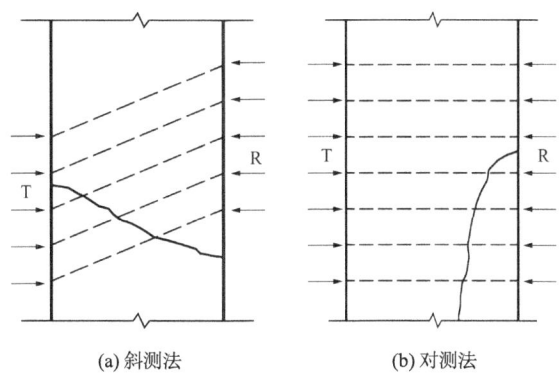

图 6-28 结合面质量对测或斜测法示意图

8）对同一测试区域在测试时应保证测试系统以及工作参数的一致性,并尽可能保证测距和测线倾斜角度的一致性。

9）声学参数异常点的判定应符合下列规定:

（1）将测区内各测点的声速、波幅由大到小顺序排列,并按下式计算异常情况的判断值,当被测构件声速异常偏大时,可根据实际情况直接剔除。

$$\lambda_3 = \phi^{-1}\left(\sqrt{1/2n}\right) x_0 = m_x - \lambda_1 s_x \tag{6-160}$$

式中:x_0——声学参数异常情况的判断值;

m_x——各测点的声学参数平均值;

s_x——各测点的声学参数标准差;

λ_1——系数,$\lambda_1 = \phi^{-1}(1/n)$。

（2）当测区内某测点声学参数被判为异常时,可按下列公式进一步判别其相邻测点是否异常:

$$x_0 = m_x - \lambda_2 s_x \tag{6-161}$$

$$x_0 = m_x - \lambda_3 s_x \tag{6-162}$$

式中:λ_2——当测点网格状布置时所取的系数,$\lambda_2 = \phi^{-1}\left(\sqrt{1/4n}\right)$;

λ_3——当测点单排布置时所取的系数,$\lambda_3 = \phi^{-1}\left(\sqrt{1/2n}\right)$。

（3）当被测构件上有怀疑的区域范围较大,在同一构件中不能满足本标准第 D.0.1 条的要求时,可选择同条件的正常构件进行检测,按正常构件声学参数的均值和标准差以及被测构件的测点数,计算异常数据的判断值,以此判断值对被测构件声学参数进行判断,确定声学参数异常点。

（4）当被测构件缺陷的匀质性较好或缺陷区域的厚度较薄（结合面），导致计算出的异常数据判断值与经验值相比明显偏低时，可采用声学参数的经验判断值进行判断，确定声学参数异常点。

（5）当被测构件测点数不满足本标准第 D.0.1 条的要求、无法进行统计法判断时，或当测线的测距或倾斜角度不一致、幅度值不具有可比性时，可将有怀疑测点的声参数与同条件的正常混凝土区域测点的声参数进行比较，当有怀疑测点的声参数明显低于正常混凝土测点声参数，该点可判为声学参数异常点。

（6）混凝土内部缺陷的位置和范围应结合声参数异常点的分布及波形状况进行综合判定。

第六节　结构构件性能

一、静载试验

1.相关标准

（1）《混凝土结构工程施工质量验收规范》GB 50204—2015。

（2）《混凝土结构试验方法标准》GB/T 50152—2012。

（3）《混凝土结构现场检测技术标准》GB/T 50784—2013。

（4）《木结构现场检测技术标准》JGJ/T 488—2020。

2.《混凝土结构试验方法标准》GB/T 50152—2012

1）一般规定

（1）对下列类型结构可进行原位加载试验：

①对怀疑有质量问题的结构或构件进行结构性能检验；

②改建、扩建在设计前，确定设计参数的系统检验；

③对资料不全、情况复杂或存在明显缺陷的结构，进行结构性能评估；

④采用新结构、新材料、新工艺的结构或难以进行理论分析的复杂结构，需通过试验对计算模型或设计参数进行复核、验证或研究其结构性能和设计方法；

⑤需修复的受灾结构或事故受损结构。

（2）原位加载试验分为下列类型，可根据具体情况选择进行：

①使用状态试验，根据正常使用极限状态的检验项目验证或评估结构的使用功能；

②承载力试验，根据承载能力极限状态的检验项目验证或评估结构的承载能力；

③其他试验，对复杂结构或有特殊使用功能要求的结构进行的针对性试验。

（3）结构原位试验的试验结果应能反映被检结构的基本性能。受检构件的选择应遵守下列原则：

①受检构件应具有代表性，且宜处于荷载较大、抗力较弱或缺陷较多的部位；

②受检构件的试验结果应能反映整体结构的主要受力特点；

③受检构件不宜过多；

④受检构件应能方便地实施加载和进行量测；

⑤对处于正常服役期的结构，加载试验造成的构件损伤不应对结构的安全性和正常使用功能产生明显影响。

（4）原位加载试验的试验荷载值当考虑后续使用年限的影响时，其可变荷载调整系数宜根据现行国家标准《工程结构可靠性设计统一标准》GB 50153—2008、《建筑结构荷载规范》GB 50009—2012 的相关规定，并结合受检构件的具体情况确定。

（5）试验结构的自重，当有可靠检测数据时，可根据实测结果对其计算值作适当调整。

（6）原位试验应根据结构特点和现场条件选择恰当的加载方式，并根据不同试验目的确定最大加载限值和各临界试验荷载值。直接加载试验应严格控制加载量，避免超加载造成超出预期的永久性结构损伤或安全事故。计算加载值时应扣除构件自重及加载设备的重量。

（7）根据原位加载试验的类型和目的，试验的最大加载限值应按下列原则确定：

①仅检验构件在正常使用极限状态下的挠度、裂缝宽度时，试验的最大加载限值宜取使用状态试验荷载值，对钢筋混凝土结构构件取荷载的准永久组合，对预应力混凝土结构构件取荷载的标准组合；

②当检验构件承载力时，试验的最大加载限值宜取承载力状态荷载设计值与结构重要性系数γ_0乘积的 1.60 倍；

③当试验有特殊目的或要求时，试验的最大加载限值可取各临界试验荷载值中的最大值。

（8）试验前应收集结构的各类相关信息，包括原设计文件、施工和验收资料、服役历史、后续使用年限内的荷载和使用功能、已有的缺陷以及可能存在的安全隐患等。还应对材料强度、结构损伤和变形等进行检测。

（9）对装配式结构中的预制梁、板，若不考虑后浇面层的共同工作，应将板缝、板端或梁端的后浇面层断开，按单个构件进行加载试验。

2）试验方案

（1）结构原位加载试验应采用短期静力加载试验的方式进行结构性能检验，并应根据检验目的和试验条件按下列原则确定加载方法：

①加载形式应能模拟结构的内力，根据受检构件的内力包络图，通过荷载的调配使控制截面的主要内力等效；并在主要内力等效的同时，其他内力与实际受力的差异较小；

②对超静定结构，荷载布置均应采用受检构件与邻近区域同步加载的方式；加载过程

应能保证控制截面上的主要内力按比例逐级增加；

③可采用多种手段组合的加载方式，避免加载重物堆积过多，增加试验工作量；

④对预计出现裂缝或承载力标志等现象的重点观测部位，不应堆积加载物；

⑤宜根据试验目的控制加载量，避免造成不可恢复的永久性损伤或局部破坏；

⑥应考虑合理简捷的卸载方式，避免发生意外。

（2）原位加载试验宜采用一次加载的模拟方式。应根据试验目的，通过计算调整荷载的布置，使受检构件各控制截面的主要内力同步受到检验。当一种加载模式不能同时使试验所要求的各控制截面的主要内力等效时，也可对受检构件的不同控制截面分别采用不同的荷载布置方式，通过多次加载使各控制截面的主要内力均受到检验。

（3）原位加载试验的加载方式及程序应遵守《混凝土结构试验方法标准》GB/T 50152—2012 第 5.2～第 5.4 节的有关要求，根据实际条件选择下列加载方式：

①楼板、屋盖宜采用上表面重物堆载；

②梁类构件宜采用悬挂重物或捯链-地锚加载，或通过相邻板区域加载；

③水平荷载宜采用捯链加载的形式；

④可在内力等效的条件下综合应用上述加载方法。

（4）加载过程中结构出现下列现象时应立即停止加载，分析原因后如认为需继续加载，宜增加荷载分级，并应采取相应的安全措施：

①控制测点的变形、裂缝、应变等已达到或超过理论控制值；

②结构的裂缝、变形急剧发展；

③出现本标准表 7.3.3 所列的承载力标志；

④发生其他形式的意外试验现象。

（5）原位加载试验的测点数量不宜过多；但对荷载、挠度等重要检验参数宜布置可直接观测的仪表，并宜采用不同的量测方法对比、校核试验量测的结果。原位加载试验过程中宜进行下列观测：

①荷载—变形关系；

②控制截面上的混凝土应变；

③试件的开裂、裂缝形态以及裂缝宽度的发展情况；

④试件承载力标志的观测；

⑤卸载过程中及卸载后，试件挠度及裂缝的恢复情况及残余值。

（6）对采用新结构、新材料、新工艺的结构以及各类大型或复杂结构，当通过确定范围内的原位加载试验，验证计算模型或设计参数时，试验宜符合下列要求：

①加载方式宜采用悬吊加载，荷载下部应采取保护措施，防止加载对结构造成损伤；

②现场试验荷载不宜超过使用状态试验荷载值。

（7）对结构进行破坏性的原位加载试验时，应根据结构特点和试验目的制定试验方案，研究其结构受力特点、残余承载能力、破坏模式、延性指标等性能。在结构进入塑性阶段后，加载宜采用变形控制的方式。荷载施加及结构变形均应在可控范围内，并应采取措施确保人员和设备的安全。

3）试验检验指标

（1）受弯构件应按下列方式进行挠度检验：

①当按现行国家标准《混凝土结构设计标准》GB/T 50010—2010 规定的挠度允许值进行检验时，应符合下式要求：

$$a_s^o \leqslant [a_s] \tag{6-163}$$

式中：a_s^o——在使用状态试验荷载值作用下，构件的挠度检验实测值；

$[a_s]$——挠度检验允许值，按本标准第9.3.2条的有关规定计算。

②当设计要求按实配钢筋确定的构件挠度计算值进行检验，或仅检验构件的挠度、抗裂或裂缝宽度时，除应符合上述公式的要求外，还应符合下式要求：

$$a_s^o \leqslant 1.2 a_s^c \tag{6-164}$$

式中：a_s^c——在使用状态试验荷载值作用下，按实配钢筋确定的构件短期挠度计算值。

注：直接承受重复荷载的混凝土受弯构件，当进行短期静力加载试验时，值应按使用状态下静力荷载短期效应组合相应的刚度值确定。

（2）挠度检验允许值应按下列公式计算：

对钢筋混凝土受弯构件：

$$[a_s] = \frac{[a_f]}{\theta} \tag{6-165}$$

对预应力混凝土受弯构件：

$$[a_s] = \frac{M_k}{M_q(\theta - 1) + M_k}[a_f] \tag{6-166}$$

式中：$[a_s]$——挠度检验允许值；

M_k——按荷载的标准组合计算所得的弯矩，取计算区段内的最大弯矩值；

M_q——按荷载的准永久组合计算所得的弯矩，取计算区段内的最大弯矩值；

θ——考虑荷载长期效应组合对挠度增大的影响系数，按现行国家标准《混凝土结构设计标准》GB/T 50010—2010 的有关规定取用；

$[a_f]$——构件挠度设计的限值，按现行国家标准《混凝土结构设计标准》GB/T 50010—2010 的有关规定取用。

（3）构件裂缝宽度检验应符合下式要求：

$$\omega_{s,max}^o \leqslant [\omega_{max}] \tag{6-167}$$

式中：$\omega_{s,max}^o$——在使用状态试验荷载值作用下，构件的最大裂缝宽度实测值；

$[\omega_{max}]$——构件的最大裂缝宽度检验允许值，按表6-50取用。

构件的最大裂缝宽度检验允许值（mm） 表 6-50

设计规范的限值ω_{lim}	检测允许值$[\omega_{max}]$
0.10	0.07
0.20	0.15
0.30	0.20
0.40	0.25

（4）预应力混凝土构件应按下列方式进行抗裂检验：

①按抗裂检验系数进行抗裂检验时，应符合下列公式要求：

$$\gamma_{cr}^o \geqslant [\gamma_{cr}] \tag{6-168}$$

采用均布加载时：

$$\gamma_{cr}^o = \frac{Q_{cr}^o}{Q_s} \tag{6-169}$$

采用集中力加载时：

$$\gamma_{cr}^o = \frac{F_{cr}^o}{F_s} \tag{6-170}$$

式中：γ_{cr}^o——构件的抗裂检验系数实测值；

$[\gamma_{cr}]$——构件的抗裂检验系数允许值，按本标准第9.3.5条的有关规定计算；

Q_{cr}^o、F_{cr}^o——以均布荷载、集中荷载形式表达的构件开裂荷载实测值；

Q_s、F_s——以均布荷载、集中荷载形式表达的构件使用状态试验荷载值。

②按开裂荷载值进行抗裂检验时，应符合下列公式的要求：

采用均布加载时：

$$Q_{cr}^o \geqslant [Q_{cr}] \tag{6-171}$$

$$[Q_{cr}] = [\gamma_{cr}]Q_s \tag{6-172}$$

采用集中力加载时：

$$[F_{cr}^o] \geqslant [F_{cr}] \tag{6-173}$$

$$[F_{cr}] = [\gamma_{cr}]F_s \tag{6-174}$$

式中：$[Q_{cr}]$、$[F_{cr}]$——以均布荷载、集中荷载形式表达的构件的开裂荷载允许值。

（5）抗裂检验系数允许值应根据现行国家标准《混凝土结构设计标准》GB/T 50010—2010有关构件抗裂验算边缘应力计算的有关规定，按下式进行计算：

$$[\gamma_{cr}] = 0.95 \frac{\sigma_{pc} + \gamma f_{tk}}{\sigma_{sc}} \tag{6-175}$$

式中：$[\gamma_{cr}]$——抗裂检验系数允许值；

σ_{sc}——使用状态试验荷载值作用下抗裂验算边缘混凝土的法向应力；

γ——混凝土构件截面抵抗矩塑性影响系数,按现行国家标准《混凝土结构设计标准》GB/T 50010—2010 计算确定;

f_{tk}——检验时的混凝土抗拉强度标准值,根据设计的混凝土强度等级,按现行国家标准《混凝土结构设计标准》GB/T 50010—2010 的有关规定取用;

σ_{pc}——检验时抗裂验算边缘的混凝土预压应力计算值,按现行国家标准《混凝土结构设计标准》GB/T 50010—2010 的有关规定确定。计算预压应力值时,混凝土的收缩、徐变引起的预应力损失值宜考虑时间因素的影响。

(6)出现承载力标志的构件应按下列方式进行承载力检验:

① 当按现行国家标准《混凝土结构设计标准》GB/T 50010—2010 的要求进行检验时,应满足下列公式的要求:

$$\gamma_{u,i}^o \geqslant \gamma_0 [\gamma_u]_i \tag{6-176}$$

当采用均布加载时:

$$\gamma_{u,i}^o = \frac{Q_{u,i}^o}{Q_d} \tag{6-177}$$

当采用集中力加载时:

$$\gamma_{u,i}^o = \frac{F_{u,i}^o}{F_d} \tag{6-178}$$

式中:$[\gamma_u]_i$——构件的承载力检验系数允许值,根据试验中所出现的承载力标志类型 i,取用本标准表 7.3.3 中相应的加载系数值;

$\gamma_{u,i}^o$——构件的承载力检验系数实测值;

γ_0——构件重要性系数,按第(7)条第 1 款的有关规定取用;

$Q_{u,i}^o$、$F_{u,i}^o$——以均布荷载、集中荷载形式表达的承载力检验荷载实测值;

Q_d、F_d——以均布荷载、集中荷载形式表达的承载力状态荷载设计值。

② 当设计要求按构件实配钢筋的承载力进行检验时,应满足下式要求:

$$\gamma_{u,i}^o \geqslant \gamma_0 \eta [\gamma_u]_i \tag{6-179}$$

式中:η——构件承载力检验修正系数,按本标准第(7)条第 2 款的有关规定计算。

(7)承载力检验系数允许值计算中的重要性系数和修正系数按下列方法确定:

① 重要性系数 γ_0,构件重要性系数可根据其所在结构的安全等级按表 6-51 选用。一般情况取二级,当设计有专门要求时应予以说明。

重要性系数 γ_0 表 6-51

所在结构的安全等级	构件重要性系数 γ_0
一级	1.1
二级	1.0
三级	0.9

②承载力检验修正系数η，当设计要求按构件实配钢筋的承载力进行检验时，构件承载力检验的修正系数应按下式计算：

$$\eta = \frac{R_i(f_c, f_s, A_s^0, \cdots)}{\gamma_0 S_i} \tag{6-180}$$

式中：η——构件承载力检验修正系数；

　　$R_i(\cdot)$——根据实配钢筋确定的构件第i类承载力标志所对应承载力的计算值，应按现行国家标准《混凝土结构设计标准》GB/T 50010—2010中有关承载力计算公式的右边项计算；

　　S_i——构件第i类承载力标志对应的承载能力极限状态下的内力组合设计值。

4）试验结果的判断

（1）使用状态试验结果的判断应包括下列检验项目：

①挠度；

②开裂荷载；

③裂缝形态和最大裂缝宽度；

④试验方案要求检验的其他变形。

（2）使用状态试验应按本标准的规定对结构分级加载至各级临界试验荷载值，并按要求检验结构的挠度、抗裂或裂缝宽度等指标是否满足正常使用极限状态的要求。

（3）如使用状态试验结构性能的各检验指标全部满足要求，则应判断结构性能满足正常使用极限状态的要求。

（4）混凝土结构需进行承载力试验时，应按本标准规定逐级对结构进行加载，当结构主要受力部位或控制截面出现本标准表7.3.3所列的任一种承载力标志时，即认为结构已达到承载能力极限状态，应按本标准第5.3.5条的规定确定承载力检验荷载实测值，并按第9.3.6条的规定进行承载力检验和判断。

（5）如承载力试验直到最大加载限值，结构仍未出现任何承载力标志，则应判断结构满足承载能力极限状态的要求。

3.《木结构现场检测技术标准》JGJ/T 488—2020

一般规定：

（1）结构静力性能检测是以静载试验为现场检测方法，对单个或几个构件进行原位加载，其构件选取应考虑下列因素：

①具有代表性的构件，且宜处于荷载较大、抗力较弱的部位；

②便于搭设操作平台、实施加载和布置测点；

③受检构件宜按照同施工条件、同施工材料、同施工方法划分检验批，在不同检验批中分别选取代表性构件进行试验；

④试验过程不应对结构造成损伤。

（2）静载试验加载过程应符合下列规定：

①确定试验目的，选定试验构件，应根据现行国家标准《建筑结构荷载规范》GB 50009—2012、《木结构设计标准》GB 50005—2017 以及设计文件的规定，计算试验荷载。

②施加荷载应包括预加载和正式加载两部分。加载过程应符合下列规定：

a. 预加载宜为试验荷载的 5%，正式加载宜分(5～8)级进行；

b. 当荷载累加值低于试验总荷载 60%时，每级加载幅度宜为试验总荷载的 15%～20%；

c. 当荷载累加值超过试验总荷载 60%时，每级加载幅度宜为试验荷载的 5%～10%；

d. 每级加载间歇不应少于 15min，且需所测数据稳定时才能进行下一级加载。最后一级荷载施加后持荷时间不宜少于 60min。

（3）加载方式可根据实际情况选择下列方式：

①楼板、屋盖宜采用注水、表面重物堆载，重物堆载应避免起拱效应；

②梁类构件宜采用水囊、表面重物堆载、悬挂重物等。

（4）静载试验过程中基本观测项目应包括下列内容：

①测点处应变、挠度；

②裂缝的出现及扩展情况；

③其他可能存在的扭转、倾斜等变形情况。

（5）加载过程中，当出现下列情况之一时，应立即停止加载：

①测点的挠度已达到挠度限值或者设计计算值；

②测点的应变已达到理论计算限值；

③构件出现裂缝或变形急剧发展；

④发生其他形式的意外试验现象；

⑤荷载达到最大试验荷载。

（6）加载过程中应将各测点挠度、应变的计算值与稳定实测值对比，以调整加载速度。

（7）加载全部完成或加载终止后应分级卸载，卸载分级宜与加载分级一致，最大不应超过加载分级的 2 倍。每级卸载间歇不宜少于 15min，卸载过程中应测读数据，至卸载完成后，空载不少于 60min，并记录稳定数据值及构件表面情况。

二、动力测试

1. 相关标准

（1）《混凝土结构现场检测技术标准》GB/T 50784—2013。

（2）《建筑结构检测技术标准》GB/T 50344—2019。

（3）《混凝土结构试验方法标准》GB/T 50152—2012。

（4）《木结构现场检测技术标准》JGJ/T 488—2020。

（5）《木结构工程施工质量验收规范》GB 50206—2012。

2.《建筑结构检测技术标准》GB/T 50344—2019

1）一般规定

建筑结构的动力特性，可根据结构的特点选择下列测试方法：

（1）结构的基本振型，宜选用环境振动法、初位移法等方法测试。

（2）结构平面内有多个振型时，宜选用稳态正弦波激振法进行测试。

（3）结构空间振型或扭转振型宜选用多振源相位控制同步的稳态正弦波激振法或初速度法进行测试。

（4）评估结构的抗震性能时，可选用随机激振法或人工爆破模拟地震法。

2）仪器设备

结构动力测试设备和测试仪器应符合下列要求：

①当采用稳态正弦激振的方法进行测试时，宜采用旋转惯性机械起振机，也可采用液压伺服激振器，使用频率范围宜为(0.5～30)Hz，频率分辨率不应小于0.01Hz；

②对加速度仪、速度仪或位移仪，可根据实际需要测试的振动参数和振型阶数进行选取；

③频率范围应包括被测结构的预估最高和最低阶频率；

④测试仪器的最大可测范围应根据被测结构振动的强烈程度选定；

⑤测试仪器的分辨率应根据被测结构的最小振动幅值选定；

⑥传感器的横向灵敏度应小于0.05；

⑦在进行瞬态过程测试时，测试仪器的可使用频率范围应比稳定测试时大一个数量级；

⑧传感器应具备机械强度高、安装调节方便、体积重量小且便于携带、防水、防电磁干扰等性能；

⑨记录仪器或数据采集分析系统、电平输入及频率范围，应与测试仪器的输出相匹配。

3）测试要求

（1）环境振动法的测试应符合下列规定：

①测试时应避免或减小环境及系统干扰；

②当测量振型和频率时，测试记录时间不应少于5min；当测试阻尼时，测试记录时间不应少于30min；

③当需要多次测试时，每次测试应至少保留一个共同的参考点。

（2）机械激振振动测试应符合下列规定：

①选择激振器的位置应正确，选择的激振力应合理；

②当激振器安装在楼板上时，应避免楼板的竖向自振频率和刚度的影响，激振力传递途径应明确合理；

③激振测试中宜采用扫频方式寻找共振频率；

④在共振频率附近测试时，应保证半功率带宽内的测点不少于5个频率。

（3）施加初位移的自由振动测试应符合下列规定：

①拉线点的位置应根据测试的目的进行布设；

②拉线与被测试结构的连接部分应具有可靠传力的能力；

③每次测试应记录拉力数值和拉力与结构轴线间的夹角；

④量取波值时，不得取用突断衰减的最初2个波；

⑤测试时不应使被测试结构出现裂缝。

4）数据处理

（1）时域数据处理应符合下列规定：

①对记录的测试数据应进行零点漂移、记录波形和记录长度的检验；

②被测试结构的自振周期，可在记录曲线上相对规则的波形段内取有限个周期的平均值；

③被测试结构的阻尼比，可按自由衰减曲线求取；当采用稳态正弦波激振时，可根据实测的共振曲线采用半功率点法求取；

④被测试结构各测点的幅值，应用记录信号幅值除以测试系统的增益，并应按此求得振型。

（2）频域数据处理应符合下列规定：

①采样间隔应符合采样定理的要求；

②对频域中的数据应采用滤波、零均值化方法进行处理；

③被测试结构的自振频率，可采用自谱分析或傅里叶谱分析方法求取；

④被测试结构的阻尼比，宜采用自相关函数分析、曲线拟合法或半功率点法确定；

⑤对于复杂结构的测试数据，宜采用谱分析、相关分析或传递函数分析等方法进行分析。

（3）测试数据处理后，应根据需要提供被测试结构的自振频率、阻尼比和振型，以及动力反应最大幅值、时程曲线、频谱曲线等分析结果。

3.《木结构现场检测技术标准》JGJ/T 488—2020

1）一般规定：

符合下列情况之一的木结构，宜进行结构动力性能检测：

（1）古建筑及灾后的木结构。

（2）结构局部动力响应过大的。

（3）需要进行抗震、抗风或其他激励下的动力响应计算的。

2）结构动力性能检测的测试方法、数据处理应按现行国家标准《建筑结构检测技术标准》GB/T 50344—2019的有关规定执行。

3）对日常生活行为、道路交通、邻近建筑施工和其他工业活动导致的振动影响，其振动测试要求、评价标准应按现行国家标准《建筑工程容许振动标准》GB 50868—2013 和《古建筑防工业振动技术规范》GB/T 50452—2008 的规定执行。

4）对受到爆破振动影响的木结构，其测试要求、评价标准应按现行国家标准《爆破安全规程》GB 6722—2014 的规定执行。

第七节　装饰装修工程

一、后置埋件现场拉拔力

1. 相关标准

（1）《建筑装饰装修工程质量验收标准》GB 50210—2018。

（2）《混凝土结构后锚固技术规程》JGJ 145—2013。

2. 饰面板工程的饰面板后置埋件的现场拉拔力、幕墙工程后置埋件和槽式预埋件的现场拉拔力等检测，可参照本章第三节植筋锚固力

二、饰面砖粘结强度

1. 相关标准

（1）《建筑装饰装修工程质量验收标准》GB 50210—2018。

（2）《建筑工程饰面砖粘结强度检验标准》JGJ/T 110—2017。

（3）《外墙饰面砖工程施工及验收规程》JGJ 126—2015。

2. 一般规定

1）适用于建筑工程外墙饰面砖粘结强度的检验，也适用于水泥基粘结材料满粘内墙饰面砖的粘结强度检验。

2）带饰面砖的预制构件进入施工现场后，应对饰面砖粘结强度进行复验。

3）带饰面砖的预制构件应符合下列规定：

（1）生产厂应提供带饰面砖的预制构件质量及其他证明文件，其中饰面砖粘结强度检验结果应符合本标准的规定。

（2）复验应以每 500m² 同类带饰面砖的预制构件为一个检验批，不足 500m² 应为一个检验批。每批应取一组 3 块板，每块板应制取 1 个试样对饰面砖粘结强度进行检验。

4）现场粘贴外墙饰面砖应符合下列规定：

（1）现场粘贴外墙饰面砖施工前应对饰面砖样板粘结强度进行检验。

（2）每种类型的基体上应粘贴不小于 1m² 饰面砖样板，每个样板应各制取一组 3 个饰面砖粘结强度试样，取样间距不得小于 500mm。

（3）大面积施工应采用饰面砖样板粘结强度合格的饰面砖、粘结材料和施工工艺。

5）现场粘贴施工的外墙饰面砖，应对饰面砖粘结强度进行检验。

6）现场粘贴饰面砖粘结强度检验应以每 500m² 同类基体饰面砖为一个检验批，不足 500m² 应为一个检验批。每批应取不少于一组 3 个试样，每连续三个楼层应取不少于一组试样，取样宜均匀分布。

7）当按现行行业标准《外墙饰面砖工程施工及验收规程》JGJ 126—2015 采用水泥基粘结材料粘贴外墙饰面砖后，可按水泥基粘结材料使用说明书的规定时间或样板饰面砖粘结强度达到合格的龄期，进行饰面砖粘结强度检验。当粘贴后 28d 以内达不到标准或有争议时，应以 28~60d 内约定时间检验的粘结强度为准。

3. 仪器设备

1）粘结强度检测仪每年校准不应少于一次。发现异常时应维修、校准。

2）检测仪器、辅助工具及材料应符合下列规定：

（1）粘结强度检测仪，最大试验拉力宜为 10kN，最小分辨单位应为 0.01kN，数显式粘结强度检测仪应符合现行行业标准《数显式粘结强度检测仪》JG/T 507—2016 的规定。

（2）钢直尺的分度值应为 1mm。

（3）应具备下列辅助工具及材料：

①手持切割锯；

②标准块胶粘剂，粘结强度宜大于 3.0MPa；

③胶带。

3）断缝应符合下列规定：

（1）现场粘贴饰面砖断缝应从饰面砖表面切割至基体表面，深度应一致。对有加强处理措施的加气混凝土、轻质砌块、轻质墙板和外墙外保温系统上粘贴的外墙饰面砖，在加强处理措施符合设计要求或保温系统符合国家和地方标准粘贴外墙饰面砖要求，并有隐蔽工程验收合格证明的前提下，应切割至加强抹面层表面。

（2）带饰面砖的预制构件断缝应从饰面砖表面切割至饰面砖底凸出的面，深度应一致。

（3）试样切割长度和宽度宜与标准块相同，其中有两道相邻切割线应沿饰面砖边缝切割。

4）标准块胶粘应符合下列规定：

（1）在胶粘标准块前，应清除试样饰面砖表面和标准块胶粘面污渍锈渍并保持干燥。

（2）现场温度低于 5℃时，标准块宜预热后再进行胶粘。

（3）胶粘剂应按使用说明书的规定随用随配，在标准块和试样饰面砖表面应均匀涂胶，标准块胶粘时不应粘连断缝，并应及时用胶带固定。

（4）在饰面砖上胶粘标准块应分为基体不带加强或保温现场粘贴饰面砖试样胶粘标准块（图 6-29）、基体带加强或保温现场粘贴饰面砖试样胶粘标准块（图 6-30）和预制构件饰面砖试样胶粘标准块（图 6-31）。

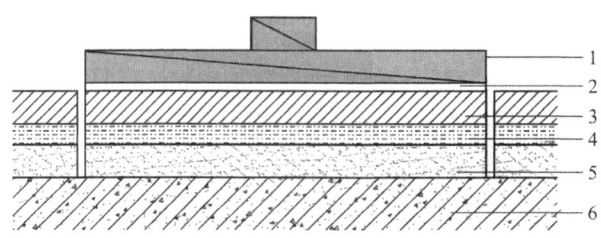

1—标准块；2—胶粘剂；3—饰面砖；4—粘结层；5—找平层；6—基体

图 6-29　基体不带加强或保温现场粘贴饰面砖试样胶粘标准块示意图

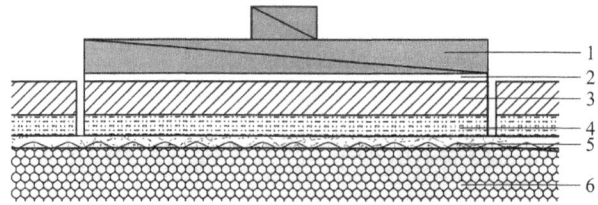

1—标准块；2—胶粘剂；3—饰面砖；4—粘结层；5—加强抹面层；6—保温层或低强度基体

图 6-30　基体带加强或保温现场粘贴饰面砖试样胶粘标准块示意图

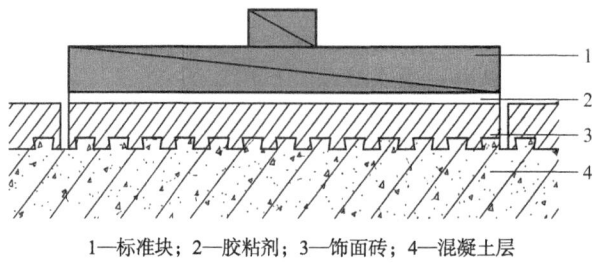

1—标准块；2—胶粘剂；3—饰面砖；4—混凝土层

图 6-31　预制构件饰面砖试样胶粘标准块示意图

5）粘结强度检测仪的安装（图 6-32）和检测程序应符合下列规定：

（1）检测前在标准块上应安装带有万向接头的拉力杆。

（2）应安装专用穿心式千斤顶，使拉力杆通过穿心千斤顶中心并与饰面砖表面垂直。

（3）当调整千斤顶活塞时，应使活塞升出 2mm，并应将数字显示器调零，再拧紧拉力杆螺母。

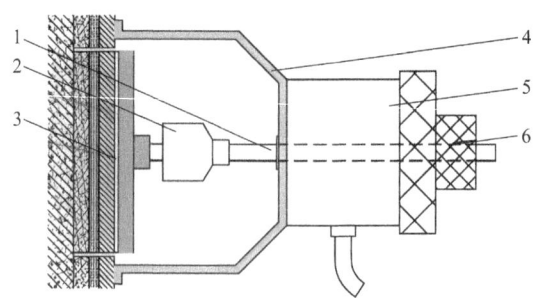

1—拉力杆；2—万向接头；3—标准块；4—支架；5—穿心式千斤顶；6—拉力杆螺母

图 6-32　粘结强度检测仪安装示意图

（4）当检测饰面砖粘结力时，应匀速摇转手柄升压，直至饰面砖试样断开，并应按本标准记录粘结强度检测仪的数字显示器峰值，该值应为粘结力值。

（5）检测后应降压至千斤顶复位，取下拉力杆螺母及拉杆。

6）饰面砖粘结力检测完毕后，应按确定试样断开状态，测量试样每对切割边的中部距离（精确到1mm），作为试样边长，计算试样面积，并应记录。当检测结果为表6-52～表6-54中代号1或代号2试样断开状态且粘结强度小于标准平均值要求时，应分析原因并在其附近重新选点检测。

基体不带加强或保温现场粘贴饰面砖粘结强度试样断开状态　　　　　表6-52

代号	图示	断开状态
1	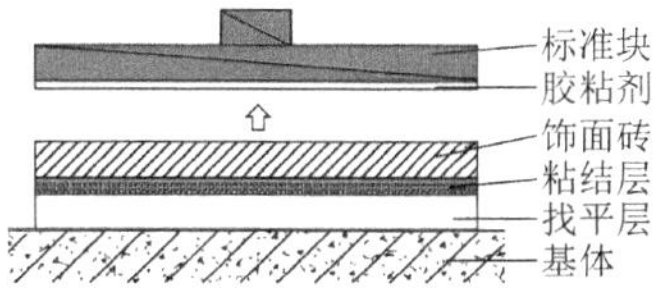	胶粘剂与饰面砖或标准块界面断开
2	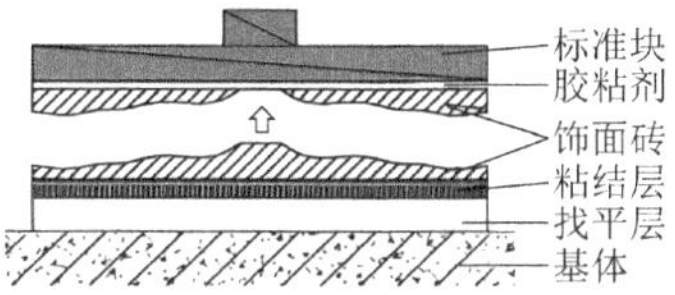	饰面砖为主断开
3	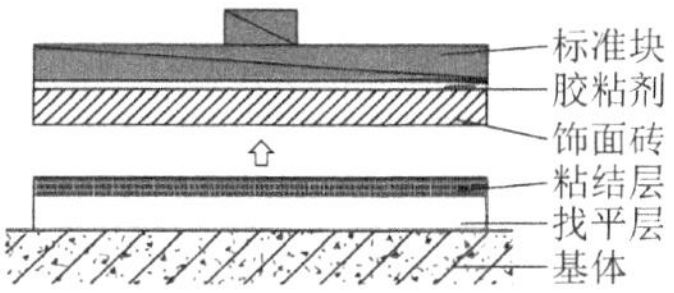	饰面砖与粘结层界面为主断开
4	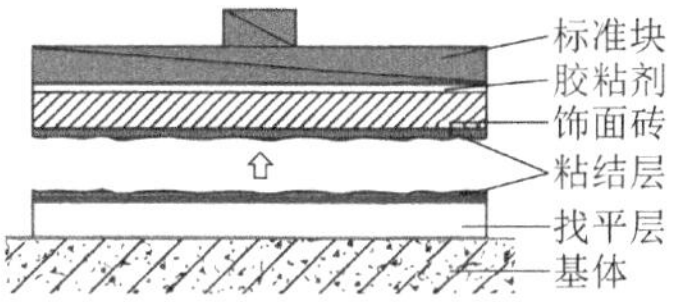	粘结层界面为主断开
5	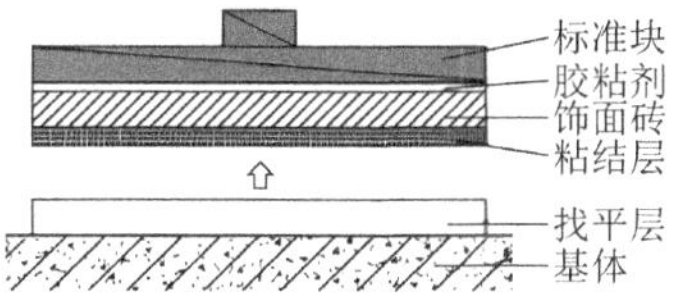	粘结层与找平层界面为主断开
6	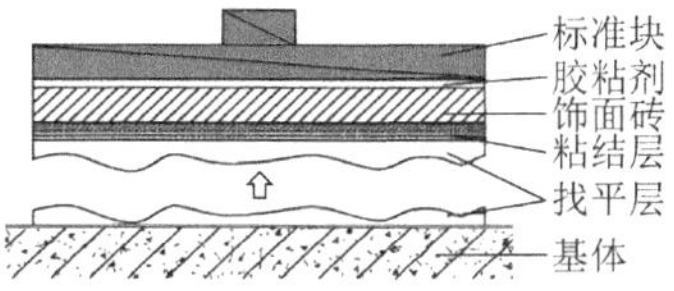	找平层为主断开
7	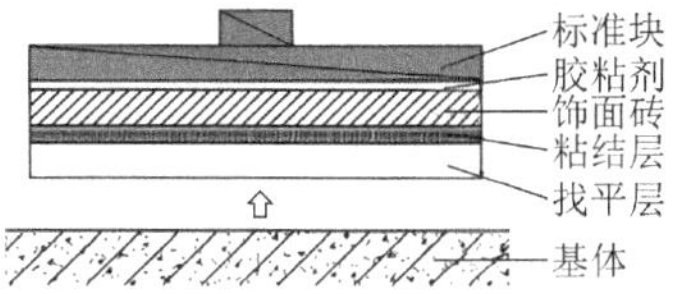	找平层与基体界面为主断开

续表

代号	图示	断开状态
8	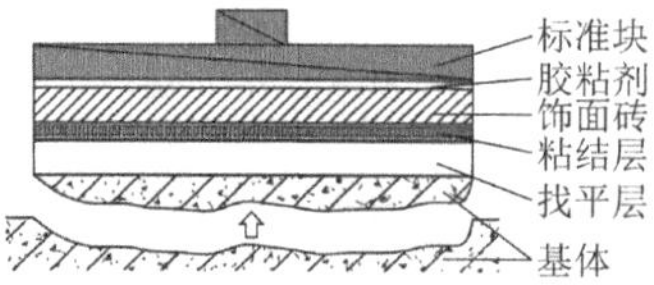 标准块／胶粘剂／饰面砖／粘结层／找平层／基体	基体为主断开

基体带加强或保温现场粘贴饰面砖粘结强度试样断开状态　　表 6-53

代号	图示	断开状态
1	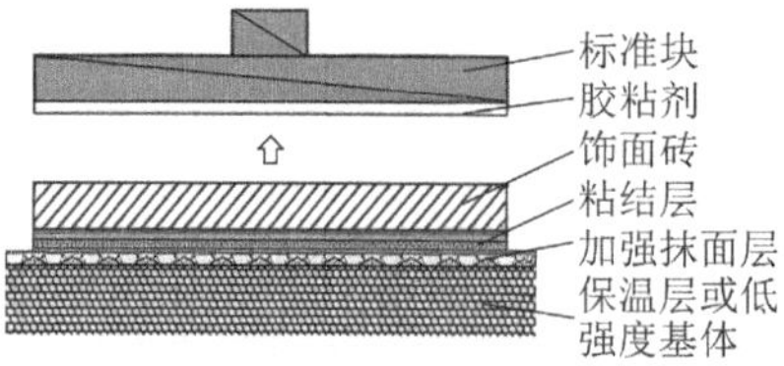 标准块／胶粘剂／饰面砖／粘结层／加强抹面层／保温层或低强度基体	胶粘剂与饰面砖或标准块界面断开
2	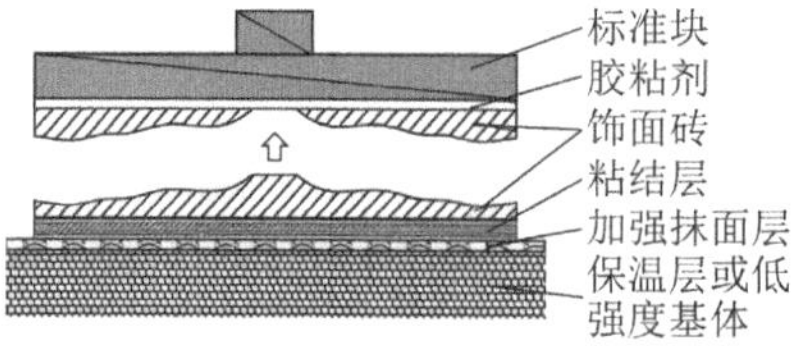 标准块／胶粘剂／饰面砖／粘结层／加强抹面层／保温层或低强度基体	饰面砖为主断开
3	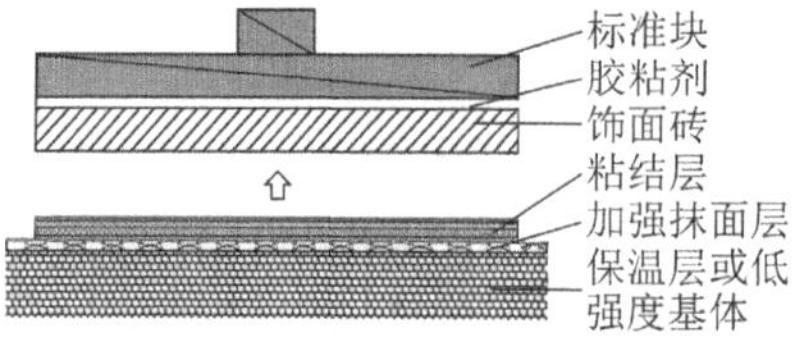 标准块／胶粘剂／饰面砖／粘结层／加强抹面层／保温层或低强度基体	饰面砖与粘结层界面为主断开
4	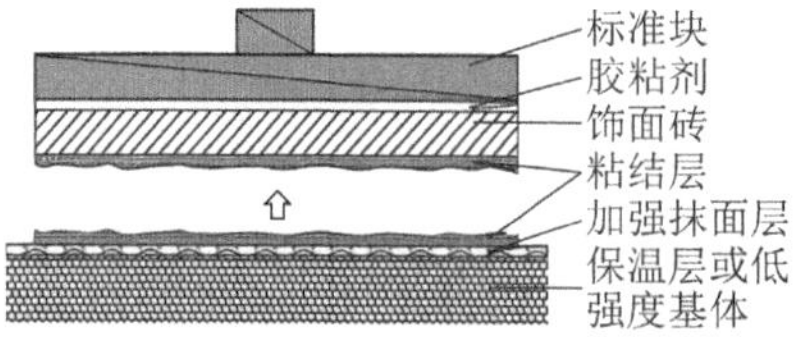 标准块／胶粘剂／饰面砖／粘结层／加强抹面层／保温层或低强度基体	粘结层为主断开
5	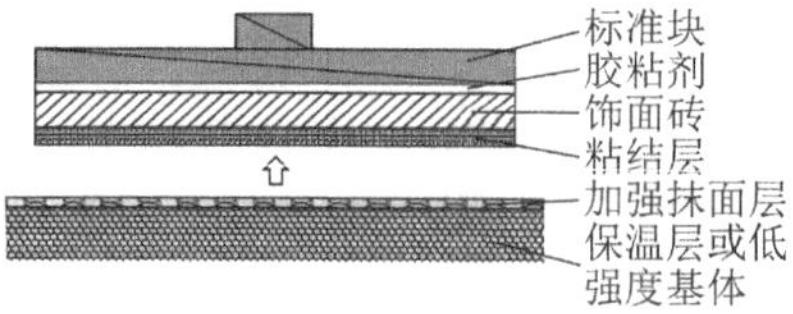 标准块／胶粘剂／饰面砖／粘结层／加强抹面层／保温层或低强度基体	粘结层与加强抹面层界面为主断开
6	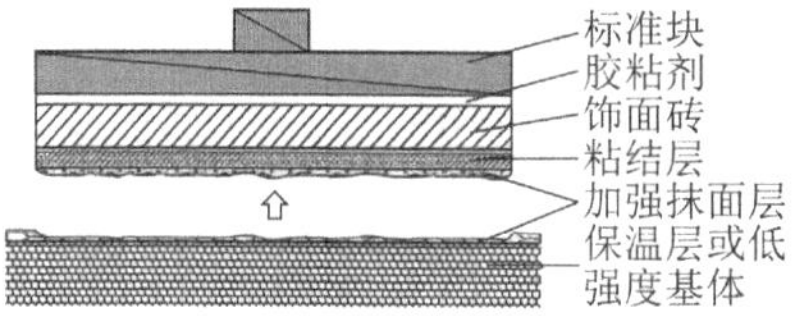 标准块／胶粘剂／饰面砖／粘结层／加强抹面层／保温层或低强度基体	加强抹面层为主断开

预制构件饰面砖粘结强度试样断开状态　　　　　　　　　　　　　　　　　表 6-54

代号	图示	断开状态
1		胶粘剂与饰面砖或标准块界面断开
2		饰面砖为主断开
3		饰面砖与混凝土层界面为主断开
4		混凝土层为主断开

4. 检测结果计算与评定

1）试样粘结强度计算

（1）单个试样粘结强度应按下式计算：

$$R_i = \frac{X_i}{S_i} \times 10^3 \tag{6-181}$$

式中：R_i——第 i 个试样粘结强度（MPa），精确到 0.1MPa；

X_i——第 i 个试样粘结力（kN），精确到 0.01kN；

S_i——第 i 个试样面积（mm²），精确到 1 mm²。

（2）每组试样平均粘结强度应按下式计算：

$$R_m = \frac{1}{3} \sum_{i=1}^{3} R_i \tag{6-182}$$

式中：R_m——每组试样平均粘结强度（MPa），精确到 0.1MPa。

2）结果评定

（1）现场粘贴的同类饰面砖，当一组试样均符合判定指标要求时，判定其粘结强度合格；当一组试样均不符合判定指标要求时，判定其粘结强度不合格；当一组试样仅符合判定指标的一项要求时，应在该组试样原取样检验批内重新抽取两组试样检验，若检验结果仍有一项不符合判定指标要求时，判定其粘结强度不合格。判定指标应符合下列规定：

①每组试样平均粘结强度不应小于 0.4MPa。

②每组允许有一个试样的粘结强度小于0.4MPa，但不应小于0.3MPa。

（2）带饰面砖的预制构件，当一组试样均符合判定指标要求时，判定其粘结强度合格；当一组试样均不符合判定指标要求时，判定其粘结强度不合格；当一组试样仅符合判定指标的一项要求时，应在该组试样原取样检验批内重新抽取两组试样检验，若检验结果仍有一项不符合判定指标要求时，则判定其粘结强度不合格。判定指标应符合下列规定：

①每组试样平均粘结强度不应小于0.6MPa。

②每组允许有一个试样的粘结强度小于0.6MPa，但不应小于0.4MPa。

三、抹灰砂浆拉伸粘接强度

1. 相关标准

（1）《预拌砂浆应用技术规程》JGJ/T 223—2010。

（2）《抹灰砂浆技术规程》JGJ/T 220—2010。

（3）《预拌砂浆应用技术规程》DB11/T 696—2016。

2. 组批原则

不同标准组批及取样数量如表6-55所示。

不同标准组批及取样数量　　　　　　表6-55

标准号	组批及抽取数量
JGJ/T 223—2010	相同材料、工艺和施工条件的室外抹灰工程，每5000m²应至少取一组试件；不足5000m²时，也应取一组
JGJ/T 220—2010	1. 相同砂浆品种、强度等级、施工工艺的室外抹灰工程，每1000m²应划分为一个检测批，不足1000m²的，也应划分为一个检测批 2. 相同砂浆品种、强度等级、施工工艺的室内抹灰工程，每50个自然间（大面积房间和走廊按抹灰面积30m²为一间）应划分为一个检测批，不足50间的也应划分为一个检测批 注：当内墙抹灰工程中抗压强度检测验不合格时，应在现场对内墙抹灰层进行拉伸粘结强度检测，并以为其检测结果为准。当外墙或顶棚抹灰施工中抗压强度检测验不合格时，应对外墙或顶棚抹灰砂浆加倍取样进行抹灰层拉伸粘结强度检测，并应以其检测结果为准

3. 检测方法

（1）抹灰砂浆拉伸粘结强度试验应在抹灰层施工完成28d后进行，委托有见证资质的检测机构进行现场检测。

（2）在抹灰层达到规定龄期时进行拉伸粘结强度试验取样，且取样面积不应小于2m²，取样数量应为7个。

（3）顶部拉拔板为100mm×100mm，厚度(6～8)mm的方形板或直径为50mm的圆形板。按顶部拉拨板的尺寸切割抹面层试样，试样尺寸应与拉拔板的尺寸相同。切割应深入基层，且切入基层的深度不应大于2mm。损坏的试样应废弃。

（4）清除抹灰层表面污渍并保持干燥。当现场温度低于5℃时，标准块宜预热后再进行粘贴。将使用说明书规定的胶粘剂搅拌均匀，均匀涂布于标准块表面，将标准块粘贴于饰面砖上,及时用胶带固定。胶粘剂不应粘连相邻饰面砖,胶粘剂硬化前不得受水浸。

(5)待胶粘剂达到规定的强度后,安装带有万向接头的拉力杆,安装粘结强度检测仪,使拉力杆通过检测仪中心并与标准块垂直;调整活塞使其升出 2mm 左右,并将数字显示器调零,再拧紧拉力杆螺母。

(6)匀速摇转手柄升压,直至拉拔板与抹灰层断开,记录粘结强度检测仪的数字显示器峰值及破坏状态,该值即是粘结力值。检测后降压使活塞复位,取下拉力杆螺母及拉杆。

(7)根据破坏发生的界面,判定检测结果有效性:

①当破坏发生在抹灰砂浆与基层连接界面时,检测结果可认定为有效(图 6-33)。

②当破坏发生在抹灰砂浆层内时,检测结果可认定为有效(图 6-34)。

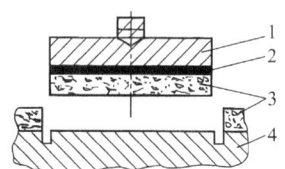 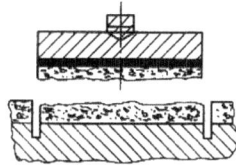

1—顶部拉拔板;2—粘结层;3—抹层砂浆;4—基层

图 6-33 破坏发生在抹灰砂浆与基层连接界面　　图 6-34 破坏发生在抹灰砂浆层内

③当破坏发生在基层内,检测数据大于或等于粘结强度规定值时,检测结果可认定为有效;试验数据小于粘结强度规定值时,检测结果应认定为无效(图 6-35)。

④当破坏发生在粘结层,检测数据大于或等于粘结强度规定值时,检测结果可认定为有效;试验数据小于粘结强度规定值时,检测结果应认定为无效(图 6-36)。

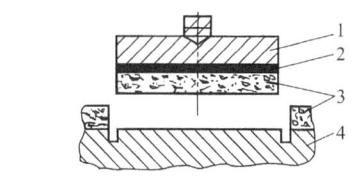

1—顶部拉拔板;2—粘结层;3—抹层砂浆;4—基层

图 6-35 破坏发生在基层内　　图 6-36 破坏发生在粘结层

4. 检测结果计算

应取 7 个试样拉伸粘结强度的平均值作为试验结果。当 7 个测定值中有一个超出平均值的 20%,应去掉最大值和最小值,并取剩余 5 个试样粘结强度的平均值作为试验结果。当剩余 5 个测定值中有一个超出平均值的 20%,应再次去掉其中的最大值和最小值,取剩余三个试样粘结强度的平均值作为试验结果,当 5 个测定值中有两个超出平均值的 20%,该组试验结果应判定为无效。

对现场拉伸粘结强度试验结果有争议时,应以采用方形顶部拉拔板测定的测试结果为准。

5. 检测结果评定

1)《预拌砂浆应用技术规程》JGJ/T 223—2010 规定如下：

（1）实体拉伸粘结强度应按验收批进行评定。

（2）当同一验收批实体拉伸强度的平均值不小于 0.25MPa 时，可判定为合格；否则，应判定为不合格。

2)《抹灰砂浆技术规程》JGJ/T 220—2010 规定如下：

（1）同一验收批的抹灰层拉伸粘结强度平均值应大于或等于表 6-56 中的规定值，且最小值应大于或等于表 6-56 中规定值的 75%。

（2）当同一验收批抹灰层拉伸粘结强度试验少于 3 组时，每组试件拉伸粘结强度均应大于或等于表 6-56 中的规定值。

抹灰层拉伸粘结强度的规定值表　　　　　　　　　　表 6-56

抹灰砂浆品种	拉伸粘结强度（MPa）
水泥抹灰砂浆	≥0.20
水泥粉煤灰抹灰砂浆、水泥石灰抹灰砂浆、掺塑化剂水泥抹灰砂浆	≥0.15
聚合物水泥抹灰砂浆	≥0.30
预拌抹灰砂浆	≥0.25

第八节　室内环境污染物

一、相关标准

（1）《民用建筑工程室内环境污染控制标准》GB 50325—2020。

（2）《建筑环境通用规范》GB 55016—2021。

（3）《公共场所卫生检验方法 第 2 部分：化学污染物》GB/T 18204.2—2014。

（4）《居住区大气中甲醛卫生检验标准方法 分光光度法》GB/T 16129—1995。

（5）《环境空气中氡的标准测量方法》GB/T 14582—1993。

二、基本概念

（1）民用建筑工程：是新建、扩建和改建的民用建筑结构工程和装饰装修工程的统称。

（2）空气中总挥发性有机化合物的量：在《民用建筑工程室内环境污染控制标准》GB 50325—2020 规定的检测条件下，所测得空气中挥发性有机化合物的总量，简称 TVOC。

（3）氡浓度：单位体积空气中氡的放射性活度。

（4）表面氡析出率：单位面积、单位时间土壤或材料表面析出的氡的放射性活度。

三、民用建筑工程的分类

民用建筑工程的划分应符合下列规定：

（1）Ⅰ类民用建筑应包括住宅、居住功能公寓、医院病房、老年人照料房屋设施、幼儿园、学校教室、学生宿舍等。

（2）Ⅱ类民用建筑应包括办公楼、商店、旅馆、文化娱乐场所、书店、图书馆、展览馆、体育馆、公共交通等候室、餐厅等。

四、室内环境污染物的来源和危害

国家标准《民用建筑工程室内环境污染控制标准》GB 50325—2020 所控制的室内环境污染物有：氡、甲醛、氨、苯、甲苯、二甲苯和总挥发性有机化合物（TVOC）。

（1）氡：氡是一种放射性的惰性气体，无色无味。世界卫生组织把氡列为19种主要的环境致癌物质之一。氡的主要来源：从房基土壤中析出的氡。氡会沿着地的裂缝扩散到室内；从建筑材料中析出的氡如花岗岩、砖砂、水泥及石膏之类，特别是含有放射性元素的天然石材，易释放出氡；从户外空气中进入室内的氡，以及从供水及用于取暖和厨房设备的天然气中释放出氡。

（2）甲醛：甲醛是一种无色、具有强烈气味的刺激性气体。主要是通过呼吸、食入、皮肤吸收等进入人体。甲醛的主要来源：人造板材、涂料、胶水类及壁纸、地毯等材料以及装修过程中使用的胶粘剂。

（3）氨：氨是一种无色且具有强烈刺激性臭味的气体，比空气轻（比重为0.5）。通常以气体形式被吸入人体并进入肺泡内，氨被吸入肺后容易通过肺泡进入血液，与血红蛋白结合，破坏运氧功能。主要来源有：建筑材料中的混凝土外加剂；冬期施工常常在混凝土墙体中加入以尿素和氨水为主要原料的外加剂对混凝土进行防冻保护。这些添加剂在墙体中会随环境因素的变化而被还原成氨气并从墙体中缓慢释放出来，造成室内空气中氨浓度的增加；室内装饰材料中的添加剂和增白剂；以尿素组分胶粘剂的木制板和以氨水作为添加剂与增白剂的涂料。

（4）苯：苯是一种无色、具有特殊芳香气味的液体，易挥发为蒸汽，易燃有毒。主要来源有：合成纤维、油漆、各种油漆涂料的添加剂和稀释剂、各种溶剂型胶粘剂、防水材料等。人体长期接触由呼吸道进入造成对身体的危害，可造成急性和慢性中毒。

（5）甲苯：无色透明液体，有刺激性气味，具有易挥发、易燃的特点，属于苯的同系物。主要来源于一些溶剂、香水、洗涤剂、墙纸、粘合剂、油漆等。长期接触一定浓度的甲苯、二甲苯会引起慢性中毒，可出现头痛、失眠、精神萎靡、记忆力减退等神经衰弱症。

（6）二甲苯：无色透明液体，有刺激性气味，具有易挥发、易燃的特点，属于苯的同系物，主要来源和甲苯相同。

（7）总挥发性有机化合物（TVOC）：主要来源有：有机溶剂，如油漆、胶粘剂、密封胶等；建筑材料和室内装饰材料，如人造泡沫隔热材料、壁纸、地毯等。在高浓度 TVOC 环境中可导致人体免疫力水平失调等危害。

五、试验项目、组批原则及取样规定

室内环境污染物试验项目、组批原则及取样规定如表 6-57 所示。

室内环境污染物试验项目、组批原则及取样规定　　　表 6-57

试验项目	依据	组批原则	取样规定和数量
氡、苯、甲苯、二甲苯、氨、甲醛、TVOC	《民用建筑工程室内环境污染控制标准》GB 50325—2020	按单位工程	民用建筑工程验收时，室内环境污染物浓度检测应由检测单位依据设计图纸、装修情况和楼层分布，随机抽检有代表性的房间。 1. 抽检数不得少于房间总数的 5%，每个建筑单体不得少于 3 间，当房间总数少于 3 间时，应全数检测。 2. 进行了样板间室内环境污染物浓度检测且检测结果合格的，其同一装饰装修设计样板间类型的房间抽检量可减半，并不得少于 3 间。 3. 幼儿园、学校教室、学生宿舍、老年人照料房屋设施室内装饰装修验收时，抽检量不得少于房间总数的 50%，且不得少于 20 间。当房间总数不大于 20 间时，应全数检测。 4. 检测点应按受检房间面积确定： （1）房间使用面积 < $50m^2$ 时，应设置 1 个检测点。 （2）房间使用面积 ≥ $50m^2$，< $100m^2$ 时，应设置 2 个检测点。 （3）房间使用面积 ≥ $100m^2$，< $500m^2$ 时，应设置不少于 3 个检测点。 （4）房间使用面积 ≥ $500m^2$，< $1000m^2$ 时，应设置不少于 5 个检测点。 （5）房间使用面积 ≥ $1000m^2$ 时，≥ $1000m^2$ 的部分，每增加 $1000m^2$ 增设 1 个检测点，增加面积不足 $1000m^2$ 时按增加 $1000m^2$ 计算

六、检测方法

1）民用建筑室内空气中氡浓度检测宜采用泵吸静电收集能谱分析法、泵吸闪烁室法、泵吸脉冲电离室法、活性炭盒—低本底多道 γ 能谱法，所选用方法的测量结果不确定度应不大于 25%（$k=2$），方法的检测下限应不大于 $10Bq/m^3$。现场检测应连续进行，时间应不少于 24h。当采用活性炭盒法检测时，应符合《环境空气中氡的标准测量方法》GB/T 14582—1993 规定，按下列步骤进行测定：

（1）仪器和材料应符合下列规定：

① γ 谱仪：NaI（T1）或半导体探头配多道脉冲分析器；

② 活性炭：椰壳炭(8～16)目；

③ 采样盒：塑料或金属制成，直径(60～100)mm，高(30～50)mm，内装(25～100)g 活性炭，盒的敞开面用滤膜或金属筛网封住，固定活性炭且允许氡进入采样器，采样盒尺寸和活性炭用量等应与刻度的采样盒一致；

④ 烘箱；

⑤天平：感量 0.1g，量程 200g；

⑥温湿度计；

⑦空盒气压表。

（2）样品制备：

①将选定的活性炭放入烘箱内，在 120℃下烘烤(5~6)h，存入磨口瓶中待用。称取一定量烘烤后的活性炭装入采样盒中，并盖上滤膜或金属筛网和盒盖，用胶带密封起来，隔绝外面空气，称量样品盒的总质量，把活性炭盒密封存放。

②在待测现场去掉活性炭盒密封包装，放置在距地面 50cm 以上的桌子或架子上，敞开面朝上放在采样点上，其上面 200mm 内不得有其他物体。放置 3~7d 后用原胶带将活性炭盒再封闭起来，并记录采样时的温度、湿度和大气压，迅速送回实验室。

③采样停止 3h 后，再称量样品盒的总质量，计算水分吸收量。将活性炭盒在γ谱仪上计数，测出氡子体特征γ射线峰（或峰群）面积，检测条件与标准源刻度时一致。

④空气中氡浓度按下式进行计算：

$$C_{Rn} = \frac{an_r}{t_1^b \cdot e^{-\lambda_{Rn} t_2}} \tag{6-183}$$

式中：C_{Rn}——空气中氡浓度（Bq/m³）；

α——采样 1h 的响应系数（Bq/m³/计数/min）；

n_r——特征峰（峰群）对应的净计数率（计数/min）；

t_1——采样时间（h）；

b——累积指数，为 0.49；

λ_{Rn}——氡衰变常数，7.55×10⁻³/h；

t_2——采样时间中点至测量开始时刻之间的时间间隔（h）。

2）民用建筑室内空气中甲醛检测，应符合现行国家标准《公共场所卫生检验方法 第2 部分：化学污染物》GB/T 18204.2—2014 中 AHMT 分光光度法的规定，具体检测方法如下：

（1）原理：

空气中甲醛与 4-氨基-3-联氮-5-巯基-1,2,4-三氮杂茂在碱性条件下缩合，然后经高氯酸钾氧化成 6-巯基-5-三氮杂茂[4,3-b]-S-四氮杂苯紫红色化合物，其色泽深浅与甲醛含量成正比。

（2）试剂和材料：

①吸收液：称取 1g 三乙醇胺，0.25g 偏重亚硫酸钠和 0.25g 乙二胺四乙酸二钠溶于水中并稀释至 1000mL。

②0.5%4-氨基-3-联氮-5-巯基-1,2,4-三氮杂茂（AHMT）溶液：称取 0.25g AHMT 溶于 0.5mol/L 盐酸中，并稀释至 50mL，此试剂置于棕色瓶中，可保存半年。

③5mol/L 氢氧化钾溶液：称取 28.0g 氢氧化钾溶于 100mL 水中。

④1.5%高碘酸钾溶液：称取 1.5g 高碘酸钾溶于 0.2mol/L 氢氧化钾溶液中，并稀释至 100mL，于水浴上加热溶解，备用。

⑤30%氢氧化钠溶液。

⑥硫酸（$\rho = 1.84\text{g/mL}$）。

⑦1mol/L 硫酸溶液。

⑧甲醛标准贮备溶液：1000mg/L。

⑨甲醛标准溶液：用上述甲醛贮备液，用吸收液稀释成 1.00mL 含 2.00μg 甲醛。

（3）仪器和设备：

①气泡吸收管：有 5mL 和 10mL 刻度线。

②空气采样器：流量范围(0～2)L/min。

③10mL 具塞比色管。

④分光光度计：具有 550nm 波长，并配有 10mm 光程的比色皿。

（4）采样：

用一个内装 5mL 吸收液的气泡吸收管，以 1.0L/min 流量采气 20L，并记录采样时的温度和大气压力。

（5）分析步骤：

①标准曲线的绘制：

用标准溶液绘制标准曲线：取 7 支 10mL 具塞比色管，按表 6-58 制备标准色列管。

甲醛标准色列管　　　　表 6-58

管号	0	1	2	3	4	5	6
标准溶液（mL）	0.0	0.1	0.2	0.4	0.8	1.2	1.6
吸收溶液（mL）	2.0	1.9	1.8	1.6	1.2	0.8	0.4
甲醛含量（μg）	0.0	0.2	0.4	0.8	1.6	2.4	3.2

各管加入 1.0mL 5mol/L 氢氧化钾溶液，1.0mL 0.5%AHMT 溶液，盖上管塞，轻轻颠倒混匀三次，放置 20min。加入 0.3mL 1.5%高碘酸钾溶液，充分振摇，放置 5min。用 10mm 比色皿，在波长 550nm 下，以水作参比，测定各管吸光度。以甲醛含量为横坐标，吸光度为纵坐标，绘制标准曲线，并计算其回归线的斜率，以斜率的倒数作为样品测定计算因子 B_s（μg/吸光度）。

②样品的测定：

采样后，补充吸收液到采样前的体积。准确吸取 2mL 样品溶液于 10mL 比色管中，按制作标准曲线的操作步骤测定吸光度。

在每批样品测定的同时，用 2mL 未采样的吸收液，按相同步骤作试剂空白值测定。

（6）结果计算：

①将采样体积按下列公式换算成标准状况下的采样体积：

$$V_0 = V_t \times \frac{273}{273+t} \times \frac{p}{101.3} \qquad (6\text{-}184)$$

式中：V_0——标准状况下的采样体积（L）；

V_t——采样体积（L）；

t——采样时的空气温度（℃）；

p——采样时的大气压（kPa）。

②空气中甲醛浓度按下列公式计算：

$$c = \frac{(A-A_0) \times B_S}{V_0} \times \frac{V_1}{V_2} \qquad (6\text{-}185)$$

式中：c——空气中甲醛浓度（mg/m³）；

A——样品溶液的吸光度；

A_0——试剂空白溶液的吸光度；

B_S——计算因子，由标准曲线的求得（μg/吸光度）；

V_0——标准状况下的采用体积（L）；

V_1——采样时吸收液体积（mL）；

V_2——分析时取样品体积（mL）。

3）民用建筑室内空气中甲醛检测，可采用简便取样仪器检测方法，甲醛简便取样仪器检测方法应定期进行校准，测量范围不大于 0.50μmol/mol 时，最大允许示值误差应为±0.05μmol/mol。当发生争议时，应以现行国家标准《公共场所卫生检验方法 第2部分：化学污染物》GB/T 18204.2—2014 中 AHMT 分光光度法的测定结果为准。

4）民用建筑室内空气中氨检测方法应符合现行国家标准《公共场所卫生检验方法 第2部分：化学污染物》GB/T 18204.2—2014 中靛酚蓝分光光度法的规定，具体检测方法如下：

（1）原理：

空气中的氨被稀硫酸吸收，在亚硝基铁氰化钠及次氯酸钠存在条件下，与水杨酸生成蓝绿色的靛酚蓝染料，根据着色深浅比色定量。

（2）试剂和材料：

①无氨蒸馏水：在普通蒸馏水中加少量的高锰酸钾至浅紫红色，再加少量氢氧化钠至呈碱性。蒸馏，取中间蒸馏部分的水，加少量硫酸溶液呈微酸性，再蒸馏一次。

②吸收液 [$c(H_2SO_4) = 0.005$mol/L]：量取 2.8mL 浓硫酸加入无氨蒸馏水中，并稀释至 1L。临用时再稀释 10 倍。

③水杨酸溶液 {$\rho[C_6H_4(OH)COOH] = 50$g/L}：称取 10.0g 水杨酸和 10.0g 柠檬酸钠（$Na_3C_6O_7 \cdot 2H_2O$），加水约 50mL，再加 55mL 氢氧化钠溶液 [$c(NaOH) = 2$mol/L]，用无氨蒸馏水稀释至 200mL。此试剂稍有黄色，室温下可稳定 1 个月。

④亚硝基铁氰化钠溶液（10g/L）：称取 1.0g 亚硝基铁氰化钠，溶于 100mL 无氨蒸馏水中。贮存于冰箱中可稳定 1 个月。

⑤次氯酸钠溶液[$c(NaClO) = 0.05mol/L$]：取1mL次氯酸钠试剂原液，根据碘量法标定的浓度用氢氧化钠溶液[$c(NaOH) = 2mol/L$]稀释成0.05mol/L的次氯酸钠溶液，贮存于冰箱中可稳定2个月。

次氯酸钠溶液的标定：称取2g碘化钾（KI）于250mL碘量瓶中，加水50mL溶解，加1.00mL次氯酸钠（NaClO）试剂，再加0.5mL盐酸溶液[50%（V/V）]，摇匀，暗处放置3min。用硫代硫酸钠标准溶液[$c(1/2Na_2S_2O_3) = 0.100mol/L$]滴定析出的碘，至溶液呈黄色时，加1mL新配制的淀粉指示剂（5g/L），继续滴定至蓝色刚刚退去，即为终点，记录所用硫代硫酸钠标准溶液体积，按下式计算次氯酸钠溶液的浓度。

$$c(NaClO) = \frac{c(1/2Na_2S_2O_3) \times V}{1.00 \times 2} \tag{6-186}$$

式中：$c(NaClO)$——次氯酸钠试剂的浓度（mol/L）；

$c(1/2Na_2S_2O_3)$——硫代硫酸钠标准溶液浓度（mol/L）；

V——硫代硫酸钠标准溶液用量（mL）。

⑥氨标准贮备液[$\rho(NH_3) = 1.00g/L$]：称取0.3142g经105℃干燥1h的氯化铵（NH_4Cl），用少量水溶解，移入100mL容量瓶中，用吸收液稀释至刻度。次液1.00mL含1.00mg氨。

⑦氨标准工作液[$\rho(NH_3) = 1.00mg/L$]：临用时，将标准贮备液用吸收液稀释成1.00mL含1.00μg氨。

（3）仪器和设备：

①气泡吸收管：有5mL和10mL刻度线，出气口内径为1mm，与管底距离应为(3～5)mm。

②空气采样器：流量范围(0～2)L/min，流量可调且恒定。

③10mL具塞比色管。

④分光光度计：可测波长为697.5nm，狭缝小于20nm。

（4）采样：

①用一级皂膜流量计对采样流量计进行校准，误差≤5%。

②用一个内装10mL吸收液的大型气泡吸收管，以0.5L/min流量采气5L，并记录采样时的温度和大气压力。

③采样后，样品在室温下保存，于24h内分析。

（5）分析步骤：

①标准曲线的绘制：取7支10mL具塞比色管，按表6-59制备标准系列管。

氨标准系列　　　　　　表6-59

管号	0	1	2	3	4	5	6
标准工作液（mL）	0.0	0.50	1.00	3.00	5.00	7.00	10.00
吸收液（mL）	10.00	9.50	9.00	7.00	5.00	3.00	0.0
氨含量（μg）	0.0	0.50	1.00	3.00	5.00	7.00	10.00

在各管值加入 0.50mL 水杨酸溶液，再加入 0.10mL 亚硝基铁氰化钠溶液和 0.10mL 次氯酸钠溶液，混匀，室温下放置 1h。用 1cm 比色皿，于波长 697.5nm 处，以水作参比，测定各管溶液的吸光度。以氨含量（μg）为横坐标，吸光度为纵坐标，绘制标准曲线，并计算校准曲线的斜率，校准曲线斜率应为(0.081 ± 0.003)吸光度/氨含量，以斜率的倒数作为样品测定时的计算因子 B_s。

②样品的测定：将样品溶液转入具塞比色管内，用少量的水洗吸收管，合并，使总体积为 10mL。再按标准曲线绘制的操作步骤测定样品的吸光度。在每批样品测定的同时，用 10mL 未采样的吸收液作试剂空白测定。如果样品溶液吸光度超过标准曲线范围，则可用空白吸收液稀释样品液后再分析。

（6）结果计算：

①采气体积换算：将实际采气体积按下列公式换算成标准状况下的采气体积 V_0。

$$V_0 = V_t \times \frac{T_0}{273 + t} \times \frac{p}{p_0} \tag{6-187}$$

式中：V_0——标准状况下的采气体积（L）；

V_t——采气体积（L）；

t——采样点的空气温度（℃）；

T_0——标准状况下的绝对温度，273K；

p——采样点的大气压（kPa）；

p_0——标准状态下的大气压，101.3kPa。

②浓度计算：空气中氨的质量浓度按下式计算。

$$\rho = \frac{(A - A_0) \times B_s}{V_0} \times k \tag{6-188}$$

式中：ρ——空气中氨的质量浓度（mg/m³）；

A——样品溶液的吸光度；

A_0——空白溶液的吸光度；

B_s——计算因子（μg/吸光度）；

V_0——标准状况下的采气体积（L）；

k——样品溶液的稀释倍数。

③结果表达：一个区域的测定结果以该区域内各采样点质量浓度的算术平均值给出。

5）民用建筑室内空气中苯、甲苯、二甲苯的检测方法应符合《民用建筑工程室内环境污染控制标准》GB 50325—2020 标准中附录 D 的规定，具体检测方法如下：

（1）仪器和设备应符合下列规定：

①气相色谱仪：配有氢火焰离子化检测器，安装石英毛细管色谱柱，色谱柱长(30～50)m、内径 0.32mm，色谱柱内涂覆厚(1～5)μm 二甲基聚硅氧烷或者等效涂层的色谱柱。

②热解吸装置：应能对吸附管进行热解吸，解吸温度、载气流速可调。

③恒流采样器：在采样过程中流量应稳定，流量范围应包含 0.5L/min，且当流量为 0.5L/min 时，应能克服(5~10)kPa 的阻力，此时用流量计校准采样系统流量，相对偏差不应大于±5%。

④微量进样器：1μL、10μL 微量进样器若干个。

（2）试剂和材料应符合下列规定：

①活性炭吸附管：应为内装 100mg 椰子壳活性炭吸附剂的玻璃管或内壁光滑的不锈钢管。使用前应通氮气加热活化，活化温度应为(300~350)℃，活化时间不应少于的 10min，活化至无杂质峰为止；当流量为 0.5L/min 时，阻力应在(5~10)kPa 之间。

②2,6-对苯基二苯醚多孔聚合物-石墨化炭黑-X 复合吸附管：应为分层分隔填装不少于 175mg 的(60~80)目的 Tenax-TA 吸附剂和不少于 75mg 的(60~80)目的石墨化炭黑-X 吸附剂，样品管应有采样气流方向标识，使用前应通氮气加热活化，活化温度应为(280~300)℃，活化时间不宜少于的 10min，活化至无杂质峰为止；当流量为 0.5L/min 时，阻力应在(5~10)kPa 之间。

③苯、甲苯、二甲苯标准物质：

a. 标准溶液：以甲醇为溶剂，含苯、甲苯、对（间）二甲苯、邻二甲苯的单组分或混合溶液，各组分浓度宜为 20mg/L，60mg/L，200mg/L，500mg/L，1000mg/L，1600mg/L。

b. 标准气：可购买市售的苯、甲苯、二甲苯标准气，各组分的浓度为(5~7)μmol/mol。

④载气应为氮气，纯度不应小于 99.99%。

（3）采样应符合下列规定：

①应在采样地点打开活化好的吸附管，吸附管与空气采样器进气口垂直连接（气流方向与吸附管标识方向一致）。将采样器流量调节到 0.5L/min，用流量计校准采样系统流量，采集约 10L 空气，并应记录采样时间、采样流量、温度、相对湿度和大气压。

②采样后应取下吸附管，将吸附管的两端用胶帽密封，作好标识，放入可密封的金属或玻璃容器中。样品可保存 14d。

③当采集室外空气空白样品时，应与采集室内空气样品同步进行，地点宜选在室外上风向处。

（4）气相色谱分析条件可选用下列推荐值，也可根据实验室条件选定其他最佳分析条件：

①毛细管柱温度应为 60℃；

②检测室温度应为 150℃；

③汽化室温度应为 150℃。

（5）室温下标准吸附管系列制备时应采用一定浓度的苯、甲苯、对（间）二甲苯、邻二甲苯标准气体或标准溶液，从吸附管进气口定量注入吸附管，制成苯含量为 0.05μg、

0.1μg、0.2μg、0.4μg、0.8μg、1.2μg 以及甲苯、二甲苯含量分别为 0.1μg、0.4μg、0.8μg、1.2μg、2μg 的标准系列吸附管，同时应采用 100mL/min 的氮气通过吸附管，5min 后取下并密封，作为标准吸附管。

（6）分析时应采用热解吸直接进样的气相色谱法，将标准吸附管和样品吸附管分别置于热解吸直接进样装置中，解吸气流方向应与标准吸附管制样气流方向和样品吸附管采样气流方向相反，充分解吸（活性炭吸附管 350℃或 2,6-对苯基二苯醚多孔聚合物-石墨化炭黑-X 复合吸附管经过 300℃）后，将解吸气体由进样阀直接通入气相色谱仪进行色谱分析，应以保留时间定性、以峰面积定量。

（7）所采空气样品中苯、甲苯、二甲苯的浓度及换算成标准状态下的浓度，应分别按下列公式进行计算：

$$C = \frac{m - m_0}{V} \tag{6-189}$$

式中：C——所采空气样品中苯、甲苯、二甲苯各组分浓度（mg/m³）；

m——样品管中苯、甲苯、二甲苯各组分的量（μg）；

m_0——未采样样品管中苯、甲苯、二甲苯各组分的量（μg）；

V——空气采样体积（L）。

$$C_c = C \times \frac{101.3}{P} \times \frac{t + 273}{273} \tag{6-190}$$

式中：C_c——换算标准体积后空气样品中苯、甲苯、二甲苯的浓度（mg/m³）；

P——采样时采样点的大气压力（kPa）；

t——采样时采样点的温度（℃）。

注：当采用活性炭吸附管和 2,6-对苯基二苯醚多孔聚合物-石墨化炭黑-X 复合吸附管采样的检测结果有争议时，以活性炭吸附管的检测结果为准。当用活性炭吸附管采样时，空气湿度应小于 90%。

6）民用建筑室内空气中 TVOC 的检测方法应符合《民用建筑工程室内环境污染控制标准》GB 50325—2020 标准中附录 E 的规定，具体检测方法如下：

（1）室内空气中 TVOC 应按下列步骤进行测定：

①应采用 Tenax-TA 吸附管或 2,6-对苯基二苯醚多孔聚合物-石墨化炭黑-X 复合吸附管采集一定体积的空气样品；

②应通过热解吸装置加热吸附管，并得到 TVOC 的解吸气体；

③将 TVOC 的解吸气体注入气相色谱仪进行色谱定性、定量分析。

（2）室内空气中 TVOC 测定所需要仪器及设备应符合下列规定：

①恒流采样器：在采样过程中流量应稳定，流量范围应包含 0.5L/min，且当流量为 0.5L/min 时，应能克服(5～10)kPa 的阻力，此时用流量计校准采样系统流量，相对偏差不

应大于±5%。

②气相色谱仪：配有氢火焰离子化检测器或 MS 检测器，安装石英毛细管色谱柱，色谱柱长应为 50m、内径应为 0.32mm，色谱柱内涂覆厚(1~5)μm 二甲基聚硅氧烷或其他非极性材料。

③热解吸装置：应能对吸附管进行热解吸，其解吸温度、载气流速可调。

④程序升温：初始温度应为 50℃，且保持 10min，升温速率应为 5℃/min，温度应升至 250℃，并保持 2min。

（3）试剂和材料应符合下列规定：

①Tenax-TA 吸附管：可为玻璃管或者内壁光滑的不锈钢管，管内装有 200mg 粒径为 (0.18~0.25)mm［(60~80)目］的 Tenax-TA 吸附剂，或 2,6-对苯基二苯醚多孔聚合物-石墨化炭黑-X 复合吸附管（样品管应有采样气流方向标识）。使用前应通氮气加热活化，活化温度应高于解吸温度，活化时间不应少于 30min，活化至无杂质峰为止，当流量为 0.5L/min 时，阻力应在(5~10)kPa 之间。

②有证标准气体或标准溶液：标准溶液以甲醇为溶剂，含正己烷、苯、三氯乙烯、甲苯、辛烯、乙酸丁酯、乙苯、对（间）二甲苯、邻二甲苯、苯乙烯、壬烷、异辛醇、十一烷、十四烷、十六烷的单组分或混合溶液，各组分浓度宜为 50mg/L，100mg/L，400mg/L，800mg/L，1200mg/L，2000mg/L。

③载气应为氮气，纯度不应小于 99.99%，当配置 MS 检测器载气为氦气时，纯度不应小于 99.999%。

（4）采样应符合下列规定：

①应在采样地点打开活化好的吸附管，吸附管与空气采样器进气口垂直连接（气流方向与吸附管标识方向一致）。应调节采样器流量在 0.5L/min 的范围内后用流量计校准采样系统的流量，采集约 10L 空气，应记录采样时间及采样流量、采样温度、相对湿度和大气压。

②采样后应取下吸附管，将吸附管的两端用胶帽密封，作好标识后放入可密封的金属或玻璃容器中，并应尽快分析，样品保存时间不大于 14d。

③采集室外空气空白样品应与采集室内空气样品同步进行，地点宜选在室外上风向处。

（5）标准吸附管系列制备：应采用一定浓度的各组分标准气体或标准溶液，定量注入吸附管中，制成各组分含量为 0.05μg、0.1μg、0.4μg、0.8μg、1.2μg、2μg 的标准吸附管，同时用 100mL/min 的氮气通过吸附管，5min 后取下并密封，作为标准吸附管系列样品。

（6）应采用热解吸直接进样的气相色谱法，将吸附管置于热解吸直接进样装置中，应确保解吸气流方向与标准吸附管制样气流方向相反，经 300℃充分解吸后，使解吸气体直接由进样阀快速通入气相色谱仪进行色谱定性、定量分析。

（7）当配置 FID 检测器时，应以保留时间定性、峰面积定量；当配置 MS 检测器时，应根据保留时间和各组分的特征离子定性，在确认组分的条件后，采用定量离子进行定量。

（8）样品分析时，每支样品吸附管应按与标准吸附管系列相同的热解吸气相色谱分析方法进行分析。

（9）所采空气样品中的浓度计算应符合下列规定：

①所采空气样品中各组分的浓度应按下式进行计算：

$$C_m = \frac{m_i - m_0}{V} \tag{6-191}$$

式中：C_m——所采空气样品中 i 组分的浓度（mg/m³）；

m_i——样品管中 i 组分的质量（μg）；

m_0——未采样管中 i 组分的质量（μg）；

V——空气采样体积（L）。

②空气样品中各组分的浓度应按下式换算成标准状态下的浓度：

$$C_c = C_m \times \frac{101.3}{P} \times \frac{t+273}{273} \tag{6-192}$$

式中：C_c——换算到标准体积后空气样品中 i 组分的浓度（mg/m³）；

P——采样时采样点的大气压力（kPa）；

t——采样时采样点的温度（℃）。

③所采空气样品中 TVOC 的浓度应按下式进行计算：

$$C_{TVOC} = \sum_{i=1}^{i=n} C_c \tag{6-193}$$

式中：C_{TVOC}——标准状态下所采空气样品中 TVOC 的浓度（mg/m³）；

C_c——标准状态下所采空气样品中 i 组分的浓度（mg/m³）。

注：1. 对未识别的峰应以甲苯计。

2. 当用 Tenax-TA 吸附管和 2,6-对苯基二苯醚多孔聚合物-石墨化炭黑-X 复合吸附管采样的检测结果有争议时，以 Tenax-TA 吸附管的检测结果为准。

七、试验结果评定

（1）《民用建筑工程室内环境污染控制标准》GB 50325—2020 规定的污染物浓度限量见表 6-60。

民用建筑室内环境污染物浓度限量　　　　表 6-60

污染物	Ⅰ 类民用建筑	Ⅱ 类民用建筑
氡（Bq/m³）	≤150	≤150
甲醛（mg/m³）	≤0.07	≤0.08
氨（mg/m³）	≤0.15	≤0.20

续表

污染物	Ⅰ类民用建筑	Ⅱ类民用建筑
苯（mg/m³）	≤0.06	≤0.09
甲苯（mg/m³）	≤0.15	≤0.20
二甲苯（mg/m³）	≤0.20	≤0.20
TVOC（mg/m³）	≤0.45	≤0.50

注：1. 污染物浓度测量值，除氡外均指室内污染物浓度测量值扣除室外上风向空气中污染物浓度测量值（本底值）后的测量值；

2. 污染物浓度测量值的极限值判定，采用全数值比较法。

（2）当抽检的所有房间室内环污染物浓度的全部检测结果符合《民用建筑工程室内环境污染控制标准》GB 50325—2020 的污染物浓度限量规定时，应判定该工程室内环境质量合格。

（3）当室内环境污染物浓度检测结果不符合《民用建筑工程室内环境污染控制标准》GB 50325—2020 的污染物浓度限量规定时，应对不符合项目再次加倍抽样检测，并应包括原不合格的同类型房间及原不合格房间；当再次检测的结果符合《民用建筑工程室内环境污染控制标准》GB 50325—2020 的规定时，应判定该工程室内环境质量合格。再次加倍抽样检测的结果不符合《民用建筑工程室内环境污染控制标准》GB 50325—2020 的规定时，应查找原因并采取措施进行处理，直至检测合格。

（4）室内环境污染物浓度检测结果不符合《民用建筑工程室内环境污染控制标准》GB 50325—2020 第 6.0.4 条规定规定的民用建筑工程，严禁交付投入使用。

八、进行室内环境污染物浓度检测工作的一般规定及注意事项

（1）民用建筑工程及室内装饰装修工程质量验收，应在工程完工不少于 7d 后、工程交付前进行。民用建筑工程验收时，应进行室内环境污染物浓度检测，检测结果应符合《建筑环境通用规范》GB 55016—2021 第 5.1.2 条的规定。

（2）民用建筑工程室内环境污染物浓度检测应按单位工程进行。

（3）检测现场及其周围应无影响空气质量检测的因素，检测时室外风力不大于 5 级。

（4）民用建筑室内环境中的甲醛、氨、苯、甲苯、二甲苯、TVOC 浓度检测时，装饰装修工程中完成的固定式家具应保持正常使用状态；采用集中通风的民用建筑工程，应在通风系统正常运行的条件下进行；采用自然通风的民用建筑工程，检测应在对外门窗关闭 1h 后进行。

（5）民用建筑室内环境中氡浓度检测时，对采用集中通风的民用建筑工程，应在通风系统正常运行的条件下进行；采用自然通风的民用建筑工程，检测应在对外门窗关闭 24h 后进行。Ⅰ类建筑无架空层或地下车库结构时，一、二层房间抽检比例不宜低于总抽检房间数的 40%。

（6）民用建筑工程室内环境污染物浓度检测时，当房间内有2个及以上检测点时，应采用对角线、斜线、梅花状均衡布点，并应取各点检测结果的平均值作为该房间的检测值。

（7）民用建筑工程验收时，环境污染物浓度现场检测点位置应距内墙面不小于0.5m，距室内地面高度(0.8~1.5)m。检测点应均匀分布，避开通风道和通风口。室外空气相应值（空白值）的样品采集点应选择在被测建筑物上风向，并避开污染源，与室内样品采集时间相差不宜超过4h。

（8）检测单位负责封闭被检测房间，并记录封闭起始时间。

九、土壤中氡浓度的测定

1. 一般规定

（1）新建、扩建的民用建筑工程设计前，应进行建筑工程所在城市区域土壤中氡的浓度或土壤表面氡析出率调查，并提交相应的调查报告。未进行过区域中土壤中氡浓度或土壤表面氡析出率测定的，应进行建筑场地土壤中氡浓度或土壤表面氡析出率测定，并提供相应的检测报告。

（2）新建、扩建的民用建筑工程的工程地质勘查资料，应包括工程所在城市区域土壤氡浓度或土壤表面氡析出率测定历史资料及土壤氡浓度或土壤表面氡析出率平均值数据。

（3）已进行过土壤氡浓度或土壤表面氡析出率区域性测定的民用建筑工程，当土壤氡浓度测定结果平均值不大于 10000Bq/m³ 或土壤表面氡析出率测定结果平均值不大于 0.02Bq/(m²·s)，且工程场地所在地点不存在地质断裂构造时，可不再进行土壤氡浓度测定；其他情况均应进行工程场地土壤氡浓度或土壤表面氡析出率测定。

（4）当民用建筑工程场地土壤氡浓度平均值不大于 20000Bq/m³，或土壤表面氡析出率不大于 0.05Bq/(m²·s)时，可不采取防氡工程措施。

（5）当民用建筑工程场地土壤氡浓度平均值大于 20000Bq/m³ 且小于 30000Bq/m³ 时，或土壤表面氡析出率大于 0.05Bq/(m²·s)且小于 0.1Bq/(m²·s)时，应采取建筑物底层地面抗开裂措施。

（6）当民用建筑工程场地土壤氡浓度平均值不小于 30000Bq/m³ 时且小于 50000Bq/m³ 时，或土壤表面氡析出率大于或等于 0.10Bq/(m²·s)且小于 0.30Bq/(m²·s)时，除采取建筑物底层地面抗开裂措施外，还必须按现行国家标准《地下工程防水技术规范》GB 50108—2008中的一级防水要求，对基础进行处理。

（7）当民用建筑工程场地土壤氡浓度平均值不小于 50000Bq/m³ 或土壤表面氡析出率平均值不小于 0.30Bq/(m²·s)时，应采取建筑物综合防氡措施。

（8）当Ⅰ类民用建筑工程场地土壤中氡浓度平均值不小于 50000Bq/m³，或土壤表面氡析出率不小于 0.30Bq/(m²·s)时，应进行工程场地土壤中的镭-226、钍-232、钾-40 比活度测定。当土壤内照射指数（I_{Ra}）大于 1.0 或外照射指数（I_r）大于 1.3 时，该工程场地土壤不得作为工程回填土使用。

（9）民用建筑工程场地土壤中氡浓度测定方法及土壤表面氡析出率测定方法应符合《民用建筑工程室内环境污染控制标准》GB 50325—2020 附录 C 的测定。

2. 土壤中氡浓度测定

1）土壤中氡气的浓度宜采用少量抽气—静电收集—射线探测器法或采用埋置测量装置法进行测量。

2）测试仪器性能指标应符合下列规定：

（1）不确定度不应大于 20%（$k = 2$）。

（2）探测下限不应大于 $400Bq/m^3$。

3）应查阅建筑工程的规划设计资料与工程地质勘察资料，测量区域范围应与该建筑工程的地质勘察范围相同。

4）在工程地质勘察范围内布点时，应以间距 10m 作网格，各网格点应为测试点，当遇较大石块时，可偏离±2m，但布点数不应少于 16 个。测量布点应覆盖单体建筑基础工程范围。

5）少量抽气—静电收集—射线探测器法测量时，在每个测试点，应采用专用工具打孔，孔的深度宜为(500～800)mm。

6）少量抽气—静电收集—射线探测器法测量时，成孔后，应使用头部有气孔的特制的取样器，插入打好的孔中，取样器在靠近地表处应进行封闭，大气不应渗入孔中，然后进行抽气测量，抽气测量宜连续进行(3～5)次，第一次抽气数据应舍弃，测量值应取后几次测量平均值。

7）采用埋置测量装置法进行测量时，应根据仪器性能和测量实际需要成孔。

8）取样测试时间宜在 8:00～18:00 之间，现场取样测试工作不应在雨天进行，当遇雨天时，应在雨后 24h 后进行。工作温度应为(−10～40)℃，相对湿度不应大于 90%。

9）现场测试应有记录，记录内容应包括测试点布设图、成孔点土壤类别、现场地表状况描述、测试前 24h 内工程地点的气象状况等。

10）土壤氡浓度测试报告的内容应包括取样测试过程描述、测试方法、土壤氡浓度测试结果等。

3. 土壤表面氡析出率测定

1）土壤表面氡析出率测定仪器应包括取样设备、测量设备。取样设备的形状应为盆状，工作原理应分为被动收集型和主动抽气型两种。现场测量设备应符合下列规定：

（1）不确定度不应大于 20%（$k = 2$）。

（2）探测下限不应大于 $0.01Bq/(m^2 \cdot s)$。

2）测量步骤应符合下列规定：

（1）在测量建筑物场地按 20m 筑物场地网格布点，布点数不应少于 16 个，应于网格点交叉处进行土壤氡析出率测量。工作温度应为(-10～40)℃，相对湿度不应大于90%。

（2）测量时应清扫采样点地面，去除腐殖质、杂草及石块，把取样器扣在平整后的地面上，并应用泥土对取样器周围进行密封，准备就绪后，开始测量并开始计时（t）。

（3）土壤表面氡析出率测量过程中，应符合下列规定：

①使用聚集罩时，罩口与介质表面的接缝处应进行封堵；

②被测介质表面应平整，各个测量点测量过程中罩内空间的容积不应出现明显变化；

③测量时间等参数应与仪器测量灵敏度相适应，一般为(1～2)h；

④测量应在无风或微风条件下进行。

3）被测地面的氡析出率应按下式进行计算：

$$R = \frac{N_t \cdot V}{S \cdot T} \tag{6-194}$$

式中：R——土壤表面氡析出率[Bq/(m²·s)]；

N_t——经历T时刻测得的罩内氡浓度（Bq/m³）；

S——聚集罩所罩着的介质表面的面积（m²）；

V——聚集罩所罩着的罩内容积（m³）；

T——罩测量经历的时间（s）。

第七章

钢 结 构

第一节 钢材及焊接材料

一、相关标准

（1）《碳素结构钢》GB/T 700—2006。

（2）《低合金高强度结构钢》GB/T 1591—2018。

（3）《钢及钢产品 力学性能试验取样位置及试样制备》GB/T 2975—2018。

（4）《金属材料 拉伸试验 第1部分：室温试验方法》GB/T 228.1—2021。

（5）《金属材料 弯曲试验方法》GB/T 232—2024。

（6）《金属材料 夏比摆锤冲击试验方法》GB/T 229—2020。

（7）《厚度方向性能钢板》GB/T 5313—2023。

（8）《钢结构焊接规范》GB 50661—2011。

（9）《热轧钢板和钢带的尺寸、外形、重量及允许偏差》GB/T 709—2019。

（10）《建筑结构用钢板》GB/T 19879—2023。

（11）《型钢验收、包装、标志及质量证明书的一般规定》GB/T 2101—2017。

（12）《钢及钢产品 交货一般技术要求》GB/T 17505—2016。

（13）《数值修约规则与极限数值的表示和判定》GB/T 8170—2008。

（14）《热轧钢棒尺寸、外形、重量及允许偏差》GB/T 702—2017。

（15）《热轧型钢》GB/T 706—2016。

（16）《钢结构工程施工质量验收标准》GB 50205—2020。

（17）《非合金钢及细晶粒钢焊条》GB/T 5117—2012。

（18）《金属材料焊缝破坏性试验 冲击试验》GB/T 2650—2022。

（19）《金属材料焊缝破坏性试验 横向拉伸试验》GB/T 2651—2023。

（20）《金属材料焊缝破坏性试验 熔化焊接头焊缝金属纵向拉伸试验》GB/T 2652—2022。

（21）《焊接接头弯曲试验方法》GB/T 2653—2008。

（22）《焊接接头硬度试验方法》GB/T 2654—2008。

（23）《电弧螺柱焊用圆柱头焊钉》GB/T 10433—2002。

（24）《金属材料 维氏硬度试验 第1部分：试验方法》GB/T 4340.1—2024。

（25）《埋弧焊用非合金钢及细晶粒钢实心焊丝、药芯焊丝和焊丝—焊剂组合分类要求》GB/T 5293—2018。

（26）《熔化极气体保护电弧焊用非合金钢及细晶粒钢实心焊丝》GB/T 8110—2020。

（27）《非合金钢及细晶粒钢药芯焊丝》GB/T 10045—2018。

（28）《埋弧焊用热强钢实心焊丝、药芯焊丝和焊丝—焊剂组合分类要求》GB/T 12470—2018。

（29）《金属材料 布氏硬度试验 第1部分：试验方法》GB/T 231.1—2018。

（30）《低合金钢药芯焊丝》GB/T 17493—2018。

（31）《金属材料 洛氏硬度试验 第1部分：试验方法》GB/T 230.1—2018。

（32）《建筑结构检测技术标准》GB/T 50344—2019。

（33）《金属材料 管 弯曲试验方法》GB/T 244—2020。

（34）《钢的成品化学成分允许偏差》GB/T 222—2006。

（35）《优质碳素结构钢》GB/T 699—2015。

（36）《热强钢焊条》GB/T 5118—2012。

（37）《埋弧焊用非合金钢及细晶粒钢实心焊丝、药芯焊丝和焊丝—焊剂组合》GB/T 5293—2018。

（38）《厚度方向性能钢板》GB/T 5313—2023。

（39）《埋弧焊和电渣焊用焊剂》GB/T 36037—2018。

（40）《铸钢结构技术规程》JGJ/T 395—2017。

（41）《钢铁 酸溶硅和全硅含量的测定 还原型硅钼酸盐分光光度法》GB/T 223.5—2008。

（42）《钢铁及合金化学分析方法 碳酸钠分离—二苯碳酰二肼光度法测定铬量》GB/T 223.12—1991。

（43）《钢铁及合金 钼含量的测定 硫氰酸盐分光光度法》GB/T 223.26—2008。

（44）《钢铁及合金化学分析方法 火焰原子吸收分光光度法测定铜量》GB/T 223.53—1987。

（45）《钢铁及合金 镍含量的测定 火焰原子吸收光谱法》GB/T 223.54—2022。

（46）《钢铁及合金 磷含量的测定 铋磷钼蓝分光光度法和锑磷钼蓝分光光度法》GB/T 223.59—2008。

（47）《钢铁及合金 锰含量的测定 高碘酸钠（钾）分光光度法》GB/T 223.63—2022。

（48）《钢铁及合金 锰含量的测定 火焰原子吸收光谱法》GB/T 223.64—2008。

（49）《钢铁及合金化学分析方法 管式炉内燃烧后碘酸钾滴定法 测定硫含量》GB/T 223.68—1997。

（50）《钢铁及合金化学分析方法 管式炉内燃烧后重量法测定碳含量》GB/T 223.71—

1997。

（51）《钢铁及合金化学分析方法 火焰原子吸收光谱法测定钒量》GB/T 223.76—1994。

（52）《钢铁及合金 硫含量的测定 感应炉燃烧后红外吸收法》GB/T 223.85—2009。

（53）《钢铁及合金 总碳含量的测定 感应炉燃烧后红外吸收法》GB/T 223.86—2009。

（54）《碳素钢和中低合金钢 多元素含量的测定 火花放电原子发射光谱法》GB/T 4336—2016。

（55）《钢铁 总碳硫含量的测定 高频感应炉燃烧后红外吸收法（常规方法）》GB/T 20123—2006。

（56）《低合金钢 多元素的测定 电感耦合等离子体发射光谱法》GB/T 20125—2006。

（57）《钢和铁 化学成分测定用试样的取样和制样方法》GB/T 20066—2006。

（58）《焊接材料熔敷金属化学分析试样制备方法》GB/T 25777—2010。

（59）《焊剂化学分析方法 第6部分：磷含量测定》JB/T 7948.6—2017。

（60）《焊剂化学分析方法 第8部分：碳、硫含量测定》JB/T 7948.8—2017。

二、基本概念

1. 碳素结构钢

（1）定义和分类：

用以焊接、铆接、栓接工程结构的热轧钢板、钢带、型钢和钢棒，属于碳素钢的一种。碳素结构钢塑性较好，适宜于各种加工工艺，在焊接、冲击及适当超载的情况下不会突然破坏，对轧制、加热及骤冷的敏感性较小，因此用途很多，用量很大，主要用于铁道、桥梁、各类建筑工程。

碳素结构钢的牌号由代表屈服强度的字母、屈服强度数值、质量等级符号、脱氧方法符号等4个部分按顺序组成，其牌号的构成及其含义如表7-1所示。

碳素结构钢的牌号构成及含义表　　　　表7-1

牌号	等级	脱氧方法
Q195	—	F、Z
Q215	A、B	F、Z
Q235	A、B	F、Z
	C	Z
	D	T、Z
Q275	A	F、Z
	B、C	Z
	D	T、Z

注：1. Q——钢材屈服强度"屈"字汉语拼音首位字母。
2. ABCD——分别为质量等级。
3. F——沸腾钢"沸"字汉语拼音首位字母。
4. Z——镇静钢"镇"字汉语拼音首位字母。
5. T、Z——特殊镇静钢"特镇"两字汉语拼音首位字母。
6. 在牌号组成表示方法中，"Z"和"TZ"符号可以省略。

（2）技术指标：

钢材的拉伸和冲击试验结果应符合表7-2的规定，弯曲试验结果应符合表7-3的规定。

表 7-2 碳素结构钢拉伸和冲击试验技术条件

牌号	等级	上屈服强度 R_{eH} (N/mm²)（不小于） 厚度（或直径）(mm)					抗拉强度 R_m (N/mm²)	伸长率 A (%) 厚度（或直径）(mm)					冲击试验（V 形缺口）	
		≤16	>16~40	>40~60	>60~100	>100~150	>150~200		≤40	>40~60	>60~100	>100~150	>150~200	温度 (℃)	冲击吸收功（纵向）(J)（不小于）
Q195	—	195	185	—	—	—	—	315~430	33	—	—	—	—	—	—
Q215	A	215	205	195	185	175	165	335~450	31	30	29	27	26	—	—
	B													+20	27
Q235	A	235	225	215	215	195	185	370~500	26	25	24	22	21	—	—
	B													+20	27
	C													0	
	D													-20	
Q275	A	275	265	255	245	225	215	410~540	22	21	20	18	17	—	—
	B													+20	27
	C													0	
	D													-20	

注：1. Q195 的屈服强度值仅供参考，不作交货条件。
2. 厚度大于 100mm 的钢材，抗拉强度下限允许降低 20N/mm²。
3. 宽带钢（包括剪切钢板）抗拉强度上限不作交货条件。
4. 厚度小于 25mm 的 Q235B 级钢材，如供方能保证冲击吸收功值合格，经需方同意，可不作检验。

碳素结构钢的弯曲试验技术条件 表 7-3

牌号	试样方向	冷弯试验 B = 2a	
		钢材厚度（或直径）(mm)	
		≤60	>60~100
		弯心直径 d	
Q195	纵	0	—
	横	0.5a	
Q215	纵	0.5a	1.5a
	横	a	2a
Q235	纵	a	2a
	横	1.5a	2.5a
Q275	纵	1.5a	2.5a
	横	2a	3a

注：1. B 为试样宽度，a 为试样厚度（或直径）。

2. 钢材厚度（或直径）大于 100mm 时，弯曲试验由双方协商确定。

2. 低合金高强度结构钢

（1）定义和分类：

低合金高强度结构钢是在含碳量 $W_c ≤ 0.20\%$ 的碳素结构钢基础上，加入少量的合金元素发展起来的，强度高于碳素结构钢。此类钢中除含有一定量硅（Si）或锰（Mn）基本元素外，还含有其他如钒（V）、铌（Nb）、钛（Ti）、铝（Al）、钼（Mo）、氮（N）、和稀土（RE）等微量元素。此类钢同碳素结构钢比，具有强度高、综合性能好、使用寿命长、应用范围广、比较经济等优点。该钢多轧制成板材、型材、无缝钢管等，被广泛用于桥梁及重要建筑结构中。

低合金高强度结构钢的牌号由代表屈服强度"屈"字的汉语拼音首字母 Q、规定的最小上屈服强度数值、交货状态代号、质量等级符号等 4 个部分组成，例如：Q355ND。其中：

　　Q——钢材屈服强度"屈"字汉语拼音首位字母；

　355——屈服强度数值，单位 MPa；

　　N——交货状态为正火或正火轧制；

　　D——质量等级为 D 级。

当需方要求钢板具有厚度方向性能时，则在上述规定的牌号后加上代表厚度方向（Z 向）性能级别的符号，例如：Q355NDZ15。

（2）技术指标：

低合金高强度结构钢（热轧钢材和正火、正火轧制钢材）力学性能指标和工艺性能指标如表 7-4~表 7-6 所示。

低合金高强度结构钢的夏比（V 形缺口）冲击试验的试验温度及冲击吸收能量应符合表 7-7 的规定。

热轧钢材的拉伸性能　　　　表7-4

牌号		上屈服强度R_{eH}[a]（MPa）（不小于）								抗拉强度R_m（MPa）			
钢级	质量等级	公称厚度或直径（mm）											
		≤16	>16~40	>40~63	>63~80	>80~100	>100~150	>150~200	>200~250	>250~400	≤100	>100~150	>150~250	>250~400
Q355	B、C	355	345	335	325	315	295	285	275	—	470~630	450~600	450~600	—
	D									265[b]				450~600[b]
Q390	B、C、D	390	380	360	340	340	320	—	—	—	490~650	470~620	—	—
Q420[c]	B、C	420	410	390	370	370	350	—	—	—	520~680	500~650	—	—
Q460[c]	C	460	450	430	410	410	390	—	—	—	550~720	530~700	—	—

注：[a] 当屈服不明显时，可用规定塑性延伸强度$R_{p0.2}$代替上屈服强度。

[b] 只适用于质量等级为D的钢板。

[c] 只适用于型钢和棒材。

热轧钢材的伸长率　　　　表7-5

牌号		断后伸长率A（%）（不小于）						
钢级	质量等级	公称厚度或直径（mm）						
		试样方向	≤40	>40~63	>63~100	>100~150	>150~250	>250~400
Q355	B、C、D	纵向	22	21	20	18	17	17[a]
		横向	20	19	18	18	17	17[a]
Q390	B、C、D	纵向	21	20	20	19	—	—
		横向	20	19	19	18	—	—
Q420[b]	B、C	纵向	20	19	19	19	—	—
Q460[b]	C	纵向	18	17	17	17	—	—

注：[a] 只适用于质量等级为D的钢板。

[b] 只适用于型钢和棒材。

弯曲试验　　　　表7-6

试样方向	180°弯曲试验 D——弯曲压头直径，a——试样厚度或直径	
	公称厚度或直径（mm）	
	≤16	>16~100
对于公称宽度不小于600mm的钢板及钢带，拉伸试验取横向试样；其他钢材的拉伸试验取纵向试样	$D=2a$	$D=3a$

夏比（V形缺口）冲击试验的温度和冲击吸收能量   表 7-7

牌号 钢级	质量等级	以下试验温度的冲击吸收能量最小值KV_2（J）									
		20℃		0℃		−20℃		−40℃		−60℃	
		纵向	横向	纵向	横向	纵向	横向	纵向	横向	纵向	横向
Q355、Q390、Q420	B	34	27	—	—	—	—	—	—	—	—
Q355、Q390、Q420、Q460	C	—	—	34	27	—	—	—	—	—	—
Q355、Q390	D	—	—	—	—	34[a]	27[a]	—	—	—	—
Q355N、Q390N、Q420N	B	34	27	—	—	—	—	—	—	—	—
Q355N、Q390N、Q420N、Q460N	C	—	—	34	27	—	—	—	—	—	—
	D	55	31	47	27	40[b]	20	—	—	—	—
	E	63	40	55	34	47	27	31[c]	20[c]	—	—
Q355N	F	63	40	55	34	47	27	31	20	27	16
Q355M、Q390M、Q420M	B	34	27	—	—	—	—	—	—	—	—
Q355M、Q390M、Q420M、Q460M	C	—	—	34	27	—	—	—	—	—	—
	D	55	31	47	27	40[b]	20	—	—	—	—
	E	63	40	55	34	47	27	31[c]	20[c]	—	—
Q355M	F	63	40	55	34	47	27	31	20	27	16
Q500M、Q550M、Q620M、Q690M	C	—	—	55	34	—	—	—	—	—	—
	D	—	—	—	—	47[b]	27	—	—	—	—
	E	—	—	—	—	—	—	31[c]	20[c]	—	—

注：当需方未指定试验温度时，正火、正火轧制和热机械轧制的 C、D、E、F 级钢材分别做 0℃、−20℃、−40℃、−60℃冲击。冲击试验取纵向试样。经供需双方协商，也可取横向试样。
[a] 仅适用于厚度大于 250mm 的 Q355D 钢板。
[b] 当需方指定时，D 级钢可做−30℃冲击试验时，冲击吸收能量纵向不小于 27J。
[c] 当需方指定时，E 级钢可做−50℃冲击时，冲击吸收能量纵向不小于 27J、横向不小于 16J。

3. 建筑结构用钢板

（1）定义和分类：

建筑结构用钢板是用于制造高层建筑结构、大跨度结构及其他重要建筑结构用厚度(6~200)mm 的 Q355GJ、厚度(6~150)mm 的 Q235GJ、Q390GJ、Q420GJ、Q460GJ 及厚度(12~50)mm 的 Q500GJ、Q550GJ、Q620GJ、Q690GJ 热轧钢板。

钢的牌号由代表屈服强度的汉语拼音字母（Q）、规定的最小屈服强度数值、代表高性能建筑结构用钢的汉语拼音字母（GJ）、质量等级符号（B、C、D、E）组成。如 Q355GJC；对于厚度方向性能钢板，在质量等级后加上厚度方向性能级别（Z15、Z25 或 Z35），如 Q355GJCZ25。

（2）技术指标：

Q235GJ、Q355GJ、Q390GJ、Q420GJ、Q460GJ 钢板的拉伸、夏比 V 形缺口冲击、弯曲试验结果应符合表 7-8 的规定；Q500GJ、Q550GJ、Q620GJ、Q690GJ 钢板的拉伸、夏比 V 形缺口冲击、弯曲试验结果应符合表 7-9 的规定。当供方能保证弯曲试验合格时，可不作弯曲试验。

对厚度不小于 15mm 的钢板要求厚度方向性能时，其厚度方向性能级别的断面收缩率应符合表 7-10 的相应规定。

表 7-8

牌号	质量等级	拉伸试验 - 上屈服强度R_{eH}（MPa）钢板厚度（mm）				拉伸试验 - 抗拉强度R_m（MPa）钢板厚度（mm）			屈强比R_{eH}/R_m		断后伸长率A（%）（不小于）	纵向冲击试验 温度（℃）	纵向冲击试验 冲击吸收能量KV_2（J）≥	弯曲试验* 180°弯曲 压头直径D 钢板厚度（mm）≤16	弯曲试验* >16
		6~16	>16~100	>100~150	>150~200	≤100	>100~150	>150~200	6~150	>150~200					
Q235GJ	B	≥235	235~345	215~325	—	400~510	380~510	—	≤0.80	—	23	20	—	$D=2a$	$D=3a$
	C											0	47		
	D											−20	47		
	E											−40	47		
Q355GJ	B	≥355	355~475	335~455	325~445	490~610	470~600	470~600	≤0.83	≤0.83	22	20	—	$D=2a$	$D=3a$
	C											0	47		
	D											−20	47		
	E											−40	47		
Q390GJ	B	≥390	390~510	370~490	—	510~660	490~640	—	≤0.83	—	20	20	—	$D=2a$	$D=3a$
	C											0	47		
	D											−20	47		
	E											−40	47		
Q420GJ	B	≥420	420~540	400~520	—	530~680	510~660	—	≤0.85	—	20	20	—	$D=2a$	$D=3a$
	C											0	47		
	D											−20	47		
	E											−40	47		
Q460GJ	B	≥460	460~590	440~570	—	570~720	550~700	—	≤0.85	—	18	20	—	$D=2a$	$D=3a$
	C											0	47		
	D											−20	47		
	E											−40	47		

注：*a 为试样厚度。

表 7-9

牌号	质量等级	拉伸试验					纵向冲击试验		弯曲试验 [b]
		上屈服强度R_{eH}（MPa[a]）		抗拉强度R_m（MPa）	断后伸长率A（%）（不小于）	屈强比R_{eH}/R_m	温度（℃）	冲击吸收能量KV_2（J）$\geqslant$	180°弯曲压头直径D
		厚度（mm）							
		12~20	>20~40						
Q500GJ	C	$\geqslant 500$	500~640	610~770	17	协商	0	55	$D=3a$
	D						−20	47	
	E						−40	47	
Q550GJ	C	$\geqslant 550$	550~690	670~830	17	协商	0	55	$D=3a$
	D						−20	47	
	E						−40	47	
Q620GJ	C	$\geqslant 620$	620~770	730~900	17	协商	0	55	$D=3a$
	D						−20	47	
	E						−40	47	
Q690GJ	C	$\geqslant 690$	690~860	770~940	14	协商	0	55	$D=3a$
	D						−20	47	
	E						−40	47	

注：[a] 如屈服现象不明显，屈服强度取$R_{p0.2}$。
[b] a为试样厚度。

表 7-10

厚度方向性能级别	断面收缩率Z（%）	
	三个试样平均值	单个试样值
Z15	$\geqslant 15$	$\geqslant 10$
Z25	$\geqslant 25$	$\geqslant 15$
Z35	$\geqslant 35$	$\geqslant 25$

4. 焊接材料

1）定义和分类

焊接作为重要的金属连接工艺，具有方法和连接形式种类多，操作简单快捷，技术发展成熟等优点，焊接采用的焊接方式多为电弧焊、气体保护焊和埋弧焊，使用的焊接材料种类主要有焊条、气体保护焊丝（实心和药芯）和焊丝焊剂组合（实心和药芯）等，钢材的焊接质量主要受可焊性和焊接工艺的影响。

2) 技术指标

焊钉材料机械性能应符合表 7-11 的规定。采用其他材料及机械性能时,应由供需双方协议。

圆柱头焊钉材料及机械性能　　　　表 7-11

材料	标准号	机械性能
ML15、ML15Al	GB/T 6478	$\sigma_b \geqslant 400\text{N/mm}^2$ σ_s 或 $\sigma_{p0.2} \geqslant 320\text{N/mm}^2$ $\delta_5 \geqslant 14\%$

焊钉的焊接性能应在拉力载荷达到表 7-12 的规定时,不得断裂;继续增大载荷直至拉断,断裂不应发生在焊缝和热影响区内。

拉力载荷　　　　表 7-12

d（mm）	10	13	16	19	22	25
拉力载荷（N）	32970	55860	84420	119280	159600	206220

对 $d \leqslant 22\text{mm}$ 的焊钉,可进行焊接端的弯曲试验。试验后,在试件焊缝和热影响区不应产生肉眼可见的裂缝。

三、进场复验项目、组批原则及取样数量

（1）常用钢材的进场复验力学项目、组批原则及取样数量要求见表 7-13。

表 7-13

材料名称	验收标准号	进场复验项目	组批原则	取样规定（数量）	备注
碳素结构钢	GB 50205—2020	拉伸试验、弯曲试验、冲击试验	同一场别、同一炉罐号、同一规格、同一交货状态每 60t 为一验收批,不足 60t 也按一批计	每一验收批取一组试件（拉伸、弯曲各一个,冲击试件 3 个）	
低合金高强度结构钢	GB 50205—2020	拉伸试验、弯曲试验、冲击试验	同一场别、同一炉罐号、同一规格、同一交货状态每 60t 为一验收批,但卷重大于 30t 的钢带和连轧板可按两个轧制卷组成一批	每一验收批取一组试件（拉伸、弯曲各一个,冲击试件 3 个）	
建筑结构用钢板	GB 50205—2020	拉伸试验、弯曲试验、冲击试验	钢板应成批验收,每批钢板应由同一牌号、同一炉号、同一厚度、同一交货状态、同一热处理炉次的钢板组成,每批重量不大于 60t。经供需双方协商并在合同中注明,钢板可以逐轧制张组批。对于厚度方向性能钢板,厚度方向性能的组批规则应符合 GB/T 5313—2023 的规定	每一验收批取一组试件（拉伸、弯曲各一个,冲击试件 3 个）	
焊钉	GB 50205—2020	拉伸试验、弯曲试验	—	每个批号进行一组复验,且不少于 5 个拉伸和 5 个弯曲试验	

（2）常用钢材、焊材的进场复验化学项目、组批原则及取样数量要求见表7-14。

表 7-14

序号	钢材类型	复验项目	组批原则		取样数量
			同批钢材量（t）	检验批（t）	
1	碳素结构钢	C、P、S	≤500 501～900 901～1500 1501～3000 3001～5400 5401～9000 ＞9000	180 240 300 360 420 500 600	成品上取样，块样或屑样，每批次1个
2	低合金高强度结构钢	C、P、S（CEV）			成品上取样，块样或屑样，每批次1个
3	优质碳素结构钢	C、P、S			成品上取样，块样或屑样，每批次1个
4	合金结构钢	C、P、S			成品上取样，块样或屑样，每批次1个
5	建筑结构用钢板	C、P、S（CEV）			成品上取样，块样或屑样，每批次1个
6	钢筋	C、P、S（Ceq）			成品上取样，块样或屑样，每批次1个
7	铸钢件	C、Si、Mn、P、S	—	—	成品上取样，块样或屑样，每批次1个
8	熔化极气体保护电弧焊用非合金钢及细晶粒钢实心焊丝	C、Si、Mn、P、S	—	—	原材上取样，每批次1个
9	埋弧焊用非合金钢及细晶粒钢实心焊丝	C、Si、Mn、P、S	—	—	原材上取样，每批次1个
10	非合金钢及细晶粒钢药芯焊丝	C、Si、Mn、P、S	—	—	熔敷金属，也可用力学试样，每批次1个
11	焊剂	S、P	—	—	原材上取样，每批次1个
12	焊条	C、Si、Mn、P、S	—	—	熔敷金属，也可用力学试样，每批次1个

四、取样方法及取样注意事项

1. 型钢、条钢、钢板及钢管的取样

1）一般要求

（1）拉伸试样：

试样的形状与尺寸取决于要被试验的金属产品的形状与尺寸。

通常从产品、压制坯或铸件切取样坯经机加工制成试样。但具有恒定横截面的产品（型材、棒材、线材）和铸造试样可以不经机加工而进行试验。试样横截面可以为圆形、矩形、多边形、环形等。

钢产品拉伸试样长度宜为(500～700)mm。对于厚度为(0.1～3)mm的薄板和薄带，宜采用20mm宽的拉伸试样，对于宽度小于20mm的产品，试样宽度可以相同于产品宽度；对于厚度大于或等于3mm的板材，矩形截面试样宽厚比不宜超过8:1。

（2）弯曲试样：

应在钢产品表面切取弯曲样坯，对于板材、带材和型材，试样厚度应为原产品厚度；如果产品厚度大于 25mm，试样厚度可以机加工减薄至不小于 25mm，并保留一侧原表面。弯曲试样长度宜为(200～400)mm；对于碳素结构钢，宽度为 2 倍的试样厚度。对于低合金高强度结构钢，当产品宽度大于 20mm，厚度小于 3mm 时试样宽度为(20±5)mm，厚度不小于 3mm 时试样宽度为(20～50)mm；当产品宽度不大于 20mm，试样宽度为产品宽度。

（3）碳素结构钢钢板和钢带拉伸和弯曲试样的纵向轴线应垂直于轧制方向；型钢、钢棒和受宽度限制的窄钢带拉伸和弯曲试样的纵向轴线应平行于轧制方向。

（4）试样表面不得有划伤和损伤，边缘应进行机加工，确保平直、光滑，不得有影响结果的横向毛刺、伤痕或刻痕。

（5）当要求取一个以上试样时，可在规定位置相邻处取样。

2）型钢的取样

（1）按图 7-1 在型钢翼缘切取拉伸和弯曲样坯。如型钢尺寸不能满足要求，可将取样位置向中部移位。

注：对于翼缘有斜度的型钢，可在腹板 1/4 处取样，见图 7-1（b）和（d），经协商也可以从翼缘取样进行机加工，对于翼缘长度不相等的角钢，可从任一翼缘取样。

（2）对于翼缘厚度不大于 50mm 的型钢，当机加工和试验机能力允许时，应按图 7-2（a）切取拉伸样坯；当切取圆形横截面拉伸样坯时，按图 7-2（b）规定。对于翼缘厚度大于 50mm 的型钢，当切取圆形横截面样坯时，按图 7-2（c）规定。

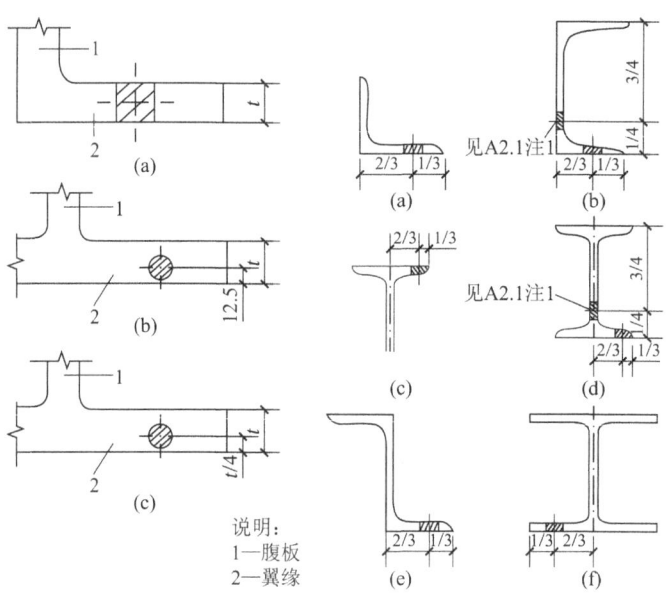

图 7-1　型钢翼缘和腹板宽度方向切取样坯的位置

图 7-2　型钢翼缘厚度方向切取样坯的位置

（a）$t \leqslant 50mm$ 时的全厚度试样；（b）$t \leqslant 50mm$ 时的圆形试样；（c）$t > 50mm$ 时的圆形试样

3）条钢的取样

（1）按图7-3在圆钢上选取拉伸样坯位置，当机加工和试验机能力允许时，按图7-3（a）取样。

（2）按图7-4在六角钢上选取拉伸样坯位置，当机加工和试验机能力允许时，按图7-4（a）取样。

（3）按图7-5在矩形截面条钢上切取拉伸样坯，当机加工和试验机能力允许时，按图7-5（a）取样。

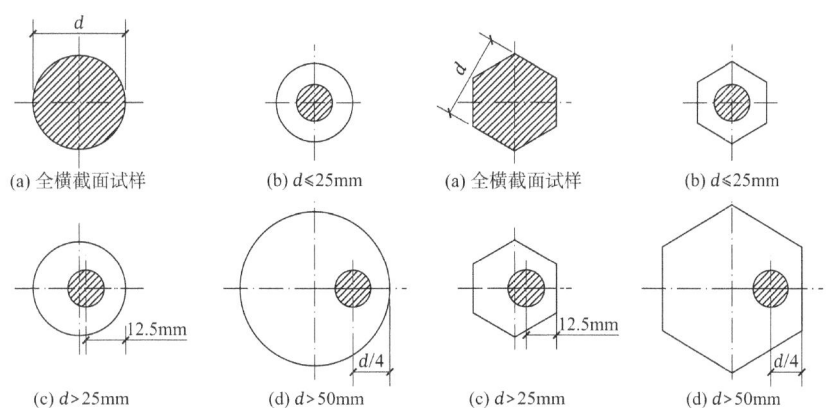

图7-3 圆钢上切取拉伸样坯的位置　　图7-4 六角钢上切取拉伸样坯的位置

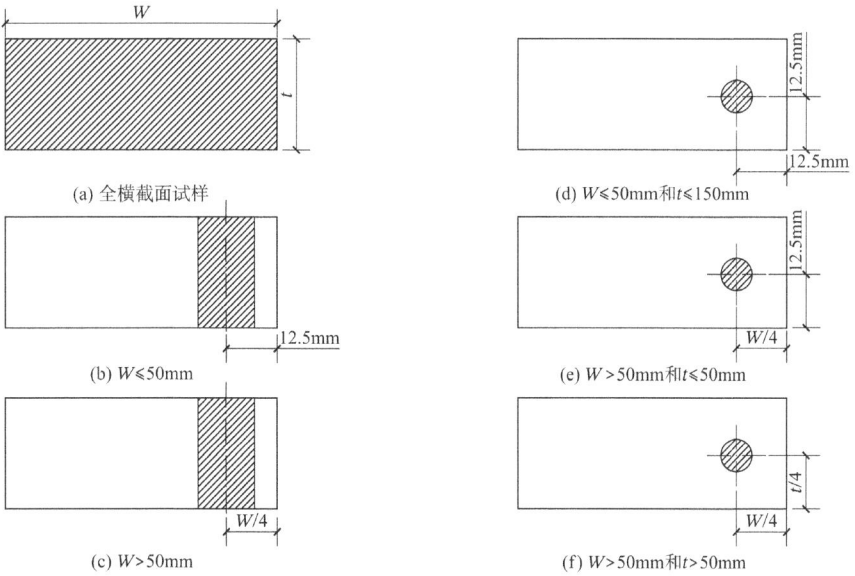

图7-5 矩形截面条钢上切取拉伸样坯的位置

4）钢板的取样

（1）应在钢板宽度1/4处切取拉伸和弯曲样坯如图7-6所示。

（2）对于纵轧钢板，当产品标准没有规定取样方向时，应在钢板宽度1/4处切取横向样坯，如钢板宽度不足，样坯中心可以内移。

（3）应按图7-6在钢板厚度方向切取拉伸样坯。当机加工和试验机能力允许时，应按图7-6（a）取样。

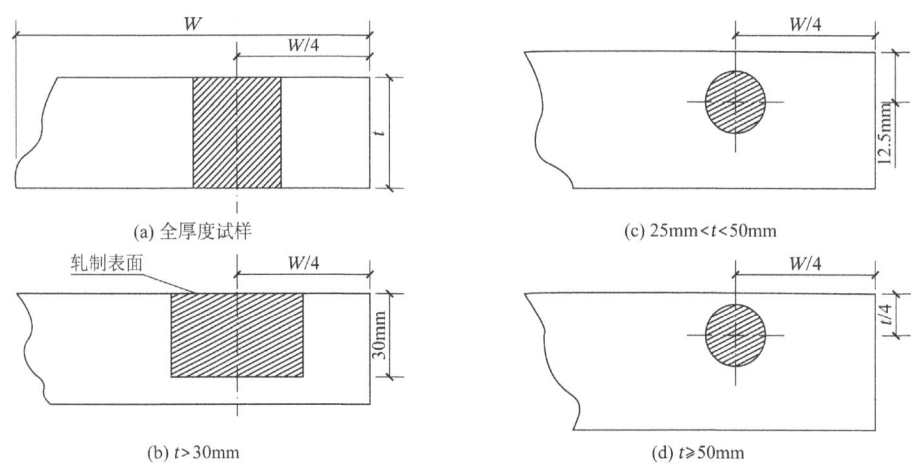

图7-6　钢板上切取拉伸样坯的位置

5）钢管

（1）应按图7-7切取拉伸样坯，当机加工和试验机能力允许时，应按图7-7（a）取样。对于图7-7（c），如钢管尺寸不能满足要求，可将取样位置向中部位移。

（2）对于焊管，当取横向试样检验焊接性能时，焊缝应在试样中部。应按图7-8在方形钢管上切取拉伸或弯曲样坯。当机加工和试验机能力允许时，按图7-8（a）取样。

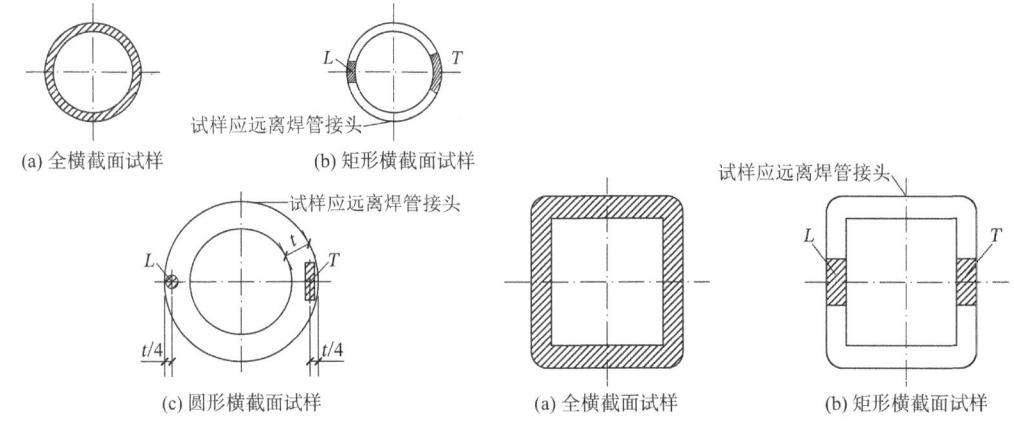

图7-7　钢管上切取拉伸及弯曲样坯的位置　　图7-8　方形钢管上切取拉伸及弯曲样坯的位置

2. 化学分析试样的取样

1）成品钢材

钢材的化学成分取样按照《钢和铁　化学成分测定用试样的取样和制样方法》GB/T 20066—2006。对于成品的取样，分析试样从相关产品标准中规定的取样位置取样，也可以从力学性能试验的材料上取样。分析试样可用机械切削从抽样产品中取得，再按照所选择检测方法标准的适用性，取屑状、粉状、块状样品用于分析。对有些元素的取样如 C、S 等应考虑有一些特殊的措施如不可温度过高，转速过快。

2）焊接材料

实心焊丝可直接从原材上切取一段焊丝作为试验样品，药芯焊丝、焊条应制备熔敷金属。熔敷金属取样按《焊接材料熔敷金属化学分析试样制备方法》GB/T 25777—2010 中的方法，也可用力学试样如拉棒。

熔敷金属化学分析试样表面的氧化物应采用机械或打磨的方法去除。试样制备应采用铣床、刨床或钻床，不能使用气割方法。取样位置应按相关焊接材料产品标准规定，如果产品标准没有规定则应取自堆焊金属的第五层或五层以上，不允许在起弧和收弧处取样。

3）焊剂

焊剂的取样可随机选择 3 个以上不同的部位，共抽取不少于 1kg 的试样，混合均匀，将所取样品放入洁净、干燥、不易受污染的容器中。检测时按照四分法对试样进行缩分，按照检测方法标准要求进行样品制备。

五、试验方法

1. 术语和符号

（1）标距：测量伸长用的试样圆柱或棱柱部分的长度。

（2）原始标距（L_0）：室温下施力前的试样标距。

（3）断后标距（L）：在室温下将断后的两部分试样紧密地对接在一起，保证两部分的轴线位于同一条直线上，测量试样断裂后的标距。

（4）平行长度（L_c）：试样平行缩减部分的长度或两夹头之间的试样长度（未经加工试样）。

（5）伸长：试验期间任一时刻原始标距（L_0）的增量。

（6）伸长率：原始标距的伸长与原始标距 L_0 之比的百分率。

（7）断后伸长率（A）：断后标距的残余伸长（$L_0 - L$）与原始标距（L_0）之比的百分率。

（8）抗拉强度（R_m）：相应最大力（F_m）对应的应力。

（9）屈服强度：当金属材料呈现屈服现象时，在试验期间达到塑性变形发生而力不增加的应力点，应区分上屈服和下屈服强度。

（10）上屈服强度 R_H：试样发生屈服而力首次下降前的最大应力。

（11）下屈服强度 R_s：在屈服期间，不计初始瞬时效应时的最小应力。

（12）规定塑性延伸强度（R_p）：非比例延伸率等于规定的引伸计标距百分率时的应力。使用的符号应附以下脚注说明所规定的百分率，例如 $R_{p0.2}$，表示规定非比例延伸率为 0.2% 时的应力。

(13) 应力：受力物体截面上内力的集度，即单位面积上的内力称为应力。

(14) 应力速率：单位时间应力的增加量。

(15) 应变：物体内任一点因各种作用引起的相对变形，常以百分数（%）表示。

(16) 应变速率：单位时间应变的增加量。

(17) 最大力总伸长率：最大力时原始标距的总伸长量与原始标距之比的百分率。

2. 试验环境和设备要求

（1）试验环境要求：

试验一般在(10～35)℃的室温范围内进行，对温度要求严格的试验，试验温度应为 (23 ± 5)℃。

（2）拉伸试验：

试验设备及相关规定如下：

试验机应按照《金属材料 静力单轴试验机的检验与校准 第1部分：拉力和（或）压力试验机 测力系统的检验与校准》GB/T 16825.1—2022 进行检验，并应为1级或优于1级准确度。

引伸计的准确度级别应符合《金属材料 单轴试验用引伸计系统的标定》GB/T 12160—2019 的要求。测定上屈服强度、下屈服强度、屈服点点延伸率、规定非比例延伸强度、规定总延伸强度、规定残余延伸强度，以及规定残余延伸强度的验证试验，应使用不劣于1级准确度的引伸计；测定其他具有较大延伸率的性能，例如抗拉强度、最大力总延伸率和最大力非比例延伸率、断裂总伸长率，以及断后伸长率，应使用不劣于2级准确度的引伸计。

3. 试验步骤

1）拉伸试验

（1）原始标距（L_0）的标记：

原始标距与试样原始横截面积有 $L_0 = k\sqrt{S_0}$ 关系者称为比例试样。国际上用的比例系数 k 的值为 5.65。原始标距应不小于 15mm。当试样横截面积太小，以致采用比例系数 k 为 5.65 的值不能符合这一最小标距要求时，可以较高的值（优先采用 11.3 的值）或采用非比例试样。非比例试样其原始标距（L_0）与其原始横截面积（S_0）无关。对于比例试样，如果原始标距的计算值与其标记值之差小于 10%L，可将原始标距的计算值修约至最接近 5mm 的倍数。原始标距的标记应准确到±1%。

应用小标记、细划线或细墨线标记原始标距，但不得用引起过早断裂的缺口作标记。

如平行长度（L_0）比原始标距长许多，例如不经机加工的试样，可以标记一系列套叠的原始标距。

（2）上屈服强度（R_{eH}）和下屈服强度（R_{eL}）的测定：

① 图解方法：试验时记录力—延伸曲线或力—位移曲线。从曲线图读取力首次下降前的最大力和不计初始瞬时效应时屈服阶段中的最小力或屈服平台的恒定力。将其分别除以试样原始横截面积（S_0）得到上屈服强度和下屈服强度。仲裁试验采用图解方法。

②指针方法：试验时，读取测力度盘指针首次回转前指示的最大力和不计初始瞬时效应时屈服阶段中指示的最小力或首次停止转动指示的恒定力。将其分别除以试样原始横截面积（S_0）得到上屈服强度和下屈服强度。

③可以使用自动装置（例如微处理机等）或自动测试系统测定上屈服强度和下屈服强度，可以不绘制拉伸曲线图。

④测定屈服强度和规定强度的试验速率。

a. 上屈服强度（R_{eH}）

在弹性范围和直至上屈服强度，试验机夹头的分离速率应尽可能保持恒定并在表7-15规定的应力速率的范围内。

应力速率　　　　　　　　　　表7-15

材料弹性模量E（MPa）	应力速率R（MPa·S^{-1}）	
	最小	最大
≤150000	2	20
≥150000	6	60

b. 下屈服强度（R_{eL}）

若仅测定下屈服强度，在试样平行长度的屈服期间应变速率应在(0.00025～0.0025)/s之间。平行长度内的应变速率应尽可能保持恒定。如不能直接调节这一应变速率，应通过调节屈服即将开始前的应力速率来调整，在屈服完成之前不再调节试验机的控制。

任何情况下，弹性范围内的应力速率不得超过表7-15规定的最大速率。

屈服强度按下式计算：

$$R_e = F_e/S_0 \tag{7-1}$$

式中：R_e——屈服强度（N/mm^2）；

　　　F_e——屈服力（N）；

　　　S_0——原始横截面积（mm^2）。

c. 规定塑性延伸强度（R_p）

在弹性范围应力速率应在表7-15规定的范围内。

在塑性范围和直至规定强度，应变速率不应超过0.0025/s。

（3）抗拉强度（R_m）的测定：

①采用图解方法、指针方法或自动装置测定抗拉强度

读取试验过程中的最大力。最大力除以试样原始横截面积（S_0）得到抗拉强度。

②测定抗拉强度（R_m）的试验速率

测定屈服强度或规定塑性延伸强度后，试验速率可以增加为不应超过0.008/s的应变速率。

如果仅需要测定材料的抗拉强度，在整个试验过程中可以选取不超过0.008/s的单一应变速率。

抗拉强度按下式计算：

$$R_m = F_m/S_0 \tag{7-2}$$

式中：R_m——抗拉强度（N/mm²）；

F_m——最大力（N）；

S_0——原始横截面积（mm²）。

（4）断后伸长率（A）的测定：

为了测定断后伸长率，应将试样断裂的部分仔细地配接在一起使其轴线处于同一直线上，并采取特别措施确保试样断裂部分适当接触后测量试样断后标距。这对小横截面试样和低伸长率试样尤为重要。

应使用分辨力足够的量具或测量装置测定断后标距（L_u），准确到±0.25mm。

原则上只有断裂处与最接近的标距标记的距离不小于原始标距的 1/3 情况方为有效。但断后伸长率大于或等于规定值，不管断裂位置处于何处测量均为有效。

断后伸长率按下式计算：

$$A = (L_u - L_0)/L_0 \times 100\% \tag{7-3}$$

式中：A——断后伸长率（%）；

L_0——原始标距长度（mm）；

L_u——断后的标距长度（mm）。

（5）拉伸试验性能测定结果数值的修约：

试验测定的性能结果数值应按照相关产品标准的要求进行修约，常用钢材的修约执行标准如表 7-16 所示，修约要求如表 7-17 所示。

常用钢材的修约执行标准　　　　　　　　　　　　　　表 7-16

材料名称	修约执行标准号
碳素结构钢	GB/T 228.1—2010
不锈钢冷轧钢板和钢带	
优质碳素结构钢	
低压流体输送用焊接钢管	
低合金高强度结构钢	GB/T 8170—2008（修约值比较法）

金属材料试验结果修约要求　　　　　　　　　　　　　　表 7-17

GB/T 228.1—2010	GB/T 8170—2008
强度性能值修约至 1MPa 屈服点延伸率修约至 0.1% 其他延伸率和断后伸长率修约至 0.5% 断面收缩率修约至 1%	包括全数值比较法和修约值比较法

注：1. R_e 屈服强度、R_m 抗拉强度、R_p 规定塑性延伸强度、A（A_{xmin}）断后伸长率。

2. 全数值比较法：将测试所得的测定值或计算值不经修约（或虽经修约处理，但应标明它是经舍、进或未进未舍而得），直接与规定的极限值作比较，只要超出极限数值规定的范围（不论超出程度大小），都判定为不符合要求。

3. 修约值比较法：将测定值或计算值进行修约，修约位数应与规定的极限数值数位一致；将修约后的数值与规定的极限值作比较。只要超出极限数值规定的范围（不论超出程度大小），都判定为不符合要求。

（6）试验结果处理：

试验出现下列情况之一其试验结果无效，应重做同样数量试样的试验。

①试样断在标距外或断在机械刻画的标距标记上，而且断后伸长率小于规定最小值；

②试验期间设备发生故障，影响了试验结果。

试验后试样出现两个或两个以上的缩颈以及显示出肉眼可见的冶金缺陷（例如分层、气泡、夹渣、缩孔等）应在试验记录和报告中注明。

2）弯曲试验（详见《金属材料 弯曲试验方法》GB/T 232—2024）

（1）试验设备：

①支辊式弯曲装置。

支辊长度和弯曲压头的宽度应大于试样宽度或直径。弯曲压头的直径由产品标准规定。支辊和弯曲压头应具有足够的硬度。

除非另有规定，支辊间距离 l 应按照式(7-4)确定：

$$l = (D + 3a) \pm 0.5a \tag{7-4}$$

式中：D——弯曲压头直径；

a——钢材厚度或直径，或多边形横截面内切圆直径。

此距离在试验期间应保持不变。（注：若规定支辊间距离 l 不大于 $D + 2a$，在试验中会导致试样被夹紧，发生拉弯变形）

②V形模具式弯曲装置。

模具的V形槽其角度应为 $(180° - a)$，弯曲角度 a 应在相关产品标准中规定。

模具的支承棱边应倒圆，其倒圆半径应为 $(1\sim10)$ 倍试样厚度。模具和弯曲压头宽度应大于试样宽度或直径并应具有足够的硬度。

③虎钳式弯曲装置。

装置由虎钳及有足够硬度的弯曲压头组成，可以配置加力杠杆。

由于虎钳左端面的位置会影响测试结果，因此虎钳的左端面（图7-3）不能达到或者超过弯曲压头中心垂线。

④符合弯曲试验原理的其他弯曲装置（例如翻板式弯曲装置等）亦可使用。

（2）试验过程：

按照相关产品标准规定，采用下列方法之一完成试验：

①试样在给定的条件和力作用下弯曲至规定的弯曲角度。

试样弯曲至规定弯曲角度的试验，应将试样放于两支辊或V形模具上，试样轴线应与弯曲压头轴线垂直，弯曲压头在两支辊之间的中点处对试样连续施加力使其弯曲，直至达到规定的弯曲角度。也可采用试样一端固定，绕弯曲压头进行弯曲，可绕过弯曲压头直至达到规定的弯曲角度。

弯曲试验时，应当缓慢地施加弯曲力，以使材料能够自由地进行塑性变形。当出现争议时，试验速率应为(1 ± 0.2)mm/s。

如不能直接达到规定的弯曲角度，应将试样置于两平行压板之间，连续施加力压其两端使进一步弯曲，直至达到规定的弯曲角度。

②试样在力作用下弯曲至两臂相距规定距离且相互平行。

试样弯曲至两臂相互平行的试验，首先对试样进行弯曲，然后将试样置于两平行压板之间连续施加力压其两端使进一步弯曲，直至两臂平行。试验时可以加或不加垫块。垫块厚度应按照相关标准或协议规定。

③试样在力作用下弯曲至两臂直接接触。

试样弯曲至两臂直接接触的试验，应首先将试样进行初步弯曲，然后将其置于两平行压板之间，连续施加力压其两端使进一步弯曲，直至两臂直接接触。

（3）常用钢材弯曲压头（弯心）直径（D）、弯曲角度（a）均应符合相应产品标准中的规定（表7-18）。

钢材弯曲压头直径、弯曲角度　　　　　　　　表7-18

钢材种类	牌号	试样方向	冷弯试验$B = 2a$	180°
			钢筋厚度（直径）(mm)	
			≤60	>60～100
			弯心直径	
碳素结构钢	Q195	纵	0	—
		横	0.5a	
	Q215	纵	0.5a	1.5a
		横	a	2a
	Q235	纵	a	2a
		横	1.5a	2.5a
	Q275	纵	1.5a	2.5a
		横	2a	3a
低合金高强度结构钢	Q355～Q690	纵、横	2a（a≤16）	3a（a>16～100）

注：1. B为试样宽度，a为钢材厚度（直径）。
2. 钢材厚度（或直径）大于100mm时，弯曲试验由双方协商确定。

（4）应按照相关产品标准要求评定弯曲试验结果。如未规定具体要求，弯曲试验后，不使用放大仪器观察，试样弯曲外表面无可见裂纹应评定为合格。

3）钢材及焊接材料的化学成分测定可采用适宜的方法，推荐方法及标准见表7-19。

化学成分测定推荐方法及标准　　　　　　　　表7-19

序号	检测项目	推荐方法	依据标准号	备注
1	C	火花放电原子发射光谱法 高频燃烧—红外吸收法 管式炉燃烧—重量法	GB/T 4336—2016 GB/T 223.86—2009 GB/T 20123—2006 GB/T 223.71—1997	

续表

序号	检测项目	推荐方法	依据标准号	备注
2	P	火花放电原子发射光谱法 分光光度法 电感耦合等离子体发射光谱法	GB/T 4336—2016 GB/T 223.59—2008 GB/T 20125—2006	
3	S	火花放电原子发射光谱法 高频燃烧—红外吸收法 管式炉燃烧—碘酸钾滴定法	GB/T 4336—2016 GB/T 223.85—2009 GB/T 20123—2006 GB/T 223.68—1997	
4	Si	火花放电原子发射光谱法 分光光度法 电感耦合等离子体发射光谱法	GB/T 4336—2016 GB/T 223.5—2008 GB/T 20125—2006	
5	Mn	火花放电原子发射光谱法 分光光度法 火焰原子吸收光谱法 电感耦合等离子体发射光谱法	GB/T 4336—2016 GB/T 223.63—2022 GB/T 223.64—2008 GB/T 20125—2006	
6	Cr	火花放电原子发射光谱法 分光光度法 电感耦合等离子体发射光谱法	GB/T 4336—2016 GB/T 223.12—1991 GB/T 20125—2006	CEV/Ceq 计算
7	Mo	火花放电原子发射光谱法 分光光度法 电感耦合等离子体发射光谱法	GB/T 4336—2016 GB/T 223.26—2008 GB/T 20125—2006	CEV/Ceq 计算
8	V	火花放电原子发射光谱法 火焰原子吸收光度法 电感耦合等离子体发射光谱法	GB/T 4336—2016 GB/T 223.76—1994 GB/T 20125—2006	CEV/Ceq 计算
9	Ni	火花放电原子发射光谱法 火焰原子吸收光度法 电感耦合等离子体发射光谱法	GB/T 4336—2016 GB/T 223.54—2022 GB/T 20125—2006	CEV/Ceq 计算
10	Cu	火花放电原子发射光谱法 火焰原子吸收光度法 电感耦合等离子体发射光谱法	GB/T 4336—2016 GB/T 223.53—1987 GB/T 20125—2006	CEV/Ceq 计算
11	焊剂中 S	高频燃烧—红外吸收法	JB/T 7948.8—2017	
12	焊剂中 P	分光光度法	JB/T 7948.6—2017	

六、不符合技术指标情况的处理

常用钢材试验结果不符合技术指标情况的处理详见表 7-20。

常用钢材试验结果不符合技术指标情况的处理　　表 7-20

序号	材料名称	试验结果不符合技术要求情况处理
1	低合金高强度结构钢	1. 试验项目中如有某一项试验结果不符合标准要求，则从同一批中再任取双倍数量的试样进行不合格项目的复验。复验结果（包括该试验所要求的任一指标），即使有一个指标不合格，则该批视为不合格。
2	碳素结构钢	2. 不合格的材料不得用于工程施工；对于不合格材料，应及时做好标识，办理退场手续

第二节 焊缝

一、相关标准

（1）《钢结构通用规范》GB 55006—2021。

（2）《钢结构工程施工质量验收标准》GB 50205—2020。

（3）《钢结构焊接规范》GB 50661—2011。

（4）《焊缝无损检测 超声检测 技术、检测等级和评定》GB/T 11345—2023。

（5）《焊缝无损检测 超声检测 验收等级》GB/T 29712—2023。

（6）《焊缝无损检测 超声检测 焊缝内部不连续的特征》GB/T 29711—2023。

（7）《钢结构超声波探伤及质量分级法》JG/T 203—2007。

（8）《焊缝无损检测 磁粉检测》GB/T 26951—2011。

（9）《焊缝无损检测 焊缝磁粉检测 验收等级》GB/T 26952—2011。

（10）《无损检测 渗透检测 第1部分：总则》GB/T 18851.1—2012。

（11）《焊缝无损检测 焊缝渗透检测 验收等级》GB/T 26953—2011。

（12）《焊缝无损检测 射线检测 第1部分：X和伽玛射线的胶片技术》GB/T 3323.1—2019。

二、基本概念

1. 无损检测（NDT）

对材料或工件实施的一种不损害其使用性能或用途的检测方法。

2. 超声波检测（UT）

利用超声波在介质中遇到界面产生反射的性质及其在传播过程中产生衰减的规律，来检测缺陷的无损检测方法。

3. 磁粉检测（MT）

利用缺陷处漏磁场与磁粉的相互作用，显示铁磁性材料表面和近表面缺陷的无损检测方法。

4. 渗透检测（PT）

利用毛细管作用原理检测材料表面开口性缺陷的无损检测方法。

5. 射线检测（RT）

利用X射线或γ射线穿透试件，以胶片作为记录信息的无损检测方法。

6. 焊缝缺陷

焊缝中的裂纹、未焊透、未熔合、夹渣、气孔等。

7. 焊缝裂纹

焊缝中原子结合遭到破坏，而导致在新界面上产生缝隙。

三、外观质量

（1）外观检测采用目测方式，裂纹的检查应辅以 5 倍放大镜并在合适的光照条件下进行，必要时可采用磁粉检测或渗透检测。

（2）一级焊缝按每批同类构件抽查 15%，二级焊缝按每批同类构件抽查 10%，且不少于 3 件；被抽查构件中，每一类型焊缝应按条款抽查 5%。且不少于 1 条；每条应抽查 1 处，总抽查数不应少于 10 处。

（3）焊缝外观质量应满足表 7-21 的规定。

焊缝外观质量要求 表 7-21

焊缝质量等级 检验项目	一级	二级	三级
裂纹		不允许	
未焊满	不允许	≤0.2mm+0.02t 且 ≤1mm，每 100mm 长度焊缝内未焊满累积长度 ≤25mm	≤0.2mm+0.04t 且 ≤2mm，每 100mm 长度焊缝内未焊满累积长度 ≤25mm
根部收缩	不允许	≤0.2mm+0.02t 且 ≤1mm，长度不限	≤0.2mm+0.04t 且 ≤2mm，长度不限
咬边	不允许	≤0.05t 且 ≤0.5mm，连续长度 ≤100mm，且焊缝两侧咬边总长 ≤10%焊缝全长	≤0.1t 且 ≤1mm，长度不限
电弧擦伤		不允许	允许存在个别电弧擦伤
接头不良	不允许	缺口深度 ≤0.05t 且 ≤0.5mm，每 1000mm 长度焊缝内不得超过 1 处	缺口深度 ≤0.1t 且 ≤1mm，每 1000mm 长度焊缝内不得超过 1 处
表面气孔		不允许	每 50mm 长度焊缝内允许存在直径 <0.4t 且 ≤3mm 的气孔 2 个；孔距应 ≥6 倍孔径
表面夹渣		不允许	深 ≤0.2t，长 ≤0.5t 且 ≤20mm

注：t 为接头较薄件母材厚度。

四、超声波探伤

设计要求全焊透的一、二级焊缝应采用超声波探伤进行内部缺陷的检验。

1. 抽检批量

一、二级焊缝质量等级和检测要求应符合表 7-22 的规定。

一、二级焊缝质量等级和检测要求 表 7-22

焊缝质量等级	一级	二级
缺陷评定等级	Ⅱ	Ⅲ
检测等级	B	B

续表

焊缝质量等级	一级	二级
检测比例	100%	20%

二级焊缝检测比例的计数方法应按照以下原则确定：工厂制作焊缝按照焊缝长度计算百分比，且探伤长度不小于200mm；当焊缝长度小于200mm时，应对整条焊缝探伤；现场安装焊缝应按同一类型、同一施焊条件的焊缝条数计算百分比。且应不少于3条焊缝。

2.检测不合格的处理

当钢结构工程焊缝施工质量不符合要求时，应返修并重新进行检测。

五、表面检测

焊缝表面缺陷通常采用磁粉检测或渗透检测。

1）抽检批量，下列情况之一应进行表面检测：

（1）按照设计文件要求进行。

（2）外观检测发现裂纹时，应对该批中同类焊缝进行100%的检测。

（3）外观检测怀疑有裂纹缺陷时，应对怀疑的部位进行检测。

（4）检测人员认为有必要时。

2）检验方法：铁磁性材料应采用磁粉检测，不能使用磁粉检测时，应采用渗透检测。

3）检测不合格的处理：

评定为不合格时，应对其进行返修，返修后应进行复检。

六、射线探伤

当不能采用超声波探伤或对超声波检测结果有疑义时，可采用射线探伤进行验证。

七、焊缝尺寸

1）焊缝尺寸的测量主要采用量具、卡规进行测量。

2）对接与角接组合焊缝按同类焊缝数量抽查10%；一级焊缝按每批同类构件抽查15%，二级焊缝按每批同类构件抽查10%，且不少于3件。

3）焊缝外观尺寸应符合下列规定：

（1）对接与角接组合焊缝（图7-9），加强角焊缝尺寸h_k不应小于$t/4$且不应大于10mm，其允许偏差应为$h_k{}_{\ 0}^{+4.0}$。对于加强焊角尺寸h_k大于8.0mm的角焊缝其局部焊脚尺寸可小于设计要求值1.0mm，但累计长度不得超过焊缝总长度的10%；焊接H形梁腹板与翼缘板的焊缝两端在其两倍翼缘板宽度范围内，焊缝的焊脚尺寸不得低于设计要求值；焊缝余高应符合本标准表7-23的要求。

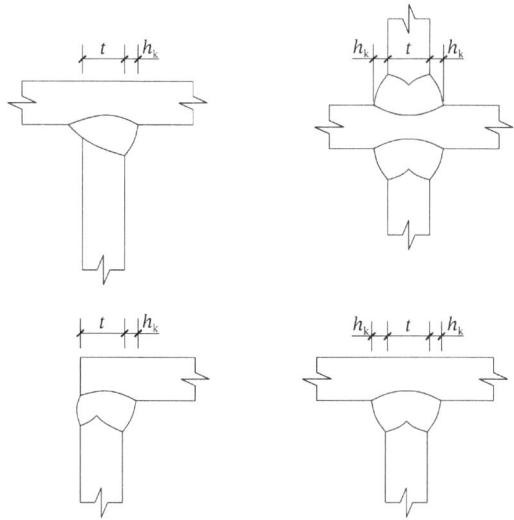

图 7-9 对接与角接组合角焊缝

（2）对接焊缝与角焊缝余高及错边的尺寸要求应符合表 7-23 的规定。

焊缝余高和错边的尺寸要求（mm） 表 7-23

序号	项目	示意图	尺寸要求	
			一、二级	三级
1	对接焊缝余高（C）		$B<20$ 时，C 为 0～3；$B \geq 20$ 时，C 为 0～4	$B<20$ 时，C 为 0～3.5；$B \geq 20$ 时，C 为 0～5
2	对接焊缝错边（Δ）		$\Delta < 0.1t$ 且 ≤ 2.0	$\Delta < 0.15t$ 且 ≤ 3.0
3	角焊缝凸度（C）		$h_f \leq 6$ 时 C 为 0～1.5；$h_f > 6$ 时 C 为 0～3.0	

注：t 为对接接头较薄件母材壁厚。

八、不合格处理

抽样检验应按下列规定进行结果判定：

（1）除裂纹外，抽样检验的焊缝数不合格率小于 2% 时，该批验收合格；抽样检验的焊缝数不合格率大于5%时，该批验收不合格；抽样检验的焊缝数不合格率为2%～5%时，应按不少于2%探伤比例对其他未检焊缝进行抽检，且必须在原不合格部位两侧的焊缝延长线各增加一处，在所有抽检焊缝中不合格率不大于3%时，该批验收合格，大于3%时，该批验收不合格。

（2）当检验发现1处裂纹缺陷时，应加倍抽查，在加倍抽检焊缝中未再检查出裂纹缺陷时，该批验收合格；检验发现多于1处裂纹缺陷或加倍抽查又发现裂纹缺陷时，该批验收不合格，应对该批余下焊缝的全数进行检查。

（3）批量验收不合格时，应对该批余下的全部焊缝进行检验。

第三节　钢结构防腐及防火涂装

一、相关标准

（1）《钢结构工程施工质量验收标准》GB 50205—2020。

（2）《建筑防火涂料（板）工程设计、施工与验收规程》DB11/1245—2015。

（3）《热喷涂涂层厚度的无损测量方法》GB/T 11374—2012。

（4）《热喷涂　金属和其他无机覆盖层　锌、铝及其合金》GB/T 9793—2012。

（5）《钢结构防火涂料》GB 14907—2018。

（6）《色漆和清漆　拉开法附着力试验》GB/T 5210—2006。

（7）《色漆和清漆　漆膜的划格试验》GB/T 9286—2021。

二、基本概念

1. 钢结构防火涂料

钢结构防火涂料是指施涂于建筑物及构筑物的钢结构表面，能形成耐火隔热保护层以提高钢结构耐火极限的涂料。

2. 钢结构防腐涂层

钢结构防腐涂层以油漆类材料为主，一些特殊的工程或部位采用橡胶、塑料等材料、对防腐效果的判定以涂层厚度为指标。

三、防腐涂层检测

组批原则及抽样数量：

1）防腐涂层：

（1）防腐涂料、涂装遍数、涂装间隔、涂层厚度均应满足设计文件、涂料产品标准的要求。当设计对涂层厚度无要求时，涂层干漆膜总厚度：室外不应小于150μm，室内不应小于 125μm。

（2）按构件数抽查 10%，且同类构件不应少于 3 件。

（3）用干漆膜测厚仪检查。每个构件检测 5 处，每处的数值为 3 个相距 50mm 测点涂层干漆膜厚度的平均值。漆膜厚度的允许偏差应为 −25μm。

2）金属热喷涂涂层：

（1）金属热喷涂涂层厚度应满足设计要求。

（2）平整的表面每 10m² 表面上的测量基准面数量不得少于 3 个，不规则的表面可适当增加基准面数量不得少于 3 个，不规则的表面可适当增加基准面数量。

（3）金属热喷涂涂层结合强度应符合现行国家标准《热喷涂 金属和其他无机覆盖层 锌、铝及其合金》GB/T 9793—2012 的有关规定。

（4）检查数量按每 500m² 检测数量不得少于 1 次，且总检测数量不得少于 3 次。

3）当钢结构处于有腐蚀介质环境、外露或设计有要求时，应进行涂层附着力测试。在检测范围内，当涂层完整程度达到 70% 以上时，涂层附着力可认定为质量合格。

检查数量按构件数抽查 1%，且同类构件不应少于 3 件，每件测 3 处。

其中《色漆和清漆 划格试验》GB/T 9286—2021 中规定不适用于总厚度大于 250μm 的涂层，通常总厚度大于 120μm 的涂层不建议使用划格法。

4）涂装工艺评定

当设计要求或施工单位首次采用某涂料和涂装工艺时，应按 GB 50205—2020 标准的规定进行涂装工艺评定，评定结果应满足设计要求并符合国家现行标准的要求。

四、防火涂层检测

1）组批原则及抽样数量

（1）建筑防火涂料（板）工程施工质量的验收应再施工单位自检的基础上，按照检验批进行。

按照防火保护施工面积，每 500m² 划分为一个检验批，不足 500m² 也宜划分为一个检验批，防火施工面积超过 10000m² 的工程宜由专业检验机构进行检验，取得检验报告后再组织工程验收。

（2）防火涂料粘结强度、抗压强度应符合现行国家标准《钢结构防火涂料》GB 14907—2018 的规定。

每使用 100t 或不足 100t 薄涂型防火涂料应抽检一次粘接强度；每使用 500t 或不足 500t 厚涂型防火涂料应抽检一次粘接强度和抗压强度。

（3）膨胀性（超薄型、薄涂型）防火涂料、厚涂型防火涂料的涂层厚度及隔热性能应满足国家现行标准有关耐火极限的要求，且不应小于 −200μm。

当采用厚涂型防火涂料涂装时，80% 及以上涂层面积应满足国家现行标准有关耐火极限的要求，且最薄处厚度不应低于设计要求的85%。

按构件数抽查10%，且同类构件不应少于3件。

膨胀型（超薄型、薄涂型）防火涂料采用涂层厚度测量仪，涂层厚度允许偏差应为−5%。厚涂型防火涂料的涂层厚度采用《钢结构工程施工质量验收标准》GB 50205—2020附录E方法检测。

（4）超薄型防火涂层表面不应出现裂纹；薄涂型防火涂料涂层表面裂纹宽度不应大于0.5mm；厚涂型防火涂料涂层表面裂纹宽度不应大于1.0mm。

按构件数抽查10%，且同类构件不应少于3件。

（5）如工程为北京市项目则需加测粘结强度和膨胀倍率（膨胀型防火涂料）。

①钢结构防火涂料施工后的粘结强度应满足《钢结构防火涂料》GB 14907—2018的要求。按照产品说明书的要求达到养护期后，用《建筑防火涂料（板）工程 设计、施工与验收规程》DB11/1245—2015中附录B.0.2规定的快速法，每检验批检查1～3处。

②膨胀型钢结构防火涂料的膨胀倍率应符合《钢结构防火涂料》GB 14907—2018的要求。按照产品说明书的要求达到养护期后，用《建筑防火涂料（板）工程 设计、施工与验收规程》DB11/1245—2015中附录B.0.5规定的快速法，每检验批检查1～3处。

2)《建筑防火涂料（板）工程设计、施工与验收规程》DB11/1245—2015 附录B.0.2 钢结构防火涂料粘结强度

（1）常规法：

按《钢结构防火涂料》GB 14907—2018 第6.4.5条进行检验。

（2）快速法：

在工程现场，清除掉钢构件表面的灰尘等杂质，均匀地涂刷具有高粘结力的粘结剂，将钢制联结件轻轻粘上并小心地去除联结件周围溢出的粘结剂，在施工现场的环境下自然养护1h，然后沿钢联结件的周边切割涂层至构件表面，以手持式拉力计测定试件的拉伸荷载，计算涂料的粘结强度。

（3）判定原则：

当通过快速法检验的粘结强度不能满足本规程的规定时，应自工程现场取样按常规法进行复检。复检结果满足要求时，判定该产品的粘结强度合格；复检结果仍然不能满足要求时，判定该产品的粘结强度不合格。

3)《建筑防火涂料（板）工程设计、施工与验收规程》DB11/1245—2015 附录B.0.5 膨胀型钢结构防火涂料的膨胀倍率

（1）试验仪器：

膨胀型钢结构防火涂料膨胀倍率的检验采用不燃性试验炉进行。

（2）试样：

评价工程施工质量时，膨胀型钢结构防火涂料的取样应在工程现场进行。在已涂覆膨胀型

钢结构防火涂料的构件上采集约50g左右的涂料,采样时应尽量切割涂层至构件表面,并应至少选取3根构件采集涂料。其他情况时,可对提供的膨胀型钢结构防火涂料样品不加限制。

(3) 试验步骤:

将获取的膨胀型钢结构防火涂料在室温下晾干、粉碎并混合均匀后,放入内径ϕ45mm[壁厚(2~3)mm、高度≤50mm]的钢质容器中,均匀铺满容器底部并压实至2mm刻度线处,然后放入恒温750℃的不燃性试验炉中,试验进行5min,停止试验后取出容器。分别进行三组试验。待冷却后测量涂料膨胀后的高度,计算膨胀倍率。以三次试验结果的平均值作为该膨胀型钢结构防火涂料的膨胀倍率。

第四节 高强度螺栓及普通紧固件

一、相关标准

(1)《钢结构用扭剪型高强度螺栓连接副》GB/T 3632—2008。

(2)《紧固件机械性能 螺栓、螺钉和螺柱》GB 3098.1—2010。

(3)《钢结构用高强度大六角头螺栓、大六角螺母、垫圈技术条件》GB/T 1231—2006。

(4)《钢网架螺栓球节点用高强度螺栓》GB/T 16939—2016。

(5)《钢网架焊接空心球节点》JG/T 11—2009。

(6)《钢网架螺栓球节点》JG/T 10—2009。

(7)《钢结构高强度螺栓连接的设计、施工及验收规程》JGJ 82—2011。

(8)《钢结构工程施工质量验收标准》GB 50205—2020。

(9)《钢结构用高强度大六角螺母》GB/T 1229—2006。

(10)《钢结构用高强度大六角头螺栓》GB/T 1228—2006。

(11)《钢结构用高强度垫圈》GB/T 1230—2006。

(12)《金属材料 维氏硬度试验 第1部分:试验方法》GB/T 4340.1—2009。

(13)《金属材料 洛氏硬度试验 第1部分:试验方法》GB/T 230.1—2018。

(14)《金属材料 布氏硬度试验 第1部分:试验方法》GB/T 231.1—2018。

二、基本概念

1) 定义与分类

(1) 定义:

用高强度钢制造的,或者需要施以较大预紧力的螺栓,均可称为高强度螺栓。高强度螺栓和与之配套的螺母、垫圈总称为高强度螺栓连接副。高强度螺栓连接具有施工简单、受力性能好、耐疲劳以及在动力荷载作用下不致松动等优点，多用于钢结构、桥梁工程中的连接。高强螺栓的一个非常重要的特点就是限单次使用，一般用于永久连接，严禁重复使用。

（2）高强度螺栓分类：

按施工工艺分为：扭剪型高强度螺栓和大六角头高强度螺栓。大六角头高强度螺栓属于普通螺纹的高强度级，而扭剪型高强度螺栓则是大六角头高强度螺栓的改进型，可以使施工更便捷，施工质量易于控制。大六角头高强度螺栓连接副由一个螺栓，一个螺母，两个垫圈组成。扭剪型高强度螺栓连接副由一个螺栓，一个螺母，一个垫圈组成。

普通螺栓是相对于高强度螺栓而言的，主要承载轴向的受力，也可以承载要求相对不高的横向受力。

（3）高强度螺栓与普通螺栓的区别：

①高强度螺栓可承受的载荷比同规格的普通螺栓要大。

②高强度螺栓的螺杆、螺母和垫圈都由高强钢材制作，常用45号钢、20MnTiB钢、35CrMo钢等。普通螺栓常用Q235（相当于过去的A3）钢制造。

③高强度螺栓常用强度等级为8.8S和10.9S两个等级，其中10.9S级居多。普通螺栓强度等级要低，一般工程中常用的等级为4.8级、5.6级和8.8级等。

（4）高强度螺栓施加预拉力并靠摩擦力传递外力。高强度螺栓除了其材料强度很高之外，还通过给螺栓施加很大预拉力，使连接构件间产生挤压力，从而使垂直于螺杆方向有很大摩擦力，而且预拉力、抗滑移系数和钢材种类都直接影响高强度螺栓连接的承载力，普通螺栓连接靠螺杆抗剪和孔壁承压来传递剪力，拧紧螺母时产生预拉力很小，其影响可以忽略不计。

（5）建筑结构的主构件的螺栓连接，一般均采用高强度螺栓连接。高强度螺栓不可重复使用，一般用于永久连接。普通螺栓抗剪性能差，可在次要结构部位使用，并可重复使用。

螺栓性能等级符号由点隔开的两部分数字组成，点左边的数字为公称抗拉强度（MPa）的1/100，点右边的数字为公称屈服强度或规定非比例延伸强度与公称抗拉强度比值的十倍；高强度螺栓则在后边加字母"S"。

2）机械性能指标

（1）高强度大六角头螺栓、大六角螺母、垫圈的机械性能：

①高强度大六角头螺栓材料机械性能应符合表7-24的规定。

②高强度大六角头螺栓实物机械性能：

a. 进行螺栓实物楔负载试验时，拉力载荷应在表7-25规定的范围内，且断裂发生在螺纹部分或螺纹与螺杆交接处。

b. 当$l/d \leqslant 3$（l——螺杆长度，不包含螺栓头）时，如不能做楔负载试验，允许做拉力载荷试验或芯部硬度实验。拉力载荷应符合表7-25的规定，芯部硬度应符合表7-26的规定。

③高强度大六角头螺母机械性能：

螺母的保证载荷应符合表7-27的规定，硬度应符合表7-28的规定。

高强度大六角头螺栓材料机械性能 表 7-24

性能等级	抗拉强度R_m（MPa）	规定非比例延伸强度$R_{p0.2}$（MPa）	断后伸长率A（%）	断面收缩率Z（%）	冲击吸收功A_{KV2}（J）
			不小于		
10.9S	1040～1240	940	10	42	47
8.8S	830～1030	660	12	45	63

高强度大六角头螺栓实物机械性能 表 7-25

螺纹规格d		M12	M16	M20	M22	M24	M27	M30
公称应力截面积A_s（mm²）		84.2	157	245	303	353	459	561
性能等级	10.9S	拉力载荷（N）	87700～104500	163000～195000	255000～304000	315000～376000	367000～438000	477000～569000	583000～696000
	8.8S		70000～86800	130000～162000	203000～252000	251000～312000	293000～364000	381000～473000	466000～578000

高强度大六角头螺栓芯部硬度 表 7-26

性能等级	维氏硬度		洛氏硬度	
	min	max	min	max
10.9S	312HV30	367HV30	33HRC	39HRC
8.8S	249HV30	296HV30	24HRC	31HRC

高强度大六角头螺母保证载荷指标 表 7-27

螺纹规格		M12	M16	M20	M22	M24	M27	M30
性能等级	10H	保证载荷（N）	87700	163000	255000	315000	367000	477000	583000
	8H		70000	130000	203000	251000	293000	381000	466000

高强度大六角头螺母芯部硬度 表 7-28

性能等级	洛氏硬度		维氏硬度	
	min	max	min	max
10H	98HRB	32HRC	222HV30	304HV30
8H	95HRB	30HRC	206HV30	289HV30

④高强度垫圈的硬度：

a. 高强度垫圈的硬度为(329～436)HV30〔(35～45)HRC〕。

b. 高强度大六角头螺栓连接副供货应保证扭矩系数，同批连接副的扭矩系数平均值为0.110～0.150，扭矩系数标准偏差应小于或等于0.0100。每一连接副的螺栓、螺母、垫圈应分属同批制造，扭矩系数保证期为自出厂之日起6个月。

（2）扭剪型高强度螺栓、螺母、垫圈机械性能：

①扭剪型高强度螺栓材料机械性能应符合表7-29的要求。

扭剪型高强度螺栓材料机械性能　　表 7-29

性能等级	抗拉强度R_m（MPa）	规定非比例延伸强度$R_{p0.2}$（MPa）	断后伸长率A（%）	断面收缩率Z（%）	冲击吸收功A_{KV2}（J）（−20℃）
			不小于		
10.9S	1040～1240	940	10	42	27

② 扭剪型高强度螺栓实物机械性能。

进行螺栓实物楔负载试验时，拉力载荷应在表 7-30 规定的范围内，且断裂发生在螺纹部分或螺纹与螺杆交接处。

扭剪型高强度螺栓实物机械性能　　表 7-30

螺纹规格d		M16	M20	M22	M24	M27	M30
公称应力截面积A_s（mm²）		157	245	303	353	459	561
10.9S	拉力载荷（kN）	163～195	255～304	315～376	367～438	477～569	583～696

当 $l/d \leqslant 3$（l——螺杆长度，不包含螺栓头和梅花头）时，如不能做楔负载试验，允许用拉力载荷试验或芯部硬度试验代替楔负载试验，拉力载荷应符合表 7-30 的规定。

③ 芯硬度应符合表 7-31 的规定。

扭剪型高强度螺栓芯硬度　　表 7-31

性能等级	维氏硬度		洛氏硬度	
	min	max	min	max
10.9S	312HV30	367HV30	33HRC	39HRC

④ 扭剪型高强度螺母机械性能。

螺母的保证载荷应符合表 7-32 的规定，硬度应符合表 7-33 的规定。

扭剪型高强度螺母保证载荷指标　　表 7-32

螺纹规格d		M16	M20	M22	M24	M27	M30
公称应力截面积A_s（mm²）		157	245	303	353	459	561
保证应力S_p（MPa）		1040					
10H	保证载荷（$A_s \times S_p$）（kN）	163	255	315	367	477	583

高强度螺母芯硬度　　表 7-33

性能等级	洛氏硬度		维氏硬度	
	min	max	min	max
10H	98HRB	32HRC	222HV30	304HV30

⑤扭剪型高强度垫圈的硬度。

高强度垫圈的硬度为(329～436)HV30[(35～45)HRC]。

⑥扭剪型高强度螺栓连接副紧固轴力应符合表7-34的规定。

扭剪型高强度螺栓连接副紧固轴力   表7-34

螺纹规格		M16	M20	M22	M24	M27	M30
每批紧固轴力的平均值（kN）	公称	110	171	209	248	319	391
	min	100	155	190	225	290	355
	max	121	188	230	272	351	430
紧固轴力标准偏差$\sigma \leqslant$（kN）		10.0	15.5	19.0	22.5	29.0	35.5

当L小于表7-35中规定的数值时，可不进行紧固轴力试验。

紧固轴力试验L值下限   表7-35

螺纹规格d	M16	M20	M22	M24	M27	M30
L（mm）	50	55	60	65	70	75

（3）钢网架螺栓球节点用高强度螺栓机械性能：

①钢网架螺栓球节点用高强度螺栓材料机械性能应符合表7-36的规定。

钢网架螺栓球节点用高强度螺栓材料机械性能   表7-36

性能等级	抗拉强度R_m（MPa）	规定非比例延伸强度$R_{p0.2}$（MPa）	断后伸长率A（%）	断面收缩率Z（%）
			不小于	
10.9S	1040～1240	940	10	42
8.8S	900～1100	720		

②钢网架螺栓球节点用高强度螺栓应进行抗拉极限承载力试验(楔负载试验)，其结果应符合表7-37的要求规定。

钢网架螺栓球节点用高强度螺栓应进行抗拉极限承载力   表7-37

螺纹规格	M12	M14	M16	M20	M22	M24	M27	M30	M33	M36
强度等级	10.9S									
有效截面积A_s（mm²）	84.2	115	157	245	303	353	459	561	694	817
抗拉极限承载力（kN）	88～105	120～143	163～195	255～304	315～376	367～438	477～569	583～696	722～861	850～1013

螺纹规格	M39	M42	M45	M48	M52	M56×4	M60×4	M64×4
强度等级	9.8S							
有效截面积A_s（mm²）	976	1120	1310	1470	1760	2144	2485	2851
抗拉极限承载力（kN）	878～1074	1008～1232	1179～1441	1323～1617	1584～1936	1930～2358	2237～2734	2566～3136

③钢网架螺栓球节点用高强度螺栓的硬度。

螺纹规格为 M12~M36 的高强度螺栓强度等级为 10.9s 时,热处理后其硬度为(32~37)HRC。螺纹规格为 M39~M64×4 的高强度螺栓常规硬度为(32~37)HRC,该规格螺栓可用硬度试验代替抗拉极限承载力试验,对试验有争议时,应进行芯部硬度试验,其硬度值不应低于 28HRC。

如对硬度试验有争议时,应进行螺栓实物的抗拉极限承载力试验,并以此为仲裁试验。

(4)普通螺栓作为永久性连接螺栓时,当设计有要求或对其质量有疑义时,应进行螺栓实物最小拉力载荷复验,其结果应符合表 7-38 和表 7-39 的要求。

螺栓实物最小拉力载荷(粗牙螺纹) 表 7-38

螺纹规格(d)	螺纹公称应力截面积 $A_{s,公称}$ (mm²)	性能等级								
		4.6	4.8	5.6	5.8	6.8	8.8	9.8	10.9	12.9/12.9
		最小拉力载荷 $F_{m,min}$($A_{s,公称} \times R_{m,min}$)(N)								
M3	5.03	2010	2110	2510	2620	3020	4020	4530	5230	6140
M3.5	6.78	2710	2850	3390	3530	4070	5420	6100	7050	8270
M4	8.78	3510	3690	4390	4570	5270	7020	7900	9130	10700
M5	14.2	5680	5960	7100	7380	8520	11350	12800	14800	17300
M6	20.1	8040	8440	10000	10400	12100	16100	18100	20900	24500
M7	28.9	11600	12100	14400	15000	17300	23100	26000	30100	35300
M8	36.6	14600	15400	18300	19000	22000	29200	32900	38100	44600
M10	58	23200	24400	29000	30200	34800	46400	52200	60300	70800
M12	84.2	33700	35400	42200	43800	50600	67400	75900	87700	103000
M14	115	462000	48300	57500	59800	69000	92000	104000	120000	140000
M16	157	62800	65900	78500	81600	94000	125000	141000	163000	192000
M18	192	76800	80600	96000	99800	115000	159000	—	200000	234000
M20	245	98000	103000	122000	127000	147000	203000	—	255000	299000
M22	303	121000	127000	152000	158000	182000	252000	—	315000	370000
M24	353	141000	148000	176000	184000	212000	293000	—	367000	431000
M27	459	184000	193000	230000	239000	275000	381000	—	477000	560000
M30	561	224000	236000	280000	292000	337000	466000	—	583000	684000
M33	694	278000	292000	347000	361000	416000	576000	—	722000	847000
M36	817	327000	343000	408000	425000	490000	678000	—	850000	997000
M39	976	390000	410000	488000	508000	586000	810000	—	1020000	1200000

螺栓实物最小拉力载荷（细牙螺纹） 表 7-39

螺纹规格 ($d \times P$)	螺纹公称应力截面积 $A_{s,公称}$ （mm^2）	性能等级								
		4.6	4.8	5.6	5.8	6.8	8.8	9.8	10.9	12.9/<u>12.9</u>
		最小拉力载荷 $F_{m,min}$（$A_{s,公称} \times R_{m,min}$）（N）								
M8×1	39.2	15700	16500	19600	20400	23500	31360	35300	40800	47800
M10×1.25	61.2	24500	25700	30600	31800	36700	49000	55100	63600	74700
M10×1	64.5	25800	27100	32300	33500	38700	51600	58100	67100	78700
M12×1.5	88.1	35200	37000	44100	45800	52900	70500	79300	91600	107000
M12×1.25	92.1	36800	38700	46100	47900	55300	73700	82900	95800	112000
M14×1.5	125	50000	52500	62500	65000	75000	100000	112000	130000	152000
M16×1.5	167	66800	70100	83500	86800	100000	134000	150000	174000	204000
M18×1.5	216	86400	90700	108000	112000	130000	179000	—	225000	264000
M20×1.5	272	109000	114000	136000	141000	163000	226000	—	283000	332000
M22×1.5	333	133000	140000	166000	173000	200000	276000	—	346000	406000
M24×2	384	154000	161000	192000	200000	230000	319000	—	399000	469000
M27×2	496	198000	208000	248000	258000	298000	412000	—	516000	605000
M30×2	621	248000	261000	310000	323000	373000	515000	—	646000	758000
M33×2	761	304000	320000	380000	396000	457000	632000	—	791000	928000
M36×3	865	346000	363000	432000	450000	519000	718000	—	900000	1055000
M39×3	1030	412000	433000	515000	536000	618000	855000	—	1070000	1260000

（5）高强度螺栓连接：

①高强度螺栓连接：利用高强度螺栓连接副将构件、部件、板件连成整体的方式，按受力状态分为摩擦型和承压型：

a. 摩擦型连接：依靠高强度螺栓的紧固，在被连接件间产生摩擦阻力以传递剪力而将构件、部件或板件连成整体的连接方式。摩擦型高强度螺栓连接靠螺杆预拉力压紧构件接触面产生的摩擦力传递荷载，螺孔的直径较承压型大(0.5~1.0)mm，使用中绝对不能滑动，螺栓不承受剪力，一旦滑移，设计就认为达到破坏状态，是钢结构工程常用的连接方式。

b. 承压型连接：依靠螺杆抗剪和螺杆与孔壁承压以传递剪力而将构件、部件或板件连成整体的连接方式。承压型连接的螺孔比螺杆直径大 1mm，高强度螺栓可以滑动，螺栓也承受剪力，最终破坏相当于普通螺栓破坏（螺栓剪坏或钢板压坏）。（注：在同一连接接头中，高强度螺栓连接不应与普通螺栓连接混用；承压型高强度螺栓连接不应与焊接连接并用）

②抗滑系数（摩擦系数）：高强度螺栓连接摩擦面滑移时，滑动外力与连接中法向压力（等同于螺栓预拉力）的比值。高强度螺栓摩擦连接通过使高强螺栓产生巨大而又受控制的预拉力，通过螺母和垫板，对被连接件也产生了同样大小的预压力。在此预压力作用下，沿被连接件表面就产生一个最大静摩擦力的值。只要产生滑动的外力小于该摩擦力限值、构件便不会滑移，连接就不会受到破坏。为使接触面有足够的摩擦力，就必须提高构件的夹紧力和增大构件接触面的摩擦系数。目前，增大连接面摩擦系数有喷砂、抛丸等工艺。

三、进场复验项目、组批原则及取样数量

钢结构紧固件、高强度螺栓连接和螺栓球节点的试验项目、组批原则及取样数量见表 7-40。

钢结构紧固件、高强度螺栓连接和螺栓球节点的试验项目、组批原则及取样数量　　　　表 7-40

序号	材料名称	进场复验项目	组批原则及取样数量
1	大六角头高强度螺栓连接副	扭矩系数、螺栓楔负载或芯部硬度（$l/d \leqslant 3$）、螺母保证载荷、垫圈硬度	1. 同一性能等级、材料、炉号、螺纹规格、长度（当螺栓长度≤100mm时，长度相差≤15mm；螺栓长度>100mm时，长度相差≤20mm，可视为同一长度）、机械加工、热处理工艺及表面处理工艺的螺栓为同批。 2. 同一性能等级、材料、炉号、规格、机械加工、热处理工艺及表面处理工艺的螺母或垫圈分别为同批。 3. 分别由同批螺栓、螺母及垫圈组成的连接副为一批。每批高强度螺栓连接副的最大数量为 3000 套，连接副扭矩系数每批抽取试样的数量为 8 套，螺栓楔负载、螺母保证载荷及硬度试验的试件数量为每种8个
2	扭剪型高强度螺栓连接副	紧固轴力（预拉力）、螺栓楔负载或芯部硬度（$l/d \leqslant 3$）、螺母保证载荷、垫圈硬度	1. 同一材料、炉号、螺纹规格、长度（当螺栓长度≤100mm时，长度相差≤15mm；螺栓长度>100mm时，长度相差≤20mm，可视为同一长度）、机械加工、热处理工艺及表面处理工艺的螺栓为同批。 2. 同一材料、炉号、螺纹规格、机械加工、热处理工艺及表面处理工艺的螺母或垫圈分别为同批。 3. 分别由同批螺栓、螺母及垫圈组成的连接副为同批连接副。同批扭剪型高强度螺栓连接副的最大数量为3000套，连接副紧固轴力每批抽取的数量为 8 套，螺栓楔负载、螺母保证载荷及硬度试验的试件数量为每种8个
3	钢网架螺栓球节点用高强度螺栓	抗拉极限承载力、硬度	1. 同一性能等级、材料、炉号、规格、机械加工、热处理及表面处理工艺的螺栓为同批。对于小于等于 M36 每批为5000 件，拉力试验取样数量为 8 个；对于大于 M36 每批为 2000 件，拉力试验取样数量为 3 个。 2. 对建筑结构安全等级为一级，跨度40m及以上的螺栓球节点钢网架结构，其连接高强度螺栓应进行表面硬度试验，每种规格取样 8 个为一组
4	普通螺栓	拉力载荷	每一规格螺栓取 8 个样品为一组
5	高强度螺栓连接摩擦面	抗滑移系数	1. 检验批可按分部工程（子分部工程）所含高强度螺栓用量划分：每 5 万个高强度螺栓用量的钢结构为一批，不足 5 万个高强度螺栓用量的钢结构视为一批。选用两种即以上表面处理（含有涂层摩擦面）工艺时，每种处理工艺均需检验抗滑移系数，每批 3 组试件。 2. 抗滑移系数检验用的试件由制作厂加工，试件与所代表的构件应为同一材质、同一摩擦面处理工艺、同批制作，在同一环境条件下存放，并在相同条件下同批发运

续表

序号	材料名称	进场复验项目	组批原则及取样数量
6	螺栓球节点	高强度螺栓和螺栓球组合件拉力载荷试验；锥头或封板与钢管焊缝拉力载荷试验	按交货验收的同一型号零部件不超过3500件为一验收批，每批抽取的数量为5%且不少于5件。按《钢结构工程施工质量验收规范》GB 50205—2020标准，抽取数量为3件

注：1. 预拉力（紧固轴力）是指通过紧固高强度螺栓连接副而在螺栓杆轴方向产生的，且符合连接设计所要求的拉力，确保扭剪型螺栓在施工中提供符合设计要求的预拉力。

2. 扭矩系数是指高强度螺栓连接中，施加于螺母上的紧固扭矩与其螺栓导入的轴向预拉力（紧固轴力）之间的比例系数，确保高强度大六角头螺栓在施工时达到要求扭矩，即可保证符合设计要求的预拉力。

3. 硬度是指固体材料局部抵抗硬物压入其表面的能力。

4. 螺母保证载荷试验的目的，是为保证螺母在规定的载荷下不发生破坏。

5. 抗滑移系数检验是为了确保摩擦型连接具有足够大的摩擦力，从而使构件在正常使用时不发生滑移破坏。

6. 螺栓球节点拉力载荷试验是为检验各组合件焊接质量符合设计要求，具有足够的承载力。

四、取样方法及取样注意事项

（1）高强度螺栓连接副应在同批内配套抽取。

（2）紧固件在运输、保管过程中应轻装、轻卸，防止损伤螺纹。

（3）高强度螺栓连接副保管期不应超过6个月。当保管时间超过6个月后使用时，必须按要求重新进行扭矩系数或紧固轴力试验，检验合格后，方可使用。

第五节 构件位置与尺寸

一、相关标准

（1）《钢结构工程施工质量验收标准》GB 50205—2020。
（2）《空间网格结构技术规程》JGJ 7—2010。

二、试验项目

钢结构构件位置与尺寸检测主要包括垂直度、弯曲矢高、侧向弯曲、结构挠度、轴线尺寸、标高、截面尺寸。

三、试验方法及结果评定

1. 垂直度
1）检测设备
钢结构垂直度宜采用直角尺、钢直尺、全站仪、经纬仪、三维激光扫描仪等仪器进行测量。

2）组批原则及允许偏差

测量尺寸不大于 6m 的钢构件垂直度时，从构件上端吊一线锤直至构件下端，当线锤处于静止状态后，测量吊锤中心与构件下端的距离，该数值即是构件的顶端侧向水平位移。

测量尺寸大于 6m 的钢构件垂直度以及钢结构整体垂直度，可用计算测点间的相对位置差的方法来计算垂直度，也可采用通过仪器引出基准线，放置量尺直接读取数值的方法。

（1）钢柱的垂直度，其垂直度允许偏差应符合表 7-41 的规定。

钢柱垂直度的允许偏差（mm）　　　表 7-41

项目			允许偏差	类别及抽检比例
钢柱垂直度	单层柱		$H/1000$，且不大于 25.0	类别：一般项目 抽检比例：按钢柱数抽查 10%，且不应少于 3 件
	多层柱	单节柱	$H/1000$，且不大于 10.0	
		柱全高	35.0	

注：H 为柱单层（单节）高度。

（2）钢屋（托）架、钢桁架、梁、钢吊车梁跨中垂直度，其垂直度允许偏差应符合表 7-42 的规定。

钢屋（托）架、钢桁架、梁、钢吊车梁垂直度的允许偏差（mm）　　　表 7-42

项目	允许偏差	图例	类别及抽检比例
钢屋（托）架、钢桁架、梁跨中垂直度	$h/250$，且不大于 15.0		类别：主控项目 抽检比例：按同类构件数抽查 10%，且不应少于 3 个
钢吊车梁跨中垂直度	$h/500$		类别：一般项目 抽检比例：按钢吊车梁数抽查 10%，且不应少于 3 榀

（3）墙架立柱、抗风柱、桁架、平台支柱、承重平台梁、直梯的垂直度，其垂直度允许偏差应符合表 7-43 的规定。

墙架立柱等次要构件垂直度的允许偏差（mm）　　　表 7-43

项目	允许偏差	类别及抽检比例
墙架立柱垂直度	$H/1000$，且不大于 10.0	类别：一般项目 抽检比例：按同类构件数抽查 10%，且不应少于 3 件
抗风柱、桁架垂直度	$h/250$，且不大于 15.0	

续表

项目	允许偏差	类别及抽检比例
平台支柱垂直度	$H_0/1000$，且不大于5.0	类别：主控项目 抽检比例：按钢平台总数抽查10%，栏杆、钢梯按总长度各抽查10%，但钢平台不应少于1个，栏杆不应少于5m，钢梯不应少于1跑
承重平台梁垂直度	$h_0/250$，且不大于10.0	
直梯垂直度	$H'/1000$，且不大于15.0	

注：H为墙架立柱的高度；h为抗风桁架、柱的高度；H_0为平台支柱高度；h_0为平台梁高度；H'为直梯高度。

（4）主体钢结构的整体立面偏移，其垂直度允许偏差应符合表7-44的规定。

主体钢结构垂直度的标高允许偏差（mm） 表7-44

项目		允许偏差	图例	类别及抽检比例
主体钢结构的整体立面偏移	单层	$H/1000$，且不大于25.0		类别：主控项目 抽检比例：对主要立面全部检查。对每个所检查的立面，除两列角柱外，尚应至少选取一列中间柱
	高度60m以下的多高层	$(H/2500+10)$，且不大于30.0		
	高度(60~100)m的高层	$(H/2500+10)$，且不大于50.0		
	高度100m以上的高层	$(H/2500+10)$，且不大于80.0		

3）检验批合格判断标准

根据《钢结构工程施工质量验收标准》GB 50205—2020 的要求，检验批合格质量标准应符合下列规定：

（1）主控项目必须满足《钢结构工程施工质量验收标准》GB 50205—2020 的质量要求。

（2）一般项目的检验结果应有80%及以上的检查点（值）满足《钢结构工程施工质量验收标准》GB 50205—2020 要求，且最大值（或最小值）不应超过其允许偏差值的1.2倍。

2. 弯曲矢高

1）检测设备

钢结构弯曲矢高宜采用钢直尺、全站仪、水准仪、经纬仪、三维激光扫描仪等仪器进行测量。

2）检测类别及要求

尺寸不大于6m的钢构件弯曲变形检测可用拉线的方法，从构件两端拉紧一根细钢丝或细线，然后测量跨中位置构件与拉线之间的距离，该数值即是构件的变形；测量跨度大于6m的钢构件弯曲矢高，观测点应沿构件的轴线或边线布设，每一构件不得少于3点。

（1）钢柱的弯曲矢高，其允许偏差应符合表7-45的规定。

钢柱弯曲矢高的允许偏差（mm） 表 7-45

项目	允许偏差	类别及抽检比例
钢柱弯曲矢高	H/1200，且不大于 15.0	类别：一般项目 抽检比例：按钢柱数抽查 10%，且不应少于 3 件

注：H 为钢柱高度。

（2）钢屋（托）架、钢桁架、梁、钢吊车梁的弯曲矢高，其允许偏差应符合表 7-46 的规定。

钢屋（托）架、钢桁架、梁、吊车梁弯曲矢高的允许偏差（mm） 表 7-46

项目		允许偏差	图例	类别及抽检比例
钢屋（托）架、钢桁架、梁侧向弯曲矢高	l≤30m	l/1000，且不大于 10.0		类别：主控项目 抽检比例：按同类构件数抽查 10%，且不应少于 3 个
	30m<l≤60m	l/1000，且不大于 30.0		
	l>60m	l/1000，且不大于 50.0		
钢吊车梁弯曲矢高	侧向弯曲矢高	l/1500，且不大于 10.0	—	类别：一般项目 抽检比例：按钢吊车梁数抽查 10%，且不应少于 3 榀
	垂直上拱矢高	10.0	—	

（3）墙架立柱、檩条、墙梁的弯曲矢高，其允许偏差应符合表 7-47 的规定。

墙架立柱等次要构件弯曲矢高的允许偏差（mm） 表 7-47

项目	允许偏差	类别及抽检比例
墙架立柱弯曲矢高	H/1000，且不大于 15.0	类别：一般项目 抽检比例：按同类构件数抽查 10%，且不应少于 3 件
檩条弯曲矢高	l/750，且不大于 12.0	
墙梁弯曲矢高	l/750，且不大于 10.0	

注：H 为墙架立柱的高度；l 为檩条或墙梁的长度。

3）检验批合格判断标准

根据《钢结构工程施工质量验收标准》GB 50205—2020 的要求，检验批合格质量标准应符合下列规定：

（1）主控项目必须满足《钢结构工程施工质量验收标准》GB 50205—2020 的质量要求。

（2）一般项目的检验结果应有 80% 及以上的检查点（值）满足《钢结构工程施工质量验收标准》GB 50205—2020 要求，且最大值（或最小值）不应超过其允许偏差值的

1.2 倍。

3. 侧向弯曲

1）检测设备

钢结构侧向弯曲宜采用全站仪、经纬仪、三维激光扫描仪等仪器进行测量。

2）检测类别及要求

钢构件的侧向弯曲其检测方法及要求可参照 2. 弯曲矢高内容进行。

主体结构整体平面弯曲的允许偏差，应符合表 7-48 的规定。

主体钢结构整体平面弯曲允许偏差（mm） 表 7-48

项目	允许偏差	图例	类别及抽检比例
主体钢结构的整体平面弯曲	$l/1500$，且不大于 50.0		类别：主控项目 抽检比例：对主要立面全部检查。对每个所检查的立面，除两列角柱外，尚应至少选取一列中间柱

3）检验批合格判断标准

根据《钢结构工程施工质量验收标准》GB 50205—2020 的要求，检验批合格质量标准应符合下列规定：

（1）主控项目必须满足《钢结构工程施工质量验收标准》GB 50205—2020 的质量要求。

（2）一般项目的检验结果应有 80% 及以上的检查点（值）满足《钢结构工程施工质量验收标准》GB 50205—2020 要求，且最大值（或最小值）不应超过其允许偏差值的 1.2 倍。

4. 结构挠度

1）检测设备

钢结构挠度宜采用全站仪、水准仪、三维激光扫描仪等仪器进行测量。

2）检测类别及要求

尺寸不大于 6m 的钢构件挠度检测可用拉线的方法，从构件两端拉紧一根细钢丝或细线，然后测量跨中位置构件与拉线之间的距离，该数值即是构件的挠度变形。

测量跨度大于 6m 的钢构件挠度，按下列方法进行检测：

（1）钢构件挠度观测点应沿构件的轴线或边线布设，每一构件不得少于 3 点。

（2）将全站仪或水准仪测得的两端和跨中的读数相比较，可求得构件的跨中挠度。

（3）钢网架结构总拼完成及屋面工程完成后的挠度值检测，对跨度 24m 及以下钢网架结构测量下弦中央一点；对跨度 24m 以上钢网架结构测量下弦中央一点及各向下弦跨度的四等分点。

①钢屋（托）架、钢桁架、梁、钢吊车梁的挠度，其允许偏差应符合表 7-49 的规定。

钢屋（托）架、钢桁架、梁、吊车梁挠度的允许偏差（mm） 表 7-49

项目		允许偏差	图例	类别及抽检比例
钢屋（托）架、钢桁架、梁侧向弯曲矢高	$l \leq 30m$	$l/1000$，且不大于 10.0		类别：主控项目 抽检比例：按同类构件数抽查 10%，且不应少于 3 个
	$30m < l \leq 60m$	$l/1000$，且不大于 30.0		
	$l > 60m$	$l/1000$，且不大于 50.0		
钢吊车梁弯曲矢高	侧向弯曲矢高	$l/1500$，且不大于 10.0	—	类别：一般项目 抽检比例：按钢吊车梁数抽查 10%，且不应少于 3 榀
	垂直上拱矢高	10.0	—	

②墙架立柱、檩条、墙梁的挠度，其允许偏差应符合表 7-50 的规定。

墙架立柱等次要构件挠度的允许偏差（mm） 表 7-50

项目	允许偏差	类别及抽检比例
墙架立柱弯曲矢高	$H/1000$，且不大于 15.0	类别：一般项目 抽检比例：按同类构件数抽查 10%，且不应少于 3 件
檩条弯曲矢高	$l/750$，且不大于 12.0	
墙梁弯曲矢高	$l/750$，且不大于 10.0	

注：H 为墙梁立柱的高度；l 为檩条或墙梁的长度。

③钢网架（网壳）结构总拼完成后及屋面工程完成后应分别测量其挠度值，且所测的挠度值不应超过相应荷载条件下挠度计算值的 1.15 倍。此参数为主控项目。

3）检验批合格判断标准

根据《钢结构工程施工质量验收标准》GB 50205—2020 的要求，检验批合格质量标准应符合下列规定：

（1）主控项目必须满足《钢结构工程施工质量验收标准》GB 50205—2020 的质量要求。

（2）一般项目的检验结果应有 80% 及以上的检查点（值）满足《钢结构工程施工质量验收标准》GB 50205—2020 要求，且最大值（或最小值）不应超过其允许偏差值的 1.2 倍。

5. 轴线尺寸

1）检测设备

钢结构轴线尺寸宜采用钢卷尺、经纬仪、全站仪等仪器进行测量。

2）检测类别及要求

检测时应确定建筑物各钢构件的定位轴线位置，建筑物定位轴线应满足设计要求。当设计无要求时应符合下表 7-51 的规定。

定位轴线的允许偏差（mm） 表 7-51

项目	允许偏差	图例	类别及抽检比例
结构定位轴线	$l/20000$，且不大于 3.0		类别：主控项目 抽检比例：单层及多高层建筑：全数检查；空间结构：按支座数抽查 10%，且不应少于 3 处
基础上柱或支座的定位轴线	1.0		类别：主控项目 抽检比例：单层及多高层建筑：全数检查；空间结构：按支座数抽查 10%，且不应少于 3 处
柱脚底座中心线对定位轴线的偏移Δ	5.0		类别：一般项目 抽检比例：单层多高层建筑：按钢柱数抽查 10%，且不应少于 3 件

3）数据处理及要求

按照规定确定轴线位置后，开始进行轴线尺寸测量。轴线尺寸测量可以采用轴线距离和净距测量方法，当钢构件实际尺寸满足设计尺寸要求可采用轴线距离和净距测量的方法，当钢结构构件实际尺寸不满足设计尺寸要求时，可采用净距测量方法。采用净距测量时，应考虑钢柱构件尺寸的影响，加上钢柱构件的设计尺寸或实测尺寸。

4）检验批合格判断标准

根据《钢结构工程施工质量验收标准》GB 50205—2020 的要求，检验批合格质量标准应符合下列规定：

（1）主控项目必须满足标准的质量要求。

（2）一般项目的检验结果应有 80% 及以上的检查点（值）满足标准要求，且最大值（或最小值）不应超过其允许偏差值的 1.2 倍。

6. 标高

1）检测设备

钢结构标高宜采用水准仪、全站仪等仪器进行测量。

2）检测类别及要求

标高测量位置的钢结构构件未发生变形，表面应干净，结构主要表面不应有疤痕、泥沙等污垢。

（1）建筑物基础上柱底标高或空间结构支座底标高应满足设计要求，当设计无要求时应符合表 7-52 的规定。

建筑物基础上柱底或支座底标高的允许偏差（mm） 表 7-52

项目	允许偏差	图例	类别及抽检比例
基础上柱底标高或支座底标高	±3.0	(基准点)	类别：主控项目 抽检比例：单层及多高层建筑：全数检查；空间结构：按支座数抽查10%，且不应少于3处

（2）柱支承面的顶面标高、座浆垫板的顶面标高及采用插入式或埋入式柱脚时的杯口底面标高，其标高允许偏差应符合表7-53的规定。

支承面等部位标高的允许偏差（mm） 表 7-53

项目	允许偏差	类别及抽检比例
柱支承面顶面标高	±3.0	类别：主控项目 抽检比例：单层及多高层建筑，按柱基数抽查10%，且不应少于3个
空间结构支座支承面顶面标高	0 -3.0	类别：一般项目 抽检比例：空间结构，按支座数抽查10%，且不应少于4处
座浆垫板顶面标高	0 -3.0	类别：主控项目 抽检比例：按柱基数抽查10%，且不应少于3个
杯口底面标高	0 -5.0	

（3）钢柱等主要构件的标高基准点标记应齐全。柱基准点标高及柱顶高度差允许偏差应符合表7-54的规定。

钢柱基准点标高的允许偏差（mm） 表 7-54

项目		允许偏差	图例	类别及抽检比例
柱基准点标高	有吊车梁的柱	+3.0 -5.0	(基准点)	类别：一般项目 抽检比例：按钢柱数抽查10%，且不应少于3个
	无吊车梁的柱	+5.0 -8.0		
同一层柱的各柱顶高度差Δ		5.0		

（4）主体钢结构总高度可按相对标高或设计标高进行控制，总高度的标高允许偏差应

符合表 7-55 的规定。

主体钢结构总高度的标高允许偏差（mm） 表 7-55

项目	允许偏差		类别及抽检比例
用相对标高控制安装	$\pm\sum(\Delta h + \Delta_2 + \Delta w)$		类别：一般项目 抽检比例：按标准柱列数抽查10%，且不应少于4列
用设计标高控制安装	单层	$H/1000$，且不大于 20.0 $-H/1000$，且不小于 -20.0	
	高度 60m 以下的多高层	$H/1000$，且不大于 30.0 $-H/1000$，且不小于 -30.0	
	高度 60m 至 100m 的高层	$H/1000$，且不大于 50.0 $-H/1000$，且不小于 -50.0	
	高度 100m 以上的高层	$H/1000$，且不大于 100.0 $-H/1000$，且不小于 -100.0	

注：Δh 为每节柱子长度的制造允许偏差；Δ_2 为每节柱子长度受荷载后的压缩值；Δw 为每节柱子接头焊缝的收缩值。

3）检验批合格判断标准

根据《钢结构工程施工质量验收标准》GB 50205 的要求，检验批合格质量标准应符合下列规定：

（1）主控项目必须满足标准的质量要求。

（2）一般项目的检验结果应有 80% 及以上的检查点（值）满足标准要求，且最大值（或最小值）不应超过其允许偏差值的 1.2 倍。

7. 截面尺寸

1）检测设备

钢构件截面尺寸宜采用钢卷尺、游标卡尺、角尺、塞尺、超声波测厚仪等仪器进行测量。

2）检测类别及要求

构件的尺寸宜选择对构件性能影响较大的 3 个部位量测。

对于等截面构件和截面尺寸均匀变化的变截面构件，应分别在构件的中部和两端量取尺寸；对于非均匀变化的变截面构件，应选取构件端部、截面突变的位置量取尺寸；对于球节点，应在 3 个不同部位量测球节点的直径和壁厚。

构件的尺寸应以设计文件要求值为基准，钢构件尺寸偏差应以建造时的有关标准的规定确定。空间网结构结构小拼单元偏差允许值应符合《空间网格结构技术规程》JGJ 7—2010 的有关规定。

钢构件重要尺寸和一般尺寸所包含的具体内容，按《钢结构工程施工质量验收标准》GB 50205—2020 的主控项目和一般项目进行区分。

3）检测批合格判断标准

检测批钢构件的尺寸应进行符合性判定，并符合下列规定：

（1）钢构件的重要尺寸检测批符合性判定应符合下列规定：

① 钢构件的重要尺寸正常一次抽样应按表 7-56 的规定进行符合性判定：

重要尺寸正常一次抽样的判定 　　　　　　　　　　　　表 7-56

样本容量	符合性判定数	不符合判定数	样本容量	符合性判定数	不符合判定数
2~5	0	1	80	7	8
8~13	1	2	125	10	11
20	2	3	200	15	16
32	3	4	>315	22	23
50	4	5			

② 钢构件的重要尺寸正常二次抽样应按表 7-57 的规定进行符合性判定。

重要尺寸正常二次抽样的判定 　　　　　　　　　　　　表 7-57

抽样次数与样本容量	符合性判定数	不符合判定数	抽样次数与样本容量	符合性判定数	不符合判定数
(1)2~6	0	1	(1)50 (2)100	3 8	6 9
(1)5 (2)10	0 1	2 2	(1)80 (2)160	5 12	9 13
(1)8 (2)16	0 1	2 2	(1)125 (2)250	7 18	11 19
(1)13 (2)26	0 3	3 4	(1)200 (2)400	11 27	16 28
(1)20 (2)40	1 3	3 4	(1)315 (2)630	18 41	23 42
(1)32 (2)64	2 5	4 6	—	—	—

注：(1)和(2)表示抽样次数，(2)对应的样本容量为二次抽样的累计数量。

（2）钢构件的一般尺寸检测批符合性判定应符合下列规定：

① 钢构件一般尺寸的正常一次抽样应按表 7-58 的规定进行符合性判定；

一般尺寸正常一次抽样的判定 　　　　　　　　　　　　表 7-58

样本容量	符合性判定数	不符合判定数	样本容量	符合性判定数	不符合判定数
2~5	1	2	32	7	8
8	2	3	50	10	11
13	3	4	80	14	15
20	5	6	≥125	21	22

② 钢构件一般尺寸的正常二次抽样应按表 7-59 的规定进行符合性判定。

一般尺寸正常二次抽样的判定 　　　　　　　　　　　　表 7-59

抽样次数	样本容量	符合性判定数	不符合判定数	抽样次数	样本容量	符合性判定数	不符合判定数
(1) (2)	2 4	0 1	2 2	(1) (2)	80 160	11 26	16 27
(1) (2)	3 6	0 1	2 2	(1) (2)	125 250	11 26	16 27

续表

抽样次数	样本容量	符合性判定数	不符合判定数	抽样次数	样本容量	符合性判定数	不符合判定数
(1)	5	0	3	(1)	200	11	16
(2)	10	3	4	(2)	400	26	27
(1)	8	1	3	(1)	315	11	16
(2)	16	4	5	(2)	630	26	27
(1)	13	2	5	(1)	500	11	16
(2)	26	6	7	(2)	1000	26	27
(1)	20	3	6	(1)	800	11	16
(2)	40	9	10	(2)	1600	26	27
(1)	32	5	9	(1)	1250	11	16
(2)	64	12	13	(2)	2500	26	27
(1)	50	7	11	(1)	2000	11	16
(2)	100	18	19	(2)	4000	26	27

注：(1)和(2)表示抽样次数，(2)对应的样本容量为二次抽样的累计数量。

第六节 结构构件性能

一、相关标准

（1）《建筑结构检测技术标准》GB/T 50344—2019。
（2）《高耸与复杂钢结构检测与鉴定标准》GB 51008—2016。

二、试验项目

结构构件性能检验主要包括静载荷载检验和动力测试。普通钢结构构件静载试验主要包括三项：使用性能检验试验、承载力检验试验与破坏性检验。动力测试主要包括两项：动力特性检测与动力响应检测。其中动力特性表征结构动态特性的基本物理量，如固有频率、振型、阻尼比等；动力响应是指结构的位移、速度、加速度或响应频率，检验过程中可根据振源特性、频率范围和现行有关标准规定选择待测参数。

三、试验方法

1. 静载荷载检验
1) 仪器设备要求

试验仪器主要包括：①流量测量装置、千斤顶、大量程百分表、位移传感器、全站仪、水平仪等，主要检测结构挠度或变形；②电子应变计、静态数据采集分析仪，主要检测结构应变。试验过程中所需仪器的精度和量程需要根据试验所需采集的最大值或最小值来确定。

检验仪器设备，应能模拟结构实际荷载的大小和分布，能反映结构或构件实际工作状态，加载点和支座处不得出现不正常的偏心，同时保证构件的变形和破坏不影响检测数据的准确性，不造成检验设备的损坏和人员伤亡事故。

2）现场荷载试验方法

（1）加载方式选择：

不同结构类型加载方式有所不同，现场试验宜采用均布加载：加载物体宜用荷重块，即现场经计量后的袋砂、袋石子、袋水泥或砖块等，荷重块应按区格成垛堆放，垛与垛之间的间隙不宜小于50mm，以免形成拱作用。

对大跨度复杂钢结构体系如钢屋架、桁架、网架等，可采用集中吊载。对小型构件可根据自平衡原理，设计专门的反力装置，利用千斤顶进行集中加载。当试验荷载与目标使用期内的荷载形式不同时，应按荷载等效原则换算。

（2）加载过程：

变形测试试验，应考虑支座沉降变形的影响。正式检验前，应施加一定的初始荷载，然后卸载，使构件和检验装置正确到位。加载过程中，应记录荷载—变形曲线，当曲线表现出明显的非线性时，应减小荷载增量

试验荷载应分级施加，每级荷载不宜超过最大荷载的20%。构件的自重应作为第一级加载的一部分。加载至最大试验荷载后，应逐级分级卸载。

每级加、卸载完成后，应持续15min；测取每次荷载和变形值，直至变形值在15min内不再明显增加为止。当达到使用性能或承载力检验的最大荷载，应持续至少1h。在持续时间内，应观察试验构件的反应，并检查构件是否存在断裂、屈服、屈曲的迹象。

（3）检验荷载实测值的确定：

当在规定的荷载持续时间内出现标志性破坏如屈服、失稳、断裂、变形超限等时，应取本级荷载值与前一级荷载值的平均值作为其承载力检验荷载的实测值；当在规定的荷载持续时间结束后出现上述标志性破坏时，应取本级荷载作为其承载力检验荷载实测值。

（4）挠度实测值修正：

当采用等效集中荷载模拟均布荷载时，挠度实测值应乘以修正系数。当采用三点加载时，修正系数取0.98，当采用其他形式集中加载时，修正系数应经计算确定。

3）使用性检验试验

试验目的：验证结构或构件在规定荷载作用下出现设计允许的弹性变形，经过检验且满足要求的结构或构件应能正常使用。

试验荷载：1.0×实际自重+1.15×其他恒载+1.25×可变荷载。

结果评定：①经检验的结构或构件，荷载—变形曲线，应基本为线性。②卸载后，残余变形不应超过所记录到最大变形值的20%。③当不满足上述要求时，可重新进行检验试

验,第二次检验试验中的荷载—变形基本呈线性,新的残余变形不得超过第二次检验中所记录到的最大变形的 10%。

4)承载力检验试验

试验目的:验证结构或构件的设计承载力。

试验荷载:永久荷载和可变荷载适当组合的承载力极限状态设计荷载的 1.2 倍。

结果评定:进行承载力检验试验前,宜先进行使用性能检验试验,且结构检验应满足相应的要求。①在检验荷载作用下,结构或构件的任何部分不应出现屈曲破坏或断裂破坏。②卸载后,结构或构件的残余变形不应超过总变形量的 20%。

实际试验过程中承载力设计值,应由下式确定:

$$R_d \leqslant \left(\frac{R_{min}}{k_t}\right)/\gamma_R^t \tag{7-5}$$

式中:R_d——基于试验的承载力设计值;

R_{min}——承载力试验结果的最小值;

k_t——考虑结构试件变异性的因子,根据结构特性变异系数 k_{sc} 按表 7-60 取用;

γ_R^t——基于试验的抗力分项系数,可依据试验原型设计时对应的可靠指标 β 确定, $\gamma_R^t = 1.0 + 0.15(\beta - 2.7)$。

考虑结构试件变异性的因子 k_t　　表 7-60

试件数量	结构特性变异系数 k_{sc}					
	5%	10%	15%	20%	25%	30%
1	1.18	1.39	1.63	1.92	2.25	2.63
2	1.13	1.27	1.42	1.60	1.79	2.01
3	1.10	1.22	1.34	1.48	1.63	1.79
4	1.09	1.19	1.29	1.40	1.52	1.65
5	1.08	1.16	1.25	1.35	1.45	1.56
10	1.05	1.10	1.16	1.22	1.28	1.34
100	1.00	1.00	1.00	1.00	1.00	1.00

结构特性变异系数 k_{sc},可由下式计算:

$$k_{sc} = \sqrt{k_f^2 + k_m^2} \tag{7-6}$$

式中:k_f——几何尺寸不定性变异系数,对于连接可取 0.10;

k_m——材料强度不定性变异系数,对于连接可取 0.10。

5)破坏性检验试验

试验目的:验证钢结构的实际承载力。

结果评定：进行破坏性检验试验前，宜先进行设计承载力的检验，并应根据检验情况估算被检验结构的实际承载力。加载应先分级加到设计承载力的检验荷载，根据荷载—变形曲线确定随后的加载增量，然后加载到不能继续加载为止，此时的承载力即为结构的实际承载力。

2. 动力测试

1）测试内容及方法

结构动力测试包括两个方面：动力特性检测与动力响应检测，二者数据性质完全不同。动力特性表征结构动态特性的基本物理量，如固有频率、振型、阻尼比等；动力响应是指结构的位移、速度、加速度或响应频率，检测过程中可根据振源特性、频率范围和现行有关标准规定选择待测参数。必要时可包括两者。

钢结构的动力特性，可根据不同结构的特点选择下列测试方法：

（1）测试结构基本模态时，宜选用环境激励法。在满足测试要求的前提下，也可选用初始位移法、重物撞击法等方法。

（2）测试结构平面内多个模态，或结构模态密集，或结构特别重要且条件许可，宜选用环境激励法或稳态正弦激振方法。

（3）测试结构空间模态、扭转模态或结构模态密集，或结构特别重要且条件许可，宜选用环境激励法、多振源相位控制同步的稳态正弦激振方法或初速度法。

（4）评估结构的抗震性能时，可选用随机激振法或人工爆破模拟地震法。

（5）对于单点激励法测试结果，可采用多点激励法进行校核。对于大型复杂结构宜采用多点激励方法。

2）测试设备要求

动力测试设备应符合下列要求：

（1）当采用稳态正弦激振的方法进行测试时，宜采用旋转惯性机械起振机，也可采用液压伺服激振器，使用频率范围宜为(0.5～30)Hz，频率分辨率不应小于0.01Hz。

（2）选用的激振器宜体积小、重量轻；应事先估计被测量参数的最大值，并应据此调整分析仪器的量程，应使最大值落在量程的1/2～2/3，以获得最大信噪比。

（3）对加速度仪、速度仪或位移仪，可根据实际需要测试的振动参数和振型阶数进行选取，应使被测频率处于传感器的可用频率范围之内；一般情况下，宜选用加速度传感器。当所测参数为低频响应时，宜选用位移型或速度型传感器。当所测参数为宽频带冲击机器的振动时，宜并行选用位移型和速度型传感器。

（4）测试仪器的最大可测范围应根据被测结构振动的强烈程度选定。

（5）测试仪器的分辨率应根据被测结构的最小振动幅值选定。

（6）传感器的横向灵敏度应小于0.05，应满足测试工作要求。

（7）当进行瞬态过程测试时，测试仪器的可使用频率范围应比稳态测试时大一个数量级。

（8）记录仪器或数据采集分析系统、电平输入及频率范围应与测试仪器的输出匹配。当测试仪器对测试系统质量和刚度有明显的影响时，可通过修正方法予以消除。

3）测试要求

环境振动法的测试，应符合下列规定：

①测试时应避免或减小环境及系统干扰；②当测量振型和频率时，测试记录时间不应少于5min；当测试阻尼时，测试记录时间不应少于30min；③当需要多次测试时，每次测试应至少保留一个共同的参考点。

机械激振振动测试，应符合下列规定：

①选择激振器的位置应正确，选择的激振力应合理；②当激振器安装在楼板上时，应避免楼板的竖向自振频率和刚度的影响，激振力传递途径应明确合理；③激振测试中宜采用扫频方式寻找共振频率；④在共振频率附近测试时，应保证半功率带宽内的测点不少于5个频率。

施加初位移的自由振动测试应符合下列规定：

①拉线点的位置应根据测试的目的进行布设；②拉线与被测试结构的连接部分应具有可靠传力的能力；③每次测试应记录拉力数值和拉力与结构轴线间的夹角；④量取波值时，不得取用突断衰减的最初两个波；⑤测试时不应使被测试结构出现裂缝，保证不产生对结构性能有明显影响的损伤。

4）数据处理

动力测试数据处理方法分为时域法与频域法。结构动力性能检测数据处理后，应根据需要提供试验结构的自振频率、阻尼比和振型以及动力反应最大幅值、时程曲线、频谱曲线。

时域数据处理时，应符合下列规定：

①对试验数据进行零点漂移、记录波形和记录长度的检验；②被测试结构的自振周期，可在记录曲线上相对规则的波形段内取有限个周期的平均值；③被测试结构的阻尼比，可按自由衰减曲线求取；当采用稳态正弦波激振时，可根据实测的共振曲线采用半功率点法求取；④被测试结构各测点的幅值，应用记录信号幅值除以测试系统的增益，并应按此求得振型。

频域数据处理时，应符合下列规定：

①采样间隔应符合采样定理的要求；②对频域中的数据应采用滤波、零均值化方法进行处理；③被测试结构的自振频率，可采用自谱分析或傅里叶谱分析方法求取；④被测试结构的阻尼比，宜采用自相关函数分析、曲线拟合法或半功率点法确定；⑤对于复杂结构的测试数据，宜采用谱分析、相关分析或传递函数分析等方法进行分析；⑥进行低通滤波并加窗函数处理。

第七节 金属屋面

一、相关标准

（1）《钢结构工程施工质量验收标准》GB 50205—2020。

（2）《金属屋面抗风掀性能检测方法 第1部分：静态压力法》GB/T 39794.1—2021。

（3）《金属屋面抗风掀性能检测方法 第2部分：动态压力法》GB/T 39794.2—2021。

二、基本概念

金属屋面系统包括装饰层、屋面层、保温层、降噪层、防尘层、防水层、连接件、支撑层、檩条层等结构组成，各构件之间通过机械紧固连接，对外部荷载作用敏感。在遇到不可抗力的恶劣气候条件时，不当设计容易引起构件破坏或连接失效，最终导致安全事故，造成严重的经济损失。

三、试验项目与组批原则

对于下列情况之一，金属屋面系统应进行抗风揭性能检测，检测结果应满足设计要求。

（1）建筑结构安全等级为一级的金属屋面。

（2）防水等级Ⅰ、Ⅱ级的大型公共建（构）筑物金属屋面。

（3）采用新材料、新板型或新构造的金属屋面。

（4）设计文件提出检测要求的金属屋面。

检查数量：每金属屋面系统3组（个）试件。

金属屋面系统抗风揭性能检测应符合下列规定：

（1）金属屋面系统应包括金属屋面板、底板、支座、保温层、檩条、支架、紧固件等。

（2）金属屋面系统抗风揭性能检测应采用实验室模拟静态、动态压力加载法。

（3）对于强（台）风地区（基本风压≥0.5kN/m²）的金属屋面和设计要求进行动态风载检测的建筑金属屋面应采用动态风载检测。

（4）金属屋面系统抗风揭性能检测应选取金属屋面中具有代表性的典型部位进行检测，被检测屋面系统中的材料、构件加工、安装施工质量等应与实际工程情况一致，并应满足设计要求并符合和相应技术标准的规定。

（5）金属屋面典型部位的风荷载标准值W_S应由设计单位给出，检测单位应根据设计单位给出的风荷载标准值W_S进行检测。

四、试验方法

1. 静态压力抗风揭

1）检测装置

（1）检测装置应由测试平台、风源供给系统、压力容器、测量系统及试件系统组成，测试平台的尺寸应为：长度 $L \geqslant 7320$ mm，宽度 $B \geqslant 3660$ mm，高度 $H \geqslant 1200$ mm，检测装置的构成如图 7-10 所示。

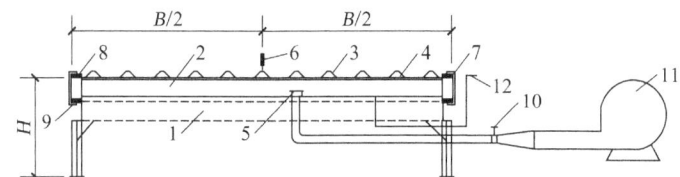

1—测试平台；2—压力容器；3—试件系统；4—檩条；5—进风口挡板；6—位移计；7—固定夹具；8—木方；
9—密封环垫；10—压力控制装置；11—供风设备；12—压力计

图 7-10 静态抗风揭检测装置示意图

（2）检测装置应满足构件设计受力条件及支撑方式的要求，测试平台结构应具有足够的强度、刚度和整体稳定性能。

（3）压力测量系统最大允许误差应为示值的 ±1% 且不大于 0.1kPa，位移测量系统最大允许测量误差不应大于满量程的 0.25%，使用前应经过校准。

2）检测程序

（1）开始，以 0.07kPa/s 加载速度加压到 0.7kPa。

（2）加载至规定压力等级并保持该压力时间 60s，检查试件是否出现破坏或失效。

（3）排除空气卸压回到零位，检查试件是否出现破坏或失效。

（4）重复上述步骤，以每级 0.7kPa 逐级递增作为下一个压力等级，每个压力等级应保持该压力 60s，然后排除空气卸压回到零位，再次检查试件是否出现破坏或失效。

（5）重复测试程序直到试件出现破坏或失效，停止试验并记录破坏前一级压力值。

3）结果判定

出现以下情况之一应判定为试件的破坏或失效，破坏或失效的前一级压力值应为抗风揭压力值 w_u。

（1）试件不能保持整体完整，板面出现破裂、裂开、裂纹、断裂、一级鉴定固定件的脱落。

（2）板面撕裂或掀起及板面连接破坏。

（3）固定部位出现脱落、分离或松动。

（4）固定件出现断裂、分离或破坏。

（5）试件出现影响使用功能的破坏或失效（如影响使用功能的永久变形等）。

（6）设计规定的其他破坏或失效。

检测结果的合格判定应符合下列要求：

$$K = w_u/w_s \geqslant 2.0 \tag{7-7}$$

式中：K——抗风揭系数；

w_s——风荷载标准值；

w_u——抗风揭压力值。

加载程序如图 7-11 所示。

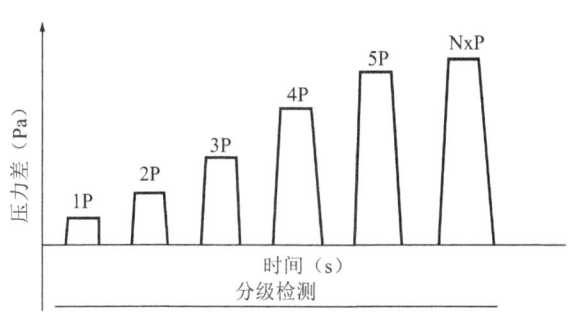

图 7-11 加载程序图

2. 动态压力抗风揭

1）检测装置

（1）动态压力抗风揭检测装置应由试验箱体、风压提供装置、控制设备及测量装置组成（图 7-12）。试验箱体不小于 3.5m×7.0m，应能承受至少 20kPa 的压差。

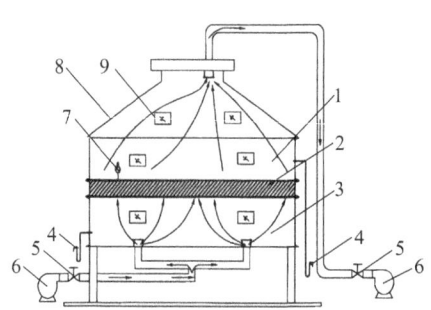

1—上部压力箱；2—试件及安装框架；3—下部压力箱；4—压力测量装置；5—压力控制装置；6—供风设备；7—位移测量装置；8—集流罩；9—观察窗

图 7-12 动态压力抗风揭检测装置示意图

（2）差压传感器精度应达到示值的 1%，测量响应速度应满足波动加压测量的要求，位移计的精度应达到满量程的 0.25%。

（3）动态风荷载应取 1.4 倍风荷载标准值，即 $W_d = 1.4W_s$。

2）检测程序

（1）对试件下部压力箱施加稳定正压，同时向上部压力箱施加波动的负压。待下部箱体压力稳定，且上部箱体波动压力达到对应值后，开始记录波动次数。

（2）波动负压范围应为负压最大值乘以其对应阶段的比例系数，波动负压范围和波动次数应符合表 7-61 的规定。

波动加压顺序　　　　　　　　　　　　　　　表 7-61

	加压顺序	1	2	3	4	5	6	7	8
第一阶段	加压比例 w_d（%）	0～12.5	0～25.0	0～37.5	0～50.0	12.5～25.0	12.5～37.5	12.5～50.0	25.0～50.0
	循环次数	400	700	200	50	400	400	25	25
第二阶段	加压顺序	1	2	3	4	5	6	7	8
	加压比例 w_d（%）	0	0～31.2	0～46.9	0～62.5	0	15.6～46.9	15.6～62.5	31.2～62.5
	循环次数	0	500	150	50	0	350	25	25
第三阶段	加压顺序	1	2	3	4	5	6	7	8
	加压比例 w_d（%）	0	0～37.5	0～56.2	0～75.0	0	18.8～56.2	18.8～75.0	37.5～75.0
	循环次数	0	250	150	50	0	300	25	25
第四阶段	加压顺序	1	2	3	4	5	6	7	8
	加压比例 w_d（%）	0	0～43.8	0～65.6	0～87.5	0	21.9～65.6	21.9～87.5	43.8～87.5
	循环次数	0	250	100	50	0	50	25	25
第五阶段	加压顺序	1	2	3	4	5	6	7	8
	加压比例 w_d（%）	0	0～50.0	0～75.0	0～100.0	0	0	25.0～100.0	50.0～100.0
	循环次数	0	200	100	50	0	0	25	25

（3）波动压力差周期为 (10 ± 2)s，如图 7-13 所示。

3）结果判定

（1）动态风荷载检测一个周期次数为 5000 次，检测应不小于一个周期。以下情况之一为应判定为试件的破坏或失效：

①试件与安装框架的连接部分发生松动和脱离；
②面板与支撑体系的连接发生失效；
③试件面板产生裂纹和分离；
④其他部件发生断裂、分离以及任何贯穿性开口；
⑤设计规定的其他破坏或失效。

（2）检测结果的合格判定应符合下列要求：

①动态风荷载检测结束，试件未失效；

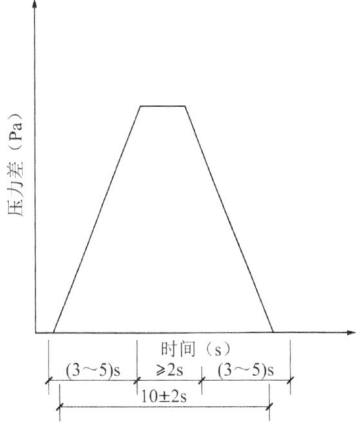

图 7-13　一个周期波动压力示意图

②继续进行静态风荷载检测至其破坏失效,满足如下要求:

$$K = w_u/w_s \geqslant 1.6 \tag{7-8}$$

式中：K——抗风揭系数；

w_s——风荷载标准值；

w_u——抗风揭压力值。

第八章

地 基 基 础

第一节　地基及复合地基

一、相关标准

(1)《建筑地基基础工程施工质量验收标准》GB 50202—2018。

(2)《建筑地基基础设计规范》GB 50007—2011。

(3)《建筑地基检测技术规范》JGJ 340—2015。

(4)《建筑地基处理技术规范》JGJ 79—2012。

二、基本概念

1. 地基

支承基础的土体或岩体。

2. 基础

将结构所承受的各种作用传递到地基上的结构组成部分。

3. 地基处理

为提高地基承载力，或改善其变形性质或渗透性质而采取的工程措施。

4. 复合地基

部分土体被增强或被置换，形成由地基土和竖向增强体共同承担荷载的人工地基。

5. 地基承载力特征值

由载荷试验测定的地基土压力变形曲线线性变形段内规定的变形所对应的压力值，其最大值为比例界限值。

6. 换填垫层

挖除基础底面下一定范围内的软弱土层或不均匀土层，回填其他性能稳定、无侵蚀性、强度较高的材料，并夯压密实形成的垫层。

7. 预压地基

在地基上进行堆载预压或真空预压，或联合使用堆载和真空预压，形成固结压密后的地基。

8. 压实地基

利用平碾、振动碾、冲击碾或其他碾压设备将填土分层密实处理的地基。

9. 夯实地基

反复将夯锤提到高处使其自由落下，给地基以冲击和振动能量，将地基土密实处理或置换形成密实墩体的地基。

10. 砂石桩复合地基

将碎石、砂或砂石混合料挤压入已成的孔中，形成密实砂石竖向增强体的复合地基。

11. 水泥粉煤灰碎石桩复合地基

由水泥、粉煤灰、碎石等混合料加水拌合在土中灌注形成竖向增强体的复合地基。

12. 夯实水泥土桩复合地基

将水泥和土按设计比例拌合均匀，在孔内分层夯实形成竖向增强体的复合地基。

13. 水泥土搅拌桩复合地基

以水泥作为固化剂的主要材料，通过深层搅拌机械，将固化剂和地基土强制搅拌形成竖向增强体的复合地基。

14. 旋喷桩复合地基

通过钻杆的旋转、提升，高压水泥浆由水平方向的喷嘴喷出，形成喷射流，以此切割土体并与土拌合形成水泥土竖向增强体的复合地基。

15. 灰土桩复合地基

用灰土填入孔内分层夯实形成竖向增强体的复合地基

16. 柱锤冲扩桩复合地基

用柱锤冲击方法成孔并分层夯扩填料形成竖向增强体的复合地基。

17. 多桩型复合地基

采用两种及两种以上不同材料增强体，或采用同一材料、不同长度增强体加固形成的复合地基。

18. 注浆加固

将水泥浆或其他化学浆液注入地基土层中，增强土颗粒间的联结，使土体强度提高、变形减少、渗透性降低的地基处理方法。

19. 人工地基

为提高地基承载力，改善其变形性质或渗透性质，经人工处理后的地基。

20. 地基检测

在现场采用一定的技术方法，对建筑地基性状、设计参数、地基处理的效果进行的试验、测试、检验，以评价地基性状的活动。

21. 平板载荷试验

在现场模拟建筑物基础工作条件的原位测试。可在试坑、深井或隧洞内进行，通过一定尺寸的承压板，对岩土体施加垂直荷载，观测岩土体在各级荷载下的下沉量，以研究岩土体在荷载作用下的变形特征，确定岩土体的承载力、变形模量等工程特性。

22. 单桩复合地基载荷试验

对单个竖向增强体与地基土组成的复合地基进行的平板载荷试验。

23. 多桩复合地基载荷试验

对两个或两个以上竖向增强体与地基土组成的复合地基进行的平板载荷试验。

24. 竖向增强体载荷试验

在竖向增强体顶端逐级施加竖向荷载，测定增强体沉降随荷载和时间的变化，据此检测竖向增强体承载力。

25. 标准贯入试验

质量为 63.5kg 的穿心锤，以 76cm 的落距自由下落，将标准规格的贯入器自钻孔孔底预打 15cm，测记再打入 30cm 的锤击数的原位试验方法。

26. 圆锥动力触探试验

用一定质量的击锤，以一定的自由落距将一定规格的圆锥探头打入土中，根据打入土中一定深度所需的锤击数，判定土的性质的原位试验方法。

27. 验收

在施工单位自行检查合格的基础上，根据设计文件和相关标准以书面形式对工程质量是否达到合格标准作出确认的活动。

28. 验槽

基坑或基槽开挖至坑底设计标高后，检验地基是否符合要求的活动。

三、试验项目

1. 依据《建筑地基基础工程施工质量验收标准》GB 50202—2018

地基工程和基础工程施工结束后，应按表 8-1 和表 8-2 规定的检验项目进行检验。

地基工程施工结束后主要检验项目　　　　表 8-1

序号	地基工程类型	检验项目
1	素土、灰土地基砂和砂石地基、土工合成材料地基粉煤灰地基	承载力
2	强夯地基、注浆地基、预压地基	承载力、地基土的强度、变形指标
3	砂石桩复合地基	承载力、桩体密实度
4	高压喷射注浆复合地基	桩体的强度和平均直径、单桩与复合地基的承载力
5	水泥土搅拌桩复合地基	桩体的强度和直径、单桩与复合地基的承载力
6	土和灰土挤密桩复合地基	成桩的质量及复合地基承载力

续表

序号	地基工程类型	检验项目
7	水泥粉煤灰碎石桩复合地基	桩体质量、单桩及复合地基承载力
8	夯实水泥土桩复合地基	桩体质量、复合地基承载力及褥垫层夯填度

基础工程施工结束后主要检验项目　　　　　　表 8-2

序号	基础工程类型	检验项目
1	无筋扩展基础、钢筋混凝土扩展基础	混凝土强度、轴线位置、基础顶面标高
2	筏形与箱形基础	混凝土强度、轴线位置、基础顶面标高、平整度
3	钢筋混凝土预制桩	承载力、桩身完整性
4	泥浆护壁成孔灌注桩、干作业成孔灌注桩、沉管灌注桩	承载力、混凝土强度、桩身完整性
5	钢桩、锚杆静压桩	承载力
6	岩石锚杆基础	抗拔承载力、锚固体强度

2. 依据《建筑地基处理技术规范》JGJ 79—2012

处理后地基的检验内容和检验方法选择见表 8-3 的规定。

处理后地基的检验内容和检验方法　　　　　　表 8-3

处理地基类型		承载力			处理后地基的施工质量和均匀性							复合地基增强体或微型桩的成桩质量					
		复合静载荷试验	增强体单桩静载荷试验	处理后地基承载力静载荷试验	干密度	轻型动力触探	标准贯入	动力触探	静力触探	土工试验	十字板剪切或干密度	桩身强度或动力触探	静力触探	标准贯入	动力触探	低应变试验	钻芯法	探井取样法
换填垫层				✓	✓	△	△	△										
预压地基				✓					✓	✓	✓							
压实地基				✓	✓		△	△										
强夯地基				✓			✓	✓	✓									
强夯置换地基				✓		△	✓	✓										
复合地基	振冲碎石桩	✓		○			✓	△						✓	✓			
	沉管砂石桩	✓		○			✓	✓						✓	✓			
	水泥搅拌桩	✓	✓	○			△	△	△			✓		△			○	○
	旋喷桩	✓	✓	○			△	△	△			✓		△			○	○
	灰土挤密桩	✓		○	✓	△	△	△		✓		△		△				○
	土挤密桩	✓		○	✓	△	△	△		✓		△		△				○
	夯实水泥土桩	✓	✓	○	○	○	○	○	○		✓	△				○		

续表

处理地基类型		检测内容												
		承载力			处理后地基的施工质量和均匀性						复合地基增强体或微型桩的成桩质量			
		检测方法												
		复合静载荷试验	增强体单桩静载荷试验	处理后地基承载力静载荷试验	干密度	轻型动力触探	标准贯入	动力触探	静力触探	土工试验	十字板剪切或干密度	桩身强度	静力触探	标准贯入	动力触探	低应变试验	钻芯法	探井取样法
复合地基	水泥粉煤灰碎石桩	✓	✓	○			○	○	○	○		✓				✓	○	
	柱锤冲扩桩	✓		○			✓	✓		△				✓	✓			
	多桩型	✓	✓	○	✓		✓	✓	△	✓		✓				✓		
注浆加固				✓		✓	✓	✓	✓	✓								
微型桩加固			✓	○			○	○	○			✓				✓	○	

注：1. ✓为应测项目，是指该检验项目应该进行检验；△为可选测项目，是指该检验项目为应测项目在大面积检验使用的补充，应在对比试验结果基础上使用；○为该检测内容仅在其需要时进行的检验项目。

2. 应测项目、可选测项目以及需要时进行的检验项目中两种或多种检验方法检验内容相同时，可根据地区经验选择其中一种方法。

3. 依据《建筑地基检测技术规范》JGJ 340—2015

1）建筑地基检测内容及检测方法适用范围见表 8-4 的规定。

处理后地基的检验内容和检验方法 表 8-4

地基类型		检测方法										
		土（岩）地基载荷试验	复合地基载荷试验	竖向增强体载荷试验	标准贯入试验	圆锥动力触探试验	静力触探试验	十字板剪切试验	水泥土钻芯法试验	低应变法试验	扁铲侧胀试验	多道瞬态面波试验
天然土地基		○	×	×	○	○	○	△	×	×	○	○
天然岩石地基		○	×	×	×	×	×	×	○	×	×	△
换填垫层		○	×	×	○	○	△	×	×	×	△	○
预压地基		○	×	×	△	△	○	○	×	×	×	△
压实地基		○	×	×	○	○	△	×	×	×	×	○
夯实地基		○	△	△	○	○	△	○	×	×	×	○
挤密地基		○	×	×	△	○	△	×	×	×	△	△
复合地基	砂石桩	×	○	×	△	○	△	×	×	×	△	×
	水泥搅拌桩	×	○	△	△	△	△	×	○	△	×	×
	旋喷桩	×	○	○	×	×	×	×	○	△	×	×
	灰土桩	×	○	○	△	△	×	×	×	×	×	×

续表

地基类型		检测方法										
		土(岩)地基载荷试验	复合地基载荷试验	竖向增强体载荷试验	标准贯入试验	圆锥动力触探试验	静力触探试验	十字板剪切试验	水泥土钻芯法试验	低应变法试验	扁铲侧胀试验	多道瞬态面波试验
复合地基	夯实水泥土桩	×	O	O	△	△	×	×	×	×	×	×
	水泥粉煤灰碎石桩	×			×	×	×	×		O	×	×
	柱锤冲扩桩	×	O		×	×	×	×	×	×	×	△
	多桩型	×	O	O	×	×	×	×	△	O	×	×
	注浆加固地基	O	△	×	△	△	△	×	△	×	×	△
	微型桩	×	O	O	×	×	×	×	×	△	×	×

注：表中符号O表示比较适用，△表示基本适用，×表示不适用。

2）人工地基承载力检测应符合下列规定：

（1）换填、预压、压实、挤密、强夯、注浆等方法处理后的地基应进行土（岩）地基载荷试验。

（2）水泥土搅拌桩、砂石桩、旋喷桩、夯实水泥土桩、水泥粉煤灰碎石桩、混凝土桩、树根桩、灰土桩、柱锤冲扩桩等方法处理后的地基应进行复合地基载荷试验。

（3）水泥土搅拌桩、旋喷桩、夯实水泥土桩、水泥粉煤灰碎石桩、混凝土桩、树根桩等有粘结强度的增强体应进行竖向增强体载荷试验。

（4）强夯置换墩地基，应根据不同的加固情况，选择单墩竖向增强体载荷试验或单墩复合地基载荷试验。

3）天然地基岩土性状、地基处理均匀性及增强体施工质量检测，可根据各种检测方法的特点和适用范围，考虑地质条件及施工质量可靠性、使用要求等因素，应选择标准贯入试验、静力触探试验、圆锥动力触探试验、十字板剪切试验、扁铲侧胀试验、多道瞬态面波试验等一种或多种的方法进行检测，检测结果结合静载荷试验成果进行评价。

4）水泥土搅拌桩、旋喷桩、夯实水泥土桩的桩长、桩身强度和均匀性，判定或鉴别桩底持力层岩土性状检测，可选择水泥土钻芯法。有粘结强度、截面规则的水泥粉煤灰碎石桩、混凝土桩等桩身强度为 8MPa 以上的竖向增强体的完整性检测可选择低应变法试验。

4. 依据《建筑地基基础设计规范》GB 50007—2011

地基评价宜采用钻探取样、室内土工试验、触探，并结合其他原位测试方法进行。设计等级为甲级的建筑物应提供载荷试验指标、抗强度指标、变形参数指标和触探资料；设计等级为乙级的建筑物应提供抗剪强度指标、变形参数指标和触探资料；设计等级为丙级的建筑物应提供触探及必要的钻探和土工试验资料。

四、组批原则及取样方法

1.依据《建筑地基基础工程施工质量验收标准》GB 50202—2018

（1）地基土及换填垫层承载力试验：

素土和灰土地基、砂和砂石地基、土工合成材料地基、粉煤灰地基、强夯地基、注浆地基、预压地基的承载力必须达到设计要求。地基承载力的检验数量每 $300m^2$ 不应少于 1 点，超过 $3000m^2$ 部分每 $500m^2$ 不应少于 1 点。每单位工程不应少于 3 点。

（2）复合地基承载力试验：

砂石桩、高压喷射注浆桩、水泥土搅拌桩、土和灰土挤密桩、水泥粉煤灰碎石桩、夯实水泥土桩等复合地基的承载力必须达到设计要求。复合地基承载力的检验数量不应少于总桩数的 0.5%，且不应少于 3 点。有单桩承载力或桩身强度检验要求时，检验数量不应少于总桩数的 0.5%，且不应少于 3 根。

（3）土（岩）地基载荷试验：

检测天然土质地基、岩石地基及采用换填、预压、压实、挤密、强夯、注浆处理后的人工地基的承压板下应力影响范围内的承载力和变形参数。单体工程检测数量为每 $500m^2$ 不应少于 1 点，且总点数不应少于 3 点；复杂场地或重要建筑地基应增加检测数量。

（4）地基竖向增强体载荷试验：

水泥土搅拌桩、旋喷桩、夯实水泥土桩、水泥粉煤灰碎石桩、混凝土桩、树根桩、强夯置换墩等复合地基竖向增强体的竖向承载力检测数量为单位工程不应少于总桩数的 0.5%，且不得少于 3 根。

（5）地基标准贯入试验和圆锥动力触探试验：

采用标准贯入试验和圆锥动力触探试验对地基土质量进行验收检测时，单位工程检测数量不应少于 10 点，当面积超过 $3000m^2$ 应每 $500m^2$ 增加 1 点。检测同一土层的试验有效数据不应少于 6 个。

（6）地基静力触探试验和十字板剪切试验：

采用静力触探试验和十字板剪切试验对地基土进行验收检测时，单位工程检测数量不应少于 10 点，检测同一土层的试验有效数据不应少于 6 个。

2.依据《建筑地基处理技术规范》JGJ 79—2012

1）换填垫层

（1）采用环刀法检验垫层的施工质量时，取样点应选择位于每层垫层厚度的 2/3 深度处。检验点数量，条形基础下垫层每(10～20)m 不应少于 1 个点，独立柱基、单个基础下垫层不应少于 1 个点，其他基础下垫层每(50～100)m^2 不应少于 1 个点。采用标准贯入试验或动力触探法检验垫层的施工质量时，每分层平面上检验点的间距不应大于 4m。

（2）竣工验收应采用静载荷试验检验垫层承载力，且每个单体工程不宜少于3个点；对于大型工程应按单体工程的数量或工程划分的面积确定检验点数。

2）预压地基

（1）原位试验可采用十字板剪切试验或静力触探，检验深度不应小于设计处理深度。原位试验和室内土工试验，应在卸载(3～5)d后进行。检验数量按每个处理分区不少于6点进行检测，对于堆载斜坡处应增加检验数量。

（2）预压处理后的地基承载力应按本规范附录A确定。检验数量按每个处理分区不应少于3点进行检测。

3）压实地基和夯实地基

（1）压实地基：

压实填土地基的质量检验应符合下列规定：

①在施工过程中，应分层取样检验土的干密度和含水量；每(50～100)m²面积内应设不少于1个检测点，每一个独立基础下，检测点不少于1个点，条形基础每20延米设检测点不少于1个点，压实系数不得低于本规范第6.2.2条的规定；采用灌水法或灌砂法检测的碎石土干密度不得低于2.0t/m³。

②有地区经验时，可采用动力触探、静力触探、标准贯入等原位试验，并结合于密度试验的对比结果进行质量检验。

③冲击碾压法施工宜分层进行变形量、压实系数等土的物理力学指标监测和检测。

④地基承载力验收检验，可通过静载荷试验并结合动力触探、静力触探、标准贯入等试验结果综合判定。每个单体工程静载荷试验不应少于3点，大型工程可按单体工程的数量或面积确定检验点数。

（2）夯实地基：

夯实地基的质量检验应符合下列规定：

①检查施工过程中的各项测试数据和施工记录，不符合设计要求时应补夯或采取其他有效措施。

②强夯处理后的地基承载力检验，应在施工结束后间隔一定时间进行，对于碎石土和砂土地基间隔时间宜为(7～14)d；粉土和黏性土地基，间隔时间宜为(14～28)d；强夯置换地基，间隔时间宜为28d。

③强夯地基均匀性检验，可采用动力触探试验或标准贯入试验、静力触探试验等原位测试，以及室内土工试验。检验点的数量，可根据场地复杂程度和建筑物的重要性确定，对于简单场地上的一般建筑物，按每400m²不少于1个检测点，且不少于3点；对于复杂场地或重要建筑地基，每300m²不少于1个检验点，且不少于3点。强夯置换地基，可采用超重型或重型动力触探试验等方法，检查置换墩着底情况及承载力与密度随深度的变化，检验数量不应少于墩点数的3%，且不少于3点。

④强夯地基承载力检验的数量,应根据场地复杂程度和建筑物的重要性确定,对于简单场地上的一般建筑,每个建筑地基载荷试验检验点不应少于3点;对于复杂场地或重要建筑地基应增加检验点数。检测结果的评价,应考虑夯点和夯间位置的差异。强夯置换地基单墩载荷试验数量不应少于墩点数的1%,且不少于3点;对饱和粉土地基,当处理后墩间土能形成2.0m以上厚度的硬层时,其地基承载力可通过现场单墩复合地基静载荷试验确定,检验数量不应少于墩点数的1%,且每个建筑载荷试验检验点不应少于3点。

4)复合地基

(1)振冲碎石桩和沉管砂石桩复合地基:

①对桩体可采用重型动力触探试验;对桩间土可采用标准贯入、静力触探、动力触探或其他原位测试等方法;对消除液化的地基检验应采用标准贯入试验。桩间土质量的检测位置应在等边三角形或正方形的中心。检验深度不应小于处理地基深度,检测数量不应少于桩孔总数的2%。

②竣工验收时,地基承载力检验应采用复合地基静载荷试验,试验数量不应少于总桩数的1%且每个单体建筑不应少于3点。

(2)水泥土搅拌桩复合地基:

水泥土搅拌桩复合地基质量检验应符合下列规定:

①施工过程中应随时检查施工记录和计量记录。

②水泥土搅拌桩的施工质量检验可采用下列方法:

a.成桩3d内,采用轻型动力触探(N_{10})检查上部桩身的均匀性,检验数量为施工总桩数的1%,且不少于3根;

b.成桩7d后,采用浅部开挖桩头进行检查,开挖深度宜超过停浆(灰)面下0.5m,检查搅拌的均匀性,量测成桩直径,检查数量不少于总桩数的5%。

③静载荷试验宜在成桩28d后进行。水泥土搅拌桩复合地基承载力检验应采用复合地基静载荷试验和单桩静载荷试验,验收检验数量不少于总桩数的1%,复合地基静载荷试验数量不少于3台(多轴搅拌为3组)。

④对变形有严格要求的工程,应在成桩28d后,采用双管单动取样器钻取芯样作水泥土抗压强度检验,检验数量为施工总桩数的0.5%,且不少于6点。

(3)旋喷桩复合地基:

旋喷桩质量检验应符合下列规定:

①旋喷桩可根据工程要求和当地经验采用开挖检查、钻孔取芯、标准贯入试验、动力触探和静载荷试验等方法进行检验;

②检验点布置应符合下列规定:

a.有代表性的桩位;

b.施工中出现异常情况的部位;

c. 地基情况复杂，可能对旋喷桩质量产生影响的部位。

③成桩质量检验点的数量不少于施工孔数的 2%，并不应少于 6 点；

④承载力检验宜在成桩 28d 后进行。

⑤竣工验收时，旋喷桩复合地基承载力检验应采用复合地基静载荷试验和单桩静载荷试验。检验数量不得少于总桩数的 1%，且每个单体工程复合地基静载荷试验的数量不得少于 3 台。

（4）灰土挤密桩、土挤密桩复合地基：

灰土挤密桩、土挤密桩复合地基质量检验应符合下列规定：

①桩孔质量检验应在成孔后及时进行，所有桩孔均需检验并作出记录，检验合格或经处理后方可进行夯填施工。

②应随机抽样检测夯后桩长范围内灰土或土填料的平均压实系数，抽检的数量不应少于桩总数的 1%，且不得少于 9 根。对灰土桩桩身强度有怀疑时，尚应检验消石灰与土的体积配合比。

③应抽样检验处理深度内桩间土的平均挤密系数示，检测探井数不应少于总桩数的 0.3%，且每项单体工程不得少于 3 个。

④对消除湿陷性的工程，除应检测上述内容外，尚应进行现场浸水静载荷试验，试验方法应符合现行国家标准《湿陷性黄土地区建筑标准》GB 50025—2018 的规定。

⑤承载力检验应在成桩后(14~28)d 后进行，检测数量不应少于总桩数的 1%，且每项单体工程复合地基静载荷试验不应少于 3 点。

（5）夯实水泥土桩复合地基：

夯实水泥土桩复合地基质量检验应符合下列规定：

①成桩后，应及时抽样检验水泥土桩的质量；

②夯填桩体的干密度质量检验应随机抽样检测，抽检的数量不应少于总桩数的 2%；

③复合地基静载荷试验和单桩静载荷试验检验数量不应少于桩总数的 1%，且每项单体工程复合地基静载荷试验检验数量不应少于 3 点。

（6）水泥粉煤灰碎石桩复合地基：

水泥粉煤灰碎石桩复合地基质量检验应符合下列规定：

①施工质量检验应检查施工记录、混合料坍落度、桩数、桩位偏差、褥垫层厚度、夯填度和桩体试块抗压强度等；

②竣工验收时，水泥粉煤灰碎石桩复合地基承载力检验应采用复合地基静载荷试验和单桩静载荷试验；

③承载力检验宜在施工结束 28d 后进行，其身强度应满足试验荷载条件；复合地基静载荷试验和单桩静载荷试验的数量不应少于总桩数的 1%，且每个单体工程的复合地基静

载荷试验的试验数量不应少于 3 点；

④采用低应变动力试验检测桩身完整性，检查数量不低于总数的 10%。

（7）柱锤冲扩桩复合地基：

柱锤冲扩桩复合地基的质量检验应符合下列规定：

①施工过程中应随时检查施工记录及现场施工情况，并对照预定的施工工艺标准，对每根桩进行质量评定；

②施工结束后(7～14)d，可采用重型动力触探或标准贯入试验对桩身及桩间土进行抽样检验，检验数量不应少于冲扩桩总数的 2%，每个单体工程桩身及桩间土总检验点数均不应少于 6 点；

③竣工验收时，柱锤冲扩桩复合地基承载力检验应采用复合地基静载荷试验；

④承载力检验数量不应少于总桩数的 1%，且每个单体工程复合地基静载荷试验不应少于 3 点；

⑤静载荷试验应在成桩 14d 后进行；

⑥基槽开挖后，应检查桩位、桩径、桩数、桩顶密实度及槽底土质情况。如发现漏桩、桩位偏差过大、桩头及槽底土质松软等质量问题，应采取补救措施。

（8）多桩型复合地基：

多桩型复合地基的质量检验应符合下列规定：

①竣工验收时，多桩型复合地基承载力检验，应采用多桩复合地基静载荷试验和单桩静载荷试验，检验数量不得少于总桩数的 1%；

②多桩复合地基载荷板静载荷试验，对每个单体工程检验数量不得少于 3 点；

③增强体施工质量检验，对散体材料增强体的检验数量不应少于其总桩数的 2%，对具有粘结强度的增强体，完整性检验数量不应少于其总桩数的 10%。

3. 依据《建筑地基检测技术规范》JGJ 340—2015

1）土（岩）地基载荷试验的检测数量应符合下列规定：

（1）单位工程检测数量为每 500m² 不应少于 1 点，且总点数不应少于 3 点。

（2）复杂场地或重要建筑地基应增加检测数量。

2）复合地基载荷试验的检测数量应符合下列规定：

（1）单位工程检测数量不应少于总桩数的 0.5%，且不应少于 3 点。

（2）单位工程复合地基载荷试验可根据所采用的处理方法及地基土层情况，选择多复合地基载荷试验或单桩复合地基载荷试验。

3）竖向增强体载荷试验的单位工程检测数量不应少于总桩数的 0.5%，且不得少于 3 根。

4）采用标准贯入试验对处理地基土质量进行验收检测时，单位工程检测数量不应少于 10 点，当面积超过 3000m² 应每 500m² 增加 1 点。检测同一土层的试验有效数据不应少于 6 个。

5）采用圆锥动力触探试验对处理地基土质量进行验收检测时，单位工程检测数量不应少于10点当面积超过3000m²应每500m²增加1点。检测同一土层的试验有效数据不应少于6个。

6）采用静力触探试验对处理地基土质量进行验收检测时，单位工程检测数量不应少于10点，检测同一土层的试验有效数据不应少于6个。

7）采用十字板剪切试验对处理地基土质量进行验收检测时，单位工程检测数量不应少于10点，检测同一土层的试验有效数据不应少于6个。

8）水泥土钻芯法试验数量单位工程不应少于0.5%，且不应少于3根。当桩长大于等于10m时桩身强度抗压芯样试件按每孔不少于9个截取，桩体三等分段各取3个；当桩长小于10m时，桩身强度抗压芯样试件按每孔不少于6个截取，桩体二等分段各取3个。

9）低应变法试验单位工程检测数量不应少于总桩数的10%，且不得少于10根。

10）采用扁铲侧胀试验对处理地基土质量进行验收检测时，单位工程检测数量不应少于10点，检测同一土层的试验有效数据不应少于6个。

4.依据《建筑地基基础设计规范》GB 50007—2011

地基处理的效果检验应符合下列规定：

（1）地基处理后载荷试验的数量，应根据场地复杂程度和建筑物重要性确定。对于简单场地上的一般建筑物，每个单体工程载荷试验点数不宜少于3处；对复杂场地或重要建筑物应增加试验点数。

（2）处理地基的均匀性检验深度不应小于设计处理深度。

（3）对回填风化岩、山坯土、建筑垃圾等特殊土，应采用波速、超重型动力触探、深层载荷试验等多种方法综合评价。

（4）对遇水软化、崩解的风化岩、膨胀性土等特殊土层，除根据试验数据评价承载力外，尚应评价由于试验条件与实际条件的差异对检测结果的影响。

（5）复合地基除应进行静载荷试验外，尚应进行竖向增强体及周边土的质量检验。

（6）条形基础和独立基础复合地基载荷试验的压板宽度宜按基础宽度确定。

五、试验方法及结果评定

1.依据《建筑地基处理技术规范》JGJ 79—2012

1）处理后地基静载荷试验

（1）平板静载荷试验采用的压板面积应按需检验土层的厚度确定，且不应小于1.0m²，对夯实地基，不宜小于2.0m²。

（2）试验基坑宽度不应小于承压板宽度或直径的3倍。应保持试验土层的原状结构和天然湿度。宜在拟试压表面用粗砂或中砂层找平，其厚度不超过20mm。基准梁及加荷平台支点（或锚桩）宜设在试坑以外，且与承压板边的净距不应小于2m。

(3)加荷分级不应少于8级。最大加载量不应小于设计要求的2倍。

(4)每级加载后,按间隔10min、10min、10min、15min、15min,以后为每隔0.5h测读一次沉降量,当在连续2h内,每小时的沉降量小于0.1mm时,则认为已趋稳定,可加下一级荷载。

(5)当出现下列情况之一时,即可终止加载,当满足前三种情况之一时,其对应的前一级荷载定为极限荷载:

① 承压板周围的土明显地侧向挤出;

② 沉降s急骤增大,压力—沉降曲线出现陡降段;

③ 在某一级荷载下,24h内沉降速率不能达到稳定标准;

④ 承压板的累计沉降量已大于其宽度或直径的6%。

(6)处理后的地基承载力特征值确定应符合下列规定:

① 当压力—沉降曲线上有比例界限时,取该比例界限所对应的荷载值。

② 当极限荷载小于对应比例界限的荷载值的2倍时,取极限荷载值的一半。

③ 当不能按上述两款要求确定时,可取$s/b = 0.01$所对应的荷载,但其值不应大于最大加载量的一半。承压板的宽度或直径大于2m时,按2m计算。

注:s为静载荷试验承压板的沉降量;b为承压板宽度。

(7)同一土层参加统计的试验点不应少于3点,各试验实测值的极差不超过其平均值的30%时,取该平均值作为处理地基的承载力特征值。当极差超过平均值的30%时,应分析极差过大的原因,需要时应增加试验数量并结合工程具体情况确定处理后地基的承载力特征值。

2)复合地基静载荷试验

(1)复合地基静载荷试验用于测定承压板下应力主要影响范围内复合土层的承载力。复合地基静载荷试验承压板应具有足够刚度。单复合地基静载荷试验的承压板可用圆形或方形,面积为一根桩承担的处理面积;多桩复合地基静载荷试验的承压板可用方形或矩形,其尺寸按实际桩数所承担的处理面积确定。单桩复合地基静载荷试验桩的中心(或形心)应与承压板中心保持一致,并与荷载作用点相重合。

(2)试验应在桩顶设计标高进行。承压板底面以下宜铺设粗砂或中砂垫层,垫层厚度可取(100~150)mm。如采用设计的垫层厚度进行试验,试验承压板的宽度对独立基础和条形基础应采用基础的设计宽度,对大型基础试验有困难时应考虑承压板尺寸和垫层厚度对试验结果的影响。垫层施工的夯填度应满足设计要求。

(3)试验标高处的试坑宽度和长度不应小于承压板尺寸的3倍。基准梁及加荷平台支点(或锚桩)宜设在试坑以外,且与承压板边的净距不应小于2m。

(4)试验前应采取防水和排水措施,防止试验场地地基土含水量变化或地基土扰动,影响试验结果。

（5）加载等级可分为 8~12 级。测试前为校核试验系统整体工作性能，预压荷载不得大于总加载量的 5%。最大加载压力不应小于设计要求承载力特征值的 2 倍。

（6）每加一级荷载前后均应各读记承压板沉降量一次，以后每 0.5h 读记一次。当 1h 内沉降量小于 0.1mm 时，即可加下一级荷载。

（7）当出现下列现象之一时可终止试验：

①沉降急剧增大，土被挤出或承压板周围出现明显的隆起；

②承压板的累计沉降量已大于其宽度或直径的 6%；

③当达不到极限荷载，而最大加载压力已大于设计要求压力值的 2 倍。

（8）卸载级数可为加载级数的一半，等量进行，每卸一级，间隔 0.5h，读记回弹量，待卸完全部荷载后间隔 3h 读记总回弹量。

（9）复合地基承载力特征值的确定应符合下列规定：

①当压力—沉降曲线上极限荷载能确定，而其值不小于对应比例界限的 2 倍时，可取比例界限；当其值小于对应比例界限的 2 倍时，可取极限荷载的一半；

②当压力—沉降曲线是平缓的光滑曲线时，可按相对变形值确定，并应符合下列规定：

a. 对沉管砂石桩、振冲碎石桩和柱锤冲扩桩复合地基，可取 s/b 或 s/d 等于 0.01 所对应的压力；

b. 对灰土挤密桩、土挤密桩复合地基，可取 s/b 或 s/d 等于 0.008 所对应的压力；

c. 对水泥粉煤灰碎石桩或夯实水泥土桩复合地基，对以卵石、圆砾、密实粗中砂为主的地基，可取 s/b 或 s/d 等于 0.008 所对应的压力；对以黏性土、粉土为主的地基，可取 s/b 或 s/d 等于 0.01 所对应的压力；

d. 对水泥土搅拌桩或旋喷桩复合地基，可取 s/b 或 s/d 等于 0.006~0.008 所对应的压力，桩身强度大于 1.0MPa 且桩身质量均匀时可取高值；

e. 对有经验的地区，可按当地经验确定相对变形值，但原地基土为高压缩性土层时，相对变形值的最大值不应大于 0.015；

f. 复合地基荷载试验，当采用边长或直径大于 2m 的承压板进行试验时，b 或 d 按 2m 计；

g. 按相对变形值确定的承载力特征值不应大于最大加载压力的一半。

注：s 为静载荷试验承压板的沉降量；b 和 d 分别为承压板宽度和直径。

（10）试验点的数量不应少于 3 点，当满足其极差不超过平均值的 30%时，可取其平均值为复合地基承载力特征值。当极差超过平均值的 30%时，应分析离差过大的原因，需要时应增加试验数量，并结合工程具体情况确定复合地基承载力特征值。工程验收时应视建筑物结构、基础形式综合评价，对于桩数少于 5 根的独立基础或桩数少于 3 排的条形基础，复合地基承载力特征值应取最低值。

3）复合增强体单桩静载荷试验

（1）试验应采用慢速维持荷载法。

（2）试验提供的反力装置可采用锚桩法或堆载法。当采用堆载法加载时应符合下列规定：

①堆载支点施加于地基的压应力不宜超过地基承载力特征值；

②堆载的支墩位置以不对试桩和基准桩的测试产生较大影响确定，无法避开时应采取有效措施；

③堆载量大时，可利用工程作为堆载支点；

④试验反力装置的承重能力应满足试验加载要求。

（3）试压前应对桩头进行加固处理，水泥粉煤灰碎石桩等强度高的桩，桩顶宜设置带水平钢筋网片的混凝土桩帽或采用钢护筒桩帽，其混凝土宜提高强度等级和采用早强剂。桩帽高度不宜小于1倍桩的直径。

（4）桩帽下复合地基增强体单桩的桩顶标高及地基土标高应与设计标高一致，加固桩头前应凿成平面。

（5）开始试验的时间、加载分级、测读沉降量的时间、稳定标准及卸载观测等应符合现行国家标准《建筑地基基础设计规范》GB 50007—2011 的有关规定。

（6）当出现下列条件之一时可终止加载：

①当荷载—沉降（Q-s）曲线上有可判定极限承载力的陡降段，且桩顶总沉降量超过 40mm；

②$\frac{\Delta S_{n+1}}{\Delta S_n} \geqslant 2$，且经24h沉降尚未稳定；

③桩身破坏，桩顶变形急剧增大；

④当桩长超过25m，Q-s曲线呈缓变形时，顶总沉降量大于(60~80)mm；

⑤验收检验时，最大加载量不应小于设计单桩承载力特征值的2倍。

注：ΔS_n——第n级荷载的沉降增量；ΔS_{n+1}——第$(n+1)$级荷载的沉降增量。

（7）单桩竖向抗压极限承载力的确定应符合下列规定：

①作荷载—沉降（Q-s）曲线和其他辅助分析所需的曲线；

②曲线陡降段明显时，取相应于陡降段起点的荷载值；

③当出现本规范第 C.0.9 条第 2 款的情况时，取前一级荷载值；

④Q-s曲线呈缓变型时，取桩顶总沉降量s为40mm所对应的荷载值；

⑤按上述方法判断有困难时，可结合其他辅助分析方法综合判定；

⑥参加统计的试桩，当满足其极差不超过平均值的30%时，设计可取其平均值为单桩极限承载力；极差超过平均值的30%时，应分析离差过大的原因，结合工程具体情况确定单桩极限承载力；需要时应增加试桩数量。工程验收时应视建筑物结构、基础形式综合评价，对于桩数少于5根的独立基础或桩数少于3排的条形基础，应取最低值。

（8）将单桩极限承载力除以安全系数2，为单桩承载力特征值。

2. 依据《建筑地基检测技术规范》JGJ 340—2015

1）土（岩）地基载荷试验

（1）土（岩）地基载荷试验分为浅层平板载荷试验、深层平板载荷试验和岩基载荷试验。浅层平板载荷试验适用于确定浅层地基土、破碎、极破碎岩石地基的承载力和变形参数；深层平板载荷试验适用于确定深层地基土和大直径桩的桩端土的承载力和变形参数，深层平板载荷试验的试验深度不应小于5m；岩基载荷试验适用于确定完整、较完整、较破碎岩石地基的承载力和变形参数。

（2）工程验收检测的平板载荷试验最大加载量不应小于设计承载力特征值的2倍，岩石地基载荷试验最大加载量不应小于设计承载力特征值的3倍；为设计提供依据的载荷试验应加载至极限状态。

（3）地基土载荷试验的加载方式应采用慢速维持荷载法。

（4）土（岩）地基载荷试验的承压板可采用圆形、正方形钢板或钢筋混凝土板。浅层平板载荷试验承压板面积不应小于 $0.25m^2$，换填垫层和压实地基承压板面积不应小于 $1.0m^2$，强夯地基承压板面积不应小于 $2.0m^2$。深层平板载荷试验的承压板直径不应小于0.8m。岩基载荷试验的承压板直径不应小于0.3m。

（5）承压板应有足够强度和刚度。在拟试压表面和承压板之间应用粗砂或中砂层找平，其厚度不应超过20mm。

（6）正式试验前宜进行预压。预压荷载宜为最大加载量的5%，预压时间宜为5min。预压后卸载至零，测读位移测量仪表的初始读数并应重新调整零位。

（7）试验加卸载分级及施加方式应符合下列规定：

①地基土平板载荷试验的分级荷载宜为最大试验荷载的 1/8～1/12，岩基载荷试验的分级荷载宜为最大试验荷载的1/15；

②加载应分级进行，采用逐级等量加载，第一级荷载可取分级荷载的2倍；

③卸载应分级进行，每级载量为分级荷载的2倍，逐级等量卸载；当加载等级为奇数级时，第一级卸载量宜取分级荷载的3倍；

④加、卸载时应使荷载传递均匀、连续、无冲击，每级荷载在维持过程中的变化幅度不得超过分级荷载的±10%。

（8）地基土平板载荷试验的慢速维持荷载法的试验步骤应符合下列规定：

①每级荷载施加后应按第10min、20min、30min、45min、60min 测读承压板的沉降量，以后应每隔半小时测读一次；

②承压板沉降相对稳定标准：在连续两小时内，每小时的沉降量应小于0.1mm；

③当承压板沉降速率达到相对稳定标准时，应再施加下一级荷载；

④卸载时，每级荷载维持1h，应按第10min、30min、60min 测读承压板沉降量；卸载至零后，应测读承压板残余沉降量，维持时间为3h，测读时间应为第10min、30min、60min、

120min、180min。

（9）岩基载荷试验的试验步骤应符合下列规定：

①每级加荷后立即测读承压板的沉降量，以后每隔10min应测读一次；

②承压板沉降相对稳定标准：每0.5h内的沉降量不应超过0.03mm，并应在四次读数中连续出现两次；

③当承压板沉降速率达到相对稳定标准时，应再施加下一级荷载；

④每级卸载后，应隔10min测读一次，测读三次后可卸下一级荷载。全部卸载后，当测读0.5h回弹量小于0.01mm时，即认为稳定，终止试验。

（10）当出现下列情况之一时，可终止加载：

①当浅层载荷试验承压板周边的土出现明显侧向挤出，周边土体出现明显隆起；岩基载荷试验的荷载无法保持稳定且逐渐下降；

②本级荷载的沉降量大于前级荷载沉降量的5倍，荷载与沉降曲线出现明显陡降；

③在某一级荷载下，24h内沉降速率不能达到相对稳定标准；

④浅层平板载荷试验的累计沉降量已大于等于承压板边宽或直径的6%或累计沉降量大于等于150mm；深层平板载荷试验的累计沉降量与承压板径之比大于等于0.04；

⑤加载至要求的最大试验荷载且承压板沉降达到相对稳定标准。

（11）土（岩）地基极限荷载可按下列方法确定：

①出现第（10）条①，②，③情况时，取前一级荷载值；

②出现第（10）条⑤情况时，取最大试验荷载。

（12）单个试验点的土（岩）地基承载力特征值确定应符合下列规定：

①当p-s曲线上有比例界限时，应取该比例界限所对应的荷载值；

②地基土平板载荷试验，当极限荷载小于对应比例界限荷载值的2倍时，应取极限荷载值的一半；岩基载荷试验，当极限荷载小于对应比例界限荷载值的3倍时，应取极限荷载值的1/3；

③当满足第（10）条⑤情况，且p-s曲线上无法确定比例界限，承载力又未达到极限时，地基土平板载荷试验应取最大试验荷载的一半所对应的荷载值，岩基载荷试验应取最大试验荷载的1/3所对应的荷载值；

④当按相对变形值确定天然地基及人工地基承载力特征值时，可按表8-5规定的地基变形取值确定，且所取的承载力特征值不应大于最大试验荷载的一半。当地基土性质不确定时，对应变形值宜取$0.010b$；对有经验的地区，可按当地经验确定对应变形值。

按相对变形值确定天然地基及人工地基承载力特征值 表8-5

地基类型	地基土性质	特征值对应的变形值s_0
天然地基	高压缩性土	$0.015b$
	中压缩性土	$0.012b$
	低压缩性土和砂性土	$0.010b$
人工地基	中、低压缩性土	$0.010b$

注：s_0为与承载力特征值对应的承压板的沉降量；b为承压板的边宽或直径，当b大于2m时，按2m计算。

（13）单位工程的土（岩）地基承载力特征值确定应符合下列规定：

①同一土层参加统计的试验点不应少于3点，当其极差不超过平均值的30%时，取其平均值作为该土层的地基承载力特征值f_{ak}；

②当极差超过平均值的30%时，应分析原因，结合工程实际判别，可增加试验点数量。

（14）土（岩）载荷试验应给出每个试验点的承载力检测值和单位工程的地基承载力特征值，并应评价单位工程地基承载力特征值是否满足设计要求。

2）复合地基载荷试验

（1）工程验收检测载荷试验最大加载量不应小于设计承载力特征值的2倍，为设计提供依据的载荷试验应加载至复合地基达到第（6）条规定的破坏状态。

（2）单桩复合地基载荷试验的承压板可用圆形或方形，面积为一根桩承担的处理面积；多桩复合地基载荷试验的承压板可用方形或矩形，其尺寸按实际桩数所承担的处理面积确定，宜采用预制或现场制作并应具有足够刚度。试验时承压板中心应与增强体的中心（或形心）保持一致，并应与荷载作用点相重合。

（3）正式试验前宜进行预压，预压荷载宜为最大试验荷载的5%，预压时间为5min。预压后卸载至零，测读位移测量仪表的初始读数并应重新调整零位。

（4）试验加卸载分级及施加方式应符合下列规定：

①加载应分级进行，采用逐级等量加载；分级荷载宜为最大加载量或预估极限承载力的1/8～1/12，其中第一级可取分级荷载的2倍；

②卸载应分级进行，每级卸载量应为分级荷载的2倍，逐级等量卸载；

③加、卸载时应使荷载传递均匀、连续、无冲击，每级荷载在维持过程中的变化幅度不得超过分级荷载的±10%。

（5）复合地基载荷试验的慢速维持荷载法的试验步骤应符合下列规定：

①每加一级荷载前后均应各测读承压板沉降量一次，以后每30min测读一次；

②承压板沉降相对稳定标准：1h内承压板沉降量不应超过0.1mm；

③当承压板沉降速率达到相对稳定标准时，应再施加下一级荷载；

④卸载时，每级荷载维持1h，应按第30min、60min测读承压板沉降量；卸载至零后，应测读承压板残余沉降量，维持时间为3h，测读时间应为第30min、60min、180min。

（6）当出现下列情况之一时，可终止加载：

①沉降急剧增大，土被挤出或承压板周围出现明显的隆起；

②承压板的累计沉降量已大于其边长（直径）的6%或大于等于150mm；

③加载至要求的最大试验荷载，且承压板沉降速率达到相对稳定标准。

（7）复合地基承载力确定时，应绘制压力—沉降（p-s）、沉降—时间对数（s-$\lg t$）曲线，也可绘制其他辅助分析曲线。

（8）当出现本规范第5.3.4条第1、2款情况之一时，可视为复合地基出现破坏状态，其对应的前级荷载应定为极限荷载。

（9）复合地基承载力特征值确定应符合下列规定：

①当压力—沉降（p-s）曲线上极限荷载能确定，且其值大于等于对应比例界限的2倍时，可取比例界限；当其值小于对应比例界限的2倍时，可取极限荷载的一半；

②当p-s曲线为平缓的光滑曲线时，可按表8-6对应的相对变形值确定，且所取的承载力特征值不应大于最大试验荷载的一半。有经验的地区，可按当地经验确定相对变形值，但原地基土为高压缩性土层时相对变形值的最大值不应大于0.015。对变形控制严格的工程可按设计要求的沉降允许值作为相对变形值。

按相对变形值确定复合地基承载力特征值 表8-6

地基类型	应力主要影响范围地基土性质	承载力特征值对应的变形值s_0
沉管挤密砂石桩、振冲挤密碎石桩、柱锤冲扩桩、强夯置换墩	以黏性土、粉土、砂土为主的地基	$0.010b$
灰土挤密桩	以黏性土、粉土、砂土为主的地基	$0.008b$
水泥粉煤灰碎石桩、混凝土桩、夯实水泥土桩、树根桩	以黏性土、粉土为主的地基	$0.010b$
	以卵石、圆砾、密实粗中砂为主的地基	$0.008b$
水泥搅拌桩、旋喷桩	以淤泥和淤泥质土为主的地基	$0.008b \sim 0.010b$
	以黏性土、粉土为主的地基	$0.006b \sim 0.008b$

注：s_0为与承载力特征值对应的承压板的沉降量；b为承压板的边宽或直径，当b大于2m时，按2m计算。

（10）单位工程的复合地基承载力特征值确定时，试验点的数量不应少于3点，当其极差不超过平均值的30%时，可取其平均值为复合地基承载力特征值。

（11）复合地基载荷试验应给出每个试验点的承载力检测值和单位工程的地基承载力特征值，并应评价复合地基承载力特征值是否满足设计要求。

3）竖向增强体载荷试验

（1）试验加卸载方式应符合下列规定：

①加载应分级进行，采用逐级等量加载；分级荷载宜为最大加载量或预估极限承载力的1/10，其中第一级可取分级荷载的2倍；

②卸载应分级进行，每级卸载量取加载时分级荷载的2倍，逐级等量卸载；

③加、载时应使荷载传递均匀、连续、无冲击，每级荷载在维持过程中的变化幅度不得超过分级荷载的±10%。

（2）竖向增强体载荷试验的慢速维持荷载法的试验步骤应符合下列规定：

①每级荷载施加后应按第5min、15min、30min、45min、60min测读桩顶的沉降量，以后应每隔半小时测读一次；

②桩顶沉降相对稳定标准：每1h内桩顶沉降量不超过0.1mm，并应连续出现两次，从分级荷载施加后的第30min开始，按1.5h连续三次每30min的沉降观测值计算；

③当桩顶沉降速率达到相对稳定标准时，应再施加下一级荷载；

④卸载时，每级荷载维持 1h，应按第 15min、30min、60min 测读桩顶沉降量；卸载至零后应测读桩顶残余沉降量，维持时间为 3h，测读时间应为第 15min、30min、60min、120min、180min。

（3）符合下列条件之一时，可终止加载：

①当荷载—沉降（$Q\text{-}s$）曲线上有可判定极限承载力的陡降段，且桩顶总沉降量超过 (40～50)mm；水泥土桩、竖向增强体的桩径大于等于 800mm 取高值，混凝土桩、竖向增强体的桩径小于 800mm 取低值；

②某级荷载作用下，桩顶沉降量大于前一级荷载作用下沉降量的 2 倍，且经 24h 沉降尚未稳定；

③增强体破坏，顶部变形急剧增大；

④$Q\text{-}s$ 曲线呈缓变型时，桩顶总沉降量大于(70～90)mm；当桩长超过 25m，可加载至桩顶总沉降量超过 90mm；

⑤加载至要求的最大试验荷载，且承压板沉降速率达到相对稳定标准。

（4）竖向增强体承载力确定时，应绘制荷载—沉降（$Q\text{-}s$）、沉降—时间对数（$s\text{-}\lg t$）曲线，也可绘制其他辅助分析曲线。

（5）竖向增强体极限承载力应按下列方法确定：

①$Q\text{-}s$ 曲线陡降段明显时，取相应于陡降段起点的荷载值；

②当出现第（3）条②情况时，取前一级荷载值；

③$Q\text{-}s$ 曲线呈缓变型时，水泥土、桩径大于等于 800mm 时取桩顶总沉降量 s 为(40～50)mm 所对应的荷载值；混凝土桩、桩径小于 800mm 时取桩顶总沉降量 s 等于 40mm 所对应的荷载值；

④当判定竖向增强体的承载力未达到极限时，取最大试验荷载值；

⑤按本条①～④款标准判断有困难时，可结合其他辅助分析方法综合判定。

（6）竖向增强体承载力特征值应按极限承载力的一半取值。

（7）单位工程的增强体承载力特征值确定时，试验点的数量不应少于 3 点，当满足其极差不超过平均值的 30%时，对非条形及非独立基础可取其平均值为竖向极限承载力。

（8）竖向增强体载荷试验应给出每个试验增强体的承载力检测值和单位工程的增强体承载力特征值，并应评价竖向增强体承载力特征值是否满足设计要求。

4）标准贯入试验

（1）标准贯入试验应在平整的场地上进行，试验点平面布设应符合下列规定：

①测试点应根据工程地质分区或加固处理分区均匀布置，并应具有代表性；

②复合地基桩间土测试点应布置在桩间等边三角形或正方形的中心；复合地基竖向增强体上可布设检测点；有检测加固土体的强度变化等特殊要求时，可布置在离边不同距离处；

③评价地基处理效果和消除液化的处理效果时，处理前、后的测试点布置应考虑位置的一致性。

（2）标准贯入试验的检测深度除应满足设计要求外，尚应符合下列规定：

①天然地基的检测深度应达到主要受力层深度以下；

②人工地基的检测深度应达到加固深度以下 0.5m；

③复合地基桩间土及增强体检测深度应超过竖向增强体底部 0.5m；

④用于评价液化处理效果时，检测深度应符合现行国家标准《建筑抗震设计规范》GB 50011—2010 的规定。

（3）标准贯入试验孔宜采用回转钻进，在泥浆护壁不能保持孔壁稳定时，宜下套管护壁，试验深度须在套管底端 75cm 以下。

（4）试验孔钻至进行试验的土层标高以上 15cm 处，应清除孔底残土后换用标准贯入器，并应量得深度尺寸再进行试验。

（5）标准贯入试验应符合下列规定：

①贯入器垂直打入试验土层中 15cm 应不计击数；

②继续贯入，应记录每贯入 10cm 的锤击数，累计 30cm 的锤击数即为标准贯入击数；

③锤击速率应小于 30 击/min；

④当锤击数已达 50 击，而贯入深度未达到 30cm 时，宜终止试验，记录 50 击的实际贯入深度应按下式换算成相当于贯入 30cm 的标准贯入试验实测锤击数：

$$N = 30 \times \frac{50}{\Delta S} \tag{8-1}$$

式中：N——标准贯入击数；

ΔS——50 击时的贯入度（cm）。

⑤贯入器拔出后，应对贯入器中的土样进行鉴别、描述、记录；需测定黏粒含量时留取土样进行试验分析。

（6）标准贯入试验点竖向间距应视工程特点、地层情况、加固目的确定，宜为 1.0m。

（7）同一检测孔的标准贯入试验点间距宜相等。

（8）标准贯入试验数据可按《建筑地基检测技术规范》JGJ 340—2015 附录 A 的格式进行记录。

（9）天然地基的标准贯入试验成果应绘制标有工程地质柱状图的单孔标准贯入击数与深度关系曲线图。

（10）标准贯入试验锤击数值可用于分析岩土性状，判定地基承载力，判别砂土和粉土的液化，评价成桩的可能性、桩身质量等。N 值的修正应根据建立的统计关系确定。

（11）各分层土的标准贯入锤击数代表值应取每个检测孔不同深度的标准贯入试验锤击数的平均值。同一土层参加统计的试验点不应少于 3 点，当其极差不超过平均值的 30%

时，应取其平均值作为代表值；当极差超过平均值的30%时，应分析原因，结合工程实际判别，可增加试验点数量。

（12）单位工程同一土层统计标准贯入锤击数标准值与修正后锤击数标准值时，可按JGJ 340—2015附录B的计算方法确定。

（13）砂土、粉土、黏性土等岩土性状可根据标准贯入试验实测锤击数平均值或标准值和修正后锤击数标准值按下列规定进行评价：

①砂土的密实度可按表8-7分为松散、稍密、中密、密实。

砂土的密实度分类　　　　　　　　　　　　　　　　表8-7

$\bar{N}$/实测平均值	密实度
$\bar{N} \leqslant 10$	松散
$10 < \bar{N} \leqslant 15$	稍密
$15 < \bar{N} \leqslant 30$	中密
$\bar{N} > 30$	密实

②粉土的密实度可按表8-8分为松散、稍密、中密、密实。

粉土的密实度分类　　　　　　　　　　　　　　　　表8-8

孔隙比e	N_k（实测标准值）	密实度
—	$N_k \leqslant 5$	松散
$e > 0.9$	$5 < N_k \leqslant 10$	稍密
$0.75 \leqslant e \leqslant 0.9$	$10 < N_k \leqslant 15$	中密
$e < 0.75$	$N_k > 15$	密实

③黏性土的状态可按表8-9分为软塑、软可塑、硬可塑、硬塑、坚硬。

黏性土的状态分类　　　　　　　　　　　　　　　　表8-9

I_L	N_k'（修正后标准值）	状态
$0.75 < I_L \leqslant 1$	$2 < N_k' \leqslant 4$	软塑
$0.5 < I_L \leqslant 0.75$	$4 < N_k' \leqslant 8$	软可塑
$0.25 < I_L \leqslant 0.5$	$8 < N_k' \leqslant 14$	硬可塑
$0 < I_L \leqslant 0.25$	$14 < N_k' \leqslant 25$	硬塑
$I_L \leqslant 0$	$N_k' > 25$	坚硬

5）动力触探试验

（1）圆锥动力触探试验应在平整的场地上进行，试验点平面布设应符合下列规定：

①测试点应根据工程地质分区或加固处理分区均匀布置，并应具有代表性；

②复合地基的增强体施工质量检测，测试点应布置在增强体的桩体中心附近；增强体间土的处理效果检测，测试点的位置应在增强体间等边三角形或正方形的中心；

③评价强夯置换墩着底情况时，测试点位置可选择在置换中心；

④评价地基处理效果时，处理前、后的测试点的布置应考虑前后的一致性。

（2）圆锥动力触探测试深度除应满足设计要求外，尚应符合下列规定：

①天然地基检测深度应达到主要受力层深度以下；

②人工地基检测深度应达到加固深度以下 0.5m；

③复合地基增强体及桩间土的检测深度应超过竖向增强体底部 0.5m。

（3）圆锥动力触探试验应符合下列规定：

①圆锥动力触探试验应采用自由落锤；

②地面上触探杆高度不宜超过 1.5m，并应防止锤击偏心、探杆倾斜和侧向晃动；

③锤击贯入应连续进行，保持探杆垂直度，锤击速率宜为 15～30 击/min；

④每贯入 1m，宜将探杆转动一圈半；当贯入深度超过 10m，每贯入 20cm 宜转动探杆一次；

⑤应及时记录试验段深度和锤击数。轻型动力触探应记录每贯入 30cm 的锤击数，重型或超重型动力触探应记录每贯入 10cm 的锤击数；

⑥对轻型动力触探，当贯入 30cm 锤击数大于 100 击或贯入 15cm 锤击数超过 50 击时，可停止试验；

⑦对重型动力触探，当连续 3 次锤击数大于 50 击时，可停止试验或改用钻探、超重型动力触探；当遇有硬夹层时，宜穿过硬夹层后继续试验。

（4）单孔连续圆锥动力触探试验应绘制锤击数与贯入深度关系曲线。

（5）应根据不同深度的动力触探锤击数，采用平均值法计算每个检测孔的各土层的动力触探锤击数平均值（代表值）。

（6）统计同一土层动力触探锤击数平均值时，应根据动力触探锤击数沿深度的分布趋势结合岩土工程勘探资料进行土层划分。

（7）地基土的岩土性状、地基处理的施工效果可根据单位工程各检测孔的圆锥动力触探锤击数、同一七层的圆锥动力触探锤击数统计值、变异系数进行评价。地基处理的施工效果尚宜根据处理前后的检测结果进行对比评价。

（8）当采用圆锥动力触探试验锤击数评价复合地基竖向增强体的施工质量时，宜仅对单个增强体的试验结果进行统计和评价。

（9）初步判定地基土承载力特征值时，可根据平均击数N_{10}或修正后的平均击数$N_{63.5}$按表 8-10、表 8-11 进行估算。

轻型动力触探试验推定地基承载力特征值 f_{ak}（kPa） 表 8-10

N_{10}（击数）	5	10	15	20	25	30	35	40	45
一般黏性土地基	50	70	90	115	135	160	180	200	220
黏性素填土地基	60	80	95	110	120	130	140	150	160
粉土、粉细砂土地基	55	70	80	90	100	110	125	140	150

重型动力触探试验推定地基承载力特征值 f_{ak}（kPa） 表 8-11

$N_{63.5}$（击数）	2	3	4	5	6	7	8	9	10	11	12	13	14	15	16
一般黏性土地基	120	150	180	210	240	265	290	320	350	375	400	425	450	475	500
中砂、粗砂土	80	120	160	200	240	280	320	360	400	440	480	520	560	600	640
粉砂土、细砂土	—	75	100	125	150	175	200	225	250	—	—	—	—	—	—

（10）评价砂土密实度、碎石土（桩）的密实度时，可用修正后击数按表 8-12～表 8-15 进行。

砂土密实度按 $N_{63.5}$ 分类 表 8-12

$N_{63.5}$	$N_{63.5} \leqslant 4$	$4 < N_{63.5} \leqslant 6$	$6 < N_{63.5} \leqslant 9$	$N_{63.5} > 9$
密实度	松散	稍密	中密	密实

碎石土密实度按 $N_{63.5}$ 分类 表 8-13

$N_{63.5}$	密实度	$N_{63.5}$	密实度
$N_{63.5} \leqslant 5$	松散	$10 < N_{63.5} \leqslant 20$	中密
$5 < N_{63.5} \leqslant 10$	稍密	$N_{63.5} > 20$	密实

注：本表适用于平均粒径小于或等于 50mm，且最大粒径小于 100mm 的碎石土。对于平均粒径大于 50mm，或最大粒径大于 100mm 的碎石土，可用超重型动力触探。

碎石桩密实度按 $N_{63.5}$ 分类 表 8-14

$N_{63.5}$	$N_{63.5} \leqslant 4$	$4 < N_{63.5} \leqslant 5$	$5 < N_{63.5} \leqslant 7$	$N_{63.5} > 7$
密实度	松散	稍密	中密	密实

碎石土密实度按 N_{120} 分类 表 8-15

N_{120}	密实度	N_{120}	密实度
$N_{120} \leqslant 3$	松散	$11 < N_{120} \leqslant 14$	密实
$3 < N_{120} \leqslant 6$	稍密	$N_{120} > 14$	很密
$6 < N_{120} \leqslant 11$	中密	—	—

（11）对换填地基、预压处理地基、强夯处理地基、不加料振冲加密处理地基的承载力特征值和处理效果做初步评价时，可按 JGJ 340—2015 第 8.4.9 条和第 8.4.10 条进行。

（12）圆锥动力触探试验应给出每个试验孔（点）的检测结果和单位工程的主要土层的评价结果。

6）静力触探试验

（1）静力触探测试应在平整的场地上进行，测试点应根据工程地质分区或加固处理分区均匀布置并应具有代表性；当评价地基处理效果时，处理前、后的测试点应考虑前后的一致性。

（2）静力触探测试深度除应满足设计要求外，尚应按下列规定执行：

①天然地基检测深度应达到主要受力层深度以下；

② 人工地基检测深度应达到加固深度以下 0.5m；

③ 复合地基的桩间土检测深度应超过竖向增强体底部 0.5m。

（3）静力触探试验现场操作应符合下列规定：

① 贯入前，应对触探头进行试压，确保顶柱、锥头、摩擦筒能正常工作；

② 装卸触探头时，不应转动触探头；

③ 先将触探头贯入土中(0.5～1.0)m，然后提升(5～10)cm，待记录仪无明显零位漂移时，记录初始读数或调整零位，方能开始正式贯入；

④ 触探的贯入速率应控制为(1.2 ± 0.3)m/min，在同一检测孔的试验过程中宜保持匀速贯入；

⑤ 深度记录的误差不应超过触探深度的$\pm 1\%$；

⑥ 当贯入深度超过 30m，或穿过厚层软土后再贯入硬土层时，应采取防止孔斜措施，或配置测斜探头，量测触探孔的偏斜角，校正土层界线的深度。

（4）静力触探试验记录应符合下列规定：

① 贯入过程中，在深度 10m 以内可每隔(2～3)m 提升探头一次，测读零漂值，调整零位；以后每隔 10m 测读一次；终止试验时，必须测读和记录零漂值；

② 测读和记录贯入阻力的测点间距宜为(0.1～0.2)m，同一检测孔的测点间距应保持不变；

③ 应及时核对记录深度与实际孔深的偏差；当有明显偏差时，应立即查明原因，采取纠正措施；

④ 应及时准确记录贯入过程中发生的各种异常或影响正常贯入的情况。

（5）当出现下列情况之一时，应终止试验：

① 达到试验要求的贯入深度；

② 试验记录显示异常；

③ 反力装置失效；

④ 触探杆的倾斜度超过 10°。

（6）出现下列情况时，应对试验数据进行处理：

① 出现零位漂移超过满量程的$\pm 1\%$且小于$\pm 3\%$时，可按线性内插法校正；

② 记录曲线上出现脱节现象时，应将停机前记录与重新开机后贯入 10cm 深度的记录连成圆滑的曲线；

③ 记录深度与实际深度的误差超过$\pm 1\%$时，可在出现误差的深度范围内，等距离调整。

（7）土层划分应根据土层力学分层和地质分层综合确定，并应分层计算每个检测孔的比贯入阻力或锥尖阻力平均值，计算时应剔除临界深度以内的数值和超前、滞后影响范围内的异常值。

（8）单位工程同一土层的比贯入阻力或锥尖阻力标准值，应根据各检测孔的平均值按 JGJ 340—2015 附录 B 计算确定。

（9）初步判定地基土承载力特征值和压缩模量时，可根据比贯入阻力或锥尖阻力标准值按表 8-16 估算。

地基土承载力特征值 f_{ak} 和压缩模量 $E_{s0.1-0.2}$ 与比贯入阻力标准值的关系　　表 8-16

f_{ak}（kPa）	$E_{s0.1-0.2}$（MPa）	p_s 适用范围（MPa）	适用土类
$f_{ak} = 80p_s + 20$	$E_{s0.1-0.2} = 2.5\ln(p_s) + 4$	0.4-5.0	黏性土
$f_{ak} = 47p_s + 40$	$E_{s0.1-0.2} = 2.44\ln(p_s) + 4$	1.0-16.0	粉土
$f_{ak} = 40p_s + 70$	$E_{s0.1-0.2} = 3.6\ln(p_s) + 3$	3.0-30.0	砂土

注：当采用 q_c 值时，取 $p_s = 1.1q_c$。

（10）静力触探试验应给出每个试验孔（点）的检测结果和单位工程的主要土层的评价结果。

7）十字板剪切试验

（1）机械式十字板剪切试验操作应符合下列规定：

①十字板头与钻杆应逐节连接并拧紧；

②十字板插入至试验深度后，应静止(2～3)min，方可开始试验；

③扭转剪切速率宜采用 6°/min～12°/min，并应在 2min 内测得峰值强度；测得峰值或稳定值继续测读 1min，以便确认峰值或稳定值；

④需要测定重塑土抗剪强度时，应在峰值强度或稳定值测试完毕后，按顺时针方向连续转动 6 圈，再按第③目测定重塑土的不排水抗剪强度。

（2）电测式十字板剪切仪试验操作应符合下列规定：

①十字板探头压入前，宜将探头电缆一次性穿入需用的全部探杆；

②现场贯入前，应连接量测仪器并对探头进行试力，确保头能正常工作；

③将十字板头直接缓慢贯入至预定试验深度处，使用旋转装置卡盘卡住探杆；应静止(3～5)min 后，测读初始读数或调整零位，开始正式试验；

④以 6°/min～12°/min 的转速施加扭力，每 1°～2°测读数据一次。当峰值或稳定值出现后再继续测读 1min，所得峰值或稳定值即为试验土层剪切破坏时的读数 P_f。

（3）十字板插入钻孔底部深度应大于 3～5 倍孔径；对非均质或夹薄层粉细砂的软黏性土层，宜结合静力触探试验结果，选择软黏土进行试验。

（4）十字板剪切试验深度宜按工程要求确定。试验深度对原状土地基应达到应力主要影响深度对处理土地基应达到地基处理深度；试验点竖向间距可根据地层均匀情况确定。

（5）十字板剪切试验应记录下列信息：

①十字板探头的编号、十字板常数、率定系数；

②初始读数、扭矩的峰值或稳定值；

③及时记录贯入过程中发生的各种异常或影响正常贯入的情况。

（6）当出现下列情况之一时，可终止试验：

①达到检测要求的测试深度；

②十字板头的阻力达到额定荷载值；

③电信号陡变或消失；

④探杆倾斜度超过 2%。

（7）对于每个检测孔，应计算不同测试深度的地基土的不排水剪切强度、重塑土强度和灵敏度并绘制地基土的不排水抗剪强度、重塑土强度和灵敏度与深度的关系图表。需要时可绘制不同测试深度的抗剪强度与扭转角度的关系图表。

（8）每个检测孔的不排水抗剪强度、重塑土强度和灵敏度的代表值应取根据不同深度的十字板剪切试验结果的平均值。参加统计的试验点不应少于 3 点，当其极差不超过平均值的 30%时，取其平均值作为代表值；当极差超过平均值的 30%时，应分析原因，结合工程实际判别，可增加试验点数量。

（9）软土地基的固结情况及加固效果可根据地基土的不排水抗剪强度、灵敏度及其变化进行评价。

（10）初步判定地基土承载力特征值时，可按下式进行估算：

$$f_{ak} = 2c_u + \gamma h \tag{8-2}$$

式中：f_{ak}——地基承载力特征值（kPa）；

γ——土的天然重度（kN/m³）；

h——基础埋置深度（m），当 $h > 3.0$m 时，宜根据经验进行折减。

（11）十字板剪切试验应给出每个试验孔（点）主要土层的检测和评价结果。

8）水泥土钻芯法试验

（1）每根受检桩可钻 1 孔，当桩直径或长轴大于 1.2m 时，宜增加钻孔数量。开孔位置宜在桩中心附近处，宜采用较小的钻头压力。钻孔取芯的取芯率不宜低于 85%。对桩底持力层的钻孔深度应满足设计要求，且不小于 2 倍桩身直径。

（2）当桩顶面与钻机底座的高差较大时，应安装孔口管，孔口管应垂直且牢固。

（3）钻进过程中，钻孔内循环水流应根据钻芯情况及时调整。钻进速度宜为(50～100)mm/min，并应根据回水含砂量及颜色调整钻进速度。

（4）每回次进尺宜控制在 1.5m 以内；钻至桩底时，可采用适宜的方法对桩底持力层岩土性状进行鉴别。

（5）及时记录钻进及异常情况，并对芯样质量进行初步描述。应对芯样和标有工程名称、桩号芯样试件采取位置、桩长、孔深、检测单位名称的标示牌的全貌进行拍照。

（6）钻芯孔应从孔底往上用水泥浆回灌封孔。

（7）试验抗压试件直径不宜小于 70mm，试件的高径比宜为 1∶1；抗压芯样应进行密封，避免晾晒。

（8）芯样试件的加工和测量可按现行行业标准《建筑地基检测技术规范》JGJ 340—2015 的有关规定执行。芯样试件制作完毕可立即进行抗压强度试验。

（9）芯样试件抗压强度应按下式计算确定：

$$f_{\text{cu}} = \frac{4P}{\pi d^2} \tag{8-3}$$

式中：f_{cu}——芯样试件抗压强度（MPa），精确至 0.01MPa；

P——芯样试件抗压试验测得的破坏荷载（N）；

d——芯样试件的平均直径（mm）。

（10）桩身芯样试件抗压强度代表值应按一组三块试件强度值的平均值确定。水泥土芯样试件抗压强度代表值应取各段水泥土芯样试件抗压强度代表值中的最小值。

（11）桩身强度应按单位工程检验批进行评价。对单位工程同一条件下的受检桩，应取桩身芯样试件抗压强度代表值进行统计，并按下列公式分别计算平均强度、标准差和变异系数，并应按本规范附录 B 规定计算桩身强度标准值。

$$\bar{q}_{\text{uf}} = \frac{\sum\limits_{i=1}^{n} q_{\text{ufi}}}{n} \tag{8-4}$$

$$\sigma_{\text{uf}} = \sqrt{\frac{1}{n-1} \sum_{i=1}^{n} (\bar{q}_{\text{uf}} - q_{\text{ufi}})^2} \tag{8-5}$$

$$\delta_{\text{uf}} = \frac{\sigma_{\text{uf}}}{\bar{q}_{\text{uf}}} \times 100\% \tag{8-6}$$

式中：q_{ufi}——单桩的芯样试件抗压强度代表值（kPa）；

$\bar{q}_{\text{uf}}$——检验批水泥土桩的芯样试件抗压强度平均值（kPa）；

σ_{uf}——桩身抗压强度代表值的标准差（kPa）；

δ_{uf}——桩身抗压强度代表值的变异系数；

n——受检桩数。

（12）桩底持力层性状应根据芯样特征、动力触探或标准贯入试验结果等综合判定。

（13）桩身均匀性宜按单桩并根据现场水泥土芯样特征等进行综合评价。桩身均匀性评价标准应按表 8-17 规定执行。

桩身均匀性评价标准　　　　　　　　　　　　　　　表 8-17

桩身均匀性描述	芯样特征
均匀性良好	芯样连续、完整，坚硬，搅拌均匀，呈柱状
均匀性一般	芯样基本完整，坚硬，搅拌基本均匀，呈柱状，部分呈块状
均匀性差	芯样胶结一般，呈柱状、块状，局部松散，搅拌不均匀

（14）桩身质量评价应按检验批进行。受检身强度应按检验批进行评价，身强度标准值应满足设计要求。受检桩的桩身均匀性和桩底持力层岩土性状按单桩进行评价，应满足设计的要求。

(15）钻芯孔偏出桩外时，应仅对钻取芯样部分进行评价。

9）低应变法试验

（1）低应变法的有效检测长度、截面尺寸范围应通过现场试验确定。

（2）低应变法检测开始时间应在受检竖向增强体强度达到要求后进行。

（3）受检竖向增强体顶部处理的材质、强度、截面尺寸应与增强体主体基本等同；当增强体的侧面与基础的混凝土垫层浇筑成一体时，应断开连接并确保垫层不影响检测结果的情况下方可进行检测。

（4）测试参数设定应符合下列规定：

①增益应结合激振方式通过现场对比试验确定；

②时域信号分析的时间段长度应在 $2L/c$ 时刻后延续不少于 5ms；频域信号分析的频率范围上限不应小于 2000Hz；

③设定长度应为竖向增强体顶部测点至增强体底的施工长度；

④竖向增强体波速可根据当地同类型增强体的测试值初步设定；

⑤采样时间间隔或采样频率应根据增强体长度、波速和频率分辨率合理选择；

⑥传感器的灵敏度系数应按计量检定结果设定。

（5）测量传感器安装和激振操作应符合下列规定：

①传感器安装应与增强体顶面垂直；用耦合剂粘结时，应有足够的粘结强度；

②锤击点在增强体顶部中心，传感器安装点与增强体中心的距离宜为增强体半径的 2/3 并不应小于 10cm；

③锤击方向应沿增强体轴线方向；

④瞬态激振应根据增强体长度、强度、缺陷所在位置的深浅，选择合适重量、材质的激振设备宜用宽脉冲获取增强体的底部或深部缺陷反射信号，宜用窄脉冲获取增强体的上部缺陷反射信号。

（6）信号采集和筛选应符合下列规定：

①应根据竖向增强体直径大小，在其表面均匀布置 2～3 个检测点；每个检测点记录的有效信号数不宜少于 3 个；

②检测时应随时检查采集信号的质量，确保实测信号能反映增强体完整性特征；

③信号不应失真和产生零漂，信号幅值不应超过测量系统的量程；

④对于同一根检测增强体，不同检测点及多次实测时域信号一致性较差，应分析原因，增加检测点数量。

（7）信号处理应符合下列规定：

①采用加速度传感器时，可选择不小于 2000Hz 的低通滤波对积分后的速度信号进行处理；采用速度传感器时，可选择不小于 1000Hz 的低通滤波对速度信号进行处理；

②当竖向增强体底部反射信号或深部缺陷反射信号较弱时，可采用指数放大，被放大

的信号幅值不应大于入射波幅值的一半，进行指数放大后的波形尾部应基本回零；指数放大的范围宜大于 $2L/C$ 的 $2/3$，指数放大倍数宜小于 20；

③可使用旋转处理功能，使测试波形尾部基本位于零线附近。

（8）竖向增强体完整性分类应符合表 8-18 的规定。

竖向增强体完整性分类表 表 8-18

增强体完整性类别	分类原则	增强体完整性类别	分类原则
Ⅰ类	增强体结构完整	Ⅲ类	增强体结构存在明显缺陷
Ⅱ类	增强体结构存在轻微缺陷	Ⅳ类	增强体结构存在严重缺陷

（9）竖向增强体完整性类别应结合缺陷出现的深度、测试信号衰减特性以及设计竖向增强体类型、施工工艺、地质条件、施工情况，按本规范表 8-18、表 8-19 所列实测时域或幅频信号特征进行综合分析判定。

竖向增强体完整性判定信号特征 表 8-19

类别	时域信号特征	幅频信号特征
Ⅰ	除冲击入射波和增强体底部反射波外，在 $2L/c$ 时刻前，基本无同相反射波发生；允许存在承载力有利的反相反射（扩径）；增强体底部阻抗与持力层阻抗有差异时，应有底部反射信号	增强体底部谐振峰排列基本等间距，其相邻频差 $\Delta f \approx c/(2L)$
Ⅱ	$2L/c$ 时刻前出现轻微缺陷反射波；增强体底部阻抗与持力层阻抗有差异时，应有底部反射信号	增强体底部谐振峰排列基本等间距，其相邻频差 $\Delta f \approx c/(2L)$，轻微缺陷产生的谐振峰之间的频差（$\Delta f'$）与增强体底部谐振峰之间的频差（Δf）满足 $\Delta f' > \Delta f$
Ⅲ	有明显同相反射波，其他特征介于Ⅰ类和Ⅴ类之间	
Ⅳ	$2L/c$ 时刻前出现严重同相反射波或周期性反射波，无底部反射波；或因增强体浅部严重缺陷使波形呈现低频大振幅衰减振动，无底部反射波	缺陷谐振峰排列基本等间距 $f' > c/(2L)$，无增强相邻频差 f 的底部谐振峰；或因增强体浅部严重缺陷只出现单一谐振峰，无增强体底部谐振峰

注：对同一场地、地质条件相近、施工工艺相同的增强体，因底部阻抗与持力层阻抗相匹配导致实测信号无底部反射信号时，可按本场地同条件下有底部反射波的其他实测信号判定增强体完整性类别。

（10）低应变法应给出每根受检竖向增强体的完整性情况评价。

（11）出现下列情况之一，竖向增强体完整性宜结合其他检测方法进行判定：

①实测信号复杂，无规律，无法对其进行准确评价；

②增强体截面渐变或多变，且变化幅度较大。

10）扁铲侧胀试验

（1）扁铲侧胀试验应符合下列规定：

①每孔试验前后均应进行探头率定，以试验前后的平均值为修正值；

②探头率定时膜片的合格标准，率定时膨胀至 0.05mm 的气压实测值 $(5\sim25)$kPa，率定时膨胀至 1.10mm 的气压实测值 $(10\sim110)$kPa；

③应以静力匀速将探头贯入土中，贯入速率宜为 2cm/s；试验点间距宜取(20～50)cm；

④判断液化时，试验间距不应大于 20cm；4 探头达到预定深度后，应匀速加压和减压测定膜片膨胀至 0.05mm、1.10mm 和回到 0.05mm 的压力 A、B、C 值；砂土宜为(30～60)s、黏性土宜为(2～3)min 完成；A 与 B 之和必须大于 ΔA 与 ΔB 之和。

（2）进行扁铲侧胀消散试验时，应在测试的深度进行。测读时间间距可取 1min、2min、4min、8min、15min、30min、90min，以后每 90min 测读一次，直至消散结束。

（3）出现下列情况时，应对现场试验数据进行处理：

①出现零位漂移超过满量程的±1%时，可按线性内插法校正；

②记录曲线上出现脱节现象时，应将停机前记录与重新开机后贯入 10cm 深度的记录连成圆滑的曲线；

③记录深度与实际深度的误差超过±1%时，可在出现误差的深度范围内等距离调整。

（4）扁铲侧胀试验成果分析应包括下列内容：

对试验的实测数据应按下列公式进行膜片刚度修正：

$$P_0 = 1.05(A - Z_m + \Delta A) - 0.05(B - Z_m - \Delta B) \tag{8-7}$$

$$P_1 = B - Z_m - \Delta B \tag{8-8}$$

$$P_2 = C - Z_m - \Delta A \tag{8-9}$$

式中：P_0——膜片向土中膨胀之前的接触压力（kPa）；

P_1——膜片膨胀至 1.10mm 时的压力（kPa）；

P_2——膜片回到 0.05mm 时的终止压力（kPa）；

Z_m——调零前的压力表初读数（kPa）。

①应根据 P_0、P_1 和 P_2，计算下列指标：

$$E_D = 34.7(P_1 - P_0) \tag{8-10}$$

$$K_D = (P_0 - \mu_0)/\sigma_{v0} \tag{8-11}$$

$$L_D = (P_1 - P_0)/(P_0 - \mu_0) \tag{8-12}$$

$$U_D = (P_2 - \mu_0)/(P_0 - \mu_0) \tag{8-13}$$

式中：E_D——侧胀模量（kPa）；

K_D——侧胀水平应力指数；

L_D——侧胀土性指数；

U_D——侧胀孔压指数；

μ_0——试验深度处的静水压力（kPa）；

σ_{v0}——试验深度处土的有效上覆压力（kPa）。

②绘制 E、K、L、U 与深度的关系曲线。

（5）扁铲侧胀试验应给出每个试验孔（点）主要土层的检测和评价结果。

第二节 桩的承载力

一、相关标准

（1）《建筑地基基础工程施工质量验收标准》GB 50202—2018。
（2）《建筑地基基础设计规范》GB 50007—2011。
（3）《建筑基桩检测技术规范》JGJ 106—2014。

二、基本概念

1. 桩基础

由设置于岩土中的桩和连接于桩顶端的承台组成的基础。

2. 基桩

桩基础中的单桩。

3. 静载试验

在桩顶部逐级施加竖向压力、竖向上拔力或水平推力，观测桩顶部随时间产生的沉降、上拔位移或水平位移，以确定相应的单桩竖向抗压承载力、单桩竖向抗拔承载力或单桩水平承载力的试验方法。

4. 高应变法

用重锤冲击桩顶，实测桩顶附近或桩顶部的速度和力时程曲线，通过波动理论分析，对单桩竖向抗压承载力和桩身完整性进行判定的检测方法。

5. 桩身内力测试

通过桩身应变、位移的测试，计算荷载作用下桩侧阻力、桩端阻力或桩身弯矩的试验方法。

三、试验项目

（1）依据《建筑基桩检测技术规范》JGJ 106—2014，基桩检测可分为施工前为设计提供依据的试验桩检测和施工后为验收提供依据的工程桩检测。基桩检测应根据检测目的、检测方法的适应性、桩基的设计条件、成桩工艺等，按表8-20合理选择检测方法。当通过两种或两种以上检测方法的相互补充、验证，能有效提高基桩检测结果判定的可靠性时，应选择两种或两种以上的检测方法。

不同检测目的对应方法 表8-20

检测目的	检测方法
确定单桩竖向抗压极限承载力； 判定竖向抗压承载力是否满足设计要求； 通过桩身应变、位移测试，测定桩侧、桩端阻力，验证高应变法的单桩竖向抗压承载力检测结果	单桩竖向抗压静载试验

续表

检测目的	检测方法
确定单桩竖向抗拔极限承载力； 判定竖向抗拔承载力是否满足设计要求； 通过桩身应变、位移测试，测定桩的抗拔侧阻力	单桩竖向抗拔静载试验
确定单桩水平临界荷载和极限承载力，推定土抗力参数； 判定水平承载力或水平位移是否满足设计要求； 通过桩身应变、位移测试，测定桩身弯矩	单桩水平静载试验
检测灌注桩桩长、桩身混凝土强度、桩底沉渣厚度，判定或鉴别桩端持力层岩土性状，判定桩身完整性类别	钻芯法
检测桩身缺陷及其位置，判定桩身完整性类别	低应变法
判定单桩竖向抗压承载力是否满足设计要求；检测桩身缺陷及其位置，判定桩身完整性类别；分析桩侧和桩端土阻力；进行打桩过程监控	高应变法
检测灌注桩桩身缺陷及其位置，判定桩身完整性类别	声波透射法

（2）当设计有要求或有下列情况之一时，施工前应进行试验桩检测并确定单桩极限承载力：①设计等级为甲级的桩基；②无相关试桩资料可参考的设计等级为乙级的桩基；③地基条件复杂、基桩施工质量可靠性低；④本地区采用的新桩型或采用新工艺成桩的桩基。

（3）依据《建筑地基基础设计规范》GB 50007—2011，施工完成后的工程桩应进行桩身完整性检验和竖向承载力检验。承受水平力较大的桩应进行水平承载力检验，抗拔桩应进行抗拔承载力检验。

四、组批原则及取样方法

（1）依据《建筑基桩检测技术规范》JGJ 106—2014，为设计提供依据的试验桩检测应依据设计确定的基桩受力状态，采用相应的静载试验方法确定单桩极限承载力，检测数量应满足设计要求，且在同一条件下不应少于3根；当预计工程桩总数小于50根时，检测数量不应少于2根。

（2）依据《建筑基桩检测技术规范》JGJ 106—2014，当符合下列条件之一时，应采用单桩竖向抗压静载试验进行承载力验收检测。检测数量不应少于同一条件下桩基分项工程总桩数的1%，且不应少于3根；当总桩数小于50根时，检测数量不应少于2根。①设计等级为甲级的桩基；②施工前未按 JGJ 106—2014 第 3.3.1 条进行单桩静载试验的工程；③施工前进行了单桩静载试验，但施工过程中变更了工艺参数或施工质量出现了异常；④地基条件复杂、桩施工质量可靠性低；⑤本地区采用的新桩型或新工艺；⑥施工过程中产生挤土上浮或偏位的群桩。

（3）依据《建筑基桩检测技术规范》JGJ 106—2014，除上一条规定外的工程桩，单桩竖向抗压承载力可按下列方式进行验收检测：①当采用单桩静载试验时，检测数量宜符合 JGJ 106—2014 第 3.3.4 条的规定；②预制桩和满足高应变法适用范围的灌注桩，可采用高应变法检测单桩竖向抗压承载力,检测数量不宜少于总桩数的5%,且不得少于5根。

(4)依据《建筑基桩检测技术规范》JGJ 106—2014,对设计有抗拔或水平力要求的桩基工程,单桩承载力验收检测应采用单桩竖向抗拔或单桩水平静载试验,检测数量应符合JGJ 106—2014第3.3.4条的规定。

(5)依据《建筑地基基础工程施工质量验收标准》GB 50202—2018,设计等级为甲级或地质条件复杂时,应采用静载试验的方法对桩基承载力进行检验,检验桩数不应少于总桩数的1%,且不应少于3根,当总桩数少于50根时,不应少于2根。在有经验和对比资料的地区,设计等级为乙级、丙级的桩基可采用高应变法对桩基进行竖向抗压承载力检测,检测数量不应少于总桩数的5%,且不应少于10根。

(6)依据《建筑地基基础设计规范》GB 50007—2011,单桩竖向承载力特征值应通过单桩竖向静载荷试验确定。在同一条件下的试桩数量,不宜少于总桩数的1%且不应少于3根。

(7)依据《建筑地基基础设计规范》GB 50007—2011,水平受荷桩和抗拔桩承载力的检验桩数不得少于同条件下总桩数的1%,且不得少于3根。

五、试验方法及结果评定

依据《建筑基桩检测技术规范》JGJ 106。

1. 单桩竖向抗压静载试验

1)为设计提供依据的试验桩,应加载至桩侧与桩端的岩土阻力达到极限状态;当桩的承载力由桩身强度控制时,可按设计要求的加载量进行加载。工程桩验收检测时,加载量不应小于设计要求的单桩承载力特征值的2.0倍。

2)加载反力装置可根据现场条件,选择锚桩反力装置、压重平台反力装置、锚桩压重联合反力装置、地锚反力装置等,且应符合下列规定:

(1)加载反力装置提供的反力不得小于最大加载值的1.2倍。

(2)加载反力装置的构件应满足承载力和变形的要求。

(3)应对锚桩的桩侧土阻力、钢筋、接头进行验算,并满足抗拔承载力的要求。

(4)工程桩作锚桩时,锚桩数量不宜少于4根,且应对锚桩上拔量进行监测。

(5)压重宜在检测前一次加足,并均匀稳固地放置于平台上,且压重施加于地基的压应力不宜大于地基承载力特征值的1.5倍;有条件时,宜利用工程桩作为堆载支点。

3)试验加、卸载方式应符合下列规定:

(1)加载应分级进行,且采用逐级等量加载;分级荷载宜为最大加载值或预估极限承载力的1/10,其中,第一级加载量可取分级荷载的2倍。

(2)卸载应分级进行,每级卸载量宜取加载时分级荷载的2倍,且应逐级等量卸载。

(3)加、卸载时,应使荷载传递均匀、连续、无冲击,且每级荷载在维持过程中的变化幅度不得超过分级荷载的±10%。

4）慢速维持荷载法试验应符合下列规定：

（1）每级荷载施加后，应分别按第 5min、15min、30min、45min、60min 测读桩顶沉降量，以后每隔 30min 测读一次桩顶沉降量。

（2）试桩沉降相对稳定标准：每 1h 内的桩顶沉降量不得超过 0.1mm，并连续出现两次（从分级荷载施加后的第 30min 开始，按 1.5h 连续三次每 30min 的沉降观测值计算）。

（3）当桩顶沉降速率达到相对稳定标准时，可施加下一级荷载。

（4）卸载时，每级荷载应维持 1h，分别按第 15min、30min、60min 测读桩顶沉降量后，即可卸下一级荷载；卸载至零后，应测读桩顶残余沉降量，维持时间不得少于 3h，测读时间分别为第 15min、30min，以后每隔 30min 测读一次桩顶残余沉降量。

5）工程桩验收检测宜采用慢速维持荷载法。当有成熟的地区经验时，也可采用快速维持荷载法。快速维持荷载法的每级荷载维持时间不应少于 1h，且当本级荷载作用下的桩顶沉降速率收敛时，可施加下一级荷载。

6）当出现下列情况之一时，可终止加载：

（1）某级荷载作用下，桩顶沉降量大于前一级荷载作用下的沉降量的 5 倍，且桩顶总沉降量超过 40mm。

（2）某级荷载作用下，桩顶沉降量大于前一级荷载作用下的沉降量的 2 倍，且经 24h 尚未达到 JGJ 106—2014 第 4.3.5 条第 2 款相对稳定标准。

（3）已达到设计要求的最大加载值且桩顶沉降达到相对稳定标准。

（4）工程桩作锚桩时，锚桩上拔量已达到允许值。

（5）荷载—沉降曲线呈缓变型，可加载至桩顶总沉降量(60～80)mm；当桩端阻力尚未充分发挥时，可加载至桩顶累计沉降量超过 80mm。

7）检测数据的处理应符合下列规定：

（1）确定单桩竖向抗压承载力时，应绘制竖向荷载—沉降（Q-s）曲线、沉降—时间对数（s-$\lg t$）曲线；也可绘制其他辅助分析曲线。

（2）当进行桩身应变和桩身截面位移测定时，应按 JGJ 106—2014 附录 A 的规定，整理测试数据，绘制桩身轴力分布图，计算不同土层的桩侧阻力和桩端阻力。

8）单桩竖向抗压极限承载力应按下列方法分析确定：

（1）根据沉降随荷载变化的特征确定：对于陡降型 Q-s 曲线，应取其发生明显陡降的起始点对应的荷载值。

（2）根据沉降随时间变化的特征确定：应取 s-$\lg t$ 曲线尾部出现明显向下弯曲的前一级荷载值。

（3）符合 JGJ 106—2014 第 4.3.7 条第 2 款情况时，宜取前一级荷载值。

（4）对于缓变型 Q-s 曲线，宜根据桩顶总沉降量，取 $s = 40$mm 对应的荷载值；对 D（D 为桩端直径）大于等于 800mm 的桩，可取 s 等于 $0.05D$ 对应的荷载值；当桩长大于 40m 时，宜考虑桩身弹性压缩。

（5）不满足上述第（1）～（4）款情况时，桩的竖向抗压极限承载力宜取最大加载值。

9）为设计提供依据的单桩竖向抗压极限承载力的统计取值，应符合下列规定：

（1）对参加算术平均的试验桩检测结果，当极差不超过平均值的30%时，可取其算术平均值为单桩竖向抗压极限承载力；当极差超过平均值的30%时，应分析原因，结合桩型、施工工艺、地基条件、基础形式等工程具体情况综合确定极限承载力；不能明确极差过大的原因时，宜增加试桩数量。

（2）试验桩数量小于3根或桩基承台下的桩数不大于3根时，应取低值。

10）单桩竖向抗压承载力特征值应按单桩竖向抗压极限承载力的50%取值。

2. 单桩竖向抗拔静载试验

1）为设计提供依据的试验桩，应加载至桩侧岩土阻力达到极限状态或桩身材料达到设计强度；工程桩验收检测时，施加的上拔荷载不得小于单桩竖向抗拔承载力特征值的2.0倍或使桩顶产生的上拔量达到设计要求的限值。当抗拔承载力受抗裂条件控制时，可按设计要求确定最大加载值。

2）预估的最大试验荷载不得大于钢筋的设计强度。

3）试验反力系统宜采用反力桩提供支座反力，反力桩可采用工程桩；也可根据现场情况，采用地基提供支座反力。反力架的承载力应具有1.2倍的安全系数，并应符合下列规定：

（1）采用反力桩提供支座反力时，桩顶面应平整并具有足够的强度。

（2）采用地基提供反力时，施加于地基的压应力不宜超过地基承载力特征值的1.5倍；反力梁的支点重心应与支座中心重合。

4）单桩竖向抗拔静载试验应采用慢速维持荷载法。设计有要求时，可采用多循环加、卸载方法或恒载法。慢速维持荷载法的加、卸载分级以及桩顶上拔量的测读方式，应分别符合JGJ 106—2014第4.3.3条和第4.3.5条的规定。

5）当出现下列情况之一时，可终止加载：

（1）在某级荷载作用下，桩顶上拔量大于前一级上拔荷载作用下的上拔量5倍。

（2）按桩顶上拔量控制，累计桩顶上拔量超过100mm。

（3）按钢筋抗拉强度控制，钢筋应力达到钢筋强度设计值，或某根钢筋拉断。

（4）对于工程桩验收检测，达到设计或抗裂要求的最大上拔量或上拔荷载值。

6）测试桩身应变和桩端上拔位移时，数据的测读时间宜符合本规范第4.3.5条的规定。

7）数据处理应绘制上拔荷载—桩顶上拔量（U-δ）关系曲线和桩顶上拔量—时间对数（δ-$\lg t$）关系曲线。

8）单桩竖向抗拔极限承载力应按下列方法确定：

（1）根据上拔量随荷载变化的特征确定：对陡变型U-δ曲线，应取陡升起始点对应的荷载值。

（2）根据上拔量随时间变化的特征确定：应取δ-lg$t$曲线斜率明显变陡或曲线尾部明显弯曲的前一级荷载值。

（3）当在某级荷载下抗拔钢筋断裂时，应取前一级荷载值。

9）为设计提供依据的单桩竖向抗拔极限承载力，可按 JGJ 106—2014 第 4.4.3 条规定的统计方法确定。

10）当验收检测的受检桩在最大上拔荷载作用下，未出现 JGJ 106—2014 第 5.4.2 条第 1～3 款情况时，单桩竖向抗拔极限承载力应按下列情况对应的荷载值取值：

（1）设计要求最大上拔量控制值对应的荷载。

（2）施加的最大荷载。

（3）钢筋应力达到设计强度值时对应的荷载。

11）单桩竖向抗拔承载力特征值应按单桩竖向抗拔极限承载力的 50%取值。当工程桩不允许带裂缝工作时，应取桩身开裂的前一级荷载作为单桩竖向抗拔承载力特征值，并与按极限荷载 50%取值确定的承载力特征值相比，取低值。

3. 单桩水平静载试验

1）为设计提供依据的试验桩，宜加载至桩顶出现较大水平位移或桩身结构破坏；对工程桩抽样检测，可按设计要求的水平位移允许值控制加载。

2）水平推力加载设备宜采用卧式千斤顶，其加载能力不得小于最大试验加载量的 1.2 倍。水平推力的反力可由相邻桩提供；当专门设置反力结构时，其承载能力和刚度应大于试验桩的 1.2 倍。

3）荷载测量可用放置在千斤顶上的荷重传感器直接测定。当通过并联于千斤顶油路的压力表或压力传感器测定油压并换算荷载时，应根据千斤顶率定曲线进行荷载换算。荷重传感器、压力传感器或压力表的准确度应优于或等于 0.5 级。试验用压力表、油泵、油管在最大加载时的压力不应超过规定工作压力的 80%。水平力作用点宜与实际工程的桩基承台底面标高一致；千斤顶和试验桩接触处应安置球形铰支座，千斤顶作用力应水平通过桩身轴线；当千斤顶与试桩接触面的混凝土不密实或不平整时，应对其进行补强或补平处理。

4）沉降测量宜采用大量程的位移传感器或百分表，且应符合下列规定：

（1）测量误差不得大于 0.1%FS，分度值/分辨力应优于或等于 0.01mm。

（2）在水平力作用平面的受检桩两侧应对称安装两个位移计；当测量桩顶转角时，尚应在水平力作用平面以上 50cm 的受检桩两侧对称安装两个位移计。

（3）基准梁应具有足够的刚度，梁的一端应固定在基准桩上，另一端应简支于基准桩上。

（4）固定和支撑位移计（百分表）的夹具及基准梁不得受气温、振动及其他外界因素的影响；当基准梁暴露在阳光下时，应采取遮挡措施。

5）位移测量的基准点设置不应受试验和其他因素的影响，基准点应设置在与作用力方向垂直且与位移方向相反的试桩侧面，基准点与试桩净距不应小于 1 倍桩径。

6）测量桩身应变时，各测试断面的测量传感器应沿受力方向对称布置在远离中性轴的受拉和受压主筋上；埋设传感器的纵剖面与受力方向之间的夹角不得大于10°。地面下10倍桩径或桩宽的深度范围内，桩身的主要受力部分应加密测试断面，断面间距不宜超过1倍桩径；超过10倍桩径或桩宽的深度，测试断面间距可以加大。桩身内传感器的埋设应符合JGJ 106—2014附录A的规定。

7）加载方法宜根据工程桩实际受力特性，选用单向多循环加载法或按JGJ 106—2014第4章规定的慢速维持荷载法。当对试桩桩身横截面弯曲应变进行测量时，宜采用维持荷载法。

8）试验加、卸载方式和水平位移测量，应符合下列规定：

（1）单向多循环加载法的分级荷载，不应大于预估水平极限承载力或最大试验荷载的1/10；每级荷载施加后，恒载4min后，可测读水平位移，然后卸载至零，停2min测读残余水平位移，至此完成一个加卸载循环；如此循环5次，完成一级荷载的位移观测；试验不得中间停顿。

（2）慢速维持荷载法的加、卸载分级以及水平位移的测读方式，应分别符合JGJ 106—2014第4.3.3条和第4.3.5条的规定。

9）当出现下列情况之一时，可终止加载：

（1）桩身折断。

（2）水平位移超过(30~40)mm；软土中的桩或大直径桩时可取高值。

（3）水平位移达到设计要求的水平位移允许值。

10）检测数据的处理应符合下列规定：

（1）采用单向多循环加载法时，应分别绘制水平力—时间—作用点位移（$H\text{-}t\text{-}Y_0$）关系曲线和水平力—位移梯度（$H\text{-}\Delta Y_0/\Delta H$）关系曲线。

（2）采用慢速维持荷载法时，应分别绘制水平力—力作用点位移（$H\text{-}Y_0$）关系曲线、水平力—位移梯度（$H\text{-}\Delta Y_0/\Delta H$）关系曲线、力作用点位移—时间对数（$Y_0\text{-}\lg t$）关系曲线和水平力—力作用点位移双对数（$\lg H\text{-}\lg Y_0$）关系曲线。

11）当桩顶自由且水平力作用位置位于地面处时，m值应按下列公式确定：

$$m = \frac{(v_y H)^{\frac{5}{3}}}{b_0 Y_0^{\frac{5}{3}}(EI)^{\frac{2}{3}}} \tag{8-14}$$

$$\alpha = \left(\frac{mb_0}{EI}\right)^{\frac{1}{5}} \tag{8-15}$$

式中：m——地基土水平抗力系数的比例系数（kN/m^4）；

α——桩的水平变形系数（m^{-1}）；

v_y——桩顶水平位移系数，由式(8-15)试算α，当$\alpha h \geq 4.0$时（h为桩的入土深度），$v_y = 2.441$；

H——作用于地面的水平力（kN）；

Y_0——水平力作用点的水平位移（m）；

EI——桩身抗弯刚度（$kN \cdot m^2$）；其中E为桩身材料弹性模量，I为桩身换算截面惯性矩；

b_0——桩身计算宽度（m）；对于圆形桩：桩径$D \leqslant 1m$时，$b_0 = 0.9(1.5D + 0.5)$；当$D > 1m$时，$b_0 = 0.9(D + 1)$；对于矩形桩，当边宽$B \leqslant 1m$时，$b_0 = 1.5B + 0.5$；当边宽$B > 1m$时，$b_0 = B + 1$。

12）对进行桩身横截面弯曲应变测定的试验，应绘制下列曲线，且应列表给出相应的数据：

（1）各级水平力作用下的桩身弯矩分布图。

（2）水平力—最大弯矩截面钢筋拉应力（H-σ_s）曲线。

13）单桩的水平临界荷载可按下列方法综合确定：

（1）取单向多循环加载法时的H-t-Y_0曲线或慢速维持荷载法时的H-Y_0曲线出现拐点的前一级水平荷载值。

（2）取H-$\Delta Y_0/\Delta H$曲线或lgH-lgY_0曲线上第一拐点对应的水平荷载值。

（3）取H-σ_s曲线第一拐点对应的水平荷载值。

14）单桩水平极限承载力可按下列方法确定：

（1）取单向多循环加载法时的H-t-Y_0，曲线产生明显陡降的前一级，或慢速维持荷载法时的H-Y_0曲线发生明显陡降的起始点对应的水平荷载值。

（2）取慢速维持荷载法时的Y_0-lgt曲线尾部出现明显弯曲的前一级水平荷载值。

（3）取H-$\Delta Y_0/\Delta H$曲线或lgH-lgY_0曲线上第二拐点对应的水平荷载值。

（4）取桩身折断或受拉钢筋屈服时的前一级水平荷载值。

15）单桩水平承载力特征值的确定应符合下列规定：

（1）当桩身不允许开裂或灌注桩的桩身配筋率小于0.65%时，可取水平临界荷载的0.75倍作为单桩水平承载力特征值。

（2）对钢筋混凝土预制桩、钢桩和桩身配筋率不小于0.65%的灌注桩，可取设计桩顶标高处水平位移所对应荷载的0.75倍作为单桩水平承载力特征值；水平位移可按下列规定取值：

①对水平位移敏感的建筑物取6mm；

②对水平位移不敏感的建筑物取10mm；

③取设计要求的水平允许位移对应的荷载作为单水平承载力特征值，且应满足桩身抗裂要求。

第三节　桩身完整性

一、相关标准

（1）《建筑地基基础工程施工质量验收标准》GB 50202—2018。

(2)《建筑地基基础设计规范》GB 50007—2011。
(3)《建筑基桩检测技术规范》JGJ 106—2014。
(4)《建筑基坑支护技术规程》JGJ 120—2012。

二、基本概念

1. 桩身完整性

反映桩身截面尺寸相对变化、桩身材料密实性和连续性的综合定性指标。

2. 桩身缺陷

在一定程度上使桩身完整性恶化，引起桩身结构强度和耐久性降低，出现桩身断裂、裂缝、缩颈、夹泥（杂物）、空洞、蜂窝、松散等不良现象的统称。

3. 钻芯法

用钻机钻取芯样，检测桩长、桩身缺陷、桩底沉渣厚度以及桩身混凝土的强度，判定或鉴别桩端岩土性状的方法。

4. 低应变法

采用低能量瞬态或稳态方式在桩顶激振，实测桩顶部的速度时程曲线，或在实测桩顶部的速度时程曲线同时，实测桩顶部的力时程曲线。通过波动理论的时域分析或频域分析，对桩身完整性进行判定的检测方法。

5. 声波透射法

在预埋声测管之间发射并接收声波，通过实测声波在混凝土介质中传播的声时、频率和波幅衰减等声学参数的相对变化，对桩身完整性进行检测的方法。

三、试验项目

（1）依据《建筑基桩检测技术规范》JGJ 106—2014，基桩检测可分为施工前为设计提供依据的试验桩检测和施工后为验收提供依据的工程桩检测。基桩检测应根据检测目的、检测方法的适应性、桩基的设计条件、成桩工艺等，按表 8-21 合理选择检测方法。当通过两种或两种以上检测方法的相互补充、验证，能有效提高基桩检测结果判定的可靠性时，应选择两种或两种以上的检测方法。

不同监测目的对应方法　　　　表 8-21

检测目的	检测方法
确定单桩竖向抗压极限承载力； 判定竖向抗压承载力是否满足设计要求； 通过桩身应变、位移测试，测定桩侧、桩端阻力，验证高应变法的单桩竖向抗压承载力检测结果	单桩竖向抗压静载试验
确定单桩竖向抗拔极限承载力； 判定竖向抗拔承载力是否满足设计要求； 通过桩身应变、位移测试，测定桩的抗拔侧阻力	单桩竖向抗拔静载试验

续表

检测目的	检测方法
确定单桩水平临界荷载和极限承载力,推定土抗力参数; 判定水平承载力或水平位移是否满足设计要求; 通过桩身应变、位移测试,测定桩身弯矩	单桩水平静载试验
检测灌注桩桩长、桩身混凝土强度、桩底沉渣厚度,判定或鉴别桩端持力层岩土性状,判定桩身完整性类别	钻芯法
检测桩身缺陷及其位置,判定桩身完整性类别	低应变法
判定单桩竖向抗压承载力是否满足设计要求;检测桩身缺陷及其位置,判定桩身完整性类别;分析桩侧和桩端土阻力;进行打桩过程监控	高应变法
检测灌注桩桩身缺陷及其位置,判定桩身完整性类别	声波透射法

（2）依据《建筑基桩检测技术规范》JGJ 106—2014，混凝土桩的桩身完整性检测方法选择，应符合本规范第 3.1.1 条的规定；当一种方法不能全面评价基桩完整性时，应采用两种或两种以上的检测方法。大直径嵌岩灌注桩或设计等级为甲级的大直径灌注桩，应在规定的检测桩数范围内，按不少于总桩数 10% 的比例采用声波透射法或钻芯法检测。

（3）依据《建筑基坑支护技术规程》JGJ 120—2012，采用混凝土灌注桩时，应采用低应变动测法检测桩身完整性，当根据低应变动测法判定的桩身完整性为Ⅲ类或Ⅳ类时，应采用钻芯法进行验证，并应扩大低应变动测法检测的数量。

（4）依据《建筑地基基础设计规范》GB 50007—2011，桩身完整性检验宜采用两种或多种合适的检验方法进行。直径大于 800mm 的混凝土嵌岩桩应采用钻孔抽芯法或声波透射法检测，直径不大于 800mm 的桩以及直径大于 800mm 的非嵌岩桩，可根据桩径和桩长的大小，结合桩的类型和当地经验采用钻孔抽芯法、声波透射法或动测法进行检测。

四、组批原则及取样方法

1）依据《建筑基桩检测技术规范》JGJ 106—2014，混凝土桩的桩身完整性检测方法选择，应符合本规范第 3.1.1 条的规定；当一种方法不能全面评价基桩完整性时，应采用两种或两种以上的检测方法，检测数量应符合下列规定：

（1）建筑桩基设计等级为甲级，或地基条件复杂、成桩质量可靠性较低的灌注桩工程，检测数量不应少于总桩数的 30%，且不应少于 20 根；其他桩基工程，检测数量不应少于总桩数的 20%，且不应少于 10 根。

（2）除符合本条上款规定外，每个柱下承台检测桩数不应少于 1 根。

（3）大直径嵌岩灌注桩或设计等级为甲级的大直径灌注桩，应在本条第 1、2 款规定的检测桩数范围内，按不少于总桩数 10% 的比例采用声波透射法或钻芯法检测。

2）依据《建筑基坑支护技术规程》JGJ 120—2012，采用混凝土灌注桩时，其质量检测应符合下列规定：

(1)应采用低应变动测法检测桩身完整性,检测桩数不宜少于总桩数的20%,且不得少于5根。

(2)当根据低应变动测法判定的桩身完整性为Ⅲ类或Ⅳ类时,应采用钻芯法进行验证,并应扩大低应变动测法检测的数量。

3)依据《建筑地基基础设计规范》GB 50007—2011,桩身完整性检验宜采用两种或多种合适的检验方法进行。直径大于800mm的混凝土嵌岩桩应采用钻孔抽芯法或声波透射法检测,检测桩数不得少于总桩数的10%,且不得少于10根,且每根柱下承台的抽检桩数不应少于1根。直径不大于800mm的桩以及直径大于800mm的非嵌岩桩,可根据桩径和桩长的大小,结合桩的类型和当地经验采用钻孔抽芯法、声波透射法或动测法进行检测。检测的桩数不应少于总桩数的10%,且不得少于10根。

4)依据《建筑地基基础工程施工质量验收标准》GB 50202—2018,工程桩的桩身完整性的抽检数量不应少于总桩数的20%,且不应少于10根。每根柱子承台下的桩抽检数量不应少于1根。

五、试验方法及结果评定

依据《建筑基桩检测技术规范》JGJ 106—2014。

1. 低应变法

1)本方法适用于检测混凝土桩的桩身完整性,判定桩身缺陷的程度及位置。桩的有效检测桩长范围应通过现场试验确定。

2)对桩身截面多变且变化幅度较大的灌注桩,应采用其他方法辅助验证低应变法检测的有效性。

3)测试参数设定,应符合下列规定:

(1)时域信号记录的时间段长度应在 $2L/c$ 时刻后延续不少于5ms;幅频信号分析的频率范围上限不应小于2000Hz。

(2)设定桩长应为桩顶测点至桩底的施工桩长,设定桩身截面积应为施工截面积。

(3)桩身波速可根据本地区同类型桩的测试值初步设定。

(4)采样时间间隔或采样频率应根据桩长、桩身波速和频域分辨率合理选择;时域信号采样点数不宜少于1024点。

(5)传感器的设定值应按计量检定或校准结果设定。

4)测量传感器安装和激振操作,应符合下列规定:

(1)安装传感器部位的混凝土应平整;传感器安装应与桩顶面垂直;用耦合剂粘结时,应具有足够的粘结强度。

(2)激振点与测量传感器安装位置应避开钢筋笼的主筋影响。

（3）激振方向应沿桩轴线方向。

（4）瞬态激振应通过现场敲击试验，选择合适重量的激振力锤和软硬适宜的锤垫；宜用宽脉冲获取桩底或桩身下部缺陷反射信号，宜用窄脉冲获取桩身上部缺陷反射信号。

（5）稳态激振应在每一个设定频率下获得稳定响应信号，并应根据桩径、桩长及桩周土约束情况调整激振力大小。

5）信号采集和筛选，应符合下列规定：

（1）根据桩径大小，桩心对称布置2~4个安装传感器的检测点：实心桩的激振点应选择在桩中心，检测点宜在距桩中心2/3半径处；空心桩的激振点和检测点宜为桩壁厚的1/2处，激振点和检测点与桩中心连线形成的夹角宜为90°。

（2）当桩径较大或桩上部横截面尺寸不规则时，除应按上款在规定的激振点和检测点位置采集信号外，尚应根据实测信号特征，改变激振点和检测点的位置采集信号。

（3）不同检测点及多次实测时域信号一致性较差时，应分析原因，增加检测点数量。

（4）信号不应失真和产生零漂，信号幅值不应大于测量系统的量程。

（5）每个检测点记录的有效信号数不宜少于3个。

（6）应根据实测信号反映的桩身完整性情况，确定采取变换激振点位置和增加检测点数量的方式再次测试，或结束测试。

6）桩身波速平均值的确定，应符合下列规定：

（1）当桩长已知、桩底反射信号明确时，应在地基条件、桩型、成桩工艺相同的基桩中，选取不少于5根Ⅰ类桩的桩身波速值，按下列公式计算其平均值：

$$c_{\mathrm{m}} = \frac{1}{n}\sum_{i=1}^{n} c_i \tag{8-16}$$

$$c_i = \frac{2000L}{\Delta T} \tag{8-17}$$

$$c_i = 2L \cdot \Delta f \tag{8-18}$$

式中：c_{m}——桩身波速的平均值（m/s）；

c_i——第i根受检桩的桩身波速值（m/s），且$|c_i - c_{\mathrm{m}}|/c_{\mathrm{m}}$不宜大于5%；

L——测点下桩长（m）；

ΔT——速度波第一峰与桩底反射波峰间的时间差（ms）；

Δf——幅频曲线上桩底相邻谐振峰间的频差（Hz）；

n——参加波速平均值计算的基桩数量（$n \geqslant 5$）。

（2）无法满足本条第（1）款要求时，波速平均值可根据本地区相同桩型及成桩工艺的其他桩基工程的实测值，结合桩身混凝土的骨料品种和强度等级综合确定。

7）桩身缺陷位置应按下列公式计算：

$$x = \frac{1}{2000} \cdot \Delta t_{x} \cdot c \tag{8-19}$$

$$x = \frac{1}{2} \cdot \frac{c}{\Delta f'} \tag{8-20}$$

式中：x——桩身缺陷至传感器安装点的距离（m）；

Δt_{x}——速度波第一峰与缺陷反射波峰间的时间差（ms）；

c——受检桩的桩身波速（m/s），无法确定时可用桩身波速的平均值替代；

$\Delta f'$——幅频信号曲线上缺陷相邻谐振峰间的频差（Hz）。

8）桩身完整性类别应结合缺陷出现的深度、测试信号衰减特性以及设计桩型、成桩工艺、地基条件、施工情况，按表8-22所列时域信号特征或幅频信号特征进行综合分析判定。

桩身完整性判定　　　表 8-22

类别	时域信号特征	幅频信号特征
Ⅰ	$2L/c$时刻前无缺陷反射波，有桩底反射波	桩底谐振峰排列基本等间距，其相邻频差$\Delta f \approx c/2L$
Ⅱ	$2L/c$时刻前出现轻微缺陷反射波，有桩底反射波	桩底谐振峰排列基本等间距，其相邻频差$\Delta f \approx c/2L$，轻微缺陷产生的谐振峰与桩底谐振峰之间的频差$\Delta f' > c/2L$
Ⅲ	有明显缺陷反射波，其他特征介于Ⅱ类和Ⅳ类之间	
Ⅳ	$2L/c$时刻前出现严重缺陷反射波或周期性反射波，无桩底反射波；因桩身浅部严重缺陷使波形呈现低频大振幅衰减振动，无桩底反射波	缺陷谐振峰排列基本等间距，相邻频差$\Delta f' > c/2L$，无桩底谐振峰；因桩身浅部严重缺陷只出现单一谐振峰，无桩底谐振峰

9）采用时域信号分析判定受检桩的完整性类别时，应结合成桩工艺和地基条件区分下列情况：

（1）混凝土灌注桩桩身截面渐变后恢复至原桩径并在该阻抗突变处的反射，或扩径突变处的一次和二次反射。

（2）桩侧局部强土阻力引起的混凝土预制桩负向反射及其二次反射。

（3）采用部分挤土方式沉桩的大直径开口预应力管桩，桩孔内土芯闭塞部位的负向反射及其二次反射。

（4）纵向尺寸效应使混凝土桩桩身阻抗突变处的反射波幅值降低。

当信号无畸变且不能根据信号直接分析桩身完整性时，可采用实测曲线拟合法辅助判定桩身。

2. 声波透射法

1）本方法适用于混凝土灌注桩的桩身完整性检测，判定桩身缺陷的位置、范围和程度。对于桩径小于0.6m的桩，不宜采用本方法进行桩身完整性检测。

2）当出现下列情况之一时，不得采用本方法对整桩的桩身完整性进行评定：

（1）声测管未沿桩身通长配置。

（2）声测管堵塞导致检测数据不全。

（3）声测管埋设数量不符合本规范第10.3.2条的规定。

3）声测管埋设应符合下列规定：

（1）声测管内径应大于换能器外径。

（2）声测管应有足够的径向刚度，声测管材料的温度系数应与混凝土接近。

（3）声测管应下端封闭、上端加盖、管内无异物；声测管连接处应光顺过渡，管口应高出混凝土顶面100mm以上。

（4）浇灌混凝土前应将声测管有效固定。

4）声测管应沿钢筋笼内侧呈对称形状布置，并依次编号（图8-1）。声测管埋设数量应符合下列规定：

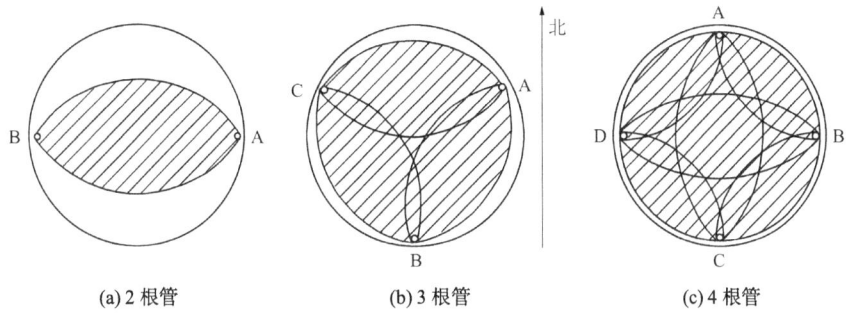

图 8-1　声测管埋示意图

检测剖面编组（检测剖面序号为j）分别为：2根管时，AB剖面（$j=1$）；3根管时，AB剖面（$j=1$），BC剖面（$j=2$），CA剖面（$j=3$）；4根管时，AB剖面（$j=1$），BC剖面（$j=2$），CD剖面（$j=3$），DA剖面（$j=4$），AC剖面（$j=5$），BD剖面（$j=6$）。

（1）桩径小于或等于800mm时，不得少于2根声测管。

（2）桩径大于800mm且小于或等于1600mm时，不得少于3根声测管。

（3）桩径大于1600mm时，不得少于4根声测管。

（4）桩径大于2500mm时，宜增加预埋声测管数量。

5）现场检测开始的时间除应符合JGJ 106—2014第3.2.5条第1款的规定外，尚应进行下列准备工作：

（1）采用率定法确定仪器系统延迟时间。

（2）计算声测管及耦合水层声时修正值。

（3）在桩顶测量各声测管外壁间净距离。

（4）将各声测管内注满清水，检查声测管畅通情况；换能器应能在声测管全程范围内正常升降。

6）现场平测和斜测应符合下列规定（图8-2）：

（1）发射与接收声波换能器应通过深度标志分别置于两根声测管中。

（2）平测时，声波发射与接收声波换能器应始终保持相同深度；斜测时，声波发射与接收换能器应始终保持固定高差，且两个换能器中点连线的水平夹角不应大于30°。

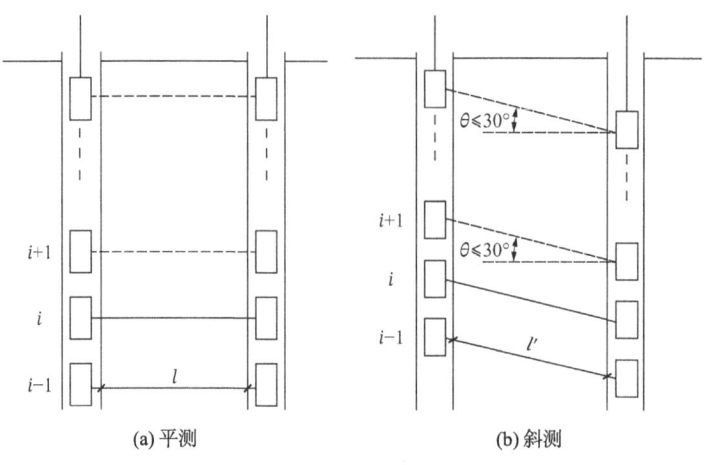

图 8-2 声波发射与接收换能器位置示意图

（3）声波发射与接收换能器应从桩底向上同步提升，声测线间距不应大于100mm；提升过程中，应校核换能器的深度和校正换能器的高差，并确保测试波形的稳定性，提升速度不宜大于0.5m/s。

（4）应实时显示、记录每条声测线的信号时程曲线，并读取首波声时、幅值；当需要采用信号主频值作为异常声测线辅助判据时，尚应读取信号的主频值；保存检测数据的同时，应保存波列图信息。

（5）同一检测剖面的声测线间距、声波发射。

7）在桩身质量可疑的声测线附近，应采用增加声测线或采用扇形扫测（图8-3）、交叉斜测、CT影像技术等方式，进行复测和加密测试，确定缺陷的位置和空间分布范围，排除因声测管耦合不良等非桩身缺陷因素导致的异常声测线。采用扇形扫测时，两个换能器中点连线的水平夹角不应大于40°。

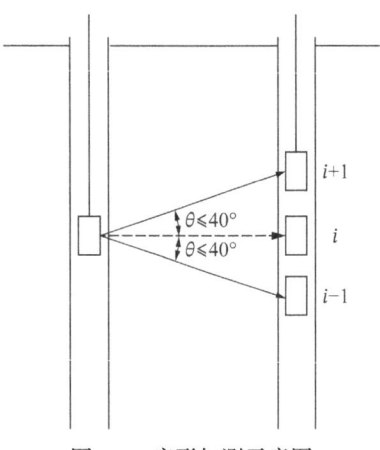

图 8-3 扇形扫测示意图

8）当因声测管倾斜导致声速数据有规律地偏高或偏低变化时，应先对管距进行合理修正，然后对数据进行统计分析。当实测数据明显偏离正常值而又无法进行合理修正时，检测数据不得作为评价桩身完整性的依据。

9）平测时各声测线的声时、声速、波幅及主频，应根据现场检测数据分别按下列公式计算，并绘制声速—深度曲线和波幅—深度曲线，也可绘制辅助的主频—深度曲线以及能量—深度曲线。

$$t_{ci}(j) = t_i(j) - t_0 - t' \tag{8-21}$$

$$v_i(j) = \frac{l'_i(j)}{t_{ci}(j)} \tag{8-22}$$

$$A_{\mathrm{p}i}(j) = 20\lg\frac{a_i(j)}{a_0} \tag{8-23}$$

$$f_i(j) = \frac{1000}{T_i(j)} \tag{8-24}$$

式中：i——声测线编号，应对每个检测剖面自下而上（或自上而下）连续编号；

   j——检测剖面编号，按 JGJ 106—2014 第 10.3.2 条编组；

 $t_{\mathrm{c}i}(j)$——第 j 检测剖面第 i 声测线声时（μs）；

  $t_i(j)$——第 j 检测剖面第 i 声测线声时测量值（μs）；

   t_0——仪器系统延迟时间（μs）；

   t'——声测管及耦合水层声时修正值（μs）；

  $l'_i(j)$——第 j 检测剖面第 i 声测线的两声测管的外壁间净距离（mm），当两声测管平行时，可取为两声测管管口的外壁间净距离；斜测时，其为声波发射和接收换能器各自中点对应的声测管外壁处之间的净距离，可由桩顶面两声测管的外壁间净距离和发射接收声波换能器的高差计算得到；

  $v_i(j)$——第 j 检测剖面第 i 声测线声速（km/s）；

 $A_{\mathrm{p}i}(j)$——第 j 检测剖面第 i 声测线的首波幅值（dB）；

  $a_i(j)$——第 j 检测剖面第 i 声测线信号首波幅值（V）；

   a_0——零分贝信号幅值（V）；

  $f_i(j)$——第 j 检测剖面第 i 声测线信号主频值（kHz），可经信号频谱分析得到；

  $T_i(j)$——第 j 检测剖面第 i 声测线信号周期（μs）。

10）当采用平测或斜测时，第 j 检测剖面的声速异常判断概率统计值应按下列方法确定：

（1）将第 j 检测剖面各声测线的声速值 $v_i(j)$ 由大到小依次按下式排序：

$$\begin{aligned}&v_1(j) \geqslant v_2(j) \geqslant \cdots v'_k(j) \geqslant \cdots v_{i-1}(j) \geqslant v_i(j) \geqslant v_{i+1}(j) \geqslant \cdots v_{n-k}(j) \geqslant \cdots \\ &v_{n-1}(j) \geqslant v_n(j)\end{aligned} \tag{8-25}$$

式中：$v_i(j)$——第 j 检测剖面第 i 声测线声速，$i = 1, 2, \cdots, n$；

   n——第 j 检测剖面的声测线总数；

   k——拟去掉的低声速值的数据个数，$k = 0, 1, 2, \cdots$；

（2）对逐一去掉 $v_i(j)$ 中 k 个最小数值和 k' 个最大数值后的其余数据，按下列公式进行统计计算（k' 为拟去掉的高声速值的数据个数，可取 $0, 1, 2, \cdots$）：

$$v_{01}(j) = v_{\mathrm{m}}(j) - \lambda \cdot s_x(j) \tag{8-26}$$

$$v_{02}(j) = v_{\mathrm{m}}(j) + \lambda \cdot s_x(j) \tag{8-27}$$

$$v_{\mathrm{m}}(j) = \frac{1}{n-k-k'}\sum_{i=k'+1}^{n-k} v_i(j) \tag{8-28}$$

$$s_x(j) = \sqrt{\frac{1}{n-k-k'-1} \sum_{i=k'+1}^{n-k} [v_i(j) - v_m(j)]^2} \quad (8\text{-}29)$$

$$C_v(j) = \frac{s_x(j)}{v_m(j)} \quad (8\text{-}30)$$

式中：$v_{01}(j)$——第 j 剖面的声速异常小值判断值；

$v_{02}(j)$——第 j 剖面的声速异常大值判断值；

$v_m(j)$——$(n-k-k')$ 个数据的平均值；

$s_x(j)$——$(n-k-k')$ 个数据的标准差；

$C_v(j)$——$(n-k-k')$ 个数据的变异系数；

λ——由表 8-23 查得的与 $(n-k-k')$ 相对应的系数。

统计数据个数 $(n-k-k')$ 与对应的 λ 值 表 8-23

$n-k-k'$	10	11	12	13	14	15	16	17	18	20
λ	1.28	1.33	1.38	1.43	1.47	1.50	1.53	1.56	1.59	1.64
$n-k-k'$	20	22	24	26	28	30	32	34	36	38
λ	1.64	1.69	1.73	1.77	1.80	1.83	1.86	1.89	1.91	1.94
$n-k-k'$	40	42	44	46	48	50	52	54	56	58
λ	1.96	1.98	2.00	2.02	2.04	2.05	2.07	2.09	2.10	2.11
$n-k-k'$	60	62	64	66	68	70	72	74	76	78
λ	2.13	2.14	2.15	2.17	2.18	2.19	2.20	2.21	2.22	2.23
$n-k-k'$	80	82	84	86	88	90	92	94	96	98
λ	2.24	2.25	2.26	2.27	2.28	2.29	2.29	2.30	2.31	2.32
$n-k-k'$	100	105	110	115	120	125	130	135	140	145
λ	2.33	2.34	2.36	2.38	2.39	2.41	2.42	2.43	2.45	2.46
$n-k-k'$	150	160	170	180	190	200	220	240	260	280
λ	2.47	2.50	2.52	2.54	2.56	2.58	2.61	2.64	2.67	2.69
$n-k-k'$	300	320	340	360	380	400	420	440	470	500
λ	2.72	2.74	2.76	2.77	2.79	2.81	2.82	2.84	2.86	2.88
$n-k-k'$	550	600	650	700	750	800	850	900	950	1000
λ	2.91	2.94	2.96	2.98	3.00	3.02	3.04	3.06	3.08	3.09
$n-k-k'$	1100	1200	1300	1400	1500	1600	1700	1800	1900	2000
λ	3.12	3.14	3.17	3.19	3.21	3.23	3.24	3.26	3.28	3.29

（3）按 $k=0$、$k'=0$、$k=1$、$k'=1$、$k=2$、$k'=2\cdots$ 的顺序，将参加统计的数列最小数据 $v_{n-k}(j)$ 与异常小值判断值 $v_{01}(j)$ 进行比较，当 $v_{n-k}(j)$ 小于等于 $v_{01}(j)$ 时剔除最小数据；将最大数据 $v_{k'+1}(j)$ 与异常大值判断值 $v_{02}(j)$ 进行比较，当 $v_{k'+1}(j)$ 大于等于 $v_{02}(j)$ 时剔除最大数据；每次剔除一个数据，对剩余数据构成的数列，重复公式(8-26)~(8-29)的计算步骤，

直到下列两式成立：

$$v_{n-k}(j) > v_{01}(j)$$
$$v_{k'+1}(j) < v_{02}(j)$$
(8-31)

（4）第j检测剖面的声速异常判断概率统计值，应按下式计算：

$$v_0(j) = \begin{cases} v_m(j)(1-0.015\lambda) & \text{当}C_v(j) < 0.015 \\ v_{01}(j) & \text{当}0.015 \leqslant C_v(j) \leqslant 0.045 \\ v_m(j)(1-0.045\lambda) & \text{当}C_v(j) > 0.045 \end{cases}$$
(8-32)

式中：$v_0(j)$——第j检测剖面的声速异常判断概率统计值。

11）受检桩的声速异常判断临界值，应按下列方法确定：

（1）应根据本地区经验，结合预留同条件混凝土试件或钻芯法获取的芯样试件的抗压强度与声速对比试验，分别确定桩身混凝土声速低限值v_L和混凝土试件的声速平均值v_p。

（2）当$v_0(j)$大于v_L且小于v_p时：

$$v_c(j) = v_0(j)$$
(8-33)

式中：$v_c(j)$——第j检测剖面的声速异常判断临界值；

$v_0(j)$——第j检测剖面的声速异常判断概率统计值。

（3）当$v_0(j)$小于等于v_L或$v_0(j)$大于等于v_p时，应分析原因；第j检测剖面的声速异常判断临界值可按下列情况的声速异常判断临界值综合确定：

①同一根桩的其他检测剖面的声速异常判断临界值；

②与受检桩属同一工程、相同桩型且混凝土质量较稳定的其他桩的声速异常判断临界值。

（4）对只有单个检测剖面的桩，其声速异常判断临界值等于检测剖面声速异常判断临界值；对具有三个及三个以上检测剖面的桩，应取各个检测剖面声速异常判断临界值的算术平均值，作为该桩各声测线的声速异常判断临界值。

12）波幅异常判断的临界值，应按下列公式计算：

$$A_m(j) = \frac{1}{n}\sum_{j=1}^{n} A_{pj}(j)$$
(8-34)

$$A_c(j) = A_m(j) - 6$$
(8-35)

波幅$A_{pi}(j)$异常应按下式判定：

$$A_{pi}(j) < A_c(j)$$
(8-36)

式中：$A_m(j)$——第j检测剖面各声测线的波幅平均值（dB）；

$A_{pi}(j)$——第j检测剖面第i声测线的波幅值（dB）；

$A_c(j)$——第j检测剖面波幅异常判断的临界值（dB）；

n——第j检测剖面的声测线总数。

13）当采用信号主频值作为辅助异常声测线判据时，主频—深度曲线上主频值明显降低的声测线可判定为异常。

14）当采用接收信号的能量作为辅助异常声测线判据时，能量—深度曲线上接收信号能量明显降低可判定为异常。

15）采用斜率法作为辅助异常声测线判据时，声时—深度曲线上相邻两点的斜率与声时差的乘积PSD值应按下式计算。当PSD值在某深度处突变时，宜结合波幅变化情况进行异常声测线判定。

$$PSD(j,i) = \frac{[t_{ci}(j) - t_{ci-1}(j)]^2}{z_i - z_{i-1}} \tag{8-37}$$

式中：PSD——声时—深度曲线上相邻两点连线的斜率与声时差的乘积（$\mu s^2/m$）；

$t_{ci}(j)$——第j检测剖面第i声测线的声时（μs）；

$t_{ci-1}(j)$——第j检测剖面第$i-1$声测线的声时（μs）；

z_i——第i声测线深度（m）；

z_{i-1}——第$i-1$声测线深度（m）。

16）桩身缺陷的空间分布范围，可根据以下情况判定：

（1）桩身同一深度上各检测剖面桩身缺陷的分布。

（2）复测和加密测试的结果。

17）桩身完整性类别应结合桩身缺陷处声测线的声学特征、缺陷的空间分布范围，按表8-24以及JGJ 106—2014中的表3.5.1所列特征进行综合判定。

不同类别桩对应特征 表8-24

类别	特征
Ⅰ	所有声测线声学参数无异常，接收波形正常；存在声学参数轻微异常、波形轻微畸变的异常声测线，异常声测线在任一检测剖面的任一区段内纵向不连续分布，且在任一深度横向分布的数量小于检测剖面数量的50%
Ⅱ	存在声学参数轻微异常、波形轻微畸变的异常声测线，异常声测线在一个或多个检测剖面的一个或多个区段内纵向连续分布，或在一个或多个深度横向分布的数量大于或等于检测剖面数量的50%；存在声学参数明显异常、波形明显畸变的异常声测线，异常声测线在任一检测剖面的任一区段内纵向不连续分布，且在任一深度横向分布的数量小于检测剖面数量的50%
Ⅲ	存在声学参数明显异常、波形明显畸变的异常声测线，异常声测线在一个或多个检测剖面的一个或多个区段内纵向连续分布，但在任一深度横向分布的数量小于检测剖面数量的50%；存在声学参数明显异常、波形明显畸变的异常声测线，异常声测线在任一检测剖面的任一区段内纵向不连续分布，但在一个或多个深度横向分布的数量大于或等于检测剖面数量的50%；存在声学参数严重异常、波形严重畸变或声速低于低限值的异常声测线，异常声测线在任一检测剖面的任一区段内纵向不连续分布，且在任一深度横向分布的数量小于检测剖面数量的50%
Ⅳ	存在声学参数明显异常、波形明显畸变的异常声测线，异常声测线在一个或多个检测剖面的一个或多个区段内纵向连续分布，且在一个或多个深度横向分布的数量大于或等于检测剖面数量的50%；存在声学参数严重异常、波形严重畸变或声速低于低限值的异常声测线，异常声测线在一个或多个检测剖面的一个或多个区段内纵向连续分布，或在一个或多个深度横向分布的数量大于或等于检测剖面数量的50%

注：1. 完整性类别由Ⅳ类往Ⅰ类依次判定。

2. 对于只有一个检测剖面的受检桩，桩身完整性判定应按该检测剖面代表桩全部横截面的情况对待。

3. 钻芯法

1）本方法适用于检测混凝土灌注桩的桩长、桩身混凝土强度、桩底沉渣厚度和桩身完整性。当采用本方法判定或鉴别桩端持力层岩土性状时，钻探深度应满足设计要求。

2）每根受检桩的钻芯孔数和钻孔位置，应符合下列规定：

（1）桩径小于 1.2m 的桩的钻孔数量可为 1～2 个孔，桩径为(1.2～1.6)m 的桩的钻孔数量宜为 2 个孔，桩径大于 1.6m 的桩的钻孔数量宜为 3 个孔。

（2）当钻芯孔为 1 个时，宜在距桩中心(10～15)cm 的位置开孔；当钻芯孔为 2 个或 2 个以上时，开孔位置宜在距桩中心(0.15～0.25)D 范围内均匀对称布置。

（3）对桩端持力层的钻探，每根受检桩不应少于 1 个孔。

3）当选择钻芯法对桩身质量、桩底沉渣、桩端持力层进行验证检测时，受检桩的钻芯孔数可为 1 孔。

4）钻机设备安装必须周正、稳固、底座水平。钻机在钻芯过程中不得发生倾斜、移位，钻芯孔垂直度偏差不得大于 0.5%。

5）每回次钻孔进尺宜控制在 1.5m 内；钻至桩底时，宜采取减压、慢速钻进、干钻等适宜的方法和工艺，钻取沉渣并测定沉渣厚度；对桩底强风化岩层或土层，可采用标准贯入试验、动力触探等方法对桩端持力层的岩土性状进行鉴别。

6）钻取的芯样应按回次顺序放进芯样箱中；钻机操作人员应按 JGJ 106—2014 表 D.0.1-1 的格式记录钻进情况和钻进异常情况，对芯样质量进行初步描述；检测人员应按 JGJ 106—2014 表 D.0.1-2 的格式对芯样混凝土，桩底沉渣以及桩端持力层详细编录。

7）钻芯结束后，应对芯样和钻探标示牌的全貌进行拍照。

8）当单桩质量评价满足设计要求时，应从钻芯孔孔底往上用水泥浆回灌封闭；当单桩质量评价不满足设计要求时，应封存钻芯孔，留待处理。

9）截取混凝土抗压芯样试件应符合下列规定：

（1）当桩长小于 10m 时，每孔应截取 2 组芯样；当桩长为(10～30)m 时，每孔应截取 3 组芯样，当桩长大于 30m 时，每孔应截取芯样不少于 4 组。

（2）上部芯样位置距桩顶设计标高不宜大于 1 倍桩径或超过 2m，下部芯样位置距桩底不宜大于 1 倍桩径或超过 2m，中间芯样宜等间距截取。

（3）缺陷位置能取样时，应截取 1 组芯样进行混凝土抗压试验。

（4）同一基桩的钻芯孔数大于 1 个，且某一孔在某深度存在缺陷时，应在其他孔的该深度处，截取 1 组芯样进行混凝土抗压强度试验。

10）混凝土芯样试件的抗压强度试验应按现行国家标准《混凝土物理力学性能试验方法标准》GB/T 50081—2019 执行。

11）每根受检桩混凝土芯样试件抗压强度的确定应符合下列规定：

（1）取一组 3 块试件强度值的平均值，作为该组混凝土芯样试件抗压强度检测值。

（2）同一受检桩同一深度部位有两组或两组以上混凝土芯样试件抗压强度检测值时，取其平均值作为该桩该深度处混凝土芯样试件抗压强度检测值。

（3）取同一受检桩不同深度位置的混凝土芯样试件抗压强度检测值中的最小值，作为该桩混凝土芯样试件抗压强度检测值。

12）桩身完整性类别应结合钻芯孔数、现场混凝土芯样特征芯样试件抗压强度试验结果，按 JGJ 106—2014 表 3.5.1 和表 7.6.3 所列特征进行综合判定。

当混凝土出现分层现象时，宜截取分层部位的芯样进行抗压强度试验。当混凝土抗压强度满足设计要求时，可判为Ⅱ类；当混凝土抗压强度不满足设计要求或不能制作成芯样试件时，应判为Ⅳ类。

多于三个钻芯孔的基桩桩身完整性可类比表 8-25 的三孔特征进行判定。

桩身完整性判定　　　　　表 8-25

类别	特征		
	单孔	两孔	三孔
Ⅰ	混凝土芯样连续、完整、胶结好，芯样侧表面光滑、骨料分布均匀，芯样呈长柱状、断口吻合		
	芯样侧表面仅见少量气孔	局部芯样侧表面有少量气孔、蜂窝麻面、沟槽，但在另一孔同一深度部位的芯样中未出现，否则应判为Ⅱ类	局部芯样侧表面有少量气孔、蜂窝麻面、沟槽，但在三孔同一深度部位的芯样中未同时出现，否则应判为Ⅱ类
Ⅱ	混凝土芯样连续、完整、胶结较好，芯样侧表面较光滑、骨料分布基本均匀，芯样呈柱状、断口基本吻合。有下列情况之一：		
	1. 局部芯样侧表面有蜂窝麻面、沟槽或较多气孔。 2. 芯样侧表面蜂窝麻面严重、沟槽连续或局部芯样骨料分布极不均匀，但对应部位的混凝土芯样试件抗压强度检测值满足设计要求，否则应判为Ⅲ类	1. 芯样侧表面有较多气孔、严重蜂窝麻面连续沟槽或局部混凝土芯样骨料分布不均匀但在两孔同一深度部位的芯样中未同时出现。 2. 芯样侧表面有较多气孔、严重蜂窝麻面、连续沟槽或局部混凝土芯样骨料分布不均匀，且在另一孔同一深度部位的芯样中同时出现，但该深度部位的混凝土芯样试件抗压强度检测值满足设计要求，否则应判为Ⅲ类。 3. 任一孔局部混凝土芯样破碎段长度不大于10cm，且在另一孔同一深度部位的局部混凝土芯样的外观判定完整性类别为Ⅰ类或Ⅱ类，否则应判为Ⅲ类或Ⅳ类	1. 芯样侧表面有较多气孔、严重蜂窝麻面、连续沟槽或局部混凝土芯样骨料分布不均匀，但在三孔同一深度部位的芯样中未同时出现。 2. 芯样侧表面有较多气孔、严重蜂窝麻面、连续沟槽或局部混凝土芯样骨料分布不均匀，且在任两孔或三孔同一深度部位的芯样中同时出现，但该深度部位的混凝土芯样试件抗压强度检测值满足设计要求，否则应判为Ⅲ类。 3. 任一孔局部混凝土芯样破碎段长度不大于10cm，且在另两孔同一深度部位的局部混凝土芯样的外观判定完整性类别为Ⅰ类或Ⅱ类，否则应判为Ⅲ类或Ⅳ类
Ⅲ	大部分混凝土芯样胶结较好，无松散、夹泥现象。有下列情况之一：		大部分混凝土芯样胶结较好。有下列情况之一：
	1. 芯样不连续、多呈短柱状或块状。 2. 局部混凝土芯样破碎段长度不大于10cm	1. 芯样不连续、多呈短柱状或块状。 2. 任一孔局部混凝土芯样破碎段长度大于10cm但不大于20cm，且在另一孔同一深度部位的局部混凝土芯样的外观判定完整性类别为Ⅰ类或Ⅱ类，否则应判为Ⅳ类	1. 芯样不连续、多呈短柱状或块状。 2. 任一孔局部混凝土芯样破碎段长度大于10cm但不大于30cm，且在另两孔同一深度部位的局部混凝土芯样的外观判定完整性类别为Ⅰ类或Ⅱ类，否则应判为Ⅳ类。 3. 任一孔局部混凝土芯样松散段长度不大于10cm，且在另两孔同一深度部位的局部混凝土芯样的外观判定类别为Ⅰ类或Ⅱ类，否则应判为Ⅳ类

续表

类别	特征		
	单孔	两孔	三孔
Ⅳ	有下列情况之一： 1. 因混凝土胶结质量差而难以钻进； 2. 混凝土芯样任一段松散或夹泥； 3. 局部混凝土芯样破碎长度大于10cm	1. 任一孔因混凝土胶结质量差而难以钻进； 2. 混凝土芯样任一段松散或夹泥； 3. 任一孔局部混凝土芯样破碎长度大于20cm； 4. 两孔同一深度部位的混凝土芯样破碎	1. 任一孔因混凝土胶结质量差而难以钻进； 2. 混凝土芯样任一段松散或夹泥段长度大于10cm； 3. 任一孔局部混凝土芯样破碎长度大于30cm； 4. 其中两孔在同一深度部位的混凝土芯样破碎、松散或夹泥

注：当上一缺陷的底部位置标高与下一缺陷的顶部位置标高的高差小于30cm时，可认定两缺陷处于同一深度部位。

13）成桩质量评价应按单根受检桩进行。当出现下列情况之一时，应判定该受检桩不满足设计要求：

（1）混凝土芯样试件抗压强度检测值小于混凝土设计强度等级。

（2）桩长、桩底沉渣厚度不满足设计要求。

（3）桩底持力层岩土性状（强度）或厚度不满足设计要求。

当桩基设计资料未作具体规定时，应按国家现行标准判定成桩质量。

第四节　锚杆抗拔承载力

一、相关标准

（1）《建筑基坑支护技术规程》JGJ 120—2012。

（2）《建筑边坡工程技术规范》GB 50330—2013。

（3）《岩土锚杆与喷射混凝土支护工程技术规范》GB 50086—2015。

（4）《建筑地基基础工程施工质量验收标准》GB 50202—2018。

二、基本概念

1. 基坑

为进行建（构）筑物地下部分的施工由地面向下开挖出的空间。

2. 基坑支护

为保护地下主体结构施工和基坑周边环境的安全，对基坑采用的临时性支挡、加固、保护与地下水控制的措施。

3. 支护结构

支挡或加固基坑侧壁的结构。

4. 锚杆

由杆体（钢绞线、预应力螺纹钢筋、普通钢筋或钢管）、注浆固结体、锚具、套管所组成的一端与支护结构构件连接，另一端锚固在稳定岩土体内的受拉杆件。杆体采用钢绞线时，亦可称为锚索。

5. 土层锚杆

锚固于稳定土层中的锚杆。

6. 岩石锚杆

锚固于稳定岩层内的锚杆。

7. 荷载分散型锚杆

在锚杆孔内，由多个独立的单元锚杆所组成的复合锚固体系。每个单元锚杆由独立的自由段和锚固段构成，能使锚杆所承担的荷载分散于各单元锚杆的锚固段上。一般可分为压力分散型锚杆和拉力分散型锚杆。

8. 预应力锚杆

将张拉力传递到稳定的或适宜的岩土体中的一种受拉杆件（体系），一般由锚头、锚杆自由段和锚杆锚固段组成。

9. 锚杆杆体

由筋材、防腐保护体、隔离架和对中支架等组装而成的锚杆杆件。

10. 锚杆自由段

锚杆锚固段近端至锚头的杆体部分。

11. 锚杆锚固段

借助注浆体或机械装置，能将拉力传递到周围地层的杆体部分。

12. 锚头

能将拉力由杆体传递到地层面和支承结构面的装置。

13. 永久性锚杆

永久留在构筑物内并能保持其应有功能的锚杆，其设计使用期超过 2 年。

14. 临时性锚杆

设计使用期不超过 2 年的锚杆。

15. 拉力型锚杆

将张拉力直接传递到杆体锚固段，锚固段注浆体处于受拉状态的锚杆。

16. 压力型锚杆

将张拉力直接传递到杆体锚固段末端，且锚固段注浆体处于受压状态的锚杆。

17. 非预应力锚杆

地层中不施加预应力的全长粘结型或摩擦型锚杆。

18. 土钉

土层中的全长粘结型或摩擦型锚杆。

19. 基本试验

工程锚杆正式施工前，为确定锚杆设计参数与施工工艺，在现场进行的锚杆极限抗拔力试验。

20. 验收试验

为检验工程锚杆质量和性能是否符合锚杆设计要求的试验。

21. 蠕变试验

在恒定荷载作用下锚杆位移随时间变化的试验。

三、试验项目

1）依据《岩土锚杆与喷射混凝土支护工程技术规范》GB 50086—2015，为锚杆设计和检验锚杆的品质而进行的锚杆试验包括基本试验、验收试验和蠕变试验。

（1）永久性锚杆工程应进行锚杆的基本试验，临时性锚杆工程当采用任何一种新型锚杆或锚杆用于从未用过的地层时，应进行锚杆的基本试验。

（2）塑性指数大于 17 的土层锚杆、强风化的泥岩或节理裂隙发育张开且充填有黏性土的岩层中的锚杆应进行蠕变试验。蠕变试验的锚杆不得少于 3 根。

（3）工程锚杆必须进行验收试验。

2）依据《建筑基坑支护技术规程》JGJ 120—2012，锚杆极限抗拔承载力应通过锚杆基本试验确定。当锚杆锚固段主要位于黏土层、淤泥质土层、填土层时，应考虑土的蠕变对锚杆预应力损失的影响，并应根据蠕变试验确定锚杆的极限抗拔承载力。锚杆抗拔承载力检测试验应按 JGJ 120—2012 附录 A 的验收试验方法进行。

3）依据《建筑地基基础工程施工质量验收标准》GB 50202—2018，锚杆（索）在下列情况应进行基本试验：

（1）当设计有要求时。

（2）采用新工艺、新材料或新技术的锚杆（索）。

（3）无锚固工程经验的岩土层内的锚杆（索）。

（4）一级边坡工程的锚杆（索）。

4）依据《建筑地基基础工程施工质量验收标准》GB 50202—2018，施工结束后应进行锚杆验收试验。

5）依据《岩土锚杆与喷射混凝土支护工程技术规范》GB 50086—2015，对施工完成的土钉、预应力锚杆及支护面层均应进行相关试验和质量检验。对预应力锚杆和喷射混凝土试验和质量检验应符合 GB 50086—2015 第 12 章、第 14 章的相关规定，对土钉支护工程的质量检验与验收应符合 GB 50086—2015 第 14 章和附录 Q 的相关规定。

四、组批原则及取样方法

1. 依据《建筑地基基础工程施工质量验收标准》GB 50202—2018

1）锚杆（索）在下列情况应进行基本试验，试验数量不应少于 3 根：

（1）当设计有要求时。

（2）采用新工艺、新材料或新技术的锚杆（索）。

（3）无锚固工程经验的岩土层内的锚杆（索）。

（4）一级边坡工程的锚杆（索）。

2）施工结束后应进行锚杆验收试验，试验的数量应为锚杆总数的 5%，且不应少于 5 根。

2. 依据《岩土锚杆与喷射混凝土支护工程技术规范》GB 50086—2015

（1）锚杆基本试验的地层条件、锚杆杆体和参数、施工工艺应与工程锚杆相同，且试验数量不应少于 3 根。

（2）塑性指数大于 17 的土层锚杆、强风化的泥岩或节理裂隙发育张开且充填有黏性土的岩层中的锚杆应进行蠕变试验。蠕变试验的锚杆不得少于 3 根。

（3）工程锚杆必须进行验收试验。其中占锚杆总量 5%且不少于 3 根的锚杆应进行多循环张拉验收试验，占锚杆总量 95%的锚杆应进行单循环张拉验收试验。

（4）锚杆抗拔承载力检测数量不应少于锚杆总数的 5%，且同一土层中的锚杆检测数量不应少于 3 根，检测锚杆应采用随机抽样的方法选取，当检测的锚杆不合格时，应扩大检测数量。

（5）同一条件下的极限抗拔承载力试验的锚杆数量不应少于 3 根。蠕变试验的锚杆数量不应少于三根。

3. 依据《建筑边坡工程技术规范》GB 50330—2013

（1）基本试验主要目的是确定锚固体与岩土层间粘结强度极限标准值、锚杆设计参数和施工工艺，每种试验锚杆数量均不应少于 3 根。

（2）验收试验锚杆的数量取每种类型锚杆总数的 5%，自由段位于Ⅰ、Ⅱ、Ⅲ类岩石内时取总数的 1.5%，且均不得少于 5 根。当验收锚杆不合格时，应按锚杆总数的 30%重新抽检；重新抽检有锚杆不合格时应全数进行检验。

五、试验方法及结果评定

1. 基本实验

1）依据《岩土锚杆与喷射混凝土支护工程技术规范》GB 50086—2015

（1）锚杆的最大试验荷载应取杆体极限抗拉强度标准值的 75%或屈服强度标准值的 85%中的较小值。

（2）锚杆基本试验应采用多循环张拉方式，其加荷、持荷、卸荷方法应符合下列规定：

①预加的初始荷载应取最大试验荷载的 0.1 倍；分 5～8 级加载到最大试验荷载。黏性

土中的锚杆每级荷载持荷时间宜为 10min，砂性土、岩层中的锚杆每级持荷时间宜为 5min。预应力锚杆基本试验应采用多循环张拉方式，其加荷、持荷和卸荷模式（图 8-4）的起始荷载宜为最大试验荷载 T_p 的 0.1 倍，各级持荷时间宜为 10min。

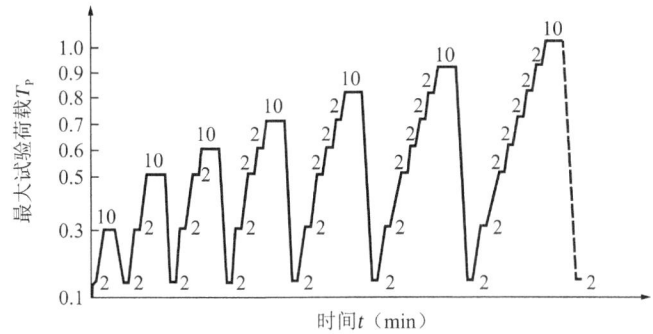

图 8-4　锚杆基本试验多循环张拉试验的加荷模式（黏性土中）

②试验中的加荷速度宜为(50～100)kN/min；卸荷速度宜为(100～200)kN/min。

（3）锚杆基本试验结果应整理绘制荷载—位移、荷载—弹性位移、荷载—塑性位移曲线图（图 8-5）。

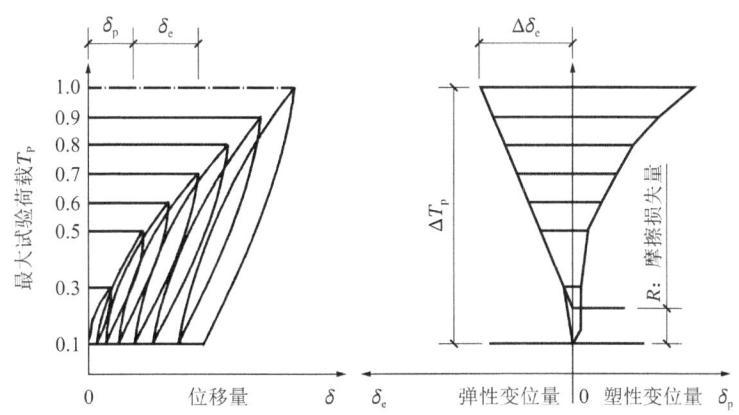

图 8-5　锚杆基本试验荷载—弹性位移、荷载—塑性位移曲线

（4）锚杆基本试验出现下列情况之一时，应判定锚杆破坏：

①在规定的持荷时间内锚杆或单元锚杆位移增量大于 2.0mm；

②锚杆杆体破坏。

（5）锚杆受拉极限承载力取破坏荷载的前一级荷载，在最大试验荷载下未达到锚杆破坏标准时，锚杆受拉极限承载力取最大试验荷载。

（6）每组锚杆极限承载力的最大差值不大于 30%时，应取最小值作为锚杆的极限承载力，当最大差值大于 30%时，应增加试验锚杆数量按 95%保证概率计算锚杆的受拉极限承载力。

2）依据《建筑基坑支护技术规程》JGJ 120—2012

（1）确定锚杆极限抗拔承载力的试验，最大试验荷载不应小于预估破坏荷载，且试验锚杆的杆体截面面积应符合 JGJ 120—2012 第 A.1.7 条对锚杆杆体应力的规定。必要时，可增加试验锚杆的杆体截面面积。

（2）锚杆极限抗拔承载力试验宜采用多循环加载法，其加载分级和锚头位移观测时间应按表 8-26 确定。

多循环加载试验的加载分级与锚头位移观测时间　　　表 8-26

循环次数	分级荷载与最大试验荷载的百分比（%）						
	初始荷载	加载过程			卸载过程		
第一循环	10	20	40	50	40	20	10
第二循环	10	30	50	60	50	30	10
第三循环	10	40	60	70	60	40	10
第四循环	10	50	70	80	70	50	10
第五循环	10	60	80	90	80	60	10
第六循环	10	70	90	100	90	70	10
观测时间（min）	5	5	10	5	5	5	

（3）当锚杆极限抗拔承载力试验采用单循环加载法时，其加载分级和锚头位移观测时间应按 JGJ 120—2012 表 A.2.3 中每一循环的最大荷载及相应的观测时间逐级加载和卸载。

（4）锚杆极限抗拔承载力试验，其锚头位移测读和加卸载应符合下列规定：

①初始荷载下，应测读锚头位移基准值 3 次，当每间隔 5min 的读数相同时，方可作为锚头位移基准值；

②每级加、卸载稳定后，在观测时间内测读锚头位移不应少于 3 次；

③在每级荷载的观测时间内，当锚头位移增量不大于 0.1mm 时，可施加下一级荷载；否则应延长观测时间，并应每隔 30min 测读锚头位移 1 次，当连续两次出现 1h 内的锚头位移增量小于 0.1mm 时，可施加下一级荷载；

④加至最大试验荷载后，当未出现 JGJ 120—2012 第 A.2.6 条规定的终止加载情况，且继续加载后满足 JGJ 120—2012 第 A.1.7 条对锚杆杆体应力的要求时，宜继续进行下一循环加载，加卸载的各分级荷载增量宜取最大试验荷载的 10%。

（5）锚杆试验中遇下列情况之一时，应终止继续加载：

①从第二级加载开始，后一级荷载产生的单位荷载下的锚头位移增量大于前一级荷载产生的单位荷载下的锚杆位移增量的 5 倍；

②锚头位移不收敛；

③锚杆杆体破坏。

（6）多循环加载试验应绘制锚杆的荷载—位移（Q-s）曲线、荷载—弹性位移（Q-s_e）曲线和荷载—塑性位移（Q-s_p,）曲线。锚杆的位移不应包括试验反力装置的变形。

（7）锚杆极限抗拔承载力标准值应按下列方法确定：

①锚杆的极限抗拔承载力，在某级试验荷载下出现本规程第 A.2.6 条规定的终止继续加载情况时，应取终止加载时的前一级荷载值；未出现时，应取终止加载时的荷载值；

②参加统计的试验锚杆，当极限抗拔承载力的极差不超过其平均值的 30%时，锚杆极限抗拔承载力标准值可取平均值；当级差超过平均值的 30%时，宜增加试验锚杆数量，并应根据级差过大的原因，按实际情况重新进行统计后确定锚杆极限抗拔承载力标准值。

3）依据《建筑边坡工程技术规范》GB 50330—2013

（1）基本试验时最大的试验荷载不应超过杆体标准值的 0.85 倍，普通钢筋不应超过其屈服值 0.90 倍。

（2）基本试验主要目的是确定锚固体与岩土层间粘结强度极限标准值、锚杆设计参数和施工工艺。试验锚杆的锚固长度和锚杆根数应符合下列规定：

①当进行确定锚固体与岩土层间粘结强度极限标准值、验证杆体与砂浆间粘结强度极限标准值的试验时，为使锚固体与地层间首先破坏，当锚固段长度取设计锚固长度时应增加锚杆钢筋用量，或采用设计锚杆时应减短锚固长度，试验锚杆的锚固长度对硬质岩取设计锚固长度的 0.40 倍，对软质岩取设计锚固长度的 0.60 倍；

②当进行确定锚固段变形参数和应力分布的试验时，锚固段长度应取设计锚固长度；

③每种试验锚杆数量均不应少于 3 根。

（3）锚杆基本试验应采用循环加、卸荷法，并应符合下列规定：

①每级荷载施加或卸除完毕后，应立即测读变形量；

②在每级加荷等级观测时间内，测读位移不应少于 3 次，每级荷载稳定标准为 3 次百分表读数的累计变位量不超过 0.10mm；稳定后即可加下一级荷载；

③在每级卸荷时间内，应测读锚头位移 2 次，荷载全部卸除后，再测读 2～3 次；

④加、卸荷等级、测读间隔时间宜按表 8-27 确定。

锚杆基本试验循环加、卸荷等级与位移观测间隔时间　　　　　表 8-27

加荷标准循环数	预估破坏荷载的百分数（%）												
	每级加载量						累计加载量	每级卸载量					
第一循环	10	20	20				50				20	20	10
第二循环	10	20	20	20			70			20	20	20	10
第三循环	10	20	20	20	20		90		20	20	20	20	10
第四循环	10	20	20	20	20	10	100	10	20	20	20	20	10
观测时间（min）	5	5	5	5	5	5		5	5	5	5	5	5

（4）锚杆基本试验应采用循环加、卸荷法，并应符合下列规定：

①锚头位移不收敛，锚固体从岩土层中拔出或锚杆从锚固体中拔出；

②锚头总位移量超过设计允许值；

③土层锚杆试验中后一级荷载产生的锚头位移增量，超过上一级荷载位移增量的2倍。

（5）试验完成后，应根据试验数据绘制：荷载—位移（Q-s）曲线、荷载—弹性位移（Q-s_e）曲线、荷载—塑性位移（Q-s_p，）曲线。

（6）拉力型锚杆弹性变形在最大试验荷载作用下，所测得的弹性位移量应超过该荷载下杆体自由段理论弹性伸长值的80%，且小于杆体自由段长度与1/2锚固段之和的理论弹性伸长值。

（7）锚杆极限承载力标准值取破坏荷载前一级的荷载值；在最大试验荷载作用下未达到 GB 50330—2013 附录 C 第 C.2.5 条规定的破坏标准时，锚杆极限承载力取最大荷载值为标准值。

（8）当锚杆试验数量为3根，各根极限承载力值的最大差值小于30%时，取最小值作为锚杆的极限承载力标准值；若最大差值超过30%，应增加试验数量，按95%的保证概率计算锚杆极限承载力标准值。

2. 蠕变试验

1）《岩土锚杆与喷射混凝土支护工程技术规范》GB 50086—2015

（1）锚杆蠕变试验加荷等级与观测时间应满足表8-28的规定。在观测时间内荷载应保持恒定。

锚杆蠕变试验加荷等级与观测时间表　　　　　表 8-28

加荷等级	观测时间（min）	
	临时锚杆	永久锚杆
$0.25N_d$	—	10
$0.50N_d$	10	30
$0.75N_d$	30	60
$1.00N_d$	60	120
$1.10N_d$	120	240
$1.20N_d$	—	360

（2）每级荷载应按持荷时间间隔1、2、3、4、5、10、15、20、30、45、60、75、90、120、150、180、210、240、270、300、330、360min 记录蠕变量。

（3）试验结果按荷载—时间—蠕变量整理，并应按图8-6绘制蠕变量—时间对数（s-$\lg t$）曲线，变率应按下式计算：

$$K_c = \frac{s_2 - s_1}{\lg t_2 - \lg t_1} \tag{8-38}$$

式中：s_1——t_1时所测得的蠕变量；

s_2——t_2时所测得的蠕变量。

（4）锚杆在最大试验荷载作用下的每个对数周期的蠕变率不应大于2.0mm。

（5）锚杆蠕变量试验结果应整理绘制蠕变量—时间对数关系曲线（图8-6）。

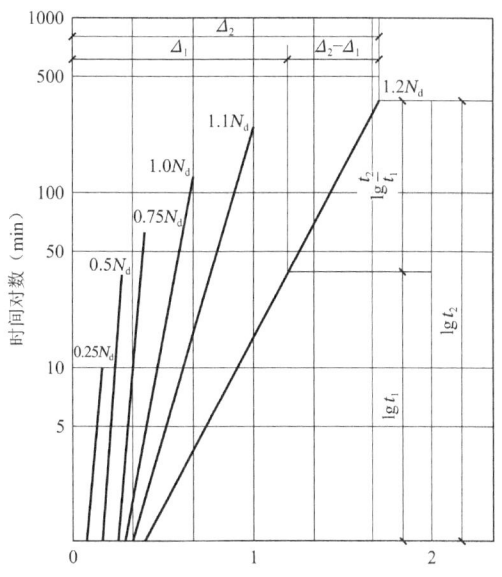

图8-6 锚杆蠕变量—时间对数关系曲线

2）依据《建筑基坑支护技术规程》JGJ 120—2012

（1）蠕变试验的加载分级和锚头位移观测时间应按表8-29确定。在观测时间内荷载必须保持恒定。

蠕变试验的加载分级与锚头位移观测时间 表8-29

加载分级	$0.50N_k$	$0.75N_k$	$1.00N_k$	$1.20N_k$	$1.50N_k$
观测时间t_2（min）	10	30	60	90	120
观测时间t_1（min）	5	15	30	45	60

注：表中M为锚杆轴向拉力标准值。

（2）每级荷载按时间间隔1min、5min、10min、15min、30min、45min、60min、90min、120min记录蠕变量。

（3）试验时应绘制每级荷载下锚杆的蠕变量-时间对数（s-$\lg t$）曲线。蠕变率应按下式计算：

$$k_c = \frac{s_2 - s_1}{\lg t_2 - \lg t_1} \tag{8-39}$$

式中：k_c——锚杆蠕变率；

s_1——t_1时间测得的蠕变量（mm）；

s_2——t_2时间测得的蠕变量（mm）。

（4）锚杆的蠕变率不应大于 2.0mm。

3. 验收试验

1）依据《岩土锚杆与喷射混凝土支护工程技术规范》GB 50086—2015

（1）工程锚杆必须进行验收试验。其中占锚杆总量 5%且不少于 3 根的锚杆应进行多循环张拉验收试验，占锚杆总量95%的锚杆应进行单循环张拉验收试验。

（2）锚杆多循环张拉验收试验应由业主委托第三方负责实施，锚杆单循环张拉验收试验可由工程施工单位在锚杆张拉过程中实施。

（3）锚杆多循环验收试验应符合下列规定：

①最大试验荷载：永久性锚杆应取锚杆拉力设计值的 1.2 倍；临时性锚杆应取锚杆拉力设计值的 1.1 倍；

②加荷级数不宜小于 5 级，加荷速度宜为(50～100)kN/min；卸荷速度宜为(100～200)kN/min。

③锚杆多循环张拉的加荷、持荷、卸荷方式应按 GB 50086—2015 K.0.1 条的规定实施（图 K.0.1）；

④每级荷载 10min 的持荷时间内，按持荷 1min、3min、5min、10min 测读一次锚杆位移值；

⑤荷载分散型锚杆多循环张拉验收试验按 GB 50086—2015 附录 C 所规定的荷载补偿张拉方式进行加荷、持荷和卸荷。

（4）锚杆多循环张拉验收试验结果的整理与判定应符合下列规定：

①试验结果应绘制出荷载—位移曲线、荷载—弹性位移曲线，荷载—塑性位移曲线（GB 50086—2015 图 K.0.2）。

②验收合格的标准：

a. 最大试验荷载作用下，在规定的持荷时间内锚杆的位移增量应小于 1.0mm，不能满足时，则增加持荷时间至 60min 时，锚杆累计位移增量应小于 2.0mm；

b. 压力型锚杆或压力分散型锚杆的单元锚杆在最大试验荷载作用下所测得的弹性位移应大于锚杆自由杆体长度理论弹性伸长值的 90%，且应小于锚杆自由杆体长度理论弹性伸长值的 110%；

c. 拉力型锚杆或拉力分散型锚杆的单元锚杆在最大试验荷载作用下，所测得的弹性位移应大于锚杆自由杆体长度理论弹性伸长值的 90%，且应小于自由杆体长度与 1/3 锚固段之和的理论弹性伸长值。

（5）锚杆单循环验收试验应符合下列规定：

①最大试验荷载：永久性锚杆应取锚杆轴向拉力设计值的 1.2 倍，临时性锚杆应取锚杆轴向拉力设计值的 1.1 倍；

②加荷级数宜大于 4 级，加荷速度宜为(50～100)kN/min，卸荷速度宜为(100～200)kN/min；

③锚杆单循环张拉的加荷、持荷与减荷方式应按 GB 50086—2015 K.0.3 条的规定实施；

④在最大试验荷载持荷时间内，测读位移的时间宜为 1min、3min、5min 后；

⑤荷载分散型锚杆单循环张拉验收试验施荷方式应按 GB 50086—2015 附录 C 所规定的荷载补偿张拉方式进行施荷、持荷和卸荷。

（6）锚杆单循环张拉验收试验结果整理与判定应符合下列规定：

①试验结果应绘制荷载—位移曲线（GB 50086—2015 图 K.0.4）；

②锚杆验收合格的标准：

a. 与多循环验收试验结果相比，在同级荷载作用下，两者的荷载—位移曲线包络图相近似；

b. 所测得的锚杆弹性位移值应符合 GB 50086—2015 第 12.1.22 条第 2 款的要求。

2）依据《建筑基坑支护技术规程》JGJ 120—2012

（1）锚杆抗拔承载力的检测应符合下列规定：

①检测数量不应少于锚杆总数的 5%，且同一土层中的锚杆检测数量不应少于 3 根；检测试验应在锚固段注浆固结体强度达到 15MPa 或达到设计强度的 75%后进行；

②检测锚杆应采用随机抽样的方法选取；

③抗拔承载力检测值应按表 8-30 确定；

④当检测的锚杆不合格时，应扩大检测数量。

锚杆的抗拔承载力检测值 表 8-30

支护结构的安全等级	抗拔承载力检测值与轴向拉力标准值的比值
一级	≥1.4
二级	≥1.3
三级	≥1.2

（2）锚杆抗拔承载力检测试验可采用单循环加载法，其加载分级和锚头位移观测时间应按表 8-31 确定。

单循环加载试验的加载分级与锚头位移观测时间 表 8-31

最大试验荷载		分级荷载与锚杆轴向拉力标准值N_k的百分比（%）						
1.4N_k	加载	10	40	60	80	100	120	140
	卸载	10	30	50	80	100	120	—
1.3N_k	加载	10	40	60	80	100	120	130
	卸载	10	30	50	80	100	120	—
1.2N_k	加载	10	40	60	80	100	—	120
	卸载	10	30	50	80	100	—	—
观测时间（min）		5	5	5	5	5	5	10

（3）锚杆抗拔承载力检测试验，其锚头位移测读和加、卸载应符合下列规定：

①初始荷载下，应测读锚头位移基准值 3 次，当每间隔 5min 的读数相同时，方可作为锚头位移基准值；

②每级加、卸载稳定后，在观测时间内测读锚头位移不应少于 3 次；

③当观测时间内锚头位移增量不大于 1.0mm 时，可视为位移收敛；否则，观测时间应延长至 60min，并应每隔 10min 测读锚头位移 1 次；当该 60min 内锚头位移增量小于 2.0mm 时，可视为锚头位移收敛，否则视为不收敛。

（4）锚杆试验中遇下列情况之一时，应终止继续加载：

①从第二级加载开始，后一级荷载产生的单位荷载下的锚头位移增量大于前一级荷载产生的单位荷载下的锚杆位移增量的 5 倍；

②锚头位移不收敛；

③锚杆杆体破坏。

（5）单循环加载试验应绘制锚杆的荷载—位移（Q-s）曲线。锚杆的位移不应包括试验反力装置的变形。

（6）检测试验中，符合下列要求的锚杆应判定合格：

①在抗拔承载力检测值下，锚杆位移稳定或收敛；

②在抗拔承载力检测值下测得的弹性位移量应大于杆体自由段长度理论弹性伸长量的80%。

3）依据《建筑边坡工程技术规范》GB 50330—2013

（1）验收试验锚杆的数量取每种类型锚杆总数的 5%，自由段位于Ⅰ、Ⅱ、Ⅲ类岩石内时取总数的 1.5%，且均不得少于 5 根。

（2）验收试验荷载对永久性锚杆为锚杆轴向拉力的 1.50 倍；对临时性锚杆为 1.20 倍。

（3）前三级荷载可按试验荷载值的 20%施加，以后每级按 10%施加；达到检验荷载后观测 10min，在 10min 持荷时间内锚杆的位移量应小于 1.00mm。当不能满足时持荷至 60min 时，锚杆位移量应小于 2.00mm。卸荷到试验荷载的 0.10 倍并测出锚头位移。加载时的测读时间可按 GB 50330—2013 附录 C 表 C.2.4 确定。

（4）锚杆试验完成后应绘制锚杆荷载—位移（Q-s）曲线图。

（5）符合下列条件时，试验的锚杆应评定为合格：

①加载到试验荷载计划最大值后变形稳定；

②符合 GB 50330—2013 附录 C 第 C.2.8 条规定。

（6）当验收锚杆不合格时，应按锚杆总数的 30%重新抽检；重新抽检有锚杆不合格时应全数进行检验。

（7）当验收锚杆不合格时，应按锚杆总数的 30%重新抽检；重新抽检有锚杆不合格时应全数进行检验。

第五节　地下连续墙

一、相关标准

（1）《建筑地基基础工程施工质量验收标准》GB 50202—2018。
（2）《建筑地基基础设计规范》GB 50007—2011。
（3）《建筑基桩检测技术规范》JGJ 106—2014。
（4）《建筑基坑支护技术规程》JGJ 120—2012。

二、基本概念

1. 基坑

为进行建（构）筑物地下部分的施工由地面向下开挖出的空间。

2. 基坑支护

为保护地下主体结构施工和基坑周边环境的安全，对基坑采用的临时性支挡、加固、保护与地下水控制的措施。

3. 支护结构

支挡或加固基坑侧壁的结构。

4. 支挡式结构

以挡土构件和锚杆或支撑为主的，或仅以挡土构件为主的支护结构。

5. 地下连续墙

分槽段用专用机械成槽、浇筑钢筋混凝土所形成的连续地下墙体。亦可称为现浇地下连续墙。

6. 声波透射法

在预埋声测管之间发射并接收声波，通过实测声波在混凝土介质中传播的声时、频率和波幅衰减等声学参数的相对变化，对桩身完整性进行检测的方法。

7. 钻芯法

用钻机钻取芯样，检测桩长、桩身缺陷、桩底沉渣厚度以及桩身混凝土的强度，判定或鉴别桩端岩土性状的方法。

三、试验项目及组批原则

1）依据《建筑基坑支护技术规程》JGJ 120—2012，地下连续墙的质量检测应符合下列规定：

（1）应进行槽壁垂直度检测，检测数量不得小于同条件下总槽段数的20%，且不应少于 10 幅；当地下连续墙作为主体地下结构构件时，应对每个槽段进行槽壁垂直度检测。

（2）应进行槽底沉渣厚度检测；当地下连续墙作为主体地下结构构件时，应对每个槽段进行槽底沉渣厚度检测。

（3）应采用声波透射法对墙体混凝土质量进行检测，检测墙段数量不宜少于同条件下总墙段数的 20%，且不得少于 3 幅，每个检测墙段的预埋超声波管数不应少于 4 个，且宜布置在墙身截面的四边中点处。

（4）当根据声波透射法判定的墙身质量不合格时，应采用钻芯法进行验证。

（5）地下连续墙作为主体地下结构构件时，其质量检测尚应符合相关标准的要求。

2）依据《建筑地基基础设计规范》GB 50007—2011，地下连续墙应提交经确认的有关成墙记录和施工报告。地下连续墙完成后应进行墙体质量检验。检验方法可采用钻孔抽芯或声波透射法，非承重地下连续墙检验槽段数不得少于同条件下总槽段数的 10%；对承重地下连续墙检验槽段数不得少于同条件下总槽段数的 20%。

3）依据《建筑地基基础工程施工质量验收标准》GB 50202—2018，为永久结构的地下连续墙墙体施工结束后，应采用声波透射法对墙体质量进行检验，同类型槽段的检验数量不应少于 10%，且不得少于 3 幅。

四、试验方法及结果评定

地下连续墙的各项检验方法宜按《建筑基桩检测技术规范》JGJ 106—2014 中的声波透射法及钻芯法章节内容执行，也可由委托方根据相关规定自行选择其他标准。

第九章

建 筑 节 能

第一节 保温、绝热材料

一、相关标准

(1)《建筑节能与可再生能源利用通用规范》GB 55015—2021。

(2)《居住建筑节能工程施工质量验收规程》DB11/T 1340—2022。

(3)《建筑节能工程施工质量验收标准》GB 50411—2019。

(4)《公共建筑节能施工质量验收规程》DB11/T 510—2024。

(5)《绝热用模塑聚苯乙烯泡沫塑料（EPS）》GB/T 10801.1—2021。

(6)《绝热用挤塑聚苯乙烯泡沫塑料（XPS）》GB/T 10801.2—2018。

(7)《绝热用岩棉、矿渣棉及其制品》GB/T 11835—2016。

(8)《绝热用玻璃棉及其制品》GB/T 13350—2017。

(9)《绝热用硬质酚醛泡沫制品（PF）》GB/T 20974—2014。

(10)《柔性泡沫橡塑绝热制品》GB/T 17794—2021。

(11)《建筑外墙外保温用岩棉制品》GB/T 25975—2018。

(12)《外墙外保温工程技术标准》JGJ 144—2019。

(13)《模塑聚苯板薄抹灰外墙外保温系统材料》GB/T 29906—2013。

(14)《挤塑聚苯板（XPS）薄抹灰外墙外保温系统材料》GB/T 30595—2014。

(15)《硬泡聚氨酯复合板现抹轻质砂浆外墙外保温工程施工技术规程》DB11/T 1080—2014。

(16)《玻璃棉板外墙外保温施工技术规程》DB11/T 1117—2014。

(17)《喷涂聚氨酯硬泡体保温材料》JC/T 998—2006。

(18)《薄抹灰外墙外保温工程技术规程》DB11/T 584—2022。

(19)《保温装饰板外墙外保温系统材料》JG/T 287—2013。

（20）《泡沫塑料及橡胶 表观密度的测定》GB/T 6343—2009。
（21）《泡沫塑料与橡胶 线性尺寸的测定》GB/T 6342—1996。
（22）《无机硬质绝热制品试验方法》GB/T 5486—2008。
（23）《矿物棉及其制品试验方法》GB/T 5480—2017。
（24）《硬质泡沫塑料 压缩性能的测定》GB/T 8813—2020。
（25）《建筑用绝热制品 压缩性能的测定》GB/T 13480—2014。
（26）《硬质泡沫塑料吸水率的测定》GB/T 8810—2005。
（27）《建筑用绝热制品 部分浸入法测定短期吸水量》GB/T 30805—2014。
（28）《建筑用绝热制品 垂直于表面抗拉强度的测定》GB/T 30804—2014。
（29）《绝热材料稳态热阻及有关特性的测定 热流计法》GB/T 10295—2008。
（30）《绝热材料稳态热阻及有关特性的测定 防护热板法》GB/T 10294—2008。
（31）《绝热 稳态传热性质的测定 标定和防护热箱法》GB/T 13475—2008。
（32）《建筑材料或制品的单体燃烧试验》GB/T 20284—2006。
（33）《建筑材料可燃性试验方法》GB/T 8626—2007。
（34）《塑料 用氧指数法测定燃烧行为 第2部分：室温试验》GB/T 2406.2—2009。
（35）《建筑材料不燃性试验方法》GB/T 5464—2010。
（36）《建筑材料及制品燃烧性能分级》GB 8624—2012。
（37）《建筑材料难燃性试验方法》GB/T 8625—2005。
（38）《屋面工程质量验收规范》GB 50207—2012。
（39）《硬泡聚氨酯保温防水工程技术规范》GB 50404—2017。
（40）《建筑外墙外保温防火隔离带技术规程》JGJ 289—2012。
（41）《建筑材料及制品的燃烧性能 燃烧热值的测定》GB/T 14402—2007。

二、基本概念

（1）保温隔热材料：又称无机活性墙体隔热保温材料，是指对热流具有显著阻抗性的材料或材料复合体。材料保温性能的好坏是由材料导热系数的大小所决定的，导热系数越小，保温性能越好。

（2）绝热用模塑聚苯乙烯泡沫塑料：是由可发性聚苯乙烯珠粒经加热预发泡后，在模具中加热成型而制得的具有闭孔结构的，使用温度不超过75℃的聚苯乙烯泡沫塑料板材，简称模塑板或EPS板。

（3）绝热用挤塑聚苯乙烯泡沫塑料：以聚苯乙烯树脂或其共聚物为主要成分，添加少量添加剂，通过加热挤塑成型而制得的具有闭孔结构的硬质泡沫塑料，简称挤塑板或XPS板。

（4）岩棉制品：以精选的玄武岩、辉绿岩为主要原料，外加一定数量的辅助料，经高温熔融喷吹制成的人造纤维。其主要类型有岩棉板、岩棉毡、岩棉带、岩棉管壳等。

（5）玻璃棉绝热材料：以石英砂、长石、硅酸钠、硼酸等为主要原料，经过高温熔化制得的纤维棉状物，再添加热固型树脂胶粘剂，高温加压定型制成的各种形状、规格的板、毡、管材制品。

（6）喷涂硬质聚氨酯泡沫塑料：由多异氰酸脂和多元醇液体原料及添加剂经化学反应，通过喷涂工艺现场成型的闭孔型泡沫塑料产品。

（7）酚醛泡沫制品：由苯酚和甲醛的缩聚物（如酚醛树脂）与固化剂、发泡剂、表面活性剂和填充剂等混合制成的多孔型硬质泡沫塑料。

（8）柔性泡沫橡塑绝热制品：以天然或合成橡胶为基材，含有其他聚合物或化学品，经有机或无机添加剂进行改性，经混炼、挤出、发泡和冷却定型，加工而成的具有闭孔结构的柔性绝热制品。

（9）保温装饰板：在工厂预制成型的板状制品，由保温材料、装饰面板以及胶粘剂、连接件复合而成，具有保温和装饰功能。保温材料主要有泡沫塑料保温板、无机保温板等。装饰面板由无机非金属材料衬板及装饰材料组成，也可为单一无机非金属材料。

（10）燃烧滴落物、微粒：《建筑材料及制品燃烧性能分级》GB 8624—2012 中在燃烧试验过程中，从试样上分离的物质或微粒。《建筑材料可燃性试验方法》GB/T 8626—2007 中将试样下方的滤纸被引燃作为燃烧滴落物的判据。

（11）燃烧增长速率指数$FIGRA$：试样燃烧的热释放速率值与其对应时间比值的最大值，用于燃烧性能分级。

（12）$FIGRA_{0.2MJ}$：当试样燃烧释放热量达到 0.2MJ 时的燃烧增长速率指数。

（13）$FIGRA_{0.4MJ}$：当试样燃烧释放热量达到 0.4MJ 时的燃烧增长速率指数。

（14）热值：单位质量的材料燃烧所产生的热量，以 J/kg 表示。

（15）总热值：单位质量的材料完全燃烧，燃烧产物中所有的水蒸气凝结成水时所释放出来的全部热量。

（16）持续燃烧：《建筑材料及制品燃烧性能分级》GB 8624—2012 中试样表面或其上方持续时间大于 4s 的火焰。《建筑材料可燃性试验方法》GB/T 8626—2007 中持续时间超过 3s 的火焰。

（17）氧指数：通入(23±2)℃的氧、氮混合气体时，刚好维持材料燃烧的最小氧浓度，以体积分数表示。

（18）THR_{600s}：试样受火于主燃烧器最初 600s 内的总热释放量。

（19）LFS：火焰在试样长翼上的横向传播。

三、常用保温隔热材料的种类及分类

常用保温隔热材料有：绝热用模塑聚苯乙烯泡沫塑料、绝热用挤塑聚苯乙烯泡沫塑料、岩棉及岩棉复合板、玻璃棉、泡沫玻璃、泡沫混凝土、喷涂聚氨酯硬泡体保温材料、泡沫水泥板、泡沫玻璃板、建筑保温砂浆等。

1. 绝热用模塑聚苯乙烯泡沫塑料的分类

绝热用模塑聚苯乙烯泡沫塑料按压缩强度分为Ⅰ、Ⅱ、Ⅲ、Ⅳ、Ⅴ、Ⅵ、Ⅶ类，压缩强度范围如表 9-1 所示。

绝热用模塑聚苯乙烯泡沫塑料压缩强度范围　　表 9-1

等级	压缩强度范围（kPa）
Ⅰ	60～100
Ⅱ	100～150
Ⅲ	150～200
Ⅳ	200～300
Ⅴ	300～500
Ⅵ	500～800
Ⅶ	≥800

按绝热性能分为 2 级：033 级、037 级。

按燃烧性能分为 3 级：B_1 级、B_2 级、B_3 级。

2. 绝热用挤塑聚苯乙烯泡沫塑料的分类

按制品压缩强度和表皮分为以下十类（p 为压缩强度）：

（1）X150：$p \geq 150\text{kPa}$，带表皮。

（2）X200：$p \geq 200\text{kPa}$，带表皮。

（3）X250：$p \geq 250\text{kPa}$，带表皮。

（4）X300：$p \geq 300\text{kPa}$，带表皮。

（5）X350：$p \geq 350\text{kPa}$，带表皮。

（6）X400：$p \geq 400\text{kPa}$，带表皮。

（7）X450：$p \geq 450\text{kPa}$，带表皮。

（8）X500：$p \geq 500\text{kPa}$，带表皮。

（9）X700：$p \geq 700\text{kPa}$，带表皮。

（10）X900：$p \geq 900\text{kPa}$，带表皮。

(11) W200：$p \geqslant 200\text{kPa}$，不带表皮。

(12) W300：$p \geqslant 300\text{kPa}$，不带表皮。

3. 岩棉、矿渣棉

产品按制品形式分为：岩棉、矿渣棉；岩棉板、矿渣棉板；岩棉带、矿渣棉带；岩棉毡、矿渣棉毡；岩棉缝毡、矿渣棉缝毡；岩棉贴面毡、矿渣棉贴面毡和岩棉管壳、矿渣棉管壳（简称棉、板、带、毡、缝毡、贴面毡和管壳）。

燃烧性能为 A 级。

按绝热性能分为 3 级：024 级、030 级、034 级。

4. 保温装饰板

按保温装饰板单位面积质量分为Ⅰ型、Ⅱ型。

Ⅰ型：$<20\text{kg/m}^2$；Ⅱ型：$(20\sim30)\text{kg/m}^2$。

四、常用保温材料进场复验项目、组批原则及取样规定

常用保温材料进场复验项目、组批原则及取样规定如表 9-2 所示。

五、试验方法

1. 密度

1）泡沫塑料及橡胶表观密度的测定依据《泡沫塑料及橡胶 表观密度的测定》GB/T 6343—2009，检测方法如下：

（1）取样：

取样量应根据检验需要确定。

（2）样品制备：

①尺寸

试样的形状应便于体积计算。切割时，应不改变其原始泡孔结构。试样总体积至少为 100cm³，在仪器允许及保持原始形状不变的条件下，尺寸尽可能大。对于硬质材料，用从大样品上切下的试样进行表观总密度的测定时，试样和大样品的表皮面积与体积之比应相同。

②数量

至少测试 5 个试样。在测定样品的密度时会用到试样的总体积和总质量。试样应制成体积可精确测量的规整几何体。

③状态调节

测试用样品材料生产后应至少放置 72h，才能进行制样。

如果经验数据表明，材料制成后放置 48h 或 16h 测出的密度与放置 72h 测出的密度相差小于 10%，放置时间可减少至 48h 或 16h。

表 9-2 常用保温材料进场复验项目、组批原则及取样规定

序号	材料名称	标准		进场复验项目	组批原则	取样规定（数量）
1	模塑聚苯乙烯泡沫塑料板、挤塑聚苯乙烯泡沫塑料板、硬质聚氨酯泡沫塑料、酚醛保温板	《建筑节能与可再生能源利用通用规范》GB 55015—2021	墙体屋面地面	1. 保温隔热材料的导热系数或热阻、密度、压缩强度或抗压强度、吸水率、燃烧性能（不燃材料除外）及垂直于板面方向的抗拉强度（仅限墙体）。2. 复合保温板等墙体节能定型产品的传热系数或热阻、单位面积质量、拉伸粘结强度及燃烧性能（不燃材料除外）	—	—
			幕墙	保温系数或热阻、密度、吸水率、燃烧性能（不燃材料除外）	—	—
			设备系统	导热系数或热阻、密度、吸水率	—	—
			可再生能源应用系统	导热系数或热阻、密度、吸水率	—	—
		《建筑节能工程施工质量验收标准》GB 50411—2019	墙体	导热系数或热阻、密度、压缩强度或抗拉强度、垂直于板面方向的抗拉强度、吸水率、燃烧性能	同厂家、同品种产品，所使用的材料用量，按照扣除门窗洞口后的保温墙面面积在5000m²以内时应复验1次；面积每增加5000m²应增加1次。同工程项目、同施工单位且同期施工的多个单位工程，可合并计算保温墙面面积。当符合本标准第3.2.3条的规定时，检验批容量可以扩大一倍	随机抽取样品进行检验，样品总面积不小于12m²
			地面	导热系数或热阻、压缩强度、吸水率	同厂家、同品种产品，地面面积在1000m²以内时应复验1次。同工程项目、同施工单位且同期施工的多个单位工程，面积每增加1000m²应增加1次。可合并计算容量可以扩大一倍	随机抽取样品进行检验，样品总面积不小于12m²
			幕墙	导热系数或热阻、密度、压缩强度、燃烧性能	同厂家、同品种产品，幕墙面积在3000m²以内时应复验1次。同工程项目、同施工单位且同期施工的多个单位工程，面积每增加3000m²应增加1次。可合并计算容量可以扩大一倍	随机抽取样品进行检验，样品总面积不小于12m²
			屋面	导热系数或热阻、密度、压缩强度或抗压强度、吸水率、燃烧性能	同厂家、同品种产品，扣除天窗、采光顶后的屋面面积在1000m²以内时应复验1次；面积每增加1000m²应增加1次。同工程项目、同施工单位且同期施工的多个单位工程，可合并计算批容面积，当符合本标准第3.2.3条的规定时，检验批容量可以扩大一倍	随机抽取样品进行检验，样品总面积不小于12m²

第九章 建筑节能

续表

序号	材料名称	标准	进场复验项目		组批原则	取样规定（数量）
1	模塑聚苯乙烯泡沫塑料板、挤塑聚苯乙烯泡沫塑料板、硬质聚氨酯泡沫塑料、酚醛板保温板	《屋面工程质量验收规范》GB 50207—2012	模塑聚苯乙烯泡沫塑料板	表观密度、压缩强度、导热系数、燃烧性能	同规格按100m³为一批，不足100m³的按一批计	在每批产品中随机抽取20块进行规格尺寸和外观质量检验，从规格尺寸和外观合格的产品中，随机抽取试样进行物理性能检验，样品总面积不小于1m²
			挤塑聚苯乙烯泡沫塑料板	压缩强度、导热系数、燃烧性能	同规格按50m³为一批，不足50m³的按一批计	在每批产品中随机抽取10块进行规格尺寸和外观质量检验，从规格尺寸和外观合格的产品中，随机抽取试样进行物理性能检验，样品总面积不小于1m²
			硬质聚氨酯泡沫塑料	表观密度、压缩强度、导热系数、燃烧性能		
		《薄抹灰外墙外保温工程技术规程》DB11/T 584—2022	墙体	导热系数、表观密度、压缩强度、吸水率、垂直于板面抗拉强度、燃烧性能	同厂家、同品种产品，按照保温墙面面积，在5000m²以内时应复验一次；当面积每增加5000m²时应增加1次，增加的面积不足规定数量时也应增加1次同工程项目，同施工单位且同时施工的多个单位工程（群体建筑），可合并计算保温墙面抽检面积同厂家、同品种的隔离带保温材料，其燃烧性能只抽检一次	每次随机抽取三块样品进行检验，且样品总面积不小于12m²
		《硬泡聚氨酯保温防水工程技术规范》GB 50404—2017	屋面	密度、压缩性能、导热系数、不透水性	符合 GB 50411—2019 及 GB 50207—2012 相关规定	每次随机抽取三块样品进行检验，且样品总面积不小于12m²
			外墙 喷涂硬泡	密度、压缩性能、导热系数、尺寸稳定性、燃烧性能	符合 GB 50411—2019 相关规定	每次随机抽取三块样品进行检验，且样品总面积不小于12m²
			外墙 硬泡板材	密度、压缩性能、抗拉强度、导热系数、燃烧性能		

833

续表

序号	材料名称	标准		进场复验项目	组批原则	取样规定（数量）
1	保温材料	《居住建筑节能工程施工质量验收规程》DB11/T 1340—2022	墙体用保温材料	导热系数、表观密度、压缩强度、垂直于板面抗拉强度、吸水率、燃烧性能	同厂家、同品种产品，按照保温墙面面积，在5000m²以内时应复验1次；当面积每增加5000m²时应增加1次。面积不足规定数量时也应复验1次，同工程项目，同施工单位且同时施工的多个单位工程（群体建筑），可合并计算墙面面积	每次随机抽取三块样品进行检验，且样品总面积不小于12m²
			屋面用保温材料	导热系数、密度压缩强度、吸水率、燃烧性能（不燃材料除外）	同厂家、同品种应复验1次，使用的材料复验1次，扣除天窗、采光顶后的屋面面积，不足1000m²时也应复验1次。同品种的保温材料，其燃烧性能每种应至少复验1次，同工程项目同施工单位的多个单位工程（群体建筑），可合并计算屋面面积	每次随机抽取三块样品进行检验，且样品总面积不小于12m²
			地面用保温材料	导热系数、密度、抗压强度或压缩强度、吸水率、燃烧性能（不燃材料除外）	同厂家、同品种产品，地面面积在1000m²以内时应复验1次；当面积每增加1000m²应增加1次。面积不足规定数量时也应复验1次，同工程项目同施工单位的多个单位工程（群体建筑），可合并计算地面地面抽检面积	每次随机抽取三块样品进行检验，且样品总面积不小于12m²
			供暖用保温材料	导热系数、密度、吸水率	同一厂家、同材质的保温材料见证取样检测的次数不得少于2次	原规格尺寸大小样品4块（根），管状材质、样品总面积不小于1m²的板一块
			冷热源和管网用保温材料			
			通风和空调用保温材料			
			太阳能热水用保温材料			
2	玻璃棉、矿渣棉、岩棉及其制品	《建筑节能工程施工质量验收标准》GB 50411—2019	墙体	导热系数或热阻、密度、压缩强度或抗压强度、垂直于板面方向的抗拉强度、吸水率、燃烧性能	同一厂家、同品种产品，所使用的材料用量，按照扣除门窗洞口后的保温墙面积，在5000m²以内应复验1次；面积每增加5000m²应增加1次。同工程项目同期施工的多个单位工程，可合并计算抽检面积，检验批容量可以扩大一倍。当符合本标准第3.2.3条的规定时，检验批容量可以扩大一倍	随机抽取样品进行检验，样品总面积不小于12m²（不测燃烧性能可适量减少）

第九章　建筑节能

续表

序号	材料名称	标准	进场复验项目	组批原则	取样规定（数量）
2	玻璃棉、矿渣棉、岩棉及其制品	《建筑节能工程施工质量验收标准》GB 50411—2019	地面：导热系数或热阻、密度、压缩强度或抗压强度、吸水率、燃烧性能	同厂家、同品种产品，地面面积在1000m²以内时应复验1次；面积每增加1000m²应增加1次，同施工单位同期施工的多个单位工程，可合并计算。检验批容量符合本标准第3.2.3条的规定时，检验批容量可以扩大一倍	随机抽取样品进行检验，样品总面积不小于12m²（不测燃烧性能可适量减少）
			幕墙：导热系数或热阻、密度、吸水率、燃烧性能	同厂家、同品种产品，幕墙面积在3000m²以内时应复验1次；面积每增加3000m²应增加1次，同施工单位同期施工的多个单位工程，可合并计算面积	随机抽取样品进行检验，样品总面积不小于12m²（不测燃烧性能可适量减少）
			屋面：导热系数或热阻、密度、压缩强度或抗压强度、吸水率、燃烧性能	同厂家、同品种产品，扣除天窗、采光顶后的屋面面积在1000m²以内时应复验1次；面积每增加1000m²应增加1次，同施工单位同期施工的多个单位工程，可合并计算面积。当符合本标准第3.2.3条的规定时，检验批容量可以扩大一倍	随机抽取样品进行检验，样品总面积不小于12m²（不测燃烧性能可适量减少）
		《屋面工程质量验收规范》GB 50207—2012	表观密度、导热系数、燃烧性能	同原料、同工艺、同品种、同规格1000m²的按一批计	在每批产品中随机抽取6个包装箱或整卷规格尺寸和外观质量检验。从规格检验合格的产品中，抽取1个包装箱或整卷进行物理性能检验
		《玻璃棉板外墙外保温施工技术规程》DB11/T 1117—2014	导热系数、垂直于表面的抗拉强度、燃烧性能	同厂家、同品种产品，按照扣除门窗洞口的保温墙面面积，在5000m²以内时应复验1次；当面积增加时，除燃烧性能之外的其他各项参数按每增加5000m²应增加1次，燃烧性能按每增加10000m²应增加1次，同工程项目、同施工单位同时施工的面积不足规定数量时也应增加1次，同施工单位同时施工的多个单位工程（群体建筑），可合并计算保温墙面面积	每次随机抽取3块样品

835

续表

序号	材料名称	标准	材料	进场复验项目	组批原则	取样规定（数量）
2	玻璃棉、矿渣棉、岩棉及其制品	《关于加强老旧小区综合改造工程外保温材料和外窗施工管理的通知》京建发〔2013〕464号文	岩棉板	导热系数、抗拉强度、酸度系数、燃烧性能	同厂家、同品种、同规格的外保温材料，每3000m²抽样见证检验一次（不足3000m²也应抽检一次）	每次随机抽取四块样品进行检验，且样品总面积大于2m²，且面积不小于1m²的另外送同种材质，同厚度一块。管状样品，同厚度一块。管状材料（燃烧A1）：从5块产品上各取一个试样，每个不小于500g，另取面积不小于0.5m²厚度不小于50mm的样品一块。板状材料（燃烧A2）：样品总面积大于10m²。管状材料（燃烧A2）：由生产厂提供同种材质材料、厚度与产品一致
			玻璃棉	导热系数、表观密度、垂直于板面的抗拉强度、燃烧性能		
		《保温板薄抹灰外墙外保温施工技术规程》DB11/T 584—2022	岩棉条、岩棉板	导热系数、密度、压缩强度、垂直于表面的抗拉强度、吸水率、酸度系数	同厂家、同品种产品，当应复验数量依次：按照保温墙面面积，在5000m²以内时应复验1次，当面积每增加5000m²时应增加1次；同工程项目，同施工单位同时施工的多个单位工程（群体建筑），可合并计算保温墙面面积	每次随机抽取三块样品进行检验，且样品总面积不小于12m²
		《居住建筑节能工程施工质量验收规程》DB11/T 1340—2022	墙体	导热系数、密度、压缩强度、垂直于表面的抗拉强度、吸水率、酸度系数	同厂家、同品种产品，按照保温墙面面积，在5000m²以内时应复验1次；当面积每增加5000m²时应增加1次，增加的面积不足规定数量时也应增加1次。同工程项目，同施工单位同时施工的多个单位工程（群体建筑），可合并计算保温墙面面积；同厂家、同品种的隔离带保温材料，其燃烧性能只抽检一次	原规格尺寸大小样品4块（根），管状样品需另外送同种材质，同厚度面积不小于1m²的板一块

续表

序号	材料名称	标准	进场复验项目		组批原则	取样规定（数量）
3	防火隔离带用玻璃棉、岩棉及其制品	《建筑外墙外保温防火隔离带技术规程》JGJ 289—2012	密度、导热系数、垂直于表面的抗拉强度、燃烧性能		同工程、同材料、同施工单位的防火隔离带应至少复验一次。其他相关要求按现行国家标准 GB 50411—2019 的相关规定进行	原规格尺寸大小样品 4 块(根)，管状样品需另外送同种材质，同厚度目面积不小于 1m² 的板一块
		《薄抹灰外墙外保温工程技术规程》DB11/T 584—2022	燃烧性能、导热系数、吸水率		同厂家、同品种产品，按照保温墙面面积，在 5000m² 以内时应复验 1 次；面积每增加 5000m² 时应增加 1 次，同工程项目同施工单位同时施工数量不足规定数量时也应增加 1 次。同工程项目同施工单位同时施工的多个单位工程（群体建筑），可合并计算保温墙面面积，同一厂家、同品种的隔离带保温面积只抽检一次	管状产品上各取一个试样，每个不少于 500g，另取总面积不得小于 0.5m² 厚度不得小于 75mm
			屋面	表观密度、导热系数、压缩强度、吸水率、燃烧性能（不燃材料除外）	同厂家，同品种、使用同的材料复验 1 次。同厂家，同品种的保温材料，其燃烧性能每单位工程应复验 1 次。同工程项目同施工单位同时施工的多个单位工程（群体建筑），可合并计算屋面抽检面积	板状样品需取一块 50mm 的样品一块、板状材料（燃烧 A2）：样品总面积不大于 10m²、管状材料（燃烧 A2）：由生产厂提供同种材质材料，内径 22mm，厚度与产品一致，长度 75m
		《居住建筑节能工程施工质量验收规程》DB11/T 1340—2022	墙体	燃烧性能、导热系数、垂直于表面的抗拉强度、吸水率	同厂家、同品种产品，按照保温墙面面积，在 5000m² 以内时应复验 1 次；面积每增加 5000m² 时应增加 1 次，同工程项目同施工单位同时施工数量不足规定数量时也应增加 1 次。同工程项目同施工单位同时施工的多个单位工程（群体建筑），可合并计算墙面抽检面积	
4	复合硬泡聚氨酯板	《硬泡聚氨酯复合板薄抹现砂浆外墙外保温工程施工技术规程》DB11/T 1080—2014	芯材	厚度、表观密度、导热系数、压缩性能、燃烧性能	同一厂家同一品种产品，当单位工程建筑面积在 20000m² 以下时各抽查不少于 3 次；当单位工程建筑面积在 20000m² 以上时各抽查不少于 6 次	样品总面积不小于 12m²
			复合板	燃烧性能、垂直于板面方向的抗拉强度		

续表

序号	材料名称	标准	进场复验项目		组批原则	取样规定（数量）
4	复合硬泡聚氨酯板	《关于加强老旧小区综合改造工程外保温材料和外窗施工管理的通知》	芯材	厚度、表观密度、导热系数、燃烧性能	同厂家、同品种、同规格的外保温材料，每3000m²抽样见证检验一次（不足3000m²也应抽检一次）	样品总面积不小于12m²
			复合板	燃烧性能、垂直于板面的抗拉强度		
5	复合酚醛板保温板	《关于加强老旧小区综合改造工程外保温材料和外窗施工管理的通知》	芯材	厚度、表观密度、导热系数、燃烧性能	同厂家、同品种、同规格的外保温材料，每3000m²抽样见证检验一次（不足3000m²也应抽检一次）	样品总面积不小于12m²
			复合板	燃烧性能、聚合物砂浆与芯材的粘结强度		
6	柔性泡沫橡塑绝热制品	《建筑节能工程施工质量验收标准》GB 50411—2019	导热系数、密度、吸水率	导热系数或热阻、吸水率	同一厂家的同一种产品抽查不小于2组	管状：长度不小于1m的管一根，另送同材质、同厚度且面积不小于1m²的板一块 板状：样品面积不小于1m²
7	保温装饰板	《居住建筑节能工程施工质量验收规程》DB11/T 1340—2022	单位面积质量、传热系数或热阻、拉伸粘结强度（厚强度）、燃烧性能（不燃材料除外）	单位面积质量、传热系数或热阻、单点锚固力、拉伸粘结强度（厚强度）、燃烧性能（不燃材料除外）	同厂家、同品种产品，按照保温墙面面积，在5000m²以内时应复验1次；当面积每增加5000m²时也应增加1次。同施工项目，同工程项目，面积不足规定数量的多个单位工程（群体建筑），可合并计算保温墙面抽检面积	样品面积不小于2m²（委托方也可加工送检标准规定的规格尺寸数量的样品）
8	防火隔离带保温材料	《居住建筑节能工程施工质量验收规程》DB11/T 1340—2022	燃烧性能、导热系数、垂直于表面的抗拉强度、吸水率		同厂家、同品种产品，按照保温墙面面积，在5000m²以内时应复验1次；当面积每增加5000m²时也应增加1次。同施工项目，同工程项目，面积不足规定数量的多个单位工程（群体建筑），可合并计算保温墙面抽检面积	样品面积不小于2m²

样品应在下列规定的标准环境或干燥环境（干燥器中）下至少放置 16h，这段状态调节时间可以是在材料制成后放置的 72h 中的一部分。标准环境条件应符合《塑料 试样状态调节和试验的标准环境》GB/T 2918—1998：

a. $(23 \pm 2)℃$，$(50 \pm 10)\%$；

b. $(23 \pm 5)℃$，$(50^{+20}_{-10})\%$；

c. $(27 \pm 5)℃$，$(65^{+20}_{-10})\%$。

干燥环境：$(23 \pm 2)℃$或$(27 \pm 2)℃$。

（3）试验步骤：

①按《泡沫塑料与橡胶 线性尺寸的测定》GB/T 6342—1996 的规定测量试样的尺寸（mm）。每个尺寸至少测量三个位置，对于板状的硬质材料，在中部每个尺寸测量五个位置。分别计算每个尺寸平均值，并计算试样体积。

②称量试样，精确到 0.5%（g）。

（4）结果计算：

①由下式计算表观密度，取其平均值，并精确至 $0.1 kg/m^3$。

$$p = \frac{m}{V} \times 10^6 \tag{9-1}$$

式中：p——表观密度（总密度或芯密度）（kg/m^3）；

m——试样的质量（g）；

V——试样的体积（mm^3）。

对于一些低密度闭孔材料（如密度小于 $15kg/m^3$ 的材料），空气浮力可能会导致测量结果产生误差，在这种情况下表观密度应用下式计算：

$$p_a = \frac{m + m_a}{V} \times 10^6 \tag{9-2}$$

注：m_a 指在常压和一定温度时的空气密度（g/mm^2）乘以试样体积（mm^3）。当温度为 23℃、大气压为 101325Pa（760mm 汞柱）时，空气密度为 $1.220 \times 10^{-5} g/mm^2$；当温度为 27℃、大气压为 101325Pa（760mm 汞柱）时，空气密度为 $1.1955 \times 10^{-5} g/mm^3$。$V$ 为试样的体积（单位为 mm^3）。

②标准偏差估计值S由下式计算，取两位有效数字。

$$S = \sqrt{\frac{\sum x^2 - n\bar{x}^2}{n - 1}} \tag{9-3}$$

式中：S——标准偏差估计值；

x——单个测试值；

n——测定个数。

2）无机硬质绝热制品密度的测定依据《无机硬质绝热制品试验方法》GB/T 5486—2008，检测方法如下：

（1）试件：

随机抽取三块样品，各加工成一块满足试验设备要求的试件，试件的长、宽均不得小于100mm，其厚度为制品的厚度，管壳与弧形板应加工成尽可能厚的试件。也可用整块制品作为试件。

（2）试验步骤：

①几何尺寸测量方法：

a. 块与平板

在制品相对两个大面上距两边 20mm 处，用钢直尺或钢卷尺分别测量制品的长度和宽度，精确至 1mm。测量结果为 4 个测量值的算术平均值。在制品相对两个侧面，距端面 20mm 处和中间位置用游标卡尺测量制品的厚度，精确至 0.5mm。测量结果为 6 个测量值的算术平均值。用钢直尺在制品任一大面上测量两条对角线的长度，并计算出两条对角线之差。然后在另一大面上重复上述测量，精确至 1mm。取两个对角线差的较大值为测量结果。

用钢直尺在管壳或弧形板两侧面的中心位置及内、外弧面的中心位置测量管壳或弧形板的长度，精确至 1mm。测量结果为 4 个测量值的算术平均值。用游标卡尺在管壳或弧形板相对两个端面上距侧面 20mm 处和端面中心位置测量管壳或弧形板的厚度，精确至 0.5mm。测量结果为 6 个测量值的算术平均值。

b. 直径可用如下两种方法测量，其中方法一为仲裁试验方法。

方法一：将管壳或弧形板组成管段，用卡钳、直尺在距管段两端 20mm 处和中心位置测量管壳或弧形板的外径，精确至 1mm。旋转 90°重复上述测量。测量时应保证管段不因受力而变形。制品外径的测量结果为 6 个测量值的算术平均值，制品的内径为外径与 2 倍厚度之差，精确至 1mm。

方法二：用钢卷尺在距端面 20mm 处及中心位置测量管壳或弧形板的外圆弧长（L），精确至 1mm。然后按其组成整圆的块数（n），分别依据《无机硬质绝热制品试验方法》GB/T 5486—2008 计算管壳或弧形板的外径和内径。

每个制品直径的测量结果为三次测量值的算术平均值，制品直径的测量结果为组成整圆全部制品测量结果的算术平均值，精确至 1mm。

②在天平上称量试件自然状态下的质量 G_z，保留 5 位有效数字。

③将试件置于干燥箱内，缓慢升温至 (110 ± 5)℃（若粘结材料在该温度下发生变化，则应低于其变化温度 10℃），烘干至恒定质量，然后移至干燥器中冷却至室温。恒定质量的判据为恒温 3h 两次称量试件质量的变化率小于 0.2%。

④称量试件自然状态下的质量 G，保留 5 位有效数字。

⑤测量试件的几何尺寸，并计算试件的体积 V_1。

（3）结果计算与评定：

①试件的密度按下式计算，精确至 1kg/m³。

$$\rho = \frac{G}{V_1} \tag{9-4}$$

式中：ρ——试件的密度（kg/m^3）；

G——试件烘干后的质量（kg）；

V_1——试件的体积（m^3）。

②制品的密度为三个试件密度的算术平均值，精确至$1kg/m^3$。

3）柔性泡沫橡塑绝热制品表观密度的测定依据《泡沫塑料及橡胶 表观密度的测定》GB/T 6343—2009、《柔性泡沫橡塑绝热制品》GB/T 17794—2021附录A，检测方法如下：

（1）长度：

用钢卷尺测量外侧两端部相对的两处，长度1取两次测量的算术平均值，数值修约到整数。

（2）外径：

用精密直径围尺在管的两端头和中部测量，管外径d，取三处测量结果的平均值，数值修约到0.2mm。

（3）壁厚：

用卡尺在管的两端头测量，壁厚h为两处测量结果的平均值，数值修约到0.2mm。

（4）内径：

管的内径d按《柔性泡沫橡塑绝热制品》GB/T 17794—2021中A.2.4计算，计算结果修约到小数点后一位数。

（5）体积：

管的体积V按《柔性泡沫橡塑绝热制品》GB/T 17794—2021中A.2.5计算，计算结果修约至三位有效数字。

（6）剩余步骤参见上文。

4）矿物面及其制品体积密度的测定依据《矿物棉及其制品试验方法》GB/T 5480—2017，检测方法如下：

（1）毡状、板状制品尺寸的测量：

①长度和宽度

把试样小心地平放在平面上，用精度为1mm的量具测量长度L，测量位置在距试样两边约100mm处，测量时要求与对应的边平行及与相邻的边垂直。每块试样测2次，以2次测量结果的算术平均值作为该试样的长度，结果精确到1mm。对表面有贴面的制品，应按制品基材的长度进行测量。

试样宽度b测量3次。测量位置在距试样两边约100mm及中间处，测量时要求与对应的边平行及与相邻的边垂直。以3次测量结果的算术平均值作为该试样的宽度，结果精确到1mm。

长度、宽度测量位置如图9-1虚线所示。

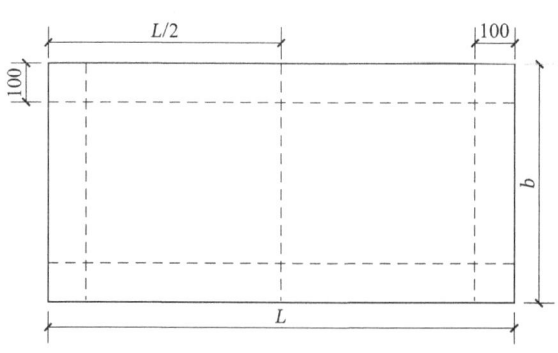

图 9-1　长度、宽度测量位置（mm）

② 厚度

在厚度测量之前，如果试样为毡状制品，可按照以下步骤 a～d 进行处理。卷毡制品应该完全展开，沿长度方向切成 (1～1.5)m 长的试样。卷毡两端应至少废弃长 0.5m 的部分。

a. 用双手抓住试样沿长度方向的一边，另一边高出地面约 450mm；

b. 松开双手，使得试样掉落在地面上；

c. 抓住试样沿长度方向的另外一边，重复步骤Ⅰ和Ⅱ，直至包装内的所有试样和从卷毡上切下的所有试样的处理完毕；

d. 至少等待 5min，使得所有试样在测试前都达到了平衡状态。

厚度测量在经过长度和宽度测量的试样上进行。厚度测量时将针形厚度计的压板轻轻平放在试样上，小心地将针插入试样。当测针与玻璃板接触 1min 后读数。在操作过程中应避免加外力于针形厚度计的压板上。对于厚度测量需包括贴面层的试样，应将贴面向下放置。但若是金属网贴面，则应将金属网除去后再测。

如果试样的长度不大于 600mm，厚度测量应在两个位置进行；如果试样的长度大于 600mm 且不大于 1500mm，厚度测量应在 4 个位置进行；如果试样的长度大于 1500mm，每超过 500mm，厚度测量应增加一个位置。

厚度测量点的位置如图 9-2 所示，以各测量值的算术平均值作为该试样的厚度，结果精确到 1mm。

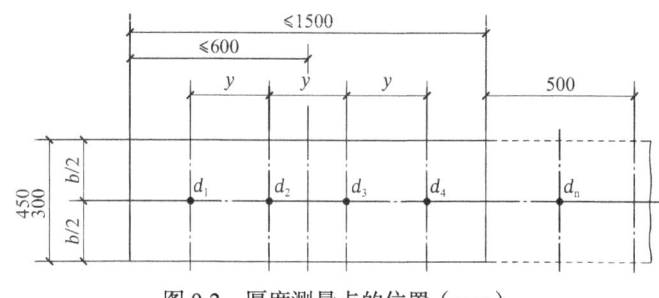

图 9-2　厚度测量点的位置（mm）

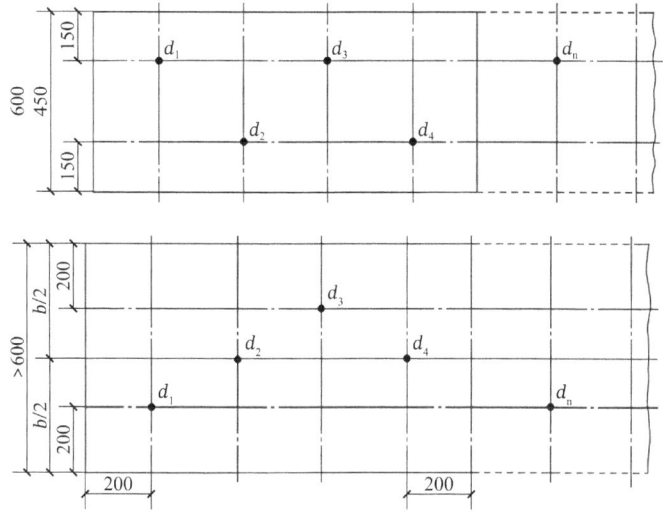

图 9-2 厚度测量点的位置（mm）（续）

(2) 管状制品尺寸的测量：

①长度

用分度值为 1mm 的金属尺，在试样外侧沿母线方向测量管壳的长度，每旋转 90°测量一次，取 4 次测量的算术平均值为最终结果。

②外径

在管壳的两端部和中部用分度值为 0.1mm 的精密直径围尺测量外径 d_1，取 3 次测量的算术平均值为最终结果。

③厚度

用游标卡尺测量管的厚度 h，管的两端每旋转 90°各测量一次，取 8 次测量的算术平均值。

④内径

测量外径和厚度，按《矿物棉及其制品试验方法》GB/T 5480—2002 第 7.3.4 条计算管的内径。

⑤管壳偏心度

用游标卡尺在管壳的端面测量管壳的厚度，每个端面测 4 点，位置均布，各端面的管壳偏心度按《矿物棉及其制品试验方法》GB/T 5480—2008 第 7.3.5 条计算。

(3) 试样质量的测量：

称出试样的质量。对于有贴面的制品，应分别称出试样的总质量以及扣除贴面后的质量。

(4) 制品体积密度的计算及试验结果：

①毡状、毯状、板状制品

对于毡状和毯状制品，若实测厚度大于标称厚度，体积密度应按标称厚度计算，否则应按实测厚度计算；对于板状制品，体积密度按实测厚度计算。毡状、毯状和板状制品的体积密度按下式计算：

$$\rho_1 = \frac{m_1 \times 10^9}{L \cdot b \cdot h} \tag{9-5}$$

式中：ρ_1——试样的体积密度（kg/m³）；

　　　m_1——试样的质量（kg）；

　　　L——试样的长度（mm）；

　　　b——试样的宽度（mm）；

　　　h——试样的厚度或标称厚度（mm）。

②管壳制品

管壳制品的体积密度按下式计算：

$$\rho_3 = \frac{m_3 \times 10^9}{\pi(d_1 - h)hL} \tag{9-6}$$

式中：ρ_3——管壳的体积密度（kg/m³）；

　　　m_3——管壳的质量（kg）；

　　　d_1——管壳的外径（mm）；

　　　L——管壳的长度（mm）；

　　　h——管壳的厚度（mm）。

（5）原棉和粒状棉体积密度试验方法：

①试验步骤

称取 100g 试样，均匀放入测量筒的外筒内。将内筒放入外筒中，底部轻轻与棉贴实，不要冲击，也不要用手施压。5min 后，在测量筒周边等距离的三点，用游标卡尺测量内外筒的高度差，精确至 0.1mm。以三点测量的算术平均值作为试样的厚度。

②计算及试验结果

试样的体积密度按下式计算：

$$\rho = \frac{5.66 \times 10^3}{h} \tag{9-7}$$

式中：　ρ——原棉或粒状棉的体积密度（kg/m³）；

5.66×10^3——试样质量除以测量筒底面积所得的常数（g/m²）；

　　　h——试样厚度（mm）。

2. 压缩强度或抗压强度

1）无机硬质绝热制品抗压强度的测定依据《无机硬质绝热制品试验方法》GB/T 5486—2008，检测方法如下：

（1）试件：

随机抽取四块样品，每块制取一个受压面尺寸约为 100mm×100mm 的试件。平板（或块）在任一对角线方向距两对角边缘点 5mm 处到中心位置切取，试件厚度为制品厚度，但不应大于其宽度；弧形板和管壳如不能制成受压面尺寸为 100mm×100mm 的试件时，可制成受压面尺寸最小为 50mm×50mm 的试件，试件厚度应尽可能厚，但不得低于 25mm。当无法制成该尺寸的试件时，可用同材料同工艺制成同厚度的平板替代，试件表面应平整，不应有裂纹。

（2）试验步骤：

①将试件置于干燥箱内，按(110±5)℃温度烘干至恒定质量。然后将试件移至干燥器中冷却至室温。

②在试件上、下两受压面距棱边 10mm 处用钢直尺（尺寸小于 100mm 时用游标卡尺）测量长度和宽度，在厚度的两个对应面的中部用钢直尺测量试件的厚度。长度和宽度测量结果分别为四个测量值的算术平均值，精确至 1mm（尺寸小于 100mm 时精确至 0.5mm），厚度测量结果为两个测量值的算术平均值，精确至 1mm。

③泡沫玻璃绝热制品在试验前应用漆刷或刮刀把乳化沥青或熔化沥青均匀涂在试件上下两个受压面上，要求泡孔刚好涂平，然后将预先裁好的约 100mm×100mm 大小的沥青油纸覆盖在涂层上，并放置在干燥器中，至少干燥 24h。

④将试件置于试验机的承压板上，使试验机承压板的中心与试件中心重合。

⑤开动试验机，当上压板与试件接近时，调整球座，使试件受压面与承压板均匀接触。

⑥以(10±1)mm/min 速度对试件加荷，直至试件破坏，同时记录压缩变形值。当试件在压缩变形 5%时没有破坏，则试件压缩变形 5%时的荷载为破坏荷载。记录破坏荷载P_1，精确至 10N。

（3）结果计算公式依照《无机硬质绝热制品试验方法》GB/T 5486—2008 进行计算。

（4）制品的抗压强度为四块试件抗压强度的算术平均值，精确至 0.01MPa。

2）硬质泡沫塑料压缩强度的测定依据《硬质泡沫塑料 压缩性能的测定》GB/T 8813—2020，检测方法如下：

（1）尺寸：

厚度应为(50±1)mm。若使用时需带有模塑表皮的制品，其试样应取整个制品的原厚，但厚度最小为 10mm，最大不得超过试样的宽度或直径。

试样的受压面为正方形或圆形，最小面积为 25cm^2，最大面积为 230cm^2。首选使用受压面为(100±1)mm×(100±1)mm 的正四棱柱试样。

试样两平面的平行度误差不应大于 1%。

不准许几个试样叠加进行试验。

不同几何形状和厚度的试样测得的结果不具可比性。

（2）制备：

制取试样应使其受压面与制品使用时要承受压力的方向垂直。如需了解各向异性材料完整的特性或不知道各向异性材料的主要方向时，应制备多组试样。

通常，各向异性体的特性用一个平面及它的正交面表示，因此考虑用两组试样。

制取试样应不改变泡沫材料的结构，制品在使用中不保留模塑表皮的，应除去表皮。

（3）数量：

从硬质泡沫塑料制品的块状材料或厚板中制取试样时，取样方法和数量应参照有关泡沫塑料制品标准中的规定。在缺乏相关规定时，至少要取 5 个试样。

（4）状态调节：

按温度$(23±2)℃$，相对湿度$(50±10)\%$至少调节 16h。

（5）试验步骤：

试验条件应与试样状态调节条件相同。

按 ISO 1923 的规定，测量每个试样的三维尺寸。将试样放置在压缩试验机的两块平行板之间的中心，尽可能以每分钟压缩试样初始厚度 10% 的速率压缩试样，直至测得压缩强度σ_m和/或 10%相对形变时的压缩应力σ_{10}。

（6）计算结果处理依据《硬质泡沫塑料 压缩性能的测定》GB/T 8813—2020 进行。

3）建筑用绝热制品压缩强度的测定依据《建筑用绝热制品 压缩性能的测定》GB/T 13480—2014，检测方法如下：

（1）尺寸：

试样厚度应为制品原始厚度。试样宽度不小于厚度。在使用中保留表皮的制品在试验时也应保留试样厚表皮。

不应将试样叠加来获得更大的厚度。

试样应切割成方形尺寸如下：

50mm×50mm 或 100mm×100mm 或 150mm×150mm 或 200mm×200mm 或 300mm×300mm。

如果试样表面不平整，应将试样磨平或用涂层处理试样表面。在试验过程中涂层不应有明显的变形。

（2）制备：

试样在切割时应确保试样的底面就是制品在使用过程中受压的面。采用的试样切割方法应不改变产品原始的结构。选取试样的方法应符合相关产品标准的规定。若是锥形制品，试样的两表面的平行度应符合要求。

（3）数量：

试样数量应符合相关产品标准的规定。若无相应规定，应至少 5 个试样或由各相关方商定。

（4）状态调节：

试样应在$(23±5)℃$的环境中放置至少 6h。有争议时，在$(23±2)℃$和 45%～55%相对湿度的环境中放置产品标准规定的时间。

（5）试验步骤：

试验应在$(23±5)℃$下进行，有争议时，试验应在$(23±2)℃$和 45%～55%相对湿度的环境下进行。

依据ISO 29768测量试样尺寸。

将试样放在压缩试验机的两块压板正中央。预加载(250±10)Pa的压力。

如在相关产品标准中有规定，当试样在250Pa的预压力下出现明显变形，可施加50Pa的预压力。

在该种情况下，厚度d_o应在相同压力下测定。

以0.1d/min（±25%以内）的恒定速度压缩试样，d为试样厚度，单位为mm。

连续压缩试样直至试样屈服得到压缩强度值，或压缩至10%变形时得到10%变形时的压缩应力。

绘制载荷—位移曲线。

（6）计算结果处理依据《建筑用绝热制品 压缩性能的测定》GB/T 13480—2014进行。

3. 吸水率

1）无机硬质绝热制品吸水率的测定依据《无机硬质绝热制品试验方法》GB/T 5486—2008，检测方法如下：

（1）试件：随机抽取三块样品，各制成长、宽约为400mm×300mm、厚度为制品的厚度的试件一块，共三块。

（2）试验室环境条件：温度(20±5)℃，相对湿度50%～70%。

（3）试验步骤：

①将试件烘干至恒定质量，并冷却至室温。

②称量烘干后的试件质量G_g，精确至0.1g。

③测量试件的几何尺寸，计算试件的体积V_2。

④将试件放置在水箱底部木制的格栅上，试件距周边及试件间距不得小于25mm。然后将另一木制格栅放置在试件上表面，加上重物。

⑤将温度为(20±5)℃的自来水加入水箱中，水面应高出试件25mm，浸泡时间为2h。

⑥2h后立即取出试件，将试件立放在拧干水分的毛巾上，排水10min。用软质聚氨酯泡沫塑料（海绵）吸去试件表面吸附的残余水分，每一表面每次吸水1min。吸水之前要用力挤出软质聚氨酯泡沫塑料（海绵）中的水，且每一表面至少吸水两次。

⑦待试件各表面残余水分吸干后，立即称量试件的湿质量G_s，精确至0.1g。

（4）结果计算公式依照《无机硬质绝热制品试验方法》GB/T 5486—2008进行计算。

（5）制品的吸水率为三个试件吸水率的算术平均值，精确至0.1%。

2）硬质泡沫塑料吸水率的测定依据《硬质泡沫塑料吸水率的测定》GB/T 8810—2005，检测方法如下：

（1）试件：

试样数量不得少于3块。长度150mm，宽度150mm，体积不小于500cm³。对带有自然或复合表皮的产品，试样厚度是产品厚度；对于厚度大于 75mm 且不带表皮的产品，试样应加工成 75mm 的厚度，两平面之间的平行度公差不大于 1%。采用机械切割方式制备试样，试样表面应光滑、平整和无粉末，常温下放于干燥器中。每隔 12h 称重一次，直至连续两次称量质量相差不大于平均值的 1%。

（2）试验室环境条件：温度$(23±2)$℃，相对湿度 45%～55%。

（3）试验步骤：

①称量干燥后试样质量（m_1），准确至 0.1g。

②按《泡沫塑料与橡胶 线性尺寸的测定》GB/T 6342—1996 的规定测量试样线性尺寸用于计算V_0，V_0准确至 0.1cm³。

③在试验环境下将蒸馏水注入圆筒容器内。

④将网笼浸入水中，除去因网笼表面气泡，挂在天平上，称其表观质量（m_2）准确至 0.1g。

⑤将试样装入网笼，重新浸入水中，并使试样顶面距水面约 50mm，用软毛刷或搅动除去网笼和样品表面气泡。

⑥用低渗透塑料薄膜覆盖在圆筒容器上。

⑦$(96±1)$h 或其他约定浸泡时间后，移去塑料薄膜，称量浸在水中装有试样的网笼的表观质量（m_3），准确至 0.1g。

⑧目测试样溶胀情况，来确定溶胀和切割表面体积的校正。均匀溶胀用方法 A，不均匀溶胀用方法 B。

（4）溶胀和切割表面体积的校正及结果计算依照《硬质泡沫塑料吸水率的测定》GB/T 8810—2005 进行，取全部被测试样吸水率的算术平均值。

3）柔性泡沫橡塑吸水率的测定依据《柔性泡沫橡塑绝热制品》GB/T 17794—2021，检测方法如下：

（1）试件：

在试件上切取 3 块试件。板状试件尺寸为$(100±1)$mm×$(100±1)$mm×原厚；管状试件尺寸为$(100±1)$mm×原内径×原壁厚。在温度为$(23±2)$℃，相对湿度为 40%～60%的标准环境下，预置试件 24h。

（2）试验步骤：

①称量试件，精确到 0.001g，得到初始质量m_1。

②板体积按《泡沫塑料与橡胶 线性尺寸的测定》GB/T 6342—1996 要求进行测试；管体积按《柔性泡沫橡塑绝热制品》GB/T 17794—2021 附录 A 进行测试和计算。

③在真空容器中注入适当高度的蒸馏水。

④将试件放在试件架上，并完全浸入水中，盖上真空容器盖，打开真空泵，盖上防护罩，当真空度达到 85kPa 时，开始计时，保持 85kPa 真空度 3min 后关闭真空泵，打开真空

容器的进气孔后取出试件,用吸水纸除去试件表面(包括管内壁和两端)上的水。轻轻抹去表面水分,除去管内壁的水时,可将吸水纸卷成棒状探入管内,此项操作应在1min内完成。

⑤称量试件,精确到0.001g,得到最终质量m_{22}。

(3)真空体积吸水率的计算依据《柔性泡沫橡塑绝热制品》GB/T 17794—2021 附录B.5进行。

4)矿物棉及其制品吸水率的测定依据《矿物棉及其制品试验方法》GB/T 5480—2017;检测方法如下:

(1)试件:

板状制品试样为方形,尺寸为200mm×200mm,对于无法裁取200mm×200mm试样的产品,可裁取以样品短边长度为边长的方形试样,试样厚度为样品的原厚。管状制品取高度为50mm的圆环形试样。试样应在样品中部切取,其边缘距样品边缘至少100mm,表面应清洁平整,无裂纹。应按产品标准中的要求制备足够数量的试样,若产品标准中没有试样数量的要求,则至少制备4块试样。

(2)试验室环境条件:温度(16~28)℃,相对湿度30%~80%。

(3)全浸试验方法试验步骤:

①测量试样的尺寸。对方形试样,长度和宽度采用钢直尺测量。在试样的正、反面,各测两次,读数精确到1mm。硬质制品采用钢直尺测量厚度,测量点位于样品四个侧面的中部,读数精确到0.5mm。软质制品厚度的测量采用针形厚度计,每块试样测四点,位置均布,读数精确到0.5mm。对圆环形试样,内径、外径在试样的端面测量,每个端面测量两次,厚度沿圆周方向测量4点,4点均匀分布在圆周上。内径、外径和厚度用钢直尺测量,内径和外径的读数精确到1mm,厚度精确到0.5mm。计算试样体积时取所量尺寸的平均值。

②将试样放入电热鼓风干燥箱内,在(105±5)℃的温度下干燥至恒重。当试样含有在此温度下易挥发或易变化组分时,可在(60±5)℃或低于挥发温度(5~10)℃的条件下干燥至恒重。称取试样的质量m_1。

③慢慢地将试样压入水中,使试样上表面或上端面距水面25mm。加上压块使之固定。试样间及试样与水箱壁面无接触。保持上述状态2h。慢慢地取出试样,将试样放在沥干架上,让其沥干10min,立即称取试样的质量m_2。

(4)计算依据《矿物棉及其制品试验方法》GB/T 5480—2017第13.5.2条进行,试验结果为所有试样的算术平均值。

5)绝热制品吸水率的测定依据《建筑用绝热制品 部分浸入法测定短期吸水量》GB/T 30805—2014,检测方法如下:

(1)试件:

试样厚度应为产品初始厚度。试样横截面为正方形,边长(200±1)mm。试样数量应在相关产品标准中规定。如果产品标准中未进行规定，那么至少要四块试样。在没有产品标准或任何其他技术规范的情况下，试样数量可以由供需双方商定。切割出的试样不应包含产品的边缘。试样应用不改变产品原始结构的方法进行制备。应保留表皮、贴面和/或覆面。试样应在(23±5)℃的条件下调节至少6h。有争议时，应在(23±2)℃、45%～55%相对湿度的条件下，按相关产品标准所给出的时间进行状态调节。

（2）试验室环境条件：

测试应在(23±5)℃的条件下进行。有争议时，应在(23±2)℃、45%～55%相对湿度的条件下进行。

（3）试验步骤：

方法的选择（A 或 B）应在相关产品标准中规定。若无产品标准或其他技术规范，可以由供需双方商定。试样尺寸应按 ISO 29768 进行测量。

①方法 A：沥干法

称量试样初始质量m_0，精确至 0.1g。

测试时，一半试样将一个主要面朝上，另外一半试样将该面朝下进行测试。将试样放置在空水箱中，用一个足够重的压块来保持试样在加水后部分浸入。小心的加水直到样品下表面在水面下$(10±2)$mm。测试期间应确保水面保持恒定。

24h 后，取出试样并将其垂直放置在网格上，倾斜 45°沥干$(10±0.5)$min。然后称量试样质量m_{24}并记录。

②方法 B：去除初始带水法

称量试样初始质量m_0，精确至 0.1g。

测试时，一半试样将一个主要面朝上，另外一半试样将该面朝下进行测试，将试样放置在水箱中，使其下表面浸入水面$(10±2)$mm。10s 后取出试样并保持水平，在 5s 内放入已知质量的塑料托盘中。将试样和托盘仪器称量，以确定包含初始带出水的试样质量m_1，并记录。重新将试样放入水箱中，用一个足够重的压块来保持试样在加水后部分下表面浸入水面$(10±2)$mm。测试期间应确保水面保持恒定。

24h 后，取出试样并保持水平，在 5s 内将其放入已知质量的塑料托盘中，称量试样重量m_{24}并记录。

方法 B 只有在初始带出水量W_u，小于或等于 0.5kg/m² 时适用，初始带出水量W_u。由《建筑用绝热制品 部分浸入法测定短期吸水量》GB/T 30805—2014 第 6.2.2 条相关公式进行计算。

（4）结果的计算与表达：

测试结果应为各单值的平均值。对于有不同表面的产品，应计算两个平均值。结果不能外推到其他厚度的产品。

计算部分浸入的短期吸水量W_p，精确到 0.01kg/m²，计算公式依据《建筑用绝热制品 部分浸入法测定短期吸水量》GB/T 30805—2014 进行计算。

4.垂直于板面方向的抗拉强度

1）绝热制品垂直于表面抗拉强度的测定依据《建筑用绝热制品 垂直于表面抗拉强度的测定》GB/T 30804—2014，检测方法如下：

（1）试样：

试样厚度为制品原厚，应包括表皮，面层和/或涂层。试样应为正方形，推荐采用的试样尺寸有：50mm×50mm、100mm×100mm、150mm×150mm、200mm×200mm、300mm×300mm。试样尺寸应在相关产品标准中规定。在没有产品标准或技术规范时，试样尺寸由各相关方商定。试样线性尺寸依据 ISO 29768 进行测量，精度在±0.5%范围内。试样数量应在相关产品标准中进行规定。如未规定试样数量，应至少 5 个试样。在没有产品标准或技术规范时，试样数量由各相关方商定。试样从制品上裁取，确保试样的底面就是制品在使用过程中施加拉伸载荷的面，试样的制备方法不应破坏制品原有的结构。任何表皮，面层和/（或）涂层都应保留。试样应具有代表性，为了避免因任何搬运引起的破坏的影响，最好不要在靠近制品边缘 15mm 内裁取试样。制品表面不平整或表面不平行或包含有表皮，面层和/（或）涂层时，试样制备应符合相关产品标准的规定。试样两表面的平行度和平整度应不大于试样长度的 0.5%，最大允许偏差 0.5mm。在状态调节前，先将试样用合适的粘结剂粘结到两刚性板或刚性块上。

（2）试验室环境条件：

试验应在(23±5)℃下进行。有争议时，试验应在(23±2)℃和45%～55%相对湿度的环境下进行。

（3）试验步骤：

依据 ISO 29768 测量试样截面积。

试样截面积的测量最好在将试样粘结到两刚性板或刚性块之前进行。

将试样安装到试验机夹具上，以恒定的速度(10±1)mm/min，施加拉伸载荷直至试样破坏。

记录最大载荷，用 kN 表示。

记录破坏方式，材料破坏或表皮，面层和/或涂层破坏。当试样和刚性板或刚性块之间的粘结剂层发生整体或部分破坏时，舍弃该试样。

（4）结果计算依据《建筑用绝热制品 垂直于表面抗拉强度的测定》GB/T 30804—2014 相关公式进行，以所有测量值的平均值作为试验结果，保留两位有效数字。

2）有机保温板（XPS、EPS 等）垂直于板面方向的抗拉强度检测依据《外墙外保温工程技术标准》JGJ 144—2019，检测方法如下：

（1）试样：

试样尺寸 100mm×100mm，数量 5 个。

试样在保温板上切割制成,其基面应与受力方向垂直,切割时应离保温板边缘 15mm 以上。试样在试验环境下放置 24h 以上。

(2)试验步骤:

用合适的胶粘剂将试样两面粘贴在刚性平板或金属板上,胶粘剂应与产品相容。将试样装入拉力机上,以(5±1)mm/min 的恒定速度加荷,直至试样破坏。破坏面在刚性平板或金属板胶结面时,测试数据无效。

(3)试验结果:

垂直于板面方向的抗拉强度按《外墙外保温工程技术标准》JGJ 144—2019 第 A.6.3 条计算,试验结果为 5 个试验数据的算术平均值,精至 0.01MPa。

5. 单位面积质量

保温装饰板单位面积质量的测定依据《保温装饰板外墙外保温系统材料》JG/T 287—2013,检测方法如下:

(1)试验过程:

用精度 1mm 的钢卷尺测量保温装饰板板长度 L、宽度 B,测量部位分别为距保温装饰板板边 100mm 及中间处,取 3 个测量值的算术平均值为测定结果,计算精确至 1mm。用精度 0.05kg 的磅秤称量保温装饰板质量 m。

(2)试验结果:

单位面积质量应按《保温装饰板外墙外保温系统材料》JG/T 287—2013 计算,试验结果以 3 个试验数据的算术平均值表示,精确至 $1kg/m^2$。

6. 拉伸粘结强度

保温装饰板拉伸粘结强度的测定依据《保温装饰板外墙外保温系统材料》JG/T 287—2013,检测方法如下:

(1)试样:

尺寸 50mm×50mm 或直径 50mm,数量 6 个。

将相应尺寸的金属块用高强度树脂胶粘剂粘合在试样两个表面上,树脂胶粘剂固化后将试样按下述条件进行处理:

——原强度:无附加要求;

——耐水:浸水 2d,到期试样从水中取出并擦拭表面水分后,在标准试验环境下放置 7d;

——耐冻融:浸水 3h,然后在 $(-20±2)℃$ 的条件下冷冻 3h。进行上述循环 30 次,到期试样从水中取出后,在标准试验环境下放置 7d。当试样处理过程中断时,试样应放置在 $(-20±2)℃$ 条件下。

(2)试验步骤:

将试样安装到适宜的拉力试验机上,进行拉伸粘结强度测定,拉伸速度为

(5±1)mm/min。记录每个试样破坏时的力值和破坏状态，精确到 1N。如金属块与试样脱开，测试值无效。

（3）试验结果：

拉伸粘结强度按《保温装饰板外墙外保温系统材料》JG/T 287—2013 计算，取 4 个中间值计算拉伸粘结强度算术平均值，精确至 0.01MPa。

7. 导热系数或热阻

一般依据《绝热材料稳态热阻及有关特性的测定 热流计法》GB/T 10295—2008 进行检测，仲裁时执行《绝热材料稳态热阻及有关特性的测定 防护热板法》GB/T 10294—2008。

绝热材料稳态热阻及有关特性的测定，热流计法《绝热材料稳态热阻及有关特性的测定 热流计法》GB/T 10295—2008，检测方法如下：

（1）试样：

根据装置的类型从每个样品中选择一或两块试件，两块试件的厚度差应小于 2%。

试件的尺寸应能完全覆盖加热和冷却单元及热流计的工作表面，并且应具有实际使用的厚度，或者足以确定被测材料平均热性质的厚度。试件的制备和状态调节应按相应的产品标准要求进行。

（2）试验方法：

①测定试件的质量

准确到±0.5%。测定后，应立即把试件放入装置内。

②测试试件的厚度

开始测定时测得的试件的厚度或者是板和热流计间隙的尺寸。

③温差的选择

a. 传热过程与试件上的温差有关，应按照测定目的选择温差；

b. 按材料产品标准的要求；

c. 按所测试件或样品的使用条件。如果温差较小，温差测量的准确度就会降低，如果温差较大，就不能预测误差，因为理论估算是假定试件的导热系数与温度无关的；

d. 在测定未知的温度和传热性质关系时，温差应尽可能小，如［(5～10)K］；

e. 按温差测量所需要的准确度选择匹配的最低温差，这样可使试件中的传质现象减至最小。但这可能与本标准不一致，将在报告中注明。

④环境条件

根据装置的类型和测定温度，按要求施加边缘绝热和（或）规定的环境条件。

⑤热流量和温度测量（过渡时间及测量）

a. 观察热流计平均温度和输出电势、试件的平均温度以及温差来检查热平衡状态。

b. 热流计装置达到热平衡所需要的时间与试样的密度、比热、厚度和热阻的乘积以及装置的结构密切相关。许多测定的读数间隔可能只需上述乘积的 1/10，推荐用试验对比确定。在缺少类似试件在相同仪器上测定的经验时，以等于上述乘积或 300s（取大者）的时间间隔进行观察，直到 5 次读数所得到的热阻值相差在±1%之内，并且不在一个方向上单调变化为止。

　　c. 监视热流计输出随时间变化的过程能帮助检查平衡的稳定性，尤其是在试验未知类型的材料或怀疑环境湿度对被测材料有影响时。如果热流计的输出变化大于平均值的±1.5%，操作者应研究并找出原因。

　　d. 在达到平衡以后，测量试件热、冷面的温度。测定安装在试件表面上的热电偶的温度。

　　⑥在完成⑤的观察之后，立即测量试件的质量。在试件厚度不是由板的间隙确定时，强烈建议与试验开始时同样测量厚度。报告中应标明试件任何的体积变化。

（3）试验结果：

　　导热系数或热阻的试验结果依据《绝热材料稳态热阻及有关特性的测定　热流计法》GB/T 10295—2008 第 3.5 节进行计算。

8. 传热系数及热阻

1）测量步骤：

（1）对热流受到湿气影响的试件，应记录状态调节情况。当有异议的时候，应记录试件在测试前后的质量，或者应在试验前后钻取芯样。

（2）试件的选择与安装：

　　试件应选用或制成有代表性的。对非均质试件应作如下考虑。对于防护热箱法，决定检测不平衡（空气到空气或空气到表面）的最精确的方法。当靠近计量区域周围的表面温度很均匀时，检测试件表面不平衡和评价流过箱体的热流ϕ_3是最精确的方案。当靠近计量区周围出现不均匀性时，唯一可能的解决方案是空气到空气的平衡，那么，不平衡热流ϕ_2则是一个未知的误差源。防护热箱法中，如有可能，应将热桥对称地布置在计量区域和防护区域之间的分界线上，这样，热桥面积的一半在计量箱内，另一半在防护箱内。

　　如果试件是有模数的，计量箱的尺寸应是模数的适当的倍数。计量箱的周边应同模数线外周重合或在模数线之间的中间位置。

　　如果不能满足这些要求，只好将计量箱放在不同位置做多次试验，并且要非常谨慎地考虑这些结果，如果适用，可辅以温度、热流的测量和计算。

　　标定热箱法中，应考虑试件边缘的热桥对侧面迂回传热的影响。就像上面提到的，可能有必要将计量箱放在不同位置做多次试验，在这种情况下，标定热箱法意味着代表建筑物不同部分的不同试件。

　　试件安装时周边应密封，不让空气或湿分从边缘进入试件，也不从热的一侧传到冷的一侧，反之亦然。

　　试件边缘应该绝热，使ϕ_5减少到符合准确度的要求。

应考虑是否需要密封试件的每个表面，以避免空气渗透进试件以及是否需要控制热侧的空气露点。

在防护热箱法中，应该考虑试件中是否有要求用隔板将其分隔的连续空腔以及是否应在计量箱周边将高导热系数的饰面切断。

如果试件表面不平整，在与计量箱周边密封接触的区域，可能需要用砂浆、嵌缝材料或其他适当的材料填平，确保计量箱与防护箱之间的气密性。

如果试件尺寸小于计量箱所要求的试件尺寸，将试件安装在遮蔽板内，例如将试件嵌入一个墙内。

在遮蔽板和试件之间的边界区域中热流不是单向的；选择与试件相同热阻及厚度的遮蔽板，能够将此个问题减到最小。在一些实例中，这是不可能的，比如在窗的测试中。在这种情况下，当遮蔽板的热阻不同于安装窗户的墙体时，在窗框中的热流线与它们最终使用时不同，将难以预料其准确度。为了比较与解释试验结果，这些试件安装问题需要试件安装的规则，这超出了本标准的范围。

（3）测试条件：

测试条件的选择应考虑最终的使用条件和对准确度的影响。试验平均温度和温差都影响测试结果。通常建筑应用中平均温度一般在$(10\sim 20)°C$，最小温差为$20°C$。根据试验目的调节热、冷侧的空气速度。调节温度控制器使$\phi 2$或$\phi 3$之一或二者尽可能小或等于0。见ISO 8302中不平衡的叙述。

（4）测量周期：

对于稳态法试验，达到稳态所要求的时间取决于试件的热阻和热容量、表面系数、试件中存在的传质或湿气的重分布、设备的自动控制器的类型和性能等因素。由于这些因素的变化，所以不可能给出一个单一的稳态评判标准。

稳态要求的一个例子是：在达到接近稳定后，来自两个至少为3h的测量周期的ϕp和T的测量值及R或U的计算值，其偏差小于1%，并且结果不是单方向变化。对于高热阻或高质量或者两者具备的试件，这个最低要求可能不充分，应延长试验时间。

2）试验结果的计算

依据《绝热 稳态传热性质的测定 标定和防护热箱法》GB/T 13475—2008第3.6节进行。试验结果应与试验性评估值进行比较。存在明显差异时，应仔细检查试件，找出与它的技术规格有明显差异的地方，然后根据检查结果重新评估。如果试验性评估值与测量数据仍存在有不可解释的差异，可能是计算过程过于简单或者有试验的误差，应进行研究。

9.建筑材料不燃性试验方法

依据《建筑材料不燃性试验方法》GB/T 5464—2010，建筑材料不燃性试验方法如下：

1）试验装置

试验装置应符合《建筑材料不燃性试验方法》GB/T 5464—2010的要求。

2）试样制备

（1）试样应从代表制品的足够大的样品上制取。试样为圆柱形，体积$(76±8)cm^3$，直径$(45_{-2}^{0})mm$，高度$(50±3)mm$。

（2）若材料厚度不满足$(50±3)mm$，可通过叠加该材料的层数和/或调整材料厚度来达到$(50±3)mm$的试样高度。

（3）每层材料均应在试样架中水平放置，并用两根直径不超过0.5mm的铁丝将各层捆扎在一起，以排除各层间的气隙，但不应施加显著的压力。松散填充材料的试样应代表实际使用的外观和密度等特性。一共制作五组试样。

注：如果试样是由材料多层叠加组成，则试样密度宜尽可能与生产商提供的制品密度一致。

3）状态调节

试验前，试样应按照EN 13238的有关规定进行状态调节。然后将试样放入$(60±5)℃$的通风干燥箱内调节$(20～24)h$，然后将试样置于干燥皿中冷却至室温。试验前应称量每组试样的质量，精确至0.01g。

4）试验环境

试验装置不应设在风口，也不应受到任何形式的强烈日照或人工光照，以利于对炉内火焰的观察。试验过程中室温变化不应超过+5℃。

5）建筑材料不燃性的测定

（1）当加热炉温度平衡后，将一个按规定制备并经状态调节的试样放入试样架内，试样架悬挂在支承件上，将试样架插入炉内规定位置，该操作时间不应超过5s。

（2）当试样位于炉内规定位置时，立即启动计时器。

（3）记录试验过程中炉内热电偶测量的温度，如要求测量试样表面温度和中心温度，对应温度也应予以记录。

（4）如果炉内温度在30min时达到了最终温度平衡，即由热电偶测量的温度在10min内漂移（线性回归）不超过2℃，则可停止试验。如果30min内未能达到温度平衡，应继续进行试验，同时每隔5min检查是否达到最终温度平衡，当炉内温度达到最终温度平衡或试验时间达60min时应结束试验。记录试验的持续时间，然后从加热炉内取出试样架，试验的结束时间为最后一个5min的结束时刻或60min。

（5）收集试验时和试验后试样碎裂或掉落的所有碳化物、灰和其他残屑，同试样一起放入干燥皿中冷却至环境温度后，称量试样的残留质量。

（6）重复上述步骤测试另外四组试样。

6）试验期间观察

（1）在试验前和试验后分别记录每组试样的质量并观察记录试验期间试样的燃烧行为。

（2）记录发生的持续火焰及持续时间，精确到秒。试样可见表面上产生持续5s或更长时间的连续火焰才应视作持续火焰。

（3）记录以下炉内热电偶的测量温度，单位为摄氏度：

①炉内初始温度T_1，规定的炉内温度平衡期的最后10min的温度平均值；

②炉内最高温度T_m，整个试验期间最高温度的离散值；

③炉内最终温度T_f，试验过程最后1min的温度平均值。

7）试验结果表述

（1）质量损失：

计算并记录各组试样的质量损失，以试样初始质量的百分数表示。

（2）火焰：

计算并记录每组试样持续火焰持续时间的总和，以秒为单位。

（3）温升：

计算并记录按试样的热电偶温升，$\Delta T = T_m - T_f$，以摄氏度为单位。

10.建筑材料及制品的燃烧性能燃烧热值的测定

依据《建筑材料及制品的燃烧性能 燃烧热值的测定》GB/T 14402—2007，建筑材料及制品的燃烧性能燃烧热值的测定方法如下：

1）试验装置

试验装置应符合《建筑材料及制品的燃烧性能 燃烧热值的测定》GB/T 14402—2007的要求。

2）试样制备

（1）应对制品的每个组分进行评价，包括次要组分。如果非匀质制品不能分层，则需单独提供制品的各组分。如果制品可以分层，那么分层时，制品的每个组分应与其他组分完全剥离，相互不能粘附有其他成分。样品应具有代表性，对匀质制品或非匀质制品的被测组分，应任意截取至少5个样块作为试样。若被测组分为匀质制品或非匀质制品的主要成分，则样块最小质量为50g。若被测组分为非匀质制品的次要成分，则样块最小质量为10g。松散填充材料从制品上任意截取最小质量为50g的样块作为试样。含水产品将制品干燥后，任意截取其最小质量为10g的样块作为试样。

（2）如果有要求，应在最小面积为250mm×250mm的试样上对制品的每个组分进行面密度测试，精度为±0.5%。如为含水制品，则需对干燥后的制品质量进行测试。

（3）将样品逐次研磨得到粉末状的试样。在研磨的时候不能有热分解发生。样品要采用交错研磨的方式进行研磨。如果样品不能研磨，则可采用其他方式将样品制成小颗粒或片材。

（4）通过研磨得到细粉末样品，应以坩埚法制备试样。如果通过研磨不能得到细粉末样品，或以坩埚试验时试件不能完全燃烧，则应采用"香烟"法制备试样。

（5）应对3个试样进行试验。如果试验结果不能满足有效性表9-3的要求，则需对另外2个试样进行试验。按分级体系的要求，可以进行多于3个试样的试验。

试验结果有效的标准　　　　　　　　　　表 9-3

总燃烧热值	3组试验的最大和最小值偏差	有效范围
PCS	≤0.2MJ/kg	(0～3.2)MJ/kg
PCS[a]	≤0.1MJ/m²	(0～4.1)MJ/m²

注：[a] 仅适用于非匀质材料。

（6）质量测定：

称取下述样品，精确到0.1mg：

①被测材料0.5g；

②苯甲酸0.5g；

③必要时，应称取点火丝、棉线和"香烟"纸。

注1：对于高热值的制品，可以不使用助燃物或减少助燃物。

注2：对于低热值的制品，为了使得试样达到完全燃烧，可以将材料和苯甲酸的质量比由1:1改为1:2，或增加助燃物来增加试样的总热值。

（7）坩埚试验：

试验步骤如下如图9-3所示：

①将已称量的试样和苯甲酸的混合物放入坩埚中；

②将已称量的点火丝连接到两个电极上；

③调节点火丝的位置，使之与坩埚中的试样良好的接触。

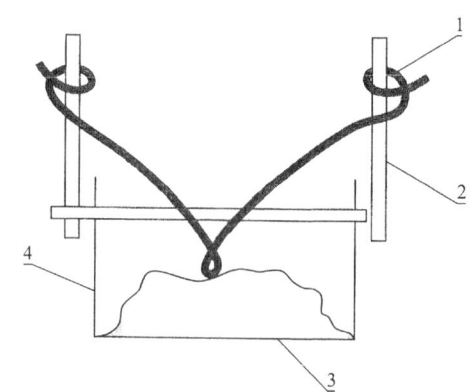

1—点火丝；2—电极；3—苯甲酸和试样的混合物；4—坩埚

图9-3　点火丝位置

（8）香烟试验：

试验步骤如下：

①调节已称量的点火丝下垂到心轴的中心；

②用已称量的"香烟纸"将心轴包裹，并将其边缘重叠处用胶水粘结。如果"香烟纸"

已粘结，则不需要再次粘结。两端留出足够的纸，使其和点火丝拧在一起；

③将纸和心轴下端的点火丝拧在一起放入模具中，点火丝要穿出模具的底部；

④移出心轴；

⑤将已称量的试样和苯甲酸的混合物放入"香烟纸"；

⑥从模具中拿出装有试样和苯甲酸混合物的"香烟纸"，分别将"香烟纸"两端扭在一起；

⑦称量"香烟"状样品，确保总重和组成成分的质量之差不能超过 10mg；

⑧将"香烟"状样品放入坩埚。

3）状态调节

试验前，应将粉末试样、苯甲酸和"香烟纸"按照 EN 13238 的要求进行状态调节。

4）试验环境

试验应在标准试验条件下进行，试验室内温度要保持稳定。对于手动装置，房间内的温度和量热筒内水温的差异不能超过±2K。

5）建筑材料热值的测定

（1）水当量的测定：

量热仪、氧弹及其附件的水当量 E（MJ/K）可通过对 5 组质量为(0.4～1.0)g 的标准苯甲酸样品进行总热值测定来进行标定。标定步骤如下：

①压缩已称量的苯甲酸粉末，用制丸装置将其制成小丸片，或使用预制的小丸片。预制的苯甲酸小丸片的燃烧热值同试验时采用的标准苯甲酸粉末燃烧热值一致时，才能将预制小丸片用于试验；

②称量小丸片，精确到 0.1mg；

③将小丸片放入坩埚；

④将点火丝连接到两个电极；

⑤将已称量的点火丝接触到小丸片；

⑥水当量 E 应为 5 次标定结果的平均值，以 MJ/K 表示。每次标定结果与水当量 E 的偏差不能超过 0.2%。

（2）在规定周期内，或不超过 2 个月，或系统部件发生了显著变化时，应按上述规定进行标定。

（3）标准试验程序：

①检查两个电极和点火丝，确保其接触良好，在氧弹中倒入 10mL 的蒸馏水，用来吸收试验过程中产生的酸性气体；

②拧紧氧弹密封盖，连接氧弹和氧气瓶阀门，小心开启氧气瓶，给氧弹充氧至压力达到(3.0～3.5)MPa；

③将氧弹放入量热仪内筒；

④在量热仪内筒中注入一定量的蒸馏水，使其能够淹没氧弹，并对其进行称量。所用水量应和校准过程中所用的水量相同，精确到1g；

⑤检查并确保氧弹没有泄漏（没有气泡）；

⑥将量热仪内筒放入外筒；

⑦步骤如下：

a.安装温度测定装置，开启搅拌器和计时器；

b.调节内筒水温，使其和外筒水温基本相同。每隔一分钟应记录一次内筒水温，调节内筒水温，直到10min内的连续读数偏差不超过±0.01K。将此时的温度作为起始温度（T_i）；

c.接通电流回路，点燃样品。

⑧对绝热量热仪来说：在量热仪内筒快速升温阶段，外筒的水温应与内筒水温尽量保持一致；其最高温度相差不能超过±0.01K。每隔一分钟应记录一次内筒水温，直到10min内的连续读数偏差不超过±0.01K。将此时的温度作为最高温度（T_m）；

⑨从量热仪中取出氧弹，放置10min后缓慢泄压。打开氧弹。如氧弹中无煤烟状沉淀物且坩埚上无残留碳，便可确定试样发生了完全燃烧。清洗并干燥氧弹；

⑩如果采用坩埚法进行试验方时，试样不能完全燃烧，则采用"香烟"法重新进行试验。如果采用"香烟"法进行试验，试样同样不能完全燃烧，则继续采用"香烟"法重复试验。

6）试验结果表述

计算试样燃烧的总热值时，应在恒容的条件下进行，由下列公式计算得出，以 MJ/kg 表示。对于自动测试仪，燃烧总热值可以直接获得，并作为试验结果。

（1）对于燃烧发生吸热反应的制品或组件，得到的 PCS 值可能会是负值。

①采用以下步骤计算制品的 PCS 值。首先，确定非匀质制品的单个成分的 PCS 值或匀质材料的 PCS 值。如果3组试验结果均为负，则在试验结果中应注明，并给出实际结果的平均值。例如：-0.3，-0.4，+0.1，平均值为-0.2。

②对于匀质制品，以这个平均值作为制品的 PCS 值，对于非匀质制品，应考虑每个组分的 PCS 平均值。若某一组分的热值为负值，在计算试样总热值时可将该热值设为0。金属成分不需要测试，计算时将其热值设为0。

（2）匀质制品：

①对于一个单独的样品，应进行3次试验。如果单个值的离散符合规范的判据要求，则试验有效，该制品的热值为这3次测试结果的平均值。

②如果这3次试验的测试值偏差不在规定值范围内，则需要对同一制品的两个备用样品进行测试。在这5个试验结果中，去除最大值和最小值，用余下的个值按规定计算试样的总热值。

③如果测试结果的有效性不满足规定要求，则应重新制作试样，并重新进行试验。

④如果分级试验中需要对 2 个备用试样（已做完 3 组试样）进行试验时，则应按规定准备 2 个备用试样，即对同一制品，最多对 5 个试样进行试验。

（3）非匀质制品总热值试验步骤如下：

①对于非匀质制品，应计算每个单独组分的总热值，总热值以 MJ/kg 表示，或以组分的面密度将总热值表示为 MJ/m^2；

②用单个组分的总热值和面密度计算非匀质产品的总热值；

③对于非匀质制品的燃烧热值的计算可参见《建筑材料及制品的燃烧性能 燃烧热值的测定》GB/T 14402—2007 附录 D。

11. 建筑材料可燃性试验方法

依据《建筑材料可燃性试验方法》GB/T 8626—2007，建筑材料可燃性试验方法如下：

1）试验装置

试验装置应符合《建筑材料可燃性试验方法》GB/T 8626—2007 的要求。

2）试样制备（对于融化收缩制品的试验程序见附录 A）

①基本平整制品试样上，试样尺寸为：长(250^{0}_{-1})mm，宽(90^{0}_{-1})mm。名义厚度不超过 60mm 的试样应按其实际厚度进行试验。名义厚度大于 60mm 的试样，应从其背火面将厚度削减至 60mm，按 60mm 厚度进行试验。若需要采用这种方式削减试样尺寸，该切削面不应作为受火面。对于通常生产尺寸小于试样尺寸的制品，应制作适当尺寸的样品专门用于试验。对于非平整制品，试样可按其最终应用条件进行试验（如隔热导管）。应提供完整制品或长 250mm 的试样。

②对于每种点火方式，至少应测试 6 块具有代表性的制品试样，并应分别在样品的纵向和横向上切制 3 块试样。若试验用的制品厚度不对称，在实际应用中两个表面均可能受火，则应对试样的两个表面分别进行试验。若制品的几个表面区域明显不同，但每个表面区域均符合基本平正制品规定的表面特性，则应再附加一组试验来评估该制品。如果制品在安装过程中四周封边，但仍可以在未加边缘保护的情况下使用，应对封边的试样和未封边的试样分别试验。

③若制品在最终应用条件下是安装在基材上，则试样应能代表最终应用状况。

3）状态调节

试样和滤纸应根据 EN 13238 进行状态调节。

4）试验环境

环境温度为(23 ± 5)℃，相对湿度为$(50 \pm 20)\%$的房间。

5）建筑材料可燃性的测定

（1）确认燃烧箱烟道内的空气流速符合标准要求。

（2）将 6 个试样从状态调节室中取出，并在 30min 内完成试验。若有必要，也可将试样从状态调节室取出，放置于密闭箱体中的试验装置内。

（3）将试样置于试样夹中，这样试样的两个边缘和上端边缘被试样夹封闭，受火端距离试样夹底端30mm。

（4）燃烧器角度调整至45°角，使用标准规定的定位器，来确认燃烧器与试样的距离。在试样下方的铝箔收集盘内放两张滤纸，这一操作应在试验前的3min内完成。

（5）点燃位于垂直方向的燃烧器，待火焰稳定。调节燃烧器微调阀，并采用标准规定的测量器具测量火焰高度，火焰高度应为(20±1)mm。应在远离燃烧器的预设位置上进行该操作，以避免试样意外着火。在每次对试样点火前应测量火焰高度。

（6）沿燃烧器的垂直轴线将燃烧器倾斜45°，水平向前推进，直至火焰抵达预设的试样接触点。当火焰接触到试样时开始计时。按照委托方要求，点火时间为15s或30s。然后平稳地撤回燃烧器。

（7）试样可能需要采用表面点火方式或边缘点火方式，或这两种点火方式都要采用。

（8）表面点火：

对所有的基本平整制品，火焰应施加在试样的中心线位置，底部边缘上方40mm处。应分别对实际应用中可能受火的每种不同表面进行试验。

（9）边缘点火：

①对于总厚度不超过3mm的单层或多层的基本平整制品，火焰应施加在试样底面中心位置处；

②对于总厚度大于3mm的单层或多层的基本平整制品，火焰应施加在试样底边中心且距受火表面1.5厚度大于10mm的多层制品，应增加试验，将试样沿其垂直轴线旋转90°，火焰施加在每层材料底部中线所在的边缘处；

③对于非基本平整制品和按实际应用条件进行测试的制品，应按照上述⑧和⑨规定进行点火，并应在试验报告中详尽阐述使用的点火方式。

6）试验时间

（1）如果点火时间为15s，总试验时间是20s，从开始点火计算。

（2）如果点火时间为30s，总试验时间是60s，从开始点火计算。

7）试验结果表述

（1）记录点火位置。

（2）对于每块试样，记录以下现象：

①试样是否被引燃；

②火焰尖端是否到达距点火点150mm处，并记录该现象发生时间；

③是否发生滤纸被引燃；

④观察试样的物理行为。

12.建筑材料氧指数试验方法

依据《塑料 用氧指数法测定燃烧行为 第2部分：室温试验》GB/T 2406.2—2009，建筑材料氧指数试验方法如下：

1）试验装置

试验装置应符合《塑料 用氧指数法测定燃烧行为 第2部分：室温试验》GB/T 2406.2—2009的要求。

2）试样制备

（1）应按材料标准进行取样，所取的样品至少能制备15根试样（表9-4）。

试样尺寸　　　　　　　表9-4

试样形状[a]	尺寸			用途
	长度（mm）	宽度（mm）	厚度（mm）	
Ⅰ	80~150	10±0.5	4±0.25	用于模塑材料
Ⅱ	80~150	10±0.5	10±0.5	用于泡沫塑料
Ⅲ[b]	80~150	10±0.5	≤10.5	用于片材"接收状态"
Ⅳ	70~150	6.5±0.5	3±0.25	电器用自撑模塑材料或板材
Ⅴ[b]	14001-5	52±0.5	≤10.5	用于软膜或软片
Ⅵ[c]	140~200	20	0.02~0.10[d]	用于能用规定的杆缠绕"接收状态"的薄膜

注：[a] Ⅰ、Ⅱ、Ⅲ和Ⅳ型试样适用于自撑材料。Ⅴ型试样适用非自撑的材料。
[b] Ⅲ和Ⅴ型试样所获得的结果，仅用于同样形状和厚度的试样的比较。假定这样材料厚度的变化量是受到其他标准控制的。
[c] Ⅵ型试样适用于缠绕后能自撑的薄膜。
[d] 限于厚度能用规定的棒缠绕的薄膜。如薄膜很薄，需两层或多层叠加进行缠绕，以获得与Ⅵ型试样类似的结果。

3）状态调节

除非另有规定，否则每个试样试验前应在温度$(23±2)$°C和湿度$(50±5)$%条件下至少调节88h。含有易挥发可燃物的泡沫材料试样，在$(23±2)$°C和$(50±5)$%状态调节前，应在鼓风烘箱内处理168h，以除去这些物质。体积较大这类材料，需要较长的预处理时间。切割含有易挥发可燃物泡沫材料试样的设施需考虑与之相适应的危险性。

4）试验环境

试验装置应放置在温度$(23±2)$°C的环境中。必要时将试样放置在$(23±2)$°C和$(50±5)$%的密闭容器中，当需要时从容器中取出。

5）建筑材料氧指数的测定

（1）氧指数的测定方法分为顶面点燃和扩散点燃试验。

（2）试验Ⅰ、Ⅱ、Ⅲ、Ⅳ或Ⅵ型试样顶面点燃试验应在离点燃端50mm处画标线。试验Ⅴ型试样采用扩散点燃试验时，标线画在支撑框架上。在试验稳定性材料时，为了方便，在离点燃端20mm和100mm处画标线。如Ⅰ、Ⅱ、Ⅲ、Ⅳ或Ⅵ型试样用扩散点燃试验时，在离点燃端10mm和60mm处画标线。

（3）选择起始浓度，可根据类似材料的结果选取。另外，可观察试样在空气中的点燃情况,如果试样迅速燃烧,选择起始氧浓度约在18%(体积分数);如果试样缓慢燃烧或不稳定燃烧,选择的起始氧浓度约在21%(体积分数);如果试样在空气中不连续燃烧,选择的起始氧浓度至少为25%(体积分数),这取决于点燃的难易程度或熄灭前燃烧时间的长短。

(4)确保燃烧筒处于垂直状态。将试样垂直安装在燃烧筒的中心位置,使试样的顶端低于燃烧筒顶口至少100mm,同时试样的最低点的暴露部分要高于燃烧筒基座的气体分散装置的顶面100mm。

(5)调整气体混合器和流量计,使氧/氮气体在(23±2)℃下混合,氧浓度达到设定值,并以(40±2)mm/s的流速通过燃烧筒。在点燃试样前至少用混合气体冲洗燃烧筒30s。确保点燃及试样燃烧期间气体流速不变。

(6)当试样按照顶面点燃和扩散点燃时,开始记录燃烧时间,观察燃烧行为。如果燃烧中止,但在1s内又自发再燃,则继续观察和记时。

(7)如果试样的燃烧时间和燃烧长度均未超过表9-5规定的相关值,记作"○"反应。如果燃烧时间或燃烧长度两者任何一个超过下表中规定的相关值,记下燃烧行为和火焰的熄灭情况,此时记作"×"反应。

氧指数测量的判据 表9-5

试样类型	点燃方法	判据(二选其一)[a]	
		点燃后的燃烧时间/s	燃烧长度[b]
Ⅰ、Ⅱ、Ⅲ、Ⅳ和Ⅵ	A 顶面点燃	180	试样顶端以下50mm
	B 扩散点燃	180	上标线以下50mm
Ⅴ	B 扩散点燃	180	上标线(框架上)以下80mm

注:[a] 不同形状的试样或不同的点燃方式及试验过程,不能产生等效的氧指数结果。
　　[b] 当试样上任何可见的燃烧部分,包括垂直表面流淌的燃烧滴落物,通过该该表第四栏规定的标线时,认为超过了燃烧范围。

(8)移出试样,清洁燃烧筒及点火器。使燃烧筒温度回到(23±2)℃,或用另一个燃烧筒代替。

(9)试验过程中,按下列步骤选择所用的氧浓度:
①如果前一个试样燃烧行为是"×"反应,则降低氧浓度,或
②如果前一个试样燃烧行为是"○"反应,则增加氧浓度。

(10)采用任意合适的步长,重复上述步骤,直到氧浓度(体积分数)之差≤1.%,且一次是"○"反应,另一次是"×"反应,将这组氧浓度中的"○"反应,记作初始氧浓度。利用初始氧浓度重复上述试验步骤,记录所用的氧浓度和"×"或"○",直到获得相应反应不同为止。再次重复上述步骤四个以上的试样,并记录每个试样的氧浓度和反应类型。

6)氧指数试验结果表述

(1)氧指数OI以体积分数标识。

（2）氧指数的计算详见标准《塑料 用氧指数法测定燃烧行为 第2部分：室温试验》GB/T 2406.2—2009中的9.1和9.2条。

13. 建筑材料难燃性试验方法

依据《建筑材料难燃性试验方法》GB/T 8625—2005，建筑材料难燃性试验方法如下：

1）试验装置

试验装置应符合《建筑材料难燃性试验方法》GB/T 8625—2005的要求。

2）试样制备

（1）每次试验以4个试样为一组，每块试样均以材料实际使用厚度制作。其表面规格为(1000^{+0}_{-5})mm×(190^{+0}_{-5})mm，材料实际使用厚度超过80mm时，试样制作厚度应取$(80±5)$mm，其表面和内层材料应具有代表性。

（2）均向性材料作3组试件，对薄膜、织物及非均匀性材料作4组试件，其中每2组试件应分别从材料的纵向和横向取样制作。

（3）对于非对称性材料，应从试样正、反两面各制2组试件。若只需从一侧划分燃烧性能等级，可对该侧面制取3组试件。

3）状态调节

在试验进行之前，试件必须在温度$(23±2)$℃，相对湿度$(50±5)$%的条件下调节至质量恒定。其判定条件为间隔24h，前后两次称量的质量变化率不大于0.1%。如果通过称量不能确定达到平衡状态，在试验前应在上述温、湿度条件下存放28d。

4）建筑材料难燃性的测定

（1）将4个经状态调节已达到恒定的规定要求的试样垂直固定在试件支架上，组成垂直方形烟道，试样相对距离为$(250±2)$mm。

（2）保持炉内压力为$(-15±10)$Pa。

（3）试件放入燃烧室之前，应将竖炉内炉壁温度预热至50℃。

（4）将试件放入燃烧室内规定位置，关闭炉门。

（5）当炉壁温度降至$(40±5)$℃时，在点燃燃烧器的同时，揿动计时器按钮，开始试验。试验过程中竖炉内应维持流量$(10±1)$m³/min、温度为$(23±2)$℃的空气流。燃烧器所用的燃气为甲烷和空气的混合气；甲烷流量为$(35±0.5)$L/min，其纯度大于95%；空气流量为$(17.5±0.2)$L/min。以上两种气体流量均按标准状态计算。

（6）试验时间为10min，当试件上的可见燃烧确已结束或5支热电偶所测得的平均烟气温度最大值超过200℃时，试验用火焰可提前中断。

5）试件燃烧后剩余长度的判断

（1）试件燃烧后剩余长度为试件既不在表面燃烧，也不在内部燃烧形成炭化部分的长度（明显变黑色为炭化）。试件在试验中产生变色，被烟熏黑及外观结构发生弯曲、起皱、鼓泡、熔化、烧结、滴落、脱落等变化均不作为燃烧判断依据。如果滴落和脱落物在筛底继续燃烧 20s 以上，应在试验报告中注明。

（2）采用防火涂层保护的试件，如木材及木制品，其表面涂层的炭化可不考虑。在确定被保护材料的燃烧后剩余长度时，其保护层应除去。

6）试验结果表述

（1）试件燃烧的剩余长度平均值应 ≥ 150mm，其中没有一个试件的燃烧剩余长度为零。

（2）每组试验的由 5 只热电偶所测得的平均烟气温度不超过 200℃。

14. 建筑材料或制品的单体燃烧试验

依据《建筑材料或制品的单体燃烧试验》GB/T 20284—2006，建筑材料或制品的单体燃烧试验方法如下：

1）试验装置

试验装置应符合《建筑材料或制品的单体燃烧试验》GB/T 20284—2006 的要求。

2）试样制备

（1）角型试样有两个翼，分别为长翼和短翼。试样的最大厚度为 200mm。板式制品的尺寸如下：

① 短翼：(495 ± 5)mm × (1500 ± 5)mm；

② 长翼：(1000 ± 5)mm × (1500 ± 5)mm。

（2）除非在制品说明里有规定，否则若试样厚度超过 200mm，则应将试样的非受火面切除掉以使试样厚度为 (200_{-10}^{0})mm。

（3）应在长翼的受火面距试样夹角最远端的边缘，且距试样底边高度分别为 (500 ± 3)mm 和 (1000 ± 3)mm 处画两条水平线，以观察火焰在这两个高度边缘的横向传播情况。所画横线的宽度值 ≤ 3mm。

（4）用三组试样（三组长翼加短翼）进行试验。

3）试样安装

（1）试样的安装方法：

① 实际应用安装方法；

② 标准安装方法。

（2）试样翼在小推车中应按下列要求安装：

① 试样短翼和背板安装于小推车上，背板的延伸部分在主燃烧器的侧面且试样的底边与小推车底板上的短 U 形卡槽相靠；

② 试样长翼和背板安装于小推车上，背板的一端边缘与短翼背板的延伸部分相靠且试样的底边与小推车底板上的长 U 形卡槽相靠；

③ 试样双翼在顶部和底部均应用固定件夹紧；

④为确保背板的交角棱线在试验过程中不至于变宽,应符合以下其中一条规定:

a. 长度为 1500mm 的 L 形金属角条应放于长翼背板的后侧边缘处,并与短翼背板在交角处靠紧。采用紧固件以 250mm 的最大间距将 L 形角条与背板相连。

b. 钢质背网应安装在背板背面。

(3)试验样品的暴露边缘和交角处的接缝可用一种附加材料加以保护,而这种保护要与该制品在实际中的使用相吻合。若使用了附加材料,则两翼边的宽度包含该附加材料在内应符合试样长翼、短翼的尺寸要求。

(4)将试样安装在小推车上,应从以下几个方面进行拍照:

①长翼受火面的整体镜头:长翼的中心点应在视景的中心处。照相机的镜头视角与长翼的表面垂直;

②距小推车底板 500mm 高度处长翼的垂直外边的特写镜头:照相机的镜头视角应水平并与翼的垂直面约成 45°角;

③若按标准《建筑材料或制品的单体燃烧试验》GB/T 20284—2006 第 5.3.2 条使用了附加材料,则应拍摄使用这种材料处的边缘和接缝的特写镜头。

4)状态调节

应根据 EN 13238 进行状态调节,组成试样的部件既可分开也可固定在一起进行状态调节。但是,对于胶合在基材上进行试验的试样,应在状态调节前将试样胶合在基材上。

5)试验环境

环境温度应在(20 ± 10)℃内,管道中的温度与环境温度相差不应超过 4℃。

6)建筑材料或制品的单体燃烧试验

(1)将试样安装在小推车上,主燃烧器已位于集气罩下的框架内,按照步骤依次进行试验,直至试验结束。整个试验步骤应在试样从状态调节室中取出后的 2h 内完成。

(2)将排烟管道的体积流速 $V_{298(t)}$ 设为 $(0.60 ± 0.05)m^3/s$。在整个试验期间,该体积流速应控制在 $0.50m^3/s$~$0.65m^3/s$ 的范围内。

(3)点燃两个燃烧器的引燃火焰(如使用了引燃火焰)。试验过程中引燃火焰的燃气供应速度变化不应超过 5mg/s。

(4)记录试验前的情况:

①环境大气压力(Pa);

②环境相对湿度(%)。

(5)采用精密计时器开始计时并自动记录数据。开始的时间 t 为 0s。

①时间(t),s;定义开始记录数据时,$t = 0$;

②供应给燃烧器的丙烷气体的质量流量 m_{gas}(mg/s);

③在排烟管道的综合测量区,双向探头所测试的压力差 ΔP(Pa);

④在排烟管道的综合测量区,从光接收器中发出的白光系统信号 1(%);

⑤排烟管道气流中的 O_2 摩尔分数（XO_2），在排烟管道的综合测量区中的气体取样探头处取样；

⑥排烟道气流中的 CO_2 摩尔分数（XCO_2），在排烟管道的综合测量区中的气体取样探头处取样；

⑦小推车底部空气入口处的环境温度 T_0（K）；

⑧排烟管道综合测量区中的三支热电偶的温度值 T_1、T_2 和 T_3（K）。

（6）在 t 为 $(120±5)$s 时：点燃辅助燃烧器并将丙烷气体的质量流量 $m_气(t)$ 调至 $(647±10)$mg/s；此调整应在 t 为 150s 前进行。整个试验期间丙烷气质量流量应在此范围内。

（7）在 t 为 $(300±5)$s 时：丙烷气体从辅助燃烧器切换到主燃烧器。观察并记录主燃烧器被引燃的时间。

（8）观察试样的燃烧行为，观察时间为 1260s 并在记录单上记录数据。记录以下情况：

①在试验开始后的 1500s 内，在 $(500\sim1000)$mm 之间的任何高度，持续火焰到达试样长翼远边缘处时，火焰的横向传播应予以记录。火焰在试样表面边缘处至少持续 5s 为该现象的判据；

②仅在开始受火后的 600s 内及仅当燃烧滴落物/颗粒物滴落到燃烧器区域外的小推车底板（试样的低边缘水平面内）上时，才记录燃烧滴落物/颗粒物的滴落现象。燃烧器区域定义为试样翼前侧的小推车底板区，与试样翼之间的交角线的距离小于 0.3m。应记录以下现象：

a. 在给定的时间间隔和区域里，滴落后仍在燃烧但燃烧时间不超过 10s 的燃烧滴落物/颗粒物的滴落情况；

b. 在给定的时间间隔和区域里，滴落后仍在燃烧但燃烧时间超过 10s 的燃烧滴落物/颗粒物的滴落情况；需在小推车的底板上画一 1/4 圆，以标记燃烧器区域的边界。画线的宽度应小于 3mm。

（9）在 $t \geqslant 1560$s 时：

①停止向燃烧器供应燃气；

②停止数据的自动记录。

（10）当试样的残余燃烧完全熄灭至少 1min 后，应在记录单上记录试验结束时的情况。记录以下情况：

①排烟管道中"综合测量区"的透光率（%）；

②排烟管道中"综合测量区"的 O_2 摩尔分数；

③排烟管道中"综合测量区"的 CO_2 摩尔分数。

7）试验的提前结束

若发生以下任一种情况，则可在规定的受火时间结束前关闭主燃烧器：

（1）一旦试样的热释放速率超过 350kW，或 30s 期间的平均值超过 280kW。

（2）一旦排烟管道温度超过 400℃，或 30s 期间的平均值超过 300℃。

（3）滴落在燃烧器砂床上的滴落物明显干扰了燃烧器的火焰或火焰因燃烧器被堵塞而熄灭。若滴落物堵塞了一半的燃烧器，则可认为燃烧器受到实质性干扰。

（4）记录停止向燃烧器供气时的时间以及停止供气的原因。

（5）若试验提前结束，则分级试验结果无效。

8）现象记录

（1）表面的闪燃现象。

（2）试验过程中，试样生成的烟气没被吸进集气罩而从小推车溢出并流进旁边的燃烧室。

（3）部分试样发生脱落。

（4）夹角缝隙的扩展（背板间相互固定的失效）。

（5）根据（7）可用以判断试验提前结束的一种或多种情况。

（6）试样的变形或垮塌。

（7）对正确解释试验结果或对制品应用领域具有重要性的所有其他情况。

9）试验结果表述

（1）每次试验中，样品的燃烧性能应采用平均热释放速率$HRR_{av}(t)$、总热释放量$THR(t)$和$1000 \times HRR_{av}(t)/(t-300)$的曲线图表示，试验时间为$0 \leqslant t \leqslant 1500s$。计算得出的燃烧增长速率指数$FIGRA_{0.2MJ}$和$FIGRA_{0.4MJ}$以及在600s内的总热释放量$THR_{600s}$的值以及根据标准《建筑材料或制品的单体燃烧试验》GB/T 20284—2006第8.3.3条判定是否发生了火焰横向传播至试样边缘处的这一现象来表示。

（2）每次试验中，样品的产烟性能应采用$SPR_{av}(t)$、生成的总产烟量$TSP(t)$和$10000 \times SPR_{av}(t)/(t-300)$的曲线图表示，试验时间为$0 \leqslant t \leqslant 1500s$。计算得出的烟气生成速率指数$SMOGRA$的值和600s内生成的总产烟量$TSP_{600s}$的值来表示。

（3）每次试验中，关于制品的燃烧滴落物和颗粒物生成的燃烧行为，应分别按照标准《建筑材料或制品的单体燃烧试验》GB/T 20284—2006进行判定，以是否有燃烧滴落物和颗粒物这两种产物生成或只有其中一种产物生成来表示。

六、试验结果评定

（1）绝热用模塑聚苯乙烯泡沫塑料性能指标如表9-6、表9-7所示。

绝热用模塑聚苯乙烯泡沫塑料性能指标
（《绝热用模塑聚苯乙烯泡沫塑料（EPS）》GB/T 10801.1—2021） 表9-6

项目	单位	性能指标						
		Ⅰ	Ⅱ	Ⅲ	Ⅳ	Ⅴ	Ⅵ	Ⅶ
压缩强度	kPa	≥60	≥100	≥150	≥200	≥300	≥500	≥800

续表

项目		单位	性能指标						
			Ⅰ	Ⅱ	Ⅲ	Ⅳ	Ⅴ	Ⅵ	Ⅶ
尺寸稳定性		%	≤4	3	≤2	≤2	≤2	≤1	≤1
水蒸气透过系数		ng(Pa·m·s)	≤6	≤4.5	≤4.5	≤4	≤3	≤2	≤2
吸水率		%	≤6	≤4	≤2				
熔结性	断裂弯曲负荷	N	≥15	≥25	≥35	≥60	≥90	≥120	≥150
	弯曲变形	mm	≥20			—			
表观密度偏差		%	±5						

绝热用模塑聚苯乙烯泡沫塑料性能指标
(《绝热用模塑聚苯乙烯泡沫塑料（EPS）》GB/T 10801.1—2021)   表 9-7

项目	单位	033 级	037 级
导热系数（平均温度 25℃）	W(m·K)	≤0.033	≤0.037

（2）绝热用挤塑聚苯乙烯泡沫塑料性能指标如表 9-8、表 9-9 所示。

绝热用挤塑聚苯乙烯泡沫塑料性能指标
(《绝热用挤塑聚苯乙烯泡沫塑料（XPS）》GB/T 10801.2—2018)   表 9-8

项目			压缩强度	吸水率·浸水 96h	水蒸气透过系数(23±1)℃，0～(50±2)%相对湿度梯度	尺寸稳定性(70±2)℃，48h
单位			kPa	%（体积分数）	ng(m·s·Pa)	%
性能指标	带表皮	X150	≥150	≤2.0	≤3.5	≤1.5
		X200	≥200	≤1.5		
		X250	≥250	≤1.0	≤3.0	
		X300	≥300			
		X350	≥350			
		X400	≥400			
		X450	≥450			
		X500	≥500		≤2.0	
		X700	≥700			≤3.0
		X800	≥800			
	不带表皮	W200	≥200	≤2.0	≤3.5	≤1.5
		W300	≥300	≤1.5	≤3.0	

绝热用挤塑聚苯乙烯泡沫塑料性能指标
(《绝热用挤塑聚苯乙烯泡沫塑料（XPS）》GB/T 10801.2—2018） 表 9-9

等级	024 级	030 级	034 级
导热系数 [W/(m·K)] 平均温度 10℃ 25℃	≤0.022 ≤0.024	≤0.028 ≤0.030	≤0.032 ≤0.030
热阻 [(m²·K)/W] 厚度 25mm 时 平均温度 10℃ 25℃	≤1.14 ≤1.04	≤0.89 ≤0.83	≤0.78 ≤0.74

（3）保温板性能指标如表 9-10、表 9-11 所示。

有机类保温板性能指标
(《薄抹灰外墙外保温工程技术规程》DB11/T 584—2022） 表 9-10

项目	技术要求				
	模塑板		挤塑板		硬泡聚氨酯板
	033 级	037 级	030 级	034 级	
表观密度（kg/m³）	18～22		22～35		≥32
垂直于板面抗拉强度（MPa）	≥0.10		≥0.20		≥0.10
导热系数（25℃）[W/(m·K)]	≤0.033	≤0.037	≤0.030	≤0.034	≤0.024
压缩强度（kPa）	≥100		≥150		≥150
吸水率/%（V/V）	≤3		≤1.5		≤3
尺寸稳定性（70℃，48h）(%)	≤0.3		≤1.0		≤1.0
燃烧性能	B1				

无机类保温板性能指标
(《薄抹灰外墙外保温工程技术规程》DB11/T 584—2022） 表 9-11

项目	技术要求	
	岩棉板	岩棉条
导热系数（25℃）[W/(m·K)]	≤0.040	≤0.046
湿热抗拉强度保留率（%）	≥50	
横向剪切强度标准值（kPa）	—	≥20
横向剪切模量（MPa）	—	≥1.0
酸度系数	≥1.8	
垂直于表面的抗拉强度[1]（kPa）	≥10	≥100
尺寸稳定性[1]（70℃，48h）(%)	≤1.0	
吸水量（部分浸入）（kg/m²） 24h	≤0.4	≤0.5
吸水量（部分浸入）（kg/m²） 48h	≤1.0	≤1.5

续表

项目	技术要求	
	岩棉板	岩棉条
质量吸湿率（%）	≤1.0	
体积吸水率（%）	<5.0	
燃烧性能	A级	

注：1. 岩棉板试样尺寸 200mm×200mm，岩棉条试样尺寸为以岩棉条宽度为边长的正方形，数 3 块。

（4）模塑板性能指标如表 9-12 所示。

模塑板性能指标
(《模塑聚苯板薄抹灰外墙外保温系统材料》GB/T 29906—2013)　　表 9-12

项目	性能指标	
	039 级	033 级
导热系数［W/(m·K)］	≤0.039	≤0.033
表观密度（kg/m³）	18～22	
燃烧性能	不低于 B2 级	不低于 B1 级

（5）酚醛板性能指标如表 9-13 所示。

酚醛板性能指标（《起重用短环链 T 级
（T、DAT 和 DT 型）高精度葫芦链》GB/T 20947—2007）　　表 9-13

项目		技术要求		
		Ⅰ	Ⅱ	Ⅲ
表观密度（kg/m³）		由供需双方协商确定		
压缩强度（MPa）		≥0.10		≥0.25
导热系数 ［W/(m·K)］	平均温度(10±2)℃	≤0.032		≤0.038
	平均温度(25±2)℃	≤0.034		≤0.040
燃烧性能		符合《建筑材料及制品燃烧性能分级》GB 8624—2012 相关要求		

（6）柔性泡沫橡塑绝热制品性能指标如表 9-14 所示。

柔性泡沫橡塑绝热制品性能指标
(《柔性泡沫橡塑绝热制品》GB/T 17794—2021)　　表 9-14

项目		单位	性能指标		
			CY 类	DW 类	GW 类
表观密度		kg/m³	≤95		
导热系数	平均温度(-150±2)℃	W/(m·K)	—	≤0.023	—
	平均温度(-20±2)℃		≤0.034	≤0.034	—

续表

项目		单位	性能指标		
			CY类	DW类	GW类
导热系数	平均温度(0±2)℃	W/(m·K)	≤0.036	—	—
	平均温度(25±2)℃		≤0.038	—	—
	平均温度(50±2)℃		—	—	≤0.043
	平均温度(150±2)℃		—	—	≤0.055
真空体积吸水率		%	≤0.50		

（7）喷涂聚氨酯硬泡体保温材料性能指标如表9-15所示。

喷涂聚氨酯硬泡体保温材料性能指标
（《喷涂聚氨酯硬泡体保温材料》JC/T 998—2006）　　　　表9-15

项目	技术要求		
	Ⅰ型	Ⅱ-A型	Ⅱ-B型
密度（kg/m³）	≥30	≥35	≥50
抗压强度（kPa）	≥150	≥200	≥300
导热系数[W/(m·K)]	≤0.024		
燃烧性能	符合《建筑材料及制品燃烧性能分级》GB 8624—2012规定的B1级要求		

（8）酚醛复合板性能指标如表9-16所示。

酚醛复合板性能指标　　　　表9-16

项目		技术要求
		《北京市老旧小区综合改造外墙外保温施工技术导则（复合硬质酚醛泡沫板做法）》
芯材	表观密度（kg/m³）	≥45
	导热系数（25℃）[W/(m·K)]	≤0.033
	厚度（mm）	厚度≤50时，允许偏差+1.5mm 厚度>50时，允许偏差+2.0mm
	垂直于版面的抗拉强度（kPa）	≥80
	吸水率（%）	≤7.5
	尺寸稳定性（%）	≤1.5
	燃烧性能	B1级
	氧指数（%）	≥37
复合	聚合物砂浆与芯材的粘结强度（kPa）	≥80，破坏在芯材内
	燃烧性能	A级

（9）绝热用棉的物理性能指标如表9-17所示。

棉的物理性能指标
(《绝热用岩棉、矿渣棉及其制品》GB/T 11835—2016) 表9-17

性能	指标
纤维平均直径（μm）	≤6.0
渣球含量（粒径大于0.25mm）(%)	≤7.0
热荷重收缩温度（℃）	≤650

（10）绝热用岩棉板的物理性能指标如表9-18所示。

岩棉板的物理性能指标
(《绝热用岩棉、矿渣棉及其制品》GB/T 11835—2016) 表9-18

项目	指标	
密度（kg/m³）	60～80	>80
密度单值允许偏差（%）	+10 -10	
有机物含量（%）	≤4.0	
热荷重收缩温度（℃）	≥500	≥600
导热系数[W/(m·K)] 平均温度(70±2)℃	≤0.043	
燃烧性能	A级	
刚性	不滑落	

（11）绝热用岩棉毡、缝毡和贴面毡的物理性能指标如表9-19所示。

岩棉毡、缝毡和贴面毡的物理性能指标
(《绝热用岩棉、矿渣棉及其制品》GB/T 11835—2016) 表9-19

项目	指标	
密度（kg/m³）	60～100	>100
密度单值允许偏差（%）	+10 -10	
有机物含量（%）	≤1.5	
热荷重收缩温度（℃）	≥400	≥600
导热系数[W/(m·K)] 平均温度(70±2)℃	≤0.043	
燃烧性能	A级	

（12）绝热用岩棉管壳的物理性能指标如表9-20所示。

管壳的物理性能指标
(《绝热用岩棉、矿渣棉及其制品》GB/T 11835—2016) 表9-20

项目	指标
密度（kg/m³）	80～150
密度单值允许偏差（%）	+10 −10
有机物含量（%）	≤5.0
热荷重收缩温度（℃）	≥600
导热系数［W/(m·K)］ 平均温度(70±2)℃	≤0.044
燃烧性能	A级

（13）保温装饰板的物理性能指标如表9-21所示。

保温装饰板的物理性能指标
(《保温装饰板外墙外保温系统材料》JG/T 287—2013) 表9-21

项目		指标	
		Ⅰ型	Ⅱ型
单位面积质量（kg/m²）		<20	20～30
拉押粘结强度（MPa）	原强度	≥0.10，破坏发生在保温材料中	≥0.15，破坏发生在保温材料中
	耐水强度	≥0.10	≥0.15
	耐冻融强度	≥0.10	≥0.15
抗冲击性（J）		用于建筑物首层10J冲击合格，其他层3J冲击合格	
抗弯荷载（N）		不小于板材自重	
吸水量（g/m²）		≤500	
不透水性		系统内侧未渗透	
保温材料燃烧性能分级*		有机材料不低于C级（B$_1$级），无机材料不低于A$_2$级（A级）	
保温材料导热系数		符合相关标准的要求	
泡沫塑料保温材料氧指数（%）		模塑聚苯板≥30，挤塑聚苯板≥26 硬泡聚氨酯板≥26，酚醛泡沫板≥36	

注：* 当材料燃烧性能分级达到C级或B级时，可视其燃烧性能分级为B$_1$级；当材料燃烧性能分级达到A$_2$级或A级时，可视其燃烧性能分级为A级。

（14）建筑材料及制品的燃烧性能等级如表9-22所示。

建筑材料及制品的燃烧性能等级 表9-22

燃烧性能等级	名称
A	不燃材料（制品）

续表

燃烧性能等级	名称
B_1	难燃材料（制品）
B_2	可燃材料（制品）
B_3	易燃材料（制品）

（15）平板状建筑材料及制品的燃烧性能等级和分级判据见表 9-23。表中满足 A_1、A_2 级即为 A 级，满足 B 级、C 级即为 B_1 级，满足 D 级、E 级即为 B_2 级。对墙面保温泡沫塑料，除符合表 9-22 规定外应同时满足以下要求：B_1 级氧指数值 $OI \geqslant 30\%$；B_2 级氧指数值 $OI \geqslant 26\%$。试验依据标准为《塑料 用氧指数法测定燃烧行为 第 2 部分：室温试验》GB/T 2406.2—2009。

平板状建筑材料及制品的燃烧性能等级和分级判据　　　　表 9-23

燃烧性能等级		试验方法参考标准号		分级判据
A	A_1	GB/T 5464[a]—2010 且		炉内温升 $\Delta T \leqslant 30℃$； 质量损失率 $\Delta m \leqslant 50\%$； 持续燃烧时间 $t_f = 0$
		GB/T 14402—2007		总热值 $PCS \leqslant 2.0MJ/kg^{a,b,c,e}$； 总热值 $PCS \leqslant 1.4MJ/m^{2d}$
A	A_2	GB/T 5464[a]—2010 或	且	炉内温升 $\Delta T \leqslant 50℃$； 质量损失率 $\Delta m \leqslant 50\%$； 持续燃烧时间 $t_f = 20s$
		GB/T 14402—2007		总热值 $PCS \leqslant 3.0MJ/kg^{a,e}$； 总热值 $PCS \leqslant 4.0MJ/m^{2b,d}$
		GB/T 20284—2006		燃烧增长速率指数 $FIGRA_{0.2MJ} \leqslant 120W/s$； 火焰横向蔓延未到达试样长翼边缘； 600s 的总放热量 $THR_{600s} \leqslant 7.5MJ$
B_1	B	GB/T 20284—2006 且		燃烧增长速率指数 $FIGRA_{0.2MJ} \leqslant 120W/s$； 火焰横向蔓延未到达试样长翼边缘； 600s 的总放热量 $THR_{600s} \leqslant 7.5MJ$
		GB/T 8626—2007 点火时间 30s		60s 内焰尖高度 $F_s \leqslant 150mm$； 60s 内无燃烧滴落物引燃滤纸现象
	C	GB/T 20284—2006 且		燃烧增长速率指数 $FIGRA_{0.4MJ} \leqslant 250W/s$； 火焰横向蔓延未到达试样长翼边缘； 600s 的总放热量 $THR_{600s} \leqslant 15MJ$
		GB/T 8626—2007 点火时间 30s		60s 内焰尖高度 $F_s \leqslant 150mm$； 60s 内无燃烧滴落物引燃滤纸现象
B_2	D	GB/T 20284—2006 且		燃烧增长速率指数 $FIGRA_{0.4MJ} \leqslant 750W/s$
		GB/T 8626—2007 点火时间 30s		60s 内焰尖高度 $F_s \leqslant 150mm$； 60s 内无燃烧滴落物引燃滤纸现象
	E	GB/T 8626—2007 点火时间 15s		20s 内焰尖高度 $F_s \leqslant 150mm$； 20s 内无燃烧滴落物引燃滤纸现象

续表

燃烧性能等级	试验方法参考标准号	分级判据
B_3	F	无性能要求

注：a 匀质制品或非匀质制品的主要组分。
b 非匀质制品的外部次要组分。
c 当外部次要组分的$PCS \leqslant 2.0MJ/m^2$时，若整体制品的$FIGRA_{0.2MJ} \leqslant 20W/s$、$LFS <$ 试样边缘、$THR_{600s} \leqslant 4.0MJ$并达到$s_1$和$d_0$级，则达到$A_1$级。
d 非匀质制品的任一内部次要组分。
e 整体制品。

（16）管状绝热材料的燃烧性能等级和分级判据见表9-24。表中满足A_1、A_2级即为A级，满足B级、C级即为B_1级，满足D级、E级即为B_2级。当管状绝热材料的外径大于300mm时，其燃烧性能等级和分级判据按表9-23的规定。

管状绝热材料的燃烧性能等级和分级判据　　表9-24

燃烧性能等级		试验方法参考标准号		分级判据
A	A_1	GB/T 5464[a]—2010 且		炉内温升$\Delta T \leqslant 30°C$；质量损失率$\Delta m \leqslant 50\%$；持续燃烧时间$t_f = 0$
		GB/T 14402—2007		总热值$PCS \leqslant 2.0MJ/kg^{a,b,d}$；总热值$PCS \leqslant 1.4MJ/m^{2c}$
A	A_2	GB/T 5464[a]—2010 或	且	炉内温升$\Delta T \leqslant 50°C$；质量损失率$\Delta m \leqslant 50\%$；持续燃烧时间$t_f = 20s$
		GB/T 14402—2007		总热值$PCS \leqslant 3.0MJ/kg^{a,d}$；总热值$PCS \leqslant 4.0MJ/m^{2b,c}$
		GB/T 20284—2006		燃烧增长速率指数$FIGRA_{0.2MJ} \leqslant 270W/s$；火焰横向蔓延未到达试样长翼边缘；600s的总放热量$THR_{600s} \leqslant 7.5MJ$
B_1	B	GB/T 20284—2006 且		燃烧增长速率指数$FIGRA_{0.2MJ} \leqslant 270W/s$；火焰横向蔓延未到达试样长翼边缘；600s的总放热量$THR_{600s} \leqslant 7.5MJ$
		GB/T 8626—2007 点火时间 30s		60s内焰尖高度$F_s \leqslant 150mm$；60s内无燃烧滴落物引燃滤纸现象
B_1	C	GB/T 20284—2006 且		燃烧增长速率指数$FIGRA_{0.4MJ} \leqslant 460W/s$；火焰横向蔓延未到达试样长翼边缘；600s的总放热量$THR_{600s} \leqslant 15MJ$
		GB/T 8626—2007 点火时间 30s		60s内焰尖高度$F_s \leqslant 150mm$；60s内无燃烧滴落物引燃滤纸现象
B_2	D	GB/T 20284—2006 且		燃烧增长速率指数$FIGRA_{0.4MJ} \leqslant 2100W/s$；600s的总放热量$THR_{600s} < 100MJ$
		GB/T 8626—2007 点火时间 30s		60s内焰尖高度$F_s \leqslant 150mm$；60s内无燃烧滴落物引燃滤纸现象

续表

燃烧性能等级		试验方法参考标准号	分级判据
B_2	E	GB/T 8626—2007 点火时间15s	20s内焰尖高度$F_s \leqslant 150mm$； 20s内无燃烧滴落物引燃滤纸现象
B_3	F		无性能要求

注：a 匀质制品和非匀质制品的主要组分。

b 非匀质制品的外部次要组分。

c 非匀质制品的任一内部次要组分。

d 整体制品。

第二节 粘结材料

一、相关标准

（1）《建筑节能与可再生能源利用通用规范》GB 55015—2021。

（2）《建筑节能工程施工质量验收标准》GB 50411—2019。

（3）《居住建筑节能工程施工质量验收规程》DB11/T 1340—2012。

（4）《外墙外保温工程技术标准》JGJ 144—2019。

（5）《公共建筑节能施工质量验收规程》DB11/T 510—2024。

（6）《硬泡聚氨酯复合板现抹轻质砂浆外墙外保温工程施工技术规程》DB11/T 1080—2014。

（7）《薄抹灰外墙外保温工程技术规程》DB11/T 584—2012。

（8）《玻璃棉板外墙外保温施工技术规程》DB11/T 1117—2014。

（9）《泡沫水泥保温板外墙外保温工程施工技术规程》DB11/T 1079—2014。

（10）《建筑外墙外保温防火隔离带技术规程》JGJ 289—2012。

（11）《泡沫玻璃板建筑保温工程施工技术规程》DB11/T 1103—2014。

（12）《薄抹灰外墙外保温用聚合物水泥砂浆应用技术规程》DB11/T 1313—2015。

（13）《模塑聚苯板薄抹灰外墙外保温系统材料》GB/T 29906—2013。

（14）《挤塑聚苯板（XPS）薄抹灰外墙外保温系统材料》GB/T 30595—2014。

二、基本概念

1. 聚合物砂浆：用无机和有机胶结材料、砂以及外加剂等配制而成，用于外保温系统的粘结剂和抹面砂浆。

2. 胶粘剂：由水泥基胶凝材料、高分子聚合物材料以及填料和添加剂等组成，专用于将保温板粘贴在基层墙体上的粘结材料。

3. 基层：是保温层所依附的建筑物围护结构实体。

4. 抹面层：是抹在保温层上，层内设有增强网，保护保温层并起防裂、防水和抗冲击作用的构造层。

5. 饰面层：是外墙外保温系统的外装饰层。

6. 防护层：是抹面层和饰面层的总称。

三、试验项目及组批原则

常用粘结材料进场复验项目、组批原则及取样规定如表 9-25 所示。

常用粘结材料进场复验项目、组批原则及取样规定　　　　表 9-25

材料名称	标准号	进场复验项目	组批原则	取样规定（数量）
胶粘剂/粘结砂浆	GB 50411—2019	拉伸粘结强度	同厂家、同品种产品，按照扣除门窗洞口后的保温墙面面积所使用的材料用量，在 5000m² 以内时应复验 1 次；面积每增加 5000m² 应增加 1 次。同工程项目、同施工单位且同期施工的多个单位工程，可合并计算抽检面积。当符合本标准第 3.2.3 条的规定时，检验批容量可以扩大一倍	7kg 干混合料，需随粘结砂浆配送与施工现场配套的保温材料 0.8m²
	DB11/T 1340—2022	常温常态拉伸粘结强度（与水泥砂浆、常温常态拉伸粘结强度（与保温板）、常温常态拉伸粘结强度（与隔离带）	同厂家、同品种产品，按照保温墙面面积，在 5000m² 以内时应复验 1 次；当面积每增加 5000m² 时应增加 1 次，增加的面积不足规定数量时也应增加 1 次。同工程项目、同施工单位且同时施工的多个单位工程（群体建筑），可合并计算保温墙面抽检面积	7kg 干混合料，需随粘结砂浆配送与施工现场配套的保温材料 0.8m²
	JGJ 144—2019	养护 14d 和浸水 48h 拉伸粘结强度[注2]	符合现行国家标准 GB 50411—2019 的规定	7kg 干混合料，需随粘结砂浆配送与施工现场配套的保温材料 0.8m²
	DB11/T 510—2024	常温常态拉伸粘结强度（与水泥砂浆）、常温常态拉伸粘结强度（与保温板）、常温常态拉伸粘结强度（与隔离带）	同厂家、同品种产品，按照保温墙面面积，每 5000m² 应复验 1 次，面积不足 5000m² 时也应复验 1 次。同工程项目、同施工单位且同时施工的多个单位工程，可合并计算保温墙面抽检面积	7kg 干混合料，需随粘结砂浆配送与施工现场配套的保温材料 0.8m²
	DB11/T 1080—2014	原强度和浸水拉伸粘结强度（与水泥砂浆、聚氨酯复合板）	同一厂家同一种产品，当单位工程建筑面积在 20000m² 以下时，各抽查不少于 3 次；当单位工程建筑面积在 20000m² 以上时各抽查不少于 6 次	7kg 干混合料，需随粘结砂浆配送与施工现场配套的保温材料 0.8m²
	DB11/T 584—2022	常温常态拉伸粘结强（与水泥砂浆、与保温板、与隔离带）	采用相同材料、工艺和施工做法的墙面，保温墙面面积扣除门窗洞口后，每 1000m² 划分为一个检验批，不足 1000m² 也应划分为一个检验批；同工程项目、同施工单位且同时施工的多个单位工程（群体建筑），可合并计算保温墙面抽检面积	同模塑板，砂浆从一批中随机抽取 5 袋，每袋取 2kg，总计不少于 10kg 液料则按现行国家标准 GB 3186—2006《涂料产品的取样》进行

续表

材料名称	标准号	进场复验项目	组批原则	取样规定（数量）
胶粘剂/粘结砂浆	DB11/T 1117—2014	常温常态拉伸粘结强度（与水泥砂浆、与玻璃棉板）	以同一厂家生产、同一规格、同一批次进场，每30t为一批，不足30t亦为一批	砂浆：从一批中随机抽取5袋，每袋取2kg，总计不少于10kg。液料按GB 3186—2006《涂料产品的取样》进行。需随砂浆配送与施工现场配套的保温材料0.8m²
	DB11/T 1079—2014	浸水48h，干燥7d的拉伸粘结强度（与水泥砂浆、泡沫水泥保温板）	以同一厂家生产、同一规格、同一批次进场，每30t为一批，不足30t亦为一批	砂浆：从一批中随机抽取5袋，每袋取2kg，总计不少于10kg。液料按GB 3186—2006《涂料产品的取样》进行。需随砂浆配送与施工现场配套的保温材料0.8m²
	JGJ 289—2012	原强度和耐水拉伸粘结强度（与防火隔离带保温板）	同工程、同材料、同施工单位的防火隔离带应至少复验一次。其他相关要求按现行国家标准GB 50411—2019的相关规定进行	7kg干混合料，需随粘结砂浆配送与施工现场配套的保温材料0.8m²
	DB11/T 1103—2014	常温常态拉伸粘结强度(与水泥砂浆、与水泡沫玻璃板)；可操作时间	同一厂家同一品种的产品，单位工程建筑面积在20000m²以下时，抽查不少于3次；单位工程建筑面积在20000m²以上时抽查不少于6次	砂浆：从一批中随机抽取5袋，每袋取2kg，总计不少于10kg。液料按GB 3186—2006《涂料产品的取样》进行。需随砂浆配送与施工现场配套的保温材料0.8m²
	DB11/T 1313—2015	拉伸粘结强度（与水泥砂浆）原强度、拉伸粘结强度（与保温板）原强度；可操作时间	以同一厂家、同一类型产品、同一批次进场，每30t为一批，不足30t亦为一批	7kg干混合料，需随砂浆配送与施工现场配套的保温材料0.8m²

注1：材料、构件和设备进场验收应符合下列规定：

（1）应对材料、构件和设备的品种、规格、包装、外观等进行检查验收，并应形成相应的验收记录。

（2）应对材料、构件和设备的质量证明文件进行核查，核查记录应纳入工程技术档案。进入施工现场的材料、构件和设备均应具有出厂合格证、中文说明书及相关性能检测报告。

（3）涉及安全、节能、环境保护和主要使用功能的材料、构件和设备，应按照本标准附录A和各章的规定在施工现场随机抽样复验，复验应为见证取样检验。当复验的结果不合格时，该材料、构件和设备不得使用。

（4）在同一工程项目中，同厂家、同类型、同规格的节能材料、构件和设备，当获得建筑节能产品认证、具有节能标识或连续三次见证取样检验均一次检验合格时，其检验批的容量可扩大一倍，且仅可扩大一倍。扩大检验批后的检验中出现不合格情况时，应按扩大前的检验批重新验收，且该产品不得再次扩大检验批容量。

注2：胶粘剂制样后养护14d进行拉伸粘结强度检验。发生争议时，以养护28d为准。

四、试验方法

1. 拉伸粘结强度

1）依据标准《模塑聚苯板薄抹灰外墙外保温系统材料》GB/T 29906—2013、《挤塑聚苯板（XPS）薄抹灰外墙外保温系统材料》GB/T 30595—2014试验方法要求如下：

（1）养护条件及试验环境：

标准养护条件为空气温度(23 ± 2)℃，相对湿度45%～55%。

试验环境为空气温度(23 ± 5)℃，相对湿度40%～60%。

（2）主要仪器设备：

①天平：分度值为1g。

②拉力试验机：应有适宜的量程及精度，示值相对误差不大于±1%，试样的破坏负荷应处于量程的20%~80%。

（3）试样：

试样尺寸50mm×50mm或直径50mm，与水泥砂浆粘结和与模塑板粘结试样数量各6个。

按生产商使用说明配制胶粘剂，将胶粘剂涂抹于模塑板（厚度不宜小于40mm）或水泥砂浆板（厚度不宜小于20mm）基材上，涂抹厚度为(3~5)mm，可操作时间结束时用模塑板覆盖。试样在标准养护条件下养护28d。

（4）试验过程：

以合适的胶粘剂将试样粘贴在两个刚性平板或金属板上，胶粘剂应与产品相容，固化后将试样按下述条件进行处理：

——原强度：无附加条件。

——耐水强度：浸水48h，到期试样从水中取出并擦拭表面水分，在标准养护条件下干燥2h。

——耐水强度：浸水48h，到期试样从水中取出并擦拭表面水分，在标准养护条件下干燥7d。

将试样安装到适宜的拉力机上，进行拉伸粘结强度测定，拉伸速度为5±1mm/min。记录每个试样破坏时的拉力值，基材为模塑板时还应记录破坏状态。破坏面在刚性平板或金属板胶结面时，测试数据无效。

（5）试验结果：

拉伸粘结强度试验结果为6个试验数据中4个中间值的算术平均值，精确至0.01MPa。

模塑板内部或表层破坏面积在50%以上时，破坏状态为破坏发生在模塑板中，否则破坏状态为界面破坏。

2）依据标准《外墙外保温工程技术标准》JGJ 144—2019

（1）养护条件：

标准养护条件为空气温度(23±2)℃，相对湿度45%~55%。

（2）主要仪器设备：

①天平：分度值为1g。

②拉力试验机：应有适宜的量程及精度，示值相对误差不大于±1%，试样的破坏负荷应处于量程的20%~80%。

（3）试验过程：

胶粘剂拉伸粘结强度试验应符合下列规定：

①水泥砂浆底板抗拉强度不应小于1.5MPa；

②保温板应按外保温系统配套材料要求提供；

③试样尺寸应为 50mm×50mm 或直径 50mm，与水泥砂浆粘结和与保温板粘结的试样数量应各 5 个。

应按使用说明配制胶粘剂。应将胶粘剂涂抹于厚度不宜小于 40mm 的保温板或厚度不宜小于 20mm 的水泥砂浆板上，涂抹厚度应为(3~5)mm，当保温板需做界面处理时，应在界面处理后涂胶粘剂，并应在试验报告中注明。试样应在标准养护条件下养护 28d。

应以合适的胶粘剂将试样粘贴在两个刚性平板或金属板上。

试验应在下列三种试样状态下进行：

①干燥状态；

②水中浸泡 48h，取出后应在温度(23±2)℃、相对湿度 45%~55%条件下干燥 2h；

③水中浸泡 48h，取出后应在温度(23±2)℃、相对湿度 45%~55%条件下干燥 7d。

应将试样安装于拉力试验机上，拉伸速度应为 5mm/min，应拉伸至破坏并记录破坏时的拉力及破坏部位。

（4）试验结果：

拉伸粘结强度应按下式计算，试验结果应以 5 个试验数据的算术平均值表示：

$$\sigma_b = P_b/A \tag{9-8}$$

式中：σ_b——拉伸粘结强度（MPa）；

P_b——破坏荷载（N）；

A——试样面积（mm²）。

3）依据标准《薄抹灰外墙外保温用聚合物水泥砂浆应用技术规程》DB11/T 1313—2015

（1）养护条件及试验环境：

标准养护条件为空气温度(23±2)℃，相对湿度 45%~55%；

试验环境为空气温度(23±5)℃，相对湿度 40%~60%。

（2）主要仪器设备：

①天平：分度值分别为 0.1g 和 1g。

②拉力试验机：应有适宜的量程及精度，示值相对误差不大于±1%，试样的破坏负荷应处于量程的 20%~80%。

③搅拌机：符合现行行业标准《行星式水泥胶砂搅拌机》JC/T 681—2022 的规定。

④低温箱：温度能够控制在(-20±1)℃。

⑤恒温水箱：温度能够控制在(20±2)℃。

⑥钢直尺：分度值为 1mm。

⑦拉伸粘结强度用成型框：由硬聚氯乙烯或金属材料制成，表面平整光滑。内框尺寸(40±0.2)mm，厚度 3mm。

⑧试验用拉拔接头：边长为(40±1)mm 的正方形金属板，厚度(10±1)mm，有与拉力

试验机相连接的部件。

（3）试样：

试样尺寸 40mm×40mm，涂抹厚度为 3mm。与水泥砂浆粘结和与保温板粘结试样数量各 6 个。

（4）试验过程：

①砂浆拌合

称量 2kg 干粉料，按照生产商提供的配比（如给出一个数值范围，则应取中间值），用分度值为 1g 的天平分别称量砂浆所需的水或者液料和干粉料。在所有项目测试过程中，制备样品时的配比应该保持一致。

按生产商提供的方式进行搅拌，生产商未提供搅拌方式时，用符合《行星式水泥胶砂搅拌机》JC/T 681—2022 的搅拌机，按下列步骤进行操作：

a. 将水或液料倒入搅拌锅中；

b. 30s 内将干粉料撒入搅拌锅中，低速搅拌 30s；

c. 停止搅拌后，30s 内刮下搅拌叶和锅壁上的拌和物；

d. 再低速搅拌 3min，静停 5min，再继续搅拌 1min 备用。

②试件制备

试件制备前，试验用基材的测试面按照产品说明书进行处理，若使用的保温板需用配套的界面剂时，应在保温板上涂刷界面剂。

把成型框放在相应的试验基材上，将拌合好的砂浆填满成型框，用抹刀压实、抹平，轻轻除去成型框。粘结砂浆的拉伸粘结强度试件放置 1h 时，在其表面覆盖试验用保温板，养护至 7d 时将其拿开。抹面砂浆的拉伸粘结强度试件养护时不覆盖保温板。

③试件养护

a. 原强度：试件在标准养护条件下养护 13d 后，将拉拔接头用环氧树脂等高强度胶粘剂粘在试件的砂浆层上，在标准养护条件下继续放置 24h 后进行试验。

b. 耐水：试件在标准养护条件下养护 13d 后，将拉拔接头用环氧树脂等高强度胶粘剂粘在试件的砂浆层上，在标准养护条件下放置 24h 后，放入 (20 ± 2)℃ 的水中浸泡 48h，取出后在标准养护条件下继续养护 4h 后进行试验。

c. 耐冻融：试件在标准养护条件下养护 14d 后，进行 30 个冻融循环，循环结束后取出试件，在标准养护条件下放置 6d，将拉拔接头用环氧树脂等高强度胶粘剂粘在试件的砂浆层上，再在标准养护条件下放置 24h 进行试验。试件放入 (20 ± 2)℃ 的水中浸泡 $8h\pm20min$，再放入 (-20 ± 2)℃ 的低温箱中 $16h\pm20min$，为一个循环。

④试验

试验基材为硬泡聚氨酯板时，需先将养护好的试件沿着砂浆块的四周对硬泡聚氨酯板的表面进行切割，然后再将试件安装到拉力试验机上进行拉伸粘结强度的测定。切割深度以刚好完全切开硬泡聚氨酯板面层为宜。

将试件安装到适宜的拉力试验机上,进行拉伸粘结强度测定,拉伸速度为$(5±1)$mm/min。记录每个试件破坏时的荷载值,基材为模塑聚苯板、硬泡聚氨酯板或泡沫水泥保温板时还应记录破坏状态。破坏面在高强胶粘剂与拉拔接头胶结面时,测试数据无效,应重新进行试验。

(5)试验结果:

拉伸粘结强度按下式计算,精确至0.01MPa。

$$R = F/A \tag{9-9}$$

式中:R——拉伸粘结强度(MPa);

F——试件破坏时的荷载(N);

A——粘结面积,取1600mm²。

拉伸粘结强度试验结果为6个试验数据中4个中间值的算术平均值,精确到0.01MPa。

(6)破坏状态:

①模塑聚苯板:模塑聚苯板内部或表层破坏面积在一半以上时,破坏状态为破坏发生在模塑聚苯板内,否则视为界面破坏。

②硬泡聚氨酯板:硬泡聚氨酯板芯材破坏、表皮破坏时,破坏状态为破坏发生在硬泡聚氨酯板内,否则视为界面破坏。

③泡沫水泥保温板:泡沫水泥保温板内部或表层破坏面积在一半以上时,破坏状态为破坏发生在泡沫水泥保温板内,否则视为界面破坏。

五、试验结果评定

胶粘剂/粘结砂浆主要性能指标如表9-26所示。

胶粘剂/粘结砂浆主要性能指标 表9-26

项目			技术要求							
			与模塑板	与挤塑板	与硬泡聚氨酯板	与岩棉板	与岩棉条	与水泥砂浆	与泡沫水泥保温板	与保温板
拉伸粘结强度(kPa)	常温常态	DB11/T 584—2022	≥100	≥200	≥100	≥10	≥100	≥600	—	—
	浸水48h,干燥2h		≥60	≥100	≥60	—	≥60	≥300	—	—
	浸水48h,干燥7d		≥100	≥200	≥100	≥10	≥100	≥600	—	—
拉伸粘结强度(MPa)	原强度	DB11/T 1313—2015	≥0.10	≥0.20	≥0.10	—	—	≥0.60	≥0.06	—
	耐水		≥0.10	≥0.20	≥0.10	—	—	≥0.40	≥0.06	—
拉伸粘结强度(MPa)	干燥状态	JGJ 144—2019	—	—	—	—	—	≥0.60	—	≥0.10
	浸水48h,干燥2h		—	—	—	—	—	≥0.30	—	≥0.06
	浸水48h,干燥7d		—	—	—	—	—	≥0.60	—	≥0.10

续表

项目		技术要求							
			与模塑板	与挤塑板	与硬泡聚氨酯板	与岩棉板	与岩棉条	与水泥砂浆	与泡沫水泥保温板	与保温板
拉伸粘结强度（MPa）	原强度	GB/T 29906—2013	≥0.10,破坏发生在模塑板中	—	—	—	—	≥0.6	—	—
	浸水48h,干燥2h		≥0.06	—	—	—	—	≥0.3	—	—
	浸水48h,干燥7d		≥0.10	—	—	—	—	≥0.6	—	—

注：其余检测标准的性能指标请按照相关标准指标要求执行。

第三节　增强加固材料

一、相关标准

（1）《建筑节能与可再生能源利用通用规范》GB 55015—2021。

（2）《建筑节能工程施工质量验收标准》GB 50411—2019。

（3）《居住建筑节能工程施工质量验收规程》DB11/T 1340—2022。

（4）《外墙外保温工程技术标准》JGJ 144—2019。

（5）《玻璃纤维网布耐碱性试验方法　氢氧化钠溶液浸泡法》GB/T 20102—2006。

（6）《增强材料　机织物试验方法　第5部分：玻璃纤维拉伸断裂强力和断裂伸长的测定》GB/T 7689.5—2013。

（7）《模塑聚苯板薄抹灰外墙外保温系统材料》GB/T 29906—2006。

（8）《增强用玻璃纤维网布　第2部分：聚合物基外墙外保温用玻璃纤维网布》JC/T 561.2—2006。

（9）《挤塑聚苯板（XPS）薄抹灰外墙外保温系统材料》GB/T 30595—2014。

（10）《薄抹灰外墙外保温工程技术规程》DB11/T 584—2022。

（11）《增强制品试验方法　第3部分：单位面积质量的测定》GB/T 9914.3—2013。

（12）《镀锌电焊网》GB/T 33281—2016。

（13）《镀锌钢丝锌层硫酸铜试验方法》GB/T 2972—2016。

（14）《钢产品镀锌层质量试验方法》GB/T 1839—2008。

二、基本概念

（1）玻璃纤维网布：表面经高分子材料涂覆处理的、具有耐碱功能的网格状玻璃纤维织物，作为增强材料内置于抹面胶浆中，用以提高抹面层的抗裂性和抗冲击性，简称玻纤网。

（2）初始有效长度：在规定的预张力下，两夹具起始位置钳口之间试样的长度。

（3）断裂强力：拉伸试样至断裂时施加到试样上的最大载荷。

（4）断裂伸长：试样在拉伸时的长度增量，通常以初始长度的百分数表示。

（5）耐碱性：玻璃纤维网布抵抗碱性溶液侵蚀的一种能力。以试样经碱溶液浸泡后拉伸断裂强力的保留率表示。

（6）单位面积质量：规定尺寸的毡或织物的质量和它的面积之比。

三、试验项目及组批原则和取样数量（表9-27）

常用增强网进场复验项目、组批原则及取样规定　　　　　表 9-27

序号	材料名称	标准号	复验项目	组批原则	取样数量
1	网格布	GB 55015—2021	力学性能、抗腐蚀性能	—	2m
		GB 50411—2019	力学性能、抗腐蚀性能	同厂家、同品种产品，按照扣除门窗洞口后的保温墙面面积所使用的材料用量，在5000m²以内时应复验1次；面积每增加5000m²应增加1次。同工程项目、同施工单位且同期施工的多个单位工程，可合并计算抽检面积。当符合本标准第3.2.3条的规定时，检验批容量可以扩大一倍	2m
		JGJ 144—2019	单位面积质量、耐碱拉伸断裂强力、耐碱拉伸断裂强力保留率、断裂伸长率	符合现行国家标准 GB 50411 的规定	2m
		DB11/T 584—2022	耐碱断裂强力、耐碱断裂强力保留率	采用相同材料、工艺和施工做法的墙面，保温墙面面积扣除门窗洞口后，每1000m²划分为一个检验批，不足1000m²也应划分为一个检验批注2	5m²
		DB11/T 1340—2022	单位面积质量、耐碱断裂强力、耐碱断裂强力保留率	同厂家、同品种产品，按照保温墙面面积，在5000m²以内时应复验1次；当面积每增加5000m²时应增加1次，增加的面积不足规定数量时也应增加1次注2	2m
2	镀锌电焊网	GB 55015—2021	学性能、抗腐蚀性能	—	2m
		GB 50411—2019	力学性能、抗腐蚀性能	同厂家、同品种产品，按照扣除门窗洞口后的保温墙面面积所使用的材料用量，在5000m²以内时应复验1次；面积每增加5000m²应增加1次。同工程项目、同施工单位且同期施工的多个单位工程，可合并计算抽检面积。当符合本标准第3.2.3条的规定时，检验批容量可以扩大一倍	2m
3	腹丝	JGJ 144—2019	镀锌层质量，焊点质量	符合现行国家标准 GB 50411 的规定	2m

续表

序号	材料名称	标准号	复验项目	组批原则	取样数量
4	镀锌钢丝网	DB11/T 1340—2022	锌量指标、丝径、网孔尺寸、焊点抗拉力	同厂家、同品种产品，按照保温墙面面积在5000m²以内时应复验1次；当面积每增加5000m²应增加1次，增加的面积不足规定数量时也应增加1次。同工程项目、同施工单位且同时施工的多个单位工程（群体建筑），可合并计算保温墙面抽检面积	2m

注1：材料、构件和设备进场验收应符合下列规定：

（1）应对材料、构件和设备的品种、规格、包装、外观等进行检查验收，并应形成相应的验收记录。

（2）应对材料、构件和设备的质量证明文件进行核查，核查记录纳入工程技术档案。进入施工现场的材料、构件和设备均应具有出厂合格证、中文说明书及相关性能检测报告。

（3）涉及安全、节能、环境保护和主要使用功能的材料、构件和设备，应按照本标准附录A和各章的规定在施工现场随机抽样复验，复验应为见证取样检验。当复验的结果不合格时，该材料、构件和设备不得使用。

（4）在同一工程项目中，同厂家、同类型、同规格的节能材料、构件和设备，当获得建筑节能产品认证、具有节能标识或连续三次见证取样检验均一次检验合格时，其检验批的容量可扩大一倍，且仅可扩大一倍。扩大检验批后的检验中出现不合格情况时，应按扩大前的检验批重新验收，且该产品不得再次扩大检验批容量。

注2：同工程项目、同施工单位且同时施工的多个单位工程（群体建筑），可合并计算保温墙面抽检面积。

四、试验方法

1. 玻纤网力学性能（耐碱拉伸断裂强力、耐碱拉伸断裂强力保留率）试验方法

1）《玻璃纤维网布耐碱性试验方法 氢氧化钠溶液浸泡法》GB/T 20102—2016

（1）仪器设备和试剂：

①拉伸试验机：等速伸长型，应符合《增强材料 机织物试验方法 第5部分：玻璃纤维拉伸断裂强力和断裂伸长的测定》GB/T 7689.5—2013的规定；

②带盖容器：应由不与碱溶液发生化学反应的材料制成。尺寸大小应能使玻璃纤维网布试样平直地放置在内，并且保证碱溶液的液面高于试样至少25mm。容器的盖应密封，以防止碱溶液中的水分蒸发浓度增大；

③蒸馏水；

④氢氧化钠：化学纯。

（2）试样制备：

实验室样本：从卷装上裁取30个宽度为(50±3)mm，长度为(600±13)mm的试样条。其中15个试样条的长边平行于玻璃纤维网布的经向（称为经向试样），15个试样条的长边平行于玻璃纤维网布的纬向（称为纬向试样）。

每个试样条应包括相等的纱线根数，并且宽度不超过允许的偏差范围（±3mm），纱线的根数应在报告中注明。

经向试样应在玻璃纤维网布整个宽度上裁取，确保代表了不同的经纱；纬向试样应在样品卷装上较宽的长度范围内裁取。

分别在每个试样条的两端编号,然后将试样条沿横向从中间一分为二,一半用于测定未经碱溶液浸泡的拉伸断裂强力,另一半用于测定碱溶液浸泡后的拉伸断裂强力。

(3)试样的处理:

①记录每个试样的编号和位置,确保得到的一对未经碱溶液浸泡的试样和经碱溶液浸泡的试样的拉伸断裂强力值是来自于同一试样条;

②配制浓度为50g/L(5%)的氢氧化钠溶液置于带盖容器内,确保液面浸没试样至少25mm。保持溶液温度在(23 ± 2)℃;

③将用于碱溶液浸泡处理的试样放入配制好的氢氧化钠溶液中,试样应平整的放置,如果试样有卷曲的倾向,可用陶瓷片等小的重物压在试样两端。在容器内表面对液面位置进行标记,加盖并密封。若取出试样时发现液面高度发生变化,则应重新取样进行试验;

④试样在氢氧化钠溶液中浸泡28d;

⑤取出试样后,用蒸馏水将试样上残留的碱溶液冲洗干净,置于温度(23 ± 2)℃的,相对湿度45%~55%条件下放置7d;

⑥未经碱溶液浸泡的试样在温度(23 ± 2)℃,相对湿度45%~55%的试验室内同时放置。

(4)试验过程:

①按《增强材料 机织物试验方法 第5部分:玻璃纤维拉伸断裂强力和断裂伸长的测定》GB/T 7689.5—2013的规定在试样两端涂覆树脂形成加强边,以防止试样在夹具内打滑或断裂;

②将试样固定的夹具内,使中间有效部位的长度为200mm;

③以100mm/min的速度拉伸试样至断裂;

④记录试样断裂时的力值(N/50mm);

⑤如果试样在夹具内打滑或断裂,或试样沿夹具边缘断裂,应废弃这个结果重新用另一个试样测试,直至每种试样得到以下有效的测试结果:

未经碱溶液浸泡处理的经向试样;经碱溶液浸泡处理的经向试样;

未经碱溶液浸泡处理的纬向试样;经碱溶液浸泡处理的纬向试样。

注:当试样存在自身缺陷或在试验过程中受到损伤,会产生明显的脆性和测试值出现较大的变异,这样的试样的测试结果应废弃。

(5)试验结果计算:

分别计算(4)所述的四种状态下5个有效试样的拉伸断裂强力平均值。分别按下式计算经向拉伸断裂强力的保留率(ρ_t)和纬向拉伸断裂强力的保留率(ρ_w):

$$\rho_t(或\rho_w) = \frac{\dfrac{C_1}{U_1} + \dfrac{C_2}{U_2} + \dfrac{C_3}{U_3} + \dfrac{C_4}{U_4} + \dfrac{C_5}{U_5}}{5} \times 100\% \tag{9-10}$$

式中:$C_1 \sim C_5$——分别为5个碱溶液浸泡处理后的试样拉伸断裂强力(N);

$U_1 \sim U_5$——分别为 5 个未经浸泡处理的试样拉伸断裂强力（N）。

2)《增强材料 机织物试验方法 第 5 部分:玻璃纤维拉伸断裂强力和断裂伸长的测定》GB/T 7689.5—2013

（1）仪器设备和试剂：

①一对合适的夹具

夹具的宽度应大于拆边的试样宽度，如大于 50mm（或大于 25mm）。夹具的夹持面应平整且相互平行，在整个试样的夹持宽度上均匀施加压力，并应防止试样在夹具内打滑或有任何损坏（必要时可采用液压或气动系统）。

夹具的夹持面应尽可能平滑，若夹持试样不能满足要求时，可使用衬垫、锯齿形或波形的夹具。纸、毡、皮革、塑料或橡胶片都可作为衬垫材料。

夹具应设计成使试样的中心轴线与试验时试样的受力方向保持一致。上下夹具的初始距离（有效长度）对于 I 型试样应为(200±2)mm，对于 II 型试样应为(100±1)mm。

②拉伸试验机

推荐使用等速伸长（CRE）试验机，对于试样的拉伸速度应满足 I 型试样为(100±5)mm/min，II 型试样为(50±3)mm/min。

也可采用其他类型的试验机，例如等速牵引（CRT）和等加负荷（CRL）试验机，但 CRE 型试验机所测得的结果与其他类型的试验机测得的结果没有普遍的相关性。为避免争议，等速伸长（CRE）方法为推荐的方法。

当采用等速牵引（CRT）和等加负荷（CRL）试验机时，设定的试验速度应使试样在 (5±2)s 内断裂，或由利益相关方同意，按如下公式计算断裂时间：

$$t_B = \frac{E_1 \times 60}{CRE} \tag{9-11}$$

式中：t_B——断裂时间（s）；

E_1——断裂伸长（mm）；

CRE——拉伸速度（按表 9-28 规定），单位为毫米每分（mm/min）。

试样和试验参数 表 9-28

试验参数	单位	试样	
		I 型	II 型
试样长度	mm	350	250
未拆边试样宽度	mm	65	40
有效长度	mm	200	100
拆边试样宽度	mm	50	25
拉伸速度	mm/min	100	50

③指示或记录施加到试样上力值的装置

该装置在规定的试验速度下，应无惯性，在规定试验条件下，示值最大误差不超过 1%；

④指示或记录试样伸长值的装置

该装置在规定的试验速度下，应无惯性，精度应优于1%；

⑤其他设备

模板：用于从试验室样本上裁取过渡试样，对于Ⅰ型试样尺寸为350mm×370mm，对于Ⅱ型试样尺寸为 250mm×270mm。模板应有两个槽口用于标记试样中间部分（有效长度）。

注：用模板裁取过渡试样，再从过渡试样上裁取试样，然后拆边至标准宽度。

⑥合适的裁切工具：如刀、剪刀或切割轮。

（2）试样制备：

①试样尺寸：

a.Ⅰ型试样，试样长度应为350mm以使试样的有效长度为(200±2)mm。试样宽度，不包括毛边（试样的拆边部分）应为50mm。

b.Ⅱ型试样，试样长度应为250mm以使试样的有效长度为(100±1)mm。试样宽度，不包括毛边（试样的拆边部分）应为25mm。

c.备选宽度，当织物的经、纬密度非常小时（如低于3根/cm），Ⅰ型的试样宽度可大于50mm，Ⅱ型的试样宽度可大于25mm。

注：不同尺寸试样和不同拉伸速度的测试结果不相同，多数情况下没有可比性。

②制备

a.为防止试样端部被试验机夹具损坏，有必要对试样进行特殊制备，应采用b~l的步骤处理。

b.裁取一片硬纸或纸板，其尺寸应大于或等于模板尺寸。

c.将织物完全平铺在硬纸或纸板上，确保经纱和纬纱笔直无弯曲并相互垂直。

d.将模板放在织物上，并使整个模板处于硬纸或纸板上，用裁切工具沿着模板的外边缘同时切取一片织物和硬纸或纸板作为过渡试样。对于经向试样，模板上有效长度的边应平行于经纱；对于纬向试样，模板上有效长度的边应平行于纬纱。

e.用软铅笔沿着模板上的两个槽口的内侧边画线，移开模板。画线时注意不要损伤纱线。

f.在织物两端长度各为75mm的端部区域内涂覆合适的胶粘剂，使织物的两端与背衬的硬纸或纸板粘在一起，中间两条铅笔线之间部分不涂覆。

注：推荐使用以下材料涂覆试样的端部：

g.天然橡胶或氯丁橡胶溶液；

h.聚甲基丙烯酸丁酯的二甲苯溶液；

i.聚甲基丙烯酸甲酯的二乙酮或甲乙酮溶液；

j.环氧树脂（尤其适用于高强度材料）。

也可采用这样的方法涂覆试样：将样品端部夹在两片聚乙烯醇缩丁醛片之间，留出样品的中间部分，然后再在两片聚乙烯醇缩丁醛片表面铺上硬纸或纸板，并用电熨斗将聚乙烯醇缩丁醛片熨软，使其渗入织物。

k. 将过渡试样烘干后，沿垂直于两条铅笔线的方向裁切成条状试样。对于Ⅰ型试样宽度为 65mm，制成尺寸为 350mm×65mm 的试样；对于Ⅱ型试样宽度为 40mm，制成尺寸为 250mm×40mm 的试样。

每个试样包括了长度为 200mm（Ⅰ型试样）或 100mm（Ⅱ型试样）无涂覆的中间部分，和两端各为 75mm 的涂覆部分。

l. 细心地拆去试样两边的纵向纱线，两边拆去的纱线根数应大致相同，直到试样宽度为 50mm（Ⅰ型试样）或 25mm（Ⅱ型试样），或尽可能接近。

对于纱线线密度大于或等于 300tex 的织物（无捻粗纱布）和稀松组织织物而言，应参考去整数根纱线，并确保试样宽度尽可能接近但不小于 50mm 或 25mm，或符合备选宽度。在这种情形下，同一织物的所有试样的纱线根数应相同，应测量每一个试样的实际宽度，计算五个试样宽度的算术平均值，精确至 1mm，并列入测试报告中。

（3）调湿和试验环境：

①调湿环境

在《塑料 试样状态调节和试验的标准环境》GB/T 2918—2018 规定的温度为 $(23±2)℃$、相对湿度为 40%～60%的标准环境下进行调湿，调湿时间为 16h 或由利益相关方商定。

②试验环境

在与调湿环境相同的环境下进行试验。

（4）试验过程：

①调整夹具间距，Ⅰ型试样的间距为$(200±2)mm$，Ⅱ型试样的间距为$(100±1)mm$。确保夹具相互对准并平行。使试样的纵轴贯穿两个夹具前边缘的中点，夹紧其中一个夹具。在夹紧另一夹具前，从试样的中部与试样纵轴相垂直的方向切断备衬纸板，并在整个试样宽度方向上均匀地施加预张力，预张力大小为预期强力的$(1±0.25)%$，然后夹紧另一个夹具。

如果强力机配有记录仪或计算机，可以通过移动活动夹具施加预张力。应从断裂载荷中减去预张力值。

②在与不同类型的试验机和不同类型的试样相适应的条件下，启动活动夹具，拉伸试样至断裂。

③记录最终断裂强力。除非另有商定，当织物分为两个或以上阶段断裂时，如双层或更复杂的织物，记录第一组纱断裂时的最大强力，并将其作为织物的拉伸断裂强力。

④记录断裂伸长，精确至 1mm。

⑤如果有试样断裂在两个夹具中任一夹具的接触线 10mm 以内，则在报告中记录实际情况，但计算结果时舍去该断裂强力和断裂伸长，并用新试样重新试验。

注：有 3 种因素导致试样在夹具内或夹具附近断裂：

a. 织物存在薄弱点（随机分布）；

b. 夹具附近应力集中；

c. 由夹具导致试样受损。

问题是如何区分由夹具引起的破坏还是由其他两种因素引起的破坏。实际上，要区分开来是不太可能的，最好的办法是舍弃低测试值。虽然有统计方法用于剔除异常测试值，但是在常规试验中几乎不适用。

（5）试验结果计算：

①断裂强力

计算每个方向（经向和纬向）断裂强力的算术平均值，分别作为织物经向和纬向的断裂强力测定值，用牛顿表示，保留小数点后两位。如果实际宽度不是 50mm 或 25mm，将记录的断裂强力换算成宽度为 50mm 或 25mm 的强力。

②断裂伸长

计算织物每个方向（经向和纬向）断裂伸长的算术平均值，以断裂伸长增量与初始有效长度的百分比表示，保留两位有效数字，分别作为织物经向和纬向的断裂伸长。

3）《外墙外保温工程技术标准》JGJ 144—2019 附录 B 玻纤网耐碱性快速试验方法

（1）试验方法应符合现行国家标准《玻璃纤维网布耐碱性试验方法 氢氧化钠溶液浸泡法》GB/T 20102—2006 的规定。

（2）试样的处理应符合下列规定：

①应将未经碱溶液浸泡的试样置于(60 ± 2)℃的烘箱内干燥$(55\sim65)$min，取出后应在温度(23 ± 2)℃、相对湿度 45%～55%的环境中放置 24h 以上。

②经碱溶液浸泡的试样的处理应符合下列规定：

a. 碱溶液配制：每升蒸馏水中应含有 $Ca(OH)_2$ 0.5g，NaOH 1g，KOH 4g，1L 碱溶液浸泡$(30\sim35)$g 的玻纤网试样，并应根据试样的质量，配制适量的碱溶液；

b. 应将配制好的碱溶液置于恒温水浴中，碱溶液的温度应控制在(60 ± 2)℃；

c. 应将试样平整地放入碱溶液中，加盖密封，试验过程中碱溶液浓度不应发生变化；

d. 试样应在(60 ± 2)℃碱溶液中浸泡 24h±10min。当取出试样时，应用流动水反复清洗后，并放置于 0.5%的盐酸溶液中 1h，再用流动的清水反复清洗。应置于(60 ± 2)℃的烘箱内干燥(60 ± 5)min，取出后应在温度(23 ± 2)℃、相对湿度 45%～55%的环境中放置 24h 以上。

4）《模塑聚苯板薄抹灰外墙外保温系统材料》GB/T 29906—2013 附录 C 玻纤网耐碱性快速试验方法、《挤塑聚苯板（XPS）薄抹灰外墙外保温系统材料》GB/T 30595—2014 附

录 B 玻纤网布耐碱性快速试验方法

（1）设备和材料：

设备和材料应符合下列要求：

——拉伸试验机：符合《增强材料 机织物试验方法 第5部分：玻璃纤维拉伸断裂强力和断裂伸长的测定》GB/T 7689.5—2013 的规定；

——恒温烘箱：温度能控制在(60±2)℃；

——恒温水浴：温度能控制在(60±2)℃，内壁及加热管均应由不与碱性溶液发生反应的材料制成（例如不锈钢材料），尺寸大小应使玻纤网试样能够平直地放入，保证所有的试样都浸没于碱溶液中，并有密封的盖子；

——化学试剂：氢氧化钠，氢氧化钙，氢氧化钾，盐酸。

（2）试样：

试样制备应符合下列步骤：

① 从卷装上裁取 20 个宽度为(50±3)mm，长度为(600±13)mm 的试样条。其中 10 个试样条的长边平行于玻纤网的经向（称为经向试样），10 个试样条的长边平行于玻纤网的纬向（称为纬向试样）。每种试样条中纱线的根数应相等；

② 经向试样应在玻纤网整个宽度裁取，确保代表了所有的经纱，纬向试样应从尽可能宽的长度范围内裁取；

③ 给每个试样条编号，在试样条的两端分别作上标记。应确保标记清晰，不被碱溶液破坏。将试样沿横向从中间一分为二，一半用于测定干态拉伸断裂强力，另一半用于测定耐碱断裂强力，保证干态试样与碱溶液处理试样的一一对应关系。

（3）试样处理：

① 干态试样的处理

将用于测定干态拉伸断裂强力的试样置于(60±2)℃的烘箱内干燥(55～65)min，取出后应在温度(23±2)℃、相对湿度 45%～55%的环境中放置 24h 以上。

② 碱溶液浸泡试样的处理

碱溶液浸泡试样的处理应符合下列过程：

a. 碱溶液配制：每升蒸馏水中含有 $Ca(OH)_2$ 0.5g，NaOH 1g，KOH 4g，1L 碱溶液浸泡(30～35)g 的玻纤网试样，根据试样的质量，配制适量的碱溶液；

b. 将配制好的碱溶液置于恒温水浴中，碱溶液的温度控制在(60±2)℃；

c. 将试样平整地放入碱溶液中，加盖密封，确保试验过程中碱溶液浓度不发生变化；

d. 试样在(60±2)℃的碱溶液中浸泡 24h±10min。取出试样，用流动水反复清洗后，放置于 0.5%的盐酸溶液中 1h，再用流动的清水反复清洗。置于(60±2)℃的烘箱内干燥(60±5)min，取出后应在温度(23±2)℃、相对湿度 45%～55%的环境中放置 24h 以上。

（4）试验过程：

按《增强材料 机织物试验方法 第5部分：玻璃纤维拉伸断裂强力和断裂伸长的测定》

GB/T 7689.5—2013 第 9 章的规定分别测定经向和纬向试样的干态和耐碱拉伸断裂强力，每种试样得到的有效试验数据不应少于 5 个。

（5）试验结果：

分别计算经向、纬向试样耐碱和干态断裂强力，断裂强力为 5 个试验数据的算术平均值，精确至 1N/50mm。

经向、纬向拉伸断裂强力保留率分别按式计算，精确至 1%。

$$R = \frac{F_1}{F_0} \tag{9-12}$$

式中：R——耐碱断裂强力保留率（%）；

F_1——试样耐碱断裂强力（N）；

F_0——试样干态断裂强力（N）。

5)《增强用玻璃纤维网布 第 2 部分：聚合物基外墙外保温用玻璃纤维网布》JC/T 561.2—2006

（1）设备和材料：

①拉伸试验机：符合《增强材料 机织物试验方法 第 5 部分：玻璃纤维拉伸断裂强力和断裂伸长的测定》GB/T 7689.5—2013 第 5.1 条的规定。

②恒温烘箱：温度控制在(100 ± 2)℃。

③恒温水浴：温度控制在(80 ± 2)℃，内壁及加热管均应由不与氢氧化钠溶液发生反应的材料制成（例如不锈钢材料），尺寸大小应使网布试样能够平直地放入，并且应保证溶液液面浸没试样至少 25mm，并有密封的盖子。

④氢氧化钠：化学纯。

（2）试样：

①从卷装上裁取 30 个宽度为(50 ± 3)mm，长度为(600 ± 13)mm 的试样条。其中 15 个试样条的长边平行于网布的经向（称为经向试样），15 个试样条的长边平行于网布的纬向（称为纬向试样）。每种试样条中纱线的根数应相等。

②经向试样应在网布整个宽度裁取，确保代表了所有的经纱；纬向试样应从尽可能宽的长度范围内裁取。

③给每个试样条编号，在试样条的两端分别作上标记。应确保标记清晰，不被碱溶液破坏。将试样沿横向从中间一分为二，一半用于测定干态拉伸断裂强力，另一半用于测定碱溶液处理后的拉伸断裂强力，保证干态试样与碱溶液处理试样的一一对应关系。

（3）试样处理：

①干态试样的处理

将用于测定干态拉伸断裂强力的试样置于(100 ± 2)℃的烘箱内干燥(30 ± 5)min，取出后放入干燥器内冷却至室温。

②碱溶液浸泡试样的处理

a. 配制浓度为 50g/L（5%）的氢氧化钠溶液置于恒温水浴中，溶液的温度控制在 (80 ± 2)°C。

b. 将试样平整地放入氢氧化钠溶液中，溶液液面浸没试样至少 25mm，记下液面高度，加盖密封。试验过程中应保证液面高度不发生变化。

c. 试样在 (80 ± 2)°C 的氢氧化钠溶液中浸泡 6h ± 10min。取出试样，用水清洗后，置于 (80 ± 2)°C 的烘箱内干燥 (60 ± 5)min，放入干燥器内冷却至室温。

（4）操作：

①将试样两端固定在夹具内，中间有效部位的长度为 (200 ± 2)mm；

②以 100mm/min 的速度拉伸试样至断裂；

③记录试样断裂时的力值；

④如果试样在夹具内打滑或沿夹具边缘断裂，则废弃这个结果，直至经向和纬向试样都分别得到 5 对有效的测试结果。

（5）结果表示：

按下式分别计算经向和纬向试样拉伸断裂强力的保留率：

$$R_\mathrm{a} = \frac{\frac{C_1}{U_1} + \frac{C_2}{U_2} + \frac{C_3}{U_3} + \frac{C_4}{U_4} + \frac{C_5}{U_5}}{5} \times 100\% \tag{9-13}$$

式中：R_a——拉伸断裂强力保留率（%）；

$C_1 \sim C_5$——分别为 5 个经碱溶液浸泡的试样拉伸断裂强力（N）；

$U_1 \sim U_5$——分别为 5 个干态试样拉伸断裂强力（N）。

注：在测试和计算时干态试样与碱溶液浸泡试样应一一对应，即 C_1 与 U_1、C_2 与 U_2、$\cdots C_n$ 与 U_n 应是从同一试样条上裁下的一对试样。

2. 玻纤网单位面积质量的测定

《增强制品试验方法 第 3 部分：单位面积质量的测定》GB/T 9914.3—2013。

1）仪器

（1）抛光金属模板，用于试样制备：

——面积为 1000cm² 的正方形用于毡；

——面积为 100cm² 的正方形或圆形用于织物。

裁取的试样面积的允许误差应小于 1%。

经利益相关方同意，也可使用更大的试样，在这种情况下应在试验报告中注明试样的形状和尺寸。

金属模板的正反两面光滑且平整。

（2）合适的裁切工具：如刀、剪刀、盘式刀或冲压装置。

（3）试样皿：由耐热材料制成，能使试样表面空气流通良好，不会损失试样。可以是由不锈钢丝制成的网篮。

（4）天平，具有表9-29所列的特性。

天平的特性　　　　　　　　　　　　　　表9-29

材料	测量范围	容许误差限	分辨率
毡，所有规格	(0~150)g	0.5g	0.1g
织物，≥200g/m²	(0~150)g	10mg	1mg
织物，＜200g/m²	(0~150)g	1mg	0.1mg

如果取更大尺寸的试样，应使用相当精度的天平。

（5）通风烘箱：空气置换率为每小时(20~50)次，温度能控制在(105±3)℃内。

（6）干燥器：内装合适的干燥剂（如硅胶、氯化钙或五氧化二磷）。

（7）不锈钢钳：用于夹持试样和试样皿。

2）试样

除非利益相关方另有商定，每卷或实验室样本的试样数应为：

——对于毡，每米宽度取3个1000cm²的试样（实际上，通常每个试样为边长31.6cm的正方形）；

——对于织物，每50cm宽度取1个100cm²的试样。

任何情况下，最少应取2个试样。

截取试样的推荐方法毡如图9-4所示，织物如图9-5和图9-6所示。

对于毡：

——试样应并排边靠边地裁取；

——对已修边的毡，应从毡边开始取样；对未修边的毡，取样应距毡边至少10cm。

对于织物：

——试样应分开取，最好包括不同的纬纱；

——应离开边/织边至少5cm。

如需要，应给操作者提供特别的说明，以保证裁取的试样面积在方法允许的范围内。

对于宽度小于31.6cm的毡或宽度小于25cm的机织物，试样的形状和尺寸由各方商定。

注：某些技术规范可能规定用整卷质量除以整卷面积作为试样的单位面积质量。这种情况下获得的结果（通常称为"实际平均质量"）没有必要与本方法获得的结果相比较。

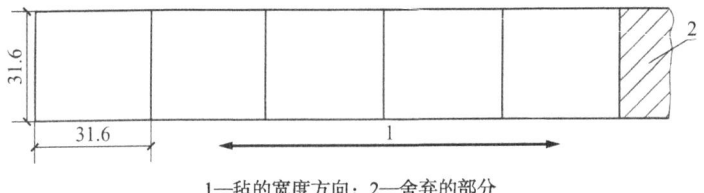

1—毡的宽度方向；2—舍弃的部分

图9-4　裁取毡试样建议方法（cm）

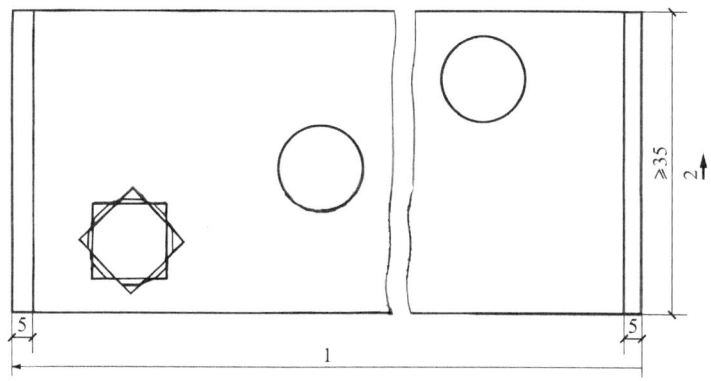

1—织物的宽度；2—经纱方向

图 9-5　裁取机织物试样建议方法（宽度大于 50cm 的织物）（cm）

注：圆形试样可以由纱线与边或对角线平行的正方形试样代替

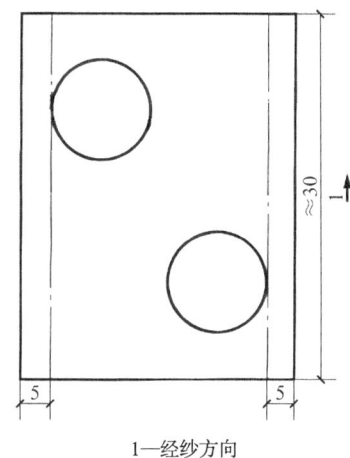

1—经纱方向

图 9-6　裁取机织物试样建议方法［宽度在(25～50)cm 的织物］（cm）

3）调湿和试验环境

除非产品规范或测试委托方另有要求，试样不需要调湿。

如需调湿，推荐在温度为(23±2)℃，相对湿度为 40%～60% 的标准环境条件下进行。

4）操作

（1）切取一条整幅宽度的至少 35cm 的毡或织物作为实验室样本。

（2）在一个清洁的工作台面上，用裁切工具和模板，按本节试样的要求切取规定的试样数。

如果试样可能有纤维掉落，应采用试样皿。如需要可将试样折叠，以保证试样上原丝或纱线的完整性。

（3）除非利益相关方另有要求，当毡和织物含水率超过 0.2%（或含水率未知）时，应将试样置于(105±3)℃的通风烘箱中干燥 1h，然后放入干燥器中冷却至室温。从干燥器取出试样后，立即按（4）规定试验。

（4）称取每个试样的质量并记录结果。如果使用试样皿，则应扣除其质量。质量的数值应与天平的分辨率一致。

5）计算和结果表示

（1）按下式计算每个试样的单位面积质量 ρ_A（g/m^2）：

$$\rho_A = \frac{m_s}{A} \times 10^4 \tag{9-14}$$

式中：m_s——试样质量（g）；

A——试样面积（cm^2）。

（2）以毡或织物整个幅宽上所有试样的测试结果的平均值作为单位面积质量的报告值。

对于单位面积质量大于或等于 $200g/m^2$ 的毡和织物，结果精确至 1g；对于单位面积质量小于 $200g/m^2$ 的毡和织物，结果精确至 0.1g。

有时，产品规范或测试委托方要求报出每个测试单值时，这些数据可体现出材料在宽度方向上的质量分布情况。

3. 镀锌电焊网焊点抗拉力试验方法

《镀锌电焊网》GB/T 33281—2016。

对焊点抗拉力检测，焊点抗拉力的拉伸卡具如图 9-7 所示，在网上任取 3 个焊点，按图示进行拉伸，拉伸试验机拉伸速度为 5mm/min，拉断时的拉力值计算平均值。

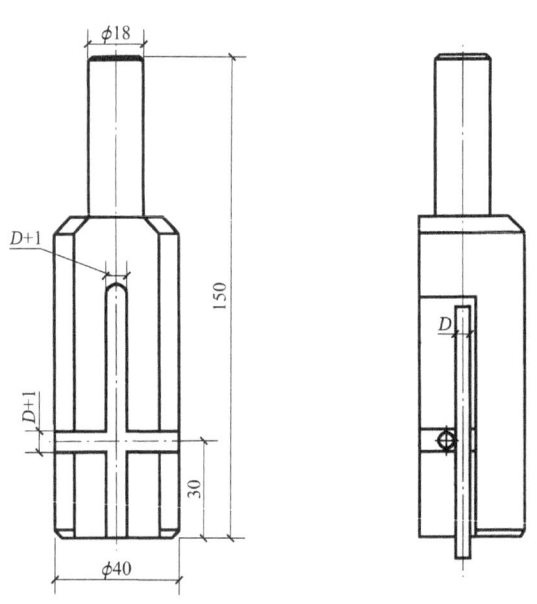

图 9-7 焊点抗拉力的拉伸卡具（mm）

4. 镀锌电焊网丝径试验方法

《镀锌电焊网》GB/T 33281—2016。

用示值为0.01mm的千分尺，任取经、纬丝各3根测量（锌粒处除外），取其平均值。

5. 镀锌电焊网网孔偏差试验方法

《镀锌电焊网》GB/T 33281—2016。

将网展开置于一平面上，按305mm内网孔构成数目（表9-30）用示值为1mm的钢尺测量。有争议时，可用示值为0.02mm的游标卡尺测量。

305mm内网孔构成数目　　　　　表9-30

网孔距离（mm）	50.80	25.40	19.05	12.70	9.53	6.35
网孔数目个	6	12	16	24	32	48

6. 镀锌电焊网抗腐蚀性能试验方法——锌层硫酸铜试验

《镀锌钢丝锌层硫酸铜试验方法》GB/T 2972—2016。

1）试样制备

（1）试样取自待试验的镀锌钢丝，长度约250mm，适当拉直。

（2）试样表面应保证不受任何损伤，试样调直工作应用手工进行，但钢丝绳拆股试样可保持由于捻绳过程中形成的弯曲，不必完全调直。

（3）试验前试样应先用丙酮或其他合适的脱脂溶剂（乙醇、汽油、乙醚或石油醚）彻底脱脂，然后再用蒸馏水冲洗，并用脱脂棉花或净布擦干。脱脂后的试样，只允许拿不浸渍的那端。如果钢丝被腐蚀或者脱脂后表面仍残留有其他化学物质（如铬酸盐或磷酸盐），应先浸渍在0.2%的硫酸溶液中15s，然后冲洗干净。

2）试剂配制

（1）试验溶液的配制应符合《化学试剂 试验方法中所用制剂及制品的制备》GB/T 603—2023中的一般规定。

（2）将314g硫酸铜晶体（$CuSO_4 \cdot 5H_2O$）溶解到1L温度为(20 ± 2)℃的蒸馏水中，硫酸铜晶体应符合《化学试剂 无水硫酸铜（Ⅱ）（硫酸铜）》GB/T 665—2007中分析纯的规定。溶液应避免加热，直到完全溶解。为了防止溶解时间过长，可以采取以下方法：将硫酸铜碾碎分别用水溶解，溶解完毕后将溶液混合、搅拌。若容器底部残留少许未溶解盐表明溶液达到饱和。

（3）为中和溶液中的游离酸，用下列方法，加入过量的碱中和（过量的标志是在容器底部呈现沉淀）：每10L溶液加入约10g粉状氧化铜（CuO）搅拌，静置24h后过滤。粉状氧化铜应符合《化学试剂 粉状氧化铜》GB/T 674—2024中化学纯的规定。

（4）试验时试验溶液盛于玻璃等不与硫酸铜反应的容器中。溶液高度不小于100mm，容器的内径，应不小于80mm。

3）试验程序

（1）将清洁的试样垂直浸置在静止的试验溶液中央，不得搅动溶液，试样不得互相接触并且不得与容器壁接触。按钢丝产品标准规定的时间（30s或60s）浸置后，平稳地取出试样，立即在水中洗净，用脱脂棉花、净布或刷子将附在锌层表面上的未粘附牢固的铜及其化合物去掉。试验期间温度保持在(20±2)℃，记录实际温度。

（2）按上述步骤反复进行浸置试验，直到试样表面首次出现粘附牢固的金属铜，或者浸渍次数达到钢丝产品标准给定的次数。最后一次浸渍试验后，样品应在流水下冲洗，用脱脂棉花、净软布擦干。

（3）多次试验后，当溶液内溶解的锌浓度超过5g/L时应更换溶液。可用注解规定的方法测定硫酸铜试验溶液中锌含量。为节约时间，在保证互不接触的前提下，最多可以同时试验6根试样。

（4）终点的判断：

①试样的钢基上析出有光亮的附着牢固的金属铜时，为达到终点。

②下列情况未达到终点：

a. 析出有光亮的附着牢固的铜，但其单个面积不大于$5mm^2$；

b. 用钝的器件（如刀背等）能将析出的铜除去且在铜下显现出锌层（为判断铜下面是否有锌层，可在此处滴上数滴含有0.16%三氯化锑的5%稀盐酸,有锌层时有活泼的氢气产生）；

c. 在距试样端部25mm以内析出铜。

4）判定原则

进行如上试验，达到钢丝产品标准规定的次数时为合格，达不到钢丝产品标准规定的次数时为不合格，最后一次试验不计入次数。

硫酸铜浸渍液中锌的测定——滴定法：

（1）试剂与材料

除非另有说明，在分析中时使用分析纯试剂和蒸馏水或相当纯度的水。

①氨水（1+1）、盐酸（1+1）、二甲酚橙溶液（0.5%）。

②硫脲-硫代硫酸钠溶液（10%）：称取26g五水硫代硫酸钠或16g无水硫代硫酸钠，加0.2g无水碳酸钠，溶于1L水中，加入100g硫脲，加热溶解。

③缓冲溶液：pH5.4（称取40g六次甲基四胺溶于100mL水中，再加10mL浓盐酸）。

④EDTA标准溶液[c(EDTA) = 0.02mol/L]。

（2）试验步骤

①硫酸铜溶液的处理：

准确吸取5mL经过镀锌层均匀性试验后的硫酸铜浸渍液于250mL锥形瓶中，加氨水（1+1）至沉淀出现，再用盐酸（1+1）调节溶液呈酸性（即铜氨络离子的蓝色消失），再过量3滴，加20mL硫脲-硫代硫酸钠溶液，加2滴二甲酚橙指示剂，缓缓加入六次甲基四胺溶液至溶液由黄变红后过量3mL，立即以EDTA标准溶液滴定至溶液恰呈亮黄色为终点。

②测定次数：

独立地进行两次测定，取其平均值。

③分析结果的计算：

被测元素 Zn 的浓度以 ρ 计，数值以 g/L 表示，按下式计算：

$$\rho = \frac{c(\text{EDTA}) \times V(\text{EDTA}) \times 65.38}{5} \tag{9-15}$$

式中：$c(\text{EDTA})$——EDTA 标准溶液的浓度（mol/L）；

$V(\text{EDTA})$——消耗的 EDTA 标准溶液体积（mL）；

65.38——Zn 的摩尔质量（g/mol）。

7. 镀锌电焊网抗腐蚀性能试验方法——镀锌层质量试验

《钢产品镀锌层质量试验方法》GB/T 1839—2008。

1）试验溶液

（1）清洗液，化学纯无水乙醇。

（2）试验溶液：

①将 3.5g 化学纯六次甲基四胺（$C_6H_{12}N_4$）溶解于 500mL 浓盐酸（$\rho = 1.19\text{g/mL}$）中，用蒸馏水或去离子水稀释至 1000mL。

②试验溶液在能溶解镀锌层的条件下，可反复使用。

2）试样

（1）取样部位和数量按照产品标准或双方协议的规定执行。

（2）应根据镀层的厚度，选取试验面积，保证符合试样称量准确度要求。

（3）在切取试样时，应注意避免表面损伤。不得使用局部有明显损伤的试样。

（4）钢板、钢带试样可为圆形或方形，仲裁试验试样单面面积为 $(3000\sim5000)\text{mm}^2$。

（5）钢丝试样长度按表 9-31 规定切取。

钢丝试样长度（mm） 表 9-31

钢丝直径	试样长度
≥0.15～0.80	600
>0.80～1.50	500
>1.50	300

（6）其他镀锌钢产品试样的试验总面积应不小于 2000mm^2。

3）试验步骤

（1）用清洗液将试样表面的油污、粉尘、水迹等清洗干净，然后充分烘干。

（2）用天平称量试样，其称量准确度应优于试样镀层预期质量的 1%。当试样镀层质量不小于 0.1g 时，称量应准确到 0.001g。

（3）将试样浸没到试验溶液中，试验溶液的用量通常为每平方厘米试样表面积不少于 10mL。

（4）在室温条件下，试样完全浸没于溶液中，可翻动试样，直到镀层完全溶解，以氢气析出（剧烈冒泡）的明显停止作为溶解过程结束的判定。然后取出试样在流水中冲洗，必要时可用尼龙刷刷去可能吸附在试样表面的疏松附着物。最后用乙醇清洗，迅速干燥，也可用吸水纸将水分吸除，用热风快速吹干。

（5）用天平称量试样。

（6）称重后，测定试样锌层溶解后暴露的表面积，准确度应达到1%。钢板、钢带试样直径或边长的测量至少准确到0.1mm。钢丝直径的测量应在同一圆周上相互垂直的部位各测一次，取平均值，测量准确到0.01mm。

（7）测定镀锌板单面的锌层质量时，采用适当的方式封住一面，测量完后，再测定第二面。

4）结果计算

（1）钢产品（不含钢丝）单位面积上的镀锌量[每m^2上的质量（g）]，按下式计算，计算结果按《数值修约规则与极限数值的表示和判定》GB/T 8170—2008规定修约，保留数位应与产品标准中标示的数位一致。

$$M = \frac{m_1 - m_2}{A} \times 10^6 \tag{9-16}$$

式中：M——单位面积上的镀锌层质量（钢板、钢带注明单面或双面）（g/m^2）；

m_1——试样镀锌层溶解前的质量（g）；

m_2——试样镀锌层溶解后的质量（g）；

A——钢板、钢带试样面积或钢管试样的内、外表面积之和（mm^2）。

（2）镀锌钢丝单位面积上的镀锌量按下式计算，计算结果按《数值修约规则与极限数值的表示和判定》GB/T 8170—2008规定修约，保留数位应与产品标准中标示的数位一致。

$$M = \frac{m_1 - m_2}{m_2} \times D \times 1960 \tag{9-17}$$

式中：D——镀锌层溶解后的直径（mm）；

1960——常数。

（3）需要表示纯锌层近似厚度（μm）时，可按下式计算，计算结果按《数值修约规则与极限数值的表示和判定》GB/T 8170—2008修约到小数点后1位。

$$d = \frac{M}{\rho} \tag{9-18}$$

式中：d——纯锌层厚度（μm）；

ρ——纯锌层密度，7.2g/cm^3。

五、试验结果评定

（1）验收规范对玻纤网的主要性能要求应符合表9-32的规定。

（2）行业标准对玻纤网的主要性能要求应符合表9-33的规定。

（3）镀锌电焊网主要性能应符合表9-34的规定。

玻纤网主要性能要求 表9-32

序号	项目	技术要求				
		GB 55015—2021（经向、纬向）	DB11/T 584—2022（经向、纬向）	JGJ 144—2019（经向、纬向）	GB/T 29906—2013（经向、纬向）	GB/T 30595—2014（经向、纬向）
1	拉伸断裂强力（N/50mm）	—	—	—	—	—
2	耐碱断裂强力（N/50mm）	≥1000	≥1000	≥1000	≥750	≥1000
3	耐碱断裂强力保留率（%）	≥50	≥50	≥50	≥50	≥50
4	断裂伸长率（%）	≤5.0	≤5.0	≤5.0	≤5.0	≤5.0
5	单位面积质量（g/m²）	≥160	≥160	≥160	≥130	≥160

玻纤网主要性能要求 表9-33

序号	项目	技术要求				
		JC 561.2—2006				
		标称单位面积质量（g/m²）	拉伸断裂强力（N/50mm）≥		标称单位面积质量（g/m²）	拉伸断裂强力（N/50mm）≥	
			经向	纬向		经向	纬向
1	拉伸断裂强力	≤60	780	780	211～220	2220	2160
		61～80	840	840	221～240	2400	2280
		81～90	910	910	241～260	2500	2400
		91～100	970	970	261～280	2620	2500
		101～110	1020	1020	281～300	2740	2620
		111～120	1100	1100	301～320	2850	2740
		121～130	1200	1200	321～340	2910	2800
		131～140	1310	1310	341～360	2970	2860
		141～150	1500	1500	361～380	3080	2970
		151～160	1540	1600	381～400	3190	3080
		161～170	1650	1710	401～420	3300	3190
		171～180	1770	1820	421～440	3410	3240
		181～190	1880	1940	441～460	3570	3240
		191～200	1990	2050	≥460	3740	3240
		201～210	2110	2110		—	
2	耐碱断裂强力（N/50mm）	—					
3	耐碱断裂强力保留率（%）	≥50					

镀锌电焊网主要性能要求　　　　　　　　表 9-34

序号	\multicolumn{6}{c	}{GB/T 33281—2016}
	1	2	3	4	5	6
项目	丝径 (mm)	焊点抗拉力 (N)	丝径极限偏差 (mm)	网孔偏差 经向(%)　纬向(%)	镀锌层质量 (g/m²)	镀锌层 均匀性
技术要求	4.00	>580	±0.08	±5　　±2	>140	镀锌层应均匀
	3.40	>550				
	3.00	>520				
	2.50	>500				
	2.00	>330	±0.08			
	1.80	>270				
	1.60	>210	±0.08			
	1.40	>160				
	1.20	>120				
	1.00	>80				
	0.90	>65				
	0.80	>50				
	0.70	>40	±0.08			
	0.60	>30				
	0.55	>25				
	0.50	>20				

第四节　保温砂浆

一、相关标准

（1）《建筑节能与可再生能源利用通用规范》GB 55015—2021。

（2）《建筑节能工程施工质量验收标准》GB 50411—2019。

（3）《居住建筑节能工程施工质量验收规程》DB11/T 1340—2022。

（4）《屋面工程质量验收规范》GB 50207—2012。

（5）《膨胀玻化微珠轻质砂浆》JG/T 283—2010。

（6）《建筑保温砂浆》GB/T 20473—2021。

（7）《无机硬质绝热制品试验方法》GB/T 5486—2008。

二、基本概念

（1）保温浆料：由无机胶凝材料、添加剂、填料与轻骨料等混合，使用时按比例加水搅拌制成的浆料,又称保温砂浆。

(2)膨胀玻化微珠:由玻璃质火山熔岩矿砂经膨胀、玻化等工艺制成,表面玻化封闭、呈不规则球状,内部为多孔空腔结构的无机颗粒材料。

(3)膨胀玻化微珠轻质砂浆:以膨胀玻化微珠、无机胶凝材料、添加剂、填料等混合而成的预混料。

(4)建筑保温砂浆:以膨胀珍珠岩、玻化微珠、膨胀蛭石等为骨料,掺加胶凝材料及其他功能组分制成的干混砂浆。

三、试验项目及组批原则和取样数量

保温砂浆进场复验项目、组批原则及取样规定见表9-35。

保温砂浆进场复验项目、组批原则及取样规定　　表9-35

序号	材料名称	标准号	进场复验项目	组批原则	取样规定(数量)
1	保温砂浆	DB11/T 1340—2022	墙体	导热系数、干密度、抗压强度、垂直于板面的抗拉强度	同厂家、同品种产品,按照保温墙面面积,在5000m²以内时应复验1次;当面积每增加5000m²时应增加1次,增加的面积不足规定数量时也应增加1次。同工程项目、同施工单位且同时施工的多个单位工程(群体建筑),可合并计算保温墙面抽检面积	样品总面积不小于2m²(委托方也可以送检标准规定数量和尺寸的样品)
2	保温浆料	GB 50411—2019	墙体	导热系数、干密度、抗压强度	同厂家、同品种产品,按照扣除门窗洞口后的保温墙面面积,在5000m²以内时应检验1次;面积每增加5000m²时应增加1次。同工程项目、同施工单位且同期施工的多个单位工程,可合并计算抽检面积	20kg干混合料。当外墙采用保温浆料做保温层时,应在施工中制作同条件试件,检测其导热系数、干密度和抗压强度。保温浆料的试件应见证取样检验

四、试验方法

1.保温砂浆干密度试验

1)《膨胀玻化微珠轻质砂浆》JG/T 283—2010

(1)仪器设备:

①试模:70.7mm×70.7mm×70.7mm钢质有底三联试模,拆装方便;

②捣棒:直径10mm,长350mm的钢棒,端部应磨圆;

③电热鼓风干燥箱。

(2)试样制备:

①试样数量6个;

②按生产商提供的砂浆配合比、使用方法配制轻质砂浆,混合过程中不应破坏膨胀玻

化微珠保温骨料；

③在试模内填满轻质砂浆，并略高于其上表面，用捣棒均匀由外向内按螺旋方向轻轻插捣 25 次，插捣时用力不应过大，不应破坏膨胀玻化微珠保温骨料。将高出试模部分的轻质砂浆沿试模顶面削去抹平。为方便脱模，模内壁可适当涂刷薄层脱模剂；

④试样及试模应在标准实验室环境［空气温度(23±2)℃，相对湿度 40%～60%］下养护，并应使用塑料薄膜覆盖，满足拆模条件后（无特殊要求时，带模养护 3d）脱模。试样取出后应在标准环境条件下养护至 28d，或按生产商规定的养护条件进行养护。

（3）试验过程：

①将试样在(105±5)℃温度下烘至恒重，放入干燥器中冷却备用。恒重的判定依据为恒温 3h 两次称量试样的质量变化率小于 0.2%；

②按《无机硬质绝热制品试验方法》GB/T 5486—2008 规定进行干表观密度的测定。

2)《建筑保温砂浆》GB/T 20473—2021

（1）仪器设备：

①电子天平：量程满足试件称量要求，分度值应小于称量值（试件质量）的万分之二；分度值不大于 1g，量程 20kg；

②电热鼓风干燥箱；

③钢直尺；

④游标卡尺；

⑤搅拌机：符合《混凝土试验用搅拌机》JG/T 244—2009 的规定；

⑥砂浆稠度仪：应符合《建筑砂浆基本性能试验方法标准》JGJ/T 70—2009 的规定；

⑦试模：70.7mm×70.7mm×70.7mm 钢质有底三联试模，应具有足够的刚度并拆装方便。试模的内表面平整度为每 100mm 不超过 0.05mm，组装后各相邻面的不垂直度应小于 0.5°；

⑧捣棒：直径 10mm，长 350mm 的钢棒，端部应磨圆；

⑨油灰刀。

（2）试样制备：

①拌合用的材料应至少提前 24h 放入空气温度(23±5)℃，相对湿度 40%～60%的试验环境中；

②按生产商推荐的水料比，进行称量，使用搅拌机制备拌合物，搅拌时间为 2min。若生产商未提供水料比，应通过试配确定拌合物稠度为(50±5)mm 时的水料比，稠度的测试方法按《建筑砂浆基本性能试验方法标准》JGJ/T 70—2009 的规定进行。

③试模内壁涂刷薄层脱模剂；

④拌合好的一次注满试模，并略高于其上表面，用捣棒均匀由外向里按螺旋方向轻轻插捣 25 次，插捣时用力不应过大，尽量不破坏其保温骨料。为防止可能留下孔洞，允许用油灰刀沿模壁插捣数次或用橡皮锤轻轻敲击试模四周，直至插捣棒留下的空洞消失，最后将高出部分的拌合物沿试模顶面削去抹平；

⑤试件制作后用聚乙烯薄膜覆盖,在温度(23±5)℃,相对湿度40%～60%的试验环境下静停(48±4)h,然后编号拆模。拆模后应立即在空气温度(23±2)℃,相对湿度45%～55%的标准养护条件下养护至28d±8h(自拌合物加水时算起),或按生产商规定的养护条件及时间,生产商规定的养护时间自拌合物加水时算起不应多于28d;

⑥养护结束后将试件从养护室取出并在(105±5)℃或生产商推荐的温度下烘干至恒重,放入干燥器中备用。恒重的判据为恒温3h两次称量试件的质量变化率小于0.2%;

⑦制备的试件中取6块试件,按《无机硬质绝热制品试验方法》GB/T 5486—2008的规定进行干密度的测定,试验结果以6块试件测试值的算术平均值表示。

3)《无机硬质绝热制品试验方法》GB/T 5486—2008

(1)仪器设备:

①游标卡尺:分度值为0.05mm;

②钢直角尺:分度值为1mm,其中一个臂的长度应不小于500mm;

③电热鼓风干燥箱;

④电子天平:量程满足试件称量要求,分度值应小于称量值(试件质量)的万分之二。

(2)试样制备:

随机抽取三块样品,各加工成一块满足试验设备要求的试件,试件的长、宽均不得小于100mm,其厚度为制品的厚度。也可用整块制品作为试件。

(3)试验过程:

①将试件置于干燥箱内,缓慢升温至(110±5)℃(若粘结材料在该温度下发生变化,则应低于其变化温度10℃),烘干至恒定质量,然后移至干燥器中冷却至室温。恒定质量的判据为恒温3h两次称量试件质量的变化率小于0.2%;

②在天平上称量烘干后的质量G,保留5位有效数字;

③测量试件的几何尺寸,在制品相对两个大面上距两边20mm处,用钢直尺或钢卷尺分别测量制品的长度和宽度(图9-8),精确至1mm。测量结果为4个测量值的算术平均值。

在制品相对两个侧面,距端面20mm处和中间位置用游标卡尺测量制品的厚度(图9-8),精确至0.5mm。测量结果为6个测量值的算术平均值。并计算试件的体积V_1。

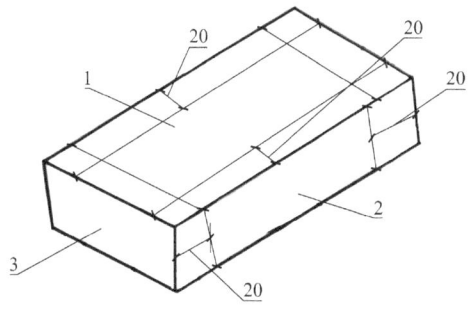

1—大面;2—侧面;3—端面

图9-8 板、块尺寸测量方法示意图(mm)

(4)试验结果计算：

试件的密度按下式计算，精确至 1kg/m³

$$\rho = \frac{G}{V_1} \tag{9-19}$$

式中：ρ——试件的密度（kg/m³）；

G——试件烘干后的质量（kg）；

V_1——试件的体积（m³）。

2. 保温砂浆抗压强度试验

《无机硬质绝热制品试验方法》GB/T 5486—2008。

（1）仪器设备：

①试验机：压力试验机或万能试验机，相对示值误差应小于 1%，试验机应具有显示受压变形的装置；

②电热鼓风干燥箱；

③干燥器；

④天平：称量 2kg，分度值 0.1g；

⑤钢直尺：分度值 1mm；

⑥游标卡尺：分度值为 0.05mm；

⑦固含量 50% 的乳化沥青[或软化点(40～75)°C的石油沥青]，1mm 厚的沥青油纸，小漆刷或油漆刮刀，熔化沥青用坩埚等辅助器材。

（2）试样制备：

随机抽取四块样品，每块制取一个受压面尺寸约为 100mm×100mm 的试件。平板（或块）在任一对角线方向距两对角边缘 5mm 处到中心位置切取，试件厚度为制品厚度，但不应大于其宽度；弧形板和管壳如不能制成受压面尺寸为 100mm×100mm 的试件时，可制成受压面尺寸最小为 50mm×50mm 的试件，试件厚度应尽可能厚，但不得低于 25mm。当无法制成该尺寸的试件时，可用同材料、同工艺制成同厚度的平板替代，试件表面应平整，不应有裂纹。

（3）试验过程：

①将试件置于干燥箱内，缓慢升温至(110±5)°C（若粘结材料在该温度下发生变化，则应低于其变化温度 10°C），烘干至恒定质量，然后移至干燥器中冷却至室温。恒定质量的判据为恒温 3h 两次称量试件质量的变化率小于 0.2%。然后将试件移至干燥器中冷却至室温；

②在试件上、下两受压面距棱边 10mm 处用钢直尺（尺寸小于 100mm 时用游标卡尺）测量长度和宽度，在厚度的两个对应面的中部用钢直尺测量试件的厚度。长度和宽度测量结果分别为四个测量值的算术平均值，精确至 1mm（尺寸小于 100mm 时精确至 0.5mm），厚度测量结果为两个测量值的算术平均值，精确至 1mm；

③泡沫玻璃绝热制品在试验前应用漆刷或刮刀把乳化沥青或熔化沥青均匀涂在试件上下两个受压面上，要求泡孔刚好涂平，然后将预先裁好的约 100mm×100mm 大小的沥青油纸覆盖在涂层上，并放置在干燥器中，至少干燥 24h；

④将试件置于试验机的承压板上，使试验机承压板的中心与试件中心重合；

⑤开动试验机，当上压板与试件接近时，调整球座，使试件受压面与承压板均匀接触；

⑥以 (10 ± 1)mm/min 速度对试件加荷，直至试件破坏，同时记录压缩变形值。当试件在压缩变形 5%时没有破坏，则试件压缩变形 5%时的荷载为破坏荷载。记录破坏荷载 P_1，精确至 10N。

（4）试验结果计算：

每个试件的抗压强度按下式计算，精确至 0.01MPa。

$$\sigma = \frac{P_1}{S} \tag{9-20}$$

式中：σ——试件的抗压强度（MPa）；

P_1——试件的破坏荷载（N）；

S——试件的受压面积（mm²）。

制品的抗压强度为四块试件抗压强度的算术平均值，精确至 0.01MPa。

3. 保温砂浆压剪粘结强度试验

1)《膨胀玻化微珠轻质砂浆》JG/T 283—2010

（1）仪器设备：

①电热鼓风干燥箱；

②试验机：压力试验机或万能试验机。

（2）试样制备：

①试样数量 6 个；

②按生产商提供的砂浆配合比、使用方法配制轻质砂浆，混合过程中不应破坏膨胀玻化微珠保温骨料；

③将配制后的轻质砂浆，涂抹于尺寸 100mm×110mm×10mm 的两块水泥砂浆板之间，涂抹厚度为 10mm，面积 100mm×100mm，水泥砂浆板未涂抹部分位于试样两端；

④试样应水平放置，并在标准实验室环境[空气温度(23 ± 2)℃，相对湿度 40%～60%]中养护 28d。

（3）试验过程：

①将试样在(105 ± 5)℃烘箱中烘至恒重，然后取出放入干燥器，冷却至室温；

②将试样按下述条件进行处理。

a. 原强度：无附加条件；

b. 耐水：在水中浸泡 48h，没入水中的深度为(2～10)mm，到期试样从水中取出并擦拭表面水分，在标准实验室环境[空气温度(23 ± 2)℃，相对湿度 40%～60%]中放置 7d；

c. 将试样安装到置于适宜的试验机上进行压剪试验，以 5mm/min 速度加荷至试样破坏，记录试样破坏时的荷载值，精确至 1N。

（4）试验结果计算：

压剪粘结强度按下式计算，试验结果取 6 个试样测试值中间 4 个的算术平均值，精确至 0.001MPa。

$$R_1 = \frac{F_1}{A_1} \tag{9-21}$$

式中：R_1——压剪粘结强度（MPa）；

F_1——试件破坏时的荷载（N）；

A_1——压剪粘结面积，取 100mm×100mm。

2）《建筑保温砂浆》GB/T 20473—2021

（1）仪器设备：

①水泥砂浆板：110mm×100mm×10mm 12 块，按《建筑砂浆基本性能试验方法标准》JGJ/T 70—2009 的规定制备；

②试验机：精度不低于 1 级，最大量程宜为 5kN；

③压剪试验夹具：符合《建筑胶粘剂试验方法 第 1 部分：陶瓷砖胶粘剂试验方法》GB/T 12954.1—2008 第 5.3 节的规定。

（2）试验过程：

①拌合用的材料应至少提前 24h 放入试验环境[空气温度(23±5)℃，相对湿度 40%～60%]中；

②按生产商推荐的水料比，用电子天平进行称量，使用搅拌机制备拌合物，搅拌时间为 2min。若生产商未提供水料比，应通过试配确定拌合物稠度为(50±5)mm 时的水料比，稠度的测试方法按《建筑砂浆基本性能试验方法标准》JGJ/T 70—2009 的规定进行；

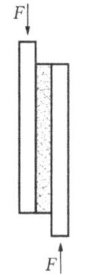

图 9-9 压剪粘结强度试样

③用制备好的拌合物涂抹于两个水泥砂浆板之间，涂抹厚度为(10±2)mm，面积为 100mm×100mm，应错位涂抹，如图 9-9 所示试件，制备 6 个试件。在标准养护条件[空气温度(23±2)℃，相对湿度 45%～55%]下养护至 28d±8h（自拌合物加水时算起），或按生产商规定的养护条件及时间，生产商规定的养护时间自拌合物加水时算起不应多于 28d；

④将试件置于试验机的压剪试验夹具中，以(5±1)mm/min 速度施加荷载直至试样破坏，记录试样破坏时的荷载值，F_2。

（3）试验结果计算：

压剪粘结强度按下式计算，试验结果取 6 个测试值中 4 个中间值的算术平均值表示。

$$R_n = \frac{F_2}{L_2 W_2} \times 10^3 \tag{9-22}$$

式中：R_n——压剪粘结强度（kPa）；
F_2——试件破坏时的荷载（N）；
L_2——试件长度（mm）；
W_2——试件宽度（mm）。

4. 保温砂浆拉伸粘结强度试验

1)《膨胀玻化微珠轻质砂浆》JG/T 283—2010

（1）仪器设备：

①电热鼓风干燥箱；

②试验机：压力试验机或万能试验机。

（2）试样制备：

①按生产商提供的砂浆配合比、使用方法配制轻质砂浆，混合过程中不应破坏膨胀玻化微珠保温骨料，轻质砂浆制备方法同本标准干表观密度试验；

②将配制后的轻质砂浆，按《陶瓷砖胶粘剂》JC/T 547—2005 中规定的方法进行制样和拉伸粘结强度测定，试样数量 6 个，试验结果取 6 个试样测试值中间 4 个的算术平均值，精确至 0.1MPa。

（3）试验过程：

试样处理按以下规定进行：

①原强度：无附加条件；

②耐水强度：在水中浸泡 48h，没入水中的深度为(2～10)mm，到期试样从水中取出并擦拭表面水分，在标准实验室环境中放置 7d。

2)《建筑保温砂浆》GB/T 20473—2021

（1）仪器设备：

①水泥砂浆板：100mm×100mm×20mm 6 块，按《建筑砂浆基本性能试验方法标准》JGJ/T 70—2009 的规定制备；

②拉力试验机：精度不低于 1 级，最大量程宜为 5kN；

③夹具：钢制 100mm×100mm 共 12 块。

（2）试验过程：

①拌合用的材料应至少提前 24h 放入试验环境中；

②按生产商推荐的水料比，用电子天平进行称量，使用搅拌机制备拌合物，搅拌时间为 2min。若生产商未提供水料比，应通过试配确定拌合物稠度为(50±5)mm 时的水料比，稠度的测试方法按《建筑砂浆基本性能试验方法标准》JGJ/T 70—2009 的规定进行；

③用制备好的拌合物满涂于水泥砂浆板上，涂抹厚度为(5～8)mm，制备 6 个试件。在标准养护条件［空气温度(23±2)℃，相对湿度 45%～55%］下养护至 28d±8h（自拌合物加水时算起），或按生产商规定的养护条件及时间，生产商规定的养护时间自拌合物加水时

算起不应多于 28d；

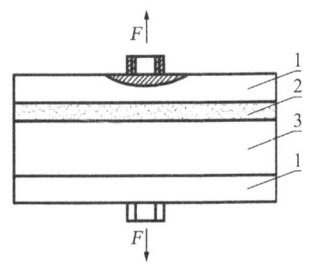

1—夹具；2—保温砂浆；3—水泥砂浆板；
F—受拉荷载

图 9-10 拉伸粘结强度试样

④按《无机硬质绝热制品试验方法》GB/T 5486—2008 的规定，测量试件上表面的长度和宽度，取 2 次测量值的算术平均值，修约至 1mm；

⑤将抗拉用夹具用合适的胶粘剂粘合在试件两个表面，图 9-10 为拉伸粘结强度试样示意图；

⑥胶粘剂固化后，将试件安装到适宜的拉力试验机上，进行拉伸粘结强度测定，拉伸速率为 (5 ± 1)mm/min。记录每个试件破坏时的荷载值。如夹具与胶粘剂脱开，测试值无效。

（3）结果计算：

拉伸粘结强度按下式计算，试验结果取 6 个测试值中 4 个中间值的算术平值表示。

$$R = \frac{F_1}{L_1 W_1} \tag{9-23}$$

式中：R——拉伸粘结强度（MPa）；

F_1——破坏时的最大拉力（N）；

L_1——试件长度（mm）；

W_1——试件宽度（mm）。

五、试验结果评定

保温砂浆主要性能应符合表 9-36 的规定。

保温砂浆主要性能要求   表 9-36

序号	项目	技术要求				
		GB/T 20473—2021		JG/T 283—2010		
		Ⅰ型	Ⅱ型	保温隔热型膨胀玻化微珠轻质砂浆	抹灰型膨胀玻化微珠轻质砂浆	砌筑型膨胀玻化微珠轻质砂浆
1	干密度/干表观密度（kg/m³）	≤350	≤450	≤300	≤600	≤800
2	抗压强度（MPa）	≥0.50	≥1.0	墙体用 ≥0.20 楼地面及屋面用 ≥0.30	≥2.5	≥3.0
3	导热系数（平均温度 25℃）[W/(m·k)]	≤0.070	≤0.085	≤0.070	≤0.15	≤0.20
4	拉伸粘结强度（与水泥砂浆块）（MPa）	≥0.10	≥0.15	—	原强度 ≥0.2	原强度 ≥0.2
					耐水强度 ≥0.2	耐水强度 ≥0.2
5	压剪粘结强度（与水泥砂浆块）	≥60kPa		原强度 ≥0.050MPa	—	—
				耐水强度 ≥0.050MPa		

第五节　抹面材料

一、相关标准

（1）《建筑节能与可再生能源利用通用规范》GB 55015—2021。
（2）《建筑节能工程施工质量验收标准》GB 50411—2019。
（3）《居住建筑节能工程施工质量验收规程》DB11/T 1340—2022。
（4）《外墙外保温工程技术标准》JGJ 144—2019。
（5）《公共建筑节能施工质量验收规程》DB11/T 510—2024。
（6）《硬泡聚氨酯复合板现抹轻质砂浆外墙外保温工程施工技术规程》DB11/T 1080—2014。
（7）《薄抹灰外墙外保温工程技术规程》DB11/T 584—2022。
（8）《玻璃棉板外墙外保温施工技术规程》DB11/T 1117—2014。
（9）《泡沫水泥保温板外墙外保温工程施工技术规程》DB11/T 1079—2014。
（10）《建筑外墙外保温防火隔离带技术规程》JGJ 289—2012。
（11）《泡沫玻璃板建筑保温工程施工技术规程》DB11/T 1103—2014。
（12）《薄抹灰外墙外保温用聚合物水泥砂浆应用技术规程》DB11/T 1313—2015。
（13）《模塑聚苯板薄抹灰外墙外保温系统材料》GB/T 29906—2013。
（14）《挤塑聚苯板（XPS）薄抹灰外墙外保温系统材料》GB/T 30595—2014。

二、基本概念

（1）聚合物砂浆：用无机和有机胶结材料、砂以及外加剂等配制而成，用于外保温系统的粘结剂和抹面砂浆。
（2）抹面胶浆：由水泥基胶凝材料、高分子聚合物材料以及填料和添加剂等组成，具有一定变形能力和良好粘结性能的抹面材料。
（3）基层：是保温层所依附的建筑物围护结构实体。
（4）抹面层：是抹在保温层上，层内设有增强网，保护保温层并起防裂、防水和抗冲击作用的构造层。
（5）饰面层：是外墙外保温系统的外装饰层。
（6）防护层：是抹面层和饰面层的总称。

三、试验项目及组批原则

常用抹面材料进场复验项目、组批原则及取样规定如表9-37所示。

常用抹面材料进场复验项目、组批原则及取样规定　　　　表 9-37

材料名称	标准	进场复验项目	组批原则	取样规定（数量）
抹面胶浆/抗裂砂浆	《建筑节能工程施工质量验收标准》GB 50411—2019	拉伸粘结强度、压折比	同厂家、同品种产品，按照扣除门窗洞口后的保温墙面面积所使用的材料用量，在5000m² 以内时应复验1次；面积每增加5000m² 应增加1次。同工程项目、同施工单位同期施工的多个单位工程，可合并计算抽检面积。当符合本标准第3.2.3条的规定时，检验批容量可以扩大一倍	7kg 干混合料，需随粘结砂浆配送与施工现场配套的保温材料0.8m²
	《居住建筑节能工程施工质量验收规程》DB11/T 1340—2022	常温常态拉伸粘结强度（与保温板）、常温常态拉伸粘结强度（与隔离带）、压折比	同厂家、同品种产品，按照保温墙面面积，在5000m² 以内时应复验1次；当面积每增加5000m² 时应增加1次，增加的面积不足规定数量时也应增加1次。同工程项目、同施工单位且同时施工的多个单位工程（群体建筑），可合并计算保温墙面抽检面积	7kg 干混合料，需随粘结砂浆配送与施工现场配套的保温材料0.8m²
	《外墙外保温工程技术标准》JGJ 144—2019	养护14d和浸水48h拉伸粘结强度	符合现行国家标准《建筑节能工程施工质量验收标准》GB 50411—2019 的规定	7kg 干混合料，需随粘结砂浆配送与施工现场配套的保温材料0.8m²
	《公共建筑节能施工质量验收规程》DB11/T 510—2024	常温常态拉伸粘结强度（与保温板）、常温常态拉伸粘结强度（与隔离带）、压折比	同厂家、同品种产品，按照保温墙面面积，每5000m² 时应复验1次，面积不足5000m² 时也应复验1次。同工程项目、同施工单位且同时施工的多个单位工程，可合并计算保温墙面抽检面积	7kg 干混合料，需随粘结砂浆配送与施工现场配套的保温材料0.8m²
	《硬泡聚氨酯复合板现抹轻质砂浆外墙外保温工程施工技术规程》DB11/T 1080—2014	标准状态和浸水拉伸粘结强度（与轻质砂浆）、压折比	同一厂家同一种产品，当单位工程建筑面积在20000m² 以下时，各抽查不少于3次；当单位工程建筑面积在20000m² 以上时各抽查不少于6次	7kg 干混合料，需随粘结砂浆配送与施工现场配套的保温材料0.8m²
	《薄抹灰外墙外保温工程技术规程》DB11/T 584—2022	常温常态和浸水拉伸粘结强（与保温板、与隔离带）；压折比	同厂家、同品种产品，按照保温墙面面积，在5000m² 以内时应复验1次；当面积每增加5000m² 应增加一次，增加的面积不足规定数量时也应增加一次。同工程项目、同施工单位且同时施工的多个单位工程（群体建筑），可合并计算保温墙面抽检面积	砂浆：从一批中随机抽取5袋，每袋取2kg，总计不少于10kg。液料按《色漆、清漆和色漆与清漆用原材料取样》GB/T 3186—2006进行。需随砂浆配送与施工现场配套的保温材料0.8m²
	《玻璃棉板外墙外保温施工技术规程》DB11/T 1117—2014	常温常态和浸水拉伸粘结强度（与玻璃棉板）；压折比	1. 同厂家、同品种产品，按照扣除门窗洞后的保温墙面面积，在5000m² 以内时应复验1次；当面积增加时，除燃烧性能之外的其他各项参数按每增加5000m² 应增加1次，燃烧性能按每增加10000m² 应增加1次；增加的面积不足规定数量时也应增加1次。 2. 同工程项目、同施工单位且同时施工的多个单位工程（群体建筑），可合并计算保温墙面抽检面积	砂浆：从一批中随机抽取5袋，每袋取2kg，总计不少于10kg。液料按《色漆、清漆和色漆与清漆用原材料取样》GB/T 3186—2006进行。需随砂浆配送与施工现场配套的保温材料0.8m²

续表

材料名称	标准	进场复验项目	组批原则	取样规定（数量）
抹面胶浆/抗裂砂浆	《泡沫水泥保温板外墙外保温工程施工技术规程》DB11/T 1079—2014	浸水48h,干燥7d的拉伸粘结强度（与泡沫水泥保温板）	以同一厂家生产、同一规格、同一批次进场，每30t为一批，不足30t亦为一批	砂浆：从一批中随机抽取5袋，每袋取2kg，总计不少于10kg。液料按《色漆、清漆和色漆与清漆用原材料取样》GB/T 3186—2006进行。需随砂浆配送与施工现场配套的保温材料0.8m²
	《建筑外墙外保温防火隔离带技术规程》JGJ 289—2012	拉伸粘结强度（与防火隔离带保温板）	复验应为见证取样检验，同工程、同材料、同施工单位的防火隔离带主要组成材料应至少复验一次	7kg干混合料，需随粘结砂浆配送与施工现场配套的保温材料0.8m²
	《泡沫玻璃板建筑保温工程施工技术规程》DB11/T 1103—2014	常温常态拉伸粘结强度（与泡沫玻璃板）	同一厂家同一品种的产品，单位工程建筑面积在20000m²以下时抽查不少于3次；单位工程建筑面积在20000m²以上时抽查不少于6次	砂浆：从一批中随机抽取5袋，每袋取2kg，总计不少于10kg。液料按《色漆、清漆和色漆与清漆用原材料取样》GB/T 3186—2006进行。需随砂浆配送与施工现场配套的保温材料0.8m²
	《薄抹灰外墙外保温用聚合物水泥砂浆应用技术规程》DB11/T 1313—2015	拉伸粘结强度（与保温板）原强度；拉伸粘结强度（与保温板）耐水；压折比	以同一厂家、同一类型产品、同一批次进场，每30t为一批，不足30t亦为一批	7kg干混合料，需随砂浆配送与施工现场配套的保温材料0.8m²

注：1. 应对材料、构件和设备的品种、规格、包装、外观等进行检查验收，并应形成相应的验收记录。

2. 应对材料、构件和设备的质量证明文件进行核查，核查记录应纳入工程技术档案。进入施工现场的材料、构件和设备均应具有出厂合格证、中文说明书及相关性能检测报告。

3. 涉及安全、节能、环境保护和主要使用功能的材料、构件和设备，应按照《建筑节能工程施工质量验收标准》GB 50411附录A和各章的规定在施工现场随机抽样复验，复验应为见证取样检验。当复验的结果不合格时，该材料、构件和设备不得使用。

4. 在同一工程项目中，同厂家、同类型、同规格的节能材料、构件和设备，当获得建筑节能产品认证、具有节能标识或连续三次见证取样检验均一次检验合格时，其检验批的容量可扩大一倍，且仅可扩大一倍。扩大检验批后的检验中出现不合格情况时，应按扩大前的检验批重新验收，且该产品不得再次扩大检验批容量。

注2：抹面胶浆制样后养护14d进行拉伸粘结强度检验。发生争议时，以养护28d为准。

四、试验方法

1. 拉伸粘结强度

1）依据标准《模塑聚苯板薄抹灰外墙外保温系统材料》GB/T 29906—2013、《挤塑聚苯板（XPS）薄抹灰外墙外保温系统材料》GB/T 30595—2014

（1）养护条件及试验环境：

标准养护条件为空气温度$(23\pm2)°C$，相对湿度45%~55%。

试验环境为空气温度(23±5)℃,相对湿度40%~60%。

（2）主要仪器设备：

①天平：分度值为1g。

②拉力试验机：应有适宜的量程及精度,示值相对误差不大于±1%,试样的破坏负荷应处于量程的20%~80%。

（3）试样：

试样尺寸50mm×50mm或直径50mm,模塑板粘结试样数量6个。试样由模塑板和抹面胶浆组成,抹面胶浆厚度为3mm,试样在标准养护条件下养护28d,养护期间不需覆盖模塑板。

（4）试验过程：

以合适的胶粘剂将试样粘贴在两个刚性平板或金属板上,胶粘剂应与产品相容,固化后将试样按下述条件进行处理：

——原强度：无附加条件。

——耐水强度（浸水48h,干燥2h）：浸水48h,到期试样从水中取出并擦拭表面水分,在标准养护条件下干燥2h。

——耐水强度（浸水48h,干燥7d）：浸水48h,到期试样从水中取出并擦拭表面水分,在标准养护条件下干燥7d。

——耐冻融强度：进行30次冻融循环,每次浸泡结束后,取出试样,用湿毛巾擦去表面明水,检查外观。当试验过程需中断时,试样应在(−20±2)℃条件下存放。

冻融循环条件如下：在室温水中浸泡8h,试样防护层朝下,浸入水中的深度为(3~10)mm；在(−20±2)℃的条件下冷冻16h。

冻融循环结束后,在标准养护条件下状态调节7d。按规定检查外观（观察试样是否出现裂缝、粉化、空鼓、剥落等情况并做记录。有裂缝、粉化、空鼓、剥落等情况时,记录其数量、尺寸和位置,并说明其发生时的循环次数）。

将试样安装到适宜的拉力机上,进行拉伸粘结强度测定,拉伸速度为(5±1)mm/min。记录每个试样破坏时的拉力值,基材为模塑板时还应记录破坏状态。破坏面在刚性平板或金属板胶结面时,测试数据无效。

（5）试验结果：

拉伸粘结强度试验结果为6个试验数据中4个中间值的算术平均值,精确至0.01MPa。

模塑板内部或表层破坏面积在50%以上时,破坏状态为破坏发生在模塑板中,否则破坏状态为界面破坏。

2）依据标准《外墙外保温工程技术标准》JGJ 144—2019

（1）养护条件：

标准养护条件为空气温度(23±2)℃,相对湿度45%~55%。

（2）主要仪器设备：

①天平：分度值为 1g。

②拉力试验机：应有适宜的量程及精度，示值相对误差不大于±1%，试样的破坏负荷应处于量程的 20%～80%。

（3）试验过程：

试样尺寸应为 50mm×50mm 或直径 50mm，保温板厚度应为 50mm，试样数量应为 5 件。

保温材料为保温板时，应将抹面材料抹在保温板一个表面上，厚度应为(3±1)mm。当保温板需做界面处理时，应在界面处理后涂胶粘剂，并应在试验报告中注明。经过养护后，两面应采用适当的胶粘剂粘结尺寸为 50mm×50mm 的钢底板。

保温材料为胶粉聚苯颗粒保温浆料时，应将抹面胶浆抹在胶粉聚苯颗粒保温浆料一个表面上，厚度应为(3±1)mm。经过养护后，两面应采用适当的胶粘剂粘结尺寸为 50mm×50mm 的钢底板。

试验应在下列四种试样状态下进行：

①干燥状态；

②水中浸泡 48h，取出后应在温度(23±2)℃、相对湿度 45%～55%条件下干燥 2h；

③水中浸泡 48h，取出后应在温度(23±2)℃、相对湿度 45%～55%条件下干燥 7d；

④冻融试验后。

应将试样安装于拉力试验机上，拉伸速度应为 5mm/min，应拉伸至破坏并记录破坏时的拉力及破坏部位。

拉伸粘结强度应按下式计算，试验结果应以 5 个试验数据的算术平均值表示：

$$\sigma_b = P_b/A \tag{9-24}$$

式中：σ_b——拉伸粘结强度（MPa）；

P_b——破坏荷载（N）；

A——试样面积（mm²）。

3）依据标准《薄抹灰外墙外保温用聚合物水泥砂浆应用技术规程》DB11/T 1313—2015

（1）养护条件及试验环境：

标准养护条件为空气温度(23±2)℃，相对湿度 45%～55%。

试验环境为空气温度(23±5)℃，相对湿度 40%～60%。

（2）主要仪器设备：

①天平：分度值为 1g；

②拉力试验机：应有适宜的量程及精度，示值相对误差不大于±1%，试样的破坏负荷应处于量程的 20%～80%。

（3）试样：

试样尺寸 40mm×40mm，涂抹厚度为 3mm。与水泥砂浆粘结和与保温板粘结试样数量各 6 个。

（4）试验过程：

①砂浆拌合

称量 2kg 干粉料，按照生产商提供的配比（如给出一个数值范围，则应取中间值），用分度值为 1g 的天平分别称量砂浆所需的水或者液料和干粉料。在所有项目测试过程中，制备样品时的配比应该保持一致。

按生产商提供的方式进行搅拌，生产商未提供搅拌方式时，用符合《行星式水泥胶砂搅拌机》JC/T 681—2022 的搅拌机，按下列步骤进行操作：

a. 将水或液料倒入搅拌锅中；

b. 30s 内将干粉料撒入搅拌锅中，低速搅拌 30s；

c. 停止搅拌后，30s 内刮下搅拌叶和锅壁上的拌和物；

d. 重新放入搅拌叶，再低速搅拌 3min，静停 5min，再继续搅拌 1min 备用。

②试件制备

试件制备前，试验用基材的测试面按照产品说明书进行处理，若使用的保温板需用配套的界面剂时，应在保温板上涂刷界面剂。

把成型框放在相应的试验基材上，将拌合好的砂浆填满成型框，用抹刀压实、抹平，轻轻除去成型框。粘结砂浆的拉伸粘结强度试件放置 1h 时，在其表面覆盖试验用保温板，养护至 7d 时将其拿开。

③试件养护

a. 原强度：试件在标准养护条件下养护 13d 后，将拉拔接头用环氧树脂等高强度胶粘剂粘在试件的砂浆层上，在标准养护条件下继续放置 24h 后进行试验。

b. 耐水：试件在标准养护条件下养护 13d 后，将拉拔接头用环氧树脂等高强度胶粘剂粘在试件的砂浆层上，在标准养护条件下放置 24h 后，放入(20±2)℃的水中浸泡 48h，取出后在标准养护条件下继续养护 4h 后进行试验。

c. 耐冻融：试件在标准养护条件下养护 14d 后，进行 30 个冻融循环，循环结束后取出试件，在标准养护条件下放置 6d，将拉拔接头用环氧树脂等高强度胶粘剂粘在试件的砂浆层上，再在标准养护条件下放置 24h 进行试验。试件放入(20±2)℃的水中浸泡 8h±20min，再放入(−20±2)℃的低温箱中 16h±20min，为一个循环。

④试验

试验基材为硬泡聚氨酯板时，需先将养护好的试件沿着砂浆块的四周对硬泡聚氨酯板的表面进行切割，然后再将试件安装到拉力试验机上进行拉伸粘结强度的测定。切割深度以刚好完全切开硬泡聚氨酯板面层为宜。

将试件安装到适宜的拉力试验机上，进行拉伸粘结强度测定，拉伸速度为 5±1mm/min。记录每个试件破坏时的荷载值，基材为模塑聚苯板、硬泡聚氨酯板或泡沫水泥保温板时还应记录破坏状态。破坏面在高强胶粘剂与拉拔接头胶结面时，测试数据无效，应重新进行试验。

（5）试验结果：

拉伸粘结强度按下式计算，精确至 0.01MPa。

$$R = F/A \tag{9-25}$$

式中：R——拉伸粘结强度（MPa）；

F——试件破坏时的荷载（N）；

A——粘结面积，取 1600mm²。

拉伸粘结强度试验结果为 6 个试验数据中 4 个中间值的算术平均值，精确到 0.01MPa。

2. 压折比

依据标准《模塑聚苯板薄抹灰外墙外保温系统材料》GB/T 29906—2013、《挤塑聚苯板（XPS）薄抹灰外墙外保温系统材料》GB/T 30595—2014、《薄抹灰外墙外保温用聚合物水泥砂浆应用技术规程》DB11/T 1313—2015。

（1）养护条件及试验环境：

标准养护条件为空气温度(23±2)℃，相对湿度 45%～55%。

试验环境为空气温度(23±5)℃，相对湿度 40%～60%。

（2）主要仪器设备：

①天平：分度值为 1g；

②抗折强度试验机：应符合《水泥胶砂电动抗折试验机》JC/T 724—2005 的要求；

③抗压强度试验机：应符合《水泥胶砂强度自动压力试验机》JC/T 960—2022 的要求。

（3）试样：

试样尺寸 40mm×40mm×160mm 的棱柱体。

（4）试验过程：

按生产商使用说明配制抹面胶浆，按《水泥胶砂强度检验方法（ISO 法）》GB/T 17671—2021 规定制样，试样在标准养护条件下养护 28d 后，按《水泥胶砂强度检验方法（ISO 法）》GB/T 17671—2021 规定测定抗压强度、抗折强度，并计算压折比，精确至 0.1。

①抗折强度

将试体一个侧面放在试验机支撑圆柱上，试体长轴垂直于支撑圆柱，通过加荷圆柱以(50±10)N/s 的速率均匀地将荷载垂直地加在棱柱体相对侧面上，直至折断。保持两个半截棱柱体处于潮湿状态直至抗压试验。

②抗压强度

抗折强度试验完成后取出两个半截试体，进行抗压强度试验。抗压强度试验在半截棱柱体的侧面上进行。半截棱柱体中心与压力机压板受压中心差应在±0.5mm 内，棱柱体露在压板外的部分约有 10mm。

在整个加荷过程中以(2400±200)N/s 的速率均匀地加荷直至破坏。

（5）试验结果：

①抗折强度

$$R_f = 1.5F_fL/b^3 \qquad (9\text{-}26)$$

式中：R_f——抗折强度（MPa）；

F_f——折断时施加于棱柱体中部的荷载（N）；

L——支撑圆柱之间的距离（mm）；

b——棱柱体正方形截面的边长（mm）。

②抗压强度

$$R_c = F_c/A \qquad (9\text{-}27)$$

式中：R_c——抗压强度（MPa）；

F_c——破坏时的最大荷载（N）；

A——受压面积（mm²）。

③压折比

$$T = R_c/R_f \qquad (9\text{-}28)$$

式中：T——压折比，精确至 0.1；

R_c——抗压强度（MPa）；

R_c——抗折强度（MPa）。

五、试验结果评定

抹面胶浆/抗裂砂浆主要性能指标如表 9-38 所示。

胶粘剂/粘结砂浆主要性能指标 表 9-38

项目			技术要求						
			与模塑板	与挤塑板	与硬泡聚氨酯	与岩棉板	与岩棉条	与泡沫水泥保温板	与保温板
拉伸粘结强度（kPa）	常温常态	《薄抹灰外墙外保温工程技术规程》DB11/T 584—2022	≥100	≥200	≥100	≥10	≥100	—	—
	浸水 48h，干燥 2h		≥60	≥100	≥60	—	≥60	—	—
	浸水 48h，干燥 7d		≥100	≥200	≥100	≥10	≥100	—	—
	耐冻融		≥100	≥200	≥100	≥10	≥100	—	—
压折比			≤3.0						

续表

项目			技术要求						
			与模塑板	与挤塑板	与硬泡聚氨酯	与岩棉板	与岩棉条	与泡沫水泥保温板	与保温板
拉伸粘结强度（MPa）	原强度	《薄抹灰外墙外保温用聚合物水泥砂浆应用技术规程》DB11/T 1313—2015	≥0.10	≥0.20	≥0.10	—	—	≥0.06	—
	耐水		≥0.10	≥0.20	≥0.10	—	—	≥0.06	—
	耐冻融		≥0.10	≥0.20	≥0.10	—	—	≥0.06	—
压折比			≤3.0						
拉伸粘结强度（MPa）	干燥状态	《外墙外保温工程技术标准》JGJ 144—2019	—	—	—	—	—	—	≥0.10
	浸水48h，干燥2h		—	—	—	—	—	—	≥0.06
	浸水48h，干燥7d		—	—	—	—	—	—	≥0.10
	耐冻融		—	—	—	—	—	—	≥0.10
拉伸粘结强度（MPa）	原强度	《模塑聚苯板薄抹灰外墙外保温系统材料》GB/T 29906—2013	≥0.10，破坏发生在模塑板中	—	—	—	—	—	—
	浸水48h，干燥2h		≥0.06	—	—	—	—	—	—
	浸水48h，干燥7d		≥0.10	—	—	—	—	—	—
	耐冻融		≥0.10	—	—	—	—	—	—
压折比			≤3.0						

第六节 隔热型材

一、相关标准

（1）《建筑节能与可再生能源利用通用规范》GB 55015—2021。

（2）《建筑节能工程施工质量验收标准》GB 50411—2019。

（3）《铝合金建筑型材 第1部分：基材》GB/T 5237.1—2017。

（4）《铝合金建筑型材 第6部分：隔热型材》GB/T 5237.6—2017。

（5）《铝合金隔热型材复合性能试验方法》GB/T 28289—2012。

二、基本概念

（1）铝合金建筑隔热型材俗称"断桥型材"，是以隔热材料连接铝合金型材而制成的具有隔热功能的复合型材。简单来讲，就是两个铝合金型材之间，加了一个"隔热带"，中断金属的传热功能。铝合金隔热型材按照生产方式分为穿条式隔热型材 [图 9-11（a）] 和浇筑式隔热型材 [图 9-11（b）] 两类。

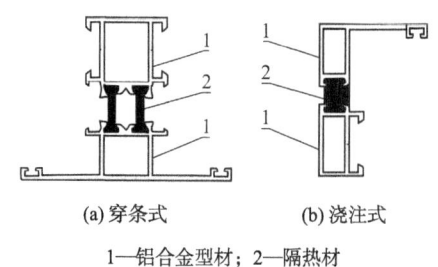

(a) 穿条式　　　(b) 浇注式

1—铝合金型材；2—隔热材

图 9-11　隔热型材复合方式

（2）穿条式隔热型材：采用隔热条材料与铝型材，通过机械开齿、穿条、滚压等工序形成"隔热桥"。

（3）浇注式隔热型材：采用隔热材料浇注入铝合金型材的隔热腔体内，经过固化，去除断桥金属等工序形成"隔热桥"。

（4）隔热材料：用于连接铝合金型材的低热导率的非金属材料 [热导率约为 0.3W/(m·K)]。

（5）特征值：服从对数正态分布，按 95% 的保证概率、75% 置信度确定并计算的性能值。

（6）隔热型材按剪切失效类型分为 A、B、O 三类（表 9-39）。

隔热型材剪切失效类型　　　　　　　　　　　　　　　　　表 9-39

剪切失效类型	说明
A	复合部位剪切失效后不影响横向抗拉性能的隔热型材，一般为穿条型材。见图 9-12（a）
B	复合部位剪切失效将引起横向抗拉失效的隔热型材，一般为浇注型材。见图 9-12（b）
O	因特殊要求（如为解决门扇的热拱现象）而有意设计的无纵向抗剪性能或纵向抗剪性能较低的穿条型材。见图 9-12（c）

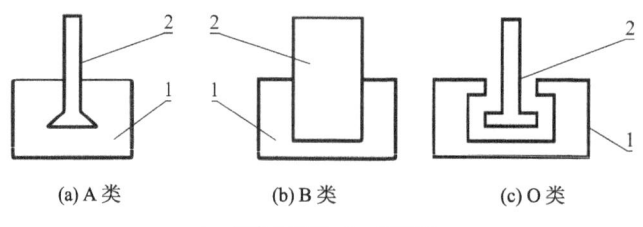

(a) A 类　　　(b) B 类　　　(c) O 类

1—铝合金型材；2—隔热材

图 9-12　隔热型材的剪切失效类型

三、进场复验项目、组批原则及取样要求

隔热型材进场复验项目、组批原则及取样方法数量如表 9-40 所示。

隔热型材进场复验项目、组批原则及取样方法数量　　　表 9-40

材料名称	进场复验项目	组批原则	取样方法数量
穿条式隔热型材、浇注式隔热型材	抗剪强度（纵向抗剪特征值）	同厂家、同品种产品，幕墙面积在3000m²以内时应复验一次，面积每增加3000m²应增加一次。同工程项目，同施工单位且同期施工的多个单位工程，可合并计算抽检面积	每批抽取2根隔热型材，在抽取的每根隔热型材中部和两端各切取5个试样，并做标识（共30个）。将试样均分三份（每份至少包括3个中部试样），分别用于低温、室温、高温试验。试样长(100±2)mm
	抗拉强度（横向抗拉特征值）[a]		每批抽取2根隔热型材，在抽取的每根隔热型材中部和两端各切取5个试样，并做标识（共30个）。将试样均分三份（每份至少包括3个中部试样），分别用于低温、室温、高温试验。试样长(100±2)mm，试样最短允许缩至18mm［仲裁时，试样长为(100±2)mm］
			仅做室温时：每批抽取2根隔热型材，在抽取的每根隔热型材中部切取1个试样，于两端分别切取2个试样。试样长(100±2)mm，试样最短允许缩至18mm［仲裁时，试样长为(100±2)mm］

注：[a] 穿条型材可采用室温纵向剪切试验失效的试样。

四、试验方法及结果计算

1. 产品牌号状态

牌号及状态应符合表 9-41 的规定。订购其他牌号或状态时，应供需双方商定，并在订货单（或合同）中注明。

牌号及状态　　　表 9-41

牌号	状态
6060、6063	T5、T6、T66
6005、6063A、6463、6463A	T5、T6
6061	T4、T6

2. 试验设备

1）仪器设备

（1）材料试验机：精确度为 1 级或更优级别，最大荷载不小于 20kN。需配备高、低温环境试验箱时，试验机测试空间不小于 500mm×1200mm 为宜。

（2）游标卡尺：分辨力不大于 0.02mm。

（3）高低温环境试验箱：温度可控范围(-37~100)±2℃，温度波动度±1.5℃，加热方式为热风循环，不允许加热体直接辐射试样，避免试样局部温度过高。制冷装备可采用压缩机制冷方式或液氮制冷方式。

2）辅助工具

（1）纵向剪切试验夹具：受力轴线与夹具轴线平行，受力部位硬度不小于 45HRC。位移传感器应与夹具轴线同轴，偏差不大于 0.5mm。

（2）横向拉伸试验夹具硬度不小于 45HRC。

（3）刚性支撑条厚度不小于 6mm，宽度不小于铝型材空腔宽度的 60%，支撑条在试验过程中，不许有变形，弯曲挠度不大于 0.01mm。硬度不小于 45HRC。

3. 试样

（1）试样应从符合相应产品标准规定的型材上切取，应保护其原始表面，清除加工后试样上的毛刺。

（2）切取试样时应预防因加工受热而影响试样的性能测试结果。

（3）试样尺寸为(100±2)mm，用游标卡尺在隔热材料与铝型材复合部位进行尺寸测量，每个试样测量 2 个位置的尺寸，计算其平均值。

（4）穿条式隔热型材拉伸试样可直接采用室温纵向剪切试验后的试样。试样最短允许缩至 18mm，但在试样切割方式上应避免对试样的测试结果造成影响［仲裁时，试样长为(100±2)mm］。

4. 试样状态调节和试验温度

（1）产品性能试验前，试样应进行状态调节。试样应在温度为(23±2)℃、相对湿度为(50±10)%的环境条件下放置 48h。

（2）穿条式隔热型材试验温度：室温：(23±2)℃、低温：(-30±2)℃、高温：(+80±2)℃。

（3）浇注式隔热型材试验温度：室温：(23±2)℃、低温：(-30±2)℃、高温：(+70±2)℃。

5. 试验过程

1）纵向剪切试验

（1）试验操作：

①将纵向剪切夹具安装在试验机上，紧固好连接部位，确保在试验过程中不会出现试样偏转现象。

②将试样安装在剪切夹具上，刚性支撑边缘靠近隔热材料与铝合金型材相接位置，距离不大于 0.5mm 为宜，如图 9-13 所示。

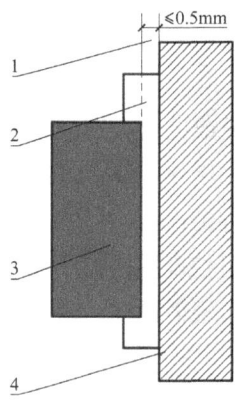

1—隔热材料与铝合金型材相接位置；2—铝合金型材；3—隔热材料；4—刚性支撑

图 9-13　刚性支撑位置示意图

③除室温试验外，试样在上述规定的试验温度下保持 10min。

④以 5mm/min 的速度，加至 100N 的预荷载。

⑤以(1～5)mm/min 的速度进行纵向剪切试验，并记录所加的荷载和在试样上直接测得的相应剪切位移（荷载—位移），直至出现最大荷载。纵向剪切试验的试样受力方式如图 9-14 所示。

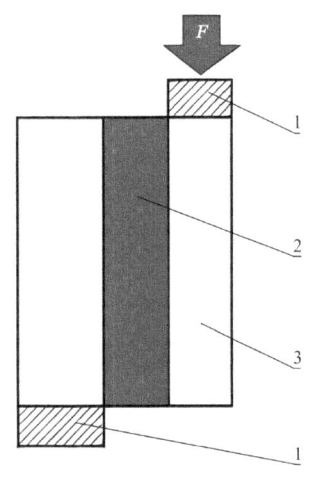

1—刚性支撑；2—隔热材料；3—铝合金型材

图 9-14 纵向剪切试验试样受力方式示意图

（2）结果计算：

单位长度上所能承受的最大剪切力及抗剪特征的计算：

a. 按如下公式计算各试样单位长度上所能承受的最大剪切力：

$$T = F_{T_{\max}}/L \tag{9-29}$$

式中：T——试样单位长度上所能承受的最大剪切力（N/mm）；

$F_{T_{\max}}$——最大剪切力（N）；

L——试样长度（mm）。

b. 按如下公式计算 10 个试样单位长度上所能承受的最大剪切力的标准差：

$$s_T = \sqrt[2]{\frac{1}{10-1}\sum_{i=1}^{10}(T_i - \bar{T})^2} \tag{9-30}$$

式中：s_T——10 个试样单位长度上所能承受的最大剪切力的标准差（N/mm）；

T_i——第 i 个试样单位长度上所能承受的最大剪切力（N/mm）；

$\bar{T}$——10 个试样单位长度上所能承受的最大剪切力的平均值（N/mm）。

c. 按如下公式计算纵向抗剪特征值：

$$T_C = \bar{T} - 2.02 \times s_T \tag{9-31}$$

式中：T_C——抗剪特征值（N/mm）。

2）横向拉伸试验

（1）试验操作：

①穿条式隔热型材拉伸试样需先按 5.1)（1）②～③、5.1)（1）⑤，并以(1～5)mm/min

的速度进行室温纵向剪切试验（除非采用了室温纵向剪切试验后的试样），再按5.2）(1)②～5.2）(2)③进行横向拉伸试验，浇注式隔热型材拉伸试样直接按5.2）(1)②～5.2）(2)③进行横向拉伸试验。

②将横向拉伸试验夹具安装在试验机上，使上、下夹具的中心线与试样受力轴线重合，紧固好连接部位，确保在试验过程中不会出现试样偏转现象。

③根据试样空腔尺寸选择适当的刚性支撑条，并将试样装在夹具上。

④以5mm/min的速度，加至200N预荷载。

⑤以(1～5)mm/min的速度进行拉伸试验，并记录所加的荷载，直至最大荷载出现，或出现铝型材撕裂。横向拉伸试验的试样受力方式如图9-15所示。

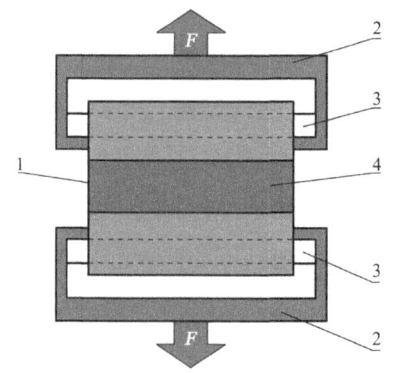

1—铝合金型材；2—横向拉伸试验夹具；3—刚性支撑条；4—隔热材料

图9-15 横向拉伸试验的试样受力方式

（2）结果计算：

①按如下公式计算试样单位长度上所能承受的最大拉伸力：

$$Q = F_{Q_{max}}/L$$

式中：Q——试样单位长度上所能承受的最大拉伸力（N/mm）；

$F_{Q_{max}}$——最大拉伸力（N）；

L——试样长度（mm）。

②按如下公式计算10个试样单位长度上所能承受最大拉伸力的标准差：

$$s_Q = \sqrt[2]{\frac{1}{10-1}\sum_{i=1}^{10}(Q_i - \overline{Q})^2} \tag{9-32}$$

式中：s_Q——10个试样单位长度上所能承受最大拉伸力的标准差（N/mm）；

Q_i——第i个试样单位长度上所能承受最大拉伸力（N/mm）；

$\overline{Q}$——10个试样单位长度上所能承受最大拉伸力的平均值（N/mm）。

③按如下公式计算横向抗拉特征值：

$$Q_C = \overline{Q} - 2.02 \times s_Q$$

式中：Q_C——横向抗拉特征值（N/mm）。

五、试验结果评定

隔热型材的抗剪强度和抗拉强度指标值应符合表 9-42 规定。

隔热型材的抗剪强度和抗拉强度指标值　　　　　表 9-42

种类	性能项目	试验温度（℃）		试验结果（N/mm）
穿条型材	纵向抗剪特征值	室温	23±2	≥24
		低温	-30±2	
		高温	80±2	
	横向抗拉特征值	室温	23±2	≥24
		低温	—	—
		高温	—	—
浇注型材	纵向抗剪特征值	室温	23±2	≥24
		低温	-30±2	
		高温	70±2	
	横向抗拉特征值	室温	23±2	≥24
		低温	-30±2	
		高温	70±2	

第七节　建筑外窗

一、相关标准

（1）《建筑节能与可再生能源利用通用规范》GB 55015—2021。

（2）《建筑节能工程施工质量验收标准》GB 50411—2019。

（3）《居住建筑节能工程施工质量验收规程》DB11/T 1340—2022。

（4）《关于加强老旧小区综合改造工程外保温材料和外窗施工管理的通知》。

（5）《建筑装饰装修工程质量验收规范》GB 50210—2018。

（6）《建筑玻璃　可见光透射比、太阳光直接透射比、太阳能总透射比、紫外线透射比及有关窗玻璃参数的测定》GB/T 2680—2021。

（7）《建筑外门窗气密、水密、抗风压性能检测方法》GB/T 7106—2019。

（8）《建筑外门窗保温性能检测方法》GB/T 8484—2020。

（9）《公共建筑节能施工质量验收规范》DB11/T 510—2024。

（10）《建筑幕墙、门窗通用技术条件》GB/T 31433—2015。

二、基本概念

1. 门窗保温性能

建筑外门窗阻止热量由室内向室外传递的能力，用传热系数表征。

2. 门窗传热系数

稳态传热条件下，门窗两侧空气温差为 1K 时单位时间内通过单位面积的传热量。

3. 热导

稳态传热条件下，通过一定厚度填充板的单位面积传热量与板两表面温差的比值。

4. 热流系数

稳态传热条件下，标定热箱中箱壁或试件框两表面温差为 1K 时的传热量。

5. 抗风压性能

可开启部分在正常锁闭状态时，在风压作用下，外门窗变形不超过允许值且不发生损坏或功能障碍的能力。

外门窗变形包括受力杆件变形和面板变形。

损坏包括裂缝、面板破损、连接破坏、粘结破坏、窗扇掉落或被打开以及可观察到的不可恢复的变形等现象。

功能障碍包括五金件松动、启闭困难、胶条脱落等现象。

6. 变形检测

确定主要构件在变形量为 40%允许挠度时的压力差（符号为P_1或P_1'）而进行的检测。

7. 反复加压检测

确定主要构件在变形量为 60%允许挠度时的压力差（符号为P_2或P_2'）反复作用下是否发生损坏及功能障碍而进行的检测。

8. 压力差

外门窗室内、外表面所受到的空气绝对压力的差值。

9. 气密性能

可开启部分在正常锁闭状态时，外门窗阻止空气渗透的能力。

10. 标准状态

空气温度为 293K（20℃）、大气压力为 101.3kPa（760mmHg）、空气密度为 1.202kg/m^3 的试验条件。

11. 空气渗透量

单位时间通过测试体的空气量。

12. 附加空气渗透量

在空气收集箱测量区域内，除外门窗自身空气渗透量以外的空气渗透量。

13. 总空气渗透量

通过外门窗自身的空气渗透量及附加空气渗透量的总和。

14. 单位开启缝长空气渗透量

在标准状态下，通过单位开启缝长的空气渗透量。

15. 试件面积

外门窗框外侧范围内的面积。

16. 单位面积空气渗透量

在标准状态下,通过外门窗单位面积的空气渗透量。

17. 水密性能

可开启部分在正常锁闭状态时,在风雨同时作用下,外门窗阻止雨水渗漏的能力。

18. 渗漏

雨水渗入外门窗室内侧界面,把设计中不应浸湿的部位浸湿的现象。

19. 淋水量

单位时间内喷淋到外门窗室外表面单位面积的水量。

20. 玻璃的太阳得热系数(太阳能总透射比)

太阳光直接透射比与被玻璃组件吸收的太阳辐射向室内的二次热传递系数之和,也称为太阳得热系数、阳光因子。

21. 可见光透射比

在可见光光谱[(380～780)nm]范制内,CED65 标准照明体条件下,CIE 标准视见函数为接收条件的透过光通量与入射光通量之比。

三、试验项目及组批原则(表9-43)

建筑外窗的进场复检项目、组批原则及取样数量　　　　表9-43

材料名称	标准	进场复验项目	组批原则	取样规定(数量)
建筑门窗	《建筑节能工程施工质量验收标准》GB 50411—2019	1. 严寒,寒冷地区:门窗的传热系数、气密性能。 2. 夏热冬冷地区:门窗的传热系数、气密性能,玻璃的遮阳系数、可见光透射比。 3. 夏热冬暖地区:气窗的气密性能,玻璃的遮阳系数、可见光透射比。 4. 严寒、寒冷、夏热冬冷和夏热冬暖地区:透光、部分透光遮阳材料的太阳光透射比、太阳光反射比、中空玻璃的密封性能	按同厂家、同材质、同开启方式、同型材系列的产品各抽查一次;对于有节能性能标识的门窗产品,复验时仅核查标识证书和玻璃的检测报告。同工程项目、同施工单位同期施工的多个单位工程,可合并计算抽检数量	抗风压性能、水密性能、气密性能检测:每组3樘 传热系数检测:每组1樘 中空玻璃密封性能:检验样品应从工程使用的玻璃中随机抽取,每组应抽取检验的产品规格中10个样品
	《建筑节能与可再生能源利用通用规范》GB 55015—2021	1. 严寒、寒冷地区门窗的传热系数及气密性能。 2. 夏热冬冷地区门窗的传热系数、气密性能,玻璃的太阳得热系数及可见光透射比;检验方法及数量应按《建筑节能工程施工质量验收标准》GB 50411—2019 执行。 3. 夏热冬暖地区门窗的气密性能,玻璃的太阳得热系数及可见光透射比。 4. 严寒、寒冷、夏热冬冷和夏热冬暖地区透光、部分透光遮阳材料的太阳光透射比、太阳光反射比及中空玻璃的密封性能	—	抗风压性能、水密性能、气密性能检测:每组3樘 传热系数检测:每组1樘 中空玻璃露点:试样为制品15块或与制品相同材料同一工艺条件下制作的尺寸为510mm×360mm 的试件15块 同一厂家、同一品种、同一类型的产品各抽查不少于3樘(件)

续表

材料名称	标准	进场复验项目		组批原则	取样规定（数量）
建筑门窗	《居住建筑节能工程施工质量验收规程》DB11/T 1340—2022	外门窗	气密性、水密性能、抗风压性能、传热系数、太阳得热系数（外窗）、抗结露因子（外窗）、空气声隔声性能	按同一厂家、同材质、同开启方式、同型材系列的产品抽查一次；同一工程项目、同一施工单位且同期施工的多个单位工程，可合并计算抽检数量	抗风压性能、水密性能、气密性能检测：每组3樘 抗结露因子（外窗）、传热系数检测：每组1樘
		透光、部分透光遮阳材料	太阳光透射比、太阳光反射比、中空玻璃的密封性能		
	《建筑装饰装修工程质量验收规范》GB 50210—2018	抗风压性能、空气渗透性能、雨水渗透性能		同一厂家生产的同一品种、同一类型的产品应至少抽取一组	每组3樘
	《公共建筑节能施工质量验收规程》DB11/T 510—2024	抗风压性能，气密性能，水密性能，传热系数，空气声隔声性能，太阳得热系数（外窗），中空玻璃密封性能，抗结露因子（外窗）		外门窗同一厂家、同一品种、同一类型、同开启方式、同型材系列的产品各抽查不少于3樘或3件；有节能性能标识的门窗产品，复试时可仅核查标识证书和玻璃的检测报告。外窗遮阳设施同一厂家、同一品种、同一类型的产品抽查不少于1幅。外遮阳构件同一生产厂家的成套组装构件抽查不少于1套	抗风压性能、水密性能、气密性能检测：每组3樘。抗结露因子（外窗）、传热系数检测：每组1樘。中空玻璃露点：试样为制品15块或与制品相同材料同一工艺条件下制作的尺寸为510mm×360mm的试件15块
	《关于加强老旧小区综合改造工程外保温材料和外窗施工管理的通知》	抗风压性能、水密性能、气密性能、传热系数和中空玻璃露点		同工程项目、同施工单位且同时施工的多个单位工程可视为一个单位工程进行抽样，每10000m²可视为一个单位工程进行抽样，不足10000m²也视为一个单位工程	抗风压性能、水密性能、气密性能检测：每组3樘 传热系数检测：每组1樘 中空玻璃露点：试样为制品15块或与制品相同材料同一工艺条件下制作的尺寸为510mm×360mm的试件15块 同一厂家、同一品种、同一类型的产品各抽查不少于3樘（件）

四、试验方法

1. 门窗传热系数

依据《建筑外门窗保温性能检测方法》GB/T 8484—2020，试验方法如下：

1）热流系数标定

热箱壁热流系数M_1和试件框热流系数M_2每年应至少标定一次，箱体构造、尺寸发生变化时，应重新标定。

2）检测条件

热箱空气平均温度设定范围为$(19\sim21)°C$，温度波动幅度不应大于0.2K，热箱内空气为自然对流；冷箱空气平均温度设定范围为(-21~-19)℃，温度波动幅度不应大于0.3K；与试件冷侧表面距离符合《绝热 稳态传热性质的测定 标定和防护热箱法》GB/T 13475—2008规定平面内的平均风速为(3.0±0.2)m/s。

3）检测程序

（1）启动检测装置，设定冷、热箱和环境空间空气温度；

（2）当冷、热箱和环境空间空气温度达到设定值，且测得的热箱和冷箱的空气平均温度每小时变化的绝对值分别不大于0.1K和0.3K，热箱内外表面面积加权平均温度差值和试件框冷热侧表面面积加权平均温度差值每小时变化的绝对值分别不大于0.1K和0.3K，且不是单向变化时，传热过程已达到稳定状态；热箱内外表面、试件框冷热侧表面面积加权平均温度计算应符合《建筑外门窗保温性能检测方法》GB/T 8484—2020附录B的规定；

（3）传热过程达到稳定状态后，每隔30min测量一次参数，共测六次；

（4）测量结束后记录试件热侧表面结露或结霜状况。

4）数据处理

（1）各参数取六次测量的平均值；

（2）试件的传热系数计算公式参照GB/T 8484—2020中的7.4；

（3）试件传热系数K值取两位有效数字；

（4）测试试件抗结露因子参见《建筑外门窗保温性能检测方法》GB/T 8484—2020附录D，测试玻璃和窗框的传热系数参见《建筑外门窗保温性能检测方法》GB/T 8484—2020附录E和附录F。

2. 门窗抗风压性

依据《建筑外门窗气密、水密、抗风压性能检测方法》GB/T 7106—2019，试验方法如下：

1）检测加压顺序（图9-16）

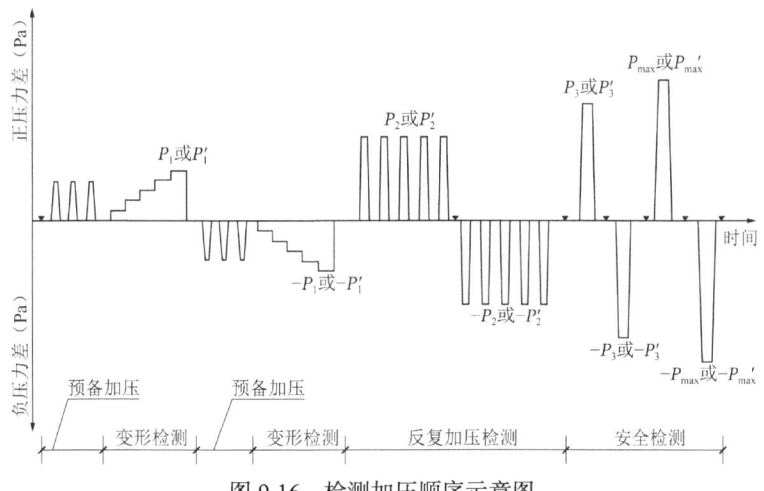

图9-16 检测加压顺序示意图

注：图中符号▼表示将试件的可开启部分启闭不少于5次。

2）确定测点和安装位移计

将位移计安装在规定位置上。测点位置规定如下：

（1）对于测试杆件，测点布置见图 9-17。中间测点在测试杆件中点位置，两端测点在距该杆件端点向中点方向 10mm 处。对于玻璃面板测点如图 9-18 所示。当试件最不利的构件难以判定时，应选取多个测试杆件和玻璃面板（图 9-19），分别布点测量。

（2）对于单扇固定扇：测点布置如图 9-18 所示。

（3）对于单扇平开窗（门）：当采用单锁点时，测点布置如图 9-20 所示，取距锁点最远的窗（门）扇自由边（非铰链边）端点的角位移值 δ 为最大挠度值，当窗（门）扇上有受力杆件时应同时测量该杆件的最大相对挠度，取两者中的不利者作为抗风压性能检测结果；无受力杆件外开单扇平开窗（门）只进行负压检测，无受力杆件内开单扇平开窗（门）只进行正压检测；当采用多点锁时，按照单扇固定扇的方法进行检测。

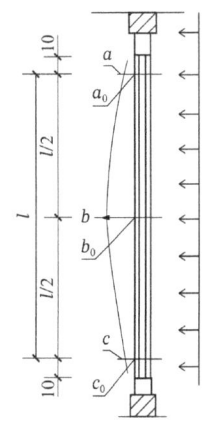

a_0、b_0、c_0—三测点初始读数值（mm）；
a、b、c—三测点在压力差作用过程中的稳定读数值（mm）；
l—测试杆件两端测点 a、c 之间的长度（mm）

图 9-17　测试杆件测点分布图

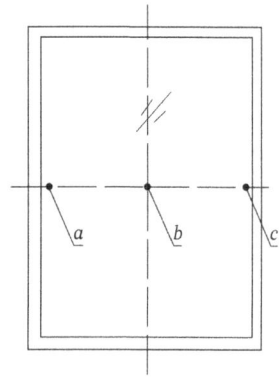

a、b、c—测点

图 9-18　玻璃面板（单扇固定扇）测点分布图

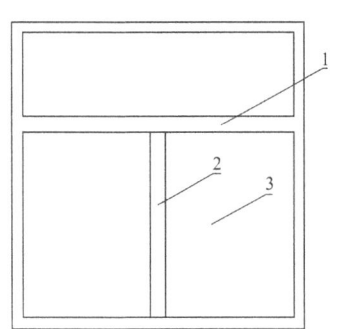

1、2、3—测试构件

图 9-19　多测试杆件及玻璃面板分布图

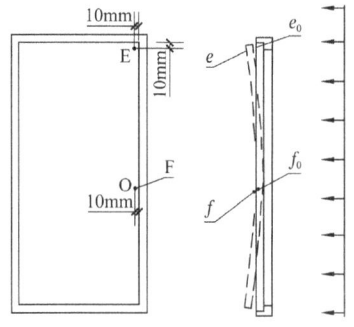

e_0、f_0—测点初始读数值（mm）；
e、f—测点在压力差作用过程中的稳定读数值（mm）

图 9-20　单扇单锁点平开窗（门）测点分布图

3）预备加压

在预备加压前，将试件上所有可开启部分启闭 5 次，最后关紧。检测加压前施加三个压力脉冲，定级检测时压力差绝对值为 500Pa，加载速度约为 100Pa/s，压力稳定作用时间为 3s，泄压时间不少于 1s。工程检测时压力差绝对值取风荷载标准值的 10%和 500Pa 二者的较大值，加载速度约为 100Pa/s，压力稳定作用时间为 3s，泄压时间不少于 1s。

4）变形检测

（1）定级检测时的变形检测应按下列步骤进行：

①先进行正压检测，后进行负压检测。

②检测压力逐级升、降。每级升降压力差值不超过 250Pa，每级检测压力差稳定作用时间约为 10s。检测压力绝对值最大不宜超过 2000Pa。

③记录每级压力差作用下的面法线挠度值（角位移值），利用压力差和变形之间的相对线性关系求出变形检测时最大面法线挠度（角位移）对应的压力差值，作为变形检测压力差值，标以±P_1。不同类型试件变形检测时对应的最大面法线挠度（角位移值）应符合产品标准的要求。（注：产品标准无要求时，玻璃面板的允许挠度取短边 1/60；面板为中空玻璃时，杆件允许挠度为 1/150，面板为单层玻璃或夹层玻璃时，杆件允许挠度为 1/100）

④记录检测中试件出现损坏或功能障碍的状况和部位。

（2）工程检测时的变形检测应按下列步骤进行：

①先进行正压检测，后进行负压检测。

②检测压力逐级升、降。每级升、降压力差不超过风荷载标准值的 10%，每级压力作用时间不少于 10s。压力差的升、降直到任一受力构件的相对面法线挠度值达到变形检测规定的最大面法线挠度（角位移），或压力达到风荷载标准值的 40%［对于单扇单锁点平开窗（门），风荷载标准值的 50%］为止。

③记录每级压力差作用下的面法线挠度值（角位移值），利用压力差和变形之间的相对线性关系，求出变形检测时最大面法线挠度（角位移）对应的压力差值，作为变形检测压力差值，标以±P_1'。当P_1'小于风荷载标准值的 40%［对于单扇单锁点平开窗（门），风荷载标准值的 50%］时，应判为不满足工程设计要求，检测终止；当P_1'大于或等于风荷载标准值的 40%［对于单扇单锁点平开窗（门），风荷载标准值的 50%］时，P_1'取风荷载标准值的 40%［对于单扇单锁点平开窗（门），风荷载标准值的 50%］。

④记录检测中试件出现损坏或功能障碍的状况和部位。

（3）求取杆件或面板的面法线挠度按《建筑外门窗气密、水密、抗风压性能检测方法》GB/T 7106—2019 中公式 8 进行。

（4）单扇单锁点平开窗（门）的角位移值δ为 E 测点和 F 测点位移值之差，按《建筑外门窗气密、水密、抗风压性能检测方法》GB/T 7106—2019 中公式 9 计算。

5）反复加压检测

定级检测和工程检测应按图 9-16 反复加压检测部分进行，并满足以下要求：

（1）检测压力从零升到 P_2（P_2'）后降至零，P_2（P_2'）= $1.5P_1$（P_1'），反复 5 次，再由零降至 $-P_2$（P_2'）后升至零，$-P_2$（P_2'）= $-1.5P_1$（P_1'），反复 5 次。加载速度为(300~500)Pa/s，每次压力差作用时间不应少于 3s，泄压时间不应少于 1s。定级检测 P_2 值不宜大于 3000Pa。

（2）正压、负压反复加压后，将试件可开启部分启闭 5 次，最后关紧。记录检测中试件出现损坏或功能障碍的压力差值及部位。

6）定级检测时的安全检测

（1）产品设计风荷载标准值 P_3 检测：

P_3 取 $2.5P_1$，对于单扇单锁点平开窗（门），P_3 取 $2.0P_1$。没有要求的，P_3 值不宜大于 5000Pa。检测压力从零升至 P_3 后降至零，再降至 $-P_3$ 后升至零。加载速度为(300~500)Pa/s，压力稳定作用时间均不应少于 3s，泄压时间不应少于 1s。正、负加压后各将试件可开启部分启闭 5 次，最后关紧。记录面法线位移量（角位移值）、发生损坏或功能障碍时的压力差值及部位。如有要求，可记录试件残余变形量，残余变形量记录时间应在 P_3 检测结束后(5~60)min 内进行。

如试件未出现损坏或功能障碍，但主要构件相对面法线挠度（角位移值）超过允许挠度，则应降低检测压力，直至主要构件相对面法线挠度（角位移值）在允许挠度范围内，以此压力差作为 $\pm P_3$ 值。

（2）产品设计风荷载设计值 $P_{\max}$ 检测：

检测压力从零升至 $P_{\max}$ 值后降至零，再降至 $-P_{\max}$ 值后升至零。加载速度为(300~500)Pa/s，压力稳定作用时间均不应少于 3s，泄压时间不应少于 1s。正、负加压后各将试件可开启部分启闭 5 次，最后关紧。记录发生损坏或功能障碍的压力差值及部位。如有要求，可记录试件残余变形量，残余变形量记录时间应在 $P_{\max}$ 检测结束后(5~60)min 内进行。

7）工程检测时的安全检测

（1）风荷载标准值 P_3' 检测：

检测压力从零升至风荷载标准值 P_3' 后降至零；再降至 $-P_3'$ 值后升至零。加载速度为(300~500)Pa/s，压力稳定作用时间均不应少于 3s，泄压时间不应少于 1s。正、负加压后各将试件可开启部分启闭 5 次，最后关紧。记录面法线位移量（角位移值）、发生损坏或功能障碍时的压力差值及部位。如有要求，可记录试件残余变形量，残余变形量记录时间应在风荷载标准值检测结束后(5~60)min 内进行。

（2）风荷载设计值 $P'_{\max}$ 检测：

检测压力从零升至风荷载标准值 $P'_{\max}$ 后降至零；再降至 $-P'_{\max}$ 值后升至零，压力稳定作用时间均不应少于 3s，泄压时间不应少于 1s。正、负加压后各将试件可开启部分启闭 5 次，最后关紧。记录发生损坏或功能障碍的压力差值及部位。如有要求，可记录试件残余变形量，残余变形量记录时间应在风荷载设计值检测结束后(5～60)min内进行。

3.门窗气密性

依据《建筑外门窗气密、水密、抗风压性能检测方法》GB/T 7106—2019，试验方法如下：

1）检测步骤

（1）定级检测时，检测加压顺序如图9-21所示。

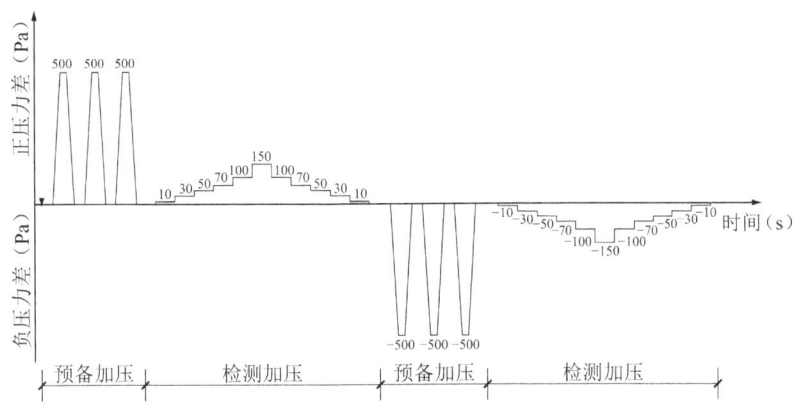

图9-21 定级检测气密性能加压顺序示意图

注：图中符号▼表示将试件的可开启部分启闭不少于5次。

（2）工程检测时，检测压力应根据工程设计要求的压力进行加压，检测加压顺序见图9-22；当工程对检测压力无设计要求时，可按上述进行；当工程检测压力值小于50Pa时，应采用上述加压顺序进行检测，并回归计算出工程设计压力对应的空气渗透量。

注：综合考虑工程所在地的气象条件、建筑物特点、室内空气调节系统等因素确定工程设计要求的压力。

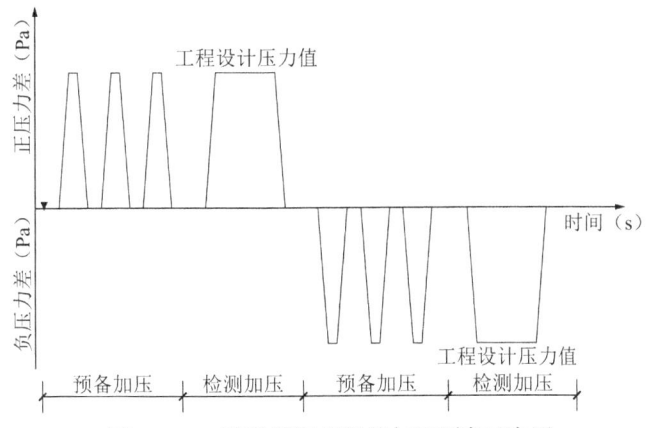

图9-22 工程检测气密性能加压顺序示意图

注：图中符号▼表示将试件的可开启部分启闭不少于5次。

（3）预备加压：

在正压预备加压前，将试件上所有可开启部分启闭 5 次，最后关紧。在正、负压检测前分别施加三个压力脉冲。定级检测时压力差绝对值为 500Pa，加载速度约为 100Pa/s，压力稳定作用时间为 3s，泄压时间不少于 1s。工程检测时压力差绝对值取风荷载标准值的 10% 和 500Pa 二者的较大值，加载速度约为 100Pa/s，压力稳定作用时间为 3s，泄压时间不少于 1s。

（4）渗透量检测：

①附加空气渗透量检测

检测前应在压力箱一侧，采取密封措施充分密封试件上的可开启部分缝隙和镶嵌缝隙，然后将空气收集箱扣好并可靠密封。按照图 9-21 的检测加压顺序进行加压，每级压力作用时间约为 10s，先逐级正压，后逐级负压。记录各级压力下的附加空气渗透量。附加空气渗透量不宜高于总空气渗透量的 20%。

②总空气渗透量检测

去除试件上采取的密封措施后进行检测，检测程序同附加空气渗透量检测。记录各级压力下的总空气渗透量。

2）检测数据处理

（1）定级检测数据处理：

①计算

分别计算出升压和降压过程中各压力差下的两个附加空气渗透量测定值的平值 $\overline{q_f}$ 和总空气渗透量测定值的平均值 $\overline{q_z}$，则试件本身在各压力差下的空气渗透量 q_t，计算过程按 GB/T 7106—2019 公式(1)~(4)进行。

②分级指标值确定

按《建筑外门窗气密、水密、抗风压性能检测方法》GB/T 7106—2019 公式(5)和公式(6)分别计算±q_1值或±q_2，取三樘试件的±q_1值或±q_2值的最不利值，依据《建筑幕墙、门窗通用技术条件》GB/T 31433—2015，确定按照开启缝长和面积各自所属等级。最后取两者中的不利级别为该组试件所属等级。正、负压分别定级。

（2）工程检测数据处理：

分别计算出在设计压力差下的附加空气渗透量测定值 q_f 和总空气渗透量测定值 q_z，则试件在该设计压力差下的空气渗透量 q_t 按《建筑外门窗气密、水密、抗风压性能检测方法》GB/T 7106—2019 中规定进行计算。正压、负压分别进行计算。

三樘试件正、负压按照单位开启缝长和单位面积的空气渗透量均应满足工程设计要求，否则应判定为不满足工程设计要求。

4. 门窗水密性

依据《建筑外门窗气密、水密、抗风压性能检测方法》GB/T 7106—2019，试验方法如下：

1）检测方法

检测分为稳定加压法和波动加压法，检测加压顺序分别见图 9-23 和图 9-24。工程所在地为热带风暴和台风地区的工程检测，应采用波动加压法；定级检测和工程所在地为非热带风暴和台风地区的工程检测，可采用稳定加压法。已进行波动加压法检测可不再进行稳定加压法检测。水密性能最大检测压力峰值应小于抗风压检测压力差值P_3或P_3'。

2）预备加压

在预备加压前，将试件上所有可开启部分启闭 5 次，最后关紧。检测加压前施加三个压力脉冲，定级检测时压力差绝对值为 500Pa，加载速度约为 100Pa/s，压力稳定作用时间为 3s，泄压时间不少于 1s。工程检测时压力差绝对值取风荷载标准值的 10%和 500Pa 二者的较大值，加载速度约为 100Pa/s，压力稳定作用时间为 3s，泄压时间不少于 1s。

3）稳定加压法

（1）定级检测：

按照图 9-23 和表 9-44 顺序加压，并按以下步骤操作：

①淋水：对整个门窗试件均匀地淋水，淋水量为 2L/(m²·min)。

②加压：在淋水的同时施加稳定压力，逐级加压至出现渗漏为止。

③观察记录：在逐级升压及持续作用过程中，观察记录渗漏部位。

（2）工程检测：

工程检测按以下步骤操作：

淋水：对整个门窗试件均匀地淋水。年降水量不大于 400mm 的地区，淋水量为 1L/(m²·min)；年降水量为(400~1600)mm 的地区，淋水量为 2L/(m²·min)；年降水量大于 1600mm 的地区，淋水量为 3L/(m²·min)。年降水量地区的划分按照《建筑气候区划标准》GB 50178—1993 的规定执行。

①加压：在淋水的同时施加稳定压力。直接加压至水密性能设计值，压力稳定作用时间为 15min 或产生渗漏为止。

②观察记录：在升压及持续作用过程中，观察记录渗漏部位。

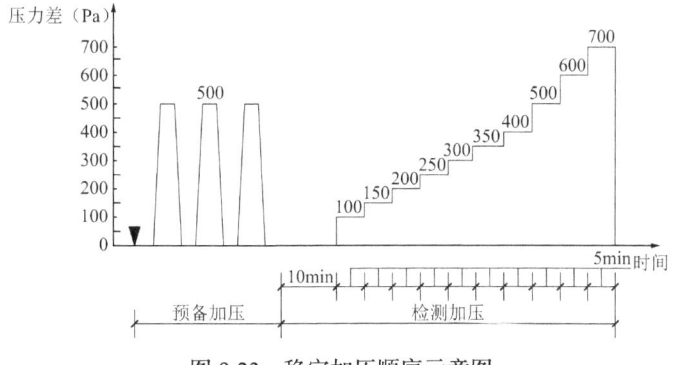

图 9-23 稳定加压顺序示意图

注：图中符号▼表示将试件的可开启部分启闭不少于 5 次。

稳定加压顺序表　　　　　　　　　　表 9-44

加压顺序	1	2	3	4	5	6	7	8	9	10	11
检测压力（Pa）	0	100	150	200	250	300	350	400	500	600	700
持续时间（min）	10	5	5	5	5	5	5	5	5	5	5

注：当检测压力大于 700Pa 时，每阶段增加幅度不宜大于 200Pa，持续时间为 5min，检测结果要标注实测压力值。

4）波动加压法

按照图 9-24 和表 9-45 顺序加压，并按以下步骤操作：

（1）淋水：对整个门窗试件均匀地淋水，淋水量为 3L/(m²·min)。

（2）加压：在稳定淋水的同时施加波动压力，波动压力的大小用平均值表示，波幅为平均值的 0.5 倍。定级检测时，逐级加压至出现渗漏。工程检测时，直接加压至水密性能设计值，加载速度约为 100Pa/s，波动压力作用时间为 15min 或产生渗漏为止。

（3）观察记录：在升压及持续作用过程中，观察并记录渗漏部位。

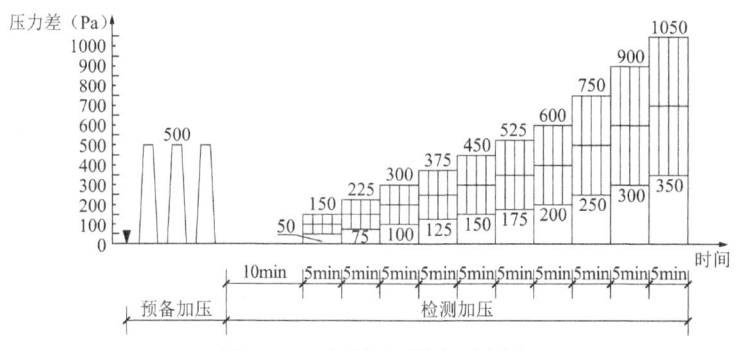

图 9-24　波动加压顺序示意图

注：图中符号▼表示将试件的可开启部分启闭不少于 5 次。

波动加压顺序表　　　　　　　　　　表 9-45

加压顺序		1	2	3	4	5	6	7	8	9	10	11
波动压力值	上限值（Pa）	0	150	225	300	375	450	525	600	750	900	1050
	平均值（Pa）	0	100	150	200	250	300	350	400	500	600	700
	下限值（Pa）	0	50	75	100	125	150	175	200	250	300	350
波动周期（s）		0	3～5									
每级加压时间（min）		10	5									

注：当波动压力平均值大于 700Pa 时，每阶段平均值增加幅度不宜大于 200Pa，持续时间为 5min，检测结果要标注实测压力值。

（4）检测数据处理。

①定级检测数据处理

记录每个试件的渗漏压力差值。以渗漏压力差值的前一级检测压力差值作为该试件水密性能检测值。以 3 樘试件中水密性能检测值的最小值作为水密性能定级检测值,并依据《建筑幕墙、门窗通用技术条件》GB/T 31433—2015 进行定级。

②工程检测数据处理:

3 樘试件在加压至水密性能设计值时均未出现渗漏,判定满足工程设计要求,否则判为不满足工程设计要求。

5. 可见光透射比的测定

依据《建筑玻璃 可见光透射比、太阳光直接透射比、太阳能总透射比、紫外线透射比及有关窗玻璃参数的测定》GB/T 2680—2021,可见光透射比检测方法如下:

1)试样要求

(1)单层玻璃可直接作为试样,切割出试样或采用同材质玻璃的切片。

(2)多层窗玻璃组件的试样,可分别切割单片或采用同材质单片玻璃的切片。

(3)试样在测定过程中应保持清洁。

2)仪器条件

(1)测定所使用的分光光度计、傅立叶红外光谱仪等仪器的测量波长范围、波长间隔应满足《建筑玻璃 可见光透射比、太阳光直接透射比、太阳能总透射比、紫外线透射比及有关窗玻璃参数的测定》GB/T 2680—2021 中各参数的波长范围、波长间隔的要求。

(2)测定所使用的仪器在测量过程中,照明光束的光轴与试样表面法线的夹角不超过 10°,照明光束中任一光线与光轴的夹角不超过 5°。

(3)测定漫射试样或试样含有漫射组件时,测量透射比和反射比的仪器应配备积分球。

(4)测定试样透射比,应包含试样各玻璃表面多次反射而出射的透射光部分。

(5)测定试样反射比,应包含试样各玻璃表面多次反射而出射的反射光部分。

(6)仪器测量透射比和反射比的准确度应在±1%内。

3)可见光透射比τ_v计算公式如下:

$$\tau_v = \frac{\sum_{\lambda=380\text{nm}}^{780\text{nm}} \tau(\lambda) D_\lambda V(\lambda) \Delta\lambda}{\sum_{\lambda=380\text{nm}}^{780\text{nm}} D_\lambda V(\lambda) \Delta\lambda} \tag{9-33}$$

式中: τ_v——试样的可见光透射比;

λ——波长;

$\tau(\lambda)$——试样的光谱透射比;

D_λ——标准照明体 D65 的相对光谱功率分布;

$V(\lambda)$——CIE 标准视见函数;

$\Delta\lambda$——波长间隔;

$D_\lambda V(\lambda)\Delta\lambda$——准照明体 D65 的相对光谱功率分布$D_\lambda$与 CIE 标准视见函数$V(\lambda)$和波长间隔$\Delta\lambda$的乘积见《建筑玻璃 可见光透射比、太阳光直接透射比、太阳能总透射比、紫外线透射比及有关窗玻璃参数的测定》GB/T 2680—2021 表1。

（1）单片玻璃或单层窗玻璃组件的光谱透射比：

单片玻璃或单层窗玻璃组件的光谱透射比$\tau(\lambda)$为试样实测的光谱透射比。

（2）双层窗玻璃组件的光谱透射比计算公式如下：

$$\tau(\lambda) = \frac{\tau_1(\lambda)\tau_2(\lambda)}{1\rho'_1(\lambda)\rho_2(\lambda)} \tag{9-34}$$

式中：$\tau(\lambda)$——双层窗玻璃组件的光谱透射比；

　　　λ——波长；

　　　$\tau_1(\lambda)$——第一片（室外侧）玻璃的光谱透射比；

　　　$\tau_2(\lambda)$——第二片（室内侧）玻璃的光谱透射比；

　　　$\rho'_1(\lambda)$——在光由室内侧射向室外侧条件下，第一片（室外侧）玻璃的光谱反射比；

　　　$\rho_2(\lambda)$——在光由室外侧射向室内侧条件下，第二片（室内侧）玻璃的光谱反射比。

（3）三层窗玻璃组件的光谱透射比$\tau(\lambda)$计算公式如下：

$$\tau(\lambda) = \frac{\tau_1(\lambda)\tau_2(\lambda)\tau_3(\lambda)}{[1-\rho'_1(\lambda)\rho_2(\lambda)]\cdot[1-\rho'_2(\lambda)\rho_3(\lambda)] - \tau_2^2(\lambda)\rho'_1(\lambda)\rho_3(\lambda)} \tag{9-35}$$

式中：$\tau(\lambda)$——三层窗玻璃组件的光谱透射比；

　　　λ——波长；

　　　$\tau_1(\lambda)$——第一片（室外侧）玻璃的光谱透射比；

　　　$\tau_2(\lambda)$——第二片（中间）玻璃的光谱透射比；

　　　$\tau_3(\lambda)$——第三片（室内侧）玻璃的光谱透射比；

　　　$\rho'_1(\lambda)$——在光由室内侧射向室外侧条件下，第一片（室外侧）玻璃的光谱反射比；

　　　$\rho'_2(\lambda)$——在光由室外侧射向室内侧条件下，第二片（中间）玻璃的光谱反射比；

　　　$\rho_3(\lambda)$——在光由室外侧射向室内侧条件下，第三片（室内侧）玻璃的光谱反射比。

（4）多于三层的窗玻璃组件的光谱透射比：

对于多于三层的窗玻璃组件，有与双层玻璃和三层玻璃组件类似关系的公式，通过各单独组件光谱特性计算窗玻璃的$\tau(\lambda)$。因为这些方程过于复杂，本教材中没有列出。多于三层的窗玻璃组件的光谱透射比$\tau(\lambda)$可按下例进行计算。

示例：五层窗玻璃组件的光谱透射比$\tau(\lambda)$计算可按以下步骤进行：

①首先将前三层组件作为一个三层窗玻璃组件，计算这个三层窗玻璃组件的光谱特性；

②接着将下二层组件作为一个双层窗玻璃组件，计算这个双层窗玻璃组件的光谱特性；

③将五层窗玻璃组件看作由以上三层窗玻璃组件和双层窗玻璃组件组成的双层窗玻璃组件，计算五层窗玻璃组件的光谱透射比$\tau(\lambda)$。

6. 太阳光直接透射比

太阳光直接透射比计算方法如下：

$$\tau_e = \frac{\sum\limits_{\lambda=300\text{nm}}^{2500\text{nm}} \tau(\lambda) S_\lambda \Delta\lambda}{\sum\limits_{\lambda=300\text{nm}}^{2500\text{nm}} S_\lambda \Delta\lambda} \tag{9-36}$$

式中：τ_e——试样的太阳光直接透射比；

　　　λ——波长；

　　$\tau(\lambda)$——试样的光谱透射比；

　　　S_λ——太阳光辐射相对光谱分布；

　　$\Delta\lambda$——波长间隔；

$S_\lambda \Delta\lambda$——太阳光辐射相对光谱分布S_λ与波长间隔$\Delta\lambda$的乘积，$S_\lambda \Delta\lambda$的值见《建筑玻璃 可见光透射比、太阳光直接透射比、太阳能总透射比、紫外线透射比及有关窗玻璃参数的测定》GB/T 2680—2021 表2。

（1）单片玻璃或单层窗玻璃组件的光谱透射比：

单片玻璃或单层窗玻璃组件的光谱透射比$\tau(\lambda)$为试样实测的光谱透射比。

（2）多层窗玻璃组件的光谱透射比：

多层窗玻璃组件的光谱透射比$\tau(\lambda)$的计算可按可见光透射比计算方法中描述的相同方法进行。

7. 向室内侧的二次热传递系数

1）边界条件

为了计算试样向室内侧的二次热传递系数q_i、试样室外表面换热系数h_e、试样室内表面换热系数h_i，规定以下常规边界条件：

（1）试样放置：垂直放置；

（2）室外侧表面风速约为4m/s，玻璃表面的校正辐射率为0.837；

（3）室内侧表面：自然对流。

如果为了满足特别的要求采用其他边界条件，应在检测报告中说明。

2）试样室外表面换热系数

依据a中规定的常规边界条件，试样室外表面换热系数$h_e = 23\text{W}/(\text{m}^2 \cdot \text{K})$。

3）试样室内表面换热系数

依据a中规定的常规边界条件，试样室内表面换热系数h_i，计算公式如下：

$$h_i = 3.6 + \frac{4.4\epsilon_i}{0.837} \tag{9-37}$$

式中：h_i——试样室内表面换热系数 [W/(m²·K)]；

ϵ_i——试样室内表面校正辐射率。

4）单片玻璃或单层窗玻璃组件向室内侧的二次热传递系数

单片玻璃或单层窗玻璃组件向室内侧的二次热传递系数q_i，计算公式如下：

$$q_i = \alpha_e \frac{h_i}{h_e + h_i} \tag{9-38}$$

式中：q_i——试样向室内侧的二次热传递系数；

α_e——试样的太阳光直接吸收比；

h_i——试样室内表面换热系数 [W/(m²·K)]；

h_e——试样室外表面换热系数 [W/(m²·K)]。

5）双层窗玻璃组件向室内侧的二次热传递系数

双层窗玻璃组件向室内侧的二次热传递系数q_i，计算公式如下：

$$q_i = \frac{\left[(\alpha_{e1} + \alpha_{e2})/h_e + \frac{\alpha_{e2}}{\Lambda}\right]}{(1/h_i + 1/h_e + 1/\Lambda)} \tag{9-39}$$

式中：q_i——试样向室内侧的二次热传递系数；

α_{e1}——双层窗玻璃组件中的第一片（室外侧）玻璃的太阳光直接吸收比；

α_{e2}——双层窗玻璃组件中的第二片（室内侧）玻璃的太阳光直接吸收比；

h_e——样室外表面换热系数 [W/(m²·K)]；

Λ——双层窗玻璃组件室外侧表面和室内侧表面之间的热导 [W/(m²·K)]；

h_i——试样室内表面换热系数 [W/(m²·K)]。

双层窗玻璃组件中的第一片（室外侧）玻璃的太阳光直接吸收比α_{e1}，计算公式如下：

$$\alpha_{e1} = \frac{\sum\limits_{\lambda=300\text{nm}}^{2500\text{nm}} \{\alpha_1(\lambda) + \alpha_1'(\lambda)\tau_1(\lambda)\rho_2(\lambda)/[1 - \rho_1'(\lambda)\rho_2(\lambda)]\}S_\lambda \Delta\lambda}{\sum\limits_{\lambda=300\text{nm}}^{2500\text{nm}} S_\lambda \Delta\lambda} \tag{9-40}$$

式中：α_{e1}——双层窗玻璃组件中的第一片（室外侧）玻璃的太阳光直接吸收比；

λ——波长；

$\alpha_1(\lambda)$——在光由室外侧射向室内侧条件下，第一片（室外侧）玻璃的光谱直接吸收比；

$\alpha_1'(\lambda)$——在光由室内侧射向室外侧条件下，第一片（室外侧）玻璃的光谱直接吸收比；

$\tau_1(\lambda)$——第一片（室外侧）玻璃的光谱透射比；

$\rho_2(\lambda)$——在光由室外侧射向室内侧条件下，第二片（室内侧）玻璃的光谱反射比；

$\rho_1'(\lambda)$——在光由室内侧射向室外侧条件下，第一片（室外侧）玻璃的光谱反射比；

S_λ——太阳光辐射相对光谱分布；

$\Delta\lambda$——波长间隔；

$S_\lambda\Delta\lambda$——太阳光辐射相对光谱分布S_λ与波长间隔$\Delta\lambda$的乘积见《建筑玻璃 可见光透射比、太阳光直接透射比、太阳能总透射比、紫外线透射比及有关窗玻璃参数的测定》GB/T 2680—2021 表2。

在光由室外侧射向室内侧条件下，第一片（室外侧）玻璃的光谱直接吸收比$\alpha_1(\lambda)$的计算公式如下：

$$\alpha_1(\lambda) = 1 - \tau_1(\lambda) - \rho_1(\lambda) \tag{9-41}$$

式中：$\alpha_1(\lambda)$——在光由室外侧射向室内侧条件下，第一片（室外侧）玻璃的光谱直接吸收比；

λ——波长；

$\tau_1(\lambda)$——第一片（室外侧）玻璃的光谱透射比；

$\rho_1(\lambda)$——在光由空外侧射向室内侧条件下，第一片（室外侧）玻璃的光谱反射比。

在光由室内侧射向室外侧条件下，第一片（室外侧）玻璃的光谱直接吸收比$\alpha'_1(\lambda)$

$$\alpha'_1(\lambda) = 1 - \tau_1(\lambda) - \rho'_1(\lambda) \tag{9-42}$$

式中：$\alpha'_1(\lambda)$——在光由室内侧射向室外侧条件下，第一片（室外侧）玻璃的光谱直接吸收比；

λ——波长；

$\tau_1(\lambda)$——第一片（空外侧）玻璃的光谱透射比；

$\rho'_1(\lambda)$——在光由室内侧射向室外侧条件下，第一片（室外侧）玻璃的光谱反射比。

双层窗玻璃组件中的第二片（室内侧）玻璃的太阳光直接吸收比α_{e2}的计算公式如下：

$$\alpha_{e2} = \frac{\sum_{\lambda=300\text{nm}}^{2500\text{nm}} \{\alpha_2(\lambda)\tau_1(\lambda)/[1-\rho'_1(\lambda)\rho_2(\lambda)]\}S_\lambda\Delta\lambda}{\sum_{\lambda=300\text{nm}}^{2500\text{nm}} S_\lambda\Delta\lambda} \tag{9-43}$$

式中：α_{e2}——双层窗玻璃组件中的第二片（室内侧）玻璃的太阳光直接吸收比；

λ——波长；

$\alpha_2(\lambda)$——在光由室外侧射向室内侧条件下，第二片（室内侧）玻璃的光谱直接吸收比；

$\tau_1(\lambda)$——第一片（室外侧）玻璃的光谱透射比；

$\rho'_1(\lambda)$——第一片（室外侧）玻璃的光谱透射比；在光由室内侧射向室外侧条件下，第一片（室外侧）玻璃的光谱反射比；

$\rho_2(\lambda)$——第一片（室外侧）玻璃的光谱透射比；在光由室外侧射向室内侧条件下，第二片（室内侧）玻璃的光谱反射比；

S_λ——第一片（室外侧）玻璃的光谱透射比；太阳光辐射相对光谱分布；

$\Delta\lambda$——第一片（室外侧）玻璃的光谱透射比；波长间隔；

$S_\lambda\Delta\lambda$——第一片（室外侧）玻璃的光谱透射比；太阳光辐射相对光谱分布S_λ与波长间隔$\Delta\lambda$的乘积见《建筑玻璃 可见光透射比、太阳光直接透射比、太阳能总透射比、紫外线透射比及有关窗玻璃参数的测定》GB/T 2680—2021 表2。

在光由室外侧射向室内侧条件下，第二片（室内侧）玻璃的光谱直接吸收比$\alpha_2(\lambda)$计算公式如下：

$$\alpha_2(\lambda) = 1 - \tau_2(\lambda) - \rho_2(\lambda) \tag{9-44}$$

式中：$\alpha_2(\lambda)$——在光由室外侧射向室内侧条件下，第二片（室内侧）玻璃的光谱直接吸收比；

$\alpha_2(\lambda)$——波长；

$\tau_2(\lambda)$——第二片（室内侧）玻璃的光谱透射比；

$\rho_2(\lambda)$——在光由室外侧射向室内侧条件下，第二片（室内侧）玻璃的光谱反射比。

双层窗玻璃组件室外侧表面和室内侧表面之间的热导Λ可依据 ISO 10292：1994 中规定的试样平均温度 10℃，试样内外表面温差$\Delta T = 15$℃的计算条件计算。也可使用 ISO 10291 规定的防护热板法或 ISO 10293 规定的热流计法测量，推荐使用 ISO 10292：1994 中规定的计算方法。如果为了满足特别的要求采用其他的试样内外表面温差ΔT和/或试样平均温度，应在检验报告中说明。

6）n（$n > 2$）层的窗玻璃组件向室内侧的二次热传递系数

($n > 2$)层的窗玻璃组件向室内侧的二次热传递系数q_i计算如下：

$$q_i = \frac{(\alpha_{e1} + \alpha_{e2} + \alpha_{e3} + \Lambda + \alpha_{en})/h_e + (\alpha_{e2} + \alpha_{e3} + \Lambda + \alpha_{en})/\Lambda_{12}}{1/h_i + 1/h_e + 1/\Lambda_{12} + 1/\Lambda_{23} + \Lambda + 1/\Lambda_{(n-1)n}} + \\ \frac{(\alpha_{e3} + \Lambda + \alpha_{en})/\Lambda_{23} + \alpha_{en}/\Lambda_{(n-1)n}}{1/h_i + 1/h_e + 1/\Lambda_{12} + 1/\Lambda_{23} + \Lambda + 1/\Lambda_{(n-1)n}} \tag{9-45}$$

式中：q_i——n（$n > 2$）层窗玻璃组件向室内侧的二次热传递系数；

α_{e1}——n层窗玻璃组件中的第 1 片（室外侧）玻璃的太阳光直接吸收比；

α_{e2}——n层窗玻璃组件中的第 2 片玻璃的太阳光直接吸收比；

α_{e3}——n层窗玻璃组件中的第 3 片玻璃的太阳光直接吸收比；

α_{en}——n层窗玻璃组件中的第n片（室内侧）玻璃的太阳光直接吸收比；

h_e——试样室外表面换热系数 [W/(m² · K)]；

Λ_{12}——第 1 片（室外侧）玻璃室外侧表面和第 2 片玻璃中心（玻璃厚度的中心）之间的热导 [W/(m² · K)]；

Λ_{23}——第 2 片玻璃中心（玻璃厚度的中心）和第 3 片玻璃中心（玻璃厚度的中心）之间的热导 [W/(m² · K)]；

$\Lambda_{(n-1)n}$——第($n - 1$)片玻璃中心（玻璃厚度的中心）和第n片（室内侧）玻璃室内侧表面之间的热导 [W/(m² · K)]；

h_i——试样室内表面换热系数 [W/(m² · K)]。

热导Λ_{12}、Λ_{23}、$\Lambda_{(n-1)n}$按 ISO 10292 第 7 章的计算过程迭代计算。

太阳光直接吸收比α_{e1}、α_{e2}、α_{e3}、α_{en}按上述给出的方法计算。计算包含以下($n - 1$)个步骤：

（1）第一步：按本章节提供的公式计算由2、3、…、n片玻璃组成的$(n-1)$层组件的光谱特性，然后将这个组件与第一片（室外侧）玻璃组成一个双层窗玻璃计算α_{e1}。

（2）第二步：计算由3、…、n片玻璃组成的$(n-2)$层组件的光谱特性，同时计算由第一片玻璃和第二片玻璃组成的双层窗玻璃的光谱特性，将以上两个组件组成一个双层窗玻璃，通过这个双层窗玻璃，计算出$\alpha_{e1}+\alpha_{e2}$的和，根据第一步已知道α_{e1}的值，可计算出α_{e2}，继续此步骤一直到最后的$(n-1)$步。

（3）$(n-1)$步：计算由1，2，…，$(n-1)$片玻璃组成的$(n-1)$层组件的光谱特性，然后将这个组件与第n片（室内侧）玻璃组成一个双层窗玻璃，计算出α_{e1}、α_{e2}、…、$\alpha_{e(n-1)}$的和，根据已知α_{e1}、α_{e2}、…、$\alpha_{e(n-2)}$的值，可计算出$\alpha_{e(n-1)}$，最终计算出α_{en}。

8. 太阳得热系数（太阳能总透射比）

太阳能总透射比计算公式如下：

$$g = \tau_e + q_i \tag{9-46}$$

式中：g——试样的太阳能总透射比；

τ_e——试样的太阳光直接透射比；

q_i——试样向室内侧的二次热传递系数。

9. 中空玻璃密封性能

1）仪器要求

中空玻璃密封性能检验采用的仪器应符合下列规定：

（1）露点仪：测量管的高度为300mm，测量表面直径为50mm，如图9-25所示。

（2）温度计：测量范围为$(-80\sim30)$℃，精度为1℃。

2）检验样品要求

检验样品应从工程使用的玻璃中随机抽取，每组应抽取检验的产品规格中10个样品。检验前应将全部样品在实验室环境条件下放置24h以上。

3）检验条件

检验应在温度(25 ± 3)℃、相对湿度30%～75%的条件下进行。

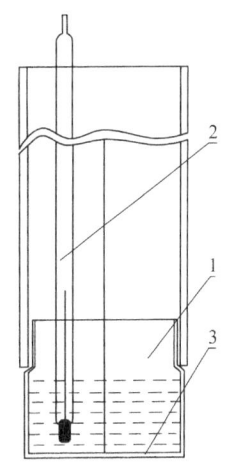

1—铜槽；2—温度计；3—测量面

图9-25 露点仪

4）检验步骤

（1）向露点仪的容器中注入深约25mm的乙醇或丙酮，再加入干冰，使其温度冷却到(-40 ± 3)℃并在试验中保持该温度不变。

（2）将样品水平放置，在上表面涂一层乙醇或丙酮，使露点仪与该表面紧密接触，停留时间应符合上述检验条件的规定。

（3）移开露点仪，立刻观察玻璃样品的内表面上有无结露或结霜。

不同原片玻璃厚度露点仪接触的时间　　　　　表 9-46

原片玻璃厚度（mm）	接触时间（min）
≤4	3
5	4
6	5
8	6
≥10	8

五、试验结果评定

1. 建筑外窗复验指标是否合格应依据设计要求和产品标准判定

2. 门窗抗风压性的结果评定

1）检测结果的评定

（1）定级检测时以试件杆件或面板达到变形检测最大面法线挠度时对应的压力差值为$±P_1$；对于单扇单锁点平开窗（门），以角位移值为 10mm 时对应的压力差值为$±P_1$。当检测中试件出现损坏或功能障碍时，以相应压力差值的前一级压力差作为P_{max}，按$P_{max}/1.4$中绝对值较小者进行定级。

（2）工程检测出现损坏或功能障碍时，应判为不满足工程设计要求。

2）反复加压检测的评定

（1）定级检测时，试件未出现损坏或功能障碍，注明$±P_2$值。当检测中试件出现损坏或功能障碍时，以相应压力差值的前一级压力差作为P_{max}，按$±P_{max}/1.4$绝对值较小者进行定级。

（2）工程检测试件出现损坏或功能障碍时，应判为不满足工程设计要求。

3）安全检测的评定

（1）定级检测的评定：

产品设计风荷载标准值P_3检测时，试件未出现功能障碍和损坏，且主要构件相对面法线挠度（角位移值）未超过允许挠度，注明$±P_3$值；当检测中试件出现损坏或功能障碍时，以相应压力差值的前一级压力差作为P_{max}，按$P_{max}/1.4$中绝对值较小者进行定级。

产品设计风荷载设计值P_{max}检测时，试件未出现损坏或功能障碍时，注明正、负压力差值，按$±P_3$中绝对值较小者定级；如试件出现损坏或功能障碍时，按$±P_3/1.4$中绝对值较小者进行定级。

以三樘试件定级值的最小值为该组试件的定级值，依据《建筑幕墙、门窗通用技术条件》GB/T 31433—2015 进行定级。

（2）工程检测的评定：

试件在风荷载标准值P_3'检测时未出现损坏或功能障碍、主要构件相对面法线挠度（角位移值）未超过允许挠度，且在风荷载设计值P'_{max}检测时未出现损坏或功能障碍，则该试件判为满足工程设计要求，否则判为不满足工程设计要求。

三樘试件应全部满足工程设计要求。

3. 门窗抗风压性的结果评定

（1）定级检测数据处理：

记录每个试件的渗漏压力差值。以渗漏压力差值的前一级检测压力差值作为该试件水密性能检测值。以三樘试件中水密性能检测值的最小值作为水密性能定级检测值，并依据《建筑幕墙、门窗通用技术条件》GB/T 31433—2015 进行定级。

（2）工程检测数据处理：

三樘试件在加压至水密性能设计值时均未出现渗漏，判定满足工程设计要求，否者判为不满足工程设计要求。

4. 中空玻璃密封性能的结果评定

应以中空玻璃内部是否出现结露现象为判定合格的依据，中空玻璃内部不出现结露为合格。所有中空玻璃抽取的 10 个样品均不出现结露即应判定为合格。

第八节　节能工程

一、相关标准

（1）《建筑节能与可再生能源利用通用规范》GB 55015—2021。

（2）《建筑节能工程施工质量验收标准》GB 50411—2019。

（3）《居住建筑节能工程施工质量验收规程》DB11/T 1340—2022。

（4）《公共建筑节能施工质量验收规程》DB11/T 510—2024。

（5）《建筑外窗气密、水密、抗风压性能现场检测方法》JG/T 211—2007。

（6）《居住建筑节能检测标准》JGJ/T 132—2009。

（7）《公共建筑节能检测标准》JGJ/T 177—2009。

（8）《采暖通风与空气调节工程检测技术规程》JGJ/T 260—2011。

（9）《民用建筑节能现场检验标准》DB11/T 555—2015。

（10）《建筑外门窗气密、水密、抗风压性能检测方法》GB/T 7106—2019。

（11）《照明测量方法》GB/T 5700—2023。

（12）《建筑照明设计标准》GB 50034—2024。

（13）《建筑物围护结构传热系数及采暖供热量检测方法》GB/T 23483—2009。

（14）《民用建筑热工设计规范》GB 50176—2016。

（15）《建筑幕墙、门窗通用技术条件》GB/T 31433—2015。

（16）《外墙外保温工程技术标准》JGJ 144—2019。

（17）《薄抹灰外墙外保温工程技术规程》DB11/T 584—2022。

（18）《建筑工程饰面砖粘结强度检验标准》JGJ/T 110—2017。

二、基本概念

1. 外窗气密性能

1）定义

（1）建筑外窗现场检测：是在已安装完成的外窗施加一定的空气压力的情况下，检测其抵抗漏水和漏风的能力。建筑外窗的现场检测是对建筑外窗及其安装质量的综合评价。

（2）气密性能：

可开启部分在正常锁闭状态时，外门窗阻止空气渗透的能力。

（3）水密性能：

可开启部分在正常锁闭状态时，在风雨同时作用下，外门窗阻止雨水渗透的能力。

2）常用建筑外窗种类及定义

（1）按开启方式：可分为固定窗、平开窗、横转旋窗、立传旋窗和推拉窗等。

（2）按所用材料：分为木窗、钢窗、铝合金窗、玻璃钢窗和塑钢窗等。

（3）按窗在建筑物上开设的位置：可分为侧窗和天窗两大类。

2. 设备系统节能

供暖节能工程、通风与空调系统节能工程、配电与照明节能工程的设备系统节能性能。

（1）室内平均温度：

在某房间室内活动区域内一个或多个代表性位置测得的，检测持续时间内，室内空气温度逐时值的算术平均值。

（2）单位风量耗功率：

通风空调系统单位时间内输送单位体积风量消耗的电功率。

（3）水力平衡度：

在集中热水采暖系统中，整个系统的循环水量满足设计条件时，建筑物热力入口处循环水量检测值与设计值之比。

（4）补水率：

集中热水采暖系统在正常运行工况下，检测持续时间内，该系统单位建筑面积单位时间内的补水量与该系统单位建筑面积单位时间设计循环水量的比值。

（5）室外管网热损失率：

集中热水采暖系统室外管网的热损失与管网输入总热量（即采暖热源出口出输出的总热量）的比值。

（6）照度：

入射在包含该点面元上的光通量dϕ除以该面元面积dA所得之商。单位为勒克斯（lx），1 lx = 1 lm/m^2。

（7）平均照度：

规定表面上各点的平均值。

（8）照明功率密度（LDP）：

正常照明条件下，单位面积上一般照明的额定功率（包括光源、镇流器、驱动电源或变压器等附属用电器件）（W/m^2）。

3. 外墙传热系数

建筑外墙节能构造的现场实体检测中外墙传热系数或热阻检测。

（1）热阻：

表征围护结构本身或其中某层材料阻抗传热能力的物理量。

（2）传热阻：

表征围护结构本身加上两侧空气边界层作为一个整体的阻抗传热能力的物理量。

（3）传热系数：

在稳态条件下，围护结构两侧空气为单位温差时，单位时间内通过单位面积传递的热量。传热系数与传热阻互为导数。

（4）围护结构：

分隔建筑室内与室外，以及建筑内部使用空间的建筑部件。

（5）围护结构传热系数（K）：

围护结构两侧空气温度差为1K，在单位时间内通过单位面积围护结构的传热量[W/(m^2·K)]。

（6）围护结构的热阻（R$_0$）：

表征围护结构阻抗传热能力的物理量，为其传热系数的导数[(m^2·K)/W]。

三、试验项目、组批原则及抽样规定

1. 节能工程的进场复检项目、组批原则及抽样规定见表9-47

节能工程的进场复验项目、组批原则及抽样规定　　　　　表9-47

材料名称	分项工程	进场复验/现场检测项目	组批原则	抽样规定	执行标准号
节能工程	外墙节能	外墙节能构造及保温层厚度（钻芯法）	同工程项目、同施工单位且同期施工的多个单位工程，可合并计算建筑面积；每30000m^{2}可视为一个单位工程进行抽样，不足30000m^{2}也视为一个单位工程	1. 每种节能构造的外墙检验不得少于3处，每处检查一个点。 2. 现场实体检验的样本应在施工现场由监理单位和施工单位随机抽取，且应分布均匀、具有代表性，不得预先确定检验位置	DB11/T 1340—2022

续表

材料名称	分项工程	进场复验/现场检测项目	组批原则	抽样规定	执行标准号
节能工程	外墙节能	外墙节能构造及保温层厚度（钻芯法）	单位工程	1. 按节能构造做法抽取试样，一个单位工程外墙主体部位每种节能保温做法至少3个芯样。 2. 应在监理（建设）、检测机构、施工三方人员的见证下按检验批随机选定取样部位，取样部位宜均匀分布，兼顾不同保温构造做法、朝向、楼层，不宜在同一个房间外墙上取2个或2个以上芯样	DB11/T 555—2015
		外墙节能构造及保温层厚度（钻芯法）	单位工程	1. 取样部位应由检测人员随机抽样确定，不得在外墙施工前预先确定。 2. 取样部位应选取节能构造有代表性的外墙上相对隐蔽的部位，并宜兼顾不同朝向和楼层。 3. 外墙取样数量为一个单位工程每种节能保温做法至少取3个芯样。取样部位宜均匀分布，不宜在同一个房间外墙上取2个或2个以上芯样	GB 50411—2019
		保温板与基层的拉伸粘结强度	1. 采用相同材料、工艺和施工做法的墙面，扣除门窗洞口后的保温墙面面积每1000m²划分为一个检验批。 2. 检验批的划分也可根据与施工流程相一致且方便施工与验收的原则，由施工单位与监理（建设）单位共同商定	1. 取样部位应随机确定，宜兼顾不同朝向和楼层，均分布，不得在外墙施工前预先确定。 2. 取样数量为每处检验1点	GB 50411—2019
		保温板与基层的拉伸粘结强度	单位工程中采用相同材料、工艺和施工做法的墙体，按扣除窗洞后每3000m²的保温墙面面积划分为1个检验批，不足3000m²也为1个检验批	应在监理（建设）、检测机构、施工三方人员的见证下按检验批随机抽样，每个检验批抽取5个检测位置，兼顾不同朝向和楼层，在工程中均匀分布	DB11/T 555—2022
		保温板与基层的拉伸粘结强度	1. 采用相同材料、工艺和施工做法的墙面，保温墙面面积扣除门窗洞口后，每1000m²划分为一个检验批，不足1000m²也应划分为一个检验批。 2. 检验批的划分也可根据与施工流程相一致且方便施工与验收的原则，由施工单位与监理或建设单位共同商定	每个检验批应抽查3处	DB11/T 584—2022

续表

材料名称	分项工程	进场复验/现场检测项目	组批原则	抽样规定	执行标准号
节能工程	外墙节能	保温板与基层的拉伸粘结强度	1. 采用相同材料、工艺和施工做法的墙面，扣除门窗洞口后的保温墙面面积每 1000m² 划分为一个检验批。 2. 检验批的划分也可根据与施工流程相一致且方便施工与验收的原则，由施工单位与监理（建设）单位共同商定	每个检验批抽查不少于3处	DB11/T 1340—2022
		锚固件的锚固力	1. 采用相同材料、工艺和施工做法的墙面，扣除门窗洞口后的保温墙面面积每 1000m² 划分为一个检验批。 2. 检验批的划分也可根据与施工流程相一致且方便施工与验收的原则，由施工单位与监理单位双方协商确定	每个检验批应抽查3处	GB 50411—2019
		锚固件的锚固力	单位工程中采用相同材料、工艺和施工做法的墙体，按扣除窗洞后每 3000m² 的保温墙面面积划分为 1 个检验批，不足 3000m² 也为 1 个检验批	应在监理（建设）、检测机构、施工三方人员的见证下按检验批随机抽样，每个检验批检测3组，每组抽 5 个锚栓，兼顾不同朝向和楼层，在工程中均匀分布	DB11/T 555—2015
	建筑外窗	气密性	单位工程	每种材质、开启方式、型材系列的外窗不得少于 3 樘。同工程项目、同施工单位且同期施工的多个单位工程，可合并计算建筑面积；每 30000m² 可视为一个单位工程进行抽样，不足 30000m² 也视为一个单位工程 实体检验的样本应在施工现场由监理单位和施工单位随机抽取，且应分布均匀、具有代表性，不得预先确定检验位置	GB 50411—2019
		气密性、水密性	单位工程	单位工程同一厂家、同一品种、同一类型的外窗各抽查 1 组 3 樘（件） 应在检测机构、监理（建设）、施工三方人员的见证下随机抽样，抽样应兼顾不同的楼层、朝向 检测应在外窗全部完工，窗洞口与外窗之间的间隙全部封闭后进行	DB11/T 555—2015

续表

材料名称	分项工程	进场复验/现场检测项目	组批原则	抽样规定	执行标准号
节能工程	建筑外窗	气密性	单位工程	1. 严寒、寒冷地区建筑。 2. 夏热冬冷地区高度大于或等于24m的建筑和有集中供暖或供冷的建筑。 3. 其他地区有集中供冷或供暖的建筑	GB 55015—2021
		气密性、水密性	单位工程	1. 建筑围护结构工程施工完成后，应对门窗的气密性能、水密性能进行现场实体检验。 2. 现场实体检验应按单位工程进行，每种材质、开启方式、型材系列、玻璃配置的外窗检验不应少于3樘。同一工程项目、同一施工单位且同期施工的多个单位工程，可合并计算建筑面积；每30000m²可视为一个单位工程进行抽样，不足30000m²也视为一个单位工程。实体检验的样本应在施工现场由监理单位和施工单位随机抽取，且应分布均匀、具有代表性	DB11/T 510—2024
		气密性	单位工程	每种材质、开启方式、型材系列的外窗检验不得少于3樘 同工程项目、同施工单位且同期施工的多个单位工程，可合并计算建筑面积；每30000m²可视为一个单位工程进行抽样，不足30000m²也视为一个单位工程 现场实体检验的样本应在施工现场由监理单位和施工单位随机抽取，且应分布均匀、具有代表性，不得预先确定检验位置 外窗气密性现场实体检验应由监理工程师见证，由建设单位委托有资质的检测机构实施	DB11/T 1340—2022
		气密性、水密性	单位工程	外窗施工完成后，应及时委托有见证资质的检测单位，在监理单位的见证下对外窗的气密性能、水密性能进行现场实体检测。单位工程随机抽取具有代表性的同品种、同类型（规格尺寸和开启方式相同）的外窗至少3樘 同工程项目、同施工单位且同时施工的多个单位工程可视为一个单位工程进行抽样，每10000m²可视为一个单位工程进行抽样，不足10000m²也视为一个单位工程	《关于加强老旧小区综合改造工程外保温材料和外窗施工管理的通知》〔2013〕464号

续表

材料名称	分项工程	进场复验/现场检测项目	组批原则	抽样规定	执行标准号
节能工程	设备系统节能	室内平均温度	单位工程	以房间数量为受检样本基数，最小抽样数量按 GB 50411—2019 第 3.4.3 条的规定执行，且均匀分布，并具有代表性；对面积大于 100m² 的房间或空间，可按每 100m² 划分为多个抽检样本。公共建筑的不同典型功能区域检测部位不应少于 2 处	GB 50411—2019
		室内平均温度	单位工程	建筑工程验收时，室内空气温度检测在系统形式不同时，每种系统均应检测；相同系统形式按其数量的 20%抽检，同一系统检测数量不应少于总房间数量的 10%	DB11/T 555—2015
		室内温度	单位工程	以建筑面积每 100m² 为受检样本数量基数，抽样数量按本规程表 9-49 规定执行，不同功能区域检测部位不少于 2 处，且应均匀分布	DB11/T 510—2024
		室内平均温度	单位工程	以房间数量为受检样本基数，最小抽样数量按表 9-50 规定执行，且均匀分布，并具有代表性；对面积大于100m² 的房间或空间，可按 100m² 划分为多个受检样本	DB11/T 1340—2022
		各风口风量	单位工程	以风口数量为受检样本基数，抽样数量按表 9-48 的规定执行，且不同功能的系统不少于 2 个	GB 50411—2019
		风口风量	单位工程	1. 按照单位工程进行检测，空调系统检测数量不少于系统数量的 10%，且不少于 1 个系统。 2. 按照风管系统数量抽查 10%，不少于 1 个系统	DB11/T 555—2015
		各风口的风量	单位工程	以单个风口为受检样本数量基数，抽样数量按本规程表 17.2.3 规定执行，且不同功能的系统不应少于 2 个	DB11/T 510—2024
		各风口的风量	单位工程	以风口数量为受检样本基数，抽样数量按表 9-50 规定执行，且不同功能的系统不应少于 2 个	DB11/T 1340—2022
		通风、空调（包括新风）系统的风量	单位工程	以系统数量为抽检样本基数，抽样数量按表 9-48 的规定执行，且不同功能的系统不少于 1 个	GB 50411—2019

续表

材料名称	分项工程	进场复验/现场检测项目	组批原则	抽样规定	执行标准号
节能工程	设备系统节能	通风与空调系统风量	单位工程	1. 按照单位工程进行检测,空调系统检测数量不少于系统数量的10%,且不少于1个系统。2. 以单个系统为受检样本数量基数,按系统数量的10%抽取,且不同风量的空调机组不应少于1个	DB11/T 555—2015
		通风、空调(包括新风)系统的风量	单位工程	以单个系统为受检样本数量基数,抽样数量按本规范表17.2.3规定执行,且不同功能的系统不应少于1个	DB11/T 510—2024
		通风、空调(包括新风)系统的风量	单位工程	以系统数量为受检样本基数,抽样数量按表9-50规定执行,且不同功能的系统不应少于1个	DB11/T 1340—2022
		风道系统单位风量耗功率	单位工程	以风机数量为受检样本基数,抽样数量按本规范表17.2.3的规定执行,且均不应少于1台	GB 50411—2019
		风机单位风量耗功率	单位工程	1. 按照单位工程进行检测,空调系统检测数量不少于系统数量的10%,且不少于1个系统。2. 以单个风机为受检样本数量基数,按系统数量的10%抽取,且不同风量的系统不应少于1个	DB11/T 555—2015
		风机单位风量耗功率	单位工程	以单个风机为受检样本数量基数,抽样数量按本规范表17.2.3规定执行,且不应少于1台	DB11/T 510—2024
		风道系统单位风量耗功率	单位工程	以风机数量为受检样本基数,抽样数量按表9-50规定执行,且不应少于1台	DB11/T 1340—2022
		空调机组的水流量	单位工程	以空调机组数量为受检样本基数,抽样数量按表9-48的规定执行	GB 50411—2019
		水流量(空调机组水流量)	单位工程	应抽取空调机组数量的10%进行检测	DB11/T 555—2015
		空调机组的水流量	单位工程	以单个空调机组为受检样本数量基数,抽样数量按表17.2.3规定执行,且不应少于1台	DB11/T 510—2024
		空调机组的水流量	单位工程	以空调机组数量为受检样本基数,抽样数量按表9-50规定执行	DB11/T 1340—2022
		空调系统冷水、热水、冷却水的循环流量	单位工程	全数检测	GB 50411—2019 DB11/T 1340—2022 DB11/T 510—2024

续表

材料名称	分项工程	进场复验/现场检测项目	组批原则	抽样规定	执行标准号
节能工程	设备系统节能	水流量（通风与空调系统冷热水、冷却水流量）	单位工程	全数检测	DB11/T 555—2015
		室外供暖管网水力平衡度	单位工程	热力入口总数不超过6个时，全数检测；超过6个时，应根据各个热力入口距热源距离的远近，按近端、远端、中间区域各抽检2个热力入口	GB 50411—2019 DB11/T 1340—2022
		水流量（水力平衡）	单位工程	热力入口总数不超过6个时，全数检测；超过6个时，应根据各个热力入口距离热源的远近，按近端、远端、中间区域各抽检2个热力入口	DB11/T 555—2015
		水力平衡度	单位工程	热力入口总数不超过6个时，全数检测；超过6个时，应根据各个热力入口距热源距离的远近，按近端、远端、中间区域各抽检2个热力入口。被抽检热力入口的管径不应小于DN40	DB11/T 510—2024
		室外供暖管网热损失率	单位工程	全数检测	GB 50411—2019 DB11/T 1340—2022 DB11/T 510—2024
		室外管网热损失率	单位工程	室外管网热损失率应对室外管网整体进行检测	DB11/T 555—2015
		照度与照明功率密度	单位工程	每个典型功能区域不少于2处，且均匀分布，并具代表性	GB 50411—2019 DB11/T 1340—2022
		平均照度与照明功率密度	单位工程	应符合同一功能区不少于2处	DB11/T 510—2024
		平均照度与照明功率密度	单位工程	同一功能区不少于2处	DB11/510—2019
	外墙传热系数	传热系数	单位工程	应符合国家现行有关标准的要求	GB 50411—2015
		传热系数	单位工程	采用相同材料、构造和施工做法的墙面应抽取不少于3个检测部位；屋顶、不采暖楼梯间隔墙及与室外空气连通的地下室顶板等维护结构应个抽取不少于1个检测部位。500m²以下的单位建筑，应对墙面抽取不少于1个检测部位	DB11/T 555—2015
		传热系数	单位工程	每种节能构造的外墙检验不得少于3处，每处检查一个点	DB11/T 1340—2022

2.检验批最小抽样数量

（1）根据《建筑节能工程施工质量验收标准》GB 50411—2019 规定：当按计数方法检验时，除该标准另有规定外，检验批最小抽样数量宜符合表 9-48 的规定。

检验批最小抽样数量　　　　　　　　　　　　　　　表 9-48

检验批的容量	最小抽样数量	检验批的容量	最小抽样数量
2～15	2	151～280	13
16～25	3	281～500	20
26～90	5	501～1200	32
91～150	8	1201～3200	50

（2）根据《公共建筑节能施工质量验收标准》DB11/T 510—2024 规定：供暖、通风和空调、配电和照明系统设备节能性能检测的最小抽样数量应符合表 9-49 的要求。

最小抽样数量　　　　　　　　　　　　　　　表 9-49

受检样本数量	最小抽样数量	受检样本数量	最小抽样数量
2～8	2	91～150	8
9～15	2	151～280	13
16～25	3	281～500	20
26～50	5	501～1200	32
51～90	5	1201～3200	50

（3）根据《居住建筑节能工程施工质量验收规程》DB11/T 1340—2022 规定：居住建筑节能工程各分项的抽样数量应符合表 9-50 的要求。

最小抽样数量　　　　　　　　　　　　　　　表 9-50

受检样本数量	最小抽样数量	受检样本数量	最小抽样数量
2～15	2	151～280	13
16～25	3	281～500	20
26～90	5	501～1200	32
91～150	8	1201～3200	50

四、试验方法

1.外墙节能构造及保温层厚度（钻芯法）

1）依据《民用建筑节能现场检验标准》DB11/T 555—2015，试验方法如下：

（1）对于聚苯板等硬质保温板材或保温浆料，在选定的检测部位钻取芯样，钻芯机一直钻到基层停止，取出芯样，记录芯样完整程度；对于岩棉、玻璃棉类材料，采用裁纸刀切割出 100mm×100mm 芯样；记录芯样的完整程度、保温系统各层的材质、厚度。

（2）在芯样上标注芯样编号，记录芯样位置，把钢直尺贴附在芯样表面，用数码相机拍照记录。取出的芯样为不完整芯样时，可在钻孔位置的孔壁上直接测量并拍摄附带标尺的照片。

（3）对钻取的芯样，应按照下列规定进行检查：

①对照设计图纸观察、判断保温材料种类是否符合设计要求；必要时也可采用其他方法加以判断；

②用分度值为 1mm 的钢尺，在垂直于芯样表面（外墙面）的方向上量取保温层厚度，精确到 1mm；

③观察或剖开检查保温层构造做法是否符合设计和施工方案要求。

（4）计算芯样保温层的平均厚度。

2）依据《建筑节能工程施工质量验收标准》GB 50411—2019，试验方法如下：

（1）钻芯检验外墙节能构造可采用空心钻头，从保温层一侧钻取直径 70mm 的芯样。钻取芯样深度为钻透保温层到达结构层或基层表面，必要时也可钻透墙体。

（2）当外墙的表层坚硬不易钻透时，也可局部剔除坚硬的面层后钻取芯样。但钻取芯样后应恢复原有外墙的表面装饰层。

（3）对钻取的芯样，应按照下列规定进行检查：

①对照设计图纸观察、判断保温材料种类是否符合设计要求；必要时也可采用其他方法加以判断；

②用分度值为 1mm 的钢尺，在垂直于芯样表面（外墙面）的方向上量取保温层厚度，精确到 1mm；

③观察或剖开检查保温层构造做法是否符合设计和施工方案的要求。

2. 保温板与基层的拉伸粘结强度

1）依据《民用建筑节能现场检验标准》DB11/T 555—2015，试验方法如下：

（1）根据保温板材的粘结方法，确定粘结点位的位置和分布，选择砂浆饱满的位置作为检测点，将检测部位外表面污渍清除并保持干燥。

（2）按规定比例配置胶粘剂，搅拌均匀，均匀涂布于标准块粘贴面上，并将标准块贴于保温板材表面，标准块与保温板的粘结面积宜大于标准块面积的 90% 以上，使用 U 形卡、胶带等将其临时固定。

（3）胶粘剂固化后，使用切割锯沿标准块边缘切割保温板材，断缝应从试样表面垂直切割至粘结砂浆或基层表面。

（4）安装拉拔仪，将拉力杆与标准块垂直连接固定，在支腿下放置垫板，调整仪器使拉力方向与标准块垂直。

（5）按照现行行业标准《建筑工程饰面砖粘结强度检验标准》JGJ/T 110—2017 的规

定匀速加载，直至试样破坏，记录拉力的峰值和破坏状态，精确至 0.01kN。

（6）标记拉拔后试样序号，使用钢直尺测量试样断开面每对切割边的中部长度（精确到 1mm）作为试样断面边长，计算该试样的断面面积。

（7）检测数据计算：

单个检测点的拉伸粘结强度应按下式计算：

$$\sigma = \frac{F}{A} \times 10^3 \tag{9-47}$$

式中：σ——试样拉伸粘结强度（MPa），精确至 0.01MPa；

F——破坏荷载（kN）；

A——粘结面积（mm²）。

计算所有试件拉伸粘结强度的算术平均值，精确至 0.01MPa。

2）依据《建筑节能工程施工质量验收标准》GB 50411—2019，试验方法如下：

（1）选择满粘处作为检测部位，清理粘结部位表面，使其清洁、平整。

（2）使用高强度粘合剂粘贴标准块，标准块粘贴后应及时做临时固定，试样应切割至粘结层表面。

（3）粘结强度检验应按现行行业标准《建筑工程饰面砖粘结强度检验标准》JGJ/T 110—2017 的要求进行。

（4）测量试样粘结面积，当粘结面积比小于 90%且检验结果不符合要求时，应重新取样。单点拉伸粘结强度按下式计算，检验结果取 3 个点拉伸粘结强度的算术平均值，精确至 0.01MPa。

$$R = \frac{F}{A} \tag{9-48}$$

式中：R——拉伸粘结强度（MPa）；

F——破坏荷载值（N）；

A——粘结面积（mm²）。

3. 锚固件的锚固力

依据《民用建筑节能现场检验标准》DB11/T 555—2015，试验方法如下：

（1）检测时间：宜在锚栓锚固后，下道工序施工前进行检测。

（2）选定保温锚栓试件，将拉拔仪支撑腿内侧保温材料掏出，至锚栓周围露出基层墙体表面。

（3）安装拉拔仪，连续匀速加载至设计荷载值或锚栓拔出，总加荷时间为(1～2)min。

（4）记录荷载值和破坏状态，精确至 0.01kN。

4. 外窗气密性能、水密性能

1）依据《建筑外窗气密、水密、抗风压性能现场检测方法》JG/T 211—2007，试验方法如下：

(1)检测对象:

被检测的建筑外窗及其安装连接部位。

(2)检测试件:

①外窗及连接部位安装完毕到正常使用状态。

②试件选取同窗型、同规格、同型号三樘为一组。

(3)检测要求:

①气密检测时的环境条件记录应报告外窗室内外的大气压及温度。当温度、风速、降雨等环境条件影响检测结果时,应排除干扰因素后继续检测,并在报告中注明。

②检测过程中应采取必要的安全措施。

(4)气密性能检测:

气密性能检测前,应测量外窗面积;弧形窗、折线窗应按展开面积计算。从室内侧用厚度不小于 0.2mm 的透明塑料膜覆盖整个窗范围并沿窗边框处密封,密封膜不应重复使用。在室内侧的窗洞口上安装密封板,确认密封良好。

气密性能检测压差检测顺序如图 9-26 所示,并按以下步骤进行:

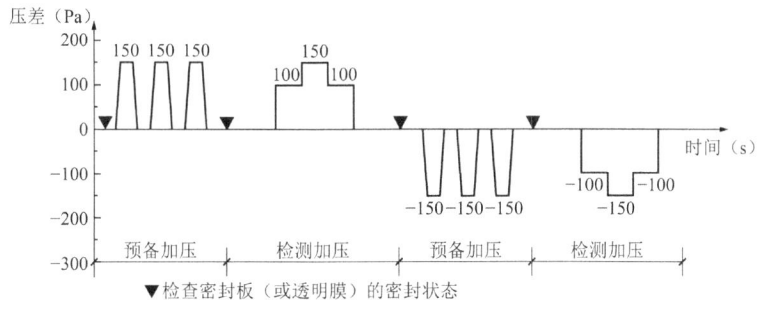

图 9-26 气密检测压差顺序图

a. 预备加压:正负压检测前,分别施加三个压差脉冲,压差绝对值为 150Pa,加压速度约为 50Pa/s。压差稳定作用时间不少于 3s,泄压时间不少于 1s,检查密封板及透明膜的密封状态。

b. 附加渗透量的测定:按照图 9-26 逐级加压,每级压力作用时间约为 10s,先逐级正压,后逐级负压。记录各级测量值。附加空气渗透量系指除通过试件本身的空气渗透量以外通过设备和密封板,以及各部分之间连接缝等部位的空气渗透量。

c. 总空气渗透量测量:打开密封板检查门,去除试件上所加密封措施薄膜后关闭检查门并密封后进行检查。检测程序同前文。

(5)水密性能检测:

水密性能检测采用稳定加压法,分为一次加压法和逐级加压法。当有设计指标值时,宜采用一次加压法。需要时可参照《建筑外门窗气密、水密、抗风压性能检测方法》GB/T 7106—2019 增加波动加压法。

① 水密一次加压法检测顺序如图 9-27 所示，并按以下步骤进行：

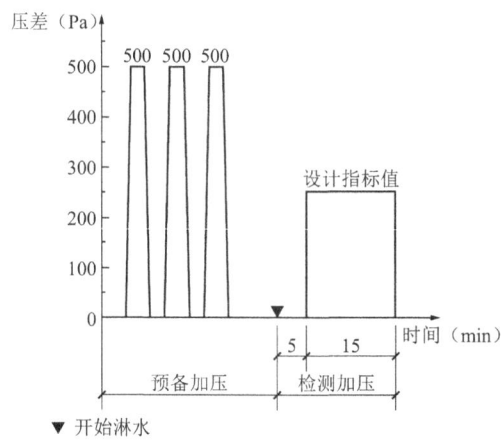

图 9-27 一次加压法顺序示意图

a. 预备加压：施压三个压差脉冲，压差值为 600Pa。加载速度约为 100Pa/s，压差稳定作用时间不少于 3s，泄压时间不少于 1s。

b. 淋水：在室外侧对检测对象均匀地淋水。淋水量为 2L/(m²·min)，台风及热带风暴地区淋水量为 3L/(m²·min)，淋水时间为 5min。

c. 加压：在稳定淋水的同时，按图 9-27 所示一次加压至设计指标值，持续 15min 或产生严重渗透为止。

d. 观察：在检测过程中，观察并参照《建筑外门窗气密、水密、抗风压性能检测方法》GB/T 7106—2019 表 4 记录检测对象渗漏情况，在加压完毕后 30min 内安装连接部位出现水迹记作严重渗漏。

② 水密逐级加压法检测顺序图如图 9-28 所示，并按以下步骤进行：

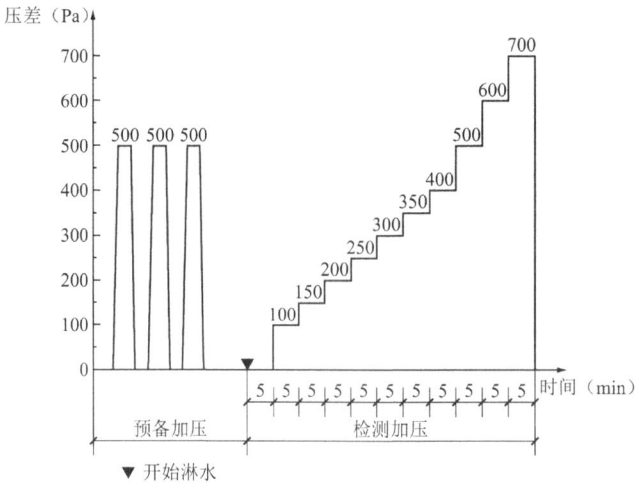

图 9-28 稳定逐级加压法顺序示意图

a. 预备加压：施压三个压差脉冲，压差值为500Pa。加载速度约为100Pa/s，压差稳定作用时间不少于3s，泄压时间不少于1s。

b. 淋水：在室外侧对检测对象均匀地淋水。淋水量为2L/(m²·min)，淋水时间为5min。

c. 加压：在稳定淋水的同时，按图9-28逐级加压至产生严重渗漏或加压至最高级为止。

d. 观察：观察并参照《建筑外门窗气密、水密、抗风压性能检测方法》GB/T 7106—2019表4记录渗漏情况，在最后一级加压完毕后30min内安装连接部位出现水迹记作严重渗漏。

2）依据《民用建筑节能现场检验标准》DB11/T 555—2015，试验方法如下：

（1）检测试件：

检测应在外窗全部完工，窗洞口与外窗之间的间隙全部封闭后进行。

（2）检测步骤：

①用卷尺在外窗室内一侧测量外窗的长、宽、厚尺寸、开启缝长、最大玻璃尺寸，记录现场空气温度、湿度、大气压力。

②用胶带从室内一侧密封外窗开启缝，用塑料薄膜从室内封住外窗洞口，塑料薄膜应能够承受检测过程中施加的压力不会破坏，安装检测设备。

③按照标准《建筑外窗气密、水密、抗风压性能现场检测方法》JG/T 211—2007中规定进行外窗气密性能检测，仅对外窗施加负向压力。

④按照标准《建筑外窗气密、水密、抗风压性能现场检测方法》JG/T 211—2007中规定进行雨水渗漏检测，仅对外窗施加负向压力。

⑤记录外窗气密性和水密性检测值，外窗洞口周边墙面的渗水情况。

（3）检测数据应按下列步骤计算：

按照国家标准《建筑外门窗气密、水密、抗风压性能检测方法》GB/T 7106—2019的规定，分别计算三樘外窗单位开启缝长空气渗透量平均值、单位面积空气渗透量平均值及水密性能分级指标值。

5.设备系统节能

1）室内平均温度

（1）依据《民用建筑节能现场检验标准》DB11/T 555—2015，试验方法如下：

①一般规定：

室内平均温度检测，冬季在正常供暖稳定时期进行，夏季在空调制冷稳定时期进行。

②检测要求：

a. 既有建筑检测，三层及以下的民用建筑，应逐层布置测点；三层以上的民用建筑，首层、顶层和中间部位均应布置测点；每层至少选取3个有代表性的房间布置测点。

b. 测点应设于室内活动区域，测点高度应控制在距地面(700～1800)mm，数量应符合下列规定，布点位置符合表9-51规定：

当房间使用面积小于16m²时，应设测点1个；

当房间使用面积大于或等于16m²，且小于30m²时，应设测点2个；

当房间使用面积大于或等于30m²，且小于50m²时，应设测点3个；

当房间使用面积大于或等于50m²且小于100m²时，应设测点5个；

当房间使用面积大于或等于100m²，每增加(20～30)m²应增加1个测点。

室内平均温度布点方法 表 9-51

房间建筑面积（m²）	布点方法	布点图
房间建筑面积＜16	1个测点，布置在房间中心位置，对角线2等分点	
16≤房间建筑面积＜30	2个测点，布置在对角线位置，对角线3等分点	
30≤房间建筑面积＜50	3个测点，布置在对角线位置，对角线4等分点	
50≤房间建筑面积＜100	5个测点，布置在对角线位置，对角线4等分点	
100＜房间建筑面积	6个以上测点，布置房间长宽等分点	

③检测步骤：

a. 按照 b 条规定布置室内测点；

b. 室外空气温度检测点宜设置在中间层，距墙面不小于 0.3m 的阴影下，并安防辐射罩；或放置在百叶箱内，将百叶箱置于建筑物附近的阴影下，宜布置两个测点；

c. 检测时间间隔不宜大于 30min；公共建筑总检测时间不宜小于 6h；居住建筑总检测时间不宜小 24h。

④检测数据计算：

室内平均温度计算应按下列公式计算：

$$t_{\mathrm{rm}} = \frac{\sum\limits_{i=1}^{n} t_{\mathrm{rm},i}}{n} \tag{9-49}$$

$$t_{\mathrm{rm},i} = \frac{\sum\limits_{j=1}^{p} t_{i,j}}{p} \tag{9-50}$$

式中：t_{rm}——检测持续时间内受检房间的室内平均温度（℃）；

　　　$t_{rm,i}$——检测持续时间内受检房间第i个室内逐时温度（℃）；

　　　n——检测持续时间内受检房间的室内逐时温度的个数；

　　　$t_{i,j}$——检测持续时间内受检房间内第j个测点的第i个温度逐时值（℃）；

　　　p——检测持续时间内受检房间布置的温度测点的个数。

（2）依据《居住建筑节能检测标准》JGJ/T 132—2009，试验方法如下：

①室内平均温度的检测持续时间宜为整个采暖期。当该项检测是为配合其他物理量的检测而进行时，则其检测的起止时间应符合相应检测项目检测方法中的有关规定。

②当受检房间使用面积大于或等于 30m² 时，应设置两个测点。测点应设于室内活动区域，且距楼面(700~1800)mm 范围内有代表性的位置；温度传感器不应受到太阳辐射或室内热源的直接影响。

③室内平均温度应采用温度自动检测仪进行连续检测，检测数据记录时间间隔不宜超过 30min。

④室内温度逐时值和室内平均温度计算应按照《民用建筑节能现场检验标准》DB11/T 555—2015 室内平均温度公式计算。

（3）依据《公共建筑节能检测标准》JGJ/T 177—2009，试验方法如下：

①测点布置应符合下列原则：

3 层及以下的建筑物应逐层选取区域布置温度、湿度测点；

3 层以上的建筑物应在首层、中间层和顶层分别选取区域布置温度、湿度测点；

气流组织方式不同的房间应分别布置温度、湿度测点。

②温度、湿度测点应设于室内活动区域，且应在距地面(700~1800)mm 范围内有代表性的位置，温度、湿度传感器不应受到太阳辐射或室内热源的直接影响。温度、湿度测点位置及数量还应符合下列规定：

当房间使用面积小于 16m² 时，应设测点 1 个；

当房间使用面积大于或等于 16m²，且小于 30m² 时，应设测点 2 个；

当房间使用面积大于或等于 30m²，且小于 60m² 时，应设测点 3 个；

当房间使用面积大于或等于 60m²，且小于 100m² 时，应设测点 5 个；

当房间使用面积大于或等于 100m² 时，每增加(20~30)m² 应增加 1 个测点。

③室内平均温度、湿度检测应在最冷或最热月，且在供热或供冷系统正常运行后进行。室内平均温度、湿度应进行连续检测，检测时间不得少于 6h，且数据记录时间间隔最长不得超过 30min。

④室内平均温度计算应按照《民用建筑节能现场检验标准》DB11/T 555—2015 室内平均温度公式计算。

（4）依据《采暖通风与空气调节工程检测技术规程》JGJ/T 260—2011，试验方法如下：

①检测方法应符合下列规定：

室内面积不足 16m²，测室中央 1 点；

16m² 及以上且不足 30m² 测 2 点（居室对角线 3 等分，其 2 个等分点作为测点）；

30m² 及以上不足 60m² 测 3 点（居室对角线 4 等分，其 3 个等分点作为测点）；

60m² 及以上不足 100m² 测 5 点（两对角线上梅花设点）；

100m² 及以上每增加(20～50)m² 酌情增加(1～2)个测点（均匀布置）；

测点应距离地面以上(0.7～1.8)m，且应离开外墙表面和冷热源不小于 0.5m，避免辐射影响。

②检测步骤及方法：

a. 根据设计图纸绘制房间平面图，对各房间进行统一编号；

b. 检查测试仪表是否满足使用要求；

c. 检查空调系统是否正常运行，对于舒适性空调，系统运行时间不少于 6h；

d. 根据系统形式和测点布置原则布置测点；

e. 待系统运行稳定后，依据仪表的操作规程，对各项参数进行检测并记录测试数据；

f. 对于舒适性空调系统测量一次。

③室内平均温度参考本章节《民用建筑节能现场检验标准》DB11/T 555—2015 室内平均温度公式计算。

2）各风口的风量

（1）依据《民用建筑节能现场检验标准》DB11/T 555—2015，试验方法如下：

①一般规定：

应在空调系统正常运行时检测，且所有风口应处于正常开启状态，受检风系统总风量应维持恒定且宜为设计值的 100%～110%。

②检测步骤：

a. 将风量罩压在出风口上，接触面不能漏气，待数据稳定后，读取风量数值，每个出风口风量至少读取 2 个数值，总风量与新风量分别读取；

b. 逐个检测该机组所有风口。

③检测数据应取每个风口的检测数据的平均值作为最终检测结果。

（2）依据《公共建筑节能检测标准》JGJ/T 177—2009，风管风量检测方法如下：

①风管风量检测方法：

a. 风管风量检测宜采用毕托管和微压计；当动压小于10Pa 时，宜采用数字式风速计；

b. 风量测量断面应选择在机组出口或入口直管段上，且宜距上游局部阻力部件大于或等于 5 倍管径（或矩形风管长边尺寸），并距下游局部阻力构件大于或等于 2 倍管径（或矩形风管长边尺寸）的位置；

c. 测量断面测点布置应符合下列规定：

矩形断面测点数及布置方法应符合表 9-52 和图 9-29 的规定；

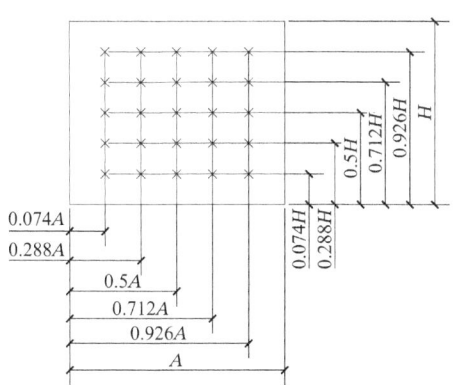

图 9-29　矩形风管 25 个测点时的测点布置

矩形断面测点位置　　　　表 9-52

横线数或每条横线上的测点数目	测点	测点位置X/A或X/H
5	1	0.074
	2	0.288
	3	0.500
	4	0.712
	5	0.926
6	1	0.061
	2	0.235
	3	0.437
	4	0.563
	5	0.765
	6	0.939
7	1	0.053
	2	0.203
	3	0.366
	4	0.500
	5	0.634
	6	0.797
	7	0.947

注：1. 当矩形截面的纵横比（长短边比）小于 1.5 时，横线（平行于短边）的数目和每条横线上的测点数目均不宜少于 5 个。当长边大于 2m 时，横线（平行于短边）的数目宜增加到 5 个以上。

2. 当矩形截面的纵横比（长短边比）大于等于 1.5 时，横线（平行于短边）的数目宜增加到 5 个以上。

3. 当矩形截面的纵横比（长短边比）小于等于 1.2 时，也可按等截面划分小截面，每个小截面边长宜为(200～250)mm。

圆形断面测点数及布置方法应符合表 9-53 和图 9-30 的规定。

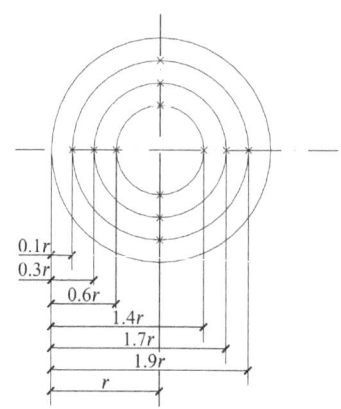

图 9-30　圆形风管三个圆环时的测点布置

圆形风管测点到测孔距离　　　　表 9-53

风管直径	≤200mm	(200～400)mm	(400～700)mm	≥700mm
圆环个数	3	4	5	5～6
测点编号	测点到管壁的距离（r 的倍数）			
1	0.10	0.10	0.05	0.05
2	0.30	0.20	0.20	0.15
3	0.60	0.40	0.30	0.25
4	1.40	0.70	0.50	0.35
5	1.70	1.30	0.70	0.50
6	1.90	1.60	1.30	0.70
7	—	1.80	1.50	1.30
8	—	1.90	1.70	1.50
9	—	—	1.80	1.65
10	—	—	1.95	1.75
11	—	—	—	1.85
12	—	—	—	0.95

　　a. 测量时，每个测点应至少测量两次。当两次测量值接近时，应取两次测量的平均值作为测点的测量值；

　　b. 当采用毕托管和微压计测量风量或采用数字式风速计测量风量时，风量计算依据《民用建筑节能现场检验标准》DB11/T 555—2015 通风与空调系统总风量所采用对应方法进行检测。

　　②风量罩风口风量检测方法：

　　a. 风量罩安装应避免产生紊流，安装位置应位于检测风口的居中位置；

b.风量罩应将待测风口罩住,并不得漏风;

c.应在显示值稳定后记录读数。

(3)依据《采暖通风与空气调节工程检测技术规程》JGJ/T 260—2011,试验方法如下:

①风口风量检测测点布置应符合下列规定:

a.当采用风速计法测量风口风量时,在辅助风管出口平面上,应按测点不少于 6 点均匀布置测点;

b.当采用风量罩法测量风口风量时,应根据设计图纸绘制风口平面布置图,并对各房间风口进行统一编号。

②风口风量可按下列检测步骤及方法进行检测:

a.当采用风速计法时,根据风口的尺寸,制作辅助风管;辅助风管的截面尺寸应与风口内截面尺寸相同,长度不小于 2 倍风口边长;利用辅助风管将待测风口罩住,保证无漏风;

b.当采用风量罩法时,根据待测风口的尺寸、面积,选择与风口的面积较接近的风量罩罩体,且罩体的长边长度不得超过风口长边长度的 3 倍;风口的面积不应小于罩体边界面积的 15%;确定罩体的摆放位置来罩住风口,风口宜位于罩体的中间位置;保证无漏风。

③风口风量检测的数据处理应符合下列规定:

a.当采用风速计法时,以风口截面平均风速乘以风口截面积计算风口风量,风口截面平均风速为各测点风速测量值的算术平均值,应按下式计算:

$$L = 3600 \cdot F \cdot V \tag{9-51}$$

式中:F——送风口的外框面积(m^2);

V——风口处测得的平均风速(m/s)。

b.当采用风量罩法时,观察仪表的显示值,待显示值趋于稳定后,读取风量值,依据读取的风量值,考虑是否需要进行背压补偿,当风量值不大于 1500m^3/h 时,无需进行背压补偿,所读风量值即为所测风口的风量值;当风量值大于 1500m^2/h 时,使用背压补偿挡板进行背压补偿,读取仪表显示值即为所测的风口补偿后风量值。

3)通风与空调系统总风量

(1)依据《民用建筑节能现场检验标准》DB11/T 555—2015,试验方法如下:

①通风与空调系统风量检测在空调机组出口或入口的直管段进行,布点方法应符合现行行业标准《公共建筑节能检测标准》JGJ/T 177—2009 的规定;

②检测时,空调系统应在正常工况运行,且所有风口应处于正常开启状态;

③检测步骤:

a.选择空调机组出口或入口直管段较长的风管作为待测管路;

b.选择距上游局部阻力管件 2 倍管径的部位作为待测区域,剥离管路外面的保温层,测量管路长宽(方管)或周长(圆管)尺寸,根据布点方法要求,计算管路测点尺寸;

c. 根据计算得出的测点尺寸，用开孔器在管路上开出测孔；

d. 将毕托管连接上微压计，垂直风管表面插入测孔，用尺子测量毕托管插入风管深度，调整毕托管到达测点位置，测量各测点动压，每个测点至少测量 2 次，以两次测量结果的平均值作为该点测量值；

e. 记录房间内的大气压力和空气温度。

④ 检测数据应按照下列步骤计算：

a. 当采用毕托管和微压计检测风量时，风量计算应按下列方法进行；

平均动压计算应取各测点的算术平均值作为平均动压，当各测点数据变化较大时，动压的平均值应按下式计算：

$$P_v = \left(\frac{\sqrt{P_{v1}} + \sqrt{P_{v2}} + \cdots + \sqrt{P_{vn}}}{n}\right)^2 \tag{9-52}$$

式中： P_v ——平均动压（Pa）；

P_{v1}、P_{v2}、$\cdots$、P_{vn} ——各测点动压（Pa）。

断面平均风速应按下式计算：

$$V = \sqrt{\frac{2P_v}{\rho}} \tag{9-53}$$

式中：V ——断面平均风速（m/s）；

ρ ——空气密度（kg/m³），$\rho = 0.349B/(273.15 + t)$；

B ——大气压力（hPa）；

t ——空气温度（℃）。

机组或系统实测风量应按下式计算：

$$L = 3600V \cdot F \tag{9-54}$$

式中：F ——断面面积（m²）；

L ——机组或系统风量（m³/h）。

b. 采用数字式风速计测量风量时，断面平均风速应取算术平均值；机组或系统实测风量应按下式计算：

$$L = 3600V \cdot F \tag{9-55}$$

式中：F ——断面面积（m²）；

L ——机组或系统风量（m³/h）。

（2）试验方法依据《公共建筑节能检测标准》JGJ/T 177—2009。

（3）依据《采暖通风与空气调节工程检测技术规程》JGJ/T 260—2011，试验方法如下：

① 测点布置应符合现行行业标准《公共建筑节能检测标准》JGJ/T 177—2009 的规定。

② 可按下列步骤及方法进行检测：

a. 检查系统和机组是否正常运行，并调整到检测状态；

b.确定风量测量的具体位置以及测点的数目和布置方法测量截面应选择在气流较均匀的直管段上,并距上游局部阻力管件(4～5)倍管径以上(或矩形风管长边尺寸),距下游局部阻力管件(1.5～2)倍管径以上(或矩形风管长边尺寸)的位置,如图 9-31 所示;

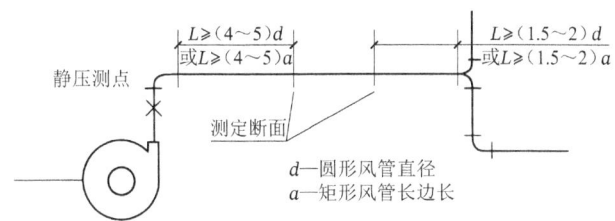

图 9-31 测定断面位置选择示意图

c.依据仪表的操作规程,调整测试用仪表到测量状态;

d.逐点进行测量,每点宜进行 2 次以上测量;

e.当采用毕托管测量时,毕托管的直管应垂直管壁,毕托管的测头应正对气流方向且与风管的轴线平行,测量过程中,应保证毕托管与微压计的连接软管通畅无漏气;

f.记录所测空气温度和当时的大气压力。

③数据处理应符合下列规定:

a.当采用毕托管和微压计测量时,应按下列公式计算风量:

$$\overline{P}_v = \left(\frac{\sqrt{P_{v1}} + \sqrt{P_{v2}} + \cdots + \sqrt{P_{vn}}}{n}\right)^2 \tag{9-56}$$

$$V = \sqrt{\frac{2P_v}{\rho}} \tag{9-57}$$

$$L = 3600VF \tag{9-58}$$

式中: $\overline{P}_v$——平均动压(Pa);
P_{v1}、P_{v2}、…、P_{vn}——各测点的动压(Pa);
$\overline{V}$——断面平均风速(m/s);
ρ——空气密度(kg/m³);
B——大气压力(kPa);
t——空气温度(℃);
F——断面面积(m²);
L——机组或系统风量(m³/h);
L_s——标准空气状态下风量(m³/h)。

b.当采用热电风速计或数字式风速计测量风量时,断面平均风速为各测点风速测量值的平均值,实测风量和标准风量的计算方法与毕托管和微压计测量计算方法相同。

4）风道系统单位风量耗功率

（1）依据《民用建筑节能现场检验标准》DB11/T 555—2015，试验方法如下：

①抽检通风与空调机组吸入端，压出端直管道检测风量，电动机输入端检测功率；

②检测设备宜采用微压计、毕托管检测风量，使用钳形功率表或电能质量分析仪检测输入功率；

③宜在空调正常使用时进行；

④检测步骤：

a. 将空调机组启动，空调系统调整到正常运行工况；

b. 在空调机组的吸入端、压出端直管段检测空调机组风量，前后风量检测结果偏差不大于5%，取两个风量检测结果的平均值作为风机风量；

c. 按照现行行业标准《公共建筑节能检测标准》JGJ/T 177—2009 附录 D 的要求在电动机输入线端检测空调机组输入功率。

⑤检测数据应按以下步骤计算：

风机单位风量耗功率W_S应按下式计算：

$$W_S = \frac{N}{L} \tag{9-59}$$

式中：N——风机输入功率（W）；

L——风机实际风量（m³/h）。

（2）依据《公共建筑节能检测标准》JGJ/T 177—2009，风机单位风量耗功率检测如下：

①检测应在空调通风系统正常运行工况下进行；

②风量检测应采用风管风量检测方法，并应符合《公共建筑节能检测标准》JGJ/T 177—2009 附录 E 的规定；

③风机的风量应为吸入端风量和压出端风量的平均值，且风机前后的风量之差不应大于5%；

④风机的输入功率应在电动机输入线端同时测量，输入功率检测应符合《公共建筑节能检测标准》JGJ/T 177—2009 附录 D 的规定；

⑤风机单位风量耗功率（W）可按照本章节《民用建筑节能现场检验标准》DB11/T 555 的风道系统单位风量耗功率检测数据计算方法计算。

（3）依据《采暖通风与空气调节工程检测技术规程》JGJ/T 260—2011，试验方法如下：

①功率检测应符合下列规定：

a. 功率检测的测点布置应根据测试需求确定被测位置，电机输入功率检测应按现行国家标准《三相异步电动机试验方法》GB/T 1032—2023 进行。

b. 功率检测宜优先采用两表法（两台单相功率表）测量，也可采用一台三相功率表或三台单相功率表测量；

c.当功率检测的数据处理采用两表法（两台单相功率表）则量时，输入功率应为两表测试功率之和。

②风机单位风量耗功率可按下列步骤及方法进行检测：

a.被测风机测试状态稳定后，开始测量；

b.分别对风机的风量和输入功率进行测试，风管风量的检测方法应符合本节功率检测的规定检测；

c.风机的风量应为吸入端风量和压出端风量的平均值，且风机前后的风量之差不应大于5%。

③风机单位风量耗功率应按下式计算：

$$W_S = \frac{N}{L} \tag{9-60}$$

式中：N——风机输入功率（W）；

L——风机实际风量（m³/h）。

5）空调机组的水流量

（1）依据《民用建筑节能现场检验标准》DB11/T 555—2015，试验方法如下：

①检测方法适用于采暖供热系统水力平衡度、通风与空调系统冷热水和冷却水流量空调机组水流量等关于水流量的无损检测；

②空调或采暖系统正常运行时期，检测期间，采暖和空调系统运行工况应符合现行行业标准《公共建筑节能检测标准》JGJ/T 177—2009 和《居住建筑节能检测标准》JGJ/T 132—2009 规定；

③检测步骤：

a.检测位置：

水力平衡度在建筑物采暖供热管道热井内或室内管道，在室外布点时距离外墙外表面不大于2.5m；

通风与空调系统冷热水在空调机房冷热水总管道；

通风与空调系统冷却水在空调机房冷却水总管道或冷却塔回水总管道；

空调机组水流量在空调机组进水或回水管道进行检测。

b.超声波流量计的安装应符合其使用规定，当被测管道有锈蚀现象时应用超声波测厚仪检测管道壁厚；

c.检测时间间隔及检测时间应符合现行行业标准《居住建筑节能检测标准》JGJ/T 132—2009 或《公共建筑节能检测标准》JGJ/T 177—2009 中对所检项目的要求；

d.检测数据应符合现行行业标准《居住建筑节能检测标准》JGJ/T 132—2009 或《公共建筑节能检测标准》JGJ/T 177—2009 对所检项目的数据处理规定。

（2）依据《公共建筑节能检测标准》JGJ/T 177—2009 采用水系统供冷（热）量检测方法：

①水系统供冷（热）量应按现行国家标准《蒸气压缩循环冷水（热泵）机组性能试验方法》GB/T 10870—2014 规定的液体载冷剂法进行检测；

②检测时应同时分别对冷水（热水）的进、出口水温和流量进行检测，根据进、出口温差和流量检测值计算得到系统的供冷（热）量。检测过程中应同时对冷却侧的参数进行监测，并应保证检测工况符合检测要求；

③水系统供冷（热）量测点布置应符合下列规定：

a. 温度计应设在靠近机组的进出口处；

b. 流量传感器应设在设备进口或出口的直管段上，并应符合产品测量要求。

④水系统供冷（热）量测量仪表宜符合下列规定：

a. 温度测量仪表可采用玻璃水银温度计、电阻温度计或热电偶温度计；

b. 流量测量仪表应采用超声波流量计。

（3）依据《采暖通风与空气调节工程检测技术规程》JGJ/T 260—2011 采用水流量检测，检测方法如下：

①水流量检测的测点布置应设置在设备进口或出口的直管段上；对于超声波流量计，其最佳位置可为距上游局部阻力构件 10 倍管径、距下游局部阻力构件 5 倍管径之间的管段上。

②水流量可按下列步骤进行检测：

a. 确定检测状态，安装检测仪表；

b. 依据仪表的操作规程，调整测试仪表到测量状态；

c. 待测试状态稳定后，开始测量，测量时间宜取 10min。

③水流量检测的数据处理应取各次测量的算术平均值作为测试值。

6）空调系统冷水、热水、冷却水的循环流量

（1）检测方法依据《民用建筑节能现场检验标准》DB11/T 555—2015。

（2）检测方法依据《公共建筑节能检测标准》JGJ/T 177—2009。

（3）检测方法依据《采暖通风与空气调节工程检测技术规程》JGJ/T 260—2011。

7）室外供暖管网水力平衡度

（1）试验方法依据《民用建筑节能现场检验标准》DB11/T 555—2015。

（2）依据《居住建筑节能检测标准》JGJ/T 132—2009，试验方法如下：

①水力平衡度的检测应在采暖系统正常运行后进行；

②室外采暖系统水力平衡度的检测宜以建筑物热力入口为限；

③受检热力入口的管径不应小于 DN40；

④水力平衡度检测期间，采暖系统总循环水量应保持恒定，且应为设计值的 100%～

110%；

⑤流量计量装置宜安装在建筑物相应的热力入口处，且宜符合产品的使用要求；

⑥循环水量的检测值应以相同检测持续时间内各热力入口处测得的结果为依据进行计算，检测持续时间宜取 10min；

⑦水力平衡度应按下式计算：

$$HB_j = \frac{G_{\mathrm{wm},j}}{G_{\mathrm{wd},j}} \tag{9-61}$$

式中：HB_j——第 j 个热力入口的水力平衡度；

$G_{\mathrm{wm},j}$——第 j 个热力入口循环水量检测值（m³/s）；

$G_{\mathrm{wd},j}$——第 j 个热力入口的设计循水量（m³/s）。

（3）依据《采暖通风与空气调节工程检测技术规程》JGJ/T 260—2011，试验方法如下：

①水力平衡度可按下列步骤及方法进行检测：

A. 检测应在采暖系统正常运行后进行；

B. 水力平衡度检测期间，应保证系统总循环水量维持恒定且为设计值的 100%～110%；

C. 热力入口流量测试规定及步骤如下：

a. 检测规定：

水流量检测的测点布置应设置在设备进口或出口的直管段上；对于超声波流计，其最佳位置可为距上游局部阻力构件 10 倍管径、距下游局部阻力构件 5 倍管径之间的管段上。

b. 检测步骤：

确定检测状态，安装检测仪表；

依据仪表的操作规程，调整测试仪表到测量状态；

待测试状态稳定后，开始测量，测量时间宜取 10min。

c. 水流量检测的数据处理应取各次测量的算术平均值作为测试值。

D. 循环水量的检测值应以相同检测持续时间内各热力入口处测得的结果为依据进行计算。

②水力平衡度应按下式计算：

$$HB_j = \frac{G_{\mathrm{wm},j}}{G_{\mathrm{wd},j}} \tag{9-62}$$

式中：HB_j——第 j 个支路处的系统水力平衡度；

$G_{\mathrm{wm},j}$——第 j 个支路处的实际水流量（m³/h）；

$G_{\mathrm{wd},j}$——第 j 个支路处的设计水流量（m³/h）；

j——支路处编号。

8）室外供暖管网热损失率

（1）依据《民用建筑节能现场检验标准》DB11/T 555—2015，试验方法如下：

①室外管网热损失时应对室外管网整体进行检测。

②布点方法应符合下列要求：

a. 总采暖供热量宜在采暖热源出口处检测，供回水温度和流量传感器宜安装在采暖热源机房内，在室外安装温度传感器时，距采暖热源机房外墙外表面的垂直距离不应大于2.5m；

b. 采暖供热量检测宜在建筑物热力入口处，供回水温度和流量传感器的安装宜满足相关产品的使用要求，温度传感器宜安装于受检建筑物外墙的外侧，距外墙外表面2.5m以内的地方。

c. 检测环境应符合采暖系统正常运行5d以后进行，检测期间，采暖系统应处于正常运行工况，热源供水温度的逐时值不应低于35℃。

③检测步骤：

a. 根据供热管网施工图，现场勘查从热力站出口到各采暖建筑热力入口，确定各管井位置；

b. 按仪器使用要求，在采暖热源出口处和各建筑物热力入口处安装超声波热流量计，计量各处的热量；

c. 检测的数据采集时间间隔不应大于60min，持续时间不应少于72h。

④检测数据处理步骤：

a. 室外管网热损失率α_{ht}应按下式计算（采用超声波热流量计）：

$$\alpha_{ht} = (1 - \frac{\sum_{j=1}^{n} Q_{a,j}}{Q_{a,t}}) \times 100\% \tag{9-63}$$

式中：α_{ht}——室外管网热损失率；

$Q_{a,j}$——检测持续时间内第j个热力入口处的供热量（MJ）；

$Q_{a,t}$——检测持续时间内热量的输出热量（MJ）。

b. 当采用超声波流量计检测时，各检测位置的累积热量Q应按下式计算：

$$Q_a = \sum_{i=1}^{n} \frac{C \cdot G_i \cdot (T_{an} - T_{hn})}{3600} \tag{9-64}$$

式中：C——水的比热容（取4186.8J/kg·℃）；

G_i——每时间间隔的累计流量（kg/h）；

T_{an}——每时间间隔的供水温度（℃）；

T_{hn}——每时间间隔的回水温度（℃）；

n——检测期记录数据次数。

c. 室外管网热输送效率α_n应按下式计算：

$$\alpha_n = 1 - \alpha_{ht} \tag{9-65}$$

本方法建议采用超声波热流量计检测，如果采用超声波流量计与温度传感器配合使用进行检测，检测的时间间隔不宜大于5min，这样温度逐时值变化较小，可以忽略流量和温度波动的影响，流量应采用时间间隔内的累计流量，不得采用瞬时流量计算。

（2）依据《居住建筑节能检测标准》JGJ/T 132—2009，试验方法如下：

①采暖系统室外管网热损失率的检测应在采暖系统正常运行120h后进行，检测持续时间不应少于72h。

②检测期间，采暖系统应处于正常运行工况，热源供水温度的逐时值不应低于35℃。

③热计量装置的安装应符合以下规定：

建筑物采暖供热量应采用热计量装置在建筑物热力入口处检测，供回水温度和流量传感器的安装宜满足相关产品的使用要求，温度传感器宜安装于受检建筑物外墙外侧且距外墙外表面2.5m以内的地方。采暖系统总采暖供热量宜在采暖热源出口处检测，供回水温度和流量传感器宜安装在采暖热源机房内，当温度传感器安装在室外时，距采暖热源机房外墙外表面的垂直距离不应大于2.5m。

④采暖系统室外管网供水温降应采用温度自动检测仪进行同步检测，温度传感器的安装应符合《居住建筑节能检测标准》JGJ/T 132—2009附录B第B.0.2条的规定，数据记录时间间隔不应大于60min。

⑤室外管网热损失率应按下式计算：

$$\alpha_{ht} = (1 - \frac{\sum_{j=1}^{n} Q_{a,j}}{Q_{a,t}}) \times 100\% \tag{9-66}$$

式中：α_{ht}——采暖系统室外管网热损失率；

$Q_{a,j}$——检测持续时间内第j个热力入口处的供热量（MJ）；

$Q_{a,t}$——检测持续时间内热量的输出热量（MJ）。

（3）依据《采暖通风与空气调节工程检测技术规程》JGJ/T 260—2011，试验方法如下：

①检测的测点应布置在热源总出口及各个热力入口。

②检测步骤及方法：

a. 应在采暖系统正常运行120h后进行，检测持续时间不应少于72h；

b. 检测期间，采暖系统应处于正常运行工况，热源供水温度的逐时值不应低于35℃；

c. 采暖系统室外管网供水温降应采用温度自动检测仪进行同步检测，数据记录时间间隔不应大于60min；

d. 建筑物采暖供热量应采用热计量装置在建筑物热力入口处检测，供回水温度和流量传感器的安装宜满足相关产品的使用要求，温度传感器宜安装于受检建筑物外墙外侧且距外墙外表面2.5m以内的地方；

e. 采暖系统总采暖供热量宜在采暖热源出口处检测，供回水温度和流量传感器宜安装在采暖热源机房内，当温度传感器安装在室外时，距采暖热源机房外墙外表面的垂直距离不应大于2.5m。

③采暖系统室外管网热损失率应按下式计算：

$$\alpha_{ht} = (1 - \frac{\sum_{j=1}^{n} Q_{a,j}}{Q_{a,t}}) \times 100\% \qquad(9\text{-}67)$$

式中：α_{ht}——采暖系统室外管网热损失率；

$Q_{a,j}$——检测持续时间内第 j 个热力入口处的供热量（MJ）；

$Q_{a,t}$——检测持续时间内热源的输出热量（MJ）。

9）照度与照明功率密度

（1）试验方法依据《民用建筑节能现场检验标准》DB11/T 555—2015。

（2）依据《照明测量方法》GB/T 5700—2023，试验方法如下：

①测量条件：

a. 进行照明测量前，光源应预先完成老化。（注：老化是采集光源光度、色度和电学性能初始值之前的预处理过程，也称为"老炼"）

b. 进行现场照明测量时，应在光源预热 15min 后，监测现场规定点照度，其连续 1min 内监测不少于 6 个照度值，其最大值和最小值比值不应超过 1.005。

c. 对具有多种控制场景的照明空间进行检测时，应对典型控制场景的照明分别进行测量。

d. 照明测量宜在额定电压条件下进行。测量时，应监测电源电压；当实测电压偏差超过相关标准规定的范围时，应依据实验室在额定电压下测量结果对现场测量结果做相应的修正。

e. 室外照明测量应在设计的场地环境条件下进行测量，路面或场地宜清洁和干燥，非被测光源不应对测量结果产生显著影响。室内照明测量应在没有天然光和其他非被测光源影响下进行。

②照度测量：

a. 在照度测量区域宜将测量区域划分成矩形网格，网格宜为正方形，测量点应为矩形网格中心点，见图 9-32。其测点间距，除有另外规定，可根据测量区域的长度和宽度按表 9-54 确定。

测量区域最大测点间距表　　　　　　　　　　　　　　　表 9-54

测量区域的场地尺寸	最大测点间距 a/m 或 b/n
地长度 a 或宽度 b 不大于 2.5m	0.5m
场地长度 a 或宽度 b 大于 2.5m，且不大于 6m	1.0m
场地长度 a 或宽度 b 大于 6m，且不大于 15m	2.0m
场地长度 a 或宽度 b 大于 15m，且不大于 50m	5.0m
场地长度 a 或宽度 b 大于 50m	10.0m

注：m 为场地长度方向的测点数量，n 为场地宽度方向的测点数量。

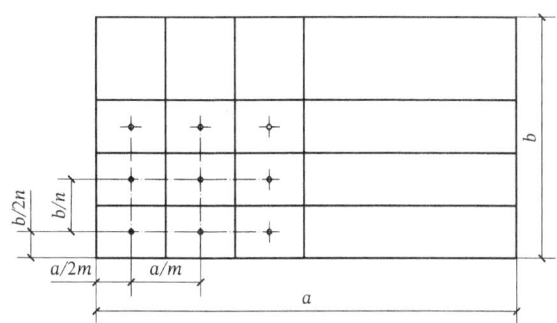

标引序号说明：a—场地长度；b—场地宽度；m—长轴方向网格数量；n—短轴方向网格数量

图 9-32 在网格中心布点示意图

b. 当测试项目有多个评价区域时，不同评价区域应分别设置测量网格。

c. 测量时在场人员应远离接收器，并应保证其上无任何阴影。

d. 当测量规定表面照度时，接收器应放置在规定表面上。

e. 当测量垂直照度时，应根据设计要求设置接收器高度，接收器的法线方向应与所测试方向一致。

f. 平均照度/辐照度应为各测量点测量值的算术平均值。

g. 照度均匀度可为最小照度与平均照度之比，或最小照度与最大照度之比。

③ 照明功率密度测量：

a. 测量宜采用有记忆功能的数学式电气测量仪表。

b. 单个照明灯具电参数的测量应采用量程适宜、功能满足要求的单相电气测量仪表。

c. 照明总功率或电能量的测量按以下方法进行。

供电回路中混有其他用电设备时，测量时应断开其他用电设备。

当供电回路为多个房间或场所的照明系统供电时，各房间或场所照明系统的功率或电能量可根据其照明安装功率占线路总安装功率的比重，乘以回路的功率或电能量得到。

在上述测量方式无法实现时，可采用单灯法逐一测试房间或场所内单个或一组的灯具功率，再累加计算房间或场所的照明总功率或电能量。

d. 照明功率密度应按下式计算：

$$LDP = k\frac{\sum P_i}{S} \tag{9-68}$$

式中：LDP——照明功率密度（W/m^2）；

P_i——被测量照明场所中的第 i 单个照明灯具的输入功率（W）；

S——被测量照明场所的面积（m^2）；

k——电压修正系数，当灯具工作电压与额定电压偏离超过 5% 时，应对灯具输入功率进行电压修正，对于使用白炽灯和使用电感整流器的气体放电灯的灯具，其电压修正系数可按以下式计算确定。

$$k = \frac{U_0^2}{U_t^2} \tag{9-69}$$

式中：U_0——额定工作电压（V）；

U_t——实测电压（V）。

6. 外墙传热系数

1）依据《居住建筑节能工程施工质量验收规程》DB11/T 1340—2022，检测要求如下：

建筑围护结构节能工程施工完成后，应对围护结构的外墙节能构造和外窗气密性进行现场实体检验。其检验应符合下列规定：

①外墙节能构造的现场实体检验宜采用外墙传热系数或钻芯检验方法，其检测方法应符合现行地方标准《民用建筑节能现场检验标准》DB11/T 555—2015 的规定。当建筑为超低能耗建筑时，应采用外墙传热系数检验方法，检测方法可按现行国家标准《建筑物围护结构传热系数及采暖供热量检测方法》GB/T 23483—2009 的规定执行。在节能工程施工完成后，条件允许时可进行热工缺陷检验；

②现场实体检验的样本应在施工现场由监理单位和施工单位随机抽取，且应均匀、具有代表性，不得预先确定检验位置。

2）依据《民用建筑节能现场检验标准》DB11/T 555—2015，试验方法如下：

（1）一般规定：

①围护结构传热系数检测宜在冬季采暖期，被测部位保温系统施工完工 60d 后，选择连续采暖至少 7d 的房屋进行。非采暖期检测时，可以采用人工加热或制冷方式进行检测；

②现场选择待检围护结构的朝向宜为北向、东向，不宜选择西向和南向，表面应平整、没有裂缝，检测范围内应是相同材质、构造的基层及保温体系；

③使用红外热像仪对预选的被测围护结构内表面温度进行检测，宜选择温度场均匀、没有热工缺陷的围护结构作为被测部位；

④热流计法适用于检测匀质材料构造的围护结构；热箱法适用于匀质或非匀质材料构造的围护结构。

（2）检测方法：

①热流计法

A. 检测时，室外风力应小于 5 级，围护结构内外表面温差宜高于 20℃或 10/U℃，应保证室内空气温度的波动范围在 ±3℃ 之内。热流计周围温度稳定后，检测时间至少连续检测 96h，温度不稳定时应连续检测不少于 168h。围护结构被测区域的外表面应避免雨雪和阳光直射，否则需临时遮挡；检测期间应封闭被测围护结构所在的房间。

注：U 为围护结构主体部位传热系数，单位为 [W/(m²·K)]。

B. 当室内外温差达不到规定要求或在非采暖期检测时，可以采取人工加热或制冷的方式建立室内外温差，加热装置距离被测围护结构表面不小于 1.5m。

C.应按下列步骤进行检测：

将热流计直接安装在被测围护结构内表面上，热流计表面与被测表面应充分接触。热流计计量范围内的传感器表面不得有任何遮挡，测点位置不应靠近热桥、裂缝和有空气渗透的部位，距离热桥部位应不少于构件厚度的 1.5 倍；不应受阳光直射、加热、制冷装置和风扇的直接影响。一个检测面应设置不少于 4 个热流计测点，两个热流计之间的中心距离不宜小于 500mm。

每个热流计应有检测内外表面温度的温度传感器，内表面温度传感器应靠近热流计安装，距离不宜超过 20mm，对应外表面温度传感器应在与热流计相对应的位置安装。温度传感器连同 100mm 长的引线应与被测表面紧密接触，传感器表面的辐射系数应与受检表面基本相同。墙体内外表面温度传感器温差的测量误差应小于 0.2℃。

应采用连续测量方式，数据采集时间间隔应不大于 30min。

应检测围护结构的热流密度、室内外空气温度、围护结构的内、外表面温度等数据。

D.热流计各测点检测数据应按下列步骤计算：

数据处理宜采用动态分析法进行计算，其处理软件应符合《居住建筑节能检测标准》JGJ/T 132—2009 的规定。

当满足下列条件时，可采用算术平均法进行计算：

a.各测点热阻的末次计算值与 24h 之前的计算值相差不大于 5%；

b.检测期间内第一个 INT（2×DT/3）天内与最后一个同样长的天数内各测点热阻的计算值相差不大于 5%。（注：DT 为检测持续天数，INT 表示取整数部分）

当采用算术平均法进行数据分析时，各测点传热系数应按照下列公式计算，并且应使用全天数据（24h 的整数倍）进行计算：

$$R = \frac{\sum_{j=1}^{n}(\theta_{Ij} - \theta_{Ej})}{\sum_{j=1}^{n} q_j} \tag{9-70}$$

$$U = \frac{1}{R_i + R + R_e} \tag{9-71}$$

式中：R——各测点的热阻（$m^2 \cdot K/W$）；

θ_{Ij}——各测点内表面温度的第 j 次测量值（℃）；

θ_{Ej}——各测点外表面温度的第 j 次测量值（℃）；

q_j——各测点热流密度的第 j 次测量值（W/m^2）；

U——围护结构主体部位传热系数 [W/($m^2 \cdot K$)]；

R_i——围护结构内表面换热阻 [($m^2 \cdot K$)/W]，应按国家标准《民用建筑热工设计规范》GB 50176 的规定采用；

R_e——围护结构外表面换热阻 [($m^2 \cdot K$)/W]，应按国家标准《民用建筑热工设计规范》GB 50176 的规定采用。

E. 被测围护结构传热系数应以各测点检测结果的算术平均值为最终计算结果。

F. 居住建筑根据建筑物所依据的节能设计标准规定检测围护结构主体传热系数或平均传热系数，公共建筑宜按照标准《公共建筑节能检测标准》JGJ/T 177—2009 第 5.2 节检测围护结构主体传热系数和热桥传热系数，计算得到平均传热系数。

②热箱法

a. 当室外平均空气温度不大于 25℃时，相对湿度不大于 60%，可以仅使用热箱进行检测；当室外平均空气温度大于 25℃时，应使用冷箱模拟室外环境进行检测。控制室内外平均温差在 13℃以上，逐时最小温差应高于 10℃。围护结构被测区域的外表面应避免阳光直射或周边建筑物的热反射，必要时，应对被测围护结构外表面进行遮挡。被测部位尺寸宜大于 2.2m×2.4m。

b. 应按下列步骤进行检测：

在检测区域的中心部位对应布置围护结构内、外表面温度测点，温度传感器探头连同(100~200)mm 长引线一并直接粘贴在围护结构表面，测点探头感温部位不能有其他物体遮挡。当采用空气温度计算法时，内侧表面温度测点应至少 1 个，宜布置在计量热箱中心部位，外侧表面温度测点应至少 1 个，宜与内侧表面温度测点对应布置；当采用内外侧表面温度计算法时，内侧表面温度测点应至少 3 个，宜均匀布置在计量热箱中心部位，外侧表面温度测点应至少 3 个，宜与内侧表面温度测点对应布置。

热箱内空气温度传感器安装在热箱内几何中心部位；室内空气温度传感器应布置在计量热箱正面中心，安装在距热箱外表面(500~800)mm 距离，1/2 层高部位。

室外空气温度传感器安装，独立使用热箱检测时，布置在距被测围护结构外表面(200~400)mm 的阴影区域，并且需安装防辐射罩，当使用冷箱联合检测时，布置在冷箱有效空间几何中心位置。如果被测房间除北向的其他朝向的外墙有较大尺寸外窗，室内空气温度传感器宜安装防辐射罩或将外窗进行遮挡。

安置热箱使热箱周边与被测表面紧密接触，不能有漏气现象；热箱边缘应距被测围护结构周边踢脚、墙角、外窗及线盒等热桥部位 600mm 以上，检测部位不能有埋管等缺陷；若室外平均空气温度大于 20℃，应在室外表面安置冷箱，冷箱应大于热箱周边 300mm 以上，以降低被测围护结构室外的温度。

安装冷箱，使用卷尺测量出热箱在被测围护结构的位置，在室外热箱对应的围护结构位置中心部位粘贴室外墙表温度传感器，将室外空气温度传感器固定在冷箱的中心位置，将冷箱固定在被测围护结构室外表面，使冷箱和热箱中心轴线基本重合。

设定室内空气温度和热箱内空气温度相等，且设定值与室外空气温度最高值的温差不小于 13K，封闭被测房间。

当室内环境温度较低，宜安装加热器，采用电油汀时，距热箱边缘应大于 1500mm，距室内空气温度传感器大于 1000mm，采用暖风机加热时，风口不应朝向热箱和室内温度传感器。

传热系数检测时间间隔宜为30min，检测持续时间宜为96h，如检测数据没有进入稳定状态，宜相应延长检测时间；取稳定状态的连续24h检测数据，采用算术平均法进行分析、计算。

检测室内空气温度，室外空气温度（或冷箱内的空气温度），围护结构内外表面温度，热箱内空气温度，热箱功率。

c. 检测数据应按下列步骤计算：

采用空气温度计算时，围护结构主体部位传热系数应按下列公式计算：

$$U = \phi \cdot \frac{\sum_{j=1}^{m}\left[Q_j - (t_{ib,j} - t_{in,j}) \cdot S_r \cdot U_b\right]}{S_k \cdot \sum_{j=1}^{m}(t_{ib,j} - t_{en,j})} \tag{9-72}$$

式中：U——围护结构传热系数值 [W/(m²·K)]；

U_b——计量热箱外壁传热系数值 [W/(m²·K)]；

Q_j——第j个单位检测时间间隔热箱加热功率（W）；

S_r——计量热箱内侧5个表面面积和（m²）；

S_k——计量热箱内开口面积（m²）；

$t_{ib,j}$——第j个单位检测时间检测的计量热箱内空气温度（℃）；

$t_{in,j}$——第j个单位检测时间检测的室内空气温度（℃）；

$t_{en,j}$——第j个单位检测时间检测的室外空气温度（冷箱内空气温度）（℃）；

ϕ——热箱装置的修正系数，计算方法见《围护结构传热系数检测方法》GB/T 34342—2017；

m——数据组数，宜大于等于48组。

采用表面温度计算时，围护结构主体部位传热系数应按下列公式计算：

$$U = \phi \times \frac{1}{R_i + \dfrac{\sum_{j=1}^{m} S_k(\theta_{i,j} - \theta_{e,j})}{\sum_{j=1}^{m}\left[Q_j - (t_{ib,j} - t_{in,j}) \cdot S_r \cdot U_b\right]} + R_e} \tag{9-73}$$

式中：R_i——内表面换热阻，单位(m²·K)/W，应按《民用建筑热工设计规范》GB 50176—2016的规定采用；

R_e——外表面换热阻，单位(m²·K)/W，应按《民用建筑热工设计规范》GB 50176—2016的规定采用；

Q_j——计量热箱第j个单位检测时间间隔热箱加热功率（W）；

S_r——计量热箱内侧5个表面面积和（m²）；

S_k——计量热箱内开口面积（m²）；

$t_{ib,j}$——第j个单位检测时间检测的计量热箱内空气温度（℃）；

$t_{in,j}$——第j个单位检测时间检测的室内空气温度（℃）；

$t_{en,j}$——第j个单位检测时间检测的室外空气温度（冷箱内空气温度）（℃）；

U_b——计量热箱外壁传热系数值[W/(m²·K)]；

U——围护结构传热系数值[W/(m²·K)]；

$\theta_{i,j}$——第j个单位检测时间检测的内侧表面温度（℃），取3个内侧表面温度传感器检测结果平均值；

$\theta_{e,j}$——第j个单位检测时间检测的外侧表面温度（℃），取3个外侧表面温度传感器检测结果平均值；

ϕ——热箱装置的修正系数，计算方法见 GB/T 34342—2017 标准附录 B；

m——数据组数，宜大于等于48组。

d. 围护结构平均传热系数计算：根据被检工程所依据的节能设计标准的规定，采用检测得到的围护结构主体传热系数、检测或计算得到的热桥部位传热系数进行计算。

3）依据《建筑物围护结构传热系数及采暖供热量检测方法》GB/T 23483—2009，试验方法如下：

（1）检测条件：

①建筑物围护结构的检测宜选在最冷月，且应避开气温剧烈变化的天气；

②建筑物采暖供热量的检测应在供热系统正常运行120h后进行；

（2）检测方法：

建筑物围护结构传热系数的测定：

a. 建筑物围护结构主体传热系数宜采用热流计法进行检测；

b. 测点位置：宜用红外热像技术协助确定，测点应避免靠近热桥、裂缝和有空气渗漏的部位，不要受加热、制冷装置和风扇的直接影响。被测区域的外表面要避免雨雪侵袭和阳光直射；

c. 将热流计直接安装在被测围护结构的内表面上，要与表面完全接触；热流计不应受阳光直射；

d. 在被测围护结构两侧表面安装温度传感器。内表面温度传感器应靠近热流计安装，外表面温度传感器宜在与热流计相对应的位置安装。温度传感器的安装位置不应受到太阳辐射或室内热源的直接影响。温度传感器连同其引线应与被测表面接触紧密，引线长度不应少于0.1m；

e. 检测期间室内空气温度应保持基本稳定，测试时室内空气温度的波动范围在±3K之内，围护结构高温侧表面温度与低温侧表面温度应满足表9-55的要求；在检测过程中的任何时刻高温侧表面温度均不应高于低温侧表面温度；

f. 热流密度和内、外表面温度应同步记录，记录时间间隔不应大于30min，可以取多次采样数据的平均值，采样间隔宜短于传感器最小时间常数的1/2。

温差要求 表9-55

$K[\text{w}/(\text{m}^2 \cdot \text{K})]$	$T_h - T_l/K$
$K \geqslant 0.8$	$\geqslant 12$
$0.4 \leqslant K < 0.8$	$\geqslant 15$
$K < 0.4$	$\geqslant 20$

注：其中K为设计值；T_h为测试期间高温侧表面平均温度；T_l为测试期间低温侧表面平均温度。

（3）数据处理：

①围护结构传热系数的检测数据分析宜采用算术平均法计算，当算术平均法计算误差不满足要求时可用动态分析法。

②采用算术平均法进行数据分析时，应按以下公式计算围护结构的热阻：

$$R = \frac{\sum_{j=1}^{n}(T_{ij} - T_{oj})}{\sum_{j=1}^{n} q_j} \tag{9-74}$$

式中：R——围护结构的热阻；

T_{ij}——围护结构内表面温度的第j次测量值；

T_{oj}——围护结构外表面温度的第j次测量值；

q_j——热流密度的第j次测量值。

③对于轻型围护结构，宜使用夜间采集的数据计算围护结构的热阻。当经过连续四个夜间测量之后，相邻两次测量的计算结果相差不大于5%时即可结束测量。

④对于重型围护结构应使用全天数据计算围护结构的热阻，且只有在下列条件得到满足时方可结束测量。

a. 末次R计算值与24h之前的R计算值相差不应大于5%；

b. 检测期间第一个周期内与最后一个同样周期内的R计算值相差不大于5%。且每个周期天数采用2/3检测持续天数的取整值；

c. 围护结构的传热系数应按以下公式计算：

$$K = \frac{1}{R_i + R + R_e} \tag{9-75}$$

式中：K——围护结构的传热系数；

R_i——内表面换热阻，应按《民用建筑热工设计规范》GB 50176—2016附表2.2的规定采用；

R_e——外表面换热阻，应按《民用建筑热工设计规范》GB 50176—2016附表2.3的规定采用。

4）依据《居住建筑节能检测标准》JGJ/T 132—2009，试验方法如下：

（1）围护结构主体部位传热系数的检测宜在受检围护结构施工完成至少 12 个月后进行。

（2）围护结构主体部位传热系数的现场检测宜采用热流计法。

（3）热流和温度应采用自动检测仪检测，数据存储方式应适用于计算机分析。温度测量不确定度不应大于 0.5℃。

（4）测点位置不应靠近热桥、裂缝和有空气渗漏的部位，不应受加热、制冷装置和风扇的直接影响，且应避免阳光直射。

（5）热流计和温度传感器的安装应符合下列规定：

①热流计应直接安装在受检围护结构的内表面上，且应与表面完全接触；

②温度传感器应在受检围护结构两侧表面安装。内表面温度传感器应靠近热流计安装，外表面温度传感器宜在与热流计相对应的位置安装。温度传感器连同 0.1m 长引线应与受检表面紧密接触，传感器表面的辐射系数应与受检表面基本相同。

（6）检测时间宜选在最冷月，且应避开气温剧烈变化的天气。对设置采暖系统的地区，冬季检测应在采暖系统正常运行后进行；对未设置采暖系统的地区，应在人为适当地提高室内温度后进行检测。在其他季节，可采取人工加热或制冷的方式建立室内外温差。围护结构高温侧表面温度应高于低温侧 $10/U$℃以上，且在检测过程中的任何时刻均不得等于或低于低温侧表面温度。当传热系数小于 1W/(m²·K)时，高温侧表面温度宜高于低温侧 $10/U$℃以上。检测持续时间不应少于 96h。检测期间，室内空气温度应保持稳定，受检区域外表面宜避免雨雪侵袭和阳光直射。

注：U 为围护结构主体部位传热系数，单位为 [W/(m²·K)]。

（7）检测期间，应定时记录热流密度和内、外表面温度，记录时间间隔不应大于 60min。可记录多次采样数据的平均值，采样间隔宜短于传感器最小时间常数的 1/2。

（8）数据分析宜采用动态分析法。当满足下列条件时，可采用算术平均法：

①围护结构主体部位热阻的末次计算值与 24h 之前的计算值相差不大于 5%；

②检测期间内第一个 INT（2×DT/3）天内与最后一个同样长的天数内围护结构主体部位热阻的计算值相差不大于 5%。

注：DT 为检测持续天数，INT 表示取整数部分。

（9）当采用算术平均法进行数据分析时，应按下式计算围护结构主体部位的热阻，并应使用全天数据（24h 的整数倍）进行计算：

$$R = \frac{\sum_{j=1}^{n}(\theta_{Ij} - \theta_{Ej})}{\sum_{j=1}^{n} q_j} \tag{9-76}$$

式中：R——围护结构主体部位的热阻（$m^2 \cdot K/W$）；

θ_{Ij}——围护结构主体部位内表面温度的第j次测量值（℃）；

θ_{Ej}——围护结构主体部位外表面温度的第j次测量值（℃）；

q_j——围护结构主体部位热流密度的第j次测量值（W/m^2）。

（10）当采用动态分析方法时，宜使用与《居住建筑节能检测标准》JGJ/T 132—2009配套的数据处理软件进行计算。

（11）围护结构主体部位传热系数应按下式计算：

$$U = 1/(R_i + R + R_e) \tag{9-77}$$

式中：U——围护结构主体部位传热系数[$W/(m^2 \cdot K)$]；

R_i——内表面换热阻，应按国家标准《民用建筑热工设计规范》GB 50176—2016中附录二附表2.2的规定采用；

R_e——外表面换热阻，应按国家标准《民用建筑热工设计规范》GB 50176—2016中附录二附表2.3的规定采用。

5）依据《公共建筑节能检测标准》JGJ/T 177—2009采用热流计法传热系数检测，检测方法如下：

（1）热流计法是利用红外热像仪进行外墙和屋面的内、外表面温度场测量，通过红外热成像图分析确定热桥部位及其所占面积比例，采用热流计法检测建筑外墙（或屋面）主体部位传热系数和热桥部位温度、热流密度，并通过计算分析得到包括热桥部位在内的外墙（或屋面）加权平均传热系数。

（2）热流计法检测应在受检墙体或屋面施工完成至少12个月后进行。

（3）检测时间宜选在最冷月进行，检测期间建筑室内外温差不宜小于15℃。

（4）外墙（或屋面）主体部位传热系数的检测原理、热流和温度传感器的使用及安装要求、检测条件和数据整理分析应符合现行行业标准《居住建筑节能检测标准》JGJ/T 132—2009中的有关规定。

（5）外墙热桥部位热流和温度传感器的安装应充分考虑覆盖不同的受热面。热桥部位应根据红外摄像仪的室内热成像图进行分析确定。热流传感器的布置位置宜根据红外热成像图中的温度分布确定，且应布置在该受热面的平均温度点处。每个受热面应至少布置2个热流传感器，并相应布置温度传感器；内表面温度传感器应靠近热流计安装；热桥部位外表面应至少布置2个温度传感器。

（6）红外热成像仪测量应在无雨、室外平均风速不高于3m/s的夜间环境条件下进行。测量时，应避免非待测物体进入成像范围，拍摄角度宜小于30°；同时，宜采用表面式温度计测量受检部位表面温度，并记录建筑物室内外空气温度及室外风速、风向。

（7）应根据外墙（或屋面）主体部位和热桥部位所占面积的比例，通过现场检测的平均温度和平均热流密度计算得到主体部位传热系数和热桥部位各受热面平均热流密度，并应按下列公式计算外墙（或屋面）的平均传热系数：

$$K_m = \frac{K_p \cdot F_p + \frac{\sum q_j \cdot F_j}{(T_{air \cdot in} - T_{air \cdot out})}}{F} \tag{9-78}$$

$$T_{air \cdot in} = \frac{q}{8.7} + T_{in} \tag{9-79}$$

$$T_{air \cdot out} = T_{out} - \frac{q}{23} \tag{9-80}$$

式中：K_m——建筑外围护结构平均传热系数（W/m²·K）；

　　　K_p——建筑外围护结构主体部位传热系数（W/m²·K）；

　　　q_j——热桥部位第 j 个受热面平均热流密度（W/m²·K）；

　　　q——热桥部位各受热面平均热流密度之和的算术平均值（W/m²）；

　　　F_p——红外热成像图中外围护结构主体部位所占面积比；

　　　F_j——热桥部位第 j 个受热面对应的表面积（m²）；

　　$T_{air \cdot in}$——室内空气温度（℃）；

　　$T_{air \cdot out}$——室外空气温度（℃）；

　　　F——检测区域的外围护结构计算面积（m²）；

　　　T_{in}——热桥部位平均内表面温度（℃）；

　　　T_{out}——热桥部位平均外表面温度（℃）。

五、试验结果评定及要求

1. 外墙节能构造及保温层厚度（钻芯法）

1）依据《民用建筑节能现场检验标准》DB11/T 555—2015 对外墙节能构造及保温层厚度（钻芯法）的检测结果进行判定：

（1）当实测芯样厚度的平均值达到设计厚度的95%及以上且最小值不低于设计厚度的90%时，应判定保温层厚度符合设计要求，否则，应判定保温层厚度不符合设计要求。

（2）当取样检验结果不符合设计要求时，应增加一倍数量再次取样检验。仍不符合设计要求时应判定围护结构节能构造不符合设计要求。此时应根据检验结果委托原设计单位或其他有资质的单位重新验算房屋的热工性能，提出技术处理方案。

2）依据《建筑节能工程施工质量验收标准》GB 50411—2019 对外墙节能构造及保温层厚度（钻芯法）的检测结果进行判定：

（1）在垂直于芯样表面（外墙面）的方向上实测芯样保温层厚度，当实测厚度的平均值达到设计厚度的95%及以上时，应判定保温层厚度符合设计要求；否则，应判定保温层厚度不符合设计要求。

（2）当取样检验结果不符合设计要求时，应委托具备检测资质的见证检测机构增加一倍数量再次取样检验。仍不符合设计要求时应判定围护结构节能构造不符合设计要求。此时应根据检验结果委托原设计单位或其他有资质的单位重新验算外墙的热工性能，提出技术处理方案。

2. 保温板与基层的拉伸粘结强度

1）依据《民用建筑节能现场检验标准》DB11/T 555—2015对保温板与基层的拉伸粘结强度的检测结果进行判定：

（1）当有设计要求时，拉伸粘结强度最小值不小于设计值，判定为合格。

（2）当无设计要求，按以下规定进行评定：EPS板、XPS板和硬泡聚氨酯板与基层墙体拉伸粘结强度不小于0.10MPa，酚醛泡沫板与基层墙体拉伸粘结强度不小于0.08MPa，判定为合格。

（3）当检测结果不合格时，应进行双倍抽样复试，复试结果全部合格，判定合格，否则判定为不合格。

2）依据《薄抹灰外墙外保温工程技术规程》DB11/T 584—2022对保温板与基层的拉伸粘结强度的检测结果进行判定：

（1）岩棉板与基层墙体应粘结牢固。

（2）保温板与基层墙体必须粘结牢固，无松动和虚粘现象。模塑板、挤塑板、硬泡聚氨酯板、岩棉条与基层墙体拉伸粘结强度不得小于0.10MPa。

3）依据《建筑节能工程施工质量验收标准》GB 50411—2019对保温板与基层的拉伸粘结强度的检测结果进行判定：

检验结果应符合设计要求及国家现行相关标准的规定。

3. 锚固件的锚固力

1）依据《民用建筑节能现场检验标准》DB11/T 555—2015对锚固件的锚固力的检测结果进行判定：

（1）当试件荷载最小值符合设计要求，判定合格。如无设计值，参照表9-56进行判定。

锚栓技术指标　　　　　表9-56

项目	性能指标				
	A类基层墙体	B类基层墙体	C类基层墙体	D类基层墙体	E类基层墙体
抗拉承载力标准值（kN）	≥0.60	≥0.50	≥0.40	≥0.30	≥0.30

注：当锚栓不适用于某类基层墙体时，可不做相应的抗拉承载力标准值检测。

A类：普通混凝土基层墙体。

B类：实心砌体基层墙体，包括烧结普通砖、蒸压灰砂砖、蒸压粉煤灰砖砌体以及轻骨料混凝土墙体。

C类：多孔砖砌体基层墙体，包括烧结多孔砖、蒸压灰砂多孔砖砌体墙体。

D类：空心砌块基层墙体，包括普通混凝土小型空心砌块、轻集料混凝土小型空心砌块墙体。

E类：蒸压加气混凝土基层墙体。

（2）当检测结果不合格时，应进行双倍抽样复试，复试结果全部合格，判定合格，否则判定为不合格。

4. 外窗气密性能

1）依据《建筑节能与可再生能源利用通用规范》GB 55015—2021 对外窗气密性能复验及完工现场实体检验要求：

（1）建筑节能工程质量验收合格时，建筑外窗气密性能现场实体检验结果应对照图纸进行核查，并符合要求。

（2）建筑节能验收时，应对外窗气密性能现场检验记录资料进行核查。

（3）下列建筑的外窗应进行气密性能实体检验：

①严寒、寒冷地区建筑；

②夏热冬冷地区高度大于或等于24m的建筑和有集中供暖或供冷的建筑；

③其他地区有集中供冷或供暖的建筑。

2）依据《建筑节能工程施工质量验收标准》GB 50411—2019 对外窗气密性能复验及完工现场实体检验要求：

（1）建筑围护结构节能工程施工完成后，应对围护结构的外墙节能构造和外窗气密性能进行现场实体检验。

（2）建筑外窗气密性能现场实体检验的方法应符合国家现行有关标准的规定，下列建筑的外窗应进行气密性能实体检验：

①严寒、寒冷地区建筑；

②夏热冬冷地区高度大于或等于24m的建筑和有集中供暖或供冷的建筑；

③其他地区有集中供冷或供暖的建筑。

（3）外窗气密性能的现场实体检验应由监理工程师见证，由建设单位委托有资质的检测机构实施。

（4）建筑节能分部工程的质量验收，应在施工单位自检合格，且检验批、分项工程全部验收合格的基础上，进行外墙节能构造、外窗气密性能现场实体检验和设备系统节能性能检测，确认建筑节能工程质量达到验收条件后方可进行。

（5）建筑节能分部工程质量验收时，建筑外窗气密性能现场实体检验结果应符合设计要求。

（6）建筑节能工程验收资料应单独组卷，验收时应对外窗气密性能现场实体检验报告资料进行核查。

3）依据《建筑幕墙、门窗通用技术条件》GB/T 31433—2015 对外窗气密性能结果判定：

（1）门窗气密性能分级：

门窗气密性能以单位缝长空气渗透量q_1或单位面积空气渗透量q_2为分级指标，门窗气密性能分级应符合表9-57的规定。

门窗气密性能分级 表 9-57

分级	1	2	3	4	5	6	7	8
分级指标值q_1 [$m^3/(m^2 \cdot h)$]	$4.0 \geqslant q_1 > 3.5$	$3.5 \geqslant q_1 > 3.0$	$3.0 \geqslant q_1 > 2.5$	$2.5 \geqslant q_1 > 2.0$	$2.0 \geqslant q_1 > 1.5$	$1.5 \geqslant q_1 > 1.0$	$1.0 \geqslant q_1 > 0.5$	$q_1 \leqslant 0.5$
分级指标值q_2 [$m^3/(m^2 \cdot h)$]	$12 \geqslant q_2 > 10.5$	$10.5 \geqslant q_2 > 9.0$	$9.0 \geqslant q_2 > 7.5$	$7.5 \geqslant q_2 > 6.0$	$6.0 \geqslant q_2 > 4.5$	$4.5 \geqslant q_2 > 3.0$	$3.0 \geqslant q_2 > 1.5$	$q_2 \leqslant 1.5$

注：第8级应在分级后同时注明具体分级指标值。

（2）建筑外窗水密性能分级：

门窗的水密性能以严重渗漏压力差值的前一级压力差值ΔP为分级指标，分级应分别符合表 9-58 的规定。

门窗水密性能分级（单位为帕） 表 9-58

分级	1	2	3	4	5	6
分级指标值ΔP（Pa）	$100 \leqslant \Delta P < 150$	$150 \leqslant \Delta P < 250$	$250 \leqslant \Delta P < 350$	$350 \leqslant \Delta P < 500$	$500 \leqslant \Delta P < 700$	$\Delta P \geqslant 700$

4）依据《建筑外窗气密、水密、抗风压性能现场检测方法》JG/T 211—2007 对外窗气密性能结果判定：

（1）气密检测结果的评定：

检测结果按照《建筑外门窗气密、水密、抗风压性能检测方法》GB/T 7106—2019 进行处理，根据工程设计值进行判断或按照表 9-59 确定检测分级指标值。

建筑外窗气密性能分级指标如表 9-59 所示。

建筑外窗气密性能分级表 表 9-59

分级	1	2	3	7	8
单位缝长分级指标值 q_1 [$m^3/(m^2 \cdot h)$]	$6.0 \geqslant q_1 > 4.0$	$4.0 \geqslant q_1 > 2.5$	$2.5 \geqslant q_1 > 1.5$	$1.5 \geqslant q_1 > 0.5$	$q_1 \leqslant 0.5$
单位面积分级指标值 q_2 [$m^3/(m^2 \cdot h)$]	$18 \geqslant q_2 > 12$	$12 \geqslant q_2 > 7.5$	$7.5 \geqslant q_2 > 4.5$	$4.5 \geqslant q_2 > 1.5$	$q_2 \leqslant 1.5$

（2）水密检测结果的评定：

检测结果按照《建筑外门窗气密、水密、抗风压性能检测方法》GB/T 7106—2019 进行处理和定级，三樘均应符合设计值要求。

建筑外窗水密性能分级指标如表 9-60 所示。

建筑外窗水密性能分级指标 表 9-60

分级	1	2	3	4	5	××××注
分级指标值ΔP（Pa）	$100 \leqslant \Delta P < 150$	$150 \leqslant \Delta P < 250$	$250 \leqslant \Delta P < 350$	$350 \leqslant \Delta P < 500$	$500 \leqslant \Delta P < 700$	$\Delta P \geqslant 700$

注：××××表示用≥700Pa 的具体值取代分级代号；××××级窗适用于热带风暴和台风地区（《建筑气候区划标准》GB 50178—1993 中的ⅢA 和ⅣA 地区）的建筑。

5）依据《民用建筑节能现场检验标准》DB11/T 555—2015 对外窗气密性能结果判定：

（1）同一组三樘外窗气密性能及水密性能检测结果符合设计值，判定合格；

（2）当检测结果不合格时，对不合格项目应进行双倍抽样复试，复试结果全部合格，判定合格，否则判定为不合格。

6）依据《居住建筑节能检测标准》JGJ/T 132—2009 对外窗气密性能的合格指标与判定方法应符合下列规定：

（1）受检外窗单位缝长分级指标应小于或等于 $1.5m^3/(m^2·h)$ 或受检外窗单位面积分级指标值应小于或等于 $4.5m^3/(m^2·h)$。

（2）受检外窗检测结果符合本条第一款的规定时，应判定为合格。

7）依据《公共建筑节能施工质量验收规程》DB11/T 510—2024 对外窗气密性能、水密性能实体检验结果应符合设计要求。

5.设备系统节能

1）依据《建筑节能与可再生能源利用通用规范》GB 55015—2021 验收要求：

（1）建筑设备系统和可再生能源系统工程施工完成后，应进行系统调试；调试完成后，应进行设备系统节能性能检验并出具报告。受季节影响未进行的节能性能检验项目，应在保修期内补做。

（2）建筑节能工程质量验收时，建筑设备系统节能性能检测结果应合格。

（3）建筑节能验收是应对设备系统节能性能检测报告资料进行核查。

（4）建筑门窗、幕墙节能工程应符合下列规定：

①外门窗框或附框与洞口之间、窗框与附框之间的缝隙应有效密封；

②门窗关闭时，密封条应接触严密；

③建筑幕墙与周边墙体、屋面间的接缝处应采用保温措施并应采用耐候密封胶等密封。

2）依据《建筑节能工程施工质量验收标准》GB 50411—2019 验收要求：

（1）供暖节能工程、通风与空调节能工程、配电与照明节能工程安装调试完成后，应由建设单位委托具有相应资质的检测机构进行系统节能性能检验并出具报告。受季节影响未进行的节能性能检验项目，应在保修期内补做。

（2）建筑节能分部工程的质量验收，应在施工单位自检合格，且检验批、分项工程全部验收合格的基础上，进行外墙节能构造、外窗气密性能现场实体检验和设备系统节能性能检测，确认建筑节能工程质量达到验收条件后方可进行。

（3）建筑节能分部工程质量验收时，建筑设备系统节能性能检测结果应合格。

（4）建筑节能工程验收资料应单独组卷，验收时应对设备系统节能性能检测报告进行核查。

（5）系统节能性能指标如表 9-61 所示。

系统节能性能指标 表 9-61

序号	检测项目	允许偏差或规定值
1	室内平均温度	冬季不得低于设计计算温度 2℃，且不应高于 1℃；夏季不得高于设计计算温度 2℃，且不应低于 1℃
2	通风、空调（包括新风）系统的风量	符合现行国家标准《通风与空调工程施工质量验收规范》GB 50243—2015 有关规定的限值
3	各风口的风量	与设计风量的允许偏差不大 15%
4	风道系统单位风量耗功率	符合现行国家标准《公共建筑节能设计标准》GB 50189—2015 规定的限值
5	空调机组的水流量	定流量系统允许偏差为 15%，变流量系统允许偏差为 10%
6	空调系统冷水、热水、冷却水的循环流量	与设计循环流量的允许偏差不大于 10%
7	室外供暖管网水力平衡度	0.9～1.2
8	室外供暖管网热损失率	不大于 10%
9	照度与照明功率密度	照度不低于设计值的 90%；照明功率密度值不应大于设计值

3）依据《民用建筑节能现场检验标准》DB11/T 555—2015，系统节能性能指标如表 9-62 所示。

系统节能性能指标 表 9-62

序号	检测项目	允许偏差或规定值
1	室内平均温度	冬季不得低于设计计算温度 2℃，且不应高于 1℃；夏季不得高于设计计算温度 2℃，且不应低于 1℃
2	供热系统室外管网的水力平衡度	0.9～1.2
3	室外管网的热输送效率	≥0.92
4	供热系统的补水率	0.5%～1%
5	各风口的风量	≤15%
6	通风与空调系统的总风量	≤10%
7	空调机组的水流量	≤20%
8	空调系统冷热水、冷却水总流量	≤10%
9	平均照度与照明功率密度	≤10%

4）依据《公共建筑节能施工质量验收规程》DB11/T 510—2024，系统节能性能指标如表 9-63 所示。

系统节能性能指标 表 9-63

序号	检测项目	允许偏差或规定值
1	室内温度	冬季不得低于设计计算温度 2℃，且不应高于 1℃；夏季不得高于设计计算温度 2℃，且不应低于 1℃

续表

序号	检测项目	允许偏差或规定值
2	水力平衡度	0.9～1.2
3	室外管网热损失率	≤10%
4	风机单位风量耗功率	符合相关规定的限值
5	各风口的风量	≤15%
6	通风、空调（包括新风）系统的风量	≤10%
7	空调机组的水流量	定流量系统＜15% 变流量系统＜10%
8	空调系统冷水、热水、冷却水的循环流量	≤10%
9	平均照度与照明功率密度	照度不小于设计值90%，照明功率密度不大于设计或规范要求值

（1）供暖、通风和空调、配电和照明等节能工程安装完成后，应进行系统节能性能的现场检测，且应由建设单位委托具有相应检测资质的检测机构检测并出具报告。受季节影响未进行的节能性能检测项目，应在保修期内补做。

（2）供暖、通风和空调、配电和照明系统节能性能检测的主要项目性能指标要求应符合表9-63的规定，其检测方法应按国家现行有关标准规定执行。

5）依据《居住建筑节能工程施工质量验收规程》DB11/T 1340—2022，系统节能性能指标如表9-64所示。

系统节能性能指标　　　　表9-64

序号	检测项目	允许偏差或规定值
1	室内平均温度	冬季不得低于设计计算温度2℃，且不应高于1℃；夏季不得高于设计计算温度2℃，且不应低于1℃
2	通风、空调（包括新风）系统的风量	总风量与设计风量的允许偏差不应大于10%
3	各风口的风量	与设计风量的允许偏差不大于15%
4	风道系统单位风量耗功率	符合设计要求
5	空调机组的水流量	定流量系统不应大于15%，变流量系统不应大于10%
6	空调系统冷水、热水、冷却水的循环流量	与设计循环流量的允许偏差不应大于10%
7	室外供暖管网水力平衡度	0.9～1.2
8	室外管网热损失率	不应大于10%
9	平均照度与照明功率密度	照度不小于设计值90%，功率密度不大于设计值

（1）供暖、通风和空调、配电和照明等节能工程安装完成后，应进行系统节能性能的现场检测，且应由建设单位委托具有相应检测资质的检测机构检测并出具报告。受季节影

响未进行的节能性能检测项目，应在保修期内补做。

（2）供暖、通风和空调、配电和照明系统节能性能检测的主要项目性能指标要求应符合表9-64的规定，其检测方法应按国家现行有关标准规定执行。

6.外墙传热系数

1）依据《建筑节能与可再生能源利用通用规范》GB 55015—2021验收要求：

建筑节能验收时，应对建筑外墙节能构造现场实体检验报告或外墙传热系数检测报告进行核查。

2）依据《建筑节能工程施工质量验收标准》GB 50411—2019验收要求：

（1）建筑外墙节能构造的现场实体检验应包括墙体保温材料的种类、保温层厚度和保温构造做法。检验方法宜按照该标准附录F检验，当条件具备时，也可直接进行外墙传热系数或热阻检验。当附录F的检验方法不适用时，应进行外墙传热系数或热阻检验。

（2）当对外墙传热系数或热阻检验时，应由监理工程师见证，由建设单位委托具有资质的检测机构实施；其检测方法、抽样数量、检测部位和合格判定标准等可按照相关标准确定，并在合同中约定。

（3）建筑节能工程验收资料应单独组卷，验收时应对建筑外墙节能构造现场实体检验报告或外墙传热系数检验报告资料进行核查。

3）依据《民用建筑节能现场检验标准》DB11/T 555—2015，试验结构判定：

（1）建筑物围护结构传热系数应满足设计要求。

（2）建筑物围护结构传热系数无设计值时，可按相应年代的建筑节能设计标准限值进行判定。

（3）当检测结果有1个不合格时，应进行双倍抽样复试，复试结果全部合格，判定合格，否则判定为不合格。

第九节　电线电缆

一、相关标准

（1）《建筑节能与可再生能源利用通用规范》GB 55015—2021。

（2）《建筑节能工程施工质量验收标准》GB 50411—2019。

（3）《电线电缆电性能试验方法　第4部分：导体直流电阻试验》GB/T 3048.4—2007。

（4）《电缆的导体》GB/T 3956—2008。

（5）《阻燃和耐火电线电缆或光缆通则》GB/T 19666—2019。

（6）《电缆和光缆在火焰条件下的燃烧试验　第11部分：单根绝缘电线电缆火焰垂直蔓延试验　试验装置》GBT 18380.11—2022。

（7）《电缆和光缆在火焰条件下的燃烧试验 第 12 部分：单根绝缘电线电缆火焰垂直蔓延试验 1kW 预混合型火焰试验方法》GB/T 18380.12—2022。

（8）《电缆和光缆在火焰条件下的燃烧试验 第 13 部分：单根绝缘电线电缆火焰垂直蔓延试验测定燃烧的滴落（物）/微粒的试验方法》GB/T 18380.13—2022。

（9）《电工电子产品着火危险试验 第 14 部分：试验火焰 1kW 标称预混合型火焰装置、确认试验方法和导则》GB/T 5169.14—2017。

二、基本概念

1. 导体电阻值

导体对电流的阻碍作用就叫该导体的电阻。电阻（Resistance，通常用"R"表示）是一个物理量，在物理学中表示导体对电流阻碍作用的大小。导体的电阻越大，表示导体对电流的阻碍作用越大。不同的导体，电阻一般不同，电阻是导体本身的一种性质。导体的电阻通常用字母 R 表示，电阻的单位是欧姆，简称欧，符号为 Ω。

电阻是描述导体导电性能的物理量，用 R 表示。电阻由导体两端的电压 U 与通过导体的电流 I 的比值来定义。所以，当导体两端的电压一定时，电阻愈大，通过的电流就愈小；反之，电阻愈小，通过的电流就愈大。因此，电阻的大小可以用来衡量导体对电流阻碍作用的强弱，即导电性能的好坏。电阻的量值与导体的材料、形状、体积以及周围环境等因素有关。

2. 导体分类

导体共分四种：第 1 种、第 2 种、第 5 种和第 6 种。第 1 种和第 2 种导体用于固定敷设的电缆中。第 5 种和第 6 种导体用于软电缆和软线中，也可用于固定敷设。

——第 1 种：实心导体；

——第 2 种：绞合导体；

——第 5 种：软导体；

——第 6 种：比第 5 种更柔软的导体。

1）实心铝导体

圆形或成型实心铝导体应由铝制成，且成品的抗拉强度满足表 9-65 要求：

圆形或成型实心铝导体应由铝制成，且成品的抗拉强度　　表 9-65

标称截面积（mm^2）	抗拉强度（N/mm^2）
10, 16	100～165
25, 35	60～130
50	60～110
≥70	60～90

注：以上数值不适用于铝合金导体。

2)绞合圆形和绞合成型铝导体

绞合铝导体应由铝材制成,且单线的抗拉强度满足表9-66要求:

绞合铝导体应由铝材制成,且单线的抗拉强度 表9-66

标称截面积（mm²）	抗拉强度（N/mm²）
10	≤200
≥16	125～205

注:1.以上数值不适用于铝合金导体。
2.这一数据只是对绞合前单线的检验结果,而不是来自绞合导体的单线。

3)实心导体(第1种)

(1)实心导体(第1种)应由不镀金属或镀金属的退火铜线或铝或铝合金线其中之一构成。

(2)实心铜导体应为圆形截面。

(3)标称截面积25mm²及以上的实心铜导体用于特殊类型的电缆,如矿物绝缘电缆,而非一般用途。

(4)截面积(10～35)mm²的实心铝导体和实心铝合金导体应是圆形截面。对于单芯电缆,更大尺寸的导体应是圆形截面;而对多芯电缆,可以是圆形或成型截面。

4)非紧压绞合圆形导体(第2种)

(1)非紧压绞合圆形导体(第2种)应由不镀金属或镀金属的退火铜线或铝或铝合金线其中之一构成。

(2)绞合铝导体或铝合金导体的截面积不应小于10mm²。

(3)每根导体的单线应具有相同的标称直径。

(4)每根导体的单线数量不应小于表9-70规定的相应的最小值。

5)软导体(第5种和第6种)

(1)软导体(第5种和第6种)应由不镀金属或镀金属的退火铜线构成。

(2)每根导体中的单线应具有相同的标称直径。

(3)每根导体的单线直径不应超过表9-71或表9-72规定的相应的最大值。

3.阻燃

试样在规定条件下被燃烧,在撤去火源后火焰在试样上的蔓延仅在限定范围内,具有阻止或延缓火焰发生或蔓延能力的特性。

4.阴燃源

引发燃烧的能量源。

5.炭

因热解或不完全燃烧产生的碳残余物。

6. 燃烧滴落物

在试验过程中熔融或从试样中分离并落至试样下端以下,在下落的过程中继续燃烧,并点燃试样下方滤纸的物质。

三、电线电缆进场复验项目、组批原则及取样规定

电线电缆进场复验项目、组批原则及取样规定见表9-67。

电线电缆进场复验项目、组批原则及取样规定　　　　表9-67

序号	材料名称	标准	进场复验项目	组批原则	取样规定（数量）
1	电线电缆	《建筑节能工程施工质量验收标准》GB 50411—2019	导体电阻值	同厂家各种规格总数的10%,且不少于2个规格	电线不少于5m,电缆不少于2m,RVV电线不得少于6m,从被试电缆电线上切取不少于1.5m的试样3根,不应有任何导致试样导体截面发生变化的扭曲

四、试验方法及结果计算

1. 导体电阻值

1）试验设备

——单臂电桥：$(2 \times 10^{-5} \sim 99.9)\Omega$;

——双臂电桥：$(1 \sim 100)\Omega$。

（1）电桥可以是携带式电桥或试验室专用的固定式电桥,试验室专用固定式电桥及附件的接线与安装应按仪器技术说明书进行。

（2）只要测量误差符合规定,也可使用除电桥以外的其他仪器。如根据直流电流—电压降直接法原理,并采用四端测量技术,具有高精度的数字式直流电阻测试仪。

（3）当被测电阻小于1Ω时,应尽可能采用专用的四端测量夹具进行接线,四端夹具的外侧一对为电流电极,内侧一对为电位电极,电位接触应由相当锋利的刀刃构成,且互相平行,均垂直于试样。每个电位接点与相应的电流接点之间的间距应不小于试样断面周长的1.5倍。

2）试样制备

（1）试样截取：

从被试电线电缆上切取长度不小于1m的试样,或以成盘（圈）的电线电缆作为试样。去除试样导体外表面绝缘、护套或其他覆盖物,也可以只去除试样两端与测量系统相连部位的覆盖物、露出导体。去除覆盖物时应小心进行,防止损伤导体。

（2）试样拉直：

如果需要将试样拉直,不应有任何导致试样导体横截面发生变化的扭曲,也不应导致试样导体伸长。

（3）试样表面处理：

试样在接入测量系统之前，应预先清洁其连接部位的导体表面，去除附着物、污秽和油垢。连接外表面的氧化层应尽可能除尽。如用试剂处理后，必须用水分充分清洗以清除试剂的残留液。对于阻水型导体试样，应采用低熔点合金浇筑。

3）试验程序

（1）试验环境温度：

①型式试验时，试样应在温度(15～25)℃和空气湿度不大于85%的试验环境中放置足够长的时间，在试样放置和试验过程中，环境温度的变化应不超过±1℃。

②应使用最小刻度为0.1℃的温度计测量环境温度，温度计距离地面应不少于1m，距离墙面应不少于10cm，距离试样应不超过1m，且二者应大致在同一高度，并应避免受到热辐射和空气对流的影响。

③例行试验时，试样应在温度为(5～35)℃的试验环境中放置足够长的时间，使之达到温度平衡。测试结果按标准《电线电缆电性能试验方法 第4部分：导体直流电阻试验》GB 3048.4—2007第6.2.2条进行电阻值换算。

（2）试样连接：

①采用单臂电桥测量时，用两个专用夹头连接被测试样。

②采用双臂电桥或其他电阻测试仪器测量时，用四端测量夹具或四个夹头连接被测试样。

③绞合导线的全部单线应可靠地与测量系统的电流夹头相连接。对于两芯及以上成品电线电缆的导体电阻测量，单臂电桥两夹头或双臂电桥的一对电位夹头应在长度测量的实际标线处与被测试样相连接。

（3）电阻测量误差：

型式试验时电阻测量误差应不超过±0.5%；例行试验时电阻测量误差应不超过±2%。

（4）试样长度测量：

应在单臂电桥的夹头或双臂电桥的一对电位夹头之间的试样上测量试样长度。型式试验时测量误差应不超过±0.15%，例行试验时测量误差应不超过±0.5%。

（5）小电阻试样的电阻测量：

当试样的电阻小于0.1Ω时，应注意消除由于接触电势和热电势引起的测量误差。应采用电流换向法，读取一个正向读数和一个反向读数，取算术平均值；或采用平衡点法（补偿法），检流计接入电路后，在电流不闭合的情况下调零，达到闭合电流时检流计上基本观察不到冲击。

（6）细微导体的电阻测量对细微导体进行测量时，在满足试验系统灵敏度要求的情况下，应尽量选择最小的测试电流以防止电流过大而引起的导体升温。推荐采用电流密度，铝导体应不大于$0.5A/mm^2$，铜导体应不大于$1.0A/mm^2$，可用比例为"1∶1.41"的两个测量电流，分别测出试样的电阻值。如两者之差不超过 0.5%，则认为用比例为"1"的电流测量时，试样导体未发生温升变化。

（7）结果计算：

电缆应在试验场地放置足够长的时间，以确保使用提供的校正系数时，导体温度已经达到精确测定电阻值允许的水平。

导体直流电阻的测量在整根电缆长度或软线上，或者在长度至少为 1m 的电缆样品或软线上和室温下进行，并记录测量时的温度。通过表提供的校正系数修正测量电阻值。

依据整个电缆的长度，而非单独的线芯或单线长度，计算每公里长度电缆的电阻值。

如果必要，应采用下列公式将电阻值修正到 20℃时和 1km 长度的电阻值。

$$R_{20} = R_t \times k_t \times \frac{1000}{L} \tag{9-81}$$

式中：k_t——见表 9-68 提供的温度校正系数；

R_{20}——20℃时导体电阻（Ω/km）；

R_t——导体测量电阻值（Ω）；

L——电缆长度（m）。

2. 建筑材料或制品燃烧性能测试方法

1）单根绝缘电线电缆火焰垂直蔓延试验

依据《电缆和光缆在火焰条件下的燃烧试验 第 12 部分：单根绝缘电线电缆火焰垂直蔓延试验 1kW 预混合型火焰试验方法》GB/T 18380.12—2022，单根绝缘电线电缆火焰垂直蔓延 1kW 预混合型火焰试验试验方法如下：

（1）试验装置：

试验装置应符合《电缆和光缆在火焰条件下的燃烧试验 第 11 部分：单根绝缘电线电缆火焰垂直蔓延试验 试验装置》GB/T 18380.11—2022 的要求。

（2）试样制备：

①试样应是一根长(600 ± 25)mm 的单根绝缘电线电缆或光缆。

②试样外径应 IEC 60811-203 规定的方法测量，应测量三处，相互间距至少 100mm。

③三次测量值的平均均值应保留两位小数，修约到一位小数作为外径。如果修约前平均值的第二位小数为 9、8、7、6 或 5 时，则小数点后第一位小数增加 1，例如：5.75 修约后为 5.8；如果修约前平均值的第二位小数为 0、1、2、3 或 4 时，则小数点后第一位小数保持不变，例如：5.74，修约后为 5.7。

④外径测量值应用于选择供火时间。

（3）状态调节：

试验前，所有试件应在(23 ± 2)℃、相对湿度为(50 ± 20)%的条件下放置至少 16h。如果单根绝缘电线电缆或光缆表面有涂料或清漆图涂层时，试件应在(60 ± 2)℃温度下放置

4h，然后再按照上述规定处理。

（4）试件安装：

试件应被校直，并用合适的铜线固定在两个水平的支架上，垂直放置在 IEC 60332-1-1 中描述的金属罩内的正中间，固定试件的两个水平支架的上支架下缘与下支架上缘之间距离为(550±5)mm。此外，固定试件时应使试件下端距离金属罩底面约 50mm。试件垂直轴线应置于金属罩内的正中间（即距两侧面 150mm，距背面 225mm）。

（5）供火：

试验时应采取预防措施以保护操作人员免遭下述伤害：

①火灾或爆炸危险；

②烟雾和/或有毒产物的吸入，尤其是含卤材料燃烧时；

③有害残渣。

（6）燃烧器位置：

①应点燃 IEC 60332-1-1 中所述的燃烧器，将燃气和空气的流量调节到规定值。燃烧器的位置应使蓝色火焰的尖端正好触及试件表面，接触点距离水平的上支架下缘 (475±5)mm，同时燃烧器与试件的垂直轴线成(45±2)°的夹角。整个供火期间燃烧器的位置应固定。对于扁电缆，蓝色火焰的尖端与试件表面的接触点应在电缆扁平部分的中部。

②在试验过程中，如果试件发生明显移动，从而导致试验结果无效，则在试件下部按导体截面积施加一个约 $5N/mm^2$ 的负荷以使试件保持笔直。负荷和试件的连接处与上支架下缘之间的距离为 550±5mm。这种情况下，试件不应固定于下支架上。

（7）供火时间：

供火时间详见标准《电缆和光缆在火焰条件下的燃烧试验 第 12 部分：单根绝缘电线电缆火焰垂直蔓延试验 1kW 预混合型火焰试验方法》GB/T 18380.12—2022 中表 1 的规定。

（8）试验结果评价：

①所有的燃烧停止后，应擦净试件。

②如果原始表面未损坏，则所有擦得掉的烟灰应忽略不计。非金属材料的软化或任何变形也应忽略不计。应测量上支架下缘与炭化部分上起始点之间的距离和上支架下缘与炭化部分下起始点之间的距离，精确至毫米。

③炭化部分起始点应按如下方法确定：用锋利的物体，例如小力的刀刃，按压电缆表面。如果弹性表面在某点变为脆性（粉化）表面，则表明该点即是炭化部分起始点。

2）单根绝缘电线电缆火焰垂直蔓延试验

依据《电缆和光缆在火焰条件下的燃烧试验 第 13 部分：单根绝缘电线电缆火焰垂直蔓延试验 测定燃烧的滴落（物）/微粒的试验方法》GB/T 18380.13—2022，单根绝缘电线电缆火焰垂直蔓延试验测定燃烧的滴落（物）/微粒的试验方法如下：

（1）试验装置：

试验装置应符合《电缆和光缆在火焰条件下的燃烧试验 第 11 部分：单根绝缘电线电缆火焰垂直蔓延试验 试验装置》GB/T 18380.11—2022 的要求。

（2）试样制备：

①试样应是一根长(600±25)mm 的单根绝缘电线电缆或光缆。

②试样外径应 IEC 60811-203 规定的方法测量，应测量三处，相互间距至少 100mm。

③三次测量值的平均均值应保留两位小数，修约到一位小数作为外径。如果修约前平均值的第二位小数为 9、8、7、6 或 5 时，则小数点后第一位小数增加 1，例如：5.75 修约后 5.8。如果修约前平均值的第二位小数为 0、1、2、3 或 4 时，则小数点后第一位小数保持不变，例如：5.74，修约后为 5.7。

④外径测量值应用于选择供火时间。

（3）状态调节：

试验前，所有试件应在(23±2)℃、相对湿度为(50±20)%的条件下放置至少 16h。如果单根绝缘电线电缆或光缆表面有涂料或清漆图涂层时，试件应在(60±2)℃温度下放置 4h，然后再按照上述规定处理。

（4）试件安装：

试件应被校直，并用合适的铜线固定在两个水平的支架上，垂查放置在 IEC 60332-1-1 中描述的金属罩内的正中间，固是试件的两个水平支架的上支架下缘与下支架上缘之间距离为(550±5)mm。此外，固定试件时应使试件下端距离金属罩底面约 50mm。试件垂直轴线应置于金属罩内的正中间（即距两侧面 150mm，距背面 225mm）。

试验开始前 3min，应将两张(300±10)mm×(300±10)mm 的滤纸重叠平放在金属罩的底面。滤纸应置于试件下方正中。

（5）供火：

试验时应采取预防措施以保护操作人员免遭下述伤害

①火灾或爆炸危险；

②烟雾和/或有毒产物的吸入，尤其是含卤材料燃烧时；

③有害残渣。

（6）燃烧器位置：

①应点燃 IEC 60332-1-1 中所述的燃烧器，将燃气和空气的流量调节到规定值。燃烧器的位置应使蓝色火焰的尖端正好触及试件表面，接触点距离水平的上支架下缘(475±5)mm，同时燃烧器与试件的垂直轴线成(45±2)°的夹角。

②在试验过程中，如果试件发生明显移动，从而导致试验结果无效，则在试件下部按导体截面积施加一个约 5N/mm² 的负荷以使试件保持笔直。负荷和试件的连接处与上支架

下缘之间的距离为(550±5)mm。这种情况下，试件不应固定于下支架上。

（7）供火时间：

供火时间详见标准《电缆和光缆在火焰条件下的燃烧试验 第13部分：单根绝缘电线电缆火焰垂直蔓延试验 测定燃烧的滴落（物）/微粒的试验方法》GB/T 18380.13—2022中表1的规定。

（8）试验结果评价：

①滤纸是否被点燃。

②若滤纸被点燃，从滤纸被点燃到燃烧停止的时间。

五、试验结果评定

1. 导体电阻值的判定

（1）用电桥测量时，应按电桥说明书给出的公式计算电阻值。

（2）用数字式仪器测量时，应按仪器说明书规定读数。

（3）所有被测试样20℃时的导体最大电阻值，应不大于标准规定值为合格（表9-68～表9-71）。

导体电阻值的温度校正系数 k_t，校正 t℃至20℃时的测量电阻值　　表9-68

1	2	1	2
测量时导体温度t（℃）	校正系数k_t对所有导体	测量时导体温度t（℃）	校正系数k_t对所有导体
0	1.087	17	1.012
1	1.082	18	1.008
2	10.78	19	1.004
3	1.073	20	1.000
4	1.068	21	0.996
5	1.064	22	0.992
6	1.059	23	0.988
7	1.055	24	0.984
8	1.050	25	0.980
9	1.046	26	0.977
10	1.042	27	0.973
11	1.037	28	0.969
12	1.033	29	0.965
13	1.029	30	0.962
14	1.025	31	0.958
15	1.020	32	0.954
16	1.016	33	0.951

续表

1	2	1	2
测量时导体温度t（℃）	校正系数k_t对所有导体	测量时导体温度t（℃）	校正系数k_t对所有导体
34	0.947	38	0.933
35	0.943	39	0.929
36	0.940	40	0.926
37	0.936		

注：1. 校正系数k_t值是根据20℃时电阻—温度系数0.004/K计算的。

2. 温度校正系数的值在第2列中规定。它为近似值，但给出了足以达到在测量导体温度和电缆或软线长度的精度范围内的实际值。

单芯和多芯电缆用第1种实心导体　　　　表9-69

标称截面积（mm²）	20℃时导体最大电阻（Ω/km）		
	圆形退火铜导体		铝导体和铝合金导体，圆形或成型[c]
	不镀金属	镀金属	
0.5	36.0	36.7	—
0.75	24.5	24.8	—
1.0	18.1	18.2	—
1.5	12.1	12.2	—
2.5	7.41	7.56	—
4	4.61	4.70	—
6	3.08	3.11	—
10	1.83	1.84	3.08[a]
16	1.15	1.16	1.91[a]
25	0.727	—	1.20[a]
35	0.524[b]	—	0.868[a]
50	0.387[b]	—	0.641
70	0.268[b]	—	0.443
95	0.193[b]	—	0.320[d]
120	0.153[b]	—	0.253[d]
150	0.124[b]	—	0.206
185	0.101[b]	—	0.164[d]
240	0.0775[b]	—	0.125[d]
300	0.0620[b]	—	0.100[d]
400	0.0465[b]	—	0.0778
500	—	—	0.0605
630	—	—	0.0469

续表

标称截面积（mm²）	20℃时导体最大电阻（Ω/km）		铝导体和铝合金导体，圆形或成型 c
	圆形退火铜导体		
	不镀金属	镀金属	
800	—	—	0.0367
1000	—	—	0.0291
1200	—	—	0.0247

注：a 仅适用于截面积(10～35)mm² 的圆形铝导体，见《电缆的导体》GB/T 3956—2008；

　　b 见《电缆的导体》GB/T 3956—2008；

　　c 见《电缆的导体》GB/T 3956—2008；

　　d 对于单芯电缆，四根扇形成型导体可以组合成一根圆形导体。该组合导体的最大电阻值应为单根构件导体的25%。

单芯和多芯电缆用第 2 种绞合导体 表 9-70

标称截面积（mm²）	导体的最少单线数量						20℃时导体最大电阻（Ω/km）		
	圆形		紧压圆形		成型		退火铜导体		铝或铝合金导体 c
	铜	铝	铜	铝	铜	铝	铜	铝	
0.5	7	—	—	—	—	—	36.0	36.7	—
0.75	7	—	—	—	—	—	24.5	24.8	—
1.0	7	—	—	—	—	—	18.1	18.2	—
1.5	7	—	6	—	—	—	12.1	12.2	—
2.5	7	—	6	—	—	—	7.41	7.56	—
4	7	—	6	—	—	—	4.61	4.70	—
6	7	—	6	—	—	—	3.08	3.11	—
10	7	7	6	6	—	—	1.83	1.84	3.08
16	7	7	6	6	—	—	1.15	1.16	1.91
25	7	7	6	6	6	6	0.727	0.734	1.20
35	7	7	6	6	6	6	0.524	0.529	0.868
50	19	19	6	6	6	6	0.387	0.391	0.641
70	19	19	12	12	12	12	0.368	0.270	0.443
95	19	19	15	15	15	15	0.193	0.195	0.320
120	37	37	18	15	18	15	0.153	0.154	0.2532
150	37	37	18	15	18	15	0.124	0.126	0.206
185	37	37	30	30	30	30	0.0991	0.100	0.164
240	37	37	34	30	34	30	0.0754	0.0762	0.125
300	37	37	34	30	34	30	0.0601	0.0607	0.100
400	61	61	53	53	53	53	0.0470	0.0475	0.0778

续表

标称截面积 (mm²)	导体的最少单线数量						20℃时导体最大电阻（Ω/km）		
	圆形		紧压圆形		成型		退火铜导体		铝或铝合金导体[c]
	铜	铝	铜	铝	铜	铝	铜	铝	
500	61	61	53	53	53	53	0.0366	0.0369	0.0605
630	91	91	53	53	53	53	0.0283	0.0286	0.0469
800	91	91	53	53	—	—	0.0221	0.0224	0.0367
1000	91	91	53	53	—	—	0.0176	0.0177	0.0291
1200	b						0.0151	0.0151	0.0247
1400[a]	b						0.0129	0.0129	0.0212
1600	b						0.0113	0.0113	0.0186
1800[a]	b						0.0101	0.0101	0.0165
2000	b						0.0090	0.0090	0.0149
2500	b						0.0072	0.0072	0.0127

注：[a] 这些尺寸不推荐。其他不推荐的尺寸针对某些特点的应用，但未包含进本标准范围内；

[b] 这些尺寸的最小单线数量未作规定。这些尺寸可以由4、5或6个均等部分构成；

[c] 对于具有与铝导体标称截面积的相同的绞合铝合金导体，其电阻值宜由制造方与买方商定。

单芯和多芯电缆用第5种软铜导体　　　　表 9-71

标称截面积 (mm²)	导体内最大单线直径 (mm)	20℃时导体最大电阻（Ω/km）	
		不镀金属单线	镀金属单线
0.5	0.21	39.0	40.1
0.75	0.21	26.0	26.7
1.0	0.21	19.5	20.0
1.5	0.26	13.3	13.7
2.5	0.26	7.98	8.21
4	0.31	4.95	5.09
6	0.31	3.30	3.39
10	0.41	1.91	1.95
16	0.41	1.21	1.24
25	0.41	0.780	0.795
35	0.41	0.554	0.565
50	0.41	0.386	0.393
70	0.51	0.272	0.277
95	0.51	0.206	0.210

续表

标称截面积 （mm²）	导体内最大单线直径 （mm）	20℃时导体最大电阻（Ω/km）	
		不镀金属单线	镀金属单线
120	0.51	0.161	0.164
150	0.51	0.129	0.132
185	0.51	0.106	0.108
240	0.51	0.0801	0.0817
300	0.51	0.0641	0.0654
400	0.51	0.0486	0.0485
500	0.61	0.0384	0.0391
630	0.61	0.0287	0.0292

单芯和多芯电缆用第 6 种软铜导体 表 9-72

标称截面积 （mm²）	导体内最大单线直径 （mm）	20℃时导体最大电阻（Ω/km）	
		不镀金属单线	镀金属单线
0.5	0.16	39.0	40.1
0.75	0.16	26.0	26.7
1.0	0.16	19.5	20.0
1.5	0.16	13.3	13.7
2.5	0.16	7.98	8.21
4	0.16	4.95	5.09
6	0.21	3.30	3.39
10	0.21	1.91	1.95
16	0.21	1.21	1.24
25	0.21	0.780	0.795
35	0.21	0.554	0.565
50	0.31	0.386	0.393
70	0.31	0.272	0.277
95	0.31	0.206	0.210
120	0.31	0.161	0.164
150	0.31	0.129	0.132
185	0.41	0.106	0.108
240	0.41	0.0801	0.0817
300	0.41	0.0641	0.0654

2. 阻燃性能的判定

单根阻燃性能的判定如表 9-73 所示。

单根阻燃性能 表 9-73

代号	试样外径 d（mm）	供火时间（s）	合格指标	试验方法
Z	$d \leqslant 25$	60±2	1. 上夹具下缘与上炭化起始点之间的距离大于 50mm 2. 上夹具下缘与下炭化起始点之间的距离不大于 540mm 3. 试验过程中的燃烧滴落物未引燃试样下方的滤纸	《电缆和光缆在火焰条件下的燃烧试验 第 12 部分：单根绝缘电线电缆火焰垂直蔓延试验 1kW 预混合型火焰试验方法》GB/T 18380.12—2022 和《电缆和光缆在火焰条件下的燃烧试验 第 13 部分：单根绝缘电线电缆火焰垂直蔓延试验 测定燃烧的滴落（物）/微粒的试验方法》GB/T 18380.13—2022
	$25 < d \leqslant 50$	120±2		
	$50 < d \leqslant 75$	240±2		
	$d > 75$	480±2		

注：导体总截面积 0.5mm² 以下细电线电缆或细光缆采用《电缆和光缆在火焰条件下的燃烧试验 第 12 部分：单根绝缘电线电缆火焰垂直蔓延试验 1kW 预混合型火焰试验方法》GB/T 18380.12—2022 试验方法供火时可能熔断，应采用《电缆和光缆在火焰条件下的燃烧试验 第 22 部分：单根绝缘细电线电缆火焰垂直蔓延试验 扩散型火焰试验方法》GB/T 18380.22—2008 的试验方法，并不进行《电缆和光缆在火焰条件下的燃烧试验 第 13 部分：单根绝缘电线电缆火焰垂直蔓延试验 测定燃烧的滴落（物）/微粒的试验方法》GB/T 18380.13—2022 的试验。

第十节 反射隔热材料

一、相关标准

（1）《建筑节能与可再生能源利用通用规范》GB 55015—2021。

（2）《建筑节能工程施工质量验收标准》GB 50411—2019。

（3）《建筑反射隔热涂料》JG/T 235—2014。

（4）《建筑外表面用热反射隔热涂料》JC/T 1040—2020。

（5）《建筑反射隔热涂料节能检测标准》JGJ/T 287—2014。

（6）《建筑反射隔热涂料应用技术规程》JGJ/T 359—2015。

（7）《金属屋面丙烯酸高弹防水涂料》JG/T 375—2012。

（8）《色漆、清漆和色漆与清漆用原材料 取样》GB/T 3186—2006。

（9）《一般工业用铝及铝合金板、带材 第 1 部分：一般要求》GB/T 3880.1—2006。

（10）《涂膜颜色的测量方法 第二部分：颜色测量》GB/T 11186.2—1989。

二、基本概念

反射隔热涂料以合成树脂为基料，与功能性颜填料及助剂等配制而成，施涂于建筑物外表面，具有较高太阳光反射比、近红外反射比和半球发射率的涂料。

1. 太阳光反射比

(300～2500)nm 可见光和近红外波段反射与同波段入射的太阳辐射通量的比值。

2. 半球发射率

热辐射体在半球方向上的辐射出射度与处于相同温度的全辐射体（黑体）的辐射出射

度的比值。

3. 分类

1）依据《建筑外表面用热反射隔热涂料》JC/T 1040—2020，反射隔热涂料分类如下：

（1）按明度（L^*值）高低分为低明度$L^* \leqslant 40$（代号为L）、中明度$40 < L^* \leqslant 80$（代号为M）、中高明度$80 < L^* \leqslant 95$（代号为MH）和高明度$L^* > 95$（代号为H）。

（2）按涂层状态分为平涂型（代号为F）和质感型（代号为T）。

（3）按使用部位又分为墙面用（代号为W）和屋面用（代号为R）。

2）依据《建筑反射隔热涂料》JG/T 235—2014，反射隔热涂料按涂层明度L^*值分为低明度（$L^* \leqslant 40$）、中明度（$40 < L^* < 80$）、高明度（$L^* \geqslant 80$）。

三、试验项目及组批原则

反射隔热涂料的进场复检项目、组批原则见表9-74。

反射隔热涂料的进场复验项目、组批原则及取样数量　　表9-74

材料名称	分项工程	进场复验项目	组批原则及取样数量	执行标准号
反射隔热涂料	墙体节能工程	太阳光反射比半球发射率	同厂家、同品种产品，按照扣除门窗洞口后的保温墙面面积所使用的材料用量，在5000m²以内时应复验1次；面积每增加5000m²应增加1次。同工程项目、同施工单位且同期施工的多个单位工程，可合并计算抽检面积。当符合本标准第3.2.3条的规定时，检验批容量可以扩大一倍	GB 50411—2019
	屋面节能工程		同厂家、同品种产品，扣除天窗、采光顶后的屋面面积在1000m²以内时应复验1次；面积每增加1000m²应增加复验1次。同工程项目、同施工单位且同期施工的多个单位工程，可合并计算抽检面积。当符合本标准第3.2.3条的规定时，检验批容量可以扩大一倍	
	墙体节能工程		检验数量按现行国家标准GB 50411—2019执行	GB 55015—2021
	屋面节能工程		检验数量按现行国家标准GB 50411—2019执行	

四、试验方法

1. 太阳光反射比的试验方法

1）依据《建筑反射隔热涂料》JG/T 235—2014，太阳光反射比的试验方法如下：

（1）取样：

产品应按《色漆、清漆和色漆与清漆用原材料 取样》GB/T 3186—2006的规定进行取样，具体取样程序如下：

①总则

样品的最少量应为2kg或完成规定试验所需量的(3～4)倍。

②取样前的检查

取样前，应检查物料、容器和取样点有无异常现象。若发现任何异常现象，应在取样报告中注明。然后由取样者决定是否取样，若决定取样，应确定样品按哪种类型取得。

③均匀性

a. 均匀物料

对于均匀物料，取单一样品就足够了。

b. 暂时性的不均匀物料

这种现象是由诸如不彻底的混合、泡沫、沉淀、结晶等原因引起，可导致物料密度或黏度等的不同取样前搅拌或加热这类物料可使其成为均匀物料。

c. 永久性的不均匀物料

如果这类物料既不互混也不互溶，此时应决定是否取样以及取样的目的。对小容器，应选用取样管取样。对大容器中物料的取样，至少应取 2 个样品。上层样品可用取样勺取样，下层样品可用区域取样器或合适的浸入式瓶（罐）取样，或在容器底阀（如果有的话）处取样。制备样品时，应考虑所取两层样品的相对数量。

（2）试验环境：

试板状态调节和试验温湿度应满足温度(23 ± 2)℃，相对湿度 45%～55%。

（3）试板制备：

①样品准备

产品未明示稀释比例时，应搅拌均匀后制板。有明示稀释比例时，应按明示稀释比例加水或溶剂搅拌均匀后制板。当明示稀释比例为某一范围时，应取其中间值。

②试验基材要求

a. 试验基材应采用铝合金板；

b. 铝合金板的化学成分、压缩性能、抗压力腐蚀性能、晶间腐蚀敏感性、硬度、拉伸力学性能、弯曲性能等指标符合《一般工业用铝及铝合金板、带材 第 1 部分：一般要求》GB/T 3880.1—2006 中要求，表面不应有阳极氧化层或着色层；

c. 表面处理要求，铝合金板的表面处理应按照《色漆和清漆 标准试板》GB/T 9271—2008 的规定，可以采用溶剂清洗法、水性清洗剂清洗法、打磨法、铬酸盐转化膜法、非铬酸盐转化膜法几种方法处理试板。

③试板要求

试板数量各 3 块，试板尺寸应为 100mm × 80mm ×（0.8～1.2）mm。

④试板制备

将准备的样品刮涂或喷涂在铝合金板表面，应保证涂膜表面平整，无明显气泡、裂纹等缺陷。溶剂型产品最终干膜厚度不应低于 0.10mm，水性产品不应低于 0.15mm，试板在规定的条件下养护 168h。

（4）太阳光反射比的测定方法：

太阳光反射比应按《建筑反射隔热涂料》JG/T 235—2014 附录 A 相对光谱法或附录 B 辐射积分法的规定进行，仲裁检验时按附录 A 的规定进行。

①L^*值的测定

应按《涂膜颜色的测量方法 第二部分：颜色测量》GB/T 11186.2—1989 的规定进行，通过三刺激值 X_{10}、Y_{10}、Z_{10} 计算得出L^*。

②相对光谱法

按照《建筑反射隔热涂料》JG/T 235—2014 附录 A 的规定进行：

a. 试验装置

分光光度计或光谱仪波长范围应在(300～2500)nm 或以上，最小波长间隔应为 5nm，波长精度不应低于 1.6nm，光度测量准确度应为±1%。积分球内径不应小于 60mm，内壁应为高反射材料。标准白板应采用压制的硫酸钡或聚四氟乙烯板，用于基线校准。

b. 试验过程

开机预热至稳定，设置仪器参数，使用仪器配备的标准白板进行基线校准。移开白板，将试板紧贴积分球放置于白板所在的位置，关闭仪器样品仓盖，然后进行测试。

根据太阳光在热射线波长范围内的相对能量分布，通过加权平均的方法计算材料在一定波长范围内的太阳光反射比公式如下：

$$\rho = \frac{\sum_{\lambda=300nm}^{2500nm} \rho_0(\lambda)\rho(\lambda)S_\lambda \Delta\lambda}{\sum_{\lambda=300nm}^{2500nm} S_\lambda \Delta\lambda} \tag{9-82}$$

式中：ρ——试板的太阳光反射比；

$\rho_0(\lambda)$——标准白板的光谱反射比；

$\rho(\lambda)$——试板的光谱反射比；

S_λ——太阳辐射相对光谱分布，见《建筑反射隔热涂料》JG/T 235—2014 附录 A 的表 A.1；

$\Delta\lambda$——波长间隔（nm）。

最终取 3 块试板的算术平均值作为最终结果，结果应精确至 0.010。

③辐射积分法

按照《建筑反射隔热涂料》JG/T 235—2014 附录 B 的规定进行，采用多个不同波段的探测器测量入射角为 20°的辐射反射。通过探测器配备的滤光装置，获得与太阳光光谱特定波段一致的电子感应，经读数模块处理后得出太阳光反射比。

a. 试验装置

便携式反射比测定仪应由钨卤素灯、过滤器和多个不同波段的探测器组成，钨卤素灯作为辐射源用于照射，过滤器用于调整辐射反射使之与特定波段相适应，探测器用于感应不同波段的辐射反射。

读数模块与测量头相连，用于处理测量头的信号、反射比数字输出信号以及显示输入参数或校准信息。读数模块数显分辨率应为 0.001。

校准装置包括黑腔体和标准板，黑腔体用于仪器调零，标准板用于仪器校准。

b. 试验过程

开启电源，预热至稳定。用反射比为零的黑腔体调零，用已知反射比的标准板校准。每隔 30min 重复调零和校准。将试板的涂层面紧贴测量头端口，避免光线泄漏。在测量头指示灯闪烁的整个周期内，保证测量头不动。当显示值稳定时，即可读数。

2）依据《建筑外表面用热反射隔热涂料》JC/T 1040—2020，太阳光反射比的试验方法如下：

（1）取样：

产品应按《色漆、清漆和色漆与清漆用原材料 取样》GB/T 3186—2006 的规定进行取样。取样量应根据检验需要确定。

（2）试验环境：

标准试验条件：温度(23 ± 2)℃，相对湿度 45%～55%。

除另有规定外，试样的状态调节和试验应在标准试验条件下进行。

（3）样品准备：

产品未明示稀释比例时，应搅拌均匀后制板。有明示稀释比例时，应按明示稀释比例加水或溶剂搅拌均匀后制板。当稀释比例为某一范围时，应取其中间值。

（4）基材：

基材应选用表面无涂镀层，符合《一般工业用铝及铝合金板、带材 第 1 部分：一般要求》GB/T 3880.1—2023 要求的铝合金板，铝合金板的表面处理应按照《色漆和清漆 标准试板》GB/T 9271—2008 的规定进行。也可以采用供需双方商定的基材，并在报告中注明。基材尺寸和数量应符合表 9-75 的规定。

反射隔热性能试板要求 表 9-75

项目		试板尺寸（mm）	试板数量/块
太阳光反射比	平涂型 F	150 × 70 ×(0.8～1.2)	3
	质感型 T	200 × 150 ×(0.8～1.2)	2

（5）测试试板制备：

①平涂型 F

将搅拌混合均匀的涂料刮涂或喷涂在铝合金板表面，至少分两次施涂，施涂时间间隔不小于 6h。溶剂型产品干膜总厚度控制在(0.10～0.20)m，水性产品控制在(0.15～0.30)m。在标准试验条件下养护 7d 后进行试验。有配套底漆和罩面漆时也可按照产品说明进行制样，并在报告中注明各道涂料的施涂工艺。

②质感型T

将搅拌混合均匀的涂料刮涂或喷涂在铝合金板表面。多彩类涂料涂层干膜总厚度(0.20~0.50)mm，其他类质感型涂料干膜总厚度约为2mm。在标准试验条件下养护14d后进行试验。有配套底漆、中涂和罩面漆时，也可按照产品说明进行制样，并在报告中注明各道涂料的施涂工艺。

（6）L^*值：

按《涂膜颜色的测量方法 第二部分：颜色测量》GB/T 11186.2—1989的规定进行。平涂型样品每块试板检测1个点，质感型样品每块试板至少检测6个点，每个检测点间距不小于70mm，检测点中心距试板边缘至少20mm。结果取所有试板的算术平均值，精确至整数。

（7）太阳光反射比：

按附录A的规定进行，仲裁检验时按附录A中方法1相对光谱法的规定进行。

①相对光谱法

按照《建筑外表面用热反射隔热涂料》JC/T 1040—2020附录A.1的规定进行，方法和原理同《建筑反射隔热涂料》JG/T 235—2014附录A。

②辐射积分法

按照《建筑外表面用热反射隔热涂料》JC/T 1040—2020附录A.2的规定进行，方法和原理同《建筑反射隔热涂料》JG/T 235—2014附录B。

3）依据《建筑反射隔热涂料节能检测标准》JGJ/T 287—2014，太阳光反射比的试验方法如下：

（1）实验室检测：

①取样

实验室检测的产品取样应符合现行同家标准《色漆、清漆和色漆与清漆用原材料取样》GB/T 3186—2006的规定，并应满足检测需要。

②试样制备

涂料应在容器中充分搅拌混合均匀，并用涂布器或刮板分两道均匀涂覆在(1~2)mm厚的合金板表面，涂层干膜度应为(200~300)μm，且涂层应平整，无气泡、裂纹等缺陷。水性涂料涂膜，两道涂布的时间间隔应为6h；溶剂型涂料涂膜，两道涂布的时间间隔应为24h。

③试样制备环境

温度应为(23±2)℃，试样制备环境的相对湿度应为45%~55%，涂膜养护时间应为7d。

④检测试样尺寸

应根据仪器确定，检测试样数量应为3个。

⑤实验室检测环境

温度应为(23±5)℃，实验室检测环境的相对湿度不得高于60%。

⑥ 太阳反射比的测定

太阳反射比的实验室检测应采用绝对光谱法、相对光谱法或辐射积分法。

a. 绝对光谱法

采用绝对光谱法检测时,分光光度计设备性能应符合《建筑反射隔热涂料节能检测标准》JGJ/T 287—2014 附录 A 的有关规定,见表 9-76。

分光光度计设备性能 表 9-76

设备组件	性能要求	检测范围与精度
分光光度计	波长范围不应小于350~2500nm,精密度不低于1.6nm	太阳反射比检测范围应为 0.02~0.97;检测精度应为 0.01
积分球	内径不应小于60mm,内壁应为高反射材料	

太阳反射比计算公式:

$$\rho_s = \frac{\sum\limits_{i=1}^{n} \rho_{\lambda_i} E_s(\lambda_i) \Delta \lambda_i}{\sum\limits_{i=1}^{n} E_s(\lambda_i) \Delta \lambda_i} \tag{9-83}$$

式中:ρ_s——太阳光反射比;

i——波长(350~2500)nm 范围内的计算点;

λ_i——计算点 i 对应的波长(nm),应按《建筑反射隔热涂料节能检测标准》JGJ/T 287 附录 C 的规定选取;

n——计算点的数目,应取 96 个;

ρ_{λ_i}——波长为 λ_i 的试样的光谱反射比测定值;

$E_s(\lambda_i)$——在波长 λ_i 处太阳光谱辐照度 [W/(m²·nm)],应按《建筑反射隔热涂料节能检测标准》JGJ/T 287—2014 附录 C 的规定选取;

$\Delta \lambda_i$——计算点波长间隔(nm)。

应测试 3 个试样的太阳反射比,并取算术平均值作为最终结果。

b. 辐射积分法

采用辐射积分法检测时,辐射积分仪应符合《建筑反射隔热涂料节能检测标准》JGJ/T 287—2014 中第 B.1 节的有关规定(表 9-77)。

辐射积分仪设备性能 表 9-77

设备组件	性能要求	检测范围与精度
测量头(集成式积分球)	波长范围不应小于(350~2500)nm,测量波段不应少于4个,应由卤钨灯、过滤器和探测器组成,测量头内壁为高反射材料;探测器应能探测到紫外、蓝光、红光和近红外区的电子感应;测量头采样孔的孔径应为(25~26)mm;重复性应为±0.003;偏差应为±0.002	太阳反射比检测范围应为0.02~0.97;检测精度应为0.01
读数模块	应具有数据采集、处理和显示功能,数显分辨率应为0.001;数字显示器不稳定度应小于±[(读数的1% + 0.003)/h]	
校准装置	包括黑腔体和高反射比的标准陶瓷白板标准白板应经计量部门检定合格并在检定有效期内	

测试应取 3 次读数的算术平均值作为该试样的太阳反射比，需测试 3 个试样的太阳反射比，并取算术平均值作为最终结果。

c. 相对光谱法

采用相对光谱法检测时，分光光度计设备性能应符合《建筑反射隔热涂料节能检测标准》JGJ/T 287—2014 的有关规定（表 9-78）。

分光光度计设备性能　　　　表 9-78

设备组件	性能要求	检测范围与精度
分光光度计	波长范围不应小于(350~2500)nm，精密度不低于 1.6nm	太阳反射比检测范围应为 0.02~0.97；检测精度应为 0.01
积分球	内径不应小于 60mm，内壁应为高反射材料	
标准白板	压制的硫酸钡或聚四氟乙烯板；标准白板应经计量部门检定合格并在检定有效期内	

太阳反射比计算公式：

$$\rho_s = \frac{\sum_{i=1}^{n} \rho_{0\lambda_i} \rho_{b\lambda_i} E_s(\lambda_i) \Delta\lambda_i}{\sum_{i=1}^{n} E_s(\lambda_i) \Delta\lambda_i} \tag{9-84}$$

$$\Delta\lambda_i = (\lambda_{i+1} - \lambda_{i-1})/2 \tag{9-85}$$

式中：ρ_s——太阳反射比；

i——波长(350~2500)nm 范围内的计算点；

λ_i——计算点 i 对应的波长（nm），应按《建筑反射隔热涂料节能检测标准》JGJ/T 287 附录 C 的规定选取；

n——计算点的数目，应取 96 个；

$\rho_{0\lambda_i}$——波长为 λ_i 的标准白板的绝对光谱反射比测定值，应采用计量部门的检定值；

$\rho_{b\lambda_i}$——波长为 λ_i 的试样相对于标准白板的光谱反射比测定值；

$E_s(\lambda_i)$——在波长 λ_i 处太阳光谱辐照度 [W/(m²·nm)]，应按《建筑反射隔热涂料节能检测标准》JGJ/T 287—2014 附录 C 的规定选取；

$\Delta\lambda_i$——计算点波长间隔（nm）。

应测试 3 个试样的太阳反射比，并取算术平均值作为最终结果。

（2）现场检测：

检测太阳反射比的现场检测应采用相对光谱法或辐射积分法。

① 检测点的选择

检测点的涂层外观应平整、清洁，涂层表面拉毛的凸起高度不宜大于 2.0mm；

检测点的涂层表面应干燥，检测时检测点应避免受太阳直接照射。

② 现场检测环境

温度宜为(5~35)℃，相对湿度不宜高于 80%，避免在雨、雾天气进行，环境风速宜小于 5m/s。

③检测设备

应具有抗振动、抗干扰和防尘等性能,并应满足如上②中要求的环境条件。

④采样要求

现场检测采样时,测量头触接面与检测点之间应配置定位片(图 9-33~图 9-35)。定位片应符合下列规定:

a. 定位片应带有采样孔、采样孔边牙和测量头定位槽;

b. 定位片应采用不锈钢板制作,测量头触接面范围的板厚(δ)不应大于 0.3mm,直径(D)不应小于测量头采样孔直径的 10 倍,采样孔直径(d)应比测量头采样孔直径大 1.0mm;

c. 定位片的定位槽底内径(D_1)应比测量头触接面轮廓直径大 0.5mm;

d. 定位片背面的采样孔边缘上应带有边牙,边牙的锋刃程度以左右旋转定位片时易于切入被测面为宜,厚度(h_1)不宜大于 0.2mm,高度(h_2)应等于被测涂层表面拉毛的凸起高度;

e. 定位片的采样孔内壁应涂白,其余面应涂黑。

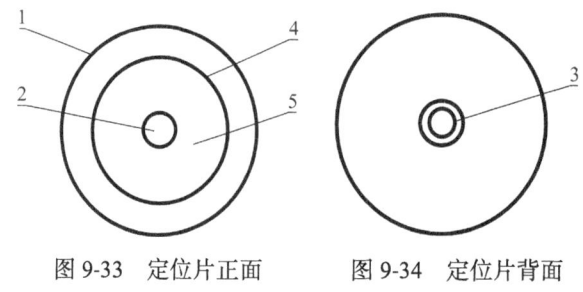

图 9-33 定位片正面　　图 9-34 定位片背面

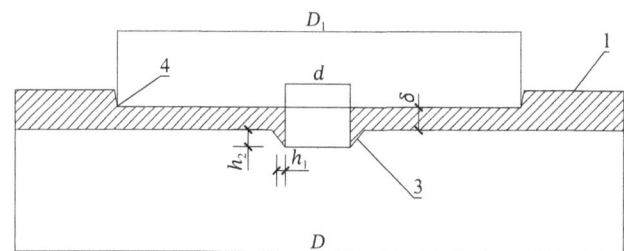

1—定位片;2—采样孔;3—采样孔边牙;4—测量头定位槽;5—测量头触接面;D—定位片直径;δ—触探面板厚度;d—采样孔直径;D_1—定位槽底内径;h_1—边牙厚度;h_2—边牙高度

图 9-35 定位片

⑤相对光谱法现场检测要求

a. 检测点

每个检测区域应确定 3 个检测点,3 个检测点宜按等边三角形布置,检测点间距不宜小于 500mm。

b. 检测程序

仪器应正确连接并处于正常工作状态；仪器工作参数设定应正确；将标准白板与定位片背面靠紧，将积分球采样孔对准定位片的采样孔，在仪器规定的波长范围内应进行光谱反射比的光谱基线测量；将定位片背面的采样孔对准检测点，并应使定位片与被测涂料面靠紧；将测量头置于定位片的定位槽内，在同一波长范围内应进行光谱反射比测量，测得相对于标准白板的光谱反射比曲线。

c. 结果计算

太阳反射比应按规范公式计算；应取 3 个检测点的算术平均值作为最终结果。

⑥辐射积分法现场检测要求

采用辐射积分法检测时，应符合本标准附录 B 第 B.2.4 条的规定，具体方法要求如下：

a. 检测点

同相对光谱法现场检测要求。

b. 检测程序

仪器应正确连接并处于正常工作状态；仪器工作参数设定应正确，开机预热期间应盖罩采样孔，预热 30min 后进行仪器校准；应采用反射比为零的黑腔体调零，采用高反射比标准板校准；将定位片背面的采样孔对准检测点，并应使定位片与被测涂料面靠紧；应将测量头置于定位片的定位槽内靠紧，并应在显示值稳定后读数。

c. 结果计算

取 3 次读数的算术平均值作为该检测点的太阳反射比；应测试 3 个检测点的太阳反射比，并取算术平均值作为该检测区域的最终结果。

4）依据《建筑反射隔热涂料应用技术规程》JGJ/T 359—2015，太阳光反射比应按现行行业标准《建筑反射隔热涂料节能检测标准》JGJ/T 287—2014 的要求对建筑反射隔热涂料外饰面太阳光反射比进行现场抽样检测。

5）依据《金属屋面丙烯酸高弹防水涂料》JG/T 375—2012，太阳光反射比的试验方法如下：

（1）标准试验条件：

标准试验温度(23 ± 2)℃，相对湿度 40%～60%。

（2）试件制备：

①基材要求

应采用符合《一般工业用铝及铝合金板、带材 第 1 部分：一般要求》GB/T 3880.1—2023 的铝合金板，边长为 100mm，厚度为(1～2)mm。

②制备

将试样分两次刮涂在洁净的铝合金板上，涂覆间隔24h。干膜厚度控制在(0.5 ± 0.1)mm。共制备 3 个试件。制备好的试件在标准试验条件下养护 96h，再放入(40 ± 2)℃干燥箱中烘干 48h，取出后在标准试验条件下放置 4h 以上备用。

（3）试验过程：

①准备

开启电源，设定空气质量值为 1.5。预热 30min 后进行仪器校准，预热期间用盖罩住测量头的开孔。

②校准

预热后，用反射比为零的黑腔体调零，采用高反射比标准板校准。每隔 30min 重复调零和校准。

③测量

将试件放在测量头圆形端口的顶部，涂层面朝向圆孔，调整到合适位置，使试件与圆孔边缘紧密接触，避免辐射泄漏导致测量结果的不准确。在不少于 3 个 10s 的测量周期内应保持试件不动，当仪器显示数据恒定时，即为测量结果。

④结果处理

取 3 个试件的算术平均值作为测量结果，结果精确至 0.01。

2. 半球发射率的试验方法

1）依据《建筑反射隔热涂料》JG/T 235—2014 附录 C，采用辐射计法测量半球发射率，加热探测器内的热电堆，使探测器和试板之间产生温差。该温差与试板的发射率呈线性关系，通过比较高、低发射率标准板与试板表面温差的大小，得出试板的发射率。

（1）试板制备：

按《建筑反射隔热涂料》JG/T 235—2014 中规定进行，同太阳光反射比。

（2）试验过程：

①开启电源，仪器预热至稳定。

②将高、低发射率标准板置于热沉上，探测器分别放在高、低发射率标准板上 90s，通过微调使读数与标准板的标示值一致，再重复一遍此步骤。

③将试板置于热沉上 90s，然后将探测器放在试板上直至读数稳定，即为测量结果。

（3）结果处理：

取 3 块试板测量结果的算术平均值作为最终结果，结果应精确至 0.01。

2）依据《建筑外表面用热反射隔热涂料》JC/T 1040—2020 附录 B，采用辐射计法测量半球发射率。

（1）试板制备：

按《建筑外表面用热反射隔热涂料》JC/T 1040—2020 中第 6.4.3 条的规定进行，同太阳光反射比要求。

（2）平涂型样品试验过程：

①在标准试验室环境中调节状态使高低发射率板、热沉和试板温度一致。

②开启试验装置电源,仪器预热至稳定。

③将高、低发射率标准板置于热沉上,探测器分别放在高、低发射率标准板上 90s,通过微调使读数与标准板的标示值一致,再重复一遍此步骤。

④将试板置于热沉上 90s,然后将探测器放在试板上直至读数稳定,即为测量结果。

(3)质感型样品:

①将高、低发射率标准板置于热沉上,将试板放置在热沉边,在标准试验室环境中调节状态使高低发射率板、热沉和试板温度一致。

②开启试验装置电源,仪器预热至稳定。

③将探测器分别放在高、低发射率标准板上 90s,通过微调使读数与标准板的标示值一致,再重复一遍此步骤。

④将探测器放到试板被检测表面上位置 1 大约 20s,然后将探测器贴着被测表面滑动至位置 2 停留大约 15s,再滑动至位置 3 停留大约 15s,最后滑动至位置 4 停留约 20s,记录位置 4 的读数,每个位置点间距约为 100mm,如图 9-36 所示。

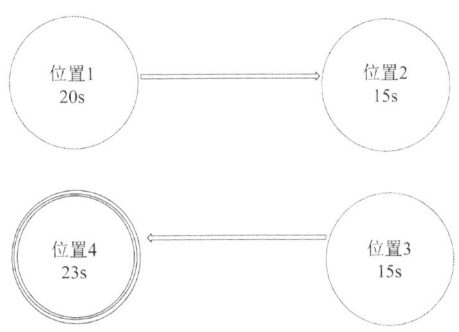

图 9-36 检测过程示意图

3)依据《建筑反射隔热涂料节能检测标准》JGJ/T 287—2014,半球发射率可采用辐射计或红外分光光度计检测。

(1)辐射计法:

①检测程序

将发射率参比试样置于热沉上,再将辐射探测器放到参比试样上,通过微调应使仪表读数等于参比试样值;将被测试样置于热沉上,再将辐射探测器放到被检测试样表面上,待读数稳定后即为被检测试样的发射率。此过程应至少进行 3 次。

②数据处理

采用辐射计检测时,应取 3 次读数的算术平均值作为该试样的半球发射率,应测试 3 个试样的半球发射率,并取算术平均值作为最终结果。

(2)红外分光光度计法:

①检测程序

仪器应正确连接并处于正常工作状态;仪器工作参数设定应正确;将标准板安装在积

分球试样孔处,应在仪器规定的波长范围内进行基线扫描;将试样安装在积分球试样孔处,应在同一波长范围内进行相对于标准板的试样光谱反射比扫描。

②数据处理

半球发射率计算公式:

$$\varepsilon = 1 - \sum_{4.5}^{25} G_\lambda \rho_{(\lambda)} \tag{9-86}$$

式中:ε——半球发射率;

G_λ——试样的热辐射光谱反射比;

$\rho_{(\lambda)}$——293K下热辐射相对光谱分布,应按本标准附录D的规定选取。

应测试3个试样的半球发射率,并取算术平均值作为最终结果。

4)依据《金属屋面丙烯酸高弹防水涂料》JG/T 375—2012 附录 C,采用差热电堆原理测定半球发射率。通过加热测量头热电堆,使测量头和测试面之间产生温差。差热电堆由高发射率探头元件和低发射率探头元件组成。被测试件放在散热器平台上,其发射率值通过与标准板发射率的比值而量化。

(1)试件制备:

①基材

应采用符合《一般工业用铝及铝合金板、带材 第1部分:一般要求》GB/T 3880.1—2023 的铝合金板,边长为100mm,厚度为(1~2)mm。

②制备

将试样分两次刮涂在洁净的铝合金板上,涂覆间隔6h。干膜厚度控制在(0.5±0.1)mm。共制备3个试件。制备好的试件在标准试验条件下养护96h,再放入(40±2)℃干燥箱中烘干48h,取出后在标准试验条件下放置4h以上备用。

(2)试验过程:

①准备

使用前仪器应预热30min。

②校准

将高发射率标准板和低发射率标准板置于散热槽平台上,标准板与散热槽平台之间的空隙应用蒸馏水或其他高导热材料填满。将发射率仪测量头先后放在高、低发射率标准板上进行设备校准。

(3)测量:

将被测试件放在散热槽平台上,为促进试件与散热槽的传热,可在试件与散热槽平台之间滴几滴蒸馏水。至少放置90s,使温度稳定。然后将发射率仪测量头放在被测试件上,直到读数稳定,即为测量结果。

(4)结果处理:

取3个试件的算术平均值作为测量结果,结果精确至0.01。

五、试验结果评定

1）依据《建筑反射隔热涂料》JG/T 235—2014，反射隔热涂料的反射隔热性能指标见表 9-79。

反射隔热性能指标　　　　　　　表 9-79

序号	项目	指标		
		低明度	中明度	高明度
1	太阳光反射比（≥）	0.25	0.40	0.65
2	半球发射率（≥）	0.85		

金属屋面使用时，除应符合表 9-79 的要求外，还应符合《金属屋面丙烯酸高弹防水涂料》JG/T 375—2012 的规定；其他屋面使用时，还应符合《聚合物乳液建筑防水涂料》JC/T 864—2023 的规定。

外墙使用时，除应符合表 9-79 的要求外，还应符合《合成树脂乳液外墙涂料》GB/T 9755—2014、《弹性建筑涂料》JG/T 172—2014、《交联型氟树脂涂料》HG/T 3792—2014、《水性氟树脂涂料》HG/T 4104—2019 等相应产品标准最高等级要求的规定。

2）依据《建筑外表面用热反射隔热涂料》JC/T 1040—2020，反射隔热涂料的反射隔热性能指标如下：

（1）平涂型热反射隔热涂料反射隔热性能指标如表 9-80 所示。

平涂型反射隔热性能指标　　　　　　　表 9-80

序号	项目	指标			
		L（$L^*\leqslant 40$）	M（$40<L^*\leqslant 80$）	MH（$80<L^*\leqslant 95$）	H（$L^*>95$）
1	太阳光反射比（≥）	0.28	L^*/100-0.12		0.83
2	半球发射率（≥）	0.85			

（2）质感型热反射隔热涂料反射隔热性能指标如表 9-81 所示。

质感型反射隔热性能指标　　　　　　　表 9-81

序号	项目	指标			
		L（$L^*\leqslant 40$）	M（$40<L^*\leqslant 80$）	MH（$80<L^*\leqslant 95$）	H（$L^*<95$）
1	太阳光反射比（≥）	0.25	L^*/100-0.15		
2	半球发射率（≥）	0.85			

3）《建筑反射隔热涂料应用技术规程》JGJ/T 359—2015 中反射隔热涂料反射隔热性能指标应符合《建筑反射隔热涂料》JG/T 235—2014。

4）《金属屋面丙烯酸高弹防水涂料》JG/T 375—2012 中反射隔热涂料反射隔热性能指标见表 9-82。

金属屋面丙烯酸高弹防水涂料物理性能　　　　表 9-82

序号	项目	指标
1	太阳光反射比（白色）（≥）	0.80
2	半球发射率（≥）	0.80

注：仅对白色涂料的太阳反射比提出要求。

第十一节　供暖通风空调节能工程用材料、构件和设备

一、相关标准

（1）《建筑节能工程施工质量验收标准》GB 50411—2019。

（2）《居住建筑节能工程施工质量验收规程》DB11/T 1340—2022。

（3）《建筑节能与可再生能源利用通用规范》GB 55015—2021。

（4）《风机盘管机组》GB/T 19232—2019。

（5）《供暖散热器散热量测定方法》GB/T 13754—2017。

二、基本概念

1. 风机盘管机组

风机盘管机组简称风机盘管，它是由小型风机、电动机和盘管（空气换热器）等组成的空调系统末端装置之一。盘管管内流过冷冻水或热水时与管外空气换热，使空气被冷却、除湿或加热来调节室内的空气参数。它是常用的供冷、供热末端装置。

2. 采暖散热器

采暖散热器是供暖的终端设备，热源一般为城市集中供暖、小区自建锅炉房、家用壁挂炉等，通过热传导、辐射、对流把热量散发出来，让室内的温度得到提升。

3. 分类

1）常用风机盘管分类

（1）按结构形式可分为卧式、立式、卡式和壁挂式。

（2）按安装形式可分为明装和暗装。

（3）按进出水方位可分为左式和右式（面对机组出风口，供回水管分别在左侧和右侧）。

（4）按出口静压可分为低静压型和高静压型。

（5）按用途类型可分为通用、干式和单供暖。

（6）按电机类型可分为交流电机和永磁同步电机。

（7）按管制类型可分为两管制（盘管为 1 个水路系统，冷热兼用）和四管制（盘管为 2 个水路系统，分别供冷和供暖）。

2）常用散热器分类

（1）散热器按材质基本上分为铜管铝翅对流散热器、钢制散热器、铝制散热器、铜制散热器、不锈钢散热器、铜铝复合散热器及铸铁散热器等；按散热方式分为对流散热器和辐射散热器。

（2）辐射散热器：以对流和辐射方式，向采暖房间散热的散热器。结构特征是散热表面暴露。板型、柱型、柱翼型、扁管型、闭式串片型、搭接焊管卫浴型和各种型式的铸铁散热器，都是辐射散热器。

（3）对流散热器：全部或主要靠对流传热方式而使周围空气受热的散热器。结构特征是散热元件安置在外罩内，散热表面隐蔽。

三、试验项目及组批原则

1. 风机盘管机组复验项目、组批原则及取样规定如表9-83所示

散热器进场复验项目、组批原则及取样规定　　　表9-83

材料名称	标准	进场复验项目	组批原则	取样规定（数量）
风机盘管机组	《建筑节能工程施工质量验收标准》GB 50411—2019	供冷量、供热量、风量、水阻力、功率及噪声	按结构形式抽检，同厂家的风机盘管机组数量在500台及以下时，抽检2台；每增加1000台时应增加抽检1台。同工程项目、同施工单位且同期施工的多个单位工程可合并计算	同厂家、同材质的绝热材料，复检次数不得少于2次
	《居住建筑节能工程施工质量验收规程》DB11/T 1340—2022	供冷量、供热量、风量、水阻力、功率及噪声	同一厂家的风机盘管机组数量在500台及以下时，抽检2台；当数量高于500台时，每增加1000台时应增加抽检1台。同施工项目、同施工单位且同期施工的多个单位工程可合并计算	同厂家、同材质的绝热材料，复检次数不得少于2次
	《建筑节能与可再生能源利用通用规范》GB 55015—2021	供冷量、供热量、风量、水阻力、功率及噪声	—	—

2. 散热器进场复验项目、组批原则及取样规定如表9-84所示

散热器进场复验项目、组批原则及取样规定　　　表9-84

材料名称	标准	进场复验项目	组批原则	取样规定（数量）
采暖散热器	《建筑节能工程施工质量验收标准》GB 50411—2019	单位散热量金属热强度	同厂家、同材质的散热器，数量在500组及以下时，抽检2组；当数量每增加1000组时应增加抽检1组。同工程项目、同施工单位且同期施工的多个单位工程可合并计算	同厂家、同材质的保温材料，复检次数不得少于2次
	《居住建筑节能工程施工质量验收规程》DB11/T 1340—2022	单位散热量金属热强度	同厂家、同材质的散热器，其数量500组及以下时抽检2组；当数量在500组以上时，每增加1000组时应增加抽检1组。同工程项目、同施工单位且同期施工的多个单位工程可合并计算	同一厂家、同材质的保温材料见证取样检测的次数不得少于2次

续表

材料名称	标准	进场复验项目	组批原则	取样规定（数量）
采暖散热器	《建筑节能与可再生能源利用通用规范》GB 55015—2021	单位散热量 金属热强度	—	—

四、试验方法

1. 风机盘管试验方法

1）基本要求

（1）高挡转速下通用机组基本规格的额定值应满足《风机盘管机组》GB/T 19232—2019 第 5.6 节的规定。

（2）高挡转速下交流电机通用机组和永磁同步电机通用机组的能效限值应满足《风机盘管机组》GB/T 19232—2019 第 5.7 节的规定。

（3）高挡转速下干式机组基本规格的额定值应满足《风机盘管机组》GB/T 19232—2019 第 5.8 节的规定。

（4）高挡转速下交流电机干式机组和永磁同步电机干式机组的能效限值应分别满足《风机盘管机组》GB/T 19232—2019 第 5.9 节的规定。

（5）高挡转速下单供暖机组基本规格的额定值应满足《风机盘管机组》GB/T 19232—2019 第 5.10 节的规定。

（6）高挡转速下交流电机单供暖机组和永磁同步电机单供暖机组的能效限值应分别满足《风机盘管机组》GB/T 19232—2019 第 5.11 节的规定。

2）试验条件

检测设备及被测样品的试验条件应满足《风机盘管机组》GB/T 19232—2019 第 7.1 节的规定。

机组试验时的安装应按《风机盘管机组》GB/T 19232—2019 附录 A 的要求进行，并应满足以下要求：

（1）被试机组出口断面尺寸应与其相连接的试验管段的断面尺寸相同。

（2）暗装机组试验时不应带空气进出口格栅、空气过滤器（网）等部件，且测量时机组出口静压应为额定静压；其他被试机组若带有空气进出口格栅、空气过滤器（网）等部件，试验时应安装完备。

（3）若被试机组带有旁通阀门，试验时应关闭。

3）试验方法

（1）风量测试：

机组应在高、中、低三挡风量和规定的出口静压下测量风量、输入功率、出口静压、温度、大气压力。

永磁同步电机机组应在风量比为 1：0.75：0.5 条件下进行风量测试。

（2）按《风机盘管机组》GB/T 19232—2019 第 7.1 节规定的试验工况和《风机盘管机组》GB/T 19232—2019 所示装置之一进行湿工况下风量、供冷量和供热量的测量。测量步骤如下：

①在试验系统和工况达到稳定 30min 后，进行测量记录。

②连续测量 30min，按相等时间间隔（5min 或 10min）记录空气和水的各项参数，应至少记录 4 次数值。测量期间允许对试验工况参数作微量调节。

③取每次记录的平均值作为测量值进行计算。

④分别计算风侧和水侧的供冷量或供热量，两侧热平衡偏差应在 5%以内。取两侧的算术平均值作为机组的供冷量或供热量。

（3）依据《风机盘管机组》GB/T 19232—2019 附录 B 规定的试验装置测量盘管进出口水压降，即为水阻值。

（4）噪声的测量条件及测试方法依据《风机盘管机组》GB/T 19232—2019 附录 C 进行测试。

4）计算

本试验涉及的计算参考《风机盘管机组》GB/T 19232—2019。

2. 采暖散热器试验方法

1）试验原理

散热器的散热量通过测量流经散热器的水的质量流量（称重法）和散热器进出口的焓差来确定。

2）试验准备

无特殊要求时，被测散热器应按以下规定安装：

（1）散热器应与安装位置所在的壁面平行，并对称于该壁面的中心线。

（2）散热器安装位置所在的壁面与距其最近的散热器表面之间的距离应为 (0.050 ± 0.005)m。

（3）散热器底部应与小室地面平行，其底部与小室底部的间距应为 (0.11 ± 0.01)m。

（4）散热器与支管的连接采用同侧上进下出，并应有坡度。

（5）支撑及固定散热器的构件不应影响散热器的散热量。

（6）应保证在水系统中不发生气堵。

如果委托方的技术文件或标准连接件与上文的规定不同，散热器应按委托方的规定安装，相关安装元件由委托方提供。

3）试验环境及测试工况

（1）检测设备的要求应符合《供暖散热器散热量测定方法》GB/T 13754—2017 的规定。

（2）确定特征公式的测试工况应符合《供暖散热器散热量测定方法》GB/T 13754—

2017 的规定。

4）测量及计算

（1）称重法：

在标准大气压力下，散热器散热量应按下式计算：

$$Q = G_m \times (h_1 - h_2) \tag{9-87}$$

$$G_m = m/\tau \tag{9-88}$$

式中：Q——标准大气压力下的散热器散热量（W）；

G_m——流经散热器的水的质量流量（kg/s）；

h_1，h_2——散热器进出口比焓（J/kg）（根据测量到的散热器进出口温度t_1和t_2，通过计算或参照《供暖散热器散热量测定方法》GB/T 13754—2017 附录 C 中 100kPa 压力下的水的物性参数表得到）；

m——集水容器中水的质量（kg）；

τ——集水容器收集水的采样时长（s）。

（2）大气压力修正：

当测试小室大气压力与标准大气压力有偏离时，应按下式计算散热量：

$$Q = Q_f \times a \tag{9-89}$$

式中：Q——标准大气压力下的散热器散热量（W）；

Q_f——非标准大气压力下的散热器散热量，计算方法同上式（W）；

a——非标准大气压力条件下的散热量修正系数。

$$a = 1 + \beta(p_0 - p)/p_0 \tag{9-90}$$

式中：β——系数（辐射散热器为 0.3，对流散热器为 0.5）；

p——测试小室的平均大气压力（kPa）；

p_0——标准大气压力（101.3kPa）。

5）标准特征公式

（1）测试对象为单个散热器型号时散热器的标准特征公式：

对单个散热器型号，测试得到的标准特征公式：

$$Q = KM \cdot \Delta T^n \tag{9-91}$$

式中：Q——标准大气压力下的散热器散热量（W）；

ΔT——过余温度（K）；

KM——针对该组散热器型号，测试所得标准特征的常数；

n——针对该组散热器型号，测试所得标准特征公式的指数。

（2）测试对象为某散热器类时散热器类的标准特征公式：

①散热器类的标准特征公式：

$$Q = KT \cdot H^b \cdot \Delta T^{(c_0 + c_1 H)} \tag{9-92}$$

式中：Q——标准大气压力下的散热器散热量（W）；

ΔT——过余温度（K）；

H——特征尺寸（m）；

$c_0 + c_1 H$——特征尺寸H的线性函数；

KT——该散热器类标准特征公式的常数；

b——该散热器类标准特征公式的指数。

②变流量下某散热器类的特征公式：

$$Q = KT \cdot H^b \cdot G_m^{\ c} \Delta T^{(c_0 + c_1 H)} \tag{9-93}$$

式中：Q——标准大气压力下的散热器散热量（W）；

ΔT——过余温度（K）；

G_m——通过散热器的水的质量流量（kg/s）；

H——特征尺寸（m）；

$c_0 + c_1 H$——特征尺寸H的线性函数；

KT——变流量下某散热器类特征公式的常数；

b——该散热器类的常数，通过最小二乘法求得；

c——该散热器类特征公式中流量的指数。

6）标准散热量

散热器的标准散热量可通过将标准过余温度代入到散热器的标准特征公式计算得到；也可通过将标准过余温度、该型号的特征尺寸代入到散热器类的标准特征公式中计算得到。

7）金属热强度

散热器金属热强度应按下式确定：

$$q = \frac{Q_S}{\Delta T_S \cdot G} \tag{9-94}$$

式中：q——散热器金属热强度[W/(kg·K)]；

Q_S——散热器标准散热量（W）；

ΔT_S——标准过余温度，$\Delta T_S = 44.5$K；

G——散热器未充水时的质量（kg）。

五、试验结果评定

1.风机盘管试验结果判定方法

（1）风量实测值不应低于额定值及名义值的95%。

（2）输入功率实测值不应大于额定值及名义值的110%。

（3）机组供冷量和供热量的实测值不应低于额定值及名义值的95%。

（4）机组实测水阻不应大于额定值及名义值的110%。

(5)机组实测声压级噪声不应大于额定值,且不应大于名义值+1dB(A)。

2.采暖散热器试验结果判定方法

按照相应产品标准或设计指标值进行评定。

第十二节　配电与照明节能工程用材料、构件和设备

一、相关标准

(1)《建筑节能与可再生能源利用通用规范》GB 55015—2021。

(2)《建筑节能工程施工质量验收标准》GB 50411—2019。

(3)《居住建筑节能工程施工质量验收规程》DB11/T 1340—2022。

(4)《公共建筑节能施工质量验收规程》DB11/T 510—2024。

(5)《灯具分布光度测量的一般要求》GB/T 9468—2008。

(6)《普通照明用 LED 模块测试方法》GB/T 24824—2009。

(7)《普通照明用气体放电灯用镇流器能效限定值及能效等级》GB 17896—2022。

(8)《电磁兼容　限值　第1部分:谐波电流发射限值(设备每相输入电流≤16A)》GB 17625.1—2022。

(9)《光源显色性评价方法》GB/T 5702—2019。

(10)《照明光源颜色的测量方法》GB/T 7922—2023。

(11)《LED 灯、LED 灯具和 LED 模块的测试方法》GB/T 39394—2020。

(12)《LED 筒灯性能测量方法》GB/T 29293—2012。

二、基本概念

(1)灯具:

对一个或多个光源发出的光线进行分配、透出或转换的一种器具,它包括支承、固定和保护光源所必需的部件(但不包括光源本身),以及连接电源与光源所必需的电路辅助装置。

(2)照明设备:

以产生和/或调节,和/或分配来自光源的辐射为基本功能的设备。

(3)光源:

发光的面或物体。

(4)镇流器效率:

镇流器的输出功率(灯功率)与镇流器-灯线路总输入功率的比值。

注：传感器、网络连接或其他辅助的负载为断开状态，如果无法断开，该部分负载功率要从结果中扣除。

（5）镇流器能效限定值：

在标准规定测试条件下，镇流器效率的最低允许值。

（6）（灯具）光输出比LOR、灯具效率：

在规定使用条件下，使用其自身的光源和设备所测得的灯具光通量与在灯具外使用相同的光源、在规定条件下、使用相同的设备测得的单个光源光通量之和的比值。

（7）（灯具）上射光通：

灯具出射的总光通量中在灯具光度中心水平面以上的部分。

（8）（灯具）下射光通：

灯具出射的总光通量中在灯具光度中心水平面以下的部分。

（9）输入电流：

由交流配电系统直接供给设备或设备部件的电流。

（10）有功输入功率：

按 IEC 61000-4 及其测得的 10 个基波周期瞬时功率的平均值。

（11）待机模式：

一种无操作、低功耗的模式（通常在设备上以某种方式指示出来），持续时间不定。

（12）总谐波电流：

2～40 次谐波电流分量的总均方根值。如下式所示：

$$THC = \sqrt{\sum_{h=2}^{40} I_h^2} \tag{9-95}$$

（13）总谐波畸变率：

若干谐波分量[(2～40)次谐波电流分量I]的总均方根值与基波分量均方根值之比。如下式所示：

$$THD = \sqrt{\sum_{h=2}^{40} \left(\frac{I_h}{I_1}\right)^2} = \frac{THC}{I_1} \tag{9-96}$$

（14）部分奇次谐波电流：

(21～39)次奇次谐波电流分量的总均方根值。如下式所示：

$$POHC = \sqrt{\sum_{h=21.23}^{39} I_h^2} \tag{9-97}$$

注：POHC的计算详见标准《电磁兼容 限值 第 1 部分：谐波电流发射限值（设备每相输入电流 ≤ 16A）》GB 17625.1—2022 附录 C。

（15）光源显色性：

光源光谱对于物体色貌的影响。这种影响是观察者有意或无意地将它与参考照明体下的色貌相比较产生的。

（16）显色指数：

反映光源显色性的颜色保真度。以被测光源下物体颜色和参考照明体下物体颜色的相符合程度来表示。

（17）一般显色指数 Ra：

光源对国际照明委员会（CIE）规定的第1～8号标准颜色样品显色指数的平均值。

三、试验项目、组批原则及抽样规定

照明灯具进场复检项目、组批原则及抽样规定见表9-85。

进场复验项目、组批原则及抽样规定　　　　表 9-85

材料名称	分项工程	进场复验项目	组批原则	抽样规定	执行标准号
节能工程	配电与照明节能工程	照明光源初始光效	单位工程	现场随机抽样检验 检查数量：同厂家的照明光源、镇流器、灯具、照明设备，数量在200套（个）及以下时，抽检2套（个）；数量在201～2000套（个）时，抽检3套（个）；当数量在2000套（个）以上时，每增加1000套（个）时应增加抽检1套（个） 同工程项目、同施工单位且同期施工的多个单位工程可合并计算。当材料、构件和设备进场验收应符合下列规定时，检验批容量可以扩大一倍： 1. 应对材料、构件和设备的品种、规格、包装、外观等进行检查验收，并应形成相应的验收记录。 2. 应对材料、构件和设备的质量证明文件进行核查，核查记录应纳入工程技术档案。进入施工现场的材料、构件和设备均应具有出厂合格证、中文说明书及相关性能检测报告。 3. 涉及安全、节能、环境保护和主要使用功能的材料、构件和设备，应按照标准 GB 50411—2019 附录A和各章的规定在施工现场随机抽样复验，复验应为见证取样检验。当复验的结果不合格时，该材料、构件和设备不得使用。 4. 在同一工程项目中，同厂家、同类型、同规格的节能材料、构件和设备，当获得建筑节能产品认证、具有节能标识或连续三次见证取样检验均一次检验合格时，其检验批的容量可扩大一倍，且仅可扩大一倍。扩大检验批后的检验中出现不合格情况时，应按扩大前的检验批重新验收，且该产品不得再次扩大检验批容量。LED灯的检验项目应为灯具效能、功率、功率因数、色度参数（含色温、显色指数）	GB 50411—2019
		照明灯具镇流器能效值			
		照明灯具效率			
		照明设备功率			
		功率因数			
		谐波含量值			
		显色指数			
		色温			
		照明光源初始光效	单位工程	现场随机抽样送检 同一厂家、同类型、同规格的电照明灯具设备，每2000套（个）时各抽检3套（个），每增加1000套（个），增加抽检1套（个），增加不足1000套（个）时也抽检1套（个）；同一工程项目、同一施工单位且同时施工的多个单位工程，可合并计算	DB11/T 510—2024
		照明灯具镇流器能效值			
		照明灯具效率			
		照明设备功率			
		功率因数			
		谐波含量值			

续表

材料名称	分项工程	进场复验项目	组批原则	抽样规定	执行标准号
节能工程	配电与照明节能工程	照明光源初始光效	单位工程	现场随机见证抽样送检 同厂家的照明光源、镇流器、灯具、照明设备，数量在200套（个）及以下时，抽检2套（个）；数量在201～2000套（个）时，抽检3套（个）；当数量在2000套（个）以上时，每增加1000套（个）时应增加抽检1套（个）。同工程项目、同施工单位且同期施工的多个单位工程可合并计算	DB11/T 1340—2022
		照明灯具镇流器能效值			
		照明灯具效率			
		照明设备功率			
		功率因数			
		谐波含量值			

四、试验方法

1. 照明光源初始光效

1）依据《灯具分布光度测量的一般要求》GB/T 9468—2008

（1）一般试验要求：

室内灯具和道路灯具采用《灯具分布光度测量的一般要求》GB/T 9468—2008附录A规定的分布光度计进行光度测量，标准测试条件按照《灯具分布光度测量的一般要求》GB/T 9468—2008附录B的规定，测试时使用的光源、镇流器与灯具的特性、工作和处置以及光源光中心及灯具光度中心的确定按照《灯具分布光度测量的一般要求》GB/T 9468—2008附录C的规定。测量修正系数按照《灯具分布光度测量的一般要求》GB/T 9468—2008附录D的规定。

（2）测量要求：

应在《灯具分布光度测量的一般要求》GB/T 9468—2008附录B.2所述的标准测试条件下，并按照该标准的相关要求测量灯具和光源。应按照《灯具分布光度测量的一般要求》GB/T 9468—2008附录C.1的要求处置光源。

灯具或光源光度稳定后才能开始测量。测量设备在使用前也应稳定。

应以固定的时间间隔（如每5min）进行测量检查（例如：光强），光度稳定的准则是15min内的光强变化小于1%。

在读数据前应检查杂散光，并遮盖光度头检查零位。

在测试以及所有会影响测试结果的预备过程中，电源电压和环境温度应按照《灯具分布光度测量的一般要求》GB/T 9468—2008附录B.2和C.1的要求严格控制。如果AC电源有反馈电路，还应检查电源的频率。

之后的测量（比如使用分布光度计）应检查稳定性的保持情况。在测量的最后（在长时间的测量过程中定期检查）应转回至初始位置（在分布光度计的0位置）检查初始光度读数误差是否在±1%内。这项检查非常重要。

如果不可能得到标准测试条件,应确定一个与主要测量有关的测量修正系数,见《灯具分布光度测量的一般要求》GB/T 9468—2008 附录 D。该系数应在进一步计算前用于对读数的修正。

必要时,应确定镇流器流明系数。当镇流器流明系数不是 1 ± 0.05,就应该声明。

（3）灯具光通量测试:

在灯具光度测量中,需要测量光通量来确定光输出比、总光通量或上射、下射光通以及灯具的区域光通。测量裸光源的光通量使灯具的光输出特性可以用每 1000lm 光源光通量来表示。

①光强积分法

a. 用途

计算环带光通、总的上射光通或下射光通需要使用这些方法。光通量由大量的光强读数决定,并用适当程序计算得出,例如直接计算法、罗素角法、环带常数法等。

b. 分布光度计的相对定标

用光强积分法计算裸光源光通量使以任意单位进行的灯具光强分布测量能转换为坎德拉每 1000lm 裸光源光通量,条件是光源已经用相同单位测量。不必按绝对单位对系统进行定标。

支撑该相对定标法的原理如下（用 C, γ 系统测量）。在给定的 C, γ 方向上灯具的光强 $I_{C,\gamma}$ 与相关的 1000 lm 光源光通量由下式给出:

$$I_{C,\gamma} = kR_{C,\gamma} \cdot 1000/\phi \tag{9-98}$$

式中: $R_{C,\gamma}$——光度计上以任意单位的读数;

k——常数;

ϕ——光源的总光通量。

如果在光度计上以相同的任意单位测量光源,光源的光通量公式:

$$\phi = \int_0^{2\pi}\int_0^{2\pi} I_{C,\gamma} \sin\gamma \, d\varphi \, dC = k\int_0^{2\pi}\int_0^{2\pi} R_{C,\gamma} \sin\gamma \, d\varphi \, dC = k\phi_R \tag{9-99}$$

其中 ϕ_R 是用任意单位的读数计算出的相对光通量。

此时公式 $I_{C,\gamma} = kR_{C,r} \cdot 1000/\phi$ 可以转换成:

$$I_{C,\gamma} = kR_{C,r} \cdot 1000/(k\phi_R) = R_{C,r} \cdot 1000/\phi_R \tag{9-100}$$

因为常数 k 已从公式中消掉了,测量可以全部用任意单位来进行。

注:运用这个方法时,光度探头测到的裸光源的照度经常大大低于灯具上测得的。这时,可能引出低的测量灵敏度和线性问题。因此为得到一个适当的照度值,测量裸光源时可以缩短距离,然后用距离平方反比定律将结果转换成灯具测量用的较长距离。

②积分光度计

A. 用途

在灯具的光度测量中,积分光度计用于裸光源光通量的绝对光度测量是方便的。它可以用于确定各种光度系数，包括镇资器流明系数（见 GB/T 9468—2008 附录 D）。

与分布光度计测量相比，用积分光度计进行光通量的测量需要的读数较少，且灯具或光源的热稳定较容易控制。

B.结构

相对于被测物，积分光度计应足够大，且最好是球形。

对于测试中被灯具或光源吸收的相互反射的光线，应提供一个辅助光源进行修正。

应提供措施来控制积分器内的空气温度。然而使用的系统不应在灯具工作时在其周围造成气流。

经验表明，某些场合可以使用除球形以外的其他形状积分器，但它们的使用应限于比较相同类型灯具的性能或确定光度修正系数。

上述内容以及关于积分器设计和使用的其他方面的内容，在 CIE 84—1989 中有更详细的描述。

C.光源、镇流器和灯具的选择

应用 GB/T 9468—2008 附录 C 的要求。

D.裸光源的安装和测量

模光源应按其设计工作位置和光度数据的规定进行定位。

为通用安装设计的光源（比如基些类型的高压汞灯），可以按任意位置安装，其条件是能得到所选位置的光度数据，而且所选的光源位置与其在灯具里的工作位置最好一致。这种情况下，光源的测量位置应在检测报告中描述光源的光中心应放置在积分器的中心。如果光源是水平工作的，其长轴应与积分器中心到光度探头中心的连线平行。测量裸光源时，应保证直接光的挡屏位置与测量灯具时的一样。

E.灯具的安装和测量

灯具的光度中心应放置在积分器的中心。如果灯具的外形是线型的，且水平工作，其位置应平行于积分器的中心与光度头中心的连线。应检套直接光的挡屏是否被可靠地固定，且从光度探头观察时，仅遮挡了灯具和所有的安装板。如果裸光源的工作位置与其在灯具里不同，应调整直接光的挡屏，使光源也被挡住。

F.误差来源

在积分光度计内的光通量测量结果会受以下因素的影响

a.（光通量）标准灯与被测光源的不同光谱和（或）空间光通分布；

b.裸光源与灯具的不同空间光通分布；

c.裸光源和灯具的不同尺寸和吸收比例；

d.尺寸不合适的挡屏；

e.球内壁反射率的变化。

2）依据《普通照明用 LED 模块测试方法》GB/T 24824—2009

（1）试验的一般要求：

①范围

本标准适用于功率大于或等于 1W，在恒定电压、恒定电流或恒定功率下稳定工作的、外置控制的 LED 模块；以及采用直流 250V 以下或交流 50Hz 或 60Hz、1000V 以下电源供电的稳定工作的自镇流 LED 模块。

非 GB/T 24824—2009 范围内的 LED 产品，如有需要，也可以参考该标准。

②实验室环境条件

LED 模块的光电参数的测量应在环境温度为 25℃±1℃，最大相对湿度为 65%的无对流风的环境中进行，并应保证在采样读数时 LED 模块附近无空气流动。（LED 模块处于静态时周围空气的自然对流除外）

③电源电压要求

如无特殊规定，自镇流 LED 模块应在额定电压（如额定值是个范围则取其中间值）和额定频率下进行试验或测量。在稳定期间，电源电压稳定在额定值的±0.5%的范围内；测量时，电源电压稳定在额定值的±0.2%的范围内，谐波失真小于 3%；寿命试验的电源电压稳定在±2%内。

外置控制 LED 模块的试验或测量时一般在 LED 基准控制器驱动下或等效驱动条件下由电源供电或专用装置直接供电，供电电源或专用装置的输出电压或电流或功率应稳定在±0.2%的额定值范围内，如为交流驱动则应对频率和波形失真作出相应的规定，一般情况下，基波频率偏差应不大于 0.1%，谐波失真小于 3%。

④被测 LED 模块工作状态要求

LED 模块的发光特性有时会因散热问题受到燃点姿态的限制。在试验或测量时，LED 模块在被测量时应置于自由空间中，LED 模块的燃点方向应与其规定的设计或实际使用时的状态相同，如无规定则 LED 模块的发光面垂直向下。在试验或测量过程中 LED 模块应尽量保持静止状态，以免产生空气流动导致 LED 模块周围温度发生变化。

试验或测量时 LED 模块应工作在热平衡状态下，在监视环境温度的同时，最好能监视 LED 模块自身的工作温度，以保证试验的可复现性。如可能监测 LED 模块结电压，则应首选监测结电压。否则，应监测 LED 模块指定温度测量点的温度如 LED 模块工作时需要外加散热器（包括主动制冷）则应严格限定散热器的特性与尺寸，同时应在规定的位置监测散热器的温度，在测试报告中应具体描述外加散热器。

⑤LED 模块的稳定

LED 模块的光电参数应在稳定后测量，判定 LED 模块稳定工作的条件为：在 15min 内，光通量或光强变化小于 0.5%。

（2）测量方法：

①基本电性能和电流谐波测量

用 GB/T 24824—2009 附录 A.2 规定的电压表、电流表测量直流供电的 LED 模块。

用电量测量仪（也称数字电参数表）测量交流供电的 LED 模块的电压、电流、功率、功率因数、频率和输入电流谐波。

由于并接于电路的电压取样存在一定的旁路电流，中接于电路的电流取样存在一定的电压降，因此应用时要根据被测 LED 模块的电压和电流的实际大小来决定选取电流表内接法或电流表外接法。电流较大，或引线较长时，可用四线法作电压取样，电性能测量示意图见 GB/T 24824—2009。

②光通量测量

A. 总光通量的基准测量方法

在测光暗室中，使用 GB/T 24824—2009 第 A.7.1 条中规定的探测器旋转式分布光度计测量 LED 模块的光通量。

将被测 LED 模块夹持在探测器旋转式分布光度计上，使 LED 模块处于规定的燃点状态，LED 模块的发光中心处于分布光度计的旋转中心。

在足够多的发光平面上以足够小的角度间隔测量以分布光度计的光度探测器到被测 LED 模块发光中心之间的测量距离为半径的虚拟球面上的各点的照度。平面间角度间隔一般为 5°，平面内的角度间隔一般为 1°，当被测 LED 模块尺寸较大或光束角较窄时，应采用更小的平面间隔和角度步长，以保证照度分布的取样完整性。

用数值积分的办法计算出 LED 模块的总光通量，总光通量按下式计算：

$$\phi_{tot} = \int_{(S_{tot})} E \, dS = \int_0^{4\pi} r^2 E(\varepsilon,\eta) \, d\Omega = \int_0^{2\pi} \int_0^{\pi} r^2 E(\varepsilon,\eta) \sin\varepsilon \, d\varepsilon \, d\eta \tag{9-101}$$

式中：ϕ_{tot}——总光通量；

r——虚拟球面的半径；

S_{tot}——虚拟球上的表面面积；

(ε,η)——空间角。

允许用标准规定的其他测量方法测量 LED 模块的总光通量，但当对测量结果有争议时，使用本条规定的测量方法测量 LED 模块的总光通量。

B. 光强积分法测量光通量

在测光暗室中，使用 GB/T 24824—2009 第 A.7.2 条规定的分布光度计测量 LED 模块的光强分布，测量距离应满足附录 B 的要求。

将 LED 模块夹持在分布光度计上，以标准燃点姿态点燃，使被测 LED 模块的光度中心处于分布光度计的旋转中心，在足够多（10°或更小的间隔）的测量平面上以足够小的角度步距（一般为 5°或更小）测量 LED 模块在各个空间方向上的光强。

用数值积分的办法计算出 LED 模块的总光通量和区域光通量:
总光通量按下式计算:

$$\phi_{\text{tot}} = \int_0^{2\pi} \int_0^{\pi} I(\varepsilon,\eta) \sin\varepsilon \, d\varepsilon \, d\eta \tag{9-102}$$

区域光通量按下式计算:

$$\phi_{\text{zone}} = \int_{\eta_1}^{\eta_2} \int_{\varepsilon_1}^{\varepsilon_2} I(\varepsilon,\eta) \sin\varepsilon \, d\varepsilon \, d\eta \tag{9-103}$$

式中: ϕ_{tot} 和 ϕ_{zone} ——分别为总光通量和区域光通量;

(ε,η) ——空间角。

C. 积分球法测量光通量

尽量使用同类型的 LED 模块作为光通量标准灯校准积分光度计/积分光谱辐射计。当光通量标准灯与被测 LED 模块发光光谱、尺寸、外形和发光光束形状等有较大的差异时,可能会产生较大测量误差。

将被测 LED 模块放在球中心,并让其处于被测 LED 模块规定的工作状态,如图 9-37(a)所示。在 LED 模块尺寸较大且无后射光通量的情况下,可在积分球的侧面开取样口如图 9-37(b)或顶部开取样口如图 9-37(c)收集 LED 模块的发光,此时若 LED 模块不处于规定燃点状态,则应按标准附录 C 对测量结果进行修正。

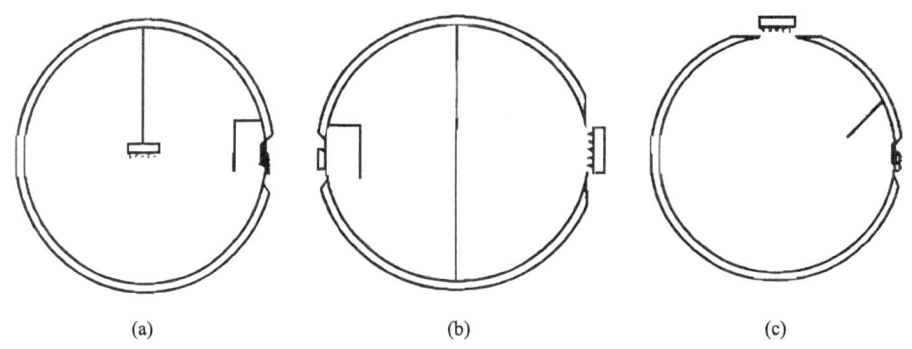

图 9-37 积分球测量示意图

使用积分球测量 LED 模块的光通量包括以下三种方法:

a. 积分法:在积分球探测窗口上设置光度探测器,测量光通量;

b. 分光法:在积分球探测窗口上设置光谱辐射计的取样装置,使用光谱辐射计测得的光谱功率分布计算光通量;

c. 积分-分光结合法:在积分球探测窗口同时设置光度探头和光谱辐射计的取样装置,光度计测量 LED 模块的光通量,光谱辐射计测量 LED 模块的平均光谱功率分布,根据测量结果计算光谱修正因子并用以修正光度计测得的值,光谱修正因子的计算见以下式:

$$K_1 = \frac{\int P(\lambda)_t V(\lambda) \, d\lambda}{\int P(\lambda)_t s(\lambda)_{\text{rel}} \, d\lambda} \times \frac{\int P(\lambda)_s \tau(\lambda) s(\lambda)_{\text{rel}} \, d\lambda}{\int P(\lambda)_s \tau(\lambda) V(\lambda) \, d\lambda} \tag{9-104}$$

式中：$V(\lambda)$——已知 CIE 标准光谱光效率函数；

$s(\lambda)_{rel}$——光度探头的已知相对光谱灵敏度；

$P(\lambda)_s$——用于校准光度计的标准光源的已知相对光谱功率分布；

$P(\lambda)_t$——光谱辐射计所测得的待测光源的相对光谱功率分布；

$\tau(\lambda)$——积分球涂层的光谱等效透过率。

$\tau(\lambda)$ 可以通过下式计算：

$$\tau(\lambda) = k \cdot \frac{\rho(\lambda)}{1-\rho(\lambda)} \tag{9-105}$$

式中：$\rho(\lambda)$——积分球涂层的光谱反射率；

k——常数。

当被测 LED 模块与光通量标准灯的相对光谱功率分布接近时，积分法可达到很高测量精度；当被测 LED 模块的最大光谱功率小于光通量标准灯所对应的光谱功率，且两者相差不大时，分光法具有较高的测量精度；当被测 LED 模块与光通量标准灯的光通量大小和光谱功率分布存在较大差异时，建议使用积分—分光结合法，以使被测 LED 模块在较宽的线性动态范围内得到较为精确的测量结果。

当被测 LED 模块与光通量标准灯的外形和尺寸存在差异而导致自吸收差异时，可以使用自吸收修正系数修正测量结果见下式：

$$\alpha = \frac{AUX_{ref}}{AUX_{test}} \tag{9-106}$$

式中：α——为自吸收系数；

AUX_{ref}——标准灯置于测量位置，不点亮，而点亮辅助灯时测量的光通量；

AUX_{test}——被测 LED 模块置于测量位置，不点亮，而点亮辅助灯时测量的光通量。

3）依据《LED 灯、LED 灯具和 LED 模块的测试方法》GB/T 39394—2020

光效，单位为流明每瓦（$lm \cdot W^{-1}$），定义为 LED 装置的光通量与 LED 装置工作时所有组件的电功率的比值，见下式：

$$\eta_v = \varphi/P_{tot} \tag{9-107}$$

LED 产品的光通量按 GB/T 39394—2020 第 6.2 节的规定进行测量。电功率按 GB/T 39394—2020 第 4.3.2 条的规定进行测量，对于非集成和集成 LED 装置，按照申请人或者具体标准指定值。

注：GB/T 39394—2020 标准中的术语"光效"使用的是 ILV 中对光源的光效定义。

4）依据《LED 筒灯性能测量方法》GB/T 29293—2012

按照 GB/T 29293—2012 5 电性能第 5.1 节测量输入功率，按照 GB/T 29293—2012 测量初始光通量，并计算灯具效能。

2. 照明灯具镇流器能效值

1）依据《灯具分布光度测量的一般要求》GB/T 9468—2008

详见附录 B。

2）依据《普通照明用气体放电灯用镇流器能效限定值及能效等级》GB 17896—2022

（1）范围：

规定了管形荧光灯用镇流器、单端无极荧光灯用交流电子镇流器、金属卤化物灯用镇流器和高压钠灯用镇流器的能效等级、能效限定值及试验方法。

适用于额定电压 220V、频率 50Hz 交流电源供电，标称功率为(4～120)W 的管形荧光灯用电感镇流器和电子镇流器，额定功率为(30～400)W 的外耦合单端无极荧光灯用电子镇流器，标称功率为(20～1500)W 的金属卤化物灯用独立式和内装式电感镇流器、电子镇流器，标称功率为(70～1000)W 的高压钠灯用独立式和内装式电感镇流器。

不适用于配合非预热启动荧光灯的电子镇流器以及构成集成式灯部分的不可拆卸的镇流器。

（2）试验方法：

①管形荧光灯用镇流器

管形荧光灯用镇流器效率、待机功率按照《灯控制装置的效率要求 第1部分：荧光灯控制装置 控制装置线路总输入功率和控制装置效率的测量方法》GB/T 32483.1—2016 规定的方法进行测量与计算。

②单端无极荧光灯用交流电子镇流器

单端无极荧光灯用交流电子镇流器效率、待机功率按照《普通照明用气体放电灯用镇流器能效限定值及能效等级》GB 17896—2022 附录 A 规定的方法进行测量与计算。

③金属卤化物灯用镇流器

金属卤化物灯用镇流器效率、待机功率按照《灯控制装置的效率要求 第2部分：高压放电灯（荧光灯除外） 控制装置效率的测量方法》GB/T 32483.2—2021 规定的方法进行测量与计算。

④高压钠灯用镇流器

高压钠灯用镇流器效率按照《灯控制装置的效率要求 第2部分：高压放电灯（荧光灯除外） 控制装置效率的测量方法》GB/T 32483.2—2021 规定的方法进行测量与计算。

3. 照明灯具效率

1）依据《灯具分布光度测量的一般要求》GB/T 9468—2008

（1）一般试验要求：

详见本章节一般试验要求。

（2）测量要求：

详见本章节测量要求。

（3）灯具光通量测试：

详见本章节照明光源初始光效灯具光通量测试。

其中，采用积分光度计如果光源与灯具的光强分布有很大差异，不推荐使用积分光度计来确定光输出比。

如果光度积分器用于光输出比的测量，不同尺寸和光度分布的一组灯具的光输出比值应与分布光度计测得的值比较，该分布光度计应符合《灯具分布光度测量的一般要求》GB/T 9468—2008 第 5.2 节光强分布测量的要求，特别是符合正确光源工作位置的要求（见《灯具分布光度测量的一般要求》GB/T 9468—2008 附录 C）。

用这两种方法中的任一方法测得的灯具光输出比与它们的平均值的差异应不大于±2%。当差异较大时，应进行详细的调查。检查积分器的方法在出版物 CIE 84—1989 中详述。

（4）光输出比（LOR）的测量步骤：

①单光源灯具

为确定灯具的光输出比，应进行以下的光通量测量，最好按以表 9-86 所示的顺序进行。

确定灯具光输出比的测量次序　　　　表 9-86

读数	球内安排	光源	辅助光源
A	灯具	在灯具内开	关
B	灯具	在灯具内关	开
C	仅光源	裸光源关	开
D	仅光源	裸光源开	关

读数可以是任意单位，但是 A 的单位应与 D 的一致，B 的单位应与 C 的一致，理想的安排是在要求的量程内没有变化。例如，对一个单光源灯具，应设定总的感应量，使读数 D 尽可能地接近满量程灯具的光输出比可以用以下公式计算：

$$LOR = (A/D) \cdot (C/B) \tag{9-108}$$

②多光源灯具

对多光源灯具的光输出比，应使用与单光源灯具一样的方法测量。裸光源测量值 D 应从每一个光源上分别得到，在工作时共用单个镇流器的所有光源应在相同环境温度条件下测量。

2）依据《普通照明用 LED 模块测试方法》GB/T 24824—2009

详见本章节照明光源初始光效试验方法。

3）依据《LED 灯、LED 灯具和 LED 模块的测试方法》GB/T 39394—2020

在规定使用条件下，所测得的灯具光通量与在灯具中使用的各种光源光通量之和的比值。LED 产品的光通量按 GB/T 39394—2020 第 6.2 节的规定进行测量。

4）依据《LED 筒灯性能测量方法》GB/T 29293—2012

按照 GB/T 9468—2008 进行测量。

4. 照明设备功率

（1）依据《灯具分布光度测量的一般要求》GB/T 9468—2008。

详见附录 B 要求。

（2）依据《电磁兼容 限值 第 1 部分：谐波电流发射限值（设备每相输入电流≤16A）》GB 17625.1—2022。

详见本章节谐波含量值试验方法。

（3）依据《普通照明用 LED 模块测试方法》GB/T 24824—2009。

详见本章节照明光源初始光效试验方法。

5. 功率因数

（1）依据《灯具分布光度测量的一般要求》GB/T 9468—2008，详见附录 B。

（2）依据《电磁兼容 限值 第 1 部分：谐波电流发射限值（设备每相输入电流≤16A）》GB 17625.1—2022，详见本章节谐波含量值试验方法。

（3）依据《普通照明用 LED 模块测试方法》GB/T 24824—2009，详见本章节照明光源初始光效试验方法。

（4）依据《LED 灯、LED 灯具和 LED 模块的测试方法》GB/T 39394—2020

详见本章节 1.（3）电功率测量方法。

（5）依据《LED 筒灯性能测量方法》GB/T 29293—2012

输入功率、输入电流和功率因数应在额定电压下进行测量。如果额定电压是一个范围，应在对温度最不利的情形下进行测量。测量设备应符合 GB/T 24824—2009 中附录 A.2 的要求。

6. 谐波含量值

1）依据《电磁兼容 限值 第 1 部分：谐波电流发射限值（设备每相输入电流≤16A）》GB 17625.1—2022

（1）GB 17625.1—2022 中规定的要求和限值适用于准备连接到 220V/380V，频率为 50Hz 供电系统的设备电源接。

（2）谐波电流测量：

①试验配置

应按照 GB 17625.1—2022 附录 A 中给出的试验电路和电源的要求来测量谐波分量。

GB 17625.1—2022 第 7 章规定的谐波电流限值仅适用于线电流而非中性线电流。对于单相设备，允许测量零线的电流代替线电流。

根据制造商提供的信息对受试设备进行试验。

②测量步骤

A. 应按照 GB 17625.1—2022 第 6.3.3 条中的一般要求进行试验。GB 17625.1—2022 第 6.3.4 条中给出试验时间。

B. 应按下列要求测量谐波电流：

a. 对于每次谐波，按照规定在每个离散傅里叶变换（DFT）时间窗口内测量 1.5s 平滑均方根值谐波电流。

b. 在 GB 17625.1—2022 第 6.3.4 条规定的整个观察时长内，计算由 DFT 时间窗口得到的测量值的算术平均值。

C. 应按下列要求确定用于计算限值的有功输入功率：

a. 在每个 DFT 时间窗口内测量 1.5s 平滑有功输入功率；

b. 在整个试验时段内，由 DFT 时间窗口确定有功功率的最大测量值。

注：在 IEC 61000 中规定的供给测量仪器平滑部分的有功输入功率，是在每个 DFT 时间窗口内的有功输入功率。

c. 谐波电流和有功输入功率应在相同的试验条件下测量，但不需同时测量。

d. 制造商可规定与实际测量值得到的功率值偏差±10%范围内的任意值，用其来确定作为在原制造商合格评定试验中的限值。试验报告中应记录根据 GB 17625.1—2022 第 6.3.2 条定义的功率测量值和指定值。

e. 如果发射试验中按上述第 6.3.2 条测得的（而非原制造商合格评定试验中测得的）功率值与制造商在试验报告（见 GB 17625.1—2022 第 6.3.3.5 条）中的规定的功率值相比，不小于 90%且不大于 110%，则应使用规定值来确定限值。当测量值在规定值的允许范围之外时，则应使用测得的功率值确定限值。

f. 对于 C 类设备，应使用制造商规定的基波电流计算限值，基波电流分量的测量值和制造商指定值的处理方式与计算 D 类限值时功率测量值和指定值一样。

7. 相关色温

1）依据《照明光源颜色的测量方法》GB/T 7922—2023

（1）测量条件

①环境温度为(23 ± 2)℃，环境相对湿度不大于 65%；

②实验室交流输入电压谐波含量小于 1.5%，且电源频率与设定值偏差不超过 0.5%。

（2）被测光源及设置

①光源应按照产品性能标准进行老化；

②在光源颜色的测量前，光源应进行预热且连续 15min 内的光源光输出和功率实测最大值和最小值比值不应超过 1.005；

③可调光型光源颜色测试按以下条件进行：

A. 双通道和多通道光源在各个通道最大功率下，并在光源最大功率下测试光源颜色；

B. 调光型光源颜色还宜在其典型颜色场景的 10%光输出模式和 100%光输出模式下测试；

C. 还可在制造商和申请人设定的其他条件下测试光源颜色。

（3）实验室测量

①光源的平均色度参数可采用积分球—光谱辐射计或分布光谱辐射计方法进行测量。

②光源色度参数的空间分布应采用分布光谱辐射计方法进行测量。

③积分球—光谱辐射计测量符合下列规定：

A. 当使用 4π法时，被测光源应以规定的方位安装在积分球中心，线形光源应使其基准轴与探头和积分球中心的连线共轴，使用放置在同一位置处的光谱辐射通量标准灯校准积分球；

B. 具有半球或定向光分布且无后发射的光源可使用2π法，当使用该方法时，光源的发光部分应安装于圆孔内侧，使产品前面的边缘和孔边缘平齐，开孔边缘和光源的间隙用内部为白色的表面覆盖，使用具有半球分布的光谱辐射通量标准灯放置在与被测光源相同的位置来校准积分球；

C. 宜使用与被测光源光谱接近的辅助灯按下式进行光谱自吸收系数校正。

$$a(\lambda) = \frac{y_{aux,TEST}(\lambda)}{y_{aux,REF}(\lambda)} \tag{9-109}$$

式中：$a(\lambda)$——光谱自吸收校正系数；

$y_{aux,TEST}(\lambda)$——被测光源位于测量位置时辅助灯点亮时的光谱辐射计读数；

$y_{aux,REF}(\lambda)$——标准灯位于测量位置时辅助灯点亮时的光谱辐射计读数。

D. 当使用分布光谱辐射计方法测量时，应在测光暗室中进行，且被测光源应被夹持在分布光谱辐射计上，使其发光中心处于分布光度计的旋转中心。色度测量应按照灯具的空间光强分布的坐标系统，根据GB/T 9468—2008确定倾斜角度和平面内的角度，其采样间隔为平面的倾斜角度间隔可为22.5°，平面内角度间隔可为5°。除另有规定外，颜色参数的测量距离应满足表9-87的要求。

颜色参数的测量距离要求　　　　　表9-87

样品特性	测量距离
受试样品的所有C平面配光形状近似余弦分布（光束角≥90°）	≥5×D
受试样品的某些C平面的光分布不同于余弦分布（光束角≥60°）	≥10×D
受试样品的光分布角度较窄，光强分布形状陡峭或严格的眩光控制	≥15×D
受试样品的发光面之间存在较多不发光区域	≥15×(D+S)

注：D为受试样品的最大发光尺寸，S为两个相邻近的发光面之间的最大距离。

E. 光源表面颜色一致性测量符合下列规定：

a. 光源表面颜色一致性测量可采用光谱辐射亮度计或光源安装在积分球开口的积分球光谱辐射计；

b. 光源表面颜色一致性应在灯具上均匀分布的测量点上进行，且测量点不应少于5个，测点示意图见图9-38；

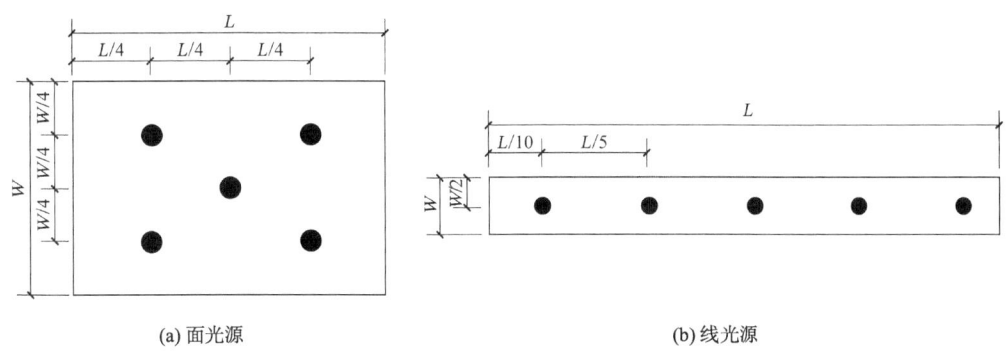

(a) 面光源　　　　　　　　　　　　(b) 线光源

L—灯具长度；W—灯具宽度

图 9-38　光源表面颜色一致性测点示意图

c. 当使用光谱辐射亮度计测量光源表面颜色一致性时，应符合以下规定：

a) 光谱辐射亮度计的光轴与被测光源发光表面垂直；

b) 当对光源表面颜色一致性进行测试时，根据分光谱辐射亮度计的测量视场角，按以下两个公式合理确定光谱辐射亮度计与被测光源发光表面间距离 D（图 9-39）。

面光源符合公式的规定：

$$\alpha \leqslant \frac{2}{5}\arctan\left(\frac{W}{4D}\right) \tag{9-110}$$

线光源符合公式的规定：

$$\alpha \leqslant \frac{2}{5}\arctan\left[\frac{\min(W/2, L/10)}{D}\right] \tag{9-111}$$

式中：α——测量视场角（rad）；

W——被测光源宽度（m）；

D——光谱辐射亮度计与被测光源的距离（m）；

L——被测光源长度（m）。

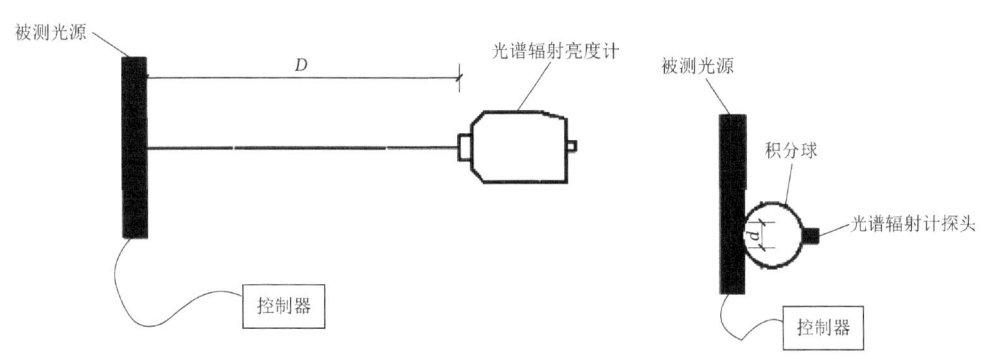

(a) 光谱辐射亮度计测量法　　　　　　　(b) 积分球光谱辐射计测量法

D—光谱辐射亮度计与被测光源的距离；d—积分球开口直径

图 9-39　光源表面颜色一致性测点示意图

d. 当使用积分球光谱辐射计测量光源表面颜色一致性时，应符合下列规定：

a）积分球开口与光源发光表面紧密接触；

b）积分球开口直径小于测量点间距和光源发光表面宽度。

（4）测量结果的处理

详见 GB/T 7922—2023 测量结果的处理。

2）依据《普通照明用 LED 模块测试方法》GB/T 24824—2009

（1）试验的一般要求

详见 GB/T 24824—2009 照明光源初始光效试验的一般要求。

（2）颜色特性测量

LED 模块色度特性的测量方法如下：

在无环境杂光影响的条件下，用规定的分布光谱辐射计测量 LED 模块色度特性。

将被测 LED 模块夹持在分布光谱辐射计上，使 LED 模块处于规定的燃点方向，LED 模块的发光中心处于分布光谱辐射让的旋转中心。

在足够多的发光平面上以足够小的角度间隔测量每一方向上 LED 模块的相对光谱功率分布。平面间角度间隔一般为 10°，平面内的角度间隔一般为 5°，当被测 LED 模块尺寸较大或光束角较窄时，应采用更小的平面间隔和角度步长。

根据测得的空间光谱功率分布计算出空间每一方向的色度特性，LED 模块的总平均色度特性用数值积分加权平均的方法计算。

LED 模块的色度参数包括：色品坐标、相关色温、显色指数、色容差等，其计算方法参照 GB/T 24824—2009 推荐的方法。

允许使用 GB/T 24824—2009 标准规定的其他方法测量 LED 模块的总平均色度特性，但当对测量结果有争议时，使用本条规定的方法测量 LED 模块的总平均色度特性。

3）依据《LED 灯、LED 灯具和 LED 模块的测试方法》GB/T 39394—2020

使用光谱辐射计测量相关色温、显色指数色度参数，关于色度测量概述详见 GB/T 39394—2020 中颜色参数测量。

4）依据《LED 筒灯性能测量方法》GB/T 29293—2012

采用满足 GB/T 29293—2012 附录 A 的积分球光谱辐射计系统测量相关色温。应在报告中说明测量设备是 4π 积分球系统还是 2π 积分球系统。

8. 显色指数

1）依据《光源显色性评价方法》GB/T 5702—2019

（1）实验室测试条件

①环境温度应为(23 ± 2)℃，环境相对湿度不应大于 65%。

②被测光源应在额定条件下进行测试，供电设备应符合以下规定：

a. 交流输入电压谐波含量应小于 3%，且电源频率与额定值偏差不应超过 0.5%。

b. 输入电压、电流监测设备不确定度不应超过 0.2%。

③在测量光源显色性前，光源应进行预热。

④测试场所应没有影响测试结果的环境光。

（2）测量方法

实验室测量光源显色性时，光源（相对）光谱功率分布应符合 CIE 127 规定的光谱辐射照度、总光谱辐射通量、部分光谱辐射通量和光谱辐射亮度的测量方法。

2）依据《普通照明用 LED 模块测试方法》GB/T 24824—2009

详见 GB/T 24824—2009 相关色温试验方法。

3）依据《LED 灯、LED 灯具和 LED 模块的测试方法》GB/T 39394—2020

使用光谱辐射计测量显色指数色度参数，关于色度测量概述详见 GB/T 39394—2020 中颜色参数测量。

4）依据《LED 筒灯性能测量方法》GB/T 29293—2012

采用满足 GB/T 29293—2012 附录 A 的积分球光谱辐射计系统测量显色指数。应在报告中说明测量设备是 4π 积分球系统还是 2π 积分球系统。

五、试验结果评定及要求

1. 依据《建筑节能与可再生能源利用通用规范》GB 55015—2021

1）建筑节能工程采用的材料、构件和设备，应在施工进场进行随机抽样复验，复验应为见证取样检验。当复验结果不合格时，工程施工中不得使用；

2）建筑节能工程质量验收合格时，建筑设备系统节能性能检测结果应合格；

3）建筑节能验收时应对设备系统节能性检测报告的资料进行核查；

4）配电与照明节能工程采用的材料、构件和设备施工进场复验应包括且不限于以下内容：

（1）照明光源初始光效照明灯具镇流器能效值。

（2）照明灯具效率或灯具能效。

（3）照明设备功率、功率因数和谐波含量值。

2. 依据《建筑节能工程施工质量验收标准》GB 50411—2019

配电与照明节能工程使用的照明光源、照明灯具及其附属装置等进场时，应对其下列性能进行复验，复验应为见证取样检验：

（1）照明光源初始光效。

（2）照明灯具镇流器能效值照明灯具效率。

（3）照明设备功率、功率因数和谐波含量值。

检验方法：现场随机抽样检验；核查复验报告

3.《居住建筑节能工程施工质量验收规程》DB11/T 1340—2022

居住建筑所用的照明器具及其附属装置进场时，应对其下列性能（表 9-88）进行施工现场见证取样复验，检测结果应符合设计要求。

现场见证取样复检项目名称复检项目　　　　表 9-88

序号	名称	复检项目
1	照明光源	初始光效
2	照明灯具镇流器	能效值
3	照明灯具	效率
4	照明设备	功率、功率因数、谐波含量值

检验方法：现场随机见证抽样送检，核查复验报告。

4.《公共建筑节能施工质量验收规程》DB11/T 510—2024

配电和照明节能工程所用的照明光源、照明灯具及其附属装置应进行进场复验进场后，进场复验项目应包括：

（1）光源复验项目：初始光效；

（2）照明灯具复验项目：效率或能效值，镇流器能效值；

（3）照明设备复验项目：功率，功率因数和谐波含量值。

检验方法：现场随机见证抽样送检；核查复验报告。

5. 依据《电磁兼容限值第 1 部分：谐波电流发射限值（设备每相输入电流≤16A）》GB 17625.1 对谐波电流限制要求

1）概述

下列类型设备的限值在该标准中未做出规定（不限于）：额定功率小于 5W 的照明设备。

2）该标准规定的 C 类（照明）设备限值

如果照明设备因某个有功输入功率≤2W 的控制模块的谐波贡献而不符合本节（2）或（3）的要求，在能分别测量控制模块和设备其余部分的供电电流，且设备其余部分在发射试验时与正常运行条件下产生相同电流时，则该控制模块的贡献值可忽略。

（1）额定功率＞25W：

对于额定功率大于 25W 的且内置相位控制调光的白炽灯灯具，输入电流的各次谐波不应超过表 9-89 中给出的限值。

对于额定功率大于 25W 的任何其他照明设备，输入电流的各次谐波不应超过表 9-89 中给出的相应限值。对于那些具有控制功能（如调光、调色）的装置，当在以下两种情况下进行试验时，输入电流的各次谐波不得超过根据表 2 给出的最大有功输入功率（P_{max}）条件下百分比得出的谐波电流限值：

①设置控制功能以获得P_{max}；

②将控制功能设置到预期在有功输入功率范围$[P_{min}, P_{max}]$内产生最大总谐波电流（THC）的位置，其中：

a. $P_{max} \leqslant 50W$ 时，$P_{min} = 5W$；

b. $50W < P_{max} \leqslant 250W$ 时，$P_{min} = 10\%P_{max}$；

c. $P_{max} > 250W$ 时，$P_{min} = 25W$。

C 类（照明）设备的限值* 表 9-89

谐波次数（h）	最大允许谐波电流（用相对基波输入电流的百分数表示）(%)
2	2
3	27[b]
5	10
6	7
9	5
$11 \leqslant h \leqslant 39$	3

注：* 某些 C 类产品使用其他发射限值（见本节 2）。
[b] 基于现代照明技术可实现 0.90 或更高的功率因数的假设而确定此限值。

（2）5W < 额定功率 ≤ 25W：

对于 5W < 额定功率 ≤ 25W 的照明设备，应符合以下三项要求之一：

①谐波电流不应超过表 9-89 第 2 列中与功率相关的限值；

②用基波电流百分数表示的 3 次谐波电流不应超过 86%，5 次谐波电流不应超过 61%；同时，当基波电源电压过零点作为参考时，输入电流波形应在 60°或之前达到电流阀值，在 65°或之前出现峰值，在 90°之前不能降低到电流阀值之下。电流阀值等于在测量窗口内峰值绝对值最大值的 5%，在包括该峰值绝对值的周期之内确定相位角测量值，见图 9-40。频率高于 9kHz 的电流分量不应影响该评估；

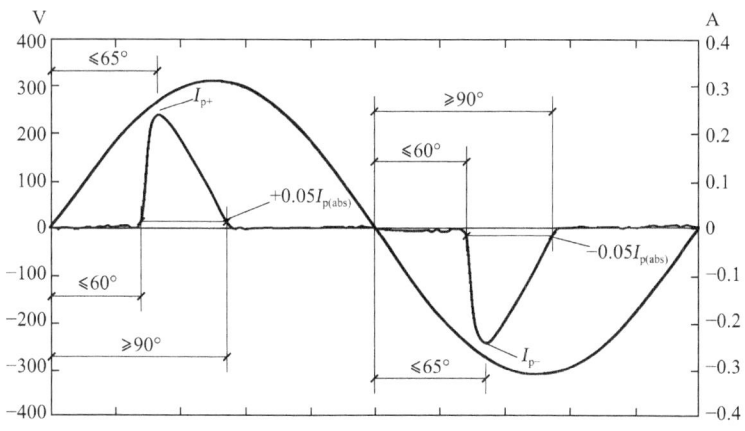

图 9-40 本节③中描述的相对相位角和电流参数示意图
注：$I_{p(abs)}$ 为 I_{p+} 和 I_{p-} 中绝对值较大者。

③THD 不应超过 70%。用基波电流百分数表示 3 次谐波电流不应超过 35%，5 次谐

波电流不应超过25%，7次谐波电流不应超过30%，9次和11次谐波电流不应超过20%，2次谐波电流不应超过5%如果照明设备包括控制装置（例如调光、调色），或被用于驱动多个负载，则仅在控制功能被使用且设置在光源负载在产生最大有功输入功率时进行测量。

注：上述要求是基于以下的假设—对于使用除相位控制以外控制器的照明设备，当输入功率降低时THC随之降低。

6. 依据《普通照明用气体放电灯用镇流器能效限定值及能效等级》GB 17896—2022 对镇流器能效等级的要求

1）技术要求

（1）镇流器能效等级分为3级，其中1级能效最高。

（2）各等级管形荧光灯用电子镇流器效率不应低于GB 17896—2022 表1管形荧光灯用电子镇流器能效等级的规定，各等级管形荧光灯用电感镇流器效率不应低于GB 17896—2022 表2管形荧光灯用电感镇流器能效等级的规定。

（3）各等级单端无极荧光灯用交流电子镇流器效率不应低于GB 17896—2022 表3单端无极荧光电用交流用子镇流器能效等级的规定。额定功率值未在GB 17896—2022 表3单端无极荧光电用交流用子镇流器能效等级中列出的镇流器，其各等级效率可用线性插值法确定。

（4）各等级金属卤化物灯用镇流器效率不应低于GB 17896—2022 表4金属卤化物灯用镇流器能效等级的规定。标称功率值未在GB 17896—2022 表4金属卤化物灯用镇流器能效等级中列出的镇流器，其各等级效率可用线性插值法确定。

（5）各等级高压钠灯用镇流器效率不应低于GB 17896—2022 表5高压钠灯用镇流器能效等级的规定。标称功率值未在GB 17896—2022 表5高压钠灯用镇流器能效等级中列出的镇流器，其各等级效率可用线性插值法确定。

2）能效限定值

（1）管形荧光灯用电子镇流器能效限定值为GB 17896—2022 表1中3级，电感镇流器能效限定值为该标准表2中3级。

（2）单端无极荧光灯用交流电子镇流器能效限定值为GB 17896—2022 表3中3级。

（3）金属卤化物灯用镇流器能效限定值为GB 17896—2022 表4中3级。

（4）高压钠灯用镇流器能效限定值为GB 17896—2022 表5中3级。

3）待机功率

（1）具有控制功能的管形荧光灯用电子镇流器，其待机功率不应大于1W。

（2）具有控制功能的单端无极荧光灯用交流电子镇流器，其待机功率不应大于3W。

（3）具有控制功能的金属卤化物灯用电子镇流器，其待机功率不应大于1.5W。

第十三节　可再生能源应用系统

一、相关标准

(1)《建筑节能与可再生能源利用通用规范》GB 55015—2021。
(2)《建筑节能工程施工质量验收标准》GB 50411—2019。
(3)《可再生能源建筑应用工程评价标准》GB/T 50801—2013。
(4)《居住建筑节能工程施工质量验收规程》DB11/T 1340—2022。
(5)《太阳能集热器性能试验方法》GB/T 4271—2021。
(6)《平板型太阳能集热器》GB/T 6424—2021。
(7)《真空管型太阳能集热器》GB/T 17581—2021。
(8)《光伏系统性能监测 测量、数据交换和分析导则》GB/T 20513—2006。
(9)《晶体硅光伏（PV）方阵Ⅰ-Ⅴ特性的现场测量》GB/T 18210—2000。

二、基本概念

1. 太阳能集热器

1）安全性能

安全性能包括耐压和耐撞击两个检测参数。

2）热性能

集热器的热性能试验可以在室外进行，也可以在室内使用太阳模拟器进行，应至少包括下列三组计算集热器得热量所必需的参数：

(1) 在不同工况条件下的集热器效率和功率。
(2) 集热器有效热容和时间常数。
(3) 集热器入射角修正系数。

2. 太阳能热利用系统

将太阳能转换成热能，进行供热、制冷等应用的系统，在建筑中主要包括太阳能供热水、采暖和空调系统。太阳能热利用系统节能工程采用的材料、构件和设备施工进场复验和太阳能热利用系统性能检测应包括如下参数：

(1) 太阳能集热系统——得热量。
(2) 太阳能集热系统——集热效率。
(3) 太阳能集热系统——太阳能保证率。

3. 太阳能光伏发电系统

利用光生伏打效应，将太阳能转变成电能，包含逆变器、平衡系统部件及太阳能电池方阵在内的系统。太阳能光伏发电系统节能工程采用的材料、构件和设备施工进场复验和太阳能光伏发电系统性能检测应包括如下参数：

（1）太阳能光伏组件——发电功率。

（2）太阳能光伏组件——充电转换效率。

（3）太阳能光伏发电系统——年发电量。

（4）太阳能光伏发电系统——组件背板最高工作温度。

三、试验项目及组批原则

节能可再生能源应用系统检测项目、抽样方法见表9-90。

节能可再生能源应用系统检测项目、抽样方法表　　　　表9-90

材料名称	进场复验项目	组批原则及取样规定	执行标准号
太阳能热利用系统	安全性能、热性能、得热量、集热效率、太阳能保证率	当太阳能供热水系统的集热器结构类型、集热与供热水范围、系统运行方式、集热器内传热工质、辅助能源安装位置以及辅助能源启动方式相同，且集热器总面积、贮热水箱容积的偏差均在10%以内时，应视为同一类型太阳能供热水系统。同一类型太阳能供热水系统被测试数量应为该类型系统总数量的2%，且不得少于1套	GB/T 50801—2013
		当太阳能采暖空调系统的集热器结构类型、集热系统运行方式、系统蓄热（冷）能力、制冷机组形式、末端采暖空调系统相同，且集热器总面积、所有制冷机组额定制冷量、所供暖建筑面积的偏差在10%以内时，应视为向一种太阳能采暖空调系统。同一种太阳能采暖空调系统被测试数量应为该种系统总数量的5%，且不得少于1套	
太阳能光伏系统	发电效率、年发电量、组件背板最高工作温度	当太阳能光伏系统的太阳能电池组件类型、系统与公共电网的关系相同，且系统装机容量偏差在10%以内时，应视为同一类型太阳能光伏系统。同一类型太阳能光伏系统被测试数量应为该类型系统总数量的5%，且不得少于1套	
太阳能光热系统	热性能	同厂家、同类型的太阳能集热器或太阳能热水器数量在200台及以下时，抽检1台（套）；200台以上抽检2台（套）。同工程项目、同施工单位且同期施工的多个单位工程可合并计算。当符合本标准第3.2.3条的规定时，检验批容量可以扩大一倍。同厂家、同材质的保温材料复验次数不少于2次	GB 50411—2019
太阳能光伏系统	光电转换效率	同一类型太阳能光伏系统被测试数量为该类型系统总数量的5%，且不得少于1套	
太阳能热利用系统	安全性能、热性能	检验方法及数量应按现行 GB 50411—2019 执行	GB 55015—2021
太阳能光伏系统	发电功率、发电效率		
太阳能热水系统	峰值效率、额定效率、耐压性能	同厂家、同规格的太阳能集热设备或太阳能热水器，数量在200台及以下时，抽检1台（套）；200台以上抽检2台（套）。同工程项目、同施工单位且同期施工的多个单位工程可合并计算	DB11/T 1340—2022

续表

材料名称	进场复验项目	组批原则及取样规定	执行标准号
太阳能光伏系统	发电功率及发电效率、光伏组件、建筑本体连接用部件的强度	同一类型太阳能光伏组件的测试数量，应不低于该类型组件总数量的5%，且不得少于2部件强度测试每规格不少于2个	DB11/T 1340—2022
太阳能热水系统	得热量	按单位工程抽检。分散式太阳能热水系统500台以下抽检1个系统，500台以上抽检2个系统	DB11/T 555—2015
太阳能热利用系统	集热效率	同一厂家同一品种的集热器按照下列规定进行取样送检，分散式500台及以下抽检1台，500台以上抽检2台；集中分散式、集中式200台及以下抽检1台，200台以上抽检2台。同一厂家、同材质的保温材料复验次数不得少于2次	DB11/T 510—2024
太阳能光伏系统	光电转换效率	同一厂家同一品种的光伏组件按检验批抽查，每批不少于2件。同一厂家、同材质的保温材料复验次数不得少于2次	

四、试验方法

1. 太阳能集热器安全性能试验方法

1）耐压

（1）依据《太阳能集热器性能试验方法》GB/T 4271—2021，太阳能集热器耐压的试验方法如下：

①试验装置和试验方法

试验装置由压力源、安全阀、放气阀和压力表组成。对于承压式集热器应使用准确度不低于1.6级的压力表，对于非承压式集热器应使用准确度不低于0.4级的压力表。

利用放气阀排空流道内的空气，在常温下向流道内充满试验工质并加压至试验压力。当集热器流道内的压力达到试验压力后断开流道与压力源的连接。试验期间，观测并记录流道内的压力。

②试验条件

压力试验应在环境温度(20±15)°C范围内避光进行。试验压力应为生产企业明示的集热器最大工作压力的1.5倍。试验压力应保持至少15min。

③试验结果和报告

目视检查流体通道有无泄漏、膨胀和变形。应按《太阳能集热器性能试验方法》GB/T 4271—2021附录A的要求给出试验结果和检验报告。

（2）依据《平板型太阳能集热器》GB/T 6424—2021，平板型太阳能集热器耐压的试验方法如下：

①试验方法

平板型太阳能集热器耐压试验按《太阳能集热器性能试验方法》GB/T 4271—2021规定的方法进行。对样品进行两次耐压试验，试验顺序应符合《平板型太阳能集热器》GB/T

6424—2021 中表 5 的规定。

②试验结果

记录试验压力，持续时间，检查并记录平板型太阳能集热器流体通道泄漏、膨胀和变形情况。

（3）依据《真空管型太阳能集热器》GB/T 17581—2021，真空管型太阳能集热器耐压的试验方法如下：

①试验方法

真空管型太阳能集热器耐压试验按《太阳能集热器性能试验方法》GB/T 4271—2021规定的方法进行。对样品进行两次耐压试验，试验顺序应符合《真空管型太阳能集热器》GB/T 17581—2021 中表 2 的规定。

②试验结果

记录试验压力、持续时间，检查并记录真空管型太阳能集热器流体通道泄漏、膨胀和变形情况。

2）耐撞击

耐撞击可采用钢球撞击试验方法或冰球撞击试验方法进行，具体内容下面详细介绍。

（1）依据《太阳能集热器性能试验方法》GB/T 4271—2021，太阳能集热器耐撞击的试验方法如下：

①试验条件

试验所用钢球的公称直径为 33mm［质量为(150±10)g］，撞击高度分别为：0.45m、0.5m、0.6m、0.8m、1.0m、1.2m、1.4m、1.6m、1.8m、2.0m。试验所用冰球应由水制成，应无气泡，无肉眼可见的裂缝，其标称直径、质量和试验速度见表 9-91。本试验由多组撞击测试组成，每组测试包含四个相同冲击强度的撞击。撞击过程应逐步增加强度。对于第一组撞击，应该使用厂商指定的钢球最小落差或厂商指定的最小冰球直径，撞击位置选择原则下面详细描述。

冰球的标称直径、质量和试验速度标称直径　　　　　　表 9-91

标称直径（mm）	质量（g）	试验速度（m/s）
15	1.63	17.8
25	7.53	23.0
35	20.7	27.2
45	43.9	30.7

注：冰球的质量和试验速度的偏差不应大于 5%。

对于真空管型集热器；应随机选取 4 支真空管进行试验，少于 4 支则应对全部真空管进行试验。如果有 1 根真空管破裂，则应另选 1 根真空管进行重复试验，直至试验完成。

如试验的真空管出现损坏。应结束试验，并应记录真空管破裂前的最高撞击高度或最大冰球直径。

②撞击位置

对集热器的撞击位置要求如下：

a. 带玻璃盖板的平板型集热器：撞击点应落在集热器透明玻璃盖板拐角 75mm 半径范围内。对于同一组撞击高度或相同冰球直径，应选择集热器的不同拐角撞击。

b. 真空管型集热器：每个撞击高度或冰球直径，随机选取 4 支真空管进行试验。2 支撞击真空管上部，2 支撞击真空管下部。撞击点应落在距离集热管两端 75mm 以内，并垂直撞击在真空管表面的中心位置。

③钢球撞击试验方法

集热器应水平安装在支架上。钢球应采用模拟冰雹冲击的方式垂直下落撞击。撞击点的高度应按释放点至撞击点所在平面的垂直距离计算。盖板玻璃或者真空管破裂试验结束。

④冰球撞击试验方法

用于称量冰球质量的仪器其标准不确定度为±2%。冰球速度测量装置的误差为±1m/s。速度传感器至集热器表面的距离应不超过 1m。使用冰球进行耐撞击试验，应符合以下要求：

a. 将冰球放入−4℃的容器中，至少 1h 后再使用；

b. 室温下在钢架上安装集热器；

c. 从容器中取出冰球到撞击集热器，时间应小于 60s；

d. 按要求撞击集热器表面，记录集热器的损坏情况。

⑤试验结果和报告

记录集热器的损坏情况，使用钢球的撞击高度或冰球的直径、质量和试验速度，应按《太阳能集热器性能试验方法》GB/T 4271—2021 附录 A 的要求给出试验结果和检验报告。

（2）依据《平板型太阳能集热器》GB/T 6424—2021，平板型太阳能集热器耐撞击的试验方法如下：

①试验方法

平板型太阳能集热器的耐撞击试验按《太阳能集热器性能试验方法》GB/T 4271—2021 规定采用钢球撞击的方法进行，撞击高度为 0.5m。

②试验结果

检查平板型太阳能集热器受损情况。

（3）依据《真空管型太阳能集热器》GB/T 17581—2021，真空管型太阳能集热器耐撞击的试验方法如下：

①试验方法

真空管型太阳能集热器的耐撞击试验按《太阳能集热器性能试验方法》GB/T 4271—

2021规定采用钢球撞击的方法进行,撞击高度为0.45m。

②试验结果

检查真空管型太阳能集热器受损情况。两支或两支以上真空管破损,则集热器耐撞击不合格。

2. 太阳能集热器热性能试验方法

1)依据《太阳能集热器性能试验方法》GB/T 4271—2021,太阳能集热器热性能的试验方法如下:

(1)一般要求:

集热器的热性能试验可以在室外进行,也可以在室内使用太阳模拟器进行,应至少包括下列三组计算集热器得热量所必需的参数:

①在不同工况条件下的集热器效率和功率;

②集热器有效热容和时间常数;

③集热器入射角修正系数。

光伏光热复合型集热器热性能试验应在热和电同时稳定输出且发电量最大的条件下进行。

用于测试热性能的集热器总面积应不小于1m²。如果单个集热器面积小于1m²,应将集热器连接在一起,确保用于热性能测试的集热器总面积不小于1m²。

(2)太阳模拟器要求:

集热器的热性能受直接辐射和散射辐射的影响,因此,用于性能试验的太阳模拟器发出的光线应近似垂直入射集热器表面,应在集热器总面积范围内测量辐照度的平均值。

①用于热性能试验的太阳模拟器应具有下列特性:

a. 模拟光源在集热器总面积上应产生大于700W/m²的平均太阳辐照度,测量应在光源达到稳定工作状态后开始;

b. 试验期间,集热器总面积上任意一点的太阳辐照度与平均辐照度的偏差不应超过15%。模拟器的准直度应使至少80%模拟光线入射角修正系数大于98%。对于典型的平板集热器,以集热器表面任意一点为顶点,在夹角不超过60°的区域内如果能包含太阳模拟器发出光线的80%,则能够满足准直度要求;

c. 集热器采光平面内的G_{hem}应按网格形式测量并以表格形式在检验报告中给出,测量网格的最大间距为150mm;

d. 太阳模拟器发出的光谱在(0.3~3)μm波长范围内,波长宽度为0.1μm的辐照度百分比与《太阳能 在地面不同接收条件下的太阳光谱辐照度标准 第1部分:大气质量1.5的法向直接日射辐照度和半球向日射辐照度》GB/T 17683.1—1999规定的太阳光谱辐照度百分比的比值应大于0.4且小于2。集热器表面的热辐射不应超过试验期间同环境空气温度下黑体半球向辐照度的5%。初始光谱测定应在模拟光源稳定工作后进行。应测量集热器平面的红外热辐射（起始波长应大于 2.5μm，但不应大于 4μm）；

e. 应定期采用同一集热器进行室内模拟环境下和室外环境下集热器热性能的比对试验，如果模拟器下（τa）的有效值和大气光学质量为 1.5 时太阳光谱下的有效值相差超过±1%，则应修正测试结果；

f. 在室内或室外测量无盖板集热器的主要区别在于长波热辐射。太阳模拟器的长波辐照度不应高于 50W/m²。集热器试验平面上的热辐照度平均值应与集热器的试验结果一同记录在检验报告中；

g. 试验期间，太阳模拟器的辐照度波动应小于±1%。

②用于测量入射角修正系数的太阳模拟器要求

用于测量入射角修正系数的太阳模拟器应首先满足如上用于热性能试验的要求。准直度要求如下：

a. 以集热器表面任意一点为顶点，在夹角不超过 20°的区域内应能包含太阳模拟器发出光线的 90%；

b. 在集热器总面积上测量太阳辐照度和准直度网格的最大间距为 150mm。

（3）集热器安装位置要求：

集热器应按生产企业指定的方式安装。除非另有说明，否则采用开放式安装结构，允许空气在集热器的前、后和两侧自由流动。

集热器离地面距离应不小于 0.5m。不应有热气流在集热器表面流通，如沿建筑物墙壁上升的热气流。在建筑物屋顶测试集热器时，集热器应距离屋顶边缘至少 2m。

①太阳直接辐射的遮挡

试验台的位置应确保集热器和辐照表在试验期间不被遮挡。

②散射和反射太阳辐射

集热器安装视野范围内不应有明显障碍物，且不应有面积广阔的玻璃、金属或水。应减少集热器背面的反射辐射，尤其是真空管型集热器。大部分粗糙表面，例如草地、风化的混凝土表面或碎屑等低反射率表面，能够满足试验的要求。

太阳模拟器的光线近似于直接辐射，可以通过将试验室内表面涂深色低反射率涂料来实现反射辐射的最小化。

性能试验中安装集热器时，应保证集热器背面的机构对光线无反射和吸收，如采用支撑板，则应使用反射率不超过 20%的透明板。

③热辐射

集热器的室外试验场周围不应有烟囱、冷却塔或散热热源。在室内太阳模拟器下试验时，集热器应屏蔽散热器、空调管道和机械装置等发热表面，以及窗户和外墙等冷表面。

④环境风速

集热器应放置于空气可在其采光面、背面和侧面自由流通的位置。平行于集热器上表面且距离大于50mm处的空气速度应满足《太阳能集热器性能试验方法》GB/T 4271—2021第14.6.33条的规定且应符合误差要求。如果自然条件下无法实现风速要求，则应使用人工风机。

（4）仪器与测量（表9-92）：

试验仪器及测量要求 表9-92

测量名称	仪器要求	测量要求
太阳辐射测量	试验使用的辐射表应符合GB/T 19565—2017中一级或优于一级的要求	1. 总辐射表测量半球向太阳辐射，用装有遮光环的总辐照表或用直接辐射表与总辐射表一起测量短波散射辐射。 2. 对于具有跟踪功能的高聚光比集热器（$C_R > 3$），应使用直接辐射表测量法向直射辐照度（DNI）。直接辐射表应安装在独立的太阳跟踪装置上。直接辐射表的开口角应在5°~6°范围内。安装直接辐射表的跟踪装置与集热器跟踪装置的误差不应超过±0.5°。 3. 总辐射表应安装在与集热器接收直射，散射和反射辐照度同一位置的地方。总辐射表的传感器应与集热器在同一平面且偏差小于1°。试验期间辐射表不应在集热器表面形成阴影，集热器也不应反射能量至总辐射表。应采取措施遮蔽总辐射表本体和连接器的连线。 4. 直接辐射入射角应通过计算或者使用精度小于或等于±1°的太阳位置传感器确定。对于CPC（复合抛物面）等非成像固定式集热器，其安装应使直接辐射在集热器设计角度接收范围内
热辐射测量	长波辐照度E，应使用达到GB/T 33701规定一级要求的长波辐射表测量	1. 室外热辐射的测量，长波辐射表应安装在集热器侧面中间高度的位置，与集热器安装在同一平面。 2. 室内热辐射的测量，长波辐射表应置于通风良好的位置
直接辐射测量	—	直接辐射测量，槽式等跟踪聚焦集热器应使用直接辐射表测量直射辐照度。在测试期间集热器区域内不能出现阴影。还应防止能量从集热器反射到直接辐照表上。直接辐照表本体和连接器的连线应遮蔽
温度测量	1. 集热器进口和出口温差的测量准确度应为±0.1℃。 2. 测量环境空气温度的测量准确度应为±0.5℃	1. 测量传热工质温度的传感器应安装在距离集热器进、出口200mm以内时，应在传感器上下游管道周围安装保温材料。传感器位置距离集热器进、出口超过200mm时，应通过试验验证该位置不影响工质温度的测量。应在传感器上游设置弯曲管道、孔口或混合工质的装置，传感器探头应指向工质来流方向。 2. 室外测量的传感器应放置在喷涂为白色，通风良好的防护罩内。防护罩应遮阳并放置在集热器中间高度的位置，至少高出地面1m。防护罩与集热器的距离不应超过10m。 3. 如果人工风机在集热器上方送风，应测量风机出风口的温度并确保其温度与环境空气温度的偏差小于±2℃，应使用风机出口处的温度作为环境空气温度进行集热器热性能计算
流量测量	流量测量的测量准确度应为测量值的±1%范围内	—
集热器表面空气速度测量	集热器表面空气速度的测量准确度应为±0.5m/s	1. 试验期间应在合适的位置点监测空气速度，该位置点上的滑动平均空气速度可代表集热器表面的平均速度。 2. 风速传感器的安装，试验过程中应利用自然风或人工风机在平行于集热器表面提供试验所需的风速。使用手持风速仪在距离集热器上表面50mm高度的位置上对整个集热器表面以不小于300mm的相等间距测量空气速度，然后计算集热器表面风速的算术平均值。 3. 试验期间，应选择一个位置点对风速进行监测，该点的风速与集热器表面的平均风速的偏差绝对值应小于0.5m/s。传感器的安装位置不应对风产生遮挡，也不应在集热器上形成阴影

续表

测量名称	仪器要求	测量要求
时间测量	时间的测量准确度应为±0.2%	1. 数据采集的时间间隔不应大于10s。 2. 记录平均值的时间间隔不应大于60s。 3. 室外试验中每个数据的记录时间应一致，用于计算太阳辐射入射到集热器上的角度
集热器尺寸测量	集热器尺寸的测量精度应为±1mm	1. 如果集热器面积测量值与生产企业明示的面积偏差在1%以内，则可使用生产企业明示的面积数值用于效率计算，并在检验报告中明示。 2. 如果面积偏差大于1%，则使用测量面积值进行效率计算

（5）试验装置：

①试验系统原理图，如图9-41所示。

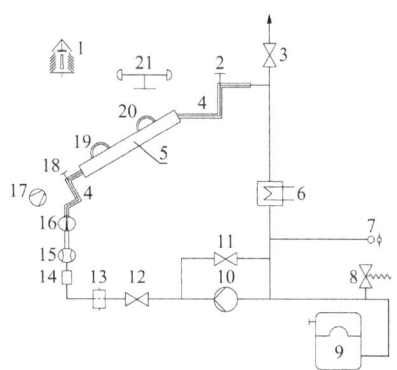

1—环境温度传感器；2—出口温度传感器；3—排气口；4—保温管；5—太阳能集热器；
6—初级温度控制加热器/冷却器；7—压力表；8—安全阀；9—膨胀罐；10—泵；11—旁通阀；12—流量控制阀；
13—过滤器（200μm）；14—玻璃观察管；15—流量计；16—二级温度调节器；17—人工风机；
18—进口温度传感器；19—总辐射表；20—长波辐射表；21—风速计

图9-41 试验系统原理图

②传热工质

集热器试验用传热工质可以采用水或集热器生产企业认可的工质。传热工质应使用与试验温度所对应的比热和密度进行计算。水的物性参数应按照附录B的规定执行。

③管路和配件

试验系统的管路应进行保温。集热器管路应无空气和污染物。

循环泵应放在集热器试验回路中不影响集热器进口温度控制且不影响工质温度测量的位置。在试验温度范围内的任意进口温度下，泵和流量控制设备都应保证通过集热器的质量或体积流量变化稳定在1%以内。

（6）试验方法：

①总体要求

集热器的热性能试验应按本文件规定的方法之一进行。

对于光伏光热复合型集热器，发电运行模式对热性能的影响应在检验报告中说明，下列内容适用于聚光式集热器：

a. 带有透明盖板、聚光比 C_R < 3 的聚光集热器应视为其他类型的透明盖板集热器；

b. 带有透明盖板、聚光比 C_R > 3 的聚光集热器可忽略风速的影响；

c. 真空型聚光集热器可以忽略风速与聚光比之间相关性的影响。

② 集热器预处理

集热器应在辐照度大于 700W/m²、环境温度大于 10℃的条件下预处理至滞止状态至少5h。

热性能试验前，集热器盖板、反射器和真空管都应进行彻底清洗。如果集热器部件有湿气，可循环高温传热工质直到集热器充分干燥为止。如果对集热器进行了干燥处理，应将其与试验结果一起在检验报告中说明。

③ 试验条件

a. 流量

每个试验工况的工质流量都应保持稳定，稳态试验条件应满足《太阳能集热器性能试验方法》GB/T 4271—2021 中表 4 的要求。不同试验工况间的流量偏差不应超过±5%。

液体加热集热器的流量应按每 m² 集热器总面积 0.02kg/(s·m²)设定。如果该流量不在生产企业指定的流量范围内，则应选择生产企业指定范围内的合理流量。

槽式等跟踪聚焦集热器应选择厂商指定范围内的合理流量。

b. 辐照度

集热器平面内太阳直接辐射的入射角应该在入射角修正系数变化不超过法向入射值±2%的范用集热器试验过程中散射辐照度应始终小于总辐照度的30%内。试验期间，集热器平面上的总辐照度应始终大于700W/m²。

c. 平行于集热器平面的空气速度

对于带玻璃盖板的集热器，考虑试验期间集热器上方空间和时间的变化，平行于集热器表面的空气速度平均值应为(3 ± 1)m/s。

④ 测试过程

a. 总体要求

集热器试验应在生产企业指定的工作温度范围内进行。进口温度应始终保持在露点温度以上以避免吸热体冷凝结露。应符合以下要求：

选择一个进口温度使集热器进、出口平均温度与周围环境空气温度偏差在±3℃以内；

t_i < 100℃时，各相邻测试工况之间的进口温度之差宜大于 20℃；

t_i > 100℃时，各相邻测试工况之间的进口温度之差宜大于 30℃。试验期间应按仪器和测量的规定进行参数测量。

b. 试验周期数据要求

试验至少应包含 4 组数据，各组数据的工质进口温度应均匀分布在集热器指定工作温度范围内。每个工质进口温度应至少记录 4 个独立的数据点。用室内太阳模拟器试验时，每个工质进口温度应至少记录 2 个独立的数据点。

试验周期内所有试验参数与平均值的偏差均满足表 9-93 的规定，如果已知时间常数，则每组数据的试验周期应至少是集热器时间常数的 4 倍。如果时间常数未知，液体加热集热器每组数据的试验周期不应小于 16min。

试验周期内的测量参数偏差限值表 表 9-93

参数	与平均值的允许偏差
总辐照度	±50W/m²
环境温度	±1.5℃
工质质量流量	±1%
集热器进口工质温度	±0.1℃
集热器出口工质温度	±0.4℃
环境空气速度	与设定值偏差±1.0m/s

（7）集热器参数的计算：

① 液体加热集热器

a. 有用得热量的计算

单位时间内集热器有用得热量 Q 的计算见公式：

$$\dot{Q} = \dot{m} \cdot cf\Delta T \tag{9-112}$$

式中：$\dot{Q}$——有用得热量；

$\dot{m}$——质量流量；

ΔT——工质进、出口的温差。

b. 稳态试验方法

$\dot{Q}$ 的计算模型见《太阳能集热器性能试验方法》GB/T 4271—2021。

② 试验结果

集热器功率 P 应根据公式如下公式计算，依据表 9-94 列出计算结果。

$$P = A_a G \eta_a \tag{9-113}$$

式中：P——集热器功率；

A_a——集热器采光面积；

G——集热器采光面上辐照度；

η_a——基于采光面积和平均温度的集热器效率。

计算集热器峰值功率 P_{peak} 时，G 取 1000W/m²，η_a 取集热器峰值效率。峰值功率和表 9-94

应在检验报告中给出。

集热器功率 表 9-94

温差（℃）	总辐照度（W/m²）		
	400	700	1000
0			
10			
30			
50			

注：集热器功率单位为瓦（W）。

③参考面积转换

基于集热器总面积、采光面积、吸热体面积的热性能参数的转换，附录C给出了计算方法，将面积X下的性能参数转换成面积Y的性能参数。

$$P_Y = P_X \frac{A_X}{A_Y} \tag{9-114}$$

（8）有效热容和时间常数的测定：

①总体要求

有效热容和时间常数是描述集热器瞬时性能的重要参数。在运行时，每个集热器部件对运行条件的响应不同，因此有必要将集热器作为一个整体考虑其有效热容量。

有效热容和时间常数不是集热器的简单定值常数，参数的确定与运行条件相关。因此，试验应按下列方法之一进行。测量有效热容和时间常数时的流量应与集热器效率试验时的流量相近。

②有效热容

按照（6）中的条件安装和运行集热器。用反射盖板等集热器遮盖物遮挡集热器以避免其接受太阳辐射。将工质进口温度设置为近似环境温度 $t_i \sim t_a$。直到达到稳态条件（$t_e \approx t_i$）。当进口温度稳定在环境温度 t_a 时快速移除集热器遮盖物并开始记录数据，直到工质出口温度变化小于 0.5℃/min，即再次达到稳定状态为止。

③有效热容的计算方法

集热器有效热容的计算方法是将集热器各部件（如玻璃、吸热体、所含液体工质和保温材料）的热容 $m_i c_i$ 进行加权，加权因子为 p_i，计算公式如下：

$$C = \sum_i p_i \cdot m_i \cdot c_i \tag{9-115}$$

加权因子 p_i（0~1）可以仅包含影响集热器热惰性的部分。p_i 值如表 9-95 所示。

与传热工质直接接触的集热器部件的加权因子应令 $p_i = 1$。

加权因子值 表 9-95

部件	p_i
吸热体	1
保温	0.5
传热工质	1
外层玻璃盖板	$0.01a_1$
第二层玻璃盖板	$0.2a_2$

④集热器时间常数测定

时间常数的测定应使用本节有效热容的测定方法。

绘制集热器出口温度和环境温度温差$(t_e - t_a)$与时间的关系图,从初始稳定状态开始,直到达到第二个稳定状态为止,示例如图 9-42 所示。

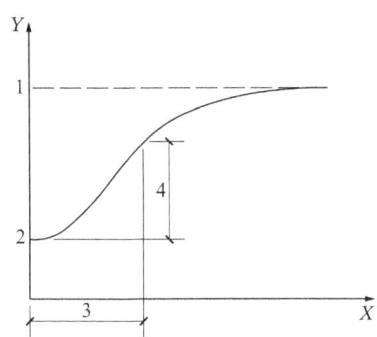

1—$(t_e - t_a)_2$;2—$(t_e - t_a)_0$;3—τ_c;4—$0.632[(t_e - t_a)_2 - (t_e - t_a)_0]$;X—时间,单位为秒(s);Y—$t_e - t_a$

图 9-42 集热器时间常数

集热器时间常数为移除集热器遮盖物后,集热器出口温度和环境温度的温差从$(t_e - t_a)_0$上升至$(t_e - t_a)_2$所消耗时间的 0.632 倍。

时间常数也可以在集热器降温冷却期间测定,此时集热器时间常数为辐照度隔断(遮蔽)后,集热器出口温度和环境温度的温差下降至初始温差值所消耗时间的 63.2%。

(9)入射角修正系数:

入射角修正系数的定义是给定入射角时的峰值效率与法向入射时峰值效率的比值。

①总体要求

集热器的热性能参数在法向入射条件下测定。集热器的入射角修正系数应另行试验以在任意入射角度的性能。

②试验方法

集热器运行条件(流量、风速等)应与热性能试验条件近似。传热工质的平均温度和环境温度的温差应控制在±1℃之内。集热器的效率应按照(6)中的方法测定。试验期间,集热器采光面上的散射辐照度应始终小于总辐照度的30%。每个试验工况中，应使集热器的朝向保持在所测试入射角的±2°内。

测量入射角修正系数时总辐射表应准确放置在集热器所在平面内。

入射角修正系数应使用下列方法之一进行测试。

a. 方法一：本方法适用于室内太阳模拟器试验，也适用于使用二维调节试验台架的室外试验。室内模拟器应符合（2）中规定要求，室外试验台架应能实现集热器的方向根据太阳辐射的入射方向调整。

b. 方法二：本方法适用于使用一维调节试验台架的室外试验，一维调节的试验台架仅能调整集热器倾角。集热器效率值的测定方法为：分别在正午前后各测得一个效率值。两个效率值所对应的集热器与太阳光的平均入射角应相同。集热器在此入射角下的效率值应等于两个效率值的平均值。

③集热器入射角修正系数的计算

无论采用哪种试验方法，都应测试各入射角对应的集热器热效率。使用公式计算得到与$\eta_{0,\text{hem}}$匹配的、该入射角对应的热效率$\eta_{\text{hem}}(\theta_L, \theta_T)$，然后除以法向入射的热效率即可得到入射角度修正系数，计算公式如下所示：

$$K_{\text{hem}}(\theta_L, \theta_T) = \frac{\eta_{\text{hem}}(\theta_L, \theta_T)}{\eta_{0,\text{hem}}} \tag{9-116}$$

④试验结果

入射角修正系数的结果应以表9-96的形式给出，并按《太阳能集热器性能试验方法》GB/T 4271—2021 附录A的要求给出集热器入射角修正系数K_θ随入射角θ的变化曲线。适用时，应在检验报告中给出公式，并注明适用于纵向平面或横向平面。如有必要，试验结果的角度间隔可小于《太阳能集热器性能试验方法》GB/T 4271—2021 表7的要求。

入射角修正系数表　　　　　　　　　　表9-96

θ (°)	0	30	45	60
$K_{L(\theta)}$				
$K_{T(\theta)}$				

2）依据《平板型太阳能集热器》GB/T 6424—2021，平板型太阳能集热器热性能的试验要求如下：

（1）试验方法：

①平板型太阳能集热器的热性能试验按《太阳能集热器性能试验方法》GB/T 4271—2021规定的方法进行，包括稳态的瞬时效率、时间常数和入射角修正系数。

②热性能试验应在生产企业标示的工作温度范围内进行测试，试验应至少测试4个工况，每个工况集热器的进口温度应始终保持在露点温度以上。不同测试工况的集热器平均

温度应均匀分布在集热器工作温度范围内,集热器的最高工作温度与测试时最高温度工况的集热器平均温度之差小于5℃。

（2）试验结果：

给出平板型太阳能集热器基于采光面积和平均温度以及基于总面积和平均温度的二次拟合瞬时效率方程和曲线,当二次拟合瞬时效率方程中$a_2 < 0$时,应给出一次拟合瞬时效率方程和曲线。

给出平板型太阳能集热器的峰值效率、额定效率。

给出平板型太阳能集热器的峰值功率和额定功率；并按表9-94给出集热器功率给出$(t_e - t_a)$随时间变化的曲线及平板型太阳能集热器的时间常数τ

给出平板型太阳能集热器的入射角修正系数随入射角θ变化的曲线及 0°、30°、45°和60°时入射角修正系数值。

3）依据《真空管型太阳能集热器》GB/T 17581—2021,真空管型太阳能集热器热性能的试验要求如下：

①试验方法

真空管型太阳能集热器的热性能试验按《太阳能集热器性能试验方法》GB/T 4271—2021规定的方法进行,包括稳态的瞬时效率、集热器时间常数和入射角修正系数。

热性能试验应在生产企业标示的工作温度范围内进行测试,试验应至少测试4个工况,每个工况集热器的进口温度应始终保持在露点温度以上。不同测试工况的集热器平均温度应均匀分布在集热器工作温度范围内,集热器的最高工作温度与测试时最高温度工况的集热器平均温度之差小于 5℃。中温真空管型太阳能集热器试验的最高温度工况归一化温差不应小于 $0.12(m^2 \cdot ℃)/W$,其他类型的真空管型太阳能集热器最高温度工况的归一化温差不应小于 $0.05(m^2 \cdot ℃)/W$。

②试验结果

给出真空管型太阳能集热器基于采光面积和平均温度以及基于总面积和平均温度的二次拟合瞬时效率方程和曲线,当二次拟合瞬时效率方程中$a_2 < 0$时,应给出一次拟合瞬时效率方程和曲线。

给出真空管型太阳能集热器的峰值效率、额定效率,中温真空管型太阳能集热器还应给出中温效率。

给出真空管型太阳能集热器的峰值功率、额定功率和中温功率；并按表9-97给出集热器功率。

给出$(t_e - t_a)$随时间变化的曲线及真空管型太阳能集热器的时间常数τ。

给出真空管型太阳能集热器纵向平面上入射角修正系数$K_{\theta,L}$随入射角θ变化的曲线,横向平面上入射角修正系数$K_{\theta,T}$随入射角θ变化的曲线,0°、30°、45°和60°时$K_{\theta,L}$或$K_{\theta,T}$值。

集热器功率 表 9-97

温差（℃）	总辐照度（W/m²）		
	400	700	1000
0			
10			
30			
50			
100（仅适用于中温真空管型太阳能集热器）			

注：集热器功率单位为瓦（W）。

3. 太阳能集热系统

1）测试条件

依据《可再生能源建筑应用工程评价标准》GB/T 50801—2013，太阳能热利用系统的测试条件应符合下列规定：

（1）长期测试：

太阳能热水系统长期测试的周期不应少于120d，且应连续完成，长期测试开始的时间应在每年春分（或秋分）前至少60d开始，结束时间应在每年春分（或秋分）后至少60d结束；太阳能采暖系统长期测试的周期应与采暖期同步；太阳能空调系统长期测试的周期应与空调期同步。长期测试周期内的平均负荷率不应小于30%。

（2）短期测试：

太阳能热利用系统短期测试的时间不应少于4d。短期测试期间的运行工况应尽量接近系统的设计工况，且应在连续运行的状态下完成。短期测试期间的系统平均负荷率不应小于50%，短期测试期间室内温度的检测应在建筑物达到热稳定后进行

（3）短期测试期间的室外环境平均温度应符合下列规定：

①太阳能热水系统测试的室外环境平均温度的允许范围应为年平均环境温度±10℃；

②太阳能采暖系统测试的室外环境的平均温度t_a应大于等于采暖室外计算温度且小于等于12℃；

③太阳能空调系统测试的室外环境平均温度t_a应大于等于25℃且小于等于夏季空气调节室外计算干球温度。

（4）太阳辐照量短期测试不应少于4d，每一太阳辐照量区间测试天数不应少于1d，太阳辐照量区间划分应符合下列规定：

①太阳辐照量小于8MJ/(m²·d)；

②太阳辐照量大于等于8MJ/(m²·d)且小于12MJ/(m²·d)；

③太阳辐照量大于等于12MJ/(m²·d)且小于16MJ/(m²·d)；

④太阳辐照量大于等于 16MJ/(m²·d)。

(5) 短期测试的太阳辐照量实测值与上述(4)规定的 4 个区间太阳辐照量平均值的偏差宜控制在±0.5MJ(m²·d)以内,对于全年使用的太阳能热水系统,不同区间太阳辐照量的平均值可按 GB/T 50801—2013 附录 C 确定。

(6) 对于因集热器安装角度、局部气象条件等原因导致太阳辐照量难以达到 16MJ/m² 的工程,可由检测机构、委托单位等有关各方根据实际情况对太阳辐照量的测试条件进行适当调整,但测试天数不得少于 4d,测试期间的太阳辐照量应均匀分布。

2) 测试太阳能热利用系统的设备仪器应符合下列规定:

(1) 太阳总辐照度应采用总辐射表测量,总辐射表应符合现行国家标准《总辐射表》GB/T 19565—2017 的要求。

(2) 测量空气温度时应确保温度传感器置于遮阳且通风的环境中,高于地面约 1m,距离集热系统的距离在(1.5～10.0)m,环境温度传感器的附近不应有烟囱、冷却塔或热气排风扇等热源。测量水温时应保证所测水流完全包围温度传感器。温度测量仪器以及与它们相关的读取仪表的精度和准确度不应大于表 9-98 的限值,响应时间应小于 5s。

温度测量仪器的准确度和精度表　　　　表 9-98

参数	仪器准确度	仪器精度
环境空气温度	±0.5℃	±0.2℃
水温度	±0.2℃	±0.1℃

(3) 液体流量的测量准确度应为±1.0%。

(4) 质量测量的准确度应为±1.0%。

(5) 计时量的准确度应为±0.2%。

(6) 模拟或数字记录仪的准确度应等于或优于满量程的±0.5%,其时间常数不应大于 1s。信号的峰值指示应在满量程的 50%～100%。使用的数字技术和电子积分器的准确度应等于或优于测量值的±1.0%。记录仪的输入阻抗应大于传感器阻抗的 1000 倍或 10MΩ,且二者取其高值。仪器或仪表系统的最小分度不应超过规定精度的 2 倍。

(7) 长度测量的准确度应为±1.0%。

(8) 热量表的准确度应达到现行行业标准《热量表》CJ 128 规定的 2 级。

3) 集热系统效率的测试应符合下列规定:

(1) 长期测试的时间应符合规定。

(2) 短期测试时,每日测试的时间从上午 8 时开始至达到所需要的太阳辐射量为止。达到所需要的太阳辐射量后,应采取停止集热系统循环泵等措施,确保系统不再获取太阳得热。

(3) 测试参数应包括集热系统得热量、太阳总辐照量和集热系统集热器总面积等。

(4)太阳能热利用系统的集热系统效率应按下式计算得出：$\eta = Q_j/(A \times H) \times 100$。

$$\eta = Q_j/(A \times H) \times 100 \tag{9-117}$$

式中：η——太阳能热利用系统的集热系统效率（%）；

Q_j——太阳能热利用系统的集热系统得热量（MJ），测试方法应符合本章节集热系统得热量测试的规定；

A——集热系统的集热器总面积（m²）；

H——太阳总辐照量（MJ/m²）。

4）系统总能耗的测试应符合下列规定：

（1）长期测试的时间应符合本章节太阳能热利用系统测试条件的规定。

（2）每日测试持续的时间应从上午8时开始到次日8时结束。

（3）对于热水系统，应测试系统的供热量或冷水、热水温度、供热水的流量等参数；对于采暖空调系统应测试系统的供热量或系统的供、回水温度和热水流量等参数，采样时间间隔不得大于10s。

（4）系统总能耗Q_z可采用热量表直接测量，也可通过分别测量温度、流量等参数后按下式计算：

$$Q_z = \sum_{i=1}^{n} m_{zi} \rho_w c_{pw}(t_{dzi} - t_{bzi}) \Delta T_{zi} \times 10^{-6} \tag{9-118}$$

式中：Q_z——系统总能耗（MJ）；

n——总记录数；

m_{zi}——第i次记录的系统总流量（m³/s）；

ρ_w——水的密度（kg/m³）；

c_{pw}——水的比热容[J/(kg·℃)]；

t_{dzi}——对于太阳能热水系统，t_{dzi}为第i次记录的热水温度（℃）；对于太阳能采暖、空调系统，t_{dzi}为第i次记录的供水温度（℃）；

t_{bzi}——对于太阳能热水系统，t_{bzi}为第i次记录的冷水温度（℃）；对于太阳能采暖、空调系统，t_{bzi}为第i次记录的回水温度（℃）；

ΔT_{zi}——第i次记录的时间间隔（s），ΔT_{zi}不应大于600s。

5）集热系统得热量的测试应符合下列规定：

（1）长期测试的时间应符合本章节太阳能热利用系统测试条件的规定。

（2）短期测试时，每日测试的时间从上午8时开始至达到所需要的太阳辐射量为止。

（3）测试参数应包括集热系统进、出口温度、流量、环境温度和风速，采样时间间隔不得大于10s。

（4）太阳能集热系统得热量Q可以用热量表直接测量，也可通过分别测量温度、流量等参数后按下式计算：

$$Q_j = \sum_{i=1}^{n} m_{ji}\rho_{w}c_{pw}(t_{dji} - t_{bji})\Delta T_{ji} \times 10^{-6} \tag{9-119}$$

式中：Q_j——太阳能集热系统得热量（MJ）；

n——总记录数；

m_{ji}——第i次记录的集热系统平均流量（m^3/s）；

ρ_w——集热工质的密度（kg/m^3）；

c_{pw}——集热工质的比热容 [J/(kg·°C)]；

t_{dji}——第i次记录的集热系统的出口温度（°C）；

t_{bji}——第i次记录的集热系统的进口温度（°C）；

ΔT_{ji}——第i次记录的时间间隔（s），ΔT_{ji}不应大于600s。

6）供热水温度的测试应符合下列规定：

（1）长期测试的时间应符合本章节太阳能热利用系统测试条件的规定。

（2）短期测试应从上午8时开始至次日8时结束。

（3）应测试并记录系统的供热水温度t_{ri}，记录时间间隔不得大于600s，采样时间间隔不得大于10s。

（4）供热水温度应取测试结果的算术平均值t_r。

7）室内温度的测试应符合下列规定：

（1）长期测试的时间应符合本章节太阳能热利用系统测试条件的规定。

（2）短期测试应从上午8时开始至次日8时结束。

（3）应测试并记录系统的室内温度t_{ni}，记录时间间隔不得大于600s，采样时间间隔不得大于10s。

（4）室内温度应取测试结果的算术平均值t_n。

8）太阳能保证率的评价应按下列规定进行：

（1）短期测试单日或长期测试期间的太阳能保证率应按下式计算：

$$f = Q_j/Q_z \times 100 \tag{9-120}$$

式中：f——太阳能保证率（%）；

Q_j——太阳能集热系统得热量（MJ）；

Q_z——系统能耗（MJ）。

（2）采用长期测试时，设计使用期内的太阳能保证率应取长测试期间的太阳能保证率。

（3）对于短期测试，设计使用期内的太阳能热利用系统的太阳能保证率应按下式计算：

$$f = \frac{(x_1 f_1 + x_2 f_2 + x_3 f_3 + x_4 f_4)}{x_1 + x_2 + x_3 + x_4} \tag{9-121}$$

式中： f——太阳能保证率（%）；

f_1、f_2、f_3、f_4——由本章节太阳能热利用系统测试条件确定的各太阳辐照量下的单日太阳能保证率（%）；

x_1、x_2、x_3、x_4——由本章节太阳能热利用系统测试条件确定的各太阳辐照量在当地气象条件下按供热水、采暖或空调的时期统计得出的天数。没有气象数据时，对于全年使用的太阳能热水系统，x_1、x_2、x_3、x_4可按 GB/T 50801—2013 附录 C 取值。

9）集热系统效率的评价应按下列规定进行：

（1）短期测试单日或长期测试期间集热系统的效率应按本章节集热系统效率的测试方法的规定确定。

（2）采用长期测试时，设计使用期内的集热系统效率应取长期测试期间的集热系统效率。

（3）对于短期测试，设计使用期内的集热系统效率应按下式计算：

$$\eta = \frac{x_1\eta_1 + x_2\eta_2 + x_3\eta_3 + x_4\eta_4}{x_1 + x_2 + x_3 + x_4} \tag{9-122}$$

式中： η——集热系统效率（%）；

η_1、η_2、η_3、η_4——由本章节太阳能热利用系统测试条件确定的各太阳辐照量下的单日集热系统效率（%）；

x_1、x_2、x_3、x_4——由本章节太阳能热利用系统测试条件确定的各太阳辐照量在当地气象条件下按供热水、采暖或空调的时期统计得出的天数。没有气象数据时，对于全年使用的太阳能热水系统，x_1、x_2、x_3、x_4可按《可再生能源建筑应用工程评价标准》GB/T 50801—2013 附录 C 取值。

4.太阳能光伏组件

1）发电功率

电功率参数可以是直流的、交流的，或两者兼有。依据《光伏系统性能监测 测量、数据交换和分析导则》GB/T 20513—2006，直流功率能用实时测量的电压和电流采样值的乘积计算，或用功率传感器直接测量。如果直流功率为计算值，计算应用采样电压和电流值[1]，不能用平均电压和电流值。在独立系统中的逆变器，直流输入功率和电压有大量交流谐波，这就需要使用直流功率表精确测量直流功率。交流功率应用能记录功率因数和谐波失真的功率传感器进行测量。功率传感器精度，包括信号处理的精度，应优于其读数的 2%。

可以采用具有高速响应的积分功率传感器以避免采样误差。

注1：由采样电压和采样电流乘积的平均值计算得到的直流功率与由平均电压和基于采样率和电流变化率而得到的平均电流的乘积之间有误差。当电流变化率较大时，误差是明显的。

2）光电转换效率的测试应符合下列规定：

（1）应测试系统每日的发电量、光伏电池表面上的总太阳辐照量、光伏电池板的面积、光伏电池背板表面温度、环境温度和风速等参数，采样时间间隔不得大于10s。

（2）对于独立太阳能光伏系统，电功率表应接在蓄电池组的输入端，对于并网太阳能光伏系统，电功率表应接在逆变器的输出端。

（3）测试开始前，应切断所有外接辅助电源，安装调试好太阳辐射表、电功率表/温度自记仪和风速计，并测量太阳能电池方阵面积。

（4）测试期间数据记录时间间隔不应大于600s，采样时间间隔不应大于10s。

（5）太阳能光伏系统光电转换效率应按下式计算：

$$\eta_d = \frac{3.6 \times \sum_{i=1}^{n} E_i}{\sum_{i=1}^{n} H_i A_{ci}} \times 100 \tag{9-123}$$

式中：η_d——太阳能光伏系统光电转换效率（％）；

n——不同朝向和倾角采光平面上的太阳能电池方阵个数；

H_i——第i个朝向和倾角采光平面上单位面积的太阳辐射量（M/m）；

A_{ci}——第i个朝向和倾角平面上的太阳能电池采光面积（m），在测量太阳能光伏系统电池面积时，应扣除电池的间隙距离，将电池的有效面积逐个累加，得到总有效采光面积；

E_i——第i个朝向和倾角采光平面上的太阳能光伏系统的发电量（kW·h）。

太阳能光伏系统的光电转换效率的测试结果可直接用于评价。

5. 太阳能光伏系统

1）测试条件

太阳能光伏系统的测试条件应符合下列规定：

（1）在测试前，应确保系统在正常负载条件下连续运行3d，测试期内的负载变化规律应与设计文件一致。

（2）长期测试的周期不应少于120d，且应连续完成，长期测试开始的时间应在每年春分（或秋分）前至少60d开始，结束时局应在每年春分（或秋分）后至少60d结束。

（3）短期测试需重复进行3次，每次短期测试时间应为当地太阳正午时前1h到太阳正午时后1h，共计2h。

（4）短期测试期间，室外环境平均温度t_a的允许范围应为年平均环境温度±10℃。

（5）短期测试期间，环境空气的平均流动速率不应大于4m/s。

（6）短期测试期间，太阳总辐照度不应小于700W/m²，太阳辐照度的不稳定度不应大于±50W。

2）测试太阳能光伏系统的设备仪器应符合下列规定：

（1）总太阳辐照量、长度、周围空气的速率、模拟或数字记录的仪器设备应符合本章节太阳能热利用系统测试条件设备仪器的规定。

（2）测量电功率所用的电功率表的测量误差不应大于5%。

3）年发电量试验方法

年发电量的评价应符合下列规定：

（1）长期测试的年发电量应按下式计算：

$$E_n = \frac{365 \cdot \sum_{i=1}^{n} E_{di}}{N} \tag{9-124}$$

式中：E_n——太阳能光伏系统年发电量（kWh）；

E_{di}——长期测试期间第i日的发电量（kWh）；

N——长期测试持续的天数。

（2）短期测试的年发电量应按下式计算：

$$E_n = \frac{3.6 \times \eta_d \cdot \sum_{i=1}^{n} H_{ai} \cdot A_{ci}}{100} \tag{9-125}$$

式中：E_n——太阳能光伏系统年发电量（kWh）；

η_d——太阳能光伏系统光电转换效率（%）；

n——不同朝向和倾角采光平面上的太阳能电池方阵个数；

H_{ai}——第i个朝向和倾角采光平面上全年单位面积的总太阳辐射量；

A_{ci}——第i个朝向和倾角采光平面上的太阳能电池面积（m²）。

4）太阳能光伏组件背板最高工作温度试验方法

依据《晶体硅光伏（PV）方阵Ⅰ-V特性的现场测量》GB/T 18210—2000，可以采用两种现场测量方法，两种方法使用《晶体硅光伏度器件的Ⅰ-V实测特性的温度和辐照度修正方法》GB/T 6495.4—1996给出的程序，对测得的Ⅰ-V特性进行温度和辐照度修正：

方法 A 由直接的温度测量确定方阵有效结温T_J；

方法 B 由不同辐照度下记录到的子方阵开路电压V_{OC}数据推导出有效结温T_J；

（1）设备：

①方法 A 和 B 共用的设备

a. 按照《光伏器件 第2部分：标准太阳电池的要求》GB/T 6495.2—1996 或 IEC 60904 选择并标定的标准光伏器件；

b. 校验标准光伏器件和被测组件为共平面（在±2°之内）适用的设备；

c. 符合《光伏器件 第1部分：光伏电流-电压特性的测量》GB/T 6495.1—1996 要求的电压和电流测量仪器；

d. 功率范围适当的可变负载：低功率情况下（小于 2kW），可以选用可变电阻或电子负载；高功率情况下，最好选用电容性负载；

e. 为连续跟踪 I-V 曲线，需要一个 X-Y 记录仪，或记忆示波器，或其他类似设备；

f. 两个辐射计，用以检验平面内辐照度的均匀性。

② 方法 A 需要的附加设备

a. 测量组件背表面温度的装置，准确度优于±1℃；

b. 用于测量标准光伏器件开路电压和短路电流的转换系统。

③ 方法 B 需要的附加设备

测量环境空气温度的装置，准确度优于±1℃。

（2）程序：

① 本程序要求组件表面是干净的。否则，应采取适当措施，如清扫（可能时）和/或报告表面状态。

② 除下列各项要求外，验证环境条件满足 GB/T 6495.1—1996 的要求。

a. 电压和电流测量准确度应优于±1%；

b. 对于外推到 STC 的测量，被测平面内总辐照度必须大于等于 $700W \cdot m^{-2}$，并且太阳光入射线与组件法线的夹角小于 45°。

③ 使用合适的辐射计，校验被测面积上的辐照度均匀性，并选出具有典型辐照度位置上的组件。

④ 被测方阵必须跟蓄电池和/或功率调节器一类负载断开。

⑤ 使用方法 A 或方法 B，确定结温和 I-V 特性。

（3）方法 A：

① 测量选定的中心位置上的组件背表面中心靠近电池处的温度 T_{SM}，组件的选择应基于图 9-43 所示的原理及示例。

② 由所有选定方阵中的组件，计算平均温度 T_{SA} 以及这个温度与中央位置上选定组件的温度 T_{SM} 之差 dT：

$$dT = T_{SA} - T_{SM} \quad (9-126)$$

③ 测量标准光伏器件的开路电压 V_{OC}，并计算它的结温 T_{JR0}：

$$T_{JR0} = (V_{OC} - k \cdot V_{OCR,STC})/\beta + 25℃ \quad (9-127)$$

式中：β——为标准光伏器件的电压温度系数，$V \cdot ℃^{-1}$；

$V_{OCR,STC}$——标准光伏器件在标准测试条件下的开路电压；

k——为考虑测量状态与 $1000W \cdot m^{-2}$ 辐照度偏差的一个系数：

当辐照度为 $1000W \cdot m^{-2}$ 时，$k = 1.000$；

当辐照度为 $900W \cdot m^{-2}$ 时，$k = 0.996$；

当辐照度为 $800W \cdot m^{-2}$ 时，$k = 0.989$；

当辐照度为 700W·m^{-2}时，$k = 0.983$。

④测量标准光伏器件中心处背表面的温度T_{SR}，T_{SR}、V_{OC}的测量以及T_{SM}的再次测量（称为T'_{SM}）都应在较短时间内进行（即1min之内）。

⑤计算修正后方阵的结温：

$$T_0 = T'_{SM} + dT + T_{JR0} - T_{SR} \tag{9-128}$$

⑥连接可变负载与光伏方阵，记录连接点的情况。

⑦如果使用慢速扫描（如手动调节可变电阻负载的扫描），在Ⅰ-Ⅴ扫描刚开始时，立即记录标准光伏器件的开路电压V_{OC1}。

⑧改变负载扫描Ⅰ-Ⅴ曲线，并使有足够多的测量点，用以确定平滑的Ⅰ-Ⅴ特性曲线。如果使用慢速扫描，标准光伏器件的短路电流必须与每一个Ⅰ-Ⅴ点同时测定，以获得相应于那个点的辐照度G。辐照度在整个扫描期间的总的变化应当小于10%。如果不是这样，重复上述⑦步骤。当使用诸如电容器快变化负载扫描（总扫描时间小于0.1s）时，只在扫描开始时记录标准光伏器件的短路电流就足够了。

⑨如果使用慢速扫描，当扫描结束时重测标准光伏器件的开路电压V_{OC2}。如果这个值跟上述⑦得到的V_{OC1}相差大于2%，从g开始重复测量。

⑩计算方阵在测量期间的修正结温：

$$T_J = T_0 + (T_{JR1} - T_{JR0}) \tag{9-129}$$

式中：T_{JR1}——由V_{OC1}计算得到的标准光伏器件的计算结温。

⑪当标准光伏器件温度测量值不同于它的标定值对应的标准温度时，对I_{SR}^2和I_{MR}^2进行修正。用I_{SR0}代替I_{SR}，$I_{MR3} + \alpha_R(T_{R0} - T_3)$代替$I_{MR}$。

T_{R0}——标准光伏器件的标准温度，它的标定值是在这个温度下给出的；

T_3——标准光伏器件的实测温度；

I_{SR0}——标准光伏器件在标准温度T_{R0}、标准辐照度或其他选用辐照度下的短路电流；

I_{MR3}——在实测温度T_3时测得的标准光伏器件短路电流；

α_R——标准光伏器件在研究的温度范围内，处于标准辐照度或其他选用的辐照度下的电流温度系数。

⑫按《晶体硅光伏度器件的Ⅰ-Ⅴ实测特性的温度和辐照度修正方法》GB/T 6495.4—1996描述的方法，外推实测的Ⅰ-Ⅴ数据到要求的验收测试条件。R_S由提供者给出，或按《晶体硅光伏度器件的Ⅰ-Ⅴ实测特性的温度和辐照度修正方法》GB/T 6495.4—1996测量得到。

（4）方法B：

①在一天当中，重复测量方阵的开路电压V_{OC}，特别是在低辐照度（100W·m^{-2}到300W·m^{-2}）情况下不能进行Ⅰ-Ⅴ扫描时，同时记录环境温度读数T_A和辐照度读数G（由标准光伏器件的短路电流及其标定曲线求得）。计算每个方阵相应外推值$V_{OCA,STC}$的平均值

（V）和标准误差。使用下列公式计算外推的$V_{OCA,STC}$值：

$$V_{OCA,STC} = V_{OC} + N_s \times [A \times \ln(1000/G) + B \times G + \beta \times (25 - T_A)] \quad (9\text{-}130)$$

式中：N_s——方阵中串联的电池个数；

A——热电压（每个单体电池大约25mV）与非理想化因子（每个单体电池大约1.5）的乘积，A值约为每个单体电池38mV；

β——单体电池电压温度系数（每个单体电池约为2.2mV/℃）；

$B = \beta \times dT_J/dG$（对于单独安装的方阵，电池额定工作温度（NOCT）为45℃时，dT_J/dG大约为0.03℃/W·m^{-2}）。在特殊安装方式下，即指屋顶安装，系数B应由V_{OC}数据回归分析（最小二乘法）得到。

如果必要，应用回归分析，改进其他系数的精度。

② 如果使用慢速扫描，在Ⅰ-Ⅴ扫描刚开始时立即记录被测组件的开路电压V_{OC3}。

③ 改变负载扫描Ⅰ-Ⅴ曲线，并使有足够多的测量点，用以确定平滑的Ⅰ-Ⅴ特性曲线。如果使用慢速扫描，标准光伏器件的短路电流必须与每一个Ⅰ-Ⅴ点同时测定，以获得相应于那个点的辐照度G。辐照度在整个扫描期间的总的变化应当小于10%。如果不是这样，从上述③开始重复测量。当使用诸如电容器快变化负载扫描（总扫描时间小于0.1s）时，在扫描开始时，记录标准光伏器件的短路电流就足够了。

④ 如果使用慢速扫描，把Ⅰ-Ⅴ扫描结束时测得的被测组件的开路电压V_{OC4}同上述③的测量结果V_{OC3}相比较。

⑤ 如果这些值相差大于2%，从③开始重复测量。

⑥ 计算方阵在测量期间修正后的结温：

$$V_J = 25 + [(V - V_{OC3})/N_s - B \times G - A \times \ln(1000/G)]/\beta \quad (9\text{-}131)$$

⑦ 按照《晶体硅光伏度器件的Ⅰ-Ⅴ实测特性的温度和辐照度修正方法》GB/T 6495.4—1996描述的方法，把实测的Ⅰ-Ⅴ数据外推到要求的验收测试条件。R_S由提供者给出，或按《晶体硅光伏度器件的Ⅰ-Ⅴ实测特性的温度和辐照度修正方法》GB/T 6495.4—1996测量得到。

（5）准确度：

改进精度的各种技术都应采用。现阶段，难以保证外推的功率值总准确度优于±5%。

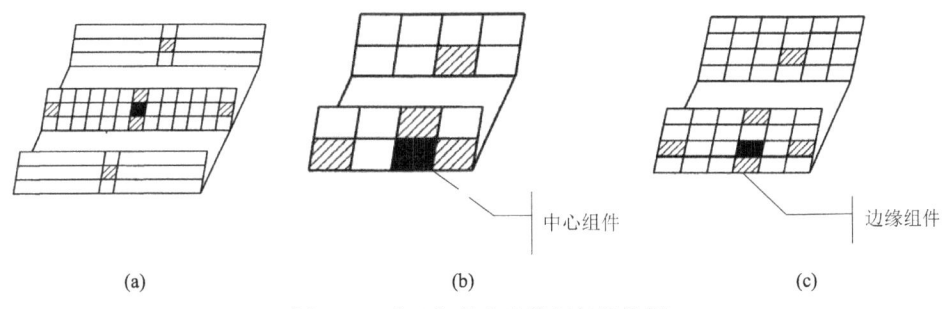

图9-43 中心组件和边缘组件的举例

五、试验结果评定

1. 太阳能集热器

(1) 依据《真空管型太阳能集热器》GB/T 17581—2021,太阳能集热器的评定指标见表 9-99。

太阳能集热器性能要求　　　　表 9-99

项目	指标
耐压	真空管型太阳能集热器的流体通道应无泄漏、膨胀和变形,非承压式集热器应承受 0.06MPa 的工作压力,承压式集热器应承受 0.60MPa 的工作压力
耐撞击	真空管型太阳能集热器应无损坏
热性能	1. 应给出真空管型太阳能集热器基于采光面积和平均温度以及基于总面积和平均温度的二次拟合瞬时效率方程和曲线,当二次拟合瞬时效率方程中 $a_2<0$ 时,应给出一次拟合瞬时效率方程及曲线。 2. 基于采光面积和平均温度:不带反射器的集热器峰值效率不应低于 0.68,带反射器的集热器峰值效率不应低于 0.60。 3. 基于采光面积和平均温度:不带反射器的集热器的额定效率不应低于 0.55;带反射器的集热器额定效率不应低于 0.52。 4. 基于采光面积和平均温度:集热器中温效率不应低于 0.45,仅适用于中温 [(100~150)℃] 真空管型太阳能集热器。 5. 应给出真空管型太阳能集热器的峰值功率、额定功率和中温功率(适用时);并给出集热器功率。 6. 应给出 $(t_e - t_a)$ 随时间变化的曲线及真空管型太阳能集热器的时间常数 τ_c。 7. 应给出真空管型太阳能集热器纵向平面上入射角修正系数 $k_{\theta,L}$ 随入射角 θ 变化的曲线,横向平面上入射角修正系数随入射角 θ 变化的曲线和 $\theta=50°$ 时 $k_{\theta,L}$ 或 $k_{\theta,T}$ 的值

(2) 依据《平板型太阳能集热器》GB/T 6424—2021,太阳能集热器的评定指标见表 9-100。

太阳能集热器性能要求　　　　表 9-100

项目	指标
耐压	平板型太阳能集热器的流体通道应无泄漏、膨胀和变形,非承压式集热器应承受 0.06MPa 的工作压力,承压式集热器应承受 0.60MPa 的工作压力
耐撞击	平板型太阳能集热器应无损坏
热性能	1. 应给出平板型太阳能集热器基于采光面积和平均温度以及基于总面积和平均温度的二次拟合瞬时效率方程和曲线,当二次拟合瞬时效率方程中 $a_2<0$ 时,应给出一次拟合瞬时效率方程及曲线。 2. 基于采光面积和平均温度:平板型太阳能集热器的峰值效率不应低于 0.75。 3. 基于采光面积和平均温度:平板型太阳能集热器的额定效率不应低于 0.47。 4. 应给出集热器的峰值功率和额定功率,应按温差和总辐照度的要求给出集热器功率。 5. 应给出 $(t_e - t_a)$ 随时间变化的曲线及真空管型太阳能集热器的时间常数 τ_c。 6. 应给出平板型太阳能集热器的入射角修正系数随入射角 θ 的变化曲线和 $\theta=0°$、30°、45° 和 60° 时的入射角修正系数值

2. 太阳能热利用系统

1) 依据《建筑节能与可再生能源利用通用规范》GB 55015—2021,应对太阳能热利用系统的太阳能集热系统得热量、集热效率、太阳能保证率进行检测,检测结果应对照设计要求进行核查。

2）依据《可再生能源建筑应用工程评价标准》GB/T 50801—2013，太阳能热利用系统的评价指标及其要求应符合下列规定：

（1）太阳能热利用系统的太阳能保证率应符合设计文件的规定，当设计无明确规定时，应符合表9-101的规定。太阳能资源区划按年日照时数和水平面上年太阳辐照量进行划分，应符合《可再生能源建筑应用工程评价标准》GB/T 50801—2013附录B的规定。

不同地区太阳能热利用系统的太阳能保证率 f（%）　　表9-101

太阳能资源区划	太阳能热水系统	太阳能采暖系统	太阳能空调系统
资源极区	$f \geqslant 60$	$f \geqslant 50$	$f \geqslant 40$
资源丰富区	$f \geqslant 50$	$f \geqslant 40$	$f \geqslant 30$
资源较富区	$f \geqslant 40$	$f \geqslant 30$	$f \geqslant 20$
资源一般区	$f \geqslant 30$	$f \geqslant 20$	$f \geqslant 10$

（2）太阳能热利用系统的集热系统效率应符合设计文件的规定，当设计文件无明确规定时，应符合表9-102的规定。

太阳能热利用系统的集热效率 η（%）　　表9-102

太阳能热水系统	太阳能采暖系统	太阳能空调系统
$\eta \geqslant 42$	$\eta \geqslant 35$	$\eta \geqslant 30$

3. 太阳能光伏组件

（1）依据《建筑节能与可再生能源利用通用规范》GB 55015—2021，太阳能系统节能工程采用的材料、构件和设备施工进场复验应包括太阳能光伏组件的发电功率及发电效率。

（2）依据《可再生能源建筑应用工程评价标准》GB/T 50801—2013，太阳能光伏系统的光电转换效率应符合设计文件的规定，当设计文件无明确规定时应符合表9-103的规定。

不同类型太阳能光伏系统的光电转换效率 η_d（%）　　表9-103

晶体硅电池	薄膜电池
$\eta_d \geqslant 8$	$\eta_d \geqslant 4$

(第三版)

建设行业试验员岗位考核培训教材

(下册)

马洪晔 马 克 ◎ 主编

中国建筑工业出版社

目 录
CONTENTS

— 上 册 —

第一章 法律法规和检测技术管理规范、规程 ………………………… 1
  第一节 《中华人民共和国建筑法》及其他相关条例 ………… 1
  第二节 《建设工程质量检测管理办法》 ……………………… 3
  第三节 见证取样和送检的规定 ………………………………… 6
  第四节 检测技术管理规范、规程 ……………………………… 8

第二章 基础知识 ………………………………………………………… 15
  第一节 法定计量单位 …………………………………………… 15
  第二节 有效数字和数值修约 …………………………………… 20
  第三节 建筑材料常用物理量 …………………………………… 21
  第四节 取样方法 ………………………………………………… 25

第三章 施工现场试验工作 ……………………………………………… 29
  第一节 施工现场试验工作的目的和意义 ……………………… 29
  第二节 现场试验工作管理 ……………………………………… 31
  第三节 现场试验工作程序 ……………………………………… 33
  第四节 现场试验 ………………………………………………… 37

第四章 建筑材料及构配件 ……………………………………………… 49
  第一节 水泥 ……………………………………………………… 49
  第二节 钢筋 ……………………………………………………… 92
    第一部分 建筑用钢材 ……………………………… 92
    第二部分 焊接与机械连接 ………………………… 119
  第三节 骨料、集料 ……………………………………………… 142
    第一部分 细骨料 …………………………………… 142

　　　　第二部分　粗骨料……………………………………………… 166
　　　　第三部分　集料…………………………………………………… 184
　第四节　砖、砌块、瓦、墙板……………………………………………… 194
　　　　第一部分　砖和砌块……………………………………………… 194
　　　　第二部分　屋面瓦………………………………………………… 218
　　　　第三部分　建筑墙板……………………………………………… 233
　第五节　混凝土及拌合用水………………………………………………… 239
　第六节　混凝土外加剂……………………………………………………… 300
　第七节　混凝土掺合料……………………………………………………… 330
　第八节　砂浆………………………………………………………………… 338
　第九节　土…………………………………………………………………… 354
　第十节　防水材料及防水密封材料………………………………………… 362
　第十一节　瓷砖及石材……………………………………………………… 403
　第十二节　塑料及金属管材管件…………………………………………… 412
　第十三节　预制混凝土构件………………………………………………… 445
　第十四节　预应力钢绞线…………………………………………………… 453
　第十五节　预应力混凝土用锚具夹具及连接器…………………………… 456
　第十六节　预应力混凝土用波纹管………………………………………… 460
　第十七节　建筑材料中有害物质…………………………………………… 469
　第十八节　建筑消能减震装置……………………………………………… 482
　第十九节　建筑隔震装置…………………………………………………… 491
　第二十节　铝塑复合板……………………………………………………… 506
　第二十一节　木材料及构配件……………………………………………… 508
　第二十二节　加固材………………………………………………………… 518

― 中　册 ―

第五章　配合比设计……………………………………………………………… 533
　第一节　混凝土配合比设计………………………………………………… 533
　第二节　砂浆配合比设计…………………………………………………… 547

第六章　主体结构及装饰装修………………………………………………… 555
　第一节　混凝土结构构件强度、砌体结构构件强度……………………… 555
　第二节　钢筋及保护层厚度………………………………………………… 634
　第三节　植筋锚固力………………………………………………………… 648
　第四节　构件位置和尺寸…………………………………………………… 654
　第五节　外观质量及内部缺陷……………………………………………… 664
　第六节　结构构件性能……………………………………………………… 670

　　　　第七节　装饰装修工程 ··· 680
　　　　第八节　室内环境污染物 ·· 688

第七章　钢结构 ··· 705
　　　　第一节　钢材及焊接材料 ·· 705
　　　　第二节　焊缝 ··· 726
　　　　第三节　钢结构防腐及防火涂装 ·· 730
　　　　第四节　高强度螺栓及普通紧固件 ·· 733
　　　　第五节　构件位置与尺寸 ·· 741
　　　　第六节　结构构件性能 ·· 751
　　　　第七节　金属屋面 ·· 756

第八章　地基基础 ··· 761
　　　　第一节　地基及复合地基 ·· 761
　　　　第二节　桩的承载力 ·· 792
　　　　第三节　桩身完整性 ·· 799
　　　　第四节　锚杆抗拔承载力 ·· 813
　　　　第五节　地下连续墙 ·· 825

第九章　建筑节能 ··· 827
　　　　第一节　保温、绝热材料 ·· 827
　　　　第二节　粘结材料 ·· 878
　　　　第三节　增强加固材料 ·· 885
　　　　第四节　保温砂浆 ·· 904
　　　　第五节　抹面材料 ·· 913
　　　　第六节　隔热型材 ·· 921
　　　　第七节　建筑外窗 ·· 927
　　　　第八节　节能工程 ·· 947
　　　　第九节　电线电缆 ·· 993
　　　　第十节　反射隔热材料 ·· 1006
　　　　第十一节　供暖通风空调节能工程用材料、构件和设备 ······················ 1020
　　　　第十二节　配电与照明节能工程用材料、构件和设备 ························ 1026
　　　　第十三节　可再生能源应用系统 ·· 1047

—— 下　册 ——

第十章　建筑幕墙 ··· 1075
　　　　第一节　密封胶 ·· 1075

第二节　幕墙玻璃 …… 1078
第三节　幕墙 …… 1081

第十一章　市政工程材料 …… 1093

第一节　土、无机结合稳定材料 …… 1093
第二节　土工合成材料 …… 1118
第三节　掺合料 …… 1131
第四节　沥青及乳化沥青 …… 1138
第五节　沥青混合料用粗集料、细集料、矿粉和木质素纤维 …… 1166
第六节　沥青混合料 …… 1187
第七节　路面砖及路缘石 …… 1203
第八节　检查井盖、水篦、混凝土模块、防撞墩和隔离墩 …… 1212
第九节　骨料、集料 …… 1216
第十节　石灰 …… 1217
第十一节　石材 …… 1224

第十二章　道路工程 …… 1235

第一节　沥青混合料路面 …… 1235
第二节　基础层及底基层 …… 1238
第三节　土路基 …… 1240
第四节　排水管道工程 …… 1242
第五节　水泥混凝土路面 …… 1250

第十三章　桥梁与地下工程 …… 1253

第一节　桥梁结构与构件 …… 1253
第二节　隧道主体结构 …… 1302
第三节　桥梁及附属物 …… 1320
第四节　桥梁支座 …… 1323
第五节　桥梁伸缩装置 …… 1328
第六节　隧道环境 …… 1329
第七节　人行天桥及地下通道 …… 1337
第八节　综合管廊主体结构 …… 1341
第九节　涵洞主体结构 …… 1342

第十章

建 筑 幕 墙

第一节 密封胶

一、相关标准

（1）《建筑用硅酮结构密封胶》GB 16776—2005。

（2）《建筑幕墙用硅酮结构密封胶》JG/T 475—2015。

（3）《硅酮和改性硅酮建筑密封胶》GB/T 14683—2017。

（4）《石材用建筑密封胶》GB/T 23261—2009。

（5）《建筑装饰装修工程质量验收标准》GB 50210—2018。

（6）《玻璃幕墙工程质量检验标准》JGJ/T 139—2010。

（7）《硫化橡胶或热塑性橡胶 压入硬度试验方法 第 1 部分：邵氏硬度计法（邵尔硬度）》GB/T 531.1—2008。

（8）《建筑密封材料试验方法 第 8 部分：拉伸粘结性的测定》GB/T 13477.8—2017。

（9）《建筑密封材料试验方法 第 18 部分：剥离粘结性的测定》GB/T 13477.18—2002。

二、基本概念

硅酮建筑密封胶是以聚硅氧烷为主要成分、室温固化的单组分和多组分密封胶，按固化体系分为酸性和中性。

隐框、半隐框玻璃幕墙所采用的中性硅酮结构密封胶，是保证隐框、半隐框玻璃幕墙安全性的关键材料。中性硅酮结构密封胶有单、双组分之分，单组分硅酮结构密封胶靠吸收空气中水分而固化，因此，单组分硅酮结构密封胶的固化时间较长，一般需要(14～21)d，双组分固化时间较短，一般为(7～10)d。硅酮结构密封胶在完全固化前，其粘结拉伸强度是很弱的，因此，玻璃幕墙构件在打注结构胶后，应在温度 20℃、湿度 50%以上的干净室内养护，待完全固化后才能进行下道工序。幕墙工程使用的硅酮结构密封胶，应选用具备规定资质的检测单位检测合格的产品，在使用前必须对幕墙工程选用的铝合金型材、玻璃、双面胶带、硅酮耐候密封胶、塑料泡沫棒等与硅酮结构密封胶接触的材料做相容性试验和粘结剥离性试验，试验合格后才能进行打胶。

石材用建筑密封胶是用于建筑工程中天然石材接缝嵌填用的弹性密封胶。按聚合物分为硅酮（SR）、改性硅酮（MS）、聚氨酯（PU）等；按组分分为单组分型（1）和双组分型（2）；产品按位移能力分为12.5、20、25、50级别，如表10-1所示。

密封胶级别　　　　　　　　　　　　　　　　　　表10-1

级别	试验拉压幅度（%）	位移能力（%）
12.5	±12.5	12.5
20	±20	20
25	±25	25
50	±50	50

20、25、50级密封胶按拉伸模量分为低模量（LM）和高模量（HM）两个次级别，12.5级密封胶按弹性恢复率不小于40%为弹性体（E），50、25、20、12.5E密封胶为弹性密封胶。

邵氏硬度是指使用邵氏硬度计进行压入试验。邵氏硬度计的测量原理是在特定的条件下把特定形状的压针压入橡胶试样而形成压入深度，再把压入深度转换为硬度值。

拉伸粘结强度是拉伸粘结性的指标之一。拉伸粘结性指密封胶在拉伸状态下与给定基材的粘结性能，包括拉伸粘结强度、粘结破坏面积、最大拉伸强度时伸长率。标准条件拉伸粘结强度是在试验温度$(23±2)℃$下以$(5.5±0.7)mm/min$的速度将试件拉伸至破坏的最大拉伸强度。

相容性是指密封胶与其他材料的接触面互相不产生不良的物理化学反应的性能。

剥离粘结性是指密封胶在剥离条件下与给定基材的粘结性能。以最大剥离强度（N/mm）和破坏状况表示。

污染性是指密封胶对所填充的接缝周边基材的污染程度。

拉伸模量是指密封胶在选定伸长时的力值与试件初始截面积之比。

三、进场复验项目

（1）硅酮结构密封胶：邵氏硬度、标准条件拉伸粘结强度、相容性试验、剥离粘结性。

（2）石材用密封胶：污染性

（3）除以上进场复验项目外，密封胶可能要求进行的检测项目还包括：石材用密封胶的拉伸模量、耐候胶标准状态下的拉伸模量。

四、组批原则及取样规定（表10-2）

密封胶组批原则及取样规定　　　　　　　　　　表10-2

材料名称	组批原则	取样规定（数量）
硅酮结构密封胶	连续生产时每3t为一批，不足3t以3t计，间断生产时，每釜投料为一批	随机抽样，单组分抽样为5支，双组分产品从原包装上抽样，抽样量为(3～5)kg，抽取的样品应立即封闭包装

续表

材料名称	组批原则	取样规定（数量）
硅酮和改性硅酮建筑密封胶	以同一类型、同一级别的产品每5t为一批进行检验，不足5t也作为一批	单组分产品由该批产品中随机抽取3件包装箱，从每件包装箱中随机抽取4支样品，共取12支多组分产品按配比随机抽样，共抽取6kg，取样后应立即密封包装。取样后，将样品均分为两份。一份检验，另一份备用
石材用密封胶	以同一品种、同一级别的产品每5t为一批进行检验，不足5t也可为一批	产品随机取样，样品总量约为4kg，双组分产品取样后应立即分别密封包装

五、试验方法（表10-3）

试验方法 表10-3

材料名称	试验项目	试验方法标准
硅酮结构密封胶	邵氏硬度	《硫化橡胶或热塑性橡胶 压入硬度试验方法 第1部分：邵氏硬度计法（邵氏硬度）》GB/T 531.1—2008
	标准条件拉伸粘结强度	《建筑密封材料试验方法 第8部分：拉伸粘结性的测定》GB/T 13477.8—2017
	相容性试验	《建筑用硅酮结构密封胶》GB 16776—2005 附录A
	剥离粘结性	《建筑密封材料试验方法 第18部分：剥离粘结性的测定》GB/T 13477.18—2002
石材用密封胶	污染性	《石材用建筑密封胶》GB/T 23261—2009 附录A
	拉伸模量	《建筑密封材料试验方法 第8部分：拉伸粘结性的测定》GB/T 13477.8—2017
硅酮建筑密封胶	拉伸模量	《建筑密封材料试验方法 第8部分：拉伸粘结性的测定》GB/T 13477.8—2017
改性硅酮建筑密封胶	拉伸模量	《建筑密封材料试验方法 第8部分：拉伸粘结性的测定》GB/T 13477.8—2007

六、试验结果评定

（1）硅酮结构密封胶邵氏硬度、标准条件拉伸粘结强度、相容性试验、剥离粘结性：

邵氏硬度：20～60。

标准条件拉伸粘结强度：拉伸粘结强度按 GB/T 13477.8—2017 制备试件，每5个试件为一组，拉伸粘结强度平均值≥0.60MPa。

相容性试验：试验试件与对比试件颜色变化一致，试验试件、对比试件与玻璃粘结破坏面积的差值≤5%。

剥离粘结性：实际工程用基材与密封胶粘结破坏面积百分率的算术平均值≤20%。

（2）石材用密封胶污染性：

污染性：污染宽度≤2.0mm；污染深度≤2.0mm。

（3）石材用密封胶的拉伸模量（表10-4）：

拉伸模量技术指标　　　　　　　　　　　表 10-4

项目	试验条件	50LM	50HM	25LM	25HM	20LM	20HM	12.5E
拉伸模量（MPa）	+23℃ -20℃	≤0.4 和 ≤0.6	>0.4 或 >0.6	≤0.4 和 ≤0.6	>0.4 或 >0.6	≤0.4 和 ≤0.6	>0.4 或 >0.6	—

（4）耐候胶标准状态下的拉伸模量：

硅酮结构密封胶拉伸模量按《建筑密封材料试验方法 第 8 部分：拉伸粘结性的测定》GB/T 13477.8—2017 制备试件，每 5 个试件为一组。在出厂检验及型式检验中，23℃伸长率 10%、20%及 40%的模量不作为判定项目，但必须报告。

硅酮建筑密封胶及改性硅酮建筑密封胶按《建筑密封材料试验方法 第 8 部分：拉伸粘结性的测定》GB/T 13477.8—2017 的规定进行试验，测定并计算试件拉伸至表 10-5 规定的相应伸长率时的拉伸模量（MPa）。每 3 个试件为一组。

拉伸模量试验伸长率　　　　　　　　　表 10-5

级别	50LM	50HM	35LM	35HM	25LM	25HM	20LM	20HM	20LM-R
伸长率	100%	100%	100%	100%	100%	100%	60%	60%	60%

硅酮建筑密封胶拉伸模量应符合表 10-6 规定。

拉伸模量技术指标　　　　　　　　　　　表 10-6

项目	试验条件	50LM	50HM	35LM	35HM	25LM	25HM	20LM	20HM
拉伸模量（MPa）	+23℃ -20℃	≤0.4 和 ≤0.6	>0.4 或 >0.6	≤0.4 和 ≤0.6	>0.4 或 >0.6	≤0.4 和 ≤0.6	>0.4 或 >0.6	≤0.4 和 ≤0.6	>0.4 或 >0.6

改性硅酮建筑密封胶拉伸模量应符合表 10-7 规定。

拉伸模量技术指标　　　　　　　　　　　表 10-7

项目	试验条件	25LM	25HM	20LM	20HM	20LM-R
拉伸模量（MPa）	+23℃ -20℃	≤0.4 和 ≤0.6	>0.4 或 >0.6	≤0.4 和 ≤0.6	>0.4 或 >0.6	≤0.4 和 ≤0.6

第二节　幕墙玻璃

一、相关标准

（1）《中空玻璃》GB/T 11944—2012。

(2)《建筑节能与可再生能源利用通用规范》GB 55015—2021。

(3)《建筑装饰装修工程质量验收标准》GB 50210—2018。

(4)《建筑节能工程施工质量验收标准》GB 50411—2019。

(5)《玻璃幕墙工程技术规范》JGJ 102—2003。

(6)《公共建筑节能设计标准》GB 50189—2015。

(7)《建筑外门窗保温性能检测方法》GB/T 8484—2020。

(8)《中空玻璃稳态 U 值（传热系数）的计算及测定》GB/T 22476—2008。

(9)《建筑玻璃 可见光透射比、太阳光直接透射比、太阳能总透射比、紫外线透射比及有关窗玻璃参数的测定》GB/T 2680—2021。

(10)《镀膜玻璃 第 2 部分：低辐射镀膜玻璃》GB/T 18915.2—2013。

二、基本概念

幕墙玻璃一般采用中空玻璃。中空玻璃是用两片或多片玻璃以有效支撑均匀隔开并周边粘接密封，使玻璃层间形成有干燥气体空间的玻璃制品。

中空玻璃气体层厚度不应小于 9mm。中空玻璃应采用双道密封。一道密封应采用丁基热熔密封胶。隐框、半隐框及点支承玻璃幕墙用中空玻璃的二道密封应采用硅酮结构密封胶；明框玻璃幕墙用中空玻璃的二道密封宜采用聚硫类中空玻璃密封胶，也可采用硅酮密封胶。二道密封应采用专用打胶机进行混合、打胶。中空玻璃的间隔铝框可采用连续折弯型或插角型，不得使用热熔型间隔胶条。间隔铝框中的干燥剂宜采用专用设备装填。中空玻璃加工过程应采取措施，消除玻璃表面可能产生的凹、凸现象。

中空玻璃 U 值（传热系数）是指在稳态条件下，中空玻璃中央区域，不考虑边缘效应，玻璃两外表面在单位时间、单位温差，通过单位面积的热量。

太阳得热系数是指太阳光直接透射比与被玻璃组件吸收的太阳辐射向室内的二次热传递系数之和。太阳光直接透射比是指波长范围(300～2500)nm 太阳辐射透过被测物体的辐射通量与入射的辐射通量之比。

可见光透射比是在可见光光谱 [(380～780)nm] 范围内，CIED65 标准照明体条件下，CIE 标准视见函数为接收条件的透过光通量与入射光通量之比。

中空玻璃的密封性能是将露点仪的温度冷却到(−40 ± 3)℃后，将中空玻璃样品与露点仪的测量面紧密接触，停留规定时间后，移开露点仪，立刻观测观察玻璃样品的内表面上有无结露或结霜。

三、进场复验项目

传热系数、可见光透射比、太阳得热系数、中空玻璃的密封性能。

四、组批原则及取样规定

1. 组批原则

同厂家、同品种产品，幕墙面积在 3000m² 以内时应复验 1 次；面积每增加 3000m² 应增加 1 次。同工程项目，同施工单位且同期施工的多个单位工程，可合并计算抽检面积。

2. 取样规定

（1）传热系数：800mm×800mm 的同构造中空玻璃两块。

（2）可见光透射比、太阳得热系数：对于非钢化的低辐射镀膜玻璃，在每批制品中随机抽取 3 片制品，在制品中部的同一位置切取 100mm×100mm 的试样，共 3 块试样。对于先钢化或半钢化后再镀膜的低辐射镀膜玻璃，可用以相同材料和镀膜工艺生产的非钢化的低辐射镀膜玻璃代替来制取试样；对于先镀膜再半钢化的低辐射镀膜玻璃，直接制取适用的试样；对于先镀膜再钢化或半钢化的低辐射镀膜玻璃，可用以相同材料和镀膜工艺生产的半钢化的低辐射镀膜玻璃代替来制取适用的试样。

（3）中空玻璃的密封性能：检验样品应从工程使用的玻璃中随机抽取，每组应抽取检验的产品规格中 10 个样品。

五、试验方法（表 10-8）

试验方法　　　　　　　　　　　　　　　　　　　　　　　　　　　表 10-8

试验项目	试验方法标准
传热系数	《中空玻璃稳态 U 值（传热系数）的计算及测定》GB/T 22476—2008
可见光透射比、太阳得热系数	《建筑玻璃 可见光透射比、太阳光直接透射比、太阳能总透射比、紫外线透射比及有关窗玻璃参数的测定》GB/T 2680—2021
中空玻璃的密封性能	《建筑节能工程施工质量验收标准》GB 50411—2019 附录 E

六、试验结果评定

（1）传热系数、太阳得热系数：

传热系数、太阳得热系数应满足设计要求。

（2）可见光透射比：

甲类公共建筑单一立面窗墙面积比小于 0.40 时，透光材料的可见光透射比不应小于 0.60；甲类公共建筑单一立面窗墙面积比大于等于 0.40 时，透光材料的可见光透射比不应小于 0.40。

（3）中空玻璃的密封性能：

以密封性能试验时中空玻璃内部是否出现结露现象为判定合格的依据，中空玻璃内部不出现结露为合格。所有中空玻璃抽取的 10 个样品均不出现结露即应判定为合格。

第三节　幕墙

一、相关标准

（1）《建筑幕墙》GB/T 21086—2007。

（2）《建筑装饰装修工程质量验收标准》GB 50210—2018。

（3）《玻璃幕墙工程技术规范》JGJ 102—2003。

（4）《金属与石材幕墙工程技术规范》JGJ 133—2001。

（5）《建筑幕墙气密、水密、抗风压性能检测方法》GB/T 15227—2019。

（6）《建筑幕墙层间变形性能分级及检测方法》GB/T 18250—2015。

（7）《混凝土结构后锚固技术规程》JGJ 145—2013。

（8）《建筑幕墙保温性能检测方法》GB/T 29043—2023。

（9）《建筑幕墙空气声隔声性能分级及检测方法》GB/T 39526—2020。

（10）《玻璃幕墙光热性能》GB/T 18091—2015。

（11）《建筑外窗采光性能分级及检测方法》GB/T 11976—2015。

（12）《建筑幕墙耐撞击性能分级及检测方法》GB/T 38264—2019。

（13）《建筑幕墙防火性能分级及试验方法》GB/T 41336—2022。

二、基本概念

建筑幕墙是由面板与支承结构体系（支承装置与支承结构）组成的、可相对主体结构有一定位移能力或自身有定变形能力、不承担主体结构所受作用的建筑外围护墙。按建筑幕墙的面板可将其分为玻璃幕墙、金属幕墙、石材幕墙、人造板材幕墙及组合幕墙等。按建筑幕墙的安装形式又可将其分为散装建筑幕墙、半单元建筑幕墙、单元建筑幕墙、小单元建筑幕墙等。

抗风压性能是指幕墙的可开启部分处于关闭状态，在风压作用下，试件主要受力构件变形不超过允许值且不发生结构性损坏及功能障碍的能力。结构性损坏包括裂缝、面板破损、连接破坏、粘结破坏等，功能障碍包括五金件松动、启闭困难等。

气密性能是指幕墙的可开启部分处于关闭状态，试件阻止空气渗透的能力。

水密性能是指幕墙的可开启部分处于关闭状态，在风雨同时作用下，试件阻止雨水向室内侧渗漏的能力。

幕墙层间变形性能是在建筑主体结构发生反复层间位移时，幕墙保持其自身及与主体连接部位不发生损坏及功能障碍的能力。层间变形是在地震、风荷载等作用下，建筑物相邻两个楼层间在幕墙平面内水平方向、平面外水平方向和垂直方向的相对位移。

幕墙为建筑非结构构件，后置埋件可采用锚栓或植筋进行锚固。后置埋件工程质量应按锚固件抗拔承载力的现场抽样检验结果进行评定。抗拔承载力使用锚栓时，各类型锚栓适用范围应满足表 10-9 的规定。

锚栓用于非结构构件连接时的适用范围　　　　表 10-9

锚栓类型			受拉、边缘受剪和拉剪复合受力（抗震设防烈度≤8度）		受压、中心受剪和压剪复合受力（抗震设防烈≤8度）	
			生命线工程	非生命线工程	生命线工程	非生命线工程
机械锚栓	膨胀型锚栓	扭矩控制式锚栓	适用于开裂混凝土	适用		
			适用于不开裂混凝土	不适用	适用	
		位移控制式锚栓		不适用		适用
	扩底型锚栓		适用			
化学锚栓	特殊倒锥形化学锚栓		适用			
	普通化学锚栓		适用于开裂混凝土	适用		
			适用于不开裂混凝土	不适用	适用	

生命线工程维系城镇与区域经济、社会功能的基础设施与工程系统。主要包括交通系统、供（排）水系统、输油系统、燃气系统、电力系统、通信系统、水利工程等工程系统。不开裂混凝土是指正常使用极限状态下，考虑混凝土收缩、温度变化及支座位移的影响，锚固区混凝土受压。开裂混凝土是指正常使用极限状态下，考虑混凝土收缩、温度变化及支座位移的影响，锚固区混凝土受拉。

幕墙保温隔热性能检测包括传热系数检测和抗结露因子检测。

传热系数检测是基于稳态传热原理，采用标定热箱法检测建筑幕墙传热系数。将标定热箱检测装置放置在可控温度的环境中。建筑幕墙试件安装在检测装置的热箱与冷箱之间，并对试件缝隙进行密封处理。试件两侧分别模拟建筑物冬季室内、室外的空气温度和气流速度。在稳定传热状态下测量出空气温度和热量等各项参数，通过计算得到建筑幕墙传热系数 K 值。

抗结露因子检测是基于稳态传热原理，采用标定热箱法检测透光幕墙抗结露因子。将透光幕墙试件安装在可控温度环境的检测装置上，检测装置除应具备规定的室内外环境条件外，还应能够控制热箱内的空气相对湿度。在试件两侧保持稳定的空气温度、气流速度和热侧空气相对湿度条件下，测量试件透光面板热侧表面温度、试件框热侧表面温度、热箱和冷箱空气温度等参数，通过计算得到透光幕墙试件的抗结露因子 CRF 值。

建筑幕墙隔声性能是指建筑幕墙阻隔空气声通过其传播的能力,包括建筑幕墙空气声直接传声隔声性能和建筑幕墙空气声侧向传声隔声性能。

建筑幕墙空气声直接传声隔声性能是指建筑幕墙阻隔空气声从室外空间透过建筑幕墙本身直接传播至室内空间的能力。建筑幕墙空气声直接传声隔声性能用隔声量R来表征,用计权隔声量与交通噪声频谱修正量之和($R_w + C_{tr}$)进行分级。

建筑幕墙空气声侧向传声隔声性能是指建筑幕墙阻隔空气声从室内空间通过建筑幕墙传播至相邻室内空间的能力。建筑幕墙空气声侧向传声隔声性能用规范化侧向声压级差($D_{n,f,w}$)来表征,用计权规范化侧向声压级差与粉红噪声频谱修正量之和($D_{n,f,w} + C$)进行分级。侧向传声是指声波不经过共用间壁从声源室向相邻接收室的传播。

建筑幕墙采光性能是指在漫射光照射下幕墙透过光的能力。采光性能以透光折减系数和颜色透射指数为分级指标。透光折减系数是指透射漫射光照度与入射漫射光照度之比,即可见光通过玻璃幕墙后减弱的系数。颜色透射指数是指太阳辐射透过玻璃后的一般显色指数,一般显色指数是指光源对国际照明委员会(CIE)规定的第1~8种标准颜色样品显色指数的平均值。

建筑幕墙耐撞击性能是指幕墙面板、构件及其相互连接等部位抵抗室内侧或室外侧规定质量的软物或硬物撞击,而不发生危及人身安全的破损的能力。采用撞击能量 E 作为分级指标。

建筑幕墙防火性能是指在标准试验条件下,建筑幕墙防火构造满足耐火完整性、耐火隔热性或降辐射热性要求的能力。

当建筑幕墙防火性能试件包含层间防火封堵或隔墙防火封堵时,应进行位移适应性试验。当且仅当位移适应性试验结果满足要求时,再进行防火性能试验。当测试防火幕墙试件的防火性能时,应采用室内标准升温曲线、室外标准升温曲线分别进行室内侧、室外侧防火构造的耐火完整性、耐火隔热性及降热辐射性的测试,且考虑如下情况:①防火幕墙无透明构造的,不测试降热辐射性;②防火幕墙试件包含防火裙墙及防火封堵的,防火裙墙及防火封堵应包含在防火幕墙试件中。当单独测试防火裙墙试件的防火性能时,应采用室内标准升温曲线进行防火构造的耐火完整性、耐火隔热性及降热辐射性的测试,且考虑如下情况:①防火裙墙为非透明构造的,不测试降热辐射性;②防火裙墙试件包含防火封堵的,防火封堵应包含在防火裙墙试件中。任何情况下,试件的防火封堵构造应采用室内标准升温曲线进行试验。防火构造的防火性能,应以所有构造的最小耐火试验时间,分别进行耐火完整性、耐火隔热性及降热辐射性的判定。当任一防火构造率先丧失耐火完整性的,应以该耐火完整性失效时间作为耐火隔热性及降辐射热性失效的时间。

三、进场复验项目

抗风压性能、气密性能、水密性能、层间变形性能、后置埋件抗拔承载力。

除以上进场复验项目外,建筑幕墙可能要求进行的检测项目还包括:保温隔热性能、隔声性能、采光性能、耐撞击性能、防火性能。

四、组批原则及取样规定

1. 抗风压性能、气密性能、水密性能

组批原则:同厂家、同品种、同类型幕墙应至少抽取一组样品进行复验。

取样规定:幕墙的试验样品应有代表性,工程中不同结构类型的幕墙可分别或以组合的形式进行必检项目的试验。

(1)试件应有足够的尺寸和配置,且应包括典型的垂直接缝、水平接缝和可开启部分,试件上可开启部分占试件总面积的比例与实际工程接近,试件应能代表建筑幕墙典型部分的性能。

(2)试件材料、规格和型号等应与生产厂家所提供图样一致。

(3)试件宽度至少应包括一个承受设计荷载的垂直承力构件。试件高度至少应包括一个层高,并在垂直方向上应有两处或两处以上和承重结构相连接。

(4)抗风压性能检测需要对面板变形进行测量时,幕墙试件至少应包括2个承受设计荷载的垂直承力构件和3个横向分格,所测量挠度的面板应能模拟实际状态。

(5)全玻璃幕墙试件应有一个完整跨距高度,宽度应至少有3个玻璃横向分格或4个玻璃肋。

(6)单元式幕墙至少应有一个单元的四边与邻近单元形成的接缝与实际工程相同,且高度应大于2个层高,宽度不应小于3个横向分格。

(7)点支承幕墙试件应满足以下要求:

①至少应有4个与实际工程相符的玻璃面板或一个完整的十字接缝,支承结构至少应有一个典型承力单元。

②张拉索杆体系支承结构应按照实际支承跨度进行测试,预张拉力应与设计值相符,张拉索杆体系宜检测拉索的预张力。

③当支承跨度大于18m时,可用玻璃面板及其支承装置的性能测试和支承结构的结构静力试验模拟幕墙系统的测试。玻璃面板及其支承装置的性能测试至少应检测四块与实际工程相符的玻璃面板及一个典型十字接缝。

④采用玻璃肋支承的点支承幕墙同时应满足全玻璃幕墙的规定。

(8)双层幕墙的试件应满足以下要求:

①双层幕墙宽度应有3个或3个以上横向分格,高度不应小于2个层高,并符合设计要求。

②内外层幕墙边部密封应与实际工程一致。

③外循环应具有与实际工程相符的层间通风调节,检测时可关闭通风调节装置。

2. 层间变形性能

组批原则：同厂家、同品种、同类型幕墙应至少抽取一组样品进行复验。

取样规定：幕墙的试验样品应有代表性，工程中不同结构类型的幕墙可分别或以组合的形式进行必检项目的试验。

（1）试件规格、型号、材料、五金配件等应与委托单位所提供的图样一致。

（2）试件应包括典型的垂直接缝、水平接缝和可开启部分，并且试件上可开启部分占试件总面积的比例与实际工程接近。

（3）构件式幕墙试件宽度至少应包括一个承受设计荷载的典型垂直承力构件，试件高度不应少于一个层高，并应在垂直方向上有两处或两处以上与支承结构相连接。

（4）单元式幕墙试件应至少有一个与工程实际相符的典型十字接缝，并应有一个完整单元的四边形成与实际工程相同的接缝。

（5）全玻璃幕墙试件应有一个完整跨距高度，宽度应至少有两个完整的玻璃宽度和一个玻璃肋。

（6）点支承幕墙试件应至少有四个与实际工程相符的玻璃板块和一个完整的十字接缝，支承结构至少应有一个典型承力单元。采用玻璃肋支承的点支承幕墙同时应满足全玻璃幕墙的规定。

3. 后置埋件抗拔承载力

组批原则：同品种、同规格、同强度等级的锚固件安装于锚固部位基本相同的同类构件为一个检验批，并应从每一检验批所含的锚固件中进行抽样。

取样规定：对于生命线工程的非结构构件应按表10-10规定的抽样数量对该检验批进行检验，当锚栓总数介于两栏数量之间时，可按线性内插法确定抽样数量。对于非生命线工程的非结构构件，应取每一检验批锚固件总数的0.1%且不少于5件进行检验。

生命线工程的非结构构件锚栓锚固质量非破损检验抽样表　　表10-10

检验批的锚栓总数	≤100	500	1000	2500	≥5000
按检验批锚栓总数计算的最小抽样量	20%且不少于5件	10%	7%	4%	3%

4. 幕墙保温隔热性能

试件尺寸及构造应符合产品设计或实际工程的要求，不宜附加任何多余配件或特殊组装工艺。试件宽度不宜少于两个标准水平分格，试件高度应包括一个层高，试件组装工艺应和产品或实际工程应用相符，且能代表典型部分的性能特征。当待测试件高度超过4.3m时，可采用包含1~2个典型竖向分隔来代表一个完整层高。待测试件安装应符合设计要求，包括典型的接缝和可开启部分，试件可开启部分占试件总面积的比例应与产品或实际工程相符。当待测试件同时进行传热系数和抗结露因子试验时，不需要重新进行试件安装。

5. 建筑幕墙隔声性能

试件的规格、型号和材料等应与委托方提供的设计图纸一致，试件组装应符合设计要求，不可附加任何多余的零配件或采用特殊的组装工艺和改善措施。试件应包括典型的垂直接缝和可开启部分，宜包括典型的水平接缝。试件的宽度应至少包括两个水平分格，试件高度应至少包括一个层高。在竖直方向上宜有两处或两处以上和承重结构相连接，试件组装和安装的受力状况应与设计一致。

6. 采光性能

试件应与产品设计、加工和实际使用要求完全一致，不应有多余附件或采用特殊加工方法。试件应完好、无缺损、无污染。

7. 耐撞击性能

试件应能代表建筑幕墙典型部分的性能。试件材料、规格和型号等应与生产厂家所提供图样一致，试件安装应符合设计要求，受力状况应和实际情况相符，不应加设任何特殊附件或采取其他附加措施。试件宽度至少应包括 1 个承受设计荷载的垂直承力构件，高度至少应包括 1 个层高，并在垂直方向上应有两处或两处以上和主体结构相连接。

1）全玻璃墙试件高度应有一个完整跨距，宽度应至少有 2 个玻璃横向分格和 3 个玻璃肋。

2）点支承幕墙试件应满足下列要求：

（1）至少应有四个与实际工程相符的玻璃板块和一个完整的十字接缝，支承结构至少应有一个典型承力单元。

（2）张拉索杆体系支承结构应按照实际支承跨度进行测试，张拉索杆体系宜检测拉索的张拉力，张拉力应与设计值相符。

（3）采用玻璃肋支承的点支承幕墙同时应满足全玻璃幕墙的规定。

8. 防火性能

（1）防火幕墙试件：

试件的构造应与工程实际应用一致，并按要求提供两个试件，分别用于室外、室内火荷载试验。试件的直接受火区域的高度方向应至少包括一个典型层高，宽度方向应至少包括两个面板跨度区域。室内火荷载试验时，除直接受火区域外，试件的上部和一侧应向外扩展至少 500mm 的宽度，且扩展后的试件边缘处于自由非约束状态。试件的下部应预留至少 50mm 的伸缩缝隙。当扩展区域含防火裙墙时，应按实际构造保留。室外火荷载试验时，试件可仅包括直接受火区域。当且仅当直接受火区域包含部分防火裙墙时，试件应向外扩展并保留完整防火裙墙构造。当防火幕墙含可开启部位时，试件直接受火区域应包含可开启部位。试件层间防火封堵或隔墙防火封堵部位采用背衬材料填充时，填充部位应至少包括一个背衬材料的接缝构造。试件因试验需要而存在切割的部位，应采用燃烧性能 A 级的材料对切割部位进行密封。

（2）防火裙墙试件：

试件的构造应与工程实际应用一致，并按要求提供一个试件。试件的高度应与工程实际应用一致，宽度方向应至少包括两个完整面板。当且仅当实际工程仅包括一个面板的，可采用一个面板。试件层间防火封堵部位采用背衬材料填充时，填充部位应至少包括一个背衬材料的接缝构造。试件因试验需要而存在切割的部位，应采用燃烧性能为A级的材料对切割部位进行密封。

（3）防火封堵试件：

防火封堵构造与防火幕墙或防火裙墙等同时进行试验时，其规格尺寸及数量按设计要求及防火幕墙或防火裙墙等构造要求确定。单独进行试验时，防火封堵试件的防火封堵缝隙长度不应小于1.2m，且背衬材料应包括至少一个接缝。试件用防火类密封粘结剂应固化至满足试验要求。

五、试验方法（表 10-11）

试验方法　　　　　　　　　　　　　　　　　表 10-11

试验项目	试验方法标准
气密性能、水密性能、抗风压性能	《建筑幕墙气密、水密、抗风压性能检测方法》GB/T 15227—2019
层间变形性能	《建筑幕墙层间变形性能分级及检测方法》GB/T 18250—2015
后置埋件抗拔承载力	《混凝土结构后锚固技术规程》JGJ 145—2013 附录C
保温隔热性能	《建筑幕墙保温性能检测方法》GB/T 29043—2023
隔声性能	《建筑幕墙空气声隔声性能分级及检测方法》GB/T 39526—2020
采光性能	《建筑外窗采光性能分级及检测方法》GB/T 11976—2015
耐撞击性能	《建筑幕墙耐撞击性能分级及检测方法》GB/T 38264—2019
防火性能	《建筑幕墙防火性能分级及试验方法》GB/T 41336—2022

六、试验结果评定

1. 抗风压性能

幕墙的抗风压性能分级指标P_3应根据幕墙所受的风荷载标准值W_k确定，其指标值不应低于W_k，且不应小于1.0kPa，并符合表10-12的要求。

建筑幕墙抗风压性能分级　　　　　　　　　　表 10-12

分级代号	1	2	3	4	5
分级指标值P_3（kPa）	$1.0 \leqslant P_3 < 1.5$	$1.5 \leqslant P_3 < 2.0$	$2.0 \leqslant P_3 < 2.5$	$2.5 \leqslant P_3 < 3.0$	$3.0 \leqslant P_3 < 3.5$
分级代号	6	7	8	9	—
分级指标值P_3（kPa）	$3.5 \leqslant P_3 < 4.0$	$4.0 \leqslant P_3 < 4.5$	$4.5 \leqslant P_3 < 5.0$	$P_3 \geqslant 5.0$	—

注：1. 9级时需同时标注P_3的测试值。如：属9级（5.5kPa）。

2. 分级指标值P_3为正、负风压测试值绝对值的较小值。

2. 气密性能

气密性能指标一般情况可按表 10-13 确定。

建筑幕墙气密性能设计指标一般规定　　　表 10-13

地区分类	建筑层高、高度	气密性能分级	气密性能指标（<）	
			开启部分 q_L [m³/(m·h)]	幕墙整体 q_A [m³/(m²·h)]
夏热冬暖地区	10 层以下	2	2.5	2.0
	10 层及以上	3	1.5	1.2
其他地区	7 层以下	2	2.5	2.0
	7 层及以上	3	1.5	1.2

开启部分气密性能分级指标 q_L 应符合表 10-14 的要求。

建筑幕墙开启部分气密性能分级　　　表 10-14

分级代号	1	2	3	4
分级指标值 q_L [m³/(m·h)]	$4.0 \geqslant q_L > 2.5$	$2.5 \geqslant q_L > 1.5$	$1.5 \geqslant q_L > 0.5$	$q_L \leqslant 0.5$

幕墙整体（含开启部分）气密性能分级指标 q_A 应符合表 10-15 的要求。

建筑幕墙整体气密性能分级　　　表 10-15

分级代号	1	2	3	4
分级指标值 q_A [m³/(m²·h)]	$4.0 \geqslant q_A > 2.0$	$2.0 \geqslant q_A > 1.2$	$1.2 \geqslant q_A > 0.5$	$q_A \leqslant 0.5$

3. 水密性能

水密性能分级指标值 ΔP 应符合表 10-16 的要求。

建筑幕墙水密性能分级　　　表 10-16

分级代号		1	2	3	4	5
分级指标值 $\Delta P/P_a$	固定部分	$500 \leqslant \Delta P < 700$	$500 \leqslant \Delta P < 700$	$500 \leqslant \Delta P < 700$	$500 \leqslant \Delta P < 700$	$\Delta P \geqslant 2000$
	可开启部分	$500 \leqslant \Delta P < 700$	$500 \leqslant \Delta P < 700$	$500 \leqslant \Delta P < 700$	$500 \leqslant \Delta P < 700$	$\Delta P \geqslant 1000$

注：5 级时需同时标注固定部分和开启部分 ΔP 的测试值。

4. 层间变形性能

幕墙平面内变形性能以 X 轴维度方向层间位移角作为分级指标值，用 γ_X 表示；幕墙平面外变形性能以 Y 轴维度方向层间位移角作为分级指标值，用 γ_Y 表示；幕墙垂直方向变形性能以 Z 轴维度方向层间高度变化量作为分级指标值，用 δ_Z 表示。

建筑幕墙层间变形性能分级如表 10-17 所示。

建筑幕墙层间变形性能分级 表 10-17

分级指标	分级代号				
	1	2	3	4	5
γ_x	$1/400 \leqslant \gamma_x < 1/300$	$1/300 \leqslant \gamma_x < 1/200$	$1/200 \leqslant \gamma_x < 1/150$	$1/150 \leqslant \gamma_x < 1/100$	$\gamma_x \geqslant 1/100$
γ_y	$1/400 \leqslant \gamma_y < 1/300$	$1/300 \leqslant \gamma_y < 1/200$	$1/200 \leqslant \gamma_y < 1/150$	$1/150 \leqslant \gamma_y < 1/100$	$\gamma_y \geqslant 1/100$
δ_z	$5 \leqslant \delta_z < 10$	$10 \leqslant \delta_z < 15$	$15 \leqslant \delta_z < 20$	$20 \leqslant \delta_z < 25$	$\delta_z \geqslant 25$

注：5级时应注明相应的数值。组合层间位移检测时分别注明级别。

5. 后置埋件抗拔承载力

1）试验结果的评定，应按下列规定进行：

（1）试样在持荷期间，锚固件无滑移、基材混凝土无裂纹或其他局部损坏迹象出现，且加载装置的荷载示值在 2min 内无下降或下降幅度不超过 5%的检验荷载时，应评定为合格。

（2）一个检验批所抽取的试样全部合格时，该检验批应评定为合格检验批。

（3）一个检验批中不合格的试样不超过 5%时，应另抽 3 根试样进行破坏性检验，若检验结果全部合格，该检验批仍可评定为合格检验批。

（4）一个检验批中不合格的试样超过5%时，该检验批应评定为不合格，且不应重做检验。

2）锚栓破坏性检验发生混凝土破坏，检验结果满足下列要求时，其锚固质量应评定为合格：

$$N^c_{Rm} \geqslant \gamma_{u,\lim} N_{Rk}$$

$$N^c_{R\min} \geqslant N_{Rk}$$

式中：N^c_{Rm}——受检验锚固件极限抗拔力实测平均值（N）；

$N^c_{R\min}$——受检验锚固件极限抗拔力实测最小值（N）；

N_{Rk}——混凝土破坏受检验锚固件极限抗拔力标准值（N）；

$\gamma_{u,\lim}$——锚固承载力检验系数允许值，取为 1.1。

6. 幕墙保温隔热性能

（1）建筑幕墙传热系数 K 值分为 8 级，如表 10-18 所示。

建筑幕墙传热系数分级[单位：W/(m²·K)] 表 10-18

分级	1级	2级	3级	4级	
				A	B
分级指标值 K	$K \geqslant 5.0$	$5.0 > K \geqslant 4.0$	$4.0 > K \geqslant 3.0$	$3.0 > K \geqslant 2.8$	$2.8 > K \geqslant 2.5$

分级	5级		6级		7级		8级
	A	B	A	B	A	B	
分级指标值 K	$2.5 > K \geqslant 2.2$	$2.2 > K \geqslant 2.0$	$2.0 > K \geqslant 1.8$	$1.8 > K \geqslant 1.5$	$1.5 > K \geqslant 1.2$	$1.2 > K \geqslant 1.0$	$K < 1.0$

注：K 值达到 8 级，需标明 K 值的具体数值。

（2）透光幕墙抗结露因子分为8级，如表10-19所示。

透光幕墙抗结露因子分级 表10-19

分级	1级	2级	3级	4级	5级	6级	7级	8级
分级指标值 CRF	$CRF \leqslant 40$	$40 < CRF \leqslant 45$	$45 < CRF \leqslant 50$	$50 < CRF \leqslant 55$	$55 < CRF \leqslant 60$	$60 < CRF \leqslant 65$	$65 < CRF \leqslant 75$	$CRF > 75$

7. 建筑幕墙空气声隔声性能

建筑幕墙空气声直接传声隔声性能应以"计权隔声量与交通噪声频谱修正量之和（$R_w + C_{tr}$）"作为分级指标，分级如表10-20所示。

建筑幕墙空气声直接传声隔声性能分级 表10-20

单位为分贝

分级	分级指标值
1	$25 \leqslant R_w + C_{tr} < 30$
2	$30 \leqslant R_w + C_{tr} < 35$
3	$35 \leqslant R_w + C_{tr} < 40$
4	$40 \leqslant R_w + C_{tr} < 45$
5	$R_w + C_{tr} \geqslant 45$

注：5级时标注$R_w + C_{tr}$测试值。

建筑幕墙空气声侧向传声隔声性能应以"计权规范化侧向声压级差与粉红噪声频谱修正量之和（$D_{n,f,w} + C$）"作为分级指标，分级如表10-21所示。

建筑幕墙空气声侧向传声隔声性能分级 表10-21

单位为分贝

分级	分级指标值
1	$35 \leqslant D_{n,f,w} + C < 40$
2	$40 \leqslant D_{n,f,w} + C < 45$
3	$45 \leqslant D_{n,f,w} + C < 50$
4	$50 \leqslant D_{n,f,w} + C < 55$
5	$D_{n,f,w} + C \geqslant 55$

注：5级时标注$D_{n,f,w} + C$测试值。

8. 采光性能

玻璃幕墙的透光折减系数应$\geqslant 0.30$。

颜色透射指数应按表10-22进行分级。有辨色要求的幕墙的颜色透射指数R_a^T应不低于80。

颜色透射指数分级 表 10-22

显色组别分级	1		2		3	4
	A	B	A	B		
R_a^T	$R_a \geq 90$	$80 \leq R_a < 90$	$70 \leq R_a < 80$	$60 \leq R_a < 70$	$40 \leq R_a < 60$	$20 \leq R_a < 60$

9. 耐撞击性能

（1）耐软重物撞击性能分级指标值应符合表 10-23 的规定。

耐软重物撞击性能分级 表 10-23

分级代号		1	2	3	4
室内侧	撞击能量E（J）	735	980	E	—
	降落高度h（mm）	1500（采用质量50kg 的软重物）	1500（采用质量66.7kg 的软重物）	1500（根据撞击能量和降落高度计算软重物质量）	—
室外侧	撞击能量E（J）	343	539	882	E
	降落高度h（mm）	700（采用质量50kg 的软重物）	1100（采用质量50kg 的软重物）	1800（采用质量50kg 的软重物）	h（采用质量50kg 的软重物）

注：1. 性能标注时按：室内侧定级值/室外侧定级值。例如：室内 2 级/室外 3 级。

2. 当室内侧指标为 3 级时标注撞击能量实际测试值，当室外侧指标为 4 级时标注撞击能量实际测试值。

3. 室内 3 级撞击能量 E 由委托方提出，无具体指标时取软币物质量为70kg，撞击能量 E 为1029J。

4. 室外 4 级撞击能量 E 由委托方提出，无具体指标时取降落高度 h 为2000mm，撞击能量 E 为980J。

（2）耐硬重物撞击性能分级指标值应符合表 10-24 的规定。

耐硬重物撞击性能分级 表 10-24

分级代号	1	2
撞击能量E（J）	10.2	E
降落高度h（mm）	1000	h

注：1. 性能标注时按：室内侧定级值/室外侧定级值。例如：室内 1 级/室外 2 级。

2. 当指标为 2 级时标注撞击能量实际测试值。

3. 第 2 级撞击能量 E 由委托方提出，无具体指标时取降落高度 h 为1200mm，撞击能量 E 为12.2J。

4. 硬物质量为1040g。

10. 防火性能

1）防火性能表示与分级

防火性能应按规定测试室内侧、室外侧的耐火完整性、耐火隔热性及降辐射热性。其中，室内侧、室外侧分别以 i、o 表示，耐火完整性、耐火隔热性及降辐射热性应分别以 E、I 及 W 表示。耐火时间以 t 表示，单位为分（min）。防火性能表示方法如表 10-25 所示。

防火性能表示方法　　　　　　　　　　表 10-25

防火性能	室内侧	室外侧
耐火完整性 E	$E_t(i)$	$Et(o)$
耐火隔热性 I	$I_t(i)$	$It(o)$
降辐射热性 W	$W_t(i)$	$Wt(o)$

注：耐火试验时间（t），按 min 取整数，不足 1min 的时间舍去。

防火性能以试件耐火时间作为分级指标。防火性能按室内、室外受火面分级，如表 10-26 所示。

防火性能分级表　　　　　　　　　　表 10-26

分级	受火面	1 级（i）	2 级（i）	3 级（i）	4 级（i）
		室内面			
		1 级（o）	2 级（o）	3 级（o）	4 级（o）
	室外面				
分级指标	耐火时间 t（min）	$30 \leqslant t < 60$	$60 \leqslant t < 90$	$90 \leqslant t < 120$	$t \geqslant 120$

2）失去耐火性判定准则

（1）耐火完整性判定：

应分别对不同测试区域单独进行判定。试件失去耐火完整性的时间，应根据防火构造的最低耐火试验时间确定。试验过程中试件发生下列现象之一时，即认为失去耐火完整性：①背火面出现持续达 10s 以上的火焰时；②试件背火面出现贯穿至试验炉内的缝隙，直径 (6±0.1)mm 探棒可穿过缝隙进入试验炉内且探棒可沿缝隙长度方向移动不小于 150mm；③试件背火面出现贯穿至试验炉内的缝隙，直径 (25±0.2)mm 探棒可穿过缝隙进入试验炉内。

（2）耐火隔热性判定：

应分别对不同测试区域单独进行判定。试件失去耐火隔热性的时间，应根据防火构造的最低耐火试验时间确定。试验过程中试件发生下列现象之一时，即认为失去耐火隔热性：①背火面平均温升超过 140℃时；②面板材料背火面最大温升超过 180℃时；③框架材料背火面最大温升超过 360℃时。

（3）降辐射热性判定：

试件失去降辐射热性的时间，应以试件最大玻璃面板所在测试区域的最低耐火试验时间确定。试验过程中试件背火面热流密度超过 15kW/m² 时，即认为失去降辐射热性。

3）试验结果判定

试验结果应区分室内、室外受火面。应根据耐火完整性、耐火隔热性和降辐射热性的耐火试验时间，按表 10-24 的规定分别进行表示，并按表 10-25 的分级表进行等级判定。防火构造的室外侧采用室内标准升温曲线试验的，应在报告中注明。

第十一章

市政工程材料

第一节 土、无机结合稳定材料

一、相关标准

（1）《土工试验方法标准》GB/T 50123—2019。

（2）《公路土工试验规程》JTG 3430—2020。

（3）《公路工程无机结合料稳定材料试验规程》JTG 3441—2024。

（4）《城镇道路工程施工与质量检验规范》CJJ 1—2008。

（5）《城市道路工程施工质量检验标准》DB11/T 1073—2014。

二、基本概念

1. 土的定义

其是岩石（母岩）风化（物理风化、化学风化和生物风化）的产物，是各种粒径颗粒的集合体。

2. 土的分类

1）分类依据：

（1）土颗粒组成特征。

（2）土的塑性指标：液限、塑限和塑性指数。

（3）土中有机质存在情况。

2）按土颗粒粒径范围划分土的粒组（图11-1）。

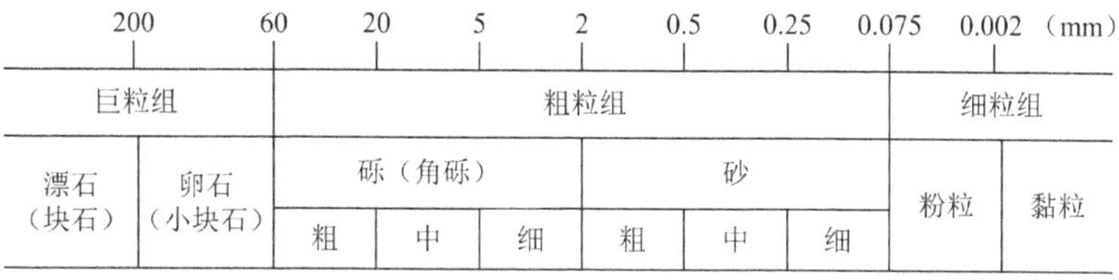

200		60	20	5	2	0.5	0.25	0.075	0.002 (mm)
巨粒组			粗粒组					细粒组	
漂石（块石）	卵石（小块石）	砾（角砾）			砂			粉粒	黏粒
		粗	中	细	粗	中	细		

图 11-1 粒组划分图

3）按其不同粒组的相对含量可划分为巨粒类土、粗粒类土、细粒类土和特殊类土，详细分类如表 11-1 所示。

土分类总体系表 表 11-1

名称	类别	成分
土	巨粒土	漂石土
		卵石土
	粗粒土	砾类土
		砂类土
	细粒土	粉质土
		黏质土
		有机质土
	特殊土	黄土
		膨胀土
		红黏土
		盐渍土
		冻土
		软土

注：1. 巨粒类土应按粒组划分。
2. 粗粒类土应按粒组、级配、细粒土含量划分。
3. 细粒类土应按塑性图、所含粗粒类别以及有机质含量划分。
4. 特殊类土应按塑性图、含盐量、冻结状态等划分。

3. 土的代号

（1）土的成分代号如表 11-2 所示，土的级配代号如表 11-3 所示。

土的成分代号 表 11-2

成分名称	代号	成分名称	代号
漂石	B	砂	S
块石	B_a	粉土	M
卵石	Cb	黏土	C
小块石	Cb_a	细粒土（粉土和黏土合称）	F
砾	G	土（粗、细粒土合称）	SI
角砾	G_a	有机质土	O

土的级配代号表 表 11-3

土的级配情况	代号
级配良好	W
级配不良	P

（2）土的液限高低代号如表11-4所示。

土的液限高低代号　　　　　　　　　表11-4

土的液限情况	代号
高液限	H
低液限	L

（3）特殊土代号如表11-5所示。

特殊土代号　　　　　　　　　表11-5

特殊土名称	代号	特殊土名称	代号
黄土	Y	盐渍土	St
膨胀土	E	冻土	Ft
红黏土	R	软土	S_f

4. 无机结合料稳定材料

按无机结合料种类分类主要包括：水泥稳定材料、石灰稳定材料、综合稳定材料。

水泥稳定材料：在经过粉碎的或原来松散的材料中，掺入适量的水泥和水，经拌和、压实和养生后，抗压强度符合规定要求时所拌和的混合料。

石灰稳定材料：在经过粉碎的或原来松散的材料中，掺入适量的石灰和水，经拌和、压实和养生后，抗压强度符合规定要求时所拌和的混合料。

综合稳定材料：在经过粉碎的或原来松散的材料中，掺入两种或两种以上适量的无机结合料和水经拌和、压实和养生后，抗压强度符合规定要求时所拌和的混合料。

三、试验项目及组批原则

（1）试验项目：

试验项目主要包括：含水率、界限含水率、击实、粗粒土和巨粒土最大干密度、承载比（CBR）、无侧限抗压强度、水泥石灰剂量、颗粒分析等。

（2）组批原则及取样规定：

组批原则依据《市政基础设施工程资料管理规程》DB11/T 808—2020的有关规定，规定了土和无机结合料稳定材料进场复试项目及组批原则（表11-6）。

试验项目及组批原则　　　　　　　　　表11-6

名称	相关标准号	进场复验项目	组批原则及取样规定
土	CJJ 1—2008 DB11/T 1073—2014	最大干密度最佳含水率	每批质量相同的土，应检验1～3次
		天然含水量 CBR 液限 塑限	每批质量相同的土，应检验1～3次

续表

名称	相关标准号	进场复验项目	组批原则及取样规定
土	CJJ 1—2008 DB11/T 1073—2014	颗粒分析 有机质含量 易溶盐含量 冻膨胀量	每批质量相同的土，应检验1～3次
无机结合料稳定材料	DB11/T 1073—2014 CJJ 1—2008	最大干密度最佳含水率	每单位工程，同一配合比，同一厂家，取样一组
		7d无侧限抗压强度	1. 每层每2000m²取样一组，小于2000m²按一组取样。每压实层抽检1组。 2. 取样方法：在摊铺机后取料，取料应分别来源于3～4台不同的料车，混合后进行四分法取样
		含灰量	1. 每层每1000m²取样一点，小于1000m²按一点取样；但对于石灰粉煤灰钢渣基层每层每1000m²取样二点，小于1000m²按二点取样。 2. 取样方法：在料堆的上部、中部和下部各取一份试样，混合后按四分法取样

四、试验方法

本节试验主要以《土工试验方法标准》GB/T 50123—2019 和《公路工程无机结合料稳定材料试验规程》JTG 3441—2024 为主。根据设计和工程验收需要，可选用不同标准方法进行材料检验。

1. 含水率

本试验以烘干法为室内试验的标准方法。在野外当无烘箱设备或要求快速测定含水率时，可用酒精燃烧法测定细粒土含水率。

1）烘干法

（1）主要仪器设备：

①烘箱：可采用电热烘箱或温度能保持(105～110)℃的其他能源烘箱；

②电子天平：称量200g，分度值0.01g；

③电子台秤：称量5000g，分度值1g；

④其他：干燥器、称量盒。

（2）试验步骤：

①取有代表性试样：细粒土(15～30)g，砂类土(50～100)g，砂砾石(2～5)kg。将试样放入称量盒内，立即盖好盒盖，称量，细粒土、砂类土称量应准确至0.01g，砂砾石称量应准确至1g。当使用恒质量盒时，可先将其放置在电子天平或电子台秤上清零，再称量装有试样的恒质量盒，称量结果即为湿土质量；

②揭开盒盖，将试样和盒放入烘箱，在(105～110)℃下烘到恒量。烘干时间，对黏质土，不得少于8h；对砂类土，不得少于6h；对有机质含量为5%～10%的土，应将烘干温

度控制在(65~70)℃的恒温下烘至恒量;

③将烘干后的试样和盒取出，盖好盒盖放入干燥器内冷却至室温，称干土质量。

（3）计算：

含水率应按下式计算，计算至0.1%。

$$\omega = \left(\frac{m_0}{m_d} - 1\right) \times 100 \tag{11-1}$$

式中：ω——含水率（%）。

（4）结果：

本试验应进行两次平行测定，取其算术平均值，最大允许平行差值应符合表11-7的规定。

含水率测定的最大允许平行差值（%） 表11-7

含水率ω	最大允许平行差值	含水率ω	最大允许平行差值
<10	±0.5	>40	±2.0
10~40	±1.0		

2）酒精燃烧法

（1）主要仪器设备：

①电子天平：称量200g，分度值0.01g；

②酒精：纯度不得小于95%；

③其他：称量盒、滴管、火柴、调土刀。

（2）试验步骤：

①取有代表性试样：黏土(5~10)g，砂土(20~30)g。放入称量盒内，应按烘干法试验步骤①的规定称取湿土；

②用滴管将酒精注入放有试样的称量盒中，直至盒中出现自由液面为止。为使酒精在试样中充分混合均匀，可将盒底在桌面上轻轻敲击；

③点燃盒中酒精，烧至火焰熄灭；

④将试样冷却数分钟，应按②③规定再重复燃烧两次。当第3次火焰熄灭后，立即盖好盒盖，称干土质量；

⑤本试验称量应准确至0.01g。

（3）结果：

本试验应进行两次平行测定，计算方法及最大允许平行差值应符合表11-7的规定。

2. 界限含水率

1）液塑限联合测定法

（1）主要仪器设备：

①液塑限联合测定仪（图11-2）应包括带标尺的圆锥仪、电磁铁、显示屏、控制开关和试样杯。圆锥仪质量为76g，锥角为30°；读数显示宜采用光电式、游标式和百分表式。

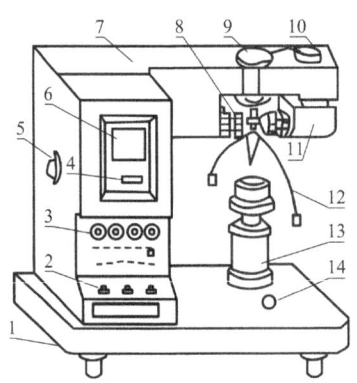

1—水平调节螺栓；2—控制开关；3—指示灯；4—零线调节螺栓；5—反光镜调节螺栓；6—屏幕；7—机壳；
8—物镜调节螺栓；9—电磁装置；10—光源调节螺栓；11—光源；12—圆锥仪；13—升降台；14—水平泡

图 11-2 光电式液塑限联合测定仪示意图

②试样杯：直径(40～50)mm；高(30～40)mm；

③天平：称量200g，分度值0.01g；

④筛：孔径0.5mm；

⑤其他：烘箱、干燥缸、铝盒、调土刀、凡士林。

（2）试验步骤：

①液塑限联合试验宜采用天然含水率的土样制备试样，也可用风干土制备试样。

②当采用天然含水率的土样时，应剔除粒径大于 0.5mm 的颗粒，再分别按接近液限、塑限和二者的中间状态制备不同稠度的土膏，静置湿润。静置时间可视原含水率的大小而定。

③当采用风干土样时，取过 0.5mm 筛的代表性土样约 200g，分成 3 份，分别放入 3 个盛土皿中，加入不同数量的纯水，使其分别达到②中规定的含水率，调成均匀土膏，放入密封的保湿缸中，静置24h。

④将制备好的土膏用调土刀充分调拌均匀，密实地填入试样杯中，应使空气逸出。高出试样杯的余土用刮土刀刮平，将试样杯放在仪器底座上。

⑤取圆锥仪，在锥体上涂以薄层润滑油脂，接通电源，使电磁铁吸稳圆锥仪。当使用游标式或百分表式时，提起锥杆，用旋钮固定。

⑥调节屏幕准线，使初读数为零。调节升降座，使圆锥仪锥角接触试样面，指示灯亮时圆锥在自重下沉入试样内，当使用游标式或百分表式时用手扭动旋钮，松开锥杆，经5s后测读圆锥下沉深度。然后取出试样杯，挖去锥尖入土处的润滑油脂，取锥体附近的试样不得少于 10g，放入称量盒内，称量，准确至 0.01g，测定含水率。

⑦应按④～⑥的规定，测试其余 2 个试样的圆锥下沉深度和含水率。

（3）以含水率为横坐标，圆锥下沉深度为纵坐标，在双对数坐标纸上绘制关系曲线。三点连一直线（图 11-3 中的 A 线）。当三点不在一直线上，通过高含水率的一点与其余两点连成两条直线，在圆锥下沉深度为 2mm 处查得相应的含水率，当两个含水率的差值小于 2%时，应以该两点含水率的平均值与高含水率的点连成一线（图 11-3 中的 B 线）。当两个含水率的差值不小于2%时,应补做试验。

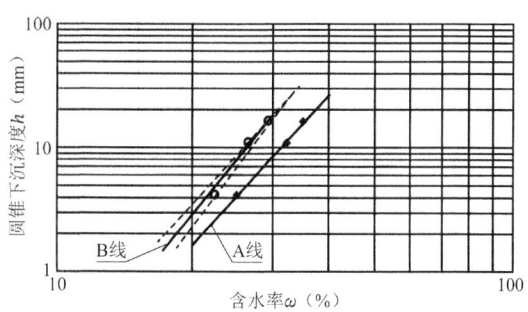

图 11-3 圆锥下沉深度与含水率关系图曲线

（4）通过圆锥下沉深度与含水率关系图,查得下沉深度为17mm 所对应的含水率为液限,下沉深度为10mm 所对应的含水率为10mm 液限；查得下沉深度为2mm 所对应的含水率为塑限,以百分数表示,准确至 0.1%。

（5）塑性指数和液性指数应按下列公式计算：

$$I_P = \omega_L - \omega_P \tag{11-2}$$

$$I_L = \frac{\omega_0 - \omega_P}{I_P} \tag{11-3}$$

式中：I_P——塑性指数；

I_L——液性指数,计算至 0.01；

ω_L——液限（%）；

ω_P——塑限（%）。

2）搓滚塑限法

（1）主要仪器设备：

①毛玻璃板：尺寸宜为 200mm × 300mm；

②卡尺：分度值 0.02mm；

③天平：称量 200g,分度值 0.01g；

④筛：孔径 0.5mm；

⑤其他：烘箱、干燥缸、铝盒。

（2）试验步骤：

①取过 0.5mm 筛的代表性试样约 100g,加纯水拌和,浸润静置过夜。

②将试样在手中捏揉至不黏手,捏扁,当出现裂缝时,表示含水率已接近塑限。

③取接近塑限的试样一小块,先手用捏成橄榄形,然后再用手掌在毛玻璃板上轻轻搓滚。搓滚时手掌均匀施加压力于土条上,不得使土条在毛玻璃板上无力滚动,土条不得有空心现象,土条长度不宜大于手掌宽度。

④当土条搓成 3mm 时,产生裂缝,并开始断裂,表示试样达到塑限。当不产生裂缝及

断裂时，表示这时试样的含水率高于塑限；当土条直径大于 3mm 时即断裂，表示试样含水率小于塑限，应弃去，重新取土试验。当土条在任何含水率下始终搓不到 3mm 即开始断裂，则该土无塑性。

⑤取直径符合 3mm 断裂土条(3～5)g，放入称量盒内，盖紧盒盖，测定含水率。此含水率即为塑限。

（3）计算：

塑限应按下式计算，计算至 0.1%：

$$\omega_\mathrm{P} = \left(\frac{m_0}{m_\mathrm{d}} - 1\right) \times 100 \tag{11-4}$$

（4）结果：

本试验应进行两次平行测定，两次测定的最大允许差值应符合表 11-7 的规定。

3. 击实

1）主要仪器设备

（1）击实仪：应符合现行国家标准《土工试验仪器 击实仪》GB/T 22541—2008 的规定。由击实筒（图 11-4）、击锤和导筒（图 11-5）组成，其尺寸应符合表 11-8 的规定。

击实仪主要技术指标　　　　　表 11-8

试验方法	锤底直径（mm）	锤质量（kg）	落高（mm）	层数	每层击数	击实筒 内径（mm）	筒高（mm）	容积（mm³）	护筒高度（mm）	备注
轻型	51	2.5	305	3	25	102	116	947.4	≥50	
				3	56	152	116	2103.9	≥50	
重型		4.5	457	3	42	102	116	947.4	≥50	
				3	94	152	116	2103.9	≥50	
				5	56					

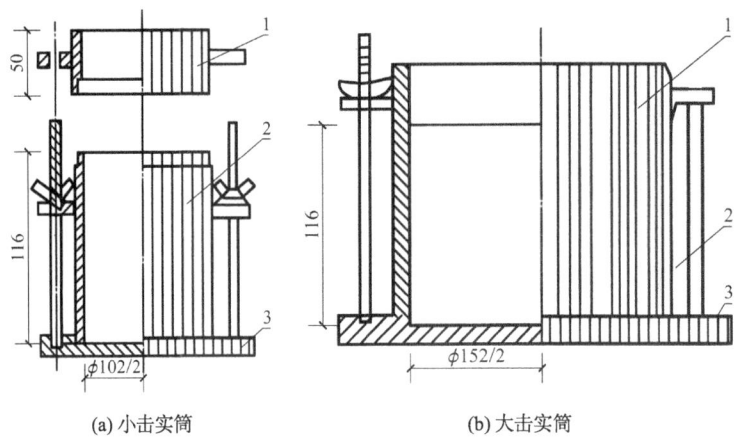

(a) 小击实筒　　　(b) 大击实筒

1—护筒；2—击实筒；3—底板

图 11-4　击实筒（单位：mm）

第十一章 市政工程材料

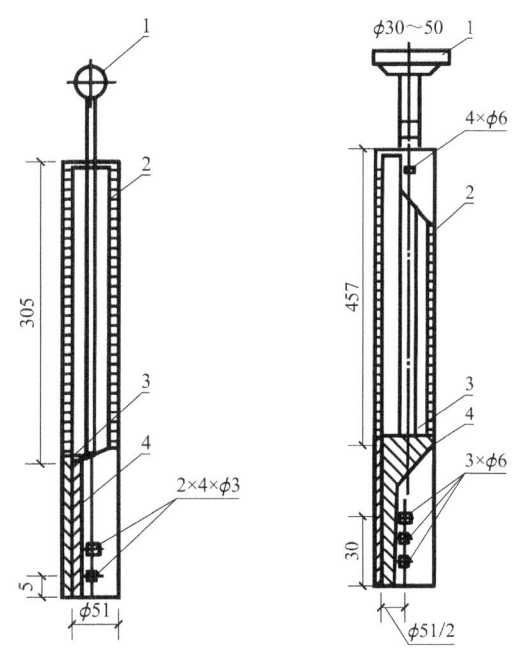

(a) 2.5kg 击锤（落高 305mm）　　(b) 4.5kg 击锤（落高 457mm）

1—提手；2—导筒；3—硬橡皮垫；4—击锤

图 11-5　击锤与导筒（单位：mm）

（2）击实仪的击锤应配导筒，击锤与导筒间应有足够的间隙使锤能自由下落。电动操作的击锤必须有控制落距的跟踪装置和锤击点按一定角度均匀分布的装置。

（3）天平：称量 200g，分度值 0.01g。

（4）台秤：称量 10kg，分度值 1g。

（5）标准筛：孔径为 20mm、5mm。

2）试验步骤

试样制备可分为干法制备和湿法制备两种方法。

（1）干法制备应按下列步骤进行：

①用四点分法取一定量的代表性风干试样，其中小筒所需土样约为 20kg，大筒所需土样约为 50kg，放在橡皮板上用木碾碾散，也可用碾土器碾散；

②轻型按要求过 5mm 或 20mm 筛，重型过 20mm 筛，将筛下土样拌匀，并测定土样的风干含水率；根据土的塑限预估的最优含水率，并按 GB/T 50123—2019 标准第 4.3 节规定的步骤制备不少于 5 个不同含水率的一组试样，相邻 2 个试样含水率的差值宜为 2%；

③将一定量土样平铺于不吸水的盛土盘内，其中小型击实筒所需击实土样约为 2.5kg，大型击实筒所取土样约为 5.0kg，按预定含水率用喷水设备往土样上均匀喷洒所需加水量，拌匀并装入塑料袋内或密封于盛土器内静置备用。静置时间分别为：高液限黏土不得少于 24h，低液限黏土可酌情缩短，但不应少于 12h。

（2）湿法制备应取天然含水率的代表性土样，其中小型击实筒所需土样约为20kg，大型击实筒所需土样约为50kg。碾散，按要求过筛，将筛下土样拌匀，并测定试样的含水率。分别风干或加水到所要求的含水率，应使制备好的试样水分均匀分布。

（3）试样击实应按下列步骤进行：

①将击实仪平稳置于刚性基础上，击实筒内壁和底板涂一薄层润滑油，连接好击实筒与底板，安装好护筒。检查仪器各部件及配套设备的性能是否正常，并做好记录。

②从制备好的一份试样中称取一定量土料，分 3 层或 5 层倒入击实筒内并将土面整平，分层击实。手工击实时，应保证使击锤自由铅直下落，锤击点必须均匀分布于土面上；机械击实时，可将定数器拨到所需的击数处，击数可按表 11-8 确定，按动电钮进行击实。击实后的每层试样高度应大致相等，两层交接面的土面应刨毛。击实完成后，超出击实筒顶的试样高度应小于 6mm。

③用修土刀沿护筒内壁削挖后，扭动并取下护筒，测出超高，应取多个测值平均，准确至 0.1mm。沿击实筒顶细心修平试样，拆除底板。试样底面超出筒外时，应修平。擦净筒外壁，称量，准确至 1g。

④用推土器从击实筒内推出试样，从试样中心处取 2 个一定量的土料，细粒土为(15～30)g，含粗粒土为(50～100)g。平行测定土的含水率，称量准确至 0.01g，两个含水率的最大允许差值应为±1%。

⑤应按本条第①～④款的规定对其他含水率的试样进行击实。一般不重复使用土样。

3）计算

（1）击实后各试样的含水率应按下式计算：

$$\omega = \left(\frac{m_0}{m_d} - 1\right) \times 100 \tag{11-5}$$

（2）击实后各试样的干密度应按下式计算，计算至 0.01g/cm³：

$$\rho_d = \frac{\rho}{1 + 0.01\omega} \tag{11-6}$$

（3）土的饱和含水率应按下式计算：

$$\omega_{sat} = \left(\frac{\rho_\omega}{\rho_d} - \frac{1}{G_s}\right) \times 100 \tag{11-7}$$

式中：ω_{sat}——饱和含水率（%）；

ρ_ω——水的密度（g/cm³）。

以干密度为纵坐标，含水率为横坐标，绘制干密度与含水率的关系曲线。曲线上峰值点的纵、横坐标分别代表土的最大干密度和最优含水率。曲线不能给出峰值点时，应进行补点试验。

数个干密度下土的饱和含水率应按式(11-7)计算。以干密度为纵坐标，含水率为横坐标，在图上绘制饱和曲线。

4. 粗粒土和巨粒土最大干密度

试验依据标准《公路土工试验规程》JTG 3430—2020，采用表面振动压实仪法。用于测定无黏聚性自由排水粗粒土和巨粒土。

1) 主要仪器设备

（1）振动器：见图11-6，功率(0.75～2.2)kW，振动频率(30～50)Hz，激振力(10～80)kN。钢制夯：可牢固于振动电机上，且有一厚(15～40)mm 夯板。夯板直径应略小于试筒内径(2～5)mm。夯与振动电机总重在试样表面产生18kPa以上的静压力。

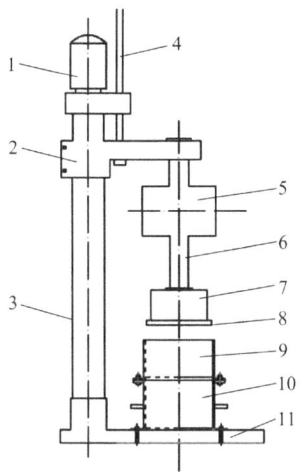

1—电机；2—横架；3—立柱；4—螺杆；5—振动电机；6—连接杆；
7—钢制夯；8—夯板；9—套筒；10—试筒；11—底板

图11-6 表面振动压实试验装置

（2）试筒：参照表11-9或根据土体颗粒级配选用较大试筒。但固定试筒的底板须固定于混凝土基础上。试筒容积宜每年标定一次。

试样质量及仪器尺寸 表11-9

土粒最大尺寸（mm）	试样质量（kg）	试筒尺寸		装料工具
		容积（cm³）	内径（mm）	
60	34	14200	280	小铲或大勺
40	34	14200	280	小铲或大勺
20	11	2830	152	小铲或大勺
10	11	2830	152	ϕ25mm漏斗
≤5	11	2830	152	ϕ3mm漏斗

（3）套筒：内径应与试筒配套，高度为(170～250)mm。

（4）电子秤：应具有足够测定试筒及试样总质量的称量，且达到所测定土质量0.1%的精度。所用电子秤，对于ϕ280mm试筒，称量应大于50kg，感量5g；对于ϕ152mm试筒，称量应大于30kg，感量1g。

(5)直钢条：宜用尺寸为 350mm×25mm×3mm（长×宽×厚）。

(6)标准筛：（圆孔筛：60mm、40mm、20mm、10mm、5mm、2mm、0.075mm）。

(7)深度仪或钢尺：量测精度要求至 0.5mm。

(8)大铁盘：其尺寸宜用 600mm×500mm×80mm（长×宽×高）。

(9)其他：烘箱、小铲、大勺及漏斗、橡皮锤、秒表、试筒布套等。

2)试验步骤

(1)本试验采用干土法。充分拌匀烘干试样，然后大致分成三份。测定并记录空试筒质量。

(2)用小铲或漏斗将任一份试样徐徐装填入试筒，并注意使颗粒分离程度最小（装填量宜使振毕密实后的试样等于或略低于筒高的 1/3）；抹平试样表面。然后可用橡皮锤或类似物敲击几次试筒壁，使试料下沉。

(3)将试筒固定于底板上，装上套筒，并与试筒紧密固定。

(4)放下振动器，振动 6min。吊起振动器。

(5)按本试验（2）~（4）进行第二层、第三层试样振动压实。

(6)卸去套筒。将直钢条放于试筒直径位置上，测定振毕试样高度。读数宜从四个均布于试样表面至少距筒壁 15mm 的位置上测得并精确至 0.5mm，记录并计算试样高度 H_0。

(7)卸下试筒，测定并记录试筒与试样质量。扣除试筒质量即为试样质量。计算最大干密度 $\rho_{d,max}$。

(8)对于粒径大于 60mm 的巨粒土，因受试筒允许最大粒径的限制，应按相似级配法制备缩小粒径的系列模型试料。相似级配法粒径及级配按以下公式及图 11-7 计算。

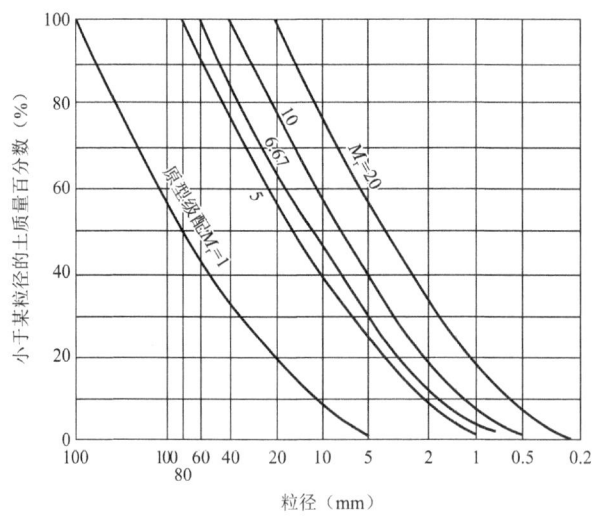

图 11-7 原型料与模型料级配关系

相似级配模型试料粒径，按下式计算：

$$d = \frac{D}{M_r} \tag{11-8}$$

式中：D——原型试料级配某粒径（mm）；

d——原型试料级配某粒径缩小后的粒径，即模型试料相应粒径（mm）；

M_r——粒径缩小倍数，通常称为相似级配模比。按下式计算：

$$M_r = \frac{D_{max}}{d_{max}} \quad (11\text{-}9)$$

式中：D_{max}——原型试料级配最大粒径（mm）；

d_{max}——试样允许或设定的最大粒径，即60mm，40mm，20mm，10mm等。相似级配模型试料级配组成与原型级配组成相同，即：

$$R_{M_r} = P_p \quad (11\text{-}10)$$

式中：R_{M_r}——原型试料粒径缩小M_r倍后（即为模型试料）相应的小于某粒径d含量百分数（%）；

P_p——原型试料级配小于某粒径D的含量百分数（%）。

3）结果整理

（1）对于干土法，最大干密度$\rho_{d,max}$按下式计算：

$$\rho_{d,max} = \frac{M_d}{V} \quad (11\text{-}11)$$

$$V = A_c H \quad (11\text{-}12)$$

式中：$\rho_{d,max}$——最大干密度，计算至0.01g/cm³；

M_d——干试样质量（g）；

V——振毕密实试样体积（cm³）；

A_c——标定的试筒横断面积（cm²）；

H——振毕密实试样高度（cm）。

（2）巨粒土原型料最大干密度应按以下方法确定：

① 作图法

延长图11-8中最大干密度$\rho_{d,max}$与相似级配模比M_r的关系直线至$M_r = 1$处，即读得原型试料的$\rho'_{d,max}$值。

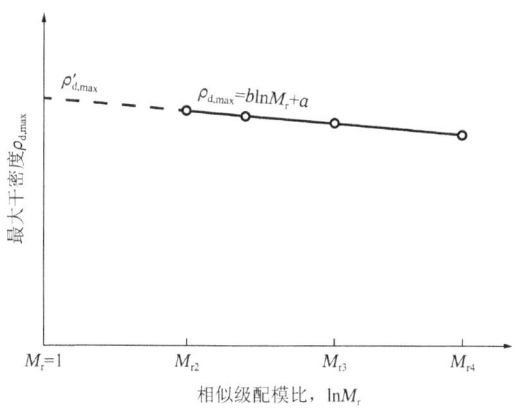

图11-8 模型料$\rho_{d,max}$-M_r关系

②计算法

对几组系列试验结果用曲线拟合法可整理出下式：

$$\rho_{d,max} = a + b\ln M_r \tag{11-13}$$

式中：a、b——试验常数。

由于$M_r = 1$时，$\rho_{d,max} = \rho'_{d,max}$，所以$a = \rho'_{d,max}$，即：

$$\rho_{d,max} = \rho'_{d,max} + b\ln M_r \tag{11-14}$$

令$M_r = 1$时，即得原型试料$\rho'_{d,max}$的值。

4) 精度及允许差

最大干密度应进行两次平行试验，两次试验结果允许偏差应符合表11-10的要求，否则应重做试验。取两次试验结果的平均值作为最大干密度$\rho_{d,max}$，试验结果精确至$0.01g/cm^3$。

最大干密度试验结果精度　　　　表 11-10

试料粒径（mm）	两个试验结果的允许偏差（%）
<5	2.7
5~60	4.1

5. 承载比（CBR）试验

1) 主要仪器设备

（1）击实仪应符合标准规定，其主要部件的尺寸应符合下列规定：

①试样筒（图11-9）：内径152mm，高166mm的金属圆筒；试样筒内底板上放置垫块，垫块直径为151mm，高50mm，护筒高度50mm；

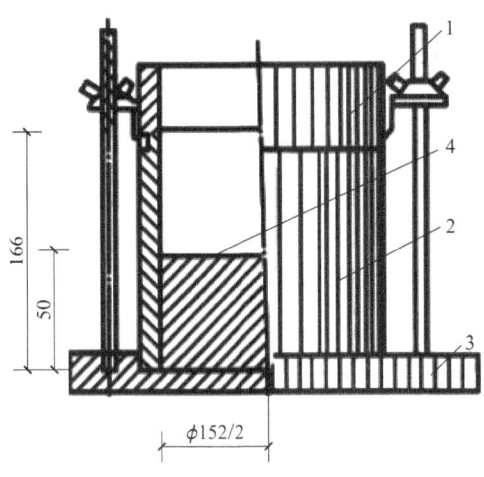

1—护筒；2—试样筒；3—底板；4—垫块

图 11-9　试样筒（单位：mm）

②击锤和导筒：锤底直径51mm，锤质量4.5kg，落距457mm；击锤与导筒之间的空

隙应符合现行国家标准《土工试验仪器 击实仪》GB/T 22541—2008 的规定。

（2）贯入仪（图 11-10）应符合下列规定：

①加荷和测力设备：量程应不低于 50kN，最小贯入速度应能调节至 1mm/min；

②贯入杆：杆的端面直径 50mm，杆长 100mm，杆上应配有安装百分表的夹孔；

③百分表：2 只，量程分别为 10mm 和 30mm，分度值 0.01mm。

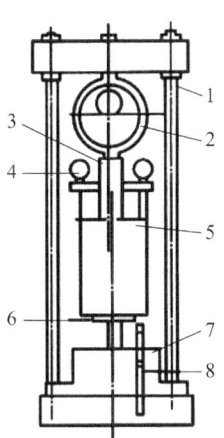

1—框架；2—测力计；3—贯入杆；4—位移计；5—试样；6—升降台；7—蜗轮蜗杆箱；8—摇把

图 11-10 贯入仪示意图

（3）标准筛：孔径为 20mm、5mm。

（4）台秤：称量 20kg，分度值 1g。

（5）天平：称量 200g，分度值 0.01g。

2）试验步骤

（1）试样制备：

①试样制备应符合击实试验试拌制备的规定。其中土样需过 20mm 筛，以筛除粒径大于 20mm 的颗粒，并记录超径颗粒的百分数；按需要制备数份试样，每份试样质量约为 6.0kg。

②应按标准规定进行重型击实试验，求取最大干密度和最优含水率。

③应按最优含水率备料，进行重型击实试验制备 3 个试样，击实完成后试样超高应小于 6mm。

④卸下护筒，沿试样筒顶修平试样，表面不平整处宜细心用细料修补，取出垫块，称试样筒和试样的总质量。

（2）浸水膨胀应按下列步骤进行：

①将一层滤纸铺于试样表面，放上多孔底板，并应用拉杆将试样筒与多孔底板固定好。

②倒转试样筒，取一层滤纸铺于试样的另一表面，并在该面上放置带有调节杆的多孔顶板，再放上 8 块荷载块。

③将整个装置放入水槽，先不放水，安装好膨胀量测定装置，并读取初读数。

④向水槽内缓缓注水，使水自由进入试样的顶部和底部，注水后水槽内水面应保持在荷载块顶面以上大约 25mm（图 11-11）；通常试样要浸水 4d。

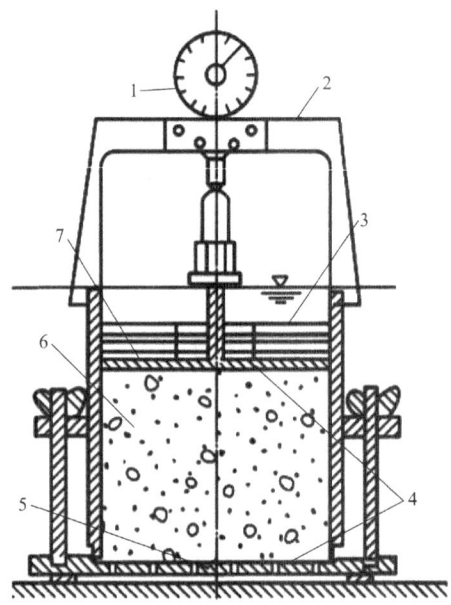

1—百分表；2—三脚架；3—荷载板；4—滤纸；5—多孔底板；6—试样；7—多孔顶板

图 11-11 浸水膨胀试验装置

⑤根据需要以一定时间间隔读取百分表的读数。浸水终了时，读取终读数。膨胀率应按下式计算：

$$\delta_{w} = \frac{\Delta h_{w}}{h_{0}} \times 100 \tag{11-15}$$

式中：δ_{w}——浸水后试样的膨胀率（%）；

Δh_{w}——浸水后试样的膨胀量（mm）；

h_{0}——试样的初始高度（mm）。

⑥卸下膨胀量测定装置，从水槽中取出试样，吸去试样顶面的水，静置 15min 让其排水，卸去荷载块、多孔顶板和有孔底板，取下滤纸，并称试样筒和试样总质量，计算试样的含水率与密度的变化。

（3）贯入试验应按下列步骤进行：

①将浸水终了的试样放到贯入仪的升降台上，调整升降台的高度，使贯入杆与试样顶面刚好接触，并在试样顶面放上 8 块荷载块；

②在贯入杆上施加 45N 荷载，将测力计量表和测变形的量表读数调整至零点；

③加荷使贯入杆以 (1~1.25)mm/min 的速度压入试样，按测力计内量表的某些整读数（如 20、40、60）记录相应的贯入量，并使贯入量达 2.5mm 时的读数不得少于 5 个，当贯入量读数为 (10~12.5)mm 时可终止试验；

④应进行3个试样的平行试验,每个试样间的干密度最大允许差值应为±0.03g/cm³。当3个试样试验结果所得承载比的变异系数大于12%时,去掉一个偏离大的值,试验结果取其余2个结果的平均值;当变异系数小于12%时,试验结果取3个结果的平均值。

3)计算、制图和记录

由$p\text{-}l$曲线上获取贯入量为2.5mm和5.0mm时的单位压力值,各自的承载比应按下列公式计算。承载比一般是指贯入量为2.5mm时的承载比,当贯入量为5.0mm时的承载比大于2.5mm时,试验应重新进行。当试验结果仍然相同时,应采用贯入量为5.0mm时的承载比。

(1)贯入量为2.5mm时的承载比应按下式计算:

$$CBR_{2.5} = \frac{p}{7000} \times 100 \tag{11-16}$$

式中:$CBR_{2.5}$——贯入量为2.5mm时的承载比(%);

P——单位压力(kPa);

7000——贯入量为2.5mm时的标准压力(kPa)。

(2)贯入量为5.0mm时的承载比应按下式计算:

$$CBR_{5.0} = \frac{p}{10500} \times 100 \tag{11-17}$$

式中:$CBR_{5.0}$——贯入量为5.0mm时的承载比(%);

10500——贯入量为5.0mm时的标准压力(kPa)。

(3)以单位压力(p)为横坐标,贯入量(l)为纵坐标,绘制$p\text{-}l$曲线(图11-12)。图11-12中,曲线1是合适的,曲线2的开始段是凹曲线,应进行修正。修正的方法为:在变曲率点引一切线,与纵坐标交于O'点,这O'点即为修正后的原点。

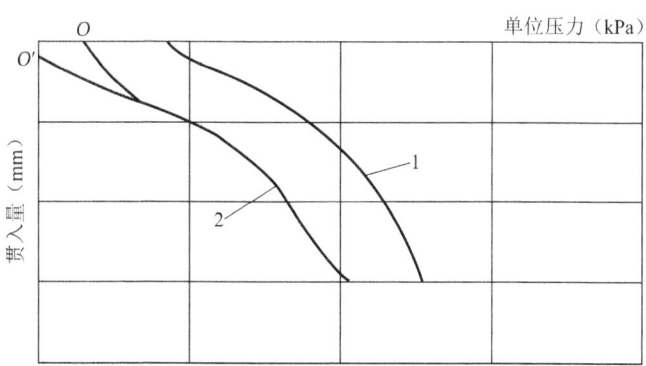

图11-12 单位压力与贯入量的关系曲线($p\text{-}l$曲线)

6.土的无侧限抗压强度

1)主要仪器设备

(1)应变控制式无侧限压缩仪(图11-13):应包括负荷传感器或测力计、加压框架及升降螺杆等。应根据土的软硬程度选用不同量程的负荷传感器或测力计。

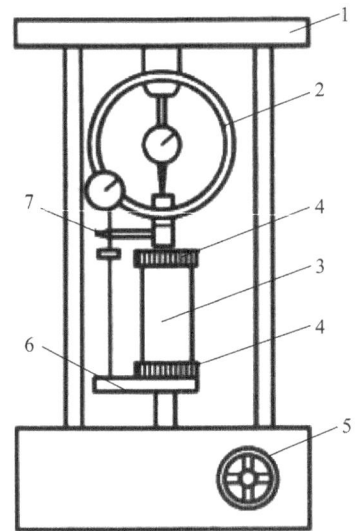

1—轴向加压架；2—轴向测力计；3—试样；4—传压板；5—手轮或电动转轮；6—升降板；7—轴向位移计

图 11-13 应变控制式无侧限压缩仪示意图

（2）位移传感器或位移计（百分表）：量程 30mm，分度值 0.01mm。

（3）天平：称量 1000g，分度值 0.1g。

2）试验步骤

（1）试样制备应符合 GB/T 50123—2019 标准规定。

（2）试样直径可为(3.5~4.0)cm。试样高度宜为 8.0cm。

（3）将试样两端抹一薄层凡士林，当气候干燥时，试样侧面亦需抹一薄层凡士林防止水分蒸发。

（4）将试样放在下加压板上，升高下加压板，使试样与上加压板刚好接触。将轴向位移计、轴向测力读数均调至零位。

（5）下加压板宜以每分钟轴向应变为 1%~3%的速度上升使试验在(8~10)min 内完成。

（6）轴向应变小于 3%时，每 0.5%应变测记轴向力和位移读数 1 次；轴向应变达 3%以后，每 1%应变测记轴向位移和轴向力读数 1 次。

（7）当轴向力的读数达到峰值或读数达到稳定时，应再进行 3%~5%的轴向应变值即可停止试验；当读数无稳定值时，试验应进行到轴向应变达 20%为止。

（8）试验结束后，迅速下降下加压板，取下试样，描述破坏后形状，测量破坏面倾角。

（9）当需要测定灵敏度时，应立即将破坏后的试样除去涂有凡士林的表面，加入少量切削余土，包于塑料薄膜内用手搓捏，破坏其结构，重塑成圆柱形，放入重塑筒内，用金属垫板，将试样挤成与原状样密度、体积相等的试样。然后应按（4）~（8）条的规定进行试验。

3）计算、制图和记录

（1）试样的轴向应变应按下式计算：

$$\varepsilon_1 = \frac{\Delta h}{h_0} \times 100 \tag{11-18}$$

（2）试样的平均断面积应按下式计算：

$$A_\mathrm{a} = \frac{A_0}{1 - 0.01\varepsilon_1} \tag{11-19}$$

（3）试样所受的轴向应力应按下式计算：

$$\sigma = \frac{CR}{A_\mathrm{a}} \times 10 \tag{11-20}$$

式中：σ——轴向应力（kPa）；

C——测力计率定系数（N/0.01mm）；

R——测力计读数（0.01mm）；

A_a——试样剪切时的面积（cm²）。

（4）以轴向应力为纵坐标，轴向应变为横坐标，绘制应力应变曲线（图11-14）：

取曲线上的最大轴向应力作为无侧限抗压强度q_u。最大轴向应力不明显时，取轴向应变为15%对应的应力作为无侧限抗压强度q_u。

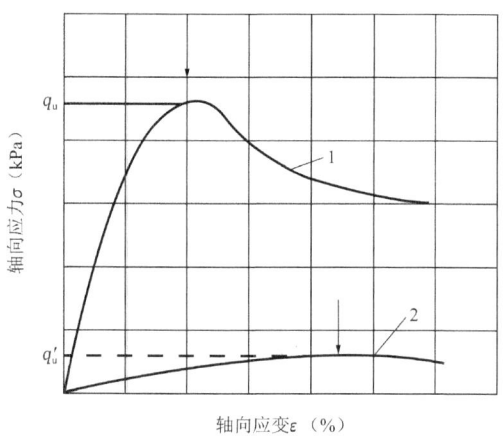

1—原状试样；2—重塑试样

图11-14 轴向应力与轴向应变关系曲线

（5）灵敏度应按下式计算：

$$S_\mathrm{t} = \frac{q_\mathrm{u}}{q_\mathrm{u}'} \tag{11-21}$$

式中：S_t——灵敏度；

q_u——原状试样的无侧限抗压强度（kPa）；

q_u'——重塑试样的无侧限抗压强度（kPa）。

无机结合料稳定材料试件的无侧限抗压强度：

① 主要仪器设备

A. 标准养生室或可控温控湿的养生设备。

B. 水槽：深度应大于试件高度 50mm。

C. 压力机或万能试验机（也可用路面强度试验仪和测力计）压力机应符合现行 GB/T 2611—2022 中的要求，其测量精度为+1%，同时应具有加载速率验机通用技术要求指示装置或加载速率控制装置。上下压板平整并有足够刚度，可均匀地连续加载、卸载，可保持固定荷载。开机停机均灵活自如，能够满足试件吨位要求，且压力机加载速率可有效控制在 1mm/min。

D. 电子天平：量程不小于 15kg，感量 0.1g；量程不小于 4000g，感量 0.01g。

E. 量筒、拌和工具、头、大小铝盒、烘箱等。

F. 球形支座

G. 游标卡尺：量程 200mm。

② 试件制备和养生

A. 细粒材料，试件的直径$x_{高}$ = 50mm×50mm 或 100mm×100mm；中粒材料，试件的直径$x_{高}$ = 100mm×100mm 或 150mm×150mm；粗粒材料，试件的直径$x_{高}$ = 150mm×150mm。

注：施工质量控制的强度试验中，细粒材料的试件直径应为 100mm，中，粗粒材料试件直径应为 150mm。

B. 试件成型符合 JTG 3441—2024 标准中 T0843 的规定。

C. 试件的养生应符合 JTG 3441—2024 标准中 T0845 的规定。

D. 将试件两顶面用刮刀刮平，必要时可用快凝水泥砂浆磨平试件顶面。

E. 为保证试验结果的可靠性和准确性，每组试件的数量要求为：小试件数量不少 6 个；中试件数量不少于 9 个；大试件数量不少于 13 个。

③ 试验步骤

A. 根据试验材料类型和一般工程经验，选择合适量程的测力计和压力机，试件破坏荷载应大于测力量程的 20%且小于测力量程的 80%。球形支座和上下顶板上涂上机油使球形支座能够灵活转动。

B. 将已浸水 24h 的试件从水中取出，用软布吸去试件表面的水分，并称试件的质量m。

C. 用游标卡尺量试件的高度h，精确至 0.1mm。

D. 将试件放在路面材料强度试验仪或压力机上，并在升降台上先放一扁球座，进行抗压试验。试验过程中，应保持加载速率为 1mm/min。记录试件破坏时的最大压力P（N）。

E. 从试件中心取有代表性的样品（经过打破），按照 JTG 3441—2024 标准中 T0801 方法，测定其含水率ω。

④ 计算

试件的无侧限抗压强度按下式计算。

$$R_C = \frac{P}{A} \tag{11-22}$$

式中：R_C——试件的无侧限抗压强度（MPa）；

P——试件破坏时的最大压力（N）；

A——试件的截面积（mm²）。

抗压强度应保留至小数点后 2 位。

同一组试件试验中，采用 3 倍标准差方法剔除异常值，细、中粒材料异常值不超过 1 个，粗粒材料异常值不超过 2 个。异常值超过上述规定的试验重做。

同一组试验的变异系数C_v（%）应符合下列规定，方为有效试验：小试件$C_v ≤ 6\%$；中试件$C_v ≤ 10\%$；大试件$C_v ≤ 20\%$。如不能保证试验结果的变异系数小于规定值则应按允许误差 10% 和 90% 概率重新计算所需的试件数量，增加试件数量并另做新试验。

7. 水泥或石灰剂量

水泥或石灰稳定材料中水泥或石灰剂量测定方法（EDTA 滴定法）

1）主要仪器设备

（1）滴定设备。

（2）电子天平：量程不小于 1500g，感量 0.01g。

（3）烧杯、容量瓶、量筒、秒表、广口瓶等。

2）试剂

（1）0.1mol/L 乙二胺四乙酸二钠（EDTA 二钠）标准溶液（简称 EDTA 二钠标准溶液）：准确称取 EDTA 二钠（分析纯）37.23g，用(40～50)℃的无二氧化碳蒸馏水溶解，待全部溶解并冷却至室温后，定容至 1000m。

（2）10% 氯化铵溶液：将 500g 氯化铵（分析纯或化学纯）放在 10L 的塑料桶内，加蒸馏水 4500mL，充分振荡，使氯化铵完全溶解。也可分批在 1000mL 的烧杯内配制，然后倒入塑料桶内摇匀。

（3）1.8% 氢氧化钠（内含三乙醇胺）溶液：用电子天平称 18g 氢氧化钠（NaOH）（分析纯），放入洁净干燥的 1000mL 烧杯中，加 1000mL 蒸馏水使其全部溶解，待溶液冷却至室温后，加入 2mL 三乙醇胺（分析纯），搅拌均后储于塑料桶中。

（4）钙红指示剂：将 0.2g 钙试剂羧酸钠与 20g 预先在(105＋1)℃烘箱中烘 1h 的硫酸钾混合。一起放入研钵中，研成极细粉末，储于棕色广口瓶中，以防吸潮。

3）准备标准曲线

（1）取样：取工地用石灰和被稳定材料，风干后用烘干法测其含水率（如为水泥，可假定含水率为 0）。

(2)混合料组成的计算：

①公式：干料质量 = 湿料质量/(1 + 含水率)。

②计算步骤：

a. 干混合料质量 = 湿混合料质量/(1 + 最佳含水率)；

b. 被稳定材料的干质量 = 干混合料质量/(1 + 石灰或水泥剂量)；

c. 干石灰或水泥质量 = 干混合料质量 - 被稳定材料的干质量；

d. 被稳定材料的湿质量 = 被稳定材料的干质量 × (1 + 被稳定材料的风干含水率)；

e. 湿石灰质量 = 干石灰质量 × (1 + 石灰的风干含水率)；

f. 石灰稳定材料中应加入的水 = 湿混合料质量 - 被稳定材料的湿质量 - 湿石灰质量。

(3)准备5种试样，每种2个样品（以水泥稳定材料为例）。如为水泥稳定中、粗粒材料，每个样品取1000g左右（如为细粒材料，则可称取300g左右）准备试验。为了减少中、粗粒材料的离散，宜按设计级配单份掺配的方式备料。

5种混合料的水泥剂量应为：水泥剂量为0、最佳水泥剂量左右、最佳水泥剂量的±2%和±4%，每种剂量取两个（为湿质量）试样，共10个试样，并分别放在10个大口塑料桶（如为稳定细粒材料，可用搪瓷杯或1000mL具塞三角瓶；如为粗粒材料，可用5L的大口塑料桶）内。被稳定材料的含水率应等于工地预期达到的最佳含水率，被稳定材料中所加的水应与工地所用的水相同。

注：在此，准备标准曲线的水泥剂量可为0、2%、4%、6%、8%，如水泥剂量较高或较低，应保证工地实际所用水泥或石灰的剂量位于标准曲线所用剂量的中间。

(4)取一个盛有试样的盛样器，在盛样器内加入两倍试样质量（湿料质量）体积的10%氯化铵溶液（如湿料质量为300g，则氯化铵溶液为600mL；如湿料质量为1000g，则氯化铵溶液为2000mL）。料为300g，则搅拌3min（每分钟搅110~120次）；料为1000g，则搅拌5min。如用1000mL具塞三角瓶，则手握三角瓶（瓶口向上）用力振荡3min（每分钟120次±5次），以代替搅拌棒搅拌。放置沉淀10min，然后将上部清液转移到300mL烧杯内，搅匀，加盖表面皿待测。

注：如10min后得到的是混浊悬浮液，则应增加放置沉淀时间，直到出现无明显悬浮颗粒的悬浮液为止，并记录所需的时间，以后所有该种水泥（或石灰）稳定材料的试验，均应以同一时间为准。

(5)用移液管吸取上层[液面下(10~20)mm]悬浮液10.0mL放入200mL的三角瓶内用量筒量取1.8%氢氧化钠（内含三乙醇胺）溶液50mL倒入三角瓶中，此时溶液pH值为12.5~13.0（可用pH = 12~14的精密试纸检验），然后加入钙红指示剂（质量约为0.2g）摇匀，溶液呈玫瑰红色。记录滴定管中EDTA二钠标准溶液的体积V_1，然后用EDTA二钠标准溶液滴定，边滴定边摇匀，并仔细观察溶液的颜色；在溶液颜色变为紫色时，放慢滴定速度，并摇匀；直到纯蓝色为终点，记录滴定管中EDTA二钠标准溶液体积V_2（以 m 计读至 0.1mL）。计算V_1-V_2，即为 EDTA 二钠标准溶液的消耗量。

（6）对其他几个盛样器中的试样，用同样的方法进行试验，并记录各自的 EDTA 二钠标准溶液的消耗量。

（7）以同一水泥或石灰剂量稳定材料 EDTA 钠标准溶液消耗量（mL）的平均值为纵坐标，以水泥或石灰剂量（%）为横坐标制图。两者的关系应是一根顺滑的曲线，如图 11-15 所示。如素土、水泥或石灰改变，必须重绘标准曲线。

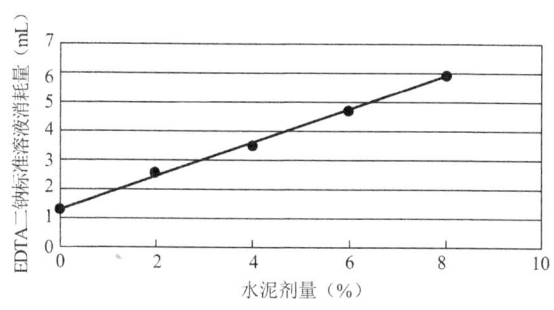

图 11-15　EDTA 标准曲线

4）试验步骤

（1）选取有代表性的无机结合料稳定材料，对稳定中、粗粒材料取试样约 3000g，对稳定细粒材料取试样约 1000g。

（2）对水泥或石灰稳定细粒材料，称 300g 放在搪瓷杯中，用搅拌棒将结块搅散，加 10%氯化铵溶液 600mL；对水泥或石灰稳定中、粗粒材料，可直接称取 1000g 左右，放入 10%氯化铵溶液 2000mL，然后如前述步骤进行试验。

（3）利用所绘制的标准曲线，根据 EDTA 二钠标准溶液消耗量，确定混合料中的水泥或石灰剂量。

5）结果整理

本试验应进行两次平行测定，取算术平均值，精确至 0.1mL，允许重复性误差不得大于均值的 5%，否则，重新进行试验。

8. 颗粒分析试验

本试验方法分为筛析法、密度计法、移液管法。筛析法：适用于粒径为(0.075～60)mm 的土；密度计法：适用于粒径小于 0.075mm 的土；移液管法：适用于粒径小于 0.075mm 的土；当土中粗细兼有时，应联合使用筛析法和密度计法或筛析法和移液管法。

本节主要列入筛析法，其他试验方法见标准。

1）主要仪器设备：

（1）试验筛：应符合现行国家标准《试验筛　技术要求和检验　第 1 部分：金属丝编织

网试验筛》GB/T 6003.1—2022 的规定。

（2）粗筛：孔径为 60mm、40mm、20mm、10mm、5mm、2mm。

（3）细筛：孔径为 2.0mm、1.0mm、0.5mm、0.25mm、0.1mm、0.075mm。

（4）天平：称量 1000g，分度值 0.1g；称量 200g，分度值 0.01g。

（5）台秤：称量 5kg，分度值 1g。

（6）振筛机：应符合现行行业标准《实验室用标准筛振荡机技术条件》DZ/T 0118—1994 的规定。

（7）其他：烘箱、量筒、漏斗、瓷杯、附带橡皮头研杵的研钵、瓷盘、毛刷、匙、木碾。

2）试验步骤：

（1）从风干、松散的土样中，用四分法按下列规定取出代表性试样：

①粒径小于 2mm 的土取(100～300)g；

②最大粒径小于 10mm 的土取(300～1000)g；

③最大粒径小于 20mm 的土取(1000～2000)g；

④最大粒径小于 40mm 的土取(2000～4000)g；

⑤最大粒径小于 60mm 的土取 4000g 以上。

（2）砂砾土筛析法应按下列步骤进行：

①应按（1）条规定的数量取出试样，称量应准确至 0.1g；当试样质量大于 500g 时，应准确至 1g；

②将试样过 2mm 细筛，分别称出筛上和筛下土质量；

③若 2mm 筛下的土小于试样总质量的 10%，则可省略细筛筛析。若 2mm 筛上的土小于试样总质量的 10%，则可省略粗筛筛析；

④取 2mm 筛上试样倒入依次叠好的粗筛的最上层筛中；取 2mm 筛下试样倒入依次选好的细筛最上层筛中，进行筛析。细筛宜放在振筛机上震摇，震摇时间应为(10～15)min；

⑤由最大孔径筛开始，顺序将各筛取下，在白纸上用手轻叩摇晃筛，当仍有土粒漏下时，应继续轻叩摇晃筛，至无土粒漏下为止。漏下的土粒应全部放入下级筛内。并将留在各筛上的试样分别称量，当试样质量小于 500g 时，准确至 0.1g；

⑥筛前试样总质量与筛后各级筛上和筛底试样质量的总和的差值不得大于试样总质量的 1%。

（3）含有黏土粒的砂砾土应按下列步骤进行：

①将土样放在橡皮板上用土碾将黏结的土团充分碾散，用四分法取样，取样时应按（1）条规定称取代表性试样，置于盛有清水的瓷盆中，用搅棒搅拌，使试样充分浸润和粗细颗粒分离；

②将浸润后的混合液过 2mm 细筛，边搅拌边冲洗边过筛，直至筛上仅留大于 2mm 的

土粒为止。然后将筛上的土烘干称量，准确至 0.1g。应按标准规定进行粗筛筛析；

③用带橡皮头的研杵研磨粒径小于 2mm 的混合液，待稍沉淀，将上部悬液过 0.075mm 筛。再向瓷盆加清水研磨，静置过筛。如此反复，直至盆内悬液澄清。最后将全部土料倒在 0.075mm 筛上，用水冲洗，直至筛上仅留粒径大于 0.075mm 的净砂为止；

④将粒径大于 0.075mm 的净砂烘干称量，准确至 0.01g。并应按（2）条④，⑤项的规定进行细筛筛析；

⑤将粒径大于 2mm 的土和粒径为(0.075～2)mm 的土的质量从原取土总质量中减去，即得粒径小于 0.075mm 的土的质量；

⑥当粒径小于 0.075mm 的试样质量大于总质量的 10%时，应按密度计法或移液管法测定粒径小于 0.075mm 的颗粒组成。

3）小于某粒径的试样质量占试样总质量百分数应按下式计算：

$$X = \frac{m_A}{m_B} d_x \tag{11-23}$$

式中：X——小于某粒径的试样质量占试样总质量的百分数（%）；

m_A——小于某粒径的试样质量（g）；

m_B——当细筛分析时或用密度计法分析时所取试样质量（粗筛分析时则为试样总质量）（g）；

d_x——粒径小于 2mm 或粒径小于 0.075mm 的试样质量占总质量的百分数（%）。

4）以小于某粒径的试样质量占试样总质量的百分数为纵坐标，颗粒粒径为横坐标，在单对数坐标上绘制颗粒大小分布曲线。

5）级配指标不均匀系数和曲率系数 C_u、C_c 应按下列公式计算：

（1）不均匀系数：

$$C_u = \frac{d_{60}}{d_{10}} \tag{11-24}$$

式中：C_u——不均匀系数；

d_{60}——限制粒径（mm），在粒径分布曲线上小于该粒径的土含量占总土质量的 60% 的粒径；

d_{10}——有效粒径（mm），在粒径分布曲线上小于该粒径的土含量占总土质量的 10% 的粒径。

（2）曲率系数：

$$C_c = \frac{d_{30}^2}{d_{60} d_{10}} \tag{11-25}$$

式中：C_c——曲率系数；

d_{30}——在粒径分布曲线上小于该粒径的土含量占总土质量的 30% 的粒径（mm）。

第二节 土工合成材料

一、相关标准

（1）《土工合成材料应用技术规范》GB/T 50290—2014。

（2）《公路土工合成材料应用技术规范》JTG/T D32—2012。

（3）《公路工程土工合成材料试验规程》JTG E50—2006。

（4）《土工合成材料 短纤针刺非织造土工布》GB/T 17638—2017。

（5）《土工合成材料 机织/非织造复合土工布》GB/T 18887—2023。

（6）《土工合成材料 塑料土工格栅》GB/T 17689—2008。

（7）《玻璃纤维土工格栅》GB/T 21825—2008。

（8）《土工合成材料 聚乙烯土工膜》GB/T 17643—2011。

（9）《土工合成材料 宽条拉伸试验方法》GB/T 15788—2017。

（10）《土工合成材料 梯形法撕破强力的测定》GB/T 13763—2010。

（11）《土工合成材料 静态顶破试验（CBR 法）》GB/T 14800—2010。

（12）《土工合成材料 土工布及土工布有关产品单位面积质量的测定方法》GB/T 13762—2009。

（13）《土工合成材料 规定压力下厚度的测定 第 1 部分：单层产品》GB/T 13761.1—2022。

（14）《土工布及其有关产品 无负荷时垂直渗透特性的测定》GB/T 15789—2016。

（15）《土工布及其有关产品 刺破强力的测定》GB/T 19978—2005。

二、基本概念

1. 定义

土工合成材料：工程建设中应用的与土、岩石或其他材料接触的聚合物材料（含天然的）的总称，包括土工织物、土工膜、土工复合材料、土工特种材料。

土工织物：具有透水性的土工合成材料。按制造方法不同可分为有纺土工织物和无纺土工织物。

土工膜：由聚合物（含沥青）制成的相对不透水膜。

复合土工膜：土工膜和土工织物（有纺或无纺）或其他高分子材料两种或两种以上的材料的复合制品。与土工织物复合时，可生产出一布一膜、二布一膜（二层织物间夹一层膜）等规格。

土工格栅：由抗拉条带单元结合形成的有规则网格型式的加筋土工合成材料，其开孔可容填筑料嵌入。分为塑料土工格栅、玻纤格栅、聚酯经编格栅和由多条复合加筋带粘接或焊接成的钢塑土工格栅等。

2. 分类

土工合成材料常见工程应用品种的分类如表 11-11 所示。

土工合成材料类型 表 11-11

大类	亚类		典型品种
土工合成材料	土工织物	有纺（织造 Woven）	机织（含编织）、针细等
		无纺（非织造 Non-woven）	针刺、热粘、化粘等
	土工膜	聚合物土工膜	
	土工复合材料	复合土工膜	一布一膜、两布一膜等
		复合土工织物	
		复合防排水材料	排水板（带）、长丝热粘排水体、排水管、防水卷材、防水板等
	土工特种材料	土工格栅	塑料土工格栅（单向、双向、三向土工格栅）、经编土工格栅、粘结（焊接）土工格栅等
		土工带	塑料土工加筋带、钢塑土工加筋带等
		土工格室	有孔型、无孔型
		土工网	平面土工网、三维土工网（土工网垫）等
		土工模袋	机织模袋、针织模袋等
		超轻型合成材料	如泡沫聚苯乙烯板块（EPS）
		土工织物膨润土垫（GCL）	
		植生袋	

注：见《公路土工合成材料应用技术规范》JTG/T D32—2012。

3. 工程应用

（1）土工合成材料可应用于公路路基、挡墙、路基防排水、路基防护、路基不均匀沉降防治、路面裂缝防治、特殊土和特殊路基处治、地基处理等工程中，可按表 11-12 的规定选择合适的土工合成材料。

土工合成材料的工程应用 表 11-12

应用场合	宜采用的土工合成材料
路基加筋	土工格栅、土工织物、土工格室
地基处理	排水带、土工格栅、无纺土工织物、土工格室、泡沫聚苯乙烯板块（EPS）
路基防排水	排水板、排水管、长丝热粘排水体、缠绕式排水管、透水软管、透水硬管、复合土工膜、无纺土工织物、土工织物膨润土垫

续表

应用场合	宜采用的土工合成材料
路基防护	三维土工网、平面土工网、土工格室、土工模袋、植生袋
路基不均匀沉降防治	土工格栅、土工织物、土工格室、泡沫聚苯乙烯板块（EPS）
防沙固沙	土工格室、土工织物、土工格栅
膨胀土路基处治	土工格栅、无纺土工织物、复合土工膜
盐渍土路基处治与构筑物表面防腐	复合土工膜、土工织物、土工格栅
路面裂缝防治	无纺土工织物、玻璃纤维格栅

（2）土工织物可用于两种介质间的隔离、路基防排水、防沙固沙、构筑物表面防腐路面裂缝防治等场合；高强度的土工织物可用于加筋。

（3）复合土工膜可用于路基防水、盐渍土隔离等场合。

三、试验项目及组批原则

1. 试验项目

土工合成材料性能指标应按工程使用要求确定下列试验项目。

（1）物理性能：材料密度、厚度（及其与法向压力的关系）、单位面积质量、等效孔径等。

（2）力学性能：拉伸、握持拉伸、撕裂、顶破、CBR顶破、刺破，胀破等强度和直剪摩擦、拉拔摩擦等。

（3）水力学性能：垂直渗透系数（透水率）平面渗透系数（导水率）、梯度比等。

（4）耐久性能：抗紫外线能力、化学稳定性和生物稳定性、蠕变性等。

2. 组批原则

土工合成材料在不同类型工程中的试验项目及组批规则可参考《公路土工合成材料应用技术规范》JTG/T D32—2012 的规定，如表 11-13 所示。

土工合成材料试验项目　　　　表 11-13

试验项目	目的及拟采用的材料											频度
	加筋		排水	过滤	防渗/隔离	坡面防护		冲刷防护		防治差异沉降		路面防裂		
	土工织物	土工格栅/格室	排水材料	土工织物	土工膜	土工网	土工格栅/格室	土工织物	土工膜袋	土工织物	土工格栅/格室	土工织物	玻璃纤维格栅	
单位面积质量	★	△	★	★	★	★	△	★	★	★	△	★	△	1 次/10000m³

续表

试验项目	目的及拟采用的材料												频度
	加筋		排水	过滤	防渗/隔离	坡面防护		冲刷防护		防治差异沉降		路面防裂		
	土工织物	土工格栅/格室	排水材料	土工织物	土工膜	土工网	土工格栅/格室	土工织物	土工膜袋	土工织物	土工格栅/格室	土工织物	玻璃纤维格栅	
厚度	△	△	★	★	★	★	△	★	★	△	△	△	△	1次/10000m³
孔径	×	★	△	△	×	★	★	×	×	×	★	×	★	1次/10000m³
几何尺寸	★	★	★	★	★	★	★	★	★	★	★	★	★	1次/10000m³
垂直渗透系数	×	×	★	★	×	×	×	★	×	×	×	×	×	1次/10000m³
水平渗透系数	×	×	★	×	×	×	×	★	×	×	×	×	×	1次/10000m³
有效孔径	×	×	△	★	×	×	×	△	×	×	×	×	×	1次/10000m³
淤堵	×	×	★	★	×	×	×	△	×	×	×	×	×	1次/10000m³
耐静水压	×	×	×	×	★	×	×	×	★	×	×	×	×	1次/10000m³
拉伸强度	★	★	△	△	×	△	△	×	★	★	★	★	★	1次/10000m³
CBR顶破	★	×	★	★	★	×	×	★	★	★	★	★	×	1次/10000m³
刺破	★	×	★	★	★	×	×	△	△	★	★	×	×	1次/10000m³
节点/焊点强度	×	★	×	×	×	★	★	×	×	×	★	×	★	1次/批
直接剪切摩擦	★	★	×	×	×	×	×	×	★	★	★	×	△	1次/批
拉拔摩擦	★	★	×	×	×	×	×	×	★	★	★	×	△	1次/批

四、试验方法

1. 宽条拉伸试验

1）主要仪器设备

（1）拉伸试验仪（等速伸长型拉伸试验仪）：符合《金属材料 静力单轴试验机的检验与校准 第1部分：拉力和（或）压力试验机 测力系统的检验与校准》GB/T 16825.1—2012中的2级或2级以上试验机要求，在拉伸过程中保持试样的伸长速率恒定，其夹具应具有足够宽度，以握持试样的整个宽度，并采取适当方法防止试样滑移或损伤。

（2）引伸计：能够测量试样上两个标记点间的距离，对试样无任何损伤或滑移，注意保证测量结果确实代表了标记点的真实动程。

2）试验样品

（1）试样数量，沿纵向（MD）和横向（CMD）各裁取至少5块试样。

（2）试样尺寸：

①非织造土工布、针织土工布、土工网、土工网垫、黏土防渗土工膜、排水复合材料及其他产品每块试样的最终宽度为200±1mm，试样长度满足夹钳隔距100mm，其长度方向与外加载荷的方向平行。对于使用切刀或剪刀裁剪时可能会对试样的结构造成影响的材料，可以使用热切或其他技术进行裁剪，并应在报告中注明。合适时，为监测滑移，可在钳口处沿试样的整个宽度，垂直于试样长度方向画两条间隔100mm的标记线。

②机织土工布

对于机织土工布，将每块试样裁剪至约220mm宽，然后从试样两边拆除数目大致相等的边纱以得到200±1mm的名义试样宽度。

注：该操作有助于在试验期间保持试样的完整性。当试样的完整性不受影响时，能将试样直接切至最终宽度。

③单向土工格栅

对于单向土工格栅，每个试样的宽度不小于200mm，并具有足够的长度满足夹钳隔距不小于100mm。距任意节点10mm裁剪所有肋条。节点间距不大于10mm的产品，准备试样的宽度宜比需要的试样宽度宽2根肋条，当试样被夹入钳口后将两端多出的部分切断。试验结果（强度）的计算应与单位宽度上完整抗拉肋条的数量有关。试样除被夹钳握持的节点或交叉组织外，应包含至少一排节点或交叉组织。对横向节距［一根肋条（受力单元）的起点到下一根肋条起点间的距离］小于75mm的产品，在其宽度方向上应至少有4个完整的抗拉单元（抗拉肋条）。对于横向节距大于或等于75mm而小于120mm的产品，在其宽度方向上应包含至少2个完整的抗拉单元。对节距大于120mm的产品，其宽度方向上具有1个完整的抗拉单元即可满足测试要求。

用于测量伸长的标记点应标在试样中排抗拉肋条上。两个标记点之间应至少间隔60mm。标记点应标记在肋条的中点，同时应被至少1个节点或交叉组织间隔。必要时，标记点可被多排节点或交叉组织间隔以获得60mm的最小间距。在这种情况下，应保持在肋条中点做标记点，隔距长度应为格栅间距的整数倍。测量名义隔距长度，精确至±1mm。

④双向和四向土工格栅

对于双向和四向土工格栅，每个试样的宽度不小于200mm，并具有足够的长度满足夹钳隔距不小于100mm。距任意节点10mm裁剪所有肋条。试样应至少包含一排节点或交叉组织，不包括被夹持在钳口中的节点。

当横向节距小于 75mm 时，在其宽度方向上应至少有 4 个完整的抗拉单元。对于横向节距大于或等于 75mm 而小于 120mm 的产品，在其宽度方向上应包含至少 2 个完整的抗拉单元。对节距大于 120mm 的产品，其宽度方向上具有 1 个完整的抗拉单元即可满足测试要求。用于测量伸长的标记点应标在试样中排抗拉肋条上。两个标记点之间应至少间隔 60mm。标记点应标记在肋条的中点，同时应被至少 1 个节点或交叉组织间隔。必要时，标记点可被多排节点或交叉组织间隔以获得 60mm 的最小间距。在这种情况下，在肋条中点或节点上标标记点，隔距长度应为格栅间距的整数倍。测量名义隔距长度，精确至±1mm。

⑤三向土工格栅

对于三向土工格栅，每个试样宽不小于 200mm，并具有足够的长度满足夹钳隔距不小于 100mm。

用于测量伸长的标记点应标在试样节点的中心，同时应被至少 1 个节点或交叉组织间隔。必要时，标记点可被多排节点或交叉组织间隔以获得 60mm 的最小间距。在这种情况下，应保持在肋条中点做标记点，隔距长度应为格栅间距的整数倍。测量名义隔距长度，精确至±1mm。

3）试验步骤

试验前，将夹具隔距调节到(100 ± 3)mm，使用绞盘夹具的土工合成材料和土工格栅除外。选择试验机的负荷量程，使力值精确至 10N。

对于伸长率超过 5%的土工合成材料，设定试验机的拉伸速度，使试样的伸长速率为隔距长度的(20 ± 5)%/min。

将试样对中地夹持在夹钳中，注意纵向和横向试验的试样长度方向与载荷方向平行。

对于伸长率小于或等于 5%的土工合成材料，选择合适的拉伸速度使所有试样的平均断裂时间为(30 ± 5)s。

安装引伸计，在试样上相距 60mm 分别设定标记点（分别距试样中心 30mm），并固定引伸计。若使用接触式伸长仪，不应对试样有任何损伤。确保试验中这些标记点不滑移。

启动拉伸试验仪，施加预计最大负荷 1%的预负荷以确定初始伸长率测试的起点，继续施加载荷直到试样断裂。停止测试，夹头恢复到初始位置。记录并报出最大负荷，精确至 10N/m；记录伸长率，精确至一位小数。

4）计算

（1）抗拉强度：

将从拉伸试验机上获得的数据代入式(11-26)，计算每个试样的抗拉强度 T。

$$T_{max} = F_{max} \times C \tag{11-26}$$

式中：F_{max}——记录的最大负荷（kN）；

C——按公式(11-27)或公式(11-28)求得。

对于机织土工布、非织造土工布、针织土工布、土工网、土工网垫、黏土防渗土工膜、排水复合材料和三向土工格栅及其他产品：

$$C = \frac{1}{B} \tag{11-27}$$

式中：B——试样名义宽度（m）。

对于单向土工格栅、双向土工格栅、三向土工格栅及四向土工格栅：

$$C = \frac{N_m}{n_s} \tag{11-28}$$

式中：N_m——样品 1m 宽度范围内拉伸单元的数量；

n_s——试样中拉伸单元数。

（2）最大负荷下伸长率：

记录每个试样最大负荷下的伸长率，用百分率表示，精确至 0.1%。可按下式计算最大负荷下伸长率：

$$\varepsilon_{max} = \frac{\Delta L - L'_0}{L_0} \times 100 \tag{11-29}$$

式中：ε_{max}——最大负荷下伸长率（%）；

ΔL——最大负荷下伸长（mm）；

L'_0——达到预负荷时的伸长（mm）；

L_0——实际隔距长度（mm）。

（3）标称强度下伸长率：

记录每块试样标称强度下的伸长率，用百分率表示，精确至 0.1%。

2. 梯形法撕破强力

1）主要仪器设备

（1）等速伸长拉伸试验仪（CRE），附有自动记录力的装置。

（2）铗钳，其宽度应足够夹持整个试样的宽度，且在试验过程中应保证试样不滑移或破损。

（3）梯形样板，其尺寸如图 11-16 所示。

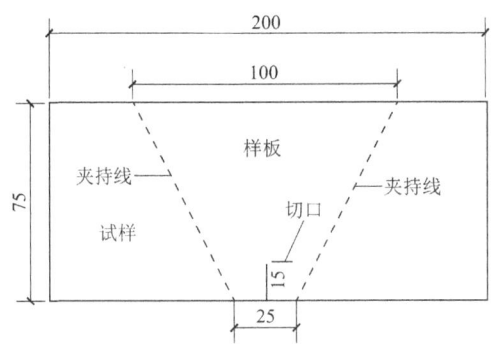

图 11-16　梯形样板（单位：mm）

2)试验样品

(1)按《土工合成材料 取样和试样准备》GB/T 13760—2009 的规定取样和准备试样。除非另有规定,从每份样品上裁取至少经向(纵向)和纬向(横向)各 10 块试样,每块试样的尺寸为(75 ± 1)mm ×(200 ± 2)mm。

(2)用梯形样板在每个试样上画一个等腰梯形,按图 11-16 所示在梯形短边中心剪一个长约 15mm 的切口。

(3)按《纺织品 调湿和试验用标准大气》GB/T 6529—2008 规定调湿试样。

(4)如果要求测定试样湿态下的撕破强力,试样应放在温度(20 ± 2)℃的去离子水中浸渍,至完全湿透为止,也可用每升含不超过 0.5g 的非离子中性湿润剂的水溶液代替去离子水。

注:测定试样湿态下的撕破强力时,试样不需要调湿。

3)试验步骤

(1)在《纺织品 调湿和试验用标准大气》GB/T 6529—2008 规定的标准大气环境中进行试验。

(2)设定两铁钳间距离为(25 ± 1)mm,拉伸速度为 50mm/min。

(3)安装试样,沿梯形的不平行两边(图 11-16 中夹持线)夹住试样,使切口位于两铁钳中间,长边处于折皱状态。

(4)启动仪器,拉伸并记录最大的撕破强力值,单位以牛顿(N)表示。

(5)若撕裂不是沿切口线进行或试样从铁钳中滑出,则应剔除此次试验值,并在原样品上重新裁取试样,补足试验次数。

注:对于撕破强力较大,或容易滑脱的试样,可更换特殊的铁钳或在铁钳夹持面加上衬垫材料,并应在试验报告中说明。

(6)测定试样湿态下的撕破强力时,将试样进行湿润处理,放在吸水纸上吸去多余的水后,立即按照(2)~(5)进行试验。

4)计算

分别计算经向(纵向)与纬向(横向)10 块试样最大撕破强力的平均值,结果保留至小数点后一位。

若需要,计算其变异系数,精确至 0.1%。

3. 静态顶破试验(CBR 法)

1)主要仪器设备

(1)试验仪器应符合《金属材料 静力单轴试验机的检验与校准 第 1 部分:拉力和(或)压力试验机 测力系统的检验与校准》GB/T 16825.1—2022 中的 1 级或 0 级要求,且应满足下列条件:

①(50 ± 5)mm/min 的恒定位移速率;

②记录顶压力和位移;

③自动显示顶压力和位移数值。

（2）顶压杆：

直径为(50±0.5)mm 的钢质顶压杆,顶压杆顶端边缘倒角为(2.5±0.2)mm 半径的圆弧。

（3）夹持系统：

夹持系统应保证试样不滑移或破损。夹持环内径应为(150±0.5)mm。分别给出了夹持系统装置和垫块示意图见图 11-17 所示。设计夹持环夹持面时，宜使夹持环内边缘和夹持区（即锯齿沟槽的起点）之间的距离不超过 7mm。

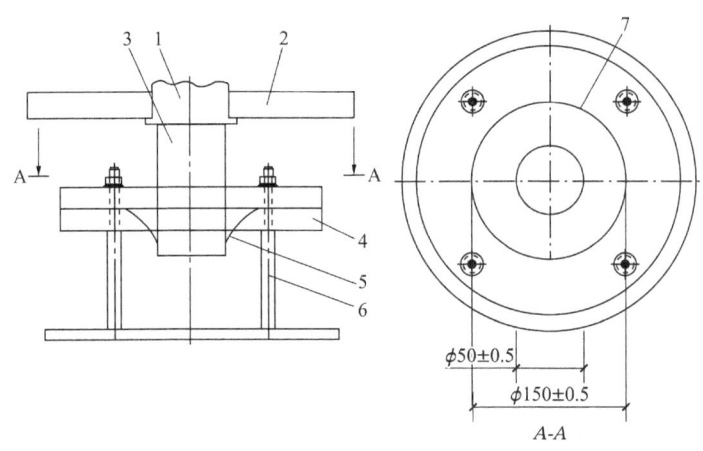

1—测压元件；2—十字头；3—顶压杆；4—夹持环；5—试样；6—CBR 夹具的支架；7—夹持环的内边缘

图 11-17　夹持系统装置示例图

2）试验样品

按《土工合成材料 取样和试样准备》GB/T 13760—2009 规定，从样品上随机剪取 5 块试样。

注：试样大小应与夹具相匹配，如果已知待测样品的两面具有不同的特性（如物理特性不同，或经加工后的两面特性不同），则应分别对两面进行测试。

试样应在《纺织品 调湿和试验用标准大气》GB/T 6529—2008 规定的标准大气下进行调湿。

连续间隔称重至少 2h，质量变化不超过 0.1%时，可认为达到平衡状态。

仅当对同一种型的产品（结构和聚合物类型都相同）获得的结果被证实不会因超过限定范围的标准大气而受到影响时，可以不在标准大气条件下进行调湿和试验。该信息应包含在试验报告中。

3）试验步骤

将试样固定在夹持系统的夹持环之间。将试样和夹持系统放于试验机上。

以(50±5)mm/min 的速率移动顶压杆直至穿透试样，预加张力为 20N 时，开始记录位移。对剩余的其他试样重复此程序进行试验。

4）计算

每次试验记录下列内容：

①3个有效的顶破强力值，单位为千牛（kN）；

②如需要，自预加张力20N至试样被顶破时测得的顶破位移，单位为毫米（mm），精确至1mm；

③如需要，绘制顶压力-位移关系曲线图；

④在夹持环或接近夹持环处出现的试样滑移或破损迹象。

计算顶破强力平均值（kN），变异系数（%）。

4.规定压力下厚度的测定

1）主要仪器设备

（1）厚度试验仪：

可调换压脚：表面平整光滑且可调换的压脚（压脚尺寸见表11-14），用于测定厚度均匀的材料。对于厚度不均匀的聚合物防渗土工膜和沥青防渗土工膜和此类其他土工合成材料厚度的测定，按GB/T 13761.1—2022标准附录A。

压脚尺寸 表11-14

土工合成材料的种类	压脚尺寸
聚合物防渗土工膜和沥青防渗土工膜	圆形，直径为10±0.5mm
土工隔垫和排水土工复合材料	最小面积100cm²（圆形或方形），试样尺寸应符合ISO 25619-1的规定
其他土工合成材料	圆形，面积为25±0.2cm²

注：特殊要求时，可选用其他压脚尺寸，并在试验报告中注明。

压脚应能提供垂直于试样表面2kPa、20kPa和200kPa的压力，允差为±0.5%。

除聚合物防渗土工膜和沥青防渗土工膜外，在测量厚度不匀的土工合成材料的总厚度时，应保证压脚表面与基准板平行，且至少有3个支撑点均匀分布在压脚表面，压脚面积不小于25cm²。

（2）基准板：其表面平整，在测定厚度均匀的材料时，其直径至少大于压脚直径（或对角线）的1.75倍，在测定厚度不均匀的材料的较薄部位时，其直径可以与压脚相同，或使用相同尺寸的其他支撑装置，确保能与试样的下表面完全接触。

（3）测量装置：用于指示压脚与基准板之间的距离，精确到0.01mm。

（4）计时器精度为±1s。

2）试验样品

（1）按《土工合成材料 取样和试样准备》GB/T 13760—2009规定选择和裁取试样。

（2）从样品上裁取至少10块试样，其直径至少大于压脚直径（或对角线）的1.75倍。若要在每个指定压力下测定新试样的厚度时，每个压力下至少取10块试样。

（3）将试样在《纺织品 调湿和试验用标准大气》GB/T 6529—2008规定的标准大气条件下调湿至少24h。若能证明对结果没有影响，可以省略本步骤。

3）试验步骤（测定指定压力下新试样的厚度）

（1）将试样放置在 1)中规定的基准板和压脚之间，使压脚轻轻压放在试样上，并对试样施加恒定压力 30s（或更长时间）后，读取厚度指示值。除去压力，并取出试样。

（2）2kPa 压力下的厚度的测定：按（1）操作，测定最少 10 块新试样在 (2 ± 0.01)kPa 压力下的厚度。

（3）20kPa 压力下的厚度的测定：按（1）操作，测定最少 10 块新试样在 (20 ± 0.1)kPa 压力下的厚度。

（4）200kPa 压力下的厚度的测定：按（1）操作，测定最少 10 块新试样在 (200 ± 1)kPa 压力下的厚度。

4）计算

计算试样在各指定压力下的平均厚度和变异系数，精确到 0.01mm。

5. 单位面积质量

1）主要仪器设备

电子天平，精确为 10mg。

2）试验样品

按《土工合成材料 取样和试样准备》GB/T 13760—2009 规定取样，裁取面积为 100cm² 试样至少 10 块：

试样应具有代表性。测量精度为 0.5%，如果 100cm² 的试样不能代表该产品全部结构时，使用较大面积的试样以确保测量的精度。

对于具有相对较大网孔的土工布有关产品，如土工格栅或土工网，应从构成网孔单元两个节点连线中心处剪切试样。试样在纵向和横向都应包含至少 5 个组成单元。应分别测定每个试样的面积。将试样在《纺织品 调湿和试验用标准大气》GB/T 6529—2008 规定的标准大气条件下调湿 24h，如果能表明省略调湿步骤对试验结果没有影响，则可省略此步。

3）试验步骤

分别对每个试样称量，精度为 10mg。

4）计算

按下式计算每个试样的单位面积质量：

$$\rho_A = \frac{m \times 10000}{A} \tag{11-30}$$

式中：ρ_A——单位面积质量（g/m²）；

m——试样质量（g）；

A——试样面积（cm²）。

计算 10 块试样的单位面积质量平均值，结果修约至 1g/m²，并计算变异系数。

6. 垂直渗透特性的测定（恒水头法）

1）主要仪器设备

（1）仪器夹持的试样表面可能会观察到有气泡，夹持试样处的内径至少为 50mm，仪器可以设置的最大水头差至少为 70mm，并在试验期间可以在试样两侧保持恒定的水头。要有达到 250mm 的恒定水头的能力。

（2）秒表，精确到 0.1s。

（3）温度计，精确到 0.2℃。

（4）量筒，用来测定水的体积，精确到量筒量程的 1%。

2）试验样品

从样品中剪取 5 个试样，试样尺寸要同试验仪器相适应。

3）试验步骤

（1）在实验室温度下，置试样于含湿润剂的水中，轻轻搅动以驱走空气，至少浸泡 12h。湿润剂采用体积分数为 0.1% 的烷基苯磺酸钠。

（2）将 1 个试样放置于仪器内，并使所有的连接点不漏水。

（3）向仪器注水，直到试样两侧达到 50mm 的水头差。关掉供水，如果试样两侧的水头在 5min 内不能平衡，查找仪器中是否有隐藏的空气，重新实施本程序。如果水头在 5min 内仍不能平衡，应在试验报告中注明。

（4）调整水流，使水头差达到 (70 ± 5)mm，记录此值，精确到 1mm。待水头稳定至少 30s 后，在固定的时间内，用量杯收集通过试样的水量，水的体积精确到 10cm^3，时间精确到 1s。收集水量至少 1000m^2 或收集时间至少 30s。

如果通过水的体积来计算流速，量筒的量程不应超过收集水的体积的 2 倍。

如果使用流量计，宜设置能给出水头差约 70mm 的最大流速。实际流速由最小时间间隔 15s 的 3 个连续读数的平均值得出。

（5）分别在最大水头差的约 0.8、0.6、0.4 和 0.2 倍时，重复 5.3.4 步骤，从最高流速开始，到最低流速结束。

注：如果土工布及其有关产品的总体渗透性能已经预先确定，则为了控制材料的质量，只需测定在 50mm 水头差时的流速指数。

如果使用流量计，适用同样的原则。

（6）记录水温，精确到 0.2℃。

（7）对其余试样重复（2）～（6）进行试验。

4）计算

（1）按照下式计算 20℃ 的流速 v_{20}（m/s）：

$$v_{20} = \frac{VR_T}{At} \tag{11-31}$$

式中：V——水的体积（m^3）；

R_T——20℃水温校正系数；

T——水温（℃）；

A——试样过水面积（m^2）；

t——达到水的体积V的时间（s）。

如果流速v_T直接测定，温度校正按照下式：

$$v_{20} = v_T R_T \tag{11-32}$$

（2）计算5块试样50mm或其他水头差的平均流速指数值及其变异系数值土工布的垂直渗透系数可按下式计算：

$$k = \frac{v}{i} = \frac{v\delta}{H} \tag{11-33}$$

式中：k——土工布垂直渗透系数（mm/s）；

v——垂直于土工布平面的水流速（mm/s）；

i——土工布试样两侧的水力梯度；

δ——土工布试样厚度（mm）；

H——土工布试样两侧的水头差（mm）。

注：土工布垂直渗透系数是指单位水力梯度下，在垂直于土工布平面流动的水的流速。

7. 刺破强力

1）主要仪器设备

（1）等速伸长型试验机（CRE），符合下列要求：

①自动记录刺破过程的力—位移曲线；

②测力误差≤1%；

③行程不小于100mm；

④试验速度300mm/min。

（2）夹持试样的装置由环形夹具和夹具底座组成。夹具底座的高度应大于100mm，并有较高的支撑力和稳定性。环形夹具为一中央有孔的圆盘，内径为(45±0.025)mm，其中心应在顶压杆的轴心上。夹具表面有沟槽，能握持住试样不会产生滑移。

（3）平头顶杆：实心钢质杆，直径为(8±0.01)mm，顶端边缘倒成45°、深0.8mm的倒角，与试验机连接部分的尺寸应根据试验机夹具的尺寸确定。

2）试验样品

（1）试样选取：

根据《土工合成材料 取样和试样准备》GB/T 13760—2009选择试样。

（2）试样尺寸和数量：

直径为100mmm的圆形试样10块。如果试验结果不率较大可以增加试样数量。为便于夹持，在试样的适当部位开槽或挖孔（根据夹持设备）。

（3）调湿和试验用标准大气：

①在《纺织品 调湿和试验用标准大气》GB/T 6529—2008 规定的标准大气条件下［相对湿度 65%～70%，温度(20±2)℃］调湿试样并进行试验。当试样在间隔至少 2h 的连续称重中质量变化不超过试样质量的 0.25%时，可认为试样已经调湿。注：如果能表明试验结果不受相对湿度的影响，则可不在规定的相对湿度条件下进行调湿和试验。

②用于进行湿态试验的试样应浸入温度(20±2)℃［或(27±2)℃］的水中。浸泡时间应至少 24h，且足以使试样完全湿润。为使试样完全湿润，也可以在水中加入不超过 0.05%的非离子中性湿润剂。

3）试验步骤

（1）安装夹具：

将顶杆和夹具底座安装在试验机上，保证夹具在顶杆的轴心线上。

（2）设定仪器：

选择力的量程使输出值在满量程的 10%～90%之间。设定试验机的运行速度为(300±10)mm/min。

（3）夹持试样：

试样在无张力和折皱的情况下，固定住环形夹具上，确保试样不会产生滑移，并将夹好试样的环形夹具放在试验台上。

对于湿态试样，在从水中取出后 3min 内进行试验。

（4）测定刺破强力：

开动试验仪运行，直至试样被刺破，记录其最大值作为该试样的刺破强力，以牛顿（N）为单位。对于土工复合材料，可能出现双峰值的情况下，不论第二个峰值是否大于第一个峰值，均以第一个峰值作为试样的刺破强力。

如果试验过程中出现纱线从环形夹具中滑出或试样滑脱，应舍弃该试验数据，另取一块试样测定。

4）计算

计算 10 块试样刺破强力的平均值，结果按 GB/T 8170—2008《数值修约规则与极限数值的表示和判定》修约到三位有效数字。如果需要，计算刺破强力的变异系数，结果修约到 0.1%。

第三节 掺合料

一、相关标准

（1）《城镇道路工程施工与质量验收规范》CJJ 1—2008。

(2)《城市道路工程施工质量检验标准》DB11/T 1073—2014。

(3)《公路工程无机结合料稳定材料试验规程》JTG 3441—2024。

(4)《用于水泥和混凝土中的粉煤灰》GB/T 1596—2017。

(5)《钢渣稳定性试验方法》GB/T 24175—2009。

二、基本概念

1. 定义

粉煤灰为电厂煤粉炉烟道气体中收集的粉末。

2. 技术要求

(1)用于混凝土结构工程中的粉煤灰技术指标应符合《用于水泥和混凝土中的粉煤灰》GB/T 1596—2017 的指标要求。

(2)用于无机结合料稳定材料的粉煤灰应符合下列规定:

① 粉煤灰中的 SiO_2、Al_2O_3：和 Fe_2O_3：总量宜大于 70%；在温度为 700℃时的烧失量宜小于或等于 10%。

② 当烧失量大于 10%时，应经试验确认混合料强度符合要求时，方可采用。

③ 细度应满足90%通过0.3mm 筛孔,70%通过0.075mm 筛孔,比表面积宜大于 2500cm^2/g。

(3)用于无机结合料稳定材料中的钢渣破碎后堆存时间不应少于半年，且达到稳定状态，游离氧化钙(f-CaO)含量应小于 3%；粉化率不得超过 5%。钢渣最大粒径不应大于 37.5mm，压碎值不应大于 30%，且应清洁，不含废镁砖及其他有害物质；钢渣质量密度应以实际测试值为准。钢渣颗粒组成应符合表 11-15 的规定。

钢渣混合料中钢渣颗粒组成 表 11-15

通过下列筛孔（mm，方孔）的质量								
37.5	26.5	16	9.5	4.75	2.36	1.18	0.60	0.075
100%	95%~100%	60%~85%	50%~70%	40%~60%	27%~47%	20%~40%	10%~30%	0~15%

三、试验项目及组批原则

(1)试验项目：

本节所述掺合料主要包括粉煤灰和钢渣粉。主要应用于道路无机结合料稳定材料中。用于混凝土结构中的粉煤灰请见前面章节。

粉煤灰的主要试验项目包括：二氧化硅、三氧化二铝、三氧化二铁、烧失量、细度、比表面积、游离氧化钙；

钢渣的试验项目为粉化率。

(2)组批原则：

依据《城镇道路工程施工与质量验收规范》CJJ 1—2008 标准，按不同材料进场批次，每批检查 1 次。

四、试验方法

本节中粉煤灰的试验方法主要依据《公路工程无机结合料稳定材料试验规程》JTG 3441—2024 进行。

1. 粉煤灰中二氧化硅氧化铁和氧化铝含量测定方法

1）主要仪器设备：

（1）分析天平：不应低于四级，量程不小于 100g，感量 0.0001g。

（2）氧化铝、铂、瓷坩埚：带盖，容量(15～30)mL。

（3）瓷蒸发皿：容量(50～100)mL。

（4）马弗炉：隔焰加热炉，在炉膛外围进行电阻加热。应使用温度控制器，准确控制炉温，并定期进行校验。

（5）玻璃容量器皿：滴定管、容量瓶、移液管。

（6）沸水浴。

（7）分光光度计：可在(400～700)nm 范围内测定溶液的吸光度，带有 10mm、20mm 比色皿。

（8）精密 pH 试纸：酸性。

2）试剂的配置及标准曲线的标定方法见《公路工程无机结合料稳定材料试验规程》JTG 3441—2024 中的规定。

3）试验样品：

（1）灼烧：

将滤纸和沉淀物放入已灼烧并恒量的坩埚中，烘干。在氧化性气氛中慢慢灰化，不使有火焰产生，灰化至无黑色炭颗粒后，放入马弗炉中，在规定的温度(950～1000)℃下灼烧在干燥器中冷却至室温，称量。

（2）检查 Cl^- 离子（硝酸银检验）：

按规定洗涤沉淀数次后，用数滴水淋洗漏斗的下端，用数毫升水洗涤滤纸和沉淀，将滤液收集在试管中，加几滴硝酸银溶液，观测试管中溶液是否浑浊，继续洗涤并定期检查直至硝酸银检验不再浑浊为止。

（3）恒量：

经第一次灼烧、冷却、称量后，通过连续每次 15min 的灼烧，然后冷却、称量的方法来检查恒定质量。当连续两次称量之差小于 0.0005g 时，即达到恒量。

4）试验步骤：

（1）二氧化硅的测定（碳酸钠烧结，氯化铵质量法）：

试验以无水碳酸钠烧结，盐酸溶解，加固体氯化铵于沸水浴上加热蒸发，使硅酸凝聚

（经过滤灼烧后称量）。用氢氟酸处理后，失去的质量即为胶凝性二氧化硅的质量，加上滤液中比色回收的可溶性二氧化硅质量即为二氧化硅的总质量。

①胶凝性二氧化硅的测定

A. 称取约 0.5g 试样（m）精确至 0.0001g，置于铂坩埚中，在 (950~1000)℃下灼烧 5min，冷却。用玻璃棒仔细压碎块状物，加入 0.3g 无水碳酸钠混匀，再将坩埚置于 (950~1000)℃下灼烧 10min，放冷。

B. 将烧结块移入瓷蒸发皿中，加少量水润湿，用平头玻璃棒乐碎块状物，盖上表面皿，从皿口滴入 5mL，盐酸及 (2~3) 滴硝酸，待反应停止后取下表面皿，用平头玻璃棒压碎块状物使分解完全，用热盐酸（1+1）清洗坩埚数次，洗液合并于蒸发皿中。将蒸发皿置于沸水浴上，皿下放一玻璃三脚架，再盖上表面皿。蒸发至糊状后，加入 1g 氯化铵，充分搅匀，在蒸汽水浴上蒸发至干后继续蒸发 (10~15)min，蒸发期间用平头玻璃棒仔细搅拌并压碎大颗粒。

C. 取下蒸发皿，加入 (10~20)mL，热盐酸（3+97），搅拌使可溶性盐类溶解。用中速滤纸过滤，用胶头擦棒擦洗玻璃棒及蒸发皿，用热盐酸（3+97）洗涤沉淀 (3~4) 次，然后用热水充分洗涤沉淀，直至检验无氯离子为止。滤液及洗液保存在 250mL 容量瓶中。

D. 将沉淀连同滤纸一并移入铂坩埚中，将盖斜置于坩埚上，在电炉上干燥灰化完全后放入 (950~1000)℃的马弗炉内灼烧 1h，取出坩埚置于干燥器中冷却至室温，称量。反复灼烧，直至恒量（m）。

E. 向坩埚中加数滴水润湿沉淀，加 3 滴硫酸（1+4）和 10mL 氢氟酸，放入通风橱内电热板上缓慢蒸发至干，升高温度继续加热至三氧化硫白烟完全逸尽。将坩埚放入 950~1000℃的马弗炉内灼烧 30min，取出坩埚置于干燥器中冷却至室温，称量。反复灼烧，直至恒量（m_3）。

②经氢氟酸处理后的残渣的分解

向经过氢氟酸处理后得到的残渣中加入 0.5g 焦硫酸钾熔融，熔块用热水和数滴盐酸（1+1）溶解，溶液并入按方法①分离二氧化硅后得到的滤液和洗液中，用蒸馏水稀释至标线，摇匀。此溶液 A 供测定滤液中残留的可溶性二氧化硅、三氧化二铁和一氧化二铝用。

③可溶性二氧化硅的测定（硅钼蓝光度法）

从溶液 A 中吸取 25.00mL，溶液放入 100mL 容量瓶中。用水稀释至 40mL，依次加入 5mL 盐酸（1+11）、体积分数为 95% 的乙醇 8mL、6mL 钼酸铵溶液，放置 30min 后加入 20mL 盐酸（1+1）5mL，抗坏血酸溶液，用水稀释至标线，摇匀。放置 1h 后，使用分光光度计、10mm 比色皿，以水作参比，于 660nm 处测定溶液的吸光度。在工作曲线上查出二氧化硅的质量 m_4。

④计算

胶凝性二氧化硅的含量按下式计算：

$$X_{胶凝性SiO_2} = \frac{m_2 - m_3}{m_1} \times 100 \tag{11-34}$$

式中：$X_{胶凝性SiO_2}$——胶凝性二氧化硅的含量（%）；

m_2——灼烧后未经氢氟酸处理的沉淀及坩埚的质量（g）；

m_3——用氢氟酸处理并经灼烧后的残渣及坩埚的质量（g）；

m_1——试料的质量（g）。

可溶性二氧化硅的含量按下式计算：

$$X_{可溶性SiO_2} = \frac{m_4 \times 250}{m_1 \times 25 \times 1000} \times 100 = \frac{m_4}{m_1} \tag{11-35}$$

式中：$X_{可溶性SiO_2}$——可溶性二氧化硅的质量百分数（%）；

m_4——按该法测定的100mL，溶液的二氧化硅的含量（mg）；

m_1——本方法①中试料的质量（g）。

⑤结果

二氧化硅总含量按下式计算：

$$X_{总SiO_2} = X_{胶凝性SiO_2} + X_{可溶性SiO_2} \tag{11-36}$$

平行试验两次，允许重复性误差为0.15%。

（2）三氧化二铁的测定（基准法）：

①从溶液A中吸取25.00m，溶液放入300m烧杯中，加水稀释至约100mL，用氨水（1+1）和盐酸（1+1）调节溶液pH值在1.8～2.0之间（用精密pH试纸检验）。将溶液加热至70℃，加10滴基水杨酸钠指示剂溶液，此时溶液为紫红色。用[C(EDTA) = 0.015mo/L] EDTA二钠标准溶液缓慢地滴定至亮黄色[终点时溶液温度应不低于60℃，如终点前溶液的温度降至近60℃，则应再加热至(60～70)℃]。保留此溶液供测定三氧化二铝用。

②计算

三氧化二铁的含量按下式计算：

$$X_{Fe_2O_3} = \frac{T_{Fe_2O_3} \times V_1 \times 10}{m_1 \times 1000} \times 100 = \frac{T_{Fe_2O_3} \times V_1}{m_1} \tag{11-37}$$

式中：$X_{Fe_2O_3}$——三氧化二铁的含量（%）；

$T_{Fe_2O_3}$——每毫升DETA二钠标准溶液相当于三氧化二铁的毫克数（mg/mL）；

V_1——滴定时消耗EDTA二钠标准溶液的体积（mL）；

m_1——本方法①中试料的质量（g）。

③结果

平行试验两次，允许重复性误差为0.15%。

（3）三氧化二铝的测定：

①将测完三氧化二铁的溶液用水稀释至约200mL，加1～2滴溴酚蓝指示剂溶液，滴加

氨水（1+1）至溶液出现蓝紫色，再滴加盐酸（1+1）至黄色，加入pH3的缓冲溶液15mL，加热至微沸并保持1min，加入10滴EDTA二钠-铜溶液，以及（2～3）滴PAN指示剂，用[C（EDTA）=0.015mol/L]EDTA二钠标准溶液滴定至红色消失，继续煮沸，滴定直至溶液经煮沸后红色不再出现，呈稳定的亮黄色为止。记下EDTA二钠标准溶液消耗量V_3。

②计算

三氧化二铝的含量按下式计算：

$$X_{Al_2O_3} = \frac{T_{Al_2O_3} \times V_3 \times 10}{m_1 \times 1000} \times 100 = \frac{T_{Al_2O_3} \times V_3}{m_1} \quad (11-38)$$

式中：$X_{Al_2O_3}$——三氧化二铝的质量百分数（%）；

$T_{Al_2O_3}$——每毫升EITA二钠标准溶液相当于三氧化二铝的毫克数（mg/mL）；

V_3——滴定时消耗的EDTA二钠标准溶液的体积（mL）；

m_1——本方法中试料的质量（g）。

③结果

平行试验两次，允许重复性误差为0.20%。

2. 粉煤灰烧失量

1）主要仪器设备

（1）马弗炉：隔焰加热炉，在炉膛外围进行电阻加热。应使用温度控制器，准确控制炉温，并定期进行校验。

（2）瓷坩埚：带盖，容量(15～30)mt。

（3）分析天平：量程不小于50g，感量0.0001g。

2）试验步骤

（1）将粉煤灰样品用四分法缩减至10余克，如有大颗粒存在，须在研钵中磨细至无不均匀颗粒存在为止，于小烧杯中在(105±1)℃烘干至恒重，储于干燥器中，供试验用。

（2）将瓷坩埚灼烧至恒重，供试验用。

（3）称取约1g试样（m_0），精确至0.0001g，置于已灼烧恒重的瓷坩埚中，放在马弗炉内从低温开始逐渐升高温度，在(950～1000)℃下灼烧(15～20)min，取出坩埚置于干燥器中冷却至室温，称量。反复灼烧，直至连续两次称量之差小于0.0005g时，即达到恒重，记录每次称量的质量m_i。

3）计算

烧失量按下式计算：

$$X = \frac{m_0 - m_n}{m_0} \times 100 \quad (11-39)$$

式中：X——烧失量（%）；

m_0——试料的质量（g）；

m_n——第n次灼烧后试料达到恒重的质量（g）。

4）结果

试验结果精确至 0.01%。平行试验两次，允许重复性误差为 0.15%。

3. 粉煤灰细度

1）主要仪器设备

（1）负压筛析仪：

负乐筛析仪主要由 0.075mm 方孔筛、0.3mm 方孔筛、筛座、真空源和收尘器等组成，其中 0.075mm、0.3mm 方孔筛内径为ϕ150mm，外框高度为 25mm。0.075mm 和 0.3mm 方孔筛及负压筛析仪筛座结构示意如图 11-18 和图 11-19 所示。

（2）电子天平：量程不小于 50g，感量 0.01g。

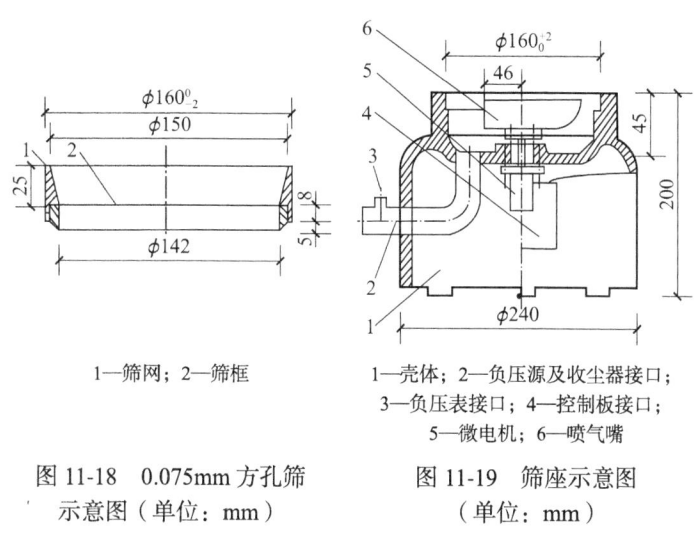

1—筛网；2—筛框

1—壳体；2—负压源及收尘器接口；
3—负压表接口；4—控制板接口；
5—微电机；6—喷气嘴

图 11-18　0.075mm 方孔筛示意图（单位：mm）　　图 11-19　筛座示意图（单位：mm）

2）试验步骤

（1）将测试用粉煤灰样品置于温度为(105 ± 1)℃烘干箱内烘干至恒重，取出放在干燥器中冷却至室温。

（2）称取试样约 10g，准确至 0.01g，记录试样质量m_1，倒入 0.075mm 方孔筛网上，将筛子置于筛座上，盖上筛盖。

（3）接通电源，将定时开关固定在 3min，开始筛析。

（4）开始工作后，观察负压表，使负压稳定在(5000 ± 1000)Pa。若负压小于 4000Pa，则应停机，清理收尘器中的积灰后再进行筛析。

（5）在筛析过程中，可用轻质木棒或硬橡胶棒轻轻敲打筛盖，以防吸附。

（6）3min 后筛析自动停止，停机后观察筛余物，如出现颗粒成球、粘筛或有细颗粒沉积在筛框边缘，用毛刷将细颗粒轻轻刷开，将定时开关固定在手动位置，再筛析$(1\sim3)$min 直至筛分彻底为止。将网内的筛余物收集并称量，精确至 0.01g，记录筛余物质量m_2。

（7）称取试样约100g，准确至0.01g，记录试样质量m_3，倒入0.3mm方孔筛网上，使粉煤灰在筛面上同时有水平方向及上下方向的不停顿的运动，使小于筛孔的粉煤灰通过筛孔，直至1min内通过筛孔的质量小于筛土残余量的0.1%为止。记录筛子上面粉煤灰的质量为m_4。

3）计算

粉煤灰通过百分含量按下式计算：

$$X_1 = \frac{m_1 - m_2}{m_1} \times 100 \tag{11-40}$$

$$X_2 = \frac{m_3 - m_4}{m_3} \times 100 \tag{11-41}$$

式中：X_1——0.075mm方孔筛通过百分含量（%）；

X_2——0.3mm方孔筛通过百分含量（%）；

m_1——过0.075mm筛的样品质量（g）；

m_2——0.075mm方孔筛筛余物质量（g）；

m_3——过0.3mm筛的样品质量（g）；

m_4——0.3mm方孔筛筛余物质量（g）。

4）结果

计算结果保留至小数点后2位。平行试验3次，允许重复性误差均不得大于5%。

第四节　沥青及乳化沥青

一、相关标准

（1）《沥青路面施工及验收规范》GB 50092—1996。

（2）《透水沥青路面技术规程》CJJ/T 190—2012。

（3）《城市道路彩色沥青混凝土路面技术规程》CJJ/T 218—2014。

（4）《抗车辙沥青混合料应用技术规程》CJJ/T 238—2016。

（5）《橡胶沥青路面技术标准》CJJ/T 273—2019。

（6）《城镇桥梁沥青混凝土桥面铺装施工技术标准》CJJ/T 279—2018。

（7）《公路沥青路面施工技术规范》JTG F40—2004。

（8）《公路工程沥青及沥青混合料试验规程》JTG E20—2011。

二、基本概念

1.沥青分类

沥青是一种典型的有机胶凝材料，采用沥青作为胶结材料的沥青路面是我国最主要的路面形式之一。沥青又是一种对温度变化极为敏感的感温性材料,其性能表现与环境状况密切相关。沥青是一种结构和组成都十分复杂的有机混合物,相应类型的划分目前还没有一个统一的标准。根据不同的依据,沥青类型划分有多种不同的结果。

1)按产源不同划分为经地质开采加工后得到的地沥青和通过工业加工获得的焦油沥青。其中地沥青又分为直接开采的天然沥青和开采石油加工后的石油沥青,而焦油沥青又根据工业加工原材料的不同,分为煤沥青、木沥青和页岩沥青等。

由于石油沥青的产量大,可加工改性的程度高,并能够较好地满足现代道路交通运输特点,是目前道路工程中应用最多的沥青品种,所以本章讨论的沥青与沥青混合料均指石油沥青。

2)按原油成分中所含石蜡数量的多少划分成石蜡基沥青(含蜡量>5%),沥青基沥青(含蜡量<2%),混合基沥青(含蜡量2%~5%)等。

3)按加工方法分类,经过不同的加工工艺,得到性能有明显差别的不同类型的石油沥青。

(1)直馏沥青:原油通过常压或减压蒸馏方法得到的沥青产品,当该产品符合沥青标准的就是直馏沥青,不符合沥青标准的是渣油沥青。实践表明,通常这种直馏沥青的温度稳定性和大气稳定性相对较差。

(2)溶剂脱沥青:通过不同溶剂对减压渣油中不同成分有选择性地溶解,实现不同组分的分离,从而加工生产出所谓溶剂脱沥青。这类沥青在常温下是半固体或固体。

(3)氧化沥青:以减压渣油(或加入其他组分)为原料,在高温下[(230~280)℃]吹入空气,经氧化处理得到氧化沥青。这种沥青在常温下呈固体状态,与直馏沥青相比有较高的热稳定性和较高的高温抗变形能力,但低温变形性较差,易造成低温开裂现象。所以通过采用不同氧化程度生产半氧化沥青,以改善氧化沥青的温度敏感性。

(4)裂化沥青:对蒸馏后的重油在高温下进行裂化,得到裂化残渣成为裂化沥青。裂化沥青具有更大的硬度和延度,软化点也较高。但与直馏沥青和氧化沥青相比,其黏度、气候稳定性等相对较差。

(5)调和沥青:针对采用不同加工方式生产的不同类型沥青进行调和,并通过调整沥青组分之间的比例,加工生产出所谓调和沥青。由于调和沥青可通过不同沥青之间比例或组分上有针对性的变动和调整,能够加工生产出性能不同的调和沥青。

4)按常温下的稠度划分成固体沥青、黏稠沥青和液体沥青。

5)按用途的不同分成道路石油沥青和建筑沥青。

通常,道路工程所用沥青属常温态下呈黏稠或固体的石油沥青,并经过氧化、溶剂脱、调和等工艺,使该沥青在蜡含量、黏稠程度、温度敏感性等一系列关键指标上能够更好地满足道路工程的需要。

2.沥青的化学组分

通过一定的分离方法,将沥青分离成化学性质相近,并且和路用性质有一定联系的几个组,这些组就成为"组分"。沥青中各组分的多少与沥青的技术性质有直接关系。

（1）沥青质：沥青质是不溶于正庚烷而溶于苯的黑褐色无定形固体物，约占沥青质量的 5%～25%。沥青质和沥青的热稳定性、流变性和黏滞性有很大关系。其含量越高，沥青软化点越高，黏度越大，沥青表现得就越硬、越脆。

（2）胶质：能够溶于正庚烷，是深棕色固体或半固体，有很强的极性，影响沥青中沥青质的分散效果，突出的特征是具有很强的黏附力。胶质和沥青质之间的比例决定了沥青的胶体结构类型。

（3）芳香分：是由沥青中分子量最低的环烷芳香化合物组成黏稠状液体，约占沥青总量的 20%～50%，呈深棕色，对其他高分子烃类物质有较强的溶解能力。

（4）饱和分：是由直链和支链饱和烃、烷基烃和一些烷基芳香烃组成，含量约占沥青的 5%～20%，是非极性稠状油类，色较浅。随饱和分含量增加，沥青的稠度降低，温度感应性加大。

除了上述四种组分之外，在芳香分和饱和分中还存在另一个需要引起重视的成分——蜡。一方面是因为蜡在低温下结晶析出后分散在沥青中，减少沥青分子之间的紧密程度，使沥青的低温延展能力明显降低；另一方面蜡随着温度升高极易融化，使沥青的黏度降低，加大沥青的温度敏感性。蜡还能使沥青与石料表面的黏附性降低，在水的存在下易引起沥青膜从石料表面的脱落，造成沥青路面的水损害。同时沥青中蜡的存在易引起沥青路面抗滑性能的衰减，所以沥青中的蜡成分是对沥青路用性能极为不利的物质，目前对于路用沥青中蜡的含量有严格限制。

3.沥青的胶体结构

根据沥青组分分布特点，认为沥青属于胶体材料。其中沥青质作为胶核，在其表面吸附胶质，形成胶体体系的胶团，成为分散相。在芳香分和饱和分构成的分散介质作用下，胶团弥漫分散于其中，形成所谓的沥青胶体。根据胶团粒子的大小、数量以及分散程度，沥青的胶体结构分为三种类型。三种胶体类型各自特点见表 11-16。

沥青胶体类型　　　　表 11-16

胶体类型	沥青质含量	胶体特点	流体特点	感温性
溶胶型	<10%	由沥青质为核心的胶团充分分散于芳香分和饱和分组成的分散介质中	具有黏度与应力成正比的牛顿流特性	对温度变化敏感，较高的感温性。高温时黏度很小，低温时呈脆硬状态
溶凝胶型	15%～25%	胶团数量适中，既可相互靠近，但也未形成充分的连续状态	常温时，在变形初期具有黏弹性，变形达到一定阶段呈现牛顿液体状态	对温度变化具有适中的敏感性，升温时有一定的抗变形能力，而低温时又表现出一定的变形能力
凝胶型	25%～30%	因胶团数量偏高，在沥青中形成连续体，此时作为分散介质的芳香分和饱和分与被分散的胶团地位互换	低温和常温时具有明显黏弹性，只有在高温时才具有牛顿流特性	对温度变化不敏感，具有低的感温性。升温时有一定抗变形能力，但低温时的变形能力相对较低

由于不同胶体类型沥青对温度变化的适应性有较大的差别,因而影响到沥青的路用效果。实际工程中往往选择能够兼顾高温时变形量较小,但低温时又有一定变形能力的溶凝胶型沥青。

4. 改性沥青

改性沥青是在道路石油沥青中添加高分子聚合物、橡胶、树脂、天然沥青等其中的一种或多种改性剂加工而成的沥青结合料。

改性沥青按照改性剂不同,现行标准分为SBS类（Ⅰ类）、SBR类（Ⅱ类）和EVA、PE类（Ⅲ类）三大类,其中除了在西藏等寒冷地区应用SBR类改性沥青外,绝大部分地区采用SBS类改性沥青。随着材料技术的发展,改性沥青类型不断增加,如橡胶沥青、高黏改性沥青、高弹改性沥青等新的类型。根据加工工艺和性能,橡胶沥青分为三种,其中胶粉改性橡胶沥青,为工厂稳定型胶粉改性橡胶沥青,采用胶粉（含改性胶粉）、道路石油沥青工厂化生产的半均质成品橡胶沥青;而胶粉复合改性橡胶沥青,为工厂稳定型胶粉复合改性橡胶沥青,采用胶粉、道路石油沥青和0.5%~2%聚合物改性剂,通过胶体磨或高速剪切、混融得到接近均质稳定型成品橡胶沥青,其路用性能和施工特性与SBS聚合物改性沥青基本相当;而胶粉橡胶沥青,为现场加工胶粉（含改性胶粉）橡胶沥青,采用胶粉（含改性胶粉）和道路石油沥青现场加工的非均质不稳定型橡胶沥青,现制现用。改性沥青按照添加方式分为湿法和干法两种,目前国际上湿法为主,干法仅在特定条件下应用。

5. 乳化沥青、改性乳化沥青

乳化沥青是道路石油沥青与水在乳化剂、稳定剂等作用下加工而成的沥青乳液。对聚合物改性沥青进行乳化加工,或在制作乳化沥青的过程中同时加入聚合物胶乳,或将聚合物胶乳与乳化沥青成品混合得到的沥青乳液,则为改性乳化沥青。

乳化沥青和改性乳化沥青按照离子类型分为阳离子乳化沥青、阴离子乳化沥青和非离子乳化沥青。阳离子乳化沥青可适用于各种集料品种,阴离子乳化沥青适用于碱性集料;非离子乳化沥青几乎没有工程应用。乳化沥青和改性乳化沥青按照施工工艺差异分为喷洒型和拌和型。乳化沥青和改性乳化沥青按照破乳速度分为快裂、中裂和慢裂。

改性乳化沥青的高温性能显著提高,因此其应用日益增加,但是改性乳化沥青与国际上主流技术还有一定差异。目前我国主要使用SBR胶乳改性乳化沥青,高性能SBS改性乳化沥青应用比例相对较低,同时,目前我国改性乳化沥青的蒸发残留物含量偏低、稳定性差,还有较大的发展空间。

乳化沥青和改性乳化沥青按照用途分为不同的规格,评价指标也有所差异。

在新建工程中,乳化沥青和改性乳化沥青主要用于黏层、透层或封层。随着我国养护工程增加,其得到更加广泛的应用,如碎石封层、表处和贯入式路面,透层及基层养生,黏层、防水粘结层、应力吸收层,稀浆封层、微表处、冷拌沥青混合料和灌缝,或掺加水泥的路拌或冷再生沥青混合料。

三、石油沥青主要技术性质

1. 黏滞性

黏滞性是指沥青材料在外力作用下,沥青粒子产生相互位移时抵抗剪切变形的能力。黏滞性的高低随沥青的组分和温度而定,沥青质含量高的沥青其黏滞性大,环境温度升高时沥青的黏滞性降低。沥青的黏滞性与沥青路面的力学行为密切相关,例如高温时沥青路面产生车辙程度的高低,与沥青的黏滞性有着直接关系。

表征沥青黏滞性大小的指标为黏度。黏度的表达和测定有多种方式方法,如采用毛细管法测得沥青的动力黏度来表征沥青的绝对黏度,采用旋转黏度计测得沥青的表观黏度,该黏度可用来确定沥青施工应用时的拌和和碾压温度,或采用相对简单的方法测得沥青的条件黏度来表示沥青的稠度,同时作为等黏温度的软化点,也可作为表征沥青黏滞性的一项技术指标。

(1) 沥青动力黏度:

当沥青黏度的大小等于剪应力与剪变率之比时,该黏度就是沥青的动力黏度,也称为沥青的绝对黏度,以帕·秒(Pa·s)作为计量单位。动力黏度很好地反映了沥青在一定温度条件下的黏滞性,所以一些国家利用60℃时测得的动力黏度作为沥青分级划分依据,该方法通常采用真空毛细管法。

(2) 沥青表观黏度:

表观黏度是表征沥青绝对黏度的另一种方式,该黏度采用布氏旋转黏度计进行测定。通过对道路沥青在45℃以上温度条件下的布氏黏度(Pa·s)的测定,用于确定沥青混合料在施工过程中适宜的拌和和碾压温度。

(3) 针入度:

针入度是表征沥青条件黏度的一项指标,同时也是我国作为沥青标号划分的依据。针入度是在一定的温度条件下,以规定质量的标准针经历规定的贯入时间后,标准针沉入到沥青试样中的深度值,以 0.1mm 计。通常我国将测定针入度的标准条件设定为:温度25℃、针总质量100g、贯入时间5s,所以计为 P25℃,100g,5s(0.1mm)。此外,针入度还可在其他条件下测得,例如常用的非标准试验温度有 5℃、15℃、30℃等。

通过针入度试验测得的针入度值愈大,表示沥青愈软。实质上,针入度测得的是沥青的稠度而非黏度,但二者关系密切,也就是说稠度愈高的沥青,其黏度也就愈高。

(4) 软化点:

沥青是一种非晶质有机高分子材料,它由液态凝结为固态,或由态熔化为液态,没有明确的固化点或液化点,通常采用规定试验条件下的硬化点或滴落点来表示其状态的转变。沥青材料在硬化点到滴落点之间的温度区间里,呈现出一种黏滞流动状态,在工程中为保证沥青不致因温度升高而产生流动的状态,取滴落点和硬化点之间温度间隔的 87.21% 当作软化点。

目前软化点的测定大多采用环球法。该方法的主要内容是将沥青浇筑在规定的金属环中,上置规定质量的钢球,在规定的加热升温速度(通常 5℃/min)条件下进行加热。随着温度的不断升高,沥青试样逐渐软化,直至在钢球荷重作用下,沥青产生规定的下垂距离,此时对应的温度就是软化点(℃)。由于软化点的高低反映了沥青在一定温度条件下所呈现的物理状态,所以软化点高的沥青,说明该沥青在温度较高的条件下,软化变形的程度低;而对于软化点低的沥青,表明这种沥青在温度升高时,易发生软化变形,所以可将软化点当作沥青热稳定性的指标。

另一方面,试验研究认为,沥青在软化点时的针入度值往往为 800(0.1mm)单位,所以认为软化点是沥青呈现相同黏度时所要达到的温度——即"等黏温度",这样一来将表示沥青热稳定性的软化点指标就与沥青的黏度指标产生了联系。因此,软化点既是反映沥青材料热稳定性的指标,也是表示沥青条件黏度的指标。

2. 沥青延性

沥青的延性是指当其受到外力的拉伸作用时,所能承受的塑性变形的总能力,是表示沥青内部凝聚力—内聚力的一种量度。通常采用延度作为沥青的条件延性指标,并通过延度试验测得相应的延度值。

延度试验是将沥青试样制成 8 字型标准试件,在规定的拉伸速度和温度条件下被拉断的操作过程。将该过程拉伸距离定义为延度,试验结果以 cm 计。目前试验温度常定为 15℃或 10℃,拉伸速度一般为 5cm/min。

研究发现,温度相对较低时测得的延度值大小,与沥青在低温时的抗裂性有一定关系。如果低温延度值较大,则在低温环境下沥青的开裂性相对较小。

上述的针入度、软化点和延度等,传统上称之为沥青的"三大指标",是目前我国针对沥青性能评价的核心指标。

3. 沥青感温性

在不同温度条件下,沥青黏度随温度的改变而改变,其他性能也呈现出明显的随温度变化而变化的规律,这种随温度的改变沥青黏度随之改变的特点称为沥青的感温性。对于路用沥青,温度和黏度的关系是沥青的一项极其重要的性能。表示沥青这种感温性常用的指标是针入度指数 PI。

针入度指数表示软化点之下的沥青感温性,近似结果可通过下式计算获得:

$$PI = 30/(1 + 50A) - 10 \tag{11-42}$$

式中:PI——针入度指数;

A——针入度温度感应系数,确定该系数的方法之一,可由沥青的针入度和软化点计算获得。

$$A = (\lg 800 - \lg P_{25℃,100g,5s})/(T_{R\&B} - 25) \tag{11-43}$$

式中:$P_{25℃,100g,5s}$——25℃,100g,5s 条件下测得的针入度(0.1mm);

$T_{R\&B}$——环球法测定的软化点(℃)。

针入度指数愈大，表明沥青对温度变化的敏感性愈低，也就是说针入度指数大的沥青在环境温度改变时，沥青性状改变的程度较小。这种低感温性的沥青在夏季高温季节不易变软，具有一定的抗车辙变形的能力。同时低感温性的沥青在冬季低温环境下，不会因降温变得过硬，从而有利于其低温抗裂的需要。根据现行规范的要求，通常路用沥青的针入度指数宜在 $-1.5\sim +1.0$ 为宜。

需要说明的是，通过上式进行针入度温度感应系数计算的依据，是基于软化点时的针入度值为 $800(0.1\mathrm{mm})$ 的假设。实际上很多沥青在软化点时的针入度值并非 $800(0.1\mathrm{mm})$，特别是当沥青中含有一定数量蜡的状况下，往往在软化点时的针入度明显低于 $800(0.1\mathrm{mm})$，所以根据此式得到的针入度指数不是很准确。为得到更加精确的沥青针入度指数，可通过测定至少三个不同温度下沥青的针入度，采用数学回归的方法求得。内容详见下一节针入度试验中的有关计算。

4. 黏附性

沥青克服外界不利影响因素（如环境对沥青的老化、水对沥青膜的剥离等）在集料表面的附着能力称为沥青的黏附性。该黏附性直接影响沥青路面的使用质量和耐久性，是评价沥青技术性能的一项重要指标。

沥青黏附性的好坏首先与沥青自身特点密切相关，随着沥青稠度的增加或沥青中一些类似沥青酸的活性物质的增加，其黏附性加大。同时，集料的亲水性程度也直接决定着沥青和集料之间黏附性的优劣，使用憎水的碱性集料其黏附性优于亲水的酸性集料，所以采用碱性石灰岩集料拌制的沥青混合料，其黏附性明显好于酸性的花岗岩沥青混合料。

目前沥青与集料之间黏附性好坏的常规评价方法是水煮法或水浸法，通过一定条件下考察集料表面沥青膜抵御水剥离的能力，来界定沥青黏附性的好坏。

5. 沥青耐久性

路用沥青在储运、加热、拌和、摊铺、碾压、交通荷载和自然因素的作用下，会产生一系列的物理化学变化，从而使沥青逐渐改变其原有组成成分，引起路用性能的劣化，这种现象称为沥青的老化。当今修筑的高等级公路沥青路面，其设计寿命要长达十年以上，因此要求沥青材料具有较好的抗老化性即良好的耐久性。

引起沥青老化的直接因素：①热的影响。升温加热将加速沥青内部轻组分的挥发，加速沥青内部化学反应，最终导致沥青性能的劣化。所以无论是沥青在室内的加热试验，还是施工过程的加热拌和，都将引起沥青的热老化。②氧的影响。空气中的氧被沥青吸收后产生氧化反应，改变沥青的组成比例引起老化。③光的影响。日光特别是紫外光照射沥青后，使沥青产生光化学反应，促使沥青的氧化过程加速而引起沥青的老化。④水的影响。水在与光、热和氧共同作用下，会起到加速沥青老化的催化作用。⑤渗流硬化。沥青中轻组分渗入到矿料的孔隙中，导致沥青的硬化而造成老化。

从以上因素可以看出，沥青的老化过程是诸多因素综合作用的结果，这一结果最终导致沥青发硬变脆,引起沥青路面开裂,由此造成多种道路病害。

目前,沥青老化试验大多是模拟沥青在施工拌和时的加热过程,来评价沥青抗老化能力,现行规范的检测方法是薄膜烘箱加热试验和旋转薄膜烘箱加热试验。

四、道路石油沥青技术要求

现行国家标准《重交通道路石油沥青》GB/T 15180—2010 的技术要求,如表 11-17 所示。

重交通道路石油沥青质量要求 表 11-17

项目	质量指标					
	AH-130	AH-110	AH-90	AH-70	AH-50	AH-30
针入度(25℃,100g,5s)(1/10mm)	120~140	100~120	80~100	60~80	40~60	20~40
延度(15℃)(cm)(不小于)	100	100	100	100	80	报告
软化点(℃)	38~51	40~53	42~55	44~57	45~58	50~65
溶解度(%)(不小于)	99.0					
闪点(℃)(不小于)	230				260	
密度(25℃)(kg/cm³)	报告					
蜡含量(%)(不大于)	3.0					
薄膜烘箱试验(163℃,5h)						
质量变化(%)(不大于)	1.3	1.2	1.0	0.8	0.6	0.5
针入度比(%)(不小于)	45	48	50	55	58	60
延度(15℃)(cm)(不小于)	100	50	40	30	报告	报告

交通领域对路用沥青有着更加全面和严格的质量要求,现行交通行业道路沥青技术要求如表 11-18 所示。

道路石油沥青技术要求 表 11-18

指标	等级	160 号	130 号	110 号	90 号	70 号	50 号	30 号
针入度(25℃,100g,5s)(0.1mm)		140~200	120~140	100~120	80~100	60~80	40~60	20~40
针入度指数 PI	A	−1.5~+1.0						
	B	−1.8~+1.0						
软化点(R&B)(℃)(不小于)	A	38	40	43	45	46	49	55
	B	36	39	42	43	44	46	53
	C	35	37	41	42	43	45	50
60℃动力黏度(Pa·s)(不小于)	A	—	60	120	160	180	200	260
10℃延度(cm)(不小于)	A	50	50	40	45	20	15	10
	B	50	50	40	30	15	10	8

续表

指标	等级	160号	130号	110号	90号	70号	50号	30号
15℃延度（cm）	A、B	100					80	50
	C	80	80	60	50	40	30	30
含蜡量（蒸馏法）（%）（不大于）	A	2.2						
	B	3.0						
	C	4.5						
闪点（COC）（℃）（不小于）		230			245		260	
溶解度（%）（不小于）		99.5						
15℃密度（g/cm³）		实测记录						
薄膜烘箱加热试验（或旋转薄膜烘箱加热试验）后								
质量变化（%）（不大于）		±0.8						
残留针入度比（%）（不小于）	A	48	54	55	57	61	63	65
	B	45	50	52	54	58	60	62
	C	40	45	48	50	54	58	60
残留10℃延度（cm）（不小于）	A	12	12	10	8	6	4	—
	B	10	10	8	6	4	2	—
残留15℃延度（cm）（不小于）	C	40	35	30	20	15	10	—

注：1. 经建设单位同意，表中PI值、60℃动力黏度、10℃延度可作为选择性指标，也可不作为施工质量指标。
2. 70号沥青可根据需要，要求供应商提供针入度范围60~70或70~80的沥青，50号沥青可要求提供针入度范围为40~50或50~60的沥青。
3. 30号沥青仅适用于沥青稳定基层。130号或160号沥青除寒冷地区可直接在中低级公路上直接应用外，通常用作乳化沥青、稀释沥青、改性沥青的基质沥青。
4. 老化试验以薄膜烘箱加热试验（TFOT）为准，也可以旋转薄膜烘箱加热试验（RTFOT）代替。

依据表11-18中各项技术指标的变化，交通行业技术标准中将沥青划分成三个质量等级。不同等级的沥青具有不同的适用范围，如表11-19所示。

不同等级的沥青具有不同的适用范围 表11-19

沥青等级	适用范围
A级沥青	各个等级的公路，适用于任何场合和层次
B级沥青	1. 高速公路、一级公路沥青层下面层及以下的层次，二级及二级以下公路的各个层次。 2. 用作改性沥青、乳化沥青、改性乳化沥青、稀释沥青的基质沥青
C级沥青	三级及三级以下公路的各个层次

五、聚合物改性沥青技术要求

改性沥青可单独或复合采用高分子聚合物、天然沥青及其他改性材料制作。各类聚合物改性沥青的质量应符合表11-20的技术要求，其中PI值可作为选择性指标，制造改性沥青的基质沥青应与改性剂有良好的配伍性,其质量宜满足 A 级或 B 级道路石油沥青的技术要求。

聚合物改性沥青技术要求　　表 11-20

指标	单位	SBS 类（Ⅰ类）				SBR 类（Ⅱ类）			EVA、PE 类（Ⅲ类）			
		Ⅰ-A	Ⅰ-B	Ⅰ-C	Ⅰ-D	Ⅱ-A	Ⅱ-B	Ⅱ-C	Ⅲ-A	Ⅲ-B	Ⅲ-C	Ⅲ-D
针入度（25℃，100g，5s）	0.1mm	>100	80-100	60-80	40-60	>100	80-100	60-80	>80	60-80	40-60	30-40
针入度指数PI（不小于）		−1.2	−0.8	−0.4	0	−1.0	−0.8	−0.6	−1.0	−0.8	−0.6	−0.4
延度（5℃，5cm/min）（不小于）	cm	50	40	30	20	60	50	40	—	—	—	—
软化点$T_{R\&B}$（不小于）	℃	45	50	55	60	45	48	50	48	52	56	60
运动黏度 135℃（不大于）	Pa·s	3										
闪点（不小于）	℃	230				230			230			
溶解度	%	99				99			—			
弹性恢复 25℃（不小于）	%	55	60	—	75	—	—	—	—	—	—	—
粘韧性（不小于）	N·m	—	—	—	—	5			—	—	—	—
韧性（不小于）	N·m	—	—	—	—	2.5			—	—	—	—
贮存稳定性[3]离析，48h 软化点差（℃）（不大于）	℃	2.5				—			无改性剂明显析出、凝聚			
TFOT 或 RTFOT 后残留物												
质量变化（%）（不大于）	%	±1.0										
针入度比 25℃（%）（不小于）	%	50	55	60	65	50	55	60	50	55	58	60
延度 5℃（cm）（不小于）	cm	30	25	20	15	30	20	10	—	—	—	—

注：1. 表中 135℃运动黏度可采用《公路工程沥青及沥青混合料试验规程》JTG E20—2011 中的"沥青布氏旋转黏度试验方法（布洛克菲尔德黏度计法）"进行测定。若在不改变改性沥青物理力学性质并符合安全条件的温度下易于泵送和拌和，或经证明适当提高泵送和拌和温度时能保证改性沥青的质量，容易施工，可不要求测定。

2. 储存稳定性指标适用于工厂生产的成品改性沥青。现场制作的改性沥青对储存稳定性指标可不作要求，但必须在制作后，保持不间断的搅拌或泵送循环，保证使用前没有明显的离析。

六、乳化沥青和改性乳化沥青技术要求

乳化沥青适用于沥青表面处治路面、沥青贯入式路面、冷拌沥青混合料路面，修补裂缝，喷洒透层、黏层与封层等。乳化沥青的品种和适用范围宜符合表 11-21 的规定。

乳化沥青的质量应符合表 11-22 的规定。在高温条件下宜采用黏度较大的乳化沥青,寒冷条件下宜使用黏度较小的乳化沥青。乳化沥青宜存放在立式罐中,并保持适当搅拌。储存期以不离析、不冻结、不破乳为度。

乳化沥青品种及适用范围　　　　　　　　　　　表 11-21

分类	品种及代号	适用范围
阳离子乳化沥青	PC-1	表处、贯入式路面及下封层用
	PC-2	透层油及基层养生用
	PC-3	粘层油用
	BC-1	稀浆封层或冷拌沥青混合料用
阴离子乳化沥青	PA-1	表处、贯入式路面及下封层用
	PA-2	透层油及基层养生用
	PA-3	粘层油用
	BA-1	稀浆封层或冷拌沥青混合料用
非离子乳化沥青	PN-2	透层油用
	BN-1	与水泥稳定集料同时使用(基层路拌或再生)

道路用乳化沥青技术要求　　　　　　　　　　　表 11-22

试验项目		单位	品种及代号										试验方法
			阳离子				阴离子				非离子		
			喷洒用			拌和用	喷洒用			拌和用	喷洒用	拌和用	
			PC-1	PC-2	PC-3	BC-1	PA-1	PA-2	PA-3	BA-1	PN-2	BN-1	
破乳速度		—	快裂	慢裂	快裂或中裂	慢裂或中裂	快裂	慢裂	快裂或中裂	慢裂或中裂	慢裂	慢裂	T0658
粒子电荷		—	阳离子(+)				阴离子(−)				非离子		T0653
筛上残留物(1.18mm 筛)(不大于)		%	0.1				0.1				0.1		T0652
黏度	恩格拉黏度计E_{25}		2~10	1~6	1~6	2~30	2~10	1~6	1~6	2~30	1~6	2~30	T0622
	道路标准黏度计$C_{25,3}$	s	10~25	8~20	8~20	10~60	10~25	8~20	8~20	10~60	8~20	10~60	T0621
蒸发残留物	残留分含量(不小于)	%	50	50	50	55	50	50	50	55	50	55	T0651
	溶解度(不小于)	%	97.5				97.5				97.5		T0607
	针入度(25℃)	dmm	50~200	50~300		45~150	50~200	50~300		45~150	50~300	60~300	T0604

续表

试验项目		单位	品种及代号										试验方法
			阳离子				阴离子				非离子		
			喷洒用			拌和用	喷洒用			拌和用	喷洒用	拌和用	
			PC-1	PC-2	PC-3	BC-1	PA-1	PA-2	PA-3	BA-1	PN-2	BN-1	
蒸发残留物	延度（15℃）（不小于）	cm	40				40				40		T0605
与粗集料的粘附性，裹覆面积（不小于）			2/3			—	2/3			—	2/3	—	T0654
与粗、细粒式集料拌和试验			—			均匀	—			均匀	—	—	T0659
水泥拌和试验的筛上剩余（不大于）		%	—			—	—			—	—	3	T0657
常温贮存稳定性：1d（不大于）5d（不大于）		%	1 5				1 5				1 5		T0655

注：1. P为喷洒型，B为拌和型，C、A、N分别表示阳离子、阴离子、非离子乳化沥青。
2. 黏度可选用恩格拉黏度计或沥青标准黏度计之一测定。
3. 表中的破乳速度、与集料的粘附性、拌和试验的要求与所使用的石料品种有关，质量检验时应采用工程上实际的石料进行试验，仅进行乳化沥青产品质量评定时可不要求此三项指标。
4. 贮存稳定性根据施工实际情况选用试验时间，通常采用5d，乳液生产后能在当天使用时也可用1d的稳定性。
5. 当乳化沥青需要在低温冰冻条件下贮存或使用时，尚需按 T0656 进行−5℃低温贮存稳定性试验，要求没有粗颗粒、不结块。
6. 如果乳化沥青是将高浓度产品运到现场经稀释后使用时，表中的蒸发残留物等各项指标指稀释前乳化沥青的要求。
7. 制备乳化沥青用的基质沥青，对高速公路和一级公路，宜符合道路石油沥青A、B级沥青的要求，其他情况可采用C级沥青。

改性乳化沥青宜按表11-23选用，其质量应符合表11-24的技术要求。

改性乳化沥青的品种和适用范围 表11-23

品种		代号	适用范围
改性乳化沥青	喷洒型改性乳化沥青	PCR	黏层、封层、桥面防水黏结层用
	拌和用乳化沥青	BCR	改性稀浆封层和微表处用

改性乳化沥青技术要求 表11-24

试验项目	单位	品种及单位		试验方法
		PCR	BCR	
破乳速度	—	快裂或中裂	慢裂	T0658
离子电荷	—	阳离子（+）	阳离子（+）	T0653

续表

试验项目		单位	品种及单位		试验方法
			PCR	BCR	
筛上剩余量（1.18mm）（不大于）		%	0.1	0.1	T0652
黏度	恩格拉黏度E_{25}	—	1～10	3～30	T0622
	沥青标准黏度$C_{25,3}$	S	2～25	12～60	T0621
蒸发残留物	含量（不小于）	%	50	60	T0651
	针入度（100g, 25℃, 5s）	0.1mm	40～120	40～100	T0604
	软化点（不小于）	℃	50	53	T0606
	延度（5℃）（不小于）	cm	20	20	T0605
	溶解度（三氯乙烯）（不小于）	%	97.5	97.5	T0607
与矿料的粘附性，裹覆面积（不小于）		—	2/3	—	T0654
贮存稳定性	1d（不大于）	%	1	1	T0655
	5d（不大于）	%	5	5	T0655

注：1. 破乳速度与集料粘附性、拌和试验、所使用的石料品种有关。工程上施工质量检验时应采用实际的石料试验。仅进行产品质量评定时可不对这些指标提出要求。

2. 当用于填补车辙时，BRC 蒸发残留物的软化点提高至不低于 55℃。

3. 贮存稳定性根据施工实际情况选择试验天数，通常采用 5d，乳液生产后能在第二天使用时也可选用 1d。个别情况下改性乳化沥青 5d 的贮存稳定性难以满足要求，如果经搅拌后能够达到均匀一致并不影响正常使用，此时要求改性乳化沥青运至工地后存放在附有搅拌装置的储存罐内，并不断进行搅拌，否则不准使用。

4. 当改性乳化沥青或特种改性乳化沥青需要在低温冰冻条件下储存或使用时，尚需按 T0656 进行-5℃低温储存稳定性试验，要求没有颗粒、不结块。

七、试验项目及组批原则

不同品种沥青的进场复试项目及组批规则如表 11-25 所示。

沥青试验项目及组批规则　　表 11-25

名称	相关标准	试验项目	组批规则
沥青	石油沥青（《沥青路面施工及验收规范》GB 50092—1996 和《公路工程沥青及沥青混合料试验规程》JTG E20—2011）	针入度 软化点 延度	城市快速路、主干路 每100t 一次
	煤沥青（《沥青路面施工及验收规范》GB 50092—1996 和《公路工程沥青及沥青混合料试验规程》JTG E20—2011）	黏度	每 50t 一次
	乳化沥青（《沥青路面施工及验收规范》GB 50092—1996 和《公路工程沥青及沥青混合料试验规程》JTG E20—2011）	黏度 沥青含量	每 50t 一次 每 50t 一次

八、试验方法

沥青针入度、针入度指数、延度、软化点、运动粘度、闪点、弹性恢复、加热老化试验按照《公路工程沥青及沥青混合料试验规程》JTG E20—2011 进行。

乳化沥青破乳速度、离子电荷、黏度、蒸发残留物、与矿料的粘附性、贮存稳定性试验按照《公路工程沥青及沥青混合料试验规程》JTG E20—2011 进行。

1. 针入度

1）主要仪器设备

（1）针入度仪：为提高测试精度，针入度试验宜采用能够自动计时的针入度仪进行测定。要求针和针连杆必须在无明显摩擦下垂直运动，针的贯入深度必须准确至 0.1mm。针和针连杆组合件总质量为(50 ± 0.05)g，另附(50 ± 0.05)g 砝码一只，试验时总质量为(100 ± 0.05)g。仪器应有放置平底玻璃保温皿的平台，并有调节水平的装置，针连杆应与平台相垂直。应有针连杆制动按钮，使针连杆可自由下落。针连杆应易于装拆，以便检查其质量。仪器还设有可自由转动与调节距离的悬臂，其端部有一面小镜或聚光灯泡，借以观察针尖与试样表面接触情况。且应对装置的准确性经常校验。当采用其他试验条件时，应在试验结果中注明。

（2）标准针：由硬化回火的不锈钢制成，洛氏硬度 HRC54-60，表面粗糙度 Ra(0.2～0.3)μm，针及针杆总质量(2.5 ± 0.05)g 针杆上应打印有号码标志。针应设有固定用装置盒（筒），以免碰撞针尖。每根针必须附有计量部门的检验单，并定期进行检验。其尺寸及形状如图 11-20 所示。

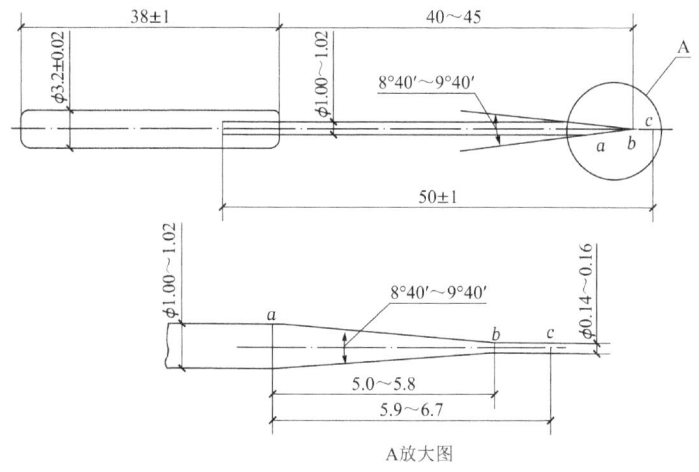

图 11-20　针入度标准针

（3）盛样皿：金属制，圆柱形平底。小盛样皿的内径 55mm，深 35mm（适用于针入度小于 200 的试样）；大盛样皿内径 70mm，深 45mm（适用于针入度为 200～350 的试样）；对针入度大于 350 的试样需使用特殊盛样皿，其深度不小于 60mm，容积不小于 125mL。

(4)恒温水槽：容量不小于 10L，控温的准确度为 0.1℃。水槽中应设有一带孔的搁架，位于水面下不得少于 100mm，距水槽底不得少于 50mm 处。

(5)平底玻璃皿：容量不小于 1L，深度不小于 80mm。内设有一不锈钢三脚支架，能使盛样皿稳定。

2）试验步骤

(1)取出达到恒温的盛样皿，并移入水温控制在试验温度±0.1℃（可用恒温水槽中的水）的平底玻璃皿中的三脚支架上，试样表面以上的水层深度不小于 10mm。

(2)将盛有试样的平底玻璃皿置于针入度仪的平台上。慢慢放下针连杆，用适当位置的反光镜或灯光反射观察，使针尖恰好与试样表面接触，将位移计或刻度盘指针复位为零。

(3)开始试验，按下释放键，这时计时与标准针落下贯入试样同时开始，至 5s 时自动停止。

(4)读取位移计或刻度盘指针的读数，准确至 0.1mm。

(5)同一试样平行试验至少 3 次，各测试点之间及与盛样皿边缘的距离不应小于 10mm。每次试验后应将盛有盛样皿的平底玻璃皿放入恒温水槽，使平底玻璃皿中水温保持试验温度。每次试验应换一根干净标准针或将标准针取下用蘸有三氯乙烯溶剂的棉花或布揩净，再用干棉花或布擦干。

(6)测定针入度大于 200 的沥青试样时，至少用 3 支标准针，每次试验后将针留在试样中，直至 3 次平行试验完成后，才能将标准针取出。

(7)测定针入度指数 PI 时，按同样的方法在 15℃、25℃、30℃（或 5℃）3 个或 3 个以上（必要时增加 10℃、20℃等）温度条件下分别测定沥青的针入度，但用于仲裁试验的温度条件应为 5 个。

3）计算

根据测试结果可按以下方法计算针入度指数、当量软化点及当量脆点。

(1)公式计算法：

将 3 个或 3 个以上不同温度条件下测试的针入度值取对数。令 $y = \lg P$，$x = T$，按下式的针入度对数与温度的直线关系，进行 $y = a + bx$ 一元一次方程的直线回归。求取针入度温度指数 $A_{\lg pen}$。

$$\lg P = K + A_{\lg pen} \times T \tag{11-44}$$

式中：$\lg P$——不同温度条件下测得的针入度值的对数；

T——试验温度（℃）；

K——回归方程的常数项 a；

$A_{\lg pen}$——回归方程的常数项 b。

按上式回归时必须进行相关性检验，直线回归相关系数 R 不得小于 0.997（置信度 95%），否则，试验无效。

① 确定沥青的针入度指数，并记为 PI：

$$PI = \frac{20 - 500 A_{\lg \text{pen}}}{1 + 50 A_{\lg \text{pen}}} \tag{11-45}$$

② 确定沥青的当量软化点 T_{800}：

$$T_{800} = \frac{\lg 800 - K}{A_{\lg \text{pen}}} = \frac{2.9031 - K}{A_{\lg \text{pen}}} \tag{11-46}$$

③ 确定沥青的当量脆点 $T_{1.2}$：

$$T_{1.2} = \frac{\lg 1.2 - K}{A_{\lg \text{pen}}} = \frac{0.0792 - K}{A_{\lg \text{pen}}} \tag{11-47}$$

④ 计算沥青的塑性温度范围 ΔT：

$$\Delta T = T_{800} - T_{1.2} = \frac{2.8239}{A_{\lg \text{pen}}} \tag{11-48}$$

（2）诺模图法：

将 3 个或 3 个以上不同温度条件下测试的针入度值绘于图 11-21 的针入度温度关系诺模图中，按最小二乘法法则绘制回归直线，将直线向两端延长，分别与针入度为 T_{800} 及 $T_{1.2}$ 的水平线相交，交点的温度即为当量软化点 T_{800} 和当量脆点 $T_{1.2}$。以图中 0 点为原点，绘制回归直线的平行线，与 PI 线相交，读取交点处的 PI 值即为该沥青的针入度指数。此法不能检验针入度对数与温度直线回归的相关系数，仅供快速草算时使用。

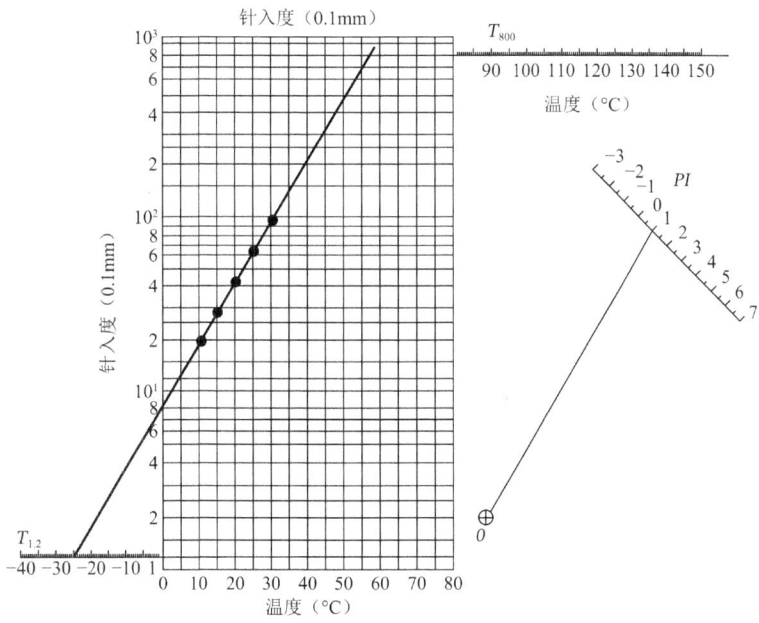

图 11-21　确定道路沥青 PI、$T_{1.2}$ 的针入度温度关系诺模图

4）结果

（1）应报告标准温度（25℃）时的针入度以及其他试验温度 T 所对应的针入度，及由此

求取针入度指数 PI、当量软化点 T_{800} 和当量脆点 $T_{1.2}$ 的方法和结果。

（2）同一试样 3 次平行试验结果的最大值和最小值之差在下列允许误差范围内时，计算 3 次试验结果的平均值，取整数作为针入度试验结果，以 0.1mm 计。

针入度（0.1mm）	允许误差（0.1mm）	针入度（0.1mm）	允许误差（0.1mm）
0～49	2	150～249	12
50～149	4	250～500	20

当试验值不符合此要求时，应重新进行试验。

5）允许误差

（1）当试验结果小于 50（0.1mm）时，重复性试验的允许误差为 2（0.1mm），再现性试验的允许误差为 4（0.1mm）。

（2）当试验结果大于或等于 50（0.1mm）时，重复性试验的允许误差为平均值的 4%，再现性试验的允许误差为平均值的 8%。

2. 软化点

1）主要仪器设备

（1）软化点试验仪：如图 11-22 所示。

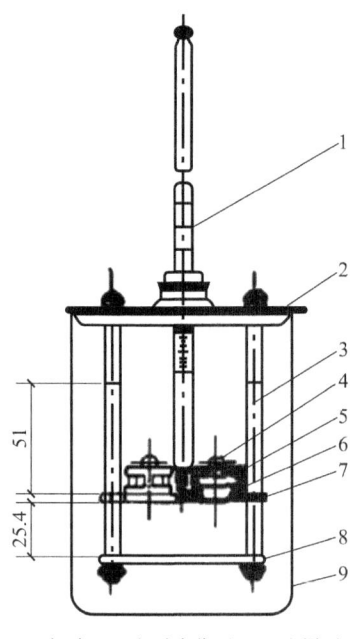

1—温度计；2—上盖板；3—立杆；4—钢球；5—钢球定位环；6—金属环；7—中层板；8—下底板；9—烧杯

图 11-22 软化点试验仪示意图

① 钢球：直径 9.53mm，质量 (3.5±0.05)g。

② 试样环：黄铜或不锈钢等制成，形状和尺寸如图 11-23 所示。

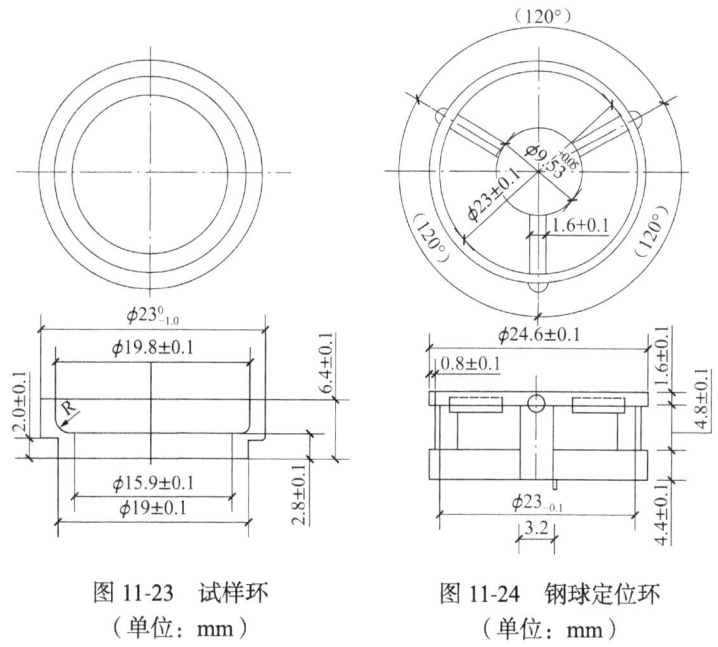

图 11-23 试样环　　　　图 11-24 钢球定位环
（单位：mm）　　　　（单位：mm）

③钢球定位环：黄铜或不锈钢制成，形状和尺寸如图 11-24 所示。

④金属支架：由两个主杆和三层平行的金属板组成。上层为一圆盘，直径略大于烧杯直径，中间有一圆孔，用以插放温度计。中层板形状和尺寸如图 11-25 所示。板上有两个孔，各放置金属环，中间有一小孔可支持温度计的测温端部。一侧立杆距环上面 51mm 处刻有水高标记。环下面距下层底板为 25.4mm，而下底板距烧杯底不小于 12.7mm，也不得大于 19mm。三层金属板和两个主杆由两螺母固定在一起。

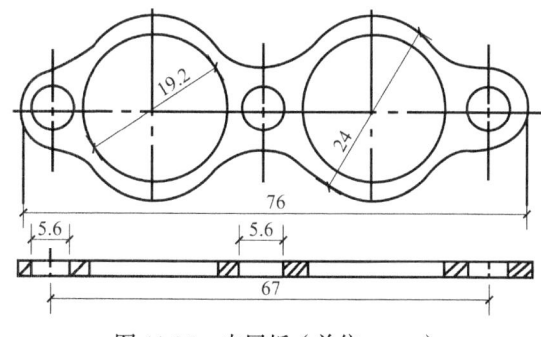

图 11-25 中层板（单位：mm）

（2）耐热玻璃烧杯：容量(800～1000)mL，直径不小于 86mm，高不小于 120mm。

（3）温度计：量程 0～100 以分度值 0.5℃。

（4）装有温度调节器的电炉或其他加热炉具（液化石油气、天然气等）。应采用带有振荡搅拌器的加热电炉，振荡子置于烧杯底部。

（5）试样底板：金属板（表面粗糙度应达 Ra0.8μm）或玻璃板。

(6) 恒温水槽：控温的准确度为±0.5℃。

2) 试验步骤

(1) 试样软化点在80℃以下者：

①将装有试样的试样环连同试样底板置于装有(5±0.5)℃水的恒温水槽中至少15min；同时将金属支架、钢球、钢球定位环等亦置于相同水槽中。

②烧杯内注入新煮沸并冷却至5℃的蒸馏水或纯净水，水面略低于立杆上的深度标记。

③从恒温水槽中取出盛有试样的试样环放置在支架中层板的圆孔中，套上定位环；然后将整个环架放入烧杯中，调整水面至深度标记，并保持水温为(5±0.5)℃环架上任何部分不得附有气泡。将(0~100)℃的温度计由上层板中心孔垂直插入，使端部测温头底部与试样环下面齐平。

④将盛有水和环架的烧杯移至放有石棉网的加热炉具上，然后将钢球放在定位环中间的试样中央，立即开动电磁振荡搅拌器，使水微微振荡，并开始加热，使杯中水温在3min内调节至维持每分钟上升(5±0.5)℃。在加热过程中，应记录每分钟上升的温度值，如温度上升速度超出此范围，则试验应重做。

⑤试样受热软化逐渐下坠，至与下层底板表面接触时，立即读取温度，准确至0.5℃。

(2) 试样软化点在80℃以上者：

①将装有试样的试样环连同试样底板置于装有(32±1)℃甘油的恒温槽中至少15min；同时将金属支架、钢球、钢球定位环等亦置于甘油中。

②在烧杯内注入预先加热至32℃的甘油，其液面略低于立杆上的深度标记。

③从恒温槽中取出装有试样的试样环，按上述①的方法进行测定，准确至1℃。

3) 结果

同一试样平行试验两次，当两次测定值的差值符合重复性试验允许误差要求时，取其平均值作为软化点试验结果，准确至0.5℃。

4) 允许误差

当试样软化点小于80℃时，重复性试验的允许误差为1℃，再现性试验的允许误差为4℃。

当试样软化点大于或等于80℃时，重复性试验的允许误差为2℃，再现性试验的允许误差为8℃。

3. 延度

1) 主要仪器设备

(1) 延度仪：延度仪的测量长度不宜大于150cm，仪器应有自动控温、控速系统。应满足试件浸没于水中，能保持规定的试验温度及规定的拉伸速度拉伸试件，且试验时应无明显振动。该仪器的形状及组成如图11-26所示。

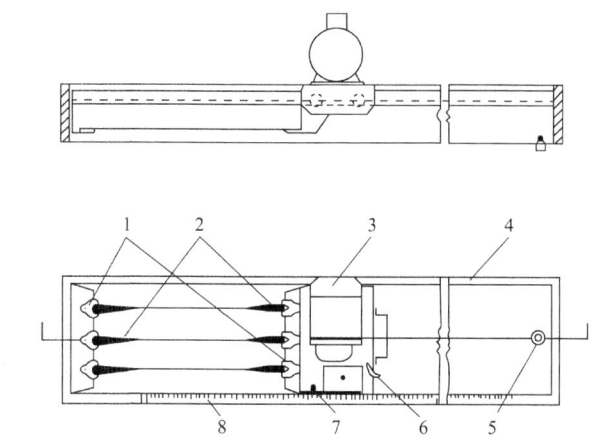

1—试模；2—试样；3—电机；4—冰箱；5—泄水孔；6—开关柄；7—指针；8—标尺

图 11-26　延度仪

（2）试模：黄铜制，由两个端模和两个侧模组成，试模内侧表面粗糙度 Ra0.2μm。其形状及尺寸如图 11-27 所示。

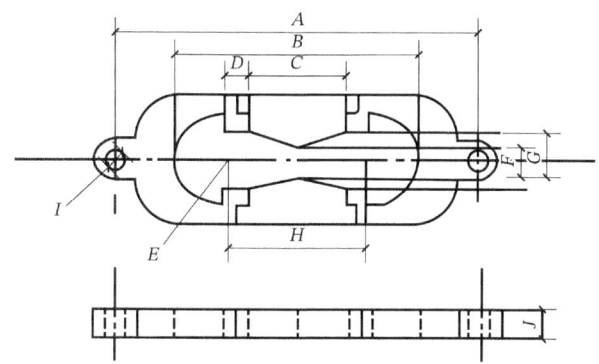

A—两端模环中心点距离 111.5～113.5mm；B—试件总长 74.5～75.5mm；C—端模间距 29.7～30.3mm；D—肩长 6.8～7.2mm；E—半径 15.75～16.25mm；F—最小横断面宽 9.9～10.1mm；G—端模口宽 19.8～20.2mm；H—两半圆圆心间距离 42.9～43.1mm；I—端模孔直径 6.5～6.7mm；J—厚度 9.9～10.1mm

图 11-27　延度仪试模

（3）试模底板：玻璃板或磨光的铜板、不锈钢板（表面粗糙度 Ra0.2μm）。

（4）恒温水槽：容量不少于 10L，控制温度的准确度为 0.1℃。水槽中应设有带孔搁架，搁架距水槽底不得少于 50mm。试件浸入水中深度不小于 100mm。

2）试验步骤

（1）将保温后的试件连同底板移入延度仪的水槽中，然后将盛有试样的试模自玻璃板或不锈钢板上取下。将试模两端的孔分别套在滑板及槽端固定板的金属柱上，并取下侧模。水面距试件表面应不小于 25mm。

（2）开动延度仪，并注意观察试样的延伸情况，此时应注意，在试验过程中，水温应始终保持在试验温度规定范围内，且仪器不得有振动，水面不得有晃动，当水槽采用循环水时，应暂时中断循环，停止水流。在试验中，当发现沥青细丝浮于水面或沉入槽底时。应在水中加入酒精或食盐，调整水的密度至与试样相近后，重新试验。

（3）试件拉断时，读取指针所指标尺上的读数，以 cm 计在正常情况下，试件延伸时应呈锥尖状，拉断时实际断面接近于零。如不能得到这种结果，则应在报告中注明。

3）结果及允许误差

（1）同一样品，每次平行试验不少于 3 个，如 3 个测定结果均大于 100cm，试验结果记作 ">100cm"；特殊需要也可分别记录实测值：3 个测定结果中，当有一个以上的测定值小于 100cm 时，若最大值或最小值与平均值之差满足重复性试验要求，则取 3 个测定结果的平均值的整数作为延度试验结果，若平均值大于 100cm，记作 ">100cm"；若最大值或最小值与平均值之差不符合重复性试验要求时，试验应重新进行。

4）允许误差

当试验结果小于 100cm 时，重复性试验的允许误差为平均值的 20%，再现性试验的允许误差为平均值的 30%。

4. 沥青旋转薄膜加热试验（质量变化、残留针入度比）

1）主要仪器设备

（1）旋转薄膜烘箱：烘箱恒温室形状如图 11-28 所示。烘箱具有双层壁，电热系统应有温度自动调节器，可保持温度为 (163 ± 0.5)℃，其内部尺寸为高 381mm、宽 483mm、深 445 ± 13mm（关门后）。烘箱门上有一双层耐热的玻璃窗，其宽为 (305～380)mm、高 (203～229)mm，可以通过此窗观察烘箱内部试验情况。最上部的加热元件应位于烘箱顶板的下方 (25 ± 3)mm，烘箱应调整成水平状态。烘箱的顶部及底部均有通气口。底部通气口面积为 (150 ± 7)mm^2，对称配置，可供均匀进入空气的加热之用。上部通气口匀称地排列在烘箱顶部，其开口面积为 (93 ± 4.5)mm^2。

烘箱内有一内壁，烘箱与内壁之间有一个通风空间，间隙为 38.1mm。在烘箱宽的中点上，且从环形金属架表面至其轴间 152.4mm 处，有一外径 133mm、宽 73mm 的鼠笼式风扇，并用一电动机驱动旋转，其速度为 1725r/min。鼠笼式风扇将以与叶片相反的方向转动。

烘箱温度的传感器装置在距左侧 25.4mm 及空气封闭箱内上顶板下约 38.1mm 处以使测温元件处于距烘箱内后壁约 203.2mm 位置。将测试用的温度计悬挂或附着在顶板的一个距烘箱右侧中点 50.8mm 的装配架上。温度计悬挂时，其水银球与环形金属架的轴线相距 25.4mm 以内。温度控制器应能使全部装好沥青试样后，在 10min 之内达到试验温度。

烘箱内有一个直径为 304.8mm 的垂直环形架，架上装备有适当的能锁闭及开启 8 个水平放置的玻璃盛样瓶的固定装置。垂直环形架通过直径 19mm 的轴，以 (15 ± 0.2)r/min 速度转动。

烘箱内装备有一个空气喷嘴，在最低位置上向转动玻璃盛样瓶喷进热空气。喷嘴孔径为 1.016mm，连接着一根长为 7.6m、外径为 8mm 的铜管。铜管水平盘绕在烘箱的底部，并连通着一个能调节流量、新鲜的和无尘的空气源。为保证空气充分干燥，可用活性硅胶作为指示剂。在烘箱表面上装备有温度指示器，空气流量计的流量应为 (4000 ± 200)mL/min。

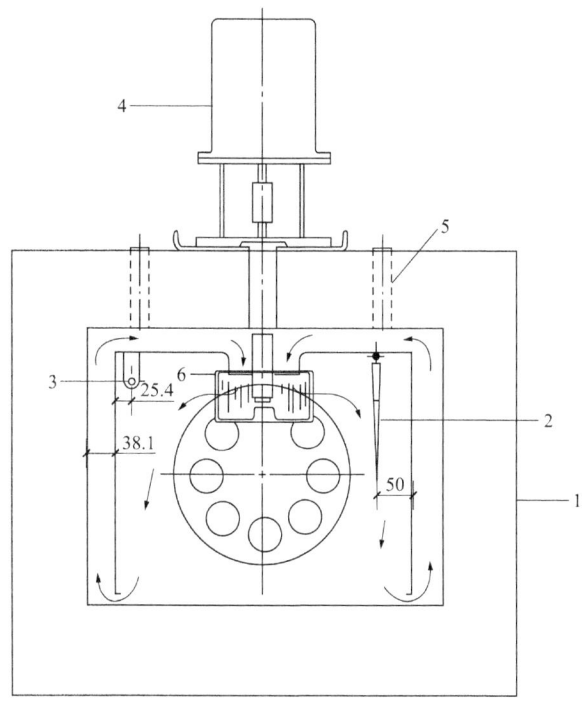

1—恒温箱；2—温度计；3—温度传感器；4—风扇电动机；5—换气孔；6—箱形风扇

图 11-28 旋转薄膜烘箱恒温室（单位：mm）

（2）盛样瓶：耐热玻璃制，形状如图 11-29 所示，高为(139.7 ± 1.5)mm，外径为(64 ± 1.2)mm，壁厚为(2.4 ± 0.3)mm，口部直径为(31.75 ± 1.5)mm。

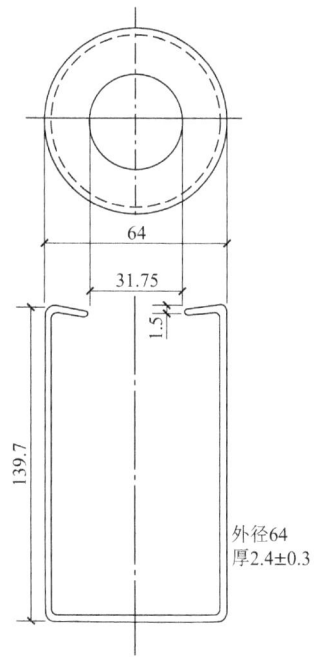

图 11-29 盛样瓶（单位：mm）

(3)温度计：量程(0～200)℃，分度值0.5℃。

(4)分析天平：感量不大于1mg。

2）试验准备

(1)用汽油或三氯乙烯洗净盛样瓶后，置温度(105±5)℃烘箱中烘干，并在干燥器中冷却后编号称其质量（m_0），准确至1mg。盛样瓶的数量应能满足试验的试样需要，通常不少于8个。

(2)将旋转加热烘箱调节水平，并在(163±0.5)℃下预热不少于16h，使箱内空气充分加热均匀。调节好温度控制器，使全部盛样瓶装入环形金属架后，烘箱的温度应在10min以内达到(163±0.5)℃。

(3)调整喷气嘴与盛样瓶开口处的距离为6.35mm，并调节流量计，使空气流量为(4000±200)mL/min。

(4)按本规程准备沥青试样，分别注入已称质量的盛样瓶中，其质量为(35±0.5)g，放入干燥器中冷却至室温后称取质量（m_1），准确至1mg。需测定加热前后沥青性质变化时，应同时灌样测定加热前沥青的性质。

3）试验步骤

(1)将称量完后的全部试样瓶放入烘箱环形架的各个瓶位中，关上烘箱门后开启环形架转动开关，以(15±0.2)r/min速度转动。同时开始将流速(4000±200)mL/min的热空气喷入转动着的盛样瓶的试样中，烘箱的温度应在10min回升到(163±0.5)℃，使试样在(163±0.5)℃温度下受热时间不少于75min。总的持续时间为85min。若10min内达不到试验温度，则试验不得继续进行。

(2)到达时间后，停止环形架转动及喷射热空气，立即逐个取出盛样瓶，并迅速将试样倒入一洁净的容器内混匀（进行加热质量变化的试样除外），以备进行旋转薄膜加热试验后的沥青性质的试验，但不允许将已倒过的沥青试样瓶重复加热来取得更多的试样。所有试验项目应在72h内全部完成。

(3)将进行质量变化试验的试样瓶放入真空干燥器中，冷却至室温，称取质量（m_2），准确至1mg。此瓶内的试样即予废弃（不得重复加热用来进行其他性质的试验）。

4）计算

(1)沥青旋转薄膜加热试验后质量变化按下式计算，准确至3位小数（质量减少为负值，质量增加为正值）：

$$L_T = \frac{m_2 - m_1}{m_1 - m_0} \times 100 \tag{11-49}$$

式中：L_T——试样旋转薄膜加热质量变化（%）；

　　　m_0——盛样瓶质量（g）；

　　　m_1——旋转薄膜加热前盛样瓶与试样合计质量（g）；

m_2——旋转薄膜加热后盛样瓶与试样合计质量（g）。

（2）沥青旋转薄膜加热试验后，残留物针入度比以残留物针入度占原试样针入度的比值按下式计算：

$$K_P = \frac{P_2}{P_1} \times 100 \tag{11-50}$$

式中：K_P——试样旋转薄膜加热后残留物针入度比（%）；

P_1——旋转薄膜加热前原试样的针入度（0.1mm）；

P_2——旋转薄膜加热后残留物的针入度（0.1mm）。

（3）沥青旋转薄膜加热试验的残留物软化点增值按下式计算：

$$\Delta T = T_2 - T_1 \tag{11-51}$$

式中：ΔT——旋转薄膜加热试验后软化点增值（℃）；

T_1——旋转薄膜加热试验前软化点（℃）；

T_2——旋转薄膜加热试验后软化点（℃）。

（4）沥青旋转薄膜加热试验黏度比按下式计算：

$$K_\eta = \frac{\eta_2}{\eta_1} \tag{11-52}$$

式中：K_η——旋转薄膜加热试验前后60℃黏度比；

η_2——旋转薄膜加热试验后60℃黏度（Pa·s）；

η_1——旋转薄膜加热试验前60℃黏度（Pa·s）。

（5）沥青的老化指数按下式计算：

$$C = \lg\lg(\eta_2 \times 10^3) - \lg\lg(\eta_1 \times 10^3) \tag{11-53}$$

式中：C——沥青旋转薄膜加热试验的老化指数。

5）允许误差

（1）当旋转薄膜加热后质量变化小于或等于0.4%时，重复性试验的允许误差为0.04%，再现性试验的允许误差为0.16%。

（2）当旋转薄膜加热后质量变化大于0.4%时，重复性试验的允许误差为平均值的8%，再现性试验的允许误差为平均值的40%。

（3）残留物针入度、软化点、延度、黏度等性质试验的允许误差应符合相应试验方法的规定。

5. 乳化沥青破乳速度

1）主要仪器设备

（1）拌和锅：容量约1000mL。

（2）金属勺。

（3）天平：感量不大于0.1g。

（4）标准筛：方孔筛，4.75mm、2.36mm、0.6mm、0.3mm、0.075mm。

2）试验准备

（1）将工程实际使用的集料（石屑）过筛分级，并按表11-26的比例称料混合成两种标准级配矿料各200g。

拌和试验用矿料颗粒组成比例（%） 表11-26

矿料规格（mm）	A组	B组
<0.075	3	10
0.3~0.075		30
0.6~0.3	5	30
2.36~0.6	7	30
4.75~2.36	85	—
合计	100	100

（2）将拌和锅洗净、干燥。

3）试验步骤

（1）将A组矿料200g在拌和锅中拌和均匀。当为阳离子乳化沥青时，先注入5mL蒸馏水拌匀，再注入乳液20g；当为阴离子乳化沥青时，直接注入乳液20g。用金属匙以60r/min的速度拌和30s，观察矿料与乳液拌和后的均匀情况。

（2）将拌和锅中的B组矿料200g拌和均匀后注入30mL蒸馏水，拌匀后，注入50g乳液试样，再继续用金属匙以60r/min的速度拌和1min，观察拌和后混合料的均匀情况。

（3）根据两组矿料与乳液试样拌和均匀情况按表11-27确定试样的破乳速度。

乳化沥青的破乳速度分级 表11-27

A组矿料拌和结果	B组矿料拌和结果	破乳速度	代号
混合料呈松散状态，一部分矿料颗粒未裹覆沥青，沥青分布不够均匀，有些凝聚成固块	乳液中的沥青拌和后立即凝聚成团块，不能拌和	快裂	RS
混合料混合均匀	混合料呈松散状态，沥青分布不均，并可见凝聚的团块	中裂	MS
	混合料呈糊状，沥青乳液分布均匀	慢裂	SS

6. 标准黏度

1）主要仪器设备

（1）道路沥青标准黏度计：形状和尺寸如图11-30所示。它由下列部分组成：

①水槽：环槽形，内径160mm，深100mm，中央有一圆井，井壁与水槽之间距离不少于55mm。环槽中存放保温用液体（水或油），上下方各设有一流水管。水槽下装有可以调节高低的三脚架，架上有一圆盘承托水槽，水槽底离试验台面约200mm。水槽控温精密

度±0.2℃。

②盛样管：形状和尺寸如图11-31所示。管体为黄铜，而带流孔的底板为磷青铜制成。盛样管的流孔d有$(3±0.025)$mm、$(4±0.025)$mm、$(5±0.025)$mm和$(10±0.025)$mm四种规格。根据试验需要，选择盛样管流孔的孔径。

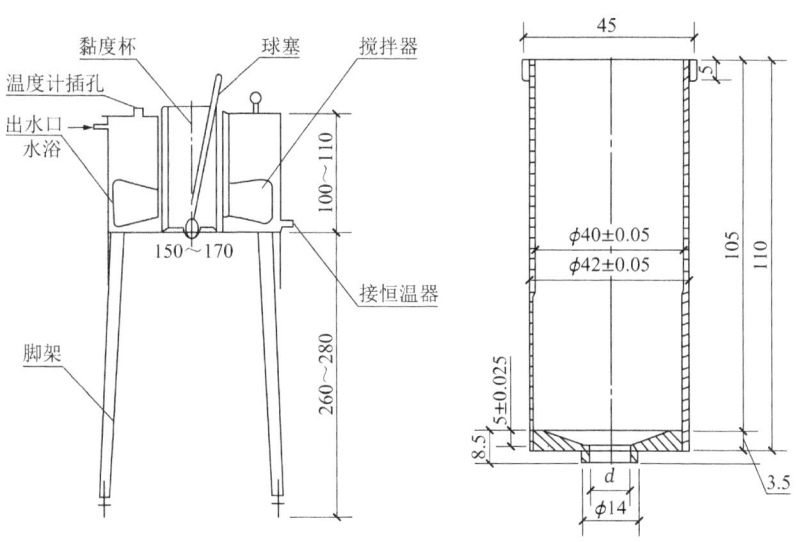

图11-30 沥青黏度计（单位：mm）　　图11-31 盛样管（单位：mm）

③球塞：用以堵塞流孔，形状和尺寸如图11-32所示。杆上有一标记。直径$(12.7±0.05)$mm球塞的标记高为$(92±0.25)$mm，用以指示10mm盛样管内试样的高度；直径$(6.35±0.05)$mm球塞的标记高为$(90.3±0.25)$mm，用以指示其他盛样管内试样的高度。

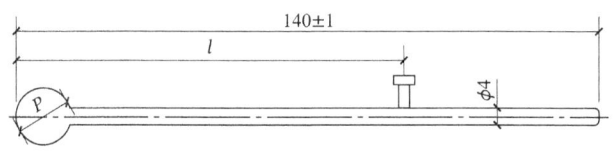

图11-32 球塞（单位：mm）

④水槽盖：盖的中央有套筒，可套在水槽的圆井上，下附有搅拌叶。盖上有一把手，转动把手时可借搅拌叶调匀水槽内水温。盖上还有一插孔，可放置温度计。

⑤温度计：分度值0.1℃。

⑥接受瓶：开口，圆柱形玻璃容器，100mL，在25mL、50mL、75mL、100mL处有刻度；也可采用100mL量筒。

⑦流孔检查棒：磷青铜制，长100mm，检查4mm和10mm流孔及检查3mm和5mm流孔各1支，检查段位于两端，长度不小于10mm，直径按流孔下限尺寸制造。

（2）秒表：分度值0.1s。

（3）循环恒温水槽。

2）试验准备

根据沥青材料的种类和稠度，选择需要流孔孔径的盛样管，置水槽圆井中。用规定的球塞堵好流孔，流孔下放蒸发皿，以备接受不慎流出的试样。除10mm流孔采用直径12.7mm球塞外，其余流孔均采用直径为6.35mm的球塞。根据试验温度需要，调整恒温水槽的水温为试验温度±0.1℃，并将其进出口与黏度计水槽的进出口用胶管接妥，使热水流进行正常循环。

3）试验步骤

（1）将试样加热至比试验温度高(2～3)℃［当试验温度低于室温时，试样须冷却至比试验温度低(2～3)℃］时注入盛样管，其数量以液面到达球塞杆垂直时杆上的标记为准。

（2）试样在水槽中保持试验温度至少30min，用温度计轻轻搅拌试样，测量试样的温度为试验温度±0.1℃时，调整试样液面至球塞杆的标记处，再继续保温(1～3)min。

（3）将流孔下蒸发皿移去，放置接受瓶或量筒，使其中心正对流孔。接受瓶或量筒可预先注入肥皂水或矿物油25mL，以利洗涤及读数准确。

（4）提起球塞，借标记悬挂在试样管边上。待试样流入接受瓶或量筒达25mL（量筒刻度50mL）时，按动秒表；待试样流出75mL（量筒刻度100mL）时，按停秒表。

（5）记取试样流出50mL所经过的时间，准确至s，即为试样的黏度。

4）结果

同一试样至少平行试验两次，当两次测定的差值不大于平均值的4%时，取其平均值的整数作为试验结果。

5）允许误差

重复性试验的允许误差为平均值的4%。

7. 蒸发残留物

1）主要仪器设备

（1）试样容器：容量1500mL、高约60mm、壁厚(0.5～1)mm的金属盘，也可用小铝锅或瓷蒸发皿代替。

（2）天平：感量不大于1g。

（3）烘箱：装有温度控制器。

2）试验步骤

（1）将试样容器、玻璃棒等洗净、烘干并称其合计质量（m_1）。

（2）在试样容器内称取搅拌均匀的乳化沥青试样(300±1)g，称取容器、玻璃棒及乳液的合计质量（m_2），准确至1g。

（3）将盛有试样的容器连同玻璃棒一起置于电炉或燃气炉（放有石棉垫）上缓缓加热，边加热边搅拌，其加热温度不应致乳液溢溅，直至确认试样中的水分已完全蒸发［通常需(20～30)min］，然后在(163±3.0)℃温度下加热1min。

(4)取下试样容器冷却至室温,称取容器、玻璃棒及沥青一起的合计质量(m_3),准确至1g。

3)计算

乳化沥青的蒸发残留物含量按式(T0651-1)计算,以整数表示

式中:P_b——乳化沥青的蒸发残留物含量(%);

m_1——试样容器、玻璃棒合计质量(g);

m_2——试样容器、玻璃棒及乳液的合计质量(g);

m_3——试样容器、玻璃棒及残留物合计质量(g)。

同一试样至少平行试验两次,两次试验结果的差值不大于0.4%时,取其平均值作为试验结果。

4)允许误差

重复性试验的允许误差为0.4%,再现性试验的允许误差为0.8%

8.沥青弹性恢复率

1)主要仪器设备

(1)试模:采用延度试验所用试模,但中间部分换为直线侧模,如图11-33所示的试件截面积为1cm²。

(2)水槽:能保持规定的试验温度,变化不超过0.1℃。水槽的容积不小于10L,高度应满足试件浸没深度不小于10cm,离水槽底部不少于5cm的要求。

(3)延度试验机:同延度试验所用设备。

(4)温度计:符合延度试验的要求。

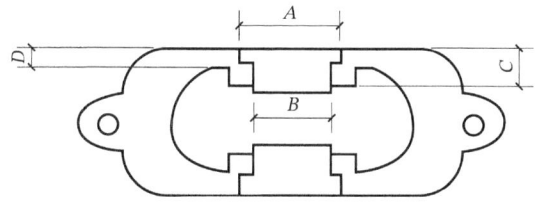

$A=36.5\pm0.1$mm;$B=30\pm0.1$mm;$C=17\pm0.1$mm;$D=10\pm0.1$mm

图11-33 弹性恢复试验用直线延度试模

2)试验步骤

(1)按本沥青延度试验方法浇灌改性沥青试样、制模,最后将试样在25℃水槽中保温1.5h。

(2)将试样安装在滑板上,按延度试验方法以规定的5cm/min的速率拉伸试样达(10 ± 0.25)cm时停止拉伸。

(3)拉伸一停止就立即用剪刀在中间将沥青试样剪断,保持试样在水中1h,并保持水温不变。注意在停止拉伸后至剪断试样之间不得有时间间歇,以免使拉伸应力松弛。

(4)取下两个半截的回缩的沥青试样轻轻捋直,但不得施加拉力,移动滑板使改性沥

青试样的尖端刚好接触，测量试件的残留长度X。

3）计算

按下式计算弹性恢复率：

$$D = \frac{10-X}{10} \times 100 \tag{11-54}$$

式中：D——试样的弹性恢复率（%）；

X——试样的残留长度（cm）。

第五节 沥青混合料用粗集料、细集料、矿粉和木质素纤维

一、相关标准

（1）《公路工程集料试验规程》JTG 3432—2024。

（2）《沥青路面施工及验收规范》GB 50092—1996。

（3）《城镇道路工程施工与质量验收规范》CJJ 1—2008。

（4）《城市道路工程施工质量检验标准》DB11/T 1073—2014。

（5）《沥青路面用纤维》JT/T 533—2020。

二、基本概念

1. 定义

集料：在混合料中起骨架和填充作用的粒料，包括碎石、砾石、机制砂、石屑、砂等。

粗集料：在沥青混合料中，粗集料是指粒径大于2.36mm的碎石、破碎砾石、筛选砾石和矿渣等；在水泥混凝土、粒料材料、无机稳定类材料等中，粗集料是指粒径大于4.75mm的碎石、石和破碎石。

细集料：在沥青混合料中，细集料是指粒径小于2.36mm的天然砂、人工砂（包括机制砂）及石屑；在水泥混凝土、粒料材料、无机稳定类材料等中，细集料是指粒径小于4.75mm的天然砂、人工砂。

由自然风化、水流冲刷、堆积形成的、粒径小于4.75mm的岩石颗粒，按生存环境分河砂、海砂、山等。

人工砂：经人为加工处理得到的符合规格要求的细集料，通常指石料加工过程中采取真空抽吸等方法除去大部分土和细粉，或将石屑水洗得到的洁净的细集料。从广义上分类，机制砂、矿渣砂和煅烧砂都属于人工砂。

机制砂：由碎石及砾石经制砂机反复破碎加工至粒径小于4.75mm的人工砂，亦称破碎砂。

石屑：采石场加工碎石时通过最小筛孔（通常为 2.36mm 或 4.75mm）的筛下部分，也称筛屑。

填料：在沥青混合料中起填充作用的粒径小于 0.075mm 的矿物质粉末。通常是石灰岩等碱性料加工磨细得到的矿粉，水泥、消石灰、粉煤灰等矿物质有时也可作为填料使用。

矿粉：由石灰岩等碱性石料经磨细加工得到的，在沥青混合料中起填料作用的以碳酸钙为主要成分的矿物质粉末。

木质纤维：以木材为原料进行化学或机械加工而成的植物纤维，以及以木质纤维为主要成分的回收废纸加工而成的植物纤维。

矿物纤维：以玄武岩为主材料，经高温熔融、高速离心旋转、净化加工及阳离子浸润剂处理形成的絮状纤维，或经高温熔融、拉丝、亲油浸润剂处理及合股缠绕，并切短而成的束状纤维。

聚合物纤维：以合成高分子聚合物为原料制成的化学纤维。

2. 技术要求

沥青混凝土用集料包括：粗集料、细集料及矿粉填料。依据《沥青路面施工及验收规范》GB 50092—1996，不同集料的技术要求应符合以下规定。

（1）沥青面层用粗集料质量要求如表 11-28 所示。

沥青面层用粗集料质量要求　　表 11-28

指标			高速公路、一级公路城市快速路、主干路	其他等级公路与城市道路
石料压碎值	不大于	%	28	30
洛杉矶磨耗损失	不大于	%	30	40
视密度	不大于	t/m³	2.50	2.45
吸水率	不大于	%	2.0	3.0
对沥青的粘附性	不大于	%	4 级	3 级
坚固性	不大于	%	12	—
细长扁平颗粒含量	不大于	%	15	20
水洗法 < 0.075mm 颗粒含量	不大于	%	1	1
软石含量	不大于	%	5	5
石料磨光值	不小于	BPN	42	实测
石料冲击值	不大于	%	28	实测
破碎砾石的破碎面积	不小于	%		
拌和的沥青混合料路面	表面层		90	40
	中下面层		50	40
	贯入式路面		—	40

（2）沥青面层用细集料质量要求如表11-29所示。

沥青面层用细集料质量要求   表11-29

指标			高速公路、一级公路城市快速路、主干路	其他等级公路与城市道路
视密度	不小于	t/m³	2.50	2.45
坚固性（>0.3mm部分）	不大于	%	12	—
砂当量	不小于	%	60	50

（3）沥青面层用矿粉质量要求如表11-30所示。

沥青面层用矿粉质量   表11-30

指标			高速公路、一级公路城市快速路、主干路	其他等级公路与城市道路
视密度	不小于	t/m³	2.5	2.45
含水量	不大于	%	1	1
砂当量	<0.6mm <0.15mm <0.075mm	% % %	100 90~100 75~100	100 90~100 70~100
外观			无团粒结块	
亲水系数			<1	

三、试验项目及组批原则

沥青混合料用集料进场复试试验项目及组批规则如表11-31所示。

沥青混合料用集料试验项目及组批规则   表11-31

名称	相关标准	筛分析	组批规则
集料 （沥青混合料用）	粗集料 （《沥青路面施工及验收规范》GB 50092—1996和《公路工程集料试验规程》JTG 3432—2024）	筛分析 含泥量 泥块含量 针片状颗粒含量 压碎值指标 湿密度 磨光值、吸水率 洛杉矶磨耗值 含水量 松方单位重	需要时
	细集料 （《沥青路面施工及验收规范》GB 50092—1996和《公路工程集料试验规程》JTG 3432—2024）	筛分析 含泥量 泥块含量粒径组成含水量 松方单位重	需要时
	矿粉 （《沥青路面施工及验收规范》GB 50092—1996和《公路工程集料试验规程》JTG 3432—2024）	颗粒级配含水量亲水系数	需要时

四、试验方法

本节依据《公路工程集料试验规程》JTG 3432—2024 标准，分别列出粗集料的压碎值、洛杉矶磨耗损失、表观相对密度、吸水率、沥青黏附性、颗粒级配，细集料的表观相对密度、砂当量、颗粒级配，矿粉填料的表观相对密度、亲水系数、塑性指数、加热安定性、筛分、含水量等项目的试验方法。其中试验过程所需设备详见相关标准规定。

依据《沥青路面用纤维》JT/T 533—2020，列出木质素用纤维长度、灰分、吸油率等试验方法。

（一）粗集料

1. 压碎值

1）试验准备

（1）将样品用 9.5mm 和 13.2mm 试验筛充分过筛，取(9.5～13.2)mm 粒级缩分至约 3000g 试样三份。对于结构物水泥混凝土用粗集料，可剔除(9.5～13.2)mm 粒级中的针片状颗粒后，再缩分至约 3000g 的试样三份。

（2）将试样浸泡在水中，借助金属丝刷将颗粒表面洗刷干净，经多次漂洗至水清澈为止。沥干，(105 ± 5)℃烘干至表面干燥，烘干时间不超过 4h，然后冷却至室温。温度敏感性再生材料等，可采用(40 ± 5)℃烘干。

（3）取一份试样，分 3 次等量装入金属筒中。每次装料后，将表面整平，用金属棒半球面端从试样表面上 50mm 高度处自由下落均匀夯击试样，应在试样表面均匀分布夯击 25 次。最后一次装料时，应装料至溢出，夯击完成后用金属棒将表面刮平。金属筒中试样用减量法称取质量（m'_0）后，予以废弃。

2）试验步骤

（1）取一份试样，从中取质量为 $m'_0 \pm 5g$ 试样一份，称取其质量，记为 m_0。

（2）将试筒安放在底板上。将称取质量的试样分 3 次等量装入试模中，夯击，最后将表面整平。

（3）将装有试样的试筒安放在压力机上，同时将压柱放到试筒内压在试样表面，注意压柱不得在试筒内卡住。

（4）操作压力机，均地施加荷载，并在 10min ± 30s 内加到 400kN，然后立即卸除荷载对于结构物水泥混凝土用粗集料，可在(3～5)min 内加到 200kN，稳压 5s 后卸载，但应在报告中予以注明。

（5）从压力机上取下试筒，将试样移入金属盘中：必要时使用橡胶锤敲击试筒外壁便于试样倒出；用毛刷清理试筒上的集料颗粒一并移入金属盘中。

（6）采用 2.36mm 试验筛充分过筛。

（7）称取 2.36mm 筛上集料质量（m_1）和 2.36mm 筛下集料质量（m_2）。

（8）取外一份试样，按照以上步骤进行试验。

3）计算

（1）试样的损耗率按下式计算，准确至 0.1%：

$$P_s = \frac{m_0 - m_1 - m_2}{m_0} \times 100 \tag{11-55}$$

式中：P_s——试样的损耗率（%）；

m_0——试验前的干燥试样总质量（g）；

m_1——试样的 2.36mm 筛上质量（g）；

m_2——试样的 2.36mm 筛下质量（g）。

（2）试样的压碎值按下式计算，准确至 0.1%：

$$ACV = \frac{m_2}{m_1 + m_2} \times 100 \tag{11-56}$$

式中：ACV——试样的压碎值（%）。

（3）取两份试样的压碎值算术平均值作为测定结果，准确至 1%。

4）允许误差

试样的损耗率应不大于 0.5%。压碎值重复性试验的允许误差为平均值的 10%。

2. 洛杉矶磨耗损失

1）试验准备

（1）将样品缩分得到一组子样。将子样浸泡在水中，借助金属丝刷将颗粒表面洗刷干净，经多次漂洗至水目测清澈为止。沥干，(105 ± 5)℃烘干至表面干燥，烘干时间不超过 4h，然后冷却至室温。温度敏感性再生材料等，可采用(40 ± 5)℃烘干。

（2）从表 11-32 中根据最接近的粒级组成选择试验筛，将烘干的子样筛分出不同粒级。

粗集料洛杉矶试验条件 表 11-32

粒度类别	粒级组成（mm）	一份式样中各粒级颗粒质量（g）	一份式样的总质量（g）	钢球数量（个）	钢球总质量（g）	转动次数（r）	适用的粗集料规格	
							规格	公称最大粒径（mm）
A	26.5~37.5 19~26.5 16~19 9.5~16	1250 ± 25 1250 ± 25 1250 ± 10 1250 ± 10	5000 ± 10	12	5000 ± 25	500	—	—
B	19~26.5 16~19	2500 ± 10 2500 ± 10	5000 ± 10	11	4580 ± 25	500	S6 S7 S8	15~30 10~30 10~25
C	9.5~16 4.75~9.5	2500 ± 10 2500 ± 10	5000 ± 10	8	3330 ± 20	500	S9 S10 S11 S12	10~20 10~15 5~15 5~10
D	2.36~4.75	5000 ± 10	5000 ± 10	6	2500 ± 15	500	S13 S14	3~10 3~5

续表

粒度类别	粒级组成（mm）	一份式样中各粒级颗粒质量（g）	一份式样的总质量（g）	钢球数量（个）	钢球总质量（g）	转动次数（r）	适用的粗集料规格 规格	适用的粗集料规格 公称最大粒径（mm）
E	63～75 53～63 37.5～53	2500＋50 2500＋50 5000＋50	10000±10	12	5000±25	1000	S1 S2	40～75 40～60
F	37.5～53 26.5～37.5	5000＋50 5000＋25	10000±75	12	5000±25	1000	S3 S4	30～60 25～50
G	26.5～37.5 19～26.5	5000＋25 5000＋25	10000±50	12	5000±25	1000	S5	20～40

注：1. 粒级组成中16mm可用13.2mm代替。

2. A级适用于水泥混凝土用集料和未分碎石混合料。

3. C级中，对于S12可仅采用5000g的(4.75～9.5)mm粒级颗粒，S9及S10可仅采用5000g的(9.5～16)mm粒级颗粒；E级中，对于S2可采用等质量的(53～63)mm粒级颗粒代替(63～75)mm粒级颗粒。

4. 当样品中某一个粒级颗粒含量小于5%时，可以取等质量的最近粒级颗粒或相邻两个粒级各取50%代替。

2）试验步骤

（1）将圆筒内部清理干净。按表11-32要求，选择规定数量及总质量的钢球放入圆筒中。

（2）按表11-32要求，称量不同粒级颗粒，组成一份试样。当某一粒级颗粒含量较多时需要缩分至要求质量的颗粒。称取试样总质量（m_1）后装入圆筒中，盖好试验机盖子、紧固密封。

（3）将转数计数器调零，按表11-32要求设定转动次数。开动试验机，以(30～33)r/min转速转动至要求的次数。

（4）打开试验机盖子，将钢球及所有试样移入金属盘中；从试样中捡出钢球。

（5）将试样用1.7mm方孔筛充分过筛，然后将筛上试样用水冲干净、沥干，置(105±5)℃烘箱中烘干至恒重、室温冷却后称量（m_2）。[注：温度敏感性再生材料等，烘干采用(40±5)℃]

3）结果

（1）试样的洛杉矶磨耗值按下式计算，准确至0.1%：

$$LA = \frac{m_1 - m_2}{m_1} \times 100 \tag{11-57}$$

式中：LA——试样的洛杉矶磨耗值（%）；

m_1——试验前试样总质量（g）；

m_2——试验后1.7mm筛上干燥试样质量（g）。

（2）取两份试样的洛杉矶磨耗值的算术平均值作为试验结果，准确至0.1%。

4）允许误差

对于A～D粒度，洛杉矶磨耗值重复性试验的允许误差为2%。对于E～G粒度，洛杉矶磨耗值重复性试验的允许误差为4%。

3. 吸水率

1）试验准备

（1）将样品用 4.75mm 试验筛 [对于(3～5)mm、(3～10)mm 集料，采用 2.36mm 试验筛] 充分过筛，取筛上颗粒缩分至表 11-33 要求质量的试样两份。

粗集料吸水率试验的试样质量　　　　表 11-33

公称最大粒径（mm）	4.75	9.5	13.2	16	19	26.5	31.5	37.5	53	63	75
一份式样的最小质量（kg）	0.5	1.0	1.0	1.1	1.3	1.8	2.0	2.5	4.0	5.5	8.0

（2）将试样浸泡在水中，借助金属丝刷将试样颗粒表面洗刷干净，经多次漂洗至水清澈为止。清洗过程中不得散失颗粒。

（3）样品不得烘干处理。经过拌和楼等加热、干燥后的样品，试验之前，应在室温条件下放置不少于 12h。

2）试验步骤

（1）将试样装入盛水容器中，注入洁净的水，水面应高出试样 20mm，搅动试样，排除附着试样上的气泡。浸水(24±0.5)h [可在室温下浸水后，再移入(23±2)°C恒温水槽继续浸水。其中恒温水槽浸水不少于 2h]。

（2）从水中取出试样，将颗粒表面自由水拭干、至饱和面干状态，立即称取试样表干质量（m_f）。

（3）将饱和面干试样连同金属盘(105±5)°C烘干至恒重，冷却至室温后称取试样烘干质量（m_a）。

3）结果

（1）试样的吸水率按下式计算，准确至 0.01%：

$$\omega_x = \frac{m_f - m_a}{m_a} \times 100 \tag{11-58}$$

式中：ω_x——试样的吸水率（%）；

m_a——试样烘干质量（g）；

m_f——试样表干质量（g）。

（2）取两份试样的吸水率的算术平均值作为试验结果，准确至 0.01%。

（3）集料混合料的吸水率按下式计算。

$$\omega = \frac{P_1 \omega_{x1}}{100} + \frac{P_2 \omega_{x2}}{100} + \cdots + \frac{P_n \omega_{xn}}{100} \tag{11-59}$$

（4）对于再生集料、工业矿渣集料、轻集料等材料，若两份试样的允许误差不满足要求，可再取两份试样进行试验，直接取四份试样的吸水率算术平均值作为试验结果。

4）允许误差

吸水率重复性试验的允许误差为 0.20%。

4.表观相对密度

1）试验准备

(1) 将样品用 4.75mm 试验筛[对于(3～5)mm、(3～10)mm 集料，采用 2.36mm 试验筛]充分过筛，取筛上颗粒缩分至表 11-34 要求质量的试样两份。

粗集料密度及吸水率（网篮法）试验的试样质量　　　　表 11-34

公称最大粒径（mm）	4.75	9.5	13.2	16	19	26.5	31.5	37.5	53	63	75
一份式样的最小质量（kg）	0.5	1.0	1.0	1.1	1.3	1.8	2.0	2.5	4.0	5.5	8.0

(2) 将试样浸泡在水中，借助金属丝刷将试样颗粒表面洗刷干净，经多次漂洗至水清澈为止。清洗过程中不得散失颗粒。

(3) 样品不得采用烘干处理。经过拌和楼等加热后的样品，试验之前，应室温条件下放置不少于 12h。

2）试验步骤

(1) 将试样装入盛水容器中，注入洁净的水，水面应高出试样 20mm；搅动试样，排除附着试样上的气泡。浸水(24±0.5)h[可在室温下浸水后，再移入(23±2)℃恒温水槽继续浸水。其中恒温水槽浸水不少于 2h]。

(2) 将吊篮用细线挂在天平的吊钩上，浸入溢流水槽中，向水槽中加水至吊篮完全浸没，吊篮顶部至水面距离不小于 50mm。用上、下升降吊篮的方法排除气泡，吊篮每秒升降约一次，升降 25 次，升降高度约 25mm，且吊篮不得露出水面。也可以采用其他方法去除气泡。向水槽中加水至水位达到溢流孔位置；待天平读数稳定后，将天平调零。试验过程中水槽水温稳定在(23±2)℃。

(3) 将试样移入吊篮中，按照（2）相同方法排除气泡。待水槽中水位达到溢流孔应置、天平读数稳定后，称取试样水中质量（m_w）。

(4) 将试样置于金属盘中，(105±5)℃烘干至恒重，冷却至室温后称取试样烘干质量（m_a）。

(5) 试验过程中不得丢失试样。

(6) 当一份试样较多时，可分成两小份或数小份，按照以上步骤分别试验，然后合并计算。

3）结果

试样的表观相对密度按下式计算，准确至 0.001：

$$\gamma_a = \frac{m_a}{m_a - m_w} \tag{11-60}$$

式中：γ_a——试样的表观相对密度；

m_a——试样烘干质量（g）；

m_w——试样水中质量（g）。

4）允许误差

相对密度重复性试验的允许误差为 0.020。

5. 乳化沥青与粗集料的黏附性试验

1）阳离子乳化沥青与粗集料的黏附性试验

（1）试验准备：

①将道路工程用集料过筛，取(19.0～31.5)mm 的颗粒洗净，然后置(105±5)℃的烘箱中烘干 3h。

②从烘箱中取出 5 颗集料冷却至室温逐个用细线或金属丝系好，悬挂于支架上。

（2）试验步骤：

①取两个烧杯，分别盛入 800mL 蒸馏水（或纯净水）及经 1.18mm 滤筛过滤的 300mL 乳液试样。

②对于阳离子乳化沥青，先将集料颗粒放进盛水烧杯中浸水 1min 后，随后立即加入乳化沥青中浸泡 1min，然后将集料颗粒悬挂在室温中放置 24h。

③将集料颗粒逐个用线提起，浸入盛有煮沸水的大烧杯中央，调整加热炉，使烧杯中的水保持微沸状态。

④浸煮 3min 后，将集料从水中取出，观察粗集料颗粒上沥青膜的裹覆面积。

2）阴离子乳化沥青与粗集料的黏附性试验

（1）试验准备：

①取试样约 300mL 置入烧杯中。

②将道路工程用碎石过筛，取(13.2～19.0)mm 的颗粒洗净，然后置(105±5)℃的烘箱中烘干 3h。

③取出集料约 50g 在室温以间距 30mm 以上排列冷却至室温，约 1h。

（2）试验步骤：

①将冷却的集料颗粒排列在 0.6mm 滤筛上。

②将滤筛连同集料一起浸入乳液的烧杯中 1min，然后取出架在支架上，在室温下放置24h。

③将滤网连同附有沥青薄膜的集料一起浸入另一个盛有 1000mL 洁净水并已加热至(40±1)℃保温的烧杯中浸 5min，仔细观察集料颗粒表面沥青膜的裹覆面积，作出综合评定。

3）非离子乳化沥青与粗集料的黏附性试验方法

非离子乳化沥青与粗集料的黏附性试验与阴离子乳化沥青的相同。

4）结果

同一试样至少平行试验两次，根据多数颗粒的裹覆情况做出评定。

试验结果：试验报告以碎石裹覆面积大于 2/3 或不足 2/3 的形式报告。

6. 粗集料的筛分试验

对水泥混凝土用粗集料可采用干筛法筛分；对沥青混合料、粒料材料、无机稳定类材料等用粗集料应采用水洗法筛分。

水洗法筛分：

1）试验准备

将样品缩分至表11-35要求质量的试样两份，(105+5)℃烘干至恒重，并冷却至室温。

粗集料分试验的试样质量　　　　表11-35

公称最大粒径（mm）	4.75	9.5	13.2	16	19	26.5	31.5	37.5	53	63	75
一份式样的最小质量（kg）	0.5	1.0	1.0	1.5	2.0	4.0	5.0	6.5	11.0	17.0	25.0

2）试验步骤

（1）取一份干燥试样，称其总质量（m_0）。将试样移入盛水容器中摊平，加入水至高出试样150mm。根据需要可将浸没试样静置一定时间，便于细粉从大颗粒表面分离。普通集料浸没水中不使用分散剂。特殊情况下，如沥青混合料抽提得到的集料混合料等可采用分散剂，但应在报告中说明。

（2）根据集料粒径选择4.75mm、0.075mm，或2.36mm、0.075mm组成一组套筛，其底部为0.075mm试验。试验前筛子的两面应先用水润湿。

（3）用搅棒充分搅动试样，使细粉完全脱离颗粒表面、悬浮在水中，但应注意试样不得破碎或溅出容器。搅动后立即将浑浊液缓缓倒入套筛上，滤去小于0.075mm的颗粒。倾倒时避免将粗颗粒一起倒出而损坏筛面。

（4）采用水冲洗等方法，将两只筛上颗粒并入容器中。再次加水于容器中，重复（3）中的步骤，直至浸没的水目测清澈为止。

（5）将两只筛上及容器中的试样全部回收到一个金属盘中。当容器和筛上粘附有集料颗粒时，在容器中加水、搅动使细粉悬浮在水中，并快速全部倒入套筛上；再将筛子倒扣在金属盘上，用少量的水并助以毛刷将颗粒刷落入金属盘中。待细粉沉淀后，泌去金属盘中的水，注意不要散失颗粒。

（6）将金属盘同试样一起置(105±5)℃烘箱中烘干至恒重，称取水洗后的干燥试样总质量（$m_{洗}$）。

（7）将回收的干燥集料按干筛法步骤进行筛分，称取每号筛的分计筛余量（m_i）和筛底质量（$m_{底}$）。

3）结果

（1）试样的筛分损耗率按下式计算，准确至0.01%：

$$P_s = \frac{m_{洗} - m_{底} - \sum m_i}{m_{洗}} \times 100 \tag{11-61}$$

式中：P_s——试样的筛分损耗率（%）；

$m_{洗}$——水洗后的干燥试样总质量（g）；

$m_{底}$——筛底质量（g）；

m_i——各号筛的分计筛余量（g）；

i——依次为 0.075mm、0.15mm……至集料最大粒径的排序。

（2）试样的各号筛分计筛余率按下式计算，准确至 0.01%：

$$P_i' = \frac{m_i}{m_0 - (m_{洗} - m_{底} - \sum m_i)} \times 100 \tag{11-62}$$

式中：P_i'——试样的各号筛分计筛余率（%）；

m_0——筛分前的干燥试样总质量（g）。

（3）试样的各号筛筛余率A_i，为该号筛及以上各号筛的分计筛余率之和，准确至 0.01%。

（4）试样的各号筛通过率P_i为 100 减去该号筛的筛余率，准确至 0.1%。

取两份试样的各号筛通过率的算术平均值作为试验结果，准确至 0.1%。

4）允许偏差

（1）一份试样的筛分损耗率应不大于 0.5%。

（2）0.075mm 通过率重复性试验的允许误差为 1%。

（二）细集料

1. 表观相对密度

1）试验准备

将样品缩分至约 325g 的试样两份。

注：浸泡之前样品不得采用烘干处理；经过拌和楼等加热、干燥后的样品，试验之前，应在室温条件下放置不少于 12h。

2）试验步骤

（1）将试样装入预先放入部分水的容量瓶中，再加水至约 450mL 刻度处。

（2）通过旋转、翻转容量瓶或玻璃棒搅动消除气泡。用滴管滴水使粘附在瓶内壁上颗粒进入水中，塞紧瓶塞，浸水静置(24±0.5)h[可在室温下静置一段时间后、移入(23±2)℃恒温水槽继续浸水，其中恒温水槽浸水不少于 2h]。注：消除气泡不少于 15min，此时会产生气泡聚集在瓶颈，可用纸巾尖端浸入瓶中粘除或使用少于 1mL 的异丙醇来分散。操作时手与瓶之间应垫毛巾。

（3）再通过旋转、翻转容量瓶或玻璃棒搅动消除气泡。用滴管加(23±2)℃水，使水面与瓶颈 500mL 刻度线平齐，擦干瓶颈内部及瓶外附着水分，称其总质量（m_2）。

注：消除气泡不少于 5min，此时会产生气泡聚集在瓶颈，可用纸巾尖端浸入瓶中粘除或使用少于 1mL，的异丙醇来分散。操作时手与瓶之间应垫毛巾。

（4）将水和试样移入金属盘中，用水将容量瓶冲洗干净，一并倒入金属盘中；向容量瓶内注入(23±2)℃温度的水至瓶颈 500mL 刻度线平齐，擦干瓶颈内部及瓶外附着水分，称其总质量（m_1）。

（5）待细粉沉淀后，泌去金属盘中的水，注意不要散失细粉。将金属盘连同试样放入(105 ± 5)℃的烘箱中烘干至恒重、冷却至室温后，称取试样烘干质量（m_0）。

3）结果

试样的表观相对密度按下式计算，准确至 0.001：

$$\gamma_a = \frac{m_0}{m_0 + m_1 - m_2} \tag{11-63}$$

式中：γ_a——试样的表观相对密度；

m_0——试样的烘干质量（g）；

m_1——水及容量瓶总质量（g）；

m_2——试样、水及容量瓶总质量（g）。

取两份试样的相对密度、密度的算术平均值作为试验结果，分别准确至 0.001 和 0.001g/cm³。

4）允许误差

相对密度重复性试验的允许误差为 0.02g/cm³。

2. 砂当量

1）试验准备

配制冲洗液：

（1）根据需要确定冲洗液的数量，通常一次配制 5L，可进行约 10 次试验，如试验次数较少，可以按比例减少。但不宜少于 2 次，以减小试验误差。冲洗液的浓度以每升冲洗液中的氯化钙、甘油、甲醛含量分别为 2.79g、12.12g、0.34g 控制。称取配制 5L 冲洗液的各种试剂的用量：氯化钙(14.0 ± 0.2)g；甘油(60.6 ± 0.5)g；甲醛(1.7 ± 0.05)g。

（2）将试验所用容器用水冲洗洁净。

（3）称取无水氯化钙(14.0 ± 0.2)g 放入烧杯中，加水(50 ± 5)mL，充分溶解，此时溶液温度会升高，待溶液冷却至室温，观察是否有不溶的杂质，若有杂质应用滤纸将溶液过滤，以除去不溶的杂质。

（4）然后倒入适量水稀释，加入甘油(60.6 ± 0.5)g，用玻璃棒搅拌均匀后再加入甲醛(1.70 ± 0.05)g，用玻璃棒搅拌均匀后全部倒入 1L 量筒中，并用少量水分别对盛过三种试剂的器皿洗涤 3 次，每次洗涤的水均放入量筒中，最后加入水至 1L 刻度线。

（5）将配制的 1L 溶液倒入塑料桶或其他容器中，再加入 4L 水稀释至(5 ± 0.01)L，并充分混合。

（6）配制的冲洗液储存不得超过 14d，且存放期间出现混浊、沉淀物或霉菌等应废弃。

（7）新配制的冲洗液不得与旧冲洗液混用。

试样制备：

（1）将样品用 4.75mm 试验筛加筛底充分过筛，取 4.75mm 筛下颗粒缩分至不少于 1000g 试样。筛分之前，用橡胶锤打碎结团细集料；用刷子清理 4.75mm 筛上颗粒，使其表面裹覆细料落入筛底。对于(0～3)mm 细集料，应采用 2.36mm 试验筛代替 4.75mm 试验筛。

注：为避免粉料散失，应采用筛底。若样品过于干燥，宜在筛分之前加少量水润湿样品，含水率约 3%、颗粒无粘结；若样品过于潮湿，应风干或(40±5)℃烘箱中适当烘干至颗粒无粘结。经过拌和楼等高温加热处理后的样品，原则上不宜用于砂当量试验。

（2）缩分 300g 试样两份测定含水率 ω。将剩余试样拌匀、密封存放。

注：测定含水率的烘干试样不得再用于测定砂当量。

（3）按下式计算砂当量试验一份试样的质量。从（2）密封存放试样中四分法缩分至 $m_1 \pm 0.5g$ 的试样两份。

$$m_1 = \frac{120 \times (100 + \omega)}{100} \tag{11-64}$$

式中：ω——试样的含水率（%）；

m_1——砂当量试验的每份试样质量（g）。

环境温度和冲洗液温度控制：

砂当量试验过程中环境和冲洗液温度控制在(22±3)℃。

新试筒或新配重活塞，使用之前，需要进行匹配检验。拧开紧固螺钉，将配重活塞缓慢放入空试筒中，将套筒安放在试筒顶面，当配重活塞底部接触到试筒底部时，套筒上表面至配重底部垂直距离不大于 0.5mm；若距离大于 0.5mm，或配重活塞底部无法触碰到试筒底部，则试筒和配重活塞不匹配。

2）试验步骤

（1）将试筒置于试验台上，盛冲洗液的容器放置高度应保证试验时液面至试验台高差满足(920～1200)mm。控制冲洗管在试筒中加入冲洗液，至下部 100mm 刻度处（约需 80mL 冲洗液）。

（2）取一份砂当量试样，经漏斗倒入竖立的试筒中。注意不得导致颗粒的散失，同时应借助毛刷将粉料等所有颗粒刷入试筒中。

（3）用手掌反复敲打试筒底部，以除去气泡，并使试样尽快润湿，然后放置(10±1)min。

（4）在试样静止结束后，用橡胶塞堵住试筒，将试筒水平固定在振荡机上。

（5）开动机械振荡器，在(30±1)s 的时间内振荡(90±3)次。然后将试筒取下竖直放回试验台上。取下橡胶塞，用冲洗液将橡胶塞及试筒壁粘附颗粒冲洗并入试筒中。

（6）将试筒按压在试验台上，并在冲洗过程中保持试筒竖直；迅速用力将冲洗管插到试筒底部，同时打开冲洗管液流，通过冲洗管来搅动底部试样，冲洗液冲击使粉料上浮、悬浮。然后，缓慢转动、同时缓慢匀速向上提升冲洗管。

（7）重复（6）直到液面接近 380mm 刻度线时，缓慢将冲洗管提出液面、关闭液流，使液面正好位于 380mm 刻度线处；此时立即启动秒表计时。在无任何扰动、振动条件下静置 20min ± 15s。

（8）静置完成后，如图 11-34 所示，立即用钢板尺测量试筒底部到絮状凝结物上液面的高度（h_1）。

（9）拧开紧固螺钉，将配重活塞缓慢放入试筒中。当配重活塞底座触碰到沉淀物时，下移套筒将其安放在试筒顶面、拧紧紧固螺钉。将配重活塞取出，用直尺插入套筒开口中，量取套筒顶面至配重底面的高度 h_2。

（10）测定试筒内冲洗液温度，如果温度达不到 $(22 ± 3)℃$，应予以舍弃。

（11）按照（1）～（10）步骤，完成两份试样的砂当量试验。

（12）随时检查试验的冲洗管口，防止堵塞；由于塑料在太阳光下容易变成不透明，应避免将塑料试筒等直接暴露在太阳光下。盛试验溶液的塑料桶用毕要清洗干净。

3）结果

试样的砂当量按下式计算，准确至 0.1%：

$$SE = \frac{h_2}{h_1} \times 100 \tag{11-65}$$

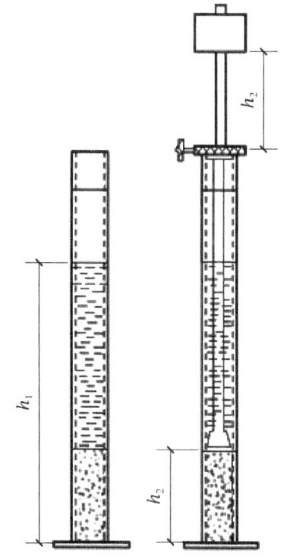

图 11-34 砂当量仪读数示意图

式中：SE——试样的砂当量（%）；

h_2——试筒中用配重活塞测定的沉淀物的高度（mm）；

h_1——试筒中絮凝物和沉淀物的总高度（mm）。

取两份试样的砂当量算术平均值作为试验结果，准确至 1%。

4）允许误差

砂当量重复性试验的允许误差为 4%。

3.筛分试验

1）试验准备

将样品缩分至表 11-36 要求质量的试样两份，置 $(105 ± 5)℃$ 烘箱中烘干至恒重冷却至室温备用。

细集料筛分试验的试样质量		表 11-36
公称最大粒径（mm）	4.75	≤2.36
一份试样的最小质量（g）	500	300
轻集料一份试样的最小体积（L）	0.3	

2）水洗法试验步骤

（1）取一份干燥试样，称取试样总质量（m_0）。

（2）按粗集料筛分的水洗法试验步骤进行水洗、烘干、筛分，称取水洗后的干燥试样总质量（$m_{洗}$），每号筛的分计筛余量（m_i）和筛底质量（$m_{底}$）。

3）结果

（1）试样的筛分损耗率、分计筛余率，筛余率和通过率按照粗集料的筛分试验中的方法计算。

（2）试样的细度模数按下式计算，准确至 0.01。

$$M_{\mathrm{x}} = \frac{(A_{0.15} + A_{0.3} + A_{0.6} + A_{1.18} + A_{2.36}) - 5A_{4.75}}{100 - A_{4.75}} \tag{11-66}$$

式中： M_{x}——细集料的细度模数；

$A_{0.15}$、$A_{0.3}$、…、$A_{4.75}$——分别为 0.15mm、0.3mm、…、4.75mm 各号筛的筛余率（%）。

（3）若一份试样的筛分损耗率大于 0.5%，其试验结果无效。

（4）取两份试样的各号筛通过率的算术平均值作为样品通过率的试验结果，准确至 0.1%。

（5）取两份试样的细度模数的算术平均值作为样品细度模数试验结果，准确至 0.1。

4）允许误差

（1）一份试样的筛分损耗率应不大于 0.5%。

（2）0.075mm 通过率重复性试验的允许误差为 1%。

（3）细度模数重复性试验的允许误差为 0.2。

（三）矿粉填料

1. 表观相对密度

1）试验准备

将样品缩分至约 200g 试样两份，置瓷皿中，(105 ± 5)℃烘干至恒重，放入干燥器中冷却。如颗粒结团，可用橡皮头研杵研磨粉碎。

2）试验步骤

（1）向李氏比重瓶中注入浸没液体，至刻度(0~1)mL 之间（以弯月面下部为准），盖上瓶塞，放入(23 ± 0.5)℃的恒温水槽中，恒温 120min 后读取李氏比重瓶中水面的刻度初始读数（V_1）。读数时眼睛、弯月面的最低点及刻度线处于同一水平线。

（2）从恒温水槽中取出李氏比重瓶，用滤纸将瓶内浸没液体液面以上残留液体仔细擦净。

（3）将瓷皿、烘干的试样，连同小牛角匙、漏斗一起称量质量（m）；用小牛角匙将试样通过漏斗徐徐加入李氏比重瓶中，待李氏比重瓶中水的液面上升至接近李氏比重瓶的最大读数时为止；反复摇动李氏比重瓶，直至没有气泡排出。

（4）再次将李氏比重瓶放入恒温水槽中，恒温120min后，按照（2）方法读取李氏比重瓶的第二次读数（V_2）。前后两次读数时恒温水槽的温度差不大于0.5℃。

3）结果

试样的表观密度按下式计算，准确至0.001g/cm³：

$$\rho_a = \frac{m_1 - m_2}{V_2 - V_1} \tag{11-67}$$

式中：ρ_a——试样的表观密度（g/cm³）；

m_1——牛角匙、瓷皿、漏斗及试验前瓷器中试样的干燥质量（g）；

m_2——牛角匙、瓷皿、漏斗及试验后瓷器中试样的干燥质量（g）；

V_1——李氏比重瓶加试样以前的第一次读数（mL）；

V_2——李氏比重瓶加试样以后的第二次读数（mL）。

试样的表观相对密度按下式计算，准确至0.001：

$$\gamma_a = \frac{\rho_a}{\rho_T} \tag{11-68}$$

式中：γ_a——试样的表观相对密度；

ρ_T——23℃水的密度，为0.99756g/cm³。

取两份试样的相对密度、密度的算术平均值作为试验结果，准确至0.001和0.001g/cm³。

4）允许误差

密度重复性试验的允许误差为0.02g/cm³。

2. 亲水系数

1）试验准备

将样品缩分至约100g子样一份，(105±5)℃烘干至恒重，放入干燥器中冷却不少于90min。如颗粒结团，可用橡皮头研杵研磨粉碎。试验时缩分至(5±0.1)g试样四份。

2）试验步骤

（1）取一份试样，将其放在研钵中，加入(15~30)mL水，用橡皮头研杵研磨5min，然后用洗瓶把研钵中的悬浮液洗入量筒中，使量筒中的液面恰为50mL。然后用玻璃棒搅拌悬浮液。按照同样方法取另一份试样，得到50mL悬浮液。

（2）取两份试样，采用煤油代替水，按（1）方法得到两份50mL，悬浮液。

（3）将（1）和（2）得到的量筒悬浮液静置，使悬浮液中颗粒沉淀。

（4）每12h记录一次沉淀物的体积，直至体积不变为止，记录最终沉淀物的体积。

3）计算

亲水系数按下式计算，准确至0.1：

$$\eta = \frac{V_B}{V_H} \tag{11-69}$$

式中：η——亲水系数；

V_B——两份试样水中沉淀物体积平均值（mL）；

V_H——两份试样煤油中沉淀物体积平均值（mL）。

3. 塑性指数

1）试验准备

将样品用 0.5mm 试验筛充分过筛，取筛下颗粒缩分至约 100g 液限试样两份，50g 塑限试样两份。如颗粒结团，可用橡皮头研杵研磨粉碎。

2）试验步骤

（1）两份 100g 试样，按《公路土工试验规程》T0170 碟式仪法测定液限，取平均值作为液限含水率试验结果，准确至 0.1%。

（2）取两份 50g 试样，按《公路土工试验规程》T0119 滚搓法测定塑限，取平均值作为塑限含水率试验结果，准确至 0.1%。

3）结果

塑性指数 I_p 按下式计算，准确至 1%：

$$I_p = W_L - W_p \tag{11-70}$$

式中：I_p——塑性指数（%）；

W_L——液限含水率（%）；

W_p——塑限含水率（%）。

当无法测出液限含水率或塑限含水率，或塑限含水率不小于液限含水率时，直接记录为无塑性。

4. 加热安定性

1）试验准备

将样品缩分至约 100g 试样一份。如颗粒结团，可用橡皮头研杵研磨粉碎。

2）试验步骤

（1）将盛有试样的蒸发皿或坩埚置于加热装置上加热，将温度计插入试样中，一边搅拌，一边测量温度。待加热到 200℃，关闭火源。

（2）将试样在室温中放置冷却，观察其颜色的变化。

3）结果

记录试样在受热后的颜色变化，判断其变质情况。

5. 筛分

1）试验准备

将样品缩分至约 (50±0.1)g 试样两份，(105±5)℃ 烘干至恒重，放入干燥器中冷却不少于 90min。如颗粒结团可用橡皮头研杵研磨粉碎

2）试验步骤

（1）取一份试样称量质量。

（2）取孔径为 0.075mm 的负压筛。轻叩负压筛，并用毛刷将筛上清理干净。将负压筛安放到负压筛分仪上，试样移入负压筛上，盖好筛盖，接通电源，设定负压为 3000Pa 和筛分时间，开动仪器进行充分筛分。

（3）筛分时间应不少于 3min，应充分筛分至每 1min 试样质量变化不大于 0.1%。筛分时注意负压稳定在(3000 ± 500)Pa，喷嘴旋转速度为(20 ± 5)r/min。筛分时，当发现填料有聚集、结块情况，可采用橡皮锤轻敲筛盖予以消除。

（4）完成筛分后，称量筛上筛余颗粒质量 m_1。

（5）取孔径 0.15mm 负压筛。将 0.075mm 筛上筛余颗粒移入 0.15mm 筛上，按照以上（3）～（4）步骤，重新进行充分筛分，称量筛上筛余颗粒质量 m_2。

（6）再分别取孔径 0.3mm、0.6mm 负压筛。按照（5）步骤重新进行充分筛分，称量筛上筛余颗粒质量为 m_3 和 m_4。

3）结果

试样的各号筛的筛余率按下式计算，准确至 0.01%：

$$A_i = \frac{m_i}{m_0} \times 100 \tag{11-71}$$

式中：A_i——试样的各号筛的筛余率（%）；

　　　m_i——各号筛的筛余颗粒质量（g）；

　　　i——依次对应 0.075mm、0.15mm、0.30mm 和 0.60mm 筛孔；

　　　m_0——筛分前的干燥试样质量（g）。

试样的各号筛通过百分率 P_i，为 100 减去该号筛的筛余率，准确至 0.01%。

取两份试样的通过率算术平均值作为试验结果，准确至 0.1%。

4）允许误差

通过率重复性试验的允许误差为 2%。

6. 含水率（烘干法）

1）试验准备

样品从密封容器中取出，立即用四分法将样品缩分至约 100g 的试样两份。

2）试验步骤

（1）清理容器，称量洁净、干燥容器质量（m_1）。

（2）将试样置于容器中，称量试样和容器的总质量（m_2），(105 ± 5)℃ 烘干至恒重。

（3）取出试样，冷却至室温后称取试样与容器的总质量（m_3）。

3）结果

试样的含水率按下式计算，准确至 0.1%：

$$\omega = \frac{m_2 - m_3}{m_3 - m_1} \times 100 \tag{11-72}$$

式中：ω——试样的含水率（%）；

m_1——容器质量（g）；

m_2——烘干前的试样与容器总质量（g）；

m_3——烘干后的试样与容器总质量（g）。

两份试样含水率的算术平均值作为试验结果，准确至 0.1%。

4）允许误差

含水率重复性试验的允许误差为 0.5%。

（四）木质素用纤维

1. 长度

1）试验样品

（1）木质纤维和絮状矿物纤维试样制备：

按标准要求制作 5 块纤维载玻片，可不进行染色。

（2）聚合物纤维试样制备：

在 5 个以上不同位置取约 200 根纤维试样（注意同一束纤维中仅可取一根纤维，不得取多根纤维）；再随机选取 50 根纤维，分成大致等量的三等份；取一份试样放在载玻片上，用玻璃棒蘸取适量浸液浸渍试样，用解剖针使纤维均匀分散，盖上盖玻片。共制作 3 块纤维载玻片。

（3）束状矿物纤维试样制备：

在 5 个以上不同位置取大致等量样品组成约 5g 纤维试样，在(530～570)℃的温度下灼烧 30min 去除浸润剂。冷却至室温后，按（2）共制作 3 块纤维载玻片。

2）试验步骤

（1）置纤维载玻片于显微镜下。调整焦距使单纤维成像清晰，利用载物台缓慢移动纤维载玻片。通过目镜观察寻找代表性纤维的视野，选择合适的放大倍数，拍摄成静态图片。

（2）对于木质纤维或絮状矿物纤维，每个载玻片可选定多个不重叠的视野拍摄相应静态图片，使有效纤维总根数为(40～50)根；5 个纤维载玻片的有效纤维总根数为(200～250)根。长度小于 0.2mm 细小纤维或杂质，纵裂较大的纤维碎片，重叠或不清晰纤维均为无效纤维。

（3）对于束状矿物纤维或聚合物纤维，拍摄多张静态图片，应包含试样中每根纤维，同时避免重复测定同一根纤维。

（4）测定纤维长度时，在静态图片中选定待测纤维，沿纤维走向，用鼠标在显示屏上点击单根纤维，把纤维细分成多段直线段，计算机自动描绘纤维骨架结构，并计算纤维长

度 L_i。

（5）测定纤维直径时，在静态图片中选定待测纤维，用鼠标在显示屏上点击纤维宽度方向两个边缘点，计算机计算距离即为纤维直径 d_i。

（6）测定纤维最大长度时，调低放大倍数，利用载物台缓慢移动纤维载玻片，通过目镜观察全部载玻片上纤维，寻找其中认为最长的 3 根纤维，选择合适的放大倍数，拍摄形成静态图片后按（4）测定选定纤维的长度；按同样方法测定所有纤维载玻片，取所有测定值的算术平均值作为纤维最大长度 L_{max}。

3）计算

纤维平均长度 L 按下式计算，准确至 0.1mm：

$$L = \frac{\sum_{i=1}^{n} L_i}{n} \tag{11-73}$$

式中：L——纤维的平均长度（mm）；

L_i——第 i 根纤维的长度（mm）；

n——测量的纤维总根数。

纤维长度偏差率按下式计算，准确至 0.1：

$$C_L = \frac{L_0 - L}{L_0} \times 100\% \tag{11-74}$$

式中：C_L——纤维长度偏差率（%）；

L_0——纤维规格长度（mm）。

2. 灰分

1）试验步骤

（1）在 5 个以上不同位置取大致等量样品组成一份 (2.5 ± 0.10)g 纤维试样，共取 2 份；将试样放入瓷盘中，在 (105 ± 5)℃ 烘箱中烘干 2h 以上，在干燥器中冷却；按同样方法将坩埚烘干、冷却。

（2）将高温炉预热至 (620 ± 30)℃。

（3）将坩埚在天平上称取质量 m，准确至 0.001g。

（4）将坩埚在天平上清零，将烘干纤维试样放入坩埚上称取质量 m，准确至 0.001g。

（5）将坩埚（含纤维）置于高温炉中，(620 ± 30)℃ 加热至质量恒重（指每间隔 1h 前后两次称量质量差不大于试样总质量的 0.1%，本标准以下同），加热不少于 2h。

（6）取出坩埚（含纤维灰分），放入干燥器中冷却（不少于 30min）。将坩埚（含纤维灰分）放到天平上称取质量 m_1，准确至 0.001g。

（7）对于粒状木质纤维，应按四分法一次取 (10 ± 1)g 试样打散 (15 ± 2)s，(105 ± 5)℃ 烘箱中烘干 2h 后，取 2 份 (2.5 ± 0.10)g 纤维试样，按照步骤（2）～（6）进行试验。

2)计算

纤维灰分含量按下式计算,准确至0.1:

$$A_\mathrm{C} = \frac{m_1 - m_2}{m_0} \times 100\% \tag{11-75}$$

式中：A_C——纤维灰分含量（%）；

m_0——纤维试样质量（g）；

m_1——坩埚（含纤维灰分）质量（g）；

m_2——坩埚质量（g）。

同一样品测定两次,取算术平均值作为灰分含量试验结果,准确至0.1%。当两次测定值的差值大于1.0%时,应重新取样进行试验。

3.吸油率

1）试验步骤

（1）在5个以上不同位置取大致等量样品组成1份(5.00 ± 0.10)g纤维试样,共取2份；将试样放入瓷盘中,在(105 ± 5)℃[聚合物纤维为(60 ± 5)℃]烘箱中烘干2h以上,在干燥器中冷却。

（2）将烧杯放到天平上清零；将烘干试样放到烧杯中称取质量m_1,准确至0.01g。

（3）向烧杯中倒入适量煤油没过纤维顶面约2cm,然后静置5min以上。

（4）轻叩、毛刷等清理干净试样筛,称取质量m_2,准确至0.01g。

（5）将试样筛放在收集容器上方,将烧杯中的混合物轻轻倒入试样筛中,并用煤油将烧杯中纤维冲洗干净,并仔细倒入试样筛中；操作过程中不要扰动试样筛。

（6）将试样筛（含吸有煤油的纤维）在纤维吸油率测定仪上安装好；启动测定仪,经10min振筛后自动停机。

（7）取下试样筛,称取试样筛和吸有煤油的纤维质量m_3,准确至0.01g。

（8）对于粒状木质纤维,采用四分法取3份(5.5 ± 0.1)g粒状木质纤维,按标准要求分别热萃取去造粒剂,并烘干、冷却；将去造粒剂的纤维混合拌匀,一次性取(10.0 ± 0.1)g试样,打散机打散(15 ± 2)s；称取(5.0 ± 0.1)g纤维试样2份,按照步骤（2）～（7）试验。

2）计算

纤维吸油率按下式计算,准确至0.1倍:

$$O_\mathrm{A} = \frac{m_3 - m_2 - m_1}{m_1} \tag{11-76}$$

式中：O_A——纤维吸油率（倍）；

m_1——纤维试样质量（g）；

m_2——试样筛质量（g）；

m_3——试样筛、吸有煤油的纤维合计质量（g）。

同一样品测定两次，取平均值作为吸油率试验结果，准确至 0.1 倍。当两次测定值的差值大于 1.0 时，应重新取样进行试验。

第六节 沥青混合料

一、相关标准

（1）《沥青路面施工及验收规范》GB 50092—1996。
（2）《透水沥青路面技术规程》CJJ/T 190—2012。
（3）《城市道路彩色沥青混凝土路面技术规程》CJJ/T 218—2014。
（4）《抗车辙沥青混合料应用技术规程》CJJ/T 238—2016。
（5）《橡胶沥青路面技术标准》CJJ/T 273—2019。
（6）《城镇桥梁沥青混凝土桥面铺装施工技术标准》CJJ/T 279—2018。
（7）《公路沥青路面施工技术规范》JTG F40—2004。
（8）《公路工程沥青及沥青混合料试验规程》JTG E20—2011。

二、基本概念

沥青混合料是矿料（包括碎石、细集料和填料）与沥青结合料经拌和而成的混合料的总称。

沥青混合料包括密级配沥青混合料 AC、沥青稳定碎石 ATB、沥青玛蹄脂碎石 SMA 等，但是广义上沥青混合料还包括微表处、稀浆封层、碎石封层等。

1. 沥青混合料的分类

1）按矿料级配组成及空隙率，可分为密级配、半开级配、开级配混合料。

（1）密级配沥青混合料，是指按最大密实原则设计矿料级配形成的设计空隙率不大于 6% 的沥青混合料（以 AC 表示），按关键性筛孔通过率可分为细型（以 F 表示）、粗型（以 C 表示）。

（2）半开级配沥青混合料，是指由粗集料嵌挤形成骨架，适量细集料及填料形成的设计空隙率为 6%～12% 的沥青混合料。

（3）开级配沥青混合料，是指由粗集料嵌挤形成骨架，少量细集料及填料形成的设计空隙率不小于 12% 的沥青混合料。

2）按矿料级配曲线，可分为连续级配、间断级配混合料。

（1）连续级配沥青混合料，是指矿料级配中每一级都占有适当的比例的沥青混合料。

（2）间断级配沥青混合料，是指矿料级配组成中 1 个或多个粒级含量接近为零的沥青混合料。

3）按公称最大粒径，可分为粗粒式（26.5mm 或 31.5mm）、中粒式（16 或 19mm）、细粒式（9.5 或 13.2mm）、砂粒式（小于 9.5mm）混合料。

4）按生产时的拌和温度，可分为热拌、温拌和冷拌混合料。

（1）热拌沥青混合料，是指矿料、沥青结合料等在高温条件下拌和生产的沥青混合物（以 HMA 表示）。

（2）温拌沥青混合料，是指通过掺加添加剂或发泡物理工艺等措施，矿料、沥青结合料等在低于相应热拌沥青混合料 20℃以上条件下拌和生产的沥青混合物（以 WMA 表示）。

（3）冷拌沥青混合料，是指矿料、沥青结合料等在常温下拌和生产的沥青混合料（以 CMA 表示）。

5）按铺筑时施工温度和施工方式，可分为热铺、冷铺、热补和冷补混合料。

6）典型沥青混合料类型：

（1）密级配沥青混合料，以 AC 表示。

（2）密级配沥青稳定碎石，以 ATB 表示，由较多粗集料，少量细集料、填料拌制而成的低沥青用量的密级配沥青混合料，设计空隙率不大于 6%。

（3）半开级配沥青稳定碎石，以 AM 表示，由较多粗集料，少量细集料、填料拌制而成的低沥青用量半开级配混合料，设计空隙率为 6%～12%。

（4）排水式沥青碎石基层，以 ATPB 表示，由较多粗集料，少量细集料、填料拌制而成的低沥青用量开级配混合料，设计空隙率为不小于 18%。

（5）沥青玛蹄脂碎石混合料，以 SMA 表示，由粗集料形成嵌挤骨架，少量细集料、纤维以及较多填料、沥青结合料组成的沥青玛蹄脂填充骨架空隙而形成的沥青混合料，设计空隙率不大于 3%～4%。

（6）多孔沥青混合料，以 PA 表示，以单一粒径粗集料为主、少量细集料及填料（必要时添加纤维）形成的骨架—空隙结构的开级配沥青混合料，设计空隙率不小于 18%，能够在混合料内部形成排水通道。

（7）浇注式沥青混合料，以 GA 表示，由沥青结合料、集料和填料在高温下拌和后，具有良好流动性、极小空隙率、无须碾压特点的沥青混合料。

7）采用沥青路面回收料或掺加部分沥青路面回收料拌和而成的沥青混合料，统称为再生沥青混合料；按照再生工艺，可分为厂拌热再生、厂拌冷再生、就地热再生、就地冷再生和全深式冷再生。

8）冷再生沥青混合料按照材料又可分为乳化沥青冷再生沥青混合料和泡沫沥青冷再生沥青混合料。

9）热拌沥青混合料类型汇总于表 11-37。

热拌沥青混合料种类 表11-37

混合料类型	密级配			开级配		半开级配	公称最大粒径（mm）	最大粒径（mm）
	连续级配		间断级配	排水式沥青磨耗层	排水式沥青碎石基层	沥青碎石		
	沥青混凝土	沥青稳定碎石	沥青玛蹄脂碎石					
特粗式	—	ATB-40	—		ATPB-40	—	37.5	53.0
粗粒式	—	ATB-30	—		ATPB-30	—	31.5	37.5
	AC-25	ATB-25	—		ATPB-25	—	26.5	31.5
中粒式	AC-20	—	SMA-20	—		AM-20	19.0	26.5
	AC-16	—	SMA-16	OGFC-16		AM-16	16.0	19.5
细粒式	AC-13	—	SMA-13	OGFC-13		AM-13	13.2	16.0
	AC-10	—	SMA-10	OGFC-10		AM-10	9.5	13.2
砂粒式	AC-5					AM-5	4.75	9.5
设计空隙率（%）	3~5	3~6	3~4	>18	>18	6~12	—	—

2. 沥青混合料结构类型

沥青混合料是由矿料骨架和沥青结合料所构成的、具有空间网络结构的一种多相分散体系。沥青混合料的力学强度，主要由矿料颗粒之间的内摩阻力和嵌挤力，以及沥青胶结料及其与矿料之间的黏结力所构成。在沥青混合料结构中，粗集料形成骨架，由细集料、填料和沥青组成的沥青砂浆或沥青与填料构成的沥青胶浆填充骨架，未填充的部分为空隙。沥青混合料性能与其结构类型相关，一般将沥青混合料结构分为三种类型。

（1）悬浮密实结构：

由连续级配矿料和足够沥青结合料组成的低空隙率密实型混合料。在这种结构中，粒径较大的粗颗粒含量较低无法形成主骨架，或者形成骨架但被细集料、填料和沥青结合料形成的沥青砂浆或填料和沥青结合料形成的沥青胶浆挤开，造成粗颗粒之间不能直接接触，彼此分离，悬浮于较小颗粒和沥青胶浆中间，这样就形成了所谓悬浮密实结构的低空隙率沥青混合料。浇筑式沥青混合料GA以及我国早期AC-Ⅰ型密级配沥青混凝土就是这种结构的典型代表。

（2）骨架空隙结构：

在这种结构中，粗集料颗粒形成可以相互接触的主骨架，同时结构中细集料含量较低，细集料、填料和沥青结合料形成的沥青砂浆或填料和沥青结合料形成的沥青胶浆体积较小，无法充分填充粗颗粒形成的骨架空隙，从而压实后在混合料中留下较大的空隙，形成所谓骨架空隙结构。多孔沥青混合料PA和排水式沥青碎石基层ATPB是典型的骨架空隙型结构。

（3）骨架密实结构：

在这种结构中，粗集料形成可以颗粒相互接触的主骨架，同时细集料、填料和沥青结合料形成的沥青砂浆或填料和沥青结合料形成的沥青胶浆具有足够的体积，能够充分填充粗颗粒形成的骨架空隙，从而压实后达到密实状态，形成所谓骨架空隙结构。沥青玛蹄脂碎石混合料SMA、间断级配橡胶沥青混合料是典型的骨架密实型结构。

三种不同结构特点的沥青混合料，在路用性能上也呈现不同的特点。悬浮密实结构的沥青混合料密实程度高，空隙率低，从而能够有效地阻止沥青混合料使用期间水的侵入，降低不利环境因素的直接影响，因此具有水稳性好、低温抗裂性和抗疲劳性能高等特点，耐久性好。但由于该结构中粗集料颗粒处于悬浮状态，使混合料缺少粗集料颗粒的骨架支撑作用。所以在高温使用条件下，悬浮密实结构的沥青混合料因沥青结合料黏度的降低，易造成沥青混合料产生过多的变形或形成车辙，导致沥青路面高温稳定性病害的产生。

骨架空隙结构的特点与悬浮密实结构的特点正好相反。在骨架密实结构中，粗集料之间形成的骨架结构对沥青混合料的强度和稳定性（特别是高温稳定性）起着重要作用。依靠粗集料的骨架结构，能够有效地防止高温季节沥青混合料的变形，减缓沥青路面车辙的形成，因而具有较好的高温稳定性。但由于整个混合料缺少细颗粒部分，压实后留有较多的空隙，在使用过程中，水易于进入混合料中使沥青和矿料黏附性变差，不利的环境因素也会直接作用于混合料，造成沥青混合料低温开裂或引起沥青老化问题的发生，因而骨架空隙型沥青混合料会极大地影响沥青混合料路面的耐久性。

对于骨架密实结构，在沥青混合料中既有足够数量的粗集料形成骨架，对夏季高温防止沥青混合料变形，减缓车辙的形成起到积极的作用；同时又因具有数量合适的细集料以及沥青胶浆填充骨架空隙，形成高密实度的内部结构，不仅能很好地提高了沥青混合料的抗老化性，而且在一定程度上还能减缓沥青混合料在冬季低温时的开裂现象，因而骨架密实结构兼具了上述两种结构优点，是一种优良的路用结构类型，对保证沥青路面各项路用性能起到积极的作用。

三、沥青混合料路用性能

沥青混合料作为路面材料，在使用过程中要承受行驶车辆荷载的反复作用，以及环境因素的长期影响，所以沥青混合料在具备一定的承载能力的同时，还必须具有良好的抵御自然气候不良影响的耐久性，也就是要表现出足够的高温环境下的稳定性、低温状况下的抗裂性、良好的水稳性、持久的抗老化性和利于安全的抗滑性等诸多技术特点，以保证沥青路面良好的服务功能。

1. 沥青混合料高温稳定性

沥青混合料是一种典型的黏—弹—塑性材料，它的承载能力或模量随着温度的变化而改变。温度升高，承载力下降，特别是在高温条件下或长时间承受荷载作用时会产生明显的变形，变形中的一些不可恢复的部分累积成为车辙，或以波浪和拥包的形式表现在路面上。所以沥青混合料的高温稳定性是指在高温条件下，沥青混合料能够抵抗车辆反复作用，不会产生显著的变形，保证沥青路面平整的特性。沥青混合料的高温稳定性，目前主要通过车辙试验法进行测定，以动稳定度作为评价指标。

车辙试验采用规定的试验方法，模拟车轮在路面上行驶时产生的碾压深度，对沥青混合料高温稳定性进行评价。沥青混合料加工成型为板型试件，在规定的试验温度和轮碾条件下，沿试件表面同一轨迹反复碾压，测定试件表面在试验过程中形成的车辙深度。以每产生1mm车辙变形所需要的碾压次数（称之为动稳定度）作为评价沥青混合料抗车辙能力大小的指标。动稳定度值越大，相应沥青混合料高温稳定性越好。

影响沥青混合料的因素众多，从组成材料的内因上看，主要取决于矿料级配、沥青用量和沥青的黏滞性。首先，沥青混合料结构影响重大，设计嵌挤矿料级配、形成石-石嵌挤结构非常有利于提高抗车辙性能，同时合理的沥青用量也非常重要。其次，矿料形状和表面性能也非常重要，集料棱角丰富、表面粗糙、形状接近立方体有助于集料颗粒形成有效的嵌挤，能够极大地提高沥青混合料的高温稳定性。最后，沥青结合料高温性能也非常重要，选择黏度高、较低感温性的沥青结合料，将对沥青混合料高温稳定性带来积极的影响。

2. 沥青混合料低温抗裂性

冬季低温时沥青混合料将产生体积收缩，但在周围材料的约束下，沥青混合料不能自由收缩变形，从而在结构层内部产生温度应力。由于沥青材料具有一定的应力松弛能力，当降温速率较为缓慢时，所产生的温度应力会随时间逐渐松弛减小，不会对沥青路面产生明显的消极影响。但气温骤降时，这时产生的温度应力就来不及松弛，当沥青混合料内部的温度应力超过允许应力时，沥青混合料易被拉裂，导致沥青路面的开裂，进而造成路面的破坏。因此要求沥青混合料应具备一定的低温抗裂性能，就是要求沥青混合料具有较高的低温强度和较大的低温变形能力。

目前用于研究和评价沥青混合料低温性能的方法可以分为三类：预估沥青混合料的开裂温度、评价沥青混合料抗断裂能和评价沥青混合料低温变形能力或应力松弛能力。现行规范采用沥青混合料低温弯曲试验，通过梁型试件在-10°C时跨中加载方式，采用破坏强度、破坏应变和破坏劲度模量等指标，评价沥青混合料的低温性能。

从内因上看，沥青混合料低温性能主要取决于沥青用量和沥青低温性能特点。增加沥青用量、提高沥青混合料低温柔度能够极大提高沥青混合料的低温性能。同时针入度较大、温度敏感性较低的沥青将有助于沥青混合料低温变形能力。

3. 沥青混合料的耐久性

耐久性是指沥青混合料在长时间使用过程中，抵抗环境不利因素以及承受行车荷载反复作用的能力，主要包括沥青混合料的抗老化性、水稳性、抗疲劳性等几个方面。

沥青混合料的老化主要是指沥青受到空气中氧、水、紫外线等因素的作用，产生多种复杂的物理化学变化后，逐渐使沥青混合料变硬、发脆，最终导致沥青混合料老化，产生裂纹或裂缝的病害现象。水稳定性问题是因为水的影响，引起因沥青从集料表面剥离而降低沥青混合料的黏结强度，造成混合料松散，形成大小不一的坑槽等的水损害现象。而沥青混合料的疲劳破坏则是指沥青混合料路面在受到行车荷载的反复作用，或受到环境温度长时间交替变化产生的温度应力作用后，引起的微小且缓慢的性能劣化现象。

影响沥青混合料耐久性的因素很多，一个很重要的因素是沥青混合料的空隙率。空隙率的大小取决于矿料的级配、沥青材料的用量以及压实程度等多个方面。沥青混合料中的空隙率小，环境中易造成老化的因素介入的机会就少，所以从耐久性考虑，希望沥青混合料空隙率尽可能小一些。但沥青混合料中还必须留有一定的空隙，以备夏季沥青材料的膨胀变形之用。另外，沥青含量的多少也是影响沥青混合料耐久性的一个重要因素。当沥青用量较正常用量减少时，沥青膜变薄，则混合料的延伸能力降低，脆性增加。同时因沥青用量偏少，混合料空隙率增大，沥青暴露于不利环境因素的可能性加大，加速老化，同时还增加了水侵入的机会，造成水损害。综上所述，我国现行规范通过空隙率、饱和度和残留稳定度等指标的控制，来保证沥青混合料的耐久性。

4. 沥青混合料的抗滑性

抗滑性是保障公路交通安全的一个很重要因素，特别是行驶速度很高的高速公路，确保沥青路面的抗滑性要求显得尤为重要。

影响沥青路面抗滑性的因素主要取决于矿料自身特点，即矿料颗粒形状与尺寸、抗磨光性、级配形成的表面构造深度等。因此，用于沥青路面表层的粗集料应选用表面粗糙、棱角丰富且坚硬、耐磨、抗磨光值大的碎石或破碎的碎砾石。同时，沥青用量对抗滑性也有非常大的影响，沥青用量超过最佳用量的 0.5%，就会使沥青路面的抗滑性指标有明显的降低，所以对沥青路面表层的沥青用量要严格控制。

5. 施工和易性

沥青混合料应具备良好的施工和易性，要求在整个施工的各个工序中，尽可能使沥青混合料的集料颗粒以设计级配要求的状态分布，集料表面被沥青膜完整覆盖，并能被压实到规定的密实程度。所以具备一定施工和易性是保证沥青混合料实现良好路用性能的必要条件。

影响沥青混合料施工和易性的因素首先是材料组成。例如，当组成材料确定后，矿料级配和沥青用量都会对和易性产生一定影响。如采用间断级配的矿料，由于粗细集料颗粒尺寸相差过大，中间缺乏尺寸过渡颗粒，沥青混合料极易离析。又比如当沥青用量过少，则混合料疏松且不易压实；但当沥青用量过多时，则容易使混合料黏结成团，不易摊铺。另一影响和易性的因素是施工条件的控制。例如施工时的温度控制，如温度不够，沥青混合料就难以拌和充分，而且不易达到所需的压实度；但温度偏高，则会引起沥青老化，严重时将会明显影响沥青混合料的路用性能。

目前还没有成熟的能够直接用于评价沥青混合料施工和易性的方法和指标，通常的做法是严格控制材料的组成和配比，采用经验的方法根据现场实际状况进行调控。

四、热拌沥青混合料的技术要求

现行行业标准《公路沥青路面施工技术规范》JTG F40—2004 针对各种沥青混合料提出了不同的技术标准，表 11-38 和表 11-39 是常用密级配沥青混凝土混合料和 SMA 混合料采用马歇尔方法时的技术标准。该标准根据道路等级、交通荷载和气候状况等因素提出不同的指标,其中包括稳定度、流值、空隙率、矿料间隙率和沥青饱和度等。

密级配沥青混凝土混合料马歇尔试验技术标准
(本表适用于公称最大粒径≤26.5mm的密级配沥青混凝土混合料) 表11-38

试验指标		单位	高速公路、一级公路				其他等级公路	行人道路
			夏炎热区 (1-1、1-2、1-3、1-4区)		夏热区及夏凉区 (2-1、2-2、2-3、2-4、3-2区)			
			中轻交通	重载交通	中轻交通	重载交通		
击实次数/双面		次	75				50	50
试件尺寸		mm	$\phi 101.6mm \times 63.5mm$					
空隙率 VV	深约90mm以内	%	3~5	4~6	2~4	3~5	3~6	2~4
	深约90mm以下	%	3~6		2~4	3~6	3~6	—
稳定度MS(不小于)		kN	8				5	3
流值FL		mm	2~4	1.5~4	2~4.5	2~4	2~4.5	2~5
矿料间隙率 VMA(%) (不小于)	设计空隙率 (%)	相应于以下公称最大粒径(mm)的最小VMA及VFA技术要求(%)						
		26.5	19	16	13.2	9.5	4.75	
	2	10	11	11.5	12	13	15	
	3	11	12	12.5	13	14	16	
	4	12	13	13.5	14	15	17	
	5	13	14	14.5	15	16	18	
	6	14	15	15.5	16	17	19	
沥青饱和度VFA(%)		55~70		65~75		70~85		

注:1. 对空隙率大于5%的夏炎热区重载交通路段,施工时应至少提高压实度1%。

2. 当设计的空隙率不是整数时,由内插确定要求的VMA最小值。

3. 对改性沥青混合料,马歇尔试验的流值可适当放宽。

SMA混合料马歇尔试验配合比设计技术要求 表11-39

试验项目	单位	技术要求		试验方法
		不使用改性沥青	使用改性沥青	
马歇尔试件尺寸	mm	$\phi 101.6mm \times 63.5mm$		T0702
马歇尔试件击实次数		两面击实50次		T0702
空隙率VV	%	3~4		T0705
矿料间隙率VMA(不小于)	%	17.0		T0705
粗集料骨架间隙率VCA_{mix}(不大于)		VCA_{DRC}		T0705
沥青饱和度VFA	%	75~85		T0705
稳定度(不小于)	kN	5.5	6.0	T0709
流值	mm	2~5	—	T0709
谢伦堡沥青析漏试验的结合料损失	%	不大于0.2	不大于0.1	T0732
肯塔堡飞散试验的混合料损失或浸水飞散试验	%	不大于20	不大于15	T0733

注:1. 对集料坚硬不易击碎,通行重载交通的路段,也可将击实次数增加为双面75次。

2. 对高温稳定性要求较高的重交通路段或炎热地区，设计空隙率允许放宽到 4.5%，VMA允许放宽到 16.5%（SMA-16）或16%（SMA-19），VFA允许放宽到70%。

3. 试验粗集料骨架间隙率VCA的关键性筛孔，对SMA-19、SMA-16是指4.75mm，对SMA-13、SMA-10是指2.36mm。

4. 稳定度难以达到要求时，容许放宽到5.0kN（非改性）或5.5kN（改性），但动稳定度检验必须合格。

除上述指标以外，沥青混合料还应从高温时代表抗车辙能力的动稳定度、抵御水影响的水稳性和低温时代表低温性能的低温弯曲破坏应变等几方面进行评价，如表 11-40～表 11-43 所示。

沥青混合料车辙试验动稳定度技术要求　　　　　表 11-40

气候条件与技术指标		相应于下列气候分区所要求的动稳定度（次/mm）								试验方法
七月平均最高气温（℃）及气候分区		>30				20～30			<20	
		1. 夏炎热区				2. 夏热区			3. 夏凉区	
		1-1	1-2	1-3	1-4	2-1	2-2	2-3	2-4	3-2	
普通沥青混合料（不小于）		800		1000		600		800		600	
改性沥青混合料（不小于）		2400		2800		2000		2400		1800	
SMA 混合料	非改性（不小于）	1500									T0719
	改性（不小于）	3000									
OGFC 混合料		1500（一般交通路段）、3000（重交通量路段）									

沥青混合料水稳定性检验技术要求　　　　　表 11-41

气候条件与技术指标		相应于下列气候分区所要求的动稳定度（%）				试验方法
年降雨量（mm）及气候分区		>1000	500～1000	200～500	<250	
		1. 潮湿区	2. 湿润区	3. 半干区	4. 干旱区	
浸水马歇尔试验残留稳定度（%）（不小于）						
普通沥青混合料		80		75		
改性沥青混合料		85		80		T0709
SMA 混合料	非改性	75				
	改性	80				
冻融劈裂试验的残留强度比（%）（不小于）						
普通沥青混合料		75		70		
改性沥青混合料		80		75		
SMA 混合料	非改性	75				T0729
	改性	80				

第十一章 市政工程材料

沥青混合料低温弯曲试验破坏应变技术要求　　表 11-42

气候条件与技术指标	相应于下列气候分区所要求的破坏应变（με）								试验方法
年极端最低气温（℃）及气候分区	< −37.0		−21.5～−37.0			−9.0～−21.5		> −9.0	
	1. 冬严寒区		2. 冬严寒区			3. 冬冷区		4. 冬温区	
	1-1	2-1	1-2	2-2	3-2	1-3	2-3	1-4　2-4	
普通沥青混合料	2600		2300			2000			T0715
改性沥青混合料	3000		2800			2500			

沥青混合料试件渗水系数技术要求　　表 11-43

级配类型	渗水系数（mL/min）	试验方法
密级配沥青混凝土（不大于）	120	T0730
SMA 混合料（不大于）	80	

五、试验项目及组批原则

沥青混合料进场试验的项目及组批规则如表 11-44 所示。

沥青混合料试验项目组批规则　　表 11-44

名称	相关标准	进场复试项目	组批规则
沥青混合料	《城市道路工程施工质量检验标准》DB11/T 1073—2014 《城镇道路工程施工与质量验收规范》CJJ 1—2008 《沥青路面施工及验收规范》GB 50092—1996 《公路工程沥青及沥青混合料试验规程》JTGE 20—2011	马歇尔稳定度 流值 矿料级配油石比密度	每台拌和机 1 次或 2 次/日；同一厂家、同一配合比、每连续摊铺 600t 为一检验批，不足 600t 按 600t 计，每批取一组

六、试验方法

沥青混合料取样、制作、马歇尔试验、车辙试验、低温弯曲试验、谢伦堡沥青析漏试验、肯塔堡飞散试验、渗水试验按照《公路工程沥青及沥青混合料试验规程》JTG E20—2011 进行。

1. 马歇尔稳定度试验

1）主要仪器设备

（1）沥青混合料马歇尔试验仪：分为自动式和手动式。自动马歇尔试验仪应具备控制装置、记录荷载—位移曲线、自动测定荷载与试件的垂直变形，能自动显示和存储或打印试验结果等功能。手动式由人工操作，试验数据通过操作者目测后读取数据。对用于高速公路和一级公路的沥青混合料宜采用自动马歇尔试验仪。

① 当集料公称最大粒径小于或等于 26.5mm 时，宜采用 ϕ101.6mm × 63.5mm 的标准马歇尔试件，试验仪最大荷载不得小于 25kN，读数准确至 0.1kN，加载速率应能保持 (50 ± 5)mm/min。钢球直径 (16 ± 0.05)mm，上下压头曲率半径为 (50.8 ± 0.08)mm。

② 当集料公称最大粒径大于 26.5mm 时，宜采用 ϕ152.4mm × 95.3mm 大型马歇尔试件，试验仪最大荷载不得小于 50kN，读数准确至 0.1kN。上下压头的曲率内径为 (152.4 ± 0.2)mm，

上下压头间距(19.05±0.1)mm。大型马歇尔试件的压头尺寸如图 11-35 所示。

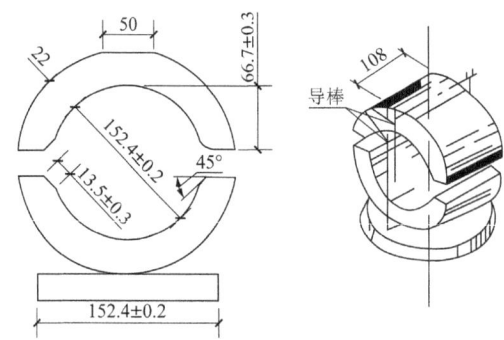

图 11-35　大型马歇尔试验的压头（单位：mm）

（2）恒温水槽：控温准确至 1℃，深度不小于 150mm。

（3）真空饱水容器：包括真空泵及真空干燥器。

（4）烘箱。

（5）天平：感量不大于 0.1g。

（6）温度计：分度值 1℃。

（7）卡尺。

2）试验准备

（1）击实法成型马歇尔试件，标准马歇尔试件尺寸应符合直径(101.6±0.2)mm、高(63.5±1.3)mm 的要求。对大型马歇尔试件，尺寸应符合直径(152.4±0.2)mm、高(95.3±2.5)mm 的要求。一组试件的数量不得少于 4 个。

（2）量测试件的直径及高度：用卡尺测量试件中部的直径，用马歇尔试件高度测定器或用卡尺在十字对称的 4 个方向量测离试件边缘 10mm 处的高度，准确至 0.1mm，并以其平均值作为试件的高度。如试件高度不符合(63.5±1.3)mm 或(95.3±2.5)mm 要求或两侧高度差大于 2mm，此试件应作废。

（3）按本规程规定的方法测定试件的密度，并计算空隙率、沥青体积百分率、沥青饱和度、矿料间隙率等体积指标。

（4）将恒温水槽调节至要求的试验温度，对黏稠石油沥青或烘箱养生过的乳化沥青混合料为(60±1)℃，对煤沥青混合料为(33.8±1)℃，对空气养生的乳化沥青或液体沥青混合料为(25±1)℃。

3）标准试验步骤

（1）将试件置于已达规定温度的恒温水槽中保温，保温时间对标准马歇尔试件需(30~40)min，对大型马歇尔试件需(45~60)min。试件之间应有间隔，底下应垫起，距水槽底部不小于 5cm。

（2）将马歇尔试验仪的上下压头放入水槽或烘箱中达到同样温度。将上下压头从水槽或烘箱中取出擦拭干净内面。为使上下压头滑动自如，可在下压头的导棒上涂少量黄油。再将试件取出置于下压头上，盖上上压头，然后装在加载设备上。

（3）在上压头的球座上放妥钢球，并对准荷载测定装置的压头。

（4）当采用自动马歇尔试验仪时，将自动马歇尔试验仪的压力传感器、位移传感器与计算机或 X-Y 记录仪正确连接，调整好适宜的放大比例，压力和位移传感器调零。

（5）当采用压力环和流值计时，将流值计安装在导棒上，使导向套管轻轻地压住上压头，同时将流值计读数调零。调整压力环中百分表，对零。

（6）启动加载设备，使试件承受荷载，加载速度为(50±5)mm/min。计算机或 X-Y 记录仪自动记录传感器压力和试件变形曲线并将数据自动存入计算机。

（7）当试验荷载达到最大值的瞬间，取下流值计，同时读取压力环中百分表读数及流值计的流值读数。

（8）从恒温水槽中取出试件至测出最大荷载值的时间，不得超过 30s。

4）浸水马歇尔试验方法

浸水马歇尔试验方法与标准马歇尔试验方法的不同之处在于，试件在已达规定温度恒温水槽中的保温时间为 48h，其余步骤均与标准马歇尔试验方法相同。

5）真空饱水马歇尔试验方法

试件先放入真空干燥器中，关闭进水胶管，开动真空泵，使干燥器的真空度达到 97.3kPa（730mm Hg）以上，维持 15min；然后打开进水胶管，靠负压进入冷水流使试件全部浸入水中，浸水 15min 后恢复常压，取出试件再放入已达规定温度的恒温水槽中保温 48h。其余均与标准马歇尔试验方法相同。

6）计算

（1）试件的稳定度及流值：

①当采用自动马歇尔试验仪时，将计算机采集的数据绘制成压力和试件变形曲线，或由 X-Y 记录仪自动记录的荷载—变形曲线，按图 11-36 所示的方法在切线方向延长曲线与横坐标相交于 O_1，将 O_1 作为修正原点，从 O_1 起量取相应于荷载最大值时的变形作为流值（FL），以 mm 计，准确至 0.1mm。最大荷载即为稳定度（MS），以 kN 计，准确至 0.01kN。

②采用压力环和流值计测定时，根据压力环标定曲线，将压力环中百分表的读数换算为荷载值，或者由荷载测定装置读取的最

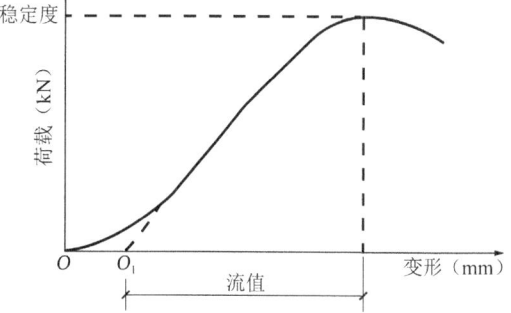

图 11-36 马歇尔试验结果的修正方法

大值即为试样的稳定度（MS），以 kN 计，准确至 0.01kN。由流值计及位移传感器测定装置读取的试件垂直变形，即为试件的流值（FL），以 mm 计，准确至 0.1mm。

（2）试件的马歇尔模数按下式计算：

$$T = \frac{MS}{FL} \tag{11-77}$$

式中：T——试件的马歇尔模数（kN/mm）；

MS——试件的稳定度（kN）；

FL——试件的流值（mm）。

（3）试件的浸水残留稳定度按下式计算：

$$MS_0 = \frac{MS_1}{MS} \times 100 \tag{11-78}$$

式中：MS_0——试件的浸水残留稳定度（%）；

MS_1——试件浸水 48h 后的稳定度（kN）。

（4）试件的真空饱水残留稳定度按下式计算：

$$MS'_0 = \frac{MS_2}{MS} \times 100$$

式中：MS'_0——试件的真空饱水残留稳定度（%）；

MS_2——试件真空饱水后浸水 48h 后的稳定度（kN）。

7）结果

当一组测定值中某个测定值与平均值之差大于标准差的 k 倍时，该测定值应予舍弃，并以其余测定值的平均值作为试验结果。当试件数目 n 为 3、4、5、6 个时，k 值分别为 1.15、1.46、1.67、1.82。

2. 矿料级配

1）主要仪器设备

（1）标准筛：方孔筛，在尺寸为 53.0mm、37.5mm、31.5mm、26.5mm、19.0mm、16.0mm、13.2mm、9.5mm、4.75mm、2.36mm、1.18mm、0.6mm、0.3mm、0.15mm、0.075mm 的标准筛系列中，根据沥青混合料级配选用相应的筛号，标准筛必须有密封圈、盖和底。

（2）天平：感量不大于 0.1g。

（3）摇筛机。

（4）烘箱：装有温度自动控制器。

2）试验准备

（1）按照 JTG E20—2011 标准中 T0701 沥青混合料取样方法从拌和厂选取代表性样品。

（2）将沥青混合料试样按沥青混合料中沥青含量的试验方法抽提沥青后，将全部矿质混合料放入样品盘中置温度(105±5)℃烘干，并冷却至室温。

（3）按沥青混合料矿料级配设计要求，选用全部或部分需要筛孔的标准筛，作施工质量检验时，至少应包括 0.075mm、2.36mm、4.75mm 及集料公称最大粒径等 5 个筛孔，按大小顺序排列成套筛。

3）试验步骤

（1）将抽提后的全部矿料试样称量，准确至 0.1g。

（2）将标准筛带筛底置摇筛机上，并将矿质混合料置于筛内，盖妥筛盖后，压紧摇筛机，开动摇筛机筛分 10min。取下套筛后，按筛孔大小顺序，在一清洁的浅盘上，再逐个进行手筛，手筛时可用手轻轻拍击筛框并经常地转动筛子，直至每分钟筛出量不超过筛上试样质量的 0.1%时为止，不得用手将颗粒塞过筛孔。筛下的颗粒并入下一号筛，并和下一号筛中试样一起过筛。在筛分过程中，针对 0.075mm 筛的料，根据需要可参照《公路工程集料试验规程》JTG 3432—2024 的方法采用水筛法，或者对同一种混合料，适当进行几次干筛与湿筛的对比试验后，对 0.075mm 通过率进行适当的换算或修正。

（3）称量各筛上筛余颗粒的质量，准确至 0.1g。并将沾在滤纸、棉花上的矿粉及抽提液中的矿粉计入矿料中通过 0.075mm 的矿粉含量中。所有各筛的分计筛余量和底盘中剩余质量的总和与筛分前试样总质量相比，相差不得超过总质量的 1%。

4）计算

（1）试样的分计筛余量按下式计算：

$$P_i = \frac{m_i}{m} \times 100 \tag{11-79}$$

式中：P_i——第 i 级试样的分计筛余量（%）；

m_i——第 i 级筛上颗粒的质量（g）；

m——试样的质量（g）。

（2）累计筛余百分率：该号筛上的分计筛余百分率与大于该号筛的各号筛上的分计筛余百分率之和，准确至 0.1%。

（3）通过筛分百分率：用 100 减去该号筛上的累计筛余百分率，准确至 0.1%。

（4）以筛孔尺寸为横坐标，各个筛孔的通过筛分百分率为纵坐标，绘制矿料组成级配曲线（图 11-37），评定该试样的颗粒组成。

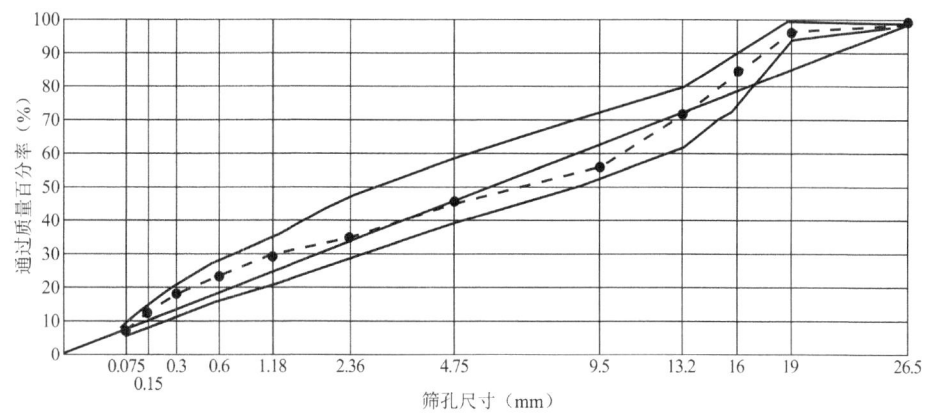

图 11-37 沥青混合料矿料组成级配曲线示例

5）结果

同一混合料至少取两个试样平行筛分试验两次，取平均值作为每号筛上的筛余量的试验结果，报告矿料级配通过百分率及级配曲线。

3. 沥青混合料中沥青含量试验（离心分离法）

1）主要仪器设备

图 11-38 离心抽提仪

（1）离心抽提仪：如图 11-38 所示，由试样容器及转速不小于 3000r/min 的离心分离器组成，分离器备有滤液出口。容器盖与容器之间用耐油的圆环形滤纸密封。滤液通过滤纸排出后从出口流出收入回收瓶中。仪器必须安放稳固并有排风装置。

（2）圆环形滤纸。

（3）回收瓶：容量 1700mL 以上。

（4）压力过滤装置。

（5）天平：感量不大于 0.01g、1mg 的天平各 1 台。

（6）量筒：分度值 1mL。

（7）电烘箱：装有温度自动调节器。

2）试验准备

（1）按沥青混合料取样方法，在拌和厂从运料车采取沥青混合料试样，放在金属盘中适当拌和，待温度稍下降后至 100℃以下时，用大烧杯取混合料试样质量(1000～1500)g（粗粒式沥青混合料用高限、细粒式用低限，中粒式用中限），准确至 0.1g。

（2）当试样在施工现场用钻机法或切割法取得时，应用电风扇吹风使其完全干燥，置烘箱中适当加热后成松散状态取样，不得用锤击，以防集料破碎。

3）试验步骤

（1）向装有试样的烧杯中注入三氯乙烯溶剂，将其浸没，浸泡 30min，用玻璃棒适当搅动混合料，使沥青充分溶解。注：也可直接在离心分离器中浸泡。

（2）将混合料及溶液倒入离心分离器，用少量溶剂将烧杯及玻璃棒上的黏附物全部洗入分离器中。

（3）称取洁净的圆环形滤纸质量，准确至 0.01g。注意滤纸不宜多次反复使用，有破损者不能使用，有石粉黏附时应用毛刷清除干净。

（4）将滤纸在分离器边缘上，加盖紧固，在分离器出口处放上回收瓶，上口应注意密封，防止流出液成雾状散失。

（5）开动离心机，转速逐渐增至 3000r/min，沥青溶液通过排出口注入回收瓶中，待流出停止后停机。

（6）从上盖的孔中加入新溶剂，数量大体相同，稍停(3～5)min 后，重复上述操作，如此数次直至流出的抽提液成清澈的淡黄色为止。

（7）卸下上盖，取下圆环形滤纸，在通风橱或室内空气中蒸发干燥，然后放入(105±5)℃的烘箱中干燥，称取质量，其增重部分（m_2）为矿粉的一部分。

（8）将容器中的集料仔细取出，在通风橱或室内空气中蒸发后放入(105±5)℃烘箱中烘干（一般需4h），然后放入大干燥器中冷却至室温，称取集料质量（m_1）。

（9）用压力过滤器过滤回收瓶中的沥青溶液，由滤纸的增重m_3得出泄漏入滤液中矿粉。无压力过滤器时也可用燃烧法测定。

（10）用燃烧法测定抽提液中矿粉质量的步骤如下：

①将回收瓶中的抽提液倒入量筒中，准确定量至mL（V_a）。

②充分搅匀抽提液，取出10mL（V_b）放入坩埚中，在热浴上适当加热使溶液试样发成暗黑色后，置高温炉[(500~600)℃]中烧成残渣，取出坩埚冷却。

③向坩埚中按每1g残渣5mL的用量比例，注入碳酸铵饱和溶液，静置1h，放入(105±5)℃炉箱中干燥。

④取出坩埚放在干燥器中冷却，称取残渣质量（m_4），准确至1mg。

4）计算

（1）沥青混合料中矿料的总质量按下式计算：

$$m_a = m_1 + m_2 + m_3 \tag{11-80}$$

式中：m_a——沥青混合料中矿料部分的总质量（g）；

m_1——容器中留下的集料干燥质量（g）；

m_2——圆环形滤纸在试验前后的增重（g）；

m_3——泄漏入抽提液中的矿粉质量（g），用燃烧法时可按下式计算。

$$m_3 = m_4 \times \frac{V_a}{V_b} \tag{11-81}$$

V_a——抽提液的总量（mL）；

V_b——取出的燃烧干燥的抽提液数量（mL）；

m_4——坩埚中燃烧干燥的残渣质量（g）。

（2）沥青混合料中的沥青含量按下式计算：

$$P_b = \frac{m - m_a}{m} \tag{11-82}$$

（3）油石比按下式计算：

$$P_a = \frac{m - m_a}{m_a} \tag{11-83}$$

式中：m——沥青混合料的总质量（g）；

P_b——沥青混合料的沥青含量（%）；

P_a——沥青混合料的油石比（%）。

5）结果

同一沥青混合料试样至少平行试验两次，取平均值作为试验结果。两次试验结果的差值应小于 0.3%，当大于 0.3%但小于 0.5%时，应补充平行试验一次，以 3 次试验的平均值作为试验结果，3 次试验的最大值与最小值之差不得大于 0.5%。

4. 压实沥青混合料密度试验（水中重法）

1）主要仪器设备

（1）浸水天平或电子天平：当最大称量在 3kg 以下时，感量不大于 0.1g；最大称量 3kg 以上时，感量不大于 0.5g。应有测量水中重的挂钩。

（2）网篮。

（3）溢流水箱：使用洁净水，有水位溢流装置，保持试件和网篮浸入水中后的水位定。调整水温并保持在(25 ± 0.5)℃。

（4）试件悬吊装置：天平下方悬吊网篮及试件的装置，吊线应采用不吸水的细尼龙线绳，并有足够的长度。对轮碾成型机成型的板块状试件可用铁丝悬挂。

（5）秒表。

（6）电风扇或烘箱。

2）试验步骤

（1）选择适宜的浸水天平或电子天平，最大称量应满足试件质量的要求。

（2）除去试件表面的浮粒，称取干燥试件的空中质量（m_a），根据选择的天平的感量读数，准确至 0.1g 或 0.5g。

（3）挂上网篮，浸入溢流水箱的水中，调节水位，将天平调平并复零，把试件置于网篮中（注意不要使水晃动），待天平稳定后立即读数，称取水中质量（m_w）。若天平读数持续变化，不能在数秒钟内达到稳定，则说明试件有吸水情况，不适用于此法测定，应改用表干法或蜡封法测定。

（4）对从施工现场钻取的非干燥试件，可先称取水中质量（m_w），然后用电风扇将试件吹干至恒重（一般不少于 12h，当不需进行其他试验时，也可用(60 ± 5)℃烘箱烘干至恒重），再称取空中质量（m_a）。

3）计算

按下式计算用水中重法测定的沥青混合料试件的表观相对密度及表观密度，取 3 位小数。

$$\gamma_a = \frac{m_a}{m_a - m_w}$$
$$\rho_a = \frac{m_a}{m_a - m_w} \times \rho_w$$
(11-84)

式中：γ_a——在 25℃温度条件下试件的表观相对密度，无量纲；

ρ_a——在 25℃温度条件下试件的表观密度（g/cm³）；

m_a——干燥试件的空中质量（g）；

m_w——试件的水中质量（g）；

ρ_w——在 25℃温度条件下水的密度，取 0.9971g/cm³。

第七节　路面砖及路缘石

一、相关标准

（1）《城镇道路工程施工与质量检验规范》CJJ 1—2008。
（2）《城市道路施工质量检验标准》DB11/T 1073—2014。
（3）《混凝土路缘石》JC/T 899—2016。
（4）《混凝土路面砖》GB/T 28635—2012。
（5）《透水路面砖和透水路面板》GB/T 25993—2023。
（6）《混凝土路面砖性能试验方法》GB/T 32987—2016。
（7）《混凝土路面砖抗冻性表面盐冻快速试验方法》GB/T 35723—2017。
（8）《混凝土砌块和砖试验方法》GB/T 4111—2013。
（9）《无机地面材料耐磨性能试验方法》GB/T 12988—2009。

二、基本概念

1. 定义

（1）混凝土路面砖：以水泥、集料和水为主要原料，经搅拌、成型、养护等工艺在工厂生产的，未配置钢筋的，主要用于路面和地面铺装的混凝土砖。

（2）透水路面砖：用作路面铺设的、具有透水性能的表面材料，同时满足以下条件。块材厚度不小于 50mm；块材的长与厚的比值不得大于 4；透水系数大于规定值。

（3）路缘石：铺设在路面边缘或标定路面界限的预制混凝土边界标石。

2. 技术要求

1）路面砖

满足《混凝土路面砖》GB/T 28635—2012、《透水路面砖和透水路面板》GB/T 25993—2023 相应产品标准性能要求。

2）路缘石

预制混凝土路缘石应符合下列规定：

（1）混凝土强度等级应符合设计要求。设计未规定时，不应小于 C30。路缘石弯拉与抗压强度应符合表 11-45 的规定。

路缘石弯拉与抗压强度 表 11-45

直线路缘石			直线路缘石（含圆形、L形）		
弯拉强度（MPa）			抗压强度（MPa）		
强度等级C_f	平均值	单块最小值	强度等级C_c	平均值	单块最小值
$C_f3.0$	≥3.00	2.40	C_c30	≥30.0	24.0
$C_f4.0$	≥4.00	3.20	C_c35	≥35.0	28.0
$C_f5.0$	≥5.00	4.00	C_c40	≥40.0	32.0

（2）路缘石吸水率不得大于 8%。有抗冻要求的路缘石经 50 次冻融试验（D50）后，质量损失率应小于 3%，抗盐冻性路缘石经 ND25 次试验后，质量损失应小于 0.5kg/m³。

（3）预制混凝土路缘石加工尺寸允许偏差应符合表 11-46 的规定。

路缘石加工尺寸允许偏差 表 11-46

项目	允许偏差（mm）	项目	允许偏差（mm）
长度	+5 -3	平整度	≤3
宽度	+5 -3	垂直度	≤3
高度	+5 -3		

（4）预制混凝土路缘石外观质量允许偏差应符合表 11-47 的规定。

路缘石外观质量允许偏差 表 11-47

项目	允许偏差
缺棱掉角影响顶面或正侧面的破坏最大投影尺寸（mm）	≤15
面层非贯穿裂纹最大投影尺寸（mm）	≤10
可视面粘皮（脱皮）及表面缺损最大面积（mm²）	≤30
贯穿裂纹	不允许
分层	不允许
色差、杂色	不明显

三、试验项目及组批原则

1. 试验项目

路面砖的试验项目主要包括：抗压强度、抗折强度、防滑性能、耐磨性、抗冻性、透水系数、吸水率、抗盐冻性。

路缘石的试验项目主要包括：抗压强度、抗折强度、吸水率、抗冻性、抗盐冻性。

2.组批规则

路缘石及路面砖进场复试试验的项目及组批规则如表11-48的规定。

路缘石及路面砖试验组批规则　　　　　表11-48

名称	相关标准	试验项目	组批规则和取样规则
路缘石	《混凝土路缘石》JC/T 899—2016	尺寸偏差	1. 应以同一块形，同一颜色，同一强度且以20000块为一验收批，不足20000块按一批计。 2. 现场可用回弹法检测混凝土抗压强度，应以同一块形，同一颜色，同一强度且以2000块为一验收批，不足2000块按一批计。每批抽检5块进行回弹
		外观质量	
		抗压强度	
		抗折强度	
混凝土路面砖	《混凝土路面砖》GB 28635—2012 《混凝土路面砖性能试验方法》GB/T 32987—2016 《混凝土路面砖抗冻性表面盐冻快速试验方法》GB/T 35723—2017 《混凝土砌块和砖试验方法》GB/T 4111—2013	外观质量	应以同一类别、同一规格、同一等级，每20000块为一验收批，不足20000块按一批计
		尺寸偏差	
		抗压强度	
		抗折强度	
		耐磨性	
		防滑性能	
		渗透性能	

四、试验方法

（一）路面砖

本节依据标准《混凝土路面砖》GB/T 28635—2012进行路面砖相关性能试验。

1.抗压强度

1）主要仪器设备

试验机可采用压力试验机或万能试验机。试验机的精度（示值相对误差）应不大于±1%。试件的预期破坏荷载值为量程的20%~80%。试验机的上下压板尺寸应大于试件的尺寸。

2）试验样品

（1）每组试件数量为10块。

（2）试件的两个受压面应平行、平整。否则应找平处理，找平层厚度小于或等于5mm。

（3）试验前用精度不低于0.5mm的测量工具，测量试件实际受压面积或上表面受压面积。

3）试验步骤

（1）清除试件表面的松动颗粒或粘渣，放入温度为室温水中浸泡(24 ± 0.25)h。

（2）将试件从水中取出，用海绵或拧干的湿毛巾擦去附着于试件表面的水，放置在试验机下压板的中心位置（图 11-39）。

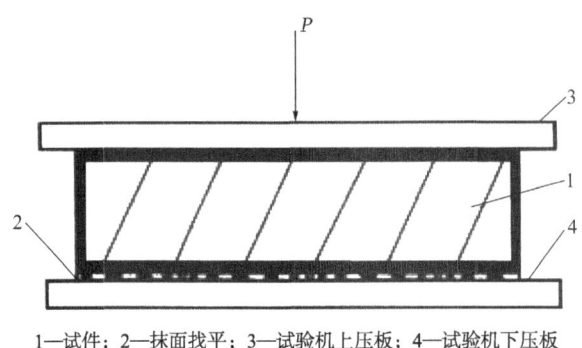

1—试件；2—抹面找平；3—试验机上压板；4—试验机下压板

图 11-39　路面砖抗压试验图

（3）启动试验机，连续、均匀地加荷，加荷速度为$(0.4\sim0.6)$MPa/s，直至试件破坏，记录破坏荷载（P）。

4）结果计算

抗压强度按下式计算：

$$C_{c}=\frac{P}{A} \tag{11-85}$$

式中：C_c——试件抗压强度（MPa）；

　　　P——试件破坏荷载（N）；

　　　A——试件实际受压面积，或上表面受压面积（mm^2）。

试验结果以 10 块试件抗压强度的算术平均值和单块最小值表示，计算结果精确至0.1MPa。

2. 抗折强度

1）主要仪器设备

（1）试验机可采用抗折试验机、万能试验机或带有抗折试验架的压力试验机。试验机的精度（示值相对误差）应不大于$\pm1\%$。试件的预期破坏荷载值为量程的 $20\%\sim80\%$。

（2）支座和加压棒：

支座的两个支承棒和加压棒的直径为$(25\sim40)$mm 的钢棒，其中一个支承棒应能滚动并可自由调整水平。

2）试验样品

每组试件数量为10块。

3）试验步骤

（1）清除试件表面的松动颗粒或粘渣，放入温度为室温水中浸泡(24±0.25)h。

（2）将试件从水中取出，用海绵或拧干的湿毛巾擦去附着于试件表面的水，沿着长度方向放在支座上（图11-40）。抗折支距（即两支座的中心距离）为试件公称长度减去50mm，两支座的两端面中心距试件端面为(25±5)mm。在支座和加压棒与试件接触面之间应垫有(4±1)mm厚的胶合板垫层。

支座和加压棒的长度应满足试验的要求。

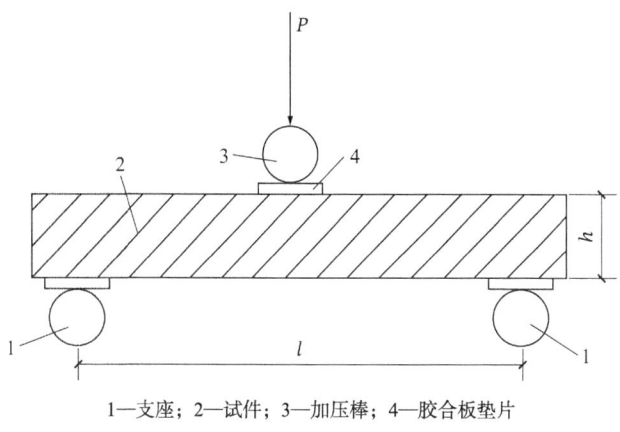

1—支座；2—试件；3—加压棒；4—胶合板垫片

图11-40 路面砖抗折试验图

（3）启动试验机，连续、均匀地加荷，加荷速度为(0.04~0.06)MPa/s，直至试件破坏。记录破坏荷载（P）。

（4）试验结果的计算与评定。

4）结果计算

抗折强度按下式计算：

$$C_f = \frac{3Pl}{2bh^2} \tag{11-86}$$

式中：C_f——试件抗折强度（MPa）；

P——试件破坏荷载（N）；

l——两支座间距离（mm）；

b——试件宽度（mm）；

h——试件厚度（mm）。

试验结果以10块试件抗折强度的算术平均值和单块最小值表示，计算结果精确至0.01MPa。

3. 防滑性能

1）主要试验设备

（1）摆式摩擦系数测定仪如图 11-41 所示。摆及摆的连接部分总质量为(1500±30)g，摆动中心至摆的重心距离为(410±5)mm，测定时摆在混凝土路面砖上滑动长度为(126±1)mm，摆上橡胶片端部距摆动中心的距离为 508mm，橡胶片对混凝土路面砖的正向静压力为(22.3±0.5)N。

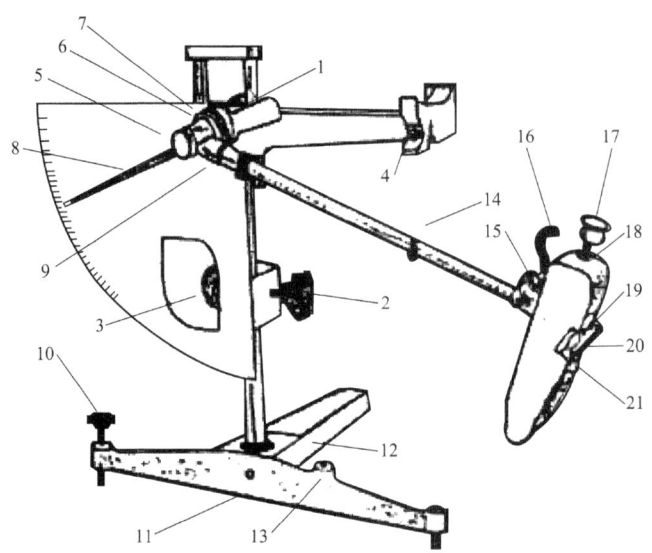

1、2—紧固把手；3—升降把手；4—释放开关；5—转向节螺盖；6—调节螺母；7—针簧片或毡垫；8—指针；
9—连接螺母；10—调平螺栓；11—底座；12—垫块；13—水准泡；14—卡环；15—定位螺栓；16—举升柄；
17—平衡锤；18—并紧螺母；19—滑溜块；20—橡胶片；21—止滑螺栓

图 11-41 摆式摩擦仪示意图

（2）标准量尺长 126mm。

（3）橡胶片：

橡胶片的尺寸为 6.35mm×25.4mm×76.2mm，橡胶片的质量应符合表 11-49 的要求。当橡胶片使用后，端部在长度方向上磨耗超过 1.6mm 或边缘在宽度方向上耗超过 3.2mm，或有油类污染时，即应更换新橡胶片。新橡胶片应先在干燥混凝土路面砖上测试 10 次后再试验。橡胶片的有效使用期为一年。

橡胶片物理性质　　　　表 11-49

性质指标	温度（℃）				
	0	10	20	30	40
弹性（%）	43～49	58～65	66～73	71～77	74～79
硬度	55±5				

2）试验样品

每组试件数量为 5 块。

3）试验步骤

（1）用洒水壶向试件表面洒水，并用橡胶刮板把表面泥浆等附着物刮除。

（2）把试件固定好，调整摆锤高度，使橡胶片在测试面的滑动长度为(126±1)mm。

（3）再次向试件表面水，保持件表面潮湿。把橡膜胶片清理干净后按下释放开关，使摆锤在试件表面滑过，指针即可指示出测重。

（4）第一次测量值，不做记录。再按（3）重复操作五次，并做记录。5 个数值的极差若大于 3BPN，应检查原因，重复操作，直至 5 个测量值的极差不大于 3BPN 为止。

4）结果计算

记录每次试验结果，精确至 1BPN。

取五次测量值的平均值作为每个试件的测定值，计算结果精确至 1BPN。

试验结果取五块试件测定值的算术平均值，计算结果精确至 1BPN。

4. 耐磨性

1）主要仪器设备

钢轮式耐磨试验机符合《无机地面材料耐磨性能试验方法》GB/T 12988—2009 的要求。

2）试验样品

（1）试件外形尺寸应不小于 100mm×100mm×样品厚度。

（2）试件应在(105～110)℃下烘到恒重，试验前用硬毛刷清理试件表面，为了利于测量磨坑尺寸，可在试件测试表面涂上水彩涂料；如果试件表面有凸出的坚硬装饰纹理，应将纹理妥善处理，保证试件表面平整。

（3）每次试验以 5 块试件为一组。

3）试验步骤

（1）将试验用磨料装入磨料料斗中，再使其流入导流料斗。

（2）将试件固定在夹紧滑车上，使试件表面平行于摩擦钢轮的轴线，且垂直于托架底座，并使摩擦钢轮侧面距离试样边缘的距离小于 15mm。

（3）检验摩擦钢轮转速是否符合规定，调节阀门使磨料以 1L/min 的流速从导流料斗长方形下料口均匀地落在摩擦钢轮上。在配置作用下，使试件表面与摩擦钢轮接触，启动电机，打开料斗调节阀，并开始计时。

（4）当钢轮转动 2min 后，关闭电动机调节阀门，移开夹紧滑车，取下试件。在试件表面用 6H 的铅笔画出磨坑的轮廓线，再用游标卡尺测量试件表面磨坑两边缘及中间的长度，精确至 0.1mm，取平均值。

(二)路缘石

1. 抗压强度

1)主要仪器设备

(1)混凝土切割机:

能制备满足本标准要求的抗压强度、吸水率、抗冻性和抗盐冻性试样的切割机。

(2)压力试验机:

试验机的示值相对误差应不大于1%。试样的预期破坏荷载值为试验机全量程的20%～80%。

2)试验样品

从路缘石的正侧面距端面和顶面各20m以内的部位切割出100mm×100mm×100mm试样。以垂直于路缘石成型加料方向的面作为承压面。试样的两个承压面应平行、平整。否则应对承压面磨平或用水泥净浆或其他找平材料进行抹面找平处理,找平层厚度不大于5m,养护3d。与承压面相邻的面应垂直于承压面。

将制备好的试样,用硬毛刷将试样表面及周边松动的渣粒清除干净,在温度为(20 ± 3)°C的水中浸泡(24 ± 0.5)h。

3)试验步骤

(1)用卡尺或钢板尺测量承压面互相垂直的两个边长,分别取其平均值,精确至1mm,计算承压面积(A),精确至1mm²。将试样从水中取出用拧干的湿毛巾擦去表面附着水,承压面应面向上、下压板,并置于试验机下压板的中心位置上。

(2)启动试验机,加荷速度调整在$(0.3～0.5)$MPa/s,匀速连续地加荷,直至试样破坏,记录最大荷载($P_{\max}$)。

4)计算

试样抗压强度按下式计算:

$$C_c = \frac{P}{A} \tag{11-87}$$

式中:C_c——试样抗压强度(MPa);

P——试样破坏荷载(N);

A——试样承压面积(mm²)。

试验结果以三个试样抗压强度的算术平均值和单件最小值表示,计算结果精确至0.1MPa。

2. 抗折强度

1)主要仪器设备

(1)试验机:

试验机的示值相对误差应不大于1%。试样的预期破坏荷载值为试验机全量程的20%～80%。

（2）加载压块：

采用厚度大于20mm，直径为50mm，硬度大于HB200，表面平整光滑的圆形钢块。

（3）抗折试验支承装置：

抗折试验支承装置应可自由调节试样处于水平。同时可调节支座间距，精确至1mm。支承装置两端支座上的支杆直径为30m，一为滚动支杆，一为铰支杆；支杆长度应大于试样的宽度（b_0），且应互相平行。

（4）量具：

分度值为1mm，量程为1000mm、300mm钢板尺。

（5）找平垫板：

垫板厚度为3mm，直径大于50mm的胶合板。

2）试验样品

在试样的正侧面标定出试验跨距，以跨中试样宽度（b_0）的1/2处为施加荷载的部位，如试样正侧面为斜面、切削角面、圆弧面，试验时加载压块不能与试样完全水平吻合接触，应用水泥净浆或其他找平材料将加载压块所处部位抹平使之试验时可均匀受力，抹平处理后试样，养护3d后方可试验。试样制备图如图11-42所示。

将制备好的试样，用硬毛刷将试样表面及周边松动的渣粒清除干净，在温度为(20 ± 3)℃的水中浸泡(24 ± 0.5)h。

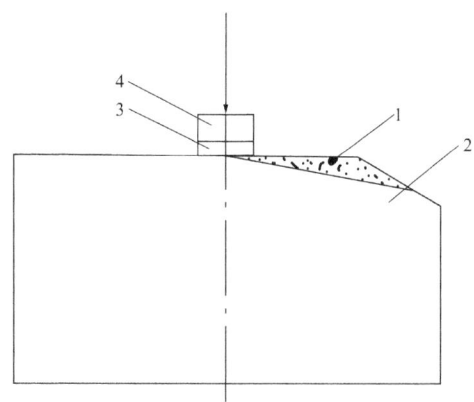

1—找平层；2—试样；3—找平垫板；4—加载压块

图11-42 试样制备图

3）试验步骤

（1）使抗折试验支承装置处于可进行试验状态。调整试验跨距$L_s = L - 2 \times 50$mm，精确至1mm。

（2）将试样从水中取出，用拧干的湿毛巾擦去表面附着水，正侧面朝上置于试验支座上，试样的长度方向与支杆垂直，使试样加载中心与试验机压头同心。将加载压块置于试样加载位置，并在其与试样之间垫上找平垫板，如图11-43所示。

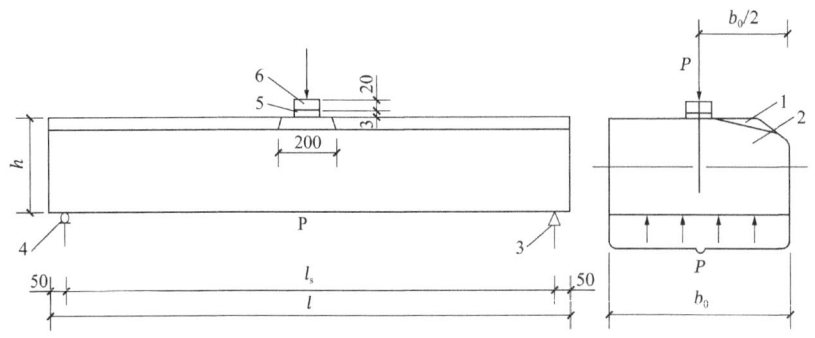

1—找平层；2—试样；3—铰支座；4—滚动支座；5—找平垫板；6—加载压块

图 11-43 抗折试验加载图

（3）检查支距、加荷点无误后，启动试验机，调节加荷速度(0.04～0.06)MPa/s 匀速连续地加荷，直至试样断裂，记录最大荷载（P_{max}）。

4）计算

抗折强度按下式计算：

$$\left.\begin{array}{l}C_f = \dfrac{MB}{1000 \times W_{ft}} \\ MB = \dfrac{P_{max} \cdot l_s}{4}\end{array}\right\} \quad (11\text{-}88)$$

式中：C_f——试样抗折强度（MPa）；

MB——弯矩（N·mm）；

W_{ft}——截面模量（cm³）；

P_{max}——试样破坏荷载（N）；

l_s——试样跨距（mm）。

试验结果以三个试样抗折强度的算术平均值和单件最小值表示，计算结果精确至0.01MPa。

第八节　检查井盖、水篦、混凝土模块、防撞墩和隔离墩

一、相关标准

（1）《检查井盖》GB/T 23858—2009。

（2）《铸铁检查井盖》CJ/T 511—2017。

（3）《钢纤维混凝土检查井盖》JC 889—2001。

（4）《钢纤维混凝土检查井盖》GB 26537—2011。

（5）《再生树脂复合材料检查井盖》CJ/T 121—2000。

（6）《聚合物基复合材料检查井盖》CJ/T 211—2005。

（7）《聚合物基复合材料水箅》CJ/T 212—2005。
（8）《球墨铸铁复合树脂水箅》CJ/T 328—2010。
（9）《再生树脂复合材料水箅》CJ/T 130—2001。
（10）《钢纤维混凝土水箅盖》JC/T 948—2005。
（11）《检查井盖结构、安全技术规范》DB11/T 147—2015。
（12）《雨水井箅结构、安全技术规范》DB11/T 053—2015。
（13）《回弹法检测混凝土抗压强度技术规程》JGJ/T 23—2011。
（14）《高强混凝土强度检测技术规程》JGJ/T 294—2013。
（15）《回弹法、超声回弹综合法检测泵送混凝土抗压强度技术规程》DB11/T 1446—2017。
（16）《混凝土结构现场检测技术标准》GB/T 50784—2013。
（17）《排水工程混凝土模块砌体结构技术规程》CJJ/T 230—2015。
（18）《城市桥梁工程施工质量检验标准》DB11/ 1072—2014。
（19）《城镇道路工程施工与质量验收规范》CJJ 1—2008。
（20）《城市道路工程施工质量检验标准》DB11/T 1073—2014。

二、基本概念

检查井盖：检查井口可开启的封闭物，由井盖和井座组成。

雨水井箅：汇集路面地表径流的泄水设施，由井箅和井座组成。

隔离墩：是用来隔离不同的车道或路面的设施。通常，隔离墩在道路的中间位置，用于分隔两个交通方向，或分隔不同的车道。隔离墩可以有效地防止车辆的违章行驶，避免交通事故的发生。

防撞墩：是用于道路或停车场等场所的碰撞防护设施。其主要功能是防止车辆在行驶或停车时撞击到建筑物、障碍物、其他车辆等，减少车辆和行人受到伤害的可能性。

混凝土模块：混凝土通过专用加工设备制作，用于砌体构筑物，具有不同形式和系列化模数的混凝土预制单块砌筑产品，简称模块。

三、试验项目及组批原则

检查井盖和雨水井箅因材质不同，其相关产品标准较多，其取样组批规则应按照相应产品标准要求进行。

名称	试验项目	取样规则
防撞墩、隔离墩	抗压强度	1. 用回弹法检测混凝土抗压强度，应以同一块形，同一颜色，同一强度且以 2000 块为一验收批，不足 2000 块按一批计。 2. 每批抽检 5 块进行回弹

续表

名称	试验项目	取样规则
混凝土模块	抗压强度	同一生产厂家、同一强度等级、相同原材料、相同成型设备及生产工艺生产的相同规格的模块,每20000块应划分为一个检验批;每一批抽检数量不应少于1组
检查井盖	承载能力残留变形	产品以同一级别、同一种类、同一原材料在相似条件下生产的检查井盖构成批量,500套为一批,不足500套也作一批 从受检批中采用随机抽样的方法抽取5套检查井盖,逐套进行外观质量和尺寸偏差检验 从受检外观质量和尺寸偏差合格的检查井盖中抽取2套,逐套进行承载能力检验
雨水井箅	承载能力残留变形	产品以同一级别、同一种类、同一原材料在相似条件下生产的水箅构成批量,500套为一批,不足500套也作一批 从受检批中采用随机抽样的方法抽取5套水箅,逐套进行外观质量和尺寸偏差检验 从受检外观质量和尺寸偏差合格的水箅中抽取2套,逐套进行承载能力检验

四、试验方法

1. 抗压强度

隔离墩和防撞墩的抗压强度试验方法采用现场回弹法检测,检测方法见《回弹法检测混凝土抗压强度技术规程》JGJ/T 23—2011。

混凝土模块的抗压强度试验方法包括:换算法和取芯法,本节列入换算法模块抗压强度试验方法,取芯法见《排水工程混凝土模块砌体结构技术规程》CJJ/T 230—2015 附录B。

1)主要仪器设备

(1)材料试验机:示值误差不应大于1%,应能使试件的预期破坏荷载落在满量程的20%~80%之间。

(2)钢板:厚度不应小于10mm,平面尺寸应大于440mm×240mm。钢板的一面应平整,在长度方向范围内的平面度不应大于0.1mm。

(3)玻璃平板:厚度不应小于6mm,平面尺寸与钢板的要求相同。

(4)水平尺:分度值应为1mm,可检验微小倾角。

2)试验样品

(1)试件的坐浆面和铺浆面应互相平行。将钢板置于底座上,平整面向上,调至水平。

(2)应在钢板上涂一层机油或铺一层湿纸,然后铺一层1:2的水泥砂浆,试件坐浆面应湿润后再压入砂浆层内,砂浆层厚度应为(3~5)mm。

(3)应在向上的铺浆面上铺一层砂浆、压上涂油的玻璃平板;将气泡排除,并应调制水平，砂浆层厚度应为(3~5)mm之间。

（4）应清理试件棱边，在温度10℃以上不通风的室内应养护3d。

3）试验步骤

（1）应测量每个试件的长度和宽度，分别求出各个方向的平均值，精确到1mm。

（2）将试件置于试验机承压板上，应保持试件的轴线与试验机的压板的压力中心重合，以10kN/s~30kN/s的速度加荷，直至试件破坏。记录破坏荷载P。

4）计算

抗压强度应按下式计算：

$$MU = P/LB \times \delta/[\delta] \tag{11-89}$$

式中：MU——抗压强度（MPa）；

P——破坏荷载（N）；

L——受压面的长度（mm）；

B——受压面的宽度（mm）；

δ——混凝土模块实际开孔率；

$[\delta]$——混凝土模块基准开孔率，取0.40。

2.承载能力、残留变形的检测

检查井盖的承载能力通过加载系统进行试验。

1）试验前准

检测垫片应当放在被测的井盖上，竖轴垂直于其表面，并与其井盖的几何中心重合（图11-44、图11-45）。

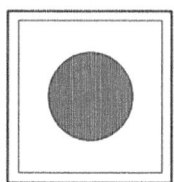 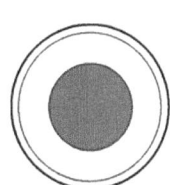 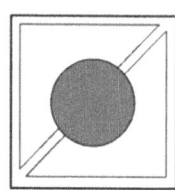

图11-44 单检查井盖测试垫块及其几何中心

 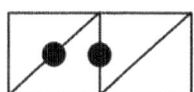 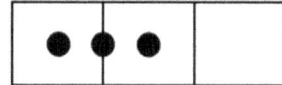 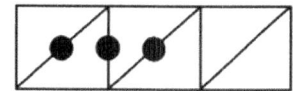

图11-45 多检查井盖测试垫块及其几何中心

2）残留变形的检测

加载前，记录井盖几何中心位置的初始值，测量精度为0.1mm。以(1~5)kN/s的速率施加荷载，直至达到2/3检测荷载，然后卸载。此过程重复5次，最后记录下几何中心的最终值。根据初始值和第5次卸载后最终值的差别计算残留变形值。

3）承载能力试验

以(1～5)kN/s的速率施加荷载直至本标准规定相应的试验荷载F值，试验荷载施加上后应保持30s。检查井盖未出现影响使用功能的损坏即判定为合格。

雨水井箅承载能力通过加载系统进行试验。

（1）试验前准备：

检测垫块应放在被测的井箅上，竖轴垂直于其表面，并与井箅的几何中心重合（图11-46、图11-47）。

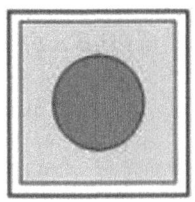

图 11-46　单箅测试垫块的安放位置

图 11-47　双箅及多箅测试垫块的放置位置

（2）承载能力试验步骤：

以(1～5)kN/s的速率施加荷载至试验荷载F值，并保持30s。雨水井箅未出现影响使用功能的损坏，即判定为合格。

（3）残留变形试验步骤：

①加载前，记录井箅几何中心位置的初始值，测量精度为0.1mm。以(1～5)kN/s的速率施加荷载。

②直至达到试验荷载F值的2/3，然后卸载。此过程重复5次，最后记录下几何中心的最终值。根据初始值和第5次卸载后最终值的差别计算残留变形值。

第九节　骨料、集料

一、相关标准

（1）《建设用砂》GB/T 14684—2022。

（2）《建设用卵石、碎石》GB/T 14685—2022。

（3）《普通混凝土用砂、石质量及检验方法标准》JGJ 52—2006。

（4）《公路工程集料试验规程》JTG 3432—2024。

（5）《轻集料及其试验方法 第1部分：轻集料》GB/T 17431.1—2010。

（6）《轻集料及其试验方法 第2部分：轻集料试验方法》GB/T 17431.2—2010。

二、基本概念

见第四章第三节。

三、试验项目及组批原则

见第四章第三节。

四、试验方法

骨料、集料的标准相对较多，包括国家标准《建设用砂》GB/T 14684—2022、《建设用卵石、碎石》GB/T 14685—2022，以及行业标准《普通混凝土用砂、石质量及检验方法标准（附条文说明）》JGJ 52—2006，这些标准主要适用于砂浆及混凝土材料用骨料。《公路工程集料试验规程》JTG 3432—2024 主要适用于道路工程路面结构中沥青混凝土及无机结合料稳定材料中集料的试验。

本节适用于砂浆及混凝土等材料用骨料的试验方法同第四章第三节。

适用于道路工程路面结构中沥青混凝土及无机结合料稳定材料中集料试验方法见本章第五节。

第十节 石灰

一、相关标准

（1）《城镇道路工程施工与质量验收规范》CJJ 1—2008。

（2）《城市道路工程施工质量检验标准》DB11/T 1073—2014。

（3）《公路工程无机结合料稳定材料试验规程》JTG 3441—2024。

二、基本概念

1. 定义

石灰是一种以氧化钙为主要成分的气硬性无机胶凝材料。

2. 技术要求

石灰应符合下列要求：

（1）宜用1～3级的新灰，石灰的技术指标应符合表的规定。

项目		类别											
		钙质生石灰			镁质生石灰			钙质消石灰			镁质消石灰		
		等级											
		Ⅰ	Ⅱ	Ⅲ	Ⅰ	Ⅱ	Ⅲ	Ⅰ	Ⅱ	Ⅲ	Ⅰ	Ⅱ	Ⅲ
有效钙加氧化镁含量（%）		≥85	≥80	≥70	≥80	≥75	≥65	≥65	≥60	≥55	≥60	≥55	≥50
未消化残渣含量5mm圆孔筛的筛余（%）		≤7	≤11	≤17	≤10	≤14	≤20	—	—	—	—	—	—
含水量（%）		—	—	—	—	—	—	≤4	≤4	≤4	≤4	≤4	≤4
细度	0.71mm方孔筛的筛余（%）	—	—	—	—	—	—	0	≤1	≤1	0	≤1	≤1
	0.125mm方孔筛的筛余（%）	—	—	—	—	—	—	—	≤13	≤20	—	≤13	≤20
钙镁石灰的分类界限，氧化镁含量（%）		≤5			>5			≤4			>4		

注：硅、铝、镁氧化物含量之和大于5%的生石灰，有效钙加氧化镁含量指标，Ⅰ等≥75%，Ⅱ等>70%，Ⅲ等>60%；未消化残渣含量指标均与镁质生石灰指标相同。

（2）磨细生石灰，可不经消解直接使用；块灰应在使用前2～3天完成消解，未能消解的生石灰块应筛除消解石灰的粒径不得大于10mm。

（3）对储存较久或经过雨期的消解石灰应先经过试验，根据活性氧化物的含量决定能否使用和使用办法。

三、试验项目及组批原则

1. 试验项目

石灰主要试验项目包括：有效氧化钙、氧化镁含量、未消化残渣含量、含水量、细度等。

2. 组批原则

名称	进场复试试验项目	组批原则
石灰	有效CaO、MgO含量	以同一厂家、同一品种、质量相同的石灰，不超过100t为一批，且同一批连续生产不超过5天

四、试验方法

1. 有效氧化钙

1）主要仪器设备

（1）方孔筛：0.15mm，1个。

（2）烘箱：(50～250)℃，1台。

（3）干燥器：ϕ250mm，1个。

（4）称量瓶：ϕ30mm×50mm，10个。

（5）瓷研钵：ϕ(120～130)mm，1个。

（6）分析天平：量程不小于50g，感量0.0001g，1台。

（7）电子天平：量程不小于500g，感量0.01g，1台。

（8）电炉：1500W，1个。

2）试剂

（1）蔗糖（分析纯）。

（2）酚酞指示剂：称取0.5g酚酞溶于95%乙醇50mL中。

（3）0.1%甲基橙水溶液：称取0.05g甲基橙溶于50mL蒸馏水[(40～50)℃]中。

（4）盐酸标准溶液（相当于0.5mol/L）：将42mL浓盐酸（相对密度1.19）稀释至1L，按下述方法标定其摩尔浓度后备用。

称取(0.8～1.0)g（精确至0.0001g）已在180℃烘干2h的碳酸钠（优级纯或基准级）记录为m，置于250mL三角瓶中，加100mL水使其完全溶解；然后加入2～3滴0.1%甲基橙指示剂，记录滴定管中待标定盐酸标准溶液的体积V_1，用待标定的盐酸标准溶液滴定至碳酸钠溶液由黄色变为橙红色；将溶液加热至沸腾，并保持微沸3min，然后放在冷水中冷至室温，如此时橙红色变为黄色，再用盐酸标准溶液滴定，至溶液出现稳定橙红色时为止，记录滴定管中盐酸标准溶液的体积V_2，V_1、V_2的差值即为盐酸标准溶液的消耗量V。

盐酸标准溶液的摩尔浓度按下式计算：

$$M = m/(V \times 0.053) \tag{11-90}$$

式中：M——盐酸标准溶液摩尔浓度；

m——称取碳酸钠的质量（g）；

V——滴定时盐酸标准溶液的消耗量（mL）；

0.053——与1.00mL盐酸标准溶液[C（HCl）=1.000mol/L]相当的以克表示的无水碳酸钠的质量。

3）试样制备

（1）生石灰试样：将生石灰样品打碎，使颗粒不大于1.18mm。拌和均匀后用四分法缩减至200g左右，放入瓷研钵中研细。再经四分法缩减至20g左右。研所得石灰样品，使通过0.15mm（方孔筛）的筛。从此细样中均匀挑取10余克，置于称量瓶中在(105±1)℃烘箱内烘至恒重，贮于干燥器中，供试验用。

（2）消石灰试样：将消石灰样品四分法缩减至约10g。如有大颗粒存在，须在瓷研钵中磨细至无不均匀颗粒存在为止。置于称量瓶中在(105±1)℃烘箱内烘至恒重，贮于干燥器中，供试验用。

4）试验步骤

（1）称取约0.5g（用减量法称量，精确至0.0001g试样，记录为m_1，放入干燥的250mL，具塞三角瓶中，取5g蔗糖覆盖在试样表面，投入干玻璃珠15粒，迅速加入新煮沸并已冷却的蒸馏水50mL，立即加塞振荡15min（如有试样结块或粘于瓶壁现象，则应重新取样）。

（2）打开瓶塞，用水冲洗瓶塞及瓶壁，加入(2～3)滴酚酞指示剂，记录滴定管中盐酸标准溶液体积V_3，用已标定的约0.5mol/L盐酸标准溶液滴定[滴定速度以每秒(2～3)滴为宜]，至溶液的粉红色显著消失并在30s内不再复现即为终点，记录滴定管中盐酸标准溶液的体积V_4。V_3、V_4差值即为盐酸标准溶液的消耗量V_5。

5）计算

按下式计算有效氧化钙的含量：

$$X = \frac{V_5 \times M \times 0.028}{m_1} \times 100 \tag{11-91}$$

式中：X——有效氧化钙的含量（%）；

V——滴定时消耗标准溶液的体积（mL）；

0.028——氧化钙毫克当量；

m_1——试样质量（g）；

M——盐酸标准溶液摩尔浓度（mol/L）。

6）结果

对同一石灰样品至少应做两个试样和进行两次测定，并取两次结果的平均值代表最终结果。石灰中氧化钙和有效钙含量在30%以下的允许重复性误差为0.40，30%～50%的为0.50。大于50%的为0.60。

2. 有效氧化镁

1）主要仪器设备

（1）方孔筛：0.15mm，1个。

（2）烘箱：(50～250)℃，1台。

（3）干燥器：ϕ250mm。

（4）称量瓶：ϕ30mm×50mm，10个。

（5）瓷研体：ϕ(120～130)mm，1个。

（6）分析天平：量程不小于50g，感量0.0001g，1台。

（7）电子天平：量程不小于500g，感量0.01g，1台。

（8）电炉：1500W，1个。

2）试剂

（1）1∶10盐酸：将1体积盐酸（相对密度1.19）以10体积蒸馏水稀释。

（2）氢氧化铵—氯化铵缓冲溶液：将67.5g氯化铵溶于300mL无二氧化碳蒸馏水中，加浓氢氧化铵（氨水）（相对密度为0.90）570mL，然后用水稀释至1000mL。

（3）酸性铬兰K-萘酚绿B（1:2.5）混合指示剂：称取0.3g酸性铬兰K和0.75g萘酚绿B与50g已在(105 ± 1)℃烘干的硝酸钾混合研细，保存于有色广口瓶中。

（4）EDTA二钠标准溶液：将10克EDTA二钠溶于$(40\sim50)$℃蒸馏水中，待全部溶解并冷却至室温后，用水稀释至1000mL。

（5）氧化钙标准溶液：精确称取1.7848g在(105 ± 1)℃烘干（2h）的碳酸钙（优级纯）置于250mL烧杯中，盖上表面皿，从杯嘴缓慢滴加1:10盐酸100mL，加热溶解，待溶液冷却后，移入1000m的容量瓶中，用新煮沸冷却后的蒸馏水稀释至刻度摇匀。此溶液每毫升的Ca^{2+}含量相当于1mg氧化钙的含量。

（6）20%的氢氧化钠溶液：将20g氢氧化钠溶于80mL蒸馏水中。

（7）钙指示剂：将0.2g钙试剂羧酸钠和20g已在(105 ± 1)℃烘干的硫酸钾混合研细保存于棕色广口瓶中。

（8）10%石酸钾钠溶液：将10g酒石酸钾钠溶于90mL蒸馏水中。

（9）三乙醇胺（1:2）溶液：将1体积三乙醇胺以2体积蒸馏水稀释摇匀。

3）EDTA二钠标准溶液与氧化钙和氧化镁关系的标定

（1）精确吸取$V_1=50$mL，氧化钙标准溶液放于300mL，三角瓶中，用水稀释到100mL左右，然后加入钙指示剂约0.2g，以20%氢氧化钠溶液调整溶液碱度到出现酒红色，再过量加$(3\sim4)$mL，然后以EDTA二钠标准溶液滴定，至溶液由酒红色变成纯蓝色时为止，记录EDTA二钠标准溶液体积V_2。

（2）EDTA二钠标准溶液对氧化钙滴定度按下式计算：

$$T_{CaO} = CV_1/V_2 \tag{11-92}$$

式中：T_{CaO}——EDTA二钠标准溶液对氧化钙的滴定度，即1mLEDTA二钠标准溶液相当于氧化钙的毫克数；

C——1mL，氧化钙标准溶液含有氧化钙的毫克数，等于1；

V_1——吸取氧化钙标准溶液体积（mL）；

V_2——消耗EDTA二钠标准溶液体积（mL）。

（3）EDTA二钠标准溶液对氧化镁的滴定度（T_{Mgo}）即1mLEDTA二钠标准溶液相当于氧化镁的毫克数，按下式计算：

$$T_{Mgo} = T_{CaO} \times \frac{40.31}{56.08} = 0.72 T_{CaO} \tag{11-93}$$

4）试验样品

（1）生石灰试样：将生石灰样品打碎，使颗粒不大于1.18mm。拌和均匀后用四分法缩减至200g左右，放入瓷研钵中研细。再经四分法缩减至20g左右。研所得石灰样品，使通过 0.15mm（方孔筛）的筛。从此细样中均与挑取 10 余克，置于称量瓶中在(105±1)℃烘箱内烘至恒重，贮于干燥器中，供试验用。

（2）消石灰试样：将消石灰样品四分法缩减至 10 余克。如有大颗粒存在，须在瓷研钵中磨细至无不均匀颗粒存在为止。置于称量瓶中在(105±1)℃烘箱内烘至恒重，贮于干燥器中，供试验用。

5）试验步骤

（1）称取约 0.5g（准确至 0.0001g）石灰试样，并记录试样质量 m，放入 250mL 烧杯中，用水湿润，加 1∶10 盐酸 30mL，用表面皿盖住烧杯，加热至微沸并保持微沸(8~10)min。

（2）用水把表面皿洗净，冷却后把烧杯内的沉淀及溶液移入 250mL，容量瓶中，加水至刻度摇匀。

（3）待溶液沉淀后，用移液管吸取 25mL 溶液，放入 250mL 三角瓶中，加 50mL 水稀释后，加酒石酸钾钠溶液 1mL、三乙醇胺溶液 5mL，再加入铵—铵缓冲溶液 10mL（此时待测溶液的 pH=10）、酸性铬蓝 K-萘酚绿 B 指示剂约 0.1g。记录滴定管中初始 EDTA 二钠标准溶液体积 V_5，用 EDTA 二钠标准溶液滴定至溶液由酒红色变为纯蓝色时即为终点，记录滴定管中 EDTA 二钠标准溶液的体积 V_6，V_5、V_6 的差值即为滴定钙、镁合量的 EDTA 二钠标准溶液的消耗量 V_3。

（4）再从（2）的容量瓶中，用移液管吸取 25mL 溶液，置于 300mL 三角瓶中，加水 150mL 稀释后，加三乙醇胺溶液 5mL 及 20%氢氧化钠溶液 5mL（此时待测溶液的 pH>12），放入约 0.2g 钙指示剂。记录滴定管中初始 EDTA 二钠标准溶液体积 V_7。用 EDTA 二钠标准溶液滴定，至溶液由酒红色变为蓝色即为终点，记录滴定管中 EDTA 二钠标准溶液的体积 V_8，则 V_7、V_8 的差值即为滴定钙离子的 EDTA 二钠标准溶液的消耗量 V_4。

6）计算

氧化镁的含量按下式计算：

$$X = \frac{T_{\text{Mgo}}(V_3 - V_4) \times 10}{m \times 1000} \times 100 \qquad (11\text{-}94)$$

式中：X——氧化镁的含量（%）；

T_{Mgo}——EDTA 二钠标准溶液对氧化镁的滴定度；

V_3——滴定钙、镁合量消耗 EDTA 二钠标准溶液体积（mL）；

V_4——滴定钙消耗 EDTA 二钠标准溶液体积（mL）；

10——总溶液对分取溶液的体积倍数；

m——试样质量（g）。

7）结果

对同一石灰样品至少应做两个试样和进行两次测定，读数精确至 0.1mL。取两次测定结果平均值代表最终结果。

3. 石灰细度

1）主要仪器设备

（1）试验筛：2.36mm、0.6mm、0.15mm，1套。

（2）羊毛刷：4号。

（3）天平：量程不小于500g，感量0.01g。

（4）烘箱：量程不小于110℃，控温精度为±1℃。

2）试验样品

取300克生石灰粉或消石灰粉试样，在(105±1)℃烘箱中烘干备用。

3）试验步骤

称取试样$(50±1)$g，记录为m，倒入2.36mm、0.6mm、0.15mm方孔套筛内进行筛分。筛分时一只手握住试验筛，并用手轻轻敲，在有规律的间隔中，水平旋转试验筛，并在固定的基座上轻敲试验筛，用羊毛刷轻轻地从筛上面刷，直至2min内通过量小于0.1g时为止。分别称量筛余物质量m_1、m_2、m_3。

4）计算

筛余百分含量按下式计算：

$$X_1 = \frac{m_1}{m} \times 100$$
$$X_2 = \frac{m_1 + m_2}{m} \times 100 \quad (11\text{-}95)$$
$$X_3 = \frac{m_1 + m_2 + m_3}{m} \times 100$$

式中：X_1——2.36mm方孔筛筛余百分含量（%）；

X_2——2.36mm、0.6mm方孔筛，两筛上的总筛余百分含量（%）；

X_3——2.36mm、0.6mm、0.15mm方孔筛，三个筛上的总筛余百分含量（%）；

m_1——2.36mm方孔筛筛余物质量（g）；

m_2——0.6mm方孔筛筛余物质量（g）；

m_3——0.15mm方孔筛筛余物质量（g）；

m——试样质量（g）。

5）结果

计算结果保留至小数点后2位。

对同一石灰样品至少应做3个试样的平行试验，然后取平均值作为X_1、X_2、X_3的值。3次试验的重复性误差均不得大于5%，否则应另取试样重新试验。

4. 未消化残渣含量

1）主要仪器设备

（1）方孔筛：2.36mm、16mm。

（2）生石灰浆渣测定仪。

（3）量筒：500mL。

（4）天平：量程不小于1500g，感量0.01g。

（5）搪瓷盘：200mm×300mm。

（6）钢板尺：300mm。

（7）烘箱：量程不小于200℃，控温精度为±1℃。

2）试验步骤

（1）将4000g试样破碎全部通过16mm方孔筛，其中小于2.36mm方孔筛以下粒度的试样量不大于30%，混合均匀，备用，生石灰粉试样混合均匀即可。

（2）称取已制备好的生石灰试样1000g倒装有2500mL［(20±5)℃］清水的筛筒（筛筒置于外筒内）。盖上盖，静置消化20min，用圆木棒连续搅动2mm²，继续静置消化40min，再搅动2min。提起筛筒用清水冲洗筛筒内残渣，至水流不浑浊（冲洗用清水仍倒入筛筒内，水总体积控制在3000mL）。

（3）将残渣移入搪瓷盘（或藻发皿）内，在(105±1)℃烘箱中烘干至恒重，冷却至室温后用2.36mm方孔筛筛分称量筛余物m_1；计算未消化残渣含量。

3）计算

未消化残渣含量按下式计算：

$$X = \frac{m_1}{m} \times 100 \tag{11-96}$$

式中：X——未消化残渣含量（%）；

m_1——2.36mm筛余物质量（g）；

m——试样质量（g）。

4）结果

（1）试验结果保留至小数点后2位。

（2）对同一石灰样品至少应做3个试样的平行试验，然后取平均值作为试验结果。允许重复性误差应不大于5%，否则应增加样本量重新试验。

第十一节　石材

一、相关标准

（1）《城镇道路工程施工与质量检验规范》CJJ 1—2008。

（2）《城市道路施工质量检验标准》DB11/T 1073—2014。

（3）《天然大理石建筑板材》GB/T 19766—2016。

（4）《天然花岗石建筑板材》GB/T 18601—2024。

（5）《天然石材试验方法 第1部分：干燥、水饱和、冻融循环后压缩强度试验》GB/T 9966.1—2020。

（6）《天然石材试验方法 第2部分：干燥、水饱和、冻融循环后弯曲强度试验》GB/T 9966.2—2020。

（7）《天然石材试验方法 第3部分：吸水率、体积密度、真密度、真气孔率试验》GB/T 9966.3—2020。

（8）《公路工程岩石试验规程》JTG 3431—2024。

二、基本概念

1. 定义

天然石材是指从天然岩体中开采出来的，并经加工成块状或板状材料的总称。建筑装饰用的天然石材主要有花岗岩和大理石两种。

2. 技术指标

天然石材做铺砌式道路面层时，宜优先选择花岗岩等坚硬、耐磨、耐酸石材，石材应表面平整、粗糙，且应符合下列规定：

（1）料石石材的物理性能和外观质量应符合表11-50的规定。

料石石材物理性能和外观质量　　　　　表11-50

项目		单位	允许值	备注
物理性能	饱和抗压强度	MPa	≥120	—
	饱和抗折强度	MPa	≥9	—
	体积密度	g/cm³	≥2.5	—
	磨耗率（狄法尔法）	%	<4	—
	吸水率	%	<1	—
	孔隙率	%	<3	—
外观质量	缺棱	个	1	面积不超过 5mm×10mm，每块板材
	缺角	个		面积不超过 2mm×2mm，每块板材
	色斑	个		面积不超过 15mm×15mm，每块板材
	裂纹	条	1	长度不超过两端顺延至板边总长度的 1/10（长度小于 20mm 不计）每块板
	坑窝	—	不明显	粗面板材的正面出现坑窝

（2）料石加工尺寸允许偏差应符合表 11-51 的规定。

料石加工尺寸允许偏差　　　　表 11-51

项目	允许偏差（mm）	
	粗面材	细面材
长、宽	0 −2	0 −5
厚（高）	+1 −3	±1
对角线	±2	±2
平面线	±1	±0.7

料石铺砌人行道面层时，其性能指标见《城镇道路工程施工与质量验收规范》CJJ 1—2008 要求。

三、试验项目及组批原则

1. 试验项目

试验项目主要包括：干燥压缩强度、水饱和压缩强度、干燥弯曲强度、水饱和弯曲强度、体积密度、吸水率等。

2. 组批规则

石材进场复试的组批规则如表 11-52 所示。

石材进场复试项目及组批规则　　　　表 11-52

名称	相关标准	试验项目	组批原则及取样规定
石材	1. 天然花岗石建筑板材：《天然花岗石建筑板材》GB/T 18601—2024、《天然石材试验方法 第 1 部分：干燥、水饱和、冻融循环后压缩强度试验》GB/T 9966.1—2020 系列标准等（第 1 部分～第 8 部分） 2. 天然大理石建筑板材：《天然大理石建筑板材》GB/T 19766—2016、《天然石材试验方法 第 1 部分：干燥、水饱和、冻融循环后压缩强度试验》GB/T 9966.1—2020 系列标准等（第 1 部分～第 8 部分）	干燥、水饱和压缩强度 干燥、水饱和弯曲强度 体积密度 吸水率	1. 以同一品种、等级、类别的板材为一验收批。 2. 在外观质量、尺寸偏差检验合格的板材中抽取样品进行试验，抽样数量分别按照《天然花岗石建筑板材》GB/T 18601—2024 第 7.1.3 条及《天然大理石建筑板材》GB/T 19766—2016 第 7.1.4 条规定执行。 3. 弯曲强度试样尺寸为：当试样厚度（H）≤68mm 时宽度为 100mm；当试样厚度＞68mm 时，宽度为 1.5H。试样长度为(10H+50)mm。每种试验条件下的试样取 5 块/组（如对干燥、水饱和条件下的垂直和平行层理的弯曲强度试样应制备 20 块），试样不得有裂纹、缺棱和缺角。 4. 压缩强度试样尺寸：边长 50mm 的正方体或直径、高度均为 50mm 的圆柱体；尺寸偏差±0.5mm。每种试验条件下的试样为 5 块/组，若进行干燥、水饱和条件下的垂直和平行层理的弯曲强度试样应制备 20 块，试样不得有裂纹、缺棱和缺角。 5. 体积密度、吸水率试样尺寸：边长 50mm 的正方体或直径、高度均为 50mm 的圆柱体；尺寸偏差±0.5mm

四、试验方法

1. 干燥压缩强度、水饱和压缩强度

1）主要仪器设备

（1）试验机：具有球形支座并能满足试验要求，示值相对误差不超过±1%。试样破坏载荷应在示值的20%～90%范围内。

（2）游标卡尺：读数值至少能精确到0.1mm。

（3）万能角度尺：精度为2′。

（4）鼓风干燥箱：温度可控制在(65±5)℃范围内。

（5）冷冻箱：温度可控制在(−20±2)℃范围内。

（6）恒温水箱：可保持水温在(20±2)℃，最大水深105mm且至少容纳2组试验样品，底部垫不污染石材的圆柱状支撑物。

（7）干燥器。

2）试验样品

（1）在同批料中制备具有典型特征的试样，每种试验条件下的试样为一组，每组5块。

（2）试样规格通常为边长50mm的正方体或ϕ50mm×50mm的圆柱体，尺寸偏差±1.0mm；若试样中最大颗粒粒径超过5mm，试样规格应为边长70mm的正方体或ϕ70mm×70mm的圆柱体，尺寸偏差±1.0mm；如试样中最大颗粒粒径超过7mm，每组试样的数量应增加一倍。若同时进行干燥、水饱和、冻融循环后压缩强度试验需制备三组试样。

（3）有层理的试样应标明层理方向。通常沿着垂直层理的方向（图11-48）进行试验，当石材应用方向是平行层理或使用在承重、承载水压等场合时，压缩强度选择最弱的方向进行试验，应进行平行层理方向的试验（图11-49），并且应按（1）和（2）试验条件制备相应数量的试样。

注：有些石材明显存在层理方向，其分裂方向可分为下列三种：

①裂理（Rift）方向：最易分裂的方向；

②纹理（Grain）方向：次易分裂的方向；

③粒（Head-grain）方向：最难分裂的方向。

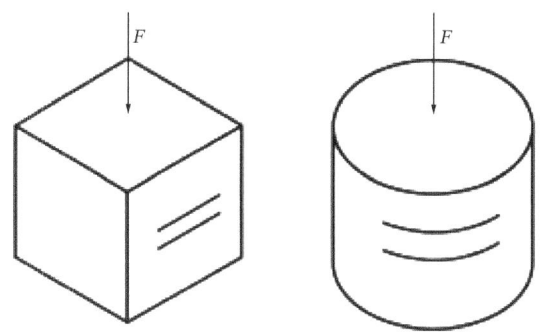

图11-48　垂直层理试验示意图

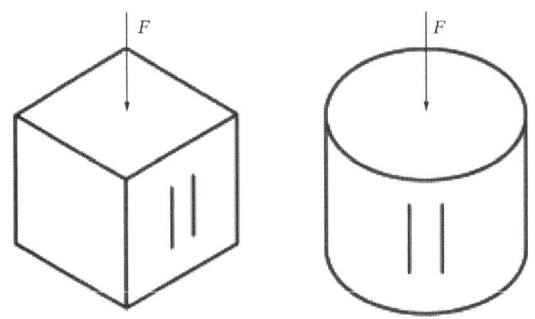

图 11-49 平行层理试验示意图

（4）试样两个受力面应平行、平整、光滑，必要时应进行机械研磨，其他四个侧面为金刚石锯片切割面。试样相邻面夹角应为 90°±0.5°。

试样上不应有裂纹、缺棱和缺角等影响试验的缺陷。

3）试验步骤

干燥压缩强度：

（1）将试样在(65±5)℃的鼓风干燥箱内干燥 48h，然后放入干燥器中冷却至室温。

（2）用游标卡尺分别测量试样两受力面中线上的边长或相互垂直的直径，并计算每个受力面的面积，以两个受力面面积的平均值作为试样受力面面积，边长或直径测量值精度不低于 0.1mm。

（3）擦干净试验机上下压板表面，清除试样两个受力面上的尘粒。将试样放置于材料试验机下压板的中心部位，调整球形基座角度，使上压板均匀接触到试样上受力面。以(1±0.5)MPa/s 的加载速率恒定施加载荷至试样破坏，记录试样破坏时的最大载荷值和破坏状态。

水饱和压缩强度：

（4）将试样置于恒温水箱中，试样间隔不小于 15mm，试样底部垫圆柱状支撑。加入(20±10)℃的自来水到试样高度的一半，静置 1h；然后继续加水到试样高度的四分之三，静置 1h；继续加满水，水面应超过试样高度(25±5)mm。试样在清水中浸泡(48±2)h 后取出，用拧干的湿毛巾擦去试样表面水分后，应立即进行试验。

（5）测量尺寸和计算受力面面积按干燥压缩强度中（2）进行。

（6）加载破坏试验按干燥压缩强度试验中（3）进行。

4）计算

压缩强度按下式计算：

$$P = \frac{F}{S} \tag{11-97}$$

式中：P——压缩强度（MPa）；

F——试样最大载荷（N）；

S——试样受力面面积（mm^2）。

5）结果

以每组试样压缩强度的算术平均值作为该条件下的压缩强度，数值修约到 1MPa。

2. 干燥弯曲强度、水饱和弯曲强度

1）主要仪器设备

（1）试验机：配有相应的试样支架，如图 11-50、图 11-51 所示，示值相对误差不超过±1%，试样破坏的载荷在设备示值的 20%～90%范围内。

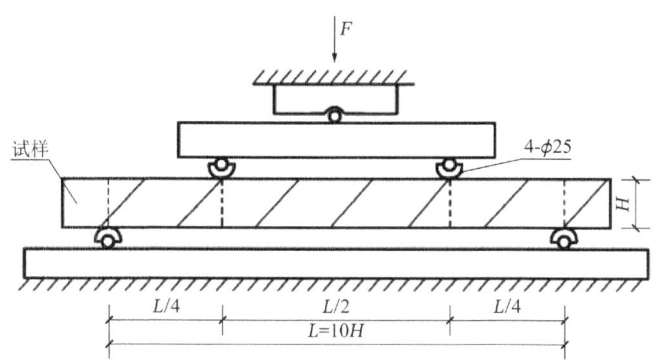

F—载荷；H—试样厚度；L—下部两个支撑轴间距离

图 11-50　固定力矩弯曲强度（方法 A）示意图

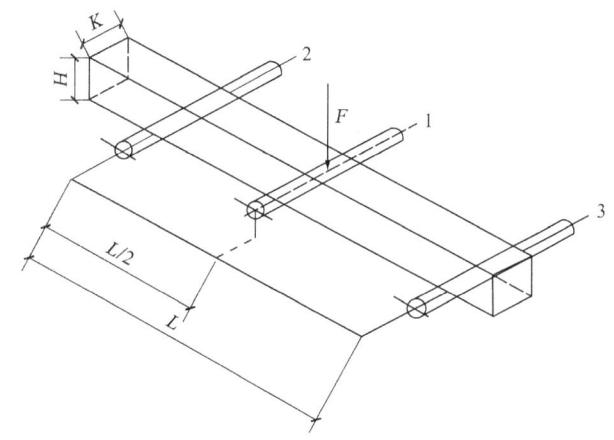

1—上支座，$\phi 25mm$；2、3—下支座，$\phi 25mm$；F—载荷；
H—试样厚度；K—试样宽度；L—下部两个支撑轴间距离

图 11-51　集中荷载弯曲强度（方法 B）示意图

（2）游标卡尺：读数值可精确到 0.1mm。

（3）万能角度尺：精度为 2′。

（4）鼓风干燥箱：温度可控制在(65 ± 5)℃范围内。

（5）冷冻箱：温度可控制在(−20 ± 2)℃范围内。恒温水箱：可保持水温在(20 ± 2)℃，最大水深不低于 130mm 且至少容纳 2 组最大试验样品，底部垫不污染石材的圆柱状支撑物。

（6）干燥器。

2）试验样品

（1）规格：

方法 A：350mm×100mm×30mm，也可采用实际厚度（H）的样品，试样长度为 $10H+50$mm，宽度为 100mm。

方法 B：250mm×50mm×50mm。

（2）偏差：

试样长度尺寸偏差为±1mm，宽度、厚度尺寸偏差为±0.3mm。

（3）表面处理：

试样上下受力面应经锯切，研磨或抛光，达到平整且平行。侧面可采用锯切面，正面与侧面夹角应为 90°±0.5°。

（4）层理标记：

具有层理的试样应采用两条平行线在试样上标明层理方向，如图 11-52～图 11-54 所示。

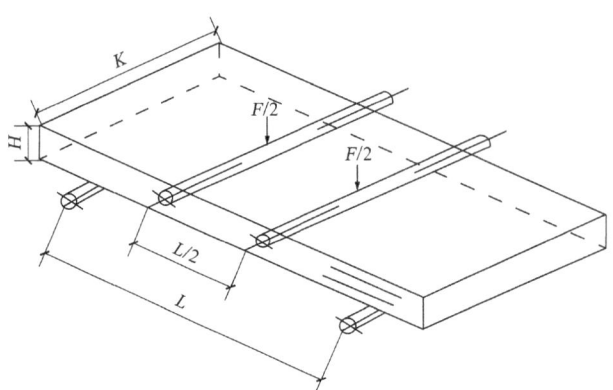

图 11-52 受力方向垂直层理示意图（一）

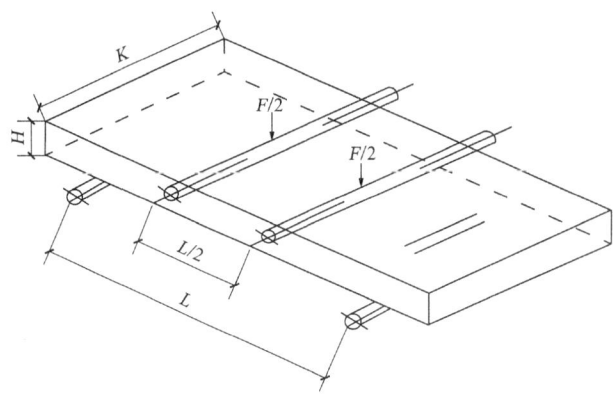

图 11-53 受力方向平行层理示意图（二）

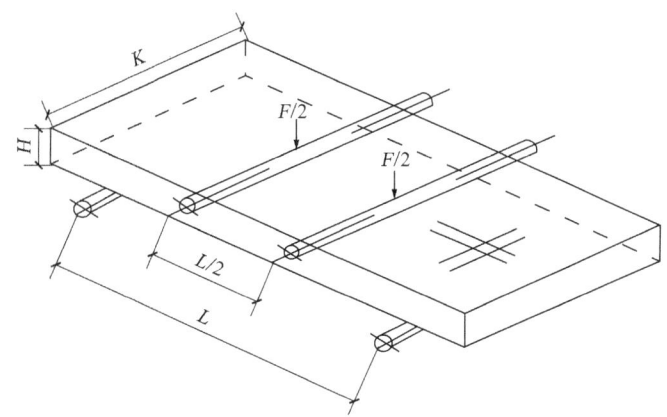

图 11-54 受力方向垂直层理示意图（三）

（5）表面质量：

试样不应有裂纹、缺棱和缺角等影响试验的缺陷。

（6）支点标记：

在试样上下两面及前后侧面分别标记出支点的位置（见图 11-55、图 11-56）。方法 A 的下支座跨距（L）为 $10H$，上支座间的距离为 $5H$，呈中心对称分布；方法 B 的下支座跨距（L）为 200mm，上支座在中心位置。

（7）试样数量：

每种试验条件下每个层理方向的试样为一组，每组试样数量为 5 块。通常试样的受力方向应与实际应用一致，若石材应用方向未知，则应同时进行三个方向的试验，每种试验条件下试样应制备 15 块，每个方向 5 块。

3）干燥弯曲强度

（1）将试样在(65 ± 5)℃的鼓风干燥箱内干燥 48h，然后放入干燥器中冷却至室温。

（2）按试验类型选择相应的试样支架，调节支座之间的距离到规定的跨距要求。按照试样上标记的支点位置将其放在上下支座之间，试样和支座受力表面应保持清洁。装饰面应朝下放在支架下座上，使加载过程中试样装饰面处于弯曲拉伸状态。

（3）以(0.25 ± 0.05)MPa/s 的速率对试样施加载荷至试样破坏，记录试样破坏位置和形式及最大载荷值（F），读数精度不低于 10N。

（4）用游标卡尺测量试样断裂面的宽度（K）和厚度（H），精确至 0.1mm。

4）水饱和弯曲强度

（1）将试样侧立置于恒温水箱中，试样间隔不小于 15mm，试样底部垫圆柱状支撑。加入自来水［(20 ± 10)℃］到试样高度的一半，静置 1h；然后继续加水到试样高度的 3/4，静置 1h；继续加满水，水面应超过试样高度(25 ± 5)mm。

（2）试样在清水中浸泡(48 ± 2)h 后取出，用拧干的湿毛巾擦去试样表面水分，立即按干燥弯曲强度试验中（2）～（4）进行弯曲强度试验。

5) 计算

(1) 方法 A:

弯曲强度按下式计算:

$$P_A = \frac{3FL}{4KH^2} \tag{11-98}$$

式中: P_A——弯曲强度 (MPa);
　　　F——试样破坏载荷 (N);
　　　L——下支座间距离 (mm);
　　　K——试样宽度 (mm);
　　　H——试样厚度 (mm)。

以一组试样弯曲强度的算术平均值作为试验结果,数值修约到 0.1MPa。

(2) 方法 B:

弯曲强度按下式计算:

$$P_B = \frac{3FL}{2KH^2} \tag{11-99}$$

式中: P_B——弯曲强度 (MPa);
　　　F——试样破坏载荷 (N);
　　　L——下支座间距离 (mm);
　　　K——试样宽度 (mm);
　　　H——试样厚度 (mm)。

6) 结果

以一组试样弯曲强度的算术平均值作为试验结果,数值修约到 0.1MPa。

3. 体积密度、吸水率

1) 主要仪器设备

(1) 鼓风干燥箱:温度可控制在 (65±5)℃范围内。

(2) 天平:最大称量 1000g,精度 10mg;最大称量 200g,精度 1mg。

(3) 水箱:底面平整,且带有玻璃棒作为试样支撑。

(4) 金属网篮:可满足各种规格试样要求,具足够的刚性。

(5) 比重瓶:容积 (25~30)mL。

(6) 标准筛:63μm。

(7) 干燥器。

2) 试验样品

(1) 试样为边长 50mm 的正方体或直径、高度均为 50mm 的圆柱体,尺寸偏差±0.5mm,每组五块。特殊要求时可选用其他规则形状的试样,外形几何体积应不小于 60cm³,其表面积与体积之比应在(0.08～0.20)mm^{-1} 范围内。

（2）试样应从具有代表性部位截取，不应带有裂纹等缺陷。

（3）试样表面应平滑，粗糙面应打磨平整。

3）试验步骤

（1）将试样置于(65±5)℃的鼓风干燥箱内干燥 48h 至恒重，即在干燥 46h，47h，48h 时分别称量试样的质量，质量保持恒定时表明达到恒重，否则继续干燥，直至出现 3 次恒定的质量。放入干燥器中冷却至室温，然后称其质量（m_0），精确至 0.01g。

（2）将试样置于水箱中的玻璃棒支撑上，试样间隔应不小于 15mm。加入去离子水或蒸馏水［(20±2)℃］到试样高度的一半，静置 1h；然后继续加水到试样高度的 3/4，再静置 1h；继续加满水，水面应超过试样高度(25±5)mm。试样在水中浸泡(48±2)h 后同时取出，包裹于湿毛巾内，用拧干的湿毛巾擦去试样表面水分，立即称其质量（m_1），精确至 0.01g。

（3）立即将水饱和的试样置于金属网篮中并将网篮与试样一起浸入(20±2)℃的去离子水或蒸馏水中，小心除去附着在网篮和试样上的气泡，称试样和网篮在水中总质量，精确至 0.01g。单独称量网篮在相同深度的水中质量，精确至 0.01g。当天平允许时可直接测量出这两次测量的差值（m_2），结果精确至 0.01g。称量装置如图 11-55、图 11-56 所示。

注：称量采用电子天平时，如图 11-56 所示，在网篮处于相同深度的水中时将天平置零，可直接测量试样在水中质量（m_2）。

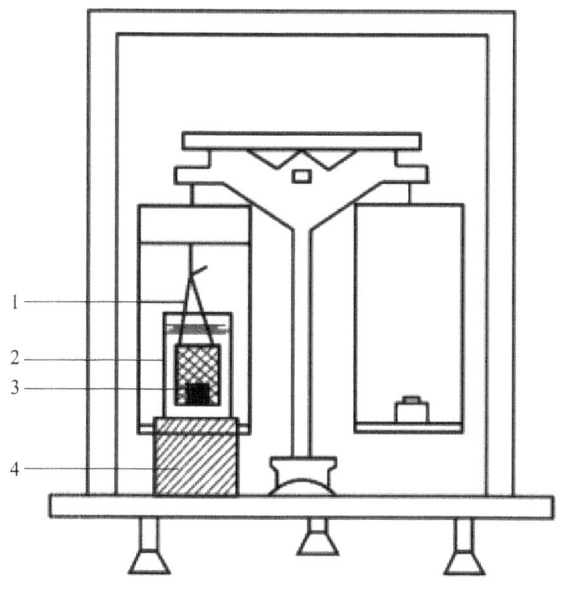

1—网篮；2—烧杯；3—试样；4—支架

图 11-55　天平称量示意图

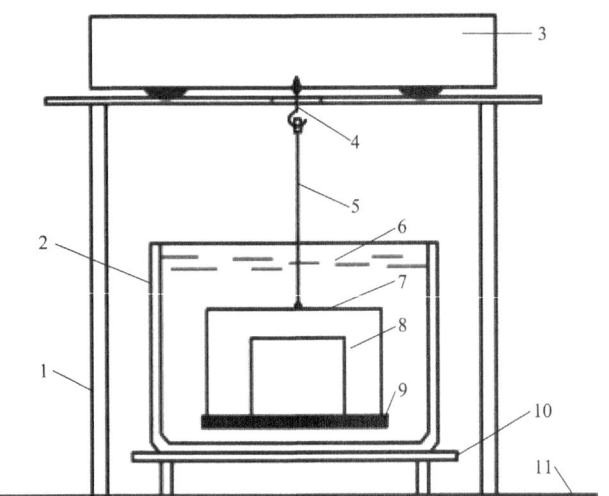

1—天平支架；2—水杯；3—电子天平；4—天平挂钩；5—悬挂线；6—水平面；
7—栅栏；8—试样；9—网篮底；10—水杯支架；11—平台

图 11-56 电子天平称量示意图

4）计算

吸水率按下式计算：

$$\omega_a = \frac{m_1 - m_0}{m_0} \times 100 \tag{11-100}$$

式中：ω_a——吸水率（%）；

m_1——水饱和试样在空气中的质量（g）；

m_0——干燥试样在空气中的质量（g）。

体积密度按下式计算：

$$\rho_b = \frac{m_0}{m_1 - m_2} \times \rho_w \tag{11-101}$$

式中：ρ_b——体积密度（g/cm³）；

m_2——水饱和试样在水中的质量（g）；

ρ_w——室温下去离子水或蒸馏水的密度（g/cm³）。

5）结果

计算每组试样吸水率、体积密度的算术平均值作为试验结果。体积密度取三位有效数字；吸水率取两位有效数字。

第十二章

道路工程

第一节 沥青混合料路面

一、检测项目

沥青混合料路面现场测试内容主要包括压实度、厚度、弯沉、平整度、摩擦系数、构造深度、渗水系数等方面。

二、检测频率

1. 压实度检测频率

压实度：每层每 1000m²，检测 1 点。小于 1000m² 检测 1 点。

2. 厚度检测频率

厚度：每层每 1000m²，检测 1 点。小于 1000m² 检测 1 点。

3. 弯沉检测频率

弯沉：每车道每 20m 检测 1 点。

4. 平整度检测频率

平整度：按车道连续检测。

5. 摩擦系数检测频率

摩擦系数：用摆式仪检测时，每车道每 200m 检测 1 点；用单轮式横向力系数测试系统、双轮式横向力系数测试系统测试仪测定时，要全线连续检测。

6. 构造深度检测频率

构造深度：用手工铺砂法、电动铺砂仪检测时，每车道每 200m 检测 1 点；用车载式激光构造深度仪测定时，按车道连续检测。

7. 渗水系数检测频率

渗水系数：用渗水试验仪每 200m 检测 1 点。

三、控制指标

沥青混合料路面检测项目允许偏差如表 12-1 所示。

沥青混合料路面检测项目允许偏差　　　　表 12-1

序号	项目	规定值或允许偏差	
1	压实度	快速路、主干路	≥96%
		次干路、支路	≥95%
2	厚度（mm）	−5～+10	
3	弯沉（0.01mm）	符合设计要求	
4	平整度（mm）	快速路、主干路	$\sigma \leqslant 1.2$
		次干路、支路	$\sigma \leqslant 1.8$
5	摩擦系数	符合设计要求	
6	构造深度	符合设计要求	
7	渗水系数（mL/min）	—	

注：1. 压实度的标准密度采用当天试验室实测的马歇尔击实试件密度。
2. 中面层、底面层仅进行 1、2、4 项的检测。

四、检测方法

1. 压实度

用钻芯法、核子密度仪法、无核密度仪法测定（不能用于评定依据）。

（1）钻芯测试路面压实度方法按照《公路路基路面现场测试规程》JTG 3450—2019 中 T 0924 进行。

（2）核子密湿度仪测试压实度方法按照《公路路基路面现场测试规程》JTG 3450—2019 中 T 0922 进行。

（3）无核密度仪测试压实度方法按照《公路路基路面现场测试规程》JTG 3450—2019 中 T 0925 进行。

2. 厚度

用钻芯法和短脉冲雷达测定。

（1）钻芯测试路面厚度方法按照《公路路基路面现场测试规程》JTG 3450—2019 中 T 0912 进行。

（2）短脉冲雷达测试路面厚度方法按照《公路路基路面现场测试规程》JTG 3450—2019 中 T 0913 进行。

3. 平整度

用连续式平整度仪、车载式颠簸累积仪、车载式激光平整度仪测定。

（1）连续式平整度仪法按照《公路路基路面现场测试规程》JTG 3450—2019 中 T 0932 进行。

（2）车载式颠簸累积仪法按照《公路路基路面现场测试规程》JTG 3450—2019 中 T 0933 进行。

（3）车载式激光平整度仪法按照《公路路基路面现场测试规程》JTG 3450—2019 中 T 0934 进行。

4. 弯沉

用贝克曼梁、自动弯沉仪、落锤式弯沉仪测定、激光式高速路面弯沉测定仪。

（1）贝克曼梁法按照《公路路基路面现场测试规程》JTG 3450—2019 中 T 0951 进行。

（2）自动弯沉仪按照《公路路基路面现场测试规程》JTG 3450—2019 中 T 0952 进行。

（3）落锤式弯沉仪测定按照《公路路基路面现场测试规程》JTG 3450—2019 中 T 0953 进行。

（4）激光式高速路面弯沉测定仪按照《公路路基路面现场测试规程》JTG 3450—2019 中 T 0957 进行。

5. 摩擦系数

用摆式仪、单轮横向力系数测试系统、双轮式横向力系数测试系统、数字式摆式仪。

（1）摆式仪测试路面摩擦系数方法按照《公路路基路面现场测试规程》JTG 3450—2019 中 T 0964 进行。

（2）数字式摆式仪测试路面摩擦系数方法按照《公路路基路面现场测试规程》JTG 3450—2019 中 T 0969 进行。

（3）单轮式横向力系数测试系统测试路面摩擦系数方法按照《公路路基路面现场测试规程》JTG 3450—2019 中 T 0965 进行。

（4）双轮式横向力系数测试系统测试路面摩擦系数方法按照《公路路基路面现场测试规程》JTG 3450—2019 中 T 0967 进行。

6. 构造深度

用手铺砂法、电动铺砂仪、车载式激光构造深度仪。

（1）手工铺砂法测试路面构造深度方法按照《公路路基路面现场测试规程》JTG 3450—2019 中 T 0961 进行。

（2）电动铺砂仪测试路面构造深度方法按照《公路路基路面现场测试规程》JTG 3450—2019 中 T 0962 进行。

（3）车载式激光构造深度仪测试路面构造深度方法按照《公路路基路面现场测试规程》JTG 3450—2019 中 T 0966 进行。

7. 渗水系数

路面渗水仪现场测试沥青路面的渗水系数按照《公路路基路面现场测试规程》JTG 3450—2019 中 T 0971 进行。

第二节　基础层及底基层

道路基层分为水泥稳定集料基层，石灰稳定土基层，石灰、粉煤灰稳定集料基层，石灰、粉煤灰、钢渣基层，级配砂砾及级配碎石基层，沥青碎石基层。

一、检测项目

检测项目：厚度、压实度、平整度、弯沉。

二、检测频率

1. 厚度检测频率

厚度检测频率：按平方米计算，每层每 1000m² 检测 1 点，小于 1000m² 按 1 点检测。

2. 压实度检测频率

压实度检测频率：每层，每 1000m² 检测 1 点，小于 1000m² 按 1 点检测。

3. 平整度检测频率

平整度检测频率：每 20m，每车道 1 处。

4. 弯沉检测频率

每车道每 20m 检测 1 点。

三、控制指标

1. 厚度

级配砂砾基层的允许偏差为设计厚度的(-10～+20)mm；

级配碎石基层的允许偏差为设计厚度的-10%层厚～+20mm；

其余基层的允许偏差均为设计厚度的±10mm。

2. 压实度

道路基层压实度如表 12-2 所示。

道路基层压实度　　表 12-2

序号	基层类别	规定值（%）		
1	水泥稳定集料基层 石灰粉煤灰稳定集料基层 石灰粉煤灰钢渣基层	快速路、主干路	基层	≥98
			底基层	≥97
		次干路、支路	基层	≥97
			底基层	≥96
2	石灰稳定土基层	快速路、主干路	底基层	≥95

续表

序号	基层类别	规定值（%）		
2	石灰稳定土基层	次干路、支路	基层	≥95
			底基层	≥95
3	级配碎石基层	次干路、支路	基层	≥97
			底基层	≥95
4	级配砂砾基层	次干路、支路	底基层	≥95
5	沥青碎石基层	≥95		

3. 平整度

水泥稳定集料基层、石灰稳定土基层、石灰粉煤灰稳定集料基层、石灰粉煤灰钢渣基层控制指标均为最大间隙≤10mm（3m 直尺法）；级配砂砾及级配碎石基层为最大间隙≤15mm（3m 直尺法）；沥青碎石基层为最大间隙≤7mm（3m 直尺法）。

4. 弯沉

弯沉值不应大于设计要求。

四、检测方法

1. 厚度：用挖坑法检测及钻芯法检测

（1）挖坑法检测：选择一块约 40cm×40cm 的平坦表面，用毛刷将其清扫干净，根据材料坚硬程度选择适当的工具，开挖这一层，直至层位底面。在便于开挖的前提下，开挖面积应尽量小，坑洞大体呈圆形，边开挖边将材料铲出，用毛刷将坑底清扫，确认为下一层的顶面。将直尺平放横跨于坑的两边，用另一把钢尺在坑的中部位置垂直伸至坑底，测量坑底至直尺下缘的距离，即为测试层的厚度T_1，以 mm 计，准确至 1mm。

（2）钻芯法检测：按照《公路路基路面现场测试规程》JTG 3450—2019 中 T 0912 进行。

2. 压实度

沥青碎石基层压实度用钻芯法检测，按照《公路路基路面现场测试规程》JTG 3450—2019 中 T 0924 进行。

其他基层的压实度用挖坑灌砂法、环刀法检测，按照《公路路基路面现场测试规程》JTG 3450—2019 中 T 0921 和 T 0923 进行。

灌砂法在《公路土工试验规程》JTG 3430—2020 和《公路路基路面现场测试规程》JTG 3450—2019 中的不同汇总如下。

（1）适用范围：

JTG 3430—2020：用于现场测定路基土的密度。试样最大粒径不得超过 60mm，测定密度层的厚度为(150~200)mm；

JTG 3450—2019：用于现场测试基层或底基层、砂石路面及路基结构的压实度，以评价结构层的压实质量。

（2）灌砂筒选择：

回填土：在测定细粒土的密度时，可以采用ϕ100mm的小型灌砂筒。如最大粒径超过15mm，则应相应地增大灌砂筒和标定罐的尺寸，例如：粒径达(40~60)mm的粗粒土，灌砂筒和现场试洞的直径应为(150~200)mm；

路基：当集料的最大粒径小于13.2mm，测定层厚度不超过150mm时，宜采用ϕ100mm的小型灌砂筒。当集料的最大粒径等于或大于13.2mm，但不大于31.5mm，测定层厚度不超过200mm时，应用ϕ150mm的大型灌砂筒。当集料的最大粒径等于或大于31.5mm，但不大于63mm，测定层厚度不超过300mm时，应用ϕ200mm的大型灌砂筒。

（3）标准量砂规定：

回填土：粒径(0.25~0.50)mm；

路基：粒径(0.30~0.60)mm。

（4）测定含水率时，取样数量不同：

JTG 3430—2020：没有具体要求，可参考含水率试验；

JTG 3450—2019：小灌砂筒：细粒土≥100g，中粒土≥500g；

中灌砂筒：细粒土≥200g，中粒土≥1000g，粗粒土或无机结合稳定材料宜取材料全部烘干，且不少于2000g；

大灌砂筒：宜将取出材料全部烘干称其质量。

（5）平行试验：

JTG 3430—2020：灌砂法平行误差不得大于0.03g/cm³；

JTG 3450—2019：不用进行平行试验。

3. 平整度：用三米直尺法检测

施工过程中检测平整度时，将三米直尺沿道路纵向摆在测试位置的路面上，目测三米直尺底面与路面之间的间隙情况，确定最大间隙的位置。用有高度标线的塞尺塞进最大间隙处，量测其高度，或者用深度尺在最大间隙位置量测直尺上顶面距地面的深度，该深度减去尺高即为测试点的最大间隙的高度，准确至0.5mm。

4. 弯沉

贝克曼梁测试路基回弹弯沉方法按照《公路路基路面现场测试规程》JTG 3450—2019中T 0951进行。

第三节　土路基

一、检测项目

检测项目：路基土的强度（CBR）、压实度、弯沉。

二、检测频率

1. 路基土的强度（CBR）

同类土至少一组。

2. 压实度

土方路基：每1000m²，每层3点。

3. 弯沉

每车道，每20m测1点。

三、控制指标

1. 路基土的最小强度指标（CBR）如表12-3所示

路基土的最小强度指标（CBR）   表12-3

填方类型	路床顶面以下深度（mm）	最小强度指标（%）	
		城市快速路、主干路	其他等级道路
路基	0～300	8.0	6.0
	300～800	5.0	4.0
	800～1500	4.0	3.0
	>1500	3.0	2.0

2. 路基土方压实度如表12-4所示

路基土方压实度   表12-4

序号	项目			压实度（%）	检验方法
1	路床以下深度（mm）	填方	0～800		
			快速路	≥96	
			主干路	≥95	
			次干路	≥94	
			支路	≥93	
2			800～1500		用环刀法或灌砂法检验
			快速路	≥94	
			主干路	≥93	
			次干路	≥92	
			支路	≥91	
3			>1500		
			快速路	≥93	
			主干路	≥92	
			次干路	≥91	
			支路	≥90	

续表

序号	项目			压实度（%）	检验方法
4	路床以下深度（mm）	挖方	0～300		用环刀法或灌砂法检验
			快速路	≥96	
			主干路	≥95	
			次干路	≥94	
			支路	≥93	
5			300～800		
			快速路	≥94	
			主干路	≥93	
			次干路	≥90	
			支路	≥90	

3.弯沉值不应大于设计要求

四、测试方法

1.路基土的强度（CBR）：

（1）室内在规定的试筒内制件后，对各种土进行承载比试验，按照《公路土工试验规程》JTG 3430—2020 中 T 0134 进行。

（2）在现场测试各种土基材料的现场 CBR 值《公路路基路面现场测试规程》JTG 3450—2019 中 T 0941 进行。

2.土方压实度

用挖坑灌砂法、环刀法检测，按照《公路路基路面现场测试规程》JTG 3450—2019 中 T 0921 和 T 0923 进行。

3.弯沉值

贝克曼梁测试路基路面回弹弯沉方法按照《公路路基路面现场测试规程》JTG 3450—2019 中 T 0951 进行。

第四节 排水管道工程

一、检测项目

主要检测项目有背后土体密实性等。

二、土体密实性检测目的

道路地下病害体通过采用地质雷达对道路路基及下方土体密实性进行探测，通过地质雷达图谱对地下病害的严重程度及道路运营安全的影响进行评估。

三、土体密实性检验仪器设备

三维地质雷达探测车或二维地质雷达（含主机、天线）、距离测量设备（激光测距仪、卷尺、测量轮等）。

四、土体密实性检测依据

（1）《城市工程地球物理探测标准》CJJ/T 7—2017。
（2）《城市地下病害体综合探测与风险评估技术标准》JGJ/T 437—2018。
（3）《城市道路与管线地下病害探测及评价技术规范》DB11/T 1399—2017。
（4）《地下管线周边土体病害评估防治规范》DB11/T 1347—2016。

五、土体密实性检验方法及步骤

1. 准备工作

（1）资料搜集，包括但不局限于：道路的建成年代、级别、设计、维修及养护等资料；道路下方管线和建构筑物的建设年代、类型、材质、分布、运行状况及维修等资料；道路历史塌陷资料；检测区域近3年类似检测成果资料等。

（2）现场踏勘，宜包括：调查测区道路周边环境、交通状况、道路路面修补、明细的路面变形及管井现况；调查测区内存在的干扰源类型及分布；核实道路地形图、地下管线和历史塌陷等资料；调查对道路雷达探测有影响的其他资料。

（3）根据具体的工作任务和要求，在资料搜集、现场踏勘的基础上编制工作方案，内容包括但不限于：工作依据、工作重难点及对策、详细的技术方案、人员组成、仪器设备、进度计划、安全作业措施、成果内容及形式等。

2. 地质雷达探测

1）地质雷达设备的选择

（1）三维车载雷达探测车：

三维雷达系统是一种多通道、多频率、双极化天线阵列和轻量级的三维探地雷达系统，可用于在城市范围内进行复杂管线的三维探测及绘图、道路地下缺陷三维探测与成像。地面探测时通道数为15个。

三维车载探地雷达，相较于传统的单通道或多通道探地雷达而言，数据采集信息更丰富、探测准确率更高。该三维探地雷达可以实现时速20公里/小时的高速探测；通过人工智能识别技术，能够对地下管线自动识别；通过RTK（差分GPS/北斗）设备采集精确大地坐标，实现富水、疏松、空洞等地下病害体的精确定位，尤其是能够快速检测出引起道路塌陷的地下空洞。

（2）天线组阵高效检测：

将相同频率天线和不同频率的天线按照一定的专用阵形排列起来，能够同时打开多个雷达信号通道，加大雷达探测角度。对平距离很近或上下重叠的管网探测有良好的效果，而且显著提高检测效率。各通道间雷达图像可进行对比，提高雷达检测准确性。

（3）单天线剖面法详查：

对于便携式地质雷达，常用单天线剖面法进行探测，单天线剖面法是发射天线（T）和接收天线（R）以固定间隔距离沿测线同步移动的一种测量方式。发射天线和接收天线同时移动一次便获得一个记录。当发射天线与接收天线同步沿测线移动时，就可以得到由一个个记录组成的探地雷达时间剖面图像。横坐标为天线在地表测线上的位置，纵坐标为雷达脉冲从发射天线出发经地下界面反射回到接收天线的双程走时。这种记录能反映测线正下方地下各个反射界面的起伏变化情况。单天线剖面法优点：为方便灵活，可以重复检测、检测精度高。利于小范围内精确详查缺陷。

2）测线布设

在道路管线信息资料调查和现场踏勘的基础上，制定详细的雷达检测测线布置图。并在检测现场做好测线标记、始终点、转折点等标记，以便检测发现问题区域时及时复核。针对本项目的特点，雷达测线布置原则如下：

（1）布置测线时，应根据工程探测需要和环境因素进行布设，测线密度应保证异常的连续、完整和便于追踪。

（2）布置测线时，测线方向应避开地形及其他干扰的影响，应垂直于或大角度相交于探测对象或已知异常的走向，测线长度应保证异常的完整和具有足够的异常背景。

（3）天线移动的速度应能反映探测对象的异常。

（4）布设的测线如果受到地形、临时停放的车辆等物体的影响而无法按原计划执行时，将根据现场情况对测线位置和工作量做出合理调整，或在工期内，待具备测试条件时再对其进行补充探测。

（5）当检测区域内发现可疑异常时，需对可疑异常区域的测线加密，或采用不同频率的天线重复、重点进行探测。可疑异常位于边界附近时，应把测线适当扩展到测区外追踪异常。

（6）各路口之间普通路段：各路口之间的普通路段宜采用普查方式进行检测，针对不同频率的天线其雷达测线布置有如下两种方式（图12-1）：

普查方式1（天线频率≥200MHz）：每条车道布设2条测线，雷达测线平行于车道中线，而且天线测线间隔不大于2.0m。

普查方式2（天线频率≤100MHz）：每条车道布设1条测线，雷达测线沿车道中心布设，而且天线测线间隔不大于4.0m。

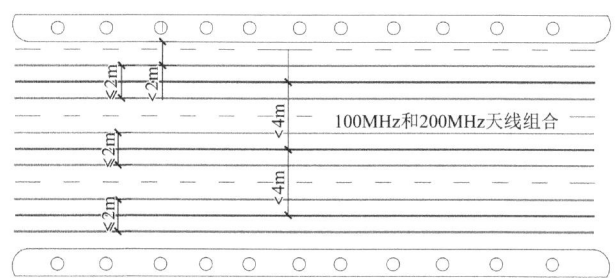

图 12-1　普查测线布置图（绿色为普查方式 1、蓝色为普查方式 2）

（7）重点检测区段：各个路口、桥区路段、历年塌陷区域和现状路面缺陷区域，上述重点检测区段需采用详查检测方式，测线布置情况如下（图 12-2）：

检测范围内的路口、桥区路段（路口特指与检测范围交叉路口的道路且一般主路路宽超过 20m 的交叉路口；桥区路段特指城市立交桥桥区下方路口）：除沿路方向的主测线外，另沿垂直路行进方向设辅助测线，与主测线形成网格状布置方式，200MHz 天线测线间隔不大于 2.0m，80MHz 或 100MHz 天线测线间隔不大于 4.0m。

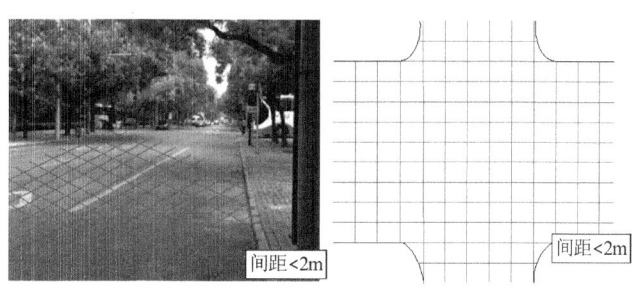

图 12-2　可疑区域及路口位置详查测线布置图

（8）现状路面缺陷区域和搜集到的近 3 年检测范围内塌陷区域：在上述区域范围内根据现场实际情况加密测线。

（9）详查异常区域：在探地雷达检测普查结束后，应针对普查中判断的可疑异常区域进行详查（图 12-3）。详查中须采用两种不同频率天线进行网格状加密检测，200MHz 天线测线网格间隔应不大于 1.5m，80MHz 或 100MHz 天线测线网格间隔应不大于 3.0m。

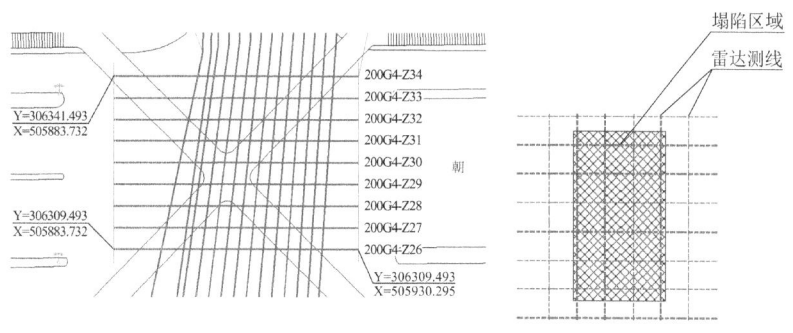

图 12-3　异常区域详查测线布置图

3）地质雷达参数设置

（1）雷达天线频率的选择：

频率是雷达天线的重要技术指标，关系到天线的探测深度及分辨能力，天线的频率越高，探测分辨率也越高，但探测深度却越小。在现场探测时，首先需要考虑探测深度的要求，同时需兼顾现场条件，尽可能选择分辨率更高的高频天线。探地雷达的频率一般按式(12-1)进行计算：

$$f = \frac{150}{x\sqrt{\varepsilon_r}} \tag{12-1}$$

式中：ε_r——相对介电常数；

x——空间分辨率（m）。

（2）相对介质常数标定：

每次检测前应对道路路面或路基的介电常数或电磁波速现场标定，且每段道路应不少于一处，每处实测应不少于3次，取平均值为该道路的介电常数或电磁波速。当道路长度大于3km、道路材料或含水量变化较大时，应适当增加标定点数。

标定采用钢尺量测法在已知厚度的部位进行。标定记录中界面反射信号应清晰、准确。标定结果按下式计算：

$$\varepsilon_r = \left(\frac{0.3t}{2x}\right)^2 \tag{12-2}$$

$$v = \frac{2x}{t} \times 10^9 \tag{12-3}$$

式中：v——电磁波速（m/s）；

t——双程旅行时间（ns）；

x——空间分辨率（m）。

现场检测数据采集前，根据任务要求以及有效性试验的结果进行参数设置，参数设置应选择在背景干扰较少的场地进行。参数设置包括数据采集模式、时窗大小、采样点数、道间距、增益等。探地雷达主要参数设置如表12-5所示。

地质雷达主要参数设置　　　　表12-5

名称	参数值		单位
天线中心频率	80	200	MHz
采集模式	手动采集、连续采集、测量轮采集		—
时窗 W	120～150	80～100	ns
采样点数 n	512/1024	512/1024	—
道间距	≤10	≤5	cm

(3）测点间距的设定：

为了确保介质的响应在空间上不重叠，测点间距的选择也应该遵循采样定理，测点距小于波长λ的1/4。雷达天线的测点间距一般按下式进行计算：

$$TR = 2x\sqrt{\varepsilon_r - 1} \tag{12-4}$$

式中：ε_r——相对介电常数；

x——空间分辨率（m）。

4）地质雷达现场探测

（1）开始探测前，对探地雷达主机、天线、辅助设备等各部分仪器进行检查，发现问题应及时处理并做好记录。

（2）检查完毕后，按照相应仪器操作说明，进行探地雷达各部分仪器的正确连接。注意，在天线及外部设备未连接好时不许接通电源。

（3）连接完成后开启雷达电源，进入仪器操作主界面。然后依次进行下列设置：

①选择与所用天线相匹配的天线配置文件；

②通常情况下，扫描率、扫描样点字节、扫描样点数等基本参数采用默认设置，必要时，可进行个别调整；

③选择检测方式，即点测或连续量；

④进行滤波设置，一般现场可仅进行高通和低通设置；

⑤进行增益设置，采用手动或自动方式，在1~5个节点范围内调整。以单点发射电磁波波形占视窗2/3大小为宜；

⑥进行外表面偏移设置，采用手动或自动方式，以保证外表面内、外波形对比清晰可见为宜；

⑦根据现场检测深度需要，进行探测时窗设置，以预探测目标体位于整个探测时窗中部为宜；

⑧按照以上步骤完成探地雷达主机参数设置后，检查确认无误后，即可开始进行检测。

（4）按照工作方案中测线布设的要求沿测线进行探测，测试完成后认真作好数据备份工作及时存档。

3. 数据处理与分析

（1）数据处理目的及流程：

数据处理的目的是抑制随机的和有规律的干扰，最大限度地提高雷达图像剖面上的分辨能力，通过提取电磁回波的各种有用参数，来解释不同介质的物理特征。常用处理方法一般有时间零点校正、增益调整、滤波、噪声衰减、反褶积、偏移。时间零点校正：明确地面反射点的位置；

增益调整技术：突出信号，尽可能保持数据的相对振幅；

滤波技术：对数据进行频谱分析，得到频率分布范围，采用不同的滤波器进行滤波处理；

噪声衰减：通常与滤波处理相互配合，滤掉随机噪声和工频噪声，提高数据的信噪比；

反褶积：压缩子波，提高纵向分辨率；

偏移：发射和接收天线永远不会处于真正的零偏移位置，采用偏移处理后使绕射收敛，提高输出数据的质量。

此外，非测量轮模式下采集的数据，应进行水平距离归一化处理。严格按照雷达数据处理流程图时行雷达图像数据分析。采用专业地质雷达分析软件对检测数据进行分析（图12-4）。

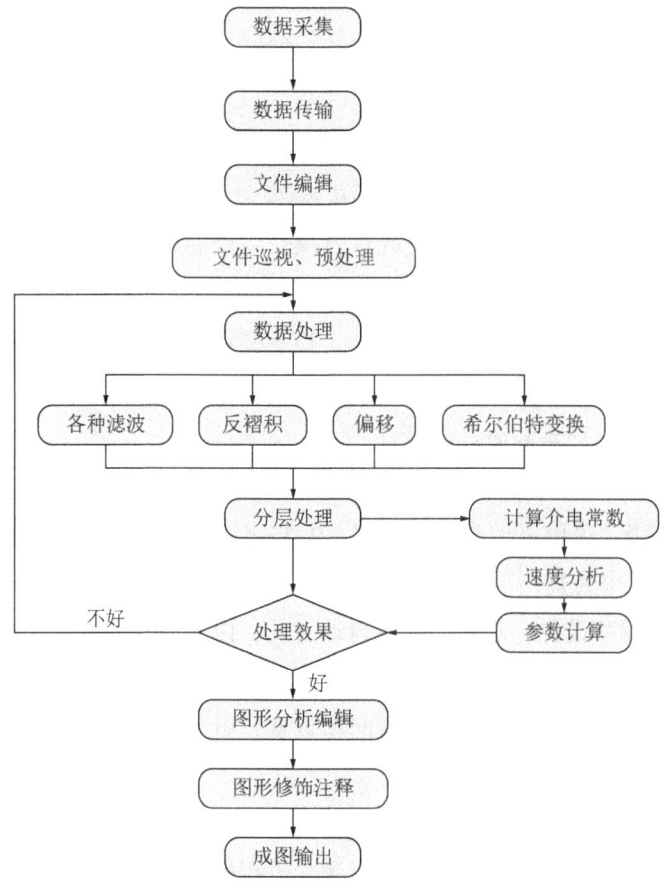

图 12-4　雷达数据处理流程图

（2）雷达图谱中土体病害的识别方法：

依据《城市地下病害体综合探测与风险评估技术标准》JGJ/T 437—2018 的规定，按照表 12-6 对道路路基及下方土体病害进行识别。

地下病害体的识别方法　　　　　　　　　　　　　　　表 12-6

地下病害体	波组形态	振幅	相位与频谱
脱空	1. 顶部形成连续的同向性反射波组，表现为似平板状形态。 2. 多次波明显	整体振幅强	1. 顶部反射波与入射波同向，底部反射波与入射波反向。 2. 频率高于背景场

续表

地下病害体		波组形态	振幅	相位与频谱
空洞		1. 似球形空洞反射波组表现为倒悬双曲线形态。 2. 似方形空洞反射波表现为正向连续平板状形态。 3. 绕射波明显。 4. 多次波明显	整体振幅强	1. 顶部反射波与入射波同向,底部反射波与入射波反向。 2. 频率高于背景场
疏松体	严重疏松体	1. 顶部形成连续的同向性反射波组。 2. 多次波较明显。 3. 绕射波较明显。 4. 内部波形结构杂乱	整体振幅强	1. 顶部反射波与入射波同向,底部反射波与入射波反向。 2. 频率高于背景场
	一般疏松体	1. 顶部形成连续的同向性反射波组。 2. 多次波不明显。 3. 绕射波不明显。 4. 内部波形结构较杂乱	整体振幅强	1. 顶部反射波与入射波同向,底部反射波与入射波反向。 2. 频率高于背景场
富水体		1. 顶部形成连续的同向性反射波组。 2. 绕射波不明显。 3. 底部反射波不明显	顶部反射波振幅强,衰减快	1. 顶部反射波与入射波反向,底部反射波与入射波同向。 2. 频率低于背景场

六、道路路基及下方土体密实性的评价

依据《城市地下病害体综合探测与风险评估技术标准》JGJ/T 437—2018 的规定,道路的地下病害体风险发生可能性等级划分、风险后果风机划分及风险等级划分如表 12-7～表 12-10 所示。地下病害体风险控制对策如表 12-10 所示。

地下病害体风险发生可能性等级划分表 表 12-7

等级	风险发生可能性分值	文字描述
A	$0 \leqslant P < 30$	近期不可能发生,远期发生可能性很小
B	$30 \leqslant P < 50$	近期发生可能性很小,远期可能会发生
C	$50 \leqslant P < 70$	近期发生可能性较小,远期发生可能性较大
D	$70 \leqslant P < 90$	近期发生可能性较大
E	$90 \leqslant P \leqslant 100$	近期发生可能性极大

地下病害体风险后果等级划分 表 12-8

等级	风险后果分值	文字描述
1	$0 \leqslant C < 20$	后果影响可忽略
2	$20 \leqslant C < 40$	后果影响较小
3	$40 \leqslant C < 60$	后果影响一般
4	$60 \leqslant C < 80$	后果影响较严重
5	$80 \leqslant C \leqslant 100$	后果影响很严重

注:重大社会活动期间及涉其发生区域情况下,风险后果直接判定为 5 级。

地下病害体风险等级划分　　　表 12-9

风险发生可能性等级	险后果等级				
	1	2	3	4	5
A	Ⅰ	Ⅰ	Ⅱ	Ⅱ	Ⅲ
B	Ⅰ	Ⅱ	Ⅱ	Ⅲ	Ⅳ
C	Ⅱ	Ⅲ	Ⅲ	Ⅳ	Ⅴ
D	Ⅲ	Ⅳ	Ⅳ	Ⅴ	Ⅴ
E	Ⅳ	Ⅳ	Ⅴ	Ⅴ	Ⅴ

注：Ⅰ表示很低；Ⅱ表示较低；Ⅲ表示一般；Ⅳ表示较高；Ⅴ表示极高

地下病害体风险控制对策　　　表 12-10

风险等级	说明	控制对策
Ⅰ	风险很低	1. 定期巡视，巡视频率不低于 1 次/3 月。 2. 定期探测，探测频率不低于 1 次/6 月
Ⅱ	风险较低	1. 定期巡视，巡视频率不低于 1 次/月。 2. 定期探测，探测频率不低于 1 次/3 月
Ⅲ	风险一般	1. 建议工程处理，处理前进行定期巡视和探测。 2. 巡视频率不低于 1 次/15 天。 3. 探测频率不低于 1 次/月
Ⅳ	风险较高	1. 限制使用，工程处理，处理前进行定期巡视和探测。 2. 巡视频率不低于 1 次/3 天。 3. 巡视频率不低于 1 次/7 天
Ⅴ	风险极高	禁止使用，工程处理

第五节　水泥混凝土路面

一、检测项目

检测项目：抗滑构造深度、厚度、平整度。

二、检测频率

抗滑构造深度：每 200m，抽测 1 点；
厚度：每 1000m²，3 点；
平整度：用测平仪检测，每车道全数检测；用三米直尺检测，每车道每 20m 一处。

三、控制指标

（1）抗滑构造深度：符合设计要求。

（2）厚度：±5mm。

（3）平整度：

用测平仪检测：对于城市快速路、主干路，标准差$\sigma \leqslant 1.2$mm；对于次干路，标准差$\sigma \leqslant 2$mm；

用三米直尺法检测：对于城市快速路、主干路，最大间隙$\leqslant 3$mm；对于次干路，最大间隙$\leqslant 5$mm。

四、测试方法

1. 抗滑构造深度

抗滑构造深度：手工铺砂法测试路面构造深度方法按照《公路路基路面现场测试规程》JTG 3450—2019 中 T 0961 进行。

2. 厚度

钻芯测试路面厚度方法按照《公路路基路面现场测试规程》JTG 3450—2019 中 T 0912 进行。

3. 平整度

（1）连续式平整度仪法按照《公路路基路面现场测试规程》JTG 3450—2019 中 T 0932 进行。

（2）三米直尺测试平整度方法按照《公路路基路面现场测试规程》JTG 3450—2019 中 T 0931 进行。

第十三章

桥梁与地下工程

第一节 桥梁结构与构件

一、结构尺寸

（一）相关标准

（1）《城市桥梁检测与评定技术规范》CJJT 233—2015。

（2）《城市桥梁工程施工与质量验收规范》CJJ 2—2008。

（3）《公路工程质量检验评定标准 第一册 土建工程》JTG F80/1—2017。

（4）《混凝土结构现场检测技术标准》GB/T 50784—2013。

（5）《混凝土结构工程施工质量验收规范》GB 50204—2015。

（二）基本概念

桥梁结构或构件几何尺寸的实测数据，可以评定施工造成的结构或构件尺寸偏差是否满足设计要求，也可作为构件实际自重荷载与结构承载能力的计算依据。

（三）检测项目

（1）桥梁总长、分孔跨径、桥宽、净空。

（2）构件的长度与截面尺寸。

（四）测试位置、数量和方法

桥梁结构断面测量应符合下列规定：

（1）对于桥梁总长、分孔跨径与净空，每孔测量不少于2点。

（2）对于桥面宽度和主要构件截面尺寸，中小跨径桥梁单跨测量断面不得少于3个，大跨径桥梁单跨测量断面不得少于5个。

(3)桥梁墩柱、桥塔的测量断面不宜少于3个,截面突变处应布设测量断面。

(4)对于等截面构件和截面尺寸均匀变化的变截面构件,应分别在构件的中部和两端量取截面尺寸;对于其他变截面构件,应选取构件端部、截面突变的位置量取截面尺寸。

(5)怀疑铺装层厚度不足或者其他必要的时候,可采用雷达结合钻芯修正的方法测定桥面铺装层厚度。测点数量不少于3处,应尽量布置在非关键受力截面,并做好修复处理。

(五)允许偏差

应将每个测点的尺寸实测值与设计图纸规定的尺寸进行比较,计算每个测点的尺寸偏差值。梁桥偏差应满足表13-1的要求。

结构尺寸测试允许偏差　　　　表13-1

测试项目		允许偏差(mm)	说明
长度、跨径		+200,−100	用全站仪、钢尺、测距仪测量。实际检测中通常检测两条伸缩缝之间的长度,或多条伸缩缝之间的累加长度;连续梁、结合梁两条伸缩缝之间长度允许偏差为±15mm
桥宽	车行道	±10	用尺测量
	人行道		
构件长度与截面尺寸	长、高	+5,−10	用尺测量
	宽	±30	
	顶、底、腹板厚	+10,0	
桥梁净空		不得小于设计要求	用水准仪、全站仪、测距仪活钢尺测量
桥面铺装厚度		±5	施工过程中用水准仪测量对比浇筑前后标高,建成后可采用雷达结合钻芯修正的方法

注:表中给出的构件长度与尺寸允许偏差和方法是针对钢筋混凝土梁桥的,其他类型桥梁的相关要求见《城市桥梁检测与评定技术规范》CJJT 233—2015。

二、桥梁线形与轴线偏位

(一)相关标准

(1)《建筑变形测量规范》JGJ 8—2016。
(2)《城市桥梁检测与评定技术规范》CJJT 233—2015。
(3)《城市桥梁工程施工与质量验收规范》CJJ 2—2008。
(4)《公路工程质量检验评定标准 第一册 土建工程》JTG F80/1—2017。
(5)《公路桥梁技术状况评定标准》JTG/T H21—2011。

(二)基本概念

桥梁线形是指桥梁主体结构在平面和竖向的形状和轮廓,一般包括纵向高程变化及轴线平面位置偏移。施工阶段对桥梁线形和位移进行控制以保证成桥状况满足设计预期;竣工时进行测量作为验收资料以及后期测量对比的基准值,运营过程中通过测量了解桥梁的实际使用状况,发现桥梁的异常变化,为桥梁的健康状况诊断与养护维修提供依据。

第十三章 桥梁与地下工程

（三）检测项目

线形、轴线偏位。

（四）测点位置和数量

1. 线形测量

按照《城市桥梁检测与评定技术规范》CJJT 233—2015 的要求，不同类型结构桥梁应布置的测点位置和数量如下：

（1）梁式结构应测量主梁的纵向线形，主梁的纵向线形可通过测量桥面结构纵向线形的方式测定；拱结构应测定拱轴线、桥面结构纵向线形；斜拉桥和悬索桥应测定桥面结构纵向线形，悬索桥尚应测定主缆线形。

（2）桥梁结构纵向线形测量时，测点应沿桥纵向在桥轴线和车行道上、下游边缘线 3 条线上分别布设，且宜布设在桥跨结构的特征点截面上，对等截面桥跨结构，可布设在桥跨或桥面结构的跨径等分点截面上；对中小跨径桥梁，单跨测量截面不宜少于 5 个；对大跨径桥梁，单跨测量截面不宜少于 9 个。跨中、桥墩（台）处应布置测点。

（3）拱轴线宜按桥跨的 8 等分点或其整数倍分别在拱背和拱腹布设测点；悬索桥主缆线形宜在索夹位置处的主缆顶面布设测点，测量时应记录现场温度、风向和风速。

2. 轴线偏位

按照《城市桥梁工程施工与质量验收规范》CJJ 2—2008 的规定，每孔测试 3 点。按照《公路工程质量检验评定标准 第一册 土建工程》JTG F80/1—2017 的规定，桥面中线偏位每 50m 测 1 点，且不少于 5 点，跨中、桥墩（台）处应布置测点。

（五）测试方法

按照《建筑变形测量规范》JGJ 8—2016 的要求进行测量和数据处理。结构纵向线形应按现行行业标准《城市桥梁工程施工与质量验收规范》CJJ 2—2008 规定的水准测量等级进行闭合水准测量。

（六）允许偏差（表 13-2）

桥梁线形、轴线偏位控制值　　　　表 13-2

标准	桥面高程		规定值或允许偏差（mm）
《公路工程质量检验评定标准 第一册 土建工程》JTG F80/1—2017	桥面高程	$L < 50$m	±30
		$L \geqslant 50$m	$\pm(L/500 + 20)$
	桥面中线偏位		20
《城市桥梁工程施工与质量验收》CJJ 2—2008	桥梁轴线位移		10

注：L 为桥梁跨径，计算规定值或允许偏差时以 mm 计。

三、位移与竖直度

(一)相关标准

(1)《建筑变形测量规范》JGJ 8—2016。
(2)《城市桥梁检测与评定技术规范》CJJT 233—2015。
(3)《城市桥梁工程施工与质量验收规范》CJJ 2—2008。
(4)《公路工程质量检验评定标准 第一册 土建工程》JTG F80/1—2017。
(5)《公路桥梁技术状况评定标准》JTG/T H21—2011。
(6)《建筑与桥梁结构监测技术规范》GB 50982—2014。

(二)基本概念

桥梁位移表示桥梁结构的位置变化,包括墩台、索塔等构件的沉降、水平变位、倾斜以及构件间不均匀变形或移位造成构件的相对错位等。

(三)检测项目

墩台(索塔)沉降、水平位移和竖直度。

(四)测试位置

梁式桥应测量墩台的沉降,拱桥应测量墩台的沉降和水平位移,斜拉桥和悬索桥应测墩台和塔的沉降、塔顶水平位移以及塔的竖直度。

(五)测试方法

(1)沉降测量:对设有永久性变位观测点的墩台基础,宜通过测量永久性变位观测点平面坐标与高程的变化分析其变位。对无永久性变位观测点的墩台基础,可采用几何测量、垂线测量、光学测距等间接测量的方法,或通过测量桥跨结构形态参数的变化推定其变位。
(2)墩台顶和塔顶的水平变位可采用悬挂垂球方法测量或采用极坐标法进行平面坐标测量。
(3)桥塔竖直度用全站仪测量。
(4)按照《建筑变形测量规范》JGJ 8—2016 的要求进行测量和数据处理。

(六)结果评定

(1)简支梁桥的墩台与基础沉降和位移,超过以下容许值,且通过观察确认其仍在继续发展时,应采取相应措施进行加固处理:
①墩台总沉降(不包括施工中的沉陷):$2.0\sqrt{L}$(cm)。
②相邻墩台均匀总沉降差(不包括施工中的沉陷):$1.0\sqrt{L}$(cm)。

③墩台顶面水平位移值：$0.5\sqrt{L}$（cm）。

其中：L为相邻墩台间最小跨径（m），小于25m时以25m计。

（2）垂直度允许偏差：

①现浇混凝土墩柱的垂直度偏差应$\leqslant 0.2\%H$，且不大于15mm。

②斜拉桥现浇混凝土索塔垂直度的偏差应$\leqslant H/3000$，且不大于30mm或设计要求。

其中H为墩柱或塔高。

四、外观质量

（一）相关标准

（1）《城市桥梁检测与评定技术规范》CJJ/T 233—2015。
（2）《混凝土结构工程施工质量验收规范》GB 50204—2015。
（3）《混凝土结构现场检测技术标准》GB/T 50784—2013。
（4）《钢结构现场检测技术标准》GB/T 50621—2010。
（5）《钢结构工程施工质量验收标准》GB 50205—2020。

（二）基本概念

桥梁的外观质量是反映桥梁状态和施工水平的重要指标之一。结构的质量问题常常通过外观缺陷表现出来，外观缺陷检查是进一步检测的基础。通过目测、尺量及一些仪器设备的应用，对桥梁各构件外观进行详细的检查，并对发现缺损的部位、类型、性质、范围、数量和程度进行记录，结合相关资料，分析发生缺损的原因，并根据检测结果对桥梁结构状况进行评定，为桥梁养护、维修提供依据。

（三）检测项目

1. 混凝土结构与构件

混凝土结构的外观缺陷包括露筋、蜂窝、孔洞、夹渣、疏松、裂缝、连接部位缺陷、缺棱掉角、棱角不直、翘曲不平、飞边、凸肋等外形缺陷和表面麻面、掉皮、起砂等外表缺陷。

2. 钢结构与构件

（1）钢材表面不应有裂纹、折叠、夹层，钢材端边或断口处不应有分层、夹渣等缺陷。

（2）当钢材的表面有锈蚀、麻点或划伤等缺陷时，其深度不得大于该钢材厚度负偏差值的1/2。

（3）焊缝外观质量的目视检测应在焊缝清理完毕后进行，焊缝及焊缝附近区域不得有焊渣及飞溅物。焊缝焊后目视检测的内容应包括焊缝外观质量、焊缝尺寸，其外观质量及尺寸允许偏差应符合现行国家标准《钢结构工程施工质量验收标准》GB 50205—2020的有关规定。

（4）高强度螺栓连接副终拧后，螺栓丝扣外露应为 2～3 扣，其中允许有 10%的螺栓丝扣外露 1 扣或 4 扣；扭剪型高强度螺栓连接副终拧后，未拧掉梅花头的螺栓数不宜多于该节点总螺栓数的 5%。

（5）涂层不应有漏涂，表面不应存在脱皮、泛锈、龟裂和起泡等缺陷，不应出现裂缝，涂层应均匀、无明显皱皮、流坠、乳突、针眼和气泡等，涂层与钢基材之间和各涂层之间应粘结牢固，无空鼓、脱层、明显凹陷、粉化松散和浮浆等缺陷。

3.拉索、吊索、系索的缺损检测应包括下列内容：

（1）索、锚头、连接件的锈蚀或腐蚀。

（2）锚头松动、开裂、破损。

（3）锚固部位、护套（套管）、减震器等渗水。

（4）护套（套管）材料老化、破损。

（四）检测方法

现场检测时，宜对受检范围内构件外观缺陷进行全数检查；当不具备全数检查条件时，应注明未检查的构件或区域。

1.混凝土构件外观缺陷的相关参数可根据缺陷的情况按下列方法检测

（1）露筋长度可用钢尺或卷尺量测。

（2）孔洞直径可用钢尺量测，孔洞深度可用游标卡尺量测。

（3）蜂窝和疏松的位置和范围可用钢尺或卷尺量测，委托方有要求时，可通过剔凿、成孔等方法量测蜂窝深度。

（4）麻面、掉皮、起砂的位置和范围可用钢尺或卷尺测量。

（5）表面裂缝的最大宽度可用裂缝专用测量仪器量测，表面裂缝长度可用钢尺或卷尺量。

2.钢结构外观缺陷检测按如下方法

（1）直接目视检测时，眼睛与被检工件表面的距离不得大于 600mm，视线与被检工件表面所成的夹角不得小于 30°，并宜从多个角度对工件进行观察。

（2）被测工件表面的照明亮度不宜低于 160lx；当对细小缺陷进行鉴别时，照明亮度不得低于 540lx。

（3）对细小缺陷进行鉴别时，可使用 2～6 倍的放大镜。

（4）对焊缝的外形尺寸可用焊缝检验尺进行测量。

（五）结果评定

钢筋混凝土桥梁构件的缺损程度宜按表 13-3～表 13-6 评定。

蜂窝、麻面状况的缺损程度评定 表 13-3

缺损程度评定	缺损状况描述	
	定性描述	定量描述
完好	无蜂窝麻面	
轻微	较小面积蜂窝麻面	累计面积小于或等于构件面积的 20%
中等	较大面积蜂窝麻面	累计面积大于构件面积的 20%，且小于或等于构件面积的 50%
严重	大面积蜂窝麻面	累计面积大于构件面积的 50%

剥落、掉角状况的缺损程度评定 表 13-4

缺损程度评定	缺损状况描述	
	定性描述	定量描述
完好	无剥落、掉角	
轻微	局部混凝土剥落或掉角	累计面积小于或等于构件面积的 5%，或单处面积小于或等于 0.5m²
中等	较大范围混凝土剥落或掉角	累计面积大于构件面积的 5%，且小于或等于构件面积的 10%，或单处面积大于 0.5m² 且小于 1m²
严重	大范围混凝土剥落或掉角	累计面积大于构件面积的 10%，且小于构件面积的 15%，或单处面积大于或等于 1m² 且小于 1.5m²
危险	很大范围混凝土剥落或掉角	累计面积大于构件面积的 15%，或单处面积大于或等于 1.5m²

空洞、孔洞状况的缺损程度评定 表 13-5

缺损程度评定	缺损状况描述	
	定性描述	定量描述
完好	无空洞、孔洞	
轻微	局部混凝土空洞、孔洞	累计面积小于或等于构件面积的 5%，或单处面积小于或等于 0.5m²
中等	较大范围混凝土空洞、孔洞	累计面积大于构件面积的 5%，且小于或等于构件面积的 10%，或单处面积大于 0.5m² 且小于 1m²
严重	大范围混凝土空洞、孔洞	累计面积大于构件面积的 10%，且小于构件面积的 15%，或单处面积大于或等于 1m² 且小于 1.5m²
危险	很大范围混凝土空洞、孔洞	累计面积大于构件面积的 15%，或单处面积大于或等于 1.5m²

预应力钢绞线及锚固系统缺损程度评定 表 13-6

缺损程度评定	性状描述
完好	锚头、钢绞线等无缺陷
轻微	锚头、钢绞线等无明显缺陷
中等	钢绞线出现极个别断丝，或个别锚头出现开裂现象，或个别齿板位置出现少量裂缝；构件无明显变形
严重	部分钢绞线断裂或失效，或部分锚头开裂较严重但未完全失效，或部分齿板位置处裂缝严重；构件明显变形
危险	钢绞线大量断裂，或锚头损坏失效；构件严重变形

当剥落、掉角、空洞、孔洞等现象不易区分时，混凝土结构或构件的缺损程度可按

表 13-7 评定。圬工桥梁结构缺损程度可按表 13-7 评定。

混凝土、圬工结构或构件的缺损程度评定　　　　表 13-7

缺损程度评定	性状描述
完好	结构或构件表面较好，局部表面有轻微剥落
轻微	结构或构件表面剥落面积小于或等于 5%，或损伤最大深度与截面损伤发生部位的结构或构件最小尺寸之比小于 0.02
中等	结构或构件表面剥落面积大于 5%且小于或等于 10%，或损伤最大深度与截面损伤发生部位的结构或构件最小尺寸之比大于或等于 0.02 且小于或等于 0.04
严重	结构或构件表面剥落面积大于 10%且小于或等于 15%，或损伤最大深度与截面损伤发生部位的结构或构件最小尺寸之比大于 0.04 且小于或等于 0.10
危险	结构或构件表面剥落面积大于或等于 15%，或损伤最大深度与截面损伤发生部位的结构或构件最小尺寸之比大于 0.10

钢筋混凝土钢筋截面缺损程度宜按表 13-8 评定。

钢筋混凝土的钢筋截面缺损程度评定　　　　表 13-8

缺损程度评定	性状描述
完好	混凝土表面无锈迹，沿钢筋无裂缝出现
轻微	混凝土表面无锈迹，沿钢筋出现的裂缝宽度小于限值
中等	沿钢筋出现的裂缝宽度大于限值，或钢筋锈蚀引起混凝土发生层离；钢筋表面局部有膨胀薄锈层或坑蚀
严重	钢筋锈蚀引起混凝土剥落，钢筋外露、表面膨胀性锈层显著，钢筋截面损失小于或等于 10%
危险	钢筋锈蚀引起混凝土剥落，钢筋外露、出现锈蚀剥落，钢筋截面损失大于 10%

注：表中限值为现行行业标准《城市桥梁养护技术规范》CJJ 99—2017 规定的允许最大裂缝宽度值。

钢结构构件防腐、防火涂层厚度缺损程度宜按表 13-9～表 13-12 评定。

与涂层劣化相应的缺损程度评定　　　　表 13-9

缺损程度评定	缺损状况描述	
	定性描述	定量描述
完好	无劣化	
轻微	涂层个别位置出现裂缝、起泡、白化、漆膜发黏、针孔、起皱或皱纹、表面粉化、变色起皮、脱落	累计面积小于或等于构件面积的 10%
中等	涂层出现较严重的裂缝、起泡、白化、漆膜发黏、针孔、起皱或皱纹、表面粉化、变色起皮、脱落	累计面积大于构件面积的 10%且小于或等于构件面积的 50%
严重	涂层出现严重的裂缝、起泡、白化、漆膜发黏、针孔、起皱或皱纹、表面粉化、变色起皮、脱落	累计面积大于构件面积的 50%

与锈蚀相应的缺损程度评定　　　　表 13-10

缺损程度评定	缺损状况描述	
	定性描述	定量描述
完好	无锈蚀	

续表

缺损程度评定	缺损状况描述	
	定性描述	定量描述
轻微	构件表面发生轻微锈蚀,氧化皮或油漆层少量剥落	累计锈蚀面积小于或等于构件面积的5%
中等	构件表面发生点蚀现象,氧化皮或油漆层因锈蚀部分剥落	累计锈蚀面积大于或等于构件面积的5%且小于或等于构件面积的10%
严重	构件表面发生较多点蚀现象,氧化皮或油漆层因锈蚀或能刮除;出现锈蚀成洞现象	累计锈蚀面积大于构件面积的10%且小于或等于构件面积的15%,或锈蚀成洞小于3个;工字梁孔洞直径小于30mm,板梁小于50mm,且边缘完好,桁梁孔洞直径小于30mm且小于杆件宽度的15%
危险	构件表面有大量点蚀现象,氧化皮或油漆层因锈蚀全面剥落;较多部位出现锈蚀成洞现象	累计锈蚀面积大于构件面积的15%,或锈蚀成洞大于3个;工字梁孔洞直径大于30mm,板梁大于50mm,桁梁孔洞直径小于30mm且大于杆件宽度的15%

与焊缝开裂相应的缺损程度评定　　表 13-11

缺损程度评定	缺损状况描述	
	定性描述	定量描述
完好	无开裂	
轻微	焊缝部位涂层有少量裂纹,结构焊缝无开裂	
中等	焊缝部位涂层有大量裂纹,受拉翼缘边焊缝存在裂缝,其他部位焊缝无开裂	受拉翼缘边焊缝开裂长度小于或等于5mm
严重	主要受力构件焊缝出现较多裂缝,构件出现变形	受拉翼缘边焊缝开裂长度大于5mm且小于或等于10mm,其他位置焊缝开裂程度小于或等于5mm
危险	主要受力构件焊缝出现大量裂缝甚至完全开裂,主要构件存在明显变形,挠度大于现行行业标准《公路钢结构桥梁设计规范》JTG D64—2015的限值	受拉翼缘边焊缝开裂长度大于10mm,其他位置焊缝开裂长度大于5mm

与螺栓损坏、失效开裂相应的缺损程度评定　　表 13-12

缺损程度评定	缺损状况描述	
	定性描述	定量描述
完好	无损失、无失效	
轻微	铆钉或螺栓少量损坏、松动或丢失,造成连接部位铆钉或螺栓失效	损坏、失效数量小于或等于总量的1%
中等	铆钉或螺栓有较多损坏、松动或丢失,造成连接部位铆钉或螺栓失效	损坏、失效数量大于总量的1%且小于或等于总量的10%
严重	主要受力构件铆钉或螺栓有较多损坏、松动或丢失,造成连接部位铆钉或螺栓失效;构件出现变形	损坏、失效数量大于总量的10%小于或等于总量的30%
危险	主要受力构件铆钉或螺栓大量损坏、松动或丢失,造成连接部位铆钉或螺栓失效;主要构件存在明显变形,挠度大于现行行业标准《公路钢结构桥梁设计规范》JTG D64—2015规定的限值	损坏、失效数量大于总量的30%

拉索、吊索、系索的缺损检测及缺损程度宜按表 13-13 评定。

拉索、吊索、系索的缺损程度评定 表 13-13

缺损程度评定	性状描述
完好	表面防护完好，锚头无锈蚀，锚固区无裂缝
轻微	表面防护基本完好，有细微裂缝；锚头无锈蚀，锚固区无裂缝
中等	表面防护有少量裂缝，伴有少量锈迹，且钢丝少量锈蚀、无断裂；或锚头有轻微锈蚀，锚固区有小裂缝
严重	锚头锈蚀，锚固区有受力裂缝出现，裂缝宽度小于 0.2mm；或表面防护普遍开裂或部分脱落，部分钢丝锈蚀，但钢丝锈蚀造成单索钢丝总面积损失小于或等于 10%；或个别钢丝断裂，但断裂面积小于或等于该索钢丝总面积的 2%
危险	锚头锈蚀严重，锚固区有明显的受力裂缝，裂缝宽度大于 0.2mm；或表面防护有大量脱落，且钢丝锈蚀严重，钢丝锈蚀造成单索钢丝总面积损失大于 10%；或钢丝断裂面积大于该索钢丝总面积的 2%

组合结构的钢-混组合构件，可分别对组合构件中的混凝土构件缺损和钢构件缺损进行检测与评定。钢-混凝土组合拱桥中的吊索或系索，有时也习惯地称之为吊杆或系杆，其承力部件多采用钢丝束或钢绞线，故可归类为拉（吊系）索。钢梁杆件缺损容许限度应符合现行行业标准《城市桥梁养护技术标准》CJJ 99—2017 的规定。

五、内部缺陷

本节介绍混凝土结构桥梁内部缺陷检测方法，钢结构桥梁的内部缺陷检测方法参见本书第七章内容。

（一）相关标准

（1）《混凝土结构现场检测技术标准》GB/T 50784—2013。
（2）《超声法检测混凝土缺陷技术规程》CECS 21—2000。

（二）基本概念

混凝土结构的内部缺陷包括不密实、空洞、裂缝等。超声法是目前检测混凝土结构内部缺陷最常用的非破损探测方法，当采用超声法检测存在困难时，可采用冲击回波法和电磁波反射法（雷达仪）进行检测。非破损方法检测混凝土构件内部缺陷基本上都是通过波（超声波、应力波和电磁波）的传播特性、透射、反射规律来间接得到内部缺陷的相关信息。无损检测的准确性受混凝土性能、含水量及缺陷特性等诸多因素影响，有时会存在判别困难的区域，此时宜通过钻取混凝土芯样或剔凿的方法进行验证。

（三）检测范围

对怀疑存在内部缺陷的构件或区域宜进行全数检测，当不具备全数检测条件时，可根据约定抽样原则选择下列构件或部位进行检测：

（1）重要的构件或部位。

（2）外观缺陷严重的构件或部位。

（四）检测要求

超声法检测混凝土构件内部缺陷时声学参数的测量应符合下列规定：

（1）应根据检测要求和现场操作条件，确定缺陷测试部位（简称测位）。

（2）测位混凝土表面应清洁、平整，必要时可用砂轮磨平或用高强度快凝砂浆抹平；抹平砂浆应与待测混凝土良好粘结。

（3）在满足首波幅度测读精度的条件下，应选择较高频率的换能器。

（4）换能器应通过耦合剂与混凝土测试表面保持紧密结合，耦合层内不应夹杂泥沙或空气。

（5）检测时应避免超声传播路径与内部钢筋轴线平行，当无法避免时，应使测线与该钢筋的最小距离不小于超声测距的1/6。

（6）应根据测距大小和混凝土外观质量，设置仪器发射电压、采样频率等参数，检测同一测位时，仪器参数宜保持不变。

（7）应读取并记录声时、波幅和主频值，必要时存取波形。

（8）检测中出现可疑数据时应及时查找原因，必要时应进行复测校核或加密测点补测。

（五）检测方法和判定标准

超声法检测混凝土构件内部不密实区检测和异常点判定可按《混凝土结构现场检测技术标准》GB/T 50784—2013 附录D 的有关规定进行。超声法检测混凝土构件裂缝深度检测和数据计算可按《混凝土结构现场检测技术标准》GB/T 50784—2013 附录 E 的有关规定进行。

六、混凝土抗压强度（回弹法/钻芯法/回弹—钻芯综合法/超声回弹综合法等）

（一）相关标准

（1）《城市桥梁检测与评定技术规范》CJJT 233—2015。

（2）《混凝土结构现场检测技术标准》GB/T 50784—2013。

（3）《回弹法检测混凝土抗压强度技术规程》JGJ/T 23—2011。

（4）《钻芯法检测混凝土强度技术规程》JGJT 384—2016。

（5）《回弹法、超声回弹综合法检测混凝土抗压强度技术规程》DB11/T 1446—2017。

（6）《超声回弹综合法检测混凝土强度技术规程》T/CECS 02—2020。

（二）基本概念

混凝土结构设计是以混凝土抗压强度（混凝土强度等级）为依据，其他的力学性能指标如劈裂抗拉强度、抗折强度、静力受压弹性模量等是根据混凝土抗压强度按照一定的换算关系得到的。对于在建工程，当混凝土不具备标准养护的条件，或对混凝土的强度有怀疑时，需要对实体混凝土结构进行现场检测，以得到结构混凝土相当于150mm立方体试件抗压强度具有95%的特征值的推定值。对于既有混凝土结构进行鉴定时，同样需要确定鉴定部位混凝土的力学性能。

结构构件混凝土抗压强度检测可采用回弹法、超声回弹综合法等无损检测方法，当对无损检测方法推定的混凝土强度有怀疑或进行混凝土强度鉴定时，可采用钻芯法对混凝土推定强度进行修正或验证。混凝土抗压强度检测方法的选择应符合下列规定：

（1）采用回弹法时，被检测混凝土的表层质量应具有代表性，且混凝土的抗压强度和龄期不应超过相应技术标准限定的范围。

（2）采用超声回弹综合法时，被检测混凝土的内外质量应无明显差异，并宜具有超声对测面。

（三）回弹法检测方法和结果评定

1. 仪器设备

回弹法所采用的回弹仪应符合现行行业标准《回弹仪检定规程》JJG 817—2011 的有关规定，并应符合下列标准状态的要求：

（1）水平弹击时，在弹击锤脱钩的瞬间，回弹仪弹击锤的冲击能量应为2.207J。

（2）弹击锤与弹击杆碰撞的瞬间，弹击弹簧应处于自由状态。

（3）在洛氏硬度HRC为60±2的钢砧上，回弹仪的率定值为80±2。

2. 回弹法测区应符合下列规定

（1）当需要进行单个构件推定时，每个构件布置的测区数不宜少于10个；当不需要进行单个构件推定时，每个构件布置的测区数可适当减少，但不应少于3个。

（2）测区离构件端部或施工缝边缘的距离不宜小于0.2m。

（3）测区应选在使回弹仪处于水平方向检测混凝土浇筑侧面。当不能满足这一要求时，可使回弹仪处于非水平方向检测混凝土浇筑侧面、表面或底面。

（4）测区宜选在构件的两个对称可测面上，也可选在一个可测面上，且应均匀分布。在构件的重要部位和薄弱部位应布置测区。

（5）测区面积不宜大于$0.04m^2$。

（6）检测面应为混凝土面，并应清洁、平整，不应有疏松、浮浆及蜂窝、麻面。

（7）测区应有清晰的编号。

3. 测区回弹值测量应符合下列规定

（1）检测时，回弹仪的轴线应始终垂直于检测面，缓慢施压，准确读数，快速复位。

（2）测点应在测区范围内均匀分布，相邻两测点的净距不宜小于 20mm；测点距外露钢筋、预埋件的距离不宜小于 30mm。弹击时应避开气孔和外露石子，同一测点只应弹击一次，读数估读至1。每一个测区应记取 16 个回弹值。

（3）同一测区 16 个回弹值中的 3 个最大值和 3 个最小值应直接剔除，计算余下的 10 个回弹值的平均值。

（4）应根据现行行业标准《回弹法检测混凝土抗压强度技术规程》JGJ/T 23—2011 的有关规定对回弹平均值进行修正，以修正后的平均值作为该测区回弹值的代表值。

4. 碳化深度值测量应符合下列规定

（1）回弹值测量完毕后，应在有代表性的位置测量碳化深度值；测量数不应少于构件测区数的 30%，取其平均值作为该构件所有测区的碳化深度值。

（2）碳化深度值测量可按《回弹法检测混凝土抗压强度技术规程》JGJ/T 23—2011 中方法进行。

5. 单个构件混凝土抗压强度推定应符合下列规定

（1）当构件测区数量不少于 10 个时，该构件混凝土抗压强度推定值可按下式计算：

$$f_{cu,e} = m_{f_{cu}^c} - 1.645 S_{f_{cu}^c} 1.645 \tag{13-1}$$

式中：$f_{cu,e}$——构件混凝土抗压强度推定值，精确至 0.1MPa；

$m_{f_{cu}^c}$——测区换算强度平均值，精确至 0.1MPa；

$S_{f_{cu}^c}$——测区换算强度标准差，精确至 0.01MPa。

（2）当构件测区数量少于 10 个时，该构件混凝土抗压强度推定值应按下式计算：

$$f_{cu,e} = f_{cu,min}^c \tag{13-2}$$

式中：$f_{cu,min}^c$——测区换算强度最小测区换算强度最小值，精确至 0.1MPa。

（四）钻芯法检测混凝土抗压强度

1. 仪器设备

钻芯机、钻头、钢筋探测仪、锯切机、磨平机和压力试验机等。

2. 芯样直径和高度要求

1）抗压试验的芯样试件宜使用标准芯样试件，其公称直径不宜小于骨料最大粒径的 3 倍；也可采用小直径芯样试件，但其公称直径不应小于 70mm 且不得小于骨料最大粒径的 2 倍。

2）抗压芯样试件的高度与直径之比（H/d）宜为 1.00。

3）芯样试件内不宜含有钢筋。当不能满足此项要求时，抗压试件应符合下列要求：

（1）标准芯样试件，每个试件内最多只允许有 2 根直径小于 10mm 的钢筋。

（2）公称直径小于 100mm 的芯样试件，每个试件内最多只允许有一根直径小于 10mm

的钢筋。

（3）芯样内的钢筋应与芯样试件的轴线基本垂直并离开端面 10mm 以上。

3. 钻芯数量的确定

钻芯确定单个构件的混凝土强度推定值时，有效芯样试件的数量不应少于 3 个；对于较小构件，有效芯样试件的数量不得少于 2 个。

4. 钻芯位置的选择原则

（1）结构或构件受力较小的部位。

（2）混凝土强度具有代表性的部位。

（3）便于钻芯机安放与操作部位。

（4）避开主筋、预埋件和管线的位置，并尽量避开其他钢筋。

（5）钻孔中心距结构或构件边缘不宜小于 150mm。

（6）隧道衬砌混凝土的芯样钻取不宜破坏防水结构。

5. 安装钻机、钻取芯样

（1）钻芯机就位并安放平稳后，应将钻芯机固定。固定的方法应根据钻芯机的构造和施工现场的具体情况确定。

（2）钻芯机在未安装钻头之前，应先通电确认主轴的旋转方向为顺时针方向。

（3）钻芯时用于冷却钻头和排除混凝土碎屑的冷却水的流量宜为(3～5)L/min。

（4）钻取芯样时宜保持匀速钻进。

（5）芯样应进行标记，钻取部位应予以记录。芯样高度及质量不能满足要求时，则应重新钻取芯样。

（6）构件上钻取多个芯样时，芯样宜取自不同部位。

6. 芯样的测量

（1）用游标卡尺在芯样试件上部、中部和下部 3 个位置各测量 2 次，取测量的算术平均值最为芯样试件的直径，精确至 0.5mm。

（2）用钢卷尺或钢板尺进行测量芯样试件高度，精确至 1mm。

（3）垂直度：用游标量角器测量芯样试件两个端面与母线的夹角，精确至 0.1°。

（4）平整度：用钢板尺或角尺紧靠在芯样试件端面上，一面转动钢板尺，一面用塞尺测量钢板尺与芯样试件端面之间的缝隙；也可采用其他专用设备量测。

7. 芯样端面补平

锯切后的芯样宜采取在磨平机上磨平端面的处理方法。承受轴向压力试件的端面，也可采取下列处理方法：

（1）用环氧胶泥或聚合物水泥砂浆补平。

（2）抗压强度低于 40MPa 的芯样试件，可采用水泥砂浆、水泥净浆或聚合物水泥砂浆补平，补平层厚度不宜大于 5mm；也可采用硫磺胶泥补平，补平层厚度不宜大于 1.5mm。

8.芯样试件的试验和抗压强度值的计算

(1)芯样试件应在自然干燥状态下进行抗压试验。

(2)当结构工作条件比较潮湿,需要确定潮湿状态下混凝土的强度时,芯样试件宜在$(20±5)$℃的清水中浸泡$(40～48)$h,从水中取出后擦干表面立即进行试验。

(3)芯样试件抗压试验的操作应符合现行国家标准《混凝土物理力学性能试验方法标准》GB/T 50081—2019中对立方体试块抗压试验的规定。

(4)芯样试件的混凝土抗压强度值可按下式计算:

$$f_{cu,cor} = \frac{F_c}{A} \tag{13-3}$$

式中:$f_{cu,cor}$——芯样试件混凝土抗压强度值(MPa);

F_c——芯样试件的抗压试验测得的最大压力(N);

A——芯样试件抗压截面面积(mm^2)。

9.钻芯法确定构件混凝土抗压强度代表值时,应取芯样试件抗压强度值的算术平均值作为构件混凝土抗压强度代表值

(五)回弹—钻芯综合法检测混凝土抗压强度

1.检验仪器设备

混凝土回弹仪、钢钻、钻芯机、钻头、钢筋探测仪、锯切机、磨平机和压力试验机及相关辅助工具。

2.检测方法

1)回弹构件的抽取:

同一混凝土强度等级的柱、梁、墙、板,抽取构件最小数量应符合表13-14的规定,并应均匀分布;不宜抽取截面高度小于300mm的梁和边长小于300mm的柱。

回弹构件抽取最小数量 表13-14

构件总数	最小抽样数量	构件总数	最小抽样数量
20以下	全数	281～500	40
20～150	20	501～1200	64
151～280	46	1201～3200	100

2)每个构件应选取不少于5个测区进行回弹检测及回弹值计算,并应符合现行行业标准《回弹法检测混凝土抗压强度技术规程》JGJ/T 23—2011对单个构件检测的有关规定。

3)对同一强度等级的混凝土,应将每个构件5个测区中的最小测区平均回弹值进行排序,并在其最小的3个测区各钻取1个芯样。芯样应采用带水冷却装置的薄壁空心钻钻取,其直径宜为100mm,且不宜小于混凝土骨料最大粒径的3倍。

4)芯样试件的端部宜采用环氧胶泥或聚合物水泥砂浆补平,也可采用硫黄胶泥修补。

加工后芯样试件的尺寸偏差与外观质量应符合下列规定：

（1）芯样试件的高度与直径之比实测值不应小于0.95，也不应大于1.05。

（2）沿芯样高度的任一直径与其平均值之差不应大于2mm。

（3）芯样试件端面的不平整度在100mm长度内不应大于0.1mm。

（4）芯样试件端面与轴线的不垂直度不应大于1°。

（5）芯样不应有裂缝、缺陷及钢筋等杂物。

5）芯样试件尺寸的量测应符合下列规定：

（1）应采用游标卡尺在芯样试件中部互相垂直的两个位置测量直径，取其算术平均值作为芯样试件的直径，精确至0.1mm。

（2）应采用钢板尺测量芯样试件的高度，精确至1mm。

（3）垂直度应采用游标量角器测量芯样试件两个端线与轴线的夹角，精确至0.1°。

（4）平整度应采用钢板尺或角尺紧靠在芯样试件端面上，一面转动钢板尺，一面用塞尺测量钢板尺与芯样试件端面之间的缝隙；也可采用其他专用设备测量。

6）芯样试件应按现行国家标准《混凝土物理力学性能试验方法标准》GB/T 50081—2019中圆柱体试件的规定进行抗压强度试验。

7）对同一强度等级的混凝土，当符合下列规定时，结构实体混凝土强度可判为合格。

3. 结果评定

（1）三个芯样的抗压强度算术平均值不小于设计要求的混凝土强度等级值的88%。

（2）三个芯样抗压强度的最小值不小于设计要求的混凝土强度等级值的80%。

（六）超声回弹综合法检测混凝土抗压强度

1）回弹测试、数据计算及修正均与回弹法测试混凝土抗压强度的方法相同，见（四）。

2）超声波检测仪除应符合现行行业标准《混凝土超声波检测仪》JG/T 5004—1992的规定外，尚应符合下列规定：

（1）具有波形清晰、显示稳定的示波装置。

（2）声时最小分度为0.1μs。

（3）具有最小分度为1dB的衰减系统。

（4）接收放大器频响范围(10～500)kHz，总增益不小于80dB，接收灵敏度（在信噪比为3：1时）不大于50μV。

3）测区要求：超声测试宜采用对测。超声测点应布置在回弹测试的同一测区内，每一测区应布置3个测点。

4）测区声速测量应符合下列规定：

（1）超声测点应布置在回弹测试的对应测区内，每一个测区布置3个测点。

（2）超声测试时，换能器应通过耦合剂与混凝土测试面良好耦合。

(3) 声时测量应精确至 0.1μs，测距测量应精确至 1mm，声速计算精确至 0.01km/s。

(4) 以同一测区 3 个测点声速的平均值作为该测区声速的代表值。

5) 超声声速值的测量与计算：

(1) 超声声时值的测量：

如图 13-1 所示，超声测点应布置在回弹测试的同一测区内，在每个测区内的相对测试面上，应布置三个测点。应保证换能器与混凝土耦合良好，且发射和接受换能器的轴线应在同宜直线上。

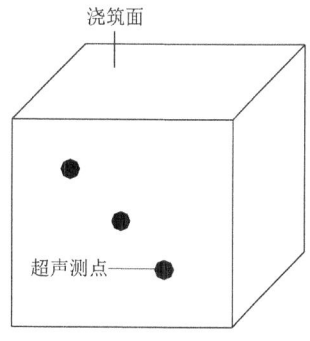

图 13-1 超声测点布置

(2) 声速实测值计算：

$$v_0 = l/t_m \tag{13-4}$$

$$t_m = (t_1 + t_2 + t_3)/3 \tag{13-5}$$

式中：v_0——声速实测值（km/s）；

l——超声测距（mm）；

t_1、t_2、t_3——分别为测区中 3 个测点的声时值（μs）。

(3) 空气中声速值计算：

$$v_k = 0.3314\sqrt{1 + 0.00367T_k} \tag{13-6}$$

式中：v_k——空气中声速计算值（km/s）；

T_k——测试时空气的温度（℃）。

$$\Delta = (v_k - v_0)/v_k \times 100\% \tag{13-7}$$

Δ 应为 −0.5%～0.5%，否则应重或更换混凝土超声检测仪。当在混凝土浇筑的顶面与底面测试时，应按下式进行修正：

$$v_a = \beta v \tag{13-8}$$

式中：v_a——为修正后的测区声速值；

β——超声测试面修正系数，在混凝土浇筑顶面及底面时，$\beta = 1.034$；在混凝土侧面测试时，$\beta = 1$。

6) 测区强度换算值的计算：

(1) 按照《超声回弹综合法检测混凝土抗压强度技术规程》T/CECS 02—2020 的计算方法：

$$f_{cu,i}^c = 0.0286(v_{ai})^{1.999}(R_{ai})^{1.155} \tag{13-9}$$

式中：$f_{cu,i}^c$——第 i 个测区混凝土抗压强度换算值（MPa），精确至 0.1MPa；

v_{ai}——第 i 个测区修正后的测区声速代表值；

R_{ai}——第 i 个测区修正后的测区回弹代表值。

(2) 按北京市地方标准《回弹法、超声回弹综合法检测泵送混凝土抗压强度技术规程》DB11/T 1446—2017 的计算方法：

检测面的浇筑侧面时，可按规范附录 D 查表或按下式进行计算：

$$f_{cu,i}^c = 0.059227 v^{1.4968} R_m^{1.1984} \qquad (13\text{-}10)$$

检测面的浇筑侧面时，可按规范附录 E 查表或按下式进行计算：

$$f_{cu,i}^c = 0.015965 v^{2.1545} R_m^{1.2265} \qquad (13\text{-}11)$$

检测面的浇筑侧面时，可按规范附录 F 查表或按下式进行计算：

$$f_{cu,i}^c = 0.116802 v^{1.8960} R_m^{0.8673} \qquad (13\text{-}12)$$

式中：$f_{cu,i}^c$——采用回弹法检测时，构件第 i 个测区混凝土强度换算值；

R_m——测区平均回弹值。

七、混凝土碳化深度

（一）相关标准

（1）《城市桥梁检测与评定技术规范》CJJ/T 233—2015。

（2）《混凝土结构现场检测技术标准》GB/T 50784—2013。

（二）基本概念

混凝土碳化深度检测是钢筋锈蚀情况的判断依据，对于评估结构耐久性和制定维修计划至关重要。混凝土碳化深度检测，适用于以混凝土碳化深度评估混凝土质量和钢筋锈蚀情况。

（三）仪器设备和耗材

（1）主要仪器设备有碳化深度测量仪；辅助工具有凿子、锤子、气吹、1%~2%浓度的酚酞酒精溶液。

（2）碳化深度测量仪测量量程应为(0~8)mm；测量精度应为 0.25mm。

（四）检测方法

1. 测试区域的选择

被测构件或部位的测区数量不应少于 3 个，或不少于混凝土强度测区数量的 30%。

2. 测区碳化深度值测量

（1）可采用凿具在测区表面布置测孔，根据预估的碳化深度选择测孔直径，其深度应大于混凝土的碳化深度。

（2）应清除孔洞中的粉末和碎屑，且不得用水擦洗。

（3）向孔内喷洒浓度为 1%的酚酞试液，喷洒量以表面均匀湿润但不流淌。

（4）当已碳化与未碳化界线清晰时，应采用碳化深度测量仪测量已碳化与未碳化混凝土交界面至混凝土表面的垂直距离，并应测量 3 次，精确至 0.25mm。

（5）单个测区的碳化深度值应取三次测量的平均值作为检测结果，并应精确至0.5mm。

（五）结果分析与判定

碳化深度对钢筋锈蚀的影响，可根据测区混凝土碳化深度平均值与实测保护层厚度平均值之比，按《城市桥梁检测与评定技术规范》CJJ/T 233—2015 表 4.6.8 进行评价。

八、钢筋位置及保护层厚度

（一）相关标准

（1）《混凝土中钢筋检测技术标准》JGJ/T 152—2019。
（2）《混凝土结构现场检测技术标准》GB/T 50784—2013。
（3）《城市桥梁检测与评定技术规范》CJJT 233—2015。
（4）《混凝土结构耐久性设计标准》GB/T 50476—2019。
（5）《公路桥梁承载能力检测评定规程》JTG/T J21—2011。

（二）基本概念

混凝土保护层为钢筋提供了良好的保护，阻止或减缓大气中的有害气体扩散到钢筋的表面而发生锈蚀。目前常用的混凝土保护层检测方法是电磁感应法，该方法不适用于含有铁磁性物质的混凝土检测，当含有铁磁性物质时，可采用直接法进行检测。

（三）仪器设备要求

1）用于混凝土保护层厚度检测的仪器，当混凝土保护层厚度为(10～50)mm 时，保护层厚度检测的允许偏差应为±1mm；当混凝土保护层厚度大于 50mm 时，保护层厚度检测允许偏差应为±2mm。

2）用于钢筋间距检测的仪器，当混凝土保护层厚度为(10～50)mm 时，钢筋间距的检测允许偏差应为±2mm。

3）电磁感应法钢筋探测仪的校准应按《混凝土中钢筋检测技术标准》JGJ/T 152—2019附录 A 的规定进行，雷达仪的校准应按《混凝土中钢筋检测技术标准》JGJ/T 152—2019 附录 B 的规定进行。仪器的校准有效期可为 1 年，发生下列情况之一时，应对仪器进行校准：

（1）新仪器启用前。
（2）检测数据异常，无法进行调整。
（3）经过维修或更换主要零配件。

（四）电磁感应法

电磁感应法钢筋探测仪可用于检测混凝土构件中混凝土保护层厚度和钢筋的间距。

1)检测前的准备工作:

(1)根据设计资料了解钢筋的直径和间距。

(2)根据检测目的确定检测部位,检测部位应避开钢筋接头、绑丝及金属预埋件。检测部位的钢筋间距应符合电磁感应法钢筋探测仪的检测要求。

(3)根据所检钢筋的布置状况,确定垂直于所检钢筋轴线方向为探测方向,检测部位应平整光洁。

(4)应对仪器进行预热和调零,调零时探头应远离金属物体。

2)检测前应预扫描:

将电磁感应法钢筋探测仪的探头在检测面上沿探测方向移动,直到仪器保护层厚度示值最小,此时探头中心线与钢筋轴线应重合,在相应位置做好标记,并初步了解钢筋埋设深度。重复上述步骤将相邻的其他钢筋位置逐一标出。

3)钢筋混凝土保护层厚度的检测应按下列步骤进行:

(1)应根据预扫描结果设定仪器量程范围,根据原位实测结果或设计资料设定仪器的钢筋直径参数。沿被测钢筋轴线选择相邻钢筋影响较小的位置,在预扫描的基础上进行扫描探测,确定钢筋的准确位置,将探头放在与钢筋轴线重合的检测面上读取保护层厚度检测值。

(2)应对同一根钢筋同一处检测2次,读取的2个保护层厚度值相差不大于1mm时,取二次检测数据的平均值为保护层厚度值,精确至1mm;相差大于1mm时,该次检测数据无效,并应查明原因,在该处重新进行2次检测,仍不符合规定时,应该更换电磁感应法钢筋探测仪进行检测或采用直接法进行检测。

(3)当实际保护层厚度值小于仪器最小示值时,应采用在探头下附加垫块的方法进行检测。垫块对仪器检测结果不应产生干扰,表面应光滑平整,其各方向厚度值偏差不应大于0.1mm。垫块应与探头紧密接触,不得有间隙。所加垫块厚度在计算保护层厚度时应予扣除。

4)钢筋间距的检测应按下列步骤进行:

(1)根据预扫描的结果,设定仪器量程范围,在预扫描的基础上进行扫描,确定钢筋的准确位置。

(2)检测钢筋间距时,应将检测范围内的设计间距相同的连续相邻钢筋逐一标出,并应逐个量测钢筋的间距。当同一构件检测的钢筋数量较多时,应对钢筋间距进行连续量测,且不宜少于6个。

5)遇到下列情况之一时,应采用直接法进行验证:

(1)认为相邻钢筋对检测结果有影响。

(2)钢筋公称直径未知或有异议。

(3)钢筋实际根数、位置与设计有较大偏差。

（4）钢筋以及混凝土材质与校准试件有显著差异。

6）当采用直接法验证时，应选取不少于30%的已测钢筋，且不应少于7根，当实际检测数量小于7根时应全部抽取。

（五）雷达法

1）雷达法宜用于结构或构件中钢筋间距和位置的大面积扫描检测以及多层钢筋的扫描检测；当检测精度符合《混凝土中钢筋检测技术标准》JGJ/T 152—2019第4.3.1条的规定时，也可用于混凝土保护层厚度检测。

2）雷达法检测钢筋应按下列步骤进行：

（1）根据检测构件的钢筋位置选定合适的天线中心频率。天线中心频率的选定应在满足探测深度的前提下，使用较高分辨率天线的雷达仪。

（2）根据检测构件中钢筋的排列方向，雷达仪探头或天线沿垂直于选定的被测钢筋轴线方向扫描采集数据。场地允许的情况下，宜使用天线阵雷达进行网格状扫描。

（3）根据钢筋的反射回波在波幅及波形上的变化形成图像，来确定钢筋间距、位置和混凝土保护层厚度检测值，并可对被检测区域的钢筋进行三维立体显示。

3）遇到下列情况之一时，宜采用直接法验证：

（1）认为相邻钢筋对检测结果有影响。

（2）无设计图纸时，需要确定钢筋根数和位置。

（3）当有设计图纸时，钢筋检测数量与设计不符或钢筋间距检测值超过相关标准允许的偏差。

（4）混凝土未达到表面风干状态。

（5）饰面层电磁性能与混凝土有较大差异。

4）当采用直接法验证时，应选取不少于30%的已测钢筋且不应少于7根，当实际检测数量不到7根时应全部抽取。

（六）直接法

1. 混凝土保护层厚度检测应按下列步骤进行

（1）采用无损检测方法确定被测钢筋位置。

（2）采用空心钻头钻孔或剔凿去除钢筋外层混凝土直至被测钢筋直径方向完全暴露，且沿钢筋长度方向不宜小于2倍钢筋直径。

（3）采用游标卡尺测量钢筋外轮廓至混凝土表面最小距离。

2. 钢筋间距的检测应按下列步骤进行

（1）在垂直于被测钢筋长度方向上对混凝土进行连续剔凿，直至钢筋直径完全暴露，暴露的连续分布且设计间距相同钢筋不宜少于6根。当钢筋数量少于6根时，应全部剔凿。

（2）采用钢卷尺逐个量测钢筋的间距。

（七）计算与评定

1）采用直接法验证混凝土保护层厚度时，应先按下式计算混凝土保护层厚度的修正量：

$$c_c = \frac{\sum_{i=1}^{n}(c_i^z - c_i^t)}{n} \tag{13-13}$$

式中：c_c——混凝土保护层厚度修正量（mm），精确至 0.1mm；

c_i^z——第 i 个测点的混凝土保护层厚度直接法实测值（mm），精确至 0.1mm；

c_i^t——第 i 个测点的混凝土保护层厚度电磁感应法钢筋探测仪器示值（mm），精确至 1mm；

n——钻孔、剔凿验证实测点数。

2）混凝土保护层厚度测点检测值应按下式计算：

$$c_m^t = \frac{c_1^t + c_2^t + 2c_c - 2c_0}{2} \tag{13-14}$$

式中：c_m^t——混凝土保护层厚度检测值（mm），精确至 1mm；

c_1^t、c_2^t——第 1、2 次混凝土保护层厚度电磁感应法钢筋探测仪器示值（mm），精确至 1mm；

c_c——混凝土保护层厚度修正量（mm）；当没有进行钻孔剔凿验证时取 0；

c_0——探头垫块厚度（mm），精确至 0.1mm；无垫块时取 0。

3）检测钢筋间距时，可根据实际需要采用绘图方式给出相邻钢筋间距，当同一构件检测钢筋为连续 6 个间距时，也可给出被测钢筋的最大间距、最小间距和平均间距，钢筋平均间距按下式计算：

$$s_m = \frac{\sum_{i=1}^{n} s_i}{n} \tag{13-15}$$

式中：s_m——钢筋平均间距，精确至 1mm；

s_i——第 i 个钢筋间距，精确至 1mm。

4）评定：

（1）工程质量检测时，混凝土保护层厚度的评定应符合现行国家标准《混凝土结构工程施工质量验收规范》GB 50204—2015 的有关规定。

（2）对混凝土结构进行结构性能检测时，混凝土保护层厚度、钢筋间距的评定结果应符合现行国家标准《混凝土结构现场检测技术标准》GB/T 50784—2013 的规定。

（3）评价混凝土保护层厚度对结构耐久性的影响时，可参照《公路桥梁承载能力检测评定规程》JTG/T J21—2011 第 5.8.6 条。

九、氯离子含量

（一）相关标准

(1)《混凝土中氯离子含量检测技术规程》JGJ/T 322—2013。
(2)《建筑结构检测技术标准》GB/T 50344—2019。
(3)《公路桥梁承载能力检测评定规程》JTG/T J21—2011。

（二）基本概念

氯离子是极强的去钝化剂，一定条件下其浓度达到临界值，钢筋就会去钝化而腐蚀，因此氯离子是诱发混凝土内部钢筋锈蚀的重要因素之一。氯离子主要来源于掺料、水、骨料或暴露于海水以及处于其他较高的环境中所致，对于临近海洋或位于海滨城市的桥梁，以及北方受到除冰盐侵蚀的桥梁，极易由于氯离子侵蚀而导致钢筋锈蚀、混凝土大面积剥落。通过氯离子含量检测，分析氯离子含量是否超过国家标准所规定的容许值。

（三）检验仪器设备

取芯机、钢筋扫描仪、破碎机、0.16mm筛子、氯离子含量快速测定仪、0.1g精度的天平、烧杯若干、滤纸以及相关辅助工具。

（四）量测方法

1. 取样

（1）分析样品的取样部位可参照钢筋锈蚀电位测试测区布置原则确定。

（2）测区的数量应根据钢筋锈蚀电位检测结果以及结构的工作环境条件确定。在电位水平不同部位、工作环境条件、质量状况有明显差异的部位布置测区。

（3）当检测硬化混凝土中氯离子含量时，可采用标准养护试件、同条件养护试件；存在争议时，应采用标准养护试件：标准养护试件测试龄期宜为28d，同条件养护试件的等效养护龄期宜为600℃·d；当无试件时，可以在构件上钻取混凝土芯样，有多个芯样时，截取相同深度范围内的芯样。

（4）从同一组混凝土试件中取样：从每个试件内部各取不少于200g、等质量的混凝土试样，去除混凝土试样中的石子后，应将3个试样的砂浆砸碎后混合均匀，并应研磨至全部通过公称直径为0.16mm的筛孔；研磨后的砂浆粉末应置于(105±5)℃烘箱中烘2h，取出后应放入干燥器冷却至室温备用。

2. 制备试样

（1）用天平精确称取烘干的粉末200g，将粉末置于400mL干净烧杯内，然后向烧杯中加入250mL的蒸馏水，配成待检样品。

（2）另备一空烧杯，向烧杯中加入约 200mL 的蒸馏水。

（3）在 4 个小烧杯中依次加入万分之一、千分之一、百分之一、十分之一的标准 NaCl 溶液。

3. 测试

（1）测量需在常温下进行，温度约为 (20 ± 2)℃。

（2）将电极安装在主机上，按红色开关，蜂鸣后开机，正常开机后页面出现六个可选项。

（3）选定曲线标定项，根据仪器提示将电极插入万分之一 NaCl 溶液（电极不能碰到烧杯壁），当电势达到稳定后按确定键，将电极放入干净蒸馏水中轻轻冲洗后用滤纸擦干净。

（4）按（3）的要求依次将电极插入千分之一、百分之一、十分之一的 NaCl 溶液。

（5）标定结束后：左上浓度从小到大，右上电势由大到小，回归系数 > 0.997，确定标定结果。

（6）选定浓度待测项，根据仪器提示输入样品质量：200g 和样品体积：250mL（水溶液中水的体积）后按确定，根据仪器提示将电极放入待测液体当中（避免电极接触底部砂浆），当电势达到稳定后，按下确定，采集电势。可以得到氯离子含量，结果分为三个：第一行以 mol/L 为单位、第二行以质量百分比为单位、第三行为电势。

（五）分析结果的判读解释

氯化物浸入混凝土可引起钢筋锈蚀，其锈蚀危险性受到多种因素的影响，如碳化深度、混凝土含水量、混凝土质量等，因此应进行综合分析。混凝土中氯离子含量可参照表 13-15 的评判标准确定其对钢筋锈蚀的影响程度。

氯离子含量分析表　　　　表 13-15

氯离子含量 （占水泥含量的百分比）	<0.15	0.15～0.4	0.4～0.7	0.7～1.0	>1.0
评定标度值	1	2	3	4	5
诱发钢筋锈蚀的可能性	很小	不确定	有可能诱发钢筋锈蚀	会诱发钢筋锈蚀	钢筋锈蚀活化

十、混凝土电阻率

（一）相关标准

《城市桥梁检测与评定技术规范》CJJ/T 233—2015。

（二）基本概念

电阻率是混凝土的重要特性，它代表了混凝土某个截面单位长度抵抗电流流过的能力，侧面反映了混凝土微观结构。一般来说，混凝土电阻率大，导电性弱，钢筋发生锈蚀的速度慢，相反混凝土电阻率小，锈蚀发展速度快，扩散能力强。因此，可以通过测量混凝土的电阻率间接评定钢筋锈蚀状况。

目前混凝土电阻率测试规范推荐试验采用四电极方法，即在混凝土表面等间距接触四支电极，两外侧电极为电流电极，两内侧电极为电压电极，通过检测两电压电极间的混凝土电阻即可获得混凝土电阻率。

（三）测区布置

（1）每一构件测区数量不宜少于30个。

（2）测区与测位布置可参照钢筋锈蚀自然电位测量的要求，在电位测量网格间进行，并做好编号。

（3）混凝土表面应清洁、无尘、无油脂。为了提高测量的准确性，必要时可去掉表面钻2～3mm的孔；以取得最好的测试结果。

（四）测试方法

（1）调节好电极的间距，一般可采用50mm。

（2）先用清水清洗海绵塞，然后将吸完水的海绵塞分别塞进探头的4个电极中。在测试过程中，应保持海绵的充水状态，如果海绵塞干了，则需重新吸水后测试。

（3）连接主机和探头。

（4）开机并用标准块检查设备，不合格时应更换探头。

（5）测量时探头应垂直置于混凝土表面，并施加适当的压力。依次完成每个测区的电阻率测试，并记录。

（6）测区混凝土电阻率应采用最小值。

（五）结果判定（表13-16）

混凝土电阻率对钢筋锈蚀影响的评价 表13-16

混凝土电阻率 （Ω·cm）	$\rho \geqslant 20000$	$15000 \leqslant \rho < 20000$	$10000 \leqslant \rho < 15000$	$5000 \leqslant \rho < 10000$	$\rho < 5000$
可能的钢筋锈蚀速率	很慢	慢	一般	快	很快

十一、钢筋锈蚀状况

（一）相关标准

（1）《城市桥梁检测与评定技术规范》CJJ/T 233—2015。

（2）《建筑结构检测技术标准》GB/T 50344—2019。

（3）《混凝土中钢筋检测技术标准》JGJ/T 152—2019。

（二）基本概念

钢筋锈蚀后表面形成锈斑，减小钢筋断面，降低强度，且钢筋锈蚀后体积会膨胀使混凝土开裂，钢筋与混凝土之间的握裹力减小，对钢筋混凝土结构的承载能力和耐久性产生影响。由于混凝土结构与构件中的钢筋腐蚀通常是由于自然电化学腐蚀引起的，因此常采用电化学参数来定性评估钢筋的锈蚀性状，目前最常采用的电化学方法是半电池电位法。

《混凝土中钢筋检测技术标准》JGJ/T 152—2019 中规定了一种半电池，即铜—硫酸铜半电池（图 13-2），将混凝土与混凝土中的钢筋看作另一个半电池。测量时，将铜—硫酸铜半电池与钢筋混凝土相连接，检测钢筋的电位。这种方法适用于已硬化混凝土中钢筋的半电池电位的检测。

当发现桥梁主要受力构件存在以下情况时，需进行钢筋锈蚀状况检测：

（1）沿主筋方向有较长裂缝。

（2）混凝土表面有锈迹渗出或胀裂、剥落。

（3）碳化深度检测结果大于设计混凝土保护层厚度。

钢筋的实际锈蚀状况宜采用直接法进行验证。

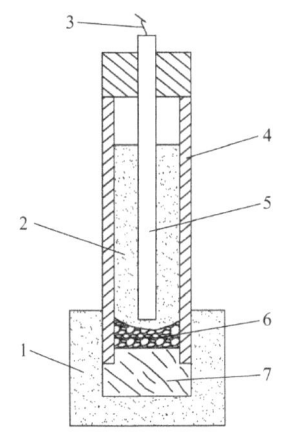

1—电连接垫；2—饱和硫酸铜溶液；3—与电压表导线连接的插头；4—刚性管；5—铜棒；6—少许硫酸铜结晶；7—多孔塞或软木塞

图 13-2 铜—硫酸铜半电池剖面图

（三）仪器设备

（1）半电池电位法钢筋锈蚀检测仪（以下简称"钢筋锈蚀检测仪"）、钢筋探测仪等。

（2）钢筋锈蚀检测仪应由铜—硫酸铜半电池（以下简称"半电池"）、电压仪和导线构成。

（3）饱和硫酸铜溶液应采用分析纯硫酸铜试剂晶体溶解于蒸馏水中制备。应使刚性管的底部积有少量未溶解的硫酸铜结晶体，溶液应清澈且饱和。

（4）半电池的电连接垫应预先浸湿，多孔塞和混凝土构件表面应形成电通路。

（5）电压仪应具有采集、显示和存储数据的功能，满量程不宜小于 1000mV。在满量程范围内的测试允许误差为±3%。

（6）用于连接电压仪与混凝土中钢筋的导线宜为铜导线，其总长度不宜超过 150m、截面面积宜大于0.75mm²,在使用长度内因电阻干扰所产生的测试回路电压降不应大于0.1mV。

(四)测区布置

(1)在构件上选定测区,测区面积不宜大于5m×5m,并应按确定的位置编号。每个测区应采用矩阵式(行、列)布置测点,依据实测结构及构件的尺寸,网格间距宜在(100~500)mm,网格的节点为电位测点。一个测区的测点数不宜少于20个。

(2)当测区混凝土有绝缘涂层介质隔离时,应清除绝缘涂层介质。

(3)测点处混凝土表面应平整、清洁。必要时应采用砂轮或钢丝刷打磨,并应将粉尘等杂物清除。

(五)检测方法

(1)导线与钢筋的连接步骤:

①采用钢筋探测仪检测钢筋的分布情况,并应在适当位置剔凿出钢筋;

②导线一端应接于电压仪的负输入端,另一端应接于混凝土中钢筋上;

③连接处的钢筋表面应除锈或清除污物,并保证导线与钢筋有效连接;

④测区内的钢筋(钢筋网)必须与连接点的钢筋形成电通路。

(2)导线与半电池的连接步骤:

①连接前应检查各种接口,接触应良好;

②导线一端应连接到半电池接线插头上,另一端应连接到电压仪的正输入端。

(3)测区混凝土应预先充分浸湿。可在饮用水中加入适量(约2%)家用液态洗涤剂配制成导电溶液,在测区混凝土表面喷洒,半电池的电连接垫与混凝土表面测点应有良好的耦合。

(4)半电池检测系统稳定性应符合下列要求:

①在同一测点,用相同半电池重复2次测得该点的电位差值应小于10mV;

②在同一测点,用两只不同的半电池重复2次测得该点的电位差值应小于20mV。

(5)半电池电位的检测应按下列步骤进行:

①测量并记录环境温度;

②应按测区编号,将半电池依次放在各电位测点上,检测并记录各测点的电位值;

③检测时,应及时清除电连接垫表面的吸附物,半电池多孔塞与混凝土表面应形成电通路;

④在水平方向和垂直方向上检测时,应保证半电池刚性管中的饱和硫酸铜溶液同时与多孔塞和铜棒保持完全接触;

⑤检测时应避免外界各种因素产生的电流影响。

(6)当检测环境温度在(22±5)°C之外时,应按下列公式对测点的电位值进行温度修正:

当$T \geqslant 27°C$:

$$V = 0.9 \times (T - 27.0) + V_R \tag{13-16}$$

当 $T \leqslant 17℃$：

$$V = 0.9 \times (T - 17.0) + V_R \tag{13-17}$$

式中：V——温度修正后电位值，精确至 1mV；

V_R——温度修正前电位值，精确至 1mV；

T——检测环境温度，精确至 1℃；

0.9——系数（mV/℃）。

（六）结果评定

（1）半电池电位检测结果可采用电位等值线图表示被测结构及构件中钢筋的锈蚀性状。

（2）宜按合适比例在结构及构件图上标出各测点的半电池电位值，可通过数值相等的各点或内插等值的各点绘出电位等值线。电位等值线的最大间隔宜为 100mV，如图 13-3 所示。

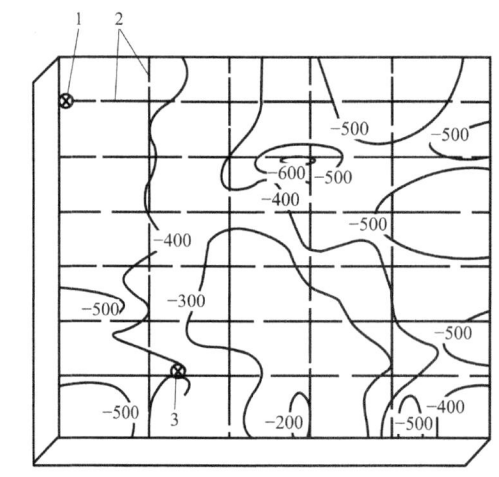

1—钢筋锈蚀检测仪与钢筋连接点；2—钢筋；3—铜—硫酸铜半电池

图 13-3　电位等值线示意图

（3）当采用半电池电位值评价钢筋锈蚀性状时，应根据表 13-17 进行判断。

半电池电位值评价钢筋锈蚀性状的判据　　表 13-17

电位水平（mV）	钢筋锈蚀性状
> -200	不发生锈蚀的概率 > 90%
-200～-350	锈蚀性状不确定
< -350	发生锈蚀的概率 > 90%

十二、预应力孔道摩阻损失

（一）相关标准

（1）《公路桥涵施工技术规范》JTG/T 3650—2020。

（2）《公路钢筋混凝土及预应力混凝土桥涵设计规范》JTG 3362—2018。

（二）基本概念

预应力孔道摩阻损失主要是由于预应力钢筋与孔道壁之间的摩擦引起的，这种损失对预应力混凝土结构的设计、施工具有重要影响：如果对预应力损失的估计过高，可能会导致梁端混凝土局部破坏或梁体预拉区开裂，如果对预应力损失的估计不足，则不能有效地提高预应力混凝土梁的抗裂度和刚度。在实际工程中，由于施工工艺的影响，管道摩阻损失与规范值通常有一定偏差。因此，需要采用实测的方法来确定孔道摩阻系数，以保证预应力损失计算的准确性。

本节介绍的方法适用于检测后张法预应力混凝土构件中的锚圈口摩阻损失及中曲线孔道摩阻力损失。

（三）检测前的准备

1）收集待检测桥梁或构件设计资料和施工资料。包括但不限于以下参数：混凝土设计强度等级、浇筑日期、孔道成型方式、孔道波纹管材质、孔道长度、设计张拉力、累计转角θ（rad）、孔道偏差系数k，油压千斤顶的最大出顶量等数据。

2）准备配套的油压表、千斤顶等加载设备，并检查其工作状态是否正常。油路是否通畅，油管和接头等部位是否漏油。吊装设备工作是否正常，现场工作环境是否安全。

3）检查力学传感器、标准负荷测量仪工作是否正常，锚具、夹片、垫板是否齐全、配套。

4）孔道内钢绞线外露长度要满足测试长度要求（1.2m以上），以保证千斤顶、力传感器、垫板、锚具的安装长度。

5）设备安装

（1）按照对应图13-4所示顺序安装相关设备。

（2）轴线对中：设备安装后进行位置微调，所有设备的中心线与钢束中心线重合，夹片打紧。

（3）连接信号线、油管等，接通电源，开机进入工作状态。

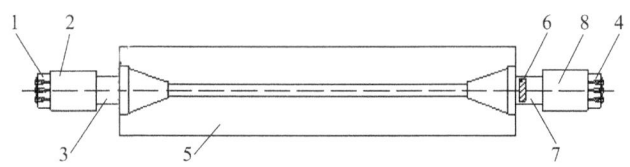

1—工具锚；2—主动端千斤顶；3—主动端传感器；4—工具锚；5—试件；6—钢质约束环；7—被动端传感器；8—被动端千斤顶

图13-4 张拉设备安装顺序示意图

（四）孔道摩阻损失检测方法

当测试曲线孔道摩阻损失时，测试步骤应符合下列规定：

（1）将设备在梁两端按图 13-5 中"7-5-6-4-8"顺序安装完成并确认装置对中后，将两边千斤顶同时充油，张拉到设计张拉力的 20%维持，指定孔道一侧为甲端，另一侧为乙端。

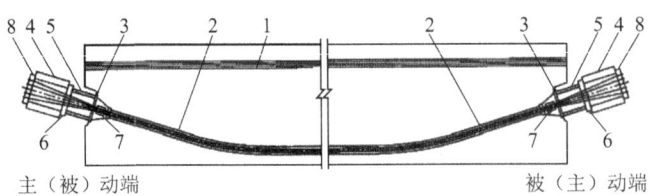

1—实体梁；2—管道；3—锚垫板；4—千斤顶；5—传感器；6—对中垫圈；7—约束环；8—工具锚及夹片

图 13-5　张拉设备安装顺序示意图

（2）将甲端封闭作为被动端，乙端作为主动端分级加载至张拉控制应力后，记录主动端和被动端传感器的力值。然后主动端卸载至设计张拉力的 20%左右，再重复两次张拉到设计张拉力，分别记录每次主动端和被动端传感器的力值。主动端卸载至设计张拉力的 20%左右封闭。取 3 次主动端张拉力的平均值N_1、3 次被动端张拉力的平均值N_2及两端压力差的平均值ΔN。

（3）甲端和乙端互换，按上述方法反复进行 3 次，取 3 次主动端张拉力的平均值N_1、3 次被动端张拉力的平均值N_2及两端压力差的平均值ΔN。

（4）以上步骤完成后，主动端卸载至设计张拉力的 20%后，两端同时卸载至张拉力为 0，然后按安装逆顺序依次拆下相关设备。

（5）将上述两次结果数值再次平均，即为各数值的测定值。

（五）数据处理

根据《公路钢筋混凝土及预应力混凝土桥涵设计规范》JTG 3362—2018 中的摩阻损失公式：

$$\delta_{l1} = \delta_{con}[1 - e^{-(\mu\theta + kx)}] \tag{13-18}$$

得出摩阻系数的反算公式：

$$\mu = \frac{-Ln(N_2/N_1) - kx}{\theta} \tag{13-19}$$

式中：δ_{l1}——孔道摩阻损失应力；

　　　δ_{con}——预应力钢筋锚下的张拉控制应力值；

　　　S——钢绞线有效截面积；

　　　μ——反算孔道摩阻系数，精确到小数点后 3 位；

　　　N_1——主动端张拉力的平均值（kN），精确到 1kN；

N_2——被动端张拉力的平均值（kN），精确到 1kN；

k——孔道偏差系数，由委托方提供；

x——孔道曲线长度（m），由委托方提供，精确到小数点后 3 位；

θ——累计转角（rad），由委托方提供，精确到小数点后 3 位。

将委托方提供的 k、x、θ 值及所测得的主动端张拉力的平均值 N_1、被动端张拉力的平均值 N_2 代入公式(13-19)，计算出摩阻系数并与委托方提供的设计摩阻系数进行比对。若计算出的摩阻系数不大于委托方提供的孔道摩阻系数，则判定为测试结果合格。否则为不合格。

十三、有效预应力

（一）相关标准

（1）《公路桥涵施工技术规范》JTG/T 3650—2000。

（2）《桥梁预应力及索力张拉施工质量检测验收规程》CQJTG/T F81—2009。

（3）《公路桥梁锚下有效预应力检测技术规程》T/CECS G：J51-01—2020。

（二）基本概念

通过对桥梁张拉后的有效预应力进行检测，了解预应力张拉施工的质量，防止预应力张拉不到位或张拉过度，给桥梁施工期与运营期带来安全隐患。目前常采用的方法是反向拉拔试验法与应变传感器法。

本节主要介绍反向拉拔法，该方法的基本原理为：对露在体外的钢绞线进行整体或者单根张拉，同时测试张拉力和钢绞线伸长量；在拉拔力小于原有有效预应力时，夹片对钢绞线有紧固作用，能够自由伸长的钢绞线为露出的自由长度；在拉拔力超过原有有效预应力时，锚头与夹片脱开，能够自由伸长的钢绞线除了露出的自由长度以外，一部分位于锚下的钢绞线也参与张拉，此时，自由伸长的钢绞线长度就会有较明显的增加。另外，夹片本身也会随着钢绞线的伸长而产生向外的位移。因此，通过量测拉拔力—钢绞线或者夹片的位移关系，即可推算锚下有效预应力。反向拉拔法检测时，预应力构件应尚未压浆，检测端预应力筋外露长度应满足限位板、反拉加载设备、测力设备等检测仪器设备的安装条件。

（三）仪器设备

1）检测设备应具有下列功能：

（1）自动控制千斤顶的升降压。

（2）实时采集位移、压力信号，最小采样时间间隔 1ms。

（3）实时显示位移、压力的时程曲线，给出有效预应力检测值。

（4）有效预应力检测值应在测量装置量程的 15%～85% 范围内。

2）反拉加载设备公称张力不小于最大加载力值的 1.3 倍，且不大于最大加载力值的 2 倍。反拉加载设备具备均匀加、卸载与稳压补偿等性能。

3）设备张拉过程中，通过对夹片的位移进行简单且可靠的控制（通常限制在 1mm），尽可能减少检测作业对夹片的损伤以及对极限承载力的影响。

（四）检测方法

1. 检测前的准备

（1）检查检测现场是否满足作业和人员安全的要求。检测前应采用挡板等可靠措施，防止预应力筋断裂、夹片飞出而对现场人员造成伤害。

（2）反拉加载设备的安装应使力作用线与预应力筋（或束）的轴线重合，限位板应同夹片的外露量相适应。

（3）检查设备主要参数的设置是否正确。

（4）按顺序安装限位装置、千斤顶，连接控制网络，启动检测设备。

（5）对液压泵站、千斤顶进行联机升压、退顶测试。

2. 实施检测

（1）加卸载过程宜为：0→初拉应力→反拉峰值应力→有效预应力检测值F_e→0，初拉应力宜为$(0.1\sim0.2)\sigma_{con}$，加载速率不宜大于 $0.2\sigma_{con}$/min，卸载速率不宜大于 $0.5\sigma_{con}$/min（σ_{con}为预应力筋张拉控制应力）。

（2）初拉应力稳定时间不少于 5min，当位移量稳定后，测量并记录初始应力值及初始位移量；否则应停止加载，找出原因并重新试验。

（3）反拉过程应匀速稳定，进行实时采集数据和分析，同时利用软件显示F-S曲线，监控曲线的斜率变化。

（4）当曲线出现拐点，斜率发生明显变化，据此推算出有效预应力检测值F_e，同时发出警报停止加压反拉，稳压不宜少于 5min，当位移变化量小于 0.1mm/min 后，方可进行卸载。

（五）结果评价

根据《公路桥梁锚下有效预应力检测技术规程》T/CECS G：J51-01—2020 的要求，桥梁预应力筋预应力张拉力判定标准见表 13-18。

锚下有效预应力检测项目相关指标判定标准　　　　表 13-18

序号	项目	允许偏差
1	锚下有效预应力测试值（kN）	$\pm5\%F_s$
2	锚下有效预应力同束不均匀度	5%
3	锚下有效预应力同断面不均匀度	2%

注：F_s为锚下有效预应力标准值。

十四、孔道压浆密实性

(一) 相关标准

(1)《桥梁预应力孔道注浆密实性无损检测技术规程》DB14/T 1109—2015。
(2)《公路桥梁预应力施工检测技术规程》DB62/T 4345—2021。

(二) 基本概念

后张法预应力混凝土梁的制作中,通过灌浆体使得钢绞线与周围混凝土形成一个整体。如果压浆不密实,水和空气容易进入使得处于高度张拉状态的钢绞线束易发生腐蚀,造成有效预应力降低。严重时钢绞线会发生断裂,从而极大地影响桥梁的耐久性、安全性,造成严重的安全隐患。

采用冲击回波法对后张法预应力孔道压浆密实性进行检测。冲击回波法是通过冲击方式产生瞬态冲击弹性波并接收冲击弹性波信号,通过分析冲击弹性波及其回波的波速、波形和主频频率等参数的变化,判断混凝土结构内部缺陷的方法。检测预应力孔道压浆密实性时,沿预应力孔道方向,以扫描形式逐点进行激振和接收信号,通过分析信号传播过程中预应力孔道及构件对面处反射信号的时间,从而定量判定预应力孔道各位置处注浆密实性,也称为冲击回波定位检测法。

(三) 检测方法

(1) 检测前调查工程现场,收集工程设计图纸、制孔工艺、注浆资料、施工记录等,了解预应力孔道位置走向、注浆工艺及注浆过程中出现的异常情况。

(2) 在冲击回波传播方向只有一束的预应力孔道,并且孔道走向及位置能够测定,测试表面应打磨规则平整,预应力孔道壁厚不超过 80cm。检测时间应在注浆材料强度达到设计强度的 80%后进行。

(3) 梁(板)检测前,应对该梁场梁(板)正常混凝土区域无预应力孔道位置处及预应力孔道未注浆位置处冲击回波的传播波速及传播时间进行标定。

(4) 根据现场实际情况选择合适的放大器、传感器及激振设备,连接检测系统并进行设备自检,确认整个检测系统处于正常工作状态。

(5) 传感器前端应与构件表面密切接触,避免点接触或线接触。

(6) 激振时激振方向应与构件表面垂直。

(7) 应沿预应力孔道走向逐点检测,测点间距宜为 10cm,激振点与测点间距宜为 5cm。

(8) 每次保存数据前,应对测试信号进行判断,当自动采集波形起振明显、无毛刺时,方可保存。当噪声较大时,应采用信号增强技术重新进行检测,提高信噪比;当信号一致性较差时,应分析原因,排除人为和检测仪器等干扰因素,重新进行检测。

(四)数据分析与结果评定

1)冲击回波定位检测结果采用冲击回波实际传播时间 t 与正常混凝土区域无预应力孔道位置处及预应力孔道未注浆位置处冲击回波的标定传播时间 t_z、t_w 间的相对关系进行判定:

(1)若 $t < t_z$,则测试结果存在较大偏差,应重新检测分析并对 t_z 进行复核。

(2)若 $t_z \leqslant t < \frac{3t_z+t_w}{r}$,则预应力孔道测点处注浆密实或基本密实。

(3)若 $\frac{3t_z+t_w}{c} \leqslant t < \frac{t_z+t_w}{2}$,则预应力孔道测点处注浆存在缺陷。

(4)若 $\frac{t_z+t_w}{2} \leqslant t \leqslant t_w$,则预应力孔道测点处注浆存在严重缺陷。

(5)若 $t > t_w$,则不仅预应力孔道测点处注浆存在缺陷,而且此处混凝土也存在浇筑不密实、空洞等内部缺陷。

2)通过冲击回波定位检测判定结果,得出各测区注浆缺陷长度和预应力束的累计注浆缺陷长度。

十五、索力

(一)相关依据

(1)《城市桥梁检测与评定技术规范》CJJ/T 233—2015。
(2)《公路工程质量检验评定标准 第一册 土建工程》JTG F80/1—2017。
(3)《公路桥梁荷载试验规程》JTGT J21-01—2015。

(二)基本概念

索力是表征斜拉桥、悬索桥等类型桥梁技术状况的一个重要参数,由于索内钢丝束处于较高的拉应力状态,一旦索力发生变化,预测着索的状态可能发生异常,如腐蚀介质侵入导致腐蚀断丝等,影响到结构的安全。通过检测掌握索力的分布状况,并成桥索力进行比较,有助于对桥梁受力状态作出较准确的评价,对保障大跨悬索桥、斜拉桥的安全有非常重要的意义。

当拉索、吊索、系索的锚下或索上安装有测力传感器时,索力可直接利用测力传感器测量,未布设传感器或者传感器失效时可采用振动法测试。振动法的原理为在一定条件下,索股拉力与索的振动频率存在对应的关系,在已知索的长度、分布质量及抗弯刚度时,可通过索股的振动频率计算索的拉力。

影响索力测量精度的主要因素有索的抗弯刚度、边界约束条件、斜度、垂度、索的初应力以及拉索类型等,《城市桥梁检测与评定技术规范》CJJ/T 233—2015 第 4.8.1 条的条文说明指出:

(1)不计抗弯刚度时求得的索力比计入抗弯刚度时偏大,但对细长拉索一般不会超过 3%,对于长度小于 40m 的斜拉索和拱桥吊杆,有可能超过 5%,此时应计入抗弯刚度的影响。

（2）斜拉索两端处理为铰接或固定时，对索力的影响相差不会超过 5%，随着索长增加和抗弯刚度减小，两种边界条件的分析结果更接近。

（3）当拉索初应力或者拉伸变形相对较小时应计入垂度的影响，且宜采用较高阶的特征频率计算索力，或用高阶频率差代替基频计算索力。

（4）拉索自重和斜度对索力计算结果的影响非常小。

需要注意的是，采用理论公式计算索力时，对于索长较短、抗弯刚度较大的拉吊索（如拱桥吊杆，特别是位于桥梁两端的短吊杆），误差相对较大。

（三）仪器设备

（1）一般由传感器、放大器、信号采集与分析仪器组成。

（2）传感器、放大器及信号采集系统应有足够的灵敏度，可测量索在自然环境激励或

（ ）围应能满足不同索的自振频率测量要求，其带宽应充足。

（ ）器，应有抗混叠滤波和频率分析功能，频率分辨率应至少达到

（ ）的测量方法，采集索在环境激励下的振动信号。当测试系统

（ ）振。

（ ）具或绑带固定在索股上，安装位置宜远离索股锚固端，测量

（ ）于索股第 5 阶自振频率的 5 倍，宜不低 100Hz。记录时间宜

（ ）注意观察信号质量。

（ ）法，获取索的多阶自振频率，宜获取前 5~10 阶自振频率。

（ ）选取分析数据长度、分析带宽、谱线数、重叠率、窗函数

（ ）分析误差，并具有不大于 0.01Hz 的频率分辨率。

（ ）阶次及漏频情况。可根据实测的多阶自振频率中相邻阶的

（ ）频率差值近似相等，且和测得的第 1 阶频率接近时，不存

（ ）象。

（ ）的索力计算方法和基于实测基频的索力计算方法，宜对不

（ ）验证。基于前几阶实测频率的索力计算方如下：

（1）根据实测的前几阶自振频率值，按每一阶自振频率计算索力，一般宜取前 5 阶计算值的均值作为索力实测值。

（2）当索的抗弯刚度可以忽略时，按下式计算索力：

$$T = \frac{4ml^2 f_n^2}{n^2} \tag{13-20}$$

（3）当索的抗弯刚度不可忽略，且索两端约束条件可简化为简支时按下式计算索力：

$$T = \frac{4ml^2 f_n^2}{n^2} - \frac{n^2 \pi^2 EI}{l^2} \tag{13-21}$$

式中：l——为吊杆的计算长度（m）；

n——为吊杆自振频率的阶数；

f_n——为吊杆的第n阶自振频率（Hz）；

m——为吊杆单位长度的质量（g/m）。

（五）结果判定

索力测试后计算索力偏差率，应按下式计算：

$$K_s = \frac{T_m - T_d}{T_d} \times 100\% \tag{13-22}$$

式中：K_s——索力偏差率（%）；

T_m——实测索力值（kN）；

T_d——成桥索力值（kN），当无成桥索力值时，可采用设计索力值。

索力偏差率超过 10%时应分析原因，检定其安全系数是否满足相关规范要求。

十六、风速

（一）相关依据

《建筑与桥梁结构监测技术规范》GB 50982—2014。

（二）基本概念

大跨柔性桥梁对风荷载较敏感，容易产生风致振动，宜进行风及风致响应监测。风及风致响应监测参数应包括风压、风速、风向及风致振动响应，对桥梁结构尚宜包括风攻角。

（三）检测要求

1. 风压监测要求

（1）风压监测宜选用微压量程、具有可测正负压的压力传感器，也可选用专用的风压计，监测参数为空气压力。

（2）风压传感器的安装应避免对结构外立面的影响，并采取有效保护措施，相应的数据采集设备应具备时间补偿功能。

（3）风压测点宜根据风洞试验的数据和结构分析的结果确定；无风洞试验数据情况下，可根据风荷载分布特征及结构分析结果布置测点。

（4）进行表面风压监测的项目，宜绘制监测表面的风压分布图。

（5）风压计的量程应满足结构设计中风场的要求，可选择可调量程的风压计，风压计的精度应为满量程的±0.4%，且不宜低于10Pa，非线性度应在满量程的±0.1%范围内，响应时间应小于200ms。风速仪量程应大于设计风速，风速监测精度宜为0.1m/s，风向监测精度宜为3°。

2. 风速及风向监测应符合下列规定

（1）结构中绕流风影响区域宜采用计算流体动力学数值模拟或风洞试验的方法分析。

（2）机械式风速测量装置和超声式风速测量装置宜成对设置。

（3）风速仪应安装在工程结构绕流影响区域之外。

（4）宜选取采样频率高的风速仪，且不应低于10Hz。

（5）监测结果应包括脉动风速、平均风速和风向。

3. 风致响应监测宜符合下列规定

（1）风致响应监测应对不同方向的风致响应进行量测，现场实测时应根据监测目的和内容布置传感器。

（2）风致响应测点可布置量测不同物理量的多种传感器。

（3）应变传感器应根据分析结果，布置在应力或应变较大或刚度突变能反映结构风致响应特征的位置。

（4）对位移有限制要求的结构部位宜布置位移传感器，位移传感器记录结果应与位移限值进行对比。

（四）检测前准备

（1）调查、收集资料。主要包括委托方和相关单位的具体要求，有关工程勘察资料、设计文件、施工资料及现场周边环境情况。

（2）编制检测方案，包括拟测试的内容、相应的测试点位位置、采用的仪器设备以及测试工况等。

（五）检试验过程

（1）现场标记拟测试测的风压、风速、风向及风致响应点位。

（2）在测试点位安装相应种类的传感器。检查采集仪器设备，确认仪器处于正常工作状态。

（3）按照检测方案中的测试工况依次检测，记录测量位置及实测结果。

（六）结果评定

对实测数据进行分析，并与设计标准或其他设定标准进行比较。

十七、温度

（一）相关依据

《建筑与桥梁结构监测技术规范》GB 50982—2014。

（二）基本概念

温度是桥梁结构及构件承载能力与工作状态的重要影响因素之一，对结构的静态参数以及动态参数进行测试时，都需要考虑温度的影响，对检测数据进行温度修正；大体积混凝土浇筑时受温度的影响作用尤其大，这些情况下都需要对桥梁结构或构件的温度进行检测。

（三）检测要求

（1）温度监测的测点应布置在温度梯度变化较大位置，宜对称、均匀，应反映结构竖向及水平向温度场变化规律。

（2）相对独立空间应设(1~3)个点，面积或跨度较大时，以及结构构件应力及变形受环境温度影响大的区域，宜增加测点。

（3）监测结构温度的传感器可布设于构件内部或表面。当日照引起的结构温差较大时，宜在结构迎光面和背光面分别设置传感器。大气温度仪应直接置于大气中以获得有代表性的温度值。

（4）监测整个结构的温度场分布和不同部位结构温度与环境温度对应关系时，测点宜覆盖整个结构区域。

（5）温度传感器宜选用监测范围大、精度高、线性化及稳定性好的传感器。

（6）监测频次宜与结构应力监测和变形监测保持一致；如监测温度连续变化规律时，宜采用自动监测系统；若采用人工监测读数，监测频次宜不少于每小时1次。

（7）长期温度监测时，监测结果应包括日平均温度、日最高温度和日最低温度；结构温度分布监测时，宜绘制结构温度分布等温线图。

（四）检测前准备

（1）调查、收集资料。主要包括委托方和相关单位的具体要求，有关工程勘察资料、设计文件、施工资料及现场周边环境情况。

（2）编制检测方案，包括拟温度测试的内容、测试部位和方法、采用的仪器设备以及测试工况等。

（五）现场检测

（1）按照方案的要求，分别布置大气温度检测、结构表面温度检测以及结构内部温度检测布置检测传感器，混凝土结构内部温度检测需要在浇筑混凝土时提前埋设温度传感器。
（2）检查采集仪器设备，确认仪器处于正常工作状态。

（六）结果评定

对实测数据进行分析，并与设计标准或其他设定标准进行比较。

十八、承载能力（含静态挠度、静态应变、自振频率、阻尼比、振型、动态挠度、动态应变、加速度、速度与冲击性能）

（一）相关标准

（1）《公路桥涵设计通用规范》JTG D60—2015。
（2）《公路钢筋混凝土及预应力混凝土桥涵设计规范》JTG 3362—2018。
（3）《公路桥梁承载能力检测评定规程》JTG/T J21—2011。
（4）《公路桥梁荷载试验规程》JTG/T J21—01—2015。
（5）《城市桥梁检测与评定技术规范》CJJ/T 233—2015。

（二）基本概念

在桥梁上施加静、动态等效荷载，通过测量静态挠度及应变、位移、动态挠度及应变、加速度、速度、冲击性能等参数，对桥梁的承载能力进行评估，即进行桥梁荷载试验，是桥梁承载能力评定通的重要方法之一。

（三）工作流程

1. 试验前的准备
（1）试验准备阶段应收集下列资料：设计资料、施工和监理资料、施工监控资料；施工监控报告、竣工资料、运营期维护养护以及加固改造的资料。
（2）现场调查。主要调查桥梁结构的总体尺寸，主要构件截面尺寸，主要部位的高程，桥面平整度，支座工作状况，材料的物理力学性能，结构物的裂缝、缺陷、损伤和钢筋锈蚀状况等。
（3）测试孔选择。进行现场踏勘和外观检查，选择代表性桥孔作为测试孔，同时宜考虑便于支架搭设或检测车操作，加载方便，仪器设备连接容易实现等。

（4）试验方案编制。根据试验控制荷载作用下的结构内力、变位及结构基频等的理论计算结果，结合测试内容，按等效原则拟定试验荷载大小、试验工况。

2. 现场实施阶段

（1）现场准备。包括试验测点放样、布置，荷载组织，现场交通组织及试验测试系统安装调试等。

（2）预加载试验。在正式实施加载试验前，应先进行预加载试验，检验整个试验测试系统工作状况，并进行调试。

（3）正式加载试验。按照预定的荷载试验方案进行加载试验，并记录各测点测值和相关信息。

（4）过程监控。监测主要控制截面最大效应实测值，并与相应的理论计算值进行分析比较，关注结构薄弱部位的力学指标变化、既有病害的发展变化情况，判断桥梁结构受力是否正常，再加载是否安全，确定可否进行下一级加载。

3. 试验结果分析

（1）理论计算。按照实际施加荷载情况对桥梁结构内力、应力（应变）和变形进行理论计算。必要时尚应对裂缝宽度、动力响应等进行分析。

（2）数据分析。对原始测试记录进行分析处理，提取有价值的信息。

（3）报告编制。根据理论计算和测试数据对比分析，对试验结果做出判断与评价，形成荷载试验报告。

（四）相关要求

1. 试验环境要求

（1）应在封闭交通状态下实施。

（2）不宜在强风下进行，不宜在大、中雨及大雾天气进行。

（3）应在气温平稳的时段进行。

（4）在冲击、振动、强磁场等干扰测试效果的时段内不宜进行荷载试验。

（5）宜避开大浪、高湿度等恶劣环境。

2. 仪器设备要求

（1）试验用仪器设备应按规定定期进行检定、校准。试验前应对测试设备进行核查。

（2）测试设备精度应不大于测量值的5%。

（3）应变（应力）测试设备。

（4）变形测试可采用机械式或基于电（声、光）原理的测试仪器，也可以采用卫星定位系统进行变位测试。

3. 静力测试内容与要求

（1）静力参数宜包括应变（应力）、变位、裂缝、倾角和索（杆）力。

（2）应变（应力）测试包括拉、压应变（应力）和主应力。

（3）变位测试应测试竖向变位（挠度）和水平变位，水平变位应测试纵向变位和横向变位。

（4）应对结构承受拉力较大部位观测试验中新出现的裂缝，以及对原有裂缝较长、较宽部位进行观测，观测裂缝长度、宽度、分布和走向。

（5）倾斜宜测试水平倾角和竖向倾角。

（6）索（杆）力测试温度宜与主梁合龙时温度一致，两者温差宜控制在±5°C范围内，否则应进行温度修正。

4. 动力测试内容与要求

应测试结构自振特性和动力响应。自振特性参数包括子自振频率、阻尼比和振型。动力响应包括动位移（动挠度）、动应变、动力放大系数和冲击系数，必要时可测试速度和加速度。动力响应的测点应布置在变位和应变较大的部位。数据采集时，应保证所采集的信息波形不失真。

5. 计算内容与要求

（1）进行桥梁的交（竣）工验收荷载试验时，应依据竣工图文件建立计算模型，并根据试验对象的设计荷载等级确定试验控制荷载。

（2）对运营期的桥梁进行荷载试验时，应依据桥梁几何尺寸、材料特性及结构实际状况等实测参数建立计算模型。

（3）按相应的设计规范规定对结构的动力参数、控制截面内力、应力（应变）、变形等效应进行检算。按等效效应拟定等效试验荷载时，可按最不利截面在目标荷载作用下的内力、应力（应变）、位移、裂缝等与拟试验荷载相应值的比较，但不应使其他截面的相关结构反应超出范围。

（五）仪器设备

主要仪器设备及其类型如表 13-19、表 13-20 所示，也可以采用其他符合技术要求的设备。

静力参数测试需要的设备　　　　表 13-19

测试项目	单位	类型	最小分划值
静态应变	με	千分表或引伸计	2
		电阻式应变片或应变计	1
		振弦式应变计	1
		光纤光栅式应变计	1
静态挠度	mm	千分表	0.001
		百分表	0.01
		精密水准仪	0.3
		全站仪	测角：精度为 0.5″；测距：标准测量精度 1.0mm + $10^{-6}L$
		位移计	0.01~0.03
		经纬仪	0.5
		连通管	0.1
		卫星定位系统	坐标测量：水平 5mm + $10^{-6}L$；垂直：10mm + $2 \times 10^{-6}L$

续表

测试项目	单位	类型	最小分划值
裂缝	mm	刻度放大镜	0.01
		裂缝计	0.01
		千分表	0.001
倾角	′	水准式倾角计	2.5′
		光纤光栅式倾角计	5′
		数显倾角计	1′
		双轴倾角计	1′

注：1. 测钢构件（或钢筋）应变，宜采用标距不大于6mm的小标距应变计，测混凝土结构应变宜选用标距不小于(80~100)mm的大标距应变计。

2. L为观测距离。

静力参数测试需要的设备　　　　　　　　　　表 13-20

测量内容	类型	适用范围	数据采集分析系统的技术参数
动力特性	磁电式拾振器及放大器	测量范围：位移±20mm；频率响应(0.3~20)Hz；可用于行车试验、脉动试验	输入电压范围(0~±5)V；频率响应：(0~5)kHz；采用频率不低于1kHz
	应变式加速度计及动态应变仪	测量范围：±5g；频率响应(0.5~100)Hz；可用于行车试验	
	压电式加速度计及电荷放大器	测量范围：±100g；频率响应(0.5~1)kHz；可用于行车试验，高灵敏度的也可用于脉动试验	
	伺服式加速度计及放大器	测量范围：±5g；频率响应(0~100)Hz；可用于行车试验，脉动试验	
	电容式加速度计及放大器	测量范围：±5g；频率响应(0~100)Hz；可用于行车试验，脉动试验	
动态响应	应变 电阻应变计（片）及动态应变仪	测量范围：±15000$\mu\varepsilon$；频率响应(0~10)kHz；可用于行车试验	桥压范围[0~±5(10)]V；频率响应：(0~5)kHz；采用频率不低于1kHz
	应变 光纤光栅应变计及调制解调器	测量范围：±6000$\mu\varepsilon$；分辨率1$\mu\varepsilon$；可用于行车试验	采用频率不低于100Hz
	挠度 电阻应变式位移计及动态应变仪	测量范围：±15000$\mu\varepsilon$；频率响应(0~20)kHz；可用于低速行车试验	桥压范围[0~±5(10)]V；频率响应：(0~5)kHz；采用频率不低于1kHz
	挠度 光电位移测量装置	测量距离：500m；测量范围：±2.5m（最大距离时）；频率响应20Hz；可用于行车试验	
	挠度 光电挠度仪	测量距离：(5~500)m；测量精度：(±0.02~±0.03)mm，与测量距离有关	—

（六）静载试验

1. 试验工况及测试截面

静载试验工况应包括中载试验工况和偏载试验工况。对横向支撑不对称的直桥、斜弯桥、异型桥等，应通过计算确定试验工况的加载位置及偏载的方向。

2. 试验工况及测试截面

（1）桥梁静载试验应按桥梁结构的最不利受力原则和代表性原则确定试验工况及测试截面。

（2）常见桥梁静载试验工况及测试截面宜按表 13-21 确定。其中，主要工况应为必做工况，附加工况可视具体情况由试验检测者确定是否进行。测试最大正弯矩产生的应变时，宜同时测试该截面的位移。

不同桥型的试验工况、测试截面和测试内容　　　　表 13-21

桥型	试验工况		测试截面	测试内容	
简支梁桥	主要工况	跨中截面主梁最大正弯矩工况	跨中截面	主要内容	1. 跨中截面挠度和应力（应变）；2. 支点沉降；3. 混凝土梁体裂缝
	附加工况	1. $L/4$ 截面主梁最大正弯矩工况；2. 支点附近主梁最大剪力工况	1. $L/4$ 截面；2. 梁底距支点 $h/2$ 截面内侧向上 45°，斜线与截面形心线相交位置	附加内容	1. $L/4$ 截面挠度；2. 支点斜截面应力（应变）
连续梁桥	主要工况	1. 主跨支点位置最大负弯矩工况；2. 主跨跨中截面最大正弯矩工况；3. 边跨主梁最大正弯矩工况	1. 主跨（中）支点截面；2. 主跨最大弯矩截面；3. 边跨最大弯矩截面	主要内容	1. 主跨支点斜截面应力（应变）；2. 主跨最大正弯矩截面应力（应变）及挠度；3. 边跨最大正弯矩截面应力（应变）及挠度；4. 支点沉降；5. 混凝土梁体裂缝
	附加工况	主跨（中）支点附近主梁最大剪力工况	计算确定具体截面位置	附加内容	主跨（中）支点附近斜截面应力（应变）
无铰拱桥	主要工况	1. 拱顶最大正弯矩及挠度工况；2. 拱脚最大负弯矩工况；3. 系杆拱桥跨中附近吊杆（索）最大拉力工况	1. 拱顶截面；2. 拱脚截面；3. 典型吊杆（索）	主要内容	1. 拱顶截面应力（应变）和挠度；2. 拱脚截面应力（应变）；3. 混凝土梁体裂缝
	附加工况	1. 拱脚最大水平推力工况；2. $L/4$ 截面最大正弯矩和最大负弯矩工况；3. $L/4$ 截面正负挠度绝对值之和最大工况	1. 拱脚截面；2. 主拱 $L/4$ 截面；3. 主拱 $L/4$ 截面及 $3L/4$ 截面	附加内容	1. $L/4$ 截面挠度和应力（应变）；2. 墩台顶水平位移；3. 拱上建筑控制截面的变形和应力（应变）
连续刚构	主要工况	1. 主跨墩顶截面主梁最大负弯矩工况；2. 主跨跨中截面主梁最大正弯矩及挠度工况；3. 边跨主梁最大正弯矩及挠度工况	1. 主跨墩顶截面；2. 主跨最大正弯矩截面；3. 边跨最大正弯矩截面	主要内容	1. 主跨墩顶截面主梁应力（应变）；2. 主跨最大正弯矩截面应力（应变）及挠度；3. 边跨最大正弯矩截面应力（应变）及挠度；4. 混凝土梁体裂缝
	附加工况	1. 墩顶截面最大剪力工况；2. 墩身纵桥向最大水平位移工况	1. 计算确定具体截面位置；2. 墩顶截面	附加内容	1. 墩顶支点截面附近斜截面应力（应变）；2. 墩身控制截面应力（应变）；3. 墩顶纵桥向水平位移
斜拉桥	主要工况	1. 主梁中孔跨中最大正弯矩及挠度工况；2. 主梁墩顶最大负弯矩工况；3. 主塔塔顶纵桥向最大水平位移与塔脚截面最大弯矩工况	1. 中跨最大正弯矩截面；2. 墩顶截面；3. 塔顶截面（位移）及塔脚最大弯矩截面	主要内容	1. 主梁中孔最大正弯矩截面应力（应变）及挠度；2. 主梁墩顶支点斜截面应力（应变）；3. 主塔塔顶纵桥向水平位移与塔脚截面应力（应变）；4. 塔柱底截面应力（应变）；5. 混凝土梁体裂缝；6. 典型拉索索力
	附加工况	1. 中孔跨中附近拉索最大拉力工况；2. 主梁最大纵向飘移工况	1. 典型拉索；2. 加劲梁两端（水平位移）	附加内容	1. 斜拉索活载张力最大增量；2. 加劲梁纵向漂移

续表

桥型	试验工况		测试截面		测试内容
悬索桥	主要工况	1. 加劲梁跨中最大正弯矩及挠度工况；2. 加劲梁3L/8截面最大正弯矩工况；3. 主塔塔顶纵桥向最大水平位移与塔脚截面最大弯矩工况	1. 中跨最大弯矩截面；2. 中跨3L/8截面；3. 塔顶截面（位移）及塔脚最大弯矩截面	主要内容	1. 加劲梁最大正弯矩截面应力（应变）及挠度；2. 主塔塔顶纵桥向最大水平位移与塔脚截面应力（应变）；3. 塔、梁体混凝土裂缝；4. 最不利吊杆（索）力增量
	附加工况	1. 主缆锚跨索股最大张力工况；2. 加劲梁梁端最大纵向漂移工况；3. 吊杆（索）活载张力最大增量工况；4. 吊杆（索）张力最不利工况	1. 主缆锚固区典型索股；加劲梁两端（水平位移）；典型吊杆（索）；2. 最不利吊杆（索）	附加内容	1. 主缆锚跨索股最大张力增量；2. 加劲梁梁端最大纵向漂移；3. 吊杆（索）活载张力最大增量

3. 测试内容

常见桥梁静载试验的内容如表13-21所示。对在用桥梁进行静载试验时，尚应根据结构损伤的程度、部位及特征，结合试验目的增加测试内容。

4. 试验荷载

（1）静载试验应根据试验目的确定试验控制荷载。交（竣）工验收荷载试验，应以设计荷载作为控制荷载；其他情况应以目标荷载作为控制荷载。

（2）静载试验荷载效率η_q，对交（竣）工验收荷载试验，宜介于0.85～1.05；否则，η_q宜介于0.95～1.05。η_q应按下式计算：

$$\eta_q = \frac{S_s}{S(1+\mu)} \tag{13-23}$$

式中：S_s——静载试验荷载作用下，某一加载试验项目对应的加载控制内力或位移的最大计算效应值；

S——控制荷载产生的同一加载控制截面内力或位移的最不利效应计算值；

μ——按规范取用的冲击系数值。

（3）静载试验可采用车辆加载或加载物直接加载。采用车辆加载时，宜采用三轴载重车辆，装载的重物应稳妥置放。

5. 测点布置

1）应变测点布置

应变测点应根据测试截面及测试内容合理布置，并应能反映桥梁结构的受力特征，必要时应通过计算确定控制荷载作用下结构的内力（应力）特征及结构特征，从而确定应变测点位置。钢筋混凝土结构的受拉区应变测点宜布置在受拉区主钢筋上。主应变（应力）应采用应变花进行测试。应变测试应设置补偿片，补偿片位置应处于与结构相同材质、相同环境的非受力部位。

2）挠度测点布置

（1）位移测点的测值应能反映结构的最大变位及其变化规律。

（2）主梁竖向位移的纵桥向测点宜布置在各工况荷载作用下挠度曲线的峰值位置。

（3）竖向位移测点的横向布置应充分反映桥梁横向挠度分布特征，整体式截面不宜少于3个，多梁式（分离式）截面宜逐片梁布置。

（4）主梁水平位移测点应根据计算布置在相应的最大位移处。

（5）墩塔的水平位移测点应布置在顶部，并根据需要设置纵、横向测点。

（6）支点沉降的测点宜靠近支座处布置。

3）其他测点

（1）裂缝测点应布置在开裂明显、宽度较大的部位。

（2）倾角测点宜根据需要布置在转动明显、角度较大的部位。

6.试验过程

1）一般采用分级加载的第一级荷载或单辆试验车进行预加载。

2）试验荷载应分级施加，一般可分成(3～5)级。当桥梁的技术资料不全时，应增加分级。

3）加卸载过程中，应保证非控制截面内力或位移不超过控制荷载作用下的最不利值。

4）当试验条件限制时，附加工况的控制截面可只进行最不利加载。

5）加载过程中，应记录结构出现的异常响动、失稳、扭曲、晃动等异常现象，并采取相应处理措施。

6）加载时间间隔应满足结构反应稳定的时间要求，一般不应少于 5min；对尚未投入运营的新桥，首个工况的分级加载稳定时间不宜少于15min。

7）当试验过程中发生下列情况之一时，应停止加载，查清原因，采取措施后再确定是否进行试验：

（1）控制测点应变值或挠度已达到或超过计算值。

（2）结构裂缝的长度、宽度或数量明显增加。

（3）实测变形分布规律异常。

（4）桥体发出异常响声或发生其他异常情况。

（5）斜拉索或吊索（杆）索力增量实测值超过计算值。

7.数据处理

1）应根据温度变化、支点沉降及仪表标定结果的影响对测试数据进行修正。当影响小于1%时，可不修正。

2）按下式进行温度修正计算：

$$S = S' - \Delta t \cdot K_t \tag{13-24}$$

式中：S——温度修正后的测点加载测值变化；

S'——温度修正前的测点加载测值变化；

Δt——相应于S'观测时间段内的温度变化（℃）。对应变宜采用构件表面温度，对挠度宜采用气温；

K_t——空载时温度上升 1℃时测点测值变化量。如测值变化与温度变化关系较明显时，可采用多次观测的平均值。$K_t = \frac{\Delta S}{\Delta t_1}$，$\Delta S$为空载时某一时间区段内测点测值变化量；$\Delta t_1$为相应于$\Delta S$同一时间区段内温度变化量。

3）支点沉降当支点沉降量较大时，应修正其对挠度值的影响，修正量C可按下式计算：

$$C = \frac{l-x}{l} \cdot a + \frac{x}{l} \cdot b \tag{13-25}$$

式中：C——测点的支点沉降影响修正量；

l——A支点到B支点的距离；

x——挠度测点到A支点的距离；

a——A支点沉降量；

b——B支点沉降量。

4）静力荷载试验的各测点实测变位（挠度，位移，沉降）与应变的计算按下式进行。

（1）总变位（或总应变）：$S_t = S_l - S_i$

（2）弹性变位（或弹性应变）：$S_e = S_l - S_u$

（3）残余变位（或残余应变）：$S_p = S_t - S_e = S_u - S_i$

式中：S_t——试验荷载作用下测量的结构总位移（或总应变）值；

S_e——试验荷载作用测量的结构弹性位移（或应变）值；

S_p——试验荷载作用下测量的结构残余位移（或应变）值；

S_i——加载前的测值；

S_l——加载达到稳定的测值；

S_u——卸载后达到稳定时的测值。

5）对加载试验的主要测点（即控制测点或加载试验效率最大部位测点）可按下式计算校验系数η：

$$\eta = \frac{S_e}{S_s} \tag{13-26}$$

式中：S_e——试验荷载作用下量测的弹性变位（或应变）值；

S_s——试验荷载作用下的理论计算变位（或应变）值。

6）当结构处于线弹性工作状态时，应根据量测到的测点应变，利用虎克定律计算测点的应力。

7）应采用实测位移（或应变）最大值S_{emax}与横向各测点实测位移（或应变）平均值S_e，按下式计算实测横向增大系数。

$$\xi = \frac{S_{emax}}{S_e} \tag{13-27}$$

式中：ξ——横向增大系数。

8）裂缝发展情况

试验前后观测情况及裂缝观测表对裂缝状况进行描述。当裂缝发展较多时应选择结构有代表性部位描绘裂缝展开图,图上应注明各加载程序裂缝长度和宽度的发展。

8.试验曲线的整理

(1)列出各加载工况下主要测点实测变位(或应变)与相应的理论计算值的对照表,并绘制出其关系曲线。

(2)绘制各加载工况下主要控制点的变位(或应变等)与荷载的关系曲线。

(3)绘制各加载工况下控制截面应变(或挠度)分布图、沿纵桥向挠度分布图、截面应变沿高度分布图等。

(七)动载试验

1.试验工况

桥梁动载试验工况应根据具体的测试参数和采用的激振方法确定。常采用的工况有:

(1)无障碍行车试验:宜在(5~80)km/h 范围内取多个大致均匀分布的车速进行行车试验。车速在桥联(孔)上宜保持恒定,每个车速工况应进行(2~3)次重复试验。

(2)有障碍行车试验:可设置如图 13-6 所示的弓形障碍物模拟桥面坑洼进行行车试验,车速宜取(5~20)km/h,障碍物宜布置在结构冲击效应显著部位。

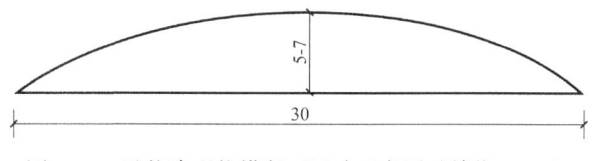

图 13-6 弓状障碍物横断面尺寸示意图(单位:cm)

(3)制动试验:车速宜取(30~50)km/h,制动部位应为动态效应较大的位置。对漂浮体系桥梁,应测试主梁纵向位移等项目。

(4)宜首选无障碍行车试验,有障碍行车试验和制动试验可根据实际情况选择。

2.测试截面及测点布置

(1)桥梁动载试验的测试截面应根据桥梁结构振型特征和行车动力响应最大的原则确定。一般可根据桥梁结构规模按跨径 8 等分或 16 等分简化布置。桥塔或高墩,宜按高度分(3~4)个节段分段布置。

(2)对常见的简直梁桥及连续梁桥,根据具体可参照表 13-22~表 13-24 选择测试截面。

(3)大型桥梁振型测试可将结构分成几个单元分别测试,整个试验布置一固定参考点(应避开振型节点),每次测试都应包括固定参考点。将几个单元的测试数据通过参考点关联,拟合得到全桥结构振型图。

(4)在测试桥梁结构行车响应时,应选择桥梁结构振动响应幅值最大部位为测试截面。简单结构宜选择跨中 1 个测试截面,复杂结构应增加测试截面。

（5）用于冲击效应分析的动挠度测点每个截面应至少1个。采用动应变评价冲击效应时，每个截面在结构最大活载效应部位的测点数不宜少于2个。

简支梁桥前5阶模态的传感器布置方案　　　　　　　　　表13-22

模态阶数	至少需要传感器数	测点布设位置
1	1	L/2
2	2	L/4，3L/4
3	3	L/6，L/2，5L/6
4	4	L/8，3L/8，5L/8，7L/8
5	5	L/10，3L/10，L/2，7L/10，9L/10

注：L为简支梁桥的计算跨径

两等跨连续梁桥前4阶模态的传感器布置方案　　　　　　　　　表13-23

模态阶数	至少需要传感器数	测点布设位置
1	2	L/4，3L/4
2	4	L/8，3L/8，5L/8，7L/8
3	6	L/12，L/4，5L/12，7L/12，3L/4，11L/12
4	8	L/16，3L/16，5L/16，7L/16，9L/16，11L/16，13L/16，15L/16

注：L为桥梁跨径总长

三等跨连续梁桥前3阶模态的传感器布置方案　　　　　　　　　表13-24

模态阶数	至少需要传感器数	测点布设位置
1	3	L/6，L/2，5L/6
2	6	L/12，L/4，5L/12，7L/12，3L/4，11L/12
3	9	L/18，L/6，5L/18，7L/18，L/2，11L/18，13L/18，5L/6，17L/18

注：L为桥梁跨径总长

3. 测试内容

（1）桥梁自振特性试验应包括竖平面内弯曲、横向弯曲自振特性以及扭转自振特性的测试。应根据试验目的和需要确定测试纵桥向竖平面内弯曲自振特性。

（2）动力响应测试应包括动挠度、动应变、振动加速度、速度及冲击系数。在行车激振或跳车激振等强迫振动下，宜直接测试桥梁结构振动的加速度、速度和变形。

4. 试验荷载

（1）无障碍行车试验可采用与静载试验的加载车辆相同的载重车辆，车辆轴重产生的局部效应不应超过车辆荷载效应，避免对横系梁、桥面板等局部构件造成损伤。

（2）无障碍行车试验荷载效率可按下式计算η_d宜取高值，但不应超过1。

$$\eta_d = \frac{S_d}{S_{lmax}} \tag{13-28}$$

式中：η_d——动载试验荷载效率；

S_d——动载试验荷载作用下控制截面的最大内力或变形；

S_{lmax}——控制荷载作用下控制截面的最大内力或变形（不计冲击）。

（3）单辆车的动载试验响应偏低时，无障碍行车试验宜每个车道布置一辆试验车，横向并列一排同步行驶，在行驶过程中宜保持车辆的横向间距不变。

（4）有障碍行车试验和制动试验可采用与无障碍行车试验相同的单辆或多辆载重车。

5. 控制过程

（1）正式试验前应进行预加载试验，对测试系统进行稳定性检查。桥梁空载状态下，动应变、动挠度信号在预定采集时间内的零点漂移不宜超过预计最大值的 5%。

（2）宜根据预加载试验具体情况对试验方案或测试设备参数设置做调整。按照调整确定的试验方案与试验程序进行加载试验，观测并记录各测试参数，并采取措施避免电磁场以及对讲机、手机等对测试结果的影响。

（3）正式试验过程中，应根据观测和测试结果，实时判断结构状态是否正常，测试数据是否异常，是否需要终止试验，确保试验安全。各工况试验完成后，应对测试数据进行检查和确认。如发现幅值异常或突变、零点严重偏离、异常电磁干扰、噪声过大等，应在排除故障后重新进行试验。

（4）应保证记录的试验荷载参数，传感器规格、灵敏度、编号、连接通道号，适配器、采集器采样频率、滤波频率、换算系数等信息的完整性。

（5）全部试验完成后，应在现场对主要的测试数据进行检查和初步分析，确保测试数据的准确性和完整性。

（6）动载试验测试系统的性能应满足试验对量程、精度、分辨率、稳定性、幅频特性、相频特性的要求。传感器安装应与主体结构保持良好接触，无相对振动。

（7）用于冲击系数计算分析的动挠度、动应变信号的幅值分辨率不应大于最大实测幅值的 1%。

（8）进行数据采集和频谱分析时，应合理设置采样、分析参数，频率分辨率不宜大于实测自振频率的 1%。

（9）采样频率宜取 10 倍以上的最高有用信号频率。信号采集时间宜保证频谱分析时谱平均次数不小于 20 次。

6. 数据分析

1）应对测试信号进行检查和评判，并进行剔除异常数据、去趋势项、数字滤波等必要的预处理。

2）结构自振频率可采用频谱分析法、波形分析法或模态分析法得到。自振频率宜取用多次试验、不同分析方法的结果相互验证。单次试验的实测值与均值的偏差不应超过±3%。

3）桥梁结构阻尼可采用波形分析法、半功率带宽法或模态分析法得到。结构阻尼参数宜取用多次试验所得结果的均值，单次试验的实测结果与均值的偏差不应超过±20%。

4）分析计算和资料整理应包括下列内容：

（1）动载试验荷载效率。

（2）各试验工况下动挠度、动应变、加速度等的时域统计特性，包括最大值、最小值、均值和方差等。

（3）典型工况下主要测点的实测时程曲线。

（4）典型的自振频谱图。

（5）实测自振频率与计算频率列表比较。

（6）冲击系数—车速相关曲线图或列表。

（7）其他必要的图表、曲线、照片等数据或资料。

（八）结果评定

1. 静载试验

（1）主要测点校验系数应小于1，校验系数 η 应包括应变（或应力）校验系数及挠度校验系数。

（2）处于线弹性工作状况的结构，测点实测位移（或应变）与其理论值应呈线性关系。

（3）对于常规结构，实测的结构或构件主要控制截面应变沿高度分布应符合平截面假定。

（4）主要控制测点的相对残余变形（或应变）Δ_{sp} 越小，说明结构越接近弹性工作状况。Δ_{sp} 不宜大于20%。当 Δ_{sp} 大于20%时，表明桥梁结构的弹性状态不佳，应分析原因，必要时再次进行荷载试验加以确定。

（5）试验荷载作用下新桥裂缝宽度不应超过《公路钢筋混凝土及预应力混凝土桥涵设计规范》JTG 3362—2018 规定的容许值，卸载后其扩展宽度应闭合到容许值的1/3；在用桥梁的裂缝宽度不宜超过《公路桥梁承载能力检测评定规程》JTG/T J21—2011 的规定。超过时，应结合校验系数的计算结果，分析原因，采取措施。

2. 动载试验

（1）比较实测自振频率与计算频率，实测频率大于计算频率时，可认为结构实际刚度大于理论刚度，反之则实际刚度偏小。

（2）比较自振频率、振型及阻尼比的实测值与计算数据或历史数据，可根据其变化规律初步判断桥梁技术状况是否发生变化。

（3）比较实测冲击系数与设计所用的冲击系数，实测值大于设计值时应分析原因。

第二节　隧道主体结构

一、断面尺寸

（一）相关标准

（1）《公路工程质量检验评定标准　第一册　土建工程》JTG F80/1—2017。

(2)《地下铁道工程施工质量验收标准》GB/T 50299—2018。

(3)《公路隧道施工技术规范》JTG/T 3660—2020。

(二)基本概念

常采用激光断面仪检测隧道开挖断面、初支断面和二衬断面,评价隧道开挖质量、判断支护(衬砌)断面是否侵入限界。

(三)检测步骤

(1)采用隧道面仪对隧道断面检测前,先采用全站仪按一定间距(根据检测频率要求,一般开挖断面为20m,初支断面检测为10m,二衬断面检测为20m)放出隧道中线,并用水准仪测量该地点的高程H_1,同时在隧道边墙上放出对应的横断面点。

(2)将隧道激光断面仪设置在所需检测断面的隧道中线上,安装并调整好仪器,使仪器对中。

(3)在仪器安装好并对中归零后,测量仪器高度Z_1并记录(仪器高位相对地面的高度)。

(4)在仪器设备软件主界面中输入拟检测断面的桩号,设置所检测断面的起始和终止测量角度及需检测的点数等参数,进行测量和数据采集。由隧道激光断面仪测头自动完成断面的检测,并将角度及斜距等参数保存在文件中,在现场可以看到所检测断面的轮廓线。

(5)数据保存后进行下一个断面检测。

(四)数据处理

现场检测完成后,采用专用数据处理软件处理检测数据。检测数据处理步骤如下:

(1)首先在测量系统软件中编辑隧道设计轮廓线(标准断面曲线),并将检测断面曲线导入到系统中。其次编辑导入的检测断面曲线,检测时仪器架设在隧道中线上,所以X坐标值为零,Z值为相对于路面设计高程的仪器高度,其值应按下式计算:

$$Z = Z_1 - (H_1 - H_2) \tag{13-29}$$

式中:Z_1——现场所测量得到的仪器高(m);

H_2——隧道该点的中线设计高程(m);

H_1——隧道现场检测时的地面高程(m)。

(2)输入Z值,然后输入量测的一些相关信息(如检测时间、检测单位和检测人等),即完成当前检测断面的编辑,计算机可自动生成相关图表。

(3)最后根据图表中的标准断面曲线和检测断面曲线,判断隧道开挖断面是否存在超欠挖、超欠挖的部位以及超欠挖最大值和面积,判断隧道断面是否侵入支护(衬砌)限界、侵界的位置,同时给出侵界最大值、侵界面积等参数。

（五）结果评定

隧道内轮廓宽度、宽度不应小于设计值。

二、锚杆拉拔力

（一）相关依据

《公路工程质量检验评定标准 第一册 土建工程》JTG F80/1—2017。

（二）基本概念

通过检测确定抗拔承载力检测值作用下锚杆的工作性状，判定锚杆抗拔性能是否满足设计要求，为工程验收提供依据。

（三）仪器设备要求

锚杆拉拔仪性能指标应符合下列规定：

（1）试验用油泵、油管在最大加载时的工作压力不应超过规定工作压力的80%。

（2）千斤顶、压力传感器的量程应与测量范围相适应，测量值宜控制在全量程的25%～80%。

（3）检测精度不低于0.01kN。

（四）检测前准备

（1）收集相关设计资料与施工资料。

（2）在进行拉拔试验前，应核对锚杆的直径、长度、钢筋截面积、钢筋的屈服强度和长度等参数是否符合设计要求。

（五）检测流程

1. 仪器设备安装

（1）将锚杆口部抹平，以便支放承压垫板，套上中空千斤顶，将锚杆外端与千斤顶内缸固定在一起。

（2）拧松手动泵注油口盖（每次使用时应松开，以便进气或排气），将换向阀放在加荷位置，通过压把压动手动泵使液压缸活塞伸出，当达到行程时，将换向阀转到卸荷位置，继续压动压把使活塞杆缩回，反复试验几次使液压系统内空气排空。

2. 现场检测

（1）启动设备电源。

（2）将换向手把放在加荷位置，慢压手动泵使活塞杆伸出约10mm，其目的是避免安装锚具敲打楔片时损伤活塞杆，也给退锚带来方便。安装与锚杆相配套的锚具或螺母并固定可靠，打开压力表开关，均匀用力压手压泵，压力增加直至达到荷载设计值，持荷两分钟停止加压。记录或储存压力表数据后将电源关闭。

（3）将换向阀转到卸荷位置，压动手动泵使活塞杆缩回，卸下锚具（敲打锚具外壳）或螺母及液压缸。

（六）结果评定

28d抗拔力平均值≥设计值；最小抗拔力≥0.9设计值。

三、衬砌厚度、仰拱厚度、钢筋网格尺寸、衬砌内钢筋间距、衬砌内部缺陷及背后密实状况

（一）相关依据

（1）《铁路隧道衬砌质量无损检测规程》TB 10223—2004。
（2）《公路隧道施工技术规范》JTG/T 3660—2020。
（3）《公路工程质量检验评定标准 第一册 土建工程》JTG F80/1—2017。

（二）基本概念

隧道衬砌是隐蔽工程，用目测或钻孔的方法进行衬砌质量检测有很大的局限性。目前常用的无损检测方法是地质雷达法，采用频率介于(10～2000)MHz的宽频脉冲电磁波来确定工程结构或构件介质分布。雷达天线由接收、发射两部分组成，发射天线向被测体发射电磁波，接收天线接收经介质内部界面的反射波。电磁波在介质中传播时，其路径、电磁场强度与波形将随所通过介质的电性质和几何形态而变化，根据反射波的旅行时间、幅度与波形资料，推断工程介质的结构和分布。

衬砌质量检测内容主要包括以下方面：
（1）衬砌（支护）厚度（喷层厚度、衬砌厚度）。
（2）衬砌（支护）背后的空洞（喷层与围岩接触状况、衬砌背部密实状况）。
（3）衬砌内部缺陷。
（4）钢支撑间距。
（5）衬砌内钢筋间距（主筋间距、两层钢筋间距）。
（6）仰拱厚度。

（三）仪器设备及要求

1.地质雷达主机技术指标应符合下列要求

（1）系统增益不低于150dB。

（2）信噪比不低于60dB。

（3）模数转换不低于16位。

（4）信号叠加次数可选择。

（5）采样间隔一般不大于0.5ns。

（6）实时滤波功能可选择。

（7）具有点测与连续测量功能。

（8）具有手动或自动位置标记功能。

（9）具有现场数据处理功能。

2.地质雷达天线可采用不同频率的天线组合，技术指标应符合下列要求

（1）具有屏蔽功能。

（2）最大探测深度应大于2m。

（3）垂直分辨率应高于2cm。

（四）现场检测

1.检测前准备工作

（1）收集隧道工程地质资料、施工图、设计变更资料和施工记录。

（2）制定检测计划，选定技术参数。

（3）进行现场调查，做好测量里程标记。

2.测线布置

（1）隧道施工过程中质量检测应以纵向布线为主，横向布线为辅。纵向布线的位置应在隧道拱顶左右拱腰、左右边墙和隧底各布1条；横向布线可按检测内容和要求布设线距，一般情况线距(8～12)m；采用点测时每断面不少于6个点。检测中发现不合格地段应加密测线或测点。

（2）隧道竣工验收时质量检测应纵向布线，必要时可横向布线。纵向布线的位置应在隧道拱顶、左右拱腰和左右边墙各布1条；横向布线线距(8～12)m；采用点测时每断面不少于5个点。需确定回填空洞规模和范围时，应加密测线或测点。

（3）三线隧道应在隧道拱顶部位增加2条测线。

（4）仰拱：根据仰拱宽度布置(2～3)条测线（每车道布置一条测线）。

（5）测线每(5～10)m应有一个里程标记。

3.介质参数标定

（1）检测前应对衬砌混凝土的介电常数或电磁波速做现场标定，且每座隧道应不少于1处，每处实测不少于3次，取平均值为该隧道的介电常数或电磁波速。当隧道长度大于3km、衬砌材料或含水量变化较大时，应适当增加标定点数。

（2）标定可在已知厚度部位或材料与隧道相同的其他预制件上测量，或在洞口或洞内

避车洞处使用双天线直达波法测量,以及钻孔实测。

(3)标定目标体的厚度一般不小于15cm,且厚度已知,标定记录中界面反射信号应清晰、准确。

(4)标定结果应按下式计算:

$$\varepsilon_r = \left(\frac{0.3t}{2d}\right)^2 \tag{13-30}$$

$$v = \frac{2d}{t} \times 10^9 \tag{13-31}$$

式中:ε_r——相对介电常数;

v——电磁波速(m/s);

t——双程旅行时间(ns);

d——标定目标体厚度或距离(m)。

4. 测量时窗由下式确定

$$\Delta T = \frac{2d\sqrt{\varepsilon_r}}{0.3} \cdot \alpha \tag{13-32}$$

式中:ΔT——时窗长度(ns);

α——时窗调整系数,一般取1.5～2.0。

5. 扫描样点数由下式确定

$$S = 2 \cdot \Delta T \cdot f \cdot K \times 10^{-3} \tag{13-33}$$

式中:S——扫描样点数;

ΔT——时窗长度(ns);

f——天线中心频率(MHz);

K——系数,一般取6～10。

6. 现场测试

(1)测量前应检查主机、天线以及运行设备,使之均处于正常状态。

(2)测量时应确保天线与衬砌表面密贴(空气耦合天线除外)。

(3)检测天线应移动平稳、速度均匀,移动速度宜为(3～5)km/h。

(4)记录应包括记录测线号、方向、标记间隔以及天线类型等。

(5)当需要分段测量时,相邻测量段接头重复长度不应小于1m。

(6)应随时记录可能对测量产生电磁影响的物体(如渗水、电缆、铁架等)及其位置。

(7)应准确标记测量位置。

(五)数据处理和解释

1)原始数据处理前应回放检验,数据记录应完整、信号清晰,里程标记准确。不合格的原始数据不得进行处理与解释。

2）数据处理与解释软件应使用正式认证的软件或经鉴定合格的软件。

3）数据处理与解释可采用图 13-7 所示的流程：

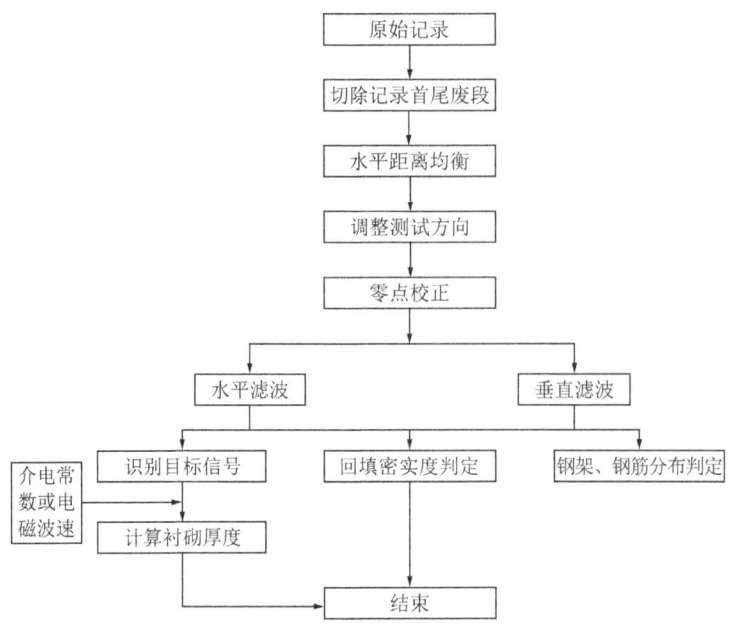

图 13-7 数据处理流程图

4）衬砌厚度应由下式确定：

$$d = \frac{0.3t}{2\sqrt{\varepsilon_r}} \tag{13-34}$$

$$或 \quad d = \frac{1}{2} v \cdot t \cdot 10^{-9} \tag{13-35}$$

式中：d——衬砌厚度（m）；

ε_r——相对介电常数；

t——双程旅行时间（ns）；

v——电磁波速（m/s）。

5）数据处理应确保位置标记准确、无误，确保信号不失真，有利于提高信噪比。

6）数据解释工作

（1）解释应在掌握测区内物性参数和衬砌结构的基础上，按由已知到未知和定性指导定量的原则进行。

（2）根据现场记录，分析可能存在的干扰体位置与雷达记录中异常的关系，准确区分有效异常与干扰异常。

（3）应准确读取双程旅行时的数据。

（4）解释结果和成果图件应符合衬砌质量检测要求衬砌界面应根据反射信号的强弱、频率变化及延伸情况。

（六）结果判定

根据《铁路隧道衬砌质量无损检测规程》TB 10223—2004 第 4.3.8 条的规定，对雷达扫描结果图进行分析评定。

1）衬砌背后回填密实度的主要判定特征：

（1）密实：信号幅度较弱，甚至没有界面反射信号。

（2）不密实：衬砌界面的强反射信号同相轴呈绕射弧形，且不连续，较分散。

（3）空洞：衬砌界面反射信号强、三振相明显，在其下部仍有强反射界面信号，两组信号时程差较大。

2）衬砌内部钢架、钢筋位置分布的主要判定特征：

（1）钢架：分散的月牙形强反射信号；

（2）钢筋：连续的小双曲线形强反射信号。

3）衬砌厚度范围判别。在探地雷达图像的上部，一般振幅较强，同轴同相比较连续的第一组波形为衬砌界面反射信号。界面判识后输入正常的介电常数值，即可由计算机自动计算出衬砌厚度值。

4）钢筋位置及间距判识。在地质雷达图像中，电磁波遇到钢筋时产生极强的反射，钢筋图像呈连续的小双曲线形，反射波的位置为钢筋距测试面的距离（背水面保护层厚度）；通过滤波处理，确定各里程段钢筋间距情况及背水面保护层厚度。

5）衬砌混凝土缺陷及位置判识。由于衬砌混凝土与空气的相对介电常数的差异较大，所以探地雷达图像中表现为振幅较强的界面反射信号（多次波），空洞的明显特征就是有强烈的多次反射，波从相对介电常数大的物质（混凝土为 8 左右）进入相对介电常数小的物质（空气为 1）中时，根据波动原理，在上界面处会先叠加为负波，可在雷达图像中准确拾取界面反射的双程旅时，根据公式求得缺陷的位置；衬砌不密实可能是由于混凝土离析振捣造成的，从波形特征与空洞的反射相似，但反射很弱；混凝土中有钢筋时也会产生反射，波从相对介电常数小的物质（混凝土为 8 左右）进入相对介电常数大的物质（钢筋为 ∞）中时，根据波动原理，在上界面处会先叠加为正波。

四、墙面平整度

（一）相关依据

（1）《公路隧道施工技术规范》JTG/T 3660—2020。

（2）《公路工程质量检验评定标准 第一册 土建工程》JTG F80/1—2017。

（二）基本概念

通过检测确定隧道墙面表面的平整度，评定施工质量，为工程验收提供依据。

（三）检测设备

2m 靠尺、楔形塞尺。

（四）抽样频率

（1）隧道混凝土衬砌拱、墙部位的墙面平整度检测频率依据《公路隧道施工技术规范》JTG/T 3660—2020 表 9.10.6 的要求：每模边墙、拱腰、拱顶不少于 5 处。

（2）明洞衬砌拱、墙部位的墙面平整度检测频率依据《公路隧道施工技术规范》JTG/T 3660—2020 表 9.10.10 的要求：每模边墙、拱腰、拱顶不少于 5 处。

（3）明洞浇筑施工缝、变形缝处、其他部位的墙面平整度检测频率依据《公路工程质量检验评定标准 第一册 土建工程》JTG F80/1—2017 表 10.3.2 的要求：每 10m 每侧连续检查 2 尺。

（五）检测方法

（1）在隧道墙面检测时，将 2m 靠尺顺隧道轴线方向靠紧衬砌表面，摆在测试位置上。

（2）目测 2m 直尺底面与墙面之间的间隙情况，确定最大间隙的位置。

（3）用有高度标线的塞尺塞进间隙处，量测其最大间隙的高度（mm）。

（六）结果分析与判定（表 13-25）

平整度检测抽样比例及允许偏差　　　　　　表 13-25

序号	检测部位	抽样比例	允许偏差（mm）	依据标准
1	隧道混凝土衬砌	每 20m 每侧连续检查 5 尺	施工缝、变形缝≤20	《公路工程质量检验评定标准 第一册 土建工程》JTG F80/1—2017
			其他部位≤5	
2	隧道混凝土衬砌	每模边墙、拱腰、拱顶不少于 5 处	拱、墙部位≤5	《公路隧道施工技术规范》JTG/T 3660—2020
3	明洞衬砌	每模边墙、拱腰、拱顶不少于 5 处	内侧：拱、墙部位≤5	《公路隧道施工技术规范》JTG/T 3660—2020
			外侧：拱、墙部位≤10	

五、锚杆长度和锚杆锚固密实度

（一）相关依据

（1）《锚杆锚固质量无损检测技术规程》JGJ/T 182—2009。

（2）《公路工程质量检验评定标准 第一册 土建工程》JTG F80/1—2017。

（二）基本概念

传统的锚杆锚固质量主要通过设计、施工、试验和验收等过程进行控制，试验主要是进行材料试验、锚固力试验。随着锚杆工程数量的大量使用，一般的材料试验、锚固力试验还不能够很好地控制锚杆的锚固质量，尤其是决定锚杆锚固效果的锚杆杆体长度、锚固密实度两个主要参数。所以，一些大型工程逐渐采用声波反射无损检测技术对工程的锚杆长度和锚固密实度进行检测，以达到有效控制。

声波反射法检测锚杆杆体长度受锚杆锚固密实度、围岩特性等因素的影响。大量试验结果表明，锚杆锚固密实度越低，围岩波速越小，则锚杆杆体长度的检测效果越好；当锚杆锚固密实度较好时，锚杆杆底信号十分微弱，杆长往往难以确定。

（三）仪器设备

锚杆质量检测仪，由采集仪、发射震源、检波器和分析处理软件等组成。

（四）检测前准备

（1）调查、收集资料。主要包括委托方和相关单位的具体要求，有关工程勘察资料、设计文件、施工资料及现场周边环境情况，锚杆相关材料的参数指标。具体参数指标包括（但不限于）锚固段土层性状、施工工艺、施工记录、锚杆杆体材料、锚杆锚固材料、锚杆杆体直径、锚杆杆体数量、锚杆设计类别（预应力、非预应力）、锚固段长度、自由段长度、锚杆钻孔孔径和孔深等。

（2）查看检测现场场地检测条件，当需要进行场地处理和相关配合时，与业主协商制定检测方案。

（3）确定锚杆注浆龄期，检测宜在3d、7d、14d、28d龄期时分别进行。

（4）编制锚杆检测方案，组织检测人员。单项或单元工程的整体锚杆检测抽样率不应低于总锚杆数的10%，且每批不宜少于20根。重要部位或重要功能的锚杆宜全部检测。

（5）检查锚杆检测仪器状况，仪器应经有相应资质的检定机构检定或校准合格。

（五）检测流程

（1）锚杆端头应外露，外露杆体应与内锚杆体呈直线，外露段不宜过长；当对外露段长度有特殊要求时，应进行相同类型的锚杆模拟试验。将检测锚杆锚头清理干净，锚头应平整，锚杆自由端不得有悬挂物或杂物干扰。采用多根杆体连接而成的锚杆，施工方应提供详细的锚杆连接资料。

（2）同一工程相同规格的锚杆，检测时宜设置相同的仪器参数、时域信号记录长度、采样率应根据杆长、杆系波速及频域分辨率合理设置，锚杆杆体波速应通过与所检测工程锚杆同样材质、直径的自由杆测试取得，锚杆杆系波速应采用锚杆模拟试验结果或类似工程锚杆的波速值。

（3）将仪器接收传感器贴于锚杆外露端端面并固定，传感器轴心与锚杆杆轴线应平行。安装有托板的锚杆，接收传感器不应直接安装在托板上。

（4）激振。应采用瞬态激振方式，激振器激振点与锚杆杆头应充分、紧密接触；应通过现场试验选择合适的激振方式和适度的冲击力。激振器激振时应避免触及接收传感器，实心锚杆的激振点宜选择在杆头靠近中心位置，保持激振器的轴线与锚杆轴线基本重合，中空式锚杆的激振点宜紧贴在靠近接收传感器一侧的环状管壁上，保持激振器的轴线与杆轴线平行，激振点不宜在托板上。

（5）记录、存储数据。单根锚杆检测的有效波形记录不应少于3个，且一致性较好。

（六）数据分析

1）锚杆杆体长度计算应符合下列规定：

（1）锚杆杆底反射信号识别可采用时域反射波法、幅频域频差法等。

（2）杆底反射波与杆端入射首波波峰间的时间差即为杆底反射时差，若有多次杆底反射信号，则应取各次时差的平均值。

（3）时间域杆体长度应按下式计算：

$$L = \frac{1}{2} C_m \times \Delta t_e \tag{13-36}$$

式中：L——杆体长度；

C_m——同类锚杆的波速平均值，若无锚杆模拟试验资料，应按下列原则取值：当锚固密实度小于30%时，取杆体波速（C_b）平均值；当锚固密实度大于或等于30%时，取杆系波速（C_t）平均值（m/s）；

Δt_e——时域杆底反射波旅行时间。

（4）频率域杆体长度应按下式计算：

$$L = \frac{C_m}{2\Delta f} \tag{13-37}$$

式中：Δf——幅频曲线上杆底相邻谐振峰间的频差。

2）杆体波速和杆系波速平均值的确定应符合下列规定：

（1）应以现场锚杆检测同样的方法，在自由状态下检测工程所用各种材质和规格的锚杆杆体波速值，杆体波速应按下列公式计算平均值。

（2）应以现场锚杆检测同样的方法，在自由状态下检测工程所用各种材质和规格的锚杆杆体波速值，杆体波速应按下列公式计算平均值：$|C_{bi} - C_b|/C_b$

$$C_b = \frac{1}{n}\sum_{i=1}^{n} C_{bi} \tag{13-38}$$

$$C_{bi} = \frac{2L}{\Delta t_e} \tag{13-39}$$

$$或 \quad C_{bi} = 2L \cdot \Delta f \tag{13-40}$$

式中：C_b——相同材质和规格的锚杆杆体波速平均值（m/s）；

C_{bi}——相同材质和规格的第i根锚杆的杆体波速值（m/s），且$|C_{bi} - C_b|/C_b \leqslant 5\%$；

L——杆体长度（m）；

Δt_e——杆底反射波旅行时间（s）；

Δf——幅频曲线上杆底相邻谐振峰间的频差（Hz）；

n——参加波速平均值计算的相同材质和规格的锚杆数量（$n \geqslant 3$）。

3）宜在现场锚杆试验中选取不少于 5 根相同材质和规格的同类型锚杆的杆系波速值按下式计算平均值：

$$C_\mathrm{t} = \frac{1}{n}\sum_{i=1}^{n}C_{\mathrm{t}i} \tag{13-41}$$

$$C_{\mathrm{t}i} = \frac{2L}{\Delta t_\mathrm{e}} \tag{13-42}$$

$$或 \quad C_{\mathrm{t}i} = 2L \cdot \Delta f \tag{13-43}$$

式中：C_t——杆系波速的平均值（m/s）；

$C_{\mathrm{t}i}$——第i根试验杆的杆系波速值（m/s），且$|C_{\mathrm{t}i} - C_\mathrm{t}|/C_\mathrm{t} \leqslant 5\%$；

L——杆体长度（m）；

Δt_e——杆底反射波旅行时间（s）；

Δf——幅频曲线上杆底相邻谐振峰间的频差（Hz）；

n——参与波速平均值计算的试验锚杆的锚杆数量（$n \geqslant 5$）。

（七）结果评价

1）锚固密实度评判应符合表 13-26 规定：

锚固密实度评判标准　　　　表 13-26

质量等级	波形特征	时域信号特征	幅频信号特征	密实度D
A	波形规则，呈指数快速衰减，持续时间短	$2L/C_\mathrm{m}$时刻前无缺陷反射波，杆底反射波信号微弱或没有	呈单峰形态，或可见微弱的杆底谐振峰，其相邻频差$\Delta f \approx C_\mathrm{m}/2L$	$\geqslant 90\%$
B	波形较规则，呈较快速衰减，持续时间短	$2L/C_\mathrm{m}$时刻前由较弱的缺陷反射波，或可见清晰的杆底反射波	呈单峰或不对称的双峰形态，或可见较弱的谐振峰，其相邻频差$\Delta f \leqslant C_\mathrm{m}/2L$	$80\% \sim 90\%$
C	波形欠规则，呈逐步速衰减或间歇衰减趋势形态，持续时间较长	$2L/C_\mathrm{m}$时刻前可见明显的缺陷反射波或清晰的杆底反射波，但无杆底多次反射波	呈不对称多峰形态，可见较谐振峰，其相邻频差$\Delta f \geqslant C_\mathrm{m}/2L$	$75\% \sim 80\%$
D	波形不规则，呈慢速衰减或间歇增强后衰减形态，持续时间长	$2L/C_\mathrm{m}$时刻前可见明显的缺陷反射波及多次反射波，或清晰的、多次杆底反射波信号	呈多峰形态，杆底谐振峰明显、连续，或相邻频差$\Delta f > C_\mathrm{m}/2L$	$< 75\%$

2）锚固密实度可根据下式按长度比例估算：

$$D = 100\% \times (L_\mathrm{r} - L_\mathrm{x})/L_\mathrm{r} \tag{13-44}$$

式中：D——锚固密实度；

L_r——锚杆入岩深度；

L_x——锚固不密实段长度。

3）除孔口段末端部分外，锚固密实度可依据反射波能量法按下列公式估算：

$$D = (1 - \beta\eta) \times 100\% \tag{13-45}$$

$$\eta = E_r/E_0 \tag{13-46}$$

$$E_r = E_s - E_0 \tag{13-47}$$

式中：D——锚固密实度；

η——锚杆杆系能量反射系数；

β——杆系能量修正系数，可通过锚杆模拟试验修正或根据同类锚杆经验取值，若无锚杆模拟试验数据或同类锚杆经验值，可取$\beta = 1$；

E_0——锚杆入射波总能量，自入射波波动开始至入射波持续波动结束时间段内（t_0）的波动总能量；

E_s——锚杆波动总能量，自入射波波动开始至杆底反射波波动持续结束时刻（$2L/C_m + t_0$）的波动总能量；

E_r——（$2L/C_m + t_0$）时间段内反射波波动总能量。

4）应根据标准锚杆图谱进行评判。

5）当出现下列情况之一时，锚固质量判定宜结合其他检测方法进行：

（1）实测信号复杂，波动衰减极其缓慢，无法对其进行准确分析与评价。

（2）外露自由段过长、弯曲或杆体截面多变。

六、管片几何尺寸

（一）相关依据

（1）《盾构隧道管片质量检测技术标准》CJJ/T 164—2011。

（2）《盾构法隧道施工及验收规范》GB 50446—2017。

（3）《混凝土结构工程施工质量及验收规范》GB 50204—2015。

（二）基本概念

为确定盾构管片宽度、厚度，判定是否满足设计要求而进行管片几何尺寸检验。

（三）仪器设备

（1）主要仪器设备有 5m 钢卷尺、数显游标卡尺。

（2）5m 钢卷尺：量程 5m，分度值不大于 1mm。数显游标卡尺：数显游标卡尺的分辨率为 0.01mm，允许误差为±0.03mm/150mm。

（四）检测前准备

（1）调查、收集资料。主要包括委托方和相关单位的具体要求，有关设计文件、施工资料及现场周边环境情况,了解盾构管片的型号,种类、批次,实地踏勘管片厂家生产情况。

(2)制定检测方案。

(五)检测流程

(1)根据《盾构隧道管片质量检测技术标准》CJJ/T 164—2011 中第 6.1.2 条,每 200 环抽取一环。

(2)混凝土管片宽度检验应采用游标卡尺在内、外弧面的两端部及中部各测量 1 点,共 6 点,精确至 0.1mm。

(3)混凝土管片厚度检验应采用游标卡尺在管片的四角及拼接面中部各测量 1 点,共 8 点,精确至 0.1mm。

(六)结果判定

验收合格标准应符合表 13-27 规定。

钢筋混凝土管片几何尺寸和主筋保护层允许偏差　　表 13-27

序号	项目	允许偏差
1	宽度	±1
2	弧长	±1
3	厚度	+3,−1

当混凝土管片宽度、厚度检验均符合下列规定时,应判定该检验批管片几何尺寸合格:

(1)管片各个测点的宽度检验结果不超过允许偏差,宽度的检验结果应判为合格。

(2)管片各个测点的厚度检验结果不超过允许偏差,厚度的检验结果应判为合格。

七、错台

(一)相关依据

《盾构法隧道施工及验收规范》GB 50446—2017。

(二)基本概念

管片错台为相邻管片接缝处的偏差。

(三)仪器设备

主要仪器设备有游标卡尺、钢直尺。

(四)检测前准备

调查、收集资料。主要包括委托方和相关单位的具体要求,有关工程资料、设计文件、施工资料及现场周边环境情况，管片相关材料的参数指标。

（五）检测流程

（1）测试前，应对测试位置进行清理，保证无浮砂、污泥等影响测试结果的污染物。

（2）选择需要测试的部位，记录里程号、环内错台还是环间错台。

（3）环内错台用游标卡尺直接测读盾构隧道环内相邻管片两块错台最大处，每环测4点；环间错台用游标卡尺直接测读盾构隧道相邻两环错台最大处，每环测4点。

（六）允许偏差（表13-28）

管片尺寸允许偏差和校验方法　　表13-28

检验项目	允许偏差（mm）						检验方法	检验数量	
	地铁隧道	公路隧道	铁路隧道	水工隧道	市政隧道	油气隧道		环数	点数
环内错台	5	6	7	8	5	8	尺量	逐环	4点/环
环向错台	6	7	7	9	6	9	尺量	逐环	

八、椭圆度

（一）相关依据

（1）《城市轨道交通设施结构检测技术规程》DB11/T 1167—2015。

（2）《盾构法隧道施工及验收规范》GB 50446—2017。

（3）《建筑变形测量规范》JGJ 8—2016。

（二）基本概念

椭圆度是圆形隧道管片衬砌拼装成环后隧道最大直径与最小直径的差值与隧道设计内径的比值，以千分比表示，通常采用椭圆度来量化盾构隧道管片的不圆度。由于隧道施工过程中的各种因素，如土层变化、地质构造、管篏间距、管片制造等，都会对管片的安装造成一定的影响，从而导致椭圆度的产生。隧道椭圆度过大会对隧道的稳定性和安全性造成影响：一方面会引起隧道的轴力变化和扭矩变化，增加管片的应力和变形；另一方面椭圆度过大会影响隧道的运行安全，给列车的运行带来振动和噪声，并可能损坏列车设备和轨道。

通过检验，确定隧道椭圆度是否符合规范与设计要求。

（三）仪器设备

（1）可采用断面扫描仪、全站仪进行观测。

（2）测距精度不低于1mm + 1ppm、测角精度不低于0.1°。

（四）观测点布设

（1）观测断面应沿线路方向布置，断面间距为直线段 6m，曲线段 5m。
（2）平面曲线的 ZH、HY、QZ、YH、HZ 关键控制点处应增设观测断面。
（3）竖曲线变坡点处应增设观测断面。

（五）测量方法

（1）隧道结构水平变形宜采用坐标法、测回法。
（2）测量精度应不低于 JGJ 8—2016 表 3.2.2 中的二级要求。

（六）数据处理

测取隧道直径后，求取最大与最小直径的差值，计算盾构隧道椭圆度。

（七）允许偏差（表 13-29）

管片拼装椭圆度允许偏差和检验方法 表 13-29

检验项目	允许偏差（mm）						检验方法	检验数量
	地铁隧道	公路隧道	铁路隧道	水工隧道	市政隧道	油气隧道		
衬砌环椭圆度	±5	±6	±6	±8	±5	±6	断面仪、全站仪	每10环

九、混凝土强度（回弹法/钻芯法/回弹—钻芯综合法/超声回弹综合法等）

参见第十三章第一节"六、混凝土抗压强度（回弹法/钻芯法/回弹—钻芯综合法/超声回弹综合法等）"的内容。

十、钢筋位置及保护层厚度

参见第十三章第一节"八、钢筋位置及保护层厚度"的内容。

十一、外观质量

（一）相关依据

（1）《混凝土结构工程施工质量验收规范》GB 50204—2015。
（2）《城市轨道交通设施结构检测技术规程》DB11/T 1167—2015。

（二）基本概念

对隧道主体结构外观质量进行检测，判定是否满足设计要求，为工程验收提供依据。

（三）仪器设备

（1）主要仪器设备有钢卷尺、激光测距仪、裂缝测宽仪、裂缝测深仪。

（2）钢卷尺、激光测距仪精度为±1mm，裂缝测宽仪精度为0.01mm。

（四）检测前准备

调查、收集资料。主要包括委托方和相关单位的具体要求，有关设计文件、施工资料及现场周边环境情况。

（五）检测内容和方法

（1）检查隧道主体结构有无裂缝、孔洞、压溃、蜂窝、麻面、掉块、露筋、锈蚀、渗漏水、变形缝错台、变形缝填塞物脱落、变形缝渗漏水等。采用钢尺测量露筋、锈蚀的长度，变形缝错台、孔洞、蜂窝、麻面、掉块、压溃、水渍的面积。

（2）盾构隧道还应检查有无管片错台、连接螺栓松动、连接螺栓锈蚀，止水胶条是否脱落、老化等。采用钢尺测量管片错台。

（3）逐一记录隧道外观质量缺陷，对典型病害拍照留存。

（六）结果评定

依据《混凝土结构工程施工质量验收规范》GB 50204—2015，严重缺陷和一般缺陷按表13-30确定。

现浇结构外观质量缺陷　　　　　　　　表13-30

名称	现象	严重缺陷	一般缺陷
露筋	构件内钢筋未被混凝土包裹而外露	纵向受力钢筋有露筋	其他钢筋有少量露筋
蜂窝	混凝土表面缺少水泥浆而形成石子外露	构件主要受力部位有蜂窝	其他部位有少量蜂窝
孔洞	混凝土中孔穴深度和长度均超过保护层厚度	构件主要受力部位有孔洞	其他部位有少量孔洞
夹渣	混凝土中夹有杂物且深度超过保护层厚度	构件主要受力部位有夹渣	其他部位有少量夹渣
疏松	混凝土中局部不密实	构件主要受力部位有疏松	其他部位有少量疏松
裂缝	缝隙从混凝土表面延伸至混凝土内部	构件主要受力部位有影响结构性能或使用功能的裂缝	其他部位有少量不影响结构性能或使用功能的裂缝
连接部位缺陷	构件连接处混凝土缺陷及连接钢筋、连接铁件松动	连接部位有影响结构传力性能的缺陷	连接部位有基本不影响结构传力性能的缺陷
外形缺陷	缺棱掉角、棱角不直、翘曲不平、飞出凸肋等	清水混凝土构件内有影响使用功能或装饰效果的外形缺陷	其他混凝土构件有不影响使用功能的外形缺陷
外表缺陷	构件表面麻面、掉皮、起砂、沾污等	具有重要装饰效果的清水混凝土构件有外表缺陷	其他混凝土构件有不影响使用功能的外表缺陷

十二、渗漏水

（一）相关依据

《地下防水工程质量验收规范》GB 50208—2011。

（二）基本概念

隧道漏水是隧道中的主要病害之一，渗漏水会影响隧道的正常使用，降低行车舒适度，甚至危及行车安全；同时长期渗漏水还会导致隧道结构材料腐蚀、老化，降低结构的耐久性。在工程验收时应检测隧道结构渗漏水状况，判定是否满足设计要求，为工程验收提供依据。

（三）仪器设备

（1）主要仪器设备有钢卷尺、激光测距仪、有刻度的塑料量筒、秒表、吸墨纸或报纸、粉笔、工作登高扶梯等。

（2）钢卷尺、激光测距仪检测精度为±1mm。

（四）检测前准备

调查、收集资料。主要包括委托方和相关单位的具体要求，有关设计文件、施工资料及现场周边环境情况。

（五）检测流程

（1）湿渍检测时，检查人员用干手触摸湿斑，无明显水分浸润感觉。用吸墨纸或报纸贴附，纸应不变颜色；用粉笔勾画出湿渍范围，然后用钢尺测量并计算面积，标示在"结构内表面的渗漏水展开图"上。

（2）渗水检测时，检查人员用干手触摸可感觉到水分浸润，手上会沾有水分。用吸墨纸或报告贴附，纸会浸润变颜色；用粉笔勾画出渗水范围，然后用钢尺测量并计算面积，标示在"结构内表面的渗漏水展开图"上。

（3）隧道上半部的明显滴漏和连续渗流，可直接用有刻度的容器收集量测，将渗漏水导入量测容器内，然后计算24h的渗漏水量，标示在"结构内表面的渗漏水展开图"上。

（4）若检测器具或登高有困难时，允许通过目测计取每分钟或数分钟内的滴落数目，计算出该点的渗漏水量。通常，当滴落速度为(3～4)滴/min 时，24h 的漏水量就是 1L。当滴落速度大于 300 滴/min 时，则形成连续线流。渗漏水量的单位通常使用"$L/(m^2 \cdot d)$"。

（六）结果判定

依据《地下防水工程质量验收规范》GB 50208—2011，地下工程的防水等级标准应符合表13-31规定。

地下工程的防水等级标准　　　　　　表 13-31

防水等级	防水标准
一级	不允许渗水，结构表面无湿渍
二级	不允许漏水，结构表面可有少量湿渍 总湿渍面积不应大于总防水面积的 2/1000；任意 100m² 防水面积上的湿渍不超过 3 处，单个湿渍的最大面积不大于 0.2m²；其中，隧道工程平均渗水量不大于 0.05L/(m²·d)，任意 100m² 防水面积上的渗水量不大于 0.15L/(m²·d)
三级	有少量漏水点，不得有线流和漏泥砂 任意 100m² 防水面积上的漏水或湿渍点数不超过 7 处，单个漏水点的最大漏水量不大于 2.5L/d，单个湿渍的最大面积不大于 0.3m²
四级	有漏水点，不得有线流和漏泥砂 整个工程平均漏水量不大于 2L/(m²·d)；任意 100m² 防水面积上的平均漏水量不大于 4L/(m²·d)

十三、钢筋锈蚀状况

参见本章第一节"十一"的内容。

第三节　桥梁及附属物

本节介绍桥梁桥面系、上部结构、下部结构及桥梁附属设施的外观质量检查方法。

一、相关标准

（1）《城市桥梁工程施工与质量验收规范》CJJ 2—2008。
（2）《城市桥梁养护技术标准》CJJ 99—2017。
（3）《城市桥梁检测与评定技术规范》CJJ/T 233—2015。
（4）《公路桥涵养护规范》JTG 5120—2021。
（5）《公路桥梁技术状况评定标准》JTG/T H21—2011。

二、基本概念

外观质量检测为核对桥梁数据档案的相关数据，对桥梁各构件外观进行详细的检查，对发现病害的部位、类型、性质、范围、数量和程度进行记录；分析损坏原因，对桥梁结构状况进行评定，并提出维修建议。

三、检测方法

目测辅以直尺、钢尺、激光测距仪、裂缝显微镜、照相机等简单的工具、设备。

四、建设期检测

工程建设期对桥梁外观质量的检测内容如下：

（1）墩台混凝土表面应平整、色泽均匀，无明显错台、蜂窝麻面，外形轮廓清晰。

（2）砌筑墩台表面应平整，砌缝应无明显缺陷，勾缝应密实坚固、无脱落，线脚应顺直。

（3）桥台与挡墙、护坡或锥坡衔接应平顺，应无明显错台；沉降缝、泄水孔设置正确。

（4）索塔表面应平整，色泽均匀，无明显错台和蜂窝麻面，轮廓清晰，线形直顺。

（5）混凝土梁体（框架桥体）表面应平整、色泽均匀、轮廓清晰、无明显缺陷；全桥整体线形应平顺、梁缝基本均匀。

（6）钢梁安装线形应平顺，防护涂装色泽应均匀、无漏涂、无划伤、无起皮，涂膜无裂纹。

（7）拱桥表面平整，无明显错台；无蜂窝麻面、露筋或砌缝脱落现象，色泽均匀；拱圈（拱肋）及拱上结构轮廓线圆顺、无折弯。

（8）支座垫石平整、无缺棱、掉角，支座位置、方向应安装正确，无脱空、无超出允许值的滑移和变形。

（9）索股钢丝应顺直、无扭转、无鼓丝、无交叉，锚环与锚垫板应密贴并居中，锚环及外丝应完好、无变形，防护层应无损伤，斜拉索色泽应均匀、无污染。

（10）桥梁附属结构应稳固，线形应直顺，应无明显错台、无缺棱掉角。

五、运营期检测

以混凝土梁式桥结构为例介绍运营期桥梁外观质量检测的内容与方法：

1）检测前准备

（1）收集桥梁资料，包括桥梁设计图纸、施工记录、维修记录等。

（2）根据桥梁结构形式、跨径组合，制定详细全面的检测方案，包括检测时间、检测人员、检测设备、安全措施等。

（3）根据检测方案，准备必要的检测设备，并保证设备的精准度和可靠性。

（4）了解桥梁周边环境及交通情况，针对可能出现的紧急情况，制定相应的应急预案，保证检查环境的安全，对于可能存在危险的区域，设置明显的警示标志和防护措施。

2）桥面系外观质量检测内容

（1）检查桥面系铺装层是否存在裂缝、车辙、剥离、坑洞等病害。

（2）检查桥头是否平顺，是否存在桥头沉降、台背下沉等病害。

（3）检查桥面伸缩缝是否松动、阻塞，钢材有无破损、异常变形等病害。

（4）检查桥面排水系统是否通畅，泄水管是否堵塞、残缺，桥面是否积水，桥面防水层是否破损。

（5）检查桥面两侧护栏是否完好，有无损坏、变形、残缺等病害，检查护栏高度和间距是否符合规范要求。

（6）检查桥面两侧人行道块件是否存在残缺、松动变形、网裂等病害。

3）桥梁上部结构外观质量

（1）检查主梁结构混凝土表面和内部是否存在裂缝，特别注意的是裂缝类型、宽度、长度和分布情况，分辨裂缝是否为受力裂缝，根据裂缝的情况，分析裂缝对梁体结构的影响程度。

（2）检查主梁结构是否存在梁体移动、下挠异常的情况，判断梁体有无掉落或倾覆的风险。

（3）检查主梁结构是否存在混凝土剥离、露筋锈蚀、水渍等病害。

（4）检查横向联系位置，是否存在与桥面中线大致平行的纵向裂缝，并检查其贯通程度。

（5）检查横向连接件是否存在脱焊、松动、断裂的情况，检测横隔板是否存在网裂、剥落露筋等病害。

4）桥梁下部结构外观质量

（1）检查桥梁支座橡胶材料是否存在变形、开裂等病害；检查支座是否存在松动、脱空等情况，判断支座对梁体的支撑是否稳定，有无落梁的风险；检查支座固定螺栓、混凝土底板、钢垫板等结构是否完好，对存在的病害进行准确记录。

（2）检查桥梁台帽盖梁结构是否存在混凝土剥离、露筋锈蚀及表面裂缝等病害，重点检查结构是否存在受力裂缝，并对受力裂缝的位置、长度、宽度及深度进行准确记录，分析其产生原因，判断裂缝对结构产生的影响。

（3）检查墩台身表面是否存在混凝土剥离、露筋锈蚀、水渍等病害，检查是否存在墩身的水平和纵向裂缝，并详细记录裂缝的开裂形态；重点检查墩身是否存在倾斜情况，判断是否影响桥梁结构的稳定性。

（4）检查墩台基础有无冲刷痕迹，是否存在掏空现，是否出现基础下沉、倾斜、不均匀沉降等病害，判断基础情况对桥梁稳定性是否存在影响；在条件允许的情况下，观察基础是否存在破损、缩径、锈蚀等病害。

（5）检查桥梁耳背翼墙是否完好，挡土功能是否正常，混凝土结构是否存在剥离、露筋锈蚀及贯通裂缝等病害，对存在的病害进行准确记录。

5）桥梁附属设施外观质量

附属设施包括主梁外侧挂板、桥台护坡锥坡、照明设施、标志标牌、调制构造物、防抛网、限高架、遮光板等。

（1）检查挂板是否存在破损、露筋锈蚀，是否存在脱落风险。

（2）检查桥台护坡、锥坡是否完好，有无塌陷、异常下沉、残缺等病害，判断其挡土功能是否完好。

（3）检查桥面或桥下照明设施是否完好，有无破损、无法正常工作的情况。

（4）检查桥梁标志标牌是否完好，标识的桥梁信息是否准确，字迹是否清楚。

（5）检查桥下调制构造物是否完好，引水功能是否正常，有无漂浮物堵塞等情况。

（6）检查桥面防抛网、限高架及遮光板等设施是否完好，有无残缺情况，链接位置是否牢固，有无脱落及影响行人车辆的风险。

六、检测结果评定

检测结果依据《城市桥梁养护技术标准》CJJ 99—2017，对桥梁按桥面系、上部结构和下部结构分别进行评估，并逐级、分层加权，最终得到该桥梁各部分以及全桥技术状况的 BCI 值，以及确定该桥梁不同组成部位的结构状况的 BSI 值。

第四节　桥梁支座

一、产品分类、代号及标记

（1）分类、代号：

板式橡胶支座产品分类及代号如表 13-32 所示，盆式支座产品分类及代号如表 13-33 所示，球型支座产品分类及代号如表 13-34 所示。

板式橡胶支座产品分类及代号　　表 13-32

类型		名称代号	
		《公路桥梁板式橡胶支座》JT/T 4—2019	《橡胶支座 第 4 部分：普通橡胶支座》GB 20688.4—2007
普通板式橡胶支座	矩形板式橡胶支座	J	JBZ
	圆形板式橡胶支座	Y	YBZ
四氟滑板式橡胶支座	矩形四氟滑板式橡胶支座	—	JBZ
	圆形四氟滑板式橡胶支座	—	YBZ
滑板橡胶支座	矩形滑板橡胶支座	JH	—
	圆形滑板橡胶支座	YH	—

注：1. 常温型橡胶支座，适用温度为(-25～60)℃，采用氯丁橡胶生产，代号 CR。
　　2. 耐寒型橡胶支座，适用温度为(-40～60)℃，采用天然橡胶生产，代号 NR。

盆式支座产品分类及代号　　表 13-33

类型		名称代号	按使用性能分类的代号
《公路桥梁盆式支座》JT/T 391—2019	固定支座	GPZ	GD
	双向活动支座		SX
	纵向活动支座		ZX
	横向活动支座		HX
	减震型固定支座		JZGD
	减震型纵向活动支座		JZZX（纵向）
	减震型横向活动支座		JZHX（横向）

续表

类型		名称代号	按使用性能分类的代号
《橡胶支座 第4部分：普通橡胶支座》GB 20688.4—2007	固定支座	PZ	GD
	双向活动支座		SX
	单向活动支座		DX
	抗震型固定支座		KGD

注：1. 常温型支座，适用于(-25~60)℃，代号C。

2. 耐寒型支座，适用于(-40~60)℃，代号F。

球型支座产品分类及代号　　　　　　　　　　表 13-34

类型	名称代号	产品分类代号
双向活动支座	QZ	SX
纵向活动支座	QZ	DX
固定支座	QZ	GD

（2）板式橡胶支座标记：

板式橡胶支座型号由名称代号、结构形式、外形尺寸及适用温度四部分组成。

示例 1：公路桥梁普通矩形橡胶支座，常温型，采用氯丁橡胶，支座平面尺寸为 300mm×400mm，总厚度为 47mm，表示为：GBZJ300×400×47（CR）。

示例 2：公路桥梁圆形滑板橡胶支座，耐寒型，采用天然橡胶，支座直径为 300mm，总厚度 54mm，表示为：GBZYH300×54（NR）。

以上标记适用于交通运输行业标准《公路桥梁板式橡胶支座》JT/T 4—2019。

示例 3：采用氯丁橡胶制成的普通板式橡胶支座：短边尺寸 150mm，长边尺寸为 200mm 厚度为 30mm，支座标记为：JBZ150×200×30（CR）。

示例 4：采用天然橡胶制成的四氟滑板式橡胶支座：直径为 300mm，厚度为 54mm，支座标记为：YBZF4300×54（NR）。

以上标记适用于国家标准《橡胶支座 第4部分：普通橡胶支座》GB 20688.4—2007。

（3）盆式支座标记：

盆式支座型号一般由支座名称代号、支座系列、设计竖向承载力（MN）、设计水平承载力（%）使用性能分类代号、活动支座顺桥向位移量（mm）、适用温度代号组成。

示例 1：××××年设计，竖向设计承载力 15MN、横向水平设计承载力为竖向设计承载力 10%的双向活动顺桥向设计位移为±100mm 的耐寒型盆式支座，其型号表示为 GPZ（××××）15-10%-SX-±100-F。

示例 2：××××年设计，竖向设计承载力 15MN、横向水平设计承载力为竖向设计承载力 15%的纵向活动顺桥向位移为±50mm 的常温型盆式支座，其型号表示为 GPZ（××××）15-15%-ZX-±50-C。

示例 3：××××年设计，竖向设计承载力 15MN、水平设计承载力为竖向设计承载力

10%的固定常温型盆式支座,其型号表示为 GPZ（××××）15-10%-GD-C。

示例 4：××××年设计,竖向设计承载力 15MN 的减震固定耐寒型盆式支座,其型号表示为 GPZ（××××）15-JZGD-F。

示例 5：××××年设计,竖向设计承载力 15MN、顺桥向设计位移为±150mm 的减震型纵向活动常温型盆式支座,其型号表示为 GPZ（××××）15-JZZX-±150-C。

以上标记适用于交通运输行业标准 JT/T391—2019。

示例 6：设计承载力为 5MN,主位移方向位移量为±100mm,工作温度为(-40～60)℃的双向活动盆式支座,标记为：PZ5SX100F。

示例 7：设计承载力为 2.5MN,主位移方向位移量为：50mm,工作温度为(-25～60)℃的单向活动支座,标记为：PZ2.5DX50。

示例 8：适用于 7 度以上地震区,设计承载力为 10MN,工作温度为(-40～60)℃的抗震型固定支座,标记为：PZ10KGDF。

以上标记适用于国家标准《橡胶支座 第 4 部分：普通橡胶支座》GB 20688.4—2007。

（4）球型支座标记：

球型支座产品标记一般由支座名称代号、支座设计竖向承载力（kN）、产品分类代号、位移量（mm）、转角（rad）组成。

示例 1：支座设计竖向承载力为 30000kN 的单向活动球型支座,其纵向位移量为±150mm,转角为 0.05rad,标记为：QZ30000DX/Z±150/R0.05。

示例 2：支座设计竖向承载力为 20000kN 的双向活动球型支座,其纵向位移量为±100mm,横向位移量为±40mm,转角为 0.02rad,标记为 QZ20000SX/Z±100/H±40/R0.02。

二、桥梁支座的力学性能要求

板式橡胶支座力学性能要求见表 13-35,盆式橡胶支座力学性能要求见表 13-36,球型支座力学性能要求见表 13-37。

板式橡胶支座成品力学性能要求 表 13-35

类型	指标	
	《公路桥梁板式橡胶支座》JT/T 4—2019	《橡胶支座 第 4 部分：普通橡胶支座》GB 20688.4—2007
实测极限抗压强度 Ru（MPa）	≥70	—
实测抗压弹性模量 E（MPa）	$E \pm E \times 20\%$	$E \pm E \times 30\%$
实测抗剪弹性模量 $G1$（MPa）	$G1 \pm G \times 15\%$	
实测老化后抗剪弹性模量 $G2$（MPa）	$G1 \pm G \times 15\%$	$G1 \pm G1 \times 15\%$
抗剪黏结性能（$\tau=2$MPa 时）	无橡胶开裂和脱胶现象	
实测转角正切值 $\tan\theta$	混凝土桥	≥1/300
	钢桥	≥1/500
实测四氟板与不锈钢板表面摩擦系数 μ（加硅脂时）	≤0.03	

注：表中板式支座抗压弹性模量 E 和支座形状系数 S 应按下列公式计算：

$$E = 5.4G \cdot S2 \tag{13-48}$$

矩形板式橡胶支座：

$$S = \frac{a' + b'}{2t_1(a' + b')} \tag{13-49}$$

圆形板式橡胶支座：

$$S = d'/4t_1 \tag{13-50}$$

式中：E——板式支座抗压弹性模量（MPa）；

G——板式支座抗剪弹性模量（MPa）；

S——板式支座形状系数；

a'——矩形板式橡胶支座加劲钢板短边尺寸（mm）；

b'——矩形板式橡胶支座加劲钢板长边尺寸（mm）；

t_1——板式支座中间单层橡胶片厚度（mm）；

d'——圆形板式橡胶支座加劲钢板直径（mm）。

盆式橡胶支座成品力学性能要求 表 13-36

项目	指标		
竖向承载力	压缩变形	径向变形	残余变形
	在竖向设计承载力作用下支座压缩变形不大于支座总高度的2%	在竖向设计承载力作用下盆环上口径向变形不得大于盆环外径的0.05%	卸载后，支座残余变形小于设计荷载下相应变形的5%
水平承载力	固定支座、纵向活动支座和横向活动支座	减震型固定支座、减震型纵向活动支座和减震型横向活动支座	
	不小于支座竖向承载力的10%或15%	不小于支座竖向承载力的20%	
转角	支座设计竖向转动角度不小于0.02rad		
摩擦系数（加5201硅脂润滑后）	常温型活动支座	耐寒型活动支座	
	不大于0.03	不大于0.05	

球型支座成品力学性能要求 表 13-37

项目	指标	
竖向承载力	压缩变形	径向变形
	在竖向设计承载力作用下支座的竖向压缩变形不应大于支座总高度的1%	在竖向设计承载力作用下盆环径向变形不应大于盆环外径的0.05%
水平承载力	固定支座	单向活动支座
支座实测转动力矩	应小于支座设计转动力矩	
摩擦系数（加5201硅脂润滑后）	温度适用范围在(−25～60)℃时	温度适用范围在(−40～−25)℃时
	不大于0.03	不大于0.05

注：表中球型支座设计转动力矩按下列公式计算：

$$M_\theta = R_{ck} \cdot \mu_f \cdot R \tag{13-51}$$

式中：M_θ——支座设计转动力矩（N·m）；

R_{ck}——支座竖向设计承载力（kN）；

μ_f——球面镀铬钢衬板的镀铬层与球面聚四氟乙烯板间的设计摩擦系数；

R——球面镀铬钢衬板的球面半径（mm）。

三、桥梁支座的试验方法

（1）板式橡胶支座试验检测项目为抗压弹性模量、抗剪弹性模量、抗剪黏结性能、抗剪老化、摩擦系数、转角、极限抗压强度试验、内部质量以及外观质量及尺寸检测。试验方法按照《公路桥梁板式橡胶支座》JT/T 4—2019 进行。

（2）盆式橡胶支座试验检测项目为竖向承载力、水平承载力、摩擦系数、转角、外观质量。试验方法按照《公路桥梁盆式支座》JT/T 391—2019 进行。

（3）球型支座试验检测项目为竖向承载力、水平承载力、摩擦系数、转动性能试验。试验方法按照《桥梁球形支座》GB 17955—2009 进行。

四、力学性能试验检测结果的判定

1. 成品板式支座试验结果的判定

板式支座力学性能试验时，随机抽取 3 块（或 3 对）支座，若有 2 块（或 2 对）不能满足表 13-35 的要求，则认为该批产品不合格。若有 1 块（或 1 对）支座不能满足表 13-35 的要求时，则应从该批产品中随机再抽取双倍支座对不合格项目进行复检，若仍有一项不合格，则判定该批规格产品不合格。

2. 成品盆式支座试验结果的判定

（1）试验支座的竖向压缩变形和盆环径向变形满足表 13-36 的规定，实测的荷载—竖向压缩变形曲线和荷载—盆环径向变形曲线呈线性关系，且卸载后残余变形小于支座设计荷载下相应变形的 5%，该支座的竖向承载力为合格。

（2）试验支座的转动角度满足表 13-36 的规定，该支座的转动角度为合格。试验支座的摩擦系数满足表 13-36 的规定，该支座的摩擦系数为合格。

（3）支座各项试验均为合格，判定该支座为合格支座。试验合格的支座，试验后可以继续使用。

（4）试验支座在加载中出现损坏，则该支座为不合格。

3. 成品球型支座试验结果的判定

（1）试验支座竖向压缩变形、盆环径向变形应满足表 13-37 的要求。

（2）试验支座水平力应满足表 13-37 的有关要求。

（3）支座水平承载力试验，在拆除装置后，检查支座变形是否恢复。变形不能恢复的产品为不合格。

（4）试验支座摩擦系数应满足表 13-37 的要求。

（5）试验支座实测转动力矩应小于计算的设计转动力矩。

（6）整体支座的试验结果若有 2 个支座各有 1 项不合格，或有 1 个支座 2 项不合格时，应取双倍试样对不合格项目进行复检，若仍有 1 个支座 1 项不合格，则判定该批产品不合格。若有 1 个支座 3 项不合格则判定该批产品不合格。

第五节　桥梁伸缩装置

一、产品分类、代号

公路桥梁伸缩装置（简称伸缩装置）按伸缩结构分为模数式伸缩装置，代号 M；梳齿板式伸缩装置，代号 S；无缝式伸缩装置，代号 W。模数式伸缩装置按橡胶密封带的数量分为单缝多缝，代号 MA、MB。梳齿板式伸缩装置按梳齿板受力状况分为悬臂、简支，代号 SC、SS。简支梳齿板式伸缩装置分为活动梳齿板的齿板位于伸缩缝一侧的 SSA 和活动梳齿板的齿板跨走伸缩缝的 SSB。

二、桥梁伸缩装置的总体要求

（1）性能要求：

桥梁伸缩装置的变形性能应符合表 13-38 的要求。当桥梁变形使伸缩装置产生显著的向错位或竖向错位时，宜通过专题研究确定伸缩装置的平面转角和竖向转角要求并进行变形性能测量。

伸缩装置变形性能要求　　　　　　　　　　表 13-38

装置类型	项目		要求
MB	拉伸、压缩时最大水平摩阻力（kN/m）		≤4×n
MB	拉伸、压缩时变形均匀性	每单元最大偏差值（mm）	−2～2
MB	拉伸、压缩时变形均匀性	总变形最大偏差值（mm）　80≤e≤400	−5～5
MB	拉伸、压缩时变形均匀性	400<e<800	−10～10
MB	拉伸、压缩时变形均匀性	e>800	−15～15
MB	拉伸、压缩时每单元最大竖向变形偏差（mm）		≤2
MB	符合水平摩阻力和变形均匀条件下的错位性能	纵向错位（°）	伸缩装置的扇形变位角度≥2.5
MB	符合水平摩阻力和变形均匀条件下的错位性能	横向错位（mm）	伸缩装置两端偏差值≥20×n
MB	符合水平摩阻力和变形均匀条件下的错位性能	竖向错位（%）	顺桥向坡度≥5
SC	拉伸、压缩时最大竖向变形偏差（mm）		≤1.0
SC	拉伸、压缩时最大水平摩阻力（kN/m）		≤5.0
SSA SSB	拉伸、压缩时最大竖向变形偏差（mm）	80≤e≤720	≤1.0
SSA SSB	拉伸、压缩时最大竖向变形偏差（mm）	720<e≤1440	≤1.5
SSA SSB	拉伸、压缩时最大竖向变形偏差（mm）	e>1440	≤2.0
W	拉伸、压缩时被大竖向变形（mm）		≤6.0

注：1. n 为多缝模数式伸缩装置中橡胶密封带的个数。

　　2. 防水性能应符合注满水 24h 无渗漏。

(2)使用要求：

在车辆轮载作用下，伸缩装置各部件及连接应安全可靠。在正常设计、生产、安装、运营养护条件下，伸缩装置设计使用年限不应低于15年。

三、桥梁伸缩装置的试验方法

模数式伸缩装置试验检测项目为变形性能试验、防水性能试验及承载性能试验。变形性能试验又包含拉伸、压缩时的最大水平摩阻力，拉伸、压缩时的变形均匀性，拉伸、压缩时每单元的最大竖向变形偏差，以及符合水平摩阻力和变形均匀性条件的错位性能等内容。

梳齿板式伸缩装置试验检测项目为拉伸、压缩时的最大竖向变形偏差、最大水平摩阻力以及防水性能试验。

无缝式伸缩装置试验检测项目为拉伸、压缩时的最大竖向变形及防水性能试验。

桥梁伸缩装置的试验对象分为材料试件、构件试件和整体试件3类。材料试件应按试验要求取样。构件试件取足尺产品。整体试件采用整体装配后的伸缩装置；当受试验设备限制，不能对整体试件进行试验时，试件截取长度不得小于4m；多缝模数式伸缩装置应不少于4个位移箱；梳齿板式伸缩装置应不小于一个单元。

试验前，要将试件直接置于标准温度$(23 \pm 5)°C$下，静置24h，使试件内外温度一致。环境中不能存在腐蚀性气体及影响检测的振动源。

试验方法按照《公路桥梁伸缩装置通用技术条件》JT/T 327—2016进行。

四、力学性能试验检测结果的判定

伸缩装置总体性能试验，全部项目满足表13-38要求为合格。若检验项目中有一项不合格，则应从该批产品中再随机抽取双倍数目的试样，对不合格项目进行复检，若仍有一项不合格，则判定该批产品不合格。

第六节 隧道环境

一、照度

（一）相关依据

《公路隧道照明设计细则》JTG/T D70/2-01—2014。

（二）基本概念

隧道中的照明状况对驾驶员的安全和视觉舒适度有着直接影响，为保证隧道内照明状况符合设计要求，有必要对照度进行检测。

（三）仪器设备

照度计。

（四）量测方法

1. 洞口段照度检测

（1）纵向照度曲线测试：第一测点可设在距洞口10m处，之后向内每米设一测点，测点深入中间段10m。测试各点照度，并以隧道路面中线为横轴、以照度为纵轴绘制隧道纵向照度变化曲线。

（2）横向照度曲线测试：洞口照明段分为入口段和过渡段，过渡段由TR1、TR2、TR3三个照明段组成。测试横向照度时，可在各测区各设一条测线，该线位于各区段的中部。在各测线上，测点由中央向两边对称布置，间距0.5m。测取各点照度，并以各测线为横轴、以照度为纵轴，绘制隧道横向照度变化曲线。

2. 中间段路面平均照度检测

（1）取测点原则：视隧道长度不同，测区的总长度可占隧道总长度的5%～10%；各测区长度以20m为宜，也可根据灯具间距适应调整。在各测区划分网格，使各单位长为2m，宽约1m；给各单位编号，并测取各单元形心点的照度E_i。

（2）数据处理方法：

若某测区的单元数n，则该测区的平均照度为：

$$E = \frac{1}{n}\sum_{i=1}^{n} E_i \tag{13-52}$$

对各测区均计算，得到各测区的平均照度，最后对各测区的照度再平均，即得全隧道基本段得平均照度。

（五）结果判定

隧道照度实测结果应符合设计要求。

二、噪声

（一）相关依据

《声环境质量标准》GB 3096—2008。

（二）基本概念

隧道施工期间以及运营期间均会产生较大的噪声，不仅危害现场人员身心健康，而且影响周围居民日常生活。通过隧道噪声检测，评定其是否符合设计要求。

（三）仪器设备

声级计。

（四）量测方法

（1）选定测量位置，选在隧道中部。噪声计距边墙不小于1m，距地面不小于1.2m。

（2）分别在昼间和夜间进行测量。在规定测量时间内，每次每个点测量1min的；连续等效A声级。

（3）测量：噪声值取一分钟内噪声最大记录值。

三、风速

（一）相关依据

《公路隧道通风设计细则》JTG/T D70/2-02—2014。

（二）基本概念

隧道内的风速对隧道的建设和运营都具有较大影响：风速不足会导致隧道内缺氧，影响车辆的行驶安全，同时隧道内的有害气体无法及时排除，对人体健康造成威胁；其次风速过大会使车辆产生侧风、推力等不利影响，增加车辆操作难度，降低行驶安全。因此，有必要对隧道内的风速进行检测，评定其是否符合设计要求。

（三）仪器设备

风速仪。

（四）量测方法

（1）风速检测线路：

检测断面平均风速的线路如图13-8所示。

（2）迎面法：

测风员面向风流站立，手持风表，手臂向正前方伸直，然后按一定的线路使风表均匀移动。由于人体位于风表的正后方，人体的正面阻力减低流经风表的流速。因此，用该法测得的风速v_s，需经校正后才是真实风速v：

$$v = 1.14v_s \tag{13-53}$$

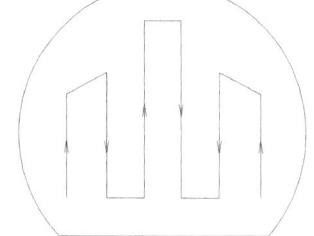

图13-8 检测断面平均风速的线路图

（3）侧面法：

测风员背向隧道壁站立，手持风表，手臂向风流垂直方向伸直，然后按一定的线路使

风表均匀移动。由于人体与风表在同一断面内,造成流经风表的流速增加。如果测得风速为v_s,那么实际风速为:

$$v = v_s - (S - 0.4)/S \tag{13-54}$$

式中: S——所测隧道的断面积(m^2);

0.4——人体占据隧道的断面积(m^2)。

(五)评定标准

隧道运营期间风速安全标准应符合下列规定:

(1)采用纵向通风的隧道,隧道换气风速不应低于1.5m/s。

(2)单向交通隧道的设计风速不宜大于10.0m/s,特殊情况不应大12.0m/s。

(3)双向交通隧道的设计风速不应大于8.0m/s;设有专用人行道的隧道设计风速不应大于7.0m/s。

四、气体浓度(一氧化碳、二氧化碳、二氧化硫、氧、一氧化氮、二氧化氮、瓦斯、硫化氢)

(一)相关依据

(1)《公路隧道通风设计细则》JTG/T D70/2-02—2014。

(2)《工作场所空气中有害物质监测的采样规范》GBZ 159—2004。

(3)《公路隧道环境检测技术规程》DB36/T 1709—2022。

(二)基本概念

气体浓度检测一般包括准入检测、监测检测和事故检测。准入检测适用于人员进入隧道前,对其空气中的有毒有害气体进行的检测,为准入隧道提供依据;监护检测适用于对隧道内空气中有毒有害气体进行的连续或定期检测,以保障准入者的安全;事故检测适用于隧道发生事故时进行的紧急采样检测,为处理事故、抢救人员和保障抢修提供有毒有害气体的信息。

检测前,在现场调查的基础上分析、判断隧道内可能存在的有毒有害气体的种类、浓度范围及其释放源。气体浓度应按照测氧→测爆→测毒的顺序检测,对于毒性较高的可燃气体应首先测毒,具体参考如下:氧气→瓦斯→硫化氢→一氧化碳→一氧化氮→二氧化氮→二氧化硫→二氧化碳。

(三)检测方法和仪器设备

气体浓度检测可采用直读式气体浓度检测仪,其应符合《密闭空间直读式仪器气体检测规范》GBZ/T 206—2007中对直读式检测仪的规定,具备PC-TWA、PC-STEL、MAC等检测及声光报警功能，同时应配备近似气体允许浓度的标准气体，用于标定仪器。

（四）测点布置

1. 施工期隧道测点数量和位置

1）同一断面内两个检测点之间的距离不宜超过 8m。

2）两车道隧道设上、中、下 1 组 3 个检测点，上下两点分别距隧道顶部和底部不超过 1m，三车道及以上隧道每车道增设 1 个检测点。

3）设置检测点应考虑有毒有害气体的密度，比空气密度大或小的气体，应分别在隧道底部或顶部每车道增设不少于 1 个检测点。

4）检测点宜避免设置在隧道的开口通风处，应深入隧道开口通风处 1m 以上，以避免外部气流和内部对流对检测结果产生影响。

5）在有毒有害气体的释放源或空间的死角、拐角部位应增设不少于 1 个检测点。

6）在建阶段隧道瓦斯浓度检测时，检测地点应包括：

（1）掌子面、仰拱及二次衬砌等作业面，爆破地点附近 20m 内风流中。

（2）拱顶、脚手架顶、台车顶、塌腔区、断面变化、联络通道及预留洞室等风流不易到达、瓦斯易发生积聚处。

（3）过煤层、断层破碎带、裂隙带及瓦斯异常涌出点。

（4）局部通风机、电机、变压器、电气开关附近、电缆接头等隧道内可能产生火源的地点。

（5）施工期间有瓦斯涌出地段，每(50～100)m 设置 1 处，其他地段视具体情况确定。

（6）每个隧道断面宜采用六点法检测，每个测点处的瓦斯浓度应连续检测 3 次，计算平均值，取各测点平均值的最大值作为该断面的瓦斯浓度。

2. 运营阶段测点布置（图 13-9、图 13-10）

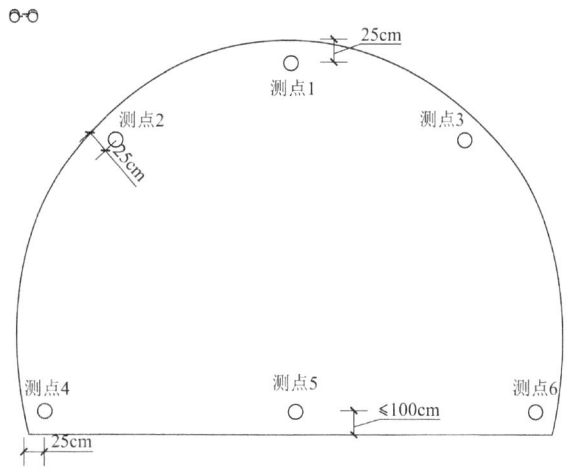

图 13-9 在建阶段隧道瓦斯检测六点法测点布置示意图

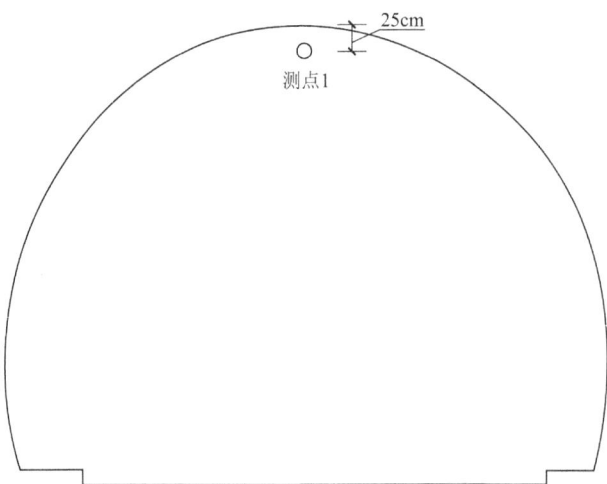

图 13-10 运营阶段隧道瓦斯检测（监测）测点布置示意图

（1）除瓦斯浓度检测外，运营阶段隧道气体浓度测点设置与施工阶段的规定相同。

（2）运营阶段瓦斯浓度检测与监测时，在瓦斯地层地段宜按 100m 间距设置检测与监测断面，在两端洞口附近、人字坡隧道变坡点处、紧急停车带、横通道等区域应设置瓦斯检测与监测断面。瓦斯检测点位置应位于隧道断面中部拱顶下 25cm 处。

（五）检测步骤

（1）打开直读式气体检测仪待其稳定后，将高纯氮气（浓度 99.999%）接入仪器进气口，进行零点标定。

（2）将待测气体标准气（不确定度小于 1%）接入仪器进气口，进行终点标定。

（3）零点与终点标定重复(2~3)次，使仪器处于正常工作状态，设备标定工作结束。

（六）数据处理

（1）加权平均容许浓度应按下式计算：

$$\text{PC-TWA} = \frac{C}{Ft_1} \tag{13-55}$$

式中：PC-TWA——8h 时间加权平均容许浓度（mg/m³）；

C——规定时间内测得的有毒有害气体质量（mg）；

F——采样流量（m³/min）；

t_1——480（min）。

（2）短时间接触容许浓度应按下式计算：

$$\text{PC-STEL} = \frac{C}{Ft_2} \tag{13-56}$$

式中：PC-STEL——短时间接触容许浓度（mg/m³）；

C——规定时间内测得的有毒有害气体质量（mg）；

F——采样流量（m³/min）；

t_2——15（min）。

（七）结果评定（表13-39、表13-40）

气体浓度评定标准　　　　　　　　　　　　　　　　　　　　　　　　表13-39

气体名称	评价标准	
	在建阶段	运营阶段
氧气	空气中的氧气含量最低容许浓度：19.5%	—
二氧化碳	PC-TWA 容许浓度：9000mg/m³，PC-STEL 容许浓度：18000mg/m³	—
一氧化碳	PC-TWA 容许浓度：20mg/m³，PC-STEL 容许浓度：30mg/m³	1. 正常交通时，隧道长度≤1000m 时，一氧化碳浓度不应大于 150cm³/m³。 2. 隧道长度＞3000m 时，一氧化碳浓度不应大于 100cm³/m³，其余隧道长度可按线性内插法取值。 3. 交通阻滞时，阻滞段的平均一氧化碳浓度不应大于 150cm³/m³，同时经历时间不宜超过 20min。 4. 人车混合通行的隧道，隧道内一氧化碳浓度不应大于 70cm³/m³。 5. 隧道内养护维修时，隧道作业段空气的一氧化碳浓度不应大于 30cm³/m³
一氧化氮	PC-TWA 容许浓度：5mg/m³	—
二氧化氮	PC-TWA 容许浓度：5mg/m³，PC-STEL 容许浓度：10mg/m³	1. 隧道内 20min 内的平均二氧化氮浓度不应大于 1cm³/m³。 2. 人车混合通行的隧道，隧道内 60min 内二氧化氮浓度不应大于 0.2cm³/m³。 3. 隧道内养护维修时，隧道作业段空气的二氧化氮浓度不应大于 0.12cm³/m³
二氧化硫	PC-TWA 容许浓度：5mg/m³，PC-STEL 容许浓度：10mg/m³	
硫化氢	MAC 容许浓度：10mg/m³	MAC 容许浓度：10mg/m³
瓦斯	1. 隧道内瓦斯日常管理限值应依据表13-40选取。 2. 隧道交（竣）工验收时，隧道内任一处（包括隧道主洞、辅助通道、横通道、预留洞室、电缆沟等）瓦斯浓度不应大于 0.25%	应根据瓦斯浓度监测值进行通风管理： 1. 当隧道内瓦斯浓度≥0.25%且＜0.5%时应开启风机。 2. 瓦斯浓度≥0.5%时应禁止通行，同时开启全部风机，查明原因并进行处理

瓦斯浓度评定标准　　　　　　　　　　　　　　　　　　　　　　　　表13-40

瓦斯工区	地点	限值
微瓦斯	任意处	0.25%
低瓦斯	任意处	0.5%

续表

瓦斯工区	地点	限值
高瓦斯和瓦斯突出	局部瓦斯积聚（体积大于 0.5m³）	1.0%
	开挖工作面风流中	1.0%
	总回风道或工作面回风流中	0.75%
	放炮地点附近 20m 风流中	1.0%
	过煤系地层段放炮后工作面风流中	1.0%
	局部风机及电气开关 10m 范围内	0.5%
	电动机及开关附近 20m 范围内	1.0%

五、烟尘浓度

（一）相关依据

（1）《公路隧道通风设计细则》JTG/T D70/2-02—2014。

（2）《铁路数字移动通信系统（GSM-R）车载通信模块 第 1 部分：技术要求》TB/T 3370.1—2018。

（3）《公路隧道环境检测技术规程》DB36/T 1709—2022。

（二）基本概念

烟尘浓度是指隧道内部空气中烟雾的浓度，隧道由于空间小，具有密闭性的特点，行经隧道的车辆所排放的废气，如不及时合理地排放出去，造成悬浮颗粒物的聚集，将直接关系到行经隧道的车辆司乘人员和维护工作人员的人身安全。实际中以隧道内烟尘浓度以光线通过污染空气的透过程度来表示。

（三）检测设备及要求

烟尘浓度检测可采用光透过率检测仪，其相对示值误差绝对值不应大于±1%。

（四）测点布置

（1）纵向靠近进出口的测点应布置在距洞口 10m 位置处。

（2）每通风段宜检测 3 个以上断面，断面间距不宜大于 500m。

（五）检测步骤

（1）布设检测地点，且检测地点应能看到所有目标物，采样高度距离地面 1.5m。

（2）烟尘浓度检测采用光透过率仪，每个断面应读取 3 次光透过率数据，3 次结果的平均值为该断面光透过率值。

（3）如检测到某一断面烟尘浓度超标时，应向隧道进出口方向增加检测断面，以便能判断在何处开始超过允许浓度。

（4）光透过率与隧道照明水平有关，其修正系数可依据表13-41选取。

光透过率修正系数 表13-41

路面照度（lx）	30	40	50	60	70	80
光透过率修正系数	1.00	0.93	0.87	0.80	0.73	0.67

（六）检测数据处理

100m烟尘浓度K应按下式计算：

$$K = \frac{1}{100} \cdot \ln \tau \tag{13-57}$$

式中：K——100m烟尘浓度（m^{-1}）；
　　　τ——烟尘光线的透过率（%）。

（七）结果评定

（1）采用显色指数≥65、相关色温(3300~6000)K的荧光灯、LED灯等光源时，烟尘允许浓度K应依据表13-42选取。

烟尘浓度标准 表13-42

设计速度v_t（km/h）	≥90	60≤v_t<90	50≤v_t<60	30≤v_t<50	v_t<30
烟尘运行浓度K（m^{-1}）	0.0050	0.0065	0.0070	0.0075	0.0120

（2）双洞单向交通临时改为单洞双向交通时，隧道内烟尘浓度应小于0.012m^{-1}。

（3）隧道内养护维修时，隧道作业段空气的烟尘浓度应小于0.0030m^{-1}。

第七节　人行天桥及地下通道

一、自振频率

参见第十三章第一节"十、承载能力"中自振频率的测试方法。

判定根据《城市人行天桥与人行地道技术规范》CJJ 69—1995的规定：人行天桥的一阶竖向固有频率不得小于3Hz。

二、桥面线形

参见第十三章第一节"二、桥梁线形与轴线偏位"。

由于人行天桥桥面宽度较小，在测试天桥纵向线形测量时，测点可以只沿桥纵向在桥轴线上布设，较宽的人行天桥可以沿上、下游边缘线分别布设。

三、地基承载力

参见第八章内容。

四、变形缝质量

（一）相关依据

（1）《城镇道路工程施工与质量验收规范》CJJ 1—2008。
（2）《地下工程防水技术规范》GB 50108—2008。

（二）基本概念

地下工程的防水可分为两部分，一是结构主体防水，二是细部构造特别是施工缝、变形缝、诱导缝、后浇带的防水。目前结构主体采用防水混凝土结构自防水其防水效果尚好，而细部构造，特别是施工缝、变形缝的渗漏水现象较多。变形缝应满足密封防水、适应变形、施工方便、检修容易等要求。

（三）检测内容与方法

（1）地下通道变形缝外观状况：应检查变形缝（伸缩缝、沉降缝）止水带安装应位置是否准确、牢固，缝宽及填缝材料是否符合要求。
（2）变形缝处混凝土局部加厚，变形缝处混凝土结构的厚度不应小于300mm。
（3）用于沉降的变形缝最大允许沉降差值不应大于30mm。

五、防水层的缝宽和搭接长度

（一）相关标准

（1）《城镇道路工程施工与质量验收规范》CJJ 1—2008。
（2）《城市桥梁工程施工与质量验收规范》CJJ 2—2008。
（3）《城市桥梁工程施工质量检验标准》DB11/ 1072—2014。
（4）《地下工程防水技术规范》GB 50108—2008。

（二）检测方法和结果要求

1. 人行天桥
（1）防水层卷材搭接宽度每20延米用钢尺测量1处，应不小于规定值。

（2）涂膜防水层的胎体材料，应顺流水方向搭接，搭接宽度长边不得小于50mm，短边不得小于70mm，上下层胎体搭接缝应错开1/3幅宽。

（3）卷材防水层施工，卷材应顺桥方向铺贴，应自边缘最低处开始，顺流水方向搭接，长边搭接宽度宜为(70～80)mm，短边搭接宽度宜为100mm，上下层搭接缝错开距离不应小于300mm。

2.地下通道

（1）现浇钢筋混凝土人行地道地下通道防水层防水材料纵横向搭接长度不应小于10cm。

（2）防水混凝土结构裂缝宽度不得大于0.2mm，并不得贯通。

六、尺寸

参见第十三章第一节"一、结构尺寸"部分。

七、栏杆水平推力

（一）相关依据

（1）《建筑结构检测技术标准》GB/T 50244—2019。

（2）《城市人行天桥与人行地道技术规范》CJJ 69—1995。

（3）《建筑结构荷载规范》GB 50009—2012。

（二）基本概念

人行天桥的栏杆是保障行人通行安全的重要构件，其水平推力是否符合规范要求，直接关系到桥梁的安全性。为保证栏杆水平推力检测项目顺利开展，确保检测过程操作的一致性，特制定本实施细则。

（三）检测设备

千斤顶、百分表、应变传感器与采集仪及其他辅助配套设备。

（四）测试部位与内容

1）当需要对人行天桥或地下通道的栏杆水平推力做出评定时，每座人行天桥或地下通道至少选择3处栏杆进行试验，包括主桥栏杆和梯道栏杆。

2）选择测试部位时，应考虑以下因素：

（1）根据栏杆连续段长度、锚固方式、立柱与扶手的材质构造、布置方式等特点，通过计算确定受力最不利的栏杆单元。

（2）施工质量、外观状况相对较差的单元。

3）测试内容包括栏杆顶部水平挠度、栏杆根部应力和转角。

4）栏杆顶部扶手的水平位移观测点布置应考虑加载位置的影响,应根据计算布置在相应的最大位移处。沿扶手方向布置不得少于 3 个测点,测点间距不应大于 0.5m。

5）栏杆应变测量装置布设在被测试强立柱的底部,宜设置在栏杆立杆(柱)根部地袱以上位置。

(五)试验加载

(1)当委托单位或设计单位有要求时,试验检验荷载可按委托或设计单位要求取值。

(2)当委托单位或设计单位未提供要求时,目标荷载宜采用现行标准《城市人行天桥与人行地道技术规范》CJJ 69—1995 中规定的水平荷载值 2.5kN/m。

(3)宜采用空间有限元方法按照内力(位移)等效原则计算相应的等效试验加载力值或位移值。

(4)试验荷载和加载位置可采用承载能力试验效率进行控制。承载能力试验效率应按下式计算:

$$\eta_s = \frac{S_{\text{stat}}}{S_k} \tag{13-58}$$

式中:η_s——承载能力试验效率,对验收性承载能力试验,其值应宜介于 0.85~1.05,否则,η_s宜介于 0.95~1.05;

S_{stat}——在静力试验的试验检测荷载作用下,控制截面的最大内力或位移计算值;

S_k——等效荷载作用下,控制截面的最不利内力或变位计算值。

(5)应采用均布加载的原则,每米范围内加载点不宜少于 5 个。

(6)加载装置合力的中心线应与护栏扶手的轴线垂直。

(7)加载分级不宜少于 4 级,以均匀速率施加。

(六)现场试验

1）测点位置按照方案安装位移测量装置,保证方向与加载方向一致,安装完成后仪表清零。

2）正式检测前先进行预加载,加载值取最大加载值的 30%~50%,观察是否发生异常情况;初始荷载下,应测读栏杆位移基准值 3 次,当每间隔 5min 的读数基本相同时,方可作为栏杆位移基准值,卸载后重新检查加载装置和测量装置的有效性,必要时进行调整。

3）正式加载时,每级荷载持荷不少于 5min,且在 5min 内测读栏杆位移不应少于 3 次;达到最大荷载值时,持荷时间为 10min,每间隔 5min 的读数差值不大于 5%时判定为位移稳定。

4）卸载完成后待变形稳定后,测读位移和应变值。

5）在各级加载过程中,如发现位移装置或加载千斤顶打滑跑偏,不再垂直于栏杆时,应停止试验,重新安装设备并从头开始试验。

6）存在下列异常情况时，应中止试验，查找原因：

（1）试验过程中发现栏杆开焊、断裂、异常挠曲变形、拔出、失稳等现象。

（2）控制测点变形（或挠度）或应变超过计算值。

（3）实测变形和应变分布规律异常。

（4）栏杆发出异常响声或发生其他异常情况。

（5）控制测点应变值已达到或超过计算值。

7）试验完毕后，将千斤顶恢复到原位，千斤顶、油泵、油管、数字位移计等装箱入库。

（七）结果评定

1）主要测点荷载试验校验系数 ζ，应按下式计算：

$$\zeta = \frac{S_e}{S_t} \tag{13-59}$$

$$S_e = S - S_p \tag{13-60}$$

式中：S_e——试验荷载作用下主要测点的实测弹性变位或应变值，即实测变位或应变与残余变位或应变的差值；

S——试验荷载作用下主要测点的实测变位或应变值；

S_t——试验荷载作用下主要测点理论计算变位或应变值。

2）主要测点相对残余变位或相对残余应变 S'_p，应按下式计算：

$$S'_p = \frac{S_p}{S_t} \tag{13-61}$$

式中：S_p——主要测点的实测残余变位或残余应变；

S_t——试验荷载作用下主要测点的实测总变位或总应变。

3）当栏杆水平推力试验满足下列要求时，评定为满足设计要求：

（1）荷载—变形曲线基本为线性关系。

（2）主要测点荷载试验校验系数小于1。

（3）主要测点相对残余变位或相对残余应变不超过20%。

（4）试验过程中栏杆未出现断裂、屈服、屈曲、失稳的情况。

4）在试验水平推力作用下，与栏杆扶手同高度部位的水平位移最大值，不得超过栏杆扶手高度的1/120。

第八节　综合管廊主体结构

一、断面尺寸

参见第十三章第二节"一、断面尺寸"的内容。

二、衬砌厚度、衬砌密实性、衬砌内钢筋间距

参见第十三章第二节"三、衬砌厚度、仰拱厚度、钢筋网格尺寸、衬砌内钢筋间距、衬砌内部缺陷及背后密实状况"中相关的内容。

三、墙面平整度

参见第十三章第二节"四、墙面平整度"的内容。

四、混凝土强度（回弹法/钻芯法/回弹—钻芯综合法/超声回弹综合法等）

参见第十三章第一节"六、混凝土抗压强度（回弹法/钻芯法/回弹—钻芯综合法/超声回弹综合法等）"的内容。

五、钢筋保护层厚度

参见第十三章第一节"八、钢筋位置及保护层厚度"的内容。

六、钢筋锈蚀状况

参见第十三章第一节"十一、钢筋锈蚀状况"的内容。

第九节　涵洞主体结构

一、外观质量

（一）相关依据

（1）《公路桥涵养护规范》JTG 5120—2021。
（2）《公路工程质量检验评定标准 第一册 土建工程》JTG F80/1—2017。

（二）基本概念

在工程建设期，按照《公路工程质量检验评定标准 第一册 土建工程》JTG F80/1—2017 的要求，对涵洞总体和涵台、管座、盖板等各个部分进行外观质量检测。在运营期，按照《公路桥涵养护规范》JTG 5120—2021 对涵洞进行外观质量进行经常性检查和定期检查，并做出评价。

（三）建设阶段检测内容

1. 基本要求
（1）洞身是否顺直，进出口、洞身、沟槽等是否衔接平顺，无阻水现象。

（2）帽石、一字墙或八字墙等是否平直，与路线边坡、线形匹配，棱角分明。

（3）涵洞处路面是否平顺，有无跳车现象。

（4）外露混凝土表面是否平整、颜色一致。

2. 涵台外观质量要求

（1）涵台线条是否顺直、表面平整。

（2）蜂窝、麻面面积。

（3）砌缝是否匀称、勾缝平顺，无开裂和脱落现象。

3. 管座及涵管安装外观质量要求

管壁是否顺直，接缝是否平整、填缝饱满。

4. 盖板制作和安装

（1）混凝土表面是否平整、棱线顺直，无严重啃边、掉角。

（2）蜂窝、麻面面积。

（3）混凝土表面是否出现非受力裂缝。

（4）安装时板的填缝是否平整密实。

5. 拱涵浇（砌）筑

（1）线形是否圆顺，表面平整。

（2）混凝土蜂窝、麻面面积。

（3）砌缝是否匀称、勾缝平顺，有无开裂和脱落现象。

6. 一字墙和八字墙

（1）墙体是否直顺、表面平整。

（2）砌缝有无裂隙；勾缝是否平顺，无脱落、开裂现象。

（3）混凝土墙蜂窝、麻面面积。

7. 顶入法施工的桥、涵

（1）顶入的桥、涵身是否直顺，表面平整，无翘曲现象。

（2）进出口与上下游沟槽或引道连接是否顺直平整，水流或车流畅通。

（四）运营阶段检测内容

（1）检查涵洞的过水能力，包括涵洞的位置是否适当，孔径是否足够，涵底纵坡是否合适。

（2）进、出水口铺砌、翼墙、护坡、挡水墙、沉沙井、跌水、急流槽等是否完整，洞口连接是否平整顺适，排水是否顺畅。

（3）涵体侧墙或台身是否渗漏水、开裂、变形或倾斜，墙身砌缝砂浆是否脱落，砌块是否松动，基础是否冲刷淘空。

（4）涵身顶部的盖板、顶板或拱顶是否开裂、漏水、变形下挠，砌缝砂浆是否脱落，砌块是否松动、脱落。

（5）涵底是否淤塞阻水，涵底铺砌是否开裂、沉降、隆起或缺损。

（6）洞口附近填土是否有渗水、冲刷、空洞，填土是否稳定。

（7）涵洞顶路面是否开裂、沉陷、存在跳车现象。

（8）交通标志及涵洞其他附属设施是否损坏、失效。

（五）结果评定

工程建设期对外观质量的评定见《公路工程质量检验评定标准 第一册 土建工程》JTG F80/1—2017第9章的要求。运营期的评定如表13-43所示。

涵洞技术状况评定标准　　　　　　　　　表13-43

技术状况等级评定	涵洞技术状况描述
好	各构件及附属结构完好，使用正常
较好	主要构件有轻微损伤，对使用功能无影响
较差	主要构件有中等缺损，病害发展缓慢，尚能维持正常使用功能
差	主要构件有大的缺损，严重影响涵洞使用功能，或影响承载能力，不能保证正常使用
危险	主要构件存在严重缺损，不能正常使用，危及涵洞结构安全

二、地基承载力

参见第八章内容。

三、回填土压实度

（一）相关依据

《公路桥涵施工技术规范》JTG/T 3650—2020。

（二）基本概念

涵洞两侧回填土的施工方法和压实度直接影响着涵洞的施工质量、承载能力、使用寿命以及行车的平稳和舒适性。如果使用大型机械施工，靠近涵台进行强力振动和挤压，这样将对涵台产生较大的土压力，甚至导致涵台被破坏，若是拱涵还有可能引起拱圈开裂。因此涵洞两侧回填土时，需要从涵洞两侧同时对称、均衡地水平分层碾压施工，同时需要根据施工现场的具体情况采用人工配合小型机械夯填，使回填土达到设计要求的密实度。

（三）检测要求

回填土填筑的压实度应不小于96%。涵洞顶部的填土厚度必须大于0.5m后方可通行车辆和筑路机械。

（四）检测方法

见第十二章内容。

四、混凝土强度（回弹法/钻芯法/回弹—钻芯综合法/超声回弹综合法等）

参见第十三章第一节"六、混凝土抗压强度（回弹法/钻芯法/回弹—钻芯综合法/超声回弹综合法等）"的内容。

五、钢筋保护层厚度

参见第十三章第一节"八、钢筋位置及保护层厚度"的内容。

六、断面尺寸

（一）相关依据

《公路工程质量检验评定标准》JTG F80/1—2017。

（二）基本概念

按照《公路工程质量检验评定标准》JTG F80/1—2017对涵洞结构及构件的尺寸进行测量。

（三）检测方法和结果评定

（1）涵洞的长度、孔径、净高（表13-44）：

总体尺寸量测内容　　　　　　　　　　　　　　表13-44

项目	检查方法和频率	允许偏差
长度	用尺量测中心线位置	1
孔径	用尺量测3~5处	3
净高	用尺量测3~5处	1

（2）涵台（表13-45）：

涵台断面尺寸量测内容　　　　　　　　　　　　表13-45

项目	检查方法和频率	允许偏差
片石砌体涵台断面尺寸	用尺量测3~5处	±20
混凝土涵台断面尺寸		±15

（3）盖板制作（表13-46）：

盖板断面尺寸量测内容   表13-46

项目		检查方法和频率	允许偏差
高度（mm）		用尺抽查30%的板，每板检查3个断面	明涵+10，-0 暗涵不小于设计值
宽度（mm）	现浇		±20
	预制		±10
长度（mm）		用尺抽查30%的板，每板检查两侧	+20，-10

（4）箱涵浇筑（表13-47）：

箱涵断面尺寸量测内容   表13-47

项目	检查方法和频率	允许偏差
高度（mm）	用尺测量3个断面	+5，-10
宽度（mm）		±30
顶板厚（mm）	用尺测量3～5处	明涵：+10，-0 暗涵：不小于设计值
侧板和底板厚（mm）	用尺测量3～5处	不小于设计值

（5）拱涵浇筑（表13-48）：

箱涵断面尺寸   表13-48

项目		检查方法和频率	允许偏差
拱圈厚度（mm）	砌体	用尺测量拱脚、拱顶3处	±20
	混凝土		±15

（6）一字墙和八字墙（表13-49）：

箱涵断面尺寸   表13-49

项目	检查方法和频率	允许偏差
断面尺寸（mm）	用尺测量各墙两端断面	不小于设计值

七、接缝宽度

（一）相关依据

《公路桥涵施工技术规范》JTG/T 3650—2020。

（二）基本概念

采用混凝土管涵，进行插口管安装时，其接口应平直，环形间隙应均匀，并应安装特制的胶圈或采用沥青、麻絮等防水材料填塞；平接口表面应平整，并应采用有弹性的不透水材料嵌塞密实，不得采用加大接缝宽度的方式满足涵洞长度要求。管节的接缝不得有间断、裂缝、空鼓和漏水等现象。

（三）检测方法和结果评定

用尺测量接缝宽度；平接管安装的接缝宽度宜为(10～20)mm。

八、错台

（一）相关依据

《公路工程质量检验评定标准》JTG F80/1—2017。

（二）基本概念

按照《公路工程质量检验评定标准》JTG F80/1—2017对管涵、盖板涵等结构的错台、相邻板高差等进行测量。

（三）检测方法和结果评定（表13-50～表13-52）

管涵安装错台允许偏差 表13-50

序号	项目		检查方法和频率	允许偏差（mm）
1	相邻管节底面错台	管径≤1m	用尺测量，检查3～5个接头	3
2		管径＞1m		5

盖板涵安装允许偏差 表13-51

序号	项目	检查方法和频率	允许偏差（mm）
1	相邻板最大高差（mm）	用尺量，抽查20%	10

顶进施工的涵洞允许偏差 表13-52

序号	项目		检查方法和频率	允许偏差（mm）
1	相邻两节高差（mm）	箱涵	用尺量	≤30
		管涵		≤20

九、钢筋锈蚀状况

参见第十三章第一节"十一、钢筋锈蚀状况"的内容。